RAVEN

BIOLOGIA
VEGETAL

Vincent van Gogh (1853-1890)
Campo de papoulas, Auvers-sur-Oise (França), Junho de 1890

Em maio de 1890, Vincent van Gogh mudou-se para Auvers-sur-Oise para estar perto de seu irmão Theo, que o ajudou financeira e emocionalmente durante toda a sua vida. Não tendo dinheiro para pagar para os modelos, van Gogh dedicou-se às naturezas mortas e paisagens, e nos 70 dias antes de sua morte pintou febrilmente 70 obras de arte. Mudou-se para Auvers no final da primavera, quando as papoulas florescem, e ele admirava o contraste do vermelho vivo das flores crescendo nos campos de um "verde intenso", cor de alfafa. Van Gogh escreveu em carta para sua irmã Wilhelmina que "há cores que causam entre si uma interação muito intensa, formando um par que se completa, como um homem e uma mulher".

Grupo
Editorial
Nacional

O GEN | Grupo Editorial Nacional – maior plataforma editorial brasileira no segmento científico, técnico e profissional – publica conteúdos nas áreas de ciências da saúde, exatas, humanas, jurídicas e sociais aplicadas, além de prover serviços direcionados à educação continuada e à preparação para concursos.

As editoras que integram o GEN, das mais respeitadas no mercado editorial, construíram catálogos inigualáveis, com obras decisivas para a formação acadêmica e o aperfeiçoamento de várias gerações de profissionais e estudantes, tendo se tornado sinônimo de qualidade e seriedade.

A missão do GEN e dos núcleos de conteúdo que o compõem é prover a melhor informação científica e distribuí-la de maneira flexível e conveniente, a preços justos, gerando benefícios e servindo a autores, docentes, livreiros, funcionários, colaboradores e acionistas.

Nosso comportamento ético incondicional e nossa responsabilidade social e ambiental são reforçados pela natureza educacional de nossa atividade e dão sustentabilidade ao crescimento contínuo e à rentabilidade do grupo.

Oitava edição

RAVEN
BIOLOGIA VEGETAL

Ray F. Evert
University of Wisconsin, Madison

Susan E. Eichhorn
University of Wisconsin, Madison

Revisão Técnica
Jane Elizabeth Kraus
Professora Livre-docente aposentada do Instituto de Biociências da
Universidade de São Paulo (IB-USP).

Tradução
Ana Claudia M. Vieira (Capítulo 21)
Jane Elizabeth Kraus (Capítulos 18 a 20, Apêndice e Glossário)
Maria de Fátima Azevedo (Capítulos 1, 8, 11, 12, 15 e 17)
Patricia Lydie Vauex (Capítulos 2 a 7, 9, 10, 13, 14, 16, 22 a 24, 26 a 29)
Renê Gonçalves da Silva Carneiro (Capítulo 30)
Rose Mary Isaias (Capítulo 25)
Welington Braz Carvalho Delitti (Capítulos 31 e 32)

gen | GUANABARA KOOGAN

- **Atendimento ao cliente: (11) 5080-0751 | faleconosco@grupogen.com.br**

- BIOLOGY OF PLANTS, EIGHTH EDITION
  First published in the United States by
  W.H. FREEMAN AND COMPANY, New York
  Copyright © 2013, 2005, 1999, 1993 by W.H. Freeman and Company
  All Rights Reserved.

- Publicado originalmente nos Estados Unidos por
  W.H. FREEMAN AND COMPANY, New York
  Copyright © 2013, 2005, 1999, 1993 by W.H. Freeman and Company
  Todos os Direitos Reservados.
  ISBN: 978-1-4292-1961-7

- Direitos exclusivos para a língua portuguesa
  Copyright © 2014 by
  EDITORA GUANABARA KOOGAN LTDA.
  Uma editora integrante do GEN | Grupo Editorial Nacional
  Travessa do Ouvidor, 11
  Rio de Janeiro – RJ – CEP 20040-040
  www.grupogen.com.br

- Capa e projeto gráfico: Blake Logan

  Editoração eletrônica:  Anthares

  Imagem da capa: Haags Gemeentemuseum, The Hague, Netherlands/The Bridgeman Art Library International

- Ficha catalográfica

  E94r
  8. ed.

  Evert, Ray F.
  Raven | Biologia vegetal / Ray F. Evert e Susan E. Eichhorn; revisão técnica Jane Elizabeth Kraus; tradução Ana Claudia M. Vieira... [et.al.]. – 8. ed. – [Reimpr.]. – Rio de Janeiro: Guanabara Koogan, 2022.
  il.

  Tradução de: Raven | Biology of Plants
  ISBN 978-85-277-2362-6

  1. Plantas. 2. Biologia. I. Eichhorn, Susan E.. II. Vieira, Claudia M.. III. Título.

  13-0764
  CDD: 581
  CDU: 581

Respeite o direito autoral

Para Peter H. Raven, que foi coautor deste livro desde sua concepção. Ele e Helena Curtis viram a necessidade de um novo livro-texto introdutório à biologia vegetal, com um enfoque atual, para os interessados em botânica e ciência vegetal. O sucesso do livro *Biologia Vegetal* se deve em grande parte aos esforços do Peter Raven nas primeiras sete edições. Dedicamos a ele esta oitava edição.

Material Suplementar

Este livro conta com o seguinte material suplementar:

- Respostas das questões de autoavaliação (perguntas de número par)
- Teste de autoavaliação (múltipla escolha)
- Exercícios interativos com imagens do livro.

O acesso ao material suplementar é gratuito. Basta que o leitor se cadastre e faça seu *login* em nosso *site* (www.grupogen.com.br), clique no *menu* superior do lado direito e, após, em GEN-IO. Em seguida, clique no menu retrátil = e insira o código de acesso (PIN) localizado na primeira capa interna deste livro.

O acesso ao material suplementar online fica disponível até seis meses após a edição do livro ser retirada do mercado.

Caso haja alguma mudança no sistema ou dificuldade de acesso, entre em contato conosco pelo e-mail gendigital@grupogen.com.br.

GEN-IO (GEN | Informação Online) é o ambiente virtual de aprendizagem do GEN | Grupo Editorial Nacional

Reconhecemos que foi necessário um trabalho extensivo para trazer os avanços que têm sido realizados em todas as áreas da biologia vegetal para esta revisão do *Raven | Biologia Vegetal*. Ocorreram progressos importantes na área da botânica que vão dos novos detalhes moleculares em fotossíntese até as grandes diferenças nas relações taxonômicas que têm sido mostradas pela comparação das sequências de DNA e RNA, e dos avanços em genômica e engenharia genética ao aprimoramento da compreensão da anatomia e fisiologia das plantas. Esta edição do livro passou pela mais importante revisão de sua história, sendo cada tópico analisado em detalhe, revisto e atualizado quando necessário.

Durante o período em que estavam sendo ajustados os avanços, a narrativa foi fortalecida, esclarecendo e expandindo as discussões; os termos novos foram definidos cuidadosamente; e, diagramas, fotografias e micrografias eletrônicas novas foram adicionadas. Cada capítulo agora inicia com uma fotografia atrativa e legenda informativa que relata o conteúdo do capítulo, mas em um caminho tangencial que frequentemente leva a um tópico ambiental.

Em cada revisão, continuamos a dar atenção especial a temas interligados: (1) o funcionamento do corpo da planta como o resultado dinâmico de processos mediados por interações bioquímicas; (2) relações evolutivas muito valiosas para entender forma e função nos organismos; (3) ecologia como um tema integrativo que permeia o livro e enfatiza nossa dependência das plantas para manter a vida na Terra; e, (4) pesquisa molecular como essencial por mostrar detalhes da genética vegetal, função celular e relações taxonômicas.

Mudanças que refletem os principais avanços recentes em ciência vegetal

Cada capítulo foi cuidadosamente revisado e atualizado, de modo especial em:

- **Capítulo 7** (Fotossíntese, Luz e Vida) – discute de maneira mais ampla as reações luminosas, incluindo um diagrama da transferência de elétrons e prótons durante a fotossíntese; apresenta um quadro novo "Aquecimento global | O futuro é agora"

- **Capítulo 9** (Química da Hereditariedade e Expressão Gênica) – incorpora tópicos como acetilação das histonas, metilação do DNA, herança epigenética e RNAs não codificadores

- **Capítulo 10** (Tecnologia do DNA Recombinante, Biotecnologia Vegetal e Genômica) – atualiza as informações sobre o impacto dos novos métodos moleculares para o estudo das plantas, que resultaram no desenvolvimento do arroz dourado, bem como as plantas que são resistentes aos herbicidas, pesticidas e doenças (pragas)

- **Capítulo 11** (Processo de Evolução) – cobre a especiação por recombinação (especiação que não envolve poliploidia) e inclui dois quadros novos: "Plantas invasoras" e "Radiação adaptativa das Campanulaceae no Havaí"

- **Capítulo 12** (Sistemática | Ciência da Diversidade Biológica) – discute de maneira ampla o cloroplasto como a principal fonte de dados da sequência de DNA da planta e introduz o código de barras de DNA e supergrupos; apresenta um quadro novo: "*Google Earth* | Uma ferramenta para descobrir e proteger a biodiversidade"

- **Capítulo 14** (Fungos) – reorganizado e atualizado, mostra a classificação mais recente; inclui os nuclearídios e os filos Microsporidia e Glomeromycota, bem como uma nova árvore filogenética dos fungos

- **Capítulo 15** (Protistas | Algas e Protistas Heterotróficos) – incorpora as últimas classificações, incluindo uma árvore filogenética mostrando as relações das algas; discute, sob novo enfoque, o cultivo das algas para a produção de biocombustíveis e apresenta um quadro novo: "Recifes de coral e o aquecimento global"

- **Capítulo 18** (Gimnospermas) – inclui uma discussão ampliada da dupla fecundação em gnetófitas, bem como um clado-

O fungo *Gymnosporangium juniperi-virginianae* causador da ferrugem na macieira (*Malus domestica*) e o cedro-vermelho-do-leste (*Juniperus virginiana*), alterna-se entre as duas espécies, causando danos na colheita das maçãs nos EUA (ver Capítulo 14).

grama das relações filogenéticas entre os principais grupos de embriófitas; tem uma nova figura mostrando as hipóteses alternativas das relações entre as cinco principais linhagens das plantas com sementes

- **Capítulo 19** (Introdução às Angiospermas) – segue a classificação recomendada pelo APG (*Angiosperm Phylogeny Group*), e apresenta uma discussão expandida dos tipos de sacos embrionários

- **Capítulo 20** (Evolução das Angiospermas) – incorpora uma discussão ampla sobre os ancestrais das angiospermas e inclui cladogramas novos, mostrando as relações filogenéticas das angiospermas

- **Capítulo 21** (As Plantas e o Homem) – atualizado e revisado para incluir uma figura nova, mostrando os centros independentes de domesticação das plantas e discute os esforços para o desenvolvimento de versões perenes de grãos anuais importantes; apresenta um quadro novo: "Biocombustíveis | Parte da solução ou outro problema?"

- **Capítulo 22** (Desenvolvimento Inicial do Corpo da Planta) – a discussão da maturação da semente e dormência foi revisada; atualização e ajustes finos foram feitos nesse capítulo e em outros que abordam anatomia, dando-se ênfase a relação estrutura e função

Austrobaileya scandens é considerada ter evoluído separadamente da principal linhagem das angiospermas (ver Capítulo 20).

- **Capítulo 23** (Células e Tecidos do Corpo da Planta) – foi acrescentada a presença de forissomos nos elementos de tubo crivado de algumas leguminosas

- **Capítulo 24** (Raiz | Estrutura e Desenvolvimento) – foi incluído o tópico células da borda e suas funções

- **Capítulo 25** (Sistema Caulinar | Estrutura Primária e Desenvolvimento) – foi adicionada uma nova discussão acompanhada por micrografias eletrônicas do desenvolvimento da venação foliar e incluído o modelo ABCDE do desenvolvimento floral; apresenta como quadro novo: "Bambu, forte, versátil e sustentável"

- **Capítulo 26** (Crescimento Secundário em Caules) – foi acrescentado um novo diagrama evidenciando as relações do câmbio vascular com o xilema e o floema secundários

- **Capítulo 27** (Regulação do Crescimento e do Desenvolvimento | Hormônios Vegetais) – discussões ampliadas do papel da auxina na diferenciação vascular e sobre os receptores e as vias de sinalização para os hormônios vegetais; discussões novas sobre os brassinoesteroides como a principal classe de hormônios vegetais e as estrigolactonas, que interagem com a auxina regulando a dominância apical

- **Capítulo 28** (Fatores Externos e Crescimento Vegetal) – extensiva revisão sobre gravitropismo, ritmos circadianos, estímulo floral e tigmotropismo; discussão nova sobre os genes e vernalização, bem como hidrotropismo, fatores de interação do fitocromo (FIP) e síndrome de evitação de

A pteridófita, *Pteris vittata*, remove o arsênico de solos contaminados (ver Capítulo 17).

sombra; apresenta o quadro novo "Silo de sementes para o "Juízo Final" | Assegurando a diversidade das plantas agriculturáveis"

- **Capítulo 29** (Nutrição Vegetal e Solos) – discute as estratégias envolvendo a absorção do nitrogênio pelas plantas com os novos tópicos dos elementos essenciais, nódulos determinados e indeterminados, e estratégias para a captação de fosfato; o quadro "Ciclo da água" foi adicionado.

- **Capítulo 30** (Movimento de Água e Solutos nas Plantas) – discussão expandida sobre a redistribuição hidráulica e os mecanismos de carregamento do floema, incluindo o aprisionamento polimérico; foi adicionado o quadro "Telhados verdes | Uma boa alternativa"

- **Capítulo 31** (Dinâmica de Comunidades e Ecossistemas) e **Capítulo 32** (Ecologia Global) – foram atualizados por Paul Zedler da University of Wisconsin, Madison (EUA), e são muito bem ilustrados. Os capítulos foram traduzidos e incorporados ao livro-texto, na versão em português.

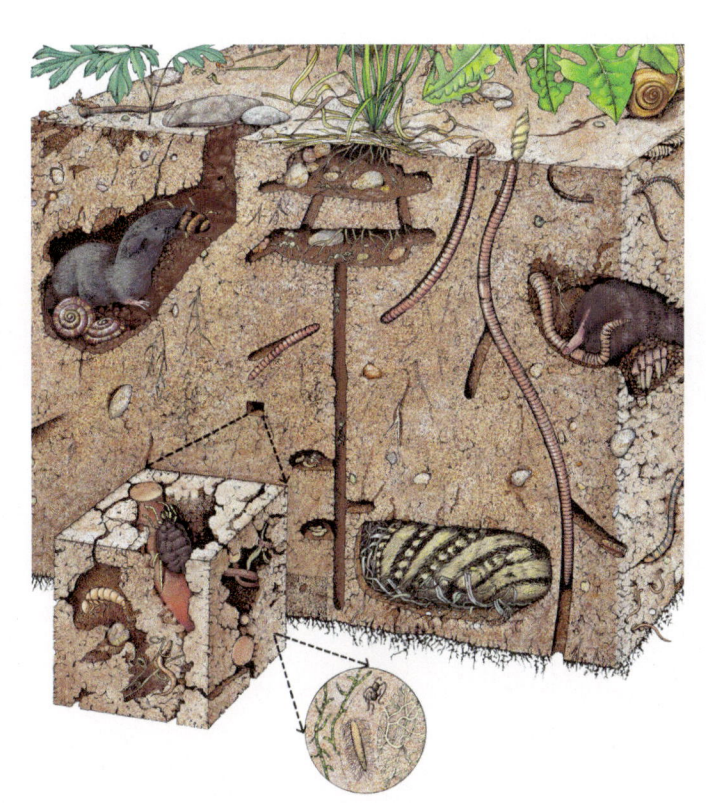

Organismos vivos no horizonte A do solo ou "solo superficial" (ver Capítulo 29).

Agradecimentos

Agradecemos o retorno entusiástico que recebemos de estudantes e professores ao redor do mundo que utilizaram as edições anteriores do livro *Biologia Vegetal*, tanto em inglês como nas seis línguas para as quais o livro foi traduzido. Como sempre, agradecemos a ajuda e as recomendações feitas pelos professores que usaram a última edição em seus cursos.

Também desejamos expressar nossos mais sinceros agradecimentos para as seguintes pessoas, que nos forneceram valiosas críticas a capítulos ou partes de capítulos para esta edição:

Richard Amasino, *University of Wisconsin, Madison*
Paul Berry, *University of Michigan*
James Birchler, *University of Missouri*
Wayne Becker, *University of Wisconsin, Madison*
Clyde Calvin, *Portland State University*
Kenneth Cameron, *University of Wisconsin, Madison*
Nancy Dangler, *University of Toronto*
John Doebley, *University of Wisconsin, Madison*
Eve Emshwiller, *University of Wisconsin, Madison*
Thomas German, *University of Wisconsin, Madison*
Thomas Givnish, *University of Wisconsin, Madison*
Linda Graham, *University of Wisconsin, Madison*
Christopher Haufler, *University of Kansas*
David Hibbett, *Clark University*
Robin Kurtz, *University of Wisconsin, Madison*
Ben Pierce, *Southwestern University*
Scott Russell, *University of Oklahoma, Norman*
Dennis Stevenson, *New York Botanical Garden*
Joseph Williams, *University of Tennessee, Knoxville*
Paulo Zedler, *University of Wisconsin, Madison*

Várias pessoas nos deram direcionamento e retorno valiosos nos estágios de planejamento desta nova edição, destacando-se:

Richard Carter, *Valdosta State University*
Sara Cohen Christopherson, *University of Wisconsin, Madison*
Les C. Cwynar, *University of New Brunswick*
Brian Eisenback, *Bryan College*
Karl H. Hasenstein, *University of Lousiana at Lafayette*
Bernard A. Hauser, *University of Florida*
Jodie S. Holt, *University of California Riverside*
George Johnson, *Arkansas Tech University*
Carolyn Howes Keiffer, *Miami University*
Jeffrey M. Klopatek, *Arizona State University*
Rebecca S. Lamb, *Ohio State University*
Monica Macklin, *Northeastern State University*
Carol C. Mapes, *Kutztown University of Pennsylvania*
Shawna Martinez, *Sierra College*
Austin R. Mast, *Florida State University*
Wilf Nicholls, *Memorial University of Newfoundland*
Karen Renzaglia, *Southern Illinois University*
Frances M. Wren Rundlett, *Georgia State University*
Lacey Samuels, *University of British Columbia*
Stephen E. Strelkov, *University of Alberta*
Alexandru M. F. Tomescu, *Humboldt State University*
Lucia Vazquez, *University of Illinois at Springfield*
Justin K. Williams, *Sam Houston State University*
Michael J. Zanis, *Purdue University*

Somos muito gratos à artista Rhonda Nass por suas admiráveis pinturas que abrem cada seção e pelas lindas ilustrações. Ela trabalhou conosco em várias edições e valorizamos sua capacidade na interpretação de nossos esquemas a lápis, tornando-os desenhos instrutivos e acurados, assim como atrativos. Somos gratos a Rick Nass, que contribuiu com vários gráficos habilmente produzidos. Também agradecemos a Sarah Friedrich e Kandis Elliot, especialistas em Mídia do Departamento de Botânica, da University of Wisconsin, Madison, pelas preparações das imagens digitais das fotomicrografias e espécimes de herbário. Agradecemos a Mark Allen Wetter, Curador Acadêmico Sênior / Responsável pelas Coleções, e Theodore S. Cochrane, Curador Acadêmico Sênior, ambos do Wisconsin State Herbarium, da University of Wisconsin, Madison, por sua ajuda na seleção e escaneamento de espécimes do herbário para nosso uso.

Gostaríamos de agradecer a Sally Anderson, nossa editora de desenvolvimento talentosa, que trabalhou conosco nas últimas cinco edições. Somos gratos por suas muitas e maravilhosas contribuições em todas as etapas do processo, desde os estágios iniciais de planejamento da nova edição, passando pela etapa do manuscrito e de provas até a finalização do livro. Trabalhamos bem por muitos anos e agradecemos por sua dedicação em todos os aspectos para fazer esta edição mais acurada e acessível em tudo.

Desejamos também dizer obrigado a Richard Robinson, que escreveu os conteúdos dos quadros engajadores com enfoque de ecologia, que foram adicionados a esta edição. Os quadros são salientados no texto por uma barra verde com uma folha e cobrem tópicos como telhado verde, plantas invasoras, branqueamento dos corais, desenvolvimento de biocombustíveis e uso do Google Earth para mapeamento e estudo da biodiversidade.

A preparação da oitava edição envolveu os esforços colaborativos de um grande número de pessoas talentosas da editora W. H. Freeman and Company. Agradecimentos especiais a Peter Marshall, Editor da Life Sciences, cuja visão e apoio fez esta edição possível; a Vivien Weiss, que habilmente gerenciou o processo de produção; a Elyse Rieder e Bianca Moscatelli, que entusiasticamente rastrearam a parte fotográfica e a Blake Logan, que usou seu talento artístico para dar a esta edição um novo visual. Gostaríamos de agradecer especialmente a Sheridan Sellers pelo seu notável trabalho ao fazer as páginas deste livro – com seu senso estético e pedagógico fez um trabalho milagroso ao colocar as ilustrações grandes e complicadas em uma coerente arte final. E, agradecemos a Linda Strange, nossa revisora de texto por muito tempo, a qual com seu bom humor e sua mão firme ajudou-nos a manter o padrão de consistência e acuidade. Também agradecemos a Marni Rolfes, editor associado, que competentemente nos orientou nos assuntos do dia a dia e nos manteve no caminho certo, e a Bill Page, que coordenou o complicado programa de ilustração. Nossa gratidão também vai para Debbie Clare, Diretora Associada de *Marketing*, que foi incansável no controle das vendas e em esforços para o *marketing* da atual edição e para Susan Wein, Coordenadora de Produção, por suas muitas contribuições durante os estágios complexos da produção do livro.

Um grande número de pessoas, do qual apenas algumas foram mencionadas, contribuiu em muitos aspectos essenciais para esta revisão e estendemos a elas o nosso apreço e profunda gratidão.

Ray F. Evert
Susan E. Eichhorn

Eras Geológicas

Era*	Período*	Época*	Formas de vida	Climas e principais eventos físicos
Cenozoico (65)	Quaternário (1,6)	Recente (0,01) Pleistoceno (1,6)	A era dos seres humanos. Extinção de muitos mamíferos e aves de grande porte.	Flutuação entre frio e ameno. Mais de duas dúzias de avanços e recuos glaciais. Soerguimento de muitas cadeias de montanhas.
	Terciário (65)	Plioceno (5,2)	Aridez, com formação de desertos. Primeira aparição dos homens-macacos.	Frio. Muitos soerguimentos e formação de montanhas; a glaciação começa no Hemisfério Norte. O soerguimento do Panamá une a América do Norte à América do Sul.
		Mioceno (23,2)	Expansão das pradarias, à medida que as florestas recuam. Animais graminívoros, macacos.	Moderado. Glaciações extensivas começam novamente no Hemisfério Sul.
		Oligoceno (35,4)	Mamíferos folífagos, primatas simiescos; surgimento de muitos gêneros atuais de plantas.	Elevação dos Alpes e do Himalaia. A América do Sul separa-se da Antártica. Vulcões nas Montanhas Rochosas.
		Eoceno (56,5)	Disseminação extensiva de mamíferos e aves; formação inicial de pradarias.	Ameno a muito quente. A Austrália separa-se da Antártica; a Índia colide com a Ásia.
		Paleoceno (65)	Primeiros mamíferos insetívoros e primatas.	Ameno a frio. Desaparecem, em grande parte, os mares continentais extensos e rasos.
Mesozoico (245)	Cretáceo (145)		Angiospermas e muitos grupos de insetos aparecem, diversificam-se e tornam-se dominantes. A era dos répteis. Extinção dos dinossauros no final do período.	Clima uniforme em todo o período. Níveis dos mares elevados. A África e a América do Sul se separam.
	Jurássico (208)		Gimnospermas, em especial as cicadófitas. As aves aparecem.	Ameno. Os níveis dos continentes são baixos, com grandes áreas cobertas pelos mares.
	Triássico (245)		Florestas de gimnospermas e samambaias. Os primeiros dinossauros e os primeiros mamíferos.	Continentes montanhosos, unidos num supercontinente. Extensas áreas áridas.
Paleozoico (570)	Permiano (290)		Origem das coníferas, cicadófitas e ginkgos; desaparecem os tipos de florestas anteriores. Os répteis diversificam-se. A maior extinção em massa ocorre no final do período.	No início do período, glaciação extensiva no Hemisfério Sul; soerguimento dos Apalaches. Aridez marcante em algumas áreas.
	Carbonífero (362) Pensilvaniano (322) Mississipiano (362)		Os anfíbios aparecem no ambiente terrestre; as florestas aparecem e tornam-se dominantes. Origem dos répteis. Era dos anfíbios.	Quente, com pequena variação sazonal nos trópicos; nível das terras baixo, áreas alagadas, com a formação de depósitos de carvão.
	Devoniano (408)		Era dos peixes. Diversificação das plantas terrestres. Primeira aparição de insetos; extinção das plantas vasculares primitivas.	Mares sobre a maior parte das terras, com montanhas localmente.
	Siluriano (439)		O período começa com importante evento de extinção. As primeiras plantas fósseis. Os primeiros peixes cartilaginosos.	Ameno. Topografia continental, em geral, plana.
	Ordoviciano (510)		O período começa com o primeiro importante evento de extinção. Os crustáceos fósseis mais antigos. Diversificação de moluscos. Possível invasão inicial do ambiente terrestre por plantas.	Ameno. Mares rasos, continentes em geral com topografia plana; os mares cobrem boa parte do atual território dos Estados Unidos. Glaciação da África no final do período.
	Cambriano (570)		Evolução dos esqueletos externos dos animais. Evolução explosiva dos filos. Evolução dos cordados.	Ameno. Extensos mares invadindo os continentes existentes.
Pré-cambriano (4.500)			Origem da vida (pelo menos há 3,5 bilhões de anos). Origem dos eucariotos (pelo menos há 1,5 bilhão de anos). Animais multicelulares em torno de 700 milhões de anos. Os primeiros fungos.	Extensivo bombardeamento de meteorItos e instabilidade geológica nas primeiras fases. Formação da crosta terrestre e início dos movimentos continentais.

*O número após o nome da divisão do tempo geológico indica a idade (em milhões de anos atrás) na qual ela se iniciou.

Tabela Métrica

	Unidade fundamental	Quantidade	Valor numérico	Símbolo	Equivalente em inglês
Área		Hectare	10.000 m²	ha	2,471 acres
Comprimento	Metro			m	39,37 polegadas
		Quilômetro	1.000 (10^3) m	km	0,62137 milha
		Centímetro	0,01 (10^{-2}) m	cm	0,3937 polegada
		Milímetro	0,001 (10^{-3}) m	mm	
		Micrômetro	0,000001 (10^{-6}) m	μm	
		Nanômetro	0,000000001 (10^{-9}) m	nm	
		Angstrom	0,0000000001 (10^{-10}) m	Å	
Massa	Grama			g	0,03527 onça
		Quilograma	1.000 g	kg	2,2 libras
		Miligrama	0,001 g	mg	
		Micrograma	0,000001 g	μg	
Tempo	Segundo			s	
		Milissegundo	0,001 s	ms	
		Microssegundo	0,000001 s	μs	
Volume (sólidos)	Metro cúbico			m³	35,314 pés cúbicos
		Centímetro cúbico	0,000001 m³	cm³	0,061 polegada cúbica
		Milímetro cúbico	0,000000001 m³	mm³	
Volume (líquidos)	Litro			ℓ	1,06 quarto
		Mililitro	0,001 litro	mℓ	
		Microlitro	0,000001 litro	μℓ	

Escala de Conversão de Temperatura

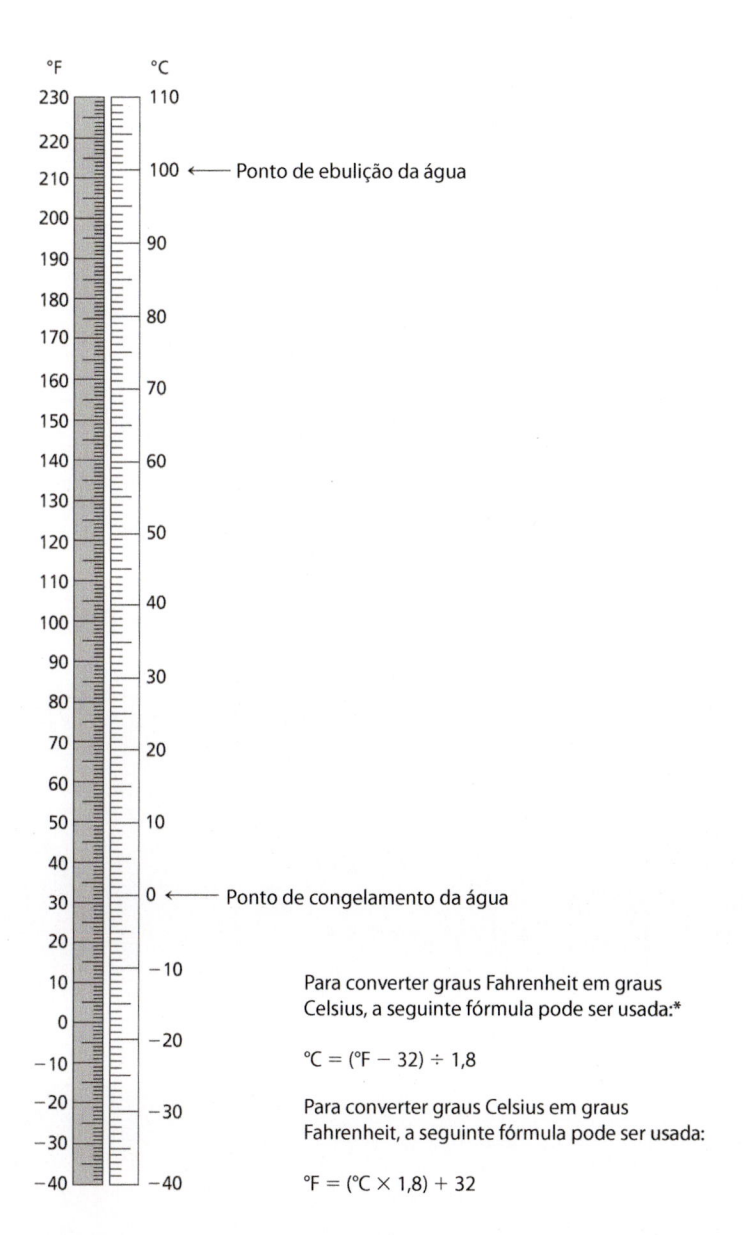

Para converter graus Fahrenheit em graus Celsius, a seguinte fórmula pode ser usada:*

$$°C = (°F - 32) \div 1,8$$

Para converter graus Celsius em graus Fahrenheit, a seguinte fórmula pode ser usada:

$$°F = (°C \times 1,8) + 32$$

*N.R.T.: Optou-se pelas fórmulas comumente usadas.

Introdução

◄ *Podophylum peltatum* (Berberidaceae) é encontrado nas florestas abertas e pastagens localizadas entre os limites dos EUA e Canadá; floresce no início do mês de maio, o que explica o seu nome popular maçã-de-maio. Apesar do nome, o fruto maduro tem coloração amarela e é uma baga. Utilizando a energia solar, a planta se desenvolve rapidamente, produzindo ramos, folhas e flores. Os frutos são comestíveis e podem ser usados em conservas e bebidas, mas as folhas e as raízes são venenosas.

CAPÍTULO 1

Botânica | Introdução

◀ **Mudança de *habitat*.** Embora as plantas sejam adaptadas primariamente à vida terrestre, algumas delas, como a *Nymphaea fabiola* (nenúfar, ninfeia), retornaram para a existência aquática. As evidências da passagem terrestre dos ancestrais dos nenúfares incluem uma camada externa cérea e resistente à água – cutícula –, assim como estômatos através dos quais ocorre a troca gasosa e um sistema de transporte interno extremamente elaborado.

SUMÁRIO
Evolução das plantas
Evolução das comunidades
O aparecimento dos seres humanos

"O que guia a vida é... um pequeno fluxo, mantido pela luz do Sol", escreveu o vencedor do prêmio Nobel Albert Szent-Györgyi. Com esta simples frase, ele resumiu uma das grandes maravilhas da evolução – a fotossíntese. Durante o processo fotossintético, a energia radiante do Sol é capturada e usada para formar os açúcares dos quais depende a vida de todos os seres, inclusive a nossa. O oxigênio, também essencial à nossa existência, é liberado como subproduto. Essa "pequena corrente" começa quando uma partícula de luz atinge uma molécula do pigmento verde clorofila, elevando um dos elétrons da clorofila a um nível energético maior. O elétron "excitado", por sua vez, inicia um fluxo de elétrons que irá, ao final do processo, converter a energia radiante do Sol em energia química das moléculas de açúcar. A luz solar incidente nas folhas do nenúfar mostrado anteriormente, por exemplo, é a primeira etapa no processo que resulta na produção das moléculas responsáveis pela formação das flores, das folhas e dos caules, assim como por todos os componentes moleculares que possibilitam o crescimento e o desenvolvimento das plantas.

Apenas alguns tipos de organismos – plantas, algas e algumas bactérias – possuem clorofila, que é essencial para que uma célula viva possa realizar fotossíntese. Uma vez que a energia luminosa é capturada em forma química, ela se torna disponível como fonte energética para todos os outros organismos, incluindo os seres humanos. Somos totalmente dependentes da fotossíntese, um processo ao qual as plantas estão extraordinariamente adaptadas.

A palavra "botânica" vem do grego *botánē*, que significa "planta", que deriva, por sua vez, do verbo *boskein*, "alimentar". As plantas, entretanto, participam de nossas vidas de muitas outras maneiras além de fontes de alimento. Elas nos fornecem fibras para vestuário; madeira para mobiliário, abrigo e combustível; papel para livros (como a página que você está lendo neste momento); temperos para culinária; substâncias para remédios; e o oxigênio que respiramos. Somos totalmente dependentes das plantas. As plantas também têm um grande apelo sensorial, e nossas vidas são melhoradas por jardins, parques e áreas selvagens disponíveis para nós. O estudo das plantas nos garantiu melhor entendimento da natureza de toda a vida e continuará a fazê-lo nos anos vindouros. Graças à engenharia genética e outros tipos de tecnologia moderna, estamos atualmente no período mais estimulante da história da botânica. Hoje em dia as plantas podem ser transformadas, por exemplo, de modo que se tornem resistentes às doenças, destruam pragas, produzam vacinas, fabriquem plástico biodegradável, tolerem solos ricos em sais, resistam ao congelamento e contenham teores mais elevados de vitaminas e sais minerais nos alimentos, como milho e arroz.

PONTOS PARA REVISÃO
Após a leitura deste capítulo, você deverá ser capaz de responder às seguintes questões:

1. Por que os biólogos acreditam que todos os seres vivos existentes atualmente no planeta Terra compartilham um ancestral único?

2. Qual é a principal diferença entre um heterótrofo e um autótrofo, e qual papel cada um teve na Terra primitiva?

3. Por que a evolução da fotossíntese é considerada um evento tão importante na evolução da vida em geral?

4. Cite alguns dos problemas enfrentados pelas plantas quando fizeram a transição do mar para a terra. Quais estruturas nas plantas terrestres evoluíram para solucionar esses problemas?

5. O que são biomas, e quais os principais papéis das plantas nos ecossistemas?

Evolução das plantas

A vida originou-se logo no início da história geológica da Terra

Como todos os outros organismos vivos, as plantas têm uma longa história durante a qual *evoluíram*, ou mudaram, com o passar do tempo. O próprio planeta Terra – um aglomerado de poeira e gases girando em órbita ao redor de uma estrela que é o nosso Sol – tem cerca de 4,6 bilhões de anos (Figura 1.1). Acredita-se que a Terra tenha sofrido um bombardeio fatal de meteoros que terminou entre 3,8 e 3,9 bilhões de anos atrás. Vastos pedaços de rocha colidiram com o planeta, ajudando a mantê-lo quente. À medida que a Terra derretida começou a esfriar, violentas tempestades apareceram acompanhadas de relâmpagos e descargas de energia elétrica, e um vulcanismo generalizado expeliu rocha derretida e água fervente vindos das camadas inferiores da crosta terrestre.

Os mais antigos fósseis conhecidos são encontrados nas rochas do oeste australiano com cerca de 3,5 bilhões de anos de idade (Figura 1.2). Esses microfósseis consistem em diversos tipos de pequenos, relativamente simples, microrganismos filamentosos que se assemelham a bactérias. Têm aproximadamente a mesma idade desses microfósseis, os *estromatólitos* – tapetes microbianos fossilizados constituídos por camadas de microrganismos filamentosos, além de outros presos no sedimento. Os estromatólitos continuam a se formar ainda hoje em alguns lugares, como nos mares quentes e pouco profundos nas costas da Austrália e Bahamas (ver Capítulo 13). Ao compararem os estromatólitos antigos com os modernos, que são formados por cianobactérias (bactérias filamentosas fotossintetizantes), os cientistas concluíram que os estromatólitos antigos foram formados por bactérias filamentosas similares.

Ainda há muitas dúvidas sobre se a vida se originou na Terra ou se chegou à Terra pelo espaço na forma de esporos – células

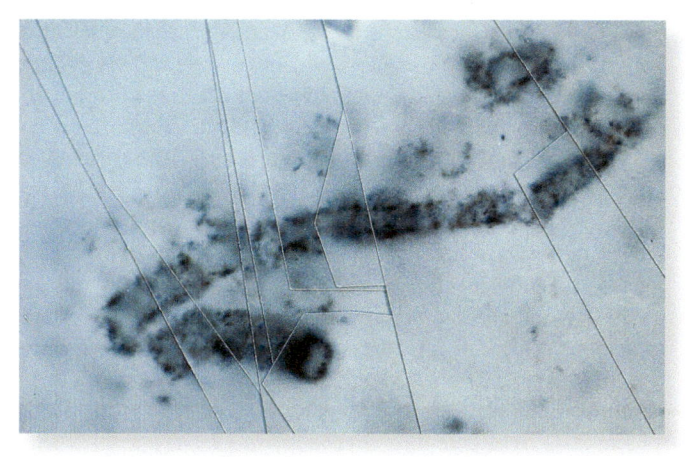

1.2 Os mais antigos fósseis conhecidos. Obtidos de rochas antigas no noroeste australiano, estes procariotos fossilizados datam de 3,5 bilhões de anos atrás. Eles são cerca de um bilhão de anos mais jovens do que a própria Terra, mas há poucas rochas mais velhas nas quais se possa procurar uma evidência mais antiga de vida. Os organismos mais complexos – aqueles com organização celular eucariótica – não evoluíram até cerca de 2,1 bilhões de anos atrás. Por aproximadamente 1,5 bilhão de anos, portanto, procariotos foram as únicas formas de vida na Terra. Estes microfósseis foram aumentados 1.000 vezes.

reprodutivas resistentes – ou por outros meios. A vida pode ter se formado em Marte, por exemplo, cuja história é semelhante à da Terra. Fortes evidências, primeiro descobertas pelo veículo espacial *Opportunity*, em 2004, indicaram que a água um dia fluiu pelo planeta, levantando a possibilidade de que, em algum momento, Marte pode ter sustentado vida (Figura 1.3). Em 2008, a sonda espacial não tripulada *Phoenix* encontrou gelo em abundância próximo à superfície. Além disso, seus instrumentos monitoraram um ciclo diurno de água: o vapor d'água, oriundo do gelo logo abaixo da superfície e da água aderida aos grãos de

1.1 Vida na Terra. Dos nove planetas em nosso sistema solar, apenas um, até onde sabemos, possui vida. Este planeta, a Terra, é visivelmente diferente dos outros. A distância, ele parece azul e verde, e brilha um pouco. O azul é a água, o verde é a clorofila, e o brilho é a luz do Sol refletida pela camada de gases que circundam a superfície do planeta. A vida, pelo que conhecemos, depende dessas características que são visíveis na Terra.

1.3 Vida em Marte? Essa imagem colorida artificialmente mostra uma parte da cratera Jezero. Essa cratera tem 40 km de diâmetro e resultou de um impacto na região setentrional de Marte onde existia um lago. Minerais semelhantes a argila (indicados em verde) foram levados por rios ancestrais para o lago, formando um delta. Como a argila consegue reter e conservar matéria orgânica, deltas e leitos de rios são áreas promissoras para pesquisar sinais de vida em Marte.

terra, é liberado para a atmosfera de Marte durante a manhã e à noite condensa e cai graças à gravidade. A maioria dos cristais de gelo evapora enquanto caem através da camada limítrofe atmosférica, mas já foi observada queda de neve em Marte.

Não foram detectadas moléculas nem traços de atividade biológica atual ou prévia no local do pouso da *Phoenix*. Todavia, seria esperado o achado de moléculas orgânicas no solo de Marte, tendo em vista o influxo constante de determinados tipos de meteoritos que contêm quantidades consideráveis de material orgânico. Os meteoritos que caem na Terra contêm aminoácidos e moléculas de carbono orgânicas, como por exemplo, formaldeído. Não obstante, continuaremos acreditando que a vida na Terra surgiu aqui mesmo.

Em 2011, o satélite *Mars Reconnaissance Orbiter* da NASA encontrou evidências de água em estado líquido escorrendo pelas vertentes e paredes das cavernas durante o mês de tempo quente em Marte. Acredita-se que esse líquido seja extremamente salgado e é encontrado logo abaixo da superfície, onde está protegido do congelamento nas temperaturas extremamente frias encontradas em Marte e da evaporação em decorrência das baixas pressões atmosféricas do planeta. Esses achados aumentam ainda mais as possibilidades de encontrar vida em Marte.

Provavelmente, os antecessores das células eram simples agregados de moléculas

Segundo as teorias atuais, moléculas orgânicas, formadas pela ação de relâmpagos, chuva e energia solar nos gases no ambiente ou expelidas por fontes hidrotermais, acumularam-se nos oceanos. Algumas moléculas orgânicas tendem a se agrupar, e estes grupos provavelmente adquiriram a forma de gotículas, similares às gotículas formadas por óleo na água. Tais associações de moléculas parecem ter sido os antecessores das células primitivas, as primeiras formas de vida. Sidney W. Fox e seus colegas na University of Miami produziram proteínas que se agregaram em corpos semelhantes a células na água. Chamados "microesferas de proteinoides", estes corpos crescem lentamente pelo acúmulo de material proteinoide adicional e finalmente brotam microesferas menores. Embora Fox tenha comparado esse processo a um tipo de reprodução, as microesferas não são células vivas. Algumas pesquisas têm sugerido que partículas de argila, ou mesmo bolhas, podem ter tido algum papel na origem da vida na Terra ao coletarem substâncias químicas e concentrando-as para síntese em moléculas complexas.

De acordo com as teorias atuais, estas moléculas orgânicas podem ter servido como a fonte energética para as primeiras formas de vida. As células primitivas ou estruturas semelhantes a elas foram capazes de usar esses abundantes compostos para satisfazer suas necessidades energéticas. À medida que evoluíram e se tornaram mais complexas, as células foram cada vez mais capazes de controlar seus próprios destinos. Com essa complexidade crescente, adquiriram a *capacidade de crescer, reproduzir-se* e *passar adiante suas características a gerações subsequentes (hereditariedade).* Com a *organização celular,* essas três propriedades caracterizam todas as formas de vida na Terra.

Atualmente, praticamente todos os organismos usam um código genético idêntico para traduzir DNA em proteínas (ver Capítulo 9), sejam eles fungos, plantas ou animais. Portanto, parece evidente que a vida como a conhecemos surgiu nesse planeta apenas uma vez e todos os seres vivos compartilham o mesmo ancestral: um micróbio com DNA que viveu há mais de 3,5 bilhões de anos. Próximo ao final de seu trabalho *On the origin of species*, Charles Darwin escreveu: "provavelmente todos os seres orgânicos que já viveram nesse planeta descendem de uma mesma forma primordial."

Organismos autotróficos fazem seu próprio alimento, mas os heterotróficos precisam obter seu alimento de fontes externas

As células que satisfazem seus requerimentos energéticos, ao consumirem compostos orgânicos produzidos por fontes externas, são conhecidas como *heterótrofas* (do grego: *héteros*, outro, e *trophos*, alimentar-se). Um organismo heterotrófico é dependente de uma fonte externa de moléculas orgânicas para sua energia. Animais, fungos (Figura 1.4) e muitos organismos unicelulares, como algumas bactérias e protistas, são heterótrofos.

À medida que os heterótrofos primitivos aumentavam em número, eles começaram a utilizar as moléculas complexas das quais sua existência dependia – e que levaram milhões de anos para se acumular. Moléculas orgânicas livres em solução (*i. e.,* que não estavam dentro de uma célula) tornaram-se cada vez mais escassas, e a competição começou. Sob a pressão desta competição, células que podiam fazer uso mais eficiente das fontes limitadas de energia agora disponíveis tinham maiores chances de sobrevivência do que as células que não podiam.

1.4 Heterótrofo atual. Este fungo com chapéu laranja, conhecido como cogumelo-de-aspen, está crescendo no chão no Colorado (EUA). Como outros fungos, absorve seu alimento (frequentemente de outros organismos).

1.5 Autótrofo fotossintético. Os trílios (*Trillium grandiflorum*, Trilliaceae), com suas grandes flores, são uma das primeiras plantas a florescer na primavera, em bosques decíduos do leste e meio-oeste da América do Norte, e são vistos aqui crescendo na base de bétulas. Como a maioria das plantas vasculares, o trílio e as bétulas estão enraizados ao solo; a fotossíntese ocorre principalmente nas folhas. Os trílios produzem flores em condições de boa iluminação antes de as folhas aparecerem nas árvores circundantes. As porções subterrâneas (rizomas) da planta vivem por muitos anos e produzem novas plantas vegetativamente sob a grossa camada de material em decomposição no chão do bosque. Os trílios também se reproduzem produzindo sementes que são dispersas por formigas.

No decorrer do tempo, pelo longo e lento processo de eliminação dos menos adaptados, evoluíram as células que eram capazes de fazer suas próprias moléculas ricas em energia a partir de materiais inorgânicos simples. Tais organismos são chamados *autótrofos*, "autoalimentadores". Sem a evolução desses autótrofos, a vida na Terra logo teria chegado ao fim.

Os mais bem-sucedidos dos autótrofos foram aqueles nos quais se desenvolveu um sistema para fazer uso direto da energia solar – isto é, o processo de fotossíntese (Figura 1.5).

Os mais antigos organismos fotossintetizantes, embora simples em comparação com as plantas, eram muito mais complexos do que os heterótrofos primitivos. O uso da energia solar requeria um complexo sistema de pigmentos para capturar a energia luminosa e, associado a este sistema, uma maneira de armazenar a energia em uma molécula orgânica.

Evidências das atividades de organismos fotossintetizantes foram encontradas em rochas de 3,4 bilhões de anos de idade, aproximadamente 100 milhões de anos após a primeira evidência fóssil de vida na Terra. Podemos estar quase certos, contudo, de que tanto a vida quanto os organismos fotossintetizantes evoluíram muito antes do que sugerem os registros fósseis. Além disso, parece não restarem dúvidas de que os heterótrofos surgiram antes dos autótrofos. Com o aparecimento dos autótrofos, o fluxo de energia na *biosfera* (*i. e.*, o mundo vivo e seus ambientes) assumiu sua forma moderna: energia radiante do Sol canalizada por meio dos autótrofos fotossintetizantes para todas as outras formas de vida.

A fotossíntese alterou a atmosfera da Terra, a qual, por sua vez, influenciou a evolução da vida

À medida que os organismos aumentavam em número, eles alteraram a face do planeta. Essa revolução biológica ocorreu porque a fotossíntese tipicamente envolve a quebra da molécula de água (H_2O), liberando seu oxigênio como moléculas livres de oxigênio (O_2). Há mais de 2,2 bilhões de anos, o oxigênio liberado nos oceanos e lagos reagiu com o ferro dissolvido e se precipitou como óxidos de ferro (Figura 1.6). O oxigênio começou gradualmente a se acumular na atmosfera, a partir de 2,7 a 2,2 bilhões de anos. Há cerca de 700 milhões de anos, os níveis atmosféricos de oxigênio aumentaram marcadamente, e começaram a se aproximar dos níveis atuais durante o período Cambriano (570 a 510 milhões de anos atrás).

Esse aumento no nível de oxigênio tem duas importantes consequências. Primeira, algumas das moléculas de oxigênio na camada externa da atmosfera foram convertidas em moléculas de ozônio (O_3). Quando houve uma quantidade suficiente de ozônio na atmosfera, ela começou a absorver os raios ultravioleta – raios estes altamente destrutivos para os organismos vivos – da luz solar que chega à Terra. Há aproximadamente 450 milhões de anos, a camada de ozônio aparentemente protegeu os organismos o suficiente para que pudessem sobreviver nas camadas superficiais de água e nas costas. Então, a vida emergiu para a terra firme pela primeira vez.

1.6 Formações de ferro em faixas. Essas faixas vermelhas de óxido de ferro (também conhecido como ferrugem) com 2 bilhões de anos de idade são encontradas em Jasper Knob (Michigan). Essas faixas são uma evidência de acúmulo de oxigênio.

Segunda, o aumento de oxigênio livre abriu caminho para uma utilização muito mais eficiente de moléculas contendo carbono, ricas em energia, formadas pela fotossíntese. Isso permitiu que os organismos quebrassem essas moléculas por um processo que utiliza oxigênio, conhecido como *respiração*. Como discutido no Capítulo 6, a respiração libera muito mais energia do que a extraída por qualquer processo *anaeróbico*, ou seja, sem o uso do oxigênio.

Antes de a atmosfera acumular oxigênio e se tornar *aeróbica*, as únicas células que existiam eram *procarióticas* – células simples, às quais faltava um envoltório nuclear, e não possuíam material genético organizado em cromossomos complexos. É provável que os primeiros procariotos fossem organismos amantes do calor, chamados "arqueas" (que significa "os antigos"); sabe-se que seus descendentes, atualmente, estão muitos dispersos, muitos vivendo em temperaturas extremamente altas e em ambientes ácidos, hostis a outras formas de vida. As bactérias são também procarióticas. Algumas arqueas e bactérias são heterotróficas, enquanto outras, como as cianobactérias, são autotróficas.

De acordo com o registro fóssil, o aumento do relativamente abundante oxigênio livre foi acompanhado pelo primeiro aparecimento de células *eucarióticas* – células com envoltório nuclear, cromossomos complexos e organelas como mitocôndrias (local da respiração) e cloroplastos (local da fotossíntese), envolvidas por membranas. Os organismos eucariotos, cujas células individuais são normalmente muito maiores do que as de bactérias, apareceram por volta de 2,1 bilhões de anos atrás e se estabeleceram e diversificaram há cerca de 1,2 bilhão de anos. Exceto para as arqueas e as bactérias, todos os organismos – desde amebas até dentes-de-leão (*Taraxacum officinale*), carvalhos e seres humanos – são compostos por uma ou mais células eucarióticas.

O ambiente costeiro foi importante na evolução dos organismos fotossintetizantes

No início da história evolutiva, os principais organismos fotossintetizantes eram células microscópicas, flutuando abaixo da superfície das águas iluminadas pela luz solar. A energia abundava, assim como carbono, hidrogênio e oxigênio, mas, à medida que as colônias celulares se multiplicavam, logo diminuíram os recursos minerais do mar aberto. (É essa falta de minerais essenciais o fator limitante para os planos modernos de cultivar os mares.) Como consequência, a vida começou a se desenvolver de modo mais abundante próximo às costas, onde as águas eram ricas em nitratos e minerais carregados das montanhas por rios e riachos e removidos das costas pelas ondas incessantes.

Os costões rochosos apresentaram-se como um ambiente muito mais complicado do que o mar aberto, e, em resposta a essas pressões evolutivas, os organismos vivos tornaram-se cada vez mais diversificados e complexos em estrutura. Há não menos que 650 milhões de anos, os organismos evoluíram de modo a que muitas células ficassem ligadas umas às outras para formar um corpo integrado pluricelular. Podem ser vistos, nesses organismos primitivos, os estágios iniciais da evolução de plantas, fungos e animais. Fósseis de organismos pluricelulares são muito mais fáceis de detectar do que aqueles mais simples. A história da vida na Terra é, portanto, mais bem documentada a partir de sua primeira aparição.

Na costa turbulenta, os organismos pluricelulares fotossintetizantes eram mais capazes de manter suas posições contra a ação das ondas, e, ao vencerem o desafio da costa rochosa, novas formas se desenvolveram. Essas novas formas desenvolveram paredes celulares relativamente fortes para suporte, assim como estruturas especializadas para ancorar seus corpos às superfícies rochosas (Figura 1.7). À medida que estes organismos aumentavam em tamanho, eram confrontados com o problema de suprir alimento às porções mais profundamente submersas e pobremente iluminadas de seus corpos, onde a fotossíntese não estava acontecendo. Finalmente, tecidos especializados para a condução de alimento se desenvolveram por toda a extensão do corpo desses organismos e conectavam as partes superiores fotossintetizantes às estruturas inferiores não fotossintetizantes.

1.7 Evolução dos organismos pluricelulares. No início de sua evolução, os organismos fotossintéticos pluricelulares se fixavam aos costões rochosos. As kelpes (*Durvillaeae potatorum*), encontradas na maré baixa nas rochas ao longo da costa de Victoria e Tasmania (Austrália), são algas pardas (classe Phaeophyceae), um grupo no qual a pluricelularidade evoluiu de modo independente de outros organismos.

A colonização da terra firme estava associada à evolução de estruturas para obter água e minimizar a perda de água

O corpo de uma planta pode ser entendido em termos de sua longa história e, em particular, em termos das pressões evolutivas envolvidas na transição para a terra. Os requisitos para um organismo fotossintetizante são relativamente simples: luz, água e gás carbônico para a fotossíntese, oxigênio para a respiração, e alguns minerais. No ambiente terrestre, a luz é abundante, assim como o são o oxigênio e o gás carbônico, ambos os quais circulam mais livremente no ar do que na água. Também, o solo é geralmente rico em nutrientes minerais. O fator essencial, portanto, para a transição para a terra – ou como um pesquisador prefere dizer, "para o ar" – é a água.

Os animais terrestres, de maneira geral, são móveis e capazes de procurar água da mesma maneira que buscam alimento. Os fungos, embora imóveis, permanecem em grande parte abaixo da superfície do solo ou dentro de qualquer que seja o material orgânico úmido do qual estejam se alimentando. As plantas utilizaram uma estratégia evolutiva alternativa. A *raiz* ancora a planta ao solo e coleta a água necessária para a manutenção do corpo da planta e para a fotossíntese, enquanto o *caule* serve de

nes, o *sistema vascular* ou sistema condutor do caule transporta uma variedade de substâncias entre as partes fotossintetizantes e não fotossintetizantes do corpo da planta. O sistema vascular possui dois componentes principais: o *xilema*, ou lenho, pelo qual a água passa em direção ascendente no corpo da planta, e o *floema*, ou líber, pelo qual o alimento produzido nas folhas e em outras partes fotossintetizantes da planta é transportado no corpo da planta. É esse eficiente sistema de condução que dá ao principal grupo de plantas – as *plantas vasculares* – seu nome (Figura 1.9).

As plantas, ao contrário dos animais, continuam a crescer por toda a sua vida. Todo crescimento nas plantas se origina em *meristemas*, que são regiões de tecido embrionário capazes de adi-

1.8 Estômatos. Os estômatos abertos na superfície da folha de fumo *(Nicotiana tabacum)*. A abertura do estômato é controlada pelas duas células-guarda.

suporte para os principais órgãos fotossintetizantes, as *folhas*. Uma corrente contínua de água se move para a parte superior da planta, a partir das raízes, depois pelo caule e pelas folhas, sendo então eliminada como vapor d'água. A *epiderme*, camada mais externa de células que reveste todas as porções aéreas da planta diretamente envolvidas na fotossíntese, é recoberta por uma *cutícula*, que é provida de cera e retarda a perda de água. Contudo, a cutícula também tende a prevenir as trocas de gases entre a planta e o ar circundante, as quais são necessárias tanto para a fotossíntese quanto para a respiração. A solução para este dilema é encontrada nos *estômatos*, cada qual constituído de um par de células epidérmicas especializadas (células-guarda), com uma pequena abertura entre elas. Os estômatos abrem-se e fecham-se em resposta a sinais ambientais e fisiológicos, ajudando, assim, a planta a manter o balanço entre a perda de água e suas necessidades de oxigênio e gás carbônico (Figura 1.8).

Em plantas jovens e *anuais* – plantas cuja expectativa de vida é de 1 ano – o caule é também um órgão fotossintetizante. Em plantas *perenes* – com maior expectativa de vida – o caule pode tornar-se espesso, lenhoso e recoberto pelo *súber*, o qual, da mesma maneira que a epiderme recoberta por cutícula, retarda a perda de água. Tanto em plantas anuais como nas pere-

1.9 Planta vascular atual. Diagrama de uma faveira *(Vicia faba)* jovem, mostrando os principais órgãos e tecidos de uma planta vascular atual. Os órgãos – raiz, caule e folha – são compostos por tecidos, que são conjuntos de células com distintas estruturas e funções. Ao todo, as raízes formam o sistema radicular, e o caule com as folhas formam o sistema caulinar da planta. Diferentemente da raiz, o caule é dividido em nós e entrenós. O nó é a parte do caule no qual uma ou mais folhas estão presas, e o entrenó é a parte do caule entre dois nós sucessivos. Na faveira, as primeiras folhas são divididas em dois folíolos cada uma. A gema, ou sistema caulinar embrionário, normalmente cresce na axila – o ângulo superior formado pela intersecção entre a folha e o caule – da folha. As raízes laterais são formadas a partir dos tecidos internos da raiz. Os tecidos vasculares – xilema e floema – ocorrem juntos e formam um sistema vascular contínuo por todo o corpo da planta. Tais tecidos localizam-se logo internamente ao córtex na raiz e no caule. O mesofilo é especializado para a fotossíntese. Nesse diagrama, um cotilédone, ou folha seminal, pode ser observado graças ao rompimento do envoltório da semente.

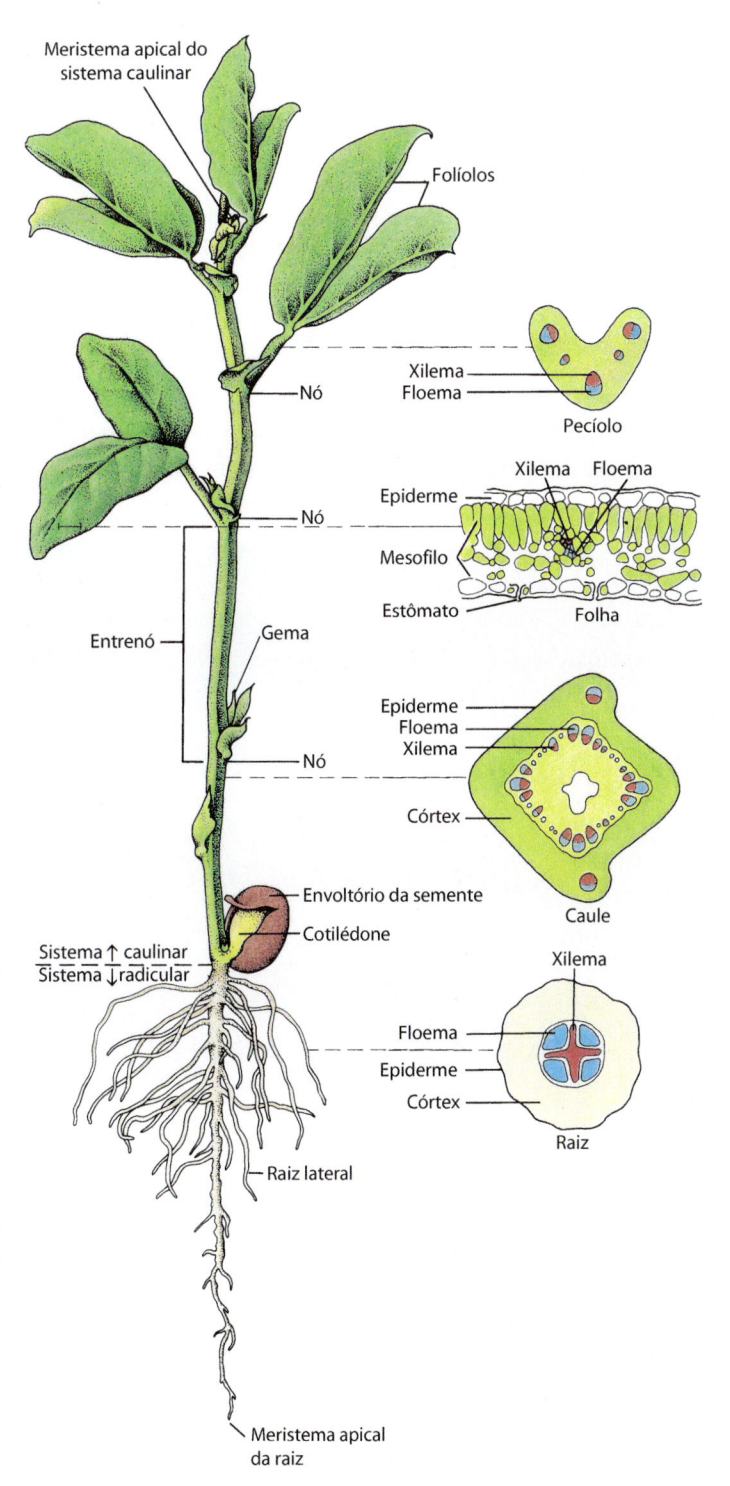

cionar células indefinidamente ao corpo da planta. Os meristemas localizados na ponta da raiz e do sistema caulinar – os *meristemas apicais* – estão envolvidos no aumento, em comprimento, do corpo da planta. Assim, as raízes crescem continuamente alcançando novas fontes de água e nutrientes minerais, e as regiões fotossintetizantes continuamente se estendem em direção da luz. O tipo de crescimento que se origina dos meristemas apicais é conhecido como *crescimento primário*. Por outro lado, o tipo de crescimento que resulta no espessamento do caule e da raiz – *crescimento secundário* – origina-se de dois *meristemas laterais* –, o câmbio vascular e o felogênio (câmbio da casca).

Durante a transição "para o ar", as plantas também passaram por outras adaptações que tornaram possível sua reprodução no ambiente terrestre. A primeira dessas adaptações foi a produção de esporos resistentes a ambientes secos. Isso foi seguido pela evolução de estruturas pluricelulares e complexas, nas quais os gametas ou as células reprodutivas eram guardados e protegidos da desidratação por uma camada de células estéreis. Nas *plantas com sementes*, que incluem quase todas as plantas mais familiares a nós, exceto as samambaias, os musgos e as hepáticas, a planta jovem (embrião) é encerrada em uma cobertura especializada (envoltório da semente) fornecida pelo parental. Lá o embrião está protegido tanto da seca quanto dos predadores e é suprido por uma quantidade de alimento armazenado. O embrião, o alimento armazenado e o envoltório são os componentes da *semente*.

Assim, em resumo, a planta vascular (Figura 1.9) é caracterizada por um sistema de raízes que serve para ancorar a planta ao solo e coletar água e nutrientes minerais dele; um caule que eleva as partes fotossintetizantes do corpo da planta em direção à sua fonte energética, o sol; e as folhas, que são órgãos fotossintéticos altamente especializados. Raiz, caule e folhas interconectam-se em um complicado e eficiente sistema vascular para o transporte de água e alimento. As células reprodutivas das plantas estão encerradas dentro de estruturas protetoras pluricelulares, e, nas plantas com sementes, os embriões estão protegidos por envoltórios resistentes. Todas essas características são adaptações para a existência de organismos fotossintetizantes no ambiente terrestre.

Evolução das comunidades

A invasão do ambiente terrestre pelas plantas mudou a face dos continentes. Olhando de um avião para um dos vastos desertos da Terra ou uma cordilheira de montanhas, podemos imaginar com o que o mundo se parecia antes do surgimento das plantas. Mesmo nessas regiões, o viajante que passe por terra encontrará uma assombrosa variedade de plantas pontuando as extensões de rocha e areia. Nas partes do mundo onde o clima é mais temperado e as chuvas são mais frequentes, as comunidades de plantas dominam as terras e determinam suas características. De fato, em grande parte, elas *são* as terras. As florestas tropicais, as savanas, as florestas temperadas, os desertos, a tundra – cada uma destas palavras trás à mente um retrato da paisagem (Figura 1.10). As principais características de cada paisagem são as plantas encontradas nela: em nossa floresta tropical imaginária, fechando-nos em uma catedral verde-escura; em um prado, acarpetando o chão abaixo de nossos pés com flores silvestres; e movendo-se em grandes ondas douradas até onde a vista alcança na nossa pradaria imaginária. Apenas quando tivermos esboçado

A

B

1.10 Exemplos da enorme diversidade de biomas na Terra. A. As florestas temperadas decíduas, que cobrem a maior parte do leste dos EUA e o sudeste do Canadá, são dominadas por árvores que perdem suas folhas no frio do inverno. Aqui são mostrados bétulas e bordos fotografados no início do outono nas montanhas Adirondack, no estado de Nova Iorque. **B.** Sob a camada de permafrost, a tundra ártica é um bioma sem árvores, caracterizada por uma curta estação de crescimento. Mostram-se aqui plantas da tundra com cores de outono, fotografadas no vale de Tombstone, Yukon, Canadá. **C.** Na África, savanas são habitadas por grandes rebanhos de mamíferos herbívoros, como estas zebras e gnus. A árvore em primeiro plano é uma acácia. **D.** Florestas tropicais úmidas, mostradas aqui na Costa Rica, constituem os mais ricos e diversos biomas da Terra; talvez a metade das espécies de organismos da Terra seja encontrada neste bioma. **E.** Os desertos recebem tipicamente menos de 25 cm de chuva por ano. No deserto de Sonora (Arizona), a planta dominante é o cacto saguaro gigante (*Carnegiea gigantea*). Os cactos saguaro, adaptados à vida em clima seco, apresentam raízes superficiais e bem espalhadas, assim como caules espessos para armazenar água. **F.** O clima mediterrâneo é raro em uma escala global. Invernos frios e úmidos, durante os quais as plantas crescem, são seguidos por verões quentes e secos, durante os quais as plantas ficam dormentes. Mostrado aqui está um bosque de carvalhos sempre-verdes em Mount Diablo, Califórnia, EUA.

C

D

E

F

esses *biomas* – comunidades naturais de grande extensão, caracterizados por grupos de plantas e de animais distintos e controlados pelo clima – em termos de árvores, de arbustos e de herbáceas, é que poderemos preenchê-los com os demais componentes, como veados, antílopes, coelhos ou lobos.

Como as vastas comunidades vegetais, tais como aquelas vistas em escala continental, apareceram? Até certo ponto podemos traçar a evolução dos diferentes tipos de plantas e animais que habitam essas comunidades. Contudo, mesmo com o conhecimento acumulado, apenas começamos a ter um vislumbre do complexo padrão de desenvolvimento, através do tempo, de todos os sistemas de organismos que compõem estas várias comunidades.

Os ecossistemas são relativamente estáveis: unidades integradas que são dependentes dos organismos fotossintetizantes

Tais comunidades, com a parte não viva do ambiente, são conhecidas como sistemas ecológicos ou *ecossistemas*. Um ecossistema é um tipo de entidade corporativa feita de indivíduos efêmeros. Alguns desses indivíduos, as grandes árvores, vivem por milhares de anos; outros, os microrganismos, vivem apenas algumas horas ou até alguns minutos. Ainda assim, o ecossistema como um todo tende a ser surpreendentemente estável (embora não estático). Uma vez em equilíbrio, ele não muda por séculos. Nossos netos podem, algum dia, passear por um bosque no qual os nossos bisavós passearam e viram um pinheiro, uma amoreira, um rato-do-campo (*Microtus* sp.), mirtilos (*Vaccinium myrtillus*)* silvestres ou um *Pipilo* sp.,** e caso o bosque ainda exista, essas crianças verão, de maneira geral, os mesmos tipos de plantas e animais e nos mesmos números.

Um ecossistema funciona como uma unidade integrada, embora muitos dos organismos no sistema compitam por recursos. Praticamente todo ser vivo, até a menor célula bacteriana ou um esporo de fungo, é uma fonte de alimento para outro organismo vivo. Deste modo, a energia capturada pelas plantas verdes é transferida, de uma maneira muito regulada, pelos diversos tipos de organismos diferentes antes de ser dissipada. Além disso, as interações entre os próprios organismos e os organismos e a parte não viva do ambiente produzem uma reciclagem ordenada de elementos, como o nitrogênio e o fósforo. Energia precisa ser constantemente adicionada ao ecossistema, mas os elementos são reciclados entre os organismos, retornados ao solo, decompostos por bactérias e fungos do solo e reciclados. Essas transferências de energia e a reciclagem de elementos envolvem sequências complicadas de eventos, e nestas sequências cada grupo de organismos tem um papel muito específico. Como consequência, é impossível mudar um único componente de um ecossistema sem o risco de destruir o equilíbrio do qual a estabilidade deste ecossistema depende.

Na base da produtividade de praticamente todos os ecossistemas estão as plantas, as algas e as bactérias fotossintetizantes. Apenas esses organismos têm a capacidade de capturar a energia do Sol e fabricar moléculas orgânicas de que estes e todos os outros organismos necessitam para a vida. Há, aproximadamente, meio milhão de tipos de organismos capazes de realizar fotossíntese, e pelo menos 20 vezes este número de organismos

heterotróficos, os quais são completamente dependentes dos fotossintetizantes. Para os animais, inclusive os seres humanos, muitos tipos de moléculas – incluindo aminoácidos essenciais, vitaminas e nutrientes minerais – podem ser obtidos apenas pelas plantas ou outros organismos fotossintetizantes. Além disso, o oxigênio que é liberado na atmosfera pelos organismos fotossintetizantes torna a vida possível em terra e nas camadas superficiais dos oceanos. O oxigênio é necessário para as atividades metabólicas produtoras de energia na maioria dos organismos, incluindo os organismos fotossintetizantes.

Aparecimento dos seres humanos

Os seres humanos são relativamente novos no mundo dos organismos vivos (Figura 1.11). Se a história inteira da Terra fosse medida em uma escala de tempo de 24 h, começando à meia-noite, as células teriam aparecido nos mares logo antes do amanhecer. Os primeiros organismos pluricelulares não apareceriam até bem depois do pôr do sol, e a primeira aparição dos seres humanos (cerca de 2 milhões de anos atrás) se daria por volta dos últimos 30 segundos antes do final do dia. Ainda assim, os seres humanos mais do que qualquer outro animal – e quase tanto quanto as plantas que invadiram a terra firme – mudaram a superfície do planeta, moldando a biosfera de acordo com suas necessidades, ambições ou loucura.

Com o cultivo de lavouras, que começou há 10.500 anos, tornou-se possível a manutenção de uma população crescente de pessoas que por fim construíram vilas e cidades. Esse desenvolvimento (ver Capítulo 21) possibilitou a especialização e a diversificação da cultura humana. Uma característica dessa cultura é examinar a si mesma e a natureza de todas as coisas vivas, incluindo as plantas. Finalmente, as ciências biológicas desenvolveram-se dentro das comunidades humanas, que só se tornaram possíveis graças à domesticação das plantas. A parte da biologia que lida com plantas e, por tradição, com os procariotos, os fungos e as algas é chamada *botânica* ou *biologia vegetal*.

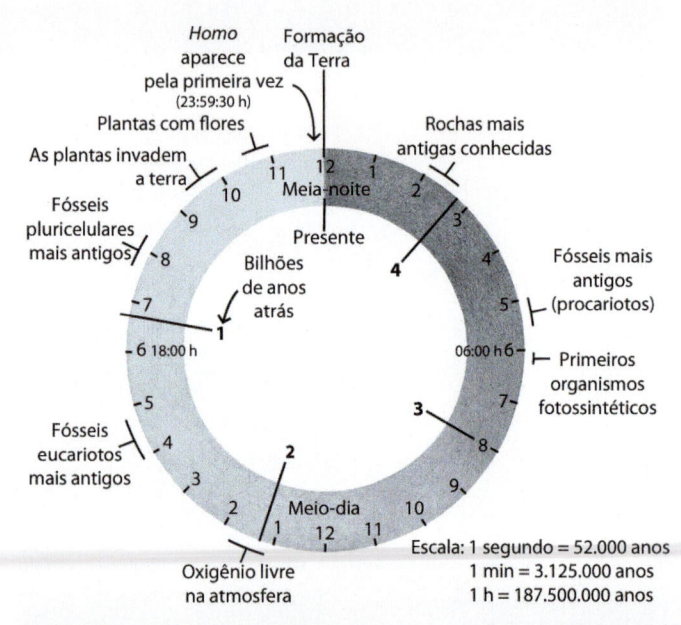

1.11 Relógio do tempo biológico. A vida surgiu relativamente cedo na história do nosso planeta, antes das 06:00 h em uma escala de 24 h. Os primeiros organismos pluricelulares só apareceram bem mais tarde (depois das 18:00 h), e o gênero *Homo* chegou bem tarde – menos de um minuto antes da meia-noite.

---

*N.R.T.: Planta de origem europeia, cujo fruto pequenino, de cor azul quase preta, é usado no preparo de geleias, licores, compotas etc.

**N.R.T.: Ave do hemisfério norte (Passeriforme).

A biologia vegetal inclui várias áreas de estudo

O estudo das plantas foi realizado por milhares de anos, mas, como todas as áreas científicas, somente se tornou diversificado e especializado durante o século 20. Até o final do século 19, a botânica era um ramo da medicina estudado principalmente por médicos que utilizavam plantas com propósitos médicos e se interessavam em determinar as similaridades e as diferenças entre plantas e animais. Hoje em dia, contudo, a biologia vegetal é uma disciplina científica importante com muitas subdivisões: *fisiologia vegetal*, o estudo de como funcionam as plantas, isto é, como elas capturam e transformam a energia e como elas crescem e se desenvolvem; *morfologia vegetal*, o estudo da forma das plantas; *anatomia vegetal*, o estudo da estrutura interna das plantas; *taxonomia* e *sistemática vegetal*, o estudo que envolve a nomenclatura e a classificação das plantas e o estudo de suas relações entre si; *citologia vegetal*, o estudo da estrutura, função e histórias de vida das células dos vegetais; *genética*, o estudo da hereditariedade e da variabilidade; *genômica vegetal*, o estudo do conteúdo, da organização e da função das informações genéticas em genomas integrais; *biologia molecular vegetal*, o estudo da estrutura e função das moléculas biológicas; *botânica econômica*, o estudo dos usos passados, presentes e futuros das plantas na humanidade; *etnobotânica*, o estudo dos usos das plantas com propósitos medicinais, entre outros, por populações indígenas; *ecologia vegetal*, o estudo das relações entre os organismos e seu ambiente; e *paleobotânica*, o estudo da biologia e evolução de plantas fósseis.

Neste livro estão incluídos todos os organismos que foram tradicionalmente estudados por botânicos: não somente plantas, mas também vírus, procariotos, fungos e protistas autotróficos (algas). Protistas e eucariotos não fotossintetizantes são tradicionalmente estudados por zoólogos. Embora vírus, procariotos, algas e fungos não sejam considerados plantas e não devamos sequer referirmo-nos a eles como tais neste livro, eles foram incluídos por causa da tradição e porque são normalmente considerados parte da porção botânica do currículo, assim como a própria botânica foi considerada parte da medicina. Além disso, tanto os procariotos (p. ex., bactérias fixadoras de nitrogênio) como os fungos (p. ex., micorrizóticos) formam relações importantes e mutuamente benéficas com seus hospedeiros vegetais. A virologia, a bacteriologia, a ficologia (o estudo das algas) e a micologia (o estudo dos fungos) são bem estabelecidas por seus próprios méritos, mas ainda estão mais ou menos agregadas à botânica.

O conhecimento de botânica é importante para lidar com os problemas atuais – e os de amanhã

Neste capítulo, abordamos desde os primórdios da vida neste planeta até a evolução das plantas e ecossistemas para o desenvolvimento da agricultura e civilização. Esses amplos tópicos são de grande interesse para diversos pesquisadores que não os botânicos. Os esforços urgentes de botânicos e agrônomos serão necessários para alimentar a população humana em rápida expansão no mundo (Figura 1.12), como discutido no Capítulo 21. As plantas atuais, algas e bactérias são a maior esperança de pro-

1.12 Crescimento da população humana. Ao longo dos últimos 10.000 anos, a população humana cresceu de muitos milhões para aproximadamente 7,2 bilhões (ONU, junho de 2013). Um aumento significativo na taxa de crescimento populacional ocorreu como resultado do cultivo de plantas, e um aumento ainda mais notável ocorreu com o advento da revolução industrial, que se iniciou na metade do século 18 e continua até o presente.

As consequências do crescimento rápido da população humana são muitas e variadas. Nos EUA e em outras partes do primeiro mundo, elas abarcam não apenas o grande número de pessoas, mas também o enorme consumo de combustíveis fósseis não renováveis e a poluição resultante – tanto da queima do combustível quanto de acidentes como derrames de óleo em locais de perfuração e durante o transporte. Nas partes menos desenvolvidas do mundo, as consequências incluem desnutrição e, frequentemente, fome, associada à contínua vulnerabilidade a doenças infecciosas. As consequências para outros organismos incluem não apenas os efeitos diretos da poluição, mas também – e mais importante – a perda do *habitat*.

ver uma fonte renovável de energia para as atividades humanas, assim como as plantas, algas e bactérias extintas são responsáveis pelo acúmulo maciço de gás, óleo e carvão, dos quais nossa moderna civilização industrial depende. Em um enfoque ainda mais fundamental, o papel das plantas, da mesma maneira que o das algas e bactérias fotossintetizantes, exige nossa atenção. Como produtores de compostos energéticos no ecossistema global, estes organismos fotossintetizantes são o meio pelo qual todos os outros seres vivos, incluindo nós mesmos, obtêm energia, oxigênio e muitos outros materiais necessários à continuidade de sua existência. Como estudante de botânica, você estará em melhor posição para compreender as importantes questões ecológicas e ambientais dos dias de hoje e, ao compreender melhor, ajudar a construir um mundo mais saudável.

Na segunda década do século 21, torna-se evidente que os seres humanos, com uma população de 6,5 bilhões em 2010 e uma população projetada de 9 bilhões em 2050, estão gerenciando a Terra com uma intensidade que seria inimaginável algumas décadas atrás. A cada hora, substâncias químicas manufaturadas caem em cada centímetro quadrado da superfície do planeta. A camada protetora de ozônio na estratosfera, formada há 450 milhões de anos, foi seriamente diminuída pelo uso de clorofluorocarbonos (CFC), e danosos raios ultravioleta que penetram esta camada reduzida aumentaram a incidência de câncer de pele na população mundial. Além disso, estima-se que, por volta da metade deste século, a temperatura média aumente entre 1,5°C e 4,5°C, devido ao *efeito estufa*. Este fenômeno de *aquecimento global* – o aprisionamento da energia térmica radiante da superfície da Terra para o espaço – é intensificado pelas quantidades crescentes de gás carbônico, óxidos de nitrogênio, CFC e metano na atmosfera, como resultado das atividades humanas. E, mais sério, grande parte de todas as espécies de plantas, animais, fungos e microrganismos estão desaparecendo ao longo de nossas vidas – vítimas da exploração humana da Terra – resultando em perda de biodiversidade. Todos esses sinais são alarmantes, e requerem nossa mais extrema atenção.

Novas e maravilhosas possibilidades foram desenvolvidas nos últimos anos para a melhor utilização das plantas pelo homem, e discutiremos tais desenvolvimentos por todo o livro. É possível agora, por exemplo, realizar a limpeza de ambientes poluídos graças à *fitorremediação* (Figura 1.13), a estimulação

A

B

1.13 Fitorremediação. A. Girassóis crescendo em um lago contaminado por césio e estrôncio radioativo após o desastre nuclear de Chernobil, na Ucrânia (na época, parte da União Soviética) em 1986. Suspensas por balsas de isopor, as raízes dos girassóis são capazes de remover até 90% dos contaminantes em 10 dias. **B.** Choupo (*Populus* spp.) e salgueiro (*Salix* spp.) crescendo em solo contaminado por combustível em Elizabeth, Carolina do Norte. Essas árvores de raízes profundas puxam os contaminantes para a superfície por seu caule e folhas, reduzindo a necessidade de bombeamento mecânico e tratamento dos lençóis freáticos. **C.** O selênio, que ocorre naturalmente, acumula-se nas valas de irrigação de lavouras, criando corpos de água parada e venenosos para a vida selvagem, especialmente para as aves migratórias. Ademais, plantas que crescem em solos com alta concentração de selênio resultantes da evaporação da água são tóxicas. A salicórnia *(Salicornia bigelovii)*, uma planta de mangue, é eficiente na remoção do selênio, que é absorvido pela planta e depois liberado na atmosfera para ser disperso pelo vento. A salicórnia é a base da alimentação do rato-de-mangue (*Reithrodontomys raviventris*, Muridae) da Califórnia (EUA), animal em risco de extinção visto aqui.

C

do crescimento das plantas, a eliminação das pragas, o controle de ervas daninhas em plantações e a formação de híbridos entre plantas com precisão nunca vista.

O potencial para o espantoso progresso em biologia vegetal cresce a cada ano, à medida que novas descobertas são feitas e novas aplicações, desenvolvidas. Os métodos de *engenharia genética*, discutidos no Capítulo 10, tornam possível o incrível feito de transferir genes de vírus, bactérias, animais ou de uma planta em particular a uma espécie inteiramente diferente de planta, a fim de se produzirem características específicas desejáveis na planta que recebeu o gene. Estas chamadas *plantas transgênicas*, que contêm genes de uma espécie inteiramente diferente, podem exibir extraordinárias propriedades novas. Com a inserção de genes de milho e de bactérias em núcleos de células de arroz, por exemplo, plantas com grãos muito mais nutritivos, com maiores níveis de betacarotenos, podem ser produzidas (ver Figura 10.1). Em outra área de investigação, está se trabalhando para aumentar a quantidade de ferro no arroz. Estes dois projetos são uma promessa para o melhoramento da saúde de populações pobres e subnutridas, cujas dietas sejam baseadas no arroz. Além disso, variedades de milho e algodão mais resistentes às pragas foram desenvolvidas com a transferência de genes de uma bactéria do solo que ataca lagartas que causam grandes prejuízos. O milho e o algodão transformados, com a capacidade de expressar os genes bacterianos, matam as lagartas que possam atacá-los, propiciando aos lavradores a redução do uso de pesticida.

A indústria havaiana de papaia foi salva graças ao desenvolvimento de mamoeiros capazes de resistir ao vírus da mancha anelar do mamão papaia (*papaya ringspot virus*, *PRSV*) (ver Figura 10.13). Outras melhorias envolvem soja transgênica que tolera *Roundup*, um herbicida que mata tanto ervas daninhas de folhas largas como a soja não transformada. Além disso, as laranjeiras foram transformadas para florir em 6 meses, em vez dos normais 6 a 20 anos, reduzindo assim o tempo necessário para que a laranjeira comece a produzir (Figura 1.14). Tentativas estão sendo feitas para aumentar a eficiência da fotossíntese e, assim, aumentar a produção agrícola. Para aumentar a "cerosidade" das colheitas, tem sido feito cruzamento seletivo de plantas à procura de folhas mais céreas. Esse aumento da cerosidade seria benéfico para as plantas porque reduziria a perda de água e, ao aumentar a refletividade das superfícies poderia resultar em discreto resfriamento das temperaturas no verão das regiões da parte central da América do Norte e da Eurásia.

Entre as promessas para o futuro estão os plásticos biodegradáveis, as árvores com maior quantidade de fibras para a manufatura de papel, as plantas com maiores quantidades de óleos essenciais e proteínas anticâncer e as vacinas que podem ser produzidas em plantas, mantendo o compromisso de algum dia produzir vacina contra hepatite B em bananas, por exemplo. Esses métodos, inicialmente aplicados em 1973, foram a base para o investimento de bilhões de dólares e maior esperança no futuro. Futuras descobertas irão, sem dúvida, exceder qualquer sonho e extrapolar os fatos que hoje conhecemos.

Além disso, damos cada vez mais valor aos espaços verdes em nossas vidas complexas. Nas cidades antigas, áreas industriais estão sendo habilmente recuperadas e transformadas em vários tipos de parques. Na cidade de Nova Iorque uma antiga linha férrea elevada (High Line), que fora programada para demolição, foi recuperada e agora é usada como área de lazer (Figura 1.15A). Esse parque, com um comprimento aproximado

1.14 Plantas transgênicas. Mudas de laranjeiras foram transformadas pela inserção de genes da indução de flor de *Arabidopsis*, a pequena planta angiosperma da família da mostarda, que é largamente utilizada em pesquisa genética. A muda transgênica de 6 meses à direita já apresenta flores, enquanto a muda de controle à esquerda não apresenta, e alguns anos se passarão até florescer e dar frutos.

de 1,5 km, tem basicamente os tipos de flores silvestres, gramíneas, arbustos e árvores que cresceram ao longo dos trilhos durante as décadas de abandono. Uma passagem acompanha o trajeto original, e o local, com uma visão privilegiada do rio Hudson e da cidade abaixo dele, atrai milhões de visitantes por ano. Outro exemplo de revitalização de uma área industrial é uma base aérea desativada no Magnuson Park em Seattle (Washington) (Figura 1.15B). Após a retirada do asfalto e a conversão em uma região pantanosa, o local, com seus lagos recém-criados e plantas nativas, atraiu vários tipos de vida silvestre. Trilhas agradáveis convidam os visitantes a usufruir do ambiente tranquilo enquanto aprendem o valor essencial desse *habitat*.

É importante chegarmos aos Capítulos 2 e 3, que se concentrarão no estudo da célula, tão pequena que não se pode ver a olho nu, com estas questões amplas em mente. Um conhecimento básico de biologia vegetal é útil por seus próprios méritos e é essencial em muitos campos de pesquisa. É também cada vez mais relevante para alguns dos principais problemas da sociedade e para as difíceis decisões com as quais nos confrontaremos ao escolhermos entre as propostas para reduzir estes problemas. Citando um editorial da revista *Science* de 19 de novembro de 2010: "As plantas são essenciais à sobrevida de nosso planeta – para sua ecologia, sua biodiversidade e seu clima." Nosso futuro, o futuro do mundo e o futuro de todos os tipos de plantas – como espécies individuais e como componentes do sistema que mantém a vida da qual nós todos evoluímos – dependem do nosso conhecimento e da capacidade de acessar criticamente a informação que nos é fornecida. Portanto, este livro é dedicado não apenas aos botânicos do futuro, sejam professores ou pesquisadores, mas também aos cidadãos informados, tanto cientistas quanto leigos, em cujas mãos estão tais decisões.

A   **B**

1.15 Recuperação e revitalização de áreas industriais abandonadas. A. High Line na cidade de Nova Iorque era uma linha de trem elevada abandonada e foi transformada em um parque público sobre uma vizinhança recém-restaurada de restaurantes, galerias e lojas. Resquícios da linha original podem ser vistos entre os arbustos, plantas perenes, gramíneas e árvores plantadas ao longo dessa via muito popular. **B.** Região pantanosa criada recentemente em uma antiga base aérea no Magnuson Park em Seattle (Washington) oferece um *habitat* rico de plantas nativas e várias espécies de vida selvagem, inclusive libélulas, sapos, patos, corujas, gaviões, aves marinhas e pássaros (parulídeos).

RESUMO

A fotossíntese é o processo pelo qual a energia solar é capturada para formar moléculas orgânicas

Apenas alguns tipos de organismos – plantas, algas e algumas bactérias – têm a capacidade de capturar a energia do sol e usá-la para formar moléculas orgânicas pelo processo de fotossíntese. Praticamente toda a vida na Terra depende, direta ou indiretamente, dos produtos desse processo.

Os elementos constitutivos químicos da vida acumularam-se nos oceanos primitivos

O planeta Terra tem cerca de 4,6 bilhões de anos. Os fósseis mais antigos têm 3,5 milhões de anos e se assemelham às bactérias filamentosas atuais. Embora o processo por meio do qual surgiram os organismos vivos seja objeto de especulação, existe um consenso geral de que a vida como a conhecemos provavelmente surgiu no planeta Terra apenas uma vez, ou seja, todos os seres vivos compartilham um ancestral.

Os organismos heterotróficos evoluíram antes dos autotróficos; os procariotos, antes dos eucariotos; e os organismos unicelulares, antes dos organismos pluricelulares

Os heterótrofos, organismos que se alimentam de moléculas orgânicas ou outros organismos, foram as primeiras formas de vida a aparecer na Terra. Os organismos autotróficos, aqueles capazes de produzir seu próprio alimento pela fotossíntese, evoluíram por volta de 3,4 bilhões de anos atrás. Até há 2,1 bilhões de anos, os procariotos – arqueas e bactérias – eram os únicos organismos que existiam. Os eucariotos com células maiores e muito mais complexas evoluíram nessa época. Os eucariotos pluricelulares

começaram a evoluir por volta de 650 milhões de anos atrás, e começaram a invadir a terra firme há cerca de 450 milhões de anos.

Graças ao aparecimento da fotossíntese produtora de oxigênio, na qual as moléculas de água são fragmentadas com liberação de oxigênio, começou a ocorrer acúmulo desse gás na atmosfera. A existência de oxigênio livre possibilitou que os organismos fragmentassem os produtos ricos em energia da fotossíntese por meio da respiração aeróbica.

A colonização da terra firme estava associada à evolução de estruturas para a obtenção de água e minimização da perda de água

As plantas, que são basicamente um grupo terrestre, apresentam uma série de características especializadas que possibilitam sua vida em terra. Estas características são mais bem desenvolvidas no grupo conhecido como plantas vasculares. Entre essas características pode ser citada a epiderme recoberta por uma cutícula, a qual é provida de cera, e com aberturas especializadas, chamadas estômatos, através dos quais ocorrem trocas gasosas. Outra característica é o eficiente sistema condutor, constituído por xilema e floema: a água e nutrientes minerais seguem das raízes para o caule e folhas pelo xilema, e o floema transporta os produtos da fotossíntese para todas as partes da planta. As plantas aumentam em comprimento pelo crescimento primário e aumentam em espessura pelo crescimento secundário, graças à atividade dos meristemas, que são regiões de tecido embrionário capazes de adicionar células indefinidamente ao corpo da planta.

Os ecossistemas são relativamente estáveis, unidades integradas que são dependentes dos organismos fotossintetizantes

À medida que evoluíam, as plantas vieram a constituir biomas, grandes conjuntos de plantas e animais terrestres. O sistema de interação composto pelos biomas e a parte não viva de seus ambientes são chamados ecossistemas. Os seres humanos, que apareceram por volta de 2 milhões de anos atrás, desenvolveram a agricultura há cerca de 10.500 anos e assim criaram a base para o grande aumento em seus níveis populacionais. Mais tarde, tornaram-se a força ecológica dominante na Terra. Os seres humanos usaram seu conhecimento sobre plantas para promover seu próprio desenvolvimento e continuarão a fazê-lo de maneira crescente no futuro.

A engenharia genética permite aos cientistas a transferência de genes entre espécies completamente diferentes

Com o advento da engenharia genética, os biólogos conseguiram transferir genes de uma espécie para outra espécie totalmente diferente. A engenharia genética inclusive resultou no desenvolvimento de plantas transgênicas com características desejáveis, como valor nutricional aumentado e resistência a certas doenças e pragas.

Autoavaliação

1. Qual foi a provável fonte do material bruto incorporado às primeiras formas de vida?

2. Quais critérios você utilizaria para determinar se certa entidade é uma forma de vida?

3. Qual o papel que o oxigênio teve na evolução da vida na Terra?

4. Quais as vantagens que têm as plantas terrestres em relação aos seus ancestrais aquáticos? Você pode citar alguma desvantagem em ser uma planta terrestre?

5. Plantas participam de nossas vidas em uma infinidade de outras maneiras além de alimento. Quantas maneiras você consegue imaginar? Você já agradeceu a uma planta hoje?

6. O conhecimento de botânica – de plantas, fungos, algas e bactérias – é a chave para o nosso entendimento de como o mundo funciona. De que maneira esse entendimento é importante para resolver os problemas presentes e futuros?

Biologia da Célula Vegetal

◀ As plantas capturam a energia solar e usam-na para formar moléculas orgânicas essenciais à vida. Este processo – fotossíntese – requer o pigmento verde clorofila, que está presente nas folhas da *Prunus virginiana*. As moléculas orgânicas formadas durante a fotossíntese fornecem tanto a energia quanto as grandes moléculas estruturais requeridas pela planta, incluindo os pigmentos antocianinas, que são produzidos e dão coloração roxo-escura quando os frutos de *P. virginiana* amadurecem.

CAPÍTULO 2

Composição Molecular das Células Vegetais

◀ **A química das pimentas.** À medida que as pimentas amadurecem, ocorre a produção de seus pigmentos carotenoides e a coloração delas muda de verde para amarelo e vermelho. A capsaicina, a molécula que provoca a sensação de queimação quando comemos as pimentas, impede a ingestão das pimentas por mamíferos mas não afeta os pássaros, que comem as pimentas e propagam as sementes em seus excrementos.

SUMÁRIO
Moléculas orgânicas

Carboidratos

Lipídios

Proteínas

Ácidos nucleicos

Metabólitos secundários

Tudo o que há na Terra – inclusive o que vemos neste momento e o ar que o envolve – é formado por elementos químicos em variadas combinações. Os *elementos* são substâncias que não podem ser quebradas e transformadas em outras pelos meios comuns. O carbono é um elemento, assim como o hidrogênio e o oxigênio. Dos 92 elementos que ocorrem naturalmente na Terra, apenas seis deles foram selecionados no curso da evolução para formar o material complexo e altamente organizado dos organismos vivos. Esses seis elementos – carbono, hidrogênio, nitrogênio, oxigênio, fósforo e enxofre (C, H, N, O, P e S, respectivamente) – formam 99% da massa de toda matéria viva. As propriedades únicas de cada elemento dependem da estrutura de seus átomos e da maneira como eles podem interagir e formar ligações com outros átomos para constituir as moléculas.

A água, uma molécula que consiste em dois átomos de hidrogênio e um átomo de oxigênio (H_2O), constitui mais da metade de toda a matéria viva e mais de 90% da massa da maioria dos tecidos vegetais. Por outro lado, os íons – partículas eletricamente carregadas – como o potássio (K^+), o magnésio (Mg^{2+}) e o cálcio (Ca^{2+}), importantes como são, correspondem somente a cerca de 1%. Quimicamente, quase todo o restante de um organismo vivo é composto por *moléculas orgânicas* – ou seja, moléculas que contêm carbono.

Neste capítulo, apresentaremos alguns tipos de moléculas orgânicas que são encontradas nos seres vivos. O "teatro" molecular é uma grande extravagância com um elenco de, literalmente, milhares de atores. Uma única célula bacteriana contém algo como 5.000 tipos diferentes de moléculas orgânicas; uma célula animal ou vegetal tem pelo menos duas vezes essa quantidade. Contudo, como se pode observar, essas milhares de moléculas são compostas de relativamente poucos elementos. De modo semelhante, relativamente poucos tipos de moléculas desempenham os principais papéis nos sistemas vivos. Considere este capítulo como uma introdução aos principais atores desse teatro. A trama começará a se desenrolar no próximo capítulo.

PONTOS PARA REVISÃO
Após a leitura deste capítulo, você deverá ser capaz de responder às seguintes questões:

1. Quais são os quatro principais tipos de moléculas orgânicas encontradas nas células vegetais e quais são as subunidades estruturais básicas e as principais funções destas moléculas?

2. Por meio de que processos os quatro tipos de moléculas orgânicas são cindidas em suas subunidades e por qual processo estas subunidades podem se reunir?

3. Como diferem entre si os polissacarídios armazenadores de energia e os polissacarídios estruturais? Que exemplos você daria de cada um deles?

4. O que é uma enzima e por que as enzimas são importantes nas células?

5. Em que difere o ATP do ADP e por que o ATP é importante nas células?

6. Qual a diferença entre um metabólito primário e um secundário?

7. Quais são os principais tipos de metabólitos secundários e que exemplo você daria de cada um deles?

Moléculas orgânicas

As propriedades especiais de ligação do carbono permitem a formação de uma grande variedade de moléculas orgânicas. Das milhares de diferentes moléculas orgânicas encontradas nas células, apenas quatro diferentes tipos constituem a maior parte da massa seca dos organismos vivos. Esses quatro tipos de moléculas são os *carboidratos* (constituídos por açúcares e cadeias de açúcares), os *lipídios* (a maioria dos quais contém ácidos graxos), as *proteínas* (constituídas por aminoácidos) e os *ácidos nucleicos* (DNA e RNA, que são formados de moléculas complexas conhecidas como nucleotídios). Todas essas moléculas – carboidratos, lipídios, proteínas e ácidos nucleicos – consistem principalmente em carbono e hidrogênio, e a maioria delas apresenta também o oxigênio. Além disso, as proteínas contêm nitrogênio e enxofre. Os ácidos nucleicos, assim como alguns lipídios, contêm nitrogênio e fósforo.

Carboidratos

Os carboidratos são as moléculas orgânicas mais abundantes na natureza e são principalmente moléculas armazenadoras de energia na maioria dos organismos vivos. Além disso, eles formam uma variedade de componentes estruturais nas células. A parede das células vegetais jovens, por exemplo, é formada por celulose, carboidrato universalmente importante, que fica imerso em uma matriz de outros carboidratos e proteínas.

Os carboidratos mais simples são moléculas pequenas conhecidas como *açúcares**; carboidratos maiores são formados pela junção de açúcares. Existem três tipos principais de carboidratos, classificados pelo número de subunidades de açúcar que eles contêm. Os *monossacarídios* ("açúcares simples"), como a ribose, a glicose e a frutose, consistem em apenas uma molécula de açúcar. Os *dissacarídios* ("dois açúcares") contêm duas subunidades de açúcar interligadas covalentemente. Exemplos conhecidos são a sacarose (açúcar da cana-de-açúcar ou beterraba), a maltose (açúcar do malte) e a lactose (açúcar do leite). A celulose e o amido são *polissacarídios* ("muitos açúcares"), os quais contêm muitas subunidades de açúcar ligadas entre si.

As *macromoléculas* (moléculas grandes), como os polissacarídios, que são formados por pequenas subunidades idênticas ou semelhantes, são conhecidas como *polímeros* ("muitas peças"). As subunidades individuais de um polímero são denominadas *monômeros* ("peças individuais"); a *polimerização* é a incorporação gradual dos monômeros nos polímeros.

Os monossacarídios funcionam como elementos constitutivos e fontes de energia

Os monossacarídios, ou açúcares simples, são os carboidratos mais simples. Eles são formados por átomos de carbono interligados, aos quais se aderem átomos de hidrogênio e oxigênio na proporção de um átomo de carbono para dois de hidrogênio e um de oxigênio. Os monossacarídios podem ser descritos pela fórmula $(CH_2O)_n$, em que n pode ser tão pequeno quanto 3, como em $C_3H_6O_3$, ou tão grande quanto 7, como em $C_7H_{14}O_7$. Essas proporções dão origem ao termo "carboidrato" (que significa "carbono com adição de água") para os açúcares simples e para as moléculas maiores formadas pela junção de açúcares simples. Exemplos de

vários carboidratos comuns são mostrados na Figura 2.1. Observe que cada monossacarídio possui uma cadeia de carbono (o "esqueleto" de carbono) com um grupo hidroxila (—OH) ligado a cada átomo de carbono, exceto um. O átomo de carbono remanescente encontra-se na forma de um grupo carbonila (—C=O). Esses dois grupos são *hidrofílicos* ("gostam de água"); desse modo, os monossacarídios, assim como muitos outros carboidratos, dissolvem-se prontamente em água. Os açúcares de cinco átomos de carbono (pentoses) e de seis átomos (hexoses) são os monossacarídios mais comuns na natureza. Eles ocorrem tanto na forma em cadeia quanto na forma em anel (cíclica) e, de fato, encontram-se normalmente na forma de anel quando dissolvidos em água (Figura 2.2). Com a formação do anel, o grupo carbonila é convertido a um grupo hidroxila. Assim, o grupo carbonila é uma característica distinguível dos monossacarídios em forma de cadeia, mas não naqueles em forma de anel.

Os monossacarídios são blocos constitutivos – os monômeros – a partir dos quais as células vivas constroem os dissacarídios, os polissacarídios e outros carboidratos essenciais. Além disso, o monossacarídio *glicose* é a forma pela qual o açúcar é transportado no sistema circulatório dos seres humanos e outros animais vertebrados. Como será visto no Capítulo 6, a glicose e outros monossacarídios são as fontes principais de energia química para as plantas e também para os animais.

O dissacarídio sacarose é a forma de transporte de açúcar nas plantas

Embora a glicose seja a forma comum na qual o açúcar é transportado em muitos animais, nas plantas e outros organismos, os açúcares são frequentemente transportados como dissacarídios. A *sacarose*, um dissacarídio composto por glicose e frutose, é a forma na qual o açúcar é transportado na maioria das plantas, das células fotossintetizantes (principalmente nas folhas), onde ele é produzido, para outras partes do corpo da planta. A sacarose que consumimos no dia a dia é comercialmente obtida da cana-de-açúcar (caules) e da beterraba (raízes espessadas), onde ela se acumula após o transporte a partir das partes fotossintetizantes da planta.

| **A.** Gliceraldeído ($C_3H_6O_3$) | **B.** Ribose ($C_5H_{10}O_5$) | **C.** Glicose ($C_6H_{12}O_6$) |

2.1 Alguns monossacarídios biologicamente importantes. A. Gliceraldeído, um açúcar de três átomos de carbono, é uma importante fonte de energia e fornece o esqueleto carbônico básico para numerosas moléculas orgânicas. **B.** Ribose, um açúcar de cinco carbonos, é encontrado no ácido nucleico RNA e na molécula carregadora de energia ATP. **C.** O açúcar glicose, com seis átomos de carbono, desempenha importantes papéis estruturais e de transporte na célula. O átomo de carbono terminal mais próximo da dupla ligação é designado carbono 1.

---

*N.R.T.: Grupo de carboidratos cristalinos e solúveis em água. Os açúcares têm sabor doce e são representados pelos monossacarídios, dissacarídios e trissacarídios.

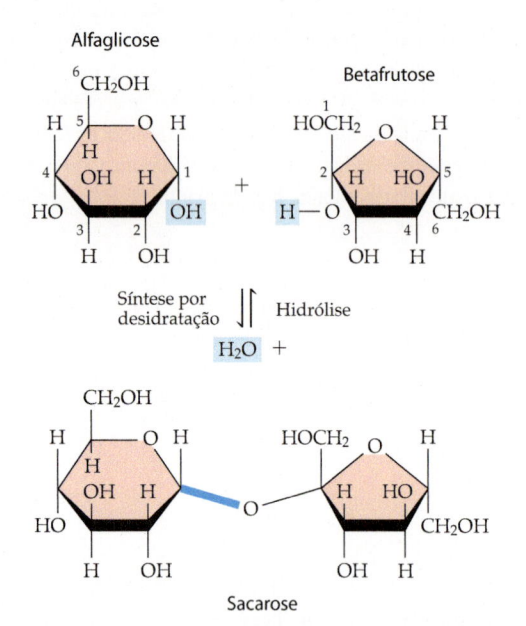

2.2 Formas de anel e de cadeia da glicose. Em soluções aquosas, o açúcar glicose com seus seis átomos de carbono ocorre em duas estruturas de anel distintas, a alfa (α) e a beta (β), as quais se encontram em equilíbrio uma em relação à outra. As moléculas passam pela estrutura em cadeia para chegar de uma a outra estrutura. A única diferença entre as duas estruturas em anel é a posição do grupo hidroxila (—OH) ligada ao átomo de carbono 1; na forma alfa, ele está abaixo do plano do anel e na forma beta ele está acima.

Na síntese de um dissacarídio a partir de duas moléculas de monossacarídio, uma molécula de água é removida e uma nova ligação é formada entre os dois monossacarídios. Esse tipo de reação química, que ocorre quando a sacarose é formada a partir da glicose e frutose, é conhecida como *síntese por desidratação* ou reação de condensação (Figura 2.3). De fato, a formação da maioria dos polímeros orgânicos a partir de suas subunidades ocorre por meio de síntese por desidratação.

Quando ocorre a reação inversa – por exemplo, quando um dissacarídio é cindido em suas subunidades de monossacarídio – uma molécula de água é adicionada. Essa cisão, ou quebra, que ocorre quando um dissacarídio é usado como fonte de energia, é conhecida com *hidrólise*, de *hidro*, que significa "água", e *lise*, "quebra". As reações de hidrólise são processos que liberam energia, sendo importantes na transferência de energia nas células. Reciprocamente, as reações de síntese por desidratação – o inverso das reações de hidrólise – requerem o fornecimento de energia.

2.3 Formação e degradação da sacarose. O açúcar é geralmente transportado nas plantas como o dissacarídio sacarose. A sacarose é constituída de duas subunidades de monossacarídios, uma alfaglicose e uma betafrutose, unidas pela ligação 1,2 (o carbono 1 da glicose liga-se ao carbono 2 da frutose). A formação da sacarose envolve a remoção de uma molécula de água (síntese por desidratação). A nova ligação química formada é mostrada em azul. A reação inversa – a cisão da sacarose em seus monossacarídios constituintes – requer a adição de uma molécula de água (hidrólise). A formação de sacarose a partir de glicose e frutose requer um fornecimento de energia pela célula de 5,5 kcal por mol. A hidrólise libera a mesma quantidade de energia.

Os polissacarídios funcionam como formas de armazenamento de energia ou como componentes estruturais

Os polissacarídios são polímeros formados de monossacarídios interligados, formando longas cadeias. Alguns polissacarídios atuam como formas de armazenamento de açúcar, outros têm um propósito estrutural.

O *amido*, o principal polissacarídio de armazenamento ou reserva nas plantas, consiste em longas cadeias de moléculas de glicose. Há duas formas de amido: a *amilose*, que é uma molécula não ramificada, e a *amilopectina*, ramificada (Figura 2.4). A amilose e a amilopectina são armazenadas como grãos de amido no interior dos amiloplastos nas células vegetais. O *glicogênio*, a forma comum de polissacarídio de reserva nos procariotos, fungos e animais, é também constituído por cadeias de moléculas de glicose. Ele lembra a amilopectina, mas é bem mais ramificado. Em algumas plantas – mais notadamente nos cereais como o trigo, o centeio e a cevada – os principais polissacarídios de armazenamento nas folhas e nos caules são polímeros de frutose chamados *frutanos*. Esses polímeros são hidrossolúveis e podem ser armazenados em concentrações muito mais elevadas que o amido.

Os polissacarídios devem ser hidrolisados a monossacarídios e dissacarídios antes que possam ser usados como fonte de energia ou transportados pelos sistemas vivos. A planta quebra suas reservas de amido quando monossacarídios e dissacarídios são necessários para o crescimento e o desenvolvimento. Hidrolisamos esses polissacarídios quando o nosso sistema digestivo quebra o amido armazenado em alimentos de origem vegetal, como o milho (um cereal) e a batata (um tubérculo), tornando a glicose disponível como um nutriente para as nossas células.

Os polissacarídios são também importantes compostos estruturais. Nas plantas, o principal componente da parede celular é o importante polissacarídio conhecido como *celulose* (Figura 2.5). De fato, metade do carbono orgânico na biosfera está contido na celulose, fazendo dela o mais abundante composto orgânico conhecido. A madeira é cerca de 50% celulose, e as fibras do algodão são quase celulose pura.

A celulose é um polímero composto de monômeros de glicose, como também o são o amido e o glicogênio, mas há importantes diferenças. O amido e o glicogênio podem ser facilmente utilizados como fonte de energia por quase todos os tipos de organismos vivos, mas somente alguns microrganismos – certos procariotos, protozoários e fungos – e muito poucos animais – como a traça-dos-livros – podem hidrolisar a celulose. Animais como as vacas, as térmites e as baratas podem usar a celulose como energia apenas porque ela é quebrada por microrganismos que vivem em seus tratos digestivos.

Para entender as diferenças entre os polissacarídios estruturais, como a celulose, e os polissacarídios armazenadores de energia,

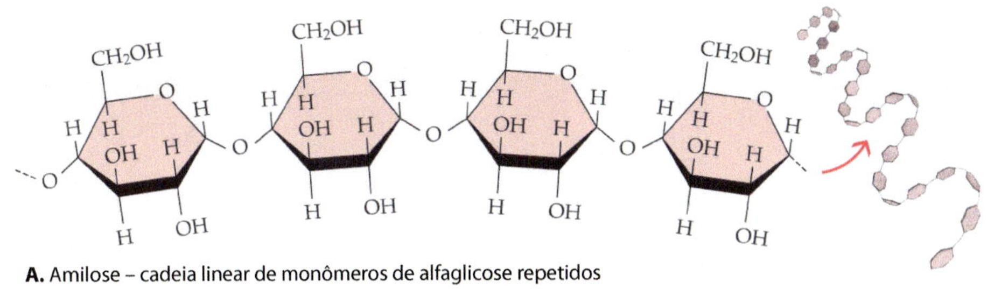

A. Amilose – cadeia linear de monômeros de alfaglicose repetidos

Ponto de divergência

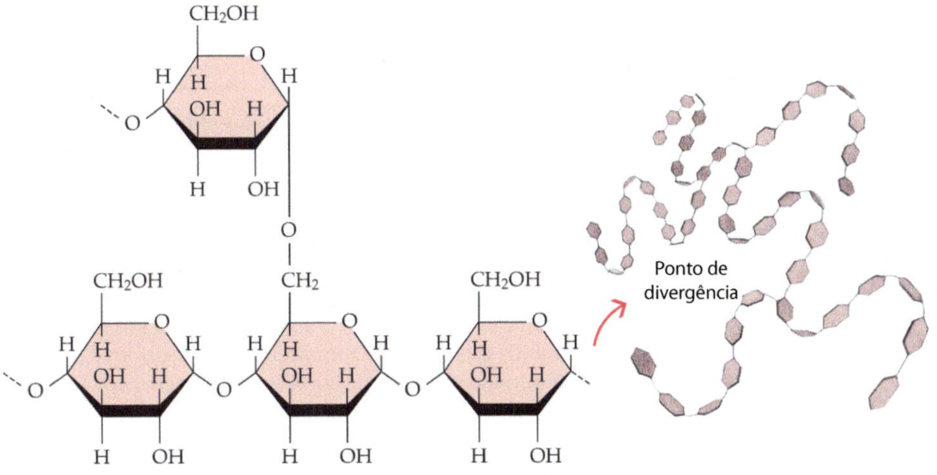

B. Amilopectina – cadeia ramificada de monômeros de alfaglicose repetidos

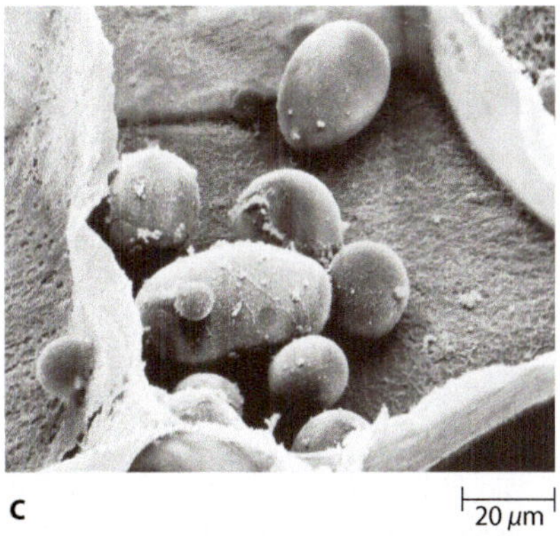

C

20 μm

2.4 Amido. Na maioria das plantas, os açúcares acumulados são armazenados como amido, o qual existe em duas formas: não ramificada (amilose) e ramificada (amilopectina). **A.** Uma única molécula de amilose pode conter 1.000 ou mais monômeros de alfaglicose, com o carbono 1 de uma molécula de glicose (em anel) ligado ao carbono 4 da seguinte (ligação conhecida como 1,4), em uma longa cadeia não ramificada, que se enrola formando uma espiral uniforme. **B.** Uma molécula de amilopectina pode conter de 1.000 a 6.000 ou mais monômeros de alfaglicose; cadeias curtas de cerca de 8 a 12 monômeros de alfaglicose divergem da cadeia principal, formando ramificações, mais ou menos em intervalos de 12 a 25 monômeros de alfaglicose. **C.** Talvez devido à sua natureza espiralada, as moléculas de amido tendem a se agregar em grãos. Nessa micrografia eletrônica de varredura de uma única célula de armazenamento de batata (*Solanum tuberosum*), as estruturas esféricas são amiloplastos*.

como o amido e o glicogênio, devemos voltar a nossa atenção para a molécula de glicose. Deve-se lembrar de que essa molécula é, essencialmente, uma cadeia de seis átomos de carbono, e que, em solução, como é o caso na célula, ela assume a forma de anel. O anel pode fechar-se de duas maneiras (Figura 2.2): uma forma de anel é conhecida como alfaglicose e a outra, como betaglicose. As formas alfa (α) e beta (β) estão em equilíbrio, com um certo número de moléculas mudando a todo tempo de uma forma para a outra, e com a forma em cadeia como intermediária. O amido e o glicogênio são

ambos formados inteiramente por subunidades de alfaglicose (Figura 2.4), enquanto a celulose consiste inteiramente em subunidades de betaglicose (Figura 2.5). Essa diferença aparentemente pequena tem um profundo efeito na estrutura tridimensional das moléculas de celulose, que são longas e não ramificadas. Como resultado, a celulose é resistente a enzimas que facilmente quebram o amido e o glicogênio. Uma vez que as moléculas de glicose são incorporadas na parede celular vegetal na forma de celulose, elas deixam de ser fonte energética para a planta.

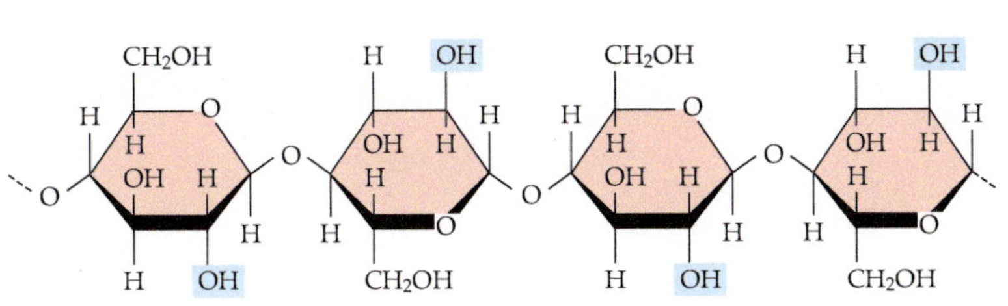

A

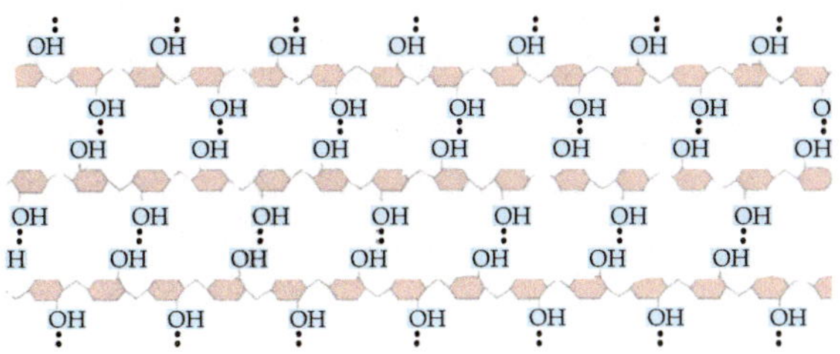

B

2.5 Celulose. A. A celulose lembra o amido no que consiste em monômeros de glicose unidos por ligações 1,4. No entanto, o polímero de celulose consiste em monômeros de betaglicose, enquanto o amido possui monômeros de alfaglicose. **B.** As moléculas de celulose, reunidas em feixes que formam microfibrilas, são importantes componentes estruturais da parede celular vegetal. Os grupos —OH (em azul), que se projetam em ambos os lados da cadeia de celulose, formam pontes de hidrogênio (linhas tracejadas) com os grupos —OH das cadeias vizinhas, resultando em microfibrilas formadas por moléculas paralelas de celulose com pontes de hidrogênio cruzadas. Compare a estrutura da celulose com a do amido na Figura 2.4.

---

*N.R.T.: Os amiloplastos são organelas que podem conter um ou mais grãos de amido.

As moléculas de celulose formam a parte fibrilar da parede celular vegetal. As longas e rígidas moléculas de celulose combinam-se para formar as microfibrilas, cada uma consistindo em centenas de cadeias de celulose. Na parede das células vegetais, as microfibrilas de celulose estão imersas em uma matriz contendo dois outros polissacarídios complexos e ramificados, as hemiceluloses e as pectinas (Figura 3.29). As hemiceluloses estabilizam a parede celular por meio de pontes de hidrogênio com as microfibrilas de celulose. As pectinas formam a maior parte da lamela mediana, uma camada de material intercelular que une as paredes de células vegetais adjacentes. As pectinas, que são especialmente abundantes em certos frutos como maçãs e vacínios (*Vaccinium* spp.), produzem geleias, espessantes de geleias e géis.

A *quitina* é outro importante polissacarídio estrutural (Figura 14.5). É o principal componente da parede das células de fungos e também de revestimentos externos relativamente rígidos, ou exoesqueletos, de insetos e crustáceos, como caranguejos e lagostas. O monômero da quitina é a *N*-acetilglicosamina, que consiste em uma molécula de glicose à qual um grupamento contendo nitrogênio foi adicionado.

Lipídios

Os lipídios são gorduras e substâncias semelhantes. Geralmente, eles são *hidrofóbicos* ("tementes à água") e, portanto, são insolúveis em água. Tipicamente, os lipídios servem como moléculas armazenadoras de energia – geralmente na forma de gorduras ou óleos – e também para fins estruturais, como no caso dos fosfolipídios e ceras. Os fosfolipídios são importantes componentes de todas as membranas biológicas. Embora algumas moléculas de lipídios sejam muito grandes, elas não são, no sentido estrito, macromoléculas, porque não são formadas pela polimerização de monômeros.

As gorduras e os óleos são triglicerídios que armazenam energia

As plantas geralmente armazenam carboidratos na forma de amido, tal como a batata. Entretanto, algumas plantas também armazenam energia alimentícia na forma de óleos (Figura 2.6), particularmente

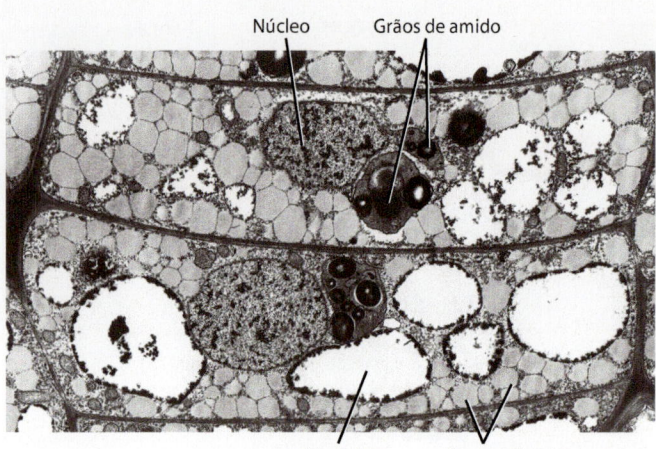

2.6 Armazenamento de óleo e amido. Duas células do caule subterrâneo (cormo) carnoso da isoetácea *Isoetes muricata*. Essas células contêm uma grande quantidade de óleo armazenado em corpos oleaginosos. Além disso, carboidratos na forma de grãos de amido são armazenados dentro de amiloplastos, as estruturas celulares no interior das quais são formados os grãos de amido. Vários vacúolos (cavidades repletas de líquido) podem ser vistos em cada uma dessas células.

nas sementes e nos frutos, como as azeitonas produzidas pelas oliveiras. Os animais, que têm capacidade limitada para estocar carboidratos (que eles estocam como glicogênio), convertem prontamente o excesso de açúcar em gordura. As gorduras e os óleos contêm uma proporção maior de ligações de carbono-hidrogênio ricas em energia do que os carboidratos. Consequentemente, gorduras e óleos têm maior energia química. Em média, quando oxidadas para liberar energia, as gorduras fornecem 9,1 quilocalorias (kcal) por grama, em comparação com 3,8 kcal por grama de carboidrato ou 3,1 kcal por grama de proteína.

As *gorduras* e os *óleos* têm estruturas químicas muito semelhantes (Figura 2.7). Ambos consistem em três moléculas de ácidos graxos ligadas a uma molécula de glicerol. Como na formação de dissacarídios a partir de suas subunidades, cada uma

2.7 Triglicerídio. Moléculas de óleos e gorduras consistem em três moléculas de ácidos graxos ligadas (em azul) a uma molécula de glicerol (daí o termo "triglicerídio"). Três diferentes ácidos graxos são mostrados aqui. O ácido palmítico é saturado e os ácidos linolênico e oleico são insaturados, como pode ser visto pelas duplas ligações nas cadeias hidrocarbônicas.

Cabeça polar   Cauda apolar

Grupo fosfato

Glicerol

Ácido graxo

Molécula de fosfolipídio

2.8 Fosfolipídio. Uma molécula de fosfolipídio consiste em duas moléculas de ácido graxo ligadas a uma molécula de glicerol, como em um triglicerídio, mas o terceiro carbono do glicerol está ligado a uma molécula contendo um grupo fosfato. A letra "R" denota um átomo ou um grupo de átomos que forma o "restante da molécula". A cauda do fosfolipídio é apolar e não carregada e, portanto, hidrofóbica (insolúvel em água); a cabeça polar contendo os grupos R e fosfato é hidrofílica (solúvel em água).

dessas ligações é formada por meio da síntese por desidratação, a qual envolve a remoção de uma molécula de água. As moléculas de gorduras e óleos, também conhecidas como *triglicerídios* (ou triacilgliceróis), não contêm grupos polares (hidrofílicos). As moléculas apolares tendem a agregar-se em água, tal como as gotículas de gordura tendem a coalescer, por exemplo, na superfície de uma sopa de frango. As moléculas apolares são, portanto, hidrofóbicas ou insolúveis em água.

Sem dúvida, muito já se ouviu a respeito de lipídios "saturados" e "insaturados". Um ácido graxo no qual não há duplas ligações entre os átomos de carbono é dito *saturado*. Cada átomo de carbono na cadeia formou ligações covalentes com quatro outros átomos, e suas possibilidades de ligar-se a outros átomos estão, portanto, esgotadas. Ao contrário, um ácido graxo que contém átomos de carbono unidos por duplas ligações é dito *insaturado*. Os átomos de carbono unidos por duplas ligações têm o potencial de formar ligações adicionais com outros átomos.

A natureza física de um triglicerídio é determinada pelo comprimento das cadeias carbônicas dos ácidos graxos e pelo seu grau de saturação ou insaturação. A presença de duplas ligações nos ácidos insaturados leva à formação de dobras nas cadeias hidrocarbônicas, o que impede o estreito empacotamento entre as moléculas. Isso tende a diminuir o ponto de fusão do triglicerídio; portanto, os triglicerídios insaturados tendem a ser líquidos (oleosos) à temperatura ambiente. Exemplos de triglicerídios insaturados, que são principalmente encontrados nas plantas, são o óleo de açafrão-bastardo (*Carthamus tinctorius*), o óleo de amendoim e o óleo de milho, que são obtidos de sementes ricamente oleaginosas. As gorduras animais e seus derivados, tais como a manteiga e a banha de porco, contêm majoritariamente ácidos graxos saturados e são, geralmente, sólidos à temperatura ambiente. Assim, os termos *gordura* e *óleo* referem-se geralmente ao estado físico do triglicerídio. As gorduras são triglicerídios geralmente sólidos à temperatura ambiente, enquanto os óleos são geralmente líquidos.

Os fosfolipídios são triglicerídios modificados e componentes da membrana celular

Os lipídios, em particular os fosfolipídios, desempenham papéis estruturais muito importantes, especialmente em membranas celulares. Como os triglicerídios, os *fosfolipídios* são compostos de moléculas de ácidos graxos ligadas a uma espinha dorsal de glicerol. Entretanto, nos fosfolipídios, o terceiro átomo de carbono da molécula de glicerol é ligado não a um ácido graxo, mas a um grupo fosfato, ao qual geralmente se liga um outro grupo

polar (Figura 2.8). Os grupos fosfato são carregados negativamente. Como consequência, a extremidade fosfato da molécula é hidrofílica e, portanto, solúvel em água, enquanto a extremidade do ácido graxo é hidrofóbica e insolúvel. Se os fosfolipídios são adicionados à água, eles tendem a formar um filme em sua superfície, com suas "cabeças" hidrofóbicas sob a água e suas "caudas" hidrofílicas alçadas acima da superfície. Se os fosfolipídios são envoltos por água, como no interior aquoso da célula, eles tendem a se alinhar entre si em duas séries – uma *camada dupla de fosfolipídios* – com suas cabeças fosfato dirigidas para fora e suas caudas de ácidos graxos orientadas umas para as outras (Figura 2.9). Como discutiremos mais adiante no Capítulo 4, tais configurações são importantes não apenas para a estrutura da membrana celular, mas também para as suas funções.

A cutina, a suberina e as ceras são lipídios que formam barreiras à perda de água

A *cutina* e a *suberina* são lipídios únicos, na medida em que são importantes componentes estruturais de muitas paredes das células vegetais. A principal função desses lipídios é formar uma matriz em que as *ceras* – compostos lipídicos com longas cadeias carbônicas – encontram-se imersas. As ceras combinadas à cutina ou à suberina formam camadas que funcionam como barreiras, as quais ajudam a prevenir a perda de água e outras moléculas pela superfície das plantas.

Uma *cutícula* protetora, que é característica da superfície das plantas expostas ao ar, cobre a parede externa das células epidérmicas (as células externas) das folhas e dos caules. Constituída

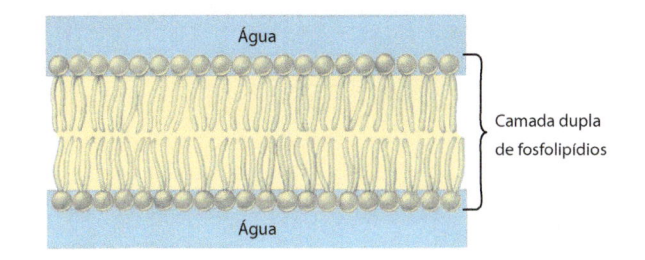

2.9 Camada dupla de fosfolipídios. Envoltos pela água, os fosfolipídios espontaneamente se organizam em duas séries, com suas cabeças hidrofílicas direcionadas para fora (para a água) e suas caudas hidrofóbicas voltadas para dentro, afastando-se da água. Esse arranjo – uma camada dupla de fosfolipídios – forma a base estrutural das membranas celulares.

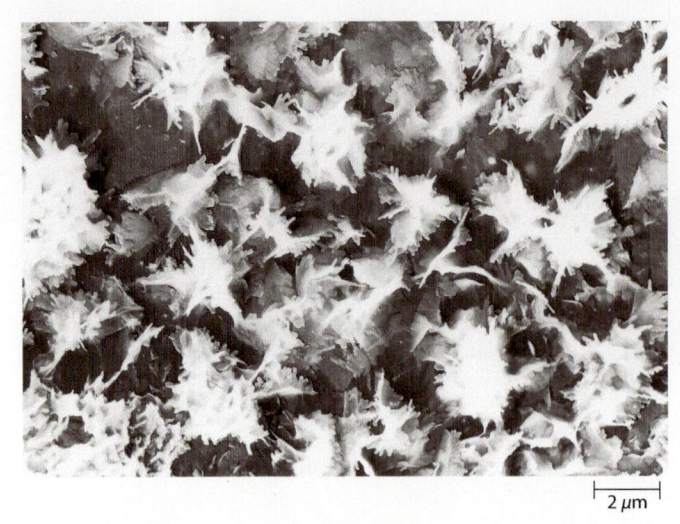

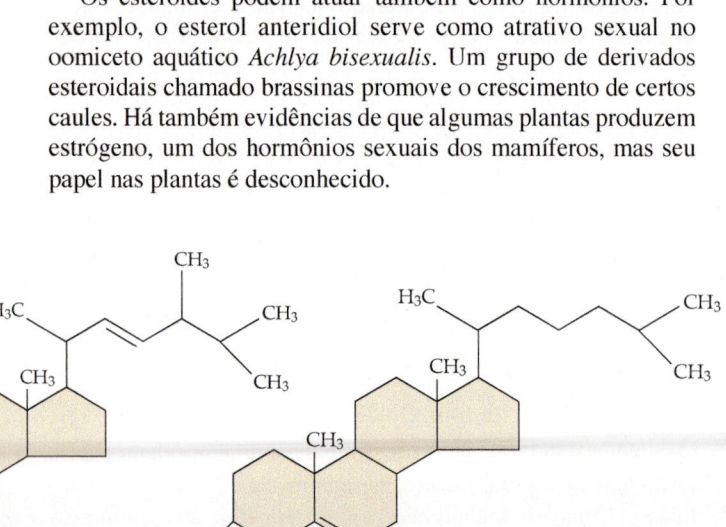

Lamelas de suberina
na parede das células

0,1 μm

2.10 Cera epicuticular. Micrografia eletrônica de varredura da superfície superior de uma folha de eucalipto *(Eucalyptus cloeziana)*, mostrando depósitos de cera epicuticular. Sob esses depósitos está a cutícula, uma ou várias camadas contendo cera, que recobre a parede externa das células epidérmicas. As ceras contribuem para proteger as superfícies expostas das plantas contra a perda de água.

2.11 Lamela de suberina. Micrografia eletrônica mostrando lamelas de suberina na parede de duas células de súber contíguas do tubérculo da batata. Observe as faixas claras alternando com as faixas escuras. As células do súber formam a camada externa do revestimento que protege órgãos como os tubérculos da batata e o caule e a raiz de plantas lenhosas.

por cera imersa em cutina (*cera cuticular*), a cutícula é frequentemente coberta por uma camada de *cera epicuticular* (Figura 2.10). Quando fazemos o polimento de uma maçã fresca com a manga da sua camisa, estamos polindo essa camada de cera epicuticular.

A suberina é um componente majoritário da parede das células do súber (felema), as células que formam a camada externa da casca no caule e na raiz de plantas lenhosas. Vista ao microscópio eletrônico, a parede das células contendo suberina, ou suberizadas, tem uma aparência lamelar (organizada em camadas), com faixas claras e escuras alternadas (Figura 2.11).

As ceras são os lipídios mais repelentes à água. A cera de carnaúba, usada para o polimento de carros e assoalhos, é obtida das folhas da palmeira, *Copernicia prunifera**, do nordeste do Brasil.

---

*N.R.T.: No texto em inglês, a carnaúba foi denominada *Copernicia cerifera*; atualmente é *C. prunifera*.

Os esteroides estabilizam as membranas da célula e também atuam como hormônios

Os *esteroides* podem ser facilmente distinguidos das outras classes de lipídios pela presença de quatro anéis hidrocarbônicos interconectados. Nos organismos vivos, cadeias hidrocarbônicas de vários comprimentos, bem como grupos hidroxilas e/ou carbonilas, podem ligar-se a esse esqueleto, tornando possível a formação de uma grande quantidade de moléculas estruturais ou de moléculas para outras funções. Quando um grupo hidroxila liga-se à posição do carbono-3, o esteroide é chamado *esterol* (Figura 2.12). O sitosterol é o esterol mais abundante nas algas verdes e plantas, e o ergosterol é encontrado frequentemente em fungos. O colesterol, tão comum nas células animais, está presente apenas em quantidades mínimas nas plantas. Em todos os organismos (exceto os procariotos), os esteróis são importantes componentes das membranas, onde eles estabilizam as caudas dos fosfolipídios.

Os esteroides podem atuar também como hormônios. Por exemplo, o esterol anteridiol serve como atrativo sexual no oomiceto aquático *Achlya bisexualis*. Um grupo de derivados esteroidais chamado brassinas promove o crescimento de certos caules. Há também evidências de que algumas plantas produzem estrógeno, um dos hormônios sexuais dos mamíferos, mas seu papel nas plantas é desconhecido.

A. Esterol, estrutura geral

B. β-Sitosterol
(o mais abundante esterol em algas verdes e plantas)

C. Ergosterol
(encontrado frequentemente em fungos)

D. Colesterol
(comum em animais)

2.12 Esteróis. A. Estrutura geral de um esterol. **B.** β-sitosterol. **C.** Ergosterol. **D.** Colesterol.

Proteínas

As proteínas estão entre as mais abundantes moléculas orgânicas. Na maioria dos organismos vivos, as proteínas representam 50% ou mais da massa seca. Apenas as plantas, com o seu alto conteúdo de celulose, têm menos do que 50% de proteína. As proteínas desempenham uma incrível diversidade de funções nos sistemas vivos. Em sua estrutura, contudo, elas seguem sempre o mesmo esquema: todas são polímeros de moléculas contendo nitrogênio, conhecidas como *aminoácidos*, arranjadas em uma sequência linear. Vinte diferentes aminoácidos são utilizados pelos sistemas vivos para formar proteínas. (Ver quadro "Vegetarianos, Aminoácidos e Nitrogênio", mais adiante.)

As moléculas de proteínas são grandes e complexas, frequentemente contendo várias centenas ou mais de monômeros de aminoácidos. Assim, o número possível de sequências diferentes de aminoácidos, e, portanto, a variedade possível de moléculas proteicas, é enorme – quase tão grande quanto o número de sentenças diferentes que podem ser escritas com as 26 letras do nosso alfabeto. Os organismos sintetizam, entretanto, somente uma pequena fração das proteínas que são teoricamente possíveis. Uma única célula da bactéria *Escherichia coli*, por exemplo, contém 600 a 800 diferentes tipos de proteínas em um dado momento, enquanto uma célula vegetal ou animal tem várias vezes esse número. Um organismo complexo tem, pelo menos, alguns milhares de diferentes tipos de proteínas, cada uma com uma função, e cada uma, por sua natureza química única, especificamente ajustada para tal função.

Nas plantas, a maior concentração de proteínas é encontrada em certas sementes (p. ex., as sementes dos cereais e das leguminosas), nas quais até 40% da massa seca pode ser proteína. Essas proteínas especializadas funcionam como formas de armazenamento de aminoácidos a serem utilizados pelo embrião quando este reassume o crescimento na germinação da semente.

VEGETARIANOS, AMINOÁCIDOS E NITROGÊNIO

De modo semelhante às gorduras, os aminoácidos são formados dentro das células vivas usando açúcares como substâncias iniciais. Enquanto as gorduras contêm apenas átomos de carbono, hidrogênio e oxigênio – todos disponíveis nos açúcares e na água da célula – os aminoácidos contêm também nitrogênio. A maior parte do suprimento de nitrogênio da Terra encontra-se na forma de gás na atmosfera. Apenas uns poucos organismos, todos eles microrganismos, são capazes de incorporar nitrogênio do ar em compostos – amônia, nitritos e nitratos – que podem ser utilizados pelos sistemas vivos. Assim, apenas uma pequena proporção do suprimento de nitrogênio da Terra encontra-se disponível para o mundo vivo.

As plantas incorporam o nitrogênio da amônia, nitritos e nitratos em compostos contendo carbono e hidrogênio para formar os aminoácidos. Os animais são capazes de sintetizar alguns de seus aminoácidos utilizando amônia derivada de suas dietas como uma fonte de nitrogênio. Os aminoácidos que eles não conseguem sintetizar, os assim chamados *aminoácidos essenciais*, devem ser obtidos da dieta, seja de plantas, seja da carne de outros animais que tenham comido plantas. Para os seres humanos adultos, os aminoácidos essenciais são a lisina, o triptofano, a treonina, a metionina, a histidina, a fenilalanina, a leucina, a valina e a isoleucina. Para aproveitar plenamente a capacidade desses aminoácidos de produzir proteínas, é importante ter uma alimentação que os forneça em razões corretas.

Por muitos anos, os cientistas agrícolas preocupados com os povos famintos concentraram esforços no desenvolvimento de plantas com alto rendimento calórico. O reconhecimento do papel das plantas como importante fonte de aminoácidos para as populações humanas tem levado, por ora, a uma ênfase no desenvolvimento de linhagens de plantas alimentícias ricas em proteínas. Particularmente importante tem sido o desenvolvimento de plantas, como o milho *high-lysine* (rico em lisina), com teores aumentados de um ou mais aminoácidos essenciais.

Pessoas que comem carne geralmente conseguem proteína em quantidade suficiente e o correto balanço de aminoácidos. As pessoas que são vegetarianas por motivos filosóficos, estéticos ou econômicos precisam tomar cuidado para incluir em sua dieta suficiente proteína e, em particular, todos os aminoácidos essenciais.

Conseguir proteínas adequadas raramente é um problema para os vegetarianos que consomem leite, ovos e outros derivados do leite. Esses alimentos contêm quantidades relativamente grandes de proteína, com balanço adequado de aninoácidos essenciais. Os vegans, que não ingerem nenhum alimento de origem animal, podem precisar dedicar atenção especial à obtenção de proteína suficiente de fontes exclusivamente vegetais. Os alimentos de fontes vegetais ricos em proteína incluem feijões, nozes e cereais integrais. O consumo de uma alimentação variada com quantidades adequadas de calorias é habitualmente suficiente para assegurar um consumo adequado de proteína. Os vegans também devem assegurar a obtenção de quantidades suficientes de cálcio (uma boa fonte é encontrada nos vegetais de folhas verde-escuras), de ferro (feijões, sementes e frutas secas) e particularmente de vitamina B_{12} (obtida de suplementos nutricionais de levedura ou vitaminas).

Uma boa forma de se obter o correto balanço de aminoácidos de fontes vegetais é combinar certos alimentos. O feijão, por exemplo, é provavelmente deficiente em triptofano e nos aminoácidos que contêm enxofre, cisteína e metionina; por outro lado, ele é uma fonte entre boa e excelente de isoleucina e lisina. O arroz é deficiente em isoleucina e lisina, mas fornece uma quantidade adequada de outros aminoácidos essenciais. Dessa maneira, arroz e feijão combinados constituem um menu proteico quase tão perfeito quanto ovos ou bife, como alguns vegetarianos já sabiam há muito tempo.

O consumo de uma variedade de vegetais ricamente coloridos fornece ao nosso corpo fibras e nutrientes valiosos, entre os quais as vitaminas A, C e E, bem como potássio, zinco e selênio.

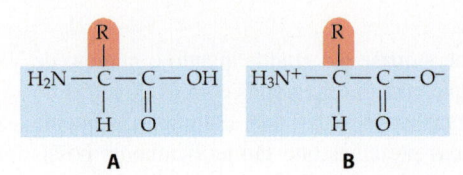

A **B**

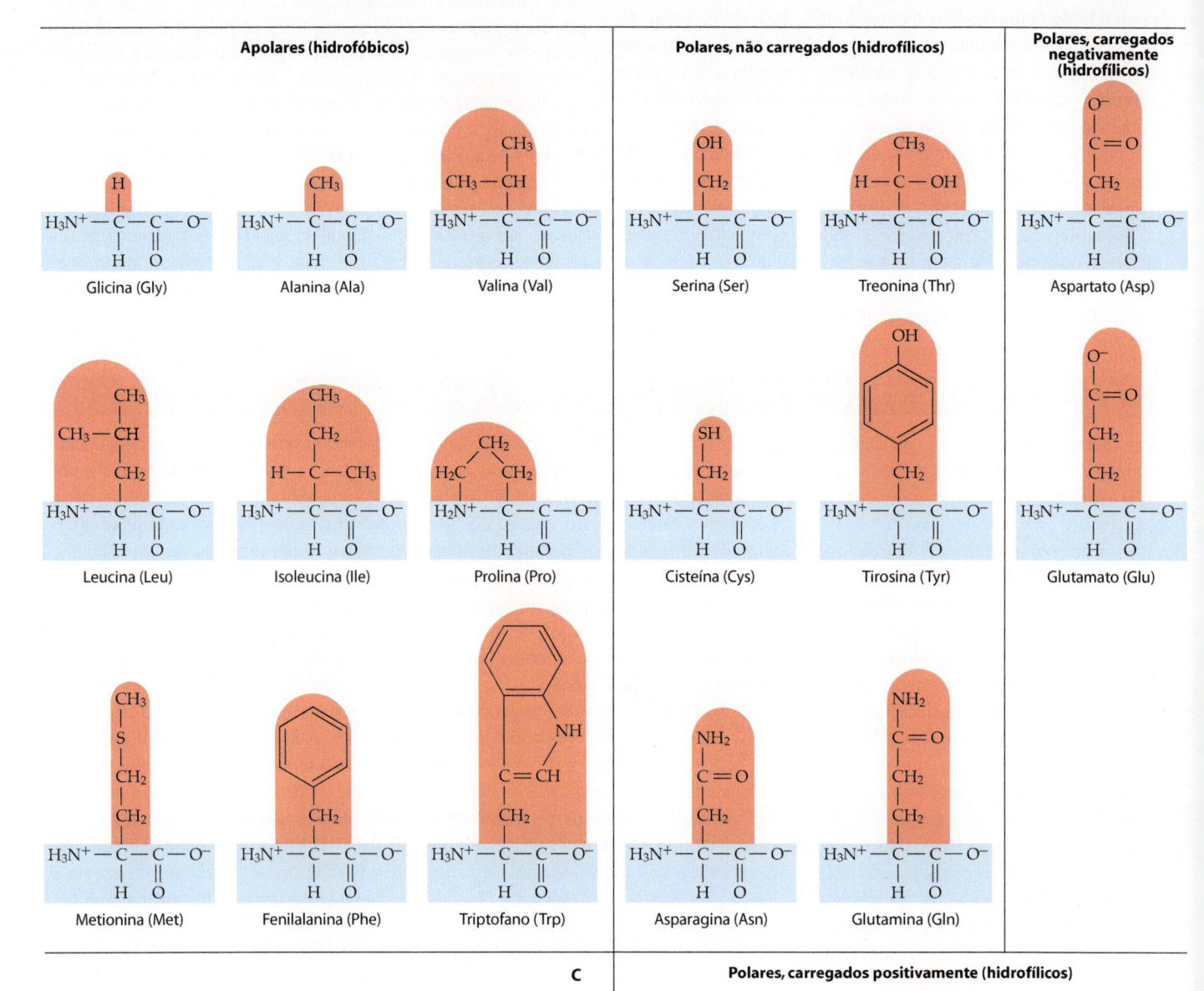

C

2.13 Aminoácidos. A. A fórmula geral de um aminoácido. Cada aminoácido contém um grupo amino (—NH₂) e um grupo carboxila (—COOH), ligados a um átomo de carbono central. Um átomo de hidrogênio e um grupo lateral (R) também se ligam ao mesmo átomo de carbono. Essa estrutura básica é a mesma em todos os aminoácidos, mas o grupo lateral R é diferente um cada aminoácido. **B.** Em pH 7, ambos os grupos amino e carboxila estão ionizados. **C.** Os 20 aminoácidos presentes nas proteínas. Como pode ser observada, a estrutura essencial é a mesma em todas as 20 moléculas, mas os grupos laterais R diferem. Os aminoácidos com grupos R apolares são hidrofóbicos, e, como as proteínas se dobram em sua estrutura tridimensional, eles tendem a se agregar no interior da estrutura proteica. Os aminoácidos com grupos R polares e não carregados são relativamente hidrofílicos e encontram-se geralmente na superfície das proteínas. Aqueles aminoácidos com grupos R ácidos (carregados negativamente) e básicos (carregados positivamente) são muito polares e, portanto, hidrofílicos; eles se encontram quase sempre na superfície das moléculas proteicas. Todos os aminoácidos estão representados no estado de ionização predominante em pH 7. As letras entre parênteses que se seguem ao nome de cada aminoácido constituem a abreviação padronizada para aquele aminoácido.

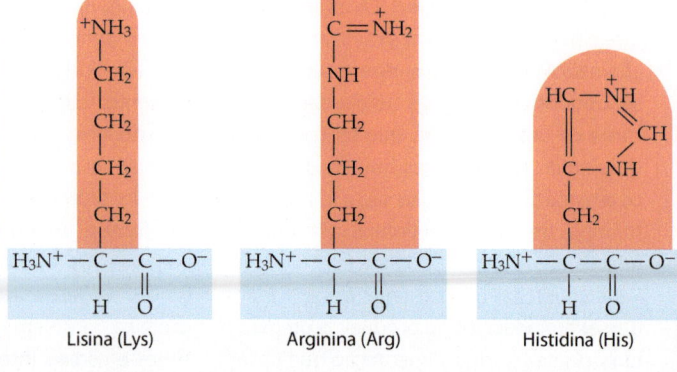

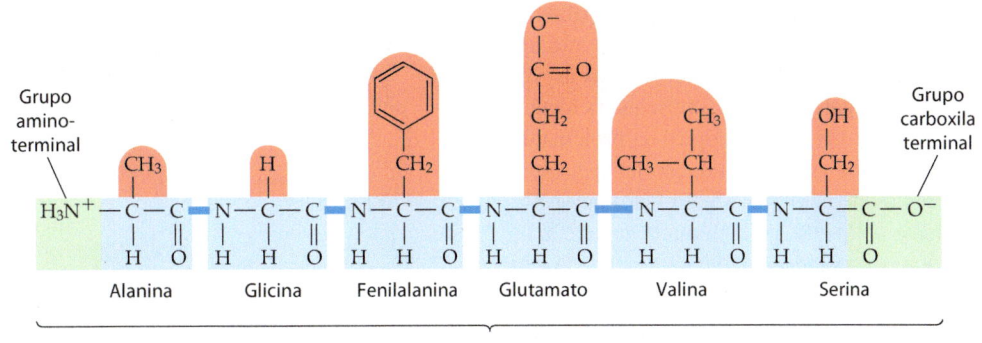

Polipeptídio

2.14 Polipeptídio. As ligações entre resíduos de aminoácidos são conhecidas como ligações peptídicas (em azul). As ligações peptídicas são formadas pela remoção de uma molécula de água (síntese por desidratação). As ligações são sempre formadas entre o grupo carboxila (–COO⁻) de um aminoácido e o grupo amino (–NH₃⁺) do aminoácido seguinte. Consequentemente, a estrutura básica de uma proteína é uma molécula longa, não ramificada. A curta cadeia polipeptídica aqui mostrada contém seis diferentes aminoácidos, mas as proteínas consistem em polipeptídios com várias centenas ou até mesmo 1.000 monômeros de aminoácidos interligados. Esse arranjo linear de aminoácidos é conhecido como a estrutura primária da proteína.

Os aminoácidos são os elementos estruturais das proteínas

Cada proteína específica é formada por um arranjo preciso de aminoácidos. Todos os aminoácidos possuem a mesma estrutura básica, consistindo em um grupo amino (—NH₂), um grupo carboxila (—COOH) e um átomo de hidrogênio, todos ligados a um átomo de carbono central. As diferenças surgem do fato de que cada aminoácido possui um grupo "R" – um átomo ou um grupo de átomos – ligado também ao átomo de carbono central (Figura 2.13A, B). É o grupo R ("R" que pode ser imaginado como o "restante da molécula") que determina a identidade de cada aminoácido.

Uma grande variedade de aminoácidos é teoricamente possível, mas apenas 20 diferentes tipos são usados para a construção das proteínas. E são sempre os mesmos 20, tanto em uma célula bacteriana quanto em uma célula vegetal, ou em uma célula do seu próprio corpo. A Figura 2.13C mostra a estrutura completa dos 20 aminoácidos encontrados nas proteínas. Os aminoácidos são agrupados de acordo com sua polaridade e carga elétrica, que determinam não apenas as propriedades dos aminoácidos individuais, mas também, e ainda mais importante, as propriedades das proteínas formadas a partir deles.

Em um outro exemplo de síntese por desidratação, o grupo amino de um aminoácido liga-se ao grupo carboxila do aminoácido adjacente, por meio da remoção de uma molécula de água. Novamente, esse é um processo que requer energia. A ligação covalente formada é conhecida como *ligação peptídica*, e a molécula resultante da união de muitos aminoácidos é conhecida como um *polipeptídio* (Figura 2.14). As proteínas são grandes polipeptídios, e, em alguns casos, elas consistem em vários polipeptídios. Essas macromoléculas possuem massa molecular variando de 10⁴ (10.000) a mais de 10⁶ (1.000.000). Comparativamente, a água tem massa molecular igual a 18 e a glicose, massa molecular igual a 180.

Uma estrutura proteica pode ser descrita em termos de níveis de organização

Em uma célula viva, uma proteína é montada como uma ou mais cadeias polipeptídicas longas. A sequência linear de aminoácidos, a qual é ditada pela informação armazenada na célula para aquela determinada proteína, é conhecida como a *estrutura primária* da proteína (Figuras 2.14 e 2.15A). Cada tipo de polipep-

2.15 Os quatro níveis de organização das proteínas. A. A estrutura primária de uma proteína consiste em uma sequência linear de aminoácidos interligados por ligações peptídicas. **B.** A cadeia polipeptídica pode espiralar-se em uma alfa-hélice, um tipo de estrutura secundária. **C.** A alfa-hélice pode dobrar-se para formar uma estrutura tridimensional globular, a estrutura terciária. **D.** A combinação de várias cadeias polipeptídicas em uma molécula funcional é a estrutura quaternária. Os polipeptídios podem ou não ser idênticos.

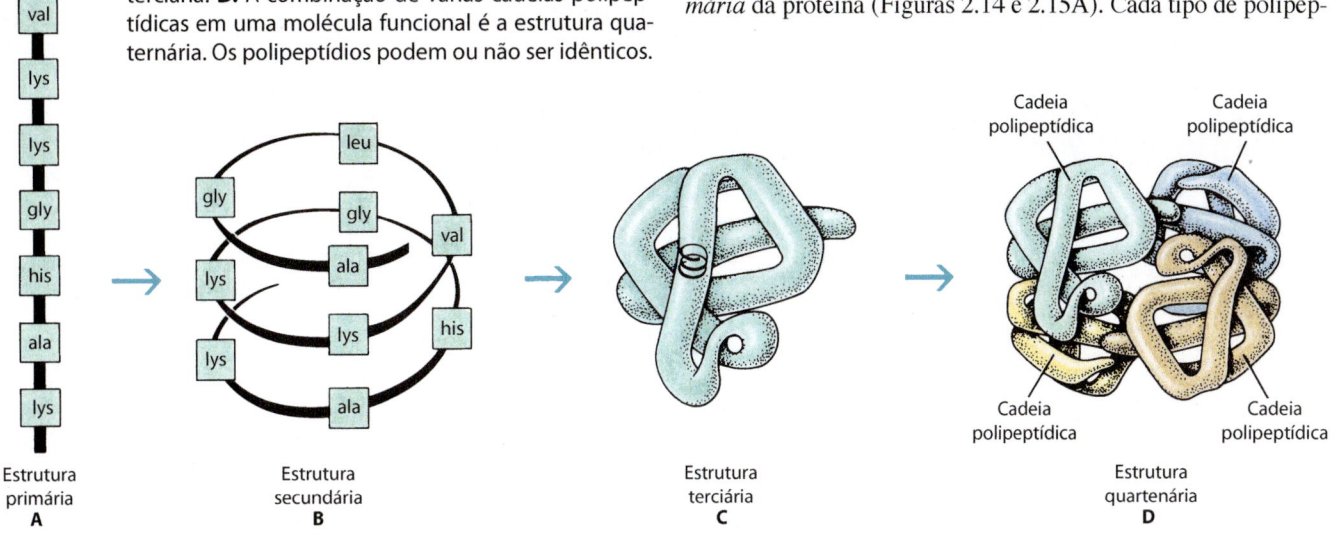

Estrutura primária **A**

Estrutura secundária **B**

Estrutura terciária **C**

Estrutura quartenária **D**

tídio tem uma estrutura primária diferente – uma só "palavra" polipeptídica consistindo em uma sequência única de "letras" de aminoácidos. A sequência de aminoácidos determina os aspectos estruturais da molécula de polipeptídio e, consequentemente, as características estruturais e a função biológica da proteína da qual ele faz parte. Mesmo uma pequena variação na sequência pode alterar ou destruir o modo pelo qual a proteína funciona.

À medida que a cadeia polipeptídica é montada na célula, as interações entre os vários aminoácidos ao longo da cadeia fazem com que ela se dobre segundo um padrão conhecido como sua *estrutura secundária*. Visto que as ligações peptídicas são rígidas, uma cadeia é limitada no número de formas que ela pode assumir. Uma das duas estruturas secundárias mais comuns é a *alfa-hélice* (Figuras 2.15B e 2.16), cuja forma é mantida por pontes de hidrogênio. Uma outra estrutura secundária comum é a *folha betaplicada* (Figura 2.17). Na folha betaplicada, as cadeias polipeptídicas encontram-se alinhadas em paralelo e são unidas por pontes de hidrogênio, resultando em uma forma em zigue-zague, em vez de hélice.

As proteínas que apresentam a maior parte de sua extensão como uma estrutura helicoidal ou como folha plicada são conhecidas como *proteínas fibrosas*. As proteínas fibrosas desempenham muitas funções estruturais importantes, provendo suporte e forma nos organismos. Em outras proteínas, conhecidas como *proteínas globulares*, a estrutura secundária dobra-se formando uma *estrutura terciária* (Figura 2.15C). Em algumas proteínas, o dobramento ocorre espontaneamente, ou seja, por um processo de automontagem, e certas proteínas conhecidas como *chaperonas* facilitam o processo ao inibir o dobramento incorreto. As proteínas globulares tendem a ser estruturalmente complexas, frequentemente apresentando mais de um tipo de estrutura secundária. A maioria das proteínas biologicamente ativas, como as enzimas, as proteínas de membrana e as proteínas de transporte, são globulares, como também o são as subunidades de algumas importantes proteínas estruturais. Os microtúbulos que ocorrem dentro das células, por exemplo, são compostos de um grande número de subunidades esféricas, sendo cada uma delas uma proteína globular (ver Figura 3.25).

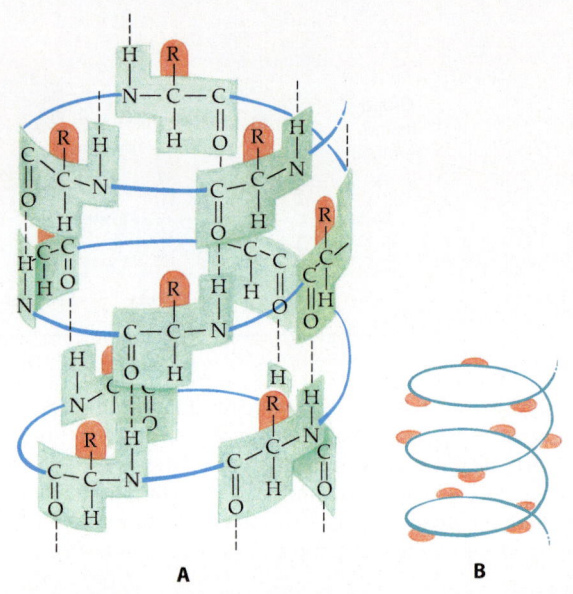

2.16 Alfa-hélice. A. A forma em hélice é mantida por pontes de hidrogênio, indicadas pelas linhas tracejadas. As pontes de hidrogênio formam-se entre um átomo de oxigênio com dupla ligação em um aminoácido e o átomo de hidrogênio do grupo amino em outro aminoácido, situado quatro aminoácidos para a frente ao longo da cadeia. Os grupos R, que aparecem achatados nesse diagrama, na realidade estendem-se para fora da hélice, como se mostra em (**B**). Em algumas proteínas, praticamente toda a molécula está na forma de uma alfa-hélice. Em outras proteínas, apenas algumas certas regiões da molécula têm essa estrutura secundária.

A estrutura terciária forma-se como um resultado de interações complexas entre os grupos R dos aminoácidos componentes. Essas interações incluem atrações e repulsões entre os aminoácidos com grupos R polares e repulsões entre os grupos R apolares e as moléculas de água circundantes. Adicionalmente, os grupos R que contêm enxofre de dois monômeros cisteína podem formar uma ligação covalente entre si. Essas ligações, conhecidas como *pontes dissulfeto*, forçam porções da molécula de polipeptídio em uma determinada posição e às vezes unem polipeptídios adjacentes entre si.

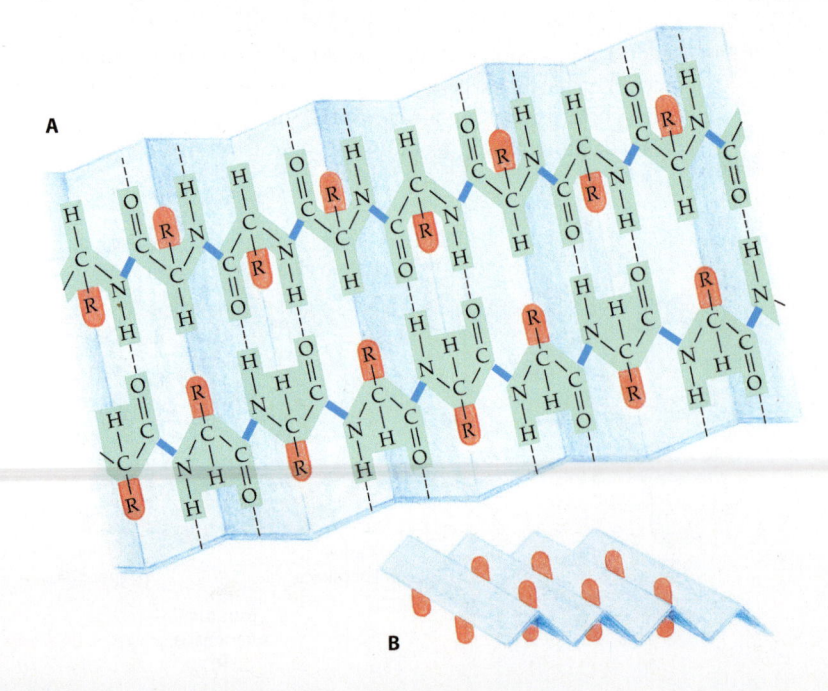

2.17 Folha betaplicada. A. As dobras resultam de alinhamento segundo um padrão em zigue-zague dos átomos que formam a espinha dorsal das cadeias polipeptídicas. A folha é mantida coesa pela formação de pontes de hidrogênio entre cadeias adjacentes. Os grupos R estendem-se para cima e para baixo das folhas, como mostrado em (**B**). Em algumas proteínas, duas ou mais cadeias polipeptídicas alinham-se uma com a outra para formar uma folha plicada. Em outras proteínas, uma única cadeia polipeptídica dobra-se para a frente e para trás, de tal modo que porções adjacentes da cadeia formam uma folha plicada.

A maioria das interações que conferem à proteína a sua estrutura terciária não são covalentes, sendo, portanto, relativamente fracas. Elas podem ser rompidas facilmente por alterações físicas ou químicas no ambiente, como calor ou acidez aumentada. Essa quebra estrutural é chamada *desnaturação*. A coagulação da clara quando o ovo é cozido é um exemplo familiar de desnaturação proteica. Quando as proteínas são desnaturadas, as cadeias polipeptídicas desdobram-se e a estrutura terciária é desfeita, causando perda de atividade biológica da proteína. A maioria dos organismos não pode viver sob temperaturas extremamente altas ou fora de uma variação específica de pH, porque suas enzimas e outras moléculas proteicas tornam-se instáveis e não funcionais devido à desnaturação.

Muitas proteínas são compostas de mais de uma cadeia polipeptídica. Essas cadeias podem ser mantidas associadas umas às outras por pontes de hidrogênio, pontes dissulfeto, forças hidrofóbicas, atrações entre cargas positivas e negativas ou, mais frequentemente, por uma combinação desses tipos de interações. Esse nível de organização de proteínas – a interação entre dois ou mais polipeptídios – é chamado *estrutura quaternária* (Figura 2.15D).

As enzimas são proteínas que catalisam reações químicas nas células

As enzimas são proteínas globulares grandes e complexas que agem como catalisadores. Por definição, *catalisadores* são substâncias que aceleram a taxa de uma reação química por meio da redução da energia de ativação, mas permanecem inalteradas no processo (ver Figura 5.5). Por permanecerem inalterados, os catalisadores podem ser utilizados repetidamente, sendo, portanto, tipicamente eficientes em concentrações muito baixas.

Os nomes das enzimas são frequentemente formados adicionando-se a terminação *–ase* à raiz do nome do substrato (a molécula ou moléculas reativas). Assim, a amilase catalisa a hidrólise da amilose (amido) em moléculas de glicose e a sacarase catalisa a hidrólise da sacarose em glicose e frutose. Quase 2.000 diferentes enzimas são conhecidas atualmente e cada uma delas é capaz de catalisar algumas reações específicas. O comportamento das enzimas nas reações bioquímicas é mais explicado no Capítulo 5.

Ácidos nucleicos

A informação que determina as estruturas da enorme variedade de proteínas encontradas nos organismos vivos é codificada e traduzida por moléculas conhecidas como ácidos nucleicos. Assim como as proteínas consistem em longas cadeias de aminoácidos, os ácidos nucleicos consistem em longas cadeias de moléculas conhecidas como *nucleotídios*. Um nucleotídio, entretanto, é uma molécula mais complexa do que um aminoácido.

Como mostrado na Figura 2.18, um nucleotídio consiste em três componentes: um grupo fosfato, um açúcar de cinco carbonos e uma base nitrogenada – uma molécula que tem as propriedades de uma base e contém nitrogênio. A subunidade de açúcar de um nucleotídio pode ser a *ribose* ou, então, a *desoxirribose*, a qual contém um átomo de oxigênio a menos do que a ribose (Figura 2.19). Cinco diferentes bases nitrogenadas ocorrem nos nucleotídios que são os elementos constitutivos dos ácidos nucleicos: a adenina, a guanina, a tiamina, a citosina e a uracila. No nucleotídio mostrado na Figura 2.18 – adenosina monofosfato (AMP) – a base nitrogenada é a adenina e o açúcar é a ribose.

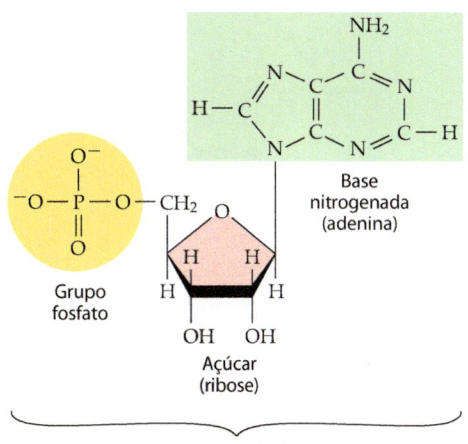

2.18 Estrutura do nucleotídio. Um nucleotídio é constituído de três diferentes subunidades: um grupo fosfato, um açúcar de cinco átomos de carbono e uma base nitrogenada. A base nitrogenada nesse nucleotídio é a adenina, e o açúcar é a ribose. Esse nucleotídio é denominado adenosina monofosfato, abreviadamente AMP, porque há apenas um grupo fosfato.

Dois tipos de ácidos nucleicos são encontrados nos organismos vivos. No *ácido ribonucleico* (*RNA*), a subunidade de açúcar nos nucleotídios é a ribose. No *ácido desoxirribonucleico* (*DNA*), é a desoxirribose. Do mesmo modo que os polissacarídios, os lipídios e as proteínas, o RNA e o DNA são formados a partir de suas subunidades por meio de reações de síntese por desidratação. O resultado é uma macromolécula linear consistindo em um nucleotídio após o outro (Figura 2.20). As moléculas de DNA em particular são extremamente longas e, de fato, são as maiores macromoléculas na célula.

Embora seus componentes químicos sejam muito semelhantes, o DNA e o RNA geralmente desempenham papéis biológicos diferentes. O DNA é o portador da mensagem genética. Ele contém a informação, organizada em unidades conhecidas como *genes*, os quais nós e os outros organismos herdamos de nossos pais. As moléculas de RNA estão envolvidas na síntese de proteínas, baseadas na informação genética fornecida pelo DNA. Algumas moléculas de RNA funcionam como catalisadores semelhantes a enzimas, designados como ribozimas.

A descoberta da estrutura e função do DNA e RNA é, até agora, indubitavelmente o maior triunfo da abordagem molecular no estudo da biologia. Na Seção 3, traçaremos os eventos que levaram a descobertas-chave e consideraremos com alguns detalhes os processos maravilhosos – cujos pormenores estão ainda sendo elucidados – pelos quais os ácidos nucleicos desempenham suas funções.

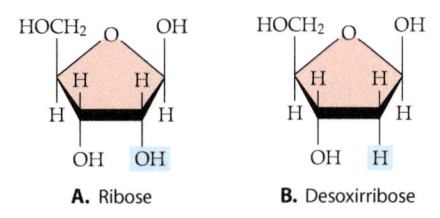

2.19 Ribose e desoxirribose. A subunidade de açúcar de um nucleotídio pode ser a (**A**) ribose ou a (**B**) desoxirribose. O RNA é formado a partir de nucleotídios que contêm ribose, enquanto o DNA, a partir de nucleotídios que contêm desoxirribose.

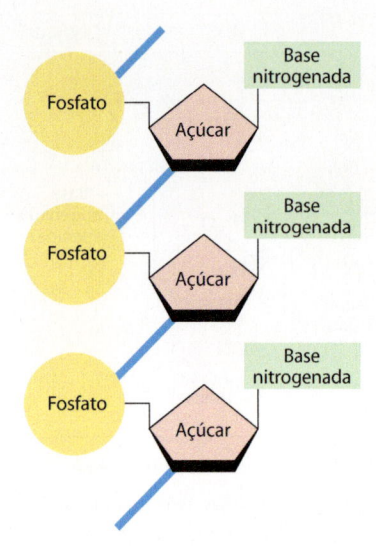

2.20 Estrutura geral de um ácido nucleico. As moléculas de ácido nucleico são longas cadeias de nucleotídios em que a subunidade de açúcar de um nucleotídio é ligada ao grupo fosfato do próximo nucleotídio. A ligação covalente unindo um nucleotídio ao outro – aqui mostrada em azul – é formada por uma reação de síntese por desidratação. As moléculas de RNA consistem em uma única cadeia de nucleotídios, como aqui mostrado. As moléculas de DNA, diferentemente, consistem em duas cadeias de nucleotídios espiraladas uma em torno da outra, em uma dupla-hélice.

O ATP é a principal molécula com energia de troca disponível e universal nas células

Adicionalmente ao seu papel como partes constitutivas dos ácidos nucleicos, os nucleotídios têm uma função independente e crucial nos sistemas vivos. Quando modificados pela adição de outros dois grupos fosfato, eles são os transportadores da energia necessária para alimentar as numerosas reações químicas que ocorrem no interior da célula.

O principal transportador de energia para a maioria dos processos nos organismos vivos é a molécula *adenosina trifosfato*, ou *ATP*, mostrada esquematicamente na Figura 2.21. Observe os três grupos fosfato à esquerda. As ligações que unem esses grupos são relativamente fracas e podem ser rompidas com muita rapidez por hidrólise, liberando uma grande quantidade de energia no processo. Os produtos da hidrólise do ATP são o *ADP* (*adenosina difosfato*), um fosfato livre e energia suficiente para alimentar outras reações na célula (Figura 2.21).

Durante a respiração, o ADP é "recarregado" para ATP, quando a glicose é oxidada a dióxido de carbono e água. Consideraremos esse processo em mais detalhes no Capítulo 6.

Por enquanto, o mais importante é lembrar que o ATP é a molécula que está diretamente envolvida no fornecimento de energia para a célula viva.

Metabólitos secundários

Historicamente, os compostos produzidos pelas plantas são separados em metabólitos ou produtos primários e secundários. Os *metabólitos primários*, por definição, são moléculas encontradas em todas as células vegetais e são necessários para a vida da planta. Exemplos de metabólitos primários são os açúcares simples, os aminoácidos, as proteínas e os ácidos nucleicos. Os *metabólitos secundários*, ao contrário, são restritos em sua distribuição, tanto em uma planta quanto entre diferentes espécies de plantas. Considerados em certa ocasião como produtos de dejeto, sabe-se agora que os metabólitos secundários são importantes para a sobrevivência e a propagação das plantas que os produzem. Muitos deles funcionam como sinais químicos, que permitem à planta responder a estímulos do ambiente. Outros funcionam como defesa das plantas contra herbívoros, patógenos (organismos causadores de doenças) ou competidores. Alguns fornecem proteção contra a radiação solar, enquanto outros contribuem para a dispersão de pólen e sementes.

Como indicado anteriormente, os metabólitos secundários não são uniformemente distribuídos pela planta. A sua produção tipicamente ocorre em um órgão, tecido ou tipo de célula específico em determinado estágio de desenvolvimento (p. ex., durante o desenvolvimento de flores, frutos, sementes ou plântulas). As *fitoalexinas*, por exemplo, são compostos antimicrobianos produzidos somente após a lesão ou ataque por bactérias e fungos (ver Capítulo 3). Embora os metabólitos secundários sejam produzidos em vários locais no interior da célula, eles são estocados principalmente nos vacúolos. Além disso, sua concentração na planta frequentemente varia muito no período de 24 h. As três principais classes de compostos vegetais secundários são: os alcaloides, os terpenoides e os compostos fenólicos.

Os alcaloides são compostos nitrogenados alcalinos que incluem a morfina, a cocaína, a cafeína, a nicotina e a atropina

Os *alcaloides* estão entre os mais importantes compostos ativos do ponto de vista farmacológico ou medicinal. Tem despertado interesse o seu notável efeito fisiológico ou psicológico nos seres humanos.

O primeiro alcaloide a ser identificado – em 1806 – foi a *morfina*, obtida da papoula (*Papaver somniferum*). Ela é hoje utilizada na medicina como analgésico (alivia a dor) e inibidor da tosse; no entanto, o uso excessivo dessa substância pode levar a uma extrema dependência. Aproximadamente 10.000 alcaloides

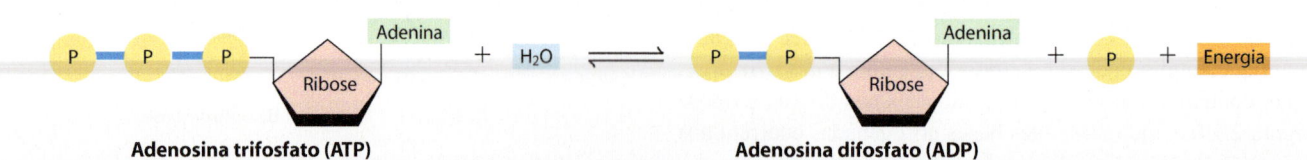

2.21 Hidrólise do ATP. Com a adição de uma molécula de água ao ATP, um grupo fosfato é removido da molécula. Os produtos dessa reação são o ADP, um fosfato livre e energia. Uma grande quantidade de energia é liberada quando uma molécula de ATP é hidrolisada. Com um fornecimento de energia igual, a reação pode ser revertida.

2.22 Alguns alcaloides fisiologicamente ativos. A. A morfina ocorre no líquido leitoso liberado por incisões feitas nas cápsulas (frutos) da papoula *(Papaver somniferum)*. **B.** A cocaína está presente nas folhas da coca *(Erythroxylum coca)*. **C.** Os grãos do café *(Coffea)* e as folhas do chá *(Camellia)* contêm cafeína. **D.** As plantas cultivadas de tabaco *(Nicotiana tabacum)* contêm nicotina.

foram até agora isolados e suas estruturas identificadas, entre eles a cocaína, a cafeína*, a nicotina e a atropina. As estruturas de alguns desses alcaloides ativos fisiologicamente são mostradas na Figura 2.22.

A *cocaína* provém da coca *(Erythroxylum coca)*, um arbusto ou pequena árvore nativa das colinas orientais dos Andes da Bolívia e Peru. Muitos incas que vivem nas grandes altitudes dessas montanhas mascam as folhas de coca para reduzir a fome angustiante e a fadiga em sua labuta nesse ambiente agressivo. O ato de mastigar as folhas, que contêm pequenas concentrações de cocaína, é relativamente inócuo em comparação com as práticas de fumar, aspirar ou injetar intravenosamente a cocaína. O uso habitual de cocaína e de seu derivado *crack* pode ter efeitos devastadores tanto fisiológica quanto psicologicamente, podendo levar à morte. A cocaína tem sido usada como anestésico na cirurgia ocular e em odontologia.

A *cafeína*, um estimulante encontrado em plantas como o cafeeiro *(Coffea arabica)*, o chá-da-índia *(Camellia sinensis)* e o cacaueiro *(Theobroma cacao)*, é um componente de bebidas muito consumidas. As altas concentrações de cafeína presentes nas plântulas de cafeeiro em desenvolvimento têm se mostrado altamente tóxicas e letais tanto para insetos quanto para fungos. Além disso, a cafeína liberada pelas plântulas aparentemente inibe a germinação de outras sementes ao redor delas, prevenindo o crescimento de competidores. Esse processo é chamado *alelopatia*.

A *nicotina*, outra substância estimulante, é obtida de folhas de tabaco *(Nicotiana tabacum)*. É um alcaloide altamente tóxico que tem recebido considerável atenção devido à preocupação relacionada com os danosos efeitos do hábito de fumar. A nicotina é sinte-

tizada nas raízes e transportada para as folhas, onde é armazenada nos vacúolos. É um eficiente dissuasor do ataque de mamíferos e insetos herbívoros. A nicotina é sintetizada em resposta à lesão, aparentemente funcionando de modo semelhante a uma fitoalexina.

Extratos contendo *atropina*, obtidos do meimendro-egípcio *(Hyoscyamus muticus)*, foram usados por Cleópatra no último século a.C. para dilatar suas pupilas, na esperança de se tornar mais atraente. Durante o período medieval, as mulheres europeias usavam extratos contendo atropina, obtidos da beladona *(Atropa belladonna)*, com os mesmos objetivos. Atualmente, a atropina é utilizada como estimulante cardíaco, dilatador de pupilas em exames oftalmológicos e eficiente antídoto contra envenenamento por alguns gases asfixiantes.

Os terpenoides são formados por unidades de isopreno e incluem os óleos essenciais, o taxol, a borracha e os glicosídios cardioativos

Os *terpenoides*, também chamados terpenos, estão presentes em todas as plantas e são de longe a maior classe de metabólitos secundários; foram identificados mais de 22.000 compostos terpenoides. O mais simples dos terpenoides é o hidrocarboneto isopreno (C_5H_8). Todos os terpenoides podem ser classificados de acordo com o seu número de unidades de isopreno (Figura 2.23A). Categorias bem conhecidas de terpenoides são os monoterpenoides, que consistem em duas unidades de isopreno; os sesquiterpenoides (três unidades de isopreno); e os diterpenoides (quatro unidades de isopreno). Uma única planta pode sintetizar, em partes distintas, muitos terpenoides diferentes, para uma grande variedade de propósitos e em épocas diferentes, ao longo de seu desenvolvimento.

O *isopreno* propriamente dito é um gás emitido em grandes quantidades pelas folhas de muitas espécies e é um dos prin-

---

*N.R.T.: Segundo alguns autores, a cafeína é uma metilxantina e deve ser considerada um pseudoalcaloide.

B

CH₃
|
C
H₂C — ‖ — CH₂ ... CH
Isopreno (C₅H₈)

A

2.23 Isopreno, um terpenoide. A. Um grupo diverso de compostos é formado por unidades de isopreno. Por exemplo, todos os esteróis são constituídos de seis unidades de isopreno. **B.** Névoa azul, composta em grande parte de isopreno, pairando sobre as Blue Ridge Mountains, na Virgínia (EUA).

cipais responsáveis pela névoa azulada que paira nos bosques das colinas e montanhas no verão (Figura 2.23B). É também um componente do *smog*. O isopreno, que é emitido somente na presença de luz, é produzido nos cloroplastos a partir do dióxido de carbono recém-convertido em compostos orgânicos pela fotossíntese. Pode-se indagar por que as plantas produzem e liberam quantidades tão grandes de isopreno. Os estudos têm demonstrado que emissões de isopreno são mais elevadas em dias quentes e, além disso, que a "cobertura" dessa substância pode ajudar a planta a enfrentar o calor, por meio da estabilização das membranas fotossintéticas no interior das células vegetais.

Muitos dos monoterpenoides e sesquiterpenoides são chamados *óleos essenciais*, por serem altamente voláteis e contribuírem para a fragrância ou essência das plantas que os produzem. Na hortelã (*Mentha*), grandes quantidades de monoterpenoides voláteis (mentol e mentona) são sintetizadas e armazenadas em tricomas (pelos) glandulares, os quais são componentes da epiderme. Os óleos essenciais produzidos pelas folhas de algumas plantas inibem a ação dos herbívoros; alguns protegem contra o ataque por fungos e bactérias, enquanto outros são conhecidos por serem alelopáticos. Os terpenoides das essências das flores atraem a elas os insetos polinizadores.

O diterpenoide *taxol* tem atraído grande atenção pelas suas propriedades anticâncer. Tem sido demonstrado que ele reduz os tumores malignos do ovário e dos seios. Até certa época, a única fonte de taxol era a casca de *Taxus brevifolia*, uma gimnosperma do Pacífico. Coletando-se toda a casca de uma árvore obtinha-se apenas uma pequena quantidade de taxol (uma dose ínfima de 300 mg a partir de uma árvore de 12 metros de altura e 100 anos de vida). Ainda mais grave, a remoção da casca mata a árvore. Felizmente, descobriu-se que extratos das folhas aciculares de *Taxus baccata* e de arbustos de *Taxus* da Europa, assim como de alguns poucos fungos, podem fornecer compostos semelhantes ao taxol. As folhas podem ser coletadas sem destruir as árvores e os arbustos de *Taxus*. O taxol agora tem sido obtido em laborató-

rio, mas a técnica de síntese precisa ser refinada. Mesmo assim, é possível que ainda seja comercialmente mais barato obter o taxol de fontes naturais.

O maior composto terpenoide conhecido é a *borracha*, que consiste em moléculas contendo de 400 até mais de 100.000 unidades de isopreno. A borracha é obtida comercialmente de um fluido leitoso, denominado *látex*, da planta tropical *Hevea brasiliensis**, um membro da família Euphorbiaceae (Figura 2.24). O látex é sintetizado em células ou em uma série de células conectadas que crescem e formam estruturas semelhantes a tubos, denominadas laticíferos. Cerca de 1.800 espécies de plantas foram registradas como portadoras de borracha, mas apenas umas poucas fornecem látex suficiente para torná-las comercialmente valiosas. Em *Hevea*, a borracha pode constituir 40 a 50% do látex. O látex é obtido da árvore da borracha por meio de incisões em V na casca. Uma goteira é colocada na base do V, e o látex flui incisão abaixo e é coletado em um recipiente preso à árvore. O látex é processado, e a borracha, removida e prensada em lâminas para a remessa às fábricas.

Muitos terpenoides são venenosos, entre eles os *glicosídios cardioativos*, derivados esteróis que podem causar ataques cardíacos. Quando utilizados medicinalmente, os glicosídios

---

*N.R.T.: Trata-se da seringueira, árvore nativa da Amazônia brasileira.

2.24 Extração do látex de uma seringueira. Uma incisão é feita no tronco da seringueira *(Hevea brasiliensis)* para se obter a borracha, um terpenoide componente do látex leitoso. Um homem adulto da aldeia Iban, ilha de Bornéu, Malásia, está coletando látex de árvores cultivadas.

cardioativos podem provocar batimentos cardíacos mais regulares e fortes. As dedaleiras (*Digitalis*) são as principais fontes dos mais ativos glicosídios cardioativos, a digitoxina e a digoxina. Os glicosídios cardioativos sintetizados por membros da família de plantas latescentes (Apocynaceae) fornecem uma eficiente defesa contra herbívoros. É interessante mencionar que alguns insetos conseguiram adaptar-se a essas toxinas. Um exemplo é a lagarta da borboleta-monarca, a qual se alimenta preferencialmente de plantas de oficial-de-sala (*Asclepias* spp.) e armazena os glicosídios cardioativos inalterados em seu corpo (Figura 2.25). Quando a borboleta adulta deixa o casulo, os glicosídios cardioativos, que apresentam sabor amargo, protegem a borboleta contra pássaros predadores. A ingestão dos glicosídios cardioativos causa vômito nos pássaros, e eles prontamente aprendem a reconhecer e evitar outras monarcas vivamente coloridas apenas por vê-las.

Os terpenoides desempenham múltiplas funções nas plantas. Além dos papéis já mencionados, alguns são pigmentos fotossintéticos (carotenoides) e hormônios (giberelinas, ácido abscísico), enquanto outros servem como componentes estruturais de membranas (esterois) ou como transportadores de elétrons (ubiquinona, plastoquinona). Todas essas substâncias serão discutidas nos próximos capítulos.

As substâncias fenólicas incluem os flavonoides, os taninos, as ligninas e o ácido salicílico

O termo *substâncias fenólicas* engloba uma grande variedade de compostos, todos eles apresentando um grupo hidroxila (—OH) ligado a um anel aromático (um anel de seis carbonos, contendo três duplas ligações). Eles estão quase universalmente presentes nas plantas e são conhecidos por acumularem-se em todas as partes dos vegetais (raiz, caule, folhas, flores e frutos). Embora eles representem os metabólitos secundários mais estudados, a função de muitos compostos fenólicos é ainda desconhecida.

Os *flavonoides*, que são pigmentos hidrossolúveis presentes nos vacúolos das células das plantas, representam o maior grupo de compostos fenólicos vegetais (ver Capítulo 20). Os flavonoides encontrados em vinhos tintos e no suco de uva têm recebido considerável atenção devido a observações de seu efeito ao reduzir o nível de colesterol do sangue. Mais de 3.000 diferentes flavonoides foram descritos, e eles são provavelmente os metabólitos secundários das plantas mais intensivamente estudados. Os flavonoides são divididos em várias classes, incluindo as amplamente distribuídas antocianinas, flavonas e flavonóis. As *antocianinas* variam de cor desde o vermelho até o púrpura e o azul. A maioria das *flavonas* e *flavonóis* são pigmentos amarelados ou de coloração marfim, e algumas são incolores. As flavonas e flavonóis incolores podem alterar a coloração de uma parte da planta por meio da formação de complexos com antocianinas e íons metálicos. Esse fenômeno, denominado *copigmentação*, é responsável por algumas colorações intensamente azuis de flores (Figura 2.26).

Os pigmentos florais agem como sinais visuais para atrair pássaros e abelhas polinizadores, um papel reconhecido por Charles Darwin e naturalistas antes e depois de sua época. Os flavonoides também afetam o modo como as plantas interagem com outros organismos, tais como bactérias simbióticas que vivem dentro das raízes da planta e micróbios patogênicos. Por exemplo, os flavonoides liberados pela raiz de leguminosas podem estimular ou inibir respostas genéticas específicas nos diferentes tipos de bactérias a elas associadas. Os flavonoides

A

B

2.25 Oficial-de-sala e borboletas-monarcas. A. Uma lagarta da borboleta-monarca alimenta-se da planta oficial-de-sala *(Asclepias curassavica)*, ingerindo e estocando os terpenoides tóxicos (glicosídios cardioativos) produzidos por ela. A lagarta e a borboleta-monarca (**B**) tornam-se assim não palatáveis e venenosas. A coloração vívida da lagarta e da borboleta adverte pretensos predadores.

2.26 Copigmentação. A cor azul intensa das flores de *Commelina communis* é o resultado da copigmentação. Na flor de *Commelina*, as moléculas de antocianina e flavona unem-se a um íon de magnésio para formar o pigmento azul comelinina.

podem também prover proteção contra os danos da radiação ultravioleta.

Provavelmente os mais importantes dissuasores alimentares de herbívoros nas angiospermas (as plantas floríferas com sementes) são os *taninos*, compostos fenólicos presentes em concentrações relativamente elevadas nas folhas de muitas plantas lenhosas. O sabor amargo dos taninos repele os insetos, répteis, pássaros e animais superiores. Os frutos não maduros geralmente têm alta concentração de taninos em suas camadas celulares externas. Os seres humanos usam os taninos para tanar o couro, desnaturando as suas proteínas e protegendo-o contra o ataque bacteriano. Os taninos são isolados dentro de vacúolos da célula vegetal para evitar a lesão de outros componentes celulares (Figura 2.27).

As *ligninas*, diferentemente dos outros compostos fenólicos, são depositadas na parede celular, e não no vacúolo. Apenas superadas pela celulose como o mais abundante composto orgânico na Terra, as ligninas são polímeros formados de três tipos de monômeros: alcoóis *p*-cumarílico, coniferílico e sinapílico. A quantidade relativa de cada monômero difere significativamente, dependendo de a lignina provir de gimnospermas (plantas não floríferas com sementes), angiospermas lenhosas ou gramíneas. Além disso, há uma grande variação na composição monomérica de ligninas de diferentes espécies, órgãos, tecidos, e até mesmo de frações da parede celular.

As ligninas são importantes principalmente pela resistência à compressão e pela rigidez que ela confere à parede celular. Acredita-se que a *lignificação*, ou seja, o processo de deposição de lignina, teve um papel primordial na evolução das plantas terrestres. Embora as paredes celulares não lignificadas possam suportar forças de tensão (estiramento) substanciais, elas são fracas ante as forças de compressão da gravidade. Com a adição de lignina às paredes celulares, as plantas terrestres aumentaram

em estatura e desenvolveram sistemas ramificados, capazes de suportar as grandes superfícies fotossintetizantes.

A lignina também impermeabiliza a parede celular. Consequentemente, ela facilita o transporte de água para cima nas células condutoras do xilema, por limitar o movimento de água para fora dessas células. Além disso, a lignina contribui para a resistência das células condutoras de água à tensão gerada pela corrente de água (a corrente transpiratória) que é impelida para as partes superiores das plantas altas (ver Capítulo 30). Outra função das ligninas é apontada pela sua deposição em resposta a vários tipos de lesões e ataques por fungos. Essa "lignina de cicatrização" protege a planta de ataques por fungos ao aumentar a resistência das paredes à penetração mecânica, protegendo-as também contra a atividade das enzimas dos fungos e reduzindo a difusão das enzimas e toxinas do fungo para dentro da planta. Tem sido sugerido que a lignina pode de início ter funcionado como agente antifúngico e antibacteriano e apenas mais tarde assumiu papel no transporte de água e no suporte mecânico durante a evolução das plantas terrestres.

O *ácido salicílico*, o ingrediente ativo do ácido acetilsalicílico (aspirina), ficou conhecido primeiramente por suas propriedades analgésicas. Foi descoberto pelos antigos gregos e por nativos da América, que o obtinham para alívio das dores por meio de chá preparado a partir da casca do salgueiro (*Salix*) (Figura 2.28). Entretanto, apenas recentemente a ação desse composto fenólico nos tecidos vegetais foi descoberta: ele é essencial para o desenvolvimento da *resistência sistêmica adquirida*, comumente referida como *SAR*. A SAR desenvolve-se em resposta a um ataque localizado, provocado por bactérias, fungos ou vírus patogênicos. Como resultado, outras porções das plantas ficam providas

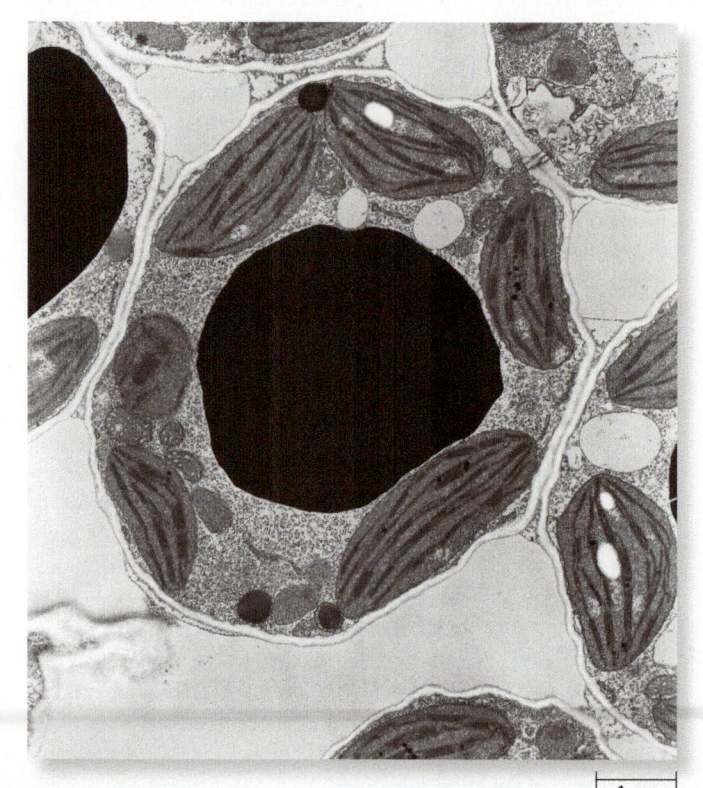

1 μm

2.27 Tanino. Vacúolo contendo tanino em uma célula de folha de dormideira, *Mimosa pudica*. O tanino eletrodenso, o que torna as folhas intragáveis para comer, preenche o vacúolo central dessa célula.

2.28 Ácido salicílico. A. As estruturas químicas do ácido salicílico e do ácido acetilsalicílico (aspirina). **B.** Uma árvore de salgueiro (*Salix*) crescendo próximo a uma corrente de água.

de proteção duradoura contra os mesmos patógenos ou outros agentes. Provavelmente, o ácido salicílico também desencadeia o aumento notável de temperatura durante a floração de *Sauromatum guttatum* e outras aráceas.

Com esta introdução à composição molecular das células vegetais, o palco está preparado para o nosso estudo da célula viva – de sua estrutura e das atividades por meio das quais ela se mantém como uma entidade distinta do mundo inerte que a rodeia. Investigaremos como as moléculas orgânicas estudadas neste capítulo desempenham suas funções. Não deve surpreender o fato de que as moléculas orgânicas raramente funcionam isoladamente, mas sim em combinação com outras moléculas orgânicas. Os processos maravilhosos por meio dos quais essas moléculas desempenham suas funções não são ainda claramente entendidos e permanecem como objeto de intensa investigação.

RESUMO

A matéria viva é composta de apenas uns poucos elementos de ocorrência natural

Os organismos vivos são constituídos, principalmente, por apenas seis elementos: carbono, hidrogênio, nitrogênio, oxigênio, fósforo e enxofre. Grande parte da matéria viva é composta de água; o restante é quase todo constituído de moléculas orgânicas (contendo carbono) – carboidratos, lipídios, proteínas e ácidos nucleicos. Os polissacarídios, proteínas e ácidos nucleicos são exemplos de macromoléculas constituídas de monômeros semelhantes, interligados por meio de síntese por desidratação (removendo H_2O), para a formação dos polímeros. Por meio de um processo inverso, denominado hidrólise (adicionando H_2O), os polímeros podem ser decompostos em seus monômeros constituintes.

Os carboidratos são açúcares e seus polímeros

Os carboidratos servem como fonte principal de energia química para os sistemas vivos e como importantes elementos estruturais na célula. Os carboidratos mais simples são os monossacarídios, como a glicose e a frutose. Os monossacarídios podem ser combinados para formar dissacarídios, como a sacarose, e polissacarídios, como o amido e a celulose. As moléculas de amido são polissacarídios de reserva, constituídas por polímeros de alfaglicose que formam espirais, enquanto a celulose é um polissacarídio estrutural que forma microfibrilas lineares impenetráveis para as enzimas que quebram o amido. Os carboidratos podem ser quebrados, comumente, pela adição de uma molécula de água em cada ligação, uma reação conhecida como hidrólise.

Os lipídios são moléculas hidrofóbicas que desempenham uma diversidade de papéis na célula

Os lipídios são outra fonte de energia e de material estrutural para as células. Compostos desse grupo – gorduras, óleos, fosfolipídios, cutina, suberina, ceras e esteroides – são, em geral, insolúveis em água.

Gorduras e óleos, também conhecidos como triglicerídios, armazenam energia. Os fosfolipídios são triglicerídios modificados e importantes componentes das membranas celulares. A cutina, a suberina e as ceras são lipídios que formam barreiras contra a perda de água. A superfície das células de caule e folhas é coberta com uma cutícula, constituída por cera e cutina, que evita a perda de água. Os esteroides são moléculas que apresentam quatro anéis hidrocarbônicos interligados. Os esteroides são encontrados nas membranas celulares e podem ter também outros papéis na célula.

As proteínas são versáteis polímeros de aminoácidos

Os aminoácidos têm um grupo amino, um grupo carboxila, um átomo de hidrogênio e um grupo R variável ligados a um mesmo átomo de carbono. Vinte diferentes tipos de aminoácidos – diferindo em tamanho, carga elétrica e polaridade do grupo R – são usados para a constituição das proteínas. Pelo processo da síntese por desidratação, os aminoácidos são ligados um ao outro por pontes peptídicas. Uma cadeia de aminoácidos é um polipeptídio, e as proteínas consistem em um ou mais polipeptídios longos.

Uma estrutura proteica pode ser descrita em termos de níveis de organização. A estrutura primária é a sequência linear de aminoácidos unidos por ligações peptídicas. A estrutura secundária, mais comumente uma alfa-hélice ou uma folha betaplicada, é formada como resultado de pontes de hidrogênio entre grupos amino e grupos carboxila. A estrutura terciária é o dobramento que resulta das interações entre os grupos R. A estrutura quaternária resulta das interações específicas entre duas ou mais cadeias polipeptídicas.

As enzimas são proteínas globulares que catalisam reações químicas nas células. Graças às enzimas, as células são capazes de acelerar a taxa das reações químicas a temperaturas moderadas.

Os ácidos nucleicos são polímeros de nucleotídios

Os nucleotídios são moléculas complexas, consistindo em um grupo fosfato, uma base nitrogenada e um açúcar de cinco átomos de carbono. Eles são os elementos constitutivos dos ácidos nucleicos, o ácido desoxirribonucleico (DNA) e o ácido ribonucleico (RNA), que transmitem e traduzem a informação genética. Algumas moléculas de RNA funcionam como catalisadores.

A adenosina trifosfato (ATP) é a molécula principal que contém energia de troca, disponível e universal nas células. O ATP pode ser hidrolisado, liberando adenosina difosfato (ADP), uma molécula de fosfato e uma considerável quantidade de energia. Essa energia pode ser utilizada para alimentar outras reações ou processos físicos na célula. Na reação inversa, o ADP pode ser "recarregado" a ATP, com a adição de um grupo fosfato e energia.

Os metabólitos secundários desempenham uma diversidade de papéis não diretamente ligados ao funcionamento básico da planta

As três classes principais de metabólitos secundários encontrados nas plantas são os alcaloides, os terpenoides e os compostos

Tabela-resumo Moléculas orgânicas biologicamente importantes

Classe de moléculas	Tipos	Subunidades	Funções principais	Outras características
Carboidratos	Monossacarídios (p. ex., glicose)	Monossacarídios (açúcares simples)	Fonte de energia prontamente disponível	Os carboidratos são açúcares e polímeros de açúcares. Para identificar os carboidratos, procure compostos que consistam em monômeros com muitos grupos hidroxila (—OH) e normalmente um grupo carbonila (—C=O) ligados ao esqueleto carbônico. Entretanto, se os açúcares estiverem na forma de anel, o grupo carbonila não será evidente.
	Dissacarídios (p. ex., sacarose)	Dois monossacarídios	Forma de transporte nas plantas	
	Polissacarídios	Muitos monossacarídios	Energia armazenada ou componente estrutural	
	Amido		Principal forma de energia armazenada nas plantas	
	Glicogênio		Principal forma de energia armazenada em procariotos, fungos e animais	
	Celulose		Componente da parede das células de plantas	
	Quitina		Componente da parede das células de fungos	
Lipídios	Triglicerídios	3 ácidos graxos + 1 glicerol	Energia armazenada	Os lipídios são moléculas apolares que não se dissolvem em solventes polares, como a água. Dessa forma, os lipídios são as moléculas ideais para o armazenamento de energia a longo prazo. Eles podem ser "guardados" ou compartimentalizados em uma célula sem se dissolverem no ambiente aquoso e sem "escaparem" para o restante da célula.
	Óleos		Principal forma de energia armazenada nas sementes e frutos	
	Gorduras		Principal forma de energia armazenada em animais	
	Fosfolipídios	2 ácidos graxos + 1 glicerol + 1 grupo fosfato	Principal componente de todas as membranas celulares	Os fosfolipídios e os glicolipídios são triglicerídios modificados com um grupo polar em uma das extremidades. A "cabeça" polar da molécula é hidrofílica e, portanto, dissolve-se em água; a "cauda" apolar é hidrofóbica e insolúvel em água. Essa é a base para o papel dos fosfolipídios nas membranas celulares, nas quais eles são arranjados cauda a cauda em uma camada dupla.
	Cutina, suberina e ceras	Variam; estruturas lipídicas complexas	Proteção	Agem como impermeabilizantes de caule, folhas e frutos.
	Esteroides	Quatro anéis hidrocarbônicos interligados	Componente das membranas celulares; hormônios	Um esterol é um esteroide com um grupo hidroxila ligado ao átomo de carbono da posição 3.
Proteínas (polipeptídios)	Muitos tipos diferentes	Aminoácidos	Numerosas funções; incluindo estrutural e catalítica (enzimas)	Estruturas primária, secundária, terciária e quaternária.
Ácidos nucleicos	DNA	Nucleotídios	Portador da informação genética	Cada nucleotídio é composto de um açúcar, uma base nitrogenada e um grupo fosfato. O ATP é um nucleotídio que funciona como o principal transportador de energia nas células.
	RNA		Envolvido na síntese de proteína	

fenólicos. Embora as funções botânicas dessas substâncias não sejam claramente conhecidas, acredita-se que uma delas seja dissuadir predadores e/ou competidores. Exemplos de tais compostos são a cafeína e a nicotina (alcaloides), os glicosídios cardioativos (terpenoides) e os taninos (compostos fenólicos). Outros metabólitos secundários, como as antocianinas (compostos fenólicos) e óleos essenciais (terpenoides) atraem polinizadores. Outros ainda, como as ligninas (compostos fenólicos), são responsáveis pela força compressiva, rigidez e impermeabilidade à água do corpo da planta. Alguns metabólitos secundários, como a borracha (um terpenoide), a morfina e o taxol (alcaloides), têm importantes usos comerciais ou medicinais. Os metabólitos primários, ao contrário dos metabólitos secundários, são encontrados em todas as células da planta e indispensáveis à vida desta.

Autoavaliação

1. Por que o amido deve ser hidrolisado antes de ser transportado ou utilizado como fonte de energia?

2. Que vantagem a planta tem em armazenar energia em alimentos como frutanos, em vez de amido? Ou então, como óleos, em vez de amido ou frutanos?

3. Qual a principal diferença entre uma gordura ou um óleo saturado e insaturado?

4. Que aspecto estrutural todos os aminoácidos têm em comum? Que parte de um aminoácido determina sua identidade?

5. Quais são os vários níveis de organização proteica e como eles diferem uns dos outros?

6. A coagulação da clara do ovo, quando ele é cozido, é um exemplo comum de desnaturação proteica. O que acontece quando uma proteína é desnaturada?

7. Certo número de insetos, incluindo as borboletas-monarcas, tem adotado uma estratégia de utilização de determinados metabólitos secundários de plantas para proteção contra predadores. Explique.

8. Acredita-se que a lignina, um constituinte da parede celular, tenha desempenhado um papel preponderante na evolução das plantas terrestres. Explique isso com base em todas as presumíveis funções da lignina.

CAPÍTULO 3

Célula Vegetal e Ciclo Celular

◀ **Central energética da célula vegetal.** O cloroplasto é o local onde a energia luminosa é utilizada para produzir as moléculas orgânicas necessárias para a célula vegetal. Nessa imagem, as membranas achatadas e empilhadas dos *grana* (grânulos) podem ser visualizadas no interior do cloroplasto. A clorofila e outros pigmentos contidos nas membranas dos cloroplastos capturam a energia solar, a primeira etapa no processo essencial à vida – a fotossíntese.

No capítulo anterior abordamos desde os átomos e as pequenas moléculas até as complexas e grandes moléculas, como as proteínas e os ácidos nucleicos. A cada nível de organização, surgem novas propriedades. A água não é apenas a soma das propriedades dos elementos hidrogênio e oxigênio, que são gases. Ela é mais do que isso. Nas proteínas, os aminoácidos organizam-se em polipeptídios e as cadeias de polipeptídios são arranjadas em novos níveis de organização – as estruturas secundária, terciária e, em alguns casos, quaternária da molécula de proteína completa. Somente nos níveis de organização mais altos surgem as propriedades complexas da proteína, e então a molécula pode assumir sua função.

As características dos organismos vivos, como as dos átomos ou moléculas, não aparecem gradualmente à medida que o grau de organização aumenta. Elas surgem quase que repentinamente, e especificamente na forma de uma célula viva – diferente dos átomos e das moléculas dos quais ela é constituída. A vida começa quando a célula aparece.

As células são as unidades estruturais e funcionais da vida (Figura 3.1). Os organismos menores são constituídos por uma única célula. Os organismos maiores são constituídos por tri-

PONTOS PARA REVISÃO

Após a leitura deste capítulo, você deverá ser capaz de responder às seguintes questões:

1. Como a estrutura de uma célula procariótica difere da estrutura de uma célula eucariótica?

2. Quais são os vários tipos de plastídios e qual papel cada um tem na célula?

3. Que relações funcionais e de desenvolvimento existem entre o retículo endoplasmático e os corpos de Golgi na célula vegetal?

4. O que é o "citoesqueleto" de uma célula e em que processo ele está envolvido?

5. Como as paredes celulares primárias diferem das paredes celulares secundárias?

6. O que é o ciclo celular? Quais eventos-chave ocorrem nas fases G_1, S, G_2 e M do ciclo celular?

7. Qual é o papel da mitose? Quais eventos ocorrem durante cada uma das quatro fases da mitose?

8. O que é citocinese e quais os papéis do fragmossomo, do fragmoplasto e da placa celular durante o processo?

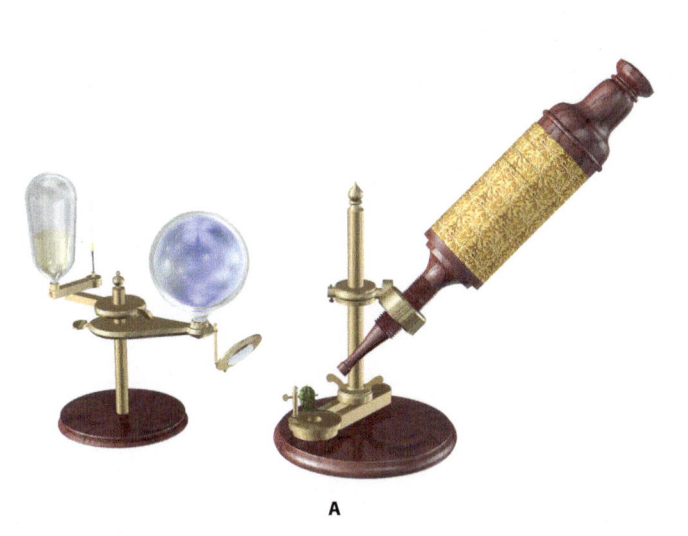

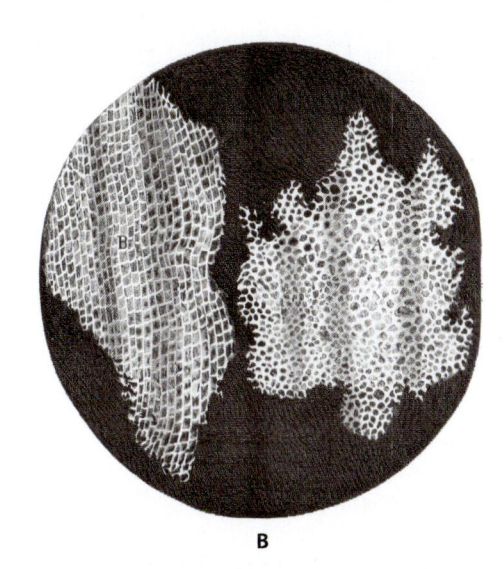

A

B

3.1 Microscópio de Hooke. O microscopista inglês Robert Hooke foi o primeiro a usar o termo "célula", referindo-se às pequenas câmaras que ele observou em seções de cortiça, quando ampliadas. **A.** Um dos microscópios construído por Hooke, por volta de 1670. A luz proveniente de uma lamparina de óleo (à esquerda) era direcionada para o espécime através de um globo de vidro contendo água, que atuava como um condensador. O espécime era montado em um alfinete, logo abaixo da extremidade do microscópio. O microscópio era focalizado pelo movimento de subida e descida de um parafuso preso ao suporte por uma garra. **B.** Este desenho contendo duas seções de cortiça estava no livro de Hooke, *Micrographia*, publicado em 1665.

lhões de células, cada uma das quais ainda mantém uma existência parcialmente independente. O reconhecimento de que todos os organismos são constituídos por células foi um dos mais importantes avanços conceituais na história da biologia, visto que forneceu um tópico unificador, incluído na *teoria celular* (ver o quadro na página seguinte) para o estudo de todos os seres vivos. Quando estudados em nível celular, mesmo os organismos mais diferentes são, em sua organização física e em suas propriedades químicas, notavelmente similares entre si.

A palavra "célula" foi usada pela primeira vez em sua acepção biológica há cerca de 340 anos. No século 17, o cientista inglês Robert Hooke, utilizando um microscópio construído por ele próprio, observou que a cortiça e outros tecidos vegetais são constituídos por estruturas que se assemelhavam a pequenas cavidades, separadas por paredes (Figura 3.1). A essas cavidades ele deu o nome de "células", uma palavra que significa "pequeno compartimento". Entretanto, o termo "célula" não adquiriu o seu significado atual – a unidade básica da matéria viva – por mais de 150 anos.

Em 1838, Matthias Schleiden, um botânico alemão, relatou sua observação de que todos os tecidos vegetais consistem em massas organizadas de células. No ano seguinte, o zoologista Theodor Schwann estendeu a observação de Schleiden para os tecidos animais e propôs uma base celular para todos os organismos vivos. A formulação da teoria celular está habitualmente ligada a Schleiden e Schwann. Em 1858, a ideia de que todos os organismos vivos são compostos de uma ou mais células adquiriu um significado ainda mais amplo, quando o patologista Rudolf Virchow formulou a generalização de que as células só podem se originar de células preexistentes: "Quando uma célula existe, deve haver uma célula preexistente, assim como o animal só se origina de outro animal, e a planta, apenas de outra planta."

A partir da perspectiva apresentada na teoria da evolução de Darwin, publicada no ano seguinte, o conceito de Virchow assumiu um significado ainda mais amplo. Existe uma continuidade entre as células modernas – e os organismos a partir das quais são compostos – e as primeiras células primitivas que apareceram na Terra há pelo menos 3,5 bilhões de anos.

Cada célula viva é uma unidade que se autocontém e é revestida por uma membrana externa – a membrana plasmática ou plasmalema (frequentemente chamada membrana celular, por ser mais fácil). A membrana plasmática controla a passagem de substâncias para dentro e para fora da célula, possibilitando que ela seja diferente bioquímica e estruturalmente do meio externo. A membrana plasmática contém o citoplasma, que na maioria das células apresenta uma variedade de estruturas diferentes e várias moléculas dissolvidas ou suspensas. Além disso, cada célula contém o DNA (ácido desoxirribonucleico), que codifica a informação genética (ver Capítulo 9), e este código, com raras exceções, é o mesmo para cada organismo, seja uma bactéria, um carvalho ou um ser humano.

Procariotos e eucariotos

Dois grupos fundamentalmente diferentes de organismos podem ser reconhecidos: os *procariotos* e os *eucariotos*. Esses termos são derivados da palavra grega *karyon*, que significa "parte central" (núcleo). O termo *procarioto* significa "antes do núcleo" e *eucarioto*, "com núcleo verdadeiro".

Os procariotos atuais são representados por Archaea e Bacteria (ver Capítulo 13). As células procarióticas diferem das eucarióticas principalmente pela inexistência de núcleo, ou seja, seu DNA não está circundado pelo envoltório nuclear membranáceo (Figura 3.2). O DNA existe na forma de uma molécula grande e circular, na qual algumas proteínas estão frouxamente associadas. Essa molécula, conhecida como cromossomo bacteriano, está localizada na região denominada *nucleoide*. (A maioria dos procariotos tem somente um cromossomo.) Os procariotos também foram considerados deficientes de estruturas

TEORIA CELULAR *VERSUS* TEORIA ORGANISMAL

Em sua forma clássica, a teoria celular propunha que os corpos dos animais e das plantas são agregados de células individualizadas e diferenciadas. Os proponentes dessa teoria acreditavam que as atividades de plantas ou animais como um todo devem ser encaradas como a soma das atividades das células individuais constituintes, sendo essas últimas de primordial importância. Esse conceito tem sido comparado à teoria da democracia de Jefferson, que considerava a nação como dependente e secundária, em direitos e privilégios, em relação aos estados individuais que a constituem.

Na última metade do século 19 foi formulada uma teoria alternativa à teoria celular. Conhecida como *teoria organismal*, ela substituiu algumas das ideias defendidas pela teoria celular. Os proponentes da teoria organismal consideram o organismo inteiro como de primordial importância, em vez de células individuais. A planta ou animal pluricelular é visto não meramente como um grupo de unidades independentes, mas como uma massa relativamente contínua de protoplasma, a qual, no curso da evolução, subdividiu-se em células. A teoria organismal originou-se, em parte, dos resultados de pesquisa fisiológica, que demonstrou a necessidade da coordenação das atividades dos vários órgãos, tecidos e células para o crescimento e desenvolvimento normais do organismo. A teoria organismal pode ser comparada à teoria do governo que admite que é de primordial importância a nação unificada, e não os estados dos quais ela é formada.

No século 19, o botânico alemão Julius von Sachs concisamente estabeleceu a teoria organismal quando escreveu *Die Pflanze bildet Zelle, nicht die Zelle Pflanzen*, que significa "A planta forma células, as células não formam plantas".

Na verdade, a teoria organismal é especialmente aplicada às plantas cujos protoplastos não são separados por constrição durante a divisão celular, como na divisão da célula animal, mas são separados inicialmente pela formação da placa celular. Além disso, a separação das células vegetais raramente se completa, os protoplastos das células contíguas permanecem conectados por cordões citoplasmáticos conhecidos como plasmodesmos. Os plasmodesmos atravessam as paredes e unem o corpo inteiro da planta em um todo orgânico conhecido como simplasto, o qual consiste nos protoplastos interligados e seus plasmodesmos. Como apropriadamente estabelecido por Donald Kaplan e Wolfgang Hagemann, "Em vez de as plantas superiores serem agregados confederados de células independentes, elas são organismos unificados, cujos protoplastos estão incompletamente subdivididos por paredes celulares".

Em sua forma moderna, a teoria celular estabelece de um modo simples que: (1) todos os organismos vivos são compostos de uma ou mais células; (2) as reações químicas de um organismo vivo, incluindo as de biossíntese e as de seus processos de liberação de energia, ocorrem nas células; (3) as células originam-se de outras células; e (4) as células contêm a informação hereditária do organismo do qual elas são uma parte, e essa informação é passada da célula parental para a célula-filha. As teorias celular e organismal não são mutuamente exclusivas. Juntas, elas fornecem uma significativa visão da estrutura e função em níveis celular e de organismo.

---

especializadas (*organelas*) envolvidas por membranas, que desempenham funções determinadas.

Nas células eucarióticas, os cromossomos estão dentro de um envoltório, constituído por duas membranas, e este separa os cromossomos dos demais componentes celulares. O DNA da célula eucariótica é linear e fortemente ligado a proteínas especiais, conhecidas por histonas; o DNA forma certa quantidade de cromossomos. Estes são estruturalmente mais complexos que os das bactérias. Células eucarióticas são, dessa maneira, divididas em distintos compartimentos, que desempenham diferentes funções (Figura 3.3).

Algumas características que separam as células procarióticas das eucarióticas estão mostradas na Tabela 3.1.

A compartimentação nas células eucarióticas é feita por meio de membranas, as quais, quando observadas com o auxílio de microscópio eletrônico, parecem bastante similares em vários organismos. Quando bem preservadas e coradas, essas membranas mostram aspecto trilamelar, consistindo em duas camadas escuras separadas por uma mais clara (Figura 3.4). O termo "unidade de membrana" tem sido usado para designar as membranas que apresentam tal aspecto.

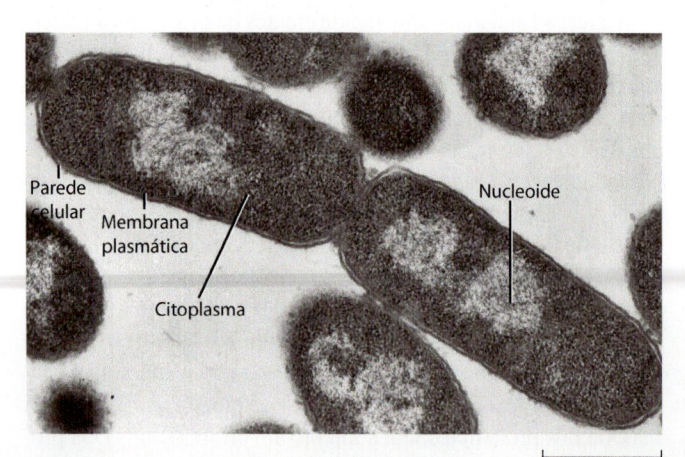

Parede celular
Membrana plasmática
Citoplasma
Nucleoide

0,5 µm

3.2 Procarioto. Micrografia eletrônica de células de *Escherichia coli*, uma bactéria encontrada comumente no trato digestivo humano que é, em geral, inócua. Entretanto, algumas cepas de *E. coli*, que geralmente são adquiridas pela ingestão de água ou alimentos contaminados, produzem toxinas que provocam secreção maciça de líquido no intestino, resultando em vômitos e diarreia. Esse procarioto heterotrófico (não fotossintetizante) é o mais estudado de todos os organismos vivos. Cada célula em forma de bastão tem parede celular, membrana plasmática e citoplasma. O material genético (DNA) é encontrado na região menos granular, no centro de cada célula. Essa região, conhecida como nucleoide, não fica envolvida por uma membrana. O aspecto densamente granular do citoplasma é devido, em grande parte, à presença de numerosos ribossomos, os quais estão envolvidos na síntese de proteínas. As duas células no centro da figura acabaram de se dividir e ainda não estão completamente separadas.

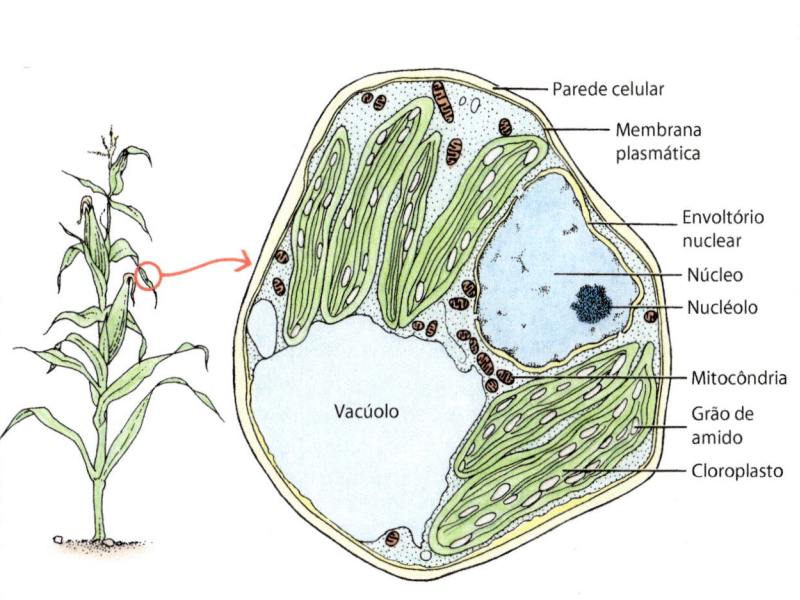

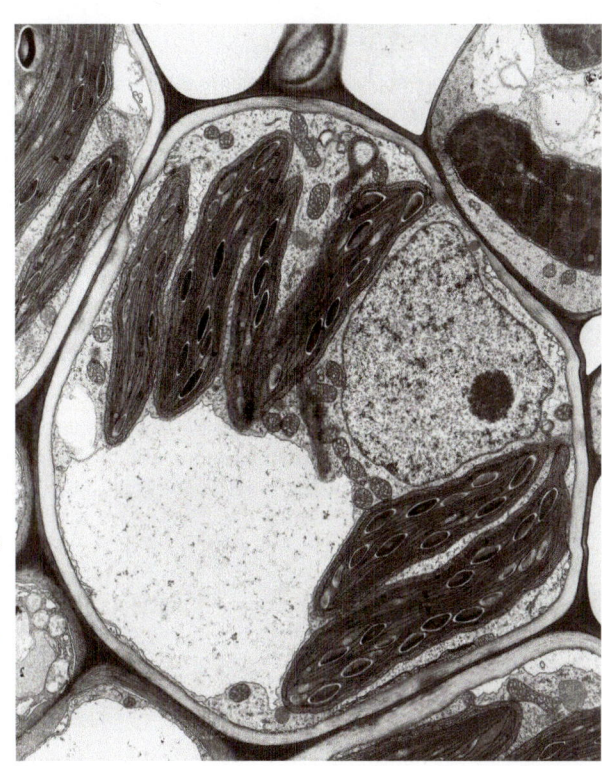

3,0 μm

3.3 Eucarioto fotossintetizante. Micrografia eletrônica de uma célula da folha de milho (*Zea mays*). O material granular dentro do núcleo corresponde à cromatina e contém DNA associado a proteínas do grupo das histonas. O nucléolo é a região dentro do núcleo onde os componentes do RNA dos ribossomos são sintetizados. Observe as várias mitocôndrias e os cloroplastos, ambos envolvidos por membranas. O vacúolo, que é uma região que apresenta um conteúdo fluido envolvido por uma membrana, e a parede celular são característicos das células vegetais.

Tabela 3.1 Comparação de estruturas selecionadas de células procarióticas e eucarióticas.

	Células procarióticas	Células eucarióticas
Tamanho da célula (comprimento)	Geralmente 1 a 10 micrômetros	Geralmente 5 a 100 micrômetros (células animais com valores menores e células das plantas com valores maiores); muitas maiores que 100 micrômetros
Envoltório nuclear	Ausente	Presente
DNA	Circular, no nucleoide	Linear, no núcleo
Organelas (p. ex., mitocôndrias e cloroplastos)	Ausentes*	Presentes
Citoesqueleto (microtúbulos e filamentos de actina)	Ausente	Presente

*Algumas bactérias têm organelas chamadas acidocalcissomos.

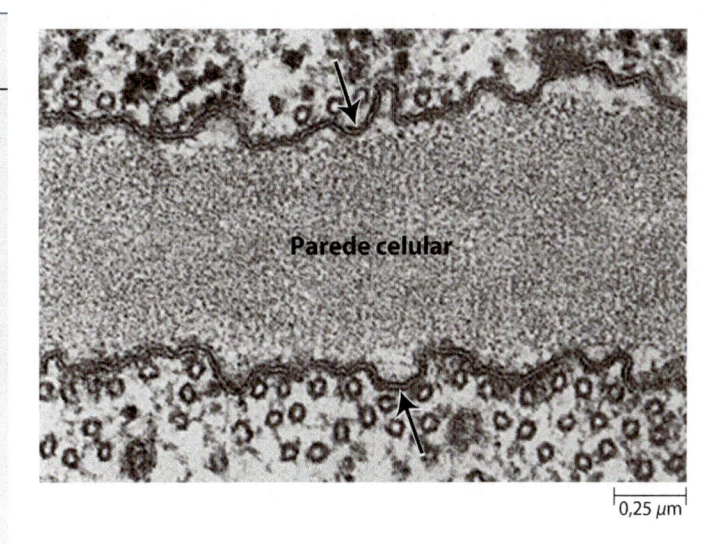

0,25 μm

3.4 Membrana plasmática. Sob grande aumento, as membranas celulares (setas) frequentemente têm um aspecto trilamelar (escuro-claro-escuro), como visto na membrana plasmática adjacente à parede celular de cada uma das duas células contíguas do ápice de raiz de cebola (*Allium cepa*). As numerosas estruturas circulares na margem da parede celular são microtúbulos.

Célula vegetal | Sinopse

A célula vegetal consiste tipicamente em uma *parede celular*, mais ou menos rígida, e um *protoplasto*. O termo protoplasto é derivado da palavra *protoplasma*, a qual é usada para se referir aos conteúdos celulares. Um protoplasto é a unidade de protoplasma dentro da parede celular.

O protoplasto consiste no *citoplasma* e no *núcleo* (Tabela 3.2). O citoplasma inclui as diferentes entidades envolvidas por membranas (organelas, como os plastídios e as mitocôndrias), os sistemas de membranas (retículo endoplasmático e aparelho de Golgi) e as estruturas não membranosas (como os ribossomos, filamentos de actina e os microtúbulos). O restante do citoplasma – "o caldo celular" ou a matriz citoplasmática, na qual várias estruturas e os sistemas de membranas estão imersos – é chamado *citosol*. O citoplasma é envolvido por uma única membrana, a *membrana plasmática*.

Tabela 3.2 Inventário dos componentes da célula vegetal.

Parede celular	Lamela mediana	
	Parede primária	
	Parede secundária	
	Plasmodesmos	
Protoplasto	Núcleo	Envoltório nuclear
		Nucleoplasma
		Cromatina
		Nucléolo
	Citoplasma	Membrana plasmática (limitando externamente o citoplasma)
		Citosol
		Organelas circundadas por duas membranas:
		Plastídios
		Mitocôndrias
		Organelas circundadas por uma membrana:
		Peroxissomos
		Vacúolos, circundados pelo tonoplasto
		Sistema de endomembranas* (componentes principais):
		Retículo endoplasmático
		Aparelho de Golgi
		Vesículas
		Citoesqueleto:
		Microtúbulos
		Filamentos de actina
		Ribossomos
		Corpos lipídicos

*O sistema de endomembranas também inclui a membrana plasmática, o envoltório nuclear, o tonoplasto e todas as outras membranas, excetuando-se as da mitocôndria, do plastídio e do peroxissomo.

A membrana plasmática tem várias funções importantes: (1) separa o protoplasto do ambiente externo; (2) medeia o transporte de substâncias para dentro e para fora do protoplasto (ver Capítulo 4); (3) coordena a síntese e o agrupamento das microfibrilas (celulose) da parede celular; e (4) detecta e facilita as respostas aos sinais hormonais e do ambiente envolvidos no controle do crescimento e diferenciação celular.

Diferentemente da maioria das células animais, as células vegetais apresentam uma ou mais cavidades, frequentemente cheias de líquido, chamadas *vacúolos*, dentro do citoplasma. O vacúolo é envolvido por uma única membrana denominada *tonoplasto*.

Na célula vegetal viva, o citoplasma está sempre em movimento. As organelas, bem como as várias substâncias suspensas no citosol, podem ser observadas deslizando de maneira ordenada no movimento em curso. Esse movimento é conhecido como *corrente citoplasmática* ou *ciclose*, o qual é contínuo à medida que a célula está viva. A corrente citoplasmática facilita a troca de substâncias dentro da célula e entre a célula e seu ambiente (ver Quadro Corrente citoplasmática em células gigantes de algas, adiante).

Núcleo

O *núcleo* é frequentemente a estrutura mais proeminente dentro do protoplasto das células eucarióticas. Ele desempenha duas importantes funções: (1) controla as atividades que estão ocorrendo na célula, determinando quais moléculas proteicas são por ela produzidas e quando devem ser produzidas (ver Capítulo 9); e (2) armazena a informação genética da célula (DNA), passando-a para as células-filhas no curso da divisão celular. A totalidade da informação genética estocada no núcleo é referida como *genoma nuclear*. A informação genética também ocorre no DNA dos plastídios (genoma dos plastídios) e no DNA das mitocôndrias (genoma mitocondrial) das células vegetais.

O núcleo é circundado por uma dupla membrana chamada *envoltório nuclear*. Este, quando visto sob o microscópio eletrônico, contém uma grande quantidade de poros circulares com 30 a 100 nanômetros (10^{-9} metro; ver Tabela métrica no fim do livro) de diâmetro (Figura 3.5); em cada poro, as membranas interna e externa se juntam formando a borda do poro. Os poros não são simplesmente orifícios no envoltório; cada um deles apresenta uma estrutura complexa – o maior complexo supramolecular montado na célula eucariótica. Os poros nucleares fornecem uma via direta para o intercâmbio de materiais entre o núcleo e o citoplasma. Em vários locais, a membrana externa do envoltório nuclear pode ser contínua com o *retículo endoplasmático*. Este é um complexo sistema de membranas que tem um papel fundamental na biossíntese celular. O envoltório nuclear pode ser considerado uma porção especializada do retículo endoplasmático, diferenciada localmente.

Quando as células são coradas de modo específico, podem ser visualizados, no *nucleoplasma* ou na matriz nuclear, os grânulos e os filamentos delgados de *cromatina* (Figura 3.6). A cromatina é constituída de DNA, que carrega a informação genética e está associado a grandes quantidades de proteínas do grupo das histonas. Durante o processo de divisão nuclear, a cromatina torna-se progressivamente mais condensada, ficando visível como *cromossomos* individualizados (ver Capítulo 8). Os cromossomos de núcleos que não estão em divisão ficam unidos a

Polissomo

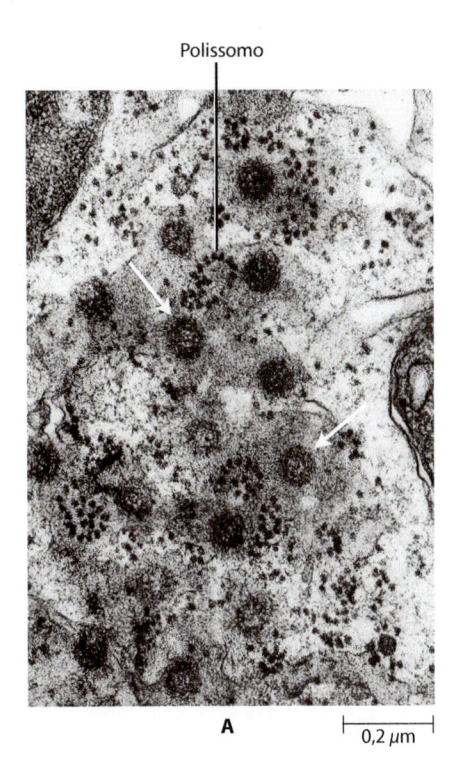

A   ├─ 0,2 μm ─┤

Retículo endoplasmático

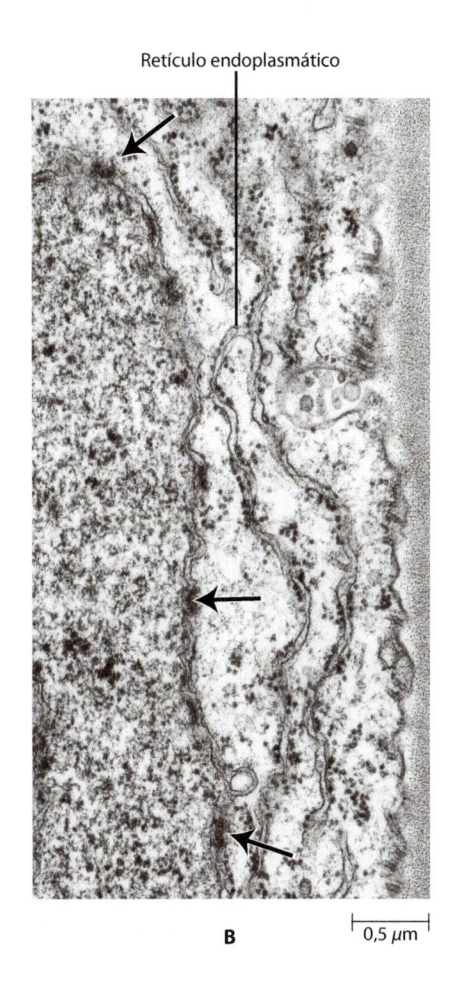

B   ├─ 0,5 μm ─┤

3.5 Poros nucleares. Micrografia eletrônica dos núcleos de células parenquimáticas de *Selaginella kraussiana*, planta vascular sem semente, mostrando os poros: (**A**) em vista frontal e (**B**) em seção (ver setas). Observe em **A** os polissomos (agrupamentos de ribossomos) na superfície do envoltório nuclear; e em **B**, o retículo endoplasmático rugoso disposto paralelamente ao envoltório nuclear. O núcleo está à esquerda.

um ou mais locais da superfície interna do envoltório nuclear. O conteúdo de DNA nas células dos organismos eucariotos é muito maior que o das bactérias.

A quantidade de cromossomos presentes nas células somáticas (células do corpo) varia nos diferentes tipos de espécies. *Machaeranthera gracilis*, uma planta anual de deserto, possui 4 cromossomos por célula; *Arabidopsis thaliana*, uma pequena erva daninha, muito usada para pesquisas genéticas, possui 10 cromossomos; *Brassica oleraceae*, a couve, apresenta 18 cromossomos; *Triticum vulgare*, o trigo do pão, possui 42 cromossomos; e uma espécie de pteridófita, *Ophioglossum*, apresenta cerca de 1.250 cromossomos. A quantidade de cromossomos das células somáticas é característica para cada organismo, entretanto, os gametas ou as células sexuais têm somente a metade da quantidade de cromossomos. A quantidade de cromossomos dos gametas é referida como número *haploide* ("conjunto único") e chamado *n*, e o das células somáticas, como número *diploide* ("conjunto duplo") e chamado 2*n*. Células que têm mais do que dois conjuntos de cromossomos são denominadas poliploides (3*n*, 4*n*, 5*n*, ou mais).

3.6 Cromatina. Célula parenquimática da folha de tabaco *(Nicotiana tabacum)* com seu núcleo "suspenso" no meio da célula pelos cordões de citoplasma (setas). A substância granular mais densa no núcleo é a cromatina, que pode ser distinguida do nucleoplasma. As regiões com menor granulosidade que circundam o núcleo são porções de um único vacúolo central grande, as quais se unem fora do plano deste corte.

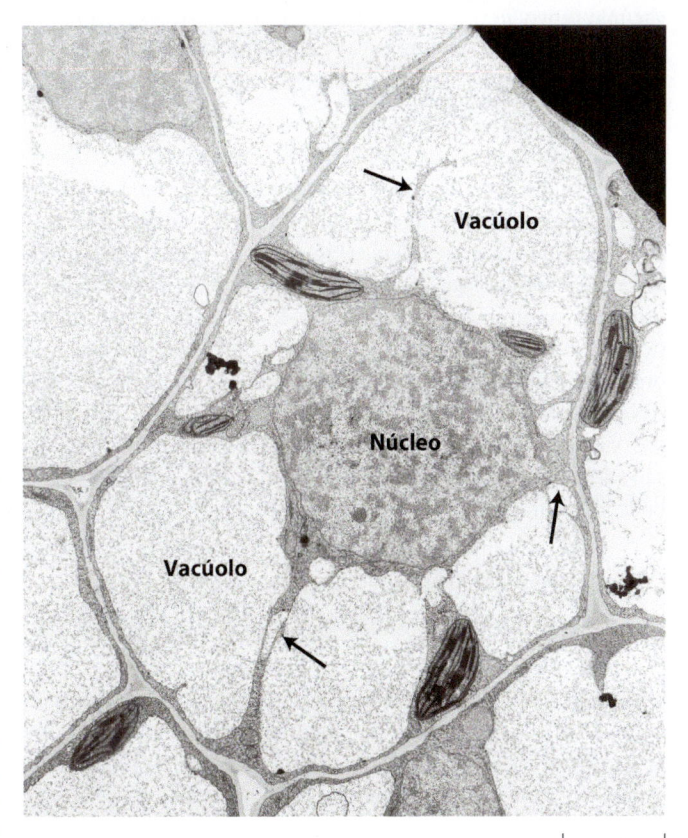

Vacúolo

Núcleo

Vacúolo

├─ 1 μm ─┤

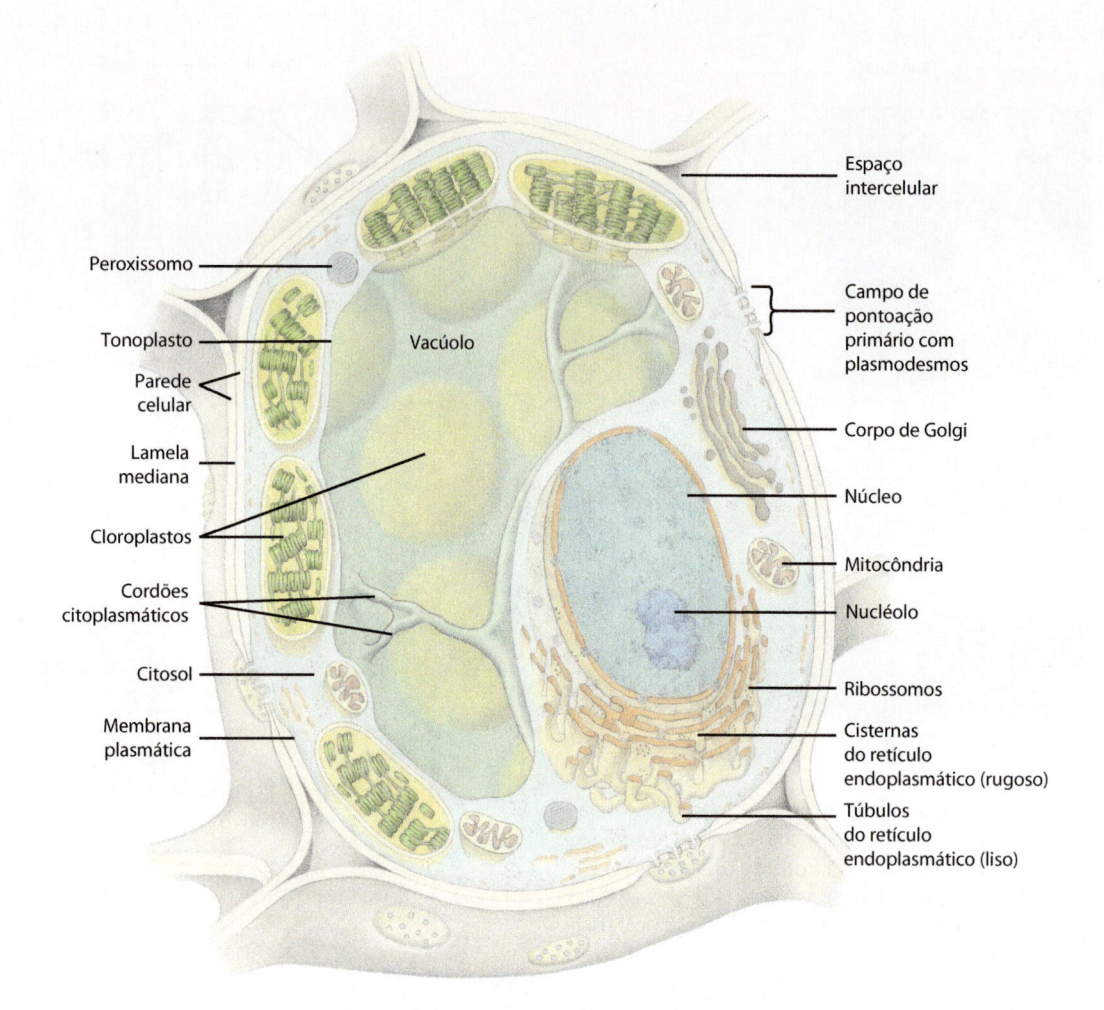

3.7 Diagrama tridimensional de uma célula de planta com cloroplastos. Tipicamente, os cloroplastos discoides localizam-se no citoplasma junto à parede, com sua maior superfície voltada para ela. A maior parte do volume dessa célula é ocupada por um vacúolo (envolvido pelo tonoplasto), o qual é atravessado por poucos cordões citoplasmáticos. Nessa célula, o núcleo situa-se no citoplasma junto à parede, embora em algumas células (ver Figura 3.6) ele possa parecer "suspenso" por cordões citoplasmáticos no centro do vacúolo.

Frequentemente, o *nucléolo* é a única estrutura dentro do núcleo que é discernível sob microscópio de luz. É uma estrutura esférica presente no núcleo que não está em divisão, podendo ser único ou em maior quantidade (Figuras 3.3 e 3.7). Cada nucléolo contém grande quantidade de RNA (ácido ribonucleico) e proteínas, assim como grandes alças de DNA que saem dos vários cromossomos. As alças de DNA, conhecidas como regiões organizadoras do nucléolo (RON), são os locais de formação dos RNA ribossômicos. O nucléolo é, de fato, o local de formação das subunidades ribossômicas (grandes e pequenas), as quais são então transferidas através dos poros nucleares para o citosol, onde são reunidas para formar os ribossomos.

Os ribossomos são formados no citosol e servem como locais da síntese de proteínas

Os *ribossomos* são partículas pequenas, com somente 17 a 23 nanômetros em diâmetro, contendo proteínas e RNA. Embora a quantidade de moléculas de proteínas exceda em muito a de RNA nos ribossomos, o RNA constitui cerca de 60% da massa de um ribossomo. Cada ribossomo é formado por uma subunidade grande e uma pequena, as quais são produzidas no nucléolo e exportadas para o citoplasma, onde são reunidas para formá-lo.

Os ribossomos são os locais nos quais os aminoácidos são unidos entre si para formar as proteínas, como será discutido no Capítulo 9. Abundantes no citoplasma de células metabolicamente ativas, os ribossomos são encontrados tanto livres no citoplasma como associados ao retículo endoplasmático. Os plastídios e as mitocôndrias contêm ribossomos menores, similares aos dos organismos procariotos.

Os ribossomos que estão ativamente envolvidos na síntese de proteínas encontram-se agrupados ou agregados e são chamados *polissomos*, ou polirribossomos (Figura 3.8). As células que estão sintetizando proteínas em grande quantidade contêm, frequentemente, extensos sistemas de retículo endoplasmático com polissomos. Além disso, os polirribossomos estão, em geral, unidos à superfície externa do envoltório nuclear (Figura 3.5A). Todos os ribossomos de um organismo em particular são estrutural e funcionalmente idênticos, diferindo entre si apenas nas proteínas que estão produzindo em um dado momento.

Cloroplastos e outros plastídios

Juntamente com o(s) vacúolo(s) e a parede celular, os *plastídios* são os componentes característicos das células vegetais, e estão relacionados com os processos de fotossíntese e armaze-

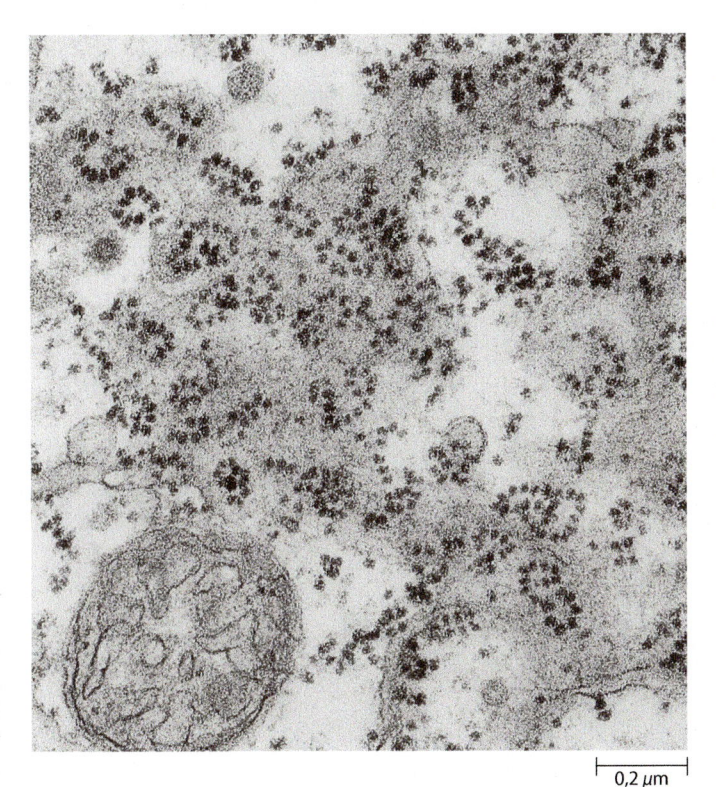

┤ 0,2 µm ├

3.8 Polissomos. Numerosos polissomos (agrupamentos de ribossomos) são mostrados aqui na superfície do retículo endoplasmático rugoso. O retículo endoplasmático é uma rede de membranas que se distende pelo citosol da célula eucariótica, dividindo-a em compartimentos e provendo superfícies nas quais as reações químicas podem ocorrer. Os polissomos são os locais nos quais os aminoácidos são unidos entre si para formar proteínas. Esta micrografia eletrônica mostra uma porção da folha da pteridófita *Regnellidium diphyllum*.

nagem. Os principais tipos de plastídios são os cloroplastos, os cromoplastos e os leucoplastos. Cada plastídio é envolvido por um envoltório que consiste em duas membranas. Internamente, o plastídio está diferenciado em um sistema de membranas, que consiste em estruturas achatadas em forma de sacos achatados, denominadas *tilacoides*, e em uma matriz mais ou menos homogênea, denominada *estroma*. A quantidade de tilacoides presentes varia entre os diferentes tipos de plastídios.

Os cloroplastos são os locais da fotossíntese

Os plastídios maduros são comumente classificados, em parte, com base nos tipos de pigmentos que eles contêm. Os *cloroplastos*, locais da fotossíntese (ver Capítulo 7), contêm os pigmentos clorofilas e carotenoides. As clorofilas são os pigmentos responsáveis pela cor verde desses plastídios. Os carotenoides são pigmentos amarelos e de cor laranja que, nas folhas verdes são mascarados pelos pigmentos de clorofila mais numerosos. Os cloroplastos são encontrados nas plantas e nas algas verdes. Nas plantas, os cloroplastos geralmente apresentam uma forma discoide e medem entre 4 e 6 micrômetros em diâmetro. Uma única célula do mesofilo (região localizada entre a epiderme que reveste as duas faces da folha) pode conter 40 a 50 cloroplastos; um milímetro quadrado da folha contém cerca de 500.000. Os cloroplastos geralmente se posicionam com sua maior superfície paralela à parede celular (Figuras 3.7 e 3.9). Eles podem se reorientar na célula sob a influência da luz (Figura 3.9).

A estrutura interna do cloroplasto é complexa (Figura 3.10). O estroma é atravessado por um elaborado sistema de tilacoides. Acredita-se que estes constituam um único sistema interconectado. Os cloroplastos são caracterizados, em geral, pela presença de *grana** (singular *granum*, que significa grânulo) – empilha-

---

*N.R.T.: Pode-se usar o termo "grânulos".

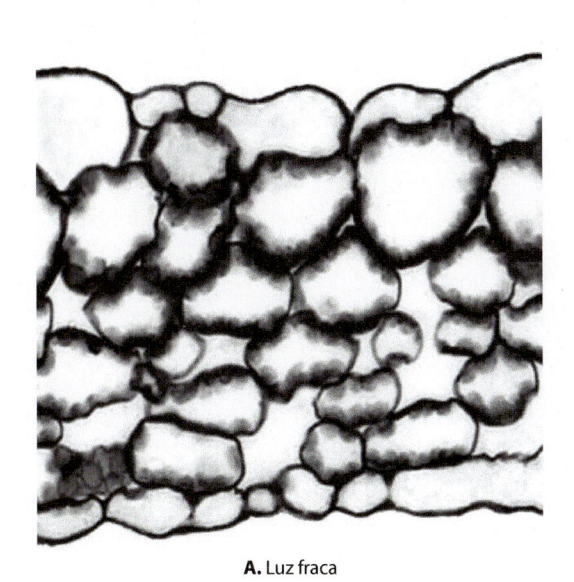

A. Luz fraca

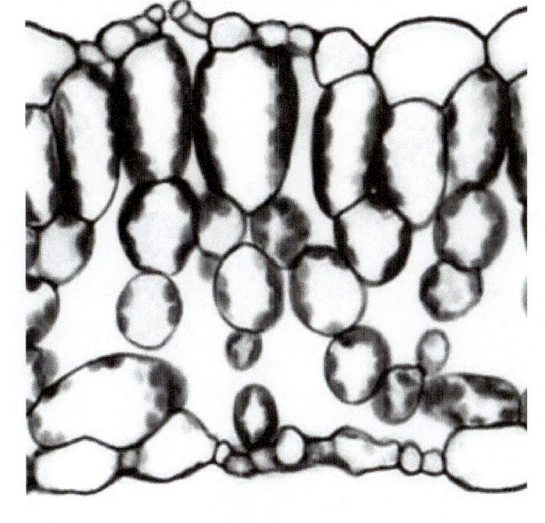

B. Luz forte

3.9 Orientação de cloroplastos. Cortes transversais da folha de *Arabidopsis thaliana* mostram como os cloroplastos se movem para maximizar ou minimizar a absorção da luz. No modelo analisado, a luz foi direcionada para a face superior da lâmina foliar. **A.** Sob luz fraca, os cloroplastos (estruturas escuras ao longo das bordas das células) movem-se até as paredes celulares paralelas à superfície da folha, maximizando, assim, a absorção de luz para a fotossíntese. **B.** Sob luz forte, os cloroplastos migram para as paredes celulares perpendiculares à superfície da folha, minimizando, assim, a absorção e o dano causado pela luz.

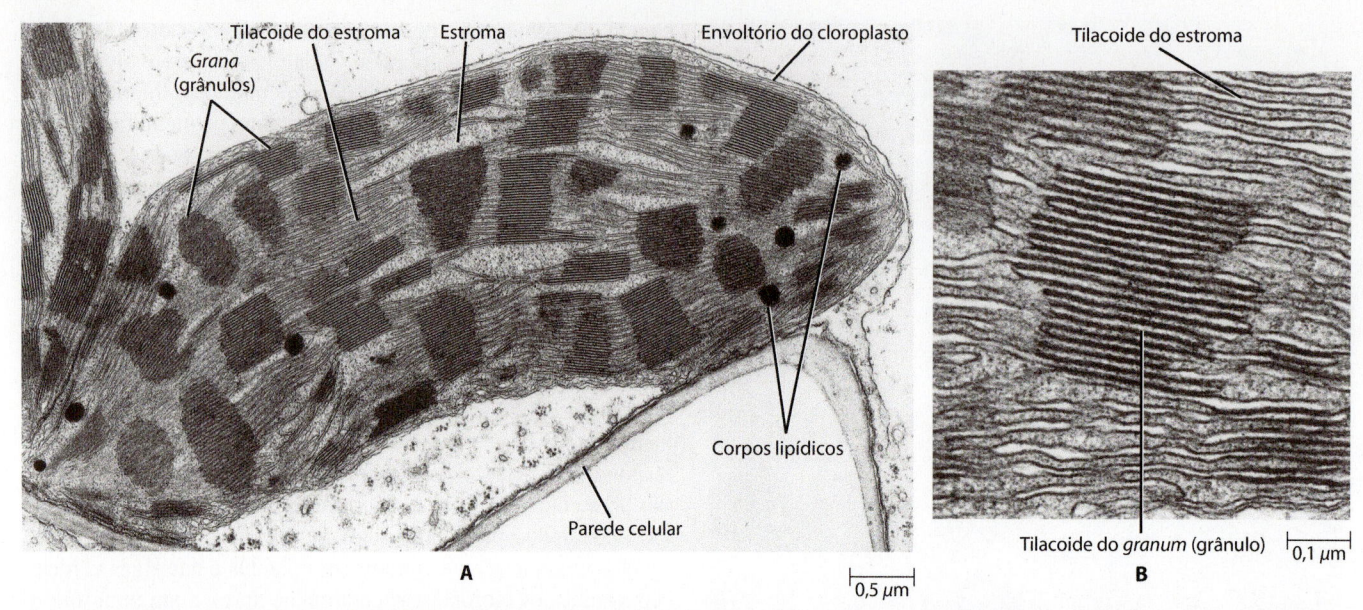

A — labels: Grana (grânulos), Tilacoide do estroma, Estroma, Envoltório do cloroplasto, Corpos lipídicos, Parede celular, 0,5 µm

B — labels: Tilacoide do estroma, Tilacoide do granum (grânulo), 0,1 µm

3.10 Estrutura interna de um cloroplasto. A. Seção de um cloroplasto de milho (*Zea mays*) mostrando tilacoides dos *grana* (grânulos) e do estroma. **B.** Detalhe mostrando um *granum* (grânulo), que é constituído por um empilhamento de tilacoides discoides. Os tilacoides dos vários grânulos estão interligados por tilacoides do estroma.

mento de tilacoides discoides, que se assemelham a uma pilha de moedas. Os tilacoides dos vários *grana* – *tilacoides* do *grana* – são interligados pelos tilacoides que atravessam o estroma – *tilacoides do estroma*. Os carotenoides e as clorofilas estão contidos nas membranas dos tilacoides.

Os cloroplastos das algas verdes e das plantas frequentemente contêm grãos de amido e pequenos corpos oleaginosos (gotículas lipídicas) revestidos com proteínas. Os grãos de amido são produtos de armazenagem temporária e se acumulam somente quando a alga ou a planta está realizando fotossíntese ativamente (Figura 3.3). Os grãos de amido podem faltar nos cloroplastos das plantas que tenham sido mantidas no escuro por cerca de pelo menos 24 h e, devido a isso, o amido é degradado a açúcar para suprir com carbono e energia as partes da planta que não estão realizando fotossíntese. Frequentemente, os grãos de amido reaparecem após a planta permanecer por 3 ou 4 h sob luz.

Os cloroplastos são organelas semiautônomas – isto é, contêm os componentes necessários para a síntese de alguns de seus próprios polipeptídios, mas não todos eles. Os cloroplastos assemelham-se, em vários aspectos, às bactérias. Por exemplo, à semelhança do DNA bacteriano, o DNA dos cloroplastos ocorre em *nucleoides*, que consistem em regiões claras desprovidas de *grana*, contendo DNA. Todavia, diferentemente das bactérias, que apresentam uma única molécula de DNA, os cloroplastos apresentam múltiplas cópias de DNA (Figura 3.11). Outra semelhança é que o DNA dos cloroplastos, como o das bactérias, não está associado a histonas. Além disso, o tamanho dos ribossomos das bactérias e dos plastídios corresponde a cerca de dois terços do tamanho dos ribossomos citoplasmáticos da célula eucariótica, e tanto as bactérias quanto os cloroplastos replicam-se por fissão binária (ver Capítulo 13).

A formação dos cloroplastos e pigmentos associados a eles envolve a contribuição tanto do DNA nuclear quanto do DNA

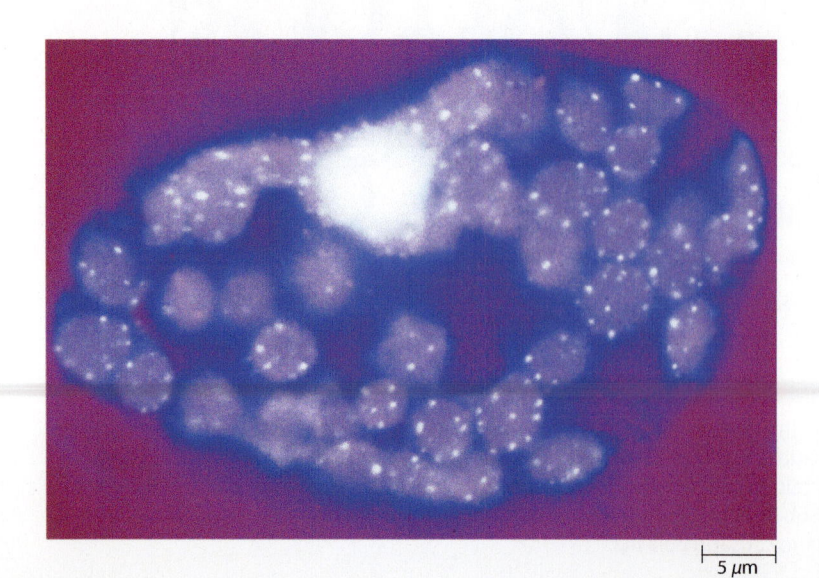

5 µm

3.11 DNA nuclear e de plastídios. Esta fotografia de uma célula do mesofilo da folha de espinafre (*Spinacia oleracea*), corada com o corante fluorescente DAPI, mostra a concentração de DNA (grande área branca) no núcleo e a localização de múltiplas cópias de DNA (pequenos pontos brancos) nos cloroplastos. As moléculas de clorofila exibem fluorescência vermelha.

do plastídio, mas o controle geral é realizado pelo núcleo. Embora algumas proteínas do cloroplasto sejam sintetizadas dentro do próprio cloroplasto, a maioria dessas proteínas é codificada pelo DNA nuclear, sintetizada no citosol e então importada para dentro do cloroplasto.

Os cloroplastos – a força motriz do mundo vegetal – são, praticamente, a mais importante fonte de todo o nosso suprimento alimentar e de nossa energia. Os cloroplastos não são apenas os locais da fotossíntese, que na presença de luz e de dióxido de carbono produzem carboidratos, eles estão também envolvidos na síntese de aminoácidos, de ácidos graxos, e de uma quantidade de metabólitos secundários; também fornecem espaço para o armazenamento temporário de amido, como já foi comentado.

Os cromoplastos contêm outros pigmentos, excluindo a clorofila

Os *cromoplastos* (do grego *chroma*, cor), assim como os cloroplastos, são plastídios que também contêm pigmentos (Figura 3.12). Apresentam formas variadas, não contêm clorofila, mas sintetizam e retêm pigmentos do grupo dos carotenoides, os quais são frequentemente responsáveis pelas cores amarela, alaranjada ou vermelha de muitas flores, folhas velhas, algumas frutas e também algumas raízes, como, por exemplo, a cenoura. Os cromoplastos podem originar-se de cloroplastos preexistentes, por uma transformação na qual a clorofila e a estrutura das membranas internas dos cloroplastos desaparecem e uma grande quantidade de carotenoides se acumula, como ocorre durante o amadurecimento de muitos frutos (tomate e pimenta, por exemplo). As funções precisas dos cromoplastos ainda não são bem compreendidas, embora algumas vezes eles atuem como atrativos para insetos e outros animais com os quais coevoluíram, tendo um papel essencial na polinização cruzada das plantas floríferas e na dispersão de frutos e sementes (ver Capítulo 20).

10 μm

3.13 Leucoplastos. Os leucoplastos são pequenos plastídios incolores. Aqui, podem ser visualizados reunidos ao redor do núcleo em uma célula epidérmica de uma folha da planta ornamental conhecida como judeu-errante (*Zebrina*). A cor púrpura deve-se aos pigmentos de antocianina nos vacúolos das células epidérmicas.

Os leucoplastos são plastídios não pigmentados

Os *leucoplastos* (Figura 3.13) são os plastídios maduros menos diferenciados estruturalmente pela perda de pigmentos e por não apresentarem um sistema de membranas internas elaborado. Alguns leucoplastos conhecidos como *amiloplastos* sintetizam amido (Figura 3.14), enquanto outros parecem ser capazes de formar outras substâncias, incluindo óleos e proteínas.

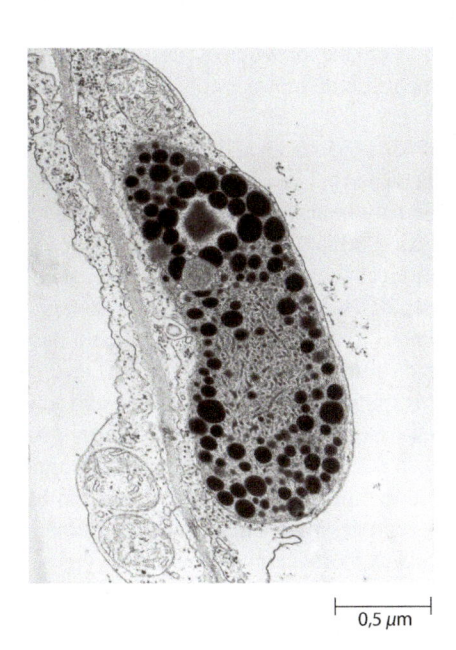

0,5 μm

3.12 Cromoplasto. Um cromoplasto da pétala de *Forsythia* (Oleaceae), um arbusto muito comum em jardins e que apresenta flores amarelas no início da primavera. O cromoplasto contém numerosos corpos oleaginosos elétron-densos, nos quais o pigmento amarelo fica armazenado.

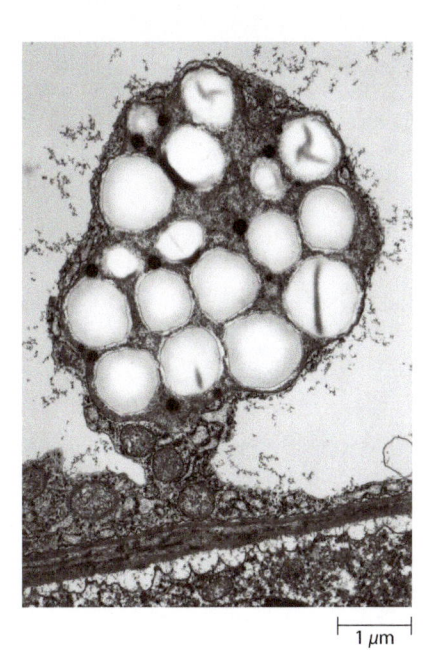

1 μm

3.14 Amiloplasto. Um tipo de leucoplasto, esse amiloplasto é do saco embrionário de soja (*Glycine max*). As formações claras e esféricas são grãos de amido. As estruturas menores e densas são corpos oleaginosos. Os amiloplastos estão envolvidos na síntese e no armazenamento a longo prazo de amido nas sementes e nos órgãos de reserva, como os tubérculos da batata-inglesa.

Os proplastídios são os precursores de outros plastídios

Os *proplastídios* são plastídios indiferenciados, pequenos, sem cor ou de um verde pálido, ocorrendo nas células meristemáticas (células em divisão) de raízes, caules e folhas. Eles são os precursores de outros plastídios mais diferenciados, tais como os cloroplastos, cromoplastos ou leucoplastos (Figura 3.15). Se a transformação de um proplastídio para uma forma mais diferenciada ocorrer na ausência de luz, ele pode formar um ou mais *corpos prolamelares*, que são estruturas semicristalinas formadas por membranas tubulares. Os plastídios contendo corpos prolamelares são chamados *estioplastos* (Figura 3.16) e estão presentes nas células das folhas de plantas crescidas no escuro. Na presença de luz, os estioplastos transformam-se em cloroplastos e as membranas do corpo prolamelar desenvolvem-se em tilacoides. Na natureza, os proplastídios dos embriões das sementes primeiro se desenvolvem em estioplastos e, com a exposição à luz, transformam-se em cloroplastos. Os vários tipos de plastídios são notáveis pela relativa facilidade com que eles podem passar de um tipo para outro. A grande flexibilidade dessas organelas, que são responsivas ao ambiente e bastante adaptadas para muitas funções, possibilita à planta economizar energia.

Os plastídios reproduzem-se por fissão, processo de divisão, característico das bactérias, que origina duas metades iguais.

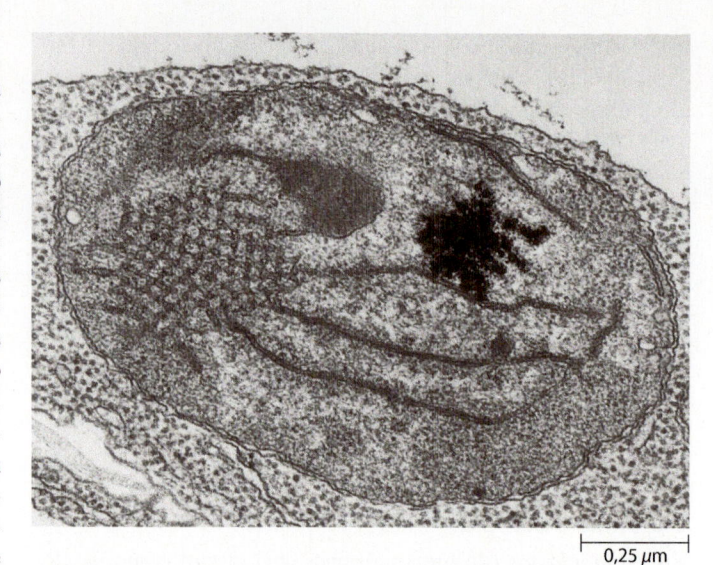

0,25 µm

3.16 Estioplasto. Um estioplasto de uma célula da folha de tabaco *(Nicotiana tabacum)* crescida no escuro. Observe o corpo prolamelar semicristalino (com aspecto de um tabuleiro de xadrez), à esquerda. Quando expostas à luz, as membranas tubulares do corpo prolamelar transformam-se em tilacoides.

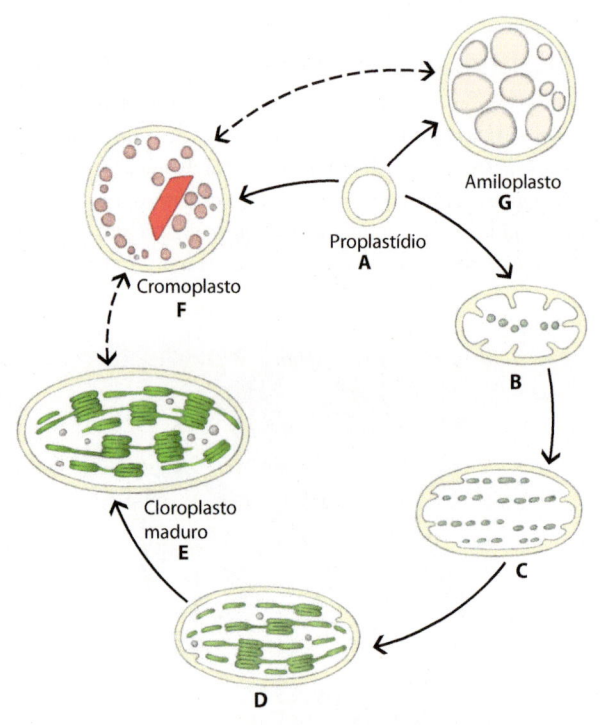

Amiloplasto
G

Proplastídio
A

Cromoplasto
F

Cloroplasto maduro
E

B

C

D

3.15 Ciclo do desenvolvimento do plastídio. A. O processo básico mostrado nesse esquema começa com a formação de um cloroplasto a partir de um proplastídio. Inicialmente o proplastídio contém poucas ou nenhuma membrana interna. **B-D.** À medida que o proplastídio se diferencia em um cloroplasto, formam-se vesículas achatadas a partir da membrana interna do envoltório, que, ao final, organizam-se originando os tilacoides dos grânulos e do estroma. **E.** O sistema de tilacoides de um cloroplasto maduro mostra-se descontínuo em relação ao envoltório. **F, G.** Os proplastídios podem também dar origem a cromoplastos e leucoplastos, como o amiloplasto aqui mostrado. Observe que os cromoplastos podem ser formados a partir de proplastídios, cloroplastos ou leucoplastos (p. ex., um amiloplasto). Os vários tipos de plastídios podem mudar de um tipo para outro (setas tracejadas).

Nas células meristemáticas, a divisão dos proplastídios acompanha aproximadamente o ritmo da divisão da célula. Nas células maduras, entretanto, a maioria dos plastídios é derivada da divisão dos plastídios maduros.

Mitocôndrias

As *mitocôndrias*, como os plastídios, são envolvidas por duas membranas (Figuras 3.17 e 3.18). A membrana interna forma numerosas invaginações denominadas *cristas*, que ocorrem como dobramentos ou túbulos e aumentam a superfície disponível para as proteínas e as reações associadas a elas. Geralmente as mitocôndrias são menores que os plastídios, medindo cerca de meio micrômetro de diâmetro e com grande variação em comprimento e forma.

As mitocôndrias são o local de respiração, um processo que envolve a liberação de energia a partir de moléculas orgânicas, transferindo-a para moléculas de ATP (adenosina trifosfato), ou seja, a principal e direta fonte de energia química para todas as células eucarióticas (esses processos são discutidos mais adiante, no Capítulo 6). A maioria das células vegetais contém centenas ou milhares de mitocôndrias, e sua quantidade por célula está relacionada com a demanda desta por ATP.

Além da respiração, as mitocôndrias estão envolvidas em muitos outros processos metabólicos, entre os quais se destaca a biossíntese de aminoácidos, cofatores vitamínicos e ácidos graxos. Elas desempenham um papel central na *morte celular programada*, o processo geneticamente determinado que leva à morte da célula. A morte celular programada é precedida de aumento de tamanho das mitocôndrias e liberação de citocromo *c*, que normalmente está envolvido no transporte de elétrons (ver Capítulo 7). A liberação do citocromo *c* parece ser crítica para a ativação de proteases e nucleases, enzimas que atuam na degradação do protoplasto.

As mitocôndrias estão em constante movimento, girando, oscilando e movendo-se de uma parte da célula para outra; também

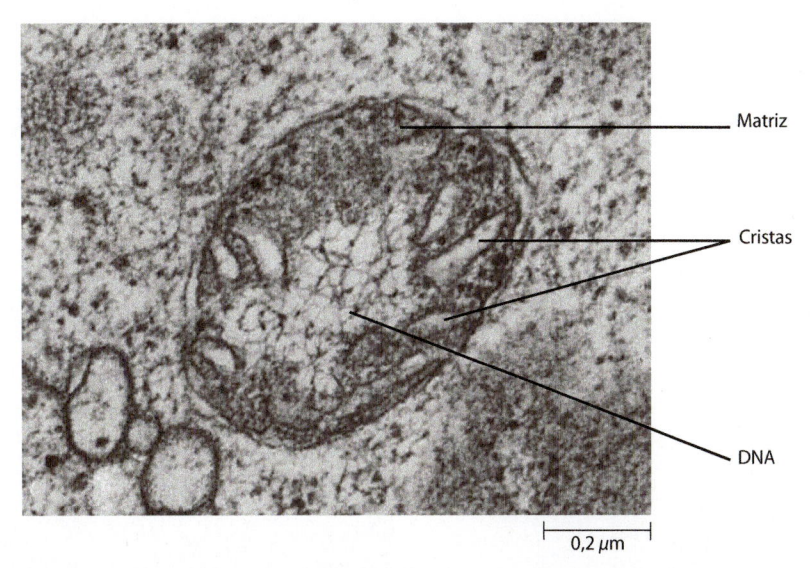

Matriz

Cristas

DNA

0,2 µm

3.17 Mitocôndria. Seção de uma mitocôndria de uma célula da folha de espinafre *(Spinacia oleracea)*, mostrando alguns filamentos de DNA no nucleoide. O envoltório da mitocôndria consiste em duas membranas independentes. A membrana interna apresenta dobramentos para dentro, formando as cristas envoltas pela densa matriz. As pequenas partículas na matriz são os ribossomos.

se fundem e se dividem por fissão. As mitocôndrias tendem a se congregar onde a energia está sendo requerida. Nas células nas quais a membrana plasmática é muito ativa no transporte de substâncias para dentro e para fora da célula, as mitocôndrias frequentemente podem ser encontradas dispostas ao longo da superfície da membrana. Em algas unicelulares que apresentam movimento, as mitocôndrias encontram-se tipicamente agrupadas na base das estruturas locomotoras conhecidas como flagelos, presumivelmente fornecendo energia para o movimento deles.

As mitocôndrias, como os plastídios, são organelas semiautônomas. A membrana interna da mitocôndria é circundada por uma *matriz* líquida que contém proteínas, RNA, DNA, pequenos ribossomos semelhantes àqueles de bactérias e vários solutos (substâncias dissolvidas). O DNA da mitocôndria, como aquele do plastídio, apresenta-se como uma molécula circular em uma ou mais áreas claras, os nucleoides (Figura 3.17). Assim, como mencionado anteriormente, nas células vegetais, a informação genética é encontrada em três diferentes compartimentos: núcleo, plastídio e mitocôndria. O genoma nuclear, ou seja, a informação genética total estocada no núcleo, é bem maior do que o genoma do plastídio ou da mitocôndria e é responsável pela maioria das informações genéticas da célula. Tanto os plastídios quanto as mitocôndrias podem codificar alguns de seus próprios polipeptídios, mas não todos.

Mitocôndrias e cloroplastos evoluíram de bactérias

Com base na grande semelhança entre as mitocôndrias e os cloroplastos das células eucarióticas e as bactérias, é bastante provável que tanto as mitocôndrias quanto os cloroplastos tenham originado-se de bactérias que encontraram abrigo dentro de células heterotróficas maiores (ver Capítulo 12). Essas células maiores foram os precursores dos eucariotos. As células menores, que continham (e ainda contêm) todos os mecanismos para a captura e/ou a conversão de energia de seu ambiente doaram essas úteis capacidades para as células maiores. As células com seus "auxiliares" para a respiração e/ou a fotossíntese tinham a vantagem sobre seus contemporâneos de serem autossuficientes em energia e, sem dúvida, logo se multiplicaram à custa deles.

Com pouquíssimas exceções de eucariotos atuais, todos os eucariotos contêm mitocôndrias, e todos os eucariotos autotróficos possuem cloroplastos; ambos parecem ter sido adquiridos por eventos de simbiose independentes. (*Simbiose* é uma associação íntima entre dois ou mais organismos diferentes que pode ser, embora não necessariamente, benéfica para ambos.) As células menores – agora estabelecidas como organelas simbióticas dentro das células maiores – obtiveram proteção contra os efeitos extremos do ambiente. Como consequência, os eucariotos foram capazes de invadir a terra e as águas ácidas, onde as cianobactérias procarióticas estão ausentes, mas onde as algas verdes eucarióticas são abundantes.

Peroxissomos

Os *peroxissomos* (também chamados *microcorpos*) são organelas esféricas que tem uma única membrana única envolvidaenvolvidas por uma única membrana e com diâmetro variando de 0,5 a 1,5 micrômetro. Têm um conteúdo granular, o qual pode conter um corpo constituído de proteínas, algumas vezes na forma cristalina (Figura 3.18). Os peroxissomos não têm membranas internas e tipicamente estão associados a um ou dois segmentos do retículo endoplasmático. Acreditava-se que os peroxissomos fossem originados a partir do retículo endoplasmático, mas atualmente se sabe que são organelas com autorreplicação, como os plastídios e mitocôndrias. Ao contrário dos plastídios e mitocôndrias, os peroxissomos não possuem DNA e ribossomos, devendo, assim, importar as substâncias requeridas para a sua replicação e todas as suas proteínas. Os peroxissomos, como os plastídios e as mitocôndrias, apresentam movimento dentro da célula.

Alguns peroxissomos têm um papel importante na *fotorrespiração*, um processo que consome oxigênio e libera dióxido de carbono, exatamente o inverso do que acontece na fotossíntese (ver Capítulo 7). Nas folhas verdes, os peroxissomos estão intimamente associados a mitocôndrias e cloroplastos (Figura 3.18). Outros peroxissomos chamados de *glioxissomos* contêm as enzimas necessárias para a conversão dos lipídios armazenados em sacarose, durante a germinação de muitas sementes. Os dois tipos de peroxissomos apresentam conversão entre si.

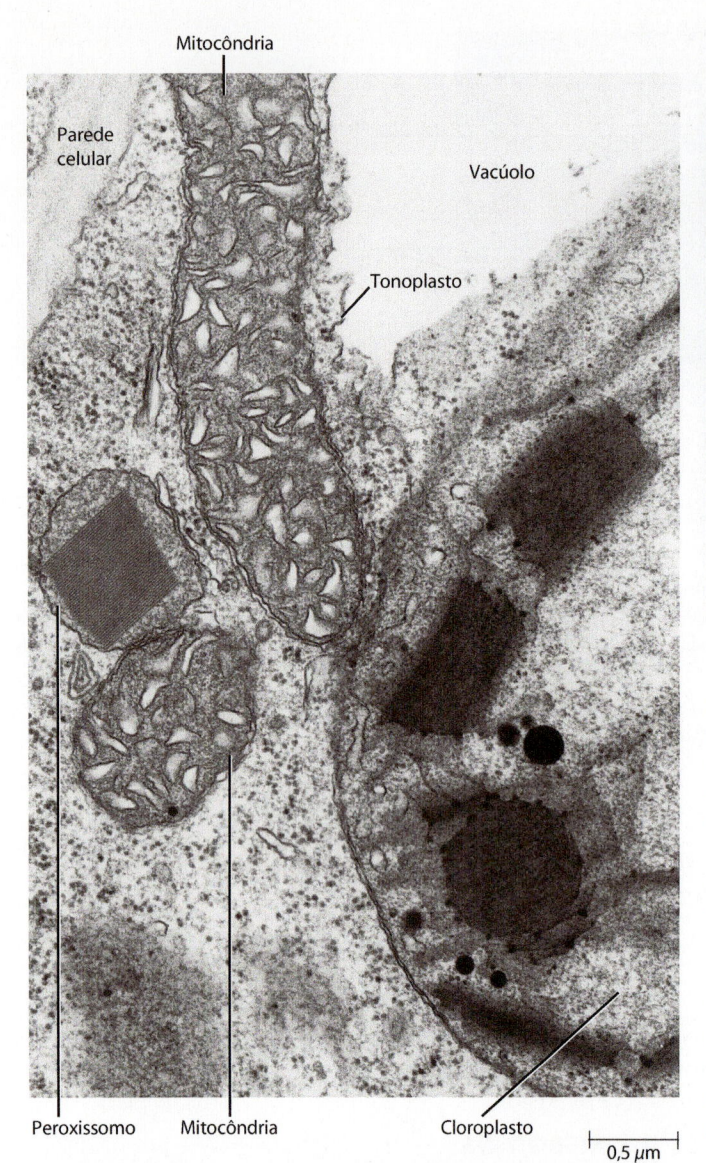

Legendas da Figura 3.18:
Mitocôndria
Parede celular
Vacúolo
Tonoplasto
Peroxissomo   Mitocôndria   Cloroplasto
0,5 μm

3.18 Organelas em uma célula foliar. Um peroxissomo, com uma grande inclusão cristalina e uma única membrana envoltória, pode ser comparado com as duas mitocôndrias e o cloroplasto, os quais têm um envoltório de duas membranas. Devido ao plano da seção, a natureza dupla do envoltório do cloroplasto é visível apenas na porção inferior desta micrografia eletrônica. O tonoplasto, membrana única, separa o vacúolo do resto do citoplasma nessa célula da folha de tabaco (*Nicotiana tabacum*).

Vacúolos

O *vacúolo*, juntamente com os plastídios e a parede celular, representa uma das três características estruturais que separa as células vegetais das células animais. Como mencionado anteriormente, os vacúolos são organelas envolvidas por uma única membrana, conhecida como *tonoplasto* ou membrana vacuolar (Figuras 3.7 e 3.18). O vacúolo pode originar-se diretamente do retículo endoplasmático (Figura 3.19), mas a maioria das proteínas do tonoplasto e de seu conteúdo provém diretamente do aparelho de Golgi, o que será discutido mais adiante.

Muitos vacúolos são preenchidos por um líquido chamado *suco celular*. O principal componente do conteúdo vacuolar é a água com outras substâncias, as quais variam de acordo com o tipo de planta, órgão e célula e com seus estágios de desenvol-

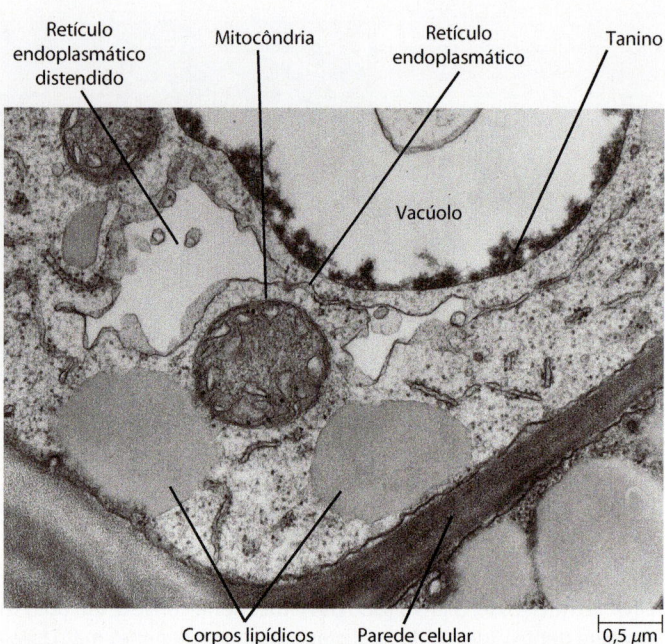

Legendas da Figura 3.19:
Retículo endoplasmático distendido
Mitocôndria
Retículo endoplasmático
Tanino
Vacúolo
Corpos lipídicos   Parede celular
0,5 μm

3.19 Componentes citoplasmáticos de uma célula vegetal. Nesta micrografia eletrônica são visíveis os corpos oleaginosos (corpos lipídicos) de uma célula parenquimática do cormo (caule espessado) da isoetácea *Isoetes muricata*. O material denso revestindo o vacúolo é tanino. Acima e à esquerda da mitocôndria uma cisterna do retículo endoplasmático mostra-se muito distendida. Acredita-se que alguns vacúolos se originem dessa maneira a partir do retículo endoplasmático.

vimento e fisiológicos. Além dos íons inorgânicos, como Ca^{2+}, K^+, Cl^-, Na^+, HPO_4^{2-}, os vacúolos comumente contêm açúcares, ácidos orgânicos e aminoácidos. Algumas vezes, uma determinada substância está presente em uma concentração tão alta que forma cristais. Os cristais de oxalato de cálcio, os quais podem apresentar diferentes formas, são especialmente comuns (Figura 3.20). Na maioria dos casos, os vacúolos não sintetizam as moléculas que eles acumulam, em vez disso as recebem de outras partes do citoplasma.

A célula vegetal imatura tipicamente contém numerosos pequenos vacúolos, que aumentam em tamanho e se fundem formando um único vacúolo à medida que a célula se avoluma. Na célula madura, até 90% do volume celular pode ser ocupado pelo vacúolo e o restante do seu conteúdo é ocupado pelo citoplasma, que se dispõe como um filme periférico comprimido contra a parede celular (Figura 3.7). Pelo preenchimento de grande parte da célula com o conteúdo vacuolar, o qual não "envolve grandes gastos" em termos de energia, as plantas não somente economizam material citoplasmático rico em nitrogênio e que "envolve gasto" de energia, mas também adquirem uma grande superfície entre o filme de citoplasma e o ambiente externo ao protoplasto. A maior parte do aumento em tamanho da célula resulta do aumento do(s) vacúolo(s). Uma consequência direta dessa estratégia é o desenvolvimento da pressão interna e a manutenção da rigidez do tecido, um dos principais papéis do vacúolo (ver Capítulo 4).

Diferentes tipos de vacúolos com funções distintas podem ser encontrados em uma única célula madura. Os vacúolos são importantes compartimentos de armazenamento para metabólitos primários, tais como açúcares, ácidos orgânicos e proteínas de reserva nas sementes. Os vacúolos também removem metabóli-

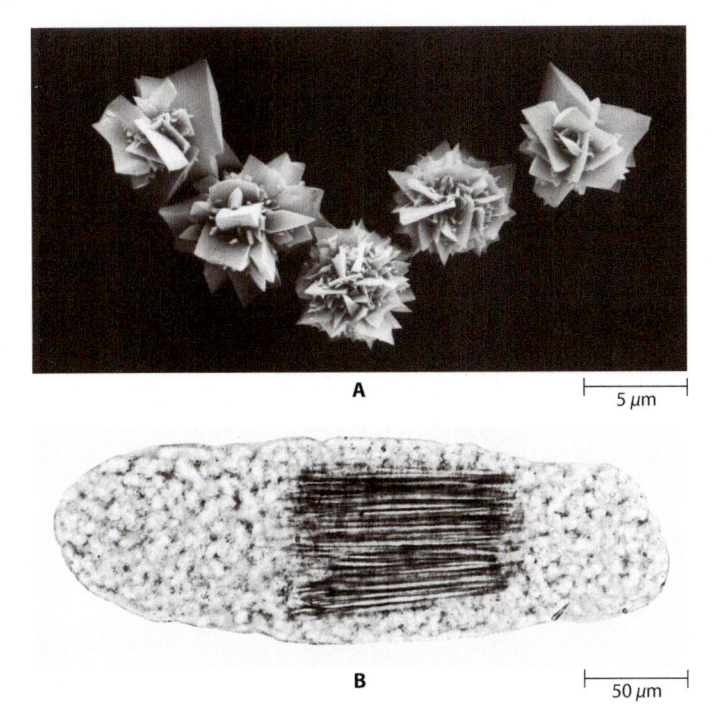

A   ⊢ 5 μm ⊣

B   ⊢ 50 μm ⊣

3.20 Cristais de oxalato de cálcio. Os vacúolos podem conter diferentes formas de cristais de oxalato de cálcio. **A.** Drusas ou agregados de cristais compostos por oxalato de cálcio em células epidérmicas da leguminosa *Cercis canadensis*, quando observados sob microscopia eletrônica de varredura. **B.** Feixe de ráfides ou cristais aciculares de oxalato de cálcio no vacúolo de uma célula da folha da espada-de-são-jorge *(Sansevieria)*. O tonoplasto que circunda o conteúdo do vacúolo não é visível. O material granular aqui mostrado é o citoplasma.

tos secundários tóxicos, tais como nicotina e taninos, do resto do citoplasma (ver Figura 2.27). Tais substâncias são retidas permanentemente nos vacúolos. Como mencionado no Capítulo 2, os metabólitos secundários contidos nos vacúolos são tóxicos não somente para as próprias plantas, mas também para patógenos, parasitos e/ou herbívoros, e podem assim desempenhar um papel importante na defesa da planta.

O vacúolo é frequentemente um local de acúmulo de pigmentos. As cores azul, violeta, roxo, vermelho-escuro e escarlate das células vegetais são geralmente causadas por um grupo de pigmentos conhecidos como antocianinas (ver Capítulo 2). Diferentemente da maioria de outros pigmentos vegetais, as antocianinas são muito solúveis em água e estão dissolvidas no conteúdo vacuolar. As antocianinas são responsáveis pelas cores azul e vermelha de muitas hortaliças (rabanetes, nabos e repolhos), frutas (uvas, ameixas e cerejas) e uma grande quantidade de flores (centáureas, gerânios, esporinhas, rosas e peônias). Algumas vezes, a pigmentação é tão intensa que mascara as clorofilas das folhas, como em *Acer rubrum* (bordo-vermelho).

As antocianinas são também responsáveis pela cor vermelha intensa de algumas folhas no outono. Esses pigmentos são formados quando as folhas deixam de produzir clorofila em resposta ao frio ou à intensa luz solar. À medida que a clorofila se desintegra, as antocianinas recém-formadas tornam-se visíveis. Nas folhas que não formam antocianinas, a degradação da clorofila no outono pode favorecer a visibilidade dos pigmentos carotenoides, que são mais estáveis e de coloração amarelo-alaranjada, e que também se encontram nos cloroplastos. A mais

espetacular coloração outonal desenvolve-se nos anos em que prevalecem os dias claros e frios no outono.

Os vacúolos estão também envolvidos na quebra de macromoléculas e na reciclagem de seus componentes dentro da célula. Organelas celulares inteiras, tais como mitocôndrias e plastídios, podem ser depositadas e degradadas nos vacúolos. Devido à sua atividade digestiva, os vacúolos são comparáveis em função às organelas conhecidas como *lisossomos*, presentes nas células animais.

Retículo endoplasmático

O *retículo endoplasmático (RE)* é um complexo sistema de membranas tridimensional que permeia todo o citosol. Em corte, o retículo endoplasmático aparece como duas membranas paralelas com um estreito espaço ou *lúmen* entre elas. A forma e a abundância desse sistema de membranas variam muito de célula a célula e dependem do tipo de célula, de sua atividade metabólica e do seu estado de desenvolvimento. Por exemplo, células que acumulam proteína têm RE *rugoso* abundante, o qual consiste em sacos achatados ou *cisternas*, com numerosos polissomos em sua superfície externa (Figuras 3.5B e 3.8). Ao contrário, as células que secretam lipídios têm um extenso sistema de *RE liso*, o qual não apresenta ribossomos e tem, principalmente, a forma tubular. O *retículo endoplasmático tubular* está envolvido na síntese de lipídios. Ambas as formas, rugosa e lisa, ocorrem na mesma célula e apresentam numerosas conexões entre eles. Essas membranas estão em contínuo movimento e constantemente mudam de forma e distribuição.

Em muitas células, uma extensa rede de retículo endoplasmático, consistindo em túbulos e cisternas interligados, está localizada no citoplasma periférico ou *cortical*, junto à membrana plasmática (Figura 3.21). A mais provável função deste *RE cortical* parece ser a de regular o nível de íons de cálcio (Ca^{2+}) no citosol. O retículo endoplasmático cortical pode assim desempenhar um papel em uma grande quantidade de processos fisiológicos e de desenvolvimento, envolvendo o íon cálcio. Tem sido também sugerido que essa rede cortical serve como um elemento estrutural que estabiliza ou ancora o citoesqueleto da célula. Acredita-se que o retículo endoplasmático cortical seja um indicador geral da condição metabólica e de desenvolvimento de uma célula –, as células quiescentes têm menos e as células em desenvolvimento e fisiologicamente ativas, mais.

Algumas micrografias eletrônicas mostram que o retículo endoplasmático rugoso pode ser contínuo com a membrana externa do envoltório nuclear. Como foi mencionado, o envoltório nuclear pode ser considerado uma porção do retículo endoplasmático especializada e localmente diferenciada. Quando o envoltório nuclear se fragmenta durante a prófase da divisão nuclear, torna-se indistinto das cisternas do retículo endoplasmático rugoso. Quando os novos núcleos são formados durante a telófase, as vesículas do retículo endoplasmático juntam-se para formar o envoltório nuclear dos dois núcleos-filhos.

O retículo endoplasmático funciona como um sistema de comunicação dentro da célula e como um sistema que canaliza substâncias – como proteínas e lipídios – para as diferentes partes da célula. Além disso, o retículo endoplasmático cortical das células vegetais adjacentes está interligado por filamentos citoplasmáticos chamados plasmodesmos, que atravessam as paredes celulares comuns às duas células e desempenham papel na comunicação célula a célula (ver Capítulo 4).

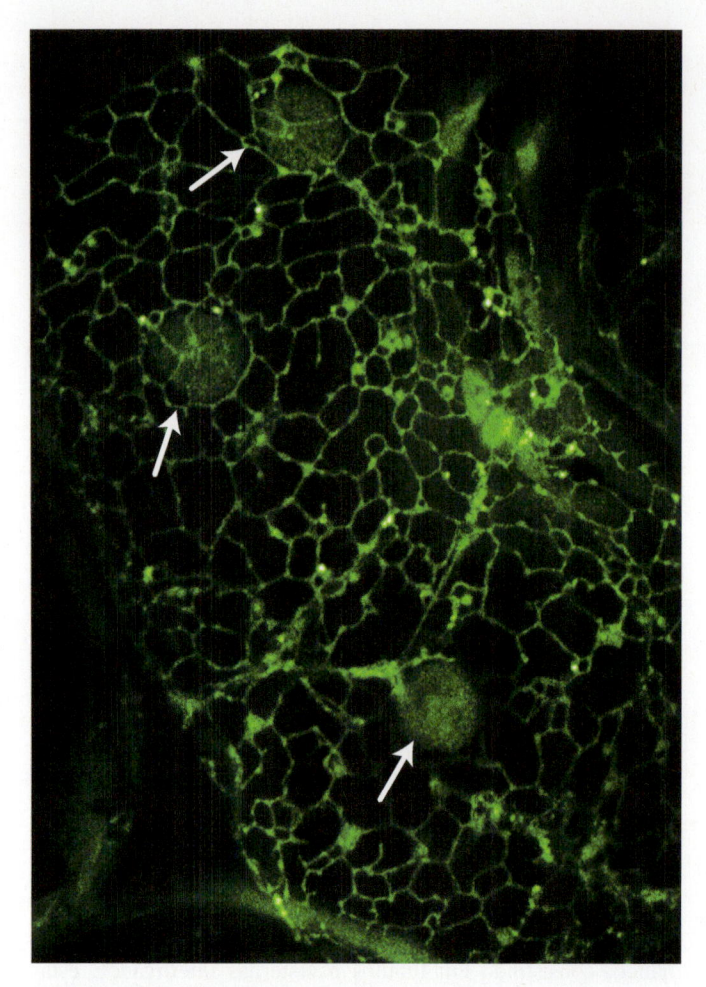

3.21 Retículo endoplasmático cortical. Célula epidérmica de *Nicotiana benthamiana* mostrando o retículo endoplasmático cortical. O retículo endoplasmático cortical foi marcado com uma proteína fluorescente verde e fotografado com o uso de microscópio de varredura a *laser* confocal. Os elementos do retículo endoplasmático tubular formam uma "grade" ao redor de cada um dos três cloroplastos (setas) visualizados aqui.

O retículo endoplasmático é um dos principais locais de síntese de lipídios nas plantas; o outro é o plastídio. Os *corpos oleaginosos* (gotículas lipídicas) são formados no retículo endoplasmático e, então, liberados no citosol. São estruturas mais ou menos esféricas que dão uma aparência granular ao citoplasma de uma célula vegetal, quando observada sob microscopia de luz. Nas micrografias eletrônicas, as gotículas lipídicas têm uma aparência amorfa (Figura 3.19); são bastante comuns nas células do corpo da planta, mas são mais abundantes nos frutos e sementes. Na verdade, aproximadamente 45% do peso de sementes de girassol, amendoim, linho e gergelim é constituído de óleo. Esta substância fornece energia e uma fonte de carbono para as plântulas em desenvolvimento. Os corpos oleaginosos ou corpos lipídicos frequentemente são descritos como organelas, o que não é correto, pois eles não estão envolvidos por uma membrana.

Aparelho de Golgi

O termo *aparelho de Golgi ou complexo de Golgi* é usado para designar coletivamente todos os *corpos de Golgi* (também chamados empilhamentos de Golgi ou dictiossomos) de uma célula. Os corpos de Golgi consistem em cinco ou oito empilhamentos

de sacos achatados, em forma de discos, ou *cisternas*, os quais frequentemente são ramificados em séries intrincadas de túbulos nas suas margens (Figura 3.22). Diferentemente do aparelho de Golgi centralizado das células de mamíferos, o aparelho de Golgi das células vegetais consiste em numerosos empilhamentos separados, que permanecem ativos durante a mitose e a citocinese.

O aparelho de Golgi é um sistema de membranas dinâmico e muito polarizado. Em geral, os dois polos opostos de um corpo de Golgi são conhecidos como faces de formação (ou *cis*) e de maturação (ou *trans*). A parte do conjunto de sacos achatados entre as duas faces constitui as cisternas medianas (ou *mediais*).

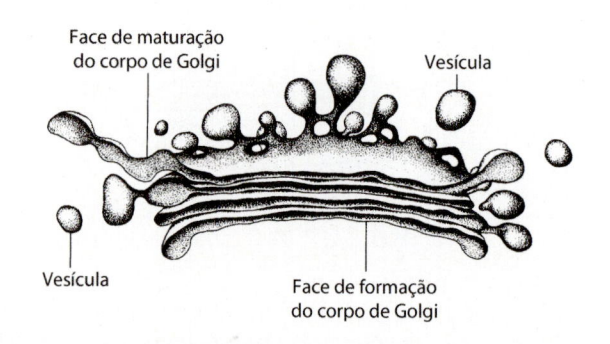

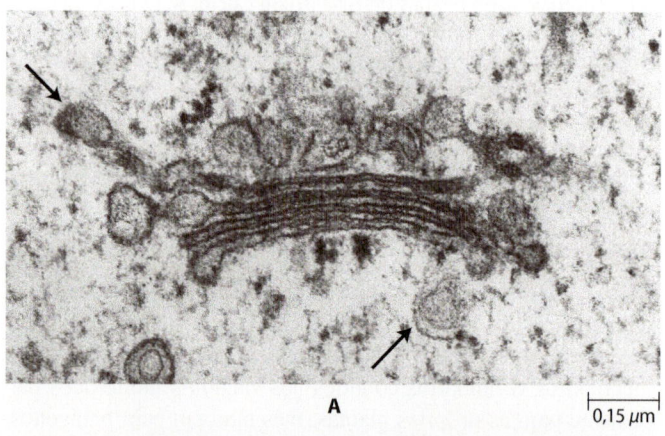

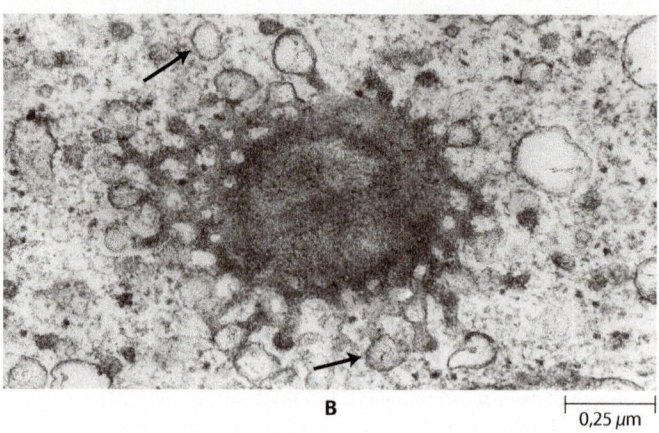

3.22 Corpo de Golgi. O corpo de Golgi consiste em um grupo de sacos membranosos e achatados, com vesículas que deles se destacam. Essa organela funciona como um centro de "empacotamento" para a célula e está relacionada com atividades de secreção nas células eucarióticas. Em **A**, as cisternas de um corpo de Golgi na célula do caule da cavalinha (*Equisetum hyemale*) são mostradas em seção, enquanto em **B** é evidenciada uma única cisterna em vista frontal. As setas em ambas as micrografias indicam vesículas que foram eliminadas da cisterna.

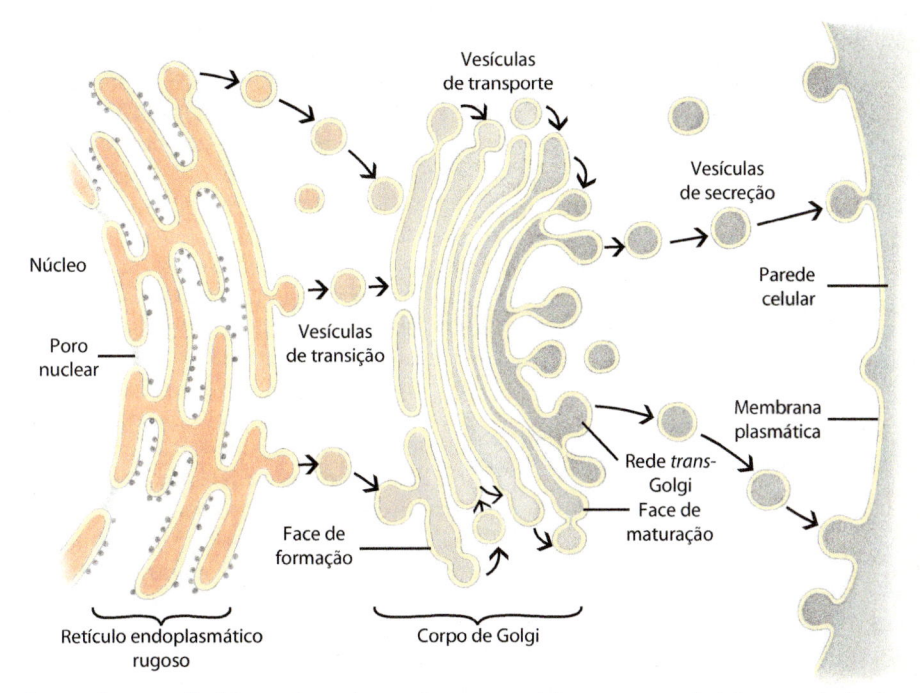

3.23 Sistema de endomembranas. O sistema de endomembranas consiste em uma rede interconectada do retículo endoplasmático, do envoltório nuclear, dos corpos de Golgi com suas vesículas de transporte e secreção, da membrana plasmática e do tonoplasto. Esse diagrama mostra a origem de novas membranas a partir do retículo endoplasmático rugoso (à esquerda). As vesículas de transição são eliminadas da porção lisa do retículo endoplasmático e transportam membranas e substâncias em seu interior para a face de formação (*cis*) do corpo de Golgi. As substâncias da parede estão sendo carregadas de modo gradual, através da pilha de cisternas de Golgi para a rede *trans*-Golgi, por meio de vesículas de transporte. Vesículas de secreção derivadas da rede *trans*-Golgi migram neste momento para a membrana plasmática e fundem-se a ela, contribuindo com novo material para a membrana e liberando seu conteúdo para a parede.

A *rede trans-Golgi*, compartimento adicional, estrutural e bioquimicamente distinto, ocorre na face de maturação do corpo de Golgi (Figura 3.23).

Os corpos de Golgi estão envolvidos na secreção. Nas plantas, a maioria dos corpos de Golgi está envolvida na síntese e secreção dos polissacarídios não celulósicos (hemicelulose e pectinas) da parede celular. Há evidências de que as várias etapas da síntese desses polissacarídios ocorram sequencialmente em diferentes cisternas do corpo de Golgi. Glicoproteínas também são processadas e secretadas pelo corpo de Golgi (ver adiante), sendo transferidas para este via *vesículas de transição*, a partir do retículo endoplasmático rugoso; as vesículas de transição saem do retículo endoplasmático em direção à face de formação do corpo de Golgi. As glicoproteínas são levadas gradualmente através das cisternas até a face de maturação por meio de *vesículas de transporte* e são então selecionadas na rede *trans*-Golgi para serem liberadas no vacúolo ou para a secreção na superfície da célula (Figura 3.23). Os polissacarídios destinados à secreção na superfície da célula podem ser também selecionados na rede *trans*-Golgi. Um determinado corpo de Golgi tem a capacidade de processar simultaneamente polissacarídios e glicoproteínas.

As proteínas vacuolares recentemente formadas na rede *trans*-Golgi são "empacotadas" em *vesículas revestidas*, nome esse dado pelo fato de essas vesículas estarem recobertas por várias proteínas, incluindo a *clatrina*, que forma o revestimento ao redor delas (Figura 3.24). As glicoproteínas e os complexos polissacarídios que serão secretados na superfície celular são vesículas não revestidas ou de superfície lisa. O movimento dessas vesículas da rede *trans*-Golgi para a membrana plasmática parece depender da presença de filamentos de actina (ver adiante). Quando as vesículas alcançam a membrana plasmática, fundem-se com

esta e descarregam seu conteúdo na parede celular. As membranas das vesículas incorporam-se à membrana plasmática, contribuindo para o crescimento celular. A secreção de substâncias das células por meio de vesículas é chamada *exocitose*.

As substâncias também são transferidas da parede celular para a rede *trans*-Golgi ou vacúolos por meio da formação de vesículas (denominadas vesículas endocíticas primárias ou endossomos) na membrana plasmática. A captação de substâncias extracelulares pela invaginação da membrana plasmática e separação de uma vesícula é denominada *endocitose* (ver Capítulo 4).

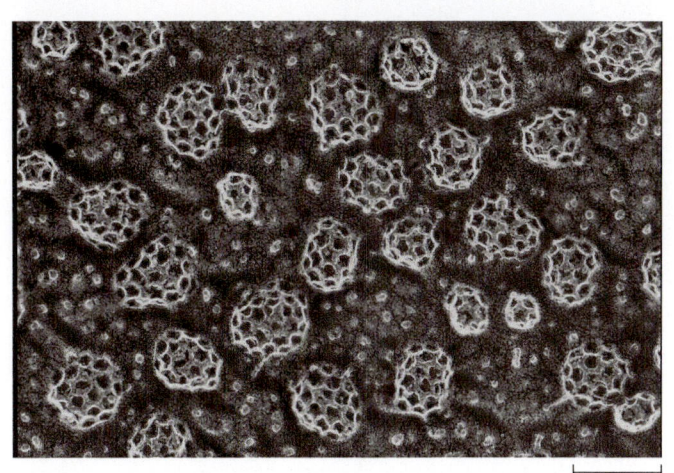

└─ 0,1 μm

3.24 Vesículas revestidas. As vesículas revestidas estão circundadas por proteínas, contendo a clatrina. As subunidades tripartidas da clatrina estão associadas uma à outra para formar o revestimento ao redor das vesículas.

O retículo endoplasmático e o aparelho de Golgi são componentes do sistema de endomembranas

Consideramos, até agora, os vários componentes do protoplasto isoladamente. Entretanto, com exceção das membranas das mitocôndrias, dos plastídios e dos peroxissomos, todas as demais membranas da célula – incluindo a membrana plasmática, o envoltório nuclear, o retículo endoplasmático, o complexo de Golgi, o tonoplasto e os vários tipos de vesículas – constituem um sistema contínuo e interconectado conhecido como *sistema de endomembranas* (Figura 3.23). O retículo endoplasmático é a fonte inicial das membranas. O material para a nova membrana sai do retículo endoplasmático e por meio das vesículas de transição é transportado para o aparelho de Golgi; as vesículas secretoras derivadas da rede *trans*-Golgi são adicionadas à membrana plasmática. A rede *trans*-Golgi também fornece vesículas que se fundem com o tonoplasto e assim contribuem para a formação do vacúolo. O retículo endoplasmático, o complexo de Golgi e a rede *trans*-Golgi, portanto, podem ser considerados como uma unidade funcional, na qual os corpos de Golgi servem como o principal veículo para a transformação de membranas do tipo retículo endoplasmático em membranas do tipo citoplasmático ou de tonoplasto.

Citoesqueleto

Todas as células eucarióticas possuem um *citoesqueleto*, uma dinâmica rede tridimensional de filamentos proteínicos que permeia o citosol e que está envolvida com muitos processos. Esses processos incluem a divisão, o crescimento e a diferenciação da célula, bem como o movimento de organelas de um local para outro na própria célula. O citoesqueleto das células vegetais consiste em dois tipos de filamentos proteínicos: microtúbulos e filamentos de actina. Além disso, as células das plantas, como as dos animais, podem conter um terceiro tipo de filamento, o filamento intermediário. Entretanto, pouco é conhecido sobre a estrutura e o papel dos filamentos intermediários nas células vegetais.

Os microtúbulos são estruturas cilíndricas compostas de subunidades de tubulina

Os *microtúbulos* são estruturas cilíndricas com cerca de 24 nanômetros de diâmetro e de comprimento variado. Cada microtúbulo é constituído por subunidades da proteína *tubulina*. As subunidades estão organizadas em espiral formando 13 fileiras ou protofilamentos ao redor de um centro oco (Figura 3.25A, B). Dentro de cada protofilamento, as subunidades estão orientadas em uma mesma direção, e todos os protofilamentos estão alinhados em paralelo com a mesma polaridade. Durante a formação dos microtúbulos, uma terminação cresce mais do que a outra; a que cresce mais rápido é a terminação positiva (+), e a que cresce mais lentamente, a terminação negativa (–). Os microtúbulos são estruturas dinâmicas, mostrando uma sequência regular de "quebra", nova formação e reorganização em novas estruturas específicas. Apresentam um comportamento denominado *instabilidade dinâmica*, tal como observado no ciclo celular ou durante a diferenciação da célula (ver Figuras 3.47 e 3.48). Sua formação se dá em "locais de nucleação" específicos, conhecidos como *centros organizadores de microtúbulos*, como têm sido identificadas a superfície do núcleo e certas porções do citoplasma cortical.

Os microtúbulos desempenham muitas funções, em especial no crescimento e na diferenciação celular. Os microtúbulos posicionados sob a membrana plasmática (microtúbulos corticais) estão envolvidos no crescimento ordenado da parede celular, devido ao controle do alinhamento das microfibrilas de celulose à medida que estas são adicionadas à parede (Figura 3.26; ver Figura 3.47A). A direção do alongamento da célula é orientada, por sua vez, pelo alinhamento das microfibrilas de celulose na parede. Os microtúbulos direcionam também as vesículas secretoras de Golgi contendo substâncias não celulósicas para a parede em formação. Além disso, durante a divisão da célula, os microtúbulos formam as fibras do fuso, que têm um papel importante no movimento dos cromossomos, e as fibras do fragmoplasto, no qual ocorre a formação da placa celular. Os microtúbulos também são componentes importantes de cílios e flagelos e estão associados ao movimento destas estruturas.

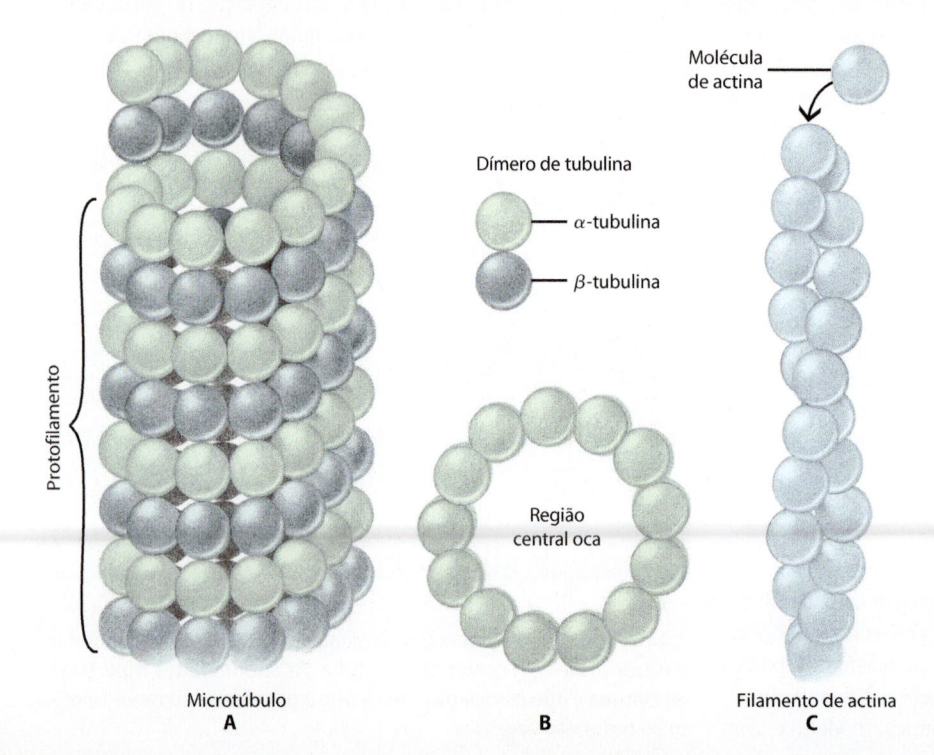

Molécula de actina

Dímero de tubulina

α-tubulina

β-tubulina

Região central oca

Protofilamento

Microtúbulo
A

B

Filamento de actina
C

3.25 Microtúbulos e filamentos de actina. Os dois componentes do citoesqueleto – microtúbulos e filamentos de actina – são formados por subunidades de proteínas globulares. **A.** Vista longitudinal e (**B**) seção transversal de um microtúbulo. Os microtúbulos são estruturas tubulosas, ocas, compostas por dois tipos diferentes de moléculas, alfa (α)-tubulina e beta (β)-tubulina. Essas moléculas de tubulina inicialmente se juntam para formar dímeros (duas partes) solúveis, os quais então se associam em túbulos ocos insolúveis. O arranjo resulta em 13 protofilamentos ao redor de uma região central oca. **C.** Vista longitudinal de um filamento de actina. Os filamentos de actina consistem em duas cadeias lineares compostas por moléculas idênticas que se enrolam entre si, formando uma espiral.

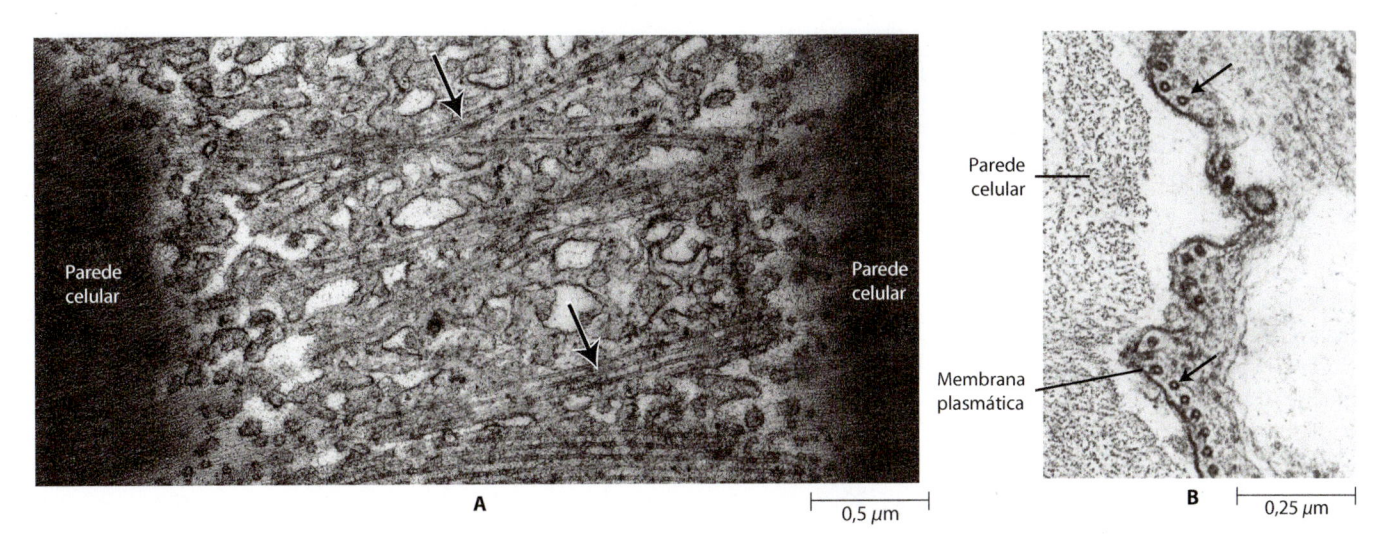

A   0,5 µm

Parede celular

Parede celular

Parede celular

Membrana plasmática

B   0,25 µm

3.26 Microtúbulos corticais. A. Seção longitudinal dos microtúbulos corticais (indicados por setas) em micrografia eletrônica de células da folha da pteridófita *Botrychium virginianum*. Os microtúbulos localizam-se internamente à parede celular e à membrana plasmática. **B.** Seção transversal dos microtúbulos corticais (setas), os quais podem ser vistos separados da parede pela membrana plasmática. Os microtúbulos corticais têm função no posicionamento das microfibrilas de celulose na parede celular.

Os filamentos de actina consistem em duas cadeias lineares de moléculas de actina em espiral

Os *filamentos de actina*, ou microfilamentos, são estruturas polares com terminações positivas (+) e negativas (–). São constituídos por uma proteína denominada *actina* e ocorrem como filamentos com 5 a 7 nanômetros de diâmetro (Figura 3.25C). Alguns microfilamentos estão associados espacialmente aos microtúbulos e, de modo semelhante a estes últimos, formam novos agrupamentos, ou configurações, em pontos específicos durante o ciclo celular. Esses filamentos ocorrem isoladamente ou em feixes em muitas células vegetais (Figura 3.27).

Os filamentos de actina estão envolvidos em várias atividades das células vegetais, incluindo a deposição da parede celular, o crescimento da ponta do tubo polínico, o movimento do núcleo antes e depois da divisão celular, o movimento de organelas, a secreção mediada por vesículas, a organização do retículo endoplasmático e a corrente citoplasmática (ver o quadro Corrente citoplasmática em células gigantes de algas).

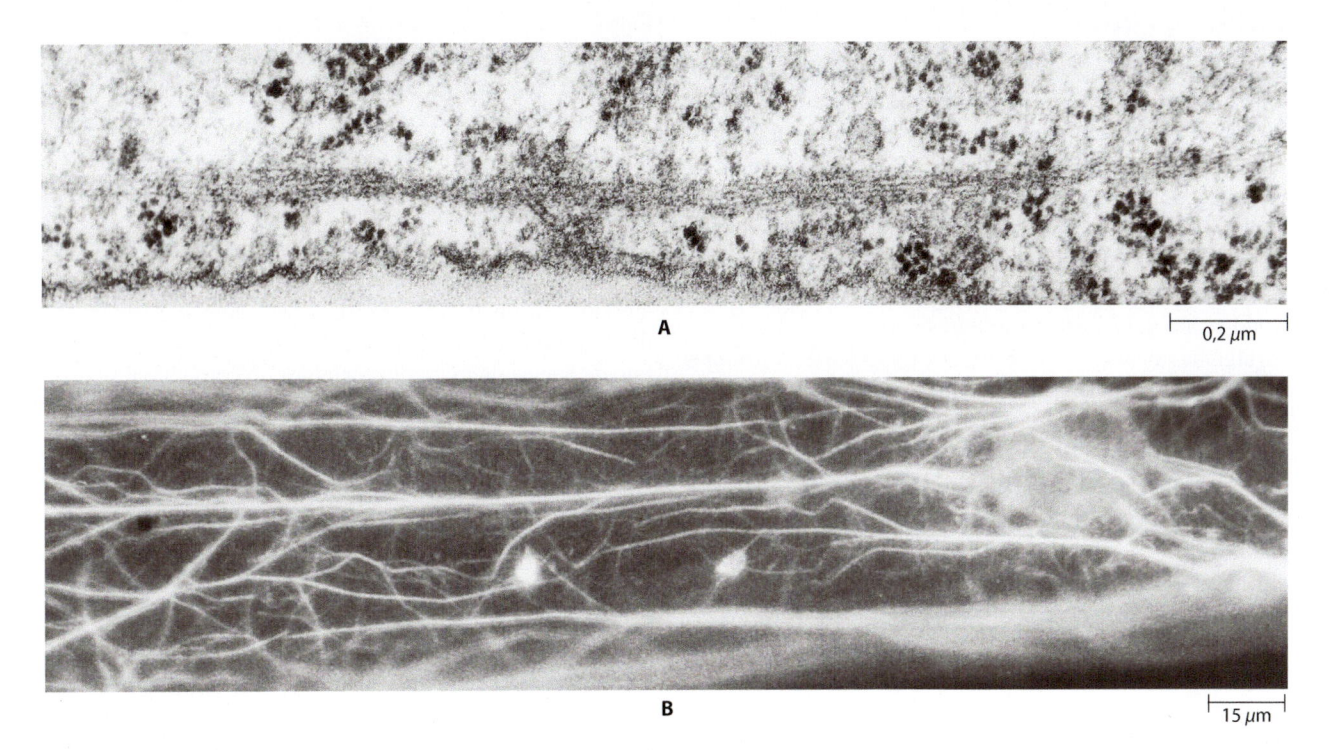

A   0,2 µm

B   15 µm

3.27 Filamentos de actina. A. Nesta micrografia eletrônica é mostrado um feixe de filamentos de actina de uma célula da folha de milho (*Zea mays*). **B.** Na fotomicrografia de fluorescência são mostrados vários feixes de filamentos de actina de um tricoma do caule de tomateiro (*Solanum lycopersicum*). Os filamentos de actina estão envolvidos em várias atividades, incluindo a do movimento citoplasmático.

CORRENTE CITOPLASMÁTICA EM CÉLULAS GIGANTES DE ALGAS

Ficamos muito surpresos quando observamos pela primeira vez a corrente citoplasmática e o movimento de plastídios e mitocôndrias, os quais parecem se mover fácil e livremente dentro dela. Está vivo!

Muito do que compreendemos sobre a corrente citoplasmática se deve ao trabalho realizado com as células gigantes de algas verdes, como *Chara* e *Nitella*. Nessas células, que têm 2 a 5 cm de comprimento, a camada de citoplasma adjacente à parede e que contém cloroplastos não apresenta movimento. Os feixes de filamentos de actina, dispostos em espiral, estendem-se por vários centímetros ao longo das células e formam diferentes "percursos", que estão firmemente unidos aos cloroplastos imóveis. A camada de citoplasma que se movimenta fica entre os filamentos de actina e o tonoplasto; contém o núcleo, as mitocôndrias e outros componentes citoplasmáticos.

A força geradora necessária para que ocorra o movimento citoplasmático vem de uma interação entre actina e miosina. A miosina é uma molécula de proteína com uma "cabeça" contendo ATPase que é ativada pela actina. A ATPase é uma enzima que quebra (hidrolisa) ATP, liberando energia (ver Capítulo 2). Parece que as organelas na corrente citoplasmática estão indiretamente unidas aos filamentos de actina por moléculas de miosina, que usam a energia liberada pela hidrólise do ATP para "caminhar" ao longo dos filamentos de actina, puxando com elas as organelas. A corrente sempre ocorre das terminações negativas para as terminações positivas dos filamentos de actina, os quais estão todos igualmente orientados dentro de um feixe.

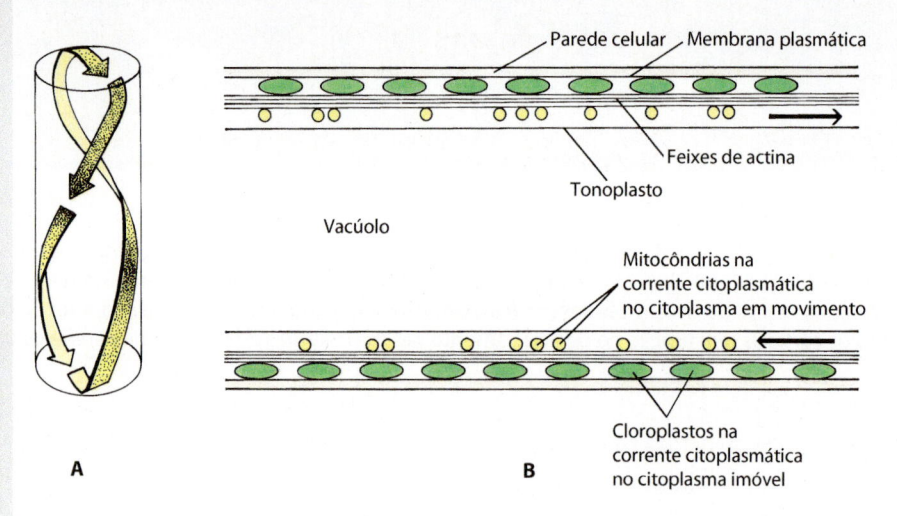

Corrente citoplasmática. A. Percurso seguido pela corrente citoplasmática em uma célula gigante de alga. **B.** Seção longitudinal de parte da célula, mostrando o arranjo das camadas imóvel e em movimento do citoplasma. As proporções foram distorcidas em ambos os diagramas para facilitar a compreensão.

Flagelos e cílios

Os *cílios* e os *flagelos* são estruturas filiformes que emergem da superfície de numerosos tipos de células eucarióticas. São relativamente finos e constantes em diâmetro (cerca de 0,2 micrômetro), variando em comprimento (2 até 150 micrômetros). Por convenção, aqueles mais longos ou presentes em pequena quantidade, ou mesmo únicos, são denominados flagelos; os mais curtos e que ocorrem em maior quantidade são chamados cílios. Na abordagem que se segue será usado o termo "flagelo", referindo-se aos dois tipos de estruturas.

Em algumas algas e outros protistas, os flagelos são estruturas locomotoras que impulsionam os organismos na água. Nas plantas, os flagelos são encontrados somente nas células reprodutivas (gametas), e, desse modo, apenas em plantas que possuem *anterozoides* móveis, tais como musgos, hepáticas, pteridófitas e gimnospermas, como as Cycadales e *Ginkgo biloba*.

Cada flagelo tem uma organização interna precisa; é constituído por um anel externo de nove pares de microtúbulos envolvendo dois microtúbulos adicionais situados na região central (Figura 3.28). Esse padrão básico de organização, 9 + 2, é encontrado em todos os flagelos de organismos eucariotos.

O movimento de um flagelo origina-se de dentro da própria estrutura. Os flagelos são capazes de manter o movimento mesmo após terem sido destacados da célula. Esse movimento é produzido por um mecanismo de deslizamento de microtú-bulos, no qual os pares mais externos de microtúbulos se movem, um após o outro, sem contração. À medida que os pares deslizam um após o outro, seu movimento causa um encurvamento localizado do flagelo. O deslizamento dos pares de microtúbulos resulta de ciclos de ligamento e desligamento de "braços" contendo enzimas entre pares vizinhos no anel externo (Figura 3.28).

Os flagelos emergem de estruturas conhecidas como *corpos basais*, as quais estão presentes no citoplasma e têm formato cilíndrico; formam a porção basal do flagelo. A estrutura interna do corpo basal lembra aquela do próprio flagelo, exceto pelo fato de que os microtúbulos externos do corpo basal se dispõem em trincas e não em pares, e que estão ausentes os dois microtúbulos centrais.

Parede celular

A *parede celular*, melhor do que qualquer outra característica, diferencia as células animais das células vegetais. A parede celular limita a expansão do protoplasto, evitando a ruptura da membrana plasmática quando o protoplasto aumenta pela entrada de água na célula. A parede celular determina em grande parte o tamanho e a forma da célula e a textura do tecido; contribui para a forma final do órgão vegetal. Os tipos celulares são frequentemente identificados pela estrutura de suas paredes, refletindo íntima relação entre a estrutura da parede e a função da célula.

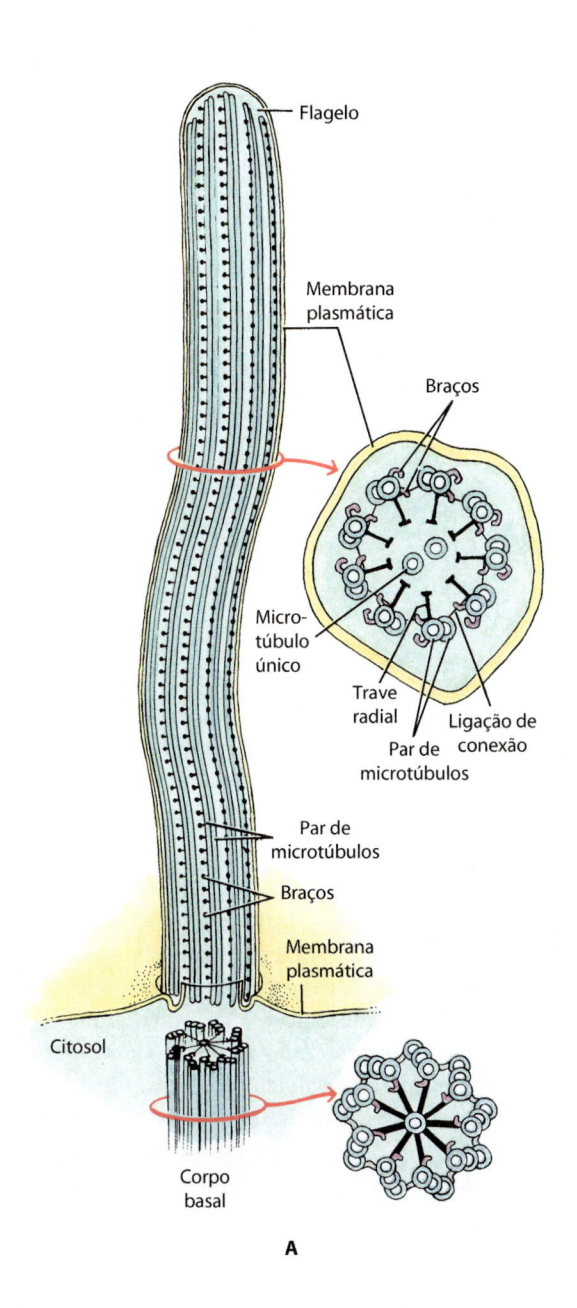

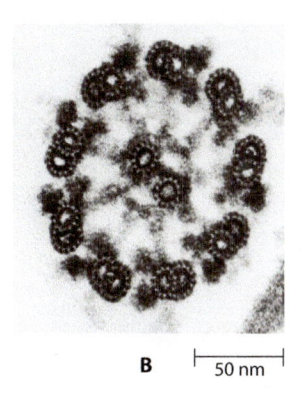

B   50 nm

3.28 Estrutura de um flagelo. A. Diagrama de um flagelo com seu corpo basal subjacente e (**B**) micrografia eletrônica do flagelo de *Chlamydomonas*, visto em seção transversal. Basicamente, todos os flagelos dos organismos eucarióticos têm a mesma estrutura interna, que consiste em um cilindro externo formado por nove pares de microtúbulos que circundam dois microtúbulos adicionais posicionados centralmente. Os "braços", as traves radiais e as ligações de conexão são formados por diferentes tipos de proteínas. Os corpos basais, a partir dos quais os flagelos saem, têm nove trincas de microtúbulos externamente, e ausentes na porção central. O "eixo da roda" não é um microtúbulo, embora tenha aproximadamente o mesmo diâmetro.

A celulose é o principal componente das paredes celulares vegetais

O principal componente da parede celular é a *celulose*, a qual determina em grande parte sua arquitetura. A celulose é constituída por numerosos monômeros de glicose ligados pelas extremidades. Os polímeros de celulose são agrupados em *microfibrilas* que têm cerca de 10 a 25 nanômetros de diâmetro (Figura 3.29). A celulose tem propriedades cristalinas (Figura 3.30) devido ao arranjo ordenado de suas moléculas em certas partes, as *micelas* das microfibrilas (Figura 3.31). As microfibrilas de celulose se entrelaçam para formar finos filamentos que podem enrolar-se uns sobre os outros, semelhantes a fios em um cabo. As moléculas de celulose entrelaçadas dessa maneira têm uma resistência maior do que o aço de espessura equivalente.

O arcabouço de celulose da parede é preenchido por uma *matriz* de moléculas não celulósicas entrelaçadas. Essas moléculas não celulósicas são polissacarídios conhecidos como hemiceluloses e pectinas (Figura 3.29), bem como as proteínas estruturais chamadas glicoproteínas.

As *hemiceluloses* variam muito nos diferentes tipos de células e entre os diferentes grupos de plantas. Estão ligadas por pontes de hidrogênio às microfibrilas de celulose, limitando a extensibilidade da parede celular pelo travamento das microfibrilas adjacentes; esses polissacarídios provavelmente têm um papel significativo na expansão celular.

As *pectinas* são características das primeiras camadas formadas na parede celular (parede primária) e da substância intercelular (lamela mediana) a qual une as paredes de células contíguas. As pectinas são polissacarídios muito hidrofílicos, e a água que elas introduzem na parede celular confere propriedades plásticas ou de flexibilidade à parede, uma condição necessária para sua expansão. As paredes primárias em crescimento são compostas

Anteriormente a parede celular era considerada meramente uma estrutura externa e inativa produzida pelo protoplasto, agora se reconhece que ela tem funções específicas e essenciais. As paredes celulares contêm uma variedade de enzimas que desempenham importantes papéis na absorção, transporte e secreção de substâncias nas plantas.

Além disso, a parede celular pode desempenhar um papel ativo na defesa contra bactérias e fungos patogênicos, recebendo e processando as informações da superfície do patógeno e transmitindo-as à membrana plasmática da célula vegetal. Por meio de processos de ativação gênica (ver Capítulo 9), a célula vegetal pode então tornar-se resistente pela produção de fitoalexinas, que são compostos antimicrobianos tóxicos para o patógeno que ataca (ver Capítulo 2). A resistência pode também resultar da síntese e deposição de substâncias, como a lignina (ver Capítulo 2), as quais atuam como barreiras à invasão. Certos polissacarídios da parede celular, chamados "oligossacarinas", podem até mesmo funcionar como moléculas sinalizadoras.

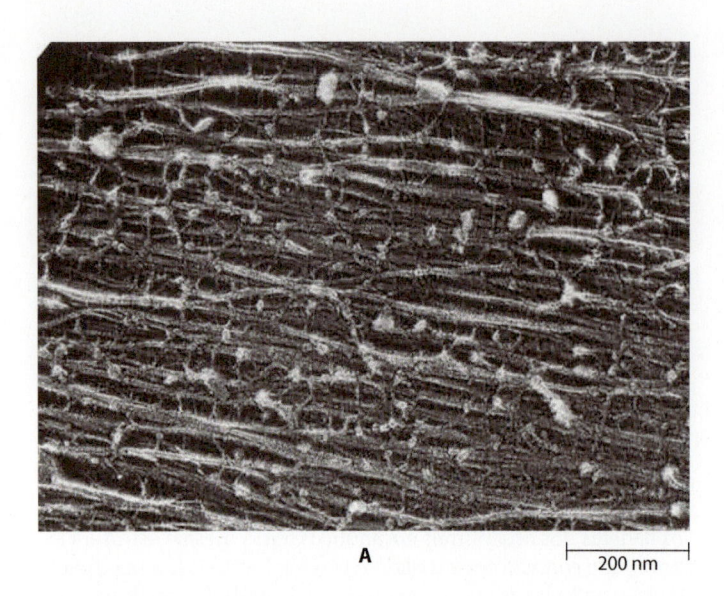

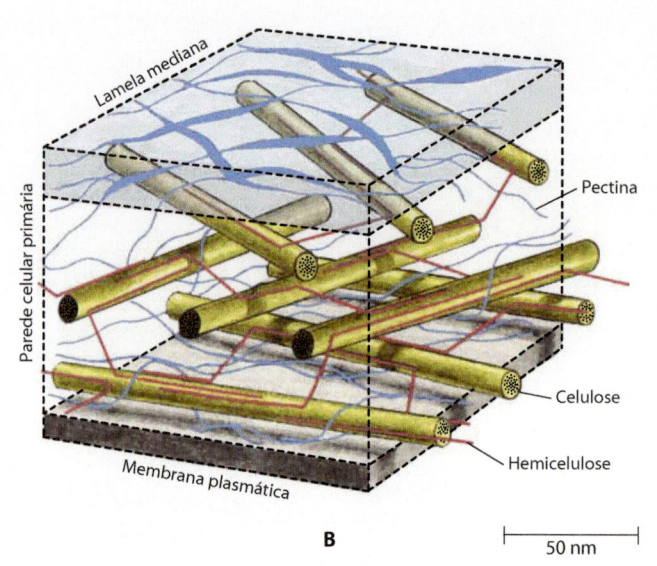

A   200 nm   **B**   50 nm

3.29 Parede primária. A. Vista frontal da parede primária de uma célula de cenoura *(Daucus carota)* mostrando microfibrilas de celulose interligadas por uma intrincada trama de moléculas da matriz. A preparação foi feita por congelamento rápido, pela técnica de *deep-etching*. **B.** Diagrama esquemático mostrando como as microfibrilas de celulose estão interligadas pelas moléculas de hemiceluloses formando uma complexa rede. As moléculas de hemiceluloses estão ligadas à superfície das microfibrilas por pontes de hidrogênio. A rede celulose-hemicelulose é permeada por pectinas, que são polissacarídios muito hidrofílicos. Tanto a hemicelulose como as pectinas são componentes da matriz. A lamela mediana é uma camada rica em pectina que une as paredes primárias de células adjacentes.

de cerca de 65% de água e apresentam um conteúdo particularmente baixo de cálcio (Ca^{2+}). Ocorre extensa ligação cruzada de pectinas ao Ca^{2+} após o término do alongamento da célula, impedindo qualquer estiramento adicional.

A *calose*, que é composta de cadeias de resíduos de glicose dispostas em espiral, é um polissacarídio da parede celular amplamente distribuído. A calose é provavelmente mais conhecida pela sua associação às paredes dos elementos crivados (células condutoras de substâncias orgânicas) do floema (tecido de condução de substâncias orgânicas) das angiospermas (ver Capítulo 23). A calose deposita-se rapidamente em resposta a ferimentos mecânicos e ao estresse ambiental ou induzido por patógenos, selando os plasmodesmos (filamentos citoplasmáticos) entre células contíguas. Ocorre também durante o curso normal do desenvolvimento normal nos tubos polínicos (ver Capítulo 19) e está transitoriamente associada às placas celulares das células emdurante a divisão (ver mais adiante).

As paredes celulares podem também conter *glicoproteínas* – proteínas estruturais – assim como enzimas. As glicoproteínas mais bem caracterizadas são as *extensinas* (um grupo de proteínas ricas em hidroxiprolina), assim chamadas porque inicialmente se acreditava que estavam envolvidas com a extensibilidade da parede celular. No entanto, parece que a deposição de extensina pode enrijecer a parede, tornando-a menos extensível. Tem sido mencionada a presença de uma grande quantidade de enzimas nas camadas da parede celular primária. Tais enzimas incluem as peroxidases, fosfatases, celulases e pectinases.

Outro importante constituinte das paredes de muitos tipos de células é a *lignina*, que fornece resistência à compressão e rigidez à parede celular (ver Capítulo 2). A lignina é comumente encontrada em paredes de células vegetais que têm uma função mecânica ou de sustentação.

A *cutina*, a *suberina* e as *ceras* são substâncias graxas comumente encontradas na parede celular dos tecidos externos, protetores do corpo da planta. A cutina, por exemplo, é encontrada na parede das células da epiderme e a suberina é encontrada naquelas do tecido protetor secundário, o súber. As duas substâncias são combinadas com ceras e têm a importante função de reduzir a perda de água da planta (ver Capítulo 2).

20 µm

3.30 Células pétreas. Células pétreas (esclereídes) da região carnosa da pera *(Pyrus communis)* observadas sob luz polarizada. Agregados destas células são responsáveis pela textura granular desse fruto. As células pétreas têm paredes secundárias muito espessadas, atravessadas por numerosas pontoações simples, as quais aparecem como linhas nas paredes. Sob luz polarizada, as paredes aparecem brilhantes devido às propriedades cristalinas de seu principal componente, a celulose.

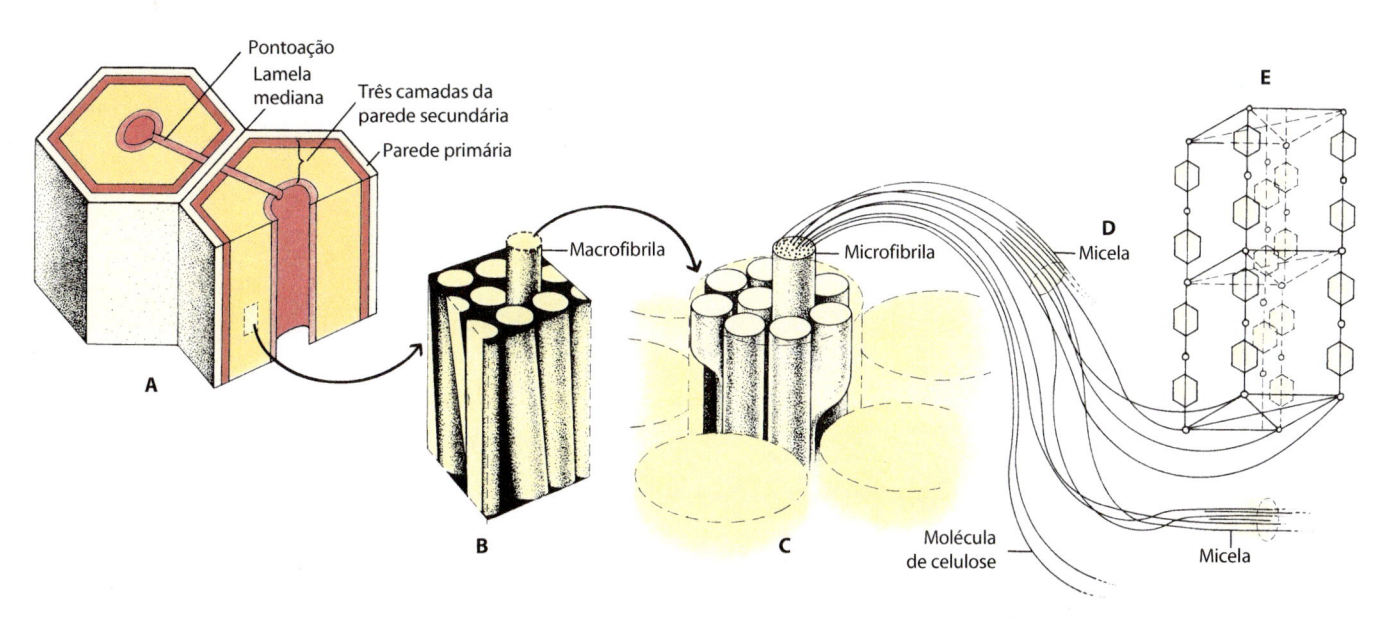

3.31 Estrutura detalhada da parede celular. A. Porção da parede mostrando, de fora para dentro, a lamela mediana, a parede primária e as três camadas da parede secundária. A celulose, o principal componente da parede celular, ocorre como um sistema de fibrilas de diferentes tamanhos. **B.** As fibrilas maiores, macrofibrilas, podem ser vistas com o microscópio de luz. **C.** Com o auxílio de um microscópio eletrônico, pode-se perceber que as macrofibrilas são constituídas por microfibrilas com cerca de 10 a 25 nanômetros de diâmetro. **D.** As micelas são porções das microfibrilas que estão dispostas ordenadamente e conferem propriedades cristalinas à parede. **E.** Um fragmento de uma micela mostra partes das cadeias das moléculas de celulose em um arranjo ordenado.

Muitas células vegetais têm uma parede secundária além de uma parede primária

As paredes da célula vegetal variam muito em espessura, dependendo, em parte, do papel que determinadas células desempenham na estrutura da planta e, em parte, da idade individual da célula. As camadas da parede celular formadas primeiramente constituem a *parede primária*. A região de união das paredes primárias de células adjacentes é chamada *lamela mediana* ou *substância intercelular*. Muitas células depois formam camadas adicionais, originando a *parede secundária*. Quando presente, a parede secundária é depositada pelo protoplasto da célula sobre a superfície mais interna da parede primária (Figura 3.31A).

A lamela mediana une células adjacentes. A lamela mediana é uma camada rica em pectina que mantém juntas as paredes primárias de células adjacentes. Geralmente é muito difícil distinguir a lamela mediana da parede primária, especialmente em células que desenvolvem paredes secundárias espessas. Em tais casos, o conjunto da lamela mediana, das duas paredes primárias adjacentes e talvez da primeira camada da parede secundária de cada célula pode ser chamado *complexo lamela mediana*.

A parede primária é depositada enquanto a célula aumenta de tamanho. A parede primária é depositada antes e durante o crescimento da célula vegetal. Como descrito anteriormente, as paredes primárias são constituídas por celulose, hemiceluloses, substâncias pécticas, proteínas (glicoproteínas e enzimas) e água. As paredes primárias também podem conter lignina, suberina e cutina.

As células que estão se dividindo ativamente, de modo geral, têm somente paredes primárias, assim como a maioria das células maduras envolvidas nos processos metabólicos, tais como fotossíntese, respiração e secreção. Essas células, ou seja, células vivas portando somente paredes primárias, são capazes de perder sua forma celular especializada, dividir-se e diferenciar-se em novos tipos de células. Por essa razão é que, principalmente, as células com apenas paredes primárias estão envolvidas na cicatrização de ferimentos e regeneração na planta.

Em geral, as paredes primárias das células não têm um espessamento uniforme e apresentam áreas mais finas chamadas *campos de pontoação primários* (Figura 3.32A). Filamentos citoplasmáticos ou plasmodesmos, os quais conectam os protoplastos vivos de células adjacentes, apresentam-se comumente agregados nos campos de pontoação primários, mas estes não estão restritos a tais áreas.

A parede secundária é depositada após o crescimento da parede primária ter cessado. Embora muitas células vegetais tenham somente uma parede primária, em outras, o protoplasto deposita uma parede secundária internamente à parede primária. A formação da parede secundária ocorre frequentemente após o crescimento da célula ter cessado e quando a parede primária não está mais aumentando em superfície. As paredes secundárias são particularmente importantes em células especializadas, que têm como função aumentar a resistência, e naquelas envolvidas na condução de água. Muitas dessas células morrem após a parede secundária ter sido depositada.

A celulose é mais abundante nas paredes secundárias do que nas paredes primárias, e as pectinas podem faltar; a parede secundária é, portanto, rígida e não favorece a distensão. A matriz da parede secundária é composta de hemicelulose. As proteínas estruturais e as enzimas, que são relativamente abundantes nas paredes primárias da célula, estão ausentes nas paredes secundárias.

Frequentemente três camadas bem definidas – designadas S_1, S_2 e S_3, respectivamente, para as camadas externa, mediana e interna – podem ser distinguidas na parede secundária

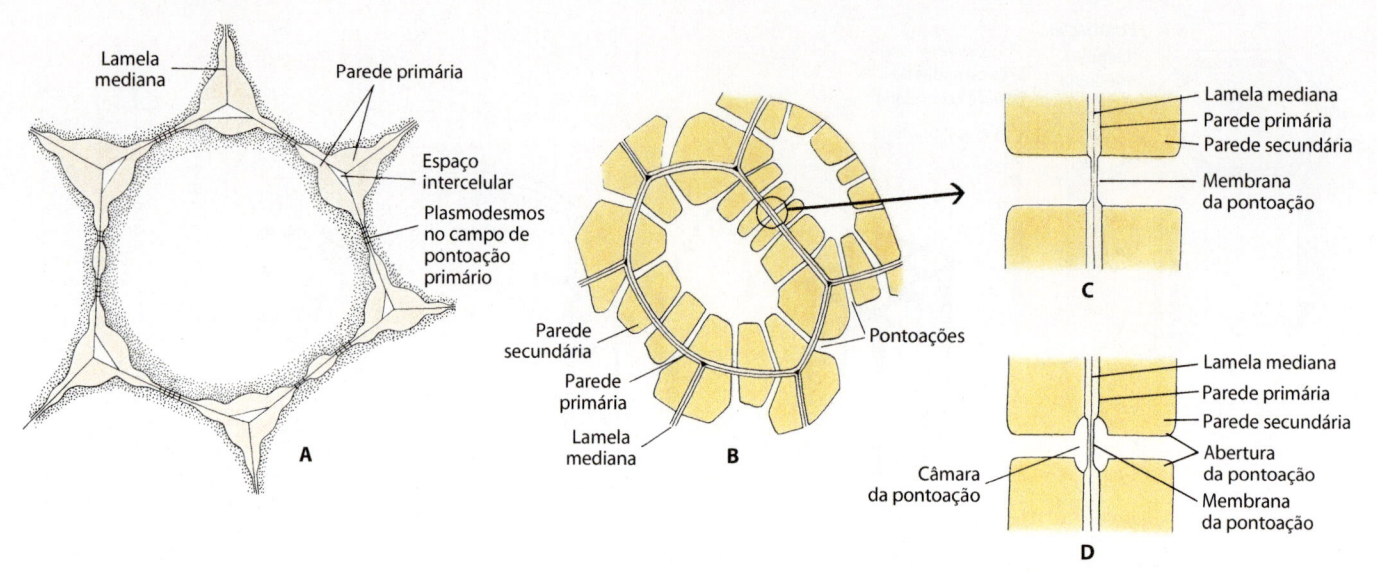

3.32 Campos de pontoação primários, pontoações e plasmodesmos. A. Células com paredes primárias e campos de pontoação primários, os quais são regiões mais finas nas paredes. Como mostrado aqui, os plasmodesmos comumente atravessam a parede nos campos de pontoação primários. **B.** Células com paredes secundárias e numerosas pontoações simples. **C.** Um par de pontoações simples. **D.** Um par de pontoações areoladas.

(Figura 3.33). As camadas diferem entre si na orientação de suas microfibrilas de celulose. Essas camadas múltiplas da parede são encontradas em certas células do xilema secundário ou lenho. A estrutura em camadas da parede secundária aumenta muito sua resistência, e as microfibrilas de celulose são depositadas em um padrão mais denso do que na parede primária. As paredes secundárias das células encontradas no lenho comumente contêm lignina.

Enquanto a parede primária tem campos de pontoação, a parede secundária tem pontoações. Quando a parede secundária é depositada, isso não ocorre sobre os campos de pontoação primários formados na parede primária. Consequentemente, interrupções características ou *pontoações* são formadas na parede secundária (Figura 3.32B, C). Em algumas ocasiões, as pontoações são também formadas em áreas onde não há campos de pontoação primários.

Paredes secundárias lignificadas não são permeáveis à água, mas com a formação da pontoação, pelo menos nesses locais, as células adjacentes são separadas somente pelas paredes primárias não lignificadas.

Uma pontoação em uma parede celular geralmente ocorre oposta a uma pontoação na parede de uma célula adjacente. A lamela mediana e as duas paredes primárias entre as duas pontoações são chamadas *membrana da pontoação*. As duas pontoações opostas mais a membrana constituem um *par de pontoações*. Dois principais tipos de pontoações são encontrados nas células com paredes secundárias: *simples* e *areolada*. Nas pontoações areoladas, a parede secundária arqueia-se sobre a *câmara da pontoação*. Nas pontoações simples não ocorre esse arqueamento. (Ver no Capítulo 23 informações adicionais sobre as propriedades das membranas de pontoação nos elementos traqueais.)

O crescimento da parede celular envolve interações entre a membrana plasmática, vesículas de secreção e microtúbulos

A parede das células cresce em espessura e em superfície. O aumento da parede é um complexo processo que está sob um rígido controle bioquímico do protoplasto. Durante o crescimento, a parede primária deve ser produzida o suficiente para possibilitar um grau adequado de expansão e ao mesmo tempo permanecer suficientemente rígida para conter o protoplasto. O crescimento da parede primária requer a perda da estrutura da parede, um fenômeno influenciado por uma nova classe de proteínas de parede, denominadas *expansinas*, e por alguns hormônios (ver Capítulo 27). Há também aumento na síntese de proteína e na respiração para prover a energia necessária, assim como um aumento na absorção de água pela célula. A maior parte das novas microfibrilas de celulose é colocada em cima daquelas previamente formadas, camada sobre camada.

Nas células que aumentam mais ou menos uniformemente em todas as direções, as microfibrilas são depositadas em um arranjo aleatório, formando uma rede irregular. Nas células em

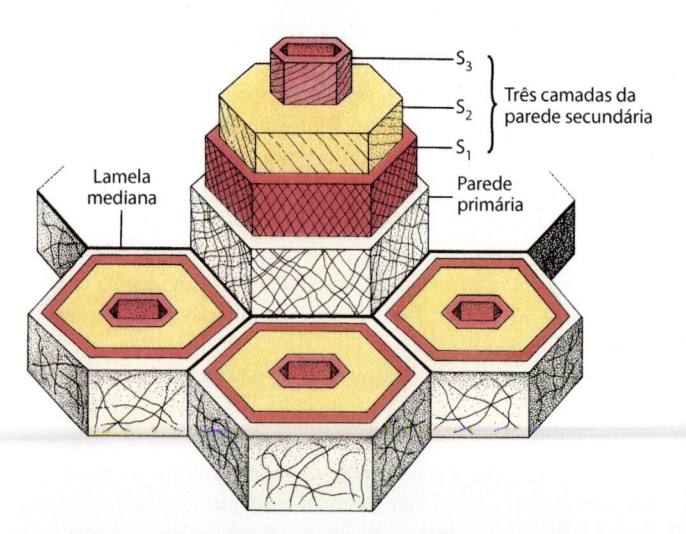

3.33 Camadas da parede celular secundária. Diagrama mostrando a organização das microfibrilas de celulose e as três camadas (S_1, S_2 e S_3) da parede secundária. As diferentes orientações das três camadas dão resistência à parede secundária.

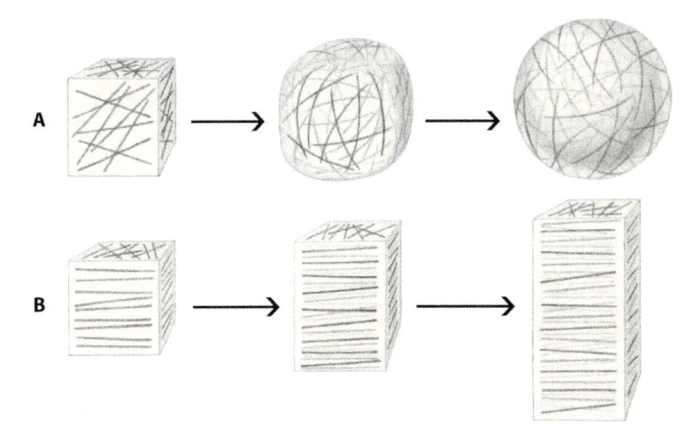

3.34 Expansão celular. A orientação das microfibrilas de celulose dentro da parede primária influencia a direção da expansão celular. **A.** Quando as microfibrilas de celulose estão aleatoriamente orientadas nas paredes, a célula se expande igualmente em todas as direções, tendendo a adquirir a forma esférica. **B.** Quando as microfibrilas estão orientadas em ângulos retos em relação ao maior eixo da célula, a célula se expande longitudinalmente ao longo desse eixo.

fase de alongamento, por outro lado, as microfibrilas das paredes laterais são depositadas em um plano perpendicular (em ângulo reto) relativamente ao sentido do alongamento (Figura 3.34).

As microfibrilas de celulose depositadas por último dispõem-se paralelamente aos microtúbulos corticais que ficam sob a membrana plasmática. Geralmente se admite que as microfibrilas de celulose sejam sintetizadas por complexos de *celulose sintase* que ocorrem na membrana plasmática (Figura 3.35). Nas plantas com sementes, esses complexos enzimáticos aparecem como anéis ou rosetas constituídos por seis partículas arranjadas hexagonalmente, que atravessam a membrana. Durante a sínte-

se de celulose, os complexos movem-se no plano da membrana levando à extrusão das microfibrilas sobre a sua superfície externa. A partir dos complexos, as microfibrilas de celulose são integradas à parede celular. O movimento dos complexos enzimáticos é possivelmente orientado pelos microtúbulos corticais subjacentes, embora seja desconhecido o mecanismo pelo qual tais complexos se ligam aos microtúbulos. As rosetas são inseridas na membrana plasmática via vesículas de secreção originadas na rede *trans*-Golgi.

As substâncias da matriz – hemiceluloses, pectinas e glicoproteínas – são levadas à parede por vesículas de secreção. O tipo de substância da matriz que é sintetizada e secretada em um dado momento depende do estágio de desenvolvimento da célula. As pectinas, por exemplo, são mais características em células em crescimento, enquanto as hemiceluloses predominam nas células que cessaram esse processo. Conforme assinalado anteriormente, as glicoproteínas mais bem caracterizadas, as extensinas, estão envolvidas na extensibilidade da parede celular.

Plasmodesmos são cordões citoplasmáticos que conectam os protoplastos de células adjacentes

Como mencionado previamente, os protoplastos de células vegetais adjacentes estão unidos entre si pelos *plasmodesmos*. Embora tais estruturas já tivessem sido visualizadas com o microscópio de luz (Figura 3.36), sua interpretação era difícil. Somente quando os plasmodesmos puderam ser observados sob microscópio eletrônico é que sua constituição como cordões citoplasmáticos foi confirmada.

Os plasmodesmos podem ocorrer por toda a parede celular ou podem estar agregados nos campos de pontoação primários ou nas membranas entre os pares de pontoação. Sob microscópio eletrônico, os plasmodesmos aparecem como canais estreitos revestidos pela membrana plasmática (cerca de 30 a 60 nanômetros

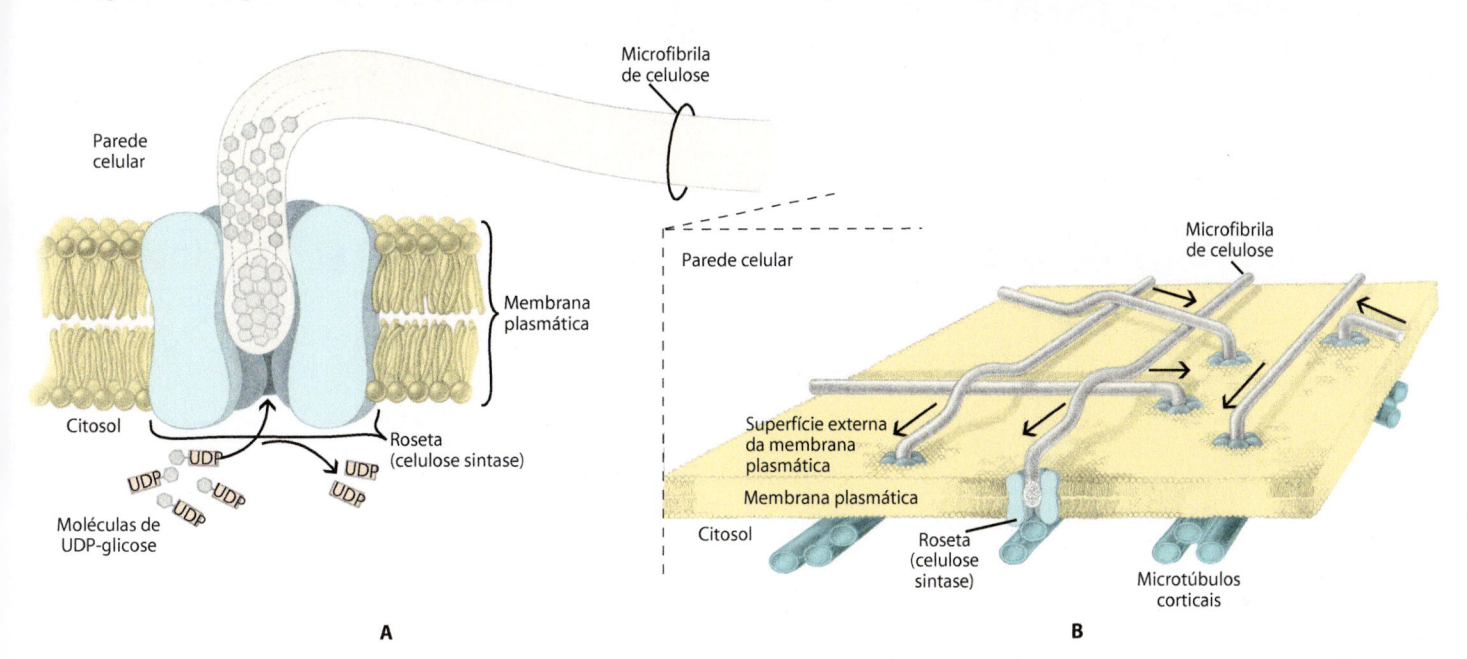

3.35 Síntese das microfibrilas de celulose. As microfibrilas de celulose são sintetizadas por complexos enzimáticos que se movem dentro do plano da membrana plasmática. **A.** Nas plantas com sementes, as enzimas são complexos de celulose sintase que formam rosetas inseridas na membrana plasmática. Cada roseta enzimática, mostrada aqui na seção longitudinal, sintetiza celulose a partir de glicose derivada da UDP-glicose (uridina difosfato glicose). As moléculas de UDP-glicose entram na roseta pela face interna da membrana (face citoplasmática), e a microfibrila de celulose é eliminada por extrusão na face externa da membrana. **B.** Enquanto as extremidades distais das microfibrilas recém-formadas integram-se à parede, as rosetas continuam sintetizando celulose, movendo-se ao longo de uma rota (setas) que é paralela aos microtúbulos corticais, os quais se situam no citoplasma subjacente à membrana plasmática.

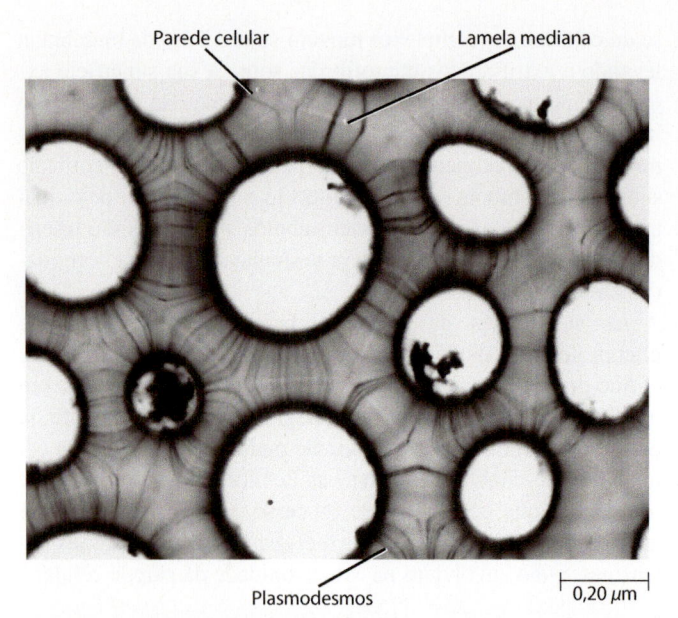

3.36 Plasmodesmos. Fotomicrografia dos plasmodesmos em paredes primárias espessadas do endosperma, tecido nutritivo presente na semente do caqui *(Diospyros)*. Os plasmodesmos apresentam-se como finas linhas que vão de uma célula a outra, atravessando as paredes. A lamela mediana apresenta-se como uma linha clara entre essas células. Os plasmodesmos geralmente não são discerníveis em microscopia de luz. Entretanto, o grande espessamento das paredes das células do endosperma do caqui leva a um aumento no comprimento dos plasmodesmos, tornando-os visíveis sob o microscópio.

em diâmetro) atravessados por um túbulo de retículo endoplasmático modificado, conhecido como *desmotúbulo* (Figura 3.37). Muitos plasmodesmos são formados durante a divisão celular pelo fato de porções do retículo endoplasmático tubular ficarem presas durante a formação da placa celular (ver Figura 3.46). Os plasmodesmos são também formados nas paredes de células que não estão se dividindo. Essas estruturas fornecem uma via para o transporte de certas substâncias (açúcares, aminoácidos, moléculas de sinalização) entre as células, assunto que será discutido com mais detalhes no Capítulo 4.

Ciclo celular

As células reproduzem-se por um processo denominado *divisão celular*, no qual o seu conteúdo é dividido entre duas *células-filhas*. Nos organismos unicelulares, tais como as bactérias e muitos protistas, a divisão celular aumenta a quantidade de indivíduos na população. Nos organismos pluricelulares, como as plantas e os animais, a divisão celular, juntamente com a expansão celular, é o modo como os organismos crescem. É também o modo como os tecidos lesados ou fora de função são reparados ou substituídos, principalmente nos animais.

As novas células são estrutura e fisiologicamente semelhantes à célula-mãe, assim como entre si. A semelhança é apenas em parte, porque cada nova célula recebe tipicamente cerca da metade do citoplasma da célula-mãe. Em termos estruturais e funcionais, o mais importante é que cada nova célula herda uma

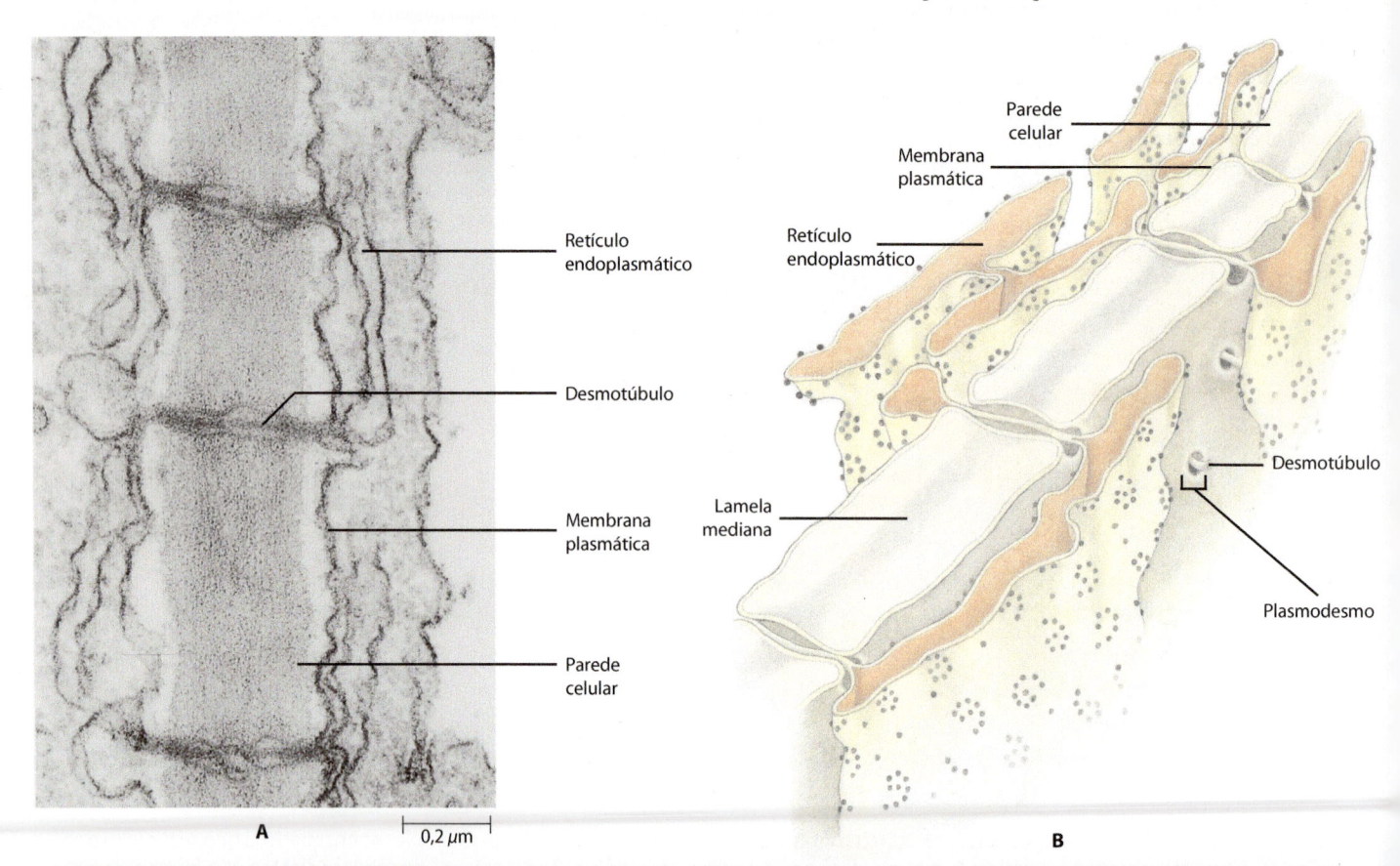

3.37 Plasmodesmos e desmotúbulos. A. Plasmodesmos interligando as duas células da folha de choupo *(Populus deltoides)*. **B.** Como visto com o microscópio eletrônico, o plasmodesmo aparece como um cordão citoplasmático que atravessa um canal estreito e revestido pela membrana plasmática, que ocorre na parede celular; cada plasmodesmo tem um túbulo do retículo endoplasmático modificado, conhecido como desmotúbulo. Observe a continuidade do retículo endoplasmático em qualquer dos dois lados da parede com os desmotúbulos dos plasmodesmos. A lamela mediana localizada entre as paredes primárias adjacentes não está visível na micrografia eletrônica, o que é frequente em tais preparações.

réplica exata da informação genética ou hereditária da célula-mãe. Desse modo, antes que a divisão celular possa ocorrer, toda a informação genética presente no núcleo da célula-mãe precisa ser fielmente duplicada.

A divisão celular nos organismos eucarióticos consiste em dois estágios sequenciais que se sobrepõem: mitose e citocinese. Durante a *mitose* ou divisão nuclear, um lote completo de cromossomos duplicados previamente é alocado para cada um dos dois núcleos-filhos. A *citocinese* é um processo que divide a célula inteira em duas novas células. Cada uma das novas células contém não apenas o núcleo com uma quantidade de cromossomos completa, mas também aproximadamente a metade do citoplasma da célula-mãe.

Embora a mitose e a citocinese sejam os dois eventos mais comumente associados à reprodução das células eucarióticas, eles representam o clímax de uma sequência regular e repetida de eventos, conhecida como *ciclo celular* (Figura 3.38). O ciclo celular, geralmente, é dividido em interfase e mitose. A *interfase* precede e sucede a mitose. É um período de intensa atividade celular, durante o qual acontecem elaboradas preparações para a divisão celular, incluindo a duplicação dos cromossomos. A interfase pode ser dividida em três fases denominadas G_1, S e G_2. A mitose e a citocinese em conjunto são referidas como a *fase M* do ciclo celular.

Alguns tipos de células passam por sucessivos ciclos celulares, durante a vida do organismo. Nesse grupo estão incluídos os organismos unicelulares e certos tipos de células em plantas e animais. Em plantas, um exemplo são as células denominadas *células iniciais*, que juntamente com suas derivadas imediatas ou células-irmãs constituem os *meristemas apicais* da raiz e do caule (ver Figura 23.1). Os meristemas são regiões com tecidos embrionários (permanentemente jovens), e a maioria das divisões celulares nas plantas acontece nestes meristemas ou próximo a eles. As iniciais podem sofrer uma pausa durante o ciclo celular em resposta aos fatores ambientais, como durante a dormência do inverno, e reassumir a proliferação posteriormente. Esse estado de repouso especializado ou dormência, durante o qual as iniciais ficam detidas na fase G_1, é frequentemente denominado *fase G_0* (fase G-zero). Outros destinos incluem diferenciação e morte celular programada.

Muitas células vegetais, se não a maioria, continuam replicando-duplicando o seu DNA antes de sua diferenciação, um processo denominado *endorreduplicação* ou endorreplicação. Dependendo do tipo de célula, podem ocorrer um ou mais ciclos de síntese de DNA, resultando, algumas vezes, em núcleos gigantes com múltiplas cópias de cada gene. As múltiplas cópias gênicas aparentemente fornecem um mecanismo para aumentar o nível de expressão gênica. Os tricomas (pelos epidérmicos) de *Arabidopsis thaliana* sofrem quatro ciclos de endorreduplicação, aumentando o conteúdo de DNA dezesseis vezes além daquele das células epidérmicas comuns. As células suspensoras altamente metabólicas de embriões em desenvolvimento do feijão comum (*Phaseolus vulgaris*) podem ter até 8.192 cópias de cada gene.

Nos organismos pluricelulares, é muito importante que as células se dividam em uma taxa adequada, produzindo tantas células quantas forem necessárias para promover o crescimento e o desenvolvimento normais. Além disso, a célula deve apresentar mecanismos que percebam se certas condições foram conse-

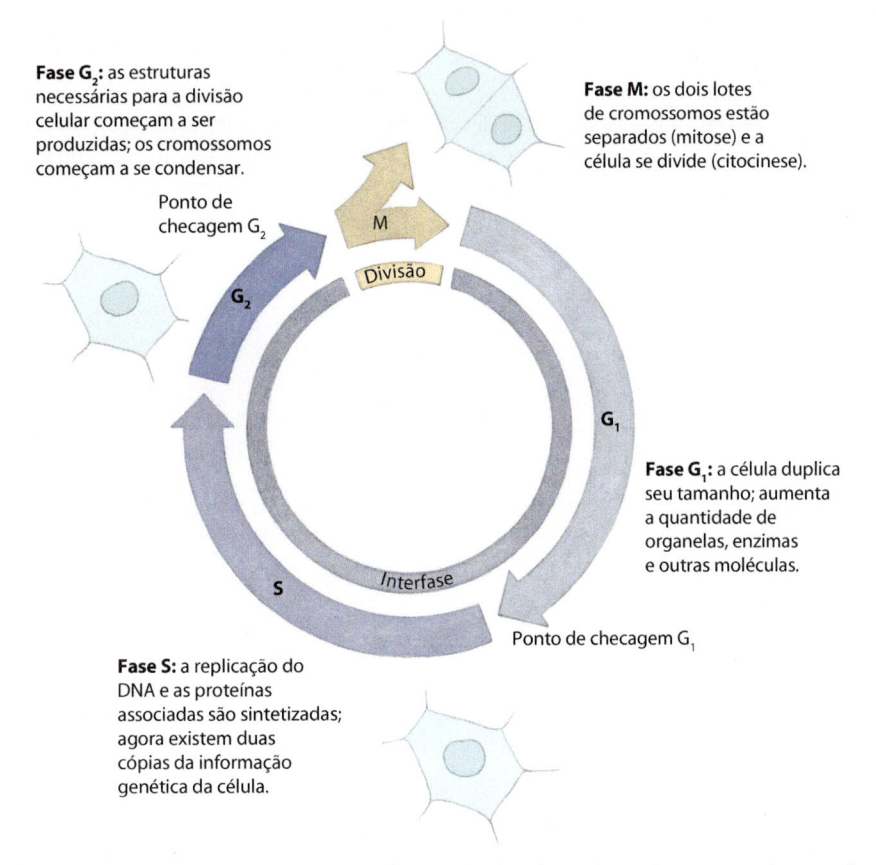

Fase G_2: as estruturas necessárias para a divisão celular começam a ser produzidas; os cromossomos começam a se condensar.

Ponto de checagem G_2

Fase M: os dois lotes de cromossomos estão separados (mitose) e a célula se divide (citocinese).

Fase G_1: a célula duplica seu tamanho; aumenta a quantidade de organelas, enzimas e outras moléculas.

Ponto de checagem G_1

Fase S: a replicação do DNA e as proteínas associadas são sintetizadas; agora existem duas cópias da informação genética da célula.

Interfase

3.38 Ciclo celular. A mitose (divisão do núcleo) e a citocinese (divisão do citoplasma), que juntas constituem a fase M, acontecem após a conclusão de três fases preparatórias (G_1, S e G_2) da interfase. A progressão no ciclo celular é controlada principalmente em dois pontos de checagem, um ao final de G_1 e outro ao final de G_2. Nas células de diferentes espécies ou de diferentes tecidos em um mesmo organismo, as várias fases mostram diferentes proporções no ciclo total.

guidas antes de prosseguir para a próxima fase. Por exemplo, a replicação do DNA e a síntese das suas proteínas associadas devem ser completadas antes de a célula passar da fase G_2 para a mitose e a citocinese ou, então, as células-filhas podem receber lotes incompletos da informação genética.

Atualmente, a natureza do controle ou controles que regulam o ciclo celular é assunto de intensas pesquisas; o sistema de controle é fundamentalmente similar em todas as células eucarióticas. Em um ciclo celular típico, a progressão de uma fase à outra é controlada, principalmente, em dois pontos de transição cruciais, denominados *pontos de checagem* – o primeiro ao final da fase G_1 e o segundo ao final da fase G_2 (Figura 3.38). É no ponto de checagem da fase G_1 que o sistema de controle suspende o ciclo ou inicia a fase S, a qual leva a célula para outra etapa da divisão. No ponto de checagem G_2, o sistema de controle novamente suspende o ciclo ou dá início à mitose. Um terceiro ponto de checagem, o de formação do fuso, detém a anáfase se alguns cromossomos não estão adequadamente unidos ao fuso mitótico. A passagem pelos pontos de checagem depende do êxito da ativação e subsequente inativação de proteínas quinases (enzimas que têm a capacidade de transferir grupos fosfato do ATP para um aminoácido específico) conhecidas como quinases dependentes de ciclinas. A ativação dessas quinases depende de sua interação com a proteína regulatória conhecida como ciclina e a subsequente fosforilação dos complexos quinase-ciclinas por outras quinases.

Examinemos agora alguns dos eventos que ocorrem durante cada uma das três fases da interfase.

Interfase

Antes que a célula possa iniciar a mitose e realmente se dividir, ela deve replicarduplicar o seu DNA e também sintetizar as proteínas associadas a este nos cromossomos. Além disso, deve produzir uma quantidade suficiente de organelas e outros componentes citoplasmáticos para as duas células-filhas e reunir as estruturas necessárias para desencadear a mitose e a citocinese. Esses processos preparatórios ocorrem durante a interfase – isto é, durante as fases G_1, S e G_2 do ciclo celular (Figura 3.38).

Os processos-chave da duplicação do DNA ocorrem durante a *fase S* (fase de síntese) do ciclo celular, período em que também é sintetizada a maioria das proteínas associadas ao DNA, principalmente as histonas. As fases G (do inglês *gap* = intervalo) precedem e seguem a fase S.

A *fase G_1*, que ocorre após mitose e precede a fase S, é um período de intensa atividade bioquímica. Nesta fase, a célula dobra de tamanho e são sintetizadas mais enzimas, ribossomos, organelas, sistema de membranas, e outras moléculas e estruturas citoplasmáticas.

Nas células que apresentam *centríolos*, ou seja, a maioria das células eucarióticas exceto fungos e plantas, estas estruturas começam a se separar e a duplicar. Os centríolos, estruturas idênticas aos corpos basais dos cílios e flagelos (ver anteriormente), são circundados por uma nuvem de material amorfo chamado *centrossomo*. O centrossomo também é duplicado e, assim, cada um dos pares de centríolos duplicados fica circundado por um centrossomo.

O principal evento na *fase G_2*, que segue a fase S e precede a mitose, é verificar se a duplicação do cromossomo se completou e se qualquer dano do DNA foi reparado. Nas células que possuem centríolos, a duplicação do par de centríolos é completada, e os dois pares de centríolos maduros localizam-se externamente ao envoltório nuclear, a uma certa distância um do outro. Ao final da interfase, os cromossomos recém-duplicados, dispersos pelo núcleo, começam a se condensar, mas ainda é difícil distingui-los do nucleoplasma.

Dois eventos que ocorrem na interfase são únicos nas plantas

Primeiro, antes que a mitose possa ter início, o núcleo deve deslocar-se para o centro da célula, caso ele não se encontre lá. Esse deslocamento parece começar na fase G_1, antes da

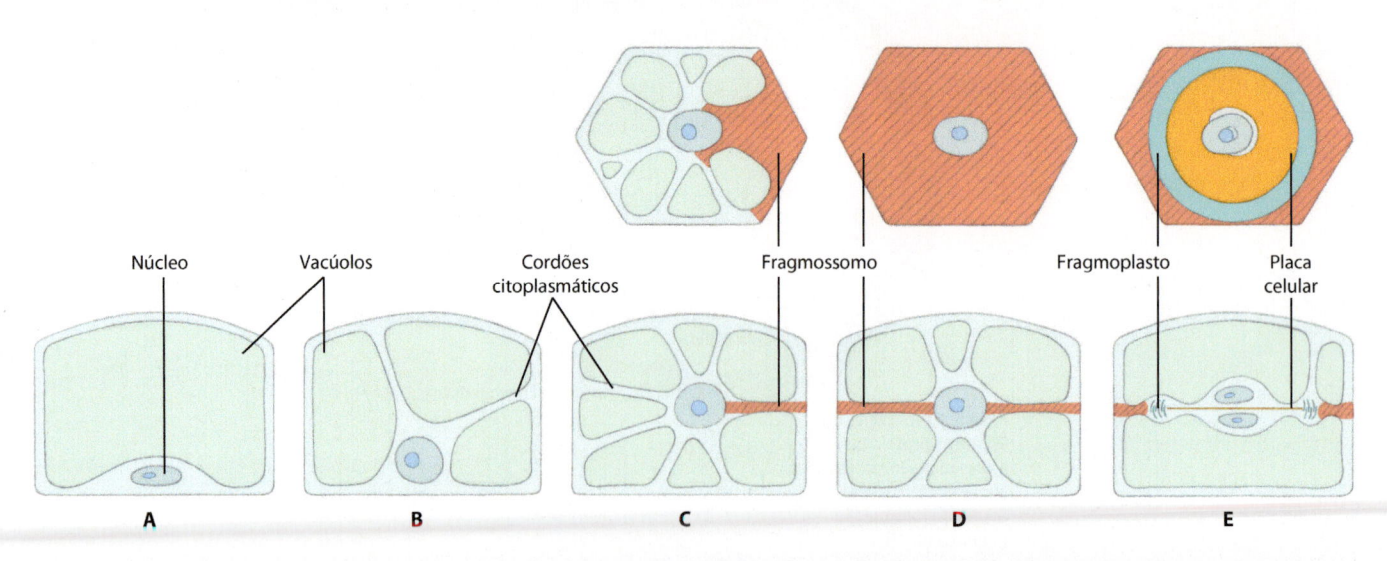

Núcleo   Vacúolos   Cordões citoplasmáticos   Fragmossomo   Fragmoplasto   Placa celular

A   B   C   D   E

3.39 Divisão celular em uma célula com um grande vacúolo. A. A célula tem um grande vacúolo central e inicialmente o núcleo se localiza ao lado da parede celular. **B.** Os cordões de citoplasma penetram o vacúolo, providenciando um caminho para o núcleo migrar para o centro da célula. **C.** O núcleo alcançou o centro da célula e mantém-se "suspenso" nele por meio de numerosos cordões citoplasmáticos. Alguns destes cordões começam a se fundir para formar o fragmossomo, por meio do qual a divisão celular acontecerá. **D.** O fragmossomo, representado por uma lâmina que divide a célula em duas partes, está totalmente formado. **E.** Ao final da mitose, a célula se dividirá no plano ocupado pelo fragmossomo.

replicação do DNA, e é bem observado nas células vegetais com vacúolos grandes. Em tais células, o núcleo inicialmente fica mantido no centro da célula por cordões citoplasmáticos (Figura 3.39). Gradualmente, esses cordões se fundem formando uma lâmina transversal de citoplasma, a qual divide a célula no mesmo plano em que ela será dividida na citocinese. Essa lâmina, denominada *fragmossomo*, contém, em sua formação, microtúbulos e os filamentos de actina. Os fragmossomos são claramente visualizados apenas nas células em divisão que têm vacúolos grandes.

Além da migração do núcleo para o centro da célula, um dos primeiros sinais da iminente divisão da célula vegetal é o aparecimento de uma estreita faixa anelar constituída por microtúbulos, que se dispõe sob a membrana plasmática (ver Figuras 3.47B e 3.48B). Esse conjunto de microtúbulos, densamente dispostos, circunda o núcleo em um plano, o qual corresponderá ao plano equatorial do futuro fuso mitótico. Como este conjunto de microtúbulos aparece durante a fase G_2, justamente antes da primeira fase da mitose (prófase), ele é denominado *banda da pré-prófase*. Os filamentos de actina estão alinhados paralelamente aos microtúbulos da banda da pré-prófase. A banda da pré-prófase desaparece após o início da formação do fuso mitótico, muito antes da formação da *placa celular*. Esta placa, que representa a partição inicial entre as células filhas, não se forma até a telófase, a última fase da mitose. Contudo, à medida que a placa celular se forma, ela cresce para fora (centrifugamente) até fundir-se com a parede celular da célula-mãe, precisamente na região previamente ocupada pela banda da pré-prófase. Desse modo, a banda da pré-prófase "prevê" a posição da futura placa celular. Inicial-

mente, a calose é o principal polissacarídio da parede celular da placa celular em desenvolvimento; gradualmente, é substituída pela celulose e por componentes da matriz.

Mitose e citocinese

A mitose ou divisão nuclear é um processo contínuo, mas convencionalmente é dividido em quatro fases: prófase, metáfase, anáfase e telófase (Figuras 3.40 a 3.42). Estas quatro fases constituem o processo pelo qual o material genético sintetizado durante a fase S é dividido igualmente entre os dois núcleos-filhos. A mitose é seguida pela citocinese, durante a qual o citoplasma é dividido e as duas células-filhas se separam.

Durante a prófase, os cromossomos encurtam-se e tornam-se mais grossos

A transição entre a fase G_2 da interfase para a *prófase*, a primeira fase da mitose, não é um evento claramente definido, quando visto ao microscópio. A cromatina, que é difusa no núcleo em interfase, durante a prófase condensa-se gradualmente formando cromossomos bem definidos. Entretanto, no início, os cromossomos aparecem como filamentos alongados, dispersos pelo núcleo. (A aparência filamentosa dos cromossomos, quando se tornam visíveis pela primeira vez, deu origem ao nome "mitose": *mitos*, em grego, significa "fio" ou "linha".)

À proporção que a prófase avança, esses filamentos encurtam-se e tornam-se mais grossos, e, à medida que os cromossomos se tornam mais distintos, fica evidente que cada um dos cromossomos é composto por dois filamentos enrolados um sobre o outro, e não por apenas um filamento. Durante a fase S,

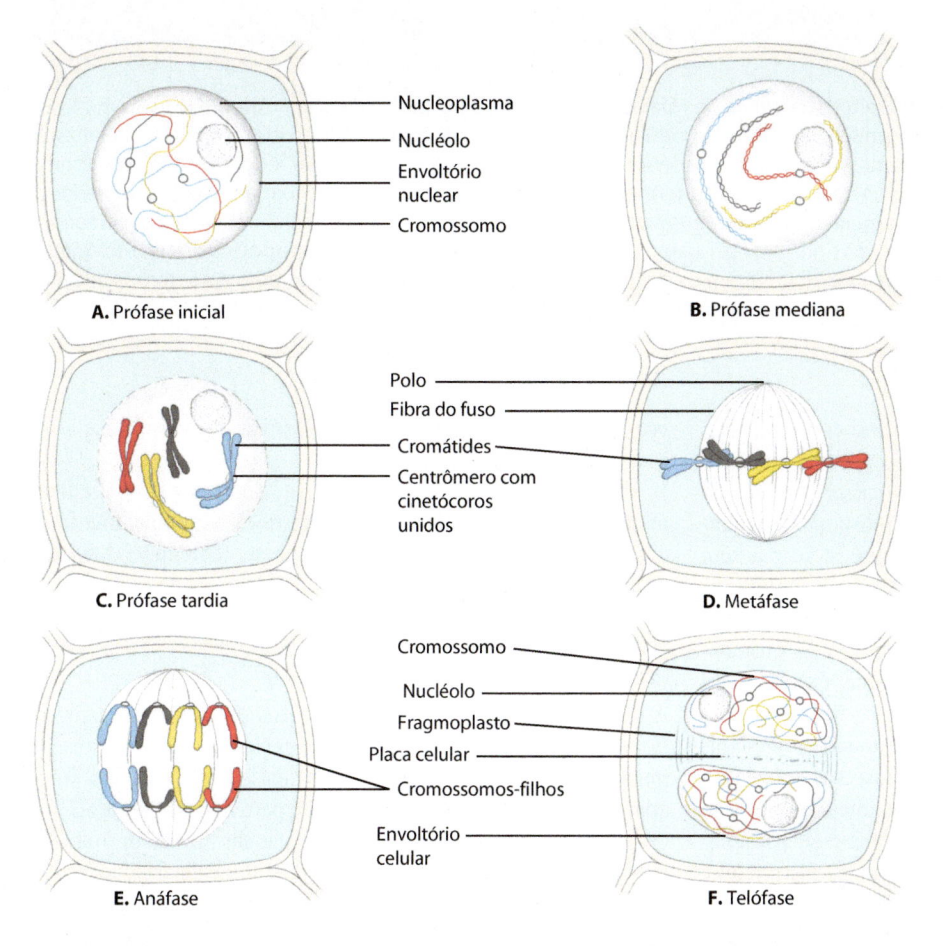

A. Prófase inicial

Nucleoplasma
Nucléolo
Envoltório nuclear
Cromossomo

B. Prófase mediana

C. Prófase tardia

Polo
Fibra do fuso
Cromátides
Centrômero com cinetócoros unidos

D. Metáfase

E. Anáfase

Cromossomo
Nucléolo
Fragmoplasto
Placa celular
Cromossomos-filhos
Envoltório celular

F. Telófase

3.40 Mitose, uma representação diagramática. A. Durante a prófase inicial, os quatro cromossomos tornam-se visíveis como longos filamentos espalhados pelo núcleo. **B.** Enquanto a prófase continua, os cromossomos condensam-se até que cada um é visualizado como sendo formado por dois filamentos (cromátides) unidos um ao outro pelos seus centrômeros. **C.** No final da prófase, os cinetócoros desenvolvem-se nos dois lados de cada cromossomo na região do centrômero. Finalmente, o nucléolo e o envoltório nuclear desaparecem. **D.** A metáfase inicia-se com o aparecimento de um fuso, na área ocupada inicialmente pelo núcleo. Durante a metáfase, os cromossomos migram para o plano equatorial do fuso. Na metáfase completa (mostrada aqui), os centrômeros dos cromossomos alinham-se no plano equatorial da célula. **E.** A anáfase começa quando os centrômeros de cada uma das cromátides-irmãs se separam. As cromátides-irmãs, agora denominadas cromossomos-filhos, deslocam-se para os polos opostos do fuso. **F.** A telófase começa quando os cromossomos-irmãos completam a sua migração.

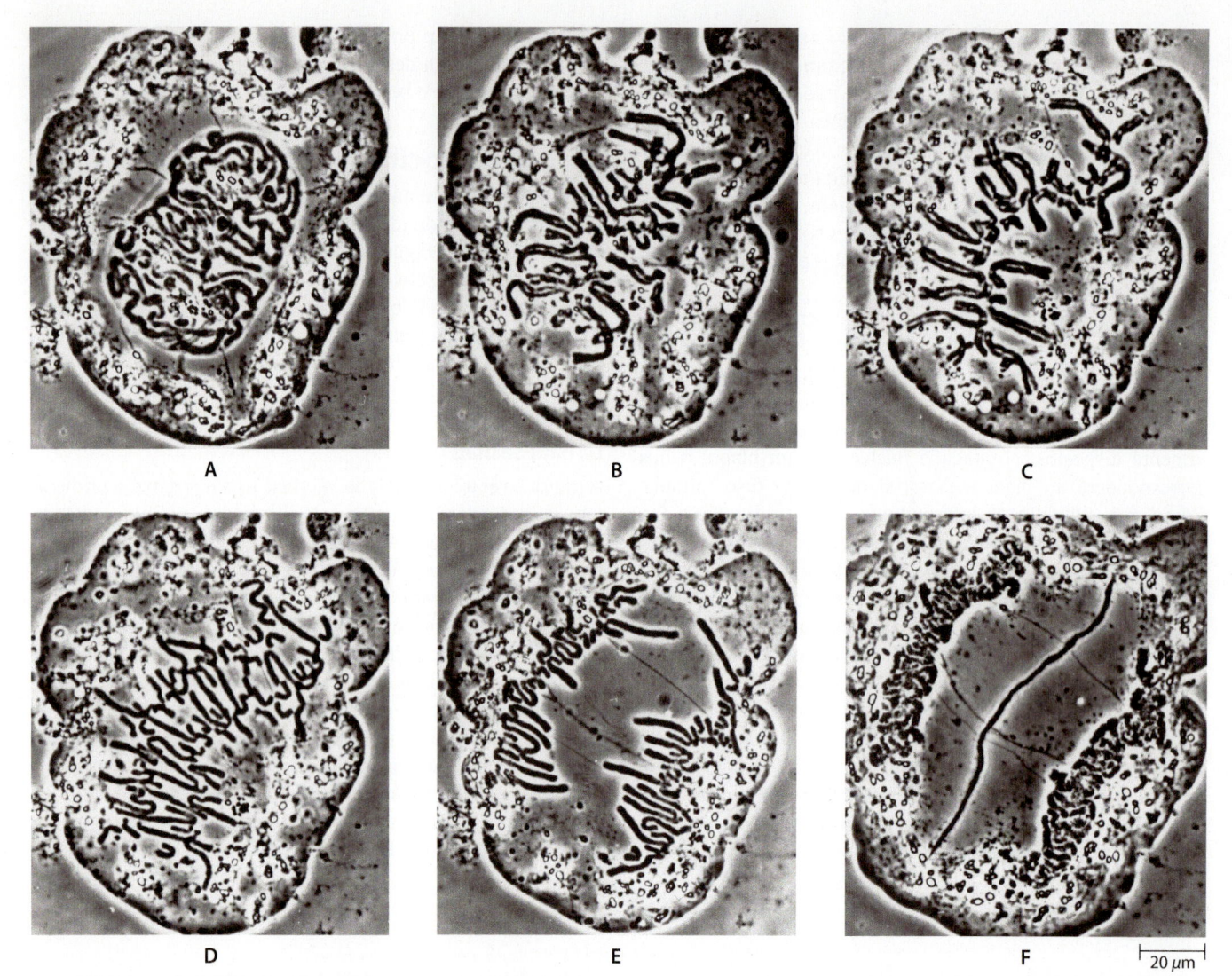

3.41 Mitose em uma célula viva. Estágios da mitose da célula de *Haemanthus katherinae* (Amaryllidaceae), observados sob microscopia de contraste de fase. O fuso mitótico está pouco visível nestas células, que foram esmagadas para possibilitar melhor visualização de seus cromossomos. **A.** Prófase tardia: os cromossomos estão condensados. Uma zona clara se formou ao redor do núcleo. **B.** Prófase tardia e início de metáfase: o envoltório nuclear já desapareceu e as terminações de alguns cromossomos projetam-se para o interior do citoplasma. **C.** Metáfase: os cromossomos estão organizados com seus centrômeros no plano equatorial da célula. **D.** Anáfase mediana: as cromátides-irmãs (agora denominadas cromossomos-filhos) separaram-se e estão se movendo para os polos opostos do fuso. **E.** Anáfase tardia. **F.** Telófase e citocinese: os cromossomos-filhos já atingiram os polos opostos do fuso e as duas massas de cromossomos iniciam a formação de dois núcleos-filhos. A formação da placa celular está quase finalizada.

anterior, cada cromossomo foi duplicado; como consequência, cada cromossomo agora é formado por duas *cromátides-irmãs*. Na prófase tardia, após o encurtamento, as duas cromátides de cada cromossomo alinham-se lado a lado, dispondo-se quase paralelamente ao longo de seu comprimento, e se mantêm unidas, com uma constrição em uma única região, denominada *centrômero* (Figura 3.43). Os centrômeros consistem em uma sequência específica de DNA necessária para unir os cromossomos ao fuso mitótico, o qual se forma durante a metáfase, a próxima fase da mitose.

Durante a prófase, uma zona clara aparece ao redor do envoltório nuclear (Figura 3.41A). Os microtúbulos estão presentes nessa zona. Eles estão orientados ao acaso no início da prófase, mas ao final desta etapa (prófase tardia) alinham-se paralelamente à superfície do núcleo, ao longo do eixo do fuso. Esta é a primeira manifestação do fuso mitótico, denominada *fuso da*

pré-prófase, e se forma enquanto a banda da pré-prófase ainda está presente.

Próximo do final da prófase, o nucléolo torna-se gradualmente pouco discernível e desaparece. Simultaneamente ou logo após, o envoltório nuclear rompe-se, marcando o final da prófase.

Durante a metáfase, os cromossomos alinham-se no plano equatorial do fuso mitótico

A segunda fase da mitose é a *metáfase*. Ela começa quando o *fuso mitótico*, uma estrutura tridimensional que se apresenta mais larga na região mediana e afilada em direção aos polos, aparece na área ocupada inicialmente pelo núcleo (Figura 3.44). O fuso consiste nas *fibras do fuso*, que são feixes de microtúbulos (ver Figura 3.48C). Com a repentina destruição do envoltório nuclear, alguns dos microtúbulos do fuso ligam-se ou

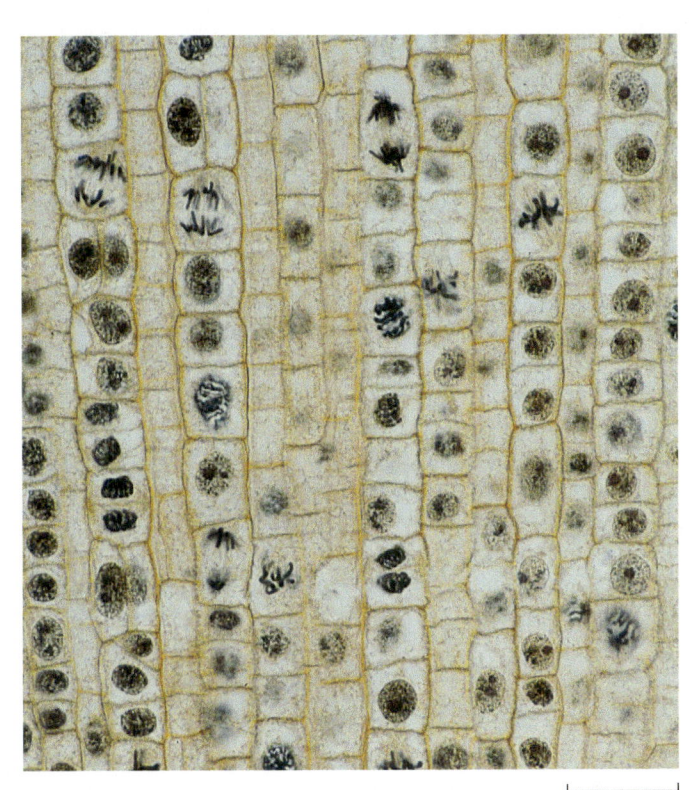

25 µm

3.42 Células em divisão no ápice da raiz. Comparando estas células com as fases da mitose ilustradas nas Figuras 3.40 e 3.41, podem-se identificar as várias fases da mitose nessa fotomicrografia do ápice da raiz de cebola (*Allium cepa*).

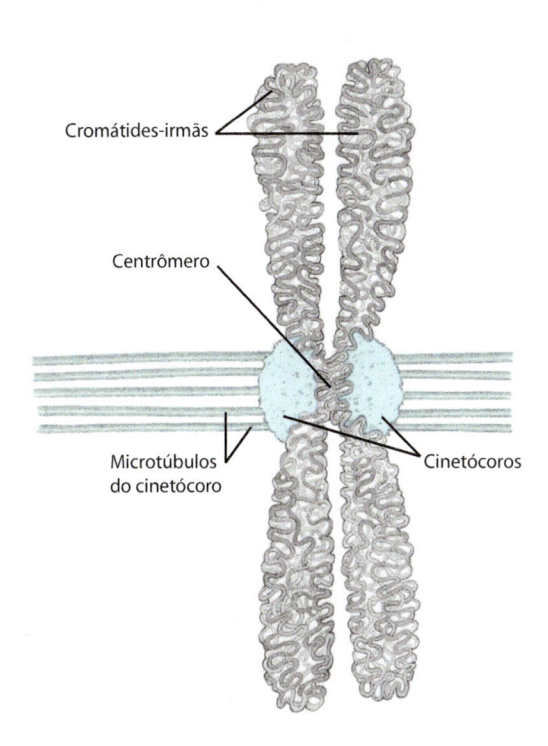

Cromátides-irmãs

Centrômero

Microtúbulos do cinetócoro

Cinetócoros

3.43 Cromossomo totalmente condensado. O DNA cromossômico foi duplicado durante a fase S do ciclo celular. Cada cromossomo agora consiste em duas partes idênticas denominadas cromátides-irmãs, que se encontram unidas pelo centrômero, uma constrição no centro delas. Os cinetócoros são estruturas contendo proteínas, uma em cada cromátide, associadas ao centrômero. Os microtúbulos que formam parte do fuso mitótico estão ligados aos cinetócoros.

são "capturados" por complexos de proteínas especializadas, denominados *cinetócoros* (Figuras 3.43 e 3.44). Estas estruturas desenvolvem-se nos dois lados dos cromossomos, na região do centrômero, de tal modo que cada cromátide tem seu próprio cinetócoro. Os microtúbulos do fuso ligados são denominados *microtúbulos dos cinetócoros*. Os microtúbulos remanescentes, que se distendem de um polo ao outro, são chamados *microtúbulos polares*. Os microtúbulos dos cinetócoros distendem-se também para os polos opostos, a partir das cromátides-irmãs de cada cromossomo.

Finalmente, os microtúbulos dos cinetócoros alinham os cromossomos na região que dista igualmente entre os polos do fuso, de modo que os cinetócoros ficam no plano equatorial do fuso. Quando todos os cromossomos já foram deslocados para o plano equatorial ou placa da metáfase, a célula atingiu a metáfase completa. As cromátides agora estão em posição para se separarem.

O fuso mitótico consiste em um conjunto altamente organizado de microtúbulos dos cinetócoros e microtúbulos polares

Como mencionado anteriormente, o fuso mitótico consiste em duas grandes classes de microtúbulos: os microtúbulos dos cinetócoros e os microtúbulos polares, os quais não estão ligados aos cinetócoros (Figura 3.44). Todos os microtúbulos do fuso são orientados, com uma das terminações (terminação negativa) junto ou próximo a um dos polos e a outra terminação (terminação positiva) distando do polo. Alguns dos microtúbulos polares

são relativamente curtos, mas a maioria é suficientemente longa, sobrepondo-se com os microtúbulos polares provenientes do polo oposto. Como consequência, o fuso mitótico contém um conjunto de microtúbulos que consiste em duas metades. Os filamentos de actinas estão intercalados entre os microtúbulos do fuso e formam uma "gaiola" elástica ao redor do fuso durante a mitose.

Durante a anáfase, as cromátides-irmãs separam-se e os cromossomos-filhos se deslocam para os polos opostos do fuso

A fase mais rápida da mitose, a *anáfase* (Figura 3.41D, E) inicia-se abruptamente com a separação simultânea de todas as cromátides-irmãs junto aos centrômeros. As cromátides-irmãs são agora chamadas *cromossomos-filhos* (Figuras 3.40E e 3.41D). Como os cinetócoros dos cromossomos-filhos se deslocaram para polos opostos, os braços dos cromossomos parecem voltados para trás. À medida que a anáfase continua, os dois conjuntos de cromossomos idênticos movem-se rapidamente para os polos opostos do fuso. Ao final da anáfase, os dois conjuntos idênticos de cromossomos moveram-se para os polos opostos (Figura 3.41E).

À medida que os cromossomos-filhos se distanciam, os microtúbulos dos cinetócoros encurtam-se pela perda de subunidades de tubulina, principalmente nas terminações dos cinetócoros. Poderia parecer que o movimento dos cromossomos para os polos resulta unicamente do encurtamento dos microtúbulos. Entretanto, as evidências indicam que as *proteínas*

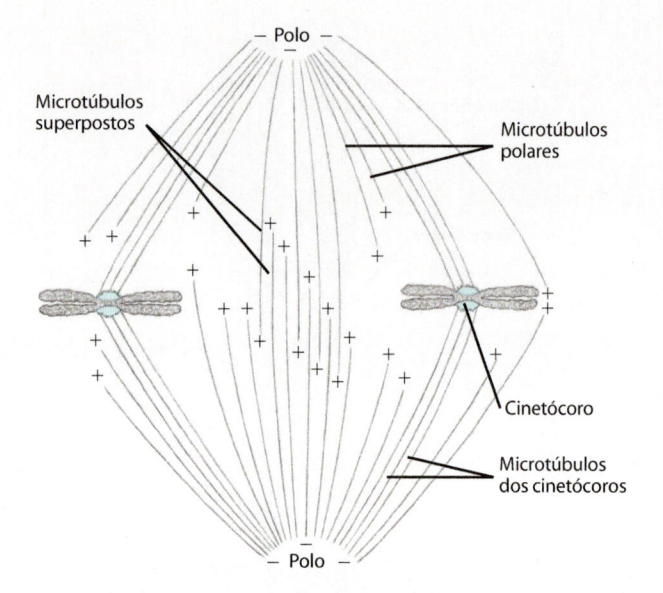

— Polo —

Microtúbulos superpostos

Microtúbulos polares

Cinetócoro

Microtúbulos dos cinetócoros

— Polo —

3.44 Fuso mitótico na metáfase. O fuso é constituído pelos microtúbulos dos cinetócoros e pelos microtúbulos polares, os quais se sobrepõem. Observe que as terminações negativas dos microtúbulos estão nos polos ou próximas a estes e as terminações positivas estão distantes dos polos. Como um "cabo de guerra", os cromossomos se alinharam no plano equatorial do fuso mitótico.

motoras (tais como dineína ou cinesina) usam a energia do ATP para puxar os cromossomos ao longo dos microtúbulos para os polos, enquanto, ao mesmo tempo, subunidades de tubulina são eliminadas junto aos cinetócoros.

Durante a telófase, os cromossomos alongam-se e tornam-se indistintos

Durante a *telófase* (Figura 3.41F), a separação dos dois lotes idênticos de cromossomos é finalizada quando o envoltório nuclear se forma ao redor de cada lote. As membranas desses envoltórios nucleares são derivadas de vesículas do retículo endoplasmático. O aparato do fuso desaparece e os cromossomos alongam-se até tornarem-se novamente filamentos finos no curso da telófase. Os nucléolos também se reorganizam nessa fase. Quando a telófase se completa, os núcleos-filhos entram em interfase.

Os dois núcleos-filhos formados durante a mitose são geneticamente equivalentes entre si e ao núcleo que se dividiu para produzi-los. Isso é importante porque o núcleo é o centro controlador da célula, como será descrito no Capítulo 9. O núcleo contém instruções codificadas que especificam a produção de proteínas, muitas das quais medeiam os processos celulares, atuando como enzimas ou então servindo diretamente como elementos estruturais na célula. Essa cópia hereditária é fielmente transmitida para as células-filhas, e sua distribuição precisa é assegurada nos organismos eucarióticos pela organização dos cromossomos e sua divisão, durante o processo de mitose.

A duração da mitose varia com o tecido e o organismo envolvido. Entretanto, a prófase é sempre a fase mais longa e a anáfase é a mais curta.

A citocinese nas plantas ocorre pela formação do fragmoplasto e da placa celular

Como havíamos comentado, a citocinese – a divisão do citoplasma – tipicamente segue a mitose. Na maioria dos organismos, as células dividem-se pelo crescimento da parede celular para dentro, se presente, e pela constrição da membrana plasmática, um processo que "comprime" de lado a lado as fibras do fuso. Nas briófitas e plantas vasculares e em umas poucas algas, a divisão celular ocorre pela formação da placa celular, a qual se inicia no meio da célula e cresce para fora (Figuras 3.45 a 3.48).

No início da telófase, um sistema de microtúbulos chamado *fragmoplasto*, que inicialmente apresenta a forma de um barril, é formado entre os dois núcleos-filhos. O fragmoplasto, semelhante ao fuso mitótico que o precede, é constituído de microtúbulos que se sobrepõem e que formam dois conjuntos, um em cada lado do plano da divisão. O fragmoplasto também contém um amplo conjunto de filamentos de actina que se

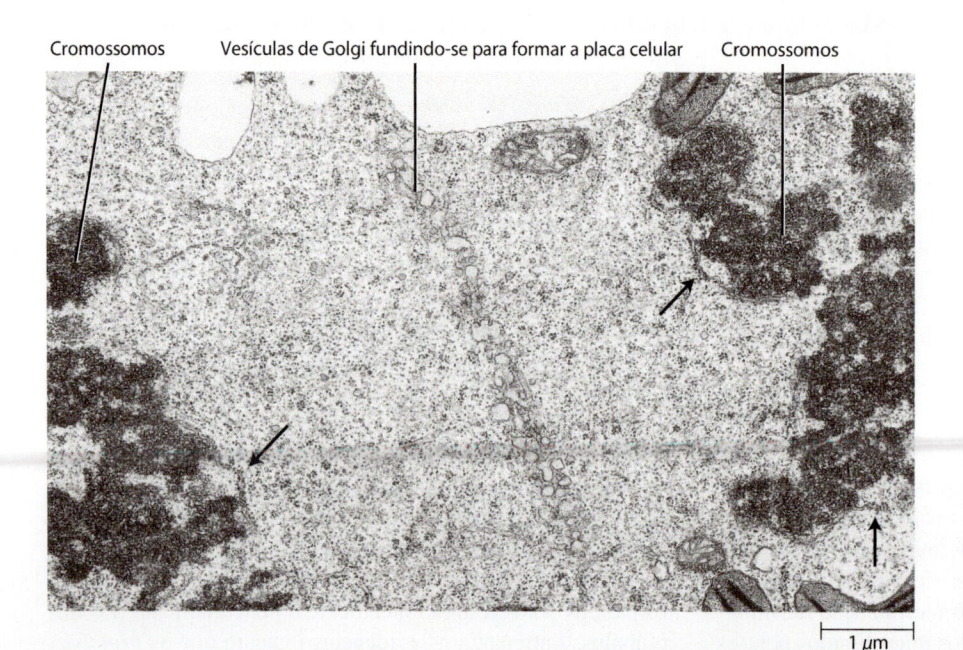

Cromossomos   Vesículas de Golgi fundindo-se para formar a placa celular   Cromossomos

1 µm

3.45 Formação da placa celular. Nas células vegetais, a separação dos cromossomos-filhos é seguida pela formação da placa celular, a qual completa a separação das células em divisão. Numerosas vesículas de Golgi podem ser vistas fundindo-se no estágio inicial da formação da placa celular. Os dois grupos de cromossomos, um de cada lado da placa celular em desenvolvimento, estão em telófase. As setas apontam para as porções do envoltório nuclear, reorganizando-se ao redor dos cromossomos.

Vesículas de Golgi em fusão

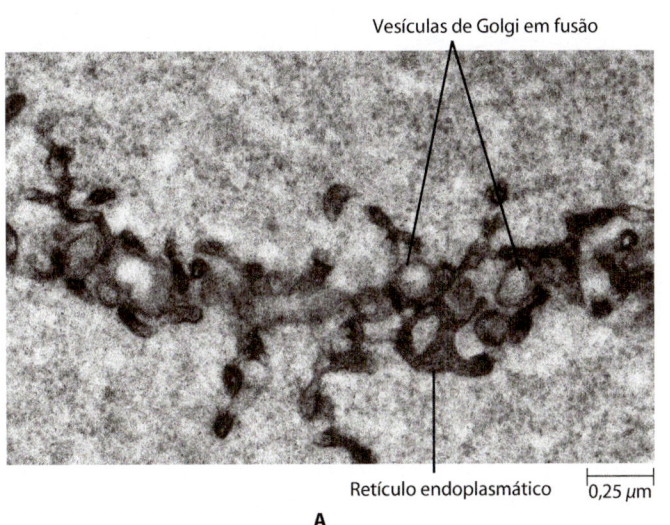

Retículo endoplasmático ⌐0,25 µm

A

Vesículas de Golgi em fusão

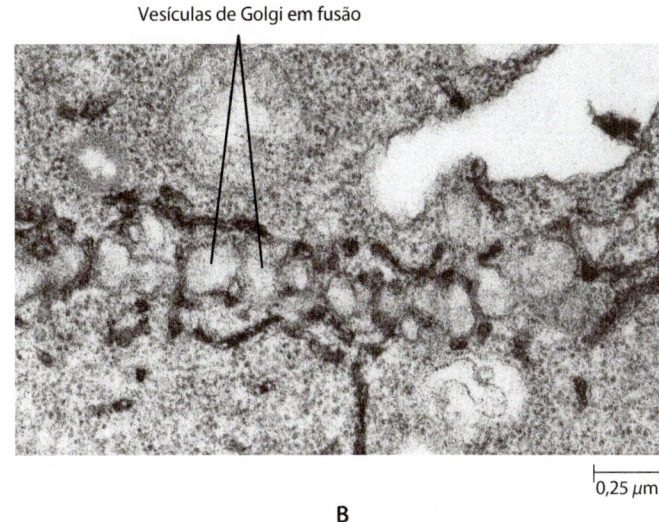

⌐0,25 µm

B

Retículo endoplasmático   Desmotúbulo

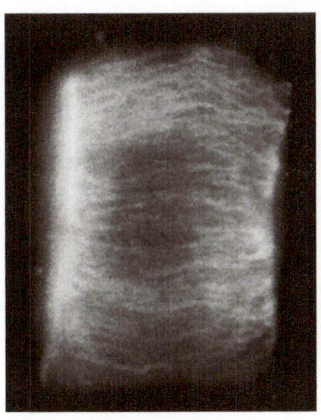

Parede celular

Retículo endoplasmático   Membrana plasmática ⌐0,1 µm

C

3.46 Estágios sucessivos da formação da placa celular. As micrografias eletrônicas das células de raiz de alface *(Lactuca sativa)* mostram a associação do retículo endoplasmático com a placa celular em formação e a origem dos plasmodesmos. **A.** Estágio relativamente inicial da formação da placa celular, com numerosas pequenas vesículas de Golgi fundindo-se e um arranjo frouxo de elementos tubulares do retículo endoplasmático liso. **B.** Estágio avançado da formação da placa celular mostrando uma relação íntima entre o retículo endoplasmático e as vesículas em fusão. Porções do retículo endoplasmático tubular ficam retidas durante a consolidação da placa celular. **C.** Plasmodesmo maduro que é constituído por um canal revestido por membrana plasmática e um túbulo do retículo endoplasmático, o desmotúbulo.

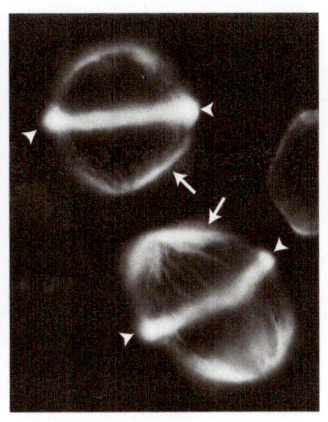 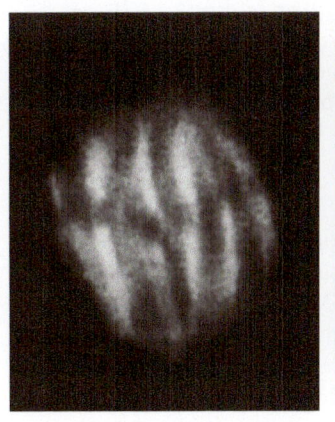 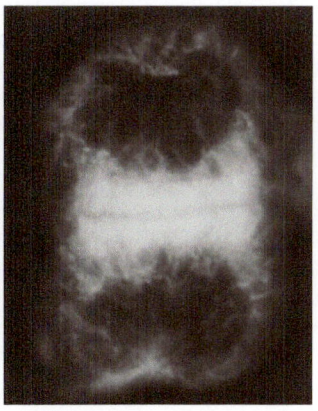

A. Interfase   **B.** Banda da pré-prófase e fuso da prófase   **C.** Fuso mitótico na metáfase   **D.** Fragmoplasto na telófase

3.47 Micrografias de fluorescência mostrando a organização dos microtúbulos nas células do ápice de raiz de cebola *(Allium cepa)***. A.** Antes da formação da banda da pré-prófase de microtúbulos, a maioria deles localiza-se internamente à membrana plasmática. **B.** A banda da pré-prófase (cabeças de setas) envolve o núcleo no local que corresponde ao plano equatorial da futura placa celular. Outros microtúbulos (setas) formam o fuso da prófase que delineia o núcleo, o qual não é visualizado. A célula abaixo, à direita, encontra-se em um estágio posterior à de cima. **C.** Durante a metáfase, os microtúbulos formam o fuso mitótico. **D.** Durante a telófase, os novos microtúbulos formam o fragmoplasto, no qual a placa celular é formada.

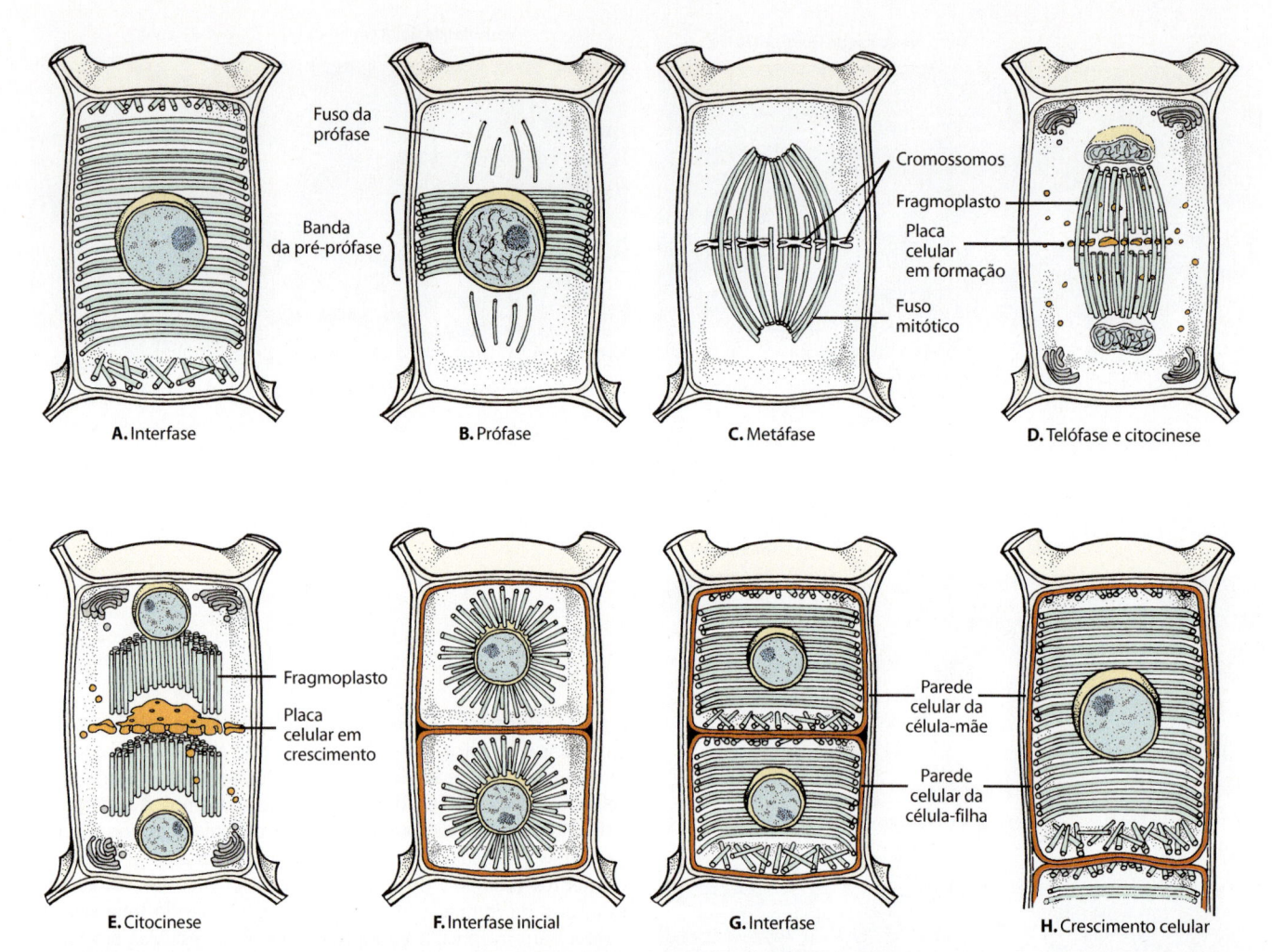

3.48 Organização dos microtúbulos e o ciclo celular. Mudanças na distribuição dos microtúbulos durante o ciclo celular e a formação da placa celular na citocinese. **A.** Durante a interfase, e em células em expansão e em diferenciação, os microtúbulos localizam-se internamente à membrana plasmática. **B.** Antes da prófase, um conjunto de microtúbulos com arranjo anelar – a banda da pré-prófase – dispõe-se ao redor do núcleo no plano que corresponderá ao plano equatorial do futuro fuso mitótico, e os microtúbulos do fuso da pré-prófase começam a se organizar em lados opostos do núcleo. **C.** Durante a metáfase, os microtúbulos formam o fuso mitótico. **D.** Durante a telófase, os microtúbulos são organizados no fragmoplasto entre os dois núcleos-filhos. A placa celular forma-se na região equatorial do fragmoplasto e é originada pela fusão das vesículas de Golgi que são direcionadas pelos microtúbulos do fragmoplasto. **E.** À medida que a placa celular vai se formando no centro do fragmoplasto, ela vai crescendo com ele para fora, até atingirem, juntos, a parede da célula em divisão. **F.** No início da interfase, os microtúbulos se dispõem de modo radiado a partir do envoltório nuclear. **G.** Cada célula-irmã forma a sua própria parede celular primária. **H.** Com o crescimento das células-filhas (apenas a célula superior é mostrada aqui), a parede da célula-mãe vai se rompendo. Nas figuras (**G**) e (**H**), os microtúbulos voltam a se localizar internamente à membrana plasmática, onde atuam na orientação das microfibrilas de celulose recém-formadas.

dispõe paralelamente aos microtúbulos, mas não se sobrepõe a estes. A placa celular inicia-se como um disco suspenso no fragmoplasto (Figura 3.48D). Neste estágio, o fragmoplasto não atinge as paredes da célula em divisão. Os microtúbulos do fragmoplasto desaparecem onde a placa celular é formada, mas são sucessivamente regenerados nas margens desta. A placa celular – precedida pelo fragmoplasto – cresce para fora até atingir as paredes da célula em divisão, completando a separação das duas células-filhas. Nas células que têm vacúolo grande, o fragmoplasto e a placa celular são formados dentro do fragmossomo (ver Figura 3.39).

A placa celular é formada por um processo que envolve a fusão de excrescências tubulares das vesículas de secreção derivadas do aparelho de Golgi. Aparentemente, as vesículas são direcionadas para o plano de divisão pelos microtúbulos do fragmoplasto e filamentos de actina, com a ajuda de proteínas motoras. As vesículas liberam as hemiceluloses e pectinas, que formam a placa celular. Quando as vesículas se fundem, suas membranas contribuem para a formação da membrana plasmática em cada lado da parede celular. Os plasmodesmos são formados à medida que os segmentos do retículo endoplasmático liso se tornam retidos entre as vesículas que estão se fundindo durante essa fase (Figura 3.46).

A placa celular em formação une-se com a parede celular da célula-mãe precisamente na zona demarcada previamente pela banda da pré-prófase. Os filamentos de actina têm sido encontrados fazendo uma ponte no espaço situado entre a parte terminal do fragmoplasto e a parede celular, fornecendo uma possível explicação de como o fragmoplasto é direcionado para o local em que anteriormente a banda da pré-prófase se formou.

Após a placa celular entrar em contato com as paredes da célula-mãe, a lamela mediana se forma dentro dela. Cada célula-filha deposita, então, uma nova camada de parede primária ao redor de todo o protoplasto. A parede original da célula-mãe estica-se e se rompe à medida que as células-filhas crescem (Figura 3.48H).

RESUMO

A célula é a unidade fundamental da vida

Toda matéria viva é constituída por células. Embora extremamente diversificadas em estrutura e função, as células são notadamente semelhantes em sua estrutura básica. Todas as células possuem uma membrana externa conhecida como membrana plasmática, que separa o conteúdo celular do ambiente externo. Envolvidos pela membrana estão o citoplasma e a informação hereditária na forma de DNA.

As células são de dois tipos fundamentalmente diferentes: procarióticas e eucarióticas

As células procarióticas não possuem núcleos e membranas envolvendo as organelas. As células procarióticas são representadas atualmente por Archaea e Bacteria. O cromossomo procariótico consiste em uma única molécula circular de DNA, localizada no nucleoide. As células eucarióticas têm o DNA dentro de um núcleo verdadeiro e várias organelas limitadas por membranas, organelas essas que desempenham diferentes funções.

As células vegetais consistem em uma parede celular e um protoplasto

O protoplasto consiste no citoplasma e em um núcleo. A membrana plasmática é o envoltório externo do protoplasto, localizando-se próximo à parede celular. O citosol ou a matriz citoplasmática das células vegetais individuais está sempre em movimento, fenômeno conhecido como corrente citoplasmática.

O núcleo é envolvido por um envoltório nuclear e contém nucleoplasma, cromatina e um ou mais nucléolos

O núcleo é o centro de controle da célula e contém a maior parte da informação genética da célula; o que está contido no núcleo é designado como genoma nuclear. O envoltório nuclear, que é constituído de um par de membranas, pode ser considerado uma porção do retículo endoplasmático localmente diferenciada e especializada. A cromatina (cromossomo) consiste em DNA e proteínas do grupo das histonas. O nucléolo é o local de formação das subunidades do ribossomo.

Os ribossomos são os locais da síntese de proteínas

Os ribossomos são encontrados tanto livres no citosol como unidos ao retículo endoplasmático e à superfície externa do envoltório nuclear. São os locais nos quais os aminoácidos são unidos para formar proteínas. Durante a síntese de proteínas, os ribossomos ocorrem em agrupamentos chamados polissomos.

Há três tipos principais de plastídios: cloroplastos, cromoplastos e leucoplastos

Os plastídios são componentes característicos das células vegetais. Cada plastídio é circundado por um envoltório consistindo em duas membranas. Os plastídios maduros são classificados, em parte, com base nos tipos de pigmentos que eles contêm. Os cloroplastos possuem como pigmentos as clorofilas e os carotenoides; os cromoplastos contêm pigmentos carotenoides; e, nos leucoplastos, os pigmentos estão ausentes. Os proplastídios são os precursores dos plastídios.

As mitocôndrias são os locais da respiração

As mitocôndrias, como os plastídios, são organelas envolvidas por duas membranas. A membrana interna é dobrada para formar um extenso sistema de membranas internas (cristas), aumentando, com isso, a superfície disponível para as enzimas e as reações associadas a elas. As mitocôndrias são os principais locais de respiração nas células eucarióticas.

Os plastídios e as mitocôndrias compartilham certos aspectos com as células procarióticas

Tanto os plastídios quanto as mitocôndrias são organelas semiautônomas. Têm ribossomos semelhantes àqueles de bactérias, e seu DNA é encontrado nos nucleoides. Os plastídios e as mitocôndrias provavelmente se originaram como bactérias que encontraram abrigo dentro de células heterotróficas maiores. As células vegetais possuem três genomas: genoma do núcleo, genoma dos plastídios e genoma das mitocôndrias.

Os peroxissomos são envolvidos por uma única membrana

Ao contrário dos plastídios e mitocôndrias, os peroxissomos são organelas envolvidas por uma única membrana. Além disso, eles não possuem DNA e ribossomos. Alguns peroxissomos têm um importante papel na fotorrespiração; outros estão envolvidos na conversão de lipídios armazenados para sacarose durante a germinação da semente.

Os vacúolos desempenham várias funções

Os vacúolos são organelas limitadas por uma única membrana, chamada tonoplasto. São componentes característicos das células vegetais juntamente com a parede celular e os plastídios. Muitos vacúolos são preenchidos com o suco celular, uma solução aquosa contendo vários sais, açúcares, pigmentos como antocianinas e outras substâncias. Os vacúolos têm um importante papel na expansão celular e na manutenção da rigidez do tecido. Alguns vacúolos são importantes compartimentos de estocagem para metabólitos primários, enquanto outros sequestram metabólitos secundários tóxicos. Além disso, muitos vacúolos estão envolvidos na quebra de macromoléculas e na reciclagem desses componentes no interior da célula.

O retículo endoplasmático é um extenso sistema tridimensional de membranas com vários papéis

O retículo endoplasmático apresenta-se em duas formas: retículo endoplasmático rugoso, que é associado a ribossomos, e retículo endoplasmático liso, no qual os ribossomos estão ausentes. A forma rugosa está envolvida com a síntese proteica e de membranas; e a forma lisa, com a síntese de lipídios. Alguns lipídios produzidos ocorrem como corpos oleaginosos (gotículas lipídicas) no citosol.

Tabela-resumo Componentes da célula vegetal

Principais componentes	Constituintes individuais	Caracteres-chave descritivos	Função(ões)
Parede celular		Consiste em microfibrilas de celulose imersas em matriz de hemiceluloses, pectinas e glicoproteínas. Lignina, cutina, suberinas e ceras podem também estar presentes.	Dá resistência à célula; determina o tamanho e a forma da célula.
	Lamela mediana	Camada rica em pectina entre duas células.	Une células adjacentes.
	Parede primária	Primeiras camadas da parede formada. Contém campos de pontoação primários.	Encontrada em células que estão ativamente em divisão e com intenso metabolismo.
	Parede secundária	Formada em algumas células após a parede primária ter sido depositada. Localiza-se interiormente à parede primária. Contém pontoações.	Encontrada em células que têm função na resistência e/ou na condução de água. É rígida e, portanto, confere mais resistência.
	Plasmodesmos	Cordões citoplasmáticos que atravessam a parede celular.	Interligam os protoplastos de células adjacentes, fornecendo uma via para o transporte de substâncias entre as células.
Núcleo		Circundado por um par de membranas (envoltório nuclear), contém nucleoplasma, nucléolos e cromatina (cromossomos). Os cromossomos são constituídos por DNA e proteínas do grupo das histonas.	Controla as atividades celulares. Armazena a informação genética.
Membrana plasmática		Membrana única que envolve externamente o citoplasma.	Faz a intermediação do transporte de substâncias para dentro e fora da célula. Local da síntese da celulose. Recebe e transmite sinais hormonais e ambientais.
Citoplasma	Citosol	A porção menos diferenciada do citoplasma.	Matriz na qual as organelas e o sistema de membranas estão distribuídos.
	Plastídios	Circundados por envoltório formado por uma dupla membrana. Organelas semiautônomas contendo o seu próprio DNA e ribossomos.	Local de manufatura de substâncias orgânicas e armazenamento.
	Cloroplastos	Contêm pigmentos como clorofilas e carotenoides, inseridos nas membranas dos tilacoides.	Local da fotossíntese. Envolvidos nas sínteses de aminoácidos e ácidos graxos. Local temporário de armazenamento de amido.
	Cromoplastos	Contêm pigmentos carotenoides.	Podem ter função na atração de insetos e outros animais essenciais para a polinização cruzada e dispersão de frutos e sementes.
	Leucoplastos	Pigmentos totalmente ausentes.	Alguns armazenam amido, como os amiloplastos; outros contêm óleos.
	Proplastídios	Plastídios indiferenciados; podem formar corpos prolamelares.	Precursores de outros plastídios.

O aparelho de Golgi é um sistema de membranas muito polarizado e envolvido na secreção

O aparelho de Golgi consiste em corpos de Golgi, os quais são constituídos por um empilhamento de sacos achatados, em forma de discos, também conhecidos como cisternas. A maioria dos corpos de Golgi nas plantas está envolvida na síntese e secreção dos complexos polissacarídios não celulósicos da parede celular, os quais são transportados para a superfície da célula pelas vesículas de secreção da rede *trans*-Golgi. Todas as membranas, com exceção das dos plastídios, das mitocôndrias e dos peroxissomos, constituem um sistema contínuo e interconectado, conhecido como sistema de endomembranas.

O citoesqueleto é composto de microtúbulos e filamentos de actina

O citosol das células eucarióticas vegetais é permeado pelo citoesqueleto, uma complexa rede de filamentos proteínicos, os quais são de dois tipos bem característicos: microtúbulos e filamentos de actina. Os microtúbulos são estruturas cilíndricas finas, de comprimento variado, constituídos por subunidades da proteína tubulina. Eles têm um papel importante na divisão e crescimento da parede celular e no movimento de flagelos. Os filamentos de actina são constituídos pela proteína actina. Esses longos filamentos ocorrem isoladamente ou em feixes e participam da corrente citoplasmática.

A parede celular é a principal característica que distingue a célula vegetal

A parede celular determina a estrutura da célula, a textura dos tecidos vegetais e muitas características importantes, que possibilitam reconhecer as plantas como organismos. A celulose é o principal componente das paredes celulares. Todas as células vegetais têm uma parede primária. Além disso, muitas células têm uma parede secundária, a qual é encontrada internamente à parede primária. A região de união das paredes primárias de cé-

Principais componentes	Constituintes individuais	Caracteres-chave descritivos	Função(ões)
Citoplasma	Mitocôndrias	Circundadas por envoltório formado por uma dupla membrana. A membrana interna é dobrada formando cristas. Organelas semiautônomas, contendo seu próprio DNA e ribossomos.	Locais de respiração celular.
	Peroxissomos	Circundados por uma membrana única. Algumas vezes contêm corpos proteicos na forma cristalina.	Contêm enzimas para uma variedade de processos, como a fotorrespiração e a conversão de lipídios em sacarose.
	Vacúolos	Circundados por uma única membrana (o tonoplasto), podendo ocupar a maior parte do volume celular.	Preenchidos com o suco celular, que se constitui principalmente de água. Frequentemente contêm pigmentos antocianínicos; armazenam metabólitos primários e secundários; quebram e reciclam macromoléculas.
	Ribossomos	Partículas pequenas e elétron-densas, consistindo em RNA e proteínas.	Locais de síntese proteica.
	Corpos oleaginosos	Têm uma aparência amorfa.	Locais de armazenamento de lipídios, especialmente triglicerídios.
	Retículo endoplasmático	Sistema de membranas tridimensional e contínuo, que permeia todo o citosol.	Múltiplas funções, incluindo síntese de proteínas (RE rugoso) e síntese de lipídios (RE liso); distribui as substâncias na célula, entre outras.
	Aparelho de Golgi	Termo coletivo para os corpos de Golgi, constituídos por pilhas de sacos membranosos e achatados.	Processa e "empacota" substâncias para secreção e para uso da própria célula.
	Sistema de endomembranas	Sistema de membranas interconectado e contínuo, consistindo em retículo endoplasmático, complexo de Golgi, rede trans-Golgi, membrana plasmática, envoltório nuclear, tonoplasto e várias vesículas.	Rede dinâmica, na qual as membranas e várias substâncias são transportadas por toda a célula. Ver as funções de vários componentes.
	Citoesqueleto	Rede complexa de filamentos proteínicos, consistindo em microtúbulos e filamentos de actina.	Envolvidos na divisão, crescimento e diferenciação celular.
	Microtúbulos	Estruturas dinâmicas e cilíndricas, constituídas por tubulina.	Envolvidos em muitos processos, como a formação da placa celular, a deposição de microfibrilas de celulose e a orientação do movimento das vesículas de Golgi e dos cromossomos.
	Filamentos de actina (microfilamentos)	Estruturas dinâmicas e filamentosas, constituídas por actina.	Envolvidos em muitos processos, incluindo as correntes citoplasmáticas e o movimento do núcleo e das organelas.

lulas adjacentes é uma camada rica em pectina, chamada lamela mediana. As microfibrilas de celulose das paredes primárias ocorrem em matriz entremeada por moléculas não celulósicas, incluindo hemiceluloses, pectinas e glicoproteínas. Devido à presença de pectinas, as paredes primárias são muito hidratadas, tornando-se mais plásticas. As células que estão em divisão ou em alongamento têm, em geral, somente paredes primárias. As paredes secundárias contêm hemiceluloses e aparentemente não possuem pectinas e glicoproteínas. A lignina pode também estar presente nas paredes primárias, mas é especialmente característica de células com paredes secundárias. A lignina confere resistência à compressão, além de rigidez à parede.

Os protoplastos de células adjacentes estão unidos um ao outro por meio de cordões citoplasmáticos chamados plasmodesmos, os quais atravessam a parede celular e fornecem uma via para o transporte de certas substâncias entre as células. A calose, um polissacarídio amplamente distribuído da parede celular, deposita-se rapidamente em resposta a ferimentos, selando os plasmodesmos.

As células reproduzem-se por divisão celular

Durante a divisão celular, o conteúdo celular é distribuído entre as duas novas células-filhas. As novas células são semelhantes, estrutural e funcionalmente, tanto à célula-mãe quanto entre si, porque cada nova célula (célula-filha) herda uma réplica exata da informação genética da célula-mãe. Nas células eucarióticas, a divisão celular consiste em dois estágios que se sobrepõem: mitose (a divisão do núcleo) e citocinese (a divisão do citoplasma).

As células eucarióticas em divisão passam por uma sequência regular de eventos, conhecida como ciclo celular

Em geral, o ciclo celular é dividido em interfase e mitose. A interfase consiste em três fases (G_1, S e G_2), que são as fases preparatórias do ciclo. Durante a fase G_1, a célula dobra de tamanho. Esse aumento de tamanho é acompanhado pelo aumento da quantidade de moléculas e estruturas do citoplasma. A replicação do DNA acontece apenas durante a fase S, o que resulta na duplicação dos cromossomos. O papel principal da fase G_2 é assegurar que a replicação dos cromossomos se completou e possibilitar o reparo do DNA danificado. A progressão através do ciclo celular é controlada, principalmente, em dois pontos de checagem cruciais: o primeiro, durante a transição da fase G_1 para a fase S, e o segundo, durante a transição da fase G_2 para o início da mitose. A mitose e a citocinese juntas são conhecidas como a fase M do ciclo celular.

Durante a prófase, os cromossomos duplicados condensam-se

Quando a célula está em interfase, os cromossomos estão em um estágio desespiralizado, e é difícil visualizá-los no nucleoplasma. A mitose nas células vegetais é precedida pela migração do núcleo para o centro da célula e pelo aparecimento da banda da pré-prófase, um denso conjunto de microtúbulos que marca o plano equatorial do futuro fuso mitótico. Assim que a prófase da mitose se inicia, a cromatina começa a se condensar gradualmente, formando cromossomos bem definidos; cada um dos cromossomos consiste em filamentos idênticos denominados cromátides-irmãs, unidos pelo centrômero. Simultaneamente, o fuso mitótico começa a ser formado.

A metáfase, a anáfase e a telófase seguida pela citocinese resultam em duas células-filhas

A prófase termina com a quebra do envoltório nuclear e o desaparecimento do nucléolo. Durante a metáfase, os pares de cromátides, movidos pelos microtúbulos dos cinetócoros do fuso mitótico, alinham-se no centro da célula com os seus centrômeros no plano equatorial. Durante a anáfase, as cromátides-irmãs separam-se e os cromossomos-filhos se deslocam para os polos opostos do fuso. Durante a telófase, a separação dos dois lotes idênticos de cromossomos se completa, finalizando com a formação do envoltório nuclear ao redor de cada um dos lotes. Os nucléolos são reorganizados neste momento.

A mitose é geralmente seguida pela citocinese, a divisão do citoplasma. Nas plantas e em algumas algas, o citoplasma é dividido pela placa celular, que começa a se formar durante a telófase na mitose. A formação da placa celular é proveniente da fusão de vesículas de Golgi, as quais são orientadas para o plano de divisão pelos microtúbulos e filamentos de actina do fragmoplasto. Este é um sistema de microtúbulos que inicialmente tem o formato de um barril e que se forma entre os dois núcleos-filhos no início da telófase.

Autoavaliação

1. Distinga a teoria celular da teoria organismal.

2. Quais as três características das células vegetais que as diferenciam das células animais?

3. Tanto os plastídios quanto as mitocôndrias são considerados organelas "semiautônomas". Explique.

4. Antigamente os vacúolos eram considerados depósitos de produtos de descarte das células vegetais, mas atualmente se sabe que eles desempenham muitos papéis essenciais. Indique alguns desses papéis.

5. Explique o fenômeno da coloração outonal.

6. Diferencie o retículo endoplasmático rugoso do liso, tanto estrutural como funcionalmente.

7. Diferencie os microtúbulos dos filamentos de actina. Quais são as funções associadas a cada um desses tipos de filamentos proteínicos?

8. Explique o processo de crescimento da parede celular e da deposição de celulose em células que estão se alongando, empregando os seguintes termos: microfibrilas de celulose, complexos celulose sintase (rosetas), microtúbulos corticais, vesículas de secreção, substâncias da matriz e membrana plasmática.

9. Em que aspecto as plantas diferem dos animais no que diz respeito à localização da maior parte da atividade de divisão celular?

10. Em um ciclo celular típico há pontos de checagem. O que são estes pontos de checagem? Para que servem?

11. Diferencie um centrômero de um cinetócoro.

12. O que é a banda da pré-prófase? Que papel ela desempenha na divisão celular das plantas?

CAPÍTULO 4

Movimento de Entrada e Saída de Substâncias nas Células

◀ **Mantendo-se sobre a água.** A água, com a sua alta tensão superficial, suporta o peso de dois percevejos-d'água em cópula. A tensão superficial deve-se à atração das moléculas de água entre si, causada pelas pontes de hidrogênio, que produzem uma "pele" resistente, ainda que elástica, na superfície da água. As longas patas desses insetos aquáticos, que são finas e especialmente adaptadas com diminutos pelos, permitem que eles andem sobre a superfície da água.

Todas as células estão separadas do meio que as circunda por uma membrana externa – a membrana plasmática. As células eucarióticas, além disso, são divididas internamente por uma variedade de membranas, incluindo o retículo endoplasmático, os corpos de Golgi e as membranas que envolvem as organelas (Figura 4.1). Essas membranas não são barreiras impermeáveis, elas permitem que as células regulem a quantidade, o tipo e, frequentemente, a direção do movimento das substâncias que passam através delas. Essa é uma capacidade essencial das células vivas, uma vez que poucos processos metabólicos poderiam ocorrer em taxas razoáveis, se eles dependessem da concentração em que são encontradas as substâncias necessárias no meio que circunda as células.

Como veremos, as membranas também possibilitam diferenças nos potenciais elétricos ou voltagens, que são estabelecidos entre a célula e seu ambiente externo, e entre seus compartimentos adjacentes. As diferenças na concentração química (de vários íons e moléculas) e o potencial elétrico através das membranas são formas de energia potencial, ou armazenadas, essenciais para muitos processos celulares. De fato, a existência dessas diferenças é um critério pelo qual podemos distinguir os sistemas vivos do meio circundante sem vida.

Entre os muitos tipos de moléculas existentes ao redor das células e no seu interior, sem dúvida, a mais comum é a água. Além disso, a maior parte das outras moléculas e íons importantes para a vida da célula (Figura 4.2) encontra-se dissolvida na água. Portanto, comecemos nossas considerações sobre o transporte através das membranas celulares observando como a água se movimenta.

PONTOS PARA REVISÃO

Após a leitura deste capítulo, você deverá ser capaz de responder às seguintes questões:

1. O que é o potencial hídrico e qual o valor do conceito de potencial hídrico para os fisiologistas vegetais?

2. Faça a distinção entre difusão e osmose. Que tipos de substâncias entram e deixam as células em cada um desses processos?

3. Qual é a estrutura básica da membrana celular?

4. O que são proteínas de transporte e qual a sua importância para as células vegetais?

5. Quais são as semelhanças e diferenças entre difusão facilitada e transporte ativo?

6. Qual o papel desempenhado pelo transporte mediado por vesículas? Compare o movimento de saída com o movimento de entrada nas células.

7. Quais são os papéis da transdução de sinais e dos plasmodesmos na comunicação célula a célula?

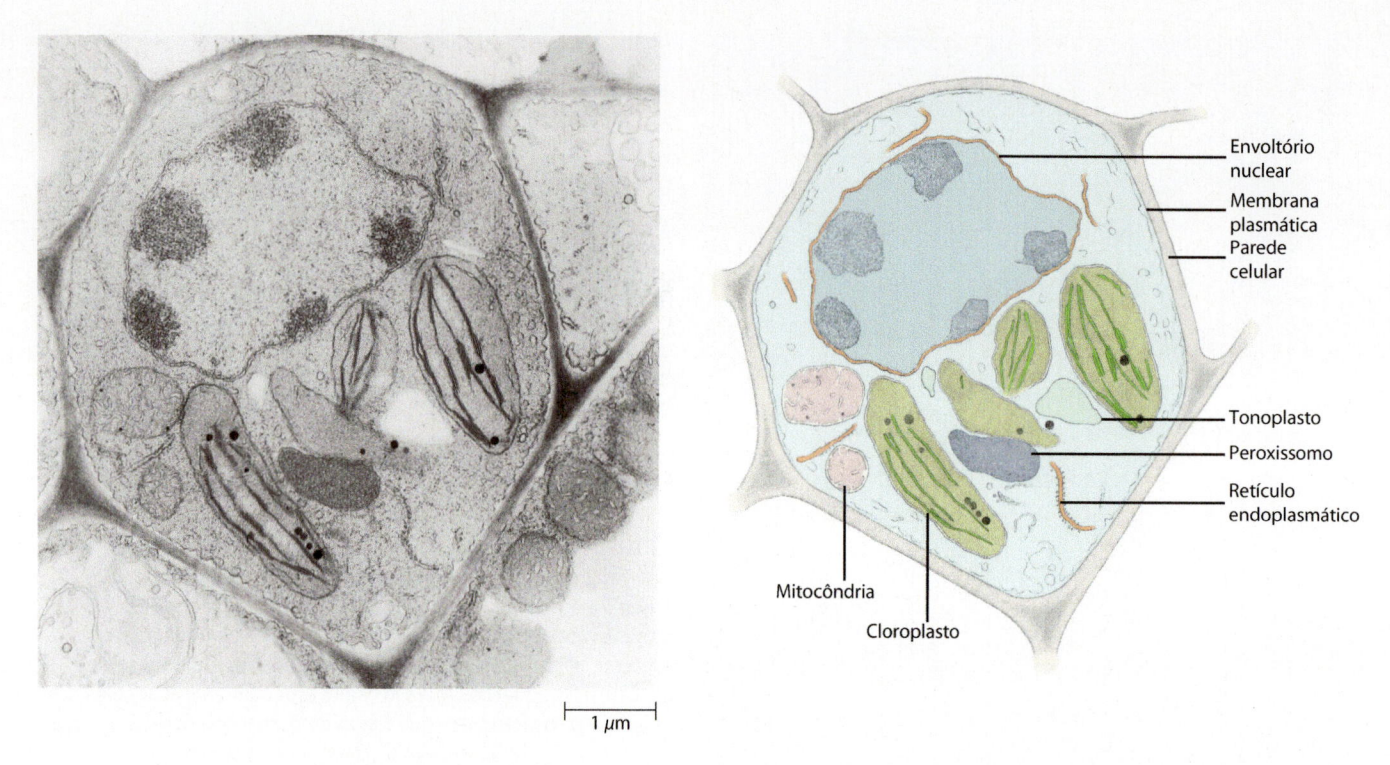

1 μm

4.1 Membranas celulares. Além da membrana plasmática, que controla o movimento de substâncias para dentro e para fora da célula, numerosas membranas internas controlam a passagem de substâncias no interior da célula. As membranas envolvem o núcleo, os cloroplastos e as mitocôndrias (todos delimitados por um par de membranas), bem como peroxissomos e vacúolos (ambos delimitados por uma única membrana, que, para os vacúolos, é denominada tonoplasto). Além disso, o retículo endoplasmático (alguns segmentos do qual são vistos aqui) é formado por membranas. Esta micrografia eletrônica é de uma célula foliar de *Moricandia arvensis*, uma brassicácea (família da couve).

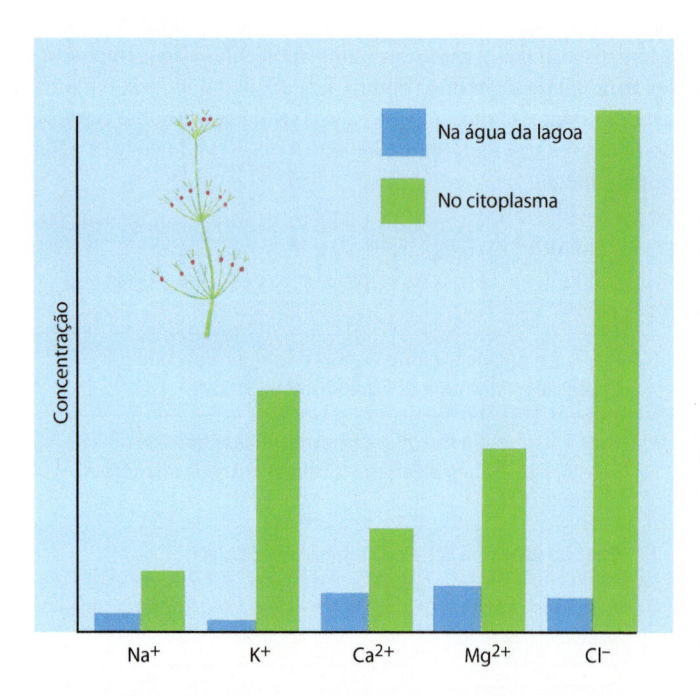

4.2 Concentrações relativas dos íons no citoplasma e na água típica da lagoa. Entre os mais importantes íons em muitas células vivas estão o sódio (Na⁺), o potássio (K⁺), o cálcio (Ca²⁺), o magnésio (Mg²⁺) e o cloro (Cl⁻). As diferenças em concentrações desses íons no citosol da alga verde *Nitella* e na água circundante da lagoa indicam que as células regulam o intercâmbio de suas substâncias com o ambiente envolvido. Essa regulação é conseguida por meio da membrana plasmática.

Princípios do movimento da água

O movimento da água, tanto nos organismos vivos quanto no mundo sem vida, é governado por três processos básicos: o fluxo de massa, a difusão e a osmose.

O fluxo de massa é o movimento global de um líquido

No *fluxo de massa*, as moléculas de água (ou algum outro líquido) movem-se todas juntas de um local para outro, em virtude das diferenças na energia potencial. *Energia potencial* é a energia armazenada que um objeto – ou uma coleção de objetos, como um conjunto de moléculas de água – possui devido à sua posição. A energia potencial da água é, em geral, referida como *potencial hídrico*.

A água move-se de uma região de potencial hídrico maior para outra de potencial hídrico menor, não importando a razão da diferença no potencial hídrico. Um exemplo simples é a água correndo morro abaixo em resposta à gravidade. A água no topo de uma colina tem mais energia potencial (*i. e.*, um potencial hídrico maior) do que a água na base de uma colina (Figura 4.3). À medida que a água corre para baixo, sua energia potencial pode ser convertida em energia mecânica por uma roda d'água e sua energia mecânica, em elétrica por uma turbina hidroelétrica.

A pressão é outra fonte de energia potencial. Se preenchermos um conta-gotas com água e então comprimirmos o bulbo, esta água, como a água no topo de uma cachoeira, com seu potencial hídrico, se moverá para uma área de menor potencial hídrico. Será que podemos fazer com que a água que está correndo morro abaixo se mova para cima através de pressão? Sim, pode-

4.3 Energia potencial de uma cachoeira. A água no topo de uma cachoeira, assim como um seixo no cume de um morro, tem energia potencial. O movimento do grupo das moléculas de água, como o de cima de uma cachoeira (alto potencial hídrico) para baixo (baixo potencial hídrico), é denominado fluxo de massa.

mos, mas apenas se o potencial hídrico devido à pressão exceder o potencial hídrico conferido pela gravidade.

O fluxo de massa causado pela pressão é o principal mecanismo responsável pelo transporte a longa distância da seiva elaborada, a qual é uma solução aquosa de açúcares e outros solutos. Esta seiva elaborada move-se nos elementos crivados do tecido condutor de alimento – o floema – das plantas. (Os *solutos* são as substâncias dissolvidas em uma solução; a água é o *solvente* da solução.) A seiva do floema move-se por fluxo de massa a partir das folhas, onde são produzidos os açúcares e outros solutos, para as outras partes do corpo da planta, onde são utilizados para manutenção e crescimento.

O conceito de potencial hídrico é útil porque ele permite aos fisiologistas vegetais predizer como a água se moverá na planta sob várias condições. O potencial hídrico é, geralmente, medido em termos da pressão requerida para interromper o movimento da água – isto é, a *pressão hidrostática* – sob as circunstâncias específicas envolvidas. As unidades usadas para expressar essa pressão são o pascal (Pa) ou, mais convenientemente, o megapascal (MPa). Por convenção, o potencial hídrico da água pura é estabelecido como zero. Sob essas condições, o potencial hídrico de uma solução aquosa com uma substância terá um valor negativo (menor do que zero), porque o aumento da concentração de soluto resulta em potencial hídrico mais baixo.

A difusão resulta na distribuição uniforme de uma substância

A difusão é um fenômeno familiar. Se umas poucas gotas de perfume forem espalhadas em um canto de uma sala, o aroma acabará por preencher toda a sala, mesmo se o ar estiver calmo. Se umas poucas gotas de corante forem colocadas na extremidade de um tanque de água, as moléculas do corante lentamente se distribuirão uniformemente por todo o tanque (Figura 4.4). Esse processo poderá levar um ou mais dias, dependendo do tamanho do tanque, da temperatura e do tamanho das moléculas do corante.

Por que as moléculas do corante se separam? Se você pudesse observar as moléculas do corante, individualmente, no tanque, você notaria que cada uma se move independente e aleatoriamente. Imagine uma delgada seção através do tanque, orientada de cima para baixo. As moléculas de corante se moverão para dentro e para fora da seção, algumas se movendo em uma direção, outras se movendo em outra. Mas você verá

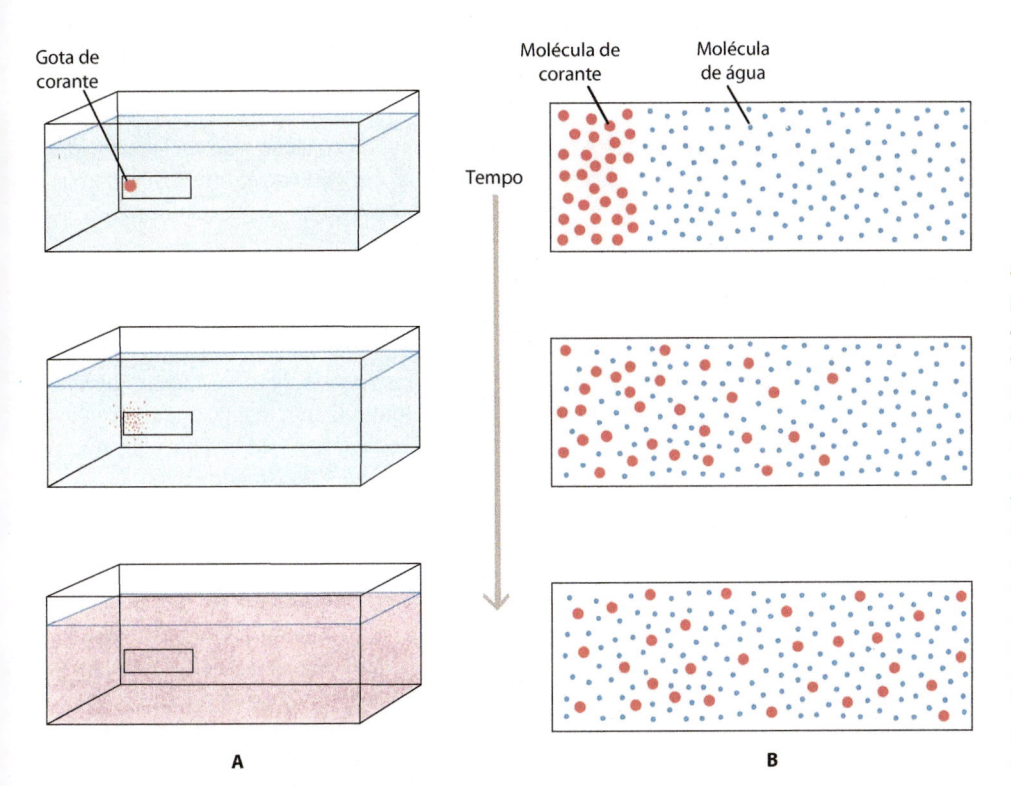

4.4 Difusão. A difusão, demonstrada pela adição de uma gota de corante a um tanque de água (em cima, à esquerda). O setor destacado em cada painel em (**A**) é mostrado em detalhe em (**B**). O movimento aleatório de moléculas (ou íons) individuais por difusão produz o movimento das partículas de uma região onde elas estão mais concentradas para uma região onde elas estão menos concentradas. Observe que, à medida que as moléculas de corante (indicadas em vermelho) se difundem para a direita, as moléculas de água (indicadas em azul) se difundem na direção oposta. O resultado é uma distribuição uniforme de ambos os tipos de moléculas.

mais moléculas movendo-se do lado de maior concentração do corante. Por quê? Simplesmente porque há mais moléculas do corante naquela extremidade do tanque. Por exemplo, se há mais moléculas do corante no lado esquerdo, um maior número delas se moverá para a direita, muito embora haja igual probabilidade de que qualquer molécula de corante se movimente da direita para a esquerda. Consequentemente, o saldo do movimento (o movimento final observado) das moléculas do corante está da esquerda para a direita. Similarmente, o saldo de movimento das moléculas de água está da direita para a esquerda.

O que acontece quando todas as moléculas estão igualmente distribuídas por todo o tanque? A sua distribuição uniforme não afeta o comportamento das moléculas individualmente; elas ainda se movem aleatoriamente. Mas há nesse caso tantas moléculas de corante quantas de água de um lado e do outro do tanque, de modo que não há um saldo líquido da direção do movimento. Contudo, há tanto movimento individual (agitação térmica) quanto antes, desde que a temperatura não se tenha alterado.

Diz-se que as substâncias, que estão se movendo de uma região de maior concentração para uma de menor concentração, movem-se *a favor de um gradiente de concentração*. (O *gradiente de concentração* é a diferença de concentração de uma substância por unidade de distância.) A difusão ocorre apenas a favor de um gradiente de concentração. Uma substância movendo-se em direção oposta, em direção à maior concentração de suas próprias moléculas, estaria movendo-se *contra um gradiente de concentração*, o que de certo modo equivale a serem empurradas morro acima. Quanto mais acentuado for o declive – ou seja, quanto maior for a diferença na concentração – mais rápido será o movimento. Também, a difusão é mais rápida em gases do que em líquidos e é mais rápida em temperaturas mais altas do que em baixas temperaturas. Você pode explicar por quê?

Observe que há dois gradientes de concentração no nosso tanque: um de moléculas de corante que se move em uma direção e outro de moléculas de água que se move na direção oposta. Os dois tipos de moléculas estão se movimentando independentemente um do outro. Em ambos os casos, o movimento se dá a favor do gradiente. Mesmo quando as moléculas tiverem atingido um estado de igual distribuição (ou seja, quando não houver mais gradientes), elas continuarão a se mover, mas sem um saldo de movimento em qualquer direção. Em outras palavras, a transferência líquida de moléculas é zero; diz-se que o sistema está em um estado de *equilíbrio*.

O conceito de potencial hídrico também é útil para entender a difusão. Uma alta concentração de soluto em uma região, como o corante em um canto do tanque, significa uma baixa concentração de moléculas de água neste local e, consequentemente, um baixo potencial hídrico. Quando a pressão é igual em todas as partes, as moléculas de água, à medida que se movem a favor do seu gradiente de concentração, estão se movendo de uma região de maior potencial hídrico para uma região de menor potencial hídrico. A região do tanque onde há água pura possui um potencial hídrico maior do que a região que contém água e mais alguma substância dissolvida. Quando o equilíbrio é alcançado, o potencial hídrico é igual em todas as partes do tanque.

As características essenciais da difusão são: (1) cada molécula move-se independentemente das outras, e (2) esses movimentos são aleatórios. O resultado líquido da difusão é que a substância que se difunde, no final, acaba tornando-se uniformemente distribuída. Resumidamente, a *difusão* pode ser definida como *a dispersão de substâncias por um movimento de seus íons ou moléculas, que tende a igualar as suas concentrações por todo o sistema.*

Células e difusão

A água, o oxigênio, o dióxido de carbono e algumas outras moléculas simples difundem-se livremente através da membrana plasmática. O dióxido de carbono e o oxigênio, ambos apolares, são solúveis em lipídios e movem-se facilmente através da camada dupla de lipídios. A despeito da sua polaridade, as moléculas de água também se movem através da membrana sem dificuldade, aparentemente através de aberturas momentâneas criadas por movimentos espontâneos dos lipídios da membrana. Outras moléculas polares não carregadas eletricamente, desde que sejam suficientemente pequenas, também se difundem através dessas aberturas. A permeabilidade da membrana a esses solutos varia inversamente com o tamanho das moléculas, indicando que as aberturas são pequenas e que a membrana age, nesse contexto, como uma peneira.

A difusão é também o principal meio pelo qual as substâncias se movem para dentro da célula. Um dos principais fatores que limitam o tamanho celular é a sua dependência da difusão, que é um processo lento, exceto a curtas distâncias. A difusão não é um modo eficiente para o movimento de moléculas a longas distâncias, nas velocidades requeridas para a atividade celular. Em muitas células, o transporte de substâncias é acelerado por correntes citoplasmáticas ativas (ver Capítulo 3).

A difusão eficiente requer um acentuado gradiente de concentração, ou seja, uma curta distância e uma substancial diferença de concentração. As células mantêm tais gradientes por meio de suas atividades metabólicas. Por exemplo, em uma célula não fotossintetizante, o oxigênio é consumido dentro da célula quase tão rapidamente quanto ele entra nela, mantendo-se desse modo um acentuado gradiente entre o exterior e o meio intracelular. Ao contrário, o dióxido de carbono é produzido pela célula, e isso mantém um gradiente do interior para o exterior da célula ao longo do qual o dióxido de carbono pode difundir-se para fora da célula. De modo semelhante, dentro de uma célula, as moléculas ou íons são frequentemente sintetizados em um local e usados em outro. Assim, um gradiente de concentração é estabelecido entre as duas regiões da célula, e a substância difunde-se a favor do gradiente, do local de produção para o local de utilização.

A osmose é o movimento da água através de uma membrana seletivamente permeável

Diz-se que uma membrana é *seletivamente permeável* quando permite a passagem de algumas substâncias, ao mesmo tempo que bloqueia a passagem de outras. O movimento das moléculas de água através de uma membrana como essa é conhecido como *osmose*. A osmose envolve um *saldo* de fluxo de água de uma solução que possui um maior potencial hídrico para uma solução que tem potencial hídrico mais baixo (Figura 4.5). Na ausência de outros fatores que influenciam o potencial hídrico (como a pressão), o movimento da água por osmose se dá a partir da região de menor concentração do soluto (e, consequentemente, maior concentração de água) para a região de maior concentração do soluto (e menor concentração de água). A presença do soluto diminui o potencial hídrico, criando um gradiente de potencial hídrico a favor do qual a água se move. O potencial hídrico

A água move-se através de uma membrana seletivamente permeável

De uma região de:

1. Potencial hídrico mais alto
2. Concentração de soluto mais baixa
3. Potencial osmótico mais alto

Para uma região de:

1. Potencial hídrico mais baixo
2. Concentração de soluto mais alta
3. Potencial osmótico mais baixo

4.5 Osmose. Na osmose, a direção do movimento da água através de uma membrana seletivamente permeável é de uma região de maior para uma região de menor potencial hídrico.

não é afetado pelo *que* está dissolvido na água, mas apenas por *quanto* está dissolvido – ou seja, a concentração de partículas de soluto (moléculas ou íons) na água. Uma partícula de soluto pequena, tal como o íon sódio, influi tanto quanto uma partícula de soluto grande, como uma molécula de açúcar.

A osmose resulta no desenvolvimento de pressão, à medida que as moléculas de água continuam a se difundir através da membrana, para uma região de menor concentração. Se a água for separada da solução por uma membrana, que permita livremente a passagem de água, mas não do soluto, em um sistema como o mostrado na Figura 4.6, ela se moverá através da membrana e fará com que a solução se eleve no tubo, até que o equilíbrio seja alcançado – ou seja, até que os potenciais hídricos se tornem iguais em ambos os lados da membrana. Se for aplicada pressão suficiente sobre a solução no tubo por um êmbolo, como na Figura 4.6C, pode-se evitar o movimento da água para dentro do tubo. A pressão que teria que ser aplicada à solução, para interromper a entrada de água, é chamada *pressão osmótica*. A tendência da água de mover-se através da membrana devido ao efeito dos solutos sobre o potencial hídrico é denominada *potencial osmótico* (também chamado potencial dos solutos), o qual é negativo.

Osmose e organismos vivos

O movimento da água através da membrana plasmática, em resposta a diferenças no potencial hídrico, causa alguns problemas cruciais para os sistemas vivos, principalmente para aqueles de ambiente aquático. Esses problemas variam, dependendo do potencial hídrico da célula ou de o organismo ser maior, igual ou menor que o potencial hídrico de seu ambiente. Por exemplo, o potencial hídrico de organismos unicelulares que vivem em água salgada é geralmente similar ao potencial hídrico do meio onde eles habitam, que é um modo de resolver o problema.

Muitos tipos de células vivem em ambientes com potencial hídrico relativamente alto. Em organismos unicelulares de água doce, como *Euglena*, o potencial hídrico da célula é menor que aquele do meio circundante; consequentemente, a água tende a mover-se para dentro da célula por osmose. Se uma quantidade excessiva de água passasse para dentro da célula, ela poderia provocar a ruptura da membrana plasmática. Em *Euglena*, isso é evitado por uma organela especializada conhecida como vacúolo contrátil, que coleta água de várias partes do corpo celular e a bombeia para fora da célula por meio de uma contração rítmica.

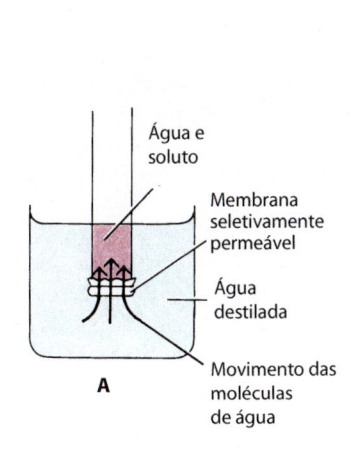

Água e soluto

Membrana seletivamente permeável

Água destilada

Movimento das moléculas de água

A

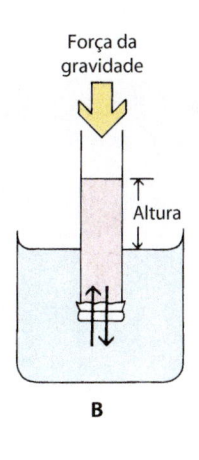

Força da gravidade

Altura

B

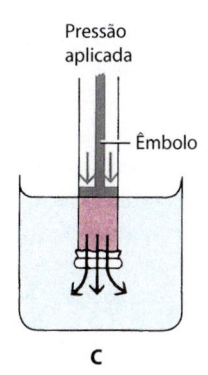

Pressão aplicada

Êmbolo

C

4.6 Osmose e medida do potencial osmótico. A. O tubo contém uma solução e o béquer contém água destilada. Uma membrana seletivamente permeável na base do tubo permite a passagem das moléculas de água, mas não das partículas de soluto. **B.** A difusão da água para dentro da solução faz com que seu volume aumente e, desse modo, a coluna de líquido se eleva no tubo. No entanto, a pressão para baixo, criada pela força da gravidade agindo sobre a coluna de solução, é proporcional à altura da coluna e à densidade da solução. Assim, à medida que a coluna de solução se eleva no tubo, a pressão para baixo aumenta gradualmente, até que ela se torna tão grande que contrabalança a tendência da água em mover-se para dentro da solução. Em outras palavras, o potencial hídrico nos dois lados da membrana torna-se igual. Nesse ponto, não há mais um saldo visível no movimento da água. **C.** A pressão que deve ser aplicada ao êmbolo, para forçar a coluna de solução de volta ao nível de água do béquer, fornece uma medida quantitativa do potencial osmótico da solução – ou seja, da tendência da água em se difundir através da membrana para o interior da solução.

A pressão de turgor contribui para a rigidez das células vegetais

Se uma célula vegetal for colocada em uma solução com um potencial hídrico relativamente elevado, o protoplasto se expandirá, a membrana plasmática se estirará e exercerá uma pressão contra a parede celular. A célula vegetal não se rompe, contudo, porque ela é contida pela parede celular relativamente rígida.

As células vegetais tendem a concentrar soluções salinas relativamente altas dentro dos seus vacúolos e podem também acumular açúcares, ácidos orgânicos e aminoácidos. Como resultado, as células vegetais absorvem água por osmose e aumentam a sua pressão hidrostática interna. Essa pressão contra a parede celular mantém a célula *túrgida* ou rígida. Consequentemente, a pressão hidrostática nas células vegetais é comumente referida como pressão de turgor. *Pressão de turgor* é a pressão que se desenvolve em uma célula vegetal como resultado da osmose e/ou embebição (ver quadro "Embebição"). Igual em intensidade e oposta à pressão de turgor, a qualquer momento, existe a pressão mecânica da parede celular, direcionada para dentro e denominada *pressão da parede*.

O turgor nas plantas é especialmente importante na sustentação das partes não lenhosas das plantas. Como discutido no Capítulo 3, a maior parte do crescimento de uma célula vegetal resulta diretamente da absorção de água, e grande parte do aumento no tamanho celular deve-se à expansão dos vacúolos. Contudo, antes que a célula possa aumentar em tamanho, deve haver um afrouxamento da estrutura da parede, a fim de reduzir a sua resistência à pressão de turgor.

O turgor é mantido na maioria das células vegetais, porque elas geralmente vivem em um meio com um potencial hídrico relativamente elevado. No entanto, se uma célula vegetal túrgida for colocada em uma solução com um potencial hídrico relativamente baixo (p. ex., uma solução de açúcar ou sal), a água sairá da célula por osmose. Como resultado, o vacúolo e o restante do protoplasto se retrairá, fazendo com que a membrana plasmática se afaste da parede celular (Figura 4.7). Esse fenômeno é conhecido como *plasmólise*. O processo pode ser revertido se a célula for transferida para a água pura. (Devido à alta permeabilidade das membranas, o vacúolo e o restante do protoplasto estão em equilíbrio com relação ao potencial hídrico, ou então muito próximo dele.) A Figura 4.8 mostra células da folha de *Elodea*

EMBEBIÇÃO

As moléculas de água apresentam uma enorme capacidade de coesão, devido à sua polaridade – ou seja, a diferença nas cargas elétricas entre as duas extremidades da molécula de água. De modo semelhante, devido a essa diferença nas cargas elétricas, as moléculas de água podem aderir às superfícies carregadas positiva ou negativamente. Muitas moléculas biológicas de grandes dimensões, como a celulose, são polares e, por isso, atraem as moléculas de água. A adesão de moléculas de água é também responsável pelo fenômeno biologicamente importante denominado embebição ou, algumas vezes, hidratação.

A embebição (do latim: *imbibere*, beber) é o movimento de moléculas de água para o interior de materiais como a madeira ou gelatina, que incham como resultado do acúmulo de moléculas de água. As pressões desenvolvidas pela embebição podem ser surpreendentemente grandes. Há comentários de que as pedras usadas para a construção das pirâmides no Egito antigo eram extraídas pela inserção de toras de madeira em orifícios abertos na superfície da rocha; as toras eram então encharcadas com água. O inchaço da madeira criava uma força que fendia a laje de pedra. Nas plantas vivas, a embebição ocorre principalmente em sementes, as quais podem com isso aumentar, em até muitas vezes, o seu tamanho original. A embebição é essencial para a germinação da semente (ver Capítulo 22).

A germinação das sementes inicia-se com alterações no tegumento da semente, que permitem a massiva entrada de água por embebição. Então, o embrião e as estruturas ao redor dele se incham, rompendo o tegumento da semente. Na bolota (fruto do carvalho), à esquerda, que foi fotografada no chão de uma floresta, a radícula do embrião emergiu após o rompimento das camadas externas e duras do fruto.

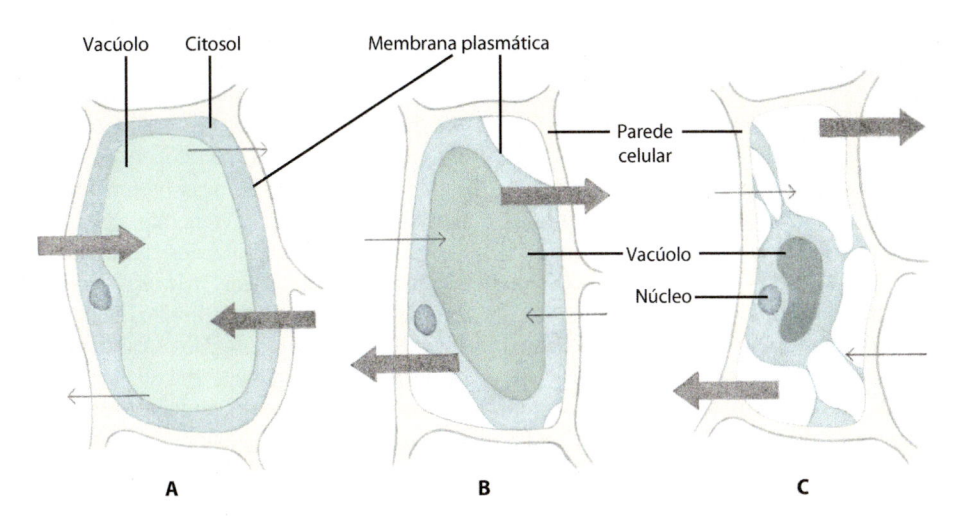

4.7 Plasmólise em uma célula da epiderme foliar. A. Sob condições normais, a membrana plasmática do protoplasto está em íntimo contato com a parede celular. **B.** Quando a célula é colocada em uma solução de açúcar relativamente concentrada, a água sai da célula, o protoplasma se contrai ligeiramente e a membrana plasmática se afasta da parede celular. **C.** Quando a célula é imersa em uma solução de açúcar mais concentrada, ela perde maior quantidade de água e o protoplasto se contrai ainda mais. À medida que a água do vacúolo é perdida, o seu conteúdo se torna mais concentrado. A espessura das setas indica a quantidade relativa de água entrando ou saindo da célula.

antes e após a plasmólise. Embora a membrana plasmática e o tonoplasto (membrana vacuolar) sejam, com poucas exceções, permeáveis apenas à água, a parede celular permite a passagem livre tanto de água quanto de solutos através dela. A perda do turgor pelas células vegetais pode resultar em *murcha* de caules e folhas, ou da salada que comemos.

Estrutura das membranas celulares

Todas as membranas da célula têm a mesma estrutura básica, consistindo em uma *camada dupla de lipídios*, na qual estão imersas proteínas globulares, muitas delas estendendo-se através desta camada, com a formação de protuberâncias nos lados exterior e interior (Figura 4.9). A porção dessas *proteínas*

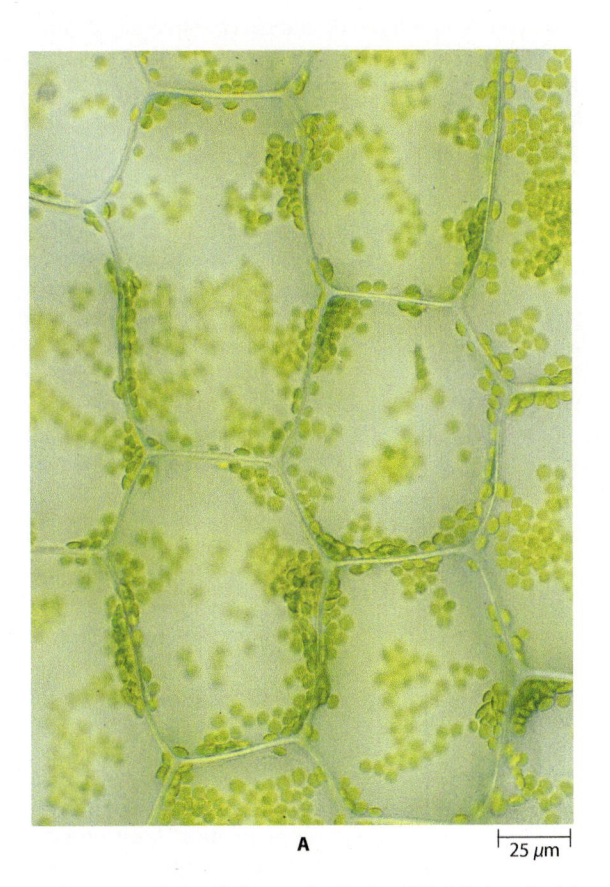

4.8 Plasmólise nas células foliares de *Elodea*. (**A**) Células túrgidas e (**B**) células plasmolisadas, depois de serem colocadas em uma solução de sacarose relativamente concentrada.

transmembranas imersas na camada de lipídios é hidrofóbica, enquanto as porções expostas em ambos os lados da membrana são hidrofílicas.

As duas superfícies de uma membrana diferem consideravelmente em composição química. Por exemplo, há dois tipos principais de lipídios nas membranas das células vegetais – os *fosfolipídios* (os mais abundantes) e os *esteróis*, particularmente o estigmasterol (mas, não o colesterol, que é o principal esterol dos tecidos animais) – e as concentrações de cada um deles são diferentes na camada lipídica. Além disso, as proteínas transmembranas têm orientações definidas dentro da camada dupla de lipídios, e as protrusões em cada lado têm diferentes composições de aminoácidos e diferentes estruturas terciárias. Outras proteínas que também estão associadas às membranas, chamadas *proteínas periféricas*, por não terem sequências hidrofóbicas discerníveis, não penetram na camada lipídica. As proteínas transmembranas e outras proteínas ligadas a lipídios e que estão firmemente ligadas à membrana são chamadas *proteínas integrais*. Embora algumas das proteínas integrais pareçam estar ancoradas em um ponto (talvez ligadas ao citoesqueleto), a camada bilipídica é geralmente bem fluida. Algumas das proteínas flutuam mais ou menos livremente na camada dupla de lipídios, e, à medida que elas e os lipídios se movem lateralmente dentro desta camada, formam-se diferentes padrões ou mosaicos, que variam de tempo a tempo e de lugar a lugar – daí o nome *mosaico-fluido* para esse modelo estrutural de membrana.

Um novo modelo para a estrutura das membranas está emergindo: uma estrutura menos fluida, de espessura variável e com maior proporção de proteínas. Nesse modelo, as proteínas estão organizadas em grandes complexos funcionais, alguns dos quais se projetam pela superfície da membrana, ocupando, assim, maior área da membrana do que suas regiões transmembrânicas. Além disso, os lipídios tendem a se agrupar, formando interações entre lipídios e entre lipídios e proteínas e conferindo à membrana uma aparência de "arranjo irregular".

Na superfície externa da membrana plasmática, carboidratos de cadeias curtas (oligossacarídios) encontram-se ligados à maioria das proteínas nas áreas de protrusão, formando *glicoproteínas*. Acredita-se que os carboidratos desempenhem importantes papéis no reconhecimento de moléculas (como os hormônios, as proteínas de cobertura de vírus e as moléculas das superfícies de bactérias) que interagem com a célula.

A maioria dos carboidratos das membranas está presente sob a forma de glicoproteínas, mas uma pequena porção está presente como *glicolipídios*, que são lipídios da membrana com carboidratos de cadeias curtas a eles ligados. O arranjo dos grupos de carboidratos na superfície externa da membrana plasmática tem sido revelado em grande parte por experimentos usando *lectinas*, proteínas que se ligam firmemente a grupos específicos de carboidratos.

Duas configurações básicas têm sido identificadas entre as proteínas transmembranas (Figura 4.10). Uma delas é uma estrutura relativamente simples semelhante a um bastão, consistindo em uma alfa-hélice única imersa no interior hidrofóbico da membrana, com porções hidrofílicas menos regulares, estendendo-se para qualquer lado. A outra configuração é encontrada em proteínas globulares maiores, com estruturas tridimensionais complexas, que fazem repetidas "passagens" através da membrana. Em tais proteínas de membranas de "múltiplas passagens", a cadeia polipeptídica geralmente atravessa a camada dupla lipídica como uma série de alfa-hélices.

Enquanto a camada lipídica provê a estrutura básica e a natureza impermeável das membranas celulares, as proteínas são responsáveis pela maioria das funções da membrana. Em geral, as membranas são constituídas por 40 a 50% de lipídios (em peso) e 50 a 60% de proteínas, sendo as quantidades e os tipos de proteínas na membrana o reflexo de sua função. As membranas envolvidas com a transdução de energia (a conversão de uma forma de energia para outra), como as membranas internas das mitocôndrias e dos cloroplastos, consistem em cerca de 75% de proteína. Algumas proteínas de membrana são enzimas que catalisam reações associadas a membranas, enquanto outras são carregadores

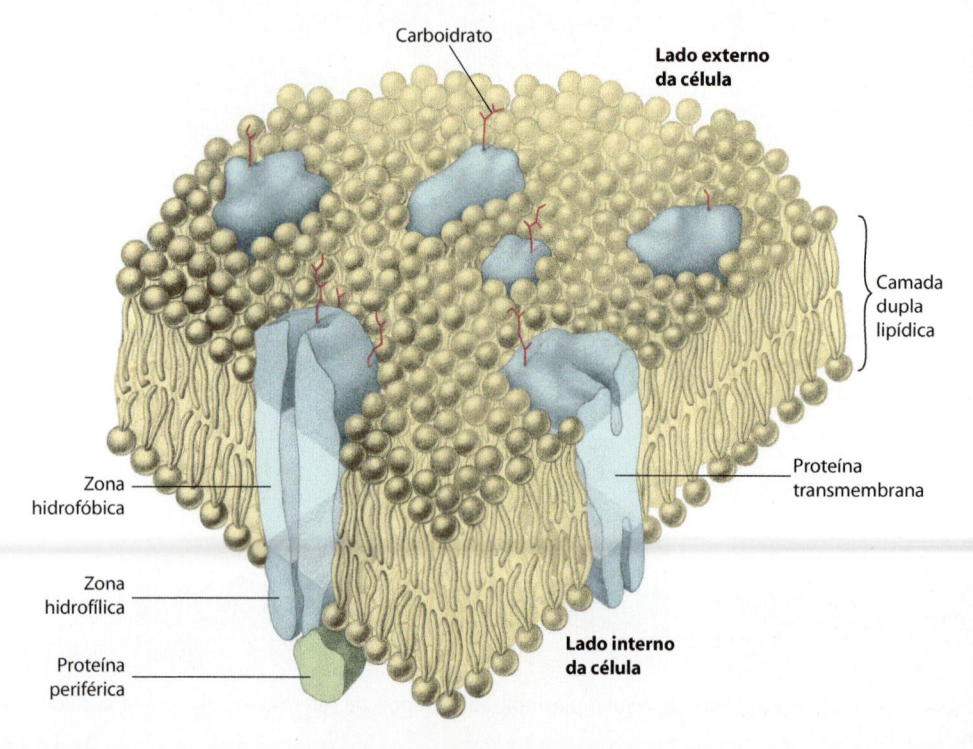

Carboidrato

Lado externo da célula

Camada dupla lipídica

Proteína transmembrana

Zona hidrofóbica

Zona hidrofílica

Proteína periférica

Lado interno da célula

4.9 Modelo mosaico-fluido da estrutura da membrana. A membrana é constituída por uma camada dupla lipídica, ou seja, duas fileiras de moléculas de lipídios – com suas "caudas" hidrofóbicas voltadas para dentro – e grandes moléculas de proteínas. As proteínas que atravessam essa camada lipídica são do tipo proteínas integrais, conhecidas como proteínas transmembranas. Outras proteínas, denominadas proteínas periféricas, estão presas a algumas das proteínas transmembranas. A porção de uma molécula da proteína transmembrana imersa na camada dupla lipídica é hidrofóbica; a porção exposta em cada lado da membrana é hidrofílica. Curtas cadeias de carboidratos estão ligadas à maioria das proteínas transmembranas nas zonas de protrusão, na superfície externa da membrana plasmática. A estrutura, como um todo, é bastante fluida e, desse modo, as proteínas podem ser imaginadas como flutuando em um "mar" lipídico.

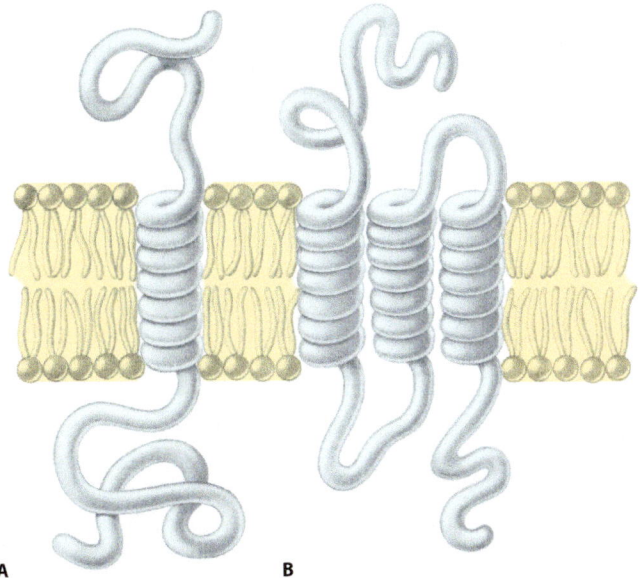

4.10 Duas configurações de proteínas transmembranas. Algumas proteínas transmembranas estendem-se através da camada dupla lipídica como uma alfa-hélice simples (**A**), enquanto outras – proteínas de múltiplas passagens –, como alfa-hélices múltiplas (**B**). As porções de uma proteína que formam uma protrusão para qualquer lado da membrana são hidrofílicas; as porções helicoidais dentro da membrana são hidrofóbicas.

envolvidos no transporte de moléculas ou íons específicos para dentro e para fora da célula ou da organela. Outras proteínas, ainda, são receptores para receber e transduzir (converter) sinais químicos provenientes do ambiente interno ou externo.

Transporte de solutos através de membranas

Como mencionado anteriormente, moléculas pequenas apolares, como oxigênio e dióxido de carbono, e pequenas moléculas polares não carregadas eletricamente, como a água, podem permear livremente as membranas celulares por simples difusão. A observação de que moléculas hidrofóbicas difundem-se facilmente através das membranas plasmáticas forneceu a primeira evidência da natureza lipídica da membrana.

Ao contrário, a maioria das substâncias requeridas pelas células é polar e necessita de *proteínas de transporte* para transferi-las através das membranas. Cada proteína de transporte é bastante seletiva; ela pode aceitar um tipo de íon (tal como Ca^{2+} e K^+) ou molécula (como um açúcar específico ou um aminoácido) e excluir uma outra quase idêntica. Essas proteínas fornecem uma via contínua aos solutos específicos que elas transportam através da membrana, sem que os solutos entrem em contato com o interior hidrofóbico da camada dupla lipídica.

As proteínas de transporte podem ser agrupadas em três grandes classes: as bombas, as carregadoras e as de canal (Figura 4.11). As bombas são movidas por energia química (ATP) ou energia luminosa, e, nas células de plantas e de fungos, elas são tipicamente bombas de prótons (a enzima H^+-ATPase). Tanto as proteínas carregadoras quanto as de canal são movidas pela energia de gradientes eletroquímicos, como será discutido a seguir. As *proteínas carregadoras* ligam-se ao soluto específico a ser transportado e sofrem uma mudança na sua conformação, a fim de transportar o soluto através da membrana. As *proteínas de canal* formam poros preenchidos por água que se estendem

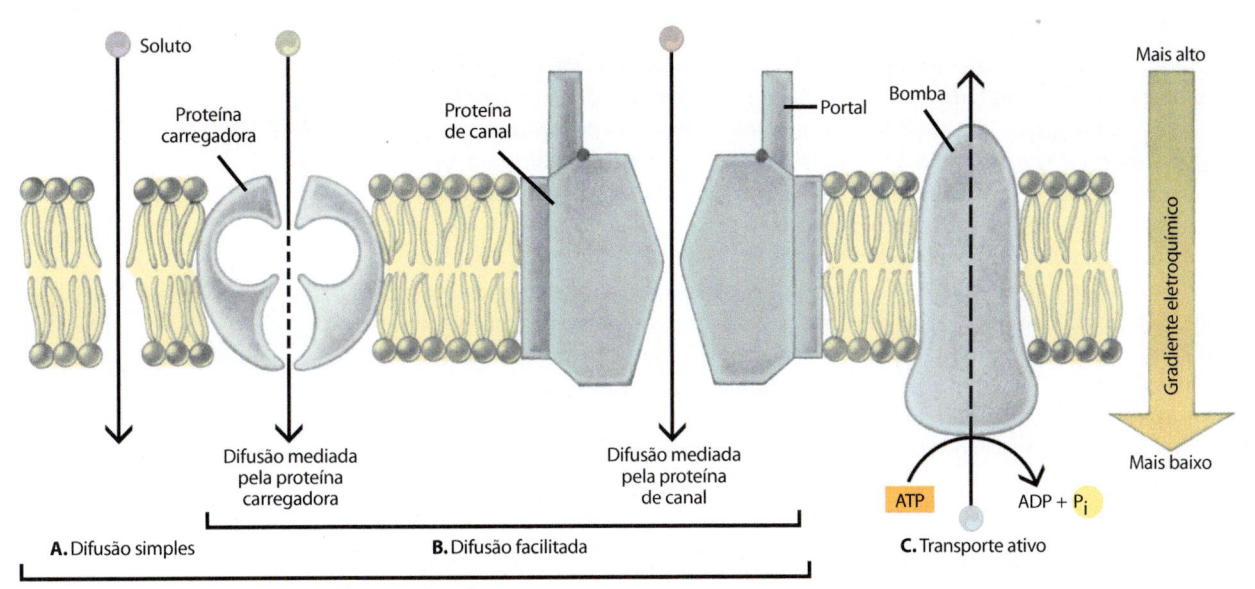

4.11 Tipos de transporte através da membrana plasmática. A. Na difusão simples, pequenas moléculas apolares, como oxigênio e dióxido de carbono, e pequenas moléculas polares não carregadas, como a água, passam diretamente através da camada dupla lipídica, a favor de seu gradiente de concentração. **B.** A difusão facilitada ocorre tanto através de proteínas carregadoras quanto de proteínas de canal. As proteínas carregadoras ligam-se a um soluto específico e sofrem mudanças conformacionais, à medida que a molécula de soluto é transportada. As proteínas de canal permitem que os solutos selecionados – comumente íons como Na^+ e K^+ – passem diretamente através de poros preenchidos por água. As proteínas de canal apresentam um mecanismo de abertura e fechamento. Quando o portal está aberto, os solutos passam através dele, mas, quando ele está fechado, o fluxo do soluto é bloqueado. Como no caso da difusão simples, a difusão facilitada ocorre a favor dos gradientes de concentração ou eletroquímico. Ambos os processos de difusão são processos de transporte passivos, que não requerem energia. **C.** O transporte ativo, por outro lado, move os solutos contra os gradientes de concentração ou eletroquímico e, desse modo, requerem um fornecimento de energia, geralmente suprido pela hidrólise do ATP para ADP e P_i (ver Figura 2.21). As proteínas de transporte envolvidas no transporte ativo são conhecidas como bombas.

através da membrana e, quando abertos, permitem que solutos específicos (em geral íons inorgânicos como Na^+, K^+, Ca^{2+} e Cl^-) passem. Os canais de íons não estão continuamente abertos. Em vez disso, eles apresentam "portais" que se abrem brevemente e então se fecham novamente, e o processo é conhecido por *controle do tráfego iônico* (ver o quadro "Registro *Patch-clamp* no Estudo de Canais Iônicos").

Outra base para as três categorias de proteínas de transporte é a taxa do transporte. O número de íons ou de moléculas de soluto transportados pela proteína por segundo é relativamente baixo nas bombas (menos que 500 por segundo), intermediário nas proteínas carregadoras (500 a 10.000 por segundo) e mais rápido nas proteínas de canal (10.000 a milhões por segundo).

A membrana plasmática e o tonoplasto também contêm proteínas de canal de água denominadas *aquaporinas*, que facilitam o movimento de água e/ou pequenos solutos neutros (ureia, ácido bórico, ácido silícico) ou gases (amônia, dióxido de carbono) através das membranas. Evidências indicam que o movimento de água através das aquaporinas é aumentado em resposta a certos estímulos ambientais que causam a expansão e o crescimento celular. A água passa com relativa liberdade através da camada dupla lipídica das membranas biológicas, mas as aquaporinas permitem que a água se difunda mais rapidamente para dentro da célula e para dentro do vacúolo, pelo tonoplasto. Por que as células necessitariam desse movimento aumentado de água? Uma explicação é que o vacúolo e o citosol devem estar em constante equilíbrio osmótico; logo, faz-se necessário um rápido movimento da água. Também é sugerido que as aquaporinas facilitam o rápido fluxo da água do solo para dentro das células das raízes e através do xilema durante períodos de alta transpiração (ver Capítulo 30). Também se constatou que as aquaporinas bloqueiam o influxo de água para dentro das células radiculares quando o solo circundante está alagado. Além da membrana plasmática e do tonoplasto, as aquaporinas são encontradas no retículo endoplasmático e nas membranas internas dos cloroplastos e das mitocôndrias.

Se uma molécula não é carregada eletricamente, a direção de seu transporte é determinada apenas pela diferença da concentração de suas moléculas entre os dois lados da membrana (o gradiente de concentração). No entanto, se um soluto carrega uma carga líquida, tanto o gradiente de concentração quanto o gradiente elétrico total através da membrana (o potencial de membrana) influenciam o seu transporte. O conjunto dos dois gradientes constitui o *gradiente eletroquímico*. As células vegetais tipicamente mantêm gradientes eletroquímicos, tanto através da membrana plasmática quanto do tonoplasto. O citosol é eletricamente negativo em relação tanto ao meio aquoso exterior à célula quanto à solução (suco celular) dentro do vacúolo. O transporte a favor de um gradiente de concentração ou de um gradiente eletroquímico é chamado *transporte passivo*. Um exemplo de transporte passivo é a *difusão simples* de pequenas moléculas polares através da camada dupla lipídica (Figura 4.11A). Contudo, a maior parte do transporte passivo requer proteínas carregadoras para facilitar a passagem de íons e moléculas polares através do interior hidrofóbico da membrana. O transporte passivo com o auxílio de proteínas carregadoras é chamado *difusão facilitada* (Figura 4.11B).

REGISTRO *PATCH-CLAMP* NO ESTUDO DE CANAIS IÔNICOS

As membranas de células vegetais e animais contêm proteínas de canal que formam vias para o movimento passivo de íons. Quando ativados, os canais tornam-se permeáveis aos íons, permitindo que o soluto flua através da membrana. Esse processo de abertura e fechamento dos canais iônicos é conhecido como controle do tráfego iônico.

A primeira evidência desse processo de transporte nesses canais foi obtida mediante experimentos eletrofisiológicos, usando microeletrodos intracelulares. Entretanto, tais métodos podem ser aplicados apenas em células relativamente grandes, e, consequentemente, as correntes medidas (*i. e.*, o movimento de íons) fluem através de muitos canais ao mesmo tempo. Além disso, diferentes tipos de canais podem ser abertos simultaneamente. As células vegetais apresentam outro problema: quando um microeletrodo é inserido no protoplasto, ele geralmente atravessa tanto a membrana plasmática quanto o tonoplasto, e, desse modo, os dados obtidos refletem o comportamento coletivo das duas membranas.

A técnica de *patch-clamp* revolucionou o estudo dos canais iônicos. Essa técnica envolve a análise elétrica de um pedaço muito pequeno da membrana de um protoplasto (célula sem parede) ou de um tonoplasto. Desse modo, é possível identificar um único e específico canal iônico na membrana e estudar o transporte de íons através desse canal.

Nos experimentos *patch-clamp*, um eletrodo de vidro (micropipeta) com a extremidade afilada e diâmetro de cerca de 1,0 micrômetro é colocado em contato com a membrana. Quando uma sucção suave é aplicada, um contato muito íntimo se estabelece entre a micropipeta e a membrana. Com o pedaço de membrana ainda preso ao protoplasto intacto (**A**), o transporte de íons pode ser registrado entre o citoplasma e a solução artificial que preenche a micropipeta. Se a micropipeta é removida do protoplasto a ela ligada, é possível separar apenas um pequeno fragmento da membrana, que permanece intacto dentro da ponta da micropipeta (**B**). Com o fragmento destacado, é fácil alterar a composição da solução de um ou de ambos os lados da membrana para testar o efeito de diferentes solutos no comportamento do canal.

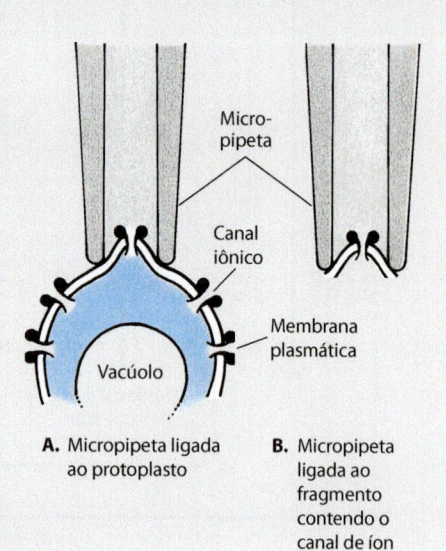

A. Micropipeta ligada ao protoplasto

B. Micropipeta ligada ao fragmento contendo o canal de íon

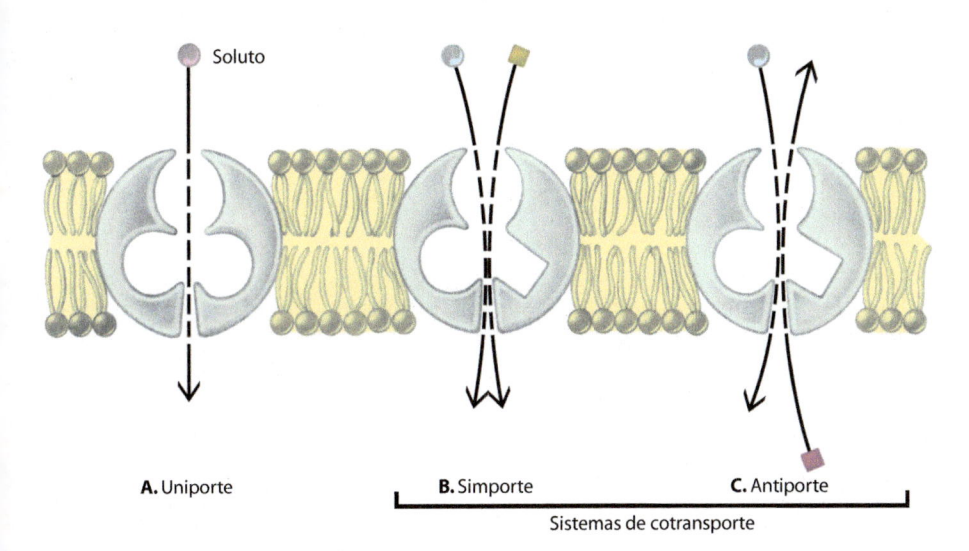

4.12 Passagem de solutos através das proteínas carregadoras. A. No tipo mais simples, conhecido como uniporte, um determinado soluto é transportado diretamente através da membrana em uma direção. As proteínas carregadoras envolvidas com a difusão facilitada atuam como uniportes, do mesmo modo que todas as proteínas de canal. **B.** No tipo do sistema cotransportador, conhecido como simporte, dois solutos diferentes são transportados através da membrana simultaneamente e na mesma direção. **C.** Em um outro tipo de sistema cotransportador, conhecido como antiporte, dois solutos diferentes são transportados através da membrana, simultânea ou sequencialmente, mas em direções opostas.

Todas as proteínas de canal e algumas proteínas carregadoras funcionam como sistema *uniporte*, no qual proteínas transportam apenas um soluto de um lado da membrana para outro. Outras proteínas carregadoras funcionam como *sistemas de cotransporte*, nos quais a transferência de um soluto depende da transferência simultânea ou sequencial de um segundo soluto. Esse soluto pode ser transportado na mesma direção (*simporte*) ou em direção oposta (*antiporte*) (Figura 4.12). Nem a difusão simples nem a facilitada é capaz de mover os solutos *contra* gradientes de concentração ou eletroquímico. A capacidade de mover solutos contra um gradiente de concentração ou eletroquímico requer energia. Esse processo é chamado *transporte ativo* (Figura 4.11C) e sempre é mediado por proteínas carregadoras. Como já visto, a bomba de prótons nas células de plantas e de fungos recebe energia do ATP mediada por uma H^+-ATPase localizada na membrana. A enzima produz um acentuado potencial elétrico e um gradiente de pH – ou seja, um gradiente de prótons (íons hidrogênio) – que fornece a energia impulsora para a absorção de solutos através de todos os sistemas de cotransporte acoplados a prótons. Por esse processo, até mesmo solutos neutros podem ser acumulados em concentrações muito maiores que aquelas do lado externo da célula, simplesmente por ser cotransportado com uma partícula carregada eletricamente (um H^+, por exemplo). O primeiro processo, fornecedor de energia (a bomba), é referido como *transporte ativo primário*, e o segundo processo (o cotransportador) é conhecido como *transporte ativo secundário* (Figura 4.13).

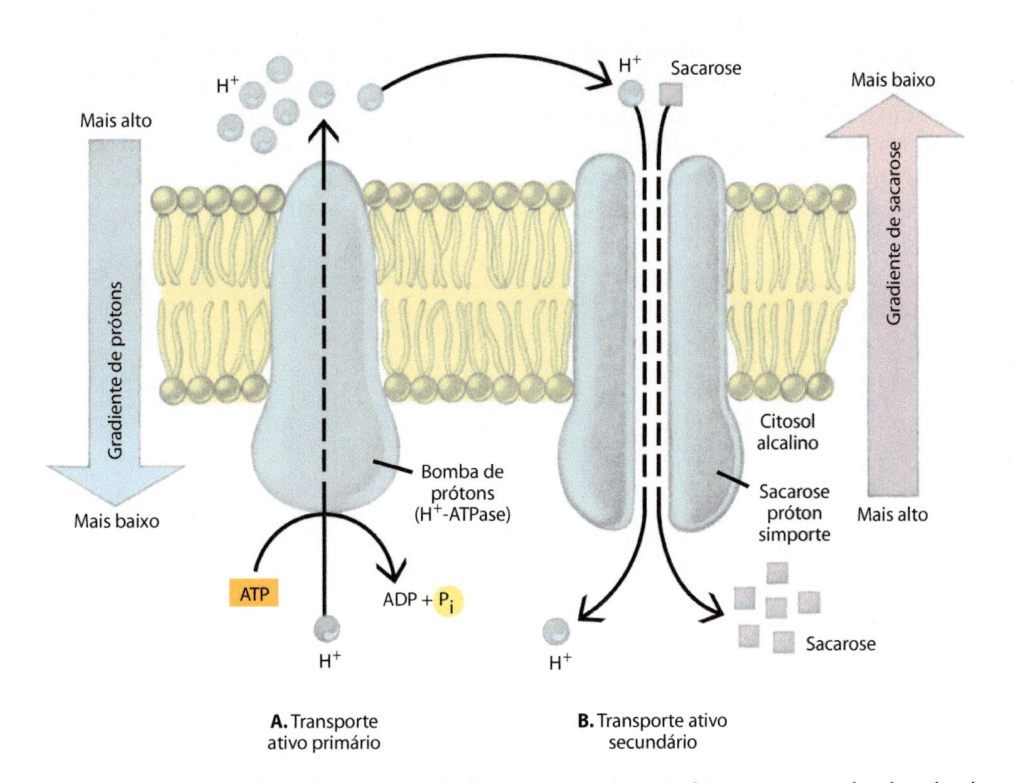

4.13 Transporte ativo primário e secundário da sacarose. A. O transporte ativo primário ocorre quando a bomba de prótons (a enzima H^+-ATPase) bombeia prótons (H^+) contra seu gradiente. O resultado é um gradiente de prótons através da membrana. **B.** O gradiente de prótons fornece energia para o transporte ativo secundário. À medida que os prótons fluem passivamente a favor de seu gradiente, as moléculas de sacarose são cotransportadas através da membrana contra seu gradiente. A proteína carregadora é conhecida como uma sacarose-próton simporte.

Transporte mediado por vesículas

As proteínas de transporte que movem íons e pequenas moléculas polares através da membrana plasmática não podem acomodar moléculas grandes, como proteínas e polissacarídios, ou grandes partículas, como microrganismos ou porções de resíduos celulares. Essas moléculas e partículas grandes são transportadas por meio de vesículas que se destacam da membrana plasmática ou se fundem a ela, em um processo denominado *transporte mediado por vesículas*. Como foi visto na Figura 3.23, as vesículas movem-se da rede *trans*-Golgi para a superfície da célula. As hemiceluloses, pectinas e glicoproteínas que formam a matriz da parede celular são transportadas para as paredes celulares em formação no interior de vesículas secretoras, que se fundem com a membrana plasmática, liberando, desse modo, os seus conteúdos na parede. Esse processo é conhecido como *exocitose* (Figura 4.14). A substância mucilaginosa, que lubrifica uma raiz em crescimento e a ajuda a penetrar no solo, é um polissacarídio, o qual é transportado por vesículas secretoras e liberado dentro das paredes das células da coifa por exocitose (ver Capítulo 24). A exocitose não se limita à secreção de substâncias derivadas dos corpos de Golgi. Por exemplo, as enzimas digestivas secretadas por plantas carnívoras, como a dioneia e a drósera (ver Capítulos 28 e 29), são levadas à membrana plasmática em vesículas derivadas do retículo endoplasmático.

O transporte por meio de vesículas pode também funcionar em direção oposta. Na *endocitose*, o material a ser levado para dentro da célula induz a membrana plasmática a formar uma concavidade, produzindo uma vesícula que encerra a substância. Três diferentes formas de endocitose são conhecidas: a fagocitose, a pinocitose e a endocitose mediada por receptor.

A *fagocitose* ("célula comendo") envolve a ingestão de partículas sólidas relativamente grandes, como bactérias ou resíduos celulares, por meio de grandes vesículas derivadas da membrana plasmática (Figura 4.15A). Muitos organismos unicelulares, como as amebas, alimentam-se desse modo, como também o fazem os mixomicetos e dictiosteliomicetos. Um único exemplo de fagocitose em plantas é encontrado nas raízes de leguminosas

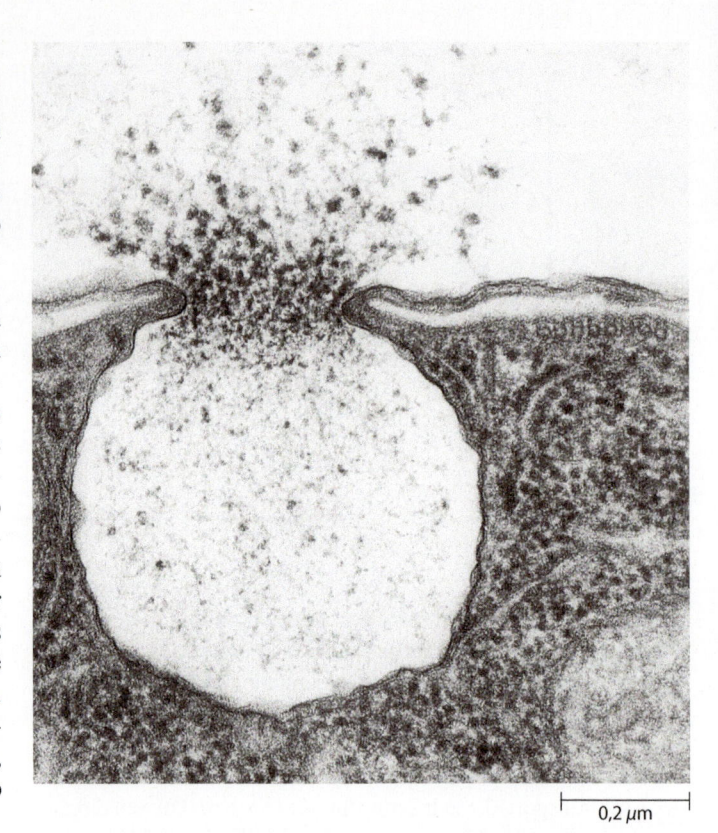

0,2 µm

4.14 Exocitose. Uma vesícula secretora formada pelo complexo de Golgi do protista *Tetrahymena furgasoni* descarrega muco na superfície da célula. Observe como a membrana da vesícula se fundiu com a membrana plasmática.

que formam nódulos, durante a liberação da bactéria *Rhizobium* a partir dos filamentos de infecção. As bactérias liberadas são envolvidas por porções da membrana plasmática dos pelos radiculares (ver Capítulo 29).

A *pinocitose* ("célula bebendo") envolve a tomada de líquidos, e não de material sólido (Figura 4.15B). Obedece ao mesmo princípio da fagocitose. No entanto, diferentemente da fagoci-

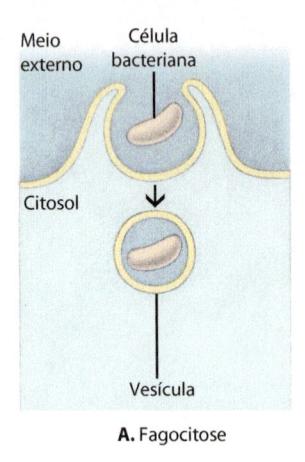

A. Fagocitose

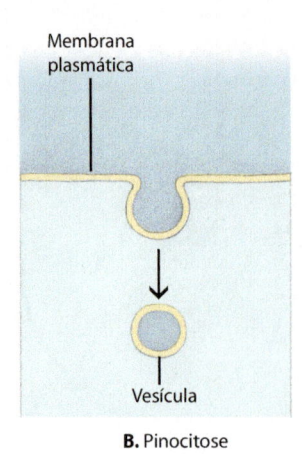

B. Pinocitose

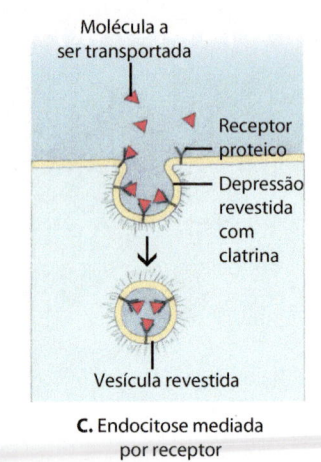

C. Endocitose mediada por receptor

4.15 Três tipos de endocitose. A. Na fagocitose, o contato entre a membrana plasmática e o material particulado, como uma célula bacteriana, faz com que a membrana plasmática se estenda ao redor da partícula, engolfando-a em uma vesícula. **B.** Na pinocitose, a membrana plasmática dobra-se para dentro, formando uma vesícula ao redor do líquido do meio externo, que deve ser levado para o interior da célula. **C.** Na endocitose mediada por receptor, as moléculas a serem transportadas para dentro da célula primeiramente devem se ligar a receptores proteicos específicos. Os receptores ou estão localizados em reentrâncias da membrana plasmática, conhecidas com depressões revestidas, ou migram para tais áreas depois de se ligarem às moléculas a serem transportadas. Depois de preenchida com os receptores, transportando as moléculas específicas, a reentrância se destaca como uma vesícula revestida.

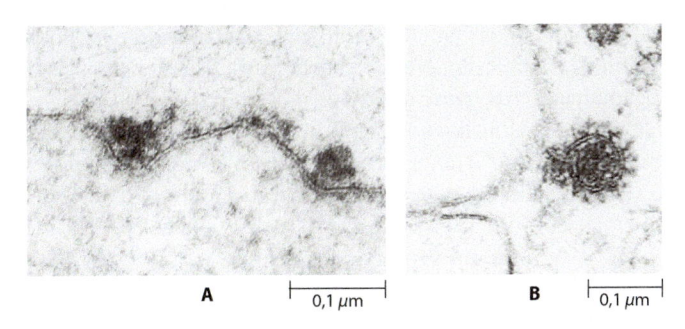

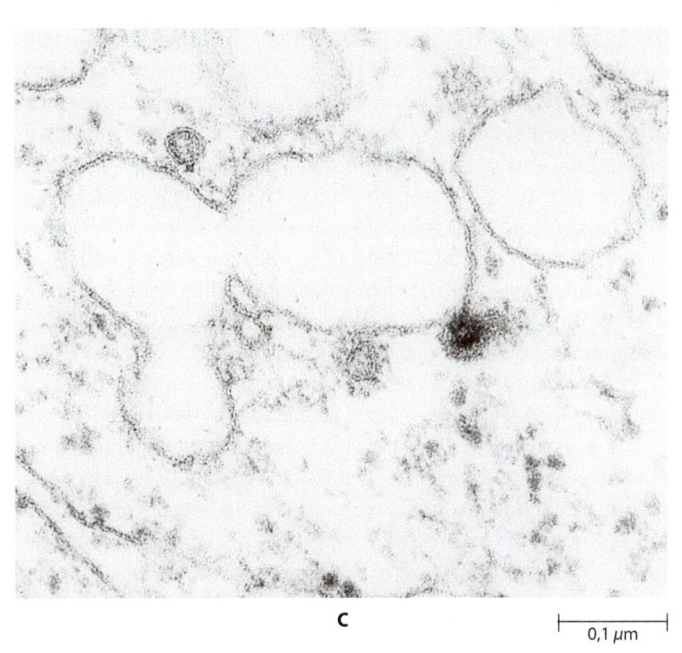

4.16 Endocitose mediada por receptor. As células da coifa do milho (*Zea mays*), aqui observadas, foram expostas a uma solução contendo nitrato de chumbo. (As células da coifa formam uma cobertura protetora no ápice da raiz.) **A.** Depósitos granulares contendo chumbo podem ser vistos em duas reentrâncias revestidas. **B.** Uma vesícula revestida, com depósitos de chumbo. **C.** Das duas vesículas aqui observadas, uma se fundiu a uma grande vesícula de Golgi, em que liberará seu conteúdo. Essa vesícula revestida (estrutura escura) ainda contém depósitos de chumbo, mas parece que ela perdeu seu revestimento, que está localizado logo à sua direita. A vesícula revestida, à sua esquerda, está nitidamente intacta.

tose, que é exercida apenas por certas células especializadas, acredita-se que a pinocitose ocorra em todas as células eucarióticas, uma vez que as células contínua e indiscriminadamente "sorvem" pequenas quantidades de fluido do meio circundante.

Na *endocitose mediada por receptor*, determinadas proteínas da membrana servem como receptores para moléculas específicas, que devem ser transportadas para dentro da célula (Figura 4.15C). Esse ciclo começa em regiões especializadas da membrana plasmática, chamadas *reentrâncias revestidas* (Figura 4.16A). Essas reentrâncias são depressões da membrana plasmática que se apresentam revestidas, na sua superfície interna ou citoplasmática, com a proteína periférica clatrina (ver Capítulo 3). A substância que está sendo transportada liga-se aos receptores na reentrância revestida. Logo em seguida (geralmente após alguns minutos), a reentrância revestida invagina-se e destaca-se, formando uma *vesícula revestida* (Figura 4.16B). Vesículas assim formadas contêm não apenas a substância que está sendo transportada, mas também as moléculas do receptor, e as vesículas apresentam um revestimento externo de clatrina (ver Figura 3.24). Dentro da célula, as vesículas revestidas perdem seus revestimentos (Figura 4.16C) e então se fundem com alguma outra estrutura envolvida por membrana (p. ex., corpos de Golgi ou pequenos vacúolos), liberando seus conteúdos durante o processo. Como você pode observar na Figura 4.15C, a superfície da membrana voltada para o interior de uma vesícula é equivalente à superfície da membrana plasmática voltada para o exterior da célula. Do mesmo modo, a superfície da vesícula voltada para o citoplasma é equivalente à superfície citoplasmática da membrana plasmática.

Como observamos no Capítulo 3, o novo material necessário para a expansão da membrana plasmática, nas células em crescimento, é transportado, já elaborado, nas vesículas de Golgi. Durante a endocitose, porções da membrana plasmática retornam aos corpos de Golgi. Pela exocitose, porções das membranas usadas na formação de vesículas endocíticas são transportadas de volta à membrana plasmática. No processo, os lipídios e proteínas da membrana, incluindo as moléculas de receptores específicos, são reciclados.

Comunicação célula a célula

Até agora, nas considerações sobre o transporte de substâncias para dentro e para fora das células, assumiu-se que as células estão isoladas e em um meio contendo água. Entretanto, esse não é o caso nos organismos multicelulares. As células estão organizadas em *tecidos*, que são grupos de células especializadas com funções comuns. Os tecidos são, em seguida, organizados para formar os *órgãos*, e cada um deles tem uma estrutura que o torna adequado a exercer uma função específica.

A transdução de sinal é o processo pelo qual as células usam mensageiros químicos para se comunicarem

Como se pode imaginar, a existência bem-sucedida de organismos multicelulares depende da capacidade de células individuais se comunicarem umas com as outras, de modo que elas possam colaborar e criar tecidos e órgãos harmônicos e, em última instância, um organismo funcionando adequadamente. Essa comunicação é, em grande parte, conseguida mediante *sinais* químicos – ou seja, por substâncias que são sintetizadas dentro da célula e transportadas para o exterior, dirigindo-se a outra célula. Nas plantas, os sinais químicos são representados em grande parte por *hormônios*, que são mensageiros químicos produzidos tipicamente por um tipo de célula ou tecido, regulando a função das células ou tecidos localizados em outra parte do corpo da planta (ver Capítulo 27). Essas moléculas sinalizadoras devem ser suficientemente pequenas para atravessar facilmente a parede celular.

A membrana plasmática desempenha um papel-chave no reconhecimento de sinais. Quando a molécula sinalizadora alcança a membrana plasmática da *célula-alvo*, elas podem ser transportadas para o interior da célula por qualquer um dos processos endocíticos estudados. Alternativamente, elas podem permanecer fora da célula, mas ligar-se a *receptores* específicos na superfície externa da membrana. Na maioria dos casos, os receptores são proteínas transmembranas que se tornam ativadas quando elas se ligam a uma molécula sinalizadora (o primeiro mensageiro) e produzem sinais secundários ou *segundos mensageiros*, dentro da célula. Os segundos mensageiros, cujas concentrações dentro da célula aumentam em resposta ao sinal, passam o sinal adiante ao alterarem o comportamento de proteínas celulares selecionadas, desse modo eliciando as alterações químicas no interior da célula. Esse processo pelo qual uma célula converte um sinal extracelular em uma resposta é chamado *transdução de sinal*. Dois dos segundos mensageiros mais amplamente usados são os íons cálcio e, nos animais e fungos, o AMP cíclico (adenosina monofosfato cíclico, uma molécula formada a partir do ATP).

A via de transdução de sinal pode ser dividida em três etapas: a *recepção*, a *transdução* e a *indução* (Figura 4.17). A ligação do hormônio (ou qualquer outro sinal químico) ao seu receptor específico representa a etapa de recepção. Durante a etapa de transdução, o segundo mensageiro, que é capaz de amplificar o estímulo e iniciar a resposta da célula, é formado no citosol ou nele liberado. O íon cálcio, Ca^{2+}, tem sido identificado como um segundo mensageiro envolvido em muitas respostas nas plantas. A ligação de um hormônio ao seu receptor específico dispara a liberação de íons Ca^{2+} armazenados no vacúolo para o citosol. Os íons Ca^{2+} entram no citosol através de canais específicos de Ca^{2+} presentes no tonoplasto. Em algumas células vegetais, lançamento de íons Ca^{2+} armazenados no lúmen do retículo endoplasmático pode também estar envolvido (ver Capítulo 3). Os íons Ca^{2+} combinam-se então com a *calmodulina*, a principal proteína que se liga ao cálcio nas células vegetais. O complexo Ca^{2+}-calmodulina influencia, ou induz, numerosos processos celulares, geralmente por meio da ativação de enzimas apropriadas.

Os plasmodesmos possibilitam a comunicação entre as células

Os *plasmodesmos*, estreitos filamentos de citoplasma que interligam os protoplastos de células vegetais contíguas, são também importantes vias na comunicação célula a célula. Uma vez que os protoplastos do corpo da planta estão intimamente interligados pelos plasmodesmos, os protoplastos com os plasmodesmos constituem um contínuo denominado *simplasto*. Coerentemente, o movimento de substâncias de célula para célula por meio dos plasmodesmos é chamado *transporte simplástico*. Por outro

lado, o contínuo das paredes celulares é denominado *apoplasto* e circunda o simplasto; o transporte de substâncias no apoplasto é denominado *transporte apoplástico*.

Como mencionado no Capítulo 3, os plasmodesmos são formados durante a citocinese, em consequência de porções do retículo endoplasmático tubular que ficaram presas na placa celular em formação. Os plasmodesmos também podem ser formados *de novo* em paredes celulares já existentes. Os plasmodesmos formados durante a divisão celular são denominados *plasmodesmos primários*, e aqueles formados após a citocinese são referidos como *plasmodesmos secundários*. A formação de plasmodesmos secundários é essencial a fim de estabelecer a comunicação entre células adjacentes, não derivadas de uma mesma célula precursora ou linhagem celular. Tipicamente, os plasmodesmos secundários são ramificados, e muitos são interconectados por uma cavidade na região da lamela média.

Conforme visualizado no microscópio eletrônico, o plasmodesmo aparece como um canal revestido de membrana plasmática, tipicamente atravessado por um filamento tubular de retículo endoplasmático firmemente constrito, denominado *desmotúbulo*, que tem continuidade com o retículo endoplasmático das células adjacentes. Na maioria dos plasmodesmos, o desmotúbulo não se parece com o retículo endoplasmático que lhe dá continuidade – ele é muito estreito em diâmetro e contém uma estrutura central semelhante a um bastão. A estrutura central representa a fusão das porções internas das duas camadas do retículo endoplasmático firmemente compactado formando o desmotúbulo (Figura 4.18). Embora algumas moléculas possam atravessar o desmotúbulo, quase todo transporte pelo plasmodesmo ocorre através do canal citoplasmático que circunda o desmotúbulo. Esse canal, denominado *manga citoplasmática*, é dividido em canais mais estreitos por proteínas globulares, que estão inseridas na parte interna da membrana plasmática e porção externa do desmotúbulo e interconectadas por estruturas semelhantes aos raios de uma roda. Por conseguinte, os plasmodesmos consistem em uma membrana plasmática externa, uma manga citoplasmática mediana e um desmotúbulo central.

Os plasmodesmos aparentemente fornecem uma via mais eficiente entre células vizinhas do que a rota alternativa, menos direta, através da membrana plasmática e a parede de uma célula e a parede e a membrana plasmática de uma segunda célula. Acredita-se que células e tecidos que estejam mais afastados das fontes diretas de nutrientes possam ser supridos com eles, por difusão simples ou pelo fluxo de massa através dos plasmodesmos. Além disso, como discutido no Capítulo 30, algumas substâncias são transportadas via plasmodesmos para dentro e para fora do xilema e do floema, tecidos estes relacionados com o transporte a longa distância no corpo da planta.

Evidências de transporte entre células, através dos plasmodesmos, foram obtidas de estudos usando corantes fluorescentes ou correntes elétricas. Os corantes que não atravessam facilmente a membrana plasmática podem ser observados movendo-se a partir das células nas quais eles foram introduzidos para células vizinhas e outras mais distantes (Figura 4.19). Esses estudos têm revelado que a maioria dos plasmodesmos pode permitir a passagem de moléculas com peso molecular que chega a 800 a 1.000. Desse modo, o tamanho efetivo dos poros dos plasmodesmos, ou o *tamanho do limite de exclusão* desses poros, é adequado para o livre movimento através deles de solutos pequenos, como açúcares, aminoácidos e moléculas sinalizadoras. No entanto, os

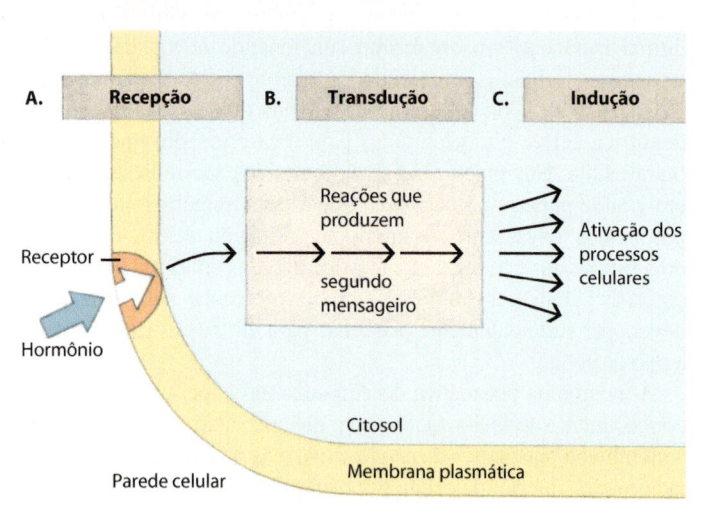

4.17 Modelo geral de uma via de transdução de sinal. A. Recepção. Um hormônio (ou outro sinal químico) liga-se a um receptor específico na membrana plasmática. **B.** Transdução. O receptor agora estimula a célula a produzir um segundo mensageiro. **C.** Indução. O segundo mensageiro entra no citosol e ativa os processos celulares. Em outros casos, os sinais químicos entram na célula e nela se ligam aos receptores específicos.

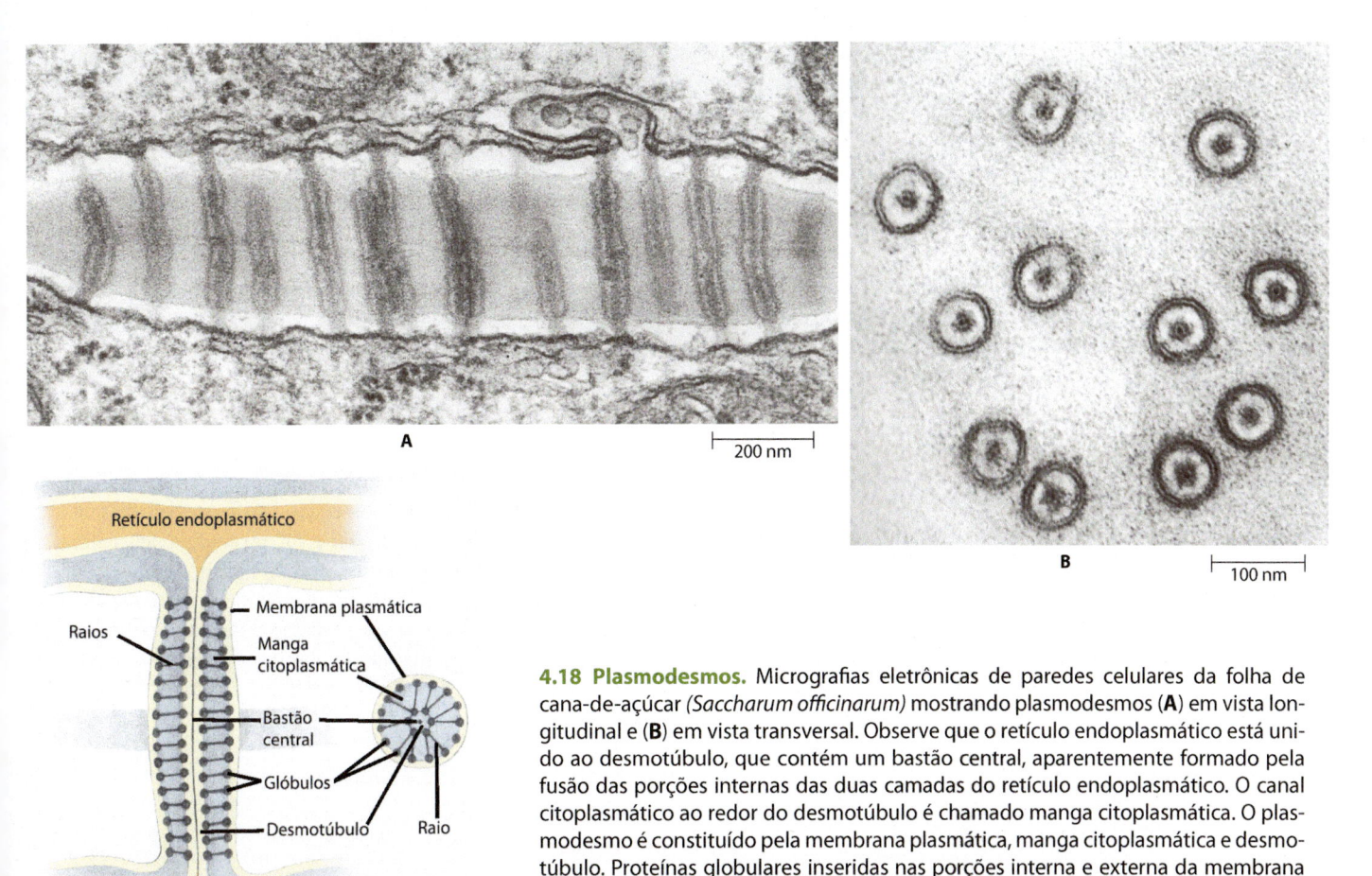

4.18 Plasmodesmos. Micrografias eletrônicas de paredes celulares da folha de cana-de-açúcar *(Saccharum officinarum)* mostrando plasmodesmos (**A**) em vista longitudinal e (**B**) em vista transversal. Observe que o retículo endoplasmático está unido ao desmotúbulo, que contém um bastão central, aparentemente formado pela fusão das porções internas das duas camadas do retículo endoplasmático. O canal citoplasmático ao redor do desmotúbulo é chamado manga citoplasmática. O plasmodesmo é constituído pela membrana plasmática, manga citoplasmática e desmotúbulo. Proteínas globulares inseridas nas porções interna e externa da membrana plasmática e desmotúbulo, respectivamente, são interconectadas por extensões semelhantes aos raios de uma roda. Observe que os glóbulos, com suas extensões semelhantes aos raios de uma roda, dividem a manga citoplasmática em diversos canais mais estreitos.

estudos envolvendo corantes fluorescentes revelaram a presença de barreiras em várias regiões do simplasto. Essas barreiras são devidas a diferenças nos tamanhos do limite de exclusão dos poros nas margens das várias regiões. Tais regiões são referidas como *domínios simplásticos*.

A passagem de impulsos de corrente elétrica de uma célula a outra pode ser monitorada por meio de eletrodos receptores colocados em células vizinhas. A magnitude da corrente elétrica varia com a densidade dos plasmodesmos e com o número e o comprimento de células entre o ponto em que foi aplicada e os eletrodos receptores. Isso indica que os plasmodesmos podem servir como uma via de sinalização elétrica entre as células vegetais.

Os plasmodesmos, no passado, eram imaginados como entidades um tanto passivas, que exerciam pouca influência direta sobre as substâncias que se moviam através deles. Agora sabemos que os plasmodesmos são estruturas dinâmicas, capazes de controlar, em vários graus, os movimentos intercelulares de moléculas e que possuem a capacidade de mediar o transporte célula a célula de macromoléculas, incluindo proteínas e uma ampla gama de RNA, desempenhando, desse modo, um papel importante na coordenação do crescimento e do desenvolvimento da planta. Nosso entendimento dos mecanismos de controle que regulam a permeabilidade dos plasmodesmos é ainda rudimentar. Claramente, o depósito e a degradação de calose (ver Capítulo 3) nas extremidades dos plasmodesmos desempenham

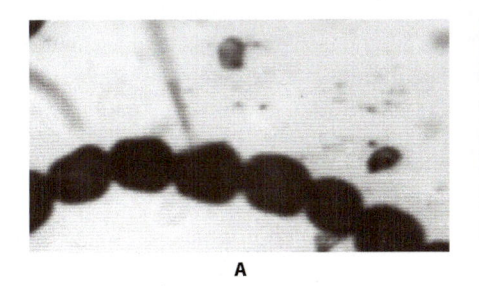
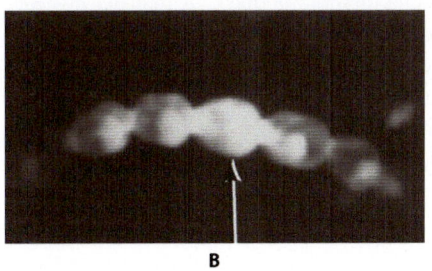
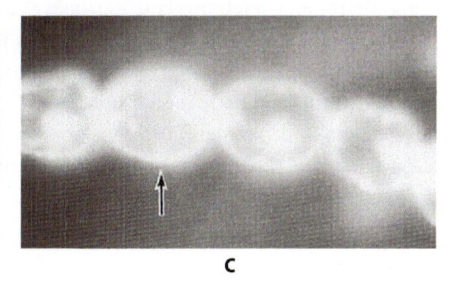

4.19 Movimento através dos plasmodesmos. A. Tricoma de um estame de *Setcreasea purpurea* antes da aplicação de fluoresceína dissódica, corante fluorescente. **B, C.** Dois e cinco minutos depois da aplicação do corante no citoplasma da célula indicada pela seta. Observe que o corante se movimentou em ambas as direções, para o citoplasma das células vizinhas. Uma vez que a membrana plasmática é impermeável ao corante, o seu movimento de célula a célula deve ter ocorrido via plasmodesmos que conectam células adjacentes.

um papel no controle de sua permeabilidade. A actina e a miosina, que ocorrem ao longo da extensão do plasmodesmo, podem fornecer um mecanismo contrátil para regular o tamanho dos orifícios.

RESUMO

A membrana plasmática regula a entrada e a saída de substâncias nas células, uma função que torna possível à célula a manutenção de sua integridade estrutural e funcional. Essa regulação depende da interação entre a membrana e as substâncias que passam através dela.

A água move-se a favor de um gradiente de potencial hídrico

A água é uma das principais substâncias que entra e sai das células. O potencial hídrico determina a direção na qual a água se move; ou seja, o movimento da água é de regiões de potencial hídrico mais alto (concentração de soluto mais baixa) para regiões de potencial hídrico mais baixo (concentração de soluto mais alta), desde que a pressão seja igual nas duas regiões. O conceito de potencial hídrico é útil porque ele permite aos fisiologistas vegetais predizer como a água se moverá na planta sob várias condições.

O movimento da água ocorre por fluxo de massa e difusão

O fluxo de massa é o movimento total das moléculas de água, do mesmo modo como a água escorre morro abaixo ou move-se em resposta à aplicação de pressão. A seiva move-se por fluxo de massa, a partir das folhas para as outras partes do corpo da planta. A difusão se dá pelo movimento independente das moléculas, resultando no movimento a favor de um gradiente de concentração. A difusão é mais eficiente quando a distância é curta e o gradiente é acentuado. Devido a suas atividades metabólicas, as células mantêm gradientes de concentração acentuados para muitas substâncias no citoplasma e entre diferentes compartimentos do citoplasma, via membrana plasmática. A taxa de movimento das substâncias dentro das células é aumentada pela corrente citoplasmática. O dióxido de carbono e o oxigênio são duas importantes moléculas apolares que entram e saem das células por difusão através da membrana plasmática.

A osmose é o movimento de água através de uma membrana seletivamente permeável

Uma membrana seletivamente permeável é uma membrana que permite o movimento da água, mas inibe a passagem de solutos. Na ausência de outras forças, o movimento da água por osmose ocorre de uma região de menor concentração de solutos, ou seja, de potencial hídrico mais alto, para uma região de maior concentração de solutos e, portanto, de potencial hídrico mais baixo. O turgor (rigidez) das células vegetais é consequência da osmose e da parede celular rígida, mas um pouco elástica.

As membranas consistem em uma camada dupla de lipídios com proteínas

A membrana plasmática e outras membranas celulares são compostas de uma camada dupla de lipídios, na qual as proteínas estão inseridas. Essa camada lipídica proporciona a estrutura básica e a natureza impermeável da membrana. Nas células vegetais, os principais tipos de lipídios são os fosfolipídios (os mais abundantes) e os esteróis. Diferentes proteínas de membrana desempenham funções distintas; algumas são enzimas, outras são receptores, e outras são proteínas de transporte. As duas superfícies de uma membrana diferem consideravelmente em composição química. A superfície externa da membrana plasmática é caracterizada por carboidratos de cadeias curtas; acredita-se que eles desempenham importantes papéis no reconhecimento de moléculas que interagem com a célula.

Moléculas pequenas atravessam membranas por difusão simples, difusão facilitada ou transporte ativo

Tanto a difusão simples quanto a facilitada (difusão auxiliada por proteínas carregadoras ou de canal) são processos de transporte passivo. Se o processo requer gasto de energia pela célula, ele é conhecido como transporte ativo. O transporte ativo pode mover substâncias contra seus gradientes de concentração ou gradientes eletroquímicos. Esse processo é mediado por proteínas de transporte conhecidas como bombas. Em células de plantas e de fungos, uma bomba importante é a enzima H^+-ATPase, que está ligada à membrana.

Moléculas e partículas grandes atravessam as membranas por meio de transporte mediado por vesículas

O controle do movimento de entrada e saída de grandes moléculas em uma célula ocorre por endocitose ou exocitose, processos nos quais substâncias são transportadas dentro de vesículas. Três formas de endocitose são conhecidas: fagocitose, na qual partículas sólidas são introduzidas nas células; pinocitose, na qual líquidos são introduzidos; e endocitose, mediada por receptores, na qual moléculas e íons a serem transportados para dentro da célula são ligados a receptores específicos na membrana plasmática. Durante a exocitose e a endocitose, porções de membrana são recicladas entre os corpos de Golgi e a membrana plasmática.

A transdução de sinais é o processo pelo qual as células usam mensageiros químicos para se comunicarem

Em organismos multicelulares, a comunicação entre as células é essencial para a coordenação das suas diferentes atividades, nos vários tecidos e órgãos. Grande parte dessa comunicação é conseguida por sinais químicos que passam através da membrana ou interagem com receptores na superfície da membrana. A maioria dos receptores são proteínas transmembrana, que se tornam ativas quando se ligam a uma molécula sinalizadora e geram segundos mensageiros no lado de dentro da célula. Os segundos mensageiros, por seu turno, amplificam o estímulo e ativam a resposta da célula. Esse processo é conhecido como transdução de sinal.

Os plasmodesmos possibilitam a comunicação entre as células

Os plasmodesmos também são importantes vias para a comunicação célula a célula. Todos os protoplastos das células interconectadas, com os seus plasmodesmos, constituem um contínuo denominado simplasto. O contínuo da parede celular que circunda o

Tabela-resumo O movimento de substâncias através de membranas

Movimento de íons e pequenas moléculas

Nome do processo	Movimento contra ou a favor de um gradiente	Requer proteínas de transporte?	Requer fonte de energia, como o ATP?	Substâncias transportadas	Comentários
Transporte passivo					
Difusão simples	A favor	Não	Não	Pequenas moléculas apolares (O_2, CO_2 e outras)	É o movimento de uma substância a favor de seu gradiente de concentração.
Osmose (um caso especial de difusão)	A favor	Não	Não	H_2O	É a difusão de água através de uma membrana seletivamente permeável.
Difusão facilitada	A favor	Sim	Não	Íons e moléculas polares	Proteínas carregadoras sofrem mudanças de conformação para transportar um soluto específico. Proteínas de canal formam poros preenchidos por água para íons específicos.
Transporte ativo	Contra	Sim	Sim	Íons e moléculas polares	Frequentemente envolve bombas de prótons. Permite às células acumular ou eliminar solutos em altas concentrações.

Movimento de grandes moléculas e partículas (transporte mediado por vesículas)

Nome do processo	Função básica	Exemplos e comentários
Exocitose	Liberação de materiais da célula	Secreção de polissacarídios da matriz da parede celular; secreção de enzimas digestivas por plantas carnívoras.
Endocitose	Introdução de materiais na célula	
Fagocitose	Ingestão de sólidos	Ingestão de bactérias, resíduos celulares.
Pinocitose	Introdução de líquidos	Incorporação de fluidos do ambiente.
Endocitose mediada por receptor	Introdução de moléculas específicas	As moléculas ligam-se a receptores específicos, em reentrâncias revestidas por clatrina, que então se invaginam para formar vesículas revestidas na célula.

simplasto é denominado apoplasto. Os plasmodesmos eram imaginados como entidades um tanto passivas, através das quais íons e pequenas moléculas se moviam por difusão simples ou fluxo de massa. No entanto, atualmente se sabe que os plasmodesmos são estruturas dinâmicas, capazes de controlar o movimento intercelular de moléculas de diversos tamanhos.

Autoavaliação

1. Qual é a diferença entre uma substância que se move *a favor* de um gradiente de concentração e uma substância que se move *contra* esse gradiente?

2. Ao final das Guerras Púnicas, quando os romanos destruíram a cidade de Cartago (em 146 a.C.), diz-se que eles semearam a terra com sal e araram. Explique, em termos dos processos fisiológicos discutidos neste capítulo, por que essa ação tornaria o solo estéril para a maioria das plantas por muitos anos.

3. Após o degelo da primavera e com as chuvas de abril, os proprietários de casas nos países temperados frequentemente se de-param com água retornando do esgoto, porque o encanamento encontra-se entupido com raízes. Com as informações obtidas neste capítulo, explique como as raízes acabam indo para dentro do encanamento de esgoto.

4. O transporte ativo secundário é significativo para as plantas, uma vez que ele permite a uma célula acumular até mesmo solutos neutros em concentrações muito mais altas do que aquelas encontradas fora das células. Usando os termos: bomba de prótons (H^+-ATPase), gradiente de prótons, cotransporte acoplado a prótons, cotransporte sacarose-próton, transporte ativo primário e transporte ativo secundário, explique como este sistema funciona.

5. O que é transporte mediado por vesículas, e como a endocitose difere da exocitose?

6. Quais são as diferenças entre fagocitose e endocitose mediada por receptores?

7. Explique em termos gerais o que acontece em cada etapa – recepção, transdução e indução – da via de transdução de sinais.

8. Faça um esquema de um plasmodesmo, com dísticos, e explique a sua estrutura.

SEÇÃO 2

Energética

◀ As folhas verdes fotossintetizantes da videira *(Vitis vinifera)* constituem a principal fonte de açúcares, e seus frutos – as uvas – representam um dos importantes destinos desses açúcares. O suco repleto de açúcar das uvas pode ser extraído, armazenado em condições anaeróbicas com leveduras e convertido em vinho pelo metabolismo da glicose em etanol.

CAPÍTULO 5

Fluxo de Energia

◀ **Liberação de calor.** *Symplocarpus foetidus,* uma arácea norte-americana que emerge no final do inverno, derrete a neve e o gelo ao seu redor ao hidrolisar o ATP – que fornece a energia para a maioria das atividades celulares – a ADP, liberando energia na forma de calor. Apesar do frio, a planta mantém uma temperatura interna constante de 22°C e emite um odor fétido que atrai moscas e abelhas polinizadoras, assegurando a sua reprodução.

SUMÁRIO

Leis da termodinâmica

Oxidação-redução

Enzimas

Cofatores na ação enzimática

Vias metabólicas

Regulação da atividade enzimática

Fator de energia | ATP

A vida na Terra é dependente da energia solar. Praticamente cada processo vital depende de um fluxo estável de energia proveniente do Sol. Uma grande quantidade de energia solar – estimada em torno de 13×10^{23} calorias por ano – atinge a Terra. (Uma caloria é a quantidade de calor necessária para elevar em 1°C a temperatura de um grama de água.) Cerca de 30% dessa energia solar é imediatamente refletida de volta ao espaço na forma de luz, assim como a luz é refletida pela Lua. Cerca de 20% é absorvida pela atmosfera da Terra. A maior parte dos 50% restantes é absorvida pela própria Terra e convertida em calor. Parte dessa energia absorvida na forma de calor é utilizada na evaporação da água dos oceanos, produzindo nuvens que, por sua vez, produzem chuva e neve. A energia solar, em combinação com outros fatores, também é responsável pela movimentação do ar e da água, que ajudam na manutenção dos padrões climáticos sobre a superfície terrestre.

Menos de 1% da energia solar que atinge a Terra é capturada pelas células vegetais e outros organismos fotossintetizantes e é convertida por eles na energia que impulsiona os processos vitais. Os organismos vivos transformam uma forma de energia em outra, convertendo a energia radiante do Sol em energia química, elétrica e mecânica, usadas praticamente em todos os organismos vivos em nosso planeta (Figura 5.1).

Esse fluxo de energia é a essência da vida. De fato, uma maneira de ver a evolução é como uma competição entre organismos pelo uso mais eficiente dos recursos energéticos. Uma célula pode ser entendida melhor se for considerada como um sistema complexo para a transformação de energia. Na outra extremidade da escala biológica, a estrutura de um ecossistema (*i. e.*, o conjunto de todos os organismos vivos em um local particular e dos fatores abióticos com os quais eles interagem) ou da própria biosfera (a zona de ar, terra e água, na superfície terrestre, ocupada pelos organismos vivos) é determinada pelas trocas de energia que ocorrem entre os grupos de organismos contidos nela mesma.

Neste capítulo, veremos primeiramente os princípios gerais que governam todas as transformações de energia. Então, voltaremos nossa atenção para as vias características nas quais as células regulam as transformações energéticas que ocorrem dentro

PONTOS PARA REVISÃO

Após a leitura deste capítulo, você deverá ser capaz de responder às seguintes questões:

1. Qual é a primeira lei da termodinâmica? Qual é a segunda lei da termodinâmica? Como elas estão relacionadas com os seres vivos?

2. Por que as reações de oxidação-redução são importantes na biologia?

3. Como as enzimas catalisam as reações químicas? Cite alguns dos fatores que influenciam a atividade enzimática.

4. Como a inibição por retroalimentação regula as atividades celulares?

5. O que são reações acopladas, e como o ATP funciona como um intermediário entre as reações exergônicas e endergônicas?

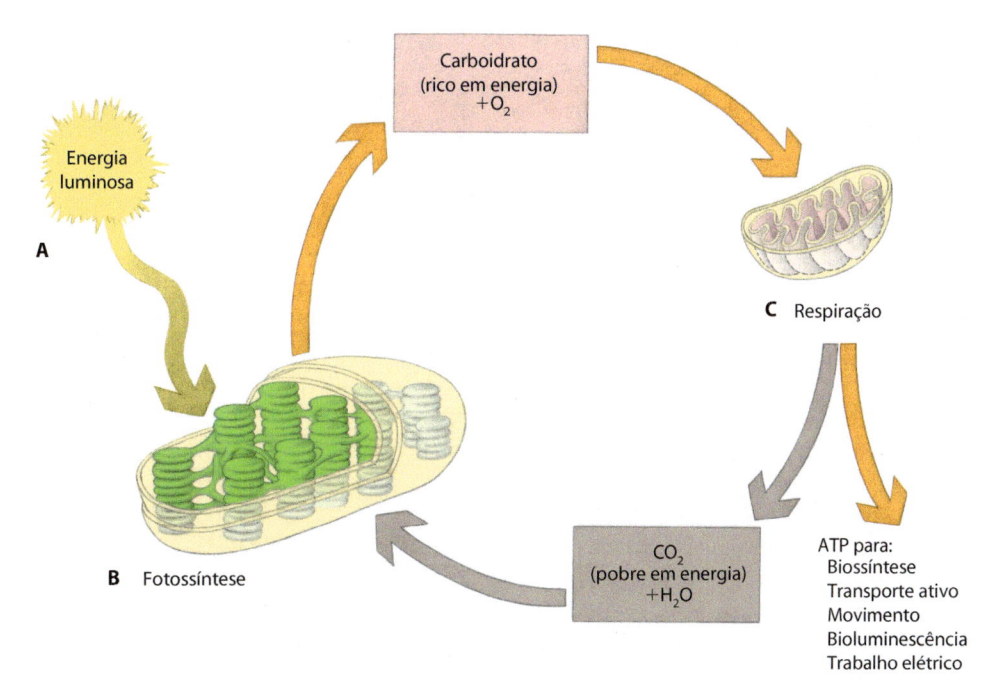

5.1 Fluxo de energia na biosfera. A. A energia radiante da luz solar é produzida por reações de fusão nuclear que ocorrem no Sol. **B.** Os cloroplastos, presentes em todas as células eucarióticas fotossintetizantes, capturam a energia radiante da luz solar e a utilizam para converter a água e o dióxido de carbono em carboidratos, como a glicose, a sacarose ou o amido. O oxigênio é liberado para a atmosfera como produto das reações fotossintéticas. **C.** A mitocôndria, presente em células eucarióticas, realiza os passos finais na quebra desses carboidratos e captura sua energia em moléculas de ATP. Esse processo, que é a respiração celular, consome oxigênio e produz dióxido de carbono e água, completando o ciclo das moléculas. Em cada transformação, parte da energia é dissipada para o ambiente na forma de calor. Desta maneira, o fluxo de energia através da biosfera ocorre em uma única direção. Esse fluxo pode continuar somente enquanto houver um fornecimento de energia proveniente do Sol. O fluxo de energia também ocorre em células procarióticas, com fotossíntese limitada às bactérias fotossintetizantes. A respiração ocorre na grande maioria dos organismos fotossintetizantes.

dos organismos vivos. Nos capítulos seguintes, iremos examinar os principais e complementares processos de fluxo de energia da biosfera: respiração (Capítulo 6) e fotossíntese (Capítulo 7).

Leis da termodinâmica

A *energia* é um conceito de difícil definição. Atualmente é definida em geral como a capacidade para realizar trabalho. Até cerca de 200 anos atrás, o calor – a forma de energia mais facilmente estudada – era considerado uma substância isolada, sem peso, conhecida como "calórico". Um objeto era quente ou frio dependendo de quanto calórico ele continha. Quando um objeto frio era colocado próximo a um objeto quente, o calórico fluía do objeto quente para o objeto frio; e, quando um metal era martelado, ele se tornava aquecido porque o calórico era forçado para a superfície. Muito embora a ideia de "calórico" tenha se revelado incorreta, o conceito tornou-se surpreendentemente útil.

O desenvolvimento da máquina a vapor no final do século 18, mais do que qualquer outro simples conjunto de eventos, mudou o pensamento científico a respeito da natureza da energia. A energia tornou-se associada a trabalho, e calor e movimento passaram a ser vistos como formas de energia. Essa nova compreensão levou ao estudo da *termodinâmica* – a ciência das transformações de energia – e à formulação de suas leis.

A primeira lei declara que a energia total do universo é constante

De maneira simplificada, a *primeira lei da termodinâmica* estabelece: *a energia pode ser alterada de uma forma em outra, mas não pode ser criada ou destruída*. Em motores, por exem-

plo, a energia química (como no álcool ou na gasolina) é convertida em calor ou energia térmica, que é então parcialmente convertida em movimentos mecânicos (energia cinética). Parte dessa energia é convertida de volta em calor pela fricção desses movimentos, e outra parte é liberada do motor na forma de produtos de exaustão. Diferentemente do calor no motor ou em um aquecedor, o calor produzido por fricção e perdido na exaustão não pode produzir "trabalho" – isto é, não pode mover pistões ou girar engrenagens – porque é dissipado para o ambiente. Entretanto, este calor dissipado é parte da equação total. De fato, engenheiros calculam que a maior parte da energia consumida por um motor é dissipada aleatoriamente como calor; a maioria dos motores trabalha com uma eficiência menor do que 25%.

A noção de *energia potencial* foi desenvolvida ao longo dos estudos de eficiência de motores. Um barril de petróleo ou uma tonelada de carvão poderiam ser relacionados com uma certa quantidade de energia potencial, expressa em termos da quantidade de calor que seria liberada após a combustão. A eficiência da conversão da energia potencial em energia útil depende do projeto do sistema de conversão de energia.

Embora esses conceitos tenham sido formulados em termos de máquinas movidas a energia térmica, eles podem ser aplicados a outros sistemas. Por exemplo, uma grande pedra empurrada para o topo de um morro possui energia potencial. Dado um pequeno empurrão (a energia de ativação), a pedra rola morro abaixo, convertendo a energia potencial em energia cinética (de movimento), e em calor produzido por fricção. Como mencionado no Capítulo 4, a água também pode possuir energia potencial (ver Capítulo 4). A água, ao deslocar-se por fluxo de massa do topo de uma cachoeira ou de cima de uma represa, pode movimentar as rodas d'água que giram as engrenagens, por exemplo, para moer o milho. Assim, a energia potencial da água, nesse sistema em particular, é convertida em energia cinética das rodas e engrenagens, e em calor, que é produzido pelo próprio movimento da água e pela fricção das rodas e engrenagens.

A luz é uma outra forma de energia, assim como a eletricidade. Luz pode ser convertida em energia elétrica, e energia elétrica pode ser convertida em luz (p. ex., quando eletricidade passa pelo filamento de tungstênio em uma lâmpada comum, tornando-o incandescente).

A primeira lei da termodinâmica pode ser enunciada de uma forma mais completa como se segue: *Em todas as trocas e conversões de energia, o total da energia de um sistema e de seu meio circundante após a conversão é igual à energia total antes da conversão.* Um "sistema" pode ser qualquer entidade claramente definida – por exemplo, um bastão de dinamite, um motor de automóvel, uma mitocôndria, uma célula viva, uma árvore, uma floresta, ou a própria Terra. O "meio circundante" de um sistema corresponde a tudo que está fora dele.

A primeira lei da termodinâmica pode ser considerada como uma simples regra de contabilidade: quando registramos uma entrada de energia e seus gastos por qualquer processo físico ou reação química, o saldo deve ser zero. (Observe, entretanto, que a primeira lei da termodinâmica não se aplica às reações nucleares, em que, de fato, energia é criada pela conversão de massa em energia).

A segunda lei declara que a entropia do universo está aumentando

A energia liberada como calor em um processo de conversão de energia não é destruída – ela ainda está presente no movimento aleatório dos átomos e das moléculas – mas é perdida para qualquer fim prático. Ou seja, essa energia não está mais disponível para realizar trabalho útil. Isso nos leva à *segunda lei da termodinâmica*, que é a mais importante do ponto de vista biológico. Ela prediz a direção de todos os eventos envolvidos nas trocas de energia. Por isso, foi chamada "seta do tempo".

A segunda lei enuncia: *Em todas as trocas e conversões de energia, se nenhuma energia sai ou entra no sistema em estudo, a energia potencial do estado final do sistema será sempre menor do que no estado inicial.* A segunda lei está totalmente em acordo com a experiência diária (Figura 5.2). Uma vez que uma pedra role colina abaixo, ela nunca subirá espontaneamente. Uma bola que é deixada cair irá quicar, mas não exatamente de volta à altura em que foi solta. O calor fluirá de um objeto quente para um frio, e nunca ao contrário.

Um processo no qual a energia potencial final é menor que no estado inicial do sistema é um processo que libera energia. Tal processo é dito *exergônico* ("liberador de energia"). Apenas processos exergônicos podem ocorrer espontaneamente. Embora "espontaneamente" tenha um sentido bem conhecido, a palavra não diz nada a respeito da velocidade do processo – apenas que um certo processo pode ocorrer sem uma entrada de energia externa ao sistema. Por outro lado, um processo no qual a energia potencial no estado final é maior que no estado inicial requer energia externa. Tal processo é dito *endergônico* ("requer energia"). Para um processo endergônico ocorrer, deve haver uma entrada de energia externa ao sistema.

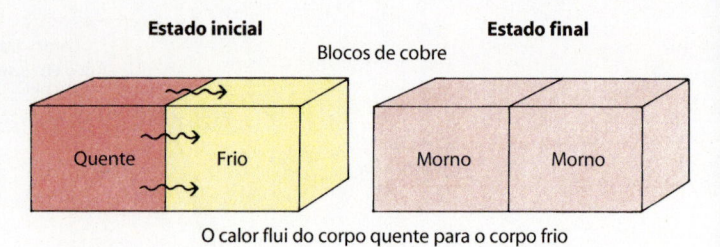

Estado inicial   **Estado final**
Blocos de cobre

Quente   Frio   Morno   Morno

O calor flui do corpo quente para o corpo frio

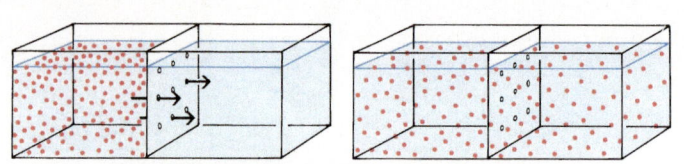

As partículas de soluto movem-se da região de maior concentração para a região de menor concentração

A ordem torna-se desordem

5.2 Algumas ilustrações da segunda lei da termodinâmica. Em cada exemplo, a concentração de energia – no bloco de cobre aquecido, nas partículas de soluto em um lado de um tanque e na fileira organizada de livros – é dissipada. Na natureza, os processos tendem para a aleatoriedade, ou desordem. Apenas uma entrada de energia pode reverter esta tendência espontânea e reestruturar o estado inicial do sistema a partir de seu estado final. Entretanto, em última análise, a desordem prevalecerá, porque a quantidade total de energia no universo é finita.

Um importante fator que determina se uma reação é ou não exergônica é ΔH, a mudança (variação) no conteúdo de calor em um sistema, em que Δ representa variação e H representa o conteúdo de calor (o termo formal para H é "entalpia"). A variação no conteúdo de calor é aproximadamente igual à variação no potencial de energia. A mudança de energia que ocorre quando, por exemplo, a glicose é oxidada pode ser medida em um calorímetro e expressa em termos de ΔH. A completa oxidação de um mol[1] de glicose em dióxido de carbono e água produz 673 quilocalorias (kcal):

$$C_6H_{12}O_6 + 6O_2 \longrightarrow 6CO_2 + 6H_2O + 673 \text{ kcal}$$

Glicose   Oxigênio   Dióxido de   Água   Calor
                       carbono   liberado

$$\Delta H = -673 \text{ kcal/mol}$$

Em muitos casos, uma reação química exergônica é também uma reação exotérmica – isto é, libera calor e tem, assim, ΔH negativo. (Quando se efetuam medições metabólicas, utiliza-se geralmente a quilocaloria ou kcal; uma quilocaloria é a quantidade de calor necessária para elevar em 1°C a temperatura de um quilograma de água.)

---

[1]Um mol é a quantidade de uma substância com peso em gramas que é numericamente igual a seu peso atômico ou peso molecular. Por exemplo, o dióxido de carbono (CO_2) tem um peso molecular de 44, de modo que um mol de CO_2 é igual a 44 gramas de CO_2. A glicose ($C_6H_{12}O_6$) tem um peso molecular de 180, de modo que um mol de glicose é igual a 180 gramas de glicose.

Outro fator, além do ganho ou da perda de calor, determina a direção de um processo. Esse fator, chamado *entropia* (simbolizado pela letra *S*), é uma medida de desordem ou aleatoriedade de um sistema. Voltemos à água como um exemplo. A mudança de gelo para água líquida e de água líquida para vapor de água são processos endotérmicos – uma considerável quantidade de calor é absorvida do meio em que eles ocorrem. Ainda, sob condições adequadas, esses processos ocorrem espontaneamente. O fator-chave nesses processos é o aumento de entropia. No caso da mudança de gelo em água, um sólido está se tornando um líquido e algumas das pontes de hidrogênio que mantêm as moléculas de água agrupadas em um cristal de gelo são quebradas. Conforme a água líquida se transforma em vapor, as pontes de hidrogênio restantes são rompidas, à medida que as moléculas de água são separadas uma por uma. Em cada situação, ocorreu um aumento da desordem do sistema.

A ideia de que há maior desordem associada a numerosos objetos pequenos do que a um número menor de objetos maiores faz parte de nossa experiência diária. Se há 20 papéis sobre a escrivaninha, as possibilidades para a desordem são maiores do que se houvesse apenas 2 ou até mesmo 10 papéis. Se cada um dos 20 papéis fosse cortado ao meio, a entropia do sistema – a capacidade para a aleatoriedade – seria maior. A relação entre entropia e energia também é uma ideia amplamente conhecida. Se você encontrasse seu quarto arrumado e livros ordenados alfabeticamente na estante, você reconheceria que alguém realizou um trabalho – que energia foi gasta para tanto. Similarmente, para organizar os papéis sobre a escrivaninha, requer-se, também, gasto energético.

Agora retornemos à questão das mudanças de energia que determinam o curso (direção) das reações químicas. Como discutido anteriormente, as mudanças tanto no conteúdo de calor do sistema (ΔH) quanto na entropia (ΔS) contribuem para a mudança total na energia. Essa mudança – que leva em consideração o calor e a entropia – é chamada *mudança na energia livre* e simbolizada por ΔG, em homenagem ao físico americano Josiah Willard Gibbs (1839-1903), um dos primeiros a integrar todas essas ideias.

Tendo ΔG em mente, examinemos uma vez mais a oxidação da glicose. A ΔH dessa reação é –673 kcal/mol. A ΔG é –686 kcal/mol. [Observe que se trata de valores em *condições padronizadas*, com presença de todos os reagentes e produtos em uma concentração de 1 molar (1 mol por litro), bem como uma temperatura de 25°C e pressão de 1 atmosfera. Os valores verdadeiros, sob condições reais, tendem a ser um pouco diferentes.] Assim, o fator entropia contribui com 13 kcal/mol para a variação da energia livre nessa reação. Tanto as variações no conteúdo de calor quanto as de entropia contribuem para um menor estado energético do produto da reação.

A relação entre ΔG, ΔH e entropia é dada pela seguinte equação:

$$\Delta G = \Delta H - T\Delta S$$

Esta equação especifica que a variação na energia livre é igual à variação no conteúdo de calor (valor negativo em reações exotérmicas, que liberam calor) menos a variação na entropia, multiplicada pela temperatura absoluta *T*. Em reações exergônicas, ΔG é sempre negativo, mas ΔH pode ser zero ou positivo. Uma vez que *T* é sempre um valor positivo, quanto maior a variação da entropia, mais negativo será ΔG, isto é, mais exergônica a

reação será. Portanto, é possível enunciar a segunda lei da termodinâmica de uma forma mais simples: *Todos os processos que ocorrem naturalmente (espontaneamente) são exergônicos.*

Os organismos vivos requerem uma entrada constante de energia

A implicação mais interessante da segunda lei para a biologia está na relação entre entropia e organização. Os sistemas vivos estão continuamente gastando grandes quantidades de energia para manter sua organização. Considerados em termos de reações químicas, os organismos vivos continuamente gastam energia para se manterem distantes do equilíbrio termodinâmico. Se o equilíbrio fosse atingido, as reações químicas na célula, para fins práticos, parariam e nenhum trabalho poderia ser feito. No equilíbrio, uma célula viva morreria.

O universo é um sistema fechado – isto é, nem matéria nem energia saem ou entram no sistema. A matéria e a energia presentes no universo na época da "grande explosão" (*big bang*) constituem toda a matéria e energia que sempre existirá. Além disso, após cada troca e transformação de energia, o universo como um todo fica com menos energia potencial e mais entropia que antes. Nesse sentido, o universo está decaindo. As estrelas irão se apagar, uma após a outra. A vida – qualquer forma de vida em qualquer planeta – chegará a um fim. Finalmente, até mesmo o movimento de moléculas individuais irá parar. Tenha ânimo, entretanto. Mesmo o mais pessimista entre nós não acredita que isso irá ocorrer nos próximos 20 bilhões de anos ou mais.

Neste meio tempo, a vida pode existir justamente *porque* o universo está decaindo (aumentando sua entropia total). Embora o universo como um todo seja um sistema fechado, a Terra não o é. Ela é um sistema aberto (Figura 5.3), recebendo uma entrada de energia de cerca de 13×10^{23} calorias por ano do Sol. Os organismos fotossintetizantes são especialistas na captura da energia luminosa liberada pela lenta combustão do Sol. Eles utilizam essa energia para organizar moléculas pequenas e simples (água e dióxido de carbono) em moléculas grandes e mais complexas (açúcares). Nesse processo, a captura de energia luminosa é estocada como energia química nas ligações das moléculas de açúcares e de outras moléculas.

As células vivas – incluindo as células fotossintetizantes – podem converter essa energia estocada em movimento, eletricidade e luz e, por converter a energia de um tipo de ligação química em outro, em formas de energia química mais úteis. Em cada transformação, parte da energia é perdida para o meio circundante na forma de calor. Mas antes de a energia capturada do Sol ser totalmente dissipada, os organismos utilizam essa energia para criar e manter a complexa organização das estruturas e das atividades que conhecemos como vida.

Oxidação-redução

As reações químicas são essencialmente transformações de energia, nas quais a energia estocada nas ligações químicas é transferida para novas ligações formadas. Nessas transferências, os elétrons mudam de um nível energético para outro. Em muitas reações, os elétrons passam de um átomo ou uma molécula para outro átomo ou molécula. Essas reações, conhecidas como *reações de oxidação-redução* (também conhecidas como oxirredução ou reações redox), são de grande importância nos organismos vivos.

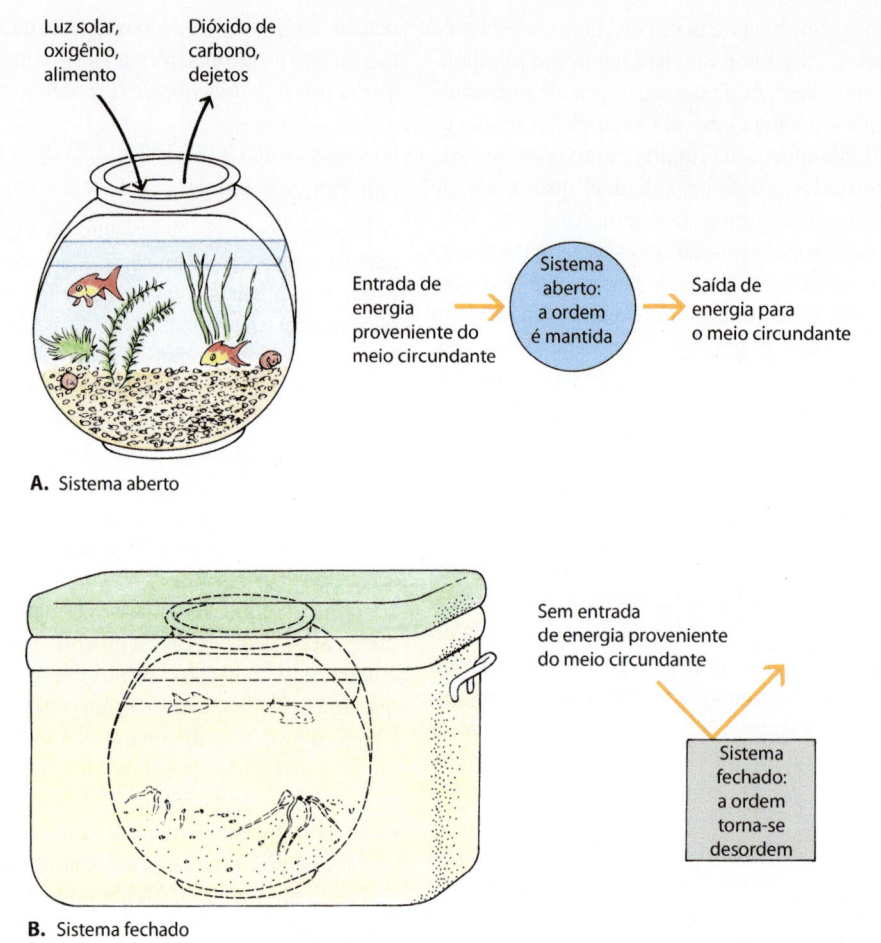

Luz solar, oxigênio, alimento

Dióxido de carbono, dejetos

Entrada de energia proveniente do meio circundante

Sistema aberto: a ordem é mantida

Saída de energia para o meio circundante

A. Sistema aberto

Sem entrada de energia proveniente do meio circundante

Sistema fechado: a ordem torna-se desordem

B. Sistema fechado

5.3 Sistemas aberto e fechado. A. Um aquário de peixe é, tal como a Terra, um sistema aberto – matéria e energia entram e saem do sistema. A luz solar passa através do vidro, o oxigênio difunde-se para dentro até a superfície da água e o alimento é adicionado por um ser humano. O calor deixa o sistema através do vidro e da abertura no topo, o dióxido de carbono difunde-se para fora até a superfície da água, e os dejetos dos animais são removidos quando o aquário é limpo. Embora energia seja perdida pelo sistema através de cada uma de suas trocas, um suprimento constante de energia – principalmente alimento – do meio externo ao sistema mantém sua ordem. **B.** Entretanto, se o aquário for colocado em um recipiente opaco que é selado e isolado, ele se tornará um sistema fechado, constituído pelo próprio aquário, seus conteúdos internos e o ar dentro do recipiente. Nem matéria nem energia poderão entrar ou sair do sistema. Passado um período após o fechamento do recipiente, a energia continuará a ser convertida de uma forma em outra pelos organismos no aquário. Entretanto, em cada uma das conversões de energia, parte dela será transformada em calor e dissipada pela água, pelo vidro e pelo ar dentro do recipiente. Com o tempo, o sistema decairá – os organismos morrerão, e seus corpos serão degradados. A organização originalmente presente no sistema se transformará em uma desorganização de átomos e moléculas individuais, movendo-se aleatoriamente.

A *perda* de um elétron é conhecida como *oxidação*, e o átomo ou a molécula que perde o elétron se diz oxidado. A razão pela qual essa reação é conhecida como oxidação deve-se ao fato de o oxigênio, que atrai fortemente os elétrons, ser frequentemente um aceptor de elétrons (molécula que recebe elétrons).

Redução é, ao contrário, o *ganho* de um elétron. As reações de oxidação e redução sempre ocorrem simultaneamente. O elétron perdido pelo átomo oxidado é recebido por outro átomo que fica reduzido – daí vem o termo "redox" para as reações de oxidação-redução (Figura 5.4).

As reações redox podem envolver apenas um único elétron, como quando o sódio (Na) perde um elétron e é oxidado a Na^+ e o cloro (Cl) ganha um elétron e é reduzido a Cl^-. Em reações biológicas, entretanto, o elétron frequentemente é acompanhado de um próton, tal como um átomo de hidrogênio. Nesses casos, a oxidação envolve a remoção de átomos de hidrogênio, e a redução, o ganho de átomos de hidrogênio. Por exemplo, quando a glicose é oxidada no processo de respiração celular,

elétrons e prótons são perdidos pela molécula de glicose e ganhos por átomos de oxigênio que, por sua vez, são reduzidos à água:

$$C_6H_{12}O_6 + 6O_2 \longrightarrow 6CO_2 + 6H_2O + Energia$$

Glicose   Oxigênio   Dióxido de   Água
                          carbono

Os elétrons movem-se para um nível de energia mais baixo, liberando energia. Em outras palavras, a oxidação da glicose é um processo exergônico.

Ao contrário, durante a fotossíntese, os elétrons e átomos de hidrogênio são transferidos da água para o dióxido de carbono, desse modo oxidando a água a oxigênio e reduzindo o dióxido de carbono para formar as moléculas de açúcar com três carbonos:

$$6CO_2 + 6H_2O + Energia \longrightarrow 2C_3H_6O_3 + 6O_2$$

Dióxido de   Água   Açúcar de   Oxigênio
carbono   três carbonos

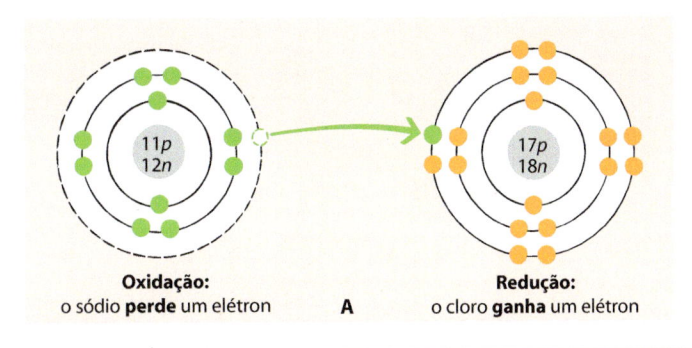

Oxidação:
o sódio **perde** um elétron

A

Redução:
o cloro **ganha** um elétron

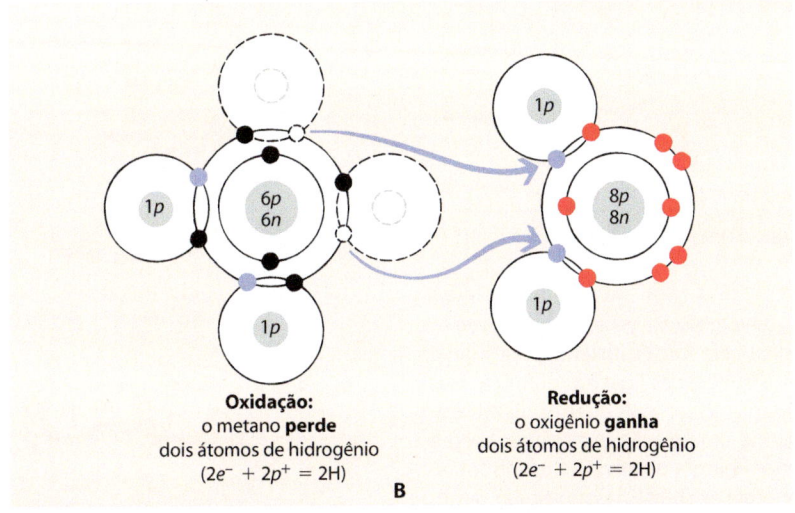

Oxidação:
o metano **perde**
dois átomos de hidrogênio
$(2e^- + 2p^+ = 2H)$

Redução:
o oxigênio **ganha**
dois átomos de hidrogênio
$(2e^- + 2p^+ = 2H)$

B

5.4 Reações redox. A. Em algumas reações de oxidação-redução, como a oxidação do sódio (Na^+) e a redução do cloro (Cl^-), um único elétron é transferido de um átomo para outro. Essas reações simples tipicamente envolvem elementos ou compostos inorgânicos. **B.** Em outras reações de oxidação-redução, como a oxidação do metano (CH_4), os elétrons são acompanhados por prótons. Nessas reações, que frequentemente envolvem moléculas orgânicas, a oxidação é a perda de átomos de hidrogênio e a redução é o ganho de átomos de hidrogênio. Quando um átomo de oxigênio ganha dois átomos de hidrogênio, como mostrado aqui, o produto, evidentemente, é uma molécula de água.

Nesse caso, os elétrons são movidos para um nível energético mais alto, e uma entrada de energia é requerida para a reação ocorrer. A redução do dióxido de carbono a açúcar, em outras palavras, é um processo endergônico.

A oxidação completa de um mol de glicose em condições padronizadas, conforme definido anteriormente, libera 686 quilocalorias de energia (*i. e.*, $\Delta G = -686$ kcal/mol). Contrariamente, a redução do dióxido de carbono para formar o equivalente a um mol de glicose estoca 686 quilocalorias de energia nas ligações químicas da glicose.

Se a energia liberada durante a oxidação da glicose pelo oxigênio fosse liberada toda de uma única vez, a maioria dela seria dissipada como calor. Não apenas seria uma energia não útil para a célula, mas a alta temperatura resultante da liberação de energia destruiria a célula. No entanto, nos organismos vivos desenvolveram-se mecanismos que regulam essas reações químicas – além de outros – de tal modo que, durante a oxidação da glicose, a liberação da energia se dá em pequenas quantidades. A energia liberada é, por sua vez, estocada em certas ligações químicas que, posteriormente, podem liberar a energia conforme a necessidade da célula. Estes mecanismos que requerem apenas poucos tipos de moléculas capacitam as células a utilizar a energia eficientemente, sem romper o delicado equilíbrio que caracteriza a organização de um organismo vivo. Para compreender como esses mecanismos funcionam, devemos olhar mais de perto as proteínas conhecidas como enzimas e a molécula conhecida como ATP.

Enzimas

A maior parte das reações químicas requer a entrada de energia inicial, para que elas possam ter início. Isso é válido mesmo para as reações exergônicas, como a oxidação da glicose ou a combustão do gás natural no fogão doméstico. A energia necessária para que as moléculas reajam é conhecida como *energia de ativação* (Figura 5.5).

No laboratório, a energia de ativação é normalmente fornecida como calor. Na célula, entretanto, muitas reações estão ocorrendo ao mesmo tempo, e o calor afetaria todas essas reações indiscriminadamente. Além disso, o calor excessivo pode quebrar as pontes de hidrogênio que mantêm a estrutura de muitas moléculas celulares, e teria outros efeitos destrutivos. As células evitam esse problema através do uso de *enzimas*, moléculas proteicas que são especializadas para atuar como catalisadores.

Um *catalisador* é uma substância que diminui a energia de ativação necessária para uma reação pela formação de uma associação temporária com as moléculas que estão reagindo. Essa associação temporária aproxima as moléculas reagentes, umas das outras, e pode enfraquecer também as ligações químicas existentes, facilitando a formação de novas ligações. Como resultado, pouca ou nenhuma energia adicional é necessária para iniciar a reação, e ela então procede mais rapidamente do que seria esperado na ausência do catalisador. O catalisador em si

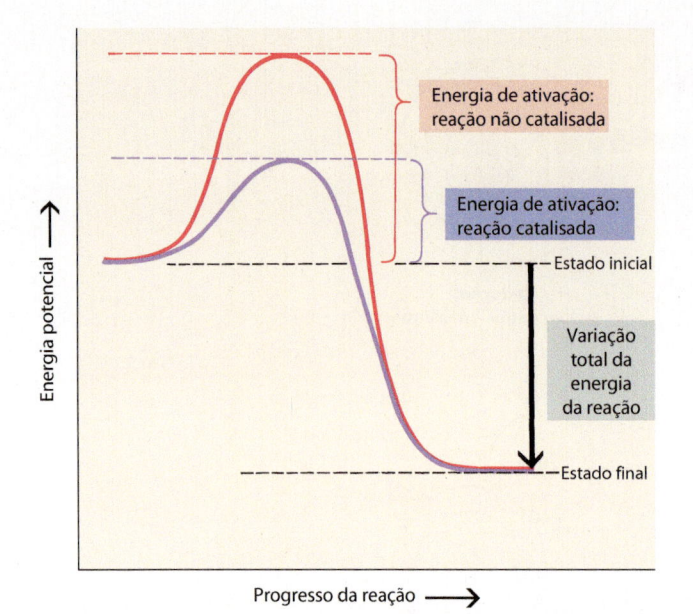

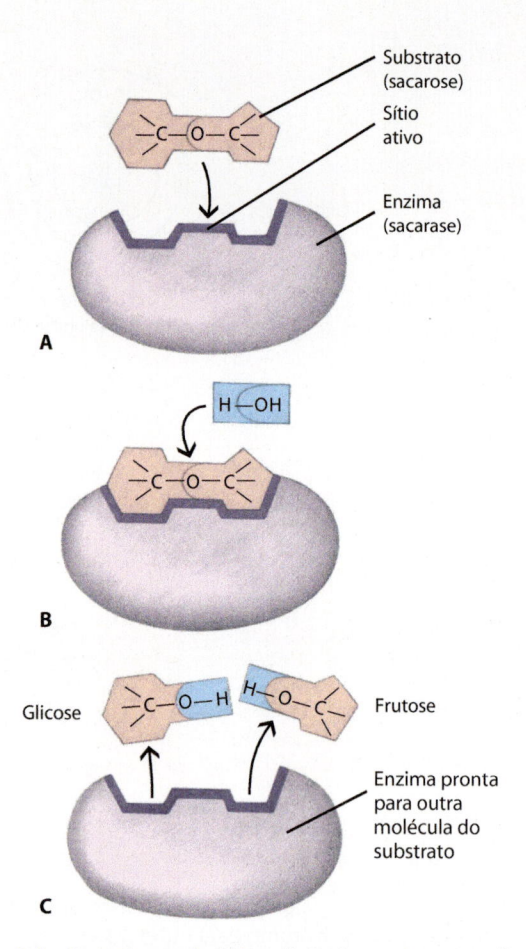

5.5 Energia de ativação em reações catalisadas e não catalisadas. Para reagir, as moléculas devem possuir energia suficiente – a energia de ativação – para colidir com força suficiente para superar as forças de repulsão mútuas e quebrar as ligações químicas existentes. Uma reação não catalisada requer mais energia de ativação que uma reação catalisada, como uma reação enzimática. Na presença de catalisadores, a menor energia de ativação está frequentemente dentro da faixa de energia existente nas moléculas dentro das células vivas, e assim a reação pode ocorrer em uma taxa rápida com pouca ou nenhuma energia adicional. Observe, entretanto, que a variação total de energia do estado inicial para o estado final é a mesma com e sem o catalisador.

não é alterado permanentemente no processo, assim ele pode ser usado novamente para catalisar as reações. (Em chinês, a palavra "catalisador" é igualmente usada para "o indivíduo que destrói o casamento", e as funções são de fato análogas.)

Graças às enzimas, as células são capazes de realizar reações químicas em grandes velocidades e em temperaturas relativamente baixas. Uma única molécula de enzima pode catalisar a reação de dezenas de milhares de moléculas idênticas, em um segundo. Assim, enzimas são tipicamente efetivas em quantidades muito baixas. A molécula sobre a qual uma enzima age é conhecida como *substrato*. Por exemplo, na reação da Figura 5.6, a sacarose é o substrato e a sacarase é a enzima. Muitas enzimas têm múltiplos substratos.

Uma enzima tem um sítio ativo que se liga a um substrato específico

Umas poucas enzimas são moléculas de RNA conhecidas como *ribozimas* (ver Capítulo 2). Todas as outras enzimas são proteínas globulares grandes e complexas, consistindo em uma ou mais cadeias de polipeptídios (ver Capítulo 2). As cadeias dos polipeptídios de uma enzima são dobradas de modo a produzir encaixes na superfície da proteína (Figura 5.7). O substrato ajusta-se muito precisamente neste encaixe, que é o local das reações catalisadas por esta enzima. Essa porção da enzima é conhecida como *sítio ativo*.

O sítio ativo não apenas possui uma precisa forma tridimensional, como também tem o arranjo correto das áreas com cargas e

5.6 Modelo de ação enzimática. A, B. A sacarose, um dissacarídio, é hidrolisada para produzir uma molécula de glicose e uma molécula de frutose. **C.** A enzima envolvida nessa reação, a sacarase, é específica para esse processo. Como pode ser visto, o sítio ativo da enzima encaixa-se na superfície oposta da molécula de sacarose. Esse ajuste é tão exato que uma molécula composta, por exemplo, de duas subunidades de glicose não seria afetada por essa enzima.

sem cargas (neutras), ou hidrofílicas e hidrofóbicas, na superfície de ligação da enzima. Se uma área específica do substrato possui uma carga negativa, a parte correspondente no sítio ativo tem uma carga positiva, e assim por diante. Deste modo, o sítio ativo confina a molécula de substrato e a orienta de uma maneira correta.

Os aminoácidos envolvidos no sítio ativo não precisam estar dispostos lado a lado na cadeia de polipeptídios. De fato, em uma enzima com estrutura quaternária (ver Capítulo 2), esses aminoácidos podem até mesmo estar em cadeias diferentes. Os aminoácidos são mantidos juntos no sítio ativo devido ao preciso dobramento das cadeias de polipeptídios na molécula.

Cofatores na ação enzimática

A atividade catalítica de algumas enzimas parece depender apenas da sua própria estrutura proteica. Entretanto, outras enzimas precisam de um ou mais componentes não proteicos, conhecidos como *cofatores*, sem os quais as enzimas não podem funcionar.

Alguns cofatores são íons metálicos

Certos íons metálicos são cofatores para enzimas específicas. Por exemplo, o íon magnésio (Mg^{2+}) é requerido na maioria das reações enzimáticas envolvendo a transferência de um

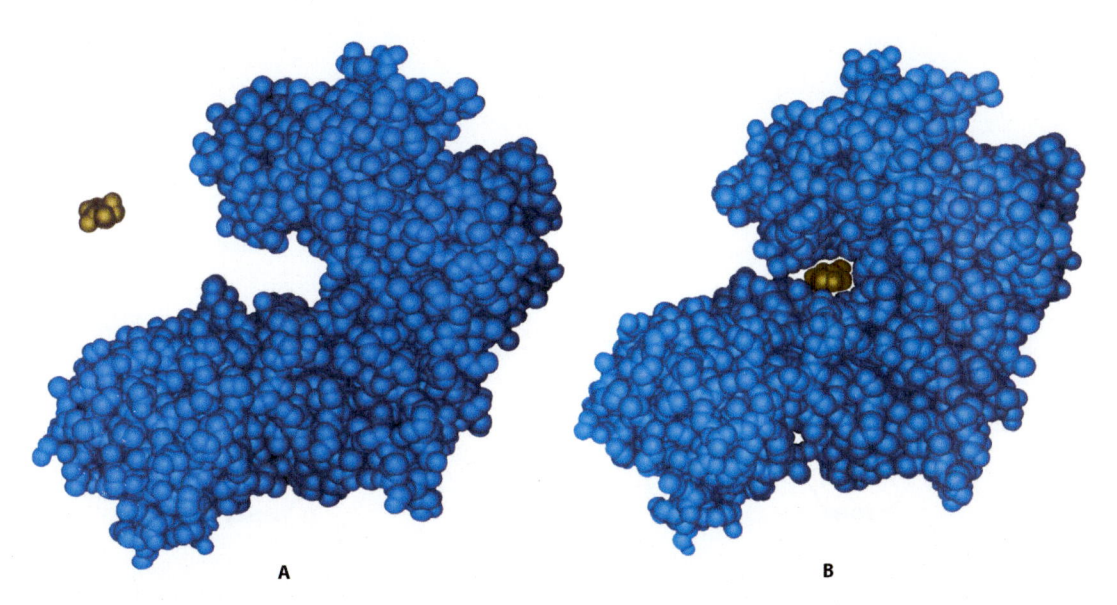

5.7 Hexoquinase. Os modelos de preenchimento espacial da enzima hexoquinase de levedura (azul) e um de seus substratos, a glicose (marrom). A hexoquinase catalisa a primeira etapa na quebra da glicose na respiração. Tais modelos, que são gerados por técnicas computacionais, mostram a forma tridimensional das moléculas. Aqui, a molécula de glicose é mostrada colidindo com a enzima e ligando-se ao sítio ativo, que aparece como uma fissura lateral na molécula da hexoquinase. **A.** Na ausência de glicose, a hexoquinase possui uma fissura aberta. **B.** Quando a glicose está ligada na hexoquinase, a fissura é parcialmente fechada.

grupo fosfato de uma molécula para outra. As duas cargas positivas no íon magnésio mantêm em posição o grupo fosfato negativamente carregado. Outros íons, como Ca^{2+} e K^+, têm funções similares em outras reações. Em alguns casos, os íons servem para manter a estrutura tridimensional da proteína enzimática.

Outros cofatores são moléculas orgânicas chamadas coenzimas

Cofatores orgânicos não proteicos também têm um papel importante nas reações catalisadas por enzimas. Tais cofatores são chamados *coenzimas*. Por exemplo, em algumas reações de oxidação-redução, os elétrons são transferidos para uma molécula que serve como um aceptor de elétrons. Em uma célula existe uma variedade de aceptores de elétrons diferentes, e cada um é feito para manter os elétrons em um nível energético levemente diferente. Como exemplo, consideremos a coenzima nicotinamida adenina dinucleotídio (NAD^+), que é mostrada na Figura 5.8. À primeira vista, a coenzima NAD^+ parece estranha e complexa, mas se você observá-la atentamente verá que a maioria de seus componentes é familiar. As duas unidades de ribose (açúcares de cinco carbonos) estão ligadas por uma *ponte de pirofosfato*. Uma das unidades de ribose está ligada à base nitrogenada adenina. A outra está ligada a outra base nitrogenada, a nicotinamida. Um *nucleosídio* mais um fosfato é chamado *nucleotídio*, e uma molécula que contém duas dessas combinações é denominada dinucleotídio.

O anel de nicotinamida é o terminal ativo da NAD^+, isto é, a parte que recebe os elétrons. A nicotinamida é um derivado da niacina que é uma vitamina B. As vitaminas são compostos orgânicos que são necessários em pequenas quantidades em muitos organismos vivos. Enquanto plantas podem sintetizar todas as suas vitaminas necessárias, os seres humanos e outros animais não podem sintetizar a maioria das vitaminas e, assim, devem obtê-las em suas dietas. Muitas vitaminas são precursoras ou partes de coenzimas.

Quando a nicotinamida está presente, nossas células podem usá-la para fazer NAD^+, que, como muitas outras coenzimas, é reciclada. Isto é, NAD^+ é regenerada quando $NADH + H^+$ passa seus elétrons para outro aceptor de elétrons. Assim, embora essa coenzima esteja envolvida em muitas reações celulares, o número requerido dessas moléculas é relativamente pequeno.

Algumas enzimas usam cofatores não proteicos que são permanentemente ligadas à proteína enzimática. Esses cofatores fortemente aderidos (íons ou coenzimas) são conhecidos como *grupos prostéticos*. Exemplos de grupos prostéticos são os grupamentos ferro-enxofre das ferredoxinas (ver Capítulo 7).

Vias metabólicas

As enzimas caracteristicamente trabalham em série, como os operários em uma linha de montagem. Cada enzima catalisa uma etapa em uma série ordenada de reações que, em conjunto, formam uma *via metabólica* ou *bioquímica* (Figura 5.9). Distintas vias metabólicas desempenham diferentes funções na célula. Por exemplo, uma via pode estar envolvida na quebra de polissacarídios da parede celular de bactérias, outra na quebra de glicose e uma outra, na síntese de um determinado aminoácido.

As células tiram várias vantagens deste tipo de organização. Primeiro, os grupos de enzimas que fazem parte de uma via comum podem estar separados dentro da célula. Algumas enzimas são encontradas em solução, como nos vacúolos, enquanto outras estão inseridas nas membranas de organelas especializadas, como nas mitocôndrias e nos cloroplastos. Uma segunda vantagem é que há pouco acúmulo de produtos intermediários, porque cada produto tende a ser usado na próxima reação ao longo da via. Uma terceira vantagem é que, se algumas das reações ao longo da via são altamente exergônicas (*i. e.*, liberadoras de energia), elas usarão rapidamente os produtos das reações anteriores, puxando aquelas reações para frente. De modo similar, os

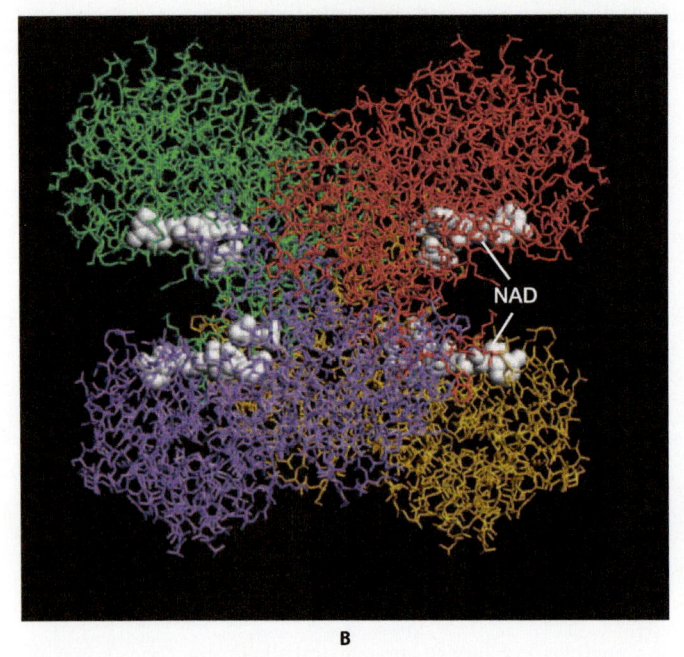

5.8 Nicotinamida adenina dinucleotídio. A. Esse aceptor de elétrons é mostrado aqui em sua forma oxidada, NAD⁺, e em sua forma reduzida, NADH. A nicotinamida é um derivado da niacina, uma das vitaminas B. Observe como a ligação dentro do anel de nicotinamida (retângulo sombreado) se desloca à medida que a molécula muda da forma oxidada para a reduzida, e vice-versa. A redução do NAD^+ a NADH exige dois elétrons e um íon hidrogênio ou próton (H^+). Entretanto, os dois elétrons geralmente migram como componentes de dois átomos de hidrogênio; assim, um íon hidrogênio é "deixado" quando o NAD^+ é reduzido. **B.** A coenzima NAD (em branco) e as quatro subunidades (vermelho, amarelo, púrpura e verde) da enzima gliceraldeído 3-fosfato desidrogenase, que está envolvida na glicólise, o processo de degradação metabólica da glicose (ver Figura 6.3).

produtos acumulados das reações exergônicas empurrarão para adiante as reações subsequentes, pelo aumento das concentrações dos reagentes para essas próximas reações.

Algumas reações são comuns a duas ou mais vias na célula. No entanto, frequentemente, as reações idênticas que ocorrem em diferentes vias são catalisadas por diferentes enzimas. Tais enzimas são chamadas de *isozimas*. Comumente, cada isozima é codificada por um conjunto diferente de genes. As isozimas são adaptadas às vias específicas e à localização celular onde elas são utilizadas.

Regulação da atividade enzimática

Outra marcante característica do metabolismo está na amplitude em que cada célula regula a síntese dos produtos necessários para o seu próprio funcionamento, produzindo-os em quantidades e taxas adequadas. Ao mesmo tempo, as células evitam a su-

perprodução, que poderia desperdiçar energia e matéria-prima. A disponibilidade de moléculas reagentes ou de cofatores é o principal fator limitante na ação enzimática e, por esta razão, a maioria das enzimas provavelmente trabalha em taxas bem abaixo da capacidade máxima.

A temperatura afeta as reações enzimáticas. Um aumento na temperatura aumenta a taxa das reações catalisadas por enzimas, mas apenas até certo ponto. Na Figura 5.10 pode ser observado como a taxa da maioria das reações enzimáticas é aproximadamente duplicada a cada aumento de 10°C em temperaturas que variam entre 10 e 40°C, mas então cai muito rapidamente acima dos 40°C. O aumento na taxa de reação ocorre devido ao aumento de energia dos reagentes. A redução na taxa da reação acima de cerca de 40°C ocorre à medida que a estrutura da molécula da enzima começa a se desdobrar, devido à ruptura das forças relativamente fracas que a mantêm em sua forma ativa específica. Esse desdobramento da molécula enzimática é conhecido como *desnaturação* (ver Capítulo 2).

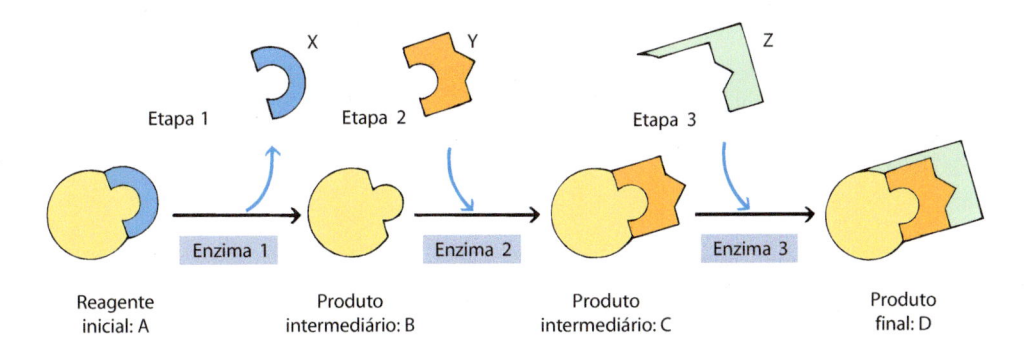

5.9 Representação esquemática de uma via metabólica. Para produzir o produto final (D) a partir de um reagente inicial (A), uma série de reações é necessária. Cada reação é catalisada por uma enzima diferente, e cada uma resulta em uma pequena, mas importante modificação na molécula do substrato. Se qualquer etapa da via for inibida – seja devido ao não funcionamento da enzima ou devido à indisponibilidade do substrato – a via será interrompida e as reações subsequentes da série não ocorrerão.

O pH da solução circundante também afeta a atividade enzimática. Entre outros fatores, a forma tridimensional de uma enzima depende da atração e repulsão entre aminoácidos de carga negativa (ácidos) e de carga positiva (básicos). Conforme o pH muda, essas cargas mudam, e assim a forma da enzima é alterada até ser drasticamente modificada e tornar-se não funcional. Provavelmente, o fato mais importante, entretanto, é que as cargas do sítio ativo e do substrato são alteradas, afetando a capacidade de ligação enzima-substrato. Algumas enzimas são frequentemente encontradas em pH que não é o ótimo, sugerindo que esta discrepância pode não ser um descuido evolutivo, mas uma forma de controlar a atividade da enzima. Várias enzimas da via fotossintética são reguladas por mudanças no pH.

Os organismos vivos também possuem maneiras mais precisas de ativar ou desativar a atividade enzimática. Em cada via metabólica há pelo menos uma enzima cuja atividade mantém um considerável controle sobre a taxa de toda a via metabólica, porque essa enzima catalisa a reação mais lenta, limitando toda

a via metabólica. Essas *enzimas reguladoras* aumentam ou diminuem a atividade catalítica em resposta aos níveis de substrato e certos sinais. Tais enzimas reguladoras ajustam constantemente a taxa de cada via metabólica para responder às mudanças nas demandas da célula por energia ou por moléculas requeridas para o crescimento e reparo celular. Na maioria das vias metabólicas, a primeira enzima da sequência é uma enzima reguladora. Ao regular uma via metabólica nessa etapa inicial, a célula assegura o consumo mínimo de energia, e os metabólitos são desviados para processos mais importantes.

Os tipos mais importantes de enzimas reguladoras nas vias metabólicas são as *enzimas alostéricas*. O termo *alostérico* deriva do grego *állos*, "outro", e *stereós*, "formato" ou "forma". Enzimas alostéricas têm pelo menos dois sítios: um *sítio ativo* que se liga ao substrato e um *sítio efetor* que se liga à substância reguladora. Quando a substância reguladora está ligada ao sítio efetor, a enzima muda reversivelmente de uma forma em outra, diz-se que ela está alostericamente regulada.

Em algumas vias metabólicas, a enzima reguladora é especificamente inibida por um produto final da via, quando este é produzido além das necessidades da célula. Com a redução da enzima reguladora (a primeira enzima na sequência), todas as enzimas subsequentes operam em taxas reduzidas porque seus substratos tornam-se escassos. Esse tipo de regulação é chamado de *inibição por retroalimentação* (feedback *negativo*) (Figura 5.11). Quando maior quantidade do produto final da via é necessária para a célula, as moléculas desse produto dissociam da enzima reguladora, e a atividade da enzima aumenta novamente. Desta maneira, a concentração celular do produto final da via é mantida em equilíbrio com as necessidades da célula.

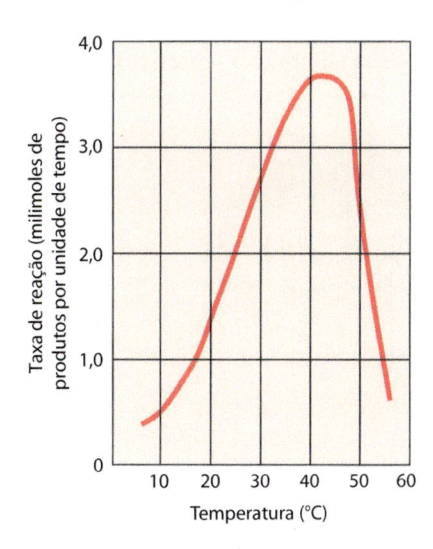

5.10 Efeito da temperatura sobre uma reação catalisada por enzima. As concentrações da enzima e das moléculas reagentes (substrato) foram mantidas constantes. A taxa da reação, como na maioria das reações metabólicas, aproximadamente duplica a cada aumento de 10°C na temperatura até cerca de 40°C. Acima dessa temperatura, a taxa decresce na medida em que a temperatura aumenta, e, em torno de 60°C, a reação para completamente, provavelmente devido à desnaturação da enzima.

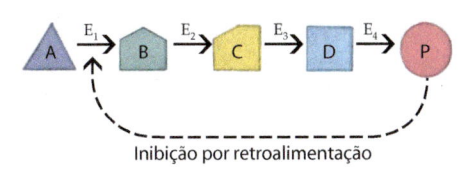

Inibição por retroalimentação

5.11 Inibição por retroalimentação. É mostrada aqui uma via metabólica catalisada por uma sequência de quatro enzimas (E_1 até E_4). A inibição por retroalimentação envolve tipicamente a inibição alostérica da primeira enzima (E_1) da sequência pelo produto final (P) da via. Assim, a enzima E_1 será mais ativa quando as quantidades de P forem baixas.

Fator de energia | ATP

Todas as atividades de biossíntese da célula (bem como muitas outras atividades) requerem energia. Uma grande parte dessa energia é fornecida pelo *ATP*, o derivado de nucleotídio que é a principal molécula de troca de energia na célula.

À primeira vista, a molécula do ATP (Figura 5.12) também parece ser complexa. Entretanto, assim como com a coenzima NAD+, pode-se observar que seus componentes são familiares. ATP é feito de adenina, ribose (açúcar com cinco carbonos) e três grupos fosfato. Esses três grupos fosfato, cada um com cargas negativas, estão ligados uns aos outros por ligações fosfoanídricas e, por sua vez, estão ligados à ribose por uma ligação fosfoéster.

Para entender a função do ATP, revejamos brevemente o conceito de *energia livre*, a energia disponível para realizar trabalho.

Para qualquer reação química, a *direção* na qual ela ocorre espontaneamente é determinada pela diferença de energia livre entre os reagentes (ou substratos no caso de uma reação catalisada por enzima) e os produtos resultantes. A mudança na energia livre é simbolizada por ΔG. A reação só ocorrerá se for exergônica (ΔG negativo). Por outro lado, muitas reações celulares, incluindo as reações de biossíntese – como a formação de um dissacarídio a partir de duas moléculas de monossacarídio – são endergônicas (ΔG positivo). Em tais reações, os elétrons formando as ligações químicas dos produtos estão em um maior nível de energia que os elétrons nas ligações dos reagentes iniciais. Isto é, a energia potencial do produto é maior que a energia potencial dos reagentes, uma aparente violação da segunda lei da termodinâmica. As células sobrepujam essa dificuldade utilizando enzimas para catalisar *reações acopladas*, nas quais reações endergônicas de outra maneira são associadas a reações exergônicas e supridas por estas, que fornecem uma quantidade extra de energia. O resultado é que o processo líquido é exergônico e, assim, capaz de ocorrer espontaneamente (Figura 5.13). ATP é a molécula que mais frequentemente serve como um intermediário entre as reações endergônicas e exergônicas acopladas.

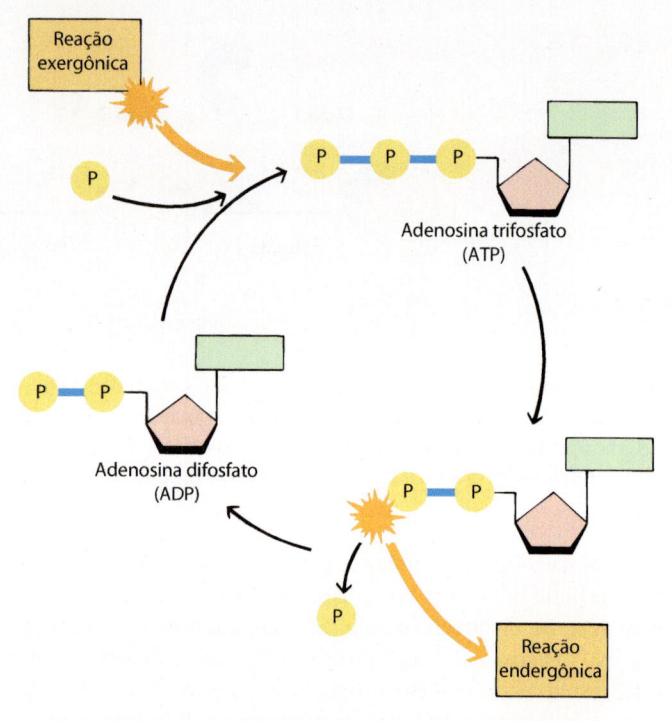

5.13 Reações endergônicas e exergônicas. Em organismos vivos, as reações endergônicas, como as reações de biossíntese, são supridas pela energia liberada nas reações exergônicas às quais estão acopladas. Na maioria das reações acopladas, ATP é o intermediário que carrega a energia de uma reação para outra.

As enzimas que catalisam a hidrólise do ATP são conhecidas como *ATPases*. Uma variedade de diferentes ATPases tem sido identificada. A "cabeça" de ATPase da molécula de miosina catalisa a liberação de energia que é usada pela miosina para "caminhar" ao longo dos filamentos de actina (ver Capítulo 3). Muitas das proteínas que movimentam moléculas e íons através de membranas celulares contra gradientes de concentração não são apenas proteínas de transporte, mas também ATPases, liberando energia para alimentar o processo de transporte.

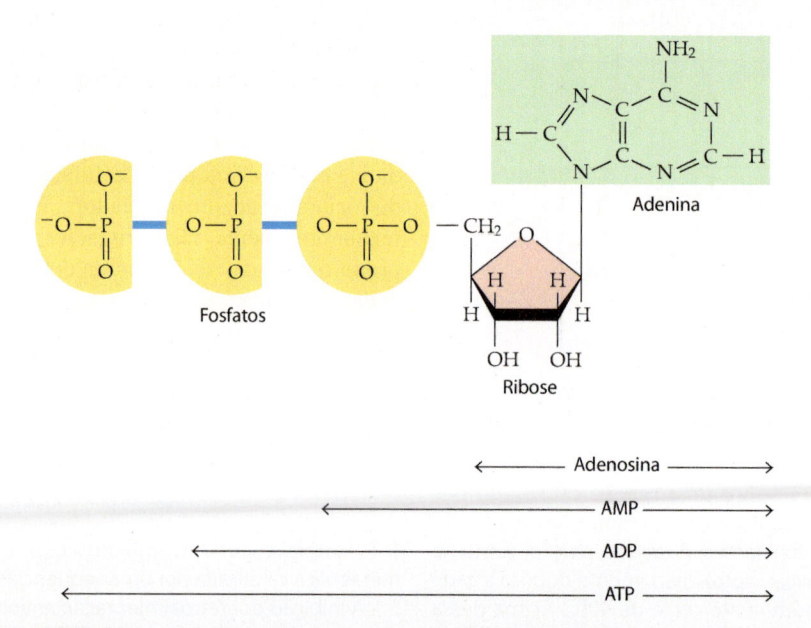

5.12 Adenosina trifosfato (ATP). São mostradas aqui as estruturas do ATP, bem como a da adenosina difosfato (ADP) e da adenosina monofosfato (AMP). Uma ligação fosfoéster liga o primeiro grupo fosfato à ribose da adenosina, e ligações fosfoanidras (em azul) ligam o segundo e terceiro grupos fosfato. Em pH 7, os grupos fosfato estão totalmente ionizados.

Graças à sua estrutura, a molécula de ATP está bem adequada para desempenhar sua função nos organismos vivos. A energia livre é liberada da molécula de ATP quando um grupo fosfato é removido por hidrólise, produzindo uma molécula de ADP (adenosina difosfato) e um íon fosfato livre:

$$ATP + H_2O \longrightarrow ADP + Fosfato + Energia$$

Esta reação é altamente exergônica. Cerca de 7,3 quilocalorias de energia são liberadas por mol de ATP hidrolisado quando a reação ocorre sob condições-padrão. Sob a maioria das condições celulares, a produção de energia é, de fato, significativamente maior, frequentemente na faixa de 12 a 15 quilocalorias de energia liberada por hidrólise de 1 mol de ATP. A remoção de um segundo grupo fosfato produz AMP (adenosina monofosfato) e libera uma quantidade equivalente de energia livre:

$$ADP + H_2O \longrightarrow AMP + Fosfato + Energia$$

A alta energia livre negativa da hidrólise da ligação terminal fosfoanídrica no ATP é, em grande parte, devida às cargas negativas fixas e proximamente localizadas nos três fosfatos (Figura 5.12). A hidrólise deixa a molécula com apenas duas cargas negativas fixas adjacentes – que é um arranjo mais estável. Assim, ADP + P_i tem uma energia livre total menor que no ATP.

Em muitas reações que requerem ATP dentro da célula, o grupo fosfato terminal não é simplesmente removido, mas é transferido para outra molécula. Essa adição de um grupo fosfato a uma molécula é conhecida como *fosforilação*; as enzimas que catalisam tais transferências são conhecidas como *quinases*.

Vejamos um simples exemplo de troca de energia envolvendo ATP na formação de sacarose em cana-de-açúcar. A sacarose é formada a partir dos monossacarídios glicose e frutose (ver Figura 2.3). Sob condições termodinâmicas padrão, a síntese de sacarose é fortemente endergônica, requerendo uma entrada de 5,5 quilocalorias para cada mol de molécula de sacarose formada:

$$Glicose + Frutose + Energia \longrightarrow Sacarose + H_2O$$

Entretanto, quando acoplada com a hidrólise do ATP a ADP, a síntese de sacarose é de fato exergônica. Durante a série de reações envolvidas na formação da sacarose, duas moléculas de ATP são usadas para fosforilar a glicose e a frutose, fornecendo energia para cada uma delas:

$$ATP + Glicose \longrightarrow Glicose\ fosfato + ADP$$

$$ATP + Frutose \longrightarrow Frutose\ fosfato + ADP$$

Elas são então ligadas pela hidrólise desses fosfatos. A equação total para a formação da sacarose a partir dos monossacarídios fosforilados é:

$$Glicose\ fosfato + Frutose\ fosfato \longrightarrow Sacarose + 2\ Fosfato$$

A célula gasta um total de $2 \times 7,3$ quilocalorias = 14,6 quilocalorias de energia proveniente do ATP (assumindo condições padrão) e usa 5,5 quilocalorias para formar um mol de sacarose. As outras 9,1 quilocalorias são usadas para levar as reações irreversivelmente para frente e, finalmente, são liberadas como calor. Assim, a cana-de-açúcar é capaz de formar sacarose acoplando a hidrólise de duas moléculas de ATP para a síntese de uma ligação covalente entre glicose e frutose.

De onde o ATP é originado? Como veremos no próximo capítulo, a energia liberada pela oxidação exergônica de moléculas como a glicose é usada para "recarregar" a molécula de ADP de volta a ATP. Obviamente, a energia liberada nessas reações é originalmente derivada do Sol como energia radiante, a qual é convertida em energia química durante a fotossíntese. Parte dessa energia química é estocada na molécula de ATP antes de ser convertida em ligações químicas de outras moléculas orgânicas. Assim, o sistema ATP/ADP serve como um sistema universal de troca de energia, atuando tanto em reações liberadoras de energia quanto em reações que requerem energia.

RESUMO

Os sistemas vivos funcionam de acordo com as leis da termodinâmica

A primeira lei da termodinâmica enuncia que a energia pode ser convertida de uma forma em outra, mas não pode ser criada ou destruída. A energia potencial do estado inicial (ou dos reagentes) é igual à energia potencial do estado final (ou dos produtos) mais a energia liberada no processo ou reação. A segunda lei da termodinâmica enuncia que, no curso das conversões de energia, se nenhuma energia entra ou sai do sistema, a energia potencial do estado final será sempre menor que a energia potencial do estado inicial. Dito de outra maneira, todos os processos naturais tendem a ocorrer em uma direção em que a desordem ou a aleatoriedade do universo aumenta. Essa desordem ou aleatoriedade é conhecida como entropia. Para manter a organização da qual a vida depende, os sistemas vivos devem ter um constante suprimento de energia para superar a tendência do aumento da desordem.

A vida na Terra é dependente do fluxo de energia proveniente do Sol

Uma pequena fração da energia solar que atinge a Terra é capturada no processo de fotossíntese e é convertida na energia que move praticamente todos os processos da vida. Esses processos incluem muitas outras reações metabólicas associadas a organismos vivos e das quais esses organismos conseguem sua organização.

Na fotossíntese, a energia do Sol é usada para forjar as ligações de alta energia carbono-carbono e carbono-hidrogênio dos compostos orgânicos. Na respiração, essas ligações são subsequentemente oxidadas a dióxido de carbono e água, e energia livre é liberada. Parte dessa energia livre liberada é utilizada para a síntese de ATP a partir do ADP e P_i, mas, como nas máquinas, parte da energia é perdida como calor em cada passo da conversão de energia. O ATP resultante é usado para direcionar os processos celulares.

As reações de oxidação-redução têm um importante papel no fluxo de energia

A transformação de energia nas células envolve a transferência de elétrons de um nível energético para outro e, frequentemente, de um átomo ou uma molécula para outro. Reações envolvendo a transferência de elétrons de uma molécula para outra são conhecidas como reações de oxidação-redução (ou reações redox). Um átomo ou uma molécula que perde elétrons é oxidado, e um átomo ou uma molécula que ganha elétrons é reduzido; esses dois tipos de reações sempre ocorrem simultaneamente. Na fotossíntese, por exemplo, elétrons e prótons são transferidos da água para o dióxido de carbono, oxidando a água para oxigênio e reduzindo o dióxido de carbono para formar açúcar.

Enzimas tornam as reações químicas capazes de ocorrer em temperaturas compatíveis com a vida

Enzimas são os catalisadores de reações biológicas, reduzindo a energia livre de ativação e assim aumentando grandemente a taxa na qual as reações ocorrem. Com poucas exceções, as enzimas são moléculas proteicas globulares grandes e complexas, dobradas de tal modo que um grupo particular de aminoácidos forma um sítio ativo. A molécula reagente, conhecida como substrato, ajusta-se precisamente dentro desse sítio ativo, que é o local das reações catalisadas pela enzima. Embora a forma de uma enzima possa mudar temporariamente no curso de uma reação, a enzima não é permanentemente alterada.

Muitas enzimas requerem cofatores, que podem ser íons metálicos ou moléculas orgânicas não proteicas, conhecidas como coenzimas. As coenzimas frequentemente servem como carregadores de elétrons, e as diferentes coenzimas mantêm os elétrons em diferentes níveis de energia.

As reações catalisadas por enzimas ocorrem em uma série ordenada de etapas, e são chamadas vias metabólicas. Cada etapa em uma via é catalisada por uma enzima específica. Essas reações com etapas subsequentes capacitam a célula a realizar suas atividades químicas com uma eficiência marcante, em termos de energia e reagentes. Cada via metabólica está sob o controle de uma ou mais enzimas reguladoras. Na inibição por retroalimentação, a enzima reguladora, que é a primeira enzima na via metabólica, é inibida pelo excesso do produto final, que é acumulado após ter sido atingido o adequado suprimento da célula. A via inteira é desativada quando os substratos para as enzimas intermediárias estão em falta.

ATP fornece a energia para a maioria das atividades celulares

A molécula de ATP consiste na base nitrogenada adenina, no açúcar com cinco carbonos (ribose) e em três grupos fosfato.

Os três grupos fosfato estão ligados por duas ligações fosfoanídricas que liberam energia livre, cerca de 7,3 kcal/mol de ATP quando hidrolisadas. As células são capazes de realizar reações endergônicas (que demandam energia) quando acopladas a reações exergônicas (que liberam energia), as quais fornecem energia livre extra. Tais reações enzimáticas acopladas envolvem o ATP como um intermediário comum, que leva energia de uma reação para outra.

Autoavaliação

1. Faça a distinção entre: sítio ativo e substrato; AMP, ADP e ATP; ATPases e quinases.

2. Pelo menos quatro tipos de conversão de energia ocorrem nas células fotossintetizantes. Denomine-os.

3. As enzimas caracteristicamente trabalham em séries, chamadas vias metabólicas, como os operários em uma linha de montagem. Quais são as vantagens para a célula desse tipo de organização?

4. As leis da termodinâmica aplicam-se apenas a sistemas fechados, isto é, sistemas onde não há entrada nem saída de energia. Um aquário é um sistema fechado? Se não é, você poderia transformá-lo em um? Uma estação espacial, dependendo de certas características de seu projeto, pode ou não ser um sistema fechado. Quais poderiam ser essas características? A Terra é um sistema fechado? E quanto ao universo?

5. A implicação mais interessante da segunda lei da termodinâmica, no que diz respeito aos sistemas vivos, é a relação entre entropia e organização. Explique.

6. Em alguns sistemas multienzimáticos, o produto final da via metabólica é mantido em equilíbrio com as necessidades da célula pela inibição por retroalimentação. Explique.

CAPÍTULO 6

Respiração

◀ **Do arroz para o vinho.** Nessa xilogravura japonesa do século 19, uma gueixa segura um copo de saquê, uma bebida alcoólica preparada a partir do arroz fermentado. O fungo *Aspergillus oryzae* converte o amido do arroz em glicose, que é então convertida pela levedura em etanol por fermentação alcoólica. O saquê, após amadurecer 9 a 12 meses, é diluído com água para reduzir o teor alcoólico de 20 para 15%.

ATP é a molécula que contém energia de troca, disponível e universal nos organismos vivos. Essa molécula faz parte de uma grande variedade de eventos celulares, como a biossíntese de moléculas orgânicas, o batimento dos flagelos, o fluxo da corrente citoplasmática e o transporte ativo de moléculas através da membrana plasmática. Nas próximas páginas, descreveremos como a célula oxida carboidratos e captura uma parte da energia liberada nas ligações fosfoanídricas do ATP. Esse processo, que ocorre principalmente nas mitocôndrias (Figura 6.1), fornece uma excelente ilustração dos princípios químicos descritos no capítulo anterior e das vias por meio das quais as células conduzem os processos bioquímicos.

Visão geral da oxidação da glicose

Como mencionado no Capítulo 2, as moléculas fornecedoras de energia, como os carboidratos, são geralmente armazenadas nas plantas na forma de sacarose ou amido. A *respiração* – a completa oxidação de açúcares ou outras moléculas orgânicas a dióxido de carbono e água – necessita de uma etapa preliminar, que é a hidrólise dessas moléculas de reserva a monossacarídios como glicose e frutose. A respiração propriamente dita inicia-se com a glicose, que é um produto final da hidrólise tanto da sacarose como do amido.

A oxidação de glicose (e outros carboidratos) é complicada nos seus detalhes, mas simples em seu esquema geral. Como vimos no capítulo anterior, a *oxidação* é a perda de elétrons e a *redução* é o ganho de elétrons. Na oxidação da glicose, esta molécula é cindida e os átomos de hidrogênio (*i. e.*, os elétrons e seus correspondentes prótons) são removidos dos átomos de carbono e combinados com oxigênio, que então se torna reduzido formando a água. Quando isso acontece, os elétrons são transferidos de níveis de energia mais elevados para níveis mais baixos, e a energia livre é liberada.

PONTOS PARA REVISÃO

Após a leitura deste capítulo, você deverá ser capaz de responder às seguintes questões:

1. Qual é a reação geral ou a equação para a respiração e qual a principal função deste processo?

2. Quais são os eventos principais que ocorrem durante a glicólise?

3. Onde ocorre o ciclo do ácido cítrico na célula, e quais são os produtos formados?

4. Como o fluxo de elétrons na cadeia transportadora de elétrons resulta na formação de ATP?

5. Como e por que o rendimento líquido de energia produzido sob condições aeróbicas difere daquele obtido sob condições anaeróbicas?

6. Qual é o papel básico desempenhado pelo ciclo do ácido cítrico no metabolismo das células?

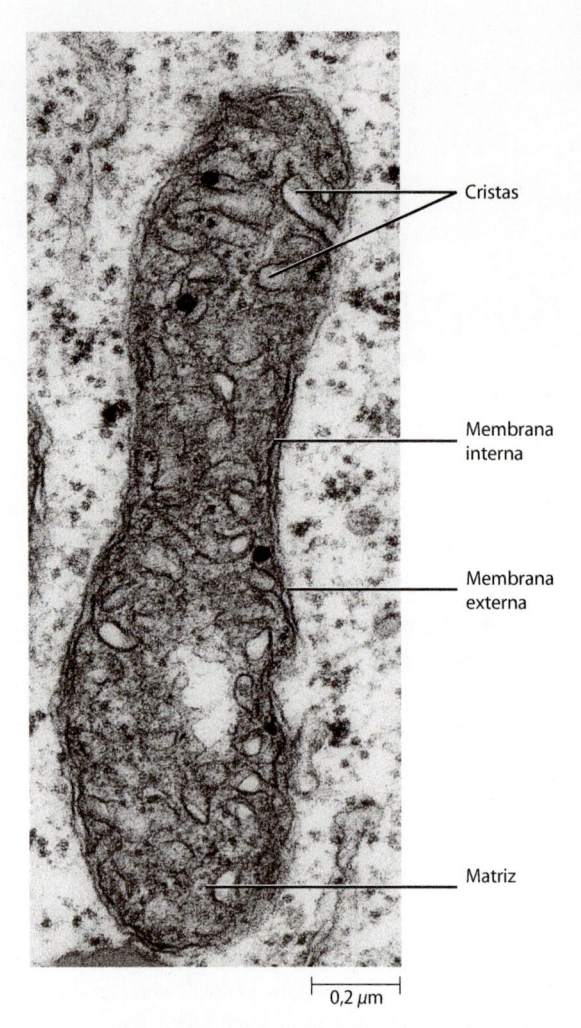

Cristas

Membrana interna

Membrana externa

Matriz

0,2 μm

6.1 Mitocôndria em uma célula de folha. As mitocôndrias são os locais da respiração, o processo pelo qual a energia química é transferida de compostos de carbono para ATP. A maior parte do ATP é produzida nas superfícies das cristas, por enzimas inseridas nessas membranas. Essa micrografia eletrônica de transmissão é de uma mitocôndria na célula foliar da samambaia *Regnellidium diphyllum*.

A glicose pode ser usada como fonte de energia tanto sob condições aeróbicas (*i. e.*, na presença de oxigênio) quanto anaeróbicas (na ausência de oxigênio). Todavia, o rendimento de energia máximo de compostos orgânicos oxidáveis é atingido apenas sob condições aeróbicas. Considere, por exemplo, a reação geral da oxidação da glicose:

$$C_6H_{12}O_6 \ + \ 6O_2 \ \longrightarrow \ 6CO_2 \ + \ 6H_2O + Energia$$

Glicose   Oxigênio   Dióxido de   Água
carbono

Tendo o oxigênio como o último receptor de elétrons, essa reação é altamente exergônica (rica em energia), com a liberação de 686 kcal/mol sob condições normais. Essa reação representa o processo da respiração completo. Quando a energia é obtida de compostos orgânicos sem o envolvimento do oxigênio, no processo chamado *fermentação*, bem menos energia é obtida, como veremos no final do capítulo.

A respiração envolve a glicólise, a formação de acetil-CoA a partir de piruvato, o ciclo do ácido cítrico e a cadeia transportadora de elétrons, a qual produz um gradiente que dire-

ciona a fosforilação oxidativa (Figura 6.2). Na *glicólise*, a molécula de seis carbonos da glicose é quebrada em um par de moléculas com três átomos de carbono, o *piruvato*. As moléculas de piruvato são então oxidadas a duas moléculas de acetil-CoA. No *ciclo do ácido cítrico*, as moléculas de acetil-CoA são completamente oxidadas a dióxido de carbono, e os elétrons resultantes são transferidos para a *cadeia transportadora de elétrons*. Na *fosforilação oxidativa*, a energia livre que é liberada pelo movimento dos elétrons através da cadeia transportadora de elétrons (terminando por reduzir o oxigênio à água) é usada para formar ATP a partir de ADP mais fosfato inorgânico.

À medida que a molécula de glicose é oxidada, parte da energia contida nela é removida em uma série de etapas, separadas e pequenas, e armazenada nas ligações fosfoanídricas do ATP. De acordo com a segunda lei da termodinâmica, todavia, grande parte dessa energia é dissipada como energia térmica.

Glicólise

Como mencionado anteriormente, na glicólise (do grego *glukús*, que significa "açúcar", e *lúsis*, "quebra", "separação", "divisão"), a molécula de seis carbonos da glicose é quebrada em duas moléculas de piruvato (Figura 6.3). A glicólise ocorre em uma série de 10 etapas, cada uma catalisada por uma enzima específica. Essa série de reações é realizada, literalmente, por todas as células vivas, de bactérias a células eucarióticas de plantas e animais. A glicólise é um processo anaeróbico que ocorre no citosol. Biologicamente, a glicólise pode ser considerada um processo primitivo, o qual parece ter surgido antes do aparecimento do oxigênio atmosférico e das organelas celulares.

A via glicolítica é mostrada na Figura 6.4. Ela ilustra o princípio dos processos bioquímicos de uma célula viva em etapas sequenciais pequenas. Cada etapa é catalisada por uma enzima específica. Pode-se observar a formação de ATP a partir de ADP mais fosfato inorgânico e a formação de NADH a partir de NAD$^+$ (ver Figura 5.8). *ATP* e *NADH* representam o ganho líquido de energia da célula, oriundo da glicólise. No Capítulo 7, veremos que as reações de 4 a 6 também ocorrem durante o ciclo de Calvin, uma parte do processo fotossintético. Essa repetição ilustra o princípio da evolução bioquímica: vias bioquímicas não surgem inteiramente novas, mas algumas reações novas são adicionadas a um grupo de reações já existentes para produzir uma via "nova".

A glicólise (Figura 6.4). começa com a fase preparatória que requer a entrada de energia, suprida por ATP (etapas de 1 a 3). Na *etapa 1* – a primeira reação preparatória – o grupo fosfato terminal de uma molécula de ATP é transferido para a molécula de glicose, formando glicose 6-fosfato e ADP. Na *etapa 2*, a glicose 6-fosfato (uma molécula em anel de seis lados) é rearranjada em frutose 6-fosfato (uma molécula em anel de cinco lados). Na *etapa 3* – a segunda reação preparatória – a frutose 6-fosfato recebe um segundo fosfato para formar frutose 1,6-difosfato ("di" significa simplesmente dois) quando outro ATP é convertido em ADP. Observe que duas moléculas de ATP foram convertidas em duas moléculas de ADP, e nenhuma energia foi recuperada. Em outras palavras, o rendimento de energia foi, assim, de –2 ATP.

A *etapa 4* é a da clivagem ou quebra, e desta etapa deriva o nome glicólise. A molécula de açúcar de seis carbonos é partida pela metade, produzindo duas moléculas de três carbonos

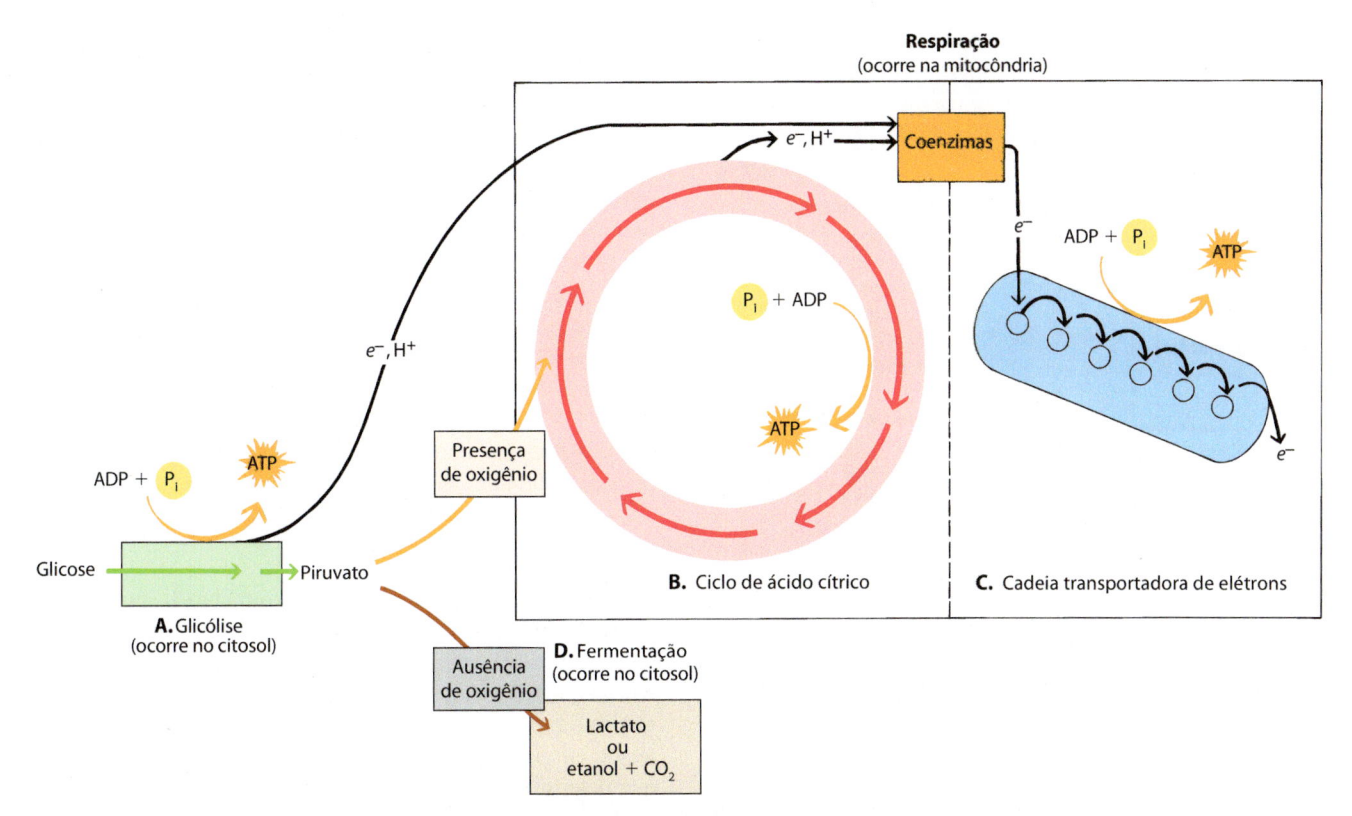

6.2 Quebra aeróbica e anaeróbica da glicose. A. A quebra oxidativa completa da glicose, denominada respiração, consiste na glicólise, no ciclo do ácido cítrico e na cadeia de transporte de elétrons. Na glicólise, a glicose é convertida em piruvato. Uma pequena quantidade de ATP é sintetizada a partir de ADP e fosfato, e uns poucos elétrons (e^-) e seus prótons (H^+) correspondentes são transferidos para as coenzimas, que funcionam como transportadores de elétrons. **B.** Na presença de oxigênio (via aeróbica), o piruvato é convertido em acetil-CoA, que é incorporada ao ciclo do ácido cítrico. Ao longo desse ciclo, ATP adicional é sintetizado e mais elétrons e prótons são transferidos para as coenzimas. **C.** As coenzimas então transferem os elétrons para a cadeia de transporte de elétrons, na qual os elétrons caem, etapa a etapa, para níveis de energia mais baixos, gerando um gradiente de prótons. O gradiente de prótons é utilizado para a formação de muito mais ATP, processo que é chamado fosforilação oxidativa. Ao final da cadeia transportadora de elétrons, os elétrons são reunidos aos prótons e combinados com o oxigênio para formar água. **D.** Na ausência de oxigênio (via anaeróbica), o piruvato é convertido em lactato ou em etanol. Esse processo, conhecido como fermentação, não produz ATP adicional, mas pode regenerar as coenzimas necessárias para a continuidade da glicólise.

(gliceraldeído 3-fosfato e di-hidroxiacetona fosfato). Esta última molécula é convertida em gliceraldeído 3-fosfato, e assim, ao final da *etapa 5* existem duas moléculas de gliceraldeído 3-fosfato. Dessa maneira, *os produtos das etapas seguintes devem ser contados em dobro por haver duas moléculas de gliceraldeído 3-fosfato*. Com a finalização da etapa 5, a fase preparatória está concluída.

A *etapa 6* é o primeiro ponto da via que produz energia; é a etapa inicial da fase de lucro, ou seja, da fase energeticamente rentável da via. Nessa etapa, duas moléculas de NAD⁺ são reduzidas a dois NADH, acumulando alguma energia proveniente da oxidação de gliceraldeído 3-fosfato como elétrons de alta energia. Nas *etapas 7* e *10*, duas moléculas de ADP retiram energia do sistema, formando ligações fosfoanídricas adicionais para produzir duas moléculas de ATP por molécula de gliceraldeído 3-fosfato – ou quatro moléculas de ATP por molécula de glicose. Dois dos quatro ATP são, na verdade, substitutos dos dois ATP usados nas etapas 1 e 3. O produto efetivo de ATP consiste em apenas duas moléculas de ATP por molécula de glicose. A formação de ATP por meio da transferência enzimática de um grupo fosfato oriundo de um intermediário metabólico para ADP, como nas etapas 7 e 10, é conhecida como *fosforilação em nível de substrato*.

A glicólise termina com a maior parte da energia da molécula original da glicose ainda presente nas duas moléculas de piruvato

A glicólise (de glicose a piruvato) pode ser resumida na equação geral:

$$\text{Glicose} + 2NAD^+ + 2ADP + 2P_i \longrightarrow$$
$$2 \text{ Piruvato} + 2NADH + 2H^+ + 2ATP + 2H_2O$$

6.3 Visão geral da glicólise. Na glicólise, a molécula de seis carbonos da glicose é quebrada, por meio de uma série de 10 reações, em duas moléculas de um composto de três carbonos conhecido como piruvato. Durante a glicólise, quatro átomos de hidrogênio são removidos da molécula original da glicose.

Glicose → (Glicólise) → 2 Piruvato + 4 Átomos de hidrogênio

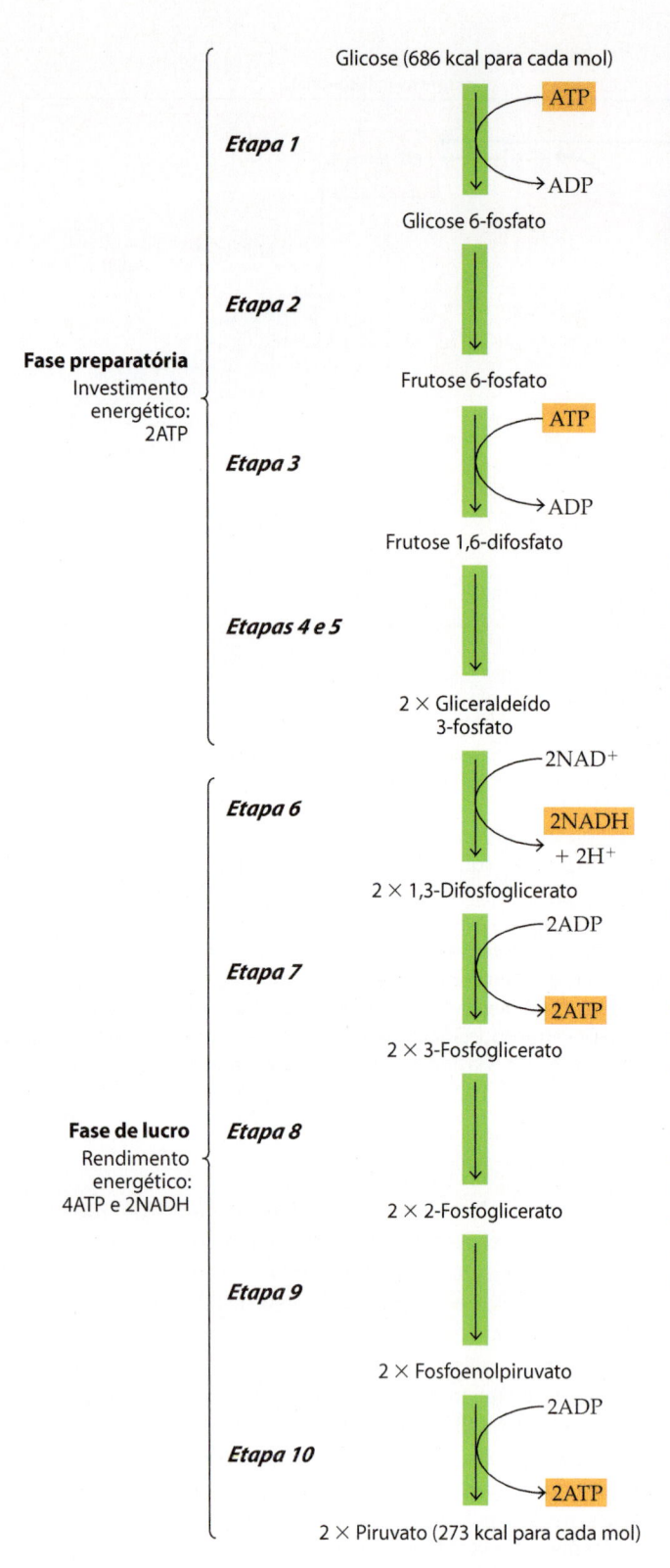

Glicose (686 kcal para cada mol)

Etapa 1
ATP → ADP

Glicose 6-fosfato

Etapa 2

Fase preparatória
Investimento
energético:
2ATP

Frutose 6-fosfato

Etapa 3
ATP → ADP

Frutose 1,6-difosfato

Etapas 4 e 5

2 × Gliceraldeído
3-fosfato

Etapa 6
2NAD⁺
2NADH
+ 2H⁺

2 × 1,3-Difosfoglicerato

Etapa 7
2ADP
2ATP

2 × 3-Fosfoglicerato

Fase de lucro
Rendimento
energético:
4ATP e 2NADH

Etapa 8

2 × 2-Fosfoglicerato

Etapa 9

2 × Fosfoenolpiruvato

Etapa 10
2ADP
2ATP

2 × Piruvato (273 kcal para cada mol)

6.4 Resumo das duas fases da glicólise. A fase preparatória requer um investimento de 2 ATP por molécula de glicose. Esse estágio finaliza com a quebra do açúcar de seis carbonos em duas moléculas de três carbonos. A fase de lucro produz um rendimento energético de 4 ATP e 2 NADH – um substancial retorno ao investimento inicial. O rendimento líquido em ATP é, portanto, de 2 moléculas de ATP por molécula de glicose. Carboidratos outros que não a glicose, incluindo o glicogênio, o amido, vários dissacarídios e uma grande variedade de monossacarídios, podem ser usados na glicólise se forem convertidos em glicose 6-fosfato ou frutose 6-fosfato.

Assim, uma molécula de glicose é convertida em duas moléculas de piruvato. (Água é um subproduto quando ADP é combinado com fosfato para formar ATP.) O rendimento *líquido* – o ganho em energia – é de duas moléculas de ATP e duas de NADH por molécula de glicose. Dois moles de piruvato têm um total energético de 546 quilocalorias, comparado com as 686 quilocalorias armazenadas na molécula de glicose. Uma grande porção (próximo de 80%) da energia armazenada na molécula de glicose original ainda está presente nas duas moléculas de piruvato.

Observe também que, sob condições aeróbicas, as duas moléculas de NADH são, por sua vez, compostos altamente energéticos, que podem render moléculas adicionais de ATP nas mitocôndrias, quando usadas como doadoras de elétrons na cadeia transportadora de elétrons da via aeróbica (ver adiante).

Via aeróbica

O piruvato é o intermediário-chave no metabolismo energético celular porque pode ser utilizado em uma das várias vias metabólicas. Qual via será seguida depende, em parte, das condições sob as quais o metabolismo está submetido e, em parte, do organismo especificamente envolvido – e, em alguns casos, de um tecido em particular no organismo. O principal fator ambiental que determina qual a via a ser seguida é a disponibilidade de oxigênio.

Na presença de oxigênio, o piruvato é oxidado completamente a dióxido de carbono e a glicólise é somente a fase inicial da respiração. A via aeróbica resulta na completa oxidação da glicose e em um rendimento muito superior em ATP do que pode ser obtido apenas com a glicólise. Essas reações acontecem em dois lugares – no ciclo do ácido cítrico e na cadeia transportadora de elétrons – ambos ocorrendo dentro das mitocôndrias de células eucarióticas.

Relembrando, a mitocôndria é uma organela com um sistema de duas membranas, e a interna forma dobras denominadas *cristas* (Figura 6.5). Dentro do compartimento interno, em contato com as cristas, está a *matriz*, uma solução densa contendo enzimas, coenzimas, água, fosfato e outras moléculas envolvidas na respiração. Assim, a mitocôndria assemelha-se a uma fábrica química. A membrana externa permite que moléculas

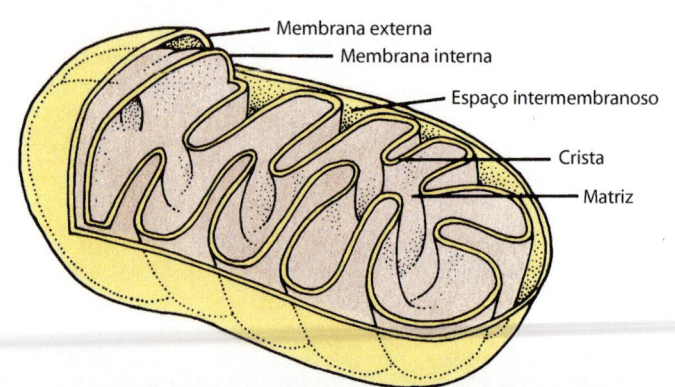

Membrana externa
Membrana interna
Espaço intermembranoso
Crista
Matriz

6.5 Estrutura da mitocôndria. A mitocôndria tem duas membranas, como mostrado no diagrama tridimensional. A membrana interna dobra-se para dentro, formando as cristas. Muitas das enzimas e os transportadores de elétrons envolvidos na respiração estão presentes no interior da membrana interna.

pequenas se movam livremente para dentro e para fora, mas a interna permite apenas a passagem de algumas moléculas, como piruvato e ATP, e impede a entrada de outras. A maioria das enzimas do ciclo do ácido cítrico está em solução na matriz; os componentes da cadeia transportadora de elétrons e as outras enzimas do ciclo estão inseridos na membrana interna, que apresenta as cristas.

Uma etapa preliminar | O piruvato entra na mitocôndria e é oxidado e descarboxilado

O piruvato passa do citosol, onde é produzido pela glicólise, para a matriz da mitocôndria, atravessando as membranas externa e interna no processo. Todavia, ele não é utilizado diretamente no ciclo do ácido cítrico. Dentro da mitocôndria, o piruvato é oxidado e descarboxilado – isto é, os elétrons são removidos e o CO_2 é retirado da molécula. Durante essa reação exergônica, uma molécula de NADH é produzida a partir de NAD^+ para cada molécula de piruvato oxidada (Figura 6.6). As duas moléculas de piruvato derivadas da molécula original de glicose são oxidadas a dois grupos acetil ($-CH_3CO$). Além disso, duas moléculas de CO_2 são liberadas e duas moléculas de NADH são formadas a partir de NAD^+.

Cada grupo acetil é temporariamente ligado à *coenzima A* (*CoA*) – uma grande molécula formada por um nucleotídio unido a um ácido pantotênico, uma das vitaminas do complexo B. A combinação do grupo acetil com a coenzima A é conhecida como *acetil-CoA*, e é nesta forma que os carbonos da glicose entram no ciclo do ácido cítrico.

O ciclo do ácido cítrico oxida os grupos acetil das moléculas de acetil-CoA

O ciclo do ácido cítrico foi inicialmente conhecido como ciclo de Krebs, em homenagem a Hans Krebs, chefe do grupo de pesquisa que foi, em grande parte, responsável pela elucidação deste ciclo. Krebs postulou sua via metabólica em 1937 e posteriormente recebeu o prêmio Nobel em reconhecimento ao seu brilhante trabalho. O ciclo de Krebs é mais comumente conhecido como ciclo do ácido cítrico ou, hoje, como ciclo do CAT (ciclo dos ácidos tricarboxílicos; em inglês, TCA de *tricarboxylic acid*) porque se inicia com a formação do ácido cítrico ou citrato, o qual tem três grupos carboxilas ácidos ($-COO^-$).

O ciclo do ácido cítrico sempre se inicia com a acetil-CoA como substrato. Para entrar no ciclo do ácido cítrico (Figu-

ra 6.7), os dois carbonos da acetil-CoA são combinados com um composto de quatro carbonos (oxaloacetato) para produzir um composto de seis carbonos (citrato). A coenzima A é liberada para se combinar com um novo grupo acetil quando uma nova molécula de piruvato for oxidada. Durante o ciclo, dois dos seis carbonos são removidos e oxidados a CO_2, e o oxaloacetato é regenerado – então formando literalmente um ciclo com estas reações. Cada volta dada no ciclo consome um grupo acetil e regenera uma molécula de oxaloacetato, ficando então pronto para reiniciar o ciclo.

Ao longo dessas etapas, parte da energia liberada pela oxidação dos átomos de carbono é usada para converter ADP em ATP (uma molécula por ciclo; outro caso de fosforilação em nível de substrato), mas a maior parte é usada para reduzir NAD^+ a NADH (três moléculas por ciclo). Além disso, parte da energia é usada para reduzir um segundo carregador de elétrons – a coenzima conhecida como flavina adenina dinucleotídio (*FAD*). Uma molécula de $FADH_2$ é formada por cada volta do ciclo. O oxigênio não está diretamente envolvido no ciclo do ácido cítrico; os elétrons e os prótons removidos na oxidação do carbono são todos incorporados pelo NAD^+ e FAD.

A equação geral do ciclo do ácido cítrico é a seguinte:

$$\text{Oxaloacetato + acetil-CoA} + 3H_2O + ADP + P_i + 3NAD^+ + FAD \longrightarrow$$
$$\text{Oxaloacetato} + 2CO_2 + CoA + ATP + 3NADH + 3H^+ + FADH_2$$

Na cadeia transportadora de elétrons, os elétrons removidos da molécula de glicose são transferidos para o oxigênio

A molécula de glicose agora está completamente oxidada a CO_2. Uma parte da energia que estava agregada nela foi convertida em ATP a partir de ADP mais P_i (fosfato inorgânico) do ácido cítrico. A maior parte da energia permanece, contudo, nos elétrons removidos dos átomos de carbono quando estes foram oxidados. Esses elétrons foram transferidos para os carregadores de elétrons NAD^+ e FAD e ainda estão em um alto nível energético nas moléculas de NADH e $FADH_2$.

Na próxima etapa da respiração, esses elétrons altamente energéticos do NADH e $FADH_2$ são transferidos, etapa por etapa, para formar água (H_2O), um composto em que os elétrons da glicose encontram-se em um baixo nível energético. Essa passagem gradual é possível devido à cadeia transportadora de elétrons (Figura 6.8), um conjunto de transportadores de elétrons, cada qual levando os elétrons a níveis mais baixos de energia que o transportador anterior. Cada transportador é capaz de aceitar ou doar um ou dois elétrons por vez. Cada componente da cadeia aceita os elétrons de seu anterior e passa para o transportador seguinte em uma sequência específica. Com apenas uma exceção, todos os transportadores estão inseridos na membrana interna da mitocôndria.

Os carregadores de elétrons da cadeia transportadora de elétrons da mitocôndria diferem de NAD^+ e FAD por sua composição química. Alguns deles são conhecidos como *citocromos* – moléculas proteicas com um anel porfirínico, contendo um átomo de ferro (grupo heme) ligado. Os citocromos retiram os elétrons de seus átomos de ferro, os quais podem ser reversivelmente reduzidos da forma férrica (Fe^{3+}) para a forma ferrosa (Fe^{2+}). Cada citocromo difere em sua estrutura proteica e no

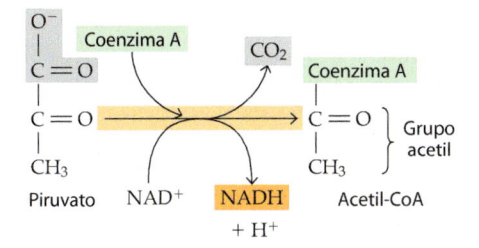

6.6 Formação de acetil-CoA a partir de piruvato. A molécula de três carbonos do piruvato é oxidada e descarboxilada para formar o grupo acetil-CoA com dois carbonos, o qual é ligado à coenzima A dando origem a acetil-CoA. A oxidação da molécula de piruvato é acoplada à redução de uma molécula de NAD^+ a NADH. A acetil-CoA é a forma pela qual os átomos de carbono derivados da glicose entram para o ciclo do ácido cítrico.

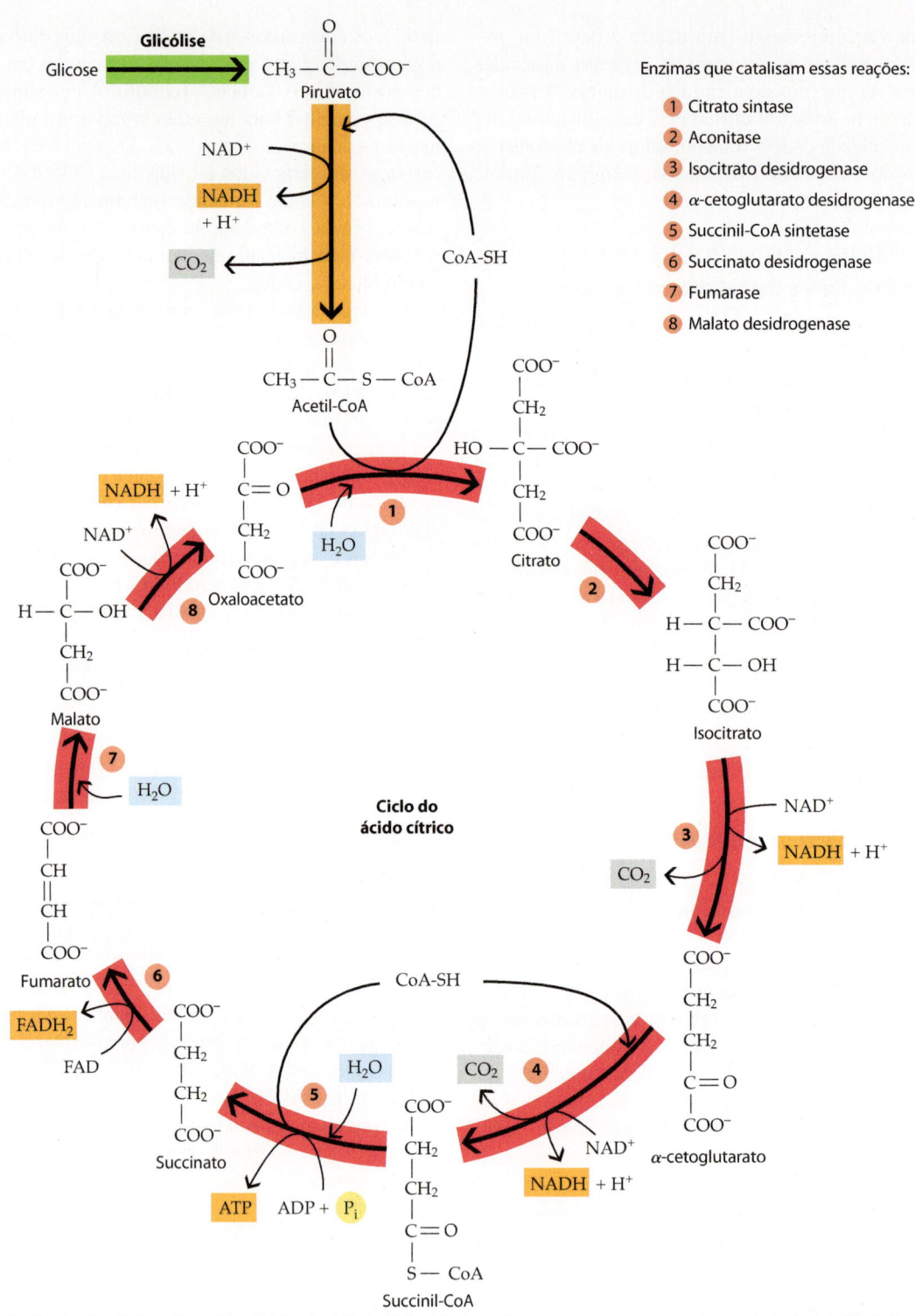

Figura 6.7 Ciclo do ácido cítrico. Durante o ciclo do ácido cítrico, dois carbonos entram como grupo acetil da acetil-CoA e dois carbonos são oxidados a dióxido de carbono; os átomos de hidrogênio são passados para as coenzimas NAD^+ e FAD. Como na glicólise, uma enzima específica está envolvida em cada etapa. (Observe que CoA é frequentemente escrito como CoA-SH para indicar seu grupo sulfidrila, onde a ligação ocorre.

nível de energia no qual ele retém os elétrons. Em sua forma reduzida, os citocromos podem carregar um único elétron sem um próton.

Proteínas que não carregam o grupo heme – *proteínas ferro-enxofre* (ferro-sulfurosas) – são os outros componentes da cadeia transportadora de elétrons. O ferro dessas proteínas não está ligado a um anel porfirínico, mas a sulfetos e a átomos de enxofre dos aminoácidos sulfurados encontrados na cadeia pro-

teica. Como os citocromos, as proteínas ferro-enxofre retiram os elétrons dos átomos de ferro e assim podem transportar elétrons, mas não prótons.

Os componentes mais abundantes da cadeia transportadora de elétrons são as moléculas de quinonas. Nas mitocôndrias, a quinona é a *ubiquinona*, também chamada *coenzima Q (CoQ)* (Figura 6.9). Diferentemente dos citocromos e das proteínas ferro-enxofre, a quinona pode aceitar ou doar tanto um como dois

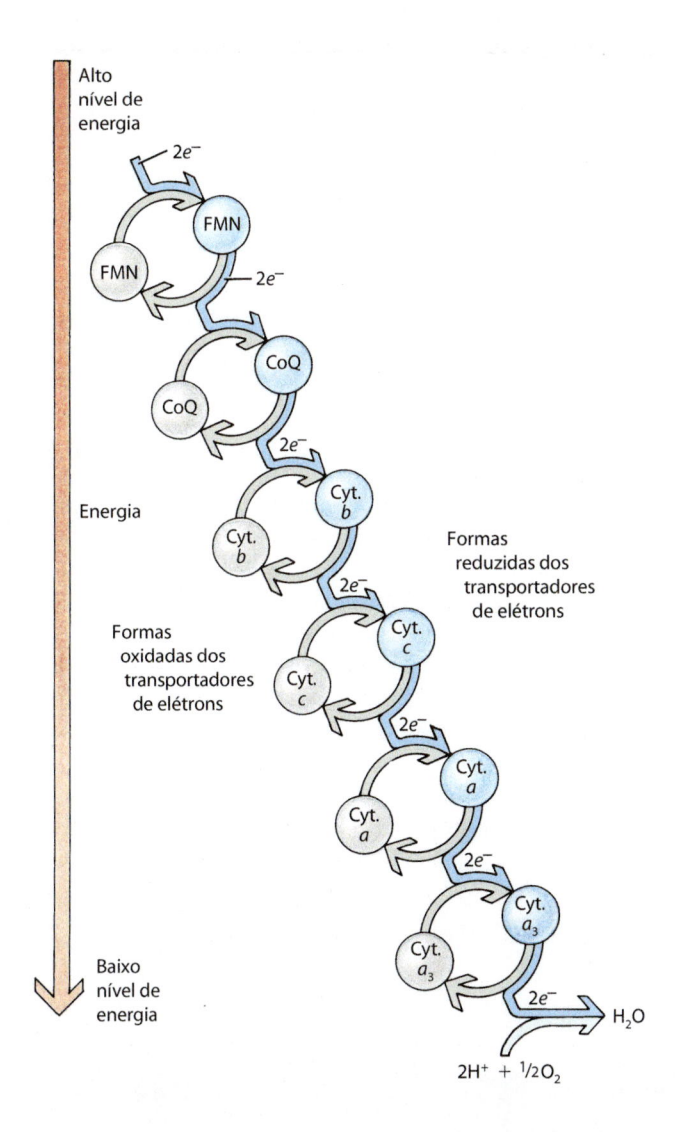

Alto nível de energia

Energia

Formas oxidadas dos transportadores de elétrons

Formas reduzidas dos transportadores de elétrons

Baixo nível de energia

$2H^+ + {}^1\!/_2 O_2$ H_2O

6.8 Representação esquemática da cadeia transportadora de elétrons.
As moléculas mostradas aqui – flavina mononucleotídio (FMN), coenzima Q (CoQ) e citocromos b, c, a e a_3 – são os principais transportadores de elétrons da cadeia. Pelo menos nove outras moléculas estão envolvidas como intermediários entre esses transportadores de elétrons.

Os elétrons transportados por NADH entram na cadeia quando são transferidos para FMN, a qual é então reduzida (em azul). Quase instantaneamente, FMN transfere os elétrons para a CoQ. No processo, a FMN retorna para o estado oxidado (em cinza), pronta para receber outro par de elétrons, e a CoQ é então reduzida. A CoQ passa, então, os elétrons para o próximo transportador e retorna à sua forma oxidada original e, assim, sucessivamente em direção descendente na cadeia. À medida que os elétrons se movem ao longo da cadeia, eles descem sucessivamente a níveis de energia mais baixos. Os elétrons são recebidos por fim pelo oxigênio, o qual se combina com prótons (íons de hidrogênio) para formar água.

Os elétrons transportados pelo $FADH_2$ estão em um nível energético ligeiramente mais baixo do que aqueles carregados pelo NADH. Eles entram na cadeia transportadora de elétrons bem mais abaixo que a CoQ e geram apenas 2 ATP por molécula de coenzima, enquanto comparativamente o rendimento do NADH é de 3 ATP por molécula deste.

elétrons. Isso permite que a CoQ funcione como intermediário entre carregadores de dois elétrons e de um elétron. Além disso, a CoQ capta um próton com cada elétron que carrega – o equivalente a um átomo de hidrogênio. Ao alternar a transferência de elétrons entre os transportadores que carregam apenas elétrons e aqueles que carregam átomos de hidrogênio, a CoQ pode transferir prótons através da membrana interna da mitocôndria. Por exemplo, cada vez que uma molécula de quinona recebe um elétron, ela também captura um próton (H^+) da matriz mitocondrial. Quando a quinona cede seu elétron para o próximo transportador, também libera o próton para o espaço intermembranoso

(no caso, o espaço entre as membranas interna e externa da mitocôndria). Como os transportadores de elétrons estão orientados na membrana mitocondrial interna, os prótons são sempre capturados no lado da membrana junto à matriz e liberados no espaço intermembranoso. Desse modo, um gradiente de prótons é formado através da membrana mitocondrial interna. A importância desse gradiente para a produção de ATP na via aeróbica será discutida posteriormente. Diferentemente dos citocromos e centros não sulfurosos, a CoQ não está intimamente associada a qualquer tipo de complexo proteico, mas pode mover-se livremente entre os complexos proteicos da cadeia transportadora de elétrons, recebendo e doando elétrons. Por ser pequena e hidrofóbica, a CoQ pode mover-se livremente entre a camada dupla lipídica da membrana e assim carregar elétrons entre os outros transportadores menos móveis.

No "topo" ou "início" (ou seja, na extremidade mais energética) da cadeia transportadora de elétrons estão os elétrons contidos nas moléculas de NADH e $FADH_2$. Deve ser lembrado que, para cada molécula de glicose oxidada, o rendimento no ciclo do ácido cítrico foi de seis moléculas de NADH e de duas moléculas de $FADH_2$ (Figura 6.7) e que a oxidação do piruvato a acetil-CoA rendeu duas moléculas de NADH (Figura 6.6). Além

Coenzima Q, oxidada (CoQ)

Coenzima Q, reduzida ($CoQH_2$)

6.9 Formas oxidadas e reduzidas da coenzima Q.
A forma oxidada da CoQ é reduzida pelo recebimento de dois elétrons de um doador na cadeia transportadora de elétrons. Os prótons retirados pela CoQ vêm da face matricial (interna) da membrana interna da mitocôndria. A coenzima Q é também conhecida como "ubiquinona", nome que reflete a ubiquidade deste composto – o qual ocorre praticamente em todas as células eucarióticas.

disso, duas moléculas adicionais de NADH foram produzidas durante a glicólise (Figura 6.4) e, na presença de oxigênio, os elétrons dessas moléculas de NADH são transportados para a mitocôndria. Os elétrons de todas essas moléculas de NADH são transferidos ao receptor de elétrons flavina mononucleotídio (FMN), o primeiro componente da cadeia respiratória. Os elétrons das moléculas de $FADH_2$ são transferidos para a CoQ, a qual está um pouco mais abaixo na cadeia transportadora de elétrons do que o FMN.

Como os elétrons fluem ao longo da cadeia transportadora de elétrons de um nível energético maior para um nível menor, a energia liberada é carreada e utilizada para criar um gradiente de prótons através da membrana interna, transferindo prótons da matriz para o espaço intermembranoso. O gradiente de prótons, por sua vez, direciona a produção de ATP a partir de ADP e P_i pela fosforilação oxidativa. Ao final da cadeia, os elétrons são recebidos por oxigênio e combinados com prótons (íons de hidrogênio) para produzir água. Cada vez que um par de elétrons é passado do NADH para o oxigênio, prótons em quantidade suficiente são "bombeados" através da membrana para gerar três moléculas de ATP. Também, cada vez que um par de elétrons é passado do $FADH_2$, molécula que mantém estes elétrons em um nível ligeiramente mais baixo de energia que os provenientes do NADH, prótons são "bombeados", porém em quantidade suficiente para formar apenas duas moléculas de ATP.

A fosforilação oxidativa é conseguida pelo mecanismo de acoplamento quimiosmótico

Até o começo dos anos 1960, o mecanismo da fosforilação oxidativa foi um dos mais confusos quebra-cabeças da bioquímica. Como resultado de uma ideia e da criatividade experimental do bioquímico inglês Peter Mitchell (1920-1992) e do trabalho subsequente de vários outros pesquisadores, muito desse quebra-cabeça foi solucionado. A fosforilação oxidativa depende de um gradiente de prótons (íons H^+) através da membrana mitocondrial e do subsequente uso da energia estocada neste gradiente para formar ATP a partir de ADP e fosfato.

Muitos dos componentes da cadeia transportadora de elétrons, como mostrado na Figura 6.10, estão inseridos na membrana interna da mitocôndria. A maioria dos transportadores de elétrons, na realidade, está intimamente ligada com proteínas inseridas na membrana, formando quatro complexos multiproteicos distintos (I-IV). O complexo II não foi incluído na figura porque não está envolvido na oxidação do NADH.

Os complexos proteicos, como visto anteriormente, são também bombas de prótons. Quando os elétrons descem para níveis de energia mais baixos durante seu deslocamento pela cadeia transportadora de elétrons, a energia liberada é utilizada pelos complexos proteicos para bombear prótons através da membrana interna. Em outras palavras, à medida que os elétrons fluem do NADH para o complexo I, a seguir para o complexo III e, por

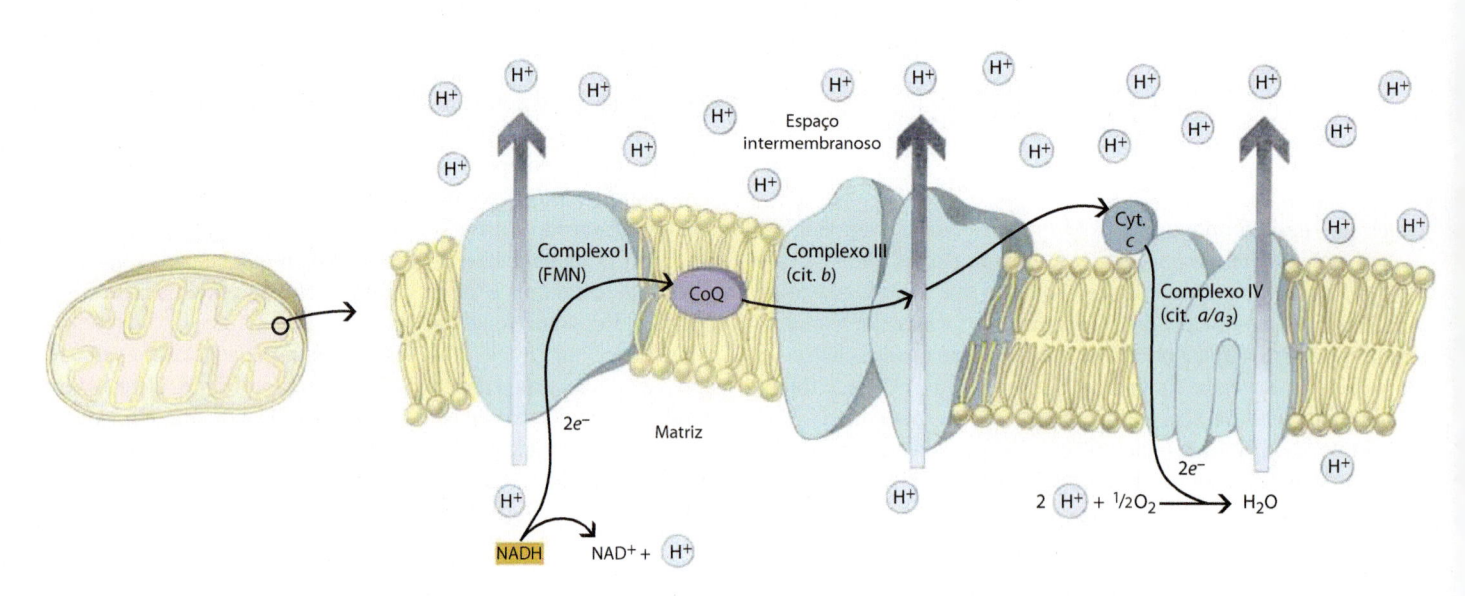

6.10 Cadeia transportadora de elétrons. O arranjo dos componentes da cadeia transportadora de elétrons na membrana interna da mitocôndria. Três estruturas proteicas complexas (aqui denominadas I, III e IV) estão inseridas na membrana. Elas contêm os transportadores de elétrons e as enzimas requeridas para catalisar a transferência de elétrons de um transportador para outro. O complexo I contém o transportador de elétrons FMN, o qual recebe dois elétrons do NADH e os passa para a CoQ. A CoQ, localizada no interior da membrana, carrega elétrons do complexo I para o complexo III, o qual contém os citocromos *b*. A partir do complexo III, os elétrons movem-se para o citocromo *c*, uma proteína de membrana periférica no lado do espaço intermembrânico, que se desloca em um vaivém entre os complexos III e IV. Os elétrons, então, se movem através dos citocromos *a* e *a₃*, localizados no complexo IV, de volta para a matriz, onde eles se combinam com prótons (íons H^+) e oxigênio, formando água.

O complexo II é outra estrutura proteica complexa (não mostrada aqui), inserida na membrana interna da mitocôndria e que contém FAD. Os elétrons são passados do succinato (no ciclo do ácido cítrico) para o FAD, gerando $FADH_2$, e então para a CoQ. Assim, os elétrons do $FADH_2$ entram na cadeia de transporte eletrônico na CoQ. O complexo II não faz parte da transferência de elétrons do NADH para o O_2.

Quando os elétrons fazem seu caminho ao longo da cadeia transportadora de elétrons, prótons são bombeados através dos três complexos proteicos da matriz para o espaço intermembranoso. Essa transferência de prótons do lado matricial da membrana interna da mitocôndria para o outro lado dela (espaço intermembranoso) estabelece um gradiente de prótons que favorece a síntese de ATP.

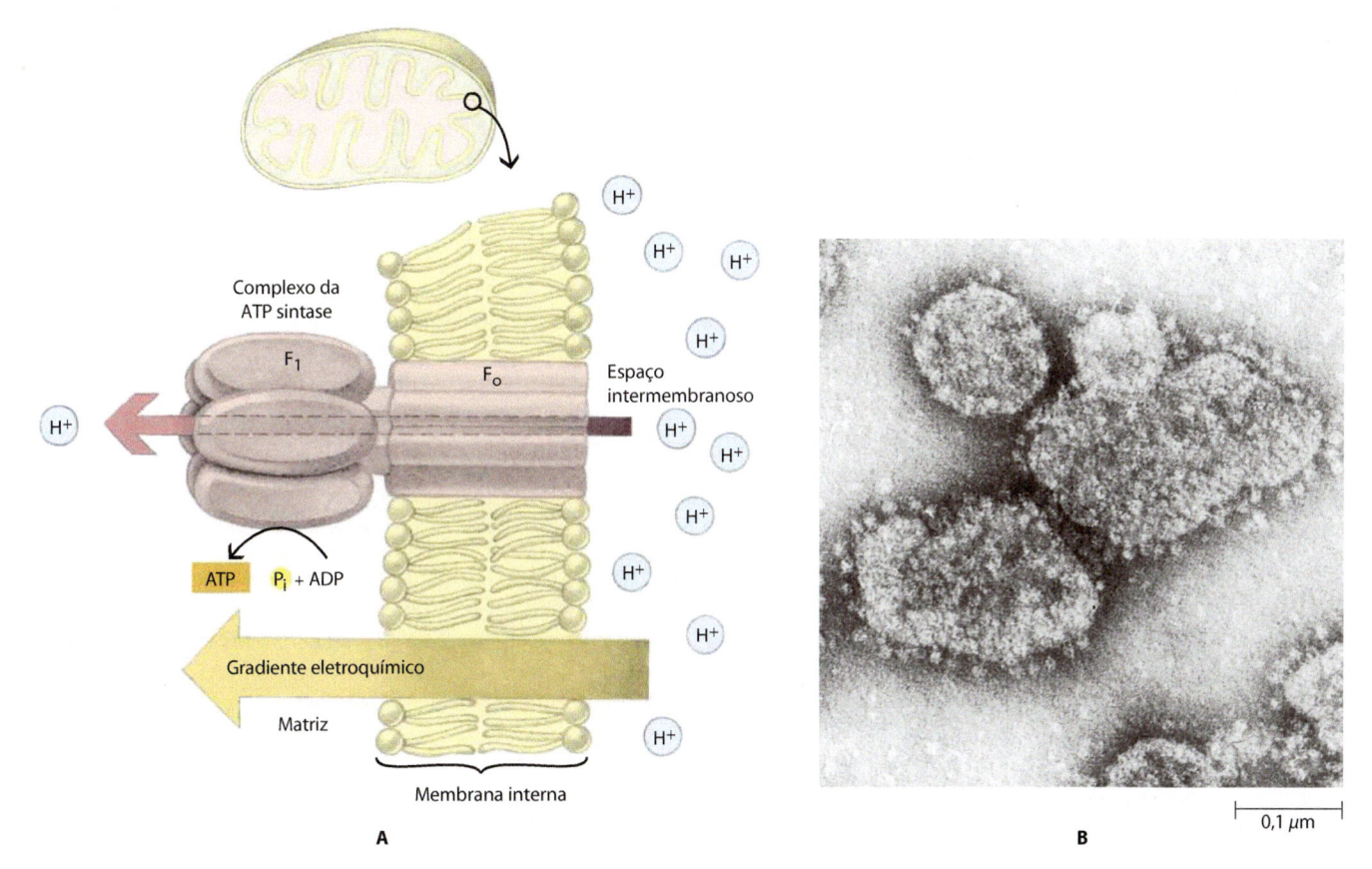

6.11 Complexo da ATP sintase. A. Esse complexo enzimático consiste em duas partes principais: F_0, que está contida dentro da membrana interna da mitocôndria, e F_1, que fica na matriz. Os locais de ligação, tanto para o ATP quanto para o ADP, estão localizados em F_1, que é constituída por nove subunidades separadas de proteína. Um canal ou poro, conectando o espaço intermembranoso e a matriz, passa através do complexo inteiro. Quando prótons passam pelo poro, movendo-se a favor do gradiente eletroquímico, ATP é sintetizado a partir de ADP e fosfato. **B.** As protuberâncias, observadas nas vesículas nesta micrografia eletrônica de transmissão, são as partes F_1 dos complexos da ATP sintase. As partes F_0 às quais elas estão ligadas estão inseridas na membrana e não estão visíveis. As vesículas observadas foram obtidas por quebra da membrana interna mitocondrial ao ser submetida a ondas de ultrassom. Quando a membrana é rompida dessa maneira, cada fragmento formado imediatamente se une pelas extremidades, formando uma vesícula fechada. Entretanto, a superfície externa é o lado interno da membrana interna da mitocôndria, ou seja, o lado que se situa junto à matriz da mitocôndria intacta.

fim, para o complexo IV, os prótons são transferidos do lado da matriz da membrana interna para o espaço intermembrânico. É aceito que para cada par de elétrons movendo-se para baixo na cadeia transportadora de elétrons, do NADH para o oxigênio, cerca de 10 prótons são bombeados para fora da matriz.

Como visto anteriormente, a membrana interna da mitocôndria é impermeável a prótons. Assim, os prótons que são bombeados para o espaço intermembranoso não podem voltar facilmente pela membrana em direção à matriz. O resultado é um gradiente de concentração de prótons na membrana interna da mitocôndria, com uma concentração muito maior de prótons no espaço intermembranoso do que na matriz.

Como uma pedra no topo de uma colina ou a água no topo de cachoeiras, a diferença na concentração de prótons entre o espaço intermembranoso e a matriz representa energia potencial. Essa energia potencial resulta não apenas da diferença na concentração real (mais íons de hidrogênio na face externa do que na face interna ou matricial da membrana interna da mitocôndria), mas também da diferença de cargas (mais cargas positivas no lado externo do que dentro). A energia potencial está, então, na forma de um *gradiente eletroquímico*. Ele fica então disponível para energizar qualquer processo que forneça um ca-

nal permitindo o fluxo de prótons a favor do gradiente, de volta para a matriz.

Tal canal é provido de um grande complexo enzimático conhecido como *ATP sintase* (Figura 6.11). Esse complexo enzimático que está inserido na membrana interna da mitocôndria tem locais de ligação para ADP e fosfato. Também possui um canal interno, ou poro, pelo qual os prótons podem passar. Quando os prótons fluem pelo canal de volta para a matriz, diminuindo o gradiente eletroquímico do espaço intermembranoso, a energia que é liberada energiza a síntese de ATP a partir de ADP e fosfato.

Observe que a ATP sintase funciona de maneira oposta àquela da bomba de prótons da H^+-ATPase, descrita no Capítulo 4. Nela, o ATP era *utilizado* como fonte de energia para bombear prótons contra um gradiente eletroquímico. A ATP sintase, por sua vez, usa a energia do movimento dos prótons para *produzir* ATP.

Esse mecanismo de síntese de ATP é conhecido como *acoplamento quimiosmótico* (Figura 6.12). O termo "quimiosmótico", cunhado por Peter Mitchell, reflete o fato de que a produção de ATP na fosforilação oxidativa envolve dois processos, o químico ("químio") e o de transporte através de uma membrana de permeabilidade seletiva ("osmótico"). Como visto, dois eventos distintos tomam parte do acoplamento quimiosmótico: (1) um gradiente de prótons é estabelecido através da membrana interna da mitocôndria, e (2) um potencial de energia armazenado no gradiente é usado para gerar ATP a partir de ADP e fosfato.

O potencial quimiosmótico também tem outros usos nos organismos vivos. Por exemplo, é ele que gera o movimento de rotação dos flagelos bacterianos. Em células fotossintetizantes, como será visto no próximo capítulo, o potencial quimiosmótico está envolvido na formação de ATP utilizando a energia fornecida pelo Sol. Ele pode também ser usado para fornecer energia para outros processos. Nas mitocôndrias, por exemplo, a energia armazenada no gradiente de prótons pode ser utilizada para transportar outras substâncias através da membrana interna. Tanto o fosfato como o piruvato são carreados para a matriz mitocondrial por proteínas da membrana que simultaneamente transportam prótons a favor do gradiente.

A produção total de energia envolve NADH e FADH$_2$ assim como ATP

Agora podemos ver quanto da energia presente originalmente na molécula de glicose foi recuperado na forma de ATP. A "ficha de balanço" para o rendimento de ATP, mostrada na Figura 6.13, pode ajudar a conduzir a discussão que se segue.

A glicólise ocorre no citosol e na presença de oxigênio, rendendo diretamente 2 moléculas de ATP mais 2 moléculas de NADH por molécula de glicose. Os elétrons mantidos por essas 2 moléculas de NADH são transportados através da membrana mitocondrial ao "custo" de uma molécula de ATP por molécula de NADH. Assim, o rendimento líquido da reoxidação das 2 moléculas de NADH é de apenas 4 ATP, ao contrário dos 6 que seriam esperados.

A conversão de piruvato a acetil-CoA ocorre na matriz das mitocôndrias, rendendo 2 moléculas de NADH para cada molécula de glicose. Quando os elétrons mantidos nessas 2 moléculas de NADH se movem para baixo na cadeia transportadora de elétrons, prótons em quantidade suficiente são bombeados através da membrana mitocondrial para sintetizar 6 ATP.

O ciclo do ácido cítrico também ocorre na matriz da mitocôndria, produzindo 2 moléculas de ATP, 6 moléculas de NADH e 2 de FADH$_2$. A passagem dos elétrons contidos nas moléculas de NADH e FADH$_2$ para níveis inferiores na cadeia transportadora de elétrons leva ao bombeamento de prótons através da membrana, rendendo 22 ATP – 18 derivados das 6 moléculas de NADH e 4 derivados das 2 moléculas de FADH$_2$. Assim, para cada molécula de glicose, o rendimento total no ciclo do ácido cítrico é de 24 ATP.

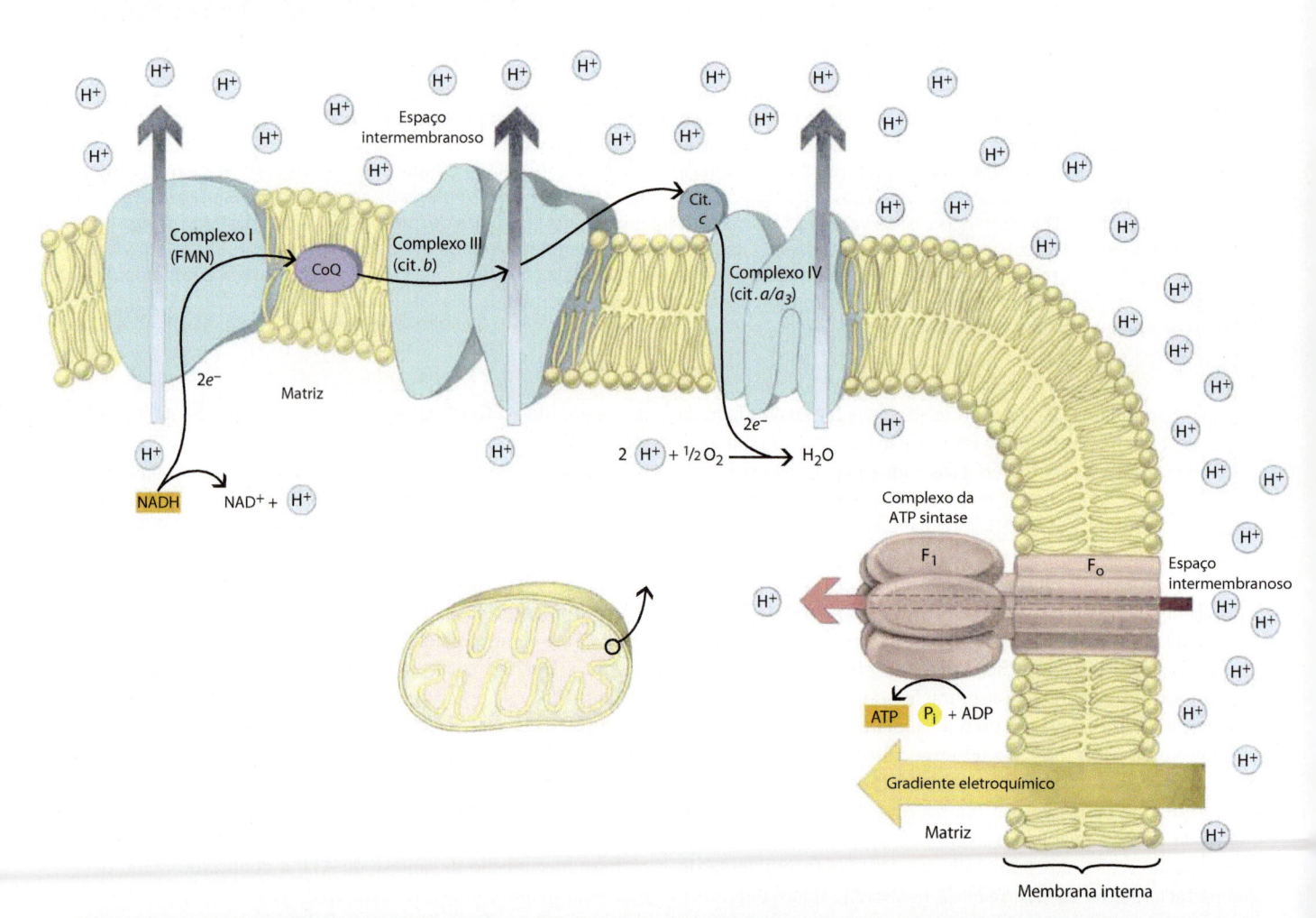

6.12 Resumo da síntese quimiosmótica de ATP na mitocôndria. À medida que os elétrons descem na cadeia transportadora de elétrons, a qual faz parte da membrana interna da mitocôndria, prótons são bombeados para fora da matriz em direção ao espaço intermembranoso da mitocôndria. Isso cria um gradiente eletroquímico. O movimento subsequente dos prótons a favor do gradiente, quando estes passam através do complexo da ATP sintase, fornece energia pela qual o ATP é sintetizado a partir de ADP e fosfato. Evidências recentes sugerem que três prótons fluem pelo complexo da ATP sintase para cada molécula de ATP formada.

BIOLUMINESCÊNCIA

Na maioria dos organismos, a energia armazenada no ATP é utilizada para o trabalho celular, como biossíntese, transporte e movimento. Todavia, em alguns, parte da energia química é novamente convertida em energia luminosa. A bioluminescência é, provavelmente, um subproduto acidental das trocas de energia na maioria dos organismos luminescentes, como o fungo *Mycena lux-coeli* apresentado aqui e fotografado com a sua própria luminosidade. Entretanto, em outros organismos luminescentes, a bioluminescência desempenha uma função útil. Por exemplo, o vagalume utiliza os lampejos de luz como sinais para o acasalamento.

Como mostrado na ficha de balanço (Figura 6.13), o rendimento líquido de uma única molécula de glicose é de 36 moléculas de ATP – 6 geradas pela glicólise, 6 da conversão de piruvato em acetil-CoA e 24 do ciclo do ácido cítrico. À exceção de 2 das 36 moléculas de ATP, todas as outras foram geradas dentro da mitocôndria e apenas 4 foram produzidas sem o envolvimento da oxidação de NADH e FADH$_2$ através da cadeia transportadora de elétrons acoplada à oxidação fosforilativa.

A diferença total em energia livre (ΔG) entre os reagentes (glicose e oxigênio) e os produtos (dióxido de carbono e água) é de –686 quilocalorias por mol em condições normais. As ligações fosfoanídricas terminais das 36 moléculas de ATP são responsáveis por 263 quilocalorias (7,3 × 36) por mol de glicose (de novo sob condições normais). Em outras palavras, cerca de 38% da energia é conservada como ATP. O restante é perdido como calor.

Outros substratos para a respiração

Até agora consideramos que a glicose é o principal substrato para a respiração. É importante observar, contudo, que gorduras e proteínas podem ser convertidas a acetil-CoA e entrar no ciclo do ácido cítrico (ver Figura 6.15). No caso da gordura, uma molécula de triglicerídio (triacil glicerol) é inicialmente hidrolisada a três ácidos graxos e uma molécula de glicerol. Então, começando pela terminação carboxílica dos ácidos graxos, os grupos acetil de dois carbonos são sucessivamente removidos até acetil-CoA por um processo denominado *betaoxidação*. Uma molécula como o ácido oleico (ver Figura 2.7), a qual contém 18 átomos de carbono, rende 9 acetil-CoA, que podem ser oxidadas pelo ciclo do ácido cítrico. As proteínas são decompostas, de forma análoga, em seus componentes menores, os aminoácidos, e os grupos amino são removidos. Alguns dos esqueletos carbônicos residuais são convertidos em intermediários do ciclo do ácido cítrico, como o α-cetoglutarato, oxaloacetato e fumarato, e podem, então, entrar no ciclo.

Vias anaeróbicas

Na maioria das células eucarióticas (assim como na maioria das bactérias), o piruvato normalmente segue a rota ou via aeróbica e é completamente oxidado a dióxido de carbono e água. Contudo, na ausência ou na falta momentânea de oxigênio, o

Moléculas produzidas:

	Citosol	Matriz da mitocôndria	Transporte de elétrons e fosforilação oxidativa	
Glicólise	2 ATP		4 ATP (rendimento líquido)	2 ATP
	2 NADH			4 ATP
Piruvato a acetil-CoA		2 × (1 NADH)	2 × (3 ATP)	6 ATP
Ciclo do ácido cítrico		2 × (1 ATP)		2 ATP
		2 × (3 NADH)	2 × (9 ATP)	18 ATP
		2 × (1 FADH$_2$)	2 × (2 ATP)	4 ATP

Total: 36 ATP

6.13 Rendimento energético da oxidação da glicose. Resumo do rendimento líquido de energia de 36 ATP, originados pela completa oxidação de uma molécula de glicose.

piruvato não é o produto final da glicólise. Nessas condições, o NADH produzido durante a oxidação do gliceraldeído 3-fosfato não pode doar seus elétrons para O_2 via cadeia transportadora de elétrons, mas precisa ser reoxidado a NAD^+. Sem essa reação, a glicólise seria logo interrompida, pois a célula ficaria desprovida de NAD^+ como receptor de elétrons.

Em muitas bactérias, fungos, protistas e células animais, esse processo sem oxigênio ou anaeróbico resulta na formação de lactato, um composto de três carbonos similar em estrutura ao piruvato, e é denominado *fermentação láctica*. Em leveduras e na maioria das células vegetais, o piruvato é reduzido a etanol (álcool etílico) e dióxido de carbono, e esse processo anaeróbico é chamado *fermentação alcoólica*. Em ambos os casos, os dois elétrons (e um próton) do NADH são transferidos ao carbono central do piruvato. Todavia, no caso da fermentação alcoólica, a reoxidação do NADH é precedida pela liberação de dióxido de carbono (descarboxilação) (Figura 6.14).

Termodinamicamente, a fermentação láctica e a fermentação alcoólica são similares. Em ambas, o NADH é reoxidado e a energia da quebra da glicose é limitada a um rendimento líquido de 2 moléculas de ATP, produzidas durante a glicólise. As equações balanceadas completas para os dois tipos de fermentação da glicose podem ser escritas como segue:

$$\text{Glicose} + 2ADP + 2P_i \longrightarrow 2\ \text{Etanol} + 2CO_2 + 2ATP + 2H_2O$$

ou

$$\text{Glicose} + 2ADP + 2P_i \longrightarrow 2\ \text{Lactato} + 2ATP + 2H_2O$$

Durante a fermentação alcoólica, aproximadamente 7% da energia total disponível na molécula da glicose – cerca de 52 quilocalorias por mol – é liberada, com cerca de 93% permanecendo nas duas moléculas de etanol. Considerando-se, contudo, a eficiência com a qual a célula anaeróbica conserva boa parte daquelas 52 quilocalorias como ATP (7,3 quilocalorias por mol de ATP ou 14,6 quilocalorias por mol de glicose), a eficiência da energia conservada é algo como 26%. A eficiência de máquinas feitas pelo homem raramente excede 25%, e a respiração, como visto neste capítulo, é de cerca de 38%.

O fato de a glicólise não requerer oxigênio sugere que a sequência glicolítica surgiu muito cedo, antes de haver oxigênio livre na atmosfera. Provavelmente, os organismos unicelulares primitivos usavam a glicólise (ou algo muito semelhante a isto) para extrair energia das moléculas orgânicas que eles absorviam de seu ambiente aquático. Apesar de as rotas anaeróbicas gerarem apenas duas moléculas de ATP para cada molécula de glicose processada, este baixo rendimento era e é adequado para as necessidades de muitos organismos ou partes de organismos. Por exemplo, o sistema radicular de plantas de arroz de locais alagados frequentemente realiza extensiva fermentação para prover energia para o crescimento e o metabolismo das próprias raízes.

Estratégia do metabolismo energético

As várias vias pelas quais diferentes moléculas orgânicas são quebradas para produzir energia são conhecidas coletivamente como *catabolismo*. Os intermediários catabólicos, como o piru-

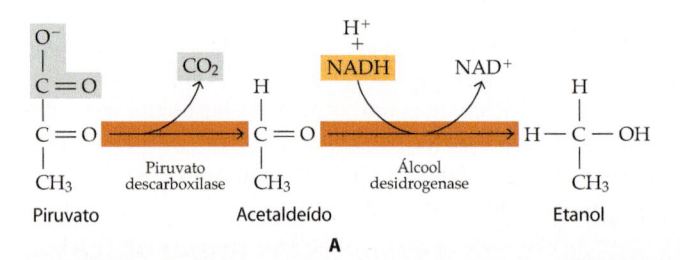

6.14 Fermentação alcoólica. A. As duas etapas do processo pelo qual o piruvato é convertido anaerobicamente em etanol. Na primeira etapa, o dióxido de carbono é liberado. Na segunda, o NADH é oxidado e o acetaldeído é reduzido. Grande parte da energia contida na glicose permanece no álcool, que é o principal produto final da sequência. Todavia, por regenerar NAD^+, essas etapas permitem que a glicólise continue com um pequeno mas vital rendimento de ATP. **B.** Exemplo de glicólise anaeróbica. As antigas pinturas egípcias em paredes, como a exibida aqui, são das primeiras documentações históricas de produção de vinho, datadas de 5.000 anos atrás. Todavia, os fragmentos de cerâmica corados com vinho, recentemente descobertos, sugerem que os sumérios foram mestres na arte de produção de vinho 500 anos antes dos egípcios. As frutas eram colhidas e esmagadas com os pés, e o suco coletado em jarros era deixado fermentar, produzindo vinho. Nas viniculturas modernas, culturas de leveduras puras são misturadas ao suco de uva quase estéril para fermentação, em vez de se permitir que esta ocorra meramente pela ação das leveduras contidas nas uvas.

BOTÂNICA DA CERVEJA

A cerveja espumosa e deliciosamente amarga que hoje tanto apreciamos representa séculos da combinação prática da botânica e bioquímica. Os seres humanos vêm fabricando cerveja há pelo menos 5.000 anos e, provavelmente, há muito mais tempo. Beber cerveja "aquece o fígado e satisfaz o coração", de acordo com uma ode redigida em 1800 a.C. e dedicada a Ninkasi, a deusa suméria da cerveja. A cerveja, que proporciona uma fonte de calorias nutritivas e água limpa – o processo de fabricação da cerveja elimina os micróbios nocivos –, tem sido um dos principais produtos da cultura humana desde que a civilização surgiu, e, durante muito tempo, foi considerada mais segura do que beber água.

A fabricação de cerveja começa com uma fonte de carboidratos. Quase toda cerveja moderna é feita a partir da cevada, porém o trigo, o milho, o arroz e outros cereais e até mesmo raízes ricas em amido também servem. Os grãos de cevada são germinados para converter os amidos presentes no endosperma, a parte nutritiva do grão, em açúcares. Esse processo é controlado pela enzima amilase, encontrada em abundância nos grãos de cevada. Depois de alguns dias, os grãos são rapidamente aquecidos e secados para interromper a germinação, enquanto a amilase é preservada. A torrefação escurece o grão, que agora é denominado malte, responsável pela cor final da cerveja. O malte é então moído e misturado com água para completar a liberação de seus açúcares.

O líquido resultante é fervido com as inflorescências do lúpulo, *Humulus lupulus*, que atua como conservante e que contribui para o sabor da bebida. As resinas amargas nas flores equilibram o sabor doce dos açúcares e conferem à cerveja o seu sabor e aroma característicos. A introdução do lúpulo no processo de fabricação da cerveja ocorreu na Idade Média; anteriormente, eram acrescentadas passas e especiarias, como canela e cardamomo, para melhorar o sabor.

O líquido, agora denominado mosto lupulado, é resfriado e misturado com levedo de cerveja (uma espécie do gênero *Saccharomyces*), que fermenta os açúcares em álcool e dióxido de carbono. A escolha da levedura e a temperatura da fermentação distinguem as cervejas *ales*, que são fermentadas quentes e têm sabor assertivo, das cervejas *lagers*, que são fermentadas frias e têm sabor mais suave e definido. O processo de fermentação diminui à medida que o açúcar é consumido e o nível de álcool aumenta. A maioria das cervejas tem um teor alcoólico de cerca de 5%; níveis mais altos de álcool podem ser obtidos pela adição de açúcar ou de levedura tolerante ao álcool. O dióxido de carbono, que é responsável pela efervescência da cerveja, tende a escapar, mas pode ser retido ao preparar a cerveja em um tanque fechado sob pressão – ou o dióxido de carbono pode ser acrescentado após completar a produção da cerveja.

Na atualidade, a cerveja é uma indústria global de bilhões de dólares, com quatro empresas responsáveis pela produção de mais da metade de toda a cerveja vendida no mundo inteiro. Praticamente toda a produção mundial de lúpulo destina-se à fabricação da cerveja. Enquanto a maior parte da cevada é usada como alimento para animais e seres humanos, cerca de 15% da colheita anual destinam-se à produção de cerveja. O consumo global de cerveja é de quase 200 bilhões de litros por ano ou cerca de 30 ℓ por pessoa a cada ano, porém existem amplas variações entre países.

As inflorescências femininas do lúpulo *(Humulus lupulus)* contribuem para o sabor característico da cerveja e atuam como antibiótico, matando os microrganismos nocivos, ao mesmo tempo que possibilitam o crescimento da levedura essencial para a fermentação.

---

vato ou o grupo acetil da acetil-CoA, também são centrais nos processos de biossíntese da vida. Esses processos, conhecidos coletivamente como *anabolismo*, são as vias pelas quais as células sintetizam a grande diversidade de moléculas que constituem um organismo vivo. Uma vez que várias dessas moléculas, como proteínas e lipídios, podem ser quebradas e introduzidas na via principal do metabolismo da glicose, pode-se pensar que o processo inverso também ocorre – isto é, que vários intermediários da glicólise e do ciclo do ácido cítrico serviriam como precursores para a biossíntese. Isso é o que de fato acontece, como esquematizado na Figura 6.15. Consequentemente, o ciclo

do ácido cítrico tem um papel fundamental tanto nos processos anabólicos como catabólicos e representa o maior "centro" de atividades metabólicas da célula.

Para que as reações das vias catabólicas e anabólicas ocorram, tem que haver um suprimento estável de moléculas orgânicas que possam ser decompostas não apenas para o suprimento de energia, mas também para a formação das moléculas constitutivas. Sem o suprimento dessas moléculas, as vias metabólicas param de funcionar e o organismo morre. As células heterotróficas (incluindo as células heterotróficas das plantas, como as células de raízes) são dependentes de fontes externas – especifi-

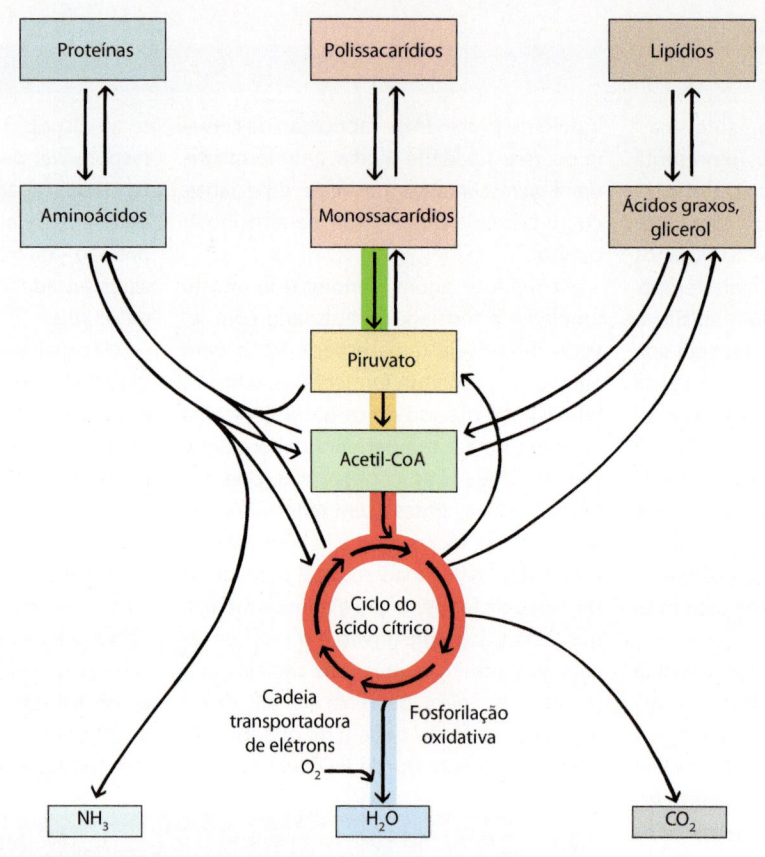

6.15 Principais vias do catabolismo e anabolismo da célula viva. As vias catabólicas (setas apontando para baixo) são exergônicas. Uma parte significativa da energia liberada nessas rotas é capturada na síntese de ATP. As vias anabólicas (setas apontando para cima) são endergônicas. A energia que potencializa as reações dessas vias é suprida principalmente pelo ATP e NADH.

camente, das células autotróficas – para as moléculas orgânicas que são essenciais para a vida. As células autotróficas, contudo, são capazes de sintetizar suas próprias moléculas ricas em energia a partir de moléculas inorgânicas simples e de uma fonte de energia externa. Essas moléculas, então, suprem tanto a energia quanto as moléculas para serem utilizadas na síntese de outras moléculas constitutivas.

As mais importantes células autotróficas são, de longe, as células fotossintetizantes das algas e plantas. No próximo capítulo, veremos como essas células capturam a energia do Sol e a usam para sintetizar as moléculas de monossacarídios, das quais depende a vida no planeta.

RESUMO

A respiração ou a completa oxidação da glicose é a fonte principal de fornecimento de energia na maioria das células

A reação geral da respiração, a qual resulta na completa oxidação da glicose, é:

$$C_6H_{12}O_6 \; + \; 6O_2 \longrightarrow 6CO_2 \; + \; 6H_2O \; + \; \text{Energia}$$

Glicose   Oxigênio   Dióxido de   Água
                          carbono

Quando a glicose é oxidada em uma série de reações sequenciais catalisadas por enzimas, uma parte da energia é armazenada na forma de ligações fosfoanídricas terminais no ATP e o restante é perdido como calor.

Na glicólise, a glicose é quebrada em piruvato

A primeira fase da oxidação da glicose é a glicólise, na qual a molécula de seis carbonos da glicose é quebrada em duas moléculas de três carbonos de piruvato. Essa reação ocorre no citosol das células eucarióticas e resulta na formação de duas moléculas de ATP e duas de NADH.

O ciclo do ácido cítrico completa a quebra metabólica da glicose a dióxido de carbono

No curso da respiração, as moléculas de três carbonos do piruvato são oxidadas dentro da matriz mitocondrial em dois grupos acetil de dois carbonos ($-CH_3CO$), os quais entram no ciclo do ácido cítrico como acetil-CoA. No ciclo do ácido cítrico, cada grupo acetil é oxidado em uma série de reações, produzindo duas moléculas adicionais de dióxido de carbono, uma molécula de ATP e quatro moléculas de transportadores de elétrons reduzidos (três NADH e um $FADH_2$). Com duas voltas do ciclo, os átomos de carbono derivados da glicose são completamente oxidados e liberados como moléculas de CO_2.

Na cadeia transportadora de elétrons, o fluxo de elétrons é acoplado ao bombeamento de prótons através da membrana interna da mitocôndria e à síntese de ATP pela oxidação fosforilativa

O próximo estágio da respiração é a cadeia transportadora de elétrons, a qual envolve uma série de transportadores de elétrons e de enzimas inseridas na membrana interna da mitocôndria. Ao longo dessa série de transportadores de elétrons, os elétrons de alta energia contidos no NADH e $FADH_2$ movem-se "morro abaixo" no nível de energia, reduzindo finalmente o oxigênio à água. A grande quantidade de energia livre liberada durante a passagem descendente de elétrons através da cadeia de transporte de elétrons potencializa o bombeamento de prótons (íons de H^+) para fora da matriz mitocondrial. Isso cria um gradiente eletroquímico de energia potencial através da membrana interna da mitocôndria. Quando os prótons passam pelo complexo da ATP sintase em um fluxo a favor do gradiente e de volta para a matriz, a energia liberada é utilizada para formar ATP a partir de ADP e fosfato. Este processo, conhecido como acoplamento quimiosmótico, é o mecanismo pelo qual a fosforilação oxidativa é realizada.

Durante a quebra aeróbica da molécula da glicose a CO_2 e H_2O, 36 moléculas de ATP são geradas, a maioria delas na mitocôndria no estágio final da respiração, por fosforilação oxidativa.

As reações de fermentação ocorrem sob condições anaeróbicas

Na ausência ou na falta momentânea de oxigênio, o piruvato produzido pela glicólise pode ser convertido em lactato (em várias bactérias, fungos e células animais) ou em etanol e dióxido de carbono (em leveduras e na maioria das células vegetais). Esses processos anaeróbicos – denominados fermentações – rendem 2 ATP para cada molécula de glicose.

O ciclo do ácido cítrico é o "centro metabólico" da quebra e síntese de uma grande variedade de moléculas

Apesar de a glicose ser considerada o substrato principal para a respiração na maioria das células, proteínas e gorduras também podem ser convertidas em moléculas que entram na sequência respiratória em várias etapas. As diferentes vias pelas quais as moléculas orgânicas são quebradas para fornecer energia são conhecidas coletivamente como catabolismo. Os processos de biossíntese da vida são conhecidos coletivamente como anabolismo.

Autoavaliação

1. Faça a distinção entre fosforilação em nível de substrato e fosforilação oxidativa. No que se refere à respiração, em que lugar da célula esses processos ocorrem?

2. Esquematize a estrutura de uma mitocôndria. Em relação à estrutura da mitocôndria, descreva onde ocorrem as diversas etapas da quebra completa da glicose. Quais moléculas e íons atravessam as membranas das mitocôndrias durante esses processos?

3. Pode-se dizer que dois eventos distintos ocorrem no acoplamento quimiosmótico. Quais são esses eventos? Cite alguns dos usos da energia derivada do processo quimiosmótico em organismos vivos.

4. Alguns compostos químicos funcionam como agentes "desacopladores" quando adicionados a mitocôndrias que estão respirando. A passagem de elétrons através da cadeia transportadora de elétrons até oxigênio é mantida, mas ATP não é formado. Um desses compostos é o antibiótico valinomicina, conhecido por transportar íons K^+ através da membrana interna da mitocôndria para a matriz. Outro composto, 2,4-dinitrofenol, transporta íons H^+ através da membrana. Como essas duas substâncias impedem a formação de ATP?

5. Com algumas linhagens de leveduras, a fermentação para antes que se esgote completamente o açúcar, geralmente quando a concentração de álcool excede 12%. Você pode dar uma explicação plausível?

CAPÍTULO 7

Fotossíntese, Luz e Vida

◀ **Nossa estrela brilhante.** Todos nós seres humanos, e toda vida que nos circunda, devemos a nossa existência aos contínuos eventos termonucleares que ocorrem no coração de uma estrela de tamanho médio e meia-idade – o Sol. Esses eventos termonucleares produzem energia que chega como luz solar à Terra, onde sistemas fotossintetizantes evoluíram para capturar a energia luminosa e convertê-la na energia química que flui em todos os organismos vivos.

No capítulo anterior, descrevemos a quebra dos carboidratos para produzir energia requerida para os diversos tipos de atividades realizadas pelos organismos vivos. Nas páginas que se seguem, completaremos o ciclo, descrevendo como a energia da luz solar é capturada e convertida em energia química (ver Figura 5.1). Esse processo – a *fotossíntese* – é a via pela qual praticamente toda a energia entra em nossa biosfera.

A cada ano, mais de 250 bilhões de toneladas de açúcar são produzidas na natureza pelos organismos fotossintetizantes. Entretanto, a importância da fotossíntese vai além do peso absoluto desse produto. Sem este fluxo de energia a partir do Sol e canalizado em grande parte pelos cloroplastos das células eucarióticas (Figura 7.1), o ritmo da vida neste planeta seria rapidamente diminuído e, então, praticamente cessaria por inteiro devido à entropia, como é determinado pela inexorável segunda lei da termodinâmica.

Fotossíntese | Perspectiva histórica

A importância da fotossíntese não era reconhecida até relativamente pouco tempo. Aristóteles e outros filósofos gregos, observando que os processos vitais dos animais eram dependentes dos alimentos que eles ingeriam, pensavam que as plantas retiravam todo o seu alimento do solo.

Há mais de 350 anos, em um dos primeiros experimentos biológicos cuidadosamente planejados e relatados, o médico belga Jan Baptista van Helmont (1577-1644) ofereceu a primeira evidência experimental de que o solo sozinho não nutria a planta. Ele cultivou uma pequena árvore de salgueiro em um pote de cerâmica, adicionando apenas água ao recipiente. Ao final de cinco anos, o peso do salgueiro tinha aumentado 74,4 kg, enquanto o peso do solo tinha diminuído apenas 57 g. Com base nesses resultados, van Helmont concluiu que todas as substâncias da planta foram produzidas a partir da água e nenhuma a partir do solo! Entretanto, as conclusões de Van Helmont eram apenas parcialmente corretas; o hidrogênio da água contribui, de fato, para a massa da planta, porém a importante contribuição do dióxido de carbono atmosférico não era ainda reconhecida.

PONTOS PARA REVISÃO

Após a leitura deste capítulo, você deverá ser capaz de responder às seguintes questões:

1. Qual é o papel da luz na fotossíntese e quais são as propriedades da luz que sugerem que ela se comporta como uma onda e como uma partícula?

2. Quais são os principais pigmentos envolvidos na fotossíntese e por que as folhas são verdes?

3. Liste os principais produtos da reação luminosa da fotossíntese.

4. Liste os principais produtos das reações de fixação do carbono da fotossíntese.

5. Quais são os principais eventos associados a cada um dos dois fotossistemas nas reações luminosas e qual é a diferença entre os pigmentos da antena e os pigmentos dos centros de reação?

6. Descreva as principais diferenças entre as vias C_3, C_4 e CAM de fixação do carbono. Que características elas têm em comum?

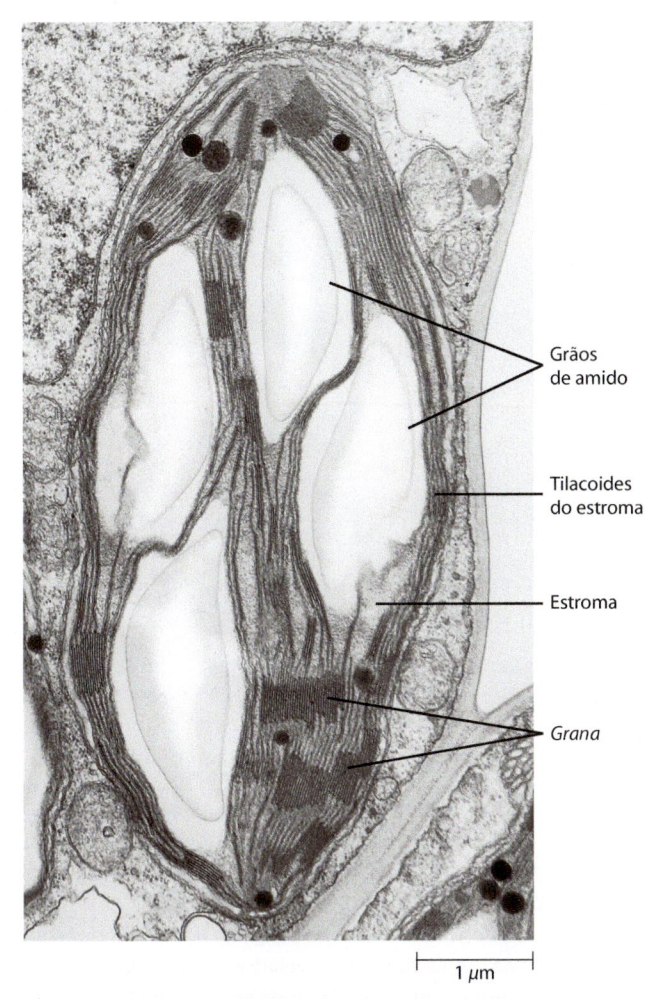

7.1 Cloroplasto. O cloroplasto de uma célula do mesofilo de caruru (*Amaranthus retroflexus*) é mostrado aqui. As reações fotossintéticas para a captura da luz ocorrem nas membranas internas ou tilacoides, onde as clorofilas e os outros pigmentos estão inseridos. Muitos dos tilacoides estão empilhados em estruturas chamadas *grana* (grânulos). Os tilacoides dos *grana* estão interconectados por tilacoides do estroma. A série de reações nas quais a energia luminosa capturada é usada para sintetizar os compostos contendo carbono ocorre no estroma, a matriz na qual os tilacoides estão incluídos. Durante os períodos de intensa fotossíntese, parte dos carboidratos é estocada temporariamente nos cloroplastos como grãos de amido. À noite, a sacarose é produzida a partir do amido e exportada das folhas para as outras partes da planta, onde é, por fim, usada para a síntese de outras moléculas necessárias para a planta.

(Legendas da figura: Grãos de amido; Tilacoides do estroma; Estroma; *Grana*; 1 μm)

No final do século 18, o clérigo e cientista Joseph Priestley (1733-1804) relatou que havia "acidentalmente descoberto um método para renovar o ar que tinha sido prejudicado pela queima de velas". Em 17 de agosto de 1771, Priestley "colocou um ramo de hortelã (vivo) no ar em que uma vela de cera tinha sido queimada e verificou que, no dia 27 do mesmo mês, outra vela poderia ser queimada no mesmo ar". "O agente restaurador que a natureza empregou para este fim", ele afirmou, foi "a planta". Priestley ampliou suas observações e logo mostrou que o ar "restaurado" pela planta não era, "de maneira alguma, inconveniente para um rato". Os experimentos de Priestley ofereceram a primeira explicação lógica de como o ar "danificado" era "restaurado" e capaz de continuar a vida apesar da queima de incontáveis velas e da respiração de muitos animais. Quando ele foi presenteado com uma medalha por sua descoberta, em parte de seu discurso ele disse: "Por estas descobertas asseguramos que nenhum vegetal cresce em vão... mas limpa e purifica nossa atmosfera." Hoje explicaríamos os experimentos de Priestley simplesmente dizendo que as plantas absorvem o CO_2 produzido pela combustão ou exalado por animais e que os animais inalam o O_2 liberado pelas plantas.

Logo após, o médico holandês Jan Ingenhousz (1730-1799) confirmou o trabalho de Priestley e mostrou que o ar era "restaurado" somente na presença da luz solar e apenas pelas partes verdes das plantas. Em 1796, Ingenhousz sugeriu que o dióxido de carbono seria quebrado na fotossíntese produzindo carbono e oxigênio, e o oxigênio seria liberado como gás. Posteriormente, foi descoberto que a proporção de átomos de carbono, hidrogênio e oxigênio nos açúcares e no amido era de cerca de um átomo de carbono por molécula de água (CH_2O), como a palavra "carboidrato" indica. Assim, na reação geral para a fotossíntese,

$$CO_2 + H_2O + \text{Energia luminosa} \longrightarrow (CH_2O) + O_2$$

foi assumido que o carboidrato é proveniente de uma combinação de moléculas de água e átomos de carbono do dióxido de carbono, e que o oxigênio é liberado do dióxido de carbono. Essa hipótese, bastante razoável, era amplamente aceita; mas foi descartada posteriormente por estar completamente errada.

O pesquisador que colocou em dúvida essa teoria aceita por muito tempo foi C. B. van Niel, da Universidade de Stanford. Na época ele era um estudante de graduação e estava investigando as atividades de diferentes tipos de bactérias fotossintetizantes (Figura 7.2). Um grupo específico dessas bactérias – as bactérias purpúreas sulfurosas – reduz carbono a carboidratos durante a fotossíntese, mas não libera oxigênio. As bactérias purpúreas sulfurosas requerem sulfeto de hidrogênio para a sua atividade fotossintética. Ao longo do processo fotossintético, glóbulos

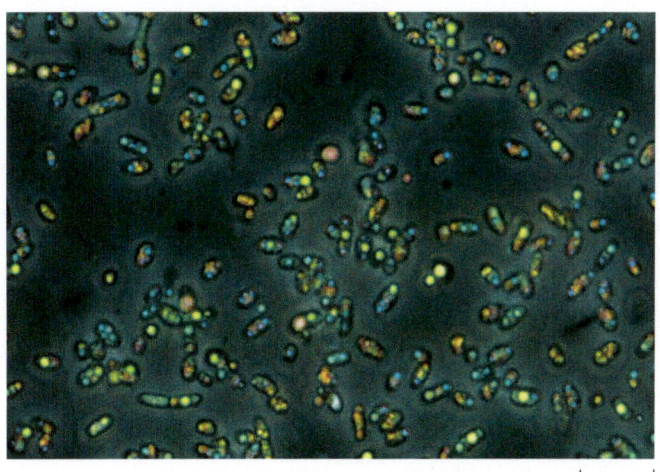

(Legenda: 5 μm)

7.2 Bactérias purpúreas sulfurosas. Essas bactérias reduzem o carbono a carboidratos durante a fotossíntese, mas não liberam oxigênio. Nessas células, o sulfeto de hidrogênio (H_2S) tem a mesma função da água nos processos fotossintéticos das plantas. O sulfeto de hidrogênio é quebrado e o enxofre liberado é acumulado em glóbulos que são visualizados dentro dessas células.

7.3 Produção de oxigênio durante a fotossíntese. Sobre as folhas submersas de *Elodea* são vistas bolhas de oxigênio, um dos produtos da fotossíntese. Van Niel foi o primeiro a propor que o oxigênio produzido na fotossíntese vem da quebra da molécula de água em vez da quebra do dióxido de carbono.

de enxofre acumulam-se dentro das células bacterianas (Figura 7.2). Van Niel verificou que a seguinte reação ocorre durante a fotossíntese dessas bactérias:

$$CO_2 + 2H_2S \xrightarrow{\text{Luz}} (CH_2O) + H_2O + 2S$$

Essa descoberta foi simples e não atraiu muita atenção até que van Niel fez uma audaciosa extrapolação. Ele propôs a seguinte equação generalizada para a fotossíntese:

$$CO_2 + 2H_2A \xrightarrow{\text{Luz}} (CH_2O) + H_2O + 2A$$

Nessa equação, H_2A representa uma substância oxidável, como o sulfeto de hidrogênio ou o hidrogênio livre. Em algas e plantas verdes, entretanto, H_2A é água (Figura 7.3). Em resumo, van Niel propôs que água, e *não* o dióxido de carbono, era a fonte do oxigênio na fotossíntese.

Em 1937, Robin Hill mostrou que cloroplastos isolados, quando expostos à luz, eram capazes de produzir O_2 na ausência de CO_2. Essa liberação de O_2 promovida pela luz na ausência de CO_2 – chamada *reação de Hill* – ocorreu apenas quando os cloroplastos foram iluminados e supridos com um receptor artificial de elétrons. Essa descoberta deu suporte à proposta de van Niel feita seis anos antes.

Mais evidências convincentes de que o O_2 liberado na fotossíntese é derivado da H_2O vieram em 1941, quando Samuel Ruben e Martin Kamen usaram um isótopo pesado de oxigênio (^{18}O) para rastrear a liberação do oxigênio da água como oxigênio gasoso:

$$CO_2 + 2H_2{}^{18}O \xrightarrow{\text{Luz}} (CH_2O) + H_2O + {}^{18}O_2$$

Portanto, no caso das algas e das plantas verdes, em que a água serve como um doador de elétrons, a equação completa e balanceada para a fotossíntese pode ser escrita da seguinte maneira:

$$3CO_2 + 6H_2O \xrightarrow{\text{Luz}} C_3H_6O_3 + 3O_2 + 3H_2O$$

Embora a glicose seja normalmente representada como o carboidrato produzido na fotossíntese em equações mais simplificadas, os primeiros carboidratos produzidos são trioses (açúcares de três carbonos), com a fórmula $C_3H_6O_3$.

Quando se considera a equação anterior, pode-se indagar por que o H_2O se encontra em ambos os lados da equação. A razão é que a energia proveniente da quebra de seis moléculas de H_2O é necessária para converter três moléculas de CO_2 em um açúcar de três carbonos. No processo de conversão de três moléculas de CO_2 em um açúcar de três carbonos, parte dos hidrogênios que são removidos da água são utilizados para remover parte dos oxigênios do carbono por reações que formam H_2O.

Como apontado anteriormente, Ingenhousz foi o primeiro a deduzir que a luz era necessária para o processo que agora é chamado fotossíntese. Atualmente se sabe que a fotossíntese ocorre em duas etapas e que apenas uma delas de fato requer luz. As evidências para esse processo em duas etapas foram apresentadas em 1905 pelo fisiologista vegetal inglês F. F. Blackman, como resultado de experimentos em que ele mediu os efeitos individuais e combinados das mudanças na intensidade luminosa e da temperatura sobre a taxa fotossintética. Esses experimentos mostraram que a fotossíntese tem uma etapa dependente de luz e uma etapa independente de luz.

Nos experimentos de Blackman, as taxas das reações independentes da luz aumentavam em relação ao aumento da temperatura, mas apenas até cerca de 30°C; após isso as taxas começavam a declinar. A partir dessa evidência foi concluído que essas reações eram controladas por enzimas, uma vez que esse tipo de resposta à temperatura é típico de reações catalisadas por enzimas (ver Figura 5.10). Foi demonstrado que essa conclusão é correta.

Natureza da luz

Há cerca de 300 anos, o físico inglês *Sir* Isaac Newton (1642-1727) separou a luz em um espectro de cores visíveis ao passá-la através de um prisma. Assim, Newton mostrou que a luz branca de fato consistia em um conjunto de cores diferentes, variando do violeta em uma extremidade do espectro até o vermelho na outra. A separação de cores é possível porque a luz de diferentes cores é desviada (refratada) em diferentes ângulos quando passa através de um prisma.

No século 19, o físico britânico James Clerk Maxwell (1831-1879) demonstrou que a luz é uma pequena parte de um espectro de radiação, amplo e contínuo, o *espectro eletromagnético* (Figura 7.4). Todas as radiações nesse espectro movem-se por ondas. O *comprimento de onda* – isto é, a distância entre a crista de uma onda e a próxima – varia desde os raios gama, que são medidos em frações de nanômetro, até as ondas de rádio de baixa frequência, que são medidas em quilômetros (1 quilômetro = 10^3 metros). A radiação de cada comprimento de onda específico tem uma quantidade característica de energia associada a ele. Quanto menor o comprimento de onda, maior a energia associada; contrariamente, quanto maior o comprimento de onda, menor a energia. Dentro do espectro de luz visível, o violeta tem o comprimento de onda mais curto e o vermelho, o mais longo. Os comprimentos de onda da luz violeta, que são os mais curtos, têm quase o dobro de energia que os comprimentos de onda da luz vermelha, os mais longos.

A luz tem propriedades de onda e de partícula

Por volta de 1900, tornou-se claro que o *modelo de onda* da luz não era adequado. A observação-chave, por sinal muito simples, foi feita em 1888: quando uma placa de zinco é exposta à luz ultravioleta, ela adquire uma carga positiva. O metal torna-se positivamente carregado porque a energia luminosa desloca os elétrons dos átomos do metal. Posteriormente, foi descoberto que esse *efeito fotelétrico*, como é conhecido, pode ser produzido em todos os metais. Cada metal tem um comprimento de onda máximo e crítico para o efeito, ou seja, a luz ou outra radiação deve ter este comprimento específico ou mais curto (*i. e.*, mais energético), para o efeito fotelétrico ocorrer.

Para alguns metais, como o sódio, o potássio e o selênio, o comprimento de onda crítico está dentro do espectro de luz visível e, como consequência, a luz visível incidindo sobre o metal pode gerar uma corrente de elétrons em movimento (uma corrente elétrica). Os fotômetros, as câmeras de televisão e as células fotelétricas que abrem as portas em supermercados e aeroportos operam com base nesse princípio de transformação de energia luminosa em energia elétrica.

Então, qual é o problema com o modelo de onda da luz? A resposta é simples: o modelo de onda prediz que quanto mais brilhante a luz – isto é, quanto mais forte ou mais intenso o feixe

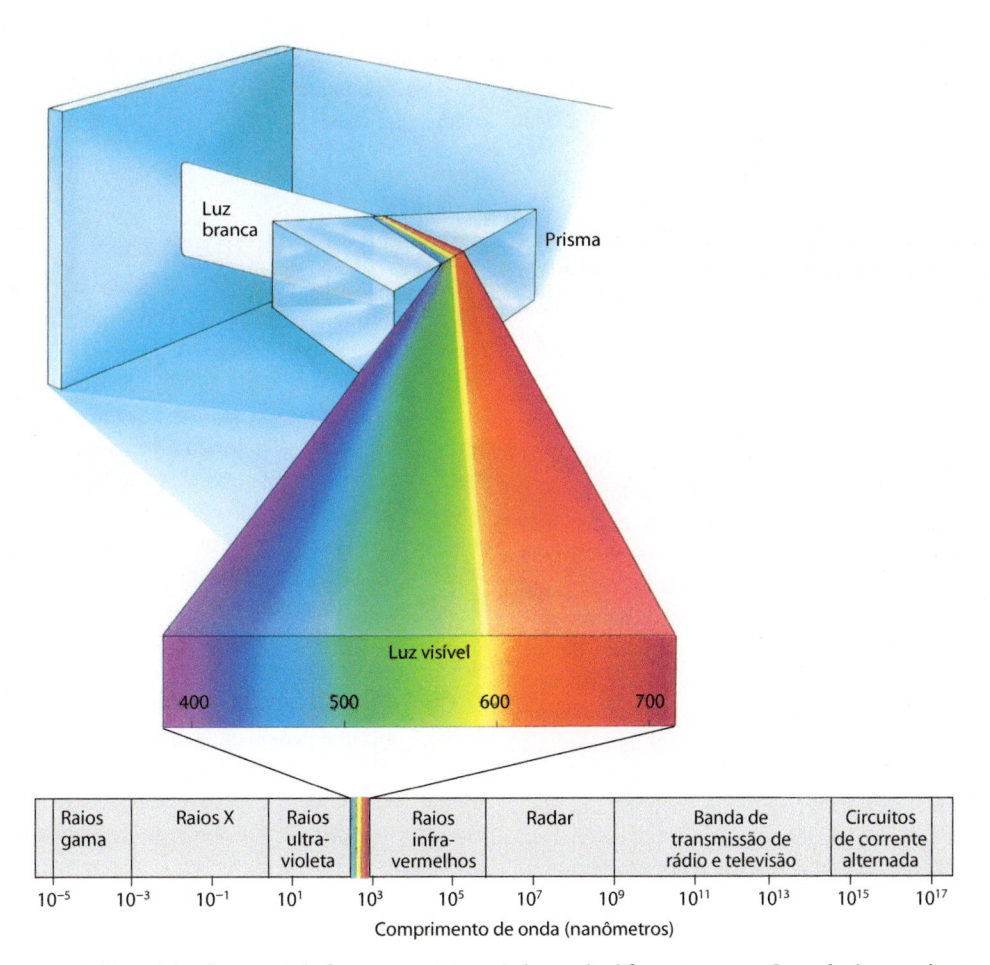

7.4 Espectro eletromagnético. A luz branca é de fato uma mistura de luzes de diferentes cores. Quando é passada através de um prisma, ela é separada em seus componentes – "o celebrado fenômeno de cores", como Newton se referia a ele. A luz visível é apenas uma pequena porção de um amplo espectro eletromagnético, que varia de 10^{-5} a 10^{17} nanômetros no comprimento de onda. Para o olho humano, as radiações visíveis variam da luz violeta, na qual o comprimento de onda mais curto mede cerca de 380 nanômetros, até a luz vermelha, na qual o comprimento de onda mais longo mede cerca de 750 nanômetros.

ADEQUAÇÃO DA LUZ

A luz, como Maxwell mostrou, é apenas uma estreita faixa ou banda no espectro eletromagnético contínuo. A diferença entre luz e escuro – tão notável aos olhos humanos – é, do ponto de vista dos físicos, uma diferença de apenas uns poucos nanômetros no comprimento de onda ou, em outras palavras, uma pequena quantidade de energia. Por que essa pequena porção do espectro é responsável pela visão, pelo fototropismo (o movimento de um organismo em direção à luz), pelo fotoperiodismo (respostas biológicas que ocorrem em um organismo com a mudança do comprimento do dia e da noite, em decorrência das estações do ano) e pela fotossíntese, da qual toda a vida depende? É uma estranha coincidência que todas estas atividades biológicas dependam desses mesmos comprimentos de onda?

George Wald, da Universidade de Harvard, argumentou que a relação entre luz e vida não era uma coincidência. Ele concluiu que se a vida evoluísse em qualquer outro lugar no universo, ela provavelmente seria dependente da mesma pequena faixa do espectro como a vida no planeta Terra.

Wald baseou sua conjectura sobre dois pontos.

Primeiro, os seres vivos são compostos por moléculas grandes e complexas, mantidas em configurações especiais e relacionadas umas com as outras por pontes de hidrogênio e outras ligações fracas. As radiações de energia levemente maiores (comprimentos de onda mais curtos) que a energia da luz violeta quebram estas ligações e, assim, desorganizam a estrutura e a função das moléculas. As moléculas de DNA, por exemplo, são particularmente vulneráveis a tais efeitos destrutivos. As radiações com comprimento de onda menor que 200 nanômetros – isto é, com energia ainda maior – retiram os elétrons dos átomos para criar íons; essas radiações são chamadas radiações ionizantes. Por outro lado, as radiações com comprimentos de onda maiores que o da faixa da luz visível – isto é, com menos energia que a luz vermelha – são absorvidas pela água, que compõe a maior parte de todas as coisas vivas sobre a Terra. Quando tal radiação é absorvida por moléculas orgânicas, faz com que o movi-

mento destas moléculas aumente (aumento de calor), porém não leva a mudanças em suas configurações eletrônicas. Apenas as radiações dentro da faixa da luz visível têm a propriedade de excitar moléculas – isto é, de mover elétrons para um nível energético maior – e de produzir mudanças químicas e, por fim, biológicas.

A segunda razão pela qual a banda da luz visível do espectro eletromagnético foi "escolhida" pelos seres vivos é simplesmente o fato de que era a única disponível. A maior parte da radiação solar atingindo a superfície da Terra está dentro dessa faixa. A maioria dos comprimentos de onda de alta energia é absorvida pelo oxigênio e pelo ozônio na atmosfera. A maior parte da radiação infravermelha é eliminada pelo vapor d'água e dióxido de carbono antes de atingir a superfície da Terra.

Este é um exemplo do que tem sido denominado "a adequação do meio ambiente". A adequação do ambiente para a vida e a da vida para o mundo físico estão extraordinariamente inter-relacionadas. Se não fosse assim, a vida não poderia existir.

de luz – maior será a força com a qual elétrons serão arrancados do metal. Entretanto, se a luz pode ou não retirar elétrons de um metal em particular depende apenas do comprimento de onda da luz, e não de sua intensidade. Um feixe de luz muito fraco de um comprimento de onda crítico é efetivo, enquanto um feixe mais forte (mais intenso) de um comprimento mais longo não o é. Além disso, aumentando-se a intensidade da luz aumenta-se o número de elétrons arrancados, mas não a velocidade com que eles são retirados do metal. Para aumentar a velocidade, deve-se usar uma luz com um comprimento de onda mais curto. Isso nem é necessário para que a energia se acumule no metal, pois mesmo com um tênue feixe do comprimento de onda crítico, um elétron pode ser emitido, assim que o feixe atinge o metal.

Para explicar este fenômeno, o *modelo de partícula* da luz foi proposto por Albert Einstein, em 1905. De acordo com esse modelo, a luz é composta de partículas de energia chamadas *fótons* ou *quanta* de luz. A energia de um fóton (um *quantum* de luz) é inversamente proporcional ao seu comprimento de onda – quanto mais longo o comprimento de onda, menor a energia. Por exemplo, fótons de luz violeta têm quase o dobro da energia dos fótons da luz vermelha, a qual apresenta o comprimento de onda mais longo da luz visível.

O modelo de onda da luz permite aos físicos descreverem matematicamente certos aspectos do comportamento da luz, enquanto o modelo de fótons permite outro conjunto de cálculos e previsões matemáticas. De fato, os modelos de onda e de fótons são complementares, porque ambos são necessários para uma completa descrição do fenômeno conhecido como luz.

Função dos pigmentos

Para a energia luminosa ser utilizada por seres vivos ela deve ser primeiramente absorvida. Uma substância que absorve luz é conhecida como *pigmento*. Alguns pigmentos absorvem todos os comprimentos de onda da luz e aparecem, portanto, como de cor preta. Entretanto, a maioria dos pigmentos absorve apenas certos comprimentos de onda e transmite ou reflete os comprimentos que eles não absorvem. O padrão de absorção da luz por um pigmento é conhecido como o *espectro de absorção* daquela substância. A *clorofila*, o pigmento que torna as folhas de cor verde, absorve a luz principalmente nos comprimentos de onda do violeta e azul, e também do vermelho. Por causa disso, a clorofila reflete principalmente a luz verde e, por isso, as plantas clorofiladas mostram-se verdes.

Um *espectro de ação* demonstra a eficiência relativa dos diferentes comprimentos de onda da luz para um processo específico que necessita de luz, tal como a fotossíntese ou a floração. As similaridades entre o espectro de absorção de um pigmento e o espectro de ação de um processo dependente de luz fornecem evidências de que o pigmento é responsável por este processo em particular (Figura 7.5). Uma evidência de que a clorofila é o principal pigmento envolvido na fotossíntese é a similaridade entre o seu espectro de absorção e o espectro de ação para a fotossíntese (Figura 7.6).

Quando moléculas de clorofila (ou moléculas de outro pigmento) absorvem luz, os elétrons são temporariamente impulsionados a um nível energético maior, chamado *estado excitado*.

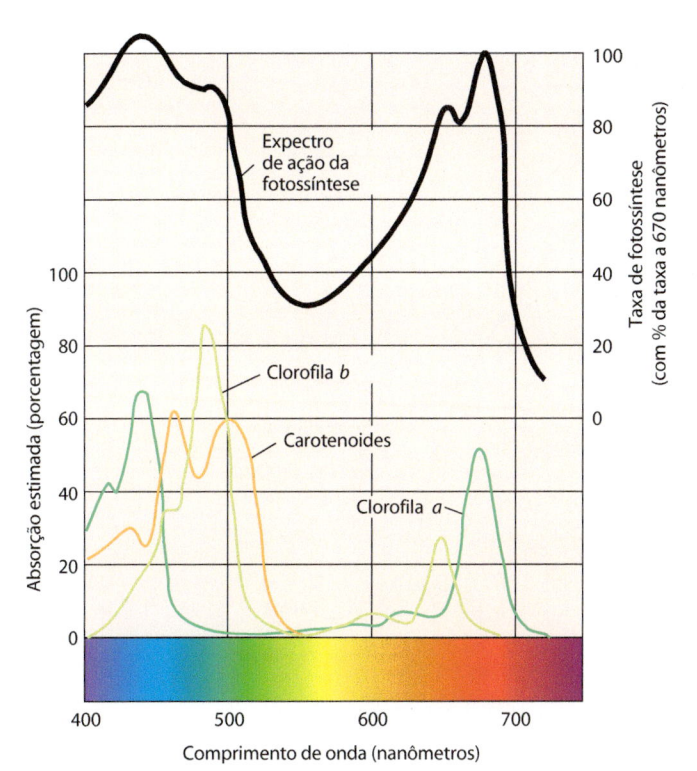

7.5 Comparação dos espectros de ação e de absorção. O espectro de ação para a fotossíntese (curva de cima) e os espectros de absorção para a clorofila *a*, clorofila *b* e carotenoides (curvas de baixo) no cloroplasto de uma planta. Observe a relação entre o espectro de ação da fotossíntese e os espectros de absorção dos três tipos de pigmentos, os quais absorvem luz nos comprimentos de onda usados na fotossíntese.

À medida que os elétrons retornam para seu estado de energia mais baixo ou estado basal, a energia liberada tem três possíveis caminhos. A primeira possibilidade é a de que a energia seja convertida em calor, ou parcialmente, mas é principalmente liberada em forma de fóton de menor energia conhecida como *fluorescência*. O comprimento de onda da luz emitida é levemente mais

longo (e de menor energia) que o da luz absorvida porque uma porção da energia de excitação é convertida em calor, antes que o fóton menos energético, ou fluorescente, seja emitido. A segunda possibilidade é a de que a energia – mas não o elétron – seja transferida da molécula de clorofila excitada para uma molécula de clorofila vizinha, excitando esta segunda molécula e permitindo que a primeira retorne para o estado basal (não excitada). Esse processo é conhecido como *transferência de energia por ressonância*, que pode ser repetida para uma terceira, uma quarta ou para mais moléculas de clorofila. A terceira possibilidade é a de que o próprio elétron com alta energia seja transferido para uma molécula vizinha (um receptor de elétron), a qual faz parte de uma cadeia transportadora de elétrons, deixando um "buraco de elétron" na molécula de clorofila excitada. Essa possibilidade resulta na oxidação da molécula de clorofila e na redução de um receptor de elétrons.

Durante o processo de fotossíntese, em cloroplastos intactos, a segunda e a terceira possibilidades – conhecidas como a transferência de energia de uma clorofila excitada para uma clorofila vizinha e a transferência de um elétron de alta energia para um receptor de elétrons vizinho – são eventos liberadores de energia úteis, enquanto a reação que resulta em fluorescência não é uma reação produtiva.

Como vimos no Capítulo 3, a fotossíntese ocorre no cloroplasto em células eucarióticas e a estrutura dessa organela desempenha um papel-chave nessas transferências de energia (Figuras 7.1 e 7.7). As próprias moléculas de clorofila, em associação a proteínas hidrofóbicas (complexos pigmento-proteína), estão inseridas nos tilacoides dos cloroplastos.

Os principais pigmentos fotossintetizantes são as clorofilas, os carotenoides e as ficobilinas

Há vários tipos de moléculas de clorofila, que diferem umas das outras nos detalhes de suas estruturas moleculares e em suas propriedades específicas de absorção. A *clorofila a* está presente em todos os eucariotos fotossintetizantes e nas cianobactérias.

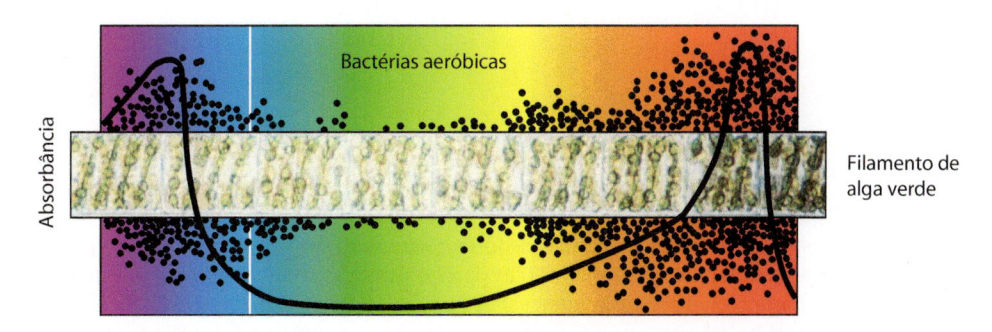

7.6 Correlação dos espectros de ação e de absorção. Resultados de um experimento realizado em 1882 por T. W. Engelmann revelaram o espectro de ação da fotossíntese na alga filamentosa *Spirogyra*. Assim como os pesquisadores que trabalham até hoje em dia, Engelmann usou a taxa de produção de oxigênio para medir a taxa da fotossíntese. Diferentemente de seus sucessores, entretanto, ele não possuía equipamentos eletrônicos sensíveis para detectar o oxigênio. Como indicador de oxigênio, ele escolheu bactérias móveis que são atraídas por oxigênio. Substituiu o espelho e o diafragma, normalmente usados para iluminar objetos observados sob microscópio, por um "aparato microespectral", que, como seu nome indica, projeta um minúsculo espectro de cores sobre a lâmina em exame sob microscópio. Então, ele dispôs um filamento de células de alga paralelamente à distribuição do espectro. As bactérias atraídas pelo oxigênio agruparam-se principalmente nas áreas onde o comprimento de onda do violeta e do vermelho incidiam sobre o filamento de algas. Como se pode observar, o espectro de ação para a fotossíntese ocorreu paralelamente ao espectro de absorção da clorofila (como indicado pela linha preta mais espessa). Engelmann concluiu que a fotossíntese depende da luz absorvida pela clorofila. Este é um exemplo de experimento que cientistas referem como "elegante", não apenas brilhante, mas também simples em termos de projeto e conclusivo nos seus resultados.

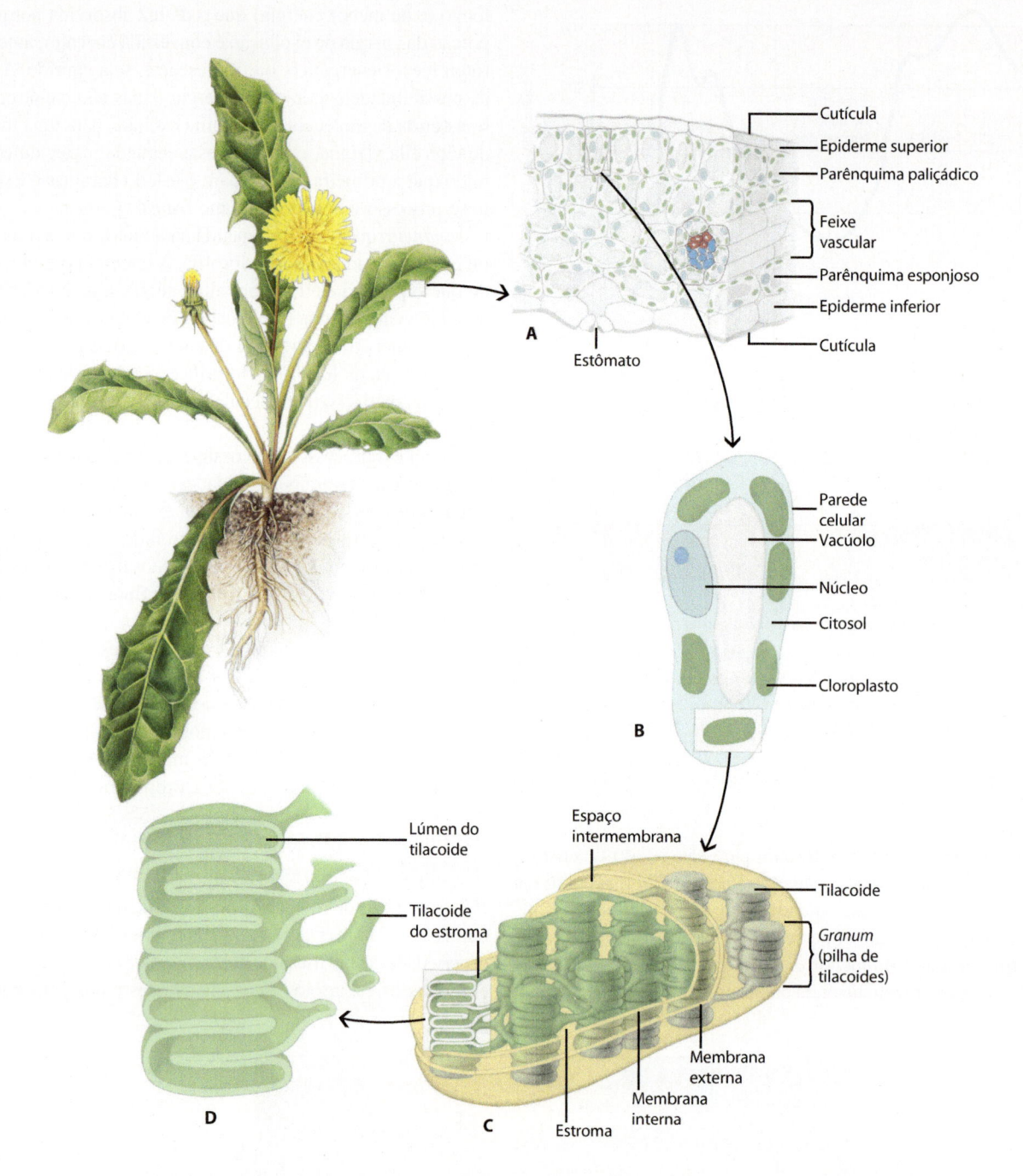

7.7 Percurso no interior da folha. A planta conhecida como dente-de-leão (*Taraxacum officinale*) é mostrada aqui. **A.** Corte transversal da folha de dente-de-leão evidenciando epiderme da face superior, mesofilo ou porção interna e epiderme da face inferior. O mesofilo é especializado para a fotossíntese e consiste em células alongadas de formato colunar (parênquima paliçádico), abaixo das quais ocorrem células de formato irregular (parênquima esponjoso). Todas as células parenquimáticas contêm numerosos cloroplastos, e a maior parte da superfície destas células está em contato com o espaço intercelular (espaço aerífero). O oxigênio, o dióxido de carbono e os outros gases, incluindo o vapor de água, entram na folha através de aberturas especiais, os estômatos. Esses gases preenchem os espaços intercelulares e entram e saem das células por difusão. A água e os sais minerais absorvidos pelas raízes entram na folha pelo tecido condutor de água (xilema, em vermelho) dos feixes vasculares ou nervuras da folha. Os açúcares, produtos da fotossíntese, saem das folhas pelo tecido condutor de substâncias orgânicas (floema, em azul) dos feixes vasculares, seguindo em direção às partes da planta que não realizam a fotossíntese. **B.** Os cloroplastos estão presentes na estreita camada de citoplasma, rico em proteína, que circunda um grande vacúolo central. **C.** A estrutura tridimensional de um cloroplasto e (**D**) o arranjo das membranas dos tilacoides que contêm os pigmentos. Cada unidade de tilacoides discoides empilhados é chamada *granum* (plural *grana*). Os *grana* estão interligados por tilacoides que atravessam o estroma, conhecidos como tilacoides do estroma.

Assim, não é surpreendente que a clorofila *a* seja essencial para a geração de oxigênio na fotossíntese realizada por organismos desses grupos (Figura 7.8).

As plantas, as algas verdes e as algas euglenoides também contêm o pigmento *clorofila **b***, que tem um espectro de absorção levemente diferente do da clorofila a. A clorofila b é um *pigmento acessório* – um pigmento que não está diretamente envolvido nos processos fotossintéticos, mas serve para ampliar a faixa de luz que pode ser utilizada na fotossíntese (Figura 7.5). Quando uma molécula de clorofila b absorve luz, a energia é transferida para uma molécula de clorofila a, que então a transforma em energia química ao longo do processo fotossintético. Nas folhas da maioria das plantas verdes, a clorofila a geralmente constitui cerca de três quartos (3/4) do conteúdo total de clorofila e a clorofila b corresponde ao restante.

A *clorofila **c*** substitui a clorofila b em alguns grupos de algas, mais especificamente em algas pardas e diatomáceas (ver Capítulo 15). As bactérias fotossintetizantes (a exceção das cianobactérias) contêm *bacterioclorofila*, que é encontrada nas bactérias purpúreas, ou *clorofila clorobium*, encontrada nas bactérias verdes sulfurosas. Essas bactérias não podem extrair elétrons da água e, portanto, não liberam oxigênio. As clorofilas b e c e os pigmentos fotossintéticos das bactérias purpúreas e das bactérias verdes sulfurosas são simplesmente variações químicas da estrutura básica mostrada na Figura 7.8.

Os *carotenoides* e as *ficobilinas* são duas outras classes de pigmentos que estão envolvidos na captura de energia luminosa. A energia absorvida por esses pigmentos acessórios deve ser transferida para a clorofila a. Assim como as clorofilas b e c, esses pigmentos acessórios não podem substituir a clorofila a na fotossíntese. As ficobilinas são encontradas nas cianobactérias e nos cloroplastos das algas vermelhas. São hidrossolúveis.

Os carotenoides são pigmentos lipossolúveis de cor vermelha, laranja ou amarela encontrados em todos os cloroplastos e nas cianobactérias. Como as clorofilas, os pigmentos carotenoides dos cloroplastos estão associados a proteínas hidrofóbicas e inseridos nas membranas dos tilacoides. Dois grupos de carotenoides – *carotenos e xantofilas* – estão normalmente presentes nos cloroplastos. O betacaroteno encontrado em plantas é a principal fonte de vitamina A necessária para os seres humanos e outros animais. Em folhas verdes, a cor dos carotenoides é geralmente mascarada pelas clorofilas, que são muito mais abundantes; mas, em regiões de clima temperado, os carotenoides tornam-se visíveis quando as clorofilas são degradadas no outono. Embora os pigmentos carotenoides possam ajudar na captura de luz de diferentes comprimentos de onda, sua principal função é como antioxidante, prevenindo danos causados pelo efeito oxidativo do excesso de luz nas moléculas de clorofila. Sem os carotenoides, não haveria fotossíntese na presença de oxigênio.

Reações da fotossíntese

As numerosas reações que ocorrem durante a fotossíntese são divididas em dois processos principais: as *reações luminosas* ou reações de transdução de energia, que necessitam da energia luminosa para que ocorra fotossíntese, e as *reações de fixação de carbono*, em que o dióxido de carbono é convertido em compostos orgânicos.

7.8 Estrutura da clorofila *a*. A clorofila *a*, pigmento essencial para a fotossíntese de todos os eucariotos fotossintetizantes e das cianobactérias, apresenta um íon de magnésio preso a um anel de porfirina contendo nitrogênio (destacado em azul). Ligada ao anel está uma longa cadeia hidrocarbônica, formando uma cauda hidrofóbica que serve para ancorar a molécula em proteínas hidrofóbicas específicas nas membranas dos tilacoides. A clorofila b difere da clorofila a por possuir um grupo —CHO no lugar de um grupo —CH₃, indicado em cinza. A alternância entre ligações simples e duplas (conhecidas como ligações conjugadas), como as que ocorrem no anel de porfirina das clorofilas, é comum entre os pigmentos.

Nas reações luminosas, a energia luminosa é usada para formar ATP a partir do ADP e fosfato inorgânico e reduzir moléculas transportadoras de elétrons, principalmente a coenzima NADP⁺. O NADP⁺ é similar em estrutura ao NAD⁺ (ver Figura 5.8) – ele possui um fosfato extra em uma das riboses – mas sua função biológica é diferente. Conforme assinalado no Capítulo 6, o NADH transfere seus elétrons para a cadeia de transporte de elétrons mitocondrial, impulsionando, assim, o bombeamento de prótons através da membrana mitocondrial interna (ver Figura 6.12). Por outro lado, o NADPH é usado para fornecer energia nas vias de biossíntese, incluindo a síntese de açúcares durante a fotossíntese. Nas reações luminosas da fotossíntese, as moléculas de água são clivadas, ocorre liberação de O_2, e os elétrons liberados são usados para reduzir o $NADP^+$. O NADPH é então utilizado para fornecer a energia redutora para as reações de fixação do carbono da fotossíntese (Figura 7.9).

Durante as reações de fixação do carbono, a energia do ATP é usada para ligar covalentemente o dióxido de carbono a uma molécula orgânica, e o poder redutor do NADPH é então usado para reduzir os novos átomos de carbono fixados a um açúcar simples. No processo, a energia química proveniente do ATP e do NAPH é usada para sintetizar moléculas de carboidrato apropriadas para o transporte (sacarose) ou usadas como reserva (amido). Ao mesmo tempo, é gerado um esqueleto carbônico a partir do qual outras moléculas orgânicas podem ser construídas.

Dois fotossistemas estão envolvidos nas reações luminosas

No cloroplasto (Figuras 7.1, 7.7 e 7.9), as moléculas de pigmento (clorofilas *a* e *b* e carotenoides) estão inseridas nos tilacoides em unidades isoladas de organização, chamadas *fotossistemas*. Cada fotossistema inclui um conjunto de cerca de 250 a 400 moléculas de pigmentos e consiste em dois componentes estreitamente ligados: o *complexo antena* e o *centro de reação*. O complexo antena é constituído por moléculas de pigmento, que coletam a energia luminosa e a "afunilam" ou a canalizam para o centro de reação. O centro de reação é constituído por um complexo de proteínas e moléculas de clorofila que possibilitam que a energia luminosa seja convertida em energia química. Dentro dos fotossistemas, as moléculas de clorofila estão ligadas a específicas proteínas de membrana ligadas à clorofila e mantidas no local para permitir uma eficiente captura de energia luminosa.

Todos os pigmentos dentro do fotossistema são capazes de absorver fótons, mas apenas um *par especial* de moléculas de clorofila *a* por centro de reação pode de fato usar a energia na reação fotoquímica. Esse par especial de moléculas de clorofila *a* está situado no núcleo do centro de reação do fotossistema. As outras moléculas de pigmento, chamadas *pigmentos da antena* por fazerem parte da rede coletora de luz, estão presentes no complexo antena. Além da clorofila, os pigmentos carotenoides, em quantidade variável, estão também presentes no complexo antena.

Cada fotossistema está geralmente associado a um *complexo de coleta de luz* composto de moléculas de clorofila *a* e *b*, com carotenoides e proteínas de ligação de pigmentos. À semelhança do complexo antena de um fotossistema, o complexo de coleta de luz também coleta a energia luminosa, porém não contém um

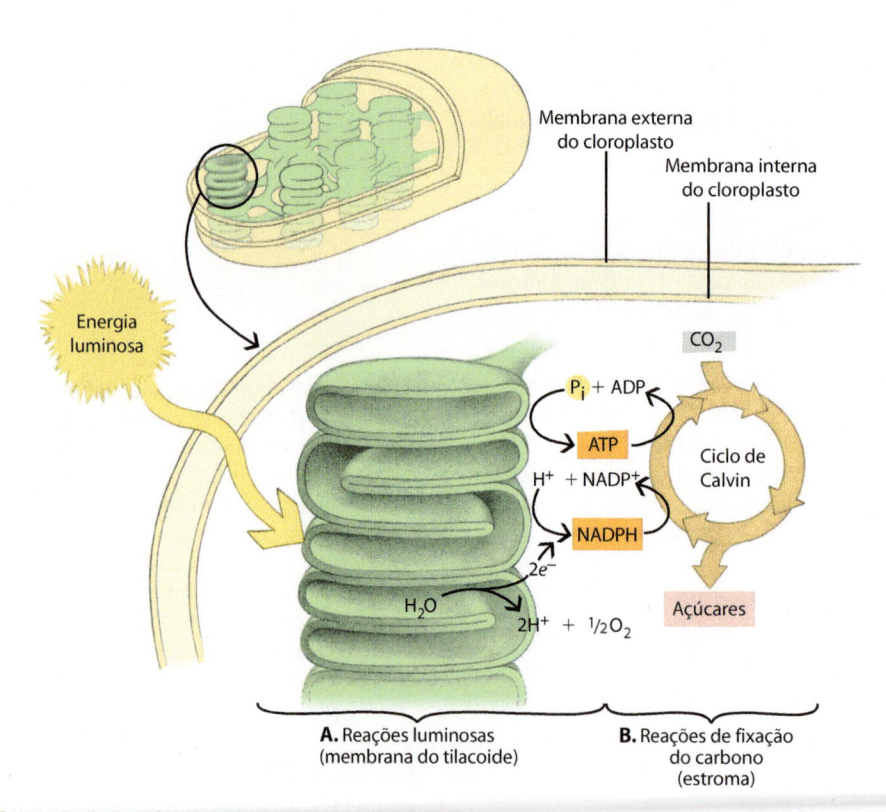

7.9 Visão geral da fotossíntese. A fotossíntese ocorre em duas etapas: as reações luminosas e as reações de fixação do carbono. **A.** Nas reações luminosas, a energia luminosa absorvida pelas moléculas de clorofila a na membrana do tilacoide é utilizada indiretamente para movimentar a síntese de ATP. Simultaneamente, no interior do tilacoide, a água é quebrada em oxigênio gasoso e átomos de hidrogênio (elétrons e prótons). Os elétrons são, ao final, recebidos pelo $NADP^+$ e H^+, produzindo NADPH. **B.** Nas reações de fixação do carbono, que ocorrem no estroma do cloroplasto, os açúcares são sintetizados a partir do dióxido de carbono e do hidrogênio carregado pelo NADPH. Esse processo é energizado pelo ATP e pelo NADPH produzidos nas reações luminosas. Como devemos observar, isso envolve uma série de reações, conhecidas como o ciclo de Calvin, que se repetem muitas vezes.

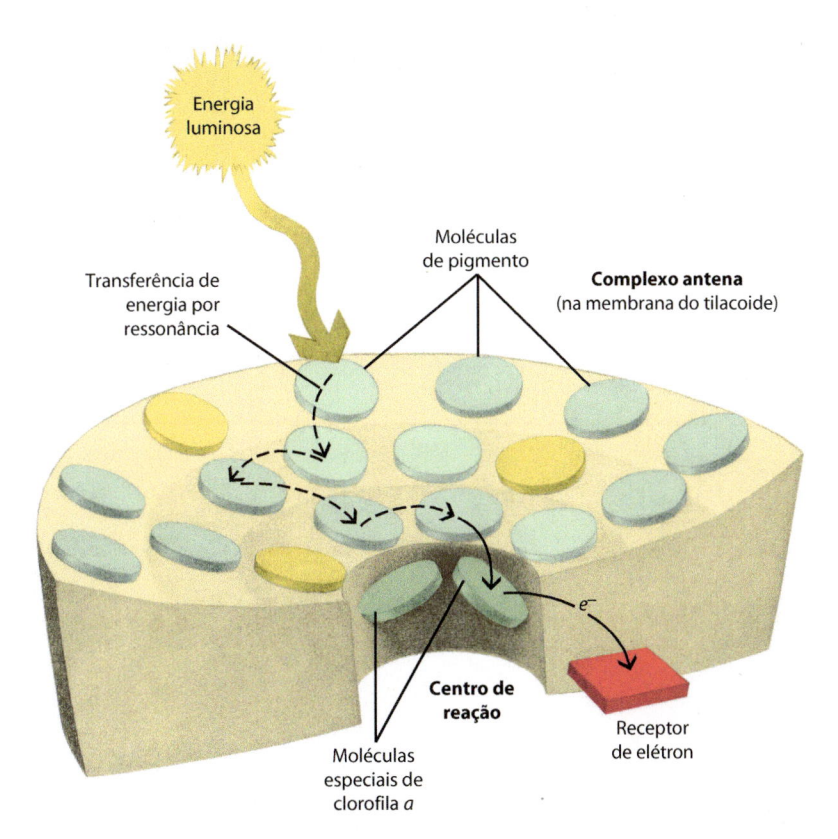

7.10 Transferência de energia durante a fotossíntese. O diagrama mostra parte do complexo antena, o qual está localizado na membrana do tilacoide. A energia luminosa absorvida por uma molécula de pigmento em qualquer lugar do complexo antena passa, por transferência de energia por ressonância, de uma molécula de pigmento para outra até atingir uma das duas moléculas de clorofila especiais no centro de reação. Quando esta molécula de clorofila *a* absorve a energia, um de seus elétrons é elevado a um nível maior de energia e é transferido para uma molécula receptora de elétrons.

centro de reação. Um fotossistema e seus complexos associados de coleta de luz são coletivamente designados como *complexo do fotossistema*.

A energia luminosa absorvida por uma molécula de pigmento em qualquer lugar no complexo antena ou complexo de coleta de luz é transferida para uma outra molécula de pigmento, e assim por diante, até atingir o centro de reação, que tem seu par especial de moléculas de clorofila *a* (Figura 7.10); essa passagem de energia se dá por meio do processo de transferência de energia por ressonância. Quando uma das duas moléculas de clorofila *a* do centro de reação absorve a energia, um de seus elétrons é elevado para um nível maior de energia e é transferido para uma molécula receptora de elétrons para iniciar o fluxo eletrônico. A molécula de clorofila assume então um estado oxidado (deficiente em elétrons ou de carga positiva), e a molécula aceptora de elétrons torna-se reduzida (rica em elétrons ou de carga negativa).

Os dois tipos diferentes de fotossistemas, o fotossistema I e o fotossistema II, são ligados por uma cadeia transportadora de elétrons (Figura 7.11). Os fotossistemas foram numerados segundo a ordem de sua descoberta. No *fotossistema I*, o par de moléculas especiais de clorofila *a* do centro de reação é conhecido como P_{700}. A letra "P" diz respeito a pigmento e o subscrito "700" designa o pico ótimo de absorção em nanômetros. O centro de reação do *fotossistema II* também contém um par de moléculas especiais de clorofila *a*. Seu pico ótimo de absorção é de 680 nanômetros e, portanto, é chamada P_{680}.

Em geral, o fotossistema I e o fotossistema II trabalham juntos, simultânea e continuamente. Embora, por conveniência, geralmente seja mostrado que os dois fotossistemas ocorrem mais ou menos lado a lado na mesma membrana do tilacoide, como na Figura 7.12, os fotossistemas I e II estão espacialmente separados. O fotossistema II está localizado principalmente nos tilacoides dos *grana* (grânulos), e o fotossistema I, quase inteiramente nos tilacoides do estroma e nas margens ou porções externas dos tilacoides dos *grana* (Figura 7.13A). Além disso, como veremos, o fotossistema I pode operar independentemente. As estruturas dos fotossistemas e de outros complexos proteicos do aparelho de fotossíntese são apresentadas na Figura 7.13B.

A água é oxidada para oxigênio por fotossistema II

No fotossistema II, a energia luminosa é absorvida, direta ou indiretamente, por moléculas P_{680} no centro de reação via transferência de energia por ressonância a partir de uma ou mais moléculas da antena. Quando uma molécula do P_{680} é excitada, seu elétron energizado é transferido para uma molécula receptora primária, que transfere seu elétron extra para uma molécula receptora secundária (Figura 7.11). A *feofitina*, uma molécula de clorofila *a* modificada, em que o átomo de magnésio central foi substituído por dois prótons, atua como aceptor inicial de elétrons. Em seguida, a feofitina transfere o elétron para PQ_A, uma *plastoquinona*, que está firmemente ligada ao centro de reação. Em seguida, a PQ_A transfere dois elétrons para a

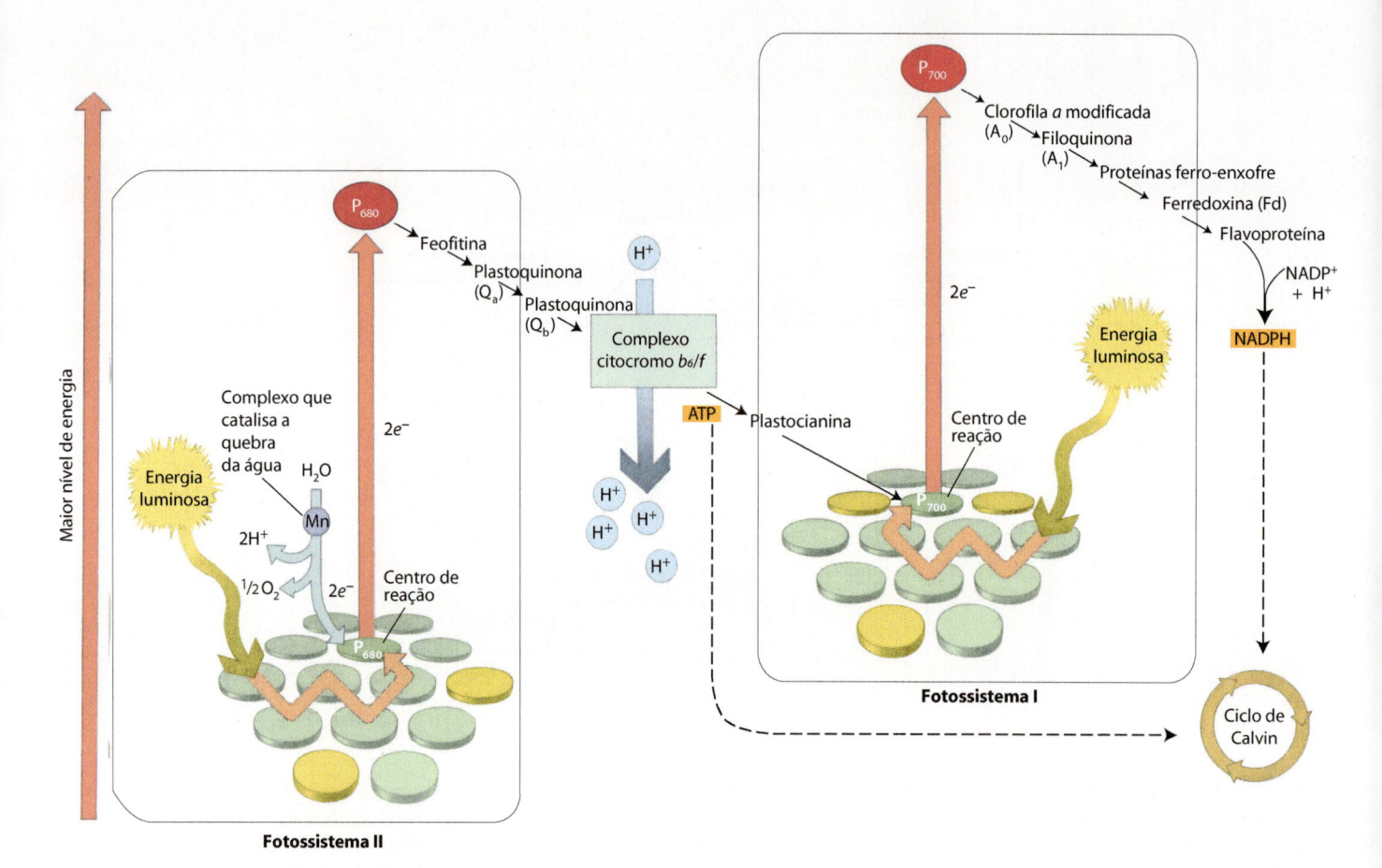

7.11 Fluxo não cíclico de elétrons e fotofosforilação. Este esquema em zigue-zague (chamado esquema Z) mostra a via de transferência de elétrons da H_2O para o $NADP^+$, que ocorre durante o fluxo não cíclico de elétrons, bem como as relações energéticas. Para aumentar a energia dos elétrons derivados da H_2O por fotólise para o nível de energia necessário para reduzir o $NADP^+$ a NADPH, cada elétron deve ser energizado duas vezes (setas laranjas espessas) pelos fótons absorvidos nos fotossistemas I e II. Depois de cada passo de excitação, os elétrons com maior energia deslocam-se para níveis de energia menor pelo esquema Z, via a cadeia transportadora de elétrons (indicada pelas setas pretas). Os prótons são bombeados através da membrana do tilacoide para dentro do lúmen (interior) do tilacoide durante a reação de quebra da água (fotólise da água) e durante a transferência de elétrons pelo complexo citocromo b_6/f, produzindo o gradiente de prótons que é essencial para a formação de ATP (ver Figura 7.12 para detalhes desse processo). A formação de ATP pelo fluxo não cíclico de elétrons é chamada fotofosforilação não cíclica.

PQ_B, outra plastoquinona, que simultaneamente capta dois prótons do estroma, tornando-se assim, reduzida a *plastoquinol*, PQ_BH_2 (Figura 7.12). O plastoquinol então se junta ao conjunto de moléculas de plastoquinol móveis no interior da porção lipídica da membrana do tilacoide. O plastoquinol pode, nessa etapa, transferir dois elétrons e dois prótons (H^+) ao complexo do citocromo b_6/f e, assim, é oxidado de volta a PQ_B.

O fotossistema II tem a capacidade singular de extrair elétrons da água e de utilizá-los para repor aqueles perdidos pelo P_{680} (agora P_{680}^+) em plastoquinona. Esse processo é realizado no *complexo de produção de oxigênio*, uma montagem de proteínas e íons manganês (Mn^{2+}) que catalisam a clivagem a oxidação da água (Figuras 7.11 e 7.12). Os oxigênios de duas moléculas de água ligam-se a um grupo de quatro átomos de manganês, que servem para reunir os quatro elétrons liberados quando as duas moléculas de água são oxidadas. Uma vez liberados os quatro elétrons das duas moléculas de água, ocorre produção de oxigênio. Assim, com a absorção de quatro fótons, as duas moléculas

de água são clivadas, produzindo quatro elétrons, quatro prótons e gás oxigênio:

$$2H_2O \longrightarrow 4e^- + 4H^+ + O_2$$

Essa quebra oxidativa da molécula de água, dependente de luz, é chamada *fotólise da água*. O complexo de produção de oxigênio está localizado no lado de dentro da membrana do tilacoide, e os prótons são liberados para dentro do lúmen do tilacoide e não diretamente para o estroma do cloroplasto. Assim, a fotólise das moléculas de água contribui para a geração de um gradiente de prótons através da membrana do tilacoide – o único meio pelo qual o ATP é gerado durante a fotossíntese.

O complexo do citocromo b_6/f liga os fotossistemas II e I

O plastoquinol (PQ_BH_2) móvel, que é encontrado na porção lipídica interna da membrana tilacoide (Figura 7.12), doa dois elétrons provenientes do fotossistema II, um de cada vez, ao *complexo do citocromo b_6/f*. (Esse complexo é análogo ao complexo III da cadeia de transporte de elétrons das mitocôndrias,

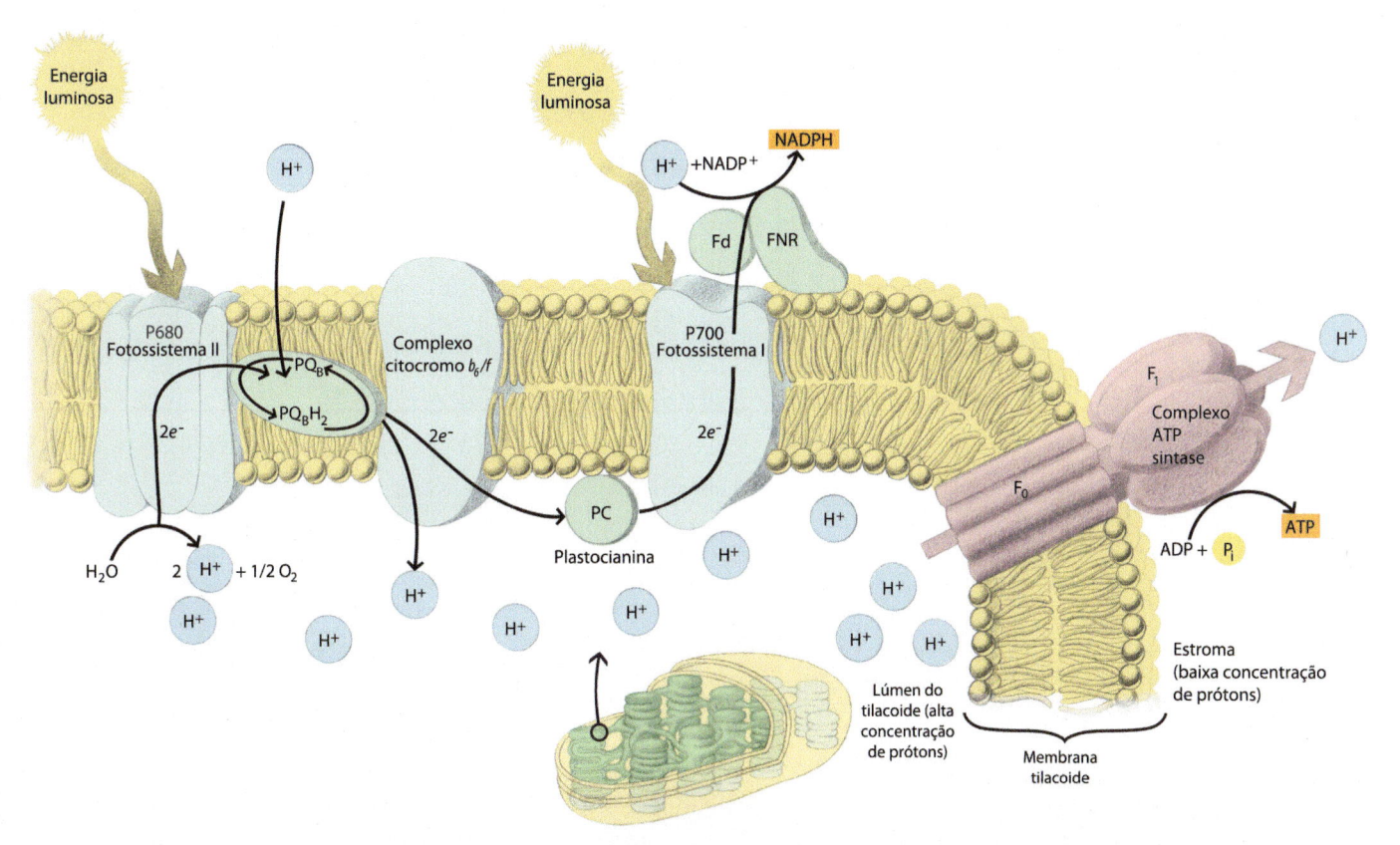

7.12 Transferência de elétrons e prótons durante a fotossíntese. Durante as reações luminosas, os elétrons movem-se da água (à esquerda, abaixo) pelo fotossistema II, seguindo pela cadeia intermediária de carregadores de elétrons, pelo fotossistema I e, finalmente, para o NADP+. No fotossistema I, o NADP+ é reduzido a NADPH no estroma por meio da ação da ferredoxina (Fd) e da flavoproteína ferredoxina-NADP+ redutase (FNR). O plastoquinol (PQ_BH_2) transfere elétrons do fotossistema II para o complexo do citocromo b_6/f, e, por sua vez, a plastocianina transfere elétrons do complexo do citocromo b_6/f para o fotossistema I. Ocorre liberação de prótons no lúmen durante a oxidação da água, que são bombeados no lúmen por meio da ação do complexo do citocromo b_6/f. Esses prótons, que contribuem para um gradiente eletroquímico de prótons, devem difundir-se para o complexo da ATP sintase. Nesse complexo, difundem-se ao longo de um gradiente de potencial eletroquímico, que é utilizado para sintetizar ATP.

ver Figura 6.10.) À medida que cada PQ_BH_2 é oxidado de volta à PQ_B, ele libera dois prótons no lúmen do tilacoide por meio do completo do citocromo b_6/f. Nessa etapa, a PQ_B retorna ao reservatório do plastoquinona, onde pode aceitar mais elétrons do fotossistema II e mais prótons do estroma. Em seguida, o citocromo *f* reduzido do complexo doa elétrons à *plastocianina*, uma pequena proteína hidrossolúvel contendo cobre, que é encontrada no lúmen. À semelhança do plastoquinol, a plastocianina é um carreador de elétrons móvel. Transfere um elétron de cada vez entre o complexo do citocromo b_6/f e P_{700} do fotossistema I (Figura 7.12).

O ATP é sintetizado por um complexo de ATP sintase

Os prótons liberados no lúmen do tilacoide durante a oxidação da água e o bombeamento de prótons através da membrana tilacoide para dentro do lúmen por meio do complexo do citocromo b_6/f juntos geram um gradiente de prótons eletroquímico, que aciona a síntese de ATP. Os *complexos ATP sintase*, inseridos na membrana do tilacoide, provêm um canal através do qual os prótons podem fluir a favor do gradiente de volta para o estroma (Figura 7.12). Com isso, é formado um gradiente de energia potencial que impulsiona a síntese de ATP a partir do ADP e P_i. Esse processo é inteiramente análogo à

síntese de ATP impulsionada por prótons na mitocôndria, mas aqui é chamado *fotofosforilação* para enfatizar que a luz fornece a energia para estabelecer o gradiente de prótons. Portanto, cloroplastos e mitocôndrias geram ATP pelo mesmo mecanismo básico: o acoplamento quimiosmótico (Figura 7.12). Além disso, as bactérias também geram ATP por acoplamento quimiosmótico, o que não é surpreendente, tendo em vista que os cloroplastos e as mitocôndrias derivam de bactérias que eram de vida livre.

O NADP+ é reduzido a NADPH no fotossistema I

No fotossistema I, a energia luminosa excita as moléculas da antena que passam a energia para as moléculas P_{700} do centro de reação (Figura 7.11). Quando uma molécula P_{700} é excitada, seu elétron energizado é passado para uma molécula receptora primária chamada A_0, que supostamente é uma clorofila especial com função similar à da feofitina do fotossistema II. Os elétrons são então passados através de uma cadeia de transportadores, incluindo filoquinona (A_1), e proteínas ferro-enxofre, como a ferredoxina. A *ferredoxina (Fd)*, uma proteína de ferro-enxofre móvel, é encontrada no estroma dos cloroplastos. Trata-se do aceptor final de elétrons do fotossistema I, e os elétrons são transferidos da ferredoxina para o NADP+.

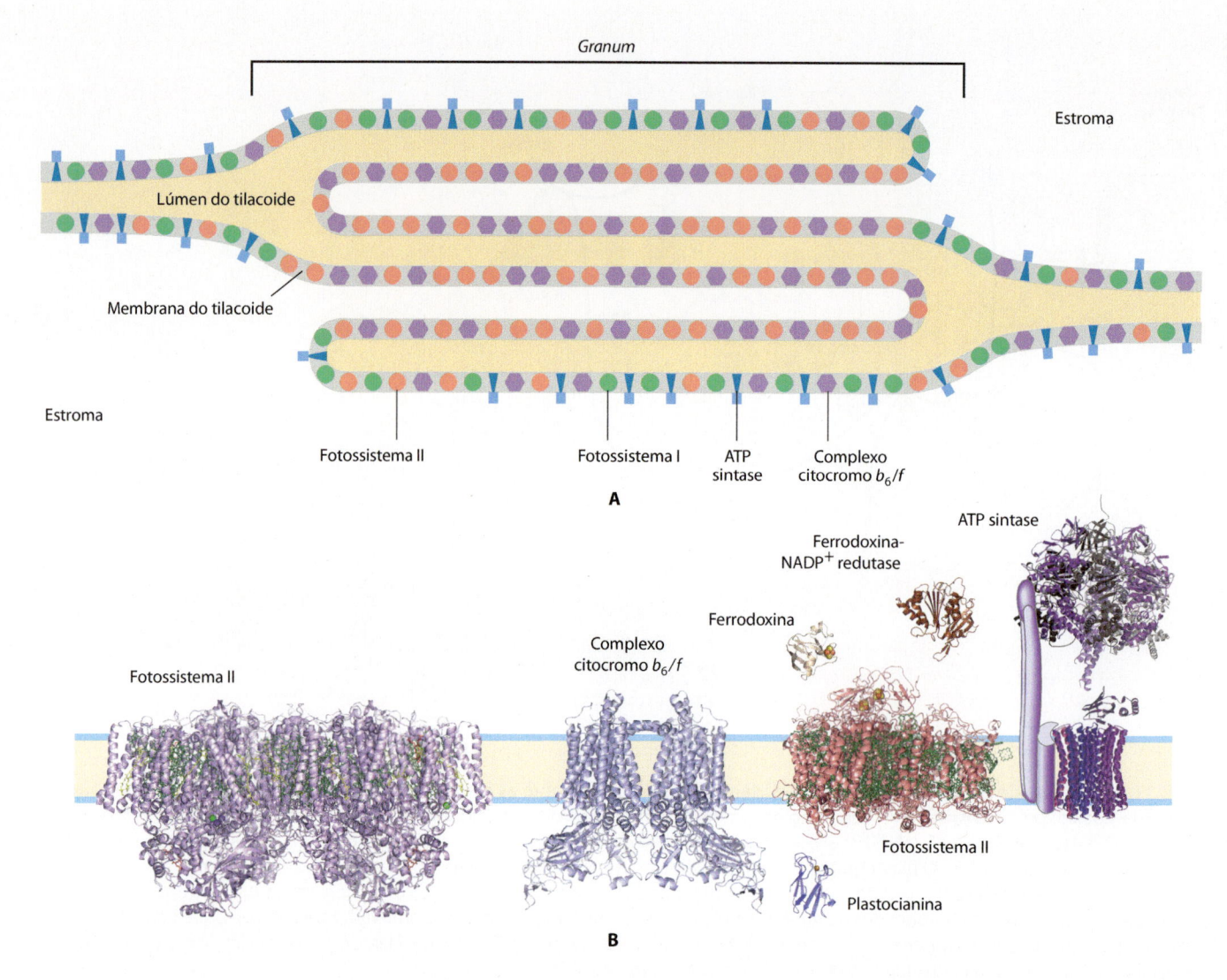

7.13 Organização de estrutura dos quatro principais complexos de proteína das membranas dos tilacoides. A. O fotossistema II está localizado principalmente nos *grana* dos tilacoides e o fotossistema I e o complexo ATP sintase, quase inteiramente nos tilacoides do estroma e nas partes externas dos *grana*. Os complexos citocromo b_6/f estão distribuídos homogeneamente ao longo das membranas. A separação espacial dos fotossistemas requer transportadores de elétrons móveis, como a plastoquinol e a plastocianina, para mover os elétrons entre os complexos de fotossistema, que estão separados na membrana. **B.** A estrutura dos quatro principais complexos proteicos e as proteínas solúveis do aparelho de fotossíntese.

Essa transferência é catalisada pela *ferredoxina-NADP+ redutase (FNR)*, uma proteína de membrana periférica encontrada no lado do estroma da membrana do tilacoide (Figura 7.12). Isso resulta na redução do NADP+ a NADPH e na oxidação da molécula P_{700}. Os elétrons removidos da molécula P_{700} são substituídos pelos elétrons provenientes da cadeia de transporte de elétrons do fotossistema II e são carreados até P_{700} pela plastocianina.

Assim, na luz, os elétrons fluem continuamente da água através dos fotossistemas II e I para o NADP+, resultando na oxidação da água (H_2O) a oxigênio (O_2) e na redução do NADP+ a NADPH. Esse fluxo de elétrons unidirecional da água para o NADP+ é chamado *fluxo não cíclico de elétrons*, e a produção de ATP que ocorre é chamada *fotofosforilação não cíclica*. Na medida em que o fotossistema II supre elétrons para o fotossistema I, para a eficiência da fotossíntese, as taxas de distribuição de fótons para os dois centros de reação devem ser iguais. Quando as condições de luz favorecem um ou ou-

tro fotossistema, a energia excedente é redistribuída entre eles, resultando em um balanço igual de energia nos dois centros de reação.

A mudança de energia livre (ΔG) para a reação

$$H_2O + NADP^+ \longrightarrow NADPH + H^+ + \tfrac{1}{2}O_2$$

é de 51 quilocalorias por mol. A energia da luz de 700 nanômetros é cerca de 40 quilocalorias por mol de fótons. Uma vez que quatro fótons são necessários para impulsionar dois elétrons ao nível do NADPH, cerca de 160 quilocalorias estão disponíveis. Aproximadamente um terço (51/160) da energia disponível é capturada como NADPH. A energia total coletada a partir do fluxo não cíclico de elétrons (baseada na passagem de 6 pares de elétrons da H_2O para o NADP+) é de 6 ATP e 6 NADPH.

A fotofosforilação cíclica gera apenas ATP

Como mencionado anteriormente, o fotossistema I pode trabalhar independentemente do fotossistema II. Nesse processo, cha-

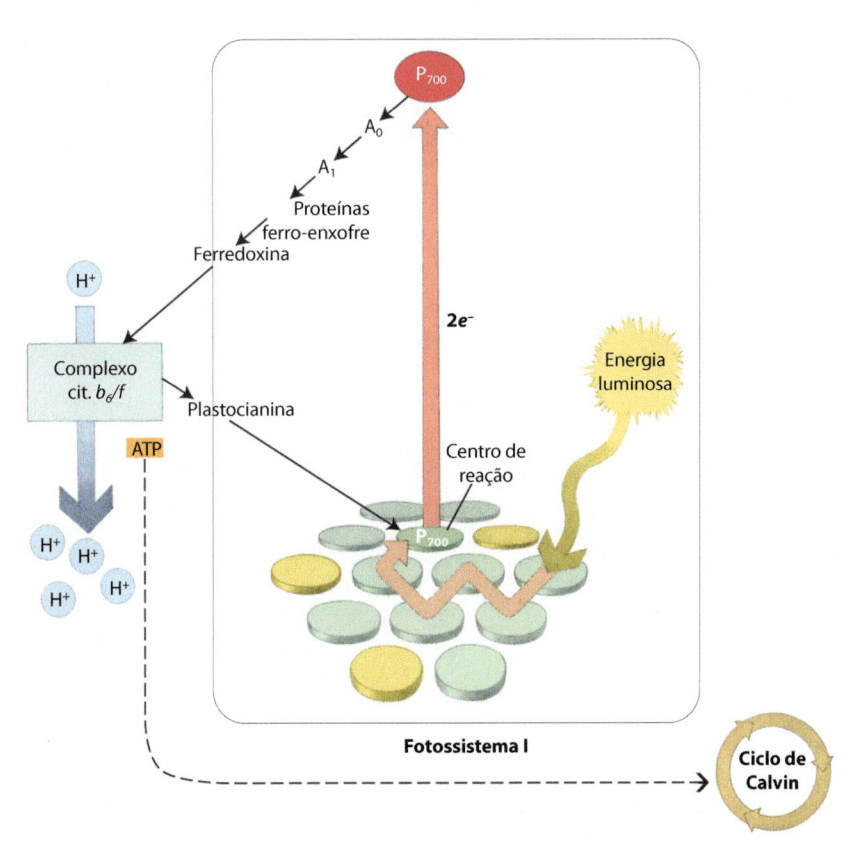

7.14 Fluxo cíclico de elétrons. O fluxo cíclico de elétrons envolve apenas o fotossistema I. O ATP é produzido a partir do ADP pelo mesmo mecanismo quimiosmótico da fotofosforilação mostrado na Figura 7.12, mas o oxigênio não é liberado e o $NADP^+$ não é reduzido. A formação de ATP pelo fluxo cíclico de elétrons é chamada fotofosforilação cíclica.

mado *fluxo cíclico de elétrons*, os elétrons energizados são transferidos das moléculas P_{700} para o A_0 (Figura 7.14). Entretanto, os elétrons, em vez de descerem para o $NADP^+$, são desviados para um receptor da cadeia transportadora de elétrons, entre os fotossistemas I e II. Os elétrons então descem através dessa cadeia de volta para o centro de reação do fotossistema I, impulsionando o transporte de prótons através da membrana do tilacoide e assim promovendo a geração de ATP. Uma vez que esse processo envolve um fluxo cíclico de elétrons, ele é chamado *fotofosforilação cíclica*. Acredita-se que os primeiros organismos fotossintetizantes tinham apenas um sistema como o fotossistema I, e algumas bactérias fotossintetizantes sobreviventes também só apresentam um fotossistema I. Com apenas o fotossistema I, a fotofosforilação cíclica constitui a única via possível de fluxo de elétrons, visto que, na ausência de um fotossistema II, nenhuma água ou sulfeto de hidrogênio é clivado para fornecer os elétrons necessários na produção de NADPH. Por conseguinte, o único produto da fotofosforilação cíclica é o ATP. Os organismos com apenas o fotossistema I produzem NADPH de outras fontes de elétrons de alta energia e não utilizam a luz na sua produção.

Como vimos, a energia total capturada do fluxo não cíclico de elétrons (com base na passagem de 6 pares de elétrons da H_2O para o $NADP^+$) é de 6 ATP e 6 NADPH. Entretanto, as reações de fixação de carbono que são encontradas necessitam de mais ATP que NADPH – na razão de cerca de 3:2. A fotofosforilação cíclica, fornecendo ATP extra, é necessária para suprir as necessidades do ciclo de Calvin, bem como para promover outros processos que requerem energia dentro do cloroplasto.

Reações de fixação do carbono

Na segunda série de reações da fotossíntese, o ATP e o NADPH gerados pelas reações luminosas são usados para fixar e reduzir o carbono e sintetizar açúcares simples. O carbono está disponível para as células fotossintetizantes na forma de dióxido de carbono. Para as algas e as cianobactérias, esse dióxido de carbono é encontrado dissolvido na água circundante. Na maioria das plantas, o dióxido de carbono atinge as células fotossintetizantes através da abertura de estruturas especiais chamadas estômatos, presentes nas folhas e caules verdes (Figura 7.15).

No ciclo de Calvin, o CO_2 é fixado através da via de três carbonos

Em muitas espécies de plantas, a redução do carbono ocorre exclusivamente no estroma do cloroplasto por meio de uma série de reações frequentemente chamadas *ciclo de Calvin* (em homenagem a seu descobridor, Melvin Calvin, que recebeu o Prêmio Nobel em 1961 por seu trabalho na elucidação dessa via). O ciclo de Calvin é análogo a outros ciclos metabólicos (ver Capítulo 6), uma vez que, ao final de cada volta do ciclo, o composto inicial é regenerado. O composto inicial (e final) no ciclo de Calvin é um açúcar de cinco carbonos com dois grupos fosfato, conhecido como *ribulose 1,5-bifosfato (RuBP)*.

O ciclo de Calvin ocorre em três etapas. A primeira etapa começa quando o dióxido de carbono entra no ciclo e é enzimaticamente combinado, ou "fixado" (covalentemente ligado), com a RuBP. O composto resultante com seis car-

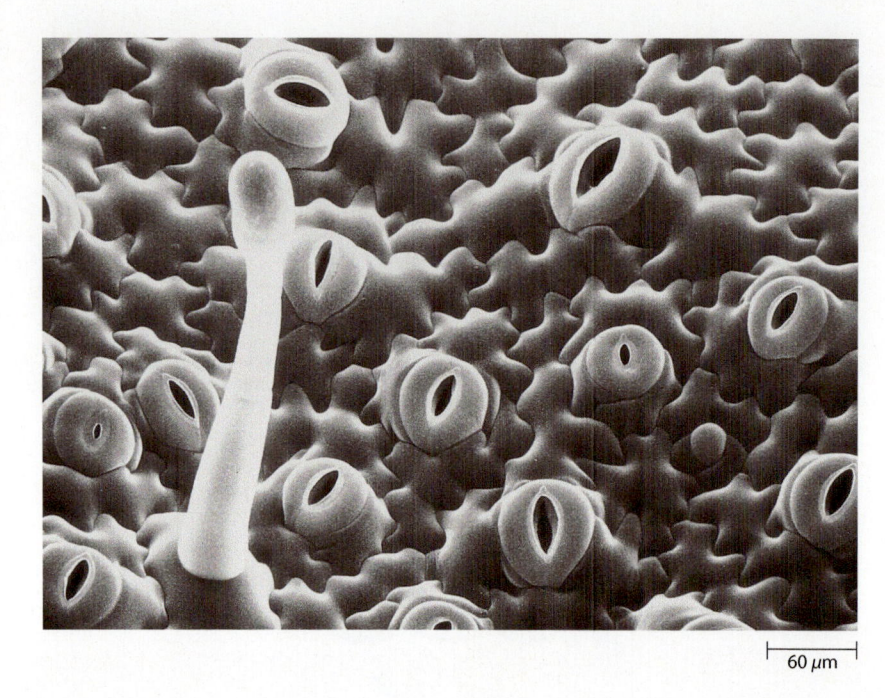

60 μm

7.15 Estômatos na folha. É mostrada aqui uma micrografia eletrônica de varredura da superfície inferior da folha de tabaco *(Nicotiana tabacum)*. Uma planta pode abrir ou fechar seus estômatos segundo sua necessidade; nessa micrografia, a maioria dos estômatos está aberta. É através dos estômatos que o dióxido de carbono necessário para a fotossíntese difunde-se para o interior da folha e o oxigênio produzido difunde-se para a atmosfera. A estrutura alongada, à esquerda, é um tricoma.

bonos, um intermediário instável, é rapidamente hidrolisado para gerar duas moléculas de 3-fosfoglicerato ou ácido 3-fosfoglicérico (PGA) (Figura 7.16). Cada molécula de PGA – o primeiro produto detectável do ciclo de Calvin – contém três átomos de carbono. Por isso, o ciclo de Calvin também é conhecido como a *via C₃*.

A *RuBP carboxilase/oxigenase*, frequentemente chamada *Rubisco* para ter seu nome abreviado, é a enzima que catalisa esta crucial reação inicial de fixação de carbono. (A atividade oxigenase da enzima é discutida posteriormente neste capítulo.) Rubisco é sem dúvida a enzima mais abundante do mundo, e por algumas estimativas essa enzima deve corresponder a mais de 40% do total de proteína solúvel da maioria das folhas.

Na segunda etapa do ciclo, o 3-fosfoglicerato é reduzido a *gliceraldeído 3-fosfato* ou 3-fosfogliceraldeído (PGAL) (Figura 7.17). Isso ocorre em dois passos que são essencialmente o inverso dos passos correspondentes na glicólise, com uma exceção: o cofator para a redução do 1,3-bifosfoglicerato é o nucleotídio NADPH, e não NADH. Observe que, nessa etapa, a fixação de três moléculas de CO_2 a três moléculas de ribulose 1,5-bifosfato forma seis moléculas de gliceraldeído 3-fosfato.

Na terceira etapa do ciclo, cinco das seis moléculas de gliceraldeído 3-fosfato são usadas para regenerar três moléculas de ribulose 1,5-bifosfato, o material inicial.

O ciclo completo está resumido na Figura 7.18. Como em cada via metabólica, cada etapa no ciclo de Calvin é catalisada por uma enzima específica. A cada volta completa do ciclo, uma molécula de dióxido de carbono entra no ciclo e é reduzida, e uma molécula de RuBP é regenerada. Três voltas do ciclo, com a introdução de três átomos de carbono, são necessárias para produzir uma molécula de gliceraldeído 3-fosfato, a forma fosforilada de $C_3H_6O_3$ na última equação da página 124. A

equação geral para produção de uma molécula de gliceraldeído 3-fosfato é:

$$3CO_2 + 9ATP + 6NADPH + 6H^+ \longrightarrow$$
Gliceraldeído 3-fosfato $+ 9ADP + 8P_i + 6NADP^+ + 3H_2O$

7.16 Primeira etapa do ciclo de Calvin. Melvin Calvin e seus colaboradores, Andrew A. Benson e James A. Bassham, submeteram algas fotossintetizantes a uma rápida exposição ao dióxido de carbono radioativo ($^{14}CO_2$) e então ferveram as células em álcool e separaram os vários compostos contendo o ^{14}C por cromatografia bidimensional em papel. Eles observaram que os vários compostos intermediários tornaram-se radioativamente marcados e deduziram que o carbono radioativo está covalentemente ligado a uma molécula de ribulose 1,5-bifosfato (RuBP). O composto de seis carbonos resultante é imediatamente quebrado para formar duas moléculas de 3-fosfoglicerato (PGA). O átomo de carbono radioativo, indicado aqui em laranja, aparece em uma das duas moléculas de PGA.

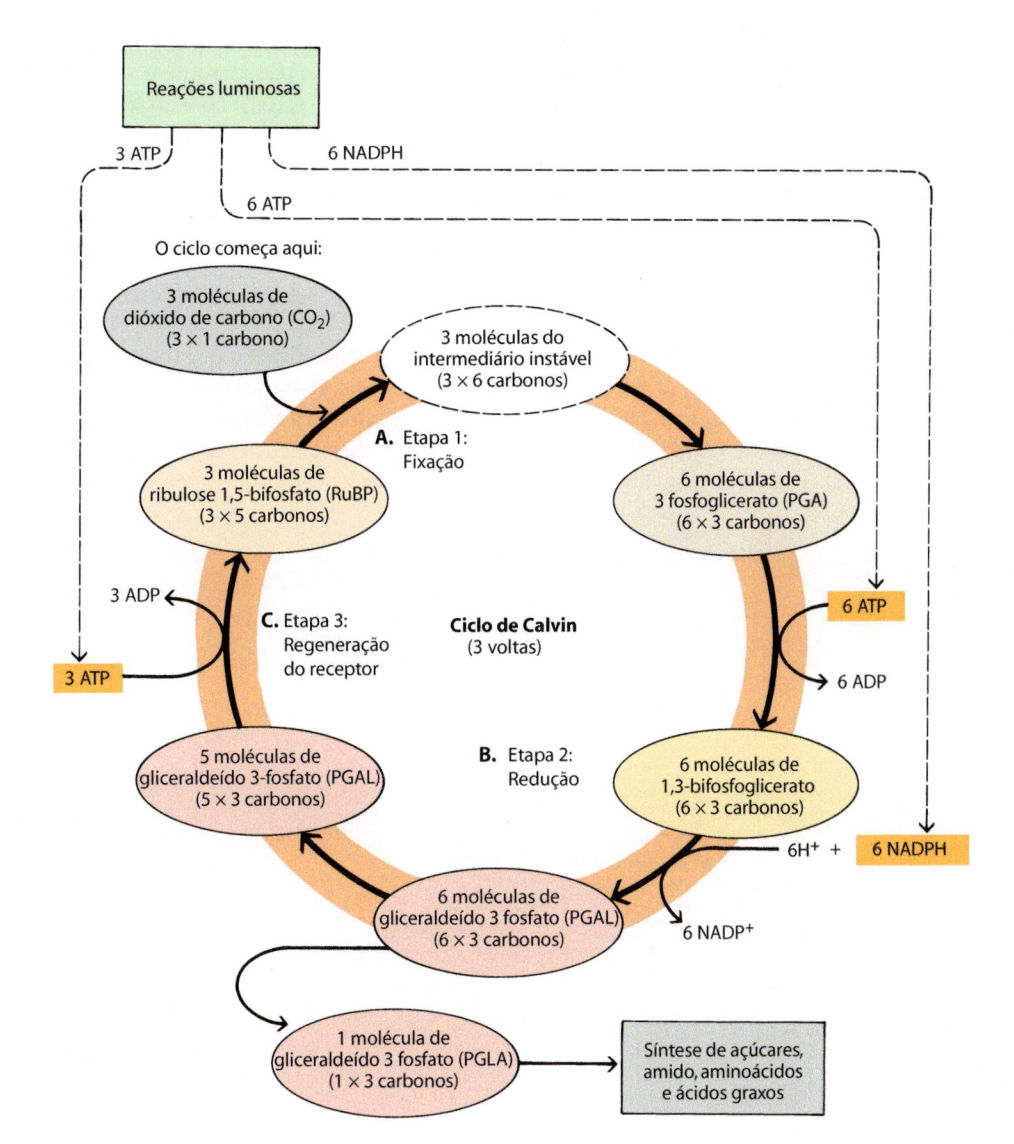

7.17 Segunda etapa do ciclo de Calvin. De modo geral, a segunda etapa do ciclo de Calvin envolve a conversão do 3-fosfoglicerato (PGA) a gliceraldeído 3-fosfato (PGAL) em dois passos. **A.** No primeiro passo da sequência, a enzima 3-fosfoglicerato quinase, presente no estroma, catalisa a transferência do fosfato do ATP para o PGA, produzindo 1,3-bifosfoglicerato. **B.** No segundo passo, o NADPH doa elétrons na redução catalisada pela enzima gliceraldeído 3-fosfato desidrogenase, produzindo PGAL. Além de sua função como intermediário na fixação do CO_2, o PGAL tem outros possíveis destinos na célula vegetal. Ele pode ser oxidado pela glicólise para a produção de energia ou utilizado para a síntese de hexoses.

7.18 Resumo do ciclo de Calvin. A cada volta do ciclo completada, uma molécula de dióxido de carbono (CO_2) entra no ciclo. Estão resumidas aqui três voltas do ciclo – o número necessário para produzir uma molécula de gliceraldeído 3-fosfato (PGAL), que é equivalente a uma molécula de um açúcar com três carbonos. A energia que impulsiona o ciclo de Calvin é fornecida na forma de ATP e NADPH, produzidas pelas reações luminosas da fotossíntese. **A.** Etapa 1: Fixação. O ciclo inicia-se no canto superior esquerdo quando três moléculas de ribulose 1,5-bifosfato (RuBP), um composto de cinco carbonos, são combinadas com três moléculas de dióxido de carbono. Essa reação produz três moléculas de um composto intermediário instável, o qual se quebra imediatamente, produzindo seis moléculas de 3-fosfoglicerato (PGA), um composto de três carbonos. **B.** Etapa 2: Redução. As seis moléculas de PGA são reduzidas a seis moléculas de gliceraldeído 3-fosfato (PGAL). **C.** Etapa 3: Regeneração do receptor. Seis das cinco moléculas de PGAL são combinadas e rearranjadas para formar três moléculas de cinco carbonos de RuBP. A única molécula "extra" de PGAL representa o ganho líquido do ciclo de Calvin. O PGAL serve como o ponto de início para a síntese de açúcares, amido e outros componentes celulares.

(Observe novamente que o ciclo de Calvin necessita de mais ATP do que NADPH, por isso é necessário o ATP gerado pela fosforilação cíclica.)

O produto imediato do ciclo, gliceraldeído 3-fosfato, é a principal molécula transportada do cloroplasto para o citosol da célula. Essa mesma triose fosfato é formada quando a molécula de frutose 1,6-bifosfato é quebrada no quarto passo da glicólise e pode ser convertida em outra triose fosfato, a di-hidroxiacetona fosfato. Utilizando a energia fornecida pela hidrólise das ligações fosfato, as primeiras quatro etapas da glicólise podem ser revertidas para formar glicose a partir do gliceraldeído 3-fosfato.

A maioria do carbono fixado é convertido em sacarose ou amido

Como foi mencionado, embora a glicose seja comumente representada como o carboidrato produzido pela fotossíntese nas equações resumidas, na realidade muito pouca glicose livre é gerada nas células fotossintetizantes. A maioria do carbono fixado é convertida em *sacarose*, a principal forma de transporte dos açúcares, ou em *amido*, a principal forma de armazenamento de carboidratos nas plantas (ver Capítulo 2).

Grande parte do gliceraldeído 3-fosfato produzido pelo ciclo de Calvin é exportada para o citosol, onde, através de uma série de reações, é convertido em sacarose. A maioria do gliceraldeído 3-fosfato que permanece no cloroplasto é convertida em amido, que é estocado, temporariamente, durante o período de luz, como grãos de amido no estroma (Figura 7.1). Durante a noite, a sacarose é produzida a partir do amido e é exportada da folha pelos feixes vasculares para as outras partes da planta.

A fotorrespiração ocorre quando a Rubisco se liga ao O_2 em vez de ao CO_2

A enzima Rubisco, na presença de grande quantidade de CO_2 disponível, catalisa a carboxilação da ribulose 1,5-bifosfato com grande eficiência. Como mencionado anteriormente, entretanto, a Rubisco não é absolutamente específica para o CO_2 como substrato. O oxigênio compete com o CO_2 no sítio ativo e a Rubisco também pode catalisar a condensação do O_2 com a RuBP para formar uma molécula de 3-fosfoglicerato e uma molécula de *fosfoglicolato* (Figura 7.19). Essa é a atividade oxigenase da enzima, que é refletida em seu nome: RuBP carboxilase/oxigenase. Nenhum carbono é fixado durante essa reação, e a energia deve ser gasta para a recuperação dos carbonos do fosfoglicolato, que não é um metabólito útil (produto metabólico).

A via de recuperação é longa e emprega três organelas celulares: o cloroplasto, o peroxissomo e a mitocôndria (Figura 7.20). A via envolve, em parte, a conversão de duas moléculas de fosfoglicolato em uma molécula do aminoácido serina (que tem três carbonos) e uma molécula de CO_2. A atividade oxigenase da Rubisco combinada com a via de recuperação *consome* O_2 e *libera* CO_2, um processo chamado *fotorrespiração*. Diferentemente da respiração mitocondrial (em plantas, frequentemente referida como "respiração no escuro", diferenciando-se da fotorrespiração, que ocorre apenas na presença de luz), a fotorrespiração é um processo dispendioso, não produzindo ATP nem NADH. Em algumas plantas, cerca de 50% do carbono fixado na fotossíntese pode ser reoxidado a dióxido de carbono durante a fotorrespiração. Parece que a evolução da Rubisco selecionou um sítio ativo que não é capaz de discriminar entre o CO_2 e o O_2, talvez porque

7.19 Reações catalisadas pela Rubisco. A. A atividade carboxilase da Rubisco (RuBP carboxilase/oxigenase), que resulta na fixação do CO_2 no ciclo de Calvin, é favorecida por altas concentrações de dióxido de carbono (CO_2) e baixas concentrações de oxigênio (O_2) (ver também Figura 7.16). **B.** A ação oxigenase da Rubisco também ocorre de forma significativa, especialmente na presença de baixas concentrações de CO_2 e altas concentrações de O_2 (concentrações atmosféricas normais). A ação oxigenase da Rubisco diminui a eficiência da fotossíntese, uma vez que apenas uma molécula de 3-fosfoglicerato (PGA) é formada a partir da ribulose 1,5-bifosfato (RuBP), em vez das duas formadas pela atividade carboxilase da Rubisco. A atividade oxigenase da Rubisco combinada com a via de recuperação (ver Figura 7.20) consome O_2 e libera CO_2, processo chamado fotorrespiração.

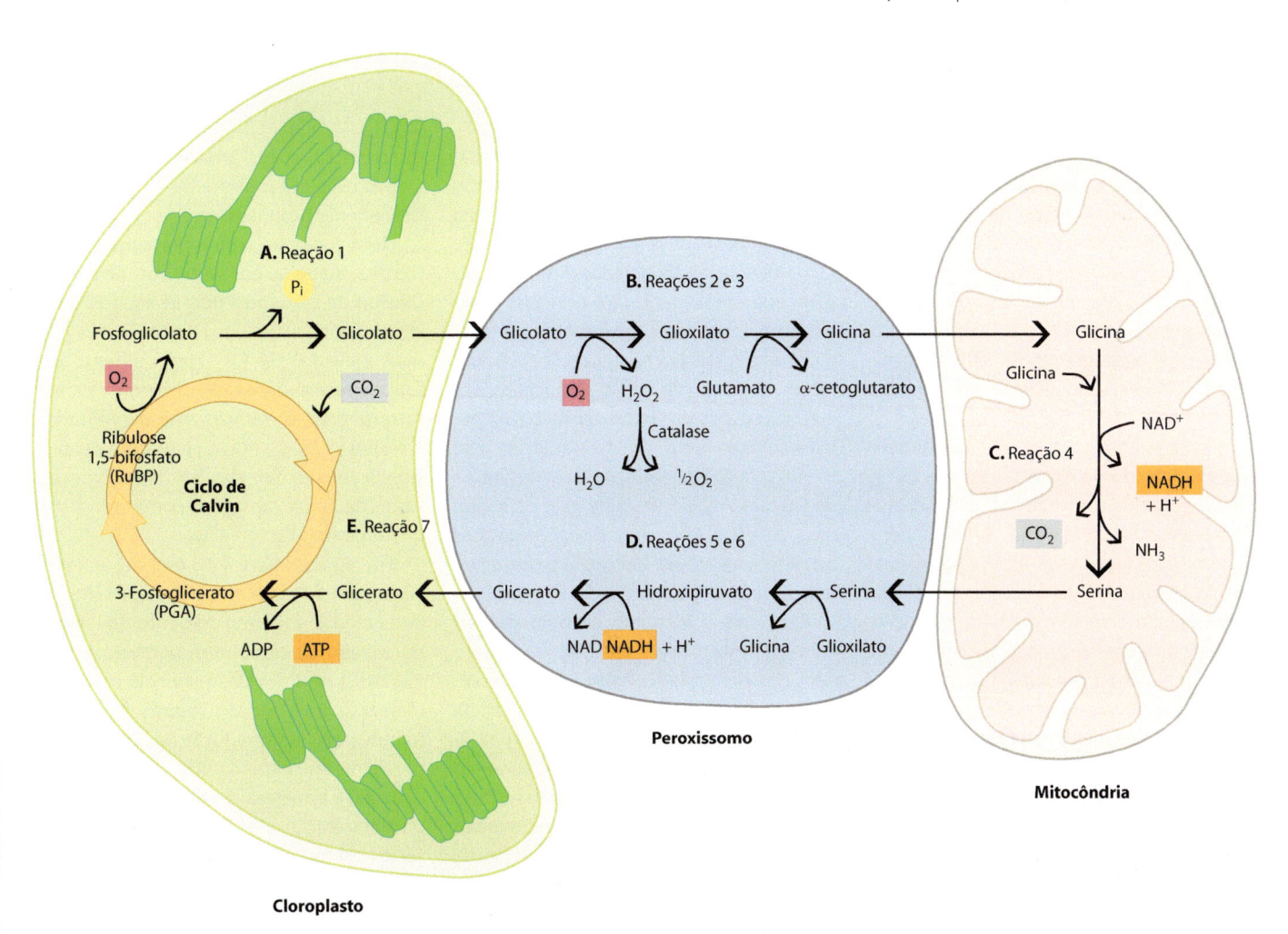

Cloroplasto

Peroxissomo

Mitocôndria

7.20 Recuperação do fosfoglicolato. O fosfoglicolato formado durante a fotorrespiração é recuperado pela conversão em serina e então em 3-fosfoglicerato (PGA), que irá realimentar o ciclo de Calvin. **A.** Reação 1: O fosfoglicolato é desfosforilado nos cloroplastos para formar glicolato. **B.** Reações 2 e 3: Nos peroxissomos, o glicolato é oxidado a glioxilato, que é então transaminado a glicina. **C.** Reação 4: Na mitocôndria, duas moléculas de glicina se condensam para formar serina e CO_2, o qual é liberado durante a fotorrespiração. **D.** Reações 5 e 6: Nos peroxissomos, a serina é transaminada a hidroxipiruvato, que é então reduzido a glicerato. O glicerato entra nos cloroplastos. **E.** Reação 7: O glicerato é fosforilado a 3-fosfoglicerato (PGA), que retorna ao ciclo de Calvin. O oxigênio é consumido em dois pontos na via da fotorrespiração, uma vez no cloroplasto (atividade oxigenase da Rubisco) e uma vez no peroxissomo (oxidação do glicolato a glioxilato). O dióxido de carbono é liberado na mitocôndria (condensação de duas moléculas de glicina para formar uma molécula de serina).

muito de sua evolução tenha ocorrido antes de o O_2 ser um importante componente da atmosfera.

A condensação do oxigênio com a RuBP ocorre concomitantemente com a fixação do CO_2 nas condições atmosféricas atuais, com uma atmosfera consistindo em 21% de O_2 e apenas 0,039% (390 ppm, ou seja, partes por milhão) de CO_2. Além disso, são muito comuns as condições que podem alterar a relação CO_2/O_2 em favor do oxigênio e por isso aumentar a fotorrespiração. O dióxido de carbono não está continuamente disponível para as células fotossintetizantes de uma planta. Como vimos, ele entra na folha pelos estômatos, os poros especializados que se abrem e fecham dependendo, dentre outros fatores, do estresse hídrico. Quando uma planta está sujeita a altas temperaturas e a condições de seca, ela deve fechar seus estômatos para conservar a água. Isso corta o suprimento de CO_2 e também permite que o O_2 produzido pela fotossíntese seja acumulado. A resultante baixa concentração de CO_2 e a alta concentração de O_2 favorecem a fotorrespiração.

Quando as plantas estão crescendo em proximidade umas das outras, o ar em volta das folhas pode ficar parado, com poucas

trocas gasosas entre o ambiente imediato e a atmosfera como um todo. Sob tais condições, a concentração de CO_2 no ar mais próximo às folhas pode ser rapidamente reduzida a baixos níveis pela atividade fotossintética das plantas. Mesmo se os estômatos estiverem abertos, o gradiente de concentração entre o meio externo da folha e o meio interno pode ser tão diminuto que pouco CO_2 se difunde para a folha. Enquanto isso, o O_2 acumula-se, favorecendo a fotorrespiração e reduzindo consideravelmente a eficiência fotossintética das plantas.

Embora a fotorrespiração possa ser considerada dispendiosa, ela de fato resgata 75% do carbono no fosfoglicolato e, conforme assinalado por algumas autoridades, "tira proveito de uma situação ruim causada pela atividade de oxigenase aparentemente inevitável da Rubisco". Além de minimizar a perda de carbono, a fotorrespiração atua para proteger o aparelho fotossintetizante da fotoinibição quando as folhas são expostas a uma quantidade de luz maior do que podem utilizar, e quando a produção de NADPH nas reações luminosas excede a demanda de poder redutor do ciclo de Calvin. Além disso, a fotorrespiração representa a única via nas plantas para a remoção de fosfoglicolato, que é um composto tóxico.

AQUECIMENTO GLOBAL | O FUTURO É AGORA

Se fosse fácil prever o futuro, qualquer um poderia ganhar em apostas, e qualquer um concordaria sobre o nível de aquecimento da Terra nas próximas décadas, em decorrência do acúmulo de gases do efeito estufa na atmosfera. Mas prever o futuro é difícil, e ninguém pode dizer exatamente o futuro grau de aquecimento da Terra ou exatamente como esse aquecimento aumentado afetará os ecossistemas ou as espécies.

Todavia, entre os cientistas que se dedicam ao estudo do clima terrestre, a esmagadora maioria concorda com o fato de que a temperatura média está aumentando, e que essa elevação se deve, em grande parte, às atividades humanas. Em geral, concorda-se também com o fato de que as futuras mudanças no clima quase certamente serão maiores e mais dramáticas do que as que ocorreram nesse passado recente.

Um gás do efeito estufa é um gás que deixa passar a luz visível de onda curta do sol até a superfície da Terra, mas que, em seguida, captura a luz infravermelha de ondas longas quando ela se irradia de volta ao espaço, aquecendo, assim, a atmosfera. O dióxido de carbono é o principal gás do efeito estufa; outros gases do efeito estufa incluem metano, clorofluorocarbonos e óxidos de nitrogênio. A concentração de CO_2 na atmosfera tem variado durante a longa extensão dos tempos geológicos, porém permaneceu relativamente constante de cerca de 10.000 anos atrás até cerca de 150 anos.

Naquela época, a concentração de CO_2 começou a aumentar, em virtude principalmente do uso de combustíveis fósseis, como carvão, petróleo e gás natural, bem como em razão da destruição e queima de florestas, particularmente nos trópicos. Em 1850, a concentração de CO_2 na atmosfera era de cerca 270 ppm. Em 1960, aumentou para 317 ppm e, no início de 2011, atingiu 390 ppm. A previsão é a de que essa concentração continuará aumentando por várias décadas, mesmo se (e isso deve ser destacado) as nações industrializadas do mundo tomarem providências necessárias para reduzir imediatamente a sua produção de CO_2. Houve grandes acordos internacionais para essa implementação, principalmente em Kioto, Japão, 1997. Infelizmente, até mesmo as metas relativamente simples contidas nesses acordos não foram alcançadas. Em 2007, as nações do Grupo dos Oito (G8) publicaram uma meta não vinculativa "de pelo menos reduzir à metade as emissões globais de CO_2 até 2030." Entretanto, não definiram uma meta final em termos de concentrações ou clima e tampouco indicaram o que deveria acontecer depois de 2050.

Qual será o aumento da temperatura? Para determinar isso – para prever o futuro –, os climatologistas utilizam modelos computadorizados detalhados. Uma elevação da temperatura tem centenas de efeitos potenciais, incluindo perda do gelo polar, aumento na cobertura de nuvens e mudanças na força dos ventos prevalecentes, cada um dos quais pode aumentar ou diminuir a elevação da temperatura. Para entender o efeito final sobre o clima, os modelos precisam considerar todos esses efeitos. Nessas últimas décadas, a melhor compreensão dessas variáveis e o enorme avanço na ciência da computação melhoraram acentuadamente os modelos de clima, e diferentes modelos atuais nos dizem, em sua maioria, o mesmo. A não ser que ocorra uma queda significativa do nível de CO_2 na atmosfera, a temperatura global média no final desse século estará 1,5 a 4,5°C acima da atual.

As consequências desse aumento de temperatura não são claramente conhecidas. As plantas silvestres adaptadas a uma determinada faixa de temperatura podem migrar para o norte com o aquecimento, mas é provável que, para algumas espécies, a sua velocidade de "migração" seja demasiado lenta para acompanhar a mudança de temperatura, o que levará à sua extinção. Outras espécies proliferarão em climas recentemente hospitaleiros.

Nem todas as plantas respondem da mesma maneira aos elevados níveis de dióxido de carbono. Pode-se esperar uma resposta dramática das plantas C_3 a níveis mais elevados de CO_2 com aumento da fotossíntese e crescimento, visto que a fotorrespiração é efetivamente minimizada. A resposta das plantas C_4 não deve ser tão significativa, já que elas perdem progressivamente a sua vantagem competitiva sobre as plantas C_3.

Em algumas partes do mundo, as estações podem ser encompridadas, as chuvas aumentadas, e, com o aumento dos níveis de dióxido de carbono disponível para as plantas, a produtividade agrícola pode aumentar. Entretanto, em outras partes do mundo pode haver redução na precipitação pluviométrica, diminuindo a produtividade agrícola, e em áreas já áridas pode ocorrer uma aceleração, ampliando os grandes desertos do mundo. Aumentos do nível dos oceanos, resultantes do derretimento do gelo polar, trariam uma ameaça potencial não apenas para os seres humanos habitantes das regiões costeiras, mas também para vários organismos marinhos que vivem ou se reproduzem nas águas rasas do limite continental.

O que é preciso fazer? É muito tarde para evitar totalmente uma mudança de clima – isso já está ocorrendo. Neste momento, a questão urgente que se impõe é o que precisa ser feito para reduzir a sua extensão e enfrentar seus efeitos inevitáveis. Muitos climatologistas são da opinião de que uma meta fundamental é reduzir o nível atmosférico de CO_2 para 350 ppm. Segundo a previsão de alguns modelos, as mudanças no clima acima desse nível serão mais rápidas, com implicações de maior alcance e mais caóticas do que seremos capazes

A via de quatro carbonos é uma solução para a fotorrespiração

O ciclo de Calvin não é a única via usada nas reações de fixação de carbono. Em algumas plantas, o primeiro produto detectável da fixação do CO_2 não é a molécula de três carbonos 3-fosfoglicerato, mas sim a molécula de quatro carbonos *oxaloacetato*, que é também um intermediário no ciclo do ácido cítrico. Plantas que empregam essa *via C_4*, com o ciclo de Calvin, são chamadas *plantas C_4* (quatro carbonos), diferentemente das plantas C_3, que usam *apenas* o ciclo de Calvin. A via C_4 é também referida como a via Hatch-Slack, em homenagem a M. D. Hatch e C. R. Slack, dois fisiologistas vegetais australianos que descobriram funções importantes ao elucidarem essa via.

O oxaloacetato é formado quando o CO_2 é fixado ao *fosfoenolpiruvato (PEP)* na reação catalisada pela enzima *PEP carboxilase*, que é encontrada no citosol das *células do mesofilo* de plantas C_4 (Figura 7.21). O CO_2 é obtido dos espaços aéreos

de controlar. Abaixo desse nível, haverá também mudanças, mas que não serão tão profundas nem tão rápidas. Para alcançar essa meta, precisamos reduzir o consumo de combustíveis fósseis, desenvolver novas fontes de energia e proteger florestas de armazenamento de carbono e proceder a seu reflorestamento. Ao mesmo tempo, precisamos começar a planejar para enfrentar as consequências que uma mudança de clima inevitavelmente traz consigo, incluindo elevação do nível dos oceanos, aquecimento dos oceanos e mudança nos padrões de precipitação pluviométrica.

Planejar para enfrentar essas mudanças inevitáveis, procurando, ao mesmo tempo, evitar as piores delas, exige pesquisa, criatividade e, o mais importante, determinação política. A magnitude dos desafios algumas vezes pode parecer esmagadora. Porém quando se trata de projetar o futuro no qual desejamos viver, o verdadeiro jogo reside em não fazer nada.

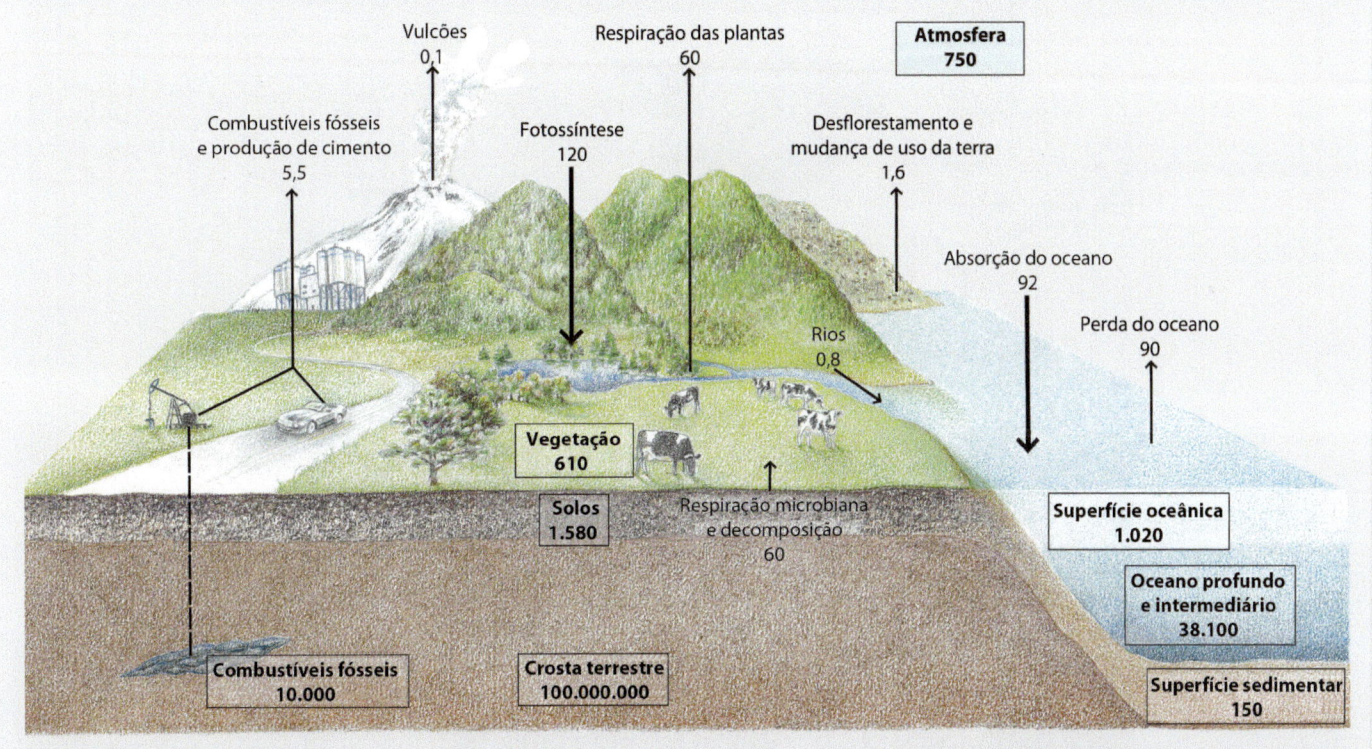

Ciclo do carbono. No diagrama, os reservatórios de carbono (onde o carbono é armazenado) são representados por retângulos, e os fluxos de carbono (transferência de carbono entre reservatórios), por setas. Todos os números são estimativas da quantidade de carbono, expressa em gigatoneladas (1 gigatonelada = 1 bilhão de toneladas métricas). A quantidade de carbono presente na atmosfera está aumentando atualmente em cerca de 4 gigatoneladas por ano. Os principais organismos fotossintetizantes no ciclo do carbono são plantas, fitoplâncton, algas marinhas e cianobactérias.

7.21 Fixação do carbono pela via C_4. O dióxido de carbono é "fixado" ao fosfoenolpiruvato (PEP) pela enzima PEP carboxilase. A PEP carboxilase usa a forma hidratada do CO_2, que é o HCO_3^- (íon bicarbonato). Dependendo da espécie, o oxaloacetato resultante ou é reduzido a malato ou transaminado a aspartato pela adição de um grupo amino ($-NH_2$). O malato, ou o aspartato, move-se para as células da bainha do feixe, onde o CO_2 é liberado para o uso no ciclo de Calvin. Observe que o PEP contém uma ligação fosfoanídrica. Como o ATP, o PEP é um composto de alta energia.

adjacentes nas células do mesofilo. O oxaloacetato é então reduzido a malato ou convertido, com a adição de um grupo amino, ao aminoácido aspartato no cloroplasto das mesmas células. O próximo passo é uma surpresa: o malato ou o aspartato (dependendo da espécie) move-se das células do mesofilo para as *células da bainha do feixe*, as quais circundam os tecidos vasculares da folha, local onde o malato, ou o aspartato, é descarboxilado para produzir CO_2 e piruvato. O CO_2 então entra no ciclo de Calvin reagindo com a RuBP para formar 3-fosfoglicerato. Enquanto isso, o piruvato retorna para as células do mesofilo, onde reage com ATP para regenerar o PEP (Figura 7.22). Por isso, a anatomia das folhas de plantas C_4 estabelece uma *separação espacial* entre a via C_4 e o ciclo de Calvin, pois ocorrem em dois tipos diferentes de células.

As duas principais enzimas de carboxilação da fotossíntese usam diferentes formas da molécula de CO_2 como substrato. A Rubisco usa o CO_2, enquanto a PEP carboxilase usa a forma hidratada do dióxido de carbono, o íon bicarbonato (HCO_3^-),

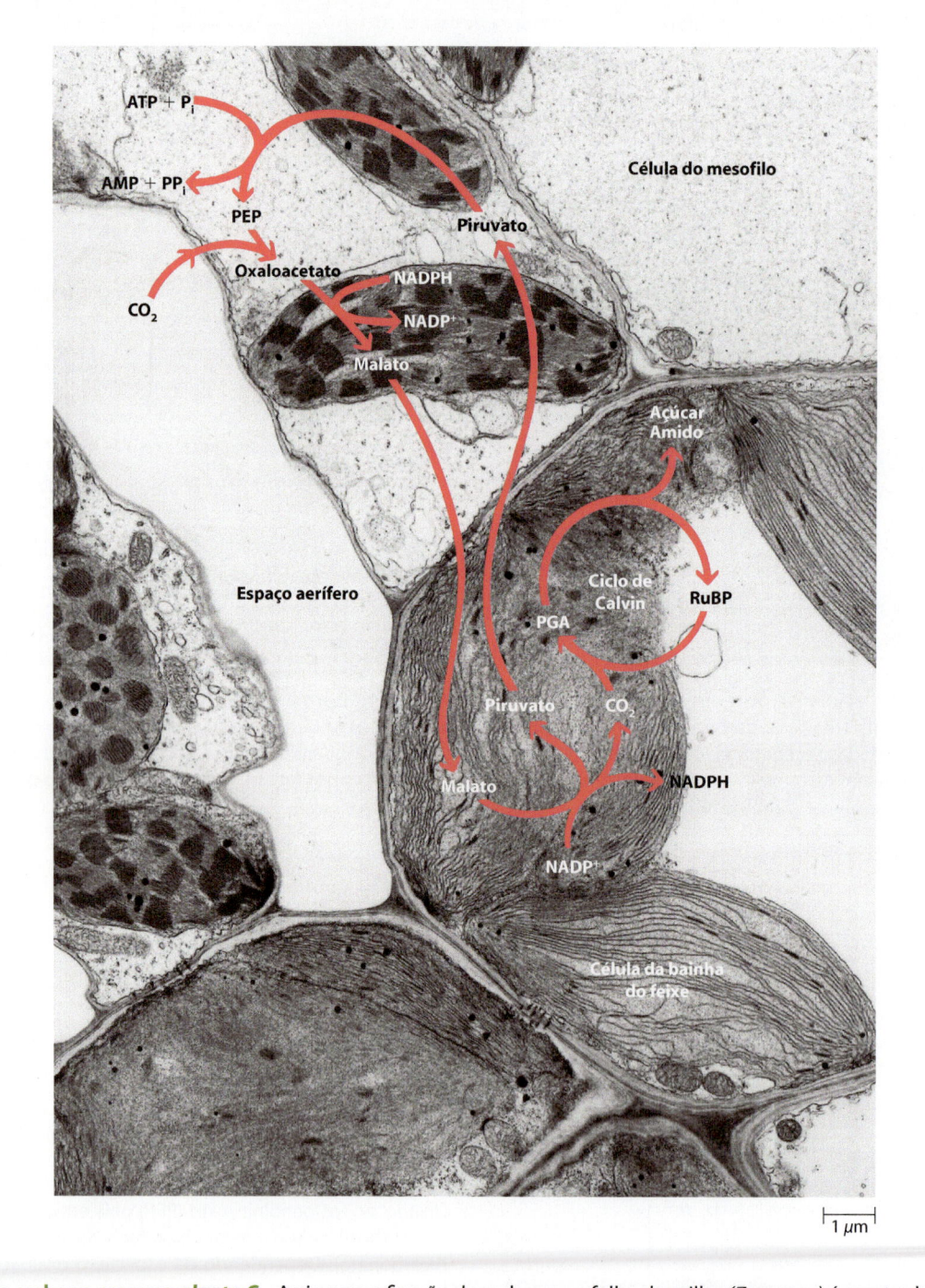

7.22 Fixação de carbono em uma planta C_4. A via para a fixação de carbono na folha de milho *(Zea mays)* é mostrada aqui. O dióxido de carbono é fixado primeiramente nas células do mesofilo como oxaloacetato, o qual é prontamente convertido em malato. O malato é então transportado para as células da bainha do feixe vascular, local em que o CO_2 é liberado para entrar no ciclo de Calvin, produzindo açúcares e amido, ao final. O piruvato retorna para as células do mesofilo para a regeneração do fosfoenolpiruvato (PEP). Dessa maneira, há uma separação espacial entre a via C_4, que ocorre nas células do mesofilo, e o ciclo de Calvin, que ocorre nas células da bainha do feixe vascular.

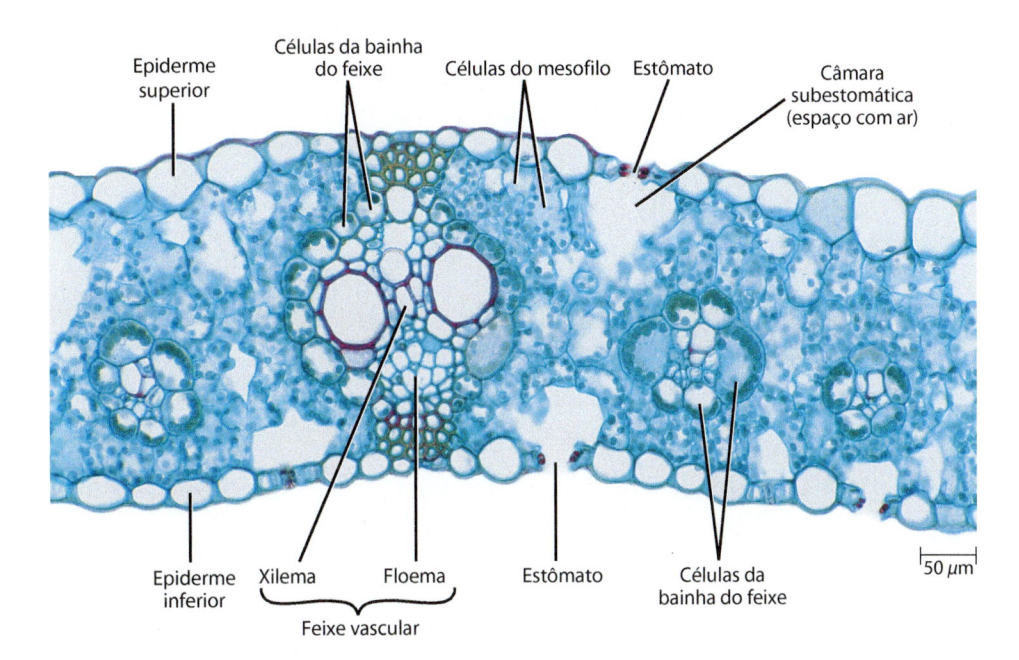

7.23 Feixes vasculares em uma planta C₄. É mostrado aqui um corte transversal da folha de milho *(Zea mays).* Como é típico das plantas C₄, os feixes vasculares (constituídos por xilema e floema) são circundados pela bainha do feixe, que apresenta células grandes contendo cloroplastos. As células da bainha do feixe, local em que o ciclo de Calvin ocorre, são, por sua vez, circundadas por uma camada de células do mesofilo, onde a via C₄ ocorre. As células da bainha do feixe e as células circundantes do mesofilo formam camadas concêntricas conhecidas como *anatomia Kranz.* No corte mostrado há quatro feixes vasculares – um grande e três pequenos. A absorção de açúcar a partir do mesofilo ocorre principalmente nos feixes pequenos; os feixes grandes estão envolvidos principalmente com a exportação de açúcar da folha para as outras partes da planta.

como seu substrato. A PEP carboxilase tem uma alta afinidade pelo bicarbonato e não é afetada pela presença ou concentração de O_2, ao contrário da Rubisco. Desse modo, a PEP carboxilase opera muito eficientemente, mesmo quando a concentração de seu substrato é muito baixa.

Tipicamente, as folhas de plantas C₄ são caracterizadas por um arranjo ordenado das células do mesofilo ao redor das células grandes da bainha do feixe, de maneira que juntas formam duas camadas concêntricas ao redor do feixe vascular (Figura 7.23). Esse arranjo semelhante a uma coroa foi denominado *anatomia Kranz* (*Kranz* é uma palavra alemã que significa "coroa" ou "grinalda"). Em algumas plantas C₄, os cloroplastos das células do mesofilo possuem os *grana* bem desenvolvidos, enquanto os cloroplastos das células da bainha do feixe possuem *grana* pouco desenvolvidos ou até mesmo ausentes (Figura 7.24). Também, quando a fotossíntese está ocorrendo, os cloroplastos da bainha do feixe vascular normalmente formam grãos de amido maiores e mais numerosos do que os cloroplastos do mesofilo.

A fotossíntese C₄ ocorre em algumas eudicotiledôneas sem anatomia Kranz. A anatomia Kranz não é essencial para a fotossíntese C₄, como demonstram três espécies da família Chenopodiaceae, a família dos quenopódios, que inclui desde plantas anuais até árvores que crescem em solos desérticos salinos ou alcalinos. As três espécies são *Bienertia cycloptera* (Figura 7.25A), *Bienertia sinuspersici* e *Suaeda aralocaspica.* Em cada uma dessas espécies, a fotossíntese C₄ ocorre *dentro de células individuais*, nas quais cloroplastos dimórficos ou com duas formas e enzimas fotossintetizantes são compartimentalizados

em duas regiões distintas da mesma célula. Em *Bienertia*, os cloroplastos de uma forma estão distribuídos por uma fina camada externa de citoplasma, que está conectada por filamentos citoplasmáticos que atravessam o vacúolo a um grande compartimento citoplasmático de localização central, contendo a segunda forma de cloroplasto (Figura 7.25B). Em *Suaeda*, as duas formas de cloroplastos estão distribuídas entre as duas extremidades das células (Figura 7.25C). Por conseguinte, em *Bienertia*, cada célula tem o equivalente de uma célula da bainha do feixe inserida e circundada por uma célula do mesofilo, ao passo que, em *Suaeda*, cada célula tem o equivalente de uma célula da bainha do feixe em uma das extremidades e uma célula do mesofilo na outra. Não há paredes divisórias entre os compartimentos.

A fotossíntese é geralmente mais eficiente nas plantas C₄ do que nas plantas C₃. A fixação do CO_2 tem um maior custo energético nas plantas C₄ que nas plantas C₃. Para cada molécula de CO_2 fixada na via C₄, uma molécula de PEP deve ser regenerada ao custo de dois grupos fosfato do ATP (Figura 7.22). Portanto, as plantas C₄ necessitam de cinco moléculas de ATP para fixar uma molécula de CO_2, enquanto as plantas C₃ precisam de apenas três. Pode-se perguntar por que as plantas C₄ desenvolveram um método energeticamente caro para fornecer CO_2 para o ciclo de Calvin.

A alta concentração de CO_2 e a baixa concentração de O_2 limitam a fotorrespiração. Consequentemente, as plantas C₄ têm uma nítida vantagem sobre as plantas C₃, porque o CO_2 fixado pela via C₄ é essencialmente "bombeado" das células do mesofilo para as células da bainha do feixe, assim

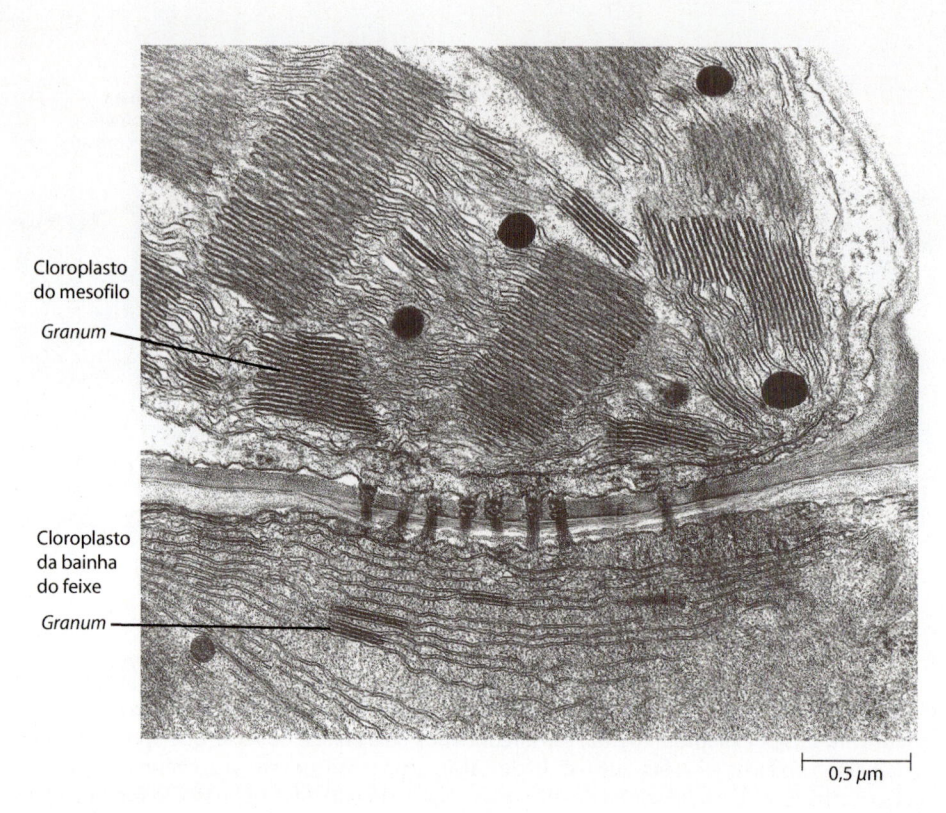

Cloroplasto
do mesofilo

Granum

Cloroplasto
da bainha
do feixe

Granum

0,5 µm

7.24 Comparação dos plastídios das células do mesofilo e da bainha do feixe. Micrografia eletrônica de transmissão mostrando parte do cloroplasto de uma célula do mesofilo (acima) e parte de outro cloroplasto de uma célula da bainha do feixe (abaixo), em folha de milho (*Zea mays*). Compare os *grana* bem desenvolvidos no cloroplasto da célula do mesofilo com os *grana* pouco desenvolvidos no cloroplasto da bainha do feixe. Observe os plasmodesmos entre as paredes dessas duas células. Nessa planta C_4, os compostos produzidos pela fotossíntese movem-se de uma célula para outra através dos plasmodesmos.

mantendo uma alta razão CO_2 para O_2 no sítio ativo da Rubisco. Esta alta razão CO_2/O_2 favorece a carboxilação da RuBP. Além disso, uma vez que tanto o ciclo de Calvin quanto a fotorrespiração estão localizados em uma parte interna da folha, a bainha do feixe, o CO_2 liberado para a parte externa pode ser refixado na camada do mesofilo pela via C_4 que lá opera. O CO_2 liberado pela fotorrespiração pode assim ser impedido de escapar da folha. Também, em comparação às plantas C_3, as plantas C_4 utilizam o CO_2 mais eficientemente. E isso ocorre, em parte, porque a atividade da PEP carboxilase não é inibida pelo O_2. Como resultado, a taxa de fotossíntese líquida (*i. e.*, a taxa fotossintética total menos a perda devida à fotorrespiração), por exemplo, de gramíneas C_4 pode ser duas a três vezes maior que a taxa de rede fotossintética de gramíneas C_3, sob as mesmas condições ambientais. Em resumo, o ganho em eficiência a partir da eliminação da fotorrespiração em plantas C_4 mais do que compensa o custo energético da via C_4. O milho (*Zea mays*), a cana-de-açúcar (*Saccharum officinale*) e o sorgo (*Sorghum vulgare*) são exemplos de gramíneas C_4. O trigo (*Triticum aestivum*), o centeio (*Secale cereale*), a aveia (*Avena sativa*) e o arroz (*Oryza sativa*) são exemplos de gramíneas C_3.

As plantas C_4 evoluíram primeiramente nos trópicos e são especialmente bem adaptadas a altas intensidades luminosas, a altas temperaturas e à seca. A faixa ótima de temperatura para a fotossíntese de plantas C_4 é muito maior que para a fotossíntese das plantas C_3, e as plantas C_4 florescem ainda em temperaturas que seriam letais para muitas espécies de plantas C_3. Devido ao

uso mais eficiente do dióxido de carbono pelas plantas C_4, estas podem manter a mesma taxa fotossintética que as plantas C_3 mesmo com menor abertura estomática e, assim, com menor perda de água. A predominância de plantas C_4 em climas mais quentes e secos pode ser uma expressão dessas vantagens da fotossíntese C_4 em altas temperaturas. Além disso, as plantas C_4 têm somente um terço a um sexto da quantidade de Rubisco encontrado em plantas C_3, e o conteúdo total de nitrogênio nas plantas C_4 é menor que nas plantas C_3. As plantas C_4 são, portanto, capazes de usar o nitrogênio de maneira mais eficiente do que as plantas C_3.

Um exemplo familiar da capacidade competitiva das plantas C_4 é visto em gramados no verão. Na maioria das partes dos EUA, os gramados são constituídos principalmente de gramíneas C_3, como as gramíneas do capim-do-prado (*Poa pratensis*) e da agróstis (*Agrostis tenuis*). À medida que os dias de verão tornam-se mais quentes e secos, essas gramíneas de folhas finas e verde-escuras são frequentemente superadas pelo crescimento rápido de gramíneas invasoras (como a *Digitaria sanguinalis*), as quais descaracterizam os gramados à medida que suas folhas mais largas e de cor verde-amarelada lentamente vão tomando espaço. Não deve surpreender o fato de as gramíneas invasoras serem plantas C_4.

Todas as plantas conhecidas que utilizam a fotossíntese C_4 são angiospermas (plantas com flor), incluindo pelo menos 19 famílias, das quais três são monocotiledôneas e 16 são eudicotiledôneas (ver Capítulo 25). Entretanto, não foi encontrada nenhuma família contendo exclusivamente espécies C_4. Essa via

7.25 Plantas C$_4$ que carecem de anatomia Kranz. A. *Bienertia cycloptera* cresce em depressões salinas em semideserto na Ásia Central. **B, C.** Imagens imunofluorescentes de *Bienertia sinuspersici* e *Suaeda aralocaspica* mostrando as posições dos cloroplastos (em vermelho). Em *B. sinuspersici* (**B**), uma forma de cloroplasto localiza-se na camada externa do citoplasma, enquanto a outra forma é de localização central. Em *S. aralocaspica* (**C**), as duas formas de cloroplasto estão localizadas em regiões distintas da célula; nessa espécie, uma das formas está em grande parte agregada na extremidade inferior ou proximal da célula.

surgiu, sem dúvida, de modo independente muitas vezes ao longo da evolução.

Em vários gêneros têm-se descoberto espécies com características fotossintéticas intermediárias entre as espécies C$_3$ e C$_4$. Essas plantas, chamadas *intermediárias C$_3$-C$_4$*, caracterizadas por anatomia foliar como do tipo Kranz, supressão parcial da fotorrespiração e reduzida sensibilidade ao O$_2$, são consideradas por alguns botânicos como evidência da evolução da via C$_4$ a partir de ancestrais C$_3$.

Plantas com metabolismo ácido das crassuláceas podem fixar CO$_2$ no escuro

Outra estratégia para a fixação do CO$_2$ evoluiu de modo independente em muitas plantas suculentas (plantas com folhas e caules carnudos, que armazenam água), como cactáceas e crassuláceas (*Bryophyllum, Kalanchoë* e *Sedum*). É chamada *metabolismo ácido das crassuláceas* (**CAM**, do inglês *Crassulacean Acid Metabolism*), e seu nome é explicado pelo fato de que foi primeiramente encontrada em representantes da família Crassulaceae. As plantas que tiram vantagem desse tipo de fotossíntese são chamadas *plantas CAM*. Assim como as plantas C$_4$, as plantas CAM utilizam tanto a via C$_4$ quanto o ciclo de Calvin. Nas plantas CAM, entretanto, há uma *separação temporal* – uma separação no tempo – em vez de uma separação espacial entre as duas vias (Figura 7.26).

As plantas consideradas como tendo fotossíntese CAM em suas células fotossintéticas têm a habilidade de fixar CO$_2$ no escuro, por meio da atividade da PEP carboxilase no citosol. O produto inicial da carboxilação é o oxaloacetato, que é imediatamente reduzido a malato. O malato formado é estocado como

ácido málico no vacúolo, podendo ser detectado pelo sabor azedo que este dá às células que o contêm. Durante o período de luz que se segue, o ácido málico é retomado do vacúolo e descarboxilado, e o CO$_2$ é transferido para a RuBP do ciclo de Calvin *dentro da mesma célula* (Figura 7.27). Assim, a pré-condição estrutural de todas as plantas CAM é a presença de células que tenham vacúolos grandes, para que o ácido málico possa ser temporariamente estocado em solução aquosa, e cloroplastos, e o CO$_2$ obtido a partir do ácido málico possa ser transformado em carboidratos.

As plantas CAM são bastante dependentes para a sua fotossíntese do acúmulo de CO$_2$ durante a noite, porque seus estômatos estão fechados durante o dia para diminuir as perdas de água. Isso é obviamente vantajoso em condições de alta intensidade luminosa e de estresse hídrico, condições nas quais a maioria das plantas CAM vive. Se toda a absorção de CO$_2$ da atmosfera em uma planta CAM ocorre à noite, a eficiência do uso da água (representada pela relação entre a fotossíntese líquida e a transpiração) pode ser muitas vezes maior do que em uma planta C$_3$ ou C$_4$. Caracteristicamente, uma planta CAM perde 50 a 100 g de água para cada grama de CO$_2$ absorvido, em comparação com 250 a 300 g em plantas C$_4$ e 400 a 500 g em plantas C$_3$. Durante períodos prolongados de seca, algumas plantas CAM podem manter seus estômatos fechados durante a noite ou durante o dia, mantendo baixas taxas metabólicas através da refixação do CO$_2$ produzido pela respiração.

Entre as plantas vasculares, a via CAM possui maior distribuição do que a via C$_4$. Isso tem sido observado em pelo menos 23 famílias de angiospermas, principalmente eudicotiledôneas, incluindo espécies de plantas bem conhecidas, como a planta-maternidade (*Kalanchoë daigremontiana*) e a

Cana-de-açúcar (planta C$_4$)

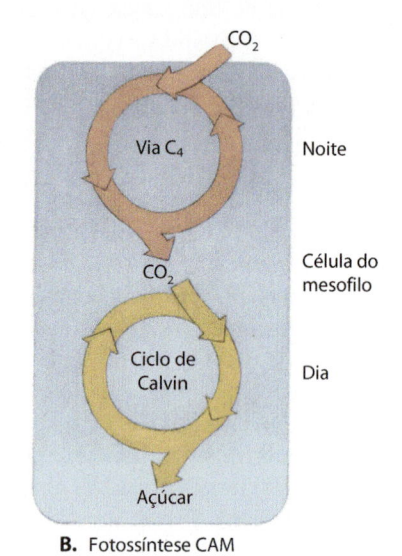

Abacaxi (planta CAM)

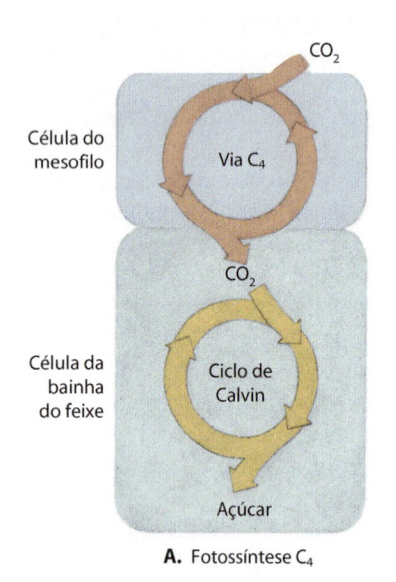

CO$_2$

Célula do mesofilo

Via C$_4$

Etapa 1:
Fixação inicial do CO$_2$ para formar ácidos de 4 carbonos

CO$_2$

Célula da bainha do feixe

Ciclo de Calvin

Etapa 2:
Liberação do CO$_2$ para o ciclo de Calvin

Açúcar

A. Fotossíntese C$_4$

CO$_2$

Via C$_4$

Noite

CO$_2$

Célula do mesofilo

Ciclo de Calvin

Dia

Açúcar

B. Fotossíntese CAM

7.26 Comparação entre a fotossíntese de plantas C$_4$ e CAM. As plantas C$_4$ e CAM utilizam ambas as vias C$_4$ e C$_3$ (ciclo de Calvin), com o CO$_2$ inicialmente sendo incorporado em um ácido de quatro carbonos na via C$_4$. Posteriormente, o CO$_2$ é transferido para a via C$_3$ ou ciclo de Calvin. **A.** Em plantas C$_4$, as duas vias ocorrem ao mesmo tempo, mas em diferentes células; por isso, diz-se que elas são espacialmente separadas (ver Figura 7.22). Os estômatos das plantas C$_4$ estão abertos durante o dia e fechados à noite. **B.** Em plantas CAM, ao contrário, as duas vias são temporalmente separadas, funcionando em diferentes horários (ver Figura 7.27). A via C$_4$, ou seja, a fixação inicial do CO$_2$, ocorre à noite, e a via C$_3$ funciona durante o dia. Os estômatos das plantas C4 estão abertos durante o dia e fechados à noite, enquanto os das plantas CAM estão fechados durante o dia e abertos à noite.

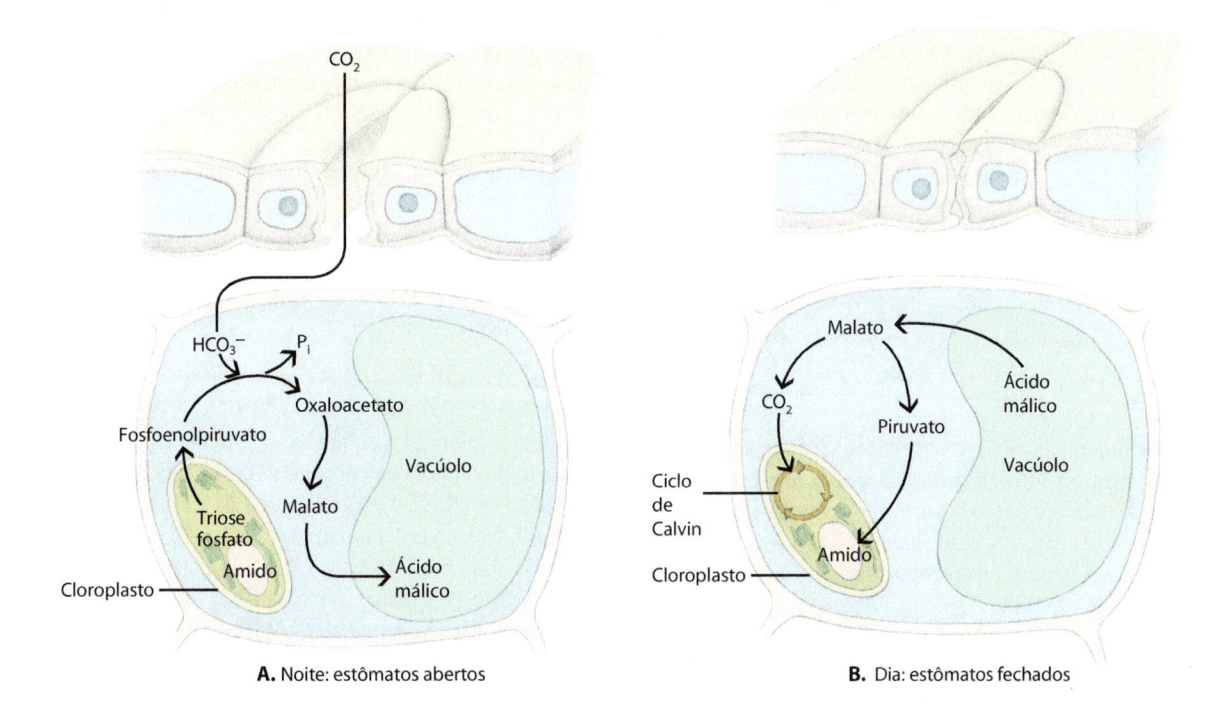

A. Noite: estômatos abertos   **B.** Dia: estômatos fechados

7.27 Metabolismo ácido das crassuláceas (CAM). Como o CAM envolve a formação de ácido málico à noite e seu desaparecimento durante o dia, as plantas CAM são conhecidas como plantas que têm sabor azedo à noite e doce durante o dia. **A.** O CO_2 é primeiro fixado à noite, quando os estômatos estão abertos. À noite, o amido do cloroplasto é quebrado até fosfoenolpiruvato (PEP). O dióxido de carbono hidratado forma o HCO_3^- (íon bicarbonato), que reage com PEP para formar o oxaloacetato, e este então é reduzido a malato. A maior parte do malato é bombeada para o vacúolo e estocada nele como ácido málico. **B.** Durante o dia, o ácido málico é recuperado do vacúolo e descarboxilado, produzindo CO_2 e piruvato. O CO_2 entra no ciclo de Calvin e é fixado pela Rubisco. Grande parte do piruvato pode ser convertida em açúcares e amido pela reversão da glicólise. O fechamento estomático durante o dia previne a perda de água e do CO_2 liberado pela descarboxilação do malato.

flor-de-cera *(Hoya carnosa)*. Nem todas as plantas CAM são muito suculentas; dois exemplos de plantas menos suculentas são o abacaxi e o "musgo" espanhol, ambos membros da família Bromeliaceae (monocotiledônea). Algumas plantas não floríferas também foram relatadas exibindo atividade CAM, incluindo a bizarra gimnosperma *Welwitschia mirabilis* (ver Figura 18.41), algumas licófitas aquáticas, como *Isoetes* (ver Figura 17.21), e também alguns representantes de samambaias. *Welwitschia*, entretanto, fixa o CO_2 predominantemente pela mesma via C_3.

Cada mecanismo de fixação de carbono tem sua vantagem e desvantagem na natureza

O tipo de mecanismo fotossintético usado pelas plantas é importante, mas não é o único fator que determina onde as plantas vivem. Todos os três mecanismos – C_3, C_4 e CAM – têm vantagens e desvantagens, e uma planta pode competir com sucesso apenas quando os benefícios do seu tipo de fotossíntese superam outros fatores. Por exemplo, embora as plantas C_4 geralmente tolerem temperaturas mais altas e ambientes mais secos do que as espécies C_3, as plantas C_4 podem não competir com sucesso em temperaturas inferiores a 25°C. Isso ocorre, em parte, porque elas são mais sensíveis ao frio que as espécies C_3. Além disso, como discutido anteriormente, as plantas CAM conservam a água fechando seus estômatos durante o dia, uma prática que reduz intensamente sua capacidade para absorver e fixar o CO_2. Por isso, as plantas CAM crescem lentamente e competem fracamente com as espécies C_3 e C_4 sob outras

condições que não a de aridez extrema. Assim, cada tipo de fotossíntese da planta tem limitações impostas por seu próprio mecanismo fotossintético.

RESUMO

Na fotossíntese, a energia luminosa é convertida em energia química e o carbono é "fixado" em compostos orgânicos

A equação balanceada e completa para a fotossíntese pode ser escrita como segue:

$$3CO_2 + 6H_2O \xrightarrow{\text{Luz}} C_3H_6O_3 + 3O_2 + 3H_2O$$

A primeira etapa da fotossíntese é a absorção de energia luminosa pelas moléculas de pigmentos. As clorofilas e os carotenoides são os pigmentos envolvidos na fotossíntese de eucariotos; estes pigmentos estão arranjados nos tilacoides dos cloroplastos como unidades fotossintéticas chamadas fotossistemas. A luz absorvida pelas moléculas de pigmento impulsiona seus elétrons para um nível maior de energia. Devido à forma com que as moléculas de pigmento estão arranjadas nos fotossistemas, elas são capazes de transferir esta energia para um par de moléculas especiais de clorofila *a* nos centros de reação. Existem dois tipos diferentes de fotossistemas, o fotossistema I e o fotossistema II, que, em geral, atuam em conjunto simultaneamente e de modo contínuo. O fotossistema I também pode efetuar a fotossíntese independentemente do fotossistema II; entretanto, quando apenas o fotossistema I opera (um processo denominado fotofosforilação cíclica), não há nenhum doador de elétrons externo (água) e, portanto, nenhuma produção de NADPH. A fosforilação cíclica só resulta em gradientes de prótons, que são utilizados na produção de ATP.

As diversas reações que ocorrem durante a fotossíntese são divididas em dois principais processos: as reações luminosas e as reações de fixação do carbono.

Nas reações luminosas, os elétrons fluem da água para o fotossistema II, descem por meio de uma cadeia transportadora de elétrons para o fotossistema I e, por último, para o NADP$^+$

No modelo atualmente aceito para as reações luminosas, a energia luminosa entra no fotossistema II, onde é aprisionada por moléculas de pigmento e passada para as moléculas de clorofila P_{680} do centro de reação. Os elétrons energizados são transferidos da clorofila P_{680} para um receptor de elétrons. À medida que os elétrons são removidos de P_{680}, eles são substituídos por elétrons de energia mais baixa provenientes das moléculas de água, e o oxigênio é produzido (fotólise da água).

Pares de elétrons então passam para o fotossistema I ao longo de uma cadeia transportadora de elétrons. Essa passagem gera um gradiente de prótons que impulsiona a síntese de ATP a partir do ADP e fosfato (fotofosforilação). Enquanto isso, a energia absorvida no fotossistema I é passada para as moléculas de clorofila P_{700} do centro de reação do fotossistema I. Os elétrons energizados são aceitos, por último, por uma molécula da coenzima NADP$^+$, e os elétrons removidos da clorofila P_{700} são substituídos pelos elétrons vindos do fotossistema II.

A energia gerada a partir das reações dependentes de luz é estocada em moléculas de NADPH e no ATP, formado pela fotofosforilação. A fotofosforilação também ocorre no fluxo cíclico de elétrons, um processo que não necessita do fotossistema II. O único produto do fluxo cíclico de elétrons é o ATP. Este ATP extra é requerido pelo ciclo de Calvin, que usa o ATP e o NADPH na razão de 3:2.

Na cadeia transportadora de elétrons, o fluxo de elétrons é acoplado a uma bomba de prótons e a síntese de ATP ocorre por um mecanismo quimiosmótico

Como na fosforilação oxidativa da mitocôndria, a fotofosforilação nos cloroplastos é um processo quimiosmótico. À medida que os elétrons fluem na cadeia transportadora de elétrons do fotossistema II para o fotossistema I, os prótons são bombeados do estroma para dentro do lúmen do tilacoide, criando um gradiente de energia potencial. Os prótons fluindo a favor deste gradiente do lúmen dos tilacoides de volta para o estroma passam através da ATP sintase, gerando ATP.

No ciclo de Calvin, o CO$_2$ é fixado por meio de uma via de três carbonos

Nas reações de fixação do carbono, que ocorrem no estroma do cloroplasto, o NADPH e o ATP produzidos nas reações luminosas são utilizados para reduzir o dióxido de carbono a carbono orgânico. O ciclo de Calvin é responsável pela fixação inicial de CO$_2$ e pela posterior redução do novo carbono fixado. No ciclo de Calvin, uma molécula de CO$_2$ combina-se com um composto inicial, um açúcar de cinco carbonos chamado ribulose

1,5-bifosfato (RuBP), para formar duas moléculas do composto de três carbonos 3-fosfoglicerato (PGA). O PGA é então reduzido a uma molécula de três carbonos, o gliceraldeído 3-fosfato (PGAL), com os elétrons fornecidos pelo NADPH e a energia fornecida pela hidrólise do ATP.

A cada volta do ciclo de Calvin, um átomo de carbono entra no ciclo. Três voltas do ciclo produzem uma molécula de gliceraldeído 3-fosfato. Em cada volta do ciclo, a RuBP é regenerada. A maior parte do carbono fixado é convertida em sacarose ou amido.

A via de fixação do carbono em plantas C$_4$ é uma solução para o problema da fotorrespiração

Chamam-se plantas C$_3$ aquelas nas quais o ciclo de Calvin é a única via de fixação de carbono e o primeiro produto detectável da fixação de CO$_2$ é o composto de três carbonos 3-fosfoglicerato (PGA). Nas então chamadas plantas C$_4$, o CO$_2$ é inicialmente fixado ao fosfoenolpiruvato (PEP) para produzir oxaloacetato, um composto de quatro carbonos. Essa reação ocorre nas células do mesofilo. O oxaloacetato é rapidamente convertido em malato (ou aspartato, dependendo da espécie), que se move das células do mesofilo para as células da bainha do feixe. Nelas, o malato é descarboxilado e o CO$_2$ entra no ciclo de Calvin reagindo com a ribulose 1,5-bifosfato (RuBP) para formar PGA. Assim, a via C$_4$ ocorre nas células do mesofilo, mas o ciclo de Calvin ocorre nas células da bainha do feixe.

As plantas C$_4$ utilizam mais eficientemente o CO$_2$ que as plantas C$_3$, em parte porque a PEP carboxilase não é inibida pelo O$_2$. Assim, as plantas C$_4$ podem manter a mesma taxa fotossintética que as plantas C$_3$, mas com uma abertura estomática menor e, portanto, com menor perda de água. Além disso, as plantas C$_4$ são mais competitivas que as plantas C$_3$ em altas temperaturas.

As plantas CAM podem fixar CO$_2$ no escuro

O metabolismo ácido das crassuláceas (CAM) ocorre em muitas plantas suculentas. Em plantas CAM, a fixação do CO$_2$ ao fosfoenolpiruvato (PEP) para formar oxaloacetato ocorre durante a noite, quando os estômatos estão abertos. O oxaloacetato é rapidamente convertido em malato, que é estocado ao longo da noite no vacúolo na forma de ácido málico. Durante o dia, quando os estômatos estão fechados, o ácido málico é recuperado do vacúolo e o CO$_2$ fixado é transferido para a ribulose 1,5-bifosfato (RuBP) do ciclo de Calvin. A via C$_4$ e o ciclo de Calvin ocorrem dentro das mesmas células nas plantas CAM; por isso, essas duas vias, que são espacialmente separadas nas plantas C$_4$, são temporalmente separadas nas plantas CAM.

Autoavaliação

1. Explique como a reação de Hill e o uso do ^{18}O forneceram evidências para a proposta de van Niel de que a água, e não o dióxido de carbono, é a fonte do oxigênio liberado na fotossíntese.

2. Qual a relação entre o espectro de absorção de um pigmento e o espectro de ação de um processo que depende deste mesmo pigmento?

3. À medida que os elétrons excitados retornam para o nível basal, a energia liberada toma três possíveis rotas. Quais são essas rotas e quais são os dois eventos liberadores de energia envolvidos na fotossíntese?

4. O que é fotofosforilação e qual é a relação entre este processo e a membrana do tilacoide?

5. Faça a distinção entre fluxo de elétrons cíclico e fluxo de elétrons não cíclico e fotofosforilação. Quais são os produtos produzidos por cada um deles? Por que a fotofosforilação cíclica é essencial para o ciclo de Calvin?

6. Explique de modo sucinto o papel de cada um dos seguintes complexos proteicos na fotossíntese: fotossistema II, citocromo b_6/f, fotossistema I e ATP sintase.

7. Por meio de um diagrama legendado, explique o termo anatomia Kranz.

8. De que maneiras as plantas C_4 têm vantagens sobre as plantas C_3?

9. Enquanto a via C_4 e o ciclo de Calvin (via C_3) são *espacialmente separados* nas plantas C_4, nas plantas CAM essas vias são *temporalmente separadas*. Explique.

10. Diz-se que as plantas CAM têm sabor adocicado durante o dia e azedo durante a noite. Explique por quê.

Genética e Evolução

◀ *Zea mays* (o milho) é uma das plantas cultivadas mais importantes do mundo. Há muito tempo é um organismo importante nos estudos genéticos. Os diferentes padrões de cores de alguns dos grãos nessa pintura resultam de transposição genética, cujo estudo deu o prêmio Nobel à geneticista americana Barbara McClintock.

CAPÍTULO 8

Reprodução Sexuada e Hereditariedade

◀ **Mutações exóticas.** No século 17 as tulipas listradas eram muito apreciadas na Holanda, e fortunas foram gastas na busca dessas flores. Infelizmente, o efeito listrado era consequência de uma infecção viral e as tulipas adoeciam e morriam, levando os investidores à falência. Hoje em dia, mutações estáveis nas tulipas dão os mesmos efeitos.

SUMÁRIO

Reprodução sexuada

Cromossomo eucariótico

Processo da meiose

Como as características são herdadas

Os dois princípios de Mendel

Ligação

Mutações

Ampliação do conceito de gene

Reprodução assexuada | Estratégia alternativa

Vantagens e desvantagens da reprodução assexuada e sexuada

Desde que as pessoas começaram a olhar para o mundo ao redor delas, ficaram intrigadas e admiradas com a hereditariedade. Por que a descendência de todos os seres vivos – quer sejam eles dentes-de-leão*, cães, *Orycteropus afer*** ou carvalhos – sempre se parecem com seus pais e nunca são de outra espécie? Embora a herança biológica – *hereditariedade* – tenha sido objeto de admiração desde os primórdios da história humana, apenas recentemente começamos a entender como ela funciona. De fato, o estudo científico da hereditariedade, conhecido como *genética*, só começou realmente na segunda metade do século 19.

Grande parte das pesquisas pioneiras sobre os mecanismos moleculares da hereditariedade foi feita originalmente em procariotos pela facilidade de estudá-los, mas, neste capítulo, focalizaremos a genética de eucariotos, principalmente de plantas. O ramo da genética, aqui discutido, é em geral referido como

*N.R.T.: *Taraxacum officinale* (Asteraceae), planta também conhecida por taraxaco, amor-de-homem, amargosa e alface-de-cão.
**N.R.T.: Mamífero africano.

genética mendeliana, em reconhecimento ao trabalho de Gregor Mendel (Figura 8.1).

Mendel nasceu em 1822 e seus pais eram camponeses. Em 1843, aos 21 anos de idade ele entrou para o mosteiro da Ordem de Santo Agostinho em Brünn no Império Austro-Húngaro (atualmente Brno na República Tcheca), onde recebeu educação formal. Ele frequentou a University of Vienna durante dois anos,

PONTOS PARA REVISÃO

Após a leitura deste capítulo, você deverá ser capaz de responder às seguintes questões:

1. Qual é a relação entre os números de cromossomos haploide e diploide e entre meiose e fecundação?

2. Descreva os eventos que ocorrem durante a permutação (*crossing-over*) e explique por que este processo é importante.

3. Quais são os principais eventos que ocorrem durante a meiose I? Em que a meiose I difere da meiose II?

4. Liste as vantagens e desvantagens da reprodução sexuada e da assexuada.

5. Quais foram as mais significativas descobertas de Gregor Mendel e quais foram os aspectos excepcionais de seu método experimental que contribuíram para o seu sucesso?

6. Como é possível que uma característica seja visível nos pais, mas não na descendência? Que tipo de teste você poderia fazer para conferir sua resposta?

7. O que são genes ligados? De que modo o conceito de ligação está em desacordo com o princípio da segregação independente?

8. Quais são os diferentes tipos de mutações e como elas afetam a evolução de uma população de organismos?

8.1 Gregor Mendel, fundador da genética moderna. Mendel descobriu os princípios da hereditariedade ao fazer cruzamentos de variedades diferentes de ervilha (*Pisum sativum*) e analisar o padrão de hereditariedade dos traços em gerações sucessivas.

estudando matemática e botânica. As experiências de Mendel, realizadas no tranquilo jardim do mosteiro, foram descritas pela primeira vez em 1865 em um encontro da Brünn Natural History Society. Embora nenhum dos participantes desse encontro tenha, aparentemente, compreendido a importância dos resultados de Mendel, seu artigo foi publicado no ano seguinte no Proceedings of the Society, um periódico que circulou pelas bibliotecas de

toda a Europa. Infelizmente, seu trabalho, que marca os primórdios da genética moderna, foi ignorado até depois de sua morte. Somente em 1900 seu artigo foi redescoberto, de modo independente, por três cientistas que trabalhavam em diferentes países da Europa. Cada um deles constatou, ao analisar as inventivas análises de Mendel, que grande parte de seu trabalho havia sido antecipada.

Embora Mendel nunca tenha visto um cromossomo, ele desenvolveu princípios que refletiram a existência de genes, cromossomos e o processo da meiose. Neste capítulo examinaremos as bases físicas da hereditariedade – isto é, meiose – e discutiremos o trabalho de Mendel, bem como alguns modos pelos quais os genes podem ser alterados. Também consideraremos por que a reprodução sexuada é quase universal entre os eucariotos.

Reprodução sexuada

A reprodução sexuada, uma das principais características dos eucariotos como um grupo, não ocorre em procariotos. Embora alguns eucariotos não se reproduzam sexuadamente, é evidente que esses organismos assexuados perderam a capacidade de fazê-lo durante o curso de sua história evolutiva.

A *reprodução sexuada* implica a alternância entre meiose e fecundação. A *meiose* é o processo de divisão nuclear no qual o número de cromossomos é reduzido do número diploide ($2n$) para o número haploide (n). Durante a meiose, o núcleo da célula diploide sofre duas divisões, a primeira delas é a divisão reducional. Essas divisões resultam na produção de quatro núcleos irmãos, cada um deles contendo a metade do número de cromossomos do núcleo original (Figura 8.2). Em plantas, a meiose ocorre durante a produção de esporos (meiósporos:micrósporos e megásporos) em flores, estróbilos ou estruturas semelhantes. A *fecundação* ou *singamia* é o processo no qual duas células haploides (gametas) se fundem e formam um zigoto diploide, restabelecendo o número cromossômico diploide. Desse modo,

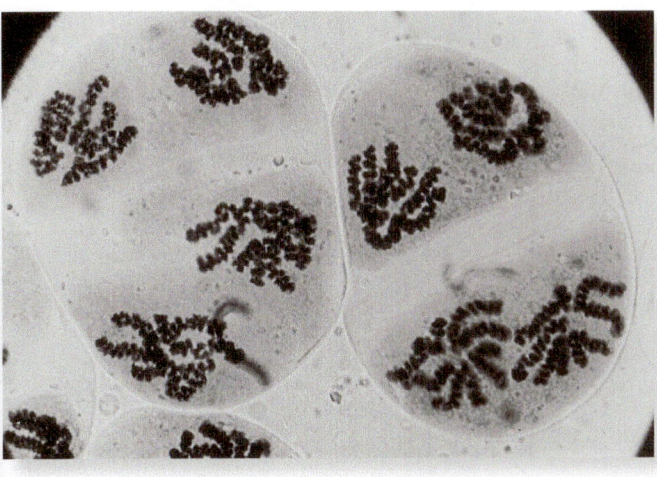

8.2 Meiose em trílio. A. Flores de trílio (*Trillium erectum*, Trilliaceae) no início da primavera. **B.** Dois dos quatro micrósporos em desenvolvimento durante a meiose, na anáfase II. A separação dos cromossomos completamente condensados e claramente visíveis está quase finalizada. Quando a meiose se completar, cada um dos núcleos recém-formados possuirá um conjunto haploide de cromossomos, o qual conterá, no total, mais do que 30 metros de DNA.

a meiose compensa o efeito da fecundação, assegurando que o número de cromossomos permaneça constante de geração para geração.

Em todas as células diploides, cada cromossomo tem um par. Os membros de um par de cromossomos são conhecidos como *cromossomos homólogos*, ou simplesmente *homólogos*. Os dois homólogos são semelhantes entre si em tamanho e forma e também, como veremos, no tipo de informação hereditária que contêm. Um dos homólogos é proveniente do gameta paterno, enquanto seu par é proveniente do materno. Após a fecundação, ambos os homólogos estão presentes no zigoto. As interações de genes em cada um desses conjuntos de cromossomos determinam as características genéticas do organismo diploide.

Cromossomo eucariótico

Como apresentado no Capítulo 3, os cromossomos dos eucariotos são constituídos por DNA e proteínas. O conteúdo de DNA varia muito entre os cromossomos, e essa variação se reflete nas grandes diferenças de comprimentos que eles apresentam. Cada cromossomo eucariótico contém apenas uma única molécula de DNA dupla fita, que é contínua ao longo de seu comprimento total. Esta é certamente uma impressionante façanha de empacotamento. O DNA é, nas palavras de E. J. DuPraw, "um filamento extremamente fino"; ele calculou que o comprimento de uma molécula de DNA suficiente para cobrir a distância da Terra ao Sol pesaria apenas metade de um grama. Cada célula diploide de trílio (*Trillium*), uma planta silvestre comum durante a primavera do hemisfério norte (Figura 8.2), contém cerca de 68 metros de DNA! Estamos apenas começando a compreender o que *Trillium* faz com essa quantidade descomunal de DNA, e a maioria é repetitiva e não se expressa.

Os cromossomos contêm proteínas histônicas

A combinação de DNA e de suas proteínas associadas nos cromossomos eucarióticos é conhecida como *cromatina* ("fitas

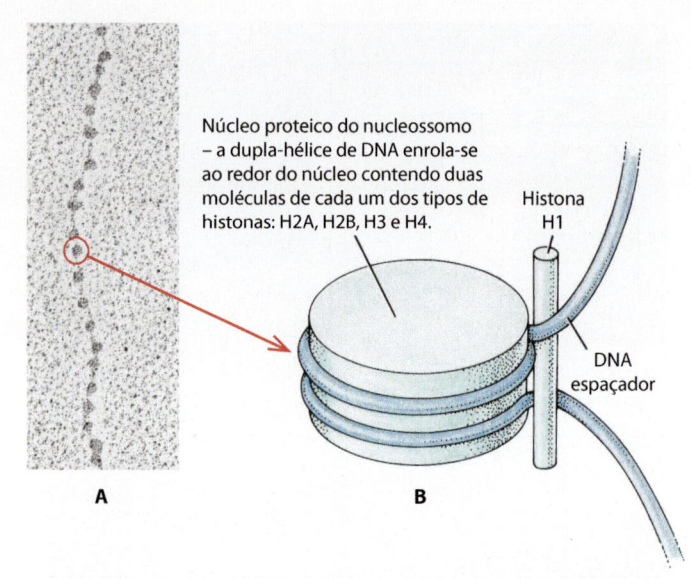

A   **B**

8.3 Nucleossomo. A. Micrografia eletrônica de nucleossomos e filamentos conectantes de DNA de hemácia de galinha. Os nucleossomos – estruturas semelhantes a contas em um cordão – têm, cada um, aproximadamente 10 nanômetros de diâmetro. **B.** Cada nucleossomo é constituído por oito moléculas de histona (duas de cada um dos tipos H2A, H2B, H3 e H4), em torno do qual a dupla-hélice de DNA se enrola duas vezes. Os nucleossomos são separados uns dos outros por um segmento de DNA. As histonas H1 ligam-se à superfície externa dos nucleossomos.

coloridas"), por causa de suas propriedades de coloração. Mais da metade da cromatina corresponde a proteínas, e a proteína mais abundante pertence a uma classe de pequenos polipeptídios conhecidos como *histonas*. As histonas são carregadas positivamente (básicas) e, por isso, são atraídas pelo DNA que é carregado negativamente (ácido). Elas estão sempre presentes na cromatina e são sintetizadas em grandes quantidades durante a fase S do ciclo celular. As histonas, que são de cinco tipos dis-

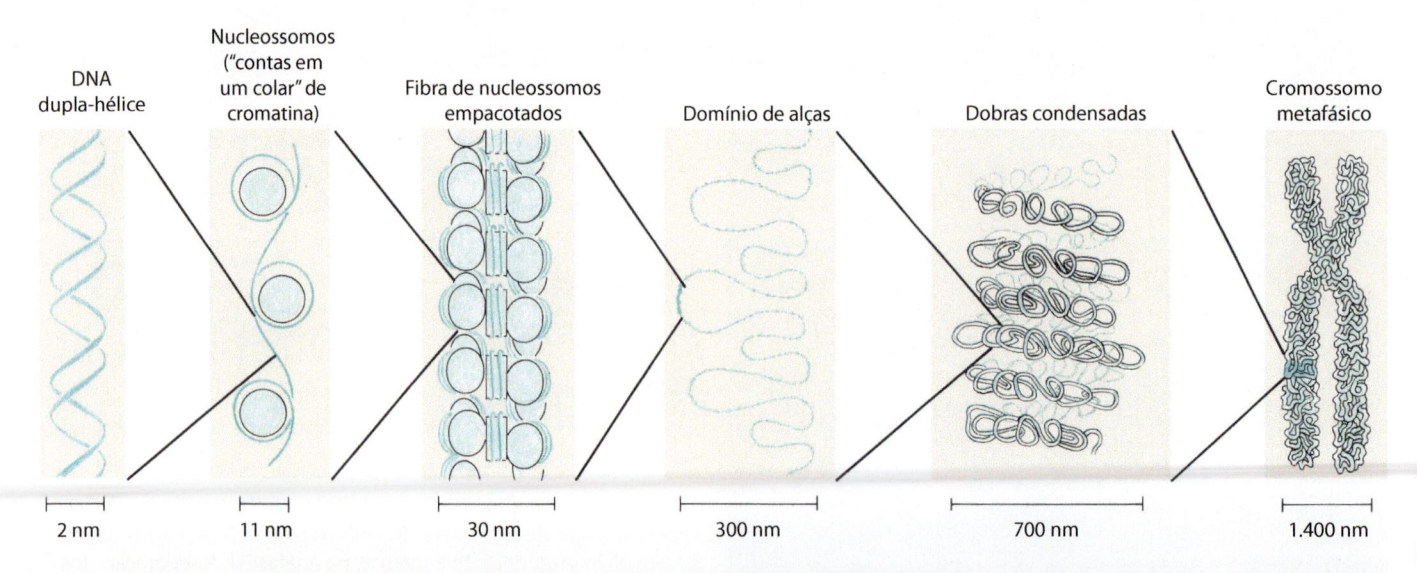

2 nm   11 nm   30 nm   300 nm   700 nm   1.400 nm

8.4 Do DNA ao cromossomo. Estágios do dobramento da cromatina que culminam em um cromossomo metafásico completamente condensado. O modelo é derivado de micrografias eletrônicas de cromatina com diferentes graus de condensação. De acordo com as evidências atuais, cada cromátide de um cromossomo replicado contém uma única molécula de DNA dupla-hélice, e cerca de 60% de seu peso é proteína.

tintos (H1, H2A, H2B, H3 e H4), são as principais responsáveis pelo dobramento e empacotamento do DNA.

As unidades fundamentais de empacotamento da cromatina são os *nucleossomos* (Figura 8.3), que se parecem com as contas de um colar. Cada nucleossomo é formado por um núcleo de oito moléculas de histonas (duas de cada tipo H2A, H2B, H3 e H4), ao redor do qual o filamento de DNA se enrola duas vezes, como uma linha em um carretel. A histona H1 localiza-se na parte externa do núcleo do nucleossomo, isto é, entre as "contas". Quando um fragmento de DNA está enrolado em um nucleossomo, seu comprimento é cerca de um sexto do apresentado quando ele está completamente estendido.

Como mostrado na Figura 8.4, o empacotamento adicional dos nucleossomos produz uma fibra que tem cerca de 30 nanômetros de diâmetro. A condensação adicional desta fibra produz uma série de alças, conhecidas como domínios de alças. Os domínios de alças condensam-se em um cromossomo metafásico compacto que é visível em microscopia óptica, durante a mitose e a meiose.

Outras proteínas que estão associadas aos cromossomos são enzimas envolvidas na síntese de RNA e DNA, proteínas reguladoras e um grande número e variedade de moléculas que ainda não foram isoladas e identificadas. Diferentemente das histonas, essas moléculas variam de um tipo de célula para outro e podem estar envolvidas na expressão diferencial de genes em diferentes tipos de células de um mesmo organismo.

Processo da meiose

A meiose ocorre apenas em células diploides especializadas e somente em épocas bem definidas do ciclo de vida de um dado organismo. Por meio da meiose e citocinese, uma única célula diploide origina quatro células haploides – ou gametas ou meiósporos (esporos resultantes da meiose). O *gameta* é uma célula que se une com outro gameta e produz o *zigoto* diploide, que então se divide, por meiose ou por mitose. O *esporo* é uma célula que pode se desenvolver em um organismo sem se unir a outra célula. Os esporos frequentemente se dividem por mitose, produzindo organismos multicelulares que são inteiramente haploides e que finalmente originam gametas por mitose, como ocorre em plantas e em muitas algas (ver Figura 12.17C).

Como já foi mencionado, na meiose ocorrem duas divisões nucleares sucessivas, designadas *meiose I* e *meiose II*. Como mostrado na Figura 8.5, os cromossomos homólogos emparelham-se e então se separam um do outro, e na meiose II as cromátides de cada homólogo separam-se.

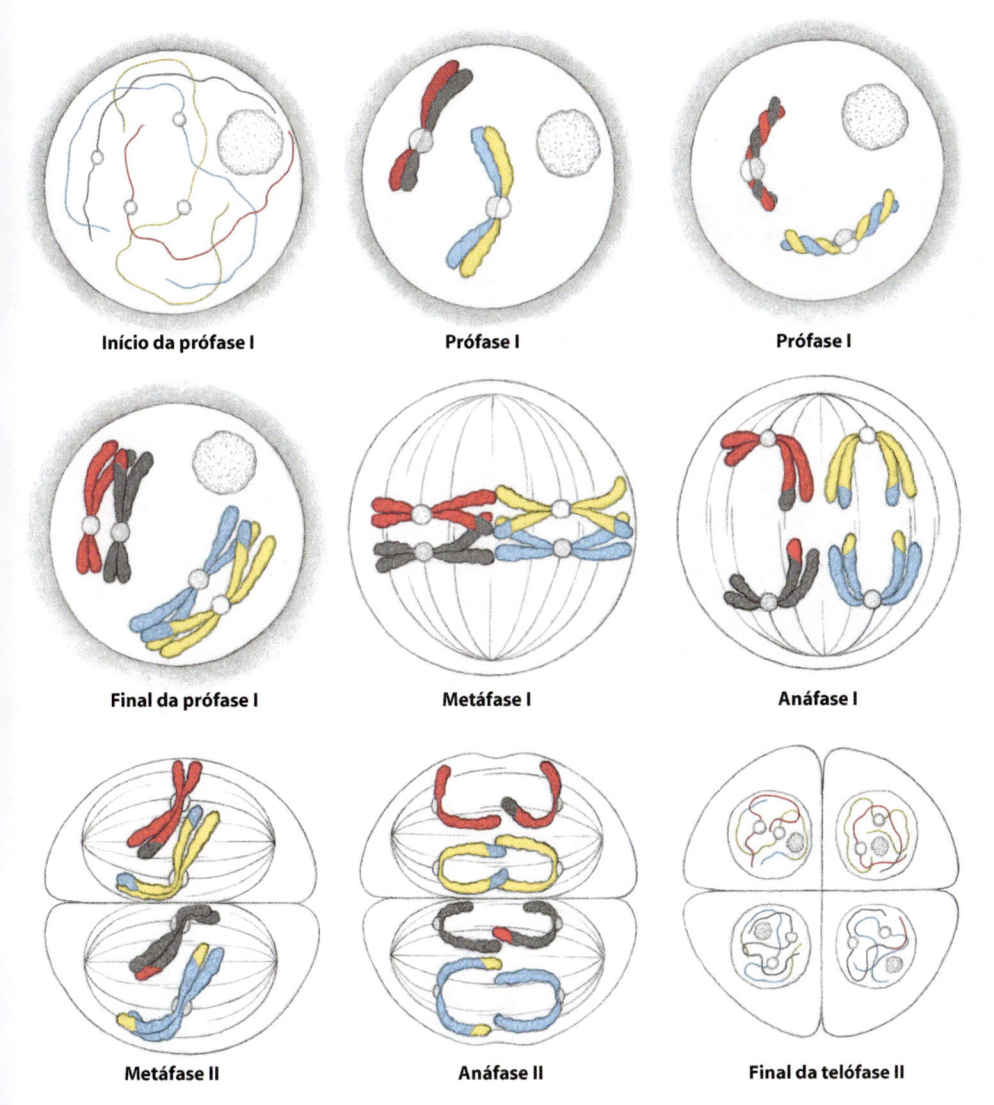

Início da prófase I   **Prófase I**   **Prófase I**

Final da prófase I   **Metáfase I**   **Anáfase I**

Metáfase II   **Anáfase II**   **Final da telófase II**

8.5 Meiose. Representação diagramática de dois pares de cromossomos durante a meiose I e II. Nem todos os estágios estão representados.

Prófase I: Os cromossomos tornam-se visíveis como filamentos alongados; cromossomos homólogos emparelham-se, os membros de cada par enrolam-se entre si, e os cromossomos pareados encurtam-se bastante. A princípio, cada cromossomo parece ser único em vez de duplo. As cromátides só se tornam visíveis na fase tardia da prófase. **Metáfase I:** os cromossomos pareados movem-se para a placa metafásica, com seus centrômeros distribuídos uniformemente de cada lado do plano equatorial do fuso. **Anáfase I:** os cromossomos pareados separam-se e se movem para os polos opostos.

Os eventos na segunda divisão meiótica são essencialmente semelhantes a mitose. **Metáfase II:** Os cromossomos são alinhados no plano equatorial, com os seus centrômeros posicionados nesse plano. **Anáfase II:** Os centrômeros separam-se e as cromátides se movem para os polos opostos do fuso. **Telófase II:** Os cromossomos já completaram sua migração. São formados quatro novos núcleos, cada um deles com um número haploide de cromossomos.

Na meiose I, os cromossomos homólogos separam-se e movem-se para os polos opostos

Após a duplicação dos cromossomos, que ocorre durante a interfase anterior, começa a primeira das duas divisões nucleares da meiose. Seguem-se os estágios de prófase, metáfase, anáfase e telófase.

Na *prófase I* (prófase da primeira divisão meiótica), os cromossomos – presentes em número diploide – inicialmente se tornam visíveis como filamentos longos e delgados. Assim como na mitose (ver Capítulo 3), os cromossomos já se duplicaram na interfase anterior. Consequentemente, no começo da prófase I, cada cromossomo é composto por duas cromátides idênticas ligadas pelo centrômero. Contudo, nesse estágio inicial da meiose, cada cromossomo parece ser único, e não duplo.

Antes que as cromátides individuais se tornem perceptíveis, os cromossomos homólogos se emparelham um com o outro. O emparelhamento é muito preciso, começando em um ou mais sítios ao longo do cromossomo e continuando como um zíper, de modo que os mesmos segmentos dos cromossomos homólogos se dispõem um próximo ao outro. Cada homólogo é proveniente de um dos dois parentais e é composto por duas cromátides idênticas. Desse modo, o par de homólogos é formado por quatro cromátides. O emparelhamento dos cromossomos homólogos é uma parte necessária da meiose; o processo não pode ocorrer em células haploides, pois tais homólogos não estão presentes. O emparelhamento é denominado *sinapse*, e os pares de cromossomos homólogos associados são chamados *bivalentes*.

Durante a prófase I, os filamentos emparelhados condensam-se cada vez mais; consequentemente, os cromossomos tornam-se mais curtos e espessos. Com a ajuda de um microscópio eletrônico é possível identificar em cada cromossomo um eixo central densamente corado, composto principalmente por proteínas (Figura 8.6A). Durante a prófase mediana, os eixos centrais do par de cromossomos homólogos aproximam-se um do outro até a distância de 0,1 μm, formando o *complexo sinaptonêmico*, que une os homólogos (Figura 8.6B).

Pode ser visto que cada eixo central é duplo, isto é, cada bivalente é composto por quatro cromátides, duas por cromossomo. Durante o período de existência do complexo sinaptonêmico, porções das cromátides são quebradas e unidas a segmentos correspondentes de suas cromátides homólogas (Figura 8.7). Essa *permutação* (*crossing-over*) resulta em cromátides que são completas, mas possuem uma representação de genes diferente da original. A Figura 8.8 mostra claramente a ocorrência de permutação – a configuração em forma de X denominada *quiasma*.

À medida que a prófase I se processa, o complexo sinaptonêmico desaparece. No final da prófase, o envoltório nuclear fragmenta-se. O nucléolo geralmente desaparece, pois a síntese de RNA é temporariamente suspensa. A seguir, os cromossomos homólogos parecem repelir-se um ao outro. Entretanto, suas cromátides são mantidas unidas pelos quiasmas. Essas cromátides separam-se muito lentamente. Em cada braço cromossômico pode ocorrer um ou mais quiasmas, ou então, apenas um único

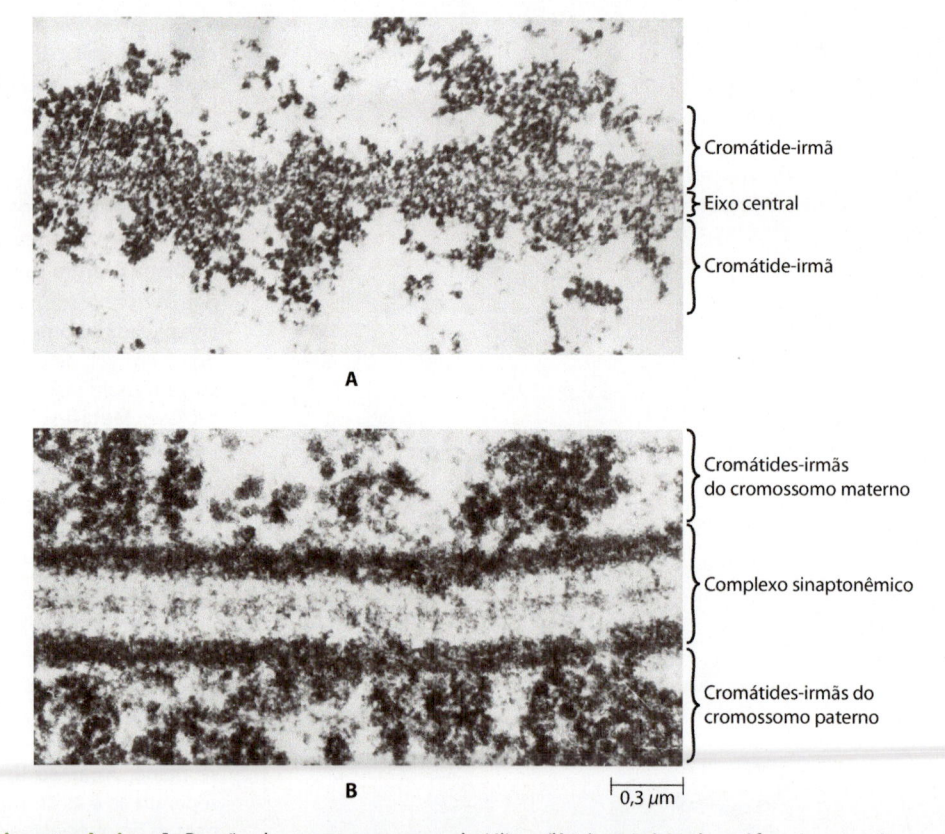

8.6 Complexo sinaptonêmico. A. Porção de um cromossomo de *Lilium* (lírio) no início da prófase I, antes do emparelhamento com seu homólogo. Observe o denso eixo central, com material das cromátides-irmãs acima e abaixo dele. Essa estrutura central, formada principalmente por proteínas, pode organizar o material genético do cromossomo de modo a prepará-lo para o emparelhamento e para a troca genética. **B.** O complexo sinaptonêmico de um bivalente de *Lilium* é constituído por uma estrutura proteica semelhante a um zíper, que conecta os dois eixos centrais dos cromossomos homólogos.

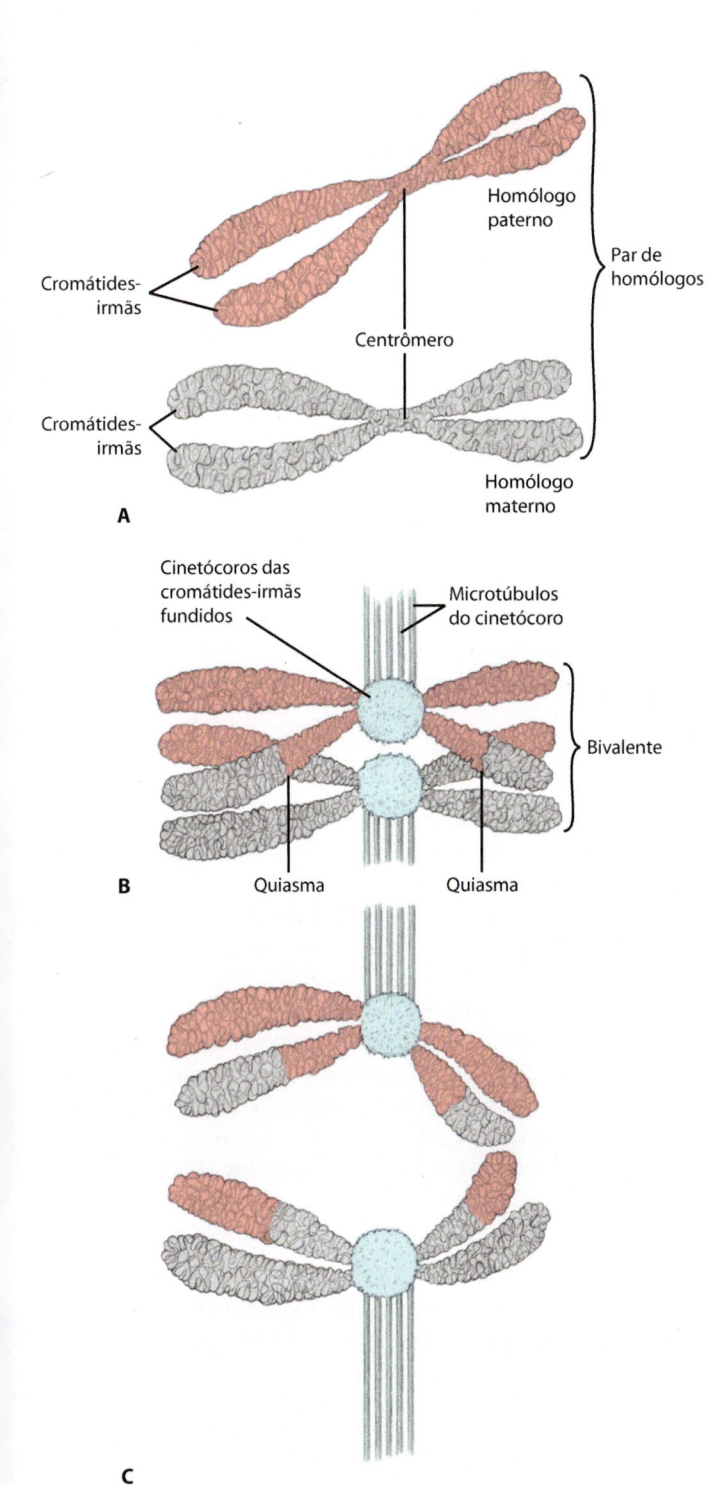

8.7 Permutação. A. Par de cromossomos homólogos antes da meiose. Um dos membros do par é de origem paterna e o outro de origem materna. Cada um desses cromossomos se duplicou e consiste em duas cromátides-irmãs unidas pelo centrômero. **B.** Na prófase da primeira divisão meiótica, os dois cromossomos homólogos aproximam-se e se tornam intimamente associados. O par de cromossomos homólogos intimamente associado é chamado bivalente. Em um bivalente, as cromátides dos dois homólogos cruzam-se em alguns pontos, tornando possível a troca de segmentos das cromátides. Esse fenômeno é conhecido como permutação (*crossing-over*), e sua visualização citológica é denominada quiasma. **C.** O resultado de uma permutação é a recombinação do material genético de dois homólogos. As cromátides-irmãs de cada homólogo não são mais geneticamente idênticas. Na anáfase I, os microtúbulos ligados aos cinetócoros fundidos das cromátides-irmãs separam os homólogos.

no bivalente inteiro. A aparência de um determinado bivalente pode variar muito, dependendo do número de quiasmas presentes (Figura 8.8).

Na *metáfase I*, o fuso – um feixe de microtúbulos semelhante àquele que funciona na mitose – torna-se conspícuo (Figura 8.9). À medida que a meiose prossegue, microtúbulos individuais ligam-se aos centrômeros dos cromossomos de cada bivalente. Então, esses cromossomos emparelhados movem-se para o plano equatorial da célula, onde se alinham aleatoriamente em uma configuração característica da metáfase I. Os centrômeros dos cromossomos emparelhados alinham-se em lados opostos do plano equatorial. Ao contrário, na metáfase mitótica, como já vimos, os centrômeros de cromossomos individuais alinham-se diretamente no plano equatorial.

A *anáfase I* tem início quando os cromossomos homólogos se separam e começam a mover-se em direção a polos opostos. Observe mais uma vez a diferença com relação à mitose. Na anáfase mitótica, os centrômeros separam-se e as cromátides-irmãs movem-se em direção aos polos. Na anáfase I da meiose, os centrômeros não se separam e as cromátides-irmãs permanecem juntas; são os homólogos que se separam. Entretanto, por causa da troca de segmentos de cromátides homólogas que ocorre como resultado da permutação, as cromátides-irmãs não são mais idênticas como eram no início da meiose.

Na *telófase I*, a condensação dos cromossomos é afrouxada e os cromossomos tornam-se alongados e, uma vez mais, indistintos. Novos envoltórios nucleares são formados a partir do retículo endoplasmático, à medida que a telófase gradualmente passa para a interfase. Finalmente, o fuso desaparece, o nucléolo é novamente formado e a síntese de proteínas recomeça. Entretanto, em vários organismos não ocorre a interfase entre as divisões meióticas I e II; nesses organismos, os cromossomos passam quase diretamente da telófase I para a prófase da segunda divisão meiótica.

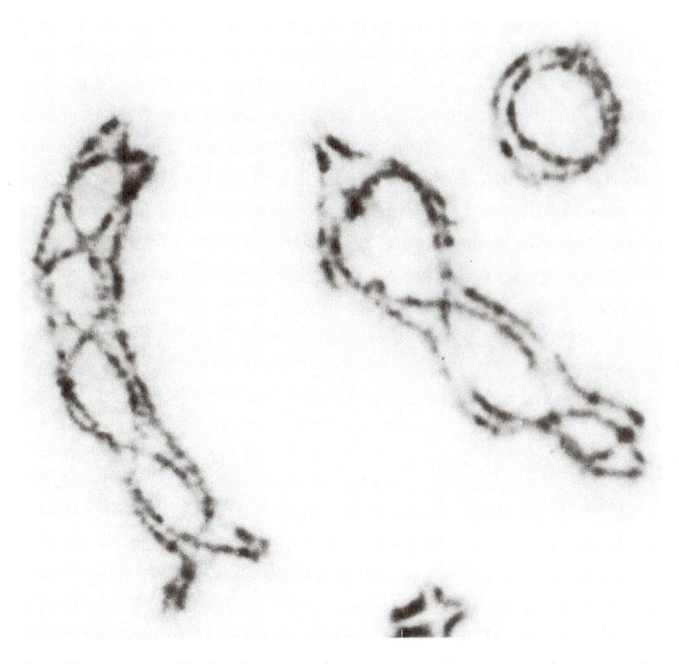

8.8 Quiasmas. Variações no número de quiasmas podem ser observadas nos cromossomos emparelhados de gafanhoto (*Chorthippus parallelus*), no qual $n = 4$.

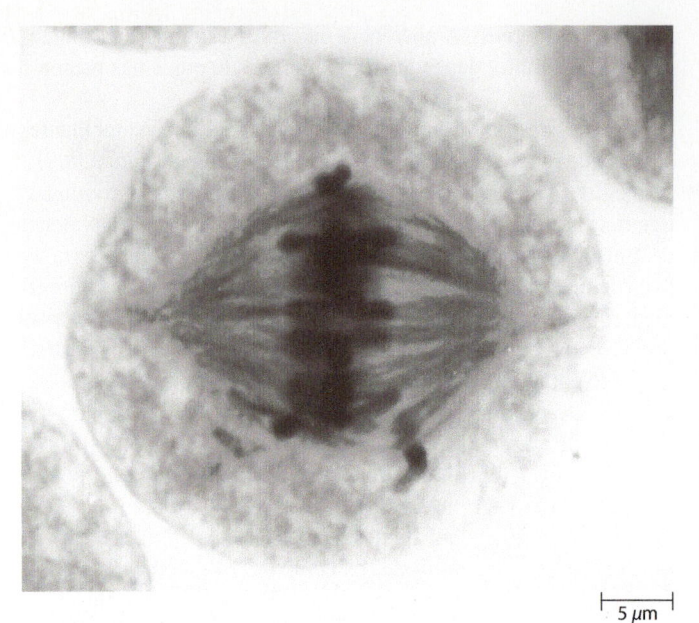

├── 5 µm ──┤

8.9 Fuso. O fuso em uma célula-mãe do micrósporo* do trigo (*Triticum aestivum*) durante a metáfase I da meiose. (*N.R.T.: A expressão grão de pólen deve ser usada apenas para o gametófito bi ou tricelular.)

Na meiose II, as cromátides de cada homólogo separam-se e se movem para os polos opostos

No início da segunda divisão meiótica, as cromátides-irmãs ainda estão ligadas por seus centrômeros. Essa divisão assemelha-se a uma divisão mitótica: o envoltório nuclear (se ele foi reconstituído durante a telófase I) desorganiza-se, e o nucléolo desaparece no final da *prófase II*. Na *metáfase II*, um fuso torna-se novamente evidente, e os cromossomos – cada um formado por duas cromátides – alinham-se com os seus centrômeros no plano equatorial. Na *anáfase II*, os centrômeros separam-se e se distanciam, e as cromátides recém-separadas, agora denominadas cromossomos-irmãos, movem-se para os polos opostos (Figuras 8.2B e 8.7C). Na *telófase II*, novos envoltórios nucleares e nucléolos são reorganizados e os cromossomos condensados vão se afrouxando e se tornando não visíveis no núcleo interfásico. Ao redor de cada célula nova formam-se as paredes celulares. Desse modo, são formadas células com um número haploide de cromossomos. É preciso lembrar que, embora o mecanismo da meiose II seja semelhante ao da mitose, a meiose II não é igual à mitose porque cada célula formada na meiose II tem metade dos cromossomos de uma célula formada por mitose.

A meiose produz variabilidade genética

Como resultado final da meiose, cada célula formada tem apenas a metade do número de cromossomos do núcleo diploide original. Mas as consequências genéticas do processo são mais importantes. Na metáfase I, a orientação dos bivalentes é ao acaso; isto é, os cromossomos são distribuídos ao acaso entre os dois novos núcleos. Se a célula diploide original tiver dois pares de cromossomos homólogos $n = 2$, haverá quatro modos possíveis de distribuí-los entre as células haploides. Se $n = 3$, haverá oito possibilidades de distribuição; se $n = 4$, serão 16 as maneiras

possíveis de distribuição. A fórmula geral é 2^n. Em seres humanos, $n = 23$, e, portanto, o número de combinações possíveis é de 2^{23}, que é igual a 8.388.608. Muitos organismos têm um número de cromossomos superior a $n = 23$. Além disso, por causa da permutação, os genes apresentam novas combinações que não existem nos gametas que deram origem à célula haploide. Desse modo, a permutação é outro mecanismo importante de *recombinação genética*, ou seja, de recombinação do material genético dos dois parentais.

Em suma, dois processos na meiose contribuem para a variação genética nas células produzidas por meiose. Primeiro, os pares de cromossomos homólogos conseguem se separar de formas diferentes e, à medida que aumenta o número de pares de cromossomos, o número de modos diferentes como eles conseguem se separar se torna cada vez maior. Segundo, a permutação mistura os genes existentes nos cromossomos homólogos em novas combinações que não existiam nos cromossomos das células originais que se fundiram para produzir as células diploides que sofreram meiose. Habitualmente, pelo menos um quiasma se forma entre cada par de cromossomos homólogos.

A meiose difere da mitose em três aspectos fundamentais (Figura 8.10).

1. Na meiose ocorrem duas divisões nucleares e na mitose apenas uma, mas, tanto na meiose quanto na mitose, o DNA é replicado apenas uma vez.
2. Cada um dos quatro núcleos produzidos na meiose é haploide, contendo apenas a metade do número de cromossomos – isto é, apenas um membro de cada par de cromossomos homólogos – que estavam presentes no núcleo diploide original a partir do qual os núcleos haploides foram produzidos. Ao contrário, cada um dos dois núcleos produzidos durante a mitose tem o mesmo número de cromossomos que o núcleo que os originou.
3. Cada um dos núcleos produzidos por meiose contém combinações diferentes de genes, enquanto cada núcleo produzido por mitose tem combinações idênticas de genes.

Na meiose, então, são produzidos núcleos *diferentes* a partir do núcleo original, enquanto na mitose são produzidos núcleos com conjuntos cromossômicos *idênticos* àquele do núcleo original. As consequências genéticas e evolutivas do comportamento dos cromossomos na meiose são profundas. Por causa da meiose e da fecundação, as populações de organismos diploides que ocorrem na natureza não são uniformes; ao contrário, elas são compostas por indivíduos que diferem uns dos outros em muitas características.

Como as características são herdadas

As características dos organismos diploides são determinadas por interações entre os alelos. O *alelo* corresponde a uma de duas ou mais formas alternativas do mesmo gene. Os alelos ocupam o mesmo sítio, ou *locus*, nos cromossomos homólogos. Os modos como os alelos interagem produzindo características específicas foram revelados pela primeira vez por Gregor Mendel. Em seus estudos, Mendel escolheu variedades cultivadas de ervilha-de-jardim (*Pisum sativum*) e levou em consideração características bem definidas e contrastantes, como as diferenças na cor das flores ou na forma das sementes. Ele então realizou um grande número de cruzamentos experimentais (Figura 8.11) e,

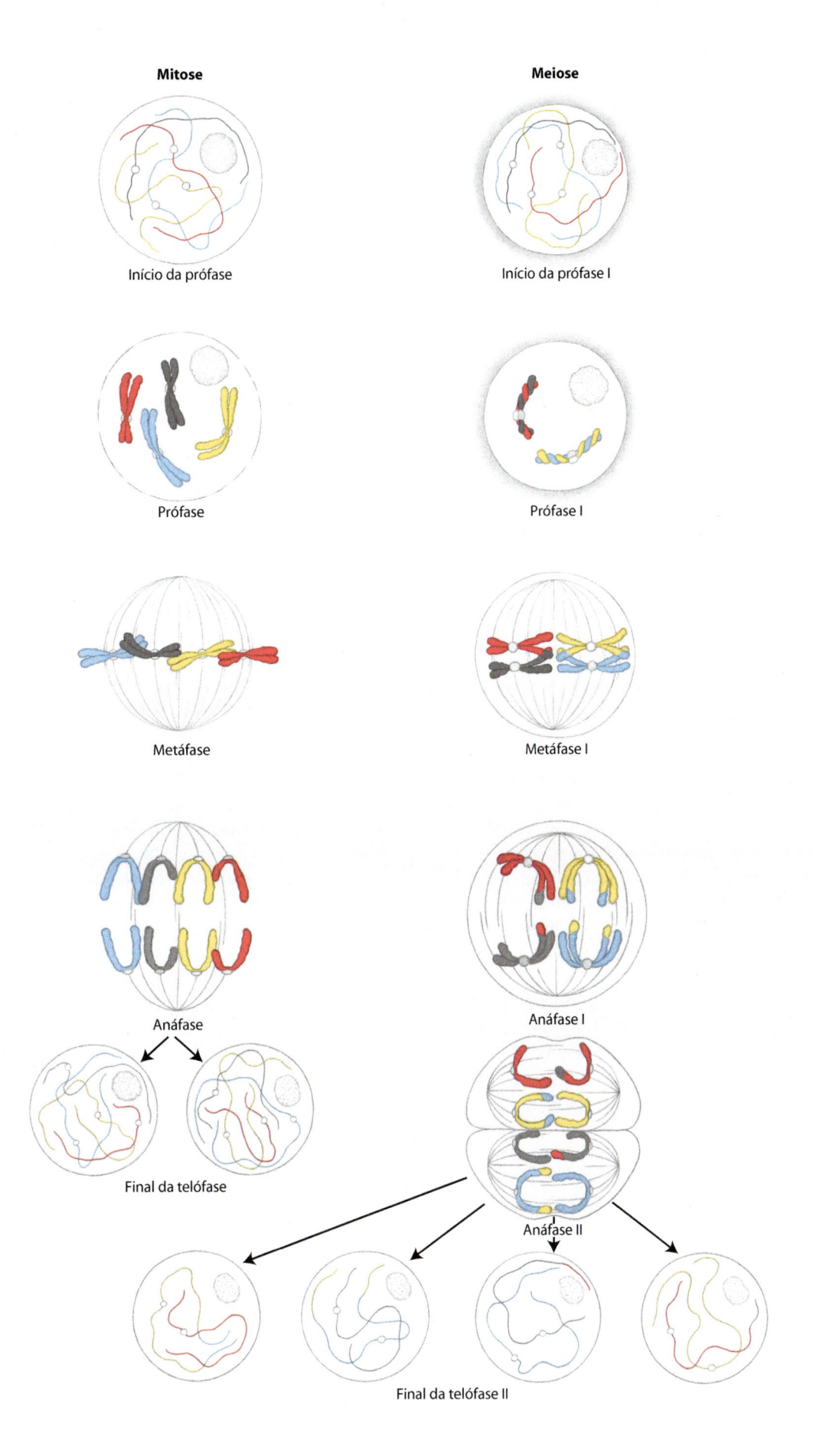

8.10 Mitose e meiose. Comparação das principais características da mitose e da meiose.

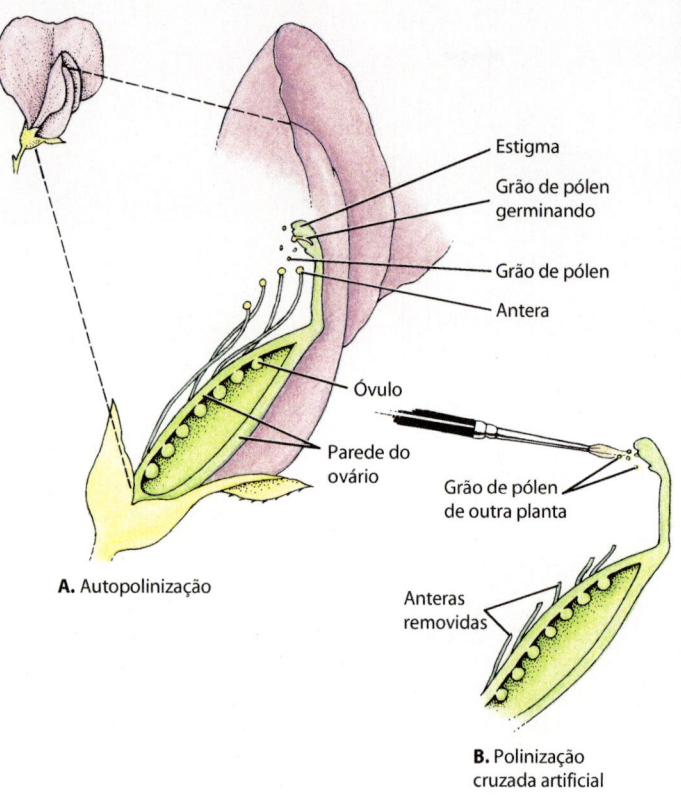

Estigma

Grão de pólen germinando

Grão de pólen

Antera

Óvulo

Parede do ovário

Grão de pólen de outra planta

A. Autopolinização

Anteras removidas

B. Polinização cruzada artificial

8.11 Polinização em ervilha-de-jardim. Em uma flor, o pólen desenvolve-se nas anteras, e a oosfera, nos óvulos. A polinização ocorre quando os grãos de pólen são transferidos da antera para o estigma. Então, os grãos de pólen germinam formando os tubos polínicos, que carregam as células espermáticas ou gametas masculinos até as oosferas. Quando os núcleos da oosfera e da célula espermática se unem, forma-se o zigoto, que se desenvolve em um embrião dentro do óvulo. O óvulo amadurece e forma a semente, e a parede do ovário forma o fruto, que na ervilha é a vagem.

A polinização na maioria das espécies de plantas floríferas requer a transferência (frequentemente por um inseto) do grão de pólen de uma planta para o estigma de outra planta. Este processo é chamado polinização cruzada. **A.** Na flor de ervilha, entretanto, o estigma e as anteras estão enclausurados pelas pétalas, e a flor, diferentemente da maioria, não se abre até que a polinização e a fecundação já tenham ocorrido. Assim sendo, a autopolinização é um evento normal na flor de ervilha – ou seja, o pólen é depositado no estigma da mesma flor que o produziu. Observe que cada grão de ervilha em uma vagem representa um evento independente de fecundação. **B.** Nos experimentos de polinização cruzada, Mendel abriu o botão floral antes da maturação do pólen e removeu as anteras com tesouras, impedindo a autopolinização. A seguir, ele realizou artificialmente uma polinização cruzada na flor, colocando no estigma desta o pólen coletado de outra planta. A natureza autopolinizadora das ervilhas foi útil para Mendel porque ele conseguiu produzir os híbridos resultantes sem quaisquer manipulações para produzir a geração seguinte.

talvez mais importante de tudo, estudou a descendência não apenas da primeira geração, mas também as gerações subsequentes e seus cruzamentos.

A Tabela 8.1 lista as sete características das plantas de ervilha que Mendel usou em seus experimentos. Quando Mendel cruzou plantas portadoras dessas características contrastantes, ele observou que, em todos os casos, uma das características alternativas não podia ser vista na primeira geração (atualmente conhecida como geração F_1, para a "primeira geração filial"). Por exemplo, as sementes de todos os descendentes do cruzamento entre plantas com sementes amarelas e plantas com sementes verdes eram todas tão amarelas quanto aquelas da planta parental. Mendel chamou de *dominante* a característica de sementes amarelas e as demais características que eram vistas na geração F_1. Ele chamou de *recessivas* as características que não apareciam na primeira geração. Quando plantas da geração F_1 foram autopoli-

nizadas (Figura 8.12), as características recessivas reapareceram na geração F_2 em razões de aproximadamente 3 dominantes para 1 recessivo (Tabela 8.1). Os cruzamentos entre indivíduos que diferem em uma única característica, como a cor das sementes, são chamados cruzamentos *mono-híbridos*.

Esses resultados podem ser facilmente compreendidos quando relacionados com a meiose. Considere um cruzamento entre uma planta com flores brancas e uma planta com flores púrpura. O alelo para a cor branca da flor, que é uma característica recessiva, é grafado com a letra minúscula *w*.[*] O alelo contrastante para a cor púrpura da flor, a qual é a característica dominante, é grafado com letra maiúscula *W*. As plantas diploides têm dois alelos em cada *locus*, um alelo herdado

[*]N.R.T.: A letra *w* corresponde à inicial da palavra *white*, branco em inglês.

Tabela 8.1 Resultados dos experimentos de Mendel com plantas de ervilha-de-jardim.

| Característica | Cruzamentos originais | | | Segunda geração de descendentes (F_2) | |
	Dominante	×	Recessiva	Recessiva	Dominante
Textura da semente	Lisa	×	Rugosa	5.474	1.850
Cor da semente	Amarela	×	Verde	6.022	2.001
Posição da flor	Axial	×	Terminal	651	207
Cor da flor	Púrpura	×	Branca	705	224
Forma da vagem	Inflada	×	Comprimida	882	299
Cor da vagem	Verde	×	Amarela	428	152
Comprimento do caule	Alto	×	Anão	787	277

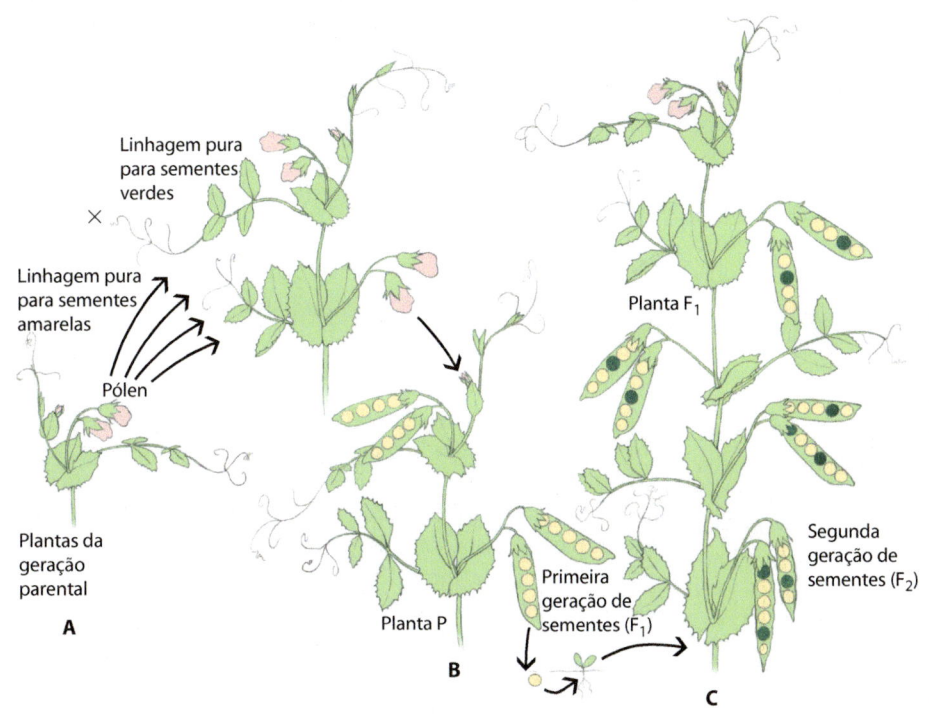

8.12 Resumo de um dos experimentos de Mendel. A. Planta de ervilha-de-jardim de uma linhagem pura com sementes amarelas foi cruzada com plantas de uma linhagem pura com sementes verdes, por meio da remoção de pólen das anteras das flores de uma planta e transferência para os estigmas de uma outra planta. Estas plantas compõem a geração parental (P). **B.** As flores fertilizadas desenvolveram apenas vagens com sementes amarelas. Estas ervilhas (sementes) e as plantas que delas se desenvolveram, após terem sido plantadas, compõem a geração F₁. Quando as plantas F₁ floresceram, elas não foram manipuladas, o que permitiu que fossem autopolinizadas. **C.** As vagens de ervilha que se desenvolveram a partir das flores autopolinizadas continham ervilhas amarelas e verdes (geração F₂) em uma razão aproximada de 3:1. Desta maneira, cerca de 3/4 eram amarelas e 1/4, verdes.

Labels on figure: Linhagem pura para sementes verdes; Linhagem pura para sementes amarelas; Pólen; Plantas da geração parental; A; Planta P; B; Primeira geração de sementes (F₁); Planta F₁; Segunda geração de sementes (F₂); C

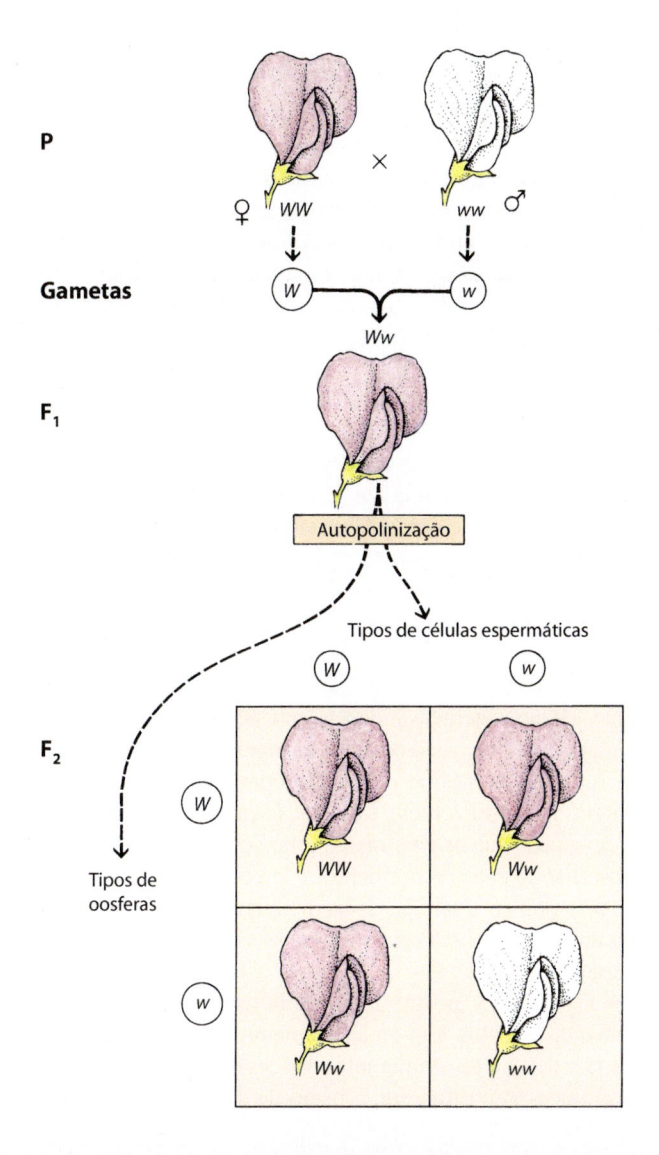

de cada planta parental. Os dois alelos são encontrados em cromossomos diferentes, mas homólogos. Nas linhagens de ervilha-de-jardim com as quais Mendel trabalhou, indivíduos de flores brancas tinham a constituição genética ou o *genótipo ww*. Os indivíduos com flores de cor púrpura tinham o genótipo *WW*. Indivíduos como esses, que tinham dois alelos idênticos em um determinado sítio, ou *locus*, nos seus cromossomos homólogos, são *homozigóticos*. Graças ao processo de meiose, os dois alelos de um genótipo diploide se separam (porque os dois homólogos onde os alelos estão localizados se separam) e apenas um alelo vai para cada gameta. Quando plantas com flores brancas e púrpura são cruzadas, cada planta da geração F₁ recebe um alelo *W* da planta parental com flores púrpura e um alelo *w* da planta parental com flores brancas; portanto, todas apresentam o genótipo *Ww* (Figura 8.13). Essas plantas são denominadas *heterozigotas* para o gene da cor da flor.

Labels on figure: P; Gametas; F₁; Autopolinização; Tipos de células espermáticas; F₂; Tipos de oosferas

8.13 Cruzando homozigotos. O princípio da segregação de Mendel como exemplificado nas gerações F₁ e F₂ após o cruzamento entre duas plantas de ervilha-de-jardim homozigóticas (P), uma delas com os dois alelos dominantes para flores de cor púrpura (*WW*) e outra com dois alelos recessivos para flores brancas (*ww*). O símbolo de fêmea ♀ identifica a planta que forneceu as oosferas (gametas femininos), e o símbolo de macho ♂ indica a planta que forneceu as células espermáticas (gametas masculinos).

O fenótipo da descendência da geração F₁ é de cor púrpura, mas observe que o genótipo é *Ww*. Os heterozigotos da geração F₁ produzem quatro gametas, dois de cada tipo, ♀*W*, ♀*w*, ♂*W*, ♂*w*, em proporções iguais. Quando esta planta é autopolinizada, as oosferas e as células espermáticas *W* e *w* combinam-se ao acaso para formar descendentes, em média, 1/4 *WW* (púrpura), 2/4 (ou 1/2) *Ww* (púrpura) e 1/4 *ww* (branca). É esta razão genotípica básica de 1:2:1 que causa a razão fenotípica de 3 dominantes (cor púrpura) para 1 recessivo (cor branca).

Por causa da meiose, o indivíduo heterozigoto forma dois tipos de gametas, *W* e *w*, que estão presentes em proporções iguais. Como indicado na Figura 8.13, os gametas se recombinam e formam, em média, um indivíduo *WW*, um indivíduo *ww* e dois indivíduos *Ww* para cada quatro descendentes produzidos. Com relação à aparência ou *fenótipo*, os indivíduos heterozigotos *Ww* têm flores de cor púrpura e são, por isso, indistinguíveis dos indivíduos homozigóticos *WW*. A ação do alelo do parental para flores de cor púrpura é suficiente para ocultar a ação do alelo do parental para flores brancas. Esta é a base para a razão fenotípica 3:1 observada por Mendel.

Como é possível saber se o genótipo de uma planta com flores de cor púrpura é *WW* ou *Ww*? Como mostrado na Figura 8.14, é possível descobrir o genótipo cruzando-se tal planta com uma outra com flores brancas e contando-se a descendência do cruzamento. Mendel realizou este tipo de experimento, que é conhecido como *cruzamento-teste* – o cruzamento de um indivíduo portador da característica dominante com um indivíduo que é homozigótico recessivo para essa característica.

Uma das maneiras mais simples de prognosticar os tipos de descendentes que serão produzidos em um cruzamento é esquematizar o cruzamento como mostrado nas Figuras 8.13 e 8.14.

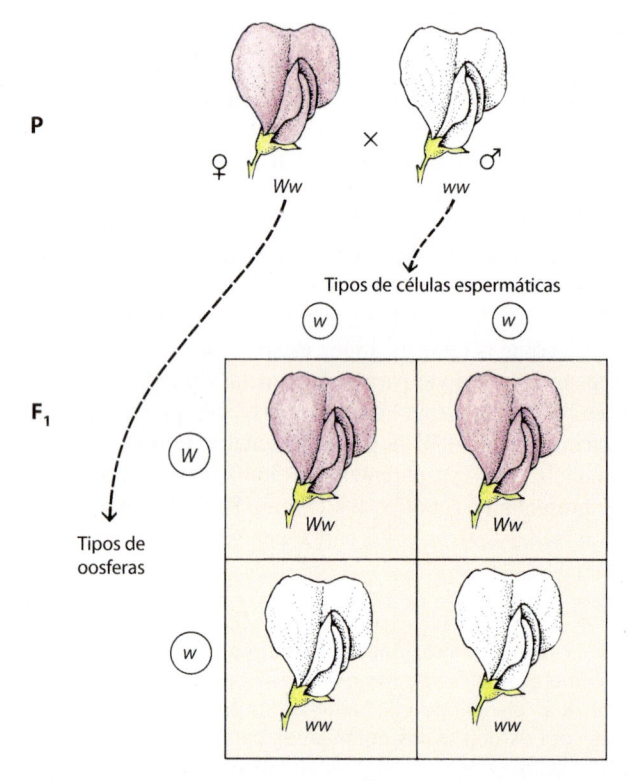

8.14 Cruzamento-teste. Para que a flor de ervilha-de-jardim seja branca, a planta precisa ser homozigótica para os alelos recessivos (*ww*). Entretanto, a flor de cor púrpura pode ser produzida por uma planta com genótipos *Ww* ou então *WW*. Como você pode determinar o genótipo de uma planta com flores de cor púrpura? Os geneticistas resolveram o problema cruzando tais plantas com homozigotos recessivos. Este tipo de cruzamento é conhecido como cruzamento-teste. Como mostrado aqui, uma razão fenotípica de 1:1 na geração F$_1$ (*i. e.*, uma flor de cor púrpura para uma flor branca) indica que o parental de cor púrpura, usado no cruzamento-teste, deve ser heterozigoto. Qual seria o resultado se a planta de teste fosse homozigótica para o alelo de flor cor púrpura?

Este tipo de diagrama ficou conhecido como o *diagrama de Punnett*, após ser utilizado pelo geneticista inglês que o aplicou pela primeira vez para a análise de características que são geneticamente determinadas.

Os dois princípios de Mendel

Princípio da segregação | Os indivíduos são portadores de pares de genes para cada característica, e esses pares se separam na meiose

O princípio estabelecido por esses experimentos é o *princípio da segregação*, algumas vezes conhecido como a primeira lei de Mendel. Segundo esse princípio, as características hereditárias são determinadas por fatores isolados (atualmente denominados *genes*) que aparecem aos pares, e cada membro do par é herdado de um dos parentais. Durante a meiose, os pares de fatores são separados ou *segregados*. Consequentemente, cada gameta produzido por um descendente em sua maturidade contém apenas um membro do par. Este conceito de um fator discreto explicou como a característica pode persistir de geração para geração sem se misturar com outras características, bem como ele pode aparentemente desaparecer e então reaparecer em uma geração posterior.

Princípio da distribuição independente I Alelos de um gene segregam-se independentemente dos alelos de outros genes

Em uma segunda série de experimentos, Mendel estudou híbridos que continham duas características – ou seja, realizou cruzamentos *di-híbridos*. Por exemplo, ele cruzou uma estirpe homozigota de ervilha com sementes redondas e amarelas com uma estirpe homozigota com sementes verdes e enrugadas.

Os alelos para sementes lisas e sementes amarelas são ambos dominantes, e aqueles para as sementes rugosas e verdes são recessivos (Tabela 8.1). Todas as sementes da geração F$_1$ eram lisas e amarelas. Quando as sementes F$_1$ foram plantadas e as flores autopolinizadas, foram produzidas 556 sementes em F$_2$. Destas, 315 sementes mostraram as duas características dominantes – lisa e amarela – e 32 combinaram as características recessivas, rugosa e verde. O restante das sementes produzidas era diferente de qualquer um dos parentais: 101 eram rugosas e amarelas, e 108 eram lisas e verdes. Desse modo, novas combinações das características tinham aparecido.

Esse experimento, porém, não contradisse os resultados anteriores de Mendel. Se as duas características, cor e forma de semente, são consideradas independentemente, lisa e rugosa ainda aparecem em uma razão de aproximadamente 3:1 (423 lisas para 133 rugosas), o mesmo ocorrendo com amarela e verde (416 amarelas para 140 verdes). Mas as características de cor e forma das sementes, que originalmente foram combinadas de um certo modo (liso apenas com amarelo e rugoso apenas com verde), comportaram-se como se fossem inteiramente independentes uma da outra (amarelo pode agora ser encontrado com rugosa, e verde com lisa).

A Figura 8.15 mostra a base para os resultados de experimentos di-híbridos. Em um cruzamento com a participação de dois pares de alelos dominantes e recessivos, com cada par em um cromossomo diferente, a razão de distribuição dos fenóti-

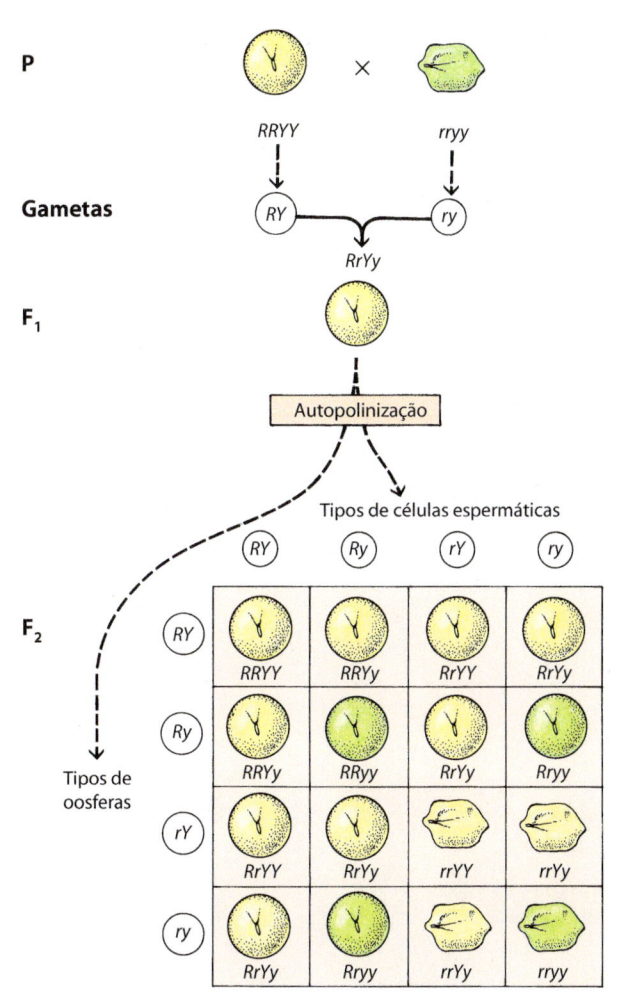

P

Gametas

F₁

Autopolinização

Tipos de células espermáticas

F₂

Tipos de oosferas

Fenótipos na geração F₂

9 lisas e amarelas

3 lisas e verdes

3 rugosas e amarelas

1 rugosa e verde

8.15 Segregação independente. É mostrado aqui um dos experimentos a partir dos quais Mendel deduziu o princípio da segregação independente. Uma planta homozigótica para sementes lisas (*RR**) e amarelas (*YY**) é cruzada com uma planta de sementes rugosas (*rr*) e verdes (*yy*). As ervilhas F₁ são todas lisas e amarelas, mas observe como as características aparecem, em média, na geração F₂. Entre as 16 combinações possíveis na descendência, nove mostraram as duas características dominantes (lisa e amarela), três mostraram uma combinação de dominante e recessiva (lisa e verde), três mostraram a outra combinação (rugosa e amarela) e uma mostrou as duas características recessivas (rugosa e verde). Esta distribuição de fenótipos 9:3:3:1 é sempre o resultado esperado de um cruzamento envolvendo dois genes com segregação independente, cada um com um alelo dominante e um recessivo em cada um dos parentais. (*N.R.: As letras *R* e *Y* correspondem às iniciais das características recessivas lisa, do inglês *round*, e amarela, do inglês *yellow*.) Observe que cada característica isolada produz uma razão dominante:recessivo de 3:1.

pos é 9:3:3:1. A fração 9/16 representa a proporção esperada da descendência F₂ para mostrar as duas características dominantes, 1/16 é a proporção esperada para mostrar as duas características recessivas, e 3/16 e 3/16 são as proporções esperadas para mostrar as combinações alternativas das características dominante e recessiva. No exemplo visto, um dos parentais é portador dos dois alelos recessivos e o outro carrega ambos os alelos dominantes. Suponha que cada parental fosse portador de um alelo dominante e um recessivo. Os resultados seriam os mesmos? Se não tiver certeza da resposta, tente diagramar as possibilidades usando o diagrama de Punnett, como foi feito na Figura 8.15.

A partir desses experimentos, Mendel formulou sua segunda lei, o *princípio da segregação independente*. Esta lei afirma que os dois alelos de um gene se distribuem ou se segregam, independentemente dos alelos de outros genes. Observe que o princípio da segregação refere-se estritamente a alelos de um gene, enquanto o princípio da segregação independente considera as relações entre genes.

Ligação

Sabendo que os genes estão localizados nos cromossomos, pode-se imediatamente supor que, se dois genes estão localizados relativamente perto no mesmo par de cromossomos homólogos, eles geralmente não terão segregação independente. Tais genes, que geralmente são herdados juntos, são chamados *genes ligados*.

A ligação de genes foi descoberta pelo geneticista inglês William Bateson e seus colaboradores em 1905, enquanto estudavam a genética de ervilhas-de-cheiro (*Lathyrus odoratus*). Estes cientistas cruzaram uma linhagem de ervilha-de-cheiro duplamente homozigótica recessiva com pétalas vermelhas e grãos de pólen redondos com uma segunda linhagem com pétalas de cor púrpura e grãos de pólen longos (alongados). Todos os descendentes F₁ tinham pétalas de cor púrpura e grãos de pólen longos, mostrando que estas características são dominantes. Quando as plantas de F₁ foram autopolinizadas, eles obtiveram as seguintes características na geração F₂:

4.831	púrpuras	longos
390	púrpuras	redondos
393	vermelhas	longos
1.338	vermelhas	redondos

Se os genes para cor de flor e forma de grão de pólen estivessem no mesmo cromossomo, deveria haver apenas dois tipos de descendentes. Se os genes estivessem em dois cromossomos diferentes, deveria haver quatro tipos de descendentes na razão de 3.910:1.304:1.304:434 ou 9:3:3:1. Obviamente, os resultados experimentais não apresentaram a razão 9:3:3:1.

A explicação para os resultados obtidos é a de que os dois genes estão "ligados" em um cromossomo, mas são algumas vezes trocados entre os cromossomos homólogos durante a permutação (*crossing-over*). Sabe-se atualmente que a permutação – quebra e junção de cromossomos que resulta no aparecimento de quiasmas – ocorre na prófase I da meiose (Figura 8.7). Quanto maior a distância entre dois genes em um cromossomo, maior é a probabilidade de ocorrência de permutação entre eles. Quanto mais próximos estiverem os dois genes, maior é a tendência de serem segregados juntos na meiose e, portanto, maior será a "ligação" entre eles. Mapas cromossômicos podem ser construídos com base na frequência de permutação entre os genes e, portanto, no grau de troca entre os alelos. Tais *mapas genéticos* ou *mapas de ligação* fornecem uma aproximação das posições dos genes nos cromossomos (Figura 8.16).

Mutações

Os estudos sobre segregação independente, descritos anteriormente, dependem da existência de diferenças entre os alelos de um gene. Como surgem estas diferenças? A primeira resposta para esta questão foi dada por Hugo de Vries, um geneticista holandês.

Mutações são mudanças no material genético de um indivíduo

Em 1901, de Vries estudou a herança de características em boa-tarde, ou gota-de-sol, uma espécie de enotera (*Oenothera glazioviana,* Onagraceae), um tipo de planta abundante nas dunas costeiras da Holanda. Ele observou que, embora os padrões de hereditariedade desta planta fossem geralmente bem ordenados e previsíveis, ocasionalmente aparecia uma característica que não havia sido anteriormente observada em qualquer uma das linhagens parentais. Assim, de Vries supôs que esta nova característica fosse a expressão fenotípica de uma mudança no gene. Além disso, de acordo com sua hipótese, o novo alelo seria então passado para as gerações subsequentes do mesmo modo que os outros genes o faziam. Ele se refere a esta mudança hereditária em um dos alelos de um gene como uma "mutação" e ao organismo que a carrega como um "mutante".

Ironicamente, sabe-se atualmente que apenas duas das aproximadamente 2.000 mudanças observadas por de Vries em *Oenothera glazioviana* eram devidas à mutação, como definido por ele. Todas as demais eram devidas a novas combinações genéticas ou à presença de cromossomos extras e não correspondiam a uma mudança real e abrupta em qualquer gene específico.

Atualmente, damos a denominação *mutação* a qualquer alteração da constituição hereditária de um organismo. Essas alterações podem ocorrer no gene (o conceito de mutação de de Vries, agora denominada mutação de ponto) ou no cromossomo. Em algumas *mutações cromossômicas* ocorrem alterações na estrutura de cromossomos individuais, por exemplo, um segmento do cromossomo pode ser deletado, duplicado ou invertido. Em outras, o número de cromossomos é modificado, um ou mais cromossomos individuais sendo acrescidos ou deletados. Em outras ainda, conjuntos completos de cromossomos são adicionados.

Uma mutação de ponto ocorre quando um nucleotídio é substituído por outro

As *mutações de ponto* ocorrem em apenas um ou em alguns poucos nucleotídios do DNA de um cromossomo específico. Elas podem ocorrer espontaneamente na natureza ou serem induzidas

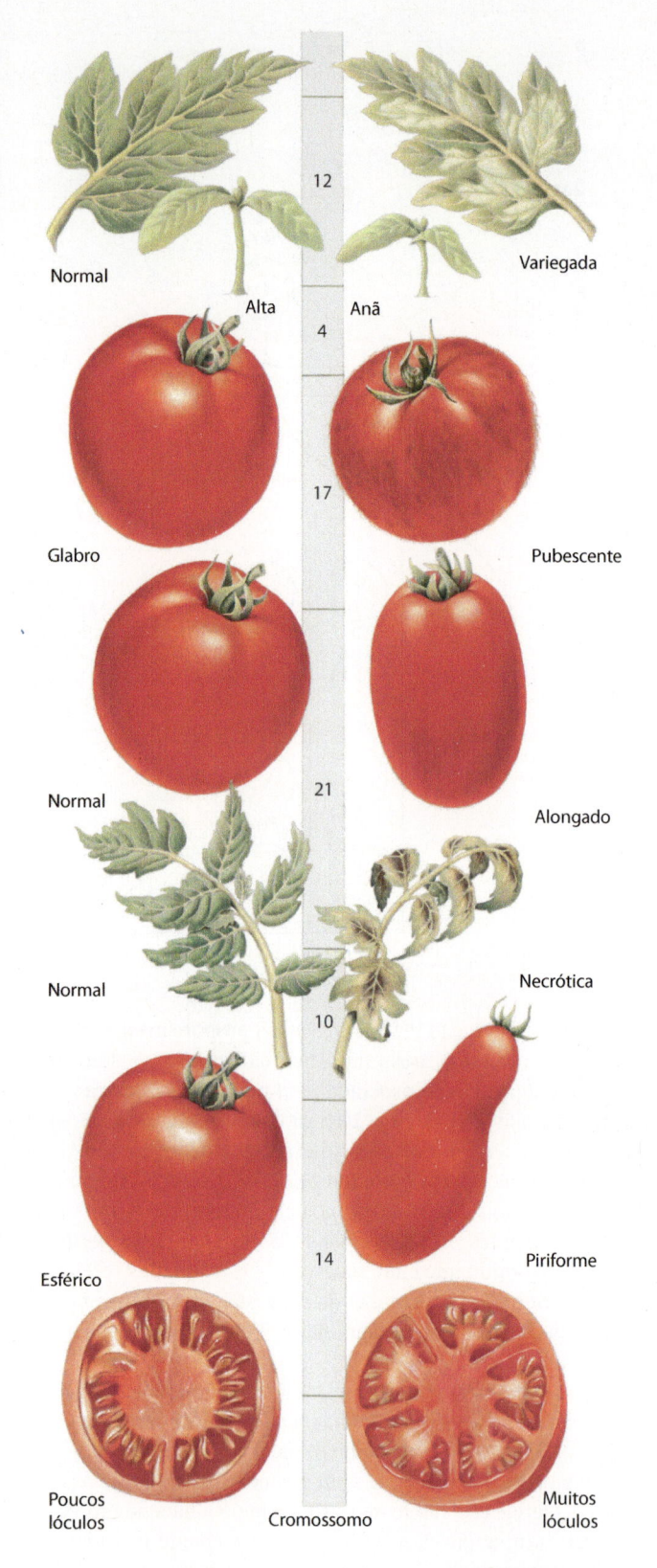

8.16 Mapa de ligação. Segmento do mapa de ligação do cromossomo 1 de tomate (*Solanum lycopersicum*), mostrando as posições relativas dos genes no cromossomo. Cada *locus* está flanqueado por desenhos da variante fenotípica que primeiro identificou este *locus* genético (à direita) e do fenótipo normal (à esquerda). As distâncias entre os *loci* estão mostradas em "unidades de mapa", que têm como base a frequência de permutação ou recombinação entre os genes. Se dois genes estiverem separados por mais do que 50 unidades mapa, a frequência de recombinação será alta o suficiente para que eles pareçam segregar independentemente.

por agentes que afetam o DNA, denominados *mutagênicos*. Os mutagênicos, como as radiações ionizantes, as radiações ultravioleta e várias espécies de produtos químicos, geralmente causam mutações de ponto. Geralmente é assim que começa o câncer em seres humanos e outros animais. As mutações de ponto também são originadas por raros emparelhamentos errados que podem ocorrer durante a replicação do DNA.

Deficiências e duplicações correspondem à retirada ou à inserção de nucleotídios ou de segmentos cromossômicos

As mutações cromossômicas denominadas *deleções* ocorrem quando segmentos de um cromossomo são perdidos. Tomemos, por exemplo, o cromossomo AB•CDEFG, no qual • representa o centrômero. Uma deleção de EF resultaria no cromossomo mutado AB•CDG. Deleções grandes podem ser facilmente detectadas porque os cromossomos são flagrantemente menores. Uma *duplicação* de cromossomo é uma mutação na qual parte de um cromossomo foi duplicada. No caso do cromossomo AB•CDEFG, a duplicação de EF resultaria no cromossomo mutado AB•CDEF<u>EF</u>G.

Os genes podem mover-se de um local para outro

Os genes geralmente ocorrem em uma posição fixa nos cromossomos; porém, em raras ocasiões, eles podem mudar sua localização. Em bactérias, *plasmídios* – pequenas moléculas circulares de DNA separadas do cromossomo principal – podem entrar nos cromossomos em locais onde ambos compartilham sequências comuns de nucleotídios. (As consequências de tal processo para a evolução de bactérias e vírus serão discutidas no Capítulo 13, e as consequências para a engenharia genética, no Capítulo 10.) Em ambos, bactérias e eucariotos, os genes podem mover-se como pequenos segmentos de DNA de um local para outro nos cromossomos. Estes elementos genéticos móveis, conhecidos como *elementos de transposição*, *transpósons* ou "genes saltatórios", foram detectados pela primeira vez por Barbara McClintock no final da década de 1940

(Figura 8.17). Com estes resultados inesperados, McClintock ganhou o prêmio Nobel em 1983. A troca de posição dos genes, mediada por plasmídios ou por elementos de transposição, pode desorganizar a ação dos genes vizinhos, ou vice-versa, e ocasionar efeitos – conhecidos como *efeitos de posição* – que reconhecemos como mutações.

Os segmentos de cromossomos podem ser invertidos ou movidos para outro cromossomo

Se duas quebras ocorrerem no mesmo cromossomo, o segmento cromossômico entre as quebras poderá girar 180° e entrar novamente no cromossomo com sua sequência de genes orientada na direção oposta à original. Essa modificação na sequência cromossômica resulta em uma mutação cromossômica denominada *inversão*. Por exemplo, no cromossomo AB•CDEFG, a rotação de 180° de DEF resultaria no cromossomo mutado AB•C<u>FED</u>G. Outro tipo de mudança que é comum em certos grupos de plantas implica a troca de partes entre dois cromossomos não homólogos, produzindo uma mutação cromossômica denominada *translocação*. As translocações são frequentemente recíprocas, ou seja, um segmento de um cromossomo é trocado por um segmento de outro cromossomo, não homólogo, de modo a formar simultaneamente dois cromossomos translocados.

Cromossomos inteiros podem ser perdidos ou duplicados

Mutações cromossômicas podem, também, estar associadas a mudanças no número de cromossomos, que ocorrem espontaneamente e com muita frequência, mas que são, em geral, prontamente eliminadas. Cromossomos inteiros podem, sob certas circunstâncias, ser acrescentados ou então subtraídos do número básico da espécie, uma condição conhecida como *aneuploidia*. Pode também ocorrer *poliploidia*, a duplicação de todo o conjunto de cromossomos. (A importância evolutiva da poliploidia em plantas será discutida no Capítulo 11.) Em qualquer um destes casos, geralmente ocorrem alterações associadas ao fenótipo.

A

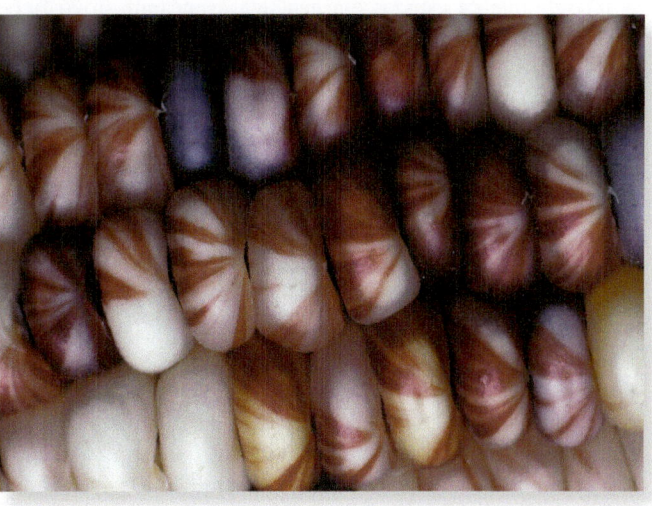

B

8.17 Barbara McClintock. A. Foto da Dra. Barbara McClintock segurando um tipo de espiga de milho semelhante à usada em seus experimentos decisivos sobre elementos de transposição. Seu trabalho passou despercebido por várias décadas após a publicação. **B.** O estudo de grãos variegados (multicoloridos), como os mostrados nesta foto, conduziram McClintock à descoberta dos elementos de transposição.

As mutações fornecem a matéria-prima para as mudanças evolutivas

Quando a mutação ocorre em um organismo predominantemente haploide, como no fungo *Neurospora* ou em uma bactéria, o fenótipo associado a esta mutação torna-se imediatamente exposto ao meio ambiente. Se ela for favorável, o número de organismos portadores da mutação tende a aumentar na população como resultado de seleção natural (ver Capítulo 11). No caso de uma mutação desfavorável, o mutante é rapidamente eliminado da população. Algumas mutações podem ser quase neutras em seus efeitos e então podem persistir apenas por acaso, mas muitas delas têm efeitos positivos ou negativos no organismo em que ocorrem. Em um organismo diploide, a situação é muito diferente. Cada cromossomo e todos os genes estão presentes em duplicata, e uma mutação em um dos homólogos, mesmo que desfavorável na condição homozigótica, deve ter um efeito muito menor ou mesmo ser vantajosa quando presente em dose simples. Por esta razão, tal mutação pode persistir na população. O gene mutante poderia, embora não obrigatoriamente, alterar a sua função, ou, então, as forças seletivas da população poderiam mudar de tal modo que o efeito do gene mutante passasse a ser vantajoso.

Quer as mutações sejam danosas ou neutras, a capacidade de mutar é extremamente importante, pois ela resulta em variação entre os indivíduos de uma espécie e pode possibilitar que alguns indivíduos se adaptem às alterações das condições ambientais. Assim, as mutações fornecem a matéria-prima para a mudança evolutiva. As mutações em eucariotos ocorrem espontaneamente, em uma taxa de cerca de um gene mutante em um dado *locus* para cada 200.000 divisões celulares. Isso, com a recombinação, propicia o tipo de variação necessária para a mudança evolutiva mediante a seleção natural.

Ampliação do conceito de gene

Os alelos sofrem interações que influenciam o fenótipo

À medida que os estudos em genética avançaram, logo ficou evidente que as características dominantes e recessivas nem sempre são bem definidas como as sete características estudadas por Mendel. Interações que afetam o fenótipo podem ocorrer e ocorrem entre os alelos de um gene.

A dominância incompleta produz fenótipos intermediários. Nos casos de *dominância incompleta*, o fenótipo do heterozigoto é intermediário entre aqueles dos parentais homozigóticos. Por exemplo, em boca-de-leão (*Antirrhinum majus,* Scrophulariaceae), um cruzamento entre uma planta com flores vermelhas e uma planta com flores brancas produz plantas com flores de cor rosa. Como será estudado no Capítulo 9, os genes controlam a estrutura das proteínas – e neste caso, as proteínas envolvidas na síntese dos pigmentos nas células das pétalas das flores. Para este heterozigoto, o pigmento produzido por um alelo na célula da pétala da flor não é completamente ocultado pela ação do outro alelo. Quando a geração F_1 é autopolinizada, as características segregam-se uma vez mais, e a geração F_2 resultante é composta por plantas com flores na razão de uma com flores vermelhas (homozigótica) para duas com flores de cor rosa (heterozigotas), para uma com flores brancas (homozigó-

tica), 1:2:1 (Figura 8.18). Assim sendo, os alelos permanecem isolados e inalterados, de acordo com o princípio de segregação de Mendel.

Alguns genes têm alelos múltiplos. Embora qualquer organismo diploide possa ter apenas dois alelos de um dado gene, é possível que em uma população de organismos estejam presentes mais do que duas formas de um gene. Quando existem três ou mais alelos para um dado gene, eles são referidos como *alelos múltiplos*. Os genes que controlam a autoesterilidade (*i. e.,* genes que impedem a autopolinização) em certas plantas com flores podem ter um grande número de alelos. Estima-se, por exemplo, que algumas populações de trevo vermelho tenham centenas de alelos para o gene de autoesterilidade. Felizmente para Mendel, as ervilhas escolhidas para estudo são autopolinizáveis.

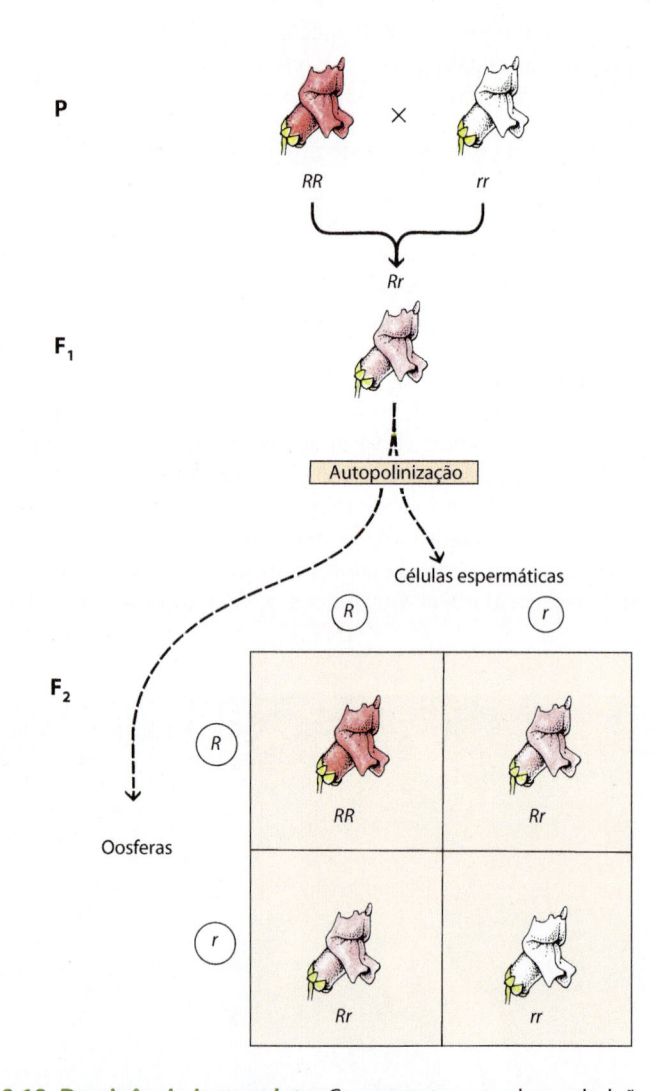

8.18 Dominância incompleta. Cruzamento entre boca-de-leão (*Antirrhinum majus*) com flores vermelhas (*RR*) e plantas com flores brancas (*rr*). Este experimento parece-se com o cruzamento de plantas de ervilhas com flores de cor púrpura e flores brancas, porém há uma diferença significativa, pois, neste caso, nenhum alelo é dominante. A flor do heterozigoto é uma mistura das duas cores. A razão fenotípica nesse cruzamento também é diferente: em vez da razão 3:1 encontrada no cruzamento com um traço dominante, observamos uma razão fenotípica 1:2:1 com dominância incompleta.

Interações gênicas também ocorrem entre alelos de genes diferentes

Além das interações gênicas entre alelos do mesmo gene, também ocorrem interações entre alelos de genes diferentes. De fato, a maioria das características (estruturais e químicas) que compõem o fenótipo de um organismo é o resultado da interação de dois ou mais genes distintos.

Epistasia ocorre quando um gene interage com outro. Em alguns casos, um gene pode interagir ou então mascarar o efeito de outro gene em um *locus* diferente. Esse tipo de interação é denominada *epistasia*. Na dedaleira (*Digitalis purpurea*), por exemplo, dois genes não ligados interagem na via que determina a coloração das pétalas. Um gene influencia a intensidade da pigmentação vermelha na corola: o alelo *d* resulta na cor vermelho-clara, como ocorre nas populações de dedaleira naturais, enquanto o alelo mutante *D* provoca o aparecimento de coloração vermelho-escura. O segundo gene determina quais células estão envolvidas na síntese de pigmento: o alelo *w* permite a síntese de pigmento em toda a corola, como ocorre nas populações naturais, mas o alelo mutante *W* restringe a síntese de pigmento a pequenas manchas na parte interna do tubo da corola de cada flor (Figura 8.19). A autopolinização do di-híbrido *DdWw* resulta na seguinte razão F_2:

9 *D_W_*	brancas com manchas
3 *ddW_*	brancas com manchas
3 *D_ww*	vermelho-escuras
1 *ddww*	vermelho-claras

O espaço representa o que pode ser preenchido por outro alelo dominante ou por alelo recessivo. Muito claramente, o alelo *W* dominante é epistático para *D* e *d*. Suprime a síntese do pigmento vermelho, exceto pelas manchas na face interna do tubo da corola. Quando a síntese de pigmento é permitida, o pigmento pode ser produzido em concentrações altas ou baixas.

Certas características são controladas por vários genes. Algumas características, como tamanho, forma, peso, eficiência de produção e taxa metabólica, não são o resultado de interações entre um,

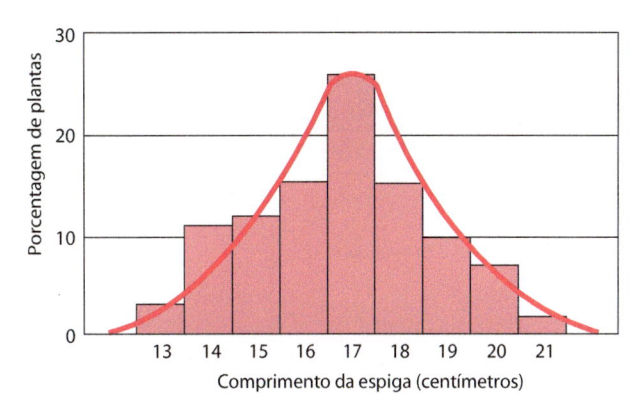

8.20 Variação contínua. Distribuição do comprimento da espiga de milho (*Zea mays*), variedade *Black Mexican*. Esse é um exemplo de uma característica fenotípica determinada pela interação de muitos genes. Tal característica mostra uma variação contínua. Quando a variação é representada em gráfico, a curva tem a forma de sino, com a média localizada no centro.

dois ou mesmo alguns genes. Em vez disso, elas são o resultado cumulativo dos efeitos combinados de muitos genes. Este fenômeno é conhecido como *herança poligênica*.

Muitas características poligênicas não mostram uma diferença clara entre grupos de indivíduos – como no caso das diferenças tabuladas por Mendel. Ao contrário, elas mostram uma gradação conhecida como *variação contínua*. Se fizermos um gráfico de diferenças entre indivíduos para qualquer característica afetada por muitos genes, nenhum deles dominante sobre o outro, o resultado será, comumente, uma curva em forma de sino, geralmente com a média localizada no centro da curva (Figura 8.20).

O primeiro experimento que ilustrou o modo pelo qual muitos genes podem interagir e produzir um padrão contínuo de variação em plantas foi realizado com trigo pelo cientista sueco H. Nilson-Ehle. A Tabela 8.2 mostra os efeitos fenotípicos de várias combinações dos alelos de dois genes, e que todos atuam como semidominantes no controle da intensidade da cor em grãos de trigo.

Um único gene pode ter efeito múltiplo no fenótipo

Embora muitos genes tenham um único efeito fenotípico, um único gene pode apresentar efeitos múltiplos no fenótipo de um organismo, afetando várias características aparentemente não relacionadas. Este fenômeno é conhecido como *pleiotropia*. Mendel encontrou genes pleiotrópicos durante seus experimentos com ervilha-de-cheiro. Quando ele cruzou as plantas com flores purpúreas, sementes marrons e uma mancha escura nas axilas das folhas com uma variedade com flores brancas, sementes claras e sem mancha nas axilas das folhas, as mesmas características para flores, sementes e folhas sempre permaneceram juntas como uma unidade. A herança destas características pode ser computada a um único gene, que visivelmente influencia várias características.

Um caso especificamente interessante para os pesquisadores que trabalhavam com hibridação em plantas é a relação entre a eficiência de produção em trigo e a presença ou ausência de progana (cerdas delgadas e longas) nas lemas (brácteas) associadas às flores de trigo. O mesmo gene afeta ambas as características. Trigo com progana é mais produtivo que trigo sem progana, e este é um método para se julgar a produtividade potencial do trigo sem que seja necessário esperar pela colheita.

8.19 Epistasia em dedaleira (*Digitalis purpurea*). Na dedaleira, os genes *D* e *d* produzem pigmentos vermelho-escuro e vermelho-claro, respectivamente, e o gene epistático *W* restringe a síntese dos pigmentos a manchas na parte interna do tubo da corola de cada flor.

Tabela 8.2 Controle genético da cor em grãos de trigo.

Parentais	$R_1R_1R_2R_2$ (vermelho-escuro)	$\times$	$r_1r_1r_2r_2$ (branco)
F₁	$R_1r_1R_2r_2$ (vermelho médio)		

F₂		Genótipo		Fenótipo	
1		$R_1R_1R_2R_2$	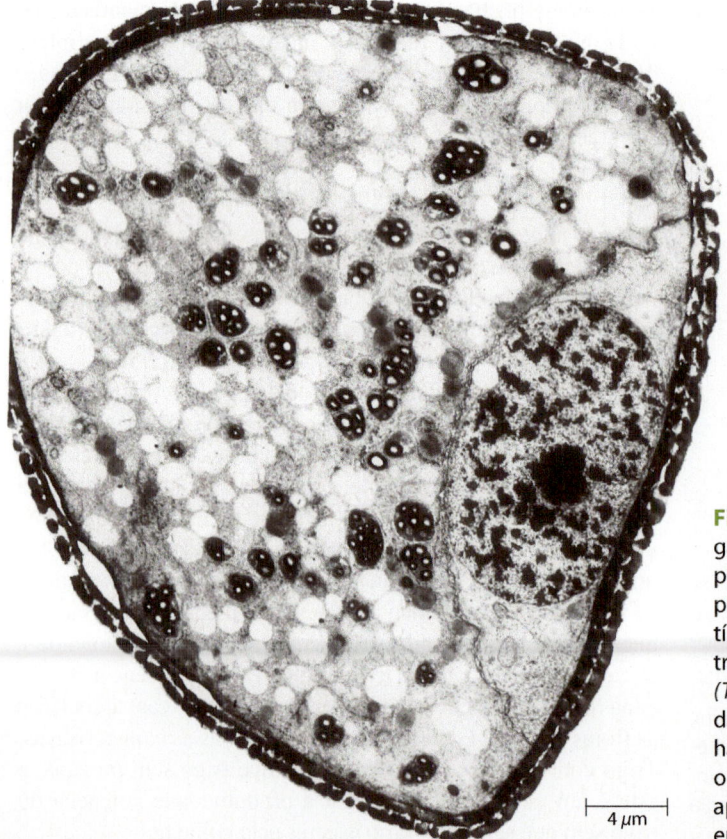	Vermelho-escuro	
2	4	$R_1R_1R_2r_2$		Vermelho-escuro médio	
2		$R_1r_1R_2R_2$		Vermelho-escuro médio	
4	6	$R_1r_1R_2r_2$		Vermelho médio	15 vermelhos para 1 branco
1		$R_1R_1r_2r_2$		Vermelho médio	
1		$r_1r_1R_2R_2$		Vermelho médio	
2	4	$R_1r_1r_2r_2$		Vermelho-claro	
2		$r_1r_1R_2r_2$		Vermelho-claro	
1		$r_1r_1r_2r_2$		Branco	

A herança de algumas características está sob controle de genes localizados em plastídios e mitocôndrias

No Capítulo 3, vimos que plastídios e mitocôndrias contêm seu próprio DNA e codificam algumas de suas próprias proteínas. Por este motivo, nem todas as características da célula são controladas exclusivamente pelo DNA dos cromossomos localizados no núcleo. A herança de características sob o controle de genes localizados no citoplasma – estritamente falando, em plastídios e mitocôndrias – é conhecida como *herança citoplasmática*.

Na maioria dos organismos, incluindo as angiospermas (plantas floríferas), a maior parte das características herdadas citoplasmaticamente é transmitida pelo parental materno, ou seja, é determinada unicamente pelo parental feminino. Qualquer um dentre os vários fenômenos pode ser responsável pela *herança materna*. Em algumas angiospermas, por exemplo, quando o micrósporo se divide e origina a célula geradora, que é pequena, e a célula do tubo, que é grande, a célula geradora (precursora das células espermáticas ou gametas masculinos) pode não receber plastídios (Figura 8.21A). Em algumas orquídeas, a célula geradora não recebe nem plastídios nem mitocôndrias. Em várias espécies de angiospermas, as células geradoras recebem ambos, plastídios e mitocôndrias, mas um ou ambos os tipos de organelas degeneram antes que a célula geradora se divida e produza os gametas masculinos. Em outros casos, plastídios e mitocôndrias são excluídos ou removidos da célula geradora ou dos gametas masculinos. Mesmo que os plastídios e as mitocôndrias possam estar presentes nos gametas masculinos na época da fecundação, é possível que eles não sejam transmitidos para a oosfera. Nestes casos, apenas o núcleo da célula espermática ou gameta masculino entra na oosfera e todo o citoplasma da célula espermática é excluído do zigoto.

Algumas características conspícuas são devidas à herança citoplasmática envolvendo os cloroplastos. Entre elas estão as folhas variegadas ou manchadas de certas plantas, que são apreciadas por suas folhas atrativas para uso em paisagismo ou como plantas de interior. Em plantas variegadas, como por exemplo, cóleus (*Plectranthus blumei*) e *Hosta* (Asparagaceae), cada uma das manchas mais claras contém células que se desenvolvem a

4 μm

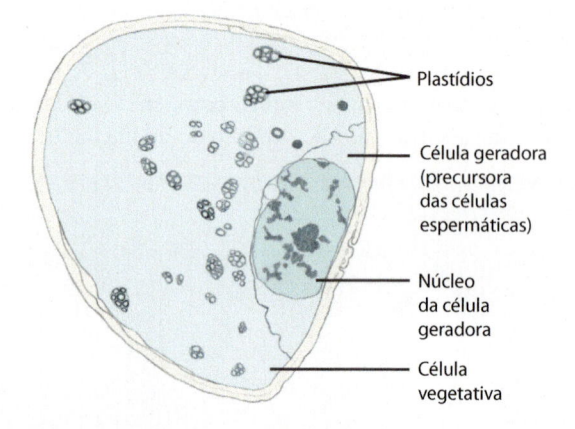

Plastídios

Célula geradora (precursora das células espermáticas)

Núcleo da célula geradora

Célula vegetativa

Figura 8.21 Herança materna. As células espermáticas ou gametas masculinos da maioria dos angiospermas não contêm plastídios e mitocôndrias e, desse modo, as características citoplasmáticas herdadas pela geração seguinte são devidas a plastídios e mitocôndrias herdados da mãe. Micrografia eletrônica de transmissão do grão de pólen de alho-social, ou alho-selvagem (*Tulbaghia violacea*), mostrando a célula geradora recém-formada, que dará origem às células espermáticas. Observe que não há plastídios na célula geradora. A célula vegetativa produzirá o tubo polínico, que transporta as células espermáticas para o aparelho oosférico. Apenas a célula espermática ou o seu núcleo entrarão na oosfera.

8.22 Efeitos ambientais na expressão gênica. O ranúnculo-aquático (*Ranunculus peltatus*) cresce com parte de seu corpo submerso na água. As folhas que crescem acima da água são largas, achatadas e lobadas. As folhas subaquáticas são geneticamente idênticas, porém têm um fenótipo diferente, são estreitas e finamente divididas, parecendo-se com raízes (setas). Acredita-se que estas diferenças sejam causadas por diferenças no turgor (ver Capítulo 4) das células da folha imatura nos dois ambientes. O grau de turgor afeta a expansão das paredes da célula e, assim, influencia o tamanho destas.

partir de uma célula contendo apenas plastídios mutantes (não verdes). A herança citoplasmática relacionada com as mitocôndrias inclui a esterilidade citoplasmática masculina, uma característica herdada maternalmente que impede a produção de pólen, mas não afeta a fertilidade feminina. O fenótipo da esterilidade citoplasmática masculina tem sido amplamente usado na produção comercial de sementes F_1 híbridas (p. ex., em milho, cebola, cenoura, beterraba e petúnias), porque não é necessária a remoção dos estames para impedir a autopolinização antes de realizar os cruzamentos.

O fenótipo é o resultado da interação do genótipo com o meio ambiente

A expressão do gene é sempre o resultado de sua interação com o meio ambiente. Tomando como base um exemplo comum, a plântula deve ter a capacidade genética de ser verde, de florescer e frutificar, mas nunca se tornará verde se for mantida no escuro e poderá não florescer e frutificar a menos que certos requisitos do meio ambiente estejam presentes.

O *Ranunculus peltatus* (ranúnculo amarelo), uma planta aquática, é um exemplo especialmente notável do efeito do ambiente na expressão gênica. Essa planta se desenvolve com uma parte submersa na água e uma parte flutuando sobre a superfície desta. Embora as folhas sejam geneticamente idênticas, as largas folhas flutuantes são muito diferentes, quanto à forma e à fisiologia, daquelas folhas finamente divididas que se desenvolvem submersas (Figura 8.22).

A temperatura frequentemente afeta a expressão gênica. As prímulas (*Primula* sp.) têm flores vermelhas à temperatura ambiente e flores brancas em temperaturas acima de 30°C (86°F).

A expressão de um gene pode ser alterada não apenas por fatores do ambiente externo, mas também por fatores do ambiente interno do organismo durante o desenvolvimento da planta. Estes fatores incluem temperatura, pH, concentração de íons, hormônios e várias outras influências, inclusive a ação de outros genes.

Reprodução assexuada | Estratégia alternativa

A *reprodução assexuada* (também conhecida como *reprodução vegetativa*) resulta em uma progênie que é idêntica a um único parental. Nesse tipo de reprodução não existem as características da reprodução sexuada comentadas anteriormente, isto é, a meiose e a fertilização são ausentes. Em eucariotos, há uma grande diversidade de tipos de reprodução assexuada, variando desde o desenvolvimento de uma oosfera não fertilizada até a divisão do organismo parental em partes separadas. Entretanto, em todos os casos, os novos organismos são produtos de mitose e, como consequência, geneticamente idênticos ao parental.

A reprodução vegetativa é comum em plantas e ocorre de muitos modos diferentes (ver Alguns modos de reprodução vegetativa", a seguir). Frequentemente, as plantas reproduzem-se sexuada e assexuadamente, garantindo-se com as duas estratégias evolutivas (Figura 8.23), mas algumas espécies reproduzem-se apenas assexuadamente. É claro, entretanto, que os ancestrais destas foram capazes de reprodução sexuada e que, consequentemente, a reprodução vegetativa representa uma alternativa para a reprodução na ausência de cruzamento. Essa escolha, se fielmente seguida, restringe de modo acentuado a habilidade de adaptação da população a diferentes condições. Faltando recombinação e variabilidade genética, a população não pode adaptar-se às condições de mudança tão prontamente quanto as populações que se reproduzem sexuadamente.

Vantagens e desvantagens da reprodução assexuada e sexuada

Em geral, a reprodução assexuada permite a replicação exata de indivíduos que estão especialmente bem adaptados a certos ambientes e *habitats*. Essa adequação inclui características desejáveis ou que facilitem a sobrevida em um conjunto específico de condições ambientais. Como a população resultante de repro-

Flores
polinizadas
por insetos

Flores
autopolinizadas

Estolho (acima
do solo)

Rizoma (abaixo
do solo)

8.23 Reprodução sexuada e assexuada em violetas. As flores grandes e pequenas estão relacionadas com formas diferentes de reprodução sexuada. As flores maiores são polinizadas por insetos, e as sementes podem ser levadas a uma certa distância da planta-mãe por formigas. As flores menores, localizadas próximo ao solo, são autopolinizadas e nunca abrem. As sementes oriundas dessas últimas caem próximo à planta-mãe e produzem plantas que são geneticamente semelhantes à planta que lhes deu origem. Presumivelmente, tais plantas são mais capazes (em média) de crescer com sucesso nas proximidades da planta-mãe. Ambas as formas de reprodução são sexuadas e implicam recombinação gênica. A reprodução assexuada em violetas ocorre quando caules rastejantes (conhecidos como estolhos, que estão acima do solo, e rizomas, quando estão abaixo dele) produzem novas plantas, geneticamente idênticas à planta-mãe, e desenvolvem-se próximo a ela.

dução assexuada não apresenta recombinação nem variabilidade genética, como já foi mencionado, ela não consegue se ajustar à variação das condições tão rapidamente quanto as populações que conseguem se reproduzir de modo sexuado. Quando um gene de um indivíduo que apresenta reprodução sexuada é danificado ou modificado de modo que se torna deletério, toda a progênie herda o gene. E, quando uma nova estirpe de agente causador de doença surge, toda a progênie da reprodução assexuada é muito provavelmente suscetível a essa nova estirpe.

Como vimos, já que a reprodução sexuada envolve a alternância regular entre meiose e fertilização, ela resulta em significativa diversidade genética em populações naturais e, até certo ponto, ajuda a manter essa diversidade. É menos provável que

os indivíduos com reprodução sexuada tenham progênie com os alelos deletérios existentes na geração parental. E, embora a prole de organismos com reprodução sexuada seja geneticamente variada, é provável que parte da prole apresente combinações de alelos que permitem que resistam a uma doença nova e que transmitam essa resistência a sua progênie.

Teoricamente, a reprodução sexuada é desnecessária se o organismo estiver muito bem adaptado ao ambiente. De modo geral, em tal situação, é necessário que ocorra a reprodução precisa de uma determinada "combinação vitoriosa" presente no organismo. Na verdade, as populações naturais têm que manter um ajuste contínuo diante das constantes mudanças do meio ambiente e terão vantagem aquelas que forem capazes de invadir novos ambientes, em competição com outras.

A reprodução assexuada é uma maneira simples e efetiva de produzir muitos indivíduos novos. A reprodução sexuada, em contrapartida, demanda muita energia e outros recursos. Nas angiospermas, a reprodução sexuada requer não apenas a produção de gametas, mas também o desenvolvimento de flores e de vários outros dispositivos que aumentam as possibilidades de esses gametas serem fertilizados.

A preponderância da reprodução sexuada nos eucariotos atuais sugere que esta é mais vantajosa que a reprodução assexuada, mas ainda não foram plenamente compreendidas as forças precisas que levaram à ampla propagação da reprodução sexuada.

RESUMO

A reprodução sexuada implica meiose e fecundação

A reprodução sexuada requer um tipo especial de divisão nuclear denominada meiose. A meiose é o processo no qual os cromossomos são recombinados e são produzidas células que têm um número haploide (n) de cromossomos. O outro componente fundamental da reprodução sexuada é a fecundação, a união de células haploides que origina o zigoto. A fecundação recompõe o número diploide ($2n$) de cromossomos. Entre os principais grupos de organismos há diferenças específicas no que se refere à época em que o ciclo de vida desses eventos ocorrem.

Os cromossomos eucarióticos contêm proteínas histônicas

Os cromossomos eucarióticos diferem dos cromossomos procarióticos de várias maneiras. Seu DNA está sempre associado a proteínas – basicamente histonas – que desempenham um importante papel na estrutura do cromossomo. A molécula de DNA enrola-se ao redor do núcleo (miolo) de histonas, formando os nucleossomos, que são as unidades básicas de empacotamento do DNA eucariótico.

A meiose é composta por duas divisões nucleares sequenciais e resulta em quatro núcleos (ou células), cada um com um número haploide de cromossomos

Na primeira divisão meiótica (meiose I), os cromossomos homólogos emparelhados sofrem permutação (*crossing-over*) e separam-se. Os cromossomos emparelham-se ao longo de seu comprimento e formam os bivalentes (ou tétrades). Os cromossomos são duplos, cada um composto por duas cromátides. Os quiasmas formam-se entre as cromátides de cromossomos homólogos. Estes quiasmas são as provas visíveis da permutação,

ALGUNS MODOS DE REPRODUÇÃO VEGETATIVA

São muitos e variados os modos de reprodução vegetativa nas plantas. Algumas plantas se reproduzem por meio de estolhos ou estolões – caules delgados e longos que crescem na superfície do solo. No morango cultivado *(Fragaria × ananassa)*, por exemplo, folhas, flores e raízes são produzidas em nós alternados do estolho. Após o segundo nó, a extremidade do estolho levanta-se e se torna espessada. Essa porção que se espessa produz primeiro raízes adventícias e então um novo eixo caulinar que dá continuidade ao estolho.

Os caules subterrâneos ou rizomas também são importantes estruturas reprodutivas, especialmente em gramíneas e ciperáceas. Os rizomas invadem as áreas próximas à planta-mãe, e cada nó pode originar um novo eixo caulinar. As características indesejáveis de muitas ervas daninhas resultam desse tipo de padrão de crescimento, e também muitas plantas de jardim, como as íris, são propagadas quase inteiramente por rizomas. Cormos, bulbos e tubérculos são especializados em reserva e reprodução. A batata inglesa é propagada artificialmente a partir de segmentos de tubérculos, cada um com um ou mais "olhos". Nos fragmentos da batata (conhecidos popularmente como "sementes"), o "olho" origina uma nova planta.

As raízes de algumas plantas – como, por exemplo, cereja, maçã, framboesa e amora – produzem "rebentos" ou brotos que originam novas plantas. As variedades comerciais de banana não produzem sementes e são propagadas por rebentos, que se desenvolvem a partir de gemas nos caules subterrâneos. Se a raiz de um dente-de-leão *(Taraxacum officinale)* for quebrada, quando, por exemplo, se tenta tirá-la do solo, cada fragmento de raiz dará origem a uma nova planta.

Em poucas espécies, também as folhas são estruturas reprodutoras. Um exemplo é a planta de interior *Kalanchoë daigremontiana*, popularmente conhecida pelos americanos como "planta-maternidade" ou "mãe-de-milhares".* Os nomes populares dessa planta baseiam-se no fato de numerosas plântulas se originarem a partir do tecido meristemático localizado em reentrâncias ao longo das margens das folhas. O *Kalanchoë* é comumente propagado por meio dessas pequenas plantas, que, ao alcançarem certo desenvolvimento, caem no solo e enraízam. Outro exemplo de propagação vegetativa ocorre na pteridófita *Asplenium rhizophyllum*; neste seu caso, as plantas jovens são formadas onde as pontas foliares tocam o solo.

Em certas plantas, incluindo algumas árvores de cítricos, orquídeas, certas gramíneas (como o capim-do-prado, *Poa pratensis*) e o dente-de-leão, os embriões das sementes podem ser produzidos assexuadamente a partir da planta-mãe. Esse é um tipo de reprodução vegetativa conhecida como apomixia (ver Capítulo 11). As sementes produzidas desse modo dão origem a plantas geneticamente idênticas à planta-mãe porque não há meiose e não é necessário fecundação para produzir um embrião apomítico. Este é outro exemplo de reprodução assexuada.

A

B

Reprodução vegetativa. A. O morango *(Fragaria × ananassa)* é propagado de forma assexuada por estolhos. Os morangueiros também produzem flores e se reproduzem de forma sexuada. **B.** *Kalanchoë daigremontiana*, mostrando pequenos brotos nas incisuras existentes ao longo das margens das folhas. **C.** Pteridófita *Asplenium rhizophyllum*, mostrando como as folhas criam raízes em suas pontas e produzem novas plantas (visíveis aqui em três das folhas, uma embaixo e duas no alto à direita). Desse modo, essa samambaia consegue formar grandes colônias de plantas geneticamente idênticas.

C

---

*N.R.T.: Essa planta apresenta características semelhantes às da conhecida folha-da-fortuna *(Kalanchoë crenata)*.

Tabela-resumo Comparação das principais características da mitose e da meiose*

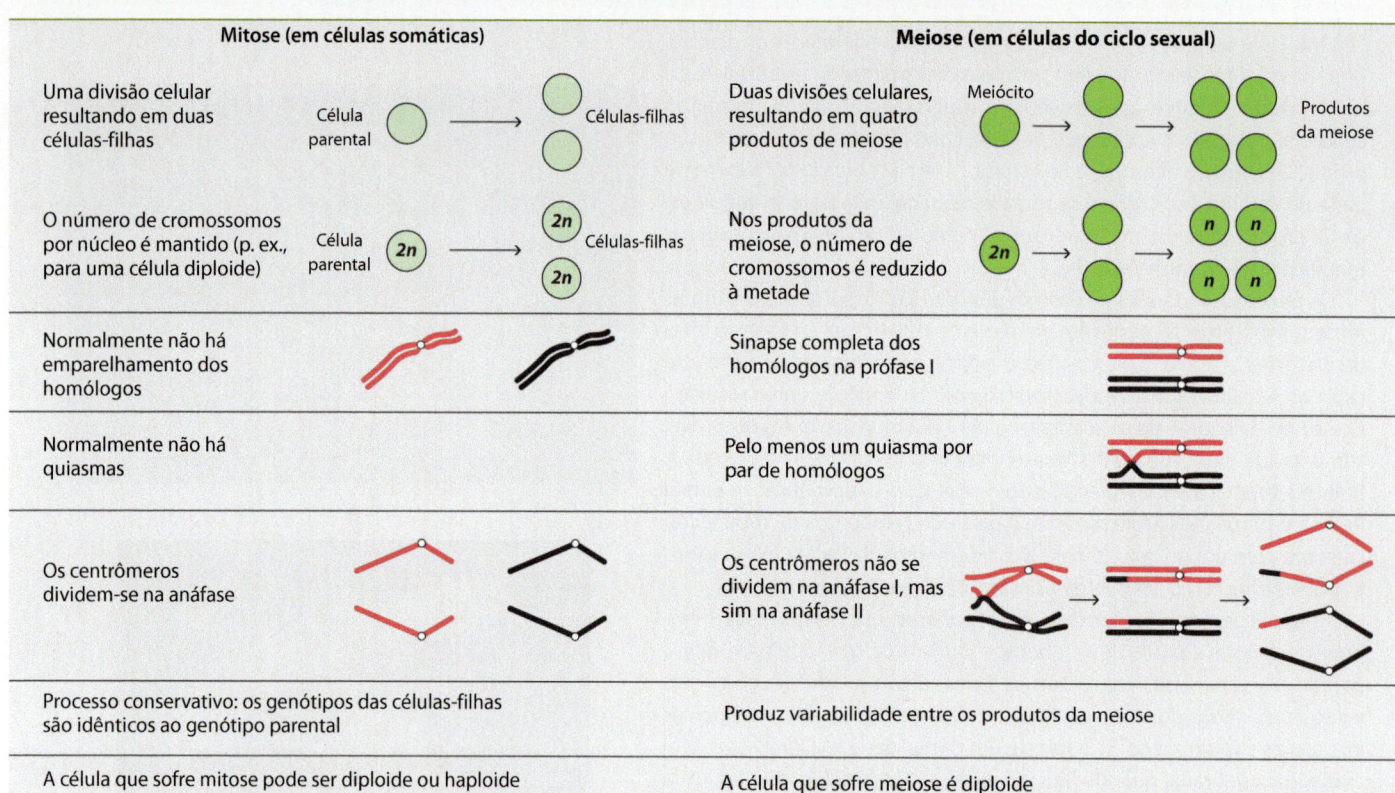

Mitose (em células somáticas)	Meiose (em células do ciclo sexual)
Uma divisão celular resultando em duas células-filhas	Duas divisões celulares, resultando em quatro produtos de meiose
O número de cromossomos por núcleo é mantido (p. ex., para uma célula diploide)	Nos produtos da meiose, o número de cromossomos é reduzido à metade
Normalmente não há emparelhamento dos homólogos	Sinapse completa dos homólogos na prófase I
Normalmente não há quiasmas	Pelo menos um quiasma por par de homólogos
Os centrômeros dividem-se na anáfase	Os centrômeros não se dividem na anáfase I, mas sim na anáfase II
Processo conservativo: os genótipos das células-filhas são idênticos ao genótipo parental	Produz variabilidade entre os produtos da meiose
A célula que sofre mitose pode ser diploide ou haploide	A célula que sofre meiose é diploide

*De Anthony J. F. Griffiths, William M. Gelbart, Richard C. Lewontin, Jeffrey H. Miller. *Modern Genetic Analysis*, 2 ed. 2002. W.H. Freeman and Company, New York (Figure 4.24).

isto é, da troca de segmentos de cromátides entre cromossomos homólogos. Os bivalentes alinham-se ao acaso no plano equatorial, mas com os centrômeros dos cromossomos emparelhados, em cada um dos lados do plano. Assim, os cromossomos de origem materna e os de origem paterna recombinam-se de modo independente durante a anáfase I. Esta combinação independente, com a permutação, assegura que todos os produtos da meiose sejam diferentes entre si e diferentes também do conjunto de cromossomos parentais. Assim, a meiose permite a expressão da variabilidade, que está armazenada no genótipo diploide. Na segunda divisão da meiose (meiose II), as duas cromátides de cada cromossomo separam-se como na mitose.

Os experimentos de Mendel forneceram os fundamentos da genética moderna

Os experimentos de cruzamentos com plantas de ervilha-de-jardim, realizados por Gregor Mendel, mostraram que as características hereditárias são determinadas por fatores isolados (atualmente chamados genes). Formas diferentes do mesmo gene são denominadas alelos. Segundo o princípio de segregação de Mendel, cada indivíduo tem um par de alelos e os membros de cada par de alelos segregam-se (ou seja, separam-se) durante a formação do gameta. Quando dois gametas são unidos na fecundação, a descendência recebe um alelo de cada um dos parentais. Os membros de um determinado par de alelos podem ser iguais (homozigóticos) ou diferentes (heterozigóticos).

Os alelos podem ser dominantes ou recessivos

A constituição genética de um organismo é o seu genótipo, e suas características observáveis correspondem ao seu fenótipo.

Um alelo que se expressa no fenótipo de um indivíduo heterozigoto excluindo o outro alelo é um alelo dominante. Um alelo cujos efeitos ficam encobertos no fenótipo de um indivíduo heterozigoto é um alelo recessivo. Nos cruzamentos entre dois indivíduos heterozigotos para o mesmo gene, a razão esperada na descendência do fenótipo dominante em relação ao recessivo é de 3:1.

Os genes não ligados segregam-se independentemente durante a meiose, mas alguns genes no mesmo cromossomo são ligados

O segundo princípio de Mendel – o da segregação independente – aplica-se ao comportamento de dois ou mais genes diferentes. O princípio afirma que, durante a formação dos gametas, os alelos de um gene segregam-se independentemente dos alelos do outro gene. Quando são cruzados organismos heterozigotos para cada um dos dois genes com segregação independente, a razão fenotípica esperada na descendência é de 9:3:3:1.

Entretanto, estudos de Bateson mostraram que, embora alguns genes se segreguem independentemente, outros tendem a permanecer juntos. Tais genes estão próximos no mesmo cromossomo e estão ligados. Os mapas de ligação são construídos tendo como base a quantidade de permutação que ocorre entre genes e podem fornecer uma aproximação da localização dos genes nos cromossomos.

As mutações são mudanças na constituição genética de um indivíduo

As mutações são alterações ao acaso no genótipo. As mutações diferentes de um único gene aumentam a diversidade de alelos do gene na população. Consequentemente, as mutações fornecem a variabilidade entre os organismos, que é a matéria-prima para a evolução. Há vários tipos de mutações: mutações de ponto, deficiências, duplicações, inversões, translocações e alterações no número dos cromossomos.

Pode ocorrer dominância incompleta entre os alelos, e estes podem existir em mais de duas formas

Muitas características são herdadas, segundo os padrões descobertos por Mendel. Entretanto, para outras características – talvez para a maioria – os padrões de herança são mais complexos. Embora muitos alelos interajam de modo dominante-recessivo, alguns mostram variados graus de dominância incompleta, apresentando fenótipos intermediários. Em uma população de organismos, podem existir alelos múltiplos de um único gene, mas apenas dois alelos estão presentes em qualquer indivíduo diploide.

Genes diferentes também podem interagir entre si

Os fenótipos novos podem resultar de interações entre os genes ou os genes podem afetar um ao outro devido à epistasia, fazendo com que um encubra o efeito do outro. A expressão fenotípica de muitas características é influenciada por múltiplos genes. Esse fenômeno é conhecido como herança poligênica. Tais características frequentemente mostram variação contínua em uma população, representada por uma curva em forma de sino. Ao contrário, um único gene pode afetar duas ou mais características não relacionadas. Esta propriedade de um gene é conhecida como pleiotropia.

Alguns genes estão localizados no citoplasma

Embora a maioria das características herdadas pela célula seja devida a contribuições de genes nucleares, algumas características são controladas por genes localizados no citoplasma – especificamente, em plastídios e mitocôndrias. Esse fenômeno é conhecido como herança citoplasmática.

O fenótipo é resultado da interação do genótipo com o meio ambiente

A expressão gênica é afetada por fatores presentes nos meios interno e externo. As variações na expressão de determinados alelos podem resultar de influências do meio ambiente, interações com outros genes, ou de ambos.

Ao contrário da reprodução assexuada, a reprodução sexuada resulta em diversidade

A reprodução assexuada resulta em descendentes que são idênticos a um de seus parentais, enquanto a reprodução sexuada produz grande diversidade genética nas populações naturais. Na ausência de recombinação e variabilidade genética, as plantas produzidas por reprodução assexuada não são capazes de se ajustar prontamente às condições de mudança como as plantas da mesma espécie produzidas sexuadamente.

Autoavaliação

1. Quais são os dois eventos críticos na reprodução sexuada dos eucariotos?

2. Faça a distinção entre quiasma e permutação; e entre complexo sinaptonêmico e sinapse.

3. Qual é a diferença principal entre a anáfase I meiótica e a anáfase II meiótica?

4. Em que aspectos a meiose difere da mitose?

5. Faça a distinção entre os seguintes termos: gene e alelo; genótipo e fenótipo; epistasia e pleiotropia.

6. Por que um homozigótico recessivo é sempre usado em um cruzamento-teste?

7. Explique como o movimento dos cromossomos durante a meiose está relacionado com os dois princípios ou leis de Mendel.

8. Uma planta de ervilha pertencente a uma linhagem pura para as características sementes lisas e verdes (*RRyy*) é cruzada com uma planta de linhagem pura para sementes rugosas e amarelas (*rrYY*). Cada parental é homozigótico para uma característica dominante e para uma característica recessiva. (a) Qual será o genótipo da geração F_1? (b) Qual será o fenótipo da geração F_1? (c) As sementes F_1 foram plantadas e suas flores foram autopolinizadas. Desenhe um diagrama de Punnett para determinar as razões dos fenótipos na geração F_2. Como esses resultados são comparáveis com aqueles do experimento da Figura 8.15?

9. Em trombeteira (*Datura stramonium*), o alelo para pétalas violeta (*W*) é dominante sobre o alelo para pétalas brancas (*w*) e o alelo para cápsulas com espinhos (*S*) é dominante sobre a característica cápsulas lisas (*s*). Uma planta com pétalas brancas e cápsulas com espinhos foi cruzada com uma planta com pétalas violeta e cápsulas lisas. A geração F_1 foi composta por 47 plantas com pétalas brancas e cápsulas com espinhos, 45 plantas com pétalas brancas e cápsulas lisas, 50 plantas com pétalas violeta e cápsulas com espinhos e 46 plantas com pétalas violeta e cápsulas lisas. Quais eram os genótipos dos parentais?

10. Explique o que se quer dizer com herança citoplasmática e com herança materna.

Química da Hereditariedade e Expressão Gênica

◀ **Polinização de plantas.** Sob a direção de ácidos nucleicos, as plantas sintetizam moléculas orgânicas, como as proteínas e óleos presentes no pólen e os açúcares contidos no néctar. Enquanto procuram o néctar, as abelhas transportam grãos de pólen produtores de gametas masculinos (células espermáticas) de uma flor para outra. Nesse processo, as oosferas acabam sendo fertilizadas, e a informação genética é recombinada.

Quando não restavam mais dúvidas sobre a existência dos genes e a sua localização nos cromossomos, os cientistas começaram a concentrar suas pesquisas na descoberta de como os cromossomos podem carregar uma quantidade tão enorme de informações muito complexas.

As primeiras análises químicas revelaram que os cromossomos eucarióticos consistem em *ácido desoxirribonucleico (DNA)* e proteína, presentes em quantidades quase iguais. Quando ficou claro para os pesquisadores que os cromossomos carregavam a informação genética, eles procuraram, então, determinar qual de seus constituintes, a proteína ou o DNA, desempenha esse papel essencial. No início da década de 1950, já haviam sido obtidas inúmeras evidências sobre o papel do DNA como material genético. Entretanto, foi somente depois da descoberta da estrutura do DNA que os cientistas passaram a compreender como o DNA realmente transporta a informação genética.

Estrutura do DNA

No início da década de 1950, um jovem cientista norte-americano, James Watson, foi para Cambridge, na Inglaterra, com uma bolsa de estudos para pesquisar problemas da estrutura mole-

cular. Lá, no laboratório Cavendish, conheceu o físico Francis Crick. Ambos estavam interessados no DNA e logo começaram a trabalhar juntos para resolver o problema de sua estrutura molecular. Eles não realizaram experimentos no sentido habitual da palavra, mas começaram a examinar todos os dados disponíveis sobre o DNA fornecidos por outros pesquisadores e procuraram solucionar o enigma da estrutura do DNA.

Cada fita de DNA consiste em um polímero de quatro nucleotídios

Na ocasião em que Watson e Crick começaram seus estudos sobre o DNA, já se havia acumulado muitas informações sobre o assunto. Sabia-se que o DNA era uma molécula grande, longa e fina, composta de quatro tipos diferentes de moléculas, denominadas nucleotídios (ver Capítulo 2). Cada nucleotídio contém um núcleo fosfato, o açúcar desoxirribose, e uma das quatro bases nitrogenadas: *adenina, guanina, citosina* e *timina*. Duas dessas bases, a adenina e a guanina, assemelham-se na sua estrutura e são denominadas *purinas*. As outras duas bases, a citosina e a

PONTOS PARA REVISÃO

Após a leitura deste capítulo, você deverá ser capaz de responder às seguintes questões:

1.	Como ocorre a replicação do DNA?
2.	Qual é a natureza do código genético e em que sentido ele é universal?
3.	Descreva os principais passos da transcrição do RNA a partir do DNA
4.	Onde ocorre a tradução em uma célula eucariótica e quais os principais passos desse processo?
5.	Cite alguns dos fatores que regulam a expressão gênica nos eucariotos?

timina, também são semelhantes na sua estrutura e são denominadas *pirimidinas*.

Em 1950, Linus Pauling mostrou que regiões das proteínas frequentemente assumem a forma de uma hélice (ver Capítulo 2), e que a estrutura helicoidal é mantida por pontes de hidrogênio entre aminoácidos em sucessivas voltas da hélice. Pauling até mesmo sugeriu que a estrutura do DNA poderia ser semelhante. Estudos subsequentes com raios X, realizados por Rosalind Franklin e Maurice Wilkins, no Kings College, em Londres, forneceram uma forte evidência de que a molécula de DNA consistia, em sua totalidade, em uma hélice. Outro indício de suma importância veio dos dados obtidos por Erwin Chargaff indicando que a razão entre nucleotídios do DNA contendo timina e aqueles contendo adenina é de aproximadamente 1:1, e que a razão entre nucleotídios contendo guanina e contendo citosina também é de aproximadamente 1:1.

O DNA existe na forma de dupla-hélice

Watson e Crick, ao reunirem os diversos dados disponíveis, foram capazes de deduzir que o DNA não é uma hélice de fita simples, como aquela encontrada em muitas proteínas, mas uma dupla-hélice entrelaçada. Se você pegar uma escada de mão e torcê-la na forma de uma hélice, mantendo os degraus perpendiculares aos lados, você terá um modelo grosseiro de uma dupla-hélice (Figura 9.1). Os dois lados da escada de mão são constituídos de moléculas de açúcar alternadas e de grupos fosfato. Os degraus da escada são formados por pares de adenina (A) com timina (T) e de guanina (G) com citosina (C) – uma base para cada açúcar-fosfato, em que cada um dos degraus é formado por duas bases. As bases pareadas encontram-se no interior da hélice e são ligadas por pontes de hidrogênio, as ligações relativamente fracas que, como Pauling havia demonstrado, contribuem para a estrutura das proteínas.

À medida que Watson e Crick trabalhavam com os dados obtidos, eles foram montando modelos de lata e arame das possíveis estruturas da dupla-hélice, testando onde cada peça poderia se encaixar nesse quebra-cabeça tridimensional (Figura 9.2A). Fizeram a descoberta excitante de que, para produzir um modelo compatível com todos os dados reunidos, uma adenina só podia "se emparelhar" com uma timina, enquanto uma guanina só podia "se emparelhar" com uma citosina na dupla-hélice, visto que apenas essas duas combinações de bases formam as pontes de hidrogênio corretas. A adenina forma duas pontes de hidrogênio com a timina, enquanto a guanina forma três pontes de hidrogênio com a citosina. Por conseguinte, os "degraus" de nossa "escada de mão" consistem apenas em pares de A-T e de G-C.

A estrutura em dupla-fita de uma pequena porção de uma molécula de DNA é mostrada na Figura 9.3. Em cada fita, o grupo fosfato que une duas moléculas de desoxirribose liga-se a um açúcar na posição 5′ (carbono 5 da desoxirribose) e ao outro açúcar na posição 3′(o terceiro carbono do anel da desoxirribose). Por conseguinte, cada fita tem uma extremidade 5′ e outra extremidade 3′. Além disso, as duas fitas seguem em direções opostas – isto é, a direção da extremidade 5′ para a extremidade 3′ de uma fita é oposta àquela da outra fita (*i. e.*, as fitas são *antiparalelas*).

O modelo de Watson-Crick explica de maneira simples e lógica as razões entre bases observadas por Chargaff – isto é, a quantidade de A é igual à de T, e a quantidade de C é igual à de G. Talvez a propriedade mais importante do modelo esteja no

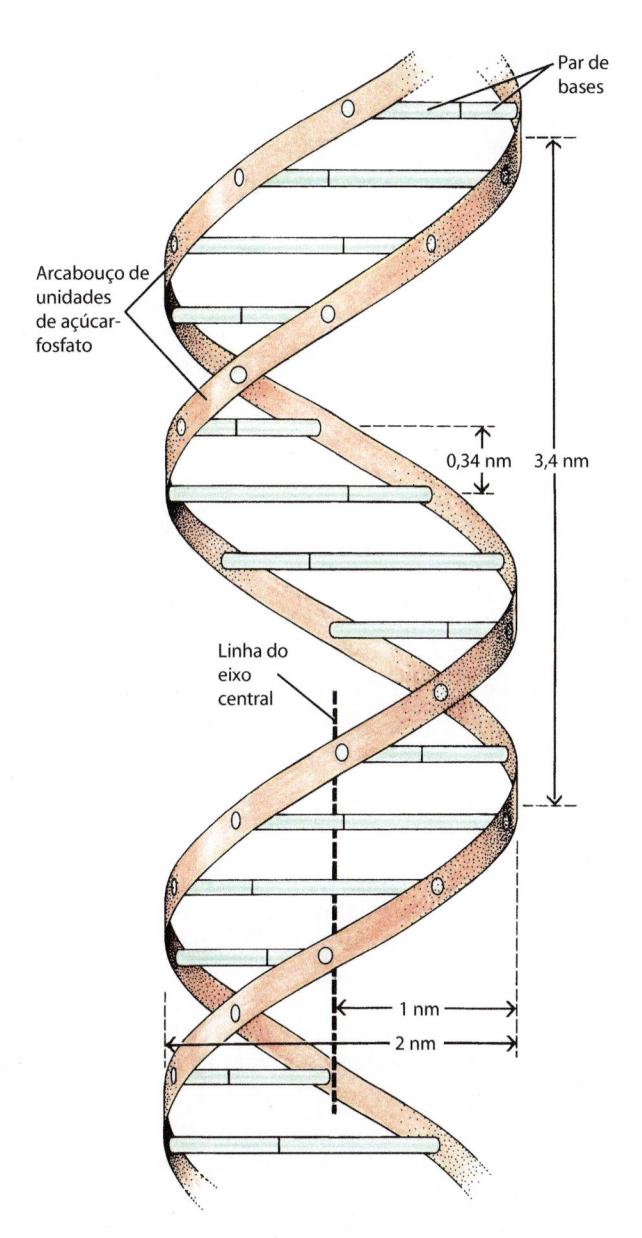

9.1 Hélice de DNA. A estrutura em dupla-hélice do DNA, como foi apresentada pela primeira vez por Watson e Crick, em 1953. O arcabouço da hélice é composto pelas unidades de açúcar-fosfato dos nucleotídios. Os degraus são formados pelas quatro bases nitrogenadas: adenina e guanina (as purinas) e timina e citosina (as pirimidinas). Cada degrau consiste em um par de bases. O conhecimento das distâncias em nanômetros (nm) mostradas aqui foi crucial para estabelecer a estrutura detalhada da molécula de DNA. Essas distâncias foram determinadas por Rosalind Franklin a partir de fotografias do DNA por difração de raios X.

fato de que as duas fitas estão complementares. Ou seja, cada fita contém uma sequência de bases que irá se emparelhar de modo específico com as bases da outra fita, de modo que a sequência de bases de uma fita pode ser usada para determinar a sequência de bases de outra fita, a *fita complementar*.

No que poderia ser considerado como uma das grandes subestimações de todos os tempos, Watson e Crick escreveram em sua publicação original: "Não deixamos de reparar que o pareamento específico que postulamos sugere imediatamente um possível mecanismo de cópia do material genético". Em 1962, nove anos após a publicação de seu modelo para a estrutura do

 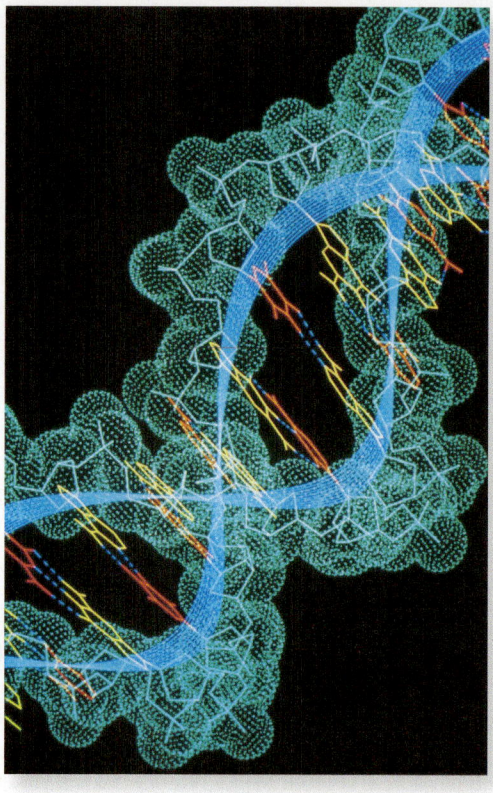

A   B

9.2 Modelos do DNA. A. James Watson (à esquerda) e Francis Crick em 1953, com um de seus modelos de DNA. Na ocasião em que anunciaram a descoberta da estrutura do DNA, Watson tinha 23 anos e Crick, 34. **B.** Modelo gerado por computador de parte de uma molécula de DNA. O arcabouço de açúcar-fosfato está indicado pelas fitas azuis e pontos verdes. As purinas estão indicadas em amarelo, e as pirimidinas, em vermelho. As pontes de hidrogênio que ligam os pares de bases estão representadas por linhas tracejadas azuis.

Em 1993, 40 anos depois de sua descoberta, Watson observou: "A molécula é tão bonita. Sua glória refletiu-se em Francis e em mim. Creio que tenho passado o resto da minha vida tentando provar que a minha pessoa estava à altura de ser associada à descoberta do DNA, o que tem sido uma tarefa difícil." Crick replicou: " A molécula nos fez perder a visibilidade."

DNA, Watson, Crick e Wilkins compartilharam o Prêmio Nobel em reconhecimento a seus importantes estudos. (Infelizmente, Rosalind Franklin morreu e não pôde compartilhar o Prêmio Nobel póstumo.)

Replicação do DNA

Uma propriedade essencial do material genético é sua capacidade de fazer cópias exatas de si mesmo. Como Watson e Crick observaram inicialmente, o mecanismo pelo qual o DNA pode se autorreplicar está implícito na estrutura de dupla-fita e complementar da hélice do DNA.

No momento da replicação do DNA, a molécula "abre-se localmente como um zíper", com separação das bases emparelhadas à medida que as pontes de hidrogênio são desfeitas. Quando as duas fitas se separam, elas atuam como *moldes* ou guias para a síntese de duas novas fitas. Cada fita fornece o "modelo" para a síntese da nova fita complementar ao longo de seu comprimento (Figura 9.4), utilizando os nucleotídios livres na célula. Se uma T estiver presente na fita original (molde), apenas uma A poderá encaixar-se na localização adjacente da nova fita; uma G irá se emparelhar apenas com uma C, e assim por diante. Desse modo, cada fita forma uma cópia da fita parceira original, e são produzidas duas réplicas exatas da molécula. A velha questão de como a informação hereditária é duplicada e transmitida de geração para geração estava respondida.

A replicação do DNA é um processo que só ocorre uma vez em cada geração da célula, durante a fase S do ciclo celular (ver Capítulo 3). Trata-se do primeiro evento da duplicação dos cromossomos. Na maioria das células eucarióticas, a replicação do DNA leva finalmente à mitose; entretanto, nas células que dão origem aos meiósporos ou aos gametas, ela leva à meiose.

O princípio de replicação do DNA, em que cada fita da dupla-hélice serve como molde para a formação de uma nova fita, é relativamente simples e fácil de entender. Entretanto, o processo pelo qual a célula efetua essa replicação é, na verdade, muito complexo. À semelhança de outras reações bioquímicas da célula, a replicação do DNA necessita de várias enzimas diferentes, cada uma delas catalisando uma etapa específica do processo.

A replicação do DNA sempre começa em sequências específicas de nucleotídios, conhecidas como *origens de replicação*. A iniciação exige proteínas iniciadoras especiais e enzimas conhecidas como *helicases* (Figura 9.6) que rompem as pontes de hidrogênio que ligam as bases complementares na origem da replicação, abrindo a hélice de modo que a replicação possa ocorrer. As proteínas de ligação a DNA de fita simples mantêm as duas fitas separadas e permitem que as enzimas necessárias para a síntese se liguem a estas fitas. A síntese das novas fitas é catalisada por enzimas conhecidas como *DNA polimerases*. A replicação do DNA necessita de um RNA iniciador (*primer*)

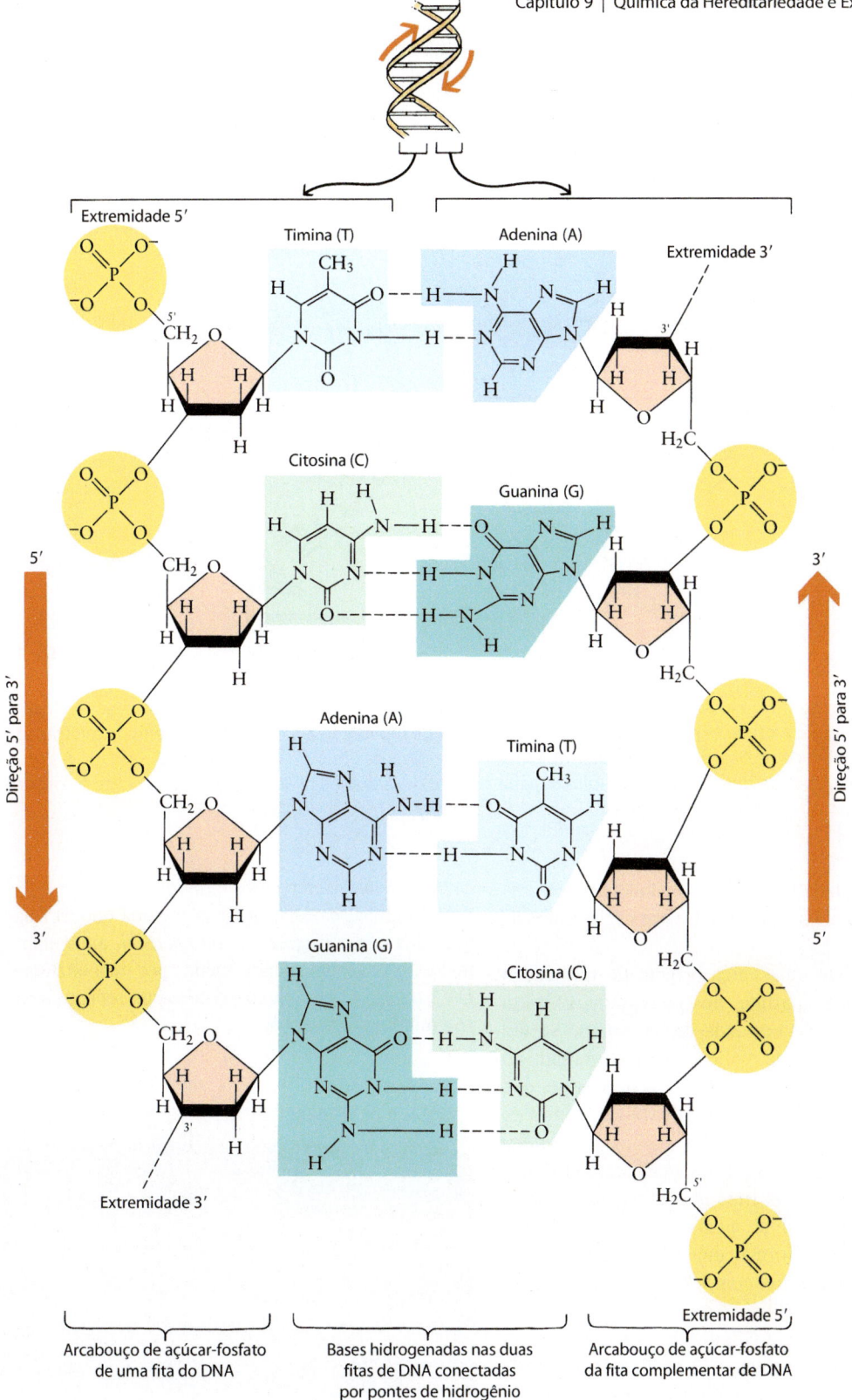

9.3 Estrutura molecular do DNA. Estrutura da dupla-hélice de uma pequena porção de uma molécula de DNA. Cada nucleotídio consiste em um grupo fosfato, um açúcar (desoxirribose) e uma base purínica ou pirimidínica.

Observe a sequência repetida de açúcar-fosfato-açúcar-fosfato que forma o arcabouço de cada fita da molécula. Cada grupo fosfato está ligado ao carbono 5′ de uma subunidade de açúcar e ao carbono 3′ da subunidade de açúcar do nucleotídio adjacente. Por conseguinte, cada fita da molécula de DNA tem uma extremidade 5′ e outra extremidade 3′ determinadas por esses carbonos 5′ e 3′. As fitas são antiparalelas – isto é, a direção de 5′ para 3′ em uma fita é oposta àquela da outra fita.

As fitas são mantidas unidas por pontes de hidrogênio (representadas aqui por linhas tracejadas) entre as bases. Observe que a adenina e a timina formam duas fontes de hidrogênio, enquanto a guanina e a citosina formam três. Em virtude desses requisitos de ligação, a adenina só pode emparelhar com a timina, e a guanina apenas com a citosina. Dessa maneira, a ordem de bases ao longo de uma fita determina a ordem de bases ao longo da outra fita.

A sequência de bases varia de uma molécula de DNA para outra. Costuma ser escrita como a sequência na direção 5′ para 3′ em uma das fitas. Aqui, utilizando a fita da esquerda, a sequência é TCAG.

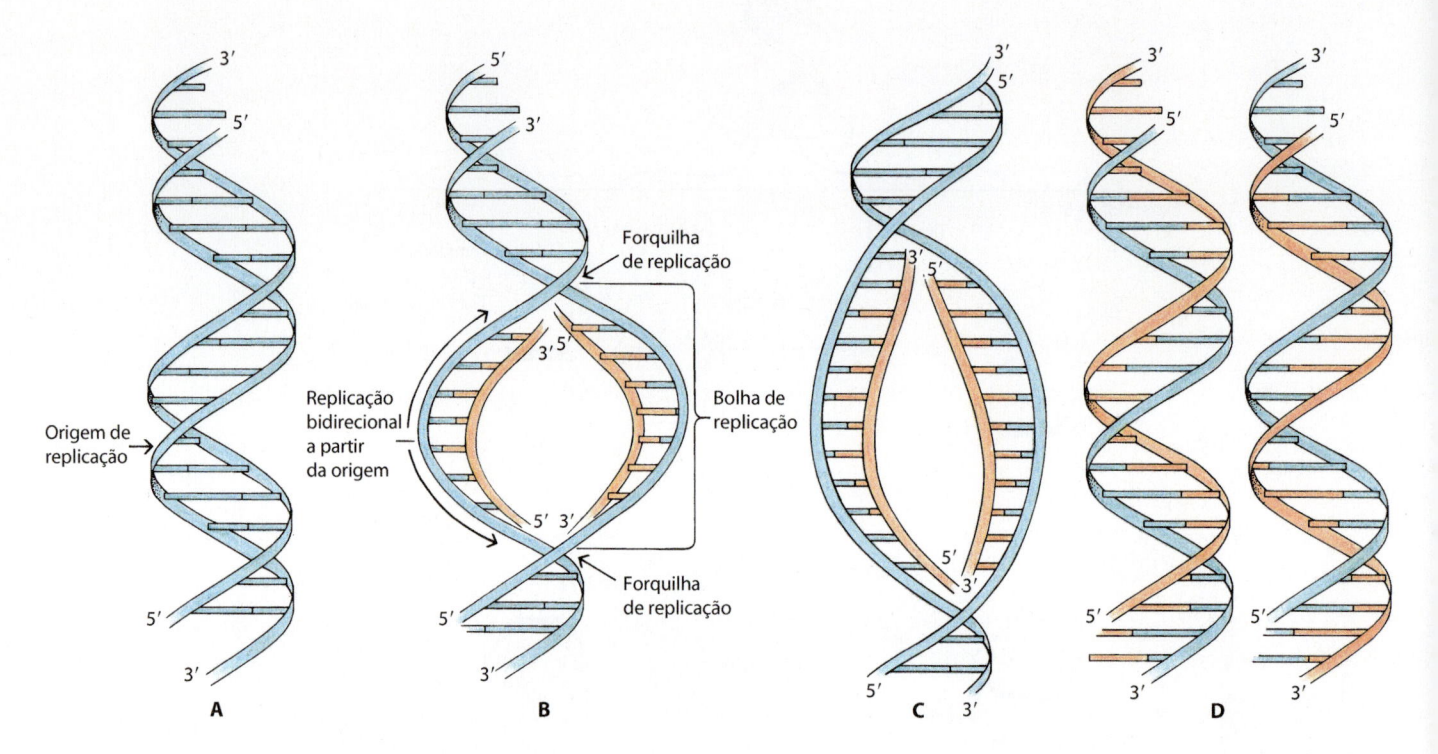

9.4 Visão geral da replicação do DNA. A. As duas fitas da molécula de DNA separam-se na origem da replicação em consequência da ação de proteínas de iniciação e enzimas especiais. **B, C.** As duas forquilhas de replicação afastam-se da origem de replicação em direções opostas, formando uma bolha de replicação que se expande em ambas as direções (bidirecionalmente). **D.** Quando a síntese das novas fitas de DNA está completa, as duas cadeias de fitas duplas separam-se em duas duplas-hélices novas. Cada hélice é constituída de uma fita velha e uma fita nova.

curto para iniciar a síntese de DNA; esses iniciadores (*primers*) são posteriormente removidos e substituídos por nucleotídios de DNA.

Nos procariotos, existe uma única origem de replicação no cromossomo. Em contrapartida, nos eucariotos, existem muitas origens de replicação em cada cromossomo. Se um DNA eucariótico em processo de replicação for examinado ao microscópio eletrônico, as regiões localizadas de síntese, que se formam nas numerosas origens de replicação ao longo de uma molécula de DNA, aparecerão como "olhos" ou *bolhas de replicação* (Figuras 9.4 e 9.5). Em cada uma das extremidades de uma bolha, onde as fitas existentes estão sendo separadas, e as novas fitas complementares estão sendo sintetizadas, a molécula parece formar uma estrutura em forma de Y. Essa estrutura é conhecida como *forquilha de replicação*. As duas forquilhas de replicação movem-se em direções opostas, afastando-se da origem (Figura 9.4) de modo que a replicação é considerada *bidirecional*. A replicação progride ao longo do cromossomo linear à medida que cada bolha de replicação se expande bidirecionalmente até encontrar uma bolha adjacente.

A DNA polimerase sintetiza novas fitas de DNA apenas na direção 5′ para 3′. Por conseguinte, ao longo de uma das fitas originais, o DNA pode ser sintetizado continuamente na direção 5′ para 3′, como uma única unidade. Esse DNA recém-sintetizado é conhecido como *cadeia* ou *fita precoce* (*leading*). Em virtude da estrutura antiparalela do DNA e da direcionalidade da DNA polimerase, a outra fita de DNA é sintetizada, novamente na direção 5′ para 3′ como uma série de fragmentos. Esses fragmentos da denominada *cadeia* ou *fita tardia* (*lagging*) são,

cada um deles, sintetizados individualmente na direção *oposta* à direção global da replicação. À medida que os fragmentos, conhecidos como *fragmentos de Okazaki*, aumentam de comprimento, eles acabam sendo unidos por uma enzima denominada *DNA ligase*. O complexo processo de replicação de DNA está resumido na Figura 9.6.

9.5 Bolhas de replicação. A replicação dos cromossomos eucarióticos é iniciada em vários pontos – tem múltiplas origens. Cada bolha de replicação individual estende-se até finalmente encontrar outra bolha de replicação, unindo-se a ela. Nessa micrografia eletrônica de um cromossomo em replicação em uma célula embrionária da mosca-da-fruta (*Drosophila*), as bolhas de replicação estão indicadas por setas.

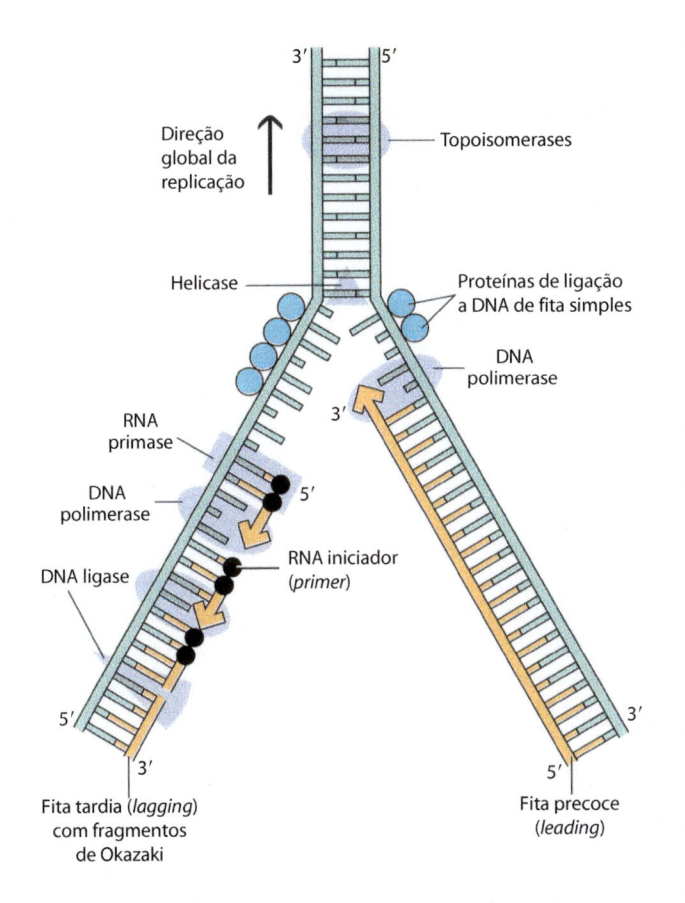

Direção global da replicação

Topoisomerases

Helicase

Proteínas de ligação a DNA de fita simples

DNA polimerase

RNA primase

DNA polimerase

DNA ligase

RNA iniciador (*primer*)

Fita tardia (*lagging*) com fragmentos de Okazaki

Fita precoce (*leading*)

9.6 Resumo da replicação do DNA. As duas fitas da dupla-hélice de DNA se separam, e novas fitas complementares são sintetizadas pela DNA polimerase na direção 5′ para 3′, utilizando as fitas originais como molde.

Cada fita nova começa com um RNA iniciador (*primer*) curto, formado pela enzima RNA primase. A síntese da fita precoce (*leading*), que requer um único RNA iniciador (não mostrado no diagrama), é contínua. Entretanto, a síntese da fita tardia (*lagging*), que ocorre na direção oposta à direção global da replicação, é descontínua. Esses segmentos curtos de DNA da fita tardia, que necessitam, cada um deles, de um RNA iniciador individual, são denominados fragmentos de Okazaki. A síntese de cada fragmento de Okazaki termina quando a DNA polimerase encontra o RNA iniciador ligado à extremidade 5′ do fragmento anterior. Após substituição do RNA iniciador do fragmento de Okazaki anterior por nucleotídios de DNA, o fragmento é unido à fita em crescimento pela enzima DNA ligase.

As enzimas denominadas topoisomerases impedem a torção da molécula de DNA sobre ela própria à medida que as duas fitas são separadas, e há desenvolvimento de tensão à frente da forquilha de replicação.

Do DNA à proteína | O papel do RNA

Watson e Crick descobriram a natureza química do gene e sugeriram o modo pelo qual ele se autoduplica; entretanto, muitas questões permaneceram sem resposta, como, por exemplo, de que modo a sequência de nucleotídios no DNA especifica a sequência de aminoácidos em uma proteína?

As pesquisas para responder a essa questão chegaram ao *ácido ribonucleico (RNA)*, a molécula irmã do DNA (discutida no Capítulo 2). Há muito tempo, suspeitava-se da atuação do RNA, visto que as células que sintetizam grandes quantidades de proteína invariavelmente contêm grandes quantidades de RNA. Além disso, diferentemente do DNA, que é encontrado, em sua maior parte, no núcleo, o RNA é encontrado principalmente no citoplasma, onde ocorre a síntese de proteínas.

À semelhança do DNA, o RNA é uma macromolécula longa de ácido nucleico, que difere do DNA em duas propriedades importantes (Figura 9.7).

1. Nos nucleotídios do RNA, o açúcar componente é a ribose, em lugar da desoxirribose.
2. A base nitrogenada timina que é encontrada no DNA não está presente no RNA. Em seu lugar, o RNA contém uma pirimidina estreitamente relacionada, a *uracila (U)*. À semelhança da timina, a uracila só se emparelha com a adenina.

Três tipos de RNA desempenham papéis como intermediários nas etapas entre o DNA e as proteínas: o RNA mensageiro,

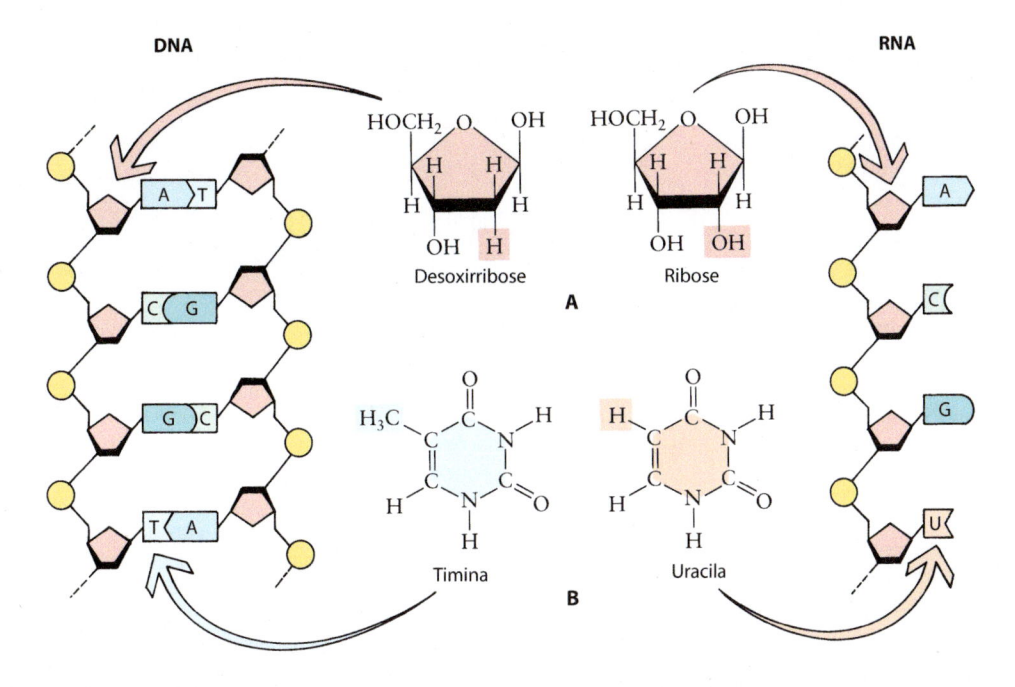

DNA

RNA

Desoxirribose

Ribose

A

Timina

Uracila

B

9.7 Estrutura do RNA. Do ponto de vista químico, o RNA é muito semelhante ao DNA, porém existem duas diferenças em seus nucleotídios. **A.** Uma diferença está no açúcar componente. Em lugar da desoxirribose, o RNA contém ribose, que possui um átomo de oxigênio adicional. **B.** A outra diferença é que, em lugar de timina, o RNA contém uracila (U), uma pirimidina estreitamente relacionada. A uracila, assim como a timina, emparelha-se apenas com a adenina. Além disso, estruturalmente, o RNA, diferente do DNA, tem habitualmente uma fita única e não forma uma hélice normal.

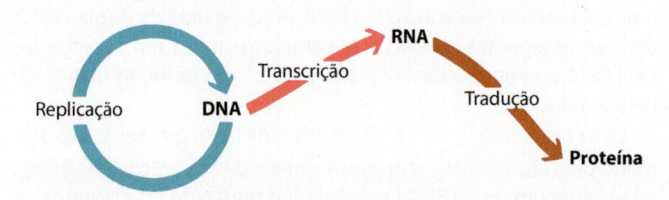

9.8 Transferência da informação na célula. Os três processos de transferência da informação são: replicação, transdução e tradução. A replicação do DNA só ocorre uma vez em cada ciclo celular (ver Capítulo 3), durante a fase S antes da mitose ou da meiose. Entretanto, a transcrição e a tradução ocorrem repetidamente durante as interfases do ciclo celular.

o RNA transportador e o RNA ribossômico. O DNA serve como molde para a síntese de moléculas de *RNA mensageiro (RNAm)* por meio de um processo denominado transcrição. A transcrição segue regras semelhantes àquelas da replicação e é catalisada pela enzima *RNA polimerase*. O papel do RNAm consiste em transportar a mensagem genética do DNA até os ribossomos, que são compostos de *RNA ribossômico (RNAr)* e proteínas.

Os ribossomos, que estão localizados no citosol, constituem os verdadeiros sítios de síntese de proteínas. O papel das moléculas de *RNA transportador (RNAt)*, cada uma das quais é específica para determinado aminoácido, consiste em fazer corresponder à sequência de nucleotídios codificada do RNAm com os aminoácidos adequados, permitindo aos ribossomos unir os aminoácidos juntos, formando um polipeptídio em crescimento. Essa síntese de polipeptídio mediada pelos ribossomos é denominada tradução. É a sequência de nucleotídios no RNAm que determina a sequência de aminoácidos na proteína.

Por conseguinte, o RNA é sintetizado a partir do DNA, e o RNA é utilizado para a síntese de proteínas. Os três processos de transferência de informação são os seguintes: a *replicação* (a síntese de uma molécula íntegra de DNA), a *transcrição* (a síntese de RNAm, que é uma cópia de um segmento de uma fita da dupla-hélice do DNA) e a *tradução* (a síntese de um polipeptídio determinada pela sequência de nucleotídios do RNAm) (Figura 9.8).

Código genético

A identificação do RNAm como cópia funcional da informação genética que determina a sequência de aminoácidos nas proteínas ainda deixou sem solução uma grande questão: como isso ocorre? As proteínas contêm 20 tipos diferentes de aminoácidos, porém tanto o DNA quanto o RNA contêm apenas quatro tipos diferentes de nucleotídios. De algum modo, esses nucleotídios constituem um *código genético* para os aminoácidos.

Como constatado mais tarde, a ideia de um código era útil não apenas como notável metáfora, mas também como analogia funcional. Os cientistas, procurando compreender como a sequência de nucleotídios armazenados na dupla-hélice de DNA podia especificar as estruturas totalmente diferentes das moléculas de proteínas, abordaram o problema com métodos usados por criptógrafos na decifração de códigos.

Como vimos no Capítulo 2, a estrutura primária de determinado tipo de molécula de proteína consiste em um arranjo linear específico dos 20 tipos diferentes de aminoácidos. De modo semelhante, existem quatro tipos diferentes de nucleotí-

dios em uma sequência linear específica na molécula de DNA. Se cada nucleotídio "codificasse" um aminoácido, apenas quatro aminoácidos poderiam ser especificados pelas quatro bases. Se dois nucleotídios fossem responsáveis por especificar um aminoácido, haveria, no máximo, 16, utilizando todos os arranjos possíveis dos nucleotídios ($4 \times 4 = 16$), o que ainda não é suficiente para codificar todos os 20 aminoácidos. Por conseguinte, seguindo a analogia dos códigos, cada aminoácido deve ser especificado por pelo menos três nucleotídios em sequência. Isso forneceria $4 \times 4 \times 4$ ou 64 combinações possíveis ou *códons* – claramente mais do que o suficiente.

O códon de três nucleotídios, ou trinca, foi imediatamente adotado como hipótese de trabalho. Entretanto, sua existência só foi realmente demonstrada quando o código foi finalmente decifrado, uma década após Watson e Crick terem apresentado pela primeira vez a estrutura do DNA. Os cientistas que realizaram os primeiros experimentos cruciais foram Marshall Nirenberg e seu colaborador Heinrich Matthaei, ambos do U. S. National Institutes of Health. Utilizando o conteúdo extraído de células de *Escherichia coli*, aminoácidos marcados com radioatividade e RNA sintéticos que tiveram que produzir, esses cientistas definiram a primeira palavra do código – UUU para fenilalanina – e forneceram um método para definir as outras. Em consequência desses experimentos e de outros semelhantes, mais tarde realizados por diversos laboratórios, foram logo identificados os códons do RNAm para todos os aminoácidos. Dentre as 64 combinações possíveis de trincas, 61 especificam aminoácidos específicos, enquanto três consistem em sinais de parada. Com 61 combinações para codificar apenas 20 aminoácidos, podemos deduzir que há mais de um códon para muitos dos aminoácidos; por esse motivo, o código genético é considerado *redundante*. Conforme ilustrado na Figura 9.9, os códons que especificam o mesmo aminoácido frequentemente só diferem no terceiro nucleotídio.

			Segunda letra					
		U	**C**	**A**	**G**		
Primeira letra (extremidade 5′)	**U**	UUU UUC Phe / UUA UUG Leu	UCU UCC UCA UCG Ser	UAU UAC Tyr / UAA Parada UAG Parada	UGU UGC Cys / UGA Parada UGG Trp	U C A G	Terceira letra (extremidade 3′)
	C	CUU CUC CUA CUG Leu	CCU CCC CCA CCG Pro	CAU CAC His / CAA CAG Gln	CGU CGC CGA CGG Arg	U C A G	
	A	AUU AUC Ile / AUA / AUG Met	ACU ACC ACA ACG Thr	AAU AAC Asn / AAA AAG Lys	AGU AGC Ser / AGA AGG Arg	U C A G	
	G	GUU GUC GUA GUG Val	GCU GCC GCA GCG Ala	GAU GAC Asp / GAA GAG Glu	GGU GGC GGA GGG Gly	U C A G	

9.9 Códigos de trincas. O código genético, que consiste em 64 códons (combinações de trincas de bases do RNAm) e seus aminoácidos correspondentes. (Para os nomes e as estruturas dos 20 aminoácidos, ver a Figura 2.13.) Dos 64 códons, 61 especificam aminoácidos específicos. Os outros três códons consistem em sinais de parada, que determinam o término da cadeia polipeptídica. Como 61 trincas codificam 20 aminoácidos, deve haver obviamente "sinônimos" entre eles; por exemplo, a leucina (Leu) tem seis códons. Entretanto, cada códon especifica apenas um aminoácido.

O código genético é universal

Uma das descobertas mais notáveis da biologia molecular foi o fato de que o código genético é quase idêntico em todos os organismos, com raras exceções. Em circunstâncias apropriadas, os genes das bactérias, por exemplo, podem funcionar perfeitamente em células vegetais. Além disso, genes de plantas podem ser introduzidos em bactérias, onde as proteínas de plantas podem ser então produzidas pela "maquinaria" de síntese de proteínas da célula bacteriana. Essa observação não apenas fornece uma notável demonstração de que toda a vida na Terra teve um ancestral comum, mas também proporciona a base para as técnicas de engenharia genética, que são muito promissoras para os futuros progressos (ver Capítulo 10).

Síntese de proteínas

A informação codificada no DNA e transcrita em RNAm é subsequentemente traduzida em uma sequência específica de aminoácidos de uma cadeia polipeptídica. Os princípios da síntese de proteínas são basicamente semelhantes nas células procarióticas e eucarióticas, embora haja algumas diferenças nos detalhes. Inicialmente, iremos analisar o processo como ele ocorre nas células procarióticas, utilizando *E. coli* como modelo.

O RNA mensageiro é sintetizado a partir de um molde de DNA

Conforme já assinalado, as instruções para a síntese de proteínas são codificadas em sequências de nucleotídios do DNA e são copiadas ou transcritas em moléculas de RNAm, seguindo as mesmas regras de pareamento de bases que governam a replicação do DNA. Cada nova molécula de RNAm é transcrita a partir de uma das duas fitas da hélice do DNA (Figura 9.10). A transcrição é catalisada pela RNA polimerase. As moléculas de RNAm de fita simples que são produzidas nesse processo podem ter mais de 10.000 nucleotídios de comprimento. Sequências específicas de nucleotídios do DNA, denominadas *promotores*, constituem os sítios de ligação da RNA polimerase e, assim, determinam onde começa a síntese de RNA e qual a fita de DNA usada como molde. Quando uma molécula de RNA polimerase se liga a um promotor, e a dupla-hélice do DNA é aberta, o processo de transcrição ou síntese de DNA pode começar. A síntese termina após a RNA polimerase transcrever uma sequência especial do DNA, denominada *terminador*.

Conforme assinalado anteriormente, a síntese de proteínas requer, além das moléculas de RNAm, os dois outros tipos de RNA: o RNA transportador e o RNA ribossômico. Essas moléculas, que são transcritas a partir de seus próprios genes específicos no DNA da célula, diferem do RNAm tanto na sua estrutura quanto na sua função.

Cada RNA transportador carrega um aminoácido

As moléculas de RNA transportador (RNAt) são algumas vezes chamadas "o dicionário da linguagem da vida", por causa do papel que desempenham na tradução da sequência de nucleotídios do RNAm na sequência de aminoácidos de uma proteína. Cada molécula de RNAt é relativamente pequena, constituída de cerca de 80 nucleotídios com regiões que "se dobram sobre si" e pares de bases em segmentos curtos de dupla-hélice (Figura 9.11). Existem mais de 60 moléculas de RNAt diferentes em cada célula, pelo menos uma para cada um dos 20 aminoácidos encontrados nas proteínas.

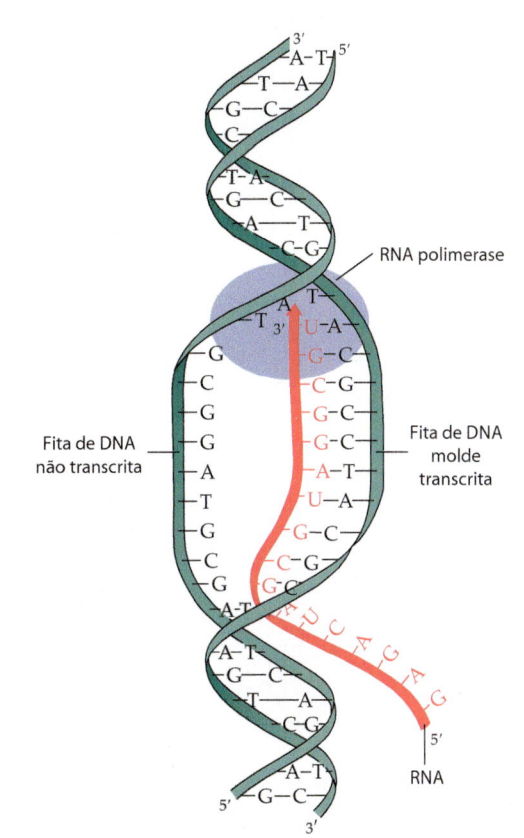

9.10 Transcrição do RNA. No ponto de ligação da enzima RNA polimerase, o DNA se abre, e, à medida que a RNA polimerase se move ao longo da molécula de DNA, as duas fitas se separam. Os nucleotídios, como unidades básicas de construção, são montados no RNA na direção 5′ para 3′. Observe que a fita de RNA é complementar – não idêntica – à fita molde 3′ para 5′ a partir da qual é transcrita. Entretanto, a sua sequência é idêntica àquela da fita de DNA não transcrita (5′ para 3′), exceto pela substituição da timina (T) pela uracila (U).

Cada molécula de RNAt tem dois sítios importantes de ligação. Um desses sítios, o *anticódon*, consiste em uma sequência de três nucleotídios que se liga ao códon de uma molécula de RNAm. O outro sítio, na extremidade 3′ da molécula de RNAt, liga-se a um aminoácido específico. O RNAt com seu aminoácido ligado é denominado *aminoacil-RNAt*. A ligação das moléculas de RNAt a seus aminoácidos apropriados é efetuada por enzimas conhecidas como *aminoacil-RNAt sintetases*. Existem pelo menos 20 aminoacil-RNAt sintetases diferentes, uma ou mais para cada aminoácido.

O RNA ribossômico está associado à proteína para formar um ribossomo

Como o próprio nome indica, o RNA ribossômico (RNAr) é parte integrante de um ribossomo, que consiste em um grande complexo de RNA e moléculas de proteína. Do ponto de vista funcional, os ribossomos são máquinas de síntese de proteínas aos quais as moléculas de RNAt se ligam em uma relação precisa com as moléculas de RNAm, de modo a efetuar uma leitura acurada da mensagem genética codificada no RNAm. Os ribossomos são constituídos de duas subunidades, uma pequena e outra grande, cada uma delas composta de moléculas de RNAt específicas e proteínas (Figura 9.12). A subunidade menor apresenta um *sítio de ligação ao RNAm*. A subunidade maior apresenta três sítios aos quais o RNAt pode se ligar: um *sítio A*

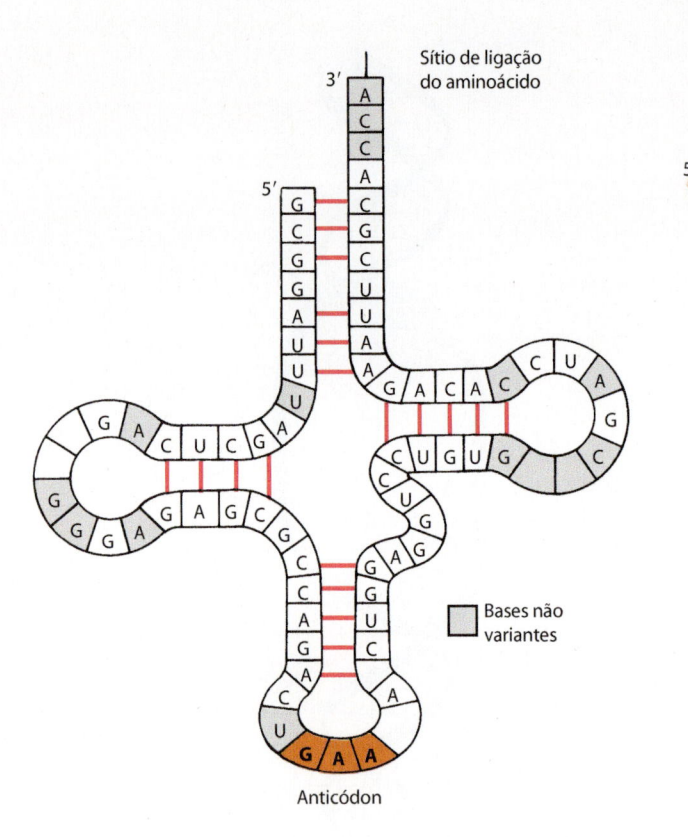

Sítio de ligação do aminoácido

Bases não variantes

Anticódon

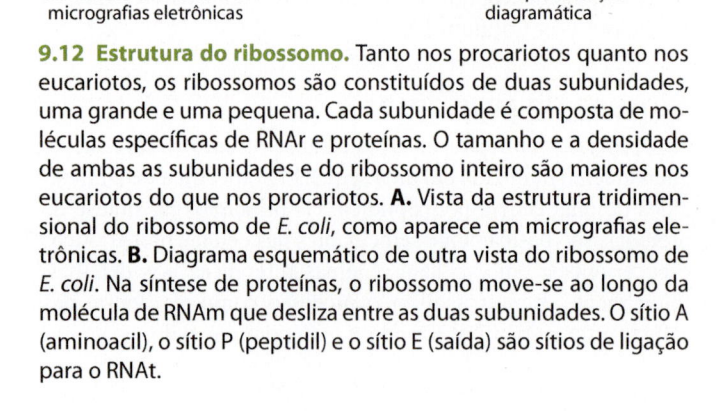

A. Modelo com base em micrografias eletrônicas

B. Representação diagramática

9.12 Estrutura do ribossomo. Tanto nos procariotos quanto nos eucariotos, os ribossomos são constituídos de duas subunidades, uma grande e uma pequena. Cada subunidade é composta de moléculas específicas de RNAr e proteínas. O tamanho e a densidade de ambas as subunidades e do ribossomo inteiro são maiores nos eucariotos do que nos procariotos. **A.** Vista da estrutura tridimensional do ribossomo de *E. coli*, como aparece em micrografias eletrônicas. **B.** Diagrama esquemático de outra vista do ribossomo de *E. coli*. Na síntese de proteínas, o ribossomo move-se ao longo da molécula de RNAm que desliza entre as duas subunidades. O sítio A (aminoacil), o sítio P (peptidil) e o sítio E (saída) são sítios de ligação para o RNAt.

9.11 Estrutura do RNAt. Cada molécula de RNAt consiste em cerca de 80 nucleotídios unidos entre si em uma cadeia simples. A cadeia sempre termina com uma sequência CCA em sua extremidade 3'. Nessa extremidade, um aminoácido liga-se à sua molécula específica de RNAt. Alguns nucleotídios são os mesmos em todos os RNAt; esses nucleotídios são mostrados na cor cinza. Os outros nucleotídios variam de acordo com o RNAt específico. Os boxes não marcados representam nucleotídios modificados incomuns característicos de moléculas de RNAt.

Alguns dos nucleotídios estão ligados entre si por pontes de hidrogênio, conforme indicado pelas linhas vermelhas. Em algumas regiões, nucleotídios não pareados formam alças. Acredita-se que a alça da direita nesse diagrama desempenhe um papel na ligação da molécula de RNAt à superfície do ribossomo. Três dos nucleotídios não pareados (em vermelho) na alça na parte inferior do diagrama formam o anticódon. Servem para "conectar" a molécula de RNAt a um códon de RNAm.

(*aminoacil*), ao qual se liga habitualmente o RNAt que chega transportando um aminoácido; um *sítio P (peptidil)* onde reside o RNAt que está associado à cadeia polipeptídica em crescimento; e um *sítio E* (saída; do inglês *exit*), a partir do qual os RNAt deixam o ribossomo após liberarem seus aminoácidos.

O RNAm é traduzido em proteína

A síntese de proteínas é conhecida como "tradução", visto que ela envolve a transferência de informação de uma linguagem (uma sequência de nucleotídios) em outra (uma sequência de aminoácidos). Na maioria das células, a síntese de proteínas consome mais energia do que qualquer outro processo de biossíntese, devido à grande quantidade de proteínas que são continuamente produzidas. Os principais estágios no processo de tradução são a iniciação, o alongamento da cadeia polipeptídica e o término da cadeia (Figura 9.13).

9.13 Três estágios na síntese de proteínas. A. Iniciação. A subunidade menor do ribossomo liga-se à extremidade 5' da molécula de RNAm. A primeira molécula de RNAt ou iniciador, que carrega o aminoácido modificado fMet, liga-se ao códon de iniciação AUG na molécula de RNAm. A subunidade maior do ribossomo encaixa-se, com o RNAt, ocupando o sítio P (peptidil). Os sítios A (aminoacil) e E (saída) estão desocupados. **B.** Alongamento. Um segundo RNAt com seu aminoácido ligado move-se para o sítio A, e o seu anticódon liga-se ao RNAm. Forma-se uma ligação peptídica entre os dois aminoácidos unidos no ribossomo. Ao mesmo tempo, a ligação entre o primeiro aminoácido e o seu RNAt é rompida. O ribossomo move-se ao longo da cadeia de RNAm, na direção 5' para 3'. O segundo RNAt, com o dipeptídio ligado, move-se do sítio A para o sítio P, à medida que o primeiro RNAt é liberado do ribossomo através do sítio E. Um terceiro RNAt move-se para o sítio A, e outra ligação peptídica é formada. A cadeia peptídica em crescimento está sempre ligada ao RNAt que está se movendo do sítio A para o sítio P, e o RNAt que chega carregando o aminoácido seguinte sempre ocupa o sítio A. Esse passo se repete muitas e muitas vezes até que o polipeptídio esteja completo. **C.** Terminação. Quando o ribossomo chega ao códon de terminação (neste exemplo, UGA), o sítio A é ocupado por um fator de liberação. O polipeptídio é clivado do último RNAt, o RNAt é liberado do sítio P e as duas subunidades do ribossomo se separam.

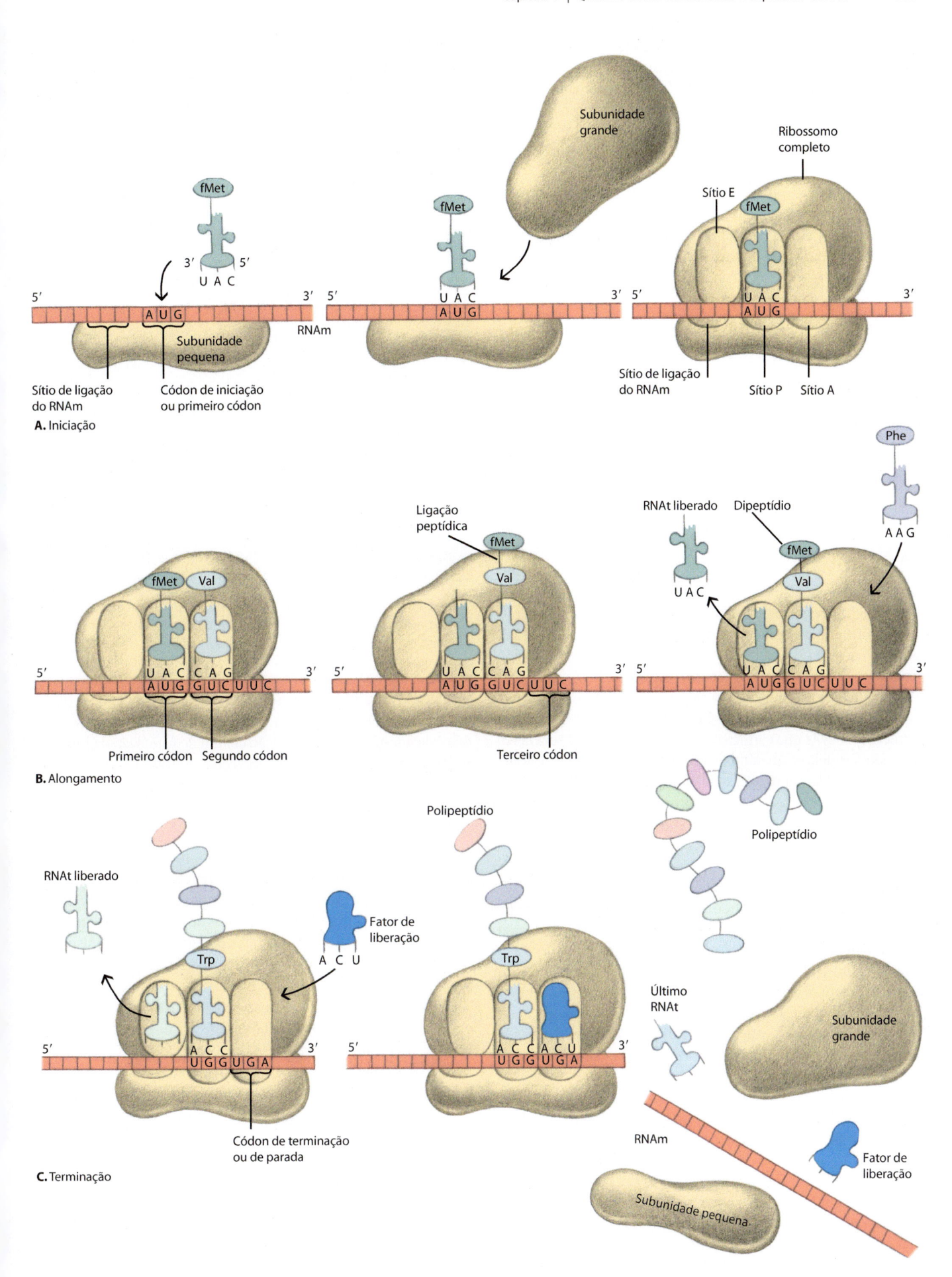

A. Iniciação

B. Alongamento

C. Terminação

A *iniciação* começa quando a subunidade menor do ribossomo se liga a uma fita de RNAm próximo à sua extremidade 5′, expondo o seu primeiro códon, o *códon de iniciação*. A seguir, o anticódon do primeiro RNAt emparelha-se com o códon de iniciação do RNAm de modo antiparalelo: o códon de iniciação é habitualmente (5′)-AUG-(3′), e o anticódon do RNAt é (3′)-UAC-(5′). Nos procariotos, o RNAt iniciador, que se liga ao códon AUG, carrega uma forma modificada do aminoácido metionina, conhecida como formil metionina (fMet), o aminoácido que inicia a cadeia polipeptídica. Nos eucariotos, o RNAt iniciador carrega a metionina não modificada. Em seguida, a subunidade maior do ribossomo liga-se à subunidade menor, resultando na ligação do fMet-RNAt ao sítio P, enquanto o sítio A torna-se disponível para a chegada de um aminoacil-RNAt. A energia necessária para essa etapa é fornecida pela hidrólise de guanosina trifosfato (GTP).

No início do estágio de *alongamento*, o segundo códon do RNAm é posicionado em oposição ao sítio A desocupado do ribossomo. Um RNAt com um anticódon complementar ao segundo códon do RNAm liga-se ao RNAm e, com seu aminoácido, ocupa o sítio A do ribossomo. Com ambos os sítios P e A ocupados, a atividade da *peptidil transferase* da subunidade maior do ribossomo efetua uma ligação peptídica entre os dois aminoácidos, ligando o primeiro aminoácido (fMet) ao segundo. O primeiro RNAt é liberado do ribossomo através do sítio E e retorna ao reservatório citoplasmático de RNAt. Em seguida, o ribossomo desloca-se por mais um códon na molécula de RNAm. Consequentemente, o segundo RNAt, ao qual estão ligados a fMet e o segundo aminoácido, é transferido da posição A para a posição P. Um terceiro aminoacil-RNAt move-se agora para a posição A oposta ao terceiro códon do RNAm, e o processo se repete. Por repetidas vezes, a posição P recebe o RNAt que carrega a cadeia polipeptídica em crescimento, e a posição A recebe o RNAt que carrega o novo aminoácido que será acrescentado à cadeia. À medida que o ribossomo se move ao longo da fita do RNAm, a porção iniciadora da molécula de RNAm é liberada, e outro ribossomo pode formar um complexo de iniciação com o RNAm. Um grupo de ribossomos que está traduzindo a mesma molécula de RNAm é conhecido como *polissomo* ou *polirribossomo* (Figura 9.14)

O processo cíclico de tradução descrito continua até que ocorra a *terminação*, quando um de três *códons de parada* possíveis (UAG, UAA ou UGA) é encontrado no RNAm. Não existe nenhum RNAt que reconheça esses códons, de modo que nenhum RNAt entrará no sítio A em resposta a ele. Com efeito, proteínas citoplasmáticas denominadas *fatores de liberação* ligam-se diretamente a qualquer códon de parada no sítio A do ribossomo, a cadeia polipeptídica completa é liberada, o último RNAt também é liberado, e as duas subunidades do ribossomo se separam.

De modo notável, a formação da ligação peptídica no ribossomo é catalisada pelo RNA ribossômico. Isso provavelmente representa um remanescente de um antigo "mundo de RNA", quando o DNA e o uso disseminado de proteínas ainda não tinham evoluído. As formas antigas de vida teriam usado o RNA tanto para a informação quanto para catalisar reações bioquímicas – uma função principalmente executada pelas proteínas nas células modernas. Se o RNA foi o primeiro a surgir na evolução da vida na Terra, o esperado é que o RNA esteja envolvido na produção de proteínas. E também podemos pensar que, à medida que o processo de síntese de proteínas foi se tornando mais sofisticado durante a evolução, um número crescente de proteínas passou a fazer parte dela (p. ex., as proteínas componentes do ribossomo). Todavia, a função central de formação da ligação peptídica ainda reside em uma molécula de RNA.

9.14 Polissomos. Grupos de ribossomos são denominados polissomos ou polirribossomos. Todos os ribossomos de um grupo específico estão lendo a mesma molécula de RNAm.

Nos eucariotos, os polipeptídios são distribuídos de acordo com a sua localização celular final

Os polipeptídios codificados por genes nucleares nas células eucarióticas são sintetizados por um processo que começa no citosol. Por conseguinte, é necessário um mecanismo para assegurar que cada um dos polipeptídios seja finalmente direcionado para o compartimento celular correto. Esse mecanismo é denominado *endereçamento* e *distribuição de polipeptídios* (ou *proteínas*) (Figura 9.15).

Existem diversos mecanismos pelos quais o endereçamento e a distribuição dos polipeptídios ocorrem. Em um caso, os ribossomos envolvidos na síntese de polipeptídios destinados ao retículo endoplasmático (RE) ou as membranas derivadas dele ligam-se à membrana do RE no início do processo de tradução. À medida que os polipeptídios são sintetizados, eles são transferidos através da membrana do RE (ou são inseridos nela, no caso das proteínas integrais de membrana). Por conseguinte, esse processo é denominado *importação cotraducional*. O polipeptídio completo pode permanecer no retículo endoplasmático, ou pode ser transportado através da membrana para o aparelho de Golgi, que, por sua vez, produz várias vesículas que serão transportadas para outros destinos, como vacúolo ou membrana plasmática (ver Capítulo 3).

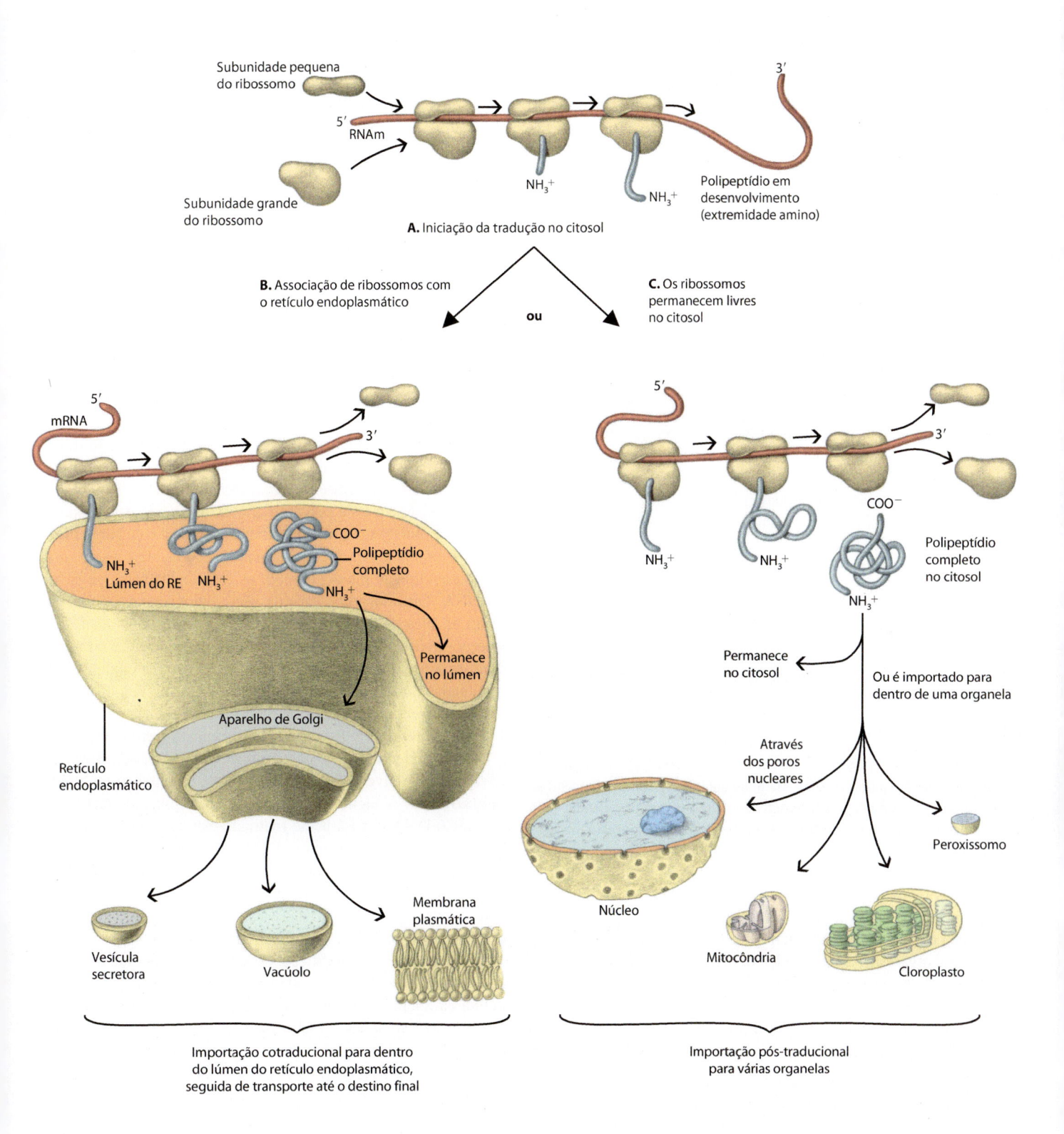

9.15 Endereçamento e distribuição de polipeptídios. A. A síntese de todos os polipeptídios codificados por genes nucleares começa no citosol. As subunidades grande e pequena do ribossomo associam-se entre si e com a extremidade 5' de uma molécula de RNAm, formando um ribossomo funcional que começa a sintetizar o polipeptídio. Quando o polipeptídio em desenvolvimento alcança cerca de 30 aminoácidos de comprimento, ele entra em uma de duas vias alternativas. **B.** Se for destinado a qualquer um dos compartimentos do sistema de endomembranas (ver Capítulo 3), o polipeptídio liga-se à membrana do retículo endoplasmático (RE) e é transferido para o seu lúmen (espaço interno) à medida que a síntese prossegue. Esse processo é denominado importação cotraducional. Em seguida, o polipeptídio completo permanece no retículo endoplasmático ou é transportado pelo aparelho de Golgi e por várias vesículas até o seu destino final. As proteínas integrais de membrana são inseridas na membrana do retículo endoplasmático à medida que são produzidas. **C.** Se o polipeptídio for destinado ao citosol ou para importação no núcleo, nas mitocôndrias, nos cloroplastos ou nos peroxissomos, a sua síntese prossegue no citosol. Quando a síntese termina, o polipeptídio é liberado do ribossomo e permanece no citosol ou é importado para dentro de uma organela. Esse processo é denominado importação pós-traducional.

Regulação da expressão gênica nos eucariotos

As diferenças entre os tipos de células resultam da expressão gênica seletiva ou diferencial – isto é, apenas determinados genes são expressos em um tipo específico de célula. Em qualquer célula, alguns genes são expressos continuamente, outros apenas quando seus produtos se fazem necessários, e outros nunca se expressam. Os mecanismos que controlam a expressão gênica – que "ligam" e "desligam" os genes – são coletivamente denominados *regulação gênica*.

A regulação gênica nos procariotos envolve tipicamente a ativação e inativação dos genes em respostas a mudanças dos nutrientes disponíveis no meio ambiente. Nos eucariotos, particularmente nos eucariotos multicelulares, os problemas de regulação são muito diferentes. Um organismo multicelular geralmente começa a sua vida como ovo fertilizado ou zigoto. O zigoto divide-se repetidamente por mitose e citocinese, produzindo numerosas células. Por exemplo, nos angiospermas, essas células começam a se diferenciar, transformando-se em células epidérmicas, células fotossintéticas, células de armazenamento, células condutoras de água e sais minerais (elementos traqueais), células condutoras de substâncias orgânicas (elementos crivados) e assim por diante. À medida que cada tipo de célula se diferencia, ela começa a produzir proteínas características que a distinguem tanto estrutural quanto funcionalmente dos outros tipos de células.

Praticamente toda a informação genética originalmente presente no zigoto também está presente em todas as células diploides do organismo. Isso é particularmente evidente no caso das plantas, nas quais uma célula diferenciada, como uma célula do mesofilo, tem a capacidade de sofrer desdiferenciação e divisão e de regenerar uma planta inteira geneticamente semelhante à planta original. Esse fenômeno, conhecido como *totipotência*, é discutido no Capítulo 10. Por conseguinte, embora a célula original diferenciada produza apenas suas proteínas características – e não proteínas características de outros tipos de células – ela pode mais tarde produzir outras proteínas que modificam suas características. (Naturalmente, os vários tipos de células diferenciadas contêm muitas proteínas em comum, em concordância com as numerosas funções que todas as células desempenham, como o ciclo do ácido cítrico e os processos de replicação, transcrição e tradução.) Evidentemente, a diferenciação das células de um organismo multicelular depende da ativação de certos grupos de genes e da inativação de outros.

A condensação da cromatina constitui um importante fator na regulação gênica

Muitas linhas de evidência indicam que o grau de condensação da cromatina, conforme demonstrado por coloração com certos corantes, desempenha um importante papel na regulação da expressão gênica nas células eucarióticas. A coloração revela dois tipos de cromatina: a *eucromatina*, que sofre o processo de condensação e descondensação no ciclo celular e que se cora fracamente, e a *heterocromatina*, que permanece altamente condensada durante todo o ciclo celular, incluindo a interfase, e que se cora intensamente. A transcrição ocorre durante a interfase, na eucromatina, quando ela está menos condensada. No estado não condensado, a eucromatina é acessível à RNA polimerase e às outras moléculas necessárias para a transcrição.

A maior parte da heterocromatina altamente condensada, mas não toda ela, parece não apresentar transcrição. Algumas regiões de heterocromatina são constantes de uma célula para outra e nunca são expressas. Um exemplo é a cromatina altamente condensada localizada na região do centrômero de cada cromossomo. Acredita-se que essa região desempenhe um papel estrutural na movimentação dos cromossomos durante a mitose e a meiose. De modo semelhante, não ocorre transcrição nas sequências das extremidades dos cromossomos, denominadas *telômeros*.

Você pode lembrar que as unidades de acondicionamento básicas da cromatina são os nucleossomos, que consistem, cada um deles, em um núcleo (miolo) de oito moléculas de histona ao redor das quais uma fita de DNA enrola-se firmemente duas vezes (ver Capítulo 8). De modo global, essa estrutura da cromatina reprime a expressão gênica. Para que um gene possa ser transcrito, é necessário que ocorra ligação de fatores da transcrição, ativadores e RNA polimerase ao DNA. Como a maquinaria de transcrição tem acesso ao DNA firmemente enrolado? A resposta é que, antes da transcrição, a cromatina sofre alterações estruturais que tornam o DNA mais acessível ao processo de transcrição.

Uma dessas alterações envolve a *acetilação das histonas* – a adição de grupos acetila (CH_3CO) às proteínas histonas por enzimas acetil transferases. Cada histona no núcleo do nucleossomo consiste em uma porção globular, que se associa a outras histonas e ao DNA, e em uma extensão flexível e de carga positiva, denominada *cauda de histona*. As caudas de carga positiva provavelmente interagem com os fosfatos de carga negativa do DNA. Quando grupos acetila são adicionados às caudas de histonas, elas são neutralizadas e não se ligam mais ao DNA. Isso possibilita a separação do DNA das histonas, criando uma conformação favorável para a transcrição. Outras enzimas, denominadas desacetilases, removem grupos acetil das histonas e restauram a repressão da cromatina (Figura 9.16).

Outra alteração observada na estrutura da cromatina, que está associada à regulação da expressão gênica, é a *metilação do DNA*. Isso envolve a metilação das bases de citosina no DNA, produzindo 5-metilcitosina. Nos vertebrados, nas plantas e nos fungos, o DNA intensamente metilado está associado à repressão da transcrição, enquanto o DNA não metilado habitualmente apresenta transcrição ativa. Em algumas espécies, incluindo *Arabidopsis thaliana*, a metilação do DNA parece ser essencial para a inativação a longo prazo de genes que ocorre durante a diferenciação celular normal do embrião.

Observe que as modificações da cromatina que resultam da acetilação das histonas e da metilação do DNA não causam nenhuma alteração na sequência do DNA, embora possam ser herdadas por gerações subsequentes de células. A herança de alterações que não afeta diretamente a sequência de nucleotídios, mas que pode ser transmitida de modo confiável de uma geração a outra, é denominada *herança epigenética*.

A expressão gênica é regulada por proteínas de ligação específicas

Nos eucariotos, assim como nos procariotos, a transcrição é regulada por proteínas que se ligam a sítios específicos na molécula de DNA. Atuando em conjunto com outras proteínas, denominadas *fatores de transcrição*, que afetam direta ou indiretamente a iniciação da transcrição, essas proteínas reorganizam os nucleossomos (ver Capítulo 8), possibilitando o acesso da maquinaria de transcrição ao DNA. Muitas dessas proteínas e seus sítios de ligação já foram identificados, e torna-se cada vez mais claro que esse nível de controle transcricional é muito mais complexo

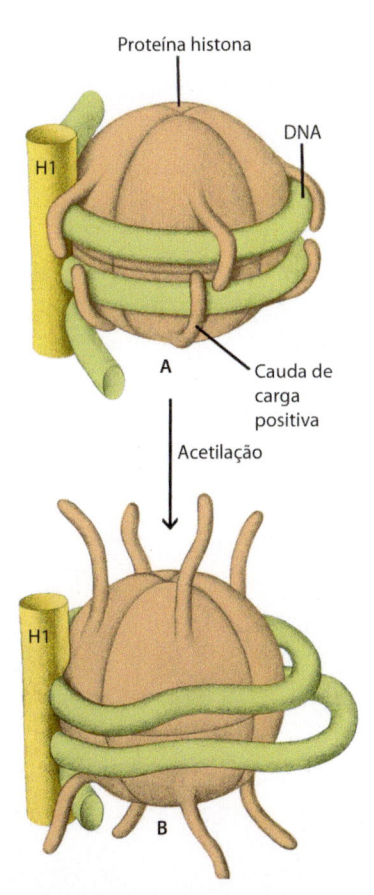

9.16 Acetilação da histona. A. As caudas de carga positiva das proteínas histonas do nucleossomo provavelmente interagem com fosfatos de carga negativa do DNA, ligando o DNA ao nucleossomo. **B.** A acetilação das caudas as neutraliza, enfraquecendo a sua interação com o DNA e possibilitando a ligação de um fator de transcrição ao DNA.

nos eucariotos multicelulares do que nos procariotos. Evidências recentes indicam que as histonas também podem desempenhar um papel na regulação da expressão gênica ao expor seletivamente os genes ao processo de transcrição.

Em um organismo multicelular, um gene parece responder a várias e, talvez, a muitas proteínas reguladoras diferentes, algumas das quais tendem a ativar o gene, enquanto outras tendem a inativá-lo. Os sítios aos quais essas proteínas se ligam podem estar localizados a centenas ou até mesmo a milhares de pares de bases da sequência promotora à qual a RNA polimerase se liga, e onde a transcrição do gene começa. Como seria esperado, isso dificulta ainda mais a identificação dass regiões às quais as moléculas reguladoras se ligam, bem como a compreensão de como exatamente elas exercem seus efeitos.

DNA do cromossomo eucariótico

Os estudos iniciais do DNA de células eucarióticas revelaram dois fatos surpreendentes. No primeiro, com poucas exceções, a quantidade de DNA por célula – o *genoma* – é a mesma para todas as células diploides de determinada espécie (o que não é surpreendente), porém as variações entre as diferentes espécies são enormes (Figura 9.17 e Tabela 9.1). Em segundo lugar, cada célula eucariótica parece ter um grande excesso de DNA – isto é, muito mais DNA do que o necessário para codificar as proteínas celulares. De fato, estima-se que em uma célula eucariótica

média, menos de 10% do DNA codifiquem proteínas. Nos seres humanos, essa porcentagem pode ser tão baixa quanto 1%. Por outro lado, os procariotos, como as bactérias, utilizam o seu DNA de modo muito econômico. Exceto pelas sequências reguladoras ou sequências de sinal, praticamente todo o DNA codifica proteínas e é expresso em algum momento durante a vida do organismo.

Pesquisas em andamento estão revelando a organização do DNA eucariótico, bem como algumas das funções dos segmentos de DNA que não codificam proteínas. Por exemplo, alguns desses segmentos são transcritos em "RNA não codificantes", que fazem parte de um sistema para regular a estrutura da cromatina, conforme discutido adiante.

No DNA eucariótico, muitas sequências de nucleotídios são repetidas

Os genomas eucarióticos contêm uma grande quantidade de cópias de sequências de nucleotídios aparentemente não essenciais, que não codificam nenhuma proteína. A presença de uma quantidade aparentemente excessiva de DNA explica, pelo menos em parte, as grandes quantidades de DNA encontradas em organismos como *Paris japonica* e *Trillium hagae* (Figura 9.17).

Podem ser identificadas duas categorias principais de DNA repetido: o DNA com repetições em série e o DNA com repetições dispersas. No *DNA com repetições em série*, as sequências repetidas estão dispostas uma depois da outra em fileira – isto é, em série. A unidade repetida pode variar desde apenas duas até 2.000 pares de bases, e as unidades tendem a se agrupar em poucos locais nos cromossomos. No *DNA com repetições dispersas*, as unidades estão dispersas por todo o genoma, em lugar de ter uma distribuição em série, podendo haver centenas ou até mesmo milhares de pares de bases. As unidades dispersas, cuja quantidade pode alcançar centenas de milhares não são idênticas, e sim semelhantes umas às outras.

Uma subcategoria de DNA com repetições em série – o *DNA com repetições de sequências simples* – consiste em sequências com menos de 10 pares de bases, que tipicamente estão presentes em longas repetições. Acredita-se que os segmentos de sequências simples sejam vitais para a estrutura do cromossomo. Elas ocorrem ao redor dos centrômeros, que desempenham um importante papel no movimento dos cromossomos, bem como nos telômeros, as extremidades naturais dos cromossomos, que atuam como coberturas e protegem o cromossomo da degradação em cada ciclo de replicação. Nas plantas, a sequência telomérica é TTTAGGG.

As sequências com repetições dispersas mais abundantes são os elementos de transposição ou *transpósons* (ver Capítulo 8), que têm propensão a aumentar em número de uma geração celular para outra, visto que eles se replicam em maiores taxas do que outros genes. Os transpósons, caracterizados como "parasitos moleculares", podem ser perigosos, visto que são inseridos e interrompem a função de genes hospedeiros. Para reduzir a ameaça dos transpósons à integridade de seus genomas, todos os eucariotos dispõem de um conjunto de mecanismos que evoluíram para silenciar epigeneticamente os transpósons, modificando a sua cromatina de modo que fique em um estado de heterocromatina. Acredita-se que os transpósons tenham desempenhado um papel central na evolução de organismos multicelulares complexos.

A maioria dos genes estruturais consiste em íntrons e éxons

Uma das grandes surpresas no estudo do DNA dos eucariotos foi a descoberta de que as sequências de genes codificadores de proteínas, denominados *genes estruturais*, não são habitual-

A   **B**

C   **D**

9.17 Os maiores e menores genomas das angiospermas. A. *Paris japonica* (Trilliaceae), com seus 148.852 milhões de pares de bases, e *Trillium hagae* (Trilliaceae) **(B)**, com seus 129.505 milhões de pares de bases, apresentam os maiores genomas entre as angiospermas estudadas até o momento. Grande parte de DNA não é expressa. **C.** *Genlisea aurea* e *Utricularia gibba* (utriculária) **(D)**, ambas plantas carnívoras da família Lentibulariaceae, têm os menores genomas conhecidos das angiospermas até hoje, com 64 e 88 milhões de pares de bases, respectivamente.

mente contínuas, e sim interrompidas por sequências não codificadoras – isto é, por sequências de nucleotídios que não são traduzidas em proteínas. Essas interrupções não codificadoras dentro de um gene são conhecidas como sequências intercaladas ou *íntrons*. As sequências codificadoras – que são traduzidas em proteínas – são denominadas *éxons*.

A presença de íntrons nos genes dos eucariotos foi relatada quase simultaneamente em 1977 por vários grupos de pesquisadores. Micrografias eletrônicas de híbridos entre moléculas de RNAm e segmentos de DNA contendo os genes que codificam esses RNAm mostraram que não havia uma correspondência perfeita entre as moléculas de RNAm e os genes a partir dos quais eram transcritas (Figura 9.18). As sequências de nucleotídios dos genes eram muito mais longas do que as moléculas complementares de RNAm encontradas no citosol.

Hoje em dia, sabe-se que a maioria dos genes estruturais dos eucariotos multicelulares contém íntrons. Os íntrons fazem parte das moléculas de RNAm recém-transcritas; todavia, são retirados antes que ocorra tradução. A quantidade de íntrons por gene varia amplamente. Os íntrons também foram encontrados em genes que codificam RNA transportadores e RNA ribossômicos. Por outro lado, os genes procarióticos raramente contêm íntrons. A presença de íntrons pode ter acelerado a velocidade de evolução dos eucariotos ao facilitar um processo frequentemente

designado como "troca de éxons" – isto é, o rearranjo de módulos de proteína por recombinação do DNA, de modo a produzir novas funções proteicas.

Transcrição e processamento do RNAm nos eucariotos

A transcrição nos eucariotos é, em princípio, a mesma que nos procariotos. Ela começa com a ligação de uma RNA polimerase a uma determinada sequência de nucleotídios na molécula de DNA. Em seguida, a enzima move-se ao longo da molécula, utilizando a fita 3′ para 5′ como molde para a síntese de moléculas de RNA, como mostra a Figura 9.10. Em seguida, as moléculas de RNA transcritas (RNAr, RNAt e RNAm) desempenham seus vários papéis na tradução da informação genética codificada em proteína.

Apesar dessas semelhanças básicas, existem diferenças significativas entre os procariotos e os eucariotos no que concerne à transcrição e à tradução, bem como aos eventos que ocorrem entre esses dois processos. Uma diferença importante é o fato de que os genes procarióticos estão agrupados, de modo que dois ou mais genes estruturais são transcritos em uma única molécula de RNA, o que habitualmente não ocorre nos eucariotos. Nesse último, cada gene estrutural é tipicamente transcrito de modo separado, e a sua transcrição está sob controle separado.

Tabela 9.1 Tamanho de genomas nucleares de procariotos e eucariotos selecionados.

Genoma	Tamanho aproximado do genoma (milhões de pares de bases)*
Procariotos (cromossomos circulares)	
Bactéria	
Escherichia coli (bactéria intestinal)	4,6
Haemophilus influenzae (bactéria em forma de bastonete)	1,8
Arqueas	
Archaeglobus fulgidus (redutor de sulfato)	2,2
Methanosarcina barkeri (metanógeno)	4,8
Eucariotos (cromossomos lineares)	
Fungos	
Saccharomyces cerevisiae (levedura do pão e da cerveja)	12,1
Animais	
Drosophila melanogaster (mosca-da-fruta)	184
Homo sapiens (ser humano)	2.900
Algas	
Chlamydomonas reinhardtii (alga verde unicelular)	136
Cyanidioschyzon merolae (alga vermelha unicelular)	16,5
Musgo	
Physcomitrella patens	480
Licófitas	
Selaginella moellendorffii	212,6
Angiospermas	
Arabidopsis thaliana	125
Carica papaya (mamão papaia)	372
Cucumis sativus (pepino)	367
Hordeum vulgare (cevada)	5.179
Oryza sativa (arroz)	466
Populus trichocarpa (choupo-negro)	485
Vitis vinifera (videira)	475
Zea mays (milho)	2.300

*Quantidade de pares de bases para o "conteúdo 1C" – o conteúdo de DNA de um núcleo imediatamente depois da meiose, porém antes da replicação do DNA.

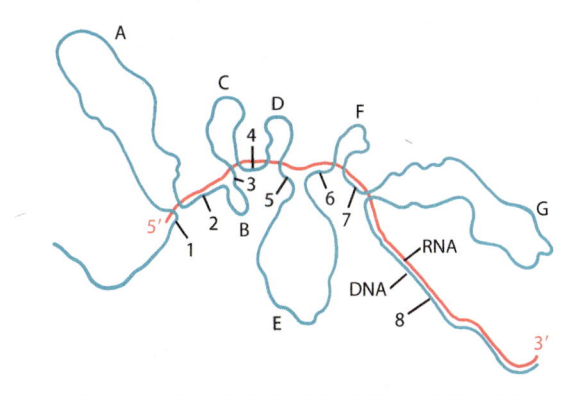

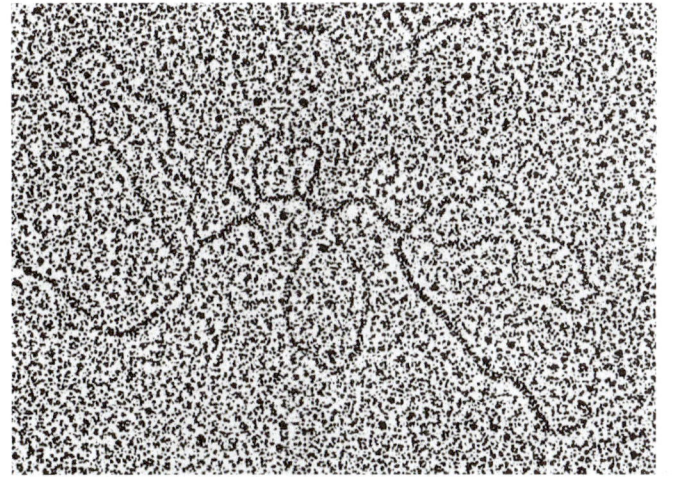

9.18 Éxons e íntrons. Essa micrografia eletrônica revela os resultados de um experimento em que um DNA de fita simples contendo o gene que codifica a ovalbumina (uma proteína de animais vertebrados) foi hibridizado com o RNA mensageiro da ovalbumina. As sequências complementares do DNA e do RNAm são mantidas unidas por pontes de hidrogênio. Existem oito dessas sequências (os éxons de 1 a 8 no diagrama anexo). Alguns segmentos do DNA não apresentam segmentos correspondentes no RNAm e, por isso, formam alças a partir do híbrido. São os sete íntrons, designados de A a G. Apenas os éxons são traduzidos em proteína.

Outra diferença importante é que, nos eucariotos, diferentemente dos procariotos, o DNA está separado pelo envoltório nuclear dos sítios de síntese de proteínas no citoplasma. Por conseguinte, nas células eucarióticas, a transcrição e a tradução estão separadas tanto no tempo quanto no espaço. Uma vez completada a transcrição no núcleo, os RNAm transcritos dos eucariotos são intensamente modificados antes de serem transportados para o citoplasma, o local onde ocorre a tradução.

Mesmo antes que a transcrição seja terminada, enquanto a fita de RNAm recém-formada tem apenas cerca de 20 nucleotídios de comprimento, uma "cobertura" (*cap*) feita por um nucleotídio incomum é acrescentada à sua extremidade de entrada (5′). Essa cobertura é necessária para a ligação do RNAm ao ribossomo eucariótico. Após o término da transcrição e liberação da molécula do molde de DNA, enzimas especiais acrescentam uma série de nucleotídios de adenina, conhecida como cauda poli-A, à extremidade de saída (3′) da maioria das moléculas de RNAm dos eucariotos.

Antes que as moléculas modificadas de RNAm deixem o núcleo, os íntrons são removidos e os éxons são unidos para formar uma única molécula contínua (Figura 9.19). O mecanismo de remoção e união (*splicing*) é extremamente preciso. Como você pode ver, a adição ou a deleção de até mesmo um único nucleotídio alteraria a leitura dos códons da trinca, de modo que ocorreria codificação de aminoácidos totalmente diferentes. Consequentemente, seria produzida uma proteína totalmente nova e provavelmente não funcional.

Recentemente foram encontrados diversos casos em que transcritos de RNAm idênticos são processados de mais de uma maneira. Essa remoção e união (*splicing*) alternativa pode resultar na formação de diferentes polipeptídios funcionais a partir de moléculas de RNA que eram originalmente idênticas. Nesses casos, um íntron pode tornar-se um éxon, ou vice-versa. Por conseguinte, quanto mais se sabe a respeito do DNA eucariótico e de sua expressão, mais difícil torna-se a definição de "gene", "íntron" ou "éxon".

Antigamente, os biologistas moleculares acreditavam que o cromossomo eucariótico pudesse ser simplesmente uma versão em grande escala do cromossomo procariótico. Essa hipótese demonstrou não ser verdadeira. A estrutura e a organização do cromossomo, a regulação da expressão gênica e o processamento de moléculas de RNAm são todos muito mais complexos nos eucariotos do que nos procariotos. Durante muitos anos, pareceu também razoável acreditar que os cromossomos dos eucariotos fossem estáveis. Naturalmente, eram produzidas recombinações por permutação (*crossing-over*); entretanto, acreditava-se que –

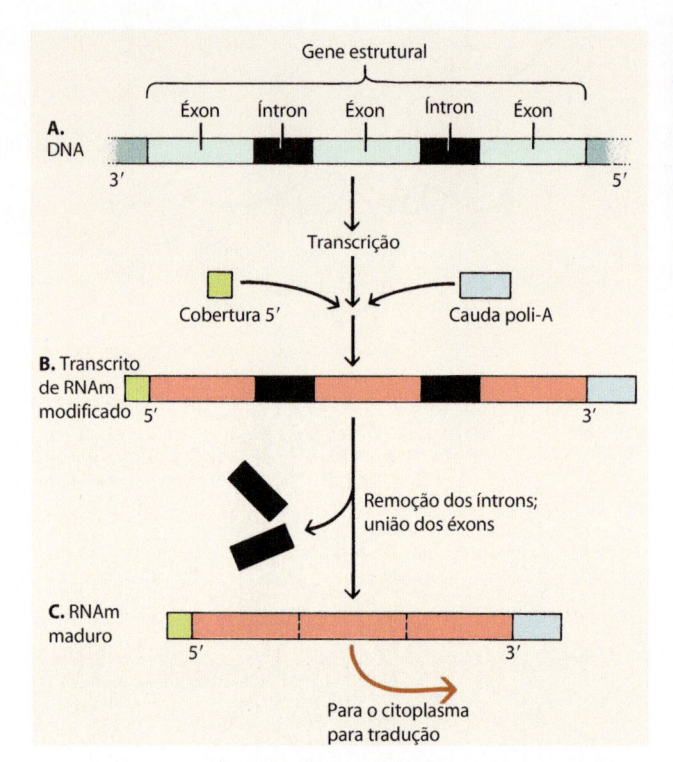

9.19 Processamento do RNAm. Resumo dos estágios no processamento de um RNAm transcrito a partir de um gene estrutural de um eucarioto. **A.** A informação genética codificada no DNA é transcrita em uma cópia de RNA. **B.** Essa cópia é então modificada com a adição de uma cobertura na extremidade 5′ e de uma cauda poli-A na extremidade 3′. **C.** Os íntrons são cortados, e os éxons são reunidos. Em seguida, o RNAm maduro passa para o citoplasma, onde é traduzido em proteína.

à exceção de mutações pontuais ocasionais e erros na meiose – a estrutura de cada cromossomo fosse essencialmente fixa e inalterável. Talvez a maior de todas as surpresas tenha sido a descoberta de que isso, também, não ocorre. Segmentos de DNA podem ser transferidos por transpósons e por vírus. As evidências sugerem que muitas bactérias captam DNA do ambiente e o incorporam no cromossomo bacteriano, possibilitando a troca de informação genética entre bactérias.

RNA não codificadores e regulação gênica

Está ficando cada vez mais claro que existe uma ampla variedade de RNA transcritos a partir da maioria dos genomas eucarióticos que não são RNAm, RNAt ou RNAr. Esses RNA são designados pelo termo geral de *RNA não codificadores*.

Tem sido demonstrado que vários tipos de RNA não codificadores estão envolvidos na regulação gênica. Por exemplo, uma classe de pequenos RNA não codificadores (com aproximadamente 22 nucleotídios de comprimento), conhecidos como microRNA, diminui a expressão dos genes-alvo por um processo conhecido como *interferência do RNA*, em que o pequeno RNA liga-se a uma região complementar de um RNAm e impede a sua tradução em proteína ou promove a sua degradação. Existem muitos exemplos em que a perda da regulação por interferência do RNA provoca anormalidades marcantes do desenvolvimento (Figura 9.20). Outras classes de RNA não codificadores silenciam regiões do genoma, por causarem a formação de heterocromatina.

9.20 MicroRNA e desenvolvimento. Em *Arabidopsis*, um determinado microRNA (miR159) reprime a expressão de dois fatores de transcrição relacionados em tecidos como os de folhas. A figura mostra a planta *Arabidopsis* de tipo selvagem (à esquerda) e um mutante (à direita), em que o miR159 não está mais expresso. Essa mutação possibilita a expressão dos fatores de transcrição nas folhas, resultando em anormalidades de desenvolvimento, como enrolamento das folhas.

RESUMO

Watson e Crick deduziram que o DNA é uma dupla-hélice

O modelo do DNA de Watson e Crick é uma dupla-hélice, com a forma de uma escada de mão torcida. As duas laterais da escada são compostas de subunidades repetidas constituídas de um grupo fosfato e da desoxirribose, um açúcar de cinco carbonos. Os "degraus" são formados por pares de bases nitrogenadas. Existem quatro bases no DNA – as purinas adenina (A) e guanina (G) e as pirimidinas timina (T) e citosina (C). A pode emparelhar-se apenas com T, e G apenas com C, de modo que um "degrau" sempre consiste em uma purina e uma pirimidina. As quatro bases são as quatro "letras" usadas para soletrar a mensagem genética. Os pares de bases são unidos por pontes de hidrogênio.

Quando o DNA se replica, cada fita é usada como molde para a síntese de uma fita complementar

Quando a molécula de DNA se replica, as duas fitas separam-se localmente, quebrando as pontes de hidrogênio que as mantêm unidas. Cada fita atua como molde para a formação de uma nova fita complementar a partir dos nucleotídios disponíveis na célula. A adição de nucleotídios às novas fitas é catalisada pela DNA polimerase. Várias outras enzimas também desempenham papéis essenciais no processo de replicação.

A replicação do DNA é bidirecional

A replicação começa em uma sequência específica de nucleotídios no cromossomo: a origem de replicação. Ela prossegue bidirecionalmente, por meio de duas forquilhas de replicação que se movem em direções opostas. As moléculas de DNA circulares dos procariotos habitualmente têm apenas uma origem de replicação; a replicação termina quando as fitas ou cadeias precoce (*leading*) e tardia (*lagging*) completam o círculo. Em contrapartida, as moléculas de DNA lineares dos eucariotos apresentam muitas origens de replicação.

O DNA contém a informação hereditária codificada

A informação genética está codificada na sequência de nucleotídios nas moléculas de DNA, e estas, por sua vez, determinam a sequência de aminoácidos nas moléculas de proteína.

No processo de transcrição, o RNAm é sintetizado utilizando o DNA como molde

A informação genética contida no DNA não é diretamente expressa, porém transferida para o RNA mensageiro (RNAm). As longas moléculas de RNAm são montadas por pareamento de bases complementares ao longo de uma fita da hélice de DNA. Esse processo, denominado transcrição, é catalisado pela enzima RNA polimerase.

O código genético é um código de trinca

Cada sequência de três nucleotídios na região codificadora da molécula de RNAm é o códon para um aminoácido específico. Das 64 combinações de trincas possíveis do código de nucleotídios de 4 letras, 61 delas especificam determinados aminoácidos, e 3 são códons de terminação. Com 61 combinações codificando 20 aminoácidos, há mais de um códon para muitos aminoácidos. Com apenas poucas exceções, o código de trincas é quase idêntico em todos os organismos.

No processo de tradução, a informação codificada em uma fita de RNAm é utilizada para sintetizar uma proteína específica

A síntese de proteínas – tradução – ocorre nos ribossomos, que estão localizados no citosol. O ribossomo é formado por duas subunidades, uma grande e outra pequena, consistindo, cada uma delas, em RNA ribossômicos (RNAr) característicos complexados com proteínas específicas. Para que ocorra a síntese de proteínas, existe também a necessidade de outro grupo de moléculas de RNA, conhecido como RNA transportador (RNAt). Essas pequenas moléculas podem transportar um aminoácido em uma das extremidades e apresentam uma trinca de bases, o anticódon, em uma alça central, na extremidade oposta da estrutura tridimensional. A molécula de RNAt é o adaptador que emparelha o aminoácido correto com cada códon de RNAm durante a síntese de proteína. Existe pelo menos um tipo de molécula de RNAt para cada tipo de aminoácido encontrado nas proteínas.

A regulação da expressão gênica é mais complexa nos eucariotos do que nos procariotos

Durante o desenvolvimento dos eucariotos multicelulares, diferentes grupos de genes são ativados ou inativados em diferentes tipos de células. A expressão gênica está correlacionada com o grau de condensação da cromatina. Antes da transcrição, a estrutura da cromatina modifica-se, e o DNA torna-se mais acessível à maquinaria de transcrição. Acredita-se que diversas proteínas reguladoras específicas também desempenhem papéis essenciais na regulação da expressão gênica.

Nos eucariotos, a maioria dos genes estruturais contém íntrons e éxons

Nem todo o DNA de um gene nos eucariotos especifica uma sequência de proteína. No processo de transcrição, algumas das sequências de DNA que são transcritas em RNA consistem em íntrons, que precisam ser removidos antes que o transcrito possa ser usado como molécula de RNAm. Esses segmentos de RNAm são excisados do RNAm antes que alcance o citoplasma. Os segmentos remanescentes do RNAm, transcritos a partir de segmentos do DNA conhecidos como éxons, são unidos no núcleo antes que o RNAm se mova para o citoplasma.

No DNA eucariótico, muitas sequências de nucleotídios são repetidas

Além dos íntrons, os genomas dos eucariotos contêm uma grande quantidade de cópias de outro DNA, aparentemente em excesso, que não codifica proteínas. Existem duas grandes categorias de DNA repetidos: o DNA com repetição em série e o DNA com repetição dispersa. Uma subcategoria de DNA com repetição em série, denominada DNA repetido de sequência simples, ocorre nos centrômeros e nos telômeros (as extremidades) dos cromossomos. As sequências de repetição dispersa mais abundantes são os transpósons. O DNA de cópia simples representa 50 a 70% do DNA cromossômico dos eucariotos.

A transcrição nos eucariotos envolve muitas proteínas reguladoras

A transcrição de cada gene nos eucariotos é regulada separadamente, e cada gene produz um transcrito de RNA contendo a informação codificada para um único produto. Os RNA transcritos são processados no núcleo, produzindo as moléculas maduras de RNAm que se movem do núcleo para o citoplasma. Esse processamento inclui a remoção dos íntrons e a união dos éxons. O *splicing* alternativo de transcrito de RNA idênticos em diferentes tipos de células pode produzir diferentes moléculas de RNAm e, portanto, polipeptídios diferentes.

Autoavaliação

1. Como as "bases complementares" e as "fitas antiparalelas" estão envolvidas na estrutura do DNA?

2. A sequência de bases na direção 5′ para 3′ de uma fita de uma molécula hipotética de DNA é apresentada a seguir. Identifique a sequência de bases da fita complementar.

5′ – A – A – G – T – T – T – G – G – T – T – A – C – T – T – G – 3′

3′ – _ – _ – _ – _ – _ – _ – _ – _ – _ – _ – _ – _ – _ – _ – _ – 5′

3. Qual seria a sequência de uma molécula de RNAm transcrita a partir da molécula de DNA acima representada?

4. Faça a distinção entre: origem e replicação, bolha de replicação e forquilha de replicação.

5. Faça a distinção entre: replicação, transcrição e tradução; RNAm, RNAt e RNAr; sítio A, sítio P e sítio E.

6. Faça a distinção entre códons e anticódons; eucromatina e heterocromatina; íntrons e éxons.

7. Por que o código genético é considerado redundante?

8. Qual é o aminoácido transportado pela molécula de RNAt mostrado na Figura 9.11? Consulte a Figura 9.9 e tenha em mente a natureza antiparalela das interações dos ácidos nucleicos.

CAPÍTULO 10

Tecnologia do DNA Recombinante, Biotecnologia Vegetal e Genômica

◄ **Defesa contra um vírus.** A ameixeira variedade *HoneySweet* foi geneticamente modificada para resistir ao vírus devastador, o *Plum pox virus* (PPV). Ela contém um gene de proteína de revestimento deste vírus que a possibilita desenvolver defesas contra o ataque viral. O vírus, que provoca o crescimento de frutos deformados, levou à destruição de mais de um milhão de árvores com frutos de caroço (drupas), como pessegueiros, damasqueiros, amendoeiras e cerejeiras, bem como ameixeiras.

Desde o desenvolvimento da agricultura, há cerca de 10.500 anos, o ser humano tem selecionado linhagens de plantas para cultura que produzem alimentos em maiores quantidades e de melhor qualidade. As sementes de plantas com características desejáveis eram preservadas e utilizadas na produção da safra seguinte, na esperança de que esses traços desejáveis pudessem reaparecer. Durante cerca de 200 anos, o homem deliberadamente fez cruzamento de plantas e selecionou a progênie para produzir melhores linhagens. Entretanto, somente após a descoberta do trabalho de Mendel, em que demonstrou como fatores isolados – os genes – se comportavam em um cruzamento, foi possível realizar cruzamentos seletivos com base científica. Todavia, esses programas de cruzamento frequentemente necessitam de vários anos para produzir resultados desejáveis. Além disso, os cruzamentos tradicionais dependem da variabilidade genética inerente de determinada espécie, isto é, da gama de variação dos alelos que resultou do processo evolutivo das espécies. A biotecnologia tem o potencial de superar todas as possibilidades do cruzamento tradicional, como demonstraremos neste capítulo.

Tecnologia do DNA recombinante

Desde 1973, é possível obter DNA de praticamente *qualquer* organismo, recombiná-lo com o DNA de um carreador (mais comumente, um plasmídio ou um vírus) e inseri-lo dentro das células de qualquer outro organismo. Utilizando essa *tecnologia do DNA recombinante*, os geneticistas são capazes de criar novos genótipos, uma façanha impossível com o emprego de técnicas genéticas tradicionais. Essa tecnologia não apenas possibilita a inserção de genes individuais com muita precisão nos organismos, mas também torna possível a transferência de genes entre espécies que, de outro modo, seriam incapazes de se hibridizar uma com a outra.

Como veremos adiante, a tecnologia do DNA recombinante teve grande impacto na agricultura, levando a notáveis progressos, como o aumento da produtividade das culturas, o aumento do valor nutricional e a resistência a pragas, doenças e herbicidas. As plantas geneticamente modificadas foram introduzidas no comércio em 1956 e, em 2009, já ocupavam 135 milhões de hectares em 25 países. Com essa tecnologia, é possível,

PONTOS PARA REVISÃO

Após a leitura deste capítulo, você deverá ser capaz de responder às seguintes questões:

1. Como a tecnologia do DNA recombinante é utilizada para criar novos genótipos?

2. Quais são os atributos que fizeram da *Arabidopsis thaliana* um modelo de planta ideal para pesquisa em genética molecular?

3. Cite algumas das técnicas utilizadas na biotecnologia vegetal para manipular o potencial genético das plantas.

4. Qual é o grande objetivo da genômica?

5. Como se determina a função de um gene recém-descoberto?

10.1 Arroz geneticamente modificado. Duas versões do arroz obtido por engenharia genética, denominado "arroz dourado" são mostradas aqui e comparadas com o arroz comum (parte inferior, à direita). A versão original do arroz dourado (parte superior, à direita) foi transformada com um gene do narciso para a síntese do betacaroteno, que está presente apenas em quantidades mínimas no arroz comum. Uma segunda versão (à esquerda) foi transformada com um gene do milho, que produz 23 vezes mais betacaroteno. A presença de betacaroteno confere uma cor amarela ou "dourada" ao grão transformado. O betacaroteno é convertido em vitamina A no corpo humano. Quando crianças recebem quantidades insuficientes de betacaroteno em sua alimentação, elas frequentemente sofrem de cegueira, uma condição que é disseminada no sul da Ásia.

por exemplo, inserir genes de dois vírus – o vírus do mosaico da melancia 2 e o vírus do mosaico amarelo da abobrinha – em células de abóbora, produzindo uma abóbora geneticamente modificada, que é resistente à infecção por vírus mais virulentos. Certas culturas, como o milho, o tomate, a batata e o algodão, têm sido geneticamente modificados para resistir a pragas específicas de insetos. Portanto, é possível reduzir substancialmente o uso de pesticidas. Além disso, o DNA recombinante tem sido usado para tornar certas culturas comercialmente importantes, como tomate, soja, algodão e colza (utilizada no óleo de canola), resistentes aos herbicidas. Consequentemente, esses herbicidas podem ser usados para aumentar a produtividade das culturas, matando seletivamente as ervas daninhas que de outro modo competiriam com as plantas cultivadas pela luz solar e nutrientes. A economia envolvida não é trivial, visto que, anualmente, os fazendeiros gastam cerca de 40 bilhões de dólares no controle de ervas daninhas apenas nos EUA. Conforme discutido no Capítulo 11, a tecnologia do DNA recombinante também tem sido empregada para aumentar o valor nutricional de certas culturas, como o "arroz dourado", que é promissor para impedir a deficiência de vitamina A que acomete milhões de pessoas cuja alimentação se baseia no arroz (Figura 10.1).

Enzimas de restrição são utilizadas para produzir o DNA recombinante

A tecnologia do DNA recombinante baseia-se, em grande parte, na capacidade de clivar precisamente moléculas de DNA de diferentes origens em fragmentos específicos e em combinar esses fragmentos para produzir novas combinações. Esse procedimento depende da existência de *enzimas de restrição*, que reconhecem sequências específicas do DNA de fita dupla, conhecidas como *sequências de reconhecimento*. Tipicamente, essas sequências têm 4 a 6 nucleotídios de comprimento e são sempre palindrômicas (*i. e.*, uma fita é idêntica à outra fita quando lida em sentido oposto).

As enzimas de restrição clivam o DNA dentro ou próximo a suas sequências de reconhecimento específicas. Algumas enzimas de restrição fazem cortes em linha reta, enquanto outras fazem um corte através das duas fitas com uma diferença de alguns nucleotídios, criando as denominadas *extremidades coesivas* (Figura 10.2). As fitas simples de DNA nas duas extremidades coesivas são complementares; por conseguinte, podem

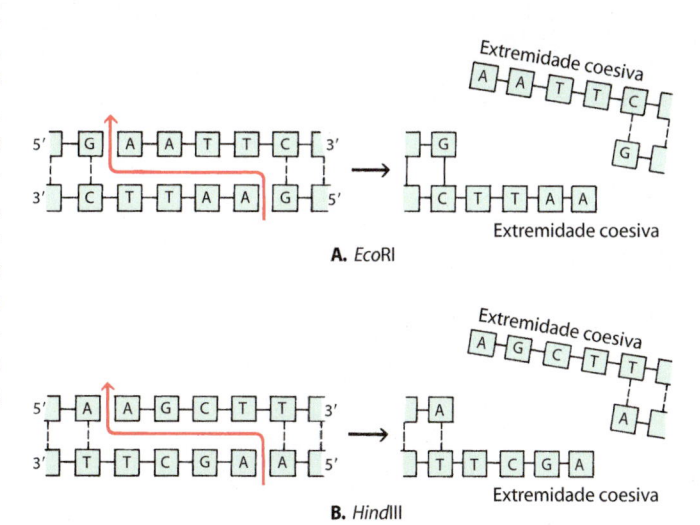

10.2 Enzimas de restrição. As sequências de nucleotídios do DNA são reconhecidas por duas enzimas de restrição amplamente utilizadas: (**A**) *Eco*RI e (**B**) *Hind*III. Essas duas enzimas clivam o DNA, resultando em extremidades coesivas. Uma extremidade coesiva pode ligar-se novamente à sua sequência complementar na extremidade de um fragmento de qualquer molécula de DNA proveniente de qualquer outro organismo, que tenha sido clivada pela mesma enzima de restrição. As enzimas de restrição são designadas pelas bactérias a partir das quais foram obtidas, combinando a primeira letra do gênero com as primeiras duas letras do epíteto específico. *Eco*RI vem de *E. coli*, e *Hind*III, de *Haemophilus influenzae*.

parear uma com a outra e unir-se novamente por meio da ação da DNA ligase (ver Figura 9.6). O aspecto mais importante é que essas extremidades coesivas podem ligar-se a qualquer outro segmento de DNA – de qualquer outra origem – que tenha sido clivado pela mesma enzima de restrição e que apresenta, portanto, extremidades coesivas complementares. Essa propriedade possibilita a criação de recombinações praticamente ilimitadas de material genético, visto que os fragmentos de DNA se recombinam, independentemente das fontes originais dos fragmentos.

Como o DNA recombinante é produzido e manipulado? O procedimento básico consiste em utilizar enzimas de restrição para clivar o DNA de um *organismo doador*. Os fragmentos de DNA assim formados, constituídos por um a vários genes, são combinados com pequenas moléculas de DNA, como os *plasmídios* bacterianos, que podem sofrer replicação autônoma (por

conta própria) quando introduzidos em células bacterianas. Os plasmídios atuam como carreadores ou *vetores* para os fragmentos de DNA exógeno. Com o seu DNA exógeno inserido, os plasmídios são exemplos de DNA recombinante, uma vez que consistem em DNA que provém de duas fontes diferentes – um doador e uma bactéria. O DNA recombinante, que agora existe como plasmídios recombinantes, é então captado por *células hospedeiras* bacterianas, que são descritas como *transformadas*. Se uma célula bacteriana contendo um plasmídio recombinante for se dividir e crescer, formando uma colônia com milhões de células, cada uma dessas células conterá o mesmo plasmídio recombinante, com o mesmo DNA inserido. Esse processo de amplificação ou de geração de numerosos fragmentos idênticos de DNA é denominado *clonagem de DNA* ou clonagem gênica. A Figura 10.3 fornece uma visão geral desse processo, utilizando

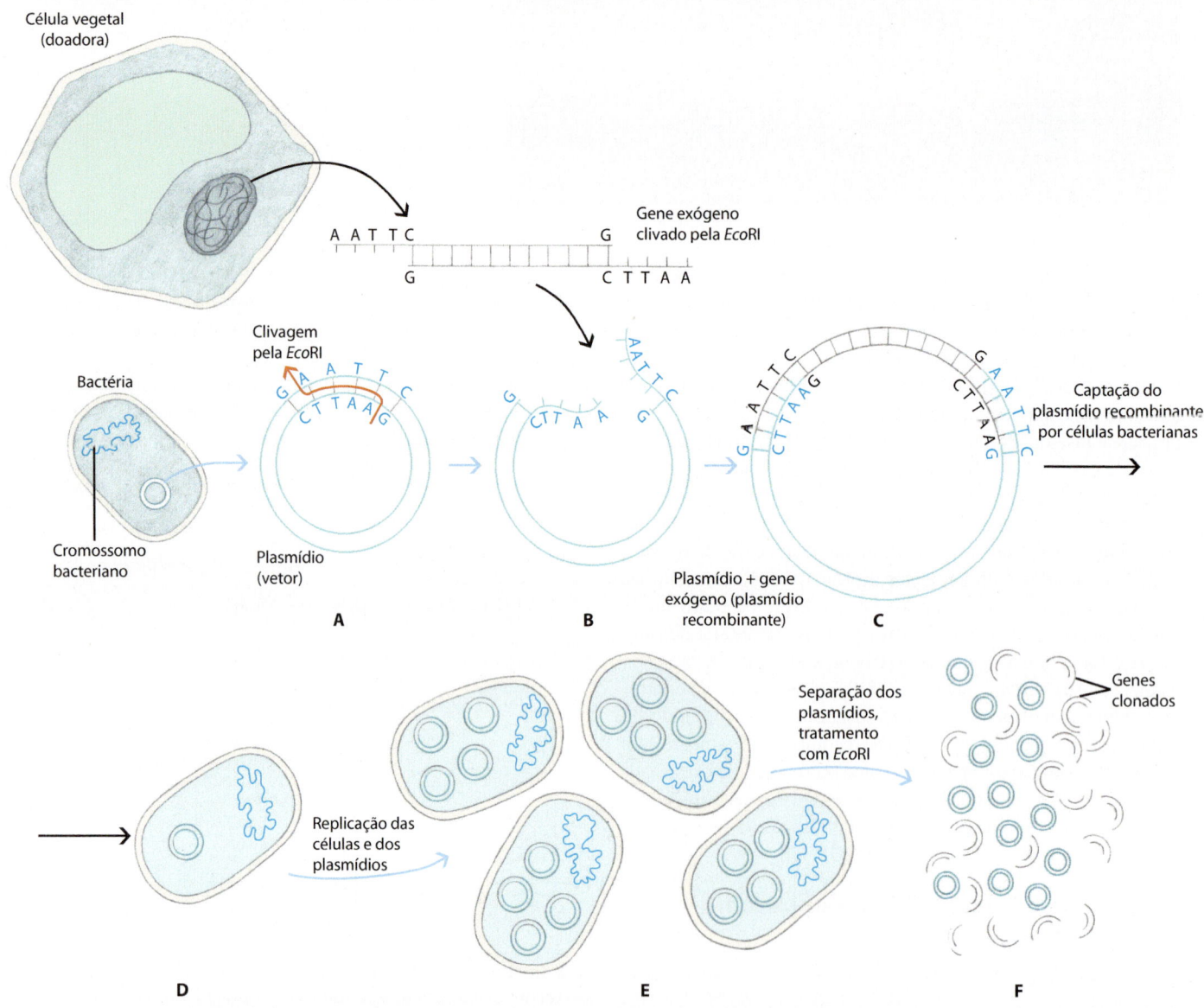

10.3 Uso de plasmídio na clonagem do DNA. A. O plasmídio é clivado por uma enzima de restrição. Neste exemplo, a enzima é *Eco*RI, que cliva os plasmídios na sequência (5′)-GAATTC-(3′), deixando as extremidades coesivas expostas. **B.** Essas extremidades, que consistem nas sequências TTAA e AATT, podem ligar-se a qualquer outro segmento de DNA que tenha sido clivado pela mesma enzima. Por conseguinte, é possível introduzir um gene exógeno – por exemplo, de uma célula vegetal – no plasmídio **(C)**. (Nesta ilustração, o comprimento das sequências GAATTC está ampliado, enquanto os comprimentos das outras porções tanto do gene exógeno quanto do plasmídio foram comprimidos.) **D.** Quando os plasmídios que incorporam um gene exógeno são liberados em um meio com bactérias em crescimento, eles são captados por algumas células bacterianas. **E.** À medida que essas células se multiplicam, os plasmídios recombinantes se replicam. O resultado é um número crescente de células, todas elas fazendo cópias do mesmo plasmídio. **F.** Em seguida, os plasmídios recombinantes podem ser separados do conteúdo das células e tratados com *Eco*RI para liberar as cópias do gene clonado.

um plasmídio como vetor de clonagem. Pode-se utilizar também um vírus como vetor de clonagem, e existem vírus que se replicam em células eucarióticas, bem como em células procarióticas.

Genes marcadores de seleção e genes repórteres são utilizados para identificar células hospedeiras que contêm DNA recombinante

Embora uma população de células hospedeiras possa ser exposta a plasmídios recombinantes, nem todas as células serão transformadas. Por conseguinte, é essencial dispor de um método para identificar as células hospedeiras que contêm o DNA recombinante.

Uma abordagem comumente utilizada pode ser ilustrada empregando a *Escherichia coli* como hospedeira e um plasmídio vetor que transporta um gene ou genes de resistência a antibióticos, além do gene de interesse. Um desses plasmídios carrega o gene *amp^R*, que confere resistência ao antibiótico ampicilina. Apenas as células de *E. coli* que transportam plasmídios recombinantes com esse gene serão capazes de sobreviver e crescer na presença de ampicilina, e todas as células não transformadas morrerão. Por conseguinte, o gene *amp^R* fornece um meio de seleção das células hospedeiras que contêm o DNA recombinante com o gene de interesse. Os genes desse tipo são denominados *genes marcadores de seleção*.

Além dos genes para resistência a antibióticos, podem ser utilizados genes denominados *genes repórteres* para detectar visualmente o DNA recombinante nas células hospedeiras. Um desses processos envolve o uso de plasmídios vetores que transportam o gene *lac*Z. O gene *lac*Z codifica a β-galactosidase, a enzima que hidrolisa o açúcar lactose. Esses plasmídios têm uma única sequência de reconhecimento para a enzima de restrição utilizada, e a sequência de reconhecimento situa-se dentro do gene *lac*Z. As bactérias que contêm um plasmídio com um gene *lac*Z intacto (não interrompido) e que, portanto, produzem β-galactosidase, formam colônias azuis quando crescem em meios de cultura sólidos suplementados com um açúcar modificado, denominado X-gal. Entretanto, as colônias de células que tiveram um fragmento exógeno de DNA inserido na sequência de reconhecimento do plasmídio aparecerem brancas, uma vez que o gene *lac*Z foi interrompido, impedindo a produção de β-galactosidase. Em alguns casos, tanto o método de resistência a antibióticos (triagem seletiva) quanto a identificação da cor (triagem não seletiva) são usados em série (Figura 10.4).

Foram desenvolvidos outros genes repórteres para monitorar o local de residência de certas proteínas na célula ou o local onde promotores gênicos são ativos. A Figura 10.5 mostra um exemplo do uso do gene repórter que codifica uma proteína fluorescente verde (GFP) da água-viva *Aequorea victoria*, para determinar a localização de proteínas. Nesse exemplo, foi criado um gene quimérico ("quimérico" refere-se a algo com componentes de diferentes fontes), que consiste nas sequências codificantes da GFP unidas ao gene da proteína de ligação da actina. Quando esse gene quimérico foi introduzido em plantas, foi produzida uma proteína quimérica contendo a GFP fundida com a extremidade da proteína de ligação da actina. A localização da proteína de ligação da actina é determinada pelo monitoramento da localização da porção da GFP fluorescente da proteína quimérica. A Figura 10.6 ilustra um exemplo de fusão do gene repórter luciferase, que codifica a enzima responsável pela luminescência dos vagalumes quando a enzima reage com seus substratos ATP e luciferina, com um vírus promotor para determinar em que tipos de células vegetais o promotor é expresso. O ensaio com o gene repórter mostrou que o promotor é ativo em quase todos os tipos de células do fumo (*Nicotiana tabacum*).

As bibliotecas de DNA podem ser genômicas ou complementares

A criação de uma biblioteca genômica envolve a clivagem de todo o genoma de um organismo em um grande número de fragmentos de restrição e, em seguida, a sua introdução aleatória em um grande número de células bacterianas ou vírus. Esse conjunto de clones de DNA é denominado *biblioteca genômica*, visto que contém fragmentos clonados da maior parte, senão de todo o genoma.

Outro tipo de biblioteca de DNA é a *biblioteca de DNA complementar*. O DNA complementar é um DNA sintético produzido a partir do RNA mensageiro, utilizando uma enzima especial, denominada transcriptase reversa. Essa enzima é obtida de vírus de animais, denominados retrovírus. Utilizando o RNAm como molde, a transcriptase reversa catalisa a síntese de uma única fita de cDNA por transcrição reversa. Em seguida, o DNA de fita simples é então convertido em DNA de fita dupla, utilizando a DNA polimerase. Como é produzido a partir de um molde de RNAm, o cDNA é desprovido de íntrons e DNA não transcrito entre genes. Isso significa que, diferentemente do DNA genômico, o cDNA de eucariotos contém apenas sequências codificadoras de proteínas, que podem ser traduzidas em proteínas funcionais nas bactérias, que são incapazes de remover os íntrons.

A reação em cadeia da polimerase pode ser usada para amplificar segmentos de DNA

A *reação em cadeia da polimerase* (*PCR*, do inglês, *polymerase chain reaction*) é uma técnica em que qualquer segmento de DNA pode ser acentuadamente amplificado dentro de um período de tempo relativamente curto. Literalmente, milhões de cópias de um segmento de DNA podem ser produzidos pela reação em cadeia da polimerase em apenas algumas horas. O procedimento envolve a separação das duas fitas da dupla-hélice por aquecimento e, em seguida, a adição de um iniciador (*primer*) curto para a sequência de DNA selecionada em cada fita, reduzindo a temperatura na presença de todos os componentes necessários para a polimerização. As fitas de DNA separadas são expostas a uma DNA polimerase resistente à temperatura, como a *Taq* polimerase, que catalisa a síntese de nova fita a partir de cada *primer* de DNA e usando nucleotídios fornecidos na solução. A *Taq* polimerase é obtida da bactéria *Thermus aquaticus*, que foi descoberta em fontes termais próximas a Old Faithful no Yellowstone National Park (EUA). A enzima não é destruída pelas temperaturas empregadas para separar as fitas de DNA.

Na reação em cadeia da polimerase, ambas as fitas do DNA são copiadas simultaneamente. Após o término da replicação do segmento contido entre os dois iniciadores, as duas moléculas de DNA de fita dupla recém-sintetizadas são aquecidas. Isso acarreta a separação das fitas em quatro fitas simples, e um segundo ciclo de replicação é induzido ao reduzir a temperatura, na presença de todos os componentes necessários para a polimerização. Se esse procedimento for repetido por 20 ciclos, podem ser obtidas amplificações de até um milhão de vezes dentro de poucas horas.

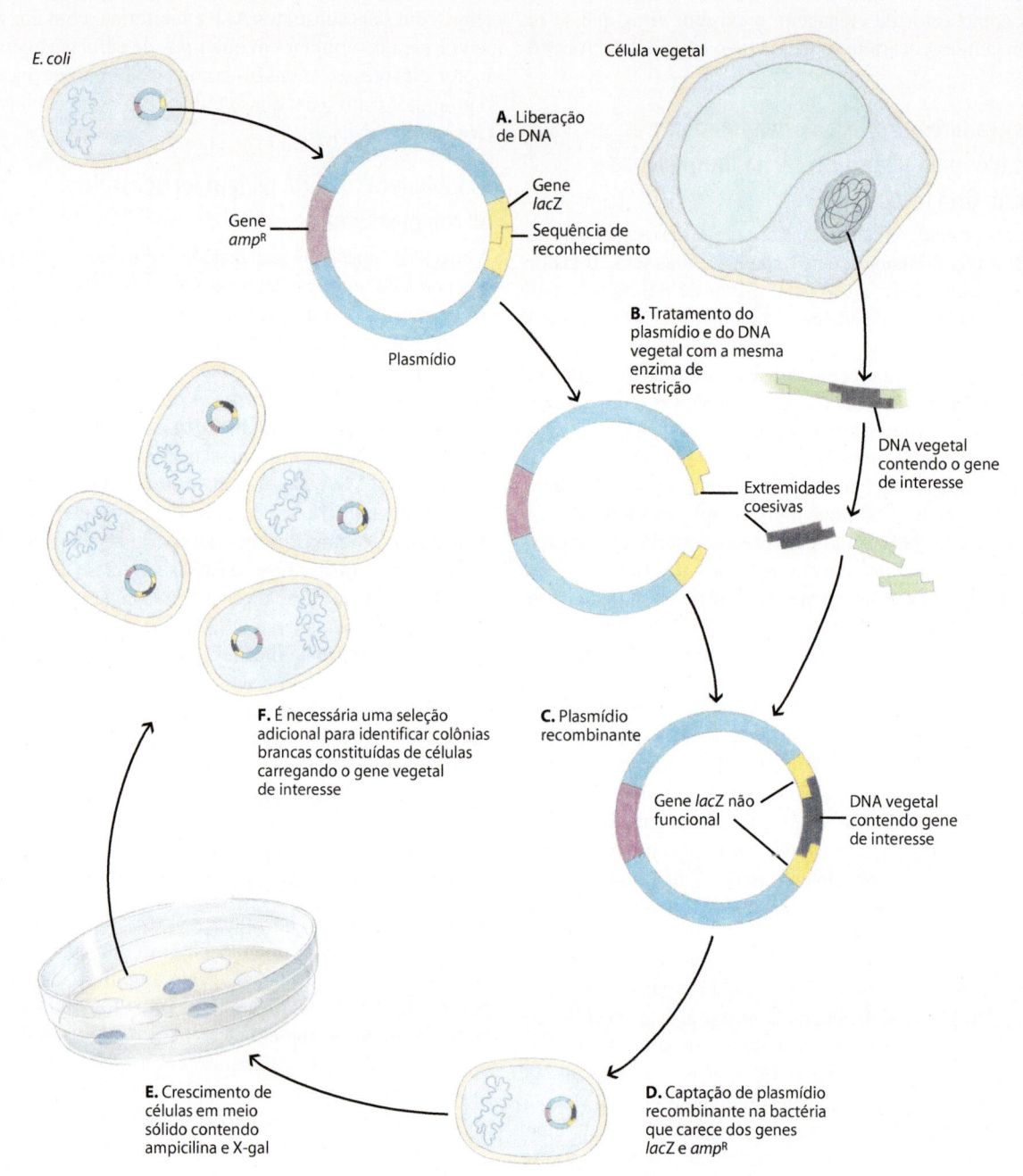

10.4 Uso do *lac*Z como gene repórter. A. Células de *Escherichia coli* contendo plasmídios com os genes *amp*R e *lac*Z são tratadas para liberar os plasmídios. O gene *amp*R confere resistência ao antibiótico ampicilina, enquanto o gene *lac*Z produz a β-galactosidase, uma enzima que hidrolisa o açúcar lactose. Ambos os genes ajudam a identificar as bactérias transformadas. Além disso, células vegetais contendo o gene de interesse são tratadas para liberar o seu DNA. **B.** Os plasmídios e o DNA vegetal são tratados com a mesma enzima de restrição. A sequência de reconhecimento para a enzima de restrição está no gene *lac*Z do plasmídio, de modo que o gene é rompido quando o DNA exógeno é inserido no sítio de restrição. Em cada célula vegetal, o DNA é clivado em muitos fragmentos, um dos quais contém o gene de interesse. O tratamento com a enzima de restrição resulta em extremidades coesivas tanto nos plasmídios quanto nos fragmentos de DNA vegetal. **C.** A combinação dos plasmídios tratados com os fragmentos resulta em plasmídios recombinantes contendo o gene de interesse, bem como em plasmídios recombinantes contendo outros genes vegetais. A inserção ocorre por pareamento de bases das extremidades coesivas dos plasmídios com as extremidades coesivas complementares dos fragmentos de DNA vegetal. **D.** A solução de plasmídios, que consiste em plasmídios recombinantes e plasmídios intactos, é misturada com bactérias que carecem dos genes *amp*R e *lac*Z. Algumas das bactérias captam plasmídios. **E.** As bactérias crescem em meio de cultura sólido com ampicilina e X-gal, um açúcar modificado que se torna azul quando digerido pela β-galactosidase. As bactérias contendo plasmídios são resistentes à ampicilina e, portanto, crescem e formam colônias nesse meio. As colônias de bactérias contendo plasmídios sem um gene *lac*Z rompido aparecem na cor azul, visto que elas podem produzir β-galactosidase e digerir X-gal. Entretanto, as bactérias contendo plasmídios recombinantes formam colônias brancas, pois apresentam um gene *lac*Z não funcional. **F.** Cada colônia branca consiste em um clone de bactérias contendo plasmídios recombinantes idênticos. É necessária uma seleção adicional para determinar se uma colônia branca é constituída ou não de bactérias transformadas carregando o gene vegetal de interesse.

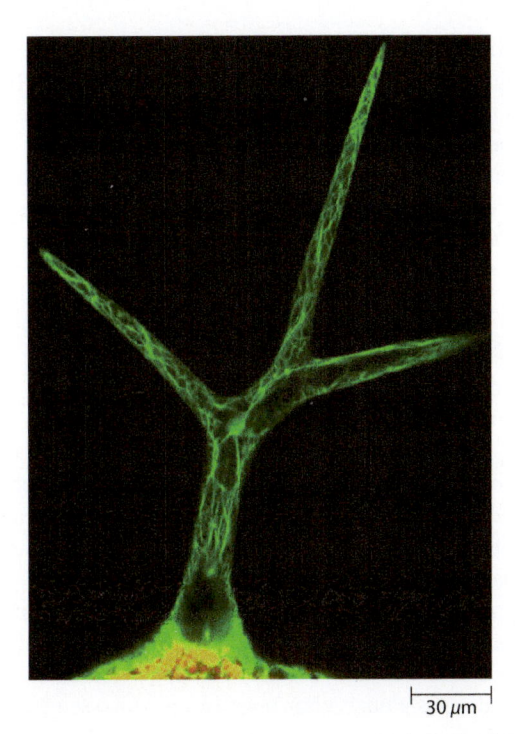

10.5 Proteína fluorescente verde. Um tricoma (pelo foliar) da planta *Arabidopsis*, que foi transformado com um fragmento da sequência de DNA que codifica uma proteína de ligação da actina (talina) fundida com uma sequência de DNA que codifica a proteína fluorescente verde (GFP). A GFP-proteína talina liga-se a filamentos de actina em todas as células vivas da planta transgênica. A microscopia confocal revela a distribuição dos feixes de actina, cuja maior parte corre paralelamente ao eixo longitudinal do tricoma.

10.6 Planta de fumo fluorescente. Genes do vagalume que codificam a produção da enzima luciferase foram inseridos em células isoladas de uma planta de fumo (*Nicotiana tabacum*) normal, utilizando o plasmídio Ti de *Agrobacterium tumefaciens* como vetor. Após o desenvolvimento de uma planta inteira a partir das células indiferenciadas de um calo, as células que incorporaram o gene da luciferase em seu DNA tornaram-se luminescentes na presença de luciferina, ATP e oxigênio.

O sequenciamento do DNA revelou o genoma dos organismos

Com o desenvolvimento de técnicas de clivagem das moléculas de DNA em fragmentos menores e de produção de múltiplas cópias desses fragmentos, tornou-se possível determinar a sequência de nucleotídios de qualquer gene isolado. Uma das características mais importantes das enzimas de restrição é que diferentes enzimas clivam as moléculas de DNA em diferentes sítios. A clivagem de uma molécula de DNA por uma enzima de restrição produz um conjunto particular de fragmentos curtos de DNA. A clivagem de uma molécula idêntica de DNA com uma enzima de restrição diferente produz um conjunto distinto de fragmentos curtos de DNA. Os fragmentos de cada conjunto podem ser separados uns dos outros por eletroforese, com base no seu comprimento ou tamanho (Figura 10.7) e clonados para produzir múltiplas cópias.

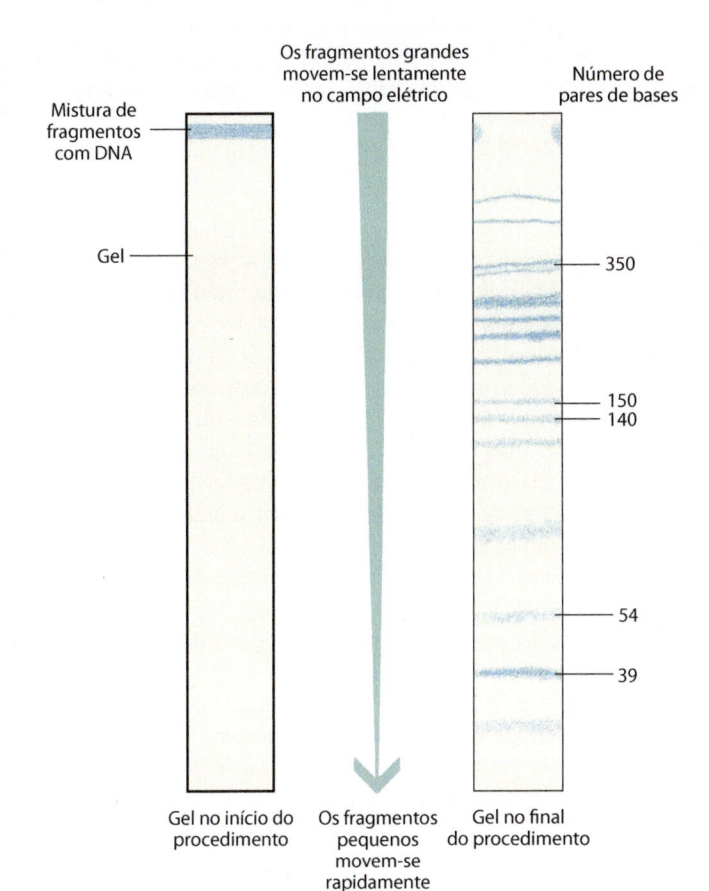

10.7 Separação de fragmentos de DNA por eletroforese. Na eletroforese, o campo elétrico separa as moléculas tanto pela sua carga quanto pelo seu comprimento ou tamanho. As moléculas menores movimentam-se mais rápido do que as maiores. Uma mistura de fragmentos de DNA contendo diferentes números de pares de bases pode ser facilmente separada de acordo com o tamanho. Em seguida, o gel é seccionado, e os fragmentos separados e purificados são extraídos intactos do gel. Esse procedimento de separação é importante em muitos aspectos do trabalho com DNA recombinante.

Em seguida, as cópias de fragmentos de DNA podem ser analisadas para determinar a sequência exata de nucleotídios de cada fragmento. Em virtude da superposição dos conjuntos de fragmentos produzidos por diferentes enzimas de restrição, a informação obtida pelo sequenciamento dos diferentes conjuntos pode ser reunida, peça por peça, como um quebra-cabeça, para revelar a sequência completa da molécula de DNA (Figura 10.8).

Hoje em dia, o sequenciamento é raramente ou nunca efetuado a partir de fragmentos de restrição específicos. Na verdade, efetua-se o sequenciamento de clones *aleatórios*. Em princípio, não há mudança no restante do processo (conforme ilustrado na Figura 10.8B, C): os fragmentos superpostos são alinhados para gerar uma sequência. Além disso, a maioria dos sequenciamentos de DNA é, hoje em dia, realizada automaticamente por aparelhos de sequenciamento de DNA, que reduzem enormemente o tempo necessário para determinar as sequências de nucleotídios de fragmentos curtos, tornando possível o sequenciamento de genomas completos.

Em virtude de seu tamanho relativamente pequeno, as primeiras sequências completas de genoma foram obtidas de procariotos, sendo a primeira da bactéria *Haemophilus influenzae*, em 1995. O sequenciamento do primeiro genoma eucariótico da levedura *Saccharomyces cerevisiae* foi concluído em 1996. Desde então, o número de espécies com genomas sequenciados aumentou exponencialmente, devido, em parte, aos avanços na tecnologia, que reduziram o custo do sequenciamento e forneceram métodos mais eficientes para a montagem de sequências do genoma. Além disso, está se tornando cada vez mais comum determinar o sequenciamento de muitos indivíduos diferentes dentro de uma mesma espécie. Isso possibilita a avaliação da variabilidade genética dentro das espécies e também fornece a oportunidade de identificar os genes responsáveis por fenótipos específicos. Por exemplo, o sequenciamento dos genomas de muitas variedades de arroz que são resistentes a determinada doença e a sua comparação com os genomas de variedades de arroz que são suscetíveis proporcionarão uma lista de genes candidatos passíveis de conferir resistência à doença.

Biotecnologia vegetal

As origens da *biotecnologia vegetal*, isto é, a aplicação de uma variedade de técnicas para manipular o potencial genéticos das plantas, podem remontar ao final da década de 1850 e década de 1860, com os trabalhos dos fisiologistas botânicos Julius von Sachs e W. Knop. Esses pesquisadores demonstraram que muitos tipos de plantas podiam crescer na água quando suplementadas com alguns minerais essenciais. Em outras palavras, as plantas podiam crescer sem fixar suas raízes no solo, uma técnica atualmente conhecida como *hidroponia*. Em meados da década de 1880, sabia-se que pelo menos 10 elementos químicos encontrados nas plantas eram necessários para o seu crescimento normal. Hoje em dia, 17 elementos são geralmente considerados essenciais para a maioria das plantas (ver Tabela 29.1).

O uso da hidroponia e a necessidade de compreender a nutrição mineral das plantas motivaram a realização de estudos sobre o crescimento de partes excisadas das plantas – fragmentos isolados de ápices caulinares, folhas e embriões em vários estágios de desenvolvimento – em soluções nutritivas. Gradualmente, substâncias como sacarose, várias vitaminas e outras substâncias orgânicas foram acrescentadas às soluções nutritivas na tentativa de manter o crescimento. Entretanto, somente após a descoberta dos hormônios vegetais e da compreensão do seu papel no controle do crescimento e desenvolvimento das plantas, é que a cultura de tecidos e órgãos vegetais tornou-se realmente possível.

A cultura de tecidos vegetais pode ser utilizada na propagação clonal

A *cultura de tecidos* vegetais pode ser amplamente definida como um conjunto de métodos empregados para o crescimento de grande número de células em um meio estéril e controlado. Atualmente, o maior impacto da cultura de tecidos é observado na área da multiplicação vegetal, designada como *micropropagação* ou *propagação clonal*, visto que os indivíduos produzidos a partir de células isoladas são geneticamente idênticos (*clones*) (Figura 10.9). A meta é induzir células individuais a expressar a sua *totipotência*, o que significa a capacidade de uma única célula vegetal madura de crescer, dando origem a uma planta inteira (ver boxe: "Totipotência", mais adiante).

Além de fornecer um método para produção de cópias idênticas de uma planta, a micropropagação proporciona uma maneira de evitar muitas doenças vegetais. Isso se deve, em parte, à descontaminação dos tecidos vegetais utilizados – os explantes – e às condições estéreis praticadas na micropropagação, mas, principalmente, ao uso de técnicas de cultura de meristema (tecido embrionário) e ápices caulinares. Nessa técnica, apenas explantes muito pequenos de meristema e de ápices caulinares que carecem de tecidos vasculares (condutor) diferenciados são cultivados. Esses explantes são frequentemente desprovidos de vírus, pois os vírus que podem estar presentes no tecido vascular maduro localizado

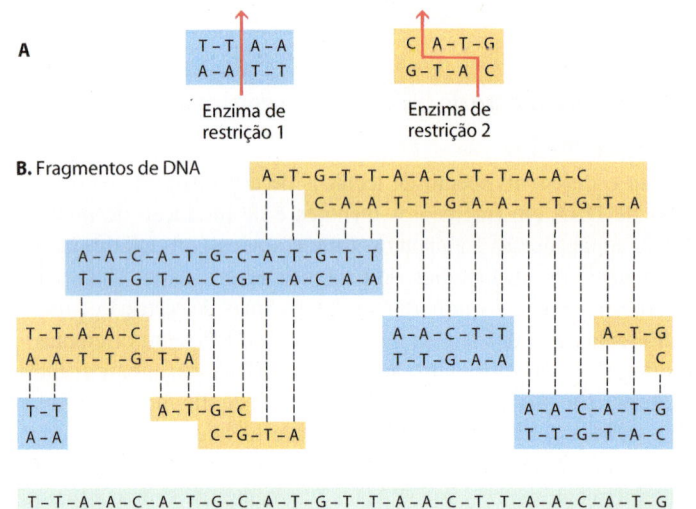

10.8 Exemplo simplificado de sequenciamento de DNA. Amostras idênticas da molécula de DNA a ser sequenciada são tratadas com diferentes enzimas de restrição, que clivam o DNA em diferentes locais. **A.** Uma amostra é tratada com uma enzima (enzima de restrição 1), produzindo um conjunto de fragmentos, enquanto outra amostra é tratada com outra enzima (enzima de restrição 2), produzindo um conjunto diferente de fragmentos. **B.** Os fragmentos de cada conjunto são então separados uns dos outros, clonados e analisados, revelando a sequência de nucleotídios de cada fragmento individual. Observe que os fragmentos produzidos pelas duas enzimas de restrição se superpõem, o que torna possível determinar a sequência de nucleotídios da molécula como um todo. **C.** A molécula de DNA que foi sequenciada.

PLANTAS-MODELO | *ARABIDOPSIS THALIANA* E *ORYZA SATIVA*

Arabidopsis thaliana, uma pequena planta herbácea da família da mostarda (Brassicaceae), foi a primeira planta a ser selecionada como organismo-modelo experimental no estudo da genética molecular vegetal. Existem vários atributos que a tornam particularmente apropriada para pesquisa genética tanto clássica quanto molecular.

1. O seu curto tempo de geração. São necessárias apenas 6 semanas para fechar o ciclo de vida (de semente a semente), e cada planta tem o potencial de produzir mais de 10.000 sementes.
2. Seu pequeno tamanho. *Arabidopsis* é uma planta tão pequena que literalmente dezenas delas podem crescer em um pequeno vaso, exigindo apenas solo úmido e luz fluorescente para o seu rápido crescimento.
3. A sua adaptabilidade. As plantas *Arabidopsis* crescem bem em meio estéril e bioquimicamente definido. Além disso, as células de *Arabidopsis* crescem em cultura, e plantas foram regeneradas a partir dessas células.

4. Tipicamente, apresenta autofecundação. Isso possibilita que novas mutações sejam homozigotas com o mínimo de esforço. Muitas mutações foram identificadas em *Arabidopsis*, incluindo as visíveis, úteis como marcadores no mapeamento genético. Esses mapas fornecem a localização aproximada das posições dos genes nos cromossomos.
5. A sua suscetibilidade à infecção pela bactéria *Agrobacterium tumefaciens*, que carrega plasmídios capazes de transferir genes em plantas (ver adiante).
6. O seu genoma relativamente pequeno (125 milhões de pares de bases, contendo aproximadamente 26.000 genes), o que simplifica a tarefa de identificar e isolar os genes.

Nenhuma das plantas cultivadas compartilha todas essas características com *Arabidopsis*. As plantas típicas de cultura apresentam tempos de geração de vários meses e necessitam de muito espaço para crescer em grande número; além disso, as que têm sido utilizadas para estudos de DNA recombinante apresentam grandes genomas e também grandes quantidades de DNA repetitivo.

O arroz (*Oryza sativa*) com o menor genoma entre os principais cereais (389 milhões de pares de bases, contendo aproximadamente 41.000 genes), foi o segundo sistema-modelo escolhido para a pesquisa científica de plantas. Trata-se da cultura mais importante do mundo, alimentando mais da metade da população do globo. Existe um alto grau de **sintenia** (muitos blocos de genes são os mesmos em diferentes espécies) entre os genomas de todas as gramíneas (Poaceae). Por conseguinte, o conhecimento obtido pela análise do genoma do arroz pode ser aplicado quase diretamente ao trigo, milho, cevada e outras gramíneas.

A lista de organismos-modelo vegetais com sequenciamento completo do genoma atualmente conhecidos incluem *Carica papaya* (mamão papaia), *Cucumis sativa* (pepino), *Populus trichocarpa* (choupo-negro), *Sorghum bicolor* (sorgo), *Vitis vinifera* (videira), *Zea mays* (milho) e o musgo *Physcomitrella patens*. Muito mais plantas estão na lista de determinação do sequenciamento.

A   B   C   D   E

As primeiras duas plantas-modelo. A. *Arabidopsis thaliana*. O seu curto tempo de geração constitui uma das características que fez da *A. thaliana* um organismo-modelo utilizado por pesquisadores de todo o mundo. Pode-se ver aqui a linhagem *Landsberg erecta* de *A. thaliana*, 14 dias após o plantio. Nesse estágio, o sistema caulinar apresenta-se como uma roseta de 7 a 8 folhas. **B.** Com 21 dias, a planta já sofreu transição da fase vegetativa para a reprodutiva. **C.** Com 37 dias após o plantio, a planta já produziu muitas flores, e os frutos e as sementes já estão se desenvolvendo. **D.** Com 53 dias, a planta está entrando em senescência. **E.** *Oryza sativa*. O arroz foi a primeira monocotiledônea selecionada como sistema-modelo.

10.9 Cultura de tecidos vegetais. A. Tecido de calo proveniente do tecido de folha jovem da cana-de-açúcar, crescendo em um meio de cultura estéril contendo níveis relativamente altos dos hormônios auxina e citocinina. **B.** Quando a concentração de citocinina no meio está reduzida, as gemas começam a se regenerar a partir de fragmentos do calo. **C.** Quando as gemas se desenvolvem (o sistema caulinar torna-se alongado), o calo que as produziu é transferido para um meio com alta concentração de auxina. **D.** A concentração mais alta de auxina induz ao desenvolvimento de raízes.

abaixo dos meristemas só podem alcançar as regiões meristemáticas dos ápices muito lentamente, movimentando-se de uma célula para outra. Como consequência, os vírus simplesmente podem não entrar em algumas das células das regiões em rápida divisão celular. A produção de plantas sem vírus por cultura de meristema tem aumentado acentuadamente a produção de várias culturas, incluindo as da batata e do ruibarbo (*Rheum officinale*).

A engenharia genética possibilita a manipulação de material genético para fins práticos

A *engenharia genética*, isto é, a aplicação da tecnologia do DNA recombinante, está proporcionando um dos mais importantes meios pelos quais será possível melhorar as culturas no futuro. A engenharia genética tem duas vantagens distintas. A primeira, a engenharia genética possibilita a inserção de genes individuais em organismos de uma maneira precisa e simples. A segunda, as espécies envolvi-

das na transferência de genes não precisam ser capazes de se hibridizar uma com a outra, e, por conseguinte, o novo potencial genético pode ser incorporado em um organismo no qual não poderia ter sido introduzido com cruzamento convencional.

Uma maneira de transferir genes exógenos em plantas-alvo consiste em utilizar *Agrobacterium tumefaciens*, uma bactéria do solo que infecta uma ampla variedade de plantas com flores, penetrando tipicamente através de feridas. *A. tumefaciens* induz a produção de tumores, denominados galha-de-coroa (Figura 10.10), ao transferir uma região específica, o *DNA de transferência* (*T-DNA*) de um plasmídio indutor de tumor (Ti) para o DNA nuclear da planta hospedeira.

Cada *plasmídio Ti* é um ciclo fechado de DNA, constituído de cerca de 100 genes (Figura 10.11). O T-DNA consiste em aproximadamente 20.000 pares de bases de DNA, delimitados, em cada extremidade, por repetições de 25 pares de bases (Figura 10.11B). O T-DNA contém diversos genes, incluindo um gene (gene *O*)

10.10 Galha-da-coroa. A *Agrobacterium tumefaciens*, uma bactéria que é comumente utilizada para a transferência de genes exógenos em plantas, induz a formação da galha-da-coroa, que pode ser observada aqui crescendo no caule de um tomateiro (*Solanum lycopersicum*).

que codifica uma enzima envolvida na síntese de opinas, que são derivadas de um único aminoácido. Além disso, a região *onc* consiste em um grupo de três genes, dois dos quais codificam enzimas envolvidas na síntese do hormônio auxina, enquanto o terceiro codifica uma enzima que catalisa a síntese de uma citocinina. Em virtude da presença desses genes envolvidos na biossíntese de hormônios, as células hospedeiras passam a crescer e a se dividir de modo descontrolado, formando um tumor. As opinas são utilizadas pelas bactérias como fonte de carbono e nitrogênio. Outra região do plasmídio Ti, a região *vir*, é essencial para o processo de transferência, porém não é incorporada no DNA do hospedeiro. Por conseguinte, a *Agrobacterium* é um engenheiro genético natural. Essa bactéria reprograma as células vegetais pela transferência de nova informação genética no genoma do hospedeiro.

A *Agrobacterium tumefaciens*, com o seu plasmídio Ti, constitui uma poderosa ferramenta para a engenharia genética das eudicotiledôneas e de certas monocotiledôneas. Os genes pro-

motores de tumores no T-DNA podem ser removidos e substituídos por quaisquer genes que os pesquisadores pretendam transferir para plantas (Figura 10.12). A infecção de uma planta pela *A. tumefaciens* contendo esses plasmídios de engenharia genética resulta na transferência desses genes para o genoma da planta. As *plantas transgênicas* (*i. e.*, plantas que contêm genes exógenos) obtidas pelo uso de plasmídios (ver Capítulo 13) transmitem os genes exógenos a sua descendência de acordo com a lei mendeliana (ver Capítulo 8).

Existem outros métodos disponíveis para a transferência de genes

Um método empregado para a transferência de genes é denominado *eletroporação*. Nesse método, são administrados breves pulsos elétricos de alta voltagem a uma solução contendo tecidos vegetais ou protoplastos* e DNA. Os pulsos elétricos causam uma abertura dos poros da membrana plasmática de curta duração, possibilitando a entrada de DNA no protoplasto, com ou sem parede celular. As células submetidas à eletroporação com esse DNA incorporado podem ser regeneradas em plantas transgênicas.

Em um segundo método, denominado *bombardeamento de partículas* ou *biobalística*, são utilizados microprojéteis em alta velocidade (pequenas esferas de ouro ou de tungstênio com diâmetro de cerca de 1 μm) para a inserção de RNA ou de DNA nas células. O RNA ou o DNA recobre a superfície das partículas, que são disparadas por uma pistola modificada (conhecida como pistola de gene) para uma célula-alvo vegetal, como um pedaço de calo ou de folha.

O bombardeamento de partículas foi usado para criar uma linhagem de mamão papaia resistente a vírus cultivada no Havaí. Os genes que codificam o revestimento proteico do vírus da mancha anelar do mamoeiro (PRSV, *Papaya ringspot virus*), um patógeno que causa grandes danos ao mamoeiro, foram "disparados" no tecido do mamoeiro. Algumas células incorporaram os genes virais em seu DNA, conferindo a algumas células da planta a capacidade de destruir os vírus. O crescimento subsequente das células resultou em mamoeiros transgênicos,

*N.R.T.: O termo protoplasto implica ausência de parede celular. Inclui a membrana plasmática, conteúdo citoplasmático e núcleo (ver Capítulo 3).

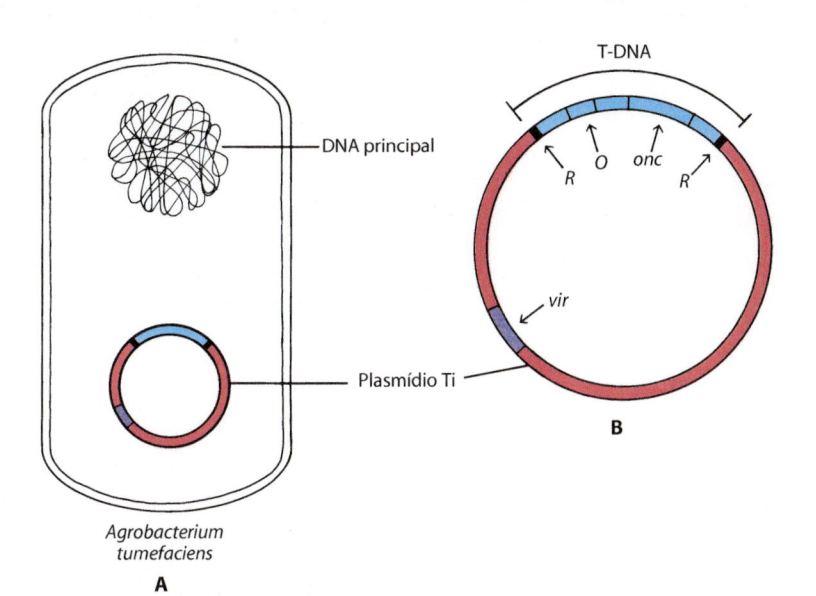

10.11 Plasmídio Ti. A. Representação esquemática de uma célula de *Agrobacterium tumefaciens*, mostrando o DNA principal (o "cromossomo" bacteriano) e o plasmídio Ti. (O plasmídio Ti e o cromossomo bacteriano não estão ilustrados em escala.) **B.** Detalhe do plasmídio Ti. O gene *O* é o gene que codifica uma enzima para a síntese de opinas; *onc* é um grupo de três genes que codificam enzimas envolvidas na biossíntese de hormônios vegetais; e *R* representa as sequências de 25 pares de bases. Apenas o DNA entre as duas regiões *R* é transferido para o genoma da planta. O grupo de genes conhecido como *vir* controla a transferência do T-DNA para o cromossomo do hospedeiro (planta).

TOTIPOTÊNCIA

A descoberta de que tanto as raízes quanto o sistema caulinar (gemas) podem ser gerados a partir das mesmas células indiferenciadas de um calo tem implicações importantes para a genética das plantas (Figura 10.9). Já em 1902, o botânico alemão Gottlieb Haberlandt sugeriu que todas as células vegetais vivas eram totipontentes – isto é, cada célula tem o potencial de se desenvolver em uma planta completa –, todavia, ele nunca foi capaz de demonstrar esse fato. Na verdade, mais de meio século se passou até que a sua hipótese fosse comprovada. Haberlandt não sabia que tipos de substâncias deveria fornecer às células, visto que os hormônios vegetais não tinham ainda sido descobertos.

No final da década de 1950, F. C. Steward isolou pequenos fragmentos de tecido do floema da raiz de cenoura (*Daucus carota*) e os colocou em meio de cultura líquido em um frasco submetido à rotação. (Esses fragmentos de tecidos são denominados explantes.) O meio continha sacarose e nutrientes inorgânicos necessários para o crescimento da planta, bem como certas vitaminas e água de coco, que Steward sabia ser rica em compostos para o crescimento de plantas – embora a natureza desses compostos não fosse então conhecida.

No frasco submetido à rotação, células individuais eram continuamente separadas da massa celular em crescimento, flutuando livres no meio. Essas células individuais eram capazes de crescer e de se dividir. Logo Steward observou o desenvolvimento de raízes em muitos desses novos agregados de células. Se deixados nesse meio em agitação, os agregados celulares não continuavam a se diferenciar; entretanto, se fossem transferidos para um meio sólido – que, nesses experimentos era ágar –, alguns dos agregados desenvolviam gemas. Se os agregados fossem então transplantados para o solo, as pequenas plantas formavam folhas, floresciam e produziam sementes. Resultados semelhantes foram obtidos alguns anos depois por V. Vasil e A. C. Hildebrandt, que utilizaram explantes da medula de um caule novo de híbrido de fumo (*Nicotiana*). Em lugar de água de coco, o meio utilizado por Vasil e Hildebrandt continha os hormônios IAA e cinetina, que serão discutidos no Capítulo 27.

Os resultados indicaram que pelo menos algumas das células do floema maduro da cenoura e da medula do fumo eram totipotentes – isto é, continham todo o potencial genético para o desenvolvimento de uma planta completa, embora esse potencial não fosse expresso por essas células na planta viva. Esses experimentos também demonstraram que essas células diferenciadas podem expressar parte de seu potencial genético previamente não expresso, desencadeando padrões particulares de desenvolvimento. Com esses resultados, Steward e Vasil e Hildebrandt confirmaram a hipótese de Haberlandt sobre a totipotência.

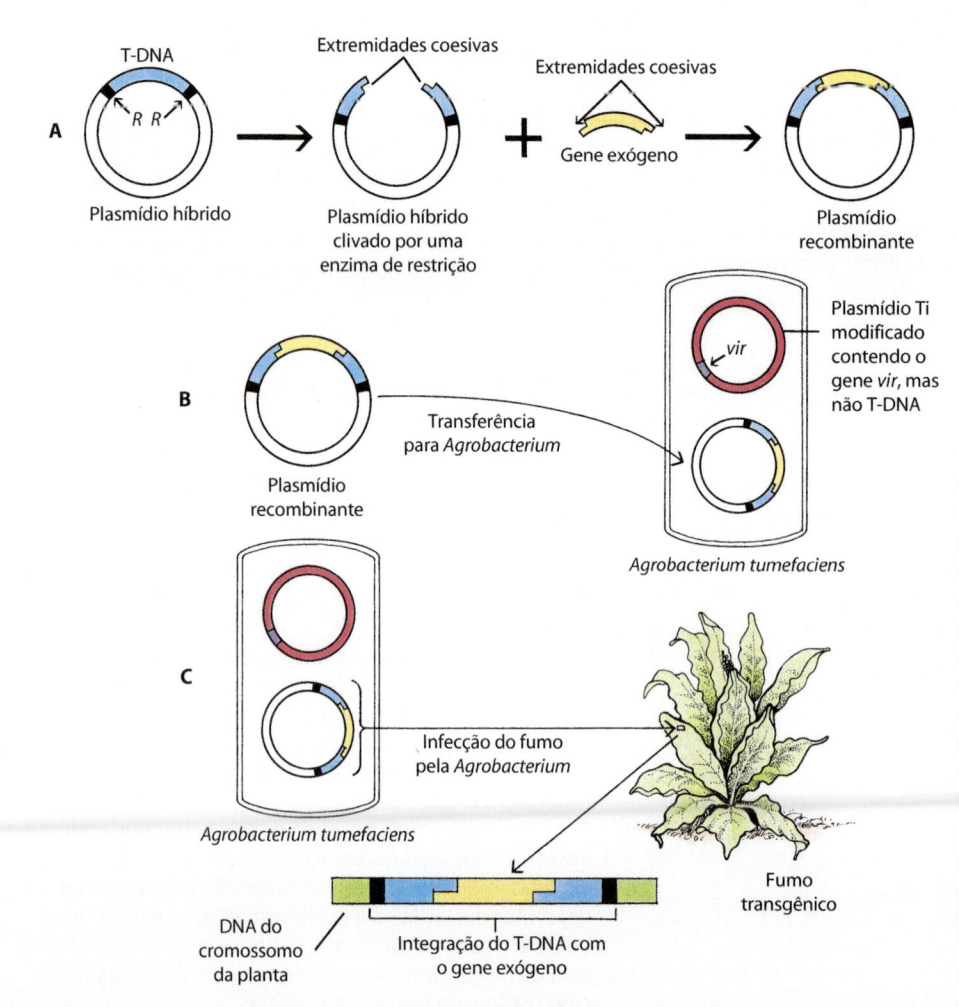

10.12 Plasmídios vetores para a transferência de DNA. Procedimento para o uso de plasmídios da *Agrobacterium tumefaciens* como vetores na transferência de DNA ou de genes. **A.** Um plasmídio híbrido que carrega apenas o T-DNA (azul) de um plasmídio Ti é clivado por uma enzima de restrição, e um gene exógeno (amarelo) é então inserido, criando um plasmídio recombinante. **B.** O plasmídio recombinante é transferido para uma célula de *A. tumefaciens*, que contém um plasmídio Ti com o seu T-DNA removido (vermelho), criando um plasmídio de engenharia genética. **C.** *A. tumefaciens* contendo o plasmídio modificado por engenharia é utilizada para infectar uma planta. A região *vir* do plasmídio Ti sem o T-DNA controla a transferência do gene exógeno do plasmídio recombinante para os cromossomos da planta.

que eram resistentes à infecção pelo vírus da mancha anelar do mamoeiro, salvando a produção do mamão papaia do Havaí (Figura 10.13). Atualmente, outros países estão utilizando o bombardeamento de partículas para desenvolver suas próprias linhagens de mamoeiro transgênico. O bombardeamento de partículas e a transferência de genes mediada por *Agrobacterium* são as duas técnicas mais amplamente utilizadas hoje em dia para a transferência de DNA em plantas.

Conforme assinalado por T. Erik Mirkov, a engenharia genética não irá substituir por completo os métodos tradicionais de cruzamento de plantas. Ele nos lembra que "após a manipulação gênica e a cultura de tecidos terem introduzido um único gene em uma espécie cultivada, são sempre necessários vários anos de cruzamento das plantas para assegurar que a nova planta apresente as características agronômicas corretas". Além disso, é preciso constatar que os genes sejam transmitidos de modo estável de geração para geração.

A engenharia genética está sendo utilizada para conferir resistência a insetos e tolerância a herbicidas

Para reduzir a necessidade de inseticidas químicos, o milho, o algodão e outras plantas foram submetidos a engenharia genética utilizando genes da bateria *Bacillus thuringiensis (Bt)*. Esses transgenes codificam proteínas (toxinas *Bt*) que matam especificamente as larvas de borboleta, mariposas e besouros (Figura 10.14A), enquanto causam pouco ou nenhum dano à maioria dos outros organismos, incluindo os seres humanos. Antes da introdução do milho *Bt*, a broca do milho europeia (*Ostrinia nubilalis*) causava perdas anuais de 1 bilhão de dólares somente nos EUA. O algodoeiro *Bt* produz toxinas inseticidas que resistem às lagartas do algodoeiro (*Helicoverpa armigera*), que também é uma das pragas mais devastadoras do trigo, milho, amendoim, soja e outras plantas alimentícias. O algodoeiro *Bt* é extensamente cultivado na China. Os resultados de monitoramento de campo em larga escala de *H. armigera* em seis províncias do norte da China indicam que a implantação do algodão *Bt* nessas regiões levou a uma redução das populações do inseto, não apenas no algodão, mas também em outras culturas.

10.13 Mamoeiros transgênicos resistentes a vírus. A inserção de genes do revestimento proteico do vírus da mancha anelar do mamoeiro (*Papaya ringspot virus*, PRSV) em células de mamoeiro resultou em árvores resistentes ao vírus. À esquerda da figura, podem ser vistos mamoeiros transgênicos saudáveis, e à direita, árvores infectadas pelo vírus.

Existem quatro gerações de *H. armigera* por ano no norte da China. O algodão *Bt* mata a maioria das larvas da segunda geração e, aparentemente, atua como armadilha sem saída para grande parte da população de *H. armigera*. Os pesquisadores têm ressaltado a necessidade de cautela, visto que o uso prolongado do algodão *Bt* para controle de pragas aumenta o potencial dos insetos de desenvolver resistência ao *Bt*. Em 2009, foram identificadas lagartas do algodoeiro resistentes ao *Bt* no oeste da Índia, o segundo maior produtor de algodão depois da China.

As plantas também têm sido submetidas a engenharia genética para o desenvolvimento de tolerância a vários herbicidas, incluindo o glifosato (comercializado por Monsanto com o nome de Roundup), que atua ao bloquear uma única enzima essencial para a produção de aminoácidos aromáticos pelas plantas. Apesar de ser extremamente eficiente e atóxico para os animais, o glifosato mata todas as plantas, incluindo as culturas. Uma abordagem bem-sucedida para o desenvolvimento de tolerância por engenharia genética em plantas cultivadas resultou da identificação de uma forma mutante da enzima-alvo da bactéria *Salmonella*, que não é bloqueada pelo glifosato. A transferência desse gene mutante em plantas cultivadas, utilizando plasmídio Ti, resultou em plantas que eram tolerantes ao herbicida. As plantações onde essas plantas crescem podem ser tratadas com glifosato, visto que as culturas sobrevivem, enquanto as ervas daninhas são controladas com custo relativamente baixo em comparação com os métodos mais tradicionais.

Atualmente, a soja Roundup Ready representa mais de 95% da soja plantada nos EUA e cerca de dois terços da soja plantada mundialmente. Alguns pesquisadores assinalaram que o sucesso da soja e de outras espécies cultivadas com resistência ao glifosato criou uma excessiva dependência em um único herbicida para o controle das ervas daninhas. Em resposta à pressão de seleção resultante, pelo menos 13 espécies de ervas daninhas desenvolveram resistência ao glifosato.

A engenharia genética está sendo utilizada para reduzir as perdas pós-colheita. Com a identificação dos genes envolvidos na biossíntese e função dos hormônios, a engenharia genética também está sendo utilizada para alterar o crescimento e o desenvolvimento das plantas. (Os hormônios vegetais são discutidos no Capítulo 27.) Por exemplo, formas geneticamente alteradas das enzimas que catalisam a biossíntese de etileno foram transferidas para tomateiros, resultando em diminuição da produção de etileno e retardo significativo no amadurecimento dos frutos (Figura 10.14b). O etileno regula o amadurecimento de muitos frutos suculentos. (Pode-se induzir o amadurecimento desses frutos pela aplicação de etileno após a sua chegada ao mercado.) Formas mutantes do gene do receptor do etileno de *Arabidopsis* foram utilizadas para retardar a senescência ou o murchamento das flores (Figura 10.14C, D). Esse avanço é de grande interesse na produção de flores de corte.

A engenharia genética também vem sendo utilizada para manipular a produção do hormônio citocinina. A sequência de codificação do gene da *Agrobacterium* para uma enzima que está envolvida na síntese de citocinina foi fundida com a sequência promotora de um gene de *Arabidopsis*, que só é expresso nas folhas senescentes. Quando esse gene quimérico foi transferido para as plantas de fumo para a produção de citocinina nas folhas mais velhas, retardou acentuadamente a senescência das folhas (Figura 10.14E). Se houver possibilidade de que esse efeito de atraso da senescência atue em plantas cultivadas, isso poderá ter um impacto significativo na produção.

10.14 Plantas transgênicas. A tecnologia de transferência de genes possibilita aos engenheiros geneticistas alterar o crescimento, o desenvolvimento e a resistência a doenças em plantas. **A.** O gene *Bt* da bactéria *Bacillus thuringiensis* codifica uma proteína que é tóxica para borboletas e mariposas. Quando o gene *Bt* é transferido para plantas, as células vegetais produzem a toxina e tornam-se resistentes aos ataques das lagartas, como podemos ver aqui no tomateiro (*Solanum lycopersicum*) transformado (à esquerda) e não tratado (à direita), 4 dias após a exposição das plantas às lagartas. **B.** A transferência de uma forma mutante do gene do receptor de etileno (*etr1-1*) de *Arabidopsis* para o tomateiro torna os frutos insensíveis ao etileno. À esquerda estão tomates transgênicos que mantiveram a mesma cor dourada 100 dias após a sua colheita, enquanto os frutos não tratados à direita tornaram-se vermelhos e começaram a apodrecer depois do mesmo período de tempo. **C, D.** A transferência do gene *etr1-1* para a petúnia (*Petunia hybrida* cv. *Mitchell*) torna as suas flores insensíveis ao etileno, aumentando a sua longevidade. A flor de uma planta transgênica em (**C**) é ainda viável 8 dias após a polinização, enquanto a flor de uma planta não tratada em (**D**) murcha 3 dias após a polinização. **E.** Quando plantas de fumo (*Nicotiana tabacum*) são transformadas em um gene que modifica a biossíntese de citocinina que é expresso apenas em folhas mais velhas, observa-se um notável atraso na senescência das folhas, como podemos ver aqui 20 semanas após o transplante de plântulas transgênicas (à esquerda) e não tratadas (à direita) para o solo.

A engenharia genética também está sendo utilizada para melhorar a qualidade dos alimentos. Foram efetuadas alterações nas vias de biossíntese de ácidos graxos para reduzir a proporção de gorduras saturadas na soja (*Glycine max*) e canola (*Brassica napus*). Foi desenvolvida uma linhagem de soja com alto nível de ácido oleico, um ácido graxo insaturado, resultando em uma redução global de 20% dos ácidos graxos saturadas. Estão sendo desenvolvidas batatas (*Solanum tuberosum*) com maior teor de amido, possibilitando menor absorção de óleo durante a fritura e, com isso, o preparo de batatas fritas com menos gordura. E existe um projeto em andamento na Austrália para acrescentar as vitaminas A e E às bananas.

Em 1999, uma nova e excitante conquista foi anunciada: a produção de uma linhagem de arroz geneticamente modificada, denominada "arroz dourado", que apresenta um conteúdo significativo de betacaroteno (Figura 10.1), enquanto o arroz comum praticamente não tem nenhum betacaroteno. Esse avanço foi obtido pela introdução, no arroz, dos genes necessários para pelo menos três enzimas envolvidas na via de biossíntese que leva à síntese de betacaroteno, que é convertido, no corpo humano, em vitamina A. Os genes provêm de um narciso (*Narcissus pseudonarcissus*) e de uma bactéria (*Erwinia uredovora*). Foram também acrescentadas sequências de controle para assegurar a síntese do betacaroteno no endosperma do arroz, de modo que a vitamina não seja perdida quando a casca é retirada, como na produção do arroz polido. A cor dourada deve-se à presença de betacaroteno no endosperma. A deficiência de vitamina A é disseminada no sul e Sudeste Asiático, particularmente entre crianças, e pode causar cegueira. A Organização Mundial da Saúde (OMS) estima que entre 250.000 e 500.000 crianças ficam cegas anualmente em decorrência dessa deficiência. A deficiência de vitamina A também é responsável por mortes infantis, particularmente por diarreia. O arroz dourado é promissor na eliminação desses problemas.

Entretanto, quase imediatamente, a oposição às culturas geneticamente modificadas (GM), em geral, e ao arroz dourado, em particular, tornou impossível a aprovação do arroz dourado. Os cientistas substituíram então o gene do narciso por um gene do milho. Essa nova versão do arroz dourado, denominada GR2, produz até 23 vezes mais betacaroteno no endosperma. Além disso, o GR2 e o arroz dourado original, atualmente denominado GR1, foram desenvolvidos na subespécie *japonica*, que não se desenvolvem nas plantações da Ásia. Por conseguinte, foi necessário que os pesquisadores fizessem um retrocruzamento das linhagens GR1 e GR2 com a subespécie *indica* de grãos finos e viscosos, amplamente usada pelos fazendeiros da Ásia. Lamentavelmente, não existe nenhuma garantia de que o arroz dourado seja aprovado nos países pretendidos.

A transferência de genes está sendo utilizada em outras plantas para produzir compostos de interesse que a planta normalmente não produz. Os exemplos atuais incluem a produção de proteínas farmacêuticas de origem mamífera, como o hormônio do crescimento humano, que foi expresso no fumo transgênico, e a albumina sérica humana, expressa no fumo e na batata. Existem pesquisas em andamento para a produção de poli-hidroxibutirato, um bioplástico que poderia substituir os produtos à base de petróleo, em choupos transgênicos.

A introdução de transgenes em culturas tem tanto benefícios quanto riscos. A tecnologia da engenharia genética está proporcionando aos biologistas uma oportunidade nunca antes disponível – a transferência de traços genéticos entre organismos muito diferentes. Para os biologistas vegetais, isso significa um aumento potencial da produção da lavoura por meio da introdução de genes que aumentam a resistência das culturas a vários patógenos ou herbicidas e que também aumentam a sua tolerância a diversos estresses. Exemplos da primeira aplicação foram descritos anteriormente, como o controle das larvas de borboletas, mariposas e besouros e a resistência ao vírus da mancha anelar do mamoeiro e ao herbicida glifosato. Uma grande vantagem da resistência a herbicida é que possibilita o plantio direto, o que, por sua vez, diminui dois problemas muito críticos: (1) a erosão do solo (a velocidade de perda de solos férteis é alarmante) e (2) a perda de carbono do solo (a preparação do solo para cultura acelera acentuadamente a conversão microbiana do carbono do solo em CO_2). Estima-se que os inseticidas que podem ser altamente tóxicos sejam responsáveis por até 20.000 mortes por ano, particularmente entre trabalhadores rurais nos países em desenvolvimento. O uso do algodão *Bt*, que proporciona resistência contra a lagarta do algodoeiro, não apenas resultou em aumento da produção em relação ao algodão convencional, mas também levou a uma enorme redução ao uso de inseticidas. A cultura do algodão *Bt* reduziu acentuadamente a exposição dos trabalhadores rurais a pesticidas de amplo espectro. Além disso, uma cepa *ice-minus* modificada da bactéria *Pseudomonas syringae* está sendo utilizada para reduzir a suscetibilidade de certas culturas ao congelamento, possibilitando, assim, um plantio mais cedo. As plantas estão sendo submetidas a engenharia genética para tolerância ao calor, à seca e ao sal, e existem tentativas no sentido de transformar culturas C_3 em culturas C_4 (ver Capítulo 7) e em desenvolver cereais perenes.

Os benefícios da engenharia genética não estão isentos de riscos, que variam de acordo com as características introduzidas nas plantas cultivadas. Não há evidências de que o processo de transferência de um gene de uma planta ou de uma espécie animal para outra planta traga qualquer risco, porém as propriedades da nova linhagem precisam ser cuidadosamente avaliadas. Tampouco há evidências de que os alimentos produzidos por plantas geneticamente modificadas, que estão agora no mercado, tenham qualquer risco para a saúde dos seres humanos ou de outros animais. Por outro lado, os genes de uma planta cultivada modificada podem alcançar seus genes relacionados silvestres ou de ervas daninhas por meio de hibridização natural. As características dos híbridos ou das plantas silvestres modificadas precisam ser consideradas no contexto ambiental, e deve-se também levar em conta a possibilidade de formação de novas ervas daninhas, apesar de remota.

Certos países demoraram a aceitar plantas cultivadas geneticamente modificadas e os produtos derivados dessas culturas, embora o uso de pesticidas nesses países seja, em geral, muito mais intenso do que nos EUA. As culturas geneticamente modificadas podem ser consideradas como um elemento importante na promoção de sistemas sustentáveis de agricultura. Todavia, as plantas cultivadas geneticamente modificadas não constituem, de modo algum, a única solução para esse importante problema. O controle biológico e o aprimoramento das práticas agrícolas também são elementos importantes no contexto desses sistemas, que têm um papel crítico na alimentação de uma população mundial faminta. Como as linhagens aprimoradas de plantas cultivadas suprirão as necessidades das regiões pobres do mundo e qual o papel que as corporações agrícolas de grande escala devem ter em uma economia cada vez mais globalizada também são assuntos para serem cuidadosamente considerados em um mundo de rápidas mudanças.

Genômica

A *genômica* é o estudo dos genomas em sua totalidade. Sua meta é compreender o conteúdo, a organização, a função e a evolução da informação genética dos organismos. A genômica é dividida em três subgrupos: genômica estrutural, funcional e comparativa.

A genômica estrutural está relacionada com a organização e a sequência da informação genética dos genomas

Um dos primeiros passos na caracterização de um genoma consiste em preparar mapas genéticos e físicos de todos os seus cromossomos. Os *mapas genéticos*, também denominados mapas de ligação (ver Capítulo 8), fornecem um *esboço aproximado* da localização dos genes em relação aos de outros genes conhecidos, conforme determinado pelas taxas de recombinação. Por outro lado, os mapas físicos baseiam-se na informação direta do sequenciamento do DNA. Os *mapas físicos* localizam os genes em relação às distâncias medidas em números de pares de bases. A Figura 10.15 compara os mapas genético e físico do cromossomo III da levedura. Embora os dois mapas possam diferir nas distâncias entre os genes, como as taxas de recombinação não são constantes através de um cromossomo, os mapas genéticos têm sido fundamentais para o desenvolvimento dos mapas físicos e para o sequenciamento de genomas completos.

A genômica funcional analisa as sequências identificadas pela genômica estrutural para determinar sua função

A sequência genômica é, por si só, de uso limitado. A meta maior da genômica funcional é sondar as sequências genômicas para o seu propósito – isto é, identificar os genes, determinar que genes são expressos (e em que condições) e estabelecer a sua função ou a de seus produtos proteicos. Os objetivos da genômica funcional incluem a identificação de todas as moléculas de RNA transcritas por um genoma (o *transcriptoma*) e todas as proteínas codificadas pelo genoma (o *proteoma*).

Como fazer para determinar a função de um gene recém-descoberto? Uma primeira abordagem consiste em conduzir uma busca quanto à *homologia* ou relação das sequências de aminoácidos das proteínas com outros genes de função conhecida. Bancos de dados eletrônicos públicos contendo milhões de genes e proteínas de funções conhecidas, em um grupo diverso de organismos, estão disponíveis para pesquisa de homologia. Se existir homologia entre um gene reconhecido e um gene recém-descoberto, uma função biológica experimental pode ser atribuída ao gene recém-descoberto.

Foram desenvolvidas coleções de mutantes, em que os genes são inativados pela inserção de um grande segmento de DNA, como o T-DNA de *Agrobacterium*, para um grande número de genes. Esses *mutantes knockout*, cada um com um diferente gene inativado, são então examinados sistematicamente para mudanças no seu fenótipo ou no modo pelo qual funcionam em determinado ambiente. Qualquer mudança identificada é rastreada até a sequência específica que sofreu mutação.

Grande parte da compreensão acerca da função genética provém do conhecimento de quando e onde os genes são expressos. Com o desenvolvimento da análise de microarranjos de DNA, os cientistas foram capazes de monitorar simultaneamente a expressão de milhares de fragmentos de DNA. Os *microarranjos* consistem em numerosos fragmentos estreitamente agrupados de DNA fixados a uma lâmina de vidro ou *chip*, em um padrão ou arranjo ordenado, habitualmente como pontos. Os fragmentos de DNA correspondem a todos os genes de um genoma. O *chip* de DNA é exposto a uma amostra de RNA marcado (designado como sonda), formado a partir do RNA obtido de uma célula. Cada transcrito de RNA irá se ligar (hibridizar) à sua sequência complementar de DNA. Os pontos no *chip* ao qual se liga indicam os genes que estavam sendo ativamente transcritos na célula em determinada condição.

A análise de microarranjos possibilita aos pesquisadores estudar os genes ativos em determinados tecidos e apresentar como a expressão gênica se modifica durante processos de desenvolvimentos específicos e em condições de estresse ambiental, como ataque de patógenos, déficit de água ou falta de nutrientes.

A genômica comparativa fornece informações importantes sobre as relações evolutivas entre os organismos

A genômica comparativa compara o conteúdo gênico, a função e a organização dos genomas de diferentes organismos. A comparação das sequências do genoma está proporcionando uma maior compreensão das relações evolutivas entre os organismos. O impacto dessas comparações é evidente na diversidade nos capítulos deste livro sobre diversidade (ver os Capítulos 12 a 20).

O primeiro resultado definido da genômica comparativa foi a comparação da existência de três domínios de organismos vivos: Bacteria, Archaea e Eukarya (ver Capítulo 12). Há maior semelhança de sequência entre os membros do mesmo domínio do que entre membros entre domínios diferentes. Além disso, muitas sequências são encontradas apenas em um domínio específico

Os genomas procarióticos são altamente diversificados e podem sofrer transferência gênica horizontal

Com poucas exceções, os genomas dos procariotos consistem em um único cromossomo circular (ver Capítulo 13). A quantidade total de DNA nos genomas dos procariotos varia de ape-

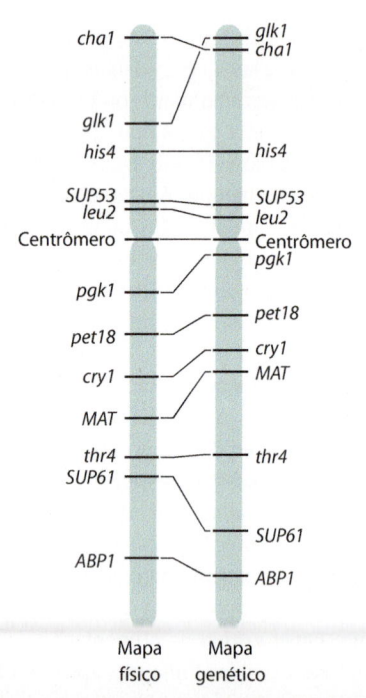

Mapa físico | Mapa genético

cha1 — *glk1*, *cha1*

glk1

his4 — *his4*

SUP53 — *SUP53*
leu2 — *leu2*

Centrômero — Centrômero
pgk1

pgk1

pet18 — *pet18*

cry1

pet18 — *MAT*

cry1

MAT — *thr4*

thr4
SUP61

SUP61

ABP1 — *ABP1*

10.15 Mapas do cromossomo III de levedura. Os mapas físico (à esquerda) e genético (à direita) podem diferir nas distâncias relativas entre os genes e até mesmo na ordem dos genes em um cromossomo. O mapa físico que mostra a localização real dos genes tem maior resolução e acurácia do que o mapa genético.

nas 159.662 pares de bases, em *Carsonella ruddii*, um afídeo endossimbiótico, até mais de 9,1 milhões de pares de bases, em *Bradyrhizobium japonicum*, um endossimbionte de raízes e nódulos. A *Escherichia coli*, uma bactéria amplamente utilizada em estudos genéticos, tem 4,6 milhões de pares de bases.

Apenas cerca da metade dos genes identificados nos genomas dos procariotos pode ser relacionada com uma função. Cerca de 25% dos genes não têm nenhuma semelhança significativa com qualquer outro gene conhecido em bactérias, indicando a grande diversidade genética entre as bactérias. Com efeito, o sequenciamento de centenas de cepas de *E. coli* revela que mais de 50% dos genes presentes em uma cepa não são encontrados em nenhuma outra cepa. Além disso, os resultados dos estudos genômicos revelaram que espécies de bactérias, tanto estreitamente relacionadas quanto distantes entre si, trocam periodicamente a informação genética ao longo da evolução – um processo denominado *troca gênica horizontal* ou *lateral*. A transferência de genes também ocorreu entre bactérias e eucariotos, como no caso do T-DNA de *Agrobacterium*, que é transferido para o núcleo de células vegetais, e da migração para o núcleo de antigos genes mitocondriais e do cloroplasto (ver Capítulo 12).

Os genomas dos eucariotos variam acentuadamente no número dos genes que codificam proteínas

Os genomas dos organismos eucarióticos são maiores do que os dos procariotos, e, em geral, os eucariotos multicelulares têm mais DNA do que os eucariotos unicelulares, como as leveduras (ver Tabela 9.1). A Figura 10.16 mostra o número total de genes que codificam proteínas em vários eucariotos multicelulares

que foram completamente sequenciados. As funções de cerca da metade das proteínas codificadas por esses genomas são conhecidas ou foram relacionadas experimentalmente com base na comparação das sequências. Observe que o número de genes que codificam proteínas em diferentes organismos não parece ser proporcional à complexidade biológica. Por exemplo, o nematelminto *Caenorhabditis elegans* aparentemente tem mais genes do que *Drosophila*, a mosca-da-fruta, que apresenta uma organização corporal muito mais complexa e um comportamento também mais complexo. Além disso, tanto o nematelminto quanto a mosca-da-fruta têm menos gene do que *Arabidopsis*, uma planta estruturalmente menos complexa. Entretanto, os genomas de plantas apresentam grandes números de genes duplicados, frequentemente de duplicações do genoma inteiro (poliploidização), e animais como *Drosophila* frequentemente produzem múltiplas proteínas a partir de um único gene. Os elementos de transposição são os maiores contribuintes para o tamanho do genoma. Por conseguinte, o significado das diferenças no número de genes entre organismos não está bem esclarecido.

Os genomas de muitos outros organismos estão em fase de sequenciamento. Esses novos achados, além da grande quantidade de dados existentes sobre a sequência do DNA, proporcionam informações inestimáveis para aplicação na agricultura, na saúde humana e na biotecnologia. O conhecimento da sequência completa do genoma das plantas de cultura ajudará a identificar os genes que afetam a produção, a resistência a doenças e a resistência a pragas, além de outras características da agricultura. Esses genes podem ser então manipulados por engenharia genética ou até mesmo por cruzamento tradicional para aumentar a produção e produzir alimentos mais nutritivos.

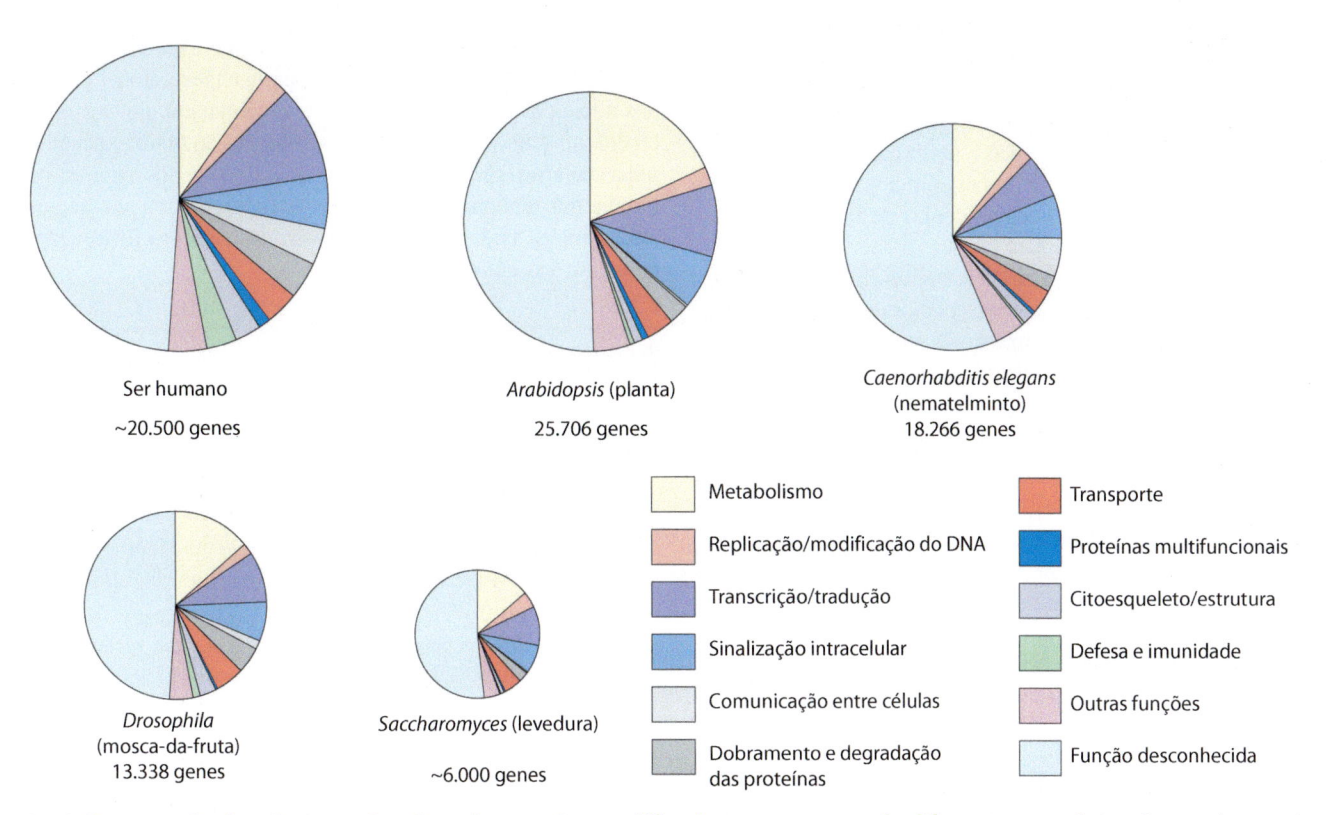

Ser humano
~20.500 genes

Arabidopsis (planta)
25.706 genes

Caenorhabditis elegans
(nematelminto)
18.266 genes

Drosophila
(mosca-da-fruta)
13.338 genes

Saccharomyces (levedura)
~6.000 genes

- Metabolismo
- Replicação/modificação do DNA
- Transcrição/tradução
- Sinalização intracelular
- Comunicação entre células
- Dobramento e degradação das proteínas
- Transporte
- Proteínas multifuncionais
- Citoesqueleto/estrutura
- Defesa e imunidade
- Outras funções
- Função desconhecida

10.16 Comparação do número e dos tipos de proteínas codificadas nos genomas de diferentes eucariotos. Para cada eucarioto mostrado aqui, a área total do gráfico em pizza representa o número total de genes que codificam proteínas, apresentados aproximadamente na mesma escala. Em cada caso, não são conhecidas as proteínas codificadas por cerca da metade dos genes. As funções dos outros genes são conhecidas ou são previstas com base na semelhança com genes de função conhecida.

RESUMO

A tecnologia do DNA recombinante é utilizada para criar novos genótipos

A tecnologia do DNA recombinante inclui métodos para (1) a obtenção de segmentos de DNA curtos o suficiente para serem manipulados e analisados, (2) a obtenção de grandes quantidades de segmentos idênticos de DNA, e (3) a determinação da sequência exata de nucleotídios em um segmento de DNA.

As enzimas de restrição são utilizadas para clivar o DNA em fragmentos com extremidades coesivas

Podem ser obtidos segmentos curtos de DNA pela transcrição do RNAm em DNA pela enzima transcriptase reversa ou pela clivagem de moléculas de DNA com enzimas de restrição, que são enzimas bacterianas que cortam moléculas de DNA exógenas em sítios específicos. Os segmentos de DNA produzidos pelas enzimas de restrição podem ser separados por eletroforese, com base no seu tamanho.

Diferentes enzimas de restrição clivam o DNA em diferentes sequências de nucleotídios específicas. Em lugar de cortar igualmente as duas vidas da molécula, algumas enzimas de restrição deixam extremidades coesivas. Qualquer DNA cortado por esse tipo de enzima pode ser facilmente unido a outra molécula de DNA cortada pela mesma enzima. A descoberta das enzimas de restrição possibilitou o desenvolvimento da tecnologia do DNA recombinante.

A clonagem do DNA e a reação em cadeia da polimerase são utilizadas para produzir grandes quantidades de segmentos idênticos de DNA

Na clonagem, os segmentos a serem copiados são introduzidos em células bacterianas por meio de plasmídios ou vírus, que funcionam como vetores. Uma vez dentro da célula bacteriana, o vetor e o DNA exógeno que ele transporta são replicados, e podem ser obtidas múltiplas cópias a partir das células. A reação em cadeia da polimerase é um processo muito mais rápido pelo qual podem ser obtidas milhões de cópias de um segmento de DNA em apenas algumas horas.

Por sua vez, a disponibilidade de múltiplas cópias possibilita a determinação da ordem exata dos nucleotídios em um segmento de DNA. Pela combinação da informação de sequenciamento de conjuntos de segmentos curtos produzidos por diferentes enzimas de restrição, os biologistas moleculares podem determinar a sequência completa de um segmento longo de DNA (como um gene inteiro).

A biotecnologia vegetal envolve o uso de cultura tecidual

Os avanços na pesquisa hormonal e na bioquímica do DNA possibilitaram a manipulação da genética das plantas de maneiras específicas. Entre os procedimentos mais importantes em biotecnologia destaca-se a cultura de tecidos. Em situações ideais, a cultura de tecido é utilizada na obtenção de plantas inteiras a partir de uma única célula geneticamente alterada. O potencial de desenvolvimento de células isoladas para formar plantas inteiras é denominado totipotência.

A engenharia genética envolve a manipulação de genes para propósitos práticos

A tecnologia da engenharia genética (DNA recombinante) baseia-se na capacidade de clivar moléculas de DNA precisamente em fragmentos específicos e combinar esses fragmentos para produzir novas combinações. O plasmídio Ti da *Agrobacterium tumefaciens*, que induz a formação de tumores conhecidos como galha-da-coroa, está sendo utilizado como vetor para a introdução de genes exógenos nos genes de uma planta. Em seguida, a planta transgênica transmite os genes exógenos à sua descendência de acordo com a herança mendeliana. Por meio do uso de marcadores seletivos e genes repórteres, é possível determinar se os genes carregados pelo plasmídio vetor foram transferidos com sucesso para as células vegetais e se estão sendo expressos.

O campo da genômica inclui a genômica estrutural, funcional e comparativa

A genômica é o campo da genética que estuda o conteúdo, a organização e a função da informação genética de genomas completos. A genômica estrutural trata da organização e da sequência da informação genética contida dentro de um genoma e está relacionada com mapas genéticos e físicos, que fornecem informações sobre as posições e distâncias relativas entre os genes. Os mapas genéticos baseiam-se nas taxas de recombinação, enquanto os mapas físicos, que apresentam maior resolução e acurácia, baseiam-se na informação direta do sequenciamento do DNA e são medidos em pares de bases. A genômica funcional procura determinar a função das sequências genéticas elucidadas pela genômica estrutural. A genômica comparativa compara o conteúdo e a organização dos genomas de diferentes espécies e fornece informações sobre as relações evolutivas.

A genômica tem sido caracterizada como a extensão final da tecnologia do DNA recombinante para a análise global dos ácidos nucleicos presentes no núcleo, na célula, em um organismo ou em um grupo de organismos. A informação obtida pela genômica acelerou o processo de identificação de genes responsáveis por vários fenômenos biológicos e proporcionou um recurso imensamente poderoso para o estudo das relações filogenéticas ou evolutivas entre os organismos.

Autoavaliação

1. Quais são os usos das enzimas de restrição na tecnologia do DNA recombinante?

2. Descreva o papel das extremidades coesivas na tecnologia do DNA recombinante. Como essas extremidades coesivas são produzidas? Qual a enzima necessária para completar a sua recombinação?

3. Explique como o plasmídio Ti de *Agrobacterium tumefaciens* é utilizado na produção de plantas transgênicas.

4. Diferencie a genômica estrutural da funcional.

5. Qual o valor do estudo da genômica comparativa?

CAPÍTULO 11

Processo de Evolução

◀ **Adaptação carnívora.** Como as plantas insetívoras crescem em pântanos ácidos nos quais as bactérias produtoras de nitrogênio não conseguem sobreviver, elas extraem o nitrogênio vital dos insetos que aprisionam e digerem. Os filamentos pegajosos e cintilantes de *Drosera intermedia* atraem insetos "incautos", como essa libélula azul. Pelas palavras de Darwin: *Drosera* "crescem em locais onde outras plantas não sobrevivem".

Em 1831, o então jovem de 22 anos Charles Darwin (Figura 11.1) partiu para uma viagem de cinco anos como naturalista no navio britânico HMS *Beagle*. O livro que ele escreveu sobre a viagem, *The Voyage of the Beagle* (*A Viagem do Beagle*), não só é um trabalho clássico em história natural, como também nos fornece a percepção das experiências que o levaram a propor sua teoria da evolução por seleção natural.

Na época da histórica viagem de Darwin, a maioria dos cientistas – e também dos não cientistas – ainda acreditava na teoria da "criação especial". De acordo com esta ideia, cada um dos diferentes tipos de organismos foi criado com a sua forma atual (ou, ao contrário, passou a existir). Alguns cientistas, como Jean Baptiste de Lamarck (1744-1829), propuseram teorias de evolução, mas não puderam explicar de maneira convincente o mecanismo pelo qual o processo teria ocorrido.

Teoria de Darwin

Darwin foi capaz de realizar uma grande revolução intelectual simplesmente porque o mecanismo que ele apresentou para a

evolução foi tão convincente que não havia mais motivo para qualquer dúvida científica lógica. Na gênese das ideias de Darwin foram muito importantes as suas observações feitas durante a estadia de cinco semanas nas Ilhas Galápagos, um arquipélago situado em águas equatoriais, a cerca de 950 km da costa oeste do Equador, na América do Sul (Figura 11.2). Lá, Darwin fez duas observações importantes. Primeiro, ele observou que as plantas e os animais das ilhas, embora distintos, eram semelhantes aos encontrados no continente sul-americano próximo. Se cada espécie de planta e de animal tivesse sido criada separadamente e fosse imutável, como se acreditava naquela época, por que os animais e plantas de Galápagos não se pareciam com aqueles da África, por exemplo, mas sim com aqueles do continente da América do Sul? Ou então, por que esses organismos não eram totalmente únicos, diferentes daqueles de qualquer outra parte da Terra? Em segundo lugar, as pessoas familiarizadas

PONTOS PARA REVISÃO

Após a leitura deste capítulo, você deverá ser capaz de responder às seguintes questões:

1. O que é a teoria da evolução de Darwin?

2. Qual a importância do equilíbrio de Hardy-Weinberg para o estudo da evolução? Quais são os quatro agentes que podem mudar a composição do conjunto gênico na população além da seleção natural, e como ocorrem estas mudanças?

3. Cite alguns modos pelos quais os organismos se adaptam aos seus ambientes físicos.

4. Como o conceito biológico difere do conceito morfológico de espécie, e como ambos diferem dos vários conceitos filogenéticos de espécie?

5. Como são formadas as novas espécies? Que mecanismos mantêm o isolamento reprodutivo de espécies muito próximas?

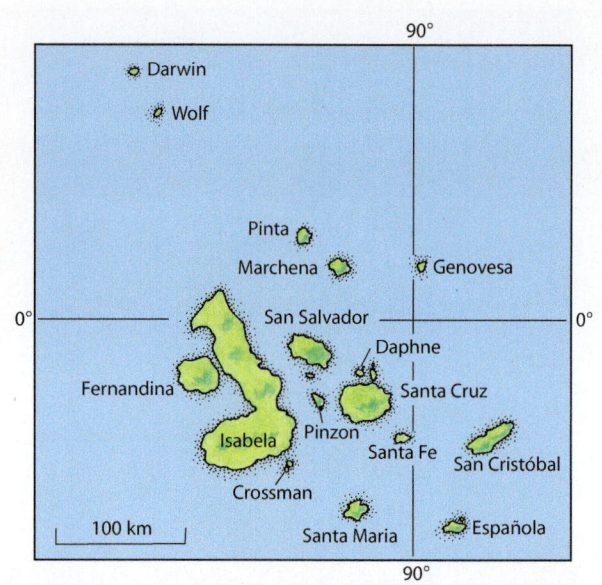

11.2 Arquipélago de Galápagos. A cerca de 950 quilômetros a oeste da costa do Equador, o arquipélago de Galápagos é formado por 13 ilhas vulcânicas principais e muitas pequenas ilhotas e rochas. Estas ilhas foram chamadas "laboratório vivo da evolução". "Fica-se atônito", escreveu Charles Darwin em 1837, "com a quantidade de força criativa... manifestada nestas pequenas, áridas e rochosas ilhas".

11.1 Charles Darwin. Em seu livro, *The Voyage of the Beagle* (*A Viagem do Beagle*), Darwin fez o seguinte comentário sobre a sua escolha para a viagem como naturalista do navio: "Mais tarde, quando fiquei muito íntimo de FitzRoy (o capitão do Beagle), soube que corri um sério risco de ser rejeitado por causa da forma de meu nariz! Ele... estava convencido de que podia julgar o caráter de um homem pelas suas feições; e duvidava que alguém com o meu nariz tivesse energia e determinação suficientes para a viagem. Mas acho que ele ficou satisfeito pelo fato de que meu nariz tenha mentido."

com as ilhas mostraram que havia variações em tais organismos, de ilha para ilha, como nas tartarugas gigantes, por exemplo. Os marinheiros que levavam essas tartarugas a bordo, mantendo-as como suprimento de carne fresca em suas viagens marítimas, eram capazes de dizer de que ilha era proveniente uma determinada tartaruga apenas observando sua aparência. Se as tartarugas de Galápagos tivessem sido especialmente criadas, por que então todas elas não se pareciam?

Darwin começou a imaginar se todas as tartarugas e os outros animais e as plantas estranhas de Galápagos não teriam sido derivadas, em épocas diferentes, dos organismos que existiram no continente da América do Sul. Tendo chegado a este arquipélago remoto, esses organismos devem ter se espalhado lentamente de ilha para ilha, mudando pouco a pouco em resposta às condições locais e, finalmente, tornaram-se variantes distintas que podiam ser facilmente distinguidas pelo olho humano.

Em 1838, após retornar de sua histórica viagem, Darwin leu um livro intitulado *Essay on the Principles of Population* (*Ensaio sobre o Princípio da População*), escrito por Thomas Malthus, um reverendo inglês. Publicado em 1798, 11 anos antes do nascimento de Darwin, o livro continha um alerta sobre o explosivo crescimento da população humana: a população humana estava crescendo tão rapidamente que logo será impossível

alimentar todos os habitantes da Terra. Darwin percebeu que o argumento de Malthus era teoricamente correto, não apenas para a população humana, mas também para todas as outras populações de organismos. Teoricamente qualquer tipo de animal ou planta, se pudesse se multiplicar sem restrições, cobriria toda a superfície da Terra em um período de tempo relativamente curto. Darwin observou que isso não ocorre. Em vez disso, as populações de espécies permanecem mais ou menos constantes ano após ano porque ocorrem mortes, limitando assim o seu número. Para Darwin tornou-se óbvio que é necessário lutar para manter a existência e, desse modo, as variações favoráveis tendem a sobreviver.

Em 1842, quando tinha 33 anos, Charles Darwin redigiu seu argumento global para a evolução por seleção natural e então continuou a ampliar e refinar seu manuscrito por muitos anos. A descoberta independente desses princípios por outro naturalista britânico, Alfred Russel Wallace (1823-1913), que enviou a Darwin seu ensaio sobre o tema em 1858, induziu Darwin a, finalmente, publicar seu livro, *On the Origin of Species by Means of Natural Selection, or the Preservation of Favoured Races in the Struggle for Life* (*A Origem das Espécies*). Ele foi publicado em novembro de 1859 e imediatamente reconhecido como um dos mais influentes e importantes livros de todos os tempos.

Em seu livro, Darwin chamou de *seleção natural* o processo pelo qual os descendentes que sobrevivem são escolhidos e apresentou extensas evidências de que esse é o principal mecanismo pelo qual a evolução ocorre. Ele comparou a seleção natural à *seleção artificial*, o processo pelo qual os hibridadores de plantas e animais domesticados mudam deliberadamente as características das linhagens ou raças nas quais eles estão interessados (Figura 11.3). Eles fazem isso permitindo

| Couve | Couve-de-bruxelas | Brócolis | Nabo | Repolho | Couve-flor |

11.3 Seleção artificial. Seis hortaliças produzidas a partir de uma única espécie (*Brassica oleracea*), um membro da família da mostarda. Elas são o resultado da seleção para folha (couve), gemas laterais (couve-de-bruxelas), flores e caule (brócolis), caule (nabo), gemas terminais aumentadas (repolho) e inflorescência (couve-flor). A couve deve parecer-se com a planta selvagem ancestral. A seleção artificial, como a praticada por pesquisadores que hibridavam plantas e animais, deu a Darwin um indício para o conceito da seleção natural.

que apenas aqueles indivíduos com características desejáveis sejam cruzados. Darwin reconheceu que organismos selvagens também são modificáveis. Alguns indivíduos têm características que os habilitam a produzir mais descendentes do que outros nas condições ambientais predominantes. Como resultado de vantagens em termos de sobrevida, fecundidade ou sucesso no cruzamento, as características dos indivíduos com maior progênie gradualmente se tornam mais comuns na população do que as características dos indivíduos com menor prole. Ultimamente, essa tendência pode ser considerada e produzir mudanças lentas, porém estáveis nas frequências de diferentes características nas populações. É esse processo que leva à evolução.

Na seleção artificial, os hibridadores podem concentrar seus esforços em uma ou em algumas características de interesse, como tamanho de fruto ou peso do animal. Na seleção natural, entretanto, o organismo inteiro deve estar "adaptado" em relação ao meio ambiente total no qual ele vive. Em outras palavras, o fenótipo inteiro é objeto da seleção natural. Pode ser racionalmente esperado que tal processo necessite de um longo período de tempo e não foi por coincidência que as conclusões do geólogo Charles Lyell, que postulou que a Terra era muito mais velha do que se pensava na época, tivessem tido uma profunda influência sobre Darwin. Darwin precisava de uma Terra antiga como um palco no qual se desenrolasse a diversidade dos seres vivos. O processo de seleção natural logo se tornou conhecido como "a sobrevivência do mais apto", uma frase pertinente, mas que, como será visto, deve ser empregada com cuidado.

Conceito de conjunto gênico

Um novo ramo da biologia, a *genética de populações*, surgiu a partir da síntese dos princípios mendelianos com a evolução darwiniana. Uma *população* pode ser definida como um grupo local de indivíduos potencialmente reprodutores da mesma espécie. Por ora, podemos considerar uma *espécie* como um grupo de populações com potencial para intercruzar na natureza.

Uma população é unificada e definida pelo seu *conjunto gênico* (*pool* gênico), que é simplesmente a soma de todos os alelos de todos os genes de todos os indivíduos na população. Do ponto de vista dos geneticistas de populações, cada organismo individual é apenas um depositário temporário de uma pequena amostra do conjunto gênico durante um dado momento no tempo. Os geneticistas de populações estão interessados nos conjuntos gênicos, nas mudanças em sua composição ao longo do tempo e nas forças que causam estas mudanças.

Nas populações naturais, a frequência de alguns alelos aumenta de geração para geração, enquanto a de outros diminui. (A frequência de um alelo é simplesmente a proporção deste alelo na população em relação a todos os alelos do mesmo gene.) Se um indivíduo tiver em seu genótipo uma combinação favorável de alelos, é mais provável que ele sobreviva e se reproduza. Como consequência, seus alelos provavelmente estarão presentes em uma proporção aumentada na geração seguinte. Ao contrário, se a combinação de alelos não for favorável, será menos provável que o indivíduo sobreviva e se reproduza. A representação de seus alelos na próxima geração será reduzida ou talvez eliminada.

No contexto da genética de populações, o *valor adaptativo* de cada um dos indivíduos que compartilha um ou mais traços não implica bem-estar físico nem adaptação ideal ao meio ambiente. A única medida relevante do valor adaptativo é a taxa de produção de progênie viável por unidade de tempo, a média de todos os indivíduos que compartilham um traço ou traços hereditários, dividida pela média do valor adaptativo de todos os indivíduos de uma população. A frequência dos traços compartilhados pelos indivíduos com o valor adaptativo mais alto aumentará nas gerações subsequentes. Desse modo, a seleção natural promove evolução ao aumentar a representação de alelos e genótipos ao longo do tempo.

Comportamento dos genes nas populações | Lei de Hardy-Weinberg

No início dos anos 1900, os biólogos levantaram uma questão importante sobre a manutenção da variabilidade nas populações. Como é possível, perguntaram eles, a permanência tanto dos alelos dominantes quanto dos recessivos nas populações? Por que os alelos dominantes simplesmente não eliminam os recessivos? Por exemplo, se em uma população de plantas com flores de cores contrastantes o alelo para a cor púrpura é dominante sobre o alelo para a cor branca, por que todas as flores não são de cor púrpura? Esta é uma pergunta importante para a compreensão da evolução, porque é o conjunto gênico das populações que fornece a "matéria-prima" sobre a qual atua o processo de seleção natural. Esta pergunta foi respondida em 1908 por G. H. Hardy, um matemático inglês, e G. Weinberg, um médico alemão.

Trabalhando independentemente, Hardy e Weinberg mostraram que em uma população grande na qual os cruzamentos ocorrem ao acaso e na ausência de forças que alterem as proporções de alelos (discussão adiante), a proporção original de alelos dominantes em relação aos alelos recessivos é mantida de geração para geração. Em outras palavras, a *lei de Hardy-Weinberg*, como ela é conhecida atualmente, afirma que as proporções, ou *frequências*, dos alelos no conjunto gênico de uma população permanecem constantes ou em equilíbrio de geração para geração, a menos que sobre ela atuem outros agentes que não a recombinação sexuada. Além disso, as frequências genotípicas estabilizam após uma geração em proporções determinadas pelas frequências dos alelos. Para demonstrar isso, eles examinaram o comportamento dos alelos em uma população ideal, *que não estivesse evoluindo*, e na qual fossem observados cinco requisitos:

1. Ausência de mutações. As mutações alteram o conjunto gênico mudando um alelo em outro.
2. Isolamento de outras populações. O movimento de indivíduos – com a transferência de seus alelos – para dentro ou para fora da população pode alterar o conjunto gênico.
3. Tamanho grande da população. Se a população for suficientemente grande, as leis da probabilidade podem ser aplicadas – ou seja, é altamente improvável que o acaso sozinho possa alterar as frequências ou as proporções relativas dos alelos.
4. Cruzamento ao acaso. O equilíbrio de Hardy-Weinberg será mantido apenas se um indivíduo de qualquer genótipo escolher ao acaso seu parceiro para cruzar na população.
5. Ausência de seleção natural. A seleção natural modifica o conjunto gênico quando alguns genótipos produzem mais progênie do que outros.

Considere um único gene que tenha apenas dois alelos, *A* e *a*. Hardy e Weinberg demonstraram matematicamente que se as cinco condições listadas forem observadas, as frequências dos alelos *A* e *a* na população não mudarão de geração para geração. Além disso, as frequências das três combinações possíveis desses alelos – os genótipos *AA*, *Aa* e *aa* – estabilizarão após uma geração e, depois, não mudarão de geração para geração. Em outras palavras, o conjunto gênico será constante, em equilíbrio, com relação a esses alelos.

Este equilíbrio é expresso pela equação de Hardy-Weinberg:

$$p^2 + 2pq + q^2 = 1$$

Nesta equação, a letra p designa a frequência de um alelo em um *locus* específico (p. ex., *A*), e a letra q designa a frequência de outro alelo (*a*). A soma de p e q deve ser sempre igual a 1 (*i. e.*, 100% dos alelos deste gene específico no conjunto gênico). A expressão p^2 indica a frequência de indivíduos homozigóticos para um alelo (*AA*), q^2, a frequência de indivíduos homozigóticos para o outro alelo (*aa*) e $2pq$, a frequência de heterozigotos (*Aa*).

O equilíbrio de Hardy-Weinberg é um referencial para a detecção de mudança evolutiva

O equilíbrio de Hardy-Weinberg e a sua formulação matemática provaram ser tão valiosos para os fundamentos da genética de populações quanto os princípios de Mendel foram para a genética clássica. À primeira vista, isto parece difícil de entender, porque as cinco condições especificadas para um conjunto gênico em equilíbrio – ou seja, uma população que não está evoluindo – são raramente encontradas em populações naturais. Como, então, a equação de Hardy-Weinberg pode ser útil? Uma analogia com a física pode nos ajudar a entender. A primeira lei de Newton afirma que um corpo permanece em repouso ou mantém uma velocidade constante quando não influenciado por qualquer força externa. No mundo real, os corpos estão sempre sob a influência de forças externas, mas esta primeira lei é uma premissa essencial para se examinar a natureza de tais forças. Ela fornece um padrão para o que se for medir.

De modo semelhante, a equação de Hardy-Weinberg fornece um padrão contra o qual podemos medir as mudanças nas frequências dos alelos que estão sempre ocorrendo nas populações naturais. Sem a equação de Hardy-Weinberg, não seríamos capazes de detectar mudanças, determinar sua magnitude e direção ou descobrir as forças responsáveis por elas.

Agentes de mudança

Para que a evolução ocorra, as frequências dos alelos ou genótipos em uma população devem desviar-se do equilíbrio de Hardy-Weinberg. No nível de uma população, a evolução pode ser definida como a mudança geração após geração na estrutura genética da população. Tal mudança em pequena escala, de geração para geração, na frequência de uma população de alelos é chamada *microevolução*.

De acordo com a teoria da evolução moderna, a seleção natural é a principal força na modificação da composição do conjunto gênico. Primeiro descreveremos alguns outros agentes que podem alterar a composição do conjunto gênico de uma população. Há quatro agentes: mutações, fluxo gênico, deriva genética e cruzamento preferencial.

As mutações fornecem as variações sobre as quais agem as forças evolutivas

Do ponto de vista da genética de populações, as *mutações* são mudanças herdáveis no genótipo (Figura 11.4). Como foi visto anteriormente, uma mutação pode ser a substituição de

11.4 Mutação na erva-viperina (*Echium vulgare*, Boraginaceae). Uma mutação recessiva, *a*, ocorreu em células de uma planta com flores azuis *AA* (homozigoto dominante), destinadas a se desenvolverem em gametas, tornando-as *Aa*. Na autopolinização, a mutação foi transmitida para os descendentes, alguns dos quais eram *aa* (homozigoto recessivo) e expressaram o fenótipo mutante com flores brancas, como mostrado na foto.

um ou de alguns poucos nucleotídios na molécula do DNA ou então alterações de cromossomos inteiros, segmentos de cromossomos, ou mesmo de todo um conjunto de cromossomos (Capítulo 8). A maioria das mutações ocorre "espontaneamente" – significando simplesmente que não sabemos os fatores que as desencadeiam. Diz-se que as mutações ocorrem ao acaso. Isso não significa que as mutações ocorram sem uma causa, mas que os eventos que as desencadeiam são independentes de seus efeitos. Embora a taxa de mutação possa ser influenciada por fatores ambientais, as mutações específicas produzidas são independentes do meio ambiente – e independentes de seu potencial para o subsequente benefício ou dano ao organismo e à sua descendência.

Embora a taxa de mutação espontânea seja geralmente baixa, as mutações fornecem a matéria-prima para a modificação evolutiva porque proporcionam a variação na qual as forças evolutivas atuam. Entretanto, como as taxas de mutação são baixas, a modificação devida à mutação é mínima.

Fluxo gênico é o movimento dos alelos para dentro e para fora de uma população

O movimento de alelos para dentro e para fora de uma população – *fluxo gênico* – pode ocorrer como resultado de imigração ou emigração de indivíduos em idade reprodutiva. No caso das plantas, o fluxo gênico pode também ocorrer por meio do movimento de gametas entre as populações, por transferência do grão de pólen.

O fluxo gênico pode introduzir novos alelos na população ou ele pode mudar as frequências dos alelos existentes. Seu efeito global é diminuir a diferença entre as populações. A seleção natural, ao contrário, pode aumentar as diferenças, produzindo populações mais adaptadas às condições locais. Desse modo, geralmente, o fluxo gênico neutraliza a seleção natural. O efeito global do fluxo de genes é o aumento da variação genética nas populações e redução das diferenças entre as populações.

As possibilidades de fluxo gênico entre as populações naturais da maioria das espécies de plantas diminuem rapidamente com a distância. Embora o pólen algumas vezes possa dispersar-se a grandes distâncias, as chances de pousar em um estigma receptivo a grande distância é mínima, sobretudo se existirem outras plantas liberando pólen para o ar ou para polinizadores próximos. Para muitas espécies de plantas polinizadas por insetos que crescem em regiões temperadas, um espaço de apenas 300 m pode isolar eficientemente duas populações. Raramente mais do que 1% dos grãos de pólen que chegam em um dado indivíduo vem de tão longe. Em plantas polinizadas pelo vento, muito pouco pólen cai a mais que 50 m da planta parental sob circunstâncias normais.

Deriva genética refere-se a mudanças que ocorrem ao acaso

Como afirmado anteriormente, o equilíbrio de Hardy-Weinberg só pode ser aplicado se a população for grande. Este requisito é necessário porque o equilíbrio depende das leis da probabilidade. Considere, por exemplo, um alelo *a*, que tem uma frequência de 1%. Em uma população de 1 milhão de indivíduos, 20.000 alelos *a* estariam presentes no conjunto gênico. (Lembre-se de que cada indivíduo diploide é portador de dois alelos para um dado gene. No conjunto gênico desta população há 2 milhões de alelos para um determinado gene, dos quais 1%, ou 20.000, são alelos *a*.) Se alguns indivíduos desta população fossem destruídos por acaso antes de deixar descendentes, o efeito na frequência do alelo *a* seria insignificante.

Em uma população com 50 indivíduos, porém, a situação é bem diferente. Nesta população pequena é provável que apenas uma cópia do alelo *a* estivesse presente. Se este único indivíduo portador desse alelo não se reproduzir ou se for destruído por acaso antes de deixar descendentes, o alelo *a* será completamente perdido. De modo semelhante, se 10 dos 49 indivíduos homozigóticos para o alelo *A* fossem perdidos, a frequência de *a* pularia de 1 em 100 para 1 em 80.

Este fenômeno, uma mudança no conjunto gênico, que ocorre como resultado do acaso, é denominado *deriva genética*. Os geneticistas de populações e outros evolucionistas geralmente concordam que a deriva genética tem um papel na determinação do caminho da evolução em populações pequenas. A sua importância relativa comparada com aquela da seleção natural, entretanto, é assunto de debate. Há pelo menos duas situações – o efeito do fundador e o efeito do afunilamento – nas quais a deriva genética tem mostrado ser importante.

O efeito do fundador ocorre quando uma população pequena coloniza uma área nova. Uma pequena população que se tenha separado de outra maior pode ou não ser geneticamente representativa da população maior da qual ela se derivou (Figura 11.5). Alguns alelos

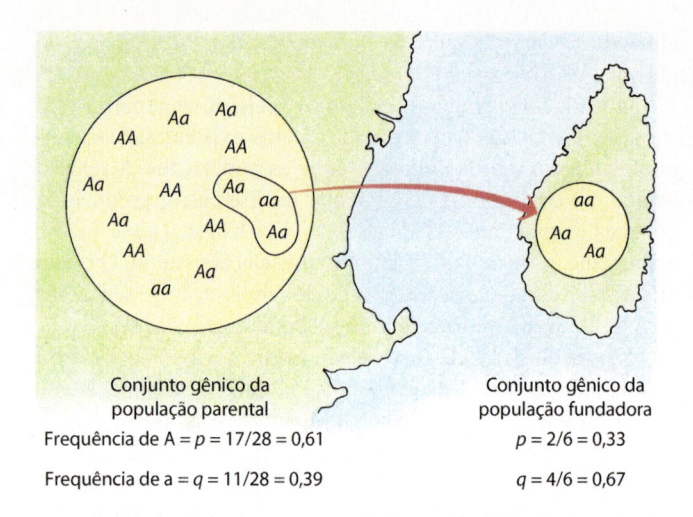

Conjunto gênico da
população parental

Frequência de A = p = 17/28 = 0,61

Frequência de a = q = 11/28 = 0,39

Conjunto gênico da
população fundadora

p = 2/6 = 0,33

q = 4/6 = 0,67

11.5 O efeito do fundador. Quando um pequeno subconjunto de uma população funda uma nova colônia (p. ex., em uma ilha não habitada anteriormente), as frequências dos alelos no grupo do fundador podem ser diferentes daquelas da população parental. Assim, o conjunto gênico da nova população terá uma composição diferente do conjunto gênico da população parental.

raros podem estar super-representados ou, ao contrário, podem estar completamente ausentes em uma população pequena. Um caso extremo seria o início de uma nova população a partir de uma única semente de planta. Se a população aumentasse em tamanho, continuaria a ter uma composição genética diferente – um conjunto gênico diferente – daquela do grupo parental. Este fenômeno, um tipo de deriva genética, é conhecido como o *efeito do fundador*.

O efeito do afunilamento ocorre quando os fatores ambientais diminuem repentinamente o tamanho da população. O *efeito do afunilamento* é um outro tipo de situação que pode levar à deriva genética. Ele ocorre quando o número de indivíduos da população é drasticamente reduzido por um evento como, por exemplo, terremoto, inundação ou fogo, que pode ter pouco ou nada a ver com as forças usuais da seleção natural. É provável que o afunilamento da população não apenas elimine inteiramente alguns alelos, mas também faça com que outros se tornem super-representados no conjunto gênico.

Cruzamentos preferenciais diminuem a frequência de heterozigotos

O rompimento do equilíbrio de Hardy-Weinberg pode também resultar de cruzamentos preferenciais. Em geral, os membros de uma população cruzam-se mais frequentemente com seus vizinhos próximos do que com os distantes. Desse modo, dentro de uma população grande, os indivíduos vizinhos tendem a ser mais estreitamente relacionados. Tais cruzamentos preferenciais promovem *endocruzamento*, o cruzamento de indivíduos estreitamente relacionados. Uma forma extrema de cruzamento preferencial particularmente importante em plantas é a autopolinização (como nas plantas de ervilha estudadas por Mendel). O cruzamento não aleatório não modifica as frequências de alelos em uma população, mas influencia as frequências genotípicas.

O endocruzamento e a autopolinização tendem a aumentar as frequências de homozigotos na população à custa dos heterozigotos. Considere, por exemplo, as plantas de ervilha de Mendel, nas quais apenas dois alelos estão envolvidos na cor da flor, *W* (púrpura) e *w* (branca). Quando as plantas *WW* e as *ww* são autopolinizadas, todos os descendentes são homozigóticos. Porém, quando as plantas *Ww* são autopolinizadas, apenas metade de seus descendentes é heterozigota. Com as gerações sucessivas, haverá uma diminuição na frequência de heterozigotos, com um aumento correspondente nas frequências dos dois homozigotos. Observe, novamente, que apesar de o cruzamento preferencial, como exemplificado pelas plantas de ervilha, poder mudar a proporção de genótipos e fenótipos na população, as frequências dos alelos em questão permanecem as mesmas.

Respostas à seleção

No decorrer das discussões que levaram à síntese da teoria evolutiva com a genética mendeliana, alguns biólogos argumentaram que a seleção natural serviria apenas para eliminar o "menos adaptado". Consequentemente, ela tenderia a reduzir a variabilidade genética em uma população e assim diminuir o potencial para promover evolução. A moderna genética de populações demonstrou que isto não ocorre sempre. A seleção natural pode, de fato, ser um fator crítico na preservação e no aumento da variabilidade genética em uma população.

A resposta de uma população à seleção é afetada por muitos princípios da genética discutidos no Capítulo 8. Em geral, apenas o fenótipo está sendo selecionado e a relação entre o fenótipo e o meio ambiente que determina o sucesso reprodutivo de um organismo. Considerando que muitas características nas populações naturais são determinadas pelas interações de muitos genes, os indivíduos fenotipicamente semelhantes podem ter muitos genótipos diferentes.

Quando alguma característica é fortemente selecionada favoravelmente, como altura por exemplo, há um acúmulo de alelos que contribuem para esta característica e a eliminação daqueles alelos que trabalham na direção oposta. Mas a seleção para uma característica poligênica não é simplesmente o acúmulo de um conjunto de alelos e a eliminação de outros. As interações gênicas, como epistasia (um gene influencia a expressão fenotípica de outro gene em outro *locus*) e pleiotropia (um gene influencia inúmeras características fenotípicas) são de fundamental importância na determinação do curso da seleção na população.

Tenha em mente que o fenótipo não é determinado apenas pelas interações do grande número de alelos que compõem o genótipo. O fenótipo é muito mais um produto da interação do genótipo com o meio ambiente no decorrer da vida de um indivíduo (Figura 11.6).

É preciso lembrar também que o valor adaptativo relativo associado a determinados traços depende do meio ambiente, ou seja, um traço que foi seletivamente favorável em alguns ambientes pode ser seletivamente desfavorável em outros. A maior altura, por exemplo, é um traço favorável em ambientes densamente ocupados porque reduz a chance de que a planta seja sobrepujada por competidores e sua captação de energia solar seja reduzida. Por outro lado, a altura seria uma desvantagem em microlocais esparsamente ocupados, nos quais é improvável que

A

B

11.6 Efeitos ambientais no fenótipo. A. O pinheiro-de-jeffrey (*Pinus jeffreyi*) geralmente cresce e torna-se alto e reto. **B.** Entretanto, as forças do meio ambiente podem alterar o padrão de crescimento normal. Este pinheiro-de-jeffrey está crescendo no alto de uma montanha no Yosemite National Park, na Califórnia (EUA), exposta a ventos fortes e constantes.

uma planta "rival" cresça nas proximidades. (Um microlocal é uma área pequena com características singulares em um ambiente). Se não existir a vantagem de ser mais alto para captação de energia (ou para não ser ultrapassado nessa captação), o custo energético de produzir caules mais longos favorecerá a evolução de plantas baixas em microlocais com população esparsa.

Além disso, o valor adaptativo relativo associado a determinados traços depende da gama de outros fenótipos existentes em uma população. Por exemplo, muitos fenótipos (e genótipos associados) poderiam ser capazes de sobreviver em uma faixa específica de temperatura. Todavia, se alguns desses fenótipos (e genótipos) resultassem em crescimento mais rápido, o valor adaptativo dos outros cairia a zero.

As mudanças evolutivas em populações naturais podem ocorrer rapidamente

Sob certas circunstâncias, as características das populações podem mudar rapidamente, com frequência em resposta a um meio ambiente que está se alterando em ritmo acelerado. Especialmente durante os últimos séculos, a influência do homem em muitas áreas tem sido tão grande que algumas populações de organismos tiveram que se ajustar rapidamente para sobreviver. Os evolucionistas têm se interessado particularmente em exemplos com tais mudanças rápidas, porque se supõe que os princípios envolvidos sejam os mesmos que governam as mudanças nas populações em geral.

Em um estudo em Maryland, as plantas que cresciam em um pasto não submetido a pastoreio eram mais altas do que aquelas que cresciam onde havia pastoreio. Tais diferenças poderiam ter se originado dos efeitos do pastoreio. Na verdade, quando amostras das espécies de plantas provenientes de partes do pasto com e sem pastoreio foram coletadas e colocadas para crescerem juntas em um jardim, observou-se que as diferenças eram genéticas. Plantas de *Trifolium repens* (capim-do-campo), *Poa pratensis* (capim-do-prado) e *Dactylis glomerata* (dáctile ou panasco) provenientes da parte do pasto submetido a pastoreio permaneceram mais curtas do que aquelas provenientes de regiões intocadas pelo gado. Isso permitiu deduzir que as plantas mais baixas dessas espécies, talvez porque tivessem sido desprezadas durante o pastoreio intenso, estavam em vantagem seletiva nas condições de pastoreio e que os alelos responsáveis pela baixa estatura aumentaram na parte onde houve pastoreio. Um exemplo semelhante está ilustrado na Figura 11.7.

No País de Gales, as áreas do entorno de minas de chumbo abandonadas são ricas em chumbo (até 1%) e zinco (até 0,03%) – substâncias que nestas concentrações são tóxicas para a maioria das plantas. Em virtude da presença destes metais, essas áreas são, com frequência, quase destituídas de vida vegetal. Observando que uma espécie de gramínea, *Agrostis tenuis*, estava colonizando o solo das minas, os cientistas coletaram algumas plantas de *Agrostis* dessas áreas e outras de pastos próximos e as plantaram juntas em solo normal ou em solo de mina. Em solo normal, as plantas provenientes da área de mina apresentaram um crescimento mais lento e tornaram-se menores que as plantas provenientes do pasto. Porém, no solo de mina, as plantas provenientes da mina cresceram normalmente, mas aquelas oriundas do pasto simplesmente não cresceram. A metade das plantas oriundas do pasto, quando plantadas em solo de mina, estava morta em 3 meses e tinha suas raízes deformadas, raramente apresentando mais do que 2 mm de comprimento. Porém, algumas das plantas provenientes de pasto (3 em 60) mostraram alguma resistência aos efeitos do solo rico em metais. Elas eram, sem dúvida, geneticamente semelhantes àquelas plantas

B

A

11.7 Seleção genética de fenótipos *versus* seleção ambiental de fenótipos. A *Prunella vulgaris* é uma erva comum que pertence à mesma família da hortelã; ela é amplamente distribuída em florestas, prados e gramados nas regiões temperadas do mundo. A maioria das populações consiste em plantas eretas, como aquelas mostradas em (**A**), as quais crescem em locais abertos, muitas vezes um pouco úmidos e cobertos por gramíneas, sendo encontradas em todas as partes das regiões frias do mundo. Entretanto, as populações encontradas nos relvados consistem sempre em plantas prostradas, como as mostradas em (**B**), crescendo em Berkeley, Califórnia (EUA). As plantas eretas de *P. vulgaris* não podem sobreviver em relvados porque elas são danificadas pelo movimento e não têm a aptidão para rebrotar formando ramos a partir da base, necessários para a sobrevivência. Quando as plantas dos relvados são cultivadas em um jardim experimental, algumas permanecem prostradas enquanto outras apresentam crescimento ereto. O hábito prostrado é geneticamente determinado no primeiro grupo e determinado pelo ambiente no segundo grupo. Exceto em gramados, a forma ereta (de maior altura) de *P. vulgaris* é, provavelmente, favorecida na competição por luz em microlocais populosos, nos quais não há herbívoros. Estes comem plantas relativamente altas e na sua presença seriam favorecidas as plantas com menor altura.

11.8 Seleção ambiental para tolerância a chumbo. A gramínea (*Agrostis tenuis*) crescendo no entorno de uma mina abandonada, rica em chumbo, fotografada no País de Gales. Esse tipo de local, muitas vezes, não apresenta vegetação alguma porque o chumbo está presente em níveis tóxicos para as plantas. As gramíneas que crescem nesse local são descendentes de plantas que gradualmente se adaptaram ao chumbo presente no local.

originalmente selecionadas no desenvolvimento da linhagem de *Agrostis* tolerantes ao chumbo. As minas não tinham mais do que 100 anos de idade, portanto, a linhagem resistente ao chumbo desenvolveu-se em um período relativamente curto. Desse modo, as plantas tolerantes foram selecionadas a partir de plantas com variação genética encontradas em *habitats* adjacentes e se estabeleceram, por força da seleção natural, como linhagens distintas (Figura 11.8).

Resultado da seleção natural | Adaptação

A seleção natural resulta em *adaptação*, um termo com vários significados em biologia. Adaptação pode, primeiramente, significar ajuste ao meio ambiente. Neste sentido, cada organismo vivo está adaptado de maneira semelhante às pernas de Abraham Lincoln, que ele mesmo dizia serem "longas o suficiente para alcançarem o chão". Em segundo lugar, adaptação pode referir-se a uma característica específica que auxilia no ajuste do organismo ao seu meio ambiente. Em terceiro lugar, adaptação pode significar o processo evolutivo que ocorre no decurso de muitas gerações e que produz organismos mais ajustados ao seu meio ambiente. Em quarto lugar, e mais precisamente, a adaptação é uma variação de um traço que aumenta o valor adaptativo do indivíduo.

PLANTAS INVASORAS

No verão, os charcos em todo o território dos EUA exibem um manto exuberante de coloração purpúrea. Os caules com flores de salgueirinha (*Lythrum salicaria*), cada um com 3 m de altura, ficam cercados por insetos polinizadores que se fartam de seu abundante néctar. Os esforços desses insetos ajudam cada planta a produzir centenas de milhares de sementes a cada verão, que serão levadas pela água para outros alagados e mananciais a jusante.

Embora seja linda, a salgueirinha é uma praga ambiental importante. Hoje em dia, é a espécie vegetal predominante em muitas áreas alagadas e ensolaradas, onde forma uma monocultura, comprometendo o desenvolvimento de espécies nativas como juncos (*Juncus* spp.) e taboas (*Typha* spp.). Trazida da Europa no início do século 19 para usos ornamental e medicinal, essa planta rapidamente se propagou na natureza. Extremamente adaptável, extremamente fértil e sem inimigos naturais, a salgueirinha disseminou-se rapidamente para todos os estados norte-americanos, com exceção da Flórida, e para todas as províncias canadenses.

A salgueirinha é, sem dúvida alguma, um sucesso evolutivo. Como espécie invasora e erva daninha nociva, reduziu a diversidade da flora e da fauna de milhões de acres de charcos e pântanos. A salgueirinha compartilha essas características com várias dezenas de outras espécies vegetais que estão mudando a paisagem ecológica, incluindo aguapé (*Eichhornia crassipes*), *Potamogeton crispus* e *Myriophyllum spicatum* em ambientes aquáticos e *Pueraria montana* var. *lobata*, *Alliaria petiolata* e *Fallopia japonica* em ecossistemas terrestres.

Não há nada de incomum na propagação dessas plantas para novos *habitats*. O diferencial da disseminação de muitas espécies invasoras é que elas foram introduzidas pelos seres humanos, muito além dos limites estabelecidos para as plantas. Esse "salto" – através de oceanos, montanhas ou desertos – implicou, de modo mais crucial, que uma planta chega ao local sem os insetos, aves ou fungos que evoluíram para serem seus predadores. A ausência desses controles naturais é um aspecto fundamental do problema da invasão causada pelas plantas introduzidas.

Todavia, a evolução faz com que nenhum nicho seja poupado. Algum dia, um predador nativo provará a salgueirinha. Só não se sabe se isso levará 20 anos ou 20.000 anos. Alguns estudiosos, que não desejam esperar esse tempo, estão pesquisando se é seguro e efetivo introduzir, como controle biológico, várias espécies de besouros e gorgulhos para se alimentar da salgueirinha. Os resultados iniciais são promissores e os insetos estão controlando a salgueirinha o suficiente para que as plantas nativas sobrevivam.

Ainda assim, a introdução de mudanças em qualquer sistema complexo pode ter desfechos inesperados. Os besouros também se alimentarão das espécies nativas que são muito frágeis para enfrentar essa ação predatória? As larvas do gorgulho servirão de alimento para algum inseto nativo que se tornará uma peste? É fundamental responder a essas questões, ou pelo menos pensar sobre suas implicações, antes de introduzir uma nova espécie em um ambiente. A negligência em abordar esses assuntos levou aos problemas que enfrentamos atualmente com as espécies invasoras. Lidar com as consequências dessas ações é o ônus a ser pago pelos erros cometidos no passado.

A   B

Plantas terrestres invasoras. (A) A salgueirinha (*Lythrum salicaria*) e **(B)** a *Pueraria montana* var. *lobata*, conhecida como a "planta que come o sul dos EUA", apresentam crescimento vigoroso que ultrapassa e substitui as plantas nativas, resultando na destruição de *habitat* importante para a vida selvagem.

A seleção natural implica interações entre indivíduos, seu ambiente físico e seu ambiente biológico – isto é, outros organismos. Em muitos casos, as adaptações que resultam da seleção natural podem estar claramente correlacionadas com os fatores ambientais ou com as forças seletivas exercidas pelos outros organismos.

Clines e ecótipos são reflexos da adaptação ao ambiente físico

As diferenças de aspecto entre plantas individuais podem ou não ter uma base genética (Figuras 11.6 e 11.7). Quando as diferenças observadas se originam diretamente por causa das condições ambientais, dizemos que elas refletem a *plasticidade do desenvolvimento*. Tal plasticidade é muito maior em plantas do que em animais, porque o sistema aberto de crescimento (padrão de crescimento indeterminado) que é característico das plantas pode ser mais facilmente modificado para produzir diferenças conspícuas na expressão de um determinado genótipo. Até mesmo partes de plantas individuais que são formadas em diferentes ambientes podem diferir em aspecto, fato esse do conhecimento dos jardineiros, que já observaram como, nas mesmas plantas, as folhas formadas à sombra podem diferir daquelas formadas ao sol.

A maioria das diferenças observadas entre plantas da mesma espécie que crescem em diferentes *habitats* reflete diferenças genéticas, como veremos. Essas diferenças podem estar correlacionadas com fatores como chuva, exposição ao sol e umidade ou tipo de solo. Se essas diferenças ambientais ocorrerem gradualmente, as características das populações de plantas podem também fazer o mesmo. A mudança gradual nas características das populações de um organismo ao longo de um gradiente ambiental é chamada *cline*. Muitas espécies exibem clines norte-sul de várias características, como os requisitos para a floração ou para interromper a dormência.

Os clines são comuns em organismos que vivem no mar, onde a temperatura em geral aumenta ou diminui muito gradualmente com as mudanças de latitude. Clines são também característicos de organismos que vivem em áreas, como as do leste dos EUA, onde os gradientes de chuva podem estender-se por milhares de quilômetros. Quando são amostradas as populações de plantas ao longo do cline, as diferenças são frequentemente proporcionais às distâncias entre as populações.

Uma espécie presente em *habitats* diferentes pode exibir fenótipos diferentes em cada um deles. Se as diferenças entre os *habitats* forem marcantes, as características das populações de plantas podem também diferir marcantemente. Cada grupo de populações geneticamente distintas de uma espécie é conhecido como *ecótipo*. As diferenças nos aspectos dos ecótipos podem ser notáveis.

Uma clara demonstração das principais diferenças ecotípicas foi apresentada por Jens Clausen, David Keck e William Hiesey com a erva perene *Potentilla glandulosa* (Rosaceae), que está distribuída em uma ampla variedade de zonas climáticas no oeste dos EUA. Estações experimentais foram estabelecidas em três localidades da Califórnia onde ocorrem as populações nativas de *P. glandulosa*: (1) Stanford, localizada entre a cadeia de montanhas costeira interna e externa (Coast Range), em uma altitude de 30 m, com temperaturas elevadas e inverno predominantemente chuvoso; (2) Mather, na encosta oeste de Sierra Nevada, a 1.400 m de altitude, com invernos longos, frios e com neve, e verões geralmente secos; e (3) Timberline, localizada a leste do topo de Sierra Nevada, aproximadamente na mesma latitude das outras duas estações experimentais, porém a 3.050 m de altitude, com invernos muito longos, frios, com neve, e verões curtos, frios e secos (Figura 11.9).

Quando plantas de *P. glandulosa* provenientes de várias localidades foram cultivadas lado a lado nas estufas montadas nas três sítios experimentais, quatro ecótipos distintos se evidenciaram. As características morfológicas ou estruturais de cada ecótipo estavam relacionadas com suas respostas fisiológicas, as quais por sua vez eram críticas para a sobrevivência de cada ecótipo em seus ambientes nativos.

O ecótipo das plantas da cadeia costeira de montanhas (Coast Range), por exemplo, crescem ativamente tanto no verão quanto no inverno quando cultivadas em Stanford, que se localiza dentro de sua área nativa de distribuição. Estas plantas, quando plantadas em Mather, fora de sua área de ocorrência nativa, diminuíram de tamanho, porém sobreviveram, muito embora elas tenham sido sujeitas a cerca de 5 meses do clima frio de inverno. Em Mather, elas tornaram-se dormentes no inverno, mas armazenaram alimento suficiente durante sua estação de crescimento para levar a cabo o longo e desfavorável inverno. Em Timberline, as plantas do ecótipo da cadeia costeira de montanhas não sobreviveram, morreram quase invariavelmente durante o primeiro inverno. A curta estação de crescimento nessa altitude elevada não permitiu que elas armazenassem alimento suficiente para sobreviver ao longo inverno. Outras espécies que crescem na cadeia costeira de montanhas da Califórnia produzem ecótipos que têm respostas fisiológicas comparáveis àquelas de *P. glandulosa*. De fato, as linhagens de espécies de plantas não relacionadas que ocorrem naturalmente em uma localidade são, com frequência, fisiologicamente mais semelhantes entre si do que a outras populações de suas próprias espécies.

As características fisiológicas e morfológicas dos ecótipos, como em *P. glandulosa*, geralmente têm uma base genética complexa envolvendo dezenas de genes (ou, em alguns casos, talvez centenas). Os ecótipos bem definidos são característicos de regiões, como oeste da América do Norte, onde as interrupções entre os *habitats* adjacentes são bem definidas. Por outro lado, quando o meio ambiente muda gradualmente de um *habitat* para outro, as características das plantas crescendo nessa região podem fazer o mesmo.

Os ecótipos diferem fisiologicamente

Para entendermos por que os ecótipos prosperam em seus respectivos *habitats*, precisamos compreender as bases fisiológicas de sua diferenciação ecotípica. Por exemplo, quando as linhagens escandinavas de *Solidago virgaurea* (Asteraceae), de *habitats* sombreados e de *habitats* expostos, cresceram experimentalmente sob diferentes intensidades de luz, elas mostraram diferenças em suas respostas fotossintéticas à intensidade luminosa durante o crescimento. As plantas de ambientes sombreados cresceram rapidamente em baixa intensidade de luz, enquanto a taxa de crescimento foi marcadamente retardada em altas intensidades de luz. Ao contrário, as plantas provenientes de *habitats* expostos cresceram rapidamente sob condições de alta luminosidade, mas muito menos em baixos níveis de luz.

Em outro experimento, foram estudadas populações árticas e alpinas da *Oxyria digyna* (Polygonaceae), usando-se linhagens de um enorme gradiente latitudinal, desde o sul da Groenlândia e Alasca até as montanhas da Califórnia e Colorado (Figura 11.10). As plantas das populações do norte tinham mais clorofila em suas folhas, assim como taxas de respiração mais altas em todas as temperaturas, quando comparadas com plantas do distante sul. As plantas de alta altitude, próximas dos limites sul da área de distribuição das espécies, fazem fotossíntese de modo mais eficiente em alta intensidade luminosa do que as plantas de elevações baixas do norte. Assim, cada ecótipo pode funcionar melhor em seu próprio *habitat*, caracterizado, por exemplo, por alta intensidade luminosa em *habitats* de montanha alta e intensidades mais baixas de luz no extremo norte. A existência de *O. digyna* em uma área tão extensa e em

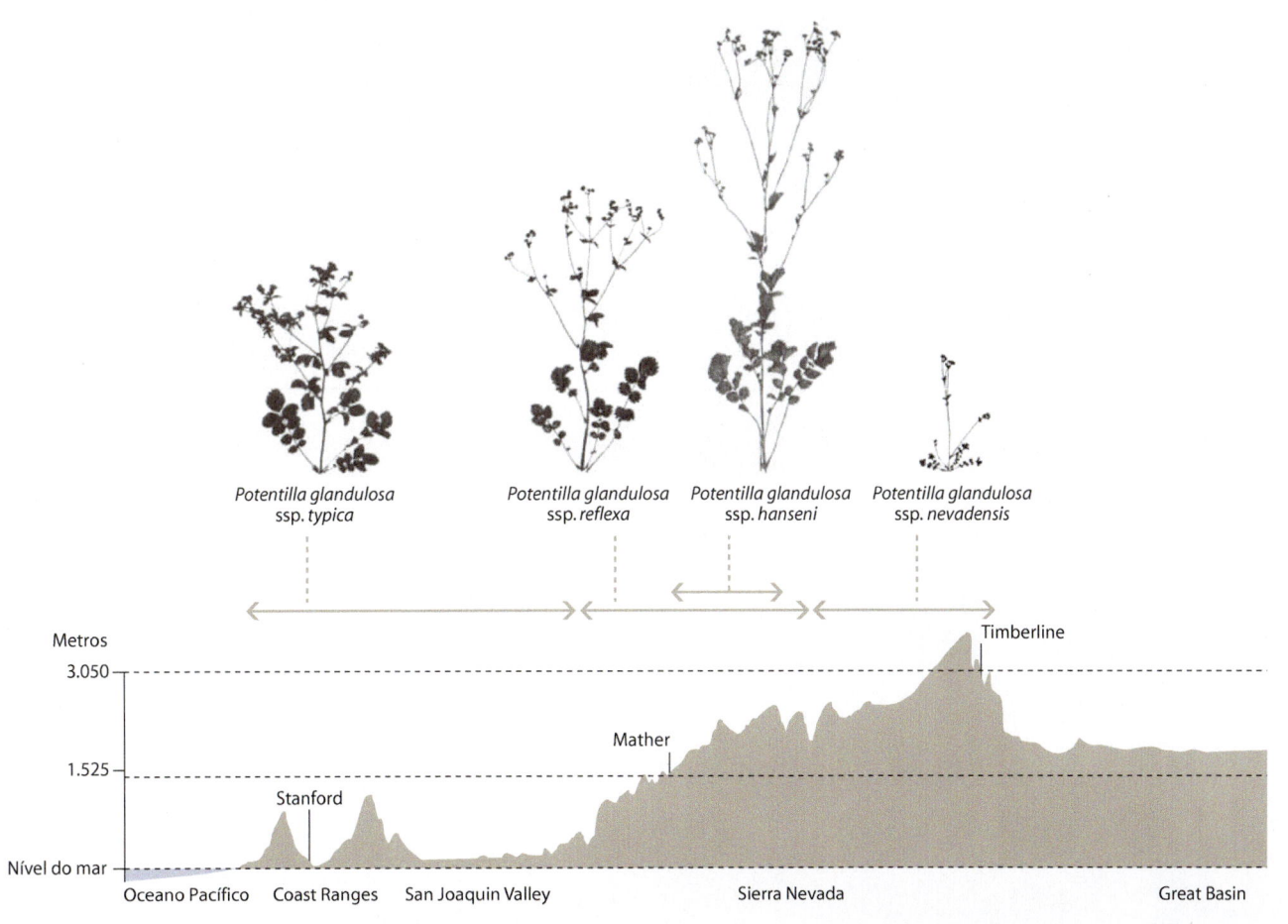

11.9 Ecótipos. Plantas de várias populações de *Potentilla glandulosa*, que é aparentada ao morango, foram coletadas a 38° de latitude norte, desde o Oceano Pacífico até Timberline (EUA). Elas foram então transplantadas para jardins experimentais em Stanford, Mather e Timberline, localidades situadas também a cerca de 38° de latitude norte. As plantas foram propagadas assexuadamente, de modo que indivíduos geneticamente iguais puderam ser cultivados nos três locais, que tinham climas muito diferentes. Quando cultivadas lado a lado em cada local, evidenciaram-se quatro ecótipos diferentes. Esses quatro ecótipos ecologicamente distintos foram correlacionados com diferenças em suas morfologias, especialmente com as características das folhas e flores. O fato de as diferenças entre os ecótipos terem sido mantidas nos jardins experimentais mostrou que estas diferenças são geneticamente determinadas.

Cada ecótipo está distribuído dentro de um limite de altitude, e, nos locais onde esses limites se sobrepõem, os dois ecótipos crescem em ambientes diferentes. Os representantes dos quatro ecótipos, aos quais foram dados seus nomes subespecíficos, são apresentados aqui no estágio de floração, e são mostradas suas áreas aproximadas de distribuição.

tal amplitude de condições ecológicas torna-se possível, em parte, por diferenças no potencial metabólico entre as várias populações.

A coevolução resulta da adaptação ao ambiente biológico

Quando as populações de duas ou mais espécies interagem tão intimamente que cada uma delas exerce grande força seletiva sobre a outra, ocorrem adaptações simultâneas que resultam em *coevolução*. Um dos casos mais importantes em termos de número absoluto de espécies e de indivíduos envolvidos é a coevolução de flores e seus polinizadores, descrita no Capítulo 20. Outro exemplo de coevolução ocorre com a borboleta-monarca e plantas do gênero *Asclepias* (Capítulo 2).

Origem das espécies

Embora Darwin tenha chamado seu monumental livro de *A Origem das Espécies*, ele nunca foi realmente capaz de explicar como as espécies poderiam se originar. Entretanto, um número enorme de publicações, a maioria delas elaboradas no século 20,

ajudou a compreendermos como foram formadas espécies distintas, ou *especiação*. Além disso, na tentativa de desenvolver uma definição clara do termo "espécie", muito tempo foi consumido e muitas discussões realizadas.

O que é espécie?

Em latim, *espécie* significa simplesmente "tipo"; assim sendo, espécies são, no sentido mais simples, tipos diferentes de organismos. Segundo uma das definições – o *conceito biológico de espécie* – uma espécie é um grupo de populações naturais cujos membros podem cruzar entre si, mas não podem (ou pelo menos não é usual) cruzar com membros de outros grupos. O critério-chave para esta definição é o *isolamento genético*: se os membros de uma espécie trocarem genes livremente com os membros de outra espécie, eles não mais poderão reter aquelas características peculiares que os identificavam como tipos diferentes de organismos.

O conceito biológico de espécie não funciona bem em todas as situações e é difícil aplicá-lo às condições reais da natureza. Por este motivo, foram propostos vários conceitos alternativos de espécie. Na prática, "espécies" são em geral identificadas

11.10 *Oxyria digyna.* Eudicotiledônea (Polygonaceae) dissemina-da no Ártico e nos Alpes é mostrada aqui nos rochedos de granito na região das Highlands da Escócia. As folhas e os caules são co-mestíveis. As diferenças fisiológicas entre suas populações são res-ponsáveis por sua adaptação a uma ampla gama de *habitats*.

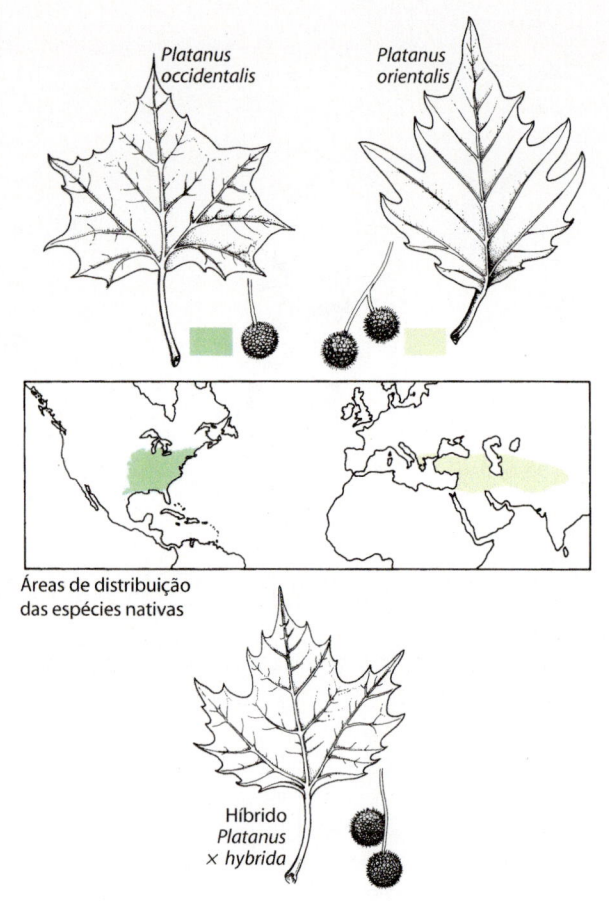

Áreas de distribuição
das espécies nativas

Híbrido
*Platanus
× hybrida*

11.11 Híbridos. A distribuição de duas espécies de plátanos, *Pla-tanus orientalis*, que é nativo das áreas do leste do Mediterrâneo até o Himalaia, e *Platanus occidentalis*, que é nativo da América do Nor-te. O híbrido fértil, *Platanus × hybrida*, conhecido em inglês como *"London plane"*, é uma árvore robusta adequada para o cultivo em ruas de cidades.

segundo uma avaliação de suas características diferenciais mor-fológicas ou estruturais. Presume-se então que o isolamento re-produtivo resulte em diferenças genéticas que se traduzem em diferenças morfológicas. De fato, a maioria das espécies, reco-nhecidas como tal pelos taxonomistas, foram assim designadas como espécies distintas baseadas em critérios morfológicos e anatômicos; o *conceito morfológico de espécie* é o nome dado a esta abordagem prática.

A incapacidade de formar híbridos férteis tem sido muitas vezes usada como base para a definição de espécie. Entretan-to, este critério não é geralmente aplicável. Em alguns grupos de plantas – particularmente aquelas de vida longa, como ár-vores e arbustos – em espécies que são muito distintas mor-fologicamente podem frequentemente formar híbridos férteis entre si. Examinemos o caso dos plátanos, *Platanus orientalis* e *Platanus occidentalis*, os quais foram isolados um do ou-tro na natureza há pelo menos 50 milhões de anos. *Platanus orientalis* é nativo desde a região leste do Mediterrâneo até o Himalaia, enquanto o *P. occidentalis* (plátano-americano) é nativo do oeste da América do Norte (Figura 11.11). Desde a época do império romano, *P. orientalis* tem sido amplamente cultivado no sul da Europa, e esta espécie não pode crescer no norte da Europa longe da influência moderadora do mar. Após

a descoberta do Novo Mundo pelos europeus, *P. occidenta-lis* passou a ser cultivado nas porções mais frias do norte da Europa, onde eles prosperaram. Ao redor de 1670, estas duas árvores muito diferentes produziram híbridos intermediários e completamente férteis quando cultivadas juntas na Inglaterra. O híbrido (*Platanus × hybrida*) conhecido em inglês como "London plane", é capaz de crescer em regiões com invernos frios e atualmente cresce abundantemente nas ruas da cidade de Nova Iorque e por toda parte das regiões temperadas do mundo.

O descontentamento com o conceito dominante de espécie induziu os sistematas de plantas (Capítulo 12) a proporem vários diferentes *conceitos filogenéticos de espécie*, com base na re-construção da história evolutiva das populações. Embora vários conceitos filogenéticos de espécie tenham sido propostos, David A. Baum e Michel J. Donoghue observaram que parece haver dois modos de tratar o tema: com base nas características ou com base na história. No enfoque que leva as características em consideração, o organismo é considerado um membro de uma determinada espécie se, e somente se, ele possuir certas carac-terísticas ou combinações de características. No enfoque que leva em consideração a história, o organismo é considerado um membro de uma determinada espécie se, e somente se, ele for historicamente relacionado com outros organismos da espécie. Em resumo, um modo define espécie com base nas características e outro define espécie em termos de relações históricas ou ancestrais.

Como ocorre a especiação?

Por definição, os membros de uma espécie compartilham um conjunto gênico comum que é efetivamente separado de conjuntos gênicos de outras espécies. A questão central é, então, como um conjunto gênico se separa de outro e começa uma jornada evolutiva independente? Há uma questão complementar que pode ser feita: como duas espécies, muitas vezes muito semelhantes, habitam o mesmo local ao mesmo tempo e ainda permanecem reprodutivamente isoladas?

Segundo a crença atual, a especiação é muito comumente o resultado da separação geográfica de uma população de organismos; este processo é conhecido como *especiação alopátrica* ("outro território"). Sob certas circunstâncias, a especiação pode ocorrer sem o isolamento geográfico e, neste caso, ela é conhecida como *especiação simpátrica* ("mesmo território").

A especiação alopátrica requer a separação geográfica das populações

O estudo cuidadoso de cada uma das espécies que tem ampla distribuição mostrou que há populações geograficamente representativas que diferem uma das outras em maior ou menor extensão. Como exemplos, temos os ecótipos de *Potentilla glandulosa* e as linhagens de *Oxyria digyna*. Uma espécie constituída por essas variantes geográficas será extremamente suscetível à especiação se surgirem barreiras geográficas, evitando que o fluxo de genes "elimine" quaisquer diferenças que possam surgir – por meio de seleção ou deriva genética – entre populações próximas. Essas barreiras podem surgir como consequência do surgimento de montanhas, mudança de clima ou mudanças ao nível do mar, ou como resultado de dispersão a grandes distâncias.

As populações de uma espécie que se caracterizam por fluxo de genes a curtas distâncias (p. ex., por meio de dispersão de sementes ou fluxo de pólen) devem ser capazes de se diferenciar por essas distâncias, resultando em divergência (separação) genética e especiação. Uma via de especiação poderia ser o acúmulo de divergência genética suficiente para criar isolamento reprodutivo, com base na inviabilidade ou na infertilidade dos cruzamentos. Assim sendo, os organismos com dispersão muito restringida devem ser capazes de formar novas espécies em pequenas distâncias. Em suma, esses organismos produzem espécies limitadas a áreas pequenas, enquanto aqueles com maior capacidade de dispersão devem formar espécies apenas em grandes distâncias. Plantas com flores e caramujos, por exemplo, são capazes de diferenciação e especiação em distâncias pequenas, enquanto grupos mais móveis, como as aves, tendem a promover especiação em distâncias maiores. Estudos adicionais mostrarão que a especiação ocorre em distâncias pequenas quando as plantas têm sementes muito pesadas ou em plantas tropicais de sombra com frutos carnosos que são dispersados por aves notoriamente sedentárias que habitam esses ambientes sombreados.

Há muitos tipos diferentes de barreiras geográficas. As ilhas são, com frequência, locais para o desenvolvimento de novas espécies e estabelecem a etapa para a súbita (em tempo geológico) diversificação de um grupo de organismos que compartilham um ancestral comum. Esta súbita diversificação de tal grupo de organismos, formando novas espécies com diferentes papéis ecológicos e adaptações é chamada *radiação adaptativa*. A radiação adaptativa é um dos mais importantes processos biológicos que conectam ecologia e evolução, e Darwin usou amplamente o conceito de radiação adaptativa em seu livro *A Origem das Espécies*.

A radiação adaptativa está associada à abertura de uma nova fronteira biológica, que pode ser vasta como a terra ou o ar ou tão pequena quanto um arquipélago, tal como o das Ilhas Galápagos. A radiação adaptativa resulta na formação quase simultânea de muitas espécies novas em uma ampla extensão de *habitats* (ver adiante o boxe "Radiação adaptativa das Campanulaceae no Havaí"). A diferenciação que ocorre nas ilhas é particularmente notável porque, na ausência de competição, parece que é mais provável que os organismos produzam formas altamente não usuais do que as espécies relacionadas dos continentes. Nas ilhas, as características de plantas e animais podem mudar mais rapidamente do que no continente e podem surgir características que nunca são encontradas em outros locais. É claro que grupos semelhantes de espécies podem também surgir em áreas dos continentes, e podem sofrer diferenciações espetaculares. O aparecimento da sistemática molecular (ver Capítulo 12) – o uso de DNA e RNA para entender relações entre organismos – está proporcionando novas e potentes ferramentas para o estudo da radiação adaptativa. Especificamente, os dados moleculares podem permitir a compreensão das relações evolutivas entre espécies, independentemente dos traços observados e dos papéis ecológicos que estão aparentemente sofrendo radiação. Isso possibilita um meio direto de inferir relações por meio de dados genéticos e pela combinação dessas informações com dados morfológicos e ecológicos.

A especiação simpátrica ocorre sem a separação geográfica

Um mecanismo muito bem documentado por meio do qual as espécies são produzidas por especiação simpátrica – ou seja, quando não há isolamento geográfico – é a poliploidia. Por definição, *poliploides* são células ou indivíduos que possuem mais de dois conjuntos de cromossomos (Capítulo 8). Os poliploides podem surgir como resultado da *não disjunção* – a falha na separação dos homólogos – durante a meiose ou então podem ser gerados quando os cromossomos dividem-se normalmente durante a mitose ou meiose, mas não ocorre a citocinese seguinte. Os indivíduos poliploides podem ser deliberadamente produzidos em laboratório pelo uso de substâncias como a colchicina, que bloqueia a formação dos microtúbulos e impede, assim, a separação dos cromossomos durante a mitose.

A poliploidia que leva à formação de novas espécies devido à duplicação do número de cromossomos em indivíduos é denominada *autopoliploidia* (Figura 11.12). Tais indivíduos são chamados *autopoliploides*. A especiação simpátrica por autopoliploidia foi descoberta por Hugo de Vries, durante sua investigação da genética de *Oenothera glazioviana* (Onagraceae), uma espécie diploide com 14 cromossomos. Entre estas plantas ele encontrou uma variante não usual que, analisada ao microscópio, mostrou ser tetraploide (4 conjuntos de cromossomos ou $4n$), com 28 cromossomos. De Vries foi incapaz de cruzar a planta tetraploide com a diploide, por causa dos problemas com o emparelhamento dos cromossomos na meiose. O tetraploide

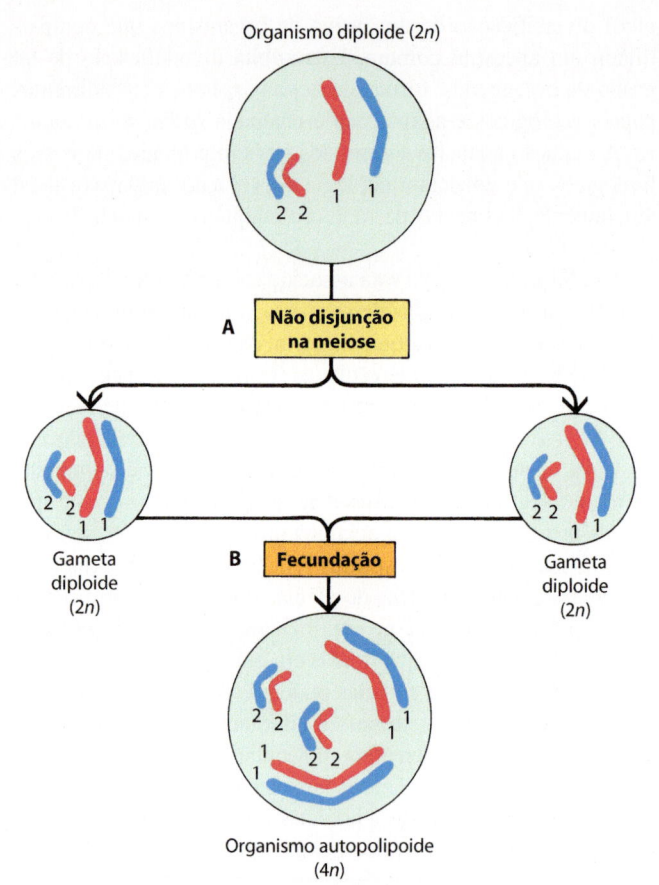

Organismo diploide (2n)

A   Não disjunção na meiose

Gameta diploide (2n)

B   Fecundação

Gameta diploide (2n)

Organismo autopoliploide (4n)

11.12 Autopoliploidia. A poliploidia em organismos individuais pode levar à formação de novas espécies. **A.** Se os cromossomos de um organismo diploide não se separarem durante a meiose (não disjunção), gametas diploides (2n) podem ser originados. **B.** A união desses gametas, produzidos pelo mesmo indivíduo ou por indivíduos diferentes da mesma espécie, produz um indivíduo autopoliploide ou tetraploide (4n). Embora este indivíduo seja capaz de se reproduzir sexuadamente, ele estará reprodutivamente isolado da espécie parental diploide.

(um autopoliploide) era uma nova espécie, a qual De Vries chamou *Oenothera gigas* (*gigas* significando "gigante").

Uma maneira muito mais comum de poliploidia é a *alopoliploidia*, que resulta do cruzamento entre duas espécies diferentes, produzindo um *híbrido interespecífico* (Figura 11.13). Tais híbridos geralmente são estéreis, porque os cromossomos não podem emparelhar-se na meiose (não há cromossomos homólogos), uma etapa necessária para a produção de gametas viáveis. Se, porém, a autopoliploidia ocorrer nesses híbridos estéreis, e as células resultantes se dividirem por mitose e citocinese, eles finalmente produzirão um novo indivíduo assexuadamente. Este indivíduo – um *alopoliploide* – terá o dobro de cromossomos de seus parentais. Consequentemente, ele estará reprodutivamente isolado de sua linhagem parental. Além disso, seus cromossomos – agora em número dobrado – podem emparelhar-se, a meiose pode ocorrer normalmente, e a fertilidade é restaurada. Ele é uma nova espécie capaz de se reproduzir sexuadamente.

A hibridação e a especiação simpátrica por meio de poliploidia são fenômenos importantes em plantas, e tem clara importância para a evolução das plantas floríferas. A extensão da poliploidia em plantas floríferas varia de 47% a mais de

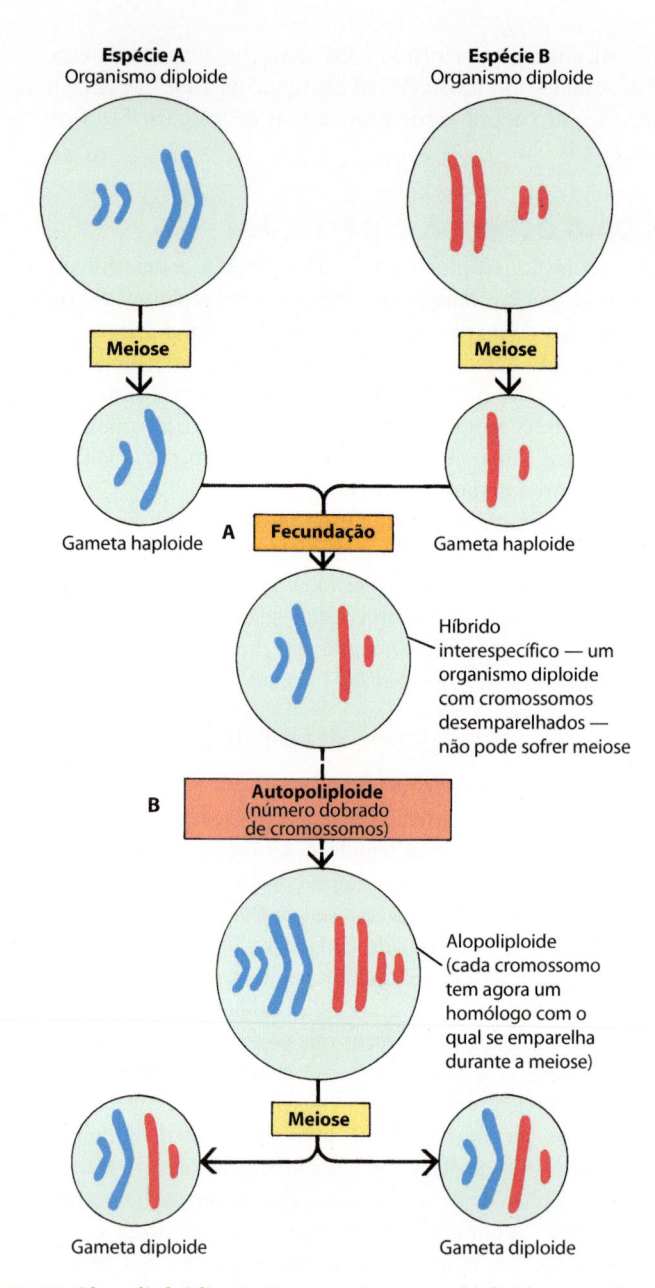

Espécie A
Organismo diploide

Espécie B
Organismo diploide

Meiose

Meiose

Gameta haploide

A   Fecundação

Gameta haploide

Híbrido interespecífico — um organismo diploide com cromossomos desemparelhados — não pode sofrer meiose

B   **Autopoliploide** (número dobrado de cromossomos)

Alopoliploide (cada cromossomo tem agora um homólogo com o qual se emparelha durante a meiose)

Meiose

Gameta diploide

Gameta diploide

11.13 Alopoliploidia. A. Um organismo que é híbrido entre duas espécies diferentes – um híbrido interespecífico – e que é produzido a partir de dois gametas haploides (n) pode crescer normalmente porque a mitose é normal. Entretanto, ele não pode se reproduzir sexuadamente, porque os cromossomos não podem se emparelhar na meiose. **B.** Se a autopoliploidia então ocorrer e o número de cromossomos dobrar, estes podem emparelhar-se na meiose. Como resultado, o híbrido – um alopoliploide – pode produzir gametas diploides viáveis (2n) e torna-se uma nova espécie capaz de se reproduzir sexuadamente.

70%, dependendo da espécie, e, na família das gramíneas, estima-se que 80% das espécies são poliploides. Além disso, muitas das principais plantas agriculturáveis são poliploides, incluindo o trigo, a cana-de-açúcar, a batata, a batata-doce e a banana.

Alguns poliploides que se originaram como ervas daninhas em *habitats* alterados por atividades dos seres humanos foram espetacularmente bem-sucedidos. Provavelmente, os exemplos mais bem documentados são os de duas espécies de

11.14 Alopoliploidia em *Tragopogon* (Asteraceae). Três espécies diploides (2*n* = 12) extremamente férteis de *Tragopogon*, introduzidas da Europa: (**A**) *Tragopogon dubius*, (**B**) *Tragopogon porrifolius* e (**C**) *Tragopogon pratensis*. Por volta de 1930, estavam todas bem estabelecidas no sudeste de Washington e nas vizinhanças de Idaho (EUA). Essas espécies hibridaram facilmente, resultando em híbridos interespecíficos (F₁) diploides, estremamente estéreis: (**D**) *Tragopogon dubius* × *porrifolius*, (**E**) *Tragopogon porrifolius* × *pratensis* e (**F**) *Tragopogon dubius* × *pratensis*. Em 1949, foram descobertas quatro pequenas populações de *Tragopogon* que eram claramente diferentes dos híbridos diploides, e imediatamente suspeitou-se que elas fossem duas novas espécies poliploides. Os poliploides suspeitos não diferem dos híbridos diploides (**D**) e (**F**) em nenhuma de suas características, exceto pelo fato de serem muito maiores e obviamente férteis, com capítulos contendo muitos frutos em desenvolvimento. Logo confirmou-se que estas populações eram espécies tetraploides (2*n* = 24) e foram chamadas (**G**) *Tragopogon mirus* e (**H**) *Tragopogon miscellus*. Estas espécies tetraploides estão entre os poucos poliploides cujo tempo de origem é conhecido com um certo grau de certeza. **I.** Observe que esta inflorescência de *Tragopogon porrifolius* × *pratensis* é um híbrido diploide extremamente estéril de uma geração seguinte a F₁, mostrado nesta figura em **E**.

Tragopogon (Asteraceae), *Tragopogon mirus* e *Tragopogon miscellus*, as quais são produtos da especiação alopoliploide (Figura 11.14). Ambas as espécies surgiram durante as últimas centenas de anos na região de Palouse a sudeste de Washington e Idaho (EUA), após a introdução e naturalização de seus progenitores do Velho Mundo, *Tragopogon dubius*, *Tragopogon porrifolius* e *Tragopogon pratensis*. As três espécies do Velho Mundo são diploides (2*n* = 12), e cada uma delas, quando cruzada com as outras, produz híbridos F₁ que são extremamente estéreis. Em 1949, foram descobertos dois híbridos tetraploides (2*n* = 24) que são nitidamente férteis e que, desde sua descoberta, aumentaram substancialmente na região de Palouse. As espécies *T. mirus* e *T. miscellus* ocorrem no Arizona, e *T. miscellus* também é encontrada em Montana e Wyoming. O cruzamento de *T. dubius* e *T. porrifolius* do Velho Mundo produziu o tetraploide *T. mirus*, e o cruzamento de *T. dubius* e *T. pratensis* produziu o tetraploide *T. miscellus*. A origem desses alopoliploides de *Tragopogon* foi confirmada por sequenciamento de DNA e tecnologia genômica.

Um dos poliploides mais bem conhecidos, cuja origem está associada à atividade humana, é a gramínea de pântano de água salgada do gênero *Spartina* (Figura 11.15). Uma espécie nativa, *Spartina maritima*, ocorre em pântanos ao longo das costas da Europa e da África. Uma segunda espécie, *Spartina alterniflora*, foi introduzida na Grã-Bretanha proveniente do leste da América do Norte ao redor de 1800, e espalhou-se a partir do local onde foi inicialmente plantada para formar grandes colônias locais.

Na Inglaterra, a espécie nativa *S. maritima* é de baixa estatura, enquanto *S. alterniflora* é muito mais alta, crescendo frequentemente até 0,5 m e ocasionalmente até 1 m ou mais. Nas proximidades do porto de Southampton, no sul da Inglaterra, tanto a espécie nativa quanto a espécie introduzida existiram lado a lado durante o século 19. Em 1870, os botânicos descobriram um híbrido estéril entre estas duas espécies que se reproduzia vigorosamente por meio de rizomas. Das duas espécies parentais, *S. maritima* tem um número somático de cromossomos de 2*n* = 60 e *S. alterniflora* tem 2*n* = 62; o híbrido, em virtude talvez de

RADIAÇÃO ADAPTATIVA DAS CAMPANULACEAE* NO HAVAÍ

A radiação adaptativa – a evolução das espécies com inúmeras adaptações e funções ecológicas que descenderam de um único ancestral – é um processo essencial na "modelagem" dos grupos de plantas e animais de ilhas, lagos e topos de montanhas distantes. Poucos "colonizadores" do continente atingem essas regiões isoladas. Assim sendo, os descendentes de cada ancestral encontram uma ampla gama de *habitats* e outros recursos ecologicamente "abertos", com poucos competidores além dos próprios parentes. A seleção que atua em populações com vínculos próximos para divergir, evitar competição e se adaptar a condições alternativas deve resultar, quase inevitavelmente, em radiação adaptativa.

As Campanulaceae do Havaí, com aproximadamente 128 espécies em cinco gêneros, representam um notável exemplo de radiação adaptativa em plantas. Essas plantas apresentam diferenças tão grandes de *habitat*, forma de crescimento, formato das folhas, morfologia das flores e dispersão das sementes, que inicialmente se acreditou que representassem cinco colonizações independentes das ilhas. Todavia, recentemente a análise do DNA mostrou que todos os membros da família Campanulaceae no Havaí proveem do mesmo "colonizador".

As plantas do gênero *Cyanea* são encontradas no interior das florestas úmidas. Esse gênero inclui 76 espécies de árvores grandes e pequenas sem ramificações que produzem flores polinizadas por pássaros e frutos carnosos dispersos por pássaros. Suas flores tubulares são longas e curvadas, como os bicos de muitos drepanídeos (pássaros que se alimentam de néctar e insetos) do Havaí, seus polinizadores primários. O gênero mais próximo do *Cyanea* é *Clermontia*, com 22 espécies de arbustos ramificados e epífitas, ambos nativos de áreas periféricas (mais ensolaradas) das florestas úmidas, clareiras e dosséis. Os dois gêneros são encontrados desde em terrenos quase ao nível do mar até em elevações com mais de 2.000 m de altitude. O gênero *Delissea*, com 10 espécies, cresce em escrube (*scrub*) úmido e aberto e apresenta flores e frutos semelhantes aos do gênero *Cyanea*.

O gênero *Lobelia* engloba cinco espécies de arbustos de rosetas gigantes encontrados em pradarias e pântanos de mon-

Cyanea floribunda crescendo na sombreada e enevoadada floresta na ilha do Havaí, a ilha principal mais jovem do arquipélago havaiano.

Clermontia kakeana crescendo em uma clareira na floresta ombrófila no lado oeste da ilha de Maui.

Delissea rhytidosperma, em escrube úmido na ilha de Kauai, a mais antiga do arquipélago havaiano.

Lobelia gloria-montis, vista aqui em ur pântano montanhoso no lado ocident: de Maui.

---

*N.R.T.: Alguns autores reconheceram *Lobelia* como uma família à parte – Lobeliaceae. O termo *Lobeliads*, no texto original, em inglês, refere-se a esse grupo de plantas. Os trabalhos recentes em filogenia sustentam tanto o reconhecimento de Lobeliaceae quanto sua união com Campanulaceae, na subfamília Lobelioideae. Optou-se, assim, por usar Campanulaceae, mais aceito.

tanha, com inflorescências espetaculares polinizadas por pássaros, assim como nove espécies de arbustos de rosetas menores encontradas entre paredões rochosos. As duas espécies de *Brighamia* são algumas das plantas mais bizarras da Terra, crescendo principalmente em falésias e apresentando uma "cabeça de repolho" composta por folhas carnosas em um caule não ramificado suculento. Mariposas polinizam as flores, que exalam odor à noite. *Lobelia* e *Brighamia* produzem frutos do tipo cápsula que contêm sementes semelhantes a poeira que são dispersadas pelo vento.

O ancestral dos membros desse grupo de campanuláceas foi, aparentemente, uma planta lenhosa adaptada a *habitats* abertos em elevações médias, com flores polinizadas por pássaros e pólen disperso pelo vento. Esse ancestral chegou às ilhas do noroeste do Havaí, Gardener ou French Frigate Shoals, há aproximadamente 13 milhões de anos graças à dispersão de sementes a longas distâncias, a partir de vulcões do leste da África ou outras ilhas do Pacífico Central. No decorrer de três milhões de anos, os gêneros da família Campanulaceae se propagaram para *habitats* distintos e passaram a apresentar formatos diferentes.

As campanuláceas ocupam quase toda a gama de disponibilidade luminosa encontrada em locais úmidos das ilhas havaianas. Os estudos fisiológicos mostram que as espécies de *habitats* mais ensolarados apresentam taxas mais elevadas de fotossíntese máxima e respiração, mas precisam de mais luz para alcançar a fotossíntese máxima. Assim, elas sobrepujam outras espécies em luz forte, enquanto as espécies de sombra apresentam taxas mais elevadas de fotossíntese em locais com menos luz.

Essas plantas apresentam variação extraordinária de tamanho e formato de folhas. Os grupos de *habitats* mais úmidos e sombreados, como *Cyanea*, apresentam as maiores folhas, associadas às baixas taxas de evaporação existentes nesses *habitats*. Algumas espécies de *Cyanea* apresentam folhas divididas, que quase sempre estão associadas a emergências (estruturas semelhantes a espinhos) nos caules e nas nervuras das folhas e podem ter protegido essas plantas dos herbívoros nativos (patos e gansos havaianos que não voavam), agora extintos.

A dispersão de frutos carnosos pelos pássaros geralmente aumenta a capacidade de dispersão da planta, mas os pássaros do interior das florestas úmidas sabidamente não voam para muito longe. As espécies vegetais com frutos carnosos do interior das florestas devem, portanto, sofrer diferenciação genética e, por fim, especialização em escalas espaciais menores do que as espécies vegetais das áreas periféricas das florestas dispersadas por pássaros ou do que as espécies vegetais dispersadas pelo vento com sementes semelhantes a poeira em *habitats* abertos. De fato, as espécies de *Cyanea* apresentam variações de elevação mais estreitas e são encontradas em menos ilhas do que as espécies de *Clermontia*, resultando em três vezes mais espécies de *Cyanea* no total. A evolução do número de espécies de *Cyanea* em cada ilha importante saturou de forma surpreendentemente rápida, nos 1,2 milhão de anos de emergência das ilhas.

Infelizmente, muitas radiações adaptativas e as evidências que elas fornecem da evolução estão sendo ameaçadas. Essas espécies, muitas delas sob risco iminente de extinção, surgiram quando não havia competidores, predadores e patógenos, mas estão agora expostas a eles em decorrência do aumento do comércio globalizado, introdução de novas espécies, destruição dos *habitats* e pressão da população humana.

Brighamia rockii, crescendo nos penhascos íngremes Kapailoa na ilha de Molokai.

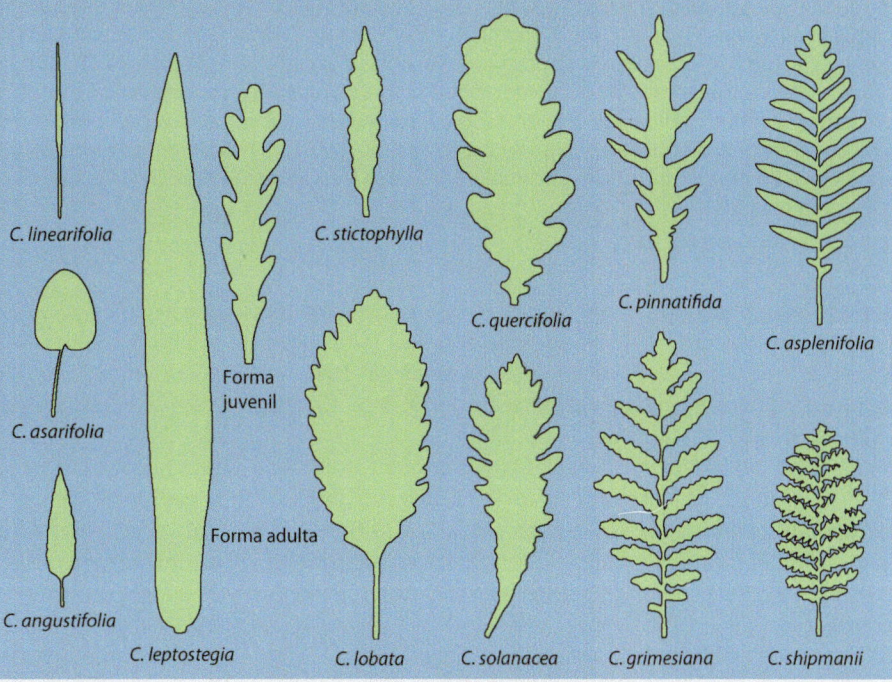

C. linearifolia
C. asarifolia
C. angustifolia
C. leptostegia
Forma juvenil
Forma adulta
C. stictophylla
C. quercifolia
C. lobata
C. pinnatifida
C. solanacea
C. grimesiana
C. asplenifolia
C. shipmanii

As folhas de *Cyanea* apresentam imensa variação de tamanho e formato. Todas as folhas lobadas ou compostas, exceto das formas juvenis de *Cyanea leptostegia*, apresentam emergências (estruturas semelhantes a espinhos) restritos às suas nervuras.

11.15 Poliploidia em *Spartina*. A poliploidia tem sido extensamente investigada entre as gramíneas do gênero *Spartina*, que crescem em *habitat*s de pântano de água salgada ao longo das costas da América do Norte e da Europa. **A.** *Spartina* crescendo no pântano de água salgada na costa da Virginia (EUA). **B.** Um híbrido de *Spartina*. **C.** Uma espécie dos pântanos de água salgada, *Spartina maritima*, nativa da Europa, com 2*n* = 60 cromossomos, mostrados em uma célula em meiose, anáfase I. **D.** *Spartina alterniflora* é uma espécie norte-americana com 2*n* = 62 cromossomos (30 bivalentes e dois cromossomos não emparelhados), mostrados em uma célula em meiose, metáfase I. **E.** Um vigoroso híbrido poliploide, *Spartina anglica*, surgiu espontaneamente a partir de um híbrido entre as espécies mostradas em **C** e **D** e foi coletado pela primeira vez no início da década de 1890. Este poliploide, que tem 2*n* = 122 cromossomos, mostrado em uma célula em meiose, anáfase I, está atualmente aumentando sua área de distribuição pelos pântanos de água salgada da Grã-Bretanha e de outros países temperados.

um erro não muito importante durante a meiose, também tem 2*n* = 62 cromossomos. Esse híbrido estéril, o qual foi chamado *Spartina × townsendii*, ainda persiste. Ao redor de 1890, um vigoroso poliploide produtor de sementes, chamado *Spartina anglica*, derivou-se naturalmente do híbrido estéril. Esse poliploide fértil, o qual tem um número diploide de cromossomos de 2*n* = 122 (um par de cromossomos foi evidentemente perdido), espalhou-se rapidamente ao longo da costa da Grã-Bretanha e noroeste da França. Ele é muitas vezes plantado para ligar trechos planos nos pântanos, e este uso contribuiu para sua ulterior propagação.

Um dos mais importantes grupos de plantas poliploides pertence ao gênero *Triticum*, dos trigos. O cultivar mais comum em todo o mundo, o trigo do pão (*Triticum aestivum*) é hexaploide (seis conjuntos de cromossomos ou 6 *n*) e tem 2*n* = 42 cromossomos. O trigo do pão, originado há pelo menos 8.000 anos,

provavelmente na Europa Central, é consequência da hibridação natural do cultivado trigo tetraploide, chamado trigo "emmer" (*Triticum turgidum*), que tem 2*n* = 28 cromossomos, com uma gramínea selvagem do mesmo gênero (*Triticum tauschii*), que tem 2*n* = 14 cromossomos (Figura 11.16). A gramínea selvagem provavelmente surgiu de modo espontâneo como uma erva daninha nos campos onde o *Triticum turgidum* estava sendo cultivado. A hibridação que deu origem ao trigo do pão (*T. aestivum*) provavelmente ocorreu entre os poliploides que surgiram de tempos em tempos dentro das populações das duas espécies ancestrais.

É provável que as características desejáveis do novo trigo, fértil, com 42 cromossomos, como grãos maiores e mais separados, tenham sido facilmente reconhecidas, e a planta tenha sido selecionada para cultivo pelos agricultores da Europa, quando apareceu em seus campos. Um de seus parentais, o trigo "em-

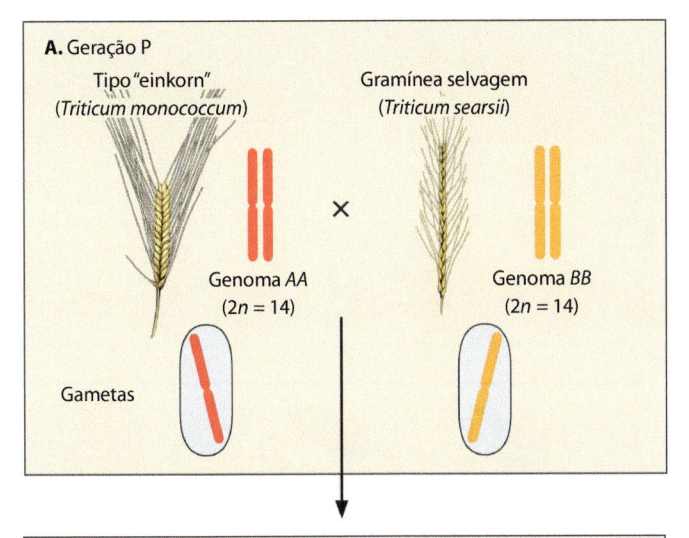

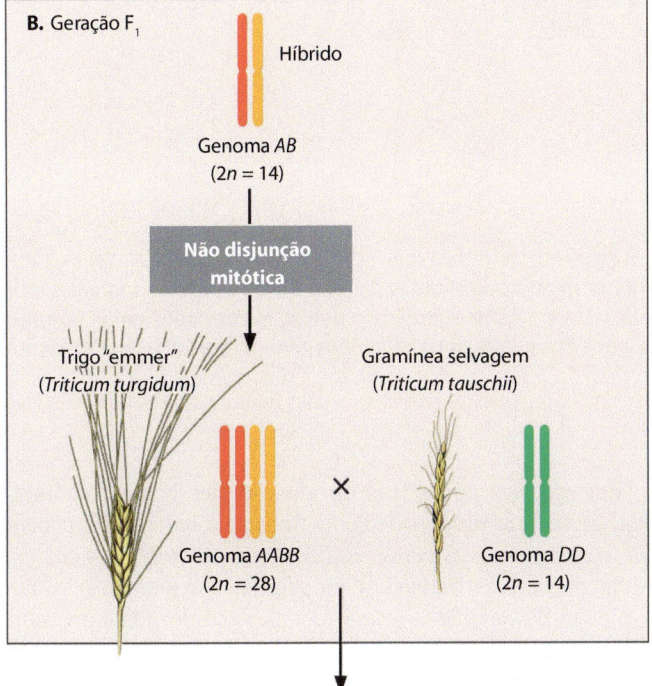

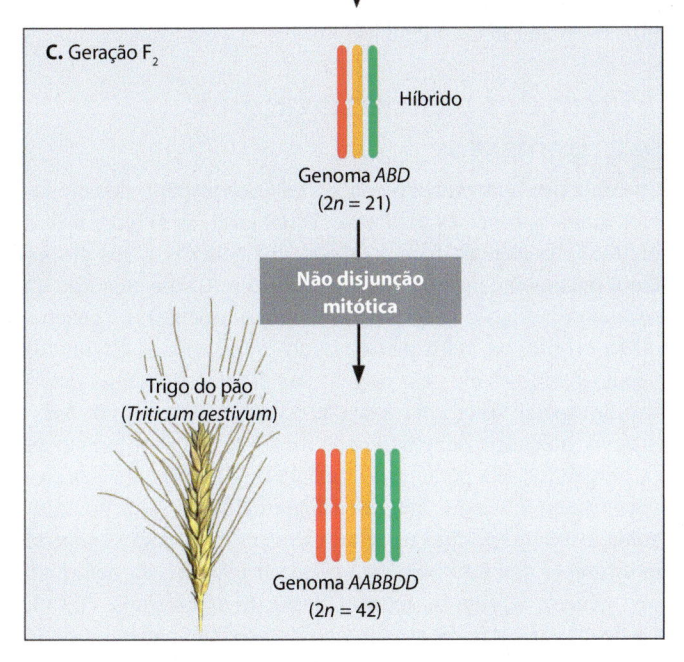

11.16 Origem do trigo do pão (*Triticum aestivum*). A espécie *T. aestivum* (2n = 42) é hexaploide, com genes derivados de três espécies diferentes. **A.** Duas espécies diploides, *Triticum monococcum* (2n = 14) e a gramínea selvagem do mesmo gênero (2n = 14), originalmente cruzadas para produzir (**B**) um híbrido diploide (2n = 14), que sofreu uma não disjunção mitótica e originou o tetraploide *Triticum turgidum* (2n = 28) ou trigo "emmer". Um cruzamento entre *T. turgidum* e *Triticum tauschii* (2n = 14) produziu (**C**) um híbrido estéril triploide (2n = 21), que em seguida sofreu não disjunção mitótica produzindo o hexaploide *T. aestivum* (2n = 42), o trigo do pão.

mer" cultivado, com 28 cromossomos, originou-se ele próprio por hibridação entre duas espécies selvagens com 14 cromossomos no Oriente Próximo. As espécies de trigo tetraploides com 2n = 28 cromossomos ainda são cultivadas e são os mais importantes cereais usados na produção das pastas italianas, como, por exemplo, o macarrão. Ao contrário do trigo tetraploide, os grãos do trigo do pão, que é hexaploide, contêm glúten, uma proteína "pegajosa" que captura o CO_2 produzido pela fermentação da levedura, permitindo o "crescimento" do pão. Por outro lado, o trigo tetraploide é usado em pães não levedados (ázimo), como o pão sírio.

Um exemplo de especiação simpátrica que não envolve poliploidia é fornecido pelo girassol híbrido (*Helianthus anomalus*), o produto do cruzamento entre duas espécies distintas de girassol – o girassol comum (*Helianthus annuus*) e o girassol peciolado (*Helianthus petiolaris*) (Figura 11.17). As três espécies são comuns na região ocidental dos EUA. As evidências moleculares indicam que *H. anomalus* surgiu por *especiação por recombinação*, um processo no qual duas espécies diferentes hidridizam e o genoma misto do híbrido se torna uma terceira espécie que é geneticamente (do ponto de vista reprodutivo) isolado de seus ancestrais.

Os híbridos de primeira geração de *Helianthus annuus* e *Helianthus petiolaris* são semiestéreis, uma condição que parece ser devida às interações desfavoráveis entre os genomas das espécies parentais que dificultam o processo de meiose no híbrido. Todavia, após algumas gerações, a fertilidade plena é atingida no híbrido à medida que há rearranjo das combinações gênicas. Os indivíduos com os genomas recém-arranjados são compatíveis entre si, ou seja, *H. anomalus* com *H. anomalus*, mas são incompatíveis com *Helianthus annuus* e *Helianthus petiolaris*.

Em um estudo realizado por Loren H. Rieseberg e colaboradores, as composições genômicas de três linhagens híbridas produzidas experimentalmente (envolvendo cruzamentos entre *Helianthus annuus* e *Helianthus petiolaris*) foram comparadas com a composição genômica de *H. anomalus* de ocorrência natural. Surpreendentemente, na quinta geração, os genomas das três linhagens eram extremamente semelhantes ao do *H. anomalus* de ocorrência natural. Além disso, nas três linhagens híbridas produzidas experimentalmente a fertilidade foi uniformemente elevada (mais de 90%). Foi aventado que determinadas combinações de genes de *Helianthus annuus* e *Helianthus petiolaris* atuam consistentemente melhor juntas e, portanto, sempre são encontradas juntas nos híbridos sobreviventes. Esse estudo foi caracterizado como "a primeira recriação de uma nova espécie", significando que um híbrido produzido experimentalmente é comparável a um híbrido de ocorrência natural.

Helianthus annuus

Helianthus petiolaris

Helianthus anomalus

11.17 Especiação simpátrica. *Helianthus anomalus* é o resultado do cruzamento de duas espécies distintas de girassol, *Helianthus annuus* e *Helianthus petiolaris*. Individualmente, as três espécies são facilmente diferenciadas umas das outras. O híbrido *H. anomalus*, por exemplo, apresenta folhas pequenas com pecíolos curtos e poucas pétalas, que são mais largas do que as encontradas em *Helianthus petiolaris* e *Helianthus annuus*. Os pecíolos de *Helianthus petiolaris* são longos e finos, enquanto *Helianthus annuus* tem folhas grandes com pecíolos espessos.

Os híbridos estéreis podem tornar-se amplamente distribuídos se forem capazes de reproduzir-se assexuadamente

Mesmo se os híbridos forem estéreis, como no híbrido de cavalinha *Equisetum* × *ferrissii*, eles podem tornar-se amplamente dispersos se forem capazes de se reproduzir assexuadamente (Figura 11.18). Em alguns grupos de plantas, a reprodução sexuada é combinada frequentemente com a reprodução assexuada, de modo que ocorre recombinação, mas os genótipos bem-sucedidos podem ser multiplicados de modo preciso (ver Figura 8.23).

Um excelente exemplo de um sistema como este é o da espécie capim-do-prado (*Poa pratensis*), extremamente variável e que contém uma ou outra de suas formas ocorrendo ao longo das porções mais frias do Hemisfério Norte. A hibridação ocasional com toda uma série de espécies relacionadas produziu centenas de raças diferentes desta gramínea, cada uma delas caracterizada por uma forma de reprodução assexuada chamada *apomixia*, na qual as sementes são formadas e contêm embriões produzidos sem fecundação. Como consequência, os embriões são geneticamente idênticos ao parental. A apomixia ocorre no óvulo ("semente imatura"), com o embrião apomítico sendo formado por uma dentre as duas vias possíveis, dependendo da espécie. Nas angiospermas, foram descritas como apomíticas mais de 300 espécies pertencentes a mais de 35 famílias. Entre elas estão as Poaceae (família das gramíneas), Asteraceae (família das compostas) e Rosaceae (família da rosa).

Em espécies apomíticas ou em espécies com reprodução vegetativa bem desenvolvida, as linhagens individuais podem ser particularmente bem-sucedidas em *habitats* específicos. Além disso, estas linhagens propagadas assexuadamente não requerem *fecundação cruzada* (polinização cruzada entre indivíduos da mesma espécie) e, por este motivo, muitas vezes são bem-sucedidas em ambientes como as montanhas altas, onde a polinização por insetos pode ser incerta.

Origem dos principais grupos de organismos

À medida que aumentava o conhecimento a respeito dos modos pelos quais as espécies podem ser originadas, os evolucionistas voltaram sua atenção para a origem dos gêneros e dos grupos taxonomicamente superiores de organismos. Como sugerido no boxe sobre radiação adaptativa (ver anteriormente), os gêneros podem originar-se pelos mesmos tipos de processos evolutivos que são responsáveis pela origem das espécies. Se uma determinada espécie tiver uma adaptação característica a um *habitat* novo, a espécie adaptada pode tornar-se muito diferente do seu progenitor. Ela pode gradualmente originar muitas espécies novas, desenvolvendo uma nova linha evolutiva, um processo chamado *mudança filética*. Gradualmente, ela pode tornar-se tão diferente que esta linhagem pode ser classificada como um novo gênero, família ou mesmo classe de organismos. (Os níveis de classificação ou grupos taxonômicos serão discutidos no Capítulo 12.) Consequentemente, não seriam necessários meca-

A

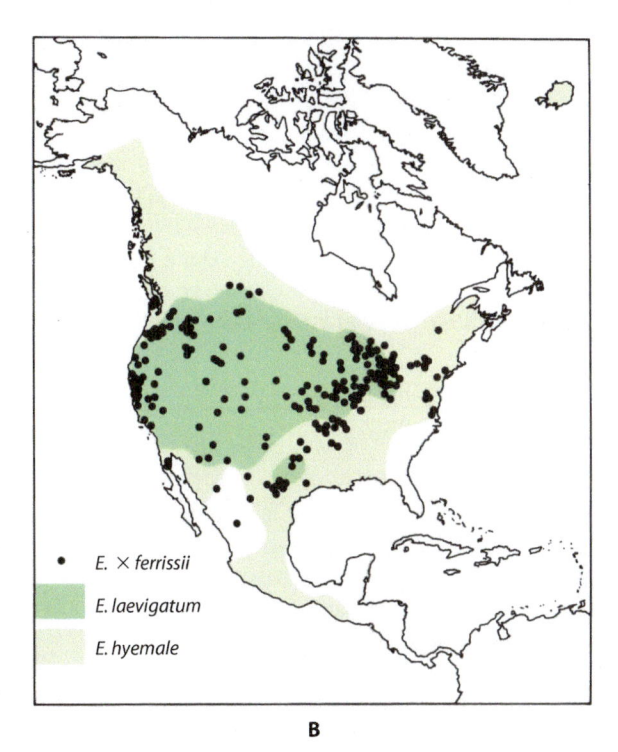

- E. × ferrissii
- E. laevigatum
- E. hyemale

B

11.18 Híbrido estéril muito difundido. A. Uma das mais abundantes e vigorosas cavalinhas (ver Figura 17.37) encontradas na América do Norte é o *Equisetum × ferrissii*, um híbrido completamente estéril de *Equisetum hyemale* e *Equisetum laevigatum*. As cavalinhas propagam-se rapidamente a partir de pequenos fragmentos dos caules subterrâneos e o híbrido mantém-se em uma ampla área de distribuição por meio de propagação vegetativa. **B.** Distribuição geográfica de *Equisetum × ferrissii* e de suas espécies parentais.

nismos especiais responsáveis pela origem de grupos taxonômicos superiores aos do nível de espécie, ou seja, para a *macroevolução* – que é devida apenas à descontinuidade nos *habitats*, à distribuição geográfica ou no modo de vida e ao acúmulo de muitas pequenas mudanças nas frequências dos alelos dos conjuntos gênicos. Este modelo de evolução é chamado *modelo do gradualismo*.

Embora o registro fóssil documente muitos estágios importantes da história evolutiva, há inúmeras lacunas, e as transições graduais das formas de fósseis são raramente encontradas. Em vez disso, novas formas representando novas espécies aparecem subitamente (em termos geológicos) nos estratos, permanecem aparentemente sem mudança durante o período de sua ocupação da Terra e então desaparecem das rochas tão subitamente quanto apareceram. Por muitos anos, essa discrepância entre o modelo da lenta mudança filética e a pobre documentação de tal mudança na maior parte do registro fóssil foi atribuída à imperfeição no próprio registro. Darwin, no livro *A Origem das Espécies*, observou que o registro geológico de que dispomos é "uma história de mundo elaborada de forma imperfeita e escrita em um dialeto em extinção, e da qual possuímos apenas o último volume, relativo a somente dois ou três países. Desse volume, há somente alguns capítulos soltos, e de cada página, apenas poucas linhas".

Em 1972, dois jovens cientistas, Niles Eldredge e Stephen Jay Gould, propuseram que talvez o registro fóssil não fosse assim tão imperfeito. Tanto Eldredge como Gould tinham conhecimentos de geologia e paleontologia de invertebrados e ambos estavam impressionados com o fato de haver muito pouca evidência de uma mudança filética gradual nas espécies de fósseis que eles estudaram.

Tipicamente, uma espécie aparece "abruptamente" nos extratos portando fósseis, permanece por 5 a 10 milhões de anos e então desaparece, aparentemente de modo não muito diferente do que quando apareceu. Outra espécie, claramente diferente, porém relacionada, toma seu lugar, persiste com pouca mudança e desaparece "abruptamente". Eldredge e Gould argumentaram: suponha que esses longos períodos de pouca ou nenhuma mudança seguidos por aparentes interrupções no registro fóssil não correspondam a falhas de registro, mas *sejam* os próprios registros, isto é, a evidência do que realmente aconteceu.

Eldredge e Gould propuseram que as espécies sofrem a maioria das modificações morfológicas assim que elas primeiramente divergem de seus progenitores e então mudam muito pouco mesmo quando dão origem a espécies adicionais. Em outras palavras, longos períodos de mudança gradual ou de nenhuma mudança (períodos de equilíbrio) são pontuados por períodos de mudança rápida, ou seja, de rápida especiação. Este modelo de evolução é denominado *modelo do equilíbrio pontuado*.

Como as novas espécies fazem esses aparecimentos "repentinos"? Para responder a esta questão, Eldredge e Gould apelaram para a especiação alopátrica – evolução de novas espécies com separação geográfica. Se as novas espécies foram formadas principalmente em populações pequenas e isoladas das populações parentais e se formaram rapidamente (em milhares em vez de milhões de anos), e se a nova espécie então toma o lugar da velha espécie, assumindo o controle de sua distribuição geográfica, o padrão de fósseis resultante seria aquele que é o observado.

O modelo do equilíbrio pontuado tem estimulado um vigoroso e contínuo debate entre os biólogos, um reexame dos mecanismos evolutivos do modo como são compreendidos atualmente e uma reavaliação das evidências. Talvez, as populações mudem mais rapidamente em alguns períodos do que em outros, especialmente em períodos de estresse ambiental. Novos estudos são frequentemente publicados em apoio aos modelos do gradualismo ou do equilíbrio pontuado, mas ainda não se chegou a um consenso a respeito de um dos modelos. Estas atividades foram algumas vezes mal interpretadas como um sinal de que a teoria de Darwin estaria "com problema". De fato, elas indicam que a biologia evolutiva está viva e anda muito bem e que os cientistas estão fazendo o que se espera que eles façam – fazendo perguntas. Acreditamos que Darwin estaria muito satisfeito.

RESUMO

Darwin propôs a teoria da evolução por seleção natural

Charles Darwin não foi o primeiro a propor uma teoria da evolução, mas sua teoria diferiu das demais porque ele visualizou a evolução como um processo com duas partes, dependendo (1) da existência na natureza de variações herdáveis entre os organismos e (2) do processo de seleção natural por meio do qual alguns organismos, em virtude de suas variações herdáveis, deixam mais descendentes que sobrevivem do que outros. A teoria de Darwin é considerada o maior princípio unificador da biologia.

A genética de populações é o estudo dos conjuntos gênicos

A genética de populações é a síntese da teoria darwiniana da evolução com os princípios da genética mendeliana. Para a genética de populações, a população é um grupo de organismos que se cruzam entre si, definido e unido pelo seu conjunto gênico (a soma de todos os alelos de todos os genes de todos os indivíduos da população). A evolução é o resultado de mudanças acumuladas na composição do conjunto gênico.

A lei de Hardy-Weinberg afirma que, em uma população ideal, a frequência dos alelos não muda com o tempo

A lei de Hardy-Weinberg descreve o estado de equilíbrio nas frequências de alelos e genótipos que existiria em uma população ideal que não está evoluindo, na qual cinco condições devem ser encontradas: (1) ausência de mutação, (2) isolamento de outras populações, (3) grande tamanho da população, (4) cruzamento ao acaso e (5) ausência de seleção natural. O equilíbrio de Hardy-Weinberg demonstra que a recombinação genética que resulta da meiose e fecundação não pode, por si mesma, mudar as frequências dos alelos do conjunto gênico. A expressão matemática do equilíbrio de Hardy-Weinberg fornece um método quantitativo para determinar a extensão e a direção da mudança nas frequências dos alelos e genótipos.

Cinco agentes causam mudança nas frequências dos genes de um conjunto gênico

Um agente importante de mudança na composição do conjunto gênico é a seleção natural. Outros agentes de mudança incluem mutação, fluxo gênico, deriva genética e cruzamento preferencial. As mutações fornecem a matéria-prima para as mudanças, mas as taxas de mutação são geralmente tão baixas que as mutações, por si mesmas, exercem pouco efeito nas frequências dos alelos em uma geração isolada. O fluxo gênico, o movimento de alelos de uma população para outra, pode introduzir novos alelos ou alterar as proporções dos alelos já presentes. Ele muitas vezes tem o efeito de contrapor-se à seleção natural. Na deriva genética, certos alelos aumentam ou diminuem em frequência, e algumas vezes até desaparecem, como resultado de eventos ao acaso. Os efeitos do fundador e do afunilamento estão entre as circunstâncias que levam à deriva genética, cuja ocorrência é mais provável em populações pequenas. O cruzamento preferencial causa mudanças nas proporções de genótipos, mas não afeta as frequências dos alelos.

A seleção natural atua sobre o fenótipo, não sobre o genótipo

Apenas o fenótipo é acessível à seleção. Fenótipos semelhantes podem resultar a partir de muitas diferentes combinações de alelos. Por causa da epistasia e pleiotropia, os alelos não podem ser selecionados isoladamente. A seleção afeta o genótipo todo.

O resultado da seleção natural é a adaptação das populações a seus ambientes

As evidências de adaptação ao ambiente físico podem ser vistas nas variações graduais que acompanham a distribuição geográfica (cline) e nos grupos distintos de fenótipos (ecótipos) das mesmas espécies que ocupam habitats diferentes. A adaptação ao ambiente biológico resulta de forças seletivas exercidas por espécies de organismos interagindo mutuamente (coevolução).

Há várias definições de espécie

O conceito biológico de espécie define espécie como um grupo de populações naturais cujos membros podem acasalar-se um com o outro, mas não podem (pelo menos não em geral) cruzar com membros de outros grupos. Na prática, a maior parte das espécies é geralmente identificada puramente com base em uma avaliação de suas diferenças morfológicas ou estruturais (o conceito morfológico de espécie). Os sistematas de plantas propuseram vários conceitos filogenéticos de espécie, com base na reconstrução da história evolutiva das populações. Para que ocorra especiação – a formação de novas espécies – as populações que compartilharam em outro tempo um conjunto gênico comum devem estar reprodutivamente isoladas umas das outras e subsequentemente sujeitas a pressões seletivas diferentes.

A especiação alopátrica requer a separação geográfica de populações, enquanto a especiação simpátrica ocorre entre organismos que vivem juntos

Dois modos principais de especiação são reconhecidos, alopátrica ("outro território") e simpátrica ("mesmo território"). A especiação alopátrica ocorre em populações geograficamente isoladas. As ilhas são frequentemente locais onde ocorre diversificação repentina e o desenvolvimento de novas espécies a partir de um ancestral comum, um padrão de especiação chamado radiação adaptativa. A especiação simpátrica, que não requer isolamento geográfico, ocorre principalmente em plantas por meio da poliploidia, muitas vezes acoplada com a hibridação. As populações híbridas derivadas a partir de duas espécies são comuns em plantas, especialmente em árvores e arbustos. Mesmo quando os híbridos são estéreis, eles podem tornar-se difundidos por meio da reprodução assexuada, incluindo a apomixia, na qual as sementes são formadas, mas com embriões que são produzidos sem fecundação.

Os modelos do gradualismo e do equilíbrio pontuado são usados para explicar a evolução dos principais grupos de organismos

Os mesmos processos responsáveis pela evolução das espécies podem ao longo do tempo dar origem aos gêneros e outros grupos hierárquicos importantes. Este é o modelo de evolução do gradualismo. Os paleontologistas apresentaram evidências de um padrão adicional de evolução conhecido como equilíbrio pontuado. Eles propuseram que as novas espécies são formadas durante explosões de rápida especiação em pequenas populações isoladas, que as novas espécies competem com muitas das espécies existentes (que se tornam extintas) e que, em seguida, muitas das novas espécies tornam-se abruptamente extintas.

Autoavaliação

1. Explique a influência de Thomas Malthus e Charles Lyell no desenvolvimento da teoria da evolução de Darwin.

2. Qual a diferença básica entre o conceito de evolução de Darwin e aqueles de seus predecessores? Qual foi o maior ponto fraco da teoria de Darwin?

3. O que se entende por plasticidade do desenvolvimento? Por que a plasticidade do desenvolvimento é muito maior em plantas do que em animais?

4. Faça a distinção entre: cline e ecótipo; microevolução e macroevolução; especiação alopátrica e especiação simpátrica; autopoliploidia e alopoliploidia.

5. Defina isolamento genético. Por que ele é um fator tão importante na especiação?

Diversidade

◄ O cacto *Coryphantha scheeri* var. *robustispina* é uma planta florífera, uma angiosperma, nativa do Deserto de Sonora (no sul do Arizona e no norte do Novo México, EUA). Logo após o início da estação chuvosa em julho, brotam flores amarelas sedosas. As flores duram apenas 1 a 3 dias e, como o cacto não se autopoliniza naturalmente, pressupõe-se que as abelhas são os agentes polinizadores. Esse cacto está sendo ameaçado de extinção, basicamente pela perda do *habitat*, mas já estão sendo feitos esforços para sua conservação.

CAPÍTULO 12

Sistemática | Ciência da Diversidade Biológica

◀ **Uma família grande e diversificada.** A dulcamara (vinha-da-índia) *Solanum dulcamara*, mostrada aqui, é uma erva daninha muito disseminada que é tóxica para os seres humanos, mas não tanto quanto a beladona (*Atropa belladonna*), que pode ser fatal. Essas duas espécies venenosas pertencem à família Solanaceae, que inclui importantes colheitas agrícolas, como batatas, tomates, beringelas e pimentas.

Na seção anterior, discutimos sobre os mecanismos por meio dos quais ocorre a mudança evolutiva. Agora voltemos a nossa atenção aos produtos da evolução, ou seja, aos inúmeros diferentes tipos ou espécies de organismos vivos – que compartilham atualmente nossa biosfera. Estima-se que haja 10 milhões de espécies eucarióticas e um número desconhecido de procarióticas. O estudo científico dessa diversidade biológica e de sua história evolutiva é chamado *sistemática*. Em geral, o objetivo dos sistematas é descobrir todos os ramos da *árvore filogenética da vida* – a árvore que mostra as relações genealógicas entre os organismos, com uma única espécie ancestral em sua base.

Taxonomia | Nomenclatura e classificação

Um aspecto importante da sistemática é a *taxonomia* –, que envolve a identificação, denominação e classificação das espécies. O sistema moderno de denominação dos seres vivos começou com o naturalista sueco do século 18 Carl von Linnaeus (Figura 12.1), cuja ambição era nomear e descrever todos os tipos conhecidos de plantas, animais e minerais. Em 1753, Linnaeus publicou um trabalho de dois volumes intitulado *Species Plantarum* no qual descrevia cada espécie em latim, em uma sentença limitada a 12 palavras. Para ele, esses nomes-frases descritivos em latim, ou *polinômios*, eram os nomes adequados para as espécies, mas ao acrescentar uma importante inovação que fora inventada por Caspar Bauhin (1560-1624), Linnaeus tornou permanente o *sistema binomial* ("com dois termos") de nomenclatura. Na margem do *Species Plantarum*, junto ao nome polinomial "correto" de cada espécie, Linnaeus escreveu uma única palavra. Essa palavra, quando combinada com a primeira palavra do polinômio – o *gênero* – era uma conveniente denominação "abreviada" para a espécie. Por exemplo, para a erva-dos-gatos, formalmente denominada *Nepeta floribus interrupte spicatus pedunculatis* (ou seja, "*Nepeta* com flores em espiga pedunculada inin-

PONTOS PARA REVISÃO

Após a leitura deste capítulo, você deverá ser capaz de responder às seguintes questões:

1. Descreva o sistema binomial de nomenclatura.

2. Por que o termo "hierárquico" é usado para descrever categorias taxonômicas? Nomeie as principais categorias entre os níveis de espécie e reino.

3. O que é análise cladística? O que representa um cladograma?

4. Que evidências sugerem a existência dos três grandes domínios ou grupos de organismos vivos?

5. Nomeie os três reinos dos eucariotos multicelulares e identifique as principais características identificadoras de cada um desses reinos.

tura Zoológica), assim como para micróbios (*International Code of Nomenclature of Bacteria* ou Código Internacional de Nomenclatura de Bactérias).

O nome da espécie consiste no nome genérico mais o epíteto específico

O nome de uma espécie consiste em duas partes. A primeira é o nome do gênero – também chamado nome genérico – e a segunda é o *epíteto específico*. Para a erva-dos-gatos, o nome genérico é *Nepeta*, o epíteto específico é *cataria* e o nome da espécie é *Nepeta cataria*.

Um nome genérico pode ser escrito isoladamente quando se trata de todo o grupo de espécies que formam o gênero. A Figura 12.2 mostra três espécies do gênero da violeta, *Viola*. Contudo, um epíteto específico não tem sentido quando escrito sozinho. O epíteto específico *biennis*, por exemplo, é usado em associação com dúzias de nomes genéricos diferentes. *Artemisia biennis*, um tipo de artemísia, e *Lactuca biennis*, uma espécie de alface silvestre, são dois membros muito diferentes da família dos girassóis (Asteraceae) e *Oenothera biennis,* erva-dos-burros, é uma planta que pertence a uma família completamente diferente, Onagraceae. Por causa do perigo de que nomes sejam confundidos, um epíteto específico é sempre precedido pelo nome ou letra inicial do gênero que o contém: por exemplo, *Oenothera biennis* ou *O. biennis*. Os nomes de gêneros e espécies são impressos em itálico ou são sublinhados quando manuscritos ou datilografados.

Quando se descobre que uma espécie foi inicialmente incluída no gênero errado e deve ser transferida para outro gênero, o epíteto específico junta-se ao novo gênero. Contudo, caso já exista uma espécie nesse gênero que tenha esse epíteto específico em particular, é necessário encontrar um nome alternativo.

Cada espécie tem um *espécime-tipo*, em geral uma amostra de planta seca guardada em museu ou herbário, designada pela pessoa que originalmente deu nome à espécie ou por um autor subsequente se o autor original não o fez (Figura 12.3). O espécime-tipo serve como base para comparação com outros espécimes para que se possa determinar se são membros da mesma espécie.

Os membros de uma espécie podem ser agrupados em subespécies ou variedades

Algumas espécies consistem em duas ou mais subespécies ou variedades (alguns botânicos consideram que variedades são subcategorias de subespécies, enquanto outros veem as duas categorias como equivalentes). Todos os membros de uma subespécie ou variedade de uma dada espécie se parecem entre si e têm em comum uma ou mais características, que não estão presentes em outras subespécies ou variedades daquela espécie. Como resultado dessas subdivisões, embora o nome binomial ainda seja a base da classificação, os nomes de algumas plantas e animais podem ser compostos por três nomes. A subespécie ou variedade que inclui o espécime-tipo da espécie repete o nome desta, e todos os nomes são escritos em itálico ou sublinhados. Então o pessegueiro é *Prunus persica* var. *persica*, enquanto a nectarina é *Prunus persica* var. *nectarina*. O *persica* repetido no nome do pessegueiro nos diz que o espécime-tipo da espécie *P. persica* pertence a essa variedade; a palavra variedade é abreviada como "var." (ver outros exemplos na Figura 12.2B, C).

12.1 Carl von Linnaeus (1707-1778). Professor, médico e naturalista, Linnaeus desenvolveu o sistema binomial para dar nome às espécies de organismos e estabeleceu as grandes categorias que são usadas no sistema hierárquico de classificação biológica. Quando tinha 25 anos, Linnaeus passou 5 meses explorando a Lapônia para a Swedish Academy of Sciences. Ele aparece aqui vestindo uma versão do traje tradicional lapão e segurando um ramo de *Linnaea borealis* (Caprifoliaceae), uma espécie à qual foi dado o seu nome, em homenagem póstuma.

terrupta"), ele escreveu a palavra "cataria" (que quer dizer "associada a gatos") na margem do texto, assim chamando a atenção para o atributo conhecido da planta. Linnaeus e seus contemporâneos logo começaram a chamar essa espécie de *Nepeta cataria*, e esse nome científico é ainda usado para essa espécie hoje em dia.

A conveniência desse novo sistema era óbvia, e os desajeitados nomes polinomiais foram substituídos por nomes binomiais. O nome binomial mais antigo atribuído a uma espécie em particular tem prioridade sobre outros nomes que mais tarde sejam aplicados à mesma espécie. As regras que governam nomes científicos das plantas, dos protistas fotossintetizantes e dos fungos estão no *International Code of Botanical Nomenclature* (Código Internacional de Nomenclatura Botânica). Há também códigos para os animais e os protistas não fotossintetizantes (*International Code of Zoological Nomenclature* ou Código Internacional de Nomencla-

A   B   C

12.2 Três membros do gênero da violeta. A. A violeta azul comum, *Viola sororia*, que cresce em regiões temperadas desde o leste da América do Norte até os Grandes Lagos. **B.** *Viola tricolor* var. *tricolor*, uma violeta de flores amarelas que representa uma espécie principalmente perene e nativa do oeste da Europa. **C.** Amor-perfeito, *Viola tricolor* var. *hortensis*, uma linhagem anual cultivada a partir da espécie silvestre representada em (**B**). Esses táxons diferem em coloração e tamanho das flores, forma e margem das folhas, além de outros traços que distinguem as espécies desse gênero, embora haja uma similaridade geral entre todas elas. Existem cerca de 500 espécies do gênero *Viola*.

Organismos são agrupados em categorias taxonômicas mais amplas dispostas em uma hierarquia

Linnaeus (assim como cientistas anteriores) reconhecia três reinos – vegetal, animal e mineral – e, até recentemente, o reino era a unidade mais inclusiva usada na classificação biológica. Além disso, várias categorias taxonômicas hierárquicas foram adicionadas entre os níveis de gênero e reino: gêneros foram agrupados em famílias; famílias, em ordens; e ordens, em classes. O botânico franco-suíço Augustin-Pyramus de Candolle (1778-1841), que inventou a palavra "taxonomia", acrescentou outra categoria – divisão – para designar grupos de classes no reino vegetal. A partir disso, as divisões passaram a ser os maiores grupos inclusivos do reino vegetal. No XV Congresso Internacional de Botânica em 1993, entretanto, o *International Code of Botanical Nomenclature* tornou o termo *filo* (*phylum*, em latim) equivalente à divisão em termos de nomenclatura. "Filo" há muito tempo é usado por zoólogos para grupos de classes e foi adotado neste livro.

Nesse sistema hierárquico – ou seja, de grupos dentro de grupos, com cada grupo ordenado em um nível específico – o grupo taxonômico a qualquer nível é chamado *táxon* (*taxon*, em latim). O nível em que ele está ordenado é chamado *categoria*. Por exemplo, gênero e espécie são categorias, enquanto *Prunus* e *Prunus persica* são táxons dentro dessas categorias.

12.3 Espécime-tipo. Espécime-tipo da angiosperma *Mikania citriodora* (família Asteraceae), encontrada no Brasil. Esse espécime foi coletado por W. C. Holmes e descrito por ele em artigo publicado no periódico *Phytologia* (volume 70, páginas 47-51, 1991).

A regularidade na escrita dos nomes para os diferentes táxons torna possível reconhecê-los como nomes pertencentes àquele nível. Por exemplo, os nomes de famílias de plantas terminam em -aceae, com muito poucas exceções. Nomes mais antigos são aceitos como alternativas para algumas famílias, como Fabaceae, a família da ervilha, que pode também ser chamada pelo nome mais antigo, Leguminosae. Outros exemplos são Apiaceae, a família da salsinha (também é conhecida como Umbelliferae), e Asteraceae, a família do girassol (também é conhecida como Compositae). Nomes de ordens vegetais terminam em -ales.

Amostras de classificações de milho (*Zea mays*) e do comumente cultivado cogumelo comestível (*Agaricus bisporus*) são dadas na Tabela 12.1.

Muitas classificações diferentes de plantas foram propostas

As primeiras classificações eram baseadas na aparência, ou no hábito da planta. Por exemplo, Teofrasto (370-285 a.C.), que era um estudante de Aristóteles e conhecido como o Pai da Botânica, classificou todas as plantas com base em sua forma: árvores, arbustos, subarbustos e ervas. Lineu usou o "sistema sexual", pelo qual plantas eram classificadas em 24 classes baseadas principalmente no número e na disposição dos estames em cada flor. Tais sistemas de classificação são conhecidos como *sistemas artificiais*, porque classificam os organismos principalmente como um auxílio à identificação e, em geral, por meio de um ou poucos caracteres.

Para Linnaeus e seus sucessores imediatos, o objetivo da taxonomia era a revelação do grande e imutável projeto da criação. Após a publicação de *On the Origin of Species* (*A Origem das Espécies*) de Darwin, em 1859, no entanto, diferenças e semelhanças entre os organismos começaram a ser vistas como produtos de sua história coevolutiva ou *filogenia*. Biólogos passaram então a querer que classificações fossem não só informativas e úteis, mas também um reflexo rigoroso das relações evolutivas entre os organismos. Tais classificações são chamadas *classifi-*

Tabela 12.1 Classificação biológica. Repare quanto é possível dizer sobre um organismo quando se conhece seu lugar no sistema. As descrições aqui não definem as diversas categorias, mas dizem alguma coisa sobre suas características. Os reinos Plantae e Fungi pertencem ao domínio Eukarya.

Categoria	Táxon	Descrição
Milho		
Reino	Plantae	Organismos principalmente terrestres, com clorofilas *a* e *b* contidas em cloroplastos, esporos protegidos por esporopolenina (uma resistente substância de parede), e embriões multicelulares nutricionalmente dependentes.
Filo	Anthophyta	Plantas vasculares com sementes e flores; óvulos contidos em um ovário, polinização indireta; angiospermas.
Classe	Monocotyledoneae	Embrião com um cotilédone; partes florais geralmente em trios; muitos feixes vasculares dispersos no caule; monocotiledôneas.
Ordem	Poales	Monocotiledôneas com folhas fibrosas; redução e fusão nas partes florais.
Família	Poaceae	Monocotiledôneas com caules ocos e flores esverdeadas reduzidas; o fruto é um aquênio especializado (cariopse); gramíneas.
Gênero	*Zea*	Gramíneas robustas, com cachos de flores separados, estaminados e carpelados; cariopse carnosa.
Espécie	*Zea mays*	Milho.
Cogumelo comestível		
Reino	Fungi	Organismos sem mobilidade, multinucleados, heterotróficos, absorventes, nos quais a quitina predomina nas paredes celulares.
Filo	Basidiomycota	Fungos dicarióticos que formam um basídio contendo quatro esporos (basidiósporos); subfilos Agaricomycotina, Pucciniomycotina e Ustilaginomycotina.
Classe	Agaricomycetes	Fungos que produzem basidiocarpos ou "corpos de frutificação", além de basídios asseptados e em forma de clava que recobrem as lamelas ou poros; himenomicetos.
Ordem	Agaricales	Fungos carnosos com lamelas ou poros radiais.
Família	Agaricaceae	Agaricales com lamelas.
Gênero	*Agaricus*	Fungos macios, de esporos escuros, com um estipe central e lamelas soltas do talo.
Espécie	*Agaricus bisporus*	Cogumelo comestível comum (*champignon*).

cações naturais. As relações evolutivas entre os organismos são, muitas vezes, ilustradas como *árvores filogenéticas*, que representam as relações genealógicas entre os táxons segundo a *hipótese* de determinado pesquisador ou grupos de investigadores.

Tradicionalmente, a classificação de um organismo recém-descoberto e a sua relação filogenética com os outros organismos foi baseada em suas semelhanças externas relativamente aos outros membros desse táxon. As árvores filogenéticas construídas por métodos tradicionais raramente incluem considerações detalhadas da informação comparativa. Embora esse enfoque tenha levado a muitos resultados úteis, ele foi fundamentado primeiramente na opinião do pesquisador sobre quais fatores eram mais importantes ao determinar a classificação. Portanto, não é surpreendente que classificações muito diferentes fossem às vezes propostas para os mesmos grupos de organismos.

Em um esquema de classificação que reflete com precisão a filogenia, cada táxon deve ser monofilético

Um grupo *monofilético* (também chamado *clado*) é composto por um ancestral e *todos* os seus descendentes; nenhum de seus descendentes é excluído (Figura 12.4). Assim, um gênero deveria consistir em todas as espécies que descendem do ancestral comum mais recente – e somente nas espécies que descendem daquele ancestral. Da mesma maneira, uma família deveria consistir em todos os gêneros que descendem de um ancestral comum mais distante – e somente nos gêneros que descendem daquele ancestral. Para simplificar, um grupo monofilético pode ser removido da árvore filogenética com um único "corte" na árvore. Uma classificação filogenética tenta dar nomes taxonômicos formais somente a grupos que sejam monofiléticos, embora nem todo grupo monofilético precise de um nome.

À medida que surgem mais informações, os pesquisadores algumas vezes descobrem que os grupos taxonômicos atuais não são monofiléticos. Existem dois desses grupos: parafiléticos e polifiléticos (Figura 12.4). Um *grupo parafilético* é aquele constituído por um ancestral comum, mas *não por todos os* descendentes desse ancestral. Na classificação filogenética, os grupos parafiléticos não recebem nomes formais. Um *grupo polifilético* é aquele com dois ou mais ancestrais, mas não inclui o ancestral comum verdadeiro de seus membros.

As características homólogas têm origem comum e as análogas têm função comum, mas origens evolutivas distintas

No sentido amplo, a sistemática é uma ciência comparativa. Ela agrupa os organismos em táxons que vão desde a categoria de gênero até filo, baseando-se em similaridades estruturais e outros caracteres. De Aristóteles em diante, entretanto, os biólogos passaram a reconhecer que semelhanças superficiais não são critérios úteis para as decisões taxonômicas. Por exemplo, aves e insetos não deveriam ser postos em um mesmo grupo simplesmente porque ambos têm asas. Um inseto sem asas (como as traças-dos-livros) é ainda um inseto, assim como uma ave que não voa (como o quivi) continua a ser uma ave.

Uma questão fundamental em sistemática é a origem da similaridade ou da diferença. A similaridade de uma característica específica reflete a herança de um ancestral comum ou reflete a adaptação a ambientes semelhantes por organismos que não compartilham um mesmo ancestral? E uma questão relacionada surge com respeito às diferenças entre os organismos: uma diferença reflete histórias evolutivas separadas ou, ao contrário, ela reflete as adaptações de organismos aparentados a ambientes muito diferentes? Como veremos nos capítulos seguintes, as folhas normais, os cotilédones, as brácteas e as partes florais têm funções e aparências bem diferentes, mas todos são modificações do mesmo tipo de órgão, a folha. Tais estruturas que têm uma origem comum, mas não necessariamente uma função comum, são ditas *homólogas* (do grego *homología*, que quer dizer "concordância"). Esses são os atributos sobre os quais os sistemas evolutivos de classificação, em princípio, são construídos.

Ao contrário, outras estruturas, que podem ter uma função e uma aparência externa semelhantes, têm um passado evolutivo completamente distinto. Tais estruturas são ditas *análogas* e resultam de *evolução convergente* (ver o boxe "Evolução convergente"). Assim, as asas de uma ave e aquelas de um inseto são análogas, não homólogas. Da mesma maneira, o espinho de um cacto (uma folha modificada) e o espinho de *Crataegus* (um caule modificado) são análogos, não homólogos. Distinguir entre homologia e analogia raramente é muito simples e, em geral, requer a comparação detalhada, assim como evidências oriundas de outras características dos organismos em estudo.

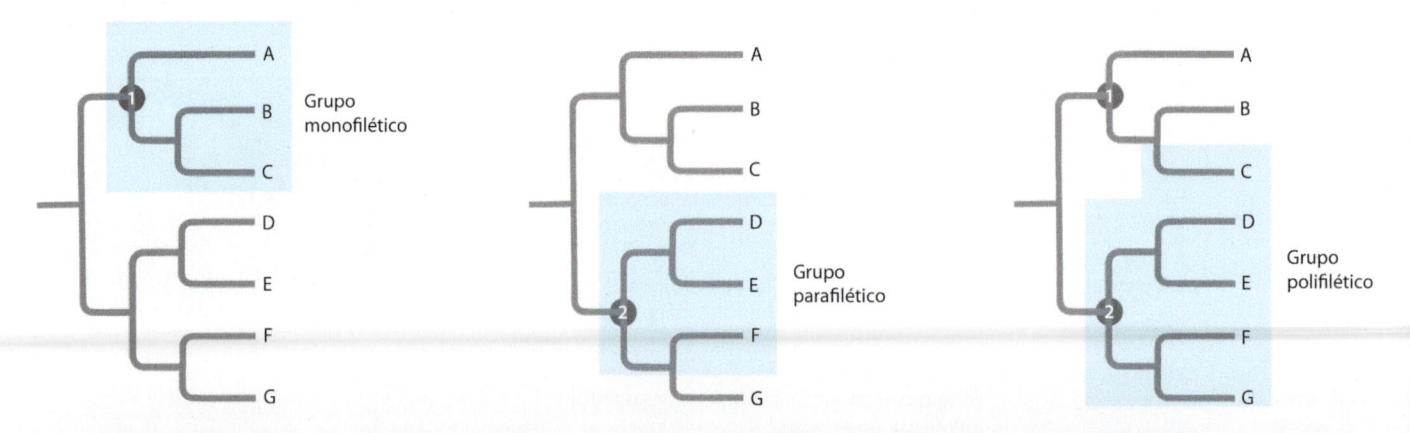

12.4 Grupos monofilético, parafilético e polifilético. Um grupo monofilético, ou clado, inclui o ancestral comum 1 e todos os seus descendentes (espécies A, B e C). Um grupo parafilético inclui o ancestral comum 2 de alguns descendentes (espécies D, E e F), mas não de todos seus descendentes (a espécie G não é incluída). Um grupo polifilético tem dois ou mais ancestrais: as espécies D, E, F e G compartilham o ancestral 2, mas a espécie C tem um ancestral diferente, o ancestral 1.

EVOLUÇÃO CONVERGENTE

Forças seletivas comparáveis, agindo sobre plantas que crescem em *habitats* semelhantes, mas em partes diferentes do mundo, frequentemente fazem com que espécies sem nenhum "parentesco" assumam uma aparência semelhante. O processo pelo qual isso acontece é conhecido como evolução convergente.

Consideremos algumas das características adaptativas de plantas que crescem em ambientes desérticos – caules suculentos e colunares (que proporcionam a capacidade de armazenar água), espinhos protetores e folhas reduzidas. Três famílias fundamentalmente distintas de plantas floríferas – a família das eufórbias (Euphorbiaceae), a família dos cactos (Cactaceae) e a família do oficial-de-sala (Apocynaceae) – têm representantes com esses caracteres. Os representantes das euforbiáceas e das apocináceas com aparência de cactos que mostramos aqui evoluíram a partir de plantas com folhas que são muito diferentes umas das outras.

Os cactos nativos ocorrem (com exceção de uma espécie) exclusivamente no Novo Mundo. Os representantes das euforbiáceas e das apocináceas, igualmente suculentos, são encontrados principalmente em regiões desérticas na Ásia e sobretudo na África, onde têm um papel ecológico semelhante ao dos cactos do Novo Mundo.

Embora as plantas mostradas aqui – (**A**) *Euphorbia*, um membro da família das eufórbias; (**B**) *Echinocereus*, um cacto; e (**C**) *Hoodia*, uma asclepiadácea suculenta – tenham fotossíntese CAM (Capítulo 7), todas as três têm parentesco e derivam de plantas que apresentam apenas fotossíntese C_3. Isso indica que as adaptações fisiológicas envolvidas na fotossíntese CAM também surgiram como resultado de evolução convergente.

A

B

C

Cladística

O método mais amplamente utilizado para classificar os organismos hoje em dia é conhecido como *cladística*, um método de *análise filogenética* que explicitamente busca entender as relações filogenéticas. O enfoque se concentra na ramificação de uma linhagem a partir de outra no curso da evolução. Ele reconhece um grupo monofilético, ou clados, pelos seus *caracteres derivados compartilhados* (sinapomorfias). As *sinapomorfias* são estados de caracteres que se originam no ancestral comum do grupo e são encontradas em todos os seus membros. Os estados de um caráter são duas ou mais formas de um aspecto específico, como, por exemplo, a existência ou não de madeira ou flores.

Para elaborar uma árvore evolutiva é preciso determinar quais alterações são mais recentes e quais são mais antigas, ou seja, a árvore precisa ter um sentido – precisa ter uma *raiz*. Ao dispor os caracteres em um sentido específico, a raiz possibilita o reconhecimento dos estados de caracteres derivados compartilhados que definem os táxons monofiléticos.

Os grupos externos são utilizados na criação de uma raiz para a árvore evolutiva. Um *grupo externo* é um táxon muito próximo do grupo estudado (*grupo interno*), mas que não faz parte dele. Os estados de caracteres apresentados pelos grupos externos mais próximos são considerados ancestrais, enquanto os encontrados no grupo interno, embora ausentes nos grupos externos mais próximos, são considerados derivados.

O resultado de análise cladística é um *cladograma*, que fornece uma representação gráfica de um modelo de trabalho, ou hipótese, sobre as relações filogenéticas entre um grupo de organismos. Para testar essas hipóteses tenta-se incorporar espécies ou caracteres adicionais que podem ou não se ajustar às predições do modelo.

Para sabermos como um cladograma é construído, consideremos quatro grupos diferentes de plantas: antóceros (ver Figura 16.29), samambaias, pinheiros e carvalhos. Para cada um dos grupos de plantas, selecionemos quatro caracteres homólogos a serem analisados (Tabela 12.2). Para simplificarmos o nosso exercício, consideraremos que os caracteres têm somente dois estados diferentes: presente (+) e ausente (–).

Por possuírem embriões, sabe-se que antóceros são relacionados com os outros três grupos de plantas, que também apresentam embriões. No entanto, os antóceros carecem de muitos traços que os outros três grupos têm em comum – por exemplo, xilema e floema, além de muitas outras características não mostradas na tabela. Os antóceros podem ser usados como o grupo externo e pode-se considerar que divergiram de um ancestral comum antes dos outros táxons. Desse modo, os antóceros podem ser usados para determinar se é possível utilizar as características comuns entre samambaias, pinheiros e carvalhos para definir um clado. Por exemplo, sementes não estão presentes em antóceros, e portanto as sementes podem ser supostamente uma característica derivada compartilhada por pinheiros e carvalhos, que os uniria como um grupo mono-

Tabela 12.2 Caracteres selecionados usados na análise de relações filogenéticas de quatro táxons de plantas.

| Táxon | Caracteres* | | | |
	Xilema e Floema	Lenho	Sementes	Flores
Antóceros	–	–	–	–
Samambaias	+	–	–	–
Pinheiros	+	+	+	–
Carvalhos	+	+	+	+

*O estado de caráter "presente" (+) é a condição derivada; o estado de caráter "ausente" (–) é a condição ancestral.

filético. Ao aplicar esse argumento a nossos poucos caracteres, o estado de caráter "ausente" é claramente reconhecido como a condição ancestral e o estado de caráter "presente", como a condição derivada.

A Figura 12.5A mostra como se poderia esboçar um cladograma com base na presença ou ausência dos tecidos vasculares xilema e floema. Visto que as samambaias, os pinheiros e os carvalhos todos apresentam xilema e floema, podemos supor que formem um grupo monofilético. A Figura 12.5B mostra como maior resolução é obtida à medida que se adicionam informações sobre outras características.

Como se interpreta o cladograma da Figura 12.5B? Para começar, repare que os cladogramas não indicam que um grupo deu origem a outro, como acontece em muitas árvores filogenéticas construídas pelo método tradicional. Em vez disso, eles sugerem que grupos que terminam em ramos adjacentes (as bases dos ramos são chamadas nós) compartilham um ancestral em comum. Esses grupos são denominados *grupos-irmãos*. O cladograma da Figura 12.5B nos diz que os carvalhos compartilham um ancestral em comum, mais recente, com os pinheiros em vez de samambaias, e que eles são mais próximos dos pinheiros em vez das samambaias. As posições relativas de várias plantas no cladograma indicam seus tempos relativos de divergência.

Um princípio fundamental da cladística é que um cladograma deveria ser construído de maneira mais simples, menos complicada e mais eficiente possível. Esse princípio é chamado de *princípio da parcimônia*. Quando cladogramas conflitantes são construídos a partir dos dados disponíveis, aquele que inclui o maior número de homologias e o menor de analogias é o favorecido.

Sistemática molecular

Antes do advento da sistemática molecular, a classificação por qualquer metodologia era em grande parte baseada em morfologia e anatomia comparativa, mas a sistemática vegetal foi revolucionada pela aplicação de técnicas moleculares. As técnicas mais utilizadas são aquelas que determinam a sequência dos nucleotídios em ácidos nucleicos – sequências que são geneticamente determinadas (ver Capítulo 10). Dados moleculares são diferentes de dados provenientes de fontes tradicionais em vários aspectos importantes: em particular, eles são mais fáceis de quantificar, têm o potencial de fornecer muito mais caracteres para análise filogenética e permitem a comparação de organismos que são morfologicamente muito diferentes. Com o desenvolvimento de técnicas moleculares, tornou-se possível comparar organismos em seu nível mais básico – o gene.

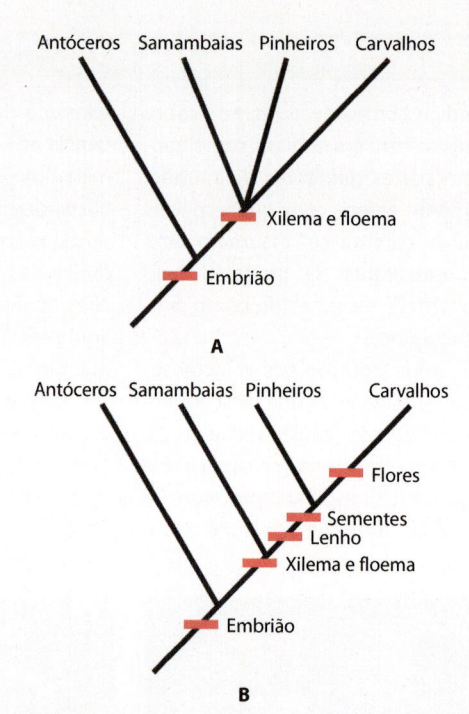

12.5 Cladogramas. Esses cladogramas mostram as relações filogenéticas entre antóceros, samambaias, pinheiros e carvalhos, indicando os caracteres compartilhados que dão apoio aos padrões de relações. **A.** Um cladograma baseado na presença ou ausência de xilema e floema. **B.** Um resultado melhor das relações filogenéticas, com base em informações adicionais na presença ou ausência de lenho, sementes e flores.

A análise de sequências de ácidos nucleicos fornece dados com grande capacidade de revelar as relações evolutivas. Muitos genes diferentes, com taxas variáveis de mudança, podem ser usados para estudar a evolução em linhagens diferentes. Boa parte da variação nos genes homólogos de diferentes grupos de organismos é devida a mutações neutras que se acumularam em uma taxa quase constante ao longo do tempo evolutivo. Essa variação não resulta de um processo de seleção. Na verdade, representa as diferenças no número de alterações nucleotídicas que ocorreram em genes homólogos desde que as linhagens se separaram. Grupos que divergiram mais recentemente tendem a apresentar menos diferenças entre eles do que os grupos que divergiram de um ancestral comum há mais tempo. Sequências de DNA não codificadoras também são marcadores quase neutros que refletem eventos evolutivos passados.

À medida que sequências de ácidos nucleicos de uma variedade de espécies são determinadas, a informação entra em bancos de dados de computadores, basicamente no GenBank, que é patrocinado pelo National Institutes of Health como parte do National Center for Biotechnology Information. Assim, é possível fazer comparações detalhadas de um número enorme de táxons.

A importância da sistemática molecular, quando combinada ao estudo de estados de caracteres morfológicos, é exemplificada pelo Consensus Phylogeny of Flowering Plants, liderado pelo grupo de especialistas em sistemática vegetal conhecido como Angiosperm Phylogeny Group. Quase todas as famílias de plantas florígenas ocupam atualmente uma posição filogenética bem sustentada, e essa formidável tarefa está progredindo bem no nível dos gêneros.

GOOGLE EARTH | UMA FERRAMENTA PARA DESCOBRIR E PROTEGER A BIODIVERSIDADE

Durante a análise de imagens de satélite, pesquisadores do Kew Royal Botanic Gardens (Inglaterra) encontraram uma "inesperada área verde" nas regiões montanhosas no norte de Moçambique. Eles estavam buscando um local para a instalação de um projeto de conservação e, três anos depois (em 2008), uma expedição confirmou aquilo que as imagens sugeriram: na região, conhecida como Monte Mabu, havia a mais extensa e contínua floresta tropical do território meridional da África. A floresta, pouco conhecida a não ser por aqueles que viviam em suas proximidades, abrigava centenas de espécies animais, entre eles camaleões pigmeus, cobras raras, aves e borboletas, além de várias espécies previamente desconhecidas. Mais de 500 amostras de plantas foram coletadas, entre elas orquídeas raras e uma nova espécie de visco. Atualmente a biodiversidade de toda a região está sendo catalogada e estão sendo envidados esforços em conjunto com o governo de Moçambique para proteger essa região.

De certo modo, a descoberta não foi incomum visto que os governos e os pesquisadores examinam as fotografias obtidas por satélite há décadas e já ocorreram outras descobertas de áreas silvestres. O que tornou notável a descoberta do Monte Mabu foi que as imagens não estavam "escondidas" em algum laboratório governamental ou acessíveis apenas a pessoas com títulos acadêmicos adequados. Na verdade, essas fotos estavam disponíveis para todas as pessoas que possuem um computador pessoal, graças ao Google Earth.

Todavia, a descoberta de novos territórios é um dos menores benefícios dessa ferramenta. Conservacionistas em todo o planeta estão, cada vez mais, explorando os recursos do Google Earth com o intuito de aumentar a compreensão das regiões já conhecidas e de compartilhar seus achados com outras pessoas do planeta.

Os conservacionistas precisam saber o que existe para proteger a biodiversidade. As imagens do satélite com seu "olho de águia", que permitem observar toda a paisagem, possibilitam a pesquisa de milhões de hectares no conforto do seu escritório. Isso torna prática a descoberta de novos *habitats*, como o Monte Mabu ou uma fonte isolada no deserto, antes de programar uma expedição de campo.

Também é possível fazer anotações em qualquer imagem, acrescentar texto, fotografias, vídeos e *links* da Internet. O San Diego Natural History Museum, por exemplo, está mapeando as plantas do San Diego County (programas semelhantes estão sendo realizados em muitos outros locais). Um botânico de campo voluntário, após usar um dispositivo de GPS para localizar com precisão sua localização, consegue fazer uma lista detalhada de todas as espécies de plantas nas vizinhanças e transferir (*upload*) a lista para o mapa-mestre do museu, com fotografias da paisagem e de outras características naturais.

Com centenas dessas anotações, o mapa (*map*) pode, por exemplo, ser empregado para determinar a disseminação de um cacto invasor ou para compreender as barreiras à polinização de uma rara planta florífera. Um mapa – tecnicamente denominado mapa de sobreposição (*overlay*) – de uma fonte pode ser superposto a mapas de outras fontes. A combinação de sobreposições consegue mostrar, por exemplo, se uma planta rara específica está próxima a um desenvolvimento proposto ou se um cacto invasor está ultrapassando os limites do *habitat* de um pássaro canoro ameaçado de extinção. A melhor aplicação do programa é, provavelmente, a possibilidade de buscar padrões nos dados coletados.

Atualmente os biólogos estão pensando em como o Google Earth pode ser mais utilizado para estudar o meio ambiente. Com o uso dessa ferramenta por milhões de usuários nos próximos anos, esse e outros programas semelhantes se tornarão cruciais para a compreensão e a proteção da biodiversidade do planeta.

A

B

Mount Mabu. A. Imagem de satélite mostrando o Monte Mabu como uma mancha de coloração verde-escura circundada por áreas mais claras de terras cultivadas e assentamentos humanos. As áreas verde-escuras esparsas sugerem a extensão original da floresta, agora degrada por queimadas e exploração da floresta. **B.** O botânico Jonathan Timberlake anotando seus achados sobre a vegetação que cresce nas escarpas do Monte Mabu.

Muitos dos estudos em sistemática molecular tiveram resultados surpreendentes. Por exemplo, a planta parasita *Rafflesia* (ver Figura 19.5B), que apresenta flores gigantes, é colocada na ordem Malpighiales com espécies como poinsétia (*Euphorbia pulcherrima*), que apresenta flores minúsculas. Além disso, as dez famílias de angiospermas que formam associações simbióticas com bactérias fixadoras de nitrogênio nos nódulos das raízes (ver Capítulo 29), que por muito tempo se acreditou terem evoluído de modo independente a capacidade de fixar nitrogênio, pertencem a um único clado, com algumas famílias que não fixam nitrogênio. Além disso, a planta aquática lótus (*Nelumbo*) (ver Figura 20.9B), que durante muito tempo se acreditou ser relacionada com nenúfar ou outras plantas florígenas aquática, é na verdade mais próxima do sicômoro ou plátano (*Platanus*), juntamente com as árvores e arbustos da família Proteaceae, que inclui o gênero *Macadamia*.

O cloroplasto tem sido a principal fonte de dados de sequência do DNA vegetal

Como foi mostrado no Capítulo 3, o genoma do cloroplasto existe como uma molécula circular de DNA. Na maioria das plantas é constituído por 135 a 160 pares de quilobases (pkb), o menor dos três genomas vegetais. O genoma mitocondrial (também circular) é constituído por 200 a 2.500 pkb, e o genoma nuclear é muito maior, com $1,1 \times 10^6$ a $1,1 \times 10^{11}$ pkb.

O genoma do cloroplasto caracteriza-se pela existência de duas regiões que codificam os mesmos genes, mas em sentidos opostos. Essas regiões são conhecidas como *repetições invertidas* e, entre elas, existe uma pequena região de cópia única e uma grande região de cópia única (Figura 12.6).

Os especialistas em sistemática molecular estão interessados principalmente na criação de um grande banco de dados de se-

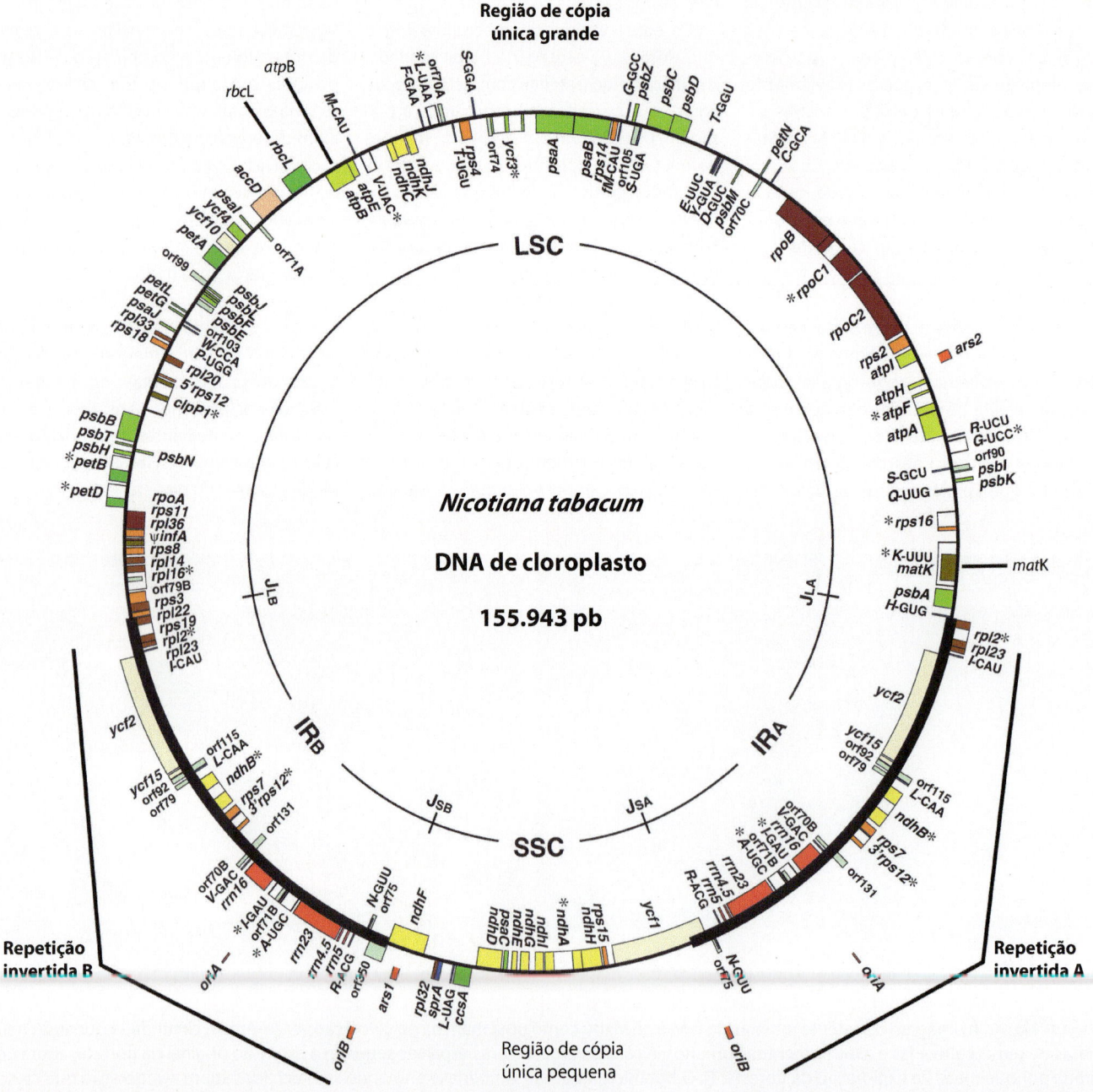

12.6 Mapa gênico de um cloroplasto. Esse diagrama do DNA do cloroplasto do tabaco (*Nicotiana tabacum*) mostra a localização de alguns genes importantes, as repetições invertidas (IRA e IRB) e as regiões de cópia única, grande (LSC) e pequena (SSC). Observe a localização dos genes *rbcL*, *atpB* e *matK*.

quências do gene *cloroplasto rbcL*, que codifica a subunidade maior da enzima Rubisco do ciclo de Calvin (Capítulo 7). O gene *rbcL* é encontrado em todos os eucariotos fotossintetizantes e nas cianobactérias, sendo especialmente adequado para a análise das relações entre grandes grupos de plantas. Além de ser um gene de cópia simples e com evolução lenta, não tem íntrons e é grande o suficiente (1.428 pares de bases) para preservar um número significativo de caracteres filogeneticamente informativos. Por causa de sua lenta taxa de alteração, o gene *rbcL* não é muito útil na resolução das correlações entre gêneros próximos ou das correlações dentro de um mesmo gênero. Outros genes de cloroplastos já foram usados para esses propósitos. Os dados referentes a *atpB*, o gene que codifica uma subunidade de ATP sintase, em combinação com dados sobre o gene *rbcL*, foram úteis no aprimoramento dos conhecimentos sobre as correlações entre os angiospermas.

Relativamente poucos estudos utilizaram genes mitocondriais ou nucleares para o estudo da sistemática molecular das plantas. Alguns genes nucleares, como o que codifica a álcool desidrogenase, estão sendo utilizados mais frequentemente.

O código de barras de DNA é um meio de identificação rápida de espécies

O código de barras de DNA, uma criação de Paul Hebert, um geneticista da University of Guelph (Ontario), fundamenta-se no Universal Product Code, o conhecido código de barras encontrado em muitos produtos comerciais (Figura 12.7). Para a identificação de espécies animais, Hebert sugeriu a análise de um pequeno segmento do gene da citocromo oxidase mitocondrial 1, denominado gene *cox1* ou *CO1*, que é encontrado nas mitocôndrias de todos os animais, e o seu uso como um código de barras de DNA universal. Esse pequeno segmento do gene *CO1* habitualmente possibilita a identificação bem definida da espécie animal. Embora haja uma grande variação entre as espécies, a variação é mínima de um indivíduo para outro.

Todavia, a região padrão de *CO1* não é adequada como código de barras de DNA para a maioria das plantas porque seus genes mitocondriais evoluem muito lentamente e não permitem a diferenciação acurada das espécies. Duas regiões codificadoras de plastídios, *rbcL* e *matK*, foram recomendadas como código de barras primordial pelo Plant Working Group of the Consortium for the Barcode of Life. Essas duas regiões podem ser suplementadas por outros marcadores conforme a necessidade. Embora o código de barras baseado em *rbcL* e *matK* seja melhor para algumas plantas do que para outras, os estudos mostraram que identificou corretamente 72% de todas as espécies, na média e agrupou 100% das plantas no gênero correto.

O código de barras de DNA deve ajudar bastante na identificação e na classificação de organismos, além de mapear a magnitude da diversidade biológica. Até recentemente, os taxonomistas precisavam das flores ou frutos de uma planta para identificá-la, mas eles estão disponíveis apenas em determinadas épocas do ano. O código de barras de DNA possibilita que qualquer parte da planta em qualquer estágio de desenvolvimento seja usada para esse propósito.

Principais grupos de organismos | Bacteria, Archaea e Eukarya

No tempo de Lineu, como já mencionamos, três reinos eram reconhecidos – animais, plantas e minerais – e, até relativamente pouco tempo, era comum classificar todo ser vivo como animal ou planta. O reino Animalia incluía aqueles organismos que se mexiam, comiam coisas e cujos corpos cresciam até um certo tamanho e depois paravam de crescer. O reino Plantae compreendia todos os seres vivos que não se mexiam nem comiam e que cresciam indefinidamente. Assim os fungos, as algas e as bactérias ou procariotos eram agrupados com as plantas, e os protozoários – os organismos de uma célula que comiam e se mexiam – eram classificados como animais. Jean Baptiste de Lamarck, Georges Cuvier e a maior parte dos outros biólogos dos séculos 18 e 19 continuaram a pôr todos os organismos em um ou outro desses reinos. Essa velha divisão entre plantas e animais ainda se reflete na organização dos livros-texto universitários, inclusive este. Por esse motivo, além de plantas, incluímos algas, fungos e procariotos neste texto.

No século 20, novos dados começaram a surgir. Isso foi em parte graças aos aperfeiçoamentos no microscópio de luz e ao subsequente desenvolvimento do microscópio eletrônico. Também se deveu à aplicação de técnicas bioquímicas para estudos sobre as diferenças e as similaridades entre os organismos. Como resultado, o número de grupos reconhecidos como constituintes de reinos diferentes aumentou. As novas técnicas revelaram, por exemplo, as diferenças funda-

12.7 Código de barras de *Fritillaria meleagris* (Liliaceae). Cada uma das quatro bases do DNA – adenina, timina, guanina e citosina – é representada por uma linha de coloração diferente nesse código de barras (baseado no gene *rbcL*).

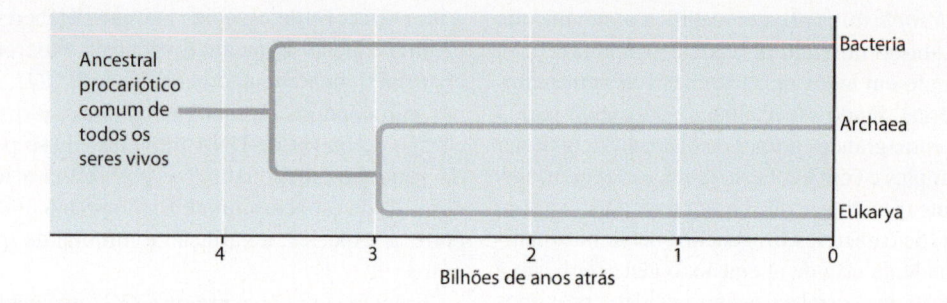

12.8 Correlações evolutivas dos três domínios da vida. Como se vê nesse diagrama, todos os seres vivos compartilham um ancestral procariótico muito antigo e os domínios Archaea e Eukarya compartilham um ancestral mais recente entre si, e não com o domínio Bacteria.

mentais entre as células procarióticas e as eucarióticas. Essas diferenças eram suficientemente grandes para justificar que os organismos procarióticos fossem alojados em um reino separado, Monera. Na década de 1970, a análise de RNA ribossomial por Carl Woese na University of Illinois forneceu a primeira evidência de que o mundo está dividido em três grupos ou domínios – *Bacteria*, *Archaea* e *Eukarya* (Figuras 12.8 e 12.9). Os domínios Bacteria (bactérias) e Archaea (arqueas) são procariotos. O domínio Eukarya engloba todos os eucariotos. A Tabela 12.3 resume algumas das principais diferenças entre os três domínios.

Inicialmente, o domínio Eukarya consistia em quatro reinos: Protista, Fungi, Animalia e Plantae. Todavia, com o aparecimento da sistemática molecular e da comparação das sequências de DNA, além da comparação das características celulares, constatou-se que os protistas não constituíam um grupo monofilético. Mais recentemente, os pesquisadores aventaram que os eucariotos consistem em sete grupos, denominados supergrupos (Figura 12.10). Um *supergrupo* seria um intermediário entre um domínio e um reino. Todos os supergrupos incluem filos de protistas. A maioria é totalmente constituída por protistas. Os reinos Fungi (fungos) e Animalia (animais) e seus "parentes" unicelulares estão no supergrupo Opisthokonta. O reino Plantae (plantas terrestres), com suas algas correlatas, pertence a um supergrupo sem uma denominação oficial. As denominações sugeridas para esse supergrupo foram contestadas por vários estudos filogenômicos recentes. A divisão dos eucariotos em supergrupos ainda está sendo investigada e deve ser considerada um projeto em andamento.

Origem dos eucariotos

Uma das séries de eventos mais notáveis que ocorreram na evolução da vida na Terra foi a transformação de células procarióticas relativamente simples em células eucarióticas com organização complexa. Você deve se lembrar, do Capítulo 3, de que as células

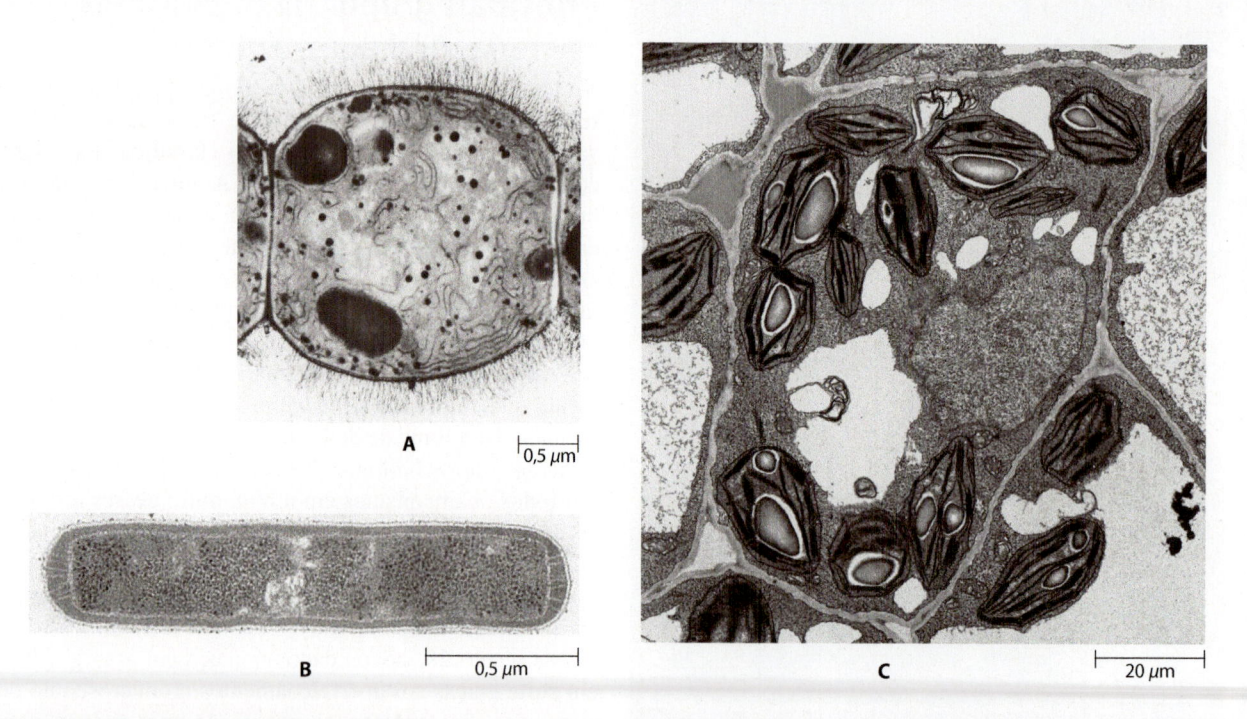

12.9 Representantes dos três domínios. Micrografias eletrônicas de **(A)** um procarioto, a cianobactéria *Anabaena* (domínio Bacteria); **(B)** outro procarioto, *Methanothermus fervidus* (domínio Archaea); e **(C)** uma célula eucariótica, da folha de beterraba (*Beta vulgaris*) (domínio Eukarya). A cianobactéria é um habitante comum de lagoas, enquanto *Methanothermus*, adaptada a altas temperaturas, cresce melhor entre 83 e 88°C. Repare na maior complexidade da célula eucariótica, com seus conspícuos núcleo e cloroplastos, além de seu tamanho muito maior (observe as escalas).

Tabela 12.3 Algumas das principais características que distinguem os três domínios de organismos.*

Característica	Bacteria	Archaea	Eukarya
Tipo de célula	Procariótica	Procariótica	Eucariótica
Envoltório nuclear	Ausente	Ausente	Presente
Número de cromossomos	1	1	Mais de 1
Configuração cromossômica	Circular	Circular	Linear
Organelas (mitocôndrias e plastídios)	Ausente	Ausente	Presente
Citoesqueleto	Ausente	Ausente	Presente
Fotossíntese baseada em clorofila	Presente	Ausente	Presente

*Repare que algumas das características listadas se aplicam a somente alguns representantes de um domínio particular.

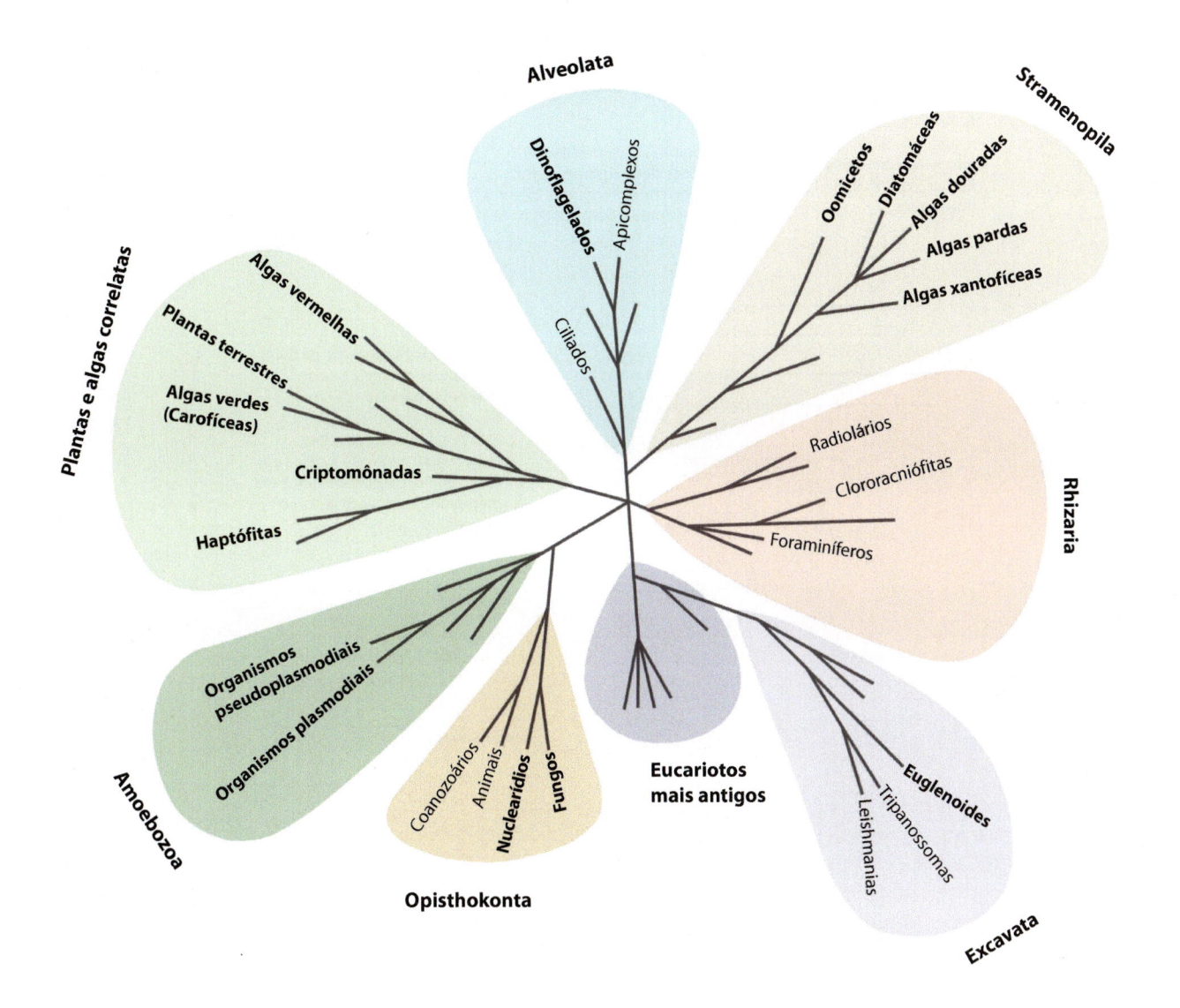

12.10 Principais linhagens de eucariotos. No modelo mostrado aqui, os eucariotos são distribuídos em sete supergrupos (Opisthokonta, Amoebozoa, Plantae e algas correlatas, Alveolata, Stramenopila, Rhizaria e Excavata). Subgrupos selecionados foram arrolados para cada supergrupo; aqueles em negrito são descritos neste livro. Apenas três reinos sobreviveram das classificações anteriores: Plantae (plantas terrestres), Fungi (fungos) e Animalia (animais). Todos os outros eucariotos são protistas. Evidências recentes indicam que Stramenopila, Alveolata e Rhizaria podem ser reunidos, formando o clado SAR.

eucarióticas são tipicamente muito maiores do que as procarióticas e que seu DNA, que é muito mais estruturado, está contido dentro do envoltório nuclear. Além de ter um citoesqueleto interno, células eucarióticas diferem ainda mais das procarióticas por possuírem mitocôndrias e, em plantas e algas, cloroplastos, que têm mais ou menos o tamanho de uma célula procariótica.

A teoria da endossimbiose sequencial fornece uma hipótese para a origem de mitocôndrias e cloroplastos

Acredita-se que tanto mitocôndrias quanto cloroplastos sejam descendentes de bactérias que foram capturadas e adotadas por uma *célula hospedeira* ancestral. Esse conceito para a origem de mitocôndrias e cloroplastos é conhecido como *teoria da endossimbiose sequencial*, em que os *endossimbiontes* são os ancestrais procarióticos de mitocôndrias e cloroplastos. Um endossimbionte é um organismo que vive dentro de outro organismo, que é diferente. O processo pelo qual as células eucarióticas surgiram é chamado endossimbiose *sequencial* porque os eventos não aconteceram simultaneamente – as mitocôndrias definitivamente apareceram antes dos cloroplastos.

Acredita-se que o sistema de endomembranas tenha surgido a partir de partes da membrana plasmática. A endossimbiose teve uma profunda influência sobre a diversificação dos eucariotos. A maioria dos especialistas acredita que o processo que estabeleceu uma relação endossimbiótica foi precedido pela transformação de alguma célula hospedeira procariótica em um *fagócito* (o que quer dizer "célula comedora") primitivo – uma célula capaz de envolver partículas tão grandes quanto bactérias (Figura 12.11).

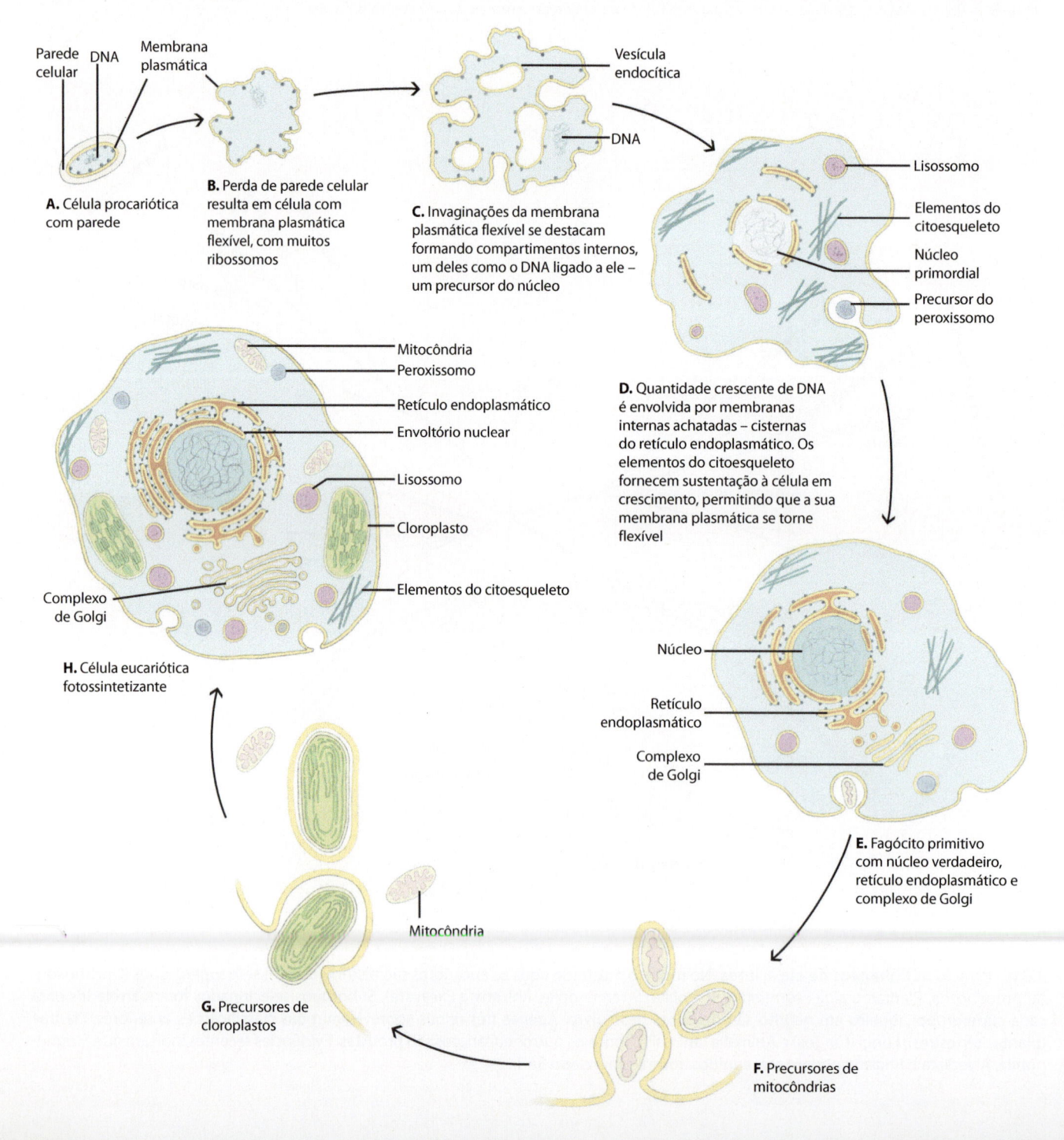

A. Célula procariótica com parede

B. Perda de parede celular resulta em célula com membrana plasmática flexível, com muitos ribossomos

C. Invaginações da membrana plasmática flexível se destacam formando compartimentos internos, um deles como o DNA ligado a ele – um precursor do núcleo

D. Quantidade crescente de DNA é envolvida por membranas internas achatadas – cisternas do retículo endoplasmático. Os elementos do citoesqueleto fornecem sustentação à célula em crescimento, permitindo que a sua membrana plasmática se torne flexível

E. Fagócito primitivo com núcleo verdadeiro, retículo endoplasmático e complexo de Golgi

F. Precursores de mitocôndrias

G. Precursores de cloroplastos

H. Célula eucariótica fotossintetizante

É provável que a célula hospedeira ancestral tenha sido um heterótrofo, sem parede, vivendo em um ambiente que lhe fornecesse alimento. Tais células precisariam de uma membrana plasmática flexível capaz de envolver grandes partículas alimentares mediante a formação de invaginações. Neste cenário, a endocitose era seguida pela quebra das partículas alimentares dentro de vacúolos derivados da membrana plasmática. A membrana plasmática tornou-se flexível pela incorporação de esteróis, e o desenvolvimento de um citoesqueleto (sobretudo microtúbulos) forneceu o mecanismo necessário para capturar comida ou presas e carregá-las para dentro por endocitose. Os lisossomos da célula hospedeira (vesículas delimitadas por membrana que contêm enzimas para a degradação) fundiram-se com os vacúolos digestivos, fragmentando seu conteúdo em compostos orgânicos utilizáveis. As membranas intracelulares derivadas da membrana plasmática gradualmente compartimentalizaram as células hospedeiras, formando o que é conhecido como o sistema de endomembranas da célula eucariótica (Capítulo 3).

A gênese do núcleo – a principal característica das células eucarióticas – também poderia ter se iniciado por invaginação da membrana plasmática. Em procariotos, a molécula circular de DNA ou cromossomo procariótico é ligada à membrana plasmática. A invaginação dessa porção da membrana plasmática poderia ter resultado no encapsulamento do DNA em um saco intracelular, o núcleo primordial (Figura 12.11).

Acredita-se que as mitocôndrias e os cloroplastos tenham evoluído a partir de bactérias que foram fagocitadas. Parte do "caminho" está localizado. Agora existe um fagócito que pode predar bactérias, mas o fagócito ainda não tem mitocôndrias. O próximo passo para o fagócito é não digerir os precursores bacterianos das mitocôndrias (ou cloroplastos), mas adotá-los estabelecendo uma relação simbiótica ("vivendo juntos").

A *Vorticella* de coloração verde mostrada na Figura 12.12 é um exemplo de protista moderno que estabelece endossimbioses com certas espécies da alga verde *Chlorella*. As células da alga permanecem intactas dentro das células hospedeiras como endossimbiontes, fornecendo produtos fotossintéticos úteis ao hospedeiro heterotrófico. Em troca, a alga recebe do hospedeiro nutrientes minerais essenciais. Há muitos exemplos de endossimbiontes procarióticos (bacterianos) e eucarióticos em outros protistas, assim como nas células de uns 150 gêneros de animais invertebrados de água doce e salgada. Endossimbiontes algais, inclusive aqueles que ocorrem nos pólipos de corais que formam recifes, aumentam a produtividade e a sobrevivência do hospedeiro (ver Capítulo 15).

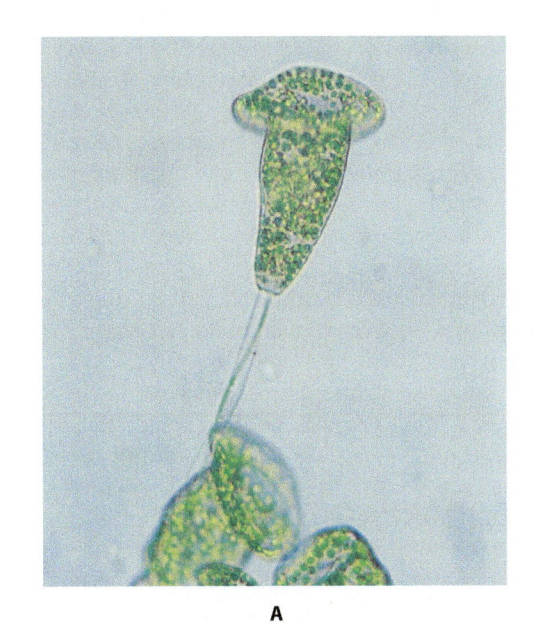

A

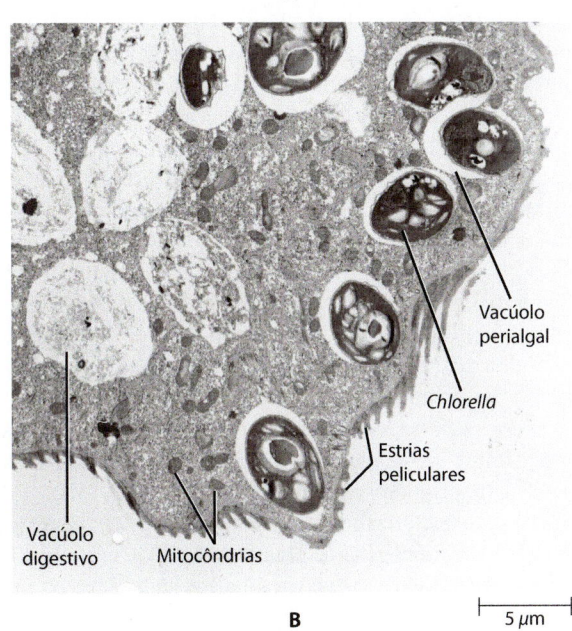

Vacúolo perialgal

Chlorella

Estrias peliculares

Vacúolo digestivo

Mitocôndrias

B

5 μm

12.12 Endossimbiose em *Vorticella*. A. Cada célula em forma de sino do protozoário *Vorticella* contém numerosas células da alga autotrófica e endossimbiótica *Chlorella*. **B.** Micrografia eletrônica de uma *Vorticella* contendo células de *Chlorella*. Cada célula da alga se encontra em um vacúolo separado (vacúolo perialgal), formado por uma única membrana. O protozoário dá à alga proteção e nutrientes minerais, enquanto a alga produz carboidratos que servem como alimento para a célula do hospedeiro heterotrófico.

◀ **12.11 Origem de uma célula eucariótica fotossintetizante a partir de um procarionte heterotrófico. A.** A maior parte dos procariotos contém uma parede celular rígida, então é provável que um passo inicial na transformação de um procarioto em célula eucariótica tenha sido a perda da capacidade do procarioto de formar uma parede celular. **B, C.** Essa forma nua e de vida livre tornou-se capaz de aumentar de tamanho, mudar de forma e envolver objetos extracelulares pela invaginação de sua membrana plasmática (endocitose), resultando na formação de vesículas endocíticas. **D, E.** A internalização de um trecho da membrana plasmática ao qual o DNA estava aderido foi o provável precursor do núcleo. O fagócito primitivo finalmente adquiriu um núcleo verdadeiro contendo uma quantidade aumentada de DNA. Um citoesqueleto pode também ter se desenvolvido a fim de fornecer sustentação interna para a célula sem parede e para promover o movimento, tanto da célula em si quanto de seus componentes internos. **F.** As mitocôndrias da célula eucariótica tiveram sua origem como endossimbiontes bacterianos, que acabaram por transferir a maior parte de seu DNA para o núcleo do hospedeiro. **G.** Os cloroplastos também são descendentes de bactérias. Eles também acabaram por transferir a maior parte de seu DNA para o núcleo do hospedeiro. **H.** A célula eucariótica fotossintetizante contém um sistema de endomembranas complexo e uma variedade de outras estruturas internas, como os peroxissomos, as mitocôndrias e os cloroplastos mostrados aqui.

A transformação de um endossimbionte em uma organela em geral envolveu a perda da parede celular do endossimbionte (se houvesse uma), além de outras estruturas desnecessárias. Ao longo da evolução, o DNA do endossimbionte e muitas de suas funções foram gradualmente sendo transferidas para o núcleo do hospedeiro. Por isso, os genomas das mitocôndrias e dos cloroplastos modernos são pequenos se comparados ao genoma nuclear. Embora a mitocôndria ou o cloroplasto não possa viver fora de uma célula eucariótica, ambos são organelas que se autorreplicam e retiveram muitas das características de seus ancestrais procarióticos.

Existe um consenso de que as mitocôndrias evoluíram a partir de uma alfaproteobactéria em um ancestral comum de todos os eucariotos existentes atualmente. Em contrapartida, existe uma crença universal de que os cloroplastos das algas (ver Capítulo 15) evoluíram a partir de cianobactérias endossimbiontes por três tipos principais de endossimbiose. As plantas terrestres, por sua vez, herdaram seus cloroplastos de algas verdes.

Os três tipos de endossimbiose envolvidos na origem evolutiva dos plastídios de algas são designados como endossimbiose primária, secundária e terciária. Na *endossimbiose primária*, as cianobactérias ingeridas pelo hospedeiro eucariótico evoluíram para plastídios primários, cada um deles delimitado por um envoltório constituído por duas membranas (Figura 12.13A). Os plastídios primários são encontrados em algas vermelhas e verdes e nas glaucófitas (um pequeno grupo de algas de água doce que contêm plastídios azul-esverdeados semelhantes às cianobactérias). Há controvérsia quanto aos plastídios primários terem se originado mais de uma vez; contudo, muitos especialistas acreditam na existência de um ancestral comum.

Na *endossimbiose secundária*, as células eucarióticas contendo plastídios são englobadas por outra célula eucariótica e evoluem para plastídios secundários (Figura 12.13B). Esses plastídios se caracterizam pela existência de três ou quatro membranas. Das linhagens de algas comentadas neste livro, os plastídios secundários são encontrados em haptófitas, na maioria dos criptófitas (ou criptomônadas) e em muitos euglenoides, dinoflagelados e estramenópilos.

Na *endossimbiose terciária*, as células eucarióticas apresentam um plastídio derivado de um endossimbionte com um plastídio secundário. O envoltório dos plastídios terciários é constituído por mais de duas membranas. Os plastídios terciários derivam independentemente de endossimbiontes de criptomônadas, haptófitos ou diatomáceas com plastídios secundários sendo encontrados em várias espécies de dinoflagelados.

Protistas e reinos dos eucariotos

A seguir apresentaremos uma sinopse dos protistas e dos três reinos incluídos no domínio Eukarya (ver Tabela 12.4, que não inclui o reino Animalia).

O reino Fungi inclui eucariotos multicelulares absorvedores

Os membros do reino Fungi (fungos), que são eucariotos filamentosos, sésseis e sem plastídios ou pigmentos fotossintéticos, absorvem seus nutrientes tanto de organismos mortos quanto vivos (Figura 12.14). Os fungos tradicionalmente foram agrupados com as plantas, mas não resta mais dúvida

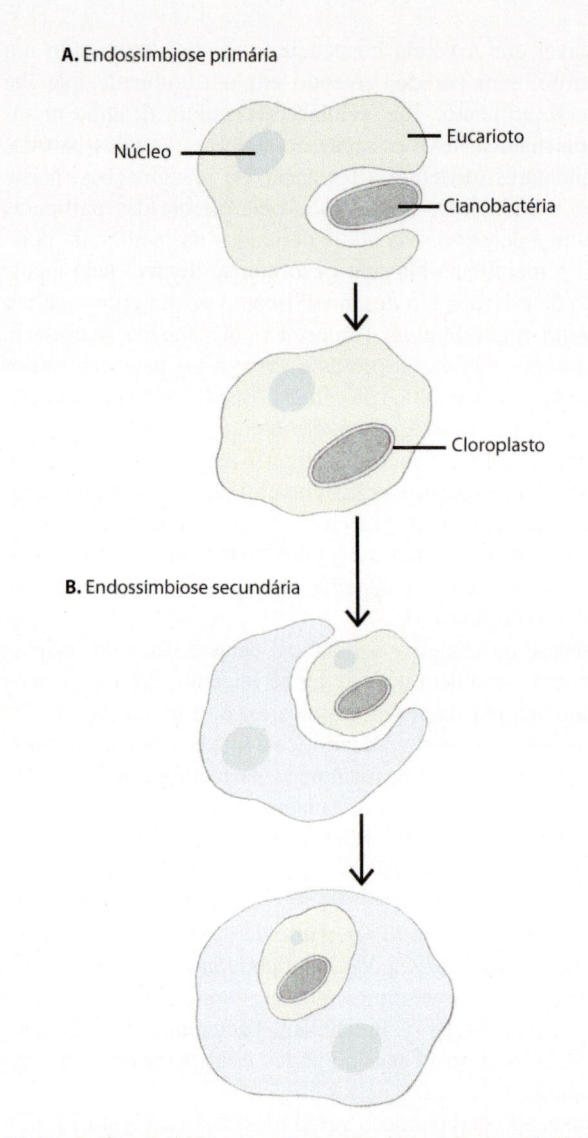

A. Endossimbiose primária

Núcleo — Eucarioto — Cianobactéria — Cloroplasto

B. Endossimbiose secundária

12.13 Endossimbiose e a origem dos cloroplastos. A. Na endossimbiose primária, uma cianobactéria de vida livre é absorvida por uma célula eucariótica, mas não é digerida. A cianobactéria acaba se transformando em um cloroplasto. **B.** Na endossimbiose secundária, uma célula eucariótica que já havia adquirido um cloroplasto por endocitose primária é capturada por uma segunda célula eucariótica.

de que os fungos são uma linhagem evolutiva independente. Além disso, as comparações de sequências de RNA ribossômico indicam que os fungos têm parentesco mais próximo com animais do que com as plantas. Aparentemente, animais e fungos divergiram há 1,5 milhão de anos, com os fungos se originando de protistas muito próximos ao gênero moderno *Nuclearia*. Além de seu hábito de crescimento filamentoso, os fungos pouco têm em comum com qualquer um dos grupos protistas que foram classificados como algas. Por exemplo, as paredes celulares de fungos incluem, caracteristicamente, uma matriz de quitina. As estruturas nas quais os fungos formam seus esporos são frequentemente complexas. Os ciclos reprodutivos dos fungos, que também podem ser bastante complexos, tipicamente envolvem tanto os processos sexuados quanto os assexuados. Os fungos são discutidos no Capítulo 14.

Tabela 12.4 Classificação de organismos vivos incluídos neste livro.

Domínios procarióticos

Bacteria (bactérias)

Archaea (arqueas)

Domínio eucariótico

Eukarya (eucariotos)

Reino Fungi (fungos)

  Filo Microsporidia (microsporídios)

  Chytrids (critídios)

  Zygomycetes (zigomicetos)

  Filo Glomeromycota (glomeromicetos)

  Filo Ascomycota (ascomicetos)

  Filo Basidiomycota (basidiomicetos)

Protistas

  Algas

    Euglenoides

    Filo Cryptophyta (criptófitas)

    Filo Haptophyta (haptófitas)

    Dinoflagelados

    Classe Bacillariophyceae (diatomáceas)*

    Classe Chrysophyceae (algas douradas)*

    Classe Xanthophyceae (algas amarelo-esverdeadas)*

    Classe Phaeophyceae (algas pardas)*

    Filo Rhodophyta (algas vermelhas)

    Algas verdes

  Protistas heterotróficos

    Filo Oomycota (oomicetos)+

    Filo Myxomycota (organismos plasmodiais)

    Filo Dictyosteliomycota (organismos pseudoplasmodiais)

Reino Plantae

  Briófitas

    Filo Marchantiophyta (hepáticas)

    Filo Bryophyta (musgos)

    Filo Anthoceratophyta (antóceros)

  Plantas vasculares

    Plantas vasculares sem sementes

      Filo Lycopodiophyta (licófitas)

      Filo Monilophyta (samambaias e cavalinhas)

    Plantas com sementes

      Filo Coniferophyta (coníferas)

      Filo Cycadophyta (cicas)

      Filo Ginkgophyta (ginkgo)

      Filo Gnetophyta (gnetófitas)

      Filo Anthophyta (angiospermas)

*Essas algas são conhecidas como estramenópilos fotossintéticos.
+Os oomicetos são heterotróficos ou sem plastídios, estramenópilos.

O reino Animalia inclui eucariotos multicelulares que ingerem alimentos

Os animais são organismos multicelulares com células eucarióticas sem paredes celulares, plastídios ou pigmentos fotossintéticos. A nutrição é sobretudo por ingestão – o alimento é consumido por meio de uma boca ou outra abertura – com digestão que ocorre em uma cavidade interna. Em algumas formas, contudo, a nutrição se dá por absorção, e alguns grupos não possuem cavidade digestiva interna. O nível de organização e de diferenciação dos tecidos em animais complexos excede em muito aquele dos outros reinos, sobretudo com a evolução de sistemas sensoriais e neuromotores. A mobilidade do organismo ou de suas partes componentes, em formas sésseis, é baseada em fibrilas contráteis. A reprodução é predominantemente sexuada. Não discutiremos os animais neste livro, a não ser algumas de suas interações com plantas e outros organismos.

Os protistas incluem eucariotos unicelulares, coloniais e multicelulares simples

Os protistas (Figura 12.15) compreendem todos os organismos tradicionalmente vistos como protozoários ("animais" de uma célula), que são heterótrofos, assim como as algas, que são autótrofos. Também estão entre os protistas alguns conjuntos de organismos heterotróficos, que tradicionalmente foram agrupados com os fungos – inclusive os oomicetos (filo Oomycota), os organismos plasmodiais (filo Myxomycota) e os organismos pseudoplasmodiais (filo Dictyosteliomycota).

Os ciclos reprodutivos de protistas são variados, mas tipicamente envolvem tanto a divisão celular quanto a reprodução sexuada. Os protistas podem locomover-se por meio de flagelos (9+2) (ver Figura 3.28) ou cílios, ou por movimento ameboide; alguns podem não ter mobilidade. Um grupo de protistas, as algas verdes, é claramente muito relacionado com as briófitas e as plantas vasculares, e com certeza é o grupo ancestral a partir do qual estas derivaram. Neste livro, consideramos as briófitas e as plantas vasculares, adaptadas para a vida terrestre, as integrantes do reino Plantae. Alguns biólogos que estudam a evolução das plantas, no entanto, reúnem algas verdes, briófitas e plantas vasculares em um clado chamado *plantas verdes* ou *viridófitas*. As briófitas e as plantas vasculares são nesse caso chamadas "plantas terrestres".

Em resumo, os protistas são parafiléticos e incluem um conjunto muito heterogêneo de eucariotos unicelulares, coloniais e multicelulares, que não possuem as características distintivas de fungos, animais ou plantas (briófitas e plantas vasculares). Os protistas serão discutidos no Capítulo 15.

O reino Plantae inclui eucariotos fotossintetizantes e multicelulares

As plantas – com três filos de briófitas (hepáticas, musgos e antóceros) e os sete filos atuais de plantas vasculares – constituem um reino com organismos fotossintetizantes adaptados à vida no ambiente terrestre (Figura 12.16). Todas as plantas são multicelulares e compostas de células eucarióticas que contêm vacúolos e são envoltas por paredes celulares constituídas por celulose. Sua principal forma de nutrição é a fotossíntese, embora algumas plantas se tenham tornado heterótrofas. A diferenciação estrutural ocorreu durante a evolução das plantas

12.14 Fungos. A. Líquen vermelho esbranquiçado, *Herpothallon sanguineum,* crescendo em um tronco de árvore no Corkscrew Swamp Sanctuary na Flórida (EUA). **B.** Fungo conhecido popularmente como coral-branco da família Clavariaceae. **C.** Cogumelos (gênero provável *Mycena*), com gotas de orvalho, crescendo em uma floresta tropical no Peru. **D.** Fungo bolota-da-terra, *Scleroderma aurantium.*

no ambiente terrestre, com tendências em direção à evolução de órgãos especializados para a fotossíntese, fixação e sustentação. Em plantas mais complexas, tal organização produziu tecidos fotossintetizantes, vasculares e de revestimento especializados. A reprodução em plantas é sobretudo sexuada, com ciclos de alternância de gerações haploides e diploides. Nos membros mais avançados do reino, a geração haploide (o gametófito) foi reduzida durante o curso da evolução. A característica unificadora de Plantae é a presença de um embrião durante a fase esporofítica do ciclo de vida. Por isso, o termo "embriófita" tornou-se sinônimo de "planta". As briófitas serão discutidas no Capítulo 16 e as plantas vasculares, nos Capítulos 17 a 20.

Ciclos de vida e diploidia

Os primeiros organismos eucarióticos eram provavelmente haploides e assexuados, mas, uma vez que a reprodução sexuada

foi estabelecida entre eles, o caminho estava aberto para a evolução da diploidia. Parece provável que essa condição tenha surgido pela primeira vez quando duas células haploides se uniram para formar um zigoto diploide; tal evento provavelmente se deu várias vezes. É provável que o zigoto então se tenha dividido imediatamente por meiose (*meiose zigótica*), desta maneira restaurando a condição haploide (Figura 12.17A). Em organismos com esse tipo simples de ciclo de vida – os fungos e algumas algas, incluindo *Chlamydomonas* – o zigoto é a única célula diploide.

Por "acidente" – que ocorreu em diversas linhagens evolutivas isoladamente – alguns desses zigotos se dividiram de forma mitótica em vez de meiótica e, como consequência, produziram um organismo que era composto de células diploides, com a meiose acontecendo posteriormente. Essa meiose que foi retardada (*meiose gamética*) resulta na produção de gametas e é característica da maior parte dos animais e de alguns protistas (Oomycota, os oomicetos), assim como de algumas algas verdes

12.15 Protistas. A. Plasmódio de um organismo plasmodial *Physarum* (filo Myxomycota), crescendo sobre uma folha. **B.** *Postelsia palmaeformis*, uma alga parda popularmente conhecida como "palmeira-do-mar" (classe Phaeophyceae), crescendo sobre pedras expostas da zona entre marés perto da Ilha de Vancouver, na Colúmbia Britânica (Canadá). **C.** *Volvox*, uma alga verde colonial móvel (classe Chlorophyceae). **D.** *Callophyllis flabellulata*, uma alga vermelha (filo Rhodophyta), fotografada em rochas expostas durante a maré baixa, ao longo da costa central da Califórnia (EUA). **E.** Uma diatomácea em forma de pena (classe Bacillariophyceae), mostrando a frústula com padrões intrincados característica desse grupo.

e pardas (p. ex., *Fucus*, uma alga parda). Esses gametas, ao se encontrarem, fundem-se, um evento que imediatamente restaura o estado diploide (Figura 12.17B). Em animais, como nós mesmos, gametas (óvulos e espermatozoides) são as únicas células haploides. De fato, para todos os organismos que passam por meiose gamética, os gametas são o único estágio haploide.

Em plantas, a meiose (*meiose espórica*) resulta na produção de esporos, não gametas. Os esporos são células que podem dividir-se diretamente por mitose para produzir um organismo haploide multicelular; isso difere dos gametas, que só podem desenvolver-se após a fusão com outro gameta. Os organismos haploides multicelulares que aparecem em alternância com as formas diploides são encontrados em plantas, assim como em algumas algas pardas, vermelhas e verdes (e em dois gêneros muito relacionados de quitrídios e em um ou mais grupos de protistas não discutidos neste livro). Tais organismos exibem o fenômeno conhecido como *alternância de gerações* (Figura 12.17C). Entre as plantas, a geração haploide e produtora de gametas é chamada *gametófito*, enquanto a geração diploide e produtora de esporos é chamada *esporófito*. Essa mesma terminologia é usada para as algas e algumas vezes para outros grupos também.

Em algumas algas – a maior parte das algas vermelhas, algumas das algas verdes e algumas das algas pardas – as formas

12.16 Plantas. A. *Sphagnum*, o musgo-do-brejo (filo Bryophyta), forma extensas coberturas em solos encharcados de regiões frias e temperadas do mundo. **B.** *Marchantia* é de longe a mais conhecida dentre as hepáticas talosas (filo Marchantiophyta). É um gênero terrestre de ampla ocorrência, crescendo em solo e rochas úmidas. **C.** *Diphasiastrum digitatum*, um uma licófita (filo Lycopodiophyta). **D.** *Equisetum sylvaticum*, a cavalinha-do-bosque (filo Monilophyta). **E.** *Athyrium filix-femina*, a avenca-do-canadá (filo Monilophyta). **F.** *Taraxacum officinale*, o dente-de-leão, e (**G**) *Echinocereus stramineus*, um cacto, são eudicotiledôneas (filo Anthophyta). **H.** *Hordeum jubatum*, um tipo de cevada (cevada vulpino), e (**I**) *Cymbidium hamsey × musita*, uma orquídea, são monocotiledôneas (filo Anthophyta). **J.** *Pinus lambertiana*, o pinheiro (à esquerda) e *Calocedrus decurrens*, o cedro-do-incenso (à direita), são ambos coníferas (filo Coniferophyta).

haploides e diploides são iguais em aparência externa. Diz-se que tais tipos de ciclo de vida exibem uma alternância de gerações *isomórficas*. Há alguns ciclos de vida, entretanto, em que as formas haploide e diploide não são idênticas. Durante a história desses grupos ocorreram mutações que foram expressas somente em uma geração, embora os alelos estivessem presentes, obviamente, tanto na geração haploide quanto na diploide. Nos ciclos de vida desse tipo, o gametófito e o esporófito tornaram-se notavelmente diferentes um do outro, e uma alternância de gerações *heteromórficas* se originou. Tais ciclos de vida são característicos de plantas e de algumas algas pardas e vermelhas.

Nas briófitas (hepáticas, musgos e antóceros), o gametófito é nutricionalmente independente do esporófito e, em geral, maior do que ele, podendo ser estruturalmente mais complexo. Nas plantas vasculares, por outro lado, o esporó-fito é muito maior e mais complexo do que o gametófito, que depende nutricionalmente do esporófito em quase todos os grupos.

A diploidia permite o armazenamento de mais informação genética e, portanto, talvez possibilite uma expressão mais sutil da base genética do organismo durante o desenvolvimento. Esse pode ser o motivo pela qual o esporófito é a geração grande, complexa e nutricionalmente independente em plantas vasculares. Uma das tendências evolutivas mais claras nesse grupo, que predomina na maior parte dos *habitats* terrestres, é a "dominância" crescente do esporófito e a "supressão" do gametófito. Entre as plantas floríferas, o gametófito feminino é um corpo microscópico que tipicamente consiste em somente sete células, e o gametófito masculino consiste em somente três células. Ambos esses gametófitos são nutricionalmente dependentes do esporófito.

F

G

H

I

J

12.16 Plantas. (*continuação*)

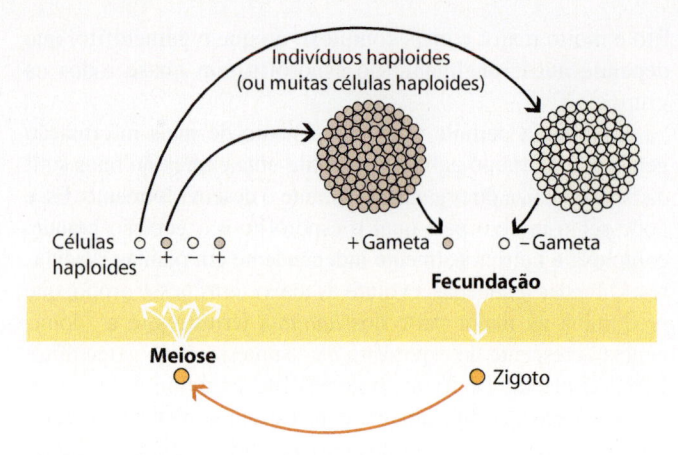

A. Meiose zigótica – fungos, algumas algas

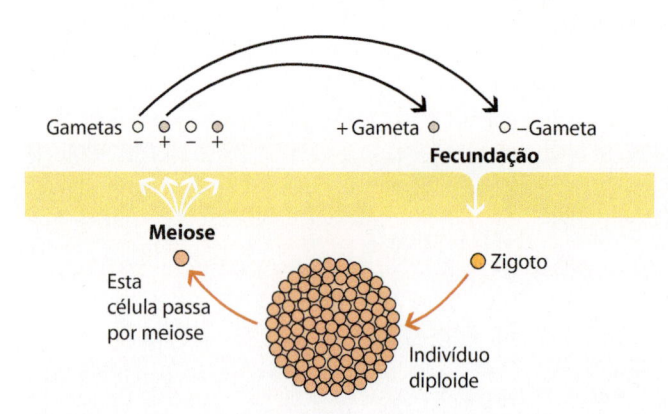

B. Meiose gamética – animais, alguns protistas e algas

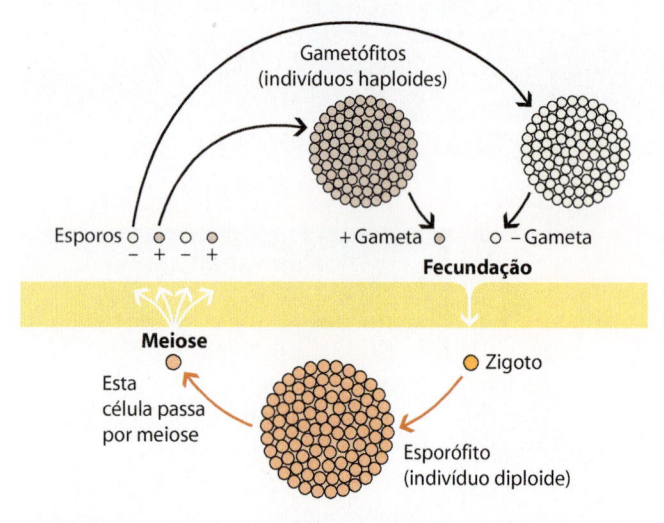

C. Meiose esporádica ou alternância de gerações – plantas, muitas algas

12.17 Principais tipos de ciclos de vida. Nesses diagramas, a fase diploide do ciclo se dá abaixo da barra amarela e a fase haploide ocorre acima dela. As quatro setas brancas significam os produtos da meiose; a seta branca única representa a fecundação e a formação do zigoto. **A.** Na meiose zigótica, o zigoto divide-se por meiose para formar quatro células haploides. Cada uma dessas células se divide por mitose para produzir ainda mais células haploides ou um indivíduo multicelular haploide que então dá origem a gametas por diferenciação. Esse tipo de ciclo de vida é encontrado em várias algas e nos fungos. **B.** Na meiose gamética, os gametas haploides são formados por meiose em um indivíduo diploide e se fundem para formar um zigoto diploide que se divide para produzir outro indivíduo diploide. Esse tipo de ciclo de vida é característico da maior parte dos animais e de alguns protistas, assim como algumas algas verdes e pardas. **C.** Na meiose espórica, o esporófito ou indivíduo diploide produz esporos haploides como resultado de meiose. Em vez de funcionar como gametas, esses esporos passam por divisão mitótica. Isso dá origem a indivíduos multicelulares haploides (gametófitos), que ao fim produzem gametas que se fundem para formar os zigotos diploides. Esses zigotos, por sua vez, se diferenciam em indivíduos diploides. Esse tipo de ciclo de vida, conhecido como alternância de gerações, é característico das plantas e de muitas algas.

do binômio é o nome do gênero e a segunda palavra, o epíteto específico, que, combinada com o nome do gênero, completa o nome da espécie. As espécies são às vezes subdivididas em subespécies ou variedades. Os gêneros são agrupados em famílias, as famílias em ordens, as ordens em classes, as classes em filos, os filos em reinos e os reinos em domínios. Já foi aventada a hipótese de que os eucariotos englobam sete supergrupos. Um supergrupo é um intermediário entre um domínio e um reino.

Os organismos são classificados filogeneticamente com base em características de homologia, em vez de analogia

Ao classificar os organismos nas categorias desde gênero até domínio, os sistematas buscam agrupar os organismos de modo a refletir sua filogenia (história evolutiva). Em um sistema filogenético, cada táxon deveria ser monofilético – ou seja, isso deve incluir cada táxon de um ancestral e todos os seus descendentes. Um princípio fundamental de tal classificação é que as similaridades empregadas na elaboração do sistema deveriam ser homólogas – ou seja, resultado de uma ancestralidade comum –, em vez de resultado de evolução convergente.

Os antigos métodos tradicionais – essencialmente intuitivos – para classificar organismos têm sido em grande parte substituídos por métodos cladísticos mais explícitos. A análise cladística tenta entender as sequências de ramificações (genealogia) com base na presença de caracteres derivados compartilhados. Isso resulta em uma representação gráfica, ou cladograma, que é um modelo de trabalho das relações filogenéticas de um grupo de organismos.

RESUMO

A sistemática, estudo científico da diversidade biológica, abrange tanto a taxonomia – identificação, denominação e classificação das espécies – quanto a filogenética, que demarca as inter-relações evolutivas dos organismos.

Os organismos são denominados por um binômio e agrupados em categorias taxonômicas dispostas em uma hierarquia

Os organismos são designados cientificamente por um nome que consiste em duas palavras – um binômio. A primeira palavra

Uma comparação da composição molecular dos organismos pode ser usada para predizer suas relações filogenéticas

As novas técnicas em sistemática molecular estão fornecendo um método relativamente objetivo e explícito de comparar organismos no nível mais básico de todos, o gene. Esses estudos têm como foco o sequenciamento de nucleotídios, em especial, no caso de plantas, do DNA de cloroplasto e dos genes codificadores das subunidades do RNA ribossomal. Como resultado, valiosas contribuições foram feitas para esquemas de classificação mais acurados que refletem maior compreensão da diversidade biológica e de sua história evolutiva.

Os organismos são classificados em dois domínios procarióticos e um eucariótico, o qual consiste em três reinos e os protistas

Neste texto, os organismos vivos são agrupados, com base sobretudo em dados obtidos a partir do sequenciamento do RNA da subunidade menor do ribossomo, nos três domínios – Bacteria (bactérias), Archaea (arqueas) e Eukarya (eucariotos). Bacteria e Archaea são duas linhagens distintas de organismos procarióticos. Os Archaea são mais relacionados com o domínio Eukarya, que consistem inteiramente em eucariotos, do que com Bacteria. Os protistas e os reinos Fungi (fungos), Plantae (plantas) e Animalia (animais) ocorrem dentro de Eukarya. Os protistas e o reino Fungi incluem os absorvedores multicelulares e sem mobilidade; o reino Animalia consiste sobretudo em multicelulares que ingerem alimentos; e o reino Plantae inclui os multicelulares fotossintetizantes. Os protistas são um grupo parafilético que abriga um conjunto muito heterogêneo de unicelulares, coloniais e organismos multicelulares simples que carecem dos traços distintivos de fungos, plantas ou animais.

Há três tipos principais de ciclos de vida que envolvem a reprodução sexuada

Em eucariotos primitivos e todos os fungos, o zigoto formado por fecundação se divide imediatamente por meiose (meiose zigótica). Na maior parte dos animais e em alguns grupos de protistas, a meiose resulta na formação de gametas (meiose gamética), que então se fundem para dar origem a um indivíduo diploide. Em plantas e muitas algas, o esporófito diploide produz esporos haploides (meiose espórica). Os esporos dividem-se por mitose e dão origem a um gametófito haploide, que termina por produzir gametas. Esse tipo de ciclo de vida é conhecido como alternância de gerações. Se o gametófito e o esporófito de um ciclo de vida em particular são aproximadamente iguais em tamanho e complexidade, a alternância de gerações é dita isomórfica; se eles diferem amplamente em tamanho e complexidade, tem-se um ciclo de vida heteromórfico.

Autoavaliação

1. Diferencie os seguintes termos: categoria e táxon; monofilético, polifilético e parafilético; hospedeiro e endossimbionte.

2. Identifique quais são categorias e quais são táxons dentre os seguintes grupos: alunos de graduação; a faculdade de uma universidade; um time de futebol americano; times de beisebol da liga principal; os fuzileiros navais de um país; a família Robinson.

3. Uma pergunta fundamental em sistemática é a origem de uma similaridade ou de uma diferença. Explique.

4. Explique as vantagens das técnicas moleculares em relação à anatomia e à morfologia comparativas na avaliação das correlações filogenéticas.

5. Descreva o papel da endossimbiose na origem de células eucarióticas.

6. O ciclo de vida de organismos que passam por meiose espórica é chamado alternância de gerações. Explique.

CAPÍTULO 13

Procariotos e Vírus

◀ **Bananeiras sob ameaça.** Quando infectada pelo *banana bunchy top virus* (BBTV), uma bananeira produz folhas estreitas, rígidas e amareladas, que crescem formando uma roseta compacta na porção superior da planta atrofiada. O vírus, que é transmitido pelo afídeo de bananeira, é responsável por uma das doenças mais graves da banana – uma cultura comercialmente valiosa –, e esforços estão sendo envidados para produzir uma planta transgênica que seja resistente ao vírus.

SUMÁRIO

Características da célula procariótica
Diversidade de formas
Reprodução e troca de genes
Endósporos
Diversidade metabólica
Bacteria
Archaea
Vírus
Viroides | Outras partículas infecciosas

Os procariotos são, de fato, as formas de vida dominantes e mais bem-sucedidas da Terra. Seu sucesso deve-se, sem dúvida alguma, à sua capacidade de metabolizar uma grande variedade de nutrientes, bem como à sua rápida taxa de divisão celular. Quando cresce em condições ideais, uma população do procarioto mais bem conhecido – *Escherichia coli* – é capaz de duplicar de tamanho e multiplicar-se a cada 20 min. Os procariotos podem sobreviver em muitos ambientes que não sustentam nenhuma outra forma de vida. Eles vivem nas terras geladas da Antártica, nas profundezas escuras dos oceanos, nas águas quase em ebulição de fontes termais naturais (Figura 13.2) e nas águas superaquecidas encontradas nas proximidades de fendas submarinas. Alguns procariotos estão entre

De todos os organismos, os procariotos são os menores, os mais simples estruturalmente e os mais abundantes no mundo inteiro. Embora cada organismo seja microscopicamente pequeno, estima-se que o peso total dos procariotos no mundo seja maior que o de todos os outros organismos vivos reunidos. Por exemplo, no mar, os procariotos constituem, segundo estimativas, 90% ou mais do peso total de organismos vivos. Em um único grama de solo agrícola fértil, pode haver 2,5 bilhões de indivíduos procarióticos (Figura 13.1). Na atualidade, cerca de 5.000 espécies de procariotos são reconhecidas, porém milhares ainda aguardam a sua descoberta, mais provavelmente com o uso de tecnologias de sequenciamento de DNA.

Os procariotos são, em termos evolutivos, os mais antigos organismos da Terra. Os fósseis mais antigos conhecidos são procariotos em forma de cadeias encontrados em rochas no Oeste da Austrália, que datam de aproximadamente 3,5 bilhões de anos (ver Figura 1.2). Embora alguns procariotos atuais se assemelhem a esses organismos antigos na sua aparência, nenhum dos procariotos que vivem hoje em dia é primitivo. Na verdade, são organismos que conseguiram, com grande sucesso, adaptar-se a seus ambientes particulares.

PONTOS PARA REVISÃO

Após a leitura deste capítulo, você deverá ser capaz de responder às seguintes questões:

1. Descreva a estrutura básica de uma célula procariótica.

2. Como os procariotos se reproduzem, e de que maneira ocorre neles a recombinação genética?

3. De que maneira as cianobactérias são ecologicamente importantes?

4. Do ponto de vista metabólico, quais são as principais diferenças entre as cianobactérias e as bactérias purpúreas e verdes?

5. Como os micoplasmas e os fitoplasmas diferem de todas as outras bactérias?

6. Em termos fisiológicos, quais são os três grandes grupos de arqueas (Archaea)?

7. Descreva a estrutura básica de um vírus. Como os vírus se reproduzem?

os poucos organismos subsistentes capazes de sobreviver sem oxigênio livre, obtendo a sua energia por processos anaeróbicos. Algumas espécies morrem na presença de oxigênio, enquanto outras podem se adaptar e sobreviver na sua presença ou ausência.

No Capítulo 12, ressaltamos que existem duas linhagens distintas de procariotos, Bacteria (bactérias) e Archaea (arqueas). Em nível molecular, esses dois domínios, apesar de serem ambos procarióticos, são tão distintos um do outro, do ponto de vista evolutivo, quanto o são de todo o resto do mundo vivo – os Eukarya (eucariotos). Iniciaremos com a descrição de algumas características amplamente compartilhadas pelos procariotos, assinalando, ao mesmo tempo, as diferenças que possam existir entre os dois domínios (ver Tabela 12.3). Em seguida, analisaremos especificamente as bactérias e, então, as arqueas. Por fim, consideraremos brevemente os vírus. Os vírus não são células e, portanto, carecem de metabolismo próprio. Um vírus consiste principalmente em um genoma (DNA ou RNA) que se replica dentro de uma célula hospedeira viva, dirigindo o mecanismo genético dessa célula para sintetizar os ácidos nucleicos e as proteínas virais.

13.2 Procariotos termofílicos. Vista aérea de uma imensa fonte termal, Grand Prismatic Spring, no Yellowstone National Park, em Wyoming (EUA). Os procariotos termofílicos ("amantes do calor") prosperam nessas fontes termais. Os pigmentos carotenoides dos termófilos que ali crescem em grande quantidade, incluindo cianobactérias, conferem coloração laranja acastanhada aos canais de escoamento.

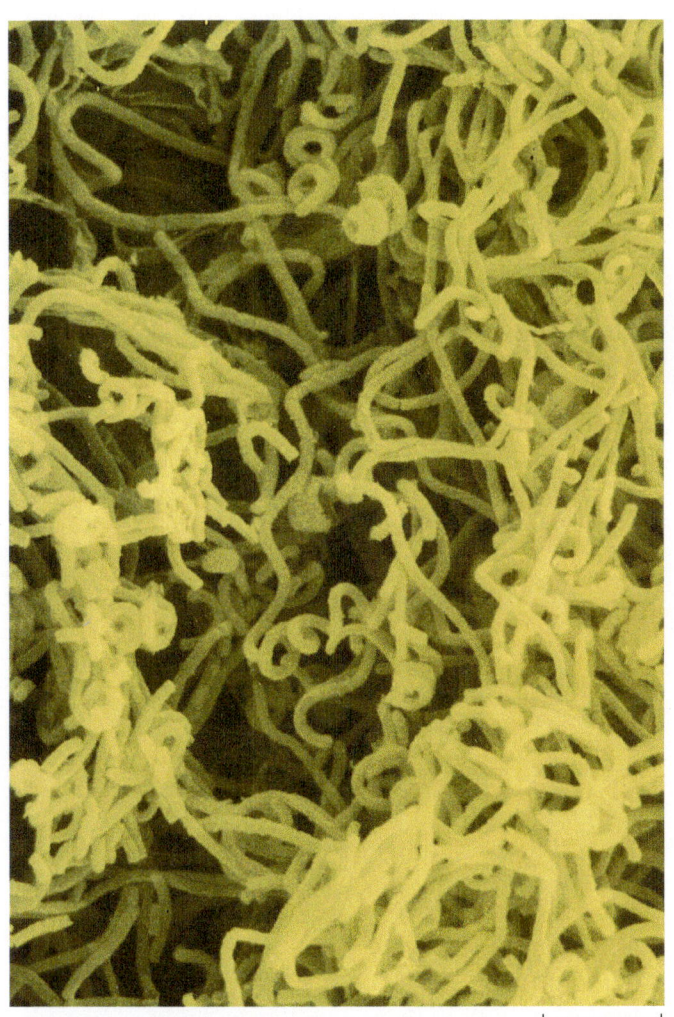

⊢—— 2 μm ——⊣

13.1 Actinomiceto filamentoso, _Streptomyces scabies._ Os actinomicetos são abundantes no solo, onde são responsáveis, em grande parte, pelo odor de "mofo" dos solos úmidos e de materiais em decomposição. O _Streptomyces scabies_ é a bactéria que causa a doença conhecida como escabiose (sarna) da batata.

Características da célula procariótica

Os procariotos carecem de núcleo circundado por um envoltório nuclear (ver Capítulo 6). Em seu lugar, apresentam uma única molécula de DNA circular ou contínua, associada a proteínas não histonas, que se localiza em uma região da célula denominada _nucleoide_. Além de seu _cromossomo_, uma célula procariótica também pode conter um ou mais segmentos extracromossômicos menores de DNA circular, denominados _plasmídios_, que se replicam independentemente do cromossomo celular e que transportam importantes traços genéticos.

O cromossomo procariótico é altamente organizado dentro do nucleoide, e a sua replicação começa e termina em pontos localizados nos lados opostos do cromossomo circular. Se fosse distendido, o cromossomo seria muito maior do que a própria célula – em alguns casos, 1.000 vezes mais comprido –, entretanto, a torção ou superespiralamento do cromossomo em uma forma compacta possibilita o seu acondicionamento dentro da célula.

Hoje em dia, sabe-se que não é correta a ideia de que o citoplasma da maioria dos procariotos é relativamente não estruturado. Embora os procariotos careçam de organelas delimitadas por membrana, muitos têm numerosos microcompartimentos contendo enzimas, cada um deles circundado por uma camada proteica que pode atuar como barreira semipermeável. Com frequência, o citoplasma tem uma aparência granular fina, em virtude de seus numerosos ribossomos – até 10.000 em uma única célula. Esses ribossomos procarióticos são menores do que os ribossomos citoplasmáticos dos eucariotos. Em certas ocasiões, os procariotos contêm _inclusões_, isto é, grânulos distintos que consistem em material de armazenamento. As cianobactérias e os proclorofitos contêm sistemas extensos de membranas (tilacoides) contendo clorofila e outros pigmentos fotossintéticos (Figuras 13.11 e 13.16). Os procariotos carecem de citoesqueleto, porém a maioria das células procarióticas apresenta polímeros semelhantes à actina e à tubulina, que funcionam de modo muito semelhante a um citoesqueleto e que desempenham papéis na segregação dos cromossomos e na divisão celular.

A membrana plasmática funciona como local de fixação de vários componentes moleculares

A membrana plasmática de uma célula procariótica é formada por uma camada dupla de lipídios, cuja composição química assemelha-se à da célula eucariótica. Entretanto, com raras exceções, as membranas plasmáticas dos procariotos carecem de esteróis. Nos procariotos capazes de respiração (aeróbicos ou anaeróbicos), a membrana plasmática incorpora a cadeia de transporte de elétrons que, nas células eucarióticas, encontra-se na membrana mitocondrial interna, fornecendo um suporte adicional para a teoria da endossimbiose serial (ver Capítulo 12). Nas bactérias purpúreas fotossintetizantes, os locais de fotossíntese encontram-se na membrana plasmática, que, com frequência, é extensamente convoluta, aumentando acentuadamente a sua superfície de ação (ver Figura 13.17). Além disso, a membrana contém sítios específicos de ligação para a molécula de DNA, assegurando a localização apropriada do cromossomo dentro da célula.

A parede celular da maioria dos procariotos contém peptidoglicanos

Os protoplastos de quase todos os procariotos são circundados por uma parede celular, que confere aos diferentes tipos as suas formas características. Muitos procariotos têm paredes rígidas, alguns apresentam paredes flexíveis e apenas poucos deles – os micoplasmas, os fitoplasmas e espécies do grupo Thermoplasma de Archaea – carecem de parede celular.

As paredes celulares dos procariotos são complexas e contêm muitos tipos de moléculas que estão ausentes nos eucariotos. As paredes das bactérias contêm polímeros complexos, conhecidos como *peptidoglicanos*, que são os principais responsáveis pela força mecânica da parede celular. As arqueas não contêm essas moléculas, de modo que o peptidoglicano foi designado como "molécula pessoal" para diferenciar as espécies de Bacteria das espécies de Archaea.

As bactérias podem ser divididas em dois grandes grupos, com base na capacidade de suas células de fixar o corante conhecido como violeta de cristal. As bactérias cujas células retêm o corante são denominadas *gram-positivas*, enquanto as que não o fazem são denominadas *gram-negativas*, em homenagem a Hans Christian Gram, o microbiologista dinamarquês que descobriu essa diferença. As bactérias gram-positivas e gram-negativas diferem acentuadamente na estrutura de suas paredes celulares. Nas bactérias gram-positivas, a parede celular, cuja espessura varia de 10 a 80 nm, tem aparência homogênea e consiste em até 90% de peptidoglicanos. Nas bactérias gram-negativas, a parede celular é constituída de duas camadas: uma camada interna de peptidoglicano, com apenas 2 a 3 nm de espessura, e uma camada externa de lipopolissacarídios, fosfolipídios e proteínas. As moléculas da camada externa estão dispostas em uma camada dupla, com cerca de 7 a 8 nm de espessura, com estrutura semelhante à da membrana plasmática. A coloração de Gram é amplamente utilizada para identificar e classificar as bactérias, visto que reflete uma diferença fundamental na arquitetura da parede celular.

Muitos procariotos secretam substâncias viscosas ou pegajosas sobre a superfície externa das paredes celulares. Essas substâncias consistem, em sua maioria, em polissacarídios, enquanto algumas são proteínas. Embora sejam comumente conhecidas como "cápsula", o termo geral para essas camadas é *glicocálice*. O glicocálice desempenha um importante papel na infecção, propiciando a fixação de determinadas bactérias patogênicas a tecidos específicos do hospedeiro. O glicocálice também pode proteger as bactérias da dessecação e pode ser importante na ecologia dos micróbios em ambientes naturais.

Os procariotos armazenam vários compostos em grânulos

Uma ampla variedade de procariotos – tanto bactérias quanto arqueas – contém corpúsculos de incursão ou grânulos de armazenamento, constituídos de compostos semelhantes a lipídios, como o *ácido poli-β-hidroxibutírico*, e grânulos semelhantes ao amido, como o *glicogênio*, que servem de depósito de carbonos e energia. Compostos inorgânicos, como polifosfatos e grânulos de enxofre, também constituem importantes reservas nutrientes para alguns procariotos.

Os procariotos apresentam flagelos característicos

Muitos procariotos são móveis, e a sua capacidade de movimentação independente deve-se, habitualmente, a apêndices longos e finos, conhecidos como *flagelos* (Figura 13.3). Esses flagelos, que carecem de microtúbulos e de membrana plasmática, diferem acentuadamente daqueles dos eucariotos (ver Figura 3.28). Cada flagelo procariótico é composto de subunidades de uma proteína denominada flagelina; essas subunidades estão dispostas em cadeias que se enrolam em uma hélice tríplice (três cadeias) com um cerne oco. Os flagelos bacterianos crescem pela extremidade. As moléculas de flagelina formadas na célula passam pelo cerne oco e são acrescentadas na extremidade distante das cadeias. Em algumas espécies, os flagelos distribuem-se por toda a superfície celular; em outras, ocorrem isoladamente ou em tufos em uma ou em ambas as extremidades da célula.

As fímbrias e os pili estão envolvidos no processo de fixação

As fímbrias e os *pili* – os dois termos são frequentemente empregados como sinônimos – são estruturas filamentosas produzidas a partir de subunidades de proteína, de modo muito semelhante

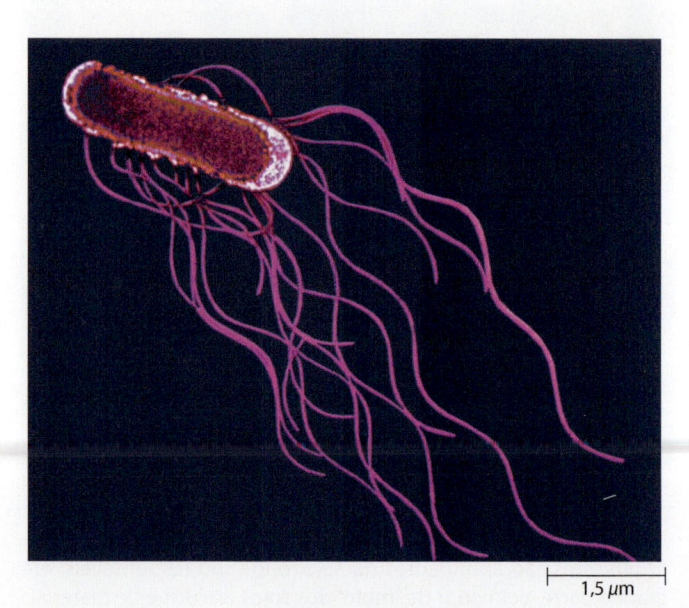

1,5 μm

13.3 Flagelos de *Salmonella*. O bacilo *Salmonella* constitui uma causa comum de surtos de intoxicação alimentar.

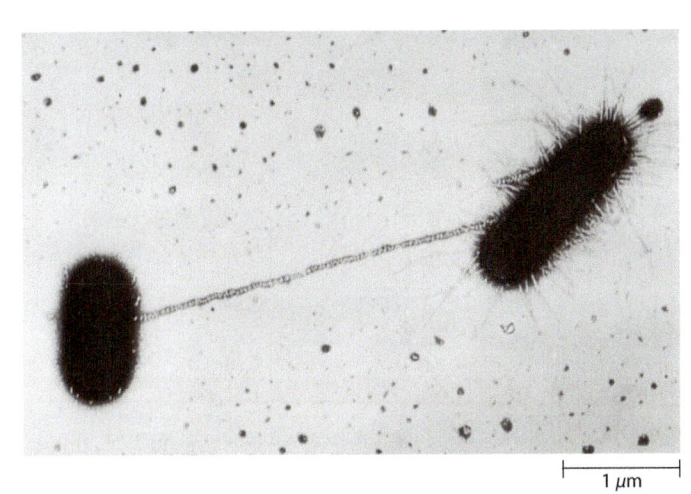

13.4 Células de *Escherichia coli* em conjugação. A célula doadora alongada observada à direita nesta micrografia eletrônica está conectada à célula receptora mais arredondada por um *pilus* longo, constituindo a primeira etapa na conjugação. A transferência de material genético ocorre por uma conexão citoplasmática que se forma quando as duas células estabelecem contato. Numerosas fímbrias curtas são visíveis na célula doadora.

aos filamentos dos flagelos. As *fímbrias* são muito mais curtas, mais rígidas e, tipicamente, mais numerosas do que os flagelos (Figura 13.4). As fímbrias servem para fixar o organismo a uma fonte de alimento ou a outras superfícies.

Os *pili* (singular: *pilus*) são geralmente mais longos do que as fímbrias, e poucos, ou apenas um, estão presentes na superfície de uma célula individual. Alguns *pili* estão envolvidos no processo de conjugação entre procariotos (Figura 13.4), servindo inicialmente para conectar as duas células e, em seguida, por meio de retração, juntá-las para que ocorra a verdadeira transferência de DNA. Alguns *pili* também estão envolvidos na patogenicidade das bactérias em plantas e animais.

Recentemente, foi constatada a existência de túbulos de vários tamanhos (até 1 mm de comprimento e 30 a 130 nm de largura), que conectam bactérias da mesma espécie, bem como de espécies diferentes (Figura 13.5). Esses túbulos, denominados

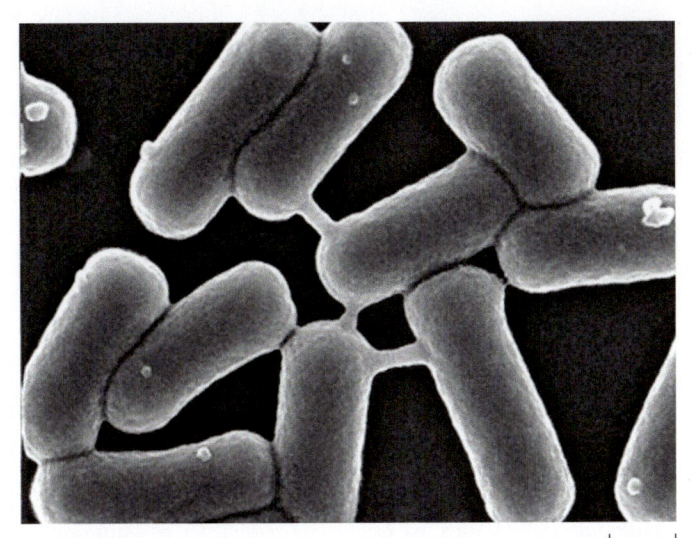

13.5 Nanotubos. Células adjacentes de *Bacillus subtilis* aparecem aqui conectadas por nanotubos, isto é, túbulos que fornecem uma via para a troca de moléculas citoplasmáticas entre células.

nanotubos, são compostos de material da parede celular, uma membrana plasmática e citoplasma e são estruturalmente distintos dos *pili* envolvidos na conjugação. Foi constatada a presença de pequenas moléculas e proteínas citoplasmáticas que se movem entre células adjacentes por meio dos nanotubos. Por conseguinte, os nanotubos parecem fornecer uma rede para a troca de moléculas celulares dentro de uma espécie ou entre espécies de bactérias.

Diversidade de formas

A aparência física constitui o método mais antigo de identificação dos procariotos. Os procariotos exibem uma considerável diversidade de formas, porém muitas das espécies mais conhecidas enquadram-se em uma de três categorias (Figura 13.6). Um procarioto com forma cilíndrica é denominado bastonete ou *bacilo*; os esféricos são designados como *cocos*; e os bastonetes longos e curvos ou espiralados são denominados *espirilos*. A forma da célula é uma característica relativamente constante na maioria das espécies dos procariotos.

Em muitos procariotos, após a divisão, as células permanecem unidas, produzindo filamentos, aglomerados ou colônias, que também exibem uma forma distinta. Por exemplo, cocos e bacilos podem aderir para formar cadeias, e esse comportamento é característico de determinados gêneros. Em geral, os bacilos separam-se depois da divisão celular. Quando permanecem unidos, formam cadeias longas e finas de células, como aquelas encontradas nos actinomicetos filamentosos (Figura 13.1). Os bastonetes gram-negativos da mixobactérias agregam-se e formam corpos de frutificação complexos, dentro dos quais algumas células são transformadas em células dormentes, denominadas mixosporos (Figura 13.7). Os mixosporos são mais resistentes ao ressecamento, à radiação UV e ao calor do que as células vegetativas e têm valor de sobrevivência para a bactéria.

Quase todos os procariotos que crescem sobre superfícies tendem a formar *biofilmes*. Os biofilmes são conjuntos de células fixadas à superfície e encerradas em uma matriz de polissacarídios, proteínas e DNA excretada pela célula procariótica. Todos nós estamos familiarizados com os biofilmes. A película que se desenvolve na superfície dos dentes não escovados é um biofilme, assim como a película que se forma no recipiente de água de seu animal de estimação que não foi trocada há vários dias. Os biofilmes são compostos, em sua maioria, de várias espécies de bactérias e arqueas. Sua formação requer uma comunicação intercelular por moléculas de sinalização e expressão gênica coordenada dos vários organismos componentes. Os biofilmes aumentam as probabilidades de sobrevida das células que os formam e permitem que as células vivam em estreita associação umas com as outras, facilitando a comunicação intercelular e as oportunidades de troca genética.

Reprodução e troca de genes

A maioria dos procariotos se reproduz por um tipo simples de divisão celular, denominado *fissão binária*, que significa "dividir-se em dois" (Figura 13.8). De acordo com um modelo, a segregação das moléculas de DNA replicado depende da ligação das origens de replicação (ver Capítulo 9) das moléculas replicadas a locais específicos na membrana plasmática. Quando ocorre crescimento celular entre dois sítios de ligação, as moléculas de DNA replicado ou cromossomos-filhos separam-se

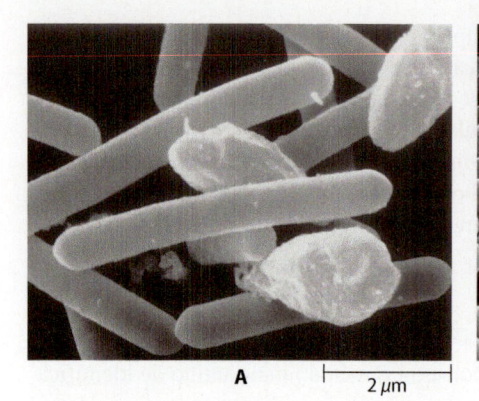
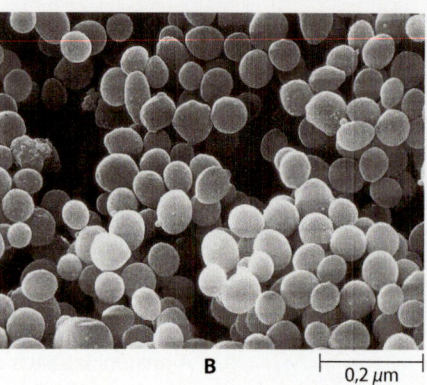
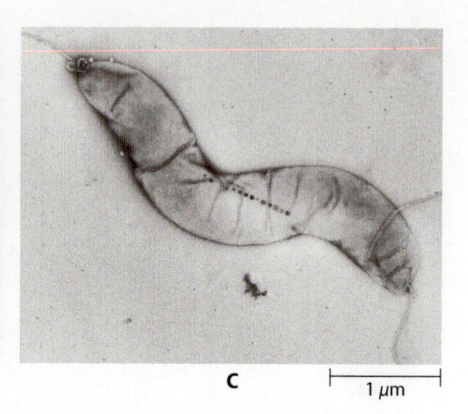

A   2 μm   **B**   0,2 μm   **C**   1 μm

13.6 As três principais formas de procariotos: bacilos, cocos e espirilos. A. *Clostridium botulinum*, a fonte da toxina que causa intoxicação alimentar fatal ou botulismo, é um bacilo ou bactéria em forma de bastonete. As estruturas saculiformes são endósporos, que são resistentes ao calor e que não podem ser destruídos facilmente. Os bacilos são responsáveis por muitas doenças de plantas, incluindo a queima bacteriana de maçãs e peras (causada por *Erwinia amylovora*) e a murcha bacteriana de tomates, batatas e bananas (causada por *Pseudomonas solanacearum*). **B.** Muitos procariotos, como *Micrococcus luteus*, mostrado aqui, assumem a forma de esferas. Entre os cocos destacam-se o *Streptococcus lactis*, um agente comum da fermentação láctica, e o *Nitrosococcus nitrosus*, uma bactéria do solo que oxida a amônia a nitritos. **C.** Os espirilos, como *Magnetospirillum magnetotacticum*, são menos comuns do que os bacilos e os cocos. Flagelos podem ser observados nas duas extremidades dessa célula, que foi isolada de um brejo. As estrias de partículas magnéticas escuras orientam a célula no campo magnético terrestre.

0,25 μm

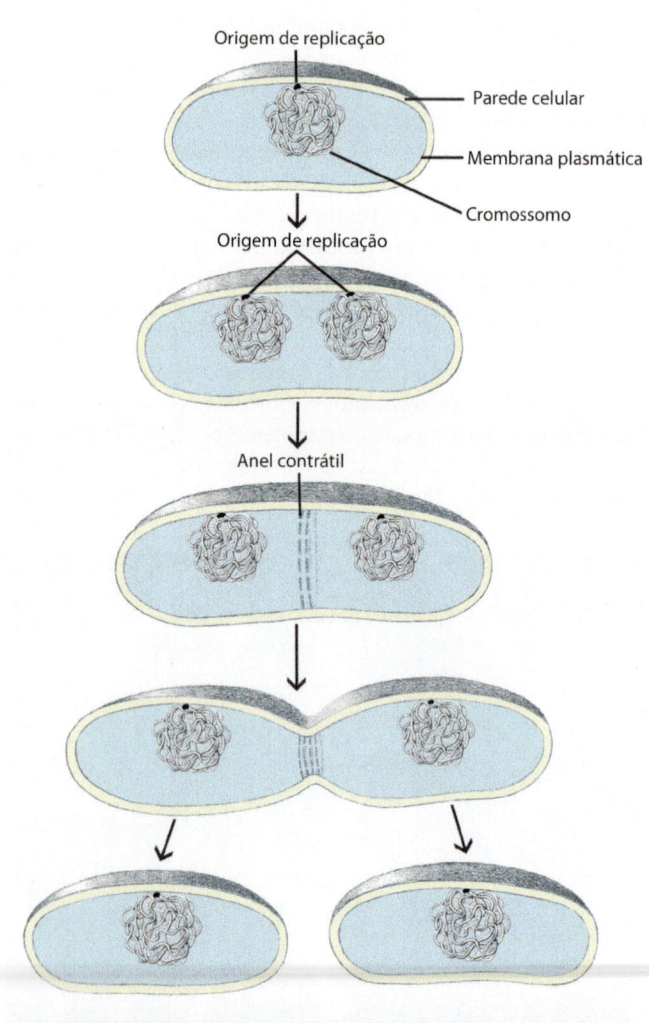

Origem de replicação — Parede celular — Membrana plasmática — Cromossomo

Origem de replicação

Anel contrátil

13.7 Corpo de frutificação de uma mixobactéria. *Chondromyces crocatus*, uma mixobactéria ou bactéria deslizante, produz corpos de frutificação, cada um dos quais pode conter até 1 milhão de células. O corpo de frutificação consiste em uma haste central que se ramifica para formar aglomerados de mixósporos. As mixobactérias passam a maior parte de sua vida na forma de bastonetes que deslizam juntos ao longo de trilhas mucilaginosas, mas que ao final formam corpos de frutificação, conforme mostrado aqui.

13.8 Divisão celular em uma bactéria. A fixação do cromossomo à membrana plasmática, na origem da replicação, assegura que, após a duplicação, o cromossomo seja distribuído a cada célula-filha à medida que a membrana plasmática se alonga. Após a separação dos cromossomos-filhos, um anel de elementos semelhantes ao citoesqueleto se contrai, dividindo a célula em duas.

passivamente como subproduto do alongamento celular. Após a separação dos cromossomos-filhos, elementos semelhantes ao citoesqueleto formam um anel contrátil no meio da célula. À medida que o anel se contrai, a célula é dividida em duas células-filhas idênticas.

Em alguns procariotos, a reprodução ocorre por brotamento ou por fragmentação de filamentos de células. À medida que se multiplicam, os procariotos, impedindo a ocorrência de mutação, produzem clones de células geneticamente idênticas. Entretanto, ocorrem mutações. Foi estimado que, em uma cultura de *E. coli* que se dividiu 30 vezes, cerca de 1,5% das células apresenta mutações. As mutações, associadas a um rápido tempo de geração, são responsáveis pela extraordinária adaptabilidade dos procariotos. A *transferência horizontal* ou *lateral de genes* proporciona adaptabilidade ainda maior. Nos procariotos, são conhecidos três mecanismos de transferência lateral de genes: a conjugação, a transformação e a transdução. Essas recombinações genéticas são muito comuns na natureza. São observados eventos de transferência lateral de genes nas bactérias e nas arqueas, e esse tipo de transferência também foi detectado tanto entre bactérias e arqueas quanto entre procariotos e eucariotos.

A *conjugação* tem sido caracterizada como a versão procariótica do sexo. Essa forma de união ocorre quando um *pilus* produzido pela célula doadora entra em contato com a célula receptora (Figura 13.4). Em seguida, esse "*pilus* sexual" se retrai, aproximando as duas células, de modo que elas entram em contato direto e são mantidas juntas por proteínas de ligação. Uma parte do cromossomo doador passa então por essa "junção de conjugação" e alcança a célula receptora. A conjugação é um mecanismo utilizado por plasmídios para transferir cópias de si mesmos a um novo hospedeiro. A conjugação pode transferir informação genética entre organismos pouco relacionados; por exemplo, plasmídios podem ser transferidos entre bactérias e fungos, bem como entre bactérias e plantas. A *transformação* ocorre quando um procarioto capta um DNA livre ou desnudo do meio ambiente. O DNA livre pode ter sido liberado por um organismo que morreu. Como o DNA não é quimicamente estável fora das células, a transformação é, provavelmente, menos importante do que a conjugação. A *transdução* ocorre quando vírus que atacam bactérias – vírus conhecidos como *bacteriófagos* – trazem com eles o DNA que adquiriram de seu hospedeiro anterior. Os bacteriófagos também atacam arqueas. A batalha travada entre bactérias e seus fagos foi descrita, em termos quantitativos, como a relação predador-presa predominante na bioesfera. Um pesquisador estimou que, a cada 2 dias, os bacteriófagos matam metade das bactérias existentes na Terra.

Endósporos

Certas espécies de bactérias têm a capacidade de formar *endósporos*, que são células dormentes em repouso (Figura 13.9). Esse processo, denominado esporulação, foi extensamente estudado nos gêneros *Bacillus* e *Clostridium*. Tipicamente, ocorre quando uma população de células começa a utilizar suas reservas alimentares.

A formação de endósporos aumenta acentuadamente a capacidade de sobrevivência da célula bacteriana. Os endósporos são extremamente resistentes ao calor, à radiação e a desinfe-

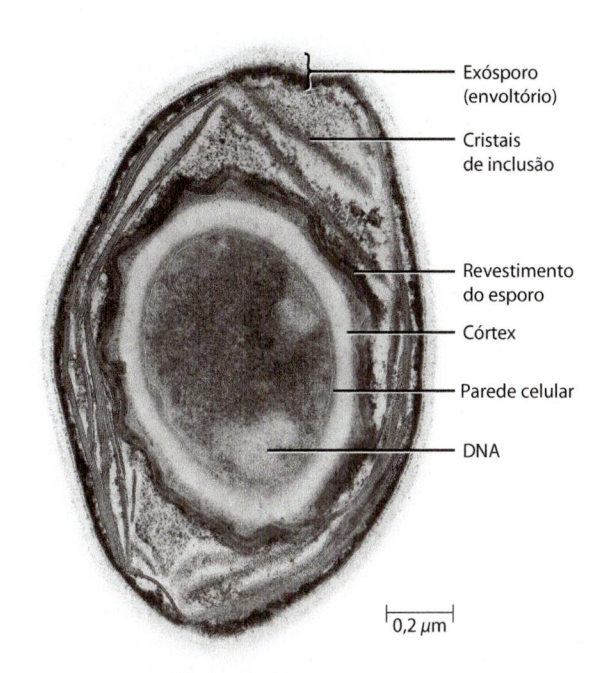

13.9 Endósporo maduro de *Bacillus megaterium*. A camada externa ou envoltório é o exósporo, formado por uma camada periférica clara e uma camada basal escura. Abaixo do exósporo, encontram-se grandes cristais de inclusão. O esporo propriamente dito é coberto por um revestimento de proteína. Abaixo do revestimento do esporo, existe um córtex espesso de peptidoglicano, que é essencial para as propriedades singulares de resistência dos esporos bacterianos. No interior do córtex, existe uma parede celular fina, também constituída de peptidoglicano, que recobre o protoplasto desidratado do esporo contendo DNA.

tantes químicos, principalmente por causa dos seus protoplastos desidratados. Os endósporos do *Clostridium botulinum*, o microrganismo que causa intoxicação alimentar frequentemente fatal, não são destruídos pela fervura durante várias horas. Além disso, os endósporos podem permanecer viáveis (*i. e.*, podem germinar e se desenvolver em células vegetativas) por um período de tempo muito longo. Por exemplo, foi provado que os endósporos recuperados de frações centrais de sedimento de 7.000 anos de idade em um lago de Minnesota (EUA) eram viáveis. De modo mais notável, foi também relatada a viabilidade de endósporos antigos, preservados no intestino de uma abelha extinta que ficou conservada em âmbar. Foi estimado que o âmbar – e, presumivelmente, os endósporos – tinha 25 a 40 milhões de anos.

Diversidade metabólica
Procariotos são autótrofos ou heterótrofos

Os procariotos exibem enorme diversidade metabólica. Embora alguns sejam autotróficos (o que significa "autoalimentadores"), isto é, utilizam o dióxido de carbono como a sua única fonte de carbono, os procariotos são, em sua maioria, *heterotróficos*, isto é, exigem compostos orgânicos como fonte de carbono. Os heterótrofos são, em sua grande maioria, *saprófitas* (do grego *sapros:* podre ou pútrido), obtendo o seu carbono a partir de matéria orgânica morta. As bactérias e os fungos

Exósporo (envoltório)
Cristais de inclusão
Revestimento do esporo
Córtex
Parede celular
DNA
0,2 μm

13.10 Bactérias filamentosas que oxidam enxofre. São observados filamentos de *Beggiatoa* isolados de uma estação de tratamento de esgoto. As cadeias de células, cada uma das quais contendo partículas de enxofre, são encontradas em áreas ricas em sulfeto de hidrogênio, como as fontes sulfurosas, e em cursos de água poluídos.

saprofíticos são responsáveis pela decomposição e reciclagem do material orgânico no solo; na verdade, são os recicladores da bioesfera.

Entre os procariotos autotróficos, existem aqueles que obtêm sua energia da luz. Esses organismos são designados como *autótrofos fotossintetizantes*. Alguns autótrofos, conhecidos como *autótrofos quimiossintetizantes*, são capazes de utilizar compostos inorgânicos, em lugar da luz, como fonte de energia (Figura 13.10). A energia é obtida da oxidação de compostos inorgânicos reduzidos que contêm nitrogênio, enxofre ou ferro, ou da oxidação do hidrogênio gasoso.

Os procariotos variam quanto à sua tolerância ao oxigênio e à temperatura

Os procariotos variam quanto à necessidade de oxigênio ou quanto à sua tolerância a ele. Algumas espécies, denominadas *aeróbios*, necessitam de oxigênio para a respiração. Outras espécies, denominadas *anaeróbios*, carecem de uma via aeróbica e, portanto, não podem utilizar o oxigênio como aceptor terminal de elétrons. Na verdade, esses organismos geram energia por respiração anaeróbica – em que moléculas inorgânicas, como sulfatos, atuam como aceptores terminais de elétrons – ou por fermentação. Existem dois tipos de anaeróbios: os *anaeróbios estritos*, que são mortos pelo oxigênio e que, portanto, só podem viver na sua ausência, e os *anaeróbios facultativos*, que podem crescer tanto na presença quanto na ausência de oxigênio.

Os procariotos também variam no que concerne à faixa de temperaturas na qual podem crescer. Alguns apresentam uma temperatura ótima (*i. e.*, uma temperatura em que o crescimento é mais rápido) baixa. Esses organismos, denominados *psicrófilos*, podem crescer a 0° ou em temperaturas mais baixas e podem sobreviver indefinidamente em temperaturas muito mais baixas. No outro extremo, encontram-se os *termófilos* ou *termófilos extremos*, que apresentam temperaturas ótimas elevadas e muito elevadas, respectivamente. Os procariotos termofílicos, cujo crescimento ótimo ocorre entre 45 e 80°C, são habitantes

comuns de fontes termais. Alguns termófilos extremos apresentam temperaturas ótimas de crescimento superiores a 100°C e têm sido encontrados desenvolvendo-se em águas de 140°C, próximas a fendas abissais. Como suas enzimas termoestáveis são capazes de catalisar reações bioquímicas em temperaturas elevadas, os termófilos e os termófilos extremos estão sendo intensivamente pesquisados para uso em processos industriais e biotecnológicos.

Os procariotos desempenham um papel vital no funcionamento do ecossistema mundial

As bactérias autotróficas contribuem enormemente para o equilíbrio global do carbono. O papel de certas bactérias na fixação do nitrogênio atmosférico – isto é, na incorporação do gás nitrogênio em compostos nitrogenados – também é de grande importância biológica (ver Capítulos 13 e 29). Por meio da ação dos decompositores, os materiais integrados aos corpos de organismos outrora vivos são degradados, liberados e disponibilizados para gerações sucessivas. Mais de 90% da produção de CO_2 na bioesfera, excetuando aquela associada às atividades humanas, resulta da atividade metabólica de bactérias e fungos. O CO_2 é novamente convertido em matéria orgânica pelas plantas e por algumas bactérias. A capacidade de certas bactérias de decompor substâncias naturais e sintética tóxicas, como petróleo, pesticidas e corantes, pode levar a seu uso disseminado na limpeza de derramamentos perigosos e lixo tóxico, quando as técnicas de utilização dessas bactérias forem mais bem desenvolvidas. Nesse ínterim, bactérias de ocorrência natural estão trabalhando duro na limpeza de derramamentos de óleo no Golfo do México e em outros locais.

Alguns procariotos causam doenças

Além de seu papel ecológico, as bactérias são importantes como agentes causadores de doença tanto em animais quanto em plantas. As doenças humanas causadas por bactérias incluem tuberculose, cólera, antraz, gonorreia, coqueluche, pneumonia bacteriana, doença dos legionários, febre tifoide, botulismo, sífilis, difteria e tétano. Além disso, existe uma clara relação entre úlceras de estômago e a infecção por *Helicobacter pylori*.

Os biofilmes de bactérias podem afetar acentuadamente os seres humanos. A principal causa de morte entre indivíduos que apresentam a doença genética denominada fibrose cística é a infecção por *Pseudomonas aeruginosa*, que forma biofilmes nas vias respiratórias dos pulmões. Os biofilmes formados pelo *Streptococcus* constituem um importante problema nas valvas cardíacas mecânicas e tecidos adjacentes do coração. A contaminação por essas bactérias pode ocorrer por ocasião de cirurgia, durante trabalhos odontológicos ou em consequência da colocação permanente ou temporária de dispositivos como cateteres venosos centrais. A gengivite, um tipo de doença periodontal, é causada pelos efeitos a longo prazo de depósitos de placas – biofilmes. Se a placa não for removida, ela se transforma em um depósito duro, denominado tártaro, que fica retido na base dos dentes, causando irritação e inflamação das gengivas.

Cerca de 100 espécies de bactérias, incluindo muitas cepas que parecem ser idênticas, mas que diferem nas espécies que infectam, causam doenças em plantas. Muitas dessas doenças são altamente destrutivas, e algumas delas serão descritas adiante, neste capítulo. Não existe nenhuma doença conhecida em plantas ou animais causada por arqueas.

Alguns procariotos são usados comercialmente

Na indústria, as bactérias constituem a fonte de vários antibióticos importantes: por exemplo, a estreptomicina, a aureomicina, a neomicina e a tetraciclina são produzidas por actinomicetos. As bactérias também são amplamente usadas no comércio para a produção de fármacos e outras substâncias, como vinagre, vários aminoácidos e enzimas. A produção de quase todos os queijos envolve a fermentação bacteriana do açúcar lactose em ácido láctico, que coagula as proteínas do leite. Os mesmos tipos de bactérias usados na produção de queijos também são empregados na produção de iogurte e do ácido láctico que preserva o chucrute e os picles.

Conforme assinalado no Capítulo 10, culturas de milho, algodão e outras plantas foram submetidas a engenharia genética, utilizando genes da bactéria *Bacillus thuringiensis*, que conferem tolerância nas plantas a vários herbicidas, mais notavelmente o glifosato. Esforços estão sendo feitos para usar a tecnologia da engenharia genética em *E. coli* e outros microrganismos de crescimento fácil, a fim de produzir biocombustíveis essencialmente semelhantes aos combustíveis fósseis existentes.

Bacteria

A análise filogenética, baseada no sequenciamento do RNA ribossômico, revela que existem pelo menos 17 grupos principais de Bacteria. Os grupos incluem desde a linhagem mais antiga de autótrofos quimiossintetizantes termofílicos extremos, que oxidam o hidrogênio gasoso ou que reduzem compostos sulfurosos, até as linhagens de autótrofos fotossintetizantes, representadas pelas cianobactérias e pelas bactérias purpúreas e verdes. As bactérias selecionadas aqui para uma discussão individual são as que consideramos de particular importância evolutiva e ecológica.

As cianobactérias são importantes do ponto de vista ecológico e evolutivo

As cianobactérias merecem ênfase especial em virtude de sua notável importância ecológica, particularmente nos ciclos globais do carbono e do nitrogênio, bem como devido à sua importância evolutiva. Elas representam uma das linhas evolutivas principais das Bacteria. As cianobactérias fotossintetizantes têm clorofila *a*, juntamente com carotenoides e outros pigmentos acessórios incomuns, denominados *ficobilinas*. Existem dois tipos de ficobilinas: a *ficocianina*, um pigmento azul, e a *ficoeritrina*, um pigmento vermelho. No interior das células das cianobactérias encontram-se numerosas camadas de membranas, frequentemente paralelas umas às outras (Figura 13.11). Essas membranas são tilacoides fotossintetizantes, que se assemelham àqueles encontrados nos cloroplastos – de fato, os cloroplastos correspondem, em tamanho, a toda uma célula de cianobactéria. O principal produto de armazenamento das cianobactérias é o glicogênio.

Muitas cianobactérias produzem um envoltório mucilaginoso ou bainha, que mantém unidos grupos de células ou filamentos. Com frequência, a bainha é intensamente pigmentada, sobretudo em espécies que algumas vezes são encontradas em ambientes terrestres. As cores das bainhas observadas em diferentes espécies incluem dourado-claro, amarelo, castanho, vermelho, verde esmeralda, azul, violeta e preto-azulado. Apesar de seu nome anterior – "algas verde-azuladas"–, apenas cerca da metade das espécies de cianobactérias exibe coloração verde-azulada, e essas espécies definitivamente não são algas.

As cianobactérias frequentemente formam filamentos e podem crescer formando grandes massas de até 1 m ou mais de comprimento. Algumas cianobactérias são unicelulares, poucas formam filamentos ramificados e muito poucas formam placas ou colônias irregulares (Figura 13.12). Após a divisão de uma

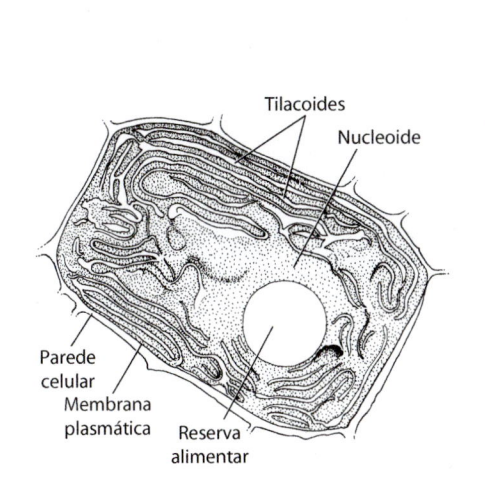

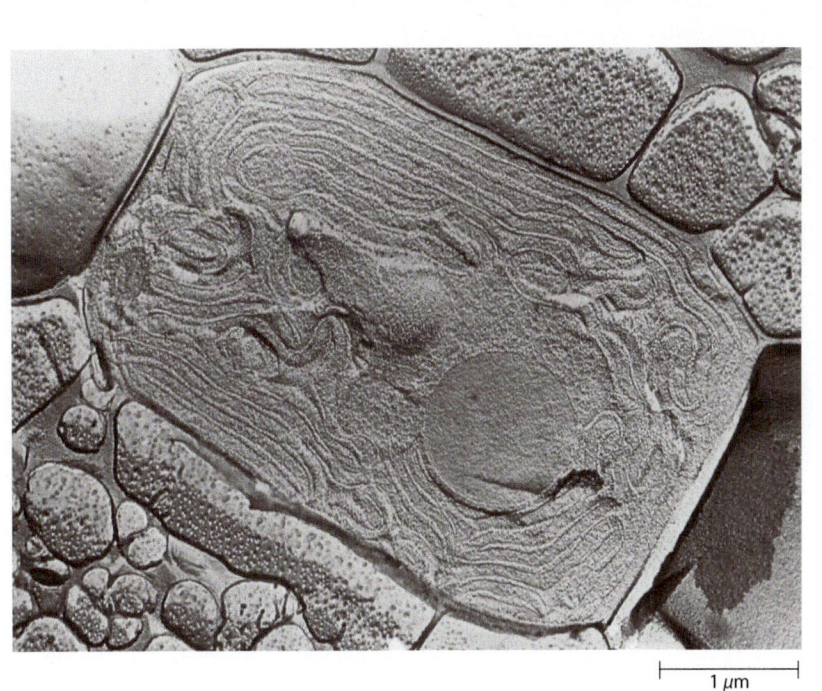

1 μm

13.11 Cianobactéria *Anabaena cylindrica*. A fotossíntese ocorre nas membranas que contêm clorofila – os tilacoides – no interior da célula. A qualidade tridimensional desta micrografia eletrônica é devida à técnica de fratura por congelamento usada na preparação das células.

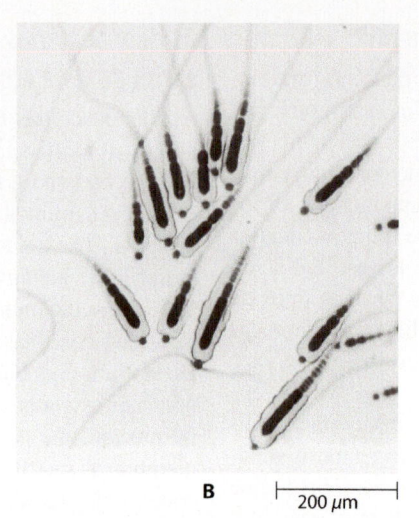
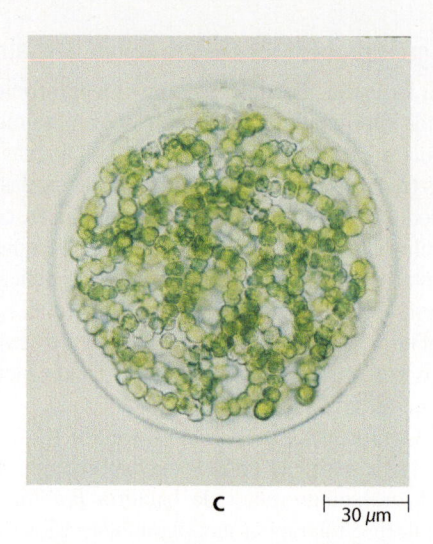

A   100 µm

B   200 µm

C   30 µm

13.12 Três gêneros comuns de cianobactérias. A. *Oscillatoria*, cuja única forma de reprodução é por fragmentação dos filamentos. **B.** *Calothrix*, uma forma filamentosa com um heterocisto basal (ver Figura 13.14). *Calothrix* tem a capacidade de formar acinetos – células maiores que desenvolvem um envoltório externo resistente – logo acima dos heterocistos. **C.** Uma "bola" gelatinosa de *Nostoc commune*, contendo numerosos filamentos. Essas cianobactérias ocorrem frequentemente em *habitat*s de água doce.

célula de cianobactéria, as subunidades resultantes podem se separar, dando origem a novas colônias. À semelhança de outras bactérias filamentosas ou que formam colônias, as células das cianobactérias habitualmente estão unidas apenas pelas suas paredes ou por bainhas mucilaginosas, de modo que cada célula mantém uma vida independente.

Algumas cianobactérias filamentosas são móveis, deslizam e giram em torno de seu eixo longitudinal. Pequenos segmentos, denominados *hormogônios*, separam-se de uma colônia de cianobactérias e deslizam, afastando-se da colônia-mãe em velocidade de até 10 µm por segundo. Esse movimento pode estar ligado à extrusão de mucilagem através de pequenos poros existentes na parede celular, juntamente com a produção de ondas contráteis em uma das camadas de superfície da parede. Algumas cianobactérias exibem movimentos espasmódicos intermitentes.

As cianobactérias podem viver em uma ampla variedade de ambientes. Embora mais de 7.500 espécies de cianobactérias tenham sido descritas e denominadas, podem existir, na realidade, apenas cerca de 200 espécies distintas de vida livre, não simbióticas. À semelhança de outras bactérias, as cianobactérias algumas vezes crescem em condições extremamente inóspitas, desde a água de fontes termais até lagos gelados da Antártica, onde algumas vezes formam tapetes luxuriantes de 2 a 4 cm de espessura nas águas, mais de 5 m abaixo do gelo permanente. A cor esverdeada de alguns ursos polares em zoológicos deve-se à presença de colônias de cianobactérias nos pelos ocos de sua pelagem. As cianobactérias não são encontradas em águas ácidas, onde as algas eucarióticas são frequentemente abundantes.

Quando colônias de cianobactérias ligam-se a sedimentos ricos em cálcio, formam-se depósitos calcários em camadas, denominados *estromatólitos* (Figura 13.13), que têm um registro geológico contínuo que abrange 2,7 bilhões de anos. Hoje em dia, os estromatólitos são produzidos em apenas alguns locais – particularmente em águas rasas em climas quentes e secos –, como em Hamelin Pool na Shark Bay, na Austrália Ocidental. Sua abundância nos registros fósseis fornece uma evidência de

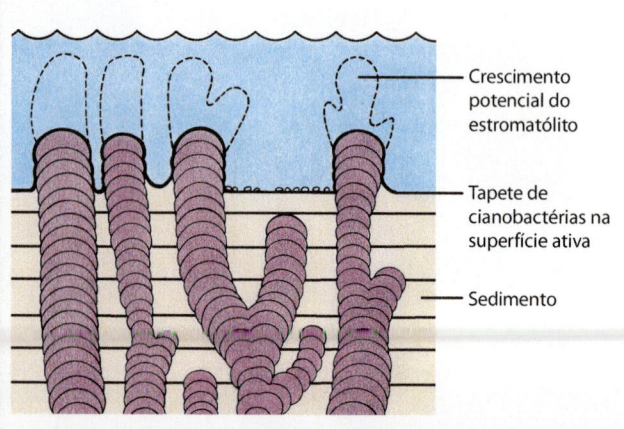

Crescimento potencial do estromatólito

Tapete de cianobactérias na superfície ativa

Sedimento

13.13 Estromatólitos. Os estromatólitos são produzidos quando colônias de cianobactérias em crescimento se ligam ao carbonato de cálcio em estruturas em forma de domo, como aquelas mostradas no diagrama e na fotografia, ou em outras formas mais complexas. Essas estruturas são abundantes nos registros fósseis; todavia, hoje em dia, estão se formando apenas em poucos ambientes muito apropriados, como as zonas de maré baixa de Hamelin Pool na Austrália Ocidental, como mostrado nesta fotografia.

que essas condições ambientais eram prevalentes no passado, quando as cianobactérias desempenharam um papel decisivo na elevação do nível de oxigênio livre da atmosfera, no início da vida na Terra. Os estromatólitos mais antigos (3 bilhões de anos ou mais), produzidos em ambiente livre de oxigênio, provavelmente foram formados por bactérias purpúreas e verdes.

Muitas cianobactérias marinhas são encontradas em pedras calcárias (carbonato de cálcio) ou em substratos ricos em calcário, como algas coralináceas (ver Capítulo 15) e as conchas de moluscos. Algumas espécies dulcícolas de cianobactérias, particularmente as que crescem em fontes termais, frequentemente depositam camadas espessas de calcário em suas colônias.

As cianobactérias formam vesículas de gás, heterocistos e acinetos. As células das cianobactérias que vivem em *habitats* dulcícolas ou marinhos – particularmente as que vivem nas camadas superficiais na água, na comunidade de organismos microscópicos conhecidos como *plâncton* – contêm comumente estruturas brilhantes e de forma irregular, denominadas *vesículas de gás*. Essas vesículas possibilitam e regulam a flutuabilidade dos organismos, de modo que eles possam flutuar em determinados níveis na água. Quando numerosas cianobactérias se tornam incapazes de regular adequadamente suas vesículas de gás – por exemplo, devido a variações extremas de temperatura ou suprimento de oxigênio –, elas podem flutuar na superfície da água e formar massas visíveis, denominadas "florações" (*blooms*). Algumas cianobactérias que formam florações secretam substâncias químicas que são tóxicas para outros organismos, causando grande número de mortes. O Mar Vermelho aparentemente recebeu esse nome em virtude das florações de espécies planctônicas de *Trichodesmium*, uma cianobactéria vermelha.

Muitos gêneros de cianobactérias podem fixar o nitrogênio, convertendo o gás nitrogênio em amônio, uma forma na qual o nitrogênio se torna disponível para reações biológicas. Nas cianobactérias filamentosas, a *fixação do nitrogênio* frequentemente ocorre dentro de *heterocistos*, que são células maiores especializadas (Figura 13.14). Os heterocistos são circundados por paredes celulares espessas contendo grandes quantidades de glicolipídios, que servem para impedir a difusão de oxigênio para dentro da célula. No interior do heterocisto, as membranas internas da célula são reorganizadas em um padrão concêntrico ou reticulado. Os heterocistos contêm baixo teor de ficobilinas e carecem do fotossistema II, de modo que a fotofosforilação cíclica que ocorre nessas células não resulta em produção de oxigênio (ver Capítulo 7). O oxigênio que está presente é rapidamente reduzido pelo hidrogênio, um subproduto da fixação do nitrogênio, ou é expelido através da parede do heterocisto. A nitrogenase, a enzima que catalisa as reações de fixação do nitrogênio, é sensível à presença de oxigênio, de modo que a fixação do nitrogênio é um processo anaeróbico. Os heterocistos apresentam pequenas conexões plasmodesmáticas – microplasmodesmos – com células vegetativas adjacentes. Os produtos da fixação do nitrogênio são transportados através dos microplasmodesmos do heterocisto para as células vegetativas, e os produtos da fotossíntese movem-se na direção oposta por essas mesmas conexões, das células vegetativas para o heterocisto.

Entre as cianobactérias que fixam o nitrogênio, encontram-se espécies de vida livre, como *Trichodesmium*, que vive em certos oceanos tropicais. *Trichodesmium* contribui com cerca de um quarto do nitrogênio total fixado nesses oceanos, o que representa uma enorme quantidade. De modo semelhante, as cianobactérias simbióticas são muito importantes na fixação do nitrogênio. Nas partes mais quentes da Ásia, o arroz frequentemente cresce de modo contínuo no mesmo solo, sem a necessidade de adição de fertilizantes, graças à presença de cianobactérias fixadoras de nitrogênio nos campos de arroz (Figura 13.15). Nesses locais, as cianobactérias, particularmente membros do gênero *Anabaena* (Figura 13.14), frequentemente ocorrem com *Azolla*, a pequena samambaia aquática flutuante, que forma massas nos arrozais.

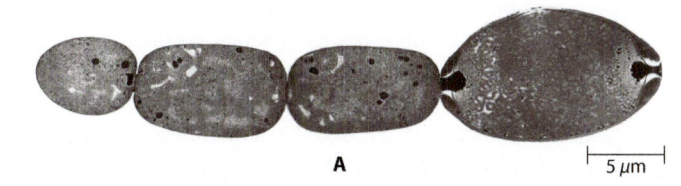

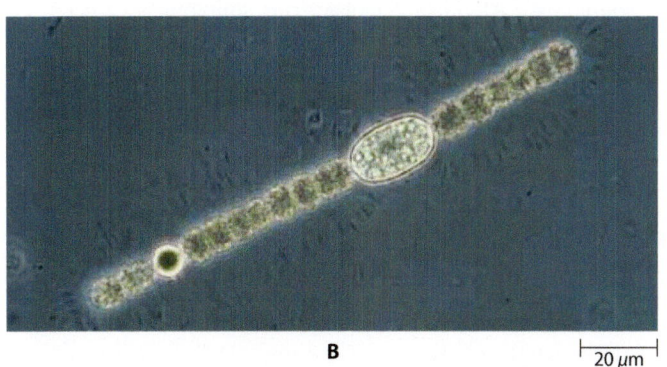

13.14 Filamento de *Anabaena*. A. Micrografia eletrônica que mostra uma cadeia de células mantidas unidas por paredes incompletamente separadas. A primeira célula, na extremidade à direita da cadeia, é um heterocisto, onde ocorre a fixação de nitrogênio. A matriz gelatinosa desse filamento foi destruída durante a preparação da amostra para microscopia eletrônica. **B.** Nesta preparação, a matriz gelatinosa é pouco visível, na forma de estrias se estendendo para fora da superfície celular. A terceira célula a partir da esquerda é um heterocisto. *Anabaena*, assim como *Calothrix* mostrado na Figura 13.12B, forma acinetos (grande corpo oval à direita).

13.15 Plantação de arroz. Um agricultor preparando o seu campo para plantar arroz nos terraços de arroz de Dragon's Backbone, na província Guangxi, China. No Sudeste Asiático, o arroz frequentemente era cultivado de modo contínuo no mesmo solo, sem a adição de fertilizantes, graças à presença de *Anabaena azollae*, que tem a capacidade de fixar nitrogênio e vive nos tecidos da samambaia aquática *Azolla* que cresce nos arrozais.

As cianobactérias estão presentes como simbiontes no corpo de um grande número de espécies: amebas, algumas esponjas, protozoários flagelados, diatomáceas, algas verdes que carecem de clorofila, outras cianobactérias, musgos, hepáticas, plantas vasculares e oomicetos; além disso, é bem conhecido o seu papel como parceiras fotossintetizantes em muitos liquens (ver Capítulo 14). Algumas cianobactérias simbióticas carecem de parede celular; neste caso, funcionam como cloroplastos. As cianobactérias simbióticas dividem-se ao mesmo tempo que a célula hospedeira por um processo semelhante ao da divisão dos cloroplastos.

Além dos heterocistos, algumas cianobactérias formam esporos resistentes, denominados *acinetos*, que consistem em células aumentadas, circundadas por envoltórios espessos (Figuras 13.12B e 13.14B). À semelhança dos endósporos formados por outras bactérias, os acinetos são resistentes ao calor e à seca, possibilitando, assim, a sobrevivência da cianobactéria durante períodos desfavoráveis.

As protoclorófitas contêm clorofilas a e b e carotenoides

As *protoclorófitas* são um grupo de bactérias fotossintetizantes que contêm clorofilas *a* e *b*, bem como carotenoides, mas que carecem de ficobilinas. Até o momento, foram identificados apenas três gêneros de protoclorófitas. O primeiro deles é o *Prochloron*, que é encontrado apenas ao longo de costas tropicais como simbionte dentro de colônias de ascídias. As células do *Prochloron* são quase esféricas e contêm um extenso sistema de tilacoides (Figura 13.16).

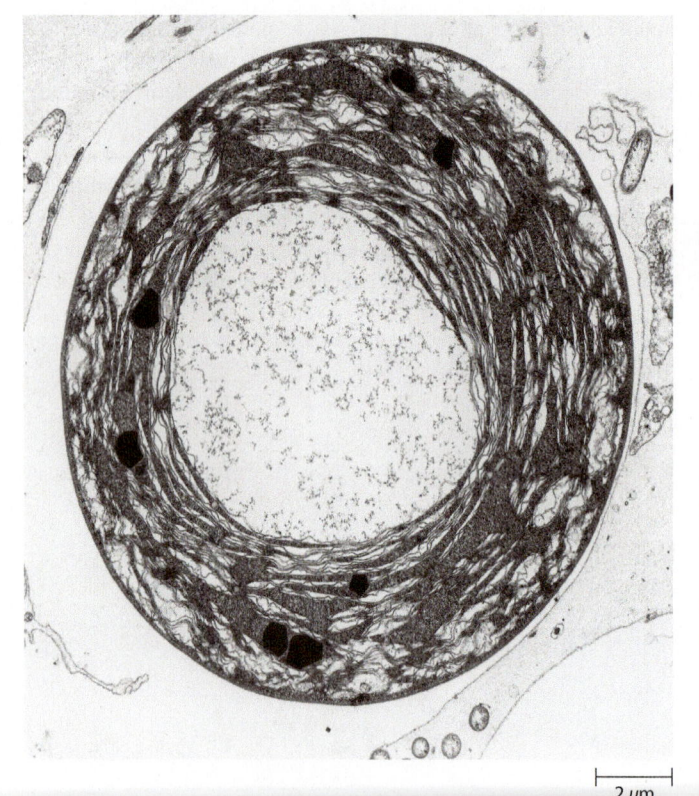

2 μm

13.16 *Prochloron*. Uma única célula da bactéria *Prochloron*, mostrando o extenso sistema de tilacoides. *Prochloron* é uma bactéria fotossintetizante que contém clorofilas *a* e *b* e carotenoides, os mesmos pigmentos encontrados nas algas verdes e nas plantas. As protoclorófitas assemelham-se à cianobactérias (visto que são procariotos e contêm clorofila *a*) e aos cloroplastos das algas verdes e das plantas (visto que contêm clorofila *b* em lugar de ficobilinas).

Os outros dois gêneros conhecidos de protoclorófitos são *Prochlorothrix* e *Prochlorococcus*. O *Prochlorothrix*, que é filamentoso, foi encontrado crescendo em vários lagos pouco profundos dos países baixos. O *Prochlorococcus* é o menor organismo fotossintetizante conhecido (cerca de 0,6 μm de diâmetro), apresenta o menor genoma entre as células fotossintetizantes, e acredita-se que seja o organismo fotossintetizante mais numeroso na face da Terra. Os proclorococos são encontrados nos oceanos pobres em minerais, nas latitudes 40° norte a 40° sul e desde a superfície até a zona eufótica – a zona na qual a luz penetra o suficiente para que ocorra fotossíntese. Os proclorococos representam 40 a 50% da biomassa do fitoplâncton, que produz metade do oxigênio na Terra, tornando o *Prochlorococcus* de grande importância ecológica.

As bactérias purpúreas e verdes apresentam um tipo singular de fotossíntese

As bactérias purpúreas e verdes representam, juntas, o segundo grupo importante de bactérias fotossintetizantes, depois das cianobactérias. O processo global de fotossíntese e os pigmentos fotossintéticos usados por essas bactérias diferem daqueles utilizados pelas cianobactérias e protoclorófitas. Enquanto as cianobactérias e as protoclorófitas produzem oxigênio durante a fotossíntese, as bactérias purpúreas e verdes não o fazem. De fato, essas bactérias podem crescer na presença de luz somente em condições anaeróbicas, visto que a síntese de pigmento nesses organismos é inibida pelo oxigênio. As cianobactérias empregam a clorofila *a* e dois fotossistemas no seu processo de fotossíntese. As proclorófitas têm as clorofilas *a* e *b* e dois fotossistemas. Em contrapartida, as bactérias purpúreas e verdes utilizam vários tipos diferentes de bacterioclorofila, que diferem, em certos aspectos, da clorofila, e apresentam um único fotossistema (Figura 13.17). Os fotossistemas presentes nas bactérias purpúreas e verdes parecem ser ancestrais dos fotossistemas individuais – o fotossistema II e o fotossistema I, respectivamente. Diferentemente das bactérias purpúreas e verdes, os autótrofos fotossintetizantes, como as plantas e as algas, bem como as cianobactérias e as protoclorófitas, apresentam ambos os fotossistemas.

As colorações características das bactérias fotossintetizantes estão associadas à presença de vários pigmentos acessórios que funcionam na fotossíntese. Em dois grupos de bactérias purpúreas, esses pigmentos são carotenoides amarelos e vermelhos. Nas cianobactérias, como já vimos, os pigmentos consistem nas ficobilinas vermelhas e azuis, que não são encontradas nas bactérias purpúreas e verdes.

As bactérias purpúreas e verdes são subdivididas em espécies que utilizam principalmente compostos sulfurosos como doadores de elétrons e aquelas que não o fazem. Nas bactérias purpúreas sulfurosas e verdes sulfurosas, os compostos de enxofre desempenham o mesmo papel na fotossíntese do que a água nos organismos que contêm clorofila *a* (ver Capítulo 7).

Bactéria purpúrea ou verde sulfurosa:

$$CO_2 \;+\; 2H_2S \;\xrightarrow{\text{Luz}}\; (CH_2O) \;+\; H_2O \;+\; 2S$$

| Dióxido de carbono | Sulfeto de hidrogênio | Carboidrato | Água | Enxofre |

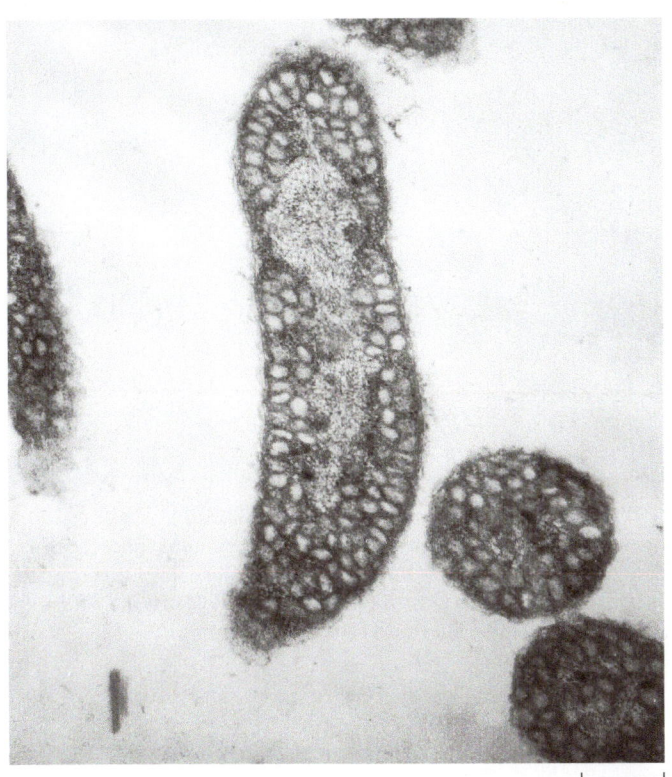

$$\overline{\quad 0,25\ \mu m \quad}$$

13.17 Bactéria purpúrea não sulfurosa, *Rhodospirillum rubrum.* As estruturas que lembram vesículas são intrusões da membrana plasmática, que contém os pigmentos fotossintetizantes. Esta célula, com suas numerosas intrusões de membrana, apresenta um conteúdo muito elevado de bacterioclorofila. Provém de uma cultura que se desenvolveu em pouca luz. Nas células que crescem na presença de luz intensa, as intrusões de membrana são menos extensas, visto que há uma necessidade menor de pigmentos fotossintéticos.

Cianobactéria, protoclorófita, alga ou planta:

$$CO_2 \;+\; 2H_2O \xrightarrow{\text{Luz}} (CH_2O) \;+\; H_2O \;+\; O_2$$

Dióxido de carbono | Água | Carboidrato | Água | Oxigênio

As bactérias purpúreas não sulfurosas e verdes não sulfurosas, que são capazes de utilizar gás sulfídrico ou sulfeto de hidrogênio (H_2S) apenas em baixos níveis, também usam compostos orgânicos como doadores de elétrons. Esses compostos incluem alcoóis, ácidos graxos e uma variedade de outras substâncias orgânicas.

Em virtude de sua exigência de H_2S ou de substrato semelhante, as bactérias purpúreas e verdes sulfurosas só podem crescer em *habitats* que contenham grandes quantidades de matéria orgânica em decomposição, reconhecível pelo odor sulfuroso. Nessas bactérias, bem como em *Beggiatoa*, uma bactéria sulfurosa incolor estreitamente relacionada, o enxofre elementar pode acumular-se na forma de depósitos dentro da célula (Figura 13.10).

Os micoplasmas são organismos desprovidos de parede celular que vivem em uma variedade de ambientes

Os *micoplasmas* são bactérias que carecem de parede celular. Os micoplasmas, habitualmente com cerca de 0,2 a 0,3 µm de diâmetro, são provavelmente os menores organismos capazes de

crescimento independente. Seu genoma também é pequeno, correspondendo a apenas um quinto a um quarto do tamanho do genoma de *E. coli* e de outros procariotos comuns. Como carecem de parede celular e, consequentemente, de rigidez, os micoplasmas podem assumir várias formas. Em uma mesma cultura, um micoplasma pode variar desde pequenos bastonetes até formas filamentosas altamente ramificadas.

Os micoplasmas podem ter vida livre no solo e em água de esgoto, ou podem ser parasitos da boca ou do trato urinário de seres humanos, ou, ainda, patógenos de animais e plantas. Entre os micoplasmas patogênicos de plantas, destacam-se os *espiroplasmas*, que são células espiraladas alongadas ou em forma de saca-rolha, de menos de 0,2 µm de diâmetro, que são móveis, embora careçam de flagelos (Figura 13.18). Movimentam-se por rotação ou por ondulação lenta. Alguns espiroplasmas têm sido cultivados em meios artificiais, incluindo *Spiroplasma citri*, que causa a doença *stubborn* de citros. Os sintomas dessa doença, como superbrotamento e crescimento vertical de galhos e ramos, desenvolvem-se lentamente e são difíceis de detectar. A doença *stubborn* de citros é disseminada e de difícil controle. Na Califórnia e em alguns países do Mediterrâneo, constitui, provavelmente, a maior ameaça à produção de toranja (*grapefruit*) e laranjas doces. O *Spiroplasma kunkelii** também foi isolado de culturas de milho acometidas pela doença do enfezamento pálido do milho.

Os fitoplasmas causam doenças em plantas

À semelhança dos micoplasmas, os *fitoplasmas* carecem de parede celular e são muito pequenos. Foram identificados em mais de 200 doenças diferentes de plantas, afetando várias centenas de gêneros. Algumas dessas doenças são muito destrutivas, como a doença X do pêssego, que pode tornar uma árvore comercialmente inútil em 2 a 4 anos, e o declínio da pera, assim denominado por causar geralmente um enfraquecimento lento e progressivo, levando finalmente à morte das pereiras. O amarelo-áster, outra doença causada por fitoplasma, resulta em amarelecimento geral (clorose) da folhagem e infecta uma

---

*N.R.T.: Embora o *S. citri* tenha outras hospedeiras, o causador do enfezamento pálido do milho é *Spiroplasma kunkelii*.

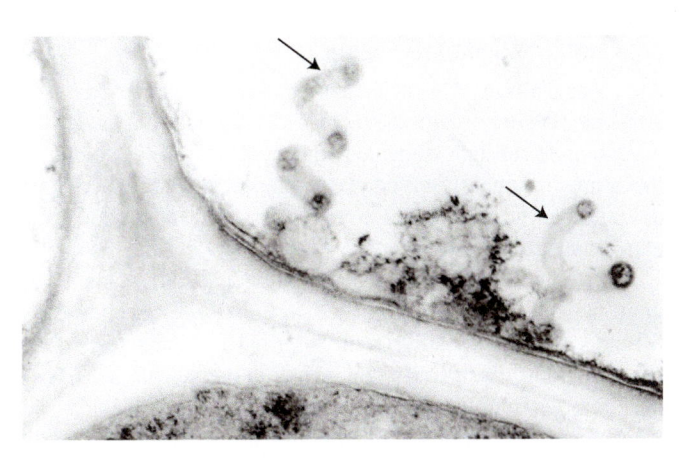

13.18 Espiroplasmas. As setas indicam dois espiroplasmas em um tubo crivado de milho (*Zea mays*) acometido pela doença do enfezamento do milho. *Spiroplasma* causa tanto a doença do enfezamento do milho quanto a doença *stubborn* dos citros.

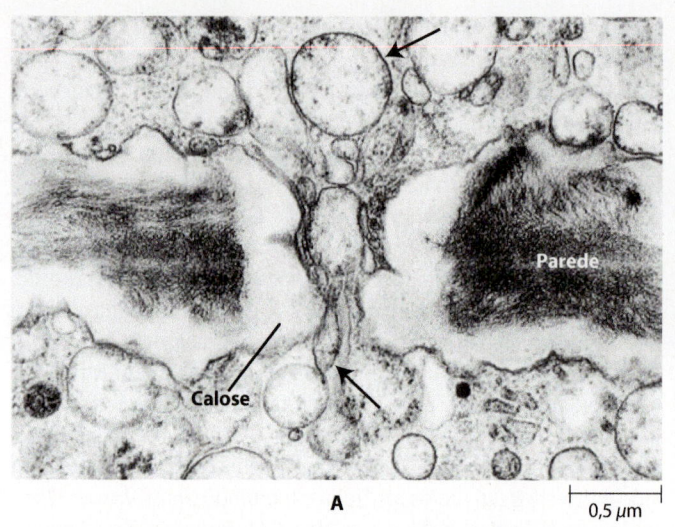

13.19 Fitoplasmas. A. São mostrados aqui fitoplasmas (*setas*) que parecem atravessar um poro da placa crivada em uma inflorescência jovem de coqueiro (*Cocos nucifera*) acometido pela doença do amarelecimento letal. O poro está, em parte, ocluído por calose, que reveste a parede que margeia o poro. **B.** Plantação devastada de coqueiros – agora semelhantes a postes telefônicos – em Ghana, na África. O amarelecimento letal tem sido responsável pela morte de muitos gêneros de palmeiras no Sul Flórida e em outros locais.

ampla variedade de culturas, plantas ornamentais e ervas daninhas. As cenouras estão entre as culturas que sofrem as maiores perdas, comumente 10 a 25%, mas podendo alcançar 90%. O amarelecimento do olmo, também conhecido como necrose do floema do olmo, e o amarelecimento letal dos coqueiros também são causados por fitoplasmas (Figura 13.19).

Nas plantas floríferas, os fitoplasmas geralmente ficam confinados aos elementos condutores do floema, conhecidos como tubos crivados. Acredita-se que a maioria dos fitoplasmas se mova passivamente de um tubo crivado para outro através dos poros da placa crivada, à medida que a solução de açúcar é transportada no floema (Figura 13.19A). Os espiroplasmas móveis, que também são encontrados nos tubos crivados, podem ser capazes de se movimentar mais ativamente no tecido do floema. Os fitoplasmas e os espiroplasmas são, em sua maioria, transmitidos de uma planta para outra por insetos vetores, que adquirem o patógeno quando se alimentam em uma planta infectada.

As bactérias patogênicas de plantas causam uma ampla variedade de doenças

Além das doenças já mencionadas, muitas outras doenças economicamente importantes de plantas são causadas por bactérias, contribuindo substancialmente para a perda de um oitavo da colheita mundial anual. Quase todas as plantas podem ser acometidas por doenças bacterianas, e muitas dessas doenças podem ser extremamente destrutivas.

Praticamente todas as bactérias patogênicas de plantas são gram-negativas, e todas, à exceção do *Streptomyces*, que é filamentoso e gram-positivo, têm a forma de bastonetes. Essas bactérias são *parasitos* – simbiontes que prejudicam seus hospedeiros. Os sintomas causados por bactérias patogênicas de plantas variam, e o mais comum consiste no aparecimento de manchas de vários tamanhos nos ramos, nas folhas, nas flores e nos frutos (Figura 13.20). Quase todas essas manchas bacterianas são causadas por membros de dois gêneros estreitamente relacionados, *Pseudomonas* e *Xanthomonas*.

Algumas das doenças mais destrutivas de plantas – como queimas, podridão mole e murcha – também são causadas por bactérias. As queimas caracterizam-se pelo rápido desenvolvimento de necroses (áreas mortas e descoloridas) nos caules, nas folhas e nas flores. A queima das maçãs e das peras, causada por *Erwinia amylovora*, é uma doença disseminada e economicamente importante, que pode matar árvores jovens no prazo de uma única estação. A podridão mole bacteriana ocorre mais comumente nos tecidos de armazenamento de vegetais (como batatas ou cenouras), bem como em frutos carnosos (p. ex., tomates e berinjelas) e caules ou folhas suculentas (como no repolho ou na alface). As podridões moles mais destrutivas são causadas por bactérias do gênero *Erwinia*, com perdas maciças ocorrendo no período de pós-colheita.

As murchas vasculares bacterianas afetam principalmente plantas herbáceas. As bactérias invadem os vasos do xilema, onde se multiplicam. Elas interferem no movimento da água e dos nutrientes inorgânicos, produzindo polissacarídios de alto peso molecular, que resultam em murcha e morte das plantas. As bactérias degradam comumente partes das paredes dos vasos e podem até mesmo causar a sua ruptura. Uma vez rompidas as paredes, as bactérias disseminam-se então para os tecidos parenquimatosos adjacentes, onde continuam a sua multiplicação. Entre os exemplos mais importantes de murchas, destacam-se a murcha bacteriana da alfafa, do tomate e do feijão (cada uma delas causada por espécies diferentes de *Clavibacter*); a murcha bacteriana das cucurbitáceas, como abóboras e melancias (causada por *Erwinia tracheiphila*); e a nervura negra das crucíferas, como o repolho (provocada por *Xanthomonas campestris*). Entretanto, a murcha mais importante do ponto de vista econômico é aquela causada por *Pseudomonas solanacearum*. Afeta mais de 40 gêneros de plantas, incluindo culturas importantes, como bananas, amendoim, tomate, batata, berinjela e fumo, para citar apenas algumas. Essa doença ocorre mundialmente, em regiões tropicais, subtropicais e temperadas.

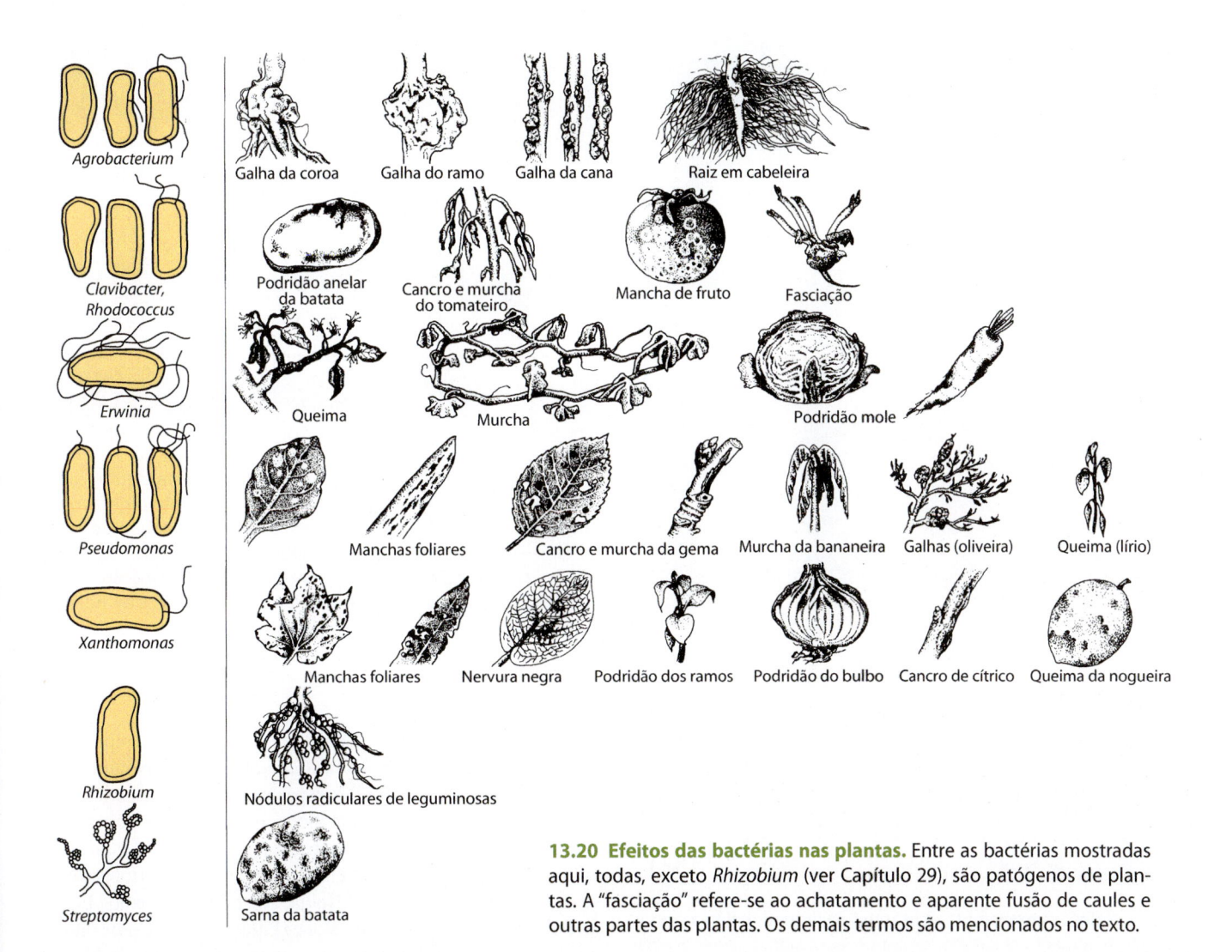

13.20 Efeitos das bactérias nas plantas. Entre as bactérias mostradas aqui, todas, exceto *Rhizobium* (ver Capítulo 29), são patógenos de plantas. A "fasciação" refere-se ao achatamento e aparente fusão de caules e outras partes das plantas. Os demais termos são mencionados no texto.

Archaea

As Archaea exibem uma enorme diversidade fisiológica. Com base nessa diversidade, as Archaea que foram estudadas mais pormenorizadamente, podem ser divididas em três grandes grupos – halófilos extremos, metanógenos e termófilos extremos – e em um pequeno grupo representado por um termófilo que não apresenta parede celular. Até bem recentemente, as arqueas eram geralmente consideradas habitantes não competitivos de ambientes hostis, que tinham pouca importância para a ecologia global. Entretanto, hoje em dia, sabe-se que as arqueas estão presentes em ambientes menos hostis, como o solo. As arqueas também constituem um importante componente do picoplâncton oceânico (organismos com menos de 1 μm), possivelmente excedendo em número todos os outros organismos marinhos. Não existe nenhum patógeno conhecido nesse domínio de procariotos.

Os halófilos extremos são as arqueas "amantes de sal"

As *arqueas halófilas extremas* constituem um grupo diverso de procariotos, que está presente em todos os lugares da natureza onde a concentração de sal é muito alta – em locais como o Great Salt Lake (EUA) e o Mar Morto, bem como em reservatórios onde se deixa a água do mar evaporar para produzir o sal de cozinha (Figura 13.21). Os halófilos extremos têm uma neces-sidade muito alta de sal, e a maioria necessita de 12 a 23% de sal (cloreto de sódio, NaCl) para o seu crescimento ótimo. Suas paredes celulares, ribossomos e enzimas são estabilizados pelo íon sódio, Na^+.

Todos os halófilos extremos são quimiorganotróficos (heteró-trofos que obtêm a sua energia a partir da oxidação de compostos orgânicos), e a maioria das espécies necessita de oxigênio. Além disso, certas espécies de halófilos extremos apresentam síntese de ATP mediada pela luz, que não envolve nenhum pigmento clorofílico. Entre essas espécies destaca-se *Halobacterium halobium*, a espécie prevalente de arquea no Great Salt Lake. Embora a alta concentração de sal no seu ambiente limite a disponibilidade de oxigênio para a respiração, esses halófilos extremos são capazes de suplementar a sua capacidade de produção de ATP utilizando a energia luminosa para produzir ATP, por meio de uma proteína denominada bacteriorrodopsina, que é encontrada na membrana plasmática.

Os metanógenos são arqueas produtoras de metano

Os *metanógenos* constituem um grupo singular de procariotos – os únicos que produzem o gás metano, um importante fator contribuinte para o aquecimento global (Figura 13.22). Todos os metanógenos são anaeróbios estritos e não toleram nem mesmo a mínima exposição ao oxigênio. Os metanógenos podem produzir metano (CH_4) a partir de hidrogênio (H_2) e dióxido de

$\vdash$ 1 µm $\dashv$

13.22 Arqueas produtoras de metano. Micrografia eletrônica de varredura de arqueas produtoras de metano do trato digestivo de um animal ruminante. Células como as mostradas aqui produzem metano e dióxido de carbono. Os metanógenos são anaeróbios estritos e, portanto, só podem viver na ausência de oxigênio – uma condição prevalente no início da vida na Terra, mas que hoje só ocorre em ambientes isolados.

13.21 Halófilos extremos. Vista aérea de arqueas halófilas extremas crescendo em reservatórios para evaporação da água do mar, perto da Baía de São de Francisco, Califórnia (EUA). Os reservatórios produzem sal de cozinha, bem como outros sais de valor comercial. À medida que a água evapora, e a salinidade aumenta, os halófilos multiplicam-se sem causar prejuízo, formando crescimentos maciços ou florações (*blooms*), que conferem colorações brilhantes à água do mar.

carbono (CO_2); os elétrons necessários provêm do H_2, e o CO_2 atua como fonte de carbono e como aceptor de elétrons.

Todos os metanógenos utilizam amônio (NH_4^+) como fonte de hidrogênio, e alguns podem fixar o nitrogênio. Os metanógenos são comuns em estações de tratamento de esgotos, em pântanos e nas profundezas dos oceanos. Com efeito, a maioria das reservas naturais de gás atualmente utilizada como combustível foi produzida, no passado, pela atividade dos procariotos produtores de metano. Os metanógenos também são encontrados no trato digestivo de bovinos e outros ruminantes, em que são importantes na degradação da celulose. Estima-se que uma vaca produza, diariamente, cerca de 50 ℓ de metano enquanto rumina. Alguns metanógenos são endossimbiontes de certos protozoários, e um subgrupo deles é encontrado no intestino de insetos.

Os termófilos extremos são arqueas "amantes de calor"

As *arqueas termófilas extremas* contêm representantes da maioria dos procariotos conhecidos como "amantes de calor". As membranas e as enzimas dessas arqueas são inusitadamente estáveis em altas temperaturas: todas apresentam temperatura ótima acima de 80°C, e algumas crescem em temperaturas ao redor de 110°C. A maioria das espécies de termófilos extremos metaboliza o enxofre de algum modo, e, com apenas poucas exceções, são anaeróbios estritos. Essas arqueas são habitantes de ambientes quentes e ricos em enxofre, como fontes termais e gêiseres encontrados na Islândia, Itália, Nova Zelândia e nos EUA, no Parque Nacional de Yellowstone (Figura 13.23). Conforme já assinalado, as arqueas termófilas extremas também crescem em fendas hidrotermais nas profundezas do oceano e em fendas no solo oceânico a partir das quais emana água geotermicamente superaquecida.

Thermoplasma é uma Archaea sem parede celular

Um quarto grupo de *Archaea* é constituído por um único gênero conhecido, *Thermoplasma*, contendo uma única espécie, *Thermoplasma acidophilum*. *Thermoplasma* assemelha-se aos micoplasmas (descritos anteriormente), visto que carece de parede celular e é muito pequeno; os representantes variam desde esféricos (0,3 a 2 µm de diâmetro) a filamentosos. *Thermoplasma* só foi encontrado em empilhamentos ácidos de refugos de carvão de autocombustão, nos EUA, no sul de Indiana e no oeste da Pensilvânia, em locais onde a temperatura dos empilhamentos varia de 32° a 80°C – um tipo de *habitat* muito incomum onde as arqueas parecem prosperar.

Vírus

Os vírus são parasitos submicroscópicos simples de plantas, animais, arqueas e bactérias (incluindo micoplasmas). Além disso, parasitam protistas e fungos. No estado extracelular, os vírus mais simples consistem em uma porção central de ácido nucleico, o *genoma viral*, circundado por um envoltório proteico que protege o genoma do ambiente externo e ajuda o vírus a se fixar à próxima célula ou hospedeiro. Fora das células hospedeiras,

13.23 Termófilos extremos. Fonte termal no Parque Nacional de Yellowstone (EUA), com vapor rico em sulfeto de hidrogênio aflorando à superfície da Terra. Diferentemente da grande fonte termal mostrada na Figura 13.2, esta fonte termal, em virtude de sua alta temperatura e acidez, é quase totalmente dominada por arqueas termófilas extremas, que crescem em um *habitat* onde outros organismos, incluindo a maioria das bactérias, não podem sobreviver. As arqueas formam um tapete ao redor da fonte.

a partícula viral infecciosa completa (genoma mais envoltó-rio) – também denominada *vírion* – é metabolicamente inerte. O vírion é a estrutura pela qual o genoma viral é transferido de um hospedeiro para outro. Para se multiplicarem, os vírus precisam recrutar uma célula hospedeira na qual possam se replicar (Figura 13.24).

Os vírus causam doenças terríveis e imensos prejuízos econômicos

Praticamente qualquer tipo de organismo pode ser infectado por diferentes vírus, e sabe-se que existe uma enorme diversidade de vírus. Tipicamente, um vírus está associado a um tipo específico de hospedeiro e é habitualmente descoberto e estudado pelo fato de causar doença nesse hospedeiro.

Nos seres humanos, os vírus são responsáveis por muitas doenças infecciosas, incluindo varicela, sarampo, caxumba, *influenza* (gripe), resfriados (frequentemente complicados por infecções bacterianas secundárias), hepatite infecciosa, polio-mielite, raiva, herpes, AIDS e febres hemorrágicas fatais (como aquelas causadas pelo vírus Ebola e pelo Hantavírus).

Nas plantas, sabe-se que mais de 2.000 doenças são causadas por mais de 600 tipos diferentes de vírus de plantas identificados. As doenças virais reduzem acentuadamente a produtividade de muitos tipos de culturas agrícolas e horticul-turas, com perdas mundiais estimadas em cerca de 15 bilhões de dólares por ano.

Geralmente, o único sintoma de infecção viral em plantas consiste em redução da velocidade de crescimento, resultando em vários graus de nanismo ou atrofia. Os sintomas mais ób-vios são habitualmente os que aparecem nas folhas, nas quais o vírus interfere na produção de clorofila, afetando, assim, a fo-tossíntese. Os mosaicos e as manchas anelares são os sintomas mais comuns produzidos pelos vírus sistêmicos, isto é, vírus que se deslocam por toda a planta. Nas doenças do mosaico, áreas

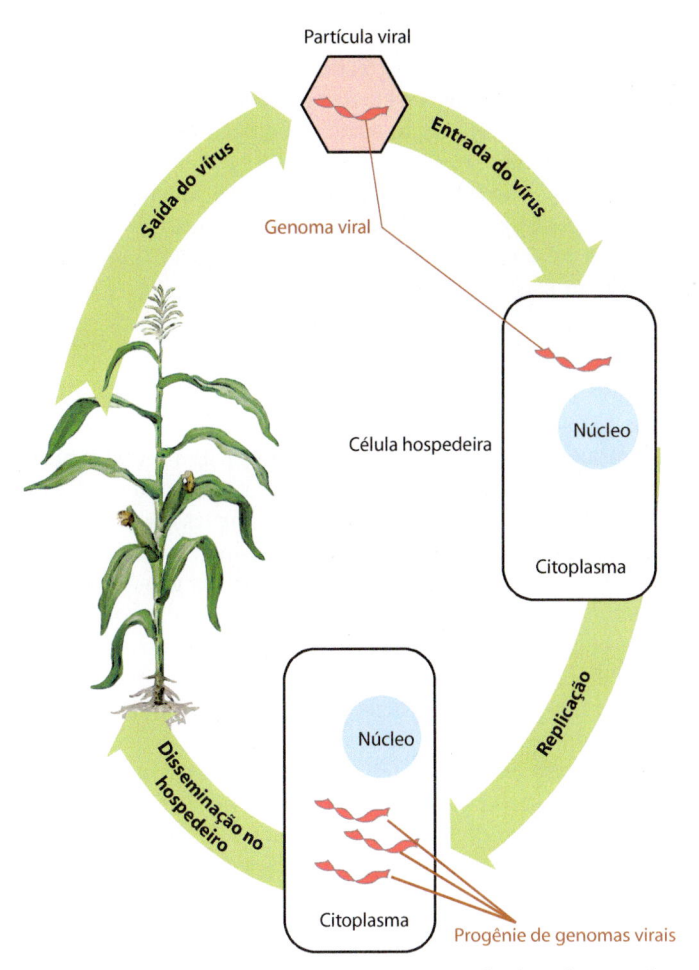

13.24 Ciclo de vida geral de um vírus. O ciclo de vida ou ciclo de infecção de um vírus consiste em dois estádios: a replicação no interior de células do hospedeiro e a disseminação para novos hos-pedeiros. Para a maioria dos vírus de plantas, a disseminação para novos hospedeiros é auxiliada por organismos vetores.

13.25 Infecção pelo vírus do mosaico do tabaco. Folha de tabaco infectada pelo vírus do mosaico do tabaco mostra as manchas típicas de cor pálida, indicando a degradação da clorofila.

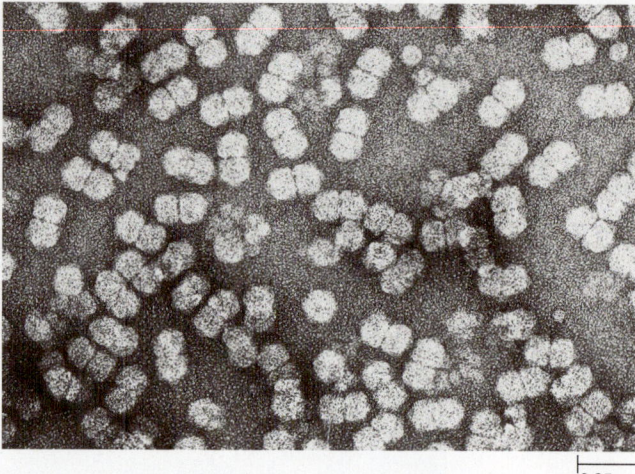

0,05 μm

13.26 Geminivírus. Geminivírus purificados a partir da gramínea *Digitaria*, corados negativamente em solução aquosa de acetato de uranila a 2%. Cada geminivírus, que tem DNA como material genético, aparece tipicamente como uma entidade em par.

verde-claras, amarelas ou brancas – que variam desde pequenas manchas a grandes faixas – aparecem intercaladas com o verde normal das folhas e frutos (Figura 13.25). Nas doenças de manchas anelares, anéis cloróticos (amarelos) ou necróticos (de tecido morto) aparecem nas folhas e, algumas vezes, também nos caules e frutos. As doenças virais menos comuns incluem o enrolamento de folhas (enrolamento da folha da batata), amarelecimentos (amarelecimento da beterraba), nanismo (nanismo amarelo da cevada), cancro (cancro negro da cerejeira) e tumor (tumor de ferimento). As manchas ou bordas amarelas nas folhas de algumas variedades hortículas apreciadas podem ser causadas por vírus, e a aparência variegada de algumas flores resulta de infecções virais que são transmitidas de geração a geração em plantas propagadas de modo vegetativo.

Os genomas dos vírus podem ser constituídos de DNA ou RNA

Como já vimos, o material genético de todas as células consiste em DNA de fita dupla (ver Capítulo 9). Em contrapartida, nos vírus, os genomas são compostos de RNA ou de DNA. O RNA ou o DNA podem ser de fita simples (ss, do inglês, *single-stranded*) ou de fita dupla (ds, do inglês, *double-stranded*). Entretanto, os vírus de plantas são, em sua grande maioria, vírus de RNA de fita simples de "sentido positivo", nos quais o RNA pode atuar diretamente como RNA mensageiro nas células hospedeiras infectadas.

Três tipos de vírus de plantas – os geminivírus, os badnavírus e os caulimovírus – têm DNA como material genético. Os geminivírus são partículas esféricas pequenas que frequentemente aparecem como constituídas de pares conectados, quando, na verdade, trata-se de uma única estrutura com duas partes (Figura 13.26). O mosaico dourado do feijoeiro é uma doença do feijão causada por um geminivírus. O vírus dissemina-se de uma planta para outra pela mosca-branca e ocorre nos climas tropicais. Outro geminivírus causa a doença denominada raiado fino (*streak*) do milho, um vírus (MSV, do inglês, *maize streak virus*) transmitido por cigarrinhas e que apresenta o menor genoma conhecido de qualquer vírus. Os geminivírus são responsáveis por outras doenças devastadoras de culturas de cereais e vegetais no

mundo inteiro, incluindo trigo, cana-de-açúcar, feijão, beterraba, mandioca, algodão, pimenta e abóbora. Os badnavírus causam doenças, por exemplo, da banana, cana-de-açúcar, cacau e framboesas. Os caulimovírus infectam couve-flores, vacínios e cravos, entre outras plantas.

Os vírus multiplicam-se ao redirecionar os mecanismos de biossíntese da célula hospedeira

Diferentemente dos vírus de animais, que entram nas células por meio de endocitose mediada por receptores (ver Capítulo 4), os vírus de plantas são incapazes de penetrar na parede celular, que atua como barreira intransponível. A transmissão ou disseminação dos vírus de plantas doentes para plantas saudáveis envolve mais comumente insetos vetores, como afídeos, cigarrinhas ou moscas-brancas, com aparelho bucal perfurante e sugador. Além dos insetos vetores, os vírus de plantas podem entrar na planta através de ferimentos produzidos mecanicamente por nematódeos ou durante a colheita, ou por transmissão em um óvulo através do tubo polínico de um grão de pólen infectado. Os vírus também se disseminam por propagação vegetativa de plantas ornamentais e culturas, como os da batata.

Uma vez no interior da célula hospedeira, o vírion desprende seu envoltório, liberando o ácido nucleico. No interior da célula, o RNA ou DNA viral multiplica-se então ao redirecionar o mecanismo de biossíntese da célula, produzindo, assim, ácidos nucleicos e proteínas para a montagem de partículas virais adicionais.

Após a sua entrada em uma célula hospedeira, o DNA de fita simples dos geminivírus é transportado até o núcleo, onde é convertido em DNA de fita dupla pela síntese de uma fita complementar dirigida pela célula hospedeira. A seguir, esse DNA de fita dupla atua como molde para a transcrição do gene da replicase (*Rep*) viral, que é necessário para replicação subsequente.

Em virtude de sua capacidade de produzir grandes quantidades de cópias do genoma nas células inoculadas, os geminivírus são particularmente interessantes como sistemas vetores potenciais para a expressão de produtos gênicos específicos nas plantas. Um vírus de DNA submetido à engenharia genética, em que o gene do revestimento proteico foi substituído por um gene estranho de interesse (ver Capítulo 10), pode ser transmiti-

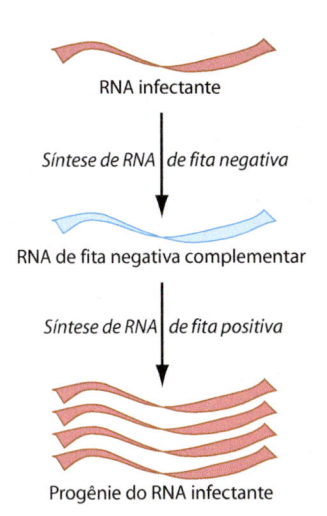

RNA infectante

Síntese de RNA de fita negativa

RNA de fita negativa complementar

Síntese de RNA de fita positiva

Progênie do RNA infectante

13.27 Replicação de vírus de RNA. Diagrama simplificado da replicação de um genoma de vírus de RNA de fita simples e sentido positivo.

do para a planta por inoculação mecânica das folhas, onde será amplificado durante a replicação do DNA viral.

Nos vírus de RNA de fita simples de sentido positivo – como o vírus do mosaico do fumo (TMV, do inglês, *tobacco mosaic virus*) –, a replicase codificada pelo vírus sintetiza uma fita complementar (negativa) de RNA, utilizando a fita positiva como molde. Em seguida, novas fitas positivas de RNA são sintetizadas a partir do molde de fita negativa (Figura 13.27). Em geral, acredita-se que a replicação da fita positiva envolva uma associação com membranas celulares, como retículo endoplasmático, membrana externa dos cloroplastos e tonoplasto (a membrana que circunda o vacúolo). Conforme assinalado anteriormente, o RNA de fita simples e sentido positivo atua como RNA mensageiro. Utilizando os ribossomos da célula hospedeira, ele dirige a síntese de enzimas e das subunidades do envoltório proteico.

O capsídio viral é composto de subunidades proteicas

Todos os vírus apresentam uma ou mais proteínas, denominadas proteínas do capsídio, cuja montagem ocorre de forma simétrica

e precisa para formar o *capsídio*, um revestimento semelhante a uma concha, que protege o ácido nucleico. Alguns vírus também apresentam um envoltório de moléculas de lipídios intercaladas com proteínas na superfície externa do capsídio. As proteínas e os lipídios de superfície ajudam no reconhecimento de células hospedeiras potenciais, mas também fornecem alvos para a resposta imune dos animais para combater uma infecção viral.

Como os capsídios virais são importantes determinantes na infecção viral, os cientistas têm utilizado a microscopia eletrônica e a cristalografia para estudar a estrutura dos capsídios. O conhecimento acerca da estrutura dos vírus leva ao planejamento mais rápido de agentes antivirais e anticorpos para melhor controlar as infecções virais. O estudo dos vírus de plantas tem sido um instrumento para compreender as doenças virais.

O vírus do mosaico do fumo – o primeiro vírus a ser examinado ao microscópio, em 1939 – fornece um exemplo clássico de um *vírion helicoidal*, uma das duas principais classes estruturais de vírus. O TMV é uma partícula em forma de bastonete, de cerca de 300 nm de comprimento e 15 nm de diâmetro. O RNA, constituído de mais de 6.000 nucleotídios, forma uma fita simples que se encaixa dentro de um sulco, no qual mais de 2.000 moléculas de proteína idênticas estão dispostas em simetria helicoidal, lembrando uma mola (Figura 13.28).

A outra classe estrutural importante e mais comum de vírus é constituída pelos *vírus icosaédricos*. O icosaedro é uma estrutura de 20 lados, na qual o capsídio é montado a partir de 180 ou mais moléculas de proteína, em um arranjo simétrico semelhante a um domo geodésico (Figura 13.29). Os vírus icosaédricos de plantas têm, em sua maioria, cerca de 30 nm de diâmetro.

Os vírus movem-se célula a célula dentro da planta via plasmodesmos

Conforme assinalado anteriormente, a parede celular atua como barreira intransponível, de modo que a maioria dos vírus de plantas necessita de insetos vetores para penetrar no protoplasto. Alguns vírus permanecem confinados à célula inicialmente infectada, enquanto outros movimentam-se por toda a planta, resultando em *infecção sistêmica*.

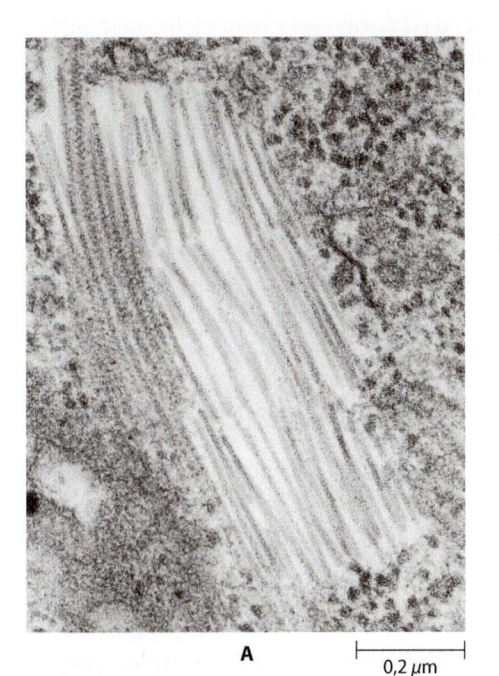

A   0,2 μm

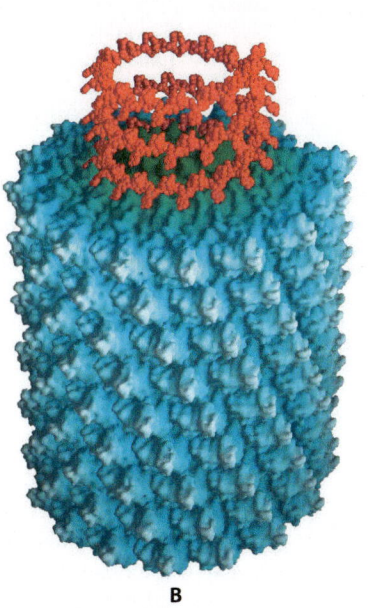

B

13.28 Vírus do mosaico do fumo (TMV). A. Micrografia eletrônica mostrando partículas do TMV em uma célula do mesofilo de uma folha de fumo. **B.** Porção da partícula do TMV, determinada por cristalografia com raios X. O RNA de fita simples, mostrado aqui em vermelho, encaixa-se nos sulcos das subunidades proteicas que são montadas no arranjo helicoidal do capsídio.

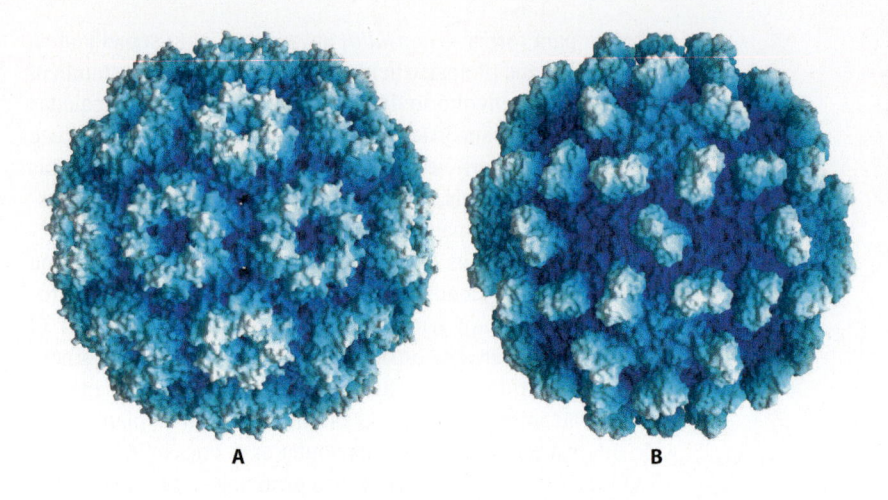

13.29 Vírus icosaédricos de plantas. Capsídios proteicos, determinados por cristalografia com raios X, para (**A**) vírus do mosqueado clorótico do caupi ou feijão-de-corda (*Vigna unguiculata*) e (**B**) vírus *bushy stunt* do tomateiro. Ambos os vírus são icosaédricos, isto é, suas subunidades estão dispostas em uma estrutura com 20 lados ou uma variação dela.

O movimento de muitos vírus pela planta pode ser dividido em duas fases: (1) movimento de célula para célula ou a curta distância entre as células parenquimáticas, e (2) movimento a longa distância pelos elementos condutores ou tubos crivados do floema.

O movimento dos vírus célula a célula nas plantas ocorre por meio dos plasmodesmos (Figura 13.30). Os tamanhos efetivos dos poros ou tamanhos dos limites de exclusão (ver Capítulo 4) dos plasmodesmos são, em condições normais, demasiado pequenos para possibilitar a passagem de vírions ou de genomas virais (ver Figura 4.18). O movimento dos vírus é facilitado por proteínas codificadas pelo vírus, denominadas *proteínas de movimento*, que envolvem dois mecanismos distintos: movimento orientado por túbulos e movimento não orientado por túbulos. Nos vírus, como o vírus da degenerescência da videira (GFLV, do inglês, *grapevine fanleaf virus*), os plasmodesmos são estruturalmente modificados pela inserção de um túbulo organizado pela proteína de movimento. O desmotúbulo está ausente nesses plasmodesmos modificados. Para outros vírus, como o vírus do mosaico do fumo, não ocorre nenhuma alteração importante na estrutura dos plasmodesmos. Na verdade, a proteína de movimento aumenta o tamanho do limite de exclusão dos plasmodesmos em dez vezes. Os vírus do mosaico do fumo mutantes, com deficiência do gene que especifica a produção da proteína de movimento, são incapazes de movimentação sistêmica pelo corpo da planta. Após a descoberta de que os genomas virais se movimentam através dos plasmodesmos, os pesquisadores verificaram que alguns RNA mensageiros de plantas também se movem através dos plasmodesmos. De fato, o estudo dos vírus foi fundamental para compreender a função dos plasmodesmos e para revelar um sistema pelo qual as células vegetais podem se comunicar.

O movimento de célula a célula via plasmodesmos é um processo lento. Por exemplo, em uma folha, o vírus move-se cerca de 1 mm ou 8 a 10 células do parênquima por dia. No floema, o movimento dos vírus pode alcançar velocidades de 1 cm por dia. Uma vez no floema, os vírus movem-se sistemicamente para regiões de crescimento, como ápices caulinares e pontas das raízes, bem como para regiões de armazenamento, como os rizomas e os tubérculos, onde os vírus entram novamente nas células do parênquima adjacente ao floema. Os vírus que dependem do floema para o estabelecimento bem-sucedido de infecções são introduzidos diretamente pelo vetor no floema. Alguns vírus dependentes de floema, como o vírus do amarelecimento da beterraba, parecem estar limitados ao floema e a algumas células do parênquima adjacente.

Várias respostas do hospedeiro conferem resistência aos patógenos de plantas

Uma resposta comum do hospedeiro à infecção por diferentes tipos de patógenos (fungos, bactérias e vírus) é a *resposta de hipersensibilidade* (*HR*, do inglês, *hypersensitive response*). A ativação da resposta de hipersensibilidade depende do reconhecimento do patógeno por um *gene de resistência* dominante específico (o gene do hospedeiro que determina a resistência). As respostas associadas à resposta de hipersensibilidade incluem morte das células do hospedeiro no local de infecção, acompanhada de acúmulo de altas concentrações de moléculas com propriedades antimicrobianas. Essas respostas inibem o movimento do patógeno na borda da lesão.

A resistência a doenças é habitualmente mediada por genes dominantes. De acordo com o modelo de gene-paragene, a resistência da planta a determinado patógeno só ocorre quando

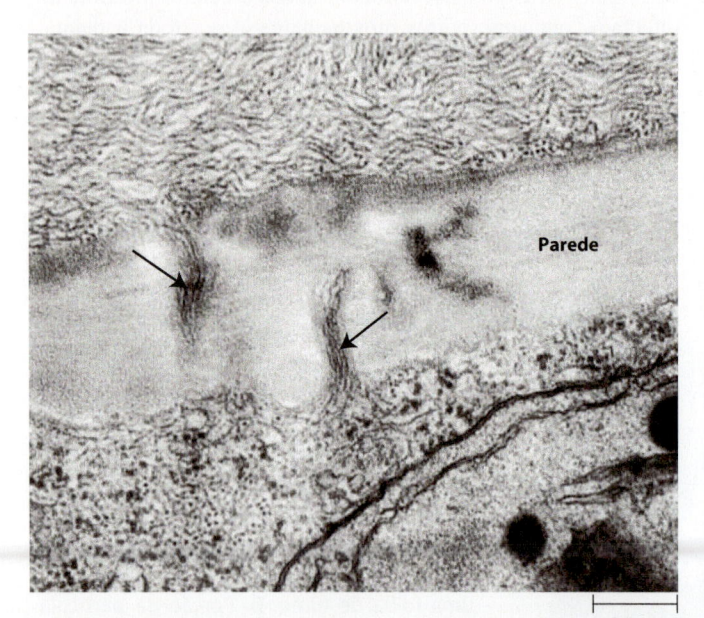

Parede

0,3 μm

13.30 Movimento de vírus através dos plasmodesmos. Partículas do vírus do amarelecimento da beterraba nos plasmodesmos (setas), movimentando-se de um tubo crivado do floema (em cima) para sua célula-irmã, a célula companheira (embaixo).

a planta tem um gene de resistência dominante, e o patógeno expressa o gene de avirulência complementar. O gene de avirulência codifica uma proteína viral, que interage com o gene de resistência do hospedeiro e provoca uma falha em algum estágio do ciclo de infecção. Dois exemplos desses genes de resistência dominantes são o gene *N* de *Nicotiana glutinosa* e o gene *Rx* da batata. O primeiro reconhece a proteína replicase do vírus do mosaico do fumo, resultando em uma resposta de hipersensibilidade ao TMV; o segundo confere imunidade ao vírus X da batata e é ativado pela proteína do envoltório viral.

Muitos patógenos podem desencadear um mecanismo conhecido como *resistência sistêmica adquirida* (*SAR*, do inglês, *systemic acquired resistance*), que ocorre em resposta a um ataque localizado de um patógeno. A indução da SAR exige a formação de lesões necróticas na planta, como parte da resposta de hipersensibilidade ou como sintoma da doença. A ativação da SAR, que requer a presença de ácido salicílico (ver Capítulo 2), proporciona a outras partes da planta uma proteção duradoura contra o mesmo patógeno ou contra outros patógenos não relacionados.

Uma resposta específica de defesa aos vírus patogênicos de plantas é o *silenciamento gênico pós-transcricional* (*PTGS*, do inglês, *posttranscriptional gene silencing*). Muitos vírus induzem PTGS com a infecção da planta hospedeira. Os genes silenciados pelo PTGS continuam sendo transcritos, porém os níveis de RNA mensageiro estão baixos a indetectáveis, devido à ativação de um mecanismo específico de sequência, que degrada moléculas de RNA. Por conseguinte, o mecanismo de silenciamento gênico elimina o produto proteico necessário para a patogenia viral.

Viroides | Outras partículas infecciosas

Os *viroides* são os menores agentes conhecidos causadores de doenças infecciosas. Consistem em pequenas moléculas circulares de RNA de fita simples e carecem de qualquer tipo de capsídio (Figura 13.31). Os viroides, cujo tamanho varia de 246 a 399 nucleotídios, são muito menores do que os menores genomas virais. Embora o RNA dos viroides consista em um círculo de fita simples, ele pode formar uma estrutura secundária que se assemelha a uma molécula de fita dupla curta, com extremidades fechadas. O RNA dos viroides não contém genes codificadores de proteína e, portanto, depende totalmente do hospedeiro para sua replicação. A molécula de RNA dos viroides parece ser replicada no núcleo da célula hospedeira, onde aparentemente imita o DNA, possibilitando a sua replicação pela RNA polimerase da célula hospedeira. Os viroides podem causar sintomas ao interferir na regulação gênica da célula hospedeira infectada.

O termo "viroide" foi empregado pela primeira vez por Theodor O. Diener, do Departamento de Agricultura dos EUA, em 1971, para descrever o agente infeccioso causador da doença do tubérculo afilado da batata (PSTVd*, do inglês, *potato spindle tuber viroid*). As batatas infectadas pelo viroide do tubérculo afilado da batata são alongadas (em forma de fuso) e nodosas. Algumas vezes, apresentam fissuras profundas em sua superfície. Dois outros viroides bem estudados são o viroide *exocortis* de citros e o viroide *cadang-cadang* do coqueiro (CCCVd, do inglês, *coconut cadang-cadang viroid*). O CCCVd foi responsável pela morte de milhões de coqueiros nas Filipinas na segunda metade do século 20.

RESUMO

Bacteria e Archaea são os dois domínios dos procariotos

Os procariotos são os menores organismos e os mais simples do ponto de vista estrutural. Em termos evolutivos, são também os mais antigos organismos da Terra e consistem em duas linha-

---

*N.R.T.: A letra d é usada após as iniciais dos viroides, para distingui-los dos nomes dos vírus.

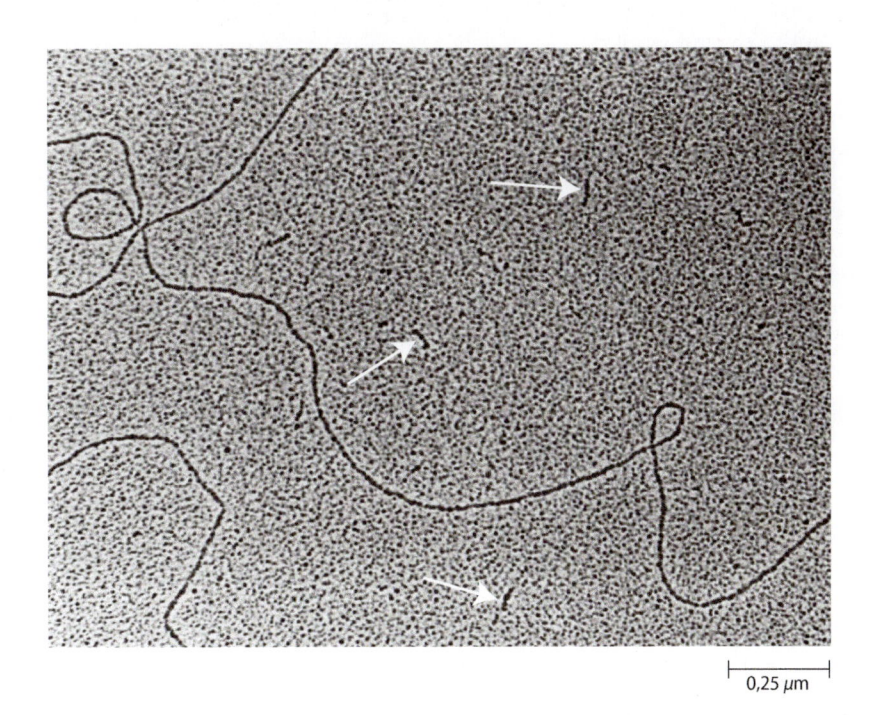

0,25 μm

13.31 Viroides. Micrografia eletrônica de viroides do tubérculo afilado da batata (setas) misturados com porções da molécula de DNA de fita dupla de um bacteriófago. Esta micrografia ilustra a enorme diferença de tamanho entre o material genético de um viroide e de um vírus.

gens distintas: os domínios Bacteria e Archaea. Os procariotos carecem de núcleo delimitado por um envoltório nuclear, assim como de organelas delimitadas por membrana. Todavia, apresentam numerosos microcompartimentos contendo enzimas, encapsulados por um revestimento de proteína. Os procariotos carecem de citoesqueleto, mas apresentam homólogos da actina e tubulina, que desempenham um papel na divisão celular. Com frequência, existem também pequenos fragmentos adicionais de DNA circular, conhecidos como plasmídios. Quase todos os procariotos têm paredes celulares rígidas, com as notáveis exceções dos micoplasmas e fitoplasmas. A parede celular das bactérias é composta principalmente de peptidoglicanos. As bactérias gram-negativas, cuja parede celular não fixa o corante violeta cristal, apresentam uma camada mais externa de lipopolissacarídios, fosfolipídios e proteínas sobre a camada de peptidoglicano. Muitos procariotos secretam substâncias viscosas ou pegajosas na superfície de suas paredes celulares, formando uma camada denominada glicocálice ou cápsula. Uma ampla variedade de procariotos – tanto bactérias quanto arqueas – contêm grânulos de ácido poli-β-hidroxibutírico e glicogênio, que são compostos de reserva alimentar.

As células procarióticas apresentam formas características

As células dos procariotos podem ter forma de bastonete (bacilos), esférica (cocos) ou espiral (espirilos). Todos os procariotos são unicelulares, porém as células-filhas podem aderir em grupos, filamentos ou massas sólidas. Muitos procariotos apresentam flagelos e, portanto, são móveis; a rotação dos flagelos movimenta a célula no seu meio ambiente. Os flagelos dos procariotos, em virtude da ausência de microtúbulos, diferem acentuadamente daqueles dos eucariotos. Os procariotos também podem ter fímbrias ou *pili*. Recentemente, foi constatada a existência de túbulos de vários tamanhos, denominados nanotubos, que conectam células bacterianas adjacentes.

Os procariotos tipicamente se reproduzem por fissão binária

Os procariotos se reproduzem, em sua maioria, por fissão binária ou divisão simples. As mutações, combinadas com um rápido tempo de geração, são responsáveis pela extraordinária adaptabilidade dos procariotos. Uma adaptabilidade adicional é conferida pela transferência lateral de genes que ocorre em consequência dos processos de conjugação, transformação e transdução. Certas espécies de bactérias têm a capacidade de formar endósporos, isto é, células dormentes em repouso que podem sobreviver em condições desfavoráveis.

Os procariotos exibem enorme diversidade metabólica

Embora alguns sejam autótrofos, os procariotos são, em sua maioria, heterótrofos. A grande maioria dos heterótrofos é saprófita, e, juntamente com os fungos, são recicladores da biosfera. Alguns autótrofos, os autótrofos fotossintetizantes, obtêm a sua energia da luz. Outros autótrofos obtêm a sua energia a partir da redução de compostos inorgânicos e são denominados autótrofos quimiossintetizantes. Diversos gêneros desempenham importante papel no ciclo do nitrogênio, do enxofre e do carbono. De todos os organismos vivos, somente certas bactérias são capazes de fixar o nitrogênio. Sem bactérias, a vida na Terra, como a conhecemos, não seria possível.

Alguns procariotos são aeróbios, outros são anaeróbios estritos, e outros, ainda, são anaeróbios facultativos. Os procariotos também variam quanto à faixa de temperatura na qual se desenvolvem, desde os que podem crescer em temperaturas de 0° ou abaixo (psicrófilos) até aqueles que podem se desenvolver em temperaturas acima de 100°C (termófilos extremos).

As bactérias incluem organismos patogênicos e fotossintetizantes

Muitas bactérias são patógenos importantes em plantas e em animais. Um grupo distinto de bactérias, os micoplasmas e os fitoplasmas, que carecem de parede celular e são muito pequenos, inclui diversos organismos causadores de doença.

As bactérias fotossintetizantes podem ser divididas em três grupos principais: as cianobactérias, as proclorófitas e as bactérias purpúreas e verdes. As cianobactérias e as proclorófitas contêm clorofila *a*, a mesma molécula que ocorre em todos os eucariotos fotossintetizantes, e produzem oxigênio durante a fotossíntese. Por outro lado, as bactérias purpúreas e verdes contêm vários tipos diferentes de bacterioclorofila e não produzem oxigênio durante a fotossíntese. Além disso, as proclorófitas contêm clorofila *b*, mas carecem de ficobilinas, que são encontradas nas cianobactérias. Muitos gêneros de cianobactérias podem fixar o nitrogênio.

As arqueas são organismos fisiologicamente diversos, que ocupam uma ampla variedade de habitats

As arqueas podem ser divididas em três grandes grupos: os halófilos extremos, os metanógenos e os termófilos extremos. Um quarto grupo é representado por um único gênero, *Thermoplasma*, que carece de parede celular. Antigamente, acreditava-se que as arqueas ocupassem principalmente ambientes hostis; hoje em dia, sabe-se que constituem um importante componente do picoplâncton marinho.

Os vírus são parasitos submicroscópicos, constituídos de DNA ou de RNA circundado por um envoltório de proteína

Os vírus têm genomas que se replicam dentro de um hospedeiro vivo, direcionando o mecanismo genético da célula hospedeira para a síntese de ácidos nucleicos e proteínas virais. Os vírus contêm RNA ou DNA – de fita simples ou de fita dupla – circundados por um envoltório proteico externo ou capsídio e, algumas vezes, também por um envoltório contendo lipídios. Os vírus são comparáveis, em tamanho, a grandes macromoléculas e aparecem em uma variedade de formas. A maioria é esférica, com simetria icosaédrica, enquanto outros têm forma de bastonete, com simetria helicoidal.

Os vírus e os viroides causam doenças em plantas e animais

Os vírus são responsáveis por muitas doenças nos seres humanos e em outros animais, bem como por mais de 2.000 tipos diferentes de doenças de plantas. A transmissão de vírus de plantas doentes para plantas saudáveis envolve mais comumente insetos vetores. Uma vez no interior da célula hospedeira, a partícula viral ou vírion desprende seu capsídio, liberando o ácido nucleico. Os vírus de plantas são, em sua maioria, vírus de RNA. Nos vírus de RNA de fita simples, como o vírus do mosaico do fumo, o RNA viral dirige a formação de uma fita complementar de RNA, que então serve como molde para a produção de novas partículas de RNA viral. Utilizando os ribossomos da célula hospedeira, o RNA viral dirige a síntese de proteínas do capsídio. As novas fitas de RNA e as proteínas do capsídio são então montadas em vírions completos dentro da célula hospedeira.

Dentro da planta hospedeira, o movimento dos vírus a curta distância, célula a célula, ocorre via plasmodesmos. Esse movimento é facilitado por proteínas codificadas pelos vírus, denominadas proteínas de movimento. Um grande número de vírus de plantas move-se sistemicamente por toda a planta, no floema.

Os viroides, os menores agentes infecciosos conhecidos, consistem em pequenas moléculas de RNA circular, de fita simples. Diferentemente dos vírus, os viroides carecem de envoltório proteico. Acredita-se que eles interfiram na regulação gênica das células hospedeiras infectadas, em cujo núcleo, principalmete, eles estão presentes.

Autoavaliação

1. Faça a distinção entre: bactéria gram-positiva e bactéria gram-negativa; fímbria e *pilus*; endósporo e acineto; vírus e viroide.

2. O declínio da pera é assim denominado pelo fato de causar enfraquecimento lento e progressivo e, por fim, morte da pereira. Trata-se uma doença sistêmica caudada por fitoplasmas. O que significa "doença sistêmica" e por meio de qual via os fitoplasmas se locomovem dentro da árvore?

3. Quais os fatores genéticos que contribuem para a extraordinária adaptabilidade dos procariotos a uma ampla variedade de condições ambientais?

4. Cite algumas respostas do hospedeiro que conferem resistência a patógenos de plantas.

5. Pode-se argumentar que os vírus deveriam ser considerados organismos vivos. Quais são os critérios para essa argumentação?

CAPÍTULO 14

Fungos

◀ **Ferrugem em macieira e no cedro-vermelho-do-leste.**
O fungo *Gymnosporangium juniperi-virginianae*, causador da ferrugem nas macieiras (*Malus domestica*) e no cedro-vermelho-do-leste (*Juniperus virginiana*), alterna-se entre as duas espécies. Nos cedros formam-se galhas muito coloridas (mostradas na figura) que originam esporos, os quais são levados pelo vento até as macieiras, que, infestadas, produzem frutos malformados. Nas macieiras, os fungos produzem esporos que são levados de volta aos cedros. A aplicação de fungicidas nas plantações de macieiras, economicamente importantes, interrompe o ciclo.

Os fungos são organismos heterotróficos antigamente considerados plantas primitivas ou degeneradas, sem clorofila. Todavia, hoje em dia, sabe-se que as únicas características que os fungos compartilham com as plantas – excluindo aquelas comuns a todos os eucariotos – são a sua natureza séssil e a forma de crescimento multicelular. (Alguns fungos, incluindo as leveduras, são unicelulares.) As evidências moleculares sugerem fortemente que os fungos estejam mais estreitamente relacionados com os animais do que com as plantas. Como veremos adiante, os fungos apresentam uma forma de vida tão distinta de todos os outros seres vivos que adquiriram o seu próprio reino – o reino Fungi.

Até o momento, foram identificadas mais de 100.000 espécies de Fungi, com cerca de 1.200 novas espécies descobertas a cada ano. Estimativas conservadoras sobre o número total de espécies ultrapassam 1,5 milhão, colocando os Fungi como segundo maior grupo, somente suplantado pelos insetos. O maior organismo vivo na Terra, hoje em dia, pode ser um indivíduo de *Armillaria solidipes*, um causador da podridão de raiz de ár-vores, anteriormente conhecido como *Armillaria ostoyae* (Figura 14.1), que ocupa quase 900 hectares (2.200 acres) de floresta nas Blue Mountains, no leste de Oregon (EUA). Estima-se que esse fungo tenha mais de 2.400 anos de idade. Outra espécie próxima de *A. solidipes*, *Armillaria gallica*, foi encontrada ocupando 15 hectares (37 acres) ao norte de Michigan (EUA). Estima-se que esse "gigantesco fungo", como foi apelidado, tenha pelo menos 1.500 anos.

Importância dos fungos
Os fungos são ecologicamente importantes como decompositores

O impacto ecológico dos fungos não pode ser subestimado. Com as bactérias heterotróficas, os fungos são os principais

A

B

14.1 Fungo causador de podridão de raiz. A. Esta fotografia mostra um tapete de micélio branco do fungo causador da podridão de raiz (*Armillaria solidipes*) crescendo sob a casca de uma árvore infectada. *Armillaria* causa doença em árvores, arbustos, videiras e outras plantas vivas e atua como decompositor quando cresce em árvores mortas e cepos. **B.** Cogumelos do gênero *Armillaria* desenvolvem-se no outono.

decompositores da biosfera. Os decompositores são tão necessários quanto os produtores de alimentos para a continuidade da existência do mundo vivo. A decomposição quebra a matéria orgânica incorporada nos organismos, liberando dióxido de carbono na atmosfera e devolvendo compostos nitrogenados e outras substâncias ao solo, onde essas moléculas podem ser novamente utilizadas – recicladas – pelas plantas e, por fim, pelos animais. Estima-se que, em média, os 20 cm superiores de solo fértil contenham quase 5 toneladas de fungos e bactérias por hectare (2,47 acres). Cerca de 500 espécies conhecidas de fungos, representando vários grupos distintos, são marinhas; essas espécies degradam a matéria orgânica no mar, assim como o fazem as espécies terrestres. Existem também muitas espécies dulcícolas.

Os fungos, como decompositores, frequentemente entram em conflito direto com os interesses do homem. Um fungo não faz nenhuma distinção entre uma árvore apodrecida que caiu na floresta e um mourão de cerca; é provável que o fungo ataque tanto um quanto outro. Equipados com um poderoso conjunto de enzimas que decompõem as substâncias orgânicas, incluindo a lignina e a celulose da madeira, os fungos frequentemente causam prejuízos e, algumas vezes, são extremamente destrutivos. Os fungos atacam tecidos, tintas, couro, ceras, combustíveis, petróleo, madeiras, papéis, isolamentos de cabos e fios, filmes fotográficos e até mesmo lentes de equipamentos ópticos – na verdade, quase qualquer tipo de material concebível, incluindo CD e DVD. Embora espécies individuais de fungos sejam altamente específicas para determinados substratos, eles, como grupo, atacam praticamente qualquer coisa. Por toda parte, representam um tormento para produtores, distribuidores e vendedores de alimentos, visto que crescem em pães, frutas frescas (Figura 14.2), sementes, legumes, hortaliças, carnes e outros produtos. Os fungos reduzem o valor nutricional, bem como a palatabilidade, desses alimentos. Além

disso, alguns produzem substâncias muito tóxicas, conhecidas como micotoxinas, sobre certos materiais de origem vegetal e carnes.

Os fungos têm importância médica e econômica como pragas, patógenos e produtores de certas substâncias químicas úteis

Do ponto de vista econômico, a importância dos fungos como pragas é reforçada pela sua capacidade de crescer em uma ampla diversidade de condições. Algumas cepas de *Cladosporium herbarum*, que atacam a carne em frigoríferos, podem crescer em temperaturas tão baixas quanto –6°C. Por outro lado, uma espécie de *Chaetomium* tem o seu crescimento ótimo a 50°C e sobrevive até mesmo a 60°C.

14.2 Fruto em decomposição. *Rhizopus*, um fungo filamentoso comum, crescendo sobre morangos.

Muitos fungos atacam mais organismos vivos do que mortos e, algumas vezes, de maneira surpreendente (ver adiante, "Fungos Predadores"). Trata-se dos agentes etiológicos mais importantes nas doenças das plantas. Mais de 5.000 espécies de fungos atacam culturas de valor econômico e plantas ornamentais, bem como árvores e muitas plantas silvestres (Figura 14.1). Vários dos patógenos mais importantes são fungos assexuados (ver adiante, Ascomicetos). A antracnose, uma doença de plantas que provoca lesões e enegrecimento, é geralmente causada por fungos assexuados. Além disso, uma doença frequentemente fatal nos cornisos (*Cornus florida*), que foi detectada em uma grande área do leste dos EUA no final da década de 1980, é causada pelo fungo assexuado *Discula destructiva*. Outros fungos – mais de 175 espécies já foram identificadas – causam doenças graves em animais domésticos e seres humanos.

Embora as infecções fúngicas de seres humanos sejam mais comuns nas regiões tropicais, foi constatado um aumento alarmante no número de indivíduos infectados por fungos em todas as regiões do mundo. Esse aumento deve-se, em parte, à população crescente de indivíduos com comprometimento do sistema imunológico, como indivíduos com AIDS e pacientes com câncer submetidos a quimioterapia. No mundo inteiro, a maioria das mortes de indivíduos com AIDS deve-se à pneumonia causada pelo *Pneumocystis carinii*, que se acreditou durante muito tempo ser um protozoário, mas que hoje em dia é classificado como fungo. Outros fungos patogênicos graves de indivíduos com supressão do sistema imune incluem espécies de *Candida*, que causam candidíase oral e outras infecções das mucosas, bem como *Cryptococcus neoformans*, um basidiomiceto que causa criptococose e que tem o hábito de crescer como levedura quando cresce como patógeno humano.

As características que fazem com que os fungos sejam pragas importantes também podem torná-los comercialmente valiosos. As leveduras são utilizadas na indústria do vinho como fonte de etanol, por padeiros como fonte de dióxido de carbono e na indústria da cerveja como fonte de ambas as substâncias. Muitas cepas de leveduras úteis em produtos domésticos foram desenvolvidas por seleção e cruzamento, e, hoje em dia, as técnicas de engenharia genética estão sendo usadas para melhorar ainda mais essas cepas pela adição de genes úteis de outros organismos. Alguns dos aromas do vinho provêm diretamente da uva, porém a maior parte decorre da ação das leveduras. As leveduras essenciais na produção de vinho, cidra, saquê e cerveja são, em sua maioria, cepas de *Saccharomyces cerevisiae*, embora outras espécies também desempenhem um papel. As cervejas de tipo *lager*, por exemplo, são feitas, em sua maior parte, com o uso do *Saccharomyces carlsbergensis* (ver Quadro: "A Botânica da Cerveja", Capítulo 6). Todavia, hoje em dia, o *Saccharomyces cerevisiae* é praticamente a única espécie utilizada na panificação (ver Figura 14.8A). Outros fungos proporcionam os sabores e aromas distintos de diferentes tipos de queijos. Por exemplo, certas espécies de *Penicillium* conferem a alguns tipos de queijos a aparência, o sabor, o odor e a textura tão apreciados por *gourmets*. O Roquefort, o Danish, o Stilton e o Gorgonzola são todos amadurecidos pelo *Penicillium roqueforti*. Outra espécie, o *Penicillium camemberti*, conferem aos queijos Camembert e Brie suas qualidades especiais. A pasta de soja (missô) é produzida pela fermentação da soja com *Aspergillus oryzae*, e o molho de soja é feito pela fermentação da soja com uma mistura de *A. oryzae* e *Aspergillus sojae*, bem como bactérias produtoras de ácido láctico. O *Aspergillus oryzae* também é importante nas etapas iniciais da fermentação do saquê, a bebida alcoólica tradicional do Japão; *S. cerevisiae* é importante posteriormente no processo.

O uso comercial de fungos na indústria continua crescendo, e muitos antibióticos – incluindo a penicilina, o primeiro antibiótico a ser largamente utilizado – são produzidos por fungos. Dezenas de diferentes tipos de fungos (cogumelos) são consumidos regularmente pelo homem, e muitos deles são cultivados comercialmente. A capacidade dos fungos de decompor substâncias está levando à pesquisa do uso de fungos em programas de limpeza de lixo tóxico. O fungo da podridão branca, *Phanerochaete chrysosporium*, que sobrevive ao degradar a lignina como etapa necessária para a obtenção da celulose e hemicelulose na madeira, tem sido muito efetivo na degradação de compostos orgânicos tóxicos.

Um exemplo notável do valor potencial de compostos derivados dos fungos é a ciclosporina, uma "droga milagrosa" isolada do fungo *Tolypocladium inflatum*, habitante do solo. A ciclosporina suprime as reações imunes que provocam rejeição de órgãos transplantados, porém sem os efeitos adversos indesejáveis de outros fármacos usados para esse propósito. Esse fármaco notável tornou-se disponível em 1979, fazendo com que os transplantes de órgãos, que praticamente tinham sido abandonados, voltassem a ser realizados. Em virtude da ciclosporina, o transplante bem-sucedido de órgãos tornou-se, hoje em dia, uma prática quase comum.

Diversas leveduras, mais notavelmente *S. cerevisiae*, passaram a constituir importantes organismos de laboratório para pesquisa genética. Essa levedura constitui o organismo de escolha para estudos do metabolismo, da genética molecular e do desenvolvimento das células eucarióticas, bem como de estudos cromossômicos. As células haploides de *S. cerevisiae* têm 16 cromossomos, e foram determinadas as sequências de DNA de todos eles. *Saccharomyces cerevisiae* foi o primeiro eucarioto a ter o seu genoma totalmente sequenciado. Os fungos vêm sendo utilizados, há muito tempo, como sistemas-modelo para a genética e a biologia molecular. Destacam-se os experimentos realizados na década de 1940 por George Beadle e Edward L. Tatum, que mais tarde dividiram o Prêmio Nobel pelo seu trabalho. Beadle e Tatum, trabalhando com mutantes do bolor vermelho do pão, *Neurospora crassa*, formularam a hipótese de que as enzimas e outras moléculas proteicas são produtos diretos de genes (a hipótese de um gene-uma enzima).

Os fungos formam relações simbióticas importantes

As relações entre fungos e outros organismos são extremamente diversas. Por exemplo, pelo menos 90% de todas as plantas vasculares formam associações mutuamente benéficas, denominadas micorrizas, entre suas raízes e os fungos. Essas associações, que serão discutidas adiante, desempenham um papel essencial na nutrição das plantas. Os liquens, muitos dos quais ocupam *habitats* extremamente hostis, são associações simbióticas entre fungos e células de algas ou cianobactérias (ver adiante). Existem também relações simbióticas entre fungos e insetos. Em uma dessas relações, os fungos, que produzem celulase e outras enzimas necessárias para a digestão de materiais vegetais, são cultivados por formigas em "jardins" de fungos. As formigas fornecem ao fungo pedaços de folhas e excreções anais, e elas se alimentam apenas do fungo. Uma associação semelhante surgiu entre alguns basidiomicetos e cupins encontrados na África tropical e na Ásia. As espécies de *Termitomyces* (fungo de cupim) são os fungos que mais comumente formam associações com os cupins. Outras relações simbióticas envolvem uma grande variedade de fungos, conhecidos como *endófitos*, que vivem dentro das folhas e dos caules de plantas aparentemente sadias. Muitos desses fungos produzem metabólitos secundários tóxicos, que protegem seus hospedeiros contra fungos patogênicos e contra o ataque de insetos e mamíferos que pastam (ver adiante "De patógenos a simbiontes: fungos endófitos").

Na atualidade, a maioria dos micólogos reconhece seis grupos de fungos: Microsporidia, quitrídios, zigomicetos, Glomeromycota, Ascomycota e Basidiomycota (Figura 14.3; Tabela 14.1).

Características dos fungos

A maioria dos fungos é constituída de hifas

Os fungos são principalmente terrestres. Os fungos são, em sua maioria, filamentosos, e os que produzem estruturas, tais como os cogumelos, são constituídos de inúmeros desses filamentos densamente unidos (Figura 14.3C, D). Os filamentos dos fungos são denominados *hifas*, e a massa de hifas de um organismo é conhecida como *micélio* (ver Figura 14.1). (As palavras "micélio" e *micologia* – o estudo dos fungos – derivam do grego *mico*, que significa "fungo"). O crescimento das hifas ocorre em seus ápices, porém as proteínas são sintetizadas em todo o micélio. As hifas crescem rapidamente; um fungo pode produzir mais de um quilômetro de novas hifas em 24 h.

As hifas da maioria das espécies de fungos são divididas por paredes transversais, denominadas *septos*. Essas hifas são descritas como *septadas*. Em outras espécies, os septos tipicamente só ocorrem na base de estruturas reprodutivas (esporângios e gametângios) e em porções mais velhas e altamente vacuoladas das hifas. As hifas que carecem de septos são denominadas *asseptadas* ou *cenocíticas*, que significa "contidas em um citoplasma comum" ou multinucleadas. Na maioria dos fungos septados, os septos são perfurados por um poro central, de modo que os protoplastos das células adjacentes ficam essencialmente em continuidade de célula à célula. Em membros dos ascomi-

A	**B**
C	**D**

14.3 Fungos. Representantes de quatro dos seis grupos principais de fungos. **A.** O quitrídio *Polyphagus euglenae* (célula à esquerda) parasitando uma célula de *Euglena*. O citoplasma da célula de *Euglena* está degradado. **B.** *Syrphus* (mosca-da-flor), morta pelo fungo *Entamophthora muscae*, um zigomiceto. **C.** *Morchella esculenta*, uma espécie de Ascomycota. As morchelas estão entre os fungos comestíveis mais apreciados. **D.** Um cogumelo, *Hygrocybe aurantiosplendens*, uma espécie de Agaricomycotina, subfilo Basidiomycota. Os cogumelos compõem-se de hifas densamente agrupadas, conhecidas, em seu conjunto, como micélio.

Tabela 14.1 Características importantes dos principais grupos de fungos.

Grupo	Representantes	Natureza das hifas	Método de reprodução assexuada	Tipo de esporo sexuado
Microsporídios (1.500 espécies)	*Bohuslavia, Microsporidium*	Unicelulares	Esporos imóveis	Esporos imóveis
Quitrídios (790 espécies)	*Allomyces, Coelomomyces*	Asseptadas, cenocíticas	Zoósporos	Nenhum
Zigomicetos (1.000 espécies)	*Rhizopus* (bolor do pão)	Asseptadas, cenocíticas	Esporos imóveis (esporangiósporos)	Zigósporos (no zigosporângio)
Glomeromycota (200 espécies)	*Glomus* (fungo endomicorrízico)	Asseptadas, cenocíticas	Esporos imóveis	Nenhum
Ascomycota (32.300 espécies)	*Neurospora*, míldios pulverulentos, *Morchella* (comestível), *Tuber* (trufas), leveduras	Septadas ou unicelulares	Brotamento, conídios (esporos imóveis), fragmentação	Ascósporos
Basidiomycota (22.300 espécies)	Cogumelos (*Amanita*, venenosos; *Agaricus*, comestíveis), cogumelos com aspecto fálico, bolotas-da-terra, orelhas-de-pau, ferrugens, carvões	Septadas com doliporo em muitas espécies	Brotamento, conídios (esporos imóveis, incluindo urediniósporos), fragmentação	Basidiósporos

cetos, os poros são habitualmente desobstruídos (Figura 14.4) e grandes o suficiente para possibilitar a passagem dos núcleos, que são muito pequenos. Por conseguinte, esses micélios são funcionalmente cenocíticos. Os núcleos das hifas dos fungos são haploides.

Nem todos os fungos são filamentosos. Alguns, as leveduras, são unicelulares e se reproduzem por fissão ou, com mais frequência, por brotamento. As leveduras não formam um grupo taxonômico; constituem meramente uma forma morfológica de crescimento. A forma de crescimento em levedura é observada em uma ampla variedade de fungos não relacionados, abrangendo representantes dos zigomicetos, ascomicetos

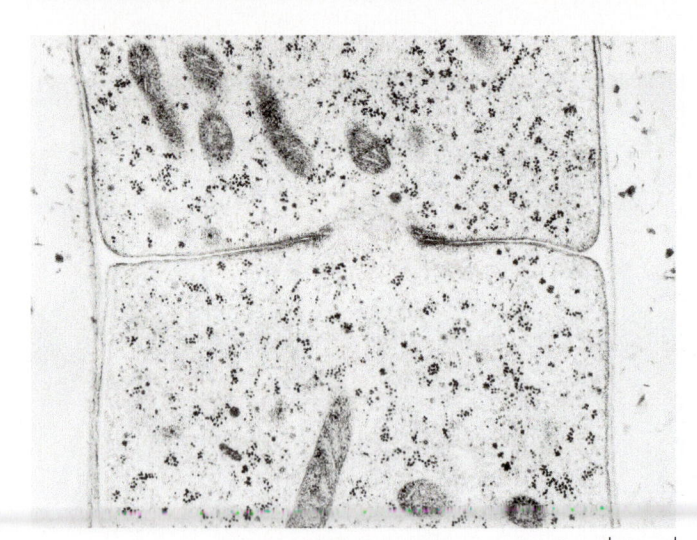

14.4   Septo com poro central desobstruído. Micrografia eletrônica de um septo entre duas células no ascomiceto *Gibberella acuminata*. As grandes estruturas globulares são mitocôndrias, enquanto os pequenos grânulos escuros são ribossomos. Essa amostra foi seccionada na região do poro central de um septo.

0,5 µm

e basidiomicetos. Existem pelo menos 80 gêneros de leveduras, com aproximadamente 600 espécies conhecidas. As leveduras são, em sua maioria, ascomicetos, porém pelo menos 25% dos gêneros pertencem ao subfilo Agaricomycotina dos Basidiomycota.

Alguns fungos são *dimórficos*, isto é, exibem formas de crescimento unicelulares (leveduras) e filamentosas, passando de uma forma para outra quando mudam as condições ambientais. Em muitas dessas espécies, o fungo passa a maior parte de seu ciclo de vida na forma filamentosa. Outros fungos ocorrem principalmente como leveduras, incluindo a levedura mais familiar *Saccharomyces cerevisiae*. Em geral, as culturas de laboratório fornecem, em sua maioria, todos os nutrientes essenciais para que *S. cerevisiae* continue a sua existência como levedura. Aparentemente, a fase filamentosa é a forma na qual *S. cerevisiae* procura alimento.

Todos os fungos têm paredes celulares. As paredes celulares das plantas e de muitos protistas consistem em uma estrutura de microfibrilas de celulose, interpenetradas por matriz de moléculas distintas da celulose, como hemiceluloses e substâncias pépticas (ver Capítulo 3). Nos fungos, a parede celular é composta principalmente de outro polissacarídio – a *quitina* – que é o mesmo material encontrado nos revestimentos duros ou exoesqueletos dos artrópodes, como insetos, aracnídeos e crustáceos (Figura 14.5). A quitina é mais resistente à degradação microbiana do que a celulose.

Com o seu rápido crescimento e forma filamentosa, os fungos têm uma relação com seu ambiente que difere muito daquela de qualquer outro grupo de organismos. A razão entre superfície e volume dos fungos é muito alta, de modo que estão em contato tão íntimo com o ambiente quanto as bactérias. Em geral, nenhuma parte somática (corpo) de um fungo está a mais de poucos micrômetros de seu ambiente externo, estando separada dele por apenas uma fina parede celular e pela membrana plasmática. Com seus micélios extensos, os fungos podem ter um efeito profundo ao seu redor –

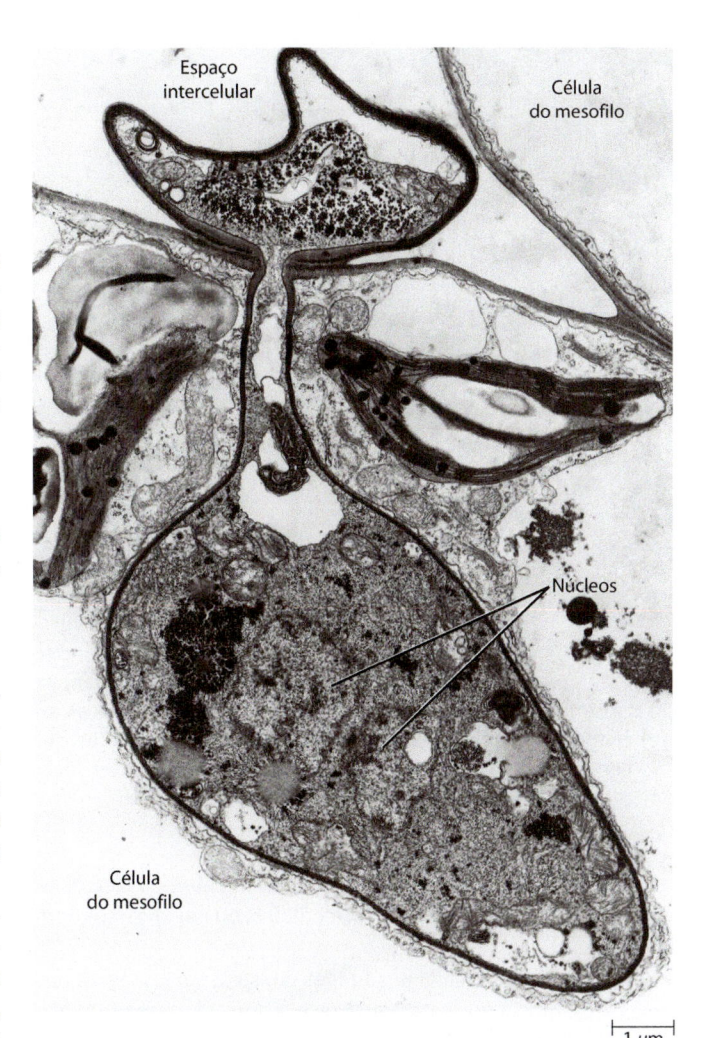

14.5 Quitina. A estrutura da quitina, que consiste em unidades de *N*-acetilglicosamina com ligação β-1,4. Uma ligação semelhante é encontrada na celulose e em moléculas da parede celular das bactérias, sugerindo que esse tipo de ligação produza um polissacarídio particularmente forte. A quitina é característica das paredes celulares de muitos fungos, bem como do exoesqueleto dos artrópodes.

por exemplo, na agregação das partículas do solo. As hifas de indivíduos da mesma espécie frequentemente se fundem, aumentando, assim, a intricada rede.

Os fungos são heterótrofos que se nutrem por absorção

Em virtude de suas paredes celulares rígidas, os fungos são incapazes de fagocitar pequenos microrganismos ou outras partículas. Tipicamente, o fungo secreta enzimas (denominadas exoenzimas) sobre a fonte de alimento e, em seguida, absorve as moléculas menores que são liberadas. Os fungos absorvem o alimento principalmente pelo ápice em crescimento das hifas ou em sua proximidade.

Todos os fungos são heterótrofos. Para a obtenção de alimento, funcionam como saprófitas (vivendo de matéria orgânica proveniente de organismos mortos), como parasitos ou como simbiontes mutualistas (ver adiante). Alguns fungos, principalmente as leveduras, obtêm a sua energia por meio da fermentação, produzindo álcool etílico a partir da glicose (ver Capítulo 6). O glicogênio é o principal polissacarídio de armazenamento nos fungos, bem como nos animais e nas bactérias. Os lipídios desempenham uma importante função de armazenamento em alguns fungos.

Hifas especializadas, conhecidas como *rizoides*, fixam alguns tipos de fungos ao substrato. Os fungos parasitos frequentemente apresentam hifas especializadas similares, denominadas *haustórios*, que absorvem diretamente o alimento das células de outros organismos (Figura 14.6).

A mitose e a meiose nos fungos exibem variações singulares

Um dos aspectos mais característicos dos fungos envolve a divisão nuclear. Os processos de meiose e mitose são diferentes dos que ocorrem nas plantas, nos animais e em muitos protistas. Na maioria dos fungos, o envoltório nuclear não se desintegra nem volta a se formar, porém sofre constrição próximo ao ponto médio entre os dois núcleos-filhos. Em outros, rompe-se próximo à região mediana. Na maioria dos fungos, o fuso forma-se dentro do envoltório nuclear; entretanto, em alguns Basidiomycota, parece formar-se dentro do citoplasma e dirigir-se para o núcleo. Com exceção dos quitrídios, todos os fungos carecem de centríolos, exibindo estruturas singulares denominadas *corpos centriolares*, que aparecem nos polos do fuso (Figura 14.7). À semelhança dos centríolos, os corpos centriolares funcionam como centros organizadores de microtúbulos durante a mitose e a meiose.

14.6 Haustório. Micrografia eletrônica de um haustório de *Melampsora lini*, uma ferrugem, crescendo em uma célula do mesofilo da folha do linho (*Linum usitatissimum*). No espaço intercelular, na parte superior da micrografia, encontra-se a célula-mãe do haustório. A estreita hifa de penetração resulta no grande haustório bulboso dentro da célula do mesofilo mostrado na parte inferior da micrografia. O haustório absorve nutrientes da célula do linho.

Os fungos se reproduzem assexuada e sexuadamente

Os fungos se reproduzem por meio da formação de esporos produzidos sexuada ou assexuadamente. Exceto nos quitrídios, os esporos imóveis constituem os meios característicos de reprodução dos fungos. Alguns esporos são secos e muito pequenos. Podem permanecer suspensos no ar por longos períodos de tempo e, assim, ser transportados até grandes alturas e por grandes distâncias. Essa propriedade ajuda a explicar a distribuição muito ampla de numerosas espécies de fungos. Outros esporos são pegajosos e aderem aos corpos de insetos e outros artrópodes, que podem então propagá-los de um lugar para outro. Os esporos de alguns fungos são propelidos balisticamente no ar (ver "Fototropismo em um fungo", adiante). As cores vivas e texturas pulverulentas de muitos tipos de bolores são devidas aos esporos. Todavia, alguns fungos nunca produzem esporos.

Foi constatado (a partir de dados moleculares e/ou estudos de cruzamento) que muitos fungos têm distribuições geograficamente restritas. A atividade humana parece constituir uma

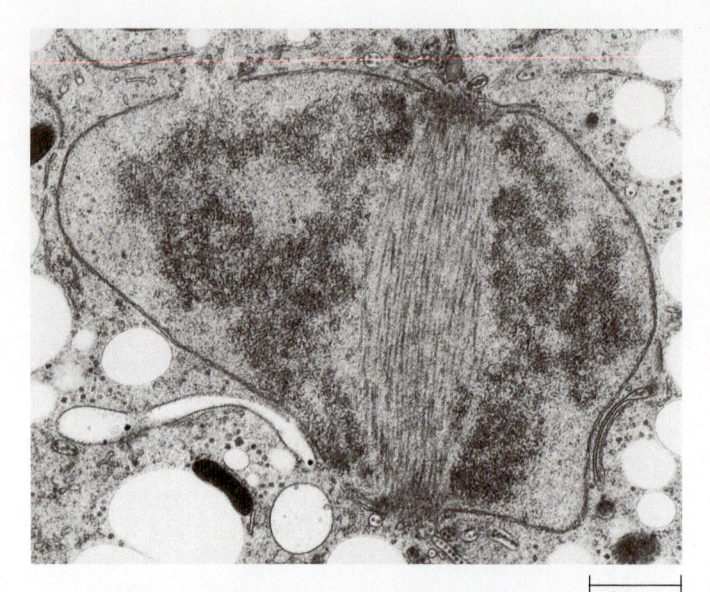

0,5 μm

14.7 Corpos centriolares. Micrografia eletrônica de um núcleo em metáfase de *Arthuriomyces peckianus*, uma ferrugem, mostrando o fuso intranuclear e dois corpos centriolares em ambas as extremidades (superior e inferior) do fuso. Os corpos centriolares, que são centros organizadores dos microtúbulos, são característicos dos zigomicetos, Ascomycota e Basidiomycota.

importante força responsável pelo deslocamento dos fungos de um lugar para outro (p. ex., em sementeiras ou em produtos agrícolas).

A reprodução sexuada nos fungos consiste em três fases distintas: plasmogamia, cariogamia e meiose. As primeiras duas fases são fases da singamia ou fertilização. A *plasmogamia* (a fusão de protoplastos) precede a *cariogamia* (a fusão dos núcleos). Em algumas espécies, a cariogamia ocorre quase imediatamente após a plasmogamia, ao passo que, em outras, os dois núcleos haploides não se fundem por algum tempo, formando um *dicário* ("dois núcleos"). A cariogamia pode não ocorrer por vários meses ou até mesmo anos. Durante esse tempo, os pares de núcleos dividem-se de modo sequencial, produzindo um micélio dicariótico. Por fim, os núcleos fundem-se dentro

de uma célula esporogênica, formando um núcleo diploide, que rapidamente sofre meiose, restabelecendo a condição haploide. Esse ciclo de vida singular caracteriza a maior clade de fungos, o sub-reino Dikarya, que compreende os Ascomycota e os Basidiomycota. A reprodução sexuada na maioria dos fungos resulta na formação de esporos especializados, como zigósporos, ascósporos e basidiósporos.

É importante ressaltar que a fase diploide no ciclo de vida de um fungo é representada apenas pelo zigoto. Tipicamente, a meiose ocorre após a formação do núcleo zigótico; em outras palavras, a meiose nos fungos é zigótica (ver Figura 12.17A). O nome geral da estrutura produtora de gametas dos fungos é o *gametângio*. Os gametângios podem formar células sexuadas, denominadas *gametas*, ou simplesmente podem conter núcleos que funcionam como gametas.

O método mais comum de reprodução assexuada nos fungos é por meio de esporos, que são produzidos em *esporângios* ou em células de hifas, denominadas *células conidiogênicas*. Os esporos produzidos pelas células conidiogênicas ocorrem isoladamente ou em cadeias e são denominados *conídios*. O esporângio é uma estruturas aculiforme, cujo conteúdo é convertido em um ou mais – habitualmente muitos – esporos. Alguns fungos também se reproduzem assexuadamente por fragmentação das hifas.

Uma forma comum de reprodução apresentada pelas leveduras é o *brotamento*, isto é, a produção de um pequeno crescimento, o broto, a partir da célula-mãe (Figura 14.8A). Por conseguinte, cada célula de levedura pode ser considerada uma célula conidiogênica. Naturalmente, o brotamento é um método de reprodução assexuada. Algumas leveduras multiplicam-se assexuadamente apenas na condição haploide. Cada célula haploide tem a capacidade de atuar como gameta, e, algumas vezes, duas células haploides podem fundir-se para formar uma célula diploide ou zigoto, que funciona como um asco (Figura 14.8B).

Os fungos e Nucleariida são grupos irmãos

Conforme assinalado anteriormente, há evidências moleculares consideráveis de que os fungos (reino Fungi) estão mais estreitamente relacionados com os animais (reino Animalia)

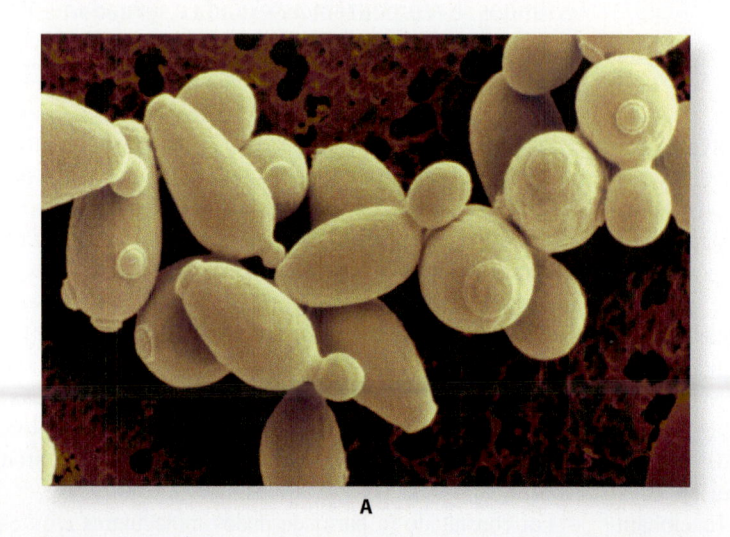

A

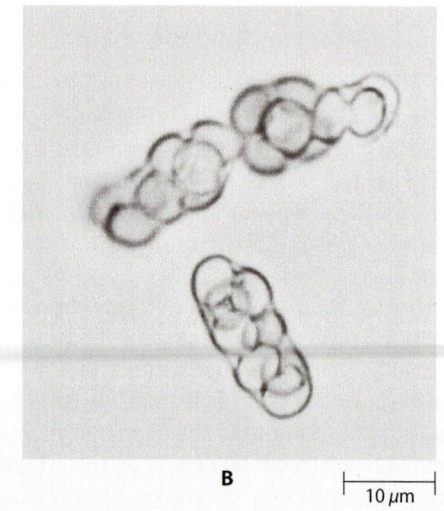

B

10 μm

14.8 Leveduras. A. Células em brotamento da levedura do pão, *Saccharomyces cerevisiae*. **B.** Ascos de *Schizosaccharomyces octosporus*, cada um com oito ascósporos.

FOTOTROPISMO EM UM FUNGO

Os fungos dispõem de uma variedade de métodos que asseguram a ampla dispersão de seus esporos. Um dos mais engenhosos é encontrado em espécies de *Pilobolus*, um zigomiceto que cresce em esterco. Os esporangióforos desse fungo, que alcançam 5 a 10 mm de altura, são fototrópicos positivos – isto é, crescem em direção à luz. Uma região alargada do esporangióforo, localizada logo abaixo do esporângio (apropriadamente conhecida como intumescência subesporangial), funciona como uma lente, focando os raios solares em uma área fotorreceptiva em sua base. A luz focada em alguma parte promove o crescimento máximo do esporangióforo no lado oposto da luz, fazendo com que ele se curve em direção à luz.

O vacúolo na vesícula subesporangial contém alta concentração de solutos, resultando na entrada de água por osmose. Por fim, a pressão de turgor torna-se tão grande que a vesícula se rompe, ejetando o esporângio na direção da luz. A velocidade inicial pode aproximar-se de 50 km/h, e o esporângio pode percorrer uma distância de mais de 2 m. Tendo em vista que os esporângios têm apenas cerca de 80 μm de diâmetro, isso representa uma distância enorme. Esse mecanismo é adaptado para ejetar os esporos longe do esterco – local onde os animais não se alimentam –, mas sobre a grama, onde podem ser ingeridos por herbívoros e excretados no esterco fresco para repetir o ciclo.

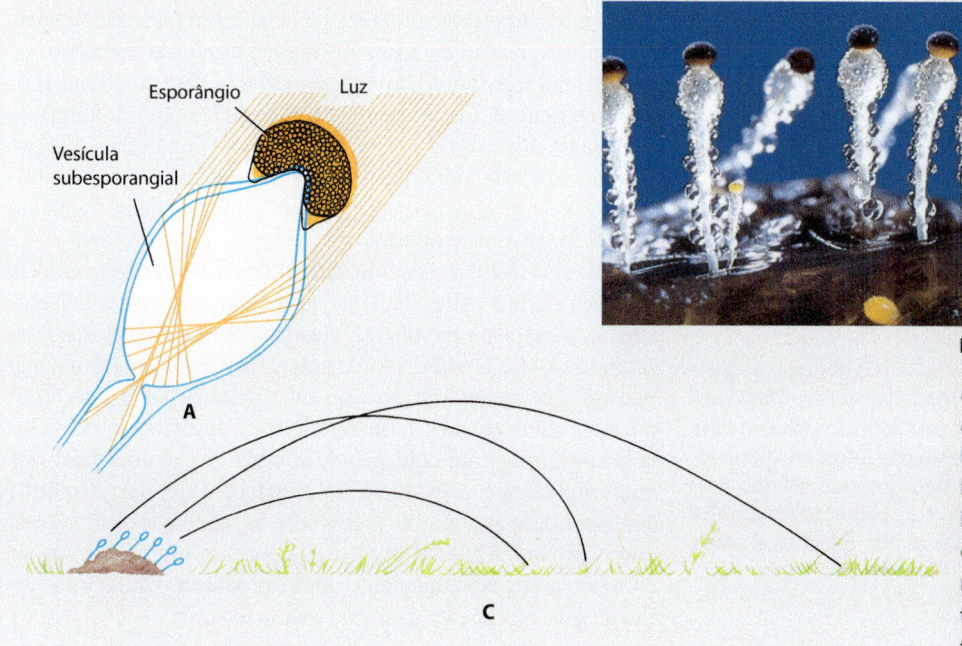

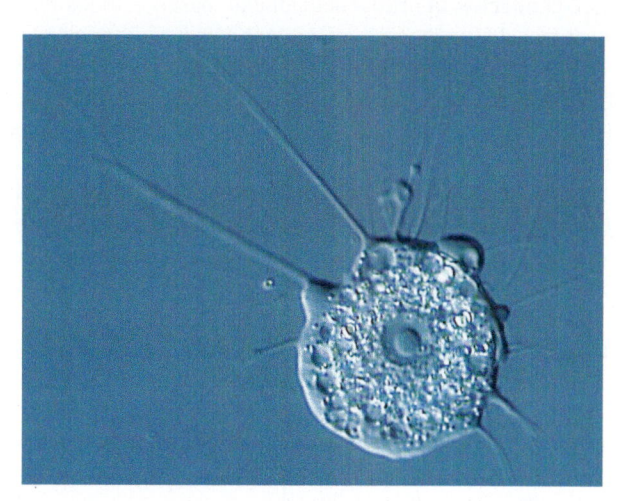

A. Parte de um esporangióforo de *Pilobolus*, mostrando a ação de focalização da vesícula subesporangial. **B.** Esporangióforos maduros de *Pilobolus*, imediatamente antes da descarga dos esporângios. **C.** As diferentes trajetórias dos esporângios disparados a partir do mesmo grupo de esporangióforos asseguram a dispersão do fungo.

do que com as plantas. Os reinos Fungi e Animalia, juntamente com um grupo diverso de protistas unicelulares, formam um supergrupo eucariótico, conhecido como Opisthokonta. Acredita-se que os dois reinos tenham divergido há cerca de 1,5 bilhão de anos, e os Fungi tenham surgido a partir de um protista estreitamente relacionado com o moderno gênero *Nuclearia*. Os membros desse gênero são amebas multinucleadas que utilizam finos pseudópodes para se alimentar de algas e bactérias (Figura 14.9). Hoje em dia, parece que os quitrídios representam a primeira linhagem de fungos, e que a condição flagelada – representada pelos zoósporos com flagelos – é um caráter primitivo que foi retido pelos quitrídrios após a sua evolução a partir de protistas flagelados. *Nuclearia* e os fungos progenitores dos zigomicetos, Glomeromycota, Ascomycota e Basidiomycota provavelmente perderam seus flagelos bem no início de sua história evolutiva.

Embora os Fungi pareçam ser uma linhagem monofilética, as relações entre os Fungi estão longe de serem bem definidas.

14.9 *Nuclearia.* Acredita-se que os fungos tenham surgido a partir de protistas estreitamente relacionados com membros do moderno gênero *Nuclearia*, que consistem em amebas multinucleadas com pseudópodes finos.

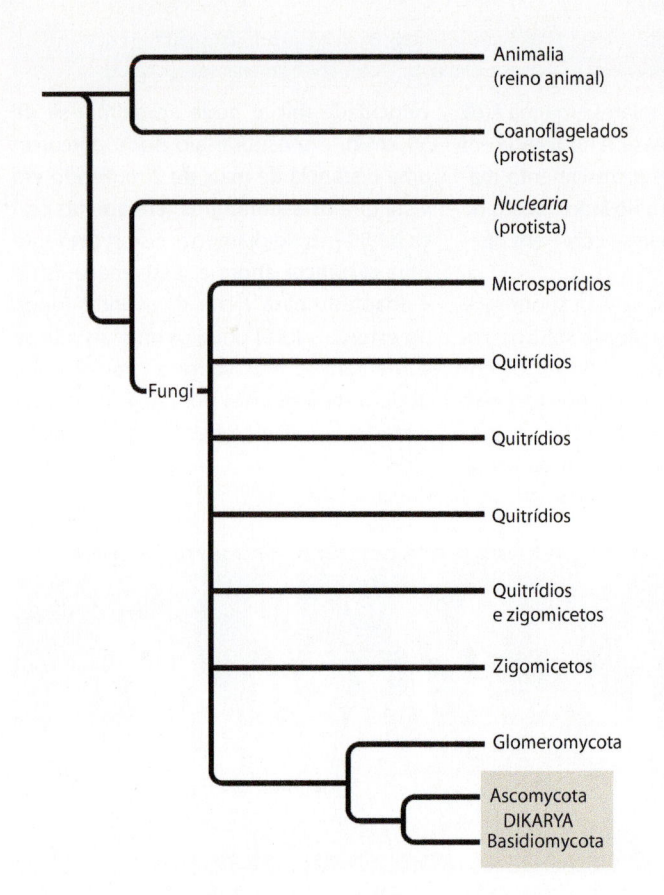

14.10 Relações filogenéticas dos fungos. Os fungos originaram-se de um protista semelhante ao moderno gênero *Nuclearia*. Os quitrídrios e os zigomicetos, ambos polifiléticos, estão na base dos glomeromicetos, ascomicetos e basidiomicetos. Os glomeromicetos são considerados um grupo irmão dos ascomicetos, e os ascomicetos e os basidiomicetos, com sua condição dicariótica compartilhada e, provavelmente, homologia de ganchos e ansas, constituem o sub-reino Dikarya.

A Figura 14.10 fornece um resumo dos conceitos atuais sobre as relações entre os grupos de fungos. Enquanto os quitrídios e os zigomicetos são filogeneticamente basais a todos os outros grupos de fungos, os ascomicetos e os basidiomicetos são os grupos mais derivados ou de evolução mais recente. Os glomeromicetos são considerados um grupo irmão dos ascomicetos. Nem os quitrídios nem os zigomicetos são grupos monofiléticos.

Os fungos são conhecidos há muito tempo. Em virtude de sua estrutura macia, existem relativamente poucos fungos fossilizados. Os fósseis mais antigos que lembram fungos são representados por filamentos asseptados datando do período Cambriano inferior, há cerca de 544 milhões de anos. Acredita-se que tenham sido saprófitas de recifes. Fungos fósseis morfologicamente semelhantes ao quitrídio *Allomyces* foram encontrados nos caules de *Aglaophyton major*, uma planta do Devoniano Inferior, há mais de 400 milhões de anos (ver Figura 17.13). Foram também encontradas hifas altamente ramificadas em células corticais de *A. major*. Esses fungos, que pertencem aos Glomeromycota, formam micorrizas, especificamente endomicorrizas, que penetram nas células das raízes da planta e aumentam a captação de nutrientes pelas células tanto da planta quanto do fungo (ver adiante). Constituem uma das poucas associações simbióticas entre planta e fungo do registro fóssil, e acredita-se que tenham desempenhado um importante papel na migração das plantas para o ambiente terrestre. Os fósseis mais antigos de Ascomycota são encontrados em rochas do Siluriano (há 438 milhões de anos), enquanto os Basidiomycota mais antigos datam do Devoniano Médio (392 milhões de anos).

Microsporídios | Filo Microsporidia

O filo Microsporidia, formadores de esporos, consiste em parasitos unicelulares de animais. Foram durante muito tempo considerados protozoários, porém estudos recentes de sequenciamento do DNA indicam que os Microsporidia devem ser classificados dentro dos Fungi, podendo constituir uma linhagem inicial divergente de Fungi. Existem cerca de 1.500 espécies conhecidas de microsporídios.

Os microsporídios têm núcleos bem definidos e membranas plasmáticas, porém carecem das mitocôndrias, do complexo de Golgi empilhado e dos peroxissomos típicos das células eucarióticas. Durante um longo tempo, foram tidos como relíquias de um estágio inicial da evolução dos eucariotos, antes da aquisição das mitocôndrias, porém esse ponto de vista mudou com a descoberta de um remanescente mitocondrial altamente reduzido nas células dos microsporídios.

Todas as células dos microsporídios caracterizam-se pela presença de um tubo polar que se projeta de esporos unicelulares e penetra na membrana plasmática da célula hospedeira (Figura 14.11). O conteúdo do microsporídio é então injetado na célula hospedeira através do tubo polar. Após a injeção, o microsporídio começa a se multiplicar, dependendo da célula hospedeira para a obtenção de energia. A parede celular dos microsporídios é constituída de proteínas e quitina. A quitina confere aos esporos alta resistência às condições ambientais desfavoráveis. Algumas espécies parecem se reproduzir apenas de modo assexuado, enquanto outras produzem vários tipos diferentes de esporos sexuados ou assexuados.

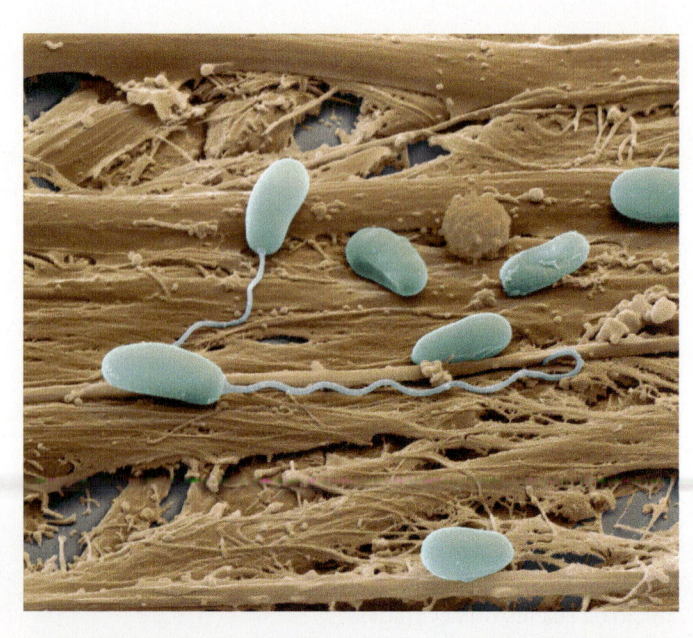

14.11 Microsporídios. Esporos do microsporídio *Tubulinosema ratisbonensis*, dos quais dois projetaram seus tubos polares.

Todos os grandes grupos de animais servem de hospedeiros para os microsporídios. A maioria dos microsporídios infecta insetos, mas eles também são importantes parasitos de peixes e crustáceos. Cerca de 10% das espécies conhecidas de microsporídios são parasitos de vertebrados, incluindo seres humanos. Nos seres humanos, a infecção, conhecida como microsporidiose, é encontrada principalmente em indivíduos com comprometimento do sistema imune, como indivíduos com AIDS e receptores de transplante de órgãos.

Quitrídios | Grupo polifilético de fungos com células flageladas

Os quitrídios, polifiléticos, formam um grupo predominantemente aquático, constituído de cerca de 790 espécies. Os solos de valas e as margens de lagos e riachos também são habitados por quitrídios, e alguns deles são até mesmo encontrados em solos de desertos e no rúmen de grandes mamíferos herbívoros, como as vacas. Os quitrídios variam não apenas na sua forma, mas também na natureza de suas interações sexuais e no seu ciclo de vida. A parede celular dos quitrídios contém quitina, e, à semelhança de outros fungos, os quitrídios armazenam glicogênio. A meiose e a mitose lembram os mesmos processos que ocorrem em outros fungos, visto que são intranucleares, isto é, o envoltório nuclear permanece intacto até o final da telófase, quando então se rompe no plano mediano e volta a se formar ao redor dos núcleos-filhos.

Quase todos os quitrídios são cenocíticos, com poucos septos na maturidade. Distinguem-se dos outros fungos principalmente pelas suas células móveis características (zoósporos e gametas), cuja maioria apresenta um único flagelo liso (em chicote) e posterior (Figura 14.12). Alguns quitrídios são organismos unicelulares simples, que não desenvolvem micélio; todo o organismo é transformado em uma estrutura reprodutiva no momento apropriado. Outros quitrídios exibem

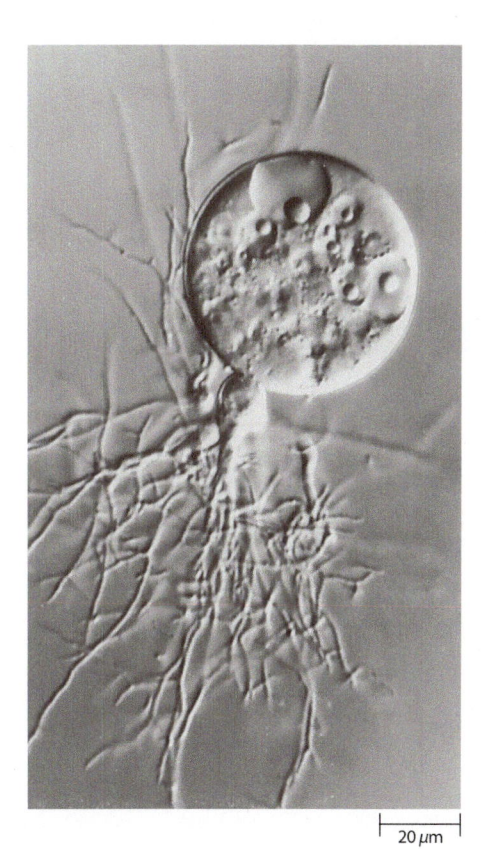

20 µm

14.13 Quitrídio com rizoides. *Chytridium confervae*, um quitrídio comum, visto com o auxílio de um sistema óptico de contraste de interferência diferencial. Observe os finos rizoides que se estendem para baixo.

rizoides finos que se estendem no substrato e servem como âncora (Figura 14.13). Algumas espécies são parasitos de algas, protozoários, oomicetos aquáticos e esporos, grãos de pólen e outras partes de plantas. *Batrachochytrium dendrobatidis*, que é responsável pelo espessamento da pele de anfíbios, foi implicado como causa de morte de rãs no mundo inteiro. Outras espécies de quitrídios são sapotróficos de substratos como insetos mortos.

Várias espécies de quitrídios são patógenos de plantas, incluindo *Physoderma maydis* e *Physoderma alfalfae*, que causam doenças de menor significado, conhecidas, respectivamente, como mancha marrom do milho e verruga da alfafa. *Synchytrium endobioticum* causa uma doença das batatas, conhecida como verrugose preta, que representa um sério problema em regiões da Europa e do Canadá.

Os quitrídios exibem uma variedade de modos de reprodução. Por exemplo, algumas espécies de *Allomyces* exibem uma alternância de gerações isomórficas, conforme ilustrado na Figura 14.14, ao passo que, em outras espécies, a alternância de gerações é heteromórfica – os indivíduos haploides e diploides não têm nenhuma semelhança estreita entre si. A alternância de gerações é característica das plantas e de muitas algas, porém é encontrada de outro modo apenas em *Allomyces*, em um outro gênero estreitamente relacionado de quitrídios e em poucos protistas heterotróficos não abordados neste livro. Quanto a seu ciclo de vida, morfologia e fisiologia, *Allomyces* é o quitrídio mais bem conhecido.

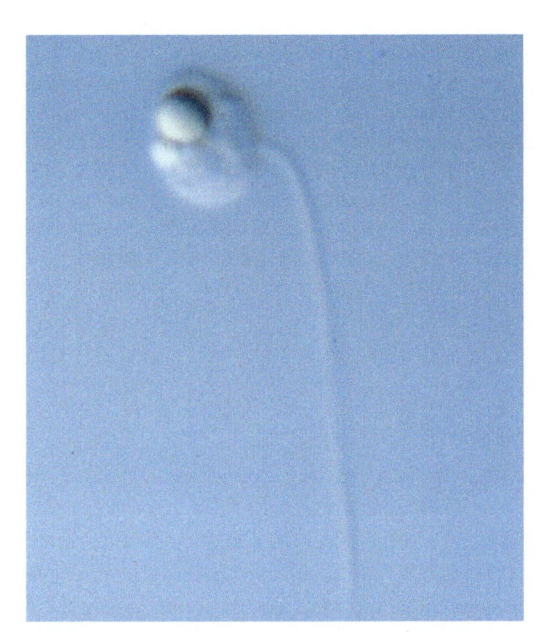

14.12 Zoósporo de quitrídio. Um zoósporo uniflagelado do quitrídio *Polyphagus euglenae*. Os quitrídios distinguem-se dos outros fungos principalmente pelos seus zoósporos e gametas móveis característicos.

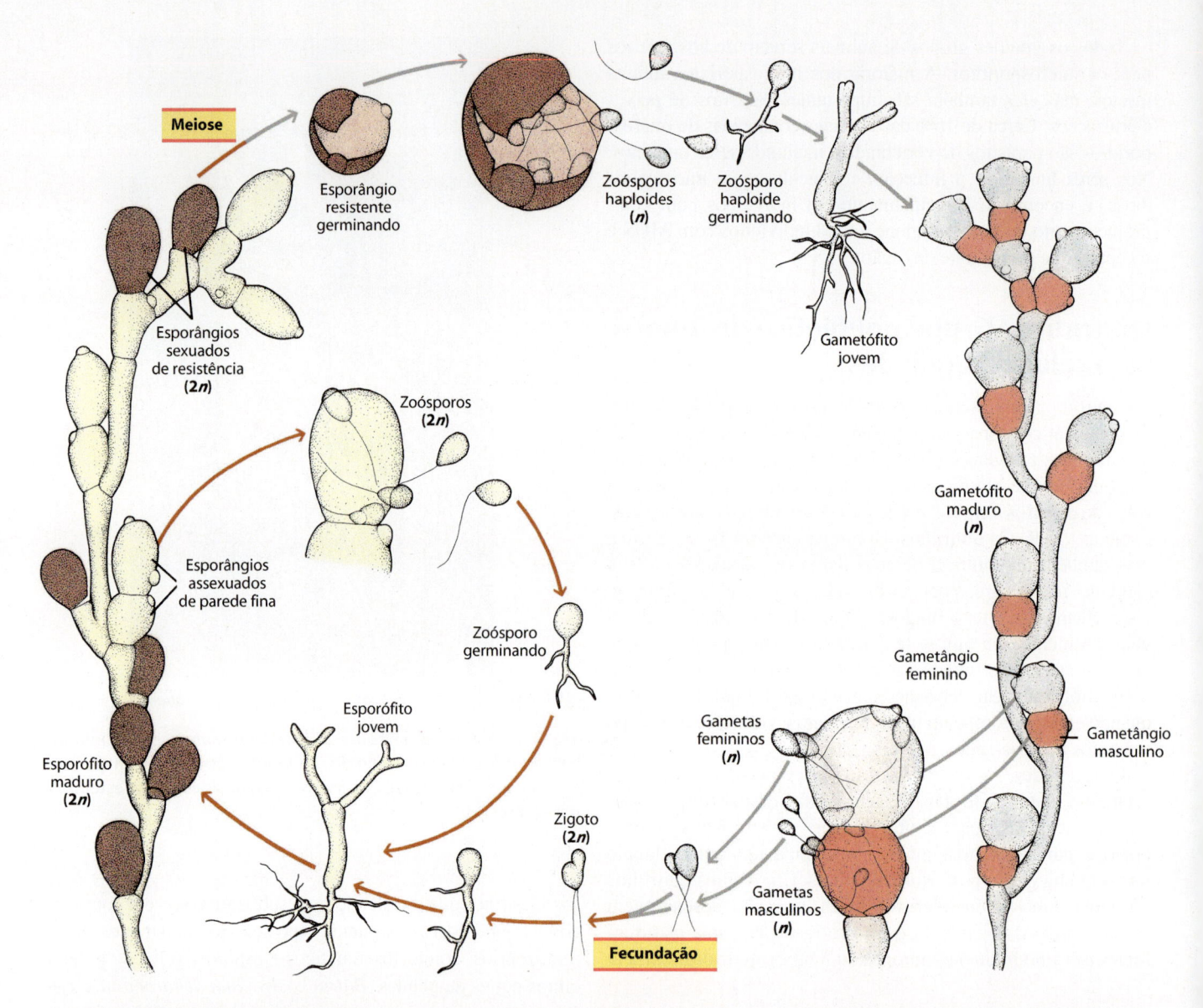

14.14 Ciclo de vida de *Allomyces arbusculus*. No ciclo de vida do quitrídio *A. arbusculus*, ocorre alternância de gerações isomórficas. Os indivíduos haploides e diploides são indistinguíveis até o momento em que começam a formar órgãos reprodutivos. Os indivíduos haploides (gametófitos) produzem um número aproximadamente igual de gametângios femininos incolores e gametângios masculinos cor de laranja (à direita). Os gametas são de dois tamanhos, uma condição denominada anisogamia. Os gametas masculinos, que têm cerca da metade do tamanho dos gametas femininos, são atraídos pela sirenina, um hormônio produzido pelos gametas femininos. O zigoto perde seus flagelos e germina para produzir um indivíduo diploide, o esporófito, que origina dois tipos de esporângios. O primeiro consiste em esporângios assexuados, que são estruturas incolores e de parede fina que liberam zoósporos diploides – os quais, por sua vez, germinam e repetem a geração diploide. O segundo tipo consiste em esporângios sexuados, que são estruturas castanho-avermelhadas de parede espessa, com capacidade de resistir a condições críticas do ambiente. Depois de um período de dormência, ocorre meiose nesses esporângios resistentes sexuados, com formação de zoósporos haploides. Os zoósporos desenvolvem-se em gametófitos, que produzem gametângios na maturidade.

Zigomicetos | Grupo polifilético de fungos filamentosos

À semelhança dos quitrídios, os zigomicetos constituem um grupo polifilético. No momento atual, existe uma considerável controvérsia acerca das relações dentro desses dois grupos básicos de fungos e entre eles. As pesquisas estão em andamento.

A maioria das espécies de zigomicetos vive em plantas e animais em decomposição no solo, enquanto algumas são parasitas de plantas, insetos ou pequenos animais terrestres. Em certas ocasiões, algumas espécies causam infecções graves em seres humanos e animais domésticos. Foram descritas aproximadamente 1.000 espécies de zigomicetos. A maioria dessas espécies tem hifas cenocíticas, dentro das quais o citoplasma flui rapidamente, conforme observado frequentemente. Em geral, os zigomicetos podem ser reconhecidos pelas suas hifas profusas e de rápido crescimento, porém alguns também podem exibir, em certas condições, uma forma de crescimento unicelular e leveduriforme. A reprodução assexuada por meio de esporos haploides, produzidos em esporângios especializados presentes nas hifas, é quase universal nos zigomicetos.

Um dos zigomicetos mais bem conhecidos e familiares é *Rhizopus stolonifer*, um bolor negro que forma massas de aparência cotonosa na superfície de alimentos ricos em carboidratos e úmidos, como o pão ou substâncias semelhantes expostas ao ar. Esse organismo também é uma séria praga de frutas e vegetais armazenados (ver Figura 14.2). O ciclo de vida do *R. stolonifer* está ilustrado na Figura 14.15. O micélio é composto de vários tipos distintos de hifas haploides. A maior parte do micélio consiste em hifas cenocíticas de crescimento rápido, que crescem pelo substrato, absorvendo nutrientes. A partir dessas hifas, formam-se hifas arqueadas, denominadas *estolões*. Os estolões formam rizoides nos locais onde suas pontas entram em contato com o substrato. A partir de cada um desses pontos, surge uma ramificação ereta e vigorosa, denominada *esporangióforo* ("transportador de esporângio"), visto que produz um esporângio esférico em seu ápice. Cada esporângio surge como um intumescimento, dentro do qual fluem vários núcleos. O esporângio é finalmente isolado pela formação de um septo. No interior do esporângio, o protoplasma é clivado, e forma-se uma parede celular ao redor de cada um dos núcleos produzidos de modo asse-

xuado para formar os esporos (esporangiósporos). À medida que a parede do esporângio amadurece, torna-se negra, conferindo ao bolor a sua coloração característica. Com a ruptura da parede do esporângio, os esporos são liberados, e cada um deles pode germinar para produzir um novo micélio, completando o ciclo assexuado.

Os zigomicetos são assim denominados em virtude de sua principal característica – a formação de esporos de repouso sexualmente produzidos, denominados *zigósporos*, que se desenvolvem dentro de estruturas de paredes espessas, denominadas *zigosporângios* (Figura 14.16) em espécies que se reproduzem de modo sexuado. Com frequência, os zigósporos permanecem dormentes por longos períodos. A reprodução sexuada em *R. stolonifer* exige a presença de dois micélios fisiologicamente distintos, designados como linhagens + e –. Quando dois indivíduos compatíveis estão em estreita proximidade, eles produzem hormônios que estimulam o crescimento das hifas que entram em contato uma com a outra, desenvolvendo-se em gametângios. Espécies como *R. stolonifer*, que necessitam de linhagens + e – para a sua reprodução sexuada, são designadas como

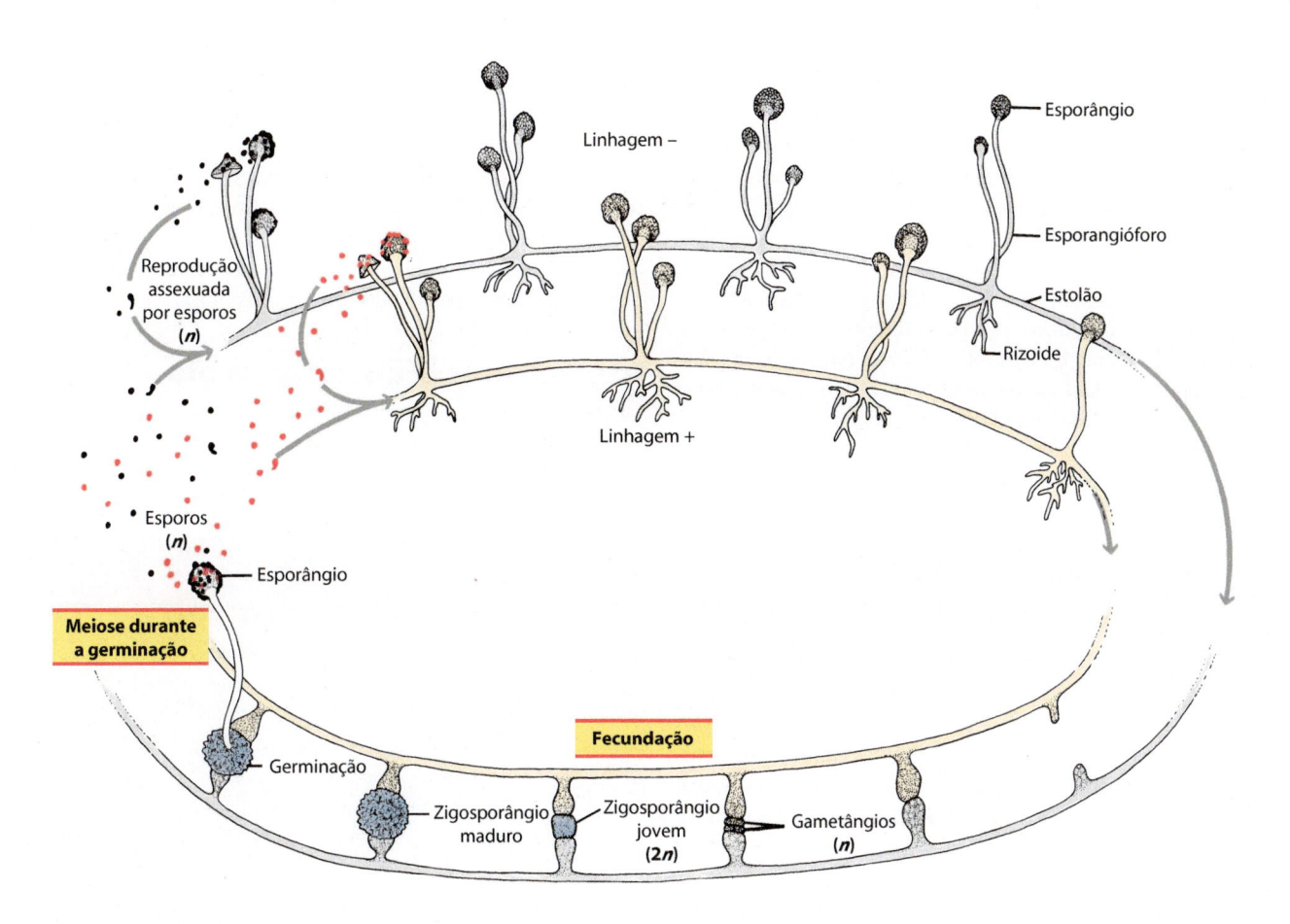

14.15 Ciclo de vida de *Rhizopus stolonifer*. Em *R. stolonifer*, assim como na maioria dos outros zigomicetos, a reprodução assexuada (parte superior, à esquerda) por meio de esporos haploides constitui o principal modo de reprodução. Com menos frequência, ocorre reprodução sexuada (parte inferior). Os esporos são formados em esporângios com paredes negras, que conferem ao bolor a sua coloração característica. Nessa espécie comum, a reprodução sexuada envolve linhagens geneticamente diferenciadas, que tradicionalmente têm sido designadas como linhagens + e –. (Embora as duas linhagens de acasalamento sejam morfologicamente indistinguíveis uma da outra, elas são mostradas aqui em cores diferentes.) A reprodução sexuada resulta na formação de um esporo de repouso, denominado zigósporo, que se desenvolve dentro de um zigosporângio. Os zigosporângios de espécies de *Rhizopus* desenvolvem um envoltório espesso, rugoso e negro, e o zigósporo permanece dormente, frequentemente por vários meses. O zigósporo sofre meiose durante a germinação dentro do zigosporângio.

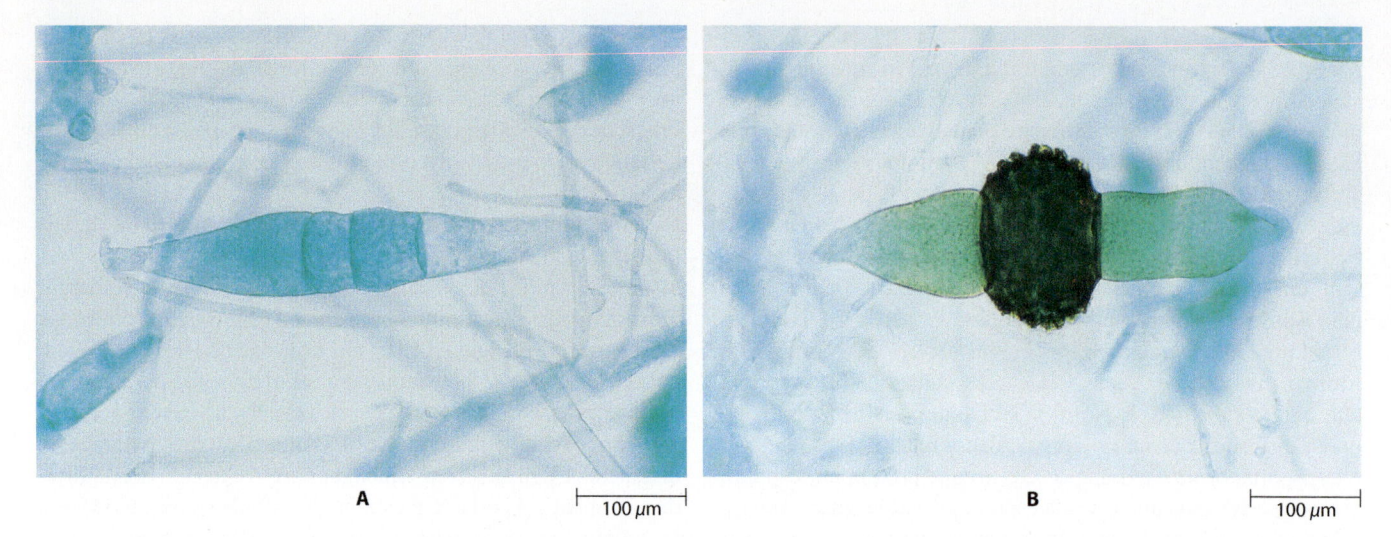

A ⊢—————⊣ 100 µm

B ⊢—————⊣ 100 µm

14.16 Reprodução no zigomiceto *Rhizopus stolonifer*. A. Os gametângios, as estruturas produtoras de gametas, estão em processo de fusão para produzir um zigósporo. **B.** O zigósporo desenvolve-se dentro de um zigosporângio de parede espessa.

heterotálicas, enquanto as espécies autoférteis são denominadas *homotálicas*.

Em ambas as situações, os gametângios são separados do restante do corpo pela formação de septos (Figura 14.15). As paredes entre dois gametângios que se tocam dissolvem-se, e os dois protoplastos multinucleados se unem. Após a plasmogamia (fusão dos dois gametângios multinucleados), os núcleos + e – emparelham-se, com produção de um zigosporângio de parede espessa. Dentro do zigosporângio, os núcleos + e – pareados fundem-se (cariogamia) para formar núcleos diploides, que se desenvolvem em um único zigósporo multinucleado. Por ocasião da germinação, o zigosporângio se rompe, e um esporangióforo emerge do zigósporo. Ocorre meiose na ocasião da germinação, de maneira que os esporos produzidos de modo assexuado dentro do novo esporângio são haploides. Quando esses esporos germinam, o ciclo se repete.

Um grupo de zigomicetos que tem grande importância ecológica – a ordem Entomophthorales – é parasito de insetos e outros animais pequenos (ver Figura 14.3B). As espécies dessa ordem, cuja maioria se reproduz por meio de um esporo assexuado terminal que é liberado na maturidade, estão sendo cada vez mais utilizadas no controle biológico de insetos nocivos às culturas.

Apenas dois gêneros de zigomicetos causam comumente doenças em plantas e tecidos vegetais vivos. Um deles é *Rhizopus*, que provoca podridão mole em muitas flores, frutos carnosos, sementes, bulbos e cormos. O outro é *Choanephora*, que causa podridão mole de abóbora, abóbora-moranga, quiabo e pimenta.

Glomeromicetos | Filo Glomeromycota

Embora apenas cerca de 200 espécies de glomeromicetos tenham sido descritas até o momento, as sequências moleculares de amostras obtidas no meio ambiente indicam que esses fungos muito importantes apresentem enorme diversidade, embora ainda não tenha sido descrita. Os glomeromicetos são de grande importância ecológica. Todas as espécies conhecidas crescem em associação às raízes, formando *micorrizas*, que literalmente significa "raízes com fungos". De fato, os glomeromicetos não

podem crescer independentemente de suas plantas hospedeiras, de modo que eles não podem crescer em cultura. O tipo de micorriza formada pelos glomeromicetos é denominado micorriza arbuscular (MA), e os glomeromicetos são comumente designados como fungos de MA. (Adiante discutiremos as micorrizas com mais detalhes.)

Os glomeromicetos são disseminados e estão presentes em cerca de 80% das plantas vasculares. Apresentam hifas principalmente cenocíticas e só se reproduzem de modo assexuado por meio de esporos multinucleados inusitadamente grandes (Figura 14.17), que são produzidos embaixo da terra.

Ascomicetos | Filo Ascomycota

Os ascomicetos, que compreendem cerca de 32.300 espécies descritas, incluem diversos fungos familiares e economicamente importantes. Os bolores verde-azulados, vermelhos e castanhos

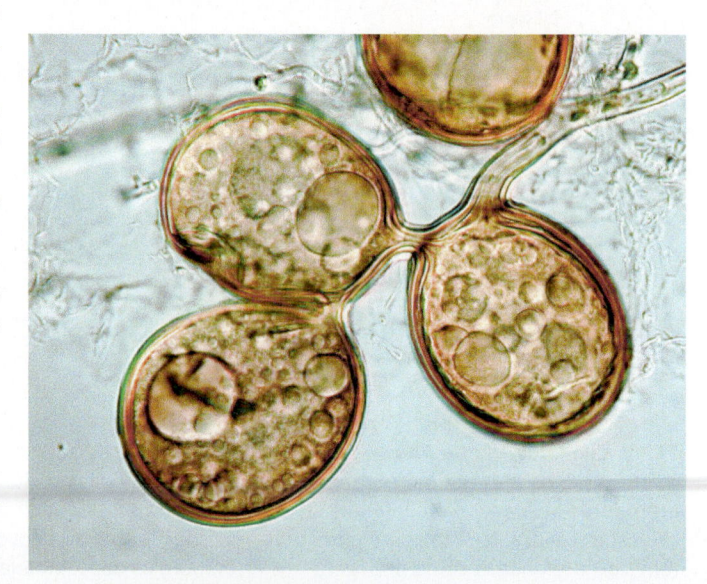

14.17 Esporos de *Glomus*. O glomeromiceto do gênero *Glomus*, um fungo de micorrizas arbusculares (MA), reproduz-se de modo assexuado pela produção de grandes esporos multinucleados. Essa micrografia mostra três esporos e parte de um quarto esporo.

que estragam os alimentos são, em sua maioria, ascomicetos. Os ascomicetos também são a causa de algumas doenças graves de plantas, incluindo os míldios pulverulentos, que acatam principalmente as folhas; a podridão parda de algumas frutas de caroço (pessegueiro, entre outras), causada por *Monilinia fructicola;* a doença mal do Panamá em bananeiras, causada por *Fusarium oxysporum*, que devastou plantações de Gros Michel na América Central, na década de 1960 e que, hoje em dia, com uma nova linhagem, está ameaçando as bananas Cavendish na Ásia; a praga do castanheiro, causada por *Cryphonectria parasitica*, originário do Japão e acidentalmente introduzido na América do Norte; e a doença olmo-holandês. Esta última doença, que devastou populações inteiras de olmos majestosos na América do Norte e na Europa, é causada por *Ophiostoma ulmi* e pelo *Ophiostoma novo-ulmi*, mais virulento. Muitas leveduras são ascomicetos, assim como os cogumelos comestíveis do gênero *Morchella* e as trufas (Figura 14.18). Muitas novas famílias e milhares de outras espécies de ascomicetos – algumas sem dúvida de grande importância econômica – aguardam a sua descoberta e descrição científica.

Existem três grandes grupos de Ascomycota: os subfilos Taphrinomycotina, Saccharomycotina e Pezizomycotina. Os Taphrinomycotina e os Saccharomycotina são dominados pelas leveduras. Pezizomycotina é o maior subfilo do Ascomycota; inclui todas as espécies filamentosas produtoras de ascoma, com a exceção de *Neolecta* do subfilo Taphrinomycotina. Cerca de 40% dos Pezizomycotina formam liquens (ver adiante).

Os ascomicetos apresentam formas de crescimento unicelulares (leveduras) ou filamentosas. Em geral, suas hifas têm septos perfurados (ver Figura 14.4), que possibilitam o movimento do citoplasma e, raramente, dos núcleos de uma célula para outra adjacente. As células das hifas do micélio vegetativo podem ser uninucleadas ou multinucleadas. Alguns ascomicetos são homotálicos, enquanto outros são heterotálicos.

O ciclo de vida de um ascomiceto filamentoso é mostrado na Figura 14.19. Na maioria das espécies desse filo, a reprodução assexuada ocorre por meio da formação de conídios, que são habitualmente multinucleados. Os conídios são formados a partir de células conidiogênicas (Figura 14.20), que surgem nos ápices de hifas modificadas, denominadas *conidióforos* ("portadores de conídios"). Diferentemente dos zigomicetos, que produzem esporos internos, dentro de um esporângio, os ascomicetos produzem esporos assexuados externamente, como conídios.

A reprodução sexuada nos ascomicetos sempre envolve a formação de um *asco*, uma estrutura saculiforme, dentro da qual são formados os *ascósporos* haploides após a meiose. Como o asco se assemelha a um saco, os ascomicetos são comumente designados, em inglês, *sac fungi* ou fungos com forma de saco. Tanto os ascos quanto os ascósporos são estruturas singulares, que distinguem os ascomicetos de todos os outros fungos (Figura 14.21A). Em geral, a formação dos ascos ocorre dentro de uma estrutura complexa, composta de hifas estreitamente entrelaçadas – o *ascoma* ou ascocarpo. Muitos ascomas são macroscópicos. Um ascoma pode ser aberto e com forma semelhante a uma taça (*apotécio*, Figura 14.18A), fechado e esférico (*cleistotécio*, Figura 14.21B) ou esférico, ou em forma de frasco com um pequeno poro através do qual escapam os ascósporos (*peritécio*, Figura 14.21C). Os ascos desenvolvem-se habitualmente na superfície interna do ascoma, uma camada denominada himênio ou *camada himenial* (Figura 14.22).

No ciclo de vida de um ascomiceto filamentoso, o micélio se desenvolve a partir da germinação de um ascósporo sobre um substrato apropriado (Figura 14.19, parte superior à esquerda). Pouco depois, o micélio começa a se reproduzir assexuadamente com a formação de conídios. São produzidas muitas gerações de conídios durante a estação de crescimento, e são os conídios os principais responsáveis pela propagação e disseminação do fungo.

A reprodução sexuada, que envolve a formação do asco, ocorre no mesmo micélio que produz conídios. A formação de gametângios multinucleados, denominados *anterídios* (gametângios masculinos) e *ascogônios* (gametângios femininos), pre-

A   **B**

14.18 Ascomicetos. A. *Scutellinia scutellata*, conhecido por taça-ciliada. **B.** Ascoma comestível muito apreciado da trufa-preta, *Tuber melanosporum*. Nas trufas, essa estrutura com esporos é produzida abaixo da terra e permanece fechada, liberando os ascósporos apenas quando o ascoma apodrece ou se rompe pela ação de animais cavadores. As trufas são micorrizas (ver adiante), principalmente de carvalhos e de aveleiras, e são procuradas por cães e porcos especialmente treinados. Os porcos usados são fêmeas, visto que as trufas emitem uma substância química que se assemelha ao feromônio da saliva do macho.

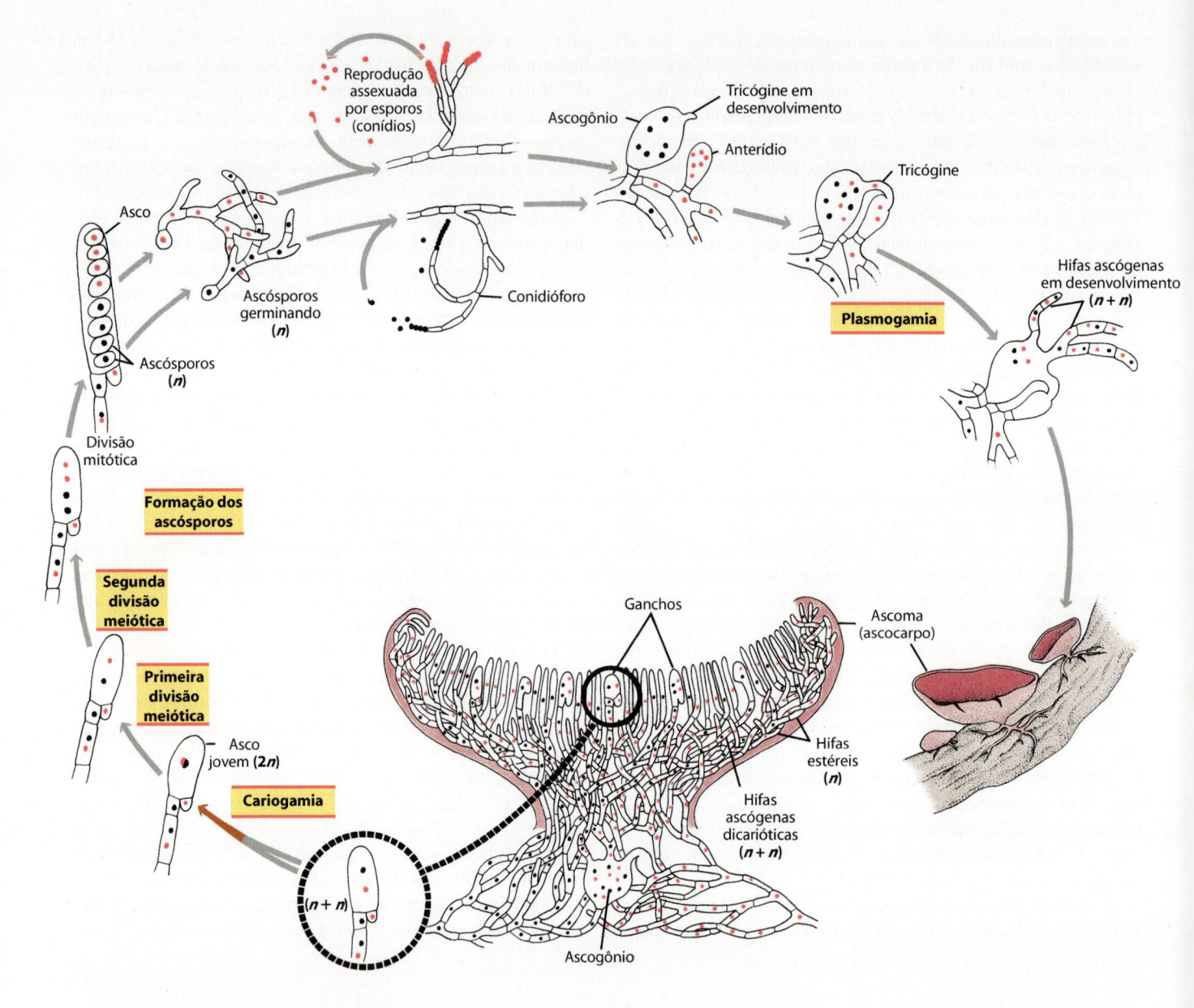

14.19 Ciclo de vida típico de um ascomiceto. A reprodução assexuada (parte superior, à esquerda) ocorre por meio de esporos especializados, conhecidos como conídios, que são comumente multinucleados. A reprodução sexuada envolve a formação de ascos e ascósporos. A plasmogamia produz protoplastos fundidos com núcleos ainda não fundidos, designados como *n + n*. A fusão dos núcleos, denominada cariogamia, é seguida imediatamente de meiose no asco, produzindo ascósporos.

cede a reprodução sexuada. Os núcleos masculinos do anterídio penetram no ascogônio via *tricógine*, que é uma ramificação do ascogônio. A plasmogamia – a fusão de protoplastos – ocorre nessa fase. No ascogônio, pode ocorrer pareamento dos núcleos masculinos com os núcleos femininos geneticamente diferentes dentro do citoplasma comum, porém *ainda não se fundem*. Nesse estágio, as *hifas ascógenas* começam a crescer para fora do ascogônio. Com o desenvolvimento dessas hifas, os pares compatíveis de núcleos migram para dentro delas, e a divisão celular ocorre de tal modo que as células resultantes são invariavelmente *dicarióticas*, o que significa que elas contêm dois núcleos haploides compatíveis. (As células monocarióticas contêm apenas um núcleo.)

Os ascos formam-se próximo às pontas das hifas ascógenas dicarióticas. Comumente, a célula apical das hifas ascógenas forma um *gancho*, o qual possibilita a divisão simultânea dos núcleos pareados, um na hifa e o outro no gancho. (Em muitas hifas dicarióticas de basidiomicetos ocorrem projeções voltadas para trás, chamadas ansas, similares aos ganchos e provavelmente homólogas; ver Figura 14.28.) Ocorre divisão celular subsequente, de modo que o asco imaturo contém um par de núcleos compatíveis. A seguir, esses dois núcleos se fundem (cariogamia) para formar um núcleo diploide (zigoto), o único núcleo diploide no ciclo de vida dos ascomicetos. Logo após a cariogamia, o asco jovem começa a se alongar. O núcleo diploide sofre então meiose, que é geralmente seguida de uma divisão mitótica, produzindo um asco com oito núcleos. Esses núcleos haploides são envolvidos por porções do citoplasma para formar os ascósporos. Em muitos ascomicetos, o asco torna-se túrgido na maturidade e, por fim, rompe, liberando os ascósporos de modo explosivo no ar nos fungos que produzem apotécios e em algumas espécies que formam peritécios. Em geral, os ascós-

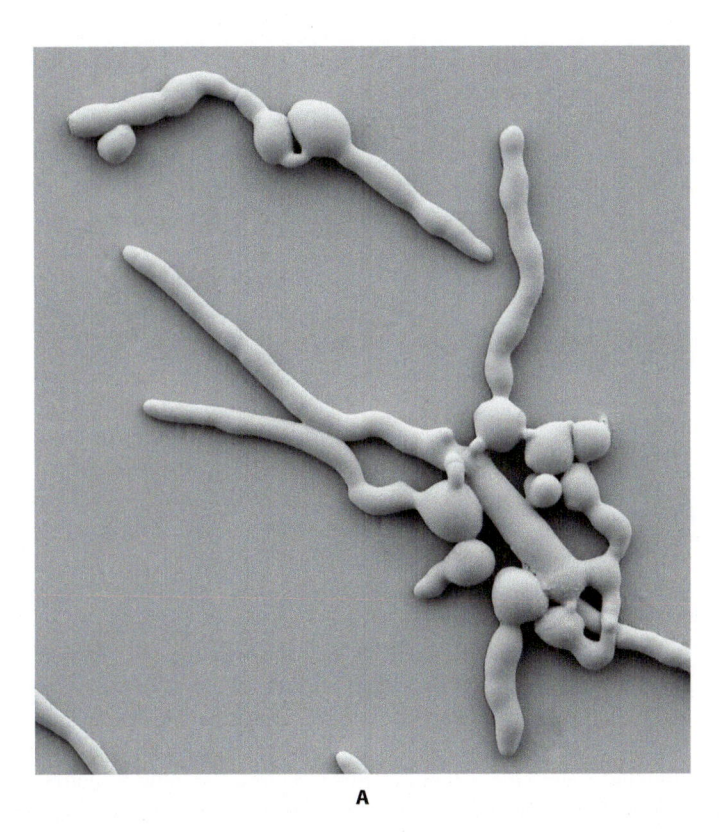

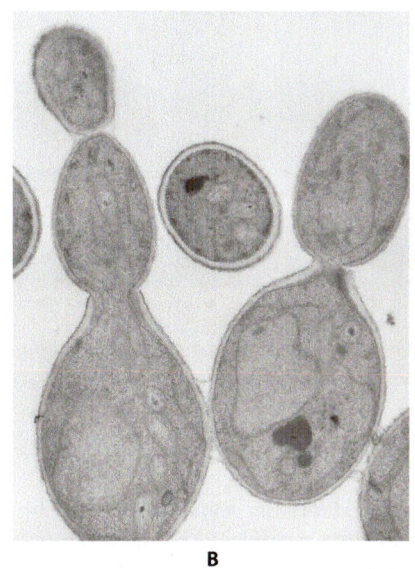

A   **B**

14.20 Conídios de ascomicetos. Os esporos assexuados característicos dos ascomicetos – os conídios – são habitualmente multinucleados. As micrografias eletrônicas mostram estágios na formação dos conídios. **A.** Micrografia eletrônica de varredura de conídios de *Neurospora crassa* germinando, em vários estágios de desenvolvimento. **B.** Micrografia eletrônica de transmissão dos conídios de *Nomuraea rileyi*, que infecta a lagarta-da-soja (*Anticarsia gemmatalis*).

poros são propelidos a uma distância de cerca de 2 cm do asco, porém algumas espécies os propelem até 30 cm de distância. Isso inicia a propagação dos esporos pelo ar.

Nas leveduras, cada célula haploide é capaz de atuar com gameta, e, algumas vezes, duas células haploides fundem-se para formar uma célula diploide ou zigoto, que funciona como asco (ver Figura 14.8B). A meiose ocorre dentro do asco. Habitualmente, são produzidos quatro ascósporos por asco, embora, em algumas espécies, a meiose seja seguida de uma ou mais divisões mitóticas, resultando em maior número de ascósporos. Em outras leveduras, como *Saccharomyces cerevisiae*, a meiose é algumas vezes retardada, e o zigoto sofre divisão mitótica para formar uma população de células diploides, que se reproduzem de modo assexuado por brotamento. Por conse-

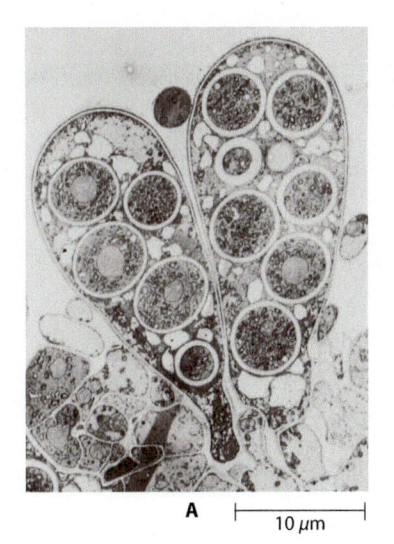

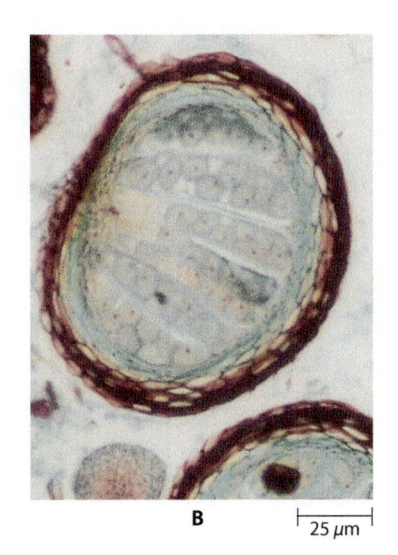

A ⊢ 10 µm ⊣   **B** ⊢ 25 µm ⊣   **C** ⊢ 100 µm ⊣

14.21 Ascos e ascósporos. A. Micrografia eletrônica mostrando dois ascos de *Ascodesmis nigricans*, com ascósporos em maturação. **B.** Ascoma de *Erysiphe aggregata*, mostrando os ascos fechados e ascósporos. Esse tipo de ascoma totalmente fechado é denominado cleistotécio. **C.** Ascoma de *Coniochaeta*, mostrando os ascos fechados e ascósporos. Observe o pequeno poro no ápice. Esse tipo de ascoma, com uma pequena abertura, é conhecido como peritécio.

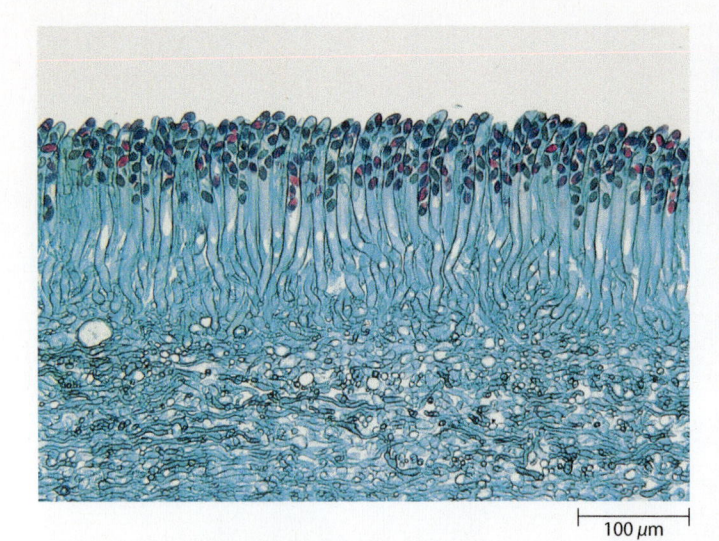

├── 100 µm ──┤

14.22 Himênio de um ascomiceto. Seção histológica corada da camada himenial de uma morchela (*Morchella*), mostrando os ascos com ascósporos (estruturas escuras).

guinte, essas leveduras apresentam estágios de brotamento tanto haploides quanto diploides. As células diploides finalmente podem sofrer meiose e retornar à condição haploide. Em outras leveduras, ainda, os ascósporos fundem-se em pares imediatamente após a sua formação; neste caso, o ascósporo é a única célula haploide no ciclo de vida, que é predominantemente diploide.

Os fungos assexuados são ascomicetos

Os fungos anteriormente classificados como Deuteromycetes ou Fungi Imperfecti, são formas assexuadas ou anamorfos de Ascomycota; algumas espécies têm afinidade com os Basidiomycota ou zigomicetos. As evidências de uma relação com Ascomycota provêm de dados de sequenciamento do DNA e das semelhanças na estrutura do micélio, na formação da parede celular das hifas e na natureza da divisão nuclear, conforme observado na microscopia eletrônica.

Alguns gêneros contêm espécies nas quais se conhece apenas o estado de reprodução assexuada (anamorfo) (os membros "imperfeitos") ou nas quais as características do estado de reprodução sexuada (telemorfo) não são usadas como base de classificação. Assim, para algumas espécies dos gêneros bem conhecidos de fungos assexuados *Penicillium* e *Aspergillus* (Figuras 14.23 e 14.24), o estágio sexuado é conhecido, porém as espécies são classificadas como membros desses gêneros, em virtude de sua semelhança global com as outras espécies de fungos assexuados.

Muitos fungos exibem o fenômeno da *heterocariose*, em que núcleos geneticamente diferentes ocorrem juntos em um citoplasma comum. Os núcleos podem diferir um do outro por mutação ou pela fusão de hifas geneticamente distintas. Como núcleos geneticamente diferentes podem ocorrer em diferentes proporções em partes distintas do micélio, esses setores podem ter propriedades diferentes.

Entre os fungos assexuados, bem como em alguns outros fungos, os núcleos haploides geneticamente diferentes fundem-se em certas ocasiões. Dentro dos núcleos diploides resultantes, os cromossomos podem se associar, pode ocorrer recombinação e pode haver formação de núcleos haploides geneticamente novos. A restauração da condição haploide não envolve a meiose. Em vez disso, resulta de perda gradual de cromossomos, em um processo denominado *haploidização*. Esse fenômeno genético, em que a plasmogamia, a cariogamia e a haploidização ocorrem em sequência, é conhecido como *parassexualidade*; esse fenômeno foi descoberto em *Aspergillus*. Dentro das hifas desse fungo comum, existe um núcleo diploide, em média, para cada 1.000 núcleos haploides. O ciclo parassexual pode contribuir consideravelmente para a flexibilidade genética e evolutiva nos fungos que carecem de um verdadeiro ciclo sexual.

A importância comercial de vários fungos assexuados (p. ex., *Penicillium* e *Aspergillus*) já foi assinalada. *Trichoderma*, um fungo assexuado onipresente no solo, tem muitas aplicações comerciais. Por exemplo, as enzimas que degradam a celulose, produzidas por *Trichoderma*, são utilizadas pela indústria de confecções para dar aos *jeans* um aspecto lavado (*stone-*

A

B

14.23 Fungos assexuados. *Penicillium* e *Aspergillus* são dois dos gêneros comuns de fungos assexuados. **A.** Uma cultura de *Penicillium notatum*, o fungo produtor da penicilina, mostrando as cores distintas produzidas durante o crescimento e o desenvolvimento dos esporos. **B.** Uma cultura de *Aspergillus fumigatus*, um fungo que provoca doença respiratória nos seres humanos. Observe o padrão de crescimento concêntrico produzido por "pulsos" sucessivos de produção de esporos.

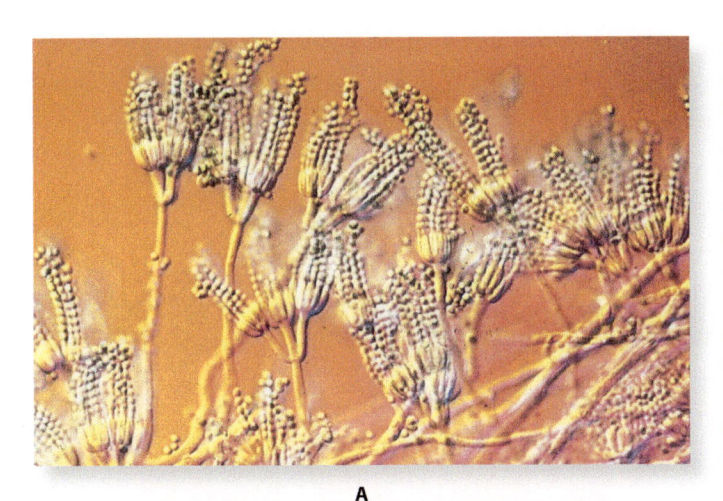

A

B

14.24 Conídios de fungos assexuados. Os conídios e os conidió-foros – as hifas especializadas que carregam os conídios – dos fungos assexuados são utilizados na sua classificação. **A.** *Penicillium* (conídios semelhantes a pincéis) e (**B**) *Aspergillus* (conídios estreitamente agregados, que surgem da ponta intumescida do conidióforo). Observe as longas cadeias de pequenos conídios secos em ambos os organismos.

washed). As mesmas enzimas são adicionadas a alguns detergentes para máquinas de lavar para ajudar a remover manchas de tecidos. *Trichoderma* também é utilizado por agricultores no controle biológico de outros fungos que atacam culturas e árvores florestais.

Muitos antibióticos importantes são produzidos por fungos assexuados. O primeiro antibiótico foi descoberto por Sir Alexander Fleming ao observar, em 1928, que uma cepa de *Penicillium*, que havia contaminado uma cultura de *Staphylococcus* que crescia em placa de ágar com nutriente, havia interrompido por completo o crescimento das bactérias. Dez anos mais tar-

de, Howard Florey e seus colaboradores, na Universidade de Oxford, purificaram a penicilina e, posteriormente, foram aos EUA para promover a produção em larga escala do fármaco. A produção da penicilina aumentou enormemente com a crescente demanda durante a II Guerra Mundial. A penicilina é efetiva na cura de uma ampla variedade de doenças bacterianas, incluindo pneumonia, escarlatina, sífilis, gonorreia, difteria e febre reumática.

Nem todas as substâncias produzidas por fungos assexuados são úteis. Por exemplo, as *aflatoxinas* são potentes agentes causadores de câncer de fígado nos seres humanos. Essas micotoxinas altamente carcinogênicas, que exercem seus efeitos em concentrações muito baixas, de apenas algumas partes por bilhão, são metabólitos secundários produzidos por determinadas cepas de *Aspergillus flavus* e *Aspergillus parasiticus*. Ambos os fungos frequentemente crescem em alimentos armazenados, especialmente amendoim, milho e trigo. Em países tropicais, foi estimado que as aflatoxinas contaminam pelo menos 25% dos alimentos. As aflatoxinas têm sido detectadas ocasionalmente no milho nos EUA, embora muitos esforços venham sido envidados para detectar e destruir o milho contaminado.

Outro grupo de fungos assexuados, os dermatófitos (do grego *derma*, que significa "pele" e, *phyton*, "planta"), constituem a causa da tinha, do pé de atleta e de outras micoses da pele. Essas doenças são particularmente prevalentes nos trópicos. Os estágios patogênicos desses fungos são assexuados. Embora a maioria desses organismos esteja agora correlacionada com espécies de ascomicetos, eles continuam sendo classificados como fungos assexuados, com base nas suas formas causadoras de doenças. Durante a II Guerra Mundial, mais soldados voltaram do Sul do Pacífico por causa de infecções da pele do que por ferimentos ocorridos em batalha.

Basidiomiocetos | Filo Basidiomycota

O filo Basidiomycota, o último dos seis grupos de fungos a ser discutido, inclui alguns dos fungos mais familiares. Entre as 22.300 espécies distintas deste filo estão os cogumelos comestíveis e venenosos, cogumelos com aspecto fálico (ordem Phallales), bolotas-da-terra e orelhas-de-pau, bem como dois grupos importantes de fitopatógenos, as ferrugens e os carvões. Os membros dos Basidiomycota desempenham um papel central na decomposição de substratos vegetais, constituindo, frequentemente, dois terços da biomassa viva (não incluindo os animais) do solo nas regiões temperadas.

O diagrama do ciclo de vida de um cogumelo fornece um ponto de referência conveniente para dar prosseguimento à nossa discussão (Figura 14.25). Os Basidiomycota distinguem-se dos outros fungos pela produção de *basidiósporos*, que se formam na ponta de uma estrutura claviforme produtora de esporos, denominada *basídio* (Figura 14.26). Na natureza, a maioria dos basidiomicetos reproduz-se principalmente por meio da formação de basidiósporos.

O micélio dos Basidiomycota é sempre septado, porém os septos são perfurados. Em muitas espécies, o poro do septo tem margem inflada em forma de barril, denominada *dolíporo*. Qualquer fungo com septos com dolíporo pertence aos Basidiomycota. Em ambos os lados do dolíporo, são observadas capas membranosas denominadas *parentossomos*, assim designadas

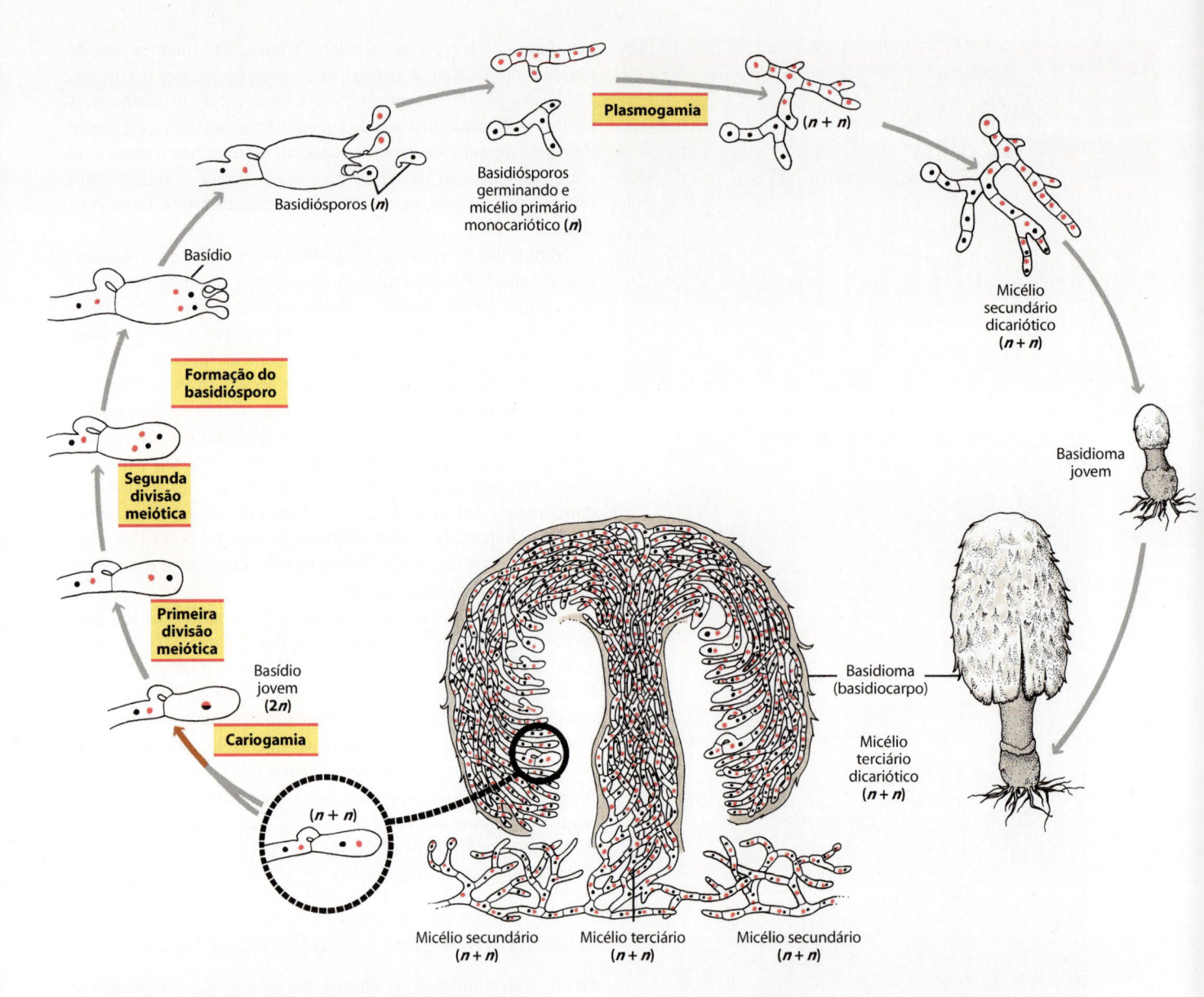

14.25 Ciclo de vida de um cogumelo. Os micélios primários monocarióticos são produzidos a partir de basidiósporos (parte superior, à esquerda) desse himenomiceto (filo Basidiomycota). Esses micélios dão origem aos micélios secundários dicarióticos, frequentemente após a fusão de diferentes tipos de linhagens, caso em que os micélios são heterocarióticos. Os micélios terciários dicarióticos formam o basidioma, dentro do qual ocorre formação de basídios no himênio que reveste as lamelas, liberando, finalmente, até bilhões de basidiósporos.

porque lembram de perfil um par de parênteses (Figura 14.27). Muitos basidiomicetos, incluindo as ferrugens e os carvões, apresentam septos que se assemelham aos dos ascomicetos.

Na maioria das espécies dos Basidiomycota, o micélio passa por duas fases distintas – monocariótica e dicariótica – durante o ciclo de vida desses fungos. Quando germina, o basidiósporo produz um micélio que, inicialmente, pode ser multinucleado. Entretanto, ocorre logo a formação de septos, e o micélio é dividido em células *monocarióticas* (uninucleadas). Esse micélio é também designado como *micélio primário*. Comumente, o micélio dicariótico é produzido pela fusão de hifas monocarióticas de diferentes linhagens (que, neste caso, é heterocariótico), resultando na formação de um *micélio dicariótico* (binucleado) ou *secundário*, visto que a cariogamia não ocorre imediatamente após a plasmogamia.

As células apicais do micélio dicariótico dividem-se habitualmente pela formação de *ansas* (Figura 14.28). Essas ansas, que asseguram a distribuição de um núcleo de cada tipo para células-filhas, são encontradas apenas nos Basidiomycota, embora muitas das espécies possam não formá-las. Conforme assinalado anteriormente, as ansas e os ganchos dos ascomicetos provavelmente são estruturas homólogas.

O micélio que forma o *basidioma* – corpos carnosos produtores de basidiósporos, como os cogumelos e a bolota-da-terra – também é dicariótico. É denominado *micélio terciário*. A formação dos basidiomas pode exigir luz e baixos níveis de CO_2, ambos os quais comunicam ao micélio que ele está "fora" de seu substrato. Durante a formação dos basidiomas, o micélio terciário torna-se diferenciado em hifas especializadas, que desempenham funções diferentes dentro do basidioma.

14.26 Basidiósporos. Micrografia eletrônica de varredura de basidiósporos de *Coprinus cinereus*, o cogumelo que forma a película sobre a tinta. A micrografia mostra o ápice de um basídio, com quatro basidiósporos, cada um preso a um esterigma (estrutura semelhante a um pedúnculo).

O filo Basidiomycota inclui três subfilos: Agaricomycotina, Pucciniomycotina e Ustilaginomycotina. Os Agaricomycotina incluem todos os fungos que produzem basidiomas, como os cogumelos, as orelhas-de-pau e as bolotas-da-terra. Os Pucciniomycotina (as ferrugens) e os Ustilaginomycotina (os carvões) não formam basidiomas. Em vez disso, esses fungos produzem seus esporos em *soros*.

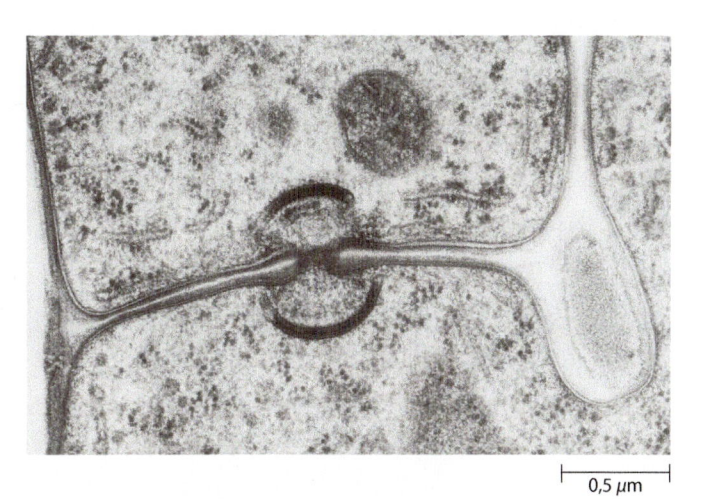

14.27 Septo doliporo. Os septos doliporos são comuns nos Agaricomycotina, conforme mostrado aqui em *Auricularia auricula*, uma espécie comum em madeira em decomposição. Cada septo doliporo é perfurado por um poro. Os parentossomos são visíveis acima e abaixo do doliporo.

O subfilo Agaricomycotina inclui os Hymenomycetes e os Gasteromycetes

O subfilo Agaricomycotina inclui os cogumelos comestíveis e venenosos, os fungos coraloides, os fungos dentiformes e as orelhas-de-pau (Figura 14.29). Esses Agaricomycotina são comumente designados como "himenomicetos", visto que eles produzem basidiósporos em uma camada fértil distinta, o himênio, que fica exposto antes da maturação dos esporos (Figura 14.30). Outro grupo de Agaricomycotina, os "gasteromicetos" (literalmente, os "fungos gástricos"), inclui formas que não apresentam himênio visível por ocasião da liberação dos basidiósporos.

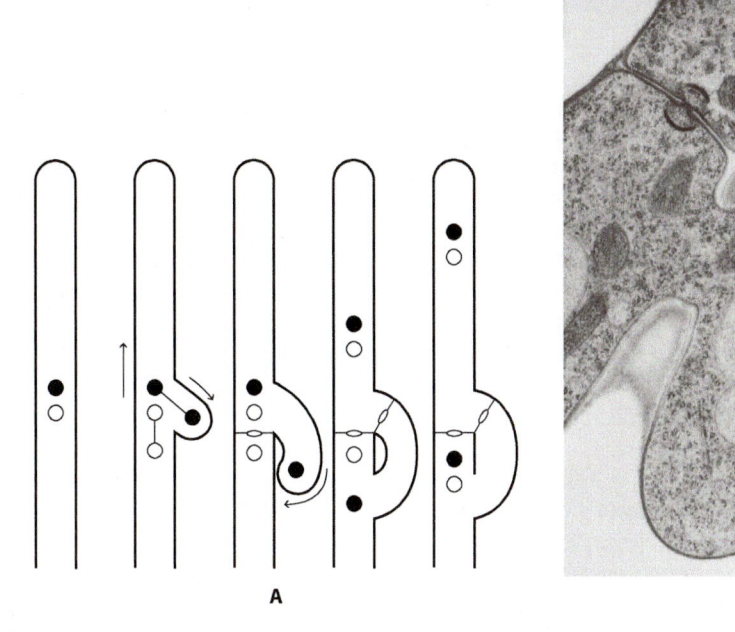

14.28 Ansas. A. Nos Agaricomycotina, as hifas dicarióticas tipicamente são distinguidas pela formação de ansas durante a divisão celular, na porção apical das hifas. As ansas presumivelmente asseguram a distribuição adequada dos dois tipos de núcleos geneticamente distintos no basidioma. Formam-se dois septos para dividir a célula-mãe em duas células-filhas. **B.** Micrografia eletrônica de uma ansa e dos septos característicos em uma hifa de *Auricularia auricula*.

A   B   C

D

14.29 Himenomicetos. A. *Amanita muscaria.* Os cogumelos estão em vários estágios de crescimento. Entre as características desse gênero de cogumelos, dos quais muitos membros são venenosos, estão as escamas no chapéu, o anel no pedúnculo e a volva ao redor da base. **B.** *Polyporus arcularius*, um fungo poliporáceo. Os poliporáceos carecem das lamelas encontradas na maioria dos cogumelos. Em *P. arcularius*, os esporos são liberados através de poros em forma de losango. **C.** As orelhas-de-pau, como *Ganoderma applanatum*, são fungos que causam podridão da madeira. **D.** Um fungo comestível, *Hericium coralloides*. O himênio, uma camada externa contendo esporos dos basídios, localiza-se na superfície dos dentes voltados para baixo.

(Observe que os himenomicetos e os gasteromicetos não são grupos taxonômicos.) Entre os gasteromicetos mais familiares estão os cogumelos com aspecto fálico (ordem Phallales), as estrelas-da-terra, as bolotas-da-terra e os fungos ninhos de pássaro (Figura 14.33). Os Agaricomycotina apresentam, em sua maioria, basídios claviformes e não septados (internamente não divididos), que habitualmente têm quatro basidiósporos, cada um em uma pequena projeção denominada *esterigma* (Figuras 14.26 e 14.30).

A estrutura que reconhecemos como cogumelo comestível ou venenoso é o basidioma (Figura 14.25). (*Mushroom*, em inglês, é algumas vezes popularmente usado para designar as formas comestíveis de basidiomas, enquanto *toadstool* é usado para designar os não comestíveis; todavia, os micólogos não reconhecem essa distinção e só utilizam o termo *mushroom*. Neste livro, todas as formas são designadas como cogumelos, e isso não significa que todos sejam comestíveis.) Em geral, um cogumelo é constituído de um *píleo* ou *chapéu*, que se assenta sobre um *estipe* ou *pedúnculo*. As massas de hifas no basidioma formam habitualmente camadas distintas. No iní-

cio de seu desenvolvimento – o estágio de "botão"–, o cogumelo pode ser coberto por um tecido membranoso, que se rompe à medida que o cogumelo cresce. Em alguns gêneros, remanescentes desse tecido são visíveis como placas na parte superior do chapéu e como taça ou volva na base do estipe (Figura 14.29A). Em muitos himenomicetos, a superfície inferior do píleo apresenta estruturas radiadas de tecido, denominadas *lamelas* (Figura 14.30), que são revestidas pelo himênio. Em outros himenomicetos, o himênio localiza-se em outra parte; por exemplo, nos fungos dentiformes (Figura 14.29D), o himênio recobre as projeções dirigidas para baixo. Nos boletos e nos poliporáceos (Figura 14.29B), o himênio reveste tubos verticais que se abrem como poros.

Conforme assinalado anteriormente, nos himenomicetos, os basídios formam himênios bem definidos, que ficam expostos antes do amadurecimento dos basidiósporos. Cada basídio desenvolve-se a partir de uma célula terminal de uma hifa dicariótica. Logo após o crescimento do basídio jovem, ocorre cariogamia. A cariogamia é seguida quase imediatamente da meiose de cada núcleo diploide, resultando na formação de

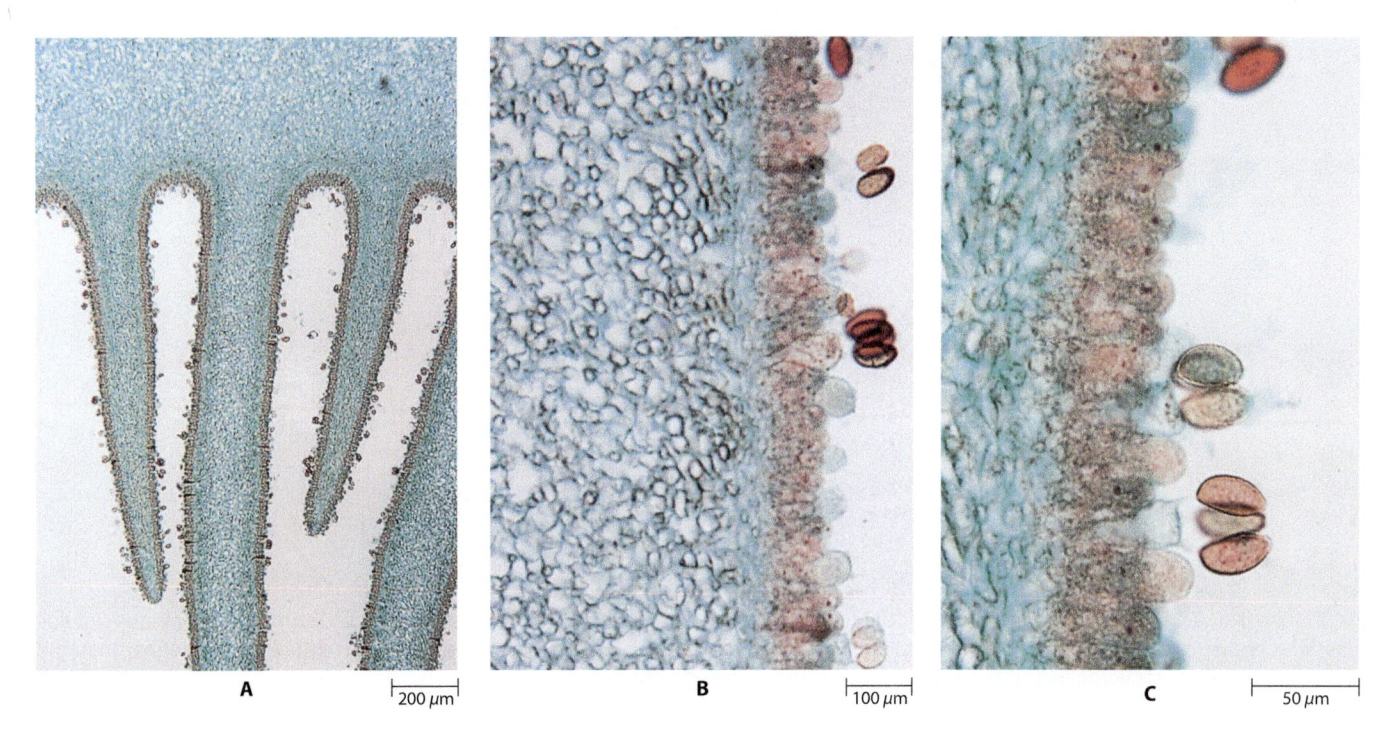

A 200 μm   **B** 100 μm   **C** 50 μm

14.30 Himênio de um Agaricomycotina. Seções histológicas coradas na região das lamelas de *Coprinus*, um cogumelo comum, em aumentos progressivamente maiores. A camada do himênio está corada mais intensamente em cada uma dessas preparações. **A.** Contornos de algumas lamelas. **B.** Basídios e basidiósporos em desenvolvimento na camada himenial. **C.** Basidiósporos quase maduros fixados aos basídios por esterigmas.

quatro núcleos haploides (Figura 14.25). Cada um desses quatro núcleos pode então migrar para um esterigma, que se alarga em sua extremidade para formar um basidiósporo haploide uninucleado. Em muitos basidiomicetos, a meiose é seguida de mitose, produzindo oito núcleos haploides. O momento de ocorrência e a localização da mitose pós-meiótica variam, assim como o destino dos núcleos. A mitose pós-meiótica pode ocorrer no basídio, no esterigma ou no esporo jovem. Quando a mitose pós-meiótica ocorre no basídio ou no esterigma, um núcleo entra em cada poro, e os outros quatro núcleos abortam, produzindo esporos uninucleados. Quando a mitose pós-meiótica ocorre nos esporos jovens, quatro dos núcleos-filhos podem migrar de volta ao basídio, onde abortam, resultando em esporos uninucleados, ou todos os oito núcleos podem permanecer nos esporos, produzindo esporos binucleados.

Na maturidade, os basidiósporos são liberados ativamente dos basidiomas, porém dependem do vento para a sua dispersão. A capacidade reprodutiva de um único cogumelo é extraordinária, com produção de bilhões de esporos por um único basidioma. Essa capacidade reprodutiva é essencial, visto que cada espécie ocupa um estreito nicho no ambiente, e a probabilidade de determinado esporo de cair em um substrato apropriado para germinação e crescimento é pequena.

Em *habitats* relativamente uniformes, como os gramados e campos, o micélio a partir do qual são produzidos os cogumelos espalha-se sob a terra, crescendo para baixo e para fora e formando um anel de cogumelos na borda da colônia. Esse anel pode alcançar até 30 m de diâmetro. Em uma área aberta, o micélio cresce uniformemente em todas as direções, morrendo no centro e produzindo basidiomas nas bordas externas, onde o seu crescimento é mais ativo, visto que esta é a área onde o material nutritivo no solo é mais abundante. Em consequência, os cogumelos aparecem em círculos, e, à medida que o micélio cresce, o círculo torna-se maior. Esses círculos de cogumelos são conhecidos, nas lendas do folclore europeu, como "círculos de fadas" (Figura 14.31).

Os himenomicetos mais bem conhecidos são os fungos que possuem lamelas, incluindo *Agaricus campestris*, comum nos campos. O *Agaricus bisporus* (ver Capítulo 12, Tabela 12.1), uma espécie estreitamente relacionada, é um dos numerosos cogumelos cultivados hoje em dia comercialmente. É cultivado em mais de 100 países, e a produção mundial é estimada em mais de 1 bilhão de dólares. O *Agaricus bisporus*, juntamente com o cogumelo oriental *shiitake*, *Lentinula edodes*, respondem por cerca de 86% da produção mundial de cogumelos. Outros cogumelos também estão sendo cultivados, e alguns são encontrados em grandes quantidades na natureza. Já foi dado o alerta de que os cogumelos estão diminuindo, tanto no número total de espécies quanto na quantidade de espécies individuais, nas florestas da Europa e no noroeste do Pacífico nos EUA. Se essa tendência continuar, isso resultará em um drástico declínio na saúde das árvores, que dependem das micorrizas para a obtenção dos nutrientes, além de romper o ciclo de nutrientes nos ecossistemas. A causa desse declínio não foi identificada, porém suspeita-se de poluentes, como os nitratos.

Os fungos com lamelas também incluem muitos cogumelos venenosos. O gênero *Amanita* inclui o mais venenoso de todos os cogumelos, bem como alguns comestíveis. Apenas alguns pedaços de *Amanita virosa*, conhecida como "anjo destruidor", podem ser fatais. Outros Agaricomycotina contêm substâncias químicas que causam alucinações quando ingeridos pelos seres humanos (Figura 14.32).

14.31 Círculo das fadas. Observa-se aqui um "círculo das fadas" formado pelo fungo *Marasmius oreades*. Estima-se que alguns círculos das fadas tenham até 500 anos. Devido à exaustão de nutrientes essenciais, a grama imediatamente dentro de um círculo frequentemente fica atrofiada e com cor verde mais clara do que a grama situada fora do círculo.

Os gasteromicetos (Figura 14.33) caracterizam-se pelo fato de que seus basidiósporos amadurecem dentro do basidioma e não são ejetados com força. Os basidiomas dos gasteromicetos apresentam um revestimento externo distinto, denominado *perídio*, que varia quanto à sua espessura, desde fina como papel em algumas espécies até espessa e de textura elástica ou coriácea em outras. Em algumas espécies, o perídio abre-se naturalmente quando os esporos estão maduros; em outras, permanece fechado, e os esporos são apenas liberados após a sua ruptura pela ação de um agente externo.

Os cogumelos da ordem Phallales (Figura 14.33B) exibem morfologia notável. Esses corpos de frutificação desenvolvem-se abaixo da superfície do solo como estruturas coriáceas e semelhantes a um ovo. Na maturidade, diferenciam-se em um estipe alongado e um píleo ou chapéu com uma *gleba*, que é a porção fértil do basidioma. A gleba forma massa viscosa de esporos, de odor fétido, que atrai moscas e besouros, que dispersam os esporos.

As bolotas-da-terra são gasteromicetos muito familiares. Na maturidade, a parte interna de uma bolota-da-terra seca, liberando uma nuvem de esporos quando tocados (Figura 14.33A). Algumas espécies gigantes podem alcançar 1 m de diâmetro e podem produzir vários trilhões de basidiósporos. Os fungos conhecidos como ninhos de pássaro (Figura 14.33C) começam o seu desenvolvimento como as bolotas-da-terra, porém a desintegração de grande parte de sua estrutura interna faz com que se assemelhem a ninhos de pássaro em miniatura.

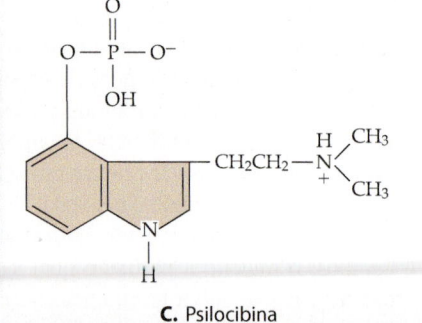

A   B   **C.** Psilocibina

14.32 Cogumelos alucinógenos. Os cogumelos têm um papel proeminente nas cerimônias religiosas de vários grupos indígenas no Sul do México e América Central. Os índios comem certos himenomicetos pelas suas qualidades alucinógenas. **A.** Um dos mais importantes desses fungos é *Psilocybe mexicana*, mostrado aqui crescendo em Guadalajara, Jalisco, no México. **B.** A xamã María Sabina ingerindo *Psilocybe* durante uma cerimônia religiosa noturna. **C.** A psilocibina, a substância química responsável pelas visões coloridas experimentadas por aqueles que comem esse cogumelo "sagrado" é um análogo estrutural do LSD e da mescalina (ver Figura 20.31A).

14.33 Gasteromicetos. A. Bolota-da-terra, *Calostoma cinnabarina*. As gotas de chuva fazem com que a fina camada externa ou perídio da bolota-da-terra forme depressões, forçando a saída de ar misturado com esporos através da abertura. **B.** *Dictyophora duplicata*, um fungo da ordem Phallales, em que se observa o véu ou rede. Os basidiósporos são liberados em uma massa viscosa e de odor fétido no ápice do fungo. As moscas, atraídas pelo odor de carne podre, procuram o fungo, esperando alimento, porém obtêm apenas uma massa de esporos. Levantam voo à procura de fontes mais ricas de material em decomposição, espalhando os esporos que aderem às patas e ao corpo do animal em grandes números. **C.** *Crucibulum laeve*, um fungo semelhante a um ninho de pássaro com ovos brancos. Nos basidiomas (os "ninhos") desses fungos, as estruturas redondas ("ovos") contêm os basidiósporos, que são ejetados e dispersos por gotas de chuva. **D.** *Geastrum saccatum*, a estrela-da-terra, mostrando um indivíduo totalmente aberto e dois outros em estágios mais iniciais de desenvolvimento. As camadas externas do perídio dobram-se para trás nesse gênero, elevando a massa de esporos acima das folhas mortas.

O subfilo Pucciniomycotina consiste, em grande parte, em ferrugens

Das 8.000 espécies de Pucciniomycotina descritas, incluindo leveduras, saprófitas e parasitos de plantas, animais e fungos, a imensa maioria (cerca de 90%) consiste em ferrugens. Diferentemente dos Agaricomycotina, poucas ferrugens formam basidiomas. Conforme assinalado anteriormente, os esporos ocorrem em massas denominadas soros (Figura 14.34). Entretanto, formam hifas dicarióticas e basídios, que são sep-

tados. Como fitopatógenos, as ferrugens são de grande importância econômica, causando, anualmente, a perda de bilhões de dólares para a agricultura mundial. Entre as doenças mais sérias causadas por ferrugens, destacam-se a ferrugem preta dos cereais, a ferrugem branca dos pinheiros, a ferrugem do café, a ferrugem da macieira e cedro-vermelho-do-leste (ver início do capítulo), a ferrugem do amendoim, a ferrugem do trigo e a ferrugem da soja. Esta última, que é causada por *Phakopsora pachyrhizi*, foi detectada nos EUA, em 2004. Descrita pela primeira no Japão, em 1902, a ferrugem da soja propagou-se gra-

14.34 Soros de ferrugem. Soros de cor laranja da ferrugem *Kuehneola uredinis* em uma folha de amoreira-negra (*Rubus* sp.), fotografados em San Mateo County, na Califórnia (EUA).

dualmente pelo mundo. Na China e em outros países asiáticos, ela algumas vezes ataca as culturas de soja, devastando até 80%.

Os ciclos de vida de muitas ferrugens são complexos, e esses patógenos representam um constante desafio aos *fitopatologistas*, cuja tarefa é mantê-las sob controle. Um exemplo de ciclo de vida de uma ferrugem é fornecido por *Puccinia graminis*, a causa da ferrugem do trigo, que é a maior cultura do mundo. (O trigo fornece cerca de um quinto das calorias consumidas pelos seres humanos no mundo inteiro.) Existem numerosas linhagens de *P. graminis*, e, além do trigo, parasitam outros cereais, como cevada, aveia e centeio, bem como várias espécies de gramíneas selvagens. Já no ano 100 d.C., Plínio descreveu a ferrugem do trigo como "a maior praga das culturas". Hoje em dia, os fitopatologistas combatem a ferrugem preta em grande parte com variedades resistentes de trigo, obtidas por cruzamentos, porém as mutações e recombinações na ferrugem tipicamente tornam qualquer vantagem efêmera. Durante quatro décadas, a resistência do trigo à *P. graminis* foi conseguida principalmente com um único gene, *Sr31*, que foi descoberto por Norman Borlaug, um dos arquitetos da Revolução Verde (ver Capítulo 21). Em seguida, em 1999, foi descoberta em Uganda uma nova raça de *P. graminis*, capaz de vencer o *Sr31*. Conhecida como Ug99, essa ferrugem foi caracterizada como "a mais virulenta" em 50 anos. Em 2010, Ug99 disseminou-se para a África do Sul e alcançou o Irã. Temia-se que o fungo acabasse aparecendo em Punjab, uma área do Paquistão e do Norte da Índia que é uma das principais produtoras de trigo do mundo. Os fitopatologistas e especialistas em cruzamento estão trabalhando urgentemente para identificar plantas com resistência genética à Ug99.

Puccinia graminis é *heteroécia*, isto é, necessita de dois hospedeiros diferentes para completar o seu ciclo de vida (Figura 14.35). Por outro lado, os parasitos *autoécios* necessitam de apenas um hospedeiro. *Puccinia graminis* pode crescer indefinidamente na gramínea hospedeira, porém só se reproduz de modo assexuado. Para que ocorra a reprodução sexuada, a ferrugem precisa passar parte de seu ciclo de vida no arbusto de uva-espim (*Berberis vulgaris**) e parte sobre a gramínea. Um método que tenta eliminar essa ferrugem tem sido a erradicação dos arbustos de *Berberis*. Por exemplo, em Massachusetts (EUA), quando ainda colônia da Inglaterra, foi estabelecida uma lei ordenando que "todo aquele que... tiver qualquer muda de *Berberis* crescendo em sua terra... deverá extirpá-la ou destruí-la antes do décimo terceiro dia de junho, 1760 d.C."

A infecção de *Berberis* ocorre na primavera (Figura 14.35, parte superior, à esquerda), quando os basidiósporos uninucleados infectam a planta, formando micélios haploides que inicialmente desenvolvem *espermogônios*, principalmente na face superior das folhas. A forma de *P. graminis* que cresce na uva-espim consiste em linhagens + e – separadas, de modo que os basidiósporos e espermogônios derivados dessas linhagens são + ou –. Cada espermogônio é uma pústula em forma de frasco, revestida por células que formam células uninucleadas e viscosas, denominadas *espermácios*. A abertura do espermogônio é circundada por pelos laranjas, rígidos, não ramificados e pontudos, as *perífises*, que retêm gotículas de néctar açucarado, de odor doce. O néctar, que atrai as moscas, contém os espermácios. Entre as perífises, encontram-se *hifas receptivas* ramificadas. As moscas visitam os espermogônios e alimentam-se do néctar. Em seu movimento de um espermogônio para outro na uva-espim, as moscas transferem os espermácios. Se um espermácio + de um espermogônio entrar em contato com a hifa receptiva – de outro espermogônio, ou vice-versa, ocorre plasmogamia, e são produzidas hifas dicarióticas. Inicia-se então a formação dos écios a partir das hifas dicarióticas, que se voltam para baixo a partir do espermogônio. Em seguida, os *écios* formam-se na superfície inferior das folhas, onde produzem cadeias de *eciósporos*. Os eciósporos dicarióticos devem infectar então o trigo, visto que não irão crescer nos arbustos de *Berberis*.

A primeira manifestação externa de infecção no trigo é o aparecimento de estrias lineares de cor da ferrugem sobre as folhas e o caule (a fase vermelha). Essas listras são *uredínios*, que contêm *uredósporo* unicelulares e dicarióticos. Os uredósporos são produzidos durante todo o verão e reinfectam o trigo; constituem também o principal meio pelo qual a ferrugem do trigo se dissemina por todas as regiões produtoras de trigo do mundo. No final do verão e início do outono, os soros de cor avermelhada escurecem gradualmente e transformam-se em *télios* com *teliósporos* dicarióticos e bicelulares (a fase preta). Os teliósporos são esporos de inverno, que não infectam o trigo nem *Berberis*. Pouco depois de sua formação, ocorre cariogamia, e os teliósporos atravessam o inverno no estágio diploide. Na verdade, a meiose começa imediatamente, porém é interrompida na prófase I. No início da primavera, antes da germinação, a meiose é completada no basídio curvo e pequeno que

---

*N.R.T.: Trabalhos recentes têm mostrado que está envolvida mais de uma espécie de *Berberis*.

FUNGOS PREDADORES

Entre os fungos mais especializados destacam-se os fungos predadores, que desenvolveram diversos mecanismos para capturar pequenos animais que utilizam como alimento. Alguns fungos com lamelas atacam e consomem pequenos vermes conhecidos como nematódeos. O cogumelo-ostra, *Pleurotus ostreatus*, por exemplo, cresce sobre a madeira em decomposição (**A**), (**B**). Suas hifas secretam uma substância que anestesia os nematódeos; em seguida, as hifas envolvem esses minúsculos vermes e penetram neles. O fungo aparentemente os utiliza como fonte de nitrogênio, suplementando, assim, os baixos níveis de nitrogênio presentes na madeira.

Alguns fungos assexuados microscópicos secretam, sobre a superfície de suas hifas, uma substância pegajosa, fazendo com que protozoários, rotíferos, pequenos insetos e outros animais fiquem aderidos (**C**). Mais de 50 espécies desse grupo capturam nematódeos. Na presença desses vermes, as hifas do fungo produzem alças que se dilatam rapidamente, fechando a abertura como um laço quando um nematódeo passa pela sua superfície interna. Presumivelmente, o estímulo da parede celular aumenta a quantidade de material osmoticamente ativo na célula, causando a entrada de água e aumentando a pressão de turgescência. A parede externa rompe-se, e uma parede interna previamente dobrada se expande, fechando a armadilha. Anéis de armadilha de hifas, juntamente com pequenos nematódeos, foram encontrados em âmbar, cuja idade foi estimada em cerca de 100 milhões de anos. Os fungos predadores já existem há muito tempo.

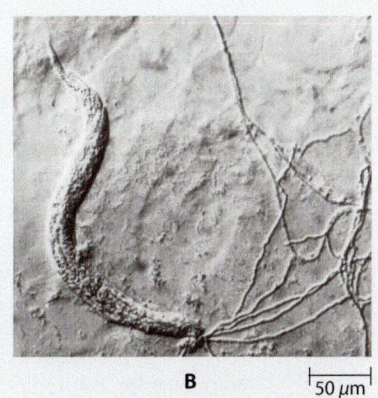
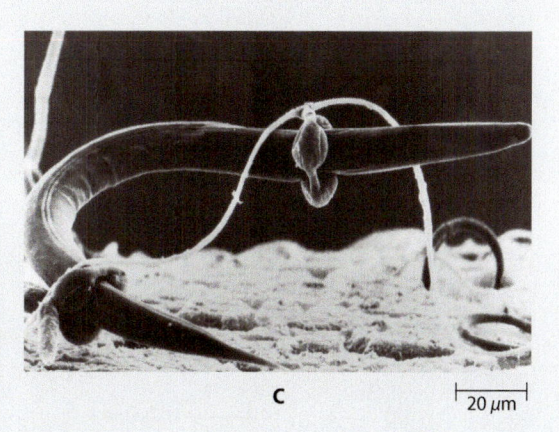

A. Cogumelo-ostra, *Pleurotus ostreatus*. **B.** Hifas do cogumelo-ostra, que produzem uma substância que anestesia a presa, são observadas aqui convergindo para a boca de um nematódeo imobilizado. **C.** Fungo conidial predador, *Arthrobotrys anchonia*, capturou um nematódeo. A armadilha consiste em anéis, constituídos de três células que, quando estimuladas, aumentam cerca de três vezes o seu tamanho original em apenas 0,1 s e estrangulam o nematódeo. Uma vez capturado o verme, as hifas crescem dentro de seu corpo, digerindo-o.

emerge das duas células do teliósporo. Os septos são formados entre os núcleos resultantes, que então migram para os esterigmas, desenvolvendo-se em basidiósporos. Assim, completa-se o longo ciclo anual.

Em certas regiões, o ciclo de vida da ferrugem do trigo pode ser mais curto, com a persistência do estado uredinial quando os tecidos vegetais em crescimento ativo estão disponíveis durante todo o ano. Nas planícies da América do Norte, os uredósporos do trigo de inverno nos estados do sudoeste dos EUA e no México migram em direção ao norte para o sul de Manitoba (Canadá). Mais tarde, gerações espalham-se para o oeste em Alberta (Canadá), e, finalmente, existe migração para o sul no final do verão, alastrando-se aparentemente ao longo do flanco oriental das Montanhas Rochosas e retornando para os solos de inverno. Nessas circunstâncias, a ferrugem do trigo não depende de *Berberis* para a sua persistência, de modo que a erradicação desse arbusto não foi efetiva para o controle da ferrugem do trigo nessa área. Em contraposição, a dispersão dos uredósporos do sul para o norte é impedida na Eurásia, onde existem extensas cadeias montanhosas de leste a oeste, e *Berberis* é necessária para a sobrevida do patógeno. Convém assinalar que algumas espécies de *Berberis* são resistentes à ferrugem e podem ser comercializadas com segurança como plantas ornamentais.

O subfilo Ustilaginomycotina inclui os carvões

Com poucas exceções, os Ustilaginomycotina são parasitas de angiospermas e são comumente designados como carvões. O nome "carvão" refere-se à aparência fuliginosa ou enegrecida das massas de teliósporos pretos e pulverulentos, que caracterizam os esporos de resistência desses fungos. Foram descritas aproximadamente 1.070 espécies de Ustilaginomycotina. Do ponto de vista econômico, os carvões são muito importantes. Atacam cerca de 4.000 espécies de angiospermas, incluindo culturas para alimentação e plantas ornamentais. Três dos carvões mais conhecidos são *Ustilago maydis*, que causa o carvão do milho (Figura 14.36); *Ustilago avenae*, que causa o carvão da aveia, e *Tilletia tritici*, a causa do carvão do trigo fétido.

O ciclo de vida de um carvão, que é autóecio (*i. e.*, que necessita apenas de um hospedeiro), é consideravelmente mais simples que o da *Puccinia graminis*. Tomaremos como exemplo o ciclo de vida de *Ustilago maydis*. As infecções por esporos de *U. maydis* permanecem localizadas, produzindo soros ou

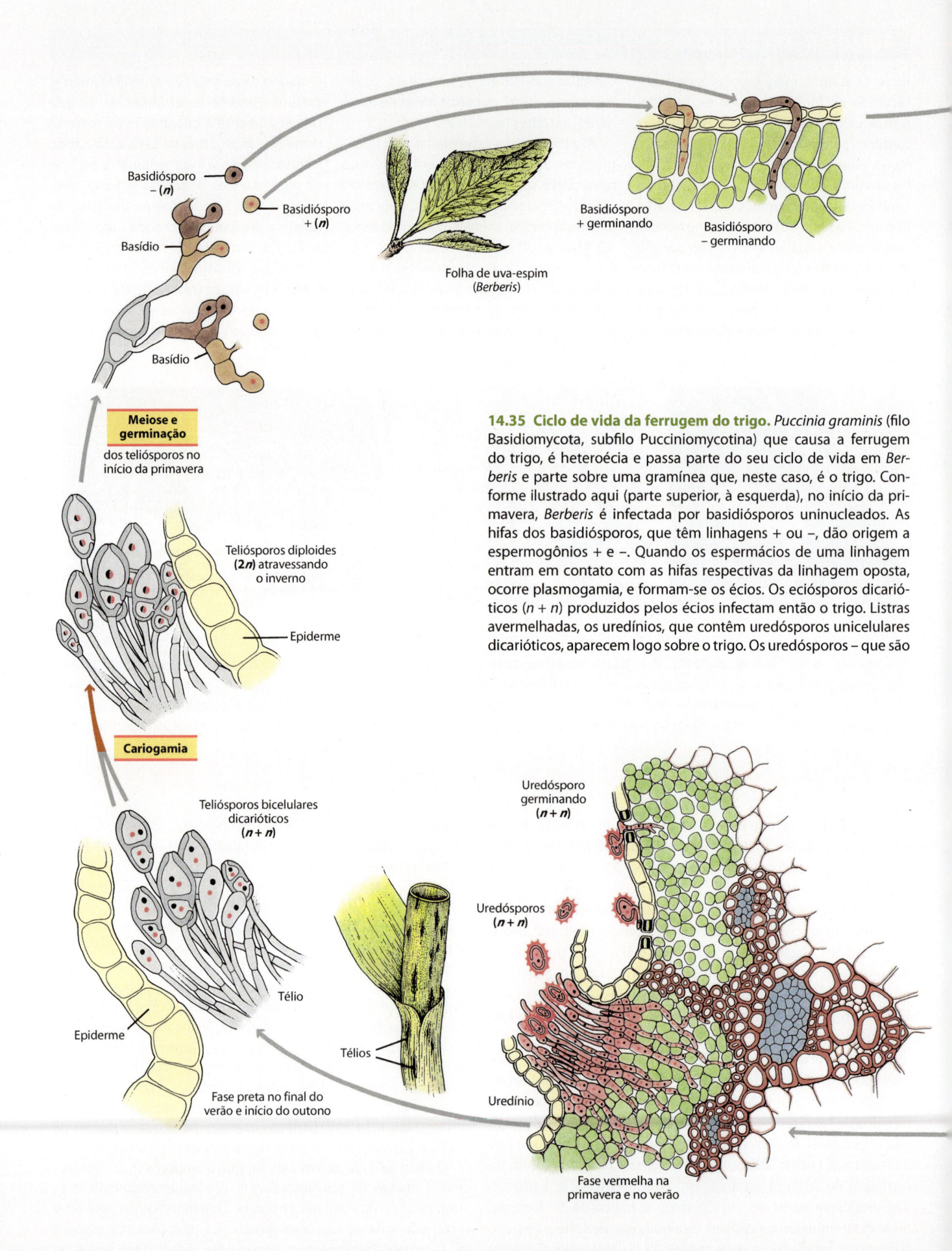

Basidiósporo – (*n*)

Basidiósporo + (*n*)

Basídio

Basídio

Folha de uva-espim (*Berberis*)

Basidiósporo + germinando

Basidiósporo – germinando

Meiose e germinação

dos teliósporos no início da primavera

Teliósporos diploides (**2n**) atravessando o inverno

Epiderme

Cariogamia

Teliósporos bicelulares dicarióticos (**n + n**)

Epiderme

Télio

Télios

Fase preta no final do verão e início do outono

Uredósporo germinando (**n + n**)

Uredósporos (**n + n**)

Uredínio

Fase vermelha na primavera e no verão

14.35 Ciclo de vida da ferrugem do trigo. *Puccinia graminis* (filo Basidiomycota, subfilo Pucciniomycotina) que causa a ferrugem do trigo, é heteroécia e passa parte do seu ciclo de vida em *Berberis* e parte sobre uma gramínea que, neste caso, é o trigo. Conforme ilustrado aqui (parte superior, à esquerda), no início da primavera, *Berberis* é infectada por basidiósporos uninucleados. As hifas dos basidiósporos, que têm linhagens + ou –, dão origem a espermogônios + e –. Quando os espermácios de uma linhagem entram em contato com as hifas respectivas da linhagem oposta, ocorre plasmogamia, e formam-se os écios. Os eciósporos dicarióticos (*n + n*) produzidos pelos écios infectam então o trigo. Listras avermelhadas, os uredínios, que contêm uredósporos unicelulares dicarióticos, aparecem logo sobre o trigo. Os uredósporos – que são

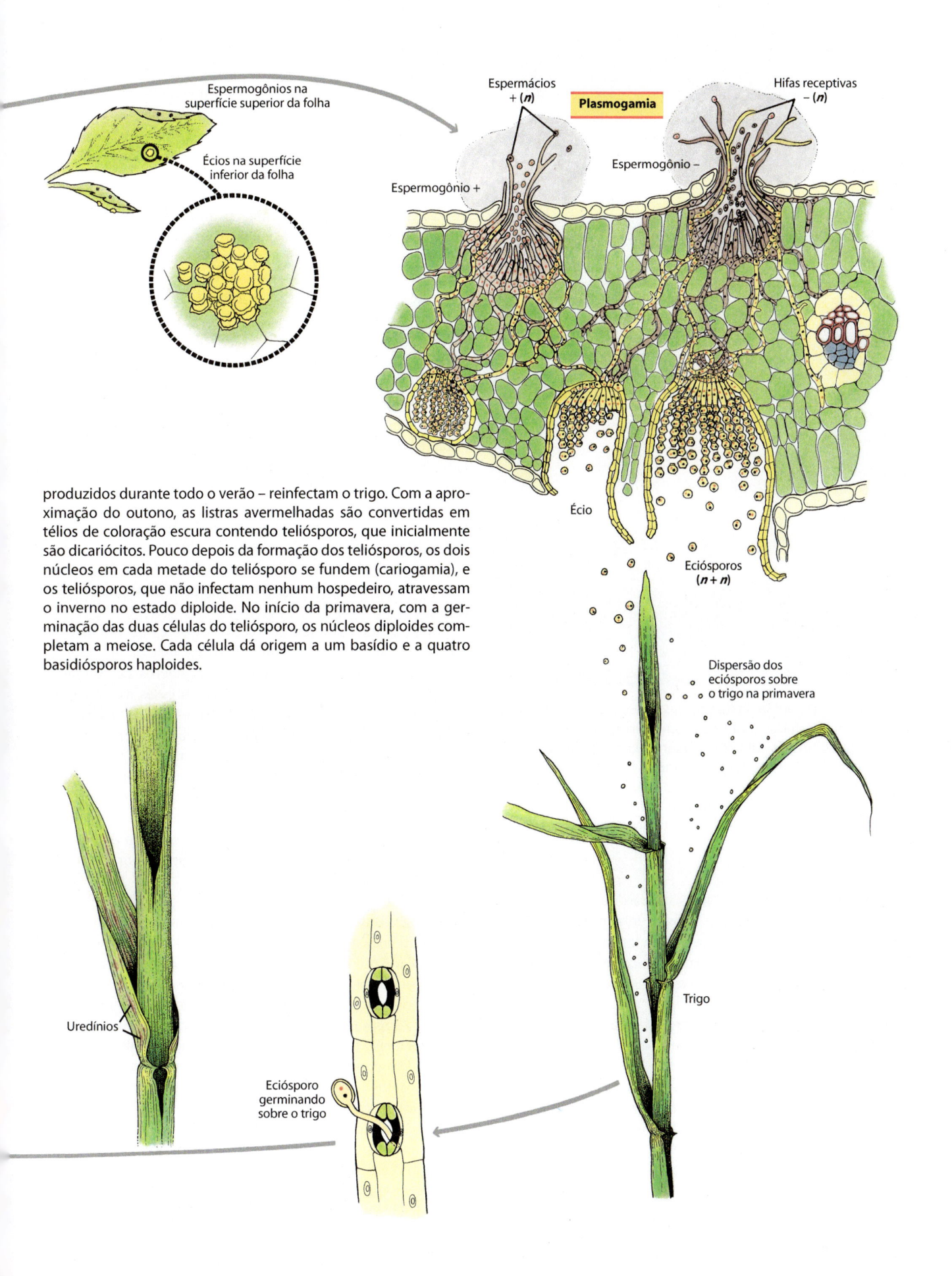

Espermogônios na superfície superior da folha

Écios na superfície inferior da folha

Espermácios + (n)

Plasmogamia

Hifas receptivas – (n)

Espermogônio –

Espermogônio +

Écio

Eciósporos ($n + n$)

Dispersão dos eciósporos sobre o trigo na primavera

produzidos durante todo o verão – reinfectam o trigo. Com a aproximação do outono, as listras avermelhadas são convertidas em télios de coloração escura contendo teliósporos, que inicialmente são dicarióticos. Pouco depois da formação dos teliósporos, os dois núcleos em cada metade do teliósporo se fundem (cariogamia), e os teliósporos, que não infectam nenhum hospedeiro, atravessam o inverno no estado diploide. No início da primavera, com a germinação das duas células do teliósporo, os núcleos diploides completam a meiose. Cada célula dá origem a um basídio e a quatro basidiósporos haploides.

Uredínios

Eciósporo germinando sobre o trigo

Trigo

14.36 Carvão do milho. O fungo *Ustilago maydis*, um carvão que causa a doença familiar conhecida como carvão do milho, produz massas de esporos de cor preta e aparência pulverulenta nas espigas do milho. Quando jovens e brancas, essas massas de esporos são cozidas e usadas como alimento no México e na América Central, onde são consideradas iguaria. *Ustilago* é um membro do subfilo Ustilaginomycotina do filo Basidiomycota.

tumores grandes. Os tumores mais visíveis ou galhas ocorrem nas espigas do milho, onde os grãos se tornam muito maiores e de aparência feia, devido ao desenvolvimento de um micélio maciço dentro deles. Um micélio dicariótico acaba surgindo dos teliósporos de paredes espessas, nos quais ocorrem cariogamia e meiose.

Com a germinação, o teliósporo dá origem a um basídio de quatro células (a maioria dos carvões forma basídios septados). Formam-se dois basidiósporos uninucleados haploides + e dois –, um a partir de cada uma das quatro células do basídio (*U. maydis*, como *P. graminis*, é heterotálico). Os basidiósporos podem infectar o milho diretamente ou dar origem por brotamento a populações de células uninucleadas, denominadas *esporídios*, que também podem infectar o milho. Os basidiósporos ou os esporídios germinam, produzindo um micélio + ou –. Quando micélios de linhagens opostas entram em contato, ocorre plasmogamia, produzindo um micélio dicariótico, cujas células se transformam, em sua maioria, em teliósporos.

Relações simbióticas dos fungos

A simbiose – "viver junto" – é uma associação estreita e duradoura entre organismos de espécies diferentes. Algumas relações simbióticas, tipicamente as que causam doença, são *parasitárias*. Uma espécie (o parasito) beneficia-se da associação, enquanto a outra (o hospedeiro) é prejudicada. Embora muitos fungos sejam parasitos, outros fungos estão envolvidos em relações simbióticas conhecidas como *mutualismo* – isto é, a associação é benéfica para ambos os organismos. Duas dessas simbioses mutualistas – os liquens e as micorrizas – foram e continuam sendo de extraordinária importância, visto que capacitam os organismos fotossintetizantes a se estabelecerem em ambientes terrestres previamente áridos.

Um líquen consiste em um microbionte e um fotobionte

Um líquen é uma associação simbiótica mutualista entre um fungo parceiro e uma população de algas unicelulares ou filamentosas ou de cianobactérias. O fungo componente do líquen é denominado *micobionte* (do grego *mico*, que significa "fungo" e *bios*, "vida"), enquanto o componente fotossintetizante é denominado *fotobionte* (do grego *foto*, que significa "luz" e *bios*, "vida"). O nome científico dado a um líquen é o nome do fungo. Cerca de 98% das espécies de fungos formadoras de liquens pertencem aos Ascomycota, e o restante, aos Basidiomycota. Os liquens são polifiléticos. Evidências obtidas do DNA indicam que eles evoluíram independentemente em pelo menos cinco ocasiões, e é provável que tenham evoluído independentemente muito mais vezes.

Foram descritas cerca de 13.250 espécies de fungos formadores de liquens, representando quase metade de todos os ascomicetos conhecidos. Cerca de 40 gêneros de fotobiontes são encontrados em combinação com esses ascomicetos. Os fotobiontes mais comuns são as algas verdes *Trebouxia*, *Pseudotrebouxia* e *Trentepohlia* e a cianobactéria *Nostoc*. Cerca de 90% de todos os liquens apresentam um desses quatro gêneros como fotobionte. Alguns liquens incorporam dois fotobiontes – uma alga verde e uma cianobactéria. Espécies diferentes do mesmo gênero de alga podem servir como fotobiontes em uma única espécie de líquen. Além disso, uma única espécie de fungo pode formar liquens com diferentes algas ou cianobactérias.

Os liquens são capazes de viver em alguns dos ambientes mais inóspitos da Terra e, portanto, estão amplamente distribuídos. Estão presentes em regiões diversas, desde as desérticas e áridas até o Ártico, e crescem em solos nus, em troncos de árvores, em rochas aquecidas pelo sol, em mourões de cerca e nos picos alpinos varridos pelo vento em todo o mundo (Figuras 14.37 e 14.38). Alguns talos de liquens são tão pequenos que são quase invisíveis a olho nu; outros, como os chamados "musgos-das-renas", podem cobrir quilômetros de terra, crescendo até a altura dos tornozelos. Uma espécie, *Verrucaria serpuloides*, é um líquen marinho permanentemente submerso. Com frequência, os liquens são os primeiros colonizadores de áreas rochosas recentemente expostas. Na Antártica, existem mais de 350 espécies de liquens (Figura 14.39), porém apenas duas espécies de plantas vasculares; sete espécies de liquens existem, de fato, dentro do círculo polar a 4° do Polo Sul! Apesar de sua ampla distribuição, as espécies de liquens habitualmente ocupam substratos bastante específicos, como as superfícies ou o interior de rochas, solo, folhas e casca de árvores. Alguns liquens fornecem o substrato

DE PATÓGENOS A SIMBIONTES: FUNGOS ENDÓFITOS

As folhas e os caules das plantas são frequentemente colonizados por hifas de fungos. Esses fungos são denominados *endófitos*, um termo geral empregado para referir-se a uma planta ou a um fungo que cresce dentro de outra planta. Embora alguns fungos endófitos causem sintomas de doença nas plantas que habitam, outros não produzem esses efeitos. Em vez disso, protegem as plantas hospedeiras de insetos, herbívoros vertebrados e microrganismos patogênicos, aumentam a tolerância à seca e o estado nutricional, melhoram o crescimento e ajudam algumas plantas a tolerar temperaturas mais altas. Por sua vez, os endófitos obtêm nutrição e proteção, bem como um meio de disseminação através dos propágulos do hospedeiro.

Em muitas espécies de gramíneas, os fungos endófitos infectam as flores do hospedeiro e proliferam nas sementes. Por fim, massa substancial desenvolve-se nos caules e nas folhas da gramínea adulta, com hifas dos fungos crescendo entre as células do hospedeiro. Um bom exemplo dessa relação é o da gramínea *Festuca arundinacea*, que cobre mais de 15.000 km² (35 milhões de acres) de gramados, campos e pastagens nos EUA, particularmente nos estados do leste e meio-oeste. As plantas altas, quando livres do fungo, proporcionam uma boa forragem para o gado, porém quando este se alimenta de plantas infectadas, torna-se letárgico e deixa de pastar, curvando-se frequentemente e babando excessivamente. Se os animais não são transferidos para outra pastagem, eles desenvolvem gangrena e, por fim, acabam morrendo. Esses sintomas estão associados ao ascomiceto endofítico, *Sphacelia typhina*. Os efeitos nocivos dos endófitos sobre os herbívoros são devidos à produção de alcaloides pelo fungo – compostos amargos e ricos em nitrogênio, que são abundantes em algumas plantas. Os alcaloides têm efeitos fisiológicos sobre os seres humanos e outros animais (ver Capítulo 2).

Alguns alcaloides produzidos por outro fungo, *Claviceps purpurea*, que infecta o centeio (*Secale cereale*) e outras gramíneas, são idênticos aos produzidos por *Sphacelia*. O fungo que infecta o centeio, que substitui o grão infectado por massa micelial dura ou esclerócio, causa uma doença denominada esporão do centeio (*ergot*). O esclerócio – também denominado *ergot* – contém uma amida do ácido lisérgico (LDA), um precursor da dietilamida do ácido lisérgico (LSD). O LSD foi descoberto pela primeira vez em estudos dos alcaloides de *C. purpurea*. Os animais domésticos e as pessoas que ingerem grãos infectados desenvolvem uma doença denominada ergotismo, que é frequentemente acompanhada de gangrena, espasmos nervosos, delírios psicóticos e convulsões. Essa doença ocorria frequentemente na Idade Média, quando ficou conhecida como fogo de Santo Antônio. Foi sugerido que as inúmeras acusações de bruxaria em Salem Village (hoje Danvers) e outras comunidades em Massachusetts e Connecticut, em 1692, que levaram a diversas execuções, podem ter resultado de um surto de ergotismo convulsivo.

Os fungos endofíticos que infectam outros hospedeiros diferentes das gramíneas não são habitualmente transmitidos pelas sementes de suas plantas hospedeiras; seus esporos são simplesmente transportados pelo ar de uma planta para outra ou são transportados por insetos. Em muitas dessas relações, o fungo pode infectar apenas as partes vegetativas do hospedeiro e permanecer metabolicamente ativo por longos períodos. Se os tecidos vegetais forem danificados por herbívoros, os fungos podem crescer rapidamente e produzir toxinas, protegendo tanto as plantas quanto os novos locais de infecção do fungo. Milhares de espécies de fungos podem estar envolvidos nessas relações, e quase todos eles são ascomicetos.

Uma interessante associação mutualista entre um endófito e uma planta hospedeira é a do ascomiceto *Curvularia protuberata* e a gramínea tropical *Dichanthelium lanuginosum*, que cresce em solo de altas temperaturas no Yellowstone National Park. Na associação simbiótica, ambos os parceiros podem tolerar e sobreviver a temperaturas de até 65°C; se separados, nem o fungo nem a planta conseguem crescer em temperaturas acima de 38°C. Em 2007, Luis Márquez e colaboradores descreveram a participação de um terceiro parceiro – um vírus do fungo – na interação mutualista. Além disso, constataram que a capacidade do fungo de conferir tolerância ao calor à planta hospedeira requer a presença do vírus, que foi denominado vírus de tolerância térmica de *Curvularia* (CThTV, do inglês *Curvularia thermal tolerance virus*). Quando transferido para o tomate (*Solanum lycopersicum*), o fungo *C. protuberata* infectado por CThTV foi capaz de conferir tolerância térmica a essa planta. Por conseguinte, o fungo, quando infectado pelo vírus, pode conferir tolerância térmica tanto a uma monocotiledônea (uma gramínea) quanto a uma eudicotiledônea (tomate).

Esclerócios de *Claviceps purpurea*, que causa a doença conhecida como ergotismo, são observados aqui crescendo em uma espiga de centeio (*Secale cereale*).

A

B

C

14.37 Liquens crostosos e foliosos. A. *Caloplaca saxicola*, um líquen crostoso ("incrustante"), crescendo em uma superfície rochosa nua no centro da Califórnia (EUA). **B.** Liquens crostosos e foliosos (em forma de folha) crescendo em um afloramento rochoso no Arctic National Wildlife Refuge, no Alasca (EUA). **C.** *Parmelia perforata*, um líquen folioso, foi juntado e incorporado a um ninho de beija-flor sobre um galho de árvore morta, no Mississipi (EUA).

para outros liquens e fungos parasitas, que podem estar estreitamente relacionados com o líquen parasitado.

Em quase todos os casos, o fungo constitui a maior parte do talo e desempenha o principal papel na determinação da forma do líquen. Existem dois tipos gerais de talos de líquen. Em um deles, as células do fotobionte estão distribuídas de modo mais ou menos uniforme por todo o talo; no segundo tipo, as células do fotobionte formam uma camada distinta dentro do talo (Figura 14.40A). São reconhecidas três formas principais de crescimento entre as espécies do segundo tipo, os liquens estratificados: o líquen *crostoso*, que é achatado e adere firmemente ao substrato, exibindo a aparência de uma "crosta" (incrustante); o *folioso*, que se assemelha a uma folha; e o *fruticoso*, que é ereto e, com frequência, ramificado e "arbustivo" (Figuras 14.37 e 14.38).

As cores dos liquens variam de branco a negro, passando por tonalidades de vermelho, laranja, marrom, amarelo e verde, e esses organismos contêm muitos compostos químicos incomuns.

Muitos liquens são usados como fontes de corantes; por exemplo, a cor característica do *tweed* Harris resultou originalmente do tratamento da lã com um corante de líquen. Muitos liquens também têm sido usados como remédios, componentes de perfumes ou pequenas fontes de alimento. Algumas espécies estão sendo investigadas quanto à sua capacidade de secretar compostos antitumorais.

Os liquens reproduzem-se comumente por simples fragmentação, pela produção de propágulos pulverulentos especiais, denominados *sorédios* (Figura 14.40B), ou por pequenas projeções, conhecidas como *isídios*. Os fragmentos, os sorédios e os isídios, que contêm tanto hifas do fungo quanto algas ou cianobactérias, atuam como pequenas unidades de dispersão para estabelecer o líquen em novos locais. O fungo componente do líquen produz ascósporos, conídios ou basidiósporos, que são típicos de seu grupo taxonômico. Se o fungo for um ascomiceto, pode formar ascomas, que se assemelham aos dos outros ascomicetos, exceto que, nos liquens, os ascomas podem ser dura-

14.38 Liquens fruticosos ("arbustivos"). A. *Teloschistes chryso-phthalmus*, líquen-de-olhos-dourados. **B.** *Cladonia cristatella*, com 1 a 2 cm de altura. **C.** *Alectoria sarmentosa*, conhecida comocabe-ça-de-bruxa, é um líquen pendente que frequentemente cresce em massas sobre os ramos de árvores. Embora seja aparentemen-te semelhante à *Alectoria* e ocupe um nicho ecológico similar, o "musgo-espanhol", que é comum em todo o sudeste dos EUA, não é líquen, porém uma angiosperma – membro da família do abaca-xi (Bromeliaceae). **D.** *Cladonia subtenuis*, comumente denominado "musgo-das-renas", é, na verdade, um líquen. Os liquens desse tipo, que são abundantes no Ártico, concentraram substâncias radioati-vas após testes nucleares atmosféricos ou acidentes com reatores nucleares. As renas que se alimentam de fungos concentraram ain-da mais essas substâncias radioativas e as transmitiram aos seres humanos e a outros animais que consomem sua carne ou seus pro-dutos, particularmente leite e queijo.

douros e produzir esporos lentamente, porém de modo contínuo por vários anos. Independentemente do tipo de esporo, todos podem formar novos liquens quando germinam e entram em contato com as algas verdes ou as cianobactérias apropriadas.

A sobrevivência dos liquens está relacionada com a sua capacidade de desse-camento muito rápido. Como os liquens conseguem sobreviver em condições ambientais tão extremas que eliminam a possibilidade de qualquer outra forma de vida? Em uma época, acreditava-se que o segredo do sucesso de um líquen era que o fungo prote-gesse a alga ou a cianobactéria da dessecação. Na verdade, um dos principais fatores responsáveis pela sua sobrevida parece residir na sua capacidade de dessecamento muito rápido. Com frequência, os liquens estão muito dessecados, com conteúdo de água que varia de apenas 2 a 10% de seu peso seco. Quando um líquen desseca, a fotossíntese cessa. Nesse estado de "vida sus-pensa", algumas espécies de liquens podem resistir até mesmo à luz solar ofuscante ou a grandes extremos de calor ou de frio. A cessação da fotossíntese depende, em grande parte, do fato de que o córtex superior do líquen torna-se mais espesso e mais

14.39 Liquens na Antártica. Nessa região seca e aparentemente sem vida da Antártica, os liquens vivem logo abaixo da superfície exposta do arenito (**A**). **B.** Na rocha fraturada, as faixas coloridas são zonas biologicamente distintas. As zonas branca e preta são formadas por um líquen, enquanto a zona verde inferior é produzida por uma alga verde unicelular que não faz parte do líquen. As temperaturas do ar nessa região da Antártica sobem até quase o ponto de congelamento no verão e provavelmente caem para –60°C no inverno.

opaco quando seco, impedindo a passagem da energia luminosa. Um líquen úmido pode ser danificado ou destruído por intensidades luminosas ou temperaturas que não prejudicariam um líquen dessecado.

Os liquens apresentam taxa de crescimento extremamente lenta, aumentando o seu raio em uma taxa que varia de 0,1 a 10 mm por ano. Com base nesse cálculo, estima-se que alguns liquens maduros possam ter até 4.500 anos de idade. Eles alcançam o seu crescimento mais luxuriante nos litorais e nas montanhas cobertas de névoa. Os fósseis de liquens mais antigos conhecidos foram encontrados em fosforita marinha da Formação Doushantuo (entre 551 e 635 milhões de anos) em Weng'an, no Sul da China.

A relação entre o micobionte e o fotobionte é mutualista. Existe muita polêmica acerca da natureza da relação entre o micobionte e o fotobionte – isto é, se essa relação é de parasitismo ou de simbiose mutualista. Conforme assinalado por David L. Hawksworth, essa questão, na realidade, depende do ponto de vista. Em nível celular, as células individuais do fotobionte podem ser consideradas como parasitadas pelo micobionte, já que as hifas aderem estreitamente às paredes celulares do ficobionte (Figura 14.41). Tipicamente, essas hifas formam haustórios ou *apressórios*, que são hifas especializadas que penetram nas células do fotobionte por meio de pequenas projeções. Essas estruturas estão envolvidas na transferência de carboidratos e compostos nitrogenados (no caso das cianobactérias fixadoras

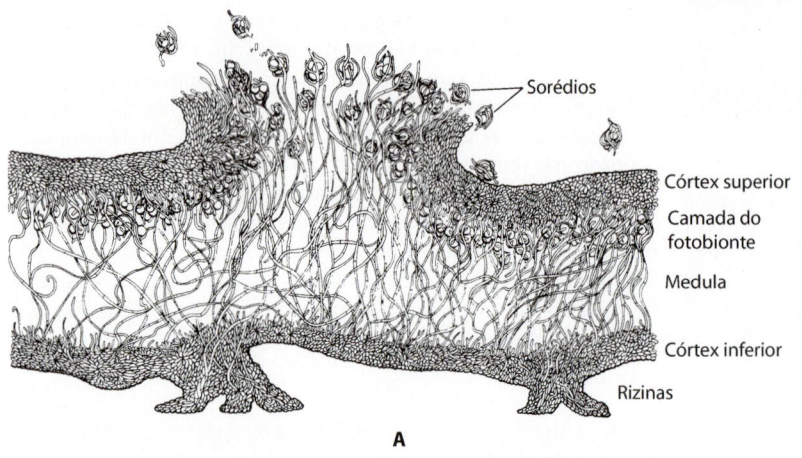
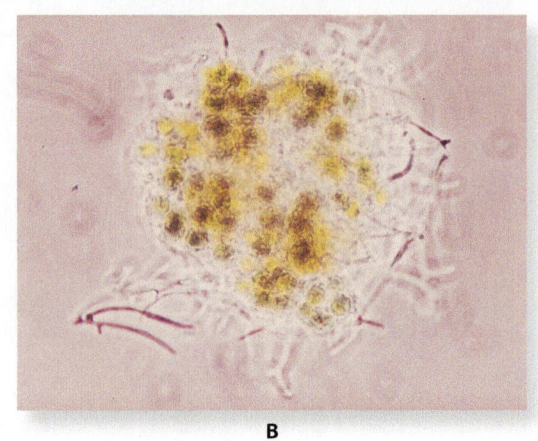

14.40 Líquen estratificado. A. Seção histológica transversal do líquen *Lobaria verrucosa*, mostrando aqui a liberação de sorédios, que consistem em cianobactérias envolvidas por hifas. Os liquens mais simples consistem em uma crosta de hifas entrelaçadas com colônias de algas ou cianobactérias. Entretanto, os liquens mais complexos exibem uma forma de crescimento definida, com uma estrutura interna característica. O líquen mostrado aqui tem quatro camadas distintas: (1) o córtex superior, uma superfície protetora constituída por hifas do fungo fortemente gelatinizadas; (2) a camada do fotobionte que, em *Lobaria*, consiste em células de cianobactérias e hifas de paredes finas frouxamente entrelaçadas; (3) a medula, que consiste em hifas frouxamente agrupadas e fracamente gelatinizadas, constituindo até dois terços da espessura do talo, que parece atuar como área de armazenamento; e (4) o córtex inferior, que é mais delgado do que o córtex superior e coberto por finas projeções (rizinas) que fixam o líquen a seu substrato. **B.** Um sorédio, composto de hifas do fungo e células do fotobionte.

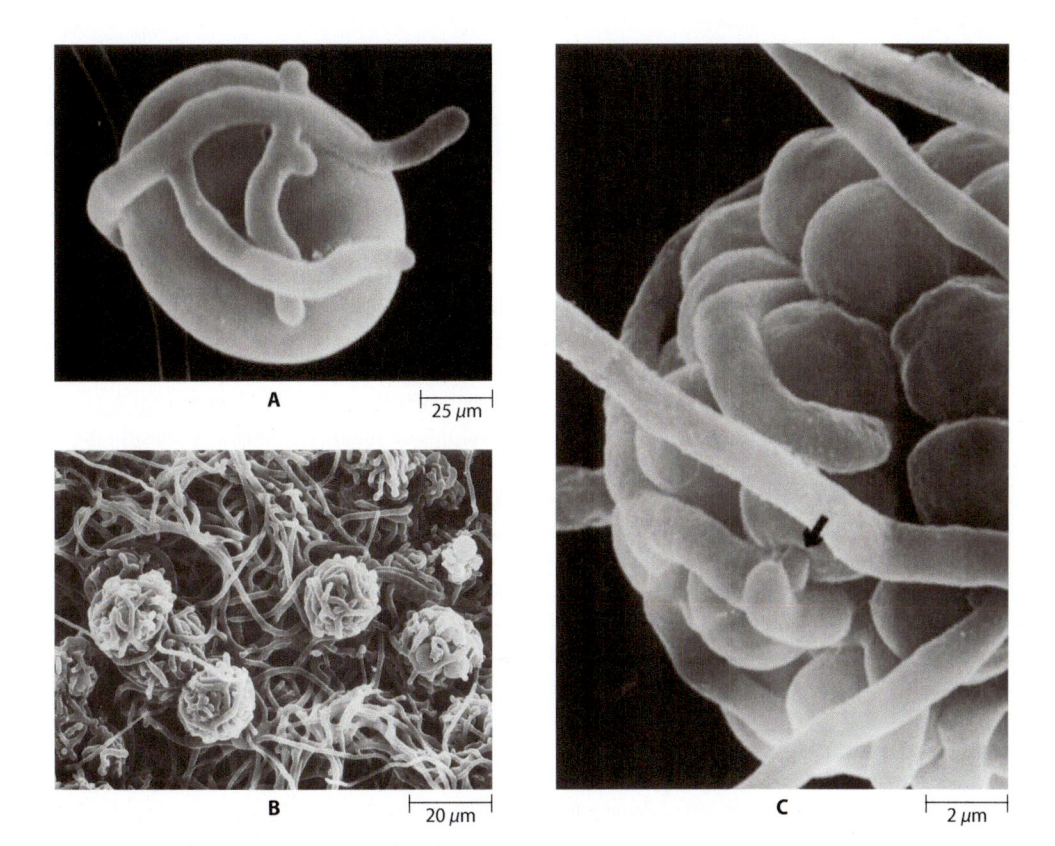

14.41 Desenvolvimento inicial de um líquen. Micrografias eletrônicas de varredura dos estágios iniciais da interação entre o fungo e a alga do líquen *Cladonia cristatella* em cultura de laboratório. O componente fotossintetizante deste líquen (ver Figura 14.38B) é *Trebouxia*, uma alga verde. **A.** Uma célula da alga envolvida por hifas do fungo. **B.** Grupos mistos de componentes do fungo e da alga desenvolvendo-se no líquen maduro. **C.** Penetração de um haustório do fungo em uma célula da alga (seta).

de nitrogênio, como *Nostoc*) do fotobionte para o fungo. Além disso, o micobionte controla a taxa de divisão celular de seu fotobionte. Por sua vez, o micobionte proporciona ao fotobionte um ambiente físico apropriado no qual pode crescer e absorver os minerais necessários do ar na forma de poeira ou da chuva. No nível do líquen como um todo, a associação é claramente mutualista, visto que nenhum dos parceiros pode se desenvolver sem o outro nos nichos onde ocorrem na natureza. Hoje em dia, o mutualismo é geralmente julgado com base na unidade funcional dupla, de modo que a simbiose dos liquens é considerada mutualista.

Os liquens são ecologicamente importantes. Os liquens claramente desempenham um papel muito importante nos ecossistemas. Os micobiontes produzem grandes quantidades de metabólitos secundários, denominados *ácidos liquênicos*, que, algumas vezes, respondem por 40% ou mais do peso seco de um líquen. Sabe-se que esses metabólitos desempenham um papel na desintegração biogeoquímica das rochas e na formação dos solos. Os liquens capturam o solo recém-formado, possibilitando a sucessão posterior de plantas.

Os liquens que contêm uma cianobactéria são de importância especial, visto que eles contribuem para a fixação do nitrogênio no solo. Esses liquens representam um fator crucial no suprimento de nitrogênio de muitos ecossistemas, incluindo as florestas antigas do Noroeste do Pacífico nos EUA, algumas florestas tropicais e certas regiões desérticas e tundras.

Como não dispõem de nenhum mecanismo para excretar os elementos que absorvem, alguns liquens são particularmente sensíveis a compostos tóxicos. Esses compostos são responsáveis pela deterioração da quantidade limitada de clorofila presente nas células da alga ou da cianobactéria. Os liquens são indicadores muito sensíveis dos componentes tóxicos do ar poluído – particularmente de dióxido de enxofre –, e eles estão sendo cada vez mais utilizados no monitoramento dos poluentes atmosféricos, particularmente ao redor das cidades. Como os liquens que contêm cianobactérias são particularmente sensíveis ao dióxido de enxofre, a poluição do ar pode limitar substancialmente a fixação de nitrogênio em comunidades naturais, causando alterações de longo alcance na fertilidade do solo. Tanto o estado de saúde dos liquens quanto a sua composição química são utilizados para monitorar o ambiente. Por exemplo, a análise de liquens pode detectar a distribuição de metais pesados e outros poluentes ao redor de polos industriais. Felizmente, muitos liquens têm a capacidade de ligar metais pesados fora de suas células e, assim, escapar dos danos.

Existem muitas interações entre os liquens e outros grupos de organismos. Os liquens servem de alimento para diversos animais vertebrados e invertebrados. Constituem uma importante fonte de alimento no inverno para renas e caribus nas regiões do extremo norte da América do Norte e da Europa e são consumidos por ácaros, insetos e lesmas. Os liquens são dispersos por pássaros que os utilizam em seus ninhos (Figura 14.37C). Os ninhos de esquilos voadores podem conter até 98% de liquens. Foi constatado que alguns liquens desempenham importantes funções como antibióticos.

As micorrizas são associações entre fungos e raízes

A simbiose mutualista mais prevalente e, possivelmente, mais importante no reino vegetal é a das *micorrizas*, um termo que, conforme já assinalado, significa literalmente "raízes com fungos". As micorrizas são associações simbióticas íntimas e mutuamente benéficas entre fungos e raízes, que ocorrem na grande maioria das plantas vasculares, tanto selvagens quanto cultivadas. As poucas famílias de plantas fanerógamas que habitualmente carecem de micorrizas incluem a família da mostarda (Brassicaceae) e a dos juncos (Cyperaceae).

Os fungos das micorrizas beneficiam suas plantas hospedeiras ao aumentar a capacidade da planta de absorver água e elementos essenciais (ver Capítulo 29), particularmente fósforo. Foi também demonstrado um aumento na absorção de zinco, manganês e cobre – três outros nutrientes essenciais. Em muitas árvores de floresta, quando plântulas são cultivadas em solução nutriente estéril e, em seguida, transplantadas para o solo de pradaria, elas crescem pouco, e muitas acabam morrendo por desnutrição (Figura 14.42). Os fungos das micorrizas também proporcionam proteção contra o ataque por fungos patogênicos e nematódeos (pequenos vermes do solo). Em troca desses benefícios, o fungo recebe da planta hospedeira carboidratos e vitaminas essenciais para o seu crescimento. As raízes das plantas vizinhas podem ser ligadas por uma rede de hifas de um fungo de micorriza compartilhado, proporcionando, assim, uma via para a transferência de água e nutrientes minerais de uma planta para outra.

As endomicorrizas penetram nas células da raiz. Existem dois tipos principais de micorrizas: as *endomicorrizas*, que penetram nas células da raiz, e as *ectomicorrizas*, que circundam as células

14.42 Micorrizas e nutrição de árvores. Plântulas de 9 meses de idade de *Pinus strobus* foram cultivadas durante 2 meses em uma solução nutriente estéril e, em seguida, transplantadas para um solo de pradaria. As plântulas à esquerda foram transplantadas diretamente. As plântulas à direita cresceram durante 2 semanas em solo de floresta contendo fungos antes de serem transplantadas para o solo de pradaria.

da raiz. Dessas duas, as endomicorrizas são, de longe, as mais comuns e ocorrem em cerca de 80% de todas as plantas vasculares. O fungo componente é um glomeromiceto. Por conseguinte, as relações das endomicorrizas não são altamente específicas. As hifas do fungo penetram nas células corticais da raiz da planta, onde formam estruturas altamente ramificadas, denominadas *arbúsculos* (Figura 14.43A); por conseguinte, essas micorrizas são comumente denominadas *micorrizas arbusculares* (MA). Os arbúsculos não penetram no protoplasto, porém invaginam acentuadamente a membrana plasmática da célula cortical, aumentando a sua área de superfície e facilitando a transferência de metabólitos e nutrientes entre os dois parceiros da micorriza, as células da planta e o fungo. A maioria ou, talvez, todas as trocas entre a planta e o fungo ocorrem nos arbúsculos. Em alguns casos, intumescimentos terminais, denominados *vesículas* (Figura 14.43B), também podem ocorrer entre as células da planta hospedeira, e acredita-se que essas vesículas funcionem como compartimentos de reserva para o fungo. Essas micorrizas são denominadas micorrizas vesiculoarbusculares (MVA). As hifas estendem-se para o solo circundante por vários centímetros e, portanto, aumentam acentuadamente o potencial de absorção de água e a captação de fosfatos e outros nutrientes essenciais.

As ectomicorrizas circundam as células da raiz, mas não penetram nelas. As ectomicorrizas (Figuras 14.44 e 14.45) são características de certos grupos de árvores e arbustos encontrados principalmente nas regiões temperadas. Dentro desses grupos estão a família das faias (Fagaceae), que inclui os carvalhos; a família dos salgueiros, álamos e choupos (Salicaceae); as bétulas (Betulaceae); a família dos pinheiros (Pinaceae); e certos grupos de árvores tropicais que formam densos agregados de apenas uma ou poucas espécies. As árvores que se encontram no *timberline* (altitudes e latitudes limites para o crescimento de árvores) em diferentes partes do mundo – como os pinheiros nas montanhas setentrionais, as faias na Região Sul e os *Eucalyptus* na Austrália – quase sempre apresentam ectomicorrizas. A associação de ectomicorrizas aparentemente torna as árvores mais resistentes às condições hostis, de frio e seca que ocorrem nos limites de crescimento das árvores.

Nas ectomicorrizas, o fungo circunda as células vivas da raiz, mas não penetra nelas. Nas coníferas, as hifas crescem entre as células da epiderme e córtex, formando uma rede característica bastante ramificada, a *rede de Hartig* (Figura 14.46), que acaba circundando muitas das células corticais e epidérmicas. Nas raízes da maioria das angiospermas colonizadas por fungos de ectomicorrizas, as células epidérmicas são estimuladas a aumentar principalmente em ângulos retos à superfície da raiz, causando espessamento da raiz, em vez de alongá-la, e a rede de Hartig fica limitada a essa camada (Figura 14.46B). A rede de Hartig funciona como interface entre o fungo e a planta. Além da rede de Hartig, as ectomicorrizas caracterizam-se por um *manto* ou bainha de hifas que cobre a superfície da raiz. Cordões de micélios estendem-se do manto para o solo circundante (Figura 14.45). Tipicamente, não há desenvolvimento de pelos absorventes nas ectomicorrizas, e as raízes são curtas e frequentemente ramificadas. As ectomicorrizas são formadas, em sua maioria, por Agaricomycotina, incluindo muitos gêneros de cogumelos; todavia, algumas ectomicorrizas envolvem associações com ascomicetos, incluindo as trufas (*Tuber*) e as morchelas comestíveis (*Morchella*). Pelo menos 6.000 espécies

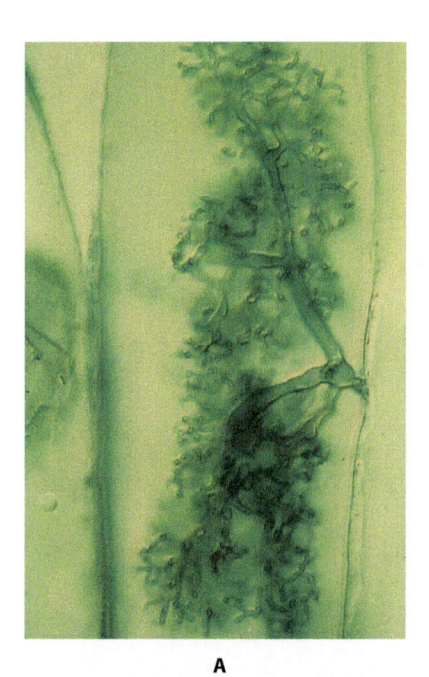

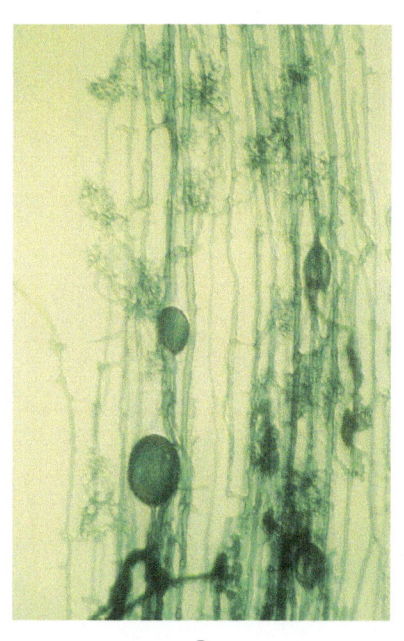

A   **B**

14.43 Endomicorrizas. *Glomus versiforme*, um glomeromiceto, é mostrado aqui crescendo em associação às raízes do alho-poró (*Allium porrum*). **A.** Arbúsculos crescendo dentro de uma célula de raiz de alho-poró. **B.** Arbúsculos (estruturas bastante ramificadas) e vesículas (estruturas ovais escuras). Os arbúsculos predominam em infecções jovens, enquanto as vesículas tornam-se comuns mais tarde.

de fungos estão envolvidas em associações de ectomicorrizas, frequentemente com alto grau de especificidade.

O genoma de *Laccaria bicolor*, um cogumelo do táxon Agaricomycotina, esclareceu de certo modo as características dos fungos das ectomicorrizas. Por exemplo, *L. bicolor* apresenta um número particularmente grande de genes associados ao transporte através da membrana plasmática, um reflexo aparentemente da complexidade das trocas de substâncias entre o fungo e a raiz

hospedeira. Foram identificados muitos genes que codificam secreção de proteínas, que supostamente desempenham um papel no estabelecimento e na manutenção da relação simbiótica. Uma proteína é secretada apenas por hifas localizadas dentro das raízes, indicando que é o hospedeiro, e não o fungo, que influencia a expressão do gene pertinente. Além disso, *L. bicolor* carece da capacidade de degradar componentes da parede celular, como celulose e lignina, porém o fungo depende do hospedeiro para

14.44 Ectomicorrizas. Corte feito no solo mostrando as extensas ectomicorrizas de uma plântula de *Pinus contorta*. A plântula tem cerca de 4 cm acima da superfície do solo.

14.45 Manto fúngico. Ectomicorrizas de *Tsuga heterophylla*. Nessas ectomicorrizas, o fungo forma comumente uma bainha de hifas, denominada manto fúngico, ao redor da raiz. Os hormônios secretados pelo fungo induzem a ramificação da raiz. Esse padrão de crescimento e a bainha de hifas conferem uma aparência ramificada e intumescida característica às ectomicorrizas. Os filamentos estreitos do micélio, denominados rizomorfos, que se estendem a partir da micorriza, atuam como extensões do sistema radicular.

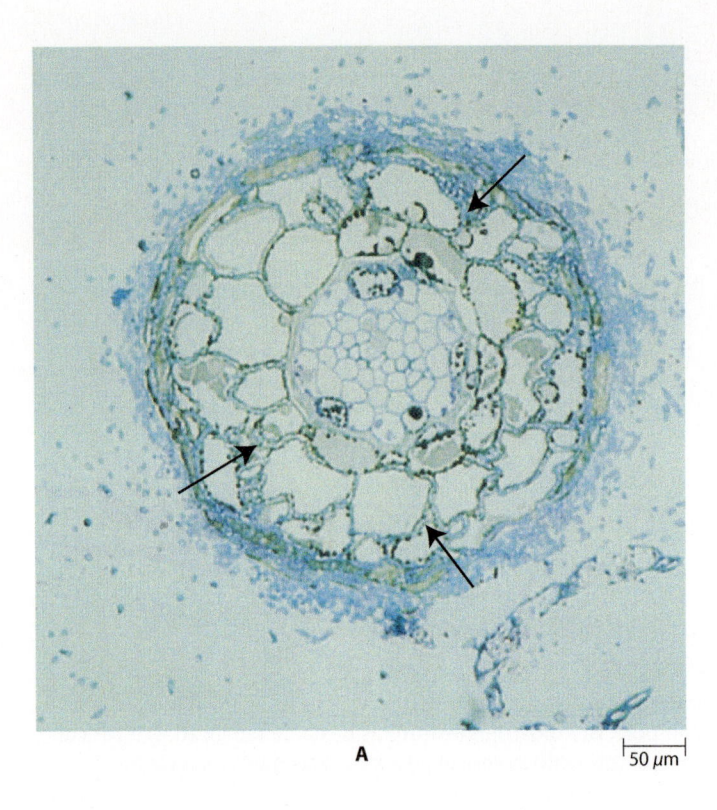

A   `50 µm`

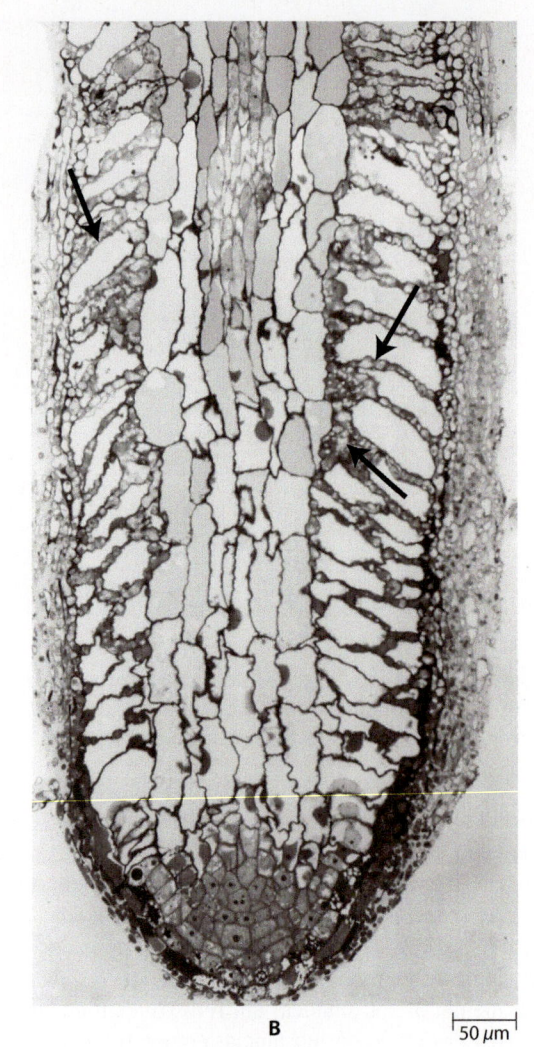

B   `50 µm`

14.46 Seções histoiógicas de ectomicorrizas. A. Seção transversal de uma ectomicorriza de *Pinus*. As hifas do fungo formam um manto ao redor da raiz e também penetram entre as células epidérmicas e corticais, onde formam a rede de Hartig característica (setas). **B.** Seção longitudinal de uma ectomicorriza da faia norte-americana (*Fagus grandifolia*). O fungo envolve a raiz em uma bainha, formando um manto ao seu redor. A rede de Hartig (setas) é confinada à camada de células epidérmicas alongadas radialmente.

lhe fornecer carboidratos. É provável que os genes necessários para a decomposição desses materiais da parede celular tenham sido perdidos com a evolução.

Outros tipos de micorrizas são encontradas nas famílias das urzes e das orquídeas. Dois outros tipos de micorrizas são aquelas características da família das urzes (Ericaceae) e de alguns grupos estreitamente relacionados, bem como aquelas associadas às orquídeas (Orchidaceae). Nas Ericaceae, as hifas do fungo formam uma extensa rede frouxamente organizada sobre a superfície da raiz. Em lugar de aumentar significativamente a superfície de absorção, o principal papel do fungo consiste em liberar enzimas no solo para degradar certos compostos e torná-los disponíveis para a planta. As micorrizas de Ericaceae parecem funcionar principalmente aumentando a captação de nitrogênio, e não de fósforo, pelas plantas. Em consequência, as Ericaceae podem colonizar os tipos de solos ácidos e inférteis onde são particularmente frequentes. Os fungos componentes das micorrizas ericoides pertencem, em grande parte, a um grupo pouco definido de ascomicetos.

Na natureza, as sementes de orquídeas, que habitualmente carecem de endosperma e, consequentemente, possuem reservas mínimas, só germinam na presença dos fungos apropriados. Os fungos, que colonizam as células corticais, formam enrolamentos de hifas denominadas pelotas, que são circundadas pela membrana plasmática muito invaginada das células corticais. Além de fornecer a seu hospedeiro nutrientes minerais, o fungo também fornece carbono, pelo menos quando o hospedeiro está na fase de plântula. Os fungos nessas associações são, em grande parte, Agaricomycotina, com mais de 100 espécies envolvidas.

As associações de micorrizas provavelmente foram importantes na migração das plantas para a terra. Um estudo de fósseis de plantas primitivas revelou que as associações de endomicorrizas eram tão frequentes naquela época quanto o são nas suas descendentes modernas (Figura 14.47). As primeiras micorrizas arbusculares têm sua origem nas primeiras plantas terrestres semelhantes a briófitas, há pelo menos 400 milhões de anos. Esse achado levou K. A. Pirozynski e D. W. Malloch a sugerir que a evolução das associações das micorrizas pode ter representado um passo crítico na colonização do ambiente terrestre pelas plantas. Tendo em vista os solos pouco favoráveis que estavam disponíveis na época das primeiras colonizações, o papel dos fungos das micorrizas (provavelmente glomeromicetos) pode ter sido de significado crucial, particularmente para facilitar a captação de fósforo e de outros nutrientes. Foi demonstrada relação semelhante entre plantas contemporâneas colonizando solos extremamente pobres em nutrientes, tais como as áreas de mineração: os indivíduos com endomicorrizas têm uma probabilidade muito maior de sobre-

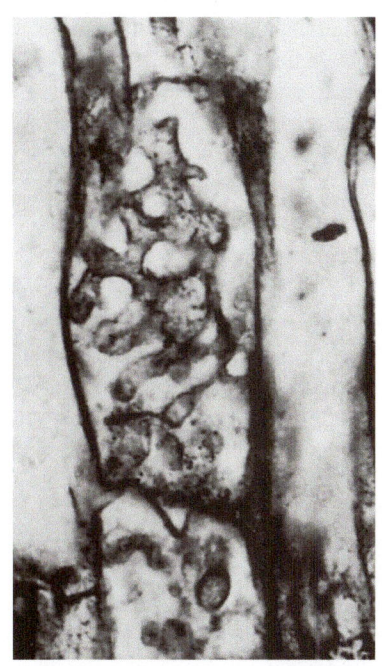

14.47 Endomicorriza fóssil. Raiz silicificada de uma gimnosperma do período triássico da Antártica, mostrando arbúsculos bem desenvolvidos.

viver. Por conseguinte, pode não ter sido um único organismo, mais sim uma associação simbiótica de organismos, comparável à dos liquens, que inicialmente invadiu a terra firme.

RESUMO

Os fungos são importantes do ponto de vista ecológico e econômico

Os fungos, juntamente com as bactérias heterotróficas, constituem os principais decompositores da biosfera, decompondo os produtos orgânicos e reciclando o carbono, o nitrogênio e outros componentes para o solo e o ar. Como decompositores, os fungos frequentemente entram em conflito direto com os interesses do homem, atacando quase todas as substâncias. Os fungos são, em sua maioria, saprófitas, isto é, vivem sobre a matéria orgânica de organismos não vivos em decomposição. Entretanto, muitos fungos atacam organismos vivos e causam doenças em plantas, animais domésticos e selvagens e no homem. Diversos fungos são economicamente importantes para o homem por serem destruidores de alimentos estocados e de outros materiais orgânicos. O reino Fungi também inclui as leveduras, os fungos usados na fabricação de queijos, os cogumelos comestíveis, bem como *Penicillium* e outros, os quais são produtores de antibióticos.

Os fungos são, em sua maioria, compostos de hifas

Os fungos são organismos de crescimento rápido, que tipicamente formam filamentos denominados hifas, as quais podem ser septadas ou asseptadas. Na maioria dos fungos, as hifas são bastante ramificadas, formando o micélio. Os fungos parasitas frequentemente apresentam hifas especializadas (haustórios), por meio das quais extraem carbono orgânico e outras substâncias das células vivas de outros organismos.

Os fungos alimentam-se por absorção e se reproduzem por esporos

Os fungos, que são quase todos terrestres, reproduzem-se por meio de esporos, que são habitualmente dispersos pelo vento. A meiose nos fungos é zigótica, isto é, o zigoto, a única fase diploide no ciclo de vida dos fungos, divide-se por meiose, formando quatro células haploides. Nenhuma célula móvel é formada em qualquer estágio do ciclo de vida dos fungos, exceto nos quitrídrios. O principal componente da parede celular dos fungos é a quitina. Tipicamente, um fungo secreta enzimas sobre a fonte de alimento e, em seguida, absorve as pequenas moléculas que são liberadas. O glicogênio é o principal polissacarídio de reserva.

Existem seis grupos de fungos

O reino Fungi inclui Microsporidia, os quitrídios, os zigomicetos, Glomeromycota, Ascomycota e Basidiomycota. Acredita-se que os Fungi tenham se originado de protistas estreitamente relacionados com o gênero moderno *Nuclearia*.

Os microsporídios podem ser uma linhagem inicial dos Fungi

O filo Microsporidia é constituído por parasitos unicelulares de animais e são formadores de esporos. Caracterizam-se pela presença de um tubo polar que penetra nas células hospedeiras e resulta em infecção.

Os quitrídios formam células móveis flageladas

Os quitrídios, polifiléticos, constituem um grupo predominantemente aquático e o único grupo de fungos com células reprodutivas móveis (zoósporos e gametas). A maioria dos quitrídios é cenocítica, com poucos septos na maturidade. Algumas espécies de quitrídios são parasitas, enquanto outras são saprotróficas. Várias espécies são fitopatógenos, que causam doenças de menor importância, como a mancha marrom do milho e a verrugose da alfafa.

Os zigomicetos formam zigósporos em zigosporângios

Os zigomicetos, polifiléticos, apresentam hifas principalmente cenocíticas. Os esporos assexuados são geralmente produzidos em esporângios, estruturas saculiformes onde todo o conteúdo é transformado em esporos. Os zigomicetos são assim denominados porque formam esporos de resistência, denominados zigósporos, durante a reprodução sexuada. Os zigósporos desenvolvem-se dentro de estruturas de parede espessa, denominadas zigosporângios.

Os Glomeromycota reproduzem-se apenas de modo assexuado

Os glomeromicetos (filo Glomeromycota) apresentam hifas principalmente cenocíticas e se reproduzem por meio de grandes esporos assexuados multinucleados. Estão associados às raízes como micorrizas e não são capazes de crescer independentemente da planta.

Os Ascomycota formam ascósporos dentro de ascos

O filo Ascomycota tem cerca de 32.300 espécies distintas, ou seja, mais do que qualquer outro grupo de fungos. Os ascomicetos apresentam formas de crescimento unicelulares (leveduras) ou filamentosas. A característica que distingue os ascomicetos é o asco, uma estrutura saculiforme na qual são formados os esporos meióticos (sexuados), conhecidos como ascósporos. No ciclo de vida dos ascomicetos, os protoplastos dos gametângios masculino e feminino se fundem, e os gametângios femininos produzem hifas especializadas, que são dicarióticas (contendo, cada compartimento, um par de núcleos haploides). O asco forma-se próximo ao ápice de uma hifa dicariótica. Em geral, os ascósporos são liberados de modo explosivo. Os ascos são encontrados em complexos corpos produtores de esporos, denominados ascomas. Tipicamente, a reprodução assexuada ocorre pela formação de esporos habitualmente multinucleados, denominados conídios. Existem três subfilos de Ascomycota. Os Taphrinomycotina e Saccharomycotina são dominados pelas leveduras, que tipicamente se reproduzem por brotamento, um método de reprodução assexuada. Com uma exceção, os Pezizomycotina são espécies filamentosas produtoras de ascoma.

Os Basidiomycota formam basidiósporos externamente sobre os basídios

O filo Basidiomycota inclui muitos dos fungos maiores e mais familiares. São incluídos os cogumelos, as bolotas-da-terra, as orelhas-de-pau, os cogumelos com aspecto fálico (ordem Phallales), bem como as ferrugens e os carvões, que são fitopatógenos importantes. A característica que distingue os basidiomicetos é a produção de basídios. O basídio é produzido no ápice de uma hifa dicariótica e é a estrutura onde ocorre a meiose. Tipicamente, cada basídio produz quatro basidiósporos, que constituem o principal meio de reprodução dos Basidiomycota.

Os cogumelos, as ferrugens e os carvões são representantes dos três subfilos de Basidiomycota

Os Basidiomycota podem ser divididos em três subfilos: Agaricomycotina, Pucciniomycotina e Ustilaginomycotina. Nos Agaricomycotina, os basídios são encontrados em complexos corpos produtores de esporos, denominados basidioma. Nos himenomicetos, que incluem os cogumelos e as orelhas-de-pau, os basidiósporos são produzidos sobre uma camada fértil distinta, o himênio. Com frequência, essa camada reveste as lamelas ou tubos dos himenomicetos e é exposta antes do amadurecimento dos esporos que são liberados de modo explosivo. Nos gasteromicetos, que incluem os cogumelos com aspecto fálico (ordem Phallales) e as bolotas-da-terra, os basidiósporos amadurecem dentro dos basidiomas e não são liberados de modo explosivo. Os membros dos subfilos Pucciniomycotina e Ustilaginomycotina, as ferrugens e os carvões, respectivamente, não formam basidiomas. Na verdade, eles têm basídios septados.

Os liquens consistem em um micobionte e um fotobionte

Os liquens são associações simbióticas mutualistas entre um fungo (o micobionte) e uma população de algas verdes ou de cianobactérias (o fotobionte). Cerca de 98% dos fungos dessa associação pertencem aos Ascomycota, enquanto o restante pertence aos Basidiomycota. Os fungos obtêm carboidratos e compostos nitrogenados dos parceiros fotossintetizantes e proporcionam

ao fotobionte um ambiente físico apropriado para o seu crescimento. A capacidade de um líquen de sobreviver em condições ambientais adversas está relacionada com a sua capacidade de resistir ao dessecamento e permanecer em estado de dormência quando secos.

As micorrizas são associações mutualistas entre fungos e raízes

As micorrizas – associações simbióticas entre raízes de plantas e fungos – ocorrem em todas as famílias de plantas vasculares, com poucas exceções. As endomicorrizas, também denominadas micorrizas arbusculares, em que os parceiros são fungos glomeromicetos, ocorrem em cerca de 80% das plantas vasculares. Nessas associações, o fungo penetra nas células corticais da planta hospedeira, mas não entra nos protoplastos. No segundo tipo importante de associação das micorrizas, as ectomicorrizas, o fungo não penetra nas células hospedeiras, mas forma uma bainha ou manto que envolve as raízes, bem como uma rede (a rede de Hartig), que cresce ao redor das células corticais. Os Agaricomycota principalmente, mas também alguns ascomicetos, estão envolvidos nas associações de ectomicorrizas. As associações de micorrizas são importantes na obtenção de fósforo e de outros nutrientes para a planta e no fornecimento de carbono orgânico para o fungo. Essas associações eram características das primeiras plantas que conquistaram o ambiente terrestre.

Autoavaliação

1. Faça a distinção entre: hifas e micélio; somático e vegetativo; rizoides e haustórios; plasmogamia e cariogamia; esporângio e gametângio; heterotálico e homotálico; dicariótico, monocariótico e diploide; parasitismo e mutualismo; arbúsculos e vesículas; endomicorrizas e ectomicorrizas.

2. "Os fungos são de suma importância tanto ecológica quanto econômica." Comente essa afirmação em termos gerais e com referências específicas a cada um dos grandes grupos de fungos, incluindo as leveduras, os liquens e as micorrizas.

3. Com base apenas na estrutura das hifas, como é possível determinar se um fungo é membro dos zigomicetos, Ascomycota ou Basidiomycota?

4. O que os zigósporos, os ascósporos e os basidiósporos têm em comum? E os zoósporos, os conídios, os eciósporos e os uredósporos?

5. Muitos fungos produzem antibióticos. Que função você acredita que os antibióticos possam ter para os fungos que os produzem?

6. No ciclo de vida de um cogumelo, podem ser reconhecidos três tipos de hifas ou micélios: primário, secundário e terciário. Como esses três tipos de micélio se relacionam uns com os outros e como se encaixam no ciclo de vida?

7. "Tanto o estado de saúde dos liquens quanto a sua composição química são usados para monitorar o ambiente." Explique.

8. "A simbiose mutualista mais prevalente e, provavelmente, mais importante no reino vegetal é a micorriza." Explique.

CAPÍTULO 15

Protistas | Algas e Protistas Heterotróficos

◄ **Algas e molusco.** Encontrado nas águas rasas dos recifes de coral do Pacífico, o molusco gigante (*Tridacna maxima*) abre sua concha e expõe as algas do seu manto colorido à luz solar. Em uma relação simbiótica, as algas fotossintetizantes, conhecidas como zooxantelas, suprem a maior parte das demandas nutricionais do molusco, enquanto as algas consomem os resíduos e o dióxido de carbono produzidos pelo molusco.

Com cerca de 70% de sua superfície coberta por água, a Terra é conhecida como o "planeta água". Tal abundância de água criou as condições ideais para a existência dos *habitats* aquáticos nos quais a vida surgiu, há pelo menos 3,5 bilhões de anos, com o aparecimento dos primeiros procariotos.

Os fósseis mais antigos interpretados como algas eucarióticas, por causa de suas dimensões e de sua forma consistente, são os de *Grypania*. Estima-se que tenham cerca de 2,1 bilhões de anos (Figura 15.1). Esses característicos fósseis encaracolados têm até 0,5 m de comprimento e 2 mm de diâmetro. Os fós-

seis mais antigos que podem ser encaixados de modo confiável a um grupo moderno de algas são os filamentos não ramificados conhecidos como *Bangiomorpha*. Com aproximadamente 1,2 bilhão de anos, esses fósseis multicelulares são quase indistinguíveis da moderna alga vermelha *Bangia*.

PONTOS PARA REVISÃO

Após a leitura deste capítulo, você deverá ser capaz de responder às seguintes questões:

1. Qual é a importância ecológica das algas?

2. Com que os euglenófitas, as criptófitas e os dinoflagelados se parecem? Por que é difícil classificar esses organismos com base em como eles obtêm seus alimentos?

3. Quais são as características distintivas do filo Haptophyta? Qual é a importância das haptófitas no controle climático global?

4. Quais são as características fundamentais das algas pardas? E das algas vermelhas?

5. Quais são as características das algas verdes que levaram os botânicos a concluir que as algas verdes carofíceas são o grupo protista do qual evoluíram as briófitas e as plantas vasculares?

6. Como o modo de divisão celular das Chlorophyceae difere do das demais classes de algas verdes?

7. Quais são as diferenças entre os oomicetos e os outros membros do grupo dos estramenópilos? Dê alguns exemplos de importantes doenças vegetais causadas por oomicetos.

8. Quais características distinguem os organismos plasmodiais (mixomicetos) dos organismos pseudoplasmodiais (dictiostelídeos)? Por que esses organismos não são considerados algas?

15.1 *Grypania spiralis.* *Grypania spiralis* é o organismo eucarió-tico (multicelular) mais antigo conhecido. Esses fósseis têm cerca de 2,1 bilhões de anos e são interpretados como algas eucarióticas.

15.2 Alga marinha. *Postelsia palmaeformis*, a palmeira-marinha, é uma alga parda encontrada na costa do Pacífico da América do Norte, da Columbia Britânica à Califórnia. Ela está bem adaptada ao seu *habitat*: a zona entre a maré alta a média de áreas expostas a forte ação das ondas. Os estipes flexíveis (hastes) e apressórios firmemente aderidos de *Postelsia* opõem-se às forças de arraste exercidas pelas ondas e que removem mexilhões e algas que de outro modo competiriam com ela pelo espaço.

Atualmente, um conjunto de descendentes diferentes desses eucariotos primitivos – os protistas – vive nos oceanos e nas zonas costeiras (Figura 15.2), bem como em lagos, lagoas e rios. Embora alguns protistas vivam em *habitats* terrestres, seu principal domínio permanece sendo a água.

Os protistas incluem os eucariotos que não apresentam as características que os distinguem dos organismos pertencentes aos reinos Plantae, Fungi ou Animalia. A maioria dos biólogos concorda com a hipótese de que as plantas, os fungos e os animais derivam de ancestrais protistas. Assim, o estudo dos protistas atuais pode esclarecer a origem desses importantes grupos. Além de ter importância evolutiva, alguns protistas causam doenças relevantes às plantas ou aos animais, enquanto outros têm grande significado ecológico.

Os grupos de protistas tratados neste livro incluem os organismos fotossintetizantes, com função ecológica semelhante à das plantas – isto é, produtores primários que utilizam energia luminosa para fazer seu próprio alimento. Esses organismos são as algas, estudadas pelos *ficologistas*. Entre os diversos grupos de algas, as algas verdes são particularmente importantes porque as plantas são descendentes de um ancestral que, se ainda existisse, seria classificado como alga verde. Além destes organismos autotrófi-

cos, descreveremos alguns protistas heterotróficos incolores que não são algas: os oomicetos e os organismos plasmodiais, os quais têm sido tradicionalmente estudados pelos micologistas, os estudiosos dos fungos. Embora não sejam diretamente relacionados com eles, esses protistas heterotróficos continuam a ser descritos com a terminologia utilizada para os fungos. As semelhanças e as diferenças entre os grupos protistas abordadas neste capítulo estão resumidas na Tabela 15.1. A grande maioria dos protistas não será discutida aqui, como por exemplo, os ciliados, radiolários e outros grandes grupos de organismos heterotróficos.

Os protistas apresentam uma impressionante variedade de tipos estruturais, incluindo células ameboides; células isoladas

Tabela 15.1 Resumo comparativo das características dos protistas.

Grupo	Número de espécies	Pigmentos fotossintetizantes	Reserva de carboidratos	Flagelos	Superfície celular	*Habitat*
Euglenoides (Euglenophyta)	800 a 1.000	A maioria não tem ou tem clorofilas *a* e *b*; carotenoides	Paramido	Geralmente 2; frequentemente desiguais, com 1 anterior e 1 posterior ou muito curto; estendem-se apicalmente	Película com estrias proteicas, flexível ou rígida sob a membrana plasmática	Principalmente água doce, alguns são marinhos
Criptófitas (Cryptophyta)	200	Nenhum ou clorofilas *a* e *c*; ficobilinas; carotenoides	Amido	2; desiguais; subapicais; pilosos	Camada rígida de placas proteicas sob a membrana plasmática	Marinho e água doce; águas frias
Haptófitas (Haptophyta)	300	Clorofilas *a* e *c*; carotenoides, especialmente fucoxantina	Crisolami-narina	Nenhum ou 2; iguais ou desiguais; a maioria tem haptonema	Escamas de celulose; escamas de material orgânico calcificado em algumas	A grande maioria das espécies é marinha, algumas são de água doce

(continua)

Tabela 15.1 Resumo comparativo das características dos protistas. (*Continuação*)

Grupo	Número de espécies	Pigmentos fotossintetizantes	Reserva de carboidratos	Flagelos	Superfície celular	*Habitat*
Dinoflagelados	4.000	Nenhum em muitos ou clorofilas *a* e *c*; carotenoides, principalmente peridinina	Amido	Nenhum (exceto nos gametas) ou 2, desiguais; lateral (1 transverso, 1 longitudinal)	Camadas de vesículas sob a membrana plasmática, com ou sem placas de celulose	Muitas espécies são marinhas, várias espécies são de água doce; algumas espécies mantêm relações simbióticas
Diatomáceas* (Bacillariophyceae)	10.000 a 12.000 reconhecidos	Nenhum ou clorofilas *a* e *c*; carotenoides, principalmente fucoxantina	Crisolaminarina	Nenhum ou 1; apenas nos gametas do tipo cêntrico; apical; piloso	Sílica	Marinho ou de água doce
Algas douradas* (Chrysophyceae)	1.000	Nenhum ou clorofilas *a* e *c*; carotenoides, principalmente fucoxantina	Crisolaminarina	Nenhum ou 2; apical; piloso anterior, liso posterior	Escamas de sílica; celulose nas escamas de algumas	Predominantemente de água doce; algumas marinhas
Algas verde-amarelas* (Xanthophyceae)	600	Clorofilas *a* e *c*; carotenoides, mas sem fucoxantina	Óleo	Nenhum ou 2; piloso anterior, liso posterior	Celulose, algumas vezes com sílica	Predominantemente água doce ou solo, algumas marinhas
Algas pardas* (Phaeophyceae)	1.500	Clorofilas *a* e *c*; carotenoides, principalmente fucoxantina	Laminarina; manitol (transportado)	2; apenas nas células reprodutoras; laterais; piloso anterior, liso posterior	Celulose embebida na matriz de algina mucilaginosa; plasmodesmos em algumas espécies	Quase todas as espécies são marinhas; a maioria das regiões temperadas e polares, florescem em águas oceânicas geladas
Algas vermelhas (Rhodophyta)	6.000	Clorofila *a*; ficobilinas; carotenoides	Amido das florídeas	Nenhum	Microfibrilas de celulose embebidas na matriz (geralmente galactanas); depósitos de carbonato de cálcio em muitas espécies	Predominantemente marinho, cerca de 100 espécies são de água doce; muitas espécies tropicais
Algas verdes	17.000	Clorofilas *a* e *b*; carotenoides	Amido	Nenhum ou 2 (ou mais); apicais ou subapicais; iguais ou desiguais; lisos	Glicoproteínas, celulose ou polissacarídios não celulósicos; plasmodesmos em algumas espécies	A maioria das espécies é aquática, água doce ou salgada; muitas espécies mantêm relações simbióticas
Oomicetos* (Oomycota)	700	Nenhum	Glicogênio	2; apenas nos zoósporos e gametas masculinos; apicais ou laterais; piloso anterior, liso posterior	Celulose ou semelhante a celulose	Marinho, água doce e terrestre (precisa de água
Mixomicetos (Myxomycota)	700	Nenhum	Glicogênio	Geralmente 2; apicais; desiguais; apenas nas células reprodutoras; lisos	Membrana plasmática ou na bainha; esporos com paredes de celulose; plasmódio	Terrestre
Dictiostelídeos (Dictyosteliomycota)	50	Nenhum	Glicogênio	Nenhum (ameboide)	Membrana plasmática e bainha nas mixamebas; parede celular espessa e rica em celulose nos macrocistos maduros	Terrestre

*Estramenópilos.

– com ou sem parede celular – que podem ou não apresentar flagelos; colônias compostas por agrupamentos de células que podem ser flageladas (com um ou mais flagelos) ou não; filamentos ramificados ou não ramificados; lâminas com uma ou duas células de espessura; tecidos que se assemelham a alguns dos presentes em plantas ou animais; e massas multinucleadas de protoplasma com ou sem parede celular. Quanto ao tamanho, os protistas variam desde células microscópicas até as algas pardas com 30 m de comprimento, conhecidas como *kelps*. Tanto os tamanhos extremamente pequenos como os muito grandes conferem proteção contra o ataque por herbívoros aquáticos. Muitos protistas reproduzem-se sexuadamente e possuem histórico de vida complexo. Alguns, entretanto, reproduzem-se somente por via assexuada. Todos os três tipos de ciclo de vida sexual – zigótico, espórico e gamético – ocorrem entre os protistas. Não raro, as diferentes fases do ciclo de vida de uma única espécie de protista são muito distintas em tamanho e aparência.

As relações filogenéticas entre os vários grupos de protistas ainda não estão claramente estabelecidas. Há muita controvérsia a respeito da relação filogenética existente, por exemplo, entre as algas pardas e as algas vermelhas. Enquanto alguns botânicos estudiosos da evolução afirmam que as algas vermelhas representam um grupo irmão das algas verdes e deveriam ser agrupadas com estas, outros combatem firmemente esta ideia. A aparente relação entre os mixomicetos e os dictiostelidas tem sido questionada. Contudo, as árvores filogenéticas existentes, assim como ilustrado na Figura 12.10, mostram claramente que as algas pertencem a linhas evolutivas diversas e que os oomicetos, antigamente considerados fungos, estão muito mais próximos das algas pardas e das algas douradas.

Ecologia das algas

O mar aberto, a zona costeira e a terra firme são os três domínios que compõem a nossa biosfera. Dos três, o mar e a costa são as regiões mais antigas. Aqui, as algas desempenham papel preponderante, comparável ao das plantas no muito mais jovem domínio terrestre. Geralmente, as algas são também dominantes nos *habitats* de água doce – lagoas, rios e lagos – onde podem representar os maiores contribuintes para a produtividade destes ecossistemas. Nos locais em que se desenvolvem, as algas desempenham um papel ecológico comparável àquele exercido pelas plantas nos *habitats* terrestres.

Ao longo da zona costeira rochosa, podem ser encontradas as macroalgas, de maior porte e complexidade, que são membros das algas pardas, vermelhas e verdes. Na maré baixa, distinguem-se facilmente padrões estriados ou camadas no costão rochoso que refletem a posição das espécies de algas em relação à sua capacidade de sobreviver à exposição. As algas desta zona intertidal são submetidas 2 vezes/dia a grandes flutuações de umidade, temperatura, salinidade e luz, além de estarem expostas à rebentação e às forças abrasivas dos movimentos da água. Algas marinhas encontradas próximo aos Polos Norte e Sul têm de resistir a meses de escuridão sob a camada de gelo. As macroalgas marinhas são também alvos de uma infinidade de herbívoros e hospedeiras de microrganismos patogênicos. A complexidade da bioquímica, estrutura e histórico de vida das algas marinhas reflete a adaptação a todos esses desafios físicos e biológicos.

Ancorados para além da zona costeira, fora do alcance das ondas, conjuntos de grandes algas pardas chamadas *kelps* formam verdadeiras florestas que fornecem abrigo a uma rica va-

15.3 Fitoplâncton marinho. Os organismos mostrados aqui são dinoflagelados e diatomáceas unicelulares e filamentosas.

riedade de peixes e invertebrados, alguns dos quais de grande valor para a alimentação humana. Muitos grandes carnívoros, incluindo lontras-do-mar e atuns, encontram alimento e refúgio nesses leitos de *kelps*, tais como aqueles ao largo da costa da Califórnia (EUA). Os próprios *kelps* são colhidos pelo ser humano, juntamente com algumas espécies de algas vermelhas, para a fabricação de produtos industrializados (ver Quadro "Algas e Atividades Humanas").

Em todos os corpos d'água, são encontradas diminutas células fotossintetizantes e pequeninos animais que formam o *plâncton* (do grego *plagktos*, "errante") suspenso. As algas fotossintetizantes e as cianobactérias, que conjuntamente constituem o *fitoplâncton*, formam a base da cadeia alimentar para os organismos heterotróficos, que vivem nos oceanos e nos corpos de água doce. O plâncton heterotrófico inclui o *zooplâncton*, que é composto principalmente por minúsculos crustáceos e pelas larvas de animais pertencentes a diferentes filos, bem como por inúmeros protistas e bactérias (*bacterioplâncton*).

No mar, a maioria dos peixes pequenos e alguns dos maiores, bem como boa parte das grandes baleias, alimentam-se de plâncton, e ainda, os peixes maiores alimentam-se dos peixes menores. Deste modo, os "grandes prados do oceano", como o plâncton é por vezes chamado, podem ser comparados aos campos terrestres, servindo de fonte de alimento para os organismos heterotróficos. Crisofíceas, diatomáceas, algas verdes e dinoflagelados – unicelulares ou coloniais, flutuantes ou natantes – são os organismos mais importantes na base das cadeias alimentares de ambientes de água doce. Nos ambientes marinhos, as formas unicelulares ou coloniais de haptófitas, dinoflagelados e diatomáceas representam os membros eucarióticos mais importantes do fitoplâncton, sendo, por esta razão, essenciais para a subsistência da vida animal marinha (Figura 15.3).

O fitoplâncton marinho está sendo cada vez mais utilizado como "forragem" para a produção nas fazendas de camarões, moluscos e outros frutos do mar de valor comercial. Além disso, algas marinhas bentônicas podem ser cultivadas em fazendas aquáticas

ALGAS E ATIVIDADES HUMANAS

Tanto as algas pardas quanto as vermelhas são consumidas por um grande número de pessoas de diferentes partes do mundo, especialmente do Extremo Oriente. *Kelps* (*kombu*) são consumidos regularmente como vegetais na China e no Japão. Algumas vezes são cultivados, mas na maioria dos casos são coletados de populações naturais. *Porphyra* (*nori*), uma alga vermelha, é consumida por muitos habitantes do Pacífico Norte – e, com a popularização do *sushi*, também por muitos habitantes dos EUA – e tem sido cultivada há séculos (ver mais adiante). Várias outras algas vermelhas são consumidas nas ilhas do Pacífico, bem como nas praias do Atlântico Norte. Em geral, as algas marinhas não têm valor nutritivo muito alto, como fontes de carboidratos, uma vez que faltam ao ser humano, assim como à maioria dos outros animais, as enzimas necessárias à quebra de grande parte do material da parede celular, como a celulose, e a matriz intercelular rica em proteínas. Contudo, as algas marinhas fornecem sais essenciais, bem como inúmeras vitaminas e elementos em quantidade mínima importantes, sendo assim valiosos suplementos alimentares. Algumas algas verdes, tais como a *Ulva* ou alface-do-mar, também são consumidas como verduras.

Em muitas regiões temperadas do hemisfério norte, as algas marinhas são coletadas para exploração de suas cinzas, que, em função de sua riqueza em sais de sódio e potássio, apresentam grande valor para processos industriais. Em muitas regiões, os *kelps* também são coletados para serem aplicados diretamente como fertilizantes.

Os alginatos, um grupo de substâncias derivadas de algas marinhas tais como *Macrocystis*, são largamente empregados na indústria alimentícia, têxtil, cosmética, farmacêutica, de papel e de solda, como agentes espessantes e estabilizadores coloidais. Ao longo da costa oeste dos EUA, os bancos de *Macrocystis* podem ser explorados várias vezes ao ano por meio de sua coleta logo abaixo da superfície da água.

Uma das aplicações comerciais diretas mais úteis de qualquer alga é o preparo do *ágar*, produzido a partir do material mucilaginoso extraído da parede celular de vários gêneros de algas vermelhas. O ágar é utilizado na produção de cápsulas que contêm vitaminas ou medicamentos, na fabricação do material de moldes dentários, como base de cosméticos e como meio de cultura para bactérias e outros microrganismos. A agarose purificada é frequentemente empregada como gel nos experimentos bioquímicos de eletroforese. O ágar é também usado como agente antidessecante em produtos de panificação, no preparo de gelatinas e sobremesas instantâneas e, nas regiões tropicais, como conservante temporário de peixes e carnes. O ágar é produzido em muitas partes do mundo, mas o Japão é seu principal fabricante. Um coloide algal semelhante, chamado carragenano, tem uso preferencial sobre o ágar na estabilização de emulsões tais como tintas, cosméticos e laticínios. Nas Filipinas, a alga vermelha *Eucheuma* é cultivada comercialmente como fonte de carragenano.

A

B

C

A. Floresta de *kelps* gigantes (*Macrocystis pyrifera*), crescendo ao longo da costa da Califórnia (EUA). **B.** Coleta manual da alga marinha *Nudaria*, no Japão, a partir de cordões que ficam submersos. **C.** Uma ceifadeira de *kelps* operando nas águas próximas à costa da Califórnia. As ceifadeiras da popa do navio são mergulhadas a 3 m da superfície da água, enquanto o navio se desloca de ré, cortando o dossel do *kelp*. As algas coletadas são transportadas para o interior de um recipiente coletor a bordo do navio, por meio de esteiras.

15.4 Filtragem com algas. Visão de um dispositivo de filtragem com algas em Falls City, Texas (EUA). Esses filtros melhoram a qualidade da água ao captar os nutrientes do efluente ou da água poluída e restaurar oxigênio. A biomassa produzida pelas algas pode ser convertida em combustível e já existem pesquisas para elaborar uma maneira custo-efetiva de fazê-lo.

para gerar produtos comestíveis e de utilidade industrial. Os dois usos comerciais das algas são exemplos de *maricultura*, por meio da qual organismos marinhos são cultivados em seu ambiente natural, analogamente aos sistemas agrícolas terrestres.

Tendo em vista a preocupação com as repercussões da liberação de carbono por combustíveis fósseis e com o aquecimento global, grandes esforços têm sido envidados para descobrir fontes renováveis de energia, sobretudo combustíveis líquidos para transporte. Nos EUA, o milho tem sido utilizado para produzir etanol, mas há dúvidas quanto à viabilidade econômica desse uso do milho. Além disso, a demanda do milho como fonte de etanol compete com a demanda do milho como alimento. O etanol de celulose obtido da gramínea *Panicum virgatum* e de aparas de madeira ainda está em fase de pesquisa (ver Capítulo 21 "Biocombustíveis | Parte da Solução ou Outro Problema?")

Uma resposta para o problema de energia é o cultivo de algas para a produção de biocombustível. O cultivo de algas não demanda o uso de valiosos recursos agrícolas. Além disso, a produção de biomassa de algas pode ser cinco a dez vezes maior do que a da agricultura baseada em solo. As duas maneiras mais comuns de produzir biocombustível a partir de algas são: (1) fermentação da biomassa de algas e (2) crescimento industrial de algas para extração de óleo. Nas algas pardas e nas algas verdes, grande parte da biomassa consiste em paredes celulares ricas em celulose. A celulose e outros carboidratos celulares podem ser fermentados a etanol. Outras algas, como as diatomáceas, armazenam quantidades relativamente altas de óleo e são promissoras para a extração de óleo no futuro.

Atualmente a filtragem da água com algas (Algal Turf Scrubbers® – ATS™) é um sistema relativamente barato e muito produtivo para a produção em massa de algas (Figura 15.4). Esse sistema, pioneiro no tratamento de esgoto, consiste em uma comunidade de algas (*turf*) que cresce em telas em um conduto de água raso ou calha através da qual a água é bombeada. À medida que a água desce pela calha, as algas produzem oxigênio e re-

movem nutrientes por meio de atividade biológica. Os nutrientes removidos (*scrubbed*) da água são armazenados na biomassa de algas que cresce nas telas. As algas são coletadas aproximadamente 1 vez/semana durante a estação de crescimento.

Tanto nos ambientes marinhos como nos ambientes de água doce ainda relativamente a salvo de distúrbios antrópicos mais sérios, as populações fitoplanctônicas em geral são controladas por mudanças climáticas sazonais, pela limitação nutricional e pela predação. Entretanto, quando as atividades humanas poluem os ecossistemas naturais, certas algas podem ser liberadas dessas limitações, e suas populações passam a crescer em proporções indesejáveis, originando "florações". Nos oceanos, algumas dessas florações são conhecidas como "marés vermelhas" ou "marés pardas", porque a água torna-se colorida em função do grande número de células de algas que contêm pigmentos acessórios vermelhos ou marrons. As florações de algas frequentemente estão associadas à liberação de grandes quantidades de compostos tóxicos na água. Esses compostos, que talvez tenham surgido como uma defesa contra predadores protistas ou animais, podem causar doenças ao homem e levar à mortandade maciça de peixes, aves ou mamíferos aquáticos (ver Quadro "Marés Vermelhas/Florações Tóxicas", adiante). Nos últimos anos, a frequência de florações tóxicas marinhas tem aumentado em todo o mundo, apesar de somente algumas dezenas de espécies fitoplanctônicas serem tóxicas. Muitos ecologistas vinculam esse aumento ao declínio global da qualidade da água, ocasionado pelo crescimento das populações humanas.

As algas, abundantes em nosso "planeta água", exercem importante papel no ciclo do carbono (ver Quadro "Aquecimento Global | O Futuro É Agora", no Capítulo 7). Elas são capazes de transformar o dióxido de carbono (CO_2) – um dos assim chamados "gases de efeito estufa" que contribuem para o aquecimento global – em carboidratos, por meio da fotossíntese, e em carbonato de cálcio, pela calcificação. Grandes quantidades desses carboidratos e carbonato de cálcio são incorporadas pelas algas e transportadas para o fundo dos oceanos. Atualmente, o fitoplâncton marinho absorve cerca de metade de todo o CO_2 resultante de atividades humanas, especialmente a queima de carvão e outros combustíveis fósseis. A quantidade de carbono que é transportado para as profundezas do oceano, não contribuindo, portanto, para o aumento da temperatura global, é assunto controverso.

O mecanismo pelo qual alguns organismos fitoplanctônicos reduzem a quantidade de CO_2 atmosférico é devido à formação do carbonato de cálcio, à medida que fixam o CO_2 durante a fotossíntese. O carbonato de cálcio é depositado em minúsculas escamas que recobrem o fitoplâncton. O CO_2 então removido da água é substituído pelo CO_2 atmosférico, criando um efeito de sucção também conhecido como "queda de CO_2". Ao longo dos éons, ao depositar-se no assoalho oceânico, o fitoplâncton recoberto por carbonato de cálcio finalmente originou as famosas falésias brancas de Dover, Inglaterra, e os depósitos de petróleo no Mar do Norte, de grande importância econômica. Várias macroalgas vermelhas, verdes e pardas também podem apresentar incrustações de carbonato de cálcio. O efeito da calcificação destas algas no ciclo global do carbono ainda não é tão bem compreendido como o efeito da calcificação do fitoplâncton.

Alguns organismos do fitoplâncton marinho, particularmente as haptófitas e os dinoflagelados, produzem quantidades significativas de um composto orgânico contendo enxofre que auxilia na regulação da pressão osmótica intracelular. Um composto volátil derivado deste composto orgânico contendo enxofre é

MARÉS VERMELHAS/FLORAÇÕES TÓXICAS

Periodicamente, a costa oeste da Flórida é devastada pela grave ocorrência das marés vermelhas. Frequentemente denominadas "marés vermelhas da Flórida", essas florações são responsáveis pela morte maciça de peixes e de pássaros, tartarugas, golfinhos e peixes-boi. Os peixes-boi da Flórida são uma espécie ameaçada de extinção. O organismo responsável pelas marés vermelhas da Flórida é o dinoflagelado *Karenia brevis* (antes denominado *Gymnodinium breve*) (**A**), que pode ser tão abundante que a coloração do mar se torna marrom-avermelhada. Entre os fatores ambientais que favorecem essas florações estão temperatura superficial quente, alto teor de nutrientes na água, baixa salinidade (que frequentemente ocorre durante os períodos chuvosos) e mar calmo. Assim sendo, o tempo chuvoso seguido por dias ensolarados nos meses de verão é, com frequência, associado a episódios de maré vermelha.

Karenia brevis produz numerosas toxinas, algumas delas veiculadas pelo ar. Coletivamente conhecidas como brevetoxinas, essas toxinas transmitidas pelo ar provocam problemas respiratórios em seres humanos por promovem constrição dos bronquíolos pulmonares. Esse dinoflagelado também produz um composto denominado brevenal que, nos animais, atua como um tipo de antídoto para as brevetoxinas, aliviando os sibilos e a dispneia e ajudando a eliminar o muco dos pulmões. O brevenal está sendo avaliado como um tratamento potencial para a fibrose cística, uma pneu-

mopatia debilitante que aflige 30.000 pessoas nos EUA.

As marés vermelhas ocorrem há muito tempo. Relatos de sua ocorrência são encontrados no Antigo Testamento e na *Ilíada* de Homero. Todavia, há grandes preocupações sobre o aumento da sua incidência e sua disseminação pelo planeta. Os ecologistas não têm certeza se esse aumento é apenas uma fase de um ciclo natural ou o começo de uma grave epidemia global. O aumento da frequência está correlacionado com o aumento dos nutrientes nas águas costeiras consequente ao escoamento de empreendimentos humanos, do uso maciço de fertilizantes e das fazendas.

Outros dinoflagelados são responsáveis pela formação de marés vermelhas em regiões diferentes. *Gonyaulax tamarensis* é o organismo envolvido nos episódios de maré vermelha na região nordeste da costa do Atlântico, desde as províncias marítimas canadenses até o sul da Nova Inglaterra (EUA). *Gymnodinium catenella* provoca, ocasionalmente, marés vermelhas ao longo da costa do Pacífico, desde o Alasca até a Califórnia (EUA), incluindo o Canadá. *Protogonyaulax tamarensis* provoca marés vermelhas no Mar do Norte, na costa do condado de Northumberland no Reino Unido. Já foram identificadas mais de 40 espécies marinhas de dinoflagelados produtores de substâncias tóxicas que matam pássaros e mamíferos, tornam os frutos do mar tóxicos ou provocam uma doença tropical disseminada denominada ciguatera (intoxicação pelo consumo de peixes). As toxinas produzidas

por alguns dinoflagelados, tais como *G. catenella* e várias espécies de *Alexandrium*, que aparecem desde o Golfo do Maine até o Golfo do Alasca, são neurotoxinas extremamente potentes. As toxinas ligam-se aos canais de sódio ou de cálcio nos neurônios, comprometendo a condução elétrica e desacoplando a comunicação entre os nervos e os músculos. Pode ocorrer paralisia dos músculos respiratórios.

Quando mariscos, como mexilhões e moluscos bivalves, ingerem dinoflagelados tóxicos, eles acumulam e concentram as substâncias tóxicas. Dependendo das espécies de organismos tóxicos que os mariscos consumiram, eles se tornam perigosamente tóxicos para os seres humanos que os consumirem. Ao longo das costas do Atlântico e do Pacífico, as peixarias comumente se fecham durante o verão e as pessoas regularmente sofrem intoxicação após consumirem mexilhões, ostras, vieiras e moluscos bivalves provenientes de determinadas regiões.

O termo "maré vermelha" induz a erro. Muitos eventos tóxicos são denominados marés vermelhas mesmo que não haja alteração da cor da água. Em contrapartida, a proliferação de algas inofensivas e atóxicas pode provocar alterações notáveis da coloração da água dos oceanos, como se vê em (**B**). Além disso, algumas proliferações de fitoplâncton nem colorem a água nem produzem compostos tóxicos, mas matam os animais marinhos de outras maneiras – algumas vezes pela simples depleção do oxigênio das águas pouco profundas.

A

B

A. *Karenia brevis*, o dinoflagelado responsável pelos episódios de maré vermelha ao longo da costa ocidental da Flórida. Seu flagelo transverso e curvo está localizado em um sulco que circunda o organismo. Seu flagelo longitudinal (apenas uma parte dele é visível) estende-se desde o meio do organismo para a parte esquerda inferior. O entalhe apical é uma característica identificadora de *K. brevis*. **B.** Maré vermelha espetacular causada por *Noctiluca scintilans*, próximo a Cape Rodney, Nova Zelândia.

excretado pelas células e, posteriormente, convertido na atmosfera em óxidos de enxofre. Os óxidos de enxofre aumentam a cobertura de nuvens e assim refletem a luz solar para fora do planeta. Os óxidos de enxofre, que também são gerados pela queima de combustíveis fósseis, contribuem com a chuva ácida e têm o efeito de resfriar o clima. Os cientistas devem considerar tais consequências de resfriamento, juntamente com o resultado do aquecimento provocado pelos gases de efeito estufa, em seus esforços de prever climas futuros.

Iniciaremos os estudos dos grupos protistas específicos com as euglenófitas, que estão entre as linhagens mais antigas de algas eucarióticas.

Euglenófitas (euglenoides)

Os flagelados conhecidos como euglenófitas, ou euglenoides, compreendem mais de 80 gêneros e 800 a 1.000 espécies. Evidências moleculares sugerem que as primeiras euglenófitas realizavam fagocitose (englobavam partículas sólidas). Cerca de um terço dos gêneros, incluindo *Euglena*, contém cloroplastos. As semelhanças entre os cloroplastos de euglenófitas e algas verdes – ambos apresentam clorofila *a* e *b*, além de vários carotenoides – sugerem que os cloroplastos das euglenófitas derivaram de uma alga verde endossimbiótica. Cerca de dois terços dos gêneros são incolores heterotróficos que se alimentam de partículas sólidas ou pela absorção de compostos orgânicos dissolvidos. Esses hábitos alimentares, além de maior necessidade por vitaminas, explicam por que muitas euglenófitas vivem em corpos d'água doce ricos em partículas ou compostos orgânicos.

A estrutura da *Euglena* (Figura 15.5) mostra muitas das características típicas das euglenófitas. Com uma única exceção (o gênero colonial *Colacium*), as euglenófitas são unicelulares. *Euglena*, como a maioria das euglenófitas, não tem parede celular ou qualquer outra estrutura rígida recobrindo a membrana plasmática. Entretanto, o gênero *Trachelomonas* tem um envoltório composto de minerais de ferro e manganês semelhante a uma parede celular. A membrana plasmática das euglenófitas é sustentada por um conjunto de estrias de proteínas arranjadas helicoidalmente situadas no citosol, imediatamente abaixo da membrana plasmática. Essas estrias formam uma estrutura chamada *película*, que pode ser flexível ou rígida. A película flexível de *Euglena* permite à célula mudar sua forma e facilita o movimento em ambientes lodosos, onde o movimento do flagelo é dificultado. As células natantes de *Euglena* têm um único flagelo longo, que emerge da base de uma depressão anterior chamada *reservatório* e um segundo flagelo, não emergente (Figura 15.5). Uma intumescência na base do flagelo emergente, junto com a *mancha ocelar* ou *estigma*, no citoplasma, constitui o sistema fotossensível das euglenófitas.

O *vacúolo contrátil* coleta o excesso de água de todas as partes da célula. Essa água é eliminada da célula via reservatório. Após a eliminação, um novo vacúolo contrátil é formado pela coalescência de pequenas vesículas. Vacúolos contráteis são comumente observados em protistas de água doce, que precisam eliminar o excesso de água que é acumulada como resultado da osmose. Se a água não for removida, a célula pode romper-se.

Ao contrário dos cloroplastos das algas verdes, os plastos das euglenófitas não estocam amido. Em vez disso, grânulos de um polissacarídio único conhecido como *paramido* formam-se no citosol. Os plastos de euglenófitas assemelham-se aos plastos de muitas algas verdes e outras algas pelo fato de apresentarem uma região rica em proteína chamada *pirenoide*, que é o local da Rubisco e outras enzimas envolvidas na fotossíntese (Capítulo 7).

As euglenófitas reproduzem-se por mitose e citocinese longitudinal, continuando a nadar enquanto se dividem. O envoltório nuclear permanece intacto durante a mitose, como ocorre em muitos outros protistas e em fungos. Isso sugere que um envoltório nuclear mitótico intacto é uma característica primitiva e que o envoltório nuclear que se desintegra durante a mitose, como ocorre em plantas, animais e vários protistas, é uma característica derivada. Reprodução sexuada e meiose não parecem ocorrer

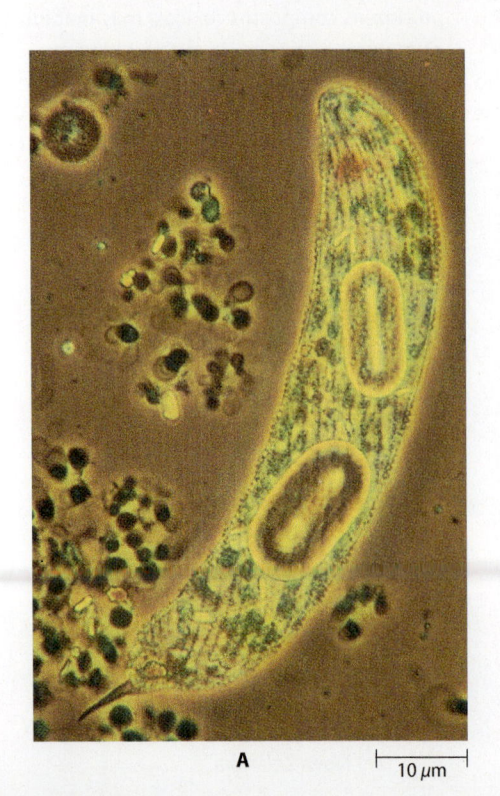

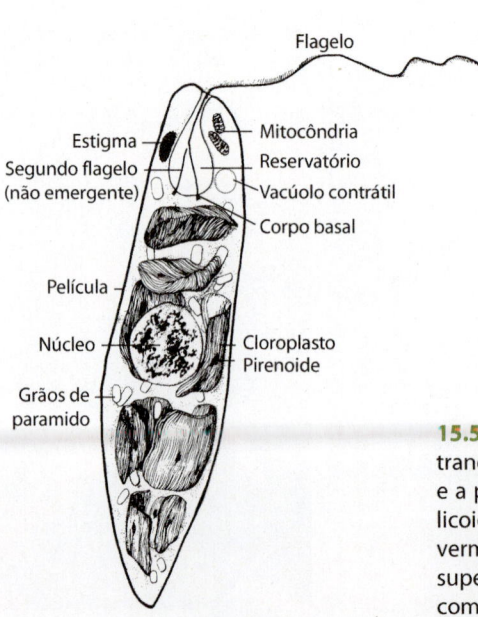

A ——— 10 µm

Flagelo

Estigma
Segundo flagelo (não emergente)
Mitocôndria
Reservatório
Vacúolo contrátil
Corpo basal
Película
Núcleo
Cloroplasto
Pirenoide
Grãos de paramido

B

15.5 Euglena. A. Fotomicrografia mostrando dois grandes grãos de paramido e a película com estrias de proteínas helicoidalmente dispostas. A mancha ocelar vermelha, ou estigma, é visível no polo superior da célula. **B.** Estrutura de *Euglena* como interpretada a partir de micrografias eletrônicas.

15.6 *Cryptomonas*, uma criptófita. Esta alga unicelular tem dois flagelos ligeiramente desiguais com o comprimento aproximadamente igual ao da célula. Os dois flagelos emergem da extremidade anterior da célula. Esta micrografia eletrônica de varredura foi colorida para diferenciar os flagelos das placas retangulares do periplasto que podem ser observadas na superfície das células. Essas placas localizam-se imediatamente abaixo da membrana plasmática.

em euglenófitas, sugerindo que esses processos ainda não haviam surgido quando este grupo divergiu da linhagem principal de protistas.

Criptófitas (criptomônadas) | Filo Cryptophyta

As criptófitas, também conhecidas como criptomônadas, são flagelados unicelulares, com crescimento rápido, de coloração marrom, verde-oliva, verde-azulada ou vermelha e que ocorrem em águas doce e marinha (Figura 15.6). Existem 200 espécies conhecidas de criptófitas (do grego *criptos*, "escondido"). Sua denominação é bastante apropriada, pois seu pequeno tamanho

(3 a 50 mm) as torna quase sempre inconspícuas. Vivem preferencialmente em águas subsuperficiais ou frias e são prontamente comidas pelos herbívoros aquáticos. As células de criptófitas são particularmente ricas em ácidos graxos poli-insaturados, que são essenciais para o crescimento e o desenvolvimento do zooplâncton. As criptófitas são algas fitoplanctônicas de grande importância ecológica por causa da sua palatabilidade e porque são frequentemente dominantes em lagos e águas costeiras quando diatomáceas e dinoflagelados apresentam redução sazonal.

Semelhantes às euglenófitas, as criptófitas requerem certas vitaminas, e têm alguns representantes pigmentados e fotossintetizantes e outros incolores, que fazem fagocitose e consomem partículas, tais como bactérias. As criptófitas constituem uma das melhores evidências de que um hospedeiro eucariótico e incolor pode ter adquirido cloroplastos a partir de endossimbiontes eucarióticos. Os cloroplastos das criptófitas e algumas outras algas têm quatro camadas de membranas. Há indícios de que as criptófitas surgiram da fusão de duas diferentes células eucarióticas, uma heterotrófica e a outra fotossintetizante, estabelecendo uma *endossimbiose secundária* (Capítulo 12). Além das clorofilas *a* e *c* e carotenos, os cloroplastos de algumas criptófitas contêm ficobilinas, podendo ser ficocianina ou, então, ficoeritrina. Esses pigmentos acessórios hidrossolúveis são conhecidos apenas em cianobactérias e algas vermelhas, fornecendo evidências da origem dos cloroplastos das criptófitas.

A parte externa das quatro membranas que circundam os cloroplastos das criptófitas é contínua com a membrana nuclear e é chamada de *retículo endoplasmático do cloroplasto* (Figura 15.7). O espaço entre a segunda e a terceira membrana do cloroplasto contém grãos de amido e o remanescente de um núcleo reduzido que inclui três cromossomos lineares e um nucléolo com RNA tipicamente eucariótico. O núcleo reduzido, denominado *nucleomorfo* ("semelhante a um núcleo"), é interpretado como um remanescente de um núcleo de célula de alga vermelha que foi ingerido e retido por um hospedeiro heterotrófico em virtude da sua capacidade fotossintética. O endossimbionte assemelha-se aos cloroplastos de outras algas, pois como a maioria de seus genes foram transferidos para o núcleo do hospedeiro, ele não é mais capaz de ter uma existência independente.

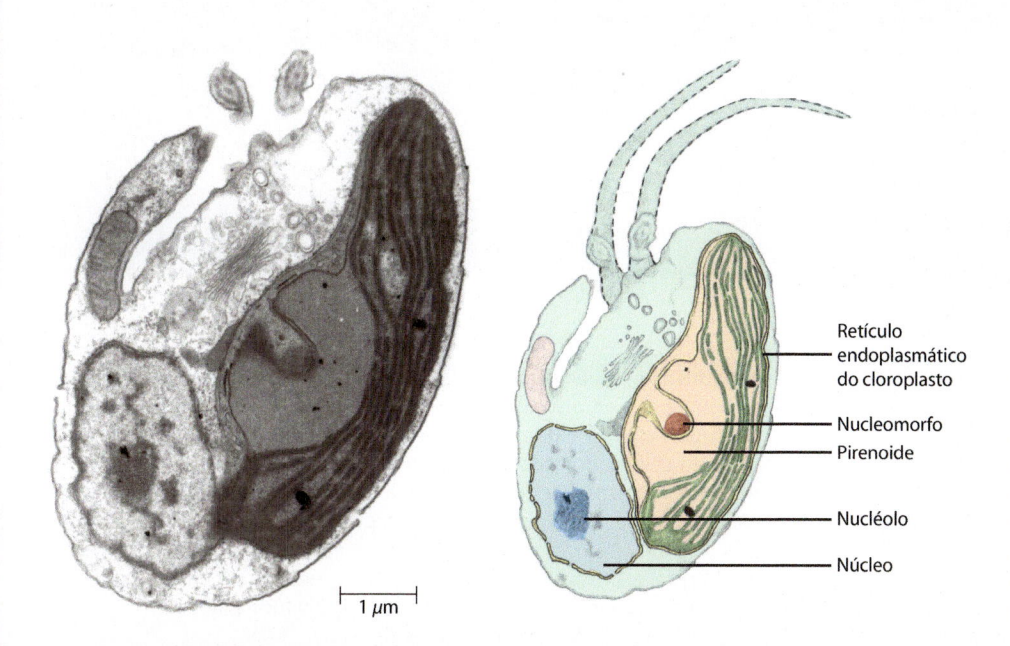

Retículo endoplasmático do cloroplasto

Nucleomorfo

Pirenoide

Nucléolo

Núcleo

1 μm

15.7 Estrutura de uma criptófita. Esta micrografia eletrônica de transmissão de uma criptófita mostra o núcleo e o nucleomorfo, este mergulhado em uma fenda do cloroplasto. O nucleomorfo é considerado o núcleo vestigial do endossimbionte – uma célula de alga vermelha – englobado por um hospedeiro heterotrófico. A mais externa das quatro membranas que envolvem o cloroplasto é o retículo endoplasmático do cloroplasto. A ligação entre a membrana nuclear e as membranas do cloroplasto não é visível neste plano de corte.

Haptófitas | Filo Haptophyta

O filo Haptophyta abrange uma gama de organismos fitoplanctônicos, essencialmente marinhos, embora sejam conhecidas algumas poucas formas de água doce e ambiente terrestre. O filo consiste em indivíduos unicelulares e coloniais, flagelados ou não. Existem cerca de 300 espécies conhecidas e distribuídas em 80 gêneros, mas novas espécies estão constantemente sendo descobertas. A diversidade de espécies de haptófitas é maior nos trópicos.

A característica mais distintiva das haptófitas é o *haptonema* (do grego *haptein*, "apertar"; em relação à sensibilidade ao toque), uma estrutura filamentosa que se prolonga da célula juntamente com dois flagelos de igual comprimento (Figura 15.8). Ele é estruturalmente distinto de um flagelo. Embora os microtúbulos estejam presentes no haptonema, eles não têm o típico arranjo 9+2 dos flagelos e cílios eucarióticos (ver Figura 3.28, Capítulo 3). O haptonema pode curvar-se e enrolar-se, mas não pode bater como um flagelo. Em alguns casos, ele permite que a célula capture partículas de alimento, funcionando de certo modo como uma vara de pescar. Em outros casos, ele parece ajudar a célula a sentir e evitar obstáculos.

Outra característica das algas haptófitas é a presença de pequenas escamas achatadas na superfície externa da célula (Figura 15.9A). Essas escamas são compostas de matéria orgânica

5 μm

15.8 Haptonema. A haptófita *Prymnesium parvum*. A maioria das haptófitas apresenta dois flagelos lisos e de tamanho aproximadamente igual. Muitas também têm um haptonema (o apêndice menor visto aqui), que pode curvar-se e enrolar-se, mas não pode bater como um flagelo.

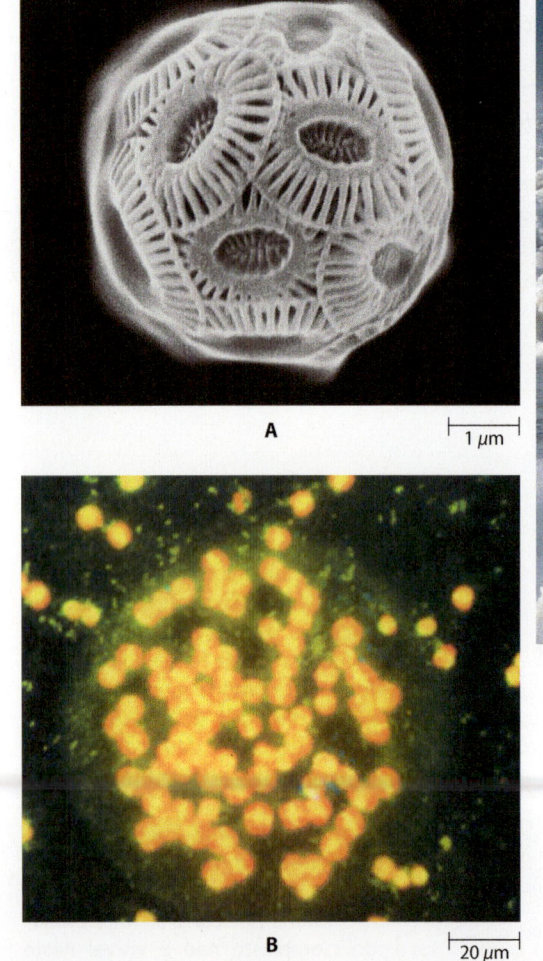

A   1 μm

B   20 μm

C

15.9 Haptófitas. A. *Emiliania huxleyi*, um cocolitoforídeo. Esta é a espécie mais abundante e amplamente distribuída dentre as 300 espécies estimadas deste grupo de algas extremamente diminutas. As escamas achatadas que revestem as células dos cocolitoforídeos são de carbonato de cálcio. **B.** Micrografia de fluorescência de uma colônia jovem de *Phaeocystis* corada com laranja de acridina. As células estão imersas em uma mucilagem de polissacarídios. **C.** Florações maciças de *Phaeocystis* entopem as redes de pesca e chegam às praias produzindo montanhas de espuma de vários metros de espessura, como se pode ver nessa praia no sul da Califórnia (EUA).

calcificada ou não. As escamas calcificadas são conhecidas como *cocolitos* e as 12 ou mais famílias de organismos ornamentados com cocolitos são conhecidas como cocolitoforídeos. Há dois tipos de cocolitos: aqueles produzidos dentro das células – nas vesículas de Golgi – e transportados para o exterior das células e aqueles formados fora das células. Os dois tipos de cocolitos são produzidos por estágios alternados do mesmo ciclo de vida. Os cocolitos formam a base de um registro fóssil contínuo desde o seu aparecimento no Triássico tardio, cerca de 230 milhões de anos atrás.

A maioria das haptófitas é fotossintetizante, com clorofila *a*, uma variante da clorofila *c*, e carotenoides, incluindo *fucoxantina*, um carotenoide marrom-dourado. Tal qual em criptófitas, os plastos de haptófitas são circundados por um retículo endoplasmático contínuo com o envoltório nuclear. Como em criptófitas, o retículo endoplasmático do cloroplasto é uma evidência de que os plastos foram adquiridos por endossimbiose secundária. Reprodução sexuada e alternância de gerações heteromórficas ocorrem nas haptófitas, mas o número de cromossomos e os históricos de vida de muitas formas são ainda desconhecidos.

As haptófitas marinhas são componentes expressivos das cadeias alimentares, servindo tanto como produtoras, já que a maioria é autotrófica, quanto como consumidoras. Como consumidoras, alimentam-se de pequenas partículas como cianobactérias ou absorvem carbono orgânico dissolvido. São importantes meios de transporte do carbono orgânico e de dois terços do carbonato de cálcio para o fundo dos oceanos. Além disso, as haptófitas marinhas são importantes produtoras de óxidos sulfúricos relacionados com a chuva ácida. O estágio colonial, gelatinoso, de *Phaeocystis* (Figura 15.9B) domina o fitoplâncton das zonas marginais de regiões polares e contribui com cerca de 10% dos compostos sulfúricos atmosféricos que são gerados pelo fitoplâncton. Além disso, sua gelatina contribui significativamente para o aumento do carbono orgânico na água. Em todos os oceanos, especialmente em latitudes médias, *Emiliania huxleyi* pode formar florações cobrindo milhares de quilômetros quadrados. Os dois gêneros de haptófitas, *Chrysochromulina* e *Prymnesium*, são notórios por formar florações marinhas tóxicas, que matam peixes e outros organismos marinhos.

Dinoflagelados

Os dados sistemáticos moleculares indicam que os dinoflagelados guardam uma grande correlação com protozoários ciliados como *Paramecium* e *Vorticella* (ver Figura 12.12) e com os apicomplexanos, um filo de parasitos protozoários cujas células contêm um plastídio não pigmentado. O parasito da malária, *Plasmodium*, pertence ao filo Apicomplexa. Em conjunto, esses organismos formam os *alveolados* (Alveolata), um supergrupo caracterizado pela existência de pequenas cavidades com revestimento membranoso (alvéolos) sob suas superfícies celulares.

A maioria dos dinoflagelados são biflagelados unicelulares, ou seja, organismos unicelulares com dois flagelos (Figura 15.10). São conhecidas aproximadamente 4.000 espécies, tanto marinhas como de água doce. Os dinoflagelados são singulares porque seus flagelos se movem dentro de dois sulcos distintos. Um sulco circula o corpo do dinoflagelado como se fosse um cinto e o segundo sulco é perpendicular ao primeiro. O movimento (batimento) dos flagelos em seus respectivos sulcos faz com que o dinoflagelado gire como um pião quando se move. O flagelo circundante assemelha-se a uma fita. Existem também numerosos dinoflagelados imóveis, mas que produzem células reprodutoras tipicamente flageladas, com flagelos em sulcos, de onde se deduz a relação com outros dinoflagelados.

Dinoflagelados são incomuns, mas não únicos, por terem os cromossomos permanentemente condensados. Essa característica, juntamente com a particularidade da mitose, levou à suposição de que os dinoflagelados são um grupo completamente primitivo. Acredita-se atualmente que os dinoflagelados formem um grupo de protistas bastante derivado. O principal modo de reprodução dos dinoflagelados é a divisão celular longitudinal, em que cada célula-filha recebe um dos flagelos e uma porção da parede ou teca. Cada célula-filha então reconstitui as partes que faltam em uma sequência intrincada.

Muitos dinoflagelados têm aspecto bizarro, com placas rígidas de celulose formando a teca, que frequentemente se assemelha a um elmo ou parte de uma armadura antiga (Figuras 15.10 e 15.11). As placas de celulose da parede estão localizadas no interior de vesículas na membrana mais externa da célula. Os dinoflagelados encontrados no alto mar apresentam, com fre-

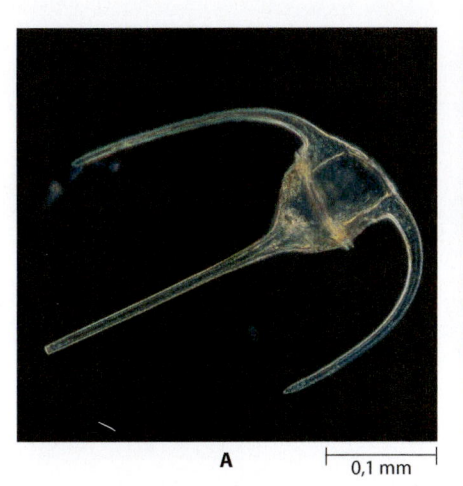
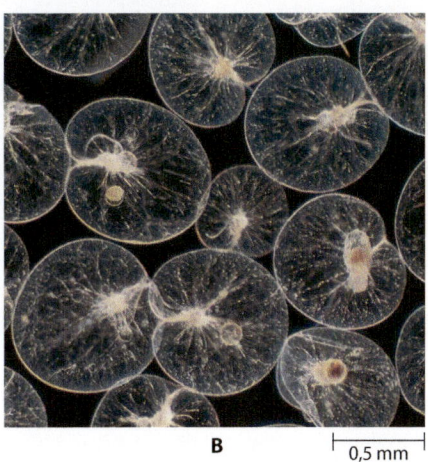
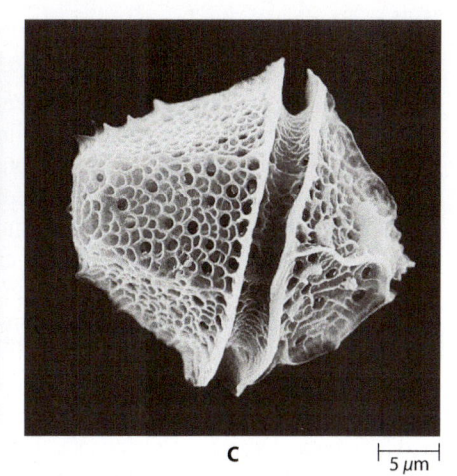

A   0,1 mm   B   0,5 mm   C   5 µm

15.10 Dinoflagelados. A. *Ceratium tripos*, um dinoflagelado com teca. **B.** *Noctiluca scintilans*, um dinoflagelado marinho bioluminescente. **C.** *Gonyaulax polyedra*, o dinoflagelado com teca que é responsável pelas espetaculares marés vermelhas ao longo da costa da parte sul da Califórnia (EUA).

(ver adiante). A presença da pridinina apoia a hipótese de que os cloroplastos de muitos dinoflagelados provêm de diatomáceas e haptófitas "ingeridas" por endossimbiose, como foi descrito no Capítulo 12. Outros dinoflagelados apresentam plastídeos verdes ou azul-esverdeados derivados de algas verdes ingeridas ou criptomonas. A reserva alimentar de carboidratos nos dinoflagelados é o amido, que é armazenado no citosol.

Os dinoflagelados pigmentados ocorrem na forma de simbiontes em muitos outros tipos de organismos, inclusive esponjas, medusas, anêmonas-do-mar, tunicados, corais, polvos e lulas, caramujos, turbelários e alguns outros protistas. Nos moluscos gigantes da família Tridacnidae, a superfície dorsal dos lobos internos do manto pode ter coloração marrom-chocolate como resultado dos dinoflagelados simbióticos. Quando os dinoflagelados são simbiontes, eles não apresentam placas rígidas e se apresentam na forma de células esféricas douradas denominadas *zooxantelas* (Figura 15.12).

As zooxantelas são responsáveis primariamente pela atividade fotossintetizadora que possibilita o crescimento de recifes de coral nas águas tropicais que sabidamente têm poucos nutrientes (ver Quadro: "Recifes de Coral e o Aquecimento Global"). Os tecidos dos corais podem conter cerca de 30.000 dinoflagelados simbiontes por milímetro cúbico, principalmente dentro das células de revestimento do tubo digestivo dos corais. Os aminoácidos produzidos pelos pólipos estimulam os dinoflagelados a produzir glicerol em vez de amido. O glicerol é usado diretamente na respiração do coral. Como os dinoflagelados necessitam de luz para a fotossíntese, os corais que os contêm crescem principalmente em águas oceânicas com menos de 60 m de profundidade. Muitas das variações nas formas dos corais estão relacionadas com as propriedades de captação de luz pelos diferentes arranjos geométricos. Essa relação é semelhante aos vários padrões de ramificação que as árvores utilizam para maximizar a exposição de suas folhas à luz do Sol.

Durante períodos de condições desfavoráveis, os dinoflagelados formam cistos de resistência

Sob condições que não favorecem o crescimento contínuo da população, tais como baixas concentrações de nutrientes, os dinoflagelados podem produzir cistos de resistência imóveis, que vão

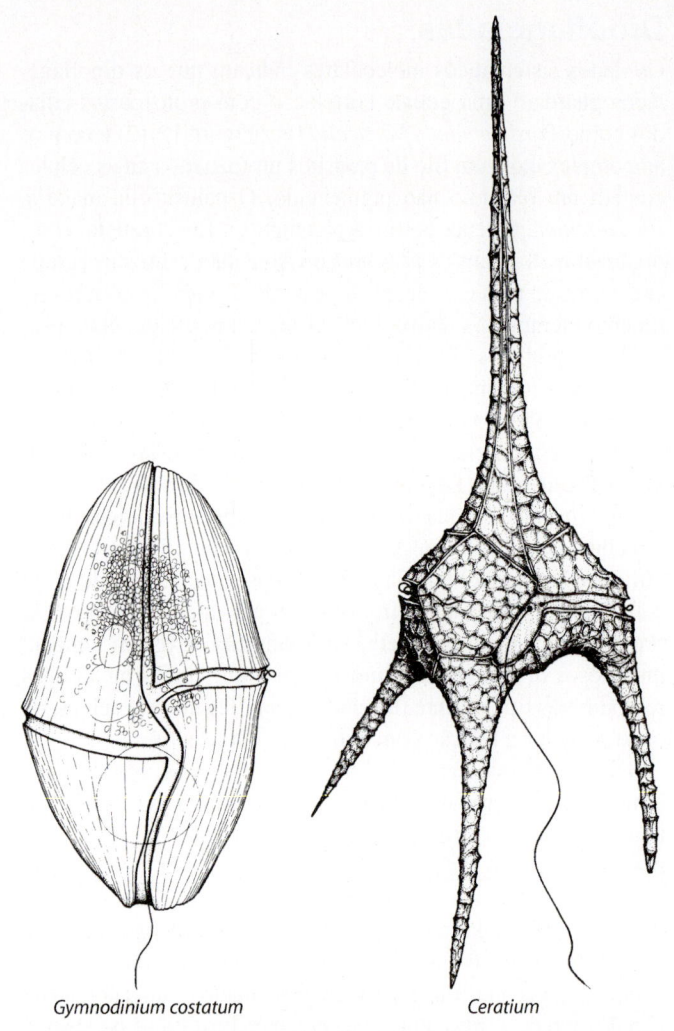

Gymnodinium costatum   *Ceratium*

15.11 Teca dos dinoflagelados. A "armadura" ou teca de alguns dinoflagelados consiste em placas de celulose em vesículas localizadas dentro da membrana plasmática.

quência, grandes e complexas placas tecais que se assemelham a velas de caravelas e auxiliam na flutuação. Outros dinoflagelados não têm placas celulósicas, ou estas são tão finas que parecem ausentes.

Muitos dinoflagelados ingerem partículas de alimento sólido ou absorvem compostos orgânicos dissolvidos

Cerca de metade dos dinoflagelados não tem aparato fotossintetizante e por isso obtém sua nutrição por ingestão de partículas sólidas ou pela absorção de compostos orgânicos dissolvidos. Mesmo muitos que são pigmentados – fotossintetizantes – e apresentam carapaças espessas podem alimentar-se dessa maneira. A capacidade das algas que contêm clorofila, como esses dinoflagelados, de utilizar fontes orgânicas e inorgânicas de carbono é denominada *mixotrofismo*, e essas algas são denominadas mixotróficas. Alguns dinoflagelados alimentam-se projetando uma estrutura tubular, conhecida como pedúnculo, que pode sugar a matéria orgânica para dentro da célula. O pedúnculo é recolhido para dentro da célula quando a alimentação termina.

A maioria dos dinoflagelados pigmentados contém, tipicamente, clorofilas *a* e *c*, que geralmente são mascaradas por pigmentos carotenoides, inclusive *peridinina*, que é semelhante a fucoxantina, um pigmento acessório típico das algas crisófitas

15.12 Zooxantelas. A forma simbiótica dos dinoflagelados, conhecida como zooxantelas, é vista aqui como esferas douradas nos tentáculos de um coral. Esses simbiontes são responsáveis por grande parte da produtividade dos recifes de coral.

RECIFES DE CORAL E O AQUECIMENTO GLOBAL

Os recifes de corais, com suas cores espetaculares e superfícies convolutas, fornecem *habitas* para um quarto das espécies que vivem nos oceanos. Assim como a floresta tropical está para a terra, o recife de coral está para o mar – um ecossistema único e insubstituível para fomento da biodiversidade. Além disso, os peixes que habitam os corais são uma das principais fontes de alimento para o homem; os recifes de corais também protegem as zonas costeiras frágeis por absorverem muito da energia das ondas grandes durante as tempestades oceânicas violentas.

Em 1998, um sexto dos corais do mundo ficaram brancos e poucos meses depois morreram. Esse "branqueamento" (descoloração) mundial dos corais coincidiu com temperaturas altas nos trópicos, onde a maioria dos corais vive. Como as temperaturas do globo estão aumentando, o que era raro em 1998, é bem provável que venha a ficar banal, e, com o aquecimento dos oceanos, os recifes de corais de qualquer local estão se tornando um ecossistema em perigo.

Corais são animais do filo Cynidaria, cujos membros incluem as águas-vivas e as anêmonas marinhas. O organismo isolado, chamado pólipo, secreta um exoesqueleto rígido feito de carbonato de cálcio, o mesmo material encontrado no giz. A cabeça ou o ramo do coral, constituídos por várias centenas de pólipos cujos exoesqueletos se fundiram, formam, com o passar dos anos, a grande estrutura que reconhecemos como recife.

Os pólipos dos corais obtêm grande parte de sua nutrição por absorção de carboidratos dos dinoflagelados simbiontes, conhecidos como zooxantelas, que vivem dentro dos pólipos e dão cor aos corais brancos. O "branqueamento" ocorre quando o pólipo do coral perde suas zooxantelas. O principal causador dessa perda é o estresse proveniente do ambiente, especialmente a alta temperatura da água e sua acidificação, ambas devido ao aumento do dióxido de carbono na atmosfera. Um aumento de 1° a 2°C ao longo de algumas semanas é suficiente para provocar o "branqueamento". No caso de a temperatura diminuir logo depois, o pólipo pode recuperar seu simbionte e sobreviver. Entretanto, se a temperatura permanecer elevada por muitas semanas é provável que o pólipo morra. A acidificação das águas dos oceanos ocorre porque o dióxido de carbono dissolvido na água produz ácido carbônico. Assim, quanto mais CO_2, maior acidez dos oceanos e mais estresse para os corais.

A primeira notícia que se tem do "branqueamento" dos corais data de 1970. Com o aumento constante nas temperaturas dos oceanos, o "branqueamento" tem aumentado. O evento de 1998 foi o pior já visto, mas é pouco provável que essa diferença possa ser mantida por muito tempo. A temperatura da superfície do mar flutua sazonalmente e ao longo dos ciclos, mas em média ela está subindo com o aumento do CO_2 na atmosfera. À medida que a temperatura básica sobe, as flutuações elevam a temperatura acima do limite de tolerância do coral mais vezes e por mais tempo. Caso as tendências atuais continuem, as condições para o "branqueamento" deverão ocorrer anualmente nos trópicos nos próximos 20 anos. Dentro de 40 anos, as temperaturas oceânicas médias de inverno poderão ser muito quentes para os corais. A concentração de CO_2 na atmosfera é, em geral, de 390 partes por milhão (ppm) e está aumentando 2 ppm por ano. De acordo com um dos maiores especialistas mundiais em recifes de corais, com uma concentração de 450 ppm de CO_2 na atmosfera, é improvável que continuem existindo recifes de corais do mundo. Esses ecossistemas essenciais estão, de fato, sob significativa ameaça.

Recife danificado. Um recife saudável, o Great Barrier na Austrália (à esquerda) e um recife mostrando os efeitos do "branqueamento" do coral (à direita).

para o fundo dos lagos e oceanos, onde permanecem viáveis durante anos. As correntes oceânicas podem transportar esses cistos bentônicos (do fundo do mar) para outras localidades. Quando as condições se tornam novamente favoráveis, os cistos podem germinar, originando populações de células móveis. A produção de cistos, o movimento e a germinação explicam muitos aspectos da ecologia e distribuição geográfica das florações tóxicas. Eles explicam por que as florações não ocorrem necessariamente nos mesmos locais a cada ano e por que as florações estão associadas à poluição dos oceanos por esgoto e detritos agrícolas. Além disso, eles esclarecem por que as florações parecem se mover de um local para outro a cada ano. A reprodução sexuada tem sido registrada em várias espécies de dinoflagelados.

Muitos dinoflagelados produzem compostos tóxicos ou bioluminescentes

Aproximadamente 20% de todas as espécies conhecidas de dinoflagelados produzem um ou mais compostos extremamente tóxicos com significativas repercussões econômicas e ecológicas (ver Quadro "Marés Vermelhas/Florações Tóxicas", anteriormente). Os compostos tóxicos produzidos pelos dinoflagelados conferem proteção contra os predadores.

Os dinoflagelados marinhos também são famosos por sua capacidade bioluminescente (Figura 15.10B). São responsáveis pelo atrativo brilho das águas oceânicas que é comumente observado à noite, quando barcos ou nadadores agitam a água. Quando as células dos dinoflagelados são estimuladas mecanicamente, uma série de eventos bioquímicos bem conhecidos resulta em uma reação envolvendo luciferina e a enzima luciferase, que, como nos vaga-lumes e outros organismos, criam um breve *flash* de luz (ver Capítulos 10 e 28). Acreditava-se que a bioluminescência servisse como proteção contra predadores como os copépodas, pequenos crustáceos que são os componentes mais numerosos do zooplâncton. Uma hipótese propõe que o *flash* de luz dos dinoflagelados iniba a predação, desorientando os predadores. Outra hipótese sugere um processo mais indireto: os copépodes que ingerem dinoflagelados luminescentes se tornam mais visíveis para os peixes que deles se alimentam.

Estramenópilos fotossintetizantes

Com base em análises de microscopia eletrônica, os pesquisadores há muito já suspeitavam que as diatomáceas, as crisófitas, as xantofíceas, as algas pardas e os oomicetos, e outros grupos não discutidos neste livro, estejam intimamente relacionados, em virtude da existência de pelos característicos, semelhantes a palha em um dos dois flagelos de suas células natantes. O termo *estramenópilos* é derivado do grego e significa "palha". Nesses organismos, também conhecidos como *heterocontas* (que significa "flagelos diferentes"), o flagelo ornamentado com os pelos distintivos é longo e o outro é menor e sem pelos, como mostrado na Figura 15.13. Análises de sequência molecular agora confirmaram a suspeita, antes baseada apenas em seus flagelos singulares, de que os grupos listados anteriormente estão, de fato, intimamente relacionados. Os estudos também confirmaram que esses estramenópilos fotossintetizantes também apresentam correlação importante com vários clados de protistas heterotróficos sem plastídios. Entre esses últimos estão os oomicetos, que serão descritos mais adiante nesse capítulo.

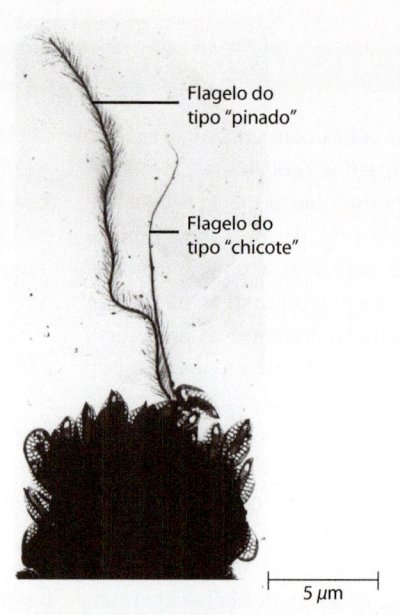

Flagelo do tipo "pinado"

Flagelo do tipo "chicote"

5 µm

15.13 Flagelos dos estramenópilos. A alga clorofícea de água doce *Synura petersenii* tem dois flagelos, um do tipo chicote e outro pinado, que são característicos dos estramenópilos. *Synura* é notória pelo odor e sabor desagradáveis que dá à água onde ela se desenvolve.

Diatomáceas | Classe Bacillariophyceae

As diatomáceas são organismos unicelulares ou coloniais componentes importantíssimos do fitoplâncton (Figura 15.14). Já foi estimado que as diatomáceas sejam responsáveis por até 25% da fixação global de carbono, ou seja, o equivalente a todas as florestas tropicais combinadas. As diatomáceas são, evidentemente, elementos importantes para o bem-estar do nosso planeta. Diatomáceas, especialmente formas bem pequenas, representam a maior biomassa e a maior diversidade de espécies do fitoplâncton em águas polares. Para os animais aquáticos, tanto no mar como em água doce, as diatomáceas constituem a fonte principal de alimento. Espécies como *Thalassiosira pseudonana* são comumente usadas como alimento em cultivos marinhos comerciais (maricultura) de bivalves de valor econômico, como, por exemplo, ostras. As diatomáceas fornecem aos animais carboidratos essenciais, ácidos graxos, esteróis e vitaminas.

Existem 285 gêneros e 10.000 a 12.000 espécies reconhecidas de diatomáceas vivas; todavia, um especialista no assunto acredita que o número real de espécies vivas seja da ordem de milhões. Existem milhares de espécies extintas, conhecidas pelos remanescentes das suas paredes celulares de sílica. Os fósseis de diatomáceas têm cerca de 180 milhões de anos. Tornaram-se abundantes nos registros fósseis de 100 milhões de anos, durante o período Cretáceo. O fato de muitas espécies fósseis serem idênticas a espécies ainda existentes atualmente indica persistência incomum ao longo das eras geológicas.

Mesmo em áreas muito pequenas, o número de diatomáceas pode ser excepcional. Por exemplo, mais de 30 a 50 milhões de indivíduos do gênero de água doce *Achnanthes* podem ser encontrados em um centímetro quadrado de rocha submersa em riachos da América do Norte. Do mesmo modo, muitas espécies podem ocorrer juntas. Em duas pequenas amostras de sedimento marinho coletado próximo a Beaufort, Carolina do Norte (EUA),

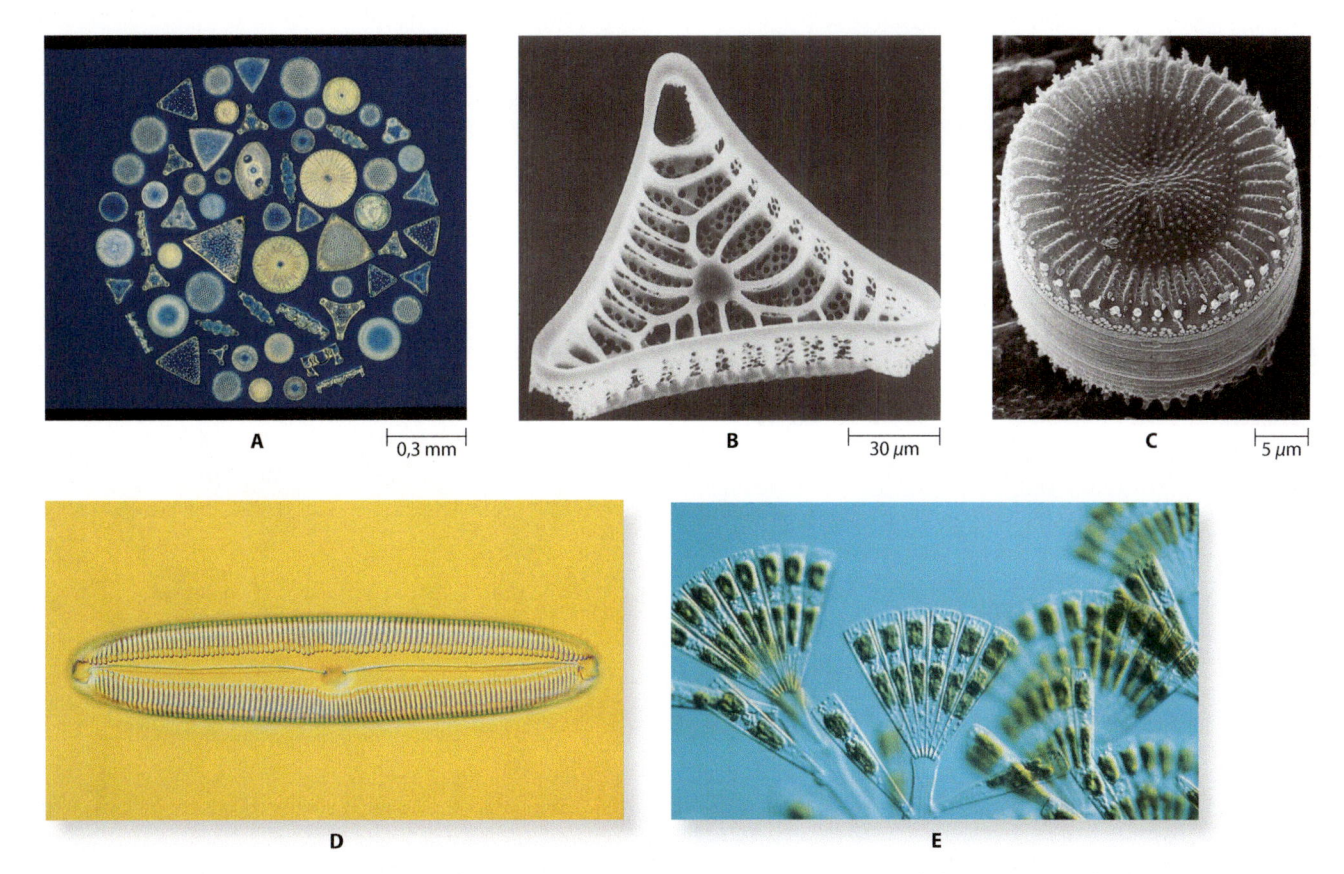

15.14 Diatomáceas. A. Arranjo selecionado de diatomáceas marinhas visto ao microscópio de luz. **B.** Micrografia eletrônica de varredura de uma metade da frústula de *Entogonia*. **C.** Micrografia eletrônica de varredura de *Cyclotella meneghiniana*, uma diatomácea cêntrica que ocorre em água doce e águas salobras. **D.** Microfotografia de *Pinnularia*, uma diatomácea penada, mostrando uma rafe flagrantemente visível. **E.** *Licmophora flabellata*, uma diatomácea penada e pedunculada, em microscopia de luz.

por exemplo, 369 espécies de diatomáceas foram identificadas. A maioria das espécies de diatomáceas ocorre no plâncton, mas muitas outras ocorrem no fundo ou crescem sobre outras algas e plantas submersas.

As paredes das diatomáceas consistem em duas valvas. Uma característica singular das diatomáceas é sua parede celular formada de duas partes. Conhecidas como *frústulas*, as paredes, que são compostas de sílica opalina polimerizada ($SiO_2 \bullet nH_2O$), consistem em duas metades que se sobrepõem. As duas metades se encaixam como uma placa de Petri. A microscopia eletrônica demonstrou que as finas estrias presentes nas frústulas de diatomáceas são de fato formadas por diminutos e intrincados poros, depressões ou canalículos, alguns dos quais conectando o protoplasma com o meio externo (Figura 15.14B, C). As espécies podem ser distinguidas pelas diferenças nas ornamentações da frústula. Na maioria dos casos, as duas metades da frústula têm exatamente a mesma ornamentação, mas, em alguns casos, a ornamentação pode diferir.

Com base na simetria, dois grandes grupos de diatomáceas podem ser reconhecidos: as diatomáceas *penadas*, que são bilateralmente simétricas (Figura 15.14D, E), e as diatomáceas *cêntricas*, que são radialmente simétricas (Figura 15.14C). Diatomáceas cêntricas, que apresentam razão superfície/volume maior que as formas penadas e consequentemente flutuam mais facilmente, são mais abundantes que as diatomáceas penadas em grandes lagos e ambientes marinhos.

As diatomáceas não têm flagelos, exceto em alguns gametas masculinos. Apesar da ausência de flagelos e de outras organelas locomotoras, muitas espécies de diatomáceas penadas e algumas espécies de diatomáceas cêntricas são móveis. Sua locomoção resulta de secreção rigorosamente controlada que é produzida em resposta a uma ampla gama de estímulos químicos e físicos. Todas as diatomáceas penadas parecem apresentar, além de uma ou duas valvas, um sulco delicado denominado *rafe* (Figura 15.14D), que consiste basicamente em um par de poros conectados por uma fenda complexa na parede de silício. As diatomáceas secretam mucilagem pela fenda, possibilitando sua movimentação.

A reprodução das diatomáceas é principalmente assexuada, ocorrendo por divisão celular. Quando a divisão celular ocorre, cada célula-filha recebe uma metade da frústula da célula parental e forma a nova metade (Figura 15.15). Como consequência, uma das duas novas células será morfologicamente menor que a célula parental e, após uma longa série de divisões celulares, o tamanho das diatomáceas na população resultante tende a cair. Em algumas populações de diatomáceas, quando o tamanho diminui até níveis críticos, a reprodução sexual começa a ocorrer. As células que se originam da divisão de um zigoto voltam a ter o tamanho máximo da espécie. Em alguns outros casos, a reprodução sexuada é desencadeada por mudanças nas características físicas do ambiente.

O ciclo sexual das diatomáceas é gamético (ver Figura 12.17B), como aquele de animais e algumas algas marinhas

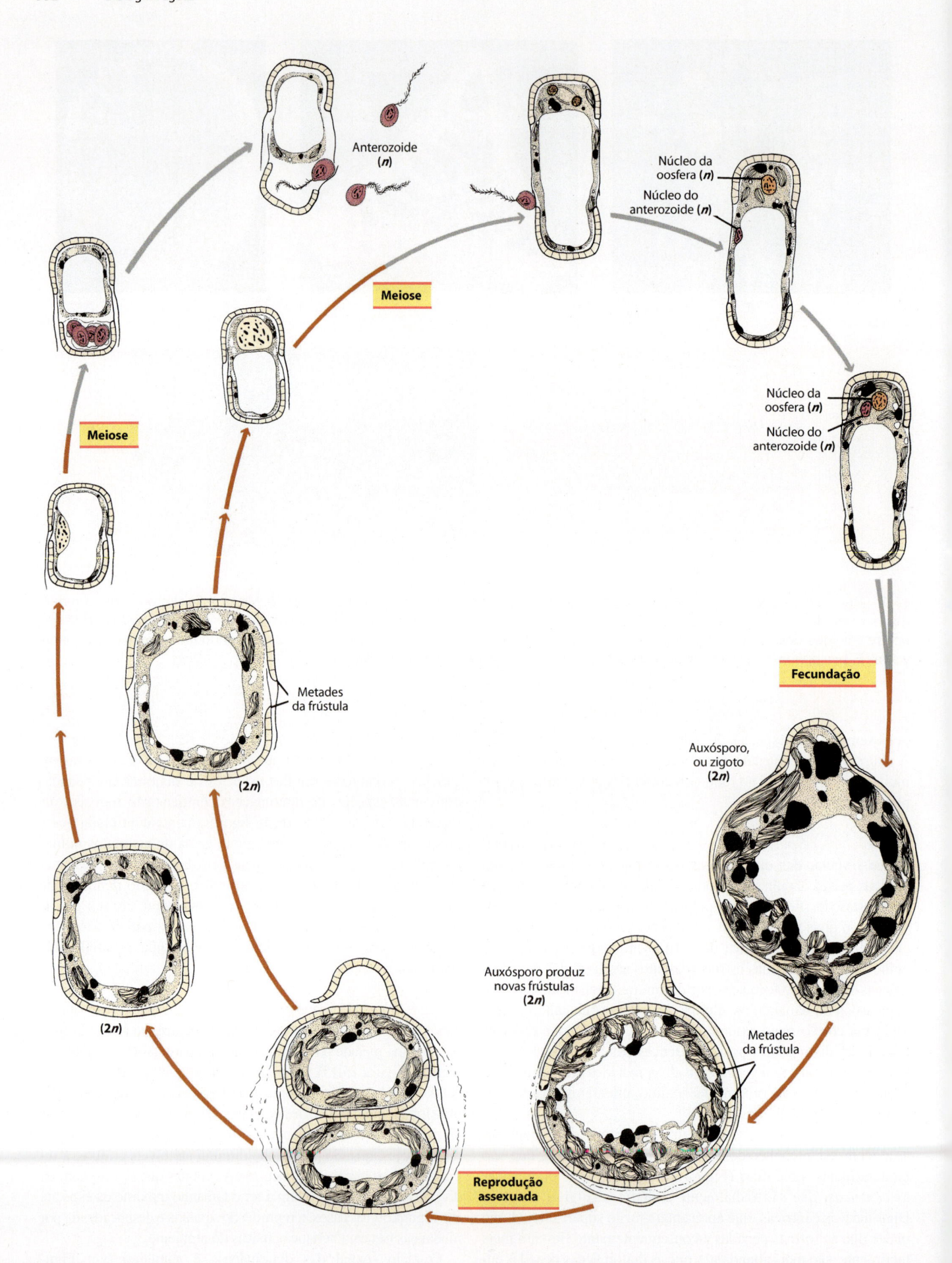

Anterozoide
(*n*)

Núcleo da
oosfera (*n*)

Núcleo do
anterozoide (*n*)

Meiose

Núcleo da
oosfera (*n*)

Núcleo do
anterozoide (*n*)

Meiose

Metades
da frústula

Fecundação

(2*n*)

Auxósporo,
ou zigoto
(2*n*)

(2*n*)

Auxósporo produz
novas frústulas
(2*n*)

Metades
da frústula

**Reprodução
assexuada**

◀ **15.15 Ciclo de vida de uma diatomácea cêntrica.** A reprodução das diatomáceas é geralmente assexuada, ocorrendo por divisão celular. As paredes da célula ou frústulas, em todas as diatomáceas, são formadas por duas peças que se encaixam. Quando a divisão celular ocorre, cada célula-filha (embaixo à esquerda) recebe uma metade da frústula parental (embaixo à direita) e constrói a nova metade da frústula. A valva existente é sempre a maior metade e a nova encaixa-se nela. Assim, uma das células-filhas de cada novo par tende a ser sempre menor que a célula parental da qual foi derivada.

Em algumas espécies, as frústulas são expandidas e intumescidas pelo crescimento do protoplasma. Entretanto, em outras espécies, as frústulas são mais rígidas. Assim, em uma população, a média do tamanho celular decresce ao longo de sucessivas divisões celulares. Quando os indivíduos dessas espécies atingem cerca de 30% do diâmetro máximo, a reprodução sexuada pode ocorrer (no alto). Algumas células exercem a função de gametângios masculinos e cada uma produz gametas por intermédio de meiose. Outras células funcionam como gametângios femininos. Nestes gametângios femininos, dois ou três dos quatro produtos da meiose não são funcionais, de modo que um ou dois gametas femininos (oosferas) são produzidos por célula. Este é um exemplo de meiose gamética. Após a fecundação, o auxósporo resultante ou zigoto expande-se até atingir o tamanho máximo característico da espécie. As paredes formadas pelo auxósporo são frequentemente diferentes daquelas das células de reprodução assexuada, da mesma espécie. Quando maduro, o auxósporo divide-se e produz novas metades de frústulas com ornamentações intrincadas, típicas das células de reprodução assexuada.

pardas e verdes. A reprodução sexuada em diatomáceas cêntricas é *oogâmica*, ou seja, o gameta feminino, representado pela oosfera, é relativamente grande e sem flagelo e o gameta masculino é bem menor e flagelado. Os gametas masculinos, com um único flagelo, são as únicas células flageladas encontradas nas diatomáceas ao longo de todo o seu ciclo de vida. Nas diatomáceas penadas, a reprodução sexuada é *isogâmica*, significando que os gametas são iguais em tamanho e forma; ambos não têm flagelos. Ambos os tipos de reprodução sexuada produzem frústulas vazias, que prontamente sedimentam (*i. e.*, "vão para o fundo"). Pesquisadores observaram que a reprodução sexuada maciça das diatomáceas marinhas pode resultar na formação de camadas de sílica nos sedimentos dos mares do sul.

Condições desfavoráveis, como baixo nível de nutrientes, podem levar as diatomáceas marinhas costeiras ou bentônicas a apresentarem estágios de resistência. As células nesse estágio têm frústulas pesadas, que possibilitam que elas afundem rapidamente, caso ainda não estejam no fundo. Essas células germinarão quando as condições de nutrientes melhorarem. As diatomáceas são geralmente mais abundantes na primavera e no outono, quando ocorre ressurgência nos mares ou mistura da coluna d'água pelo vento em lagos estratificados. Esses processos ressuspendem quantidades suficientes de sílica para o crescimento das diatomáceas. Quando a sílica se esgota, as florações de diatomáceas dão lugar à dominância de outros grupos fitoplanctônicos que não necessitam de sílica. As diatomáceas podem formar florações abaixo da camada de gelo, pois os animais herbívoros não se alimentam ativamente durante a estação fria.

As frústulas de sílica das diatomáceas têm se acumulado durante milhões de anos nos sedimentos oceânicos, formando uma substância fina e porosa conhecida como diatomito. Essa substância é usada como abrasivo para polir prata, como filtro e como material isolante. Nos campos de petróleo em Santa Maria, Califórnia (EUA), há um depósito subterrâneo de diatomito com 900 m de espessura, e, próximo a Lompoc, Califórnia, mais de 270.000 toneladas de diatomito são retiradas anualmente para uso industrial.

A característica mais evidente do protoplasma das diatomáceas é a presença de plastos marrom-dourados que contêm clorofilas *a* e *c*, além de fucoxantina. Geralmente, existem dois grandes plastos nas células das diatomáceas penadas, enquanto as cêntricas possuem numerosos plastos discoides. As substâncias de reserva das diatomáceas incluem lipídios e um polissacarídio solúvel em água, a *crisolaminarina*, estocada em vacúolos. A crisolaminarina é semelhante à laminarina encontrada nas algas pardas.

Embora a maioria das espécies de diatomáceas seja autotrófica, algumas são heterotróficas, absorvendo carbono orgânico dissolvido. Essas espécies heterotróficas são principalmente diatomáceas penadas, que vivem no sedimento de ambientes marinhos rasos. Poucas diatomáceas são heterotróficas obrigatórias. Elas não têm clorofila e, portanto, não podem produzir sua própria substância de reserva por meio da fotossíntese. Por outro lado, algumas diatomáceas não apresentam frústulas características e vivem simbioticamente dentro de grandes protozoários marinhos (ordem Foraminifera), fornecendo carbono orgânico a seus hospedeiros. Certas diatomáceas estão associadas à produção de ácido domoico (neurotoxina), que causa uma condição denominada intoxicação amnésica por mariscos, que pode resultar em perda da memória permanente ou fugaz ou até mesmo morte em seres humanos.

Algas douradas | Classe Chrysophyceae

As algas douradas ou crisofíceas são, basicamente, organismos unicelulares ou coloniais abundantes em *habitats* de água doce em todo o planeta. Também são conhecidos representantes marinhos. Existem poucas formas plasmodiais, filamentosas e parenquimatosas, e cerca de 1.000 espécies são conhecidas. Algumas crisofíceas são incolores, enquanto outras têm clorofila *a* e *c*, cuja cor é bastante mascarada pela abundância de fucoxantina. A cor dourada da fucoxantina deu origem ao nome "crisófita" (do grego *chrysos*, "ouro" e *phyton*, "planta"). Uma célula individual pigmentada contém, geralmente, um ou dois cloroplastos grandes. Como nas diatomáceas, o carboidrato de reserva é a crisolaminarina. Ela é geralmente armazenada em um vacúolo encontrado na parte posterior da célula.

Diversas crisofíceas são conhecidas por ingerirem bactérias e outras partículas orgânicas. Cada célula pigmentada e flagelada da colônia da crisófita de água doce *Dinobryon* pode consumir cerca de 36 bactérias por hora (Figura 15.16A). *Dinobryon* e outras crisofíceas relacionadas são os maiores consumidores de bactérias em alguns lagos mais frios da América do Norte. *Poterioochromonas* pode ingerir células de algas flageladas duas a três vezes maiores que o seu próprio diâmetro. Seu volume celular pode expandir-se até 30 vezes para acomodar o alimento ingerido. *Uroglena americana*, outra espécie aparentada, parece necessitar de alimento proveniente de predação para se abastecer de um fosfolipídio essencial. Essas crisófitas consumidoras de partículas podem ser os componentes dominantes do fitoplâncton em lagos temperados com baixas concentrações de

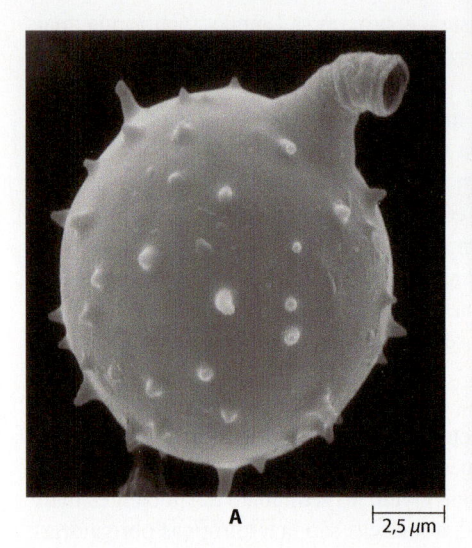

A   2,5 μm   B   5 μm

15.16 Crisófitas representativas.
A. Micrografia eletrônica de varredura de um cisto de resistência maduro de *Dinobryon cylindricum*. Um tubo cilíndrico, em forma de gancho, contém o poro, através do qual a célula ameboide emerge quando está pronta para germinar. Os espinhos superficiais representam ornamentações. **B.** Micrografia eletrônica de varredura de escamas de sílica e flagelos das células de uma colônia de *Synura*. As escamas sobrepostas são organizadas em fileiras espiraladas, em um padrão muito regular.

nutrientes (oligotróficos). A capacidade de consumir partículas de alimento fornece vantagem competitiva em tais condições de escassez de nutrientes.

Algumas crisofíceas têm paredes constituídas de fibrilas celulósicas interligadas que podem estar impregnadas por minerais. Outras não têm paredes e se parecem muito mais com amebas providas de plasto. Os membros de um grupo conhecido como sinurófitas, ao qual pertence o gênero colonial móvel *Synura* (Figura 15.16B), são cobertos com escamas entrelaçadas e ornamentadas com sílica. As escamas são produzidas em vesículas dentro das células e, posteriormente, transportadas para o exterior. A presença de um envoltório com escamas impede que estas algas englobem partículas. Em lagos ácidos e frios, as escamas das crisofíceas podem permanecer no sedimento e constituir informações úteis sobre *habitats* do passado.

Na maioria das crisofíceas, a reprodução é assexuada e envolve a formação de zoósporos. A reprodução sexuada é conhecida para algumas espécies. Cistos de resistência característicos são comumente formados no final da fase de crescimento. Às vezes, os cistos são resultantes de reprodução sexuada. Em alguns grupos, os cistos têm sílica e, como as escamas silicosas, podem fornecer importantes informações sobre as condições ecológicas do passado.

Algumas crisofíceas de água doce podem também formar florações que são indesejáveis por produzirem gosto e odor desagradáveis em águas de abastecimento, surgidos em virtude da excreção de compostos orgânicos.

Algas verde-amarelas | Classe Xanthophyceae

As algas verde-amarelas (xantofíceas) são predominantemente organismos sem mobilidade, embora algumas sejam ameboides ou flageladas, assim como seus gametas e zoósporos. Existem aproximadamente 600 espécies de algas xantofíceas, encontradas basicamente em água doce ou solo. Seus plastídios contêm clorofilas *a* e *c* e carotenoides, mas não apresentam o pigmento acessório fucoxantina. A ausência de fucoxantina é responsável pelo aspecto amarelo-verde dos cloroplastos. O principal produto de depósito é óleo, que é encontrado na forma de gotículas no citosol. As paredes celulares são constituídas basicamente por celulose, eventualmente com sílica associada.

Uma das algas xantofíceas mais conhecida é *Vaucheria*. Trata-se de uma alga filamentosa e pouco ramificada que é cenocítica, com múltiplos núcleos que não são separados por paredes celulares. *Vaucheria* apresenta reprodução sexuada (pela formação de grandes zoósporos multiflagelados compostos) e sexuada por oogamia (Figura 15.17). Essa alga é encontrada em água doce, água salobra e águas marinhas. Com frequência é encontrada em lama que alternadamente está imersa em água e exposta ao ar.

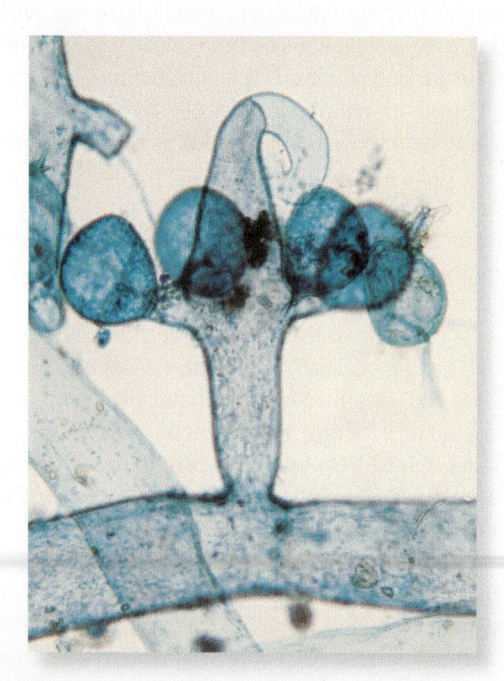

15.17 *Vaucheria*. Esse membro filamentoso e cenocítico da classe Xanthophyceae é oogâmico, produzindo oogônios (esferas azuis) e anterídios. O anterídio aqui mostrado está vazio.

Algas pardas | Classe Phaeophyceae

As algas pardas, um grupo quase totalmente marinho, incluem as algas marinhas bentônicas mais conspícuas das águas temperadas, boreais e polares. Apesar de haver somente cerca de 1.500 espécies, as algas pardas dominam as praias rochosas ao longo das regiões mais frias do globo (Figura 15.18). Muitas pessoas já observaram costões rochosos cobertos por algas pardas, membros da ordem Fucales. As maiores algas pardas, da ordem Laminariales, algumas das quais formam bancos extensos a pouca distância da costa, são chamadas *kelps*. Em águas claras, as algas pardas ocorrem desde o nível da maré baixa até a uma profundidade de 20 a 30 m. É digno de nota que bancos tropicais de *kelp* foram encontrados no oceano próximo às ilhas Galápagos em uma profundidade de aproximadamente 60 m. Em costões com declividade suave, os bancos de *kelp* podem estender-se por 5 a 10 km da costa.

Um membro da ordem Fucales, o *Sargassum*, forma imensas massas flutuantes no Mar dos Sargaços (assim denominado devi-do à abundância de *Sargassum*), no Oceano Atlântico, a nordeste do Caribe (Figura 15.19). *Sargassum muticum* e algumas outras algas pardas podem produzir crescimentos indesejáveis quando introduzidas em áreas não nativas, podendo interferir seriamente em atividades de maricultura comercial. *Sargassum* pode também competir e substituir membros de Laminariales e Fucales que, em suas comunidades, são considerados espécies-chave ou essenciais.

A forma básica de uma alga parda é o talo. Apesar de ser um grupo monofilético, as algas pardas variam em tamanho, desde formas microscópicas até macroalgas, como os *kelps*, os quais têm 60 m de comprimento e pesam mais de 300 kg. A forma básica de uma alga parda é o *talo*, um corpo vegetativo simples, relativamente indiferenciado. Os talos variam em complexidade desde filamentos simples ramificados, como em *Ectocarpus* (Figura 15.20), até agregações de filamentos ramificados que são chamados pseudoparênquimas, pois se parecem com tecidos

A

B

C

15.18 Algas pardas. A. O *kelp Durvillaea antarctica* exposto durante a maré baixa na costa acidentada de South Island, Nova Zelândia. **B.** Detalhe do *kelp Laminaria*, mostrando apressórios, estipes e as bases de diversas frondes. **C.** *Fucus vesiculosus* cobre densamente as praias rochosas, que ficam expostas na maré baixa. Quando submersas, as vesículas de ar das algas elevam as lâminas em direção à luz. As taxas fotossintéticas de algas marinhas frequentemente expostas são de uma a sete vezes maiores no ar do que na água, enquanto as taxas são maiores na água para aquelas raramente expostas. Essa diferença explica, em parte, a distribuição vertical das algas nas regiões entremarés.

15.19 Sargassum. A. A alga parda *Sargassum* apresenta um padrão complexo de organização. Membro da ordem Fucales, *Sargassum* tem um ciclo de vida semelhante ao de *Fucus* (Figura 15.23). **B.** Duas espécies desse gênero formam as imensas massas flutuantes do Mar dos Sargassos.

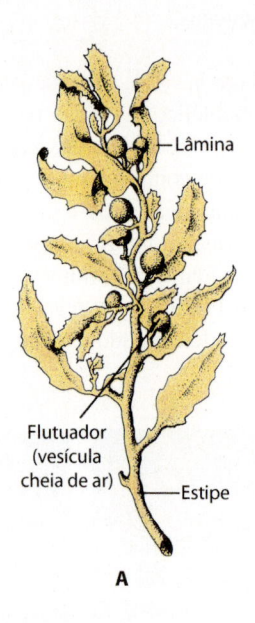

Lâmina

Flutuador
(vesícula
cheia de ar)

Estipe

A

B

verdadeiros, os parênquimas autênticos que são encontrados em *Macrocystis* (Figura 15.21). Assim como em certas algas verdes e em plantas, células adjacentes são tipicamente ligadas por plasmodesmos. Ao contrário dos plasmodesmos das plantas, os das algas pardas não parecem ter desmotúbulos conectando o retículo endoplasmático de células adjacentes (ver Figura 4.18).

O pigmento fucoxantina dá às algas pardas sua cor característica.

As células das algas pardas contêm tipicamente numerosos plastídios discoides marrom-dourados que são similares tanto bioquímica quanto estruturalmente aos plastídios de crisofíceas e diatomáceas, com as quais elas têm, provavelmente, uma origem comum. Além das clorofilas *a* e *c*, os cloroplastos das algas pardas também contêm vários carotenoides, incluindo uma grande quantidade de fucoxantina, que dá aos membros dessa classe sua cor característica marrom-escura ou verde-oliva. O material de reserva nas algas pardas é o carboidrato *laminarina*, o qual fica armazenado em vacúolos. As análises moleculares sugerem que existem duas linhas ancestrais principais de algas pardas: aquelas com pirenoides produtores de amido nos seus plastídios, incluindo *Ectocarpus* (Figura 15.20), e aquelas sem pirenoides, tais como *Laminaria* e seus aparentados. Esses dois grupos também diferem, de modo evidente, na estrutura do seu anterozoide.

As Laminariales e as Fucales têm os talos mais diferenciados.

Os talos dos *kelps* grandes, tais como *Laminaria*, estão diferenciados em regiões denominadas *apressório*, *estipe* e *lâmina*, com uma região meristemática localizada entre a lâmina e o estipe (Figura 15.18B). O padrão de crescimento, resultante desse tipo de atividade meristemática, é particularmente importante no uso comercial de *Macrocystis*, que é colhido ao longo da costa da Califórnia (EUA). Quando as lâminas mais velhas de *Macrocystis* são cortadas na superfície pelos barcos coletores de *kelps*, elas são capazes de se regenerar. Os *kelps* gigantes, tais como *Macrocystis* e *Nereocystis*, podem ter mais de 60 m de comprimento. Eles crescem muito rapidamente, de modo que uma quantidade considerável de material fica disponível para a coleta. Um dos mais importantes produtos derivados de *kelps* é um material intercelular mucilaginoso chamado *alginato*, o qual é importante como estabilizante e emulsificante de alguns alimentos e tintas e como revestimento de papel. O alginato, com a celulose das camadas da parede celular mais interna, fornece a flexibilidade e a resistência que permite às macroalgas suportar estresses mecânicos impostos por ondas e correntes. O alginato também ajuda a reduzir a dessecação quando as algas estão expostas na maré baixa, e aumenta a flutuação e ajuda a desprender os organismos que tentam colonizar as lâminas da alga.

A estrutura interna dos *kelps* é complexa. Alguns apresentam, no centro do estipe, células alongadas que são modificadas para a condução de substâncias nutritivas. Estas células assemelham-se àquelas condutoras de seiva elaborada no floema de plantas vasculares, inclusive com a presença de placas crivadas (Figura 15.21B). As células podem conduzir o material alimentar rapidamente – a velocidade é bastante alta, chegando a 60 cm/h – das lâminas na superfície da água até as regiões do estipe e do apressório pobremente iluminadas, bem mais abaixo. A translocação lateral, das camadas fotossintéticas mais externas para as células mais internas, ocorre em muitos *kelps* relativamente espessos. O *manitol* é o carboidrato principal que é translocado junto com os aminoácidos.

O *Fucus* (Figura 15.18C) é uma alga parda ramificada dicotomicamente, que apresenta *vesículas de ar* próximo às extremidades de suas lâminas. O padrão de diferenciação de *Fucus*, porém, assemelha-se àquele dos *kelps*. O gênero *Sargassum* (Figura 15.19)

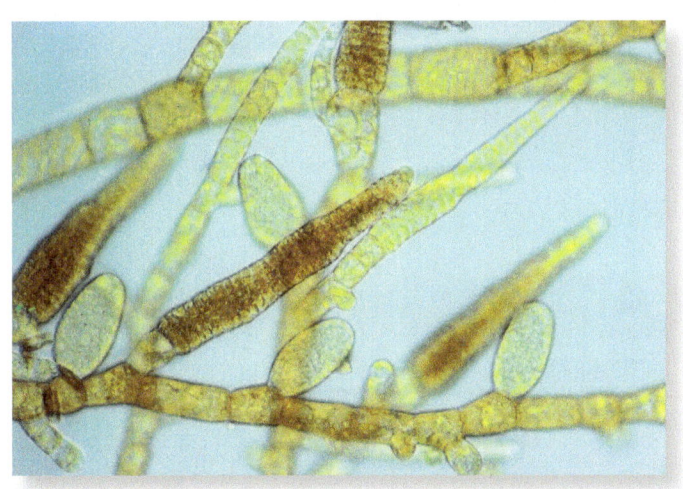

15.20 *Ectocarpus.* A alga parda *Ectocarpus* tem filamentos simples ramificados. Esta fotomicrografia de *Ectocarpus siliculosus* mostra esporângios uniloculares (as estruturas claras, pequenas e arredondadas) e esporângios pluriloculares (as estruturas escuras e mais longas), os quais crescem sobre os esporófitos. A meiose, que resulta em zoósporos haploides, ocorre dentro dos esporângios uniloculares. Os zoósporos diploides são formados nos esporângios pluriloculares. *Ectocarpus* ocorre em águas rasas e estuários de todo o mundo, desde as águas frias do Ártico e do Antártico até os trópicos.

é aparentado com *Fucus.* Algumas espécies de *Sargassum* permanecem fixas, enquanto em outras espécies, nas quais os apressórios foram perdidos, os indivíduos formam massas flutuantes. Ambas as formas ocorrem em algumas espécies. *Fucus, Sargassum* e algumas outras algas pardas crescem por meio de divisões sucessivas, a partir de uma única célula apical, não de um meristema intercalar localizado dentro do talo, como é característico dos *kelps.*

O ciclo de vida da maioria das algas pardas envolve meiose espórica. Para a maioria das algas pardas, o ciclo de vida apresenta alternância de gerações e, consequentemente, meiose espórica (ver Figura 12.17C). Os gametófitos das algas pardas mais primitivas, tais como *Ectocarpus*, produzem estruturas reprodutivas multicelulares chamadas *gametângios pluriloculares.* Esses podem funcionar como gametângios masculinos ou femininos, ou podem produzir esporos haploides flagelados, que dão origem a novos gametófitos. Os esporófitos diploides produzem tanto *esporângios pluriloculares* quanto *uniloculares* (Figura 15.20). Os esporângios pluriloculares formam zoósporos diploides, que dão origem a novos esporófitos. A meiose ocorre dentro dos esporângios uniloculares, produzindo zoósporos haploides que germinam para produzir gametófitos. Os esporângios uniloculares, bem como os alginatos e os plasmodesmos, são caracteres distintivos das algas pardas.

Em *Ectocarpus*, o gametófito e o esporófito são similares em tamanho e aparência (isomórficos). Entretanto, muitas das maiores algas pardas, incluindo os *kelps*, passam por uma alternância de gerações heteromórficas – um esporófito grande e um gametófito microscópico, como ocorre em *Laminaria*, um *kelp* comum (Figura 15.22). Em *Laminaria*, os esporângios uniloculares são produzidos na superfície das lâminas maduras. A metade dos zoósporos produzidos nos esporângios tem o potencial de se desenvolver em gametófitos masculinos, e a outra metade, em gametófitos femininos. De acordo com uma hipótese, os gametângios pluriloculares originados nesses gametófitos modificaram-se, durante o curso da evolução, em anterídios unicelulares e oogônios unicelulares. Cada anterídio libera um único anterozoide e cada oogônio contém uma única oosfera. A oosfera fertilizada, em *Laminaria*, permanece fixa ao gametófito feminino e se desenvolve em um novo esporófito. Em diversos gêneros de algas pardas, os gametas femininos atraem os gametas masculinos por meio de compostos orgânicos.

Fucus e seus aparentados mais próximos apresentam um ciclo de vida gamético (Figura 15.23), assim como as diatomáceas e certas macroalgas verdes. O entendimento das pressões evolutivas que estimularam a origem de um ciclo de vida gamético

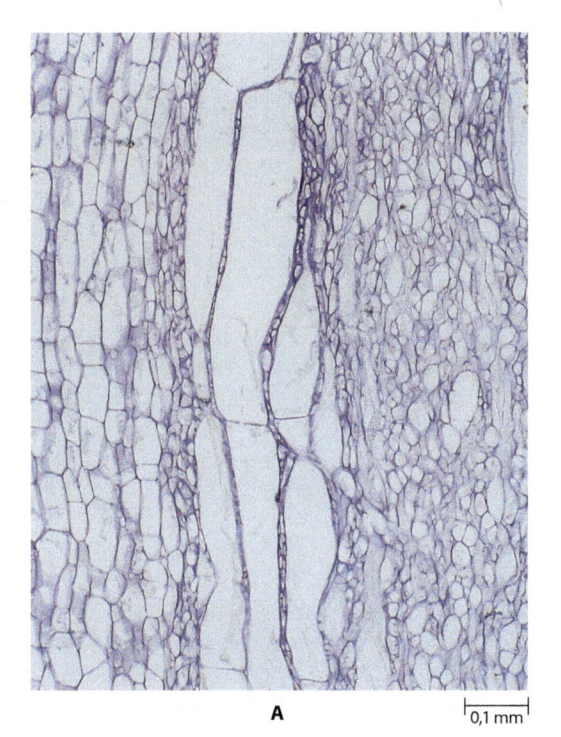

A |— 0,1 mm —|

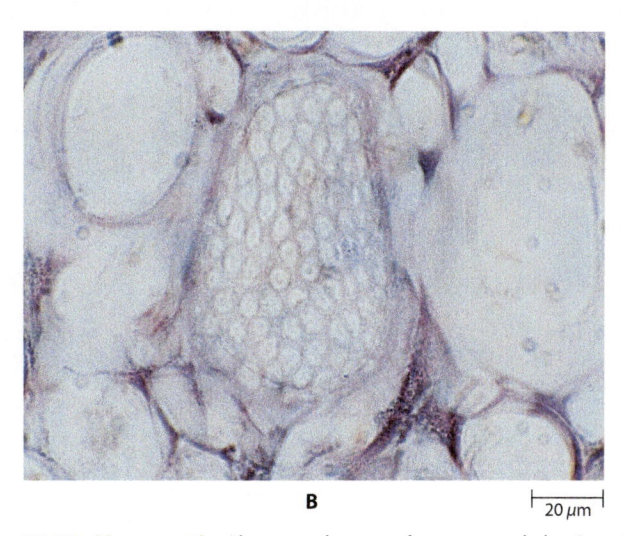

B |— 20 μm —|

15.21 *Macrocystis.* Algumas algas pardas, como o *kelp* gigante *Macrocystis integrifolia*, desenvolveram tubos crivados comparáveis àqueles encontrados no floema, tecidos condutores de seiva elaborada das plantas vasculares. **A.** Corte longitudinal de parte de um estipe com tubos crivados, que são os elementos relativamente largos no centro da fotomicrografia. Os componentes dos tubos crivados estão ligados extremidade a extremidade pelas placas crivadas, as quais aparecem aqui como paredes transversais estreitas. **B.** Corte transversal mostrando uma placa crivada.

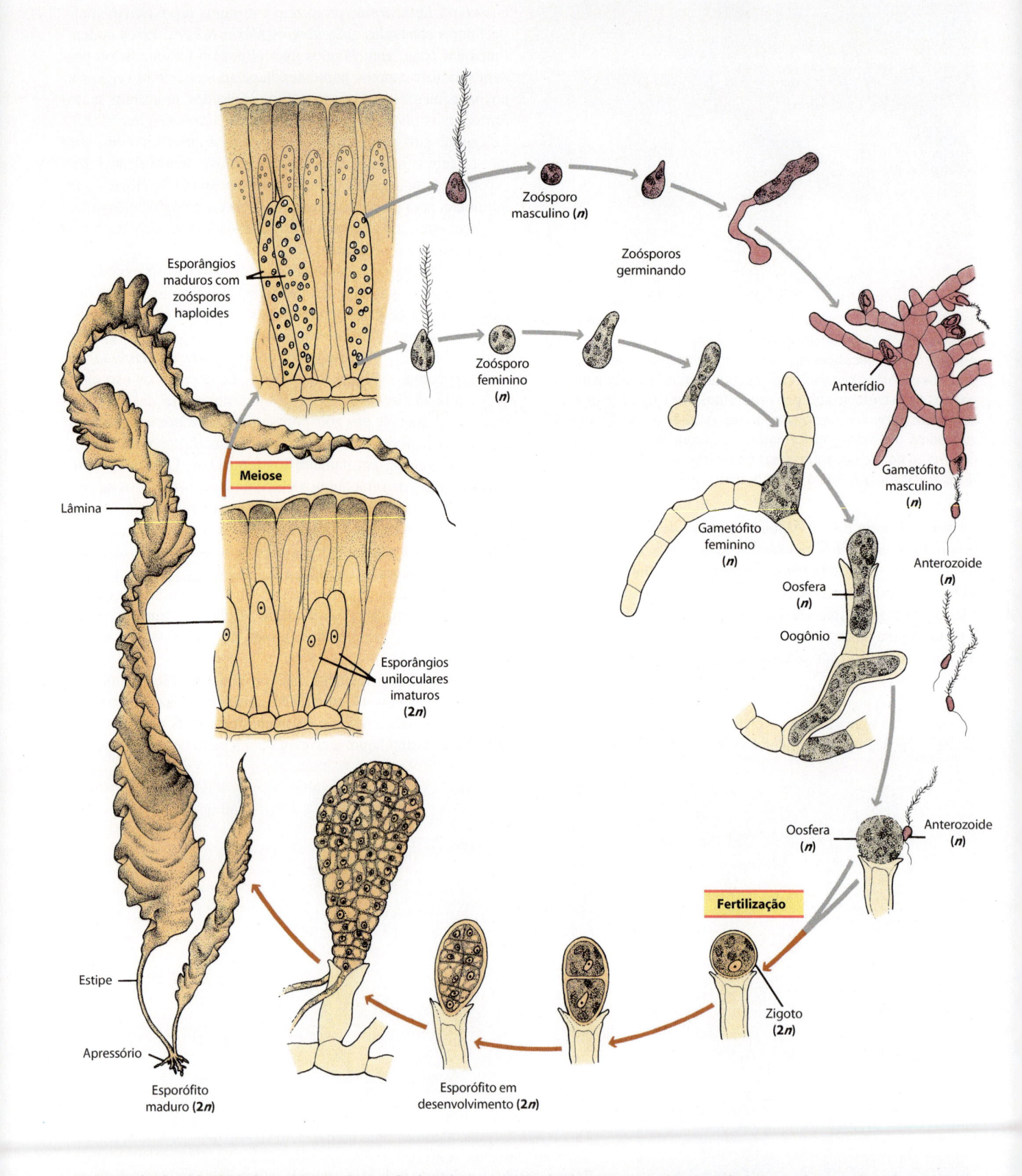

15.22 Ciclo de vida do *kelp Laminaria*. Este ciclo de vida é um exemplo de meiose espórica ou alternância de gerações. Como muitas das algas pardas, *Laminaria* apresenta uma alternância de gerações heteromórficas, na qual o esporófito é conspícuo. Zoósporos haploides e móveis são produzidos nos esporângios após a meiose (no alto, à esquerda). A partir desses zoósporos, desenvolvem-se os gametófitos filamentosos microscópicos que, por sua vez, produzem anterozoides móveis e oosferas imóveis. Em algumas outras algas pardas, o esporófito e o gametófito são semelhantes; eles apresentam alternância de gerações isomórficas.

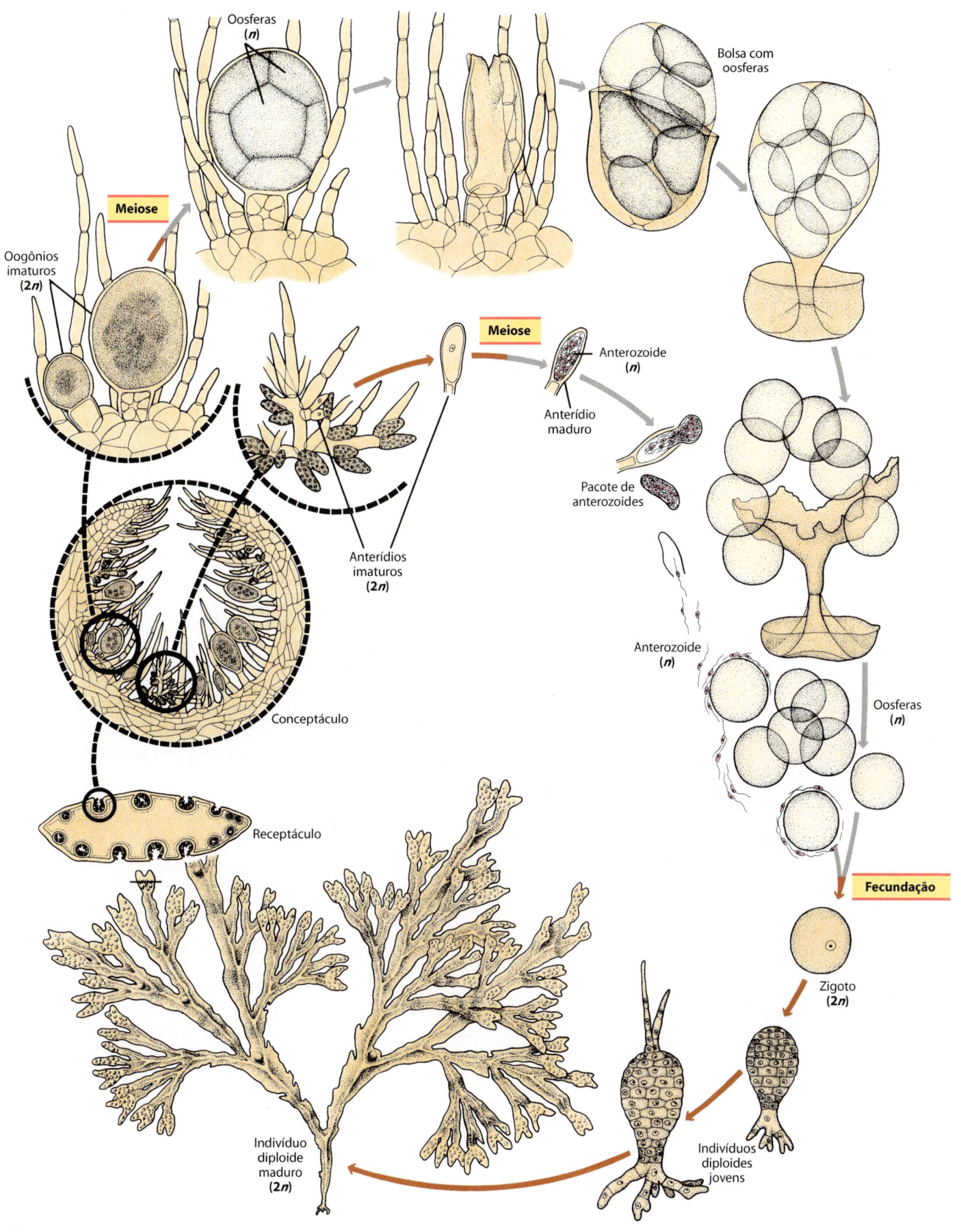

15.23 Ciclo de vida de *Fucus*. Em *Fucus*, os gametângios são formados em câmaras ocas especializadas conhecidas como conceptáculos, que se localizam em áreas férteis chamadas receptáculos, nas extremidades dos ramos de indivíduos diploides (embaixo, à esquerda). Há dois tipos de gametângios: oogônios e anterídios. A meiose é seguida imediatamente por mitose para dar origem a 8 oosferas por oogônio e 64 anterozoides por anterídio. Ao final, as oosferas e os anterozoides são liberados na água, onde acontece a fecundação. A meiose é gamética e o zigoto se desenvolve diretamente no novo indivíduo diploide.

nesses protistas pode elucidar o aparecimento precoce do ciclo de vida gamético em nossa própria linhagem dos metazoários (do grego *meta*, "entre" e *zoion*, "animal").

Algumas macroalgas pardas, incluindo *Fucus*, podem conter grandes somas de compostos fenólicos que evitam os herbívoros. Outras ainda tendem a produzir terpenos com o mesmo propósito (Capítulo 2). Em alguns casos, esses compostos também têm atividade antimicrobiana ou antitumoral, incitando investigações de seu uso potencial em medicina humana.

Algas vermelhas | Filo Rhodophyta

As algas vermelhas são particularmente abundantes em águas tropicais e quentes, apesar de muitas serem encontradas em regiões mais frias do mundo. Existem cerca de 6.000 espécies conhecidas, com aproximadamente 500 a 600 gêneros, dentre os quais poucos são unicelulares – tais como *Cyanidium*, um dos únicos organismos capazes de crescer em fontes termais ácidas – ou filamentosos microscópicos. A maioria das algas vermelhas é estruturalmente mais complexa, correspondendo às algas marinhas bentônicas macroscópicas. Pouco mais de 100 espécies diferentes de algas vermelhas são encontradas em ambientes de água doce (Figura 15.24), mas no mar, o número de espécies é muito maior do que a combinação de todos os outros tipos de algas marinhas bentônicas (Figura 15.25). As algas vermelhas crescem geralmente fixas às rochas ou a outras algas, mas existem algumas poucas formas flutuantes.

Os cloroplastos das algas vermelhas contêm ficobilinas, que mascaram a cor da clorofila *a* e dão a estas algas sua cor característica. Esses pigmentos são particularmente bem adaptados à absorção da luz verde e azul-esverdeada que penetra nas águas profundas, onde as algas vermelhas estão bem represen-

tadas. Bioquímica e estruturalmente, os cloroplastos das algas vermelhas assemelham-se aos das cianobactérias das quais elas certamente derivaram, diretamente, após uma endossimbiose. Algumas algas vermelhas perderam a maior parte ou todos os pigmentos e crescem como parasitos sobre outras algas vermelhas. Os cloroplastos de poucas algas vermelhas primitivas apresentam pirenoides formadores de amido, mas parece que os pirenoides foram perdidos antes da origem das formas mais complexas.

As células das algas vermelhas apresentam algumas características únicas

As algas vermelhas são peculiares entre as algas e únicas entre os filos das algas por não apresentarem centríolos nem células flageladas. Parece que os seus ancestrais tinham centríolos e que sua perda resultou da perda de função dos genes necessários para sua síntese. No lugar dos centríolos, observados em muitos outros eucariotos, as algas vermelhas têm centros de organização de microtúbulos chamados *anéis polares*. Os principais produtos de reserva das algas vermelhas são os grânulos de *amido das florídeas*, que estão armazenados no citoplasma. O amido das florídeas, uma molécula única que se assemelha à porção de amilopectina do amido, é na verdade mais semelhante ao glicogênio do que ao amido (Capítulo 2).

As paredes celulares da maioria das algas vermelhas são constituídas por uma rede frouxa de microfibrilas de celulose embebidas em uma mistura amorfa, semelhante a um gel, de mucilagens e polímeros sulfatados de galactano. Os poligalactanos sulfatados são os principais componentes do comercialmente valioso *ágar* e *carragenanos* (ver Quadro "Algas e Atividades Humanas"). É o componente mucilaginoso que confere às algas vermelhas a textura deslizante características deste grupo. A produção contínua e a troca da mucilagem auxiliam as algas a desfazer-se de outros organismos que poderiam colonizar sua superfície e reduzir sua exposição à luz.

Além disso, certas algas vermelhas depositam carbonato de cálcio em suas paredes celulares. A função da calcificação nas algas é incerta. Uma hipótese é de que a calcificação auxiliaria a alga a obter dióxido de carbono da água para a fotossíntese. Muitas das algas vermelhas calcificadas são especialmente resistentes e duras, e elas constituem a família Corallinaceae, as *algas coralináceas*. A calcificação explica a ocorrência de prováveis fósseis de algas coralináceas, que têm mais de 700 milhões de anos de idade. As algas coralináceas são comuns em todos os oceanos do mundo, crescendo sobre superfícies estáveis que recebem luz suficiente, incluindo rochas do leito oceânico de 268 m de profundidade (Figura 15.26). Outros *habitats* incluem as rochas da região de marés, nas quais as algas coralináceas articuladas crescem (Figura 15.25B), e as superfícies de arrebentação direcionadas à costa dos recifes de corais, onde as algas coralináceas incrustantes (crostosas) (Figura 15.25C) auxiliam a estabilizar a estrutura dos recifes. Amplas áreas de diversos recifes de corais em todo o mundo devem sua sobrevivência, em parte, à força arquitetural conferida pelas algas coralináceas. Recentemente, a bactéria laranja-brilhante que causa a doença letal das algas coralináceas foi espalhada por todo o Pacífico Sul, causando perigo a milhares de quilômetros de recifes.

Recentemente, quantidades relativamente pequenas de lignina foram detectadas em paredes celulares secundárias da alga coralina *Calliarthron cheilosporioides*. A lignina é mais abun-

15.24 Alga vermelha de água doce. *Batrachospermum* sp., uma alga vermelha simples e filamentosa. Os eixos ramificados, gelatinosos e moles dessa alga vermelha são frequentemente encontrados em riachos, tanques e lagos frios do mundo inteiro.

15.25 Algas vermelhas marinhas. A. Em *Bonnemaisonia hamifera* é bastante evidente a estrutura filamentosa básica das algas vermelhas. Os filamentos ramificados apresentam forma de ganchos, que se prendem a outras algas. **B.** Algas coralináceas articuladas em uma poça de maré na Califórnia (EUA). **C.** *Porolithon craspedium*, alga vermelha coralinácea, crostosa, estabilizando os recifes. **D.** *Chondrus crispus*, conhecida como musgo-irlandês, uma importante fonte de carragenano.

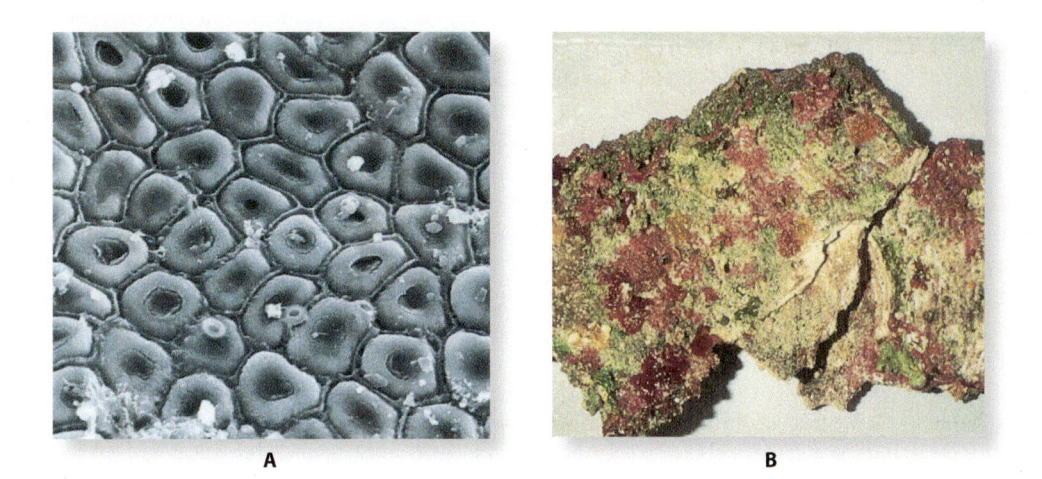

15.26 Algas coralináceas. A. Micrografia eletrônica de varredura de uma espécie não identificada de alga vermelha crostosa, encontrada a uma profundidade de 268 m, em uma elevação oceânica nas Bahamas, aproximadamente 100 m abaixo dos limites inferiores estabelecidos para a ocorrência de qualquer outro organismo fotossintetizante. Nessa profundidade, a intensidade luminosa foi estimada em 0,0005% do seu valor na superfície oceânica. A alga forma manchas de aproximadamente 1 m, cobrindo cerca de 10% da superfície rochosa. Quando testada no laboratório, essa espécie foi 100 vezes mais eficiente do que espécies aparentadas que vivem em ambientes de águas rasas em capturar e utilizar a energia luminosa. **B.** Algas coralináceas crostosas de cor purpúrea da mesma elevação oceânica.

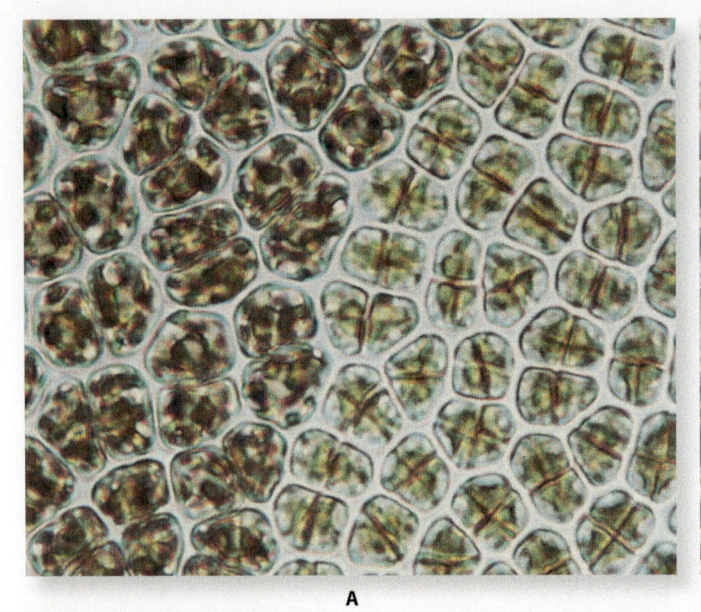

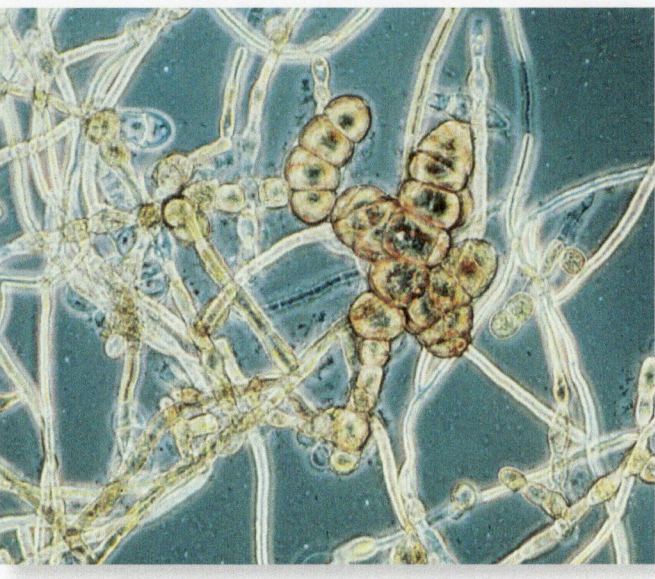

A   **B**

15.27 *Porphyra nereocystis.* O histórico de vida desta alga vermelha inclui fases em forma de lâmina e filamentosa. **A.** A fase em forma de lâmina, que corresponde ao gametófito, produz gametângios femininos, chamados carpogônios (agregados de células avermelhadas à esquerda), e gametângios masculinos, chamados espermatângios (agregados de células à direita). **B.** Após a fecundação, os carpósporos diploides originam um sistema de filamentos ramificados. A meiose ocorre durante a germinação dos esporos (concósporos) produzidos pela fase filamentosa. Essas células haploides crescem originando o gametófito com forma de lâmina.

dante nos segmentos não calcificados, que são as partes que sofrem maior estresse mecânico da alga. Já se acreditou que a lignina verdadeira, que adiciona rigidez às paredes celulares, só ocorresse em plantas vasculares. Segundo uma hipótese, a via molecular que produz lignina surgiu muito antes de as plantas terrestres terem evoluído a partir das algas verdes. Essa via evoluiu independentemente mais de uma vez – um caso de evolução paralela ou convergente.

Muitas espécies de algas vermelhas produzem terpenoides tóxicos raros (Capítulo 2), que podem ajudar a afastar os herbívoros. Alguns desses terpenoides das algas vermelhas apresentam atividades antitumorais e estão sendo atualmente testados como possíveis fármacos anticancerígenos.

Poucos gêneros, tais como *Porphyra*, têm células justapostas formando lâminas de uma ou duas camadas (Figura 15.27). Entretanto, a maioria das algas vermelhas é composta de filamentos que, frequentemente, estão densamente entrelaçados e unidos por uma camada mucilaginosa que apresenta consistência bem firme. O crescimento nas algas vermelhas filamentosas é iniciado por uma única célula apical com forma de domo que se divide, produzindo segmentos em sequências para formar um eixo. Esse eixo, por sua vez, forma verticilos de ramos laterais. Na maioria das algas vermelhas, as células são interconectadas por *ligações celulares primárias* ou conexões celulares primárias (Figura 15.28), que se desenvolvem na citocinese. Muitas algas vermelhas são multiaxiais – isto é, constituídas de vários filamentos coesos formando um corpo tridimensional. Em tais formas, os filamentos estão interconectados pela formação de *ligações celulares secundárias*. Essas ligações formam-se entre as células de diferentes filamentos quando estes filamentos entram em contato um com o outro.

As algas vermelhas têm históricos de vida complexos

Muitas espécies de algas vermelhas reproduzem-se assexuadamente por liberação de esporos, chamados *monósporos*, na água

do mar. Quando as condições são favoráveis, os monósporos podem fixar-se ao substrato. Mediante repetidas mitoses, é produzida uma nova alga similar à planta-mãe produtora de monósporos. A reprodução sexuada também ocorre amplamente entre as algas vermelhas multicelulares e pode envolver históricos de vida muito complexos.

O tipo mais simples de histórico de vida das algas vermelhas envolve uma alternância de gerações entre duas formas multicelulares e separadas da mesma espécie – uma haploide produtora de gametas, o *gametófito*, e uma diploide produtora de esporos, o *esporófito*. O gametófito produz *espermatângios*, estruturas que originam e liberam os *espermácios* não móveis, ou gametas masculinos, que são levados até os gametas femininos pelas correntes de água. O gameta feminino, ou oosfera, é a parte inferior que contém o núcleo de uma estrutura conhecida como *carpogônio*, que se origina no mesmo gametófito, como os espermatângios, e permanece fixo a ele. O carpogônio desenvolve uma estrutura, o *tricogine*, para receber os espermácios. Quando um espermácio entra em contato com o tricogine, as duas células se fundem. O núcleo masculino migra para a parte inferior do tricogine em direção ao núcleo feminino, fundindo-se a ele. O zigoto diploide resultante produz poucos *carpósporos* diploides, que são liberados na água pelo gametófito genitor. Quando sobrevivem, os carpósporos fixam-se a uma superfície e desenvolvem-se em esporófito, que produz esporos haploides através da meiose espórica. Quando esses esporos haploides sobrevivem, eles se fixam a uma superfície e desenvolvem gametófitos, completando, então, o ciclo de vida.

Os especialistas acreditam que as algas vermelhas adquiriram uma alternância de duas gerações multicelulares no início da sua história evolutiva, como uma resposta adaptativa à ausência de gametas masculinos flagelados. Os gametas masculinos não flagelados não podem nadar em direção aos gametas femininos, como fazem os gametas masculinos flagelados de outros protistas, animais e algumas plantas. Por esta razão, a fecundação

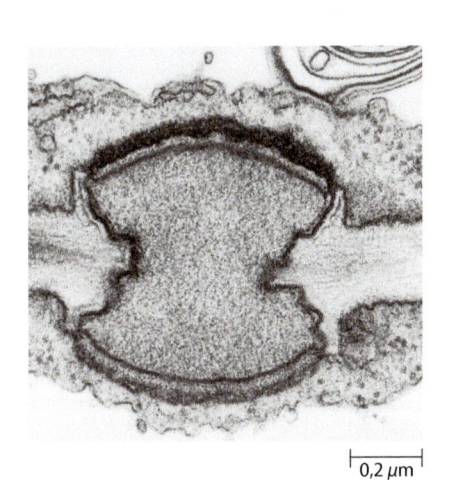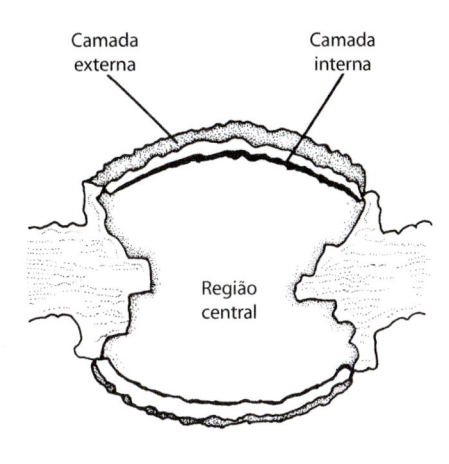

0,2 μm

15.28 Ligação celular primária na alga vermelha *Palmaria*. As ligações celulares primárias são tampões em forma de lente, bem diferenciados, que se formam entre as células das algas vermelhas durante a divisão celular. Tampões semelhantes, denominados ligações celulares secundárias, são, também, frequentemente formados entre as células de filamentos adjacentes que entram em contato uns com os outros, unindo as estruturas de um indivíduo das algas vermelhas. A região central das ligações celulares é constituída por proteínas, e as camadas externas são, em parte, constituídas por polissacarídios.

pode ser mais uma questão do acaso, e, consequentemente, a formação do zigoto pode ser relativamente rara. A alternância de gerações é considerada uma adaptação que aumenta o número e a diversidade genética da progênie resultante de cada evento individual de fecundação ou zigoto. Este aumento ocorre porque um esporófito multicelular pode produzir muito mais esporos – e mais esporos haploides diversos – do que poderia um único núcleo zigótico meiótico. A alternância de duas gerações multicelulares também ocorre em vários outros grupos de protistas, tais como as algas verdes e pardas, e em briófitas e plantas vasculares (ver Capítulos 16 a 19), onde pode haver benefícios genéticos e ecológicos similares.

Um avanço evolutivo posterior ocorreu na maioria das algas vermelhas. Em vez de produzir esporos imediatamente, o núcleo zigótico divide-se repetidamente por mitose, gerando uma terceira fase multicelular do ciclo de vida, a geração diploide *carposporofítica*. A geração carposporofítica permanece ligada ao seu gametófito parental e provavelmente recebe nutrientes orgânicos dele. Esses nutrientes auxiliam a suportar a rápida proliferação de células produzidas pela mitose. Quando o carposporófito atinge o seu tamanho maduro, a mitose ocorre nas células apicais, originando os carpósporos. Os carpósporos são liberados na água, fixam-se a um substrato e crescem formando esporófitos diploides distintos.

Em muitas algas vermelhas, uma cópia do núcleo zigótico diploide produzida mitoticamente é transferida para uma outra célula do gametófito. Essa célula, conhecida como *célula auxiliar*, serve como um hospedeiro e fonte nutricional para as repetidas mitoses do núcleo adotado. A proliferação dos filamentos diploides a partir da célula auxiliar gera um carposporófito e carpósporos. Em muitas formas, cópias múltiplas do núcleo zigótico diploide são transportadas pelo crescimento de células tubulares longas através de todo o corpo da alga e são depositadas em várias células auxiliares adicionais. Cada núcleo diploide produz muitos carposporófitos, que liberam um grande número de carpósporos na água. Em um exemplo, cada núcleo zigótico resultou na liberação de 4.500 carpósporos. Cada carpósporo é capaz de originar uma geração diploide multicelular, geralmente

de vida livre, chamada de *tetrasporófito*. A meiose ocorre em células especializadas do tetrasporófito, chamadas de *tetrasporângios*. Cada tetrásporo produzido pode germinar um novo gametófito, se as condições forem favoráveis. *Polysiphonia*, uma alga vermelha marinha com distribuição ampla, é um exemplo deste tipo de ciclo de vida (Figura 15.29).

O histórico de vida da maioria das algas vermelhas, portanto, consiste em três fases: (1) um gametófito haploide; (2) uma fase diploide, o carposporófito; e (3) outra fase diploide, o tetrasporófito. A geração carposporofítica é considerada uma forma adicional para aumentar os produtos genéticos da reprodução sexuada quando as taxas de fecundação são baixas. A alternância de gerações envolvendo três gerações multicelulares é peculiar às algas vermelhas. A capacidade de produzir muitos carposporófitos, que resultam em um grande número de carpósporos e potencialmente um enorme número de tetrásporos, todos a partir de um único zigoto, tem auxiliado as algas vermelhas a sobrepujar a inabilidade sexual imposta pela ausência de flagelos.

Na maioria das algas vermelhas, as gerações gametofíticas e tetrasporofíticas assemelham-se entre si e, portanto, são referidas como isomórficas, como em *Polysiphonia* (Figura 15.29). As algas coralináceas também apresentam ciclos de vida isomórficos. Entretanto, um número crescente de ciclos de vida heteromórficos também está sendo descoberto. Nessas espécies, os tetrasporófitos são microscópicos e filamentosos ou consistem em uma crosta delgada que está firmemente fixa ao substrato rochoso. Ficólogos especulam que as diferenças na aparência apresentam vantagens seletivas ao responderem a mudanças sazonais ou a outras variações ambientais. O desenvolvimento de técnicas para cultivar algas em laboratório tem levado à descoberta de que espécies aparentemente distintas são, em alguns casos, gerações alternantes da mesma espécie.

Algas verdes

As algas verdes, incluindo pelo menos 17.000 espécies, são diversificadas na estrutura e no histórico de vida. Embora a maioria das algas verdes seja aquática, elas são encontradas

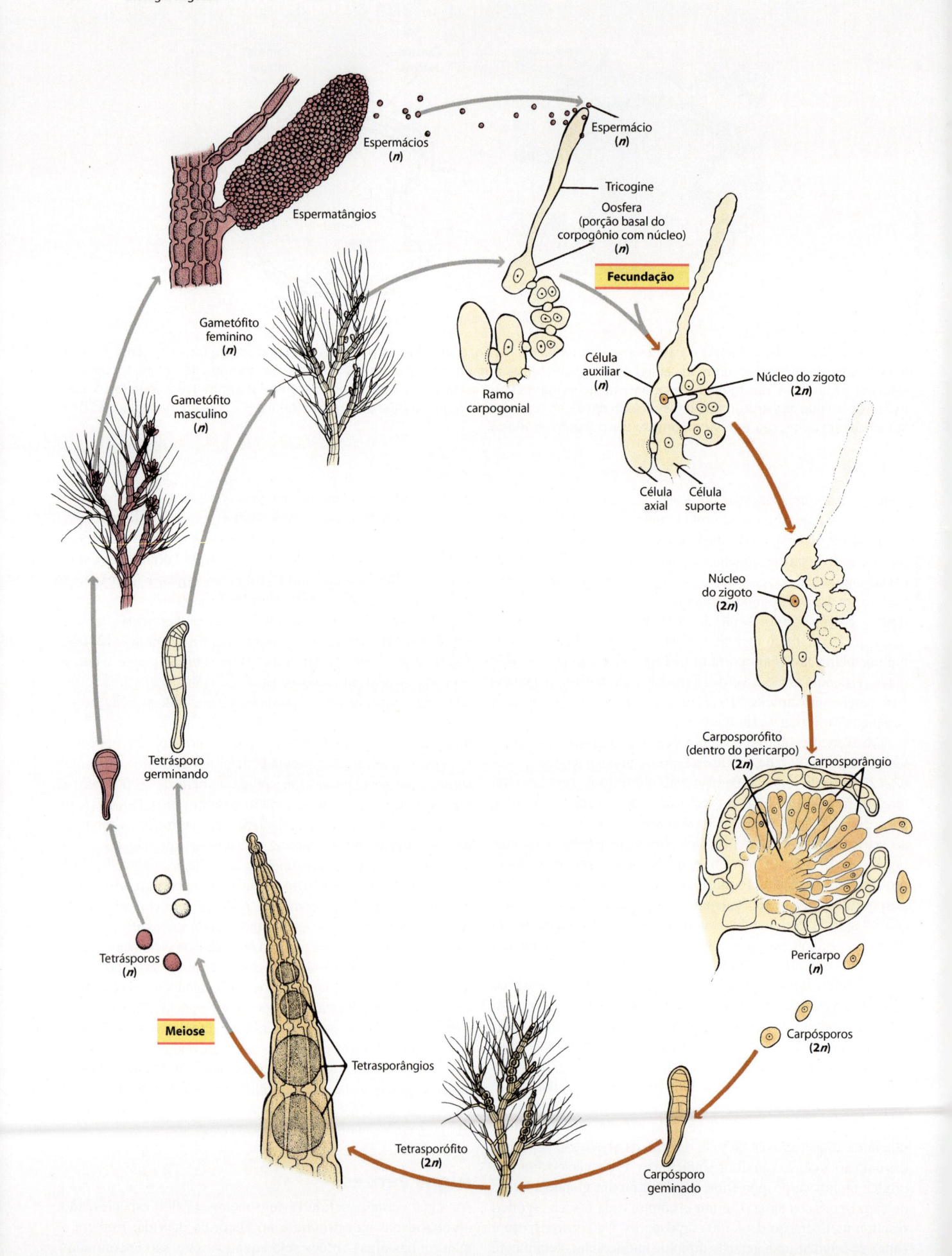

Espermácios
(*n*)

Espermatângios

Espermácio
(*n*)

Tricogine

Oosfera
(porção basal do
corpogônio com núcleo)
(*n*)

Fecundação

Gametófito
feminino
(*n*)

Ramo
carpogonial

Célula
auxiliar
(*n*)

Núcleo do zigoto
(2*n*)

Gametófito
masculino
(*n*)

Célula
axial

Célula
suporte

Núcleo
do zigoto
(2*n*)

Carposporófito
(dentro do pericarpo)
(2*n*)

Carposporângio

Tetrásporo
germinando

Pericarpo
(*n*)

Tetrásporos
(*n*)

Carpósporos
(2*n*)

Meiose

Tetrasporângios

Tetrasporófito
(2*n*)

Carpósporo
geminado

◀ **15.29 Ciclo de vida de *Polysiphonia*, uma alga vermelha marinha.** Os órgãos sexuais desenvolvem-se próximo aos ápices dos ramos dos gametófitos haploides, que se originam a partir dos tetrásporos haploides (embaixo, à esquerda). Os espermatângios, que ocorrem em densos grupos, liberam células que funcionam diretamente como espermácios. A porção basal alargada do carpogônio contém o núcleo e funciona diretamente como uma oosfera. Após a fecundação, carpósporos diploides são formados por mitose dentro dos carposporângios. Os carpósporos são liberados através de uma abertura no pericarpo, que é uma estrutura externa que se desenvolve ao redor deles. O pericarpo é derivado de células que circundam o ramo carpogonial. Os carpósporos germinam, dando origem aos tetrasporófitos, que são semelhantes em tamanho e aparência aos gametófitos. Os tetrasporófitos produzem tetrasporângios. Em cada tetrasporângio, um evento meiótico origina quatro tetrásporos haploides, e o ciclo se reinicia.

em uma ampla variedade de *habitats*, incluindo a superfície da neve (Figura 15.30), sobre os troncos das árvores, no solo e em associações simbióticas com os fungos (constituindo os liquens), os protozoários de água doce, as esponjas e os celenterados. Uma população surpreendentemente diversa de algas verdes unicelulares, microscópicas e de vida livre é encontrada em crostas microbióticas de desertos de todo o planeta. Além das algas verdes, essas crostas contêm comunidades de cianobactérias, diatomáceas, liquens, briófitas e outros táxons, ligadas à camada superior do solo. Os dados fisiológicos e de sistemática molecular indicam que essas algas do deserto evoluíram muitas vezes de algas verdes de água doce. Algumas algas verdes – tais como as espécies dos gêneros unicelulares *Chlamydomonas* e *Chloromonas*, encontradas crescendo sobre a superfície da neve (Figura 15.30), e a alga filamentosa *Trentepohlia*, que cresce sobre rochas e troncos ou ramos de árvores – produzem grandes quanti-

A

B |—— 15 μm

C

D |— 10 μm

E |— 30 μm

15.30 Algas da neve. Algas da neve são peculiares por sua tolerância às temperaturas extremas, à acidez e aos altos níveis de irradiação e por apresentarem necessidades mínimas de nutrientes para o crescimento. **A.** Em muitas partes do mundo, como nas áreas alpinas do norte do México ao Alasca (EUA), a presença de grandes quantidades de algas da neve produz a chamada neve vermelha durante o verão. Esta fotografia foi tirada próximo a Beartooth Pass, em Montana. **B.** Zigoto dormente de alga da neve *Chlamydomonas nivalis*. No zigoto, a cor vermelha resulta dos carotenoides que servem para proteger a clorofila. **C.** A neve verde ocorre logo abaixo da superfície, geralmente próximo ao dossel das árvores, nas florestas alpinas. Ela está amplamente distribuída, ocorrendo ao sul desde o Arizona e até o Alasca e Quebec (Canadá), ao norte. Esta fotografia foi tirada em Cayuse Pass, Parque Nacional Monte Rainier, Washington. **D.** Zigoto de resistência da alga *Chloromonas brevispina*, encontrada na neve verde. **E.** Três zigotos de resistência, de cor alaranjada brilhante, de *Chloromonas granulosa*, a alga responsável pela neve alaranjada. O único zigoto amarelado se tornará alaranjado na maturidade.

dades de carotenoides, que funcionam como uma proteção contra a luz intensa. Esses pigmentos acessórios conferem à alga uma coloração laranja, vermelha ou ferrugem. A maioria das algas verdes aquáticas é encontrada em água doce, mas alguns grupos são marinhos. Muitas algas verdes são microscópicas, embora algumas espécies marinhas atinjam grandes dimensões. *Codium magnum* do México, por exemplo, algumas vezes alcança uma largura de 25 cm e um comprimento superior a 8 m.

A semelhança de algas verdes com as briófitas e as plantas vasculares, as quais são adaptadas para a vida terrestre, é reconhecida há muito tempo. As algas verdes, briófitas e plantas vasculares são os únicos grupos de organismos que contêm clorofilas *a* e *b* e armazenam amido no interior dos plastos. Algumas algas verdes são semelhantes às briófitas e plantas vasculares, apresentando paredes celulares rígidas, compostas de celulose, hemiceluloses e substâncias pécticas. Além disso, a estrutura microscópica das células reprodutivas flageladas em algumas algas verdes assemelha-se aos anterozoides das plantas. Essas características, juntamente com dados moleculares, indicam fortemente que as algas verdes e plantas terrestres (briófitas e as plantas vasculares) formam um grupo monofilético conhecido como Viridiplantae (viridófitos ou plantas verdes).

Sistemas tradicionais de classificação agrupam as algas verdes de acordo com a sua aparência externa. Flagelados unicelulares são agrupados juntos, tipos filamentosos são agrupados juntos, e assim por diante. No entanto, como observamos anteriormente quanto às algas pardas, as algas verdes relacionadas não podem ser sempre reconhecidas pelas suas características externas. A evidência de parentesco é agora revelada pelos estudos ultraestruturais de mitose, citocinese e células reprodutivas, assim como pelas semelhanças moleculares. Essa informação recente resultou em um novo agrupamento sistemático das algas verdes dentro de várias classes, três das quais – Chlorophyceae, Ulvophyceae e Charophyceae – discutimos neste livro (Tabela 15.2).

Há diferenças na divisão celular e nas células móveis entre as classes de algas verdes

Os membros da maior classe de algas verdes, as Chlorophyceae de água doce, têm um modo único de citocinese, que envolve um *ficoplasto* (Figura 15.31A, B). Nessas algas, os núcleos-filhos movem-se um em direção ao outro à medida que o fuso mitótico não persistente colapsa e um novo sistema de microtúbulos, o ficoplasto, desenvolve-se paralelamente ao plano de divisão celular. Provavelmente, o papel do ficoplasto é assegurar que o *sulco de clivagem*, resultante da invaginação da membrana plasmática, passe entre os dois núcleos-filhos. O envoltório nuclear persiste durante a mitose. Nas células móveis de Chlorophyceae existem quatro bandas estreitas de microtúbulos arranjadas em um padrão cruzado conhecidas como *raízes flagelares*, as quais estão associadas aos corpos basais (centríolos) dos flagelos (Figura 15.32).

Em outras classes de algas verdes, os fusos podem persistir durante a citocinese até serem rompidos pela formação de um sulco (Figura 15.31C) ou pelo crescimento de uma placa celular. A placa celular origina-se na região central da célula e cresce em direção às suas margens. Alguns membros da classe Charophyceae produzem um novo sistema de microtúbulos na citocinese, o *fragmoplasto*, o qual é praticamente idêntico àquele presente em briófitas e plantas vasculares. Os microtúbulos no fragmoplasto são orientados perpendicularmente ao plano de divisão celular (Figura 15.31D). O fragmoplasto serve como "arcabouço" para a formação da placa celular.

As células flageladas de Charophyceae são diferentes daquelas de outras classes por terem um sistema assimétrico dos microtúbulos da raiz flagelar (Figura 15.32). Uma das funções do sistema de raiz flagelar é prover meios de ancorar o flagelo. Frequentemente, uma *estrutura multiestratificada* está associada a uma das raízes flagelares (Figura 15.33). O tipo de raiz flagelar é, frequentemente, um caráter taxonômico importante. O sistema de raiz flagelar nas Charophyceae, com sua estrutura multiestratificada, é muito semelhante àquele encontrado em anterozoides de briófitas e de algumas plantas vasculares. Por estas

Tabela 15.2 Características dos três maiores grupos de algas verdes.

Grupo	Aparelho flagelar	Enzimas fotorrespiratórias	Mitose	Citocinese	Habitat (primário)	Histórico de vida
Chlorophyceae	Sistema de raízes flagelares simétrico; associado a corpos basais (centríolos)	Glicolato desidrogenase	Fechada, fuso não persistente	Ficoplasto e sulco; algumas com placa celular e plasmodesmos	Água doce ou terrestre	Meiose zigótica
Ulvophyceae	Sistema de raízes flagelares simétrico; associado a corpos basais (centríolos)	Glicolato desidrogenase	Fechada, fuso persistente	Sulco	Marinho ou terrestre	Meiose zigótica ou alternância de gerações com meiose espórica ou meiose gamética
Charophyceae	Sistema de raízes flagelares assimétrico; muitas vezes associado a estrutura multiestratificada	Glicolato oxidase e catalase em peroxissomo	Aberta, fuso persistente	Sulco, algumas com placa celular, fragmoplastos e plasmodesmos	Água doce ou terrestre	Meiose zigótica

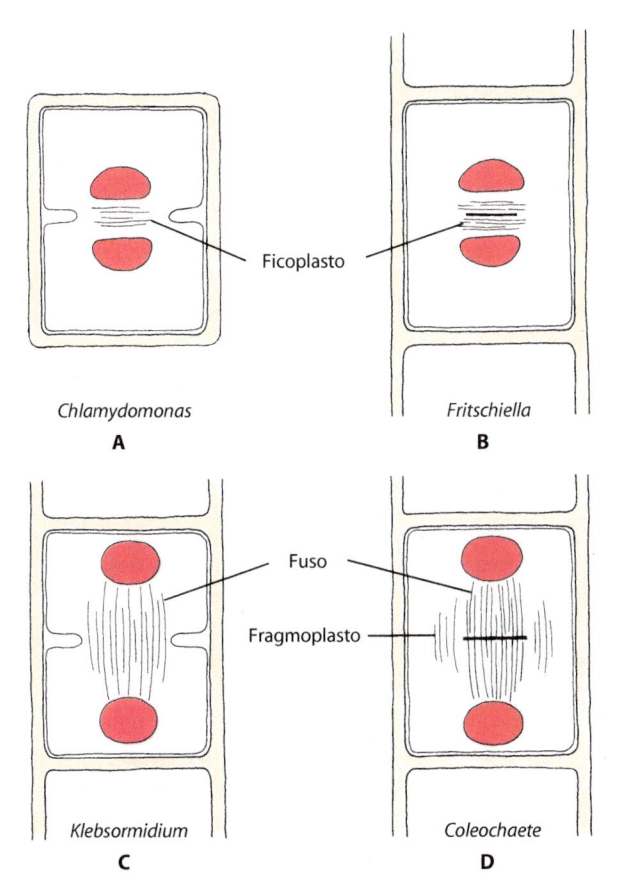

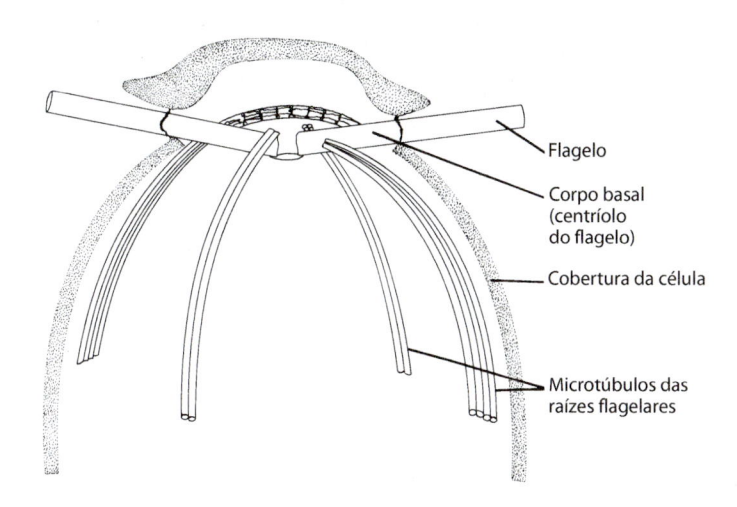

15.32 Raízes flagelares. Diagrama do arranjo cruciforme dos quatro conjuntos estreitos de microtúbulos conhecidos como raízes flagelares. Essas raízes flagelares estão associadas aos corpos basais dos flagelos (centríolos) e são características de algas verdes da classe Chlorophyceae.

15.31 Citocinese em duas classes da alga verde. A e **B.** Na classe Chlorophyceae, o fuso mitótico não é persistente e os núcleos-filhos, que ficam relativamente juntos, estão separados por um ficoplasto. A citocinese em *Chlamydomonas* ocorre por sulco (**A**), enquanto a citocinese em *Fritschiella* ocorre pela formação de placa celular (**B**). **C.** Nos membros mais simples da classe Charophyceae, tais como *Klebsormidium*, o fuso mitótico é persistente e os núcleos-filhos estão relativamente afastados um do outro. A citocinese ocorre por sulco. **D.** Carofíceas evoluídas, tais como *Coleochaete* e *Chara*, têm um fragmoplasto semelhante ao das plantas e a citocinese ocorre pela formação da placa celular, como nas plantas. Ulvophyceae, assim como Charophyceae, também têm um fuso persistente, mas não têm fragmoplasto nem a placa celular.

e outras razões, incluindo similaridades bioquímicas e moleculares, Charophyceae é o grupo de algas verdes atuais considerado o mais próximo do ancestral de briófitas e de plantas vasculares.

A classe Chlorophyceae (clorófitas) consiste principalmente em espécies de água doce

A classe Chlorophyceae inclui algas unicelulares flageladas e não flageladas, algas coloniais móveis e não móveis, algas filamentosas e algas formando talos laminares. Os membros dessa classe vivem principalmente em água doce, embora algumas espécies planctônicas unicelulares ocorram em águas marinhas costeiras. Algumas Chlorophyceae são essencialmente terrestres, vivendo em *habitats* tais como a neve (Figura 15.30), no solo, em rochas e nos ramos ou nos troncos das árvores.

Chlamydomonas **é um exemplo de clorófita unicelular móvel.** A *Chlamydomonas* (Figura 15.34), alga verde comum de água doce, uma forma unicelular com dois flagelos iguais, tem sido muito

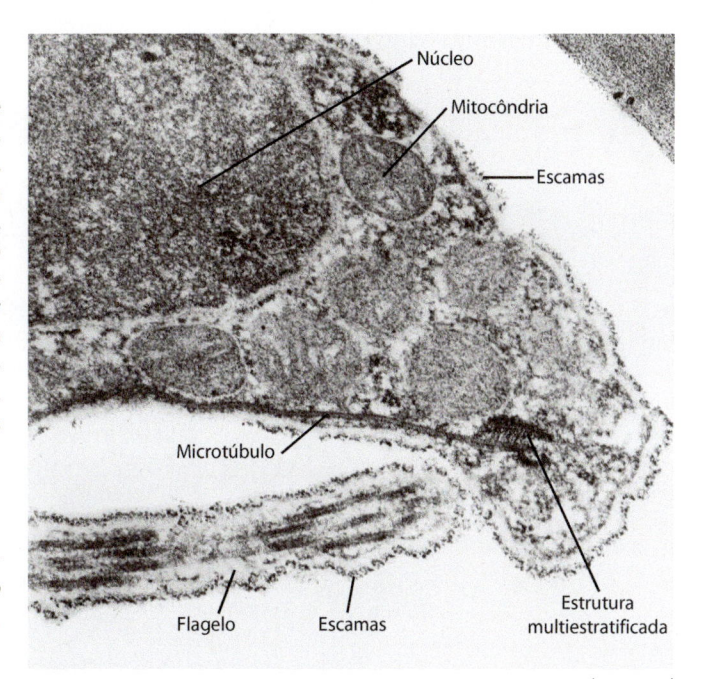

15.33 Sistema da raiz flagelar assimétrica de carófita. Micrografia eletrônica de transmissão da porção anterior de um anterozoide móvel da alga verde *Coleochaete* (classe Charophyceae). Aqui é mostrada a estrutura multiestratificada, a qual está associada ao sistema da raiz flagelar na base do flagelo. A estrutura multiestratificada é também característica do anterozoide de briófitas e de algumas plantas vasculares e é uma das características de ligação dessas plantas com Charophyceae, seus ancestrais. Como visto aqui, uma camada de microtúbulos sai da porção inferior da estrutura multiestratificada e estende-se até a extremidade posterior da célula, atuando como um citoesqueleto para esta célula sem parede. As membranas, flagelar e plasmática, são cobertas por uma camada de escamas pequenas.

usada como um sistema-modelo de estudos moleculares dos genes que regulam a fotossíntese e outros processos celulares. As análises moleculares revelaram que *Chlamydomonas* é um grupo polifilético; ou seja, consiste em algumas linhagens distintas, todas coincidentemente unicelulares e com dois flagelos iguais.

O cloroplasto de *Chlamydomonas*, por ter uma mancha ocelar vermelha fotossensível ou estigma, que ajuda na detecção de luz, é similar ao cloroplasto de muitos outros flagelados verdes e aos zoósporos de algas verdes multicelulares. O cloroplasto também contém um pirenoide, o qual é tipicamente envolto por amido. Pirenoides semelhantes ocorrem em muitas outras espécies de algas verdes. O protoplasto uninucleado é envolto por uma parede celular fina glicoproteínica (carboidrato-proteína), e internamente a esta encontra-se a membrana plasmática. Não existe celulose na parede celular de *Chlamydomonas*. Na extremidade anterior da célula estão dois vacúolos contráteis, que coletam o excesso de água e depois o descarregam da célula.

Chlamydomonas reproduz-se sexualmente e assexualmente. Durante a reprodução assexuada, o núcleo haploide geralmente se divide por mitose para produzir até 16 células-filhas dentro da parede da célula parental. Cada célula, então, secreta uma parede em volta de si mesma e desenvolve flagelos. As células secretam uma enzima que quebra a parede da célula parental e as células-filhas podem sair, embora células-filhas completamente formadas sejam frequentemente retidas por algum tempo no interior da parede celular parental.

A reprodução sexuada em *Chlamydomonas* envolve a fusão de indivíduos pertencentes a diferentes linhagens (Figura 15.35). As células vegetativas são induzidas a formar gametas pela deficiência de nitrogênio. Os gametas, que se assemelham às células vegetativas, tornam-se inicialmente agregados. Dentro desses agregados são formados pares que ficam juntos, inicialmente pelas suas membranas flagelares e posteriormente por um filamento protoplasmático delicado – o tubo de conjugação – que os conecta na base de seus flagelos. Assim que essa conexão é formada, os flagelos tornam-se livres e um ou ambos os pares de flagelos impulsionam os gametas parcialmente fundidos na água. Os protoplastos dos dois gametas fundem-se completamente (plasmogamia), seguindo-se a fusão de seus núcleos (cariogamia), que formam o zigoto. Os quatro flagelos, logo depois, encurtam-se e finalmente desaparecem, e uma parede celular grossa forma-se ao redor do zigoto diploide. Esse zigoto de resistência com parede grossa, ou zigósporo, passa por um período de dormência. A meiose ocorre no final do período de dormência, produzindo quatro células haploides, cada uma das quais desenvolve dois flagelos e uma parede celular. Essas células podem dividir-se assexualmente ou cruzar com uma célula de outra linhagem para produzir um novo zi-

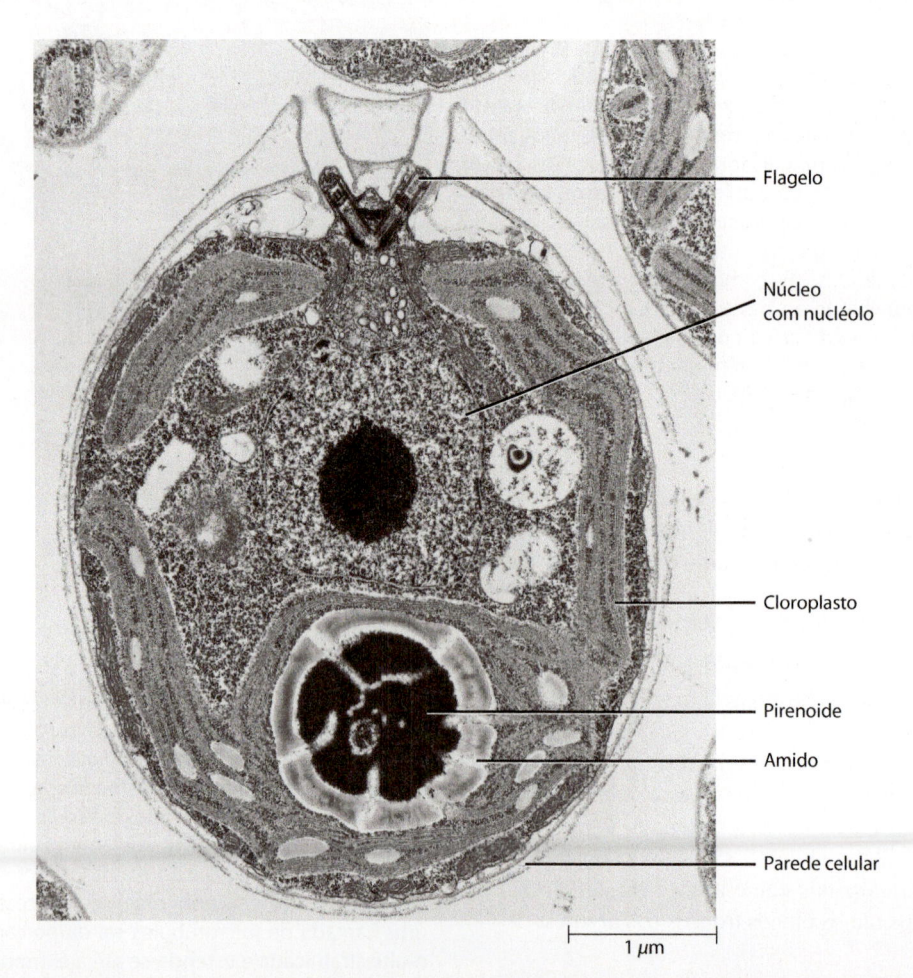

Flagelo

Núcleo com nucléolo

Cloroplasto

Pirenoide

Amido

Parede celular

1 μm

15.34 *Chlamydomonas*, uma alga verde unicelular móvel. O estigma não foi preservado na seção nesta micrografia eletrônica. Somente as bases dos flagelos são visíveis. O núcleo único deste flagelado contém um nucléolo proeminente. Uma cápsula de amido rodeia o pirenoide, que está localizado dentro do cloroplasto. *Chlamydomonas* é um membro das Chlorophyceae.

goto. Desta maneira, *Chlamydomonas* exibe meiose zigótica (ver Figura 12.17A), e a fase haploide é a dominante do seu ciclo de vida.

A classe Chlorophyceae também inclui colônias móveis.

Algumas clorofíceas formam colônias móveis; a mais espetacular é *Volvox*, uma esfera oca conhecida como *esferoide*. A esferoide é formada por uma única camada de 500 a 60.000 células vegetativas biflageladas, que desempenham principalmente a função fotossintética, assim como um pequeno número de células reprodutivas maiores, não flageladas (Figura 15.36). As células reprodutivas especializadas sofrem repetidas mitoses para formarem esferoides juvenis com muitas células, os quais "eclodem" do esferoide parental pela liberação de uma enzima que dissolve a matriz parental transparente. Vale ressaltar que os esferoides, no início do seu desenvolvimento, mostram todos seus flagelos voltados para a cavidade central, de modo que a colônia deve virar-se de dentro para fora antes de se tornar móvel.

A reprodução sexual em *Volvox* é sempre oogâmica. Em todas as espécies que foram estudadas, a reprodução sexual é sincronizada, dentro da população de colônias, por uma molécula indutora da sexualidade, uma glicoproteína com peso molecular de cerca de 30.000. Essa molécula indutora é produzida por um esferoide que se torna sexual por algum outro mecanismo ainda pouco conhecido. Uma colônia masculina de *Volvox carteri* pode produzir indutor suficiente para induzir a reprodução sexual em mais de meio bilhão de outras colônias.

Algumas Chlorophyceae unicelulares não são móveis.

Uma dessas formas unicelulares não móveis é *Chlorococcum*, o qual é comumente encontrado na flora microbiana dos solos (Figura 15.37). Existe um vasto número de gêneros de algas unicelulares de solo que se assemelham superficialmente a *Chlorococcum*, mas podem ser distinguidos com base nas características celulares reprodutivas e moleculares. *Chlorococcum* e gêneros relacionados reproduzem-se assexualmente pela produção de zoósporos biflagelados, os quais são liberados da célula parental. A reprodução

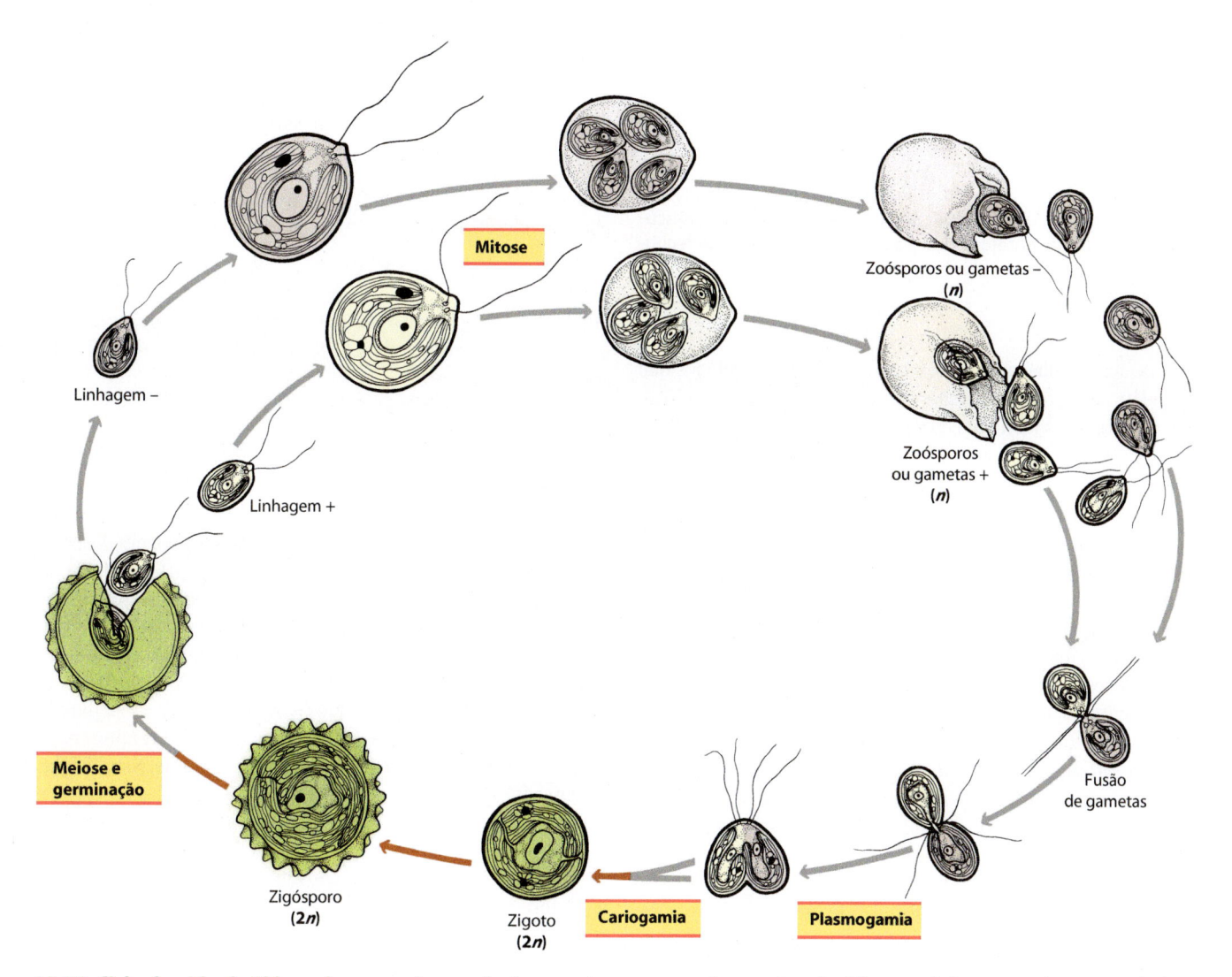

15.35 Ciclo de vida *de Chlamydomonas*. A reprodução sexual ocorre quando gametas de diferentes linhagens se juntam, unindo-se primeiro pelas suas membranas flagelares e então por um filamento protoplasmático delicado – o tubo de conjugação (embaixo, à direita). Os protoplastos das duas células fundem-se completamente (plasmogamia), e então ocorre, a união dos seus núcleos (cariogamia). Uma parede espessa é então formada ao redor do zigoto diploide, conhecido nesse estágio como zigósporo. Após um período de dormência, ocorre a meiose seguida pela germinação e quatro células haploides emergem. A reprodução assexual dos indivíduos haploides por divisão celular é o modo mais frequente de reprodução.

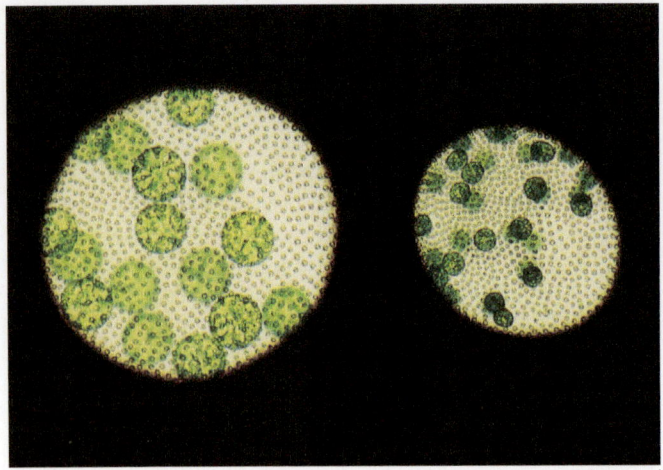

0,25 µm

15.36 Dois esferoides de *Volvox carteri*. Cerca de 2.000 células pequenas, em forma de pontos, que aparecem na periferia dos dois esferoides (dois indivíduos) são células somáticas, semelhantes a *Chlamydomonas*. Em *V. carteri*, as células somáticas não são interligadas nas colônias maduras, como o são em alguns membros do gênero. Umas poucas células são capazes de se tornar reprodutivas por via sexuada ou assexuada. O esferoide da esquerda é assexual. Nele já ocorreu divisão mitótica, produzindo 16 esferoides jovens, cada um dos quais, ao final, por meio de digestão fará uma passagem para fora da colônia parental e sairá nadando. O esferoide da direita é sexual. Quando submetido a um choque térmico (calor), o esferoide feminino forma indivíduos sexuais femininos portando oosfera, e o esferoide masculino produz indivíduos sexuais masculinos carregados de anterozoides. Os zigotos formados pela fecundação são resistentes ao calor e ao dessecamento.

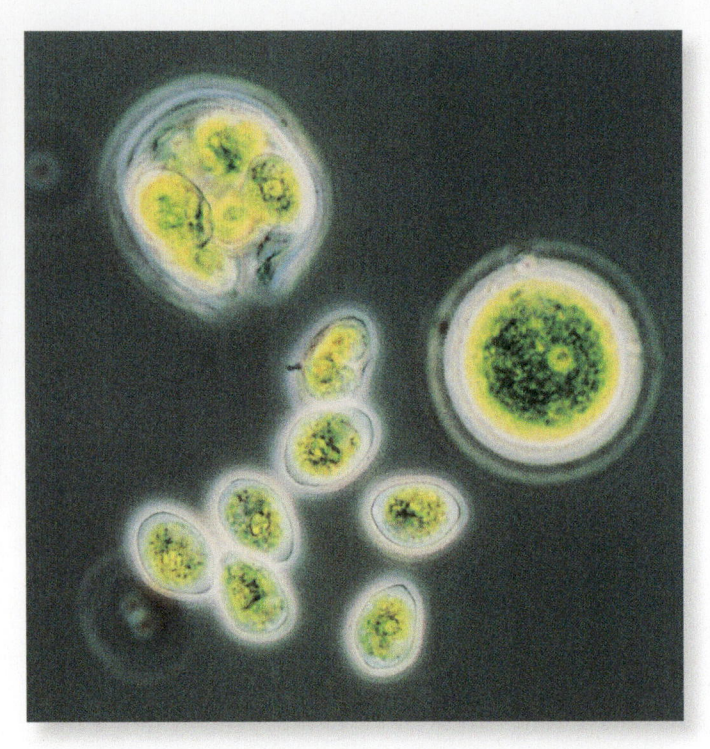

15.37 *Chlorococcum echinozygotum*, uma alga verde unicelular não móvel. No alto, à esquerda, é mostrada uma célula cheia de zoósporos assexuais que foram formados mitoticamente dentro da célula. As células menores, no centro, são zoósporos biflagelados (os flagelos não estão visíveis). Uma célula vegetativa não móvel é mostrada no alto à direita. *Chlorococcum* é um membro de Chlorophyceae.

sexual é acompanhada pela liberação de gametas flagelados que se fundem aos pares para formar os zigotos. A meiose é zigótica, como em todos os membros de Chlorophyceae.

A classe Chlorophyceae também inclui colônias não móveis. Membros coloniais não móveis de Chlorophyceae incluem *Hydrodictyon*, conhecida como rede-d'água (Figura 15.38). Sob condições favoráveis, essa alga forma florações superficiais maciças em tanques, lagos e riachos. Cada colônia consiste em muitas células grandes, cilíndricas, dispostas em forma de um grande cilindro oco, rendado. Cada célula inicialmente uninucleada torna-se, finalmente, multinucleada. Na maturidade, cada célula apresenta um grande vacúolo central, citoplasma periférico contendo os núcleos e um grande cloroplasto reticulado (semelhante a uma rede) com numerosos pirenoides. *Hydrodictyon* reproduz-se assexualmente com a formação de muitos zoósporos biflagelados, uninucleados, em cada célula da rede. Os zoósporos não são liberados das células parentais, mas, surpreendentemente, agrupam-se em arranjos geométricos de quatro a nove (mais tipicamente seis) dentro da célula parental cilíndrica. Os zoósporos, então, perdem seus flagelos e formam as células componentes das minirredes-filhas. Estas são ao final liberadas da célula parental e crescem formando redes maduras pelo aumento notável das células. Em vista do seu modo de reprodução, é fácil entender como *Hydrodictyon* pode formar florações conspícuas na natureza. A reprodução sexual

em *Hydrodictyon* é isogâmica, e a meiose é zigótica como em todos os membros de Chlorophyceae que se reproduzem sexualmente.

Existem também Chlorophyceae filamentosas e parenquimatosas. *Oedogonium* é um exemplo de representante filamentoso não ramificado de Chlorophyceae. Os filamentos iniciam o seu desenvolvimento presos por um apressório a substratos submersos, mas, posteriormente, devido ao crescimento intenso, podem desprender-se para formar florações flutuantes nos lagos. O modo de divisão celular em *Oedogonium* resulta na formação de "capas" ou cicatrizes anelares características em cada divisão celular (Figura 15.39). Assim, essas cicatrizes refletem o número de divisões que ocorreram em uma determinada célula.

As Chlorophyceae filamentosas ramificadas e as parenquimatosas, ou com aspecto tecidual, incluem algas que apresentam as estruturas mais complexas encontradas na classe. Suas células podem ser especializadas em relação a determinadas funções ou à posição ocupada no corpo da alga e, como as células das plantas vasculares, algumas vezes são ligadas por plasmodesmos. *Fritschiella*, por exemplo, é constituída por rizoides subterrâneos, um sistema prostrado na superfície do solo ou logo abaixo dele e dois tipos de ramos eretos (Figura 15.40).

A classe Ulvophyceae (ulvófitas) consiste principalmente em espécies marinhas

As Ulvophyceae são principalmente marinhas, porém alguns representantes importantes são encontrados em água doce, tendo provavelmente migrado do *habitat* marinho, no passado.

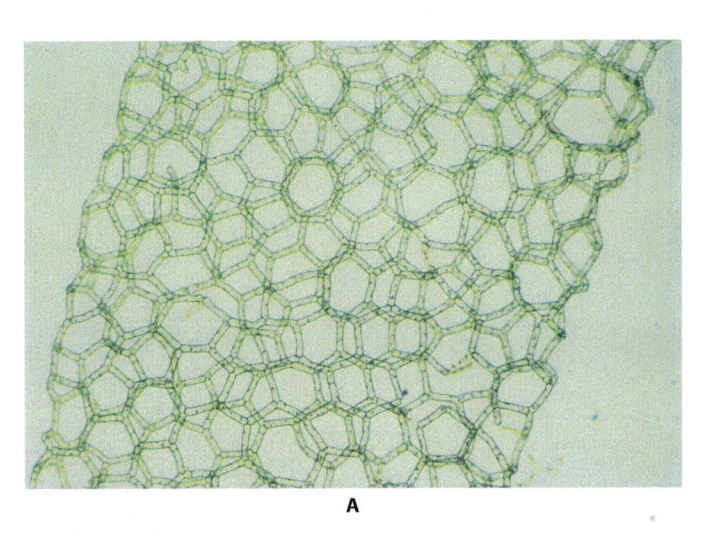

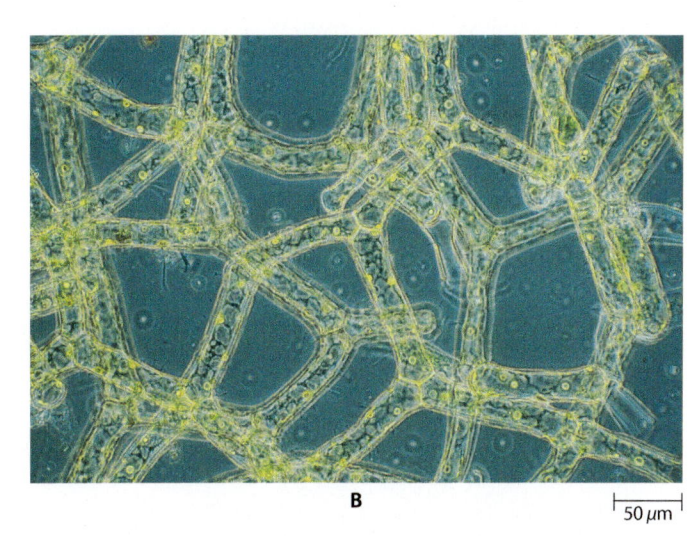

A   **B**

⊢ 50 μm ⊣

15.38 *Hydrodictyon*. A. Uma porção corada da "rede-d'água", *Hydrodictyon*, um membro colonial de Chlorophyceae. **B.** Uma porção de *Hydrodictyon reticulatum* mais ampliada.

A maioria das ulvófitas são filamentosas ou laminares, ou, ainda, macroscópicas e multinucleadas. As ulvófitas apresentam mitose fechada, na qual o envoltório nuclear persiste; o fuso é persistente durante a citocinese.

As células flageladas das ulvófitas apresentam escamas ou são nuas, como em Charophyceae, mas ao contrário das células móveis de carófitas, as de ulvófitas são quase radialmente simétricas e apresentam flagelos apicais dirigidos para frente, semelhante aos de clorofíceas. As células flageladas de Ulvophyceae podem ter dois, quatro ou muitos flagelos, assim como as de Chlorophyceae. As células flageladas de Charophyceae são sempre biflageladas. As ulvófitas são as únicas algas verdes que têm alternância de gerações com meiose espórica ou um histórico de vida com uma fase diploide dominante e meiose gamética.

Uma linha evolutiva de Ulvophyceae consiste em algas filamentosas com células grandes, multinucleadas e septadas. Um gênero deste grupo, *Cladophora* (Figura 15.41), está amplamente distribuído em águas marinha e doce, algumas vezes formando florações incômodas, pegajosas e malcheirosas, nas

águas doces. Seus filamentos normalmente crescem em emaranhados densos, os quais são livres-flutuantes ou fixos às rochas e à vegetação. Os filamentos alongam-se e ramificam-se próximo à extremidade. Cada célula contém muitos núcleos e um único cloroplasto reticulado periférico com muitos pirenoides. As espécies marinhas de *Cladophora* apresentam alternância de gerações isomórficas. A maioria das espécies de água doce,

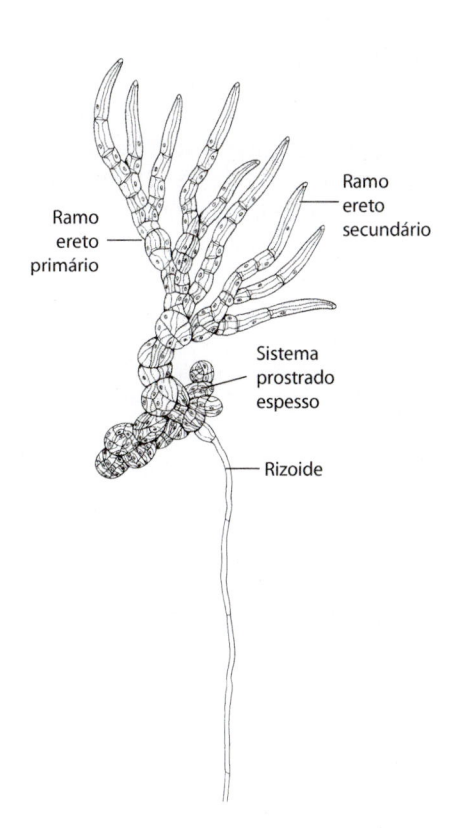

Ramo ereto primário — Ramo ereto secundário — Sistema prostrado espesso — Rizoide

15.40 *Fritschiella*. Constituída por rizoides subterrâneos, e dois tipos de ramos eretos, ela é um membro terrestre das Chlorophyceae. *Fritschiella* desenvolveu, independentemente, algumas das características que são típicas de plantas para sua adaptação ao ambiente terrestre.

⊢ 25 μm ⊣

15.39 *Oedogonium*. *Oedogonium* é um membro filamentoso, não ramificado de Chlorophyceae. É mostrada uma porção de um filamento vegetativo com as cicatrizes anelares.

A   **B**   **C**

15.41 *Cladophora*. Um membro da classe Ulvophyceae, *Cladophora* está amplamente distribuído em *habitats* marinhos e de água doce. As espécies marinhas, assim como muitas Ulvophyceae, têm uma alternância de gerações, mas as espécies de água doce não a apresentam. **A.** Filamentos ramificados de *Cladophora*. **B.** Parte de uma célula mostrando o cloroplasto reticulado. **C.** Um indivíduo de *Cladophora* crescendo em um riacho de águas calmas, na Califórnia (EUA).

entretanto, não apresenta alternância de gerações; aparentemente perderam esta característica durante a sua transição de ambientes marinhos para os de água doce.

Um segundo padrão de crescimento que ocorre entre as Ulvophyceae é o apresentado por *Ulva*, alga comumente conhecida como alface-do-mar (Figura 15.42). Essa alga familiar é comum nas praias temperadas em todo o mundo. Espécimes de *Ulva* consistem em um talo achatado brilhante, o qual apresenta duas camadas de células, em espessura, e 1 m ou mais de comprimento em indivíduos excepcionalmente grandes. O talo é fixo ao substrato por um apressório produzido por extensões das células da sua base. Cada célula do talo contém um único núcleo e um cloroplasto. *Ulva* é anisogâmica, ou seja, um gameta flagelado é maior que o outro; apresenta alternância de gerações isomórficas, como muitas outras Ulvophyceae (Figura 15.43).

As algas marinhas sifonáceas, assim chamadas por causa de suas células tubulares, constituem linhas evolucionárias adicionais na classe Ulvophyceae (Figura 15.44). Elas são caracterizadas por células grandes cenocíticas, ramificadas, raramente septadas. O citoplasma multinucleado está disposto em torno de um grande vacúolo central. Estas algas, que são muito diversificadas, desenvolvem-se através de repetidas divisões nucleares sem a formação de paredes celulares, e consistem em células únicas enormes, algumas chegando a 1 m. Paredes celulares são produzidas somente nas fases reprodutivas das algas verdes sifonáceas.

Codium, mencionado anteriormente, é um membro deste grupo. Consiste em massa esponjosa de filamentos cenocíticos densamente entrelaçados (Figura 15.44A). Linhagens de *Codium fragile* podem ser muito daninhas e se expandirem

em águas calmas da zona temperada. *Caulerpa taxifolia*, que foi liberada acidentalmente pelo Oceanographic Museum of Monaco em 1984, tornou-se uma importante espécie invasora, expandindo-se no Mediterrâneo em uma média de 50 km/ano. *Ventricaria* (também conhecida como *Valonia*), comum

15.42 *Ulva*. A alface-do-mar, *Ulva*, um membro comum da classe Ulvophyceae que cresce sobre rochas, estacas e outros substratos semelhantes nos mares rasos de todo o mundo.

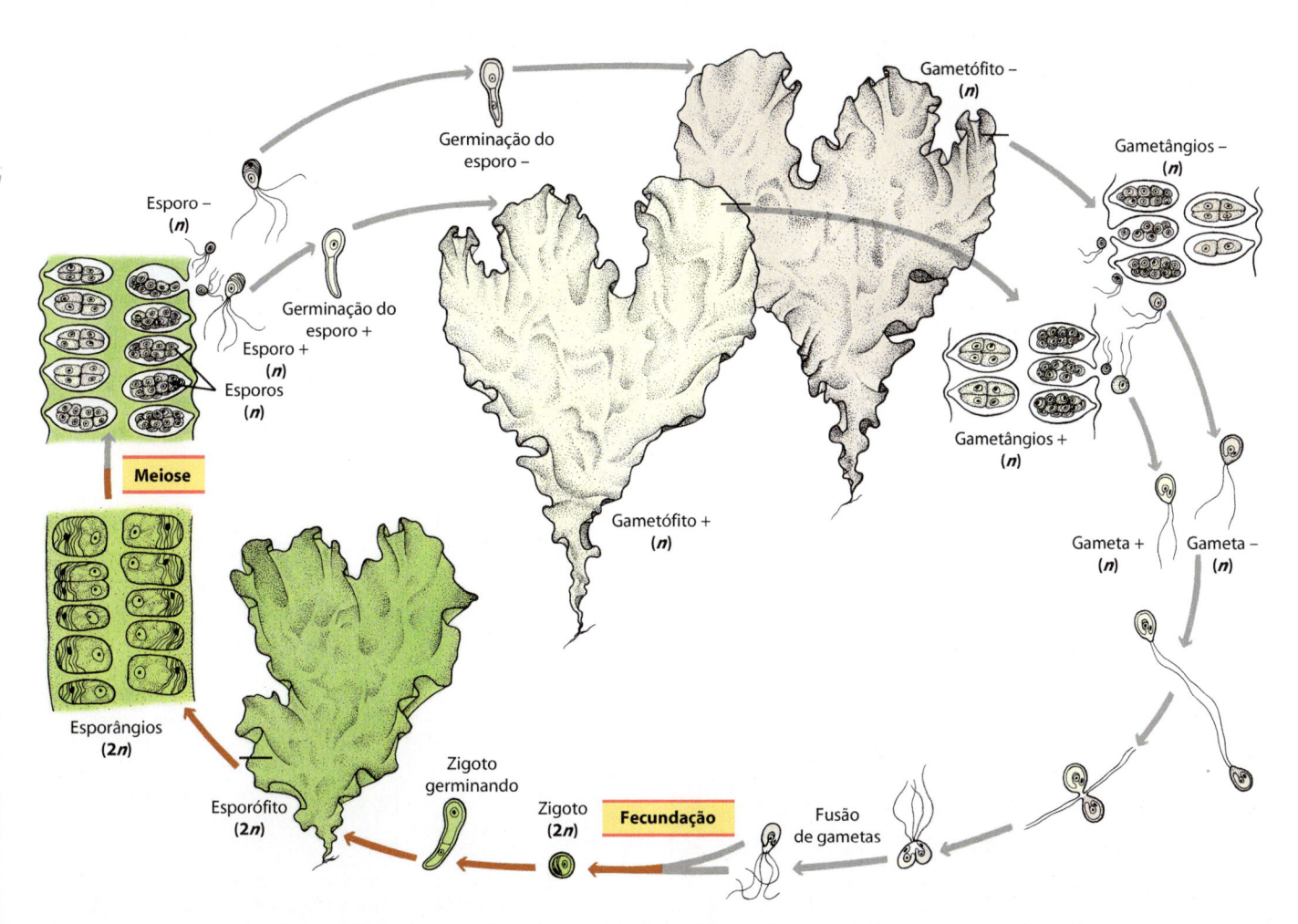

15.43 Ciclo de vida de *Ulva*. Na alface-do-mar, *Ulva*, há uma alternância de gerações isomórficas, em que o gametófito e o esporófito são indiferenciáveis, exceto por suas estruturas reprodutoras. O gametófito haploide produz gametas haploides, que se fundem para formar um zigoto diploide. O esporófito, em que todas células são diploides, desenvolve-se a partir do zigoto. O esporófito produz esporos haploides por meiose. Os esporos haploides desenvolvem-se em gametófitos haploides, e o ciclo começa novamente.

em águas tropicais, tem sido amplamente utilizada em estudos de paredes celulares e em experimentos fisiológicos. *Ventricaria* parece unicelular, mas é uma grande vesícula multinucleada fixa ao substrato por alguns rizoides (Figura 15.44B). Ela cresce e pode atingir o tamanho de um ovo de galinha. Outra alga verde sifonácea bem conhecida é *Acetabularia* (Figura 15.44C), que tem sido bastante utilizada em experimentos sobre as bases genéticas da diferenciação. As algas verdes sifonáceas são principalmente diploides. Os gametas são as únicas células haploides do ciclo de vida.

Halimeda e gêneros relacionados de algas verdes sifonáceas são notáveis por suas paredes celulares calcificadas. Quando estas algas morrem e se decompõem, desempenham um papel importante na produção de areia de carbonato branca, que é característica de águas tropicais. Numerosos gêneros, incluindo *Halimeda* (Figura 15.44D), contêm metabólitos secundários que reduzem significativamente a herbivoria por peixes. As frondes de *Halimeda* expandem-se e crescem rapidamente durante a noite, produzindo compostos tóxicos que detêm herbívoros que são ativos principalmente durante o dia. Dentro de uma hora após o nascer do Sol, a cor das frondes muda de branco para verde à medida que os cloroplastos migram das porções internas ou inferiores para a parte externa do talo e começam a realizar fotossíntese rapidamente. À noite, os cloroplastos se movem para o interior do talo e isso torna as algas menos atraentes para os herbívoros.

A classe Charophyceae inclui membros que se assemelham às briófitas e às plantas vasculares

Charophyceae (também conhecidas como algas carófitas ou estreptófitas) consiste em gêneros unicelulares, coloniais, filamentosos e parenquimatosos. A relação de parentesco entre si e com as briófitas e as plantas vasculares é revelada por muitas similaridades estruturais, bioquímicas e genéticas. Essas incluem a presença de células flageladas assimétricas, algumas das quais têm estruturas multiestratificadas características (ver Figura 15.33). Outras similaridades são a quebra do envoltório nuclear durante a mitose, fusos persistentes ou fragmoplastos na citocinese, presença de fitocromos, flavonoides e precursores químicos de cutícula, bem como outras características moleculares.

Os membros que divergiram cedo da linhagem das caroficeas parecem incluir *Mesostigma*, *Chlorokybus* e *Klebsormidium* (Figura 15.45). *Mesostigma* é um flagelado unicelular de água

15.44 Algas verdes marinhas sifonáceas. Quatro gêneros de algas verdes sifonáceas da classe Ulvophyceae são mostrados aqui. **A.** Uma espécie de *Codium*, abundante ao longo da costa Atlântica. **B.** *Ventricaria*, comum em águas tropicais; os indivíduos frequentemente atingem o tamanho aproximado de um ovo de galinha. **C.** *Acetabularia*, o "cálice-de-vinho-da-sereia", uma alga verde sifonácea com forma de cogumelo. A alga verde sifonácea no segundo plano é *Dasycladus*. Esta fotografia foi tirada nas Bahamas. **D.** *Halimeda*, uma alga verde sifonácea que frequentemente é dominante em recifes de águas mornas de todo o mundo. Essa alga produz compostos impalatáveis que desencorajam o pastoreio por peixes e outros herbívoros marinhos.

doce, com escamas; *Chlorokybus*, uma alga verde terrestre ou de água doce, raramente encontrada, consiste em pacotes de células agrupados por mucilagem; *Klebsormidium* é um filamento não ramificado de água doce. Nenhuma dessas carofíceas apresenta crescimento conspícuo ou florações na natureza, nem são importantes em termos econômicos.

Spirogyra (Figura 15.46) é um gênero bem conhecido de Charophyceae filamentosas e não ramificadas, o qual frequentemente forma massas mucilaginosas flutuantes em corpos de água doce. Cada filamento é envolto por uma bainha aquosa. O nome *Spirogyra* refere-se ao arranjo helicoidal de um ou mais cloroplastos semelhante a fita, com numerosos pirenoides, encontrados dentro de cada célula uninucleada. A reprodução assexuada em *Spirogyra* ocorre por divisão celular e fragmentação. Não são formadas células flageladas em nenhum estágio do ciclo de vida, mas, como verificado anteriormente, células reprodutivas flageladas ocorrem em outros gêneros de Charophyceae. Em *Spirogyra*, durante a reprodução sexuada, forma-se um tubo de conjugação entre dois filamentos. Os conteúdos das duas células ligadas pelo tubo funcionam como isogametas. A fecundação pode ocorrer no tubo, ou um dos gametas pode migrar para dentro do outro filamento, onde a fecundação acontece. Os zigotos ficam envoltos por paredes grossas que contêm *esporopolenina*. Essa substância protetora é o biopolímero mais resistente conhecido. A esporopolenina possibilita aos zigotos sobreviverem em condições desfavoráveis por longos períodos, antes da germinação, que ocorre quando as condições melhoram. A meiose é zigótica, como em todos os membros de Charophyceae.

As *desmídias* constituem um grande grupo de algas de água doce relacionado com *Spirogyra*. Como *Spirogyra*, elas não têm células flageladas. Algumas desmídias são filamentosas, porém a maioria é unicelular. A maioria das células de desmídias consiste em duas seções ou semicélulas ligadas por uma constrição estreita – o istmo (Figura 15.47). A divisão celular e a reprodução sexuada em desmídias são muito similares às de *Spirogyra*. Existem milhares de espécies de desmídias. São mais abundantes e diversificadas em brejos e tanques pobres em nutrientes

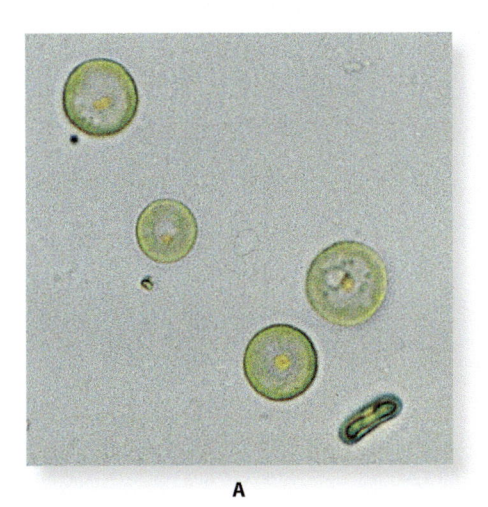 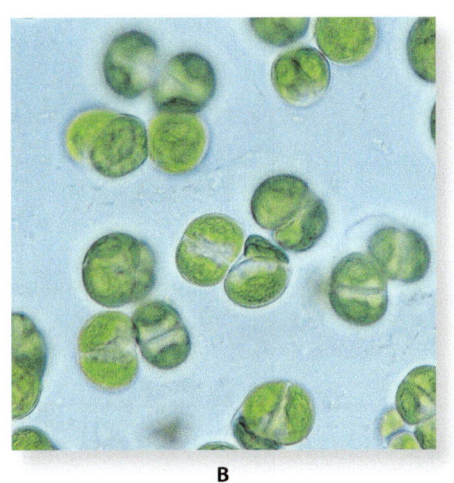 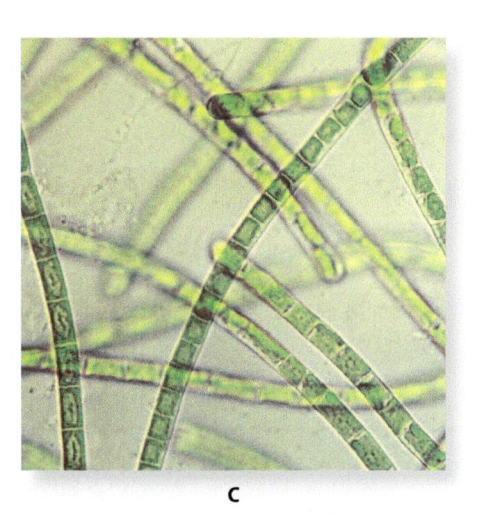

15.45 Três algas carofíceas. (**A**) *Mesostigma*, (**B**) *Chlorokybus* e (**C**) *Klebsormidium* são membros que divergiram cedo da linhagem de carofíceas.

minerais. Algumas estão associadas a bactérias, possivelmente simbiônticas, que vivem dentro das bainhas mucilaginosas.

Duas ordens de algas verdes carofíceas, Coleochaetales e Charales, assemelham-se mais intimamente às briófitas e às plantas vasculares do que às demais carofíceas, quanto aos detalhes da divisão celular e reprodução sexuada. Essas ordens apresentam um fragmoplasto constituído por microtúbulos durante a citocinese, semelhante ao de plantas vasculares. Como as briófitas e as plantas vasculares, elas são oogâmicas e seus anterozoides são ultraestruturalmente similares aos das briófitas. As briófitas e as plantas vasculares, provavelmente, derivaram de um membro extinto das Charophyceae, que em muitos aspectos se assemelha aos membros existentes de Coleochaetales e Charales.

Estudos morfológicos e moleculares indicam que cedo ocorreu uma divergência basal nas algas verdes, dando origem ao clado clorófita e ao clado estreptófita (Streptophyta) (Figura 15.48). O *clado clorófita* contém a maioria das algas verdes, enquanto o *clado estreptófita* consiste nas algas carofíceas Co-

leochaetales e Charales, nas Zygnematales (não discutidas neste livro), em alguns membros que cedo divergiram da linhagem das carofíceas, nas briófitas e nas plantas vasculares (plantas terrestres). *Mesostigma* (Figura 15.45A) parece pertencer à base do clado estreptófita.

A ordem Coleochaetales, com cerca de 20 espécies, inclui gêneros filamentosos e discoides (em forma de disco), que crescem por divisão de células apicais ou periféricas (Figura 15.49). *Coleochaete*, que cresce sobre a superfície de rochas ou de plantas submersas de água doce, tem células vegetativas uninucleadas contendo um grande cloroplasto com um pirenoide no seu interior. Cloroplastos e pirenoides muito semelhantes são encontrados em alguns representantes do filo Antocerofita, um grupo de briófitas que será discutido no Capítulo 16. *Coleochaete*, como inúmeras carófitas, reproduz-se assexualmente por zoósporos que são formados individualmente dentro da célula. A reprodução sexual é oogâmica. Os zigotos que permanecem presos ao talo parental estimulam o crescimento de uma camada de células que os recobre. Em pelo menos uma espécie

 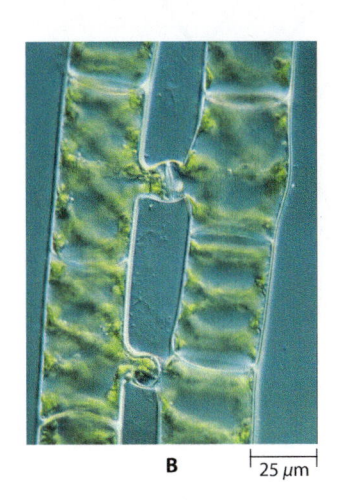  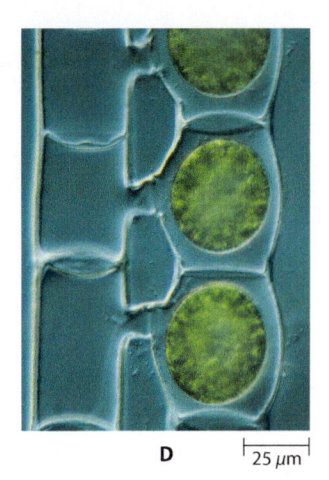

A | 25 µm   **B** | 25 µm   **C** | 25 µm   **D** | 25 µm

15.46 Reprodução sexual em *Spirogyra*. A e **B.** A formação de tubos de conjugação entre as células de filamentos adjacentes. **C.** O conteúdo das células da linhagem – (à esquerda) passa através destes tubos para dentro das células da linhagem +. **D.** A fecundação ocorre dentro dessas células. O zigoto resultante desenvolve uma parede celular espessa e resistente e é denominado zigósporo. Os filamentos vegetativos de *Spirogyra* são haploides, e a meiose ocorre durante a germinação dos zigósporos, como em todas as Charophyceae.

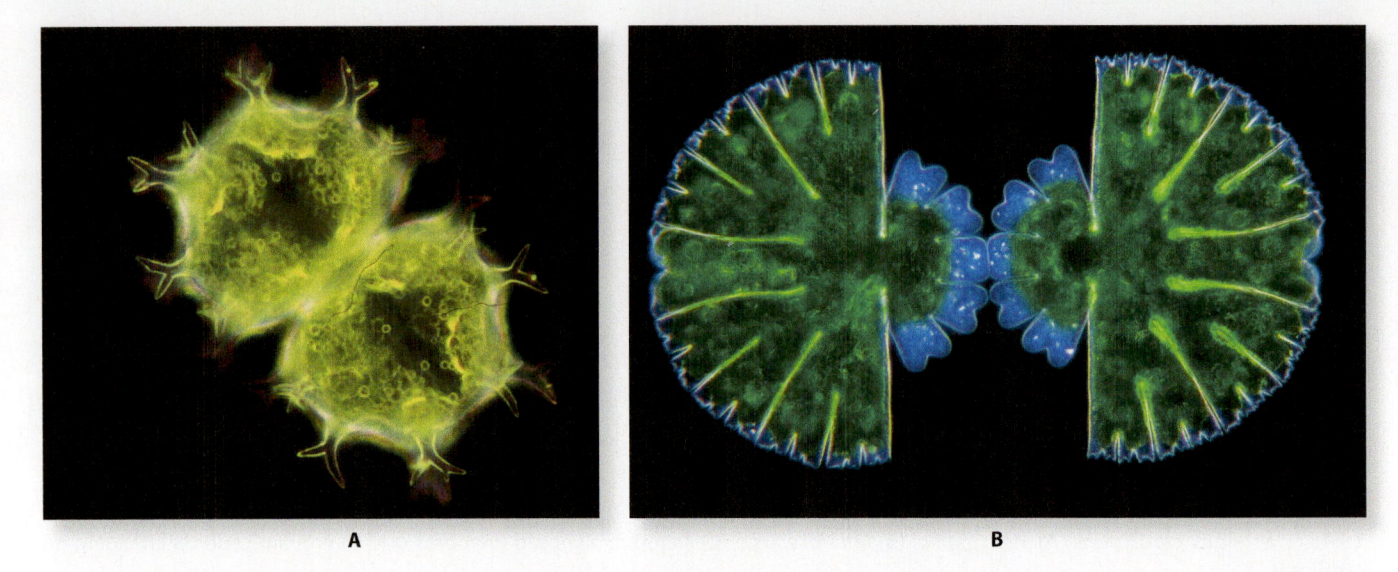

15.47 Desmídias. As desmídias são um grupo com milhares de espécies de Charophyceae unicelulares, de água doce. A maioria das desmídias é constrita em duas partes, o que lhes confere uma aparência muito característica. **A.** *Xanthidium armatum*. **B.** Divisão celular em *Micrasterias thomasiana*. A metade menor de cada indivíduo-filho crescerá até o tamanho da metade maior, atingindo o tamanho normal da espécie.

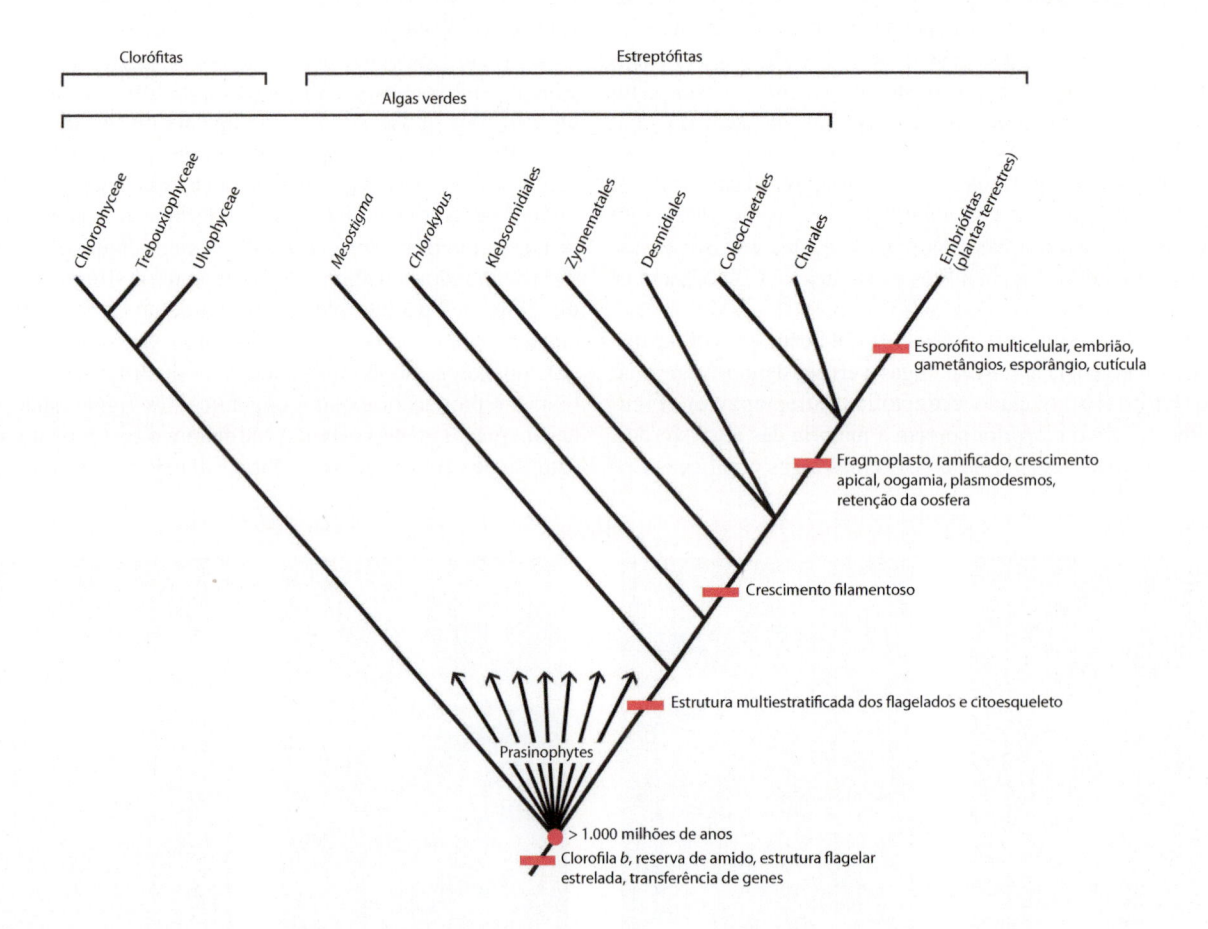

15.48 Árvore filogenética. Esta árvore filogenética, ou cladograma, mostra a separação basal das algas verdes nos clados clorófita e estreptófita e a relação de certas algas verdes com as embriófitas (briófitas e plantas vasculares). Alguns caracteres compartilhados pelos membros do clado estreptófita são indicados. As clorófitas incluem as classes Ulvophyceae, Trebouxiophyceae e Chlorophyceae. A classe Trebouxiophyceae, que não é descrita nesta obra, consiste em colônias ou células únicas não flageladas, não ramificadas ou com filamentos ramificados ou pequenas lâminas semelhantes às encontradas nas ulvofíceas. São mais encontradas em *habitats* terrestres ou em água doce. Trebouxiophyceae e Chlorophyceae formam grupos-irmãos.

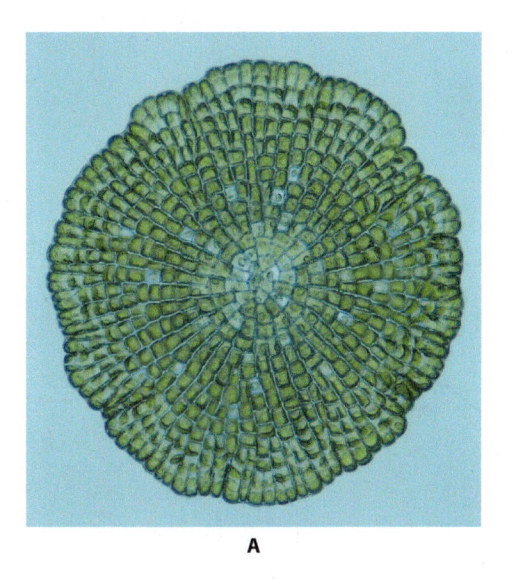
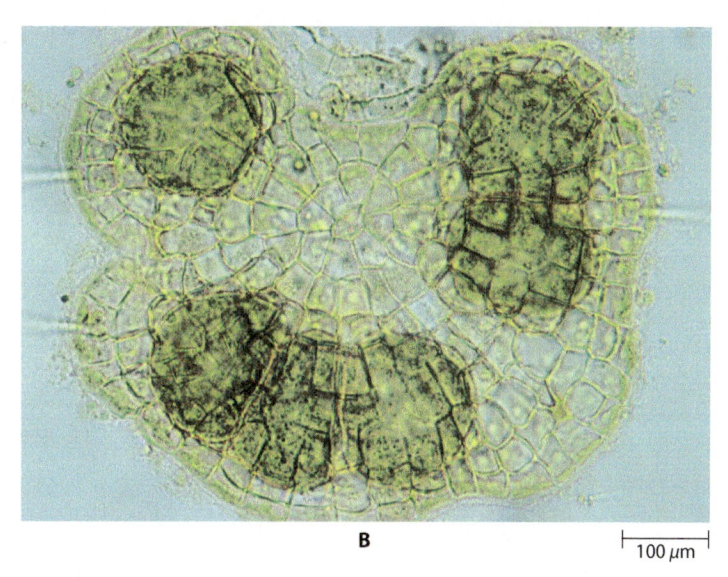

15.49 Coleochaete. A. A alga verde carofícea *Coleochaete* cresce sobre rochas e caules de plantas floríferas aquáticas, em águas rasas de lagos. **B.** Indivíduos desta espécie de *Coleochaete* consistem em um disco parenquimatoso, geralmente com uma camada de células de espessura. As células grandes são zigotos, que são protegidos por uma cobertura celular. Os pelos que se projetam do disco são providos de bainha na base; *Coleochaete* significa "pelo com bainha". Esses pelos são interpretados como elementos que desencorajam animais aquáticos de se alimentarem da alga.

essas células parentais têm invaginações de parede, semelhantes às observadas na junção do gametófito com o esporófito em briófitas (ver Capítulo 16) e em muitas plantas vasculares. Essas células especializadas, chamadas de células de transferência, possivelmente estão relacionadas com o transporte de nutrientes entre o gametófito e o esporófito. As invaginações de parede sugerem como o ciclo de vida característico das plantas e a geração esporofítica podem ter evoluído nos ancestrais extintos das plantas modernas.

A ordem Charales inclui 81 a 400 espécies atuais de algas verdes (o número depende do especialista) encontradas principalmente em água doce ou, algumas vezes, em água salobra. Nas formas atuais, tais como *Chara* (Figura 15.50), alguns têm a parede celular fortemente calcificada. A calcificação de estruturas reprodutivas características dos ancestrais resultou em um bom registro fóssil anterior ao Siluriano superior (há cerca de 410 milhões de anos).

Charales, assim como *Coleochaete*, briófitas e plantas vasculares, exibem crescimento apical. Além disso, o talo está diferenciado em regiões nodais e internodais. A organização do tecido nas regiões nodais assemelha-se ao parênquima das plantas, assim como o padrão das conexões por plasmodesmos. Das

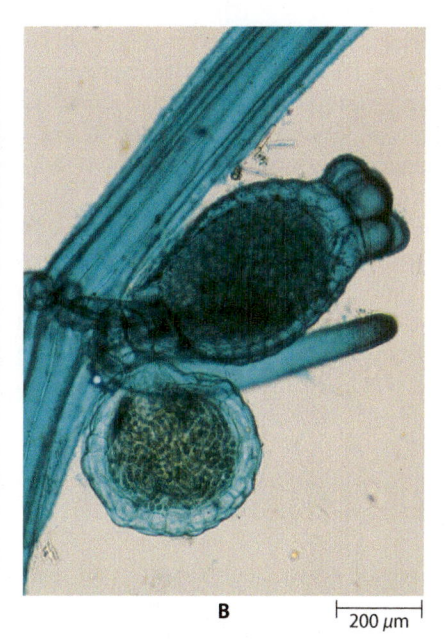

15.50 Chara. A. *Chara* (classe Charophyceae) cresce em águas rasas de lagos temperados*. **B.** *Chara* mostrando gametângios. A estrutura de cima é um oogônio e a estrutura arredondada de baixo é um anterídio. (*N.R.: O gênero *Chara* ocorre também nas regiões tropicais e subtropicais do mundo.)

regiões nodais originam-se verticilos de ramos. Em algumas espécies, fileiras de células crescem sobre o eixo central filamentoso originando um talo mais espesso e forte. Os anterozoides de Charales são produzidos em anterídios multicelulares, que são mais complexos do que os encontrados em qualquer outro grupo de protistas. As oosferas são produzidas em oogônios fechados por algumas células longas, tubulares e torcidas. Essas células estão em uma posição análoga ao gametângio feminino característico das plantas sem sementes e devem servir para funções similares. Os anterozoides são as únicas células flageladas no ciclo de vida de Charales, e eles se assemelham muito aos anterozoides de briófitas. Acredita-se que o zigoto germine após a meiose, apesar das dificuldades de estudo, porque os zigotos são envoltos por paredes grossas que apresentam esporopolenina. A esporopolenina é também um componente das paredes dos esporos das plantas e do pólen, responsável pela ampla ocorrência dessas células no registro fóssil.

Protistas heterotróficos

Os oomicetos e os organismos plasmodiais e pseudoplasmodiais são heterotróficos e eram considerados fungos. Ao contrário dos organismos plasmodiais, os oomicetos são estramenópilos com aspecto semelhante ao dos fungos. Organismos com plasmódio verdadeiro ou com pseudoplasmódio, apesar de não relacionados, são tratados juntos aqui com intuito de comparar suas semelhanças.

Oomicetos | Filo Oomycota

O filo Oomycota, com aproximadamente 700 espécies, é um grupo heterotrófico distinto. Como os dinoflagelados e muitas algas verdes, as paredes celulares dos oomicetos são constituídas predominantemente por celulose ou polímeros semelhantes à celulose. Os oomicetos variam de unicelulares a formas filamentosas, cenocíticas e extremamente ramificadas. Essas formas ramificadas lembram um pouco as hifas, que são características dos fungos, e, por isso, os oomicetos já foram classificados com os fungos.

A maioria dos oomicetos consegue se reproduzir tanto de forma sexuada como assexuada. A reprodução assexuada se faz por meio dos zoósporos móveis (Figura 15.51A), que apresentam os dois flagelos que caracterizam os estramenópilos – um com pelos e o outro liso. A reprodução sexuada é oogâmica, ou seja, o gameta feminino (oosfera) é relativamente grande e sem flagelo, enquanto o gameta masculino é bem menor e flagelado.

Nos oomicetos uma ou mais oosferas são produzidas na estrutura denominada *oogônio* e um *anterídio* contém numerosos núcleos masculinos (Figura 15.51B). A fecundação resulta na formação de um zigoto com parede espessa, o *oósporo*, estrutura que dá nome ao filo. O oósporo funciona como um esporo de resistência e pode sobreviver às condições de estresse. Quando as condições são favoráveis, o oósporo germina. Outros estramenópilos, assim como muitas algas verdes que vivem em *habitats* semelhantes, também produzem estágios quiescentes que resultam diretamente de reprodução sexuada.

Oomicetos aquáticos. Um grande grupo do filo Oomycota é aquático. Os membros desse grupo, chamados "fungos aquáticos", são abundantes em água doce e são de fácil isolamento. A maioria deles é saprotrófica, vivendo dos restos de plantas e animais mortos, mas alguns são parasitos, inclusive espécies que provocam doenças em peixes e ovas de peixes.

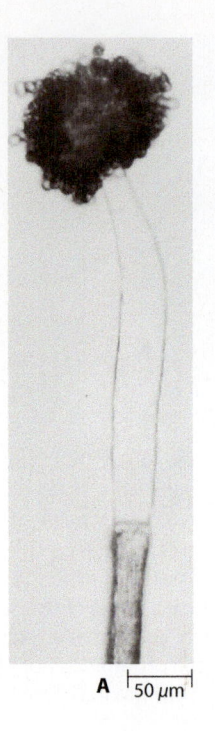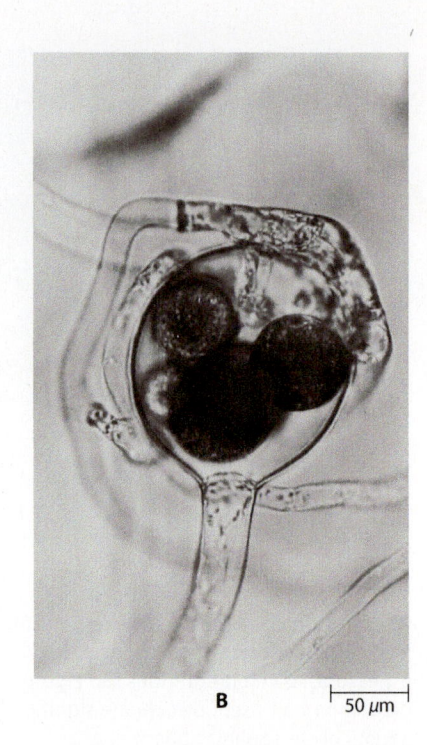

A |50 μm| **B** |50 μm|

15.51 Zoósporos e oósporos. *Achlya ambisexualis* é um oomiceto que se reproduz tanto de forma sexuada como assexuada. **A.** Zoosporângio vazio com zoósporos encistados em torno de sua abertura, característica da reprodução assexuada em *Achlya*. **B.** Estruturas sexuais mostrando tubos de fecundação estendendo-se do anterídio, atravessando a parede do oogônio e alcançando as oosferas. A fecundação resulta na formação de zigotos com parede espessa, conhecidos como oósporos.

Alguns oomicetos aquáticos, como *Saprolegnia* (Figura 15.52), reproduzem-se de forma sexuada, com o mesmo indivíduo apresentando órgãos sexuais femininos e masculinos, ou seja, são *homotálicos*. Outros, como algumas espécies de *Achlya* (Figura 15.51), são *heterotálicos* – os órgãos sexuais femininos e masculinos estão em indivíduos diferentes ou, se estiverem no mesmo indivíduo, este é geneticamente incapaz de autofertilização. *Saprolegnia* e *Achlya* reproduzem-se sexuada e assexuadamente.

Alguns oomicetos terrestres são importantes patógenos de plantas. Outro grupo de oomicetos é basicamente terrestre, embora os organismos ainda formem zoósporos quando existe água em estado líquido. Nesse grupo, a ordem Peronosporales, existem algumas formas que são importantes do ponto de vista econômico. Uma delas é *Plasmopara viticola*, que provoca míldio em uvas. O míldio foi acidentalmente introduzido na França no final da década de 1870 em uma safra de uvas proveniente dos EUA, que fora importada por causa de sua resistência a outras doenças. O míldio logo ameaçou toda a indústria francesa de vinho. A doença foi controlada graças à combinação de observações cuidadosas e um pouco de boa sorte. Os proprietários de vinhedos nas proximidades de Medoc habitualmente colocavam uma mistura de sabor desagradável de sulfato de cobre e cal sobre as videiras ao longo das estradas, para evitar que as pessoas apanhassem as uvas. Um professor da Universidade de Bordeaux, que estava estudando o problema do míldio, notou que essas plantas permaneciam

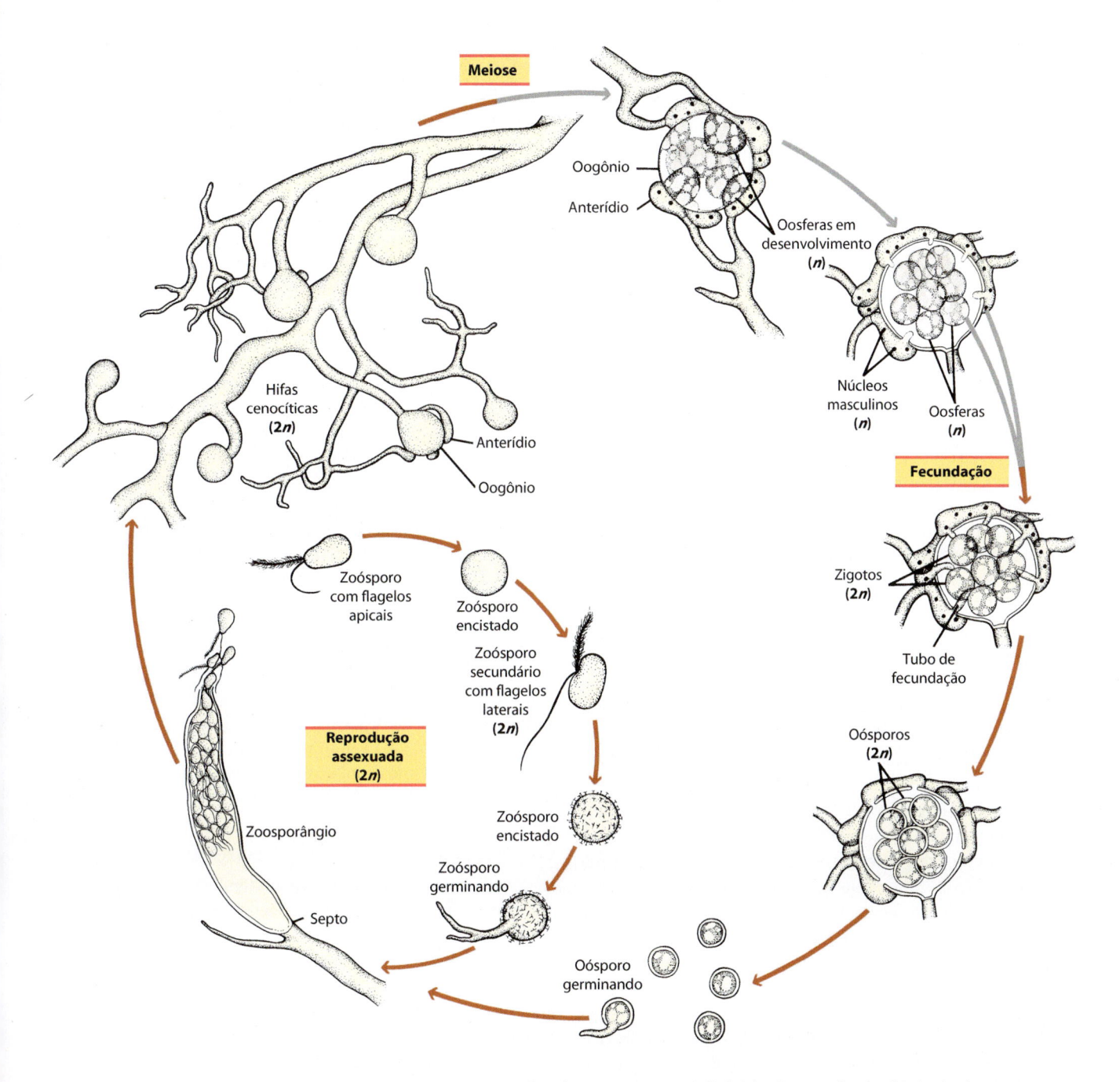

Meiose

Oogônio

Anterídio

Oosferas em desenvolvimento (*n*)

Núcleos masculinos (*n*)

Oosferas (*n*)

Hifas cenocíticas (**2n**)

Anterídio

Oogônio

Fecundação

Zigotos (**2n**)

Tubo de fecundação

Zoósporo com flagelos apicais

Zoósporo encistado

Zoósporo secundário com flagelos laterais (**2n**)

Reprodução assexuada (2n)

Zoósporo encistado

Oósporos (**2n**)

Zoósporângio

Zoósporo germinando

Septo

Oósporo germinando

15.52 Ciclo de vida de *Saprolegnia*, um oomiceto. O micélio desse oomiceto é diploide. A reprodução é principalmente assexuada (parte inferior, à esquerda). Zoósporos biflagelados são liberados do esporângio (designado, portanto, zoosporângio) nadam por certo tempo e encistam. Cada um pode dar origem a um zoósporo secundário, que também encista e, ao germinar, produz um novo micélio.

Durante a reprodução sexuada, oogônios e anterídios formam-se nas mesmas hifas (acima, à esquerda). A meiose ocorre nessas estruturas. Os oogônios são células grandes, nas quais são produzidas oosferas esféricas. Os anterídios formam-se a partir das extremidades de outros filamentos do mesmo indivíduo e produzem numerosos núcleos masculinos. Na fecundação, os anterídios crescem em direção aos oogônios e desenvolvem tubos de fertilização, que penetram nelas, como foi visto em *Achlya* na Figura 15.51B.

Os núcleos masculinos passam pelos tubos de fecundação, alcançam as oosferas e fundem-se com os núcleos femininos. Após fusão nuclear, um zigoto com parede espessa – o oósporo – é produzido. O oósporo germina produzindo hifas, as quais darão origem a zoosporângios, iniciando um novo ciclo.

livres da doença. Após discutir o problema com os viticultores, o professor preparou sua própria mistura química – a mistura de Bordeaux – que se tornou disponível em 1882. A mistura de Bordeaux foi o primeiro produto químico utilizado no controle de uma doença de planta.

Outro membro desse grupo com grande importância econômica é o gênero *Phytophthora* (que significa "destruidor de planta"). *Phytophthora*, com aproximadamente 35 espécies, é um patógeno vegetal muito importante porque provoca destruição generalizada de muitos tipos de colheita, inclusive cacau, abacaxis, tomates, borracha, mamão, cebola, morango, maçã, soja, tabaco e laranjas. *Phytophthora cinnamomi*, espécie com ampla distribuição e que é encontrada no solo, destruiu e tem tornado improdutivos milhões de abacateiros no sul da Califórnia (EUA) e arredores. Também destruiu 10 mil hectares de eucalipto, destinados à produção de madeira, na Austrália. Os zoósporos de *P. cinnamomi* são atraídos para as plantas que infectam por exsudatos químicos das raízes. Também são produzidos esporos de resistência, os quais podem sobreviver até 6 anos em solo úmido. Grandes esforços estão sendo envidados em relação ao abacate e outras colheitas com o intuito de produzir espécies resistentes a esse oomiceto.

Em 2000 uma espécie previamente desconhecida de *Phytophthora*, *Phytophthora ramorum*, foi identificada como sendo a causa da doença denominada morte súbita dos carvalhos. Essa doença é devastadora para os carvalhos, *Notholithocarpus densiflorus*, *Quercus kelloggii* e *Quercus parvula* var. *shrevei*, desde Big Sur na Califórnia até a região meridional do Oregon, nos EUA. O organismo invade a casca e acaba causando a morte da árvore. Uma manifestação precoce da doença é a exsudação de seiva preto-avermelhada da casca da árvore (Figura 15.53). *Phytophthora ramorum* apareceu em 26 outras espécies de plantas, incluindo azaleias, pinheiros (*Pseudotsuga mengiesii*) e sequoias (*Sequoia sempervirens*). A maioria dessas espécies tem apenas infecções nas folhas ou nos brotos. A origem do patógeno é desconhecida.

A espécie mais conhecida de *Phytophthora* é, no entanto, *Phytophthora infestans* (Figura 15.54), a causa da requeima ou mela das batatas, que resultou na Grande fome da Irlanda de 1846-1847. Como resultado dessa escassez, cerca de 800.000 pessoas morreram de fome e um grande número emigrou, principalmente para os EUA. Ainda hoje, *P. infestans* é uma doença grave que acomete as batateiras, causando a perda de mais de 5 bilhões de dólares a cada ano no mundo todo. Já foi encontrado em gene em uma espécie de batata-silvestre que protege contra a requeima. Este gene resistente foi inserido nas células de batata comercial (*Solanum tuberosum*), o que conferiu às plantas resistência a várias linhagens do patógeno do crestamento. O gene que protege as batatas de *P. infestans* provém de uma planta que se acredita ter evoluído no México junto com o patógeno. As sequências genômicas de *P. ramorum* e *Phytophthora sojae*, que provoca a podridão radicular na soja, confirmam a ancestralidade fotossintetizante de estramenópilos.

Também merece menção o gênero *Pythium*, encontrado nos solos em todo o globo. Espécies de *Pythium* são as mais importantes causadoras da doença chamada *tombamento*, que mata plântulas jovens. Esses oomicetos comprometem uma grande variedade de culturas economicamente importantes e podem ter implicações sérias nos gramados utilizados nos campos de golfe e futebol. Algumas espécies de *Pythium* atacam e apodrecem as sementes e podem destruir as plântulas antes da sua emergência no solo (tombamento pré-emergência) ou após a sua emergência (tombamento pós-emergência). O tombamento pós-emergência, no qual as plântulas apodrecem na altura do solo e murcham, é um problema grave em estufas para plantas, onde as mudas são produzidas em grande quantidade e alta densidade. Muitos cultivadores enfrentam esse problema na primavera, quando retornam às atividades de produção anual.

15.53 *Phytophthora ramorum*, a causa da morte súbita de carvalhos. Quando a seiva começa a escorrer pela casca da árvore, o primeiro sinal externo de infecção, ela já está condenada.

Organismos plasmodiais (mixomicetos) | Filo Myxomycota

Os organismos plasmodiais, ou mixomicetos, compreendem um grupo com cerca de 700 espécies, que parece não ter relação direta com os organismos pseudoplasmodiais, os fungos ou quaisquer outros grupos. Embora referidos como fungos, evidências moleculares demonstraram que nem os mixomicetos nem os organismos pseudoplasmodiais são intimamente relacionados com os fungos. Quando as condições são apropriadas, os mixomicetos vivem como massas finas e deslizantes de protoplasma que se movem de forma ameboide. Sem uma parede celular, esse protoplasma "nu" é denominado *plasmódio* (Figura 15.55). Os plasmódios locomovem-se, englobam e digerem bactérias, leveduras, esporos de fungos e pequenas partículas de material em decomposição de origem vegetal e animal. Os plasmódios podem ser cultivados em meios de cultura, que não contêm partículas, sugerindo que os plasmódios também obtêm alimento por absorção de compostos orgânicos dissolvidos. À medida que o plasmódio cresce, os núcleos dividem-se repetida e sincronicamente, isto é, todos os núcleos do plasmódio dividem-se ao mesmo tempo. Centríolos estão presentes e a mitose é similar à das plantas, apesar de os cromossomos serem muito pequenos.

Tipicamente, o plasmódio em movimento lembra um leque (ver Figura 12.15A), com túbulos de protoplasma que se espalham, os quais são espessos na base do leque, ramificando-se e tornando-se mais finos nas bordas. Os túbulos são compostos de protoplasma ligeiramente solidificado, através do qual o

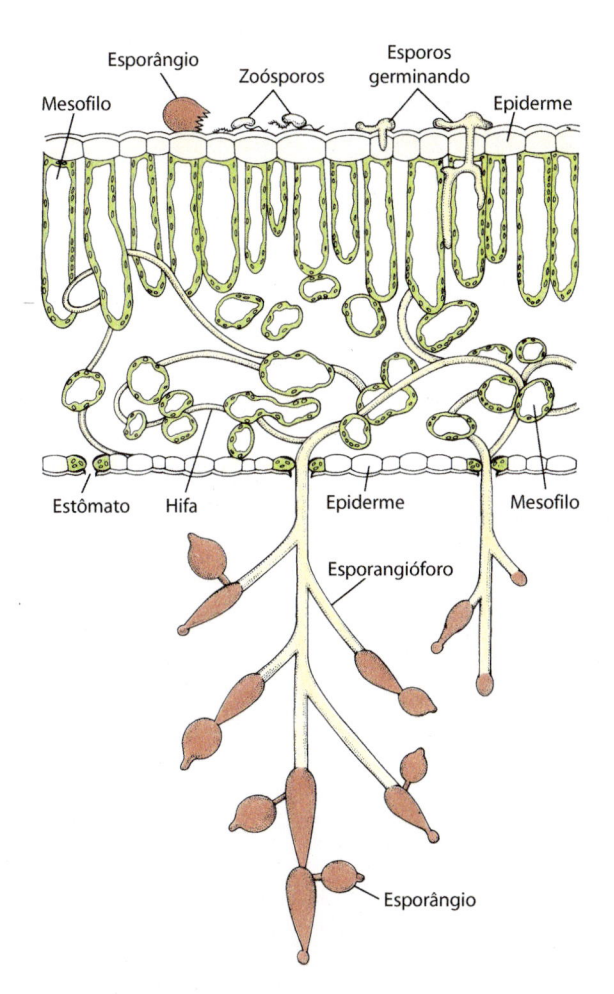

15.55 Plasmódio. É mostrado aqui o plasmódio de um mixomiceto, *Physarum*, crescendo sobre o tronco de uma árvore.

15.54 *Phytophthora infestans*, a causa da requeima das batatas. As células da folha da batata são mostradas em verde. Na presença de água e de baixa temperatura podem ocorrer duas situações: os zoósporos são liberados dos zoosporângios e nadam para os locais de germinação (como mostrado aqui) ou os zoosporângios germinam diretamente, pelo tubo de germinação.

protoplasma mais líquido se movimenta rapidamente. A borda do plasmódio consiste em uma fina camada de gel separada do substrato somente pela membrana plasmática e uma bainha mucilaginosa.

Os mixomicetos têm ciclo de vida no qual a reprodução sexuada faz parte, podendo ser um dos grupos mais antigos dos protistas que adquiriram a sexualidade. O crescimento plasmodial continua por longo tempo, desde que esteja disponível adequado suprimento de alimento e umidade. Geralmente, quando há pouca disponibilidade de um deles, o plasmódio migra para fora da área de alimentação. Nesse momento, o plasmódio pode ser encontrado atravessando caminhos ou relvados, subindo em árvores, ou em outros lugares incomuns. Em muitas espécies, quando o plasmódio cessa o movimento, ele se divide em inúmeros pequenos montículos. Os montículos são similares em tamanho e volume, e sua formação é, provavelmente, controlada por efeitos químicos dentro do plasmódio. O ciclo de vida de um mixomiceto típico está resumido na Figura 15.56. Cada montículo produz um esporângio, comumente no topo de um pedúnculo (Figura 15.57B). O esporângio maduro é frequentemente muito ornamentado

(Figura 15.57A). O protoplasma de um esporângio jovem contém muitos núcleos que aumentam em número por mitose. Progressivamente, o protoplasma divide-se em grande quantidade de esporos, cada um contendo um núcleo diploide. A meiose então ocorre, dando origem a quatro núcleos haploides por esporo. Três dos quatro núcleos desintegram-se, deixando cada esporo com apenas um núcleo haploide. Em alguns membros desse grupo não são produzidos esporângios definidos e o plasmódio inteiro pode transformar-se em *plasmodiocarpo* (Figura 15.57C), o qual mantém a forma primária do plasmódio, ou em um *etálio* (Figura 15.57D), no qual o plasmódio forma um grande montículo que é, essencialmente, um único grande esporângio.

Quando o *habitat* seca, o plasmódio pode rapidamente formar uma estrutura encistada, o *esclerócio*. Esclerócios são vistos facilmente em pilhas de lenha, porque essas estruturas têm coloração amarela ou alaranjada. Os esclerócios são de grande importância para a sobrevivência dos mixomicetos, especialmente em *habitats* sujeitos à rápida dessecação, tais como cactos mortos ou solos nos desertos, onde esses organismos são abundantes.

Os esporos dos mixomicetos são também resistentes às condições ambientais extremas, podendo sobreviver por longos períodos. Alguns germinaram após permanecerem no laboratório por mais de 60 anos. Assim, a formação de esporos, nesse grupo, propicia não somente a recombinação genética, mas também a sobrevivência em condições adversas.

Sob condições favoráveis, os esporos se rompem e o protoplasto emerge (Figura 15.56). O protoplasto pode permanecer ameboide ou desenvolver de um a quatro flagelos lisos. Os estádios ameboide e flagelado são intercambiáveis. As amebas alimentam-se de bactérias e material orgânico e multiplicam-se por mitose e clivagem celular. Quando o suprimento de alimento é escasso ou as condições são desfavoráveis, as amebas cessam o movimento, adquirem a forma arredondada, secretam uma fina parede e formam *microcistos*. Esses microcistos permanecem viáveis por 1 ano ou mais, retornando às atividades quando as condições forem favoráveis.

Após um período de crescimento, os plasmódios aparecem na população de amebas. Sua formação é governada por vá-

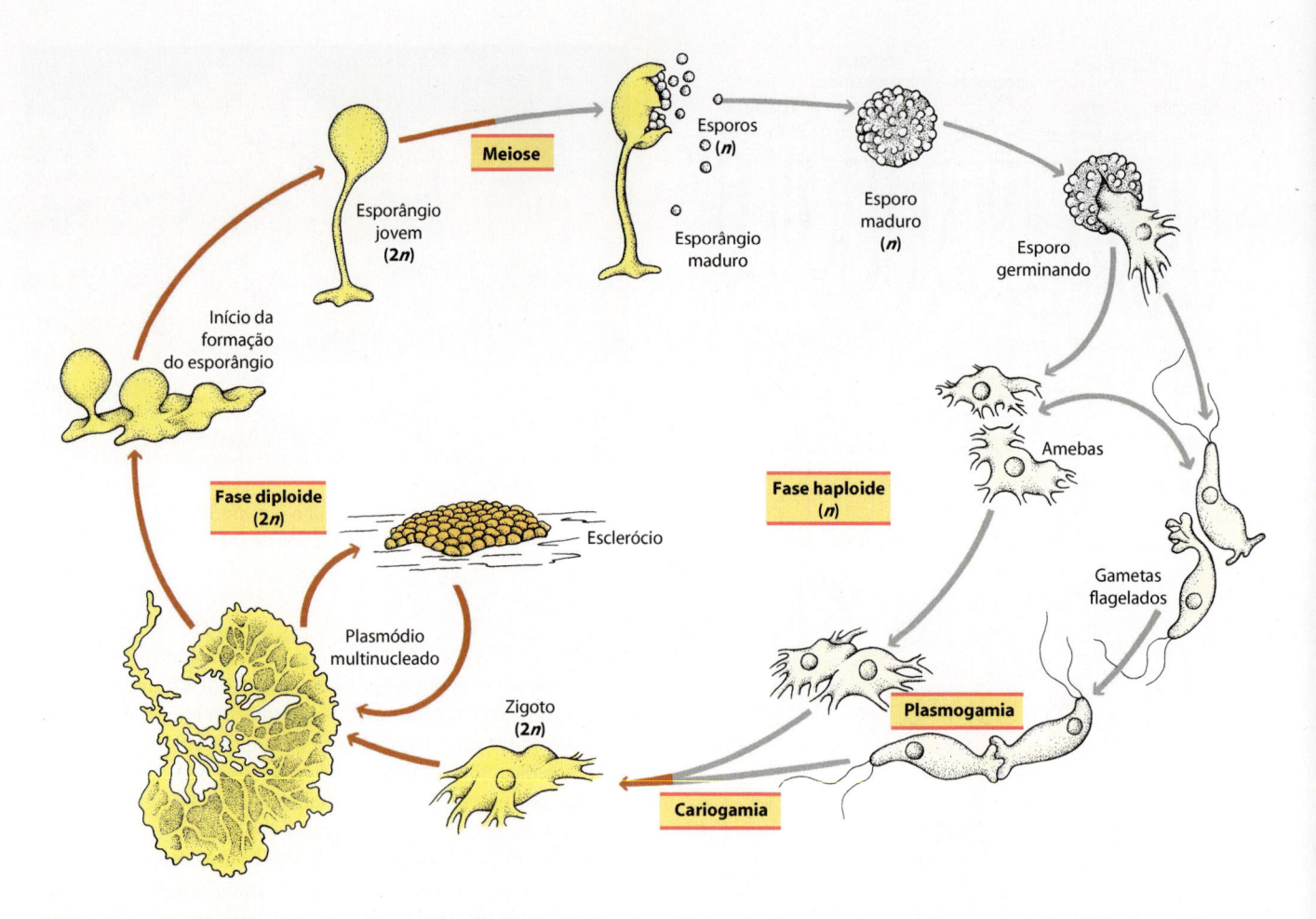

15.56 Ciclo de vida de um mixomiceto típico. A reprodução sexuada, nos mixomicetos, consiste em três fases distintas: plasmogamia, cariogamia e meiose. A plasmogamia é a união de dois protoplastos, os quais podem ser gametas ameboides ou flagelados, derivados da germinação dos esporos; isso leva à presença de dois núcleos haploides juntos na mesma célula. A cariogamia é a fusão desses dois núcleos, resultando na formação do zigoto diploide e início da fase diploide no ciclo de vida. O plasmódio é multinucleado, uma massa protoplasmática deslizante que pode passar sobre um tecido ou papel de filtro, permanecendo intacto. Na natureza, os plasmódios frequentemente formam esclerócios e são capazes de sobreviver a períodos de seca nessas condições. O plasmódio ativo pode, finalmente, formar esporângios. Dentro dos esporângios, a meiose restaura a condição haploide e, assim, inicia a fase haploide no ciclo de vida.

rios fatores, incluindo idade celular, condições ambientais, densidade das amebas e monofosfato de adenosina cíclico – cAMP (do inglês, *cyclic adenosine monophosfate*) ou AMP cíclico. Esses fatores têm papel semelhante àqueles de *Dictyostelium discoideum*, discutido na seção seguinte. Um dos modos de formação do plasmódio é a fusão de gametas. Os gametas são, na maioria das vezes, geneticamente diferentes uns dos outros e, em última instância, derivados de esporos haploides diferentes. Esses gametas são simplesmente algumas das amebas ou flagelados que agora têm uma nova função. Em muitas espécies e linhagens, no entanto, sabe-se que o plasmódio se forma diretamente de apenas uma ameba. Tais plasmódios são haploides como as amebas que lhes deram origem.

Organismos pseudoplasmodiais (dictiostelídeos) | Filo Dictyosteliomycota

Os organismos pseudoplasmodiais, ou dictiostelídeos – grupo de aproximadamente 50 espécies e quatro gêneros – são mais

intimamente relacionados com as amebas (filo *Rhizopoda*, não abordado neste livro) do que com qualquer outro grupo. Também conhecidos como "ameba social", eles são comuns nos solos ricos em húmus, onde existem sob forma ameboide livre, as *mixamebas*. As mixamebas alimentam-se de bactérias por fagocitose (Figura 15.58A). Diferentes dos fungos, com os quais já foram agrupados, os dictiostelídeos têm parede celular rica em celulose durante parte de seu ciclo de vida (Figura 15.58) e mitose normal, como nas plantas e animais, na qual o envoltório nuclear se rompe. Além disso, ao contrário dos fungos, eles têm centríolos.

Dictyostelium reproduz-se por divisão celular e apresenta pouca diferenciação morfológica até que o suprimento disponível de bactérias seja exaurido. Em resposta à falta de alimento, as células agregam-se para formar uma massa móvel. As mixamebas são uninucleadas e haploides, mantendo a individualidade nessa massa (Figura 15.58B), que comumente contém 10.000 a 125.000 indivíduos. Essa massa, chamada *pseudoplasmódio* (Figura 15.58D), migra para um novo lugar antes da diferenciação e liberação dos esporos. Dessa maneira,

15.57 Estruturas produtoras de esporos nos mixomicetos. A. Esporângios de *Arcyria nutans*. **B.** Esporângios de *Stemonitis splendens*. **C.** Plasmodiocarpo de *Hemitrichia serpula*. **D.** Etálios de *Lycogala* crescendo sobre a casca de árvore.

o organismo evita a liberação de esporos em *habitats* sem bactérias.

As mixamebas agregam-se por *quimiotaxia*, migrando em direção ao suprimento de cAMP, que é secretado por mixamebas que não se alimentam. O cAMP difunde-se para o meio externo, estabelecendo um gradiente de concentração ao longo do qual as células ao redor se movem em direção às células secretoras de cAMP. Essas células são estimuladas a produzir novo "pulso" de cAMP, após um período de 5 min. Pelo menos três levas de mixamebas são atraídas desse modo. O cAMP adere a receptores na membrana plasmática desencadeando rearranjo dos filamentos de actina e permitindo que as mixamebas se agrupem ao redor das fontes de cAMP. As células acumulam-se no centro de agregação e suas membranas plasmáticas tornam-se pegajosas, causando aderência umas às outras, resultando na formação do pseudoplasmódio.

O destino final de uma célula do pseudoplasmódio é determinado por sua posição na agregação, que parece ser controlada pelo estádio do ciclo celular em que a mixameba se encontrava quando a agregação teve início. Células que se dividem entre 90 min antes e 40 min após o período de falta de alimento entram em agregação por último. Quando a migração cessa, as células anteriores (da frente do pseudoplasmódio, no sentido da migração) tornam-se o pedúnculo da estrutura de reprodução. Essas células ficam envoltas por uma capa de celulose, o que dá rigidez ao pedúnculo, e morrem por *apoptose* (um tipo de morte celular programada). Enquanto isso, as células posteriores do pseudoplasmódio movem-se para o ápice do pedúnculo e transformam-se em esporos. Finalmente, os esporos são liberados e dispersos. Se os esporos caem em uma superfície úmida e

quente, germinam. Cada esporo libera apenas uma mixameba, e o ciclo se repete.

As amebas que formam os pedúnculos foram classificadas como *altruístas* porque abrem mão da chance de reprodução e, em vez disso, ajudam outras amebas a produzir esporos. O gene *csaA*, que codifica uma proteína de adesão celular, possibilita a essas amebas reconhecer e cooperar umas com as outras. Exames laboratoriais já mostraram que algumas células mutantes, denominadas "células trapaceiras", conseguem não ser incorporadas ao pedúnculo e, em vez disso, movem-se diretamente para a parte que abriga os esporos. Os estudos revelaram que essas "amebas trapaceiras" não têm o gene *csaA*.

A reprodução envolvendo esporos assexuados é comum nos dictiostelídeos. A reprodução sexuada também ocorre frequentemente, resultando na formação de zigotos chamados *macrocistos*. Os macrocistos são formados por agregação de mixamebas que são menores do que aquelas envolvidas na formação dos pseudoplasmódios. Além disso, essas agregações são comumente arredondadas ou alongadas. Na formação de um macrocisto, duas mixamebas haploides fundem-se, formando uma mixameba grande, o zigoto, que se alimenta por fagocitose. O zigoto continua a se alimentar vorazmente, até que todas as mixamebas ao redor tenham sido engolfadas, tornando-se uma célula gigante. Nessa fase, uma parede celular espessa, rica em celulose, é depositada ao redor da célula gigante, transformando-se em um macrocisto maduro. Dentro do macrocisto, o zigoto – única célula diploide do ciclo – passa por meiose e muitas divisões mitóticas antes da germinação e liberação de numerosas mixamebas haploides.

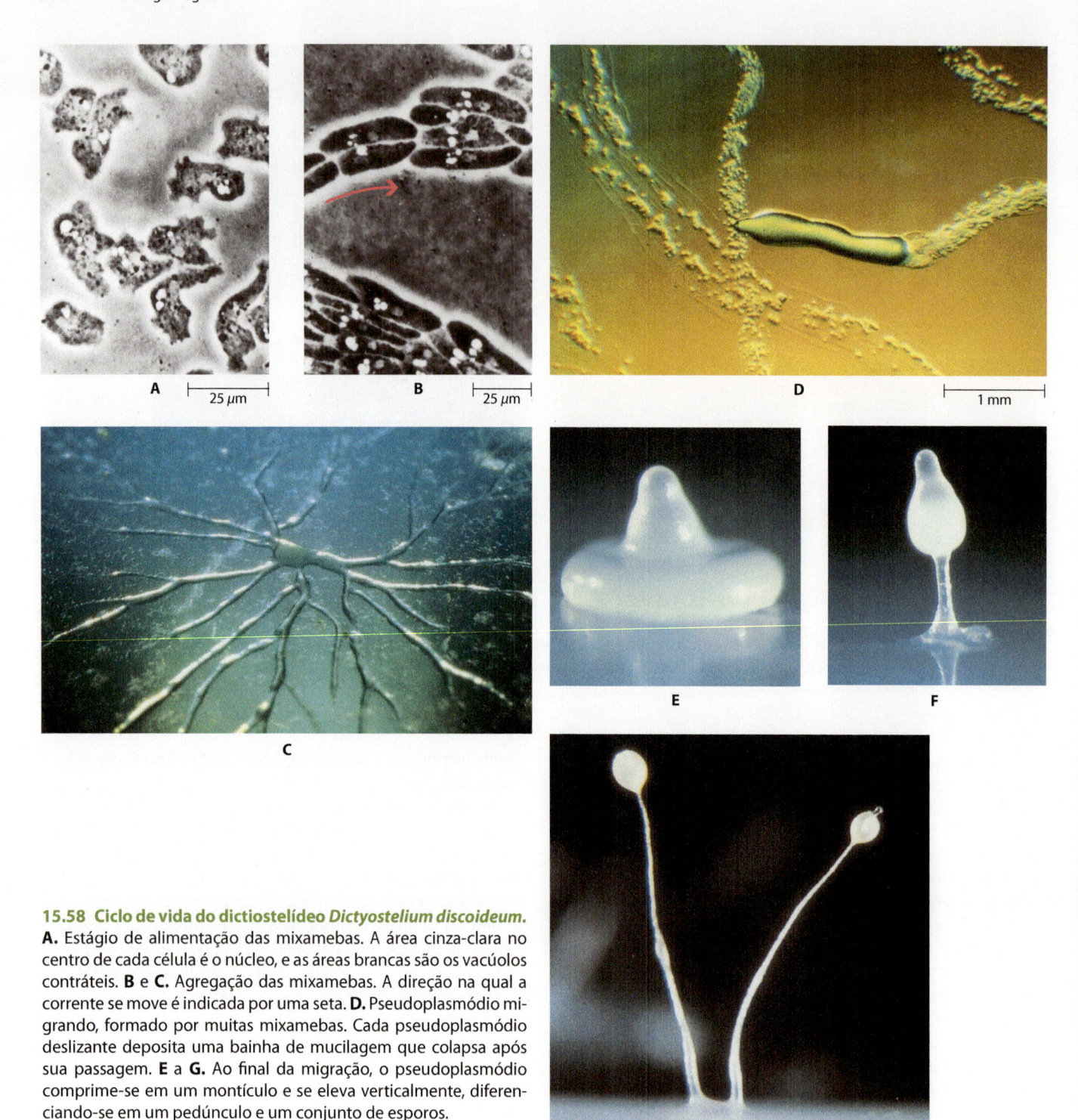

15.58 Ciclo de vida do dictiostelídeo *Dictyostelium discoideum.*
A. Estágio de alimentação das mixamebas. A área cinza-clara no centro de cada célula é o núcleo, e as áreas brancas são os vacúolos contráteis. **B** e **C.** Agregação das mixamebas. A direção na qual a corrente se move é indicada por uma seta. **D.** Pseudoplasmódio migrando, formado por muitas mixamebas. Cada pseudoplasmódio deslizante deposita uma bainha de mucilagem que colapsa após sua passagem. **E** a **G.** Ao final da migração, o pseudoplasmódio comprime-se em um montículo e se eleva verticalmente, diferenciando-se em um pedúnculo e um conjunto de esporos.

RESUMO

A Tabela 15.1 apresenta um resumo comparativo das características dos protistas.

Os protistas incluem uma grande variedade de organismos autotróficos e heterotróficos

Protistas são organismos eucarióticos que não estão incluídos nos reinos das plantas, fungos ou animais. Os protistas tratados neste livro incluem tanto organismos fotossintetizantes (autotróficos), as algas, quanto organismos heterotróficos, antigamente considerados fungos. Os últimos grupos incluem Oomycota, Myxomycota e Dictyosteliomycota.

As algas compreendem protistas fotossintetizantes e seus parentes incolores. São componentes importantes das teias alimentares aquáticas e constituem, juntamente com as cianobactérias, o fitoplâncton. Têm também um papel expressivo na ciclagem global de carbono e enxofre.

As algas obtêm nutrientes de diferentes modos

Embora muitas algas sejam capazes de realizar fotossíntese, a captura e a utilização de compostos orgânicos dissolvidos também são comuns. A captura de partículas ocorre em pelo menos alguns membros dos dinoflagelados, euglenófitas, criptófitas, haptófitas e algas verdes. As algas fotossintetizantes que utilizam tanto as fontes inorgânicas quanto as orgânicas de carbono são chamadas de mixotróficas. A fagocitose é provavelmente a maneira pela qual os ancestrais dos indivíduos pigmentados desses grupos das algas adquiriram seus cloroplastos. As haptófitas marinhas são membros importantes das teias alimentares e são mediadores importantes do clima global.

Protistas conhecidos como estramenópilos apresentam dois flagelos que diferem em tamanho e ornamentação

Cinco grupos de estramenópilos são tratados neste livro: diatomáceas, crisófitas, xantofíceas, algas pardas e oomicetos. À exceção das diatomáceas, seus flagelos ocorrem em pares: um longo flagelo ornamentado com pelos, e outro curto, flagelo liso.

As algas pardas incluem as algas marinhas com maior tamanho e complexidade estrutural

As algas pardas são as algas mais conspícuas dos mares temperados, boreais e polares. Em muitos *kelps*, o talo vegetativo é bem diferenciado em apressório, estipe e lâmina. Alguns têm tecidos condutores de alimento que se assemelham, por sua complexidade, aos das plantas vasculares.

As algas vermelhas têm histórico de vida complexo

As algas vermelhas, que são particularmente abundantes em ambientes marinhos tropicais, tipicamente têm histórico de vida composto por três fases distintas: gametófito, carposporófito e tetrasporófito. Os cloroplastos das algas vermelhas são bioquímica e estruturalmente muito semelhantes às cianobactérias das quais muito provavelmente derivaram.

Várias classes de algas verdes são reconhecidas pelo tipo de divisão celular, estrutura das células reprodutivas e características moleculares similares

As Ulvophyceae são principalmente marinhas e algumas apresentam alternância de gerações. As Chlorophyceae apresentam um modo único de citocinese: o fuso mitótico colapsa na telófase e um ficoplasto desenvolve-se paralelamente ao plano de divisão celular. Alguns membros das Charophyceae produzem um sistema microtubular na citocinese, o fragmoplasto, quase idêntico ao apresentado pelas briófitas e plantas vasculares atuais. Muito provavelmente, as briófitas e plantas vasculares evoluíram de um membro extinto das Charophyceae que, em muitos aspectos, assemelha-se a membros existentes das Coleochaetales e Charales.

Os oomicetos e os organismos plasmodiais e pseudoplasmodiais são protistas heterotróficos

Os oomicetos têm representantes aquáticos e terrestres. Alguns oomicetos terrestres são importantes patógenos vegetais, inclusive *Plasmopara viticola*, que provoca míldio em uvas; algumas espécies de *Phytophthora*, que provocam algumas doenças muito importantes em plantas, tais como a requeima (ou mela)

das batatas e a morte súbita de carvalhos; e algumas espécies de *Pythium*, que provocam podridão das raízes e do colo de mudas de plântulas.

Os dois grupos não relacionados de organismos, plasmodiais e pseudoplasmodiais, assemelham-se aos fungos em função da produção de esporos e aos protozoários em função de sua capacidade de deslocamento. Tanto mixomicetos como distiostelídeos ingerem material particulado. Os mixomicetos são assim denominados porque, em condições apropriadas, existem como delgada e fluida massa de protoplasma nu e multinucleado (diploide), chamada plasmódio. Os dictiostelídeos geralmente são encontrados como células ameboides livres chamadas de mixamebas. Em condições desfavoráveis, as mixamebas uninucleadas e haploides juntam-se para formar uma massa chamada pseudoplasmódio na qual, contudo, cada mixameba retém sua individualidade.

Autoavaliação

1. Discorra sobre o fitoplâncton como se fosse "um grande campo ou uma grande pradaria dos oceanos".

2. "Quando a situação se torna difícil, deve-se trabalhar mais para enfrentar o desafio." Descreva como cada um dos seguintes organismos se adapta a tempos difíceis, tais como períodos de concentração inadequada de nutrientes ou níveis impróprios de umidade: dinoflagelados, mixomicetos edictiostelídeos.

3. Película, estigma, vacúolo contrátil, paramido e pirenoide. Estas são estruturas encontradas no gênero *Eugle*na. Qual é a função de cada uma delas?

4. O que organismos *Karenia brevis* e *Gonyaulax tamarensis* têm em comum?

5. Quais pigmentos as diatomáceas, as crisofíceas, as xantofíceas e as algas pardas têm em comum? Quais desses pigmentos são responsáveis pela coloração dessas algas?

6. Identifique as doenças vegetais provocadas por cada um dos seguintes oomicetos: *Plasmopara viticola*, *Phytophthora infestans*, *Phytophthora ramorum* e *Pythium* spp.

7. As diatomáceas podem ser descritas como "as algas que vivem em casa de vidro". Explique.

8. Explique por que alguns *kelps* têm os talos mais diferenciados entre as algas.

9. *Fucus* apresenta um ciclo de vida que, de certo modo, é semelhante ao nosso. Explique.

10. Qual a vantagem da geração carposporofítica diploide para as algas vermelhas?

11. Diferencie cada um dos seguintes termos: oogônio e anterídio; homotálico e heterotálico; penado e cêntrico; ficoplasto e fragmoplasto.

12. Diferencie as três classes de algas verdes: Chlorophyceae, Ulvophyceae e Charophyceae.

13. Quais as características que *Coleochaete* e Charales compartilham com as briófitas e as plantas vasculares?

CAPÍTULO 16

Briófitas

◀ **Queda d'água com musgo na Escócia.** Os musgos, que carecem de sistema vascular, vivem tipicamente em ambientes úmidos a partir dos quais absorvem água e nutrientes através de seus filídios e caulídios. Os musgos são algumas vezes utilizados em tetos verdes, onde as suas necessidades mínimas de nutrientes e seu peso leve fazem deles uma boa escolha para plantas de telhados em locais úmidos e sombrios.

As briófitas – hepáticas, musgos e antóceros – são pequenas plantas "folhosas" ou talosas, que mais frequentemente crescem em locais úmidos nas florestas temperadas e tropicais ou ao longo das margens de pântanos e cursos d'água. Todavia, as briófitas não se limitam a esses *habitats*. Muitas espécies de musgos são encontradas em desertos relativamente secos, e outras formam extensos tapetes sobre rochas expostas que podem se tornar muito quentes (Figura 16.1). Algumas vezes, os musgos dominam o terreno, excluindo outras plantas, como em grandes áreas no norte do Círculo Ártico. Os musgos também são as plantas dominantes nas encostas rochosas, acima do limite em que crescem as árvores nas montanhas, e muitos musgos têm a capacidade de suportar os longos períodos de frio intenso no continente Antártico (Figura 16.2). Algumas briófitas são aquáticas, enquanto outras são até mesmo encontradas em rochas banhadas pela água do mar. Entretanto, nenhuma é verdadeiramente marinha, com a exceção do musgo aquático *Fontinalis dalecarlica*, que pode crescer no norte do mar Báltico, em virtude de sua baixa salinidade.

As briófitas contribuem significativamente para a diversidade das plantas e também são importantes em algumas partes do mundo, pelas grandes quantidades de carbono que armazenam, desempenhando, assim, um importante papel no ciclo global do carbono. Há crescentes evidências de que as primeiras plantas eram muito semelhantes às briófitas atuais, e, até mesmo hoje, as briófitas, com os liquens, são importantes colonizadoras iniciais das superfícies desnudas de rochas e solos. À semelhança dos liquens, algumas briófitas são notavelmente sensíveis à poluição do ar e, com frequência, estão ausentes ou são representadas por apenas poucas espécies em áreas altamente poluídas. As briófitas são importantes como modelo das primeiras plantas terrestres, ajudando-nos a compreender como as primeiras plantas surgiram e começaram a alterar o seu ambiente.

Relações das briófitas com outros grupos

Em muitos aspectos, as briófitas representam uma transição entre as algas verdes carófitas (ver Capítulo 15) e as plantas vasculares (discutidas nos Capítulos 17 a 20). Tanto as "briófitas" quanto as

PONTOS PARA REVISÃO

Após a leitura deste capítulo, você deverá ser capaz de responder às seguintes questões:

1.	Quais são as características gerais das briófitas? Em outras palavras, o que é uma briófita?
2.	Como os três filos de briófitas se assemelham e diferem uns dos outros?
3.	Como ocorre a reprodução sexuada nas briófitas? Quais são as principais partes do esporófito resultante na maioria das briófitas?
4.	Quais são as características diferenciais dos dois clados de hepáticas?
5.	Quais as características diferenciais dos musgos de turfeira (classe Sphagnidae) e dos "musgos verdadeiros" (classe Bryidae)?
6.	Quais são as características diferenciais dos antóceros?

16.1 Musgo de locais secos. *Tortula obtusissima* vive sobre rochas calcárias no planalto central do México. As plantas, que não têm raízes, obtêm a umidade necessária diretamente do meio externo, na forma de orvalho ou chuva. Podem recuperar-se fisiologicamente da dessecação completa em menos de 5 min.

"algas verdes carófitas" são grupos parafiléticos (grupos que não incluem todos os descendentes de um único ancestral comum) – o que explica o uso de nomes informais para esses grupos. Os nomes informais são úteis para discutir os organismos que apresentam *habitats* ou adaptações semelhantes. No capítulo anterior, consideramos algumas das características compartilhadas pelas carófitas e plantas (briófitas e plantas vasculares, que estão adaptadas para o ambiente terrestre). Ambas contêm cloroplastos com *grana* bem desenvolvidos, e ambas apresentam células móveis assimétricas, com flagelos que se estendem por um dos lados, em lugar de estar na extremidade da célula. Durante o ciclo celular, ocorre, tanto nas algas verdes carófitas quanto nas plantas, a decomposição do envoltório nuclear na mitose, e se observa a presença constante de fusos ou fragmoplastos durante a divisão do citoplasma (citocinese). Além disso, deve-se lembrar que, entre as algas verdes carófitas, as Coleochaetales e as Charales parecem estar mais estreitamente relacionadas com as plantas do que quaisquer outras. Por exemplo, membros desses grupos, como *Coleochaete* e *Chara*, são semelhantes a plantas, visto que apresentam reprodução sexuada oogâmica, isto é, uma oosfera não flagelada é fecundada por um gameta masculino flagelado. Em *Coleochaete*, os zigotos são retidos dentro do talo parental, e, pelo menos em uma espécie de *Coleochaete*, as células que recobrem o zigoto desenvolvem invaginações da parede. Essas células de cobertura aparentemente funcionam como células de transferência envolvidas no transporte de açúcares até os zigotos.

As briófitas e as plantas vasculares compartilham várias características que as distinguem das carófitas, como: (1) a presença de gametângios masculinos e femininos, denominados *anterídios* e *arquegônios*, respectivamente, com uma camada protetora denominada envoltório estéril; (2) a retenção do zigoto e do embrião multicelular em desenvolvimento ou esporófito jovem dentro do arquegônio ou gametófito feminino; (3) a presença de um esporófito diploide multicelular, que resulta em aumento do número de meioses e amplificação do número de esporos que podem ser produzidos depois de cada evento de fecundação; (4) os esporângios multicelulares, que consistem em um envoltório estéril e um tecido interno produtor de esporos (*esporógeno*); (5) meiósporos com paredes contendo esporopolenina, que resiste à decomposição e à dessecação; e

A

B

16.2 Musgos na Antártica. A. A cerca de 3.000 m acima do nível do mar, no Monte Melbourne, na Antártica, as temperaturas diárias no verão variam de –10° a –30°C. Nesse ambiente incrivelmente adverso, os botânicos da Nova Zelândia descobriram grupos de um musgo do gênero *Campylopus* (**B**), crescendo nas áreas desnudas, mostradas na fotografia, onde a atividade vulcânica produz temperaturas que podem alcançar 30°C. O crescimento de *Campylopus* nessa localidade demonstra o notável poder de dispersão dos musgos, bem como a sua capacidade em sobreviver em *habitats* hostis.

(6) tecidos produzidos por um meristema apical. Nas carófitas, faltam todas essas características compartilhadas pelas briófitas e plantas vasculares, que estão correlacionadas com a existência das plantas no ambiente terrestre. Por isso, neste livro, apenas as briófitas e as plantas vasculares estão inseridas no reino Plantae.

As briófitas atuais carecem dos tecidos de condução (vasculares) de água e substâncias nutritivas, denominados xilema e floema, respectivamente, que estão presentes nas plantas vasculares. Embora algumas briófitas tenham tecidos especializados de condução, as paredes celulares das células condutoras de água das briófitas não são lignificadas, como as das plantas vasculares. Além disso, existem diferenças nos ciclos de vida das briófitas e das plantas vasculares, ambos os quais exibem alternância das gerações gametofíticas e esporofítica heteromórficas. Nas briófitas, o gametófito é habitualmente maior e de vida livre, enquanto o esporófito é menor e permanentemente ligado a seu gametófito parental, do qual é nutricionalmente dependente. Por outro lado, o esporófito das plantas vasculares é maior do que o gametófito e é de vida livre. Além disso, o esporófito das briófitas não é ramificado e apresenta apenas um único esporângio, enquanto os esporófitos das plantas vasculares atuais são ramificados e exibem muito mais esporângios (poliesporangiófitas). Por conseguinte, os esporófitos das plantas vasculares produzem uma quantidade muito maior de esporos do que os esporófitos das briófitas.

É bem evidente que as briófitas incluem os mais antigos dos grupos vegetais existentes. Por isso, as briófitas modernas podem fornecer informações importantes sobre a natureza das primeiras plantas adaptadas à vida terrestre e sobre o processo pelo qual as plantas evoluíram. Uma comparação da estrutura e da reprodução das briófitas existentes com as de antigos fósseis e plantas vasculares vivas mostra como várias características das plantas vasculares podem ter evoluído. A pesquisa realizada com o musgo *Physcomitrella patens*, cujo genoma foi sequenciado, promete ampliar substancialmente nossos conhecimentos sobre a evolução e a diversidade das plantas (Figura 16.20). Seu papel como sistema de planta modelo, que possibilita a marcação de genes específicos, está se mostrando valioso.

As briófitas são agrupadas em três filos: Marchantiophyta (as hepáticas), Bryophyta (os musgos) e Anthocerotophyta (os antóceros). Um estudo recente, envolvendo análise de três conjuntos de dados (genes dos cloroplastos, mitocondriais e nucleares), aponta fortemente as hepáticas como irmãs de todas as outras plantas terrestres e também mostra que os antóceros compartilham um ancestral mais recente com as plantas vasculares (Figura 16.3).

Estrutura e reprodução comparadas das briófitas

Algumas briófitas, como os antóceros e certas hepáticas, são descritas como "talosas", visto que seus gametófitos, que em geral são aplanados e dicotomicamente ramificados (bifurcados repetidamente em dois ramos iguais), formam *talos*. Os talos são cor-

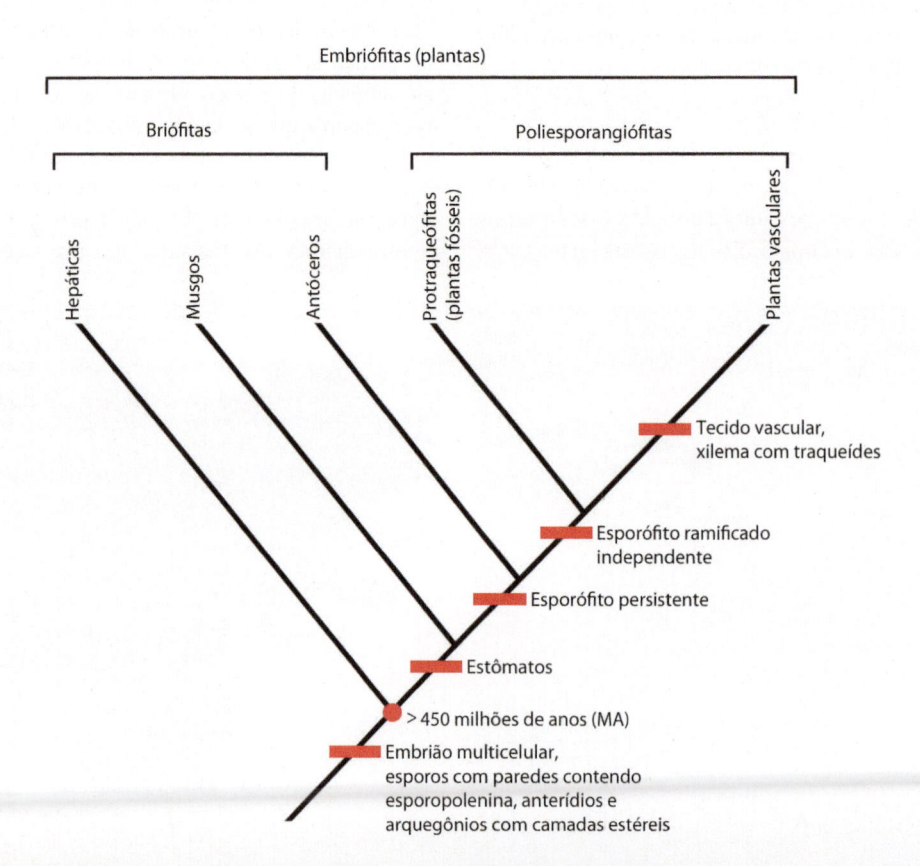

16.3 Cladograma das embriófitas. Esse cladograma reflete um ponto de vista das relações filogenéticas entre as linhagens de briófitas e entre as briófitas e as poliesporangiófitas (plantas com esporófitos ramificados e múltiplos esporângios). O termo "embriófita", um sinônimo para a planta, refere-se ao fato de que um embrião multicelular é retido dentro do gametófito feminino (ver adiante). Este cladograma indica que os antóceros compartilham um ancestral comum mais recente com as poliesporangiófitas do que as hepáticas ou os musgos, e que as hepáticas constituem um grupo irmão de todas as outras embriófitas.

pos não diferenciados em raiz, caule e folhas. Com frequência, esses talos, são relativamente delgados, o que pode facilitar a captação de água e de CO_2. Em algumas briófitas, os gametófitos apresentam adaptações especializadas na superfície superior para aumentar a permeabilidade ao CO_2 e, ao mesmo tempo, reduzir a perda de água. Os poros superficiais da hepática talosa *Marchantia* fornecem um exemplo desse tipo (Figura 16.4). Por outro lado, os gametófitos de algumas hepáticas (as hepáticas folhosas) e os musgos são diferenciados em "folhas" e "caules", embora se possa argumentar que não se trata de folhas e caules verdadeiros, visto que ocorrem na geração gametofítica e não contêm xilema nem floema. Todavia, os talos de certas hepáticas e musgos contêm, na região central, cordões localizados de células que parecem ter uma função de condução. Essas células podem ser semelhantes aos antigos precursores evolutivos do floema e dos tecidos vasculares lignificados (xilema). Tendo em vista que os termos "folha"* e "caule"* são comumente utilizados para se referirem às estruturas semelhantes a folhas e caules dos gametófitos das hepáticas folhosas e dos musgos, essa prática será seguida neste livro. Os verdadeiros caules e folhas das plantas vasculares são produzidos pelos esporófitos.

Na superfície de algumas briófitas, há também uma camada superficial que lembra a cutícula cerosa comumente encontrada sobre a superfície das folhas e dos caules verdadeiros das plantas vasculares. A cutícula dos esporófitos está estreitamente relacionada com a presença de estômatos, que funcionam principalmente na regulação da troca gasosa. Os poros aeríferos observados em alguns gametófitos de briófitas, como os da *Mar-*

chantia, são considerados análogos aos estômatos (Figura 16.4). Entretanto, a bioquímica e a evolução das cutículas das briófitas estão pouco elucidadas, principalmente porque as cutículas das briófitas são mais difíceis de remover para a análise química do que as cutículas das plantas vasculares.

Os gametófitos das briófitas talosas e folhosas estão geralmente fixados ao substrato, como o solo, por *rizoides* (Figura 16.4). Os rizoides dos musgos são multicelulares, e cada um consiste em uma fileira linear de células, enquanto os das hepáticas e dos antóceros são unicelulares. Em geral, os rizoides das briófitas servem apenas para ancorar as plantas, visto que a absorção de água e íons inorgânicos costuma ocorrer direta e rapidamente através de todo o gametófito. Os musgos, em particular, frequentemente apresentam pelos especiais e outras adaptações estruturais que auxiliam no transporte e na absorção de água pelos filídios e caulídios. Além disso, as briófitas frequentemente abrigam fungos ou cianobactérias simbiontes, que podem ajudar na aquisição de nutrientes minerais. As briófitas carecem de órgãos semelhantes à raiz.

As células dos tecidos das briófitas estão interconectadas por plasmodesmos. Os plasmodesmos das briófitas assemelham-se aos das plantas vasculares, uma vez que apresentam um componente interno conhecido como desmotúbulo (Figura 16.5). O desmotúbulo é derivado de um segmento do retículo endoplasmático tubular que fica retido na placa celular em formação durante a citocinese (ver Figura 3.46). Algumas algas verdes carófitas também possuem plasmodesmos.

As células da maioria das briófitas assemelham-se àquelas das plantas vasculares, visto que apresentam muitos plastídios pequenos em forma de disco. Por outro lado, todas as células de algumas espécies de antóceros, bem como as células apicais e/ou reprodutivas de muitas briófitas, apresentam apenas um

---

*N.R.T.: No Brasil é adotada a terminologia do *Glossarium Polyglottum Bryologiae*, 2006. Editora da UFJF, Juiz de Fora, 123p., que indica os termos filídio para "folha" e caulídio para "caule". Assim, na tradução foi a usada.

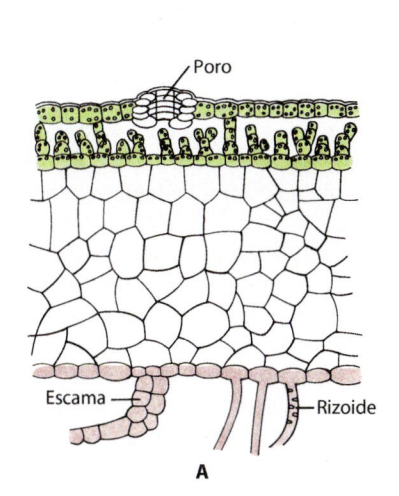

A

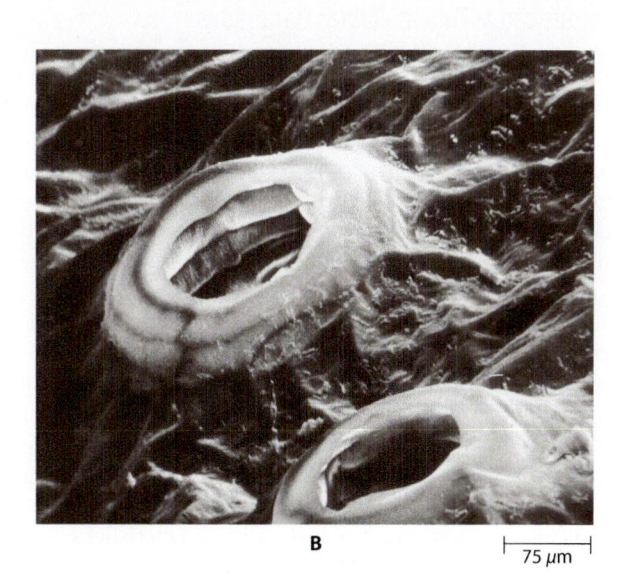

B $\vdash\!\!\!-\!\!\!-\!\!\!\dashv$ 75 μm

16.4 Poros aeríferos da superfície de *Marchantia*. A. Seção transversal do gametófito de *Marchantia*, uma hepática talosa. Numerosas células contendo cloroplastos são evidentes nas camadas superiores, e existem várias camadas de células incolores abaixo delas, bem como rizoides que fixam o corpo da planta ao substrato. Os poros possibilitam a troca de gases nas câmaras aeríferas que lembram um favo de mel na camada fotossintetizante superior. As células especializadas que circundam cada poro estão habitualmente dispostas em quatro ou cinco anéis superpostos, cada um deles com quatro células, e toda a estrutura tem a forma de um barril. Em condições de seca, as células da camada inferior, que habitualmente fazem protrusão na câmara, tornam-se justapostas e retardam a perda de água, ao passo que, em condições de umidade, elas se separam. Por conseguinte, os poros aeríferos desempenham uma função semelhante àquelas dos estômatos das plantas vasculares. **B.** Micrografia eletrônica de varredura de dois poros aeríferos na superfície dorsal de um gametófito de *Marchantia*.

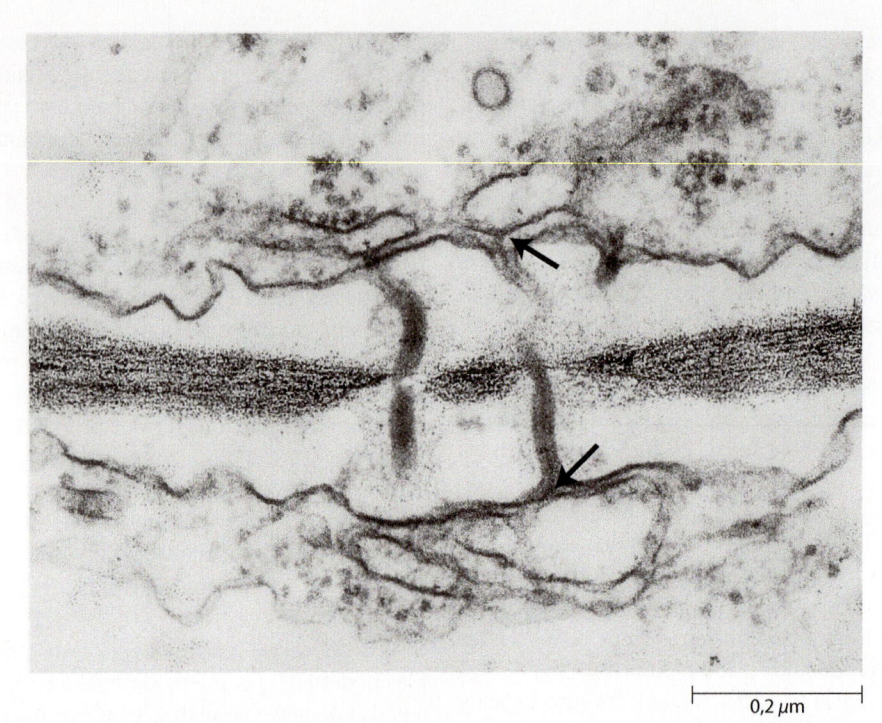

0,2 μm

16.5 Plasmodesmos das briófitas. Seção longitudinal dos plasmodesmos na hepática *Monoclea gottschei*. Observe que o desmotúbulo no plasmodesma à direita (setas) é contínuo com o retículo endoplasmático no citosol.

único plastídio grande por célula. Acredita-se que essa característica seja uma retenção evolutiva das algas verdes ancestrais que, como a *Coleochaete* atual, provavelmente continham apenas um grande plastídio por célula. Durante a divisão celular, as células das briófitas e das plantas vasculares produzem bandas da pré-prófase, que consistem em microtúbulos que especificam a posição da futura parede celular. Essas bandas estão ausentes nas algas verdes carófitas.

Os anterozoides são as únicas células flageladas produzidas pelas briófitas e necessitam de água para nadar até a oosfera

Muitas briófitas têm a capacidade de se reproduzir de modo assexuado por fragmentação (propagação vegetativa), em que pequenos fragmentos de tecido produzem um gametófito completo. Outro meio disseminado de reprodução assexuada tanto nas hepáticas quanto nos musgos é a produção de *gemas* – corpos multicelulares que dão origem a novos gametófitos (Figura 16.13). Diferentemente de algumas algas verdes carófitas, que podem produzir zoósporos flagelados para reprodução assexuada, os anterozoides são as únicas células flageladas produzidas pelas briófitas. A perda da capacidade de produzir zoósporos, que provavelmente têm menos utilidade na terra do que na água, está provavelmente correlacionada com a ausência de centríolos nos fusos mitóticos das briófitas e de outras plantas (ver Capítulo 3). Em certas hepáticas e antóceros, a mitose exibe características intermediárias entre as das algas verdes carófitas e das plantas vasculares, sugerindo estágios evolutivos que levaram à ausência de centríolos na mitose das plantas.

A reprodução sexuada nas briófitas envolve a produção de anterídios e arquegônios, frequentemente em gametófitos masculino e feminino separados. Em algumas espécies, sabe-se que o sexo é controlado pela distribuição de cromossomos sexuais distintos durante a meiose. Com efeito, os cromossomos sexuais nas plantas foram descobertos pela primeira vez nas briófitas. O anterídio esférico ou alongado é comumente pedunculado e

consiste em uma camada estéril com espessura de uma única célula, que circunda numerosas *células espermatógenas*, isto é, células que se desenvolvem em anterozoides (Figura 16.6A). A camada de células é descrita como "estéril", uma vez que é incapaz de produzir anterozoides. Cada célula espermatógena forma um único anterozoide biflagelado, que precisa nadar na água para alcançar a oosfera localizada dentro de um arquegônio. Por conseguinte, a água em sua forma líquida é necessária para a fecundação das briófitas.

Os arquegônios das briófitas têm a forma de uma garrafa, com um longo colo e uma porção basal dilatada, o *ventre*, que abriga uma única oosfera (Figura 16.6B). A camada externa de células do colo e do ventre forma a camada protetora estéril do arquegônio. As células centrais do colo, denominadas *células do canal do colo*, desintegram-se quando a oosfera está madura, resultando em um tubo preenchido de líquido através do qual os anterozoides nadam até a oosfera. Durante esse período, são liberadas substâncias químicas para atrair os anterozoides. Depois da fecundação, o zigoto permanece dentro do arquegônio, onde é nutrido com açúcares, aminoácidos e, provavelmente, outras substâncias fornecidas pelo gametófito materno. Essa forma de nutrição é conhecida como *matrotrofia* ("alimento derivado da mãe"). Com esse suprimento, o zigoto sofre divisões mitóticas repetidas, gerando o embrião multicelular (Figura 16.7), que finalmente se desenvolve no esporófito maduro (Figura 16.8).

Não existe nenhuma conexão por plasmodesmos entre as células das duas gerações adjacentes. Por conseguinte, o transporte de nutrientes é apoplástico – isto é, os nutrientes movem-se ao longo das paredes celulares. Esse transporte é facilitado pela *placenta* localizada na interface entre as duas gerações, o esporófito e o gametófito parental (Figura 16.9), sendo, portanto, análoga à placenta dos mamíferos. A placenta das briófitas é constituída por células de transferência, com um extenso labirinto de invaginações altamente ramificadas da parede celular que aumentam enormemente a área de superfície da membrana plasmática através da qual ocorre o transporte ativo de nutrientes. Células de

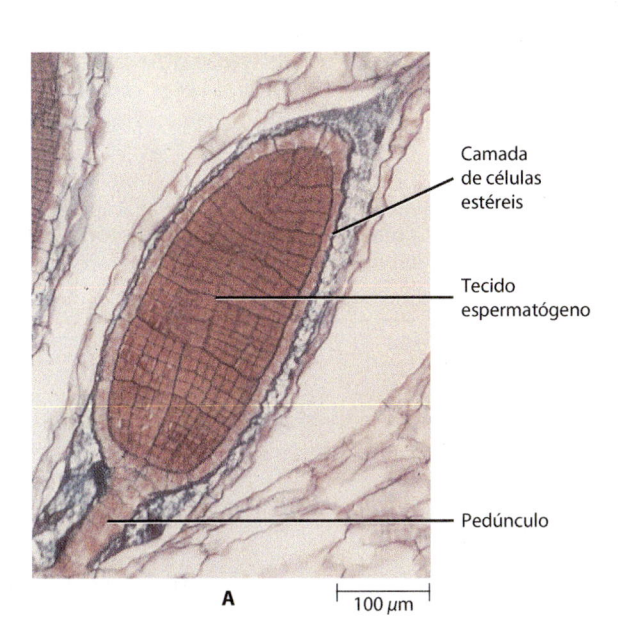

Camada
de células
estéreis

Tecido
espermatógeno

Pedúnculo

A   100 µm

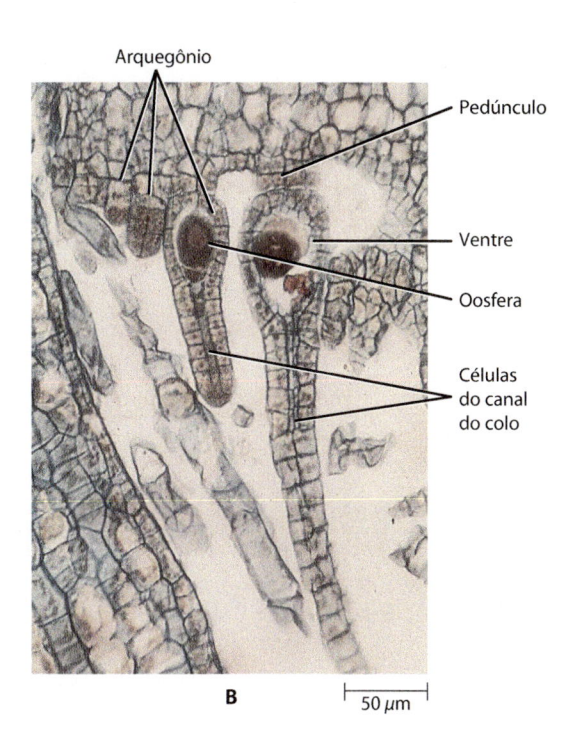

Arquegônio

Pedúnculo

Ventre

Oosfera

Células
do canal
do colo

B   50 µm

16.6 Gametângios de *Marchantia*, uma hepática. A. Um anterídio em desenvolvimento, que consiste em um pedúnculo e uma camada estéril – isto é, não formadora de anterozoide – envolvendo o tecido espermatogênico. Este tecido espermatogênico dá origem a células espermatógenas, e cada uma dessas células forma um único anterozoide propelido por dois flagelos. **B.** Vários arquegônios em diferentes estágios de desenvolvimento. Uma oosfera está contida no ventre, uma porção dilatada na base de cada arquegônio, o qual tem a forma de uma garrafa. Quando a oosfera está madura, as células do canal do colo se desintegram, formando um tubo repleto de líquido através do qual os anterozoides biflagelados nadam até a oosfera, em resposta a substâncias químicas atrativas. Em *Marchantia*, os arquegônios e os anterídios encontram-se em diferentes gametófitos.

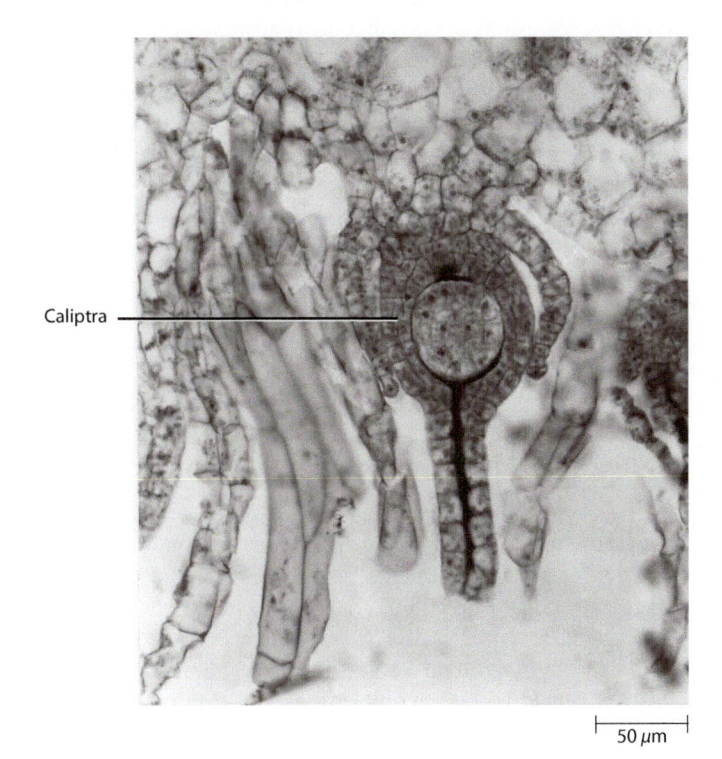

Caliptra

50 µm

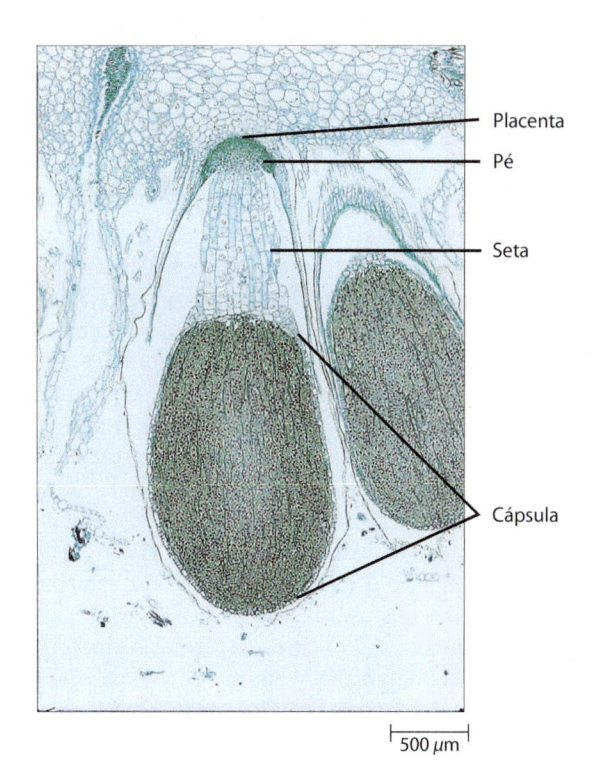

Placenta

Pé

Seta

Cápsula

500 µm

16.7 Embrião de *Marchantia*. Estágio inicial do desenvolvimento do embrião ou esporófito jovem de *Marchantia*. Aqui, o jovem esporófito nada mais é do que uma massa esférica indiferenciada de células dentro do ventre dilatado ou caliptra.

16.8 Esporófito de *Marchantia*. Um esporófito quase maduro de *Marchantia*, com pé, seta e cápsula ou esporângio. A placenta encontra-se na interface entre o pé e o gametófito e consiste em células de transferência do esporófito e do gametófito.

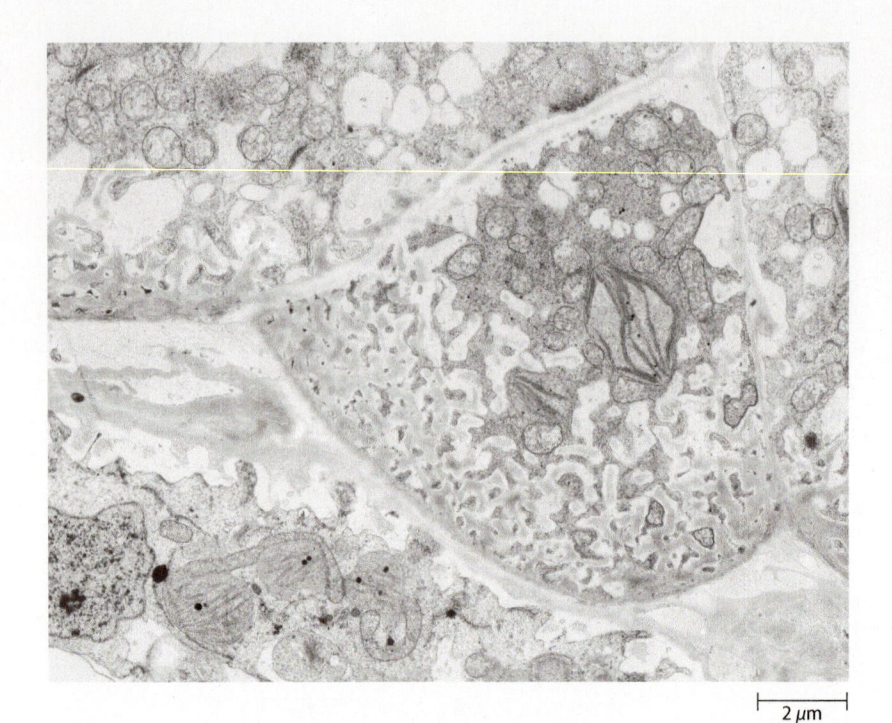

16.9 Placenta de briófita. A junção do gametófito e esporófito – a placenta – na hepática *Carrpos monocarpos*. Extensas invaginações da parede desenvolvem-se na única camada de células de transferência no esporófito (três células superiores). Existem várias camadas de células de transferência no gametófito (canto esquerdo inferior), porém as invaginações de suas paredes não são tão altamente ramificadas quanto as da camada do esporófito. Verifica-se a presença de numerosos cloroplastos e mitocôndrias nas células da placenta de ambas as gerações.

2 μm

transferência semelhantes são encontradas na interface gametófito-esporófito das plantas vasculares (p. ex., *Arabidopsis* e soja) e na junção haploide-diploide de *Coleochaete* (ver Capítulo 15). A ocorrência de células placentárias em *Coleochaete* sugere que a matrotrofia já evoluiu nas carófitas ancestrais das plantas.

Com o desenvolvimento do embrião das briófitas, o ventre sofre divisão celular, acompanhando o ritmo de crescimento do jovem esporófito. O ventre alargado do arquegônio é denominado *caliptra*. Na maturidade, o esporófito da maioria das briófitas consiste em um *pé*, que permanece inserido no arquegônio, uma *seta* ou pedúnculo e uma *cápsula* ou *esporângio* (Figura 16.8). As células de transferência na junção entre o pé e o arquegônio constituem a placenta.

O termo "embriófitas" é um sinônimo apropriado para plantas

A ocorrência de um embrião multicelular matrotrófico em todos os grupos de plantas, desde as briófitas até as angiospermas, constitui a base para o termo *embriófitas* como sinônimo para plantas (Figura 16.3). A vantagem da matrotrofia e da placenta vegetal é que elas fornecem os substratos para a produção de um esporófito diploide multicelular, em que cada célula é geneticamente equivalente à oosfera fertilizada. Essas células podem ser usadas para produzir muitos esporos haploides geneticamente diversos com a meiose no esporângio. Essa condição pode ter propiciado uma vantagem significativa para as primeiras plantas quando começaram a ocupar o ambiente terrestre. A produção de maiores quantidades de esporos por evento de fecundação também pode ter ajudado a compensar as baixas taxas de fecundação quando a água se tornou escassa. Acredita-se que a geração esporofítica de plantas tenha evoluído a partir de um zigoto, como aquele produzido pelas carófitas, nas quais a meiose é retardada até que tenham ocorrido algumas divisões mitóticas. Quanto maior a quantidade de divisões mitóticas que ocorrem entre a fecundação e a meiose, maior o esporófito que pode ser formado, e maior o número de esporos que podem ser produzidos. Ao longo da história evolutiva das plantas, houve uma tendência dos esporófitos a se tornarem cada vez maiores em relação à geração gametofítica.

A epiderme do esporófito dos musgos e de muitos antóceros contém estômatos – cada um ladeado por duas células-guarda – que se assemelham aos estômatos das plantas vasculares. Entretanto, os estômatos dos musgos são capazes de se abrir e fechar e, portanto, de regular a troca gasosa por um curto período de tempo após o seu desenvolvimento. Posteriormente, permanecem abertos, e a sua função é então incerta. Talvez possam funcionar para gerar um fluxo de água e nutrientes entre o esporófito e o gametófito, induzido pela perda de vapor d'água através dos estômatos. Os estômatos dos antóceros aparentemente carecem da capacidade de se abrir e fechar. Uma vez abertos, permanecem abertos. Foi sugerido que esses estômatos são essenciais para a desidratação e a deiscência (abertura) do esporângio. A presença de estômatos nos esporófitos de musgos e antóceros é considerada como evidência de um importante elo evolutivo com as plantas vasculares. Os esporófitos das hepáticas, que tipicamente são menores e mais efêmeros que os dos musgos e dos antóceros, carecem de estômatos. As paredes celulares da epiderme dos esporófitos dos musgos e hepáticas são impregnadas com materiais fenólicos resistentes à decomposição, que podem proteger os esporos em desenvolvimento. Os esporófitos dos antóceros são recobertos por uma cutícula protetora.

As paredes de esporopolenina dos esporos de briófitas têm valor de sobrevivência

Os esporos das briófitas, como os de todas as outras plantas, estão envoltos por uma parede substancial impregnada com o biopolímero conhecido como o mais resistente à decomposição e a substâncias químicas, a *esporopolenina*. As paredes de esporopolenina possibilitam a sobrevida dos esporos das briófitas à dispersão pelo ar, de um ambiente úmido para outro. Os esporos das algas verdes carófitas, que tipicamente são dispersos na água, não estão envoltos por uma parede de esporopolenina. Entretanto, os zigotos das carófitas são revestidos de esporopolenina e, portanto, podem tolerar a exposição e ataque microbiano, permanecendo viáveis por longos períodos. Acredita-se que os esporos com paredes de esporopolenina das plantas se originaram dos zigotos de algas verdes carófitas por uma mudança no momento de deposição da esporopolenina.

Os esporos das briófitas germinam para formar estágios juvenis de desenvolvimento que, nos musgos, são denominados *protonemas* (do grego, *prōtos*, *"primeiro"*, e *nēma*, "filamento"). A partir dos protonemas (ver Figura 16.20), desenvolvem-se os gametófitos e os gametângios. Os protonemas são característicos de todos os musgos e também são encontrados em algumas hepáticas, mas não nos antóceros.

Hepáticas | Filo Marchantiophyta

As hepáticas forma um grupo com cerca de 5.200 espécies de plantas que, em geral, são pequenas e inconspícuas, embora possam formar massas relativamente grandes em *habitats* favoráveis, como solo ou rochas, troncos de árvores ou ramos úmidos e sombreados. Alguns tipos de hepáticas crescem na água. O nome "hepática" data do século 9, quando se acreditava que, devido ao contorno do gametófito em forma de fígado em alguns gêneros, essas plantas pudessem ser úteis no tratamento de doenças hepáticas. De acordo com a medieval "Doutrina de Assinaturas", a aparência externa de um corpo sinalizava a posse de propriedades especiais. A terminação anglo-saxônica-*wort* (originalmente *wyrt*) significa "erva" e aparece como parte de muitos nomes de plantas na língua inglesa.

A maioria dos gametófitos das hepáticas desenvolve-se diretamente a partir dos esporos; entretanto, alguns genes formam diretamente um filamento semelhante a um protonema, a partir do qual se desenvolve o gametófito maduro. Os gametófitos continuam crescendo a partir de um meristema apical. Existem três tipos principais de hepáticas, que são diferenciadas com base na sua estrutura e agrupadas em dois clados. Um clado consiste nas hepáticas talosas complexas, que apresentam diferenciação dos tecidos internos. O outro clado contém as hepáticas folhosas e as hepáticas talosas simples, que consistem em lâminas de tecido relativamente indiferenciado. Alguns tipos taloides simples contêm células condutoras de água alongadas com extremidades afiladas e paredes espessas perfuradas com numerosas pontuações.

A maioria das hepáticas estabelece associações simbióticas estreitas com os glomeromicetos (ver Capítulo 14), que entram no talo por meio dos rizoides. As hepáticas produzem mucilagem abundante, que supostamente auxilia na retenção de água.

As hepáticas talosas complexas incluem Riccia, Ricciocarpus e Marchantia

As hepáticas talosas podem ser encontradas em barrancos úmidos e sombreados e em outros *habitats* apropriados, como nos vasos de plantas em estufas frias. O talo, cuja espessura é constituída por cerca de 30 células em sua região central e por aproximadamente 10 células em suas porções mais finas, está claramente diferenciado em uma porção superior (dorsal) fina e rica em clorofila e em uma porção inferior (ventral) incolor e mais espessa (Figura 16.4A). A superfície inferior apresenta rizoides, bem como fileiras de escamas. A superfície superior é frequentemente dividida em regiões elevadas, exibindo, cada uma delas, um grande poro que conduz a uma câmara aerífera subjacente (Figura 16.4B).

A estrutura dos esporófitos de *Riccia* e *Ricciocarpus* está entre as mais simples observadas nas hepáticas (Figura 16.10), embora se trate de uma condição derivada, e não ancestral. *Ricciocarpus*, que cresce na água ou em solo encharcado, é bissexuado – isto é, ambos os órgãos sexuais surgem na mesma planta. Algumas espécies de *Riccia* são aquáticas, porém a maioria é terrestre. Os gametófitos de *Riccia* podem ser unissexuados ou bissexuados. Em ambos, *Riccia* e *Ricciocarpus*, estão profundamente inseridos nos gametófitos de ramificação dicotômica e consistem em pouco mais do que um esporângio. Nesses esporófitos, não existe nenhum mecanismo especial para a dispersão dos esporos. Quando a porção do gametófito que contém

A

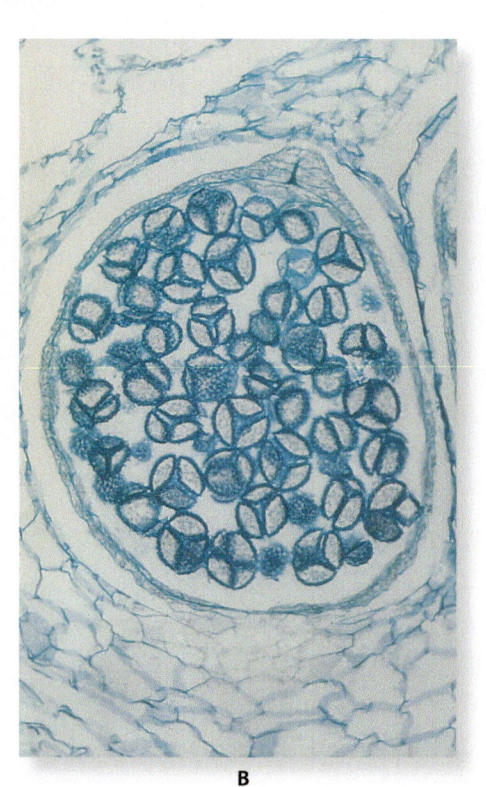

B

16.10 *Riccia*, uma das hepáticas mais simples. A. O sistema de ramificação dos gametófitos *Riccia* é dicotômico, isto é, os eixos principal e subsequentes dividem-se em dois ramos. **B.** O esporófito, que está dentro do gametófito, consiste apenas em uma cápsula esférica.

os esporófitos maduros morre e se decompõe, os esporos são liberados.

Uma das hepáticas mais conhecidas é *Marchantia*, um gênero disseminado que cresce nos solos e rochas úmidas (ver Figura 12.16B). Seus gametófitos dicotomicamente ramificados são maiores que os de *Riccia* e *Ricciocarpus*. Diferentemente desses últimos dois gêneros, em que os órgãos sexuais estão distribuídos ao longo da superfície dorsal do talo, os gametângios em *Marchantia* originam-se de estruturas especializadas, denominadas *gametóforos* ou *gametangióforos*. Os pedúnculos dos gametóforos consistem em talos regulares enrolados, que crescem perpendicularmente ao solo, em vez de crescer sobre ele.

Os gametófitos de *Marchantia* são unissexuados, e os gametófitos masculinos e femininos podem ser facilmente diferenciados pelos seus gametóforos distintos. Os anterídios formam-se em gametóforos denominados *anteridióforos*, cuja parte superior tem a forma de disco, enquanto os arquegônios se originam de gametóforos denominados *arquegonióforos*, que têm a parte superior em forma de guarda-chuva (Figura 16.11). Em *Marchantia*, a geração esporofítica consiste em um pé, uma seta curta e uma cápsula (Figura 16.8). Além dos esporos, o esporângio maduro contém células alongadas denominadas *elatérios*, que apresentam espessamentos da parede higroscópicos (que absorvem umidade) de disposição helicoidal (Figura 16.12). As paredes dos elatérios são sensíveis a ligeiras mudanças de umidade e, após a deiscência da cápsula (que seca e se abre) em diversos segmentos semelhantes a pétalas, os elastérios sofrem uma ação de torção que ajuda na dispersão dos esporos.

A fragmentação constitui a principal forma de reprodução assexuada das hepáticas, porém outro mecanismo disseminado é a produção de gemas. Em *Marchantia*, as gemas são produzidas em estruturas especiais em forma de taça – denominadas *conceptáculos com gema* –, que se localizam na superfície dorsal do gametófero (Figura 16.13). As gemas são dispersas principalmente por gotas de chuva.

O ciclo de vida de *Marchantia* está ilustrado na Figura 16.14 (ver adiante).

As hepáticas folhosas apresentam uma estrutura e/ou arranjo foliar distintos

As hepáticas folhosas constituem um grupo muito diverso que inclui mais de 4.000 das 5.200 espécies do filo Marchantiophyta (ver Figura 16.15, adiante). As hepáticas folhosas são particularmente abundantes nos trópicos e subtrópicos, em regiões de muita chuva ou alta umidade, onde crescem sobre as folhas e as cascas das árvores, bem como outras superfícies vegetais (ver Figura 16.16, adiante). Existem provavelmente muitas espécies tropicais que ainda não foram descritas. As hepáticas folhosas também estão bem representadas nas regiões temperadas. Em geral, as plantas são bem ramificadas e formam pequenos tapetes.

Os filídios das hepáticas, à semelhança da maioria dos filídios dos musgos, consistem geralmente em uma única camada de células indiferenciadas. Uma maneira de distinguir as hepáticas dos musgos é observar que os filídios nos musgos são habitualmente de tamanho igual e apresentam disposição espiralada ao redor do caulídio, enquanto muitas hepáticas apresentam duas fileiras de filídios de tamanho igual e uma terceira fileira de filídios menores ao longo da superfície inferior do gametófito. A maioria dos filídios dos musgos está disposta para fora do caule em três dimensões, porém alguns musgos apresentam filídios achatados em um plano, assim como muitas hepáticas. Além disso, os filídios dos musgos, algumas vezes, apresentam uma

A   **B**

16.11 Gametófitos de *Marchantia*. Os anterídios (**A**) e os arquegônios (**B**) estão elevados em cima de pedúnculos – os anteridióforos e os arquegonióforos, respectivamente, acima do talo.

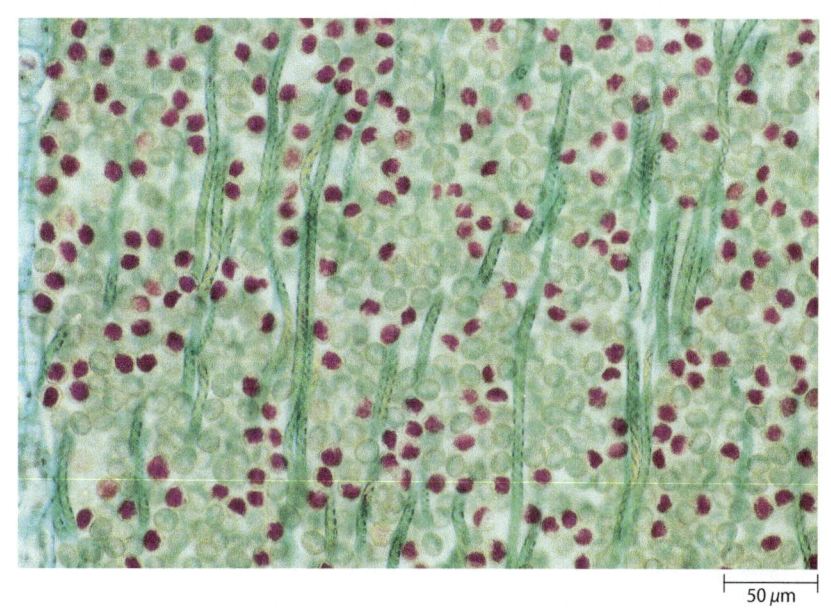

16.12 Esporos e elatérios. Esporos maduros (esferas vermelhas) e elatérios (filamentos verdes) de uma cápsula de *Marchantia*.

"nervura mediana" espessada, enquanto as hepáticas carecem dessa estrutura. Os filídios dos musgos são mais frequentemente inteiros, ao contrário dos filídios das hepáticas, que podem ser muito lobados ou partidos.

Nas hepáticas folhosas, os anterídios geralmente se encontram em um curto ramo lateral com filídios modificados, conhecido como *androécio*. O esporófito em desenvolvimento, bem como o arquegônio a partir do qual se desenvolve, é tipicamente circundado por uma bainha tubular, conhecida como *perianto* (Figura 16.5C).

Musgos | Filo Bryophyta

Muitos grupos de organismos contêm membros que são comumente denominados "musgos" – os "musgos-das-renas" (*Cladonia subtenuis*) são liquens, os "musgos-de-escama" são hepáticas folhosas, enquanto os chamados *club mosses* (*Lycopodium lagopus*) e os "musgos-espanhóis" (*Tillandsia*) pertencem a diferentes grupos de plantas vasculares. Os "musgos-do-mar" e o "musgo-irlandês" (*Chondrus crispus*) são algas. Entretanto, os musgos genuínos são membros do filo Bryophyta, que é constituído de cinco classes, das quais apenas três são consideradas aqui: Sphagnidae (os musgos-de-turfeira), Andreaeidae (os musgos-de-granito) e Bryidae (frequentemente designados como "musgos verdadeiros"). Esses grupos são distintos uns dos outros, diferindo em muitos aspectos importantes. As informações moleculares e de outras fontes sugerem que os musgos-de-turfeira e os musgos-de-granito divergiram cedo da principal linha de evolução dos musgos. A classe Bryidae contém a grande maioria das espécies de musgos, com cerca de 10.000 espécies; novas formas estão sendo constantemente descobertas, sobretudo nos trópicos.

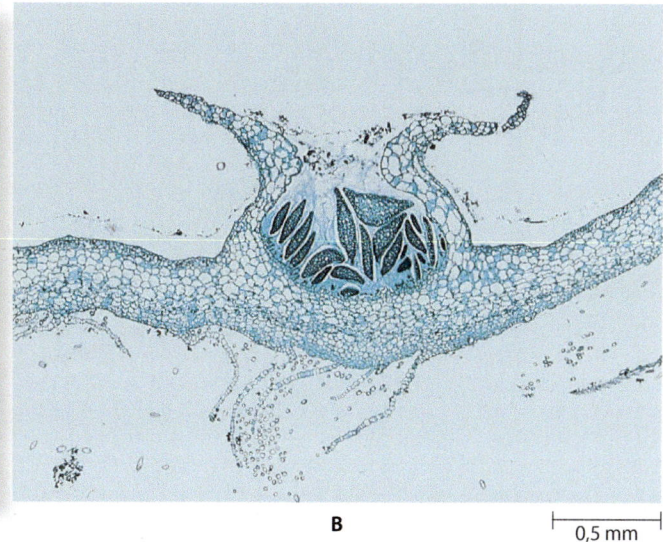

A

B

0,5 mm

16.13 Conceptáculos. A. Gametófitos de *Marchantia*, com conceptáculos contendo gemas. As gemas aparecem como porções de tecido em forma aproximadamente discoide. As gemas são lançadas para fora pela chuva e podem então crescer, produzindo novos gametófitos, cada um deles geneticamente idêntico à planta-mãe da qual surgiu por mitose. **B.** Seção longitudinal de um conceptáculo. As gemas são as estruturas escuras que, em corte, aparecem com a forma aproximada de uma lente.

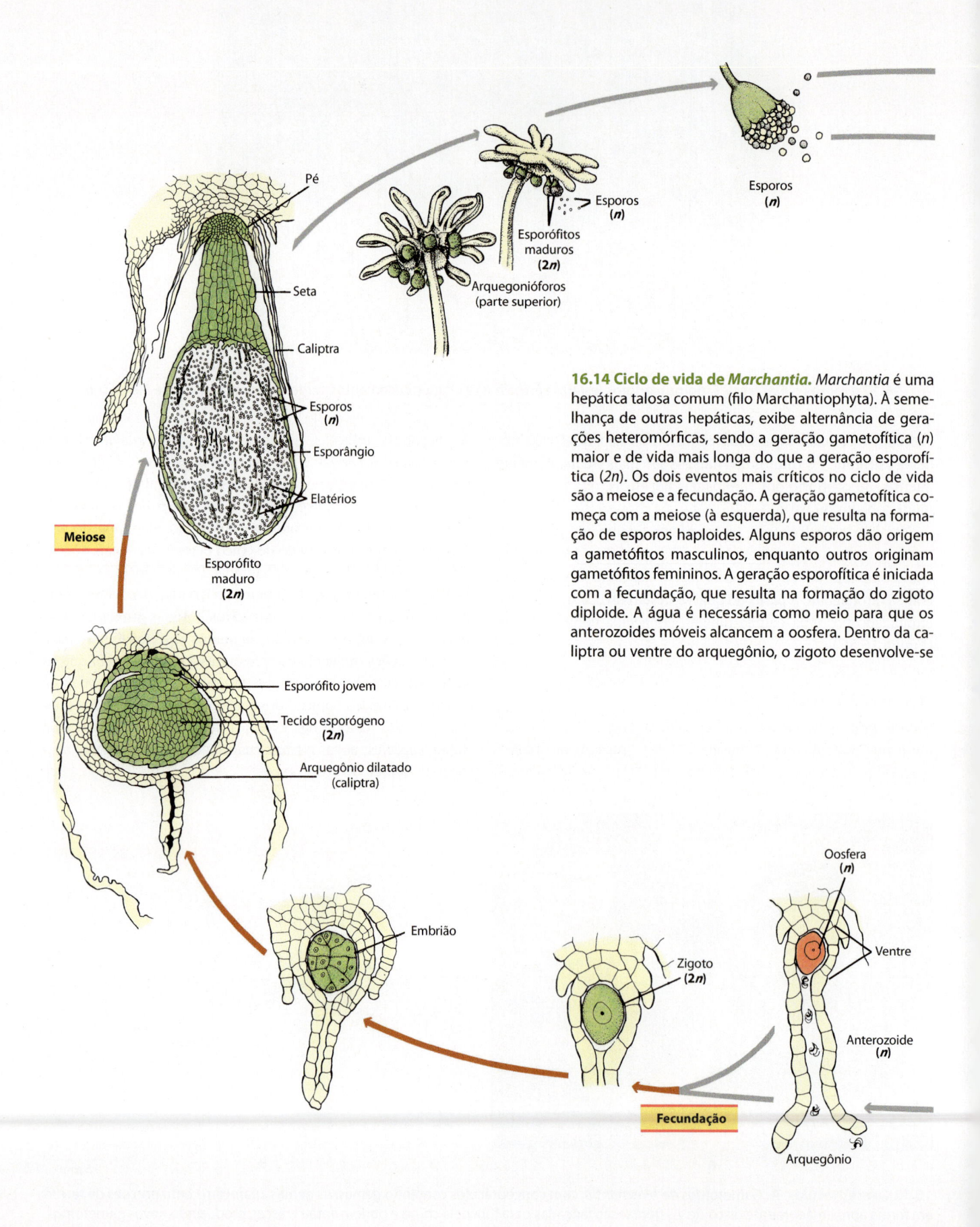

Pé

Seta

Caliptra

Esporos
(*n*)

Esporângio

Elatérios

Meiose

Esporófito
maduro
(**2n**)

Esporófito jovem

Tecido esporógeno
(**2n**)

Arquegônio dilatado
(caliptra)

Embrião

Esporos
(*n*)

Esporófitos
maduros
(**2n**)

Arquegonióforos
(parte superior)

Esporos
(*n*)

Oosfera
(*n*)

Ventre

Zigoto
(**2n**)

Anterozoide
(*n*)

Fecundação

Arquegônio

16.14 Ciclo de vida de *Marchantia*. *Marchantia* é uma hepática talosa comum (filo Marchantiophyta). À semelhança de outras hepáticas, exibe alternância de gerações heteromórficas, sendo a geração gametofítica (*n*) maior e de vida mais longa do que a geração esporofítica (*2n*). Os dois eventos mais críticos no ciclo de vida são a meiose e a fecundação. A geração gametofítica começa com a meiose (à esquerda), que resulta na formação de esporos haploides. Alguns esporos dão origem a gametófitos masculinos, enquanto outros originam gametófitos femininos. A geração esporofítica é iniciada com a fecundação, que resulta na formação do zigoto diploide. A água é necessária como meio para que os anterozoides móveis alcancem a oosfera. Dentro da caliptra ou ventre do arquegônio, o zigoto desenvolve-se

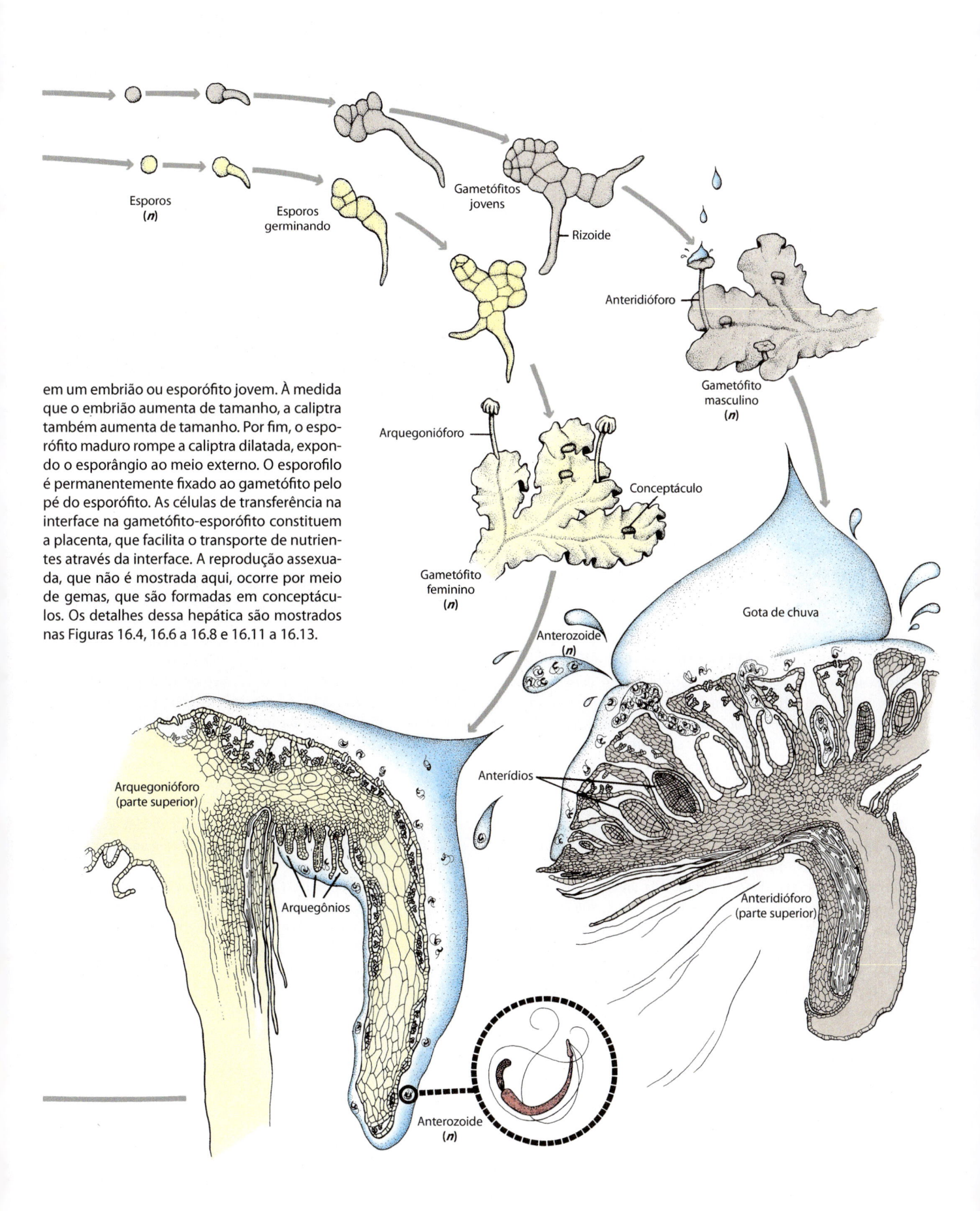

em um embrião ou esporófito jovem. À medida que o embrião aumenta de tamanho, a caliptra também aumenta de tamanho. Por fim, o esporófito maduro rompe a caliptra dilatada, expondo o esporângio ao meio externo. O esporófilo é permanentemente fixado ao gametófito pelo pé do esporófito. As células de transferência na interface na gametófito-esporófito constituem a placenta, que facilita o transporte de nutrientes através da interface. A reprodução assexuada, que não é mostrada aqui, ocorre por meio de gemas, que são formadas em conceptáculos. Os detalhes dessa hepática são mostrados nas Figuras 16.4, 16.6 a 16.8 e 16.11 a 16.13.

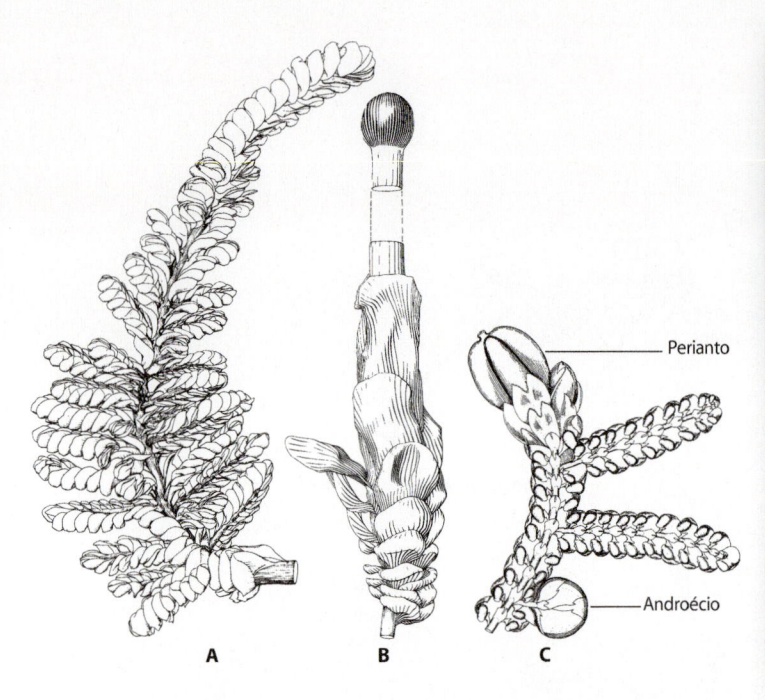

16.15 Hepáticas folhosas. A. *Clasmatocolea puccionana*, mostrando a disposição característica das folhas. **B.** A extremidade de um ramo de *Clasmatocolea humilis*. A cápsula e o longo pedúnculo do esporófito são visíveis. **C.** Porção de um ramo de *Frullania*, mostrando a disposição característica de suas folhas. Os anterídios estão contidos dentro do androécio. O arquegônio e o esporófito em desenvolvimento estão contidos dentro do perianto.

16.16 Hepática folhosa. Pode-se ver aqui uma hepática folhosa crescendo sobre a folha de uma árvore não decídua na floresta tropical da bacia Amazônica, perto de Manaus, Brasil.

Os musgos-de-turfeira pertencem à classe Sphagnidae

Os musgos da classe Sphagnidae são atualmente classificados em dois gêneros: *Sphagnum*, o musgo-de-turfeira, e *Ambuchanania*, com uma única espécie rara encontrada na Tasmânia, que cresce como pequenas "manchas" na superfície da areia úmida. As características que distinguem os gametófitos e os esporófitos do *Sphagnum* (Figura 16.17), bem como as sequências comparativas de DNA, indicam que esse gênero divergiu cedo da principal linha de evolução dos musgos. A época de seu primeiro aparecimento não é conhecida, mas a ordem fóssil Protosphagnales, que consiste em vários gêneros do período Permiano (há cerca de 290 milhões de anos; ver p. xi), exibe claramente uma relação muito estreita com o *Sphagnum* atual. Mais de 400 espécies de *Sphagnum* são geralmente reconhecidas, porém as plantas são variáveis, e o número verdadeiro pode ser menor. Cerca de 4.135 nomes já foram aplicados às espécies deste gênero, dando uma boa ideia da complexidade de seus padrões de variação. O *Sphagnum* está distribuído pelo mundo inteiro, encontrado em áreas úmidas como as extensas regiões de turfeira no hemisfério norte, e é valioso tanto comercial quanto ecologicamente.

A reprodução sexuada do *Sphagnum* envolve a formação de anterídios e arquegônios nas extremidades de ramos especiais localizados nos ápices do gametófito. A fecundação ocorre no final do inverno, e, 4 meses depois, os esporos maduros são liberados dos esporângios.

Entre os musgos, os esporófitos de *Sphagnum* (Figura 16.17A), são bem distintos. As cápsulas avermelhadas a castanho-enegrecidas são quase esféricas e elevadas em um

pedúnculo, o *pseudopódio*, que faz parte do gametófito e pode ter até 3 mm de comprimento. O esporófito tem uma seta muito curta ou pedúnculo. A liberação dos esporos em *Sphagnum* é espetacular (Figura 16.17C). No ápice da cápsula, existe um *opérculo* semelhante a uma tampa, que é separado do resto da cápsula por um sulco circular. À medida que a cápsula amadurece e seca, suas células epidérmicas sofrem colapso lateral, resultando em mudança da forma da cápsula de esférica para cilíndrica. Nesse processo, a pressão interna de ar da cápsula aumenta para cerca de 5 bars, semelhante à pressão dos pneus de uma carreta. O opérculo finalmente explode com um ruído audível, e o gás que escapa carrega a massa de esporos em um surto explosivo. Em um estudo, a velocidade média de arremesso do gás e dos esporos foi de 16 ± 7 m/s, alcançando uma altura média de 114 ± 9 mm.

A reprodução assexuada por fragmentação é muito comum. Os ramos jovens e os fragmentos de caulídio que se desprendem do gametófito e filídios danificadas podem regenerar novos gametófitos. Em consequência, *Sphagnum* forma grandes agregados densamente compactados.

Três características distinguem os Sphagnidae de outros musgos. As diferenças mais evidentes entre a classe Sphagnidae e outros musgos são o pouco comum protonema, a morfologia peculiar do gametófito e o mecanismo exclusivo de abertura do opérculo. O protonema – o primeiro estágio de desenvolvimento do gametófito – dos Sphagnidae não é formado por conjunto de filamentos multicelulares e ramificados, como os observados na maioria dos outros musgos. Em vez de seguir esse padrão, cada protonema é constituído de uma lâmina com uma camada de células, que cresce por um meristema marginal, e cuja maioria das células pode dividir-se em uma de apenas duas direções possíveis. Nesse aspecto, o protonema de *Sphagnum* assemelha-se

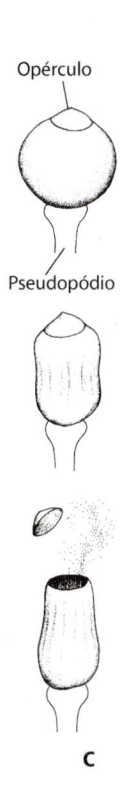

Opérculo

Pseudopódio

16.17 Musgo-de-turfeira, *Sphagnum*. A. Gametófito com numerosos esporófitos fixados. Algumas das cápsulas, como as duas no primeiro plano, já liberaram seus esporos. **B.** Estrutura de um filídio. As grandes células hialinas mortas (azul pálido), com espessamentos da parede anelares ou espiralados, estão circundadas por células vivas extremamente alongadas (verde), ricas em cloroplastos. **C.** Deiscência de uma cápsula. À medida que a cápsula seca, ela se contrai, mudando a sua forma esférica para cilíndrica. Essa mudança de forma provoca compressão do gás retido no interior da cápsula. Quando o gás reprimido alcança uma pressão de cerca de 5 bars, a pressão no interior da cápsula elimina o opérculo, com liberação explosiva de uma nuvem de esporos.

notavelmente aos talos em forma de disco de *Coleochaete* (Figura 15.49). O gametófito ereto origina-se de uma estrutura semelhante a uma gema, que cresce a partir de uma das células marginais (Figura 16.18). Essa estrutura contém um meristema apical, que se divide em três direções, formando os tecidos dos filídios e do caulídio.

Os caulídios dos gametófitos de *Sphagnum* apresentam ramos agrupados, frequentemente cinco em cada nó, que estão mais densamente reunidos próximo ao ápice do caule, resultando em uma estrutura semelhante a uma escova. Tanto os ramos quanto os caulídios apresentam filídios, porém os filídios do caulídio frequentemente têm pouca ou nenhuma clorofila, enquanto os filídios dos ramos são, em sua maioria, verdes. Os filídios têm a espessura de uma camada de células e são compostas de dois tipos nitidamente diferentes de células: (1) grandes células mortas, denominadas *células hialinas* ou hialocistos, com espessamentos da parede anelares e espiralados, e (2) células vivas estreitas, verdes ou ocasionalmente avermelhadas, contendo, cada uma delas, vários cloroplastos discoides (Figura 16.17B). Cada célula morta é circundada por uma única camada de células fotossintetizantes, que estão interco-

nectadas em toda folha, formando uma rede. As paredes das células mortas contêm poros ou perfurações, de modo que elas rapidamente ficam preenchidas de água. Em consequência, a capacidade de retenção de água dos musgos-de-turfeira é de até 20 vezes o seu peso seco Comparativamente, o algodão absorve apenas 4 a 6 vezes o seu peso seco. As paredes celulares das células tanto vivas quanto mortas de *Sphagnum* estão impregnadas de compostos fenólicos resistentes à decomposição e possuem propriedades antissépticas; além disso, os musgos-de-turfeira contribuem para a acidez de seu próprio ambiente, devido à liberação de íons hidrogênio; no centro das turfeiras, o pH frequentemente é inferior a 4 – ou seja, muito ácido e pouco comum para um ambiente natural.

Em virtude de suas excelentes qualidades de absorção e antissépticas, os musgos do gênero *Sphagnum* têm sido utilizados como material para fraldas por populações nativas e, na Europa, desde a década de 1980 até a Primeira Guerra Mundial, como curativos para feridas e furúnculos. O *Sphagnum* ainda é amplamente utilizado em horticultura, como material de embalagem para raízes das plantas, como meio para plantio e como aditivo para o solo. Os jardineiros misturam o musgo-de-turfeira

áreas úmidas. Esforços estão sendo envidados para desenvolver técnicas para a regeneração das turfeiras, em virtude de sua importância ecológica.

A ecologia do *Sphagnum* é de importância mundial. As áreas de turfeiras dominadas pelo *Sphagnum* ocupam 1 a 3% da superfície da Terra, uma área enorme, que corresponde a cerca da metade dos EUA. Por conseguinte, o *Sphagnum* é uma das plantas mais abundantes no mundo. As turfeiras são de importância particular no ciclo global do carbono, visto que as áreas de turfeira armazenam quantidades muito grandes (cerca de 400 gigatoneladas, ou 400 bilhões de toneladas em uma base global) de carbono orgânico, que não é facilmente decomposto a CO_2 pelos microrganismos. A turfa é formada pelo acúmulo e compressão dos próprios musgos, juntamente com ciperáceas, juncos, gramíneas e outras plantas que crescem entre eles. Na Irlanda e em algumas outras regiões do norte, a turfa seca é queimada e amplamente usada como combustível industrial, bem como para aquecimento doméstico. Os ecologistas estão preocupados de que o aquecimento global produzido por quantidades crescentes de CO_2 e outros gases na atmosfera – como resultado, em grande parte, da atividade humana – possa resultar em oxidação do carbono das turfeiras. Isso poderia elevar ainda mais os níveis de CO_2 e a temperatura global (ver "Aquecimento Global | O Futuro É Agora", no Capítulo 7).

16.18 Gametófito de *Sphagnum*. Um jovem gametófito folhoso de *Sphagnum* é visto aqui originando-se de um protonema laminar.

com o solo para aumentar a capacidade de retenção de água do solo e torná-lo mais ácido para as plantas que preferem solos ácidos, como as coníferas e os rododendros. A exploração e o processamento do *Sphagnum* de turfeiras para esses propósitos é uma indústria multimilionária e que traz preocupações ecológicas, visto que pode levar a uma séria degradação de algumas

Os musgos-de-granito pertencem à classe Andreaeidae

A classe Andreaeidae compreende dois gêneros, *Andreaea* e *Andreaeobryum*. O gênero *Andreaea* é constituído de cerca de 100 espécies de pequenos musgos de turfa verde-enegrecidos ou castanho-avermelhados escuros (Figura 16.19A), os quais são tão peculiares quanto o *Sphagnum*. *Andreaea* é encontrado nas regiões montanhosas ou Árticas, frequentemente sobre rochas graníticas – o que explica o seu nome popular de "mus-

A

B

16.19 Musgo-de-granito. A. *Andreaea* crescendo em uma rocha albina, onde as plantas formam densas almofadas castanho-avermelhadas. **B.** Esporângios abertos (ou cápsulas) de *Andreae rupestris*. À medida que a cápsula seca, ela se contrai e se abre por quatro divisões laterais, possibilitando a liberação dos esporos.

go-de-granito". *Andreaeobryum* (com uma única espécie) tem a sua distribuição restrita ao noroeste do Canadá e adjacências do Alasca e cresce principalmente sobre rochas calcárias (que contêm cálcio). Em *Andreaea*, o protonema é incomum, visto que apresenta duas ou mais fileiras de células, em vez de uma única fileira, como na maioria dos musgos. Os rizoides também são incomuns, visto que consistem em duas fileiras de células. As cápsulas minúsculas são marcadas por quatro linhas verticais de células mais frágeis ao longo das quais a cápsula se abre; todavia, a cápsula permanece intacta acima e abaixo dessas linhas de deiscência. As quatro valvas resultantes são muito sensíveis à umidade do ar, abrindo-se quando o ar está seco – os esporos podem ser transportados a grandes distâncias pelo vento nessas circunstâncias – e fechando-se quando o ar está úmido. Esse mecanismo de liberação de esporos por meio de aberturas na cápsula é diferente de qualquer outro musgo (Figura 16.19B).

Os "musgos verdadeiros" pertencem à classe Bryidae

A classe Bryidae contém a maioria das espécies de musgos. Nesse grupo de musgos – os "musgos verdadeiros" –, os filamentos ramificados dos protonemas são compostos por uma única fileira de células e lembram as algas verdes filamentosas (Figura 16.20). Entretanto, os musgos podem ser habitualmente diferenciados das algas verdes pelas suas paredes transversais oblíquas. Os gametófitos folhosos desenvolvem-se a partir de diminutas estruturas semelhantes a gemas no protonema. Em alguns gêneros de musgos, o protonema é persistente e assume a principal função de fotossíntese, enquanto os ramos folhosos do gametófito são minúsculos.

Muitos musgos apresentam tecidos especializados para a condução de água e alimentos. Os gametófitos dos musgos, que exibem graus variáveis de complexidade, podem ser tão pequenos quanto 0,5 mm ou ter até 50 cm ou mais (Figura 16.21). Todos possuem rizoides multicelulares, e os filídios normalmente apre-

sentam uma camada de células de espessura, exceto na nervura mediana (que está ausente em alguns gêneros). Em muitos musgos, os caulídios dos gametófitos e esporófitos apresentam um cordão central de tecido condutor de água, denominado *hadroma*. As células condutoras de água são conhecidas como *hidroides* (Figura 16.22). Os hidroides são células alongadas com paredes terminais inclinadas, que são delgadas e altamente permeáveis à água, tornando-as o caminho preferido para água e solutos. Os hidroides assemelham-se aos elementos traqueais condutores de água das plantas vasculares, visto que ambos carecem de protoplasto vivo na maturidade (ver Capítulo 23). Entretanto, diferentemente dos elementos traqueais, os hidroides carecem de espessamentos especializados da parede contendo lignina. Em alguns gêneros de musgos, as células condutoras de substâncias nutritivas, também conhecidas como *leptoides*, circundam o cordão de hidroides (Figura 16.22). O tecido condutor de alimento é denominado *leptoma*. Os leptoides são células alongadas, que exibem algumas semelhanças estruturais e de desenvolvimento com os elementos crivados do floema das plantas vasculares sem sementes (ver Capítulo 17). Na maturidade, ambos os tipos de células apresentam paredes terminais inclinadas, com pequenas perfurações e protoplastos vivos com núcleos degenerados. As células condutoras dos musgos – os hidroides e os leptoides – aparentemente são semelhantes àquelas de certas plantas fósseis, conhecidas como *protraqueófitas*, as quais podem representar um estágio intermediário na evolução das plantas vasculares ou *traqueófitas* (Figura 16.3; ver também Capítulo 17).

A reprodução sexuada dos musgos assemelha-se àquela de outras briófitas. O ciclo sexual dos musgos (ver adiante o ciclo de vida dos musgos na Figura 16.28) é semelhante ao das hepáticas e dos an-

16.20 "Musgo verdadeiro". A. Protonemas da planta modelo *Physcomitrella patens*. Os protonemas assemelham-se a algas verdes filamentosas. **B.** Gametófito folhoso de *P. patens* com rizoides (na base), que fixam o gametófito ao substrato. Os protonemas constituem o primeiro estágio da geração gametofítica dos musgos e de algumas hepáticas.

16.21 *Dawsonia superba*. Os gametófitos de *Dawsonia superba*, musgo verdadeiro mais alto, podem alcançar alturas de até 50 cm. As plantas mostradas aqui têm 20 cm de altura.

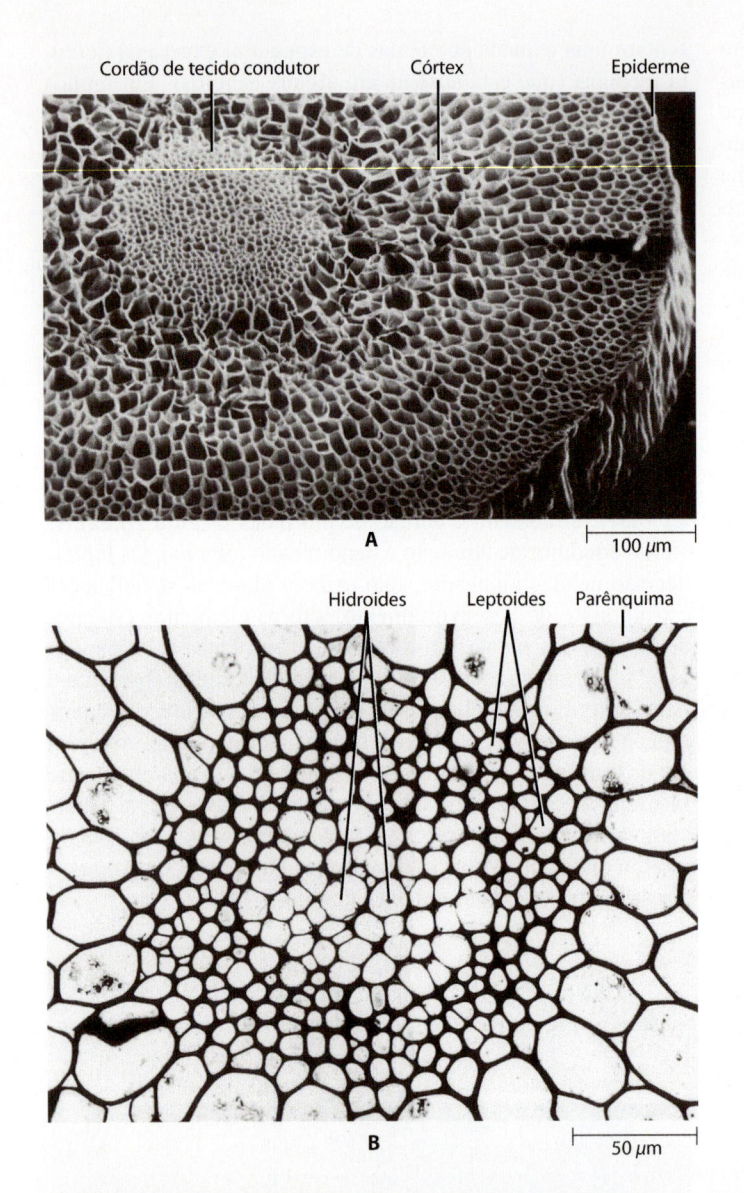

16.22 Hidroides e leptoides. Cordões de tecido condutor na seta ou pedúnculo de um esporófito do musgo *Dawsonia superba*. **A.** Organização geral da seta, vista em seção transversal com microscópio eletrônico de varredura. **B.** Seção transversal mostrando a coluna central de hidroides condutores de água, circundada por uma bainha de leptoides condutores de substâncias orgânicas e o parênquima do córtex. **C.** Seção longitudinal de parte do cordão central, mostrando (da esquerda para a direita) hidroides, leptoides e parênquima.

tóceros, visto que envolve a produção de gametângios masculinos e femininos, um esporófito matrotrópico (nutrido maternalmente) não ramificado e processos especializados de dispersão dos esporos.

Os gametângios podem ser produzidos por gametófitos folhosos maduros, tanto no ápice do eixo principal quanto em um ramo lateral. Em alguns gêneros, os gametófitos são unissexuados (Figura 16.23); todavia, em outros gêneros, tanto os arquegônios quanto os anterídios são produzidos pela mesma planta. Os anterídios estão frequentemente agrupados dentro de estruturas foliares, denominadas taças-de-respingo (Figura 16.24). Os anterozoides de vários anterídios são liberados em uma gota de água dentro de cada taça e, em seguida, dispersos com as gotas de chuva caindo nas taças. Os insetos também podem transportar gotas de água ricas em anterozoides de uma planta para outra.

Os esporófitos dos musgos, como os dos antóceros e das hepáticas, encontram-se nos gametófitos, que lhes fornecem os nutrientes. Um pequeno pé na base da seta semelhante a um pedúnculo está inserido no tecido do gametófito, e as células tanto do pé quanto do gametófito adjacente funcionam como células de transferência na placenta. No musgo *Polytrichum*, foi constatado que os açúcares simples se movem através da junção entre as gerações. As cápsulas ou esporângios levam habitualmente 6 a 18 meses para alcançar a maturidade nas espécies de regiões temperadas e, em geral, estão elevados em uma seta no ar, facilitando, assim, a dispersão dos esporos. Alguns musgos produzem esporângios de cores brilhantes que atraem os insetos. As setas podem alcançar 15 a 20 cm de comprimento em algumas espécies, mas podem ser muito curtas ou ausentes em outras. As setas de muitos esporófitos de musgos contêm um cordão central de hidroides que, em alguns gêneros, é circundado por leptoi-

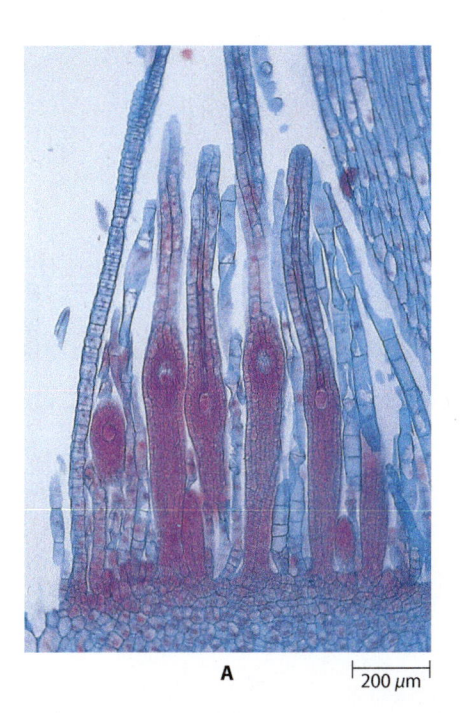
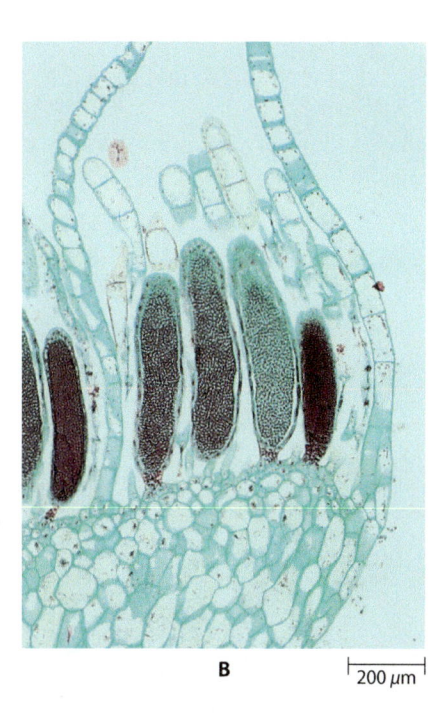

A ⊢ 200 μm ⊣   **B** ⊢ 200 μm ⊣

16.23 Gametângios de *Mnium*, um musgo unissexuado. A. Seção longitudinal da porção superior de um arquegonióforo, mostrando os arquegônios corados de rosa, circundados por estruturas estéreis, denominadas paráfises. **B.** Seção longitudinal da porção superior de anteridióforo, mostrando os anterídios circundados por paráfises.

16.24 Taças-de-respingo. Gametófitos masculinos folhosos do musgo *Polytrichum piliferum*, mostrando os anterídios maduros agrupados em estruturas em forma de taça, conhecidas como taças-de-respingo. Os anterozoides são liberados nas gotas de água que ficam no interior dessas taças folhosas e são então lançados para fora por gotas de chuva, alcançando, algumas vezes, a vizinhança de arquegônios em outros gametófitos (Figura 16.28).

des (Figura 16.22). Normalmente, são encontrados estômatos na epiderme dos esporófitos dos musgos. Entretanto, alguns estômatos de musgos estão ladeados por uma única célula-guarda de forma circular (Figura 16.25).

Em geral, as células do esporófito jovem e em processo de maturação contêm cloroplastos e realizam a fotossíntese. Entretanto, quando o esporófito de um musgo está maduro, ele perde gradualmente a sua capacidade de fotossíntese e torna-se amarelo, em seguida alaranjado e, por fim, castanho. A caliptra, derivada do arquegônio, é comumente elevada para o alto com a cápsula, à medida que a seta se alonga. Antes da dispersão dos esporos, a caliptra protetora cai, e o opérculo da cápsula rompe-se, revelando um anel de dentes – o *peristômio* – que circunda a abertura (Figura 16.26). Os dentes do peristômio

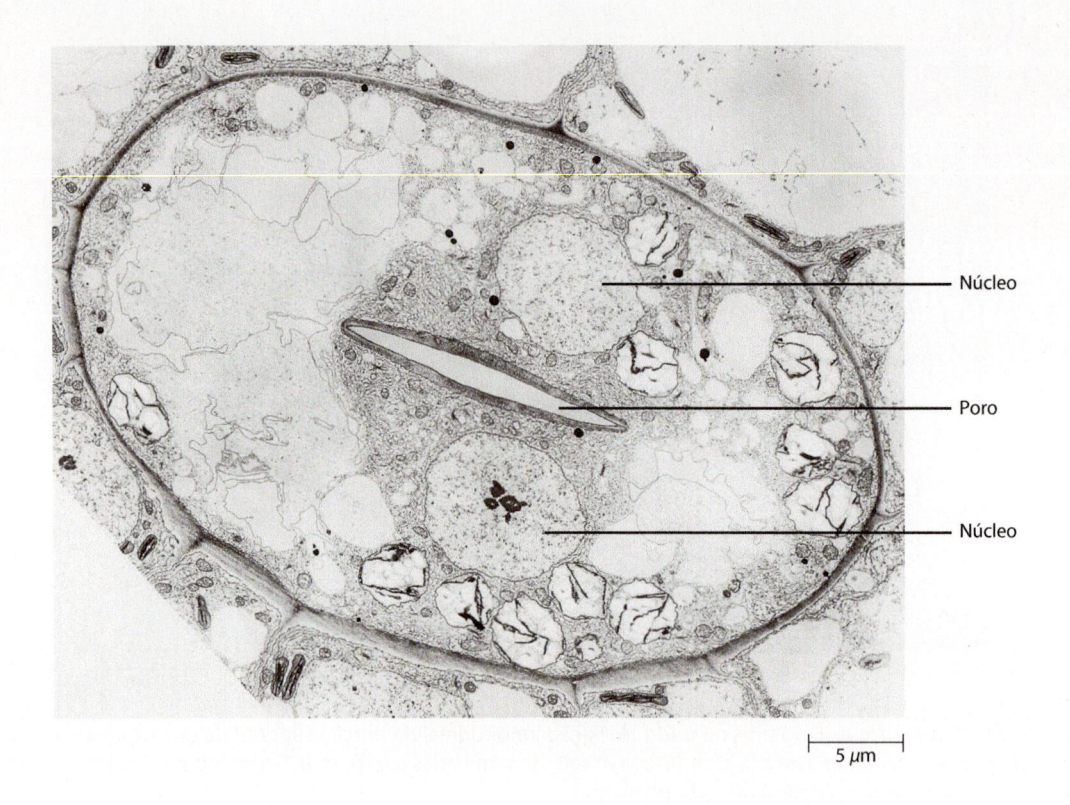

5 µm

16.25 Estômato de musgo com uma única célula-guarda. Estômato unicelular maduro do musgo *Funaria hygrometrica*. O estômato consiste em uma única célula-guarda binucleada, uma vez que a parede em torno do poro localizado no meio da célula não atinge as extremidades da célula.

Cápsula sob
condições de ar úmido

Cápsula em processo
de dessecamento

Cápsula seca

A

B

16.26 Dentes do peristômio de musgos da classe Brydae. A. O *Brachythecium* apresenta um peristômio constituído de dois anéis de dentes, que se abrem para liberar os esporos em resposta a mudanças de umidade. A série externa de dentes no peristômio encaixa-se com a série interna vedando a abertura em condições de umidade. Quando a cápsula seca, os dentes externos se afastam, possibilitando a dispersão dos esporos pelo vento. **B.** Micrografia eletrônica de varreduras dos dentes do peristômio de duas cápsulas de *Orthotrichum*, mostrando os dentes internos curvados para dentro e os dentes externos curvados para fora em condições de ar seco.

são formados por divisão, ao longo de uma zona de fragilidade, de uma camada celular próxima à extremidade da cápsula. Na maioria dos musgos, os dentes desenrolam-se lentamente quando o ar está relativamente seco e enrolam-se novamente quando o ar está úmido. Os movimentos dos dentes expõem os esporos, que são gradualmente liberados. Uma cápsula libera até 50 milhões de esporos haploides, e cada um deles é capaz de dar origem a um novo gametófito. O peristômio é uma característica da classe Bryidae e está ausente nas outras duas classes de musgos. As características distintivas dos peristômios dos diferentes grupos de musgos são utilizadas na classificação e na identificação dos musgos.

Em geral, a reprodução assexuada ocorre por fragmentação, visto que praticamente qualquer porção do gametófito de um musgo tem a capacidade de regeneração. Todavia, alguns musgos produzem estruturas especializadas para a reprodução assexuada.

Os musgos exibem padrões de crescimento "em coxim" ou "pinado". Dois padrões de crescimento são comuns entre os Bryidae (Figura 16.27). Nos musgos "em coxim", ou "almofada", os gametófitos são eretos e pouco ramificados e, em geral, sustentam esporófitos terminais. Na forma "pinada" os gametófitos são muito ramificados, as plantas são rastejantes, e os esporófitos desenvolvem-se lateralmente. Esse segundo tipo de padrão de crescimento é comumente encontrado nos musgos que pendem em massas dos ramos das árvores nas florestas pluviais e florestas tropicais nubladas. As plantas desse tipo, que crescem sobre outros organismos, mas que não os parasitam, são denominadas *epífitas*. As árvores fornecem uma grande variedade de *micro-habitats*, que são ocupados por musgos e outras espécies de briófitas. Entre esses *micro-habitats* estão as bases das árvores e as raízes escoras, as fissuras e fendas da casca do tronco, as superfícies irregulares dos galhos, as depressões nas bases dos ramos e a superfície das folhas.

Vários gêneros e espécies de musgos são altamente endêmicos, isto é, são restritos a áreas geográficas muito limitadas. Muitos dos musgos endêmicos crescem como epífitas em florestas temperadas de grandes altitudes e em florestas tropicais nubladas, onde a biodiversidade das briófitas é pouco conhecida. As briófitas também apresentam interações importantes, porém escassamente catalogadas, com uma variedade de invertebrados, alguns dos quais vivem, se reproduzem e alimentam-se preferencialmente dos musgos. Alguns especialistas estão preocupados com o fato de que o crescimento das populações humanas poderá alterar drasticamente os ambientes naturais, levando a uma extensa perda de espécies de briófitas e animais associados antes mesmo que muitos desses organismos tenham sido descritos.

Os brotos folhosos e, em alguns casos, os esporófitos dos musgos estão associados a uma ampla diversidade de fungos, incluindo glomeromicetos, ascomicetos e Agariomycotina. Ainda não foi estabelecido se essas associações são mutualistas. Os musgos estão comumente associados a cianobactérias, que crescem como epífitas sobre os filídios e os caulídios. No *Sphagnum*, há cianobactérias até mesmo dentro das células hialinas, as grandes células mortas que têm a capacidade de reter água.

Antóceros | Filo Anthocerophyta

Os antóceros, com mais de 300 espécies, constituem a linhagem menos diversificada das briófitas. O termo "antócero" deriva de seus esporófitos semelhantes a chifres. Os membros do gênero

A   B

16.27 Padrões de crescimento "em coxim" e "pinado". São vistas aqui as duas formas comuns de crescimento encontradas nos gametófitos de diferentes gêneros de musgos da classe Bryidae. **A.** Na forma "em coxim", os gametófitos são eretos e têm poucas ramificações, conforme ilustrado em *Polytrichum juniperinum*. Os esporófitos podem ser vistos acima dos gametófitos, e cada um deles consiste em uma cápsula com esporos na extremidade de uma seta longa e delgada. **B.** A forma "pinada", com gametófitos rastejantes formando um tapete, é mostrada aqui no *Thuidium abietinum*.

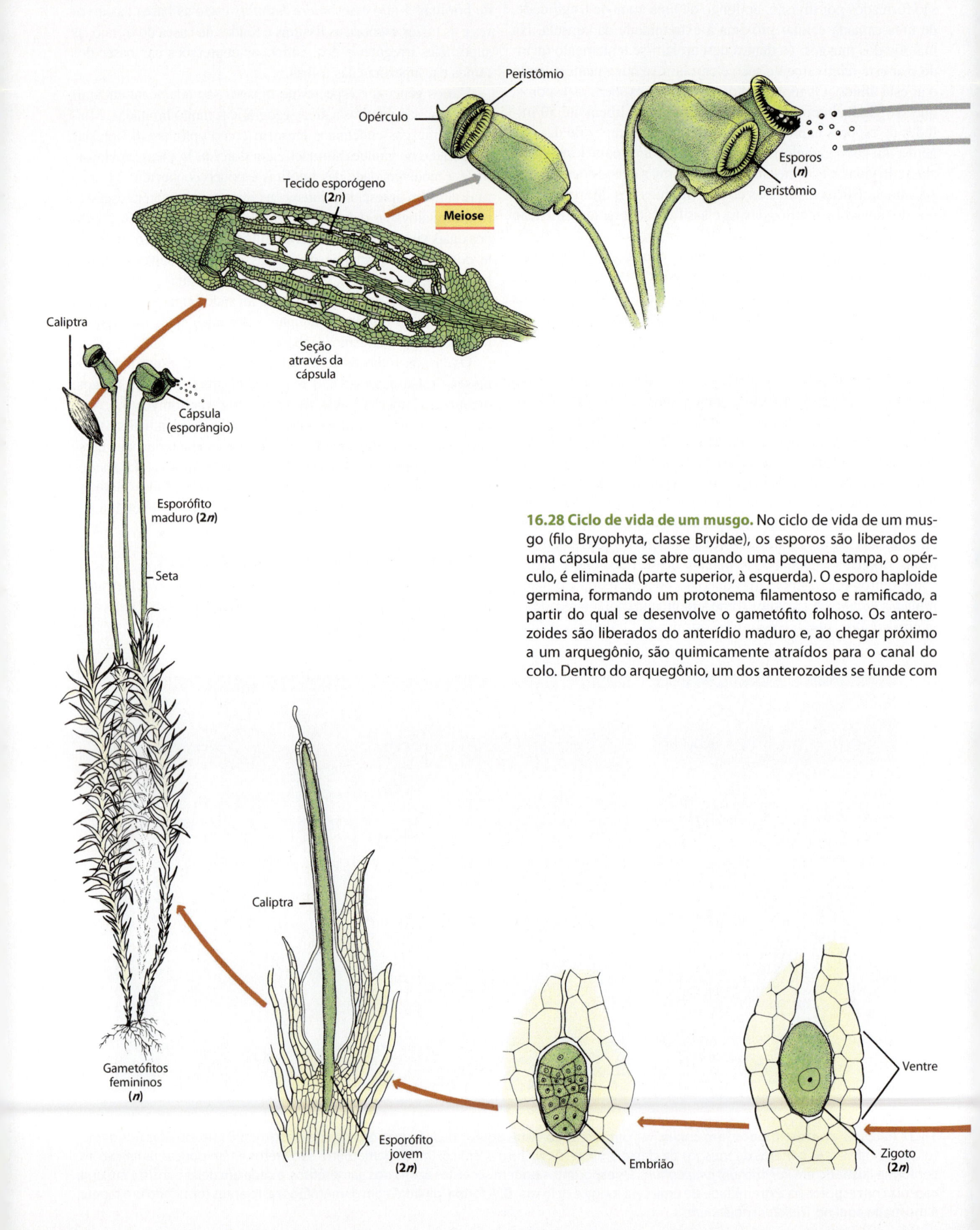

Peristômio

Opérculo

Tecido esporógeno
(2*n*)

Meiose

Esporos
(*n*)

Peristômio

Seção
através da
cápsula

Caliptra

Cápsula
(esporângio)

Esporófito
maduro (2*n*)

Seta

16.28 Ciclo de vida de um musgo. No ciclo de vida de um musgo (filo Bryophyta, classe Bryidae), os esporos são liberados de uma cápsula que se abre quando uma pequena tampa, o opérculo, é eliminada (parte superior, à esquerda). O esporo haploide germina, formando um protonema filamentoso e ramificado, a partir do qual se desenvolve o gametófito folhoso. Os anterozoides são liberados do anterídio maduro e, ao chegar próximo a um arquegônio, são quimicamente atraídos para o canal do colo. Dentro do arquegônio, um dos anterozoides se funde com

Caliptra

Ventre

Gametófitos
femininos
(*n*)

Esporófito
jovem
(2*n*)

Embrião

Zigoto
(2*n*)

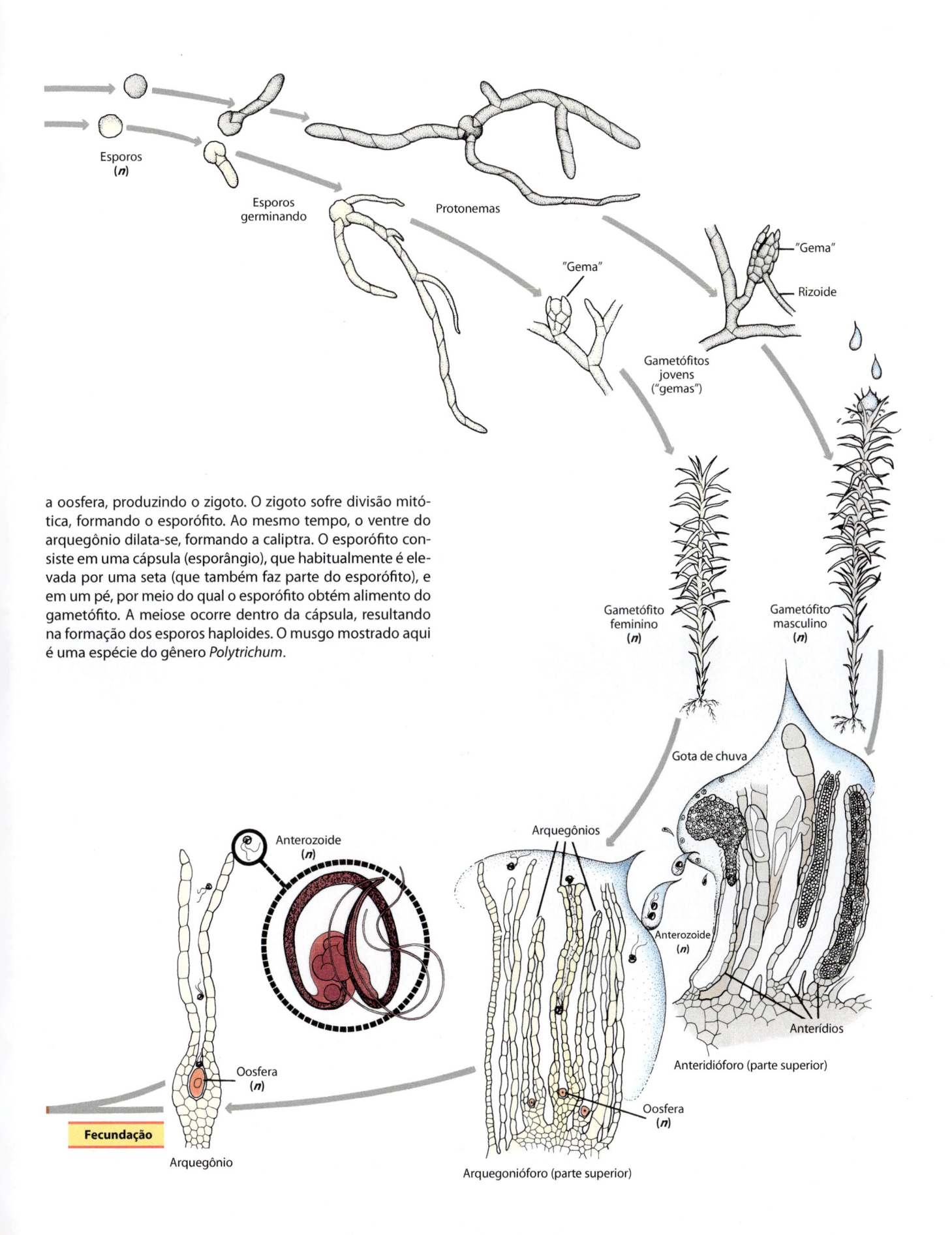

a oosfera, produzindo o zigoto. O zigoto sofre divisão mitótica, formando o esporófito. Ao mesmo tempo, o ventre do arquegônio dilata-se, formando a caliptra. O esporófito consiste em uma cápsula (esporângio), que habitualmente é elevada por uma seta (que também faz parte do esporófito), e em um pé, por meio do qual o esporófito obtém alimento do gametófito. A meiose ocorre dentro da cápsula, resultando na formação dos esporos haploides. O musgo mostrado aqui é uma espécie do gênero *Polytrichum*.

Esporos
(*n*)

Esporos
germinando

Protonemas

"Gema"

"Gema"

Rizoide

Gametófitos
jovens
("gemas")

Gametófito
feminino
(*n*)

Gametófito
masculino
(*n*)

Gota de chuva

Arquegônios

Anterozoide
(*n*)

Anterozoide
(*n*)

Anterídios

Anteridióforo (parte superior)

Oosfera
(*n*)

Oosfera
(*n*)

Fecundação

Arquegônio

Arquegonióforo (parte superior)

Anthoceros são os mais familiares dos 11 gêneros identificados. Os gametófitos dos antóceros (Figura 16.29A) assemelham-se superficialmente aos das hepáticas talosas; entretanto, existem muitas características que indicam uma relação relativamente distante. Por exemplo, as células da maioria das espécies apresentam habitualmente um único cloroplasto grande com um pirenoide, como na alga verde *Coleochaete*. Algumas espécies de antóceros apresentam células que contêm numerosos cloroplastos pequenos sem pirenoides, como na maioria das células vegetais; todavia, até mesmo nesses antóceros, a célula apical contém um único plastídio, refletindo a condição ancestral (ver início do capítulo).

Os gametófitos dos antóceros frequentemente se assemelham a uma roseta, e as suas ramificações dicotômicas muitas vezes não são visíveis (Figura 16.29). Em geral, têm cerca de 1 a 2 cm de diâmetro e carecem de diferenciação interna, exceto pela presença de cavidades – grandes espaços intercelulares – que contêm colônias da cianobactéria filamentosa *Nostoc* mergulhadas na mucilagem. A cianobactéria *Nostoc* fixa o nitrogênio e o fornece à sua hospedeira. Muitas células do talo, incluindo as da epiderme, secretam mucilagem, que é essencial para a retenção de água. A epiderme inferior do talo contém numerosos poros pequenos delimitados por duas células reniformes, que se assemelham às células-guarda do estômato do esporófito. Os poros do talo são repletos de mucilagem; não atuam para a troca gasosa, mas como locais de entrada da *Nostoc* filamentosa. Alguns antóceros estabelecem associações semelhantes às micorrizas com glomeromicetos.

Os gametófitos dos antóceros são, em sua maioria, unissexuados. Alguns gametófitos do gênero *Anthoceros* são unissexuados, enquanto outros são bissexuados. Nos gametófitos bissexuados, o desenvolvimento dos anterídios precede habitualmente os dos arquegônios. Os anterídios e os arquegônios estão inseridos na superfície dorsal do gametófito, com os anterídios agrupados em câmaras. Numerosos esporófitos podem desenvolver-se no mesmo gametófito.

O esporófito de *Anthoceros*, que é uma estrutura ereta e alongada, consiste em um pé em uma longa cápsula cilíndrica ou esporângio (Figuras 16.29 e 16.30). Diferentemente das hepáticas e dos musgos verdadeiros, ele carece de seta. O pé penetra no tecido do gametófito e forma uma placenta por meio da qual o esporófito obtém a nutrição do gametófito (Figura 16.30A). Um aspecto peculiar dos esporófitos dos antóceros é que, no início de seu desenvolvimento, surge um meristema ou zona de células em divisão ativa entre o pé e o esporângio. Esse meristema basal permanece ativo enquanto as condições são favoráveis para o crescimento, de modo que o esporângio continua se alongando por um período prolongado de tempo. Em consequência, todos os estágios de desenvolvimento dos esporos, desde a meiose que ocorre próximo à sua base até os esporos maduros em cima, podem ser observados em um único esporângio. O esporófito é verde, uma vez que possui

O esporângio maduro divide-se para liberar os esporos

Gametófito

C   40 μm

D

E

16.29 Anthoceros, um antócero. A. Gametófito verde-escuro portando seus esporófitos (estruturas alongadas). **B.** Quando maduro, o esporângio abre-se, e os esporos são liberados. **C.** Os estômatos são abundantes nos esporófitos dos antóceros, que são verdes e fotossintetizantes. **D.** Esporos em desenvolvimento, visíveis no centro da seção transversal de um esporângio, e (**E**) esporos maduros ainda reunidos em tétrade, um grupo de quatro esporos – três dos quais são visíveis aqui – formados a partir de uma célula-mãe do esporo por meiose.

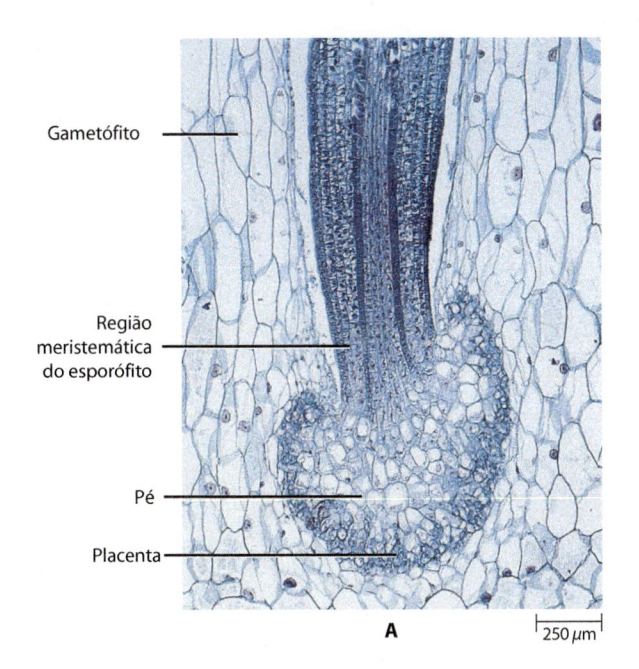

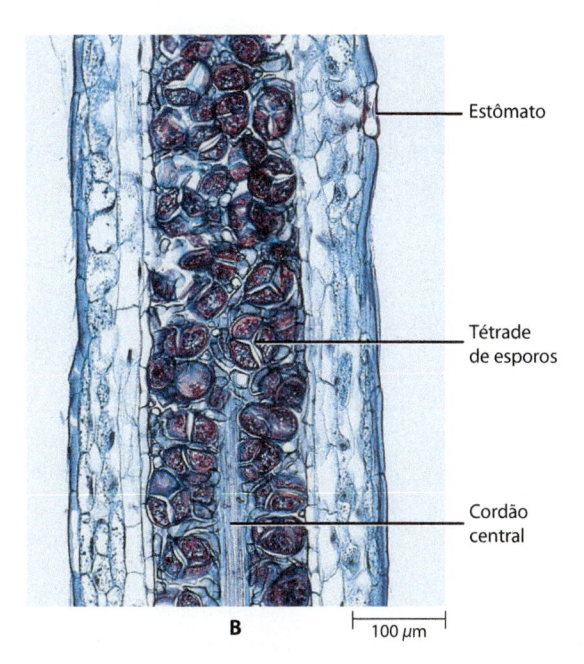

16.30 *Anthoceros*. A. Seção longitudinal da porção inferior de um esporófito, mostrando o pé inserido no tecido do gametófito. **B.** Seção longitudinal de uma porção de um esporângio, mostrando as tétrades de esporos com estruturas semelhantes a elatérios entre eles. O cordão central na parte inferior do esporângio consiste em tecido que pode atuar na condução de água e nutrientes.

várias camadas de células fotossintetizantes. É recoberto por uma cutícula e apresenta estômatos (Figuras 16.29C e 16.30B) que permanecem abertos permanentemente. A maturação dos esporos e, por fim, a deiscência do esporângio começam perto do ápice e se estendem em direção à base à medida que os esporos amadurecem (Figuras 16.29B e 16.30B). Entre os esporos, existem estruturas estéreis, alongadas e frequentemente multicelulares, denominadas pseudoelatérios, que se assemelham aos elatérios das hepáticas. A deiscência do esporângio resulta em sua divisão longitudinal em folhas semelhantes a fitas. A dispersão dos esporos é auxiliada pela torção da parede dos esporângios e pseudoelatérios, que liberam a massa de esporos com o dessecamento.

RESUMO

As plantas provavelmente evoluíram a partir de uma alga verde carófita

As plantas, coletivamente conhecidas como embriófitas, parecem ter tido a sua origem a partir de uma alga verde carófita. Os dois grupos compartilham muitas características particulares, incluindo a presença de um fragmoplasto e da placa celular na citocinese. As evidências moleculares e de outras fontes sugerem fortemente que as plantas são descendentes de um único ancestral comum, e que as briófitas incluem as plantas vivas mais antigas que teriam divergido da principal linha de evolução das plantas. As primeiras plantas provavelmente eram semelhantes, em vários aspectos, às hepáticas atuais. As características compartilhadas por todas as plantas consistem em tecidos produzidos por um meristema apical, um ciclo de vida envolvendo a alternância de gerações heteromórficas, gametângios protegidos por parede, embriões matrotróficos e esporos com paredes de esporopolenina.

As briófitas abrangem as hepáticas, os musgos e os antóceros

As briófitas consistem em três filos de plantas pequenas e estruturalmente simples. Seus gametófitos são sempre nutricionalmente independentes dos esporófitos, enquanto os esporófitos estão permanentemente fixados aos gametófitos e dependem deles para a sua nutrição, pelo menos por algum tempo no início do desenvolvimento do embrião. Os órgãos sexuais masculinos, os anterídios, e os órgãos sexuais femininos, os arquegônios, apresentam camadas protetoras de células. Cada arquegônio contém uma única oosfera, enquanto cada anterídio produz numerosos anterozoides. Os anterozoides biflagelados nadam livremente e necessitam de água para alcançar a oosfera. Com a exceção dos antóceros, o esporófito é tipicamente diferenciado em pé, seta e cápsula ou esporângio. Os esporófitos dos antóceros carecem de seta. Os esporófitos dos musgos e dos antóceros em maturação são verdes e tornam-se menos dependentes nutricionalmente de seus gametófitos do que os das hepáticas que, em geral, permanecem totalmente dependentes de seus gametófitos.

Os esporófitos das briófitas diferem entre si

As hepáticas (filo Marchantiophyta) carecem de estômatos, os quais estão presentes nos musgos e nos antóceros. O filo das hepáticas consiste nas hepáticas talosas complexas, que apresentam tecidos internos diferenciados, nas hepáticas folhosas e nas hepáticas talosas simples, que consistem em fitas de tecido relativamente indiferenciado. Os musgos (filo Bryophyta), pelo menos em alguns grupos, apresentam tecido de condução especializado e estômatos que se assemelham aos das plantas vasculares. O tecido de condução dos musgos, quando presente, consiste em hidroides (células condutoras de água) e leptoides (células condutoras de substâncias nutritivas). O filo Bryophyta é constituído de três classes: os musgos-de-turfeira, os mus-

Tabela-resumo Resumo comparativo das características dos filos das briófitas

Filo	Número de espécies	Características gerais do gametófito	Características gerais do esporófito	*Habitats*
Marchantiophyta (hepáticas)	5.200	Geração de vida livre; gêneros tanto talosos quanto folhosos; poros aeríferos em alguns tipos talosos; rizoides unicelulares; a maioria das células apresenta numerosos cloroplastos; muitas produzem gemas; estágio de protonema em algumas; crescimento a partir do meristema apical	Pequeno e nutricionalmente dependente do gametófito; não ramificado; em alguns gêneros, consiste em pouco mais do que o esporângio, e, em outros, pé, seta curta e esporângio; presença de substâncias fenólicas nas paredes das células epidérmicas; carece de estômatos	Principalmente em clima temperado úmido e tropical; poucas espécies aquáticas; frequentemente epífitas
Bryophyta (musgos)	12.800	Geração de vida livre; folhoso; rizoides multicelulares; a maioria das células apresenta numerosos cloroplastos; muitos produzem gemas; estágio de protonema que cresce por um meristema marginal, seguido de crescimento por meristema apical em *Sphagnum*; crescimento por meristema apical apenas em Brydae; algumas espécies apresentam leptoides e hidroides não lignificados	Pequeno e nutricionalmente dependente do gametófito; não ramificado; em Bryidae, consiste em pé, seta longa e esporângio; presença de substâncias fenólicas nas paredes das células epidérmicas; estômatos; algumas espécies apresentam leptoides e hidroides não lignificados	Principalmente de clima temperado úmido e tropical; algumas espécies árticas e antárticas; muitos em *habitats* secos; poucas espécies aquáticas
Anthocerotophyta (antóceros)	300	Geração de vida livre; taloso; rizoides unicelulares; a maioria apresenta um único cloroplasto por célula	Pequeno e nutricionalmente dependente do gametófito; não ramificado; consiste em pé e longo esporângio cilíndrico, com um meristema entre o pé e o esporângio; cutícula; estômatos; ausência de tecido condutor especializado	Clima temperado úmido e tropical

gos-de-granito e os "musgos verdadeiros". Os antóceros (filo Anthocerotophyta) apresentam um meristema basal típico e carecem de tecido de condução especializado.

As briófitas são ecologicamente importantes

As briófitas são particularmente abundantes e diversificadas nas florestas pluviais temperadas e nas florestas tropicais nubladas. O musgo *Sphagnum* ocupa 1 a 3% da superfície da Terra, é economicamente valioso e desempenha um papel essencial no ciclo global do carbono.

Autoavaliação

1. Por meio de um diagrama simples e com legendas, esquematize o ciclo de vida geral de uma briófita. Explique por que é descrito como alternância de gerações heteromórficas.

2. Quais as evidências que sustentam a hipótese de uma alga verde carófita como ancestral das plantas?

3. As briófitas e as plantas vasculares compartilham várias características que as distinguem das algas verdes carófitas e que possibilitaram a sua adaptação para a existência no ambiente terrestre. Quais são essas características?

4. Em sua opinião, quais das briófitas têm o esporófito mais desenvolvido? Quais delas têm o gametófito mais desenvolvido? Em cada caso, forneça as razões para sua resposta.

5. Quais as características compartilhadas pelas plantas vasculares que estão ausentes nas briófitas?

6. Descreva as modificações estruturais relacionadas com a absorção de água em *Sphagnum*. Por que o *Sphagnum* tem importância ecológica tanto grande?

CAPÍTULO 17

Plantas Vasculares sem Sementes

◀ **Remoção do arsênico.** A pteridófita, *Pteris vittata*, transporta o arsênico de solos contaminados de suas raízes para as suas frondes, onde o metaloide tóxico se acumula em níveis elevados. As frondes podem, então, ser cortadas, removendo-se o arsênico do ambiente. Já foi identificado um gene que codifica a proteína da membrana envolvida no bombeamento do arsênico para os vacúolos das células vegetais, protegendo a célula de lesão.

SUMÁRIO

As plantas, como todos os seres vivos, têm ancestrais aquáticos. A história da evolução das plantas está, portanto, inseparavelmente relacionada com a ocupação progressiva do ambiente terrestre e o aumento da sua independência da água para a reprodução. Neste capítulo, discutiremos primeiramente as características gerais da evolução das plantas vasculares – características ligadas à vida no ambiente terrestre – e a organização do corpo destas plantas. Descreveremos então as plantas vasculares sem sementes e contaremos a história dos licopódios, samambaias e cavalinhas.

Evolução das plantas vasculares

No capítulo anterior, mencionamos que as briófitas e as plantas vasculares compartilham várias características importantes e que juntos estes dois grupos de plantas – ambas com embriões multicelulares – formam uma linhagem monofilética, as embriófitas. Como já discutido, foi levantada a hipótese de que esta

linhagem tenha ancestrais em comum com organismos semelhantes às algas do táxon Charophyceae (ver Capítulo 15). Tanto as briófitas quanto as plantas vasculares apresentam um ciclo de vida basicamente similar – a alternância de gerações heteromórficas – no qual o gametófito difere do esporófito. Nas briófitas, no entanto, duas características são importantes: a presença de um gametófito de vida livre, que geralmente é a geração mais

PONTOS PARA REVISÃO

Após a leitura deste capítulo, você deverá ser capaz de responder às seguintes questões:

1. Quais foram os passos mais importantes, no início da história da evolução das plantas, que contribuíram para o sucesso das plantas vasculares na ocupação do ambiente terrestre?

2. Que explicações existem para a origem evolutiva dos microfilos e megafilos? Quais grupos de plantas vasculares sem sementes têm microfilos? Quais têm megafilos?

3. O que significa homosporia e heterosporia? Quais são os tamanhos relativos dos gametófitos produzidos por plantas homosporadas e heterosporadas?

4. Quais são as características de cada um dos seguintes filos de plantas vasculares sem sementes: Rhyniophyta, Zosterophyllophyta, Trimerophytophyta, Lycopodiophyta e Pteridophyta? Quais destes grupos são exclusivamente filos fósseis?

5. Como os eusporângios diferem dos leptosporângios quanto à sua estrutura e desenvolvimento?

6. Quais samambaias são eusporangiadas? Quais são leptosporangiadas?

17.1 *Cooksonia*. A mais antiga planta vascular conhecida, *Cooksonia*, consistia em eixos dicotomicamente ramificados. Este fóssil, que foi encontrado em Shropshire, na Inglaterra, é do Siluriano Superior (414 a 408 milhões de anos). Seus ramos aéreos sem folhas têm 2,5 cm de comprimento, e os esporângios ou estruturas produtoras de esporos localizam-se no ápice deles. Essas pequenas plantas, que não cresciam mais do que 6,5 cm, provavelmente viveram em ambientes úmidos, tais como planícies lodosas.

ras plantas poderiam permanecer eretas apenas por pressão de turgor, o que limitaria não apenas os ambientes nos quais elas poderiam viver, mas também a sua estatura. A lignina dá rigidez às paredes, tornando possível aos esporófitos vascularizados alcançarem maior altura. As plantas vasculares também são caracterizadas pela capacidade de ramificar-se intensamente por meio da atividade de meristemas apicais localizados no ápice do caule e ramos. Nas briófitas, por outro lado, o aumento do comprimento do esporófito é subapical, ou seja, ele ocorre abaixo do ápice do caule. Além do mais, cada esporófito de briófita não é ramificado e produz um único esporângio. Diferentemente, os esporófitos ramificados das plantas vasculares produzem esporângios múltiplos; elas são poliesporangiadas. Imagine um pinheiro – um único indivíduo – com seus numerosos ramos e muitos estróbilos, cada um dos quais contendo múltiplos esporângios, e, abaixo dele, um tapete de gametófitos de musgos – muitos indivíduos – cada um portando um único esporófito não ramificado e terminado por um único esporângio.

As partes subterrâneas e aéreas dos esporófitos das primeiras plantas vasculares diferiam pouco, estruturalmente, umas das outras, mas, definitivamente, as plantas primitivas deram origem a plantas mais especializadas com um corpo mais diferenciado. Estas plantas apresentavam raízes, que funcionavam na fixação e absorção de água e sais minerais e caules e folhas, que forneciam um sistema bem adaptado às necessidades da vida na terra, ou seja, a aquisição de energia da luz solar, de dióxido de carbono da atmosfera e de água. Enquanto isso, a geração gametofítica sofreu uma redução progressiva no seu tamanho e tornou-se gradualmente mais protegida e nutricionalmente dependente do esporófito. Finalmente, surgiram as sementes em uma única linhagem evolutiva. As *sementes* são estruturas que proporcionam nutrientes ao embrião do esporófito e também ajudam a protegê-lo dos rigores da vida na terra – proporcionando, assim, os meios de resistência a condições ambientais desfavoráveis. Os gametófitos da maioria das plantas vasculares sem sementes, como aqueles das briófitas, são de vida livre, sendo necessária a presença de água no ambiente para que seus anterozoides móveis nadem até as oosferas.

Graças às suas adaptações para existência no ambiente terrestre, as plantas vasculares têm sido bem-sucedidas ecologicamente e são as plantas dominantes nos *habitats* terrestres. Elas já eram numerosas e diversificadas durante o período Devoniano (há 408 a 362 milhões de anos; ver p. xi) (Figura 17.2). Existem sete filos com representantes atuais. Além disso, existem vários filos que consistem inteiramente em plantas vasculares extintas. Neste capítulo descrevemos algumas das características diagnósticas das plantas vasculares e discutiremos cinco filos de plantas vasculares sem sementes, três dos quais estão extintos. Nos Capítulos 18 a 20 estudaremos as plantas com sementes, que incluem cinco filos com representantes atuais.

proeminente, e um esporófito que está permanentemente ligado ao seu gametófito parental, do qual é nutricionalmente dependente. Por outro lado, as plantas vasculares têm esporófitos de vida livre, que são mais proeminentes que os gametófitos (Figura 17.1). Assim, a ocupação da terra pelas briófitas ocorreu com ênfase na geração produtora de gametas e o requerimento por água para possibilitar ao seu anterozoide móvel nadar até a oosfera. Essa necessidade de água indubitavelmente explica o pequeno tamanho e a forma rastejante da maioria dos gametófitos de briófitas.

Relativamente cedo na história das plantas, o aparecimento de um sistema condutor de fluidos eficiente, consistindo em xilema e floema, solucionou o problema do transporte de água e de substâncias nutritivas na planta – uma séria preocupação para qualquer organismo grande, crescendo em ambiente terrestre. A capacidade de sintetizar lignina, que é incorporada às paredes das células de sustentação e das células condutoras de água, também foi um passo fundamental para a evolução das plantas. Tem sido proposto que as primei-

Organização do corpo das plantas vasculares

Os esporófitos das primeiras plantas vasculares eram eixos dicotomicamente ramificados (uniformemente furcados) que não apresentavam raízes e folhas. Com a especialização evolutiva,

17.2 Paisagem do Devoniano Inferior. Durante o Devoniano Inferior, há cerca de 408 a 387 milhões de anos, pequenas plantas sem folhas, com um sistema vascular simples, cresciam eretas sobre a terra. Acredita-se que seus ancestrais precursores eram plantas semelhantes às briófitas, mostradas aqui próximas à água, no centro, que invadiram a terra em algum momento no Ordoviciano (510 a 439 milhões de anos). Os colonizadores vasculares mostrados, da esquerda para o centro, são: *Cooksonia* muito pequena com esporângios arredondados, *Zosterophyllum* com esporângios agregados e *Aglaophyton* com esporângios solitários e alongados. Durante o Devoniano Médio (387 a 374 milhões de anos), plantas maiores com características mais complexas se estabeleceram. Mostradas aqui à direita, de trás para a frente, estão: *Psilophyton*, uma trimerófita robusta com muitos râmulos estéreis e férteis e duas licófitas com microfilos simples, *Drepanophycus* e *Protolepidodendron*.

surgiram diferenças morfológicas e fisiológicas entre as várias partes do corpo da planta, produzindo a diferenciação de raízes, caules e folhas – os órgãos da planta (Figura 17.3). O conjunto de raízes forma o *sistema radicular*, que fixa a planta e absorve água e sais minerais do solo. O caule e as folhas juntos formam o *sistema caulinar*, com o caule originando órgãos fotossintetizantes especializados – as folhas – dispostas para a captura da luz solar. O sistema vascular conduz água e minerais para as folhas e os produtos da fotossíntese das folhas para outras partes da planta.

Os diferentes tipos de células do corpo da planta estão organizados em tecidos, e os tecidos estão organizados em unidades ainda maiores chamadas sistemas de tecidos. Há três sistemas de tecidos – dérmico, vascular e fundamental – em todos os órgãos da planta; são contínuos de órgão para órgão e demonstram a unidade básica do corpo da planta. O *sistema dérmico* forma o revestimento externo de proteção da planta. O *sistema vascular* compreende os tecidos condutores – *xilema* e *floema* – e está imerso no *sistema fundamental* (Figura 17.3). As principais diferenças nas estruturas da raiz, caule e folha estão na distribuição relativa dos tecidos dos sistemas vascular e fundamental, como será discutido na Seção 5.

O crescimento primário é responsável pelo aumento em comprimento das raízes e dos caules, e o crescimento secundário, pelo aumento em espessura

O *crescimento primário* pode ser definido como o que ocorre relativamente próximo às extremidades da raiz e do caule. Ele se inicia nos meristemas apicais e está envolvido principalmente com o aumento em comprimento do corpo da planta – frequentemente o crescimento vertical da planta. Os tecidos formados durante o crescimento primário são conhecidos como *tecidos primários*, e a parte do corpo da planta composta por estes tecidos é chamada *corpo primário da planta*. As plantas vasculares primitivas, assim como muitas plantas atuais, são formadas inteiramente de tecidos primários.

Além do crescimento primário, muitas plantas apresentam um crescimento adicional que aumenta em espessura o caule e a raiz; tal crescimento é denominado *crescimento secundário*. Ele é resultado da atividade de meristemas laterais, um dos quais, o *câmbio vascular*, produz os *tecidos vasculares secundários* conhecidos como xilema secundário e floema secundário (ver Figura 26.6). A produção do tecido vascular secundário é comumente complementada pela atividade

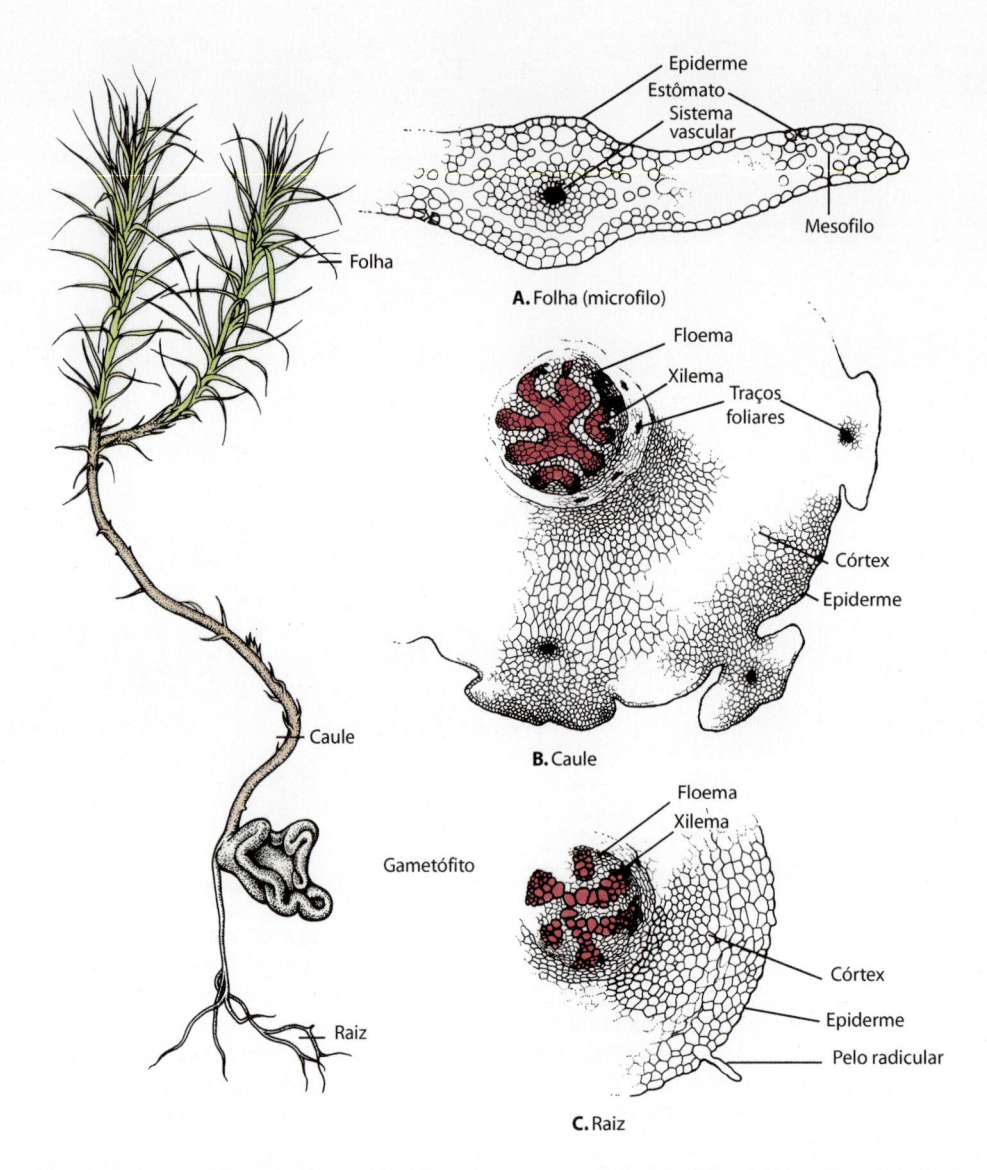

17.3 Esporófito de *Lycopodium*. Diagrama de um esporófito jovem de *Lycopodium lagopus*, que ainda está preso ao seu gametófito subterrâneo. Os sistemas dérmico, vascular e fundamental são mostrados em seções transversais da (**A**) folha, (**B**) caule e (**C**) raiz. Em todos os três órgãos, o sistema dérmico é representado pela epiderme e o sistema vascular, constituído por xilema e floema, está inserido no sistema fundamental. O sistema fundamental na folha (um microfilo) é representado pelo mesofilo, e no caule e na raiz, pelo córtex, o qual circunda uma coluna sólida de tecidos vasculares, ou protostelo. A folha é especializada para a fotossíntese; o caule, para a sustentação das folhas e a condução; e a raiz, para a absorção e a fixação.

de um segundo meristema lateral, o *câmbio da casca (felogênio)*, que forma a *periderme*, a qual é constituída principalmente por súber. A periderme substitui a epiderme como sistema dérmico da planta. Os tecidos vasculares secundários e a periderme compõem o *corpo secundário da planta*. O crescimento secundário surgiu no período Devoniano médio, há cerca de 380 milhões de anos, em vários grupos de plantas vasculares não relacionados.

Os elementos traqueais – traqueídes e elementos de vasos – são células condutoras do xilema

Os *elementos traqueais*, as células condutoras do xilema, possuem nas paredes espessamentos lignificados característicos (Figura 17.4), que são frequentemente bem preservados no registro fóssil. Diferentemente, os elementos crivados, ou

seja, as células condutoras do floema, têm paredes macias e, em geral, colapsam depois que morrem, de maneira que raramente são bem preservados nos fósseis. Graças aos seus vários padrões de paredes, os elementos traqueais proporcionam indícios valiosos da inter-relação dos diferentes grupos de plantas vasculares.

Nas plantas vasculares fósseis dos períodos Siluriano e Devoniano, os elementos traqueais são células longas, com as extremidades afiladas. Tais elementos traqueais, chamados *traqueídes*, são o único tipo de célula condutora de água na maioria das plantas vasculares, à exceção das angiospermas e de um grupo peculiar de gimnospermas, conhecido como gnetófitas (filo Gnetophyta; ver Capítulo 18). As traqueídes não apenas fornecem canais para a passagem de água e sais minerais, mas em muitas plantas atuais também proporcionam sustentação para os caules. As células condutoras de água são rígidas principalmente

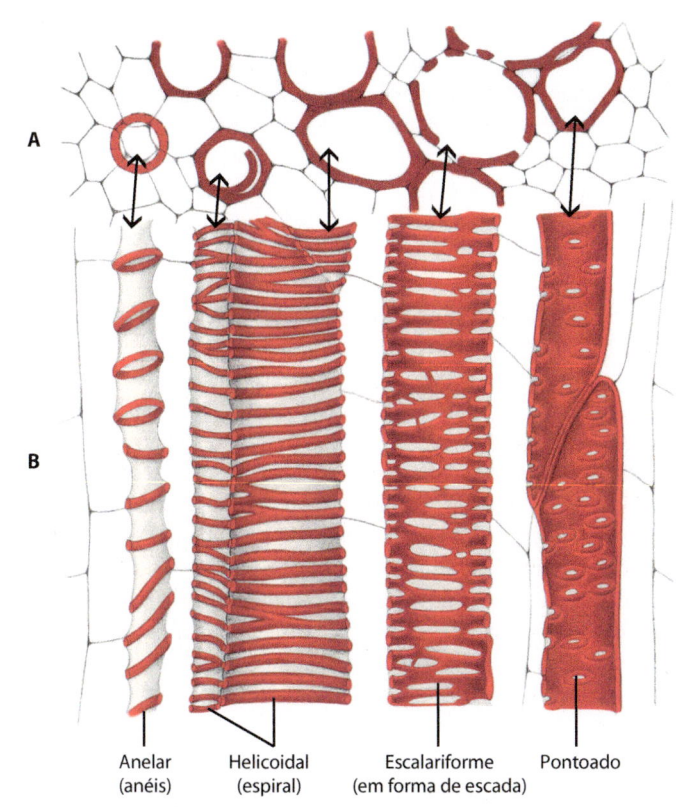

17.4 Elementos traqueais. As células condutoras do xilema são os elementos traqueais. Porção do caule de papo-de-peru, *Aristolochia* (ver Figura 20.6) em (**A**) vista transversal e (**B**) vista longitudinal, mostrando alguns dos diferentes tipos de espessamento de parede apresentados pelos elementos traqueais. Aqui, os espessamentos da parede variam, da esquerda para direita, desde os elementos formados no início do desenvolvimento da planta até aqueles formados posteriormente.

devido à lignina de suas paredes. Esta rigidez possibilitou que as plantas desenvolvessem um hábito ereto e, finalmente, que algumas delas se tornassem árvores.

As traqueídes são mais primitivas (ou seja, menos especializadas) que os *elementos de vaso*, que são as principais células condutoras de água nas angiospermas. Os elementos de vaso aparentemente surgiram independentemente em vários grupos

de plantas vasculares. Este é um excelente exemplo de evolução convergente – o desenvolvimento independente de estruturas similares por organismos não relacionados ou apenas distantemente relacionados (ver o Quadro "Evolução Convergente" no Capítulo 12).

Os tecidos vasculares estão localizados no cilindro vascular ou estelo de raízes e caules

Os tecidos vasculares primários – xilema primário e floema primário – e, em algumas plantas vasculares, uma coluna central de tecido fundamental conhecida como *medula* constituem o cilindro central, ou *estelo*, da raiz ou do caule no corpo primário da planta. São reconhecidos vários tipos de estelos, entre eles o protostelo, o sifonostelo e o eustelo (Figura 17.5).

O *protostelo* – o mais simples e mais primitivo tipo de estelo – consiste em um cilindro sólido de tecidos vasculares no qual o floema ou circunda o xilema ou está disperso dentro dele (Figuras 17.3 e 17.5A). Ele é encontrado nos grupos extintos de plantas vasculares sem sementes discutidos a seguir, bem como em licófitas (compostas principalmente de licopódios) e nos caules jovens de alguns outros grupos atuais. Além disso, este é o tipo de estelo encontrado na maioria das raízes.

O *sifonostelo* – o tipo de estelo encontrado nos caules da maioria das espécies de plantas vasculares sem sementes – é caracterizado por uma medula central circundada por um tecido vascular (Figura 17.5B). O floema pode ser formado somente na parte externa do cilindro de xilema ou em ambos os lados. Nos sifonostelos de samambaias, a saída de cordões de tecido vascular a partir do caule em direção às folhas – os *traços foliares* – geralmente é marcada por lacunas conhecidas como *lacunas foliares* (como na Figura 17.5C). Estas lacunas foliares são preenchidas por células de parênquima exatamente como aquelas que ocorrem dentro e fora do tecido vascular do sifonostelo. Embora os traços foliares nas plantas com sementes estejam associados a áreas parenquimáticas remanescentes das lacunas foliares, essas áreas geralmente não são consideradas homólogas às lacunas foliares. Por isso, iremos nos referir a estas áreas nas plantas com sementes como *lacuna de traço foliar*.

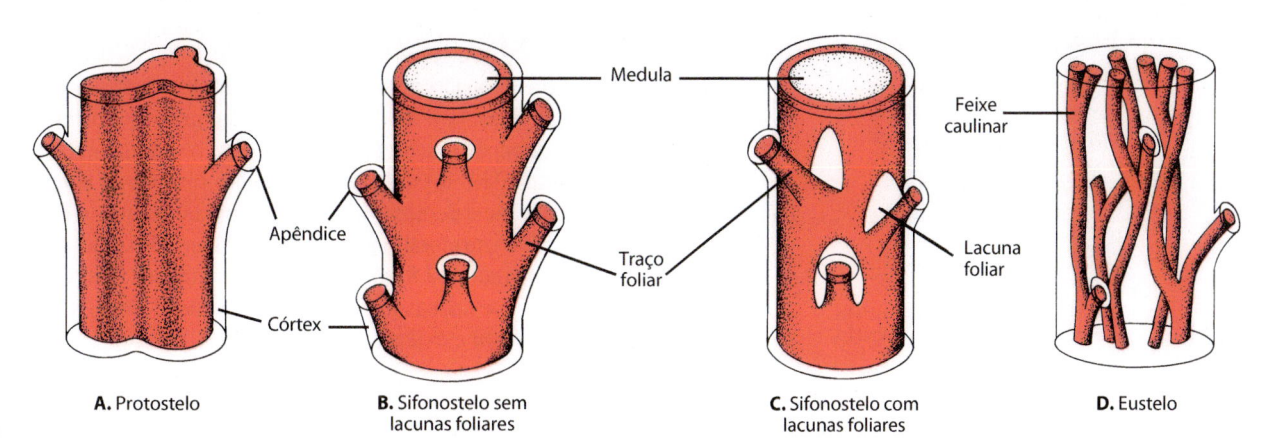

17.5 Estelos. A. Protostelo, do qual divergem traços de apêndices (folhas ou precursores de folhas), os precursores evolutivos de folhas. **B.** Sifonostelo sem lacunas foliares; os traços vasculares saindo para as folhas simplesmente divergem do cilindro sólido. Este tipo de sifonostelo é encontrado em *Selaginella*, entre outras plantas. **C.** Sifonostelo com lacunas foliares comumente encontrado nas samambaias. **D.** Eustelo, encontrado em quase todas as plantas com sementes. Sifonostelos e eustelos parecem ter evoluído independentemente a partir do protostelo.

Se o cilindro vascular primário é constituído por um sistema de feixes isolados em torno de uma medula, como ocorre em quase todas as plantas com sementes, o estelo é chamado de *eustelo* (Figura 17.5D). Estudos comparativos de plantas vasculares atuais e fósseis sugerem que o eustelo das plantas com sementes evoluiu diretamente de um protostelo. Os eustelos apareceram primeiramente entre as progimnospermas, um grupo de plantas que produzia esporos e que será discutido no Capítulo 18. Os sifonostelos evidentemente evoluíram de maneira independente a partir dos protostelos. Esta evidência indica que nenhum dos grupos de plantas vasculares sem sementes com representantes atuais deu origem a um grupo de plantas com semente.

Raízes e folhas evoluíram em diferentes direções

Embora o registro fóssil revele pouca informação sobre a origem das raízes, como as conhecemos hoje, elas devem ter se originado a partir das porções inferiores, frequentemente subterrâneas do eixo das plantas vasculares primitivas. A maioria das raízes apresenta estruturas relativamente simples, parecendo ter retido muitas das características estruturais primitivas que não estão mais presentes nos caules das plantas atuais.

As folhas são os principais apêndices laterais do caule. Independentemente de seu tamanho e estrutura final, elas se originam como protuberâncias (primórdios foliares) do meristema apical do sistema caulinar. Sob a perspectiva evolutiva, existem dois tipos fundamentalmente distintos de folhas – microfilos e megafilos.

Os *microfilos* são geralmente folhas relativamente pequenas, que contêm apenas um único feixe de tecido vascular (Figura 17.6A). Os microfilos estão tipicamente associados a caules que possuem protostelos e são características das licófitas (ver Figura 17.3). Os traços foliares dos microfilos não estão associados a lacunas, e existe em geral apenas uma única nervura em cada folha. Embora o nome *microfilo* signifique "folha pequena", algumas espécies de *Isoetes* têm folhas consideravelmente grandes (ver Figura 17.21). De fato, certas licófitas do Carbonífero e Permiano apresentam microfilos com 1 m ou mais de comprimento.

De acordo com diferentes teorias, microfilos podem ter evoluído como protuberâncias laterais superficiais do caule (Figura 17.7A) ou da esterilização de esporângios de ancestrais de Lycophyta. De acordo com uma das teorias, os microfilos iniciam-se como pequenos apêndices semelhantes a escamas ou espinhos, chamados enações, desprovidos de tecido vascular. Gradualmente, desenvolveram-se traços foliares rudimentares, que inicialmente chegavam apenas até a base da enação. Finalmente, os traços foliares se estenderam por toda a enação, resultando na formação do microfilo primitivo.

A maioria dos *megafilos*, como o nome indica, é maior que os microfilos. Com poucas exceções, eles estão associados a caules que possuem ou sifonostelo ou eustelo. Os traços foliares que partem de sifonostelos e eustelos para os megafilos estão associados a lacunas foliares e lacunas de traços foliares, respectivamente (Figura 17.6B). Diferentemente dos microfilos, o limbo, ou lâmina, da maioria dos megafilos tem um sistema complexo de nervuras.

Parece provável que os megafilos tenham evoluído a partir de um sistema inteiro de ramos por meio de uma série de passos similares ao que é mostrado na Figura 17.7B. As primeiras plantas tinham um eixo dicotomicamente ramificado sem folhas e sem distinção entre eixos e megafilos. Ramificações desiguais resultaram em ramos com crescimento mais intenso, que "sobrepujavam" os ramos com crescimento menor. Os ramos laterais com crescimento menor, subordinados, representaram o início das folhas, e as porções com crescimento mais intenso se tornaram eixos semelhantes a caule. Isso foi seguido por um achatamento, ou "aplanamento", dos ramos laterais. O passo final foi a fusão, ou "entrelaçamento", dos ramos laterais separados para formar a lâmina primitiva, ou limbo. Os megafilos originaram-se independentemente pelo menos três vezes (em samambaias, em cavalinhas e em plantas com sementes).

Sistemas reprodutivos

Como mencionado anteriormente, todas as plantas vasculares são oogâmicas – ou seja, elas apresentam grandes oosferas imóveis e pequenos anterozoides que nadam ou são conduzidos até a oosfera. Além disso, todas as plantas vasculares apresentam uma alternância de gerações heteromórficas, na qual o esporófito é maior e estruturalmente muito mais complexo do que o gametófito (Figura 17.8). A oogamia é claramente favorecida nas plantas, já que apenas um dos tipos de gametas deve "nadar" no ambiente hostil e externo à planta.

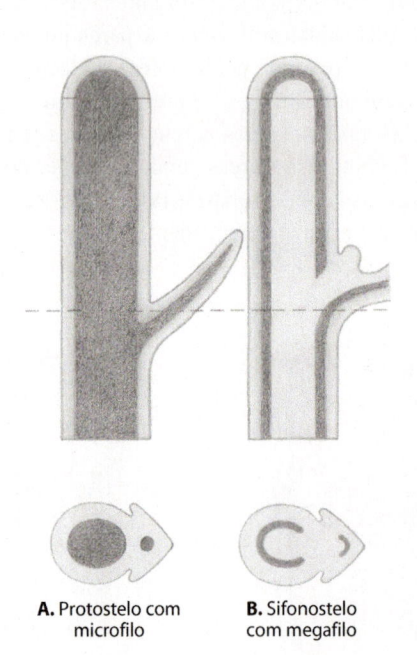

A. Protostelo com microfilo   **B.** Sifonostelo com megafilo

17.6 Microfilos e megafilos. Seções longitudinais e transversais de (**A**) um caule com um protostelo e um microfilo e (**B**) um caule com um sifonostelo e um megafilo, enfatizando os nós ou regiões onde as folhas estão ligadas. Observe a presença da medula e uma lacuna foliar no caule com sifonostelo e sua ausência no caule com protostelo. Os microfilos são característicos de Lycophyta, enquanto os megafilos são encontrados em todas as outras plantas vasculares.

As plantas homosporadas produzem apenas um tipo de esporo, enquanto as plantas heterosporadas produzem dois tipos

As primeiras plantas vasculares produziam apenas um tipo de esporo como resultado da meiose; tais plantas vasculares são denominadas *homosporadas*. Entre as plantas vasculares atuais,

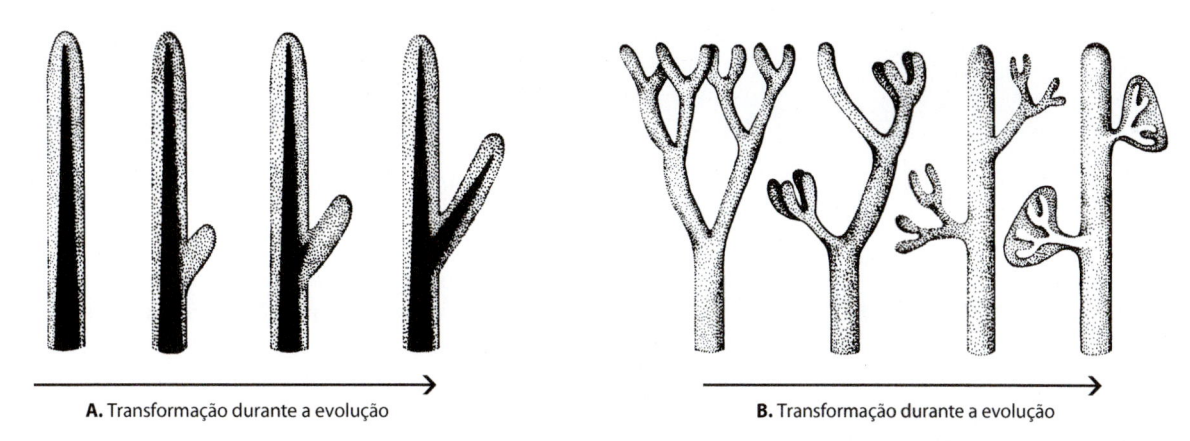

A. Transformação durante a evolução

B. Transformação durante a evolução

17.7 Evolução de microfilos e megafilos. A. De acordo com uma teoria amplamente aceita, os microfilos evoluíram a partir de projeções do eixo principal da planta, chamadas enações. **B.** Os megafilos evoluíram a partir da fusão de sistemas de ramos.

a homosporia é encontrada em quase todas as samambaias, as cavalinhas (equisetófitas) e algumas das licófitas. Esta é claramente a condição basal da qual a heterosporia evolui. Por ocasião da germinação, os esporos das plantas homosporadas têm o potencial de produzir gametófitos bissexuados – ou seja, gametófitos que apresentam anterídios produtores de anterozoides e arquegônios produtores de oosferas. Todavia, os esporófitos da maioria das samambaias são heterozigotos. Se o anterozoide de um gametófito bissexuado fecundasse uma oosfera deste mesmo gametófito, o esporófito resultante seria homozigoto para todos os *loci* gênicos.

As samambaias têm vários mecanismos por meio dos quais promovem fertilização cruzada, ou cruzamento. Um desses mecanismos envolve a maturação que ocorre em diferentes ocasiões de anterídios e arquegônios. Em vez de fertilizar as próprias oosferas, os anterozoides produzidos por um gametófito fertilizam as oosferas de gametófitos vizinhos e geneticamente diferentes. Em muitas samambaias homosporadas, a expressão sexual é determinada pela idade da planta e/ou por substâncias hidrossolúveis denominadas *anteridiógenos*. Os anteridiógenos secretados pelos gametófitos em desenvolvimento induzem a formação prematura de anterídios nos gametófitos menores e menos maduros. Alguns dos gametófitos maiores se tornam femininos, enquanto os pequenos gametófitos permanecem totalmente com anterídios. A autofertilização realmente ocorre em algumas poucas espécies homosporadas de samambaia, e isso pode ser vantajoso para espécies pioneiras nos estágios iniciais da colonização ou no caso de apenas um esporo alcançar um local novo (Figura 17.9).

A *heterosporia* – a produção de dois tipos de esporos em dois tipos diferentes de esporângios – é encontrada em algumas das Lycophyta, assim como em umas poucas samambaias e todas as plantas com sementes. A heterosporia originou-se várias vezes em grupos não relacionados durante a evolução das plantas vasculares. Ela é comum desde o período Devoniano, com o primeiro registro há cerca de 370 milhões de anos. Os dois tipos de esporos são chamados *micrósporos* e *megásporos*, e são produzidos em *microsporângios* e *megasporângios*, respectivamente. Os dois tipos de esporos são definidos com base na função e não necessariamente no tamanho relativo. Micrósporos dão origem a gametófitos masculinos (microgametófitos), e megásporos dão origem a gametófitos femininos (megagametófitos). Estes dois tipos de gametófitos unissexuados são muito reduzidos em tamanho quando comparados com os gametófitos de plantas vasculares homosporadas. Outra diferença é que, em plantas heterosporadas, o gametófito se desenvolve no interior do envoltório formado pela parede do esporo (desenvolvimento endospórico), enquanto, em plantas homosporadas, os gametófitos se desenvolvem fora do envoltório do esporo (desenvolvimento exospórico).

Os gametófitos das plantas vasculares tornaram-se menores e mais simples durante a evolução

Os gametófitos relativamente grandes das plantas homosporadas são independentes do esporófito com relação à nutrição, embora os gametófitos subterrâneos de algumas espécies – tais como os de *Botrychium*, *Psilotum* (ver Figura 17.29) e

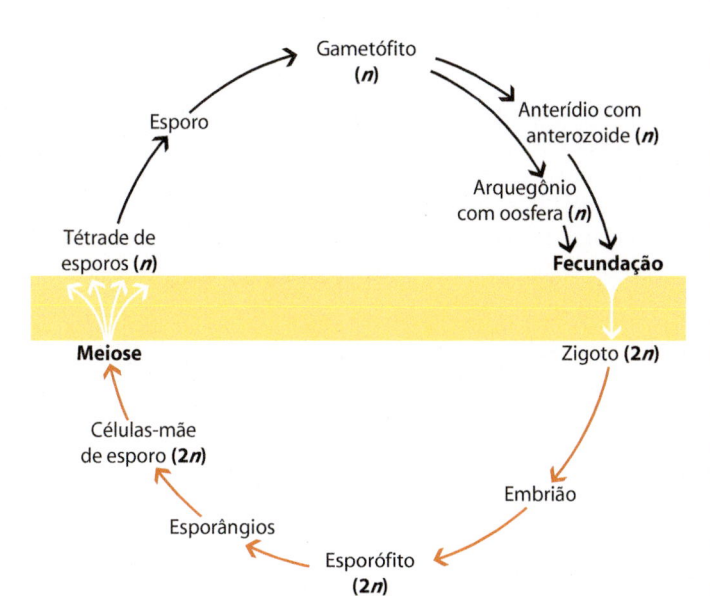

17.8 Ciclo de vida geral de uma planta vascular. O esporófito é maior e estruturalmente mais complexo que o gametófito e, ao final, independente. Esse ciclo de vida mostra uma alternância de gerações heteromórficas.

17.9 *Dryopteris expansa*. Esta é uma das poucas samambaias homosporadas que apresenta autofecundação.

de vários gêneros de Lycopodiaceae – sejam heterotróficos, dependentes de fungos endomicorrízicos para sua nutrição. Outros gêneros de Lycopodiaceae, assim como as cavalinhas e a maioria das samambaias, possuem gametófitos fotossintetizantes e de vida livre. Diferentemente, os gametófitos de muitas plantas vasculares heterosporadas, e especialmente aqueles das plantas com sementes, são dependentes nutricionalmente do esporófito.

Os estágios iniciais da evolução das plantas a partir de ancestrais semelhantes a algas do táxon Charophyceae envolveram elaboração e modificação do gametófito e do esporófito. Nas plantas vasculares, entretanto, a evolução do gametófito se caracterizou por uma tendência geral no sentido de redução no seu tamanho e na sua complexidade, sendo os gametófitos de plantas com flores, as angiospermas, os mais reduzidos de todos (ver Capítulo 19). O megagametófito maduro das angiospermas comumente consiste em apenas sete células, uma das quais a oosfera. Quando maduro, o microgametófito das angiospermas contém apenas três células, duas das quais são as células espermáticas ou gametas masculinos. Os arquegônios e anterídios, que são encontrados em todas as plantas vasculares sem sementes, aparentemente se perderam na linhagem que leva às angiospermas. Quase todas as gimnospermas, as coníferas são um exemplo familiar, produzem arquegônio, mas não apresentam anterídio (ver Capítulo 18). Nas plantas vasculares sem sementes, o anterozoide móvel nada na água para chegar ao arquegônio. Estas plantas devem, portanto, crescer em *habitats* onde a água seja, pelo menos ocasionalmente, abundante. Nas angiospermas e na maioria das gimnospermas, os microgametófitos inteiros (*grãos de pólen*) são levados para a vizinhança dos megagametófitos. Esta transferência de grãos de pólen é chamada *polinização*. A germinação dos grãos de pólen produz estruturas especiais chamadas *tubos polínicos*, por meio dos quais os anterozoides móveis (em Cycadaceae e *Ginkgo*) nadam até a oosfera, ou as células espermáticas imóveis (em coníferas, Gnetophyta e angiospermas) são transferidas para a oosfera, realizando a fecundação.

Filos das plantas vasculares sem sementes

Vários grupos de plantas vasculares sem sementes prosperaram durante o período Devoniano; os três mais importantes deles são reconhecidos como as Rhyniophyta, Zosterophyllophyta e Trimerophytophyta. Todos os três grupos tornaram-se extintos em torno do final do Devoniano, há 360 milhões de anos. Todos os três filos consistiam em plantas sem sementes, cujas estruturas eram relativamente simples. Um quarto filo de plantas vasculares sem sementes, Progymnospermophyta ou progimnospermas, será discutido no Capítulo 18, porque os membros daquele grupo podem ter sido os ancestrais das plantas com sementes, gimnospermas e angiospermas. Além destes filos extintos, discutiremos neste capítulo Lycopodiophyta e Monilophyta, os dois filos de plantas vasculares sem sementes que possuem representantes atuais.

O padrão geral de diversificação das plantas pode ser interpretado em termos do aumento sucessivo da dominância dos quatro maiores grupos de plantas, que substituíram quase completamente aqueles que eram anteriormente dominantes. Em cada caso, numerosas espécies evoluíram nos grupos que se foram tornando dominantes. Os maiores grupos são os seguintes:

1. As primeiras plantas vasculares, caracterizadas por uma estatura relativamente pequena e uma morfologia simples e presumivelmente primitiva. Estas plantas incluem as riniófitas, zosterofilófitas e trimerófitas (Figura 17.10), que foram dominantes do período Siluriano Médio até o Devoniano Médio, há cerca de 425 até 370 milhões de anos.
2. Monilophytes, licófitas e progimnospermas. Estes grupos mais complexos foram dominantes a partir do período Devoniano Superior até o Carbonífero (ver Figura 17.11), por volta de 375 a 290 milhões de anos (ver o Quadro "Plantas do Carbonífero", adiante).
3. As plantas com sementes que surgiram no período Devoniano Superior, há pelo menos 380 milhões de anos, e desenvolveram muitas linhas evolutivas novas durante o período Permiano. As gimnospermas dominaram as floras terrestres durante a maior parte da era Mesozoica até cerca de 100 milhões de anos.
4. As plantas com flores, que apareceram no registro fóssil há cerca de 135 milhões de anos. Este filo tornou-se abundante na maior parte do mundo em 30 a 40 milhões de anos e tem permanecido dominante desde então.

Filo Rhyniophyta

As primeiras plantas vasculares conhecidas que compreendemos em detalhes pertencem ao filo Rhyniophyta, um grupo que data do Siluriano Médio, há pelo menos 425 milhões de anos. O grupo tornou-se extinto no Devoniano Médio (cerca de 380 milhões de anos). As primeiras plantas vasculares eram provavelmente similares; seus vestígios datam de pelo menos outros 15 milhões de anos. As riniófitas eram plantas sem sementes, consistindo em eixos, ou caules, simples, dicotomicamente ramificados (uniformemente furcados) e com esporângios terminais. O corpo dessas plantas não era diferenciado em raiz, caule e folha, e elas eram homosporadas. O nome do filo

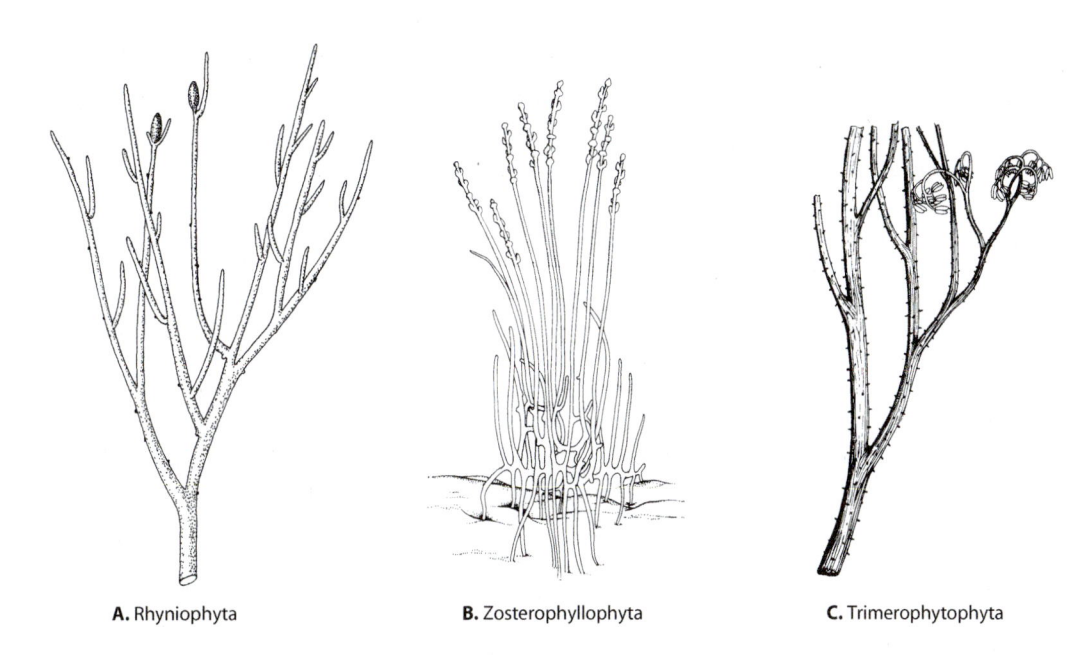

A. Rhyniophyta   **B.** Zosterophyllophyta   **C.** Trimerophytophyta

17.10 Plantas vasculares primitivas. A. *Rhynia gwynne-vaughanii* é uma riniófita (Rhyniophyta), uma das mais simples plantas vasculares conhecidas. O eixo não apresentava folhas e era dicotomicamente ramificado, com numerosos ramos laterais. Os esporângios eram terminais em alguns dos ramos principais eretos e geralmente ultrapassados pelo desenvolvimento de ramos laterais. **B.** Em *Zosterophyllum* e outras zosterofilófitas (Zosterophyllophyta), os esporângios geralmente reniformes surgiam lateralmente, dispostos helicoidalmente ou em duas fileiras no caule. Os esporângios rompiam-se ao longo de fendas definidas que se formavam ao redor da margem externa. As Zosterophyllophyta eram maiores que as Rhyniophyta, mas, como as últimas, elas eram, na sua maioria, plantas dicotomicamente ramificadas nuas, espinhosas ou denteadas. **C.** As trimerófitas (Trimerophytophyta) eram plantas maiores com ramificações mais complexas, que se mostravam geralmente diferenciadas em um eixo central forte e ramos laterais menores. Os ramos laterais eram dicotomicamente ramificados e frequentemente terminavam em um grupo de esporângios pareados, os quais tinham ambas as extremidades afiladas. Os gêneros mais bem conhecidos e incluídos neste grupo são *Psilophyton* e *Trimerophyton*. Uma reconstrução de *Psilophyton princeps* é mostrada aqui. Indivíduos de *R. gwynne-vaughanii* atingiam cerca de 18 cm de altura, enquanto algumas das Trimerophytophyta tinham 1 m ou mais de altura.

17.11 Pântano do Carbonífero. É mostrada aqui a reconstrução de uma floresta pantanosa do período Carbonífero. A maioria das árvores é Lycophyta, mas duas cavalinhas gigantes (Equisetophyta) estão representadas pelas duas árvores escuras, em primeiro plano, à direita. Samambaias também podem ser vistas à esquerda.

PLANTAS DO CARBONÍFERO

A quantidade de dióxido de carbono usado na fotossíntese é de cerca de 100 bilhões de toneladas anualmente, aproximadamente um décimo do total do CO_2 presente na atmosfera. A quantidade de CO_2 que retorna como resultado da oxidação desta matéria viva é aproximadamente a mesma, diferindo somente por 1 parte em 10.000. Este desequilíbrio muito leve é causado pelo soterramento de organismos em sedimentos ou lama sob condições nas quais o oxigênio é excluído e a decomposição é apenas parcial. Este acúmulo de material vegetal parcialmente decomposto é conhecido por turfa (Capítulo 16). A turfa pode ser finalmente coberta por rochas sedimentares e, assim, ser colocada sob pressão. Dependendo do tempo, da temperatura e de outros fatores, a turfa pode ser comprimida, transformando-se em carvão macio ou duro, um dos chamados combustíveis fósseis.

Durante certos períodos da história da Terra, a taxa de formação de combustível fóssil foi maior que em outros períodos. Uma destas épocas foi o período Carbonífero, que se estendeu de 362 a 290 milhões de anos (ver Figuras 17.11 e 18.8). As terras eram baixas, cobertas por mares rasos ou pântanos, e, onde estão agora as regiões temperadas da Europa e América do Norte, as condições eram favoráveis para que as plantas crescessem durante o ano inteiro. Estas regiões eram tropicais a subtropicais, com a linha do equador passando através dos Montes Apalaches, sobre o norte da Europa e através da Ucrânia. Cinco grupos de plantas dominavam as terras pantanosas, e três delas eram plantas vasculares sem sementes – licófita, equisetófita (calamites) e samambaias. Os outros dois grupos eram plantas com sementes do tipo gimnospermas – Pteridospermales e Cordaitales.

Licófitas arbóreas

Na maior parte da "Idade do Carvão" no período Carbonífero Superior (Pennsylvaniano), as licófitas arbóreas, tais como *Lepidodendron*, dominaram os pântanos formadores de carvão. A maioria destas plantas crescia até alturas de 10 a 35 m e eram esparsamente ramificadas (**A**). Quando a planta atingia a maior parte da sua altura total, o tronco ramificava-se dicotomicamente. A ramificação sucessiva produzia progressivamente ramos menores até, finalmente, os tecidos dos ápices dos ramos perderem a capacidade de crescer.

Os ramos produziam longos microfilos. As licófitas arbóreas eram sustentadas pela periderme bastante desenvolvida que circundava uma quantidade de xilema relativamente pequena.

Como *Selaginella* e *Isoetes*, as licófitas arbóreas eram heterosporadas, e seus esporofilos eram agregados em cones. Algumas dessas árvores produziam estruturas análogas às sementes.

Quando as terras pantanosas começaram a secar e o clima na Euroamérica começou a mudar no final do período Carbonífero, as licófitas arbóreas desapareceram quase da noite para o dia, geologicamente falando. O único parente atual remanescente é o gênero *Isoetes*. As licófitas herbáceas basicamente similares aos *Lycopodium* e *Selaginella* existiram no período Carbonífero, e representantes de alguns deles sobreviveram até o presente; existem atualmente de 10 a 15 gêneros.

Calamites

Os calamites, ou cavalinhas gigantes, eram plantas de proporções arbóreas, atingindo alturas de 18 m ou mais. Como o corpo vegetal de *Equisetum*, os de calamites consistiam em uma porção aérea ramificada e em um sistema de rizoma subterrâneo. Além disso, as folhas e os ramos eram verticilados nos nós. Mesmo os caules eram marcadamente semelhantes àqueles de *Equisetum*, exceto pela presença de xilema secundário em calamites, que contribuía para a maior parte do grande diâmetro dos caules (troncos com até 33,3 cm de diâmetro). As similaridades entre os calamites e *Equisetum* atuais são tão fortes que agora se considera que eles pertencem à mesma ordem.

Os apêndices férteis ou esporangióforos dos calamites eram agregados em cones. Embora a maioria fosse homosporada, umas poucas cavalinhas gigantes eram heterosporadas. Como a maioria das licófitas arbóreas, as cavalinhas gigantes declinaram de importância até o final do Paleozoico, mas persistiram de forma muito reduzida durante o Mesozoico e o Terciário. Evidências moleculares recentes levaram os botânicos a considerar as cavalinhas uma linha ancestral das monilófitas, mas não samambaias (Figura 17.14).

Samambaias

Muitas das samambaias representadas no registro fóssil são reconhecidas como membros de famílias primitivas de samambaias atuais. A "Idade das Samambaias" no período Carbonífero Superior foi dominada por samambaias arbóreas como *Psaronius*, uma Marattiopsida – um grupo eusporangiado. Com até 8 m de altura, *Psaronius* possuía um estelo que se expandia em direção ao ápice; o estelo era coberto na parte de baixo por raízes adventícias, que tinham um papel-chave na sustentação da planta. O caule de *Psaronius* terminava em um agregado de grandes frondes pinadas.

Plantas com semente

Os dois grupos de plantas remanescentes que dominaram as terras baixas tropicais da Euroamérica foram as Pteridospermales e Cordaites. As plantas fósseis que são em geral agrupadas como Pteridospermales são provavelmente de diversas linhagens evolutivas. Vestígios de Pteridospermales são comuns nas rochas do período Carbonífero (**B**). Suas grandes frondes pinadas eram tão semelhantes às de samambaias que essas plantas foram consideradas por um longo tempo como samambaias. Então, em 1905, F. W. Oliver e D. H. Scott demonstraram que essas plantas produziam sementes e, portanto, eram gimnospermas.

Muitas espécies eram pequenas, arbustivas ou trepadeiras. Outras prováveis Pteridospermales eram árvores altas e lenhosas. As frondes das Pteridospermales cresciam no topo do caule ou tronco, com microsporângios e sementes nascendo nelas. As Pteridospermales sobreviveram até a era Mesozoica.

As Cordaites eram amplamente distribuídas durante o período Carbonífero tanto em pântanos como em ambientes mais secos. Embora alguns membros da ordem fossem arbustos, muitos eram árvores altas (15 a 30 m) bastante ramificadas, que talvez formassem extensas florestas. Suas folhas longas (até 1 m), em forma de fita, eram dispostas espiraladamente no ápice dos ramos mais jovens (**C**). O centro do caule era ocupado por uma grande medula, e um câmbio vascular dava origem a um cilindro completo de xilema secundário. O sistema radicular, localizado na base da planta, também continha xilema secundário. Estas plantas produziam estróbilos com pólen e estruturas semelhantes a estróbilos que continham as sementes em ramos separados. As Cordaites persistiram no período Permiano (há 286 a 248 milhões de anos), o período mais seco e mais frio que seguiu o período Carbonífero, mas foram aparentemente extintas no início do Mesozoico.

Conclusão

As plantas dominantes dos pântanos de carvão tropicais do período Carbonífero na Euroamérica – as licófitas arbóreas – tornaram-se extintas durante o Paleozoico Superior, época em que ocorreu aumento de seca tropical. Apenas os parentes herbáceos das licófitas arbóreas e cavalinhas do período Carbonífero continuaram a prosperar e existem atualmente, como ocorreu em várias famílias de samambaias que apareceram no período Carbonífero. Tanto as Pteridospermales como as Cordaites acabaram desaparecendo. Apenas um grupo de gimnospermas do Carbonífero, as coníferas (um grupo não dominante na época), sobreviveu e continuou a produzir novos tipos de plantas durante o período Permiano. As coníferas atuais serão discutidas em detalhe no Capítulo 18.

(**A**) Os cientistas acreditam que uma licófita arbórea, por estar estabilizada por seus eixos semelhantes a raízes, rasos e furcados, crescia rapidamente para cima. Esses eixos subterrâneos produziam pequenas raízes espiraladamente dispostas, vistas aqui como projeções delgadas emergindo do chão da floresta. Da esquerda para a direita, a planta jovem é folhosa, já mais desenvolvida assemelha-se a um poste, e a forma adulta gigante tem 35 m. (**B**) Um dos mais interessantes grupos de gimnospermas são as Pteridospermales, um grande grupo artificial de plantas primitivas com sementes, que apareceram no período Devoniano Superior e prosperaram por cerca de 125 milhões de anos. Fósseis destas plantas bizarras são comuns nas rochas do período Carbonífero e são bem conhecidas dos paleobotânicos há um século ou mais. Suas partes vegetativas são tão parecidas às de samambaias que por muitos anos elas foram agrupadas com estas. Este desenho é uma reconstrução da *Medullosa noei*, uma Pteridospermales do Carbonífero. A planta tinha cerca de 5 m de altura. (**C**) Ápice de um ramo jovem da primitiva *Cordaites*, que se assemelha a uma conífera, portando folhas longas, estreitas e finas (similares a fitas).

vem da boa representação dessas plantas primitivas como fósseis preservados em silício córneo próximo à aldeia de Rhynie, na Escócia (Grã-Bretanha).

Entre as primeiras riniófitas a serem descritas está *Rhynia gwynne-vaughanii*. Provavelmente uma planta de brejo que consistia em um sistema caulinar aéreo, ereto, dicotomicamente ramificado, preso a um sistema caulinar subterrâneo (rizoma), dicotomicamente ramificado com rizoides. Entre as características diagnósticas de *R. gwynne-vaughanii* estão os numerosos ramos laterais, que se originaram de eixos dicotômicos (Figuras 17.10A e 17.12) e os ramos curtos nos quais frequentemente os esporângios eram formados. O sistema de ramos aéreos, atingindo cerca de 18 cm de altura, era coberto por uma cutícula e apresentava estômatos. Os eixos aéreos destituídos de folhas serviam como órgãos fotossintetizantes.

A estrutura interna de *R. gwynne-vaughanii* era semelhante à de muitas plantas vasculares atuais. Uma única camada de células superficiais – a epiderme – recobria o tecido fotossintetizante do córtex, e o centro do eixo consistia em um cordão sólido de xilema circundado por uma ou duas camadas de células semelhantes a floema. As traqueídes eram diferentes daquelas da maioria das plantas vasculares, e, embora tivessem espessamentos internos, elas compartilhavam algumas características com as células condutoras de água dos musgos.

Provavelmente a planta mais conhecida encontrada no silício córneo de Rhynie seja *Aglaophyton major*, que era inicialmente chamada de *Rhynia major* (Figura 17.13). Uma planta mais robusta que *R. gwynne-vaughanii*, atingindo cerca de 50 cm de altura, ela era formada por um vasto sistema de rizoma, dicotomicamente ramificado, com um número limitado de caules eretos que também se ramificavam dicotomicamente. Todos os eixos terminavam em esporângios. Por mais de 60 anos, *R. major* foi considerada uma planta vascular. Então foi demonstrado que as células que formavam o cordão central de tecido condutor não tinham os espessamentos de parede típicos de traqueídes. Em vez de serem traqueídes, estas células são mais parecidas aos hidroides dos musgos atuais. Por esta razão, essa planta fóssil foi transferida do gênero *Rhynia* para *Aglaophyton*, um novo gênero. *Aglaophyton major*, com seus eixos ramificados e múltiplos esporângios, pode representar um estágio intermediário – conhecido como *protraqueófita* – na evolução das plantas vasculares e provavelmente não deverá permanecer no filo Rhyniophyta.

Cooksonia, uma riniófita que supostamente habitou superfícies lodosas, distingue-se por ser a mais antiga planta vascular conhecida (ver Figura 17.1). Espécimes de *Cooksonia* foram encontrados no País de Gales, Escócia, Inglaterra, República Tcheca, Canadá e EUA. *Cooksonia* é a menor e mais simples planta vascular conhecida do registro fóssil. Seus delgados caules aéreos, sem folhas, cresciam para cima até cerca de 6,5 cm de comprimento e terminavam em esporângios globosos. Traqueídes foram identificadas na região central dos eixos de *Cooksonia pertoni* do Devoniano Inferior. Plantas de formato similar a *C. pertoni* eram encontradas no Siluriano, mas questiona-se se elas apresentaram tecidos vasculares. O gênero *Cooksonia* pode conter fósseis de plantas primitivas simples não relacionadas. Algumas destas plantas podem estar associadas à protraqueófita *Aglaophyton*, mas outras são quase certamente plantas vasculares verdadeiras. *Cooksonia* tornou-se extinta no período Devoniano Inferior, há cerca de 390 milhões de anos.

Evidências do silício córneo de Rhynie e Devoniano Inferior da Alemanha indicam que os gametófitos de plantas tais como *Aglaophyton* – e, por conseguinte, *Rhynia* e *Cooksonia* (entre outros) – eram estruturas ramificadas relativamente grandes. Alguns destes gametófitos aparentemente tinham células condutoras de água, cutícula e estômatos. Por este motivo, algumas dessas plantas apresentavam uma alternância de gerações

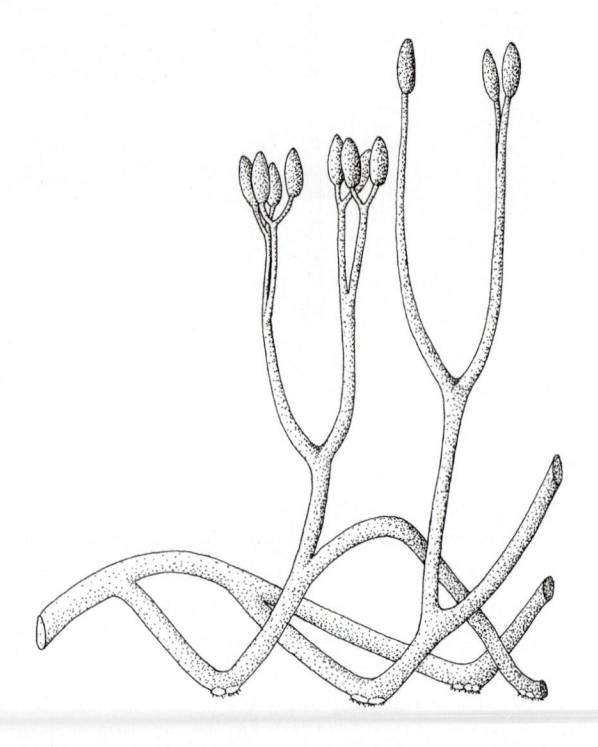

17.12 *Rhynia gwynne-vaughanii.* Remanescentes fósseis de *Rhynia gwynne-vaughanii* do silício córneo de Rhynie, na Escócia (Grã-Bretanha), mostrando eixos bem preservados crescendo em posição ereta.

17.13 *Aglaophyton major.* O cordão central de tecido condutor de *Aglaophyton major* não tem traqueídes, mas contém células similares aos hidroides dos musgos. *Aglaophyton major* pode ser um estágio intermediário, considerada como protraqueófita, na evolução das plantas vasculares; era anteriormente conhecida como *Rhynia major*, quando era considerada uma planta vascular.

isomórficas, nas quais o esporófito e o gametófito eram basicamente similares, exceto por seus esporângios e gametângios, respectivamente.

Filo Zosterophyllophyta

Os fósseis de um segundo filo extinto de plantas vasculares sem sementes – Zosterophyllophyta – foram encontrados em estratos do período Devoniano Inferior ao Superior, há aproximadamente 408 até 370 milhões de anos. Como as riniófitas, não apresentavam folhas e eram dicotomicamente ramificadas. Os caules aéreos eram revestidos por uma cutícula, porém somente os superiores possuíam estômatos, indicando que os ramos inferiores poderiam estar imersos na lama. Em *Zosterophyllum*, tem sido sugerido que os ramos inferiores frequentemente produziam ramos laterais que se dividiam em dois eixos, um que crescia para cima e o outro, para baixo (Figura 17.10B). Os ramos que cresciam para baixo podem ter funcionado como raízes, proporcionando sustentação, permitindo à planta expandir-se. As zosterofilófitas são assim denominadas em virtude da sua semelhança geral ao gênero *Zostera*, angiosperma marinha atual que se assemelha de modo superficial a gramíneas.

Diferentemente daqueles de riniófitas, os esporângios globosos ou em forma de rim de zosterofilófitas eram formados lateralmente em pedicelos curtos. Essas plantas eram homosporadas. A estrutura interna das zosterofilófitas era essencialmente semelhante àquelas das riniófitas, exceto que nas zosterofilófitas as primeiras células de xilema a amadurecer estavam localizadas na periferia do cordão de xilema e as últimas a amadurecer, no centro. Este processo, conhecido como diferenciação centrípeta, é o oposto da diferenciação centrífuga encontrada nas riniófitas.

As primeiras zosterofilófitas foram, quase certamente, os ancestrais das licófitas. Os esporângios das zosterofilófitas e das primeiras licófitas são muito similares e nestes dois grupos são formados lateralmente. O xilema de ambos os filos também se diferenciava centripetamente.

Filo Trimerophytophyta

O filo Trimerophytophyta, que provavelmente evoluiu diretamente das riniófitas, em sua maioria contêm plantas de diversas linhagens evolutivas que parecem representar o grupo ancestral, tanto das samambaias como das progimnospermas; elas formam um grupo diversificado. Plantas maiores e mais complexas que as riniófitas ou zosterofilófitas (Figura 17.10C), as trimerófitas apareceram primeiramente no período Devoniano Inferior, há cerca de 395 milhões de anos, e se tornaram extintas pelo final do Devoniano Médio, cerca de 20 milhões de anos depois – um período relativamente curto de existência.

Embora fossem geralmente maiores e mais especializadas evolutivamente que as riniófitas, as trimerófitas ainda careciam de folhas. A ramificação, entretanto, era mais complexa, com o eixo principal formando sistemas de ramos laterais que se dicotomizavam várias vezes. As trimerófitas, como as riniófitas e zosterofilófitas, eram homosporadas. Alguns de seus ramos menores terminavam em esporângios alongados, enquanto outros eram inteiramente vegetativos. Além de seu padrão de ramificação mais complexo, as trimerófitas tinham um cordão vascular mais desenvolvido que os das riniófitas. Junto com uma larga faixa de células de paredes espessadas, no córtex, o grande cordão vascular provavelmente era capaz de suportar uma planta consideravelmente grande, com mais de 1 m de altura. Como nas riniófitas, o xilema das trimerófitas diferenciava-se centrifugamente. O nome do filo vem das palavras gregas *tri*, *meros* e *phyton*, significando "planta tripartida", em razão da organização dos ramos secundários em três fileiras no gênero *Trimerophyton*.

Filo Lycopodiophyta

Os 10 a 15 gêneros e aproximadamente 1.200 espécies atuais de Lycopodiophyta são os representantes de uma linha evolutiva que vem desde o período Devoniano. Evidências morfológicas e moleculares indicam que, do Devoniano Inferior ao Médio (há mais de 400 milhões de anos), ocorreu uma divisão basal, separando um *clado licófita* que inclui a linhagem das licófitas atuais de um clado conhecido como eufilófitas (Figura 17.14). O *clado eufilófita* inclui todas as outras linhagens de plantas vasculares atuais – as monilófitas (samambaias e cavalinhas) e as plantas com sementes.

Há uma série de ordens de licófitas, e pelo menos três das ordens extintas incluíam árvores pequenas a grandes. As três ordens atuais de licófitas, entretanto, constituem-se inteiramente em plantas herbáceas não lenhosas; cada ordem inclui uma única família. Todas as licófitas atuais e fósseis possuem microfilos, e este tipo de folha, que apresenta relativamente pouca diversidade de forma, é muito característico do filo; todas licófitas são eusporangiadas. As licófitas arbóreas, tais como *Lepidodendron*, estavam entre as plantas dominantes das florestas que formaram as jazidas de carvão no período Carbonífero (ver Quadro "Plantas do Carbonífero"). A maioria das linhagens de licófitas lenhosas – aquelas que exibiam crescimento secundário – tornou-se extinta antes do final da era Paleozoica, há 248 milhões de anos.

Os licopódios pertencem à família Lycopodiaceae

Dentre as Lycophyta atuais, talvez o grupo mais familiar seja o dos licopódios, família Lycopodiaceae (ver Figura 12.16C). Todos, exceto dois gêneros de licófitas atuais, pertencem a essa família, que anteriormente agrupava a maioria dos seus membros no gênero *Lycopodium*. Sete desses gêneros são encontrados nos EUA e Canadá, porém a maioria das 350 a 400 espécies estimadas na família é tropical. As delimitações taxonômicas dos gêneros dessa família são insatisfatoriamente conhecidas, e basicamente 15 gêneros podem ser atualmente reconhecidos. As Lycopodiaceae estendem-se das regiões árticas até os trópicos, porém raramente formam elementos conspícuos em qualquer comunidade de plantas. A maioria das espécies tropicais, muitas das quais pertencentes ao gênero *Phlegmariurus*, é epífita e por isso raramente são vistas, porém muitas das espécies de regiões temperadas formam tapetes que podem ser evidentes nos solos das florestas.

Os esporófitos da maioria dos gêneros das Lycopodiaceae é constituído por um rizoma ramificado do qual surgem ramos aéreos e raízes. Tanto o caule como a raiz são protostélicos (Figura 17.15). Os microfilos de Lycopodiaceae são, geralmente, dispostos espiraladamente, porém parecem ser opostos ou verticilados em alguns membros do grupo. As Lycopodiaceae são

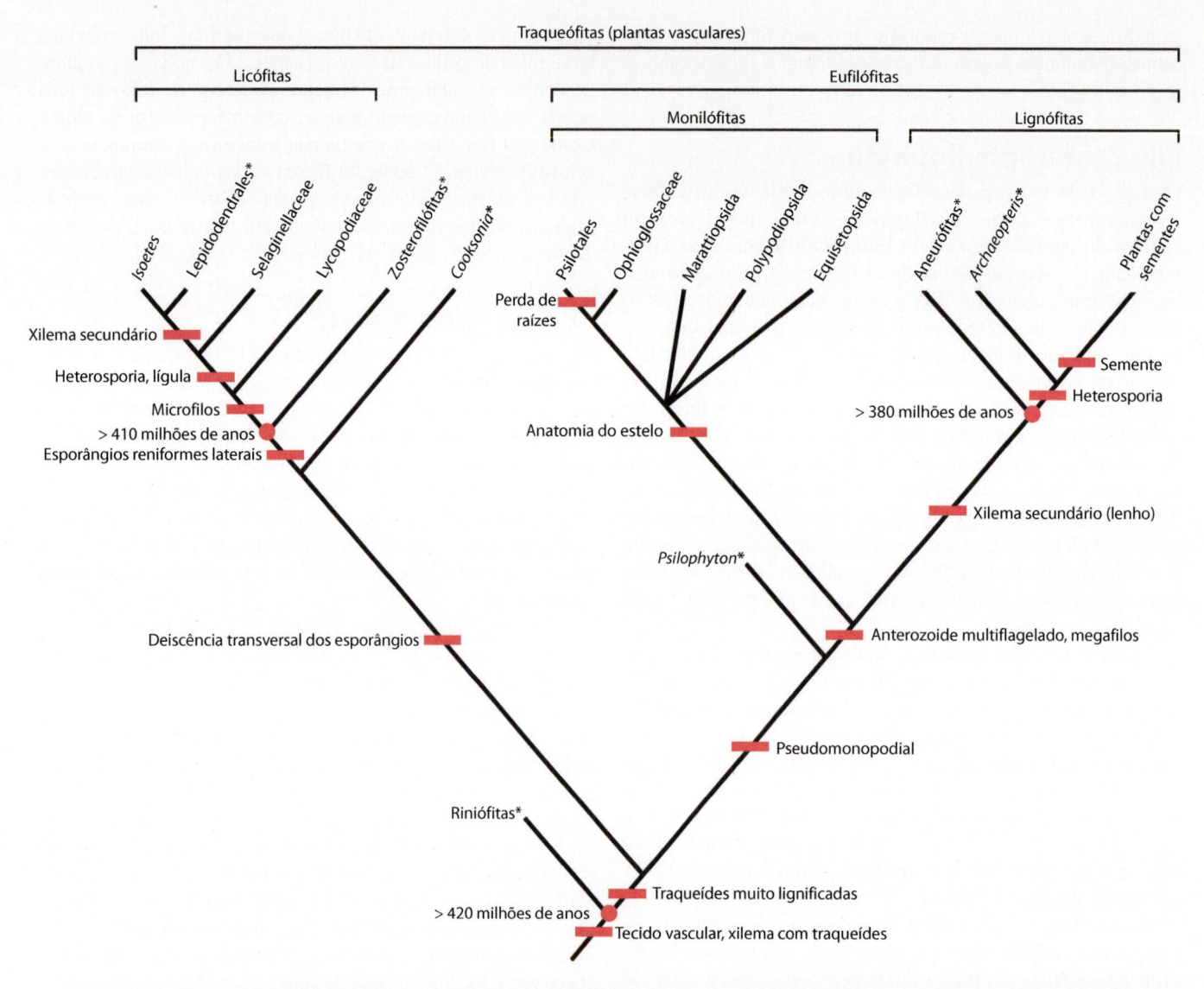

17.14 Relações filogenéticas de plantas vasculares (traqueófitas). Esta árvore filogenética mostra a divisão basal entre o clado licófita e o clado eufilófita. Também são mostradas as relações entre algumas plantas vasculares sem sementes, especificamente monilófitas (as Psilotopsida, compreendendo Psilotales e Ophioglossales, e Marattiopsida, Polypodiopsida e Equisetopsida) e progimnospermas (aneurófitas e *Archaeopteris*), e plantas com sementes. O clado que contém as progimnospermas e as plantas com sementes foi chamado de lignófitas ou produtoras de madeira. Os caracteres distintivos dos principais clados estão assinalados. Os asteriscos indicam táxons extintos.

homosporadas; os esporângios ocorrem individualmente sobre a superfície superior dos microfilos férteis denominados *espo-rofilos*, que são folhas modificadas ou órgãos semelhantes a folha que contêm esporângios, os quais produzem esporos (Figura 17.16). Em *Huperzia* (Figura 17.17A) e *Phlegmariurus*, os esporofilos são semelhantes aos microfilos estéreis e estão difusos entre estes. Nos outros gêneros de Lycopodiaceae, encontrados nos EUA e Canadá, incluindo *Diphasiastrum* (ver Figura 12.16C) e *Lycopodium*, os esporofilos não fotossintetizantes estão agrupados em *estróbilos*, ou cones, na extremidade dos ramos aéreos (Figura 17.17B).

Após a germinação, os esporos de Lycopodiaceae dão origem a gametófitos bissexuados que, dependendo do gênero, são estruturas irregularmente lobadas e verdes (*Lycopodiella, Palhinhaea* e *Pseudolycopodiella*, entre os gêneros encontrados nos EUA e Canadá) ou estruturas micorrízicas, sub-

terrâneas, não fotossintetizantes (*Diphasiastrum, Huperzia, Lycopodium* e *Phlegmariurus*, entre os gêneros encontrados nos EUA e Canadá). O desenvolvimento e a maturação dos arquegônios e anterídios em um gametófito de Lycopodiaceae podem levar de 6 até 15 anos, e seus gametófitos podem ainda produzir uma série de esporófitos em sucessivos arquegônios enquanto continuarem a crescer. Embora os gametófitos sejam bissexuados, as taxas de autofecundação são muito baixas, e os gametófitos destas espécies predominantemente realizam fecundação cruzada.

A água é necessária para a fecundação em Lycopodiaceae. O anterozoide biflagelado nada na água até o arquegônio. Após a fecundação, o zigoto desenvolve-se em um embrião, que cresce no ventre do arquegônio. O esporófito jovem pode permanecer preso ao gametófito por um longo período, porém ao final torna-se independente. O ciclo de vida de *Lycopodium lagopus*,

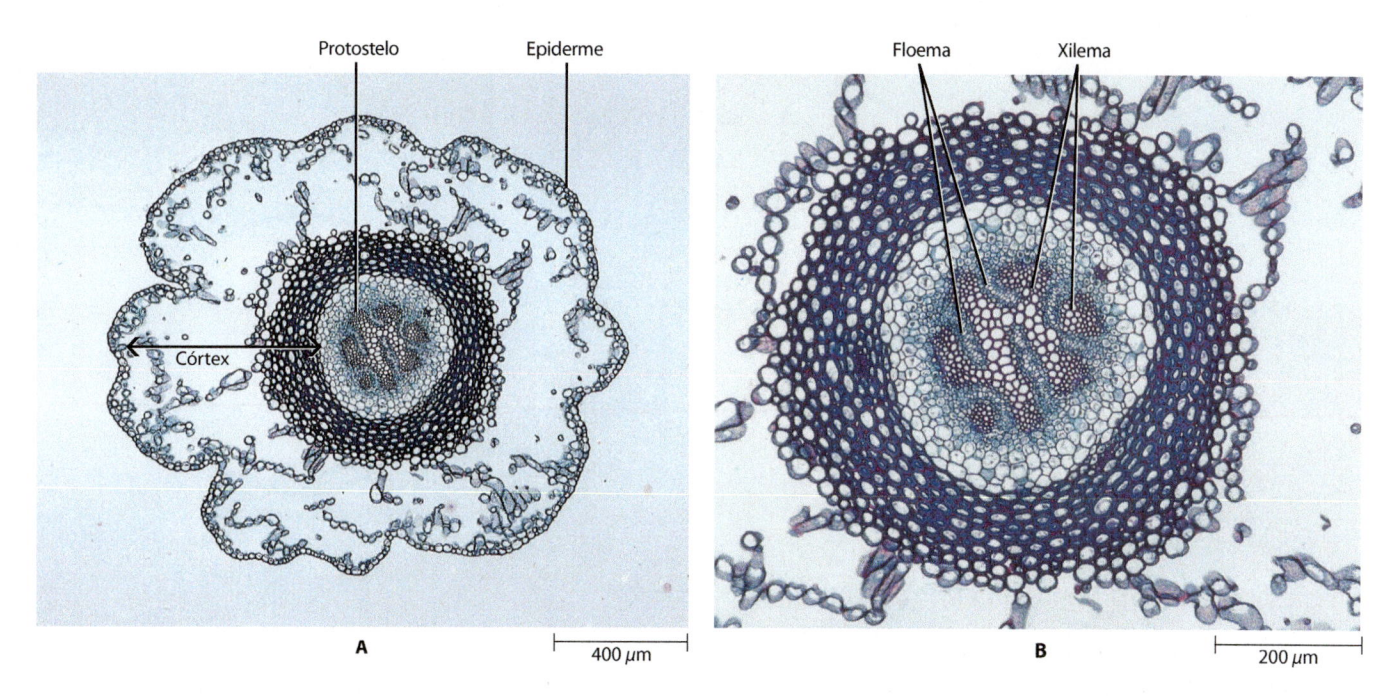

17.15 Protostelo. O caule e a raiz de membros da família Lycopodiaceae são protostélicos. **A.** Seção transversal do caule de *Diphasiastrum complanatum*, mostrando os tecidos maduros. Observe os grandes espaços de ar no córtex, que circunda o protostelo central. **B.** Detalhe do protostelo de *D. complanatum*, mostrando xilema e floema. Ver também a Figura 17.3.

representativo daquelas Lycopodiaceae que apresentam gametó-fito subterrâneo e micorrízico e formam estróbilo, está ilustrado na Figura 17.16.

Entre os gêneros de Lycopodiaceae encontrados nos EUA e Canadá, *Huperzia* (Figura 17.17A) consiste em sete espécies; *Lycopodium* (Figura 17.17B), 5 espécies; *Diphasiastrum* (ver Figura 12.16C), 11 espécies; e *Lycopodiella*, 6 espécies. Esses gêneros e outros atualmente reconhecidos em Lycopodiaceae diferem em várias características, incluindo a disposição dos esporofilos, a presença de rizomas, a organização do corpo ve-getativo, a natureza do gametófito e o número cromossômico básico.

A planta modelo Selaginella mollendorffii pertence à família Selaginellaceae

Entre os gêneros de Lycophyta atuais, *Selaginella*, o único gê-nero da família Selaginellaceae, possui a maioria das espécies, cerca de 750. Entre essas espécies, tem importância *Selaginella mollendorffii*, planta modelo, que tem seu genoma sequencia-do. Grande parte da família de *S. mollendorffii* tem distribui-ção tropical. Muitas crescem em locais úmidos, embora umas poucas habitem os desertos, tornando-se dormentes durante as épocas mais secas do ano. Entre essas últimas está a chamada planta-da-ressurreição, *Selaginella lepidophylla*, encontrada no Texas, Novo México e México (Figura 17.18A).

O esporófito herbáceo de *Selaginella* é basicamente seme-lhante àqueles de algumas Lycopodiaceae, pois apresentam microfilos e seus esporofilos estão organizados em estróbilos (Figura 17.18B). Diferentemente de Lycopodiaceae, todavia, *Selaginella* tem um apêndice pequeno em forma de escama, denominado *lígula*, próxima da base da face superior de cada microfilo e esporofilo (Figura 17.19). O caule e a raiz são pro-tostélicos (Figura 17.20).

Enquanto as Lycopodiaceae são homosporadas, *Selaginella* é heterosporada, com gametófitos unissexuados – masculino e fe-minino. Cada esporofilo forma um único esporângio na sua face superior. Os megasporângios são formados nos *megasporofilos*, e os microsporângios são formados nos *microsporofilos*. Os dois tipos de esporângios ocorrem no mesmo estróbilo.

Os gametófitos masculinos (microgametófitos) em *Selagi-nella* desenvolvem-se dentro dos micrósporos e carecem de clorofila. Na maturidade, o gametófito masculino consiste em uma única célula protalar ou célula vegetativa e um anterídio, que dá origem a muitos anterozoides biflagelados. A parede do micrósporo deve romper-se para que o anterozoide seja li-berado.

Durante o desenvolvimento do gametófito feminino (me-gagametófito), o envoltório ou parede do megásporo rom-pe-se e o gametófito projeta-se através da ruptura para o lado externo. Essa é a porção do gametófito feminino na qual o ar-quegônio desenvolve-se. Tem sido relatado que o gametófito feminino às vezes desenvolve cloroplastos, embora a maioria dos gametófitos de *Selaginella* obtenha sua nutrição a partir das substâncias nutritivas armazenadas no interior dos me-gásporos.

A água é necessária para que o anterozoide nade até os arque-gônios e fecundem as oosferas. Geralmente a fecundação ocorre após os gametófitos terem sido dispersos do estróbilo. Durante o desenvolvimento dos embriões, tanto em Lycopodiaceae como em *Selaginella*, uma estrutura denominada *suspensor* é formada. Embora inativo em Lycopodiaceae e em algumas espécies de *Selaginella*, em outras espécies de *Selaginella* o suspensor serve para empurrar o embrião em desenvolvimento para o interior do tecido rico em nutrientes do gametófito feminino. Gradual-mente, o esporófito em desenvolvimento emerge do gametófito e torna-se independente.

O ciclo de vida de *Selaginella* está ilustrado na Figura 17.19.

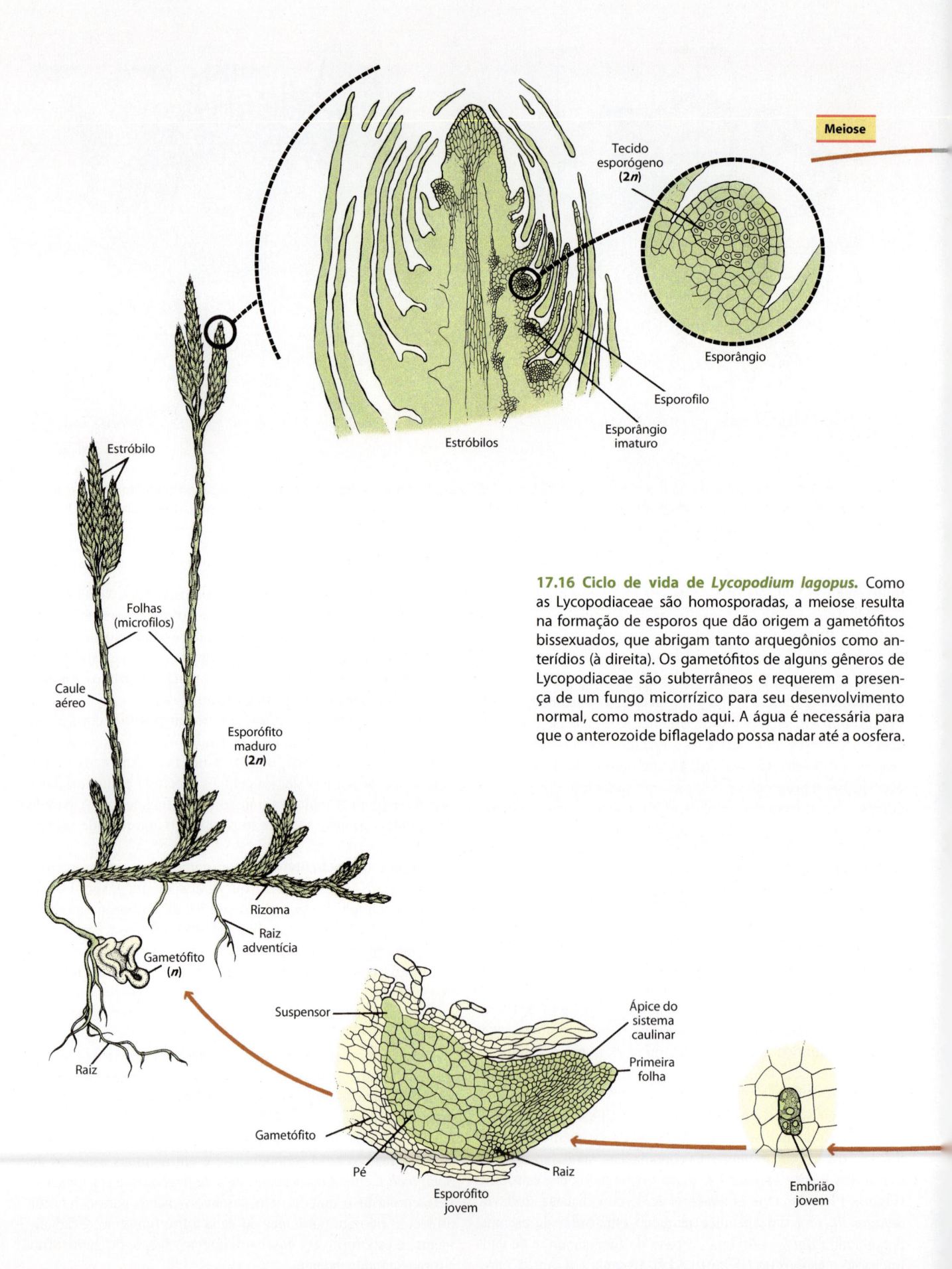

Meiose

Tecido esporógeno **(2n)**

Esporângio

Esporofilo

Esporângio imaturo

Estróbilos

Estróbilo

Folhas (microfilos)

Caule aéreo

Esporófito maduro **(2n)**

Rizoma

Raiz adventícia

Gametófito **(n)**

Raiz

Suspensor

Ápice do sistema caulinar

Primeira folha

Gametófito

Pé

Raiz

Esporófito jovem

Embrião jovem

17.16 Ciclo de vida de *Lycopodium lagopus*. Como as Lycopodiaceae são homosporadas, a meiose resulta na formação de esporos que dão origem a gametófitos bissexuados, que abrigam tanto arquegônios como anterídios (à direita). Os gametófitos de alguns gêneros de Lycopodiaceae são subterrâneos e requerem a presença de um fungo micorrízico para seu desenvolvimento normal, como mostrado aqui. A água é necessária para que o anterozoide biflagelado possa nadar até a oosfera.

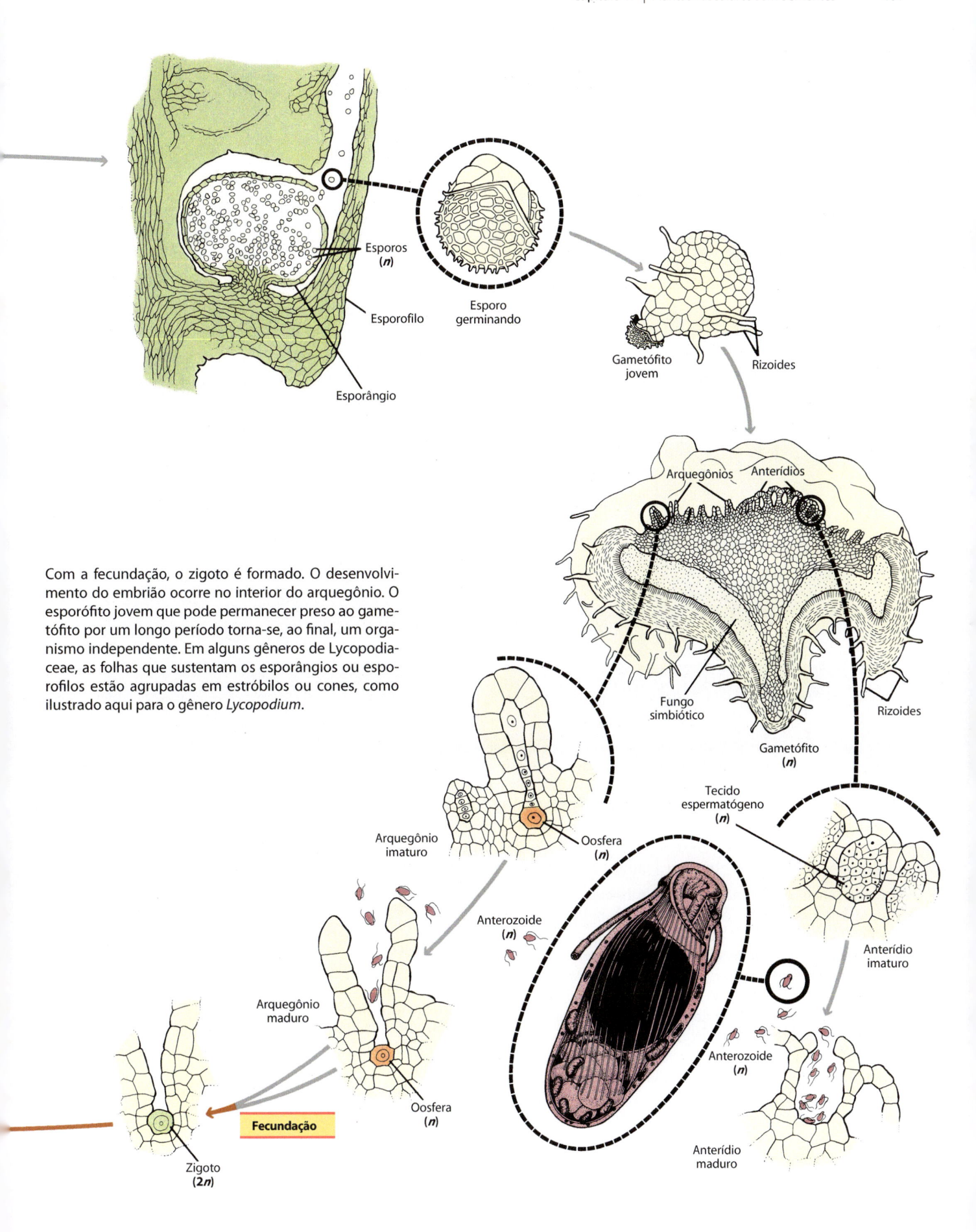

Esporos
(*n*)

Esporofilo

Esporângio

Esporo
germinando

Gametófito
jovem

Rizoides

Arquegônios   Anterídios

Fungo
simbiótico

Rizoides

Gametófito
(*n*)

Com a fecundação, o zigoto é formado. O desenvolvimento do embrião ocorre no interior do arquegônio. O esporófito jovem que pode permanecer preso ao gametófito por um longo período torna-se, ao final, um organismo independente. Em alguns gêneros de Lycopodiaceae, as folhas que sustentam os esporângios ou esporofilos estão agrupadas em estróbilos ou cones, como ilustrado aqui para o gênero *Lycopodium*.

Arquegônio
imaturo

Oosfera
(*n*)

Tecido
espermatógeno
(*n*)

Anterozoide
(*n*)

Anterídio
imaturo

Arquegônio
maduro

Oosfera
(*n*)

Fecundação

Anterozoide
(*n*)

Zigoto
(**2n**)

Anterídio
maduro

17.17 Esporofilos e estróbilos. A. *Huperzia lucidula* é um representante daqueles gêneros de Lycopodiaceae que não apresentam cones ou estróbilo diferenciado. Os esporângios (pequenas estruturas amarelas ao longo do caule) crescem na axila dos microfilos férteis conhecidos como esporofilos. Áreas de esporofilos férteis se alternam com regiões de microfilos estéreis. **B.** Os ramos terminais em *Lycopodium lagopus* apresentam em suas extremidades esporofilos agrupados em estróbilos.

As espécies de Isoetes pertencem à família Isoetaceae

O único gênero da família Isoetaceae é *Isoetes*, com cerca de 150 espécies. *Isoetes* é o parente atual mais próximo das antigas licófitas arbóreas do Carbonífero (ver Quadro "Plantas do Carbonífero"). As plantas de *Isoetes* podem ser aquáticas ou podem crescer em lagos que secam em determinadas estações. O esporófito de *Isoetes* é formado por um caule subterrâneo curto e carnoso (cormo), originando microfilos com forma semelhante a cálamo – caule cilíndrico e oco de certas ciperáceas e juncáceas – na porção superior e raízes na sua porção inferior (Figura 17.21). Em *Isoetes*, cada folha é um esporofilo em potencial.

Como *Selaginella*, *Isoetes* é heterosporado. Os megasporângios são formados na base de megasporofilos; e os microsporângios, na base de microsporofilos, os quais são semelhantes aos megasporofilos, porém localizados mais próximos do centro da planta (Figura 17.22). Uma lígula é encontrada exatamente acima do esporângio de cada esporofilo.

Uma das características que distingue *Isoetes* é a presença de um câmbio especializado que adiciona tecidos secundários ao cormo. O câmbio produz para fora somente tecido de parênquima, enquanto para dentro forma um tecido vascular peculiar, consistindo em elementos crivados, células de parênquima e traqueídes em proporções variáveis.

Algumas espécies de *Isoetes* (algumas vezes colocadas em outro gênero, *Stylites*), encontradas em grandes altitudes nos trópicos, têm a característica única de obter o carbono para a fotossíntese a partir do sedimento no qual elas crescem, e não da atmosfera. As folhas destas plantas carecem de estômatos, têm uma cutícula espessa e basicamente não efetuam trocas gasosas com a atmosfera. Essas espécies, bem como algumas outras espécies de *Isoetes*, que se desidratam em uma parte do ano, apresentam fotossíntese CAM (Capítulo 7).

Filo Monilophyta
A grande maioria das Monilophyta é representada por samambaias

As monilófitas compreendem as samambaias e as cavalinhas (*Equisetum* spp.). Esses grupos já foram considerados filos sepa-

17.18 Representantes de *Selaginella*. A. *Selaginella lepidophylla,* a planta-da-ressurreição, torna-se completamente seca quando a água não está disponível, mas rapidamente revive após uma chuva. Esta planta estava crescendo no Big Bend National Park, no Texas (EUA). **B.** *Selaginella rupestris* com estróbilos. **C.** *Selaginella kraussiana*, uma planta prostrada rastejante. **D.** *Selaginella willdenowii*, dos trópicos do Velho Mundo. Amante da sombra, ela trepa até 7 m e tem folhas azul-pavão com um brilho metálico. Observe os rizomas claros, bem evidentes.

rados; contudo, análises recentes de características morfológicas e dos genes nucleares e dos cloroplastos indicam que samambaias e cavalinhas formam um clado (Monilophyta) com quatro linhagens (Figura 17.14): (1) Psilotopsida, (2) Marattiopsida, (3) Polypodiopsida e (4) Equisetopsida. As relações entre essas linhagens ainda estão sendo ativamente investigadas. O termo comum "samambaia" é aplicado aos membros das linhagens Psilotopsida, Marattiopsida e Polypodiopsida.

As samambaias são relativamente abundantes no registro fóssil desde o período Carbonífero até o presente (ver Quadro "Plantas do Carbonífero"). Há mais de 12.000 espécies de samambaias atuais, o maior e mais diverso grupo de plantas depois das angiospermas (Figuras 17.23 e 17.24). Parece provável que a diferenciação das samambaias atuais ocorreu no período Cretáceo Superior, depois que a formação das diversas florestas de angiospermas aumentou a extensão de *habitats* nos quais as samambaias puderam se irradiar.

A diversidade das samambaias é maior nos trópicos, onde cerca de 3/4 das espécies são encontradas. Nesses locais não somente há muitas espécies de samambaias, como também elas são abundantes em muitas comunidades vegetais. Somente cerca

de 380 espécies de samambaias existem nos EUA e no Canadá, enquanto cerca de 1.000 são encontradas na Costa Rica, um pequeno país tropical na América Central. Cerca de 1/3 de todas as espécies de samambaias tropicais crescem sobre troncos ou ramos de árvores como epífitas (Figura 17.23).

Algumas samambaias são muito pequenas e têm folhas inteiras. *Lygodium* (Figura 17.24), uma samambaia trepadeira, tem folhas com uma raque (uma extensão do pedúnculo ou pecíolo da folha) torcida e longa, que pode ter até 30 m, ou mais, de comprimento. Em algumas samambaias arbóreas, como as do gênero *Cyathea* (Figura 17.23B), foram registradas altura de mais de 24 m e folhas com mais de 5 m de comprimento. Apesar de os troncos dessas samambaias arbóreas poderem ter 30 cm ou mais de espessura, seus tecidos são inteiramente de origem primária. A maior parte desse espessamento se deve ao manto de raízes fibrosas; o caule verdadeiro tem somente 4 a 6 cm de diâmetro. O gênero herbáceo *Botrychium* (ver Figura 17.26A) é citado há muito tempo como a única samambaia atual conhecida a formar um câmbio vascular; contudo, recentemente passou a ser questionada a existência de um câmbio vascular em *Botrychium*.

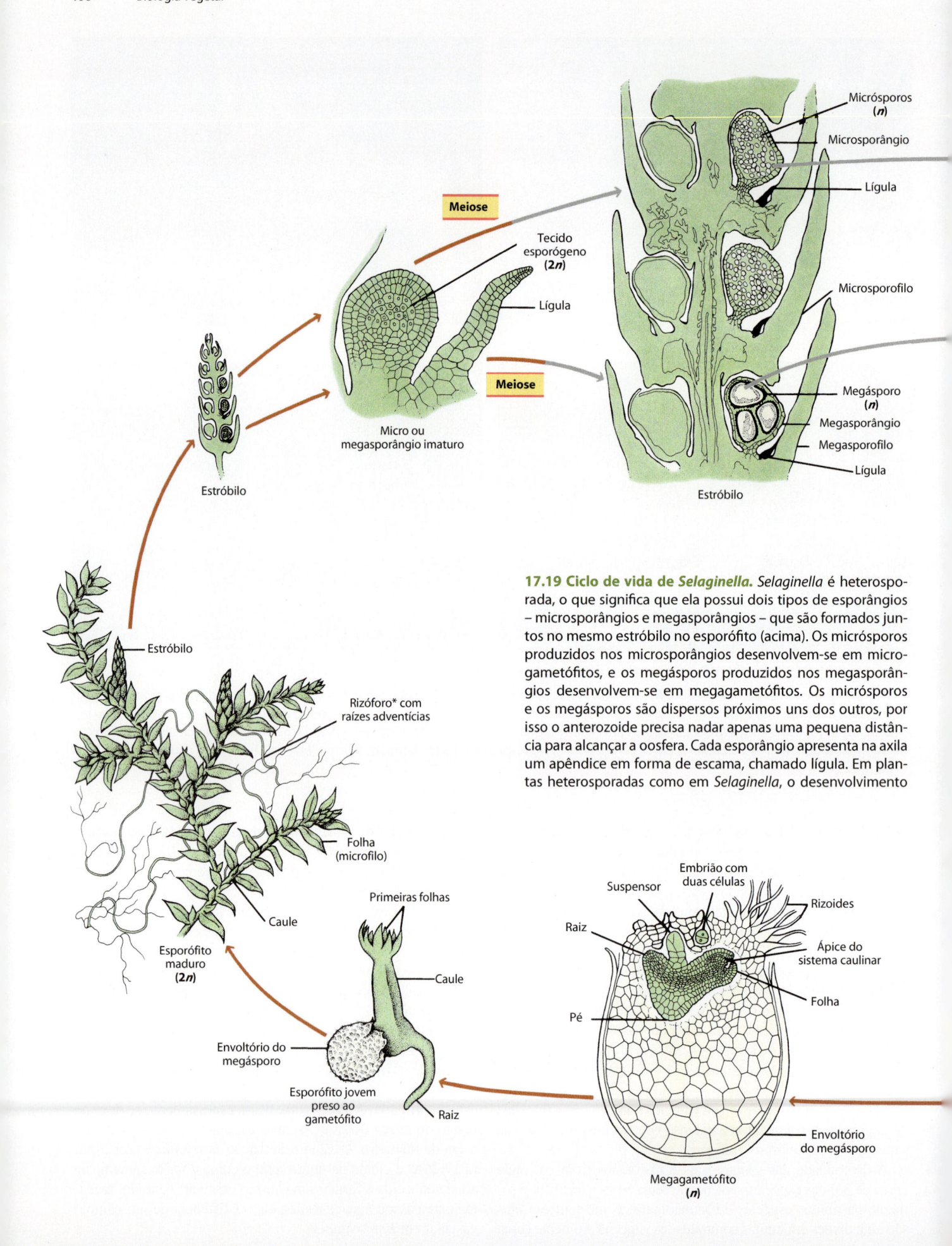

Meiose

Tecido
esporógeno
(**2n**)

Lígula

Micro ou
megasporângio imaturo

Meiose

Estróbilo

Micrósporos
(**n**)

Microsporângio

Lígula

Microsporofilo

Megásporo
(**n**)

Megasporângio

Megasporofilo

Lígula

Estróbilo

17.19 Ciclo de vida de *Selaginella*. *Selaginella* é heterosporada, o que significa que ela possui dois tipos de esporângios – microsporângios e megasporângios – que são formados juntos no mesmo estróbilo no esporófito (acima). Os micrósporos produzidos nos microsporângios desenvolvem-se em microgametófitos, e os megásporos produzidos nos megasporângios desenvolvem-se em megagametófitos. Os micrósporos e os megásporos são dispersos próximos uns dos outros, por isso o anterozoide precisa nadar apenas uma pequena distância para alcançar a oosfera. Cada esporângio apresenta na axila um apêndice em forma de escama, chamado lígula. Em plantas heterosporadas como em *Selaginella*, o desenvolvimento

Estróbilo

Rizóforo* com
raízes adventícias

Folha
(microfilo)

Caule

Esporófito
maduro
(**2n**)

Primeiras folhas

Caule

Envoltório do
megásporo

Esporófito jovem
preso ao
gametófito

Raiz

Embrião com
duas células

Suspensor

Raiz

Pé

Rizoides

Ápice do
sistema caulinar

Folha

Envoltório
do megásporo

Megagametófito
(**n**)

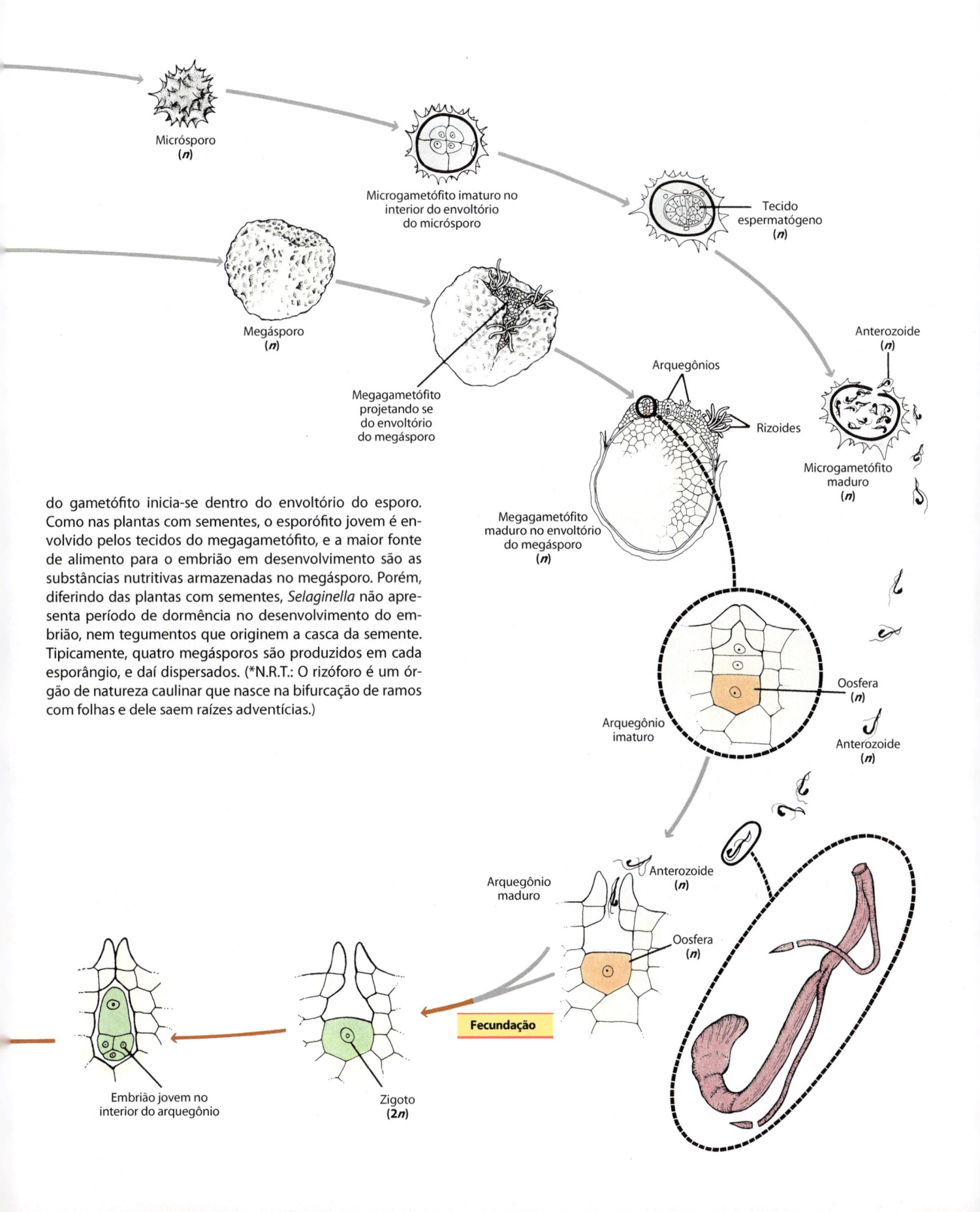

Micrósporo
(*n*)

Microgametófito imaturo no
interior do envoltório
do micrósporo

Tecido
espermatógeno
(*n*)

Megásporo
(*n*)

Anterozoide
(*n*)

Megagametófito
projetando se
do envoltório
do megásporo

Arquegônios

Rizoides

Microgametófito
maduro
(*n*)

Megagametófito
maduro no envoltório
do megásporo
(*n*)

do gametófito inicia-se dentro do envoltório do esporo.
Como nas plantas com sementes, o esporófito jovem é envolvido pelos tecidos do megagametófito, e a maior fonte
de alimento para o embrião em desenvolvimento são as
substâncias nutritivas armazenadas no megásporo. Porém,
diferindo das plantas com sementes, *Selaginella* não apresenta período de dormência no desenvolvimento do embrião, nem tegumentos que originem a casca da semente.
Tipicamente, quatro megásporos são produzidos em cada
esporângio, e daí dispersados. (*N.R.T.: O rizóforo é um órgão de natureza caulinar que nasce na bifurcação de ramos
com folhas e dele saem raízes adventícias.)

Oosfera
(*n*)

Arquegônio
imaturo

Anterozoide
(*n*)

Arquegônio
maduro

Anterozoide
(*n*)

Oosfera
(*n*)

Fecundação

Embrião jovem no
interior do arquegônio

Zigoto
(2*n*)

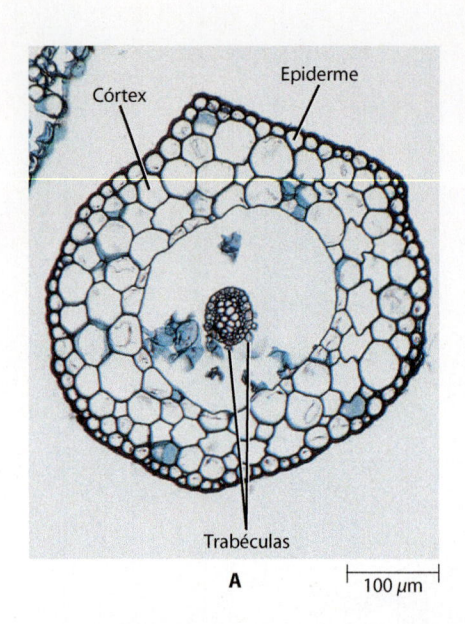

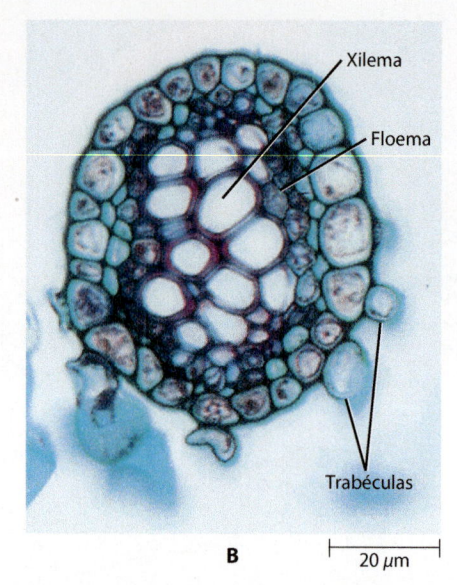

17.20 Protostelo de *Selaginella*. A. Seção transversal do caule, mostrando os tecidos maduros. O protostelo está suspenso no meio do caule oco por células corticais alongadas (células endodérmicas) chamadas trabéculas. Apenas uma porção de cada trabécula pode ser vista aqui. **B.** Detalhe do protostelo.

Há dois tipos de esporângios nas samambaias

De acordo com a estrutura e o modo de desenvolvimento de seus esporângios, as samambaias podem ser classificadas como eusporangiadas ou leptosporangiadas (Figura 17.25). A diferença entre esses dois tipos de esporângios é importante para o entendimento das relações entre as plantas vasculares. Em um *eusporângio*, as células parentais, ou iniciais, estão localizadas na superfície do tecido a partir do qual o esporângio é produzido (Figura 17.25A). Estas iniciais dividem-se periclinalmente (paralelamente à superfície), produzindo uma série de células internas e externas. A camada celular externa, através de divisões em ambos os planos, dá origem à parede do esporângio com várias camadas. A camada interna dá origem a um conjunto de células irregularmente orientadas, a partir do qual se originam as células-mãe de esporos. A camada mais interna da parede compreende o *tapete*, que provavelmente nutre os esporos em desenvolvimento. Em muitos eusporângios, as camadas internas da parede são distendidas e comprimidas durante o desenvolvimento, e, deste modo, as paredes destes esporângios podem,

17.21 *Isoetes storkii*. Esporófito mostrando as folhas (microfilos) em forma de cálamo, o caule subterrâneo suculento (cormo) e as raízes. *Isoetes* é o último representante vivo do grupo que incluiu as Lycophyta, arbóreas extintas dos pântanos do período Carbonífero.

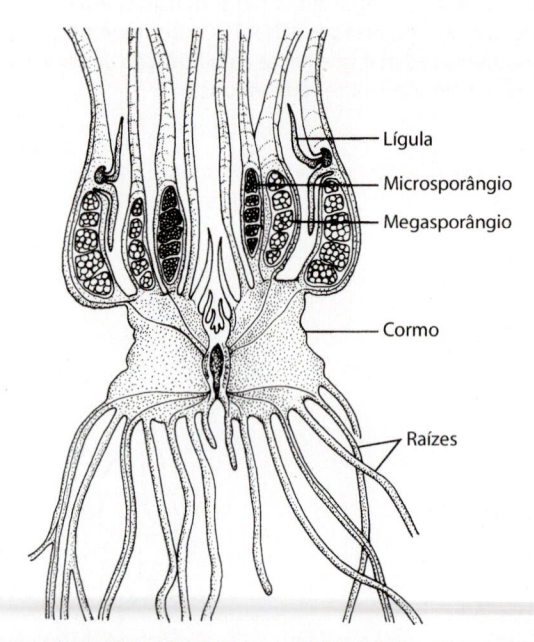

17.22 Seção longitudinal de uma planta de *Isoetes*. As folhas são formadas na porção superior e as raízes na porção inferior de um caule subterrâneo curto e carnoso (cormo). Algumas folhas (megasporofilos) sustentam os megasporângios, e outras folhas (os microsporofilos) sustentam os microsporângios, e estão localizadas próximo ao centro da planta.

17.23 Representantes de samambaias. A diversidade de samambaias é ilustrada por alguns gêneros da maior classe desse grupo de plantas, as Polypodiopsida. **A.** *Lindsaea*, em Volcán Barba, na Costa Rica. **B.** A floresta da samambaia arbórea, *Cyathea lepifera*, no Japão. **C.** *Blechnum spicant*, uma samambaia nativa do noroeste dos EUA, com folhas férteis e vegetativas diferentes. **D.** *Elaphoglossum*, com folhas espessas não divididas, em local próximo a Cuzco, no Peru. **E.** *Asplenium septentrionale*, uma pequena samambaia distribuída em todo o hemisfério norte, crescendo em um solo rico em metal, próximo a uma mina de prata e chumbo, no País de Gales (Grã-Bretanha). **F.** *Pleopeltis polypodioides*, crescendo como epífita sobre um tronco de junípero, em Arkansas (EUA). **G.** Uma espécie de *Hymenophyllum*, samambaia cujo nome é derivado da estrutura das suas folhas delicadas. Samambaias membranáceas, ocorrem como epífitas principalmente em florestas pluviais tropicais ou regiões temperadas úmidas.

A

B

C

17.24 *Lygodium microphyllum*. A. Essa samambaia trepadeira, que cresce em ciprestes no sul da Flórida (EUA), como mostrado aqui, é considerada uma planta invasora na Austrália. O crescimento substancial da samambaia na base das árvores faz com que incêndios no solo, que são normalmente benéficos, evoluam para incêndios de grande monta que destroem as árvores. **B.** Cada folha fértil consegue produzir 20.000 esporos, os quais são dispersados pelo vento a partir do dossel da árvore. Essa é uma estratégia reprodutiva eficiente que frustra os esforços para controlar a propagação dessas samambaias. **C.** Folhas não férteis.

aparentemente, constituir-se de uma única camada de células na maturidade. Os eusporângios, que são maiores que os leptosporângios e contêm muito mais esporos, são característicos de todas as plantas vasculares – incluindo as licófitas – exceto as samambaias leptosporangiadas.

Diferentemente da origem multicelular dos eusporângios, os *leptosporângios* originam-se a partir de uma única célula inicial superficial, que se divide transversal ou obliquamente (Figura 17.25B). Por esta divisão são produzidas duas células. A interna pode contribuir com células que originam uma grande parte do pedicelo do esporângio ou, mais comumente, permanecer inativa e não participar no desenvolvimento posterior do esporângio. Por meio de um padrão preciso de divisões, a célula externa dá origem a um elaborado esporângio pedicelado com uma cápsula esférica, a qual possui uma parede com uma camada de células de espessura. Internamente a esta parede existe um tapete com duas camadas, típico dos leptosporângios. A massa interna do leptosporângio finalmente se diferencia em células-mãe de esporos, que sofrem meiose para produzir quatro esporos cada uma.

Após alimentar as células jovens em divisão no interior do esporângio, o material do tapete é depositado ao redor dos esporos, criando sulcos, espinhos e outros tipos de ornamentos superficiais, que são frequentemente peculiares para cada família ou gênero. Os esporos são expostos após a ruptura do *estômio*, um conjunto de células especializadas presentes no esporângio. Os esporângios são pedicelados e cada um contém uma camada especial de células com paredes desigualmente espessadas denominada *ânulo*. À medida que o esporângio seca, a contração do ânulo causa o rompimento no meio da cápsula. A súbita explosão e a volta do ânulo para sua posição original resulta, então, em uma descarga dos esporos como se fossem atirados por uma catapulta. Nos eusporângios, os pedicelos apresentam-se maiores, e embora possa haver linhas de deiscências pré-formadas, não há ânulo ou sistema tipo catapulta para o descarregamento dos esporos.

A maioria das samambaias atuais é homosporada, produzindo apenas um tipo de esporo. A heterosporia, na qual há produção de micrósporos e megásporos, está restrita a samambaias aquáticas (ver Figura 17.36), que discutiremos a seguir. Poucas

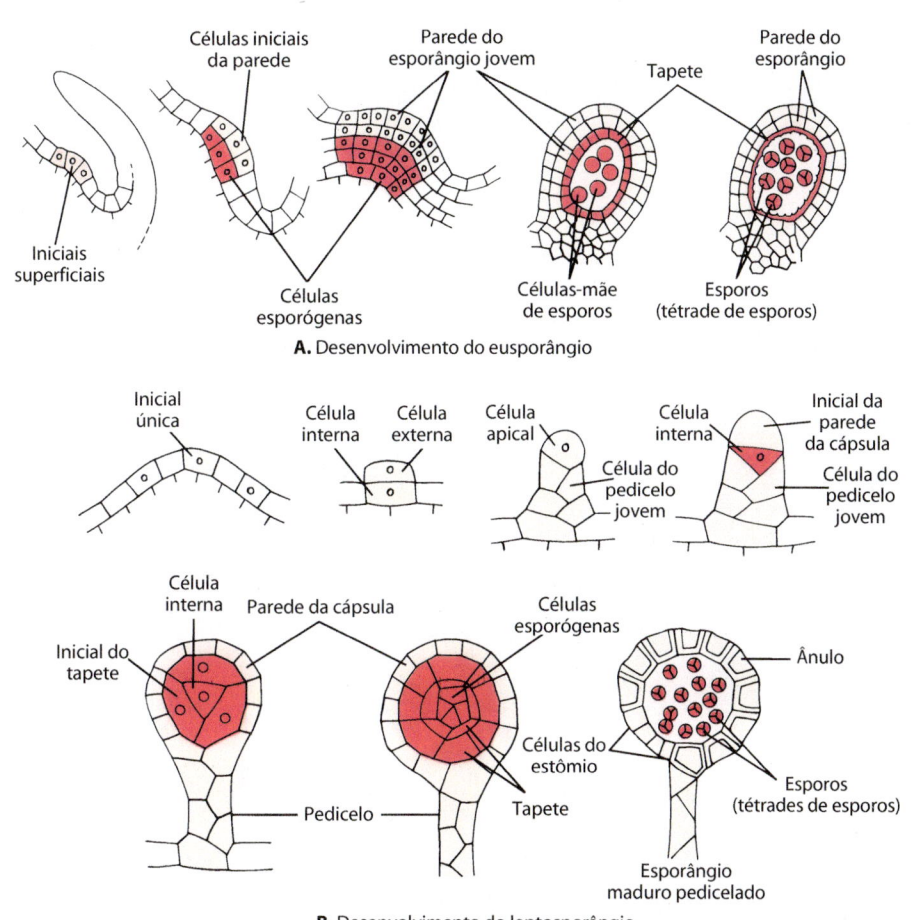

17.25 Eusporângio e leptosporângio. Desenvolvimento e estrutura dos dois tipos principais de esporângios de samambaias. **A.** O eusporângio origina-se de uma série de células parentais ou iniciais superficiais. Cada esporângio desenvolve uma parede com duas ou mais camadas de espessura (embora na maturidade as camadas internas da parede possam ser comprimidas) e um grande número de esporos. **B.** O leptosporângio origina-se de uma única célula inicial, que primeiro produz o pedicelo e então a cápsula. Cada leptosporângio dá origem a um número relativamente pequeno de esporos.

samambaias extintas também eram heterosporadas. Consideramos aqui alguns exemplos de cada uma das quatro principais linhagens de monilófitas.

As classes Psilotopsida e Marattiopsida são samambaias eusporangiadas

A classe Psilotopsida é constituída por duas ordens de samambaias homosporadas, a saber, Ophioglossales e Psilotales. Dos quatro gêneros da Ophioglossales, *Botrychium* (Figura 17.26A) e *Ophioglossum*, conhecida popularmente como língua-de-serpente (Figura 17.26B) são comuns nas regiões temperadas do Norte. Nestes dois gêneros, uma única folha é normalmente produzida a cada ano a partir do rizoma. Cada folha consiste em duas partes: (1) uma porção vegetativa, ou lâmina, que é profundamente dividida em *Botrychium* e inteira na maioria das espécies de *Ophioglossum*, e (2) um segmento fértil. Em *Botrychium*, o segmento fértil é dividido da mesma forma que a porção vegetativa e forma duas fileiras de eusporângios nos segmentos externos. Em *Ophioglossum*, a porção fértil é inteira e origina duas fileiras de eusporângios imersos.

As Psilotales incluem dois gêneros atuais – *Psilotum* e *Tmesipteris*. *Psilotum* apresenta distribuição tropical e subtropical.

Nos EUA, ocorre no Alabama, Arizona, Flórida, Havaí, Louisiana, Carolina do Norte e Texas, bem como em Porto Rico. Trata-se de uma erva daninha comum em estufas. *Tmesipteris* tem distribuição restrita a Austrália, Nova Caledônia, Nova Zelândia e a outras regiões do Sul do Pacífico. Os dois gêneros são plantas muito simples. Sua estrutura simples – folhas pequeninas e ausência de raízes – parece ser uma condição derivada.

O esporófito de *Psilotum* consiste em uma porção aérea dicotomicamente ramificada com "estruturas foliares" pequenas semelhantes a escamas e uma porção subterrânea ramificada ou um sistema de rizomas com muitos rizoides. Um fungo simbiótico – um glomeromiceto endomicorrízico (Capítulo 14) – é encontrado nas células corticais externas dos rizomas. Os esporângios de *Psilotum* estão, geralmente, agregados em grupos de três nas extremidades de ramos laterais curtos (Figura 17.27).

Tmesipteris cresce como epífita sobre samambaias e outras plantas (Figura 17.28) e em reentrâncias de rochas. As folhas de *Tmesipteris*, que são maiores que as estruturas em forma de escama de *Psilotum*, têm um único feixe vascular não ramificado. Em outros aspectos, *Tmesipteris* é basicamente semelhante a *Psilotum*.

17.26 Ophioglossales. Representantes de dois gêneros de Ophioglossales encontrados na América do Norte. **A.** *Botrychium dissectum.* No gênero *Botrychium,* a porção vegetativa e inferior da folha é dividida. **B.** Em *Ophioglossum vulgatum,* a porção inferior da folha não é dividida. Em ambos os gêneros, a porção superior, ereta e fértil da folha é bastante diferente da porção vegetativa.

A   B

Esporângios

Excrescência semelhante a escama

Esporófito maduro (2*n*)

Caule aéreo

Rizoma

A   B

17.27 Esporófito de *Psilotum nudum.* A. No *Psilotum,* o esporófito consiste em uma parte aérea com ramificação dicotômica, com pequenas excrescências semelhantes a escamas, e um sistema de rizomas. Os esporângios são formados em grupos de três nas axilas de algumas excrescências escamiformes. **B.** A parte aérea com ramificação dicotômica do esporófito com numerosos esporângios amarelos.

17.28 Tmesipteris. A. *Tmesipteris parva* crescendo sobre o tronco de uma samambaia arborescente *Cyathea australis* em New South Wales, Austrália. **B.** *Tmesipteris lanceolata* na Nova Caledônia, uma ilha do sudoeste do Pacífico. As folhas contêm um único feixe vascular sem ramificação.

Os gametófitos de *Botrychium*, *Ophioglossum* e *Psilotum* (Figura 17.29) são estruturas subterrâneas, tuberosas, alongadas e com numerosos rizoides; eles têm fungos simbióticos. Alguns gametófitos de *Psilotum* têm tecido vascular. Os gametófitos são bissexuais, dando origem a anterídios e arquegônios. Os anterozoides são multiflagelados e precisam de água para atingir as oosferas.

Pela natureza de seus gametófitos, a estrutura de suas folhas e vários outros detalhes anatômicos, as Ophioglossales são nitidamente distintas dos outros grupos de samambaias atuais e, claramente, são um grupo distinto que divergiu cedo. Infelizmente, o grupo não possui nenhum registro fóssil completo anterior a cerca de 50 milhões de anos. Não há fósseis de *Psilotum* nem de *Tmesipteris*. Um membro das Ophioglossales, *Ophioglossum reticulatum*, tem o mais alto número de cromossomos conhecido em qualquer organismo vivo, com o complemento diploide de cerca de 1.260 cromossomos.

O único outro grupo de samambaias eusporângias, as Marattiopsida tropicais, é um grupo antigo com um registro fóssil que vem desde o período Carbonífero. Os membros dessa ordem assemelham-se mais aos grupos de samambaias mais conhecidas do que das Ophioglossales. *Psaronius*, uma samambaia arbórea extinta, era um membro dessa ordem (ver Quadro "Plantas do Carbonífero"). Os seis gêneros de Marattiales atuais incluem cerca de 200 espécies.

A maioria das Polypodiopsida são samambaias homosporadas e leptosporangiadas

Quase todas as samambaias mais conhecidas são membros da classe Polypodiopsida, com pelo menos 10.500 espécies. Cerca de 35 famílias e 320 gêneros são reconhecidos na classe. As Polypodiopsida diferem de Psilotopsida e Marattiopsida por serem leptosporangiadas; diferem das samambaias aquáticas, que discutiremos a seguir, por serem homosporadas. Todas as samambaias, exceto Psilotopsida e Marattiopsida, são, de fato, leptosporangiadas e muito poucas têm gametófitos subterrâneos com fungos simbióticos que são característicos de Psilotopsida e Marattiopsida. Os leptosporângios e outras características distintivas da maioria das samambaias são, evidentemente, especializações, visto que não ocorrem em outras plantas vasculares, incluindo Psilotopsida e Marattiopsida, as quais compartilham mais características com outros grupos de plantas primitivas.

A maioria das samambaias cultivadas e das silvestres de regiões temperadas tem rizomas sifonostélicos (Figura 17.30), que produzem novos conjuntos de folhas a cada ano. O embrião de samambaia produz uma raiz verdadeira, porém ela rapidamente murcha, e as raízes restantes originam-se do rizoma próximo à base das folhas. As folhas ou *frondes* são megafilos e representam a parte mais conspícua do esporófito. Sua proporção superfície/volume alta permite-lhe captar luz do Sol muito mais efetivamente que os microfilos das licófitas. As samambaias são as únicas plantas vasculares sem sementes que possuem megafilos bem desenvolvidos. Comumente, as frondes são compostas, isto é, a lâmina é dividida em folíolos ou *pinas*, que estão presas na *raque*, uma extensão do pecíolo da folha. Em quase todas as samambaias, as folhas jovens são enroladas (circinadas); elas são, em geral, denominadas báculos (Figura 17.31). Este tipo de desenvolvimento da folha é conhecido como *vernação circinada*. O desenrolamento do báculo resulta do crescimento mais rápido na superfície inferior do que na superior da folha em início de desenvolvimento, e é mediado pelo hormônio auxina (ver Capítulo 27), produzido pelas pinas jovens no lado interno do báculo. Esse tipo de vernação protege as delicadas extremidades das folhas embrionárias durante o desenvolvimento. Tanto os báculos quanto os rizomas são geralmente revestidos com tricomas ou com escamas, que são apêndices epidérmicos; as características destas estruturas são importantes na classificação das samambaias.

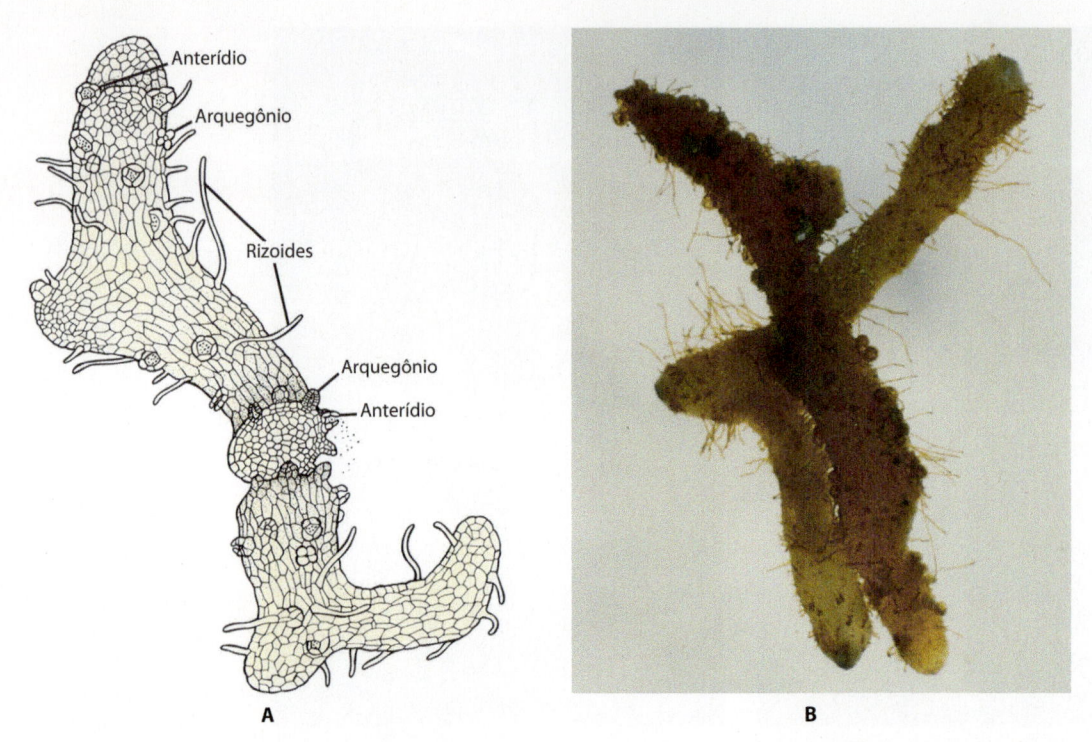

A

B

17.29 Gametófito de *Psilotum nudum*. A. O gametófito de *Psilotum* é bissexuado, contendo anterídios e arquegônios. **B.** Os gametófitos, que são subterrâneos, assemelham-se a partes do rizoma.

Os esporângios das Polypodiopsida ocorrem nas margens ou na face inferior das folhas, em folhas especialmente modificadas ou, ainda, em pedicelos separados. Os esporângios comumente ocorrem em agrupamentos denominados *soros* (Figuras 17.32 e 17.33), que podem aparecer como linhas, pontos ou manchas amplas com coloração amarela, alaranjada, castanha ou preta sobre a face inferior de uma fronde. Em muitos gêneros, os soros jovens são cobertos por apêndices especializados da folha, os

indúsios (Figuras 17.32C e 17.33), que podem murchar quando os esporângios estão maduros e prontos para dispersar seus esporos. A forma do soro, sua posição e a presença ou ausência de um indúsio são características importantes na taxonomia das Polypodiopsida.

Os esporos de samambaias na classe Polypodiopsida dão origem a gametófitos de vida livre, potencialmente bissexuados, que são frequentemente encontrados em locais úmidos,

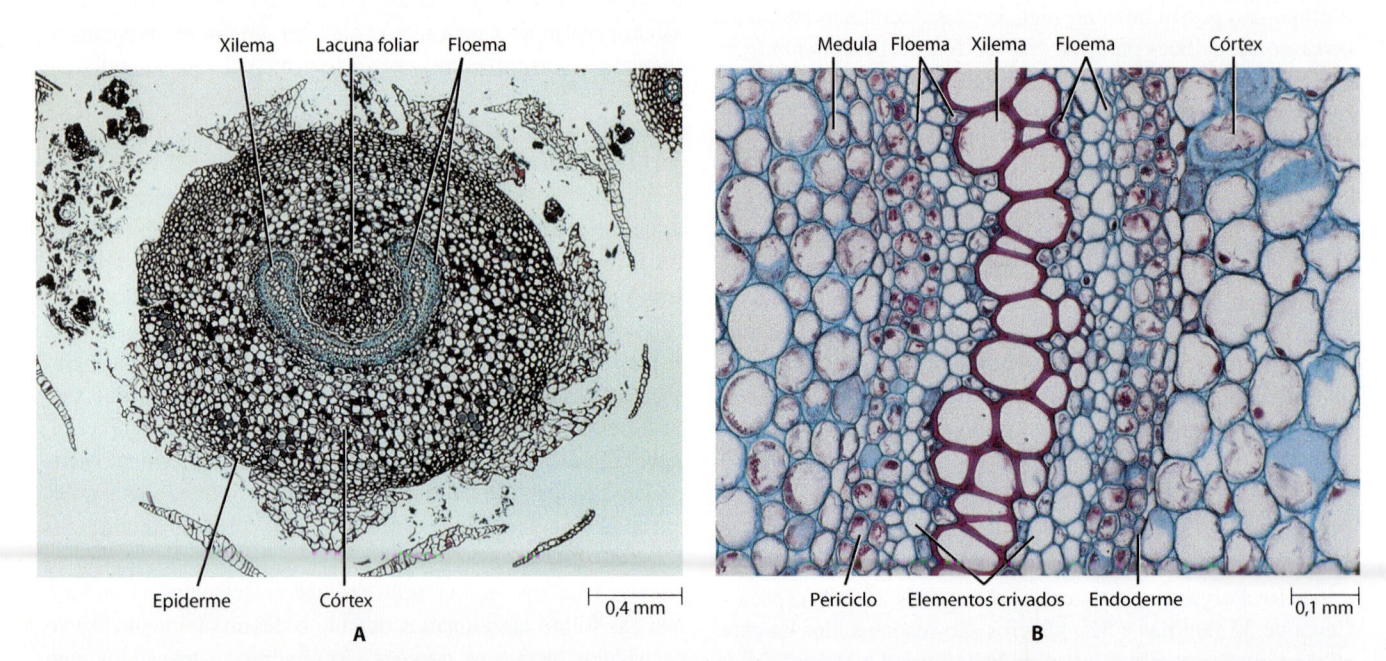

A

B

17.30 Anatomia dos rizomas de samambaias. A. Seção transversal do rizoma de *Adiantum*, uma avenca, mostrando o sifonostelo. Observe a ampla lacuna foliar. **B.** Seção transversal de parte da região vascular do rizoma de *Dicksonia,* uma samambaia arborescente. O floema é composto principalmente de elementos crivados; o xilema é composto inteiramente de traqueídes.

17.31 Báculos. Os báculos *de Matteuccia struthiopteris* são colhidos comercialmente em New England (EUA) e New Brunswick (Canadá); eles são vendidos frescos, enlatados e congelados. Estes báculos têm um sabor semelhante a aspargos crocantes e devem ser colhidos quando apresentam menos de 15 cm de comprimento. Enquanto os báculos dessa espécie são seguros para serem comidos, muitas samambaias são consideradas tóxicas.

tais como nas superfícies de vasos em casas de vegetação. O gametófito caracteristicamente se desenvolve rapidamente em uma estrutura, em geral, membranosa, achatada e cordiforme, o *protalo*, que apresenta numerosos rizoides na região central da superfície inferior. Tanto os anterídios como os arquegônios desenvolvem-se na superfície ventral (inferior) do protalo. Os anterídios principalmente ocorrem entre os rizoides, enquanto os arquegônios são geralmente formados próximo à reentrância, um entalhe na extremidade anterior do gametófito. A ordem de aparecimento desses gametângios é controlada geneticamente e pode ser mediada por substâncias químicas especiais produzidas pelos gametófitos. O momento de maturação dos anterídios e arquegônios pode determinar se ocorre a autofecundação ou a fecundação cruzada. A água é necessária para os anterozoides multiflagelados nadarem até as oosferas.

Desde o início de seu desenvolvimento, o embrião, ou esporófito jovem, recebe nutrientes do gametófito através de um pé. O desenvolvimento é rápido e o esporófito logo se torna uma planta independente, e, ao mesmo tempo, o gametófito comumente se desintegra.

Caracteristicamente, o esporófito é o estágio perene nas samambaias e o gametófito taloide e pequeno possui vida curta. Notavelmente, os gametófitos em forma de fita ou de filamentos de algumas espécies de samambaias, incluindo três gêneros com seis espécies tropicais encontrados ao sul dos Montes Apalaches

(EUA), persistem indefinidamente sem sequer produzir esporófitos (Figura 17.34). Até agora, nem mesmo em laboratório se conseguiu que essas espécies produzissem esporófitos. Os gametófitos reproduzem-se vegetativamente por meio de protuberâncias denominadas gemas, que se desprendem e são levadas pelo vento para formar novas colônias. Essas samambaias parecem distinguir-se das outras espécies produtoras de esporófitos de seus respectivos gêneros, devido a diferenças em suas enzimas, e provavelmente deveriam ser tratadas como espécies distintas. Tais situações são comuns em musgos e estão sendo descobertas em samambaias muito mais amplamente do que antes esperado. Estima-se que populações de gametófitos perenes e de vida livre de *Trichomanes speciosum*, descobertos em Elbsandsteingebirge (uma cadeia de montanhas entre a Alemanha e a República Tcheca), tenham mais de 1.000 anos. Existe a possibilidade de que sejam relíquias de populações que incluíam tanto esporófitos como gametófitos. A extinção dos esporófitos possivelmente ocorreu como resultado de alterações climáticas durante os intervalos glaciais dos últimos 2 milhões de anos.

O ciclo de vida de uma das Polypodiopsida é mostrado na Figura 17.35.

As samambaias aquáticas, da classe Polypodiopsida, são samambaias heterosporadas e leptosporangiadas

As samambaias aquáticas consistem em uma ordem, Salviniales, e duas famílias, Marsileaceae e Salviniaceae. Embora elas sejam estruturalmente muito diferentes uma da outra, evidências recentes de análises moleculares indicam que as duas famílias são derivadas de um ancestral terrestre comum. Todas as samambaias aquáticas são heterosporadas, e são as únicas samambaias atuais heterosporadas. Existem cinco gêneros de samambaias aquáticas. Os rizomas delgados dos três gêneros de Marsileaceae, incluindo *Marsilea* (que tem cerca de 50 a 70 espécies), crescem na lama, sobre solo úmido ou, mais frequentemente, com as folhas flutuando na superfície da água (Figura 17.36A). As folhas de *Marsilea* assemelham-se àquelas de um trevo de quatro folhas. Possuem estruturas reprodutivas em forma de feijão, denominadas *esporocarpos*, resistentes à seca e que podem permanecer viáveis mesmo após 100 anos de armazenagem seca; germinam quando colocados em água, produzindo séries de soros. Cada soro porta uma série de megasporângios e microsporângios (Figura 17.36B).

Os dois gêneros de Salviniaceae, *Azolla* (ver Figura 29.12) e *Salvinia* (Figura 17.36C), são plantas pequenas que flutuam na superfície da água. Os dois gêneros produzem seus esporângios em esporocarpos, que são completamente diferentes em estrutura daqueles de Marsileaceae. Em *Azolla*, as pequeníssimas folhas bilobadas e aglomeradas são formadas em caules delgados. Uma bolsa que se forma no lobo superior, fotossintetizante, de cada folha é habitada por colônias da cianobactéria *Anabaena azollae*. O lobo menor, inferior, de cada folha é geralmente quase incolor. Graças à capacidade de *Anabaena* de fixar nitrogênio, *Azolla* é usada para manter a fertilidade de plantações de arroz e de determinados ecossistemas naturais. As folhas inteiras de *Salvinia*, que têm até 2 cm de comprimento, são formadas em verticilos de três sobre o rizoma flutuante. Uma das três folhas pende abaixo da superfície da água e é bastante dividida, assemelhando-se a um conjunto de raízes esbranquiçadas. Estas "raízes", todavia, formam os esporângios, o que revela que elas são realmente folhas. As duas folhas superiores, que flutuam sobre a

17.32 Soros. Os agrupamentos de esporângios, ou soros, são encontrados sobre o lado inferior ou margens das folhas das samambaias. **A.** Em *Polypodium virginianum* e outras samambaias deste gênero, os soros são nus. **B.** Em *Pteridium aquilinum*, mostrado aqui, assim como nas avencas (*Adiantum*), os soros estão localizados ao longo das margens das lâminas das folhas, que são revolutas. **C.** Nessa espécie de *Polystichum*, os indúsios, que recobrem totalmente os soros, acabam se contraindo e expondo os esporângios quando esses se aproximam da maturidade. **D.** Em *Botrychium dissectum*, os soros são envolvidos pelos lobos globulares da pina (folíolos) e por essa razão não são visíveis. Após o inverno, os lobos separam-se levemente e os esporos são liberados no início da primavera, frequentemente sobre a neve.

água, são cobertas por tricomas que impedem que sua superfície fique molhada, e por isso as folhas flutuam de volta à superfície se forem temporariamente submersas.

As Equisetopsida têm caules articulados e são eusporangiadas

Como as licófitas, as equisetófitas existem desde o período Devoniano. Elas alcançaram sua máxima abundância e diversidade mais tarde, na era Paleozoica, há cerca de 300 milhões de anos. Durante os períodos Devoniano Superior e Carbonífero, elas eram representadas pelas calamites (ver páginas anteriores), um grupo de arbóreas que atingia 18 m ou mais de altura, com um tronco que poderia ter mais que 45 cm de espessura. Atualmente as equisetófitas estão representadas por um único

gênero herbáceo, *Equisetum* (Figura 17.37), que consiste em 15 espécies. Uma vez que *Equisetum* é essencialmente idêntico a *Equisetites*, uma planta que apareceu há cerca de 300 milhões de anos atrás, no período Carbonífero, *Equisetum* pode ser o gênero de planta mais antigo sobrevivendo na Terra. A posição das equisetófitas dentro das Monilophyta permanece incerta; entretanto, elas parecem ter união com as Marattiopsida e Polypodiopsida (samambaias leptosporangiadas) como um clado (Figura 17.14).

As espécies de *Equisetum*, conhecidas como cavalinhas, são amplamente distribuídas em locais úmidos ou encharcados, próximos a córregos e ao longo das margens de florestas. As cavalinhas são facilmente reconhecidas pelos seus caules conspicuamente articulados e textura rugosa. As pequenas folhas semelhantes a escamas são verticiladas nos nós. Quando presentes, ramos surgem lateralmente nos nós e alternos com as folhas. Os entrenós (as por-

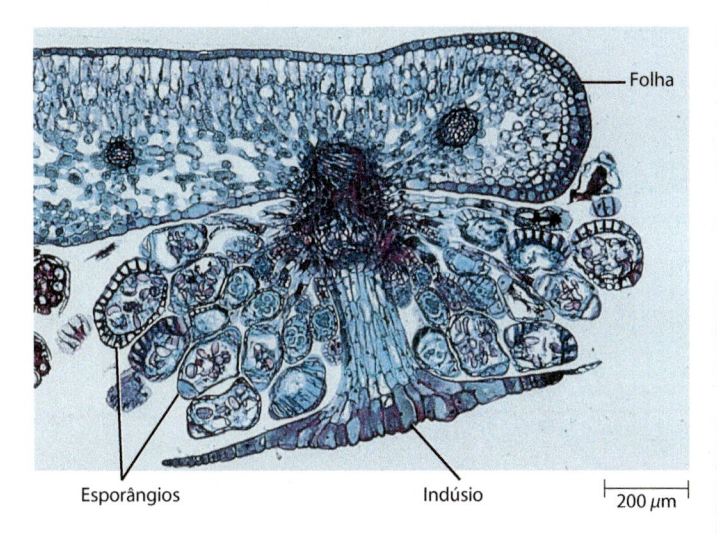

17.33 Soro com um indúsio. Seção transversal da folha de *Cyrtomium falcatum*, uma samambaia homosporada, mostrando um soro na superfície inferior. Os esporângios estão em diferentes estágios de desenvolvimento e são protegidos por um indúsio em forma de guarda-chuva.

ções do caule entre nós sucessivos) são estriados, e as estrias são rijas e reforçadas com depósitos de sílica nas células epidérmicas. As cavalinhas foram utilizadas para polir potes e panelas, particularmente nas épocas colonial e de expansão de fronteiras, e por isso receberam o nome de juncos de polimento (*scouring rushes*, em inglês) nos EUA. As raízes surgem nos nós dos rizomas, que são importantes na propagação vegetativa.

Os caules aéreos de *Equisetum* saem de rizomas subterrâneos ramificados, e, apesar de as plantas poderem morrer durante as estações desfavoráveis, os rizomas são perenes. O caule aéreo é anatomicamente complexo (Figura 17.38). Na maturidade, seus entrenós contêm uma medula oca circundada por um anel de canais menores denominados *canais carenais*. Cada um destes canais menores está associado a um feixe de xilema e floema. *Equisetum* é homosporado.

Os esporângios são formados em grupos de 5 a 10 ao longo das margens de pequenas estruturas em forma de guarda-chuva conhecidas como *esporangióforos* (ramos que portam esporângios), que são reunidos em estróbilos (cone) no ápice do caule (Figuras 17.37A e 17.41). Os ramos férteis de algumas espécies não contêm muita clorofila. Nessas espécies, os ramos férteis são nitidamente distintos dos ramos vegetativos, frequentemente aparecendo antes dos últimos no início da primavera (Figura 17.37). Em outras espécies de *Equisetum*, os estróbilos são formados nas extremidades de diferentes ramos vegetativos (ver Figura 12.16D). Quando os esporos estão maduros, os

17.34 Samambaias que se reproduzem assexuadamente. Em algumas samambaias crescendo nas mais diversas partes do mundo, os gametófitos reproduzem-se assexuadamente e são persistentes; os esporófitos não são formados nem em condições naturais nem em laboratório. Estas fotografias mostram dois dos três gêneros de samambaias do leste dos EUA, que apresentam este hábito. **A.** *Habitat* típico dos gametófitos persistentes de *Vittaria* e *Trichomanes*, em Ash Cave, Hocking County, Ohio (EUA). **B.** Gametófitos de *Trichomanes*, em Lancaster County, Pensilvânia (EUA). **C.** Gametófito de *Vittaria*, em Franklin County, Alabama (EUA).

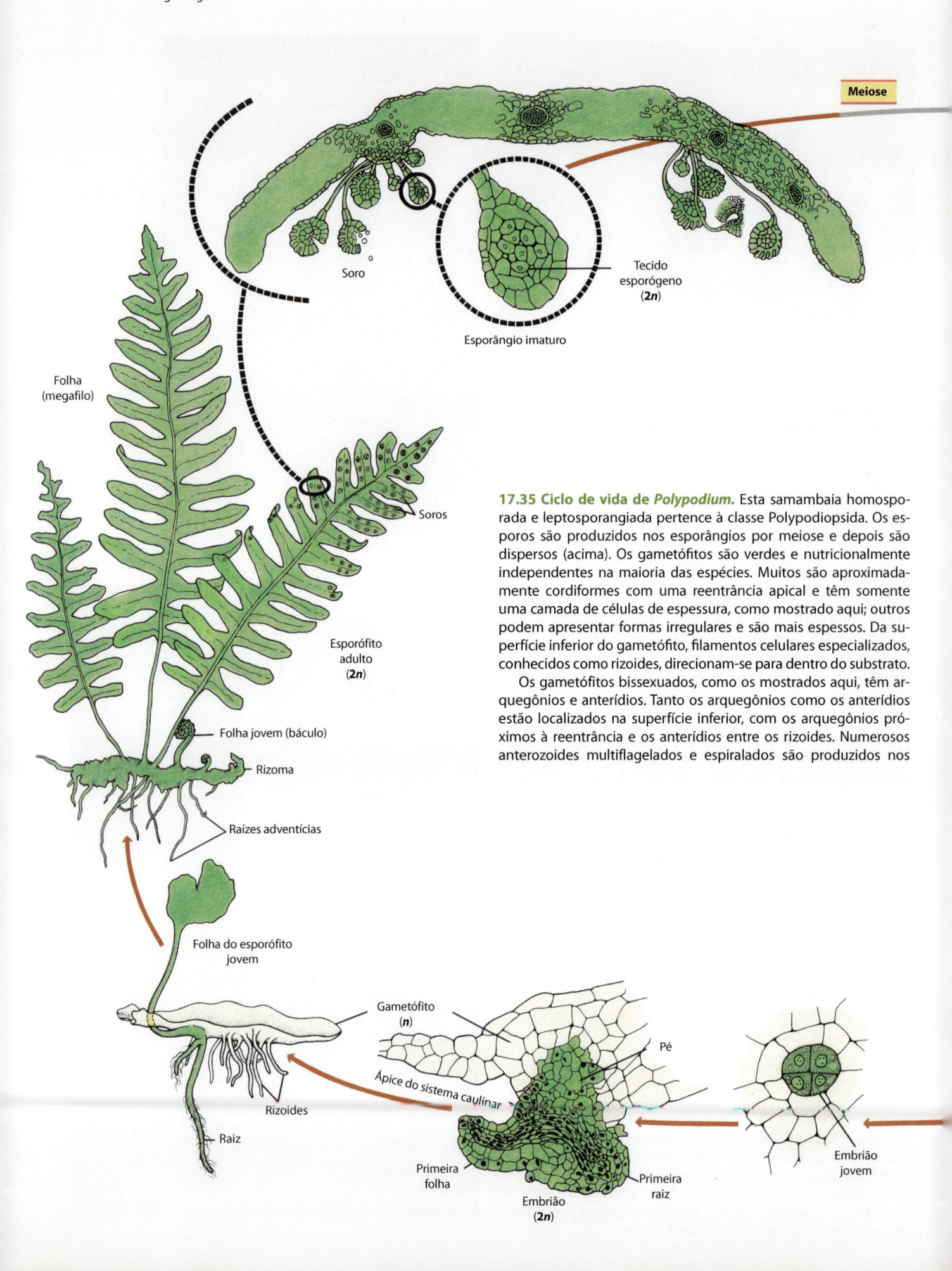

Meiose

Soro

Tecido esporógeno (**2n**)

Esporângio imaturo

Folha (megafilo)

Soros

Esporófito adulto (**2n**)

Folha jovem (báculo)

Rizoma

Raízes adventícias

Folha do esporófito jovem

Rizoides

Raiz

Gametófito (**n**)

Ápice do sistema caulinar

Pé

Primeira folha

Embrião (**2n**)

Primeira raiz

Embrião jovem

17.35 Ciclo de vida de *Polypodium*. Esta samambaia homosporada e leptosporangiada pertence à classe Polypodiopsida. Os esporos são produzidos nos esporângios por meiose e depois são dispersos (acima). Os gametófitos são verdes e nutricionalmente independentes na maioria das espécies. Muitos são aproximadamente cordiformes com uma reentrância apical e têm somente uma camada de células de espessura, como mostrado aqui; outros podem apresentar formas irregulares e são mais espessos. Da superfície inferior do gametófito, filamentos celulares especializados, conhecidos como rizoides, direcionam-se para dentro do substrato.

Os gametófitos bissexuados, como os mostrados aqui, têm arquegônios e anterídios. Tanto os arquegônios como os anterídios estão localizados na superfície inferior, com os arquegônios próximos à reentrância e os anterídios entre os rizoides. Numerosos anterozoides multiflagelados e espiralados são produzidos nos

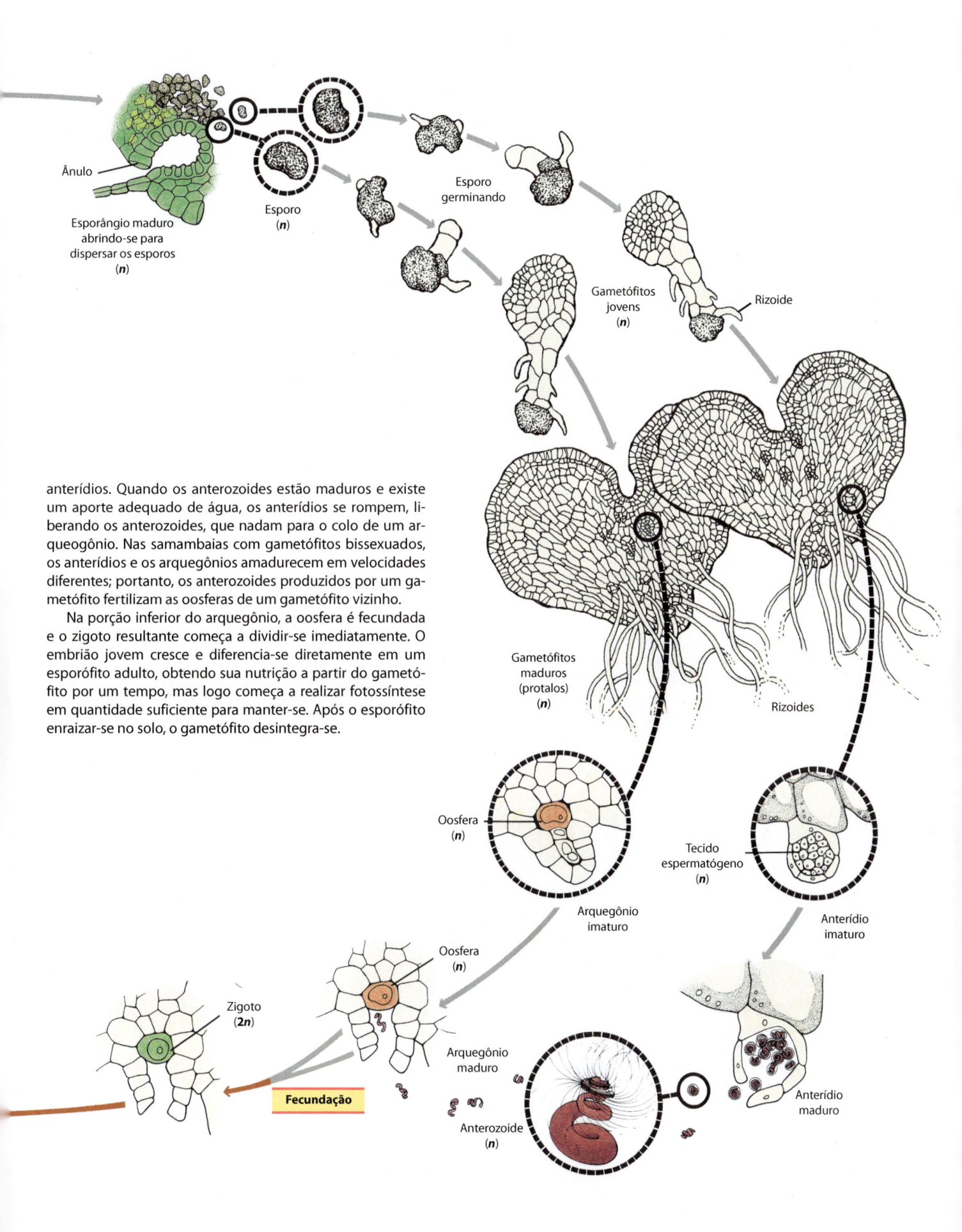

Ânulo

Esporângio maduro abrindo-se para dispersar os esporos (*n*)

Esporo (*n*)

Esporo germinando

Gametófitos jovens (*n*)

Rizoide

Gametófitos maduros (protalos) (*n*)

Rizoides

Oosfera (*n*)

Arquegônio imaturo

Tecido espermatógeno (*n*)

Anterídio imaturo

anterídios. Quando os anterozoides estão maduros e existe um aporte adequado de água, os anterídios se rompem, liberando os anterozoides, que nadam para o colo de um arqueogônio. Nas samambaias com gametófitos bissexuados, os anterídios e os arquegônios amadurecem em velocidades diferentes; portanto, os anterozoides produzidos por um gametófito fertilizam as oosferas de um gametófito vizinho.

Na porção inferior do arquegônio, a oosfera é fecundada e o zigoto resultante começa a dividir-se imediatamente. O embrião jovem cresce e diferencia-se diretamente em um esporófito adulto, obtendo sua nutrição a partir do gametófito por um tempo, mas logo começa a realizar fotossíntese em quantidade suficiente para manter-se. Após o esporófito enraizar-se no solo, o gametófito desintegra-se.

Zigoto (**2n**)

Oosfera (*n*)

Arquegônio maduro

Anterozoide (*n*)

Anterídio maduro

Fecundação

A   B   C

17.36 Samambaias aquáticas. As únicas samambaias heterosporadas atuais são representadas por duas ordens muito distintas de samambaias aquáticas: **A.** *Marsilea polycarpa*, com suas folhas flutuantes na superfície da água, fotografada na Venezuela. **B.** *Marsilea*, mostrando a germinação de um esporocarpo, com uma sucessão de soros. Cada soro contém uma série de megasporângios e microsporângios. **C.** *Salvinia* com duas folhas flutuantes e uma folha submersa, intensamente dividida, em cada nó. Estes dois gêneros são representantes da ordem Salviniales.

esporângios se contraem e se rompem ao longo de sua superfície interna, liberando numerosos esporos. Os *elatérios* – faixas espessadas, que se originam da camada externa da parede dos esporos – espiralam-se quando úmidos e desenrolam-se quando secos, tendo, assim, um papel na dispersão dos esporos (Figuras 17.39 e 17.41). Estes elatérios são bastante distintos dos elatérios que auxiliam na dispersão dos esporos em *Marchantia*. Nessa planta os elatérios são células alongadas com espessamentos de disposição helicoidal (ver Figura 16.12).

Os gametófitos de *Equisetum* são verdes e de vida livre, com diâmetro variando de poucos milímetros até 1 cm, ou mesmo 3 a 3,5 cm em algumas espécies. Os gametófitos se estabelecem, principalmente, sobre a lama que tenha sido recentemente inundada e seja rica em nutrientes. Os gametófitos, que atingem a maturidade sexual em 3 a 5 semanas, são bissexuados ou masculinos (Figura 17.40). Em gametófitos bissexuados, os arquegônios desenvolvem-se antes dos anterídios; este padrão de desenvolvimento aumenta a pro-

A   B

17.37 *Equisetum*. A. Uma espécie de *Equisetum* na qual os ramos férteis e vegetativos são separados. Os ramos férteis basicamente não têm clorofila e são muito diferentes em aparência dos ramos vegetativos. Cada ramo fértil tem um estróbilo terminal. Observe os verticilos de folhas em forma de escamas em cada nó. **B.** Ramos vegetativos de *Equisetum arvense*.

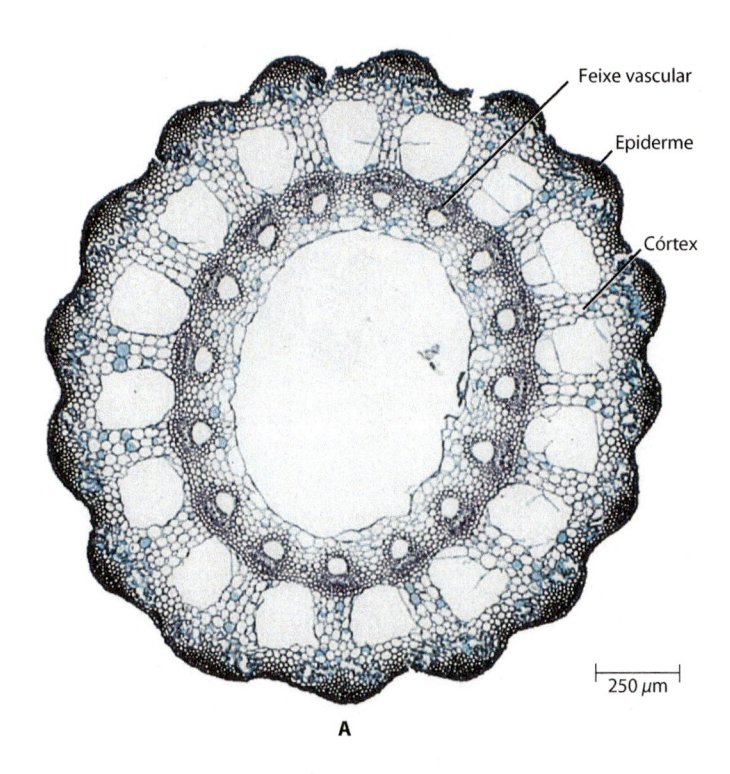

Feixe vascular

Epiderme

Córtex

250 μm

A

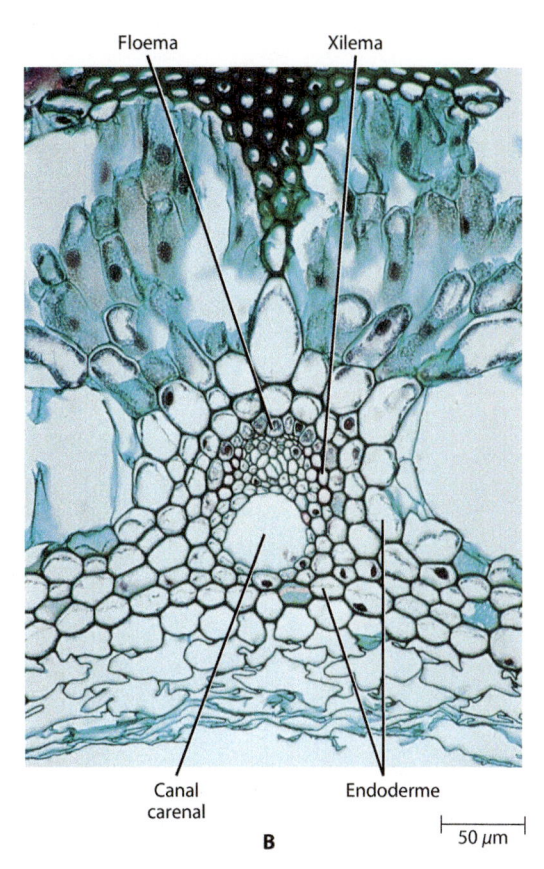

Floema   Xilema

Canal   Endoderme
carenal

B

50 μm

17.38 Anatomia do caule de *Equisetum*. A. Seção transversal de um caule de *Equisetum*, mostrando os tecidos maduros. **B.** Detalhe do feixe vascular, mostrando xilema e floema.

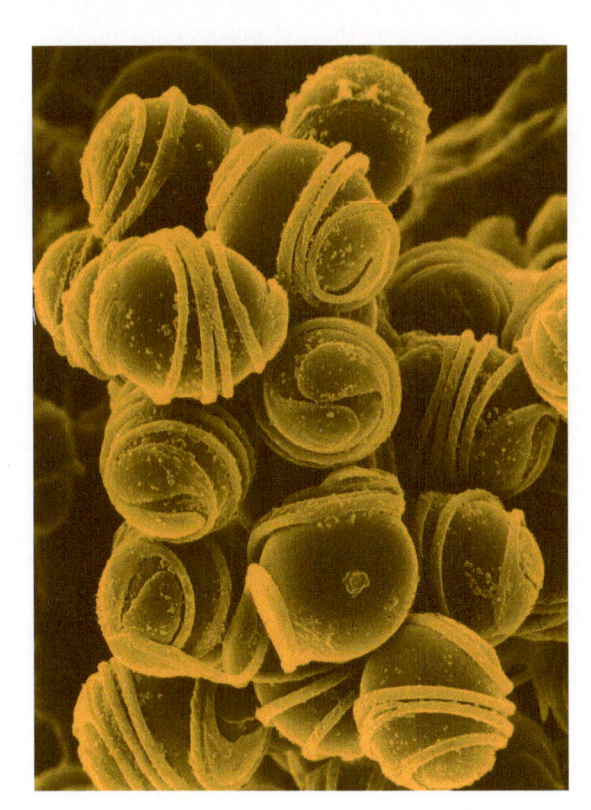

17.39 Esporos de *Equisetum*. Esporos da cavalinha, *Equisetum arvense*, vistos em micrografia eletrônica de varredura. Os esporos mostrados aqui são provenientes de ambiente úmido e estão firmemente envolvidos por elatérios, fitas espessadas que ficam aderidas às suas paredes. Quando o ambiente se torna seco, os esporos se desidratam, e os elatérios desenrolam-se, ajudando a dispersá-los do esporângio.

babilidade de fecundação cruzada. Os anterozoides são multiflagelados e necessitam de água para nadar até as oosferas. As oosferas de vários arquegônios em um único gametófito podem ser fecundadas e se desenvolverem em embriões ou esporófitos jovens.

O ciclo de vida de *Equisetum* está ilustrado na Figura 17.41.

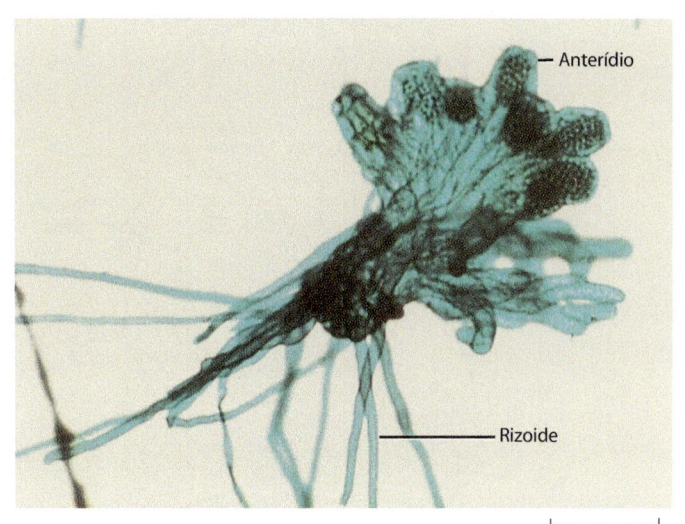

Anterídio

Rizoide

1 mm

17.40 Gametófito de *Equisetum*. Gametófito bissexuado de *Equisetum*, mostrando anterídios. Os arquegônios estão profundamente entranhados no gametófito e não são discerníveis neste exemplo. Rizoides podem ser vistos saindo da superfície inferior do gametófito.

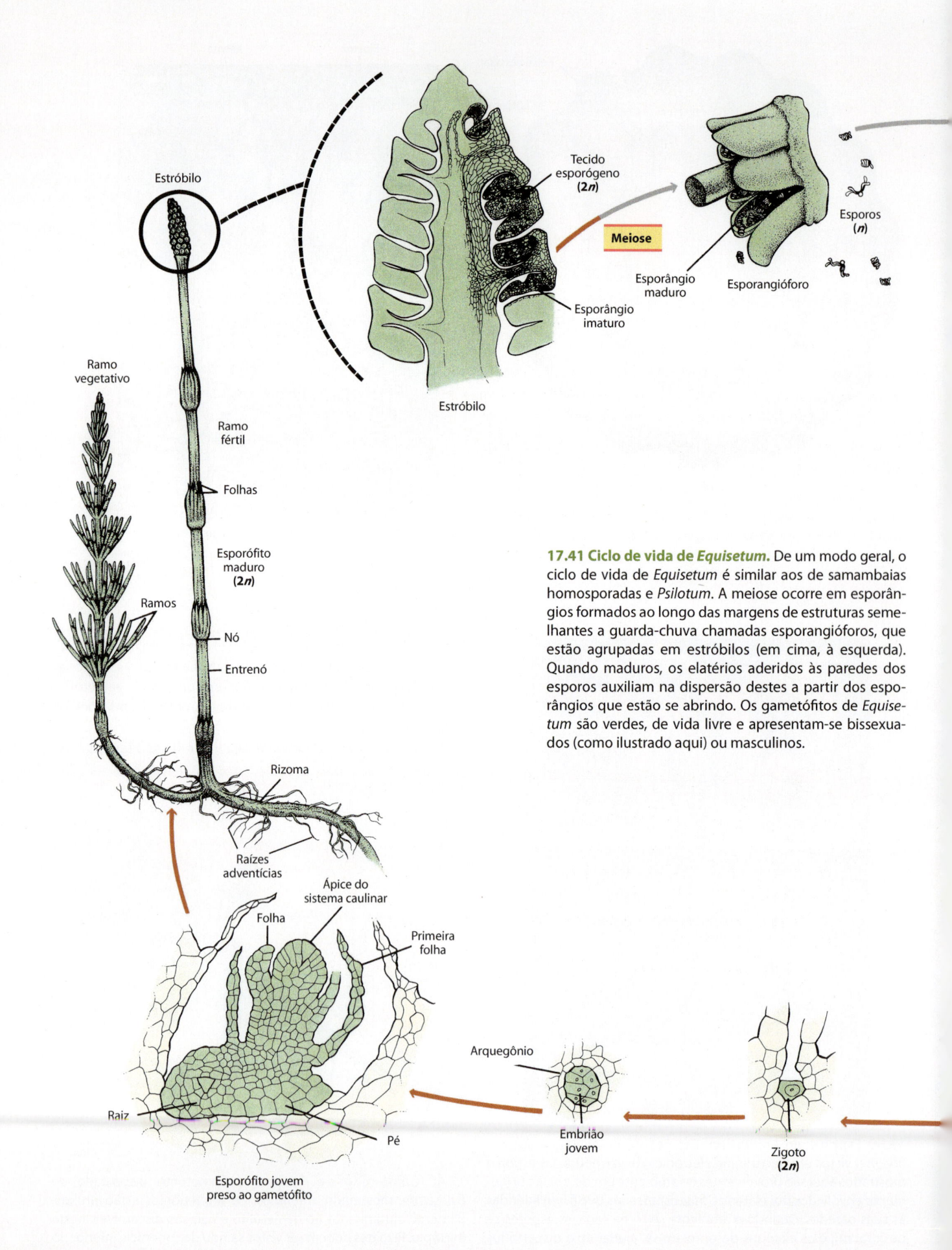

Estróbilo

Tecido
esporógeno
(**2n**)

Meiose

Esporos
(**n**)

Esporângio
maduro

Esporangióforo

Esporângio
imaturo

Estróbilo

Ramo
vegetativo

Ramo
fértil

Folhas

Esporófito
maduro
(**2n**)

Ramos

Nó

Entrenó

Rizoma

Raízes
adventícias

Ápice do
sistema caulinar

Folha

Primeira
folha

Raiz

Pé

Esporófito jovem
preso ao gametófito

Arquegônio

Embrião
jovem

Zigoto
(**2n**)

17.41 Ciclo de vida de *Equisetum*. De um modo geral, o ciclo de vida de *Equisetum* é similar aos de samambaias homosporadas e *Psilotum*. A meiose ocorre em esporângios formados ao longo das margens de estruturas semelhantes a guarda-chuva chamadas esporangióforos, que estão agrupadas em estróbilos (em cima, à esquerda). Quando maduros, os elatérios aderidos às paredes dos esporos auxiliam na dispersão destes a partir dos esporângios que estão se abrindo. Os gametófitos de *Equisetum* são verdes, de vida livre e apresentam-se bissexuados (como ilustrado aqui) ou masculinos.

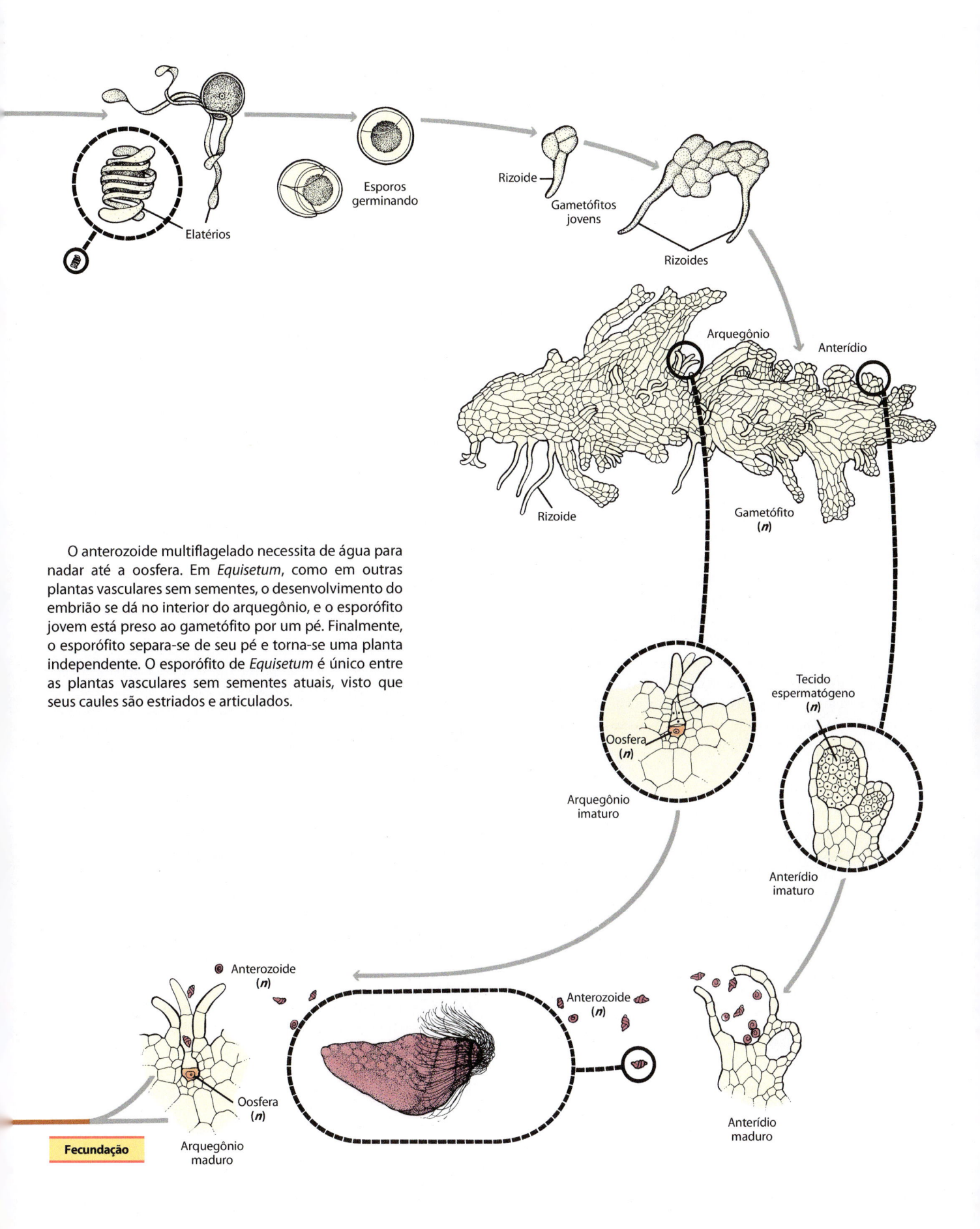

O anterozoide multiflagelado necessita de água para nadar até a oosfera. Em *Equisetum*, como em outras plantas vasculares sem sementes, o desenvolvimento do embrião se dá no interior do arquegônio, e o esporófito jovem está preso ao gametófito por um pé. Finalmente, o esporófito separa-se de seu pé e torna-se uma planta independente. O esporófito de *Equisetum* é único entre as plantas vasculares sem sementes atuais, visto que seus caules são estriados e articulados.

RESUMO

As plantas vasculares são caracterizadas por possuírem os tecidos vasculares xilema e floema, os quais contribuíram para o sucesso destas plantas na sua ocupação do ambiente terrestre. Todas as plantas vasculares exibem uma alternância de gerações heteromórficas (com formato diferente), na qual o esporófito é maior, complexo e nutricionalmente independente do gametófito. A capacidade de o esporófito se tornar maior e alcançar grande altura deve-se à sua capacidade de sintetizar lignina, o que adicionou rigidez às paredes das células de sustentação e de condução de água. Os esporófitos das plantas vasculares com seus meristemas apicais e padrão de crescimento ramificado podem produzir múltiplos esporângios, diferentemente das briófitas, cujo aumento no comprimento é subapical, abaixo da extremidade do caule, e que produzem um único esporângio. A comparação de algumas das principais características das plantas vasculares sem sementes é encontrada na Tabela-resumo, adiante.

Os tecidos vasculares primários são distribuídos em três tipos básicos de estelos

O corpo de muitas plantas vasculares é constituído inteiramente por tecidos primários. Atualmente, o crescimento secundário está confinado, em grande parte, às plantas com sementes, embora tenha ocorrido em muitos grupos extintos não relacionados de plantas vasculares sem sementes. Entre as plantas sem sementes atuais, o crescimento secundário é encontrado com certeza em apenas um gênero, *Isoetes*. Os tecidos vasculares primários e o tecido fundamental associado exibem três arranjos básicos: (1) o protostelo, que consiste em um centro sólido de tecido vascular; (2) o sifonostelo, que contém uma medula circundada pelo tecido vascular; e (3) o eustelo, que consiste em um sistema de feixes circundando uma medula, com os feixes separados um do outro pelo tecido fundamental.

As raízes e as folhas evoluíram em direções diferentes

As raízes evoluíram de porções subterrâneas do corpo primitivo da planta. As folhas originaram-se de várias maneiras. Os microfilos, folhas com uma única nervura e cujos traços foliares não estão associados a lacunas foliares, evoluíram como apêndices laterais superficiais do caule ou de esporângios estéreis. Eles estão associados a protostelos e são característicos das licófitas. Os megafilos, ou seja, folhas com venação complexa, evoluíram a partir de um sistema de ramos. Eles estão associados a sifonostelos e eustelos. Nos sifonostelos de samambaias, os traços foliares estão associados às lacunas foliares.

As plantas vasculares podem ser homosporadas ou heterosporadas

As plantas vasculares homosporadas produzem somente um tipo de esporo, que tem o potencial de dar origem a um gametófito bissexuado. As plantas heterosporadas produzem micrósporos e megásporos, que germinam e dão origem a gametófitos masculinos e gametófitos femininos, respectivamente. A maioria das plantas vasculares sem sementes é homosporada, mas a heterosporia é exibida por *Selaginella*, *Isoetes* e samambaias aquáticas (Salviniales). Os gametófitos de plantas heterosporadas são de tamanho reduzido se comparados com aqueles das plantas ho-

mosporadas. Na história das plantas vasculares, a heterosporia surgiu várias vezes. Tem havido uma longa e contínua tendência evolutiva em direção à redução do tamanho e da complexidade do gametófito, que culminou nas angiospermas (plantas com flores). As plantas vasculares sem sementes têm arquegônios e anterídios, enquanto a maioria das gimnospermas (basicamente coníferas) tem somente arquegônios, com exceção de algumas delas. Nas angiospermas, tanto os arquegônios como os anterídios desapareceram.

As plantas vasculares sem sementes exibem alternância de gerações heteromórficas

Os ciclos de vida das plantas vasculares sem sementes representam modificações de uma alternância de gerações heteromórficas essencialmente similares e na qual o esporófito adulto é dominante e de vida livre. Os gametófitos das espécies homosporadas são nutricionalmente independentes do esporófito. Embora potencialmente bissexuados, produzindo tanto anterídios como arquegônios, estes gametófitos são funcionalmente unissexuados. Os gametófitos das espécies heterosporadas são unissexuados, muito reduzidos em tamanho e, com poucas exceções, dependentes do alimento armazenado no esporófito para sua nutrição. Todas as plantas vasculares sem sementes têm anterozoides móveis, sendo necessária a presença de água para que eles nadem até as oosferas.

Os fósseis mais antigos de plantas vasculares pertencem ao filo Rhyniophyta

As plantas vasculares datam de pelo menos 440 milhões de anos; as primeiras sobre as quais sabemos com muitos detalhes estruturais pertencem ao filo Rhyniophyta, formado exclusivamente por fósseis, os mais antigos dos quais são do período Siluriano Médio, de há cerca de 425 milhões de anos. Alguns fósseis, já considerados Rhyniophyta, possuem células condutoras mais semelhantes a hidroides de briófitas do que a traqueídes. Essas plantas, que têm eixos ramificados e múltiplos esporângios, podem representar um estágio intermediário na evolução de plantas vasculares. São chamadas protraqueófitas. O corpo das Rhyniophyta e de outras plantas contemporâneas é formado por um eixo simples, dicotomicamente ramificado e carecendo de raízes e folhas. Com a especialização evolutiva, diferenças morfológicas e fisiológicas surgiram entre as várias partes do corpo da planta, ocasionando a diferenciação da raiz, do caule e da folha.

As plantas vasculares sem sementes atuais são classificadas em dois filos

Os filos das plantas vasculares sem sementes atuais são as Lycopodiophyta (incluindo *Lycopodium*, *Selaginella* e *Isoetes*) e as Monilophyta, incluindo as samambaias e *Equisetum*. O nome comum "samambaias" é aplicado para as Ophioglossales, Marattiopsida e Polypodiopsida.

Uma divisão basal no Devoniano Inferior ao Médio separou um clado, que inclui a linhagem licófita, de outro clado, as eufilófitas, que contém todas as outras plantas vasculares. Entre as licófitas, as Zosterophyllophyta, plantas vasculares sem folhas, representam um filo totalmente extinto e basal. As Trimerophytophyta, um outro filo totalmente extinto de plantas vasculares, aparentemente são as ancestrais das monilófitas e das progimnospermas.

Tabela-resumo Comparação de algumas das principais características das plantas vasculares sem sementes

Filo	Homosporada ou heterosporada	Tipo de folhas	Tipo de estelo	Esporângios	Outras características
Rhyniophyta (riniófitas)	Homosporadas	Nenhum	Protostelo	Terminal	Exclusivamente fósseis; ancestrais prováveis das trimerófitas
Zosterophyllophyta (zosterofilófitas)	Muitas homosporadas; algumas heterosporadas	Nenhum	Protostelo	Lateral	Exclusivamente fósseis; proximamente relacionado com as licófitas
Trimerophytophyta (trimerófitas)	Homosporadas	Nenhum	Protostelo	Terminal nas últimas dicotomias	Exclusivamente fósseis; ancestrais prováveis das samambaias, progimnospermas e talvez cavalinhas
Lycopodiophyta (licófitas)	Lycopodiaceae homosporadas; Selaginellaceae e Isoetaceae heterosporadas	Microfilo	A maioria com protostelo ou com protostelo modificado	Sobre ou na axila dos esporofilos	Membros de Selaginellaceae e Isoetaceae têm lígula; muitos representantes extintos
Monilophyta					
Psilotopsida	Homosporadas	Megafilo	Protostelo ou tipos mais complexos	Lateral; eusporangiadas	Diversos em estrutura e anatomia; gametófitos subterrâneos, com micorrizas
Marattiopsida	Homosporadas	Megafilo	Sifonostelo ou tipos mais complexos	Nos esporofilos; eusporangiadas	Plantas grandes com folhas complexas; gametófitos fotossintetizantes, na superfície do solo
Polipodiopsida (samambaias leptosporangiadas)	Todas homosporadas, exceto as Marsileales e Salviniales, que são heterosporadas	Megafilo	Protostelo em alguns; sifonostelo ou tipos mais complexos em outros	Nos esporofilos; agrupados em soros; leptosporangiadas	Com hábitos e *habitats* diversos; gametófitos fotossintetizantes, na superfície do solo
Equisetopsida (equisetófitas)	Homosporadas; em alguns fósseis heterosporadas	Semelhantes a microfilos por redução	Sifonostelo semelhante a eustelo	Em esporangióforos nos estróbilos	Atualmente representado por um único gênero, *Equisetum*, as cavalinhas

As licófitas são caracterizadas pelos microfilos; os membros dos outros filos de plantas vasculares têm megafilos

Duas classes de samambaias (Psilotopsida e Marattiopsida) têm eusporângios. No eusporângio, uma série de células participa dos estágios iniciais do seu desenvolvimento, e a sua parede tem várias camadas de células de espessura. Outras samambaias – Polipodiopsida, incluindo as samambaias aquáticas (ordem Salviniales) – formam leptosporângios. O leptosporângio é uma estrutura especializada que se desenvolve a partir de uma única célula inicial, e nele o envoltório consiste em uma única camada de células. Os leptosporângios desenvolveram-se apenas nas Polipodiopsida; todas as outras plantas vasculares têm eusporângios.

Cinco grupos de plantas vasculares dominaram os brejos do período Carbonífero (Idade do Carvão) e três deles eram plantas vasculares sem sementes – licófitas, equisetófitas (calamites ou cavalinhas gigantes) e samambaias. Os outros dois grupos eram gimnospermas – as Pteridospermales e as Cordaites.

Autoavaliação

1. Quais características estruturais básicas as Rhyniophyta, Zosterophyllophyta e Trimerophytophyta têm em comum?

2. Os elementos de vaso e a heterosporia presentes em vários grupos não relacionados de plantas vasculares representam excelentes exemplos de evolução convergente. Explique.

3. Com o uso de diagramas simples, legendados, descreva a estrutura dos três tipos básicos de estelos.

4. Compare o ciclo de vida de um musgo com o de uma samambaia homosporada leptosporangiada.

5. O que é um carvão? Como ele é formado? Quais plantas estão envolvidas na sua formação?

6. As briófitas são frequentemente referidas como os "anfíbios do reino vegetal", mas esta caracterização também pode ser aplicada às plantas vasculares sem sementes. Explique por quê.

7. Cite as diferenças entre o clado licófita e o clado eufilófita.

CAPÍTULO 18

Gimnospermas

◀ **Um pinheiro ameaçado.** Crescendo em grandes altitudes, nas encostas varridas pelo vento, *Pinus albicaulis*, o pinheiro-de-casca-branca, tem um importante papel ecológico por prover alimentos essenciais para uma ampla variedade de espécies, incluindo ursos, esquilos e aves. Embora alguns pinheiros apresentem resistência, as ferrugens causadas pelo fungo *Cronartium ribicola* têm matado muitas árvores. Também as mudanças climáticas associadas a anos de ausência de queimadas têm contribuído para uma nova ameaça – *Dendroctonus ponderosae*, o besouro-do-pinheiro-da-montanha.

SUMÁRIO

Evolução da semente

Progimnospermas

Gimnospermas extintas

Gimnospermas atuais

Filo Coniferophyta

Outros filos de gimnospermas atuais | Cycadophyta, Ginkgophyta e Gnetophyta

Uma das mais espetaculares inovações que surgiram durante a evolução das plantas vasculares foi a semente. As sementes são um dos principais fatores responsáveis pela dominância das plantas com sementes nas floras atuais – uma dominância que se tornou progressivamente maior durante um período de centenas de milhões de anos. A razão é simples: a semente apresenta um grande valor de sobrevivência. A proteção que uma semente proporciona ao embrião bem como a reserva de nutrientes que lhe está disponível nos estágios críticos de sua germinação e do seu estabelecimento dão uma grande vantagem seletiva às plantas com sementes em relação a seus ancestrais e parentes com esporos livres, ou seja, plantas que liberam seus esporos.

Evolução da semente

Todas as plantas com sementes são heterosporadas, produzindo *megásporos* e *micrósporos* que dão origem, respectivamente, aos *megagametófitos* (gametófitos femininos) e *microgametófitos* (gametófitos masculinos). Entretanto, a heterosporia não é uma característica exclusiva das plantas com sementes. Como discutido no Capítulo 17, algumas plantas vasculares sem sementes também são heterosporadas. A produção de sementes é, no entanto, uma maneira particularmente extrema de heterosporia, que foi modificada para formar o *óvulo*, a estrutura que se desenvolve em semente. De fato, a *semente* é simplesmente um óvulo maduro contendo um embrião. O óvulo imaturo consiste em um *megasporângio* envolvido por uma ou duas camadas adicionais de tecido, os *tegumentos* (Figura 18.1).

Vários eventos levaram à evolução do óvulo, incluindo:

1. Retenção dos megásporos no interior do megasporângio, que é carnoso e chamado *nucelo* nas plantas com semente – em outras palavras, o megasporângio não mais libera os esporos.

PONTOS PARA REVISÃO

Após a leitura deste capítulo, você deverá ser capaz de responder às seguintes questões:

1. O que é semente e por que a sua evolução foi uma inovação tão importante para as plantas?

2. De acordo com a hipótese prevalente, de qual grupo de plantas as plantas com sementes evoluíram? Qual é a evidência para essa hipótese?

3. Como diferem os mecanismos pelos quais os gametas masculinos alcançam as oosferas em gimnospermas e nas plantas vasculares sem sementes?

4. Quais são as características que distinguem os quatro filos de gimnospermas atuais?

5. De que modo as gnetófitas lembram as angiospermas?

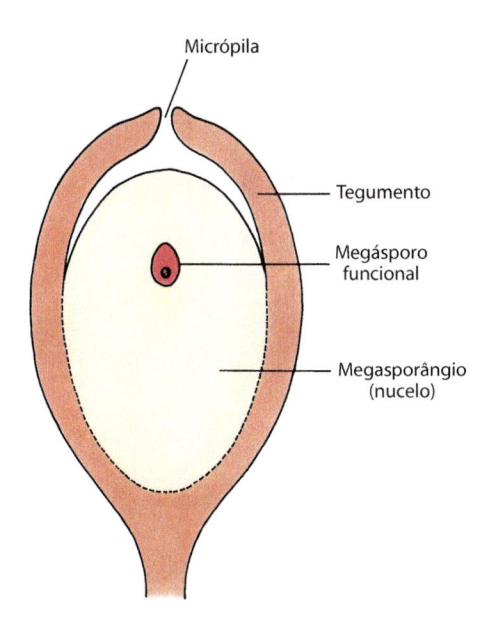

Micrópila

Tegumento

Megásporo funcional

Megasporângio (nucelo)

18.1 Seção longitudinal de um óvulo. O óvulo consiste em um megasporângio (nucelo) envolto por um tegumento com uma abertura, a micrópila, em sua extremidade apical. Um único megásporo funcional fica retido dentro do megasporângio e dará origem ao megagametófito que também é retido dentro do megasporângio. Após a fecundação, o óvulo desenvolve-se dando origem à semente, a qual é a unidade de dispersão. As gimnospermas apresentam um único tegumento no óvulo, enquanto as angiospermas, tipicamente, apresentam dois tegumentos no óvulo.

2. Redução do número de células-mãe de megásporo para uma, em cada megasporângio.
3. Sobrevivência de apenas um dos quatro megásporos produzidos pela célula-mãe de espório, deixando um único megásporo funcional dentro do megasporângio.
4. Formação de um megagametófito no interior do único megásporo funcional – ou seja, formação de um megagametófito endospórico (dentro da parede do espório), que não é mais de vida livre e fica retido dentro do megasporângio.
5. Desenvolvimento do embrião ou esporófito jovem no interior do megagametófito retido dentro do megasporângio.
6. Formação de um tegumento que recobre completamente o megasporângio, exceto por uma abertura no seu ápice chamada *micrópila*.
7. Modificação do ápice do megasporângio para receber microsporos ou grãos de pólen.

Com esses eventos ocorre uma mudança básica na unidade de dispersão do megásporo para a semente, o megasporângio tegumentado contendo o embrião.

O registro fóssil fornece evidências da evolução do óvulo

A ordem exata em que os eventos da evolução do óvulo ocorreram é desconhecida porque o registro fóssil é incompleto. Sabe-se que eles apareceram relativamente cedo na história das plantas vasculares, porque os óvulos ou sementes mais antigos são do Devoniano Superior (cerca de 365 milhões de anos). Uma dessas primeiras plantas com sementes é *Elkinsia polymorpha* (Figura 18.2). O óvulo de *Elkinsia* consistia em um

nucelo e um tegumento com quatro ou cinco lobos com pouca ou nenhuma fusão entre eles. As pontas dos lobos tegumentares curvavam-se para dentro, formando um círculo em torno do ápice do nucelo. Os óvulos eram recobertos por estruturas estéreis dicotomicamente ramificadas chamadas cúpulas. Os tegumentos dos óvulos parecem ter evoluído pela fusão gradual dos lobos tegumentares até que restou uma única abertura, a micrópila (Figura 18.3).

Uma semente consiste em embrião, reserva de alimento e envoltório

Nas atuais plantas com sementes, o óvulo é formado por um nucelo envolto por um ou dois tegumentos com uma micrópila. Na maioria das gimnospermas, quando os óvulos estão prontos para fecundação, o nucelo contém um megagametófito constituído de tecido nutritivo e arquegônios. Após a fecundação, uma semente é formada e os tegumentos se desenvolvem no *envoltório da semente*. Nas plantas atuais, em sua grande maioria, um embrião desenvolve-se dentro da semente antes de sua dispersão – exceções incluem *Ginkgo* (ver adiante) e muitas cicadáceas. Além disso, todas as sementes têm substâncias nutritivas armazenadas.

Existem cinco filos de plantas com semente com representantes atuais

As plantas com sementes começaram a aparecer no período Devoniano Superior, há pelo menos 365 milhões de anos. Durante os 50 milhões de anos seguintes, um grande grupo de plantas com sementes evoluiu e muitas delas são reunidas nas chamadas pteridospermas, enquanto outras são reconhecidas como cordaites e coníferas (ver Quadro "Plantas do Carbonífero", no Capítulo 17).

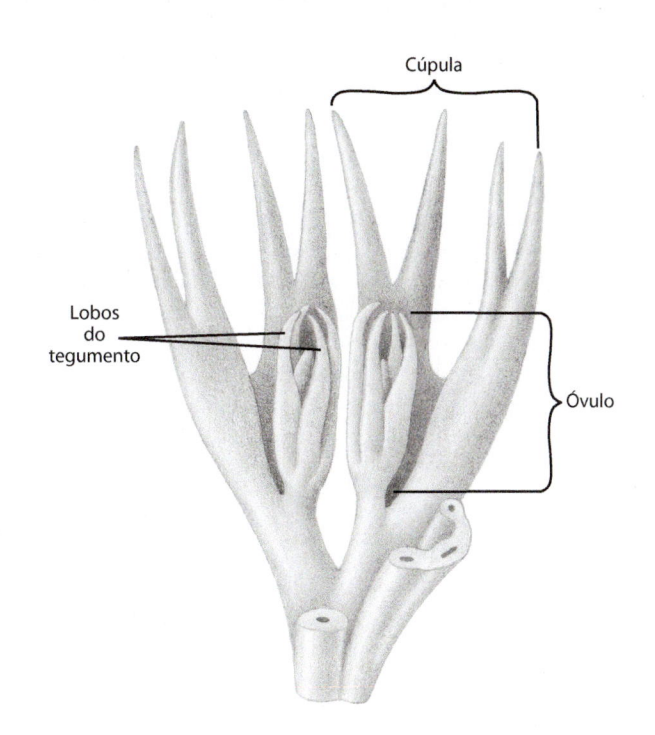

Cúpula

Lobos do tegumento

Óvulo

18.2 *Elkinsia polymorpha*. Reconstrução de um ramo fértil da planta *Elkinsia polymorpha* do Devoniano Superior, mostrando seus óvulos. Uma estrutura dicotomicamente ramificada e estéril, chamada cúpula, ultrapassa a altura de cada óvulo. Observe os lobos quase livres do tegumento.

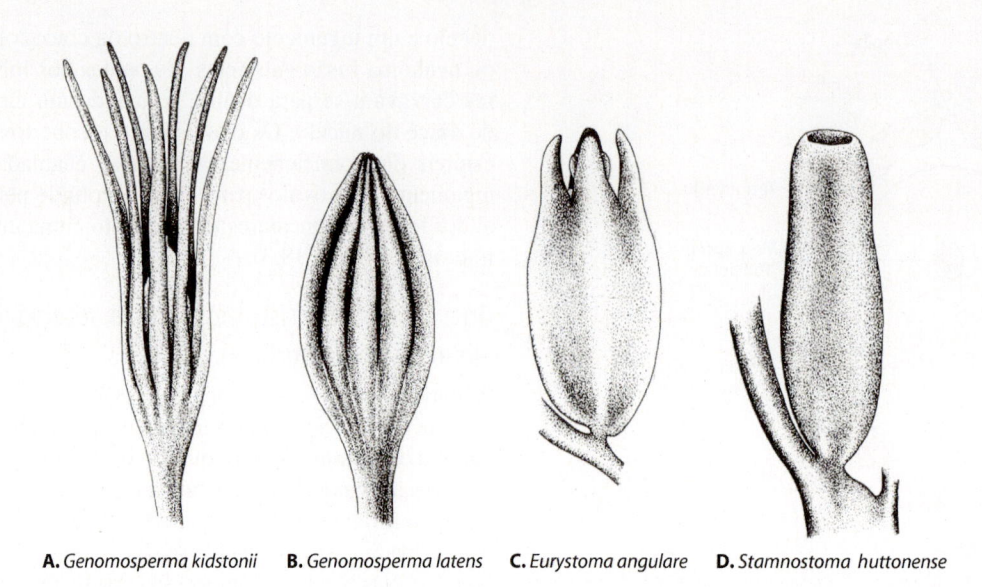

A. *Genomosperma kidstonii*   **B.** *Genomosperma latens*   **C.** *Eurystoma angulare*   **D.** *Stamnostoma huttonense*

18.3 Evolução dos tegumentos. Estruturas semelhantes a sementes em várias plantas do Paleozoico, mostrando alguns dos possíveis estágios na evolução do tegumento. **A.** Em *Genomosperma kidstonii* (do grego *genomein*, "tornar", e *esperma*, "semente"), oito projeções digitiformes se originam na base do megasporângio e são separadas por toda a sua extensão. **B.** Em *Genomosperma latens*, os lobos tegumentares são fundidos da base do megasporângio até cerca de um terço de seu comprimento. **C.** Em *Eurystoma angulare*, a fusão é quase completa, ao passo que, em (**D**) *Stamnostoma huttonense*, ela é completa, com apenas a micrópila permanecendo aberta no ápice.

Todas as plantas com semente têm, tipicamente, megafilos, que geralmente são folhas grandes com várias a muitas nervuras, mas em alguns grupos são modificadas em acículas ou escamas. Existem cinco filos com representantes atuais: Coniferophyta, Cycadophyta, Ginkgophyta, Gnetophyta e Anthophyta. O filo Anthophyta compreende as angiospermas ou plantas com flores; os quatro filos remanescentes são comumente referidos como gimnospermas. As gimnospermas representam uma série de linhas evolutivas de plantas com semente. Embora existam apenas cerca de 840 espécies de gimnospermas atuais – comparadas com pelo menos 300.000 espécies de angiospermas – determinadas espécies de gimnospermas geralmente são dominantes em áreas extensas.

Antes de iniciarmos a discussão sobre as plantas com sementes, analisemos brevemente mais outro grupo de plantas vasculares sem sementes – as progimnospermas. Elas serão tratadas aqui, e não no Capítulo 17, porque podem ser os ancestrais das plantas com sementes ou, pelo menos, estão bastante relacionadas com as primeiras plantas com sementes.

Progimnospermas

No Paleozoico Superior, há cerca de 290 milhões de anos, existiu um grupo de plantas chamadas progimnospermas (filo Progimnospermophyta), que tinha características intermediárias entre as das trimerófitas, plantas vasculares sem sementes, e as das plantas com sementes. Embora as progimnospermas se reproduzissem por meio de esporos com dispersão livre, elas produziam xilema secundário (lenho) extremamente similar ao das coníferas atuais (Figura 18.4). As progimnospermas eram únicas entre as plantas lenhosas do Devoniano, pelo fato de também apresentarem floema secundário. Tanto as progimnospermas como as samambaias do Paleozoico provavelmente evoluíram

de uma trimerófita (ver Figura 17.10C), das quais diferem principalmente por terem um sistema de ramos mais elaborados e bastante diferenciados e, também, um sistema vascular mais complexo.

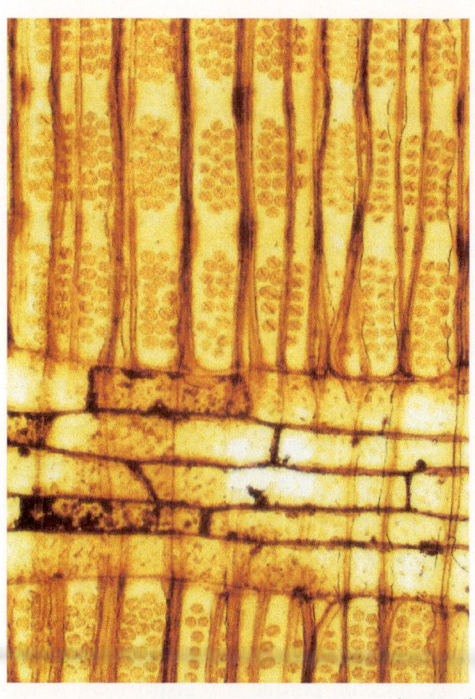

50 μm

18.4 Lenho de progimnosperma. Vista radial do lenho ou xilema secundário da progimnosperma *Callixylon newberryi*. Esse lenho fóssil, com suas séries regulares de traqueídes pontoadas, é notavelmente semelhante ao lenho de certas coníferas.

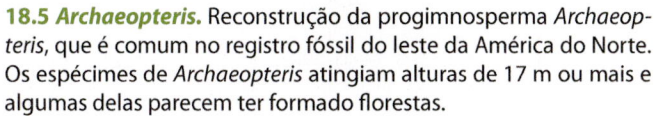

18.5 *Archaeopteris*. Reconstrução da progimnosperma *Archaeopteris*, que é comum no registro fóssil do leste da América do Norte. Os espécimes de *Archaeopteris* atingiam alturas de 17 m ou mais e algumas delas parecem ter formado florestas.

18.6 Ramo lateral e folhas de *Archaeopteris*. Reconstrução de um sistema de ramos laterais semelhantes a frondes da progimnosperma *Archaeopteris macilenta*. As folhas férteis portando esporângios em maturação podem ser vistos (mostrados em marrom) em ramos primários localizados centralmente.

Nas progimnospermas, o avanço evolutivo mais importante em relação às trimerófitas e às pteridófitas é a presença de um *câmbio vascular bifacial* – isto é, um câmbio que produz xilema secundário (para o interior) e floema secundário (para o exterior). Câmbios vasculares desse tipo são característicos de plantas com sementes e parecem ter se desenvolvido primeiramente nas progimnospermas.

Um importante tipo de progimnosperma, *Archaeopteris*, surgiu no período Devoniano, há cerca de 370 milhões de anos, e estendeu-se até o período Mississipiano, cerca de 340 milhões de anos (Figura 18.5). Ele era o principal componente das primeiras florestas até sua extinção. Nesse grupo, o sistema de ramos laterais era achatado em um plano e apresentava estruturas laminares, que são consideradas folhas (Figura 18.6). Aparentemente, um *eustelo*, ou seja, um sistema de tecidos vasculares em cordões isolados dispostos em anel ao redor da medula (ver Figura 17.5D), desenvolveu-se nesse grupo de progimnospermas. O eustelo é uma forte similaridade que relaciona esse grupo com as atuais plantas com sementes. Os ramos maiores das progimnospermas do tipo *Archaeopteris* também apresentavam medula. Embora a maioria das progimnospermas fosse homosporada, algumas espécies de *Archaeopteris* eram heterosporadas. Desse modo, tanto a produção de lenho quanto a heterosporia precedem o aparecimento da semente.

Os fósseis de pedaços de troncos de *Archaeopteris*, chamados *Callixylon*, podem ter 1 m ou mais de diâmetro e 10 m de comprimento, indicando que pelo menos algumas espécies desse grupo eram árvores grandes. Elas parecem ter formado florestas extensas em algumas regiões. Como sugere a reconstrução da Figura 18.5, indivíduos de *Archaeopteris* podem ter sido semelhantes às coníferas quanto ao padrão de ramificação.

Evidências acumuladas durante várias décadas indicam fortemente que as plantas com sementes evoluíram a partir de plantas similares às progimnospermas, seguido do surgimento da semente no que agora parece ter sido o ancestral comum a todas as plantas com semente (Figura 18.7). Entretanto, ainda há muitos problemas a serem solucionados para que o início da evolução das plantas com sementes possa ser mais bem compreendido.

Gimnospermas extintas

Dois grupos de gimnospermas extintas – as Pteridospermales ("samambaias com sementes") e as Cordaitales (plantas primitivas semelhantes a coníferas) – foram discutidas e ilustradas no Capítulo 17. As pteridospermas formam um grupo muito diverso e bastante artificial, cujo período se estende do Devoniano ao Jurássico. Elas variam de plantas ramificadas e delgadas até plantas com aparência de samambaias arbóreas (Figura 18.8; ver também Quadro "Plantas do Carbonífero", no Capítulo 17). Vários grupos de plantas extintas do Mesozoico são também, algumas vezes, incluídos entre as pteridospermas. Parece que um conjunto de "samambaias com sementes" que viveram do Devoniano ao Carbonífero, incluindo *Medullosa*, estão situadas na base da filogenia das plantas com sementes. A relação exata

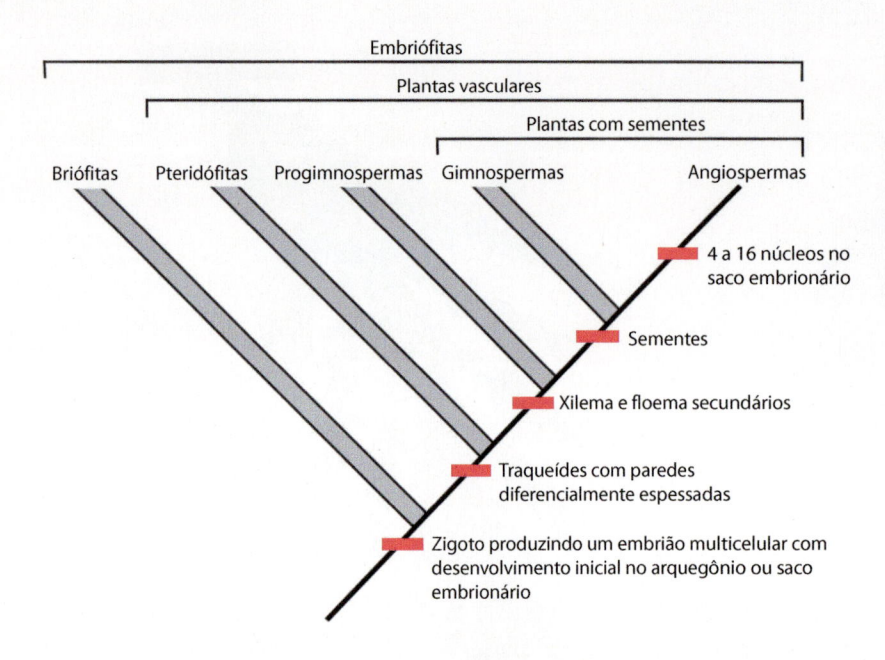

Embriófitas

Plantas vasculares

Plantas com sementes

Briófitas   Pteridófitas   Progimnospermas   Gimnospermas   Angiospermas

4 a 16 núcleos no saco embrionário

Sementes

Xilema e floema secundários

Traqueídes com paredes diferencialmente espessadas

Zigoto produzindo um embrião multicelular com desenvolvimento inicial no arquegônio ou saco embrionário

18.7 Relações filogenéticas entre os principais grupos de embriófitas. Um resumo simplificado mostra as relações filogenéticas entre os principais grupos de embriófitas (organismos com embriões multicelulares). As embriófitas, plantas vasculares, plantas com sementes e angiospermas são grupos monofiléticos, enquanto as briófitas, pteridófitas (plantas vasculares sem sementes), progimnospermas e gimnospermas contêm, cada uma, várias linhagens indicadas aqui por uma faixa larga e são grupos parafiléticos (ver Capítulo 12). Observe, entretanto, que os grupos extintos de gimnospermas são monofiléticos. Um único caractere é dado como exemplo para definir cada um dos grupos monofiléticos.

entre esses diferentes grupos de pteridospermas e as gimnospermas atuais permanece incerta.

Outro grupo de gimnospermas extinto – as Bennettitales ou cicadoídeas – consistia em plantas com folhas semelhantes às das palmeiras, lembrando, de alguma forma, as cicadófitas atuais (ver adiante). As Bennettitales são um grupo enigmático de gimnospermas do Mesozoico, que desapareceram do registro fóssil durante o Cretáceo. Alguns paleobotânicos acreditam que as Bennettitales poderiam ser membros da mesma linha evolutiva das angiospermas, mas é ainda incerta a exata posição filogenética das Bennettitales. Quanto à reprodução, as Bennettitales são distintas das cicadófitas em vários aspectos, incluindo a presença de estruturas reprodutivas semelhantes a flores, que eram bissexuadas em algumas espécies (Figura 18.9).

Gimnospermas atuais

Há quatro filos de gimnospermas com representantes vivos: Coniferophyta (coníferas), Cycadophyta (cicadófitas), Ginkgophyta (ginkgófita) e Gnetophyta (gnetófitas). O termo

gimnosperma, que literalmente significa "semente nua", aponta uma das principais características das plantas pertencentes a esses quatro filos – ou seja, seus óvulos e suas sementes apresentam-se expostos na superfície dos esporofilos ou estruturas análogas.

As relações filogenéticas entre os quatro grupos de gimnospermas viventes ou atuais permanecem incertas. Análises moleculares recentes indicam que esses quatro grupos atuais são monofiléticos, isto é, os grupos têm um ancestral e todos os seus descendentes. (Observe, entretanto, que quando grupos fósseis e atuais são considerados, as gimnospermas são parafiléticas, contendo um ancestral comum e alguns dos seus descendentes.)

Alguns estudos moleculares, que apoiam a relação monofilética das gimnospermas atuais, indicam que existe uma relação próxima entre gnetófitas e coníferas; os dois grupos formam um clado, no qual as coníferas monofiléticas são irmãs (mais proximamente relacionadas) das gnetófitas monofiléticas (a hipótese gnetifer; Figura 18.10A). Outras análises moleculares unem as gnetófitas mais especificamente às Pinaceae (a família do *Pinus*) e colocam as gnetófitas como irmãs de um clado de outras famílias de coníferas (a hipótese gnepine; Figura 18.10B). Outra possibilidade levantada anteriormente e baseada na análise de caracteres morfológicos das plantas com sementes indica que as gnetófitas e Bennettitales juntamente com as angiospermas formam um clado, referidas como as "antófitas" (não deve ser confundido com o termo Anthophyta, o filo de angiospermas), para enfatizar suas estruturas reprodutivas semelhantes a flores (a hipótese antófita; Figura 18.10C). Estudos moleculares subsequentes não sustentam a existência de um clado antófita. As relações filogenéticas entre as linhagens de plantas com sementes ainda permanecem incertas.

Nas gimnospermas, os microgametófitos (gametófitos masculinos) desenvolvem-se como grãos de pólen

Em pteridófitas e outras plantas vasculares sem sementes, a água é necessária para que o anterozoide (gameta masculino) móvel e flagelado alcance e fecunde a oosfera.

18.8 Paisagem do Carbonífero Superior. Os pântanos tropicais do Carbonífero Superior eram dominados por vários gêneros de licófitas arbóreas gigantes, que maduras formavam um dossel florestal com copas de ramos difusos, como mostrados aqui ao fundo. Essas árvores possuíam troncos robustos (primeiro plano à esquerda e em outras posições), que eram estabilizados na lama pantanosa por longos eixos do tipo *Stigmaria*, dos quais saíam numerosas raízes pequenas, possivelmente fotossintetizantes. Observe também algumas licófitas mais baixas com estróbilos (em primeiro plano, no centro). As áreas inundadas e paludosas do solo da floresta favoreciam outros tipos de licófitas, tais como *Chaloneria,* que não é ramificada (primeiro plano ao centro e à direita), e tipos de cavalinhas, como o arbusto *Sphenophyllum* (canto direito, inferior) e *Diplocalamites*, em forma de árvore de natal (no meio da figura, na extrema direita).

Substratos menos úmidos ou ligeiramente elevados, como mostrado aqui à esquerda, estimulavam o aparecimento de uma vegetação mista, incluindo coníferas pioneiras, samambaias que cobriam o solo, samambaias arbóreas altas e pteridospermas. Entre as plantas com sementes estavam *Cordaixylon*, um arbusto relacionado com as coníferas com folhas em forma de fita (primeiro plano à esquerda) e *Callistophyton*, uma pteridosperma escandente, crescendo na base da maior árvore de licófita. Ao fundo e à esquerda está *Psaronius*, uma antiga samambaia arbórea. Em outras partes, plantas robustas como a pteridosperma *Medullosa*, com forma de guarda-chuva em pé, são vistas ocupando locais mais ensolarados e perturbados, abertos por prévios canais alagados (à direita, planos médio e posterior).

18.9 Bennettitales. A. Reconstrução de *Wielandiella*, uma gimnosperma extinta do Triássico. *Wielandiella* tem um padrão ramificação de furcado. *Um único* estróbilo ou cone nasce em cada furca. **B.** Diagrama da reconstrução de um estróbilo biesporangiado ou bissexuado de *Williamsoniella coronata* do Jurássico. O estróbilo consiste em um receptáculo central com óvulos (ovulado) circundado por um verticilo de microsporófilos portando microsporângios, os quais contêm micrósporos, que se desenvolvem em microgametófitos (grãos de pólen). Brácteas pilosas envolvem as partes reprodutivas.

Nas gimnospermas, entretanto, a água não é mais necessária como meio de transporte do gameta masculino para as oosferas. Em vez disso, o microgametófito parcialmente desenvolvido, o *grão de pólen*, é inteiramente transferido (em geral passivamente, pelo vento) para a proximidade de um megagametófito dentro de um óvulo. Esse processo é chamado *polinização*. Após a polinização, o microgametófito produz uma expansão tubular, o *tubo polínico*. Os microgametófitos das gimnospermas e de outras plantas com sementes não formam anterídios.

Nas cicadófitas e em *Ginkgo*, a fecundação é uma transição entre a condição encontrada nas samambaias e em outras plantas sem sementes, nas quais os gametas masculinos (anterozoides) nadam livremente, e a condição encontrada em outras plantas com sementes, que têm gametas masculinos imóveis. Os microgametófitos das cicadófitas e de *Ginkgo* produzem um tubo

polínico, mas este não penetra o arquegônio (Figura 18.11). Diferentemente, o microgametófito é haustorial e pode crescer por vários meses no tecido do nucelo, do qual absorve os nutrientes. Finalmente, o grão de pólen (microgametófito) rompe-se na vizinhança do arquegônio, liberando os gametas masculinos natantes, multiflagelados (ver Figura 18.37). Os gametas masculinos nadam, então, até o arquegônio, e um deles fecunda a oosfera.

Nas coníferas, gnetófitas e angiospermas, o gameta masculino não é móvel; o tubo polínico transporta o gameta masculino diretamente para a oosfera. Com essa inovação, as plantas com sementes tornaram-se independentes da presença de água para assegurar a fecundação – uma necessidade para todas as plantas sem sementes. A presença de um tubo polínico haustorial em *Ginkgo* e cicadófitas sugere que, originalmente, o tubo polínico se

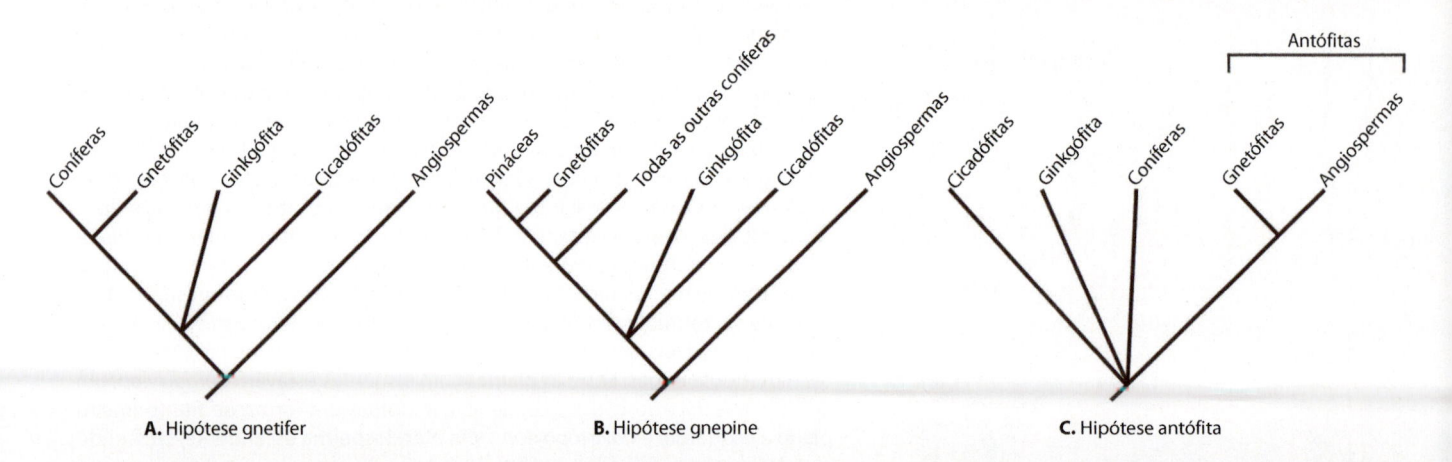

18.10 Hipóteses alternativas das relações entre as cinco principais linhagens vivas de plantas com sementes. A. A hipótese gnetifer propõe que as gnetófitas são mais proximamente relacionadas com as coníferas. **B.** A hipótese gnepine propõe que as gnetófitas sejam colocadas entre as coníferas, como um grupo irmão de Pinaceae. **C.** De acordo com a hipótese antófita, as gnetófitas são mais proximamente relacionadas com as angiospermas.

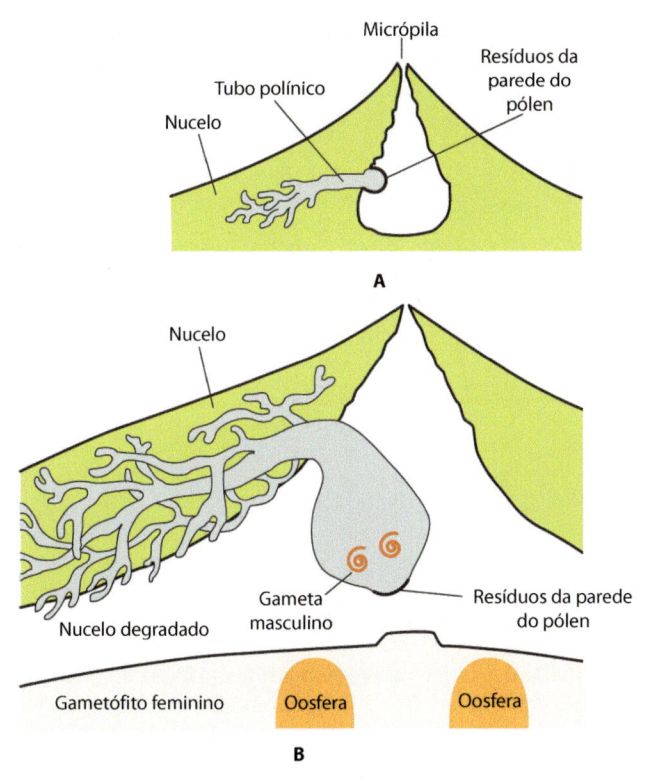

18.11 Desenvolvimento do microgametófito de *Ginkgo biloba*. A. No início de seu desenvolvimento, o tubo polínico apresenta crescimento apical e começa a formar o que se tornará uma estrutura haustorial muito ramificada. Em *Ginkgo*, o tubo polínico tem crescimento intercelular no nucelo. **B.** Posteriormente, durante o desenvolvimento, a extremidade basal do tubo polínico dilata-se formando uma estrutura saculiforme que contém os dois gametas masculinos multiflagelados. Subsequentemente, a extremidade basal do tubo polínico rompe-se, liberando os dois gametas masculinos, que então nadam até as oosferas contidas nos arquegônios do megagametófito.

desenvolveu para absorver nutrientes para a produção de gametas masculinos pelo microgametófito, durante seu crescimento no interior do óvulo. Nesta perspectiva, o transporte do gameta masculino imóvel pelo tubo polínico crescendo diretamente até a oosfera pode ser considerado como uma modificação evolutiva posterior de uma estrutura, a qual inicialmente foi desenvolvida para outro propósito.

Com poucas exceções, o megagametófito (gametófito feminino) das gimnospermas produz vários arquegônios. Como resultado, mais de uma oosfera pode ser fecundada e muitos embriões podem começar a se desenvolver dentro de um único óvulo – um fenômeno conhecido como *poliembrionia*. Na maioria dos casos, entretanto, apenas um embrião sobrevive e, portanto, poucas sementes plenamente desenvolvidas contêm mais de um embrião.

Filo Coniferophyta

De longe, o mais numeroso filo de gimnospermas atuais, amplamente distribuído e ecologicamente importante, é Coniferophyta, que compreende cerca de 70 gêneros com aproximadamente 630 espécies. A planta vascular mais alta, a sequoia (*Sequoia sempervirens*) da costa litorânea da Califórnia e sudoeste do Oregon (EUA), é uma conífera. As sequoias atingem alturas de até 115,6 m, com troncos que excedem 11 m de diâmetro. As

coníferas, que também incluem pinheiros, abetos e píceas (espruces), têm grande valor comercial. Suas imponentes florestas são dos mais importantes recursos naturais em vastas regiões das zonas temperadas do hemisfério norte. Durante o período Terciário Inferior, alguns gêneros possuíam distribuição mais ampla do que atualmente, e uma flora diversificada de coníferas estava presente em vastas extensões de todos os continentes do hemisfério norte.

A história das coníferas abrange, pelo menos, até o período Carbonífero Superior, há cerca de 300 milhões de anos. As folhas das coníferas atuais apresentam muitas características de resistência à seca, que podem ter trazido vantagens ecológicas em certos *habitats* e podem, também, estar relacionadas com a diversificação do filo durante o período Permiano (290 a 245 milhões de anos), relativamente frio e seco. Nessa época, a crescente aridez em todo o mundo pode ter favorecido adaptações estruturais como as das folhas das coníferas.

Iniciaremos a discussão sobre as coníferas com *Pinus*, do qual deriva o nome da família Pinaceae. Dados moleculares indicam uma separação basal entre Pinaceae e um clado que inclui todas as outras coníferas.

Os pinheiros são coníferas com um arranjo foliar único

Os pinheiros (do gênero *Pinus*) que incluem, provavelmente, as mais conhecidas de todas as gimnospermas (Figura 18.12), dominam largas faixas da América do Norte e Eurásia e são muito cultivados até mesmo no Hemisfério Sul. Existem cerca de 100 espécies de *Pinus*, todas caracterizadas por um arranjo foliar, que é único entre as coníferas atuais. Em plântulas de *Pinus*, as folhas, cuja forma é semelhante à de uma agulha (acícula), são dispostas espiraladamente e inseridas individualmente no caule

18.12 Pinheiros-da-flórida. *Pinus palustres,* pinheiros-da-flórida, foram fotografados na Carolina do Norte (EUA).

A

B

18.13 Acículas (folhas semelhantes a agulhas) de pinheiros. A. As folhas adultas dos pinheiros apresentam-se em feixes ou fascículos. Cada fascículo do pinheiro-do-butão, *Pinus wallichiana*, mostrado aqui, contém cinco folhas. **B.** Plântula de pinheiro-do-colorado, *Pinus edulis*, mostrando a disposição espiralada das folhas juvenis e um sistema de raiz pivotante juvenil. As folhas maduras dessa espécie ocorrem em fascículos com duas acículas.

(Figura 18.13B). Após 1 ou 2 anos de crescimento, o pinheiro começa a produzir suas folhas em feixes ou fascículos, cada qual contendo um número específico de acículas – de uma a oito, dependendo da espécie (Figura 18.13A). Esses fascículos, envoltos na base por uma série de folhas pequenas semelhantes a escamas, são na realidade sistemas caulinares curtos, nos quais a atividade do meristema apical se encontra suspensa. Desse modo, um fascículo de acículas em um pinheiro é morfologicamente um ramo *determinado* (com crescimento limitado). Sob circunstâncias incomuns, a atividade do meristema apical nesse fascículo de acículas pode ser reativada e formar um novo sistema caulinar com crescimento *indeterminado* ou, algumas vezes, pode até produzir raízes e formar um novo pinheiro.

As folhas de *Pinus*, como a de muitas outras coníferas, mostram-se notavelmente adaptadas para crescer sob condições em que a água pode ser escassa ou difícil de ser obtida (Figura 18.14). Uma cutícula espessa, que reduz a evaporação do interior da interior da folha, recobre a epiderme, abaixo da qual estão uma ou mais camadas de células com paredes espessas e compactamente dispostas – a hipoderme. Os estômatos localizam-se em depressões abaixo da superfície foliar. O mesofilo é formado por tecido fundamental, o qual consiste em células parenquimáticas com conspícuas dobras na parede, as quais se projetam para o interior da célula, aumentando sua área. Em geral, o mesofilo é percorrido por dois ou mais ductos resiníferos. Um feixe vascular ou dois feixes vasculares, dispostos lado a lado, são encontrados no centro da folha. Os feixes vasculares, constituídos por xilema e floema, são circundados por um tecido de transfusão, formado por células parenquimáticas vivas e por traqueídes, curtas e mortas. Acredita-se que o tecido de transfusão transporte substâncias entre o mesofilo e os feixes vasculares. Uma única camada de células, que é conhecida como endoderme, envolve o tecido de transfusão, separando-o do mesofilo.

A maioria das espécies de *Pinus* retém as suas acículas por 2 a 4 anos, de modo que a estabilidade do processo fotossin-

tético geral de uma determinada planta depende da vitalidade do conjunto de acículas formadas em vários anos. No caso de *Pinus longaeva*, a árvore de vida mais longa (ver Figura 26.27), as acículas são retidas por até 45 anos e mantêm a atividade fotossintética por todo esse tempo. Uma vez que as folhas de *Pinus* e outras árvores sempre verdes funcionam por mais de uma estação, elas estão expostas a possíveis danos por seca, congelamento ou poluição do ar por muito mais tempo que as folhas de plantas decíduas, as quais são substituídas a cada ano.

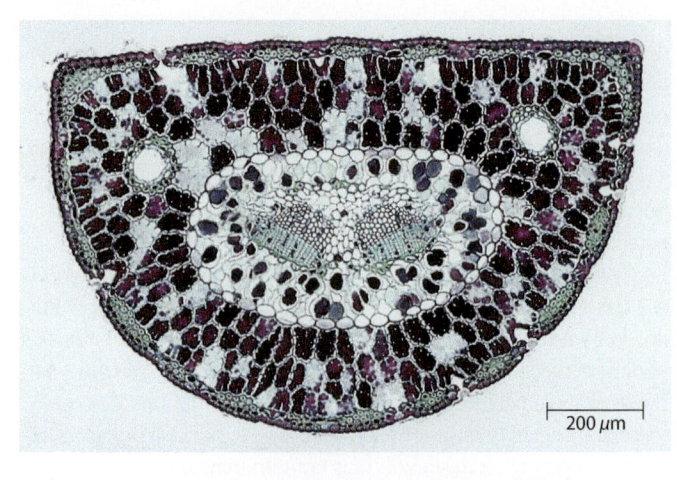

200 μm

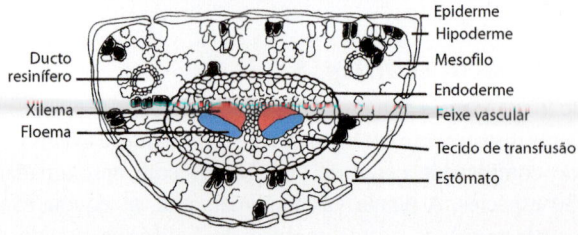

Ducto resinífero
Xilema
Floema

Epiderme
Hipoderme
Mesofilo
Endoderme
Feixe vascular
Tecido de transfusão
Estômato

18.14 Acícula de *Pinus*. Seção transversal de uma acícula de *Pinus*, mostrando os tecidos maduros.

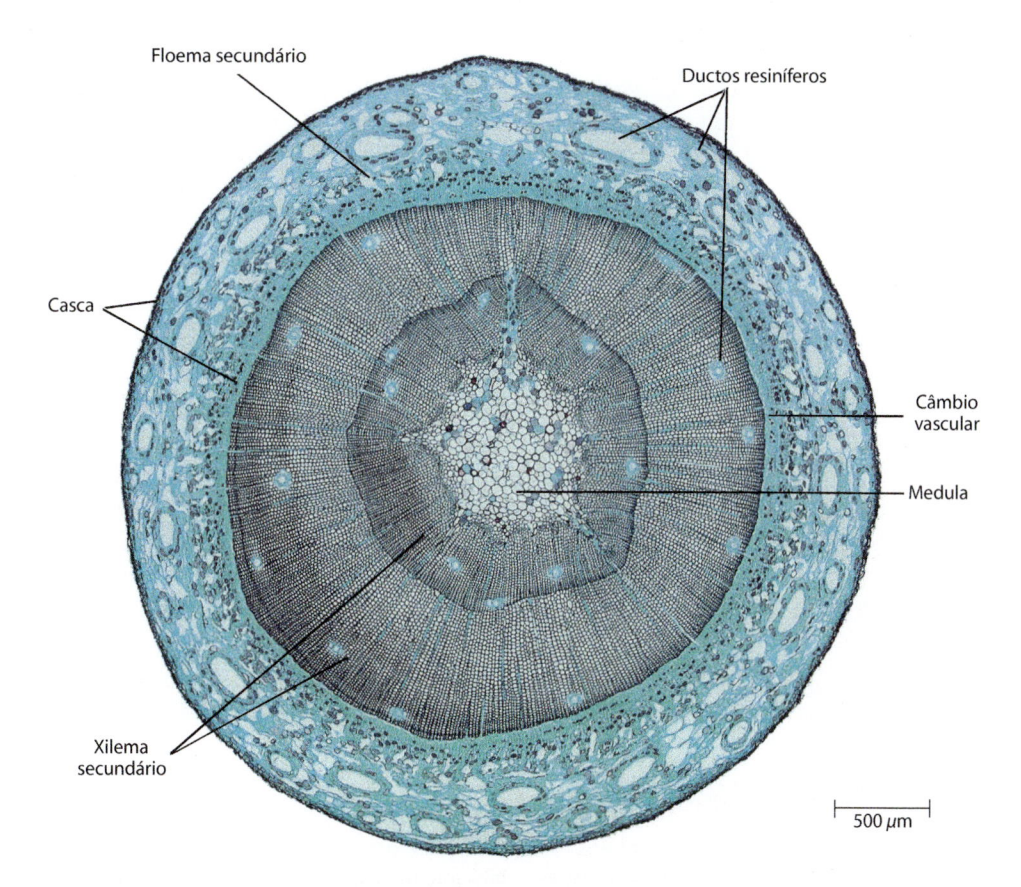

18.15 Caule de pinheiro. Seção transversal de um caule de *Pinus*, mostrando o xilema secundário e o floema secundário, separados um do outro pelo câmbio vascular. Todos os tecidos externamente ao câmbio, incluindo o floema, formam a casca.

Nos caules de pinheiros e outras coníferas, o crescimento secundário inicia-se cedo e leva à formação de uma quantidade substancial de xilema secundário ou lenho (Figura 18.15). O xilema secundário é produzido para o interior do câmbio vascular e o floema secundário é produzido para fora. O xilema das coníferas é constituído principalmente por traqueídes, enquanto o floema consiste em células crivadas, que são as células condutoras de substâncias orgânicas típicas das gimnospermas (ver Capítulo 23). Os dois tipos de tecidos são percorridos radialmente por raios estreitos (ver Capítulo 26). Com o início do crescimento secundário, a epiderme acaba por ser substituída por uma periderme, que é um tecido de proteção e que tem sua origem na camada externa das células do córtex. Com a continuidade do crescimento secundário, peridermes subsequentes são produzidas por divisões celulares ativas em regiões mais profundas da casca.

O ciclo de vida de um pinheiro estende-se por um período de 2 anos

Durante o estudo da reprodução de pinheiros pode ser útil consultar, periodicamente, o ciclo de vida de *Pinus* (Figura 18.19).

Os microsporângios e os megasporângios em *Pinus* e na maioria das outras coníferas estão na mesma árvore, em cones ou estróbilos separados. Comumente, os estróbilos masculinos ou microsporangiados (produtores de pólen) estão nos ramos mais baixos da árvore e os estróbilos femininos ou megasporangiados (ovulados) estão nos ramos superiores. Em alguns pinheiros, eles estão no mesmo ramo, com os estróbilos ovulados mais próximos do ápice. Como o pólen não é normalmente levado diretamente para cima pelo vento, os estróbilos ovulados são geralmente polinizados por pólen de outras árvores, aumentado, dessa maneira, a frequência de fecundação cruzada.

Os estróbilos microesporangiados em *Pinus* são relativamente pequenos, em geral com 1 a 2 cm de comprimento (Figura 18.16). Os microsporófilos (Figura 18.17) estão dispostos espiraladamente no cone e são estruturas quase que membranáceas. Cada microsporófilo tem dois microsporângios em sua superfície inferior. Um microsporângio jovem contém muitos *microsporócitos* ou *células-mãe de micrósporos*. No início da primavera, a célula-mãe de micrósporos sofre meiose e cada uma produz quatro micrósporos haploides. Cada micrósporo se desenvolve em um grão de pólen alado, o qual é constituído por duas *células protalares*, uma *célula geradora* e uma *célula do tubo* (Figuras 18.18 e 18.19). Esse grão de pólen com quatro células é o microgametófito imaturo. É nesse estágio que os grãos de pólen são liberados em enormes quantidades; alguns são carregados pelo vento até os estróbilos ovulados.

Os estróbilos ovulados de *Pinus* são muito maiores e mais complexos nas suas estruturas que os estróbilos portadores de pólen (Figura 18.20). As escamas do estróbilo feminino que contém os óvulos – *escamas ovulíferas* – não são simplesmente megasporofilos. Na realidade, essas escamas são sistemas de ramos determinados, totalmente modificados e conhecidos, apropriadamente, como *complexos escamas-sementes*. Cada complexo escama-semente consiste em uma escama ovulífera – com dois óvulos na sua superfície superior – subtendida por uma bráctea estéril (Figura 18.21). As escamas estão dispostas espiraladamente em torno do eixo do estróbilo. (O estróbilo ovulado é, portanto, uma estrutura composta, enquanto o estróbilo microsporangiado é simples, onde os microsporângios estão di-

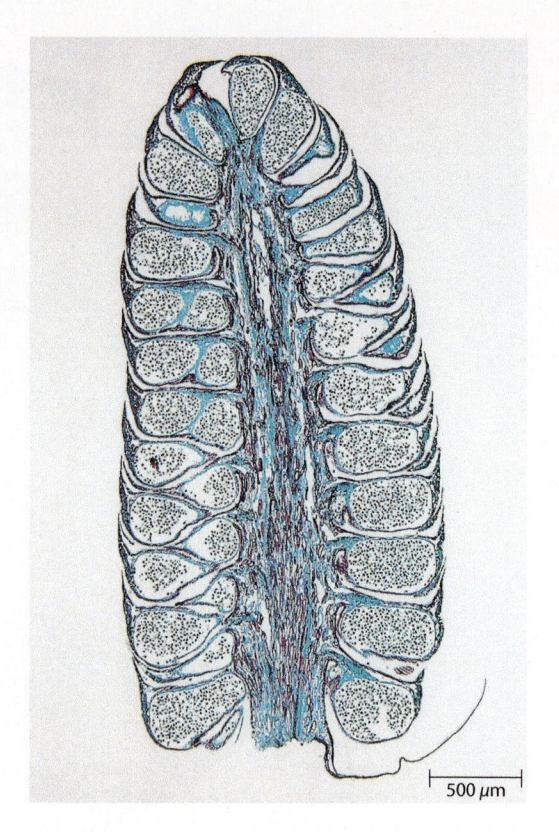

500 μm

18.16 Estróbilos microsporangiados de *Pinus*. Os estróbilos microsporangiados de *Pinus radiata* (pinheiro-de-monterey) mostrados aqui estão liberando pólen, que é levado pelo vento. Alguns dos grãos de pólen alcançam a proximidade dos óvulos nos estróbilos ovulados e então germinam, produzindo tubos polínicos e, finalmente, promovem a fecundação.

18.17 Microsporófilos de *Pinus*. Seção longitudinal de um estróbilo microsporangiado (produtor de pólen) de *Pinus*, mostrando microsporófilos e microsporângios contendo grãos de pólen maduros.

retamente ligados ao microsporófilo.) Cada óvulo é constituído por um nucelo multicelular (ou megasporângio) envolto por um tegumento espesso com uma abertura, a micrópila, voltada para o eixo do estróbilo (Figura 18.21). Cada megasporângio contém um único *megasporócito* ou *célula-mãe de megásporo*, que ao final sofre meiose, dando origem a uma série linear de quatro megásporos. Entretanto, apenas um desses megásporos é funcional; os três mais próximos da micrópila logo degeneram.

A polinização em *Pinus* ocorre na primavera (Figura 18.22). Nesse estágio, as escamas do estróbilo ovulado estão bem separadas. Quando os grãos do pólen assentam-se nas escamas, muitos aderem às gotas de polinização que exsudam dos canais micropilares nas extremidades abertas dos óvulos. Além de compostos simples hidrossolúveis, tais como açúcares, aminoácidos e ácidos orgânicos, as gotas de polinização contêm várias proteínas, que supostamente funcionam tanto no desenvolvimento do pólen quanto na defesa contra patógenos. À medida que as gotas de polinização se contraem, elas carregam os grãos de pólen através do canal micropilar, pondo-os em contato com o nucelo. Na extremidade da micrópila, o nucelo apresenta uma leve depressão. Os grãos de pólen acomodam-se nessa cavidade rasa. Após a polinização, as escamas concrescem e ajudam a proteger os óvulos em desenvolvimento. Logo após o grão de pólen entrar em contato com o nucelo ou megasporângio, ele germina, formando o tubo polínico. Nesse momento a meiose ainda não ocorreu no nucelo do megasporângio. A ausência de polinização resulta no abortamento dos óvulos, o que ocorre em 95% das vezes em gimnospermas.

Cerca de 1 mês após a polinização, quatro megásporos são produzidos, mas apenas um se desenvolve em um megagametófito. O desenvolvimento do megagametófito é extremamente moroso. Frequentemente não se inicia antes de 6 meses após a polinização e, mesmo assim, o desenvolvimento pode requerer outros 6 meses para se completar. Nos estágios iniciais do desenvolvimento do megagametófito ocorrem mitoses sem a formação imediata da parede celular. Cerca de 13 meses após a polinização, quando o megagametófito contém aproximadamente 2.000 núcleos livres, inicia-se a formação das paredes celulares. Então, aproximadamente 15 meses após a polinização, os arquegônios, em geral em número de dois ou três, diferenciam-se na extremidade micropilar do megagametófito; nessa fase, o megagametófito está preparado para a fecundação.

Cerca de 12 meses antes, o grão de pólen havia germinado, produzindo um tubo polínico que lentamente digeriu seu caminho através dos tecidos do nucelo em direção ao megagametófito em desenvolvimento. Assim, por volta de 1 ano após a polinização, a célula geradora do microgametófito com quatro células (tetracelular) sofre divisão, dando origem a dois tipos de células – uma *célula estéril* (célula do pé) e uma *célula espermatogênica* (também chamada célula do corpo ou célula gametogênica). Subsequentemente, antes de o tubo polínico alcançar o megagametófito, a célula gametogênica divide-se formando dois gametas masculinos. O microgametófito ou grão de pólen em germinação está agora maduro. Lembre-se de que as plantas com sementes não formam anterídios.

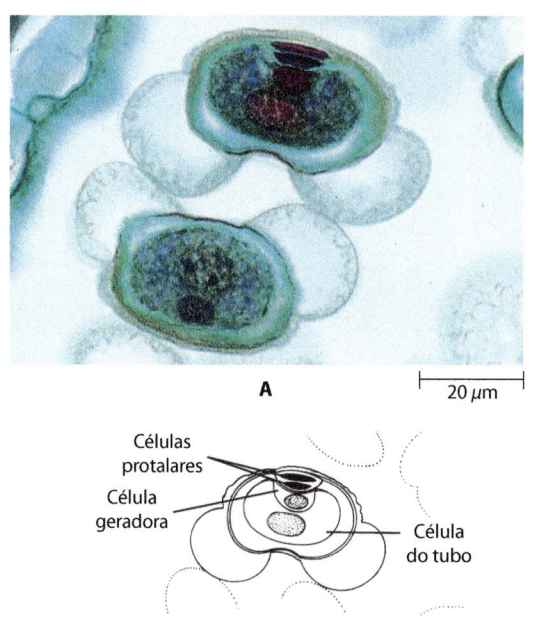

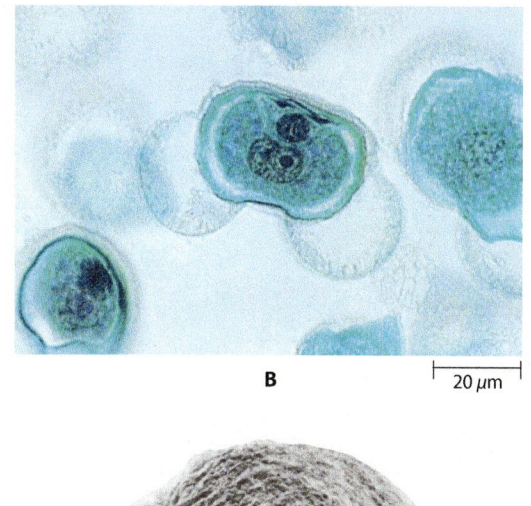

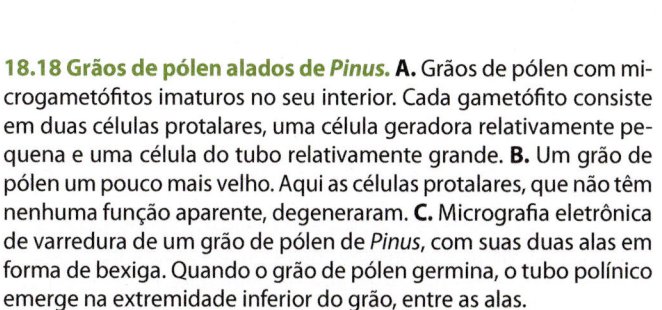

A

20 μm

B

20 μm

Células
protalares

Célula
geradora

Célula
do tubo

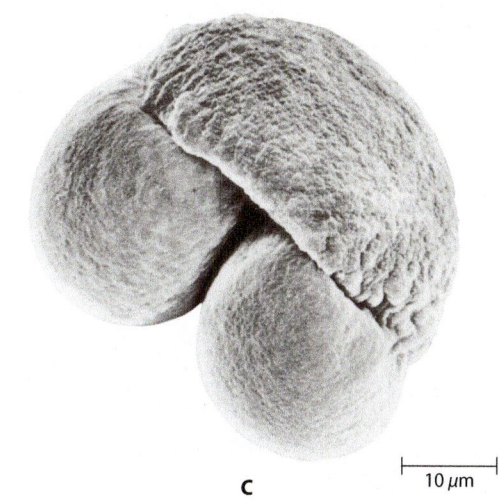

C

10 μm

18.18 Grãos de pólen alados de *Pinus*. A. Grãos de pólen com microgametófitos imaturos no seu interior. Cada gametófito consiste em duas células protalares, uma célula geradora relativamente pequena e uma célula do tubo relativamente grande. **B.** Um grão de pólen um pouco mais velho. Aqui as células protalares, que não têm nenhuma função aparente, degeneraram. **C.** Micrografia eletrônica de varredura de um grão de pólen de *Pinus*, com suas duas alas em forma de bexiga. Quando o grão de pólen germina, o tubo polínico emerge na extremidade inferior do grão, entre as alas.

Aproximadamente 15 meses após a polinização, o tubo polínico alcança a oosfera de um arquegônio, onde ele descarrega boa parte do seu citoplasma e seus dois gametas masculinos no interior do citoplasma da oosfera (Figura 18.23). O núcleo de um dos gametas masculinos une-se ao núcleo da oosfera e o outro gameta degenera. Comumente, as oosferas de todos os arquegônios são fecundadas e começam a se desenvolver como embriões (o fenômeno da *poliembrionia*). Apenas um embrião, em geral, se desenvolve completamente, mas cerca de 3 a 4% das sementes de *Pinus* contêm mais de um embrião e produzem duas ou três plântulas durante a germinação.

No início da embriogênese, quatro fileiras de células são produzidas próximo da extremidade inferior do arquegônio. Em cada uma das quatro fileiras de células, uma célula, a superior (ou seja, a da fileira mais distante da extremidade da micrópila do óvulo) começa a formar um embrião. Simultaneamente, as quatro células da fileira abaixo dos embriões, as células do suspensor, alongam-se bastante e "empurram" os quatro embriões em desenvolvimento através da parede do arquegônio para dentro do megagametófito. Dessa forma, um segundo tipo de poliembrionia é encontrado no ciclo de vida de *Pinus*. Podem ser formados inicialmente até 16 embriões em uma dada semente; entretanto, na maioria das vezes, apenas um dos embriões desenvolve-se completamente. Durante a embriogênese, o tegumento transforma-se no envoltório da semente.

A semente de conífera é uma estrutura notável, porque consiste em uma combinação de duas diferentes gerações esporofíticas diploides – o envoltório da semente (e o restante do nucelo) e o embrião – e uma geração gametofítica haploide (Figura 18.24).

O gametófito serve como uma reserva de alimento ou tecido nutritivo. O embrião é constituído por um eixo hipocótilo-radicular, com o meristema apical radicular e a coifa em uma extremidade, e um meristema apical caulinar e vários cotilédones ou folhas da semente (geralmente oito) na outra extremidade. O tegumento consiste em três camadas, a central torna-se dura e funciona como envoltório da semente.

As sementes de *Pinus* são frequentemente liberadas dos estróbilos durante o outono do segundo ano, após o aparecimento inicial dos estróbilos e da polinização. Na maturidade, as escamas do estróbilo separam-se e as sementes aladas da maioria das espécies flutuam pelo ar, algumas vezes levadas a consideráveis distâncias pelo vento. Em algumas espécies de *Pinus*, como em *P. contorta*, as escamas não se separam até que os estróbilos sejam submetidos a um calor extremo. Quando um incêndio ocorre em uma floresta de pinheiros, espalha-se rapidamente e queima as árvores parentais, mas a maioria dos estróbilos resistente ao fogo é apenas chamuscada. Esses estróbilos abrem-se, liberando a produção de sementes acumuladas durante muitos anos e restabelecem a espécie. Em outras espécies de *Pinus*, incluindo *P. flexilis* e *P. abicaulis* do oeste da América do Norte, assim como em umas poucas espécies similares da Eurásia, as sementes grandes e não aladas são colhidas, transportadas e armazenadas para posterior alimentação por pássaros grandes, semelhantes ao corvo, chamados quebra-nozes. Os pássaros perdem muito daquelas sementes que eles armazenam, auxiliando a dispersão dos pinheiros.

O ciclo de vida de *Pinus* está resumido na Figura 18.19.

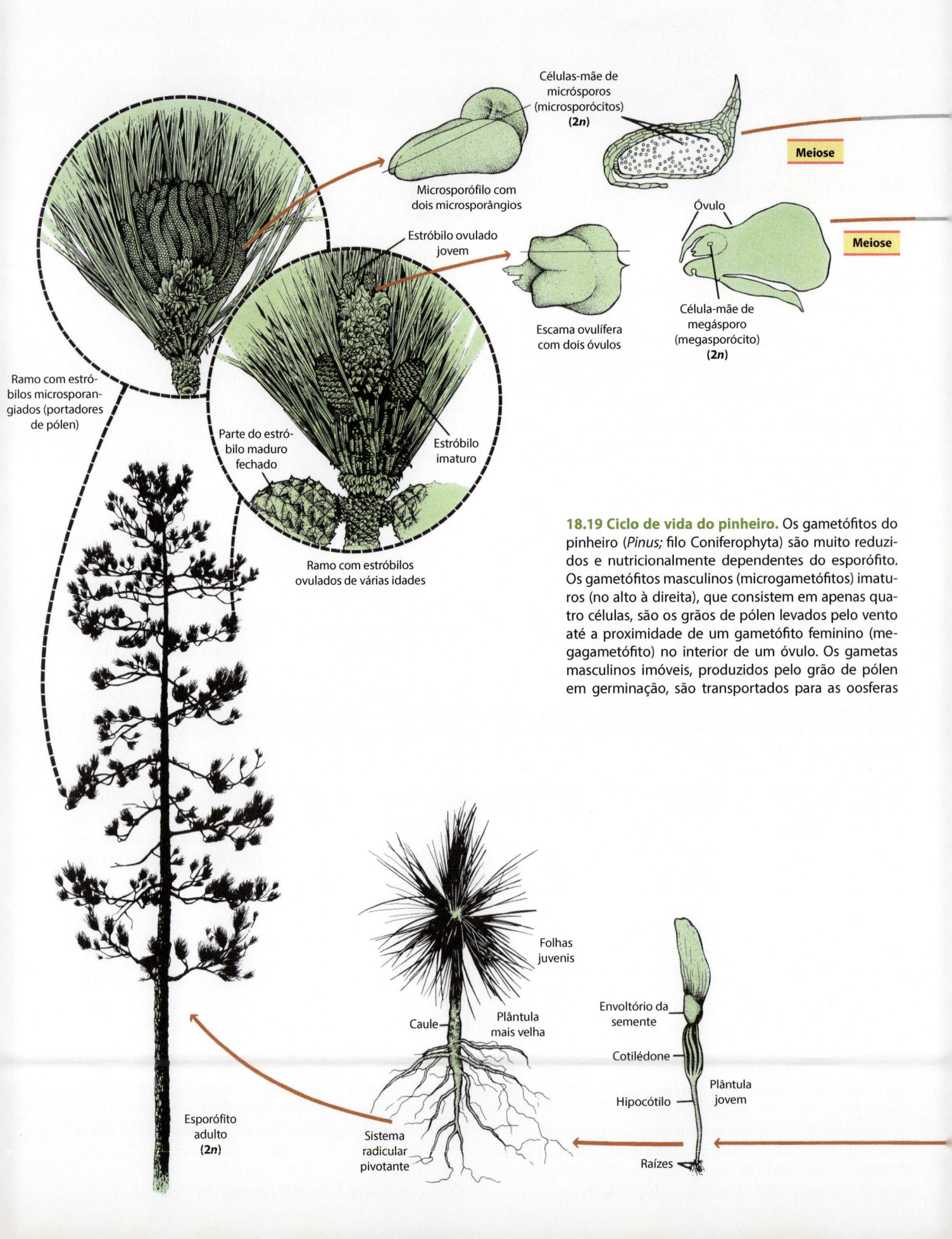

Células-mãe de micrósporos (microsporócitos) (**2n**)

Microsporófilo com dois microsporângios

Meiose

Óvulo

Meiose

Célula-mãe de megásporo (megasporócito) (**2n**)

Estróbilo ovulado jovem

Escama ovulífera com dois óvulos

Ramo com estróbilos microsporangiados (portadores de pólen)

Parte do estróbilo maduro fechado

Estróbilo imaturo

Ramo com estróbilos ovulados de várias idades

18.19 Ciclo de vida do pinheiro. Os gametófitos do pinheiro (*Pinus;* filo Coniferophyta) são muito reduzidos e nutricionalmente dependentes do esporófito. Os gametófitos masculinos (microgametófitos) imaturos (no alto à direita), que consistem em apenas quatro células, são os grãos de pólen levados pelo vento até a proximidade de um gametófito feminino (megagametófito) no interior de um óvulo. Os gametas masculinos imóveis, produzidos pelo grão de pólen em germinação, são transportados para as oosferas

Folhas juvenis

Envoltório da semente

Caule

Plântula mais velha

Cotilédone

Hipocótilo

Plântula jovem

Esporófito adulto (**2n**)

Sistema radicular pivotante

Raízes

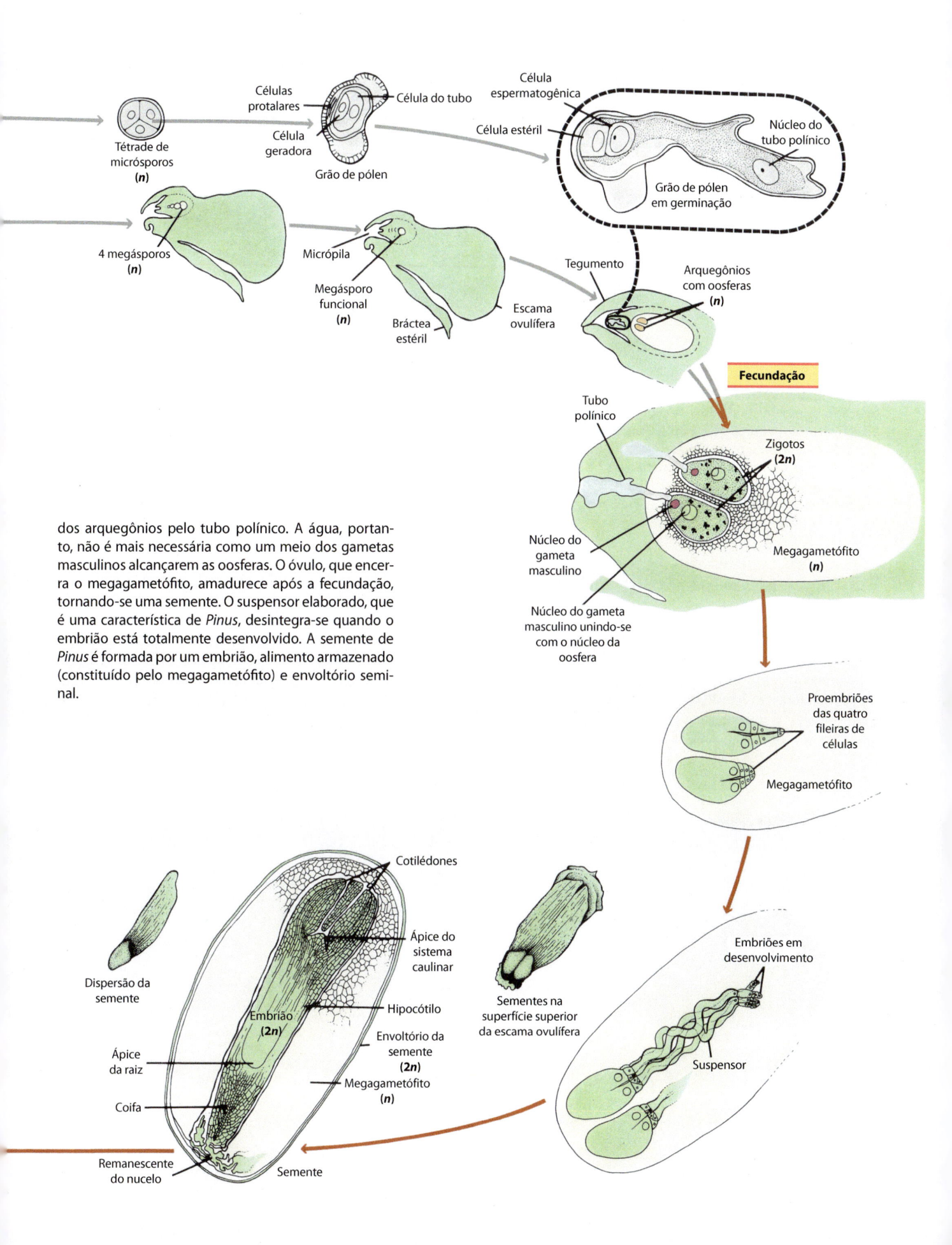

Tétrade de
micrósporos
(*n*)

Células
protalares

Célula
geradora

Célula do tubo

Grão de pólen

Célula
espermatogênica

Célula estéril

Núcleo do
tubo polínico

Grão de pólen
em germinação

4 megásporos
(*n*)

Micrópila

Megásporo
funcional
(*n*)

Bráctea
estéril

Escama
ovulífera

Tegumento

Arquegônios
com oosferas
(*n*)

Fecundação

Tubo
polínico

Zigotos
(*2n*)

Núcleo do
gameta
masculino

Núcleo do gameta
masculino unindo-se
com o núcleo da
oosfera

Megagametófito
(*n*)

dos arquegônios pelo tubo polínico. A água, portanto, não é mais necessária como um meio dos gametas
masculinos alcançarem as oosferas. O óvulo, que encerra o megagametófito, amadurece após a fecundação,
tornando-se uma semente. O suspensor elaborado, que
é uma característica de *Pinus*, desintegra-se quando o
embrião está totalmente desenvolvido. A semente de
Pinus é formada por um embrião, alimento armazenado
(constituído pelo megagametófito) e envoltório seminal.

Proembriões
das quatro
fileiras de
células

Megagametófito

Cotilédones

Ápice do
sistema
caulinar

Hipocótilo

Embrião
(*2n*)

Envoltório da
semente
(*2n*)

Megagametófito
(*n*)

Dispersão da
semente

Ápice
da raiz

Coifa

Remanescente
do nucelo

Semente

Sementes na
superfície superior
da escama ovulífera

Embriões em
desenvolvimento

Suspensor

18.20 Estróbilos ovulados de *Pinus*. São mostrados os diferentes tamanhos de alguns estróbilos ovulados maduros de Pinus. **A.** *Pinus sabiniana.* **B.** *Pinus edulis*, pinheiro-do-colorado, em vistas superior e lateral. As sementes não aladas e comestíveis deste e de alguns outros pinheiros são chamadas "nozes-de-pinheiro". **C.** *Pinus lambertiana.* **D.** *Pinus strobus.* **F.** *Pinus resinosa.*

Outras importantes coníferas ocorrem em todo o mundo

Embora outras coníferas não apresentem os fascículos de acículas dos *Pinus* e também possam diferir em alguns detalhes relativamente menos importantes de seus sistemas reprodutivos, as coníferas atuais formam um grupo bem homogêneo. Na maioria das coníferas, exceto *Pinus*, o ciclo reprodutivo leva apenas 1 ano; ou seja, as sementes são produzidas na mesma estação em que os óvulos são polinizados. Em tais coníferas, o tempo entre a polinização e a fecundação em geral varia de 3 dias até 3 a 4 semanas, em vez dos aproximados 15 meses.

Entre os gêneros importantes de coníferas, além de *Pinus*, estão os abetos (*Abies*; Figura 18.25A), lariços (*Larix*; Figura 18.25B), píceas (*Picea*), *Tsuga*, *Pseudotsuga*, cipreste (*Cupressus*; Figura 18.26) e juníperos (*Juniperus*; Figura 18.27), frequentemente e erroneamente chamados "cedros" na América do Norte. *Abies*, *Larix*, *Picea*, *Tsuga* e *Pseudotsuga* são todos Pinaceae; *Cupressus* e *Juniperus* pertencem a Cupressaceae.

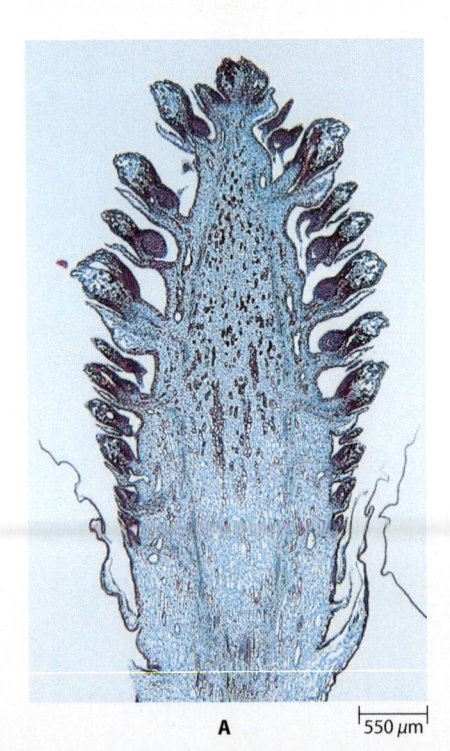

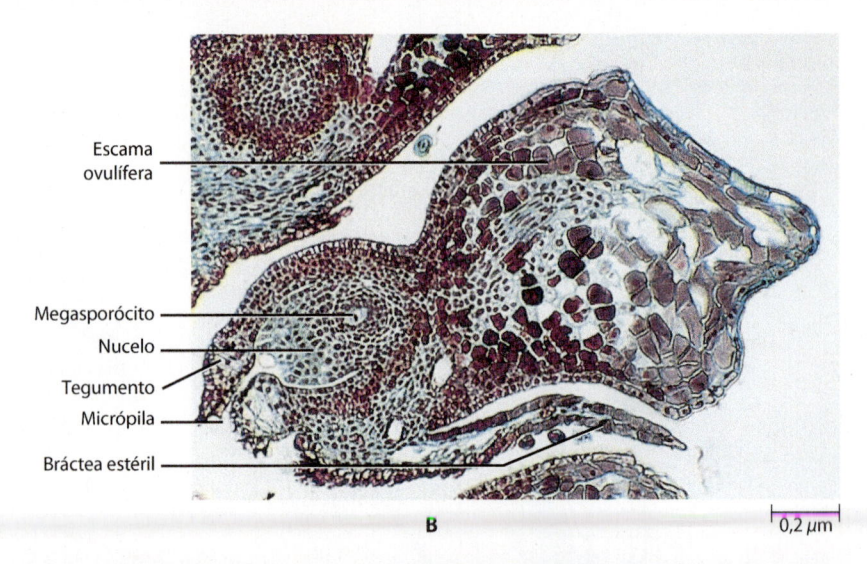

Escama ovulífera

Megasporócito

Nucelo

Tegumento

Micrópila

Bráctea estéril

18.21 Complexos escamas-sementes de *Pinus*. **A.** Seção longitudinal de um estróbilo ovulado jovem, mostrando os complexos escamas-sementes ao longo de suas margens. **B.** Detalhe de uma porção do estróbilo mostrando o complexo escama-semente, que consiste em uma escama ovulífera e uma bráctea estéril. Observe o megasporócito (célula-mãe de megásporo) envolto pelo nucelo. (Ver também o ciclo de vida de *Pinus*, Figura 18.19.)

18.22 Estróbilos ovulados e microsporangiados. Os estróbilos ovulados de *Pinus contorta* são visualizados como estruturas pequenas, de coloração vermelha e localizadas no ápice de um ramo central alto no final da primavera de seu primeiro ano, época na qual a polinização ocorre. Os estróbilos ovulados de 1 ano de idade são visíveis na base desse ramo. Os estróbilos microsporangiados, de cor laranja, agrupam-se em torno dos ramos mais curtos.

Recentemente, uma nova espécie de Cupressaceae foi relatada na província de Ha Giang, na fronteira norte do Vietnã. Nomeada de *Callitropsis vietnamensis* ela é rara entre as coníferas pelo fato de que tanto as folhas juvenis quanto as maduras são encontradas simultaneamente em sistemas de ramos plagiotrópicos (crescem horizontalmente) nas árvores adultas. Nos teixos (família Taxaceae), um óvulo solitário cresce em um estróbilo muito reduzido e é envolto por uma estrutura cupular carnosa – o *arilo* (Figura 18.28A).

Um dos mais interessantes grupos de coníferas é a família Araucariaceae, cujos membros atuais ocorrem naturalmente apenas no hemisfério sul. A família atingiu sua maior diversidade nos períodos Jurássico e Cretáceo, entre 200 e 65 milhões de anos, mas tornou-se extinta no hemisfério norte no Cretáceo Superior. Apenas três gêneros sobreviveram – *Agathis*, *Araucaria* e *Wollemia* – que são os atualmente conhecidos. *Wollemia* foi descoberta em 1994, em um cânion a 150 km de Sydney, Austrália (Figura 18.29). Pouco mais de 40 árvores foram encontradas em dois pequenos bosques, o que faz da *Wollemia nobilis* uma das plantas mais raras do mundo. Uma espécie de *Araucaria*, chamada pinheiro-do-paraná, é uma das madeiras mais valiosas na América do Sul. Algumas espécies da *Araucaria*, tais como *A. araucana*, do Chile, e *A. heterophylla*, são frequentemente cultivadas onde o clima é ameno (Figura 18.30). As plântulas de *Araucaria heterophylla* também são cultivadas para ornamentação de interiores.

Outro grupo interessante de coníferas é a família das sequoias e seus parentes (anteriormente colocada na família Taxodiaceae, agora é incluída na família Cupressaceae). As madeiras dessa família são encontradas no Triássico, e vários fósseis (folhas e estróbilos) datam do Jurássico Médio (185 a 165 milhões de anos). Essas coníferas são representadas atualmente por espécies muito distantes geograficamente, que são remanescentes de populações que tinham uma distribuição muito ampla durante o período Terciário (Figura 18.31). Uma

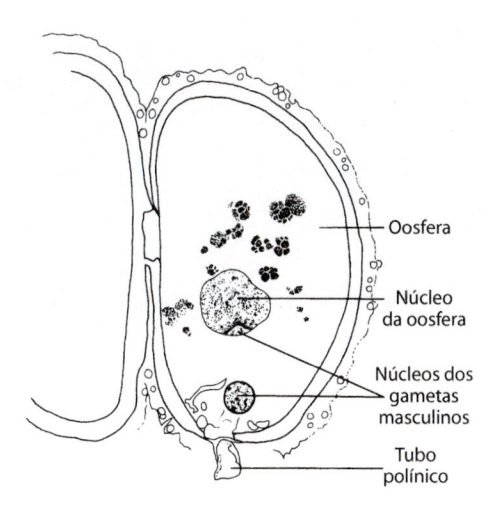

Oosfera

Núcleo da oosfera

Núcleos dos gametas masculinos

Tubo polínico

18.23 Fecundação em *Pinus*. A fecundação ocorre quando um núcleo do gameta masculino se une ao núcleo da oosfera. O núcleo do segundo gameta masculino (embaixo) não é funcional e acaba se desintegrando.

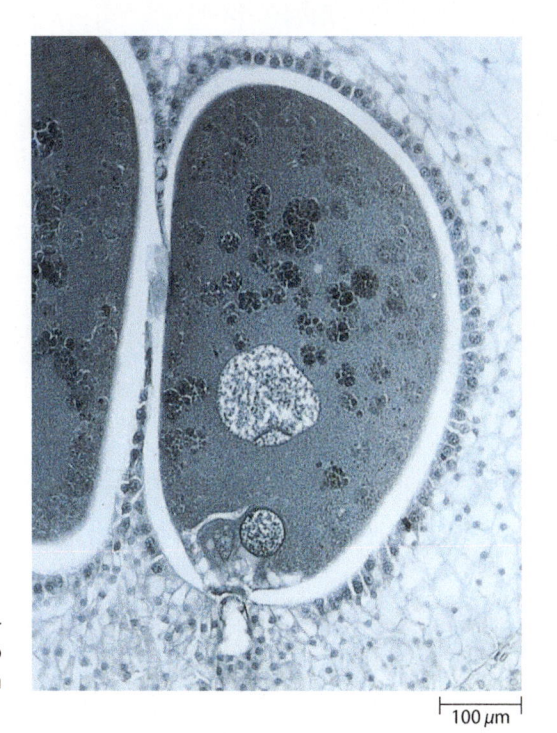

100 μm

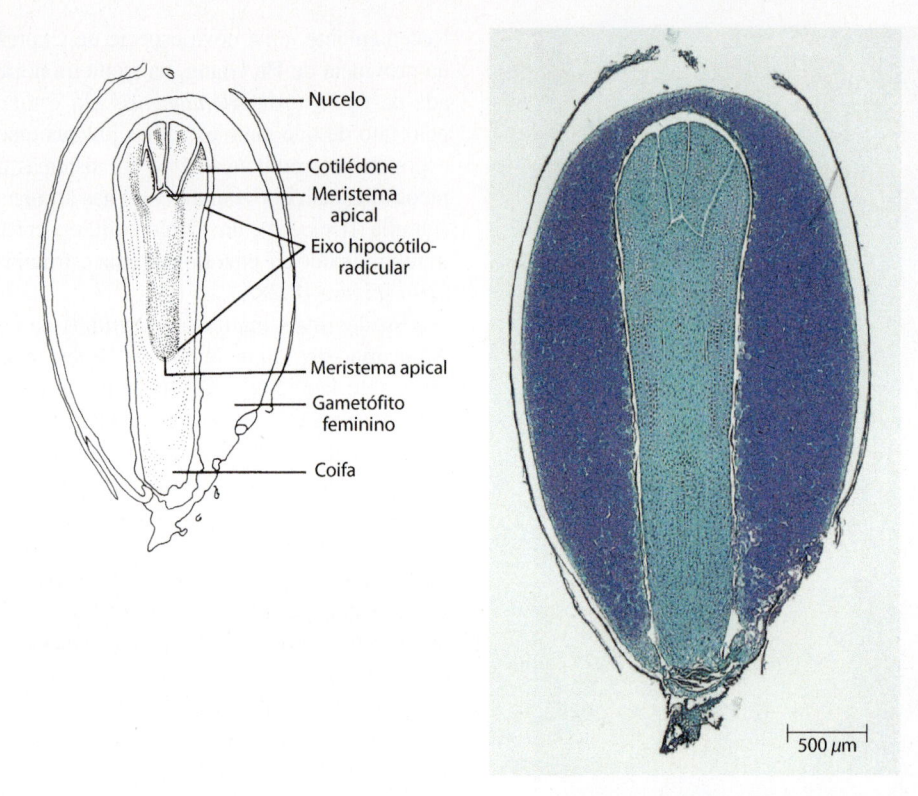

Nucelo

Cotilédone

Meristema
apical

Eixo hipocótilo-
radicular

Meristema apical

Gametófito
feminino

Coifa

500 µm

18.24 Semente de *Pinus*, em seção longitudinal. O envoltório rígido que protege a semente (aqui removido) e o embrião representam duas gerações esporofíticas (2*n*) sucessivas, com uma geração gametofítica entre elas. Um resíduo do nucelo (megasporângio) forma um envoltório papiráceo em torno do gametófito.

das mais notáveis destas espécies é a sequoia, *Sequoia sempervirens*, a planta atual mais alta. A famosa *Sequoiadendron giganteum*, conhecida como grande-árvore ou *big tree* pelos norte-americanos (Figura 18.32), forma bosques espetaculares e amplamente dispersos nas encostas ocidentais de Sierra Nevada na Califórnia (EUA). Os ciprestes (*Taxodium distichum*) do sudeste dos EUA e do México (Figura 18.33) também pertencem a essa família.

A

B

18.25 Abetos e lariços. Essas plantas representam dois gêneros de Pinaceae. **A.** Abeto-balsâmico (*Abies balsamea*) com estróbilos ovulados. Os estróbilos eretos, que têm de 5 a 10 cm de comprimento, não caem inteiros no chão, como os de *Pinus*. Em vez disso, esses estróbilos desmancham-se quando ainda estão presos nos ramos e liberam as sementes aladas. **B.** Lariço-europeu (*Larix decidua*), cujas folhas aciculares crescem isoladamente tanto nos ramos longos como nos ramos curtos e estão dispostas espiraladamente. Diferentemente da maioria das coníferas, os lariços são decíduos, ou seja, eles perdem suas folhas ao final de cada estação de crescimento.

18.26 Ciprestes. Nos estróbilos subglobosos dos ciprestes, as escamas estão agrupadas compactamente, como nesse *Cupressus goveniana*. As pequenas árvores desta espécie – com somente cerca de 6 m de altura na maturidade – são extremamente endêmicas e encontradas, apenas, próximo a Monterey, Califórnia (EUA).

18.27 Junípero. O junípero-comum (*Juniperus communis*) tem estróbilos ovulados esféricos (gálbulas) como os de ciprestes, mas no junípero as escamas são carnosas e fundidas. Essas estruturas maduras são popularmente chamadas cerejas-de-junípero e dão ao gim seu sabor e aroma característicos.

Como a maioria dos gêneros atuais desse grupo, *Metasequoia* (Figura 18.31) era muito mais amplamente distribuída no período Terciário do que é agora (Figura 18.34). *Metasequoia* tinha ampla distribuição na Eurásia e era a conífera mais abundante no ocidente e na região ártica da América do Norte do período Cretáceo Superior até o Mioceno (há cerca de 90 a 15 milhões de anos). Ela sobreviveu no Japão e leste da Sibéria até uns poucos milhões de anos atrás. O gênero *Metasequoia* foi primeiro descrito de um material fóssil pelo paleobotânico japonês Shigeru Miki em 1941 (Figura 18.31). Três anos mais tarde, o engenheiro florestal chinês Tsang Wang, visitando a remota província Sichuan na região centro-sul da China, descobriu uma enorme árvore de um tipo que nunca havia visto antes. Os nativos da área tinham construído um templo no entorno da base da árvore. Tsang coletou amostras das acículas e dos estróbilos da árvore e as estudou, revelando que o fóssil *Metasequoia* havia "voltado à vida". Em 1948, o paleobotânico Ralph Chaney, da Universidade de Califórnia em Berkeley (EUA), liderou uma expedição ao longo do Rio Yangtze e pelas três cadeias de montanhas até os vales onde as *Metasequoia*

A

B

18.28 Teixo. As coníferas da família do teixo (Taxaceae) têm sementes envoltas por uma estrutura em forma de taça carnosa – o arilo. Os arilos atraem pássaros e outros animais, que os comem, dispersando, assim, as sementes. **A.** Membros do gênero *Taxus*, os teixos, que ocorrem no hemisfério norte, produzem estruturas ovuladas carnosas e vermelhas. **B.** Os esporofilos e os microsporângios dos estróbilos que portam pólen em um teixo. Os estróbilos ovulados e os que portam pólen são encontrados em indivíduos diferentes. As folhas e as sementes dos teixos contêm substâncias tóxicas e representam uma importante causa de envenenamento de crianças nos EUA, embora casos fatais sejam extremamente raros.

18.29 Pinheiro-de-wollemia. Membro da família Araucariaceae, a mais rara das plantas – *Wollemia nobilis* – cresce em uma floresta tropical com muitas árvores sempre-verdes, emergindo dela como uma árvore alta (mais de 40 m de altura). **A.** A árvore mais alta dessa espécie, conhecida por King Billy, cresce em um profundo cânion de rocha sedimentar em Blue Mountains, no nordeste de Sydney, Austrália. **B.** Estróbilos ovulados, esféricos, aparecem acima dos estróbilos masculinos (portando pólen), os quais se mostram pendurados e voltados para baixo. **C.** Dois ramos com folhas dispostas em quatro fileiras.

estavam crescendo, os últimos remanescentes da outrora grande floresta de *Metasequoia*. Em 1980, ainda existiam no vale das metassequoias cerca de 8.000 a 10.000 árvores e, destas, cerca de 5.000 tinham diâmetros superiores a 20 cm. Infelizmente, as árvores não estavam se reproduzindo lá, porque as sementes estavam sendo colhidas para cultivo e porque não havia um *habitat* adequado, no qual as plântulas pudessem se estabelecer. Entretanto, como milhares de sementes foram amplamente distribuídas, esse fóssil vivo pode agora ser visto crescendo em parques e jardins em todo o mundo.

Outros filos de gimnospermas atuais | Cycadophyta, Ginkgophyta e Gnetophyta
As cicadófitas pertencem ao filo Cycadophyta

Os outros grupos de gimnospermas atuais são notavelmente distintos e têm pouquíssimas semelhanças entre si. Entre eles está o filo Cycadophyta, as cicadófitas, que são plantas semelhantes às palmeiras, encontradas em regiões tropicais e sub-

tropicais. Essas plantas únicas, que apareceram há pelo menos 250 milhões de anos durante o período Permiano, eram tão numerosas na era Mesozoica que, juntamente com as Benettitales, superficialmente similares a elas, deram a esse período o nome de "Era das cicadófitas e dos dinossauros". As cicadófitas atuais compreendem 11 gêneros, com cerca de 300 espécies. *Zamia integrifolia*, encontrada comumente nos bosques arenosos da Flórida, é a única cicadófita nativa dos EUA (Figura 18.35).

A maioria das cicadófitas são plantas bem grandes; algumas alcançam 18 m ou mais de altura. Muitas têm tronco distinto, o qual é densamente coberto pelas bainhas das folhas que caíram. As folhas funcionais apresentam-se agrupadas no ápice do caule; lembram, assim, palmeiras. (De fato, o nome popular para algumas cicadófitas é "palmeira-de-sagu".) Diferentemente das palmeiras, entretanto, as cicadófitas apresentam um crescimento secundário verdadeiro, ainda que muito vagaroso, a partir de um câmbio vascular; a porção central de seus troncos consiste em uma grande medula. As cicadófitas são frequentemente muito tóxicas, contendo grandes quantidades de compostos neurotóxicos e carcinogênicos. Todas as cicadófitas formam raízes que crescem para cima e que se ramificam dicotomicamente próximo à superfície do solo. Por causa da sua semelhança com os corais marinhos, essas raízes são chamadas raízes coraloides. As células corticais das *raízes coraloides* abrigam a cianobactéria *Anabaena cycadeae*, que fixa nitrogênio da atmosfera e, possivelmente, contribui com substâncias nitrogenadas para a planta hospedeira.

As unidades reprodutivas das cicadófitas são folhas relativamente de menor tamanho com esporângios inseridos, as quais são livres ou densamente agrupadas em estruturas semelhantes a estróbilos próximos ao ápice da planta. Os estróbilos microsporangiados e ovulados crescem em plantas diferentes (Figura 18.36). Os tubos polínicos formados pelos microgametófitos de cicadófitas são tipicamente não ramificados ou apenas pouco ramificados. Na maioria das cicadófitas, o crescimento do tubo polínico resulta em uma destruição significativa do tecido nucelar. Antes da fecundação, a extremidade basal do microgametófito dilata-se e alonga-se, levando o gameta masculino próximo às oosferas. A extremidade basal então se rompe e os gametas masculinos multiflagelados liberados nadam até as oosferas (Figura 18.37). Cada microgametófito produz dois gametas masculinos.

O papel dos insetos na polinização das cicadófitas é especialmente importante. Besouros de vários grupos taxonômicos são frequentemente encontrados associados aos estróbilos masculinos, e, com menor frequência, aos estróbilos femininos, dos membros de vários gêneros de cicadófitas. Por exemplo, os gorgulhos (família Curculionidae) do gênero *Rhopalotria* passam todo seu ciclo de vida sobre e no interior dos estróbilos masculinos de *Zamia* e também visitam os estróbilos femininos. Os besouros comedores de pólen, embora não os gorgulhos, certamente estiveram presentes durante toda a história das cicadófitas. Parece razoável admitir que tenha havido uma longa relação entre os membros dos dois grupos. Atualmente, considera-se que as cicadófitas sejam quase que totalmente polinizadas por insetos.

18.30 Pinheiro nativo da ilha de Norfolk. *Araucaria heterophylla*, membro da família Araucariaceae, é nativa da Ilha de Norfolk no sul do Oceano Pacífico, onde cresce atingindo 60 m de altura, ou mais.

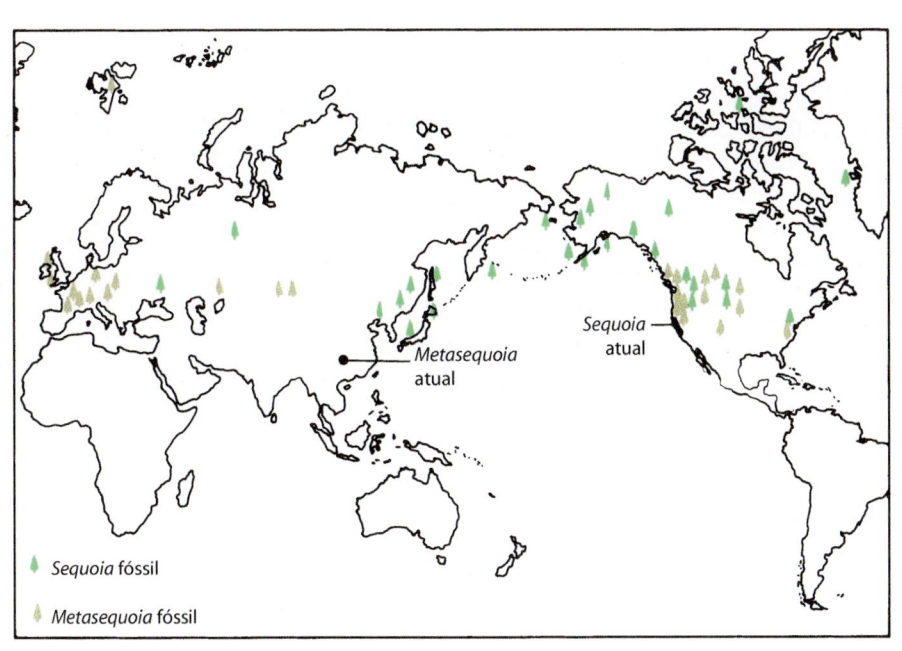

Sequoia fóssil

Metasequoia fóssil

18.31 Ramos fósseis de *Metasequoia*. O fóssil mostrado aqui tem cerca de 50 milhões de anos. O mapa ao lado mostra a distribuição geográfica de alguns membros atuais e fósseis da família das sequoias (Cupressaceae).

18.32 Sequoiadendron. As sequoias (*Sequoiadendron giganteum*) da encosta oeste de Sierra Nevada na Califórnia (EUA) são as maiores gimnospermas. O maior espécime, conhecido por *General Sherman sequoia* (sequoia-do-general-sherman), tem mais de 80 m de altura e estima-se que pese pelo menos 2.500 toneladas. O maior dos animais atuais, a baleia-azul, não se compara a isso. As baleias azuis raramente excedem 35 m de comprimento e 180 toneladas de peso.

18.33 Cipreste-calvo. O cipreste *Taxodium distichum* é um membro decíduo da família Cupressaceae, que cresce nos pântanos do sudeste dos EUA. Como o lariço, essa é uma das poucas coníferas que perde suas folhas (na realidade, ramos com folhas) ao final de cada estação de crescimento. Nesta fotografia obtida no outono, as folhas começaram a mudar de cor. A *Tillandsia usneoides* (musgo-espanhol), que é uma angiosperma parente do abacaxi, pode ser vista como massas pendentes dos ramos desses ciprestes.

Ginkgo biloba é o único membro atual do filo Ginkgophyta

Ginkgo biloba é facilmente reconhecida pelas suas folhas em forma de leque ou ventarola, com seus padrões de venação abertos, dicotomicamente ramificados (furcados) (Figura 18.38). É uma árvore atrativa, imponente e de crescimento lento, podendo alcançar 30 m ou mais de altura. As folhas dos numerosos ramos curtos, de crescimento lento, são quase inteiras, enquanto aquelas dos ramos longos e das plântulas são, em geral, profundamente lobadas. Diferentemente da maioria das outras gimnospermas, *Ginkgo* é decídua e suas folhas ficam com uma bonita cor dourada antes de caírem no outono.

Ginkgo biloba é o único sobrevivente atual de um gênero que pouco mudou por mais de 150 milhões de anos e o único membro vivo do filo Ginkgophyta. As espécies atuais compartilham características com outros gêneros de gimnospermas, que remontam ao período Permiano Inferior, há cerca de 270 milhões de anos. Provavelmente não há nenhuma população natural de *Ginkgo* em nenhuma parte do mundo, mas a árvore foi preservada nos pátios de templos na China e Japão. Introduzida em outras partes do mundo, ela tem sido um importante componente de parques e jardins de regiões temperadas do mundo por aproximadamente 200 anos. *Ginkgo* é especialmente resistente à poluição aérea e por isso é comumente cultivada em parques urbanos e ao longo de ruas.

Como as cicadófitas, os óvulos e os microsporângios de *Ginkgo* crescem em indivíduos diferentes. Os óvulos de *Ginkgo* ocorrem aos pares na extremidade de ramos curtos e amadurecem no outono, produzindo sementes com um envoltório carnoso (Figura 18.38B). A porção carnosa em putrefação do envoltório da semente de ginkgo causa repulsa pelo seu odor fétido, que se deve, principalmente, à presença dos ácidos butanoico e hexanoico. Esses são os mesmos ácidos graxos encontrados na manteiga rançosa e no queijo gorgonzola. Por essa razão, a planta masculina é preferida para o plantio em parques e ruas. No entanto, a amêndoa da semente (*i. e.*, o tecido do megagametófito e o embrião) tem um sabor de peixe e é uma iguaria apreciada na China e no Japão.

Em *Ginkgo*, a fecundação no interior dos óvulos pode não ocorrer até que eles sejam liberados de sua árvore parental. Como em cicadófitas, o microgametófito forma um sistema haustorial muito ramificado, que se desenvolve de um tubo polí-

18.35 *Zamia integrifolia.* Plantas masculinas e femininas de *Zamia integrifolia*, a única espécie de cicadófita nativa dos EUA. Os caules são totalmente ou em grande parte subterrâneos e, juntamente com as raízes de reserva, eram utilizados pelos americanos nativos como alimento e fonte de amido. Os dois grandes estróbilos cinza, em primeiro plano, são ovulados; os estróbilos menores e marrons são microsporangiados.

18.34 Metassequoia. Esse indivíduo de *Metasequoia glyptostroboides* mostrado aqui cresce na província de Hubei, na China central e tem mais de 400 anos de idade.

nico inicialmente não ramificado (Figura 18.11). O crescimento do tubo polínico no interior do nucelo é estritamente intercelular, sem nenhum dano aparente nas células adjacentes ao nucelo. Ao final, a extremidade basal deste sistema se desenvolve em uma estrutura saculiforme que, na maturidade, contém dois grandes gametas masculinos multiflagelados. A ruptura da porção saculiforme do tubo polínico libera esses gametas que nadam até as oosferas dos arquegônios*, no interior do megagametófito no óvulo.

---

*N.R.T.: As oosferas ficam dentro dos arquegônios e não diretamente dentro do megagametófito.

A

B

18.36 Cicadófitas. A. *Encephalartos ferox*, uma cicadófita nativa da África. É mostrada aqui, uma planta feminina com estróbilos ovulados. **B.** Uma planta feminina de *Cycas siamensis*. Nesse gênero, as sementes nascem ao longo das margens dos megasporofilos coriáceos.

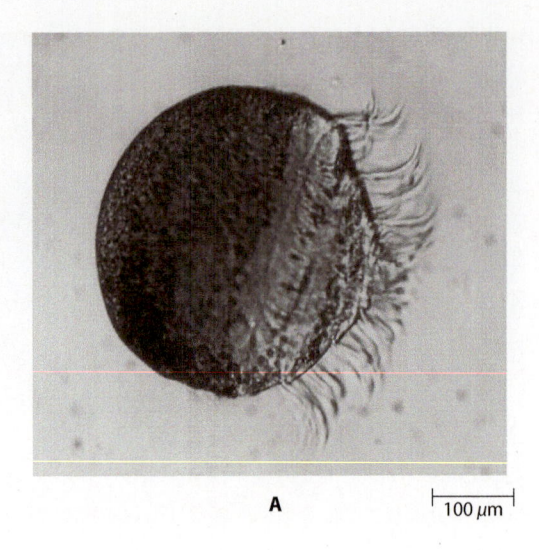

A

100 μm

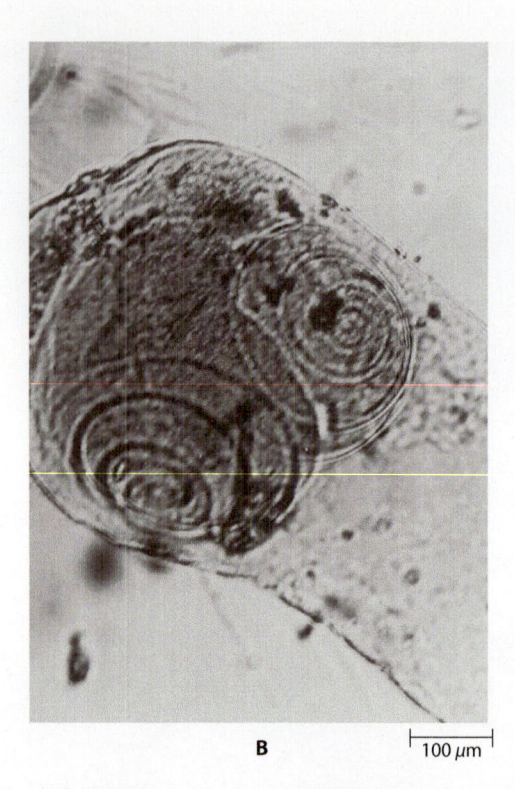

B

100 μm

18.37 Gameta masculino de cicadófitas. A reprodução sexuada em cicadófita e *Ginkgo* é incomum por combinar anterozoides com tubos polínicos. **A.** O anterozoide da cicadófita *Zamia pumila*, mostrado aqui, nada graças aos flagelos, cujo número é estimado em 40.000. **B.** Os anterozoides são transportados para as vizinhanças das oosferas por meio de um tubo polínico (ver Figura 18.11).

A

B

18.38 *Ginkgo biloba*. A. O nome popular da árvore de ginkgo em inglês é *maidenhair tree,* que significa "árvore-avenca", e foi dado devido à semelhança entre suas folhas com os folíolos de pteridófita avenca (*Adiantum*). **B.** Folhas e sementes carnosas de *Ginkgo* inseridas em ramos curtos.

B

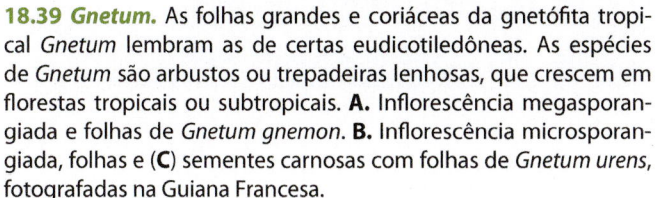

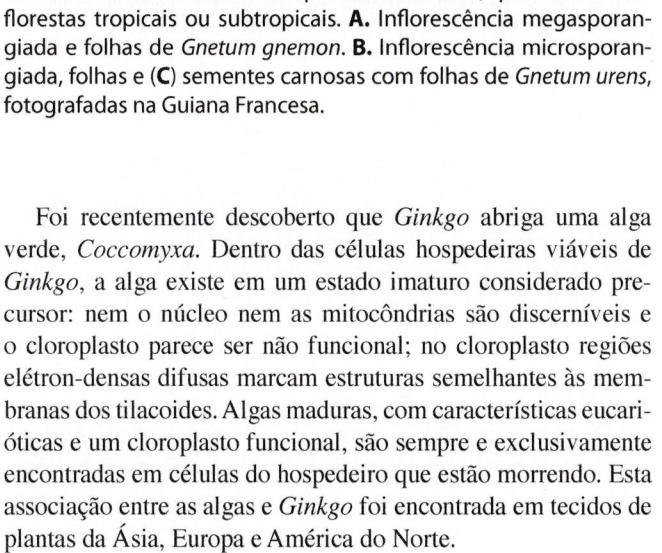

C

18.39 Gnetum. As folhas grandes e coriáceas da gnetófita tropical *Gnetum* lembram as de certas eudicotiledôneas. As espécies de *Gnetum* são arbustos ou trepadeiras lenhosas, que crescem em florestas tropicais ou subtropicais. **A.** Inflorescência megasporangiada e folhas de *Gnetum gnemon*. **B.** Inflorescência microsporangiada, folhas e (**C**) sementes carnosas com folhas de *Gnetum urens*, fotografadas na Guiana Francesa.

Foi recentemente descoberto que *Ginkgo* abriga uma alga verde, *Coccomyxa*. Dentro das células hospedeiras viáveis de *Ginkgo*, a alga existe em um estado imaturo considerado precursor: nem o núcleo nem as mitocôndrias são discerníveis e o cloroplasto parece ser não funcional; no cloroplasto regiões elétron-densas difusas marcam estruturas semelhantes às membranas dos tilacoides. Algas maduras, com características eucarióticas e um cloroplasto funcional, são sempre e exclusivamente encontradas em células do hospedeiro que estão morrendo. Esta associação entre as algas e *Ginkgo* foi encontrada em tecidos de plantas da Ásia, Europa e América do Norte.

O filo Gnetophyta tem membros com características semelhantes às angiospermas

As gnetófitas compreendem três gêneros atuais – *Gnetum*, *Ephedra* e *Welwitschia* – com cerca de 75 espécies de gimnospermas pouco comuns. *Gnetum*, um gênero com cerca de 35 espécies, consiste em árvores e trepadeiras com folhas grandes e coriáceas, que lembram muito aquelas das eudicotiledôneas (Figura 18.39). *Gnetum* é encontrado nos trópicos úmidos.

A maioria das quase 40 espécies de *Ephedra* é constituída por arbustos profusamente ramificados com folhas inconspícuas, pequenas e escamiformes (Figura 18.40). Com suas folhas pequenas e caules aparentemente articulados, *Ephedra* lembra *Equisetum*. A maioria das espécies de *Ephedra* habita regiões áridas e desérticas do mundo.

Welwitschia, com somente uma espécie – *Welwitschia mirabilis* – é provavelmente a planta vascular mais bizarra (Figura 18.41). A maior parte da planta fica enterrada em solo arenoso. A parte exposta consiste em um disco côncavo, maciço e lenhoso, o qual tipicamente produz apenas duas folhas em forma de fita que se fendem longitudinalmente com a idade. Algumas plantas produzem uma ou duas folhas adicionais. Os ramos com estróbilos crescem de um tecido meristemático na margem do disco. *Welwitschia* cresce na costa desértica do sudoeste da África, em Angola, Namíbia e África do Sul.

Embora os gêneros de Gnetophyta sejam claramente relacionados uns com os outros e apropriadamente agrupados (estudos moleculares sustentam fortemente que as gnetófitas sejam monofiléticas, com *Ephedra* sendo basal e *Gnetum* e *Welwitschia*, derivadas), eles diferem enormemente em suas características. Esses gêneros, entretanto, têm muitas características semelhantes às das angiospermas, tais como as similaridades de seus estróbilos com algumas inflorescências (agrupamento de flores) de angiospermas, a presença de elementos de vasos muito similares em seus xilemas e a ausência de arquegônios em *Gnetum* e *Welwitschia*. (As análises atuais favorecem a ideia de que as duas últimas características, embora semelhantes àquelas de angiospermas, derivaram independentemente em gnetófitas e angiospermas.) O megagametófito maduro de *Ephedra*, semelhante ao dos pinheiros, tipicamente contém dois a três arquegônios.

18.40 *Ephedra.* Dos três gêneros atuais de Gnetophyta, *Ephedra* é o único encontrado nos EUA. **A.** Um arbusto masculino de *Ephedra viridis*, na Califórnia. É um arbusto densamente ramificado com folhas escamiformes, como outros membros do gênero. **B.** Estróbilo microsporangiado de *E. viridis*. Observe as folhas escamiformes do caule. **C.** Planta feminina de *E. viridis* com sementes. **D.** *Ephedra trifurca*, no Arizona, com estróbilos microsporangiados.

Como foi visto nos pinheiros e na maioria das outras gimnospermas, somente um dos gametas masculinos, ou seja, apenas um dos núcleos dos gametas produzidos pelo grão de pólen em germinação é funcional; um núcleo de um dos gametas fecunda o núcleo da oosfera e o outro núcleo (do outro gameta) degenera. Em 1990, observou-se que a dupla fecundação – definida como dois eventos de fecundação em um único megagametófito por dois gametas de um único grão de pólen – ocorre em *Ephedra* e *Gnetum*. Em *Ephedra*, a oosfera de cada arquegônio contém dois núcleos femininos, o núcleo da oosfera e um núcleo-irmão, o núcleo da célula ventral do canal. Cada microgametófito de *Ephedra* produz um único gameta masculino binucleado. Quando o pólen chega ao arquegônio, um dos núcleos fecunda o núcleo da oosfera e o outro pode fundir-se com o núcleo da célula ventral do canal. (Um fenômeno similar foi relatado em *Pseudotsuga menziesii*.) Em *Gnetum*, cada tubo polínico também contém um único gameta masculino binucleado. Dupla fecundação ocorre quando cada um dos dois núcleos liberados pelo tubo polínico se une, em separado, com um núcleo feminino indiferenciado, dentro do megagametófito de núcleos livres. Desse modo, a dupla fecundação, anteriormente considerada exclusiva das angiospermas, pode realmente ter ocorrido em *Gnetum* e *Ephedra*, embora não seja a norma em *Ephedra*. Diferentemente das plantas com flores, nas quais a dupla fecundação produz um tecido especializado para a nutrição do embrião chamado endosperma (além do embrião), o evento da segunda fecundação em *Ephedra* (e também em *Gnetum*) produz um embrião extra, que por fim é abortado. Como em todas as gimnospermas, também em *Ephedra* e *Gnetum*, um megagametófito grande fornece a nutrição do embrião em desenvolvimento no interior da semente.

Nenhuma das gnetófitas atuais poderia ser um ancestral de qualquer angiosperma – cada um dos três gêneros atuais de gnetófitas apresenta suas próprias especializações peculiares. É interessante que as estruturas reprodutivas de pelo menos algumas espécies de todos os três gêneros de gnetófitas produzam néctar e sejam visitadas por insetos. A polinização pelo vento é claramente importante – pelo menos em *Ephedra* – mas os insetos também desempenham um papel importante na polinização dessas plantas.

18.41 Welwitschia. A gnetófita *Welwitschia mirabilis* é encontrada apenas no Deserto da Namíbia e regiões adjacentes no sudoeste da África. *Welwitschia* tipicamente produz apenas duas folhas, que continuam a crescer pelo resto da vida da planta. Com a continuidade do crescimento, as folhas fendem-se no ápice e partem-se longitudinalmente; desse modo, as plantas mais velhas parecem ter numerosas folhas. **A.** Uma grande planta produzindo sementes. **B.** Estróbilos microsporangiados. **C.** Estróbilos ovulados; o inseto é um besouro sugando seiva do estróbilo. *Welwitschia* é dioica (ver Capítulo 19).

RESUMO

As plantas com sementes consistem em cinco filos com representantes atuais. Um desses é representado pelas extraordinariamente bem-sucedidas angiospermas (filo Anthophyta). Os quatro filos restantes são comumente agrupados como gimnospermas.

A semente desenvolve-se a partir de um óvulo

As sementes com suas grandes características de sobrevivência deram às plantas que as produzem a mais importante vantagem seletiva. Os pré-requisitos do hábito seminífero incluem heterosporia; retenção de um único megásporo; desenvolvimento de um embrião ou esporófito jovem, no interior de um megagametófito; e tegumentos. Todas as sementes consistem em um embrião, alimento armazenado e envoltório derivado do(s) tegumento(s). Nas gimnospermas, o alimento armazenado da semente é disponibilizado pelo megagametófito haploide. Além da produção de sementes, todas as plantas com sementes apresentam megafilos.

As plantas com sementes muito provavelmente se originaram das progimnospermas

As estruturas semelhantes a sementes mais antigas que se conhece ocorrem no estrato do período Devoniano Superior, com cerca de 365 milhões de anos. Um possível progenitor das gimnospermas e das angiospermas é representado pelas progimnospermas, um grupo extinto de plantas vasculares sem sementes do Paleozoico. Entre os principais grupos extintos de gimnospermas estão as Pteridospermales (pteridófitas com sementes), um grupo diverso e artificial, e as Bennettitales ou cicadóideas, que apresentam folhas semelhantes às das cicadófitas, mas estruturas reprodutivas muito diferentes.

Todas as gimnospermas têm o mesmo ciclo de vida básico

As gimnospermas atuais compreendem quatro filos: Coniferophyta, Cycadophyta, Ginkgophyta e Gnetophyta. Seus ciclos de vida são essencialmente similares: uma alternância de gerações heteromorfas com esporófitos grandes e independentes, e gametófitos bastante reduzidos. Os óvulos (megasporângios mais tegumentos) ficam expostos nas superfícies dos megasporofilos ou estruturas análogas. Na maturidade, o megagametófito da maioria das gimnospermas é uma estrutura multicelular com vários arquegônios. Os microgametófitos desenvolvem-se no interior dos grãos de pólen. Os anterídios estão ausentes em todas as plantas com sementes. Nas gimnospermas, os gametas masculinos formam-se diretamente a partir da célula gametogênica ou espermatogênica. Exceto em cicadófitas e *Ginkgo*, que têm gametas flagelados, os gametas masculinos das plantas com sementes são imóveis.

A polinização e a formação do tubo polínico eliminam a necessidade de água para o gameta masculino alcançar a oosfera

Nas plantas com sementes, a água não é necessária para que o gameta masculino alcance as oosferas, como o é para as plantas

Tabela-resumo   Filos de gimnospermas com representantes atuais

Filo	Gênero(s) representativo(s)	Tipo de elemento(s) traqueal(is)	Produz gametas masculinos móveis?	O tubo polínico é o verdadeiro transportador de gametas masculinos?	Tipo de folhas produzidas	Outras características
Coniferophyta (coníferas)	*Abies, Picea, Pinus* e *Tsuga*	Traqueídes	Não	Sim	Em sua maioria, aciculares ou escamiformes	Estróbilos ovulados e microsporangiados na mesma planta; estróbilos ovulados compostos; acículas de *Pinus* em fascículos
Cicadophyta (cicadófitas)	*Cycas* e *Zamia*	Traqueídes	Sim	Não	Semelhantes às palmeiras	Estróbilos ovulados e microsporangiados simples e em plantas separadas
Ginkgophyta (ginkgófita)	*Ginkgo*	Traqueídes	Sim	Não	Em forma de leque	Óvulos e microsporângios em plantas separadas; sementes com envoltório carnoso
Gnetophyta (gnetófitas)	*Ephedra, Gnetum* e *Welwitschia*	Traqueídes e elementos de vaso	Não	Sim	*Ephedra*: folhas escamiformes pequenas; *Gnetum*: folhas relativamente largas, coriáceas, dispostas aos pares; *Welwitschia*: duas enormes folhas em forma de fitas	Estróbilos ovulados e microsporangiados compostos, crescendo em plantas separadas, exceto em algumas espécies de *Ephedra*; apresenta características semelhantes às de coníferas e de angiospermas; folhas em pares opostos

vasculares sem sementes. Em vez disso, os gametas masculinos são transportados até as oosferas por uma combinação de polinização e formação do tubo polínico. A polinização em gimnospermas é a transferência de pólen do microsporângio para o megasporângio (nucelo). A fecundação ocorre quando um dos gametas do microgametófito (grão de pólen germinado) se une à oosfera, que na maioria das gimnospermas está localizada no arquegônio. O segundo gameta masculino aparentemente não tem função (exceto em *Gnetum* e *Ephedra*) e desintegra-se. Após a fecundação nas plantas com sementes, cada óvulo desenvolve-se em uma semente. De modo geral, a semente é um óvulo maduro contendo um embrião.

Há quatro filos de gimnospermas com representantes atuais

As coníferas (filo Coniferophyta) são o maior e mais amplamente distribuído filo de gimnospermas atuais, com cerca de 70 gêneros e aproximadamente 630 espécies. Elas dominam muitas comunidades vegetais em todo o mundo, com pinheiros, abetos, píceas e outras árvores conhecidas, em amplas faixas do Hemisfério Norte. As cicadófitas atuais (filo Cycadophyta) consistem em 11 gêneros e aproximadamente 300 espécies, na sua maioria tropical, mas estão mais afastadas do equador, em regiões mais quentes. As cicadófitas são plantas semelhantes às palmeiras, com troncos e crescimento secundário lento. Existe somente uma espécie atual do filo Ginkgophyta, *Ginkgo biloba*, que é encontrada apenas sob cultivo. Os três gêneros do filo Gnetophyta apresentam características de coníferas e angiosper-

mas (filo Anthophyta), tais como a similaridade de seus estróbilos com algumas inflorescências de angiospermas, a presença de elementos de vasos similares em seus xilemas, a ausência de arquegônio em *Gnetum* e *Welwitschia* e a ocorrência de dupla fecundação em *Ephedra* e *Gnetum*.

Autoavaliação

1. Um dos mais importantes avanços evolutivos nas progimnospermas foi o surgimento de um câmbio vascular bifacial. O que é um câmbio vascular bifacial e onde ele é encontrado afora o das progimnospermas?

2. De que forma as Bennettitales lembram as cicadófitas? Como elas diferem das cicadófitas?

3. O potencial para a poliembrionia ocorre duas vezes no ciclo de vida de um pinheiro (*Pinus*). Explique.

4. Tendo como modelo *Pinus*, faça um diagrama e dê nome aos componentes de cada um dos seguintes itens: um óvulo com um megagametófito maduro, um microgametófito maduro (grão de pólen germinado com gametas masculinos) e uma semente madura.

5. Existem evidências em cicadófitas e *Ginkgo* de que os primeiros tubos polínicos eram estruturas haustoriais e não verdadeiros transportadores de gametas masculinos. Explique.

6. Explique como os eventos da fecundação em *Ephedra* diferem daqueles em outras gimnospermas.

CAPÍTULO 19

Introdução às Angiospermas

◀ **Polinização.** As abelhas forrageiras (*Bombus fervidus*) depositaram os grãos de pólen de muitas flores de *Mimulus ringens* (Scrophulariaceae) sobre o estigma (em cinza) de uma única flor. Alguns dos grãos de pólen (em amarelo) germinaram formando tubos polínicos, os quais transportam os gametas masculinos aos óvulos localizados no interior da flor. Grãos de pólen de diferentes doadores frequentemente fecundam óvulos adjacentes, que resultam em descendentes geneticamente distintos dentro do fruto.

SUMÁRIO

Diversidade no filo Anthophyta

A flor

Ciclo de vida das angiospermas

As angiospermas – as plantas com flores – representam a maior parte das plantas modernas do mundo visível. Árvores, arbustos, gramados, jardins, plantações de trigo e de milho, flores do campo, frutas e verduras na mercearia, o brilho salpicado de cores na janela da florista, o gerânio nos corredores dos prédios, a lentilha-d'água e as ninfeias, a valisnéria e os juncos, os cactos como *Carnegiea gigantea* e *Opuntia* – qualquer lugar em que estejamos, as plantas com flor também estarão.

Diversidade no filo Anthophyta

As angiospermas representam o filo Antófitas, o qual inclui, pelo menos, 300.000 espécies, podendo chegar a 450.000 espécies, sendo assim, de longe, o maior filo de organismos fotossintetizantes. Nas suas características vegetativas e florais, as angiospermas são extremamente diversas. Em tamanho, elas variam de lentilhas-d'água, que são plantas simples, flutuadoras, muitas vezes mal alcançando 1 mm de comprimento, a espécies arbóreas como *Eucalyptus*, de mais de 100 m de altura, com troncos de aproximadamente 20 m de diâmetro (Figuras 19.1 e 19.2). Algumas angiospermas são escandentes, alcançando a altura da copa das plantas da floresta tropical, enquanto outras são epífitas que crescem naquelas copas. Muitas angiospermas, como os cactos, são adaptadas a crescerem em regiões extremamente áridas. Por mais de 100 milhões de anos, as plantas com flor têm dominado o ambiente terrestre.

Em termos de sua história evolutiva, as angiospermas são um grupo de plantas com sementes com características especiais: flores, frutos e um ciclo de vida distinto, que as tornam diferentes de todas as outras plantas. Neste capítulo, abordaremos essas características e sua importância e, no capítulo seguinte, discutiremos a evolução das angiospermas. A estrutura e o desenvolvimento do corpo das angiospermas (esporófito) serão contemplados com mais detalhes na Seção 5.

As angiospermas compartilham tantas características únicas que é evidente que são monofiléticas (derivadas de um único ancestral comum). Elas compreendem inúmeras linhas evolutivas, algumas com apenas poucos membros, e duas muito grandes, as classes Monocotyledonae (monocotiledôneas), com pelo menos 90.000 espécies (Figura 19.3) e as Eudicotyledonae (eudicotiledôneas), com pelo menos 200.000 espécies (Figura 19.4). As monocotiledôneas incluem plantas familiares como gramas,

PONTOS PARA REVISÃO

Após a leitura deste capítulo, você deverá ser capaz de responder às seguintes questões:

1. O que é uma flor e quais são as suas partes principais?

2. Cite algumas das variações existentes na estrutura floral.

3. Por qual processo as angiospermas formam microgametófitos (gametófitos masculinos)? Quanto esses processos são semelhantes ou diferentes daqueles que dão origem aos megagametófitos (gametófitos femininos)?

4. Qual é a estrutura ou composição do microgametófito maduro em angiospermas? E do megagametófito maduro?

5. Descreva a dupla fecundação nas angiospermas. Quais são os produtos desse processo?

19.1 Árvores gigantes de *Eucalyptus*. As árvores de *Eucalyptus regnans* aqui mostradas estão crescendo em Dandenong Ranges, no sudoeste da Austrália. No fim do século 19 foram relatadas alturas acima de 150 m para esses eucaliptos. Durante uma única estação, cada árvore pode produzir mais de um milhão de flores brancas. Muitas das matas remanescentes de *E. regans* estão sendo destruídas pelo corte da madeira.

lírios, íris, orquídeas, taboas e palmeiras, bem como arroz e bananas. As eudicotiledôneas são mais diversificadas, incluindo quase todas as árvores e os arbustos que conhecemos (com exceção das coníferas) e muitas ervas (plantas não lenhosas). Outros grupos de plantas primitivas com flor, que não são monocotiledôneas, nem eudicotiledôneas, serão discutidos no Capítulo 20. Antigamente essas plantas eram agrupadas com as eudicotiledôneas como "dicotiledôneas", porém sabemos hoje que esse é um sistema artificial de classificação que, simplesmente, salienta as diferenças das monocotiledôneas das demais angiospermas. As características principais das monocotiledôneas e das eudicotiledôneas estão indicadas na Tabela 19.1.

Em termos de seu modo de nutrição, quase todas as angiospermas são de vida livre, mas existem algumas parasitas e mico-heterotróficas. Há cerca de aproximadamente 200 espécies de monocotiledôneas parasitas e cerca de 2.800 espécies de eudicotiledôneas parasitas, incluindo o visgo, *Viscum album* (ver Figura 20.27), *Cuscuta* (Figura 19.5A) e *Rafflesia* (Figura 19.5B). As plantas com flor que são parasitas formam órgãos de absorção especializados, denominados haustórios, que penetram nos tecidos de seus hospedeiros. As plantas *mico-heterotróficas* são aclorofiladas e, por isso, não fazem fotossíntese, tendo relações de dependência obrigatória com fungos micorrízicos, os quais estão associados a uma segunda planta, neste caso, uma planta angiosperma clorofilada, que faz fotossíntese. O fungo forma uma ponte de ligação que transfere carboidratos da planta

A

B

19.2 Lentilha-d'água. As lentilhas-d'água ou lemnas (família Lemnaceae) são as menores plantas com flor. **A.** Uma abelha é vista aqui descansando sobre uma densa camada flutuante de três espécies de lentilhas-d'água. As plantas maiores são *Lemna gibba*, com 2 a 3 mm de comprimento; as menores são duas espécies de *Wolffia*, com até 1 mm de comprimento. **B.** Planta em flor de *L. gibba*: dois estames e um estilete projetam-se de uma bolsa na superfície superior da planta.

19.3 Monocotiledôneas. A. As sépalas e as pétalas das flores de íris são similares na coloração. Extensivamente usadas como ornamental em jardins e como flores de corte, as íris pertencem à família Iridaceae. **B.** Flores e frutos da bananeira (*Musa × paradisiaca*). A flor de bananeira tem um ovário ínfero, e o ápice do fruto apresenta uma grande cicatriz deixada por partes que caem da flor. **C.** *Trillium erectum*, um membro da família Trilliaceae, as sépalas são verdes e as pétalas vermelhas. Como é típico de flores de monocotiledôneas, as sépalas e as pétalas são sempre em número de três.

19.4 Eudicotiledôneas. A. Saguaro (*Carnegiea gigantea*). Os cactos, com aproximadamente 2.000 espécies, são uma família quase exclusivamente do Novo Mundo. Os caules grossos e carnosos, os quais armazenam água, contêm cloroplastos e assumiram a função de fotossíntese das folhas. **B.** *Hepatica nobilis* var. *obtusa,* sinonímia *Anemone americana* (Ranunculaceae) cujas flores aparecem em florestas decíduas no início da primavera. As flores não têm pétalas, mas apresentam seis a dez sépalas e numerosos estames e carpelos de arranjo espiralado. **C.** Papoula-da-califórnia (*Eschscholzia californica*, Papaveraceae), com pétalas de cor laranja forte, é a flor símbolo do estado da Califórnia (EUA) e é protegida por lei.

Tabela 19.1 Principais diferenças entre monocotiledôneas e eudicotiledôneas.

Características	Monocotiledôneas	Dicotiledôneas
Partes florais	Três elementos (em geral)	Quatro ou cinco elementos (em geral)
Pólen	Monoaperturados (com um poro ou sulco)	Triaperturados (com três poros ou sulcos)
Cotilédones	Um	Dois
Venação foliar	Frequentemente paralela	Frequentemente reticulada
Feixes vasculares primários no caule	Arranjo disperso	Arranjo em anel
Crescimento secundário verdadeiro, com câmbio vascular	Raro	Comumente presente

fotossintetizante (autotrófica) para a mico-heterotrófica – por exemplo, *Monotropa uniflora*, conhecida como cachimbo-indiano (Figura 19.5C).

A flor

A flor é um sistema caulinar determinado – ou seja, um ramo que cresce por um tempo limitado – com esporófilos, os quais são folhas que portam esporângios (Figura 19.6). O nome "angios-perma" deriva da palavra grega *angeion*, que significa "vaso" ou "recipiente" e *sperma*, que significa "semente". A estrutura que define a flor é o carpelo – o "vaso". O *carpelo* contém os óvulos, os quais se desenvolvem em sementes após a fecundação, enquanto o carpelo se desenvolve na parede do fruto.

As flores podem estar agrupadas de diversas maneiras, formando agregados denominados *inflorescências* (Figuras 19.7 e 19.8). O eixo da inflorescência ou da flor solitária é conhecido como *pedúnculo*, enquanto o eixo das flores individuais de uma inflorescência é denominado *pedicelo*. A parte do eixo na qual as peças da flor estão inseridas é denominada *receptáculo*.

A flor consiste em partes estéreis e partes férteis ou reprodutivas, originadas no receptáculo

Muitas flores incluem dois conjuntos de apêndices estéreis, as *sépalas* e as *pétalas*, que estão ligados ao receptáculo abaixo das partes férteis da flor, os *estames* e *carpelos*. As sépalas surgem abaixo das pétalas, e os estames, abaixo dos carpelos. Coletivamente, as sépalas formam o *cálice*, e as pétalas, a *corola*. As sépalas e pétalas são, essencialmente, uma estrutura do tipo folha. Em geral, as sépalas são verdes e relativamente espessas, e as pétalas são de cores fortes e mais finas, embora em muitas flores ambos os verticilos (um verticilo é um círculo das partes florais de mesmo tipo) sejam similares em cor e textura. O cálice (as sépalas) e a corola (as pétalas) juntos formam o *perianto*.

Os estames – partes da flor que portam o pólen, coletivamente denominados *androceu* ("casa do homem") – são microsporófilos. Em geral, nas angiospermas, o estame consiste em um pedúnculo delgado ou *filete*, em cuja extremidade se apresenta uma *antera* bilobada, contendo quatro microsporângios ou *sacos*

A   B   C

19.5 Angiospermas parasitas e mico-heterotróficas. Essas plantas têm pouca ou nenhuma clorofila e obtêm seu alimento de outras plantas que realizam fotossíntese. **A.** Cuscuta (*Cuscuta salina*), planta parasita de coloração amarelada ou alaranjada; pertence à família das ipomeias (Convolvulaceae). **B.** *Rafflesia arnoldii*, a maior planta parasita do mundo, cresce em Sumatra. As plantas desse gênero são parasitas das raízes de um membro da família da videira (Vitaceae). Existem mais de 3.000 espécies de angiospermas parasitas, com representantes em 17 famílias. **C.** O cachimbo-indiano (*Monotropa uniflora*) é uma mico-heterotrófica que não tem cloroplastos e obtém seu alimento das raízes de outra angiosperma fotossintetizante, por meio das hifas do fungo associadas a suas raízes.

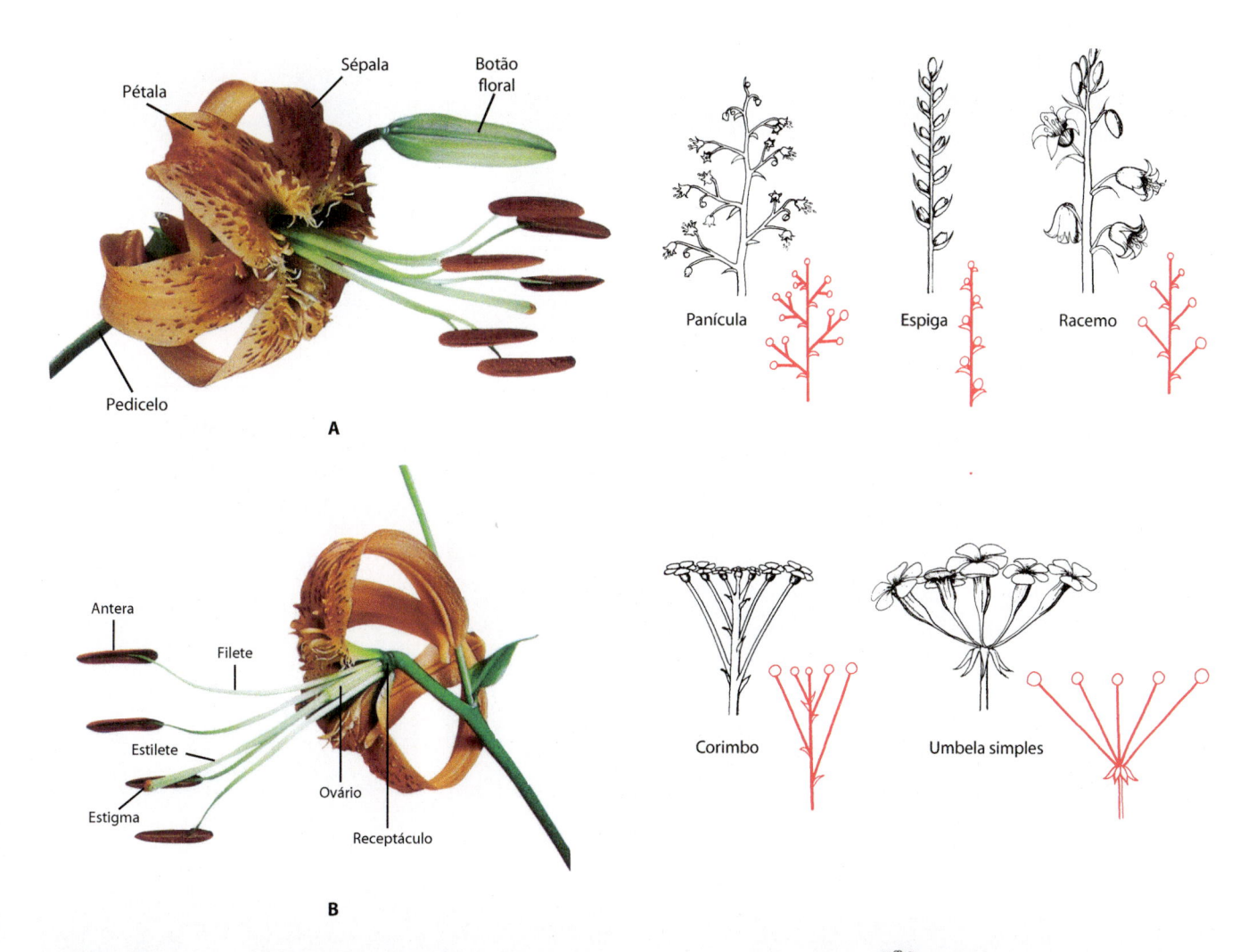

19.6 Partes de uma flor de lírio. A. Uma flor intacta de lírio (*Lilium henryi*). Em algumas flores, como as de lírio, as sépalas e as pétalas são semelhantes entre si, e as partes do perianto – o conjunto de sépalas e pétalas – podem ser referidas como *tépalas*. Observe que as sépalas são ligadas ao receptáculo abaixo das pétalas. **B.** Duas tépalas e dois estames foram removidos para evidenciar o ovário. O gineceu consiste em ovário, estilete e estigma. O estame consiste em filete e antera. Observe que as sépalas, as pétalas e os estames são ligados ao receptáculo abaixo do ovário, o qual é composto, na flor de lírio, por três carpelos fusionados. Tal flor é chamada hipógina.

polínicos em dois pares – uma característica que pode ser usada para definir as angiospermas.

Os carpelos – partes da flor que portam os óvulos e são coletivamente conhecidas como o *gineceu* ("casa da mulher") – são megasporófilos, que se dobram ao longo do seu comprimento e portam um ou mais óvulos. Uma dada flor pode conter um ou mais carpelos, os quais podem ser separados ou fusionados, em parte ou na totalidade. Algumas vezes, o carpelo individual ou o grupo de carpelos fusionados é denominado *pistilo*.* A palavra "pistilo" vem do latim *pistillu*, instrumento com forma

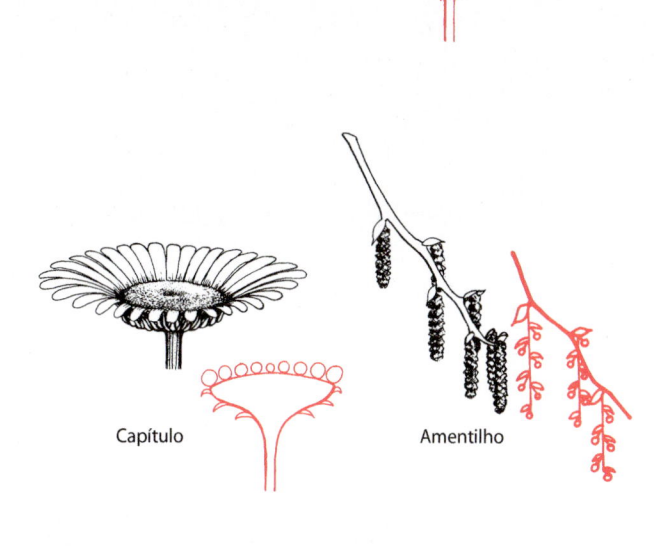

19.7 Tipos de inflorescência. Ilustrações de alguns tipos comuns de inflorescência encontrados nas angiospermas, acompanhados por um diagrama simplificado (em cores).

---

*N.T.: O pistilo é a unidade morfológica, e o carpelo, a unidade estrutural. O correto é considerar o gineceu formado por pistilo(s) e cada pistilo por um ou mais carpelos.

A

B

C

D

E

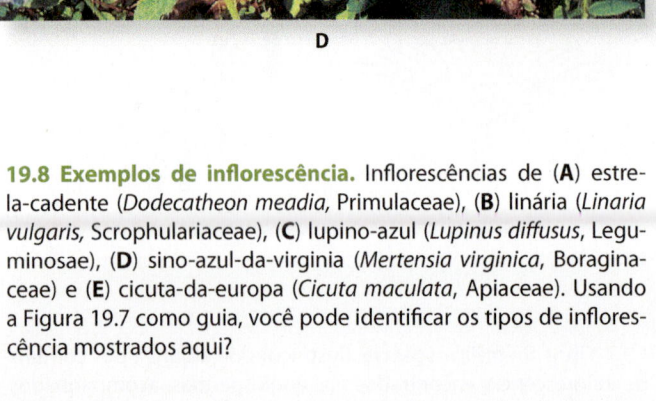

19.8 Exemplos de inflorescência. Inflorescências de (**A**) estrela-cadente (*Dodecatheon meadia*, Primulaceae), (**B**) linária (*Linaria vulgaris*, Scrophulariaceae), (**C**) lupino-azul (*Lupinus diffusus*, Leguminosae), (**D**) sino-azul-da-virginia (*Mertensia virginica*, Boraginaceae) e (**E**) cicuta-da-europa (*Cicuta maculata*, Apiaceae). Usando a Figura 19.7 como guia, você pode identificar os tipos de inflorescência mostrados aqui?

semelhante à mão-do-pilão, que os farmacêuticos usavam para triturar substâncias até se tornarem pó no almofariz ou graal.

Individualmente, as flores podem apresentar o total de até quatro verticilos de apêndices. De fora para dentro, os verticilos são as sépalas (coletivamente, o cálice); as pétalas (coletivamente, a corola); os estames (coletivamente, o androceu); e os pistilos ou carpelos (coletivamente, o gineceu).

Na maioria das flores, os carpelos individuais ou grupos de carpelos fusionados são diferenciados em três partes: uma parte superior, o *estigma*, o qual recebe o pólen; uma parte intermediária, o *estilete*, por meio do qual o tubo polínico cresce; e, uma parte inferior, o *ovário*, o qual contém os óvulos. Em algumas flores não há um estilete distinto. Se os carpelos são fusionados, pode haver um estilete comum ou cada carpelo pode manter o seu separadamente. O ovário comum de tais carpelos fusionados é, geralmente, subdividido em dois ou mais *lóculos* – câmaras do ovário que contém os óvulos. O número de lóculos é frequentemente relacionado com o número de carpelos do gineceu.

Os óvulos fixam-se ao ovário pela placenta

A porção do ovário onde se originam os óvulos e na qual eles se mantêm fixados até a maturidade é denominada *placenta*. O arranjo das placentas – conhecido como *placentação* –, e consequentemente dos óvulos, varia entre os diferentes grupos de plantas com flor (Figura 19.9). Em algumas, a placentação é *parietal*; isto é, os óvulos nascem sobre a parede do ovário ou de suas extensões. Em outras flores, os óvulos nascem de uma coluna central de tecido de um ovário, o qual se apresenta dividido em tantos lóculos quantos são os carpelos. Essa é a placentação

axilar. Ainda em outras flores, a placentação é *central livre*, com os óvulos se originando de uma coluna central de tecido, que não está conectada por divisões com a parede do ovário. E, finalmente, em algumas flores, um único óvulo é encontrado na base (placentação *basal*) ou no ápice (placentação *apical*) de um ovário unilocular. Essas diferenças são importantes para a classificação das plantas com flores.

Há muitas variações na estrutura floral

A maioria das flores exibe tanto estames quanto carpelos, e tais flores, são chamadas *perfeitas* (bissexuadas). Se, por outro lado, estão ausentes os estames ou os carpelos, a flor é dita *imperfeita* (unissexuada), e, dependendo do órgão presente, as flores são denominadas *estaminadas* ou *carpeladas* (ou pistiladas) (Figura 19.10). Se há tanto flores estaminadas quanto carpeladas na mesma planta, como no milho (ver Figura 20.18B, C) e no carvalho, as espécies são denominadas *monoicas* (palavras de origem grega, *monos*, "único" e *oikos*, "casa"). Se as flores estaminadas e carpeladas são encontradas em plantas separadas, a espécie é denominada *dioica* ("duas casas"), como no salgueiro e no cânhamo (*Cannabis sativa*).

Qualquer um dos quatro verticilos florais – sépalas, pétalas, estames ou carpelos – pode faltar em flores de certos grupos vegetais. As flores que têm todos os quatro verticilos florais são denominadas *completas*. Se faltar qualquer verticilo, a flor é denominada *incompleta*. Assim, uma flor imperfeita, na qual está faltando estames ou carpelos, é também incompleta, porém, nem todas as flores incompletas são imperfeitas, pois elas podem apresentar tanto estames quanto carpelos.

Quanto à disposição, as partes florais podem estar arranjadas em espiral sobre um receptáculo um pouco alongado, ou as partes semelhantes – tais como as pétalas – podem estar inseridas em verticilo. As partes podem se unir com outros membros do mesmo verticilo (*conação*) ou com membros de outros verticilos (*adnação*). Um exemplo de adnação é a união dos estames com a corola (estames adnados à corola), a qual é muito comum e ocorre, por exemplo, em membros das famílias das

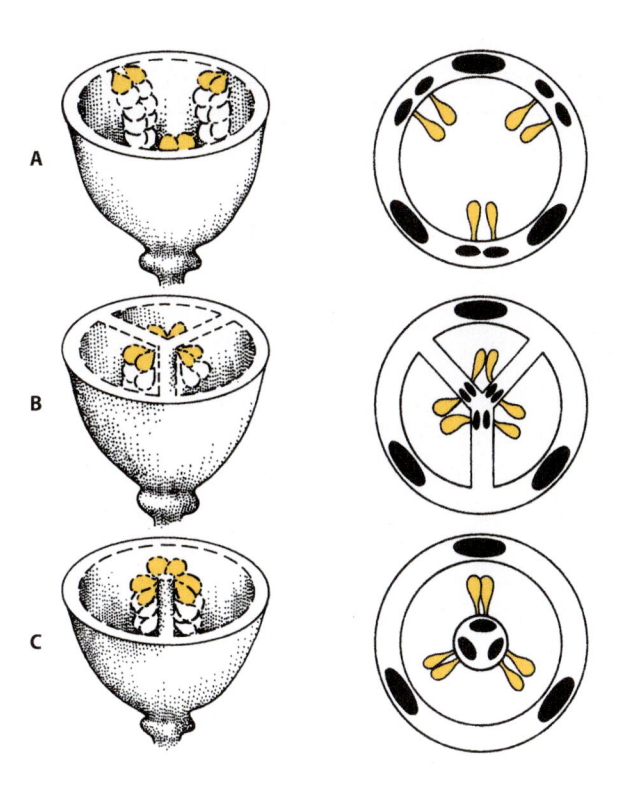

19.9 Placentação. Os três tipos de placentação aqui demonstrados, com os óvulos indicados em cor, são: **A.** parietal, **B.** axilar e **C.** central livre. Os feixes vasculares são apresentados como estruturas sólidas na parede do ovário. Não foram apresentadas as placentações basal e apical, cada uma delas com um único óvulo, na base ou no ápice de um ovário unilocular, respectivamente.

19.10 Flores de carvalho. Flores estaminadas originadas sobre um amentilho alongado e amarelo, mostradas aqui em um ramo de carvalho (*Lithocarpus densiflorus*). As duas "bolotas" foram derivadas das flores carpeladas. A maioria dos membros da família dos carvalhos ou faias (Fagaceae), incluindo os carvalhos verdadeiros (*Quercus*), é monoica, significando que as flores estaminadas e carpeladas são separadas, porém se originam na mesma árvore.

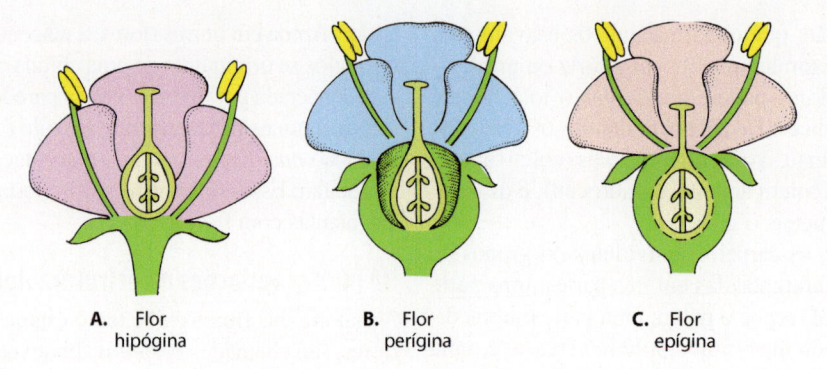

A. Flor
hipógina

B. Flor
perígina

C. Flor
epígina

19.11 Posição do ovário. Tipos de flores em famílias comuns de eudicotiledôneas mostrando diferenças na posição do ovário. **A.** Em Ranunculaceae, família do ranúnculo, as sépalas, pétalas e os estames estão inseridos abaixo do ovário e sem qualquer fusão; tais flores são denominadas hipóginas. **B.** Por outro lado, muitas Rosaceae, como as cerejeiras, têm ovário súpero, com as sépalas, as pétalas e os estames fusionados, compondo uma extensão do receptáculo, em forma de taça, chamada hipanto. Tais flores são denominadas períginas. **C.** As flores de outras plantas, como, por exemplo, de Apiaceae, a família da salsa, têm ovário ínfero, ou seja, as sépalas, as pétalas e os estames se inserem acima do ovário. Tais flores são denominadas epíginas.

prímulas (Primulaceae), das ipomeias (Convolvulaceae), das gencianas (Gentianaceae), do oficial-de-sala (Apocynaceae), da boca-do-leão (Plantaginaceae), da hortelã (Lamiaceae), da madressilva (Caprifoliaceae) e do mal-me-quer (Asteraceae ou Compositae). Quando as partes florais do mesmo verticilo não estão soldadas, os prefixos *apo-* ("separados") ou *poli-* ("numerosos") podem ser usados para descrever a condição. Quando as partes estão conadas (soldadas), empregam-se os prefixos *sin-* ou *sim-* ("junto"). Por exemplo, em um cálice apossépalo ou polissépalo, as sépalas não estão fusionadas; em um sinsépalo, as sépalas estão unidas.

Além desta variação no arranjo das partes florais (espiralada ou verticilada), o nível de inserção das sépalas, das pétalas e dos estames no eixo floral varia em relação ao ovário ou ovários (Figura 19.11). Se as sépalas, as pétalas e os estames estão inseridos ao receptáculo abaixo do ovário, como no lírio, o ovário é denominado *súpero* (ver Figura 19.6). Em outras flores, as sépalas, as pétalas e os estames se inserem, visivelmente, próximo ao topo do ovário, o qual é *ínfero*. Condições intermediárias, nas quais parte do ovário é ínfero, também ocorre em vários tipos de plantas.

De acordo com os pontos de inserção do perianto e dos estames, há três categorias. Nas flores *hipóginas*, o perianto e os estames estão situados no receptáculo abaixo do ovário e livre deste e do cálice, como nos lírios (Figura 19.6); nas flores *epíginas*, o perianto e os estames estão situados acima do topo do ovário, como nas flores de maçã (Figura 19.12); nas flores *períginas*, os estames e as pétalas são adnados ao cálice e, assim,

19.12 Epiginia. Flores de macieira (*Malus domestica*). **A** e **B.** Epiginia – suas sépalas, pétalas e seus estames parecem se originar do topo do ovário. Em **B**, a flor está próxima da antese, porém os estames ainda não estão eretos.

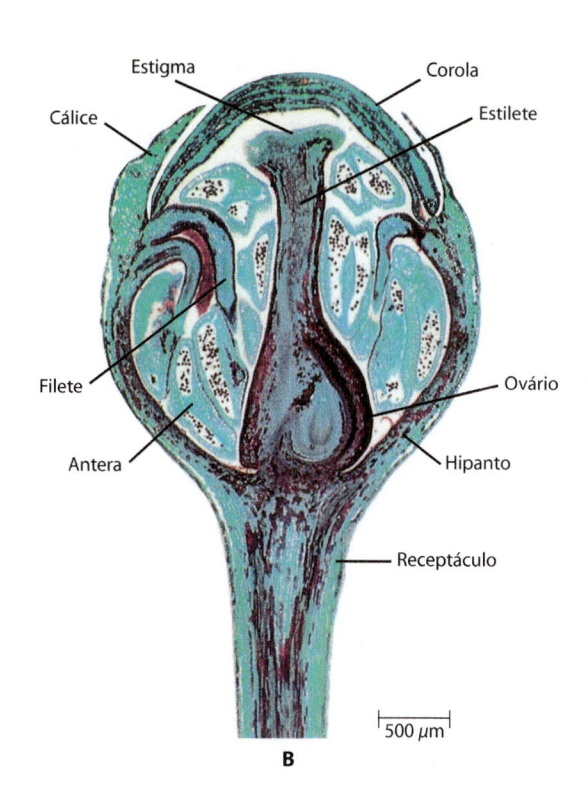

Estigma
Corola
Cálice
Estilete
Filete
Ovário
Antera
Hipanto
Receptáculo
500 μm

A **B**

19.13 Periginia. Flores de cerejeira, *Prunus*, **A** e **B** apresentam periginia – as sépalas (cálice), as pétalas (corola) e os estames estão inseridos ao hipanto. Em **B**, os filetes dos estames estão pendentes e agrupados no hipanto, pois a flor ainda não está aberta.

formam um tubo curto (*hipanto*), originado da base do ovário, como nas flores de cerejeira (Figura 19.13).

Finalmente, a simetria na estrutura da flor tem duas formas principais. Em flores com *simetria radial*, os diferentes verticilos estão constituídos por peças similares em forma, que se irradiam a partir do centro da flor e são equidistantes entre si. Tais flores, como as rosas e as tulipas, são ditas *regulares* ou actinomórficas (da raiz grega *aktin-*, "radial"). Nas flores com *simetria bilateral*, uma ou mais peças de um verticilo são diferentes das outras peças do mesmo verticilo. Flores com simetria bilateral, como, por exemplo, a boca-de-leão e a ervilha-de-jardim, são ditas *irregulares* ou zigomórficas (do grego *zygon*, "par"). Algumas flores regulares têm um padrão de coloração irregular, o qual dá ao polinizador uma imagem semelhante àquela de uma flor estruturalmente irregular.

Ciclo de vida das angiospermas

Os gametófitos das angiospermas são muito reduzidos em tamanho – mais do que de qualquer outra planta heterosporada, incluindo as outras plantas com sementes (gimnospermas). O microgametófito maduro é constituído por apenas três células. O megagametófito (saco embrionário), o qual é retido durante toda sua existência no interior dos tecidos do esporófito, ou mais especificamente do óvulo, consiste em sete células na maioria das espécies de angiospermas (ver Figuras 19.19 e 19.23). Os anterídios e os arquegônios estão ausentes. A polinização é indireta; isto é, o pólen é depositado sobre o estigma, após o qual o tubo polínico cresce através ou sobre a superfície dos tecidos do carpelo para levar os dois gametas, sem mobilidade própria, para o gametófito feminino. Após a fecundação, o óvulo se desenvolve em semente, a qual fica

incluída no ovário. Ao mesmo tempo, o ovário (e em alguns casos estruturas adicionais associadas a ele) desenvolve-se em fruto (ver Figura 19.22).

A microsporogênese e a microgametogênese culminam na formação dos gametas masculinos

Dois processos distintos – microsporogênese e microgametogênese – levam à formação do microgametófito. A *microsporogênese* é a formação dos micrósporos (precursores unicelulares dos grãos de pólen), no interior do microsporângio ou saco polínico da antera. A *microgametogênese* é a formação do microgametófito até o estágio final, tricelular, do desenvolvimento.

No início de seu desenvolvimento, a antera consiste em um conjunto de células uniformes, exceto pela epiderme parcialmente diferenciada. A seguir, quatro agrupamentos de células férteis ou *esporogênicas* tornam-se evidentes no interior da antera. Cada um desses grupos é circundado por várias camadas de células estéreis. As células estéreis desenvolvem-se como parede do saco polínico. As camadas externas do saco polínico atuarão posteriormente na abertura da antera (antese) enquanto a camada interna forma o *tapete* nutritivo (Figura 19.14A). O tapete acrescenta uma cobertura rica em lipídios à camada superficial do grão de pólen e aos espaços existentes nesta camada. As células esporogênicas tornam-se microsporócitos, os quais se dividem meioticamente. Cada microsporócito diploide dá origem a uma tétrade de micrósporos haploides. A microsporogênese é completada com a formação dos micrósporos unicelulares.

Durante a meiose, cada divisão nuclear pode ser seguida imediatamente pela formação de parede celular ou os protoplastos

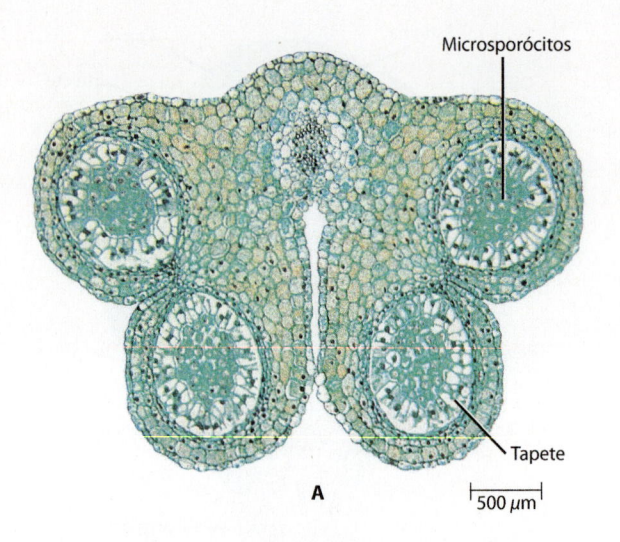

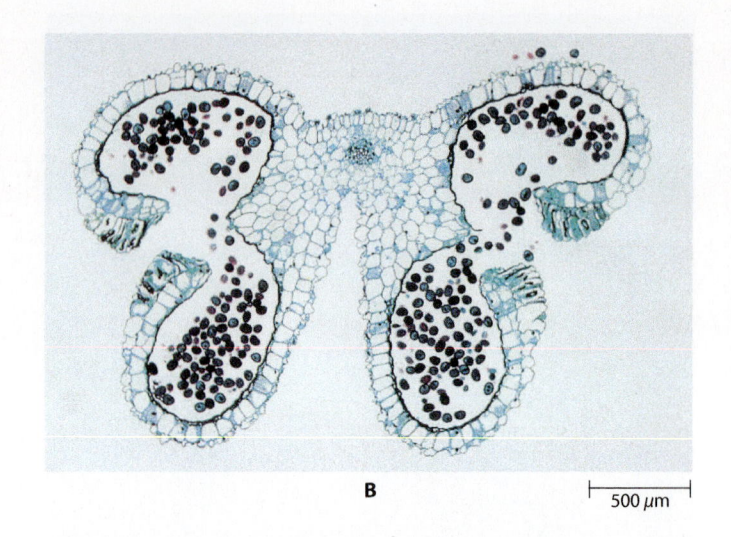

19.14 Seções transversais de anteras de lírio (*Lilium*). A. Antera imatura apresentando quatro sacos polínicos contendo microsporócitos circundados pelo tapete nutritivo. **B.** Antera madura contendo grãos de pólen. As separações entre os sacos polínicos adjacentes desintegram-se durante a deiscência para a dispersão do pólen, como mostrado aqui.

dos quatro micrósporos podem formar paredes simultaneamente, após a segunda divisão meiótica. A primeira condição é comum em monocotiledôneas, a segunda, em eudicotiledôneas. Subsequentemente, as características principais dos grãos de pólen são estabelecidas (Figura 19.15).

O grão de pólen desenvolve uma parede externa resistente, a *exina*, e uma parede interna, a *intina*. A superfície da exina pode ser lisa ou apresentar ornamentações variadas. A exina é frequentemente interrompida por poros ou aberturas lineares, que são os sítios preferenciais para a saída inicial do tubo polínico. Grãos de pólen que não apresentam aberturas formam, em geral, tubos polínicos nas porções da exina, que são mais finas que as outras. As aberturas também são os sítios para a entrada de várias substâncias, pois têm a capacidade de se contrair ou expandir em resposta à variação do potencial osmótico. A contração da abertura protege o grão de pólen da desidratação e pode ser acompanhada por dobramento ou deformação dele para minimizar a perda de água. A exina é composta pela *esporopolenina*, substância muito resistente (ver Capítulo 16) e que, aparentemente, é sintetizada principalmente pelo tapete. Esse polímero, composto principalmente por carotenoides, está presente na parede dos esporos de todas as plantas. A esporopolenina fornece ao microgametófito uma barreira protetora forte contra a radiação UV, desidratação e o ataque de patógenos. A intina, composta por celulose e pectina, é produzida pelo protoplasto do micrósporo. A cobertura do pólen das angiospermas, que frequentemente apresenta substâncias voláteis (que dão odor), pigmentos e enzimas, é secretada sobre a textura da exina pelo tapete e é única para a maioria das angiospermas.

A microgametogênese nas angiospermas é uniforme e se inicia quando os micrósporos se dividem mitoticamente, formando duas células no interior da parede original do micrósporo. A divisão forma uma *célula vegetativa (célula do tubo)* grande e uma *célula geradora* pequena, a qual se move para o interior do grão de pólen. Esse grão de pólen bicelular é o microgametófito imaturo. Em aproximadamente dois terços das

espécies de plantas com flor, o microgametófito se encontra nesse estágio *bicelular* no momento da liberação dos grãos de pólen da antera (Figura 19.16). Nas demais espécies, a célula geradora se divide antes da liberação do grão de pólen, dando origem a dois gametas masculinos ou células espermáticas, resultando em um microgametófito *tricelular* (Figura 19.17). Os grãos de pólen maduros podem ser liberados com amido ou óleo, dependendo do táxon considerado, constituindo uma fonte nutritiva para os animais.

Os grãos de pólen, como os esporos das plantas sem sementes, variam consideravelmente em tamanho e forma. Os menores grãos de pólen têm cerca de 10 mm de diâmetro e os maiores (família das Annonaceae), 350 mm de diâmetro. A forma dos grãos de pólen pode variar de esférica à forma de bastonete. Eles também diferem quanto ao número e ao arranjo das aberturas. Essas aberturas podem ser alongadas e com ranhuras (sulcos), circulares (poros), ou uma combinação das duas. Praticamente todas as famílias, muitos gêneros e um razoável número de espécies de plantas com flor podem ser identificados apenas por seu grão de pólen, tendo como base características como tamanho, número e tipo de aberturas e ornamentação da exina. Ao contrário das partes maiores das plantas – como folhas, flores e frutos – os grãos de pólen, em virtude da sua exina muito resistente, são amplamente representados no registro fóssil. Estudos de pólen fóssil podem proporcionar informações valiosas sobre tipos de plantas e comunidades vegetais, assim como a natureza das condições climáticas existentes no passado.

Ao contrário dos esporos da maioria das plantas sem sementes, os quais também são produzidos por meiose, os grãos de pólen sofrem mitose antes da sua dispersão. Os grãos de pólen têm, portanto, dois ou três núcleos quando liberados, enquanto a maioria dos esporos tem apenas um. Além disso, os esporos germinam através de uma sutura em sua superfície, em forma de Y, ao passo que os grãos de pólen germinam através de suas aberturas.

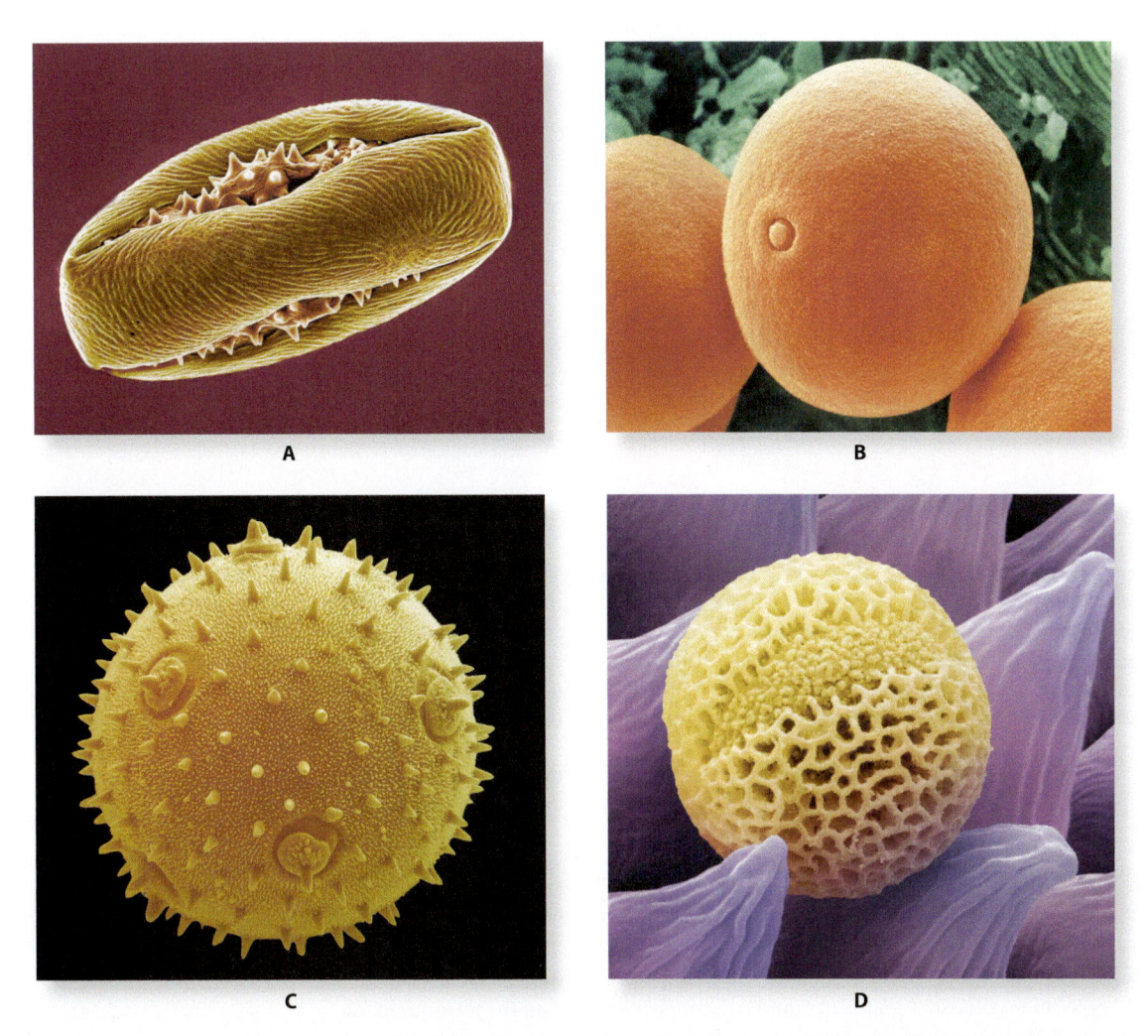

19.15 Grãos de pólen. A parede do grão de pólen protege o gametófito masculino em seu trajeto, muitas vezes arriscado, da antera até o estigma. A escultura da parede é marcadamente diferente de uma espécie para outra, como mostrado nessas elétron-micrografias de varredura. **A.** Grãos de pólen de castanheira-da-índia (*Aesculus hippocastanum*, Hippocastanaceae). Cada grão tem três lobos, separados por sulcos profundos. Quando o grão de pólen germina, o tubo polínico emerge a partir de um poro em um dos sulcos. **B.** O grão de pólen liso do capim-rabo-de-gato (*Phleum pratense*, Poaceae), tem uma única abertura semelhante a um poro. **C.** Grão de pólen espinescente da aboboreira (*Cucurbita pepo*, Cucurbitaceae) com múltiplos poros. **D.** Grão de pólen da lavanda-francesa (*Lavandula dentata*), um membro da família da hortelã, Lamiaceae, aninhado entre as pétalas da flor. Um sulco interrompe a escultura reticulada da exina.

A megasporogênese e a megagametogênese culminam com a formação da oosfera e dos núcleos polares

Dois processos distintos – megasporogênese e megagametogênese – levam à formação do megagametófito ou saco embrionário. A *megasporogênese* envolve meiose e resulta na formação de megásporos no interior do nucelo (megasporângio). A *megagametogênese* é o desenvolvimento do megásporo no saco embrionário.

O óvulo é uma estrutura relativamente complexa, consistindo em um pedúnculo ou *funículo*, que suporta o nucelo, envolvido por um ou dois tegumentos. Dependendo da espécie, um ou mais óvulos podem se originar da placenta ou de regiões da parede do ovário (Figura 19.9). Inicialmente, o óvulo em desenvolvimento é apenas nucelo (Figura 19.18A), porém cedo desenvolve uma ou duas camadas envolventes, os tegumentos, os quais formam uma pequena abertura, a *micrópila*, na extremidade do óvulo (Figuras 19.18B e 19.19).

Cerca de 70% das angiospermas atuais apresentam um padrão de megasporogênese e megagametogênese referido como do tipo *Polygonum* (Figura 19.20A), cuja sequência será descrita a seguir. No início do desenvolvimento do óvulo, um único megasporócito surge no nucelo. O megasporócito diploide se divide por meiose para formar quatro megásporos haploides, os quais geralmente se dispõem em tétrade linear. Com isso, a megasporogênese está concluída. Na maioria das plantas com sementes, três dos quatro megásporos degeneram. Aquele mais distante da micrópila sobrevive e se desenvolve no megagametófito.

O megásporo funcional logo cresce ao mesmo tempo que se dá a expansão do nucelo, e o núcleo do megásporo se divide mitoticamente. Cada núcleo resultante se divide mitoticamente, o que é seguido ainda de outra divisão mitótica dos quatro núcleos resultantes. Ao final do terceiro ciclo mitótico, os oito núcleos se organizam em dois grupos de quatro, um grupo próximo da extremidade micropilar do megagametófito e o outro

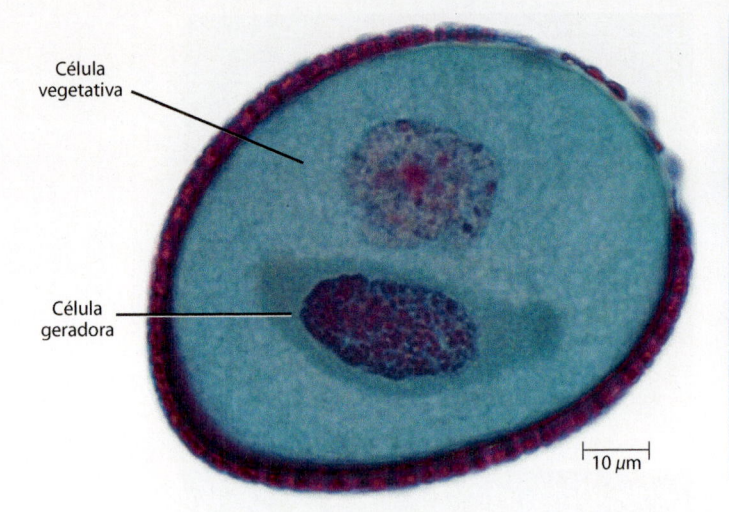

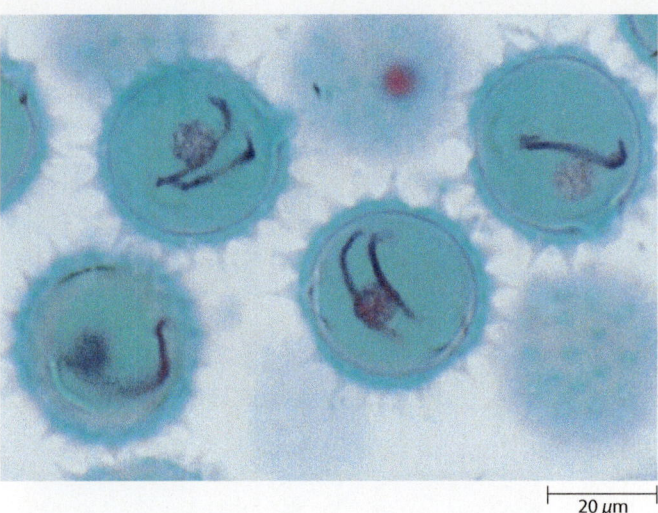

19.16 Microgametófito bicelular. Grão de pólen imaturo de *Lilium*, contendo um gametófito masculino bicelular. A célula geradora, de formato fusiforme, divide-se mitoticamente após a germinação do grão de pólen. A célula vegetativa, maior e que contém a célula geradora, formará o tubo polínico. A estrutura arredondada, localizada acima da célula geradora, é o núcleo da célula vegetativa.

19.17 Microgametófito tricelular. Grãos de pólen maduros contendo gametófitos masculinos tricelulares de *Silphium terebinthinaceum* (família Asteraceae). Antes da polinização, cada grão de pólen contém duas células gaméticas filamentosas (gametas masculinos), as quais estão suspensas no citoplasma da célula vegetativa (célula do tubo), que é maior. O pólen de *Silphium* é liberado no estágio tricelular, ao passo que, em *Lilium*, mostrado na Figura 19.16, é liberado no estágio bicelular.

na extremidade oposta ou *calazal* (Figura 19.18C). Um núcleo de cada grupo migra para o centro da célula octonucleada; esses núcleos são então chamados *núcleos polares*. Os três núcleos restantes do polo micropilar se organizam como o *aparelho oosférico*, consistindo em uma *oosfera* e duas *sinérgides*, de vida curta. Cada sinérgide tem uma parede espessada e convolvulada, chamada aparelho filiforme, em sua extremidade micropilar. A formação da parede celular também ocorre ao redor dos três núcleos da extremidade calazal, formando as *antípodas*. A *célula central* contém os dois núcleos polares. A estrutura com sete células e octonucleada é o megagametófito maduro ou *saco embrionário* (Figura 19.19).

Outros padrões de megasporogênese e megagametogênese ocorrem em cerca de um terço das plantas floríferas. Um tipo de padrão incomum é chamado *Fritillaria* ocorre em *Lilium*, o gênero ilustrado nas Figuras 19.18 e 19.20B. Em *Lilium* não há formação de parede durante a megasporogênese, e todos os quatro núcleos dos megásporos participam na formação do saco embrionário. Três dos núcleos se movem para o polo calazal do saco embrionário, enquanto o núcleo restante se situa na extremidade micropilar. Esse arranjo de núcleos representa o *primeiro estágio tetranucleado* no desenvolvimento do saco embrionário. O que acontece a seguir é um tanto diferente nas duas extremidades do saco embrionário. No polo micropilar do saco embrionário, o único núcleo haploide sofre mitose, formando dois núcleos haploides. No polo calazal, os fusos mitóticos dos três conjuntos de cromossomos se unem e a mitose resulta em dois núcleos que são 3*n* (triploides) no número cromossômico. Como resultado desses eventos, um *segundo estágio tetranucleado* é produzido, com dois núcleos haploides no polo micropilar do saco embrionário e dois núcleos triploides na extremidade calazal.

O desenvolvimento do saco embrionário então se processa da mesma maneira descrita anteriormente para o tipo mais frequente de formação do saco embrionário, que tem um único estágio tetranucleado.

A maioria das linhagens antigas das angiospermas não tem sacos embrionários do tipo Polygonum

Como a grande maioria das angiospermas tem o saco embrionário maduro com sete células e oito núcleos geneticamente idênticos, acreditou-se, por muito tempo, que as primeiras plantas com flor deveriam ter sacos embrionários do tipo *Polygonum*. Uma série de estudos moleculares, iniciados em 1999, mudou essa concepção. Os estudos identificaram uma "grade basal" de três linhagens de angiospermas: a monotípica Amborellaceae, as Nymphaeales e as Austrobaileyales, com *Amborella* (ou *Amborella* mais Nymphaeales) irmã de todas as outras angiospermas. Estudos subsequentes revelaram que os sacos embrionários dos membros de Nymphaeales e Austrobaileyales eram do tipo *Oenothera*, que contém quatro células e quatro núcleos na maturidade: um aparelho oosférico consistindo em uma oosfera e duas sinérgides, bem como uma célula central uninucleada (Figura 19.20C). O saco embrionário de *Amborella* lembra um saco embrionário maduro do tipo *Polygonum*, mas ele consiste em oito células e nove núcleos; seu aparelho oosférico contém uma oosfera e *três* sinérgides. Além disso, estão presentes três antípodas e uma célula central binucleada. (Um pouco antes da fecundação, os dois núcleos polares da célula central se fundem, uma característica de muitas angiospermas.) Assim, nenhuma das linhagens antigas das plantas com flor forma um saco embrionário heptacelular e octonucleado.

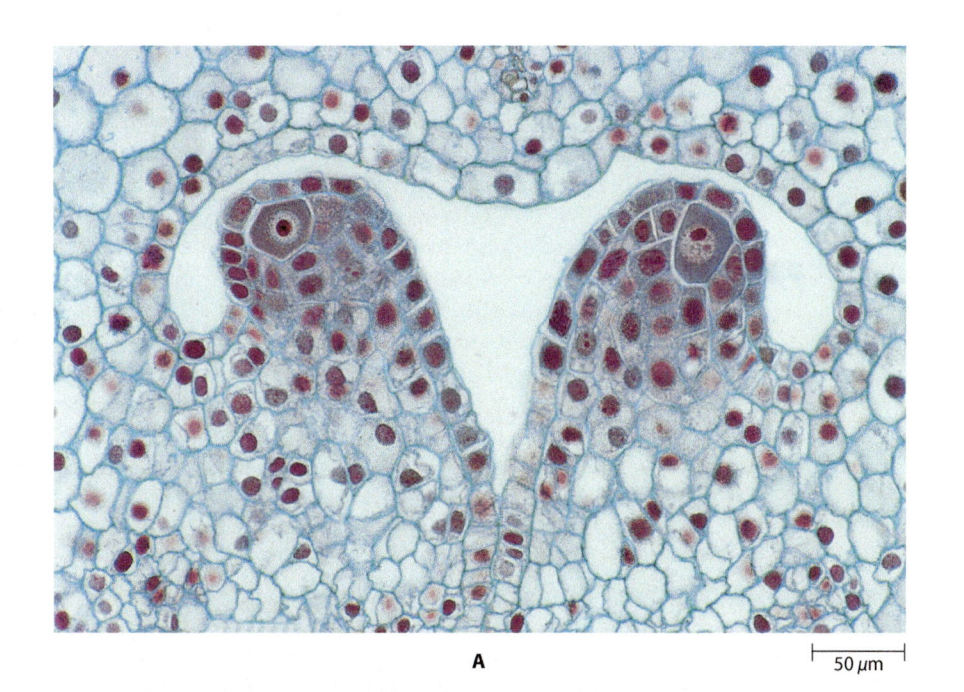

A

50 μm

19.18 Desenvolvimento do óvulo e do saco embrionário. Alguns estágios do desenvolvimento de um óvulo e do saco embrionário de *Lilium*. **A.** Dois óvulos jovens, cada um com um único e grande megasporócito, circundado pelo nucelo. Os tegumentos ainda não iniciaram seu desenvolvimento. **B.** O óvulo já desenvolveu os tegumentos, formando a micrópila. O megasporócito está na primeira prófase da meiose. **C.** Um óvulo com um saco embrionário octonucleado (apenas seis dos núcleos podem ser visualizados, quatro no polo micropilar e dois no lado oposto, na extremidade calazal). Os núcleos polares ainda não migraram para o centro do saco embrionário. O funículo é o pedúnculo do óvulo.

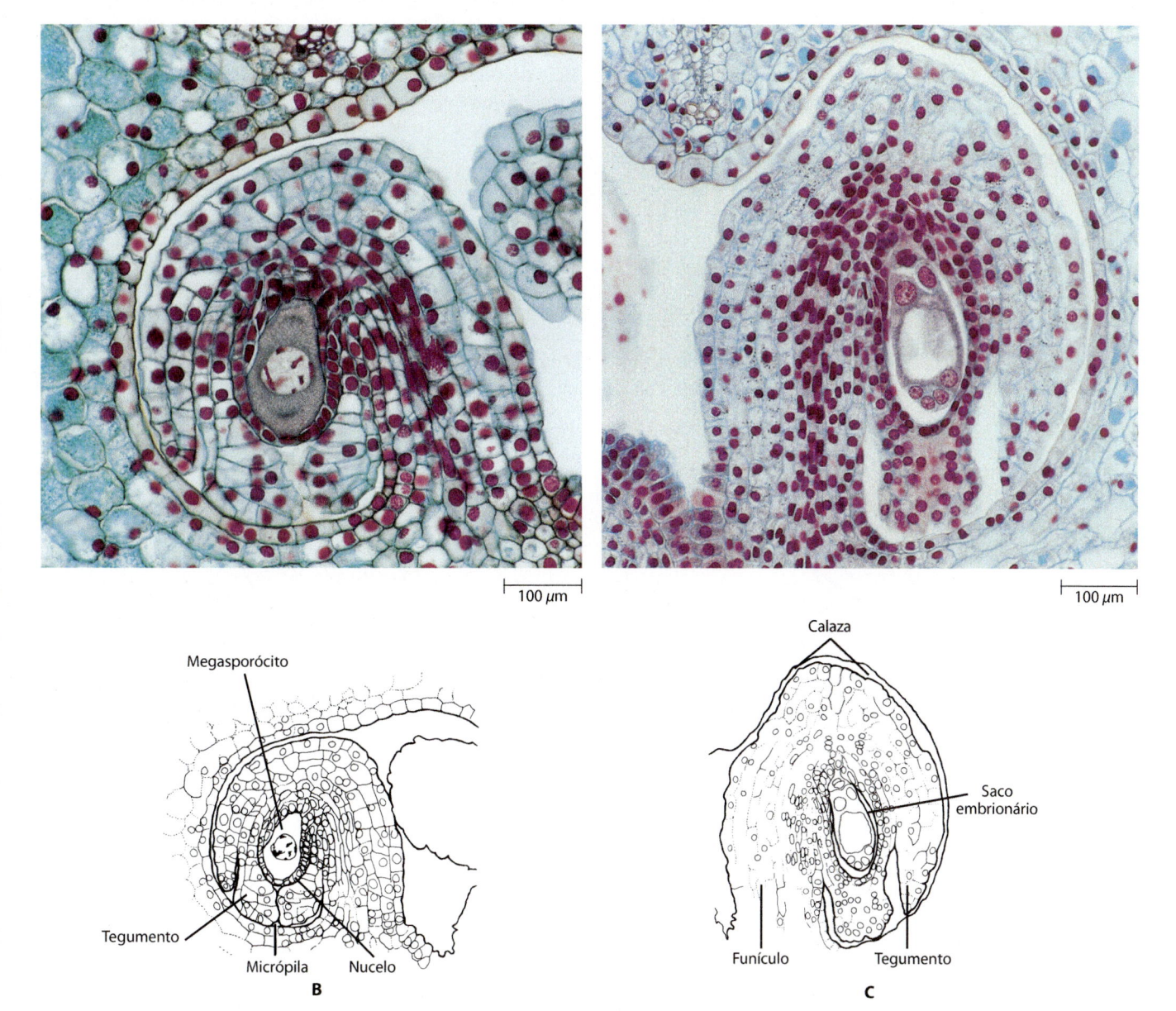

100 μm

100 μm

Megasporócito

Tegumento

Micrópila   Nucelo

B

Calaza

Saco embrionário

Funículo   Tegumento

C

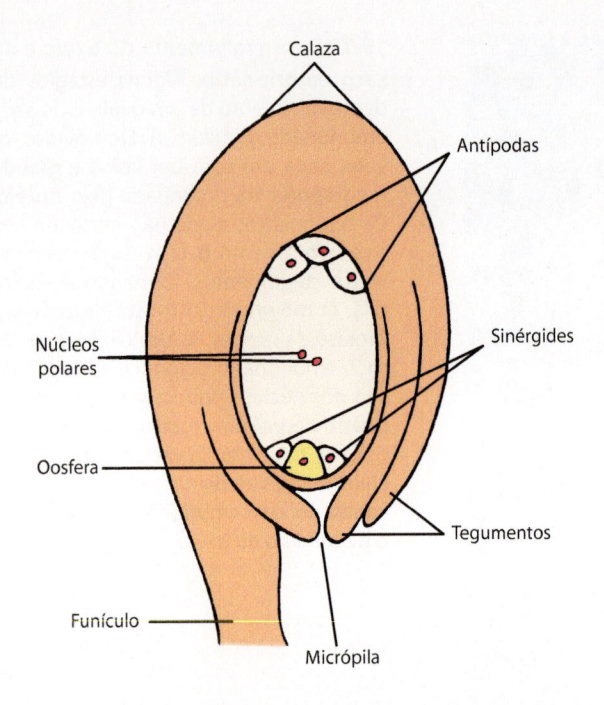

19.19 Saco embrionário maduro. Seção longitudinal de um óvulo com um saco embrionário maduro (megagametófito ou gametófito feminino). O saco embrionário maduro é uma estrutura com sete células e octonucleado do óvulo, consistindo em três antípodas no polo calazal, o aparelho oosférico (oosfera e duas sinérgides) no polo micropilar e a grande célula central com dois núcleos polares.

Polinização e dupla fecundação são exclusivas das angiospermas

Com a *deiscência* da antera – isto é, a abertura dos sacos polínicos – os grãos de pólen são transferidos aos estigmas de várias formas (ver Capítulo 20). O processo pelo qual ocorre essa transferência é denominado *polinização*. Uma vez em contato com o estigma, os grãos de pólen absorvem água das células da superfície do estigma. Após essa hidratação, o grão de pólen germina, formando o tubo polínico. Se a célula geradora ainda não se dividiu, isso logo ocorre, formando os dois gametas masculinos. O grão de pólen germinado, com o núcleo da célula vegetativa (célula do tubo) e os dois gametas masculinos constitui o microgametófito maduro (Figura 19.21).

O estigma e o estilete são modificados estrutural e fisiologicamente para facilitar a germinação do grão de pólen e o crescimento do tubo polínico. A superfície de muitos estigmas – chamados *estigmas úmidos* – consiste em tecido glandular que secreta quantidade abundante de proteínas, aminoácidos e lipídios. A cutícula na superfície dos *estigmas secos* contém uma camada hidratada de proteínas, carboidratos e uma pequena quantidade de lipídios. Os tubos polínicos produzidos pelo grão de pólen em germinação crescem entre as células do estigma e entram no estilete. Nele, os tubos polínicos crescem entre as células de um tecido especializado chamado *tecido transmissor*. Muitas monocotiledôneas e certos grupos de eudicotiledôneas têm *estiletes abertos* (ocos), que são revestidos por uma epiderme glandular, na qual o tubo polínico cresce. Após entrar no ovário e chegar a um óvulo, o tubo polínico cresce fora do tecido transmissor, seguindo a superfície do funículo, e entra pela micrópila, conduzindo os dois gametas masculinos e o núcleo vegetativo no processo. Durante seu percurso dentro do tubo polínico, os dois gametas estão fisicamente associados ao núcleo da célula vegetativa, formando uma unidade unida chamada *unidade germinativa masculina* (Figura 19.21).

Comparado com aqueles das gimnospermas, o tubo polínico da maioria das angiospermas tem uma grande distância a percorrer desde o sítio de recepção ao de fertilização. Para compensar a grande distância, a evolução favoreceu taxas maiores de crescimento nas angiospermas – algo como 1.000 vezes maior do que o da maioria das gimnospermas. As paredes dos tubos polínicos das angiospermas desenvolveram uma estrutura única: a ponta

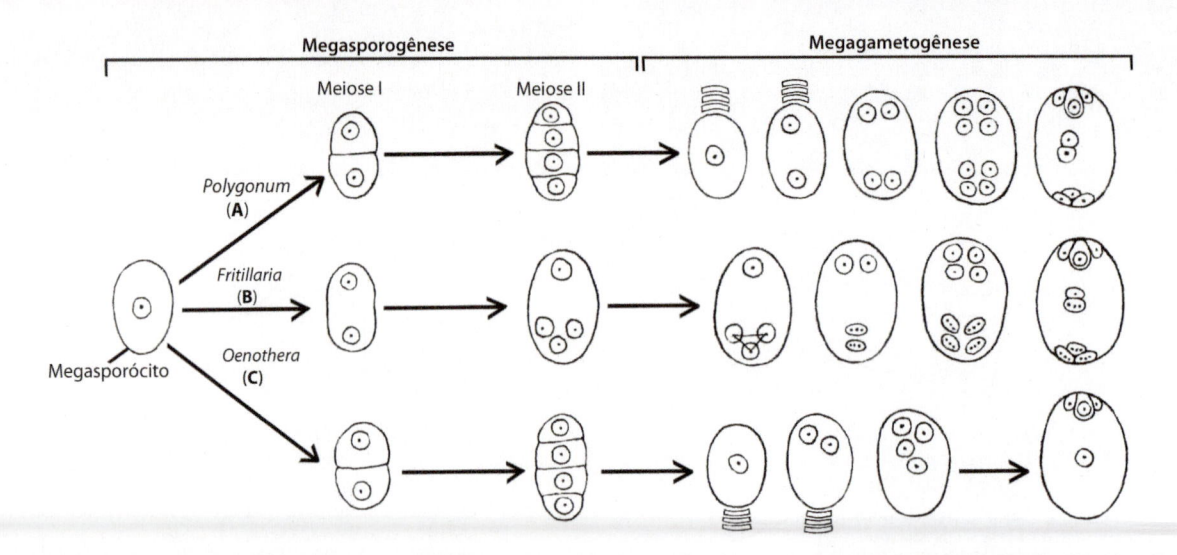

19.20 Comparação da megasporogênese e megagametogênese de angiospermas selecionadas. A. O tipo mais comum de saco embrionário é o tipo *Polygonum*. **B.** Menos comum é o tipo exibido por *Lilium* (saco embrionário tipo *Fritillaria*). **C.** O saco embrionário tipo *Oenothera* é exibido por duas linhagens antigas (Nymphaeales e Autrobaileyales) e pela eudicotiledônea *Oenothera*. Com base no número de megásporos que participam da formação do saco embrionário, tanto **A** quanto **C** têm desenvolvimento monospórico (a partir de um único megásporo), e **B** exibe desenvolvimento tetraspórico (a partir de quatro núcleos do megásporo). Não foi mostrado aqui um exemplo da terceira categoria, o desenvolvimento bispórico (a partir de dois núcleos do megásporo).

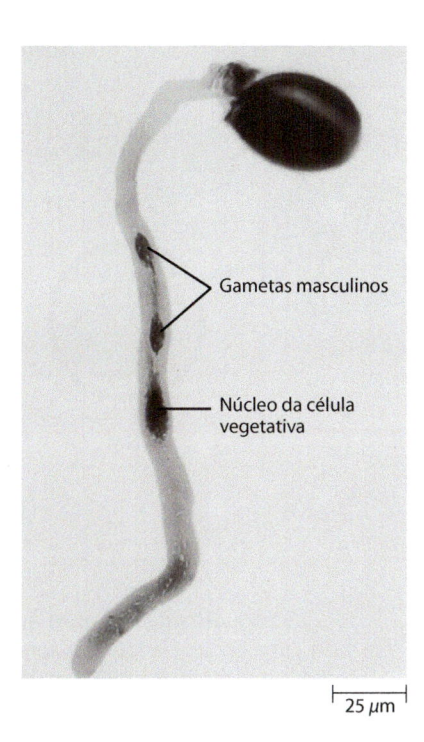

Gametas masculinos

Núcleo da célula
vegetativa

25 μm

19.21 Microgametófito maduro. Microgametófito ou gametófito masculino maduro de *Polygonatum* (Convallariaceae). O núcleo da célula vegetativa (célula do tubo) posiciona-se na frente dos dois gametas masculinos, no tubo polínico. O núcleo da célula vegetativa e os dois gametas masculinos estão unidos, formando a unidade masculina germinativa.

do tubo é plástica e estende-se rapidamente, e a parede lateral é reforçada, constituída por calose (polissacarídio composto por cadeias de resíduos de glicose, com algumas ramificações). A calose fortalece o tubo polínico e promove maior resistência ao estresse de distensão (tensão). Além disso, à medida que crescem, os tubos polínicos das angiospermas depositam tampões de calose que separam as porções posteriores (mais velhas) do tubo da região apical, que contém os gametas. Os tampões podem ajudar na manutenção do turgor positivo na porção apical do tubo em crescimento, possibilitando, assim, alcançar maiores distâncias.

O deslocamento do tubo polínico pelo estilete parece ser orientado pelas células do tecido de transmissão. Após o tubo polínico entrar no ovário, ele é guiado por atrativos químicos difusíveis, produzidos na porção micropilar do óvulo. Estudos realizados em sacos embrionários de *Torenia* spp. (Scrophulariaceae) indicam que as sinérgides são a fonte dos atrativos.

Quando o tubo polínico chega ao saco embrionário, ele entra em uma das sinérgides próximo ao aparelho fibrilar e descarrega seu conteúdo na sinérgide que degenera. Durante a degeneração da sinérgide, agregados de actina, chamados "coroas" de actina, são formados perto dos gametas masculinos e se estendem aos alvos da fecundação, a oosfera e a célula central. As coroas marcam o caminho da célula gamética masculina e a migração do seu núcleo, indicando que a migração envolve interações entre a actina e a miosina, como ocorre na corrente citoplasmática (ver Capítulo 3). No final do processo, um núcleo do gameta masculino se une com o núcleo da oosfera e o outro, com os núcleos polares da célula central.

Deve ser lembrado que, na maioria das gimnospermas, apenas um dos gametas é funcional: um se une à oosfera e o outro degenera. O envolvimento de ambos os gametas – a união de um com a oosfera e o outro com os núcleos polares – é denominada *dupla fecundação* (Figura 19.22). Nas angiospermas, a dupla fecundação, que leva à formação de um embrião e do *endosperma*, é uma característica diferencial desse grupo de plantas. Embora, por definição, a dupla fecundação também ocorra em *Ephedra* e *Gnetum* (filo Gnetophyta; ver Capítulo 18), o evento da segunda fecundação nessas gnetófitas não forma endosperma, mas sim um segundo embrião, que ao final é abortado.

Nas angiospermas com o tipo mais comum de formação do saco embrionário (tipo *Polygonum*), a fusão de um dos núcleos gaméticos com os dois núcleos polares é denominada *fusão tripla*, resultando no *núcleo primário do endosperma*, que é triploide (3n). Em *Lilium*, ilustrado nas Figuras 19.18 e 19.23, no qual um dos núcleos polares é triploide e o outro haploide, a fusão tripla resulta em um núcleo primário do endosperma pentaploide (5n). Em Nymphaeales e Astrobaileyales, o núcleo da célula central é haploide e a fusão desse núcleo com o núcleo do gameta masculino resulta em um núcleo primário do endosperma diploide. Outras situações ocorrem em vários grupos de angiospermas. Em qualquer caso, o núcleo da célula vegetativa (célula do tubo) degenera durante o processo da dupla fecundação, e a sinérgide remanescente e as antípodas também degeneram próximo do momento da fecundação ou na fase inicial de diferenciação do embrião.

O óvulo desenvolve-se na semente e o ovário, no fruto

Como resultado da dupla fecundação, vários processos são iniciados para o desenvolvimento da semente e do fruto: (1) o núcleo primário do endosperma divide-se formando o *endosperma*; (2) o zigoto desenvolve-se no embrião; (3) os tegumentos desenvolvem-se na testa da semente; e (4) a parede do ovário e as estruturas relacionadas desenvolvem-se no fruto.

Diferentemente da embriogênese (desenvolvimento do embrião) da maioria das gimnospermas, que se inicia com um estágio de núcleos livres, a embriogênese nas angiospermas se parece com aquela das plantas vasculares sem sementes, na qual a primeira divisão nuclear do zigoto é acompanhada pela formação de parede celular. Nos estágios iniciais do desenvolvimento, o embrião das monocotiledôneas sofre uma sequência de divisões celulares semelhantes àquelas de outras angiospermas, e o embrião se torna globular. É com o desenvolvimento dos cotilédones que o embrião das monocotiledôneas se torna distinto, formando apenas um cotilédone. Os embriões de outras angiospermas formam dois cotilédones. Os detalhes da embriogênese das angiospermas estão apresentados no Capítulo 22.

A formação do endosperma inicia com divisões mitóticas do núcleo primário do endosperma e frequentemente ocorre antes da primeira divisão do zigoto. Em algumas angiospermas, um número variável de divisões nucleares livres precede a formação de parede celular, em um processo conhecido como formação de endosperma do *tipo nuclear*. Em outras espécies, as mitoses iniciais e subsequentes são seguidas de citocinese, o que é conhecido como formação de endosperma do *tipo celular*. Embora o desenvolvimento do endosperma possa ocorrer de forma variada, a função do tecido resultante permanece a

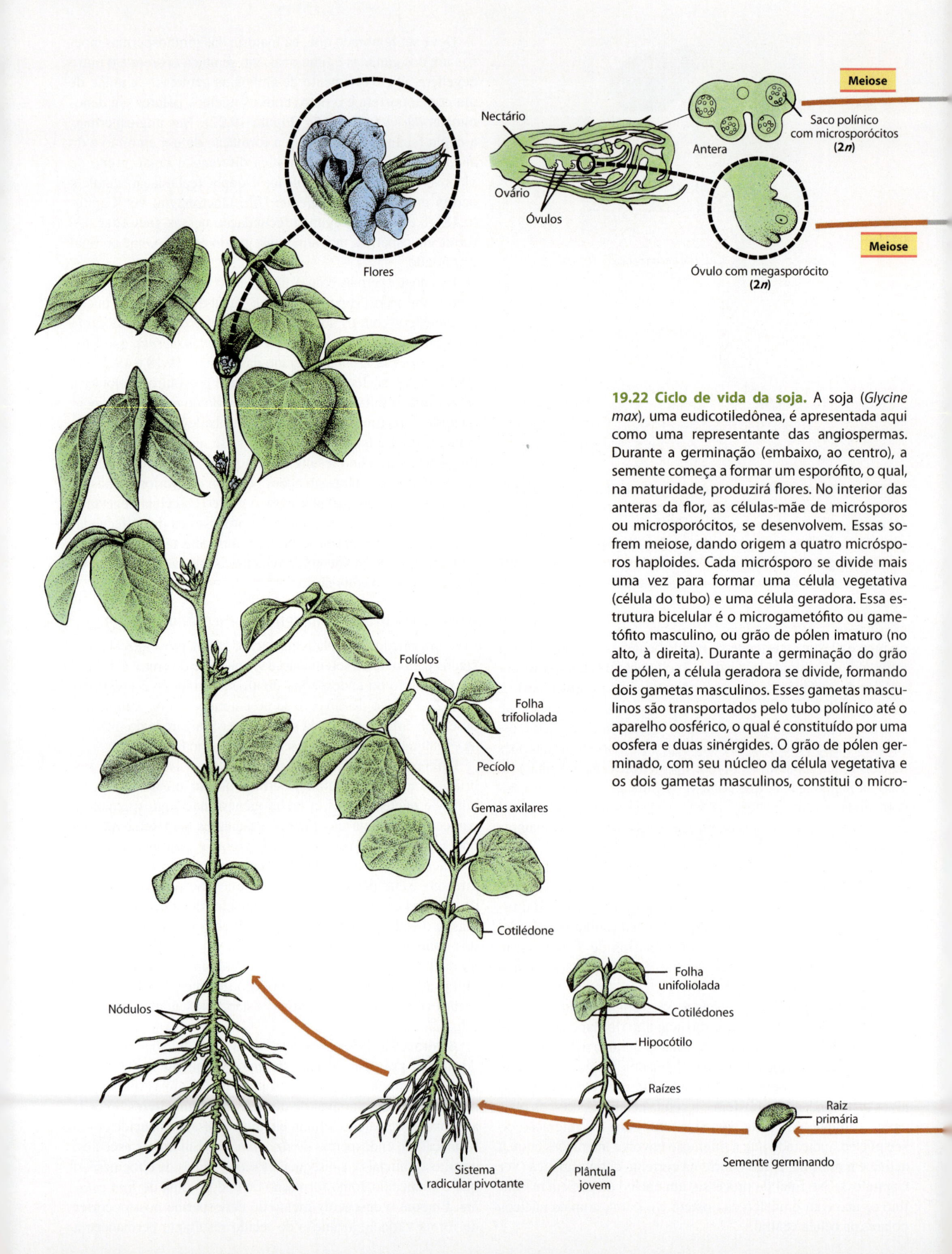

Meiose

Saco polínico
com microsporócitos
(**2n**)

Nectário

Antera

Ovário

Óvulos

Meiose

Óvulo com megasporócito
(**2n**)

Flores

Folíolos

Folha
trifoliolada

Pecíolo

Gemas axilares

Cotilédone

Nódulos

Sistema
radicular pivotante

Plântula
jovem

Folha
unifoliolada

Cotilédones

Hipocótilo

Raízes

Raiz
primária

Semente germinando

19.22 Ciclo de vida da soja. A soja (*Glycine max*), uma eudicotiledônea, é apresentada aqui como uma representante das angiospermas. Durante a germinação (embaixo, ao centro), a semente começa a formar um esporófito, o qual, na maturidade, produzirá flores. No interior das anteras da flor, as células-mãe de micrósporos ou microsporócitos, se desenvolvem. Essas sofrem meiose, dando origem a quatro micrósporos haploides. Cada micrósporo se divide mais uma vez para formar uma célula vegetativa (célula do tubo) e uma célula geradora. Essa estrutura bicelular é o microgametófito ou gametófito masculino, ou grão de pólen imaturo (no alto, à direita). Durante a germinação do grão de pólen, a célula geradora se divide, formando dois gametas masculinos. Esses gametas masculinos são transportados pelo tubo polínico até o aparelho oosférico, o qual é constituído por uma oosfera e duas sinérgides. O grão de pólen germinado, com seu núcleo da célula vegetativa e os dois gametas masculinos, constitui o micro-

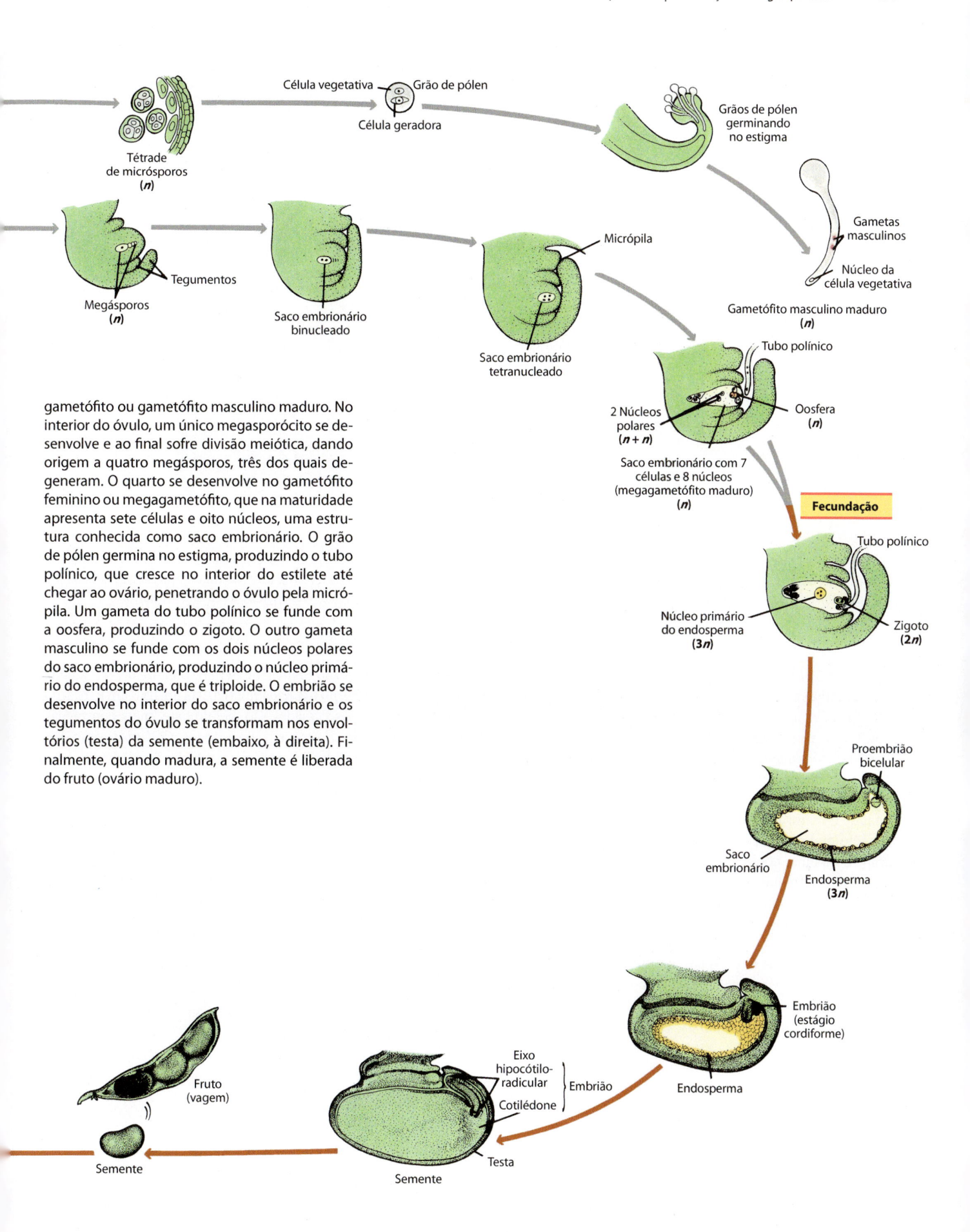

Célula vegetativa — Grão de pólen

Célula geradora

Tétrade
de micrósporos
(*n*)

Grãos de pólen
germinando
no estigma

Tegumentos

Megásporos
(*n*)

Saco embrionário
binucleado

Micrópila

Saco embrionário
tetranucleado

Gametas
masculinos

Núcleo da
célula vegetativa

Gametófito masculino maduro
(*n*)

Tubo polínico

2 Núcleos
polares
(*n + n*)

Oosfera
(*n*)

Saco embrionário com 7
células e 8 núcleos
(megagametófito maduro)
(*n*)

Fecundação

Tubo polínico

Núcleo primário
do endosperma
(**3n**)

Zigoto
(**2n**)

Proembrião
bicelular

Saco
embrionário

Endosperma
(**3n**)

Embrião
(estágio
cordiforme)

Eixo
hipocótilo-
radicular

Cotilédone

} Embrião

Endosperma

Fruto
(vagem)

Testa

Semente

Semente

gametófito ou gametófito masculino maduro. No interior do óvulo, um único megasporócito se desenvolve e ao final sofre divisão meiótica, dando origem a quatro megásporos, três dos quais degeneram. O quarto se desenvolve no gametófito feminino ou megagametófito, que na maturidade apresenta sete células e oito núcleos, uma estrutura conhecida como saco embrionário. O grão de pólen germina no estigma, produzindo o tubo polínico, que cresce no interior do estilete até chegar ao ovário, penetrando o óvulo pela micrópila. Um gameta do tubo polínico se funde com a oosfera, produzindo o zigoto. O outro gameta masculino se funde com os dois núcleos polares do saco embrionário, produzindo o núcleo primário do endosperma, que é triploide. O embrião se desenvolve no interior do saco embrionário e os tegumentos do óvulo se transformam nos envoltórios (testa) da semente (embaixo, à direita). Finalmente, quando madura, a semente é liberada do fruto (ovário maduro).

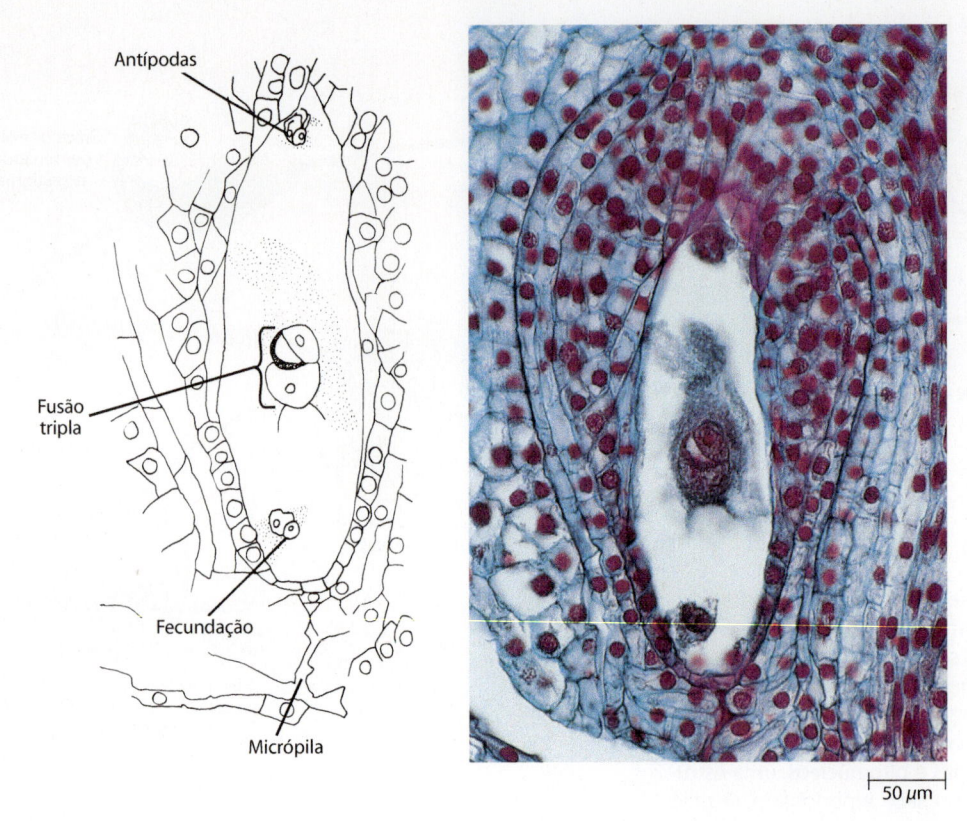

Antípodas

Fusão
tripla

Fecundação

Micrópila

50 μm

19.23 Dupla fecundação. A união do núcleo do gameta masculino com o núcleo da oosfera pode ser visualizada na porção inferior desta fotomicrografia de *Lilium*. A fusão tripla do outro gameta com os dois núcleos polares ocorre acima (porção mediana). As três células conhecidas como antípodas podem ser visualizadas no polo calazal (porção superior), oposto à micrópila do saco embrionário.

mesma: prover os nutrientes essenciais para o desenvolvimento do embrião e, em muitos casos, também para a plântula jovem. Em sementes de alguns grupos de angiospermas, o nucelo prolifera formando um tecido de reserva conhecido como *perisperma*. Algumas sementes podem conter tanto endosperma quanto perisperma, como ocorre na beterraba (*Beta vulgaris*). Em muitas eudicotiledôneas e algumas monocotiledôneas, entretanto, a maior parte desses tecidos de reserva são consumidos pelo embrião em desenvolvimento antes de a semente se tornar dormente, como em ervilhas e feijões. Os embriões de tais sementes frequentemente desenvolvem cotilédones carnosos, que armazenam nutrientes. As principais substâncias de reserva acumuladas nas sementes são carboidratos, proteínas e lipídios.

As sementes das angiospermas diferem daquelas de gimnospermas quanto à origem de suas reservas. Em quatro filos de gimnospermas, o material armazenado provém do gametófito feminino. Em angiospermas, ele provém, pelo menos inicialmente, do endosperma, que nem é tecido gametofítico, nem esporofítico. Outra diferença interessante é que em *Gnetum* e nas angiospermas, o tecido nutritivo se forma *após* a fecundação ter ocorrido. Em outras plantas com sementes, de modo diferente, o tecido nutritivo é formado, parcialmente (em coníferas) ou inteiramente (outras gimnospermas), *antes* de ocorrer a fecundação.

Com o desenvolvimento do óvulo em semente, o ovário e, em algumas vezes, outras porções da flor ou inflorescência, se transforma no fruto. Quando isso ocorre, a parede do ovário ou *pericarpo*, muitas vezes espessado, se diferencia em camadas distintas – o *exocarpo* (camada externa), o *mesocarpo* (camada média) e o *endocarpo* (camada interna), ou apenas, em exocarpo e endocarpo. Essas camadas são, geralmente, mais conspícuas em frutos carnosos do que em frutos secos. Os frutos serão discutidos com mais detalhes no Capítulo 20.

O ciclo de vida de angiosperma está resumido na Figura 19.22.

RESUMO

Angiospermas ou plantas com flor constituem o filo Anthophyta

As duas maiores classes do filo Anthophyta são as Monocotyledonae (monocotiledôneas) com pelo menos 90.000 espécies e as Eudicotyledonae (eudicotiledôneas) com cerca de 200.000 espécies. As plantas com flor diferem de outras plantas com sementes, por várias características distintas, tais como o encerramento dos seus óvulos no interior de megasporófilos, chamados carpelos, o que define as angiospermas; a formação de endosperma nutritivo em suas sementes; e sua estrutura reprodutiva distinta, a flor.

A flor é um ramo com crescimento determinado, que porta esporófilos

Uma flor apresenta até quatro verticilos de apêndices. De fora para dentro, os verticilos são sépalas (coletivamente, o cálice), pétalas (coletivamente, a corola), estames (coletivamente, o androceu) e carpelos (coletivamente, o gineceu). As sépalas e as pétalas são estéreis, sendo as sépalas frequentemente verdes e

POLINOSE OU FEBRE DO FENO

Nas áreas temperadas do hemisfério norte, estima-se que 10 a 18% das pessoas deverão sofrer, em algum momento de sua vida, de polinose (febre do feno), a qual pode ser muito debilitante. Algumas das proteínas que ocorrem nos espaços das paredes do grão de pólen podem ser liberadas imediatamente após o contato com uma superfície úmida e são, geralmente, as culpadas por esse mal. Entre essas proteínas, algumas podem atuar como alergênios e antígenos muito poderosos, provocando fortes reações do sistema imunológico humano. Essas proteínas provavelmente estão envolvidas nos sistemas genéticos de autoincompatibilidade das plantas. Proteínas também podem ser liberadas sob a forma de pequeníssimas partículas do tapete, menores do que os grãos de pólen, transportadas pelo ar quando da abertura da antera.

O pólen transportado pelo vento, como aquele das gramíneas, fagáceas e asteráceas é particularmente importante como um agente da febre do feno, pois é liberado em grandes quantidades diretamente no ar e, assim, mais facilmente atinge vítimas suscetíveis do que os grãos de pólen maiores, das plantas polinizadas por insetos. A quantidade de pólen inalado parece ser o fator mais importante na determinação da ocorrência de alguma resposta alérgica, porém, surpreendentemente, alguns grãos de pólen transportados pelo vento e liberados em quantidades imensas, como aqueles do milho e dos pinheiros, raramente causam qualquer problema. O aroma de algumas flores pode, também, causar reações que lembram a febre do feno, talvez em parte por aumentar a sensibilidade da mucosa nasal.

Nas áreas temperadas da América do Norte, a estação da febre do feno pode ser dividida em três partes. Na primavera, a maior parte das alergias está associada a pólen de árvores como carvalhos, olmos, aceres, álamos, pecans e bétulas. No verão, predomina o pólen de diversas gramíneas, como *Cynodon dactylon* (grama-rasteira), *Phleum pratense* (capim-rabo-de-gato) e *Dactylis glomerata* (grama-comum), cuja importância varia de região para região. No outono, as asteráceas e as gramíneas diferentes daquelas que predominavam no verão tornam-se os agentes mais importantes de irritações. A suscetibilidade de cada pessoa a diferentes tipos de plantas é extremamente variável.

Quando novos tipos de plantas, como a canola, começam a ser amplamente cultivadas, elas podem acarretar novos casos de polinose. Por exemplo, na zona árida do sudoeste dos EUA, a irrigação de grandes áreas de gramados e campos de golfe e a introdução de muitos tipos de ervas daninhas na área tornaram comum a polinose onde era praticamente desconhecida.

A incidência de polinose nos EUA aumentou rapidamente nos últimos 60 anos, mesmo se sabendo que a quantidade de pólen está diminuindo em muitas áreas. Parte desse aumento está relacionada com a melhor detecção do problema, porém há certamente um verdadeiro aumento no número de casos de alergia. Para compreender por que isso tem ocorrido, será necessário melhor conhecimento do sistema imunológico humano.

---

protetoras, recobrindo o botão floral. As pétalas são, muitas vezes, coloridas e associadas à função de atrair os polinizadores. Cada estame é, geralmente, subdividido em filamento e antera, esta contendo quatro sacos polínicos (dois pares). O carpelo é, geralmente, diferenciado em uma porção basal engrossada, o ovário, e uma porção superior alongada, o estilete, encimado por um estigma receptivo.

A estrutura floral varia muito. Um ou mais dos quatro verticilos pode faltar em algumas flores, as quais são chamadas incompletas; flores completas têm todos os quatro verticilos. Flores perfeitas são aquelas tanto com estames quanto carpelos; flores imperfeitas são unissexuais e estaminadas ou carpeladas. As flores podem ser regulares (com simetria radial) ou irregulares (com simetria bilateral).

Em angiospermas, a polinização é seguida de dupla fecundação

A polinização das angiospermas ocorre pela transferência do pólen da antera para o estigma. O grão de pólen é um gametófito masculino (microgametófito). No momento da dispersão, tal gametófito pode conter duas ou três células. Inicialmente há a célula vegetativa (célula do tubo) e a célula geradora, e esta última se divide antes ou depois da dispersão, dando origem aos dois gametas. O grão de pólen germinado com o núcleo da célula vegetativa e os dois gametas é o microgametófito maduro.

O gametófito feminino maduro (megagametófito) de uma angiosperma é chamado saco embrionário. Em muitas angiospermas, o saco embrionário tem oito núcleos e sete células: um aparato oosférico formado pela oosfera e duas sinérgides no polo micropilar; três antípodas no polo calazal; e uma célula central com dois núcleos. O número de células e núcleos é variável em diferentes grupos. Os dois gametas masculinos atuam durante a fecundação das angiospermas (dupla fecundação). Um se une com a oosfera, produzindo o zigoto diploide. O outro se une com os dois núcleos polares, dando origem ao núcleo primário do endosperma, o qual é em geral triploide ($3n$). O núcleo primário do endosperma se divide, produzindo um tipo único de tecido nutritivo, o endosperma, o qual pode ser absorvido pelo embrião antes de a semente se tornar madura ou pode persistir na semente madura. Nenhuma das linhagens antigas da grade basal tem saco embrionário com sete células e oito núcleos. O saco embrionário de *Amborella* tem três sinérgides e consiste, assim, em oito células e nove núcleos; os sacos embrionários de Nymphaeales e Autrobaileyales têm quatro células e quatro núcleos. As angiospermas compartilham a dupla fecundação com as gnetófitas *Ephedra* e *Gnetum*, porém, nessas gimnospermas, o processo resulta na formação de dois embriões, mas somente um deles sobrevive.

O óvulo desenvolve-se na semente, e o ovário, no fruto

O ovário (eventualmente associado a algumas partes florais) desenvolve-se em fruto, que contém a(s) semente(s). Juntamente com a flor da qual é derivado, o fruto é uma característica distintiva das angiospermas.

Autoavaliação

1. Faça a distinção entre os termos a seguir: cálice, corola e perianto; estigma, estilete e ovário; flor completa e flor incompleta; flor perfeita e flor imperfeita; androceu e gineceu.

2. Faça um esquema com legenda, o mais completo possível, de uma flor hipógina, em que todas as partes florais estão separadas.

3. Uma flor imperfeita é, automaticamente, incompleta, porém nem todas as flores incompletas são perfeitas. Justifique.

4. Faça um esquema com a legenda completa de um gametófito masculino maduro (grão de pólen germinado) e de um gametófito feminino maduro (saco embrionário) de uma angiosperma. Compare esses gametófitos com seus correspondentes nos pinheiros.

5. A dupla fecundação, seguida pela formação do endosperma, é uma condição exclusiva das angiospermas. Como a dupla fecundação nas gnetófitas *Ephedra* e *Gnetum* difere daquela encontrada em angiospermas?

CAPÍTULO 20

Evolução das Angiospermas

◀ **Planta tóxica.** *Euphorbia myrsinites* (Euphorbiaceae), conhecida como rabo-de-burro. Usada inicialmente como um atraente ornamento de jardim, que requer pouca água – sendo, portanto, protetora do meio ambiente – ela é agora considerada uma planta invasora em regiões do oeste dos EUA. Ela não só eliminou muitíssimas plantas nativas, mas, como um exemplo de coevolução bioquímica, também produz látex tóxico, que causa irritações (bolhas) cutâneas e graves queimaduras nos olhos.

SUMÁRIO

Ancestrais das angiospermas
Período de origem e diversificação das angiospermas
Relações filogenéticas das angiospermas
Evolução da flor
Evolução dos frutos
Coevolução bioquímica

Em carta a um amigo, Charles Darwin uma vez se referiu ao surgimento aparentemente repentino das angiospermas no registro fóssil como "um mistério abominável". Nos estratos fossilíferos mais antigos, com cerca de 400 milhões de anos de idade, foram encontradas plantas vasculares simples, como riniófitas e trimerófitas. Em seguida, no Devoniano e no Carbonífero, houve proliferação de samambaias, licófitas, esfenófitas e progimnospermas, que dominaram até cerca de 300 milhões de anos. As primeiras plantas com sementes surgiram no período Devoniano tardio e levaram ao aparecimento das floras mesozoicas dominadas por gimnospermas. Finalmente, no início do Cretáceo, há cerca de 135 milhões de anos, as angiospermas apareceram no registro fóssil, gradualmente alcançando dominância global na vegetação ao redor de 90 milhões de anos. Há cerca de 75 milhões de anos, muitas famílias modernas e alguns gêneros modernos desse filo já existiam.

Apesar de seu surgimento relativamente tardio no registro fóssil, por que as angiospermas chegaram a dominar o mundo e depois continuaram a diversificar-se de forma tão espetacular? Neste capítulo, tentaremos responder a esta pergunta, centrando nossa discussão nos possíveis ancestrais das angiospermas, seu período de origem e diversificação; nas relações filogenéticas

dentro das angiospermas; na evolução da flor e de seus polinizadores (Figura 20.1); na evolução dos frutos; e no papel de certas substâncias químicas na evolução das angiospermas. Todos os cinco tópicos ilustrarão algumas das razões para o sucesso evolutivo das plantas com flores.

Ancestrais das angiospermas

Desde o tempo de Darwin, os cientistas vêm tentando entender a origem das angiospermas. Uma abordagem é procurar por seus possíveis ancestrais no registro fóssil. Nesse trabalho, tem sido enfatizada, especificamente, a importância de avaliar qual das

PONTOS PARA REVISÃO

Após a leitura deste capítulo, você deverá ser capaz de responder às seguintes questões:

1. Quais são as principais linhagens das angiospermas e como elas se relacionam entre si?

2. Descreva as quatro principais tendências evolutivas entre as flores.

3. Que característica evoluiu nas angiospermas que lhes concedeu mobilidade direcionada na busca por um parceiro reprodutivo?

4. Quais são as diferenças entre plantas polinizadas por besouros, abelhas, mariposas e morcegos?

5. Cite algumas das adaptações de frutos, em relação a seus agentes dispersores.

6. Como os metabólitos secundários podem ter influenciado a evolução das angiospermas?

20.1 Angiospermas e polinizadores. A evolução de plantas floríferas é, em grande parte, a história de relações cada vez mais
especializadas entre as flores e seus insetos polinizadores, nas
quais os besouros tiveram um importante papel inicial. O besouro
Megacylene robiniae (Coleoptera, Cerambycidae) ataca somente
a *Robinia pseudoacacia* (Leguminosae). O besouro carregado de
pólen mostrado aqui está visitando flores de solidago (*Solidago*
sp., Asteraceae).

estruturas portadoras de óvulos de várias gimnospermas poderia
ser transformada em um carpelo. Recentemente, análises filogenéticas (cladísticas) baseadas em dados fósseis, morfológicos
e moleculares têm revitalizado tentativas de definir os principais grupos naturais de plantas com sementes e de entender suas
inter-relações.

Há muito tempo foi proposta a hipótese de uma ligação entre os órgãos portadores de sementes (cúpulas) de Caytoniales
– um grupo de pteridófitas com sementes do Mesozoico – e
os carpelos das angiospermas. (Um antigo pesquisador con-
siderou, inicialmente, as Caytoniales como um novo grupo de
angiospermas.) As Bennettitales (Triássico ao Cretáceo) também têm sido consideradas como um possível ancestral das
angiospermas. Algumas (p. ex., *Wielandiella*; ver Capítulo 18)
tinham estróbilos bissexuados semelhantes a flores, com esporófilos separados, que portavam óvulos ou grãos de pólen (ver
Figura 18.9).

Durante grande parte das décadas de 1980 e 1990, a hipótese antófita (ver Capítulo 18) dominou os outros conceitos
relacionados com os ancestrais das angiospermas. De acordo
com essa hipótese, as gnetófitas são os parentes mais próximos das angiospermas. Essa ideia foi baseada originalmente
na análise de caracteres morfológicos, mas a análise molecular
subsequente causou sérias dúvidas sobre a existência de um
clado antófita, indicando que as gnetófitas estão inseridas nas
coníferas e que as angiospermas e gimnospermas atuais são
ambas monofiléticas. Sendo monofiléticas, as angiospermas
não têm qualquer parentesco próximo com as gimnospermas
atuais. Embora a origem das angiospermas permaneça um mistério, contribuições recentes da paleobotânica, filogenética,
biologia clássica do desenvolvimento e genética moderna do
desenvolvimento (*evo-devo*, em inglês) têm ajudado bastante
no entendimento do período de origem das angiospermas e de
sua diversificação.

Período de origem e diversificação das angiospermas

As características exclusivas das angiospermas incluem flores, sementes contidas por um carpelo, fertilização dupla levando à formação de endosperma, microgametófito reduzido
com três células, megagametófito reduzido (consistindo em
sete células e oito núcleos), estames com dois pares de sacos polínicos e a presença de elementos de tubos crivados
e células companheiras no floema (ver Capítulo 23). Essas
similaridades claramente indicam que os membros do filo
Anthophyta derivam de um único ancestral comum. Esse ancestral comum das angiospermas teria, em última instância,
derivado de uma planta com sementes, mas que não apresentava flores, carpelos e frutos.

Os fósseis mais antigos e inequívocos de angiospermas são
grãos de pólen, com cerca de 135 milhões de anos de idade. Os
fósseis mais antigos de angiospermas com os quais podemos obter uma boa impressão da planta inteira são os de *Archaefructus*
(ver Figura 20.8), a qual foi datada como do Cretáceo Inferior,
há cerca de 125 milhões de anos. Evidências das primeiras plantas com flores aparecem como pólen no registro fóssil, ao redor
de 125 a 130 milhões de anos. Entretanto, estudos moleculares recentes estimam que a idade das angiospermas esteja entre
140 e 180 milhões de anos. Evidentemente todos os caracteres
típicos das angiospermas não aparecem juntos em um único ancestral – a evolução ocorre com diferentes taxas nos diferentes
órgãos da planta –, portanto, o período e a natureza da origem
de um grupo serão, certamente, definidos quando tiverem sido
acumuladas evidências suficientes. No Cretáceo Médio, muitas
das principais linhagens de angiospermas apareceram no registro fóssil e, no fim do Cretáceo, ocorreu uma grande e extensiva
diversificação. As angiospermas tornaram-se as plantas dominantes em muitos dos ambientes terrestres.

Assim como as gimnospermas, as angiospermas mais antigas
tinham pólen com uma única abertura (monoaperturado), como
ainda hoje é encontrado em angiospermas basais e monocotiledôneas. Essa característica pode, portanto, ser considerada como
ancestral e que foi retida no curso da evolução.

Relações filogenéticas das angiospermas

No Capítulo 19 discutimos sobre as duas maiores classes de
angiospermas, as monocotiledôneas e as eudicotiledôneas, que
juntas compreendem 97% das espécies do filo Anthophyta. As
monocotiledôneas claramente tiveram um ancestral em comum,
como é indicado por seu cotilédone único e por várias outras características. O mesmo é verdade para as eudicotiledôneas, que
têm uma característica derivada típica, seu pólen triaperturado
(pólen com três sulcos ou poros, além de outros tipos de pólen
derivados do grupo triaperturado).

Os remanescentes 3% das angiospermas vivas incluem
aquelas que retêm algumas das características mais primitivas.
Elas consistem em diversas linhagens evolutivas que são bem
distintas umas das outras. Suas relações com outros grupos de
angiospermas foram especificadas com maior precisão em anos
recentes, graças a comparações macromoleculares e análises es-
tritas das relações entre linhagens evolutivas baseadas em suas
características ancestrais e derivadas.

Várias linhas evolutivas de angiospermas surgiram antes da
separação entre monocotiledôneas e eudicotiledôneas. Todas

essas plantas arcaicas que foram vistas como "dicotiledôneas" até recentemente são tão dicotiledôneas quanto são monocotiledôneas. Todos esses grupos de plantas, como as monocotiledôneas, têm pólen monoaperturado ou alguma modificação desse tipo, indicando que o pólen triaperturado das eudicotiledôneas é uma característica derivada que marca esse último grupo.

As linhagens mais antigas das angiospermas – denominadas angiospermas da grade basal – são *Amborella trichopoda* (a única espécie da família Amborellaceae), a ordem Nymphaeales (ninfeias) e a ordem Austrobaileyales. Estudos moleculares filogenéticos indicam claramente que *Amborella*, seguida de Nymphaeales e logo depois Austrobaileyales são grupos irmãos de todas as outras plantas com flor, chamadas Mesangiospermae (mesangiospermas).

Amborella é uma planta herbácea da ilha da Nova Caledônia (Pacífico Sul). Suas flores pequenas, que não apresentam distinção entre sépalas e pétalas, são imperfeitas (unissexuadas), com flores estaminadas e carpeladas em plantas separadas (Figura 20.2). As flores carpeladas, no entanto, contêm estames estéreis (estaminódios), uma indicação que *Amborella* pode ter evoluído de ancestrais com flores perfeitas (bissexuadas). Diferente da grande maioria das angiospermas, o xilema de *Amborella* não é constituído por vasos, sendo as traqueídes seu único sistema condutor de água (ver Capítulo 17). Como discutido anteriormente (ver Capítulo 19), o saco embrionário (gametófito feminino maduro) de *Amborella* é único, com oito células e nove núcleos.

As Nymphaeales são plantas aquáticas, herbáceas adaptadas à intensidade luminosa alta (Figura 20.3). As Austro-

20.2 *Amborella trichopoda*. A. Planta lenhosa e perene, *Amborella trichopoda* é a única espécie na família Amborellaceae. É um arbusto rasteiro com flores pequenas nas quais os segmentos do perianto (pétalas e sépalas em muitos grupos de plantas) são indiferenciados. *Amborella* é dioica, o que quer dizer que as (**B**) flores estaminadas e (**C**) as pistiladas são encontradas em plantas diferentes. Os estames são bastante indiferenciados, sem filetes, e os poucos carpelos nas flores pistiladas se desenvolvem em (**D**) frutos (drupas) pequenos, resinosos, cada um contendo um caroço com cicatrizes. A Nova Caledônia (ilha no Pacífico Sul), que se separou da Austrália/Antártica há uns 80 milhões de anos, abriga mais grupos de angiospermas com características primitivas do que qualquer outro lugar no mundo.

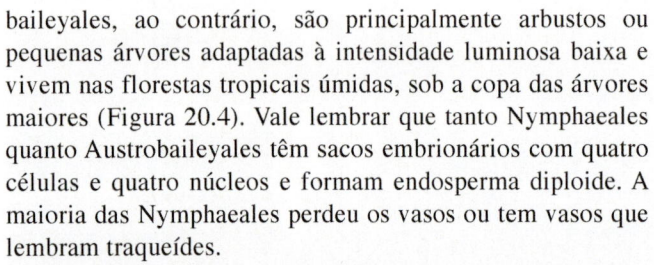

20.3 Ninfeias. A ninfeia-cheirosa, *Nymphaea odorata*, é nativa da metade leste dos EUA e estende-se para o sul desde o Caribe até a América do Sul. A família das ninfeias (Nymphaeaceae) é um pequeno grupo de plantas terrestres, distintivas e bonitas, que se tornaram adaptadas a um *habitat* aquático durante o Cretáceo e assim permaneceram desde então.

20.4 *Austrobaileya scandens*. A única espécie do gênero e família, *Austrobaileya scandens*, concede seu nome para a ordem que a contém, a Austrobaileyales. Suas grandes flores exibem muitas características que apontam quais delas podiam ser semelhantes nas flores bissexuadas antigas. O verticilo floral externo consiste em tépalas (partes do perianto não diferenciado em sépalas e pétalas). O verticilo que segue consiste em estames dispostos espiraladamente, cujas anteras (amarelas) são suportadas por estruturas achatadas, em vez dos filetes. Como os estames crescem espiraladamente para o centro da flor, eles se tornam progressivamente estéreis, perdendo suas anteras para formar um novo verticilo entre estames e carpelos (pistilos). Esses estaminódios com pintas roxas aparentemente isolam os estames que contêm pólen das superfícies estigmáticas na ponta dos pistilos no centro da flor. A receptividade do estigma ao pólen termina, entretanto, antes das anteras começarem a liberar o pólen. Uma única flor contém cerca de 15 pistilos, cada um com 8 a 12 óvulos. Esta flor foi fotografada pelo Dr. Joseph Williams no coração dos trópicos úmidos do North East Queensland, Austrália.

baileyales, ao contrário, são principalmente arbustos ou pequenas árvores adaptadas à intensidade luminosa baixa e vivem nas florestas tropicais úmidas, sob a copa das árvores maiores (Figura 20.4). Vale lembrar que tanto Nymphaeales quanto Austrobaileyales têm sacos embrionários com quatro células e quatro núcleos e formam endosperma diploide. A maioria das Nymphaeales perdeu os vasos ou tem vasos que lembram traqueídes.

A primeira linhagem a divergir dentro das Mesangiospermae foi o clado das magnoliídeas, que inclui a família das magnólias (Magnoliaceae, ordem Magnoliales; Figura 20.5), cujas flores têm numerosas partes dispostas em espiral. São, também, incluídas nesse clado as Laurales, Piperales e Canellales. As Laurales contêm as famílias Lauraceae (loureiro) e Calyncanthaceae (calicanto); as Piperales consistem nas famílias Piperaceae (pimenta-do-reino) e Aristolochiaceae (aristolóquias ou papos-de-peru, Figura 20.6); e as Canellales, na família Winteraceae (drímis). Algumas outras famílias de plantas com características similares também estão inclusas, muitas das quais, em geral, concentradas ou restritas às regiões da Australásia e do hemisfério sul. Uma das suas características é que as folhas da maioria das magnoliídeas têm células oleíferas com óleos voláteis, que são a base da fragrância típica da noz-moscada, pimenta-do-reino e folha do louro. As Winteraceae não têm vasos, o que é aparentemente resultado de uma perda evolutiva. Há cerca de 20 famílias de plantas nas magnoliídeas com representantes atuais.

As monocotiledôneas constituem a segunda maior linhagem das mesangiospermas que retêm algumas das características basais das angiospermas, como pólen monoaperturado e trimeria das flores (partes florais em número de três). O terceiro e último maior clado das mesangiospermas é representado pelas eudicotiledôneas. A Figura 20.7 evidencia as relações entre os principais grupos das angiospermas.

Como mencionado anteriormente, o primeiro representante de uma angiosperma que é bem documentado no registro fóssil é *Archaefructus* (Figura 20.8), que foi descoberta na China no final de 1980 e datada em 125 milhões de anos de idade. *Archaefructus* era uma planta pequena, herbácea, aquática, sem flores vistosas, com ausência de perianto (sépalas e pétalas). Ramos portando estames e carpelos distendiam-se acima da superfície da água. Os numerosos estames podem ter atraído polinizadores. A natureza aquática dessa angiosperma antiga pode indicar que a evolução inicial das angiospermas ocorreu em um ambiente aberto, aquático ou úmido e sujeito a distúrbios frequentes. Tais condições podem ter favorecido plantas pequenas, com crescimento rápido e uma geração de curta duração, um conjunto de características que ainda está presente nas angiospermas atuais.

Recentemente, o primeiro fóssil intacto (porção acima do solo) de uma eudicotiledônea madura foi encontrado tam-

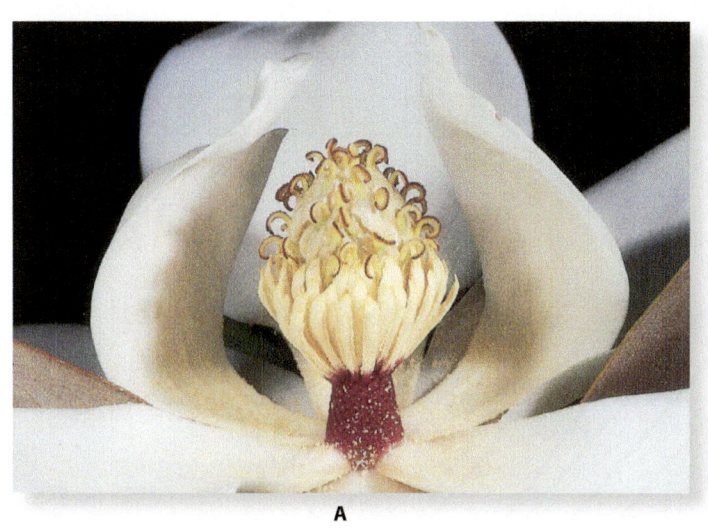

20.5 Magnolia. Flores e frutos da magnólia (*Magnolia grandiflora*), uma magnoliídea lenhosa. **A.** O receptáculo em forma de cone porta numerosos carpelos dispostos em espiral e destes emergem estiletes curvos. Abaixo dos estiletes estão os estames de cor creme. As anteras ainda não liberaram seu pólen, enquanto os estigmas estão receptivos. Tais flores são ditas protogínicas. **B.** O eixo floral de uma flor em seu segundo dia mostrando estigmas que não estão mais receptivos e estames que estão liberando pólen. **C.** Fruto, mostrando os carpelos, e as sementes com coloração vermelha intensa; cada semente sobrelevada está presa por um pedúnculo delgado.

20.6 Papo-de-peru-do-grande. *Aristolochia gigantea*, o papo-de-peru-do-grande, pertence à família das aristolóquias (Aristolochiaceae), uma magnoliídea. As flores de *Aristolochia* emitem odores que variam do cítrico ao fétido (assemelhando-se ao de carne podre), todos os quais atraem insetos polinizadores.

bém na China. Designada *Leefructus mirus*, essa planta com 125 milhões de anos foi colocada entre as Ranunculaceae (ranúnculo).

Até cerca da última metade do século 20, muitos botânicos consideravam que as primeiras angiospermas tinham flores grandes com numerosas peças florais dispostas em espiral (em vez de verticiladas), portanto parecidas com as flores de uma magnólia (Figura 20.5). No entanto, com a descoberta de *Archaefructus* e com as filogenias recentes baseadas em estudos moleculares que colocam *Amborella* e as Nymphaeales como a primeira separação das angiospermas atuais, ficou claro que plantas com as características similares às de *Amborella* ou angiospermas aquáticas diversas precedem o aparecimento de plantas com flores semelhantes às de magnólia, por talvez 10 a 20 milhões de anos. Agora, parece ser mais provável que as flores das angiospermas primitivas fossem menores, mais simples, pouco chamativas e com sistemas de polinização simples. Assim, as flores da magnólia e toda a diversidade floral que marca as angiospermas modernas surgiram muito depois do aparecimento do primeiro grupo de angiospermas. As angiospermas disseminaram-se rapidamente ao redor do mundo e se diferenciaram à medida que os limites entre as principais zonas climáticas se tornaram mais pronunciados, sobretudo durante os últimos 70 milhões de anos, aproximadamente.

Evolução da flor

Como eram as flores das primeiras angiospermas? É claro que não sabemos isso por meio de observação direta, mas podemos deduzir sua natureza a partir do que sabemos de certas plantas atuais e do registro fóssil. Em geral, as flores dessas plantas eram diversas, tanto no número de peças florais quanto na disposição dessas peças. A maior parte das famílias modernas de angiospermas tende a ter padrões florais mais fixos e que não variam muito em suas características estruturais básicas dentro de uma família específica. Discutiremos a derivação desses pa-

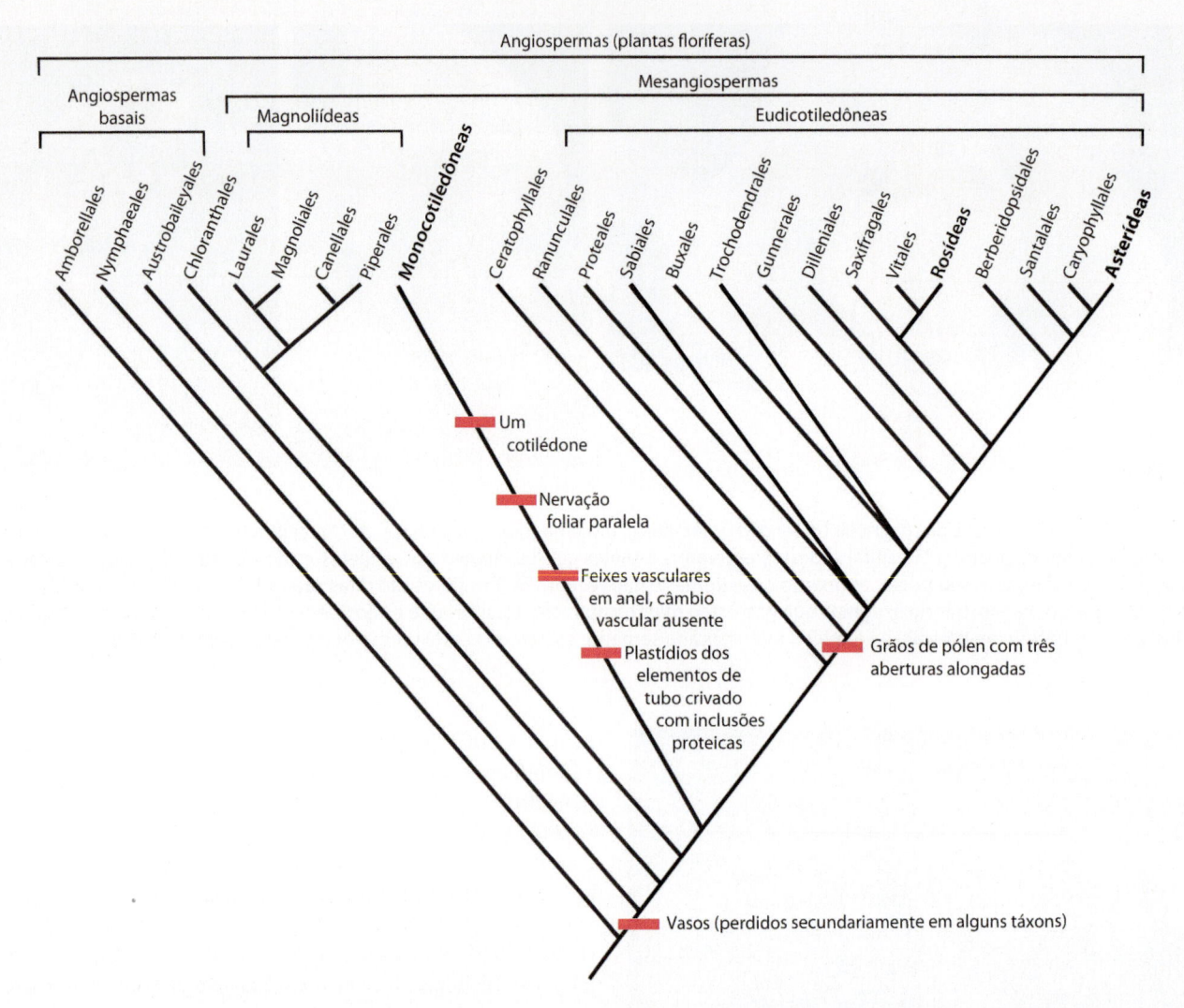

20.7 Cladograma mostrando as relações filogenéticas das angiospermas. As linhagens mais antigas das angiospermas – angiospermas da grade basal – são colocadas abaixo do resto das plantas com flor, as mesangiospermas. As mesangiospermas incluem as Chloranthales, magnoliídeas, monocotiledôneas, Ceratophyllales e eudicotiledôneas. Dentro das eudicotiledôneas estão os dois maiores grupos monofiléticos: as rosídeas com 16 ordens e as asterídeas com 14 ordens. As rosídeas têm, tipicamente, óvulos com dois tegumentos e o nucelo constituído por duas ou mais camadas de células. As asterídeas têm, tipicamente, óvulos com um único tegumento e o nucelo composto de uma única camada de células. Algumas rosídeas comuns são: violetas, begônias, leguminosas, brassicáceas (incluindo *Arabidopsis thaliana*) e pepinos, bem como linhaça, algodoeiro e olmos. As asterídeas incluem as bem conhecidas plantas de mirtilo (*Vaccinium* spp.), boca-de-leão, *dogwoods* (*Cornus* spp.), tomates, batatas, cenouras, campânulas (campainhas), mentas (hortelãs) e margaridas.

drões ao longo do curso da evolução, abordando os diferentes verticilos da flor, de fora para dentro, do perianto ao androceu e gineceu.

As partes da flor fornecem evidências sobre a evolução das angiospermas

O perianto das primeiras angiospermas não tinha sépalas e pétalas distintas.

Nas angiospermas mais antigas, o perianto, se presente, nunca tinha uma separação nítida entre o cálice e a corola. As sépalas e as pétalas podiam ser idênticas ou senão havia uma transição gradual em aparência entre estes verticilos, como é nas magnólias modernas e ninfeias. Em algumas angiospermas, inclusive as ninfeias, as pétalas parecem ter sido derivadas das sépalas. Em outras palavras, as pétalas podem ser vistas como folhas modificadas que se tornaram especia-

lizadas para atrair os polinizadores. Contudo, na maioria das angiospermas é provável que as pétalas tenham originalmente se derivado de estames que perderam seus esporângios – tornando-se "estéreis" – e, em seguida, foram especialmente modificados para seu novo papel. Muitas pétalas, assim como os estames, são supridas somente por um feixe vascular. Ao contrário, as sépalas são normalmente alimentadas pelo mesmo número de feixes vasculares que as folhas da mesma planta (com frequência três ou mais). Tanto nas sépalas quanto nas pétalas, os feixes vasculares costumam ramificar-se de maneira que o número de feixes que entra nelas não pode ser determinado a partir do número de nervuras no corpo principal dessas estruturas.

A fusão de pétalas ocorreu diversas vezes durante a evolução das angiospermas, resultando na conhecida corola tubular, que é característica de muitas famílias (Figura 20.9C). Quando a corola

A   **B**   **C**

20.8 *Archaefructus sinensis*. Os fósseis de *Archaefructus sinensis*, a planta florífera mais antiga bem conhecida, têm aproximadamente 125 milhões de anos de idade. Eles foram recuperados de leitos semiaquáticos preservados no norte da China. **A.** Reconstrução de uma planta inteira, mostrando as raízes delicadas, as folhas recortadas e os eixos florais com carpelos fechados na parte de cima e estames fechados abaixo. **B.** Espécime inteiro, exceto as raízes. **C.** Vista, em detalhe, de um eixo de frutificação fértil, com os carpelos fechados, os estames e parte das folhas.

é tubular, os estames muitas vezes se fundem a ela e parecem surgir dela. Em várias famílias, as sépalas também são fundidas na forma de um tubo.

Os estames das primeiras angiospermas apresentavam estrutura e função variadas. Os estames de algumas famílias de magnoliídeas lenhosas são largos, coloridos e muitas vezes perfumados, desempenhando um papel óbvio na atração de visitantes florais. Em outras angiospermas primitivas, os estames, embora relativamente pequenos, e esverdeados podem também ser carnosos. A maioria das monocotiledôneas e eudicotiledôneas, ao contrário, tem estames com filetes em geral finos e anteras terminais espessadas (como exemplo, ver Figura 19.6).

Em algumas flores especializadas, os estames são fundidos entre si. Seus filetes fundidos podem então formar estruturas colunares, como nos membros das famílias da ervilha, do melão, da malva (Figura 20.9D) e do girassol (Figura 20.10D), ou eles podem ser fusionados à corola, como nas famílias dos flocos (*Phlox*, Polemoniaceae), *Antirrhinum majus* (Scrophulariaceae) e da menta (Lamiaceae). Em certas famílias de plantas, alguns dos estames se tornaram secundariamente estéreis: eles perderam seus esporângios e se transformaram em estruturas especializadas, como nectários. Nectários são glândulas que secretam *néctar*, um fluido açucarado que atrai polinizadores e fornece alimento a eles. A maioria dos nectários, contudo, em vez de serem estames modificados, surgiram de outras formas. Durante o curso da evolução da flor de angiospermas, a infertilidade dos estames, como descrito anteriormente, também desempenhou um papel importante na evolução das pétalas.

Os carpelos de muitas das primeiras angiospermas não eram especializados. Um bom número de angiospermas primitivas tem carpelos, às vezes parecidos com folhas, sem áreas especializadas para capturar grãos de pólen e que possam ser comparadas aos estigmas especializados da maior parte das angiospermas atuais. Os carpelos de muitas magnoliídeas lenhosas e outras plantas que retêm características primitivas são livres uns dos outros, em vez de serem unidos como na maioria das angiospermas contemporâneas. Em poucas angiospermas atuais, os carpelos apresentam fechamento incompleto, embora a polinização ocorra de modo sempre indireto – ou seja, o pólen não entra em contato direto com os óvulos. Na grande maioria das angiospermas atuais, os carpelos são fechados e com diferenciação nítida em estigma, estilete e ovário. Há muita variação no arranjo dos óvulos entre as eudicotiledôneas: os óvulos podem ser posicionados junto à parede interna do ovário, no eixo central; algumas vezes, um único óvulo é preso na base ou mesmo no ápice do ovário (ver Figura 19.9).

Quatro tendências evolutivas entre as flores são evidentes

A polinização por insetos muito provavelmente acelerou a evolução inicial das angiospermas, tanto pelas possibilidades que ela proporcionou com o isolamento de pequenas populações quanto pela polinização indireta, a qual promove a competição entre os numerosos grãos de pólen germinando no tecido estigmático. As flores bissexuadas e unissexuadas apareceram muito cedo na evolução das angiospermas, por isso não podemos assumir qual delas é a ancestral. O pe-

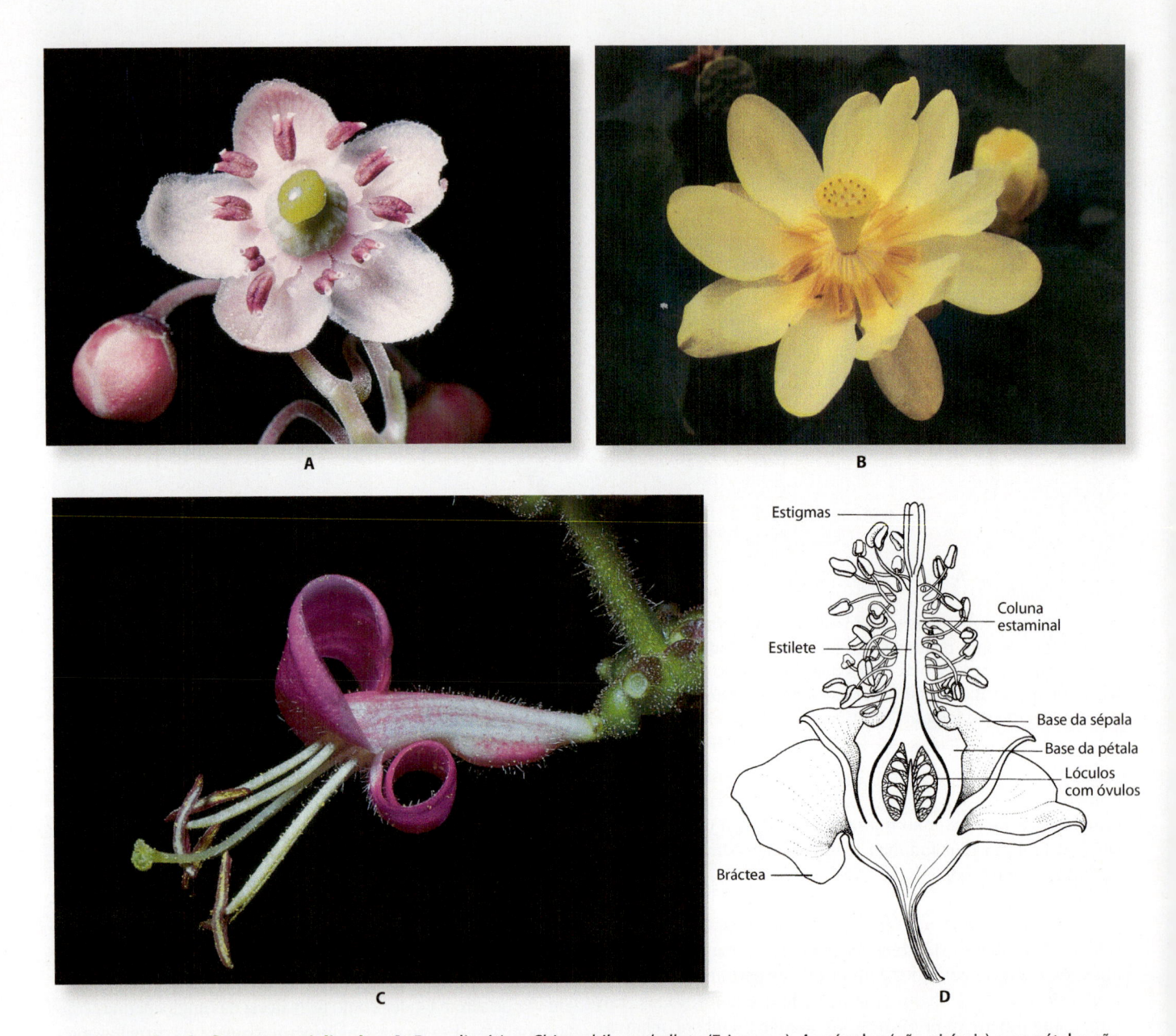

20.9 Exemplos de flores especializadas. A. Erva-diurética, *Chimaphila umbellata* (Ericaceae). As sépalas (não visíveis) e as pétalas são em número de cinco em cada verticilo, os estames são dez, e os cinco carpelos são fundidos em um gineceu composto que apresenta um único estigma. **B.** Lótus, *Nelumbo lutea* (Nelumbonaceae). As numerosas tépalas (perianto não diferenciado em sépalas e pétalas) e os estames são dispostos em espiral; os carpelos são inseridos em um receptáculo com o topo achatado. **C.** Madressilva-do-chaparral, *Lonicera hispidula* (Caprifoliaceae). O ovário é ínfero e tem dois ou três lóculos; as sépalas são reduzidas a "pequenos dentes" em sua ponta. As pétalas apresentam-se fundidas na corola tubular dessa flor zigomorfa (com simetria bilateral); os cinco estames, protrusos em relação ao tubo, estão aderidos à parede interna dele. O estilete é mais longo do que os estames e o estigma é elevado acima deles. Um polinizador que visite esta flor entrará em contato primeiro com o estigma, de forma que se estiver carregando pólen de outra flor depositará este pólen no estigma antes de chegar às anteras. Frutos dessa espécie são mostrados na Figura 20.28B. **D.** Diagrama da seção longitudinal da flor do algodoeiro (*Gossypium*), da família das malváceas, com as sépalas e as pétalas removidas e mostrando a coluna de estames fundida em torno do estilete.

rianto indiferenciado das primeiras angiospermas logo deu origem a pétalas e sépalas distintas. À medida que as angiospermas continuaram a se diversificar, as relações com polinizadores especializados se tornaram mais sólidas e o número e a organização dos padrões florais se tornaram mais estereotipados. As seguintes quatro tendências evolutivas generalizadas são evidentes (como mostradas nos exemplos da Figura 20.9):

1. As flores tinham partes florais em número indefinido; com a evolução surgiram flores com algumas partes em número definido.
2. O eixo floral tornou-se encurtado de forma que a disposição original das peças florais em espiral não é mais evidente. As peças florais, em geral, tornaram-se fundidas.
3. O ovário tornou-se ínfero, em vez de súpero, e o perianto tornou-se diferenciado com cálice e corola distintos.

20.10 Compostas (família Asteraceae). A. Diagrama mostrando a organização do capítulo de um membro dessa família. As flores do disco e as do raio estão subordinadas à disposição geral do capítulo, que funciona como uma única flor na atração de polinizadores. **B.** Cardo, *Cirsium pastoris*. Os membros da tribo dos cardos têm somente flores do disco. Esta espécie de cardo em particular tem flores de um vermelho vivo e é frequentemente visitada por beija-flores, que são seus principais agentes de polinização. **C.** *Agoseris*, um parente silvestre do dente-de-leão (*Taraxacum*). Nas inflorescências da tribo das chicórias (o grupo de compostas ao qual o dente-de-leão e seus parentes pertencem) não há flores do disco. As flores do raio na margem, no entanto, são geralmente grandes. **D.** Girassol, *Helianthus annuus*.

4. A simetria radial (regular) ou actinomorfa das flores primitivas cedeu lugar para a simetria (irregular) bilateral ou zigomorfa nas mais derivadas.

Asteraceae e Orchidaceae são exemplos de famílias especializadas

Entre as flores mais especializadas em termos evolutivos estão aquelas da família Asteraceae (Compositae), que são eudicotiledôneas e as da família Orchidaceae, que são monocotiledôneas. Em termos de número de espécies, essas são as duas maiores famílias de angiospermas.

As flores de Asteraceae são densamente agrupadas no capítulo. Em Asteraceae (compostas), as flores epíginas são relativamente pequenas e densamente reunidas em uma inflorescência denominada capítulo. Cada uma das minúsculas flores tem um ovário ínfero constituído por dois carpelos fundidos e com um único óvulo em um lóculo (Figura 20.10).

Nas flores das compostas, os estames são reduzidos a cinco em número e são em geral fundidos entre si (conatos) e à corola (adnatos). As pétalas, também cinco, são fundidas umas às outras e ao ovário, e as sépalas são ausentes ou reduzidas a uma série de pelos ou escamas, conhecidas como *pappus*. O *pappus* serve, frequentemente, para auxiliar a dispersão pelo vento, como é o caso da planta conhecida como dente-de-leão ou amor-de-homem (*Taraxacum officinale*), um membro das asteráceas (ver Figuras 20.25 e 20.26B). Em outros membros dessa família, como o picão (*Bidens*), o *pappus* pode ser farpado, servindo para aderir o fruto a um animal que passe e assim aumentar suas chances de ser disperso de um lugar para outro. Em muitos representantes da família Asteraceae, cada capítulo apresenta dois tipos de flores: (1) as flores do disco, que formam a porção central do capítulo e (2) as flores do raio, que estão dispostas na porção periférica. As flores do raio são frequentemente pistiladas (com carpelos), mas às vezes são completamente estéreis. Em alguns membros das asteráceas, como os girassóis, as margaridas e as margaridas-de-miolo-escuro (*Rudbeckia hirta*), a corola fundida de cada flor do raio apresenta simetria bilateral (zigomorfa) e forma uma longa "pétala" em forma de fita.

Em geral, o capítulo das compostas tem a aparência de uma única flor grande. Contudo, ao contrário de muitas flores simples, o capítulo amadurece em alguns dias, com as flores individuais abrindo-se em série em um padrão espiralado, de fora para dentro. Como consequência, os óvulos de um determinado capítulo podem ser fecundados por pólen de diferentes doadores. O sucesso dessa estratégia evolutiva é comprovado pela abundância dos membros das asteráceas e também por sua grande diversidade que, com cerca de 22.000 espécies, faz delas a segunda maior família de plantas floríferas.

Orchidaceae é a maior família das angiospermas. Outra estratégia floral de sucesso é o das orquídeas (Orchidaceae) que, diferentemente das compostas, são monocotiledôneas. Existem provavelmente pelo menos 24.000 espécies de orquídeas, constituindo, assim, a maior família de plantas floríferas. No entanto, diferentemente das compostas, as espécies de orquídeas raramente são muito abundantes em número de indivíduos. A maioria das espécies de orquídeas é tropical, e apenas cerca de 140 espécies são nativas dos EUA e do Canadá, por exemplo. Nas orquídeas, os três carpelos são fundidos e o ovário é ínfero, como nas compostas (Figura 20.11). Entretanto, ao contrário das compostas, cada ovário de orquídea contém muitos milhares de minúsculos óvulos e, como consequência, cada evento de polinização pode resultar na produção de um imenso número de sementes. Em geral há somente um estame presente [em uma subfamília, nas orquídeas conhecidas como sapato-de-vênus (*Paphiopedilum*), há dois], e este é tipicamente fundido com o estilete e o estigma, formando uma única estrutura complexa – a *coluna*. Todo o conteúdo de uma antera é mantido junto e disperso como uma unidade – a *polínia* ou *polinário*. As três pétalas das orquídeas são modificadas de maneira que as duas laterais formam alas e a terceira forma o labelo (estrutura em taça com forma de lábio), o qual é muitas vezes bem grande e chamativo. As sépalas, também três, são muitas vezes coloridas e semelhantes às pétalas. A flor tem sempre simetria bilateral, e, com frequência, sua aparência é estranha.

Entre as orquídeas há espécies com flores do tamanho de uma cabeça de alfinete e outras com flores com mais de 20 cm de diâmetro. Vários gêneros não têm clorofila e sobrevivem como mico-heterótrofas (apresentam simbiose com fungos em suas raízes). Duas espécies australianas crescem inteiramente de-

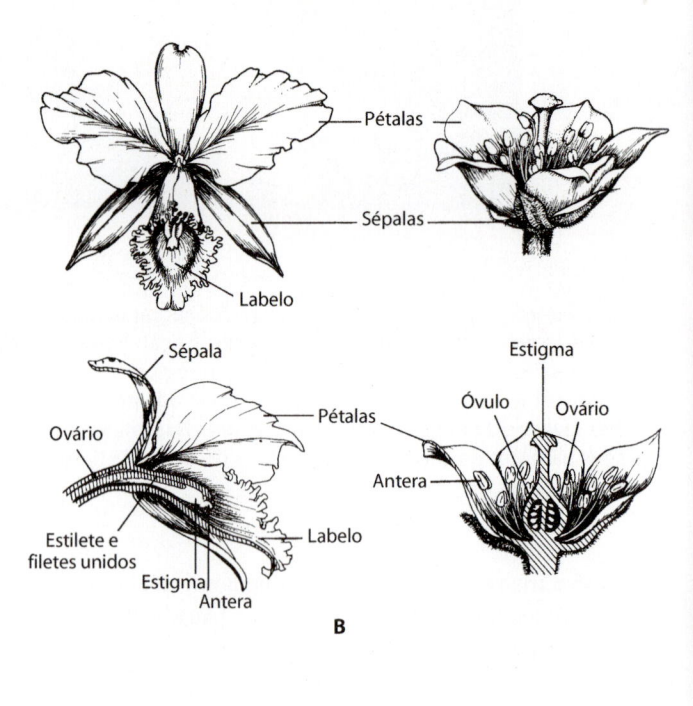

20.11 Orquídeas (família Orchidaceae). A. Uma orquídea do gênero *Cattleya*. As orquídeas têm flores extremamente especializadas. **B.** Uma comparação das partes de uma flor de orquídea, mostrada à esquerda, com aquelas de uma flor com simetria radial, à direita. O labelo é uma pétala modificada que serve como plataforma de pouso para insetos.

baixo da terra, e suas flores aparecem através de rachaduras no solo, onde são polinizadas por moscas. Na produção comercial de orquídeas, as plantas são clonadas por meio de uma técnica em que o tecido meristemático é dividido e milhares de plantas idênticas podem ser produzidas de forma rápida e eficiente (ver Capítulo 10). Há mais de 60.000 híbridos registrados de orquídeas, muitos deles envolvendo dois ou mais gêneros. Os frutos de orquídeas do gênero *Vanilla* são a fonte do aromatizante natural conhecido como baunilha.

Os animais contribuem como os principais agentes da evolução floral

As plantas, diferentemente da maior parte dos animais, não podem se mover de um lugar para outro para encontrar alimento, abrigo ou para procurar um parceiro reprodutivo. Em geral, as plantas devem satisfazer essas necessidades por meio de respostas de crescimento e das estruturas que elas produzem. Muitas angiospermas, entretanto, desenvolveram um conjunto de características que, na prática, lhes proporciona mobilidade direcionada na busca por um parceiro reprodutivo. Esse conjunto de atributos toma forma na flor. Ao atraírem os insetos e outros animais com suas flores, direcionando o comportamento desses animais de forma que a polinização cruzada (e, assim, fecundação cruzada) ocorresse com grande frequência, as angiospermas transcenderam a sua condição de organismos sésseis. Assim, elas se tornaram tão móveis quanto os animais. Como isso foi possível?

Coevolução entre as flores e os insetos. As plantas primitivas portando sementes eram polinizadas de forma passiva. Grandes quantidades de pólen eram espalhadas pelo vento, chegando à proximidade dos óvulos somente por acaso. Os óvulos, que eram formados nas folhas ou em estróbilos, exsudavam gotas de polinização aderentes em suas micrópilas; essas gotas serviam para capturar os grãos de pólen e atraí-los para a micrópila. Como ocorre na maioria das Cycadaceae (ver Capítulo 18) e gnetófitas atuais, os insetos que se alimentavam de pólen e de outras partes florais começaram a voltar a essas novas fontes de alimento descobertas, transferindo, assim, o pólen de uma planta para outra. Tal sistema é mais eficiente do que a polinização passiva pelo vento e possibilitou a polinização muito mais acurada com uma quantidade menor de grãos de pólen.

A atração de insetos para os óvulos nus dessas plantas resultava, às vezes, na perda de alguns deles para estes animais. A evolução para um carpelo fechado, assim, deu a certas plantas com sementes – os ancestrais das angiospermas – uma vantagem reprodutiva e, consequentemente, seletiva. As demais mudanças na forma da flor, tais como a evolução do ovário ínfero, podem ter representado formas adicionais de impedir que os óvulos fossem consumidos por insetos e outros animais, fornecendo assim uma vantagem reprodutiva ainda maior.

Outro evento evolutivo importante foi o aparecimento da flor bissexuada. A presença de carpelos e estames em uma única flor (contrapondo-se, por exemplo, aos estróbilos microsporangiados e megasporangiados que se apresentam separados nas coníferas atuais) oferece uma vantagem seletiva por tornar cada visita de um polinizador mais eficaz. O polinizador pode coletar e depositar pólen a cada parada.

Quando uma dada espécie vegetal é polinizada por somente um ou poucos tipos de visitantes, a seleção favorece especializações relacionadas com as características destes visitantes. Muitas das modificações que evoluíram nas flores promoveram a compatibilidade de um tipo específico de visitante àquela classe de flor. Por exemplo, muitas angiospermas modernas são polinizadas somente ou principalmente por besouros e, outras, por moscas (Figura 20.12). Ambas dependem de odores florais que são frutados ou se parecem com estrume ou car-

A   B

20.12 Flores polinizadas por besouros e abelhas. A. Besouro (*Asclera ruficornis*) que se alimenta de pólen, na flor aberta e em forma de tigela da anêmona-americana (*Hepatica nobilis* var. *obtusa*, Ranunculaceae). As espécies da família Oedemeridae, à qual esse besouro pertence, alimentam-se somente de pólen, quando adultas. **B.** As flores malcheirosas e de cor frequentemente escura de muitas espécies latescentes (família Apocynaceae), como as dessa planta suculenta africana, *Stapelia schinzii*, são polinizadas por moscas-varejeiras.

niça, e, em flores polinizadas por besouros, as partes florais essenciais são muitas vezes cobertas e assim protegidas de seus visitantes vorazes.

As abelhas, porém, representam o grupo mais importante de insetos que visitam flores, sendo responsável pela polinização de mais espécies de plantas do que qualquer outro grupo. Na verdade, as abelhas e as plantas floríferas se diversificaram juntas ao longo dos últimos 80 milhões de anos.

Tanto os machos quanto as fêmeas de abelhas vivem de néctar e as fêmeas também coletam pólen para alimentar as suas larvas. As abelhas têm partes bucais, pelos no corpo e outros apêndices com adaptações especiais que as tornam adequadas para coletar e transportar néctar e pólen (Figura 20.13). Como Karl von Frisch e outros investigadores de comportamento de insetos mostraram, as abelhas podem aprender rapidamente a reconhecer cores, odores e contornos. A parte do espectro luminoso visível para a maioria dos insetos, inclusive para as abelhas, é um tanto diferente daquela visível para os seres humanos. Diferentemente dos humanos, as abelhas enxergam o ultravioleta como uma cor distinta; no entanto, elas não veem a cor vermelha, a qual tende a misturar-se com as imagens de fundo.

As flores de abelhas têm pétalas chamativas e com cores vivas, em geral azuis ou amarelas. Elas muitas vezes apresentam padrões distintivos por meio dos quais as abelhas podem reconhecê-las com eficiência. Tais padrões incluem "guias de néctar", que são marcas especiais que indicam a posição do néctar (Figura 20.14).

As flores que são regularmente polinizadas por borboletas e mariposas diurnas (aquelas ativas durante o dia, em vez da noite) são semelhantes, em geral, às flores polinizadas por abelhas, mas geralmente têm "plataformas de pouso" na estrutura da flor (Figuras 20.11B e 20.15). Aquelas polinizadas por mariposas noturnas (que voam à noite) são em geral brancas ou de cor pálida e muitas vezes têm um perfume doce e penetrante, emitido somente após o pôr do sol. O nectário em uma flor de mariposa ou borboleta é frequentemente localizado na base do tubo de corola longo e estreito ou em um calcar e é, em geral, acessível somente para as peças bucais longas e sugadoras desses insetos.

Algumas plantas floríferas, incluindo cerca de um terço das espécies de orquídeas, atraem os insetos polinizadores por "decepção alimentar". Tais plantas sinalizam a presença de recompensa alimentar, como néctar e pólen, sem fornecê-los. Muito frequentemente, os "enganadores de alimentos" atraem polinizadores mimetizando a aparência de flores com recompensa alimentar. Uma forma pouco comum de decepção, conhecida exclusivamente nas orquídeas, é a "decepção sexual". Nesse exemplo, a polinização é feita por insetos machos enganados, que se esforçam em copular com a flor. Tais flores mimetizam a aparência de insetos fêmeas e emitem uma fragrância que se assemelha bastante aos feromônios dela.

20.13 Polinização por abelhas. As abelhas tornaram-se tão especializadas quanto as flores às quais elas se associaram ao longo de sua evolução. Suas partes bucais tornaram-se fundidas em um tubo sugador que contém uma língua. O primeiro segmento de cada um dos três pares de patas tem um conjunto de cerdas em sua superfície interna. Aqueles do primeiro e do segundo pares são escovas de pólen que recolhem o pólen aderido aos pelos do corpo da abelha. No terceiro par de patas, as cerdas formam um pente de pólen que recolhe o pólen dessas escovas e do abdome. Do pente, o pólen é empurrado para os cestos de pólen, superfícies côncavas cercadas por pelos no segmento superior do terceiro par de patas. Aqui mostramos uma abelha (*Apis mellifera*) forrageando em uma flor de alecrim (*Rosmarinus officinalis*). Na flor de alecrim, os estames e o estigma se curvam para cima e para fora da flor e ambos entram em contato com o dorso peludo de qualquer abelha visitante, que tenha o tamanho certo. Nessa fotografia é possível ver as anteras depositando grãos de pólen brancos na abelha.

20.14 Guias de néctar. Os chamados guias de néctar nas flores da dedaleira (*Digitalis purpurea*, Scrophulariaceae) servem como sinais indicadores para os insetos visitantes. O lábio inferior da corola fundida serve como plataforma de pouso do tipo que é comumente encontrado em flores de abelhas.

20.15 Polinização por borboletas. A borboleta-cobre (*Lycaena gorgon*) sugando néctar das flores de uma margarida. As longas partes bucais sugadoras de mariposas e borboletas ficam enroladas quando em repouso e se esticam para obter alimento. Seu comprimento varia entre as espécies. Com somente alguns milímetros em algumas das menores mariposas, elas chegam a 1 ou 2 cm em muitas borboletas, 2 a 8 cm em algumas mariposas da família Sphingidae da zona Temperada Norte, e chegam a 25 cm em alguns tipos de mariposas tropicais da mesma família.

As flores polinizadas por morcegos e aves produzem copioso néctar. As flores polinizadas por aves produzem néctar abundante e ralo, mas comumente exalam pouco odor porque o sentido do olfato não é muito desenvolvido em aves. As aves, porém, têm uma boa percepção de cores e as flores que eles visitam são normalmente coloridas, sendo as vermelhas e as amarelas mais comuns (Figura 20.16). Tais flores incluem aquilégia-vermelha (*Aquilegia canadenses*, Ranunculaceae), maracujá com flores vermelhas (*Passiflora coccinea*) e hibisco (Malvaceae).

Alguns grupos de plantas, sobretudo nos trópicos, têm flores que são normalmente polinizadas por morcegos. Os morcegos que obtêm a maior parte de seu alimento em flores têm focinhos esguios e alongados e línguas longas e extensíveis, algumas ve-

20.16 Polinização por aves. O beija-flor (*Calypte anna*) macho com uma flor de mímulo (*Mimulus cardinalis*, Scrophulariaceae) no sul da Califórnia (EUA). Repare no pólen na testa do beija-flor, que está em contato com o estigma da flor.

20.17 Polinização por morcegos. Ao introduzir sua cabeça na corola tubular de uma flor de cacto (*Stenocereus thurberi*), o morcego (*Leptonycteris curasoae*) consegue coletar néctar com sua língua comprida e cheia de cerdas. Parte do pólen aderido à cabeça e ao pescoço do morcego será transferida para a próxima flor que ele visite. Essa espécie de morcego, um dos morcegos mais especializados em se alimentar de néctar, migra desde o centro e sul do México até os desertos do sudoeste dos EUA durante o fim da primavera e o início do verão. Lá ele se alimenta do néctar e do pólen de cactos (*Stenocereus thurberi* e *Carnegiea gigantea*) e das flores de agaves.

zes com a ponta em forma de escova (Figura 20.17). A maioria das flores polinizadas por morcegos produz copiosas quantidades de néctar e tem coloração pouco vistosa, e muitas delas se abrem somente à noite. Tais flores muitas vezes pendem de longos pedicelos abaixo da folhagem ou se fixam nos troncos das árvores, onde os morcegos podem chegar com facilidade. As flores de morcego caracteristicamente têm odores muito fortes de fermentação ou semelhante ao de frutos, ou ainda odores que se pareçam com aqueles produzidos pelos morcegos para atrair uns aos outros.

As flores polinizadas pelo vento não produzem néctar. As flores polinizadas pelo vento e que não dependem de animais polinizadores não produzem néctar, têm cores apagadas e são relativamente inodoras. As pétalas dessas flores são pequenas ou ausentes e os sexos apresentam-se, muitas vezes, separados na mesma planta. Elas estão mais bem representadas em regiões temperadas, onde muitos indivíduos da mesma espécie costumam crescer juntos e a dispersão de pólen em geral ocorre no início da primavera, antes que as plantas tenham formado suas folhas. Os carvalhos, as bétulas (Figura 20.18A) e as gramíneas (Figura 20.18B, C) são exemplos conhecidos de plantas polinizadas pelo vento. As flores polinizadas pelo vento em geral têm anteras bem expostas, que prontamente soltam seu pólen para o vento. Os grandes estigmas são caracteristicamente expostos e, muitas vezes, ramificados ou com projeções plumosas, adaptadas para interceptar os grãos de pólen transportados pelo vento.

Os pigmentos mais importantes na coloração floral são os flavonoides

A cor é um dos traços mais conspícuos das flores de angiospermas – uma característica que faz dos membros do filo facilmente reconhecidos. As cores variadas nos diferentes tipos de flores evoluíram em relação aos seus sistemas de polinização e, em geral, funcionam como avisos para tipos específicos de animais, como vimos anteriormente.

Os pigmentos responsáveis pelas cores das flores de angiospermas são geralmente comuns em todas as plantas vasculares. No entanto, é a forma como eles estão concentrados nas flores das angiospermas e, sobretudo em suas corolas, que constitui uma característica especial das plantas floríferas. Surpreendentemente, todas as cores de flores são produzidas por um pequeno número de pigmentos. Muitas flores vermelhas, alaranjadas ou amarelas devem sua coloração à presença dos pigmentos carotenoides, semelhantes aos de folhas (ver Capítulo 2; eles também são encontrados em todas as plantas, nas algas verdes e alguns outros organismos). Os pigmentos mais importantes para a coloração floral, porém, são os *flavonoides*, que são compostos por dois anéis de seis carbonos ligados por uma unidade de três carbonos. Os flavonoides são encontrados, provavelmente, em todas as angiospermas e aparecem esporadicamente entre os membros de outros grupos de plantas. Nas folhas, os flavonoides bloqueiam a radiação ultravioleta extrema, a qual é destrutiva para os ácidos nucleicos e as proteínas. Eles em geral possibilitam a passagem seletiva da luz nos comprimentos de ondas referentes ao azul-esverdeado e vermelho, que são importantes para a fotossíntese.

As *antocianinas*, pigmentos que pertencem a uma das principais classes de flavonoides, são os mais importantes determinantes da coloração das flores (Figura 20.19). A maioria dos pigmentos vegetais vermelhos e azuis são antocianinas, os quais são solúveis em água e encontrados nos vacúolos. Diferentemente, os carotenoides são solúveis em óleo e encontrados em plastídios. A cor do pigmento antocianina depende da acidez

| A | B | C |

20.18 Polinização pelo vento. Aqui são mostradas flores de dois tipos de plantas polinizadas pelo vento. **A.** As flores estaminadas de uma bétula (*Betula papyrifera*) estão em inflorescências (amentilhos), que se apresentam como ramos pendentes, flexíveis, finos e com vários centímetros de comprimento. Essas inflorescências balançam com as brisas que passam, e o pólen quando maduro é assim espalhado pelo vento. **B.** Gramíneas, como o milho (*Zea mays*), caracteristicamente têm estigmas amplos e frequentemente plumosos, eficazes em capturar o pólen liberado pelas anteras pendentes e transportado pelo vento. O "cabelo" nas espigas de milho consiste em muitos estigmas, cada um levando a um grão na espiga jovem, abaixo localizada. **C.** Os "pendões" no alto do caule de milho são inflorescências estaminadas.

Pelargonidina   Cianidina   Delfinidina

20.19 Antocianinas. Esses três pigmentos de antocianina são os pigmentos básicos dos quais a coloração das flores em muitas angiospermas depende: pelargonidina (vermelho), cianidina (violeta) e delfinidina (azul). Compostos semelhantes, conhecidos como flavonóis, são amarelos ou de cor marfim, e os carotenoides são vermelhos, laranja ou amarelos. As betacianinas (betalaínas) são pigmentos vermelhos que ocorrem em um grupo de eudicotiledôneas. Misturas desses pigmentos diversos, em conjunto com mudanças no pH celular, produzem a gama inteira de coloração floral nas angiospermas. Mudanças na cor das flores proporcionam "sinais" aos polinizadores, dizendo-lhes quais flores se abriram recentemente e têm maior probabilidade de fornecer alimento.

do conteúdo vacuolar. A cianidina, por exemplo, é vermelha em solução ácida, violeta em solução neutra e azul em solução alcalina. Em algumas plantas, as flores mudam de cor após a polinização, em geral por causa da produção de grandes quantidades de antocianinas; dessa maneira, elas se tornam menos conspícuas aos insetos.

Os *flavonóis*, outro grupo de flavonoides, são encontrados comumente em folhas e também em muitas flores. Vários desses compostos são incolores ou quase, mas podem contribuir aos tons marfim ou branco de certas flores.

Em todas as plantas floríferas, as diferentes misturas de flavonoides e de carotenoides (assim como mudanças no pH celular) e as diferenças nas estruturas, que alteram as propriedades refletivas das partes florais, produzem as cores características. As cores vivas das folhas no outono surgem quando grandes quantidades de flavonóis incolores são convertidas em antocianinas, na medida em que a clorofila se degrada (ver Capítulo 2). Nas flores completamente amarelas do malmequer-dos-brejos (*Caltha palustris*), a porção externa que reflete a luz ultravioleta (UV) é colorida por carotenoides, enquanto a porção interna que absorve o UV é amarela a nossos olhos devido à presença de uma chalcona amarela, um tipo de flavonoide. Para uma abelha ou outro inseto, a porção externa da flor parece ser uma mistura de amarelo e ultravioleta, a chamada cor "púrpura-das-abelhas", enquanto a porção interna aparece como amarelo puro (Figura 20.20). Grande parte da capacidade das flores em refletir o UV está ligada à presença de carotenoides; desse modo, os padrões de ultravioleta são mais comuns em flores amarelas do que em outras.

Nas famílias do quenopódio (Chenopodiaceae), do cacto (Cactaceae) e da onze-horas (Portulacaceae), bem como em outros membros da ordem Caryophyllales, os pigmentos avermelhados não são antocianinas nem mesmo flavonoides, mas um grupo de compostos aromáticos mais complexos, conhecidos como *betacianinas* (ou betalaínas). As flores vermelhas da primavera ou três-marias (*Bougainvillea*) e a cor vermelha das

A   B

20.20 Cor púrpura-das-abelhas. A percepção de cor da maioria dos insetos é um pouco diferente daquela dos seres humanos. Para uma abelha, por exemplo, a luz ultravioleta (UV), invisível para humanos, é vista como uma cor distinta. Essas fotografias mostram uma flor do malmequer-dos-brejos (*Caltha palustres,* Ranunculaceae) (**A**) em luz natural, mostrando a coloração amarela forte como a flor aparece para humanos, e (**B**) em luz UV. As partes da flor que aparecem claras em (**B**) refletem tanto luz amarela quanto UV, as quais se combinam para formar a cor "púrpura-das-abelhas", enquanto as partes escuras da flor absorvem luz UV e, portanto, aparecem em amarelo puro quando vistas por uma abelha.

beterrabas (*Beta*) devem-se à presença de betacianinas. Nessas plantas não há antocianina; as famílias caracterizadas pela presença de betacianinas são bastante aparentadas entre si.

Evolução dos frutos

Assim como as flores evoluíram em relação à sua polinização por meio de muitos tipos diferentes de animais e outros agentes, os frutos evoluíram para a dispersão por mecanismos muito diversos. A dispersão de frutos, assim como a polinização, é um aspecto fundamental da radiação evolutiva das angiospermas. Entretanto, antes de considerarmos essa questão com mais detalhes, precisamos apresentar algumas informações básicas sobre a estrutura dos frutos.

Em sentido estrito, o fruto é um ovário maduro

O fruto é um ovário maduro, mas, definindo-o de forma ampla, o fruto é um ovário maduro com um tecido não carpelar – *tecido acessório* –, o qual se une com o ovário durante a maturação dele. Em alguns táxons, o tecido acessório domina sobre o tecido carpelar no fruto maduro, como no morango, que consiste em grande parte no receptáculo expandido. Os frutos podem se desenvolver sem fecundação e sem a formação de sementes. Este fenômeno é conhecido como partenocarpia, e os frutos são chamados *frutos partenocárpicos*. A partenocarpia é bastante comum, especialmente em espécies com grande número de óvulos, como a banana, laranja, abóbora, figo e abacaxi.

Os frutos são, em geral, classificados como simples, múltiplos ou agregados, dependendo da disposição do(s) carpelo(s) a partir do(s) qual(is) o fruto se desenvolve. *Frutos simples* desenvolvem-se a partir de um único carpelo ou de vários (dois ou mais) carpelos unidos (vagem, cereja, tomate). *Frutos agregados* são formados a partir de gineceu – gineceu apocárpico – no qual cada carpelo retém sua identidade no estágio maduro (magnólia, framboesa e morango). Os carpelos individuais ou ovários maduros são conhecidos como *frutículos* (Figura 20.5C). *Frutos múltiplos* são derivados de uma inflorescência, isto é, a partir da união de gineceus de muitas flores (figo, amora, abacaxi). Qualquer fruto que contenha tecido acessório é chamado de *fruto acessório*, seja simples, agregado ou múltiplo. Assim, os

frutos de maçã e pera, nos quais o tubo floral se torna a principal (maior) parte carnosa, é um fruto acessório simples; o morango é um fruto acessório agregado; e o abacaxi é um fruto acessório múltiplo.

Os frutos simples são de longe os mais diversos dos três grupos. Quando maduros eles podem ser carnosos ou mais ou menos secos. Há três tipos principais de frutos carnosos – bagas, drupas e pomos. As *bagas* são frutos carnosos com uma a muitas sementes; todas as partes são carnosas ou polposas, com exceção do exocarpo, o qual pode ser fino ("película") ou rígido (tomates, uvas, tâmaras, laranjas, abóboras). A camada interna da parede do fruto é carnosa. As *drupas* (frutos com caroço) têm, na maioria das vezes, uma semente; o exocarpo, em geral, é fino e forma uma "película" (casca fina), o mesocarpo é carnoso e o endocarpo é duro ("pétreo"), o qual envolve a semente (pêssegos, cerejas, azeitonas, ameixas) (Figura 20.21). Os cocos também são drupas, com a camada externa fibrosa em vez de carnosa; porém, nas mercearias em regiões temperadas vemos, em geral, a camada interna do fruto (endocarpo) que é dura. Os *pomos* desenvolvem-se a partir de um ovário ínfero composto. A maior parte do conteúdo carnoso é derivado de tecido não carpelar (tubo floral), e o endocarpo envolvendo as sementes é cartilaginoso (maçã, pera, marmelo e outros gêneros do grupo das rosáceas).

Os frutos simples secos são classificados como deiscentes (Figuras 20.22 e 20.23) ou indeiscentes (Figura 20.24). Os *frutos deiscentes* abrem-se na maturidade e contêm, geralmente, várias sementes. Os *frutos indeiscentes* não se abrem na maturidade e se originam, em geral, de um ovário no qual somente uma semente se desenvolve embora mais de um óvulo possa estar presente.

Há vários tipos de frutos simples, secos e deiscentes. O *folículo* é derivado de um único carpelo que se abre em um dos lados quando maduro, como nas aquilégias (Ranunculaceae), asclépias (Apocynaceae) (Figura 20.22A) e magnólias (Figura 20.5C). Na família da ervilha (Fabaceae), o fruto característico é um *legume*. Os legumes parecem-se com folículos, mas eles se abrem ao longo dos dois lados (Figura 20.23). Na família da mostarda (Brassicaceae), o fruto é chamado de *síliqua* e é formado por dois carpelos fundidos. Quando maduros, os dois lados do fruto se separam, deixando as sementes ligadas a uma

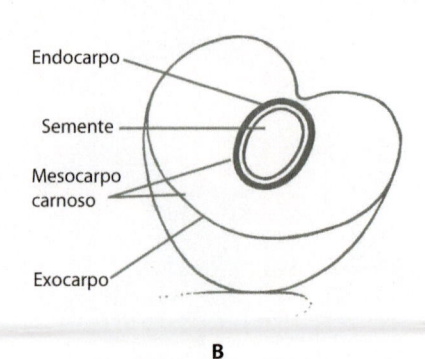

A   **B**

20.21 Drupas (frutas com caroço). As drupas têm, geralmente, uma semente; o fruto maduro é composto de três partes distintas: o exocarpo, relativamente fino, apresenta-se como uma "película" (casca fina); mesocarpo carnoso espessado; e endocarpo duro ("pétreo"). O endocarpo é constituído por escleréides compactamente dispostas (células pétreas) e que formam o caroço do fruto. A semente fica envolta pelo endocarpo. **A.** Fruto de nectarina (*Prunus persica nectarina*) secionado, mostrando o caroço (endocarpo), que é circundado pelo mesocarpo carnoso. O exocarpo é uma película. **B.** Diagrama de uma drupa.

A

Cápsula
(*Papaver somniferum*)

B

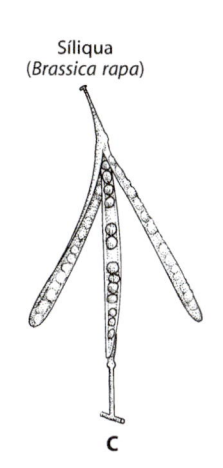

Sílíqua
(*Brassica rapa*)

C

20.22 Frutos deiscentes. A. Folículos explosivos de oficial-de-sala (*Asclepias curassavica*, Apocynaceae). **B.** Em alguns membros da família da papoula (Papaveraceae), como as papoulas vermelhas (*Papaver somniferum*), a cápsula solta suas sementes através de poros localizados na porção superior do fruto. **C.** Plantas da família da mostarda (Brassicaceae) têm um fruto característico conhecido como sílíqua, no qual as sementes ficam presas em uma partição central, e as duas valvas protetoras se abrem quando o fruto amadurece.

porção central persistente (Figura 20.22C). O tipo mais comum de fruto simples seco e deiscente é a *cápsula*, que é formada por um ovário composto (mais de um carpelo). As cápsulas liberam suas sementes de diversas maneiras. Na família da papoula (Papaveraceae), as sementes são muitas vezes liberadas quando a cápsula se abre longitudinalmente, mas em alguns membros dessa família elas são liberadas através de furos na porção superior desse fruto (Figura 20.22B).

Os frutos simples secos e indeiscentes são encontrados em muitas famílias de plantas. O mais comum é o *aquênio*, um fruto pequeno e com uma única semente, a qual fica solta na cavidade interna do fruto, exceto por sua ligação pelo funículo. Consequentemente, o pericarpo é facilmente separado do envoltório da semente. Os aquênios são característicos da família do ranúnculo (Ranunculaceae) e na família do trigo-sarraceno (Polygonaceae). Aquênios alados, como os encontrados em olmos e freixos,

A

B

C

20.23 Legumes, frutos deiscentes. O legume, um tipo de fruto em geral deiscente, é característico da família da ervilha, Fabaceae (também chamada de Leguminosae). Com cerca de 18.000 espécies, Fabaceae é uma das maiores famílias de plantas floríferas. Muitos membros da família são capazes de fixar nitrogênio, por causa da presença em suas raízes de bactérias dos gêneros *Bradyrhizobium* e *Rhizobium*, que formam nódulos (ver Capítulo 29). Por esse motivo, essas plantas são, com frequência, as primeiras colonizadoras em solos inférteis, como nos trópicos, e elas podem crescer rapidamente ali. As sementes de várias plantas dessa família, como ervilhas, feijões e lentilhas, são importantes alimentos. **A.** Legumes da ervilha-de-jardim, *Pisum sativum*. **B.** Legumes de *Albizzia polyphylla*, crescendo em Madagascar. Cada semente está em um compartimento separado do fruto. **C.** Legume de *Griffonia simplicifolia*, uma árvore do oeste da África. As duas valvas do legume estão separadas, revelando as duas sementes dentro dele.

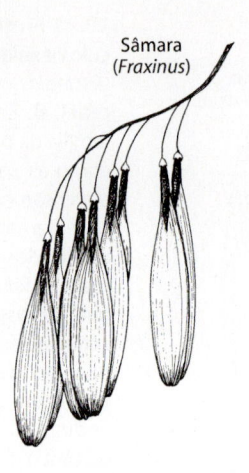

Sâmara
(*Fraxinus*)

20.24 Fruto indeiscente. A sâmara, um fruto indeiscente alado característico de freixos (*Fraxinus,* Oleaceae) e olmos (*Ulmus,* Ulmaceae), retém sua única semente quando maduro. As sâmaras são dispersas pelo vento.

são comumente conhecidos como *sâmaras* (Figura 20.24). Nas Asteraceae, o fruto parecido com um aquênio é derivado de um ovário ínfero; tecnicamente, é chamado *cipsela* (Figura 20.25). O fruto parecido com um aquênio que ocorre em gramíneas (Poaceae) é conhecido como *cariopse*, ou grão; nele, o revestimento da semente está firmemente unido ao pericarpo em toda a sua superfície. As bolotas (frutos de carvalho, *Quercus*) e avelãs são exemplos de *nozes*, com um pericarpo duro ou pétreo. A noz desenvolve-se, em geral, de um ovário composto com somente um carpelo funcional; tem, em regra, uma semente. Finalmente, na família da salsinha (Apiaceae) e do bordo ou ácer (Sapindaceae),

20.25 Cipselas. Os conhecidos frutos indeiscentes, pequenos, de dentes-de-leão (*Taraxacum*, Asteraceae), que são tecnicamente conhecidos como cipselas (mas com frequência chamados de aquênios), têm um cálice modificado, plumoso, chamado *pappus* e são espalhados pelo vento. Esta fotografia mostra os capítulos em frutificação de uma planta do gênero *Agoseris*, que é parente próximo dos dentes-de-leão.

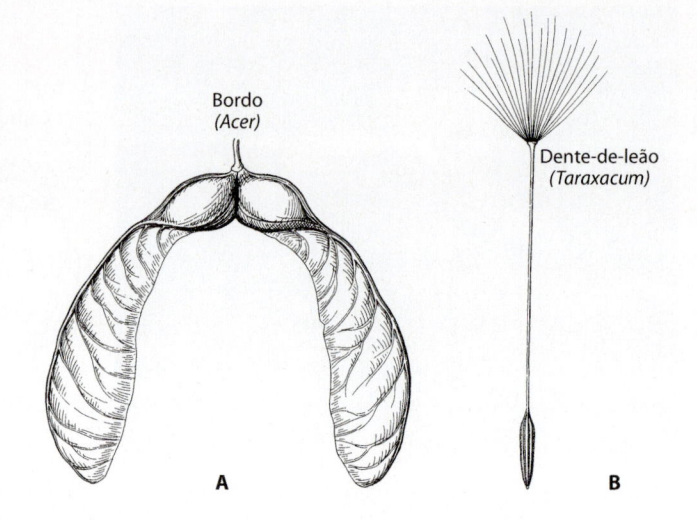

Bordo
(*Acer*)

Dente-de-leão
(*Taraxacum*)

A   B

20.26 Frutos dispersos pelo vento. A. Nos bordos (*Acer,* Sapindaceae), cada metade do esquizocarpo tem uma longa ala. **B.** Os frutos do dente-de-leão ou amor-de-homem (*Taraxacum*) e de muitas outras compostas têm um cálice modificado, chamado *pappus*, que fica aderido à cipsela madura e pode formar uma estrutura semelhante a uma pluma que ajuda na dispersão pelo vento.

assim como em vários outros grupos não aparentados, o fruto é um *esquizocarpo*, ou seja, quando maduro divide-se em duas ou mais partes, cada uma delas com uma semente (Figura 20.26A).

Os frutos e as sementes evoluíram em relação a seus agentes dispersores

Assim como as flores evoluíram de acordo com as características dos polinizadores que as visitam repetidas vezes, os frutos também evoluíram em relação aos seus agentes dispersores. Em ambos os sistemas que coevoluíram, houve, em geral, muitas mudanças dentro de determinadas famílias em relação aos diferentes agentes dispersores. Há também uma grande quantidade de eventos de evolução convergente, que geraram estruturas com aparência e funções similares. Faremos aqui uma revisão de algumas das adaptações de frutos, em relação a seus agentes dispersores.

Muitas plantas têm os frutos e as sementes transportados pelo vento. Algumas plantas têm frutos ou sementes leves, que são dispersos pelo vento (Figuras 20.22A, 20.24 a 20.26). As sementes pequenas como poeira de todos os membros da família das orquídeas, por exemplo, são transportadas pelo vento. Outros frutos têm alas, que são às vezes formadas por partes do perianto, possibilitando que eles sejam levados de um lugar ao outro. Nos esquizocarpos dos bordos, por exemplo, cada carpelo desenvolve uma longa ala (Figura 20.26A). Os dois carpelos separam-se e caem quando maduros. Muitos membros das Asteraceae – por exemplo, dentes-de-leão (*Taraxacum*) – desenvolvem um *pappus* plumoso que ajuda a manter os frutos leves em suspensão no ar (Figuras 20.25 e 20.26B). Em algumas plantas, a semente em si, e não o fruto, apresenta-se plumosa ou tem ala. A linária (*Linaria vulgaris*, Plantaginaceae) tem uma semente alada, e espécies tanto do gênero *Chamaenerium* (Onagraceae) quanto do oficial-de-sala (*Asclepias* (Figura 20.22A) têm sementes plumosas. Em chorões e álamos (família Salicaceae), o envoltório da semente é recoberto por pelos lanosos. Em salsola ou cardo-russo (*Salsola*, Amaranthaceae), a planta inteira (ou uma parte dela) é levada pelo vento, espalhando sementes pelo caminho.

Outras plantas lançam suas sementes no ar. Na maria-sem-vergonha ou beijo (*Impatiens*, Balsaminaceae), as valvas das cápsulas separam-se subitamente, lançando as sementes a certa distância. Na hamamélis (*Hamamelis*, Hamamelidae), o endocarpo contrai-se à medida que o fruto seca, disparando as sementes com tanta força que elas às vezes chegam a percorrer 15 m a partir da planta. Outro exemplo de autodispersão aparece na Figura 20.27. Ao contrário desses métodos ativos de dispersão, as sementes ou frutos de muitas plantas simplesmente caem por terra e são dispersas de forma mais ou menos passiva (ou esporádica, como pela água da chuva ou por enchentes).

Os frutos e as sementes adaptados para a flutuação são dispersos pela água. Os frutos e as sementes de muitas plantas, sobretudo daquelas crescendo em fontes de água ou perto delas, são adaptados para a flutuação, porque há ar retido em alguma parte da sua estrutura ou elas têm tecidos com grandes espaços aeríferos. Alguns frutos são especialmente adaptados para a dispersão por correntes oceânicas. O mais notável entre eles é o coco-da-baía (*Cocos nucifera*, Arecaceae), razão pela qual quase todo atol recém-formado no Pacífico rapidamente obtém seu próprio coqueiro. A chuva, outro meio também comum de dispersão de frutos e sementes, é particularmente importante para plantas que vivem em colinas ou encostas de montanhas.

Os frutos e as sementes que são carnosos ou têm adaptações para se aderirem são dispersos por animais. A evolução de frutos carnosos, doces e muitas vezes com coloração viva esteve nitidamente implicada na coevolução de animais e plantas floríferas. A maioria dos frutos nos quais grande parte do pericarpo é carnosa – bananas, cerejas, framboesas, *dogwoods,* uvas – é comida por vertebra-

dos. Quando tais frutos são consumidos por aves ou mamíferos, as sementes que o fruto contêm são espalhadas após passar incólumes pelo trato digestivo ou, em aves, ao serem regurgitadas longe do lugar onde foram ingeridas (Figura 20.28). Algumas vezes, uma digestão parcial auxilia a germinação de sementes ao "enfraquecer" o seu revestimento.

Quando os frutos carnosos amadurecem, eles passam por uma série de mudanças características, mediadas pelo hormônio etileno, que será discutido no Capítulo 27. Entre essas mudanças está o aumento no conteúdo de açúcar, amolecimento do fruto causado pela quebra de substâncias pécticas e, frequentemente, uma mudança na coloração, de verde, semelhante a folha, inconspícuo, a vermelho vivo (Figura 20.28A), amarelo, azul ou preto. As sementes de algumas plantas, sobretudo as tropicais, muitas vezes têm apêndices carnosos ou arilos com as cores vivas características dos frutos carnosos, e, como estes, sua dispersão é feita por vertebrados.

Algumas angiospermas têm frutos ou sementes que são dispersos aderindo-se à pelagem ou às penas (Figura 20.29). Esses frutos e sementes têm ganchos, farpas, espinhos, pelos ou revestimentos aderentes que lhes possibilitam ser transportados, frequentemente por grandes distâncias, presas aos corpos de animais.

Outros agentes dispersores de sementes, importantes em algumas plantas, são as formigas. Tais plantas desenvolveram uma adaptação especial no exterior de suas sementes, chamado de elaiossomo, um apêndice carnoso pigmentado que contém lipídios, proteína, amido, açúcares e vitaminas. As formigas em geral carregam tais sementes para os seus ninhos, onde os elaiossomos são consumidos por outras operárias ou por larvas e as sementes são deixadas intactas. As sementes prontamente germinam nesse local, e mudas frequentemente se estabelecem, protegidas de seus predadores e talvez se beneficiando também dos nutrientes do local. Mais de um terço das espécies em algumas comunidades de plantas, como o sub-bosque herbáceo

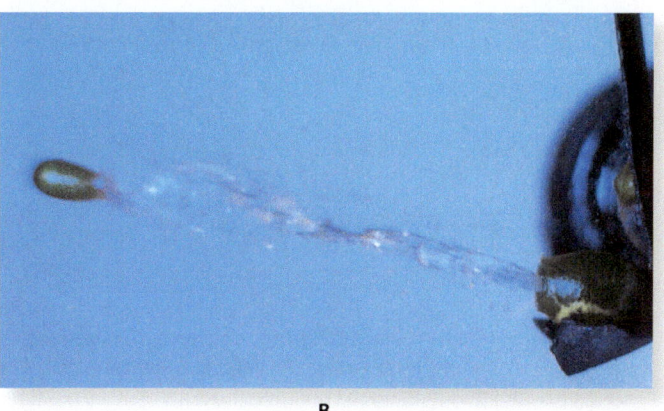

A   **B**

20.27 Autodispersão de sementes. Arceutóbio (*Arceuthobium*), uma eudicotiledônea parasita que é a causa séria de perda de produtividade florestal no oeste dos EUA. **A.** Uma planta crescendo em um ramo de pinheiro na Califórnia. **B.** O disparo de sementes. Uma pressão hidrostática muito alta se forma no fruto e lança as sementes lateralmente a até 15 m de distância. As sementes têm uma velocidade inicial de cerca de 100 km por hora. Esse é um dos modos pelos quais as sementes são espalhadas de uma árvore para outra, embora elas também sejam pegajosas e possam ser levadas de uma árvore até a outra por distâncias muito maiores aderidas aos pés ou penas de aves.

A

B

20.28 Frutos carnosos. As sementes de frutos carnosos são, em geral, dispersas por vertebrados que comem os frutos e depois regurgitam as sementes ou as eliminam em suas fezes. Alguns exemplos de frutos dispersos por vertebrados são mostrados aqui. **A.** Morangos (*Fragaria*), um exemplo tanto de fruto agregado quanto de fruto acessório. Os aquênios são encontrados na superfície de um receptáculo carnoso, que constitui a maior parte do fruto. Os morangos imaturos, assim como os estágios imaturos de muitos frutos dispersos por aves ou mamíferos, são verdes, mas se tornam vermelhos quando as sementes estão maduras e, dessa maneira, prontas para a dispersão. **B.** As bagas da madressilva-do-chaparral (*Lonicera hispidula*). Esses frutos se desenvolvem a partir de ovários ínferos e, portanto, incorporaram parte dos verticilos florais externos fundidos – tecidos acessórios. Uma flor dessa espécie aparece na Figura 20.9C.

A

B

20.29 Ganchos e espinhos. A. Os frutos da planta africana *Harpagophytum*, um membro da família do gergelim (Pedaliaceae), são equipados com ganchos, que se prendem à pelagem ou às patas de grandes mamíferos. Dessa maneira, os frutos são espalhados de um lugar a outro. **B.** Infrutescências maduras de espinho-de-carneiro (*Xanthium*), que se prendem a animais que passam e são, assim, dispersadas. Neste caso, a infrutescência inteira é a unidade de dispersão, em vez dos frutos sozinhos, como em *Harpagophytum*. O espinho-de-carneiro é um membro da família Asteraceae.

nas florestas decíduas do centro e leste dos EUA, são dispersas por formigas dessa maneira. Entre essas espécies de plantas estão incluídas a claitônia (*Claytonia virginica*, Portulacaceae), a dicentra ou calças-do-holandês (*Dicentra cucullaria*, Papaveraceae), a sanguinária-do-canadá (*Sanguinaria canadensis*, Papaveraceae), e muitas espécies de violetas (*Viola*; ver Figura 12.2) e trílios (*Trillium*, ver Figuras 1.5 e 19.3C).

Coevolução bioquímica

Igualmente importantes na evolução das angiospermas são os chamados *metabólitos secundários*, ou *produtos secundários das plantas* (ver Capítulo 2). Antes vistos como dejetos, esses produtos incluem uma gama de compostos químicos independentes, como *alcaloides* (incluindo morfina, cocaína, cafeína e nicotina; ver Figura 2.22); *terpenoides* (que incluem óleos essenciais, taxol, borracha, glicosídios cardíacos e isopreno; ver Figura 2.23); *fenóis* (incluindo flavonoides, taninos, ligninas, catecóis e ácido salicílico; ver Figura 2.28); *quinonas* (inclusive coenzima Q; ver Figura 6.9); e até mesmo ráfides (cristais de oxalato de cálcio em forma de agulhas; ver Figura 3.20). A presença de alguns desses compostos pode caracterizar famílias inteiras, ou grupos de famílias, de plantas floríferas.

Na natureza, esses produtos químicos parecem exercer um papel central em restringir a palatabilidade das plantas nas quais eles estão presentes ou em fazer com que os animais evitem as plantas completamente (Figura 20.30). Quando uma dada família de plantas é caracterizada por um grupo distinto de metabólitos secundários, essas plantas só podem ser comidas por insetos que pertençam a certas famílias. A família da mostarda (Brassicaceae), por exemplo, é caracterizada pela presença de glicosídios de óleo de mostarda, assim como das enzimas associadas que quebram esses glicosídios para liberar os odores pungentes associados ao repolho, à raiz-forte e à mostarda. A maior parte dos fitófagos ignora as plantas da família da mostarda e não se alimenta delas mesmo que estejam famintos. No entanto, certos grupos de percevejos e besouros, além das larvas de alguns grupos de mariposas, alimentam-se somente das folhas de plantas da família Brassicaceae. As larvas da maior parte dos membros da subfamília de borboletas Pierinae (que inclui *Pieris rapae*, a borboleta-da-couve, e *Antocharis cardaminus*) também se alimentam dessas plantas. Os mesmos produtos químicos que funcionam como empecilho para a maior parte dos grupos de insetos herbívoros com frequência agem como estímulos alimentares para esses forrageadores restritos.

É óbvio que a capacidade de produzir esses glicosídios de óleo de mostarda e armazená-los em seus tecidos é um passo evolutivo importante que protege as plantas da família Brassicaceae da maioria dos herbívoros. Do ponto de vista dos herbívoros em geral, tais plantas com essas defesas representam uma fonte de alimentos inexplorada para qualquer grupo de insetos que possa tolerar ou quebrar os venenos produzidos pela planta.

Insetos herbívoros com hábitos alimentares restritos a grupos de plantas com certos metabólitos secundários muitas vezes têm coloração chamativa. Essa coloração serve como aviso para seus predadores de que eles contêm produtos químicos nocivos como alcaloides ou glicosídios cardiotônicos em seus corpos e são, portanto, impalatáveis (ver Capítulo 2). Várias drogas e substâncias químicas psicodélicas, como os ingredientes ativos na maconha (*Cannabis sativa*, Cannabaceae) e o ópio retirado da papoula (*Papaver somniferum*), entre outros, são também produtos do metabolismo secundário das plantas que, na natureza, presumivelmente atuam como dissuasores do ataque de herbívoros (Figura 20.31).

Sistemas ainda mais complexos são conhecidos. Quando as folhas da batata ou do tomate são atacadas pelo besouro, *Leptinotarsa decemlineata*, a concentração de inibidores de proteinase –, que interferem nas enzimas digestivas nos intestinos do besouro –, rapidamente aumenta nos tecidos lesionados. Outras plantas fabricam moléculas que se parecem com os hormônios de insetos ou outros predadores e dessa maneira interferem no crescimento e desenvolvimento normais destes predadores.

Como mencionado anteriormente neste capítulo, os sistemas de polinização e de dispersão de frutos desenvolveram padrões coevolutivos específicos nos quais as variantes possíveis evoluíram não uma, mas diversas vezes dentro de uma família ou mesmo de um gênero específico de plantas. O conjunto de formas resultantes dá a muitos grupos de angiospermas uma ampla variedade de mecanismos de polinização e de dispersão de frutos. No caso das relações bioquímicas, porém, os passos evolutivos parecem ter sido grandes e definitivos, e famílias inteiras de plantas podem ser caracterizadas bioquimicamente e associadas aos seus principais grupos de insetos fitófagos. Essas relações bioquímicas parecem ter desempenhado um papel central no su-

20.30 Sumagre-venenoso. O composto do metabolismo secundário, catecol 3-pentadecanodienil, produzido pelo sumagre-venenoso (*Toxicodendron radicans*, Anacardiaceae), causa urticária na pele de muitas pessoas. A capacidade de produzir essa substância fenólica provavelmente evoluiu sob a pressão seletiva exercida pelos herbívoros. Afortunadamente, a planta é fácil de ser identificada por suas características folhas compostas com três folíolos.

20.31 Compostos alucinógenos e medicinais. A. Mescalina, do cacto peiote (*Lophophora williamsii*), é usada em cerimônias por muitos grupos indígenas do norte do México e do sudoeste dos EUA. **B.** Tetraidrocanabinol (THC) é a mais importante molécula ativa na maconha (*Cannabis sativa*). **C.** Quinino, valioso fármaco antigamente usado no tratamento e na prevenção de malária, é derivado de árvores e arbustos tropicais do gênero *Cinchona* (Rubiaceae). **D.** Cocaína (ver Capítulo 2), substância que vem recentemente sendo consumida com exagero sem precedentes, é derivada da coca (*Erythroxylum coca*, Erythroxylaceae), uma planta cultivada do noroeste da América do Sul. É mostrada aqui uma mulher peruana colhendo as folhas da coca cultivada. Os metabólitos secundários identificados nessas plantas em princípio as protegem das depredações de insetos, mas também são fisiologicamente ativos em seus predadores vertebrados, incluindo humanos.

cesso das angiospermas, que apresentam uma gama muito mais diversa de produtos do metabolismo secundário do que qualquer outro grupo de plantas.

RESUMO

Os ancestrais das angiospermas continuam a ser averiguados

Vários grupos de plantas com sementes – Caytoniales, Bennettitales e gnetófitas – em vários momentos têm sido considerados hipoteticamente como os ancestrais das angiospermas.

Vários fatores ajudam a explicar o sucesso global das angiospermas

Os mais antigos vestígios indiscutíveis de angiospermas datam do Cretáceo Inferior, há cerca de 125 a 130 milhões de anos; eles incluem tanto flores quanto pólen. As plantas floríferas tor-

naram-se dominantes por todo o mundo entre 90 e 80 milhões de anos. As razões possíveis para o seu sucesso incluem várias adaptações para resistência à seca, incluindo a evolução do hábito decíduo, assim como a evolução de mecanismos eficientes e muitas vezes especializados de polinização e dispersão de sementes.

Alguns grupos relativamente pequenos de angiospermas retêm as características ancestrais

Algumas angiospermas apresentam características que são encontradas na história antiga do grupo. Essas incluem as linhagens evolutivas como o arbusto da Nova Caledônia (Ilha do Pacífico Sul), *Amborella*, as ninfeias (Nymphaeales) e *Austrobaileya* (Austrobaileyales). Outra dessas linhagens evolutivas consiste nas magnoliídeas, com cerca de 20 famílias, incluindo a família da magnólia e a do louro. Todas essas plantas têm pólen monoaperturado (com um único poro ou sulco), como é o caso das monocotiledôneas, as quais constituem cerca de 22% das angiospermas vivas. As eudicotiledôneas, com pólen triaperturado, ou seja, apresentam três aberturas (poros ou sulcos), compreendem cerca de três quartos das espécies de angiospermas.

Os quatro verticilos das peças florais evoluíram de diferentes maneiras

A maioria das flores de angiospermas consiste em quatro verticilos. O verticilo mais externo é composto por sépalas, folhas especializadas que protegem a flor em botão. Em contrapartida, as pétalas da maior parte das angiospermas evoluíram a partir de estames que perderam seus esporângios ao longo da evolução. Estames com anteras que compreendem dois pares de sacos polínicos são uma das características diagnósticas das angiospermas. Ao longo da evolução, a diferenciação entre a antera e o delgado filete parece ter aumentado. Carpelos são de certa forma estruturas semelhantes a folhas que foram transformadas durante o curso da evolução para abrigar os óvulos. Na maioria das plantas, os carpelos tornaram-se especializados e diferenciados, constituídos pelo ovário alargado e basal, estilete esguio e estigma terminal receptivo. A perda de verticilos florais individuais ou a fusão entre verticilos adjacentes e no próprio verticilo conduziram à evolução de muitos tipos florais especializados, que são muitas vezes característicos de determinadas famílias.

As angiospermas são polinizadas por agentes diversos

A polinização por insetos é uma característica básica em angiospermas, e os primeiros agentes polinizadores foram provavelmente besouros. O fechamento do carpelo, do ponto de vista evolutivo, pode ter contribuído para a proteção dos óvulos dos ataques pelos insetos visitantes. As interações de polinização com os grupos mais especializados de insetos parecem ter evoluído mais tarde na história das angiospermas, e vespas, moscas, borboletas e mariposas deixaram cada um a sua marca na morfologia de certas flores de angiospermas. As abelhas, contudo, são os insetos mais especializados e constantes dentre aqueles que visitam as flores e tiveram provavelmente o efeito mais profundo na evolução das flores de angiospermas. Cada grupo de animais que visitam flores está associado a um conjunto específico de características florais relacionadas com os sentidos visual e olfatório dos animais. Algumas angiospermas se tornaram polinizadas pelo vento, lançando copiosas quantidades de polens pequenos e não aderentes e apresentando estigmas bem desenvolvidos, frequentemente plumosos, que são eficientes em capturar os polens do ar. As plantas polinizadas pela água têm grãos de pólen filamentosos que flutuam até flores submersas, ou têm várias maneiras de transmitir pólen através da superfície da água ou dentro dela.

Diversos fatores afetam a relação entre a planta e o polinizador

As flores que são regularmente visitadas e polinizadas por animais com altas exigências energéticas, como beija-flores, grandes mariposas e morcegos, devem produzir grandes quantidades de néctar. Essas fontes de néctar devem então ser protegidas e escondidas de outros visitantes potenciais com baixas necessidades energéticas. Tais visitantes poderiam saciar-se com o néctar de uma única flor (ou das flores de uma única planta) e deixar de ir para outra planta da mesma espécie, não efetuando assim a polinização cruzada. A polinização pelo vento é mais eficaz quando plantas individuais crescem juntas em grandes grupos, enquanto insetos, aves ou morcegos podem carregar o pólen por grandes distâncias de uma planta para outra.

A coloração das flores é determinada principalmente por carotenoides e flavonoides

Os carotenoides são pigmentos amarelos e solúveis em óleo que ocorrem em plastídios (cloroplastos e cromoplastos) e agem como pigmentos acessórios na fotossíntese. Os flavonoides são compostos do grupo dos polifenóis, solúveis em água e presentes no vacúolo. As antocianinas, que são pigmentos azuis ou vermelhos, constituem uma das classes principais dos flavonoides; são especialmente importantes em determinar a coloração das flores e de outras partes das plantas.

Os frutos são basicamente ovários maduros

Os frutos são tão diversos quanto as flores das quais eles derivaram, e podem ser classificados morfologicamente em termos de sua estrutura e desenvolvimento ou, funcionalmente, em termos de seus métodos de dispersão. Os frutos são basicamente ovários maduros, mas se partes florais adicionais ficam retidas em sua estrutura madura, são chamados frutos acessórios. Frutos simples são derivados de um único carpelo ou de dois ou mais carpelos unidos; frutos agregados vêm dos carpelos livres de uma mesma flor; e, frutos múltiplos, de uma inflorescência. Os frutos deiscentes se abrem para liberar as sementes, enquanto os frutos indeiscentes não se abrem.

Os frutos e as sementes são dispersos por vento, água ou animais

Os frutos ou as sementes transportados pelo vento são leves e com frequência têm alas ou tufos de pelos que ajudam em sua dispersão. Os frutos de algumas plantas liberam suas sementes de forma explosiva. Algumas sementes ou frutos são levados pela água e nesse caso têm que ser capazes de flutuar e ter revestimentos à prova d'água. Outros são disseminados por aves ou mamíferos e frequentemente apresentam coberturas carnosas comestíveis ou então têm ganchos, espinhos ou outros dispositivos que os aderem à pelagem de mamíferos ou às penas de aves. As formigas dispersam as sementes e os frutos de muitas plantas; tais unidades de dispersão caracteristicamente têm um apêndice oleoso, o elaiossomo, que as formigas consomem.

Os metabólitos secundários são importantes na evolução das angiospermas

Coevolução bioquímica foi um aspecto importante do sucesso evolutivo e da diversificação das angiospermas. Certos grupos de angiospermas desenvolveram vários produtos secundários, ou metabólitos secundários, como alcaloides, que as protegem da maior parte dos herbívoros. Entretanto, certos herbívoros (normalmente aqueles com hábitos alimentares mais restritos) são capazes de alimentar-se daquelas plantas e são geralmente encontrados em associação a elas. Competidores em potencial são excluídos das mesmas plantas por causa de sua inabilidade em lidar com as toxinas. Esse padrão indica que surgiu um modelo gradual de interação coevolutiva, e parece provável que as primeiras angiospermas também tenham sido protegidas por sua capacidade de produzir algumas substâncias químicas que funcionavam como venenos para os herbívoros.

Autoavaliação

1. Quais as características exclusivas de Antophyta (angiospermas) que indicam que os membros deste filo são derivados de um único ancestral comum?

2. Com a descoberta de *Archaefructus* e os resultados de estudos filogenéticos moleculares indicando que *Amborella* é irmã de todos os outros grupos de plantas floríferas, nosso conceito da estrutura floral das angiospermas ancestrais mudou. Explique.

3. Na evolução, as pétalas aparentemente derivaram de duas fontes diferentes. Quais são elas?

4. Explique o que quer dizer coevolução e forneça dois exemplos envolvendo insetos e plantas diferentes.

5. Por que as angiospermas polinizadas pelo vento têm mais representantes nas regiões temperadas e são relativamente raras nos trópicos?

6. Faça a distinção entre frutos simples, agregados e múltiplos, e dê um exemplo de cada um.

CAPÍTULO 21

As Plantas e o Homem

◀ **Pimenta-preta.** Como uma forma aceita de moeda corrente durante a Idade Média, a pimenta já foi negociada em troca de metais preciosos. Esta ilustração francesa do século 15 mostra a colheita dos grãos de pimenta e a apresentação da preciosa mercadoria para o rei. Banquetes suntuosos tornaram-se conhecidos pelo extravagante uso de pimenta, um tempero usado na culinária, mas também valorizado por suas propriedades medicinais.

SUMÁRIO

Origem da agricultura

Crescimento das populações humanas

Agricultura no futuro

A nossa espécie, *Homo sapiens*, surgiu há cerca de 500.000 anos e tornou-se numerosa há aproximadamente 150.000 anos. Tal como os outros organismos vivos, nós representamos o produto dos últimos 3,5 bilhões de anos de evolução. Nossos antecedentes imediatos, membros do gênero *Australopithecus*, apareceram inicialmente há menos de 5 milhões de anos. Na África, nessa época, eles aparentemente divergiram a partir da linha evolutiva que deu origem aos chimpanzés e gorilas, nossos parentes vivos mais próximos. Os representantes do gênero *Australopithecus* eram símios relativamente pequenos que frequentemente caminhavam no solo sobre duas pernas.

Os primeiros seres humanos – membros do gênero *Homo* – eram maiores, faziam uso de ferramentas e apareceram inicialmente há cerca de 2 milhões de anos. Eles certamente se desenvolveram a partir de membros do gênero *Australopithecus*, mas tinham cérebros muito mais volumosos, aparentemente associados a sua capacidade de usar ferramentas e reforçados por ela. Inicialmente, os membros representantes do gênero *Homo* provavelmente subsistiram principalmente da coleta de alimentos (apanhando frutos e sementes; coletando ramos e folhas comestíveis; e cavando para a coleta de raízes), da busca por animais mortos, e, ocasionalmente, da caça. Eles aprenderam a usar o fogo há não menos de 1,4 milhão de anos. Os seus métodos de caça e coleta para obter alimento e abrigo se assemelham aos de alguns grupos humanos contemporâneos (Figura 21.1). Nossa espécie, *Homo sapiens*, surgiu na África há aproximadamente 500.000 anos e na Eurásia há cerca de 250.000 anos.

Aproximadamente há 34.000 anos, o povo Neandertal, formado por indivíduos extremamente robustos, de baixa estatura, encontrados em grande número na Europa e Ásia ocidental, desapareceu completamente. Eles foram substituídos por seres humanos que eram essencialmente iguais a nós. A partir de então, nossos ancestrais produziram ferramentas cada vez mais complexas, a partir de pedra e também de ossos, marfim e chifres, materiais que não haviam sido usados anteriormente. Esses seres eram excelentes caçadores, que predavam rebanhos de grandes animais que partilhavam com eles os mesmos ambientes. Eles também iniciaram a criação de magníficas pinturas rituais nas paredes das cavernas. As bases da sociedade moderna estavam então estabelecidas.

PONTOS PARA REVISÃO

Após a leitura deste capítulo, você deverá ser capaz de responder às seguintes questões:

1. Quando e onde a agricultura no Crescente Fértil iniciou? Que plantas foram particularmente importantes como primeiras culturas?

2. Quais plantas são importantes na agricultura do Novo Mundo? Como essas plantas diferem das primeiras cultivadas no Velho Mundo?

3. Qual é a diferença entre uma especiaria e uma erva aromática? De onde se originaram essas especiarias e ervas?

4. Quais são as principais plantas cultivadas atualmente?

5. Como o crescimento da população tem mudado desde 1600? Que problemas surgiram com esse crescimento?

21.1 Caçadores-coletores. *Kalahari San* (anteriormente conhecidos como Bosquímanos) à procura de ovos de avestruz, cada um dos quais é equivalente em tamanho a 22 ovos de frango. Estes caçadores-coletores vivem no noroeste do deserto de Kalahari, na Namíbia.

Origem da agricultura

O início da agricultura envolveu o plantio deliberado de sementes selvagens

Os modernos seres humanos que substituíram os Neandertais logo migraram por toda a superfície do globo. Eles colonizaram a Sibéria logo em seguida à sua aparição na Europa e na Ásia ocidental e chegaram à América do Norte aproximadamente há 14.000 anos. Essa migração aconteceu durante um dos períodos mais frios do Pleistoceno, quando savanas com numerosos bandos de mamíferos herbívoros sofreram acentuada redução. Enquanto migravam, eles podem ter sido responsáveis pela extinção de muitas espécies desses animais. De qualquer modo, a intensificação na caça por grupos humanos e grandes alterações no clima ocorreram de modo concomitante ao desaparecimento desses animais em muitas partes do mundo.

Ao fim do período glacial, há cerca de 18.000 anos, as geleiras iniciaram uma retração, como já havia ocorrido 18 a 20 vezes durante os 2 milhões de anos anteriores. Florestas migraram em direção ao norte, através da Eurásia e América do Norte, enquanto pradarias tiveram suas áreas reduzidas e os grandes animais associados a elas diminuíram em número. Provavelmente, havia menos de 5 milhões de seres humanos em todo o mundo, e eles gradualmente começaram a utilizar novos recursos para a alimentação. Alguns deles viviam ao longo dos litorais, onde animais que poderiam ser utilizados localmente como recurso alimentar eram abundantes; outros, incluindo alguns povos costeiros, iniciaram o cultivo de plantas, obtendo assim uma fonte nova e relativamente segura de alimento.

O primeiro plantio deliberado de sementes foi provavelmente a consequência lógica de uma série simples de eventos. Por exemplo, os cereais selvagens (representantes da família das gramíneas, Poaceae, que produzem grãos) crescem facilmente em áreas abertas ou degradadas, canteiros ou terrenos desmatados, onde há poucas outras plantas que ofereçam competição. Pessoas que coletavam esses grãos regularmente devem ter deixado cair acidentalmente alguns deles próximo aos seus acampamentos, ou os plantado deliberadamente, e dessa forma criaram uma nova fonte confiável de alimento. Em locais onde gramíneas selvagens e leguminosas eram abundantes e facilmente obtidas, os seres humanos devem ter permanecido por longos períodos, por fim, aprendendo como aumentar as suas colheitas pelo armazenamento e plantio de suas sementes, pela irrigação e adubação do solo, e pela proteção de suas culturas contra ratos, aves e outras pragas. Essa gestão contínua de recursos "selvagens" pode ter se intensificado gradualmente em direção ao que hoje é considerado *cultivo* (Figura 21.2).

Ao longo do tempo, como os seres humanos começaram a selecionar variáveis genéticas específicas, as características destas plantas mudaram gradualmente à medida que mais sementes foram selecionadas a partir daquelas que eram mais fáceis de coletar e armazenar. Este é o processo de *domesticação*, através da qual as alterações genéticas em populações de plantas foram desenvolvidas por conta do cultivo e seleção pelos seres humanos. Com os cereais – cevada, trigo, arroz e milho – a domesticação fez surgir grãos maiores e em maior quantidade, eixos mais grossos, sementes que se separam facilmente da "casca" e melhor sabor. Uma característica adicional compartilhada por cereais, e a maioria das outras culturas – e fundamental para a sua domesticação –, foi a perda do processo natural de dispersão de sementes, o que é exigido por espécies selvagens para produzir a próxima geração. Plantas domesticadas retêm as sementes maduras, permitindo que sejam colhidas por seres humanos para alimentação e replantio. Assim, como o processo de domesticação continuou, as plantas cultivadas tornaram-se cada vez mais dependentes dos seres humanos, assim como os seres humanos tornaram-se mais e mais dependentes das plantas que cultivavam.

Até recentemente, a maioria dos botânicos arqueólogos (botânicos que estudam plantas e resíduos de plantas existentes em sítios arqueológicos), consideravam o advento da agricultura como uma ruptura abrupta – 200 anos ou menos – do estilo de vida caçador-coletor praticado por seres humanos por milhões de anos: uma "revolução agrícola". Pensava-se que os cultivos domesticados apareceram após um período muito breve, logo depois que as pessoas iniciaram a cultivar os campos. Hoje, no entanto, muitos botânicos arqueólogos acreditam que a domesticação plena de trigo e outras culturas pode realmente ter levado milhares de anos. Novos dados sugerem que o caminho de coleta e domesticação de plantas selvagens foi "longo e sinuoso". Sob tais circunstâncias, questiona-se se este processo muito longo deve ser caracterizado como uma "revolução".

Implementos associados à colheita e processamento de grãos, incluindo foices de lâminas de sílex, pedras de moagem e alguns almofarizes e pilões, já não eram mais usados desde muito antes de os seres humanos começarem a cultivar plantas. Lâminas de foice foram encontradas em depósitos datados em 12.000 anos, e uma pedra de moagem foi encontrada no território que hoje é chamado de Israel, tendo sido datada em 23.000 anos. A pedra de moagem continha grãos de amido característicos de cevada selvagem. Grãos de amido obtidos a partir das superfícies das ferramentas do período médio da Idade da Pedra em Moçam-

A   **B**

21.2 Cultivo de trigo. (A) Colheita e **(B)** seleção de trigo (*Triticum*) na Tunísia, Norte da África. Semelhante cultivo em pequena escala de trigo é realizado ao redor da bacia do Mediterrâneo há mais de 10.000 anos.

bique indicam que os seres humanos utilizavam outras espécies de grãos, há pelo menos 105.000 anos; 89% dos grãos de amido foram identificados como sendo de espécies de *Sorghum*.

O Crescente Fértil é o mais antigo centro de domesticação de plantas conhecido

Centros de domesticação de plantas, ou de agricultura, desenvolveram-se independentemente em pelo menos 11 diferentes

pontos ao redor do mundo (Figura 21.3). No mundo antigo, a domesticação de plantas e animais começou entre 13.000 e 11.000 anos em uma área do Oriente Médio conhecida como *Crescente Fértil*, em terras que se estendem através dos territórios atuais do Irã, Iraque, Turquia, Síria, Líbano, Jordânia e Israel. Nessa região, a cevada selvagem (*Hordeum vulgare* subsp. *spontaneum*, o progenitor de *Hordeum vulgare*) e o trigo (os trigos *emmer* e *einkorn*, são espécies consideradas formas

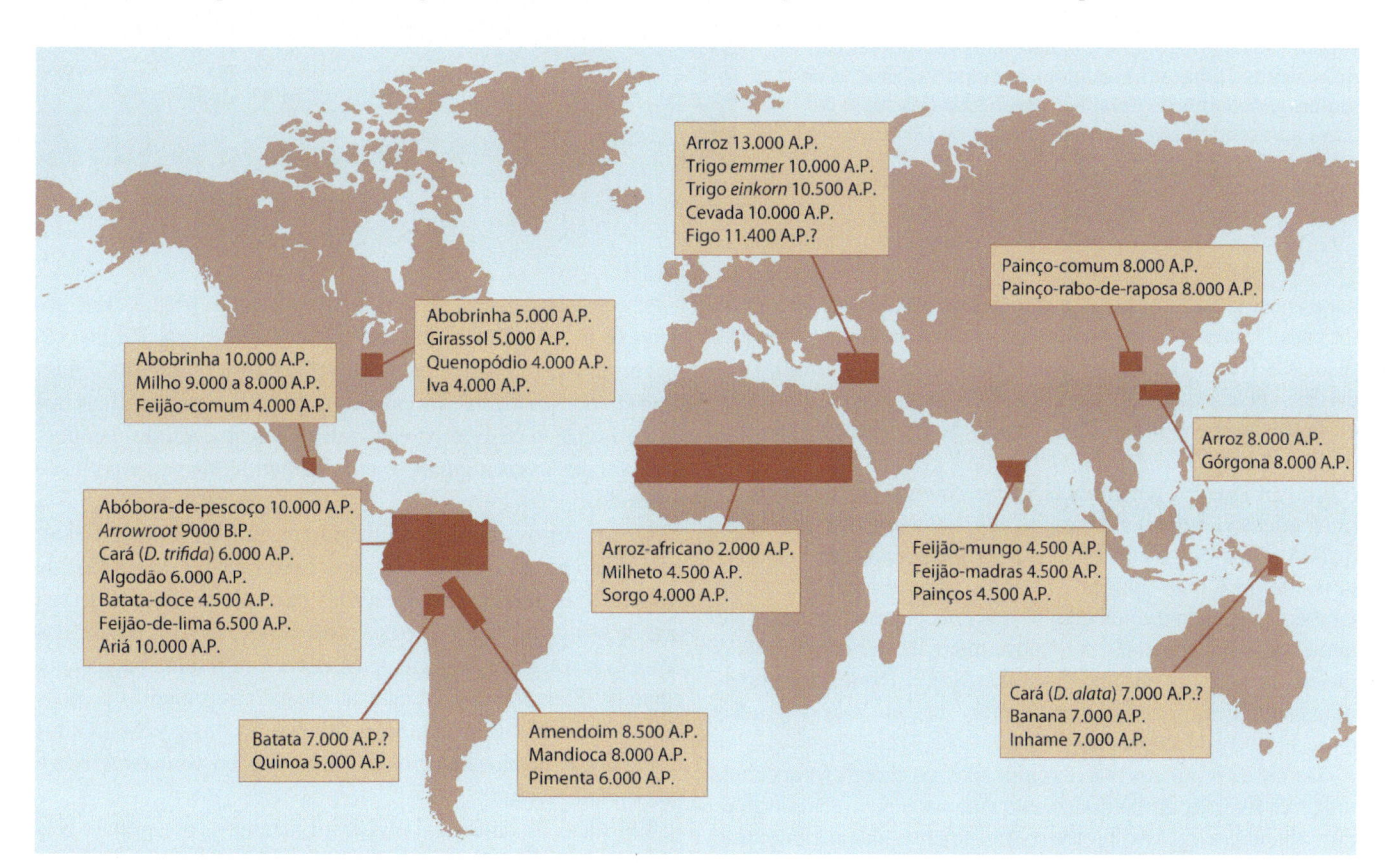

21.3 Centros independentes de domesticação de plantas. Povos de pelo menos 11 partes do mundo iniciaram independentemente a domesticação de plantas. As principais plantas cultivadas e as estimativas dos períodos em que foram domesticadas pela primeira vez são indicadas para cada local. A.P., Antes do presente. Abóbora-de-pescoço (*Cucurbita moschata*); Abobrinha (*Cucurbita pepo*); Ariá ou láirem (*Calathea allouia*); Cará (*Dioscorea × alata*); Cará (*Dioscorea trifida*); Feijão-madras ou grão-de-cavalo (*Macrotyloma uniflorum*); Feijão-mungo ou feijão-da-china (*Vigna radiata*); Górgona (*Euryate ferox*); iva ou *marshelder* (*Iva annua*); Milheto (*Pennisetum glaucum*); Painço-rabo-de-raposa (*Setaria italica*); Pimenta (*Capsicum* spp.).

21.4 Cevada selvagem e domesticada. A. Cevada selvagem (*Hordeum spontaneum*) apresenta espiguetas com duas fileiras de grãos (à esquerda), enquanto as espigas de muitas variedades de cevada domesticada (*Hordeum vulgare*) apresentam seis (direita). Campos de (**B**) *H. spontaneum* e (**C**) *H. vulgare.*

ancestrais do trigo posteriormente desenvolvido para produção de pães, *Triticum aestivum*) foram aparentemente as primeiras plantas a serem cultivadas, com a lentilha (*Lens culinaris*) e a ervilha (*Pisum sativum*) vindo logo em seguida (Figura 21.4). Outras plantas que foram domesticadas bem cedo nessa área são o grão-de-bico (*Cicer arietinum*), a fava (*Vicia* spp.), a oliveira (*Olea europaea*), a tamareira (*Phoenix dactylifera*), a romanzeira (*Punica granatum*) e a parreira (*Vitis vinifera*). O vinho produzido com uvas e a cerveja feita a partir de cereais eram usados já nos tempos mais antigos. O linho (*Linum usitatissimum*) foi também cultivado muito cedo, provavelmente tanto como fonte alimentícia (as sementes são consumidas até hoje na Etiópia) quanto como fonte de fibras para tecelagem. Evidências arqueológicas indicam que figos eram cultivados no Vale do Jordão entre 11.400 e 11.200 anos.

Dentre as primeiras plantas cultivadas, os cereais forneceram uma rica fonte de carboidratos, enquanto as leguminosas proveram abundante recurso proteico. As sementes das leguminosas estão entre os mais ricos em proteínas entre todos os órgãos vegetais; e essas proteínas, por sua vez, são frequentemente ricas naqueles aminoácidos que são mal representados nos cereais. Não é surpresa, portanto, que as leguminosas venham sendo cultivadas, juntamente com os cereais, desde os primórdios da agricultura em várias partes do mundo.

A domesticação de animais seguiu a domesticação de plantas. Em sequência ao estabelecimento das culturas no Oriente Médio, vários animais – inclusive cabras, ovelhas, bois e porcos – foram também domesticados. Os cavalos foram domesticados mais tarde no sudoeste da Europa e os galináceos no Sudeste Asiático, porém todos esses animais se espalharam rapidamente por todo o mundo.

Os primeiros animais a serem domesticados foram os cães, com início há cerca de 15.000 anos. Suas funções de guardas de pessoas e de auxiliares nas caçadas mostravam claramente sua grande utilidade. Todas as raças modernas de cães são derivadas dos lobos cinzentos do Oriente Médio e foram selecionadas por conta de diferentes características. Quando as primeiras pessoas chegaram ao Novo Mundo, elas trouxeram consigo cães. Gatos foram domesticados há cerca de 5.000 anos no norte da África e no Oriente Médio.

Em todas as partes em que eram mantidos, os animais herbívoros domesticados comiam as plantas que lhes eram disponíveis, quer fossem cultivadas ou não. Além disso, os animais domesticados produziam lã, pele, leite, queijo e ovos; e eles mesmos podiam ser abatidos e consumidos pelos seus donos. À medida que o número de seres humanos crescia, aumentavam também os seus rebanhos de animais herbívoros; esse aumento

21.5 Pastagem e desertificação. Rebanhos de animais domesticados, como estas ovelhas *karakul* no Afeganistão, devastaram grandes áreas da região leste do Mediterrâneo, à medida que aumentavam em número. Em muitas áreas, só arbustos espinhosos de plantas venenosas sobreviveram, enquanto campos previamente férteis se transformaram em deserto.

21.6 Soja. Embora seja considerada uma das principais culturas nos EUA apenas há cerca de 60 anos, a soja (*Glycine max*) é uma das mais ricas fontes de nutrientes entre as plantas alimentícias. A semente é constituída por 40 a 45% de proteína e 18% de gorduras e óleos. Como muitas leguminosas, a soja tem associação com bactérias fixadoras de nitrogênio nos nódulos das suas raízes, por meio das quais são capazes de obter nitrogênio para seu próprio crescimento e para enriquecer o solo (ver Capítulo 29).

foi tanto que iniciou a destruição das pastagens naturais, causando extensos danos ecológicos (Figura 21.5). Boa parte do Oriente Médio e de outras áreas áridas ao redor do Mar Mediterrâneo são ainda hoje mal utilizadas pelo excesso de pastagens, e as áreas desérticas continuam a se expandir, tal como vem ocorrendo desde a época em que se formaram os primeiros grandes rebanhos de animais domésticos.

Existência de evidências de antiga domesticação de plantas alimentícias na China, na Ásia tropical e na África.

A agricultura que teve origem no Oriente Médio expandiu-se em direção noroeste, estendendo-se sobre boa parte da Europa e chegando à Bretanha em cerca de 4000 a.C. Ao mesmo tempo, a agricultura desenvolveu-se independentemente em outras partes do mundo. Há evidências de que a agricultura era praticada na região subtropical do Rio Amarelo na China, quase ao mesmo que no Oriente próximo. Vários gêneros de cereais conhecidos como painços foram cultivados pelos seus grãos, e finalmente o arroz (*Oryza sativa*, domesticada a partir da espécie selvagem *Oryza rufipogon*), hoje um dos mais valiosos cereais do mundo, foi acrescentado a eles. Mais tarde, o arroz desalojou os painços como cultura em quase toda a sua área de cultivo. A soja (*Glycine max*) é cultivada na China há pelo menos 3.100 anos e é usada para produção de tofu e molho de soja (Figura 21.6).

Em outras partes da Ásia subtropical, desenvolveu-se uma agricultura baseada no arroz, diferentes leguminosas e raízes. Animais como os búfalos-asiáticos (*Bubalus bubalis*), camelos e galináceos foram domesticadas na Ásia há muito tempo, tornando-se elementos importantes nos sistemas de cultivo que são praticados ali (Figura 21.7).

Posteriormente, plantas como a mangueira (*Mangifera indica*) e várias espécies de cítricos (*Citrus* spp.) foram introduzidas para cultivo na Ásia tropical. O inhame ou *taro* (*Colocasia esculenta*) é uma planta alimentícia muito importante na Ásia tropical, onde ela é plantada pelos seus caules subterrâneos ricos em amido; *Xanthosoma* (taioba) é uma planta alimentícia afim, dos trópicos do Novo Mundo. *Colocasia* e outros gêneros similares, incluindo *Xanthosoma*, são a fonte de *poi*, um alimento rico em amido das ilhas do Pacífico, incluindo o Havaí, onde essas plantas foram introduzidas por colonizadores polinésios há cerca de 1.500 anos.

As bananas (*Musa* × *paradisiaca*) estão entre as mais importantes plantas domesticadas que vieram da Ásia tropical; seus frutos são um alimento básico em todas as regiões tropicais do mundo. Variedades amiláceas de bananas, como a banana-de-são-tomé e a banana-da-terra, são muito importantes como fonte de alimento em países tropicais (onde dois terços do total de bananas cultivadas são consumidos), mais do que as variedades doces, que são mais conhecidas nas regiões temperadas. As bananas selvagens têm sementes grandes e duras, mas as variedades cultivadas, do mesmo modo que muitas variedades de frutas cítricas, são desprovidas de sementes. A banana chegou à África há cerca de 2.500 anos e foi levada ao Novo Mundo logo após as viagens de Colombo. A Nova Guiné é apontada como centro de origem do taro, bananas, cana-de-açúcar (*Saccharum officinale*) e do cará (*Dioscorea* × *alata*).

Houve também domesticação antiga de plantas alimentícias na África, mas também neste caso temos pouca evidência direta sobre a época de suas origens. De qualquer modo, há um intervalo de ao menos 5.000 anos entre as origens da agricultura no Crescente Fértil e a sua aparição no extremo sul do continente africano. Cereais, como o sorgo (*Sorghum* spp.) e várias espécies de painço (*Pennisetum* spp. e *Panicum* spp.), além de numero-

21.7 Arroz. Metade do alimento consumido por cerca de 1,6 bilhão de pessoas e mais de um quarto dos alimentos consumidos por outros 400 milhões são fornecidos pelo arroz (*Oryza sativa*), que é cultivado há pelo menos 6.000 anos e é atualmente cultivado em cerca de 11% das terras aráveis do mundo. Os búfalos-asiáticos são usados para arar terraços de arroz, como pode ser visto nesta fotografia de Bali, na Indonésia.

sos tipos de vegetais, inclusive feijão-fradinho ou feijão-caupi (*Vigna unguiculata*) e quiabo (*Hibiscus esculentus*), vários caules e raízes tuberosas, principalmente o cará (*Dioscorea* spp.), todos foram cultivados primeiramente na África. Novas evidências arqueológicas indicam a presença de milheto em Mali há 4.500 anos.

Uma espécie de algodão (*Gossypium*) teve seu cultivo inicial na África. Várias espécies de algodão têm ampla distribuição como plantas selvagens, principalmente em regiões sazonalmente áridas, mas de clima ameno, e são obviamente úteis; os longos tricomas de suas sementes podem ser facilmente tecidos (Figura 21.8). As sementes de algodão são também usadas como fonte de óleo, e a torta da semente, obtida após a extração do óleo por compressão mecânica, é usada na alimentação de animais. O café (*Coffea arabica*) é outra cultura de origem africana. Ele passou a ser cultivado depois de outras plantas aqui mencionadas, mas é agora uma cultura comercial muito importante nos trópicos.

A agricultura no Novo Mundo utilizou muitas espécies novas

O desenvolvimento paralelo da agricultura ocorreu em três centros de origem no Novo Mundo: Mesoamérica (México e América Central), América do Sul e América do Norte. Aparentemente nenhuma planta domesticada foi trazida pelo homem do Velho para o Novo Mundo antes de 1492, embora a análise de sequências de DNA antigas e evidências arqueológicas indiquem que a cabaça (*Lagenaria siceraria*), que é nativa da África, foi amplamente distribuída no Novo Mundo há 8.000 anos. Isso sugere que a cabaça foi trazida para as Américas a partir da Ásia pelos paleoíndios (os mais antigos humanos conhecidos nas Américas), quando eles colonizaram o Novo Mundo. Os cães foram, certamente, introduzidos por povos que migraram para a América do Norte pelo Estreito de Bering, e a única espécie de animal doméstico que esses seres humanos trouxeram consigo. Isso atesta o grande valor dos cães para proteção, caça,

21.8 Algodão. Uma das plantas cultivadas mais úteis para a produção de fibras, o algodão (*Gossypium*) parece ter sido domesticado independentemente na Índia e China (as mesmas espécies de algodão são cultivadas em ambas as regiões), bem como na África, México e na parte ocidental da América do Sul, lugares onde são encontradas diferentes espécies de algodão. O algodão tem sido cultivado por milhares de anos para produção de tecidos e também se tornou uma importante fonte de óleo comestível, durante o século passado. O algodão que é cultivado amplamente em todo o mundo atual é um poliploide do Novo Mundo; as espécies diploides do Velho Mundo são cultivadas localmente.

pastoreio e, comumente, como fonte de carne. Como vimos, cães foram domesticados na Ásia, processo que se iniciou há cerca de 15.000 anos, muito antes de as primeiras plantas serem cultivadas.

As plantas que entraram em cultivo no Novo Mundo eram distintas daquelas cultivadas no Velho Mundo. Morangas e abóboras (*Cucurbita* spp.) foram as primeiras plantas cultivadas nas Américas. Em lugar do trigo, cevada e arroz, havia o milho (*Zea mays*; Figura 21.9), e em lugar de lentilhas, ervilhas e grãos-de-bico, os habitantes do Novo Mundo cultivavam feijão-comum (*Phaseolus vulgaris*), feijão-de-lima ou feijão-fava (*Phaseolus lunatus*) e amendoim (*Arachis hypogaea*), entre outras leguminosas. As outras plantas importantes cultivadas no México incluíam o algodão (*Gossypium* spp.), as pimentas (*Capsicum* spp.), os tomates (*Solanum lycopersicon*), o tabaco (*Nicotiana tabacum*), o amaranto (*Amaranthus* spp.), o cacau (*Theobroma cacao*, cujas sementes fornecem o principal ingrediente do chocolate), o abacaxi (*Ananas comosus*) e o abacate (*Persea americana*).

O algodão foi domesticado de modo independente no Velho e no Novo Mundo, com diferentes espécies envolvidas nos diferentes centros de domesticação. Seu cultivo no Peru remonta há 6.000 anos e no México, no mínimo 4.000 anos. As espécies de algodão do Novo Mundo são poliploides e representam a fonte de quase todo o algodão que é cultivado hoje em todo o mundo; em contraste, os algodões do Velho Mundo são diploides.

Depois que as diversas plantas cultivadas no Novo Mundo foram descobertas pelos europeus, após as viagens de Colombo, muitas delas foram introduzidas em cultivo na Europa, irradiando-se de lá para o resto do Mundo. Algumas dessas plantas eram totalmente novas para os europeus, e outras, tais como as espécies de algodão do Novo Mundo, eram melhores que as formas que eram cultivadas na Eurásia, e logo as substituíram.

A primeira domesticação de plantas ocorreu tanto na América Central quanto na América do Sul. As abóboras foram as primeiras plantas a serem domesticadas no Novo Mundo, há cerca de 10.000 anos no México e América do Sul, enquanto a domesticação do milho ocorreu depois, há cerca de 9.000 anos, no México (ver adiante o Quadro "A origem do milho").

As culturas do Novo Mundo por fim se espalharam tanto na América do Norte quanto na América do Sul. Culturas similares foram também encontradas crescendo em grande escala pelas terras baixas e elevações medianas da América do Sul. Na verdade, é como se a agricultura se desenvolvesse de modo independente no México e no Peru, embora a questão não possa ser definida com as evidências ora disponíveis. A evidência mais antiga de agricultura no Peru é quase tão remota quanto a do México, sendo que algumas plantas domésticas, como o amendoim, podem muito bem ter sido levadas da América do Sul para o México pelo homem.

No centro-sul dos Andes da América do Sul, um tipo particular de agricultura foi desenvolvido (Figura 21.10), com base em culturas de tubérculos, tais como a batata (*Solanum tuberosum* e outras espécies relacionadas), e culturas de sementes, como a quinoa (*Chenopodium quinoa*) e o tremoço (*Lupinus* spp., da família Fabaceae). As batatas eram cultivadas em todas as terras altas da América do Sul na época de Colombo, mas ela não chegou à América Central ou ao México até que fosse levada pelos espanhóis. A batata tornou-se um dos mais importantes alimentos na Europa durante dois séculos, fornecendo mais do que duas vezes a quantidade de calorias por hectare do que o trigo.

Embora a batata-comum ou batata-inglesa seja um membro da família da beladona (Solanaceae), a batata-doce (*Ipomoea batatas*), conhecida por quem já viu um campo dessa

21.9 Milho. O cereal conhecido como milho (*Zea mays*) é a planta cultivada mais importante nos EUA, onde cerca de 80% da cultura é consumida pelos animais. Na época de Colombo, o milho era cultivado no sul do Canadá até o sul da América do Sul. Cinco principais tipos são reconhecidos: milho-de-pipoca, milho-duro, milho-para-farinha, milho-dentado e milho-doce. Milhos-dentados, que têm um dente em cada grão, são os principais responsáveis pela produtividade do cinturão do milho dos EUA e são utilizados principalmente como alimento animal. O milho-dentado é cada vez mais importante como uma fonte de xarope de milho com alto teor de frutose, que é usado em refrigerantes enlatados, e de etanol.

21.10 Agricultura andina. Uma forma distinta de agricultura baseada em cultivo de tuberosas foi desenvolvida em altas altitudes nos Andes da América do Sul. **A.** Três das quatro principais culturas de raízes, que são cultivadas nos Andes, são mostradas aqui para venda em um mercado em Tarma, Peru: batata-comum (*Solanum tuberosum*), capuchinha-tuberosa ou *añu* (*Tropaeolum tuberosum*) e batata-lisa ou *ullucu* (*Ullucus tuberosus*). O *ullucu*, que pode ser cultivado em altitudes mais elevadas do que as batatas, forma grandes tubérculos nutritivos, e poderia muito bem se tornar uma cultura útil em outras partes do mundo. A quarta cultura de raízes comum nos Andes é a azedinha-tuberosa ou *oca* (*Oxalis tuberosa*), que também é cultivada de forma limitada na Nova Zelândia e em outros lugares. Os tubérculos destas quatro plantas são congelados e secos por agricultores andinos, após o que os tubérculos podem ser facilmente armazenados para posterior consumo. **B.** Quinoa (*Chenopodium quinoa*), um grão com alto teor de proteína da família do caruru e amaranto (Chenopodiaceae), é uma cultura importante na Cordilheira dos Andes – aqui mostrada em cultivo no norte do Chile – e está sendo testado para o cultivo mais difundido.

planta em flor, é um representante da família das ipomeias (Convolvulaceae), sendo, portanto, não muito estreitamente relacionada com a batata-inglesa. Na época das viagens de Colombo, a batata-doce era extensamente cultivada nas Américas Central e do Sul, mas era também muito comum em algumas ilhas do Pacífico, tão distantes quanto a Nova Zelândia e o Havaí, para onde deve ter sido levada pelos polinésios no curso de suas primeiras viagens. Mais tarde, no tempo de Colombo, a batata-doce tornou-se uma cultura muito importante na maior parte da África e Ásia tropical. Outra cultura muito importante do Novo Mundo, a mandioca (*Manihot esculenta*), foi domesticada em áreas mais secas da América do Sul, mas é agora cultivada em larga escala em todas as regiões dos trópicos (Figura 21.11).

Plantas foram domesticadas tardiamente na América do Norte. A domesticação de plantas por nativos americanos onde hoje são os EUA iniciou mais tarde que na América Central e América do Sul. Muitas plantas indígenas, inclusive girassol (*Helianthus annuus* var. *macrocarpus*, Figura 21.12), abóbora (*Cucurbita pepo* subsp. *ovifera*), iva ou *marsh elder* (*Iva annua* var. *macrocarpa*, Asteraceae), e quenopódio (*Chenopodium berlandieri* subsp. *jonesianum*) foram domesticados entre 5.000 e 4.000 anos. Muitas outras foram cultivadas, mas não foram domesticadas. Com a

introdução do milho e, posteriormente, do feijão comum, apenas girassol e abóbora, entre as plantas indígenas, continuaram a ser cultivadas.

Poucos animais foram domesticados no Novo Mundo. O animal conhecido como pato-de-moscou (*Cairina moschata*, que não se originou em Moscou, apesar de seu nome), o peru, o porquinho-da-índia, a lhama e a alpaca estão entre os poucos que ali se originaram. Pequenas cidades, e mais tarde até grandes aglomerados urbanos, organizaram-se no Novo Mundo, de modo similar ao que ocorrera anteriormente em toda a Eurásia, em todos os locais em que sistemas agrícolas eram suficientemente desenvolvidos para mantê-las. Campos agrícolas eram extensivamente cultivados ao redor de tais centros, mas não havia grandes rebanhos de animais domésticos, comparáveis àqueles que se tornaram tão proeminentes na Europa e na Ásia.

Quando os europeus colonizaram o Hemisfério Ocidental, eles trouxeram consigo os seus rebanhos. Desse modo, tais rebanhos causaram o mesmo tipo de ampla destruição ecológica em algumas partes do Novo Mundo, comparáveis àquelas que haviam ocorrido alguns milênios antes no Oriente Médio e em outros locais da Eurásia. Muitas comunidades vegetais naturais não podem ser prontamente convertidas em pastagens. Por exemplo, a abertura extensiva de clareiras em florestas tropicais úmidas para servir

21.11 Mandioca. Nos trópicos, a mandioca (*Manihot esculenta*) é uma das culturas de raízes mais importantes. A tapioca é produzida a partir do amido extraído das raízes da planta. Algumas das variedades cultivadas, as mandiocas amargas, contêm compostos tóxicos de cianeto, que devem ser removidos antes de as raízes tuberosas serem consumidas. **A.** Mandioca cultivada em uma clareira na floresta, no sul da Venezuela. **B.** Uma mulher Tirió, no sul do Suriname, descascando uma raiz de mandioca para prepará-la para cozinhar.

de pastagens foi extremamente destrutiva em todas as partes em que foi aplicada. Na maioria dos casos, as pastagens em tais áreas são produtivas apenas a curto prazo, até que os nutrientes no solo venham a se esgotar, ocasião em que elas são sempre abandonadas em prazos não superiores a 10 ou 15 anos.

Especiarias e ervas aromáticas são plantas apreciadas pelos seus odores e sabores

As substâncias que são produzidas pelas plantas primariamente para defendê-las de insetos e outros herbívoros foram discutidas nos Capítulos 2 e 20. Essas substâncias contribuem com

21.12 Girassol. Considerado uma cultura importante por causa do óleo obtido de suas sementes, o girassol (*Helianthus annuus*) foi domesticado pela primeira vez há cerca de 4.840 anos, no que hoje corresponde aos EUA.

os aromas, odores e sabores de muitas plantas e, desse modo, acrescentam atributos que têm sido utilizados pelo homem desde épocas pré-históricas. Algumas dessas substâncias fazem com que as plantas sejam tóxicas para o homem e outros animais, mas outras contribuem com características que para o homem são desejáveis.

Especiarias – partes vegetais fortemente aromáticas, geralmente ricas em óleos essenciais – podem ser derivadas de raízes, cascas, sementes, frutos e gemas. *Ervas aromáticas*, por outro lado, são geralmente as folhas de plantas não lenhosas, embora as folhas de louro e uns poucos outros condimentos derivados de árvores e arbustos sejam também considerados ervas aromáticas. Na prática, as especiarias e as ervas aromáticas se complementam. Apesar de ser difundida a informação de que especiarias e ervas aromáticas eram usadas para encobrir o sabor de carne estragada ou preservar carne durante a Idade Média, não há evidências sobre isso. Especiarias eram muito mais caras que carne, que podia ser obtida com facilidade. Obviamente, ervas aromáticas e especiarias eram adicionadas a comidas frescas como flavorizantes e para adicionar sabor e variedade a uma dieta muito simples; adicionalmente elas eram usadas tanto como alimentos funcionais quanto como medicamentos.

Historicamente, as especiarias mais importantes foram cultivadas na Ásia tropical. As especiarias e as ervas aromáticas são usadas amplamente na culinária desde épocas remotas, mas não se sabe quando se iniciou essa prática. A busca por especiarias desempenhou um papel fundamental nas grandes navegações de portugueses, holandeses e ingleses, que iniciaram no século 13 e levaram às descobertas europeias das terras do Hemisfério Oriental. As mais importantes especiarias eram provenientes dos trópicos da Ásia e ilhas vizinhas; elas foram responsáveis pelas viagens e também por um grande número de conflitos bélicos. No século 3 a.C., caravanas de camelos – que geralmente levavam

ORIGEM DO MILHO

As espigas do milho diferem tanto daquelas do tipo ancestral que por muitos anos a espécie do parental silvestre não foi reconhecida. No entanto, agora julgamos que o milho (*Zea mays* subsp. *mays*) é simplesmente a forma domesticada de uma grande gramínea selvagem do sul do México, o teosinto-anual (*Zea mays* subsp. *parviglumis*). Inicialmente, esse ancestral, foi considerado um gênero diferente e denominado *Euchlaena mexicana*. As plantas do teosinto têm centenas de pequenas e estreitas espigas com 5 a 12 frutos em duas fileiras (cada fruto encerrando permanentemente um grão), que se desarticulam e são liberados quando maduros. Como os envoltórios dos frutos são lenhosos e não separáveis dos grãos, a farinha que resulta da moagem dos frutos não é palatável. As várias espécies de teosinto crescem desde a região sul de Chihuahua, México, até a Nicarágua. Elas são capazes do formar híbridos com o milho (os híbridos são conhecidos como *maiz de coyote*, ou milho-selvagem) e o fazem de modo espontâneo quando o milho e o teosinto crescem juntos.

O milho é conhecido apenas como uma planta cultivada e não poderia sobreviver por si em condições naturais. Além de serem grãos grandes, desprotegidos e vulneráveis, eles estão permanentemente presos a um eixo central (o "sabugo") e permanentemente protegidos por muitas bainhas foliares sobrepostas (as "palhas") que não permitiriam a disseminação, mesmo se os grãos fossem livres. Em resumo, a espiga do milho é um artefato agrícola bem protegido, altamente produtivo e facilmente colhi-

do, com todas as principais características selecionadas pelos antigos agricultores.

A domesticação do milho ocorreu há cerca de 9.000 anos, provavelmente apenas uma vez, no vale do rio Balas no México Meridional. Essa domesticação obviamente envolveu a transformação dos grãos do teosinto em algo acessível como alimento, bem como o aumento do tamanho do grão e da espiga, além de melhorias nas condições da colheita. Como resultado da seleção humana para essas características, o milho tornou-se tão distinto do teosinto quanto o girassol cultivado, o qual não é ramificado e só tem um capítulo (inflorescência), diferindo do seu ancestral, que é altamente ramificado e dotado de muitas inflorescências. Tanto o milho quanto o girassol cultivado têm todos os recursos reprodutivos de um ramo concentrados em uma única estrutura terminal gigantesca, a espiga de milho ou a inflorescência do girassol, com muitas sementes, que facilitam a colheita e a tornam de alto rendimento.

John Doebley, da Universidade de Wisconsin-Madison, e outros identificaram as principais alterações genéticas envolvidas na transformação do teosinto a milho. O principal delas é o gene *teosinte branched 1* (*tb1*), que controla grande parte da arquitetura da planta, transformando a forma ramificada e com aspecto de grama na forma com haste única do milho domesticado. Dois outros são o gene *teosinte glume architecture 1* (*tga1*), que atua para eliminar o revestimento rígido dos grãos de teosinto, e *zea floricaula/Leafy 2* (*zfl2*), que influencia o tempo de floração, número de folhas e a estrutura da inflorescência. Tem sido pro-

posto que os padrões de meristemas de inflorescência *zfl2* influenciam de modo que mais do que duas fileiras de órgãos reprodutores são formados.

Em 1977, uma nova espécie selvagem do teosinto, teosinto-perene (*Zea diploperennis*), foi encontrada no sudoeste do México por Rafael Guzmán, na época um estudante de graduação da Universidade de Guadalajara. Em 1978, foi reconhecida como uma nova espécie por Hugh Iltis, John Doebley e colaboradores, em Madison (EUA). Infértil com o milho anual, esta espécie transporta os genes da resistência a sete dos nove principais vírus que infectam o milho nos EUA; para cinco deles, desconhece-se qualquer outra forma de resistência. As implicações econômicas são óbvias quando se considera o valor das colheitas de milho em escala mundial – quase 60 bilhões de dólares apenas em 1991.

Zea mays subsp. *parviglumis* (esquerda) e *Zea mays* subsp. *mays* (direita).

2 anos para realizar a viagem – carregavam especiarias da Ásia tropical para as civilizações da região do Mediterrâneo. Entre essas especiarias, estavam a canela (a casca de *Cinnamomum zeylanicum*), a pimenta-do-reino (os frutos secos e moídos de *Piper nigrum*; Figura 21.13), o cravo (os botões florais secos de *Eugenia aromatica*), o cardamomo (as sementes de *Elettaria cardamomum*), o gengibre (os rizomas de *Zingiber officinale*), além da noz-moscada e do macis (respectivamente, as sementes e a cobertura externa seca das sementes de *Myristica fragrans*; Figura 21.14). Quando os romanos aprenderam que, valendo-se das mudanças sazonais das monções, poderiam chegar à Índia por mar a partir de Aden, eles abreviaram a viagem em cerca de 1 ano, mas ainda assim era uma empreitada extremamente perigosa e incerta. Um menor número de especiarias adicionais,

incluindo a baunilha (os frutos secos e fermentados da orquídea *Vanilla planifolia*), as pimentas vermelhas e doces (*Capsicum* spp.) e "todas-as-especiarias" ou a pimenta-da-jamaica (as bagas imaturas e secas de *Pimenta officinalis*), assim chamada porque era considerada a combinação dos aromas da canela, do cravo e da noz-moscada, vieram dos trópicos do Novo Mundo, após as viagens de Colombo.

As ervas aromáticas originaram-se em muitas partes do mundo. Na Europa e na região do Mediterrâneo, havia geralmente muitas espécies distintas de ervas aromáticas nativas, algumas delas muito conhecidas localmente e, por essa razão, não tão apreciadas quanto as especiarias disponíveis somente em terras distantes. Merecem destaque especial entre essas ervas os representan-

21.13 Pimenta-preta. Por milhares de anos, a pimenta-preta (*Piper nigrum*) foi considerada um importante tempero. Mundialmente, o uso e o consumo de pimenta-preta é aproximadamente igual aos de todas as outras especiarias combinadas.

tes da família da menta (Lamiaceae), como o tomilho (*Thymus* spp.), a menta (*Mentha* spp.), o manjericão (*Ocimum basilicum*), o orégano (*Origanum vulgare*) e a sálvia (*Salvia* spp.). Também eram importantes os membros da família da salsa (Apiaceae), em que se incluem a própria salsa (*Petroselinum crispum*), o aneto ou endro (*Anethum graveolens*), a alcarávia (*Carum carvi*), o funcho (*Foeniculum vulgare*), o coentro (*Coriandrum sativum*) e o anis-verde (*Pimpinella anisum*). Alguns membros dessa família (a salsa, por exemplo) são cultivados principalmente pelas suas folhas; outros (como a alcarávia), pelas suas sementes, mas muitos (como o aneto e o coentro) são cultivados por ambas as partes.

O estragão (*Artemisia dracunculus*) é uma erva aromática cujas partes utilizadas são as folhas de uma planta que pertence ao mesmo gênero da losna e da artemísia do oeste dos EUA e do

Canadá. A semente da mostarda (*Brassica nigra*), que pode ser moída para constituir o condimento que chamamos de mostarda, também provém de uma planta nativa da Eurásia. As folhas de louro são obtidas tradicionalmente da árvore *Laurus nobilis* da região do Mediterrâneo, um representante da região temperada, mas cuja família tem muitos representantes tropicais (família Lauraceae); esse condimento pode, agora, ser também obtido de *Umbellularia californica* (Lauraceae) da Califórnia e Oregon (EUA). O açafrão, que é muito conhecido no Oriente Médio e regiões adjacentes, consiste nos estigmas secos de *Crocus sativus*, uma planta pequena, dotada de bulbos, da família da íris (Iridaceae). Os estigmas são coletados com muito esforço, manualmente, o que explica o preço extremamente elevado do açafrão e o fato de ele ser tão apreciado tanto por sua cor quanto por seu sabor.

Embora não sejam ervas aromáticas ou especiarias, o café e o chá devem ser mencionados. O café (Figura 21.15) e o chá (*Camellia sinensis*) fornecem as duas mais importantes bebidas do mundo; ambos são consumidos principalmente devido ao pseudoalcaloide estimulante, cafeína, que eles contêm. O café é preparado a partir de sementes do cafeeiro que foram secas, tostadas e moídas, enquanto o chá é preparado a partir dos ramos com folhas secos e rasurados. O café, como mencionado anteriormente, foi domesticado nas montanhas do nordeste da África, enquanto o chá foi primeiramente cultivado nas montanhas da Ásia subtropical; ambos são agora cultivos espalhados por todas as regiões quentes do mundo. O café provê atual-

21.14 Noz-moscada. O tempero noz-moscada é derivado das sementes moídas da árvore de noz-moscada (*Myristica fragrans*), enquanto o tempero macis vem do arilo carnoso, visto aqui como faixas de tecido vermelho. As aves atuam como dispersores naturais das sementes pela remoção dessas com seu arilo; elas consomem o arilo por seu alto teor de proteína. A semente é logo descartada e, assim, semeada no chão da floresta longe da árvore-mãe dessa espécie dioica.

21.15 Café. Domesticado na África, o café (*Coffea arabica*) é uma importante cultura comercial nos trópicos. É um membro da família da garança (Rubiaceae), assim como a quina (*Cinchona*), que produz o alcaloide quinina, um útil medicamento. Rubiaceae é uma das grandes famílias de plantas com flores, com cerca de 6.000 espécies, principalmente tropicais.

mente o sustento para cerca de 25 milhões de pessoas em todo o mundo, além de representar importante fonte de divisas para as 50 nações tropicais que o exportam. Um terço do suprimento mundial de café vem do Brasil.

A agricultura é um fenômeno mundial

Nos últimos 500 anos, importantes culturas têm sido introduzidas em todo o mundo e cultivadas em qualquer local onde elas se adaptem bem. Os principais cereais – trigo, arroz e milho são cultivados em todos os locais em que o clima permite. Plantas desconhecidas na Europa antes das viagens de Colombo, inclusive o milho, o tomate e as pimentas do gênero *Capsicum*, são agora cultivadas em todo o mundo. Mais da metade da safra mundial do girassol, primeiramente domesticado em áreas que correspondem hoje aosEUA, é produzida agora na Rússia. As sementes de girassol são largamente consumidas por povos como fonte de alimento, enquanto a torta de girassol é importante como componente de rações animais. O girassol está também substituindo as tradicionais oliveiras como fonte de óleo em muitas partes da Espanha e outras áreas da região do Mediterrâneo. Em todo o mundo, o girassol está sendo extensivamente cultivado pelo seu óleo, perdendo apenas para a soja, entre as plantas cultivadas com esse propósito.

Algumas culturas tropicais também se espalharam pelo mundo. Por exemplo, a borracha (derivada de várias espécies de árvores do gênero *Hevea*, da família Euphorbiaceae) foi introduzida para o cultivo em escala comercial há cerca de 160 anos. A principal área de produção da borracha localiza-se na Ásia tropical (ver Figura 2.24). Para a borracha, assim como para muitas outras culturas, o cultivo fora das áreas onde as plantas são nativas parece ser favorecido. As plantas ficam, frequentemente, livres das pragas e outras doenças que as agridem nas suas regiões nativas, a não ser, obviamente, que a praga tenha sido transportada juntamente com a planta, por exemplo, em sementes armazenadas. No entanto, a necessidade de quarentenas rigorosas para evitar que se transfiram pragas e doenças de plantas entre países e continentes não é frequentemente observada, na avidez de se estabelecerem elos comerciais entre as nações.

O dendezeiro (*Elaeis guineensis*) é nativo da África Ocidental, mas agora é cultivado em todas as regiões tropicais. Embora venha sendo cultivado em escala comercial há apenas 80 anos, o óleo de dendê é uma das mais importantes culturas rentáveis dos trópicos na atualidade. Entre as demais, citam-se o café e a banana, ambas muito difundidas. O cacaueiro, que foi primeiramente semidomesticado nos trópicos do México e América Central, é agora uma importante cultura na África Ocidental (Figura 21.16). A cana-de-açúcar foi domesticada na Nova Guiné e regiões adjacentes, enquanto as beterrabas açucareiras foram desenvolvidas na Europa, a partir de outros representantes cultivados dessas espécies. Os carás (*Dioscorea* spp.) são uma importante cultura tropical de órgãos subterrâneos. Várias espécies de cará são cultivadas em todo o trópico, algumas delas na África Ocidental, outras no Sudeste Asiático; outras menos significativas são cultivadas na América Latina. Os carás de melhor qualidade estão agora espalhados pelos trópicos e fornecem o alimento básico para grandes áreas. A mandioca é uma importante cultura industrial, além de ser uma das mais significativas culturas para

21.16 Cacau. O cacaueiro (*Theobroma cacao*) é a fonte de chocolate. Cada um dos grandes frutos contém cerca de 40 sementes grandes ou "amêndoas", que são secas, torradas e moídas para formar massa de óleo conhecido como licor de cacau. Além disso, por meio da moagem e prensagem, é produzida a manteiga de cacau, a qual é ainda processada para produzir chocolate. O cacau foi primeiramente domesticado no México, onde o chocolate era uma bebida apreciada entre os astecas – às vezes, as amêndoas eram usadas como moeda.

a alimentação humana (Figura 21.11). Como resultado de plantios em larga escala, a mandioca tem se tornado uma importante fonte industrial de amido e alimento animal. Toneladas de mandioca processada, seca e peletizada são exportadas do Sudeste Asiático, principalmente Tailândia, para a Europa, para serem usadas como principal suplemento alimentar nas indústrias de produtos suínos e de laticínios. Desde pequenas plantações até grandes fazendas mecanizadas nas Américas Central e do Sul, bem como na África e Ásia, essa cultura fornece uma das mais importantes fontes de alimentos para as crescentes populações dos trópicos.

Outra entre as mais importantes plantas cultivadas nos trópicos é o coqueiro (*Cocos nucifera*), que parece ter se originado no Pacífico Ocidental ou em uma região tropical da Ásia, mas foi difundido no Pacífico Ocidental e Central, antes das viagens europeias de exploração. Comunidades naturais de coqueiros são raras no Pacífico Oriental, e existem algumas poucas na América Central. A existência de muitos coqueiros pode ser consequência da dispersão natural dos frutos que flutuam no mar, e não devida à intervenção humana. Por ano, cada árvore produz 50 a 100 frutos (drupas), que são uma rica fonte de proteína,

21.17 Beterraba-açucareira. A beterraba-açucareira (*Beta vulgaris*) é simplesmente uma variedade de beterraba comum – selecionada a partir de estirpes cultivadas anteriormente para forragem, não aquelas cultivadas para consumo das raízes – em que o teor de sacarose foi aumentado por seleção, a partir de cerca de 2% até mais de 20%. Beterrabas foram domesticadas mais recentemente na Europa, onde as folhas não têm sido muito utilizadas para alimento, apenas a raiz vermelha e intumescida. Há cerca de 300 anos, a beterraba-açucareira é utilizada como uma fonte de açúcar, que tem competido com a cana-de-açúcar, a qual deve ser cultivada nos trópicos e exportada para os países do mundo desenvolvido. Nos EUA, a produção de açúcar bruto de beterraba equivale a cerca de um terço do total de açúcar consumido no mercado interno.

óleo e carboidratos. As cascas e as fibras do coco, as folhas e o estipe do coqueiro são usados para a produção de muitos itens úteis, entre eles tecidos, construções e utensílios. As porções consumidas como alimento pelos humanos são as partes sólidas e líquidas do endosperma.

O suprimento mundial de alimento é baseado principalmente em 14 espécies de plantas agrícolas

A agricultura moderna tornou-se altamente mecanizada nas regiões temperadas e também em algumas partes dos trópicos. Ela tem se tornado também altamente especializada em apenas seis espécies de plantas – trigo, arroz, milho, batata, batata-doce e mandioca – as quais provêm, direta ou indiretamente (*i. e.*, depois de terem sido fornecidas como alimento aos animais), mais de 80% das calorias consumidas pelos seres humanos. Essas plantas são ricas em carboidratos, mas não fornecem uma dieta balanceada. Elas são em geral ingeridas juntamente com leguminosas, como o feijão, ervilhas, lentilhas, amendoim e soja, que são ricas em proteínas, e com verduras, tais como a alface, o repolho, o espinafre (*Spinacea oleracea*) e a acelga, que são abundantes fontes de vitaminas e minerais. Plantas, como o girassol e a oliveira, fornecem os lipídios, que também são necessários na dieta humana.

Somando-se às seis principais culturas alimentícias, há oito outras de considerável importância para o homem: cana-de-açúcar, beterraba (Figura 21.17), feijão, soja, cevada, sorgo, coco e banana. Juntas, essas 14 espécies de plantas constituem as principais amplamente cultivadas como fontes alimentícias.

Há grandes diferenças regionais na dieta humana. Por exemplo, o arroz (Figura 21.7) provê mais do que três quartos da dieta em muitas partes da Ásia, enquanto o trigo (Figura 21.18) é igualmente dominante em partes da América do Norte e da Europa. Em regiões com escassas precipitações, o milho pode ser cultivado satisfatoriamente apenas com irrigação suplementar, o que geralmente não é necessário para o trigo. Estender as áreas de produção desses grãos fundamentais e encontrar espécies de culturas adicionais são tarefas de grande importância para a espécie humana, como veremos.

21.18 Trigo. Inicialmente domesticado no Oriente Médio, o trigo (*Triticum aestivum*) tornou-se a espécie mais cultivada atualmente no mundo. Junto com a cevada, que agora é amplamente utilizada para a alimentação animal e como fonte de malte para fazer cerveja, o trigo foi, provavelmente, uma das duas primeiras plantas a serem cultivadas. Por causa das propriedades de fermentação de alguns das proteínas do glúten, as variedades de trigo chamadas vermelho-duro-de-inverno e vermelho-duro-de-primavera são utilizadas para fazer pão.

Crescimento das populações humanas

Os cerca de 5 milhões de seres humanos que viviam há 10.500 anos já eram a espécie de mamíferos terrestres mais amplamente distribuída no mundo. Contudo, com o subsequente desenvolvimento da agricultura, esse número aumentou em ritmo acelerado. Atualmente, humanos e seus animais domesticados compõe mais de 97% da biomassa de vertebrados terrestres; há 10.500 anos eles representavam menos de 1%.

Vários mecanismos são acionados para limitar o número de indivíduos nos grupos humanos que dependem da caça para o seu sustento. Ao caminhar, uma mulher não pode carregar mais do que uma criança juntamente com seus pertences domésticos, não importa quão reduzida seja sua bagagem. Consequentemente, a mulher pode recorrer ao aborto ou, mais comumente, ao infanticídio. Além disso, há uma alta taxa de mortalidade nessas populações, em particular entre os muito jovens, os idosos, os doentes, os inválidos e as parturientes. Como resultado desses fatores, as populações que dependem da caça tendem a permanecer pequenas. Além disso, não há muito incentivo para a especialização do conhecimento ou habilidades, porque a capacitação básica da qual a sobrevivência individual depende é de maior importância.

O desenvolvimento da agricultura afetou dramaticamente o crescimento da população

Uma vez que a maioria dos grupos humanos se tornou sedentária, não mais havia a mesma necessidade urgente de limitar o número de nascimentos e as crianças devem ter-se tornado um componente mais ativo para as suas famílias do que anteriormente, colaborando nas atividades agrícolas e em outros afazeres. Nas pequenas e grandes cidades propiciadas pela produtividade agrícola, o conhecimento humano tornou-se cada vez mais especializado. Uma vez que os esforços de umas poucas pessoas podiam produzir alimento suficiente para todos, os padrões de vida tornaram-se cada vez mais diversificados. Surgiram, assim, os mercadores, artesãos, banqueiros, professores, poetas – toda a rica mistura da qual a comunidade moderna é composta. O desenvolvimento da agricultura ajustou a sociedade humana em seu curso moderno.

Como consequência do desenvolvimento da agricultura, há cerca de 2.000 anos, o número de seres humanos sofreu um crescimento de 100 a 300 milhões, distribuídos por todo mundo. Durante um período de mais ou menos 8.000 anos, a população humana aumentou cerca de 25 vezes. Em torno de 1650, a população mundial havia atingido 500 milhões, com muitas pessoas vivendo em centros urbanos. No final de 1700, já havia chegado a 900 milhões. A taxa de natalidade humana permaneceu essencialmente a mesma em todo o mundo, do século 17 em diante, mas a taxa de mortalidade declinou dramaticamente em bases regionais, resultando no crescimento a um ritmo sem precedentes das populações de modo geral. No fim do século vinte, a própria taxa de natalidade caiu nos países desenvolvidos.

Como a população mundial em rápido crescimento é alimentada?

No início do século 21, havia pouco mais de 6 bilhões de pessoas em nosso planeta; em 1950, eram 2,5 bilhões (ver Figura 1.12). A população humana mundial dobrou em menos de 40 anos. Para o planeta como um todo, a população está crescendo aproximadamente 1,3% ao ano. Isso significa que mais ou menos 158 pessoas são adicionadas à população mundial a cada minuto – mais do que 220.000 por dia, ou cerca de 83 milhões a cada ano – um valor mais ou menos igual à população da Alemanha ou das Filipinas. Uma elevada proporção – geralmente cerca de 35 a 45% – de seres humanos que vivem nos países em desenvolvimento tem menos de 15 anos de idade. A porcentagem corresponde, nos países desenvolvidos, a cerca de 12 a 18% na Europa e Japão, 18% no Canadá e 21% nos EUA. Esses indivíduos jovens ainda não atingiram a idade na qual eles normalmente geram filhos. Consequentemente, o crescimento populacional nos países em desenvolvimento não pode, a curto prazo, ser colocado sob controle, muito embora a política governamental e a escolha individual favoreçam essa tendência.

Espera-se que a população global ultrapasse os 9 bilhões em 2050. Alimentar esse número de pessoas será um desafio sem precedentes. Em 2008, a Food and Agriculture Organization of United Nations (FAO) estimou que mais de 1 bilhão de pessoas – aproximadamente uma em cada sete de toda a população mundial – sofre de desnutrição. Vivendo na miséria absoluta, essas pessoas são incapazes de obter alimento, abrigo ou roupas regularmente (Figura 21.19).

21.19 Pobreza. Uma família atravessa uma poça cheia de lixo em uma favela de Manila, capital das Filipinas. O distrito chamado Baseco é conhecido como uma comunidade de doadores vivos de rins, que são obrigados a vender seus rins para sobreviver. Pessoas pobres que vivem em condições tão difíceis representam mais de 1 bilhão da população mundial. Suas perspectivas para o futuro dependem diretamente da contenção do crescimento populacional, incorporando-as na economia global, e da descoberta de novos e melhores métodos para a agricultura produtiva em regiões tropicais e subtropicais.

BIOCOMBUSTÍVEIS | PARTE DA SOLUÇÃO OU OUTRO PROBLEMA?

Quando queimamos combustíveis fósseis, estamos, essencialmente, queimando plantas antigas e liberando para a atmosfera o carbono que foi removido por elas há milhões de anos. Este carbono extra é a principal causa das mudanças climáticas globais. Mas e se, em vez de queimar carvão antigo, pudéssemos usar plantas atuais para as nossas necessidades de energia? O carbono das plantas atuais tem sido recentemente removido da atmosfera e, assim como em um ciclo rápido, retorna para elas após ser queimado. Segundo este cenário, não haveria nenhum aumento líquido no carbono atmosférico se utilizássemos esse recurso como fonte de combustível. Além disso, seríamos menos dependentes do petróleo importado de regiões politicamente instáveis do mundo.

Este esquema é o chamariz dos biocombustíveis, mas, infelizmente, não é assim tão simples. Primeiramente, os combustíveis fósseis mais versáteis – petróleo, gasolina ou diesel – estão em forma líquida, enquanto a biomassa vegetal é sólida. A fermentação de açúcares de plantas produz etanol líquido, que por si só pode ser um combustível versátil, embora só produza dois terços da energia de um volume equivalente de gasolina. O problema real com o etanol,

no entanto, é a fonte de plantas utilizadas para produzi-lo. Atualmente, nos EUA, o etanol é feito a partir de milho forrageiro, a alimentação principal para muitos animais. Tal desvio do milho da cadeia alimentar humana para a produção de relativamente pequena quantidade de etanol já impulsionou os preços dos alimentos em todo o mundo. A agricultura utiliza mais de um terço de toda a área das regiões temperadas e mais de dois terços da água doce. O aumento significativo desses montantes para serem aplicados nos biocombustíveis teria grande impacto no meio ambiente, incluindo o aumento da liberação de carbono da terra recém-preparada para cultivo. O etanol não pode sequer reduzir gases de efeito estufa, uma vez que o impacto dos fertilizantes, combustível trator, purificação e transporte tem que ser incluído na equação final.

Se usar grãos de milho não faz sentido, o que dizer sobre o resto da planta? Como o grão, as espigas de milho são compostas principalmente de açúcar. Mas ele está na forma de celulose, um carboidrato complexo que apenas poucos microrganismos podem quebrar. Embora haja investigações em andamento, não há atualmente nenhuma maneira economicamente viável para liberar os açúca-

res da celulose por meio de fermentação para a produção de etanol. Se isso se tornar viável, enfrentaremos outro problema. O desvio de toda a matéria orgânica para longe da reposição no solo pode ter consequências nefastas para a saúde do solo e para a produtividade.

Uma fonte de biomassa para combustíveis menos agressivos ao ambiente podem ser as algas. As algas podem crescer em locais rasos, piscinas salgadas em terras impróprias para a agricultura, podem ser usadas para limpar a água poluída, e podem servir para a produção de biomassa, que pode ser fermentada para produzir etanol, metanol e butanol (ver Figura 15.4). A capacidade de algas para converter a luz solar em biomassa é incomparável à das plantas superiores. Muitas algas, tais como diatomáceas, também produzem óleos que podem ser utilizados diretamente como combustível, sem a necessidade de fermentação. No entanto, até 2011, não havia meios economicamente viáveis para cultivar as algas e colher o óleo produzido; os obstáculos para fazê-lo são enormes. Investigações estão em andamento, mas, para um futuro próximo, os biocombustíveis parecem uma solução improvável para nossas necessidades energéticas.

Estima-se que o homem esteja atualmente consumindo, desperdiçando ou desviando cerca de 40% da produtividade fotossintética líquida terrestre total, e que a produtividade tenha decrescido muito pelas queimadas e aberturas de florestas realizadas no passado. Embora tenhamos conseguido este aumento de 2,6 vezes na produção mundial de grãos desde 1950, tal incremento foi obtido à custa de não menos que 25% das camadas superficiais do solo e mais do que 15% das terras que estão em cultivo. Há uma carência de tecnologia agrícola para converter a maior parte das terras nos trópicos em produtividade sustentável, e a maior parte das terras no mundo que podem ser cultivadas usando as técnicas disponíveis já estão sendo utilizadas para cultivo. A solução para o problema de alimentar a população mundial tem de ser encontrada nas regiões onde a maioria da população vive – nos trópicos e regiões subtropicais.

São necessários aumentos substanciais na quantidade de alimento se a população mundial deve ser nutrida adequadamente. Estudos recentes sugerem que até 2050, o mundo necessitará de 70 a 100% a mais de alimentos que hoje estão disponíveis. Realisticamente parece haver poucas esperanças para se atingir essa meta. Entre 1990 e 2007, plantios globais de milho, arroz, trigo e soja (em tonelada por hectare cultivado) declinaram em metade dos países (tanto desenvolvidos quanto em desenvolvimento) que cultivam esses quatro alimentos. Para os cidadãos dos EUA,

que gastam em média menos do que um quinto de seus rendimentos pessoais em alimento, o custo crescente na alimentação já causa sérias preocupações. Para as pessoas das nações em desenvolvimento, que chegam a gastar 80 a 90% de sua renda em alimentos, isso pode ser uma sentença de morte.

Agricultura no futuro

Progressos na agricultura trouxeram tanto problemas quanto benefícios

O primeiro avanço significativo que levou a um incremento massivo na produtividade agrícola foi o desenvolvimento da irrigação (Figura 21.20). A necessidade de fornecer água às culturas é sempre tão evidente que a irrigação é praticada no Oriente Próximo já há 7.000 anos, e ela foi desenvolvida de modo independente no México há cerca de 5.000 anos.

Durante o século 20, dois fatores desempenharam papéis importantes no enorme aumento na produção agrícola. A primeira foi a descoberta, durante a primeira guerra mundial, por dois químicos alemães de uma maneira de fazer amônia pela combinação de nitrogênio do ar com o hidrogênio a partir de combustíveis fósseis. A amônia foi então convertida em nitrato, o qual foi utilizado no fabrico de explosivos. Este processo, conhecido

21.20 Irrigação. Este campo de algodão irrigado no Texas (EUA) é representativo da moderna agricultura intensiva. No entanto, a irrigação pode causar problemas ambientais graves a longo prazo, especialmente se estiver associada ao uso intensivo de pesticidas e herbicidas. Mais pesticidas são usados em algodão do que em qualquer outra cultura no mundo.

como o processo de Habber-Bosch, ainda é usado no fabrico da maioria de fertilizantes, um processo que exige alto consumo de energia (ver Capítulo 29).

O segundo fator foi a introdução de sementes de milho híbrido. Linhagens autogâmicas de milho (originalmente elas mesmas de origem híbrida) são usadas como parentais. Quando elas são cruzadas, o resultado é uma semente que produz plantas híbridas muito vigorosas. As linhagens a serem cruzadas são plantadas em fileiras alternadas, com os pendões (inflorescências estaminadas) sendo removidos de uma fileira, manualmente ou por meio de máquinas, de tal modo que todas as sementes dessas plantas sejam de origem híbrida. Com uma seleção cuidadosa das melhores linhagens autogâmicas, podem-se produzir linhagens vigorosas do milho híbrido que são adequadas pare o cultivo em qualquer localidade. Graças às características uniformes das plantas híbridas, elas são mais fáceis de colher e propiciam rendimentos uniformes muito maiores do que os indivíduos não híbridos. Menos do que 1% do milho cultivado nos EUA em 1935 era milho híbrido, mas agora praticamente todo ele é híbrido. Ao mesmo tempo, cada vez mais equipamentos especializados e eficientes foram desenvolvidos para a agricultura.

Um dos grandes problemas no mundo todo é como utilizar as ganhos na produtividade, conseguidos com a crescente mecanização, irrigação e adubação, sem o desemprego simultâneo de milhões de trabalhadores. Em todo o mundo em desenvolvimento, bem mais de três quartos das pessoas estão diretamente engajadas na produção de alimentos, em contraste com os menos de 3% dos EUA no início do século 21.

As pesquisas já têm feito muito para melhorar a agricultura. Nos EUA, o sistema colegiado de fomento à agricultura e as estações estatais associadas de experimento agrícola têm contribuído muito nessa área. Nos últimos anos, o financiamento público foi redirecionado para longe da produtividade agrícola, em direção a outras preocupações, tais como efeitos ambientais da agricultura, segurança alimentar e outros aspectos de qualidade dos alimentos. Mudanças semelhantes no financiamento

público da investigação sobre a produtividade agrícola também têm ocorrido em outros países desenvolvidos.

O custo energético para a produção agrícola nos EUA e em outros países desenvolvidos é muito alto. A agricultura moderna depende também de um sistema de distribuição elaborado, muito dispendioso em termos de energia e que pode ser facilmente interrompido. Uma proporção significativa de cada cultura, sendo a quantidade exata dependente da região e do ano, é perdida devido ao ataque de insetos e outras pragas. Em muitas regiões, outra proporção significativa é perdida após a colheita, ou por apodrecimento ou pela ação de insetos, ratos, camundongos e outras pragas. A água está cada vez mais cara em muitas áreas, e a qualidade dos suprimentos hídricos é frequentemente degradada pela passagem em campos aos quais fertilizantes e pesticidas foram aplicados. A erosão do solo é um problema em todas as partes e piora com a intensidade da atividade agrícola (uma solução é mostrada na Figura 21.21). Muitos esforços estão sendo envidados para melhorar a produtividade agrícola, a proteção das culturas contra as pragas e a eficiência do uso da água nas lavouras. Cada um desses itens será discutido a seguir.

Melhorar a qualidade das atuais plantas agrícolas é um objetivo importante

A abordagem mais promissora para minorar a problema dos alimentos no mundo parece residir em um ulterior desenvolvimento das culturas presentes, que crescem em terras que já estão em cultivo. A maior parte dos terrenos adequados para a agricultura já está sendo aproveitada, e o aumento de suprimentos de água, fertilizantes e outros implementos para as culturas não são economicamente viáveis em muitas partes do mundo. Desse modo, o melhoramento genético das culturas existentes é de excepcional importância. Tal desenvolvimento envolve não apenas o aumento dos rendimentos dessas culturas, mas também da quantidade de proteínas e outros nutrientes que elas contêm. A *qualidade* da proteína nos alimentos vegetais é também da maior importância para a nutrição humana: os animais, inclusive o homem, devem obter do seu alimento a proporção correta de todos os aminoácidos essenciais – aqueles que eles próprios não conseguem produzir. Nove dos 20 aminoácidos exigidos pelo homem devem ser obtidos dos alimentos (ver Quadro "Vegetarianos, aminoácidos e nitrogênio", no Capítulo 2); os outros 11 podem ser produzidos pelo corpo humano. As plantas que foram selecionadas para a melhoria no conteúdo proteico, contudo, inevitavelmente têm maiores exigências de nitrogênio e outros nutrientes do que os seus antecessores menos modificados. Por essa razão, as culturas melhoradas não podem ser cultivadas sempre nas terras subutilizadas, onde elas seriam especialmente úteis.

A qualidade das culturas pode também ser melhorada em muitos aspectos, além da produtividade, composição e quantidade proteicas. As variedades de plantas recentemente desenvolvidas podem ser mais resistentes a doenças, contendo, por exemplo, metabólitos secundários considerados não palatáveis por seus herbívoros; mais interessantes na aparência, forma ou cor (como as maçãs vermelhas mais brilhantes); mais adaptáveis ao armazenamento e transporte (como os tomates que se empilham melhor nas caixas); ou melhoradas em outros atributos que são importantes para a cultura em questão.

Pesquisas nos centros internacionais de melhoramento vegetal tornaram possível a Revolução Verde. Apesar de todo o progresso conseguido com o uso de fertilizantes e máquinas agrícolas mais eficientes,

21.21 Controle da erosão do solo. O uso do sistema de cultivo consorciado (sem arar), que combina práticas agrícolas antigas e modernas, tem aumentado rapidamente. A erosão do solo é praticamente eliminada neste sistema. Nele, a soja é plantada entre as fileiras de restolho do milho para segurar o solo no local e minimizar o escoamento de água e nutrientes durante as chuvas. Quando se utilizam métodos de cultivo consorciado, o gasto de energia para a produção de milho e soja é reduzido em 7 a 18%, respectivamente, e as colheitas são tão ou mais elevadas que as obtidas pelos métodos convencionais de arado e uso de grade de disco.

em 1950 a produção de alimentos caiu diante de uma população em rápido crescimento. Em resposta a este desafio, grandes trabalhos foram iniciados para aumentar a produtividade do trigo e outros grãos, e para o desenvolvimento de genótipos de trigo e arroz que não reduzissem a alta fertilidade. Utilizando métodos de reprodução convencionais, Norman Borlaug e outros conseguiram desenvolver variedades semianãs de trigo e arroz resistentes a doença, que foram capazes de responder aos fertilizantes apresentados (Figura 21.22). Tais esforços levaram a sensacionais melhorias nos rendimentos das culturas, em grande parte nos centros internacionais de melhoramento de culturas, localizadas em áreas subtropicais. Quando as linhagens melhoradas de trigo, milho e arroz produzidas por esses centros foram cultivadas em países como o México, Índia e Paquistão, elas tornaram possível o padrão de produtividade agrícola melhorada que tem sido denominada Revolução Verde. As técnicas de melhoramento, adubação e irrigação que foram desenvolvidas como partes da Revolução Verde têm sido aplicadas em muitos países do mundo em desenvolvimento.

Embora a Revolução Verde tenha aumentado consideravelmente a produção de grãos e evitado o desastre, ela não se estendeu a muitas pessoas mais necessitadas, principalmente da África Subsaariana. Fertilização, mecanização e irrigação têm sido componentes necessários do sucesso da Revolução Verde. Consequentemente, apenas os proprietários de terras mais ricos têm sido capazes de cultivar as novas linhagens, e em muitas áreas o efeito real tem sido o de acelerar a consolidação das fazendas de umas poucas grandes corporações pertencentes aos mais abastados proprietários. Tal consolidação não tem, necessariamente, oferecido nem empregos nem alimentos para a maioria das populações locais. O dinheiro necessário para a aquisição de fertilizantes e máquinas agrícolas não foi disponibilizado, e ainda não está disponível, na África Subsaariana, nem há uma oferta adequada de água para irrigação. Além disso, os principais produtos alimentares vegetais da África Subsaariana são sorgo nativo, feijão, milho e arroz africano (*Oryza glaberrima*), além dos mais recentemente adotados mandioca e milho, mas não há culturas de trigo e de arroz, as variedades milagrosas que foram em grande parte responsáveis por iniciar a Revolução Verde.

Em 2006, as Fundações Bill e Melinda Gates e Rockefeller lançaram conjuntamente a Aliança para uma Revolução Verde na África (*Alliance for Green Revolution in Africa*, AGRA), com três objetivos: (1) aumentar o rendimento das fazendas por meio de melhorias agrícolas, (2) reduzir as perdas e melhorar a qualidade das culturas por meio de modificações genéticas, e (3) certificar-se dos benefícios para os agricultores dos aumentos na produção. Antes da formação da AGRA, os geneticistas de plantas na Fundação Rockefeller concluíram que seria um erro confiar em apenas algumas variedades de culturas na África. Assim, a Revolução Verde africana envolverá formas de aumentar a produtividade de uma grande variedade de culturas, cultivadas em um amplo espectro de condições de produção, com chuvas como a principal fonte de água. Uma abordagem baseada na

21.22 Norman Borlaug. Recebeu o Prêmio Nobel da Paz em 1970; Norman Borlaug foi o líder de um projeto de pesquisa patrocinado pela Fundação Rockefeller em que novas variedades de trigo foram desenvolvidas no Centro Internacional de Melhoramento do Milho e do Trigo, no México. Amplamente cultivadas, estas novas linhagens mudaram o *status* do México de importador de trigo, quando o programa começou em 1944, para o de exportador, por volta de 1964. Borlaug também desempenhou um papel vital na introdução de variedades de maior rendimento de trigo na Índia e no Paquistão.

agroecologia tem sido adotada, com os agricultores participando em cada etapa do processo de desenvolvimento de tecnologias. Conforme definido por Joe DeVries, cultivos agroecológicos "são zonas agrícolas, com um conjunto mais ou menos comum de dificuldades e vantagens, ou seja, quantidade e distribuição de chuvas, temperaturas, solos e outros fatores importantes para o crescimento da cultura."

A diversidade genética das culturas deve ser preservada e utilizada, a fim de se prover proteção contra patógenos. Programas intensivos de melhoramento e seleção têm estreitado a variabilidade genética das plantas cultivadas. Grande parte da seleção artificial tem se concentrado, por motivos óbvios, no rendimento; com isso, às vezes, a resistência a doenças é perdida nos membros bastante uniformes de uma progênie que tem sido muito utilizada para rendimentos crescentes. De modo geral, as culturas ficaram cada vez mais uniformes, à medida que determinados caracteres foram mais enfatizados que outros, e essas plantas tornaram-se mais vulneráveis aos ataques por doenças e pragas. Um excelente exemplo é a epidemia sulina da queima da folha do milho, causada pelo fungo *Cochliobolus heterostrophus*, que atingiu os EUA em 1970. Aproximadamente 15% da cultura do milho foi destruída – uma perda de cerca de 1 bilhão de dólares (Figura 21.23). Tais perdas estavam aparentemente relacionadas com o surgimento de uma nova raça de fungo e ao alto grau de uniformidade genética das culturas. Se as culturas fossem *heterogêneas*, provavelmente as perdas seriam menos graves.

A fim de prevenir tais perdas, é necessário localizar e preservar as diferentes linhagens de nossas culturas importantes, porque tais linhagens – muito embora as suas características gerais possam não ser economicamente atrativas – podem conter genes úteis para continuar a luta contra as pragas e doenças (Figura 21.24). O germoplasma (material hereditário) preservado em nossos *bancos de sementes* e *clones* também pode fornecer genes para o incremento dos rendimentos, para adaptação ou para determinadas características comercialmente valiosas, tais como óleos especiais (ver Quadro: "Silo de sementes para o "Juízo Final": assegurando a diversidade das plantas agriculturáveis",

21.23 Perda de resistência a doenças. A queima das folhas do milho, causada pelo fungo *Cochliobolus heterostrophus*, nas culturas do sul dos EUA. Este fungo devastou as culturas de milho, que tiveram a variabilidade genética reduzida como resultado de seleção artificial para aumentar a produção.

no Capítulo 28). Desde os primórdios da agricultura, colossais reservas de variabilidade foram acumuladas em todas as as plantas agriculturáveis pelos processos de mutação, hibridação, seleção artificial e adaptação a uma ampla variedade de condições. Para culturas como o trigo, a batata e o milho, há literalmente milhares de linhagens conhecidas. Além disso, há ainda mais variabilidade genética nas espécies selvagens relacionadas com as plantas cultivadas. O problema está em encontrar, preservar e usar a variabilidade genética de plantas cultivadas e de grupos selvagens relacionados, antes que eles sejam perdidos.

Como exemplo das possibilidades da diversidade genética e o seu papel na história de uma única cultura, consideremos o caso da batata (Figura 21.10). Há mais de 60 espécies de batatas, muitas delas jamais cultivadas, além de milhares de linhagens conhecidas que são cultivadas. Apesar disso, a maioria das batatas cultivadas nos EUA e Europa descende de algumas linhagens que foram trazidas da Europa no final do século 16. Essa uniformidade genética provocou diretamente a crise de fome de 1846 e 1847 na Irlanda, onde a cultura da batata foi praticamente eliminada pela queima causada pelo oomiceto *Phytophthora infestans* (ver Capítulo 15). O plantio posterior de linhagens de batatas resistentes a doença restabeleceu a condição da planta como cultura na Irlanda e outras regiões. Olhando para o futuro, o potencial de desenvolver ainda mais a batata como cultura, por meio do uso adicional de linhagens cultivadas e selvagens, é enorme.

Exemplos notáveis do potencial de obtenção de novo material genético de plantas selvagens foram conseguidos pela melhoria do tomate. A coleção de linhagens de tomates conduziu ao efetivo controle de muitas das importantes doenças dos tomates, tais como a podridão causada pelos fungos assexuados *Fusarium* e *Verticillium* e por várias doenças virais. O valor nutritivo e sabor (doçura) dos tomates foram bastante ampliados, bem como a sua capacidade de tolerar a salinidade e outras condições basicamente desfavoráveis, por meio de coleta sistemática e análises, e uso de linhagens selvagens em programas de melhoramento.

O trigo está atualmente sob a ameaça de uma nova e virulenta raça de *Puccinia graminis*, o causador da ferrugem-negra do caule. Esta nova raça é capaz de superar o gene *Sr31*, que até agora tem proporcionado a resistência do trigo ao fungo (ver Capítulo 14).

Várias plantas selvagens têm grande potencial para tornarem-se importantes culturas

Além das espécies de plantas já amplamente cultivadas, há muitas plantas selvagens e plantas que são cultivadas apenas localmente, que poderiam ser introduzidas em um cultivo mais generalizado, e trazer importantes contribuições à economia mundial. Por exemplo, como mencionado anteriormente, ainda obtemos cerca de 80% de nossas calorias de apenas seis espécies de angiospermas, um grupo que compreende um total de aproximadamente 300.000 espécies conhecidas. Apenas cerca de 3.000 espécies de angiospermas têm sido cultivadas como alimentos ao longo dos anos e a grande maioria destas não é mais utilizada ou o é em locais específicos. Apenas cerca de 150 espécies vegetais foram alguma vez cultivadas amplamente. Entretanto, muitas outras plantas, mesmo nesse número limitado – especialmente aquelas que foram usadas antes, mas acabaram sendo abandonadas e consideradas como de menor importância – podem revelar-se muito úteis. Algumas dessas espécies encontram-se ainda em cultivo em distintas partes do mundo.

A   **B**

21.24 Preservação das linhagens de culturas. A. Banco de sementes do Departamento de Agricultura dos EUA em Fort Collins, Colorado, mostrando sementes que estão sendo classificadas e seladas para armazenamento a longo prazo. Cerca de 200 mil linhagens de germoplasma são armazenadas nesta unidade. **B.** A fazenda de sementes de batatas, um banco clonal, em Three Lakes, Wisconsin, é o repositório nacional de variedades de batata.

Embora estejamos acostumados a pensar nas plantas principalmente como importantes fontes de alimento, elas também produzem óleos, fármacos, pesticidas, perfumes e muitos outros produtos que são importantes para nossa moderna sociedade industrial. Fomos levados a considerar a produção de tais substâncias não alimentícias a partir de plantas como um método um tanto arcaico, que foi agora completamente superado pela síntese química em laboratórios industriais. Contudo, a produção dessas substâncias pelas plantas, não requer outra forma de energia que a do sol: ela ocorre naturalmente. Na medida em que nossas fontes não renováveis de energia se aproximam da exaustão e os preços se elevam, tem-se tornado cada vez mais importante encontrar meios de produzir moléculas complexas de modo menos dispendioso. Além disso, a vasta maioria das plantas nunca foi examinada ou testada para determinar sua utilidade.

Esforços estão sendo envidados para desenvolver versões perenes de nossos grãos mais importantes, os quais são anuais. Culturas de grãos perenes têm vantagens significativas sobre os seus homólogos anuais. Por exemplo, plantas perenes tendem a ter períodos mais longos de crescimento e sistemas radiculares mais profundos e, portanto, são usuários mais eficientes de nutrientes e água. Com sua maior massa de raízes, as plantas perenes reduzem os riscos de erosão e, portanto, são mais eficazes na manutenção da camada superior do solo. Períodos mais longos de crescimento e de duração das folhas nas plantas perenes significam que elas têm períodos mais extensos de atividade fotossintética e maior produtividade. Além disso, as culturas perenes armazenam mais carbono no solo do que as culturas anuais (Figura 21.25).

Estão sendo desenvolvidos programas na Argentina, Austrália, China, Índia, Suécia e EUA para identificar e melhorar populações de perenes e híbridas (derivadas de parentais anuais e perenes) para uso como culturas de grãos, que incluem trigo, arroz, milho, sorgo e guandu (*Cajanus cajan*). Estudos também estão em andamento em três culturas oleaginosas das famílias do linho, girassol e mostarda.

Uma importante área de pesquisa na procura de novas e valiosas culturas concentra-se nas espécies tolerantes à seca e ao sal. A agricultura intensiva está sendo praticada em escala cres-

cente em áreas áridas e semiáridas de todo o mundo, principalmente em resposta às demandas de uma população humana em crescimento permanente. Tais práticas impuseram enormes demandas em locais com limitado suprimento de água, a qual vai se tornando salobra, à medida que vai sendo usada, reusada e poluída com fertilizantes de áreas cultivadas vizinhas. Além disso, há muitas partes do mundo, especialmente próximas às praias, onde o solo e os suprimentos hídricos são naturalmente salinos. Tais áreas são improdutivas quando cultivadas segun-

Outono   Inverno   Primavera   Verão

21.25 Comparações de trigo. Durante todo o ano, o trigo-de-inverno anual (à esquerda em cada painel) é menos robusto do que seu parente selvagem perene, a grama-de-trigo-intermediária – *intermediate wheat grass* – (à direita em cada painel). Além disso, no verão, o trigo-de-inverno anual desaparece.

A   B

21.26 Tolerância ao sal. O desenvolvimento de novas culturas ou de novas linhagens das culturas atuais, que podem ser bem-sucedidas em concentrações relativamente elevadas de sal, é importante em muitas áreas do mundo, especialmente aquelas que são áridas ou semiáridas. **A.** Berinjelas (*Solanum melongena*) cultivadas no Vale Arava, em Israel, utilizando irrigação por gotejamento (a água atinge as plantas através de tubos de plástico e se conserva bastante desta forma) com água altamente salina (1.800 ppm). Vinte anos atrás, essa quantidade de salinidade era considerada incompatível com a produção agrícola comercial. **B.** Em um campo experimental na costa mediterrânea de Israel, um arbusto que serve como forragem altamente nutritiva, *Atriplex nummularia*, é cultivado com 100% de água do mar. Os rendimentos são semelhantes aos obtidos com a alfafa, em condições normais, mas as folhas e caules de *Atriplex* são altamente salinos e, portanto, não são tão úteis para alimentação quanto alfafa. As pesquisas atuais estão destinadas a superar os problemas de irrigação com água do mar, e este tipo de irrigação pode um dia tornar possível o cultivo de grandes áreas que são agora desertos costeiros.

do os métodos agrícolas tradicionais, mas podem vir a ser usadas se as espécies corretas de plantas vierem a ser encontradas (Figura 21.26).

Uma planta que tem ambas as características, resistência à seca e à salinidade, é *Simmondsia chinensis*, a jojoba, que, apesar de seu nome científico, é um arbusto nativo dos desertos do nordeste do México e regiões adjacentes dos EUA (Figura 21.27). As grandes sementes de jojoba contêm cerca de 50% de cera líquida, um material que tem um impressionante potencial industrial. Uma cera desse tipo é indispensável como lubrificante nos casos em que pressões extremas são exercidas, como nas engrenagens de maquinaria pesada e nas transmissões dos automóveis. É difícil produzir cera líquida sintética em escala comercial, e o espermacete de baleia, em risco de extinção, é a única fonte alternativa natural. A cera de jojoba é também usada em cosméticos e como aditivo de alimentos; outras aplicações ainda estão sendo descobertas para esse material singular. A planta cresce e se multiplica em desertos quentes que não são adequados para o cultivo da maioria das outras plantas, sendo algumas de suas variedades altamente tolerantes ao sal. A jojoba está sendo cultivada em áreas áridas em todo o mundo.

Encontrar as plantas adequadas para as áreas salinas envolve não apenas procurar espécies agrícolas inteiramente novas, mas também introduzir por melhoramento a tolerância ao sal em culturas tradicionais (ver Quadro "Halófitas: Um Recurso Futuro?", no Capítulo 29). Nos tomates, por exemplo, uma espécie selvagem que cresce nas encostas marinhas das Ilhas Galápagos e é, portanto, muito resistente ao sal, *Solanum cheesmaniae*, foi usada como fonte de tolerância ao sal em novos híbridos do tomate comumente cultivado, *Solanum lycopersicum*. A seleção desses híbridos foi conduzida em um meio com metade da salinidade da água do mar. Os pesquisadores conseguiram selecionar indivíduos híbridos que completam seu desenvolvimento em

água com aquela salinidade. Linhagens de cevada tolerantes ao sal foram desenvolvidas por métodos semelhantes. A engenharia genética está sendo utilizada para o desenvolvimento de tolerância ao sal em plantas.

As plantas continuam a ser importantes fontes de fármacos

Além de seus outros usos, as plantas são importantes fontes de fármacos. De fato, cerca de um quarto das receitas médicas prescritas nos EUA contém pelo menos um produto que foi obtido de uma planta. Durante milênios, o homem vem usando plantas com objetivos medicinais. A botânica, de fato, era tradicionalmente considerada um ramo da medicina; nos últimos 160 anos, aproximadamente, é que surgiram profissionais botânicos distintos dos

21.27 Jojoba. Lavouras de jojoba (*Simmondsia chinensis*) estão cada vez mais sendo plantadas ao longo das zonas áridas do mundo. Jojoba é uma fonte de ceras com características lubrificantes especiais e outras propriedades úteis.

21.28 Vinca. A vinca-rosa (*Catharanthus roseus*) é a fonte natural dos fármacos vimblastina e vincristina. Estes fármacos, que foram desenvolvidos na década de 1960, são altamente eficazes contra certos tipos de câncer. A vimblastina é tipicamente utilizada para tratar a doença de Hodgkin, uma forma de linfoma, e vincristina é utilizada em casos de leucemia aguda. Antes do desenvolvimento da vimblastina, uma pessoa com a doença de Hodgkin tinha chance de 1 em 5 de sobrevivência, agora, as chances foram aumentadas para 9 em 10. A vinca ocorre em todas as regiões mais quentes da Terra, mas é nativa de Madagascar, uma ilha onde uma pequena parte da vegetação natural permanece inalterada.

médicos. Não tem havido, no entanto, nenhum esforço abrangente para identificar e colocar em uso os metabólitos secundários antes inexplorados, como foi discutido nos Capítulos 2 e 20.

Uma das razões pelas quais as plantas continuarão a ser importantes como fontes de fármacos, apesar da facilidade com que muitas substâncias podem ser sintetizadas em laboratório, é o fato de produzirem os fármacos de modo não dispendioso, sem o fornecimento adicional de energia. Além disso, a estrutura de algumas moléculas – tais como as de esteroides, incluindo cortisona e os hormônios usados nas pílulas anticoncepcionais – é tão complexa que, embora as moléculas possam ser sintetizadas quimicamente, os métodos de produção tornam-nas proibitivamente caras. Por essa razão, as pílulas anticoncepcionais e a cortisona foram produzidas no passado principalmente a partir de substâncias extraídas de raízes de carás selvagens (*Dioscorea*), obtidas principalmente do México. Quando essas fontes estavam praticamente exauridas, outras plantas, como *Solanum aviculare*, um representante do mesmo gênero da batata, foram desenvolvidas para se tornarem culturas com o mesmo objetivo.

Além das considerações de custos, a maravilhosa variedade de substâncias que as plantas produzem é importante: uma fonte de novos produtos que parece inesgotável (Figura 21.28). Uma das maneiras pelas quais os cientistas se inteiraram do potencial de novos fármacos foi estudando os usos medicinais das plantas por populações rurais ou indígenas (Figura 21.29). Por exemplo, as propriedades contraceptivas dos carás mexicanos foram "descobertas" desse modo.

21.29 Uso medicinal de plantas de florestas. Hortense Robinson, um curandeiro tradicional de Belize, explica os usos medicinais das folhas de fruta-pão para Michael Balick, diretor do Instituto de Botânica Econômica, no New York Botanical Garden. As folhas fervidas em água originam um extrato que é usado para o tratamento de diabetes e pressão sanguínea elevada. Embora o estudo das utilizações de plantas nativas de florestas tenha levado à descoberta de fármacos importantes, tais como o cloreto de D-tubocurarina (utilizado como um relaxante muscular em cirurgias cardíacas) e ipecacuanha (empregada no tratamento da disenteria amebiana), as oportunidades para a obtenção de tais conhecimentos são rapidamente perdidas à medida que as culturas indígenas desaparecem. Grupos inteiros de pessoas perdem seus estilos de vida tradicionais, e as florestas, bem como outras áreas selvagens que contêm plantas medicinais, são destruídas. Importantes conhecimentos que foram conquistados ao longo de milhares de anos de avaliações do tipo tentativas e erros estão sendo esquecidos em um período muito curto de tempo. Grande parte destas informações é transmitida oralmente, porque não existem registros escritos.

À medida que expandimos nossa pesquisa por plantas úteis, devemos ter em mente a rápida perda de espécies que está relacionada com (1) o rápido crescimento da população humana; (2) a pobreza, especialmente nos trópicos, onde são encontrados dois terços das espécies vegetais; e (3) nosso conhecimento incompleto de como construir sistemas agrícolas produtivos nos trópicos. Com a completa destruição das florestas tropicais ainda intactas, o que parece quase certo ocorrer em um século, muitas espécies de plantas, animais e microrganismos serão extintas. Uma vez que o nosso conhecimento das plantas, especialmente as tropicais, é tão rudimentar, estamos diante da perspectiva de perder muitas delas, antes mesmo de nos inteirarmos de sua existência e, obviamente, sem a mínima possibilidade de examiná-las para verificar se elas teriam utilidade para nós. O exame de plantas selvagens para o uso potencial do homem deve ser acelerado, e espécies promissoras devem ser preservadas em bancos de sementes, em culturas ou, preferencialmente, em reservas naturais.

RESUMO

O aparecimento do homem ocorreu relativamente tarde na história da Terra

A raça humana originou-se na África. O gênero *Australopithecus* existia há pelo menos 5 milhões de anos. O nosso gênero, *Homo*, aparentemente evoluiu a partir de *Australopithecus* há cerca de 2 milhões de anos, e a nossa espécie, *Homo sapiens*, existe há pelo menos 500.000 anos.

A domesticação das plantas surgiu no Crescente Fértil

Entre 13.000 e 11.000 anos, no Crescente Fértil – uma área que se estende da Jordânia e Israel, passando pelo Iraque, até o Irã –, o homem começou a cultivar plantas como trigo, cevada, lentilha e ervilha. Ao cultivarem e cuidarem de suas plantas – os primeiros agricultores alteraram as características delas – as plantas se tornaram domesticadas – assim, tornaram-se mais nutritivas e gradualmente diferentes em muitos aspectos de seus parentes selvagens. A agricultura espalhou-se a partir desse centro para a Europa, chegando até a Grã-Bretanha há mais ou menos 6.000 anos. Há evidências de que a agricultura se originou de modo independente em muitos centros, incluindo África, América Central, América do Sul, América do Norte, China, Índia e Nova Guiné. Muitas plantas agriculturáveis foram domesticadas primeiramente na África, incluindo cará, quiabo, café e algodão, o qual foi também domesticado independentemente no Novo Mundo e, talvez, na Ásia. Na China, desenvolveu-se uma agricultura fundada em alimentos básicos, como o arroz e a soja – e, mais para o sul, os cítricos, manga, taro, banana e outras culturas foram desenvolvidos.

A domesticação de animais seguiu a domesticação de plantas

Os animais domésticos foram um componente importante na agricultura do Velho Mundo desde os primeiros tempos. Rebanhos de animais de pastoreio foram ecologicamente destrutivos para muitas áreas semiáridas do Velho Mundo, especialmente quando os animais cresciam em número, mas eles também foram importantes fontes de alimento. Quando esses animais herbívoros foram introduzidos na América Latina, após as viagens de Colombo, revelaram-se enormemente destrutivos em muitos *habitats*, inclusive nas florestas tropicais.

A agricultura no Novo Mundo utilizou muitas espécies

A agricultura no Novo Mundo teve início há cerca de 10.000 anos com o cultivo de abóboras pelo menos há 9.000 anos no sul do México. Evidências indicam que a agricultura no Peru é tão antiga quanto no México. Cães foram trazidos para o Novo Mundo por pessoas que migraram da Ásia, mas aparentemente nenhum outro animal ou planta doméstica, com exceção da cabaça, foi introduzido dessa maneira. Colombo e os que o seguiram encontraram uma verdadeira opulência de novas culturas para levar ao Velho Mundo. Essas culturas incluíam milho, feijão-comum, feijão-de-lima, tomate, tabaco, pimenta, batata, batata-doce, mandioca, moranga, abóbora, abacate, cacau e a principal espécie cultivada de algodão.

Especiarias e ervas aromáticas são plantas apreciadas pelos seus odores e sabores

As especiarias, que são partes de plantas fortemente aromáticas geralmente ricas em óleos essenciais, podem ser derivadas de raízes, cascas, sementes, frutos ou gemas, enquanto as ervas aromáticas são geralmente folhas de plantas não lenhosas. A canela, a pimenta-do-reino e o cravo são exemplos de especiarias; a menta, o aneto e o estragão são ervas aromáticas.

O suprimento mundial de alimento é baseado principalmente em um número relativamente pequeno de espécies de plantas agrícolas

Durante os últimos 500 anos, importantes culturas têm sido cultivadas em todo o mundo. O trigo, o arroz e o milho, que fornecem a maior parte das calorias que consumimos, são cultivados em toda parte em que eles podem crescer, e um limitado número de outras plantas conseguiu uma condição de destaque no comércio mundial. Seis culturas – trigo, arroz, milho, batata, batata-doce e mandioca – provêm mais de 80% das calorias consumidas pela população humana mundial.

O rápido crescimento populacional tem causado inúmeros problemas

A população humana cresceu de um número estimado em 500 milhões de pessoas em 1650 para mais de 6 bilhões no início do século 21. Espera-se que sejam atingidos 9 bilhões em 2050. Cerca de um sexto da população mundial vive em absoluta pobreza. Como resultado do crescimento e aumento da pobreza, e porque relativamente pouco tem sido feito para desenvolver as práticas agrícolas apropriadas para as regiões tropicais, os trópicos estão sendo ecologicamente devastados, e até 20% das espécies mundiais provavelmente serão perdidas nos próximos 30 anos.

Autoavaliação

1. Os cereais e as leguminosas estavam entre as primeiras plantas cultivadas. Que propriedades nutricionais valiosas cada um desses grupos de plantas acrescenta à dieta humana?

2. Explique como o desenvolvimento da agricultura afetou o crescimento populacional.

3. O que significa Revolução Verde?

4. Explique a importância de se preservar a diversidade genética das plantas agriculturáveis como salvaguarda contra patógenos.

5. Comente sobre a importância de se introduzir por melhoramento a tolerância à seca e/ou ao sal em plantas agrícolas tradicionais.

6. Embora muitos fármacos possam ser sintetizados em laboratório, as plantas continuam a ser importantes fontes de tais produtos. Por quê?

7. Que avanços na agricultura podem ajudar a resolver o problema da fome mundial?

O Corpo das Angiospermas | Estrutura e Desenvolvimento

◄ Logo após florescer, o perigoso cacto *Coryphantha scheeri* var. *robustispina* (conhecido como cacto-abacaxi) do Deserto de Sonora (Arizona – EUA) produz frutos verdes e doces, que fornecem alimento e água aos animais do deserto, como roedores e coelhos. À medida que os frutos são consumidos, as grandes sementes são dispersas. Os espinhos robustos são folhas modificadas que fornecem proteção contra a predação.

CAPÍTULO 22

Desenvolvimento Inicial do Corpo da Planta

◄ **Processo de cura das azeitonas.** A azeitona – uma drupa contendo uma semente dentro de um caroço – é apreciada há milhares de anos, e as antigas árvores ornamentam a paisagem no Mediterrâneo. Por ocasião de sua colheita, as azeitonas têm sabor fortemente amargo em virtude dos taninos, que são removidos por uma variedade de métodos de cura. Em seguida, as azeitonas podem ser prensadas para a produção do azeite de oliva de odor agradável, conhecido pelo seu sabor característico e pelas suas propriedades de redução do colesterol.

No Capítulo 20, descrevemos o extenso desenvolvimento evolutivo das angiospermas a partir de seu suposto ancestral, uma alga verde multicelular, relativamente complexa. Como destacamos, os eixos furcados das primeiras plantas vasculares foram os precursores dos sistemas caulinar e radicular da maioria das plantas vasculares atuais.

Nesta seção, abordaremos a estrutura e o desenvolvimento do corpo vegetal das angiospermas, o esporófito, o qual é o resultado de um longo período de especialização evolutiva. Começaremos este capítulo descrevendo a formação do embrião, um processo conhecido como *embriogênese*, a primeira das duas fases de desenvolvimento das sementes. A embriogênese estabelece o plano do corpo da planta, consistindo na sobreposição de dois padrões: um *padrão apical-basal* ao longo do eixo principal e um *padrão radial* do arranjo concêntrico dos sistemas de tecidos (Figura 22.1). A embriogênese é acompanhada pelo desenvolvimento da semente. A semente, com seu embrião maduro, armazena reservas, e sua testa protetora confere significativas vantagens adaptativas sobre as plantas sem sementes. A semente aumenta a capacidade de as plantas sobreviverem em ambientes com condições adversas e facilita a dispersão da espécie.

Como abordaremos o desenvolvimento do corpo vegetativo das angiospermas, devemos ter em mente a evolução das plantas vasculares, tema de que tratamos na seção anterior. Os biologistas que estudam o desenvolvimento e a evolução são fascinados pela evolução dos padrões de desenvolvimento (evolução do de-senvolvimento, também conhecido em inglês como *evo-devo*). Grandes avanços têm sido feitos com o estudo de genes bem conservados – genes com sequências de DNA semelhantes em organismos relativamente distantes – que regulam padrões-chave do desenvolvimento. A maior parte do que sabemos dessa regulação vem dos estudos sobre mutações, que alteram o desenvolvimento normal do embrião.

Formação do embrião

Os estágios iniciais da embriogênese são, essencialmente, os mesmos em todas as angiospermas (Figuras 22.2 e 22.3). A formação do embrião começa com a divisão do zigoto no interior do saco embrionário do óvulo. Na maioria das plantas com flor,

PONTOS PARA REVISÃO

Após a leitura deste capítulo, você deverá ser capaz de responder às seguintes questões:

1. Como a polaridade é importante no desenvolvimento embrionário das plantas?

2. Quais são os três meristemas primários das plantas e que tecidos eles formam?

3. Quais são os estágios de desenvolvimento do embrião das eudicotiledôneas? De que maneira o desenvolvimento do embrião nas monocotiledôneas difere daquele nas eudicotiledôneas?

4. Quais são as principais partes de um embrião maduro de eudicotiledôneas ou de monocotiledôneas?

5. Quais são os fenômenos ou processos que caracterizam a maturação da semente, a segunda fase do desenvolvimento das sementes?

6. Qual é o significado da dormência de sementes para uma planta?

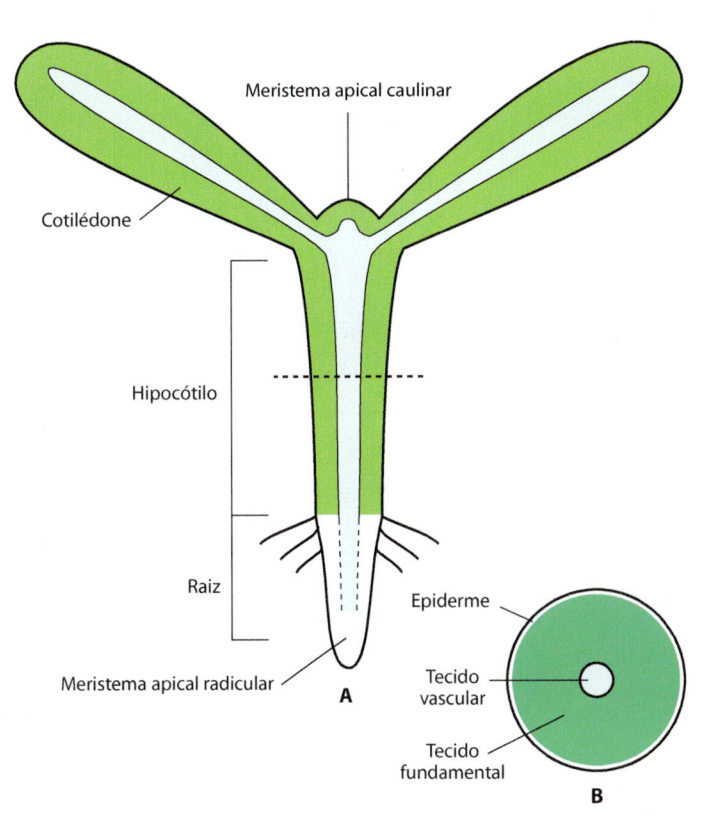

22.1 Plano do corpo da plântula de *Arabidopsis*. A. O padrão apical-basal consiste em um eixo com o ápice caulinar em uma extremidade e o ápice radicular na outra. **B.** Uma seção transversal através do hipocótilo revela o padrão radial, que é constituído por três sistemas de tecidos, representados pela epiderme, tecido fundamental e tecido vascular.

a primeira divisão do zigoto é assimétrica e transversal, em relação ao seu eixo longitudinal (Figuras 22.2A e 22.3A). Com essa divisão, a *polaridade* apical-basal do embrião é estabelecida. O polo superior (calazal) consiste em uma pequena *célula apical*, a qual dá origem à maior parte do embrião maduro. O polo inferior (micropilar) consiste em uma grande *célula basal*, a qual produz o *suspensor*, estrutura do tipo pedunculada, que ancora o embrião junto à micrópila, a abertura do óvulo através da qual entram os tubos polínicos.

A polaridade é um componente-chave da formação do padrão biológico. O termo é usado por analogia com o ímã, o qual tem polo positivo e negativo. "Polaridade" significa simplesmente que, independente do que se está discutindo – uma planta, um animal, um órgão, uma célula ou uma molécula – há uma extremidade diferente da outra. A polaridade no caule é um fenômeno muito comum. Em plantas que são propagadas por fragmentos de caule, por exemplo, as raízes se formarão na extremidade inferior do ramo e as folhas e as gemas, na extremidade superior.

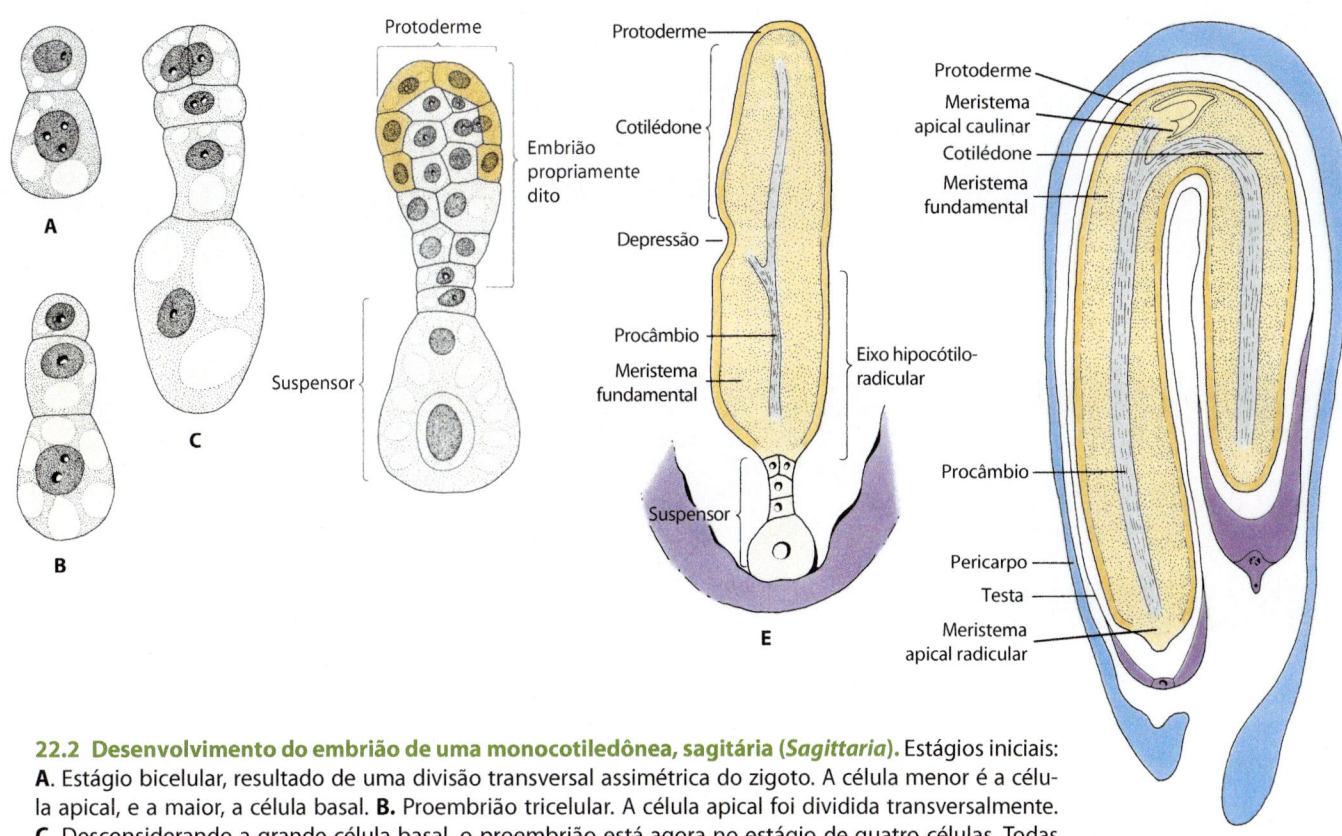

22.2 Desenvolvimento do embrião de uma monocotiledônea, sagitária (*Sagittaria*). Estágios iniciais: **A.** Estágio bicelular, resultado de uma divisão transversal assimétrica do zigoto. A célula menor é a célula apical, e a maior, a célula basal. **B.** Proembrião tricelular. A célula apical foi dividida transversalmente. **C.** Desconsiderando a grande célula basal, o proembrião está agora no estágio de quatro células. Todas estas quatro células, por meio de divisões celulares, contribuem para a formação do embrião propriamente dito. **D.** A protoderme se iniciou na porção terminal do embrião propriamente dito. Nesse estágio, o suspensor consiste apenas em duas células, uma das quais é a grande célula basal. Estágios finais: **E.** Uma depressão ou chanfradura (o local do futuro meristema apical caulinar) se formou na base do cotilédone que está se diferenciando. **F.** O cotilédone se curva, e o embrião está alcançando a maturidade. O suspensor não está mais presente.

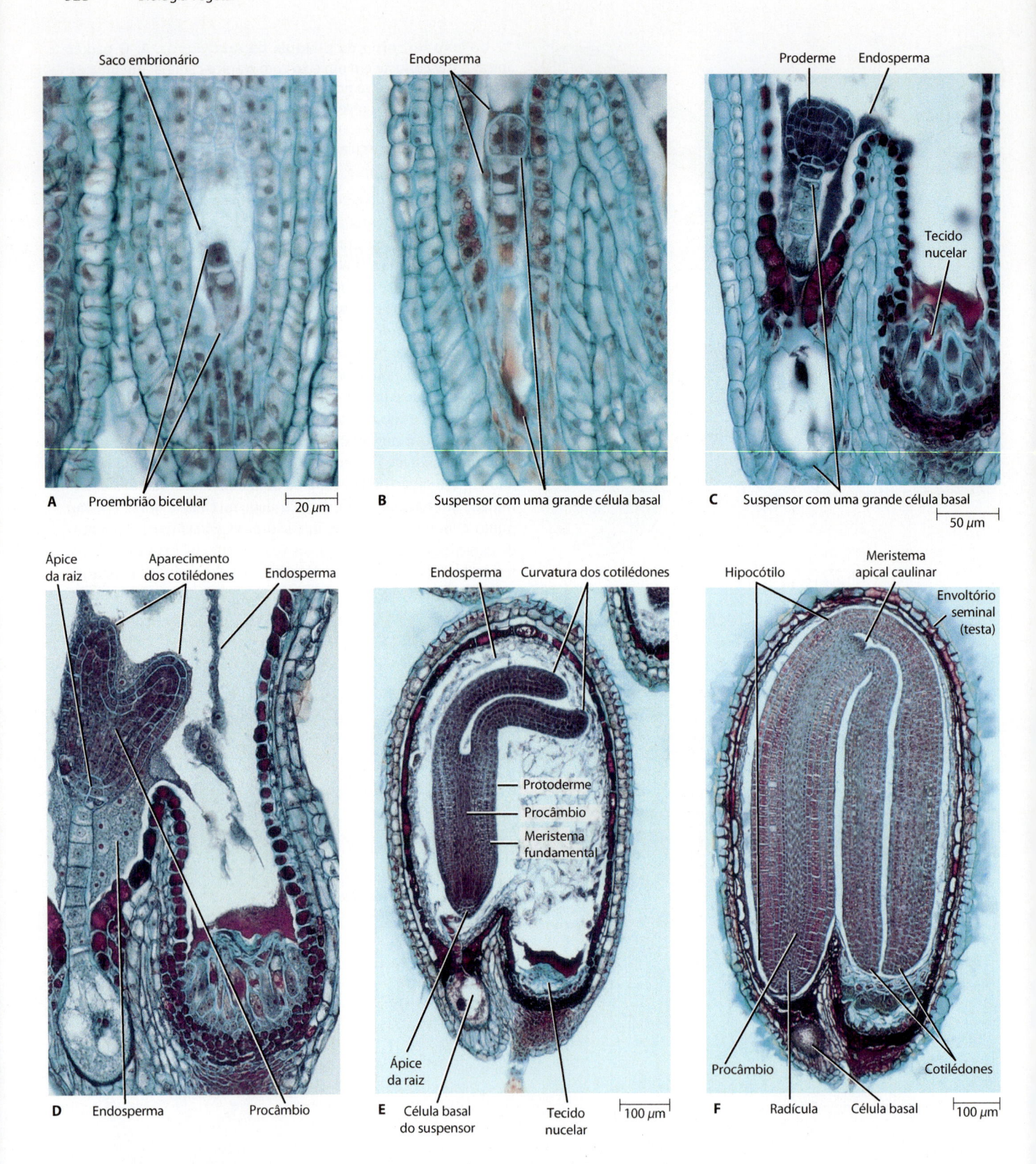

22.3 Desenvolvimento do embrião de uma eudicotiledônea, bolsa-de-pastor (*Capsella bursa-pastoris*). A. Estágio bicelular, resulta-do de uma divisão transversal assimétrica do zigoto, formando uma célula apical superior e uma célula basal inferior. **B.** Proembrião com seis células. O suspensor é agora distinto das duas células terminais, as quais se desenvolverão no embrião propriamente dito. O endos-perma fornece o alimento para o embrião em desenvolvimento. **C.** O embrião propriamente dito é globular e tem uma protoderme, a qual se desenvolverá em epiderme. A grande célula na parte inferior é a célula basal do suspensor. **D.** Embrião no estágio cordiforme, quando os cotilédones, primeiras folhas da planta, começam a aparecer. **E.** O embrião no estágio de torpedo. Em *Capsella*, o embrião se curva. O meristema fundamental, precursor do tecido fundamental, envolve o procâmbio, o qual se desenvolverá nos tecidos vasculares, xilema e floema. **F.** Embrião maduro. A parte do embrião abaixo dos cotilédones é o hipocótilo. Na extremidade inferior do hipocótilo está a raiz ou radícula.

O estabelecimento da polaridade é a primeira etapa essencial no desenvolvimento de todos os organismos superiores, pois ele fixa o *eixo* estrutural do corpo vegetativo, a "espinha dorsal" sobre a qual os apêndices laterais estarão dispostos. Em algumas angiospermas, a polaridade já está estabelecida na oosfera e no zigoto, onde o núcleo e a maioria das organelas citoplasmáticas estão localizados na porção apical da célula, e, na porção inferior, está presente um grande vacúolo.

Por meio de uma progressão ordenada de divisões celulares, o embrião forma, finalmente, uma estrutura aproximadamente esférica – o *embrião propriamente dito* – e o suspensor (Figuras 22.2D e 22.3B, C). Antes de esse estágio ser alcançado, o embrião em desenvolvimento é denominado *proembrião*.

A protoderme, o procâmbio e o meristema fundamental são os meristemas primários

Inicialmente, o embrião, propriamente dito, consiste em um conjunto de células relativamente indiferenciadas. Cedo, entretanto, mudanças na sua estrutura interna resultam no desenvolvimento inicial dos sistemas de tecidos de disposição concêntrica, a primeira expressão da polaridade radial durante a embriogênese. A *protoderme*, futura epiderme, forma-se por divisões periclinais – divisões paralelas à superfície – das células externas do embrião propriamente dito (Figuras 22.2D e 22.3C). Posteriormente, divisões verticais no interior do embrião resultam na separação inicial entre o *meristema fundamental* e o *procâmbio* (Figura 22.3D, E). O meristema fundamental, precursor do tecido fundamental, circunda o procâmbio, precursor dos tecidos vasculares, conhecidos como xilema e floema. A protoderme, o meristema fundamental e o procâmbio – os assim chamados *meristemas primários* ou *tecidos meristemáticos primários* – com a continuidade da embriogênese se estendem a outras regiões do embrião (Figuras 22.2E, F e 22.3E, F).

Os embriões formam-se por meio de uma sequência de estágios de desenvolvimento

O estágio de desenvolvimento do embrião que precede a formação dos cotilédones – isto é, quando o embrião propriamente dito é esférico – é, frequentemente, referido como *estágio globular*. O desenvolvimento dos cotilédones, as primeiras folhas da planta, pode começar durante ou após o momento em que o procâmbio se torna visível. Como nas eudicotiledôneas se desenvolvem dois cotilédones, o embrião globular gradualmente adquire uma forma bilobada ou cordiforme. Esta fase é conhecida como *estágio cordiforme* (Figura 22.3D). O embrião globular das monocotiledôneas forma apenas um cotilédone e se torna cilíndrico (Figura 22.2E). Tanto nas monocotiledôneas quanto nas eudicotiledôneas, o padrão apical-basal do embrião torna-se visível imediatamente antes da emergência do(s) cotilédone(s). O eixo pode ser subdividido em meristema apical do sistema caulinar, cotilédone(s), hipocótilo (eixo do tipo caulinar abaixo do cotilédone ou cotilédones), raiz embrionária e seu meristema apical.

O chamado *estágio de torpedo* do desenvolvimento do embrião ocorre com o alongamento do eixo e do(s) cotilédone(s), com a extensão simultânea dos meristemas primários (Figuras 22.2F e 22.3E). Durante o alongamento, o embrião pode permanecer reto ou tornar-se curvo. O único cotilédone das monocotiledôneas muitas vezes se torna tão grande, em comparação com o resto do embrião, que passa a ser a estrutura dominante (Figura 22.6C).

Durante a embriogênese inicial, as divisões celulares ocorrem por todo o esporófito jovem. Entretanto, assim que o embrião se desenvolve, a adição de novas células se torna gradualmente restrita ao meristema apical do caule e da raiz. Nas extremidades de todo o sistema caulinar e das raízes são encontrados *meristemas apicais*, os quais são constituídos por células capazes de ser dividir repetidas vezes. Os meristemas são regiões de tecidos embrionários; os meristemas apicais estão envolvidos com o aumento em comprimento do corpo da planta. Nos embriões de angiospermas (exceto monocotiledôneas), o meristema apical caulinar surge entre os dois cotilédones (Figura 22.3F). Nos embriões de monocotiledôneas, diferentemente, o meristema apical caulinar surge em um dos lados do cotilédone e é completamente envolvido por uma expansão do tipo bainha, a partir da base do cotilédone (Figura 22.2F). Os meristemas apicais tanto do caule quanto da raiz são de grande importância, pois esses tecidos são, praticamente, a fonte de todas as novas células responsáveis pelo desenvolvimento da plântula e da planta adulta.

Durante sua vida curta, o suspensor mantém o desenvolvimento inicial do embrião propriamente dito

Diferentemente do suspensor da *Selaginella*, uma planta vascular sem sementes (Capítulo 17), e do pinheiro (Capítulo 18), os quais atuam apenas para introduzir o embrião em desenvolvimento no tecido nutritivo, o suspensor das angiospermas é metabolicamente ativo. Eles mantêm o desenvolvimento inicial do embrião propriamente dito, provendo-o com nutrientes e reguladores de crescimento, principalmente giberelinas. Numerosos plasmodesmos conectam as células do suspensor com as do embrião propriamente dito em desenvolvimento. Os suspensores variam amplamente na sua estrutura e tamanho, desde uma única célula nas orquídeas até um conjunto maciço de células, como no feijão *Phaseolus coccineus*. O suspensor é de vida curta e tem *morte celular programada* (Capítulo 3), coincidindo com o estágio de torpedo do desenvolvimento do embrião. Por isso ele não está presente na semente madura, embora restos da célula basal do suspensor, muitas vezes, sejam ainda visíveis (Figura 22.3F).

Várias evidências indicam que o desenvolvimento normal do embrião propriamente dito limita o crescimento e a diferenciação do suspensor, cujas células têm o potencial para gerar embriões. Tal evidência é comprovada por vários mutantes embrião-defectivos de *Arabidopsis*, tais como *raspberry1*, *sus* e *twn*, nos quais a interrupção do desenvolvimento do embrião propriamente dito resulta na proliferação das células do suspensor. Algumas dessas células do suspensor adquirem características normalmente restritas às células do embrião propriamente dito. Os mutantes *twn* são os mais notáveis mutantes embrião-defectivos de *Arabidopsis*. Nesses mutantes, as células do suspensor sofrem transformações embrionárias, formando embriões gêmeos viáveis e ocasionalmente trigêmeos no interior da semente (Figura 22.4). Esses estudos de fenótipos de mutantes embrião-defectivos revelam que, nas plantas selvagens, ocorrem interações entre o suspensor e o embrião propriamente dito.

Foram identificados os genes que determinam a maioria dos eventos da embriogênese

A descrição da formação do embrião nos revela como se desenvolve o corpo primário da planta, porém pouco sobre o mecanismo que regula o processo. Grandes populações de plantas de *Arabidopsis* tratadas com mutagênicos foram sistematicamente

A   B   C

22.4 Desenvolvimento de embriões gêmeos no mutante *twn* de *Arabidopsis thaliana*, uma eudicotiledônea. A. Um segundo embrião pode ser visto desenvolvendo-se a partir do suspensor do embrião primário, maior. Ambos os embriões estão no estágio globular. **B.** Os cotilédones do primeiro embrião estão parcialmente desenvolvidos. O desenvolvimento dos cotilédones no embrião secundário está em estágio inicial. **C.** Plântulas gêmeas de uma semente germinada. A plântula da esquerda se parece com o tipo selvagem (não mutante). Cada plântula tem um cotilédone maior do que o outro.

investigadas para mutações que têm um efeito sobre o desenvolvimento da planta. Quando os fenótipos são alterados com sucesso, é possível identificar os genes correspondentes que regulam o desenvolvimento vegetal, um primeiro passo na determinação de como atuam os genes.

Resultados muito promissores têm sido obtidos na identificação dos genes responsáveis pela maior parte dos eventos da embriogênese de *Arabidopsis*. Acredita-se que um conjunto mínimo de cerca de 750 genes distintos coordene o desenvolvimento do embrião em *Arabidopsis*. Alguns desses genes reguladores afetam o padrão apical-basal do embrião e da plântula. As mutações nesses genes eliminam diferentes regiões do padrão apical-basal (Figura 22.5). Outro grupo de genes em *Arabidopsis* está envolvido na determinação do padrão radial de diferenciação de tecidos. Mutações em um desses genes, por exemplo, impede

a formação da protoderme. Além disso, outro grupo de genes regula as mudanças de forma da célula que dá ao embrião e à semente suas formas alongadas características.

Embrião maduro

O embrião maduro das plantas floríferas consiste em um eixo portando dois cotilédones (Figuras 22.3F e 22.6A, B), ou apenas um cotilédone se for uma monocotiledônea (Figuras 22.2F e 22.6C, D). Nas páginas a seguir, compararemos as eudicotiledôneas e as monocotiledôneas, os dois maiores grupos de angiospermas.

Nas extremidades opostas do eixo do embrião estão o meristema apical do caule e o meristema apical da raiz. Em alguns embriões, ocorre apenas o meristema apical acima da fixação do(s) cotilédone(s) (Figuras 22.2F, 22.3F, e 22.6B, C). Em outros,

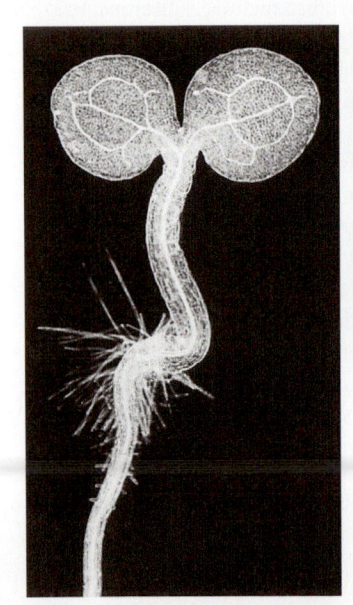 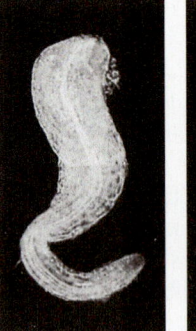 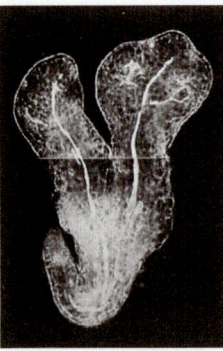 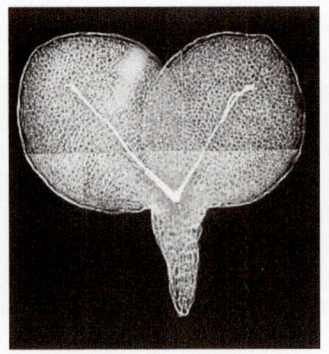 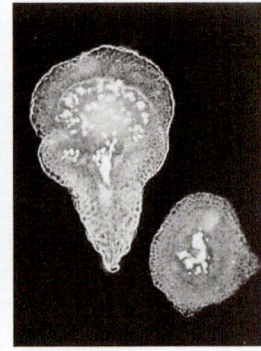

B. *gurke*   **C.** *fackel*   **D.** *monopteros*   **E.** *gnom*

A. Tipo selvagem

22.5 Plântulas mutantes de *Arabidopsis*. A. Uma plântula normal (tipo selvagem) para comparação com os quatro tipos de mutantes, que perdem as principais partes da estrutura da plântula. Nas plântulas mutantes aqui mostradas, **(B)** *gurke** perde o meristema apical caulinar e os cotilédones; **(C)** *fackel* perde o hipocótilo, logo o meristema apical caulinar e os cotilédones se ligam diretamente à raiz; **(D)** *monopteros* perde a raiz; e **(E)** *gnom* perde tanto a porção apical quanto a basal – a estrutura restante contém epiderme, tecido fundamental e tecido vascular. As plântulas foram clarificadas para revelar o tecido vascular no seu interior.

---

*N.R.T.: Por convenção, os nomes dos genes não devem ser traduzidos.

o sistema caulinar embrionário é constituído por um eixo do tipo caulinar, chamado *epicótilo* – que se encontra acima (*epi-*) do(s) cotilédone(s) –, com uma ou mais folhas e um meristema apical. Nesse sistema caulinar embrionário, a primeira gema é denominada *plúmula* (Figuras 22.6A, D e 22.7).

O eixo caulinar que se encontra abaixo (*hypo-*) do(s) cotilédone(s) é conhecido como *hipocótilo*. Na extremidade inferior do hipocótilo pode estar presente uma raiz embrionária ou *radícula*, com características típicas de raiz (Figuras 22.3F e 22.7B). Entretanto, em muitas plantas, a extremidade inferior do eixo está constituída por pouco mais do que um meristema apical, coberto por uma coifa. Se uma radícula não pode ser distinguida no embrião, o eixo embriônico abaixo do(s) cotilédone(s) é denominado *eixo hipocótilo-radicular* (Figuras 22.2E e 22.6A, B, C).

Na discussão do desenvolvimento das sementes de angiospermas no Capítulo 19, foi assinalado que, em muitas eudicotiledôneas, a maior parte ou todo o endosperma armazenador de nutrientes e o perisperma (que se desenvolve a partir do tecido nucelar), quando presente, são absorvidos pelo embrião em desenvolvimento. Os embriões de tais sementes desenvolvem cotilédones grandes, carnosos e armazenadores de reservas, que servem para nutrir o embrião, à medida que ele retoma seu crescimento. Exemplos de sementes familiares com cotilédones de tamanho considerável e sem endosperma remanescente são o girassol, a noz, a ervilha e o feijão (Figura 22.6A). Nas eudicotiledôneas com grande quantidade de endosperma, como na mamona, os cotilédo-nes são finos e membranáceos (Figura 22.6B). Esses cotilédones servem para absorver as reservas armazenadas no próprio endosperma, durante a retomada de crescimento pelo embrião.

Nas monocotiledôneas, o único cotilédone, além de atuar como armazenador de nutrientes ou órgão fotossintético, também executa a função de absorção (Figura 22.6C, D). Inserido no endosperma, o cotilédone absorve dele os nutrientes digeridos por atividade enzimática. O nutriente digerido é, então, translocado do cotilédone para as regiões de crescimento do embrião. Entre os embriões mais diferenciados das monocotiledôneas estão aqueles das gramíneas (Figuras 22.6D e 22.7). Quando totalmente formado, o embrião de gramínea tem um cotilédone maciço, o *escutelo*. O escutelo está inserido em um dos lados do eixo do embrião, o qual tem a radícula na sua extremidade inferior e uma plúmula na sua extremidade superior. Nas gramíneas, ambos, a radícula e a plúmula estão envolvidas por estruturas do tipo bainha protetora, sendo denominadas *coleorriza* e *coleóptilo*, respectivamente (Figuras 22.6D e 22.7).

Todas as sementes têm um revestimento externo, o *envoltório seminal* ou testa, que se desenvolve a partir do(s) tegumento(s) do óvulo e promove a proteção do embrião. Esse revestimento é, em geral, mais fino do que o tegumento do qual teve origem. O envoltório fino e seco da semente pode ter uma textura papirácea, mas, em muitas sementes, é muito duro e bastante impermeável à água. Nas gramíneas, estão presentes apenas remanescentes do envoltório seminal; as camadas externas de revestimento do

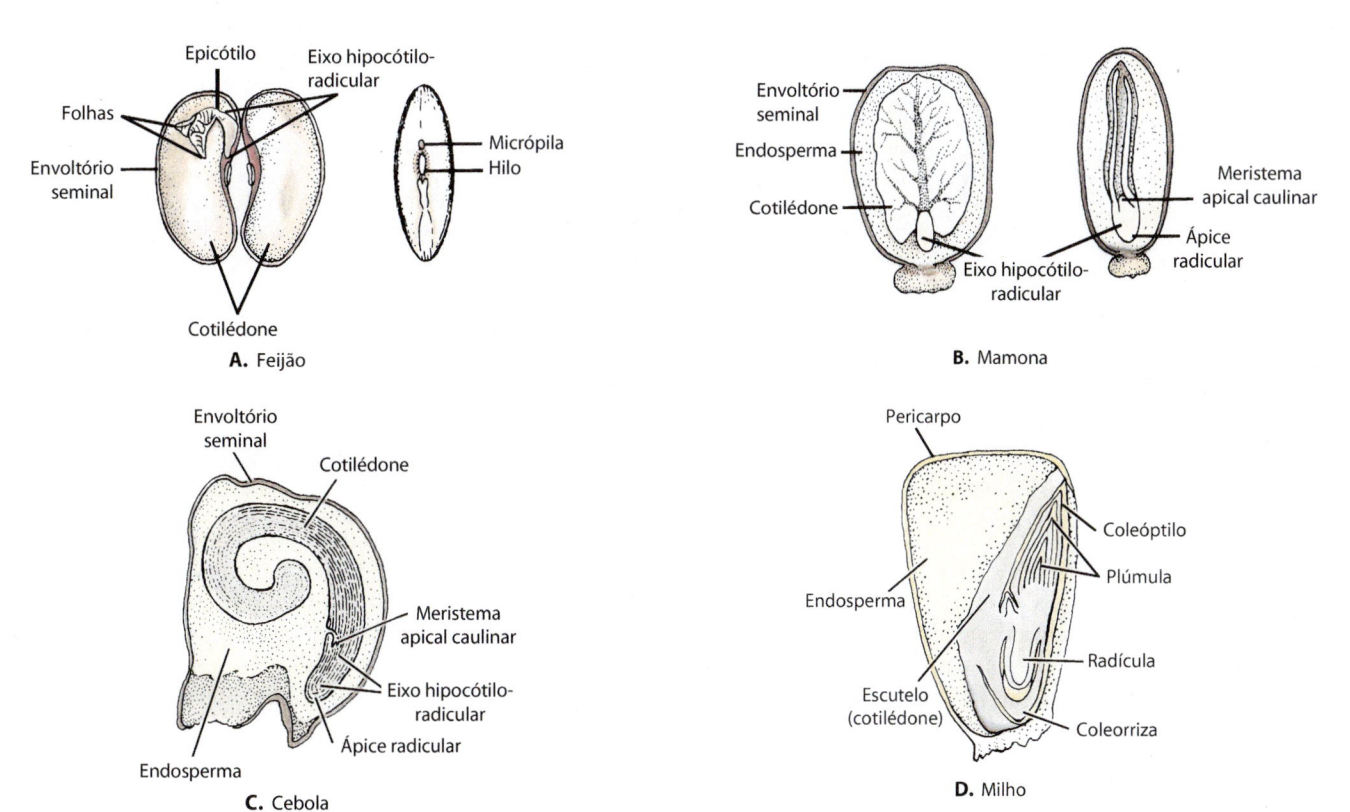

22.6 Sementes de algumas eudicotiledôneas e monocotiledôneas comuns. A. Sementes de feijão (*Phaseolus vulgaris*), uma eudico-tiledônea, aberta longitudinalmente e em vista lateral. O embrião de feijão tem uma plúmula acima dos cotilédones, consistindo em um eixo curto (epicótilo), um par de folhas e um meristema apical. O meristema apical caulinar localiza-se entre as folhas e não pode ser visto aqui. Os cotilédones carnosos do embrião de feijão contêm nutrientes armazenados. **B.** Sementes de mamona (*Ricinus communis*), outra eudicotiledônea, abertas longitudinalmente, mostrando o embrião em vista frontal e em vista lateral. O embrião da mamona tem apenas um meristema apical acima da fixação dos cotilédones. Os nutrientes são armazenados no endosperma. Os embriões das monocotiledô-neas (**C**) cebola (*Allium cepa*) e (**D**) milho (*Zea mays*) estão mostrados em vista longitudinal. O meristema apical caulinar do embrião da cebola localiza-se em um dos lados e na base do cotilédone, o qual é muito maior do que o restante do embrião. O embrião do milho tem um escutelo bem desenvolvido (cotilédone) e uma radícula. Os nutrientes armazenados em ambas as sementes estão no endosperma.

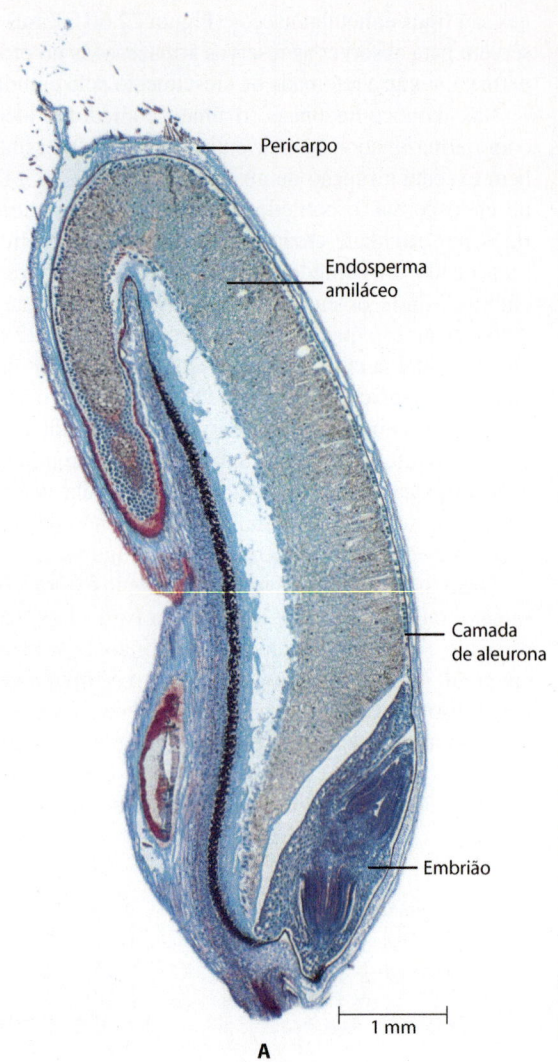

Pericarpo

Endosperma
amiláceo

Camada
de aleurona

Embrião

1 mm

A

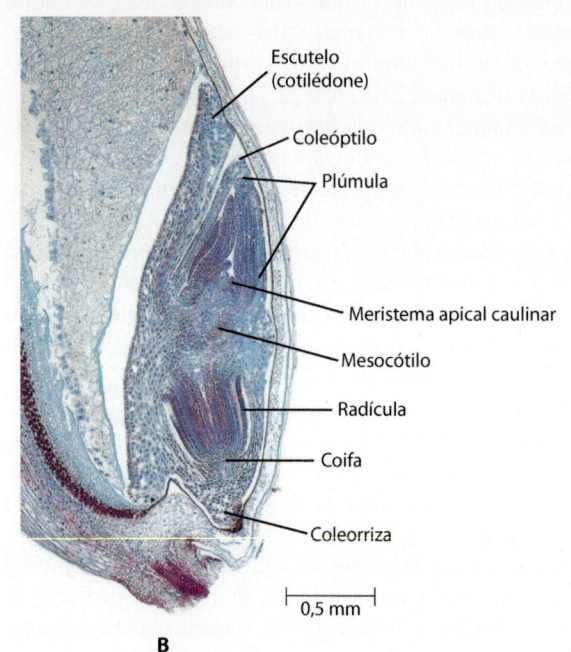

Escutelo
(cotilédone)

Coleóptilo

Plúmula

Meristema apical caulinar

Mesocótilo

Radícula

Coifa

Coleorriza

0,5 mm

B

22.7 Grão maduro de trigo (*Triticum aestivum*), uma monocotiledônea. A. É mostrado, em seção longitudinal, o endosperma amiláceo, circundado por uma camada de aleurona contendo proteína. As camadas que revestem o grão de trigo são constituídas, em grande parte, pelo pericarpo, que é a parede do ovário maduro. A testa, que se fusiona ao pericarpo, desintegra-se durante o desenvolvimento do grão. **B.** Detalhe do embrião maduro de trigo, mostrando um grande cotilédone conhecido como escutelo. A coleorriza e o coleóptilo, estruturas do tipo bainha, envolvem a radícula e a plúmula, respectivamente. A porção do eixo do embrião localizada entre o ponto de inserção do escutelo e o coleóptilo é conhecida como mesocótilo.

grão (fruto) são o *pericarpo* (parede do ovário maduro) fundidas aos remanescentes do envoltório seminal.

A micrópila é, muitas vezes, visível na testa da semente como um pequeno poro. Frequentemente, a micrópila está associada a uma cicatriz, denominada *hilo* (Figura 22.6A), que surge na testa após a semente se desprender do pedúnculo ou funículo.

Maturação da semente

No final da embriogênese, a divisão celular do embrião maduro cessa, e a semente entra na segunda fase de seu desenvolvimento, a *fase de maturação*. Durante a embriogênese, há um contínuo fluxo de nutrientes dos tecidos da planta-mãe para os tecidos do óvulo. Entretanto, é durante a fase de maturação da semente que ocorre um acúmulo maciço de reserva alimentar (amido, proteínas de reserva, óleos) no endosperma, no perisperma ou nos cotilédones da semente em desenvolvimento. Além disso, durante a fase de maturação, a semente sofre *dessecação* à medida que perde água (90% ou mais) para o meio circundante. Por fim, o envoltório da semente, derivado dos tegumentos, endurece, revestindo o embrião e os nutrientes armazenados como uma "armadura protetora".

Em consequência da dessecação, o metabolismo no interior da semente diminui para níveis quase imperceptíveis, permitindo ao embrião que permaneça viável por longos períodos. Após a dessecação, as sementes de algumas plantas entram em um estado *quiescente* ("de repouso"), enquanto as de outras plantas tornam-se *dormentes*.

Requisitos para a germinação da semente

A retomada do crescimento do embrião ou *germinação* da semente, depende de muitos fatores, tanto externos quanto internos. Os três fatores externos, especialmente importantes, são água, oxigênio e temperatura. Além disso, pequenas sementes, como aquelas da alface (*Lactuca sativa*) e muitas ervas daninhas, exigem comumente exposição à luz para que ocorra a germinação (ver Capítulo 28).

Porque a maioria das sementes maduras é extremamente seca, a germinação não ocorre até que a semente absorva a quantidade de água necessária para as atividades metabólicas. As enzimas presentes na semente são então ativadas, e novas são sintetizadas para digestão e utilização das reservas nutritivas, acumuladas nas células durante a maturação da semente (ver Capítulo 27). As mesmas células que inicialmente sintetizaram enormes quantidades de material de reserva agora revertem completamente seus processos metabólicos e digerem o material armazenado. O aumento de tamanho das células e a divisão destas se iniciam no embrião e seguem padrões característicos das espécies. O cres-

TRIGO | PÃO E FARELO

Como todas as gramíneas, o trigo (*Triticum aestivum*) é uma monocotiledônea, e seu fruto – o grão – tem uma única semente. Como apresentado na Figura 22.7, o endosperma e o embrião estão revestidos por camadas constituídas pelo pericarpo e por restos da testa da semente. Mais de 80% do volume do grão de trigo é constituído pelo endosperma amiláceo. A camada externa do endosperma, chamada camada de aleurona, contém reservas lipídicas e proteínicas. A camada de aleurona envolve o endosperma amiláceo e o embrião.

A farinha é produzida a partir do endosperma amiláceo. Na moagem do trigo, o farelo – constituído pelas camadas de cobertura e a camada de aleurona – é removido. O farelo representa 14% do grão. Na verdade, a retirada do farelo de certa maneira diminui o valor nutricional do grão de trigo. Devido ao fato de o farelo ser, em sua maior parte, material celulósico, não é digerido pelos seres humanos e tende a acelerar a passagem de alimento pelo trato digestivo, resultando em baixa absorção. O embrião ("germe do trigo"), que representa

apenas 3% do grão, também é removido durante a moagem, pois seu alto conteúdo de óleo reduziria o tempo de armazenagem da farinha. O farelo e o germe de trigo, que contêm a maioria das vitaminas encontradas no trigo, estão sendo utilizados, cada vez mais, para consumo humano, assim como em ração animal.

O farelo de aveia (*Avena sativa*) tornou-se um item de alimentação popular entre as pessoas de vida saudável em muitas partes do mundo. Os resultados de pesquisa indicam que o farelo de aveia, como parte de uma dieta de baixa gordura, pode ajudar a reduzir a quantidade de colesterol no sangue. Aparentemente, as fibras solúveis em água no farelo de aveia formam um gel no intestino delgado que captura colesterol e evita sua reabsorção pela corrente sanguínea. Em vez disso, o colesterol capturado é excretado com outros resíduos corpóreos. O colesterol também é reduzido pelas fibras solúveis em água do arroz (*Oryza sativa*) e cevada (*Hordeum vulgare*).

Alimentos de semente de linho ou linhaça (*Linum usitatissimum*) são considerados

melhores que o farelo como um suplemento na dieta de pessoas preocupadas com o colesterol. Além do seu alto conteúdo de fibra, a linhaça é uma fonte rica em ômega-3 e ômega-6, gorduras que se acredita reduzirem os níveis de colesterol no sangue.

---

cimento subsequente requer um suprimento contínuo de água e de nutrientes. À medida que absorve água, a semente aumenta de tamanho, e uma pressão considerável pode formar-se no seu interior (ver Quadro: Embebição no Capítulo 4).

Durante os primeiros estágios da germinação, a quebra da glicose pode ser inteiramente anaeróbica, porém, assim que o envoltório da semente se rompe, altera-se para uma rota aeróbica que requer oxigênio (ver Capítulo 6). Se o solo é pantanoso, a quantidade de oxigênio disponível para a semente pode ser inadequada para a respiração (a completa oxidação da glicose), e a semente falhará em se diferenciar em plântula.

Muitas sementes germinam em uma faixa razoavelmente ampla de temperatura, porém, em geral, não germinam abaixo ou acima de uma faixa de temperatura específica para a espécie. A temperatura mínima para muitas espécies é de 0° a 5°C, a máxima é de 45° a 48°C, e a faixa ótima é de 25° a 30°C.

Sementes dormentes não germinam, mesmo sob condições externas favoráveis

Diferentemente das sementes quiescentes que, na presença de condições externas adequadas, germinam com a sua reidratação, as sementes dormentes falham em germinar mesmo quando as condições externas são favoráveis (ver Capítulo 28). Tanto o envoltório da semente quanto o embrião podem causar dormência. Foram identificados vários fatores ou mecanismos como causa de *dormência imposta pelo envoltório da semente*: a impermeabilidade do envoltório da semente à água ou ao oxigênio; a rigidez do envoltório da semente (restrição mecânica), que impede a penetração da raiz do embrião através do envoltório; o impe-

dimento da liberação de inibidores do crescimento da semente pelo envoltório seminal; e a presença, no envoltório da semente, de inibidores capazes de suprimir o crescimento do embrião. A dormência imposta pelo envoltório da semente é encontrada em coníferas, na maioria dos cereais e em várias eudicotiledôneas.

Foi constatado que a razão entre os hormônios vegetais, ácido abscísico e ácido giberélico, desempenha um importante papel na *dormência do embrião*. Enquanto o ácido abscísico promove a dormência, o ácido giberélico promove a germinação (ver Capítulo 27). A dormência do embrião também foi atribuída à imaturidade fisiológica do embrião. Algumas sementes fisiologicamente imaturas devem submeter-se a uma série complexa de mudanças enzimáticas e bioquímicas, coletivamente denominada *pós-maturação*, antes de germinarem. Em regiões temperadas, a pós-maturação é desencadeada pelas baixas temperaturas do inverno. Assim, a germinação da semente é inibida durante a parte mais fria do inverno, período em que uma plântula teria pouca probabilidade de sobreviver. Durante a pós-maturação, a semente mantém um baixo nível de atividade metabólica e, dessa maneira, preserva a sua viabilidade. A dormência do embrião é comum nas Rosaceae (as rosas, as maçãs e as cerejas são alguns exemplos dessa grande família), bem como em outras espécies de plantas lenhosas e em algumas gramíneas. Pode-se observar algum grau de ambos os tipos de dormência simultaneamente ou de modo sucessivo em muitas espécies.

A dormência adquirida durante a maturação da semente é denominada *dormência primária*. A semente liberada da planta pode encontrar-se no estado primário ou não dormente. As sementes que não estão mais dormentes, mas que encontram condições des-

22.8 *Arctostaphylos viscida* ("manzanita"). As sementes de *Arctostaphylos viscida*, da comunidade do chaparral da Califórnia (EUA), são longevas e permanecem viáveis no solo por anos. A escarificação ou a ruptura do envoltório da semente por fogo ou outros métodos é necessária para quebrar a dormência e induzir a germinação.

favoráveis para a sua germinação (p. ex., temperatura ou luz inadequadas), podem ser induzidas a entrar novamente em um estado de dormência, denominado *dormência secundária*.

A dormência é de grande importância para a sobrevivência da planta. Como no exemplo de pós-maturação, é um método de assegurar que as condições sejam favoráveis para o crescimento da plântula, quando ocorrer a germinação. Algumas sementes necessitam passar pelo trato digestivo de pássaros ou mamíferos antes de germinarem, resultando em uma maior dispersão da espécie vegetal. Algumas sementes de espécies do deserto germinam apenas quando inibidores, presentes no envoltório, são removidos pela chuva; essa adaptação garante que a semente germinará apenas durante aquele raro intervalo de tempo em que a chuva no deserto proporciona água suficiente para a plântula se desenvolver. Outras sementes devem ser quebradas mecanicamente, por rolarem sobre o cascalho ao longo do leito de uma corredeira. Ainda outras sementes permanecem dormentes em cones ou frutos até que o calor do fogo as libere.

A vegetação do clima tipo Mediterrâneo da comunidade chaparral da Califórnia é dominada por arbustos e pequenas árvores que produzem saliências lenhosas, denominadas *lignotúbero*, na base de seus caules. Os lignotúberos contêm gemas dormentes que se desenvolvem após elas terem sido mecanicamente da-

nificadas ou consumidas pelo fogo. Entre as ericáceas do gênero *Arctostaphylos* ("*manzanita*"), entretanto, há um número de espécies que não regeneram dessa maneira, mas dependem de sementes que quebram sua dormência e só germinam após o fogo (Figura 22.8), como o fazem muitas plantas herbáceas. Finalmente, as sementes de espécies que vivem em clareiras na floresta requerem ou a morte de uma árvore, ou algum outro distúrbio que forme uma abertura no dossel da mata, antes que possam germinar. Nesse tipo estão incluídas as sementes de espécies não tolerantes à sombra – por exemplo, os membros da família das Phytolaccaceae.* Em resumo, as estratégias de germinação das plantas são intimamente relacionadas com as condições ecológicas existentes em seus *habitats* particulares. (Ver Capítulos 27 e 28, para discussões posteriores sobre a dormência nas sementes.)

Do embrião à planta adulta

Quando a germinação ocorre, a primeira estrutura a emergir da maioria das sementes é a raiz, que possibilita o desenvolvimento da plântula, servindo para ancorá-la no solo e absorver água (Figura 22.9). À medida que essa primeira raiz, chamada de *raiz primária* ou *pivotante*, continua a crescer, ela desenvolve ramificações ou *raízes laterais*. Essas raízes, por sua vez, dão origem a raízes laterais adicionais. Deste modo, desenvolve-se um sistema de raízes muito ramificado. Comumente, a raiz principal em monocotiledôneas é de vida curta, e o sistema de raízes da planta adulta é formado por *raízes adventícias*, as quais se originam dos nós (as partes do caule onde as folhas estão inseridas) e, em seguida, produzem raízes laterais.

---

*N.R.T.: Família não muito bem representada em nossa flora. As plantas mais conhecidas são a guiné (*Petiveriaalliaceae*) e os paus-d'alho (*Gallesia integrifolia, Seguieria langsdorfii*), árvores de grande porte e de odor característico.

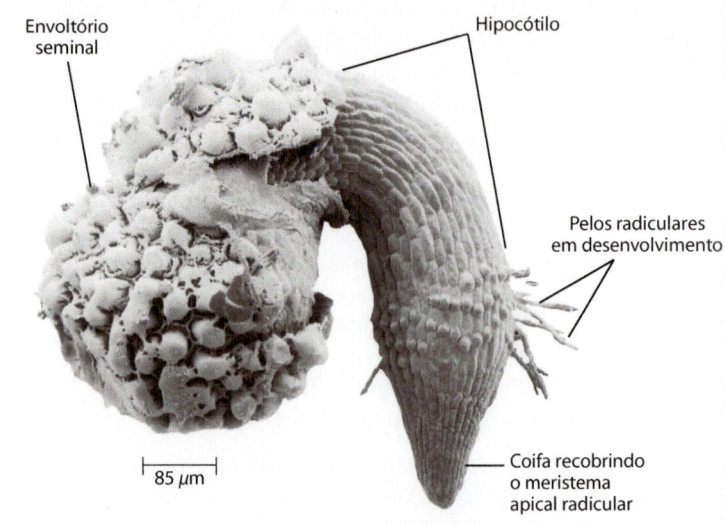

22.9 Uma semente de *Arabidopsis* germinando. São mostrados aqui o hipocótilo e a raiz embrionária (radícula) saindo do envoltório seminal. O resto do embrião, incluindo os cotilédones e o meristema apical caulinar, está no interior da testa da semente. A coifa recobre o meristema apical radicular. Pelos radiculares, em vários estágios de desenvolvimento, podem ser vistos logo acima da coifa. Observe que o hipocótilo começou a se curvar para formar um gancho.

A germinação da semente pode ser epígea ou hipógea

A maneira pela qual o sistema caulinar emerge da semente durante a germinação varia entre diferentes grupos de plantas. Por exemplo, após a raiz emergir de uma semente de feijão (*Phaseolus vulgaris*), o hipocótilo se alonga e se torna encurvado no processo (Figura 22.10A). Assim, a delicada extremidade caulinar está protegida de dano ao ser puxada, em vez de ser empurrada através do solo. Quando a curvatura ou *gancho*, como é chamado, alcança a superfície do solo, estica-se e projeta os cotilédones e a plúmula para o ar. Esse tipo de germinação de semente, na qual os cotilédones são elevados acima do nível do solo, é chamada *epígea*. Durante a germinação e o subsequente desenvolvimento da plântula, os nutrientes armazenados nos cotilédones são digeridos e os produtos, transportados às zonas de crescimento da jovem planta. Os cotilédones gradativamente diminuem de tamanho, murcham e, finalmente, caem. Neste momento, a plântula se torna *estabelecida*, isto é, não depende mais do material armazenado na semente para sua nutrição. A planta agora é um organismo autotrófico, fotossintetizante; a fase de plântula chegou ao fim.

A germinação da semente de mamona (*Ricinus communis*) é similar àquela do feijão, exceto que na mamona os nutrientes armazenados se encontram no endosperma. Quando o hipocótilo curvado se desdobra, os cotilédones e a plúmula são elevados, acompanhados pelo endosperma e, muitas vezes, pela testa da semente (Figura 22.10B). Durante esse período, os nutrientes digeridos do endosperma são absorvidos pelos cotilédones e transportados para as zonas de crescimento da plântula. Tanto no feijão quanto na mamona, os cotilédones se tornam verdes quando expostos à luz e fotossintetizam, porém têm um tempo de vida limitado. Em algumas plantas, como a abóbora (*Cucurbita maxima*), os cotilédones se tornam importantes órgãos fotossintetizantes.

Na ervilha (*Pisum sativum*), o epicótilo é a estrutura que se alonga e forma o gancho. Este protege a extremidade caulinar e as folhas jovens, assim como o faz o gancho do hipocótilo do feijão. Assim que o epicótilo se desdobra, a plúmula se projeta acima da superfície do solo. Como o alongamento ocorreu acima dos cotilédones, estes permanecem no solo (Figura 22.10C), onde ao final se decompõem após os nutrientes armazenados serem mobilizados para o crescimento da plântula. Esse tipo de germinação, na qual os cotilédones permanecem abaixo do nível do solo, é denominado *hipógea*.

Na maioria das sementes de monocotiledôneas, os nutrientes armazenados são encontrados no endosperma (Figura 22.6C, D). Em sementes relativamente simples de monocotiledôneas, como aquelas de cebola (*Allium cepa*), o gancho é formado pelo alongamento de um único cotilédone tubular (Figura 22.11A).

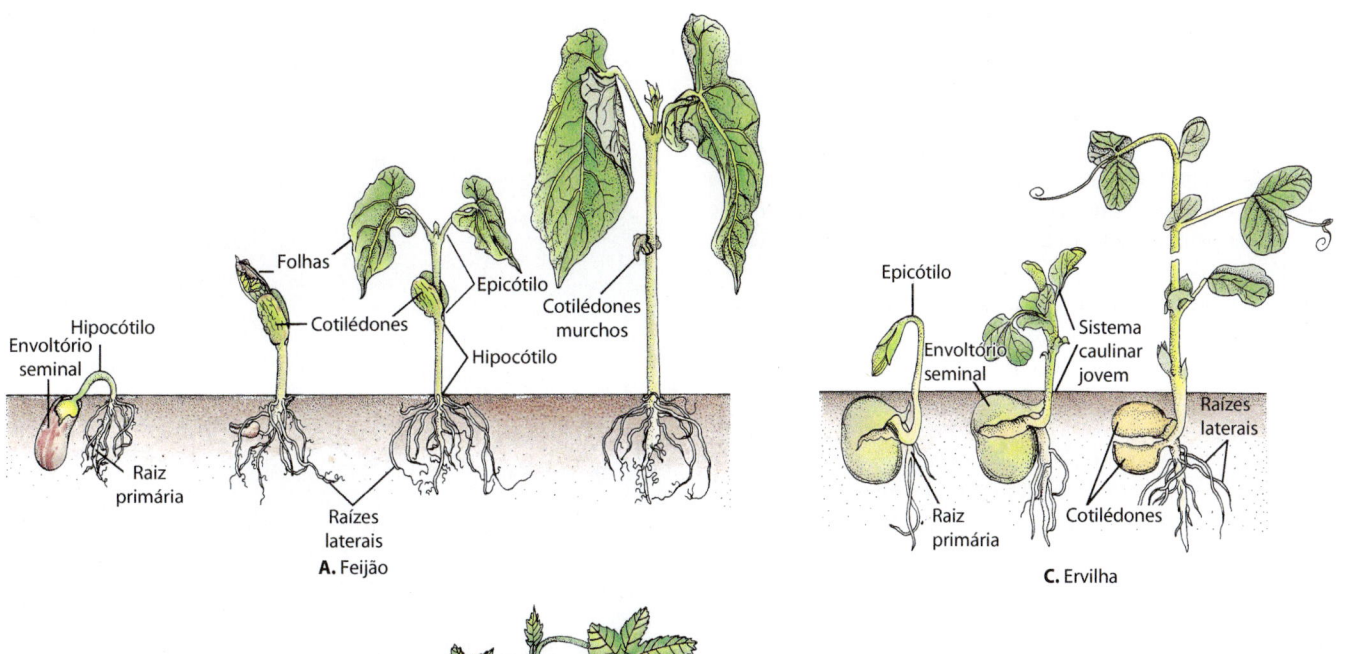

A. Feijão

C. Ervilha

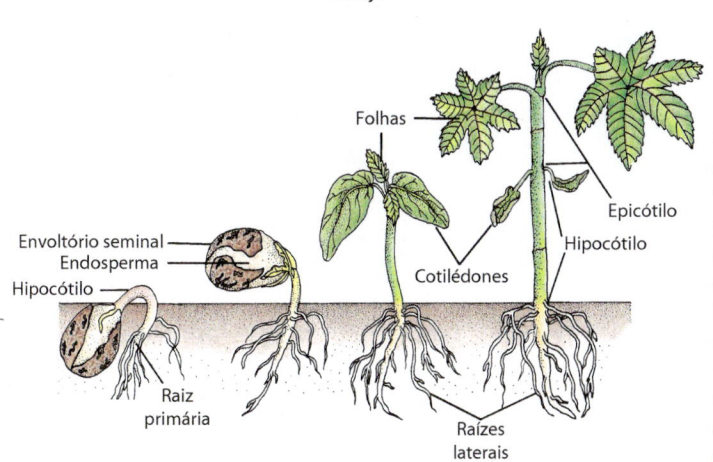

B. Mamona

22.10 Estágios na germinação de algumas eudicotiledôneas comuns. A germinação da semente tanto do (**A**) feijão (*Phaseolus vulgaris*) quanto da (**B**) mamona (*Ricinus communis*) é epígea. Durante a germinação, os cotilédones são levados para acima do solo pelo alongamento do hipocótilo. Em ambas as plântulas, o alongamento do hipocótilo forma um gancho, o qual ao se desdobrar leva consigo os cotilédones e a plúmula ou o ápice caulinar acima do solo. **C.** Diferentemente, a germinação da semente da ervilha (*Pisum sativum*) é hipógea. Os cotilédones permanecem abaixo do nível do solo, e o hipocótilo não se alonga. Na germinação hipógea, exemplificada pela plântula de ervilha, é o epicótilo que se alonga e forma o gancho, o qual, ao se desdobrar, eleva a plúmula acima do nível do solo.

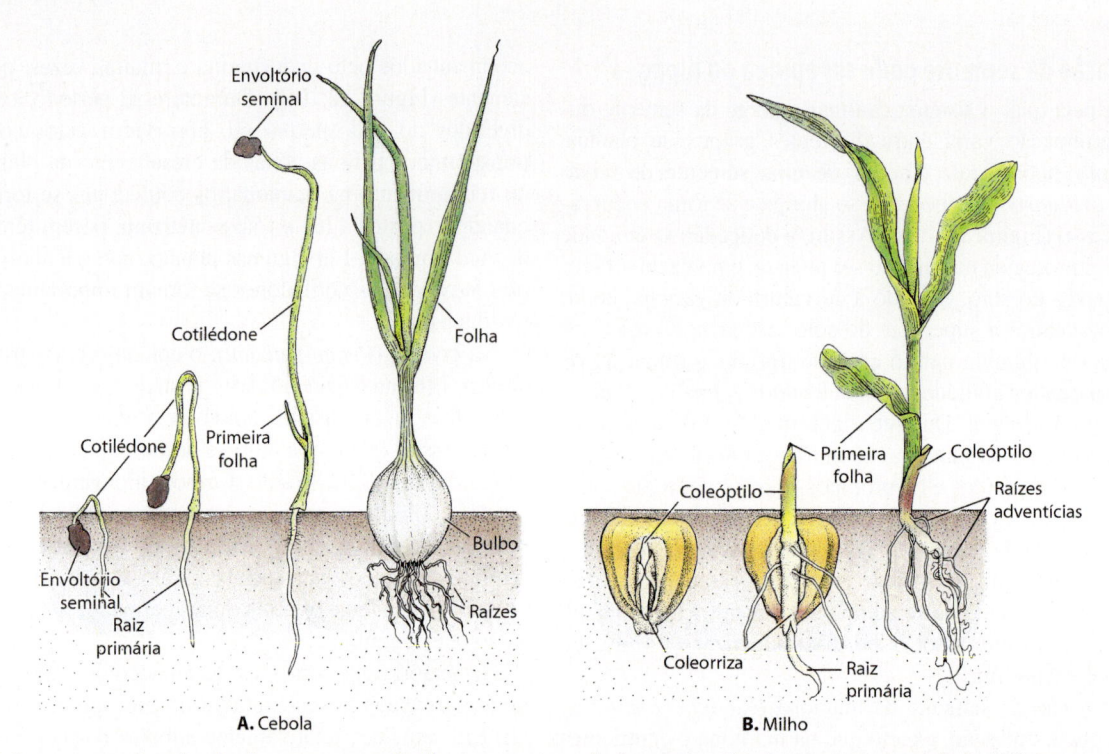

Envoltório seminal

Cotilédone   Folha

Cotilédone   Primeira folha

Bulbo

Envoltório seminal

Raiz primária   Raízes

A. Cebola

Primeira folha   Coleóptilo

Coleóptilo   Raízes adventícias

Coleorriza   Raiz primária

B. Milho

22.11 Estágios na germinação de duas monocotiledôneas comuns. A. A germinação da semente em cebola (*Allium* cepa) é epígea; (**B**) em milho (*Zea mays*), a germinação é hipógea. As três raízes seminais mostradas na imagem do meio são de vida curta, enquanto as raízes adventícias mostradas à direita contribuem para o sistema radicular maduro.

Quando o cotilédone se desdobra, ele eleva consigo a testa da semente com o endosperma em seu interior. Durante esse período e por algum tempo ainda, a plântula em desenvolvimento recebe nutrientes do endosperma via cotilédone. Além disso, o cotilédone verde da cebola atua como uma folha fotossintetizante, contribuindo significativamente para o suprimento alimentar da plântula em desenvolvimento. Logo a plúmula emerge da base protetora da bainha cotiledonar, alonga-se e forma as folhas da plântula.

Nosso último exemplo de desenvolvimento de plântula é mostrado no milho* (*Zea mays*), uma monocotiledônea, que tem um embrião muito diferenciado (Figura 22.12). A coleorriza que envolve a radícula é a primeira estrutura a crescer através do pericarpo (a parede do ovário maduro do grão). No milho, a semente e a parede do fruto estão fusionadas e, por essa razão, o pericarpo atua como um "envoltório da semente". A coleorriza é seguida pela radícula, a qual se alonga muito rapidamente e a atravessa (Figura 22.11B). Após a emergência da raiz primária, o coleóptilo, que circunda a plúmula, é empurrado para cima pelo alongamento do primeiro entrenó caulinar, chamado *mesocótilo* (como visto no grão de trigo na Figura 22.7B). (Um entrenó é a parte do caule entre dois nós sucessivos; ver Figura 1.9.) Logo após o coleóptilo alcançar a superfície do solo, cessa o alongamento, e as primeiras folhas da plúmula emergem através de uma abertura na sua extremidade. Além da raiz primária, duas ou mais raízes seminais, as quais se originam do nó cotiledonar (parte do eixo no qual os cotilédones estão inseridos), crescem através do pericarpo e se curvam para baixo (Figura 22.12).

Independente como o ápice caulinar emerge da semente, a atividade do meristema apical caulinar resulta na formação de uma sequência ordenada de folhas, nós e entrenós. Os meristemas apicais adicionais (gemas) desenvolvem-se na axila de folhas (no ângulo superior entre a folha e o caule) e produzem ramos axilares. Estes, por sua vez, podem formar ramos axilares adicionais.

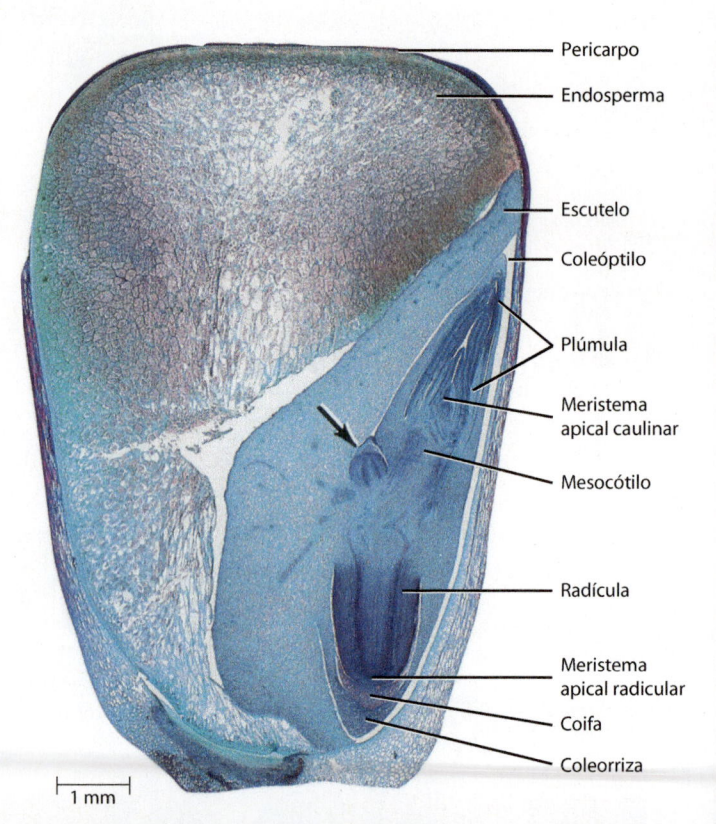

Pericarpo

Endosperma

Escutelo

Coleóptilo

Plúmula

Meristema apical caulinar

Mesocótilo

Radícula

Meristema apical radicular

Coifa

Coleorriza

1 mm

22.12 Grão maduro de milho (*Zea mays*). Os embriões de cereais geralmente contêm duas ou mais raízes seminais (da semente). Uma raiz seminal pode ser vista nesse corte longitudinal (seta). Embora inicialmente orientadas para cima, essas raízes se inclinam para baixo durante o crescimento posterior.

---

*N.T.: O grão de milho corresponde ao fruto.

O período compreendido entre a germinação e o estabelecimento da plântula como um organismo independente constitui a fase mais crucial na história de vida da planta. Durante esse período, a planta é mais vulnerável a danos por um amplo grupo de pragas de insetos e fungos parasíticos, e o estresse hídrico pode, muito rapidamente, mostrar-se fatal.

RESUMO

Durante a embriogênese se estabelece o plano do corpo da planta, consistindo em um padrão apical-basal e um padrão radial

Iniciando-se com o zigoto, o caule e a raiz da planta jovem são formados como uma estrutura contínua. Com a divisão assimétrica do zigoto, a polaridade apical-basal do embrião é estabelecida. Por meio de divisões ordenadas sucessivas, o embrião se diferencia em suspensor e embrião propriamente dito. Com o surgimento dos meristemas primários – a protoderme, o meristema fundamental e o procâmbio – no embrião propriamente dito, o padrão radial se organiza. A camada externa, a protoderme, é a precursora da epiderme; o meristema fundamental, o precursor do tecido fundamental, circunda o procâmbio, que é o precursor do tecido vascular (xilema e floema). Em eudicotiledôneas, durante a transição entre o estágio globular e o estágio cordiforme, torna-se evidente o padrão apical-basal do embrião. O desenvolvimento dos cotilédones pode iniciar-se durante ou após o procâmbio se tornar discernível. Em monocotiledôneas, o embrião globular forma apenas um cotilédone e toma a forma cilíndrica. À medida que o embrião se desenvolve, os meristemas apicais se estabelecem no ápice caulinar e no radicular.

As mutações interrompem o desenvolvimento normal do embrião

O suspensor dos embriões das angiospermas é metabolicamente ativo e desempenha o papel de manter o desenvolvimento inicial do embrião propriamente dito. Em alguns mutantes embrião-defectivos de *Arabidopsis*, as células do suspensor podem formar embriões secundários. Outras mutações afetam o padrão apical-basal do embrião e da plântula, resultando na supressão das principais porções da planta.

No final da embriogênese, a semente entra na fase de maturação

Durante a fase de maturação, as reservas de alimento acumulam-se, a semente sofre dessecação, e o envoltório seminal endurece. A dessecação permite que a semente dormente permaneça viável por longos períodos de tempo.

O embrião maduro consiste em um eixo hipocótilo-radicular e um ou dois cotilédones

As sementes das plantas com flor consistem em um embrião, nutrientes armazenados e o envoltório ou testa. Quando totalmente formado, o embrião consiste, basicamente, em um eixo hipocótilo-radicular, portando um ou dois cotilédones e um meristema no ápice do caule e outro no ápice da raiz. Os cotilédones da maioria das eudicotiledôneas são carnosos e armazenam os nutrientes da semente. Em outras eudicotiledôneas e na maioria das monocotiledôneas, os nutrientes são armazenados no endosperma, e os cotilédones atuam na absorção de compostos simples resultantes da digestão daquela reserva. Esses compostos são, então, transportados para as zonas de crescimento do embrião.

Uma semente dormente não germinará, mesmo quando as condições externas forem favoráveis

A germinação da semente – a retomada no crescimento do embrião – depende de fatores ambientais, incluindo água, oxigênio e temperatura. Muitas sementes necessitam passar por um período de dormência antes de estarem em condições de germinar. Tanto o envoltório seminal quanto o embrião podem causar dormência. A dormência é de grande valor adaptativo para a planta, porque é um método que assegura condições favoráveis para o crescimento da plântula quando ocorrer a germinação da semente.

Após a emergência da raiz e do caule, a plântula se estabelece

A raiz é a primeira estrutura a emergir da maioria das sementes em germinação, permitindo à plântula se ancorar no solo e absorver água. A maneira pela qual o caule emerge das sementes varia de espécie para espécie. Os embriões de muitas angiospermas, exceto as monocotiledôneas, formam um gancho em seu hipocótilo ou epicótilo. À medida que o gancho se desdobra, o delicado ápice caulinar é puxado acima do solo, prevenindo assim o dano que poderia ocorrer se o ápice caulinar fosse empurrado através dele.

Autoavaliação

1. Faça a distinção entre os termos a seguir: proembrião, embrião propriamente dito e suspensor; estágio globular, estágio cordiforme e estágio de torpedo; epicótilo e plúmula; eixo hipocótilo-radicular e radícula; coleorriza e coleóptilo.

2. Explique o que se entende por padrão apical-basal e padrão radial da planta.

3. Que papel é desempenhado pelo suspensor nas angiospermas e qual evidência indica que o embrião propriamente dito reprime a rota para a formação de embrião no suspensor?

4. Como as mutações nos ajudaram a compreender o desenvolvimento do embrião?

5. Que fatores ou mecanismos foram identificados como causa da dormência das sementes imposta pelo envoltório seminal?

6. Sugira por que a raiz é a primeira estrutura a emergir da semente em germinação.

7. Quais os fatores ambientais particularmente importantes para a germinação da semente?

8. Cite alguns dos modos pelos quais o ápice caulinar emerge da semente durante a germinação. O que significa germinação epígea e germinação hipógea?

CAPÍTULO 23

Células e Tecidos do Corpo da Planta

◄ **Tecido de linho fabricado a partir das fibras do linho.** Após a sua colheita e secagem, o linho (*Linum usitatissimum*) é tratado para remover os materiais não aproveitáveis da planta, e as fibras dos caules são ripadas e separadas em fios de linho para a tecelagem em tecido. Amplamente cultivado no Antigo Egito, o linho era usado para envolver as múmias. Em uma caverna pré-histórica da República de Geórgia (Cáucaso), foram encontradas fibras secas de linho que datam de 30.000 a.C.

SUMÁRIO

Meristemas apicais e suas derivadas

Crescimento, morfogênese e diferenciação

Organização interna do corpo da planta

Tecidos fundamentais

Tecidos vasculares

Tecidos dérmicos

Como foi abordado no capítulo anterior, o processo de embriogênese estabelece o eixo apical-basal da planta, com o meristema apical do caule em uma extremidade e o meristema apical da raiz em outra. Durante a embriogênese, o padrão radial dos sistemas de tecidos dentro do eixo também é determinado. A embriogênese, entretanto, é somente o início do desenvolvimento do corpo da planta. A maior parte do desenvolvimento da planta ocorre após a embriogênese por meio da atividade dos *meristemas*. Essas regiões com tecidos ou populações de células embrionárias retêm o potencial para se dividir após a embriogênese ter terminado. Durante a germinação da semente, o *meristema apical da raiz* e o *meristema apical do caule* do embrião produzem células que dão origem a raiz, caule, folha e flor da planta adulta.

Meristemas apicais e suas derivadas

Os *meristemas apicais* são encontrados no ápice de todas as raízes e caules e estão envolvidos, principalmente, com o crescimento em comprimento do corpo da planta (Figura 23.1). O termo "meristema" (do grego: *merismos*, divisão) enfatiza a atividade de divisão da célula como uma característica do tecido meristemático. As células que mantêm o meristema como

uma fonte contínua de novas células são chamadas *iniciais*. As iniciais são células que se dividem de modo que uma das células-irmãs permanece no meristema como uma inicial, enquanto a outra se torna uma nova célula do corpo, ou *derivada*. As células derivadas, por sua vez, podem dividir-se várias vezes próximo do meristema apical da raiz ou do caule, antes de se diferenciarem. No entanto, as divisões celulares não estão limitadas às iniciais e suas derivadas imediatas. Os meristemas primários – protoderme, procâmbio e meristema fundamental – que são formados durante a embriogênese, propagam-se no corpo da planta pela atividade dos meristemas apicais. Esses meristemas

PONTOS PARA REVISÃO

Após a leitura deste capítulo, você deverá ser capaz de responder às seguintes questões:

1. O que é um meristema apical e qual é a sua composição?

2. Descreva os três processos de sobreposição de desenvolvimento da planta e a maneira como eles se sobrepõem.

3. Quais são os três sistemas de tecidos do corpo do vegetal? De que tecidos são eles formados?

4. De que modo as células do parênquima, do colênquima e do esclerênquima diferem umas das outras? Quais são as suas respectivas funções?

5. Quais são as principais células de condução do xilema? E do floema? Descreva as características de cada um desses tipos celulares.

6. Descreva os tipos de células que ocorrem na epiderme e as funções que desempenham.

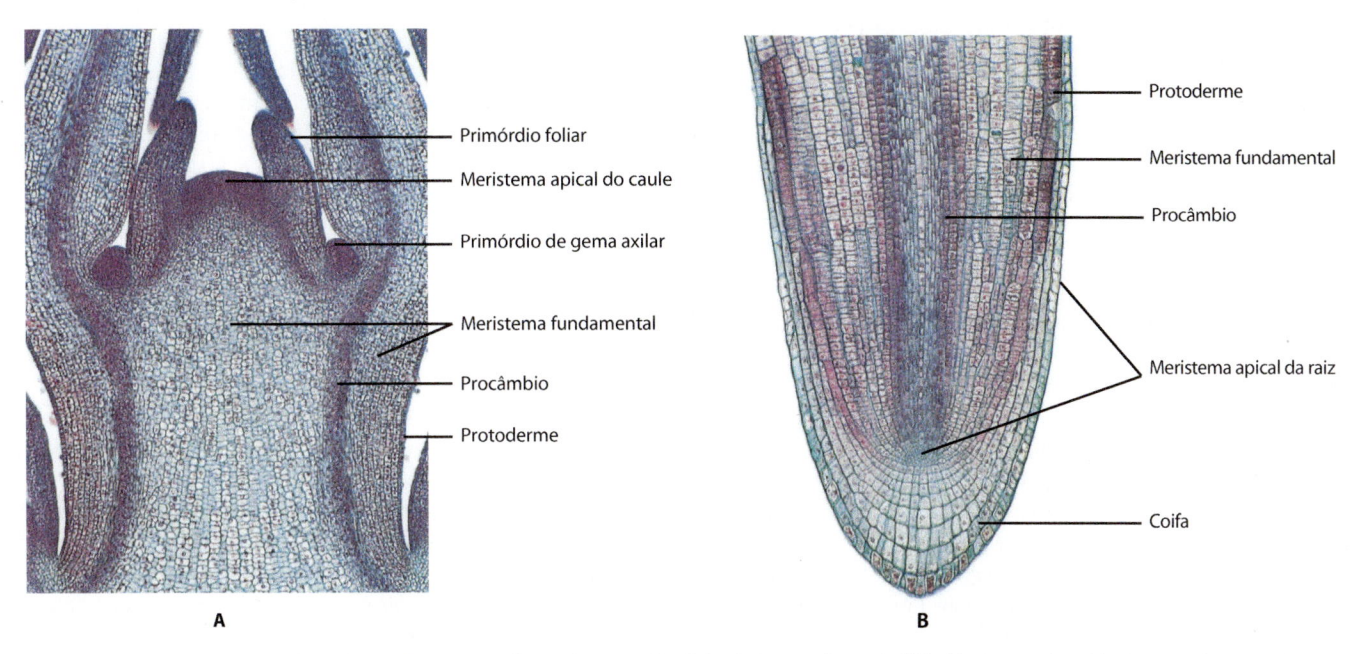

A

B

23.1 Meristemas apicais do caule e da raiz. A. Seção longitudinal do ápice caulinar de lilás (*Syringa vulgaris*), mostrando o meristema apical, primórdios foliares e gemas axilares. **B.** Seção longitudinal do ápice radicular de rabanete (*Raphanus sativus*), mostrando o meristema apical revestido pela coifa. Observe as fileiras ou linhagens de células situadas atrás do meristema apical da raiz. A protoderme, o meristema fundamental e o procâmbio são tecidos parcialmente diferenciados conhecidos como meristemas primários.

primários são tecidos parcialmente diferenciados que permanecem meristemáticos por algum tempo, antes de começarem a sua diferenciação em tipos celulares específicos nos tecidos primários (Figura 23.2). Esse tipo de crescimento que envolve a extensão do corpo do vegetal e a formação dos tecidos primários é denominado *crescimento primário*, e o corpo da planta composto por estes tecidos é chamado *corpo primário* (Capítulo 17). Discutiremos o crescimento primário da raiz e do caule mais detalhadamente nos Capítulos 24 e 25, respectivamente, e o crescimento secundário, que envolve o espessamento do caule e da raiz, no Capítulo 26.

A presença dos meristemas, que adicionam células ao corpo da planta por toda a sua vida, é responsável por uma das principais diferenças entre as plantas e os animais. As aves e os mamíferos, por exemplo, formam muito cedo todos os seus órgãos e cessam o seu crescimento quando atingem a maturidade, embora as células de certos tecidos "se renovem", tais como a pele e o revestimento do intestino, que continuam a se dividir. As plantas, entretanto, continuam a crescer durante toda a sua vida. Este crescimento prolongado ou ilimitado dos meristemas apicais é descrito como *indeterminado*.

O crescimento nas plantas é, de certo modo, uma compensação à mobilidade dos animais. Como resultado dessas mudanças, a planta é capaz de modificar a sua relação com o ambiente, como, por exemplo, curvando-se em direção à luz ou estendendo suas raízes em direção à água. Essa *plasticidade de desenvolvimento* das plantas corresponde, aproximadamente, a toda uma série de ações motoras nos animais, particularmente aquelas associadas à obtenção de alimento e de água. De fato, o crescimento observado nas plantas compensa muitas das funções que são agrupadas sob o termo "comportamento" nos animais.

Crescimento, morfogênese e diferenciação

O *desenvolvimento* – a soma total dos eventos que progressivamente formam o corpo de um organismo – envolve três processos que se sobrepõem: crescimento, morfogênese e diferenciação. O desenvolvimento ocorre em resposta às instruções contidas nas informações genéticas que um organismo herda de seus pais. Nas plantas, a via específica de desenvolvimento seguida é determinada, em grande parte, pela posição (localização) das células e dos tecidos dentro dos padrões apical-basal e radial. Além disso, o desenvolvimento é determinado por fatores ambientais, como, no caso das plantas, comprimento do dia, qualidade e quantidade de luz, temperatura e gravidade (ver Capítulo 28).

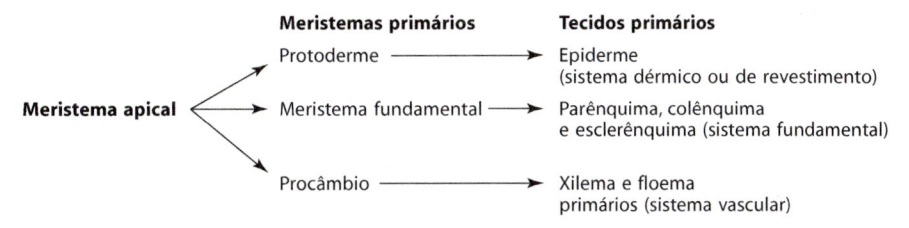

23.2 Do meristema apical aos tecidos primários. O meristema apical dá origem aos meristemas primários, que originam os tecidos e os sistemas de tecidos do corpo primário da planta.

O *crescimento* – um aumento irreversível de tamanho – é efetivado pela combinação de divisão e expansão celular (ver Capítulo 3). A divisão celular por si só não constitui crescimento. Esta pode simplesmente aumentar o número de células, sem aumentar o volume total de uma estrutura. A adição de células ao corpo da planta, por meio de divisões celulares, aumenta o potencial para o crescimento, pois aumenta o número de células que podem crescer; no entanto, a maior parte do crescimento da planta é obtido pela expansão celular.

Durante o seu desenvolvimento, a planta adquire um formato ou forma específica – isto é, sofre *morfogênese* (dos termos gregos para "forma" e "origem"). Os planos nos quais as células se dividem e a subsequente expansão destas são há muito tempo considerados os fatores primários que determinam a morfologia de uma planta ou de uma parte dela. Entretanto, um número cada vez maior de evidências indica que o primeiro evento na morfogênese é a expansão do tecido, o qual então é subdividido em unidades menores por divisões celulares: esta diferenciação tissular e celular tem como consequência a morfogênese.

A *diferenciação* é o processo pelo qual as células com constituição genética idêntica tornam-se diferentes umas das outras e também das células meristemáticas que lhes deram origem (Figura 23.3); este processo inicia-se, frequentemente, enquanto as células ainda estão em crescimento. A diferenciação celular depende do controle da expressão gênica. Os diferentes tipos de células e tecidos sintetizam distintas proteínas, porque expressam certos conjuntos de genes que não são expressos por outros tipos de células e tecidos. Por exemplo, as fibras e as células do colênquima são células de sustentação, mas as paredes celulares das fibras são tipicamente rígidas enquanto as das células do colênquima são flexíveis. Durante o seu desenvolvimento, as fibras sintetizam enzimas produtoras de lignina, que confere rigidez às suas paredes, e as células do colênquima, diferentemente, sintetizam enzimas produtoras de pectinas, que conferem propriedades plásticas às suas paredes.

Embora a diferenciação celular dependa do controle da expressão gênica, o destino de uma célula vegetal – isto é, em que tipo de célula deverá se tornar – é determinado pela sua *posição final* no órgão em desenvolvimento. As linhagens de células, tais como aquelas da raiz (Figura 23.1B), podem estar estabelecidas, mas a diferenciação celular não é dependente da linhagem. Se uma célula indiferenciada for deslocada de sua posição original para outra posição, ela se diferenciará em tipo celular apropriado para a sua nova posição. Um aspecto da interação da célula vegetal é a comunicação da *informação posicional* de uma célula para outra.

As discussões sobre diferenciação frequentemente fazem referência à determinação e à competência. *Determinação* significa o comprometimento progressivo para um curso específico de desenvolvimento, levando à diminuição ou à perda da capacidade de reassumir o crescimento. Algumas células tornam-se determinadas mais cedo e de forma mais completa do que outras,

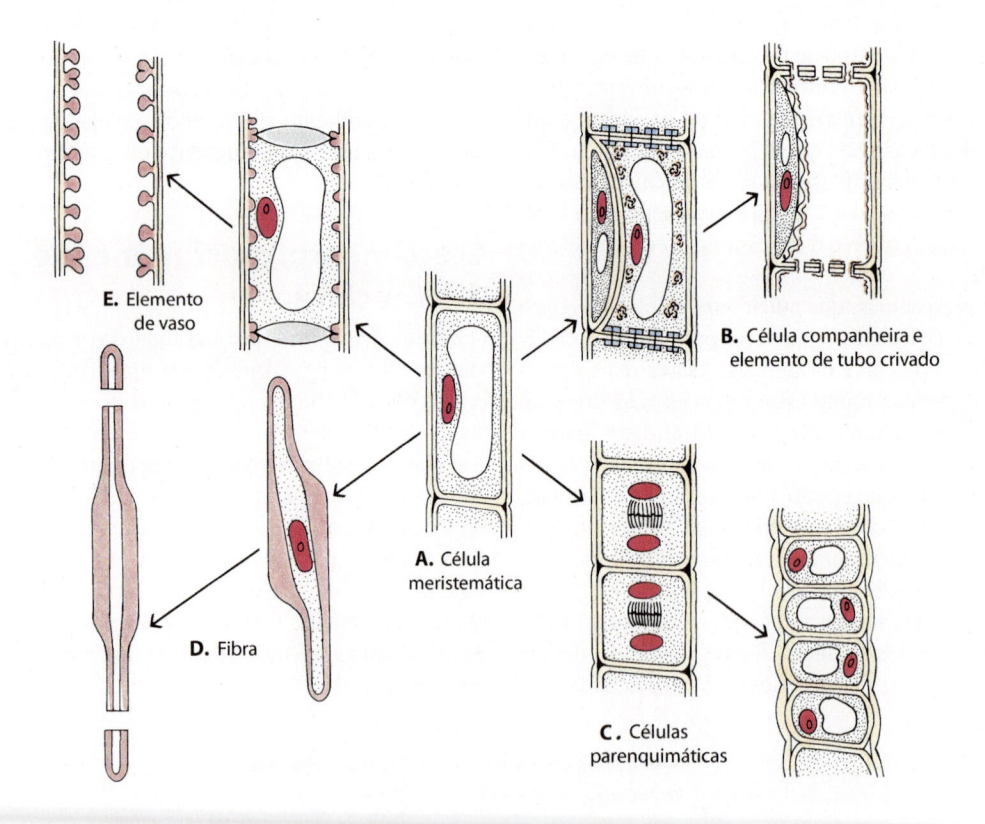

23.3 Diferenciação de células. Vários tipos de células podem originar-se a partir de uma célula meristemática do procâmbio ou do câmbio vascular. **A.** A célula meristemática, aqui mostrada (no centro), contendo um vacúolo único e grande, é característica do câmbio vascular. As células procambiais tipicamente apresentam vários vacúolos pequenos. Cinco tipos diferentes de células estão também representados: (**B**) elemento de tubo crivado e sua célula companheira, (**C**) células parenquimáticas, (**D**) fibra e (**E**) elemento de vaso. As células meristemáticas ou precursoras dessas células tinham uma constituição genética idêntica. A diferenciação celular depende do controle da expressão gênica, porém o destino de uma célula vegetal – isto é, o tipo de célula na qual irá se tornar – é determinado pela sua posição final no órgão em desenvolvimento.

enquanto algumas mantêm a capacidade de desdiferenciar-se e dividir-se, produzindo a progênie capaz de se diferenciar em praticamente qualquer tipo celular. *Competência* refere-se à capacidade de uma célula desenvolver-se em resposta a um sinal específico, como, por exemplo, a luz.

Organização interna do corpo da planta

As células estão associadas umas às outras de diferentes maneiras, formando unidades estruturais e funcionais chamadas *tecidos*. Além disso, os principais tecidos das plantas vasculares estão agrupados em unidades maiores, fundamentados em sua continuidade pelo corpo da planta. Essas unidades maiores, conhecidas como *sistemas de tecidos*, são facilmente reconhecíveis, muitas vezes a olho nu. Existem três sistemas de tecidos, e a sua presença na raiz, no caule e na folha revela a similaridade básica entre esses órgãos da planta, bem como a continuidade do corpo da planta. Os três sistemas de tecidos são: (1) o *sistema dérmico* (ou *de revestimento*), (2) o *sistema vascular* e (3) o *sistema fundamental*. Os sistemas de tecidos iniciam-se durante o desenvolvimento do embrião, onde os seus precursores são representados pelos meristemas primários – protoderme, procâmbio e meristema fundamental, respectivamente (Figura 23.2). Cada sistema tecidual consiste em um ou mais tecidos distintos.

O sistema fundamental consiste em três tipos de tecidos fundamentais – o parênquima, o colênquima e o esclerênquima. O parênquima é, sem dúvida, o mais comum dos tecidos fundamentais. O sistema vascular consiste em dois tecidos de condução – xilema e floema. O sistema dérmico é representado pela epiderme, um tecido simples, que é o revestimento externo do corpo primário da planta, e, mais tarde, pela periderme nas partes da planta que têm crescimento secundário em espessura (ver Capítulo 17).

No corpo da planta, os vários tecidos estão distribuídos em um padrão radial, com arranjos específicos, dependendo da parte da planta ou de seu grupo taxonômico ou de ambos. Os padrões são essencialmente semelhantes entre as diferentes partes da planta – os tecidos vasculares estão contidos dentro dos tecidos do sistema fundamental com o tecido dérmico formando o revestimento externo. As principais diferenças entre os padrões dependem, em grande parte, da distribuição relativa dos tecidos vasculares e dos tecidos do sistema fundamental (Figura 23.4). No caule das eudicotiledôneas, por exemplo, o sistema vascular pode formar uma estrutura com feixes interligados, localizados dentro do tecido fundamental. A região interna aos feixes vasculares é chamada de medula, e a região externa a estes é chamada córtex. Na raiz da mesma planta, os tecidos vasculares podem formar um cilindro sólido (cilindro vascular ou estelo) envolvido pelo córtex. Na folha, os tecidos vasculares caracteristicamente formam um sistema de feixes vasculares (nervuras) dentro do tecido fundamental fotossintetizante (mesofilo).

Os tecidos podem ser definidos como grupos de células que são estruturalmente e/ou funcionalmente distintos. Os tecidos formados por apenas um tipo de célula são denominados *tecidos simples*, enquanto aqueles tecidos formados por dois ou mais tipos de células são denominados *tecidos complexos*. Os tecidos do sistema fundamental, como parênquima, colênquima e esclerênquima, são tecidos simples; xilema, floema e epiderme são tecidos complexos.

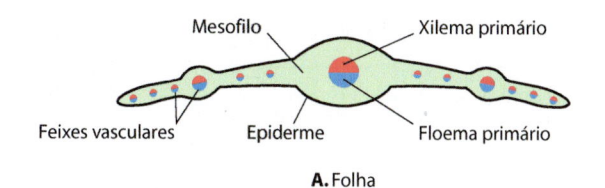

A. Folha

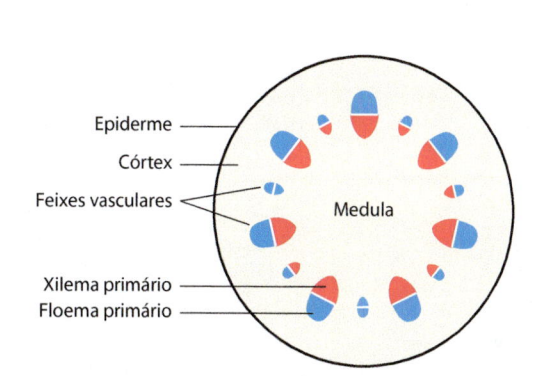

B. Caule

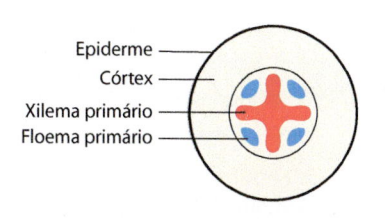

C. Raiz

23.4 Distribuição dos tecidos primários na folha, no caule e na raiz de eudicotiledôneas. A. Na folha, os tecidos do sistema fundamental são especializados para a fotossíntese e representados pelo mesofilo. Os feixes vasculares compostos por xilema primário para o transporte de água e por floema primário para o transporte de açúcar estão envolvidos pelo mesofilo. **B.** No caule, o sistema fundamental é representado pela medula e pelo córtex, com os feixes vasculares dispostos em um padrão circular entre o córtex e a medula. **C.** Na raiz, o sistema fundamental é representado apenas pelo córtex, que circunda o xilema primário e o floema. A epiderme forma o revestimento externo nestes três órgãos da planta.

Tecidos fundamentais

O parênquima está envolvido com a fotossíntese, o armazenamento e a secreção

As *células parenquimáticas*, de formas e tamanhos variáveis, constituem as células mais numerosas no corpo da planta. No corpo primário da planta, as células parenquimáticas comumente dispõem-se como um agregado contínuo – o *tecido parenquimático* – por exemplo, no córtex (Figura 23.5) e na medula dos caules e raízes, no mesofilo (Figura 23.27) e na porção carnosa dos frutos. Além disso, as células parenquimáticas ocorrem como fileiras verticais de células nos tecidos vasculares primários e secundários e como fileiras horizontais, denominadas *raios*, nos tecidos vasculares secundários (ver Capítulo 26).

As células parenquimáticas, geralmente vivas na maturidade, são capazes de divisão, e embora suas paredes sejam comumente primárias, algumas células parenquimáticas apresentam também paredes secundárias. Pelo fato de reterem a sua capacidade me-

Espaços intercelulares

25 µm

23.5 Parênquima e colênquima. As células parenquimáticas (abaixo) e as células colenquimáticas com paredes celulares desigualmente espessadas (acima) são observadas na seção transversal da região cortical do caule de sabugueiro-do-canadá (*Sambucus canadensis*). Em algumas das células parenquimáticas uma malha de linhas pode ser vista nas paredes. As áreas claras dentro da malha são os campos de pontoação (setas), que são áreas mais delgadas nas paredes. Os protoplastos das células colenquimáticas estão plasmolisados e deste modo aparecem retraídos das paredes. As áreas claras entre as células são espaços intercelulares.

ristemática, as células que possuem apenas parede primária desempenham papel importante na regeneração e na cicatrização de lesões. Também são essas células que dão origem às estruturas adventícias, tais como as raízes adventícias que se formam nas estacas caulinares. Além disso, quando expostas a condições adequadas para o seu crescimento e desenvolvimento, essas células têm a capacidade de se transformar em células embrionárias, designadas como *totipotentes*, que dão origem a uma planta inteira (ver Capítulo 10). As células parenquimáticas estão envolvidas em atividades que dependem da presença de protoplastos vivos, tais como fotossíntese, armazenamento e secreção. As células parenquimáticas também podem desempenhar um papel no movimento da água e no transporte de substâncias nutritivas nas plantas. Em muitas plantas suculentas, como as Cactaceae, *Sansevieria* e *Peperomia*, o parênquima está especializado em tecido de armazenamento de água.

As células de transferência são células parenquimáticas com invaginações na parede

As invaginações da parede das *células de transferência* frequentemente ampliam bastante a área da membrana plasmática (Figura 23.6), e admite-se que estas células facilitam o

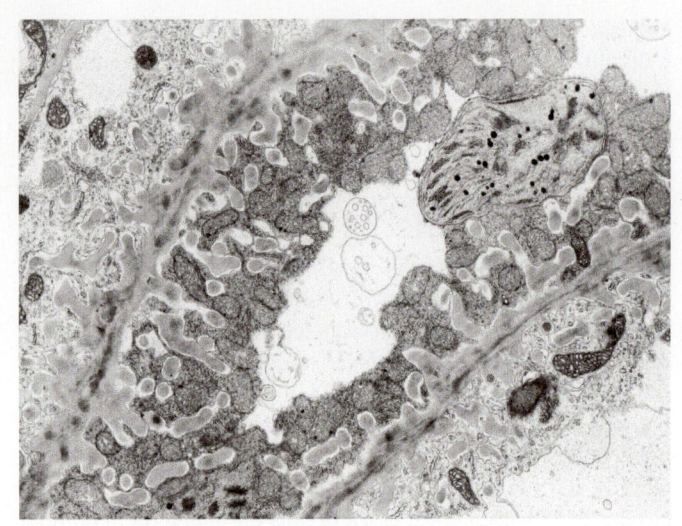

1 µm

23.6 Células de transferência. Seção transversal de uma parte do floema de uma nervura de pequeno calibre da folha de serralha (*Sonchus*), mostrando as células de transferência com suas numerosas invaginações nas paredes. Essas invaginações facilitam o movimento de soluto pelo aumento da superfície da membrana plasmática.

movimento de solutos a curta distância. A presença de células de transferência geralmente está correlacionada com a existência de um movimento intenso de solutos – tanto para dentro (absorção) quanto para fora (secreção) – através da membrana plasmática.

As células de transferência são extremamente comuns e provavelmente desempenham funções semelhantes em todo o corpo da planta. Elas estão presentes em associação ao xilema e floema das nervuras pequenas ou de menor calibre, nos cotilédones e nas folhas de muitas eudicotiledôneas herbáceas. As células de transferência também estão associadas ao xilema e ao floema dos traços foliares dos nós, tanto nas eudicotiledôneas como nas monocotiledôneas. Além disso, são encontradas em vários tecidos de estruturas de reprodução (placenta, saco embrionário e endosperma) e em várias estruturas glandulares (nectários, glândulas de sal e glândulas de plantas carnívoras), onde ocorre um intenso transporte de solutos a curta distância.

O colênquima sustenta os órgãos jovens em crescimento

As *células do colênquima*, como as células do parênquima, são vivas na maturidade (Figuras 23.5 e 23.7). O *tecido colenquimático* comumente ocorre em cordões isolados ou como um cilindro contínuo sob a epiderme, nos caules e nos pecíolos (parte da folha que une o limbo ao caule). Também pode ser encontrado margeando as nervuras das folhas das eudicotiledôneas. (As "saliências" na superfície externa dos pecíolos de aipo são formadas quase inteiramente por colênquima.) As células do colênquima são tipicamente alongadas. Sua característica mais marcante é a presença de paredes primárias, desigualmente espessadas, não lignificadas e que são macias e flexíveis, com uma aparência brilhante no tecido fresco (Figura 23.7). Por serem células vivas na maturidade, podem continuar a desenvolver paredes espessadas e flexíveis enquanto o órgão está se alongando, o que torna essas células especialmente adaptadas para a sustentação de órgãos jovens em crescimento.

O colênquima é o tecido de sustentação típico dos caules, das folhas e das partes florais em crescimento e da maioria dos

23.7 Colênquima, tecido fresco. Seção transversal do tecido colenquimático do pecíolo de ruibarbo (*Rheum rhabarbarum*). Em tecido fresco, como visto aqui, o espessamento desigual das paredes das células do colênquima tem um aspecto brilhante.

órgãos herbáceos (não lenhosos) que sofrem pouco ou nenhum crescimento secundário. As raízes raramente apresentam colênquima. O colênquima está ausente nos caules e nas folhas de muitas monocotiledôneas que produzem esclerênquima precocemente em seu desenvolvimento.

O esclerênquima dá resistência e sustenta as partes da planta que não estão se alongando

As *células do esclerênquima* podem formar um agregado contínuo – o *tecido esclerenquimático* – ou podem ocorrer em pequenos grupos, ou ainda, individualmente, ou entre outras células. As células do esclerênquima podem desenvolver-se em qualquer parte, ou em todas as partes, do corpo primário ou secundário da planta e frequentemente não apresentam protoplasto na maturidade. A principal característica das células do esclerênquima é a presença de parede secundária espessada e comumente lignificada. Devido à presença dessa parede, as células do esclerênquima são elementos importantes na resistência e sustentação nas partes da planta que já cessaram o alongamento (ver a descrição da parede secundária no Capítulo 3).

Dois tipos de células no esclerênquima são reconhecidos: as fibras e as esclereídes. As *fibras* geralmente são células longas, afiladas e comumente ocorrem em cordões ou feixes (Figura 23.8).

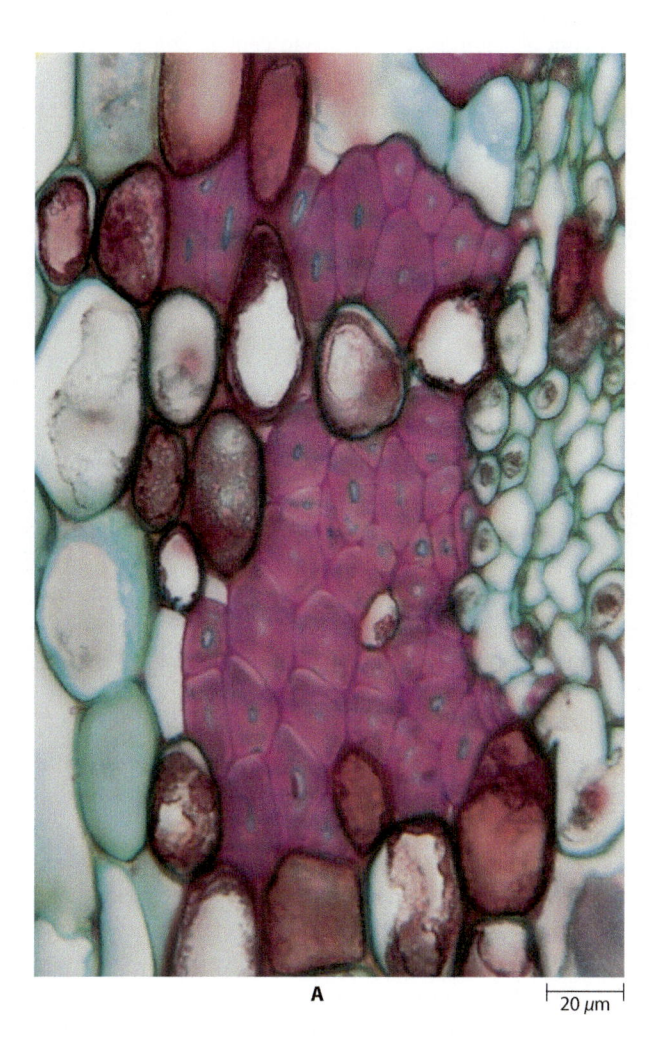

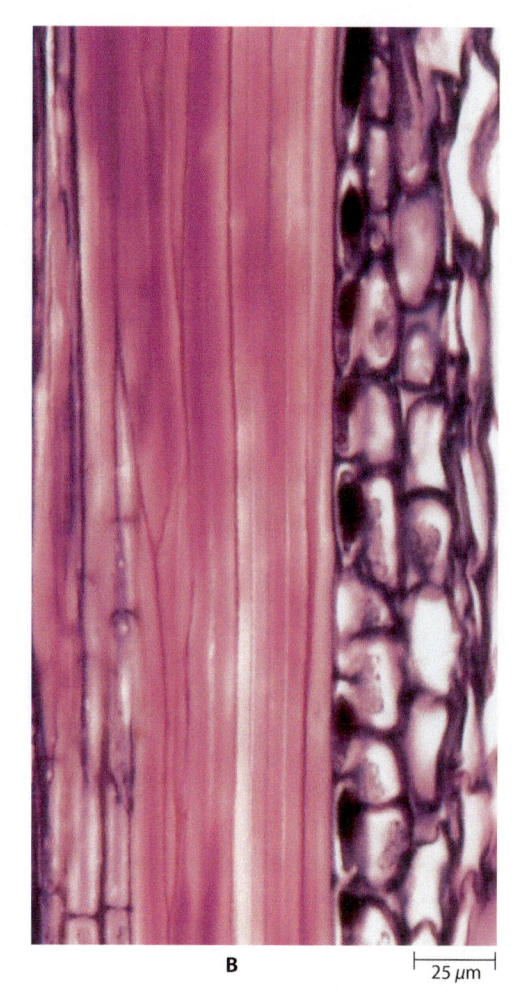

A   **B**

23.8 Fibras do caule de tília (*Tilia americana*). Fibras do floema primário: (**A**) em seção transversal e (**B**) em seção longitudinal. A parede secundária espessada dessas fibras longas apresenta pontoações relativamente inconspícuas. Apenas uma parte do comprimento total dessas fibras pode ser visto em (**B**). As fibras estão ladeadas por células parenquimáticas (à direita).

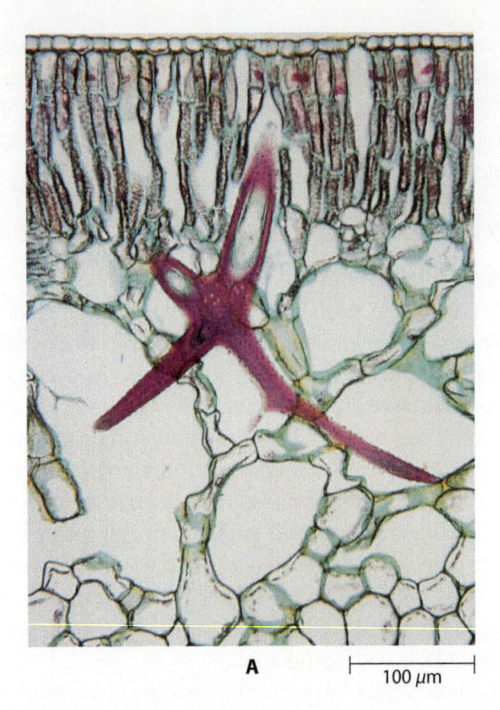

23.9 Esclereídes ramificadas. Esclereíde ramificada da folha de lírio-d'água ou ninfeia (*Nymphaea odorata*), vista sob (**A**) luz comum e (**B**) luz polarizada. Na parede dessa esclereíde estão incluídos numerosos, pequenos e angulosos cristais de oxalato de cálcio.

As denominadas fibras liberianas – tais como as do cânhamo, da juta e do linho – são derivadas do caule de eudicotiledôneas. Outras fibras economicamente importantes, como o cânhamo-de-manilha ou abacá, são extraídas de folhas de monocotiledôneas. As fibras podem variar de comprimento, com 0,8 a 6,0 mm na juta, 5,0 a 55,0 mm no cânhamo e 9,0 a 70,0 mm no linho. As *esclereídes* apresentam formas variadas, sendo frequentemente ramificadas (Figura 23.9); comparadas

23.10 Esclereídes (células pétreas) da pera. A parede secundária dessas esclereídes apresenta conspícuas pontoações simples com muitas ramificações, conhecidas como pontoações ramiformes. Durante a formação dos aglomerados de células pétreas na parte carnosa da pera (*Pyrus communis*), ocorrem divisões celulares de modo concêntrico ao redor de algumas das esclereídes formadas anteriormente. As células recém-formadas diferenciam-se em células pétreas, sendo então incorporadas ao aglomerado. Ver Figura 3.30.

com a maioria das fibras, são células relativamente curtas. As esclereídes podem ocorrer isoladamente ou em grupos no tecido fundamental. Elas fazem parte da constituição dos envoltórios de muitas sementes, das cascas das nozes e dos caroços (endocarpo) das drupas, tais como azeitonas, peras e cerejas, e dão às peras a textura arenosa (Figura 23.10).

Tecidos vasculares

O xilema é o principal tecido de condução de água nas plantas vasculares

Além de seu papel como principal tecido de condução de água, o *xilema* também está envolvido na condução de sais minerais, na sustentação e no armazenamento de substâncias alimentares. Com o floema, o xilema forma um sistema contínuo de tecidos vasculares que percorre todo o corpo da planta (Figuras 23.4 e 23.11). No corpo primário da planta, o xilema se origina do procâmbio e, durante o crescimento secundário, o xilema tem origem no câmbio vascular (ver Capítulo 26).

As principais células de condução do xilema são os *elementos traqueais*, que são de dois tipos: as *traqueídes* e os *elementos de vaso*. Ambos são células alongadas, possuem parede secundária e não apresentam protoplasto na maturidade; podem ter *pontoações* nas suas paredes (Figura 23.12A-D; ver no Capítulo 3 a introdução sobre a estrutura das pontoações). Diferentemente das traqueídes, os elementos de vaso apresentam *perfurações*, que são áreas sem paredes primária e secundária. A região da parede que apresenta uma ou mais perfurações é denominada *placa de perfuração* (Figura 23.13); as perfurações geralmente ocorrem nas paredes terminais. Os elementos de vaso unem-se pelas suas extremidades terminais, formando colunas contínuas ou tubos denominados *vasos* (Figura 23.14; ver também, no Capítulo 26, a Figura 26.24B).

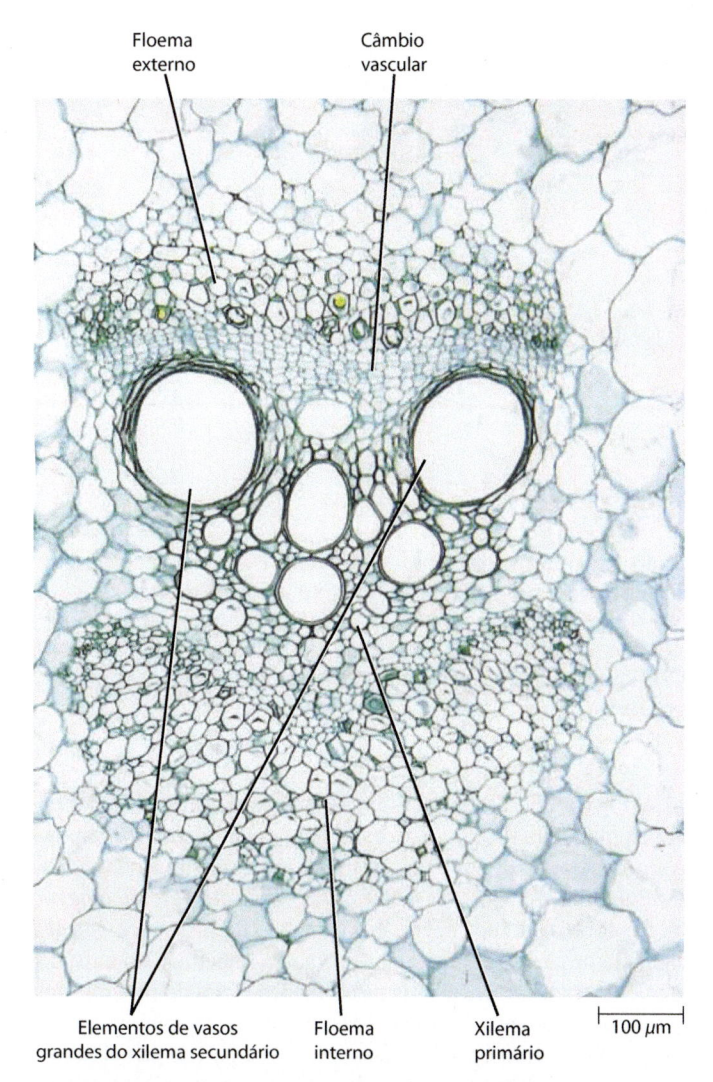

23.11 Feixe vascular. Seção transversal de um feixe vascular do caule de aboboreira (*Cucurbita maxima*), espécie preferida para o estudo do floema. Nos feixes vasculares da abóbora, o floema aparece tanto externamente como internamente ao xilema. Um câmbio vascular típico se desenvolve entre o floema externo e o xilema, mas não entre o floema interno e o xilema; o câmbio vascular já produziu algum floema secundário (duas ou três camadas de células) para o lado externo e algum xilema secundário para dentro. O xilema secundário está bem representado por dois grandes vasos. Todo o floema interno é primário.

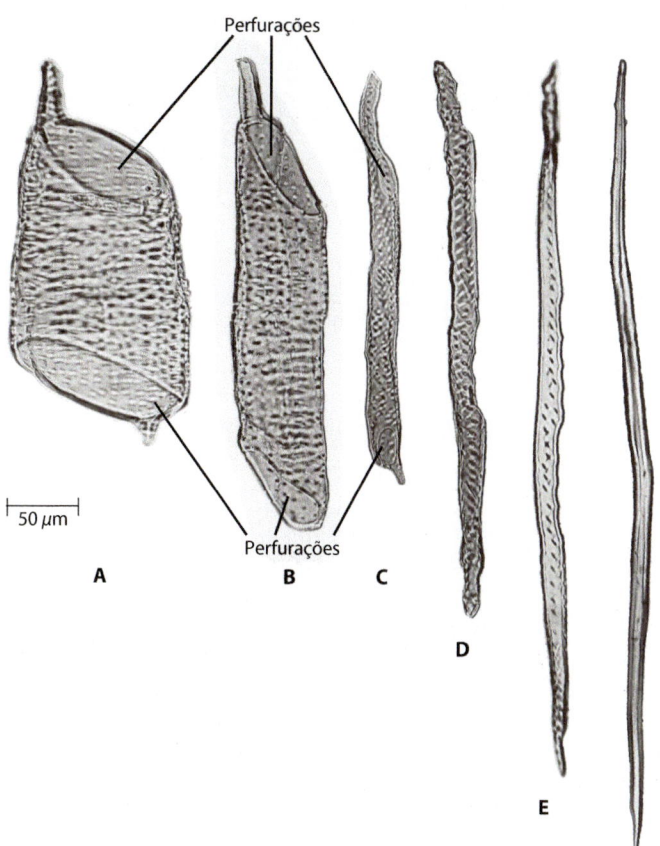

23.12 Elementos traqueais e fibras. Tipos de células do xilema secundário, ou lenho, de carvalho (*Quercus*): (**A**), (**B**) elementos de vasos largos e (**C**) um elemento de vaso estreito; (**D**) uma traqueíde; (**E**), (**F**) fibras. Os pontos escuros nas paredes dessas células correspondem às pontoações, embora não sejam visíveis em (**F**). As pontoações são áreas nas quais a parede secundária está ausente. Apenas os elementos de vaso têm perfurações, que são áreas onde faltam tanto a parede primária como a parede secundária (ver Figura 23.13).

A traqueíde, célula que não apresenta perfurações, é menos especializada que o elemento de vaso, o qual é a principal célula condutora de água nas angiospermas. Os elementos de vasos evoluíram independentemente em vários grupos de plantas vasculares. A traqueíde é o único tipo de célula condutora de água, encontrada na maioria das plantas vasculares sem sementes e nas gimnospermas. O xilema de muitas angiospermas, entretanto, apresenta tanto elementos de vaso como traqueídes.

Os elementos de vaso são, geralmente, considerados mais eficientes na condução de água do que as traqueídes porque a água flui, de modo relativamente livre, de um elemento de vaso a outro através das perfurações. Contudo, os elementos de vaso, por formarem um sistema aberto, são menos seguros que as traqueídes para a planta. A água, ao fluir de uma traqueíde para

outra, precisa atravessar a membrana das pontoações – paredes primárias finas e modificadas – de um par de pontoações (ver Capítulo 3). Embora a membrana da pontoação, por ser porosa, ofereça pouca resistência à passagem da água, ela bloqueia até mesmo as menores bolhas de ar (ver Capítulo 30). Assim, as bolhas de ar que se formam em uma traqueíde – por exemplo, durante o congelamento e o descongelamento alternados da água do xilema durante a primavera – ficam restritas àquela traqueíde, e qualquer obstrução resultante para o fluxo da água é também limitada. Por outro lado, as bolhas de ar formadas nos elementos de vaso podem potencialmente obstruir o fluxo da água por toda a extensão do vaso. Os vasos largos são mais eficientes para a condução de água do que os vasos estreitos, mas os primeiros também tendem a ser mais longos e desse modo menos livres de "acidentes" que os vasos estreitos.

Os elementos traqueais do xilema primário apresentam uma variedade de tipos de espessamentos na parede secundária. Durante o período de crescimento ou alongamento de raízes, caules e folhas, a parede secundária dos primeiros elementos traqueais formados no xilema primário, ou seja, no protoxilema (*proto,*

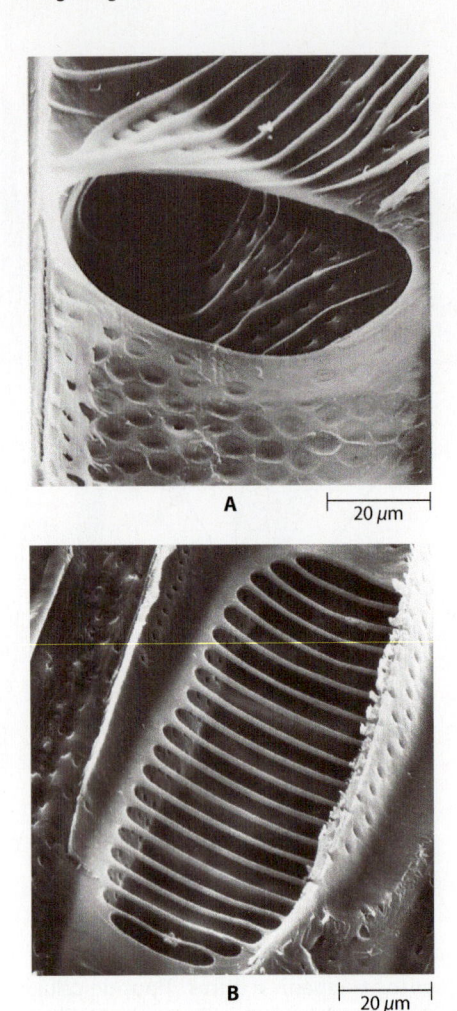

23.13 Placas perfuradas. Micrografia eletrônica de varredura de perfurações nas paredes terminais de elementos de vaso do xilema secundário. **A.** Placa perfurada simples, com uma abertura larga, vista aqui entre dois elementos de vaso de tília (*Tilia americana*). **B.** Barras dispostas como os degraus de uma escada de uma placa de perfuração escalariforme entre os elementos de vaso do amieiro (*Alnus rubra*). Pontoações podem ser vistas na parede abaixo da placa perfurada em (**A**) e em porções da parede em (**B**).

23.14 Elementos de vaso. Micrografia eletrônica de varredura mostrando a região correspondente a três elementos de vaso que compõem o vaso do xilema secundário de carvalho vermelho (*Quercus rubra*). Observe as "bordas" (setas) das placas de perfuração simples entre os elementos do vaso, unidos pelas suas extremidades.

A Figura 23.16 mostra alguns estágios da diferenciação de um elemento de vaso com espessamentos espiralados de parede. A diferenciação do elemento traqueal é um exemplo de *morte celular programada* (ver Capítulo 3). A morte celular programada, como o nome sugere, é o resultado de processos geneticamente programados que levam à morte da célula. No caso do elemento traqueal, ela resulta na eliminação total do protoplasto. As paredes celulares são mantidas, exceto nos locais de perfuração do elemento do vaso. Nesses locais, a parede primária desaparece por completo, provendo condutos ininterruptos para o transporte de água e substâncias dissolvidas por meio dos vasos (ver Capítulo 30).

Além das traqueídes e dos elementos de vaso, o xilema contém células parenquimáticas que armazenam várias substâncias. As células parenquimáticas do xilema comumente estão presentes em fileiras verticais, mas no xilema secundário elas são encontradas nos raios. O xilema também contém fibras (Figura 23.12E, F), algumas das quais são vivas na maturidade e desempenham a dupla função de armazenamento de substâncias e de sustentação. Algumas vezes, as escleréides estão também presentes no xilema. Na Tabela 23.1 estão listados os tipos de células do xilema e suas principais funções.

O floema é o principal tecido de condução de substâncias orgânicas nas plantas vasculares

Embora corretamente caracterizado como o principal tecido condutor de substâncias orgânicas nas plantas vasculares, o *floema* desempenha um papel muito maior na vida da planta. Além de açúcares, um grande número de outras substâncias é transportado pelo floema, incluindo aminoácidos, lipídios, micronutrientes, hormônios, estímulos florais (florígeno; ver Capítulo 28) e numerosas proteínas e RNA, algumas das quais atuam como moléculas sinalizadoras. Certamente, a sinalização a grandes distâncias nas plantas ocorre predominantemente por meio do floema, que tem sido apelidado de "caminho da superinformação".

"primeiro"), é depositada sob a forma de anéis ou espirais (Figura 23.15). Esses espessamentos anelares (semelhantes a anéis) ou helicoidais (espiralados) possibilitam que tais elementos traqueais sejam esticados ou distendidos após as células terem se diferenciado, embora estas células sejam frequentemente destruídas durante o alongamento do órgão. No xilema primário, a natureza do espessamento da parede é grandemente influenciada pela intensidade do alongamento. Se houver pouco alongamento, aparecerão elementos traqueais com menor capacidade de extensão em lugar de elementos com maior capacidade de extensão. Por outro lado, se houver um alongamento intenso, serão formados muitos elementos traqueais com espessamentos anelares e espiralados. No xilema primário formado tardiamente, ou seja, no metaxilema (*meta,* "depois"), e no xilema secundário, a parede secundária das traqueídes e dos elementos de vasos recobre completamente a parede primária, exceto nas regiões das membranas de pontoação e das perfurações dos elementos de vaso (Figura 23.12A-D). Essas células, denominadas elementos pontoados, são rígidas e não podem ser esticadas.

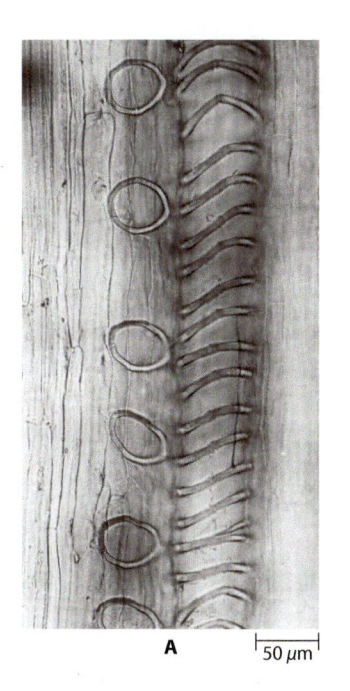

23.15 Elementos traqueais. Partes dos elementos traqueais do primeiro xilema formado (protoxilema) de mamona (*Ricinus communis*). **A.** Espessamentos de parede anelar (em forma de anéis à esquerda) e espiralado em elementos traqueais parcialmente distendidos. **B.** Espessamentos de parede em dupla espiral, em elementos que já estão distendidos. O elemento da esquerda foi muito distendido e as voltas das espirais se soltaram da parede.

O floema também é a via para o deslocamento de uma variedade de vírus de plantas.

Quanto à sua origem, o floema pode ser primário ou secundário (Figura 23.11). Do mesmo modo que no xilema primário, o primeiro floema primário formado (protofloema) é frequentemente distendido e destruído durante o alongamento do órgão. O metafloema diferencia-se posteriormente e, nas plantas que não apresentam crescimento secundário, constitui o único floema de condução em partes da planta adulta.

As principais células condutoras do floema são os *elementos crivados*. O termo "crivado" refere-se ao conjunto de poros, conhecido como *área crivada*, através do qual os protoplastos de elementos crivados adjacentes são interligados. Nas plantas com sementes, dois tipos de elementos crivados são reconhecidos: as *células crivadas* (Figuras 23.17 e 23.18) e os *elementos de tubo crivado* (Figuras 23.19 a 23.24). As células crivadas são o único tipo de célula condutora de substâncias orgânicas nas gimnospermas, enquanto nas angiospermas são encontrados somente elementos de tubo crivado. Os elementos de condução do floema nas plantas vasculares sem sementes variam em estrutura e são referidos simplesmente como "elementos crivados".

Nas células crivadas, as áreas crivadas apresentam poros estreitos e uma estrutura relativamente uniforme em toda a parede. A maioria das áreas crivadas está concentrada nas extremidades sobrepostas das células crivadas, que são alongadas e delgadas (Figura 23.17A). Entretanto, nos elementos de tubo crivado, as áreas crivadas de algumas regiões da parede têm poros maiores

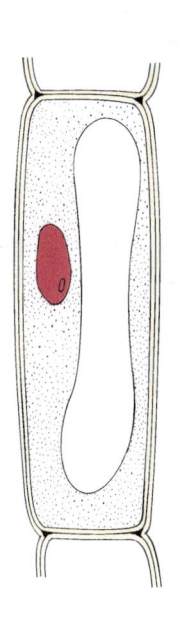
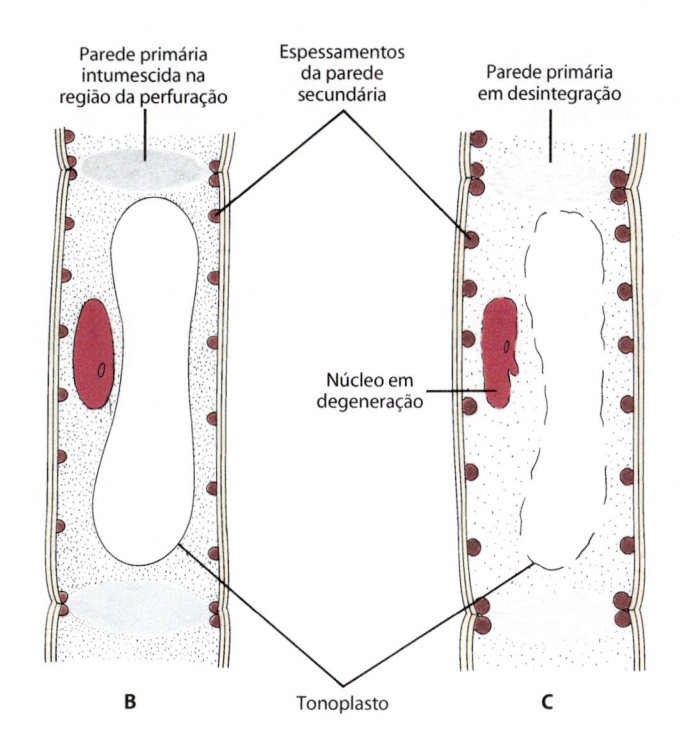
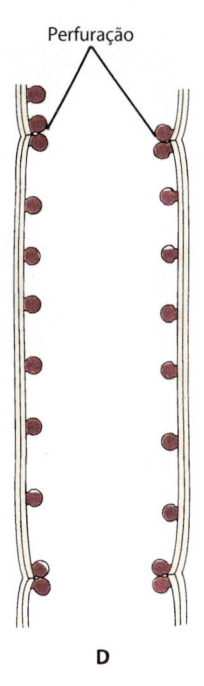

23.16 Diferenciação de um elemento de vaso. A. Elemento de vaso jovem, sem parede secundária e com um vacúolo grande. **B.** A célula aumentou de tamanho lateralmente e a deposição da parede secundária se iniciou em forma de uma espiral, quando vista em três dimensões; a parede primária aumentou em espessura nas regiões das perfurações. **C.** A deposição da parede secundária se completou, e a célula está no estágio de lise da morte celular programada. O núcleo está em degeneração, o tonoplasto foi rompido, e a parede nas regiões das perfurações se desintegrou parcialmente. **D.** A célula já se encontra madura; ela perde o protoplasto, e a perfuração é completa nas duas extremidades.

Tabela 23.1 Tipos de células do xilema e do floema.

Tipos celulares	Função principal
Xilema	
Elementos traqueais	Condução de água e nutrientes minerais
Traqueídes	
Elementos de vaso	
Fibras	Sustentação; algumas vezes armazenamento
Parênquima	Armazenamento
Floema	
Elementos crivados	Transporte a longa distância de substâncias orgânicas e moléculas sinalizadoras
Células crivadas (com células albuminosas*)	
Elementos de tubos crivados (com células companheiras*)	
Esclerênquima	Sustentação; algumas vezes armazenamento
Fibras	
Esclereídes	
Parênquima	Armazenamento

*Células albuminosas e células companheiras são células parenquimáticas especializadas.

do que em outras, em uma mesma célula. A porção da parede portando essas áreas crivadas com poros maiores é chamada *placa crivada* (Figuras 23.19 e 23.20). Embora as placas crivadas possam ocorrer em qualquer parede, geralmente se localizam nas paredes terminais. Os elementos do tubo crivado estão dispostos uma extremidade com a outra em séries longitudinais, denominadas *tubos crivados*. Desse modo, uma das principais diferenças entre os dois tipos de elementos crivados é a presença de placas crivadas nos elementos de tubo crivado e sua ausência nas células crivadas.

A parede dos elementos crivados é, geralmente, descrita como primária. Em cortes de tecido floemático, os poros das áreas crivadas e das placas crivadas dos elementos crivados maduros geralmente são obstruídos ou revestidos por uma substância da parede, denominada *calose*, que é um polissacarídio composto por cadeias espiraladas de resíduos de glicose (ver Capítulo 3; Figuras 23.17 e 23.19). Senão toda, quase toda a calose vista nos poros dos elementos crivados em atividade é aí depositada em resposta à lesão, durante a preparação do tecido para a análise microscópica. Essa calose e as demais resultantes de ferimentos é referida como "calose de injúria". Nas áreas crivadas e nas placas crivadas dos elementos crivados senescentes, a calose também é depositada, sendo chamada de "calose definitiva". Além disso, a calose na forma de plaquetas aparece sob a membrana plasmática ao redor de

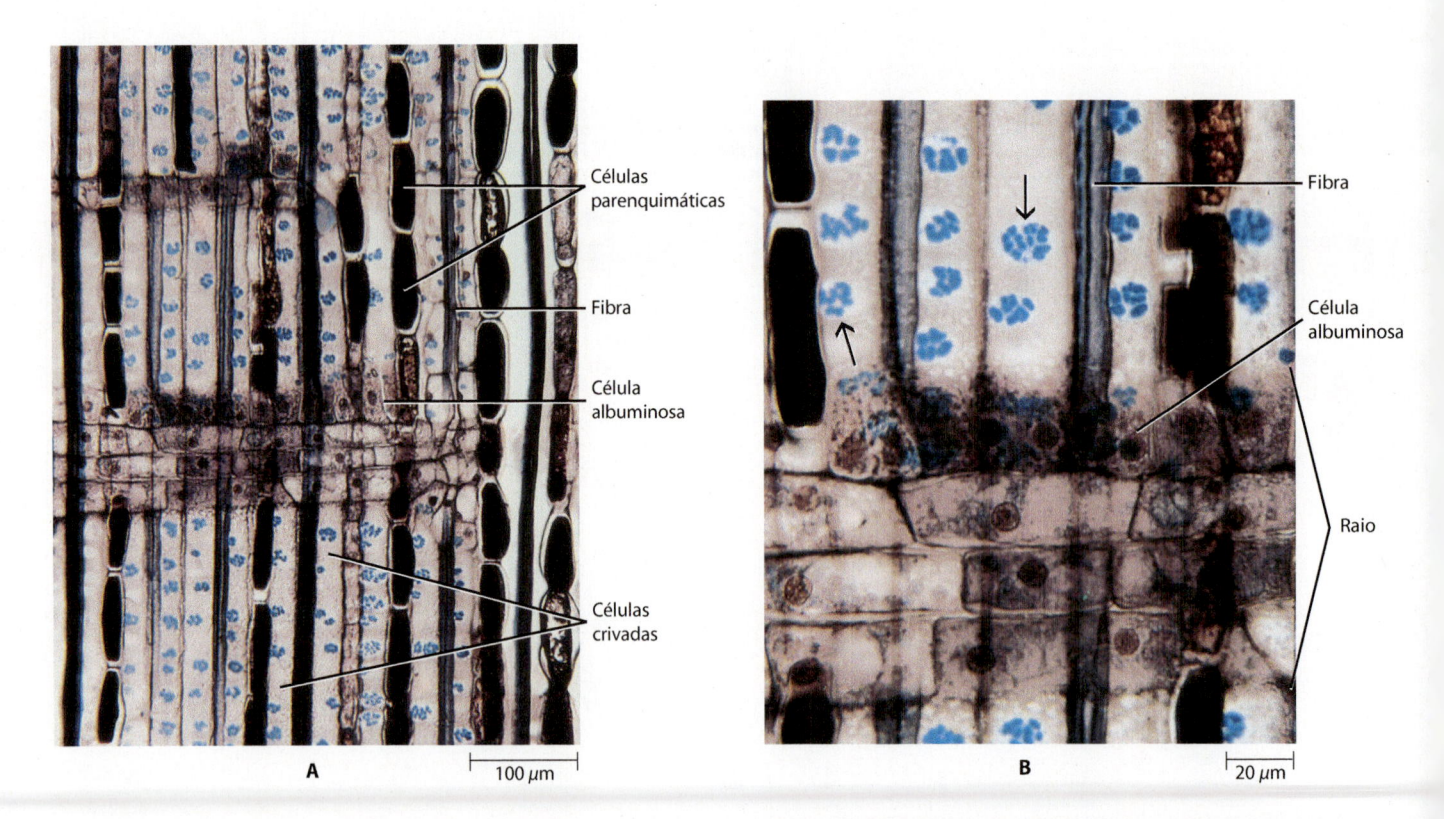

A ⊢ 100 μm
B ⊢ 20 μm

Células parenquimáticas
Fibra
Célula albuminosa
Células crivadas

Fibra
Célula albuminosa
Raio

23.17 Células crivadas. A. Seção longitudinal (radial) do floema secundário de *Taxus canadensis*, uma conífera, mostrando as células crivadas orientadas verticalmente, fileiras de células parenquimáticas e fibras. Podem ser vistas partes de dois raios orientados horizontalmente, cruzando as células dispostas verticalmente. As células parenquimáticas especializadas, conhecidas como células albuminosas, ou células de Strasburger (ver no texto, adiante) estão caracteristicamente associadas aos elementos crivados das gimnospermas. **B.** Detalhe de uma porção de floema secundário da mesma planta, mostrando as áreas crivadas (setas) com calose (com coloração azul dada pelo corante) nas paredes das células crivadas e as células albuminosas, que formam a fileira de células no topo do raio.

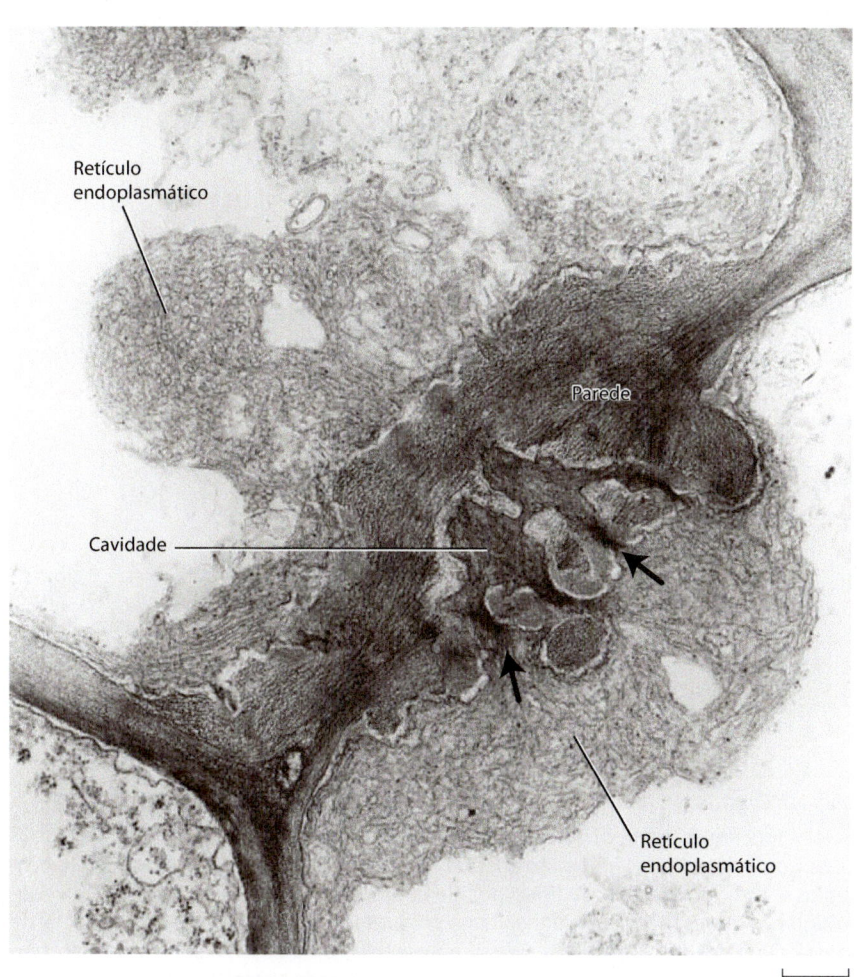

Retículo
endoplasmático

Parede

Cavidade

Retículo
endoplasmático

0,37 μm

23.18 Área crivada entre as paredes de duas células crivadas maduras. Micrografia eletrônica de transmissão de uma seção da área crivada entre duas células crivadas do hipocótilo do pinheiro-vermelho (*Pinus resinosa*). Grandes quantidades de retículo endoplasmático tubuloso podem ser observadas nos dois lados da parede. O retículo endoplasmático pode ser visto atravessando os poros (setas) e entrando em grande quantidade na ampla cavidade no meio da parede. Diferentemente dos poros crivados das angiospermas, que são contínuos através da parede comum, os poros crivados das gimnospermas estendem-se apenas a meio caminho da "cavidade mediana".

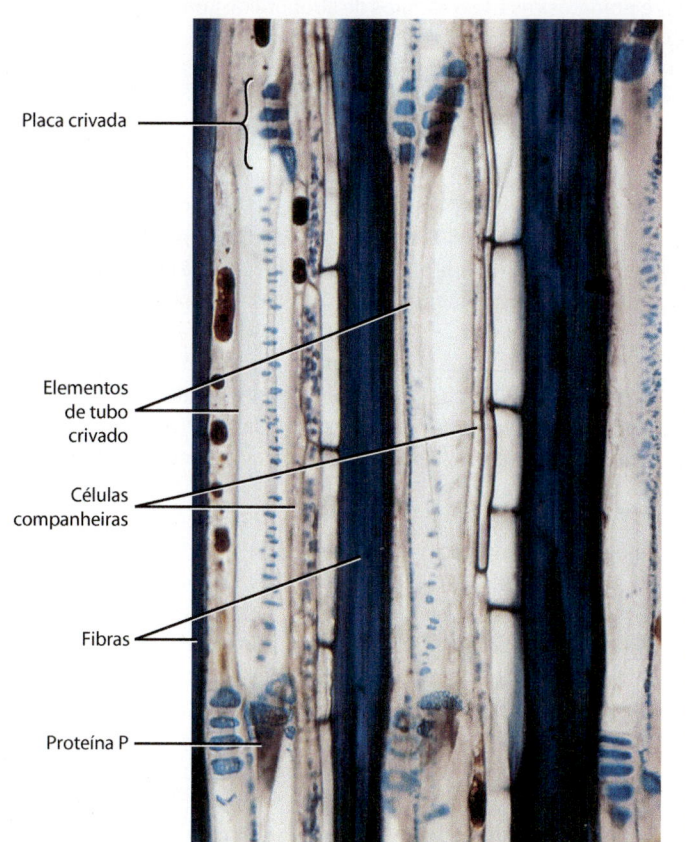

Placa crivada

Elementos
de tubo
crivado

Células
companheiras

Fibras

Proteína P

50 μm

cada plasmodesma, nos locais dos poros das placas crivadas em desenvolvimento (Figura 23.23).

Diferindo dos elementos traqueais, os elementos crivados têm protoplastos vivos na maturidade (Figuras 23.18 e 23.20). Entretanto, à medida que se diferencia, o elemento crivado passa por profundas mudanças, a maior delas representada pela desintegração do núcleo e do tonoplasto e formação das áreas crivadas. A diferenciação do elemento crivado também resulta na perda de ribossomos, do complexo de Golgi e do citoesqueleto. Na maturidade, os componentes remanescentes do protoplasto do elemento de tubo crivado, ou seja, a membrana plasmática, a rede de retículo endoplasmático liso – o qual é abundante nas células crivadas, especialmente nas áreas crivadas (Figura 23.18)

23.19 Elementos de tubos crivados. Seção longitudinal (radial) do floema secundário de tília (*Tilia americana*), mostrando elementos de tubo crivado com áreas crivadas e grupos conspícuos de fibras de paredes espessadas. As células parenquimáticas especializadas, conhecidas como células companheiras (ver no texto, adiante), estão caracteristicamente associadas aos elementos de tubo crivado. A proteína P, um componente característico de todos os elementos de tubo crivado das angiospermas, exceto aqueles de algumas monocotiledôneas, acumulou-se nas placas crivadas desses elementos como tampões de mucilagem. A calose nas placas crivadas e nas áreas crivadas laterais está corada em azul.

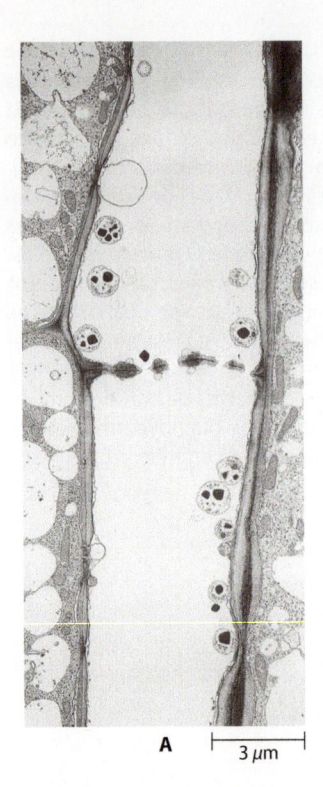
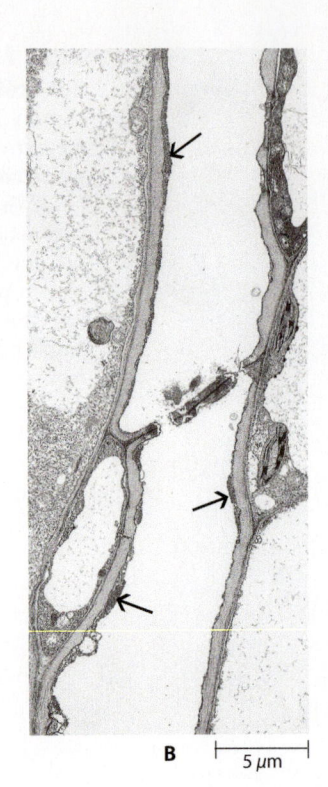
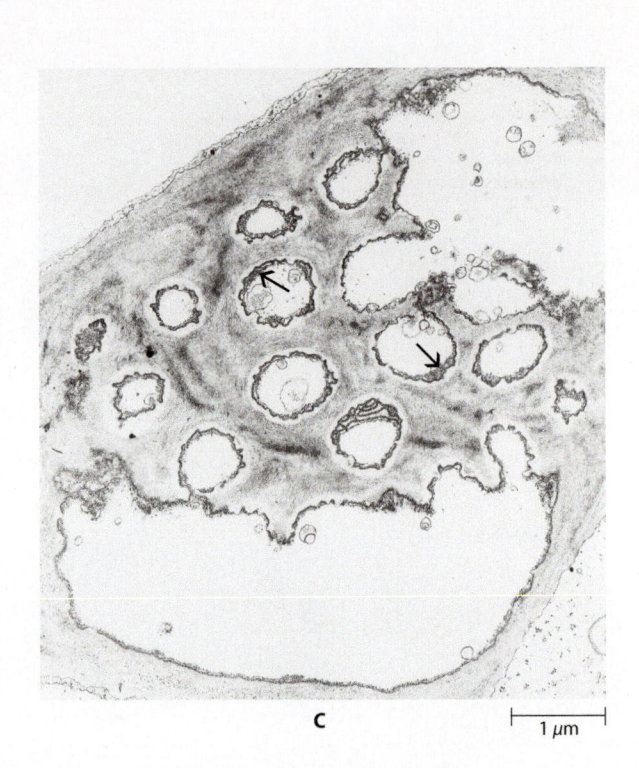

A   3 µm   **B**   5 µm   **C**   1 µm

23.20 Elementos de tubo crivado maduros. Micrografia eletrônica de transmissão de partes de elementos de tubo crivado maduros do floema do caule de milho (*Zea mays*) e de aboboreira (*Cucurbita maxima*). **A.** Seção longitudinal de parte de dois elementos de tubos crivados maduros e de uma placa crivada em milho. Os poros da placa crivada estão abertos. As numerosas organelas arredondadas, com inclusões densas, compostas de proteínas, são plastídios. Esse tipo de plastídio é típico dos elementos de tubo crivados das monocotiledôneas. Os elementos de tubo crivado do milho, como algumas outras monocotiledôneas, não possuem proteína P. **B.** Seção longitudinal de partes de dois elementos de tubo crivado de aboboreira. Os elementos de tubo crivado dessa espécie, como os da maioria das angiospermas, apresentam proteína P. Nesses elementos de tubo crivado, a proteína P distribui-se ao longo da parede (setas) e os poros (crivos) das placas crivadas estão abertos. Na parte inferior, à esquerda, e na parte superior, à direita (parcialmente visível), podem ser vistas as células companheiras. **C.** Vista frontal de parte de uma placa crivada entre dois elementos crivados maduros de aboboreira. Como visto em (**B**), os poros da placa crivada estão abertos, revestidos parcialmente pela proteína P (setas).

– e alguns plastídios e mitocôndrias, dispõem-se ao longo da parede. Assim, diferente do protoplasto do elemento traqueal, que apresenta morte celular programada – resultando em uma desintegração total durante a sua diferenciação, no protoplasto do elemento crivado há uma desintegração seletiva. Como veremos mais adiante, para que o elemento crivado desempenhe seu papel de elemento condutor de substâncias orgânicas, ele deve permanecer vivo (ver Capítulo 30).

O protoplasto dos elementos de tubo crivado de angiospermas, exceto para algumas monocotiledôneas, é caracterizado pela presença de uma substância proteínica, anteriormente chamada de "mucilagem" e agora conhecida como *proteína P*. (O P refere-se à inicial da palavra inglesa *phloem*.) A proteína P tem sua origem no elemento de tubo crivado jovem, sob a forma de corpos isolados, chamados de corpos de proteína P (Figura 23.22A, C). Durante os estágios finais da diferenciação, os corpos de proteína P na maioria das espécies tornam-se alongados e se dispersam, e a proteína P, bem como outros componentes que permaneceram na célula madura, são distribuídos ao longo das paredes. Em cortes de tecidos floemáticos, a proteína P acumula-se habitualmente nas placas crivadas, na forma de "tampões de mucilagem" (Figuras 23.19 e 23.22B). Esses tam-

pões são observados apenas nas células que passaram por perturbações e resultam da alteração do conteúdo dos tubos crivados, que sofrem danos conforme o tecido é secionado. Nos elementos de tubo crivado maduros que não passaram por perturbações, os poros das placas crivadas são revestidos por proteína P, mas não ficam obliterados pelos tampões (Figura 23.20B, C). Alguns botânicos acreditam que, juntamente com a calose de injúria, a proteína P serve para vedar os poros da placa crivada no momento da lesão, prevenindo, desse modo, a perda do conteúdo dos tubos crivados.

Por conseguinte, com os poros da placa crivada abertos, o tubo crivado maduro proporciona uma via desobstruída para o movimento de água e de substâncias dissolvidas no floema das angiospermas (ver Capítulo 30). Numerosos vírus também usam o tubo crivado como conduto apropriado para o seu rápido movimento por toda a planta (ver Capítulo 13). O papel das grandes quantidades de retículo endoplasmático tubular que aparentemente causam oclusão dos poros da área crivada das células crivadas das gimnospermas ainda não foi explicado (Figura 23.18).

Os elementos do tubo em algumas leguminosas produzem um único corpo de proteína P relativamente grande, que não se

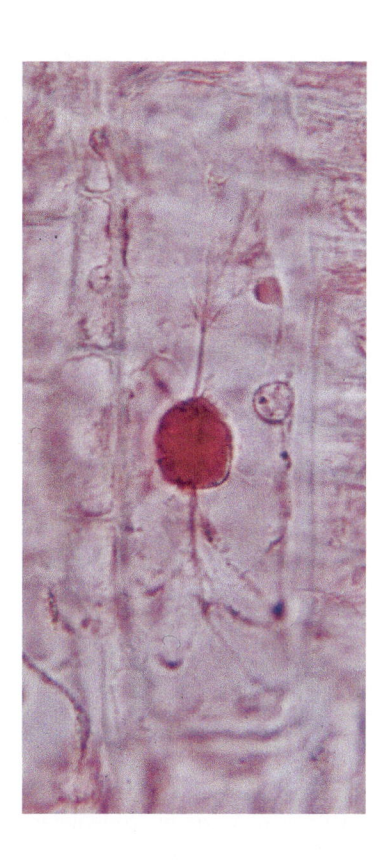

23.21 Forissomo. Esse corte longitudinal mostra um único corpo de proteína P não disperso, ou forissomo, em um elemento de tubo crivado imaturo de robínia-comum (*Robinia pseudoacacia*). Esse corte foi tratado com um corante que cora a proteína de vermelho. A cabeça da seta aponta para o núcleo.

dispersa durante os estágios mais avançados de maturação (Figura 23.21). Constatou-se que esses corpos, originalmente denominados "corpos de proteína P não dispersos", sofrem alterações rápidas e reversíveis controladas pelo cálcio desde o "estágio de repouso", quando estão condensados, até um estágio disperso, em que causam oclusão dos poros da placa crivada. Atualmente designados como *forissomos* ("guarda-cancelas"), seu comportamento sustenta a hipótese de que os corpos de proteína P dispersos funcionam para vedar os poros da placa crivada nos tubos crivados alterados. A Figura 23.23 ilustra alguns estágios da diferenciação de um elemento de tubo crivado com corpos de proteína P dispersos.

Os elementos de tubo crivado estão, caracteristicamente, associados a células parenquimáticas, chamadas *células companheiras* (Figuras 23.19 e 23.22 a 23.24), que contêm todos os componentes comumente encontrados nas células vivas das

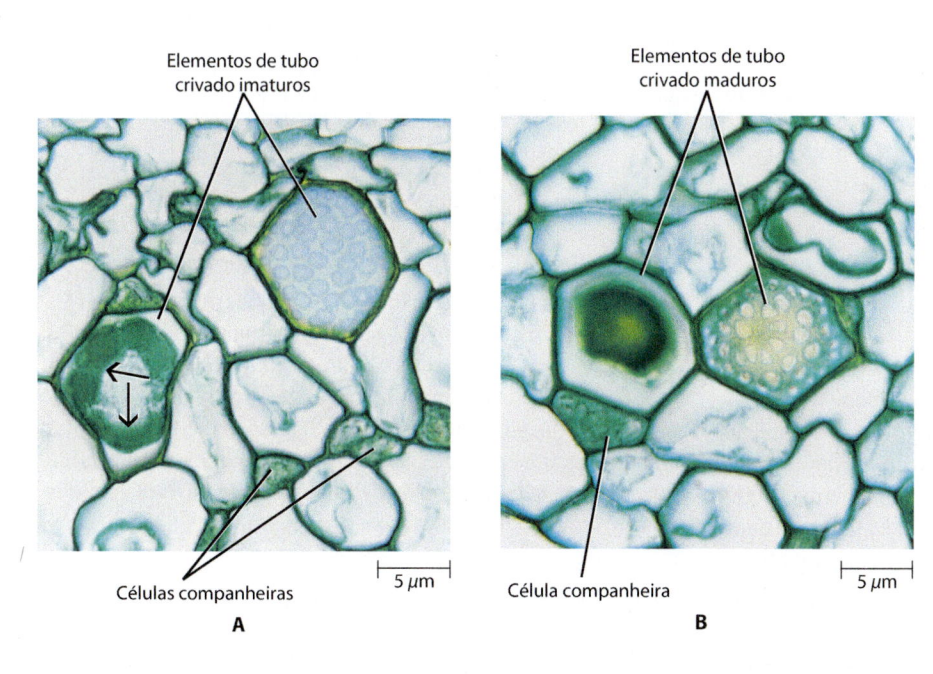

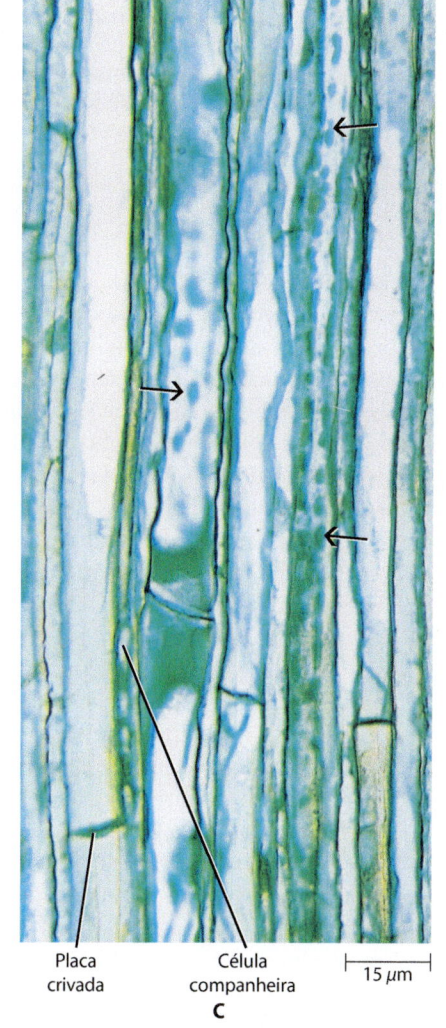

23.22 Elementos de tubos crivados imaturos e maduros. A. Seção transversal do floema de aboboreira (*Cucurbita maxima*) mostrando dois elementos de tubos crivados imaturos. Os corpos de proteína P (setas) podem ser vistos nos elementos de tubo crivado à esquerda; uma placa crivada imatura com plaquetas de calose (coradas de azul) é visível acima, à direita. Uma placa crivada de aboboreira são placas crivadas simples (uma área crivada por placa). As células menores, com conteúdo denso, são células companheiras. **B.** Seção transversal mostrando dois elementos de tubos crivados maduros. O tampão de mucilagem pode ser visto no elemento de tubo crivado, à esquerda; uma placa crivada madura pode ser observada no elemento de tubo crivado, à direita. As células menores, com conteúdo denso, são células companheiras. **C.** Seção longitudinal mostrando elementos de tubos crivados maduros e imaturos. As setas apontam os corpos de proteína P nas células imaturas.

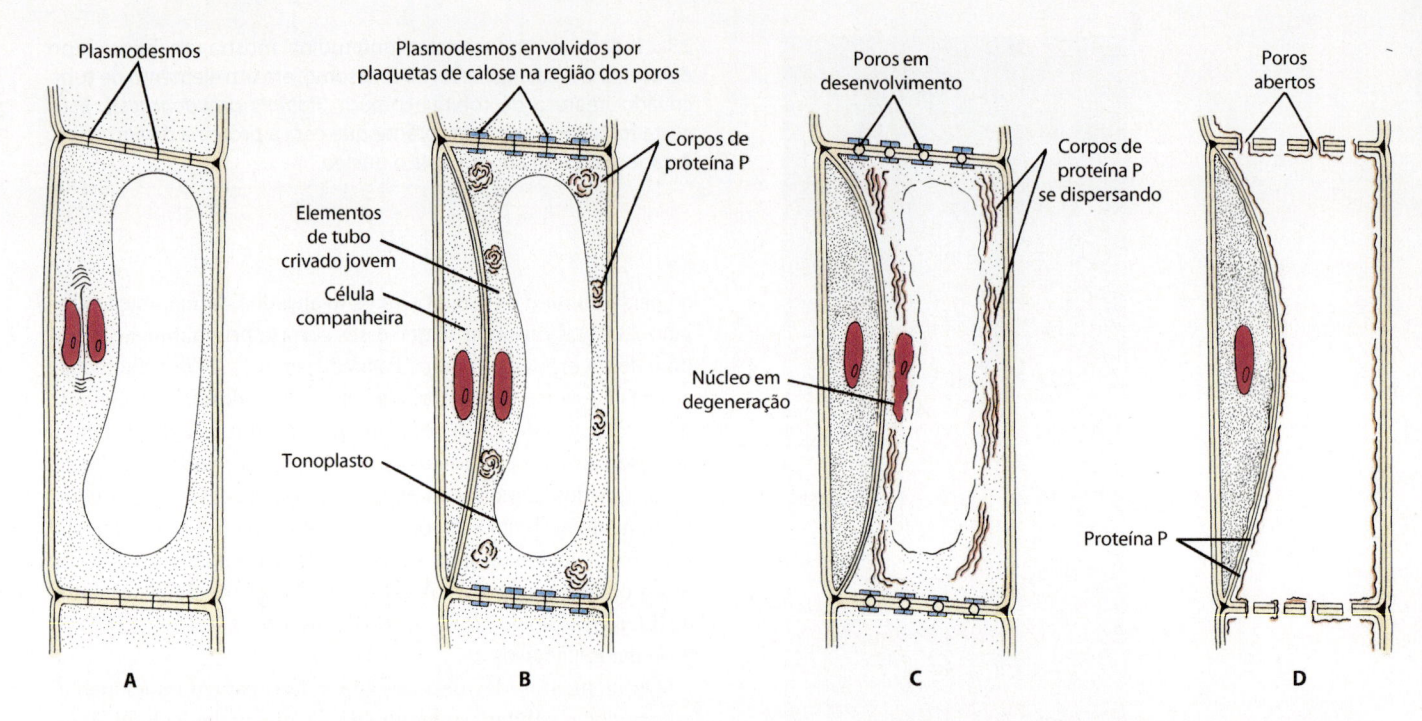

23.23 Diferenciação do elemento de tubo crivado. A. A célula-mãe do elemento de tubo crivado está em processo de divisão. **B.** A divisão resultou na formação de um elemento de tubo crivado jovem e uma célula companheira. Após a divisão, surgem um ou mais corpos de proteína P no citoplasma, que está separado do conteúdo vacuolar pelo tonoplasto. A parede do elemento de tubo crivado jovem se espessou e os sítios dos futuros poros (crivos) da placa crivada estão representados pelos plasmodesmos. Cada plasmodesmo agora está envolvido por uma plaqueta de calose, em ambos os lados da parede. **C.** O núcleo está em degeneração, o tonoplasto está se desintegrando e os corpos de proteína P estão se dispersando pelo citoplasma, dispondo-se próximos à parede. Ao mesmo tempo, os plasmodesmos da placa crivada em desenvolvimento estão começando a aumentar em tamanho, formando os poros. **D.** Na maturidade, o elemento de tubo crivado não possui núcleo nem vacúolo. Todos os componentes protoplasmáticos restantes, incluindo a proteína P, estão alinhados próximo à parede celular, e os poros da placa crivada estão abertos. As plaquetas de calose foram removidas à medida que os poros aumentavam de tamanho. Embora não mostrados neste diagrama, também estão presentes o retículo endoplasmático liso, as mitocôndrias e os plastídios nos elementos de tubos crivados maduros.

plantas, incluindo o núcleo. Os elementos de tubo crivado e suas células companheiras associadas estão intimamente relacionados durante o desenvolvimento (elas são derivadas da mesma célula-mãe) e apresentam numerosas conexões citoplasmáticas entre elas. As conexões consistem em um pequeno poro no lado do elemento de tubo crivado e de plasmodesmos muitos ramificados no lado da célula companheira (Figura 23.24). Devido às numerosas conexões via plasmodesmos com os elementos de tubo crivado, assim como sua semelhança ultraestrutural com as células secretoras (grande quantidade de ribossomos e numerosas mitocôndrias), acredita-se que as células companheiras desempenham a função de liberação de substâncias para os elementos de tubo crivado. A ausência de um núcleo e de ribossomos no elemento de tubo crivado maduro sugere que as substâncias liberadas pelas células companheiras incluem moléculas de informação, proteínas e ATP necessários para a manutenção do elemento de tubo crivado. Por conseguinte, a célula companheira representa um sistema de manutenção de vida para o elemento do tubo crivado. O mecanismo do transporte no floema das angiospermas será visto com detalhes no Capítulo 30.

Nas gimnospermas, as células crivadas estão caracteristicamente associadas a células parenquimáticas denominadas *células albuminosas* ou *células de Strasburger* (Figura 23.17B).

Embora geralmente essas células não sejam derivadas da mesma célula-mãe da célula crivada, acredita-se que desempenham as mesmas funções que as células companheiras. A célula albuminosa, como a célula companheira, possui um núcleo além dos outros componentes citoplasmáticos, característicos das células vivas. Quando os elementos crivados morrem, as células albuminosas e as células companheiras associadas a eles também morrem, o que é uma indicação a mais da interdependência entre os elementos crivados e estas células.

Outras células parenquimáticas ocorrem no floema primário e no floema secundário (Figuras 23.17 e 23.19). Estas células estão relacionadas com o armazenamento de várias substâncias. As fibras (Figuras 23.17 e 23.19) e as escleretides também podem estar presentes. Os tipos celulares que compõem o floema e suas principais funções, juntamente com aquelas do xilema, estão listados na Tabela 23.1.

Tecidos dérmicos

A epiderme é a camada celular externa do corpo primário da planta

A *epiderme* constitui o sistema dérmico (de revestimento) de folhas, partes florais, frutos e sementes – e também de caules e raízes, até que estes apresentem um crescimento secundário

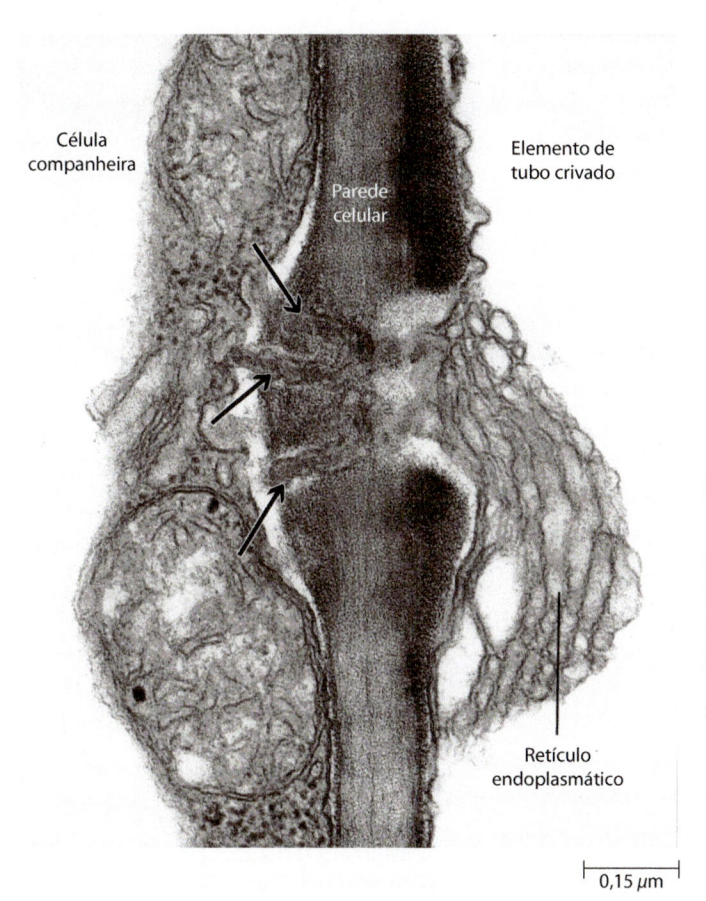

0,15 μm

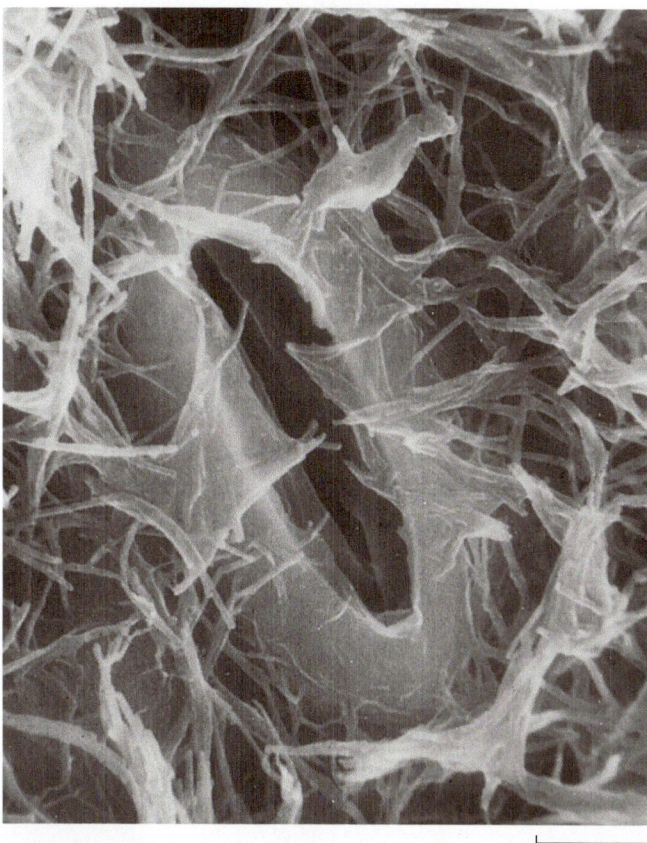

5 μm

23.24 Conexões entre o elemento de tubo crivado e a célula companheira. Micrografia eletrônica mostrando as conexões poro-plasmodesmos entre uma célula companheira e um elemento de tubo crivado em uma nervura da folha de cevada (*Hordeum vulgare*). Um agregado de retículo endoplasmático está associado ao poro no lado do elemento de tubo crivado. As setas estão apontadas para os plasmodesmos ramificados no lado da célula companheira.

23.25 Estômato, vista frontal. Micrografia eletrônica de varredura da epiderme da face inferior da folha de eucalipto (*Eucalyptus globulus*), mostrando um único estômato com suas duas células-guarda. Podem ser vistos numerosos filamentos de depósitos de cera epicuticular.

considerável. As células epidérmicas são bastante diversas tanto em estrutura como em função. Além das células não especializadas (células comuns), que constituem a maior parte da epiderme, esta pode conter *células-guarda* (Figuras 23.25 e 23.26), muitos tipos de apêndices ou *tricomas* (Figuras 23.27 e 23.28) e outros tipos de células especializadas.

A maioria das células epidérmicas está compactamente disposta, fornecendo considerável proteção mecânica às partes da planta. As paredes das células epidérmicas das partes aéreas são recobertas por uma cutícula, que minimiza a perda de água. A cutícula consiste principalmente em cutina e cera (ver Capítulo 2). Em muitas plantas, a cera é exsudada sobre a superfície da cutícula na forma de lâminas lisas, bastonetes ou filamentos, sendo denominada cera epicuticular (Figura 23.25; ver também Figura 2.10). A cera é responsável pelo aspecto brilhante, esbranquiçado ou azulado na superfície de algumas folhas e frutos.

Nos caules e nos coleóptilos, a epiderme, que está sob tensão, tem sido considerada como o tecido que controla o alongamento de todo o órgão. A epiderme é o local de percepção da luz envolvida no movimento circadiano das folhas e indução fotoperiódica (ver Capítulo 28).

Entremeada entre as células epidérmicas, que são achatadas, justapostas e tipicamente não contêm cloroplastos, estão as células-guarda, que, ao contrário, apresentam cloroplastos (Figuras 23.25 e 23.26). As células-guarda regulam os pequenos poros ou *estômatos* nas partes aéreas da planta e, consequentemente, controlam o movimento dos gases, incluindo o vapor d'água, possibilitando a sua entrada ou saída da planta. (O termo estômato comumente é aplicado para o poro e as duas células-guarda. O mecanismo de abertura e fechamento do estômato será discutido nos Capítulos 27 e 30.) Embora os estômatos sejam encontrados em todas as partes aéreas da planta, eles são mais abundantes nas folhas. As células-guarda frequentemente estão associadas a células epidérmicas, denominada *células subsidiárias*, que diferem, na sua forma, de outras células epidérmicas (Figura 23.26).

Os tricomas desempenham uma variedade de funções. Os pelos radiculares são tricomas que facilitam a absorção de água e sais minerais do solo. Estudos de plantas de regiões áridas

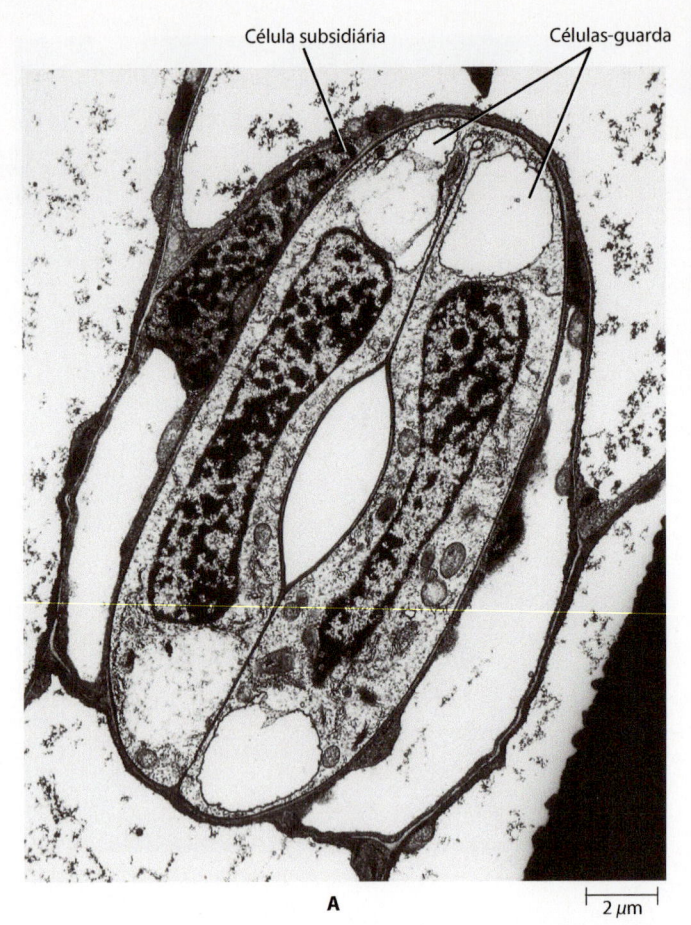

Célula subsidiária   Células-guarda

A

2 µm

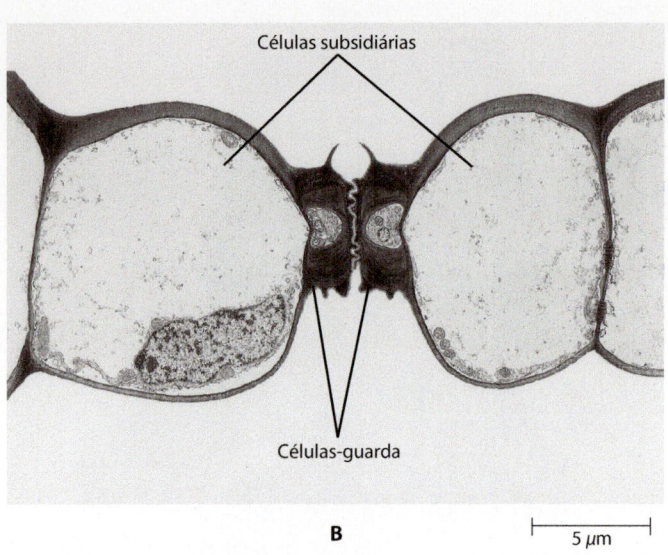

Células subsidiárias

Células-guarda

B

5 µm

23.26 Estômatos da folha de milho. A. Seção paralela à superfície da folha de milho (*Zea mays*), mostrando o poro aberto de um estômato com suas duas células-guarda imaturas, cujas paredes ainda não se espessaram, e duas células subsidiárias. **B.** Seção transversal através de um estômato fechado. Cada célula-guarda de parede espessada está ligada a uma célula subsidiária. O interior da folha corresponde à parte inferior da figura.

indicam que um aumento na quantidade de pelos ou tricomas das folhas (pubescência), resulta em aumento da refletância da radiação solar, diminuição da temperatura da folha e menor taxa de perda de água. Muitas "plantas aéreas", tais como as bromélias epífitas, utilizam os tricomas foliares para a absorção de água e nutrientes minerais. *Atriplex,* planta que cresce em solo contendo alto teor de sal, por outro lado, possui tricomas que secretam soluções salinas dos tecidos foliares, evitando um acú-

mulo dessas substâncias tóxicas em seu corpo. Os tricomas também podem atuar na defesa contra insetos. Em muitas espécies, existe uma correlação positiva entre a pilosidade e a resistência ao ataque de insetos. Os tricomas em forma de ganchos de algumas espécies de plantas empalam os insetos e suas larvas, e os tricomas das plantas carnívoras têm um papel importante na captura de suas presas, os insetos (ver Capítulo 29). Os tricomas secretores (glandulares) podem fornecer defesa química.

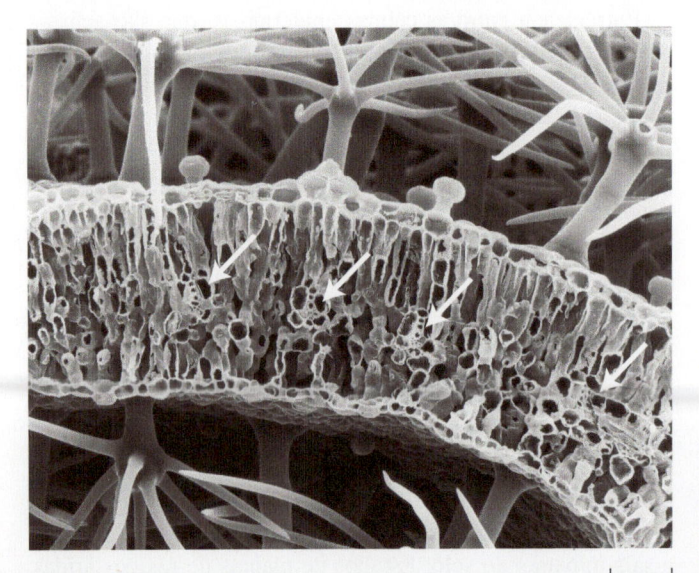

50 µm

23.27 Tricomas ramificados e não ramificados. Micrografia eletrônica de varredura da seção transversal da folha de verbasco (*Verbascum thapsus*). As folhas e os caules dessa espécie mostram-se densamente lanosos devido à presença de um grande número de tricomas muito ramificados, como os vistos na epiderme das faces superior e inferior da folha. Tricomas glandulares curtos, não ramificados, estão também presentes. O tecido fundamental da folha é representado pelo mesofilo, o qual é permeado por numerosos feixes vasculares ou nervuras (setas).

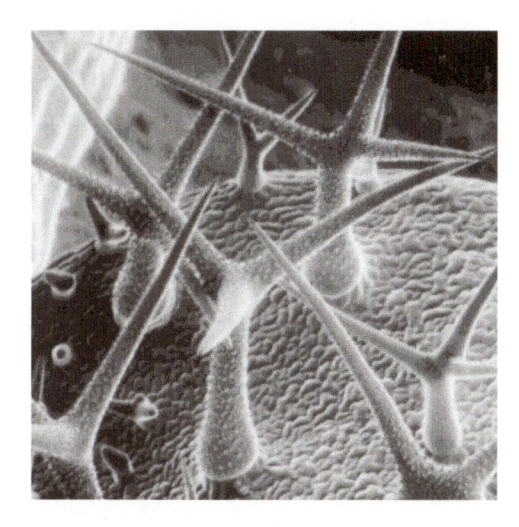

23.28 Tricomas ramificados de *Arabidopsis.* Micrografia eletrônica de varredura de tricomas ramificados da folha de *Arabidopsis thaliana*. Estudos genéticos identificaram genes que são essenciais para o início do desenvolvimento dos tricomas nessa espécie.

23.29 Periderme. Seção transversal da periderme, que é constituída por súber, felogênio e feloderme. A periderme do caule de macieira (*Malus domestica*) é constituída principalmente por células do súber, que são formadas para o lado de fora (para cima) em fileiras radiais a partir das células do felogênio (câmbio da casca). Uma ou duas camadas de feloderme ocorrem abaixo do felogênio.

Epiderme morta

Súber

Felogênio (câmbio da casca)

Feloderma

Córtex

Graças à sua simplicidade e visibilidade, os tricomas da folha de *Arabidopsis* têm fornecido um excelente sistema de modelo genético para o estudo do destino e da morfogênese celulares nas plantas (Figura 23.28). Vários genes envolvidos no desenvolvimento dos tricomas nas folhas de *Arabidopsis* foram identificados, incluindo *GL1* (*GLABROUS1*) e *TTG* (*TRANSPARENT TESTA GLABRA*). Um evento precoce no comprometimento da célula protodérmica para o desenvolvimento do tricoma envolve um aumento na expressão de *GL1*. Ao contrário, evidências indicam que o *TTG* pode ter um papel na inibição das células protodérmicas vizinhas, impedindo-as de se diferenciarem em tricomas. O gene *TTG* tem também sido relacionado com o destino da célula epidérmica de raiz (ver Capítulo 24); mutantes *ttg* não apresentam tricomas nas partes aéreas da planta, mas mostram pelos radiculares extras. (Por convenção, o gene mutante é indicado por letras minúsculas.)

A periderme é o tecido de proteção secundário

A *periderme* comumente substitui a epiderme nos caules e raízes com crescimento secundário. Embora as células da periderme geralmente apresentem um arranjo compacto, em algumas regiões – as lenticelas – as células estão frouxamente organizadas e, assim, promovem a aeração dos tecidos internos das raízes e dos caules. A periderme consiste, em grande parte, em *súber*, ou *felema*, um tecido morto, protetor, que apresenta paredes celulares intensamente suberizadas na maturidade. A periderme também inclui o *câmbio da casca*, ou *felogênio*, e a *feloderme*, como um tecido parenquimático vivo (Figura 23.29). O câmbio da casca forma o súber ou felema em direção à superfície do órgão (para fora) e a feloderme, em direção ao interior (para dentro). A origem do câmbio da casca é variável, dependendo da espécie e do órgão da planta. A periderme será considerada em detalhes no Capítulo 26.

RESUMO

O crescimento primário resulta da atividade dos meristemas apicais

Após a embriogênese, a maior parte do desenvolvimento da planta ocorre por meio da atividade dos meristemas, que são constituídos por iniciais e suas derivadas imediatas. Os meristemas apicais estão envolvidos principalmente com o crescimento em comprimento de raízes e caules. Também chamado de crescimento primário, este crescimento resulta na formação dos tecidos primários, que constituem o corpo primário da planta. Alguns tecidos – parênquima, colênquima e esclerênquima – são formados por apenas um tipo de célula e denominados tecidos simples. Outros tecidos – xilema, floema, epiderme e periderme – são formados por dois ou mais tipos de células e chamados tecidos complexos.

O desenvolvimento compreende três processos que se sobrepõem: crescimento, morfogênese e diferenciação

O crescimento, um aumento irreversível em tamanho, é efetivado principalmente pela expansão da célula. Morfogênese é a aquisição de uma forma em particular, e a diferenciação é o processo pelo qual as células geneticamente idênticas se tornam diferentes umas das outras por meio da expressão gênica diferencial. Embora a diferenciação celular dependa do controle da expressão gênica, o destino de uma célula vegetal é determinado pela sua posição final no órgão em desenvolvimento.

As plantas vasculares são formadas por três sistemas de tecidos

Os sistemas de tecidos – dérmico, vascular e fundamental – que estão presentes na raiz, no caule e na folha, revelam a semelhança básica entre os órgãos da planta e a continuidade do corpo

Tabela-resumo Tipos de tecidos e de células

Sistema de tecidos	Tecidos	Tipo de célula	Características	Localização	Função
Sistema dérmico (de revestimento)	Epiderme		Células epidérmicas comuns (não especializadas); células-guarda; tricomas; outras células especializadas	Camada de células externa do corpo primário da planta	Proteção mecânica; reduz a perda de água (cutícula); aeração dos tecidos internos por meio dos estômatos
	Periderme		Células suberizadas (súber); células do câmbio da casca (felogênio); células parenquimáticas da feloderme; esclereídes	A primeira periderme se forma sob a epiderme; as peridermes subsequentes formam-se cada vez mais profundamente na casca	Substitui a epiderme como tecido de proteção nas raízes e caules; aeração dos tecidos internos por meio das lenticelas
Sistema fundamental	Parênquima	Célula parenquimática	Forma: comumente poliédrica (multifacetada); variável Parede celular: primária ou primária e secundária; pode conter lignina, suberina ou cutina Viva na maturidade	Por toda a planta, como tecido parenquimático: no córtex; na medula e nos raios medulares; no xilema e no floema	Processos metabólicos como a respiração, secreção e fotossíntese; armazenamento e condução; cicatrização de ferimentos e regeneração
	Colênquima	Célula colenquimática	Forma: alongada Parede celular: desigualmente espessada, apenas primária; ausência de lignina Viva na maturidade	Na periferia (sob a epiderme) nos caules jovens em crescimento; frequentemente como um cilindro de tecido ou somente em grupos; nas costelas ao longo das nervuras em algumas folhas	Sustentação no corpo primário da planta
	Esclerênquima	Fibra	Forma: geralmente muito longa Parede celular: primária e secundária espessada; frequentemente lignificada Frequentemente (não sempre) estão mortas na maturidade	Algumas vezes no córtex dos caules, mais frequentemente associado ao xilema e floema; nas folhas das monocotiledôneas	Sustentação; armazenamento
		Esclereídes	Forma: variável; geralmente mais curtas que as fibras Parede celular: primária e secundária espessada; caracteristicamente lignificada Pode ser viva ou morta na maturidade	Por toda a planta	Mecânica; proteção

vegetal. Originados durante o desenvolvimento do embrião, esses sistemas tissulares são derivados dos meristemas primários: protoderme, procâmbio e meristema fundamental, respectivamente. Uma síntese dos tecidos vegetais e seus tipos celulares pode ser vista na Tabela-resumo.

Autoavaliação

1. Faça a distinção entre os seguintes termos: célula de colênquima e célula de esclerênquima; traqueíde e elemento de vaso; placa perfurada e pontoação; célula crivada e elemento de tubo crivado; calose e proteína P.

2. Defina crescimento.

3. Onde podem ser encontradas células de transferência em uma planta? Qual o papel que elas desempenham?

4. Como um tecido simples difere de um tecido complexo? Cite exemplos de cada um deles.

5. Como as esclereídes diferem das fibras?

6. Qual é a relação de desenvolvimento e/ou função entre um elemento de tubo crivado e sua(s) célula(s) companheira(s)?

7. Explique o seguinte: os elementos traqueais sofrem morte celular programada, porém os elementos crivados sofrem degradação seletiva.

8. Qual é a provável função da proteína P nos elementos do tubo crivado maduros?

Sistema de tecidos	Tecidos	Tipo de célula	Características	Localização	Função
Sistema vascular	Xilema	Traqueíde	Forma: alongada e afilada Parede celular: primária e secundária; lignificada; sem perfuração e com pontoações Morta na maturidade	Xilema	Principal elemento condutor de água das gimnospermas e das plantas vasculares sem sementes; encontrado também em algumas angiospermas
		Elemento de vaso	Forma: alongada, mas geralmente não tão longo como as traqueídes; elementos de vaso unidos pelas suas extremidades formam um vaso Parede celular: primária e secundária; lignificada; apresenta perfurações e pontoações Morto na maturidade	Xilema	Principal elemento condutor de água das angiospermas
	Floema	Célula crivada	Forma: alongada e afilada Parede celular: primária na maioria das espécies; com áreas crivadas; frequentemente apresenta calose associada à parede e aos poros Viva na maturidade; perde o núcleo ou apresenta apenas restos dele; não existe separação entre o conteúdo vacuolar e o citoplasma; contém grandes quantidades de retículo endoplasmático tubuloso; ausência de proteína P	Floema	Transporte de substâncias orgânicas nas gimnospermas
		Célula albuminosa	Forma: geralmente alongada Parede celular: primária Viva na maturidade; associada à célula crivada, mas geralmente não é derivada da mesma célula-mãe da célula crivada; apresenta numerosos plasmodesmos com a célula crivada	Floema	Acredita-se que desempenha papel na liberação de substâncias na célula crivada, incluindo moléculas de informação e ATP
		Elemento de tubo crivado	Forma: alongada Parede celular: primária, com áreas crivadas; as áreas crivadas da parede terminal (placa crivada) apresentam poros maiores que aqueles das paredes laterais; calose frequentemente associada à parede e aos poros Viva na maturidade; não apresenta núcleo ou apenas restos dele na maturidade; nas angiospermas, exceto para algumas monocotiledôneas, apresenta uma substância proteica conhecida como proteína P; vários elementos de tubo crivado dispostos em séries verticais constituem o tubo crivado	Floema	Transporte de substâncias orgânicas nas angiospermas
		Célula companheira	Forma: variável, geralmente alongada Parede celular: primária Viva na maturidade; intimamente associada aos elementos de tubo crivado; derivada da mesma célula-mãe do elemento de tubo crivado; possui numerosas conexões poro-plasmodesmos com o elemento de tubo crivado associado	Floema	Acredita-se que desempenha papel na liberação de substâncias no elemento de tubo crivado, inclusive de moléculas de informação e ATP

CAPÍTULO 24

Raiz | Estrutura e Desenvolvimento

◀ **Figueira-estranguladora.** Começando a sua vida como semente depositada na parte alta de uma árvore por um pássaro ou por um macaco, a figueira-estranguladora (*Ficus gibbosa*) cresce inicialmente como epífita e, em seguida, estende suas raízes em direção ao solo, à medida que circunda a sua hospedeira. Nesta fotografia, o hospedeiro é Ta Prohm, um templo em Angkor Wat no Camboja (Ásia). O hábito de crescimento da figueira-estranguladora é uma adaptação para o seu desenvolvimento em florestas densas, onde existe uma intensa competição pela luz solar e por nutrientes.

A primeira estrutura a emergir da semente em germinação é a raiz, possibilitando à plântula fixar-se no solo e absorver água. Isso reflete as duas principais funções da raiz: *fixação* e *absorção* (Figura 24.1). Duas outras funções associadas às raízes são *condução* e *armazenamento*. Muitas raízes são importantes órgãos de reserva e algumas delas, tais como as de cenoura, beterraba e batata-doce, estão especificamente adaptadas para o armazenamento de substâncias. As substâncias orgânicas produzidas pelas partes aéreas, nas regiões fotos-sintetizantes da planta, deslocam-se para baixo pelo floema para os tecidos de reserva da raiz. Essas substâncias podem ser usadas pela própria raiz, mas, muito frequentemente, as substâncias armazenadas são digeridas e os produtos são transportados pelo floema de volta às partes aéreas. Nas plantas bienais, que completam seu ciclo de vida em um período de dois anos, como, por exemplo, a beterraba ou a cenoura, uma grande quantidade de substâncias é acumulada nas regiões de reserva durante o primeiro ano. Essas reservas são então usadas no segundo ano para produzir flores, frutos e sementes. A água e os nutrientes minerais, ou íons inorgânicos, são absorvidos pelas raízes e deslocam-se pelo xilema para as partes aéreas da planta.

Os hormônios (principalmente citocininas e giberelinas) sintetizados nas regiões meristemáticas das raízes são transportados para as partes aéreas, onde estimulam o crescimento e o desenvolvimento (ver Capítulo 27). As raízes também sintetizam uma grande variedade de metabólitos secundários, como nicotina, que, no tabaco, é transportada até as folhas (ver Capítulo 2). Além disso, as raízes funcionam na *regeneração clonal* (as raízes de determinadas eudicotiledôneas produzem gemas que podem se desenvolver em novos brotos), na redistribuição da água no solo (ver Capítulo 30) e secreção de uma grande variedade de substâncias (exsudatos radiculares) na *rizosfera* – o volume de solo ao redor das raízes de plantas vivas que é influenciado pela atividade radicular.

PONTOS PARA REVISÃO

Após a leitura deste capítulo, você deverá ser capaz de responder às seguintes questões:

1. Nomeie os dois tipos principais de sistemas radiculares e descreva como eles diferem um do outro quanto à origem e à estrutura.

2. Que mudanças acontecem na coifa durante o crescimento da raiz? Cite algumas das funções desempenhadas pela coifa.

3. Quais tecidos são encontrados na raiz ao final do crescimento primário e como eles estão organizados?

4. Descreva o efeito do crescimento secundário sobre o corpo primário da raiz.

5. Onde as raízes laterais se originam e por que são consideradas endógenas?

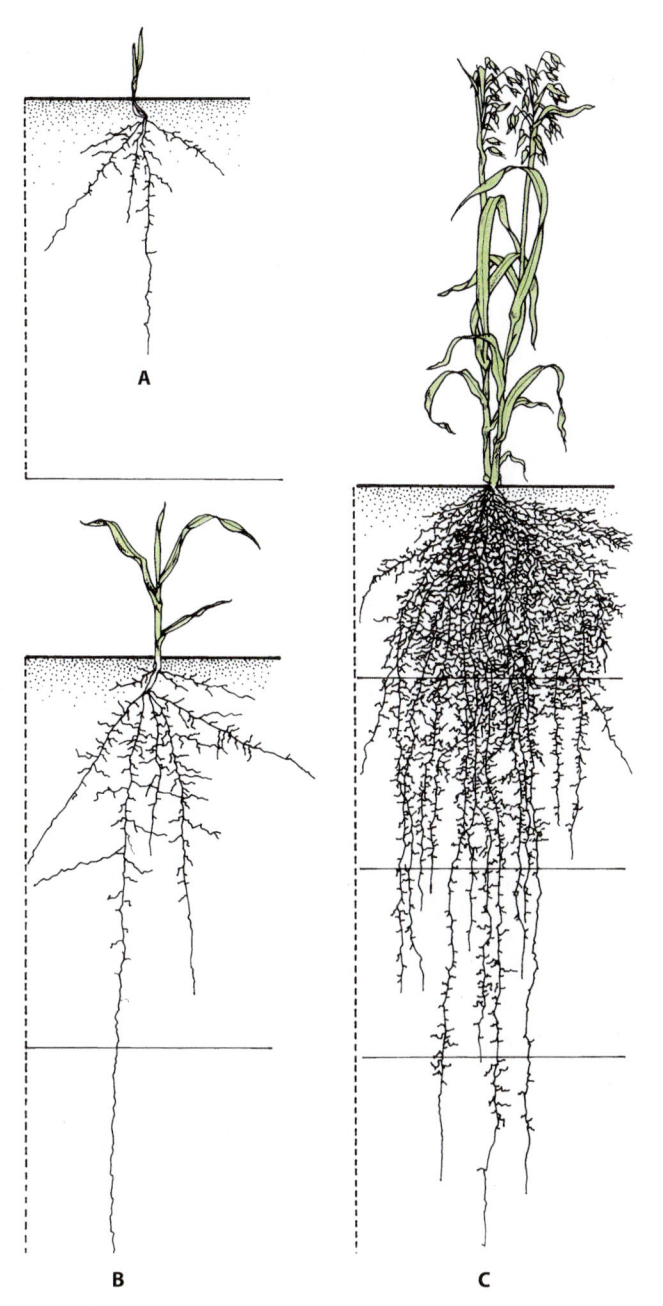

24.1 Desenvolvimento da raiz e do caule em uma monocotiledônea. Diagramas de plantas de aveia (*Avena sativa*), mostrando o tamanho relativo dos sistemas radicular e caulinar (**A**) 31 dias, (**B**) 45 dias e (**C**) 80 dias após o plantio. A planta de aveia, uma monocotiledônea, tem um sistema radicular do tipo fasciculado. As raízes estão envolvidas, principalmente, com a fixação e a absorção. Cada unidade vertical, tracejada, representa cerca de 30 cm (1 pé).

Sistemas radiculares

A primeira raiz da planta origina-se no embrião e é, em geral, chamada *raiz primária*. Em todas as plantas com sementes, à exceção das monocotiledôneas, a raiz primária é denominada *raiz pivotante* e cresce diretamente para baixo, dando origem às ramificações ou *raízes laterais*. As raízes laterais mais velhas são encontradas mais próximas da base da raiz (onde a raiz e o caule se encontram), e as raízes mais novas, mais próximas do ápice radicular. Esse tipo de sistema radicular – isto é, aquele que apresenta uma raiz primária extremamente desenvolvida

e suas ramificações – é chamado *sistema radicular pivotante* (Figura 24.2A).

Nas monocotiledôneas, a raiz primária geralmente tem vida curta, e, assim, o sistema radicular é formado por raízes adventícias, que se formam a partir do caule. Essas raízes de origem caulinar, comumente denominadas *raízes adventícias*, e suas raízes laterais dão origem ao chamado *sistema radicular fasciculado*, no qual nenhuma raiz é mais proeminente que as outras (Figuras 24.1 e 24.2B).

A configuração espacial ou arquitetura de um sistema radicular pode exibir uma considerável variação, mesmo em diferentes partes de um único sistema radicular. As raízes em crescimento são extremamente sensíveis a uma ampla gama de parâmetros ambientais, incluindo gravidade, luz, gradientes de umidade, temperatura e nutrientes presentes no solo. Um notável exemplo da plasticidade de desenvolvimento ou adaptabilidade do sistema radicular de muitas espécies é a sua resposta à distribuição desigual do nitrogênio e do fosfato inorgânico pelo desenvolvimento preferencial e rápido das raízes laterais em zonas ricas em nutrientes (ver Capítulo 29).

A extensão de um sistema radicular – isto é, a profundidade com que ele penetra no solo e a distância com que ele se alastra lateralmente – depende de diversos fatores, incluindo os parâmetros anteriormente mencionados. Os sistemas radiculares pivotantes em geral penetram mais profundamente no solo que os sistemas radiculares fasciculados. A superficialidade dos sistemas radiculares fasciculados e a tenacidade com que eles se agarram às partículas do solo fazem com que estas plantas sejam especialmente apropriadas para cobertura e prevenção da erosão do solo. Surpreendentemente, a maioria das árvores tem sistemas radiculares superficiais, e 90% ou mais de todas as raízes encontram-se localizados nos primeiros 60 cm de solo. A maior parte das *raízes finas*, ou as chamadas *raízes de nutrição*, as raízes ativamente envolvidas na absorção de água e íons minerais, está presente nos 15 cm superiores do solo, que geralmente é a camada mais rica em nutrientes. Muitas raízes finas são maciçamente infectadas por fungos conhecidos como micorrizas (ver Capítulo 14). Algumas árvores, tais como píceas, faias e álamos, raramente produzem raízes pivotantes profundas, enquanto outras, tais como os carvalhos e muitos pinheiros, comumente produzem raízes pivotantes relativamente profundas, fazendo com que essas árvores sejam difíceis de transplantar.

O recorde de profundidade de penetração pelas raízes provavelmente pertence a *Boscia albitrunca* (da família Cappa-ridaceae), com 68 m, no Deserto de Kalahari central. Raízes dessa planta foram encontradas crescendo a uma profundidade de 53 m, em uma mina recém-aberta perto de Tucson, no Arizona (EUA). Durante as escavações para a construção do Canal de Suez, no Egito, raízes de árvores de *Tamarix* e *Acacia* foram encontradas a uma profundidade de 30 m. As raízes da alfafa (*Medicago sativa*) podem se estender até profundidades de 6 m ou mais. O raio da área ocupada pelas raízes de uma planta é em geral maior – frequentemente, de quatro a sete vezes maior – que o raio da copa da árvore. O sistema radicular das plantas de milho (*Zea mays*) frequentemente alcança a profundidade de 1,5 m e se espalha em um raio de cerca de 1,0 m.

Um dos estudos mais detalhados sobre o tamanho dos sistemas radicular e caulinar foi realizado em uma planta de centeio (*Secale cereale*) com 4 meses de idade. A área total da superfí-

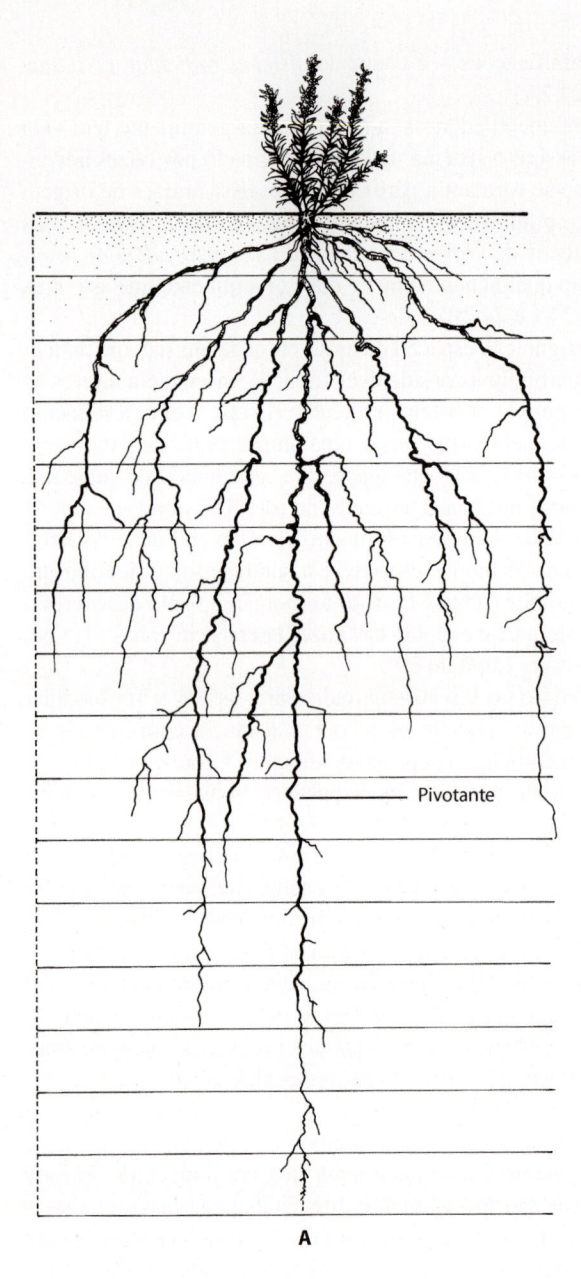

A

Pivotante

B

24.2 Sistemas radiculares: pivotante e fasciculado. Dois tipos de sistemas radiculares são representados aqui por duas plantas do campo. **A.** Sistema pivotante de *Liatris punctata* (Asteraceae), uma eudicotiledônea. **B.** Sistema radicular fasciculado de *Aristida purpurea* (Poaceae), uma monocotiledônea. Cada uma das unidades verticais tracejadas representa cerca de 30 cm. O sistema pivotante geralmente penetra no solo mais profundamente que o sistema fasciculado.

cie do sistema radicular, incluindo os pelos radiculares, foi de 639 m quadrados, ou seja, 130 vezes maior do que a área da superfície do sistema caulinar. Ainda mais surpreendente é que essas raízes ocupavam apenas cerca de 6 litros de solo.

A planta mantém um balanço entre os sistemas radicular e caulinar

Em uma planta em crescimento é mantido um balanço entre a área da superfície disponível para a produção de alimentos (a superfície fotossintetizante) e a área da superfície disponível para a absorção de água e de íons minerais. Esse balanço funcional, que ocorre entre as raízes finas e a área das folhas, pode ser expresso em uma razão: razão raiz:sistema caulinar. Nas plântulas, a superfície total de absorção de água e de íons minerais é bem maior que a superfície fotossintetizante. Entretanto, à medida que a planta envelhece, esta relação decresce gradualmente.

Se houver um dano ao sistema radicular, que cause considerável redução na sua superfície de absorção, o crescimento do sistema caulinar é reduzido, pela falta de água, íons minerais

e dos hormônios produzidos pela raiz. Por sua vez, a redução no tamanho do sistema caulinar também limita o crescimento do sistema radicular, devido à redução na disponibilidade para a raiz de carboidratos e hormônios produzidos pelo caule. As raízes finas geralmente são de vida curta e persistem, em média, apenas alguns meses, embora algumas possam viver muito mais tempo. As raízes finas de vida curta das árvores estão em um estado de constante fluxo, com ocorrência simultânea de sua morte e substituição. Por conseguinte, a flutuação na população e concentração de raízes no solo é tão dinâmica quanto a dos ramos e folhas nas partes aéreas. Foi estimado que até 33% da produtividade líquida anual global nos ecossistemas terrestres estão concentrados na produção de raízes finas. Mesmo quando as plantas são cuidadosamente transplantadas, o balanço entre os sistemas caulinar e radicular é invariavelmente perturbado. Quando uma planta é retirada do solo para ser transplantada, grande parte das finas raízes de nutrição são arrancadas. Assim, podar a parte aérea ajuda a restabelecer o balanço entre os sistemas radicular e caulinar, o que também pode ser conseguido plantando-a em um vaso maior.

Origem e crescimento dos tecidos primários

O crescimento de muitas raízes é, obviamente, um processo contínuo que cessa apenas sob condições adversas, como a seca ou baixas temperaturas. Durante o seu crescimento no solo, as raízes seguem o caminho que oferece menor resistência e frequentemente ocupam espaços deixados pelas raízes que morreram e já se decompuseram.

O ápice das raízes é envolvido pela coifa, que produz mucilagem

O ápice da raiz é recoberto pela *coifa*, um conjunto de células parenquimáticas vivas, semelhante a um dedal, que reveste e protege o meristema apical e ajuda a raiz a penetrar no solo (Figuras 24.3 a 24.6). À medida que a raiz cresce e a coifa é

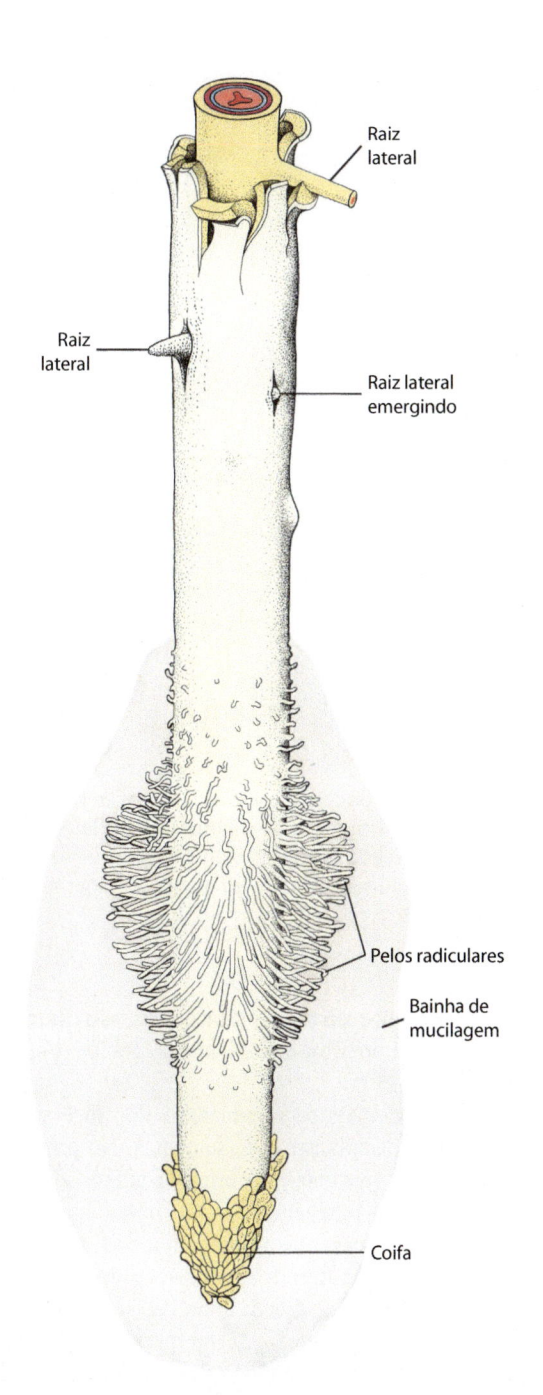

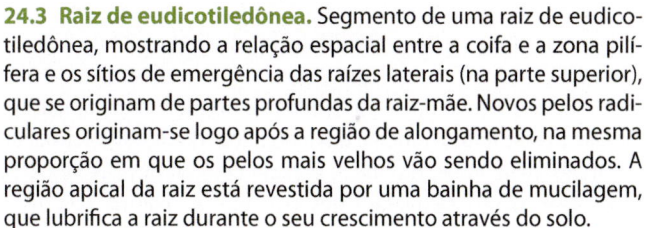

24.4 Bainha de mucilagem no ápice da raiz. A. Mucilagem que reveste a coifa da raiz de milho (*Zea mays*), contendo células da borda. **B.** Fotografia de campo escuro de uma raiz viva, mostrando a "nuvem" de células da borda, em suspensão na bainha de mucilagem (que não é visível nesta visão).

24.3 Raiz de eudicotiledônea. Segmento de uma raiz de eudicotiledônea, mostrando a relação espacial entre a coifa e a zona pilífera e os sítios de emergência das raízes laterais (na parte superior), que se originam de partes profundas da raiz-mãe. Novos pelos radiculares originam-se logo após a região de alongamento, na mesma proporção em que os pelos mais velhos vão sendo eliminados. A região apical da raiz está revestida por uma bainha de mucilagem, que lubrifica a raiz durante o seu crescimento através do solo.

empurrada para a frente, as células na periferia da coifa secretam grandes quantidades de *mucilagem* (polissacarídio altamente hidratado), que lubrifica a raiz durante a sua passagem através do solo (Figura 24.4). Por fim, essas células periféricas são liberadas da coifa. Essas células da coifa, denominadas *células da borda*, são programadas a se destacar da coifa e umas das outras quando alcançam a periférica da coifa. Com a sua liberação, as células da borda – que podem permanecer vivas por várias semanas na rizosfera – sofrem mudanças na

expressão gênica, que possibilitam a produção e exsudação de proteínas específicas, totalmente diferentes daquelas encontradas na coifa. À medida que as células da borda são liberadas, novas células são acrescentadas à coifa. A quantidade de células da borda liberadas diariamente varia, em parte, de acordo com a família da planta. Por exemplo, apenas 10 células da borda são destacadas diariamente no fumo (família Solanaceae), em comparação com até 10.000 para o algodão (família Malvaceae). As células da borda e seus produtos podem contribuir com até 98% do peso de substâncias ricas em carbono liberadas no solo com a exsudação das raízes. Com os níveis crescentes de dióxido de carbono na atmosfera e as mudanças associadas de clima, o papel do solo no sequestro de carbono é de grande interesse.

Várias funções foram atribuídas às células da borda e seus exsudatos. Entre essas funções, destacam-se a proteção do meristema apical de infecções, a manutenção de um contato

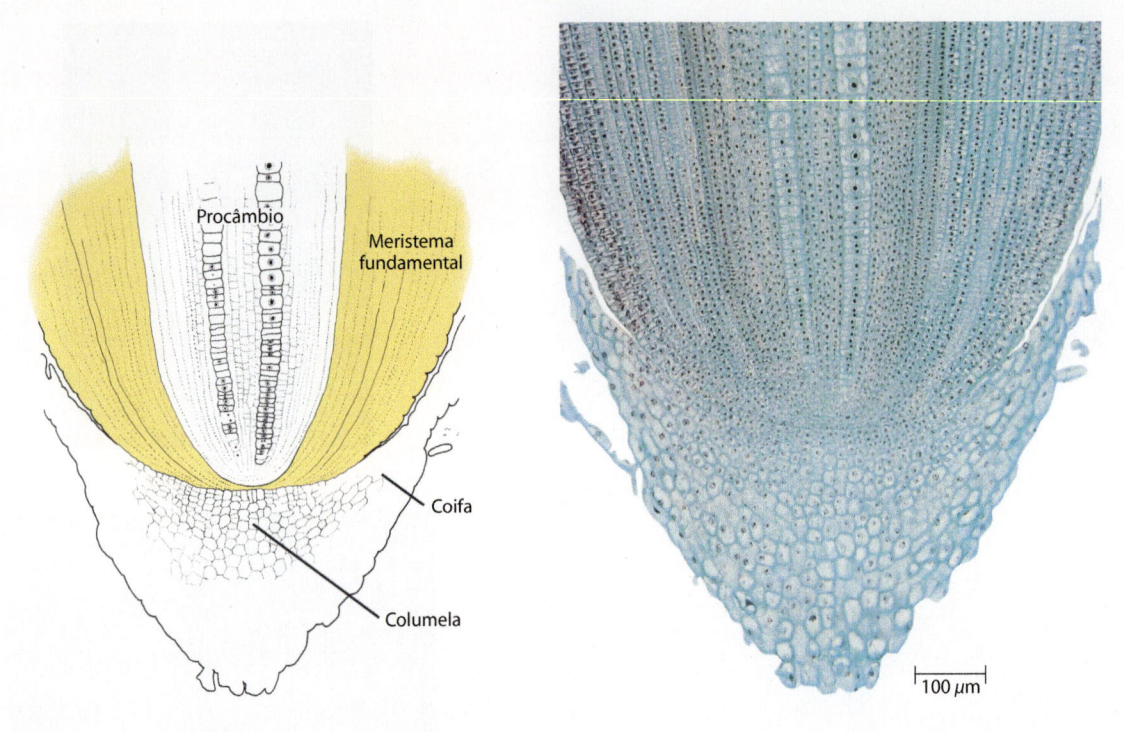

24.5 Organização do ápice radicular do tipo fechado. Três camadas distintas de iniciais podem ser vistas nesta seção longitudinal do meristema apical da raiz de milho (*Zea mays*). A camada inferior dá origem à coifa, que é constituída pela columela e coifa lateral; a camada média, à protoderme e ao meristema fundamental, o qual se desenvolve em córtex; e a camada superior, ao procâmbio, que se desenvolve no cilindro vascular. A protoderme se diferencia a partir da camada externa do meristema fundamental, e ela origina a epiderme. Compare a organização deste meristema apical com a da raiz de cebola, mostrada na Figura 24.6B.

íntimo entre as raízes e o solo, a mobilização de elementos essenciais para absorção pelas raízes, a proteção a curto prazo do ressecamento (dessecação) e atração ou repulsão de bactérias específicas. Foi também proposto que as células da borda, ao funcionarem como rolamentos de esferas, diminuem a resistência por fricção da raiz em crescimento.

A coifa por si própria desempenha muito mais funções além de fornecer proteção ao meristema apical e ajudar a raiz em sua penetração pelo solo. Ela foi caracterizada como "estação de retransmissão molecular multifuncional", visto que cabe à coifa perceber, processar e transmitir sinais ao meristema e à região de alongamento da raiz e, portanto, controlar a direção do movimento das raízes através do solo. Tipicamente, a coifa é constituída de uma coluna central de células, a *columela*, e de uma porção lateral, a *coifa lateral*, que circunda a columela (Figuras 24.5 e 24.6). A columela é o local que percebe a gravidade (gravitropismo) e os gradientes potenciais de água (hidrotropismo) (ver Capítulo 28).

A organização do ápice nas raízes pode ser do tipo aberto ou fechado

O meristema apical da raiz – a região de células em divisão ativa – estende-se por uma considerável distância do ápice até a parte mais velha da raiz. Além da coifa, a característica estrutural mais marcante do ápice da raiz é o arranjo em fileiras longitudinais ou linhagens das células, que se originam no meristema apical. A parte distal (próxima do ápice da raiz) do meristema apical, chamada *promeristema*, é menos diferenciada e constituída pelas iniciais e suas derivadas imediatas (ver Capítulo 23). Essas célu-

las, relativamente pequenas e multifacetadas, são caracterizadas pela presença de citoplasma denso e núcleo grande (Figuras 24.5 e 24.6).

Dois tipos principais de organização do ápice são encontrados nas raízes das plantas com sementes. No primeiro tipo, a coifa, o cilindro vascular e o córtex originam-se a partir de camadas de células independentes no meristema apical, e a epiderme apresenta origem comum com a coifa ou com o córtex (Figura 24.5). Esse tipo de organização do ápice da raiz é referido como "fechado" e cada uma das três regiões – coifa, cilindro vascular e córtex – é interpretada como tendo as suas próprias iniciais. No segundo tipo de organização, todas as regiões da raiz ou pelo menos o córtex e a coifa formam-se a partir de um grupo comum de células (Figura 24.6). Esse é chamado "aberto".

Embora a região das células iniciais do meristema apical da raiz se mostre mitoticamente ativa no início do desenvolvimento do órgão, mais tarde, durante o crescimento da raiz, as divisões tornam-se menos frequentes nesta região. A maioria das divisões celulares ocorre, então, a uma curta distância dessas iniciais quiescentes. Essa região do meristema apical que se tornou relativamente inativa, a qual corresponde ao promeristema, é conhecida como *centro quiescente* (Figura 24.7). O centro quiescente não inclui as células iniciais da coifa.

A palavra "relativamente" indica que o centro quiescente não é totalmente desprovido de divisões celulares em condições normais. Além disso, o centro quiescente é capaz de repovoar as regiões meristemáticas vizinhas, quando elas são danificadas. Por exemplo, em um estudo, foi constatado que os centros quiescentes isolados do milho (*Zea mays*) manti-

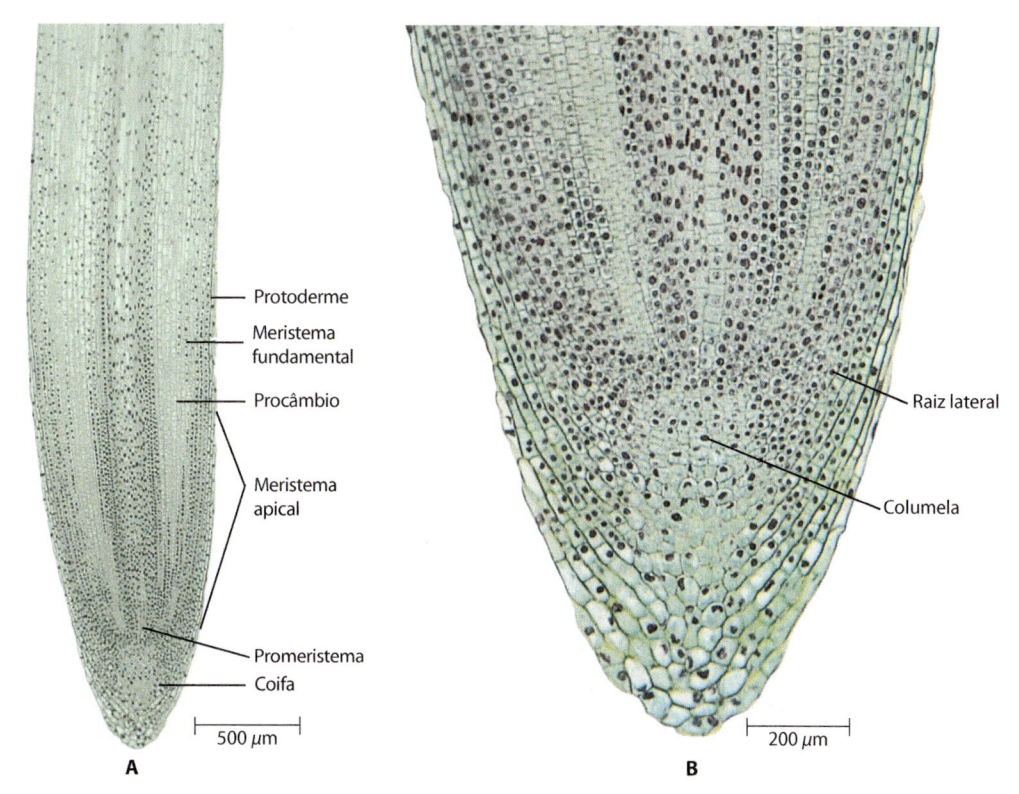

Protoderme

Meristema fundamental

Procâmbio

Meristema apical

Promeristema

Coifa

500 μm

A

Raiz lateral

Columela

200 μm

B

24.6 Organização do ápice radicular do tipo aberto. A. Nessa seção longitudinal do ápice da raiz de cebola (*Allium cepa*), os meristemas primários – protoderme, meristema fundamental e procâmbio – podem ser visualizados nas proximidades do meristema apical. **B.** Detalhe do meristema apical. Compare a organização deste meristema apical com a da raiz de milho, mostrada na Figura 24.5. (N.R.T.: Nesta espécie, um grupo comum de iniciais dá origem a todos os sistemas de tecidos.)

50 μm

24.7 Centro quiescente do meristema apical da raiz. Autorradiografia do centro quiescente (tracejado elíptico), mostrado na seção longitudinal do meristema apical da raiz de milho (*Zea mays*). Para preparar essa autorradiografia, a ponta da raiz foi embebida com timidina (precursor do DNA) marcada com trítio (^{3}H), isótopo de hidrogênio radioativo, por um dia. Como pode ser observado, o material radioativo foi rapidamente incorporado ao DNA nuclear das células que se dividem intensamente ao redor do centro quiescente; menor quantidade de material radioativo foi incorporada pelas células menos ativas do centro quiescente.

dos em meio de cultura estéril foram capazes de formar raízes inteiras, sem o desenvolvimento inicial de um calo ou tecido de cicatrização. Em outro estudo com raízes de milho encontrou-se uma estreita correlação entre o tamanho do centro quiescente e a complexidade do padrão do sistema vascular da raiz. Esses e outros estudos sugerem que o centro quiescente desempenha um papel essencial na organização e no desenvolvimento da raiz.

O crescimento no comprimento das raízes ocorre próximo do seu ápice

O local com maior número de divisões celulares situa-se atrás do promeristema, e sua distância em relação ao promeristema difere de espécie para espécie e também em uma mesma espécie, dependendo da idade da raiz. A região com células em intensa divisão – o meristema apical – é comumente denominada *região de divisão celular* (Figura 24.8).

Após a região de divisão celular, mas não muito bem delimitada por esta, está a *região de alongamento*, que tem, em geral, apenas poucos milímetros de comprimento (Figura 24.8). O alongamento das células nessa região é o maior responsável pelo crescimento em comprimento da raiz. Acima desta região, a raiz não cresce mais em comprimento. Assim, o crescimento longitudinal da raiz ocorre próximo ao ápice e resulta em uma porção muito limitada da raiz, que está sendo constantemente empurrada para dentro do solo.

A região de alongamento é seguida pela *região de maturação* ou de diferenciação, onde a maioria das células dos tecidos primários completa a sua maturação (Figura 24.8). Os pelos radicu-

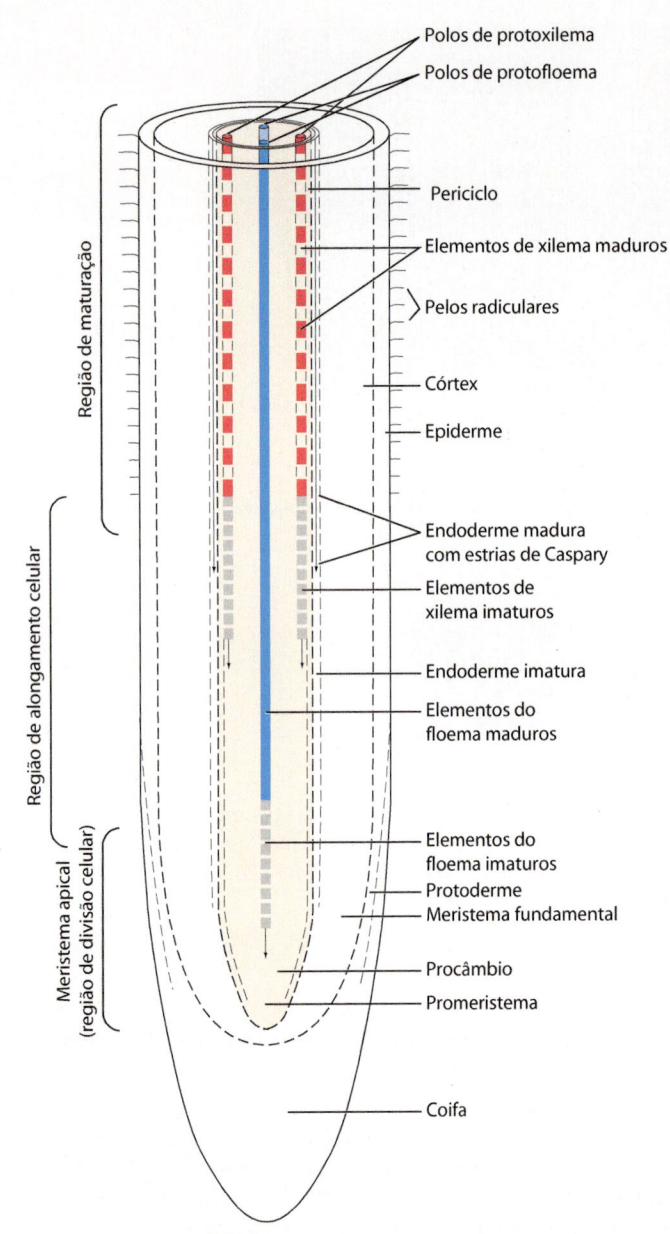

24.8 Estágios iniciais do desenvolvimento primário do ápice da raiz. O meristema apical, a região de divisão celular, estende-se por uma distância considerável "atrás" do promeristema. Essas divisões celulares se sobrepõem com a região de alongamento e com a região de maturação. As células estão crescendo e se diferenciando em células específicas, de acordo com a sua posição na raiz, em distâncias variáveis a partir do meristema apical. Os três meristemas primários – protoderme, meristema fundamental e procâmbio – ficam próximo ao meristema apical. Os elementos de tubos crivados do floema amadurecem mais próximo do meristema apical que os elementos de xilema, indicando que o protofloema amadurece mais cedo. A endoderme (com estria de Caspary) também completa a sua maturação antes da maturação dos elementos de xilema e desenvolvimento dos pelos radiculares. As localizações dos primeiros elementos do xilema primário e dos elementos do floema primário são designados como polos do protoxilema e protofloema, respectivamente.

lares também são produzidos nesta região e, às vezes, esta parte da raiz é chamada zona pilífera (Figura 24.3). É claro que se os pelos radiculares fossem formados na região de alongamento, seriam logo eliminados por abrasão enquanto a raiz é empurrada dentro do solo.

É importante observar a transição gradual entre uma região da raiz para a outra. As regiões não estão precisamente delimitadas. No mesmo nível da raiz, esses processos se sobrepõem não só nos diferentes tecidos, mas também nas diferentes fileiras de células de uma mesma região. A divisão celular pode continuar naquela região em que o alongamento celular está ocorrendo de forma rápida. Algumas células começam a crescer e a diferenciar-se na região de divisão celular, enquanto outras completam a sua diferenciação na região de alongamento. Por exemplo, os primeiros elementos do floema e xilema formados amadurecem na região de alongamento e, frequentemente, são distendidos e destruídos durante o crescimento da raiz. Como pode ser visto na Figura 24.8, os primeiros elementos do floema formados (conhecidos como *elementos crivados do protofloema*) se diferenciam mais próximo do ápice da raiz do que os primeiros elementos traqueais (conhecidos como *elementos do protoxilema*), uma indicação da necessidade do transporte de substâncias orgânicas nos tubos crivados para o crescimento da raiz.

A protoderme, o meristema fundamental e o procâmbio podem ser distinguidos muito próximo do meristema apical (Figuras 24.6 e 24.8). Estes são os meristemas primários que se diferenciam em epiderme, tecidos do córtex e tecidos vasculares primários, respectivamente (ver Capítulo 23).

Estrutura primária

Em comparação com o caule, a estrutura interna da raiz é, em geral, relativamente mais simples. Isso ocorre, em grande parte, pela ausência de folhas e, consequentemente, de nós e entrenós (ver Figura 1.9). Desse modo, o arranjo dos tecidos primários da raiz mostra poucas diferenças entre um nível e outro.

Os três sistemas de tecidos da raiz no estágio primário de crescimento – a epiderme (sistema dérmico), o córtex (sistema fundamental) e os tecidos vasculares (sistema vascular) – podem ser facilmente distinguidos um do outro. Na maioria das raízes, os tecidos vasculares formam um cilindro sólido (ver Figura 24.10), mas muitos têm centralmente uma medula ou uma região semelhante a medula (ver Figura 24.11).

A epiderme das raízes jovens absorve água e nutrientes minerais

A epiderme da raiz consiste em células alongadas justapostas, com paredes finas, que carecem de cutícula e oferecem pouca resistência à passagem de água e minerais para dentro da raiz. Nas raízes jovens, a epiderme é especializada como tecido de absorção. A absorção de água e nutrientes minerais pela raiz é facilitada pela presença dos *pelos radiculares* – extensões tubulares das células epidérmicas – que aumentam muito a superfície de absorção da raiz (Figura 24.9). No estudo feito com uma planta de centeio de 4 meses de idade, já mencionado anteriormente, estimou-se que a planta apresentava, aproximadamente, 14 bilhões de pelos radiculares e uma área de absorção de cerca de 401 m². Colocados um atrás do outro, esses pelos poderiam estender-se por mais de 10.000 km.

Os pelos radiculares são, relativamente, efêmeros e localizam-se, principalmente, na região de maturação. Os novos pelos radiculares são produzidos após a região de alongamento (Figura 24.8), e quase na mesma proporção em que os mais velhos estão sendo eliminados na extremidade superior da zona pilífera.

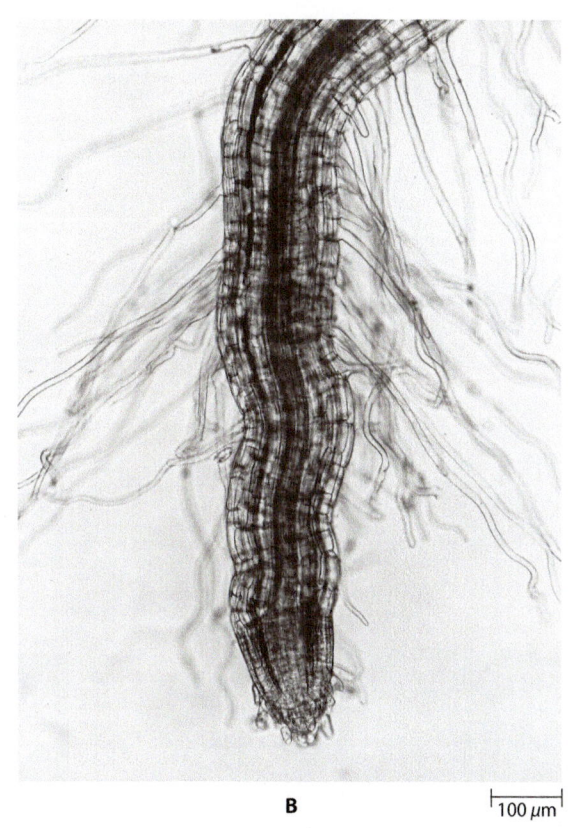

A

B $\overline{100\,\mu m}$

24.9 Pelos radiculares. A. Plântula de rabanete (*Raphanus sativus*). Observe o envoltório da semente que foi descartado, os cotilédones, o hipocótilo curvado e a raiz primária com numerosos pelos radiculares. A maior parte da absorção de água e nutrientes minerais ocorre através dos pelos radiculares, que se desenvolvem logo após a região de crescimento do ápice da raiz. **B.** Raiz de plântula de capim-panasco (*Agrostis tenuis*). Os pelos radiculares medem cerca de 1,3 cm de comprimento e podem completar o seu crescimento em poucas horas. Cada pelo radicular tem uma vida relativamente curta, mas a formação de novos pelos e a morte dos pelos mais velhos continua enquanto a raiz está em crescimento.

Enquanto o ápice da raiz penetra no solo, novos pelos radiculares se desenvolvem atrás dele, provendo a raiz com uma superfície capaz de absorver novos suprimentos de água e nutrientes minerais, ou íons inorgânicos (ver no Capítulo 30 a discussão da absorção de água e íons inorgânicos pelas raízes). São as raízes jovens e em crescimento – raízes finas – que estão, sem dúvida, envolvidas na absorção de água e nutrientes minerais. Por esta razão, os jardineiros devem tomar bastante cuidado durante o transplante, devendo levar o máximo possível de solo em torno do sistema radicular. Se a planta for simplesmente "arrancada" do solo, a maior parte de suas raízes finas serão deixadas para trás, e a planta provavelmente não sobreviverá.

As micorrizas – associações simbióticas mutuamente benéficas entre fungos e raízes – estão presentes na maioria das plantas vasculares (ver Capítulo 14). A rede de hifas dos fungos pode estender-se muito além das raízes, tornando possível à planta obter água e nutrientes de um volume muito maior do solo do que o que poderia ser obtido apenas com os seus pelos radiculares. Geralmente, as raízes que apresentam ectomicorrizas não desenvolvem pelos radiculares (ver Capítulo 14).

O córtex representa o sistema fundamental em muitas raízes

Em uma seção transversal, o córtex ocupa, sem dúvida, a maior parte da área do corpo primário em muitas raízes (Figura 24.10A). Os plastídios das células corticais geralmente armazenam amido, mas habitualmente são desprovidos de clorofila. As raízes de gimnospermas e da maioria de eudicotiledôneas, que apresentam grande crescimento secundário, perdem sua região cortical cedo. Nessas raízes, as células corticais permanecem parenquimáticas. Em contrapartida, em muitas monocotiledôneas e nas eudicotiledôneas caracteristicamente herbáceas, que são totalmente constituídas de tecido primário, o córtex se mantém durante toda a vida da raiz, e muitas das células corticais desenvolvem paredes secundárias que se tornam lignificadas (ver Capítulo 2).

Independentemente do grau de diferenciação, os tecidos corticais apresentam numerosos espaços intercelulares – espaços de ar que são essenciais para a aeração das células da raiz (Figuras 24.10B e 24.11B). Em muitas plantas aquáticas e de solos úmidos, os espaços intercelulares tornam-se grandes, resultando na formação do *aerênquima*, o termo aplicado ao tecido parenquimático com grandes e numerosos espaços intercelulares. As células corticais apresentam numerosos contatos umas com as outras, e seus protoplastos são conectados por plasmodesmos. As substâncias que percorrem o córtex podem assim seguir a *via simplasto*, movendo-se de um protoplasto ao outro por meio dos plasmodesmos, ou a *via apoplasto*, pelas paredes celulares, ou por ambos. (Os conceitos de simplasto e apoplasto são discutidos no Capítulo 4 e a absorção de água e íons minerais pelas raízes, no Capítulo 30.)

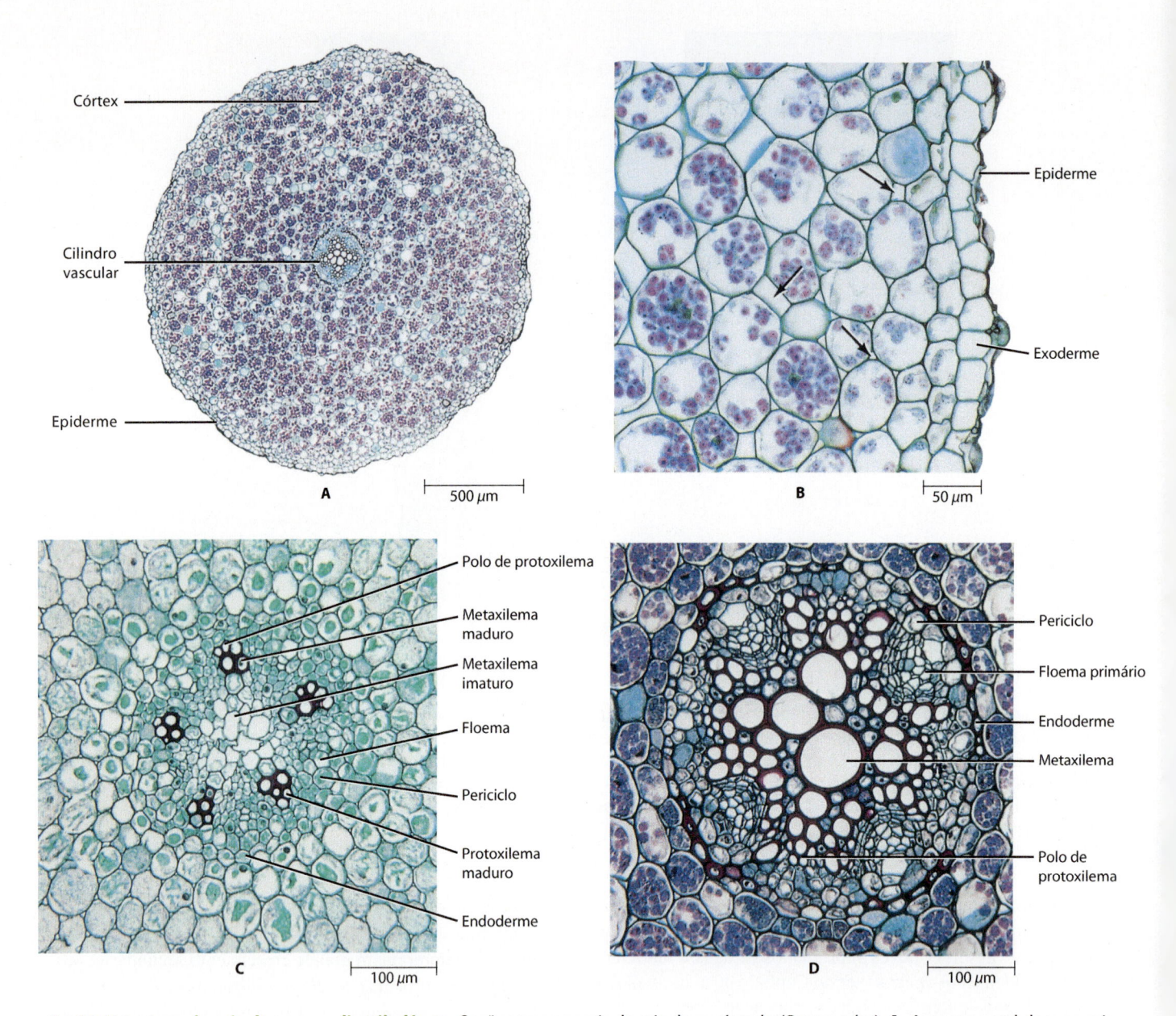

24.10 Estrutura da raiz de uma eudicotiledônea. Seções transversais da raiz de ranúnculo (*Ranunculus*). **A.** Aspecto geral de uma raiz madura. **B.** Detalhe da porção periférica de uma raiz madura. Nesta raiz, a epiderme morreu e foi substituída pela exoderme, camada cortical externa, a qual passa a funcionar como camada de revestimento. Observe os espaços intercelulares (setas) entre as células do parênquima cortical que estão dispostas internamente à exoderme, a qual apresenta um arranjo celular compacto. Os espaços intercelulares são essenciais para a aeração das células da raiz. **C.** Detalhe do cilindro vascular imaturo. Observe os espaços intercelulares entre as células do parênquima cortical. **D.** Detalhe do cilindro vascular maduro. Numerosos amiloplastos são evidentes nas células do parênquima cortical.

Ao contrário do restante da região cortical, a camada mais interna do córtex é formada por células compactamente arranjadas e carece de espaços aeríferos. Essa camada, denominada *endoderme* (Figuras 24.10 e 24.11), é caracterizada pela presença das *estrias de Caspary* em suas paredes anticlinais (as paredes radiais e transversais da célula, que são perpendiculares à superfície da raiz). A estria de Caspary não é meramente um espessamento de parede, mas uma faixa integral da parede primária e da lamela mediana (ver Capítulo 3), impregnada com suberina e, algumas vezes, lignina. A suberina e a lignina infiltram os espaços na parede geralmente ocupados pela água, conferindo, portanto, propriedades hidrofóbicas a esta região específica da parede celular. A membrana plasmática das células endodérmicas está firmemente presa às estrias de Caspary (Figura 24.12). Como as células da endoderme estão compactamente arranjadas e as estrias de Caspary são impermeáveis à passagem de água e íons, o movimento apoplástico da água e dos solutos através dela é bloqueado pelas estrias. Assim, todas as substâncias que entram e saem do cilindro vascular devem passar pelo protoplasto das células endodérmicas. Esta passagem ocorre tanto através da membrana plasmática dessas células como pela via simplástica através dos numerosos plasmodesmos, que fazem a conexão das células endodérmicas com o protoplasto das células vizinhas do córtex e do cilindro vascular.

Nas raízes que apresentam crescimento secundário, conforme mencionado anteriormente, o córtex e a sua camada interna

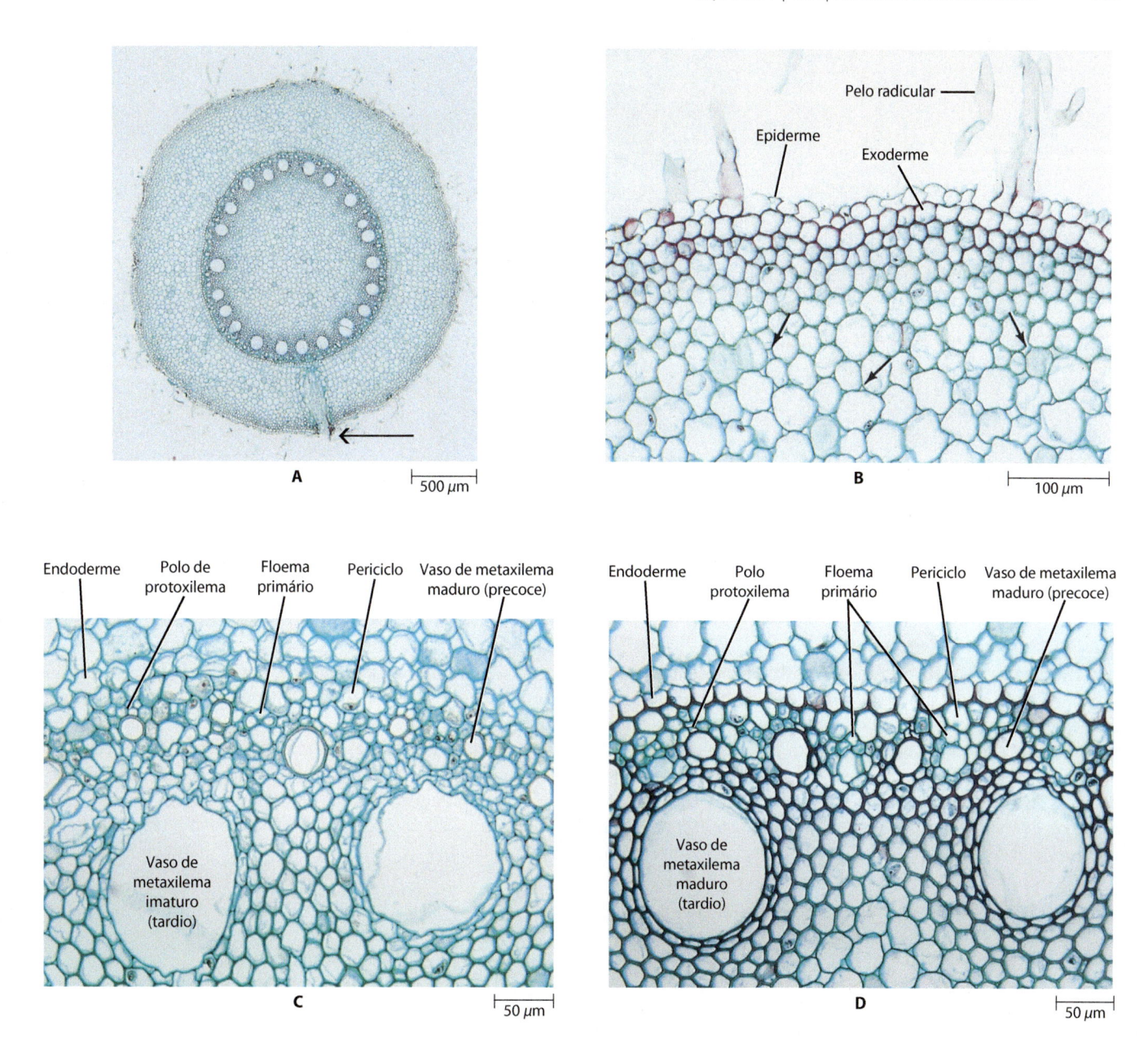

24.11 Estrutura da raiz de uma monocotiledônea. Seções transversais da raiz de milho (*Zea mays*). **A.** Aspecto geral da raiz madura. Parte de uma raiz lateral é indicada pela seta. O cilindro vascular e a sua medula são bem visíveis. **B.** Detalhe da região externa de uma raiz madura, mostrando a epiderme com pelos radiculares e parte do córtex. A camada externa das células corticais está diferenciada em uma exoderme, com as células compactamente arranjadas. Observe os espaços intercelulares (setas) entre as células do parênquima cortical. **C.** Detalhe de um cilindro vascular imaturo. **D.** Detalhe de um cilindro vascular maduro.

(endoderme) são eliminados precocemente. Embora essas raízes mais velhas ainda possam absorver a água e os nutrientes minerais do solo, elas transportam, principalmente, água e nutrientes minerais absorvidos pelas raízes mais jovens, com as quais estão unidas. As raízes cujo crescimento já cessou entram em senescência, morrem e se decompõem. Durante o crescimento vigoroso, as raízes vão sendo substituídas, pelo menos, tão rapidamente quanto vão morrendo. Nas raízes mais velhas, nas quais o córtex é mantido, uma lamela suberizada consistindo em camadas alternadas de suberina e cera é, ao final, depositada internamente sobre todas as paredes das células endodérmicas. Em seguida ocorre a deposição de celulose, que pode tornar-se lignificada (Figuras 24.13 e 24.14). Essas

mudanças na endoderme iniciam-se nas células opostas aos cordões de floema e se expandem em direção ao protoxilema (Figura 24.10D).

No lado oposto ao protoxilema, algumas células da endoderme permanecem com a parede delgada e retêm suas estrias de Caspary por um período prolongado. Essas células são denominadas *células de passagem*. Em algumas espécies elas permanecem como células de passagem, enquanto em outras elas finalmente se tornam suberizadas e apresentam deposição adicional de celulose. Um equívoco relativo à endoderme é de que o desenvolvimento da lamela de suberina impede o movimento de substâncias através dessa camada interna do córtex. Isso de fato não ocorre, pois enquanto as células endodérmicas

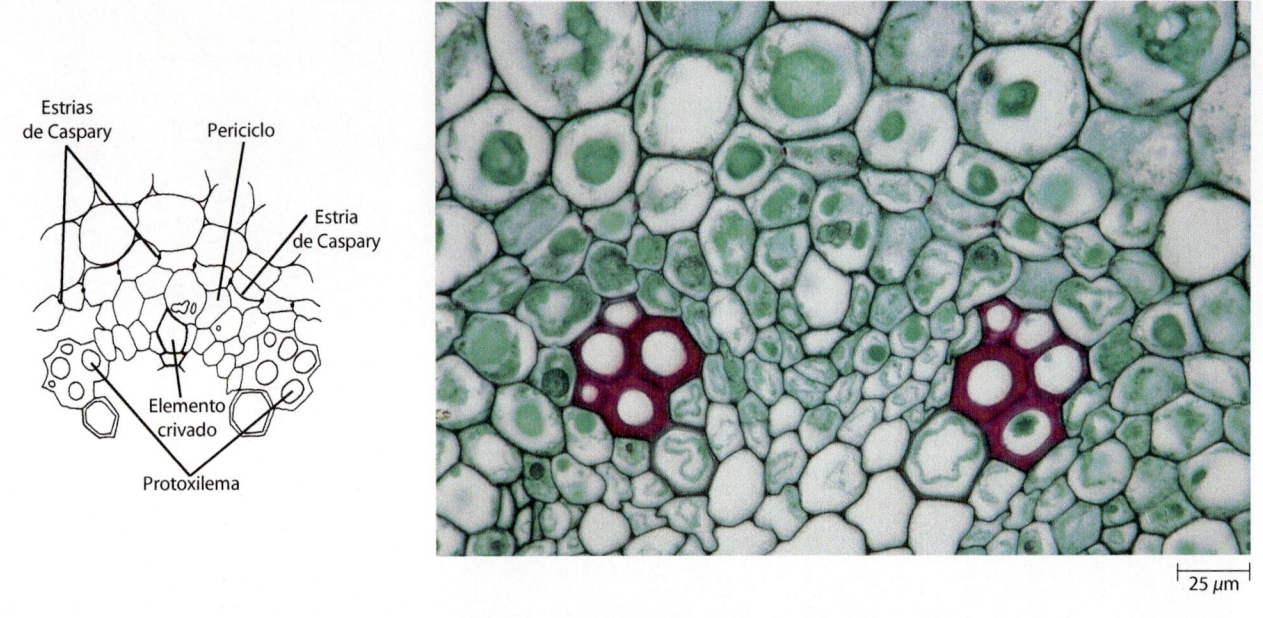

24.12 Estrias de Caspary. Detalhe ampliado de parte de uma raiz imatura de ranúnculo *(Ranunculus)*, mostrando as estrias de Caspary das células da endoderme. Observe que os protoplastos plasmolisados das células endodérmicas aderem às estrias, um fenômeno denominado plasmólise em faixa.

permanecem vivas, seus plasmodesmos permanecem intactos, propiciando uma via simplástica para o movimento de água e nutrientes minerais. A absorção desses nutrientes pelas raízes pode ainda ocorrer após a região pilífera.

As raízes da maioria das angiospermas têm uma segunda camada de células justapostas com estrias de Caspary. Esta camada, denominada *exoderme*, desenvolve-se a partir da(s) camada(s) mais externas do córtex. O desenvolvimento das estrias de Caspary é rapidamente seguido pela deposição de uma lamela de suberina, e, pelo menos em algumas espécies, forma-se ainda uma camada de celulose. As paredes celulares suberizadas da exoderme, aparentemente, reduzem a perda de água da raiz para o solo e constituem uma defesa contra o ataque de microrganismos. (Ver no Capítulo 30 a discussão sobre o papel da exoderme no movimento de água e de solutos pela raiz.)

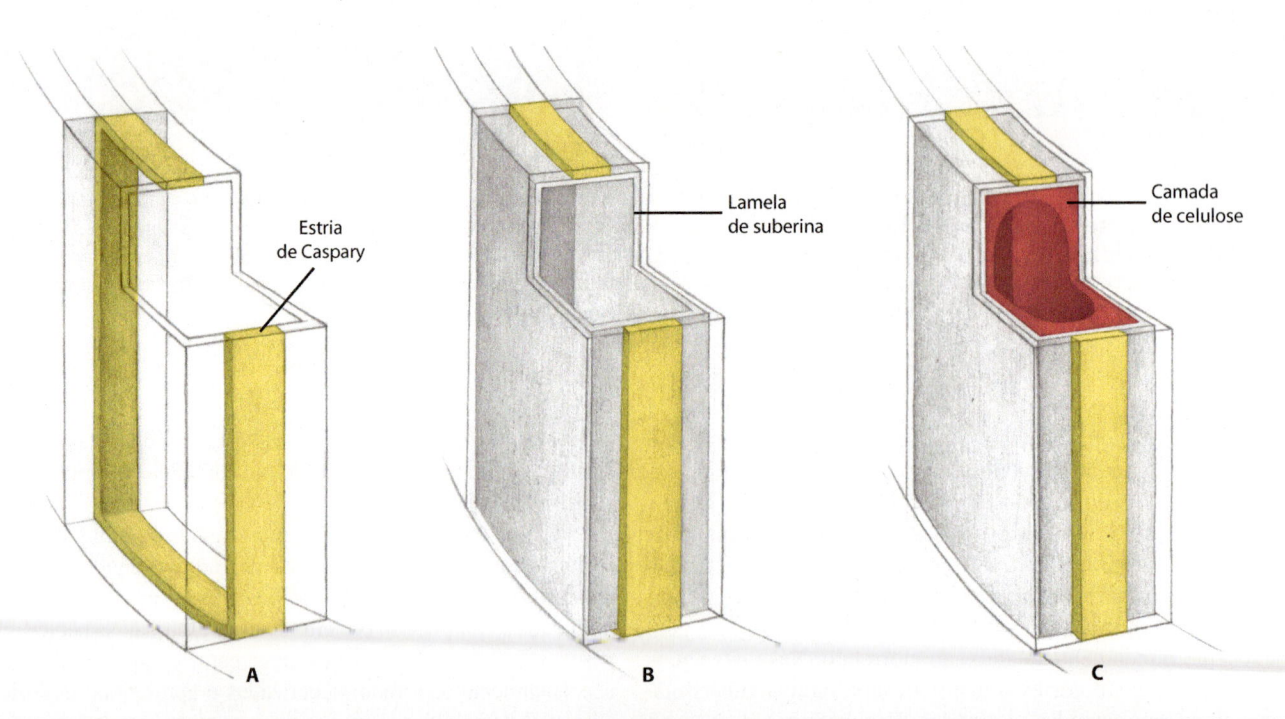

24.13 Célula da endoderme de raiz. Diagramas tridimensionais mostrando três estágios de desenvolvimento de uma célula da endoderme de uma raiz que permanece em estrutura primária. **A.** Inicialmente, a célula endodérmica é caracterizada pela presença da estria de Caspary em suas paredes anticlinais. **B.** Uma lamela de suberina é, a seguir, depositada internamente sobre todas as superfícies das paredes. **C.** Finalmente, a lamela de suberina é recoberta, internamente, por uma camada espessa de celulose, geralmente lignificada. O lado de fora da raiz está ao lado esquerdo em todos os três diagramas.

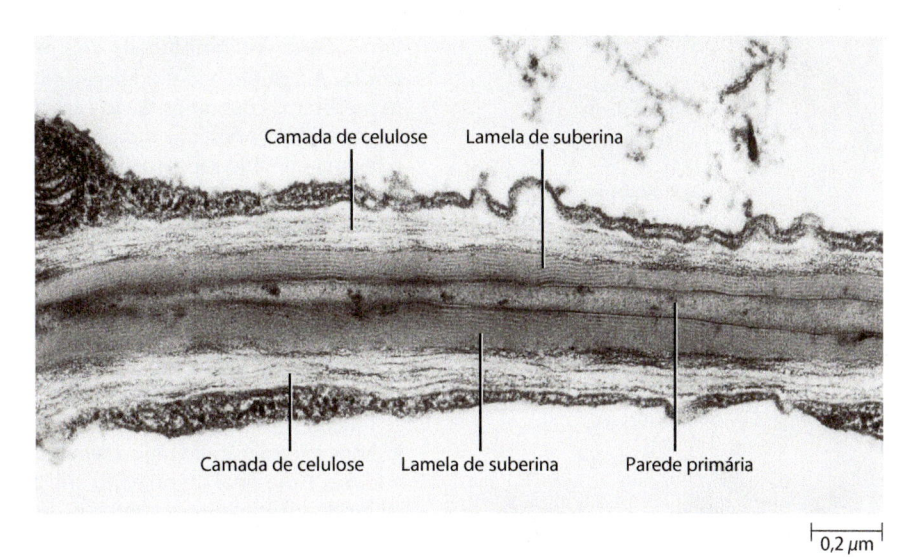

24.14 Estrutura da parede da célula da endoderme em uma raiz mais velha. Micrografia eletrônica mostrando uma seção da parede celular entre duas células endodérmicas da raiz de aboboreira (*Cucurbita pepo*). Nesse estágio final da diferenciação da endoderme, a lamela de suberina está coberta por camadas celulósicas em ambos os lados da parede primária. Observe a alternância de bandas claras e escuras na lamela de suberina, que são interpretadas como compostas, respectivamente, de cera e suberina.

O cilindro vascular inclui os tecidos vasculares primários e o periciclo

O *cilindro vascular* da raiz é constituído pelos tecidos vasculares primários e por uma ou mais camadas de células de tecidos não vasculares que constituem o *periciclo*, que envolve completamente os tecidos vasculares (Figuras 24.10 e 24.11). O periciclo é considerado parte do cilindro vascular porque, como os tecidos vasculares, têm origem a partir do procâmbio. Nas raízes jovens, o periciclo é composto de células parenquimáticas com paredes primárias, mas com o passar do tempo as células do periciclo podem desenvolver paredes secundárias (Figura 24.11D).

O periciclo desempenha vários papéis importantes. Na maioria das plantas com sementes, as raízes laterais têm origem no periciclo. Nas plantas que apresentam crescimento secundário, o periciclo contribui para a formação do câmbio vascular oposto ao protoxilema e geralmente dá origem ao primeiro câmbio da casca ou felogênio. O periciclo frequentemente prolifera – isto é, forma mais células do periciclo.

O centro do cilindro vascular da maioria das raízes é ocupado por um maciço de xilema primário, do qual partem projeções pontiagudas em direção ao periciclo (Figura 24.10). Localizados entre essas projeções do xilema estão os cordões de floema primário. (Pela ausência de medula, o cilindro vascular nessas raízes é um protostelo, ou seja, um cilindro sólido de tecido vascular; ver Capítulo 17.)

O número de projeções do xilema primário difere de espécie para espécie e algumas vezes varia até mesmo ao longo do eixo de uma mesma raiz. Se a raiz apresenta duas projeções de xilema, é denominada diarca*; se três projeções estão presentes, triarca; se quatro, tetrarca (Figura 24.10D); se cinco, pentarca (Figura 24.10C); e se muitas, poliarca (Figura 24.11). Os primeiros elementos do xilema primário a se diferenciarem na raiz – protoxilema (*proto-*, "primeiro") – localizam-se próximo

ao periciclo, e a extremidade de cada projeção desse xilema é denominada *polo de protoxilema* (Figuras 24.10 e 24.11). O *metaxilema* (*meta-*, "tardio ou posterior") – a parte do xilema primário que se diferencia depois do protoxilema – ocupa a porção interna das projeções e o centro do cilindro vascular. As raízes de algumas angiospermas, tanto eudicotiledôneas quanto monocotiledôneas (como o milho), possuem medula ou uma região semelhante à medula (Figura 24.11), que alguns botânicos interpretam como parte do cilindro vascular, por considerarem a sua origem a partir do procâmbio.

Efeito do crescimento secundário no corpo primário da raiz

Conforme mencionado anteriormente, o crescimento secundário em raízes e caules consiste na formação de (1) tecidos vasculares secundários – xilema secundário e floema secundário –, a partir do câmbio vascular e (2) periderme, composta, principalmente, de tecido suberizado ou súber (felema), a partir do câmbio da casca (felogênio). Em geral, as raízes das monocotiledôneas não apresentam crescimento secundário e, portanto, são formadas inteiramente de tecidos primários. Além dessas, as raízes de muitas eudicotiledôneas herbáceas apresentam pouco ou nenhum crescimento secundário e permanecem com uma composição predominantemente primária (ver no Capítulo 26 a discussão sobre o câmbio vascular).

Nas raízes que exibem crescimento secundário, a formação do câmbio vascular se inicia por divisões das células do procâmbio que permanecem meristemáticas e que estão localizadas entre o xilema e o floema primários, nas regiões da raiz que já pararam de se alongar. Desse modo, dependendo do número de cordões de floema presentes na raiz, duas ou mais regiões independentes de atividade cambial são iniciadas, mais ou menos simultaneamente (Figura 24.15). Logo a seguir, as células do periciclo, opostas aos polos do protoxilema, também se dividem, e as células irmãs internas, resultantes dessas divisões, contribuem para formar o câmbio vascular. Agora, o câmbio vascular envolve completamente o maciço central de xilema.

---

*N.R.T.: Arca vem da raiz grega *arch*, que quer dizer antigo, significando que são os primeiros elementos de xilema a se diferenciarem.

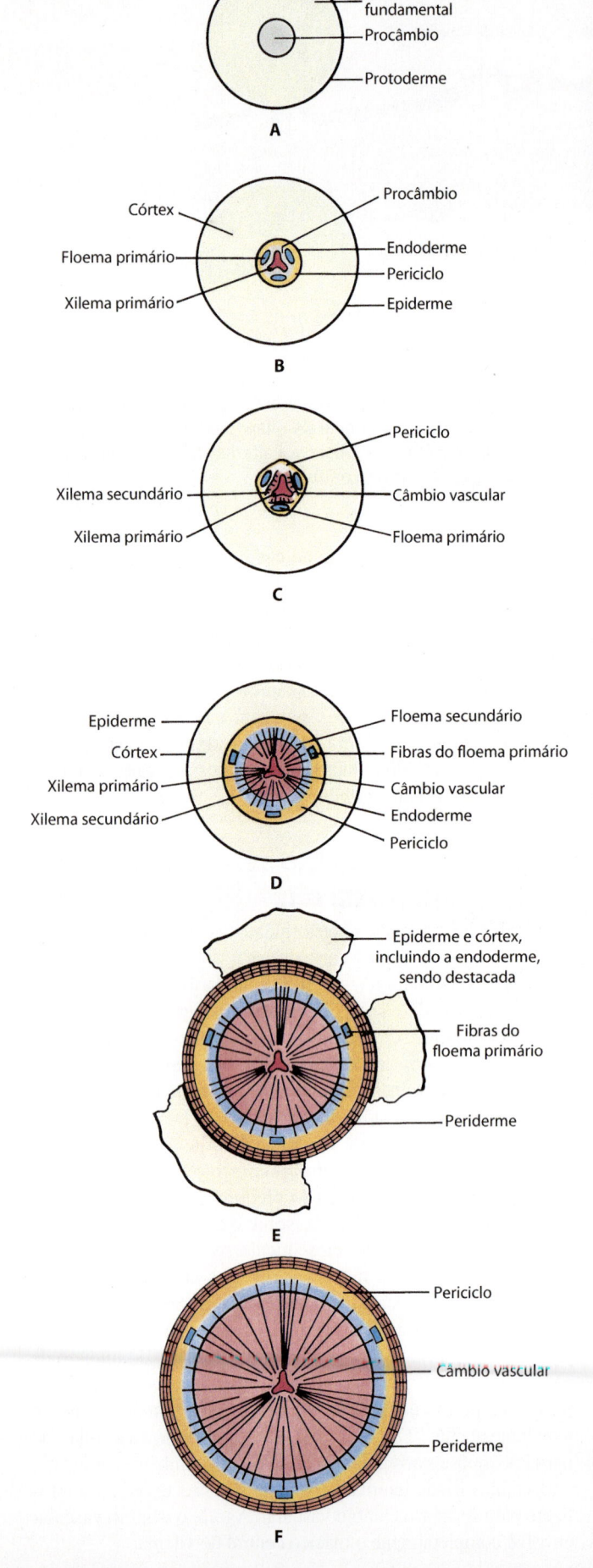

24.15 Desenvolvimento da raiz de uma eudicotiledônea lenhosa. A. Estágio inicial do desenvolvimento primário, mostrando os meristemas primários. **B.** Ao completarem o crescimento primário, os tecidos primários e o procâmbio entre o xilema primário e o floema primário são visualizados. **C.** Origem do câmbio vascular. Na raiz triarca, aqui representada, a atividade cambial se iniciou em três regiões independentes a partir do procâmbio, entre os três cordões de floema primário e de xilema primário. As células do periciclo opostas aos três polos de protoxilema também irão contribuir para formar o câmbio vascular. Um pouco de xilema secundário já foi produzido pelo câmbio vascular recém-formado, de origem procambial. **D.** Após a formação de um pouco de floema secundário e de xilema secundário adicional, o floema primário acaba por se separar do xilema primário. A periderme ainda não foi formada. **E.** Após a formação de mais xilema e floema secundários, e da periderme. **F.** Ao final do primeiro ano de crescimento, mostrando o efeito do crescimento secundário – incluindo a formação da periderme – no corpo primário da planta. Nas figuras (**D**) a (**F**), as linhas radiais representam os raios, que consistem em fileiras radiais de célulasparenquimáticas.

Logo depois de formado, o câmbio vascular, na região oposta aos cordões de floema, começa a produzir xilema secundário para o lado de dentro, e nesse processo os cordões de floema primário são deslocados para fora de sua posição anterior, entre as projeções do xilema primário. Quando a região do câmbio oposta aos polos de protoxilema estiver em divisão ativa, o câmbio vascular como um todo apresentará um contorno circular e o floema primário já estará separado do xilema primário (Figura 24.15).

Por divisões repetidas para o lado de dentro e para o lado de fora, xilema secundário e floema secundário são adicionados à raiz (Figuras 24.15 e 24.16). As fileiras de células parenquimáticas que se estendem radialmente no xilema e no floema secundários formam os raios. Em algumas raízes, o câmbio vascular derivado do periciclo forma raios largos, enquanto raios mais estreitos são produzidos em outras regiões dos tecidos vasculares secundários.

Com o aumento da quantidade de xilema e floema secundários, a maior parte do floema primário é comprimido ou obliterado. As fibras do floema primário podem ser os únicos componentes remanescentes distinguíveis do floema primário, nas raízes que apresentaram crescimento secundário.

Na maioria das raízes lenhosas, uma camada protetora de origem secundária – chamada periderme – substitui a epiderme, como o tecido de revestimento desta região da raiz. A formação da periderme em geral segue o início da produção do xilema e floema secundários. As divisões das células do periciclo produzem um aumento no número de camadas celulares deste tecido no plano radial. O *câmbio da casca* (felogênio), que tem origem na parte externa do periciclo proliferado e que se dispõe como um cilindro completo, produz *súber* para o lado externo e *feloderme* para o lado interno. Em conjunto, esses três tecidos – súber, câmbio da casca e feloderme – formam a periderme. As células remanescentes do periciclo proliferado podem formar um tecido que se assemelha ao córtex. Algumas regiões da periderme permitem as trocas gasosas entre a raiz e a atmosfera do solo. Essas regiões correspondem às *lenticelas*, áreas esponjosas na periderme com numerosos espaços intercelulares, que permitem a passagem do ar.

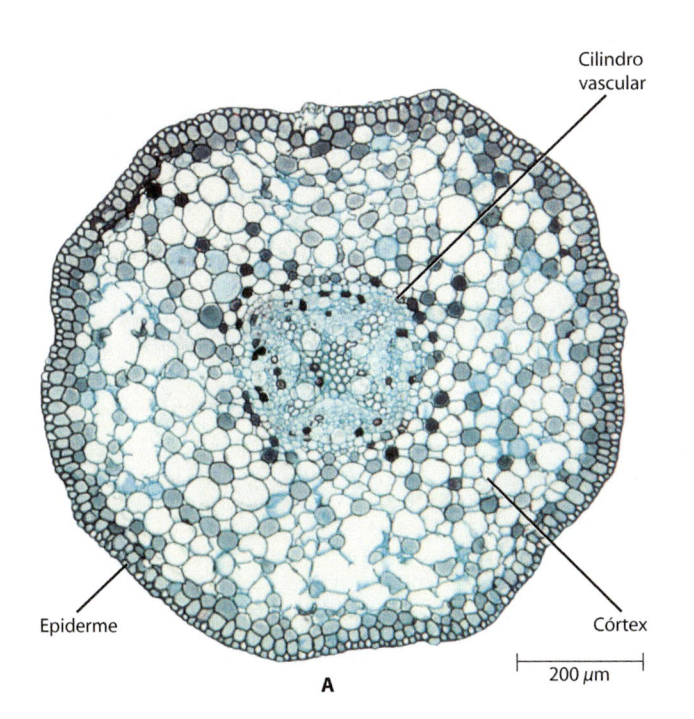

Cilindro vascular

Epiderme

Córtex

200 µm

A

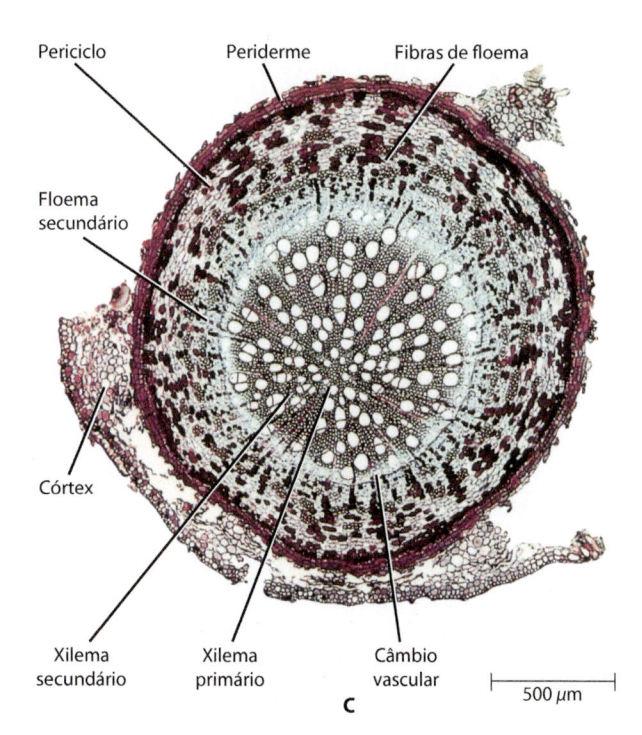

Periciclo   Periderme   Fibras de floema

Floema secundário

Córtex

Xilema secundário   Xilema primário   Câmbio vascular

500 µm

C

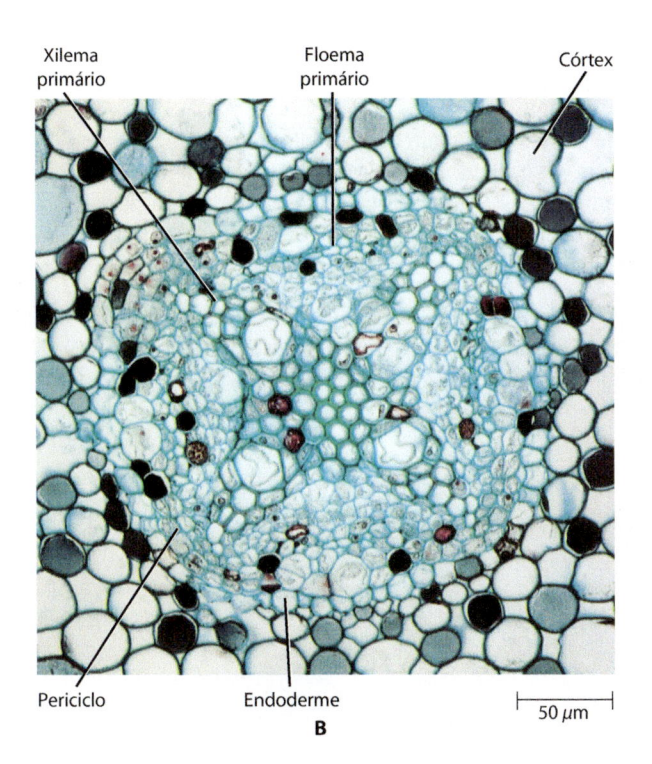

Xilema primário   Floema primário   Córtex

Periciclo   Endoderme   50 µm

B

24.16 Crescimento primário e secundário em uma raiz de eudicotiledônea lenhosa. Seções transversais da raiz de salgueiro (*Salix*), ao se tornar lenhosa. **A.** Aspecto geral da raiz, perto de completar o crescimento primário. **B.** Detalhe do cilindro vascular primário. **C.** Aspecto geral da raiz ao final do primeiro ano de crescimento, mostrando o efeito do crescimento secundário no corpo primário da planta.

Origem das raízes laterais

Na maioria das plantas com sementes, as raízes laterais (ramificações da raiz) originam-se no periciclo oposto aos polos do protoxilema. Por terem uma origem profunda na raiz-mãe, as raízes laterais são consideradas *endógenas*, o que significa "de origem interna" (Figuras 24.3 e 24.17).

As divisões do periciclo que dão início à formação das raízes laterais ocorrem a certa distância após a região de alongamento, em tecidos parcial ou totalmente diferenciados. Nas raízes das angiospermas, as células derivadas tanto do periciclo como da endoderme comumente contribuem para a formação do primórdio da nova raiz lateral, embora em muitos casos as divisões das derivadas da endoderme tenham vida curta. À medida que a jovem raiz lateral ou *primórdio de raiz* aumenta em tamanho, ela se projeta através do córtex (Figura 24.17), possivelmente secretando enzimas que digerem algumas das células corticais localizadas em seu caminho. Enquanto ainda muito jovens, os primórdios da raiz desenvolvem a coifa e o meristema apical, e os meristemas primários tornam-se visíveis. Inicialmente, o cilindro vascular da raiz lateral e o da raiz-mãe não estão unidos entre si. Os dois cilindros vasculares unem-se posteriormente, quando derivados do periciclo interveniente, e as células parenquimáticas vasculares diferenciam-se em xilema e floema. (Ver no Capítulo 27 uma discussão mais detalhada sobre o desenvolvimento das raízes laterais.)

Com formação da primeira periderme na raiz, o córtex (incluindo a endoderme) e a epiderme são separados do restante da raiz, finalmente morrem e se destacam. Ao final do primeiro ano de crescimento, os seguintes tecidos estão presentes em uma raiz lenhosa (de fora para dentro): possíveis remanescentes da epiderme e do córtex, periderme, periciclo, floema primário (as fibras, quando presentes, e as células de paredes delicadas colapsadas), floema secundário, câmbio vascular, xilema secundário e xilema primário (Figuras 24.15F e 24.16C).

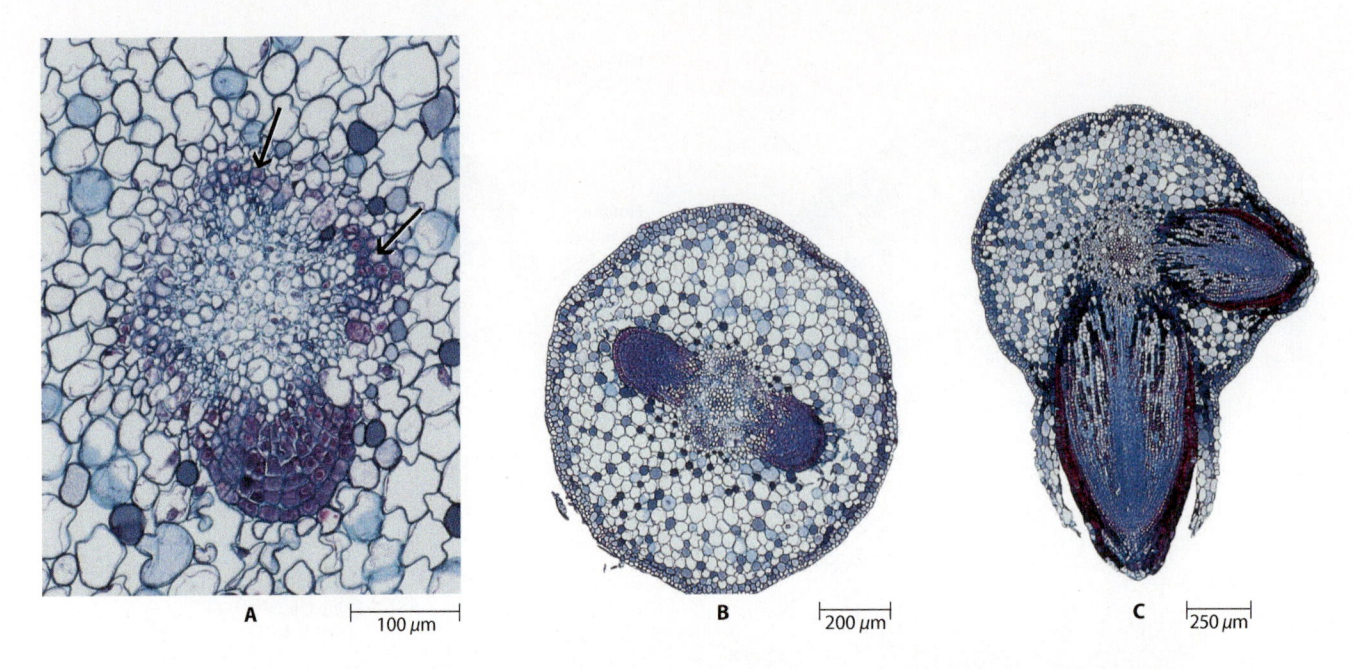

24.17   Desenvolvimento de raízes laterais. Três estágios evidenciando a origem das raízes laterais do salgueiro (*Salix*). **A.** Um primórdio de raiz está presente (abaixo), e dois outros estão em início de desenvolvimento a partir do periciclo (setas). O cilindro vascular ainda está muito jovem. **B.** Dois primórdios de raiz penetrando o córtex. **C.** Uma raiz lateral já alcançou o exterior e a outra está quase completando a sua saída.

Raízes aéreas e raízes de aeração

As raízes aéreas são raízes adventícias produzidas por estruturas que estão acima do solo. As raízes aéreas de algumas plantas atuam como as *raízes-escoras* para a função de suporte, como no milho (Figura 24.18). Quando essas raízes de sustentação do caule entram em contato com o solo, ramificam-se e começam a atuar na absorção de água e nutrientes minerais. As *raízes-suporte* são produzidas nos caules e ramos de muitas árvores tropicais, como o mangue-vermelho (*Rhizophora mangle**), a figueira-de-bengala (*Ficus benghalensis*) e algumas palmeiras (Figura 24.19). Outras raízes aéreas, como as da hera (*Hedera helix*), aderem-se a diferentes superfícies, tais como paredes, e servem de suporte para o caule escandente.

---

*N.R.T.: Segundo outros autores, essas estruturas são caules com gravitropismo positivo. (Ver Menezes, N.L. 2006. An. Acad. Bras. Cienc. 78: 213–226.)

24.18   Raiz-escora. Essas raízes-escoras do milho (*Zea mays*) são um tipo de raiz aérea.

A

24.20 Pneumatóforos. A siriúba (*Laguncularia racemosa*) produz raízes de aeração, ou pneumatóforos, que saem do lodo próximas da base da árvore.

As raízes necessitam de oxigênio para a respiração, e, por esta razão, a maioria das plantas não pode viver em solos com drenagem inadequada e, consequentemente, sem espaços para o armazenamento de ar. Em algumas árvores que crescem em *habitats* brejosos, porções das raízes crescem para fora da água. Por isso, as raízes dessas árvores servem não somente para a fixação, mas também para a aeração do sistema radicular. Por exemplo, os sistemas radiculares do mangue-preto (*Avicennia germinans*) e do mangue-branco (*Laguncularia racemosa*) desenvolvem extensões, denominadas *raízes de aeração* ou *pneumatóforos*, que crescem para cima (contra gravidade ou com gravitropismo negativo) e para fora do solo lodoso, fornecendo, assim, uma aeração adequada (Figura 24.20) por meio de numerosas lenticelas e de um córtex largo composto de aerênquima.

Muitas adaptações especiais de raízes são encontradas entre as epífitas – plantas que crescem sobre outras plantas, mas sem parasitá-las. A epiderme das raízes de orquídeas epífitas, por exemplo, tem várias camadas de células (Figura 24.21) e, em algumas espécies, este é o único tecido fotossintetizante da planta. Essa epiderme múltipla, denominada velâmen, propicia proteção mecânica para o córtex e reduz a perda de água. O velâmen também pode atuar na absorção de água e nutrientes, bem como no armazenamento de água.

B

24.19 Raízes-suporte. As fotografias mostram raízes-suporte (**A**) da palmeira neotropical, paxiúba-barriguda l (Iriartea deltoidea, da família Arecaceae) e (**B**) da figueira-de-bengala (*Ficus benghalensis*, da família Moraceae).

CHEGANDO À RAIZ DO DESENVOLVIMENTO DO ÓRGÃO

Pesquisas sobre o desenvolvimento dos órgãos das plantas têm se concentrado nas raízes de *Arabidopsis thaliana*. As três principais razões para isto são: (1) a simplicidade da estrutura da raiz de *Arabidopsis*; (2) a facilidade com que as plântulas de *Arabidopsis* podem ser cultivadas em placas de Petri, em meio contendo ágar e nutrientes; e (3) a facilidade com que *Arabidopsis* pode ser transformada, formar mutantes e ser geneticamente caracterizada, como um sistema de modelo molecular, pois seu genoma inteiro já foi sequenciado e está disponível. Quando as placas contendo plântulas são colocadas verticalmente, as raízes crescem ao longo da superfície do meio de ágar solidificado, onde quaisquer anomalias, que representem mutações, podem ser facilmente observadas.

A organização da raiz madura de *Arabidopsis* é essencialmente similar à da radícula, que começa a se diferenciar durante o estágio cordiforme do desenvolvimento do embrião (ver Capítulo 22, Figura 22.3D). O padrão radial dos tecidos na raiz é o seguinte: uma região externa de células epidérmicas; uma região mediana constituída por uma camada de células de parênquima cortical e uma camada de células endodérmicas; e uma região interna (cilindro vascular ou estelo) formada pelo periciclo e pelos tecidos vasculares. As duas camadas corticais apresentam, invariavelmente, oito células cada uma. Na epiderme existem dois tipos de células: aquelas que dão origem aos pelos radiculares e aquelas que não desenvolvem pelos radiculares. As células que formam os pelos sempre estão localizadas sobre a junção das paredes radiais entre duas células corticais (posição H), e as células epidérmicas comuns (que não formam pelos radiculares) localizam-se diretamente sobre as células corticais (posição N). Esse padrão é estabelecido no embrião e mantido durante o estágio da plântula.

O meristema apical de *Arabidopsis* apresenta organização do tipo fechado, com três camadas de iniciais. A camada inferior é constituída pelas iniciais da columela da coifa, assim como as iniciais das células laterais da coifa e da epiderme. A camada média consiste nas iniciais do córtex (das células corticais parenquimáticas e das células endodérmicas), e a camada superior consiste nas iniciais do cilindro vascular (do periciclo e dos tecidos vasculares). No centro da camada média existe um conjunto de quatro células que raramente se dividem. Este conjunto de células constitui o centro quiescente da raiz.

Um grande número de raízes mutantes de *Arabidopsis* já foi identificado, e, especificamente, o controle do destino das células da epiderme foi examinado em detalhes. Um estudo demonstrou que o gene *TTG* (*TRANSPARENT TESTA GLABRA*) é necessário para especificar o destino e o padrão das células epidérmicas. A disposição normal – com os pelos na posição H e as células que não formam pelos radiculares na posição N – estava ausente nos mutantes ttg. Nesses mutantes, as células epidérmicas em todas as posições diferenciam-se em células dos pelos, que desenvolvem pelos radiculares indistinguíveis dos pelos normais do tipo selvagem. Em seções transversais da porção madura da raiz, o número de fileiras de células epidérmicas e de células corticais (linhagens) é similar ao observado na raiz do tipo selvagem. De modo geral, os resultados deste estudo indicam que a mutação do gene *ttg* altera o controle da posição das células que irão se diferenciar em pelos radiculares, mas não afeta nem a formação dos pelos radiculares nem a estrutura da raiz madura. Aparentemente, nas raízes do tipo selvagem, o gene *TTG* tanto promove os sinais de posição como responde a estes sinais, que levam as células epidérmicas diretamente posicionadas sobre as células corticais a permanecerem como tais, ou seja, não formando pelos radiculares.

Tem sido claramente demonstrado, por meio de experimentos de ablação a *laser*, que o controle de posição via interação célula a célula desempenha um papel muito mais importante na determinação do destino celular em *Arabidopsis* do que as relações da linhagem celular (determinada pela organização no ápice da raiz). Nestes experimentos, células específicas foram removidas com o uso de *laser*, e o efeito desta remoção sobre as células vizinhas foi observado. Por exemplo, quando as células do centro quiescente eram removidas, elas eram substituídas pelas células derivadas do procâmbio (cilindro vascular) e deslocadas em direção à coifa. A seguir, essas novas células adquiriam características de coifa. Quando as iniciais das células corticais eram removidas, elas eram substituídas pelas células do periciclo, as quais então mudavam de destino e passavam a se comportar como células iniciais corticais. A remoção de uma única célula-filha de uma inicial cortical não tem efeito sobre as divisões subsequentes desta inicial, que estava em contato com as outras células-filhas corticais das iniciais corticais vizinhas. No entanto, quando todas as células-filhas corticais, vizinhas de uma inicial cortical, foram removidas, esta inicial foi incapaz de formar as fileiras de células corticais parenquimáticas e de células corticais endodérmicas. Claramente, as iniciais corticais, e provavelmente todas as iniciais, dependem da informação de posição recebida das células-filhas mais maduras, de uma mesma fileira de células. Em outras palavras, as iniciais do meristema apical da raiz parecem carecer de informação intrínseca para gerar modelos. Isso contradiz o tradicional ponto de vista de que os meristemas são estruturas autônomas geradoras de padrões ou modelos.

Adaptações para o armazenamento de substâncias | Raízes tuberosas

Muitas raízes são órgãos de armazenamento, porém em algumas plantas as raízes são especializadas para esta função. Essas raízes são tuberosas devido à abundância do parênquima de reserva, que é permeado por tecido vascular. O desenvolvimento de algumas raízes de reserva, tais como as da cenoura (*Daucus carota*), é bastante similar ao das raízes comuns (que não armazenam), exceto por uma predominância de células parenquimáticas no xilema e floema secundários destas raízes de reserva. A raiz da batata-doce (*Ipomoea batatas*) desenvolve-se de modo muito semelhante ao descrito para a cenoura; entretanto, na batata-doce, câmbios vasculares adicionais formam-se dentro do

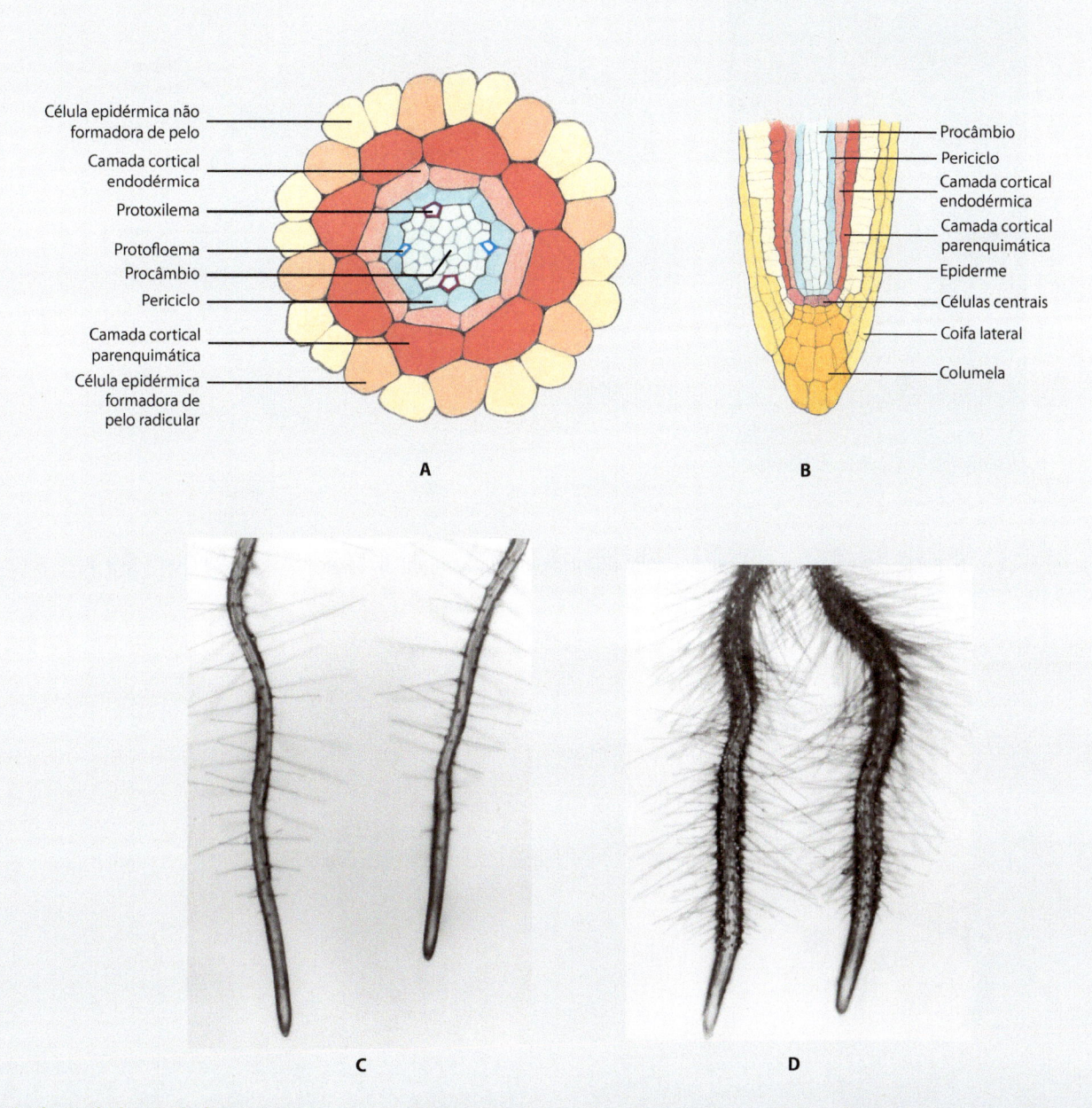

Raiz de *Arabidopsis thaliana*. A. Seção transversal da raiz antes do desenvolvimento dos pelos absorventes mostrando, na região externa, células epidérmicas; na região mediana, células do córtex, e, na região interna, o cilindro vascular. Observe que as células epidérmicas destinadas a formar os pelos radiculares localizam-se sobre as paredes radiais das células corticais, enquanto aquelas que não formarão pelos radiculares localizam-se diretamente sobre as células corticais. **B.** Seção longitudinal do ápice da raiz mostrando a relação entre as diferentes camadas ou regiões da raiz com as fileiras de iniciais no meristema apical. **C.** Raízes de plântulas de *Arabidopsis thaliana* do tipo selvagem, mostrando a frequência e o arranjo dos pelos radiculares normais. **D.** Raízes de plântulas do mutante *ttg*, com um número excessivo de pelos radiculares.

xilema secundário, ao redor de vasos isolados ou de grupos de vasos (Figura 24.22). Esses câmbios adicionais, na medida em que produzem poucos elementos traqueais para dentro e poucos elementos de tubo crivado em direção oposta aos vasos, formam principalmente células de parênquima de reserva em ambas as direções. Na beterraba (*Beta vulgaris*), grande parte do incremento em espessura da raiz resulta do desenvolvimento de câmbios extras (câmbios supranumerários, ou sucessivos), ao redor do câmbio vascular original (Figura 24.23). Estas camadas concêntricas de câmbios, que superficialmente lembram os anéis de crescimento das raízes e caules lenhosos, produzem xilema com grandes quantidades de parênquima para o lado de dentro e floema para o lado de fora. A porção superior de muitas raízes de reserva, na verdade, desenvolve-se a partir do hipocótilo.

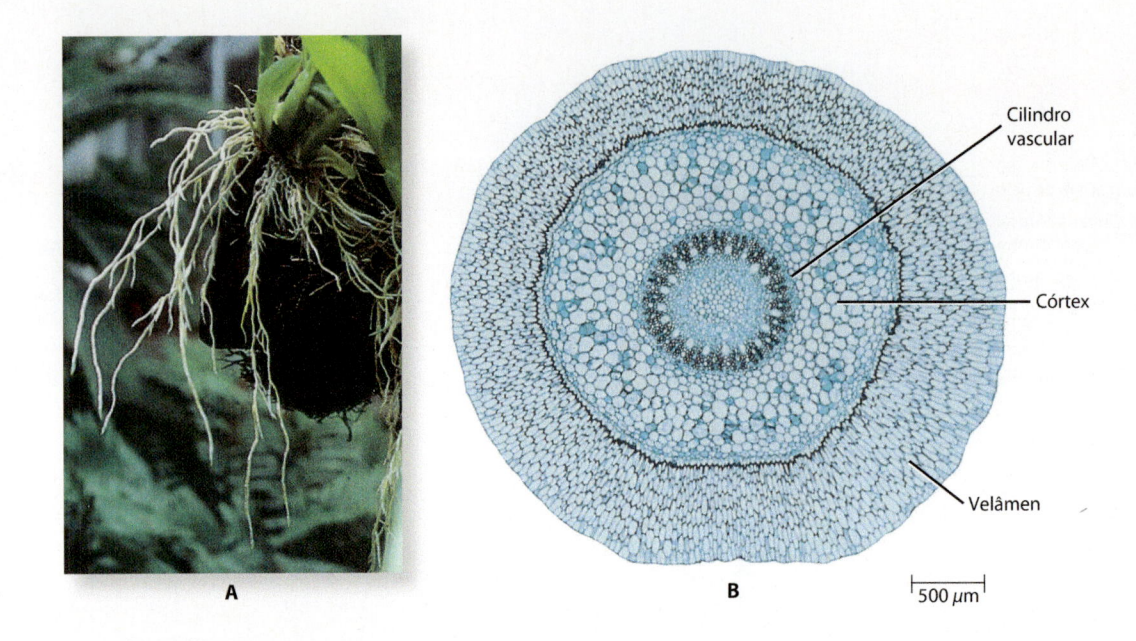

24.21 Raízes aéreas. A. Raízes aéreas de uma orquídea epífita (*Oncidium sphacelatum*). **B.** Seção transversal de uma raiz de orquídea, mostrando a epiderme múltipla ou velâmen.

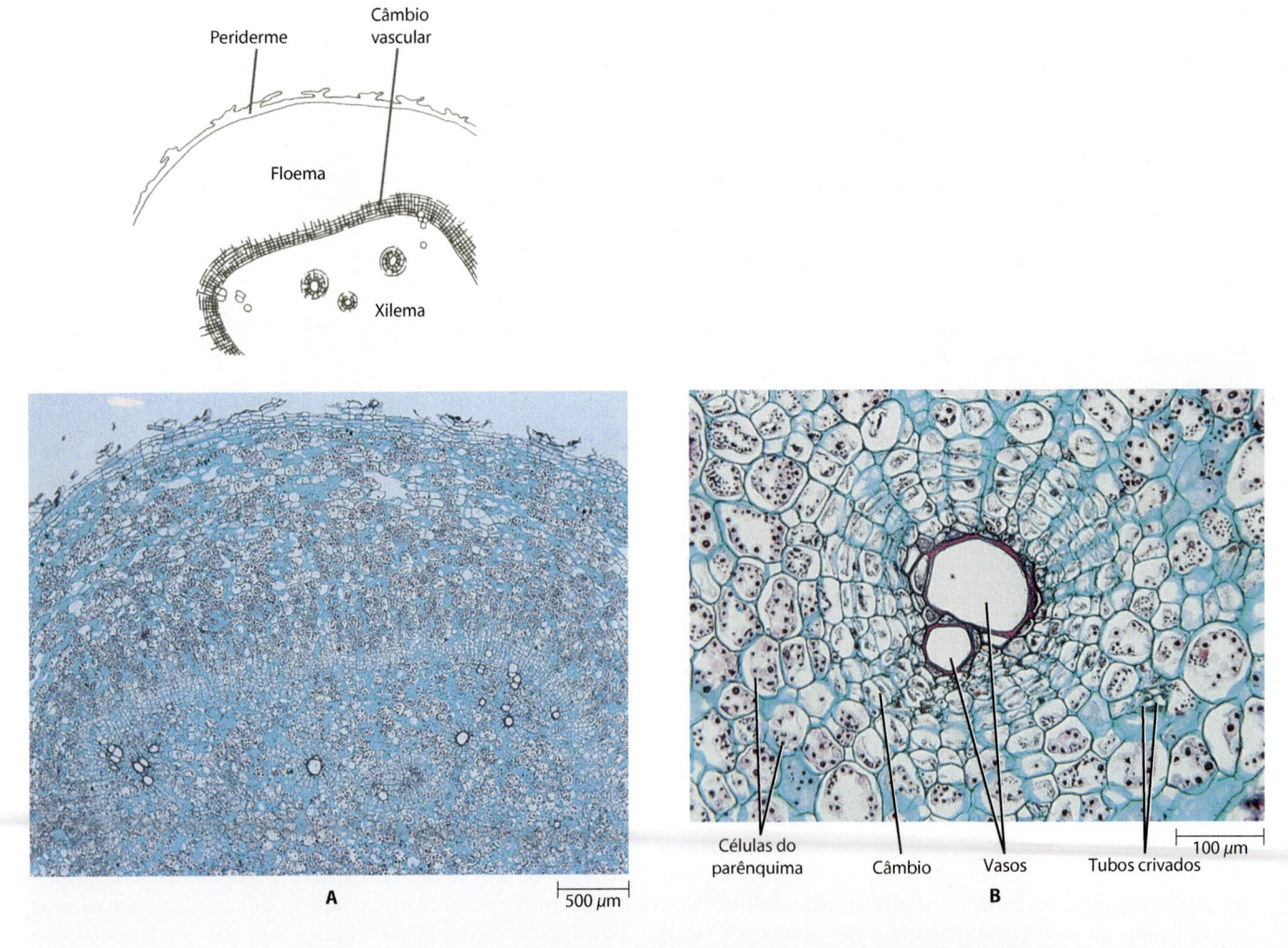

24.22 Raiz de batata-doce (*Ipomoea batatas*). A. Seção transversal mostrando um aspecto geral. **B.** Detalhe do xilema, mostrando o câmbio ao redor dos vasos. A maior parte do xilema e do floema é formada de células de parênquima de reserva.

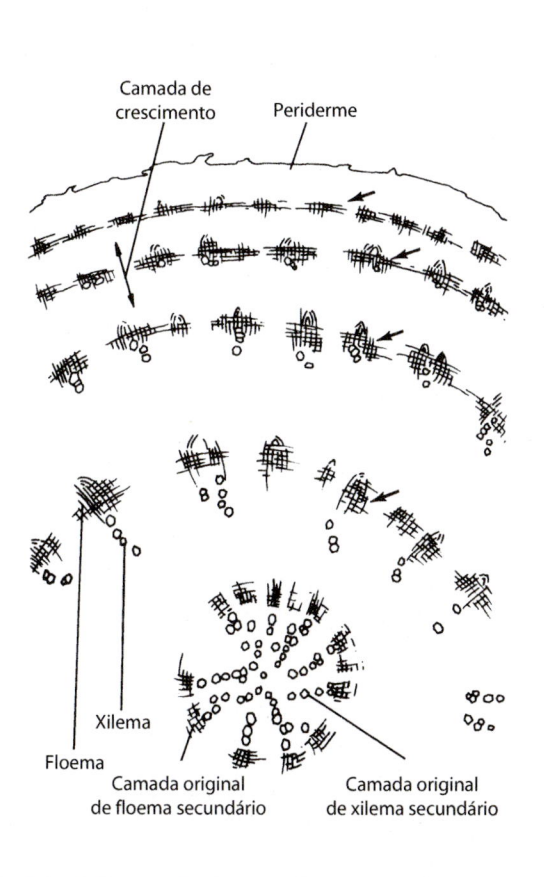

500 μm

24.23 Raiz de beterraba (*Beta vulgaris*). O aumento em espessura da raiz da beterraba resulta da atividade de câmbios supranumerários (setas). O câmbio vascular original (no centro da raiz) produz relativamente pouco xilema e floema secundários.

RESUMO

As raízes são órgãos especializados para sustentação, absorção, armazenamento e condução

As plantas com sementes, à exceção das monocotiledôneas, comumente formam o sistema radicular do tipo pivotante, que é constituído por uma raiz primária muito desenvolvida e suas ramificações. As monocotiledôneas, em geral, formam o sistema radicular fasciculado, no qual nenhuma raiz é mais proeminente que as outras. O tamanho do sistema radicular depende de vários fatores, porém a maioria das raízes finas – as raízes ativamente envolvidas na absorção de água e minerais – encontra-se nos primeiros 15 cm do solo.

O ápice radicular, de modo geral, pode ser dividido em regiões de divisão celular, de alongamento e de maturação

O meristema apical da maioria das raízes com crescimento ativo possui um centro quiescente, o qual corresponde ao promeristema (as iniciais e suas derivadas imediatas); o maior número de divisões celulares ocorre a uma curta distância das iniciais quiescentes. Além da região de divisão celular, podem ser reconhecidas, nas raízes em crescimento, duas outras regiões: a região de alongamento e a região de maturação. Durante o crescimento primário, o meristema apical dá origem aos três

meristemas primários – protoderme, meristema fundamental e procâmbio – que se diferenciam, respectivamente, em epiderme, córtex e cilindro vascular. Além disso, o meristema apical produz a coifa, que controla a direção do movimento da raiz e atua para proteger o meristema e ajudar a raiz em sua penetração no solo. A mucilagem, que é produzida pelas células externas da coifa, lubrifica a raiz durante a sua penetração no solo. As células na periferia da coifa são liberadas na rizosfera à medida que a coifa é empurrada através do solo. Essas células da borda, que podem permanecer vivas por várias semanas, exsudam proteínas específicas na rizosfera. Várias funções foram atribuídas às células da borda e seus exsudatos. A columela da coifa desempenha um importante papel na resposta da raiz à gravidade (gravitropismo) e aos gradientes potenciais de água (hidrotropismo).

A epiderme e o córtex da raiz podem ser modificados com a idade

Muitas células da epiderme da raiz desenvolvem pelos radiculares, que aumentam, em muito, a superfície de absorção da raiz. Com exceção da camada da endoderme, o córtex apresenta numerosos espaços intercelulares. As células da endoderme, dispostas compactamente, formam a camada interna do córtex e apresentam estrias de Caspary em suas paredes anticlinais. Consequentemente, todas as substâncias que passam do cór-

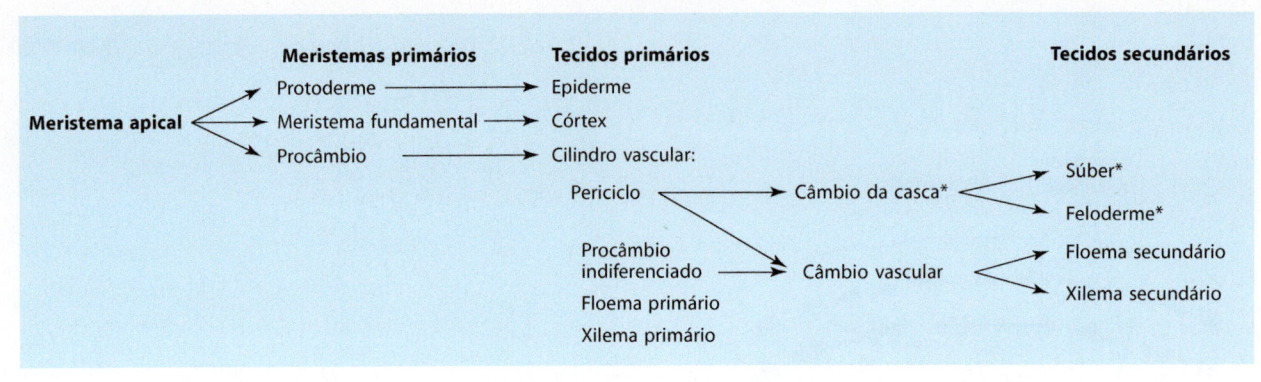

24.24 **Resumo do desenvolvimento da raiz de uma eudicotiledônea lenhosa, durante o primeiro ano de crescimento.**

tex para o cilindro vascular, e vice-versa, devem atravessar o protoplasto das células endodérmicas. As raízes da maioria das angiospermas também possuem uma exoderme, que limita externamente o córtex e que também consiste em uma camada compacta de células com estrias de Caspary.

O cilindro vascular é constituído por tecidos vasculares primários e periciclo que os circunda

O xilema primário geralmente ocupa o centro do cilindro vascular e possui projeções radiais que se alternam com os cordões de floema primário. Ao final do seu crescimento primário, a raiz é constituída por epiderme e córtex, além do cilindro vascular. As ramificações das raízes ou raízes laterais originam-se no periciclo – elas são ditas endógenas porque têm origem interna – e forçam seu caminho para fora, através do córtex e da epiderme da raiz que as originou.

O crescimento secundário nas raízes requer o câmbio vascular e o câmbio da casca

O crescimento secundário ocasiona uma ruptura no corpo primário da raiz, pois os cordões de floema primário são separados do xilema primário. Isso ocorre por meio da formação de tecidos vasculares secundários pelo câmbio vascular. Nas raízes, o câmbio vascular origina-se, em parte, do procâmbio, que permanece indiferenciado entre o xilema primário e os cordões de floema primário e, em parte do periciclo oposto aos polos do protoxilema. Na maioria das raízes lenhosas, o câmbio da casca da primeira periderme origina-se do periciclo. Como consequência, o desenvolvimento da periderme acaba por isolar e finalmente separar o córtex e a epiderme do restante da raiz. A Figura 24.24 apresenta um resumo do desenvolvimento da raiz de uma eudicotiledônea lenhosa, começando com o meristema apical e terminando com os tecidos secundários produzidos durante o primeiro ano de crescimento.

As modificações das raízes incluem raízes aéreas, raízes de aeração e raízes tuberosas

Muitas raízes são órgãos de reserva e em algumas plantas, tais como a cenoura, a batata-doce e a beterraba, são especializadas para esta função. As raízes tuberosas possuem uma grande quantidade de parênquima de reserva permeado por tecido vascular.

Autoavaliação

1. Faça a distinção entre os seguintes termos: células da endoderme e células de passagem; endoderme e exoderme; protoxilema e metaxilema; raízes aéreas e raízes de aeração.

2. Quais são as principais funções das raízes?

3. Discuta a necessidade da planta em manter o balanço entre o sistema caulinar e o sistema radicular.

4. O que são células da borda? Cite algumas das funções atribuídas a essas células.

5. Durante o crescimento em comprimento da raiz, um segmento limitado das raízes é constantemente empurrado através do solo. Explique esta afirmação.

6. Como as estrias de Caspary das células endodérmicas afetam o movimento da água e solutos através da endoderme?

7. Diferencie promeristema de meristema apical da raiz. Qual parte corresponde ao centro quiescente?

8. Que característica estrutural é comum a todas as raízes de reserva?

CAPÍTULO 25

Sistema Caulinar | Estrutura Primária e Desenvolvimento

◀ **Sistema caulinar em expansão.** Durante o inverno, este sistema caulinar de cária (*Carya ovata*) estava com os entrenós muito comprimidos e tinha a aparência de uma gema terminal apenas. A expansão da gema fez com que as escamas protetoras marrons se separassem e dobrassem para fora. Quando o sistema caulinar está totalmente expandido, uma nova gema terminal se forma e passa por um período de dormência antes que seja também capaz de se expandir e repetir o ciclo.

O *sistema caulinar*, constituído pelo caule e suas folhas, é a parte da planta que fica acima do solo e que nos é familiar. Seu desenvolvimento começa no embrião, onde pode ser representado pela plúmula, que é constituída por epicótilo (o caule acima do nível de inserção dos cotilédones), uma ou mais folhas jovens e um meristema apical, ou apenas pelo meristema apical. Como veremos, o sistema caulinar é estruturalmente mais complexo do que a raiz. Diferentemente da raiz, o sistema caulinar apresenta nós e entrenós, com uma ou mais folhas conectadas a cada nó (Figuras 25.1 e 25.2). Enquanto o ápice do sistema caulinar produz folhas e gemas axilares, as quais se desenvolvem em sistemas caulinares laterais (ramos), o ápice da raiz não forma órgãos laterais. (Você se lembrará do Capítulo 24, que as raízes laterais se originam na região de maturação, que se situa acima do ápice da raiz.) Em cada

nó, um ou mais cordões do cilindro vascular do caule curvam-se para fora e dirigem-se para a folha, deixando uma ou mais lacunas no cilindro vascular oposto à folha. Tais lacunas não existem nos cilindros vasculares (protostelos) das raízes.

As duas funções principais associadas aos caules são *suporte* e *condução*. As folhas – os principais órgãos fotossintetizantes da planta – são sustentadas pelos caules, os quais as colocam em posições favoráveis para a exposição à luz. As substâncias produzidas nas folhas são transportadas para baixo, via floema dos

PONTOS PARA REVISÃO

Após a leitura deste capítulo, você deverá ser capaz de responder às seguintes questões:

1. Descreva a estrutura do meristema apical caulinar das angiospermas. Qual a relação entre as zonas do meristema apical e os meristemas primários do sistema caulinar?

2. Nomeie os três tipos básicos de organização que são encontrados nos caules das plantas com sementes em estrutura primária.

3. O que são traços foliares e de que modo eles são indicativos da relação íntima que existe entre o caule e a folha?

4. Quais hipóteses foram propostas para explicar o padrão de disposição das folhas nos caules?

5. Descreva as diferenças estruturais existentes entre as folhas de monocotiledôneas daquelas de outras angiospermas.

6. Como as mutações homeóticas contribuíram para o entendimento do controle genético do desenvolvimento floral?

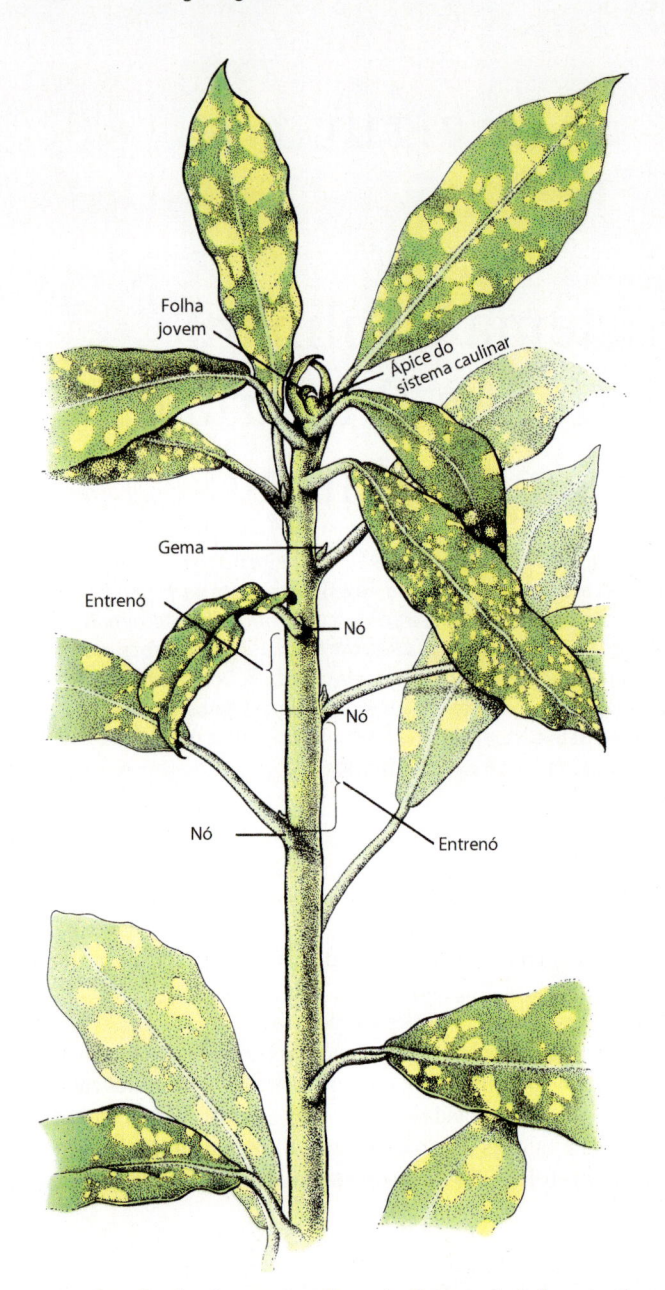

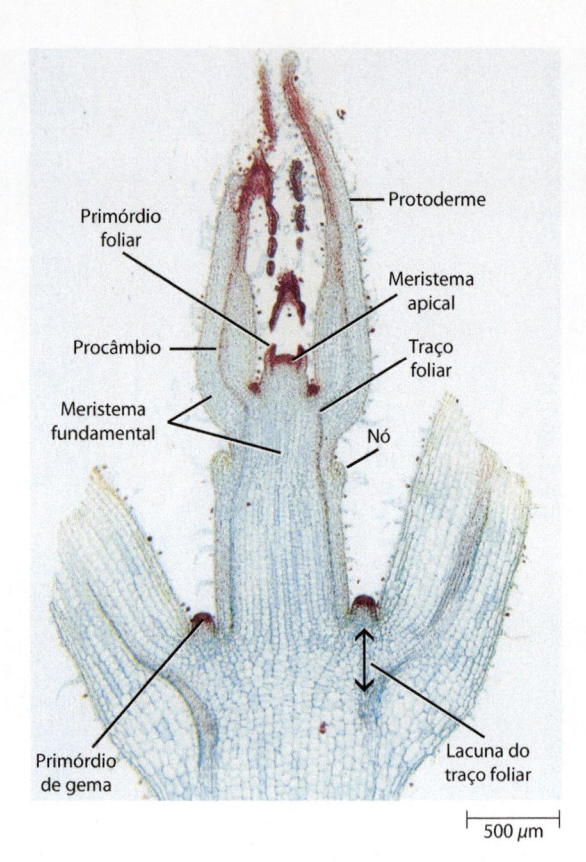

25.2 Ápice do sistema caulinar de cóleo* (*Plectranthus blumei*). As folhas de cóleo, uma eudicotiledônea, são opostas umas às outras nos nós. Cada par sucessivo está em ângulo reto com o par anterior (filotaxia decussada), e, desse modo, as folhas de um nó marcado estão em ângulo reto ao plano da seção. (Ver adiante a discussão sobre traços foliares, lacunas de traços foliares e filotaxia.)

25.1 Porção do sistema caulinar de *Croton*. As folhas de *Croton*, uma eudicotiledônea, são manchadas devido a variações clonais que interferem na sua capacidade de produzir clorofila. Essas folhas estão dispostas em espiral ao longo do caule. No ápice, as folhas estão tão próximas que os nós e os entrenós não são distinguíveis como regiões separadas do caule. O crescimento em comprimento do caule entre as sucessivas folhas, as quais estão ligadas ao caule nos nós, resulta na formação dos entrenós.

caules, em direção aos sítios onde são necessárias, como regiões em desenvolvimento e tecidos de armazenamento de caules e raízes. Ao mesmo tempo, a água e os íons minerais são transportados ascendentemente, via xilema das raízes, através do caule em direção às folhas.

Origem e crescimento dos tecidos primários do caule

O meristema apical do sistema caulinar é uma estrutura dinâmica que, além de adicionar células ao corpo primário da planta, produz repetitivamente os primórdios foliares e os primórdios

de gemas, resultando em uma sucessão de unidades similares denominadas *fitômeros* (Figura 25.3). Os *primórdios foliares* desenvolvem-se em folhas e os *primórdios de gemas*, em sistemas caulinares laterais. Diferentemente do meristema apical da raiz, o meristema apical do sistema caulinar vegetativo carece de uma cobertura protetora especializada comparável à coifa. Por outro lado, este meristema é, geralmente, circundado por folhas jovens que se dobram sobre ele, conferindo-lhe proteção. Embora o termo "ápice do sistema caulinar" seja, frequentemente, usado como um sinônimo para o meristema apical do sistema caulinar, o *meristema apical* representa, mais corretamente, apenas a parte do sistema caulinar que se situa distalmente, ou acima, do primórdio foliar mais jovem. O *ápice do sistema caulinar* inclui o meristema apical com a região subapical que porta os primórdios foliares jovens.

O meristema apical do sistema caulinar vegetativo da maioria das plantas floríferas apresenta uma organização denominada *túnica-corpo* (Figura 25.4). As duas regiões – túnica e corpo – distinguem-se pelos planos de divisão celular nelas presentes. A túnica é constituída pela(s) camada(s) de célula(s) mais externa(s) que se dividem *anticlinalmente*, ou seja, no plano perpendicular à superfície do meristema (Figura 25.4C). Estas divisões contribuem para o crescimento em superfície, sem au-

---

*N.T.: O nome de cóleo foi modificado para *Plectranthus blumei*.

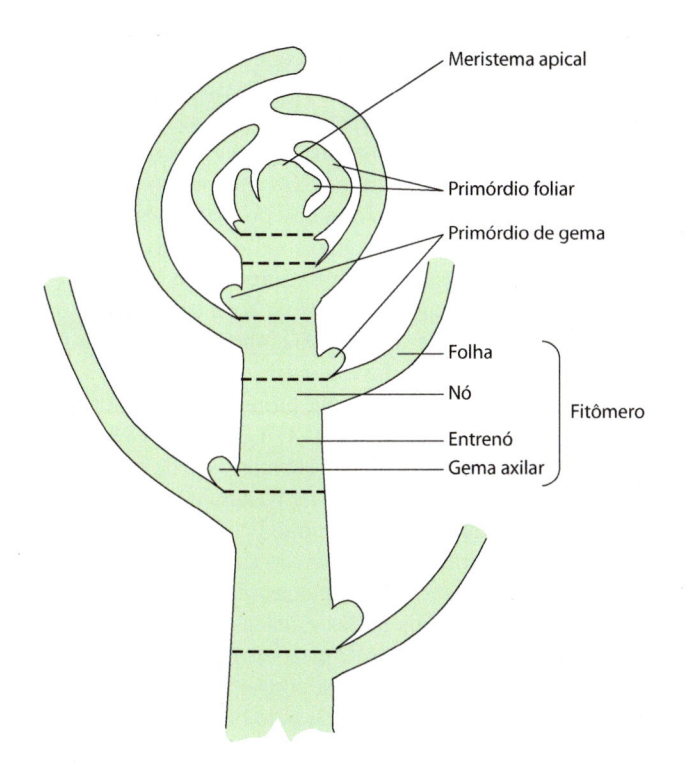

Meristema apical

Primórdio foliar

Primórdio de gema

Folha

Nó

Entrenó

Gema axilar

Fitômero

25.3 Fitômeros. O meristema apical do ápice do sistema caulinar é protegido pelas folhas jovens que se dobram sobre ele, como visto nesta seção longitudinal do sistema caulinar de uma eudicotiledônea. A atividade do meristema apical, que repetitivamente produz primórdios de folhas e gemas axilares, resulta em uma sucessão de unidades repetidas denominadas fitômeros. Cada fitômero é constituído por um nó com sua folha, o entrenó abaixo dessa folha e a gema na base do entrenó. Os limites dos fitômeros estão indicados pelas linhas tracejadas. Observe que os entrenós aumentam de tamanho à medida que se distanciam do meristema apical. O alongamento internodal é responsável pela maior parte do aumento em comprimento do caule.

As iniciais do corpo localizam-se abaixo daquelas da túnica e adicionam células ao corpo, dividindo-se *periclinalmente*, ou seja, no plano paralelo à superfície apical (Figura 25.4C). Assim, o número de camadas de células iniciais em um dado meristema é igual ao número de camadas da túnica mais um.

O número de camadas da túnica varia de espécie para espécie. Muitas eudicotiledôneas têm ápices constituídos por três camadas de células superpostas: duas camadas de túnica e a camada de células iniciais do corpo. Essas três camadas de células são designadas comumente L1 (externa), L2 e L3 (internas) (L, do inglês *layer*, camada) (Figura 25.4A). Embora a camada L1 se divida quase exclusivamente anticlinalmente, suas células podem ocasionalmente se dividir periclinalmente. Quando isto acontece, a célula-filha interna é deslocada para a camada L2, onde se diferencia como se fosse derivada da camada L2.

mento no número de camadas celulares no meristema. O corpo consiste em um conjunto de células localizado abaixo das camadas da túnica. No corpo, as células dividem-se em vários planos, aumentando o volume do sistema caulinar em desenvolvimento. O corpo e cada camada da túnica têm as suas próprias iniciais.

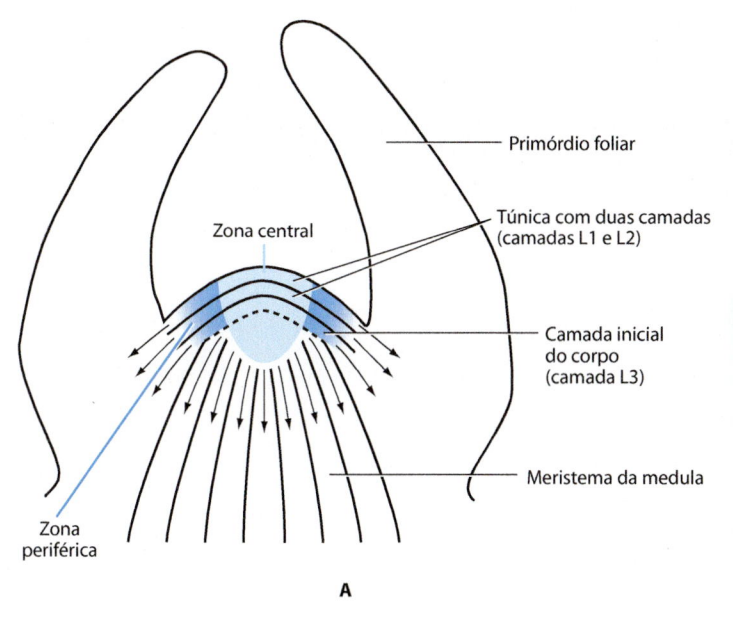

Primórdio foliar

Zona central

Túnica com duas camadas (camadas L1 e L2)

Camada inicial do corpo (camada L3)

Meristema da medula

Zona periférica

A

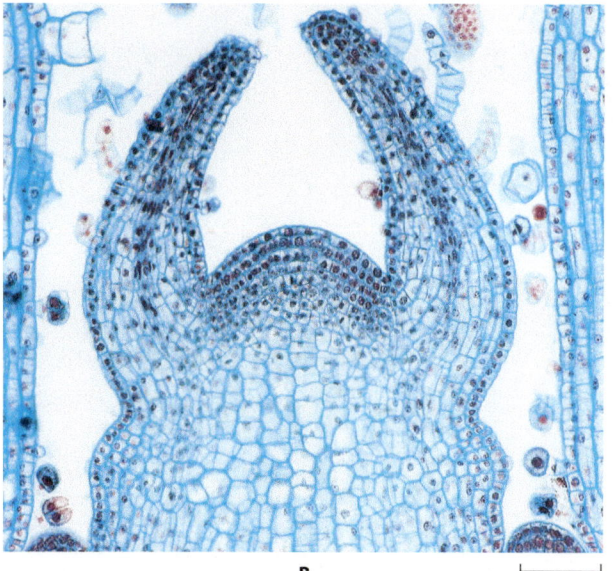

B

50 µm

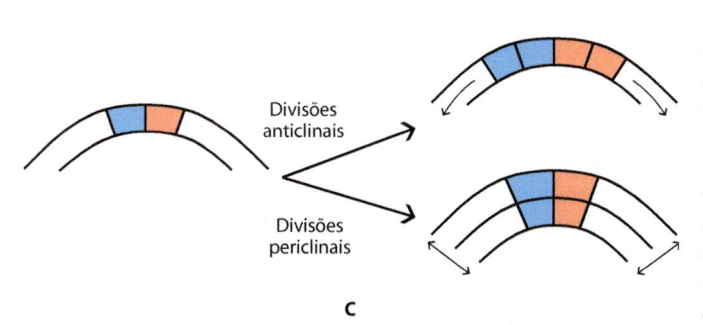

Divisões anticlinais

Divisões periclinais

C

25.4 Organização túnica-corpo. A e **B.** Detalhe do ápice do sistema caulinar de cóleo (*Plectranthus blumei*). A túnica em cóleo tem duas camadas, representadas pelas camadas L1 e L2 do meristema apical. A camada inicial do corpo é representada pela camada L3. O corpo e as porções das camadas da túnica que o recobrem correspondem à zona central. A porção com maior atividade mitótica do meristema apical corresponde à zona periférica. **C.** Diagrama ilustrando as divisões anticlinais e periclinais. As divisões celulares nas camadas da túnica são quase exclusivamente anticlinais, e aquelas da camada inicial do corpo são tanto anticlinais quanto periclinais. Dividindo-se periclinalmente, as células da camada inicial do corpo adicionam células ao corpo.

Deslocamentos similares podem ocorrer entre as derivadas das camadas L2 e L3, com resultados comparáveis. Aqui, outra vez, fica evidente que a diferenciação celular não depende apenas da linhagem celular, e sim da posição final da célula no órgão em desenvolvimento (ver Quadro "Chegando à raiz do desenvolvimento do órgão", no Capítulo 24).

No ápice do sistema caulinar das angiospermas, o corpo e as camadas da túnica que cobrem o corpo constituem a chamada *zona central*, a qual corresponde ao promeristema do meristema apical do sistema caulinar. A zona central é circundada pela *zona periférica* ou meristema periférico, que se origina parcialmente da túnica (camadas L1 e L2) e parcialmente do corpo, cuja origem pode ser traçada a partir da camada L3 (Figura 25.4). Tridimensionalmente, a zona periférica forma um anel ao redor da zona central. Internamente a esse anel e logo abaixo da zona central está o *meristema da medula*. As divisões celulares são relativamente pouco frequentes na zona central; esta é análoga ao centro quiescente do meristema apical da raiz. Contudo, a zona periférica apresenta grande atividade mitótica.

Estudos genéticos e moleculares têm identificado os genes que são necessários para o estabelecimento e a regulação do tamanho do meristema apical do sistema caulinar vegetativo em *Arabidopsis* (Figura 25.5). Por exemplo, o estabelecimento do meristema apical do sistema caulinar requer a atividade do gene *SHOOTMERISTEMLESS (STM)*,* o qual se expressa, inicialmente, em uma ou duas células do embrião em estágio globular. Mutações graves no *stm* que geram perda de função resultam em plântulas com raízes, hipocótilos e cotilédones normais, mas sem meristema apical. Um segundo gene, *WUSCHEL (WUS)*,

*N.T.: Por convenção, o nome do gene deve ser mantido em inglês.

primeiramente expresso no embrião com 16 células – bem antes de o meristema se tornar evidente – é necessário tanto para o estabelecimento do meristema apical como para a manutenção da função da célula inicial. Nos mutantes *wus*, as iniciais se diferenciam. O RNA mensageiro de *STM* está presente nas zonas central e periférica do meristema apical do sistema caulinar, mas está ausente nos primórdios foliares em desenvolvimento. No embrião totalmente desenvolvido, a expressão de *WUS* está restrita a um pequeno grupo de células da zona central abaixo da camada L3 (a camada das iniciais do corpo) e persiste por todo o desenvolvimento do sistema caulinar.

Em adição ao *STM* e ao *WUS*, que promovem o funcionamento da célula inicial, os genes *CLAVATA (CLV1, CLV2, CLV3)* regulam o tamanho do meristema pela repressão da atividade da célula inicial. Mutações nos genes *CLV* causam um acúmulo de células indiferenciadas na zona central, levando ao aumento no tamanho do meristema. A expressão do *CLV3* é primariamente restrita às camadas L1 e L2 e a algumas células da L3, e provavelmente marca as iniciais nestas camadas. As células que expressam os genes *CLV1* e *CLV2* estão abaixo das camadas L1 e L2, e o gene *WUS* é expresso na porção mais interna do meristema. A região de células expressando o *WUS* é denominada *centro organizador*, porque confere a identidade de células iniciais às células vizinhas sobrepostas, enquanto sinais da região de células expressando o *CLV3*, através da região expressando *CLV1* e *CLV2*, agem negativamente reduzindo a atividade de células iniciais. Assim, a interação entre *WUS* e *CLV3* estabelece uma retroalimentação com o potencial para ajustar o tamanho da população de células iniciais.

Qual a relação entre essas zonas e os meristemas primários do sistema caulinar? A protoderme sempre se origina da camada mais externa da túnica (L1), enquanto o procâmbio e parte

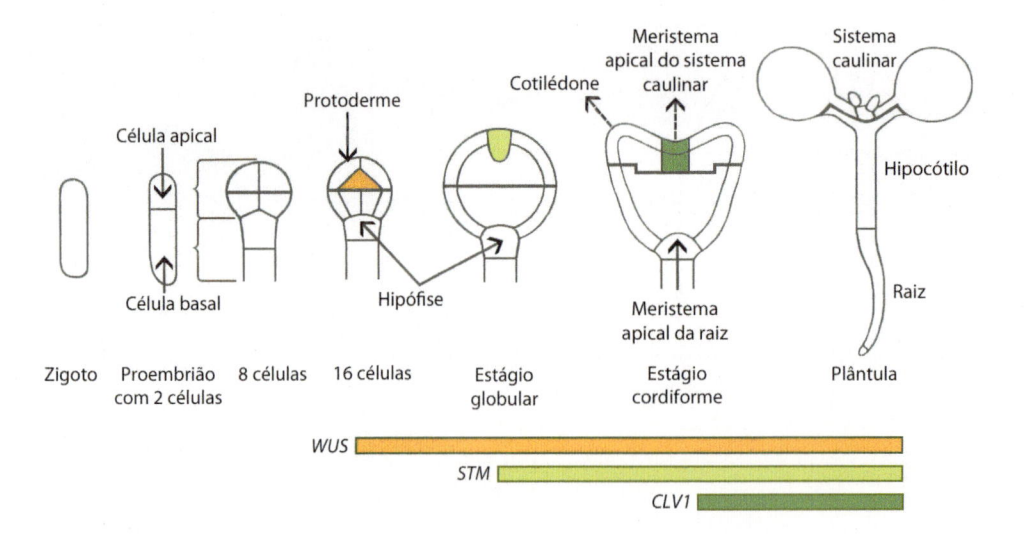

25.5 Formação do meristema apical caulinar. As barras horizontais demonstram os estágios nos quais o RNA mensageiro para cada um dos genes é detectado. A primeira indicação da formação do meristema apical do sistema caulinar durante o desenvolvimento de *Arabidopsis* é o início da expressão do gene *WUS* no estágio de embrião com 16 células. Isto ocorre muito antes de o meristema se tornar discernível. Subsequentemente, a expressão do *STM* e do *CLV1* é iniciada. O início da expressão do *STM* é independente da atividade do *WUS*, e a iniciação da expressão do *CLV1* é independente do *STM*. Observe que a divisão assimétrica do zigoto origina uma célula apical pequena e uma célula basal grande. A célula apical é a precursora do embrião propriamente dito, e a célula basal origina o suspensor. Divisões transversais e verticais da célula apical resultam em um proembrião com oito células, com duas camadas de quatro células cada. As quatro células superiores originam o meristema apical do sistema caulinar e os cotilédones, e as quatro inferiores originam o hipocótilo. A célula superior do suspensor filamentoso divide-se transversalmente, e a célula superior (hipófise) origina as células centrais do meristema apical da raiz e a columela da coifa. O restante do meristema apical da raiz e a coifa lateral são derivados do embrião propriamente dito.

| A | B | C |

25.6 Crescimento das gemas da castanheira-da-índia. Estágios no crescimento da gema terminal e de duas gemas laterais em castanheira-da-índia (*Aesculus hippocastanum*). **A.** Os sistemas caulinares jovens estão compactamente agrupados nas gemas e protegidos por escamas, que são folhas bastante modificadas formadas tardiamente na estação de crescimento anterior. **B.** As gemas abrem-se para expor as folhas rudimentares mais velhas. **C.** O alongamento internodal separou os nós uns dos outros. A gema terminal da castanheira-da-índia é uma gema mista, contendo tanto folhas quanto flores, embora as flores não sejam visíveis aqui. As gemas laterais produzem somente folhas.

do meristema fundamental (o córtex e, algumas vezes, parte da medula) são derivados do meristema periférico. O restante do meristema fundamental (toda ou a maior parte da medula) é formado pelo meristema da medula.

Embora os tecidos primários do caule passem por períodos de crescimento similares àqueles da raiz, o caule não pode ser dividido ao longo de seu eixo em regiões de divisão celular, alongamento e maturação, como ocorre com as raízes. Quando em crescimento ativo, o meristema apical do sistema caulinar origina primórdios foliares em uma sucessão tão rápida que os nós e os entrenós não podem, a princípio, ser distinguidos. À medida que o crescimento caulinar começa a ocorrer entre os locais nos quais as folhas estão conectadas, as partes alongadas do caule assumem a aparência de entrenós e as porções do caule nas quais as folhas estão conectadas tornam-se reconhecidas como nós (Figuras 25.1 e 25.6). Assim, o aumento no comprimento do caule ocorre principalmente por alongamento internodal, que pode ocorrer simultaneamente em diversos entrenós.

A atividade meristemática que causa o alongamento do entrenó pode ser bem uniforme através deste. Em algumas espécies, ela ocorre como uma onda que progride da base para o ápice do entrenó, enquanto em outras, tais como as gramíneas, ela é restrita à base do entrenó. Uma região meristemática localizada no entrenó em alongamento é denominada *meristema intercalar* (uma região meristemática entre duas regiões mais diferenciadas). Certos elementos do xilema primário e do floema primário – especificamente do protoxilema e protofloema – diferenciam-se dentro do meristema intercalar e conectam as regiões mais diferenciadas do caule acima e abaixo do meristema.

O aumento em espessura do caule durante o crescimento primário envolve tanto divisões longitudinais (periclinais) quanto crescimento celular. Em plantas com crescimento secundário, esse espessamento primário é moderado. As monocotiledôneas geralmente não apresentam crescimento secundário, mas algumas, tais como as palmeiras, têm um crescimento primário substancial. Esse crescimento ocorre tão próximo ao meristema apical que o ápice do sistema caulinar parece inserido em um cone alargado ou mesmo em uma depressão (Figura 25.7). A atividade no ápice propriamente dito não é grande, mas, imediatamente abaixo deste, as divisões celulares são intensas. O meristema responsável pela expansão abrupta da região apical em uma ampla coroa localiza-se abaixo das bases foliares jovens. Dentro dessa região meristemática, divisões celulares localizadas resultam na formação de cordões procambiais. Essa zona de formação de procâmbio é conhecida como *capa meristemática*. A massa do meristema responsável pelo espessamento do caule está localizada abaixo dessa capa, ainda que o tecido fundamental, entre os cordões procambiais da capa, também contribua para o espessamento.

O meristema apical do sistema caulinar origina os mesmos meristemas primários encontrados na raiz: protoderme, procâmbio e meristema fundamental (Figura 25.2). Esses meristemas primários, por sua vez, desenvolvem-se nos tecidos maduros do corpo primário da planta: a protoderme origina a epiderme, o procâmbio origina os tecidos vasculares primários e o meristema fundamental origina o tecido fundamental.

Estrutura primária do caule

Existe uma variação considerável na estrutura primária dos caules das plantas com sementes, mas três tipos básicos de organização podem ser reconhecidos: (1) Em algumas plantas com semente, à exceção das monocotiledôneas, o sistema vascular do entrenó forma um cilindro mais ou menos contínuo em meio ao tecido fundamental (Figura 25.8A). (2) Em outras, os tecidos vasculares primários se desenvolvem como um cilindro de

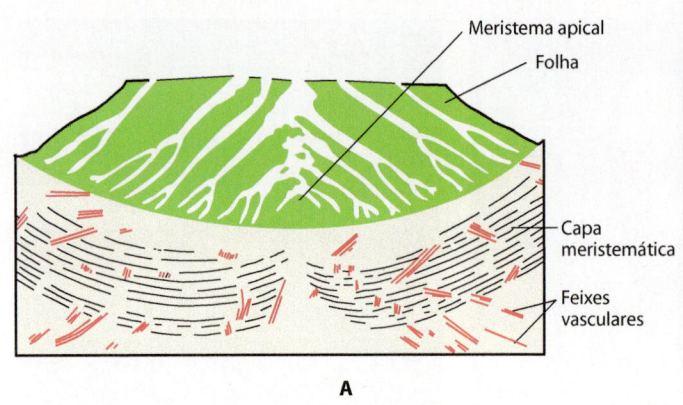

A

25.7 Aumento em espessura do caule em monocotiledôneas. A. Representação diagramática da anatomia da extremidade ou coroa de uma monocotiledônea com caule espessado, sem crescimento secundário, tal como uma palmeira. **B.** O aumento na espessura é devido à atividade meristemática abaixo da base das folhas jovens. O meristema apical e os primórdios foliares mais jovens são de tamanho convencional, embora pareçam estar afundados sob os tecidos caulinares amplos. A zona de formação do procâmbio é denominada capa meristemática.

B

cordões isolados, ou feixes, separados um do outro pelo tecido fundamental (Figura 25.8B). (3) No caule da maioria das monocotiledôneas e de algumas eudicotiledôneas herbáceas (não lenhosas), o arranjo dos cordões procambiais e dos feixes vasculares é mais complexo. Em seções transversais, os tecidos vasculares dispõem-se em mais de um anel de feixes, ou estão dispersos pelo tecido fundamental. Nesse último exemplo, o tecido fundamental não pode ser diferenciado como córtex e medula (Figura 25.8C).

Na discussão que se segue, o caule de tília (*Tilia americana*) é usado para exemplificar o primeiro tipo de organização. O segundo tipo é exemplificado pelos caules de sabugueiro-do-canadá (*Sambucus canadensis*), alfafa (*Medicago sativa*) e ranúnculo (*Ranunculus*), e o terceiro tipo, pelo caule do milho (*Zea mays*). Os caules da tília e do sabugueiro-do-canadá são também exem-

plos de caules que apresentam crescimento secundário conspícuo. (Discutiremos sobre eles novamente quando estudarmos o crescimento secundário, no Capítulo 26.) Por sua vez, o caule da alfafa apresenta relativamente pouco crescimento secundário e os caules de ranúnculo (uma eudicotiledônea) e do milho (uma monocotiledônea) não apresentam crescimento secundário.

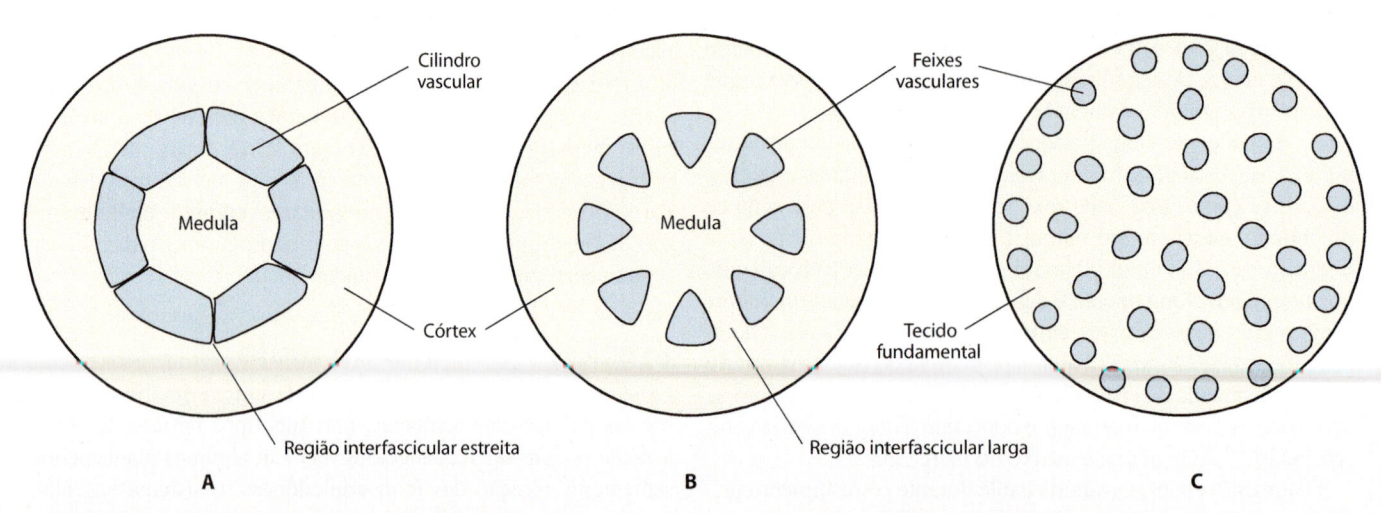

A   **B**   **C**

25.8 Três tipos básicos de organização da estrutura primária dos caules, vistos em seção transversal. A. O sistema vascular aparece como um cilindro oco e contínuo ao redor da medula. **B.** Feixes vasculares isolados formam um anel único ao redor da medula. **C.** Os feixes vasculares aparecem dispersos no tecido fundamental.

Os tecidos vasculares primários do caule de tília formam um cilindro vascular quase contínuo

A Figura 25.9 mostra o caule de tília (*Tilia americana*), com o que aparece ser um cilindro contínuo de tecidos vasculares primários. De fato, o cilindro vascular é composto de feixes vasculares separados uns dos outros por regiões inconspícuas de parênquima muito estreito. Essas regiões parenquimáticas, denominadas *parênquima interfascicular*, interligam o córtex e a medula. (Interfascicular significa "entre os feixes ou fascículos".)

Na maioria dos caules, a epiderme é uma única camada de células revestida pela cutícula. A epiderme do caule geralmente contém um número menor de estômatos do que a epiderme foliar.

O córtex é constituído por células de parênquima e colênquima. As diversas camadas de células do colênquima, que fornecem suporte ao caule jovem, formam um cilindro contínuo abaixo da epiderme. O restante do córtex consiste em células de parênquima que possuem cloroplastos quando maduras. A camada mais interna de células corticais, que apresentam conteúdo densamente corado, delimita nitidamente o córtex do cilindro de tecidos vasculares primários.

Na grande maioria dos caules, incluindo aqueles de *Tilia*, o floema primário desenvolve-se a partir das células externas do procâmbio, e o xilema primário, das células internas. Entretanto, nem todas as células procambiais amadurecem como tecidos primários. Uma única camada de células entre o xilema primário e o floema primário permanece meristemática e torna-se o câmbio vascular. A *Tilia* é também um exemplo de caule lenhoso – um caule que produz muito xilema secundário durante o crescimento. No caule de *Tilia*, após o término do alongamento internodal, as fibras desenvolvem-se no floema primário e são denominadas *fibras do floema primário* (ver Figura 26.9).

O limite interno do xilema primário em *Tilia* é nitidamente delimitado por uma ou duas camadas de células da medula, com conteúdo densamente corado. A medula é composta principalmente por células parenquimáticas e contém numerosos ductos grandes, ou canais, contendo mucilagem (um carboidrato viscoso). Ductos similares são formados no córtex (Figura 25.9). À medida que as células do córtex e da medula aumentam em tamanho, numerosos espaços intercelulares desenvolvem-se entre elas; estes espaços aeríferos são essenciais para a troca de gases com a atmosfera. As células dos parênquimas cortical e medular armazenam várias substâncias.

Os tecidos vasculares primários do caule de sabugueiro-do-canadá formam um sistema de cordões isolados

No caule de sabugueiro-do-canadá (*Sambucus canadensis*), as regiões interfasciculares – também denominadas *raios medulares* – são relativamente amplas, e desse modo, os cordões procambiais e os feixes vasculares primários formam um sistema de cordões isolados ao redor da medula. A epiderme, o córtex e a medula são similares, em organização, àqueles de *Tilia*. Por esta razão, a discussão que se segue sobre o caule de *Sambucus* será usada para explicar, em maiores detalhes, o desenvolvimento dos tecidos vasculares primários do caule.

A Figura 25.10A mostra três cordões procambiais, nos quais os tecidos vasculares primários apenas começaram a se diferenciar. O cordão da esquerda é um pouco mais velho do que os dois da direita e contém, pelo menos, um elemento crivado maduro e um elemento traqueal maduro. Observe que o primeiro elemento

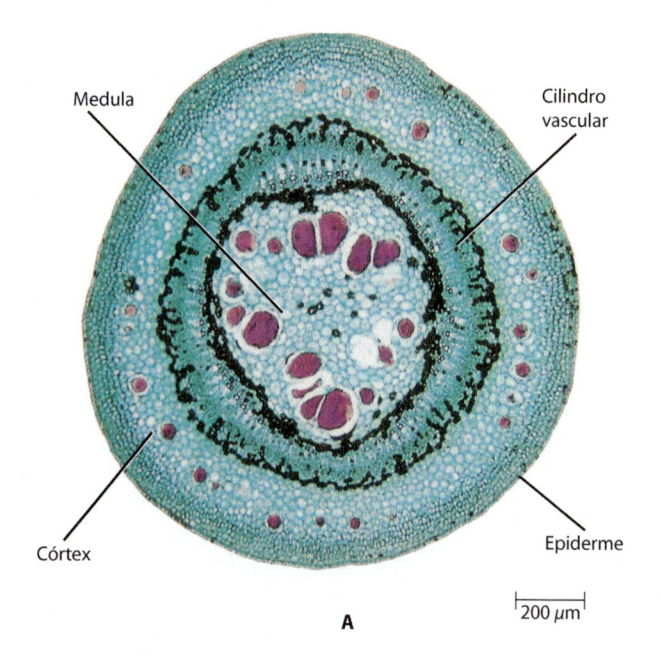

A

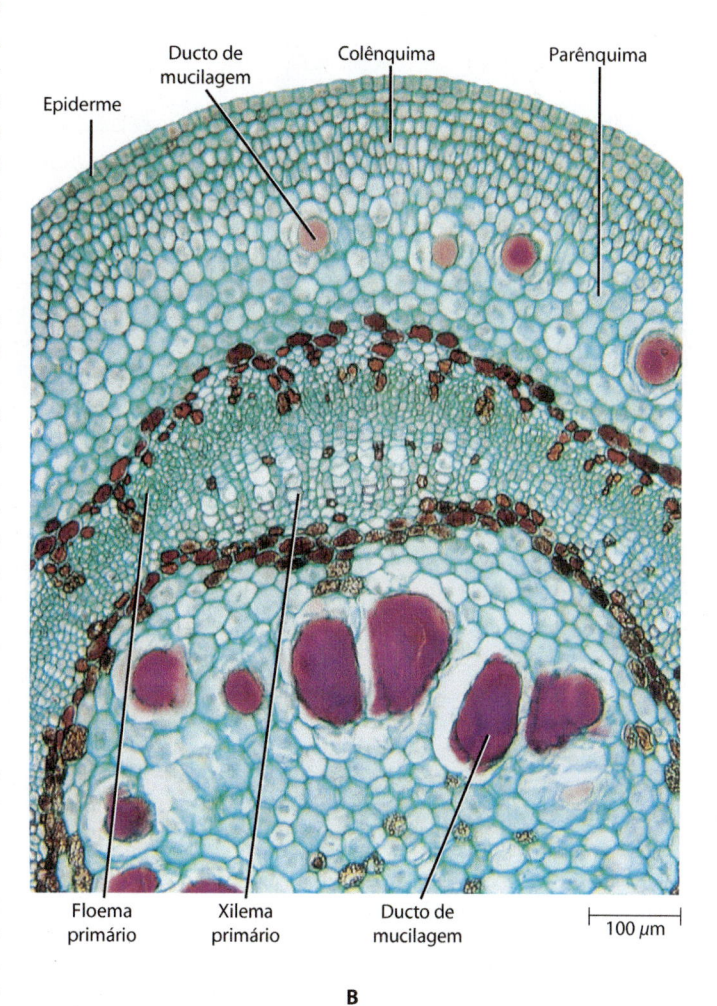

B

25.9 Crescimento primário no caule de tília. A. Seção transversal do caule de tília (*Tilia americana*) em estágio primário de crescimento. Os tecidos vasculares formam um cilindro oco e contínuo que divide o tecido fundamental em medula e córtex. **B.** Detalhe de uma região do mesmo caule de tília.

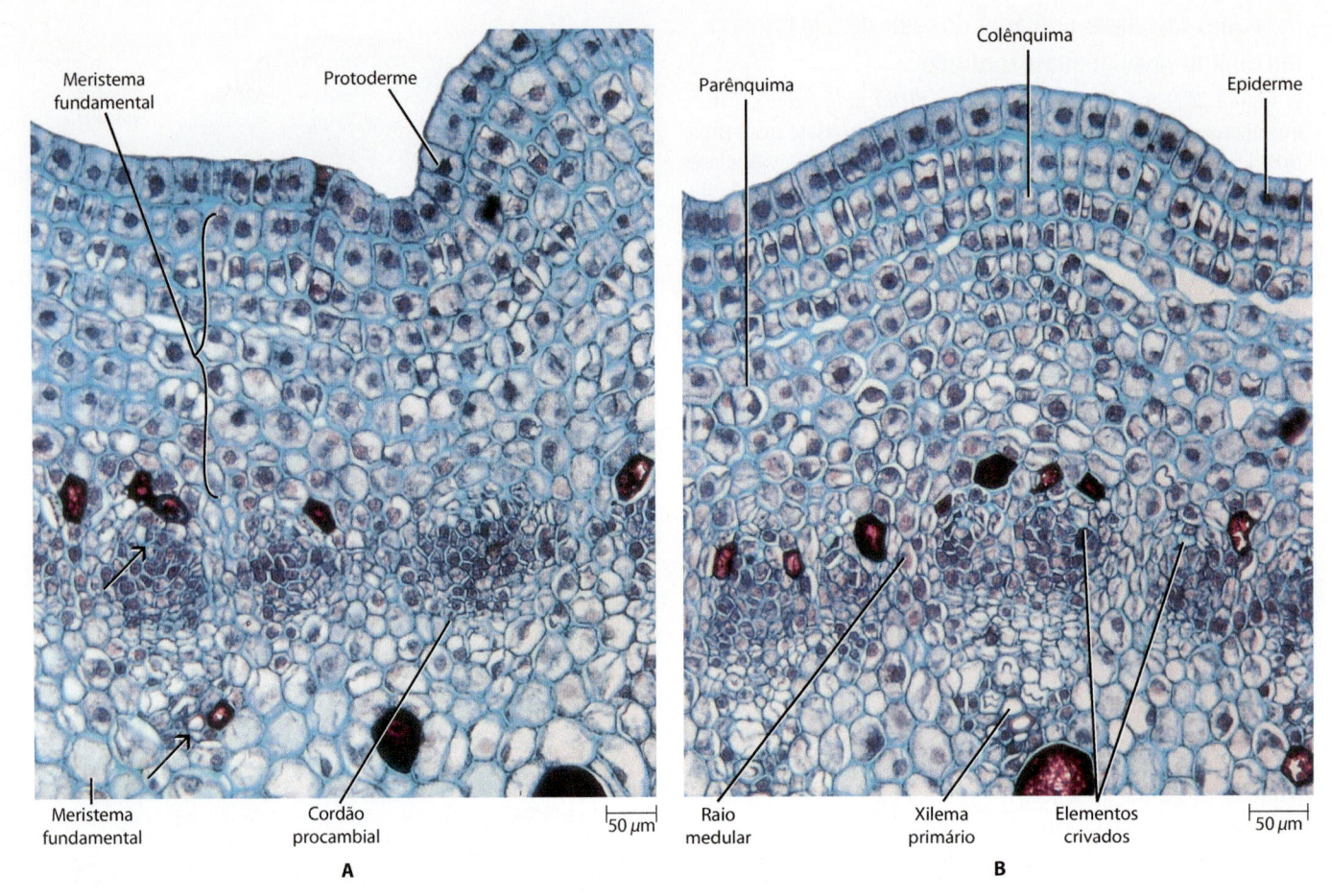

Meristema fundamental | Protoderme

Colênquima

Parênquima | Epiderme

Meristema fundamental | Cordão procambial | 50 μm

Raio medular | Xilema primário | Elementos crivados | 50 μm

A   **B**

25.10 Crescimento primário no caule de sabugueiro-do-canadá. Seções transversais do caule do sabugueiro-do-canadá (*Sambucus canadensis*) em estágio primário de crescimento. **A.** Caule muito jovem, mostrando a protoderme, o meristema fundamental e três cordões procambiais isolados. O cordão procambial da esquerda apresenta um elemento crivado maduro (seta superior) e um elemento traqueal maduro (seta inferior). **B.** Tecidos primários mais desenvolvidos. **C.** Caule próximo ao final do crescimento primário. Os câmbios fascicular e interfascicular ainda não estão formados. (Ver estágios posteriores do crescimento do caule do sabugueiro-do-canadá nas Figuras 26.7, 26.8 e 26.10.)

crivado maduro aparece na parte externa do cordão procambial (próximo ao córtex) e que o primeiro elemento traqueal maduro aparece na parte mais interna (próximo à medula). Comparando as Figuras 25.10A e 25.10C, pode-se ver que os elementos crivados, recentemente formados, aparecem mais próximo ao centro do caule, e que o xilema se diferencia na direção oposta.

Os primeiros elementos formados do xilema primário e do floema primário (protoxilema e protofloema, respectivamente) são distendidos durante o alongamento do entrenó e são, frequentemente, destruídos. Assim como no caule de *Tilia*, as fibras desenvolvem-se no floema primário, após o fim do alongamento internodal (ver Figura 26.8).

Assim como os caules de *Tilia*, aqueles de *Sambucus* tornam-se lenhosos. Em *Tilia*, como as regiões interfasciculares são estreitas, quase todo o câmbio vascular se origina das células procambiais entre o xilema primário e o floema primário. Em *Sambucus*, com suas regiões interfasciculares relativamente amplas, uma porção substancial do câmbio vascular se desenvolve a partir do parênquima interfascicular.

Os caules de alfafa e ranúnculo são herbáceos

O caule de muitas eudicotiledôneas apresenta pouco ou nenhum crescimento secundário e, portanto, são *herbáceos*, ou não le-

nhosos (ver Capítulo 26). Exemplos de caules herbáceos de eudicotiedôneas são encontrados na alfafa (*Medicago sativa*) e no ranúnculo (*Ranunculus*).

A alfafa é um exemplo de uma eudicotiledônea herbácea que apresenta algum crescimento secundário (Figura 25.11). A estrutura e o desenvolvimento dos tecidos primários do caule de *Medicago* são similares àqueles de *Sambucus* e de outras angiospermas lenhosas. Os feixes vasculares são separados por regiões interfasciculares amplas e circundam uma grande medula. O câmbio vascular é, em parte, fascicular (procambial) e, em parte, interfascicular (parênquima interfascicular), quanto a sua origem. Durante o crescimento secundário, os tecidos vasculares secundários são formados principalmente, a partir das células cambiais derivadas do procâmbio. O câmbio interfascicular, geralmente, produz apenas parênquima esclerificado (parênquima com paredes secundárias) para o lado do xilema.

O caule de *Ranunculus* é um exemplo extremo de hábito herbáceo, e seus feixes vasculares lembram aqueles de muitas monocotiledôneas. Os feixes vasculares não retêm células procambiais após a maturação dos tecidos vasculares primários; assim, os feixes nunca desenvolvem um câmbio vascular e perdem seu potencial para crescimento posterior. Feixes

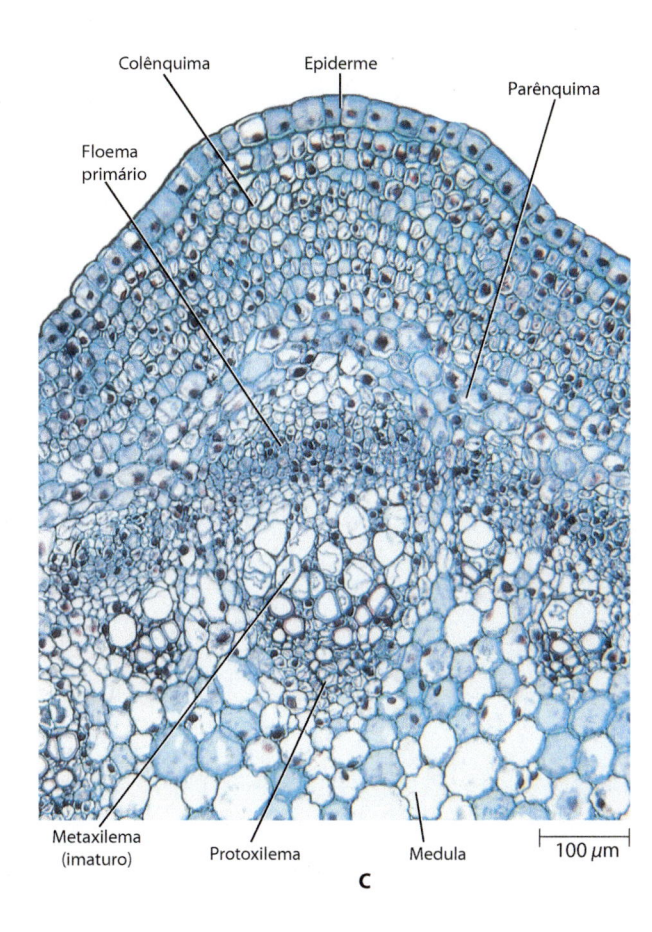

Colênquima · Epiderme · Parênquima · Floema primário · Metaxilema (imaturo) · Protoxilema · Medula · 100 μm
C

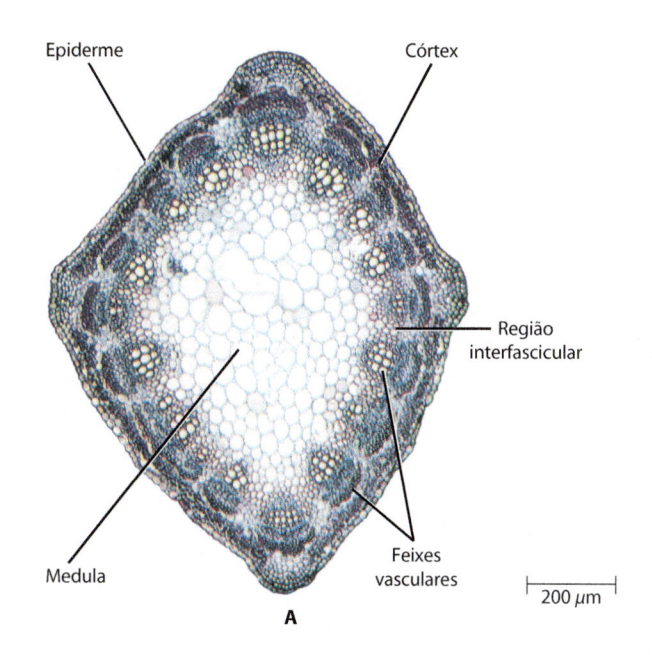

Epiderme · Córtex · Região interfascicular · Medula · Feixes vasculares · 200 μm
A

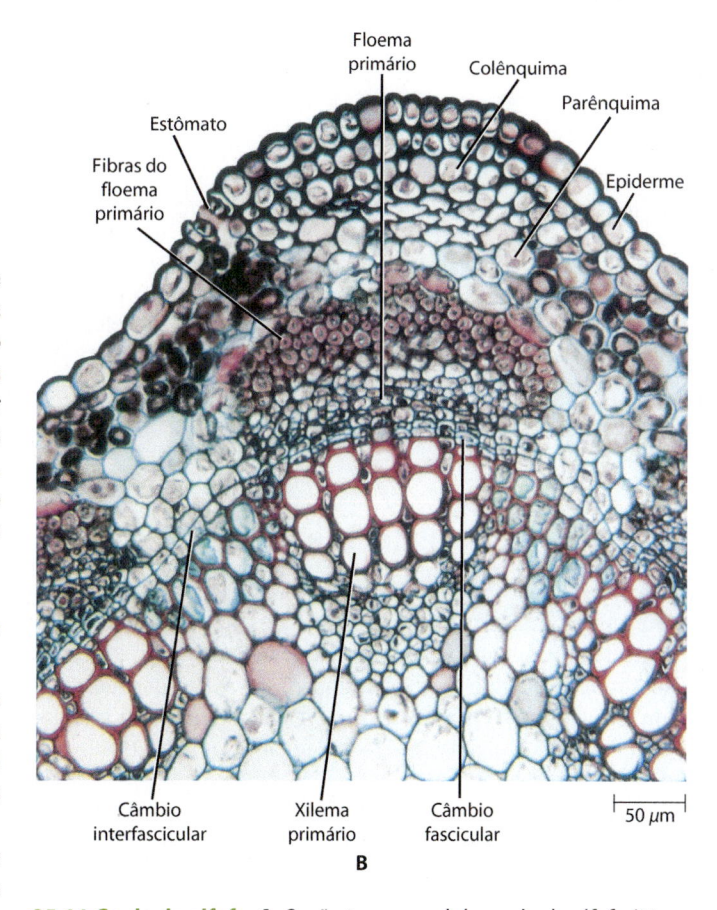

Floema primário · Colênquima · Parênquima · Estômato · Fibras do floema primário · Epiderme · Câmbio interfascicular · Xilema primário · Câmbio fascicular · 50 μm
B

vasculares tais como aqueles de *Ranunculus* (Figura 25.12) e de monocotiledôneas, nos quais todas as células procambiais maturam e o potencial para crescimento posterior dentro do feixe é perdido, são do tipo *fechado*. Os feixes vasculares fechados são, geralmente, circundados completamente por uma bainha constituída por células de esclerênquima. Feixes vasculares que dão origem a um câmbio são do tipo *aberto*. Em muitas eudicotiledôneas, os feixes vasculares são do tipo aberto; produzem uma certa quantidade tecidos vasculares secundários.

No caule de milho os feixes vasculares aparecem dispersos, em seção transversal

O caule herbáceo do milho (*Zea mays*) exemplifica os caules de monocotiledôneas nos quais os feixes vasculares aparecem dispersos em meio ao tecido fundamental em seção transversal (Figura 25.13). Assim como em outras monocotiledôneas, os feixes vasculares do milho são do tipo fechado.

A Figura 25.14 mostra três estágios no desenvolvimento de um feixe vascular de milho. Assim como nos feixes dos caules das eudicotiledôneas, o floema desenvolve-se a partir das células externas do cordão procambial e o xilema desenvolve-se das células internas. Também, como descrito anteriormente, o floema e o xilema diferenciam-se em direções opostas. Os elementos do xilema e do floema primeiramente formados (protoxilema e protofloema) são distendidos e destruídos durante o alongamento do entrenó. Isso resulta na formação de um grande espaço, denominado lacuna do protoxilema, no lado do feixe ocupado pelo xilema (Figura 25.14C). O feixe vascular maduro contém dois grandes vasos de metaxilema, e o floema

25.11 Caule de alfafa. A. Seção transversal do caule de alfafa (*Medicago sativa*), uma eudicotiledônea com feixes vasculares isolados. **B.** Detalhe de uma porção do mesmo caule de alfafa.

(metafloema) é constituído por um grupo grande, claramente definido de elementos de tubo crivado e células companheiras. Todo o feixe é envolvido por uma bainha de células de esclerênquima.

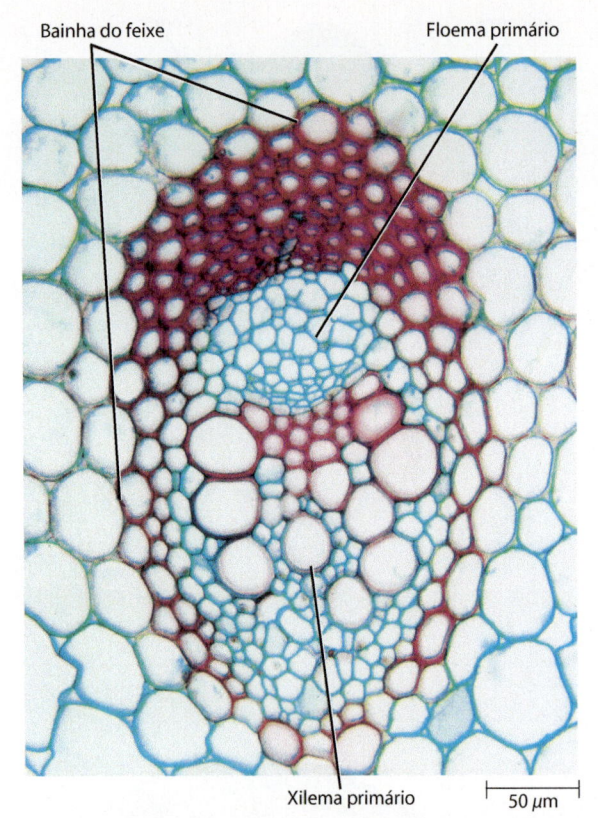

Bainha do feixe   Floema primário

Xilema primário   50 µm

25.12 Feixe vascular do caule de ranúnculo. Seção transversal do feixe vascular de ranúnculo (*Ranunculus*), uma eudicotiledônea herbácea. Os feixes vasculares do ranúnculo são fechados, ou seja, todas as células do procâmbio se diferenciam, impossibilitando o crescimento secundário. O floema e o xilema primários estão circundados pela bainha do feixe, constituída de células esclerenquimáticas de paredes espessadas. Compare o feixe vascular mostrado aqui com o feixe vascular maduro do milho, exibido na Figura 25.14C.

Relação entre os tecidos vasculares do caule e da folha

O padrão formado pelos feixes vasculares no caule reflete a estreita relação estrutural e de desenvolvimento entre o caule e suas folhas. O termo "sistema caulinar" serve não somente como um termo coletivo para estes dois órgãos vegetativos, mas também como uma expressão de sua íntima associação física e de desenvolvimento.

Os cordões procambiais do caule surgem logo abaixo dos primórdios foliares em desenvolvimento e, algumas vezes, estão presentes abaixo dos sítios dos futuros primórdios foliares, mesmo antes de esses primórdios se tornarem evidentes. À medida que os primórdios foliares aumentam em comprimento, os cordões procambiais diferenciam-se acropetamente em seu interior. A partir de sua inserção, o sistema procambial da folha é contínuo àquele do caule.

A cada nó, um ou mais feixes vasculares divergem do cilindro de feixes no caule, atravessam o córtex e entram na folha ou folhas conectadas àquele nó (Figura 25.15). As extensões do sistema vascular do caule direcionadas às folhas são denominadas *traços foliares*, e as amplas regiões interfasciculares ou lacunas de tecido fundamental localizadas no cilindro vascular, acima do

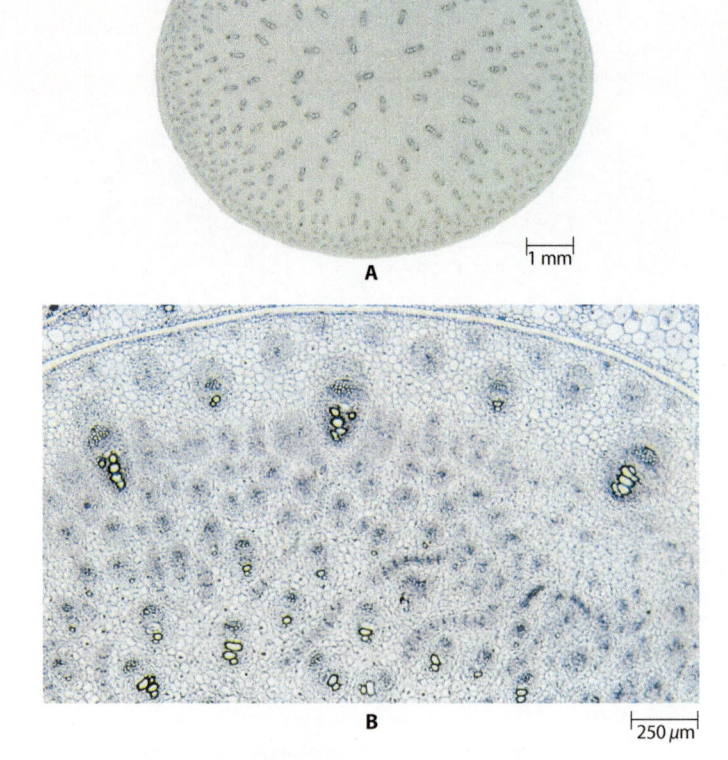

A   1 mm

B   250 µm

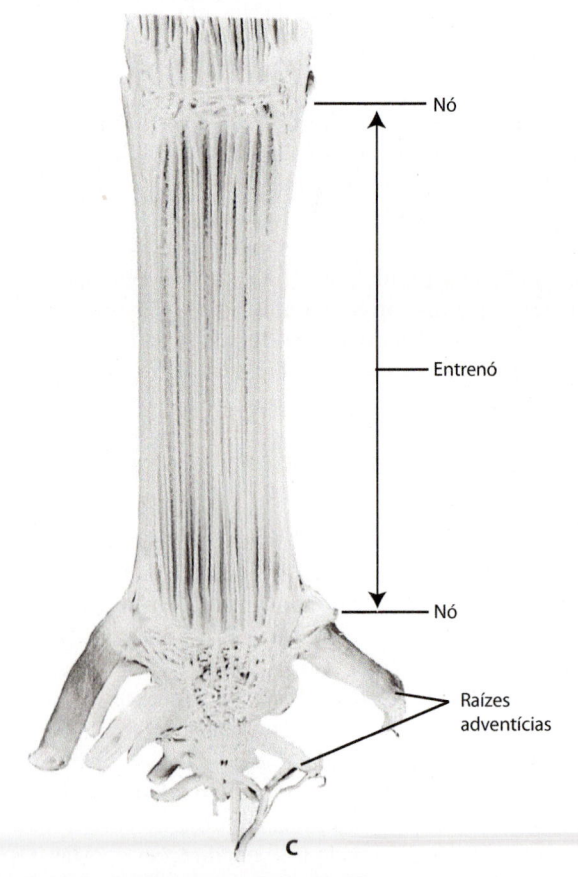

Nó

Entrenó

Nó

Raízes adventícias

C

25.13 Caule do milho. A. Seção transversal da região do entrenó do caule do milho (*Zea mays*), mostrando numerosos feixes vasculares dispersos no tecido fundamental. **B.** Seção transversal da região nodal de um caule jovem de milho, mostrando cordões procambiais horizontais que interligam os feixes verticais. **C.** Um caule maduro dissecado longitudinalmente; o tecido fundamental foi removido para expor o sistema vascular.

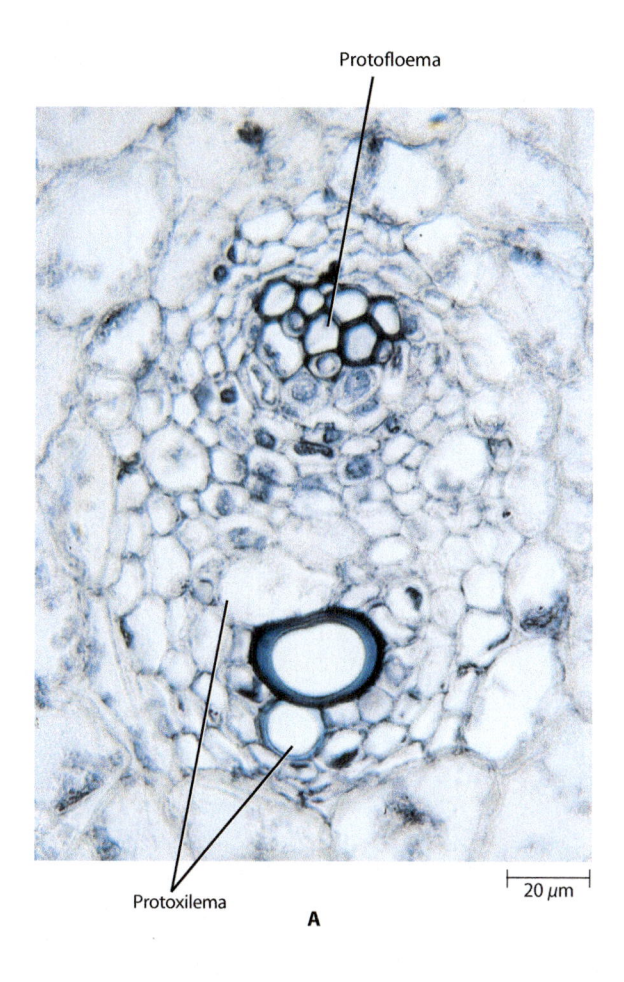

Protofloema

Protoxilema

A

20 μm

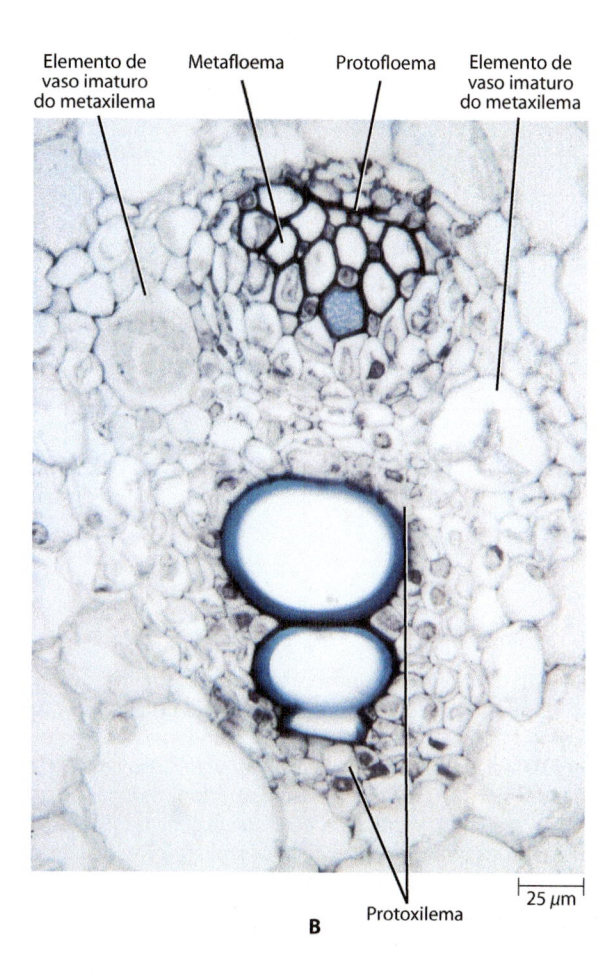

Elemento de vaso imaturo do metaxilema   Metafloema   Protofloema   Elemento de vaso imaturo do metaxilema

Protoxilema

B

25 μm

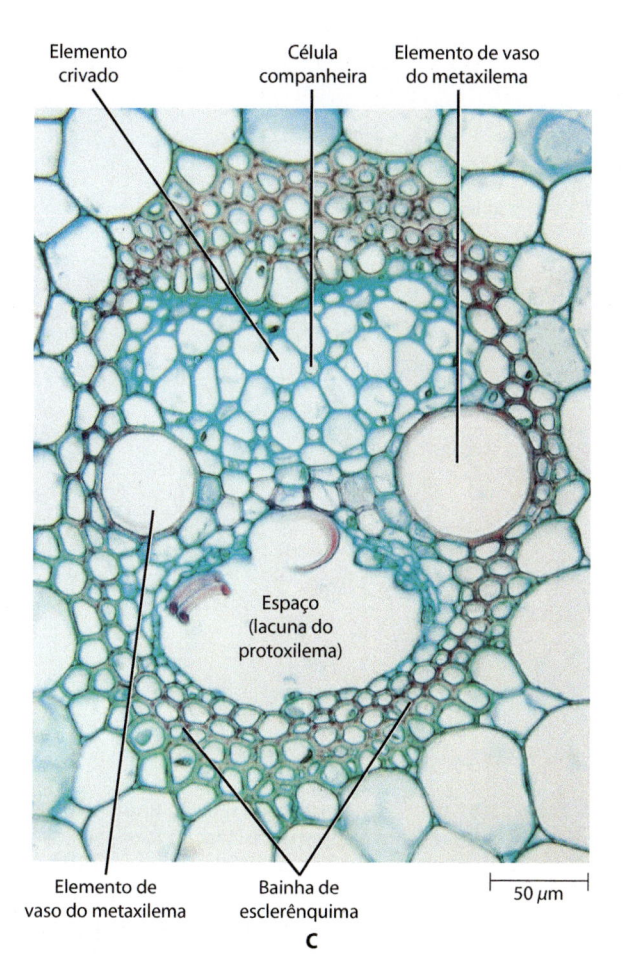

Elemento crivado   Célula companheira   Elemento de vaso do metaxilema

Espaço (lacuna do protoxilema)

Elemento de vaso do metaxilema   Bainha de esclerênquima

C

50 μm

25.14 Diferenciação dos feixes vasculares do milho. Três estágios na diferenciação dos feixes vasculares do caule milho (*Zea mays*), vistos em seção transversal. **A.** Os elementos do protofloema e dois elementos de protoxilema estão maduros. **B.** Os elementos crivados do protofloema já estão colapsados e grande parte do metafloema está madura. Três elementos do protoxilema estão maduros e dois elementos de vaso do metaxilema estão quase completamente expandidos. **C.** Feixe vascular maduro circundado por uma bainha de células de esclerênquima com paredes espessadas. O metafloema é constituído inteiramente por elementos de tubo crivado e células companheiras. A porção do feixe vascular antes ocupada pelos elementos de protoxilema é agora um grande espaço conhecido como lacuna do protoxilema. Observe os espessamentos de parede secundária dos elementos de protoxilema destruídos circundando a lacuna do protoxilema.

nível de divergência dos traços foliares em direção às folhas, são chamadas de *lacunas do traço foliar*. Um traço foliar estende-se desde sua conexão com um feixe no caule – *feixe caulinar* – até o nível no qual ele entra na folha. Uma única folha pode ter um ou mais traços foliares conectando seu sistema vascular àquele do caule. O número de entrenós que os traços foliares atravessam antes de entrar em uma folha difere e, deste modo, os traços variam em comprimento.

Se os feixes vasculares do caule forem seguidos tanto para cima quanto para baixo no caule, eles serão vistos em associação com diversos traços foliares. Um feixe caulinar e seus traços foliares associados são denominados *simpódio* (Figura 25.15). Em alguns caules, alguns ou todos os simpódios são interconectados, enquanto, em outros, todos os simpódios são unidades

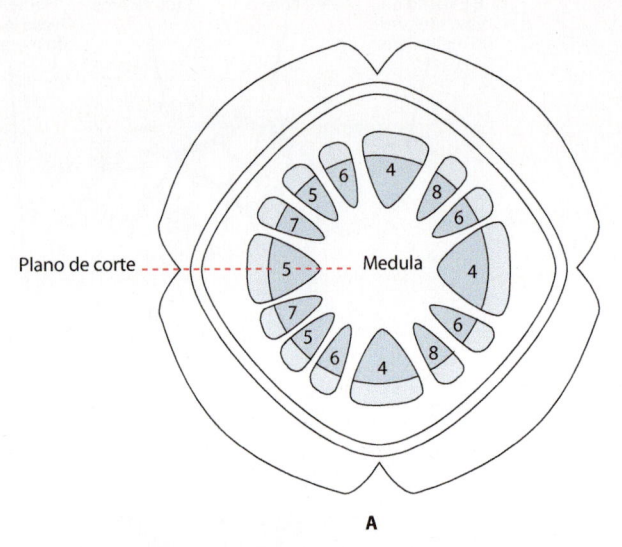

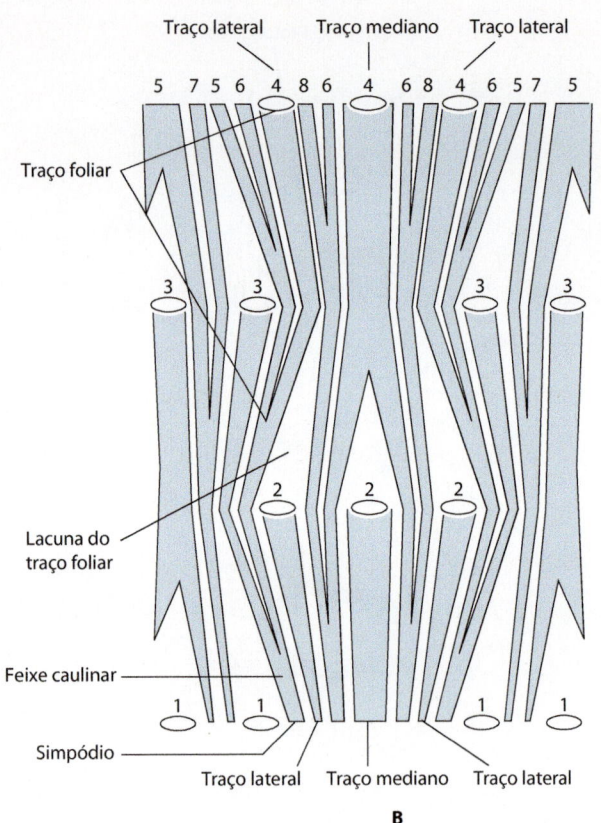

25.15 Sistema vascular primário do caule de olmo, uma eudicotiledônea. A. Seção transversal do caule de olmo (*Ulmus*) mostrando os feixes vasculares isolados circundando a medula. **B.** Vista longitudinal mostrando o cilindro vascular como se fosse cortado na altura do traço foliar 5 em (**A**) e aberto em um plano. A seção transversal em (**A**) corresponde à vista de cima de (**B**). Os números, em ambas as vistas, indicam os traços foliares. Três traços foliares – um traço em posição mediana e dois traços laterais – conectam o sistema vascular do caule àquele da folha. O feixe de caule e seus traços foliares associados são denominados simpódio.

independentes do sistema vascular. Deste modo, o padrão do sistema vascular no caule é um reflexo da disposição das folhas no caule. As gemas geralmente se desenvolvem nas axilas de folhas, e seus sistemas vasculares são conectados àquele do caule principal pelos *traços de ramos*. Assim, tanto os traços foliares quanto os traços de ramos (em geral, dois por gema) divergem para fora do caule principal a cada nó (Figura 25.16).

As folhas são dispostas em padrões ordenados no caule

A disposição das folhas em um caule é denominada *filotaxia*. O tipo mais comum é a filotaxia *espiralada*, ou helicoidal, com uma folha em cada nó e as folhas formando um padrão espiralado em torno do caule. Por exemplo, o carvalho (*Quercus*), o cróton (*Croton*) (Figura 25.1) e a amoreira-branca (*Morus alba*) (Figura 25.17A) têm folhas dispostas espiraladamente. Em outras plantas com uma única folha em cada nó, as folhas estão dispostas em duas séries opostas, como nas gramíneas. Esse tipo de filotaxia é denominado *dístico*. Em algumas plantas, as folhas são formadas aos pares em cada nó e a filotaxia é dita *oposta*, como no bordo (*Acer*) e na lonícera (*Lonicera*). Se cada par sucessivo está em um ângulo reto com o par anterior, a disposição é denominada *decussada*. A filotaxia decussada é exemplificada em membros da família da hortelã (Lamiaceae), incluindo o cóleo (*Plectranthus blumei*) (Figura 25.2). Plantas com filotaxia *verticilada*, tais como *Veronicastrum virginicum*, têm três ou mais folhas em cada nó (Figura 25.17B).

O mecanismo que determina o padrão de disposição da folha ao redor da circunferência do meristema apical caulinar tem

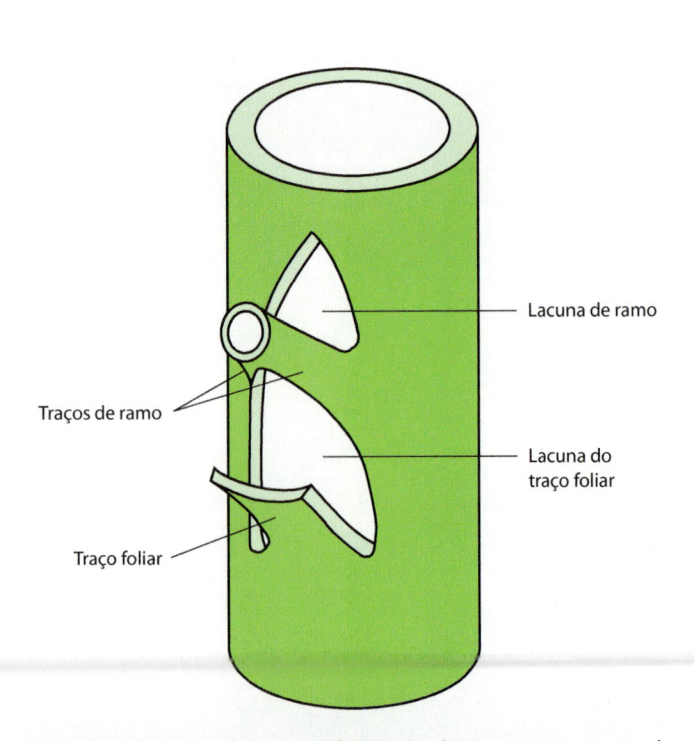

25.16 Traços de ramo e traço foliar. A relação entre os traços de ramo e um traço foliar com o sistema vascular no caule principal. Na realidade, os traços de ramos são traços foliares – os traços foliares das primeiras folhas da gema ou do ramo lateral. Exceto nas monocotiledôneas, há geralmente dois traços de ramos por gema.

25.17 Exemplos de folhas simples. A. Amoreira-branca (*Morus alba*). **B.** *Veronicastrum virginicum*. **C.** Bordo-doce (*Acer saccharum*). **D.** Ácer-prateado (*Acer saccharinum*). **E.** Carvalho-vermelho (*Quercus rubra*). Observe a disposição helicoidal das folhas da amoreira-branca e a disposição verticilada daquelas de *Veronicastrum*. A disposição das folhas em *Acer* é oposta e no carvalho é helicoidal, embora apenas folhas isoladas destas árvores sejam mostradas aqui.

Lâmina

Pecíolo

Gema axilar

atraído o interesse dos botânicos por um longo tempo. Uma visão inicial – baseada nos resultados de manipulações cirúrgicas – era a de que um novo primórdio surgia no *primeiro espaço disponível*, ou seja, quando a largura e a distância suficientes em relação ao ápice fossem atingidas. Outra explicação para o arranjo das folhas no caule é a *hipótese de campo inibitório*. De acordo com essa hipótese, os primórdios preexistentes inibem a formação de novos primórdios na sua vizinhança imediata. É também suposto que *forças biofísicas* no ápice em crescimento determinam os sítios de iniciação foliar. Nesta hipótese, um primórdio foliar é iniciado quando uma porção da superfície da túnica intumesce ou se dobra, condição conseguida, em parte, pela redução na capacidade da camada superficial de resistir à pressão dos tecidos localizados internamente.

Tornou-se bastante evidente que o hormônio vegetal auxina, que está relacionado com o sítio da iniciação do primórdio foliar pelo carreador do efluxo da auxina PIN1 (ver Capítulo 27), é o primeiro sinal envolvido na formação do primórdio foliar. De acordo com esse *modelo de filotaxia com base em auxina*, altas concentrações de auxina são necessárias para a iniciação de um novo primórdio e carreadores PIN1 expressos nas células da camada L1 são necessários para gerar tais níveis altos de auxina.

O primórdio jovem atua como dreno e reduz a auxina nas células vizinhas, inibindo, assim, a iniciação de um primórdio adicional na sua vizinhança. Por fim, um novo primórdio cresce no sítio com alto teor de auxina e então começa a produzir sua própria auxina. Observe que esta hipótese se assemelha muito à hipótese de campo inibitório, mencionada anteriormente.

Embora alguns pesquisadores argumentem que a divisão celular é o alvo primário da auxina, outros dizem ser a parede celular o alvo principal. O suporte a esta segunda visão vem parcialmente de estudos nos quais a aplicação localizada de expansina, uma proteína de parede celular, no meristema apical caulinar de tomate induziu a formação de protuberâncias semelhantes a folhas. Aparentemente, a expansina promoveu a expansão da parede celular (ver Capítulo 3) na camada externa da túnica, resultando no intumescimento do tecido. Estudos adicionais têm evidenciado que genes para a expansina são especificamente expressos no sítio de iniciação do primórdio, tanto em tomate como em arroz. Além disso, a expansina expressa em plantas transformadas induziu primórdios capazes de se desenvolver em folhas normais e modificações na composição péctica e nas ligações cruzadas das microfibrilas de celulose (ver Capítulo 3) estão associadas ao crescimento rápido do primórdio

25.18 Folha composta pinada de ervilha (*Pisum sativum*). Observar as estípulas na base da folha e as gavinhas delgadas no ápice dela. Na folha de ervilha, as estípulas são frequentemente maiores do que os folíolos.

jovem. Esses estudos dão suporte à visão apresentada no Capítulo 22, na qual o evento primário da morfogênese é a expansão dos tecidos que se tornam compartimentalizados em unidades menores por meio de divisões celulares, assim como uma casa é dividida em unidades menores, os cômodos.

Morfologia e estrutura da folha

As folhas variam muito em forma e em estrutura interna. Nas Magnoliidae e nas eudicotiledôneas, a folha geralmente consiste em uma porção expandida, o *limbo* ou *lâmina* e uma porção pedunculada, o *pecíolo* (Figura 25.17). Apêndices escamiformes, ou semelhantes a folhas, denominados *estípulas*, desenvolvem-se na base de algumas folhas (Figura 25.18). Muitas folhas não têm pecíolos e são ditas *sésseis* (Figura 25.19). Em muitas monocotiledôneas e algumas eudicotiledôneas, a base da folha é expandida em uma *bainha*, que circunda o caule (Figura 25.19B). Em algumas gramíneas, a bainha estende-se por todo o comprimento de um entrenó.

A   B

25.19 Folhas sésseis. A. As folhas sem pecíolo, conhecidas como folhas sésseis, são frequentemente encontradas em eudicotiledôneas, tais como a *Moricandia*, um membro da família da mostarda. **B.** Folhas sésseis são particularmente características das gramíneas e de outras monocotiledôneas. No milho (*Zea mays*), uma monocotiledônea, a base da folha forma uma bainha ao redor do caule. A lígula, uma pequena aba de tecido que se estende acima da bainha, é visível. O arranjo paralelo das nervuras longitudinais de grande porte é claramente visível na porção do limbo ilustrada.

25.20 Exemplos de folhas compostas. Uma folha composta palmada é mostrada em (**A**); todas as outras são compostas pinadas. **A.** *Aesculus pavia*. **B.** Cária (*Carya ovata*). **C.** Freixo (*Fraxinus pennsylvanica* var. *subintegerrima*). **D.** Robínia-comum (*Robinia pseudoacacia*). **E.** *Gleditsia triacanthos*. Na *Gleditsia*, cada folíolo é subdividido em folíolos menores e, desse modo, a folha é duas vezes composta ou bipinada. Duas folhas de *Gleditsia* estão ilustradas aqui.

As folhas das Magnoliidae e das eudicotiledôneas são simples ou compostas. Nas *folhas simples*, o limbo não é dividido em partes distintas, embora possa ser profundamente lobado (Figura 25.17). O limbo das *folhas compostas* é dividido em folíolos, cada qual geralmente com seu próprio pecíolo (que é denominado peciólulo). Dois tipos de folhas compostas podem ser evidenciados: folhas compostas pinadas e folhas compostas palmadas (Figura 25.20). Nas folhas compostas pinadas, os folíolos originam-se de ambos os lados de um eixo, a *raque*, como as pinas de uma pena. (A raque é uma extensão do pecíolo.) Os folíolos de uma folha composta palmada divergem da extremidade do pecíolo, e a raque está ausente.

Uma vez que os folíolos são similares em aparência às folhas simples, algumas vezes é difícil determinar se a estrutura é um folíolo ou uma folha. Dois critérios podem ser usados para distinguir folíolos de folhas: (1) as gemas são encontradas nas axilas de folhas – tanto simples quanto compostas – mas não na axila de folíolos, e (2) as folhas se projetam do caule em vários planos, enquanto os folíolos de uma dada folha estão todos no mesmo plano.

As variações na estrutura das folhas de angiospermas são, em grande parte, relacionadas com o *habitat*, e a disponibilidade de água é um fator especialmente importante que afeta sua forma e estrutura. Com base em suas adaptações ou necessidades de água, as plantas são comumente caracterizadas como *mesófitas* (plantas que requerem um ambiente que não seja nem seco demais, nem úmido demais), *hidrófitas* (plantas que requerem um grande suprimento de água ou que crescem parcial ou completamente submersas em água) e *xerófitas* (plantas que são adaptadas a *habitats* áridos). Entretanto, tais distinções não são restritas e as folhas frequentemente exibem uma combinação de características de tipos ecológicos diferentes. Independentemente de suas formas variáveis, as folhas das angiospermas são especializadas como órgãos fotossintetizantes, e são formadas pelos sistemas de tecidos de revestimento, fundamental e vascular, assim como as raízes e os caules (ver Figura 23.4).

A epiderme, com sua estrutura compacta, fornece sustentação à folha

O conjunto de células epidérmicas da folha, assim como aquelas do caule, estão compactamente dispostas e cobertas por uma cutícula que reduz a perda de água (ver Capítulo 2). Os estômatos podem estar presentes em ambos os lados da folha ou

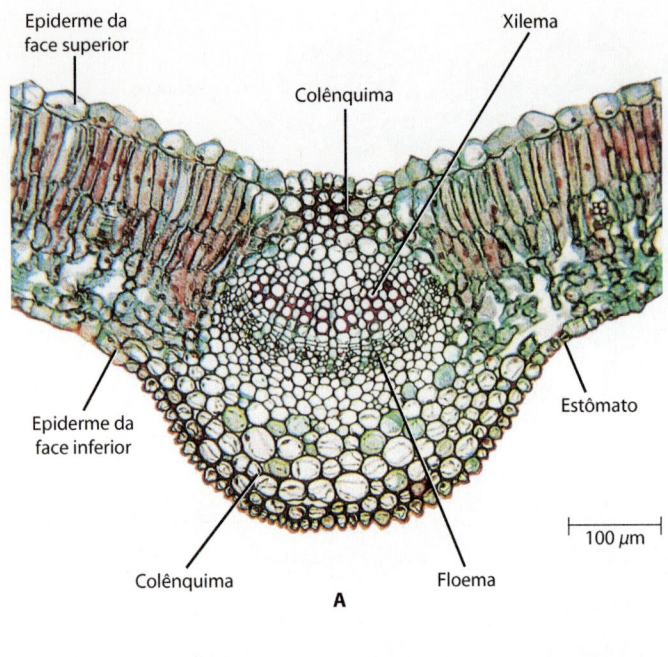

Epiderme da face superior

Xilema

Colênquima

Epiderme da face inferior

Estômato

Colênquima

Floema

A

`100 µm`

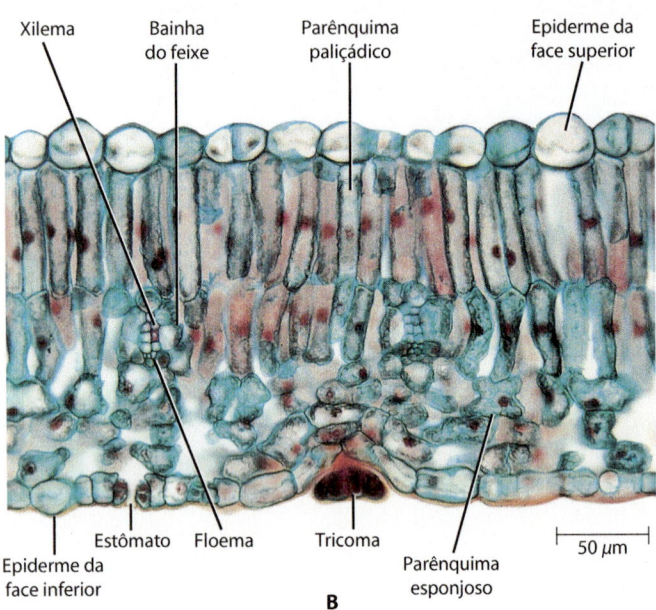

Xilema

Bainha do feixe

Parênquima paliçádico

Epiderme da face superior

Estômato   Floema   Tricoma

Epiderme da face inferior

Parênquima esponjoso

B

`50 µm`

Epiderme da face superior

C

`500 µm`

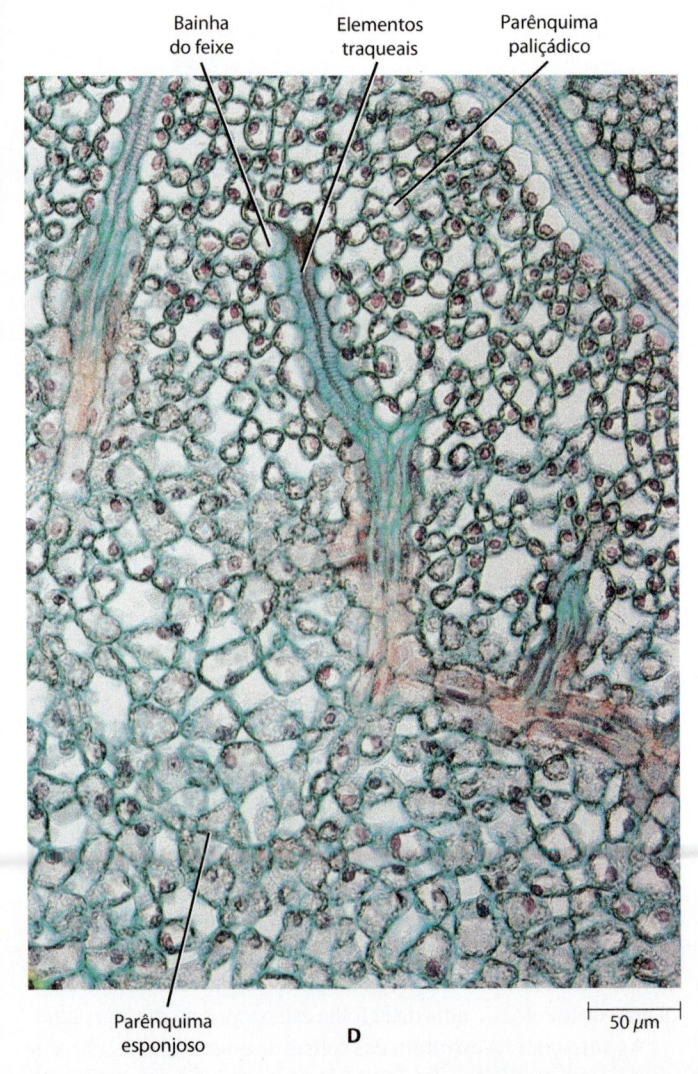

Bainha do feixe

Elementos traqueais

Parênquima paliçádico

Parênquima esponjoso

D

`50 µm`

25.21 Seções da folha de lilás (*Syringa vulgaris*). A. Seção transversal através da costela mediana mostrando a nervura mediana. **B.** Seção transversal através de uma região do limbo. Duas nervuras pequenas (nervuras de menor calibre) podem ser vistas. **C.** Seção paradérmica. No sentido estrito, uma seção paradérmica é um corte paralelo à epiderme. Na prática, tais seções são mais ou menos oblíquas e vão da epiderme da face superior até a da face inferior. Assim, parte da epiderme da face superior pode ser vista na área clara na região de cima da micrografia e parte da epiderme inferior, na base da mesma micrografia. Observe o maior número de estômatos na epiderme da face inferior, evidenciado pelo número de células-guarda coradas em vermelho. (As poucas áreas escuras são os tricomas ou pelos epidérmicos.) A venação na *Syringa* é reticulada. **D.** Ampliação de uma porção da seção em (**C**), evidenciando o parênquima paliçádico e o parênquima esponjoso com uma terminação de nervura, com alguns elementos traqueais secionados e circundados pela bainha do feixe. **E.** Esta ampliação (no topo da folha) mostra uma porção da epiderme da face inferior com dois tricomas (pelos epidérmicos) e vários estômatos.

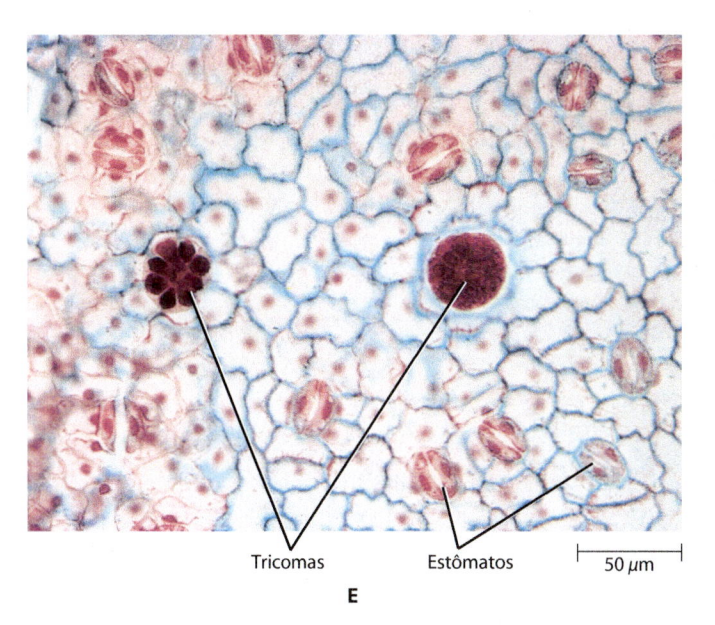

Tricomas   Estômatos   50 μm

E

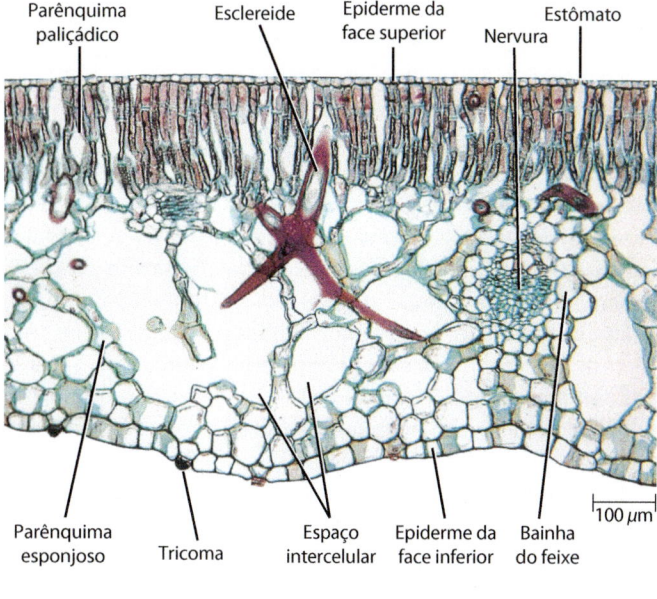

Parênquima paliçádico   Esclereide   Epiderme da face superior   Nervura   Estômato

Parênquima esponjoso   Tricoma   Espaço intercelular   Epiderme da face inferior   Bainha do feixe   100 μm

somente em um lado, que pode ser o superior ou, mais comumente, o inferior (Figura 25.21). Nas folhas das hidrófitas que flutuam na superfície da água, pode haver estômatos somente na epiderme da face superior* (Figura 25.22); as folhas submersas das hidrófitas geralmente não apresentam estômatos. As folhas das xerófitas geralmente contêm maior número de estômatos do que aquelas de outras plantas. Provavelmente, esses estômatos numerosos permitem uma taxa mais elevada de trocas gasosas durante os períodos, relativamente raros, de suprimento favorável de água. Em muitas xerófitas, os estômatos estão afundados em depressões na superfície inferior da folha (Figura 25.23). As depressões também podem conter muitos pelos epidérmicos ou tricomas. Juntas, estas duas características podem auxiliar na re-

---

*N.T.: Embora muitos autores empreguem a expressão "epiderme superior e inferior" para a folha, esta não é a forma mais adequada. Como a epiderme é contínua em ambos os lados desse órgão, optou-se por usar a expressão "epiderme da face superior ou da face inferior".

25.22 Folha de ninfeia (*Nymphaea odorata*). A folha de ninfeia, aqui mostrada em seção transversal, flutua na superfície da água e tem estômatos apenas na epiderme da face superior. Como é típico das hidrófitas, o tecido vascular na folha de ninfeia é muito reduzido, especialmente o xilema. O parênquima paliçádico é constituído de diversas camadas de células acima do parênquima esponjoso. Observe os grandes espaços intercelulares (aeríferos), que garantem flutuação a essa folha.

dução da perda de água pela folha. Os tricomas podem estar presentes em uma ou em ambas as superfícies da folha. Coberturas espessas de pelos epidérmicos e as resinas secretadas por alguns pelos também podem retardar a perda de água pelas folhas.

Nas folhas da maioria das angiospermas, à exceção das monocotiledôneas, os estômatos estão em geral espalhados sobre a superfície (Figura 25.24A); seu desenvolvimento é misto – ou seja, estômatos maduros e imaturos ocorrem lado a lado em folhas parcialmente desenvolvidas. Na maioria das monocotiledô-

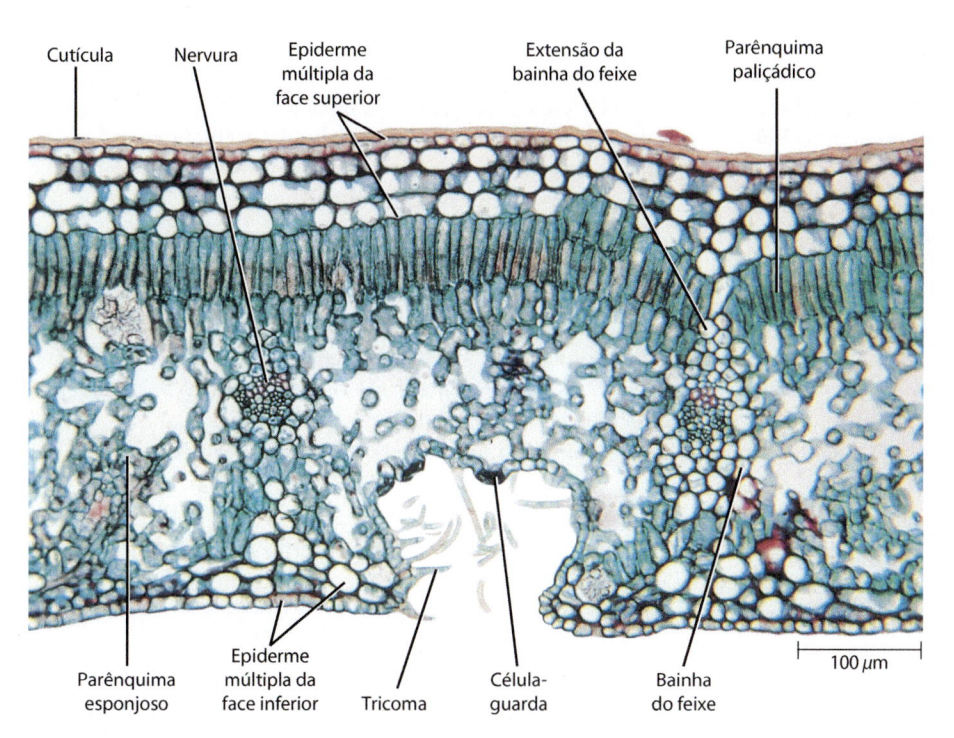

Cutícula   Nervura   Epiderme múltipla da face superior   Extensão da bainha do feixe   Parênquima paliçádico

Parênquima esponjoso   Epiderme múltipla da face inferior   Tricoma   Célula-guarda   Bainha do feixe   100 μm

25.23 Folha da espirradeira (*Nerium oleander*). *Nerium oleander* é uma xeromorfa, e isto está refletido na estrutura da folha, mostrada aqui em seção transversal. Observe a cutícula muito espessa cobrindo a epiderme múltipla (com várias camadas) nas superfícies superior e inferior da folha. Os estômatos e os tricomas estão restritos às porções invaginadas da epiderme da face inferior, denominadas criptas estomáticas.

DIMORFISMO FOLIAR EM PLANTAS AQUÁTICAS

Na natureza, as folhas de plantas aquáticas floríferas podem desenvolver duas formas distintas (ver Figura 8.22). Sob a água, elas se desenvolvem em estruturas estreitas e, frequentemente, muito divididas (formas aquáticas), enquanto aquelas acima da superfície se desenvolvem em folhas de aparência comum (formas terrestres). É possível induzir folhas imaturas a desenvolverem a forma atípica, para um dado ambiente, pela aplicação de uma ampla gama de tratamentos.

Durante um estudo da planta aquática *Callitriche heterophylla*, descobriu-se que o hormônio vegetal ácido giberélico induzia a produção de folhas com formas aquáticas em sistemas caulinares aéreos (sistemas caulinares emergentes). O ácido abscísico, outro hormônio vegetal (ver Capítulo 27), levou à formação de folhas de forma terrestre em sistemas caulinares submersos. Temperaturas mais altas ou a adição de manitol, um álcool derivado de açúcar, à água também ocasionaram a produção de folhas da forma terrestre, em sistemas caulinares submersos.

Na natureza, a pressão de turgescência das células das folhas submersas (formas aquáticas) é relativamente alta, enquanto aquela das folhas emergentes (formas terrestres) é relativamente baixa. Os valores mais baixos nas folhas emergentes podem ser devidos, em parte, à perda de vapor de água pela transpiração, através dos numerosos estômatos na superfície foliar. A presença de células epidérmicas longas, nas folhas maduras, está associada à pressão de turgescência mais alta nas folhas de formas aquáticas em desenvolvimento.

Nos experimentos, o ácido giberélico causou o alongamento das células das folhas emergentes, aparentemente pelo aumento da plasticidade da parede celular, levando a um aumento na entrada de água e, assim, aumentando a pressão de turgescência. Na maturidade, essas folhas apresentavam todas as características das formas aquáticas típicas, incluindo as células epidérmicas longas. A expansão celular limitada nos sistemas caulinares submersos expostos ao ácido abscísico ou a altas temperaturas aparentemente não resultou da baixa turgescência; ao contrário, as paredes das células tratadas tornaram-se menos plásticas, de modo que a alta turgescência não promoveu a expansão celular. Sistemas caulinares submersos crescendo em uma solução de manitol apresentaram pressão de turgescência similar àquelas dos controles emergentes e a produção de folhas com células epidérmicas curtas.

Os resultados destes experimentos sugerem que a magnitude relativa da pressão de turgescência determina o tamanho e a forma final da folha em *Callitriche heterophylla*. Assim, a simples presença ou ausência de água circundando a folha em desenvolvimento garante que a folha estará devidamente adaptada à vida sobre ou sob a água.

Folhas da forma terrestre

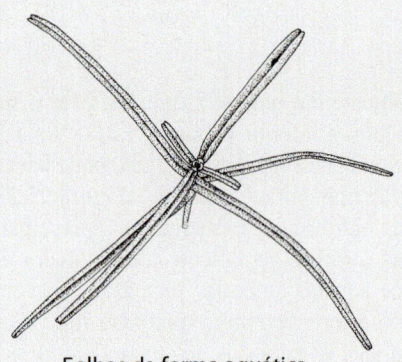

Folhas da forma aquática

---

neas, os estômatos estão dispostos em fileiras paralelas ao maior eixo da folha (Figura 25.24B). O desenvolvimento desses estômatos começa no ápice da folha e progride em direção à base.

O mesofilo é especializado para a fotossíntese

O *mesofilo*, região da folha com tecido fundamental, com seu grande volume de espaços intercelulares e numerosos cloroplastos, é particularmente especializado para a fotossíntese. Os espaços intercelulares estão conectados com a atmosfera externa através dos estômatos, e estes facilitam a rápida troca gasosa, um importante fator para a eficiência da fotossíntese. Nas mesófitas, o mesofilo é comumente diferenciado em *parênquima paliçádico* e *parênquima esponjoso ou lacunoso*. As células do parênquima paliçádico são colunares, com seu maior eixo orientado em ângulo reto com a epiderme, enquanto as células do parênquima esponjoso têm formas irregulares (Figura 25.21B, D). Embora o parênquima paliçádico pareça mais compacto do que o parênquima esponjoso, a maior parte das paredes verticais das células em paliçada está exposta aos espaços intercelulares, e, em algumas folhas, a superfície interna do parênquima paliçádico pode ser de duas ou quatro vezes

maior do que a superfície interna do parênquima esponjoso. Os cloroplastos são também mais numerosos nas células do parênquima paliçádico do que nas células do parênquima esponjoso; consequentemente, a maior parte da fotossíntese na folha, portanto, parece ocorrer no parênquima paliçádico.

O parênquima paliçádico geralmente está localizado no lado superior da folha, e o parênquima esponjosos, no lado inferior (Figura 25.21). Em certas plantas, incluindo muitas xerófitas, o parênquima paliçádico frequentemente está presente em ambos os lados da folha. Em algumas plantas, por exemplo, no milho (ver Figura 7.23) e outras gramíneas (Figuras 25.26 a 25.28), todas as células do mesofilo são, mais ou menos, similares quanto à forma, não existindo distinção entre os parênquimas paliçádico e lacunoso.

Feixes vasculares estão distribuídos pelo mesofilo

O mesofilo da folha é totalmente permeado por numerosos feixes vasculares, ou *nervuras*, que são contínuos com o sistema vascular do caule. Em muitas angiospermas, à exceção das monocotiledôneas, as nervuras estão dispostas em um padrão ramificado, com nervuras sucessivamente menores ramificando-se de outras um pouco maiores. Este tipo de arranjo das nervuras é

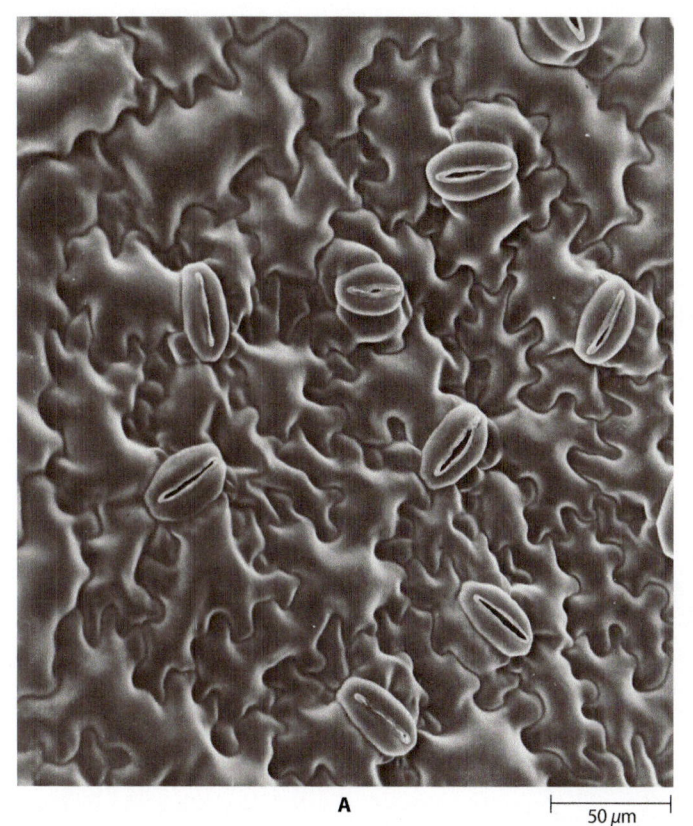

25.24 Estômatos de uma eudicotiledônea e de uma monocotiledônea. A. Folha de batata (*Solanum tuberosum*) mostrando a disposição aleatória dos estômatos, característica das folhas de eudicotiledôneas. Na micrografia eletrônica de varredura da superfície da folha de batata, as células-guarda têm forma semicircular e não estão associadas às células subsidiárias. **B.** Na micrografia eletrônica de varredura da superfície folha de milho (*Zea mays*) é mostrada a disposição paralela dos estômatos, típica das folhas de monocotiledôneas. No milho, cada par de células-guarda estreitas está associado a duas células subsidiárias, cada uma delas posicionada de um dos lados do estômato (ver Figura 23.26).

conhecido como *nervação reticulada* ou em rede (Figura 25.25). A nervura maior se dispõe ao longo do maior eixo da folha como uma nervura mediana. A nervura mediana ocorre em uma porção alargada da lâmina que parece com uma costela – a chamada costela mediana – na superfície inferior da lâmina (Figura 25.21A). A nervura mediana está conectada lateralmente com nervuras menores as quais também estão associadas a costelas. Cada uma das nervuras laterais está conectada com nervuras ainda menores, das quais outras nervuras menores divergem. Ao contrário, muitas monocotiledôneas têm muitas nervuras que se estendem ao longo do maior eixo da folha. Estas nervuras podem ser de tamanhos similares ou variados e as nervuras maiores se alternam com outras menores. Esta disposição das nervuras é denominada *nervação paralela*, ou estriada (Figura 25.19B), embora as nervuras orientadas longitudinalmente convirjam e se conectem no ápice da folha. As nervuras longitudinais estão interligadas por nervuras menores, formando uma complexa rede.

As nervuras são constituídas por xilema e floema, os quais, geralmente, são de origem inteiramente primária. A nervura mediana e algumas vezes as nervuras de maior calibre, contudo, podem apresentar crescimento secundário limitado, nas folhas de algumas angiospermas, excetuando as monocotiledôneas. Nas terminações vasculares de algumas folhas, os elementos de xilema em geral se estendem além dos elementos de floema, mas, em algumas plantas, tanto os elementos de xilema quanto os de floema chegam juntos até as terminações vasculares. Comumente, o xilema ocorre no lado superior da nervura, e o floema, no lado inferior (Figura 25.21A,B).

As nervuras menores das folhas que estão, quase sempre, totalmente imersas no tecido do mesofilo, são denominadas *nervuras menores (ou de menor calibre)*, enquanto as nervuras maiores, associadas às costelas, são denominadas *nervuras maiores (ou de maior calibre)*. As nervuras menores têm a função principal de captar os fotoassimilados (compostos orgânicos produzidos pela fotossíntese) das células do mesofilo. Com o aumento em tamanho, as nervuras se tornam intimamente associadas espacialmente com o mesofilo e estão cada vez mais imersas nos tecidos não fotossintetizantes da costela. Assim, à medida que as nervuras aumentam em tamanho, sua função primária muda da captação de fotoassimilados para o transporte destes para fora da folha.

Os tecidos vasculares das nervuras estão raramente expostos aos espaços intercelulares do mesofilo. As nervuras maiores são circundadas por células parenquimáticas que contêm poucos cloroplastos, enquanto as nervuras menores, geralmente, estão envolvidas por uma ou mais camadas de células compactamente dispostas que formam a *bainha do feixe* (Figuras 25.21B, D e 25.22). Em algumas plantas, as células da bainha do feixe lembram as células do mesofilo no qual as nervuras menores estão localizadas. As bainhas dos feixes estendem-se até as terminações vasculares, assegurando que nenhuma parte do tecido vascular esteja exposta ao ar dos espaços intercelulares e que todas as substâncias que entram e saem dos tecidos vasculares passem necessariamente pela bainha (Figura 25.21D). A bainha do feixe está em posição similar à endoderme da raiz e, assim como a endoderme

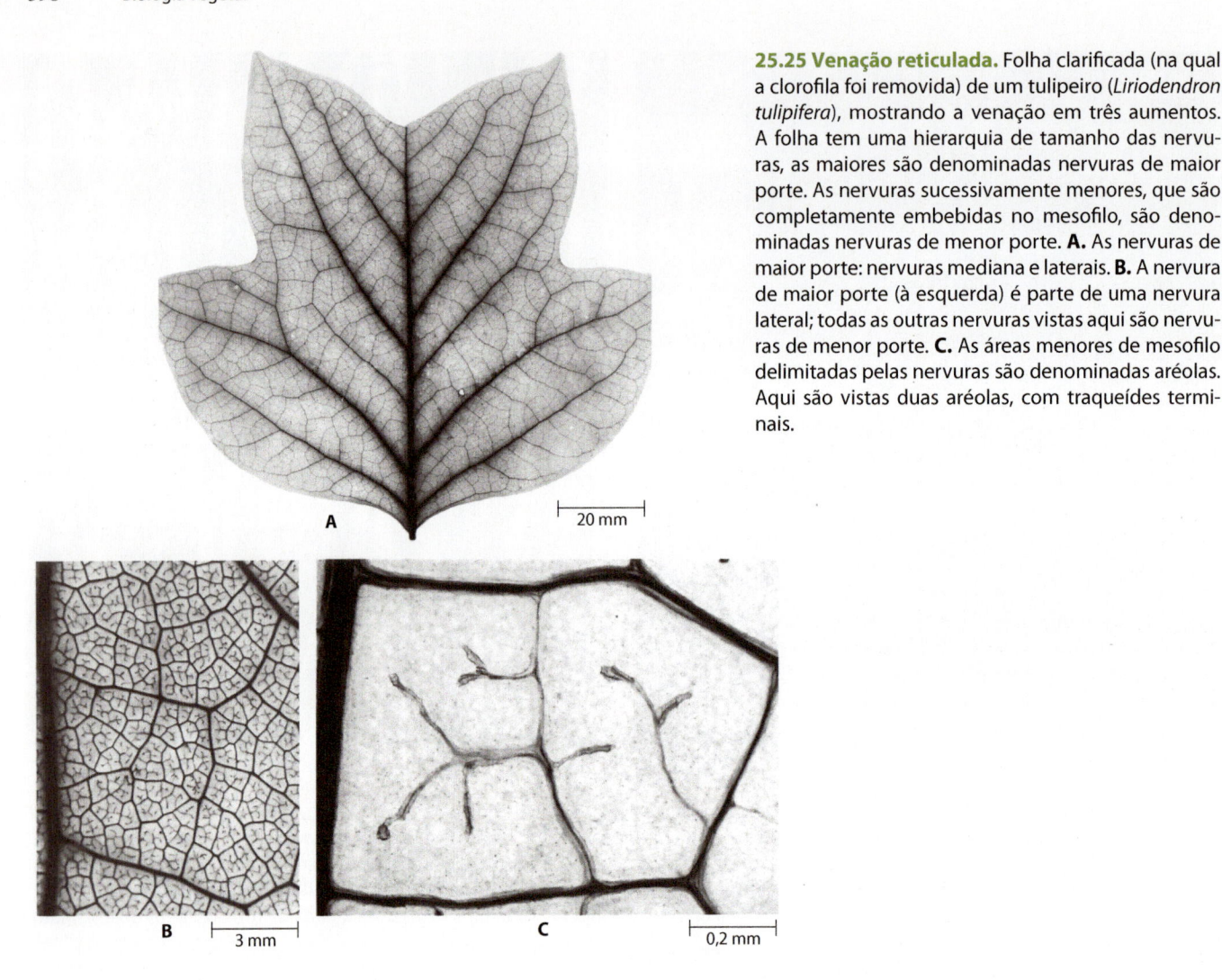

A

20 mm

B   3 mm

C   0,2 mm

25.25 Venação reticulada. Folha clarificada (na qual a clorofila foi removida) de um tulipeiro (*Liriodendron tulipifera*), mostrando a venação em três aumentos. A folha tem uma hierarquia de tamanho das nervuras, as maiores são denominadas nervuras de maior porte. As nervuras sucessivamente menores, que são completamente embebidas no mesofilo, são denominadas nervuras de menor porte. **A.** As nervuras de maior porte: nervuras mediana e laterais. **B.** A nervura de maior porte (à esquerda) é parte de uma nervura lateral; todas as outras nervuras vistas aqui são nervuras de menor porte. **C.** As áreas menores de mesofilo delimitadas pelas nervuras são denominadas aréolas. Aqui são vistas duas aréolas, com traqueídes terminais.

da raiz, tem estrias de Caspary em suas paredes anticlinais. Deste modo, a bainha do feixe pode ser considerada como uma endoderme, a qual pode, de modo similar, controlar o movimento de substâncias para dentro e para fora dos tecidos vasculares. Na maioria das preparações, a estria de Caspary não está visível.

Em muitas folhas, as bainhas dos feixes estão ligadas tanto com a epiderme superior quanto com a inferior, ou com ambas, por um grupo de células similares àquelas da bainha do feixe (Figura 25.23). Estas conexões são denominadas *extensões da bainha do feixe*. Além de oferecerem suporte mecânico, em algumas folhas, elas aparentemente conduzem água do xilema para a epiderme.

A epiderme garante considerável sustentação à folha devido a sua estrutura compacta e sua cutícula. Além disso, colênquima ou esclerênquima podem estar presentes sob a epiderme das costelas nas nervuras de maior porte nas folhas de muitas angiospermas, garantindo suporte adicional. Nas folhas de monocotiledôneas, as nervuras e a margem foliar podem ser delimitadas por fibras. Em folhas de outras angiospermas, células de colênquima podem também ser encontradas ao longo das margens de folhas.

Folhas de gramíneas

Depois da descoberta da via de fotossíntese C_4 na cana-de-açúcar (ver Capítulo 7), muitos estudos foram dedicados à anatomia comparada de folhas de gramíneas em relação às vias da fotossíntese. Foi descoberto que as folhas de gramíneas C_3 e C_4 apresentam diferenças anatômicas consideráveis. Por exemplo,

nas folhas de gramíneas C_4, as células do mesofilo e as células da bainha do feixe formam duas camadas concêntricas típicas ao redor dos feixes vasculares, como visto em seções transversais (Figura 25.26). As células compactamente dispostas da bainha do feixe das gramíneas C_4 são células parenquimáticas muito grandes que contêm numerosos cloroplastos grandes e conspícuos. Esse arranjo concêntrico do mesofilo e das camadas da

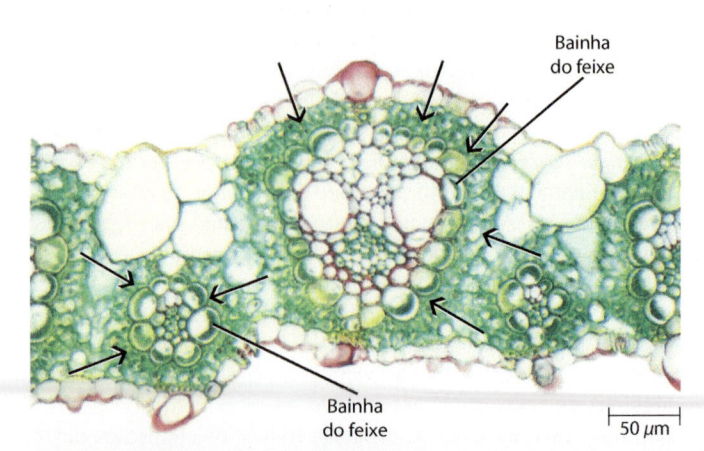

Bainha do feixe

Bainha do feixe

50 μm

25.26 Folha de cana-de-açúcar, uma gramínea C_4. Seção transversal da folha de cana-de-açúcar (*Saccharum officinarum*). Como é típico nas gramíneas C_4, as células do mesofilo (setas) estão radialmente dispostas ao redor da bainha dos feixes vasculares, a qual é formada de células grandes, com muitos cloroplastos grandes.

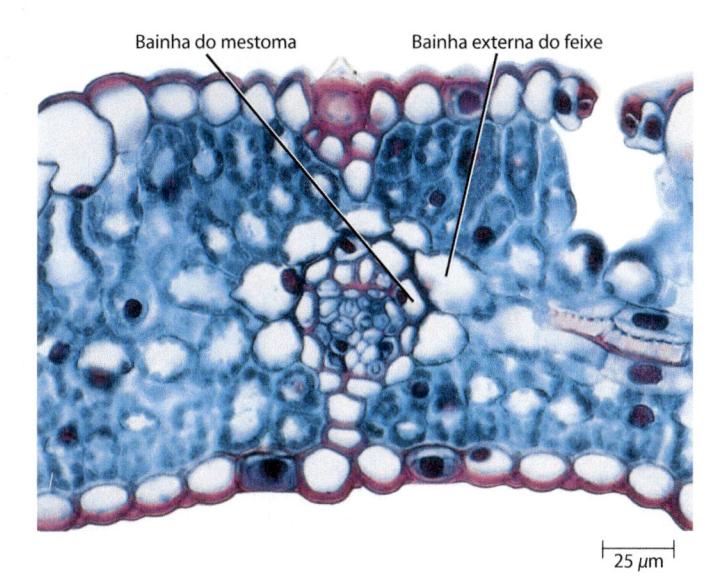

Bainha do mestoma Bainha externa do feixe

25 µm

25.27 Folha de trigo, uma gramínea C₃. Seção transversal da folha de trigo (*Triticum aestivum*). Como uma típica gramínea C₃, as células do mesofilo não estão radialmente dispostas ao redor da bainha dos feixes vasculares. Os feixes vasculares, na folha do trigo, estão circundados por duas bainhas: a bainha externa tem células parenquimáticas de paredes relativamente finas e a bainha interna, a bainha do mestoma, tem células de paredes espessadas.

bainha do feixe em plantas C₄ é referido como *anatomia Kranz* (em alemão, "coroa"). O significado da anatomia *Kranz* em relação à fotossíntese C₄ é discutido no Capítulo 7.

Nas folhas de gramíneas C₃, ao contrário, as células do mesofilo e da bainha do feixe não apresentam disposição concêntrica. Além disso, as células parenquimáticas das bainhas dos feixes são relativamente pequenas, com cloroplastos pequenos, e, quando observadas ao microscópio, com menor aumento, estas células parecem claras e vazias. Comumente, uma bainha interna, com células de paredes mais ou menos espessadas (denominada bainha do mestoma) também está presente nas gramíneas C₃ (Figura 25.27).

Outra diferença estrutural consistente entre as folhas de gramíneas C₃ e C₄ é a distância intervenal, ou seja, a distância entre as bainhas de feixes lateralmente adjacentes. Nas gramíneas C₄, apenas 2 a 4 células do mesofilo estão presentes entre as bainhas de feixes vasculares adjacentes, enquanto nas gramíneas C₃ mais de quatro (uma média de 12, para as espécies C₃, foram encontradas em um estudo) células do mesofilo estão localizadas entre as bainhas de feixes vasculares adjacentes.

As folhas de plantas C₄ geralmente exportam fotoassimilados tanto mais rapidamente quanto mais eficientemente do que as folhas de plantas C₃. As razões para estas diferenças são desconhecidas, mas tem sido sugerido que as diferenças na distância física entre as células do mesofilo e o floema dos feixes vasculares podem influenciar a taxa e a eficiência do carreamento de fotoassimilados para os tubos crivados.

A epiderme das gramíneas é constituída por vários tipos de células. A maioria das células epidérmicas é estreita e alongada. Algumas células, especialmente grandes, denominadas *células buliformes* ou células motoras, ocorrem em fileiras longitudinais e são tidas por alguns botânicos como responsáveis pelo dobramento e desdobramento, enrolamento e desenrolamento, das folhas, respostas resultantes de mudanças no potencial hídrico (Figura 25.28). Durante a perda excessiva de água, as células buliformes tornam-se flácidas e a folha se dobra ou enrola. A epiderme também contém células-guarda estreitas e com paredes espessadas, que estão associadas às células subsidiárias (Figura 25.24B; ver também Figura 23.26).

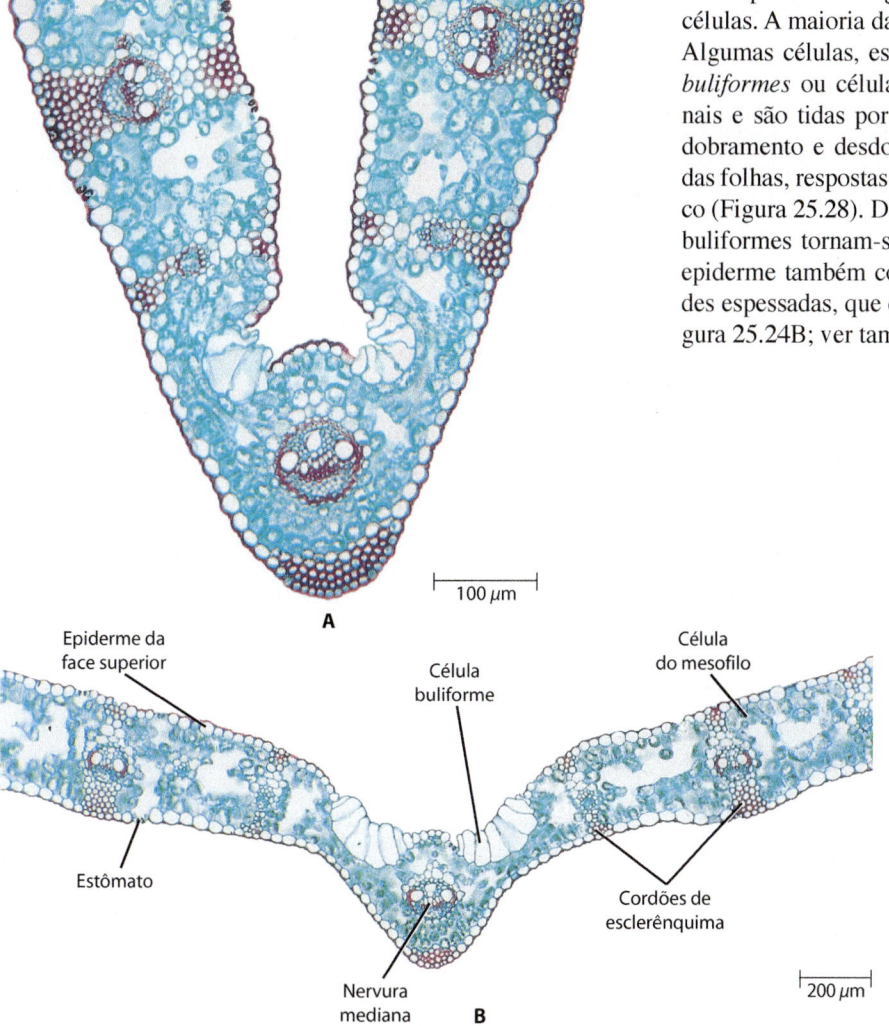

100 µm

A

Epiderme da face superior

Célula buliforme

Célula do mesofilo

Estômato

Nervura mediana **B**

Cordões de esclerênquima

200 µm

25.28 Folha da gramínea anual C₃, *Poa annua*. Porções de folhas (**A**) dobradas e (**B**) expandidas, incluindo a nervura mediana da folha da gramínea anual *Poa annua*. Na folha da gramínea, o mesofilo não está diferenciado como parênquima paliçádico e lacunoso. Cordões de células de esclerênquima comumente ocorrem acima e abaixo das nervuras. A epiderme contém células buliformes – grandes células epidérmicas que parecem atuar no dobramento e desdobramento (enrolamento e desenrolamento) das folhas de gramíneas. Na folha de *Poa* mostrada em (**A**), as células buliformes localizadas na epiderme da face superior estão parcialmente colapsadas e a folha está dobrada. Um aumento de turgor das células buliformes, presumivelmente, causa o desdobramento da folha (**B**).

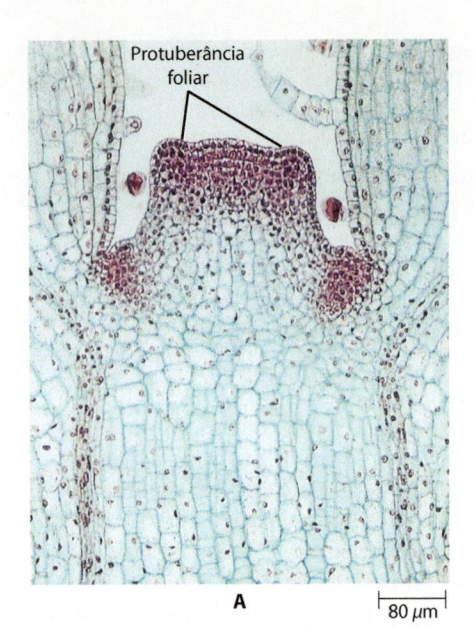

Protuberância
foliar

A |—| 80 μm

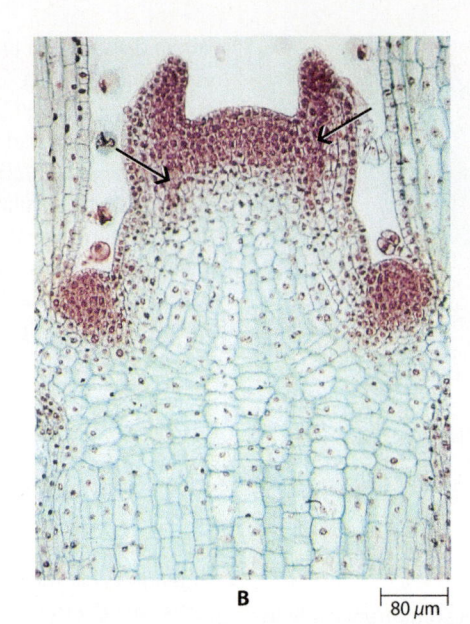

B |—| 80 μm

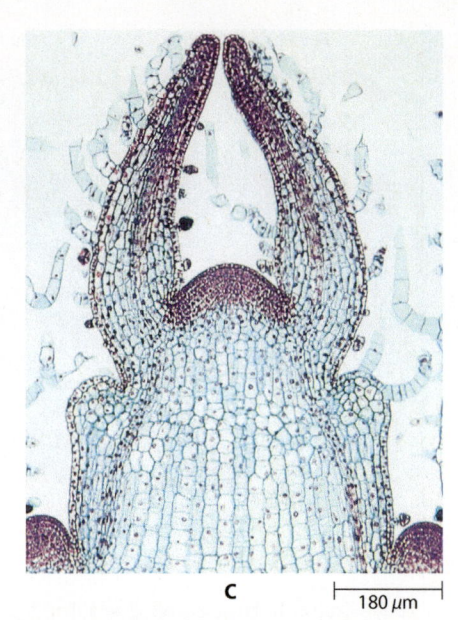

C |—| 180 μm

25.29 Estágios iniciais do desenvolvimento da folha em *Plectranthus.* Como visto nestas seções longitudinais do ápice do sistema caulinar, as folhas de *Plectranthus blumei* ocorrem aos pares, opostas umas às outras nos nós (Figura 25.2). **A.** Duas pequenas saliências ou protuberâncias foliares podem ser vistas opostas umas às outras nos flancos do meristema apical. Além disso, o primórdio da gema axilar pode ser visto surgindo na axila de cada uma das duas folhas jovens abaixo. **B.** Dois primórdios foliares eretos desenvolveram-se a partir das protuberâncias. Observe os cordões de procâmbio (setas) estendendo-se para cima no primórdio foliar. Os primórdios das gemas axilares, abaixo, estão em estágio de desenvolvimento mais adiantado do que aqueles em (**A**). **C.** À medida que os primórdios foliares se alongam, os cordões de procâmbio, que são contínuos com o procâmbio do traço foliar no caule, continuam a se desenvolver nas folhas. Tricomas ou pelos epidérmicos, vistos aqui no primórdio foliar, desenvolvem-se a partir de certas células protodérmicas muito precocemente, antes que a protoderme mature e se transforme na epiderme.

Desenvolvimento da folha

A análise clonal – análise das linhagens, ou clones, de células geneticamente diferentes – tem revelado que os primórdios foliares são iniciados pelos grupos de células da zona periférica do meristema apical. Estes grupos de células se estendem pelas três camadas do meristema – L1, L2 e L3 (Figura 25.4A) – e variam de cerca de 5 a 10 células por camada em *Arabidopsis* até algo em torno de 50 a 100 células por camada no tabaco, algodão e milho. Estas células são denominadas *células fundadoras* das folhas.

A primeira evidência estrutural da iniciação foliar é uma mudança na orientação da divisão e da expansão das células fundadoras. Isso resulta na formação de uma protuberância, também chamada de "protuberância foliar" (Figura 25.29A). Com a continuação do crescimento, cada protuberância desenvolve-se em um primórdio foliar, o qual é geralmente mais achatado na superfície voltada para o meristema apical (a futura superfície superior da folha) do que na superfície oposta (a futura superfície inferior) (Figura 25.29B).

Imediatamente após a emergência do primórdio foliar a partir da protuberância, uma fileira de células densas se forma em lados opostos (ao longo das margens) do primórdio. A formação do limbo é iniciada nestas fileiras marginais estreitas – denominadas "*meristemas marginais*" ou "*blastozonas marginais*" – enquanto a região central do primórdio se diferencia em uma costela mediana ou raque (Figura 25.30). Em folhas simples com margens inteiras (margens não lobadas ou denteadas em nenhum grau), a atividade do meristema marginal é de curta duração. Por outro lado, em folhas simples com formas

mais complexas, a subdivisão do meristema marginal em regiões com aumento de crescimento e regiões com supressão de crescimento resulta na formação de lobos ou serras marginais. Regiões de crescimento prolongado e aumentado também estão envolvidas na formação dos folíolos das folhas compostas. Diferenças na duração da atividade do meristema e na quantidade de expansão em um plano da lâmina são responsáveis pela diversidade de formas foliares.

Nas folhas derivadas de meristemas apicais com duas camadas de túnica, a camada L1 origina a epiderme, e as camadas L2 e L3 contribuem para os tecidos internos. A expansão e o alongamento da folha ocorrem, em sua maior parte, pelo *crescimento intercalar*, ou seja, pela divisão e expansão das células por todo o limbo, com maior contribuição da expansão celular. As diferenças nas taxas de divisão e crescimento das células, nas várias camadas do limbo, resultam na formação de numerosos espaços intercelulares e produzem a forma do mesofilo característico da folha. Tipicamente, a folha para de crescer primeiro no ápice e por último na base. Comparado com o crescimento do caule, o crescimento da maioria das folhas é de curta duração. O tipo de crescimento limitado exibido pela folha e pelos ápices florais é chamado de *determinado*, em contraste com o tipo de crescimento ilimitado ou *indeterminado* dos meristemas apicais vegetativos.

O desenvolvimento vascular nas folhas de angiospermas, à exceção das monocotiledôneas, começa com a diferenciação do procâmbio da futura nervura mediana. Esse procâmbio se diferencia para cima no primórdio como uma extensão do procâmbio do traço foliar (Figura 25.29C). Todas as nervuras de maior porte se desenvolvem para cima e/ou para o fora em di-

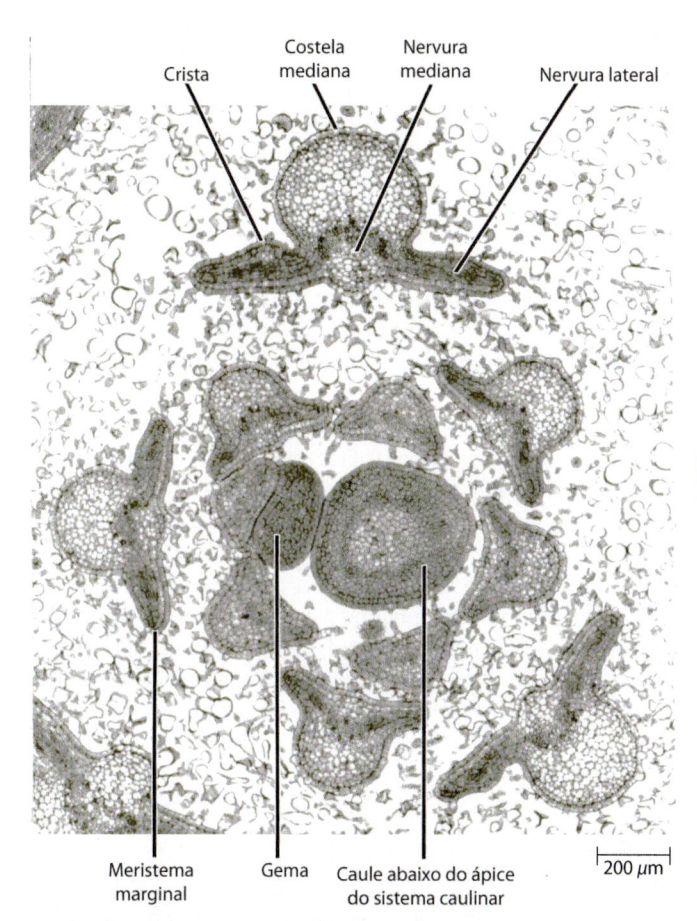

Crista — Costela mediana — Nervura mediana — Nervura lateral

Meristema marginal   Gema   Caule abaixo do ápice do sistema caulinar

200 μm

25.30 Desenvolvimento das folhas de tabaco. Seção transversal de folhas de tabaco (*Nicotiana tabacum*) agrupadas ao redor do ápice do sistema caulinar. A seção foi feita abaixo do meristema apical. As folhas mais jovens estão mais próximas do eixo. O primórdio foliar, no princípio, não apresenta diferenciação em nervura mediana e lâmina. Alguns estágios iniciais do desenvolvimento da lâmina e da nervura mediana podem ser vistos. Numerosos fragmentos de tricomas circundam as folhas em desenvolvimento.

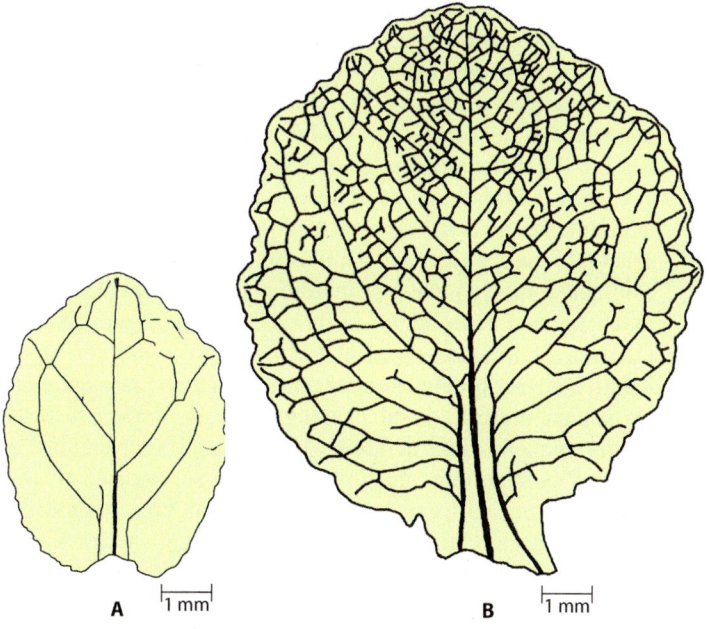

A   1 mm

B   1 mm

25.31 Dois estágios de desenvolvimento do sistema vascular em folha de alface (*Lactuca sativa*). A. As nervuras de maior porte desenvolvem-se em direção ao ápice da lâmina, enquanto (**B**) as nervuras de menor porte se desenvolvem do ápice para a base. Assim, o ápice da folha é a primeira região a ter um sistema completo de nervuras.

reção às margens foliares, em continuidade com o procâmbio da nervura mediana (Figura 25.31A). As nervuras foliares de menor porte iniciam-se no ápice da folha (Figura 25.31B), e se desenvolvem do ápice para a base, em continuidade com as nervuras de maior porte. Assim, o ápice da folha é a primeira parte a ter um sistema de nervuras completo. Esse padrão de desenvolvimento reflete a maturação geral da folha, a qual é do ápice para a base.

O padrão de desenvolvimento da nervação foliar descrito acima tem sido corroborado em *Arabidopsis* com o uso de marcadores moleculares para a identidade procambial, *AtHB8::GUS*. A Figura 25.32 mostra que as nervuras parecem ser contínuas em seu desenvolvimento e que a expressão do

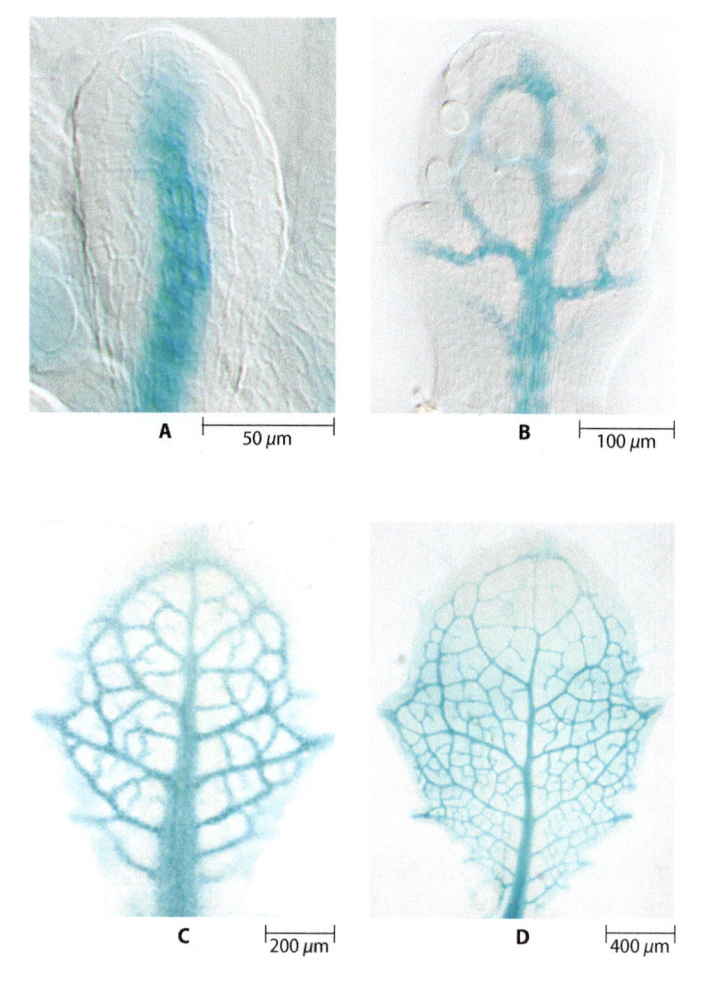

A   50 μm

B   100 μm

C   200 μm

D   400 μm

25.32 Desenvolvimento da nervura em *Arabidopsis*. Expressão do marcador *AtHB8::GUS* para a identidade do procâmbio em folhas de vários estágios indica que as nervuras são contínuas em seu desenvolvimento e que as nervuras de maior porte se formam antes das nervuras de menor porte. **A** e **B** mostram o padrão de desenvolvimento da nervura em folhas inteiras clarificadas após 6 e 24 h, respectivamente; **C** e **D** nos dias 2 e 3, respectivamente.

AtHB8 segue um padrão progressivo, com as nervuras menores se estendendo unidirecionalmente das nervuras maiores e precocemente formadas.

O desenvolvimento da folha de monocotiledôneas difere daquele das folhas de outras angiospermas em diversos aspectos. Por exemplo, em gramíneas, tais como o milho e a cevada, a atividade de crescimento rapidamente se espalha lateralmente, a partir dos flancos do primórdio foliar em desenvolvimento, e circunda completamente o ápice do sistema caulinar. À medida que o primórdio aumenta em comprimento, ele gradualmente adquire a forma de capuz (Figura 25.33). O desenvolvimento posterior do limbo prossegue de forma linear, com novas células sendo adicionadas pela atividade do meristema intercalar basal. O alongamento do limbo é restrito a uma pequena zona acima da região de divisão celular, e as porções superiores do limbo mostram-se, sucessivamente, mais avançadas em desenvolvimento. O crescimento da bainha começa relativamente tarde e segue após o desenvolvimento do limbo. O limite entre o limbo e a bainha não se torna distinto até que a lígula, uma fina projeção da parte superior da bainha, começa a se desenvolver (Figura 25.19B). Além disso, em folhas de gramíneas, todos os cordões procambiais são inicialmente descontínuos com o procâmbio do traço foliar ou do caule. A nervura mediana ou outros cordões longitudinais grandes originam-se no segmento caulinar na base do primórdio e se desenvolvem para cima entrando no primórdio e para baixo entrando no caule. Os cordões longitudinais menores, que surgem no primórdio e se formam equidistantemente entre cordões adjacentes previamente formados, não se estendem para baixo na bainha. Ao contrário,

eles se fundem com outros cordões acima da bainha. Como mencionado previamente, todos os feixes longitudinais estão interconectados pelas nervuras transversais.

O padrão vascular é estabelecido precocemente no desenvolvimento de folhas de angiospermas, frequentemente quando a folha em desenvolvimento tem apenas 2 mm de comprimento, e em cevada, quando o primórdio tem apenas 3 a 4 mm de comprimento. (Ver no Capítulo 27 a discussão do papel da auxina no desenvolvimento da vascularização foliar.)

Folhas de sol e de sombra

Fatores ambientais, especialmente a luz, podem ter efeitos substanciais no desenvolvimento do tamanho e da espessura das folhas. Em muitas espécies, as folhas que crescem sob altas intensidades luminosas – as chamadas *folhas de sol* – são menores e mais espessas do que as *folhas de sombra*, que se desenvolvem sob baixas intensidades luminosas (Figura 25.34). A maior espessura das folhas de sol deve-se, principalmente, ao maior desenvolvimento do parênquima paliçádico. O sistema vascular das folhas de sol é mais desenvolvido e as paredes das células epidérmicas são mais espessas do que aquelas das folhas de sombra. Além disso, a razão entre a área da superfície interna do mesofilo e a área da lâmina foliar é muito maior nas folhas

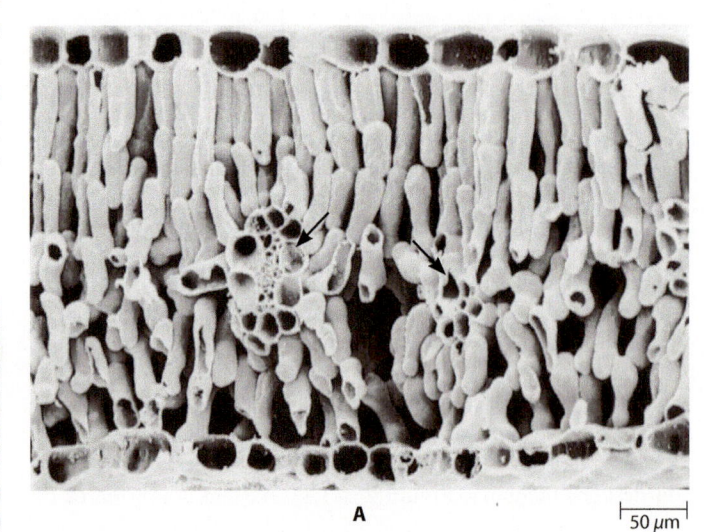

A   50 µm

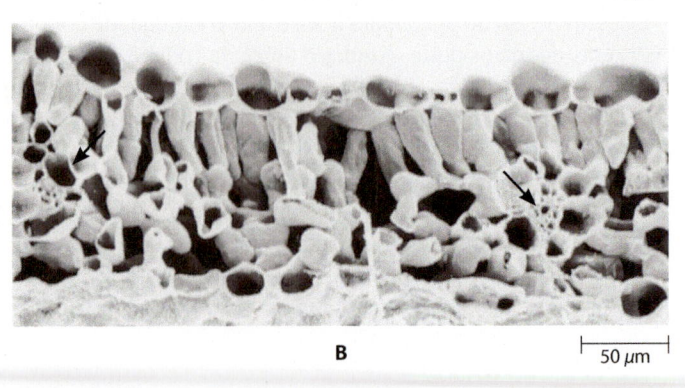

B   50 µm

25.34 Folhas de sol e de sombra. Micrografias eletrônicas de varredura mostrando seções transversais de nervuras (setas) de (**A**) folha de sol e (**B**) folha de sombra de *Thermopsis montana*, uma espécie da família da ervilha (Fabaceae). Observe que a folha de sol é consideravelmente mais espessa do que a folha de sombra, uma condição devida, principalmente, ao maior desenvolvimento do parênquima paliçádico na folha de sol.

50 µm

25.33 Desenvolvimento da folha de cevada (*Hordeum vulgare*), uma monocotiledônea. No estágio inicial de desenvolvimento, a lâmina tem a forma de um capuz. O ápice do sistema caulinar pode ser visto através da abertura no capuz.

BAMBU, FORTE, VERSÁTIL E SUSTENTÁVEL

Existem poucas gramíneas fortes o bastante para suportar pessoas à medida que elas sobem uma centena de metros (aproximadamente 300 pés) acima do chão. De fato, existe apenas uma – o bambu. Esta gramínea versátil pode ser transformada em utensílios, fragmentada e utilizada para tecer tapetes, dobrada e moldada de todas as formas em objetos graciosos e úteis, e laminada em pisos mais duros do que o carvalho. Hastes de bambu podem ser unidas para formar postes e utilizadas em armações de casas ou em cabos de uma ponte suspensa. Quando amarrado em ângulos retos em uma trama tridimensional, o bambu forma um andaime forte de pouco peso para acessar arranha-céus. Em algumas partes da Ásia, o bambu, e não o aço, é o principal material usado para construir andaimes.

O bambu, na verdade, não é apenas uma espécie – existem mais de 1.000 espécies, todas da família das gramíneas (Poaceae) – e cada espécie tem propriedades um pouco diferentes. Delas, a mais importante economicamente é *Phyllostachys edulis*, ou bambu Mao Zhu, que pode alcançar mais de 20 m e é a principal fonte tanto dos ramos comestíveis do bambu quanto de postes estruturais. As florestas de bambu Mao Zhu cobrem mais do que 3 milhões de hectares (7 milhões de acres) na China.

Assim como muitas outras gramíneas, o bambu se espalha emitindo caules subterrâneos denominados rizomas. Os bambus podem ser classificados como "touceiras" ou "solitários", dependendo de quão longe e rápido seus rizomas se espalham. *Phyllostachys edulis* é um bambu solitário, que forma rapidamente grandes agrupamentos. Bambus solitários tendem a ser difíceis de controlar, mas seus rizomas densos os tornam excelentes para estabilizar o solo e prevenir a erosão. Os bambus em touceira não são invasores e são bons para paisagismo.

Em todas as espécies, o rizoma subterrâneo forma uma gema, que se desenvolve em um sistema caulinar macio e carnoso que emerge do solo. Ele é colhido neste estágio e cortado nos brotos comestíveis, um ingrediente familiar à cozinha asiática. À medida que o sistema caulinar cresce, ele endurece e as folhas brotam ao longo de seu eixo; neste estágio, o sistema caulinar é denominado colmo. Mesmo os colmos de bambus mais altos atingem seu tamanho final em poucos meses, e no pico de seu crescimento, algumas espécies crescem 1 m por dia. O colmo permanece flexível e maleável quando jovem, sendo adequado para ser dividido e tecido. Nos anos subsequentes, o colmo endurece totalmente, e neste estágio pode ser colhido e usado para aplicações estruturais.

Com sua superfície forte e centro oco, os postes de bambu totalmente endurecidos têm uma razão força-peso similar à do aço (os arquitetos chamam o bambu de "aço vegetal"). Sua força e seu peso leve garantem vantagens como material de construção, complementado por benefícios ambientais – ele sequestra carbono, requer pouco combustível fóssil em sua produção, e pode ser transformado em adubo ao final de sua vida útil.

O bambu também oferece um material de construção nativo, de baixo custo, e versátil para comunidades rurais de baixo poder aquisitivo com algumas aplicações surpreendentes. O Instituto da Terra da Universidade de Columbia está trabalhando para criar uma bicicleta de bambu em pequena escala na África, com o objetivo de desenvolver uma atividade comercial local – baseada em recursos sustentáveis – que pode fornecer transporte adaptável e acessível economicamente a grande parte da população.

Como todas as gramíneas, o bambu floresce, e em muitas espécies, a planta morre em seguida. *Phyllostachys edulis* floresce esporadicamente, de modo que em um determinado período, algumas porções de uma floresta ficam em floração enquanto outras não. Mas muitas espécies de bambu têm floração "gregária", na qual todas as plantas da espécie, mesmo quando separadas por centenas de quilômetros, florescem em conjunto. Os intervalos entre os eventos de floração diferem entre as espécies e variam de alguns anos a mais de um século.

A massa de bambus que morre após a floração gregária pode ser catastrófica para as populações humanas locais, e não apenas pela perda de alimento e sustento. A rápida abundância de sementes de bambu leva a explosões populacionais de criaturas que se alimentam delas, especialmente ratos. À medida que aumentam em número, e as sementes são consumidas ou apodrecem, os ratos podem se mudar para plantações locais e alimentos armazenados, induzindo à fome. Embora seja impossível alterar o ciclo de floração do bambu para evitar a floração gregária, respostas governamentais coordenadas podem mitigar seus efeitos pelo provimento de alimento, proteção aos suprimentos de grãos e prevenção ou tratamento de doenças causadas por roedores.

Trabalhadores montam andaime com bambu na construção de um arranha-céu em Hong Kong (China).

de sol. Um efeito dessas diferenças é que, embora os dois tipos foliares tenham taxas fotossintéticas similares a baixas intensidades luminosas, as folhas de sombra não são adaptadas a altas intensidades luminosas e, consequentemente, têm taxas de fotossíntese máximas consideravelmente menores sob estas condições.

Devido à grande variação da intensidade luminosa nas diferentes partes da copa das árvores, formas extremas de folhas de sol e sombra podem ser aí encontradas. Folhas de sol e de sombra também estão presentes em plantas arbustivas e herbáceas. A formação desse tipo de folhas pode ser induzida pelo cultivo de plantas sob intensidades luminosas altas ou baixas.

Abscisão foliar

Em muitas plantas, a folha se separa normalmente do caule em um processo de *abscisão*. Este processo é precedido por certas mudanças químicas e estruturais próximas à base do pecíolo. Essas mudanças resultam na formação de uma *zona de abscisão* (Figura 25.35). Nas angiospermas lenhosas, duas camadas podem ser reconhecidas na zona de abscisão: a camada de separação (abscisão) e a camada de proteção. A *camada de separação* é constituída por células relativamente curtas, com espessamentos de parede pouco desenvolvidos que as tornam estruturalmente fracas. Antes da abscisão, certos íons e moléculas reutilizáveis retornam ao caule, entre eles os íons magnésio, aminoácidos (derivados de proteínas) e açúcares (alguns derivados do amido). Em seguida, as enzimas quebram as paredes celulares na camada de separação. As mudanças na parede celular podem incluir o enfraquecimento da lamela mediana e a hidrólise das próprias paredes celulósicas. Divisões celulares podem preceder a separação real. Se ocorrem divisões celulares, as paredes celulares recém-formadas são as mais afetadas pelo fenômeno de degradação. Abaixo da camada de separação, uma *camada de proteção* formada por células fortemente suberizadas se forma, isolando a folha do corpo principal da planta antes que ela caia. Tiloses podem se formar nos elementos traqueais antes da abscisão (ver Capítulo 26).

Finalmente, a folha encontra-se presa à planta apenas por alguns cordões de tecido vascular, os quais podem ser quebrados pela expansão das células de parênquima na camada de separação. Após a queda da folha, a camada protetora é reconhecida como uma *cicatriz foliar* no caule (ver Figura 26.16). Fatores hormonais associados à abscisão são discutidos no Capítulo 27.

Transição entre o sistema vascular da raiz e do sistema caulinar

Como discutido nos capítulos anteriores, a distinção entre os órgãos vegetais se baseia primariamente na distribuição relativa dos tecidos vasculares em meio aos tecidos fundamentais. Por exemplo, nas raízes de eudicotiledôneas, os tecidos vasculares geralmente formam um cilindro sólido circundado pelo córtex e os cordões de floema primário se alternam com os polos radiais de xilema primário. Por outro lado, no caule, os tecidos vasculares geralmente formam um cilindro de cordões isolados ao redor da medula, com o floema no lado externo dos feixes vasculares e o xilema no lado interno destes. Obviamente, em algum lugar do corpo primário da planta, precisa ocorrer uma mudança do tipo de estrutura encontrada na raiz para aquela encontrada no sistema caulinar. Essa mudança é gradual e a região do eixo da planta na qual ela ocorre é denominada *região de transição*.

Como descrito no Capítulo 22, o sistema caulinar e a raiz têm origem como uma estrutura única e contínua durante o desenvolvimento do embrião. Consequentemente, a transição vascular ocorre no eixo do embrião ou da plântula jovem. Essa transição se inicia durante o aparecimento do sistema procambial no embrião, e se completa com a diferenciação dos tecidos procambiais, distribuídos de modo variado na plântula. A continuidade vascular entre os sistemas radicular e caulinar é mantida durante toda a vida do vegetal.

A estrutura da região de transição pode ser muito complexa, com muitas variações nas regiões de transição dos diferentes tipos de plantas. Na maioria das plantas com sementes, excetuando-se as monocotiledôneas, a transição ocorre no sistema vascular que conecta a raiz e os cotilédones. A Figura 25.36 ilustra um tipo de região de transição comumente encontrado nas eudicotiledôneas. Observe a estrutura diarca da raiz (com dois polos de protoxilema), a ramificação e a reorientação do xilema primário e do floema primário que, na porção superior do eixo hipocótilo-radicular, resulta na formação de uma medula, e dos traços das primeiras folhas do epicótilo.

Desenvolvimento da flor

O desenvolvimento da flor, ou inflorescência, finaliza a atividade meristemática do ápice vegetativo do sistema caulinar. Durante a transição para a floração, o ápice do sistema caulinar vegetativo passa por uma sequência de mudanças estruturais e fisiológicas e se transforma em um ápice reprodutivo. Consequentemente, a floração pode ser considerada um estágio no desenvolvimento do ápice do sistema caulinar e da planta como um todo. Além disso, como o ápice reprodutivo exibe um padrão de crescimento determinado, a floração em plantas anuais indica que estas estão alcançando o final de seu ciclo de vida. A floração em plantas perenes, por sua vez, pode ser repetida anualmente ou com maior frequência. Vários fatores ambientais, incluindo o comprimento do dia e a temperatura, estão envolvidos na indução da floração (ver Capítulo 28).

A transição do ápice vegetativo para o ápice floral é frequentemente precedida pelo alongamento dos entrenós e o desenvolvimento precoce das gemas laterais abaixo do ápice do sistema

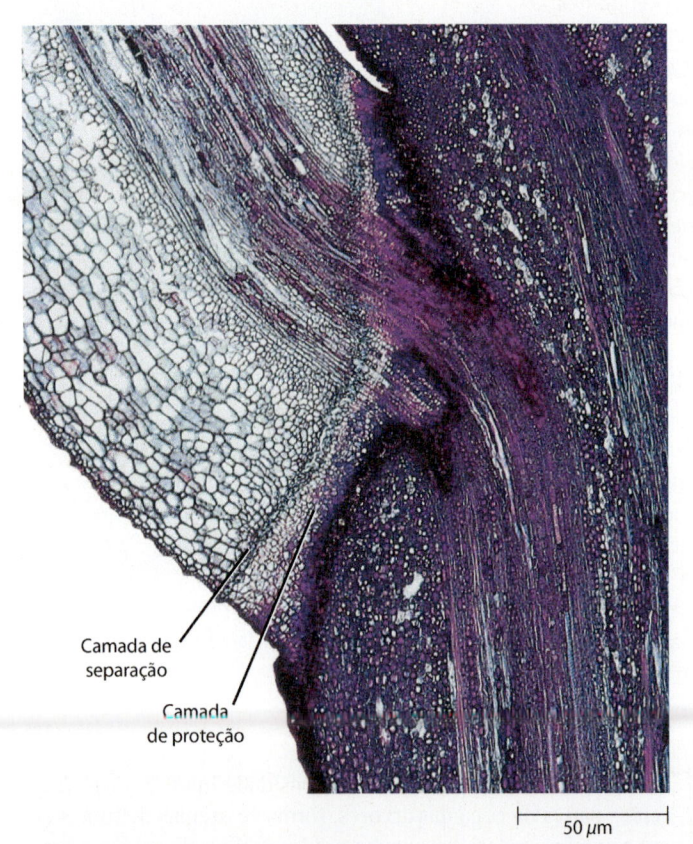

Camada de separação

Camada de proteção

50 µm

25.35 Zona de abscisão na folha de bordo (*Acer*). Seção longitudinal da base do pecíolo mostrando as células da camada de separação e da camada de proteção, que constituem a zona de abscisão.

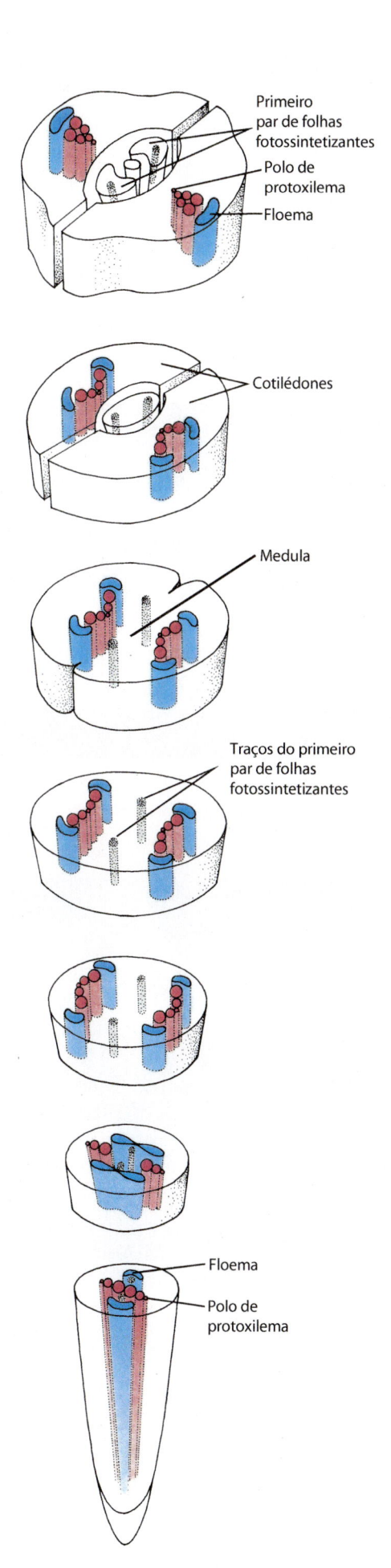

Primeiro par de folhas fotossintetizantes

Polo de protoxilema

Floema

Cotilédones

Medula

Traços do primeiro par de folhas fotossintetizantes

Floema

Polo de protoxilema

25.36 Região de transição. É mostrada a região de transição – conexão entre a raiz e os cotilédones – na plântula de uma eudicotiledônea com raiz diarca, ou seja, uma raiz com dois polos de protoxilema. Na raiz, o sistema vascular primário é representado por um único cilindro de tecido vascular, constituído por xilema (vermelho) e floema (azul). No eixo hipocótilo-radicular (a parte da plântula abaixo dos cotilédones), o xilema e o floema reorientam-se e o sistema vascular se ramifica e diverge para dentro dos cotilédones. Os traços foliares das primeiras folhas estão em estágio procambial de desenvolvimento.

caulinar. O ápice, propriamente dito, apresenta um aumento marcante na atividade mitótica, acompanhado por mudanças em suas dimensões e na organização: o ápice relativamente pequeno e com um tipo de organização túnica-corpo torna-se alargado e com forma semelhante a um domo.

O início e os primeiros estágios de desenvolvimento de sépalas, pétalas, estames e carpelos são muito similares àqueles das folhas, seus precursores evolutivos. Frequentemente, a formação das peças florais começa com as sépalas, seguida pelas pétalas, então os estames e, finalmente, os carpelos (Figura 25.37). Esta ordem usual de iniciação das peças florais pode ser modificada em certas flores, mas as peças florais sempre têm a mesma relação espacial entre si. As peças florais podem permanecer separadas durante seu desenvolvimento ou podem se fusionar entre peças de um mesmo verticilo (conação) ou entre peças de verticilos diferentes (adnação). Algumas variações na estrutura floral são discutidas no Capítulo 20.

Um pequeno grupo de genes reguladores determina a identidade do órgão em flores

O conhecimento sobre o controle genético do desenvolvimento floral tem aumentado bastante graças aos estudos de mutações que alteram a identidade das peças ou órgãos florais. Tais mutações, que resultam na formação do órgão errado no local errado, são denominadas *mutações homeóticas*. Os horticultores, desde longa data, têm selecionado e propagado as mutações que causam "flores duplas", como as variedades de rosa cultivadas atualmente em muitos jardins. Enquanto as rosas selvagens têm apenas cinco pétalas, as rosas duplas têm 20 ou mais, como resultado de mutações homeóticas que transformam os estames da rosa selvagem em pétalas. Mutações dos *genes homeóticos* do órgão floral – genes que afetam a identidade do órgão floral – têm sido estudadas mais intensivamente em *Arabidopsis thaliana* e *Antirrhinum majus* (boca-de-leão). A maioria dos genes homeóticos de plantas pertence a uma classe de sequências relacionadas, conhecidas como *genes MADS box*,* muitos dos quais controlam aspectos do desenvolvimento.

Na flor de *Arabidopsis* do tipo normal ou selvagem, as peças florais se dispõem em quatro verticilos (ver adiante Figura 25.38A, B). O primeiro verticilo (externo) é constituído por quatro sépalas verdes; o segundo, por quatro pétalas brancas; o terceiro contém seis estames, dois dos quais são menores que os

---

*N.T.: Os MADS boxes são genes que codificam fatores de transcrição de proteínas; reconhecem pequenos trechos do DNA, aos quais eles se unem diretamente para regular a transcrição. O nome MADS é uma acrônimo para quatro genes, na sequência em que foram descobertos: *MCM1* (levedura), *Agamous* (*Arabidopsis*), *Deficiens* (*Anthirrinum majus*) e *SRF* (*Homo sapiens*).

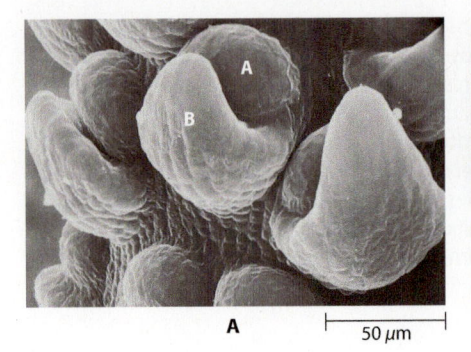

A — 50 μm

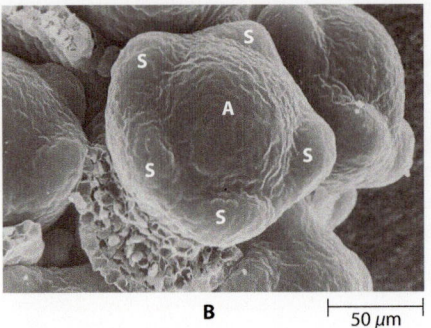

B — 50 μm

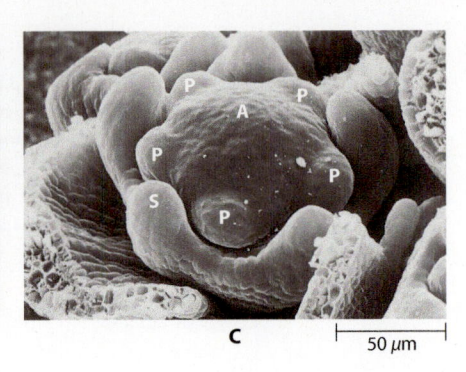

C — 50 μm

25.37 Desenvolvimento da flor em uma leguminosa. Micrografias eletrônicas de varredura mostrando alguns estágios do desenvolvimento da flor perfeita de *Neptunia pubescens*, uma leguminosa com simetria radial e peças florais espiraladas. **A.** Ápice floral (A) na axila de uma bráctea (B). **B.** Cinco primórdios de sépalas (S) formaram-se ao redor do ápice floral. **C.** Cinco primórdios de pétalas (P) formaram-se ao redor do ápice floral, alternando-se com as sépalas (S). Durante seu desenvolvimento, as sépalas formarão um cálice tubuloso. **D.** Cinco primórdios de estames (dois são indicados pelas setas) formaram-se ao redor do ápice floral, alternando-se com as pétalas (P). **E.** Um segundo verticilo de estames (seta) formou-se e seus elementos se alternam com os elementos do primeiro verticilo de estames (ST_1). O carpelo (C) formou-se no centro do ápice floral. Todas as peças florais estão presentes agora. **F.** O carpelo desenvolveu agora uma fissura, a qual formará o lóculo do ovário. O primeiro verticilo de estames ou verticilo externo (ST_1) está começando a diferenciar-se em anteras e filetes. (ST_2 designa o segundo verticilo de estames ou verticilo interno.) **G.** O carpelo está agora começando a se diferenciar em estilete e ovário. **H.** Flor mais desenvolvida mostrando os dois verticilos de estames. **I.** Flor mais desenvolvida com alguns estames removidos para mostrar o carpelo com o ovário (O), o estilete e o estigma diferenciados (seta). Os ápices das brácteas protetoras foram removidos em (**B**) até (**I**). De (**F**) até (**I**), a maior parte das sépalas e pétalas também foi removida.

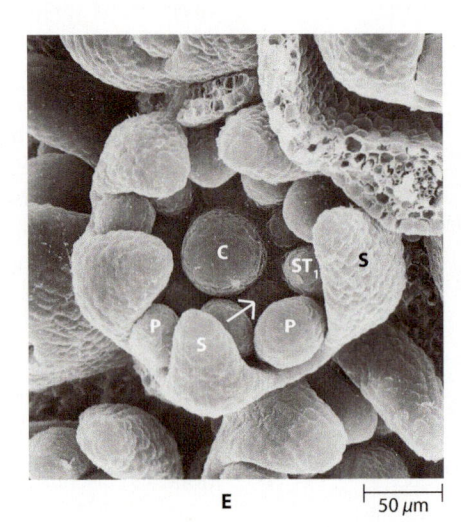

E — 50 μm

F — 50 μm

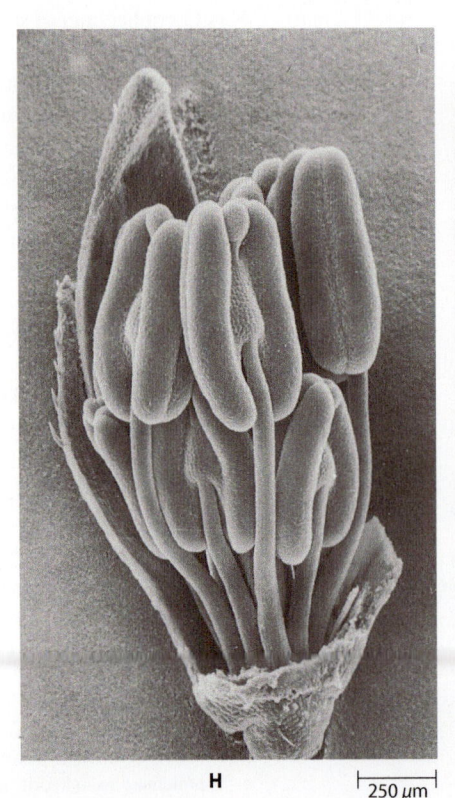

H — 250 μm

I — 250 μm

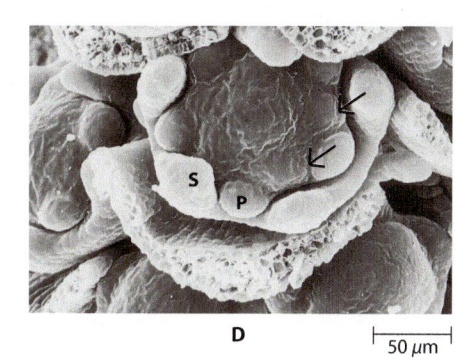

D   50 µm

G   100 µm

AGAMOUS (AG). A atividade da classe A é codificada pelos genes *AP1* e *AP2*. (*AP2* é o único gene para identidade floral que não é um gene MADS box.) A perda da função da classe A resulta na formação de carpelos, em vez de sépalas no segundo verticilo (Figura 25.39). A atividade da classe B é codificada pelos genes *AP3* e *PI*. A perda da função da classe B resulta na formação de sépalas no lugar de pétalas no segundo verticilo, e de carpelos no lugar de estames, no terceiro. A atividade da classe C é codificada pelo gene *AG*. A perda de sua função resulta na formação de pétalas no lugar de estames no terceiro verticilo e a perda de carpelos (o quarto verticilo), que são substituídos por um novo meristema floral, gerando sépalas e pétalas adicionais. Uma importante faceta do modelo ABC é que as funções A e C são mutuamente antagonistas, de modo que a atividade da classe A se expande em flores mutantes de C e vice-versa.

O desenvolvimento do modelo ABC contribuiu enormemente para o conhecimento do desenvolvimento floral. O modelo foi recentemente expandido para incluir cinco classes de genes (A, B, C, D, E) e passa a ser denominado *modelo ABCDE* de desenvolvimento floral (Figura 25.40). Em *Arabidopsis*, a função do gene *D SEED-STICK (STK)* está envolvida no desenvolvimento do óvulo e é necessária para a dispersão de sementes em flores maduras. A função D foi originalmente descoberta em petúnia. Com a descoberta da função E (originalmente encontrada em petúnia e tomate), tornou-se claro que a função dos genes A, B e C precisam dos genes E para produzirem flores. Em *Arabidopsis*, a função dos genes E é codificada por um conjunto de genes MADS box denominado *SEPALLATA (SEP)*, dos quais existem quatro: *SEP1-4*; *SEP1-3* são expressos no segundo, terceiro e quarto verticilos, e *SEP4* é expresso em todos os verticilos. Os genes *SEP* medeiam interações entre as proteínas da identidade do órgão. Os triplo-mutantes *sep1 sep2 sep3* produzem sépalas em todos os verticilos florais. Além disso, o mutante *sep4* resulta na conversão do todos os órgãos florais em folhas e, consequentemente, na perda da identidade do órgão floral. De acordo com o modelo ABCDE, os genes classe A + E determinam as sépalas, as classes A + B + E, as pétalas; as clases B + C + E, os estames; as classes C + E, os carpelos; e as classes C + D + E, os óvulos (Figura 25.40).

Em *Arabidopsis*, um gene chamado *LEAFY (LFY)* codifica um fator de transcrição LFY, que determina o destino floral dos meristemas. Este fator de transcrição é expresso em um alto nível nos meristemas florais jovens e ativa os genes que dá aos primórdios dos órgãos florais suas identidades. As plantas com a mutação *leafy* não formam flores (Figura 25.41).

Modificações do caule e da folha

Os caules e as folhas podem passar por modificações e desempenhar funções muito diferentes daquelas comumente associadas a estes dois componentes do sistema caulinar. Uma das modificações mais comuns é a formação de *gavinhas*, que auxiliam no suporte. Algumas gavinhas são caules modificados. As gavinhas da videira (*Vitis*) (Figura 25.42), por exemplo, são caules modificados que se enrolam em torno da estrutura de suporte. Na videira, algumas vezes, as gavinhas produzem pequenas folhas ou flores. Nos partenocissos (*Parthenocissus tricuspidata* e *Parthenocissus quinquefolia*), as gavinhas são também caules modificados, que formam discos adesivos em suas extremidades. No entanto, a maioria das gavinhas são folhas modificadas.

demais; e o quarto verticilo é representado por um único pistilo, formado pela fusão de dois carpelos (gineceu sincárpico) que formam um ovário alongado, bilocular, com numerosos óvulos, um estilete curto e um estigma.

O estudo das mutações homeóticas em *Arabidopsis* identificou primariamente três classes de genes – designados A, B e C – que são essenciais ao desenvolvimento normal e à ordem de aparecimento dos órgãos florais. As três classes são expressas em campos sobrepostos dentro do meristema floral, ou seja, cada classe age em dois verticilos adjacentes e é, parcialmente ou totalmente, responsável pela identidade dos órgãos naqueles dois verticilos (Figura 25.38C). Os genes classe A funcionam no campo 1, o primeiro e o segundo verticilos (que normalmente formam as sépalas e as pétalas, respectivamente); os genes classe B no campo 2, o segundo e o terceiro verticilos (que normalmente formam as pétalas e os estames, respectivamente); e os genes da classe C no campo 3, o terceiro e o quarto verticilos (que normalmente formam os estames e os carpelos, respectivamente). Nesta base, um modelo genético – o *modelo ABC* – foi proposto para explicar a identidade floral de uma flor típica de eudicotiledônea (Figura 25.39). A expressão dos genes classe A isoladamente determina o desenvolvimento de sépalas; classes A + B determinam as sépalas; classes B + C, os estames; e classe C isoladamente, os carpelos.

No modelo ABC, cinco diferentes genes determinam a identidade do órgão floral em *Arabidopsis*. *APETALA1 (AP1)*, *APETALA2 (AP2)*, *APETALA3 (AP3)*, *PISTALLATA (PI)* e

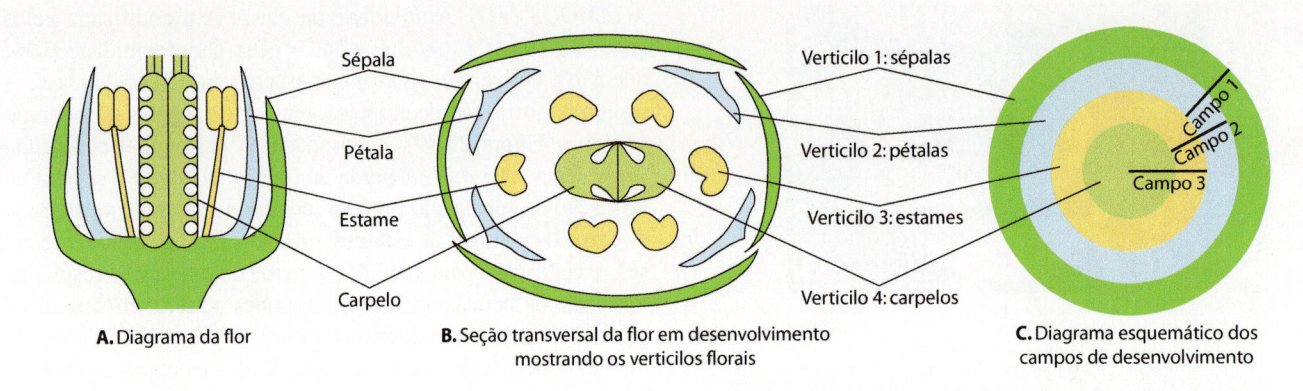

A. Diagrama da flor

B. Seção transversal da flor em desenvolvimento mostrando os verticilos florais

C. Diagrama esquemático dos campos de desenvolvimento

25.38 Tipo selvagem ou normal da flor de *Arabidopsis*. A. Diagrama da flor, em seção longitudinal mediana. **B.** Diagrama floral, mostrando o plano básico da flor, que é constituída por quatro verticilos. **C.** Diagrama mostrando a sobreposição dos campos de desenvolvimento, que correspondem aos padrões de expressão de genes específicos para a identidade do órgão floral. A classe A de genes funciona no campo 1, a classe B no campo 2 e a classe C no campo 3.

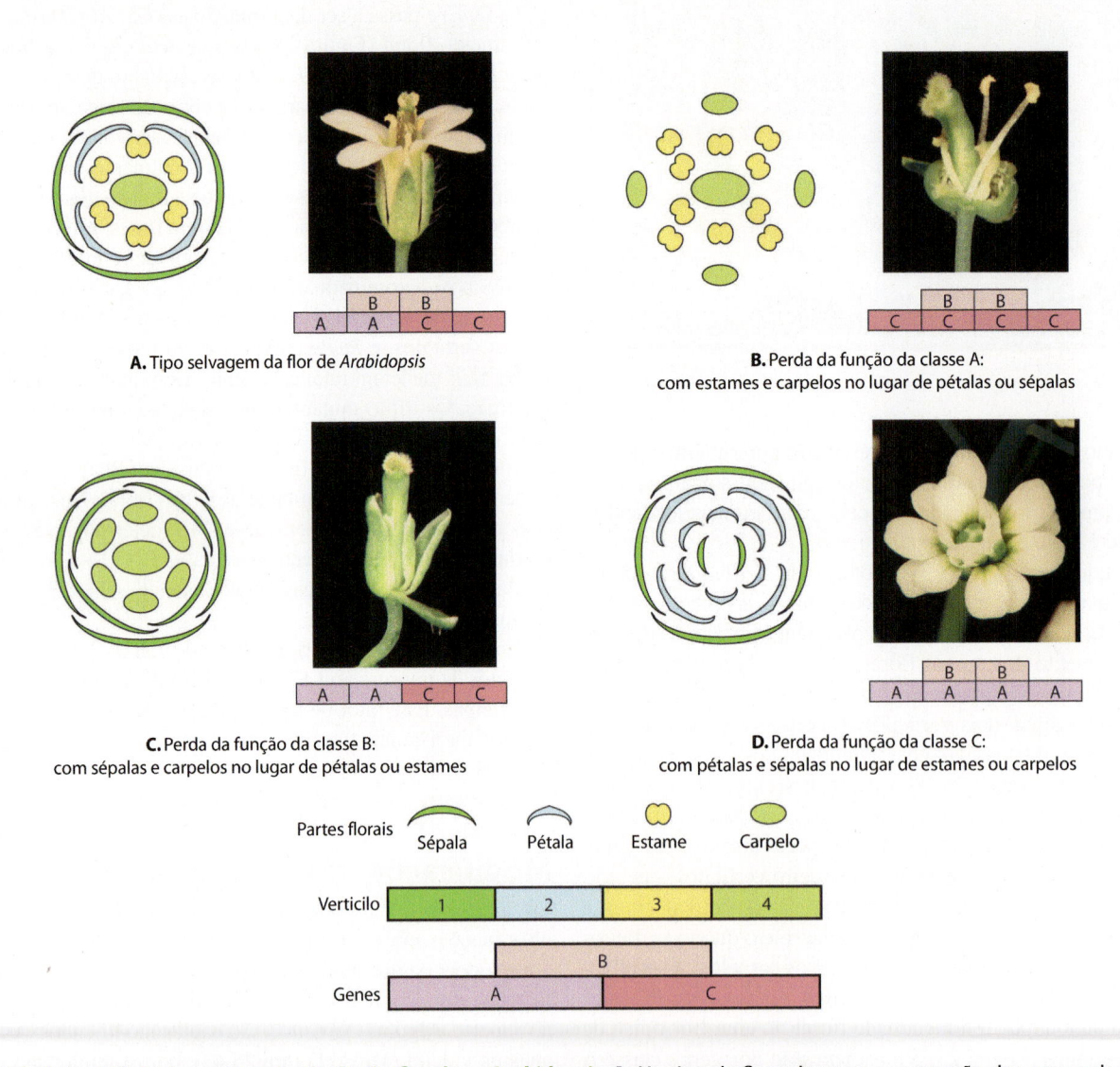

A. Tipo selvagem da flor de *Arabidopsis*

B. Perda da função da classe A: com estames e carpelos no lugar de pétalas ou sépalas

C. Perda da função da classe B: com sépalas e carpelos no lugar de pétalas ou estames

D. Perda da função da classe C: com pétalas e sépalas no lugar de estames ou carpelos

Partes florais   Sépala   Pétala   Estame   Carpelo

Verticilo   1   2   3   4

Genes   A   B   C

25.39 Modelo ABC de determinação do órgão floral em *Arabidopsis*. A. No tipo de flor selvagem, a expressão dos genes classe A sozinha determina o desenvolvimento de sépalas; as classes A + B especificam as sépalas; as classes B + C, os estames; e a classe C sozinha, os carpelos. Os efeitos na identidade do órgão floral resultam da mutação e perda da função dos genes homeóticos das classes A, B e C como demonstrado em (**B**)-(**D**). **B.** A perda da função da classe A resulta na expansão da função da classe C por todo o meristema floral. **C.** A perda da função da classe B resulta na expressão de A e C apenas. **D.** A perda da função da classe C resulta na expansão da função de A por todo o meristema.

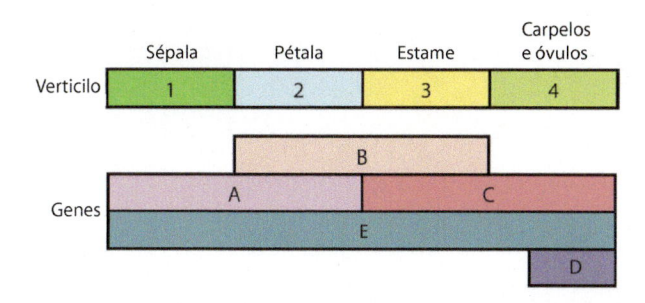

25.40 Modelo ABCDE de determinação do órgão floral em *Arabidopsis.* Em adição à função dos genes A, B e C do modelo ABC, este modelo inclui duas classes adicionais de genes, D e E. No modelo ABCDE, as classes de genes A + E especificam sépalas; as classes A + B + E, pétalas; as classes B + C + E, estames; as classes C + E, carpelos; e as classes C + D + E, os óvulos.

Em legumes, tais como a ervilha (*Pisum sativum*), as gavinhas constituem o folíolo terminal da folha composta pinada (Figura 25.18).

Os caules modificados que assumem a forma e que lembram folhas são denominados *cladófilos*. Os ramos penáceos, parecidos com folhas, observados no aspargo (*Asparagus officinalis*), são exemplos familiares de cladófilos (Figura 25.43). O sistema caulinar aéreo espesso e suculento ("ponta") do aspargo é a porção comestível da planta. As escamas encontradas nessas pontas são as folhas verdadeiras. Se as plantas de aspargo continuam a crescer, os cladófilos se desenvolvem nas axilas de escamas diminutas, inconspícuas e então atuam como órgãos fotossintetizantes. Em alguns cactos, os ramos lembram folhas, mas são, na verdade, cladófilos (Figura 25.44). Como mencionado previamente, as folhas verdadeiras têm gemas em suas axilas, enquanto os cladófilos não as têm. Essa característica pode ser utilizada para distingui-los.

A

B

25.41 Mutante *leafy* de *Arabidopsis.* As mutações no gene *LEAFY* de *Arabidopsis* impedem a transcrição dos genes ABC e, desse modo, a formação da flor. **A.** Tipo selvagem. **B.** Mutante *leafy*.

25.42 Gavinhas da videira. As gavinhas da videira (*Vitis*) são caules modificados.

25.44 Cladófilos de cacto. Os ramos do cacto sem espinho, *Epiphyllum*, lembram folhas, mas são, na realidade, caules modificados.

25.43 Cladófilos de aspargo. Os ramos delgados do aspargo comestível (*Asparagus officinalis*) lembram folhas. Estes caules modificados são denominados cladófilos.

Em algumas plantas, as folhas e os ramos são modificados em *espinhos** que são duros, secos e não fotossintetizantes (Figura 25.41). Assim, os espinhos podem ser foliares e caulinares. Os espinhos caulinares são ramos modificados que crescem nas axilas das folhas. Outro termo comumente utilizado indistintamente com espinho é "acúleo". Um acúleo, contudo, não é nem um caule nem uma folha, mas uma projeção pequena, mais ou menos alongada e aguda, do córtex e da epiderme. As estruturas comumente chamadas de espinhos nos caules de uma roseira são acúleos. Todas as três estruturas – espinhos foliares, espinhos caulinares e acúleos – podem servir como estruturas de defesa, reduzindo a predação pelos herbívoros. Em uma interação es-

---

*N.T.: Em inglês, usa-se o termo *spine* quando são folhas modificadas e *thorn*, para modificações do caule. Para acúleo usa-se o termo *prickle*.

A

B

25.45 Espinhos foliares e caulinares. A. Os espinhos do cacto *Ferocactus melocactiformis* são folhas modificadas. Os espinhos originam-se no local das escamas das gemas. **B.** Os espinhos mostrados em *Crataegus* são ramos modificados, que se originam nas axilas das folhas.

25.46 Rizoma. Batata-inglesa (*Solanum tuberosum*) com tubérculos ligados a um rizoma ou caule subterrâneo.

pecial planta-herbívoro, os espinhos de uma espécie de acácia (*Acacia cornigera*) provêm abrigo para formigas que matam outros insetos que tentam se alimentar dessa planta.

Entre as mais espetaculares folhas especializadas ou modificadas estão aquelas das plantas carnívoras, tais como a jarrinha (*Sarracenia purpurea*), o orvalhinho ou drósera (*Drosera* sp.) e a papa-moscas (*Dionaea muscipula*), que capturam insetos e os digerem com as enzimas que secretam. Os nutrientes disponíveis são então absorvidos pela planta (ver Quadro "Plantas Carnívoras", no Capítulo 29).

Alguns caules e folhas são especializados para o armazenamento de alimentos

Os caules, assim como as raízes, servem para armazenar alimento. Provavelmente, o tipo mais familiar de caule especializado para o armazenamento é o *tubérculo*, exemplificado pela batata-inglesa (*Solanum tuberosum*). Na batata-inglesa, os tubérculos surgem nas extremidades de *estolões* (caules estreitos crescendo ao longo da superfície do solo) de plantas originadas de sementes. No entanto, quando porções do tubérculo – chamadas "sementes" – são utilizadas para propagação, os tubérculos surgem nas extremidades de *rizomas* (caules subterrâneos), longos e delgados (Figura 25.46). Exceto pelo tecido vascular, quase toda a massa do tubérculo, interna à periderme (sistema de revestimento, conhecido popularmente como "casca"), é parênquima de reserva. Os chamados "olhos" da batata-inglesa são depressões nodais (dos nós), contendo grupos de gemas, e cada "semente" cortada do tubérculo da batata deve incluir pelo menos um destes "olhos". A depressão é a axila de uma folha escamiforme. As folhas escamiformes são helicoidalmente dispostas no tubérculo como as folhas dos caules aéreos.

O *bulbo* é uma grande gema constituída por um pequeno caule cônico com numerosas folhas modificadas ligadas a ele. As folhas são escamiformes e têm a base espessada onde o alimento é armazenado. Raízes adventícias surgem da base do caule. A cebola (Figura 25.47A) e o lírio são exemplos familiares de plantas com bulbos.

Embora superficialmente similares aos bulbos, os *cormos* são constituídos principalmente por tecidos caulinares "carnosos" e

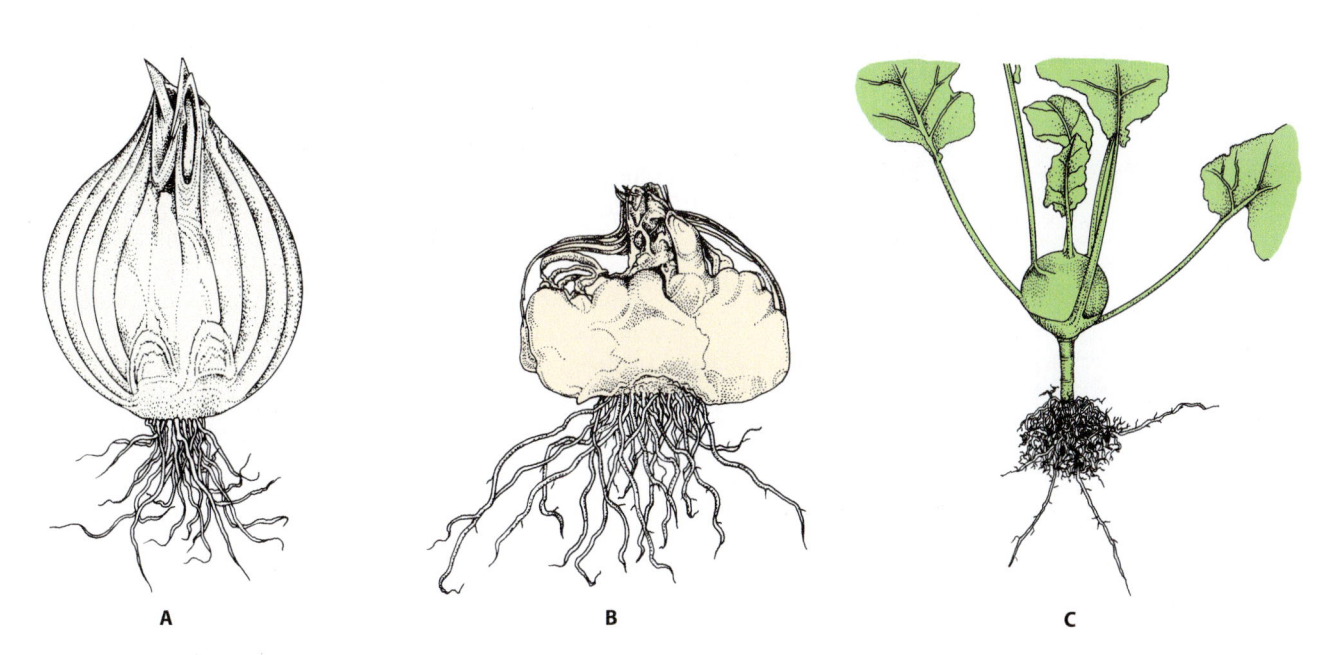

A   B   C

25.47 Exemplos de folhas ou caules modificados. A. O bulbo de cebola (*Allium cepa*) consiste em um caule cônico com folhas escamiformes, armazenadoras de alimentos. As folhas são a parte comestível da cebola. **B.** O cormo de um gladíolo (*Gladiolus grandiflorus*) é um caule espessado com folhas pequenas e delgadas. **C.** O caule de reserva tuberoso da couve-rábano (*Brassica oleracea* var. *caulorapa*).

espessados. Suas folhas são, comumente, mais finas e muito menores do que aquelas dos bulbos; consequentemente, o alimento armazenado no cormo encontra-se no caule carnoso. Diversas plantas cultivadas em jardins e muito conhecidas, tais como o gladíolo (Figura 25.47B), o açafrão e o ciclame produzem cormos.

A couve-rábano (*Brassica oleracea* var. *caulorapa*) é um exemplo de planta comestível com um caule de armazenamento espessado. O caule pequeno e espessado ergue-se acima do solo e sustenta várias folhas com bases muito amplas (Figura 25.47C). O repolho (*Brassica oleracea* var. *capitata*) é intimamente relacionado com a couve-rábano. A "cabeça" do repolho consiste em um caule curto, sustentando numerosas folhas espessadas e sobrepostas. Além da gema terminal, diversas gemas axilares bem desenvolvidas podem ser encontradas na "cabeça" do repolho.

O pedúnculo, ou pecíolo, das folhas de algumas plantas torna-se espessado e "carnoso". O aipo (*Apium graveolens*) e o ruibarbo (*Rheum rhabarbarum*) são exemplos comuns desse tipo de especialização.

Alguns caules e folhas são especializados para armazenagem de água

Plantas suculentas são aquelas que têm tecidos especializados para o armazenamento de água. A maioria dessas plantas – tais como os cactos dos desertos americanos, as euforbiáceas dos desertos africanos, que têm aparência similar aos cactos (ver Quadro "Evolução Convergente", no Capítulo 12), e a piteira

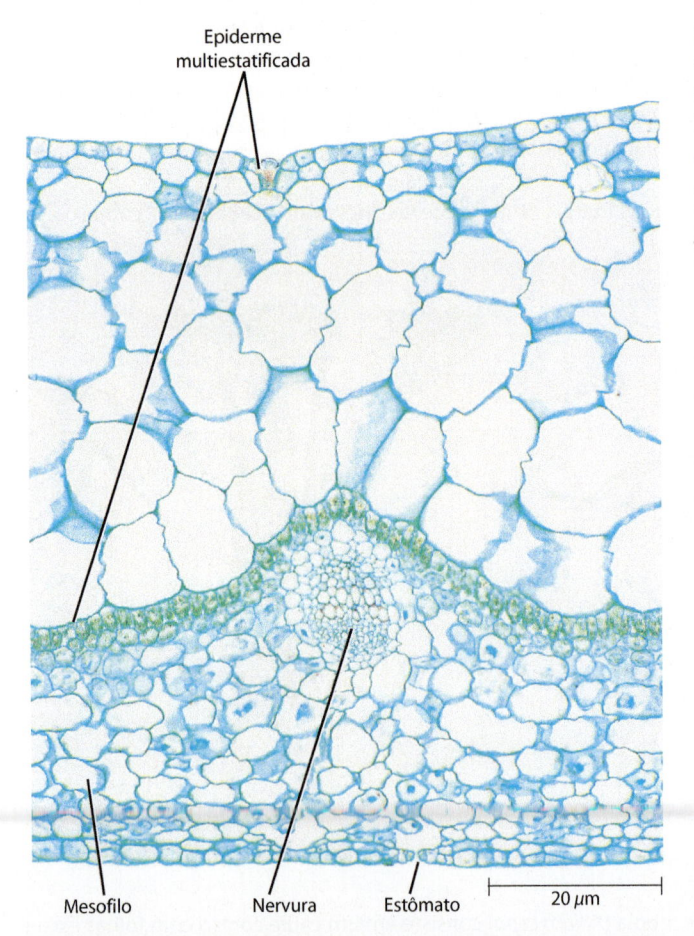

25.48 Epiderme multiestratificada. Seção transversal da lâmina foliar de *Peperomia*. A epiderme multiestratificada, muito espessa, visível na face superior da folha, presumivelmente funciona como um tecido de armazenagem de água.

(labels in figure: Epiderme multiestratificada; Mesofilo; Nervura; Estômato; 20 μm)

ou agave (*Agave*) – geralmente crescem em regiões áridas, onde a habilidade para armazenar água é necessária para sua sobrevivência. Os caules verdes suculentos dos cactos servem tanto como órgãos fotossintetizantes quanto armazenadores. O tecido armazenador de água é constituído por células parenquimáticas grandes e de paredes delgadas, que não apresentam cloroplastos.

Na piteira, as folhas são suculentas. Como nos caules suculentos, células parenquimáticas não fotossintetizantes do tecido fundamental constituem o tecido armazenador de água. Outros exemplos de plantas com folhas suculentas são a erva-do-orvalho (*Mesembryanthemum crystallinum*), o *Sedum* e certas espécies de *Peperomia*. Na erva-do-orvalho, as células epidérmicas grandes com apêndices (tricomas), denominadas vesículas-de-água, que superficialmente lembram flocos de gelo, servem para armazenar água. As células que armazenam água na folha de *Peperomia* são parte de uma epiderme multiestratificada (com diversas camadas), formada por divisões periclinais da protoderme (Figura 25.48).

RESUMO

O meristema apical do sistema caulinar produz primórdios foliares, primórdios de gemas e tecidos primários do caule

O ápice vegetativo do sistema caulinar, na maioria das plantas floríferas, tem uma organização túnica-corpo, constituída por uma ou mais camadas de células periféricas (a túnica) e um grupo de células localizadas internamente (o corpo). O ápice consiste em três camadas de células superpostas – duas camadas de túnica e uma camada inicial do corpo – que são designadas L1, L2 e L3. Os tecidos primários do caule passam por períodos de crescimento similares àqueles da raiz, porém diferentemente desta, o caule não pode ser dividido em regiões de divisão celular, alongamento e maturação. O caule aumenta em comprimento, em grande parte, pelo alongamento dos entrenós.

Existem três tipos básicos de organização na estrutura primária dos caules

Assim como na raiz, o meristema apical do sistema caulinar origina a protoderme, o procâmbio e o meristema fundamental, que se desenvolvem nos tecidos primários. Existem três padrões básicos de distribuição relativa dos tecidos vasculares e fundamental na estrutura primária dos caules. Os tecidos vasculares primários podem se desenvolver: (1) como um cilindro mais ou menos contínuo em meio ao tecido fundamental, (2) como um cilindro de cordões isolados ou (3) como um sistema de cordões que aparecem espalhados em meio ao tecido fundamental. Independentemente do tipo de organização, geralmente o floema se localiza externamente ao xilema.

Folhas e caules são intimamente relacionados tanto fisicamente quanto nos aspectos de desenvolvimento

A denominação "sistema caulinar" serve não apenas como um termo coletivo para designar o caule e suas folhas, mas também como uma expressão de sua íntima associação física e de desenvolvimento. Os primórdios foliares originam-se a partir de grupos de células, denominadas células fundadoras, na região periférica do ápice do sistema caulinar, e sua posição no caule é refletida no padrão do sistema vascular do caule. Em cada nó, um ou mais traços foliares divergem do caule e entram na folha ou folhas daquele nó. Os cordões procambiais, a partir dos quais os traços foliares são formados, desenvolvem-se logo abaixo do primórdio foliar em desenvolvimento, e estão presentes, algumas vezes, abaixo dos sítios dos futuros primórdios foliares, mesmo antes que os primórdios se tornem discerníveis. Diversas hipóteses têm sido propostas para explicar o mecanismo responsável pelo padrão de disposição das folhas ou filotaxia; entre elas, as hipóteses do primeiro espaço disponível, do campo fisiológico e das forças biofísicas. Estas hipóteses têm sido substituídas pelo modelo com base nas auxinas (ver Capítulo 27).

Variações na estrutura foliar são, em grande parte, relacionadas com o habitat

Na maioria das angiospermas, à exceção das gramíneas e monocotiledôneas relacionadas, as folhas são constituídas por uma lâmina (limbo) e um pecíolo. As lâminas de algumas folhas são divididas em folíolos (folhas compostas), enquanto outras não o são (folhas simples). Os estômatos são geralmente mais numerosos na superfície inferior do que na superior da folha. O tecido fundamental, ou mesofilo, da folha é diferenciado em parênquima paliçádico e parênquima esponjoso. O mesofilo é amplamente permeado por espaços de ar e pelas nervuras, que são formadas por xilema e floema circundados pela bainha do feixe, de natureza parenquimática. O xilema geralmente ocorre no lado superior da nervura, enquanto o floema ocorre no lado inferior.

Muitas das gramíneas C₃ e C₄ podem ser distinguidas com base na anatomia da folha

Em muitas monocotiledôneas, incluindo as gramíneas, a folha consiste em uma lâmina e uma bainha, a qual circunda o caule. As folhas de gramíneas C_3 e C_4 têm algumas diferenças anatômicas marcantes, sendo a mais notável a presença da anatomia *Kranz* nas gramíneas C_4, e sua ausência nas gramíneas C_3. A anatomia *Kranz* consiste em um arranjo no qual as células do mesofilo e as células da bainha do feixe formam camadas concêntricas em torno dos feixes vasculares.

As folhas apresentam crescimento determinado e os caules apresentam crescimento indeterminado

As folhas têm crescimento determinado, ou seja, seu desenvolvimento é de duração relativamente curta. Entretanto, o ápice do sistema caulinar vegetativo, que origina folhas, pode apresentar crescimento ilimitado ou indeterminado. Em muitas espécies, as folhas que crescem sob altas intensidades luminosas (folhas de sol) são menores e mais espessas do que aquelas que crescem sob baixas intensidades luminosas (folhas de sombra).

A separação da folha de um ramo pela abscisão é um processo complexo

Em muitas plantas, a abscisão foliar é precedida pela formação de uma zona de abscisão, que consiste em uma camada de separação e uma camada protetora, ambas localizadas na base do pecíolo. Após a queda da folha, a camada de proteção é reconhecida como uma cicatriz foliar no caule.

A região de transição é onde a raiz e o sistema caulinar estão unidos

A mudança na distribuição dos tecidos fundamental e vasculares da raiz para aquela observada no sistema caulinar ocorre na porção do eixo do embrião e plântula jovem denominada região de transição. Na maioria das plantas com sementes, com exceção das monocotiledôneas, a transição vascular ocorre no sistema vascular que conecta a raiz e os cotilédones.

O desenvolvimento floral pode ser explicado pela sobreposição de expressões gênicas

Em *Arabidopsis*, a sobreposição da expressão de cinco classes de genes homeóticos (A, B, C, D, E) determina a identidade dos órgãos florais. Os genes das classes A + E determinam as sépalas; os da classe A + B + E, as pétalas; os da classe B + C + E, os estames; os da classe C + E, os carpelos; e os da classe D + E, os óvulos.

Caules podem ter funções de armazenagem de alimentos ou de água

Assim como as raízes, os caules podem ser especializados para o armazenamento de alimentos. Os tubérculos e cormos são exemplos desses caules. As plantas armazenadoras de água são conhecidas como suculentas. O tecido armazenador de água das plantas suculentas é constituído por grandes células parenquimáticas vacuolizadas. Caules ou folhas, ou ambos, podem ser suculentos.

Autoavaliação

1. Diferencie os seguintes termos: primórdio foliar e primórdio de gema; traço foliar e lacuna do traço foliar; folha simples e folha composta; camada de separação e camada de proteção; feixe vascular do tipo fechado e feixe vascular do tipo aberto.

2. Por meio de diagramas simples, legendados, compare as estruturas de uma raiz e de um caule de eudicotiledôneas ao final do crescimento primário. Assuma que a raiz é triarca e o cilindro vascular do caule consiste em um sistema de feixes vasculares isolados.

3. O termo "sistema caulinar" significa mais do que um termo coletivo para o caule e suas folhas. Explique.

4. Como a distribuição dos estômatos difere entre as folhas de mesófitas, hidrófitas e xerófitas?

5. Explique por que o(s) tecido(s) do mesofilo é(são) particularmente adequado(s) à fotossíntese.

6. Quais as principais funções das nervuras de maior porte e de menor porte das folhas?

7. De que maneira a anatomia das folhas das gramíneas C_3 difere daquela das gramíneas C_4?

8. Quais são os principais eventos na iniciação e desenvolvimento de uma folha?

9. Estruturalmente, como as folhas de sol diferem daquelas de sombra?

10. Qual o papel do gene *LEAFY* no desenvolvimento floral?

CAPÍTULO 26

Crescimento Secundário em Caules

◀ **Madeira petrificada.** Acredita-se que há aproximadamente 225 milhões de anos, no Triássico tardio, quando os dinossauros começaram a aparecer, uma erupção vulcânica tenha derrubado coníferas atualmente extintas na luxuriante área tropical, que se tornou o nordeste do Arizona. Carregadas para terras baixas, as árvores ficaram impregnadas de água e afundaram. A cinza vulcânica dissolvida na água forneceu sílica, que substituiu as células vegetais nesse corte de tronco de árvore – principalmente o xilema secundário – com quartzo colorido.

Em muitas plantas – isto é, na maioria das monocotiledôneas e certas eudicotiledôneas herbáceas, como ranúnculo ou botão-de-ouro (*Ranunculus*) – o crescimento em certas partes do corpo cessa com a maturação dos tecidos primários. No outro extremo estão as gimnospermas, as magnoliídeas lenhosas e as eudicotiledôneas lenhosas, nas quais a raiz e o caule continuam a aumentar em diâmetro em regiões que não estão mais se alongando (Figura 26.1). Esse crescimento em espessura ou circunferência do corpo da planta – denominado *crescimento secundário* – resulta da atividade de dois *meristemas laterais*: o *câmbio vascular* e o *câmbio da casca*.

Plantas herbáceas, ou ervas, são aquelas em que o sistema caulinar apresenta pouco ou nenhum crescimento secundário. Em regiões temperadas, a planta inteira ou as partes aéreas herbáceas, dependendo da espécie, sobrevivem por apenas uma única estação. As plantas lenhosas – árvores e arbustos – podem viver muitos anos. Ao início de cada estação de crescimento, o crescimento primário termina e tecidos secundários adicionais são acrescentados às partes mais velhas da planta por meio da reativação de meristemas laterais. Apesar de a maioria das monocotiledôneas não apresentar crescimento secundário, algumas, como as palmeiras, podem desenvolver caules espessos apenas com o crescimento primário (Capítulo 25). Algumas palmeiras passam por um tipo de crescimento secundário chamado cresci-

mento secundário difuso, que ocorre em partes mais velhas do caule, a uma considerável distância do ápice. Nesse local, as células de parênquima do tecido fundamental continuam a se dividir e se expandem por um longo período, acompanhadas por um aumento proporcional do tamanho dos espaços intercelulares.

Plantas anuais, bienais e perenes

As plantas são frequentemente classificadas, de acordo com seus ciclos de crescimento, como anuais, bienais ou perenes. Nas plantas *anuais* – as quais incluem muitas ervas daninhas, plantas silvestres, plantas de jardim e hortaliças – o ciclo de vida inteiro de semente para planta vegetativa, planta em flor e semente, ocorre em uma única estação de crescimento, que pode

PONTOS PARA REVISÃO

Após a leitura deste capítulo, você deverá ser capaz de responder às seguintes questões:

1. Como as plantas anuais, bienais e perenes diferem umas das outras?

2. Quais tipos de células formam o câmbio vascular e como estas células funcionam?

3. Como o crescimento secundário afeta o corpo primário do caule?

4. Quais tecidos são produzidos pelo felogênio e qual é a função da periderme?

5. O que é casca e como sua composição muda durante a vida de uma planta lenhosa?

6. O que é madeira e como a madeira de uma conífera difere da madeira de uma angiosperma?

26.1 Cária (*Carya ovata*) em condição de verão. As plantas foram capazes de adquirir uma estatura grande graças à capacidade de suas raízes e caules crescerem em espessura, ou seja, apresentarem crescimento secundário. A maior parte do tecido produzido dessa maneira é xilema secundário ou madeira, que não só conduz água e íons minerais para as partes aéreas distantes, mas também oferece grande resistência às raízes e aos caules.

ser um período de apenas algumas semanas. Apenas a semente dormente ultrapassa o intervalo entre uma estação de crescimento e outra.

As plantas *bienais* são anuais com ciclos de vida – desde o período de germinação até a formação da semente – que se estendem por duas estações de crescimento. A primeira estação de crescimento de algumas bienais resulta na formação de uma raiz, de um caule curto e de uma roseta de folhas próximas à superfície do solo. Na segunda estação de crescimento, ocorrem floração, frutificação, formação de sementes e morte, completando o ciclo de vida. No hemisfério norte, o ciclo de vida ultrapassa o ano civil. No hemisfério sul, entretanto, as plantas bienais são anuais regulares, o seu ciclo de vida é interrompido pelo inverno. Se os botânicos do hemisfério sul tivessem sido os primeiros a descrever os ciclos de vida, é provável que o termo "anual de inverno" tivesse prevalecido, em lugar de bienal. Em regiões temperadas, as plantas anuais e bienais raramente se tornam lenhosas, ainda que tanto suas raízes como seus caules possam apresentar uma quantidade limitada de crescimento secundário.

Plantas *perenes* são aquelas cujas estruturas vegetativas vivem ano após ano. As perenes herbáceas passam as estações desfavoráveis como raízes subterrâneas dormentes, rizomas, bulbos ou tubérculos. As perenes lenhosas, que incluem trepadeiras, arbustos e árvores, sobrevivem sobre o solo, mas geralmente interrompem o crescimento durante as estações desfavoráveis. As perenes lenhosas florescem somente quando se tornam adultas, o que pode levar muitos anos. Por exemplo, a castanheira-da-índia (*Aesculus hippocastanum*) não floresce até cerca de 25 anos de

idade. *Puya raimondii*, uma planta bem grande (com até 10 m de altura), parente do abacaxi e encontrada nos Andes, leva cerca de 150 anos para florir. Nas regiões temperadas, muitas lenhosas são decíduas, perdendo todas as suas folhas ao mesmo tempo e desenvolvendo novas a partir de gemas, quando a estação se torna favorável ao crescimento. Nas árvores e arbustos sempre-verdes, as folhas também são perdidas e substituídas, mas não todas ao mesmo tempo.

Câmbio vascular

Diferentemente das iniciais dos meristemas apicais, células multifacetadas e que contêm citoplasma denso e grandes núcleos, as células meristemáticas do câmbio são muito vacuoladas. Elas existem em duas formas: como *iniciais fusiformes* orientadas verticalmente, as quais são muitas vezes mais longas do que largas, e *iniciais radiais* orientadas horizontalmente, que são levemente alongadas ou quadrangulares (Figuras 26.2 e 26.3). As iniciais fusiformes aparecem achatadas ou em forma de tijolo, em seção transversal.

O xilema e o floema secundários são produzidos por meio de divisões periclinais das iniciais fusiformes e radiais e de suas derivadas imediatas. Em outras palavras, a placa celular que se forma entre essas iniciais em divisão é paralela à superfície da raiz ou do caule (Figura 26.4A). Se a derivada de uma inicial é produzida em direção ao exterior da raiz ou do caule, ela se transforma, ao final, em uma célula de floema; se ela é produzida em direção ao interior, ela se transforma em uma célula de xilema. Dessa maneira, uma longa fileira radial contínua ou linha de células é formada, estendendo-se desde a inicial cambial centrifugamente para o floema e centripetamente para o xilema (Figura 26.5).

As células de xilema e floema produzidas pelas iniciais fusiformes possuem seus maiores eixos orientados verticalmente e constituem o chamado *sistema axial* do tecido vascular secundário. As iniciais radiais produzem *células radiais* horizontalmente orientadas, que formam os *raios vasculares* ou *sistema radial* (Figura 26.5). Constituídos principalmente por células de parênquima, os raios vasculares são variáveis em comprimento. Eles servem como caminhos para o movimento de substâncias nutritivas do floema secundário para o xilema secundário, e o movimento da água do xilema secundário para o floema secundário. Os raios vasculares também servem como centros de armazenagem para substâncias como amido, proteínas e lipídios e também podem sintetizar metabólitos secundários.

Em sentido restrito, o termo "câmbio vascular" é usado para referir-se apenas às iniciais cambiais, das quais há apenas uma célula por fileira radial. Entretanto, é geralmente difícil, se não impossível, distinguir entre as iniciais das suas derivadas imediatas, as quais se mantêm meristemáticas por um período considerável, antes de se diferenciarem. Mesmo em condições de inverno, quando o câmbio está dormente ou inativo, muitas camadas de aparência similar de células indiferenciadas podem ser vistas entre o xilema e o floema. Consequentemente, alguns botânicos usam o termo "câmbio vascular" em um sentido mais amplo para se referirem às iniciais e suas derivadas imediatas, que são indistinguíveis das iniciais. Outros botânicos se referem a essa região de iniciais e derivadas como *zona cambial*.

Como o câmbio vascular adiciona células ao xilema secundário e o cilindro de xilema aumenta em diâmetro, o câmbio é deslocado para fora, aumentando, assim, a circunferência. De modo

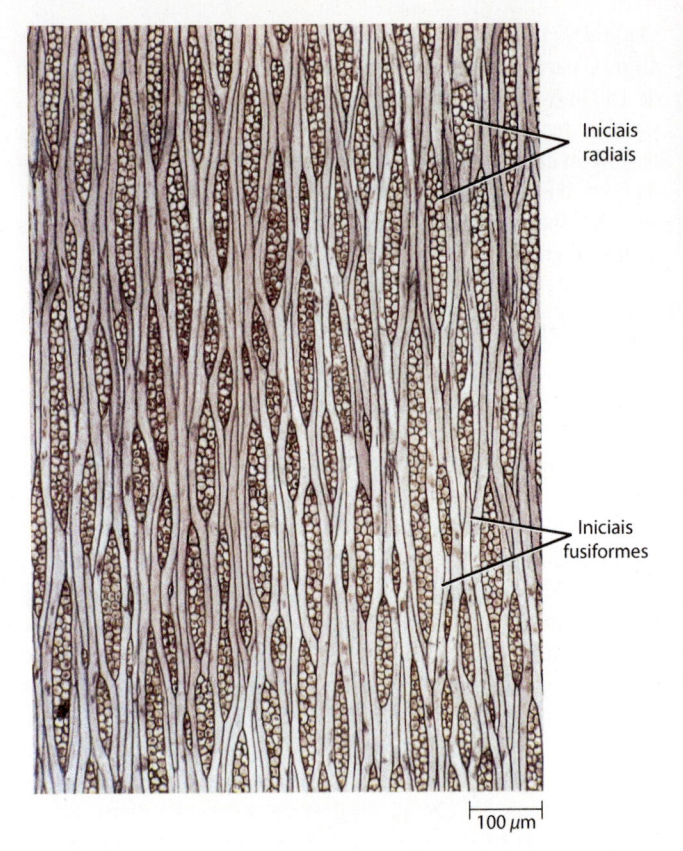

Iniciais radiais

Iniciais fusiformes

100 µm

26.2 Câmbio vascular da macieira (*Malus domestica*). Seções tangenciais são cortadas em ângulo reto em relação aos raios; podem ser vistos, então, os raios em seção transversal (ver Figura 26.12). Um câmbio como este, no qual as células fusiformes não estão organizadas em faixas horizontais na superfície tangencial, é denominado não estratificado. As iniciais fusiformes medem 0,53 mm de comprimento na macieira.

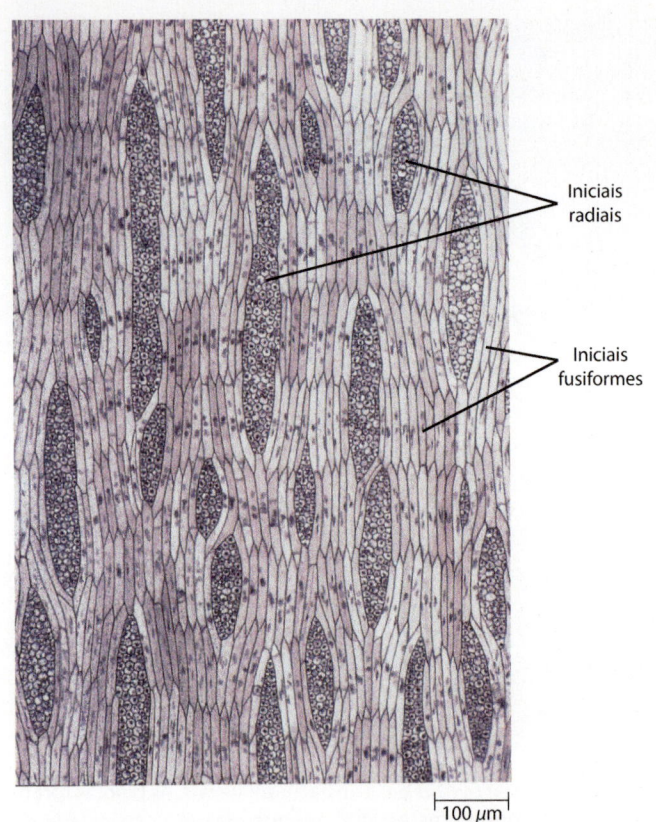

Iniciais radiais

Iniciais fusiformes

100 µm

26.3 Câmbio vascular da robínia-comum (*Robinia pseudoacacia*). Um câmbio como este, no qual as iniciais fusiformes são arranjadas em faixas horizontais na superfície tangencial (ver Figura 26.12), é denominado estratificado. As iniciais fusiformes medem 0,17 mm de comprimento em robínia-comum.

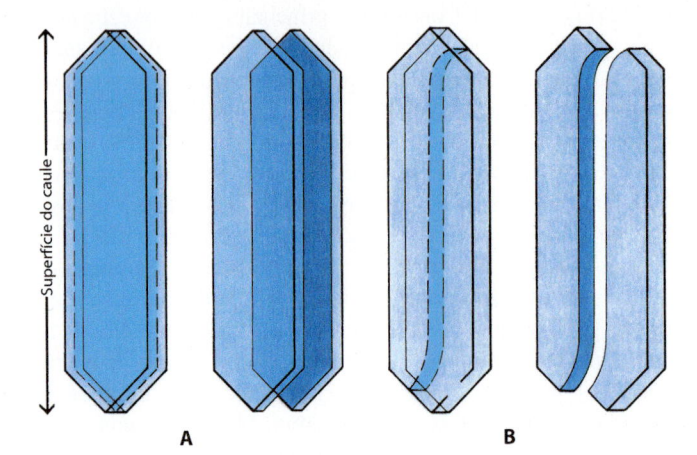

Superfície do caule

A   **B**

26.4 Divisões periclinais e anticlinais das iniciais fusiformes.
A. Divisões periclinais, que ocorrem paralelas à superfície, estão envolvidas na formação de células do xilema secundário e do floema secundário (ver Figura 26.5). Quando uma inicial se divide periclinalmente, as duas células-filhas aparecem uma atrás da outra (ou na frente da outra). **B.** Divisões anticlinais, aquelas que ocorrem perpendiculares à superfície, estão envolvidas na multiplicação das iniciais fusiformes. Quando uma inicial se divide anticlinalmente, duas células-filhas aparecem lado a lado.

a acomodar o aumento na circunferência, novas células são adicionadas ao câmbio vascular por divisões anticlinais das iniciais (Figura 26.4B). Juntamente ao aumento do número de iniciais fusiformes, novas iniciais radiais são adicionadas, e é mantida, desta maneira, uma razão aproximadamente constante entre iniciais radiais e fusiformes, nos tecidos vasculares secundários. As novas iniciais radiais que dão origem a novos raios têm a sua origem na subdivisão das iniciais fusiformes. Evidentemente, as mudanças no desenvolvimento que ocorrem no câmbio são extremamente complexas.

Em regiões temperadas, o câmbio vascular fica dormente durante o inverno e se reativa na primavera. Durante a reativação, as células cambiais absorvem água, aumentam radialmente e começam a se dividir periclinalmente. Durante essa expansão, as paredes radiais das células cambiais e suas derivadas ficam mais finas, e, como resultado, a casca (todos os tecidos situados externamente ao câmbio) pode ser mais facilmente removida ou "descolada" do caule. Novas camadas de crescimento de xilema e floema secundários são depositadas durante a estação de crescimento. A reativação do câmbio vascular é desencadeada pelo desenvolvimento das gemas e a retomada do seu crescimento. O hormônio auxina, produzido pelas gemas em desenvolvimento, move-se em direção basípeta nos caules e estimula a retomada

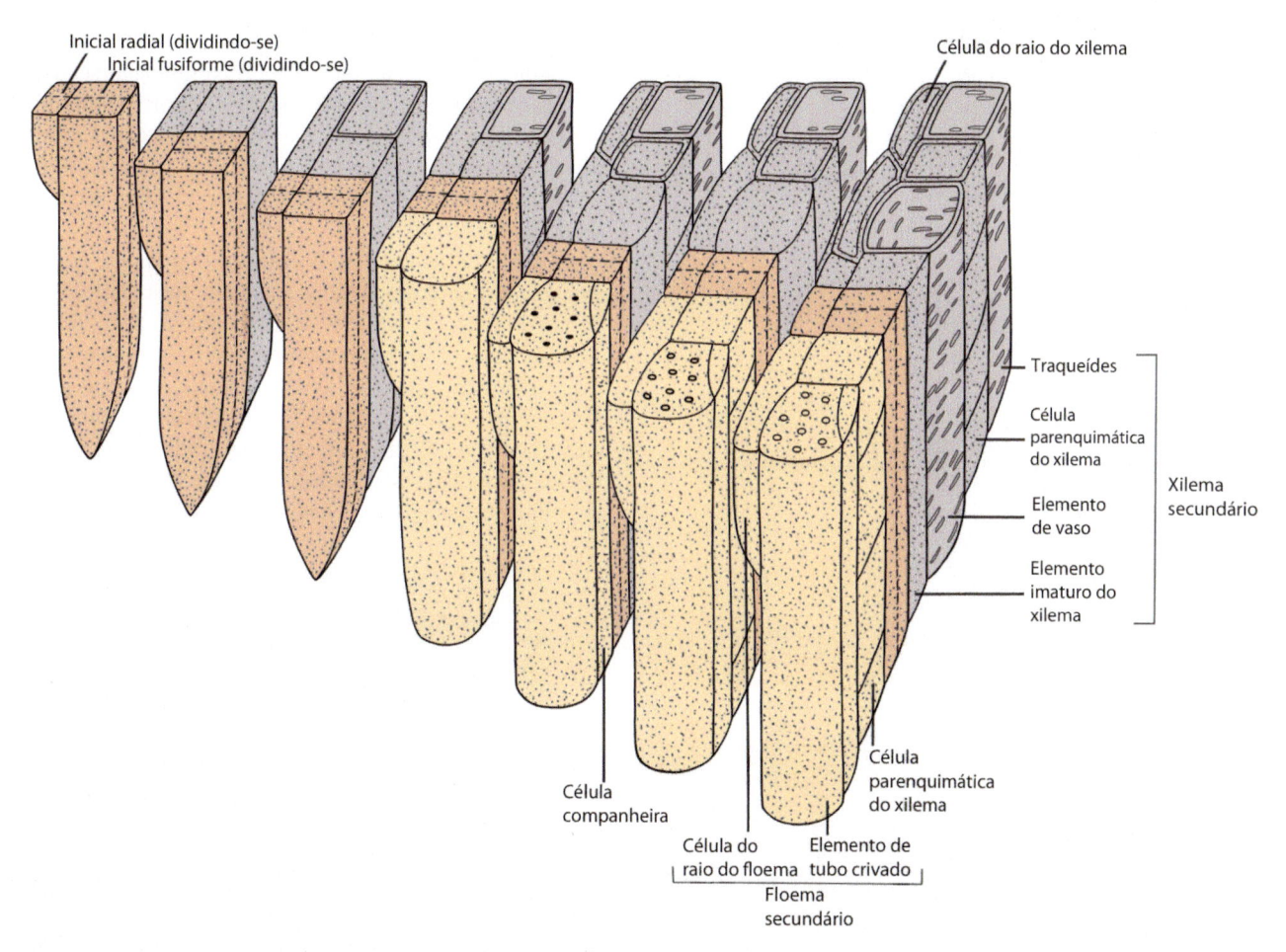

26.5 Relação do câmbio vascular com o xilema secundário e o floema secundário. O câmbio vascular é formado por dois tipos de células: as iniciais fusiformes, que formam o sistema axial, e as iniciais radiais, que formam o sistema radial. Quando as iniciais cambiais produzem xilema secundário e floema secundário, elas se dividem periclinalmente, isto é, paralelamente à superfície do caule ou da raiz. Acompanhando a divisão de uma inicial, uma célula-filha (a inicial) permanece meristemática, e a outra célula-filha (a derivada da inicial) ao final se desenvolve em uma ou mais células do tecido vascular. As células produzidas em direção ao lado interno do câmbio vascular tornam-se elementos de xilema, e aquelas produzidas em direção ao lado externo tornam-se elementos de floema. Com a produção de xilema secundário adicional, o câmbio e o floema secundário são deslocados ao exterior. As iniciais radiais dividem-se para formar raios vasculares, que se posicionam em ângulo reto em relação às derivadas das iniciais fusiformes.

da atividade cambial. Outros fatores estão também envolvidos na reativação cambial e no crescimento normal contínuo do câmbio (ver Capítulo 27).

Em algumas plantas, as células cambiais dividem-se mais ou menos continuamente, e os elementos de xilema e de floema passam por uma diferenciação gradual. Esse tipo de atividade cambial é encontrado em plantas que crescem em regiões tropicais. Entretanto, nem todas as plantas tropicais exibem uma atividade cambial contínua. Cerca de 75% das árvores crescendo nas florestas pluviais da Índia exibem atividade cambial contínua. Essa porcentagem cai para 43% nas florestas pluviais da Bacia Amazônica e para apenas 15% nas da Malásia.

Estudos genômicos com *Arabidopsis thaliana* e com o choupo-negro, *Populus trichocarpa,* que se tornou o modelo taxonômico universal para a genômica e a biotecnologia das plantas lenhosas, indicam que muitos dos genes e mecanismos essenciais que regulam o crescimento secundário também são necessários para o crescimento primário e a função do meristema apical das gemas. Isso pode explicar como novas espécies de natureza lenhosa podem se originar de espécies herbáceas dentro de um período de tempo relativamente curto. Diversos hormô-

nios vegetais, incluindo auxina, citocinina, giberelina e etileno, foram implicados na regulação da manutenção e atividade das iniciais cambiais (ver Capítulo 27).

Efeito do crescimento secundário no corpo primário do caule

Como mencionado no Capítulo 25, o câmbio vascular do caule forma-se a partir do procâmbio que permanece indiferenciado entre as células de xilema e floema primários, bem como do parênquima das regiões interfasciculares (regiões entre os feixes vasculares ou fascículos). A porção do câmbio que se origina dos feixes vasculares é conhecida como *câmbio fascicular,* e aquela originada nas regiões interfasciculares ou nos raios da medula é chamada *câmbio interfascicular.* O câmbio vascular do caule, ao contrário do da raiz, é essencialmente circular e delimitado, desde a sua instalação (Figura 26.6).

Em caules lenhosos, a produção de xilema e floema secundários resulta na formação de um cilindro de tecidos vasculares secundários, cujos raios dispõem-se radialmente pelo cilindro (Figura 26.6). Comumente, muito mais xilema secundário do

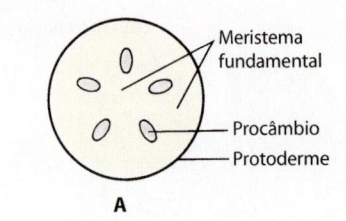

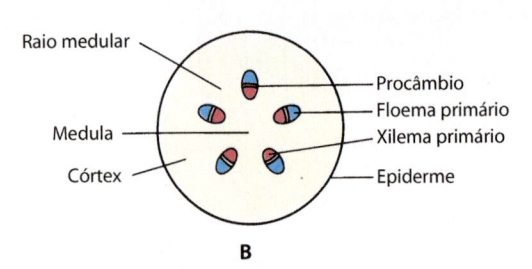

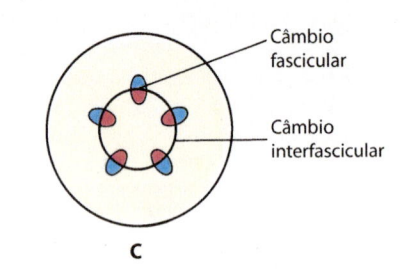

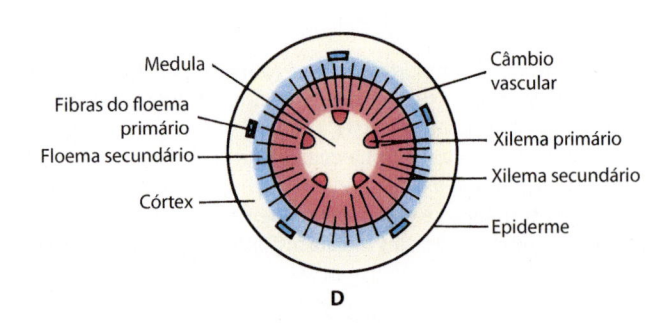

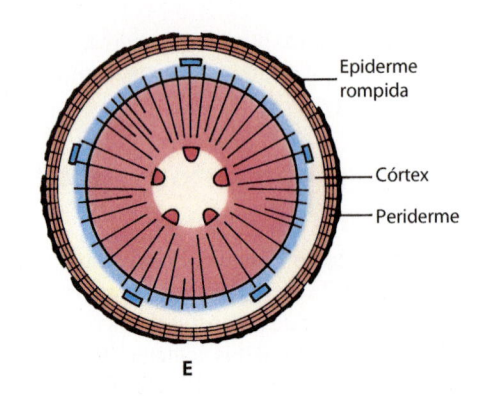

26.6 Desenvolvimento do caule de uma angiosperma lenhosa.
A. Crescimento primário, em estágio inicial, mostrando os três meristemas primários. **B.** Crescimento primário completo. **C.** Origem do câmbio vascular. **D.** Após a formação de algum xilema secundário e floema secundário. **E.** Ao final do primeiro ano de desenvolvimento, mostrando o efeito do crescimento secundário – que inclui a formação de periderme – sobre o corpo primário da planta. Em (**D**) e (**E**), as linhas radiais representam os raios. (Compare com o desenvolvimento de raiz apresentado na Figura 24.15.)

que floema secundário é produzido no caule em um dado ano; isso também ocorre na raiz. Com o crescimento secundário, o floema primário é empurrado para fora e suas células de parede fina são destruídas. Somente as fibras do floema primário de parede espessa, se presentes, permanecem intactas (ver Figura 26.8). Veja no Capítulo 24 a discussão sobre o crescimento secundário em raízes.

O caule de sabugueiro-do-canadá (*Sambucus canadensis*), em dois estágios do desenvolvimento secundário, é mostrado nas Figuras 26.7 e 26.8. (O crescimento primário do caule de *Sambucus* foi descrito no Capítulo 25.) Somente pequenas quantidades de xilema e floema secundários foram produzidas no caule mostrado na Figura 26.7. No final do primeiro ano de crescimento, consideravelmente mais xilema secundário que floema secundário foi formado (Figura 26.8). Observe que o crescimento secundário começa no primeiro ano. As células de

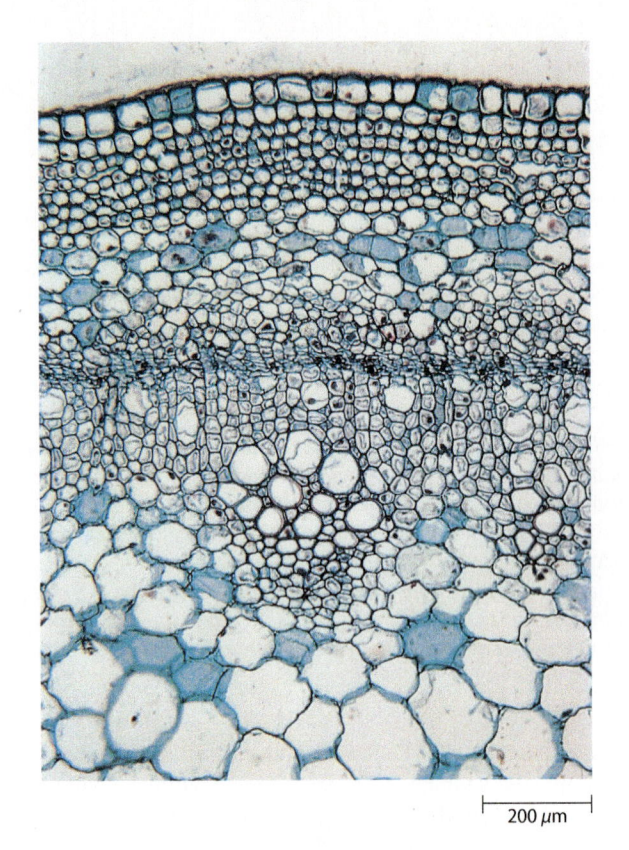

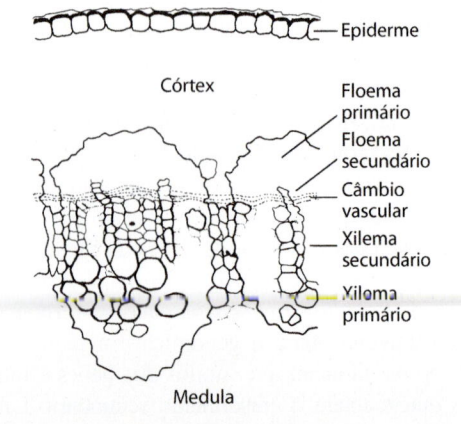

26.7 Caule de sabugueiro-do-canadá (*Sambucus canadensis*) com pouco crescimento secundário. Como mostrado nesta seção transversal, só uma pequena quantidade de xilema e floema secundários foi produzida, e o felogênio ainda não se formou.

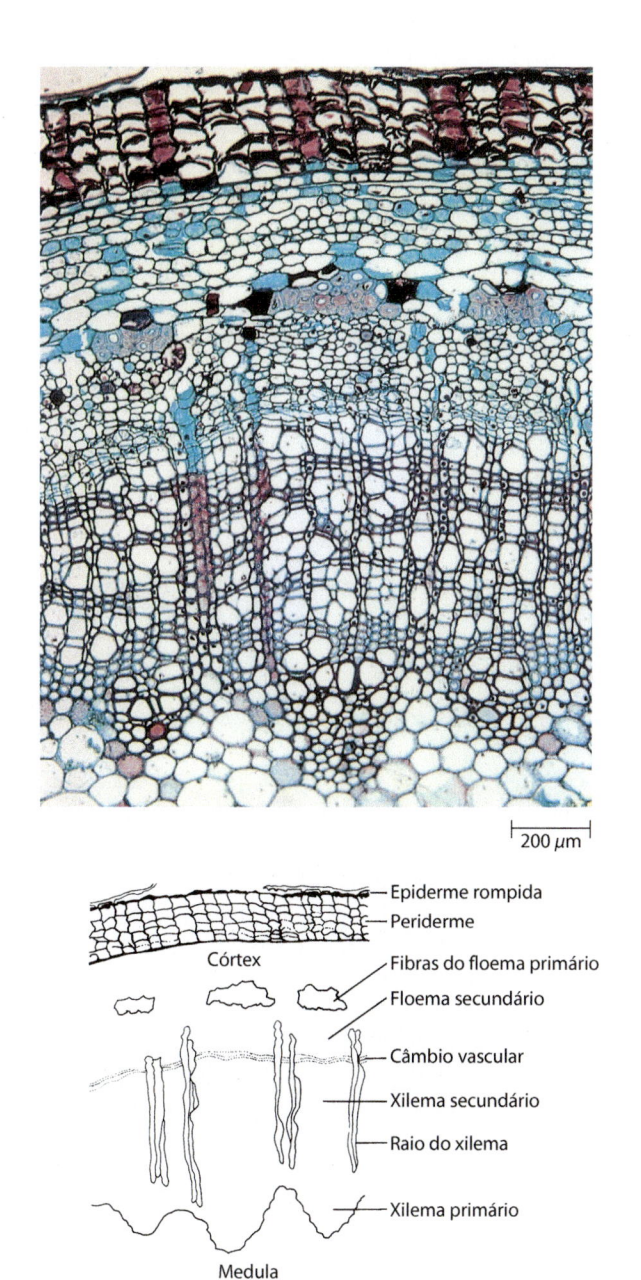

200 µm

- Epiderme rompida
- Periderme

Córtex

- Fibras do floema primário
- Floema secundário

- Câmbio vascular

- Xilema secundário

- Raio do xilema

- Xilema primário

Medula

26.8 Caule de sabugueiro-do-canadá (*Sambucus canadensis*) ao final do primeiro ano de crescimento. Como mostrado nesta seção transversal, foi produzido consideravelmente mais xilema secundário do que floema secundário. O crescimento secundário começa no primeiro ano.

parede espessada localizadas externamente ao floema secundário são fibras do floema primário. As células de parede fina – elementos de tubo crivado e células companheiras – não são mais discerníveis. Elas foram obliteradas durante o desenvolvimento das fibras do floema primário.

A Figura 26.9 mostra o caule de tília (*Tilia americana*) com 1, 2 e 3 anos de crescimento. No Capítulo 25, o caule de *Tilia* foi dado como exemplo de um sistema vascular primário que se dispõe como um cilindro mais ou menos contínuo (ver Figuras 25.8 e 25.9), sendo os feixes vasculares separados um do outro por regiões interfasciculares muito finas, ou raios medulares. Assim, a maior parte do câmbio vascular do caule de *Tilia* é de origem fascicular. Alguns dos raios no floema secundário de *Tilia* se tornam dilatados em direção à periferia, à medida que

o caule aumenta em circunferência (Figura 26.9A). Essa é uma das maneiras pelas quais os tecidos externos ao câmbio se mantêm, com o aumento de circunferência do cilindro de xilema.

O câmbio vascular e os tecidos secundários da raiz e do caule são contínuos um com o outro. Não há região de transição no corpo secundário da planta como há no corpo primário (ver Capítulo 25).

A periderme é o sistema de revestimento do corpo secundário da planta

Na maioria dos caules lenhosos, bem como na maioria das raízes lenhosas, a formação da periderme geralmente ocorre após o início da produção de xilema e floema secundários. A *periderme* substitui a epiderme como revestimento de proteção naquelas porções da planta. Estruturalmente, a periderme consiste em três partes: o *câmbio da casca*, ou *felogênio*, o meristema que produz a periderme; o *súber*[*], ou felema, o tecido de proteção formado para fora pelo câmbio da casca; e a *feloderme*, um tecido que se assemelha ao parênquima cortical, formado para dentro pelo meristema (Figura 26.10).

No caule da maioria das plantas lenhosas, a primeira periderme aparece durante o primeiro ano de crescimento, mais comumente originada em uma camada de células corticais, imediatamente abaixo da epiderme, ocasionalmente na epiderme (Figura 26.8). Em algumas espécies, a primeira periderme aparece mais internamente no caule, geralmente no floema primário.

Divisões repetidas do felogênio resultam na formação de séries radiais de células compactamente arranjadas, a maioria das quais é formada por células de súber (Figuras 26.10 e 26.11; ver também Figura 23.29). Durante a diferenciação das células do súber, a superfície das paredes internas é recoberta por lamelas de suberina, consistindo em camadas alternantes de suberina e cera, que tornam o tecido muito impermeável à água e aos gases. A parede das células do súber também pode se tornar lignificada. As células do súber morrem após completarem sua diferenciação.

As células da feloderme são vivas na maturidade, carecem de lamelas de suberina e, conforme já mencionado, assemelham-se às células do parênquima cortical. As células da feloderme podem ser distinguidas das células corticais pela sua posição mais interna nas séries radiais de outras células da periderme (Figura 26.11). Já que a primeira periderme no caule em geral aparece na camada mais externa de células corticais, o córtex do caule não é eliminado durante o primeiro ano como acontece com o córtex das raízes lenhosas (Figuras 26.6 e 26.8; compare com as Figuras 24.15 e 24.16C); no entanto, a epiderme seca e se destaca.

Ao final do primeiro ano de crescimento, os seguintes tecidos estão presentes no caule (de fora para dentro): remanescentes de epiderme; periderme; córtex; floema primário (fibras e células de paredes finas colapsadas); floema secundário; câmbio vascular; xilema secundário; xilema primário e medula (Figura 26.6). (Compare esta lista de tecidos àquela da raiz lenhosa ao final do primeiro ano de crescimento, no Capítulo 24.)

As lenticelas permitem trocas gasosas através da periderme

Na discussão anterior, observamos que as células suberizadas do felema são compactamente dispostas e, como um tecido, elas representam uma barreira para a água e os gases. Entretanto, os

---

[*]N.R.T.: O súber é conhecido popularmente como cortiça.

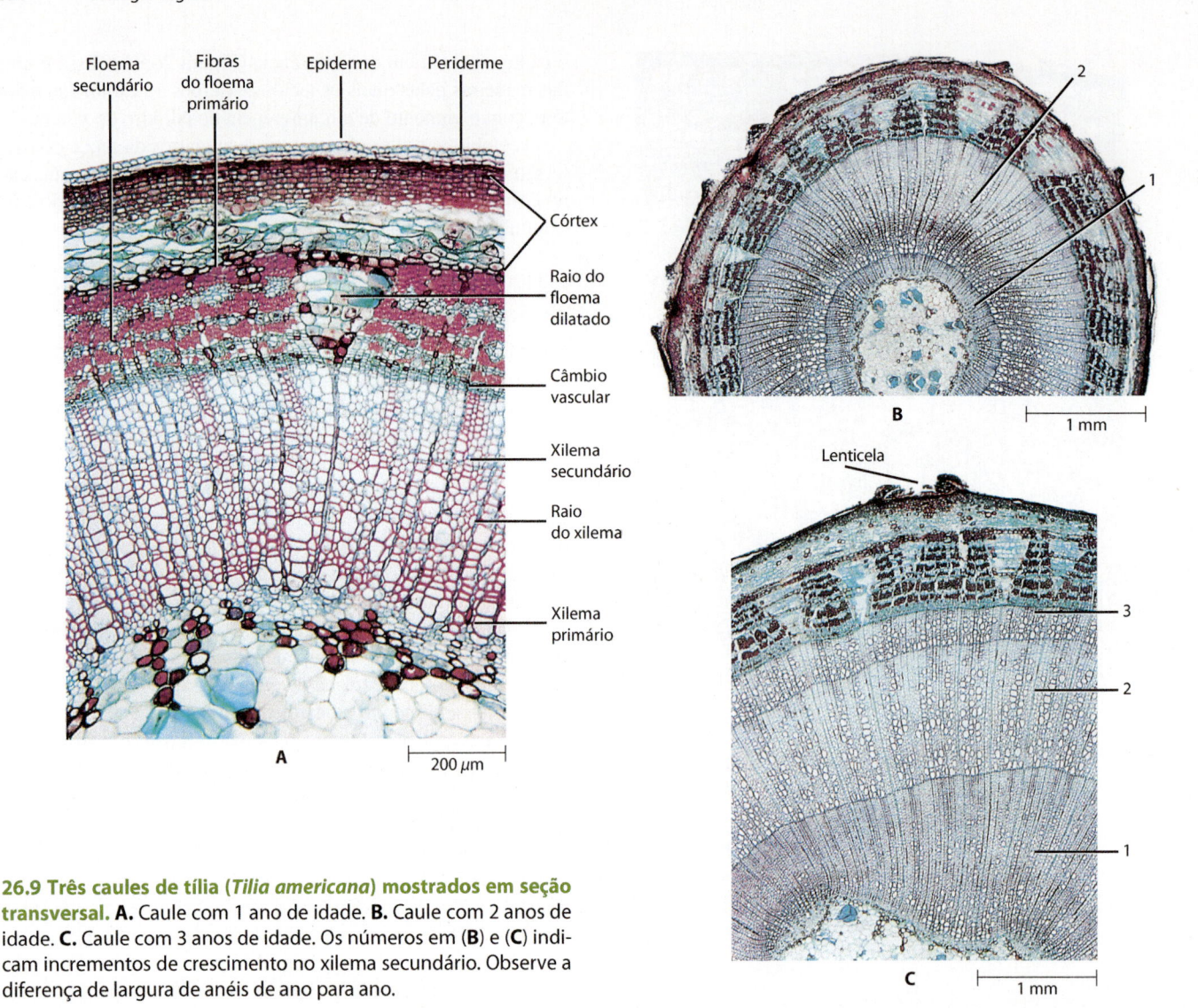

26.9 Três caules de tília (*Tilia americana*) mostrados em seção transversal. A. Caule com 1 ano de idade. **B.** Caule com 2 anos de idade. **C.** Caule com 3 anos de idade. Os números em (**B**) e (**C**) indicam incrementos de crescimento no xilema secundário. Observe a diferença de largura de anéis de ano para ano.

tecidos internos do caule, como outros tecidos metabolicamente ativos, precisam realizar trocas gasosas com o ar circundante, da mesma maneira que os tecidos mais internos da raiz necessitam realizar trocas gasosas com os espaços aeríferos presentes entre as partículas de solo. Em caules e raízes que contêm periderme, essa necessária troca de gases é realizada por meio das *lenticelas* (Figuras 26.10C, D e 26.11) – porções da periderme com numerosos espaços intercelulares.

As lenticelas começam a se formar durante o desenvolvimento da primeira periderme (Figura 26.10) e, nos caules, elas geralmente aparecem abaixo de um estômato ou grupo de estômatos. Na superfície de caules e raízes, as lenticelas aparecem como áreas salientes circulares, ovais ou alongadas (ver Figura 26.16). As lenticelas são também formadas em alguns frutos – por exemplo, os pequenos pontos na superfície de peras e maçãs são lenticelas. À medida que raízes e caules envelhecem, as lenticelas continuam a se desenvolver no fundo de fissuras da casca nas porções recém-formadas da periderme.

A casca inclui todos os tecidos externos ao câmbio vascular

Os termos "periderme", "súber" e "casca" são frequentemente confundidos um com o outro, desnecessariamente. Como comentamos, a periderme é o tecido secundário que substitui a epi-

derme na maioria das raízes e dos caules; o súber é uma das três partes da periderme. O termo *casca* se refere a todos os tecidos externos ao câmbio vascular, incluindo a periderme, ou peridermes, quando presente(s) (Figuras 26.12 e 26.13). Quando o câmbio se forma pela primeira vez e o floema secundário ainda não se formou, a casca consiste inteiramente em tecidos primários. Ao final do primeiro ano de crescimento, a casca inclui qualquer tecido primário ainda existente, floema secundário, a periderme e alguns tecidos mortos para fora da periderme.

A cada estação de crescimento, o câmbio vascular adiciona floema secundário à casca, bem como xilema secundário à madeira, para o interior do caule ou da raiz. Geralmente o câmbio vascular produz menos floema secundário do que xilema secundário. Além disso, as células de paredes finas (elementos crivados e vários tipos de elementos parenquimáticos) do floema secundário antigo são geralmente esmagadas (Figuras 26.14 e 26.15). Ao final, o floema secundário antigo se separa do resto do floema por peridermes recém-formadas e acaba sendo esmagado. Como resultado, muito menos floema secundário se acumula no caule ou na raiz do que xilema secundário, o qual continua a se acumular ano após ano.

À medida que o caule ou a raiz aumenta em circunferência, um considerável estresse é imposto aos tecidos mais velhos da casca. Em algumas plantas, a queda desses tecidos resulta na

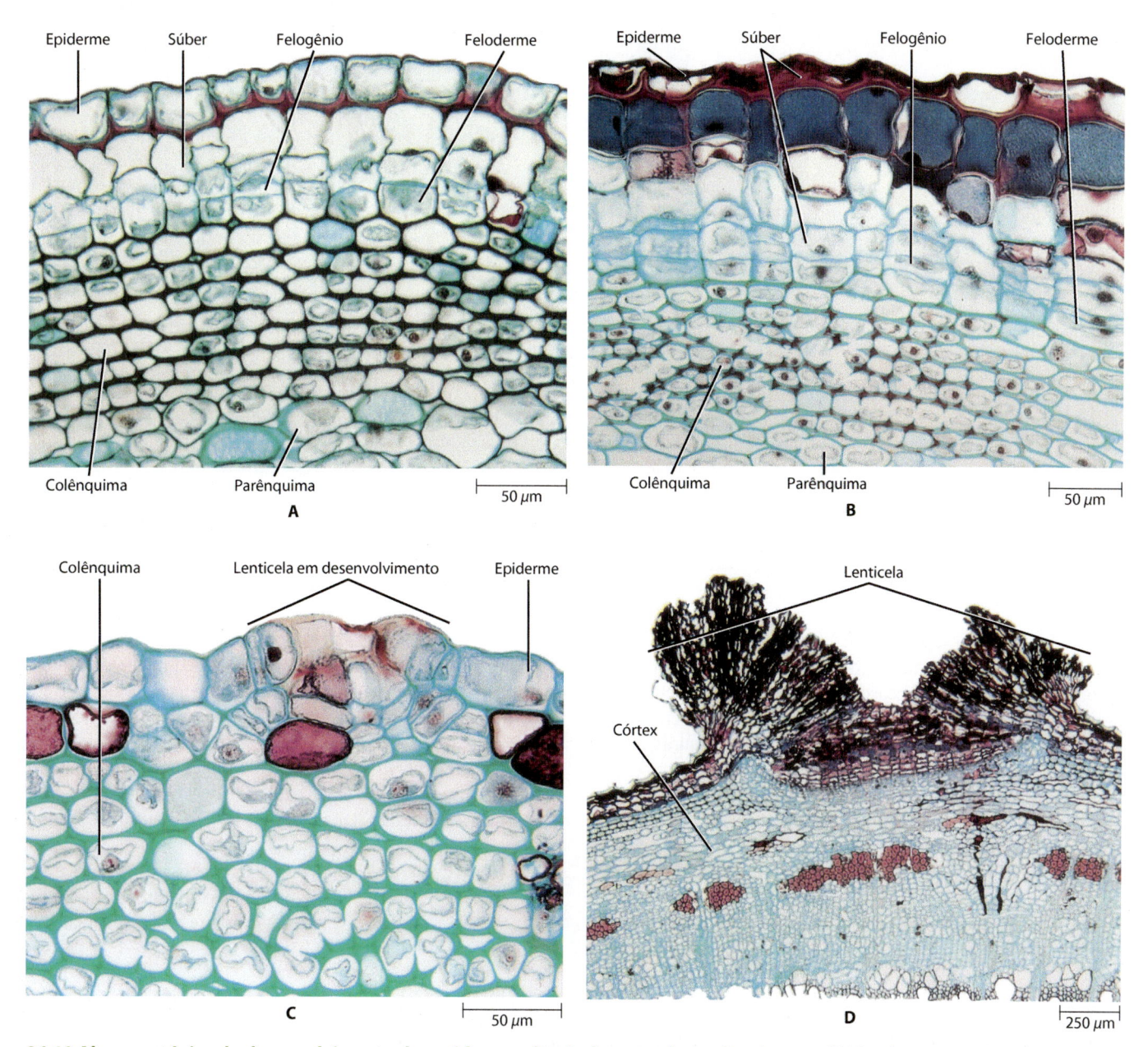

26.10 Alguns estágios do desenvolvimento da periderme e lenticelas em sabugueiro-do-canadá (*Sambucus canadensis*). A. A periderme recém-formada, que consiste em felogênio, súber e feloderme, é vista sob a epiderme nesta seção transversal. A periderme foi separada da epiderme do córtex, que é constituído por colênquima e parênquima. **B.** Periderme em estágio mais avançado de desenvolvimento, com aumento de tamanho da camada de súber. A feloderme em *Sambucus canadensis* consiste em uma única camada de células. Observe que a epiderme está degenerando. **C.** Início do desenvolvimento de uma lenticela. As células de colênquima do córtex podem ser vistas abaixo da lenticela em desenvolvimento. **D.** Lenticela completamente desenvolvida.

formação de grandes espaços aeríferos. Em muitas plantas, as células parenquimáticas do sistema axial e dos raios se dividem e aumentam de tamanho. Dessa maneira, o floema secundário antigo persiste enquanto aumenta a circunferência do caule ou da raiz. Como foi observado anteriormente no caule de *Tilia*, alguns raios, conhecidos como raios dilatados, tornam-se muito largos à medida que o caule aumenta em espessura (ver Figura 26.9A).

A primeira periderme formada pode acompanhar o aumento em espessura da raiz ou do caule por muitos anos, com o felogênio exibindo períodos de atividade e inatividade, que podem ou não corresponder a períodos de atividade do câmbio vascular. Em caules de macieira (*Malus domestica*) e pereira (*Pyrus com-*

munis), o primeiro felogênio formado pode permanecer ativo por até 20 anos. Na maioria das raízes e dos caules lenhosos, peridermes adicionais são formadas à medida que o eixo aumenta em circunferência. Após a primeira periderme, peridermes subsequentes formam-se cada vez mais profundamente na casca (Figuras 26.12 e 26.13) a partir de células parenquimáticas do floema não mais ativamente engajado no transporte de substâncias nutritivas. Essas células parenquimáticas tornam-se meristemáticas e formam novo felogênio.

Todos esses tecidos externos ao felogênio mais interno – todas as peridermes, junto com qualquer tecido cortical e floema incluídos entre elas – formam a *casca externa* (Figuras 26.12 e 26.13). Com a maturação das células do súber, os tecidos

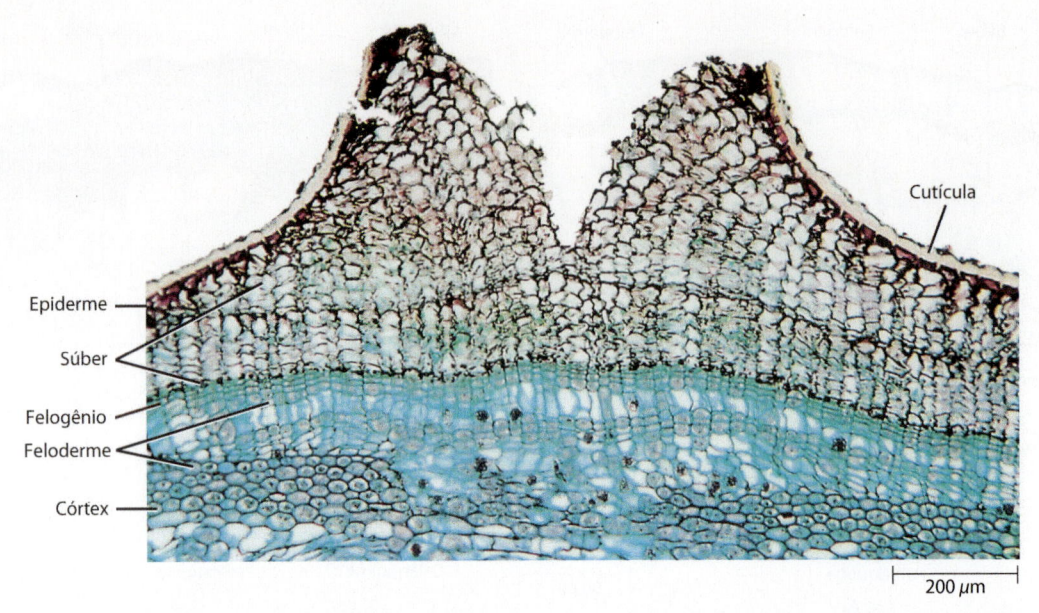

Cutícula

Epiderme

Súber

Felogênio

Feloderme

Córtex

200 μm

26.11 Lenticela do caule de papo-de-peru (*Aristolochia*). Diferentemente daquela de *Sambucus*, a feloderme de *Aristolochia* consiste em várias camadas de células, como mostrado nesta seção transversal.

externos a elas são separados do suprimento de água e nutrientes. Assim, a casca externa consiste inteiramente em tecidos mortos. A porção viva da casca, localizada internamente ao felogênio mais interno e que se estende para dentro em direção ao câmbio vascular é chamada *casca interna* (Figuras 26.12 e 26.13).

A maneira como as novas peridermes são formadas e os tipos de tecidos isolados por elas têm grande influência na aparência da superfície externa da casca (Figura 26.17). Em algumas cascas, as peridermes recém-formadas desenvolvem-se como camadas sobrepostas descontínuas, resultando na formação de uma casca do tipo descamante, chamada casca escamosa (Fi-

guras 26.12 e 26.13). Cascas escamosas são encontradas, por exemplo, em caules relativamente jovens de pinheiro (*Pinus*) e pereira (*Pyrus communis*). Menos comumente, as peridermes recém-formadas desenvolvem-se como anéis concêntricos ao redor do caule e da raiz, resultando na formação de uma casca anelar. A videira (*Vitis*) e a lonícera ou madressilva (*Lonicera*) são exemplos de plantas com cascas anelares. As cascas de muitas plantas são intermediárias entre as do tipo anelar e as do tipo escamosa.

A cortiça comercial é obtida da casca do carvalho-corticeiro, *Quercus suber*, o qual é nativo da região Mediterrânea (Figura 26.18). O primeiro felogênio dessa árvore tem origem na epi-

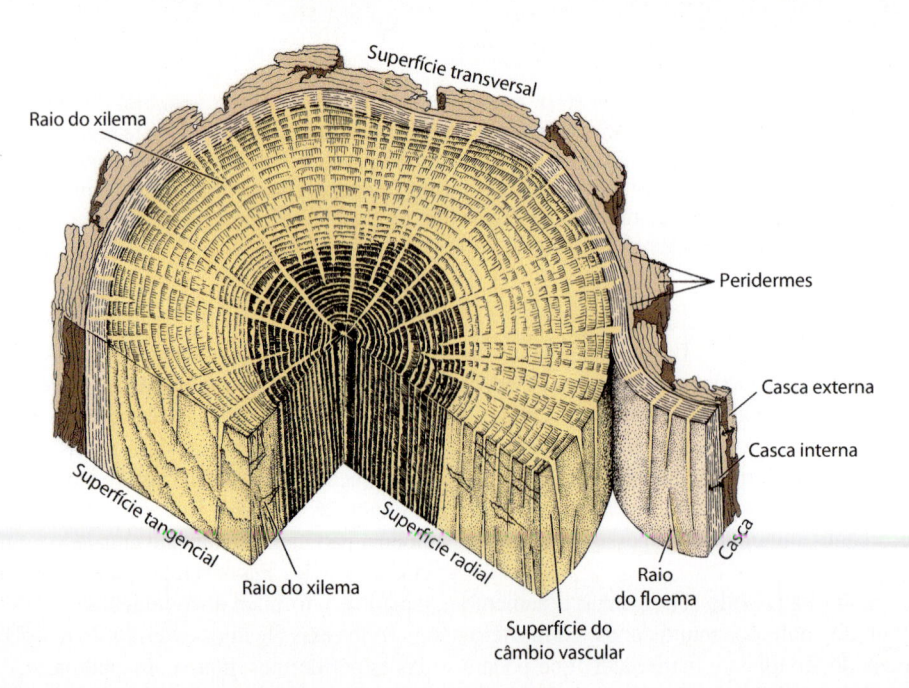

Superfície transversal

Raio do xilema

Peridermes

Casca externa

Casca interna

Casca

Superfície tangencial

Superfície radial

Raio do xilema

Raio do floema

Superfície do câmbio vascular

26.12 Caule de carvalho-vermelho (*Quercus rubra*), mostrando as superfícies transversal, tangencial e radial. A área mais escura no centro da madeira é o cerne, e a parte mais clara é o alburno.

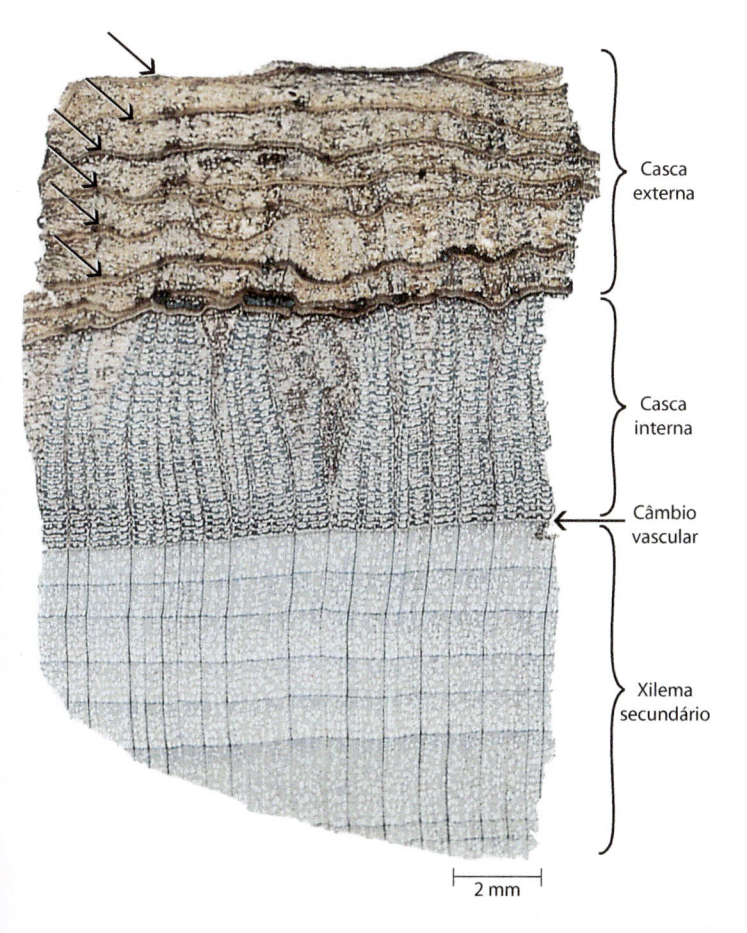

Casca
externa

Casca
interna

Câmbio
vascular

Xilema
secundário

|— 2 mm —|

26.13 Caule maduro de tília (*Tilia americana*), mostrando casca e parte do xilema secundário. Muitas peridermes (setas) podem ser vistas atravessando a casca externa, predominantemente amarronzada, no terço superior desta seção transversal. Sob a casca externa está a casca interna, que parece bem distinta do xilema, o qual se apresenta corado em tom mais claro no terço inferior desta seção.

derme, e a cortiça produzida por ele tem pouco valor comercial. Quando a árvore tem cerca de 20 anos de idade, a periderme original é removida e um novo felogênio se forma no córtex, apenas alguns milímetros abaixo da posição do primeiro. A cortiça produzida pelo novo felogênio acumula-se rapidamente e após 10 anos é espessa o suficiente para ser removida da árvore. Uma vez mais, um novo felogênio se forma abaixo do anterior, e após mais 10 anos a cortiça pode ser novamente removida. Após vários descascamentos, o novo felogênio é formado no floema secundário. Esse procedimento pode ser repetido a intervalos de cerca de 10 anos, até que a árvore tenha 150 anos ou mais. As manchas e as longas estrias vistas nas rolhas comerciais são as lenticelas.

Na maioria das raízes e dos caules, muito pouco floema secundário está mesmo envolvido na condução de substâncias nutritivas. Em muitas espécies, somente o incremento de crescimento do ano corrente, ou anel de crescimento, de floema secundário, é ativo no transporte de alimento a longa distância pelo caule. Isso ocorre porque os elementos crivados vivem pouco (ver Capítulo 23), e a maioria deles

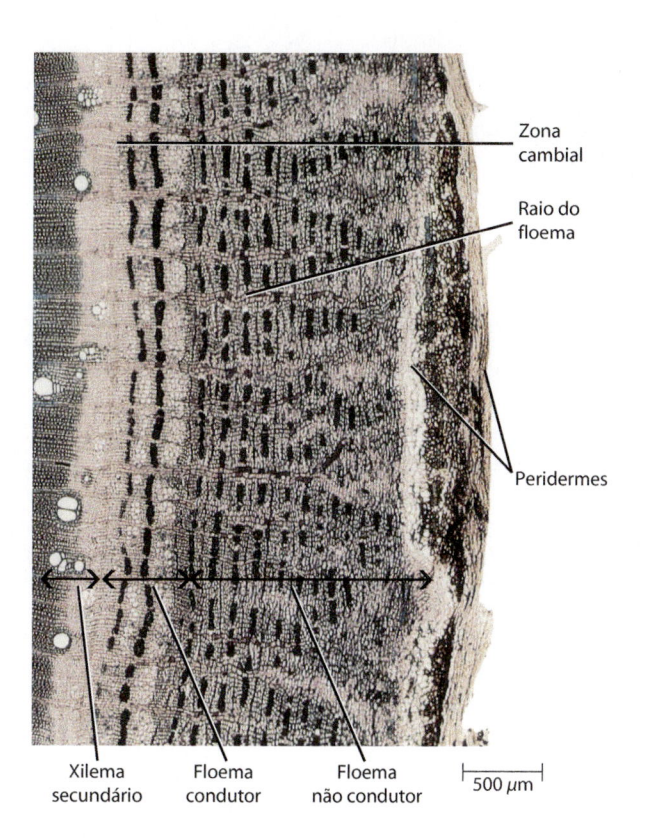

Zona
cambial

Raio do
floema

Peridermes

Xilema   Floema   Floema
secundário   condutor   não condutor

|— 500 μm —|

26.14 Casca do caule de robínia-comum (*Robinia pseudoacacia*). A casca consiste majoritariamente em floema não condutor, como é visível nessa seção transversal.

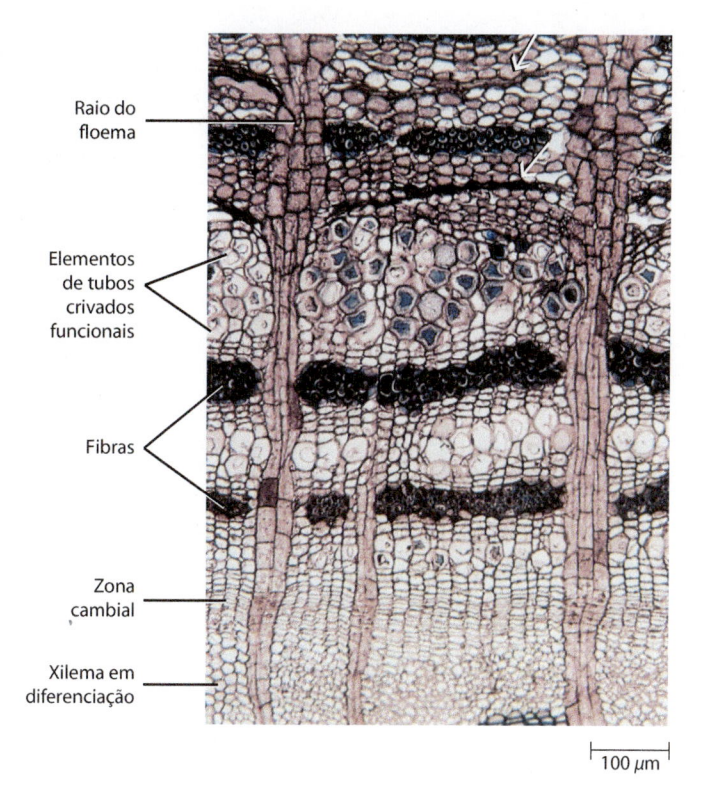

Raio do
floema

Elementos
de tubos
crivados
funcionais

Fibras

Zona
cambial

Xilema em
diferenciação

|— 100 μm —|

26.15 Floema secundário do caule de robínia-comum (*Robinia pseudoacacia*). A seção transversal mostra principalmente o floema condutor. Os tubos crivados (indicados por setas) do floema não condutor colapsaram.

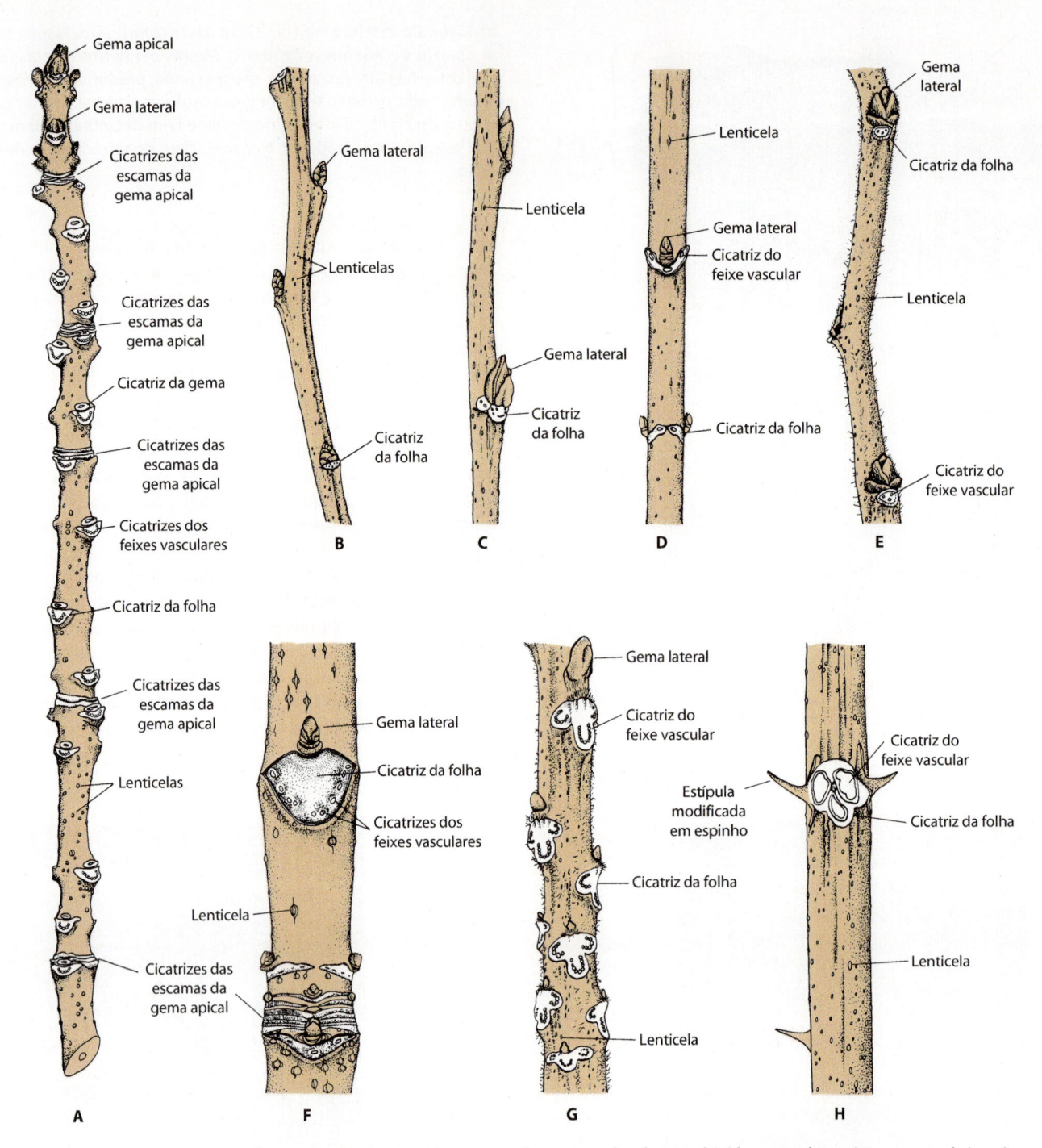

26.16 Características externas dos caules lenhosos. Um exame dos ramos de plantas decíduas revela muitas características importantes da estrutura e do desenvolvimento do caule. As estruturas mais evidentes dos ramos são as gemas. As gemas ocorrem no ápice – gemas apicais – e na axila das folhas – gemas laterais ou axilares dos ramos. Além destas, gemas acessórias são encontradas em algumas espécies. As gemas acessórias, comumente ocorrendo aos pares, localizam-se uma em cada lado de uma gema lateral. Em algumas espécies, as gemas acessórias não se desenvolvem se a gema lateral correspondente apresenta desenvolvimento normal. Em outras, as gemas acessórias formam flores e as laterais formam os ramos e suas folhas.

Após a queda das folhas, abaixo das gemas laterais, podem ser vistas as marcas dos feixes na cicatriz da folha. A camada protetora da zona de abscisão produz a cicatriz da folha. As cicatrizes dos feixes são as diversas terminações de feixes vasculares que se estendem dos traços foliares em direção ao pecíolo da folha, antes da abscisão.

Grupos de cicatrizes das escamas da gema apical revelam a localização das gemas apicais prévias, e, até que sejam ocultados pelo crescimento secundário, esses grupos de cicatrizes podem ser usados para determinar a idade de partes do caule. A porção do caule entre dois grupos de cicatrizes corresponde a 1 ano de crescimento. As lenticelas aparecem como áreas levemente protuberantes no caule.

A. Freixo (*Fraxinus pennsylvanica* var. *subintegerrima*). **B.** Carvalho-branco (*Quercus alba*). **C.** Tília (*Tilia americana*). **D.** Ácer (*Acer negundo*). **E.** Elmo americano (*Ulmus americana*). **F.** Castanheira-da-índia (*Aesculus hippocastanum*). **G.** Nogueira (*Juglans cinerea*). **H.** Robínia-comum (*Robinia pseudoacacia*).

26.17 Casca de quatro espécies de árvores. A. Casca fina e descamante da bétula (*Betula papyrifera*). As linhas horizontais na superfície da casca são lenticelas. **B.** Casca "fibrosa" de cária (*Carya* ovata). **C.** Casca escamosa do plátano-americano (*Platanus occidentalis*). **D.** Casca profundamente sulcada do carvalho-negro (*Quercus velutina*).

morre ao final do mesmo ano em que eles derivaram do câmbio vascular. Em algumas plantas como robínia-comum (*Robinia pseudoacacia*), os elementos crivados colapsam e são esmagados logo depois de sua morte (Figuras 26.14 e 26.15).

A parte da casca interna que contém elementos crivados vivos e funcionais e está ativamente envolvida no transporte de substâncias nutritivas é denominada *floema condutor*. Embo-

ra os elementos crivados localizados externamente ao floema condutor estejam mortos, as células parenquimáticas do floema (parênquima axial) e as células parenquimáticas dos raios podem permanecer vivas e continuar a funcionar como células de armazenagem por muitos anos. Essa parte da casca interna é conhecida como *floema não condutor* (Figuras 26.14 e 26.15). Somente a casca externa é composta inteiramente de tecido morto (Figura 26.13).

26.18 Coleta da cortiça. Usando adequadamente um machado, um trabalhador qualificado retira uma espessa camada de cortiça do carvalho-corticeiro (*Quercus suber*) na floresta de Portugal. Essa coleta sustentável e de baixo impacto, que está sendo ameaçada pela crescente utilização de rolhas de plástico para o vinho, ajuda a manter um dos mais importantes *habitats* para a vida selvagem na Europa. O valor comercial da cortiça deve-se a sua impermeabilidade a líquidos e gases, bem como a sua resistência, elasticidade e leveza.

Madeira | Xilema secundário

Apesar do uso de muitos tecidos de plantas como alimentos, no registro histórico nenhum outro tecido individualmente desempenhou um papel tão indispensável na sobrevivência do homem como a *madeira* ou xilema secundário. Entre outras coisas, a madeira foi usada para abrigo; para o fogo, provendo aquecimento e para cozinhar; para armas, mobília, ferramentas e brinquedos; para a polpa de papel; como meio de transporte na forma de jangada, barcos e rodas. Comumente, as madeiras são classificadas como *hardwood* (madeira de folhosas) e *softwood* (madeira de coníferas)*. Assim, o nome *hardwood* designa as madeiras de angiospermas (magnoliídeas e eudicotiledôneas) e *softwoods* são as madeiras de coníferas. Os dois tipos de madeira apresentam diferenças estruturais básicas, mas os termos *hardwood* e

*N.R.T.: Os termos *hardwood* e *softwood* são os usados pelos especialistas em madeira e por isso foram mantidos no texto.

softwood não expressam a densidade relativa (massa por unidade de volume) ou dureza da madeira. Por exemplo, uma das madeiras mais leves e macias é a madeira-balsa (*Ochroma lagopus*), uma eudicotiledônea tropical. Diferentemente, as madeiras de algumas coníferas, como a do pinheiro-americano (*Pinus elliottii*), são mais duras que algumas *hardwoods*. Apesar de este capítulo tratar principalmente do crescimento secundário em angiospermas, por motivos práticos serão abordadas coníferas e angiospermas.

As madeiras de coníferas não têm vasos

A estrutura da madeira de coníferas é mais simples que a da maioria das angiospermas. As características principais da madeira de coníferas é a ausência de vasos (ver no Capítulo 23 a discussão sobre elementos traqueais) e sua quantidade relativamente pequena de parênquima axial ou parênquima do lenho. As traqueídes longas e afiladas consistem no tipo celular dominante no sistema axial. Em alguns gêneros, como *Pinus*, as únicas células parenquimáticas do sistema axial são aquelas associadas aos *ductos resiníferos*. Ductos resiníferos são espaços intercelulares, razoavelmente grandes, revestidos por células de parênquima com parede delgada; as células de parênquima secretam resina para dentro do espaço ou lume. Em *Pinus*, os ductos resiníferos ocorrem tanto no sistema axial como nos raios (Figuras 26.19 e 26.20). Pressão e lesões causadas pelo frio e vento podem

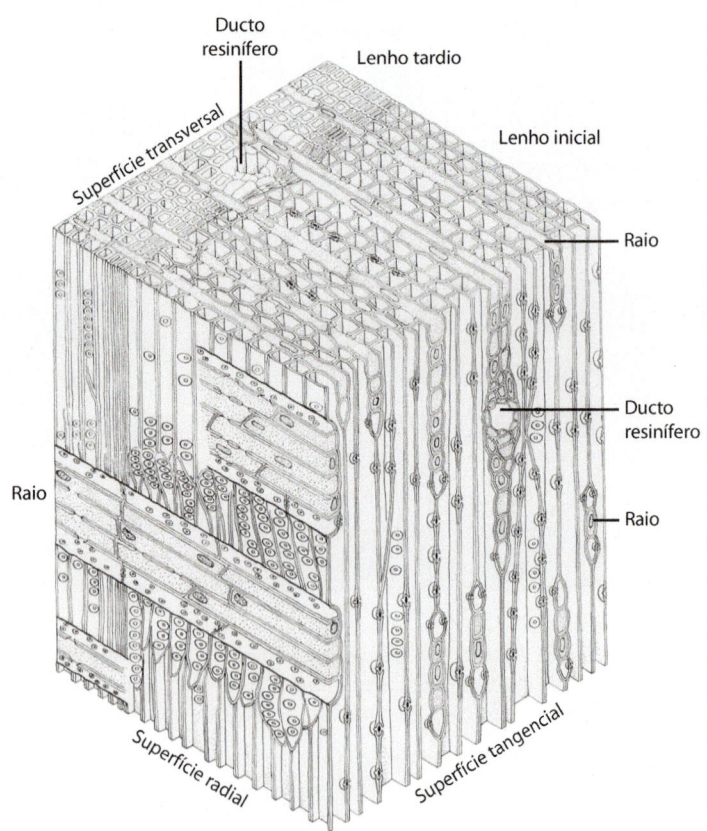

26.19 Xilema secundário do pinheiro-branco (*Pinus strobus*). Com exceção das células de parênquima associadas aos ductos resiníferos, o sistema axial desta conífera consiste inteiramente em traqueídes, como mostrado neste diagrama do bloco de madeira. Os raios têm uma célula de largura, exceto aqueles contendo os ductos resiníferos. (Os lenhos inicial e tardio são descritos adiante, no texto.)

A VERDADE SOBRE OS NÓS

As árvores jovens apresentam tipicamente numerosos ramos, que crescem de seus troncos; entretanto, os ramos estão geralmente ausentes nas porções inferiores dos troncos das árvores mais velhas. Mas o que acontece com os ramos encontrados nos troncos das árvores jovens? Para que se mantenham na árvore, eles são incrustados no tronco em crescimento, formando os nós.

Os ramos são originados de gemas e, desde que estejam vivos, sofrem um crescimento periódico em comprimento e espessura, assim como o tronco no qual se encontram inseridos. O câmbio vascular do ramo vivo é contínuo com aquele do tronco. Assim, durante os períodos de atividade cambial, novo lenho é adicionado em camadas contínuas sobre o ramo e o tronco, fixando bem o nó no lenho do tronco (**A**). Tais nós são denominados nós firmes (**C**). Eles permanecerão no seu lugar se o tronco for cortado.

Quando um ramo morre, ele cessa seu crescimento e gradualmente vai sendo englobado, com casca e tudo, no lenho do tronco, que continua crescendo. Como o seu câmbio não é mais ativo, desse ponto em diante, o ramo perde a continuidade com o tronco (**B**). O ramo morto pode perder sua casca, mas se permanecer no tronco, ele será englobado pelo lenho e continuará como um nó. Tais nós, conhecidos como nós soltos ou frouxos, podem ser retirados do tronco quando este for cortado, (**D**) e (**E**). Algumas vezes, modificações no lenho dos ramos mortos levam à formação de substâncias, as quais tornam os nós extremamente duros, e a madeira torna-se difícil de trabalhar com ferramentas manuais. Por outro lado, as madeiras com nós proeminentes, como o pinheiro-de-nó (rádica), são valorizadas por suas qualidades decorativas.

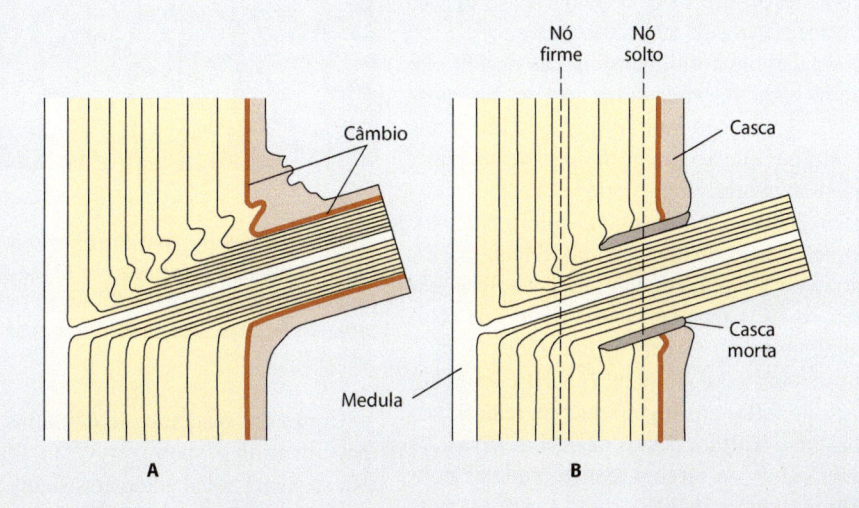

A   B

C

D

E

Seções radiais de madeira com nós. A. Tronco com nó firme. O câmbio e os anéis de crescimento são contínuos entre a madeira e o nó. **B.** Vista do tronco após a morte de um galho. A linha tracejada à esquerda estende-se através da região do nó firme. A linha tracejada à direita estende-se através da região do nó solto.

Porções diferentes do mesmo nó da madeira do pinheiro-branco (*Pinus strobus*): (**C**) nó firme; (**D**) nó solto; (**E**) nó solto removido do galho.

estimular a formação de ductos resiníferos na madeira de conífe-ras, levando alguns pesquisadores a sugerir que todos os ductos resultam de traumas. A resina, aparentemente, protege a planta do ataque de fungos apodrecedores e de besouros da casca.

As traqueídes das coníferas são caracterizadas por pontoações grandes, circulares e areoladas em suas paredes radiais. As pon-toações são mais abundantes nas terminações das células, onde as traqueídes se sobrepõem a outras traqueídes (Figuras 26.19 a 26.21). As pontoações pareadas, conhecidas como par de pontoa-ções (Capítulo 3) e que se encontram entre as traqueídes de coní-feras, são caracterizadas pela presença do *toro*, uma parte central dilatada da membrana da pontoação (Figura 26.22) que consiste, principalmente, em lamela mediana e duas paredes primárias. O toro é levemente maior que a abertura ou poro na aréola da pontoação (Figura 26.21). A membrana da pontoação areolada é flexível, e em determinadas condições o toro pode bloquear uma das aberturas e prevenir o movimento de água ou gases através do par de pontoações. Embora por muito tempo se tenha pensado que ocorressem apenas em certas gimnospermas, os toros foram relatados em par de pontoações areoladas de traqueídes e de ele-mentos de vaso em vários gêneros de eudicotiledôneas.

A Figura 26.19 é um diagrama tridimensional da madeira de *Pinus strobus* (pinheiro-branco), baseada em três seções mos-tradas na Figura 26.20. Em seções transversais, que são feitas em ângulo reto em relação ao eixo maior da raiz ou do caule, as traqueídes aparecem angulares ou quadrangulares, e os raios podem ser vistos estendendo-se pela madeira (Figura 26.20A). Há dois tipos de seções longitudinais – radiais e tangenciais. As seções radiais são feitas ao longo de um raio e paralelas aos raios, e, nestas seções, os raios aparecem como fileiras de célu-las orientadas em ângulo reto em relação às traqueídes alonga-das verticalmente do sistema axial (Figuras 26.20B e 26.21D). As seções tangenciais são feitas em ângulo reto em relação aos raios e revelam a largura e a altura destes raios. Em *Pinus*, os raios têm apenas uma célula de largura, exceto aqueles con-tendo ductos resiníferos (Figura 26.20C), e são 1 a 15 ou mais células de altura. Detalhes de *Pinus strobus* são mostrados na Figura 26.21.

As madeiras de angiospermas tipicamente contêm vasos

A estrutura da madeira em angiospermas é muito mais variada do que a de coníferas devido, em parte, ao maior número de tipos celulares no sistema axial, incluindo os elementos de vaso, as traqueídes, muitos tipos de fibras e as células de parênquima (Figuras 26.23 a 26.25; ver também Figura 23.12). A presença de elementos de vaso, em particular, distingue a madeira de an-giosperma da de conífera, com apenas algumas exceções.

Os raios da madeira das angiospermas variam de uma a mui-tas células de largura e de uma a centenas de células de altura, e assim são consideravelmente maiores que aqueles das madeiras de coníferas. Em algumas madeiras de angiospermas, como o carvalho-vermelho (*Quercus rubra*), os raios largos podem ser vistos a olho nu (ver Figura 26.12). Os raios largos da madei-ra do carvalho-vermelho ilustrados na Figura 26.24C têm 12 a 30 células de largura e centenas de células de altura. Além dos raios largos, o carvalho apresenta numerosos raios com apenas uma célula de largura. Nessa espécie, os raios compõem, em mé-dia, 21% do volume da madeira. Ao todo, os raios das madeiras *hardwood* equivalem em média a 17% do volume da madeira, enquanto a média para coníferas é de cerca de 8%.

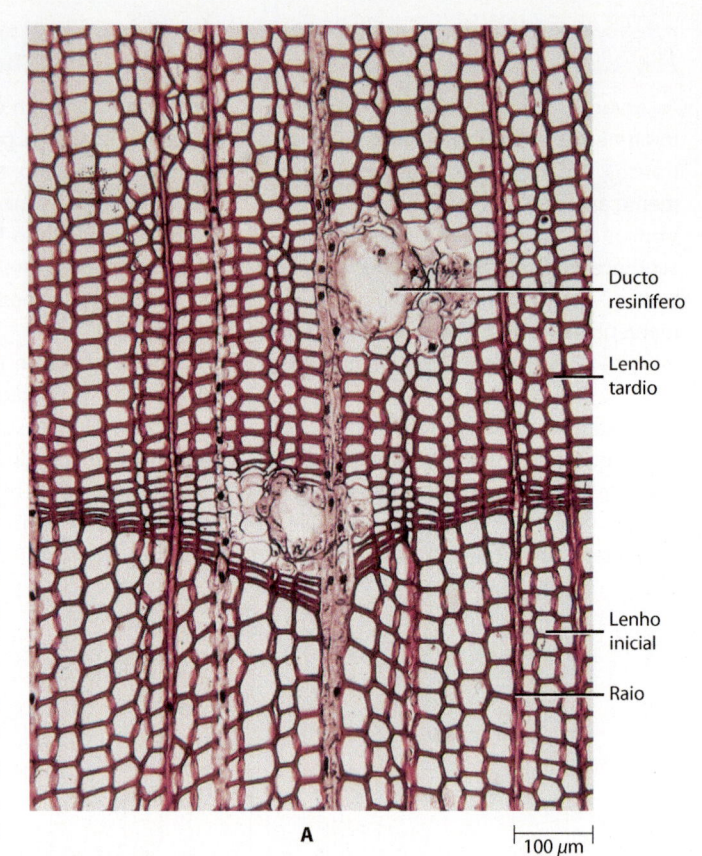

A   ⊢──────⊣ 100 μm

Ducto resinífero

Lenho tardio

Lenho inicial

Raio

26.20 Madeira do pinheiro-branco (*Pinus strobus*). A madeira dessa conífera é mostrada em (**A**) seção transversal e, na próxima página, (**B**) seção radial e (**C**) seção tangencial. (O pinheiro-branco tem massa específica de 0,34; ver mais adiante.)

Como em madeiras de coníferas, as seções transversais da madeira de angiospermas revelam fileiras de células radiais, tan-to no sistema radial como no sistema axial, derivadas das iniciais cambiais (Figuras 26.23 e 26.24A). As fileiras podem não estar tão ordenadas como em madeiras de coníferas, pois a dilatação dos vasos e o alongamento das fibras tendem a empurrar muitas células para fora de sua posição. O deslocamento dos raios por elementos de vaso é particularmente evidente em seções trans-versais do carvalho-vermelho, como mostrado pelos raios ondu-lados à esquerda dos vasos, na Figura 26.24A.

Os anéis de crescimento resultam da atividade periódica do câmbio vascular

A atividade periódica do câmbio vascular, a qual é sazonalmente relacionada em zonas temperadas, produz incrementos de cres-cimento, ou *anéis de crescimento*, tanto no xilema secundário como no floema secundário (no floema os incrementos não são sempre claramente discerníveis). Se uma camada de crescimen-to representa um crescimento de uma estação, esta é chamada *anel anual* (Figura 26.26). Mudanças abruptas da disponibilida-de de água ou outros fatores ambientais podem ser responsáveis pela produção de mais de um anel de crescimento em um dado ano; tais anéis são chamados *falsos anéis anuais*. Assim, a idade de uma determinada porção de um caule lenhoso antigo pode ser estimada pela contagem dos anéis de crescimento, mas a estima-tiva pode ser imprecisa se falsos anéis estiverem incluídos. Em árvores que exibem atividade cambial contínua, como muitas

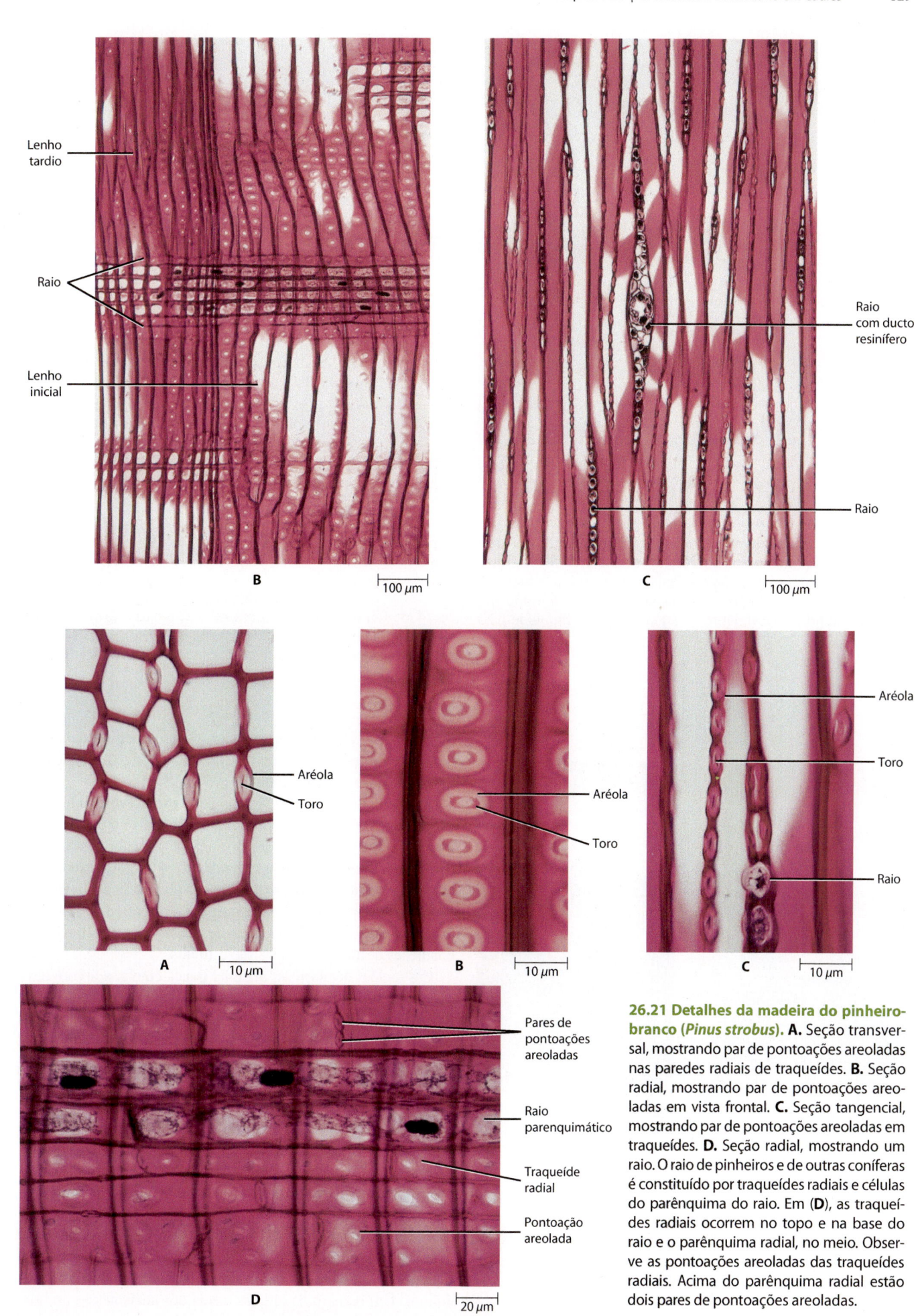

Lenho tardio

Raio

Lenho inicial

B 100 μm

Raio com ducto resinífero

Raio

C 100 μm

Aréola
Toro

A 10 μm

Aréola

Toro

B 10 μm

Aréola

Toro

Raio

C 10 μm

Pares de pontoações areoladas

Raio parenquimático

Traqueíde radial

Pontoação areolada

D 20 μm

26.21 Detalhes da madeira do pinheiro-branco (*Pinus strobus*). A. Seção transversal, mostrando par de pontoações areoladas nas paredes radiais de traqueídes. **B.** Seção radial, mostrando par de pontoações areoladas em vista frontal. **C.** Seção tangencial, mostrando par de pontoações areoladas em traqueídes. **D.** Seção radial, mostrando um raio. O raio de pinheiros e de outras coníferas é constituído por traqueídes radiais e células do parênquima do raio. Em (**D**), as traqueídes radiais ocorrem no topo e na base do raio e o parênquima radial, no meio. Observe as pontoações areoladas das traqueídes radiais. Acima do parênquima radial estão dois pares de pontoações areoladas.

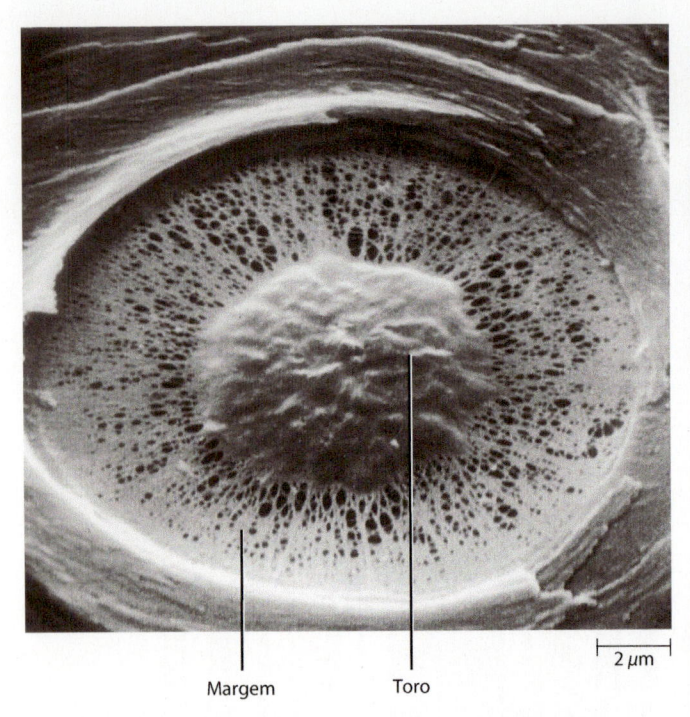

2 µm

Margem   Toro

26.22 Membrana da pontoação de um par de pontoações are-oladas da traqueíde do pinheiro-branco (*Pinus strobus*). A parte espessada da membrana é o toro, que é impermeável à água. Como visto nesta micrografia eletrônica de varredura, a parte da membrana que circunda o toro, chamada margem, é muito porosa, permitindo o movimento de água e íons de traqueíde para traqueíde.

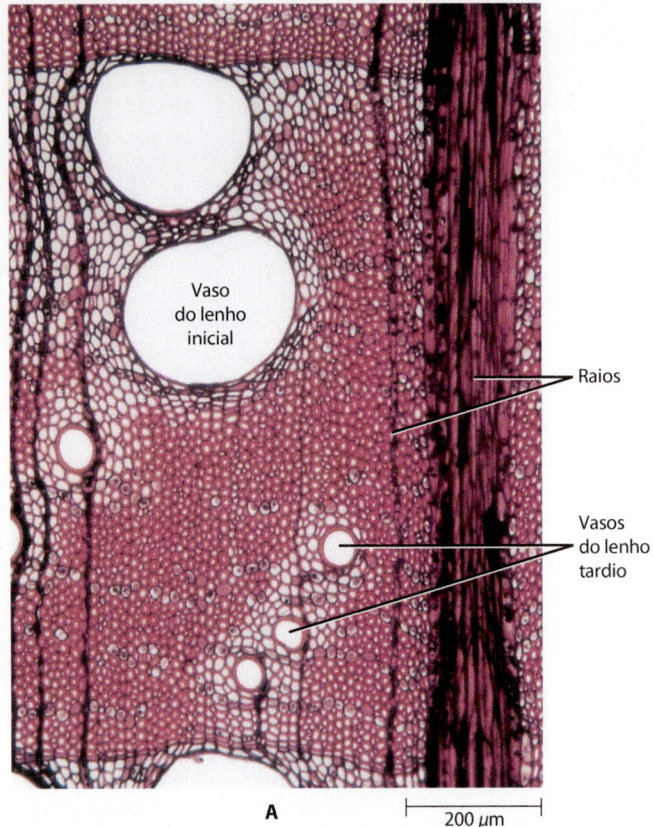

Vaso do lenho inicial

Raios

Vasos do lenho tardio

A   200 µm

26.24 Madeira do carvalho-vermelho (*Quercus rubra*). A madeira é mostrada em seções (**A**) transversal e, na próxima página, (**B**) radial e (**C**) tangencial. (A madeira do carvalho-vermelho tem massa específica de 0,57.)

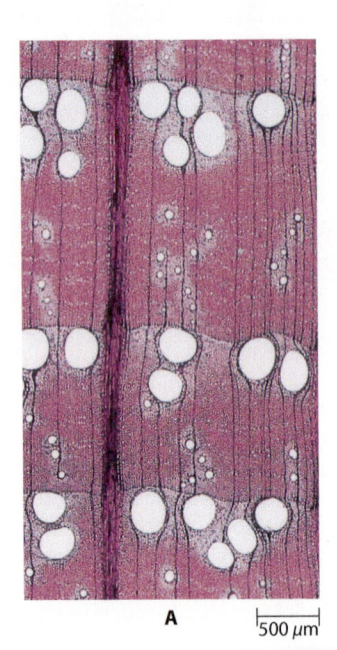

A   500 µm

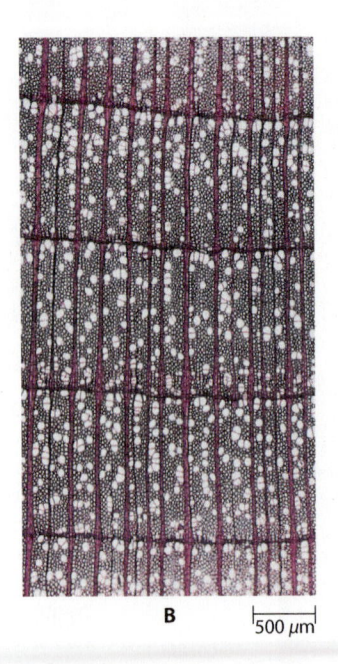

B   500 µm

26.23 Camadas de crescimento da madeira, em seções transversais. A. Carvalho-vermelho (*Quercus rubra*). Os vasos grandes da madeira com anel poroso, como no carvalho-vermelho, são observados no lenho inicial. As linhas verticais escuras são os raios. **B.** Tulipeiro (*Liriodendron tulipifera*), uma madeira com porosidade difusa.

florestas tropicais pluviais, os anéis de crescimento podem estar inteiramente ausentes. Portanto, é difícil avaliar a sua idade com base na análise de sua madeira.

A largura dos anéis individuais pode variar enormemente de ano para ano em função de fatores ambientais como luz, temperatura, precipitação pluvial, disponibilidade hídrica do solo e comprimento da estação de crescimento. A largura dos anéis é um índice muito preciso da precipitação pluvial de um dado ano. Sob condições favoráveis – isto é, durante períodos de chuva adequada ou abundante – os anéis de crescimento são largos; sob condições desfavoráveis eles são estreitos.

Em regiões semiáridas, onde há pouca chuva, a árvore atua como um medidor sensível. Um excelente exemplo é o do *Pinus longaeva* do oeste da Great Basin (EUA) (Figura 26.27). Cada anel de crescimento é diferente, e o estudo dos anéis conta a história que remete a milhares de anos no passado. O mais antigo espécime de *Pinus longaeva* conhecido tem 4.845 anos de idade. Os dendrocronologistas – cientistas que desenvolvem pesquisas históricas estudando os anéis de crescimento das árvores – foram capazes de verificar a correspondência entre as amostras de árvores vivas e mortas, e dessa maneira eles construíram uma série contínua de anéis, que remontam a mais de 8.200 anos. A largura dos anéis de crescimento de *Pinus longaeva* de altitudes elevadas (limite superior da "linha de árvores") também se mostrou relacionada com mudanças de temperatura, as quais afetam intensamente a duração da estação de crescimento, em climas alpinos. Um registro da largura média dos anéis nessas árvores

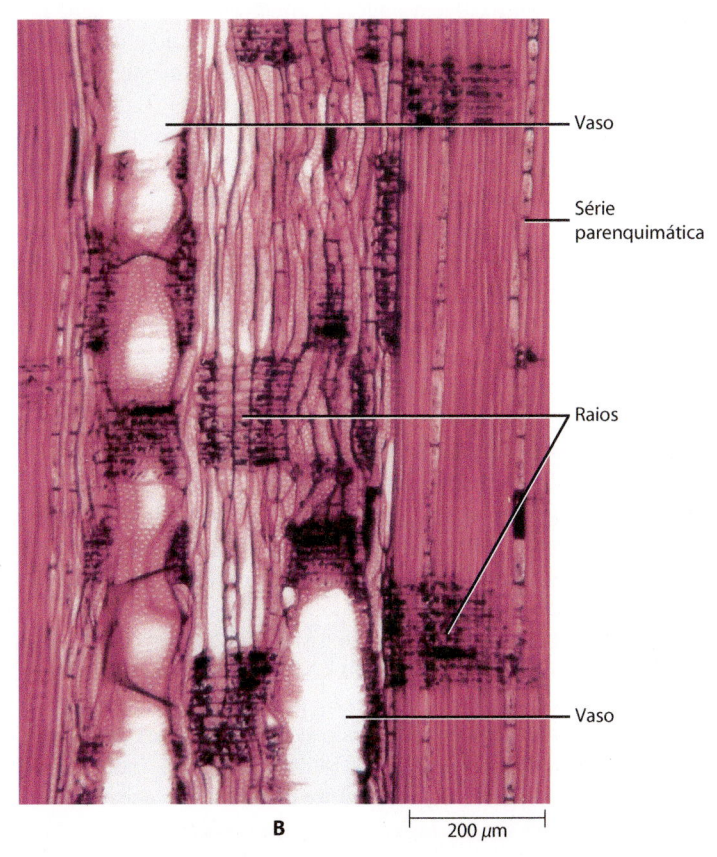

Vaso

Série parenquimática

Raios

Vaso

B   200 μm

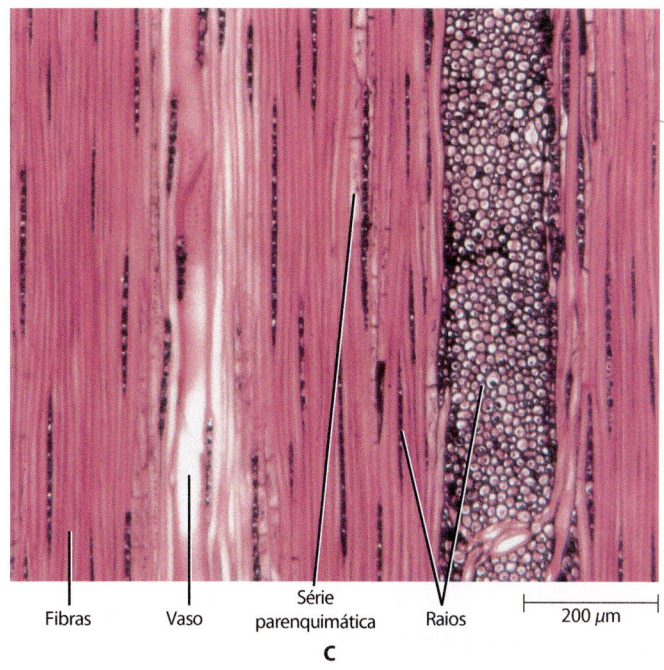

Fibras   Vaso   Série parenquimática   Raios   200 μm

C

2,5 mm

oferece um valioso guia para as temperaturas e as condições climáticas do passado. Por exemplo, nas White Mountains da Califórnia (EUA), os verões foram relativamente quentes de 3500 até 1300 a.C., e a "linha de árvores" estava cerca de 150 m acima do nível atual. Os verões foram frios de 1300 até 200 a.C.

A base estrutural para a visibilidade das camadas de crescimento em madeiras é a diferença entre a densidade da madeira produzida no início da estação de crescimento e a daquela produzida mais tarde (Figuras 26.20, 26.23 e 26.24). O *lenho inicial* é menos denso (com células mais largas e paredes proporcionalmente mais finas) que o *lenho tardio* (com células mais estreitas e paredes proporcionalmente mais espessas). Em uma dada camada de crescimento, a mudança de lenho inicial para o lenho tardio pode ser muito gradual e quase imperceptível.

26.25 Bloco de madeira do elmo (*Ulmus americana*), mostrando suas três superfícies. Pela comparação com as Figuras 26.19, 26.23 e 26.24, pode-se identificar cada face ou superfície mostrada na micrografia eletrônica de varredura. É uma madeira com anel semiporoso, com os vasos do lenho tardio dispostos em linhas onduladas, uma feição característica dos elmos. Identifique os vasos do lenho inicial e do lenho tardio e os raios nas três faces. A porção densa da madeira é composta principalmente de fibras. Células de parênquima axial também estão presentes, mas não são distintas nesta ampliação. (A madeira do elmo tem massa específica de 0,46.)

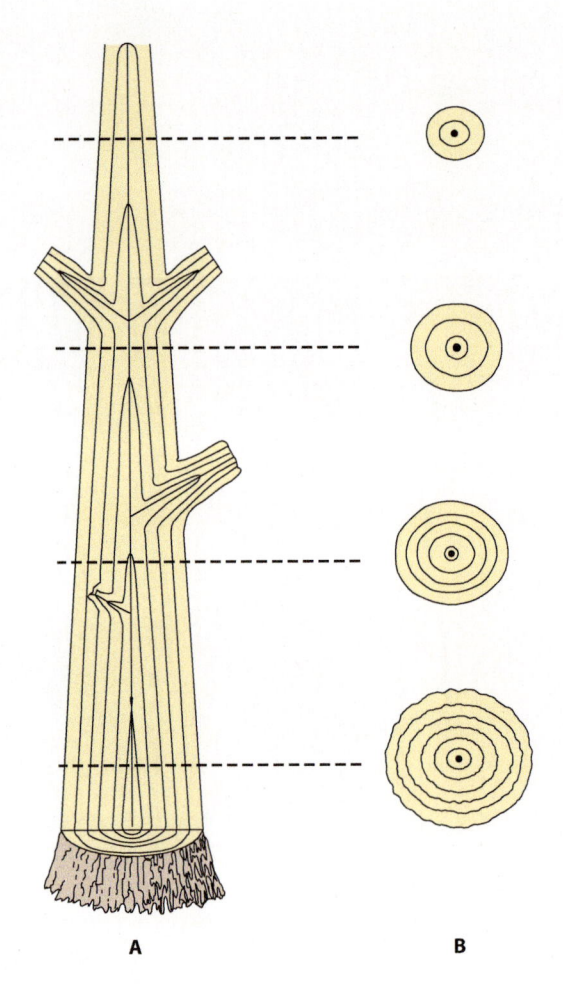

A   **B**

26.26 Anéis anuais. Cada anel anual geralmente representa 1 ano de incremento no crescimento. O número de anéis varia com a distância acima do chão, sendo que a parte mais velha do tronco ocorre ao nível do chão. **A.** Diagrama de uma seção longitudinal mediana de um tronco de árvore e (**B**) seções transversais tiradas em quatro diferentes níveis. Uma vez iniciado o crescimento secundário em uma porção do caule (ou raiz), essa porção não mais cresce em comprimento.

Entretanto, quando o lenho tardio tange o lenho inicial da camada de crescimento seguinte, a mudança é abrupta e, assim, claramente discernível.

Em algumas angiospermas, as diferenças de tamanho dos vasos ou poros no lenho inicial e no tardio são muito demarcadas. Nessas árvores, os poros (vasos) do lenho inicial são distintamente maiores que aqueles do lenho tardio. Essas madeiras são chamadas madeiras com *porosidade em anel* (Figuras 26.23A e 26.24A). Em outras madeiras de angiospermas, os poros são uniformes em sua distribuição e tamanho por toda a camada de crescimento. Essas são chamadas madeiras de *porosidade difusa* (Figura 26.23B). Em madeiras com porosidade em anel, a maior parte da água é conduzida na camada de crescimento mais externa, em velocidades cerca de 10 vezes maiores que nas madeiras de porosidade difusa.

O alburno conduz e o cerne não conduz

À medida que a madeira envelhece, ela gradualmente se torna não funcional em condução e armazenamento. Antes que isso aconteça, entretanto, a madeira frequentemente sofre mudanças visíveis que envolvem a perda de reservas nutritivas e impreg-

nação da madeira por várias substâncias (como óleos, gomas, resinas e taninos), que a tingem e algumas vezes a tornam aromática. Essa madeira frequentemente mais escura e não condutora é chamada *cerne*, enquanto a madeira geralmente mais clara e condutora é chamada *alburno* (ver Figura 26.12). O alburno, por definição, é a parte da madeira de uma árvore viva que possui células vivas e substâncias de reserva. Ele pode ser ou não inteiramente funcional na condução de água. A formação do cerne é entendida como um processo que permite à planta remover quaisquer metabólitos secundários de regiões de crescimento que podem ser inibitórios ou mesmo tóxicos para as células vivas. A acumulação dessas substâncias no cerne resulta na morte das células vivas da madeira.

A proporção entre alburno e cerne, e o grau de diferença visível entre eles, varia bastante de espécie para espécie. Algumas árvores como o bordo (*Acer*), a bétula (*Betula*) e o freixo (*Fraxinus*) têm alburno espesso; outras como a robínia-comum (*Robinia*), a catalpa (*Catalpa*) e o teixo (*Taxus*) têm alburno estreito. Outras árvores, ainda, como os choupos (*Populus*), os salgueiros (*Salix*) e os abetos (*Abies*), não apresentam separação clara entre alburno e cerne.

Em muitas madeiras, tilos são formados nos vasos quando eles ficam sem função (Figura 26.28). Os *tilos* são projeções globoides das células dos raios ou do parênquima axial que penetram pelas cavidades das pontoações da parede dos vasos. Eles podem bloquear completamente os vasos. Os tilos também são induzidos em resposta a patógenos e podem servir como um mecanismo defensivo por inibir sua expansão na planta pelo xilema.

O lenho de reação se desenvolve em troncos e ramos inclinados

A formação do *lenho de reação* é uma resposta morfogenética de um ramo ou caule inclinado para contrapor a força da gravidade. Em coníferas, o lenho de reação se desenvolve na parte inferior da parte inclinada e é chamado *lenho de compressão*. Em angiospermas ele se desenvolve na parte superior e é chamado *lenho de tensão*.

O lenho de compressão é formado pela atividade cambial aumentada no lado curvado do caule, que resulta na formação de anéis de crescimento excêntricos. As porções dos anéis de crescimento localizadas na parte inferior são geralmente muito mais largas que aquelas localizadas na parte superior (Figura 26.29). Assim sendo, a produção do lenho de compressão oferece sustentação pela expansão e por empurrar o tronco ou ramo para cima. O lenho de compressão tem mais lignina e menos celulose que a madeira normal, e sua contração linear durante a secagem é, em geral, 10 vezes maior que a da madeira normal. (A madeira normal geralmente se contrai no sentido das fibras, isto é, no sentido axial não mais que 0,1 ou 0,3%.) A diferença relativa da contração axial entre a porção normal e a de compressão de uma tábua durante a secagem frequentemente causa o seu empenamento ou torção. Esse tipo de madeira é praticamente inútil, exceto para lenha.

O lenho de tensão é produzido pela atividade aumentada do câmbio vascular na parte superior do caule e, como no caso do lenho de compressão, é reconhecido pela presença de anéis de crescimento excêntricos. Para fortalecer o caule, o lenho de tensão deve exercer um estiramento; por isso, o nome "lenho de tensão". A identificação positiva do lenho de tensão requer exame microscópico de cortes de madeira. Anatomicamente, a principal característica distintiva é a presença de fibras gelatinosas, que

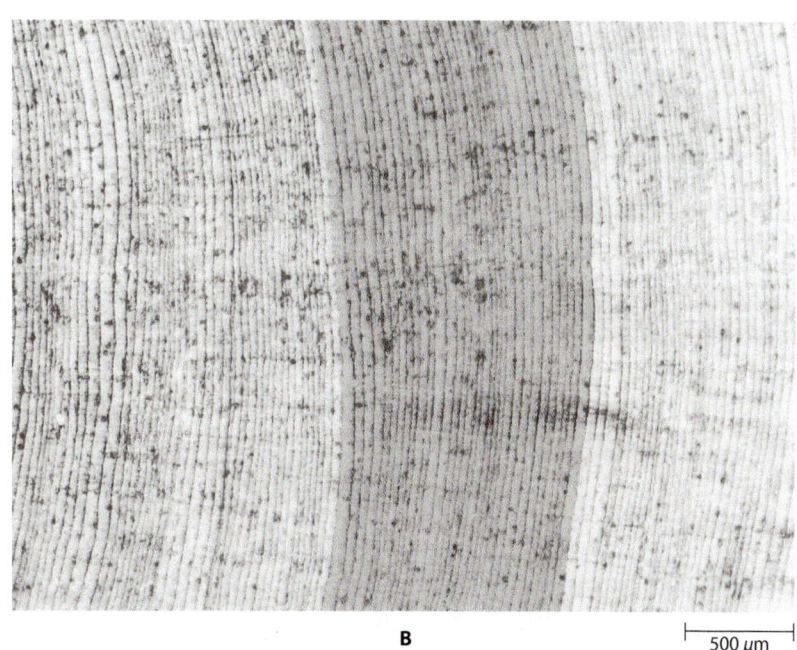

A

B

500 µm

26.27 *Pinus longaeva*. A. A figura mostra os pinheiros (*Pinus longaeva*) crescendo nas White Mountains do leste da Califórnia (EUA), próximo ao *timberline**, consideradas como as árvores vivas mais velhas do mundo; uma árvore atingiu 4.845 anos. **B.** Seção transversal de *Pinus longaeva*, mostrando a variação de largura dos anéis anuais. Este disco de madeira, do qual apenas uma parte é mostrada, começou há, aproximadamente, 6.260 anos; a faixa de anéis escurecida representa os 30 anos de 4240 a.C. a 4210 a.C. O padrão de sobreposição de anéis em árvores mortas permitiu determinar a precipitação relativa no passado, que se estende até 8.200 anos.

Recentemente, clones de espruce (*Picea abies*) foram encontrados na Suécia, crescendo a partir de um rizoma estimado em 9.550 anos. Alguns anos atrás, uma touceira anelar de *Larrea tridentata* (Zygophyllaceae), aparentemente derivada de uma única semente, teve idade estimada em 12.000 anos. Crescendo no deserto de Mojave, a 241,5 km de Los Angeles (EUA), a touceira foi apelidada de "Clone Rei". Entretanto, o recorde de longevidade pode pertencer a um arbusto conhecido como azevinho-do-rei (*Lomatia tasmanica,* família Proteaceae), que foi descoberto por um grupo de botânicos tasmanianos e estimados por eles em 43.000 anos de idade. (*N.R.T.: *Timberline* é o limite altitudinal ou latitudinal para a ocorrência de espécies arbóreas.)

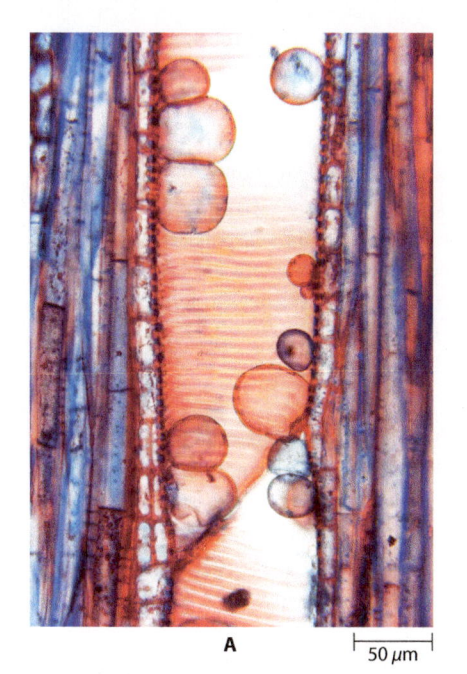

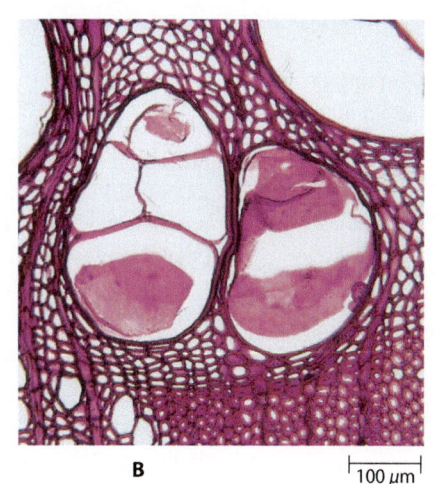

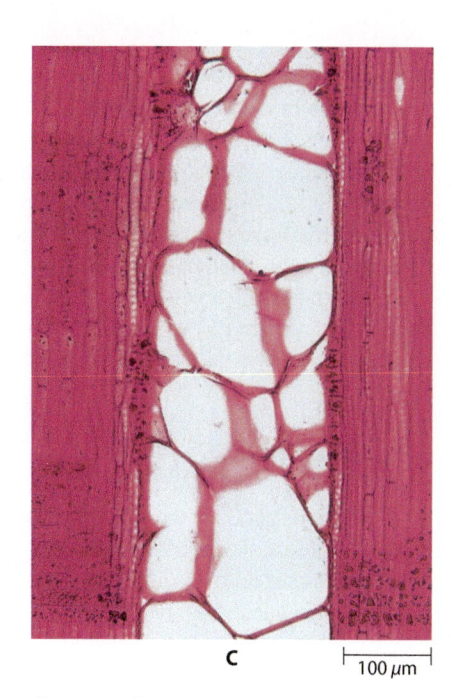

A

50 µm

B

100 µm

C

100 µm

26.28 Tilos. Os tilos são expansões globoides das células de parênquima que obstruem parcial ou completamente o lume de um vaso. **A.** Seção longitudinal mostrando os tilos fazendo protrusão dentro de um vaso de um caule de videira (*Vitis vinifera*) com ferimento. **B.** Seções transversal e (**C**) longitudinal mostrando vasos de carvalho-branco (*Quercus alba*) ocluídos por tilos.

26.29 Lenho de reação em uma conífera. Seção transversal do caule de pinheiro (*Pinus* sp.) mostrando o lenho de compressão com anéis de crescimento mais largos na parte de baixo.

são identificadas pela presença da chamada camada gelatinosa. A camada interna da parede secundária pode ser distinguida da(s) camada(s) externa(s) desta parede secundária pelo seu grande conteúdo de celulose e ausência de lignina. A contração axial do lenho de tensão raramente excede 1%, porém as tábuas que o contêm deformam-se durante a secagem. Quando troncos com lenho de tensão são serrados verdes, o lenho de tensão se rompe em feixes e fibras, conferindo uma aparência felpuda às tábuas.

A densidade e a massa específica são bons indicadores da resistência da madeira

A densidade é o indicador individual mais importante da resistência da madeira e pode ser usada para prever características tais como dureza, resistência a aceitar pregos e facilidade do uso de maquinário. As madeiras densas geralmente se contraem e empenam mais que as madeiras leves. As madeiras mais densas oferecem, porém, melhor combustível.

A *massa específica* de uma substância é a razão entre a massa da substância e a massa de igual volume de água. Para o cálculo da massa específica da madeira é usada a massa da madeira seca em estufa:[*]

$$\text{Massa específica} = \frac{\text{Massa seca da madeira em estufa}}{\text{Massa do volume deslocado de água}}$$

A massa específica da substância sólida da madeira seca (*i. e.*, o material de parede celular seco) de todas as plantas é aproximadamente 1,5. A diferença de massa específica entre as madeiras depende, então, da proporção entre a substância de parede e o lume (espaço delimitado pela parede celular).

As fibras são especialmente importantes na determinação da massa específica. Se as fibras têm paredes espessas e lume

estreito, a densidade tende a ser grande. Contrariamente, se as fibras têm paredes finas e lume amplo, ela tende a ser baixa. A presença de muitos vasos com paredes finas também tende a baixar a massa específica.

A densidade é expressa como massa por unidade de volume, tanto em libras por pé cúbico (sistema britânico) como em gramas por centímetro cúbico (sistema métrico). A água tem uma densidade de 62,4 lb/pé^3 ou 1 g/cm^3. A madeira com densidade de 31,2 lb/pé^3, ou 0,5 g/cm^3, apresenta, então, a metade da densidade da água e massa específica de 0,5. O *Guinness Book of World Records* lista o pau-ferro-preto (*Olea capensis*), da África do Sul, como a madeira mais densa (93 lb/pé^3, ou 1,49 g/cm^3) e *Aeschynomene hispida*, de Cuba, como a madeira menos densa (2,75 lb/pé^3 ou 0,044 g/cm^3). Suas massas específicas respectivas são 1,49 e 0,044. A massa específica das madeiras mais usadas comercialmente está entre 0,35 e 0,65.

RESUMO

O crescimento secundário causa aumento da circunferência em caules e raízes

O crescimento secundário, o incremento em circunferência de regiões que não apresentam mais alongamento, ocorre em todas as gimnospermas e na maioria das angiospermas, que não as monocotiledôneas, e envolve a atividade de dois meristemas laterais – o câmbio vascular e o câmbio da casca, ou felogênio. As plantas herbáceas podem apresentar pouco ou nenhum crescimento secundário, enquanto as plantas lenhosas – árvores e arbustos – podem continuar a aumentar em espessura por muitos anos. A Figura 26.30 apresenta um resumo do desenvolvimento do caule de uma planta lenhosa, que se inicia com o meristema apical, finalizando com os tecidos secundários formados durante o primeiro ano de crescimento.

As plantas são frequentemente classificadas de acordo com seu ciclo sazonal de crescimento

As plantas que têm o ciclo inteiro, da semente à planta vegetativa até a planta florida à semente, em uma única estação de crescimento, são chamadas anuais. Em plantas bienais, duas estações são requeridas para o período de germinação da semente até a formação da nova semente. Plantas perenes são aquelas cujas estruturas permanecem vivas ano após ano. Algumas plantas perenes são herbáceas, enquanto outras são lenhosas.

O câmbio vascular contém dois tipos de iniciais: fusiformes e radiais

Por intermédio de divisões periclinais (paralelas à superfície), as iniciais fusiformes dão origem aos componentes do sistema axial, e as iniciais radiais produzem as células do raio, as quais formam os raios vasculares ou sistema radial. O aumento do câmbio em circunferência é acompanhado de divisões anticlinais (perpendiculares à superfície) das iniciais.

O câmbio da casca produz uma cobertura protetora sobre o corpo secundário da planta

O primeiro câmbio da casca (felogênio), na maioria dos caules, origina-se de uma camada de células situadas logo abaixo da epiderme. O felogênio produz súber (felema) para o lado de fora

---

[*]N.R.T.: Como a madeira absorve ou elimina a água do ar é necessária sua secagem em estufa, padronizando sua umidade em 12%.

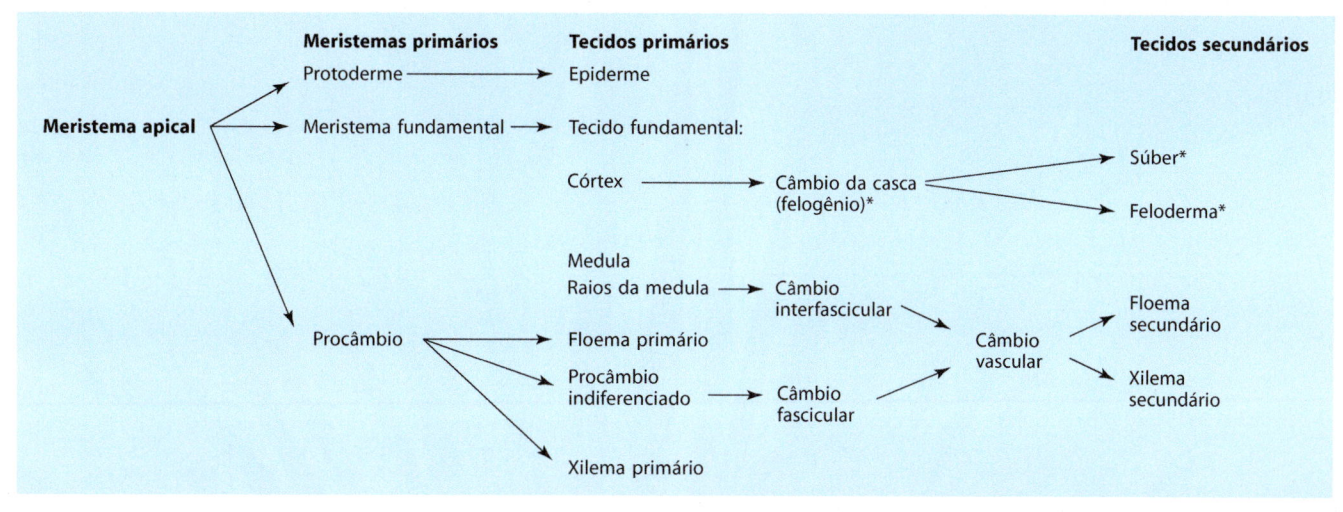

*O conjunto desses três tecidos constitui a periderme

26.30 Resumo do desenvolvimento do caule de uma angiosperma lenhosa, durante seu primeiro ano de crescimento. (Compare o desenvolvimento do caule com o da raiz, resumido na Figura 24.24.)

(exterior) e feloderme para o lado de dentro (interior). Juntos, o súber, o felogênio e a feloderme constituem a periderme. Embora a maioria das peridermes seja constituída por células dispostas de maneira compacta, áreas isoladas, denominadas lenticelas, apresentam numerosos espaços intercelulares, desempenhando um importante papel nas trocas gasosas através da periderme.

A casca é formada por todos os tecidos situados externamente ao câmbio vascular

Nos caules e nas raízes velhas, a maior parte do floema da casca é não condutor. Os elementos crivados têm vida curta, e, em muitas espécies, somente aqueles formados no ano do crescimento vigente são funcionais. Após a formação da primeira periderme, as peridermes subsequentes se originam cada vez mais profundamente na casca, a partir de células parenquimáticas do floema não condutor.

A madeira é o xilema secundário

As madeiras são classificadas como *softwoods* ou *hardwoods*. Todas as denominadas *softwoods* são coníferas, e as chamadas *hardwoods* são angiospermas (magnoliídeas e eudicotiledôneas lenhosas). As madeiras de coníferas, que são estruturalmente mais simples que as de angiospermas, são constituídas por traqueídes e células parenquimáticas; algumas contêm ductos resiníferos. As madeiras das angiospermas podem conter uma combinação de todos os seguintes tipos de células: elementos de vasos, traqueídes, vários tipos de fibras e células parenquimáticas.

Anéis de crescimento resultam da atividade periódica do câmbio vascular

As camadas de crescimento que correspondem a incrementos de crescimentos anuais são denominadas anéis anuais. A diferença de densidade entre o lenho tardio e o lenho inicial do incremento seguinte torna possível distinguir as camadas de crescimento. A densidade e a massa específica são bons indicadores da resistência da madeira. Em muitas plantas, o cerne não condutor é visivelmente distinto do alburno, o qual é ativamente funcional, ou condutor.

O lenho de reação desenvolve-se em resposta à força da gravidade em um ramo ou caule inclinado

Comumente, o lenho de reação desenvolve-se do lado inferior dos troncos ou dos ramos inclinados de coníferas, e do lado superior de partes similares de angiospermas; sua formação causa fortalecimento do tronco ou ramo. O lenho de reação é denominado lenho de compressão em coníferas e lenho de tensão em angiospermas.

Autoavaliação

1. Faça a distinção entre: sistema axial e sistema radial; câmbio fascicular/câmbio interfascicular; casca interna e casca externa; floema condutor e floema não condutor.

2. Por meio de esquemas simples e legendados, compare a estrutura da raiz de uma eudicotiledônea lenhosa com o caule de uma eudicotiledônea lenhosa ao final do primeiro ano de crescimento. Assuma que a raiz é triarca e que o sistema vascular primário do caule consiste em feixes vasculares isolados.

3. Se um prego fosse enterrado em uma árvore a uma altura de 1,5 m do solo, e, em seguida, a árvore crescesse, em média, 60 cm por ano, qual seria, aproximadamente, a altura do prego acima do solo depois de 10 anos? Explique a sua resposta.

4. Qual característica estrutural da madeira é responsável pela visibilidade dos anéis de crescimento?

5. Qual a importância das lenticelas para as plantas?

6. Os termos *hardwood* e *softwood* não expressam precisamente o grau de densidade ou dureza das madeiras. Explique.

7. A idade de um caule lenhoso nem sempre pode ser precisamente estimada contando anéis de crescimento. Por quê?

8. Qual é a importância do cerne para a planta?

9. Por que algumas madeiras afundam na água e outras não?

10. O que são nós em madeiras?

CAPÍTULO 27

Regulação do Crescimento e do Desenvolvimento | Hormônios Vegetais

◀ **O crescimento do algodoeiro.** Pesquisadores constataram que a produção de algodão pode ser aumentada em 5 a 10% pela adição de uma classe de hormônios de ocorrência natural, denominados citocininas, às sementes ou às jovens plantas de algodoeiro crescendo em ambientes com água limitada. Os hormônios estimulam o desenvolvimento mais extenso das raízes, possibilitando o acesso da planta à umidade do solo mais profundo, e também induzem o crescimento de uma superfície cérea sobre as folhas, que reduz a perda de água.

SUMÁRIO

Auxinas

Citocininas

Etileno

Ácido abscísico

Giberelinas

Brassinoesteroides

Base molecular da ação hormonal

Para crescer, uma planta necessita da luz do sol, do dióxido de carbono do ar e da água e dos minerais do solo. Conforme discutido na Seção 5, a planta faz muito mais do que aumentar simplesmente a sua massa e volume à medida que cresce. Ela se diferencia, desenvolve-se e adquire forma, produzindo uma variedade de células, tecidos e órgãos. Muitos detalhes do modo de regulação desses processos não são conhecidos. Entretanto, tornou-se claro que o desenvolvimento depende da interação de diversos fatores internos e externos. Os principais fatores internos que regulam o crescimento e o desenvolvimento das plantas são de natureza química e constituem o assunto deste capítulo. Alguns dos fatores externos que afetam o crescimento das plantas – como luz, temperatura, comprimento do dia e força da gravidade – serão discutidos no Capítulo 28.

O crescimento e o desenvolvimento de um organismo pluricelular não seriam possíveis sem que houvesse uma comunicação efetiva entre as suas células, tecidos e órgãos. Tanto nas plantas quanto nos animais, a regulação e a coordenação do metabolismo, do crescimento e da morfogênese dependem de *sinais químicos*, denominados *hormônios*. O termo "hormônio" provém do grego *horman*, que significa "estimular".

O conceito de hormônios vegetais ou fitormônios tem sido, há muito tempo, distorcido pelo conceito de hormônios proveniente dos estudos de mamíferos pelos fisiologistas. Em seu sentido original, o conceito de hormônio tinha três elementos básicos: (1) a síntese do hormônio em uma parte do corpo, (2) o seu transporte (pela corrente sanguínea nos mamíferos) até outra parte do corpo, onde (3) ele induz uma resposta química para controlar um evento fisiológico específico.

PONTOS PARA REVISÃO

Após a leitura deste capítulo, você deverá ser capaz de responder às seguintes questões:

1. Cite os seis principais grupos de hormônios vegetais. Por que os hormônios devem ser considerados mais reguladores do que estimuladores?

2. Quais são os locais de biossíntese de cada um dos principais grupos de hormônios vegetais?

3. Descreva alguns dos efeitos produzidos por cada um dos principais grupos de hormônios vegetais.

4. Como a descoberta das citocininas foi relacionada com o desenvolvimento da cultura de tecidos?

5. Cite alguns dos mecanismos pelos quais os hormônios vegetais exercem seus efeitos em nível molecular.

Embora alguns hormônios vegetais sejam produzidos em determinado tecido e transportados para outro tecido, onde produzem respostas fisiológicas específicas, outros atuam dentro dos tecidos onde são produzidos. Em ambos os casos, esses sinais químicos comunicam uma informação sobre o estado de desenvolvimento ou fisiológico das células, dos tecidos e, em alguns casos, de sistemas de órgãos bastante separados. Os hormônios vegetais são sintetizados em vários locais diferentes do corpo de uma planta, e não em determinada glândula ou tecido específico. Esses fitormônios são ativos em quantidades muito pequenas. Por exemplo, o broto de um abacaxi (*Ananas comosus*) contém apenas 6 μg de ácido indol-3-acético, um hormônio vegetal comum, por quilograma de material vegetal. Um fisiologista vegetal empreendedor calculou que o peso do hormônio em relação ao do broto é comparável ao peso de uma agulha em 20 toneladas de feno.

Hoje em dia, sabe-se que alguns hormônios vegetais exercem efeitos inibitórios, em vez de atuarem como agentes estimuladores. Além disso, a resposta a determinado hormônio depende não apenas de sua estrutura química, mas também de como ele é "lido" pelo tecido-alvo. O mesmo hormônio pode desencadear respostas diferentes em diferentes tecidos, ou em momentos distintos do desenvolvimento do mesmo tecido. Alguns fitormônios são capazes de influenciar a biossíntese de outro hormônio ou até mesmo de interferir na transdução de sinais de outro hormônio. Os tecidos podem necessitar de quantidades diferentes de hormônios. Essas diferenças são designadas como diferenças de *sensibilidade*. Por conseguinte, os sistemas vegetais podem variar a intensidade dos sinais hormonais pela alteração das concentrações dos hormônios ou pela mudança da sensibilidade aos hormônios que já estão presentes.

Em qualquer momento, grande parte de determinado hormônio vegetal pode ocorrer na forma conjugada inativa – isto é, ligado a determinadas substâncias, como açúcares ou açúcares álcoois, aminoácidos, peptídios ou até mesmo proteínas. A hidrólise dos conjugados inativos pelo tecido vegetal libera a forma "livre" ou ativa do hormônio.

É importante observar que os hormônios vegetais raramente ou nunca atuam de modo isolado. Com efeito, o conjunto de respostas mediadas por esses compostos resulta de uma combinação de interações – ou "comunicação cruzada" – entre os hormônios e outros sinais.

Tradicionalmente, cinco classes de hormônios vegetais – os "cinco clássicos" – têm recebido maior atenção: as auxinas, as citocininas, o etileno, o ácido abscísico e as giberelinas (Tabela 27.1). Mais recentemente, ficou claro que as plantas utilizam outros sinais químicos. Por exemplo, os *brassinoesteroides* – um grupo de esteroides poli-hidroxilados de ocorrência natural – parecem ser necessários para o crescimento normal da maioria dos tecidos vegetais e, hoje em dia, constituem, com os "cinco clássicos" uma importante classe de hormônios vegetais (Tabela 27.1). Várias outras moléculas sinalizadoras foram identificadas e desempenham funções na resistência das plantas a patógenos e na defesa contra herbívoros; essas moléculas incluem o ácido salicílico, o ácido jasmônico e a sistemina.

O *ácido salicílico*, um composto fenólico com estrutura semelhante à do ácido acetilsalicílico (ver Figura 2.28), foi implicado na ativação da resistência da planta à doença após invasão por patógenos. Constitui também um sinal essencial na regulação da termogênese (produção de calor) em certos membros

da família Araceae, como o repolho-de-gambá (*Symplocarpus foetidus*) (ver Capítulo 5) e lírio-vodu (*Sauromatum venosum*). Durante o rápido crescimento associado à floração dessas espécies, a temperatura em partes da inflorescência pode aumentar e chegar a 25°C acima da temperatura ambiente.

O *ácido jasmônico*, ou *jasmonato*, um derivado do ácido linolênico, ativa as defesas da planta contra insetos herbívoros e muitos patógenos microbianos. Além disso, pode mediar a resposta à seca, ao ozônio, à radiação UV e a outros estresses abióticos.

A *sistemina*, um polipeptídio curto (18 aminoácidos), medeia a resposta a ferimentos causados por insetos, uma resposta que envolve a produção de proteínas de defesa – inibidores da protease – nas folhas e nos caules de solanáceas, como a batata e o tomate. Os inibidores da protease interferem na digestão proteica nos insetos que atacam a planta, retardando o seu crescimento e desenvolvimento. Esses inibidores da protease acumulam-se não apenas nas folhas feridas, mas também naquelas não afetadas distantes do local de lesão, indicando que a transmissão de sinal a longa distância a partir do local danificado induz uma defesa sistêmica. As evidências indicam que o sinal é representado pelo ácido jasmônico, cuja biossíntese é ativada pela sistemina. O ácido jasmônico é transportado pelo floema para outras partes da planta, onde ativa a expressão de genes que codificam inibidores da protease; dessa maneira, os tecidos vegetais não danificados são capazes de se defender contra ataques subsequentes de insetos. Outro hormônio polipeptídico recém-descoberto, o *florígeno*, cujo comprimento é de mais de 100 aminoácidos, é produzido nas folhas e causa floração no meristema apical do broto (ver Capítulo 28).

Iniciaremos a nossa discussão dos seis principais grupos de hormônios com a auxina, a primeira substância a ser identificada como hormônio vegetal.

Auxinas

Alguns dos primeiros experimentos documentados sobre substâncias reguladoras do crescimento foram realizados por Charles Darwin e seu filho Francis e descritos no livro *The Power of Movement in Plants* (O poder do movimento nas plantas), publicado em 1881. Os Darwin inicialmente fizeram observações sistemáticas da curvatura dos brotos das plantas em direção à luz (fototropismo; ver Capítulo 28), utilizando plântulas de alpiste (*Phalaris canariensis*) e de aveia (*Avena sativa*). Descobriram que a curvatura do coleóptilo (estrutura protetora semelhante a uma bainha, que cobre o sistema caulinar das plântulas de gramíneas) não ocorria se a sua porção superior fosse coberta com um cilindro de lâmina de metal ou um tubo de vidro escurecido (ou a base oca da pena de ave, cálamo, escurecida) e se a planta fosse iluminada de um lado (Figura 27.1). Entretanto, se o ápice fosse coberto com um tubo de vidro transparente (ou um cálamo), a curvatura ocorria em direção à luz. Com base nesses experimentos, os Darwin concluíram que, "quando as plântulas são livremente expostas a uma luz lateral, alguma influência é transmitida da parte superior para a inferior, causando a curvatura desta última". Hoje em dia, sabemos que essa curvatura resulta do alongamento diferencial das células (ver Capítulo 28).

Em 1926, o fisiologista vegetal Frits W. Went conseguiu isolar a "influência" dos ápices dos coleóptilos de plantas de aveia (*Avena*). Deu a essa substância química o nome de *auxina*, do grego *auxein*, que significa "aumentar".

Tabela 27.1 Principais hormônios vegetais | Sua natureza, ocorrência e efeitos.

Hormônio(s)	Natureza química	Locais de biossíntese	Transporte	Efeitos
Auxinas	O ácido indol 3-acético (AIA) é a principal auxina de ocorrência natural. Possivelmente sintetizado por vias dependentes e independentes de triptofano	Principalmente nos meristema dos ápices caulinares, primórdios foliares e folhas jovens; e nas sementes em desenvolvimento	A auxina é transportada tanto de modo polar (unidirecional) quanto de modo não polar	Dominância apical, respostas trópicas; diferenciação dos tecidos vasculares; promoção da atividade cambial; indução de raízes adventícias em estacas; inibição da abscisão de folhas e frutos; estimulação da síntese de etileno; inibição ou promoção (no abacaxi) da floração; estimulação do desenvolvimento dos frutos
Citocininas	As citocininas são derivados da N^6-adenina, compostos de fenil ureia. A zeatina é a citocinina mais comum nas plantas	Principalmente no ápice das raízes	As citocininas são transportadas no xilema, das raízes para os brotos	Promoção da divisão celular; promoção da formação de gemas em cultura de tecidos; atraso da senescência foliar; a aplicação de citocininas pode causar a liberação de gemas laterais da dominância apical e pode aumentar o desenvolvimento radicular em condições áridas
Etileno	O gás etileno (C_2H_4) é sintetizado a partir da metionina. Trata-se do único hidrocarboneto com efeito pronunciado nas plantas	Na maioria dos tecidos em resposta ao estresse, particularmente em tecidos em processo de senescência ou amadurecimento	O etileno, um gás, move-se por difusão a partir de seu local de síntese	Amadurecimento dos frutos (particularmente em frutos climatéricos, como maçãs, bananas e abacates); senescência das folhas e das flores; abscisão de folhas e frutos
Ácido abscísico	O ácido abscísico é sintetizado a partir de intermediário carotenoide. O termo é um nome impróprio, visto que o hormônio tem pouco efeito na abscisão	Nas folhas maduras e nas raízes, particularmente em resposta ao estresse hídrico. Pode ser sintetizado nas sementes	O ácido abscísico é exportado das folhas pelo floema e das raízes pelo xilema	Fechamento dos estômatos; indução do transporte de fotoassimilados das folhas para as sementes em desenvolvimento; indução da síntese de proteínas de reserva nas sementes; embriogênese; pode afetar a indução e a manutenção da dormência nas sementes e gemas de certas espécies
Giberelinas	O ácido giberélico (GA_3), um produto de fungos, é o mais amplamente estudado. As giberelinas são sintetizadas pela via dos terpenoides	Nos tecidos jovens do sistema caulinar e sementes em desenvolvimento. Não se sabe ao certo se a sua síntese também ocorre nas raízes	As giberelinas provavelmente são transportadas no xilema e no floema	Hiperalongamento do caule por estimular a divisão e o alongamento das células, produzindo plantas altas, em oposição ao nanismo; indução da germinação de sementes; estimulação da floração em plantas de dia longo e bienais; regulação da produção de enzimas das sementes em cereais
Brassinoesteroides	Os brassinoesteroides são compostos esteroides poli-hidroxilados, sintetizados como um ramo da via dos terpenoides	Em toda a planta, particularmente nos tecidos jovens em crescimento	Os brassinoesteroides endógenos atuam localmente, nos locais de síntese ou próximo a eles	Uma ampla variedade de processos de desenvolvimento e fisiológicos, incluindo divisão celular e expansão da célula; ramificação; diferenciação do tecido vascular; desenvolvimento de raízes laterais; germinação das sementes; senescência das folhas

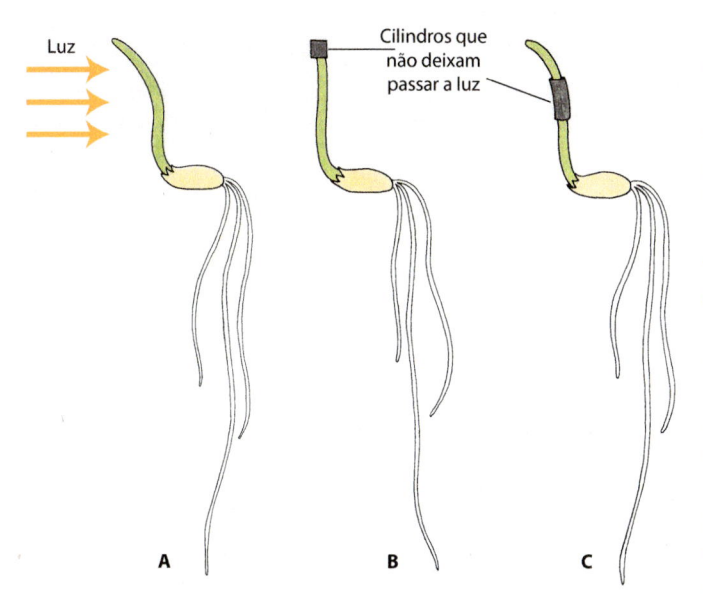

27.1 Experimento dos Darwin. A. As plântulas normalmente se curvam em direção à luz. **B.** Quando o ápice de uma plântula foi coberto por um cilindro à prova de luz, essa curvatura não ocorreu. (A curvatura ocorreu quando o ápice da plântula foi coberto com um cilindro transparente.) **C.** Quando um cilindro à prova de luz foi colocado abaixo do ápice, a resposta característica à luz ocorreu. Com base nesses experimentos, os Darwin concluíram que, em resposta à luz, uma "influência" que provoca a curvatura é transmitida do ápice da plântula para a área abaixo do ápice onde a curvatura normalmente ocorre.

Como pode ser visto na Figura 27.2, a principal auxina de ocorrência natural, denominada *ácido indol-3-acético* (abreviado por *AIA*), assemelha-se estreitamente ao aminoácido triptofano (ver Figura 2.13C). Tanto o triptofano quanto o AIA são sintetizados a partir do indol, e foi constatado que diversas vias de biossíntese que utilizam o triptofano como precursor produzem AIA nas plantas. Todavia, mutantes do milho e *Arabidopsis*, que são incapazes de sintetizar triptofano, ainda são capazes de produzir AIA. Por conseguinte, as plantas são aparentemente capazes de produzir esse regulador essencial do crescimento vegetal por uma variedade de vias. Ainda não foram encontrados mutantes que carecem de auxina ou de citocinina, sugerindo que esses hormônios sejam necessários para a viabilidade da planta; as mutações que os eliminam são letais.

Os meristemas dos ápices caulinares e as folhas jovens constituem os principais locais de síntese de auxinas. Os meristemas dos ápices de raízes também são importantes locais de síntese de auxinas, embora a raiz dependa do ápice caulinar para grande parte de sua auxina. Os frutos e as sementes em desenvolvimento contêm altos níveis de auxina.

A auxina é o único hormônio vegetal conhecido que apresenta transporte polar

A auxina tem sido relacionada com muitos aspectos do desenvolvimento das plantas, incluindo a polaridade geral do eixo caule-raiz da planta, que é estabelecida durante a embriogênese (ver Capítulo 22). Essa polaridade estrutural é atribuível ao transporte polar ou unidirecional da auxina na planta.

No sistema caulinar, o *transporte polar* é sempre *basípeto*, isto é, do ápice do caule e das folhas descendo até a base do caule (Figura 27.3). Entretanto, quando essa corrente descendente se move além da base da raiz (local da junção da raiz com a base do caule) e segue em direção ao ápice da raiz, sua direção é descrita como *acrópeta* (em direção ao ápice). A velocidade do transporte polar da auxina – 2 a 20 cm/h – é mais rápida que a taxa de difusão passiva. Embora o transporte de auxina seja característico dos meristemas apicais do caule e das folhas jovens, a maior parte da auxina sintetizada nas folhas maduras parece ser transportada pela planta de modo *não polar* pelo floema, em uma velocidade consideravelmente maior que a do transporte polar.

A principal via de transporte polar da auxina nos caules e nas folhas são as células do parênquima vascular, mais provavelmente aquelas associadas ao xilema. A maior parte da auxina que chega ao ápice da raiz é transportada de modo não polar pelos elementos do tubo crivado do floema. No ápice da raiz, a auxina é redirecionada de modo basípeto (de modo polar) nas células da epiderme e do parênquima cortical (ver Figura 27.7).

O transporte polar da auxina é mediado por carreadores de efluxo alinhados precisamente com a direção do transporte da auxina

De acordo com o modelo mais aceito para o transporte polar da auxina (Figura 27.4), o AIA entra (influxo) nas células condutoras (do parênquima) em uma forma protonada (AIAH) por difusão passiva e/ou como ânion (AIA⁻) por transporte ativo secundário (ver Capítulo 4) por carreadores de influxo (iden-

A. Ácido indol-3-acético (AIA)   **B.** Ácido 2,4-diclorofenoxiacético (2,4-D)   **C.** Ácido 1-naftalenoacético (ANA)

27.2 Auxinas. A. O ácido indol-3-acético (AIA) é a principal auxina de ocorrência natural. **B.** O ácido 2,4-diclorofenoxiacético (2,4-D), uma auxina sintética, é amplamente utilizado como herbicida. **C.** O ácido naftalenoacético (ANA), outra auxina sintética, é comumente utilizado para induzir a formação de raízes adventícias em estacas e para reduzir a queda dos frutos em culturas comerciais. As auxinas sintéticas, diferentemente do AIA, não são prontamente degradadas por enzimas vegetais naturais e microrganismos e, portanto, são mais apropriadas do que o AIA para fins comerciais.

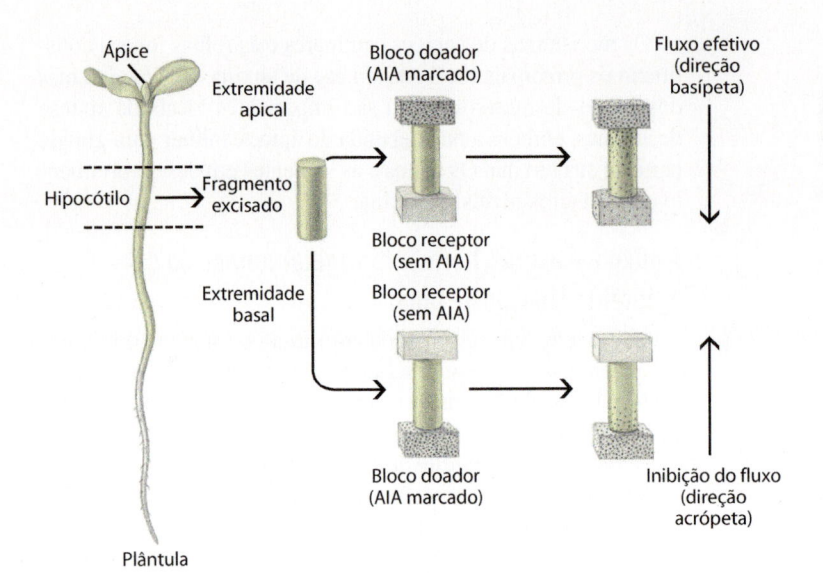

27.3 Transporte de auxina. Demonstração experimental do transporte polar de auxina nos caules, aqui representados por um fragmento excisado do hipocótilo de uma plântula. Os fragmentos do hipocótilo são colocados entre blocos de ágar. O bloco doador contém auxina (AIA) marcada radioativamente. A velocidade de transporte da auxina é medida pelo acúmulo de radioatividade no bloco receptor após determinado período de tempo. A velocidade é muito maior na direção basípeta (polar) do que na acrópeta (não polar).

tificados como a proteína AUX1 nas raízes de *Arabidopsis*). Esses carreadores parecem estar uniformemente distribuídos ao redor das células condutoras. No interior da célula, o AIAH dissocia-se na presença do pH mais alto do citoplasma em AIA^- e H^+ e pode sair (efluxo) da célula apenas por meio da atividade de carreadores de efluxo de auxina. Esses carreadores, que estão precisamente alinhados com a direção do transporte de auxina, são conhecidos como *proteínas PIN*. São assim denominados em virtude das inflorescências em forma de alfinete formadas pelo mutante *pin1* de *Arabidopsis*. As proteínas PIN movem-se constantemente de modo cíclico entre a membrana plasmática e os compartimentos secretores internos da célula, e esse ciclo possibilita a mudança da direção do transporte de auxina em resposta a sinais ambientais ou de desenvolvimento.

Além das proteínas PIN, foi constatado que membros da denominada família ABCB de proteínas carreadoras atuam no efluxo das auxinas. Embora a distribuição das proteínas ABCB nas membranas plasmáticas das células localizadas nos ápices dos caules e das raízes seja, em geral, uniforme e não polar, quando proteínas ABCB e PIN específicas coexistem na mesma localização da célula, elas funcionam de modo sinérgico, estimulando o transporte direcional das auxinas.

A auxina desempenha um papel na diferenciação do tecido vascular

O gradiente de auxina produzido pelo seu transporte polar influencia a diferenciação do tecido vascular nas folhas em desenvolvimento e no caule em alongamento. Nos primórdios foliares muito jovens de *Arabidopsis*, a auxina sintetizada no ápice da folha induz a formação da nervura central. À medida que a folha se desenvolve, o local de produção de auxina muda gradualmente para a base, ao longo das bordas (margens) e, posteriormente, desloca-se para a região central da lâmina. Os locais de atividade máxima de auxina ao longo das bordas induzem a formação das nervuras laterais. Conforme assinalado no Capítulo 25, as nervuras menores começam no ápice da folha e apresentam um desenvolvimento basípeto em continuidade com as nervuras mais grossas (maior calibre) previamente formadas. Por conseguinte, o deslocamento na produção de auxina do ápice para a base da folha é um reflexo da maturação geral do sistema vascular e da folha.

Utilizando um gene repórter *GUS* (ver Capítulo 10) para detectar a síntese auxina na folha em desenvolvimento de *Arabidopsis*, foi constatado que a auxina é produzida em locais ao longo das bordas da folha por grupos de células que irão se diferenciar em hidatódios (Figura 27.5). Os hidatódios são estruturas semelhantes a glândulas por meio das quais a planta libera

27.4 Modelo esquemático para o transporte polar de auxina. A auxina ácido indol-3-acético (AIA) entra na célula por difusão passiva na forma protonada (AIAH) e/ou por cotransporte ativo secundário na forma aniônica (AIA^-), por meio de um carreador de influxo (proteína AUX1). A forma aniônica (AIA^-) predomina no citosol, que tem um pH neutro. Os ânions saem das células apenas na extremidade basal por meio de carreadores de efluxo (proteínas PIN).

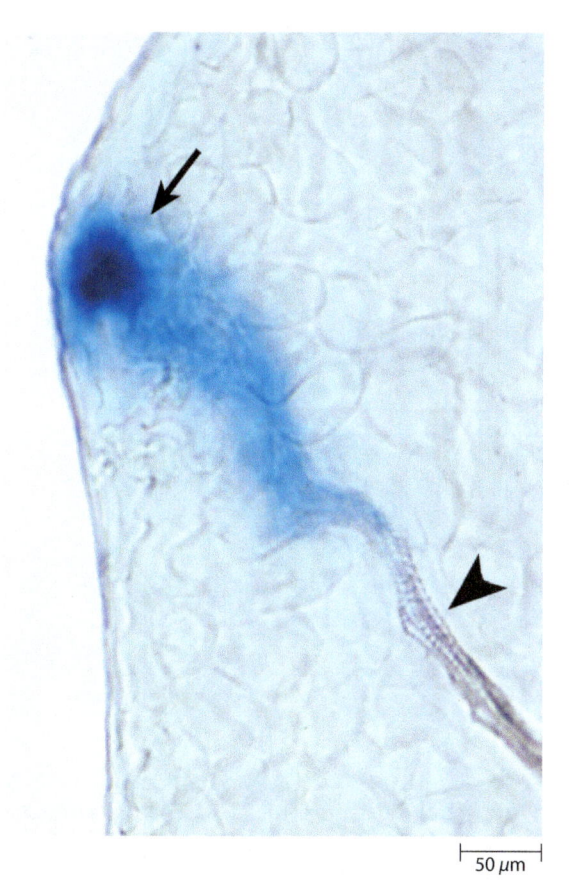

27.5 Síntese de auxina. A coloração azul-escura do gene repórter *GUS* mostrada aqui (seta) indica o local de síntese de auxina ao longo da borda de uma folha jovem de *Arabidopsis*. O local indicado pela seta corresponde à localização de um hidatódio jovem, uma estrutura semelhante a uma glândula por meio da qual a água é liberada quando o hidatódio se torna maduro (ver Capítulo 30). Um gradiente de atividade *GUS* estende-se do hidatódio para o feixe vascular em diferenciação (ponta de seta). O gene repórter *GUS* foi ligado a um promotor sensível à auxina.

água (ver Capítulo 30). A área com coloração *GUS* azul-escura, conforme observado na Figura 27.5, indica a intensa atividade da auxina no local do futuro hidatódio. A coloração mais difusa em direção a um feixe vascular em desenvolvimento mostra que a auxina está desempenhando um papel na diferenciação dos tecidos vasculares.

Quando o caule do pepino (*Cucumis sativus*) ou de alguma outra eudicotiledônea herbácea é lesionado de modo a cortar e remover porções dos feixes vasculares, formam-se novos tecidos vasculares a partir das células da medula, que irão se conectar com os feixes lesionados. Entretanto, se as folhas e as gemas acima do ferimento forem removidas, a formação de novas células é retardada. Com a adição de AIA ao caule, logo acima do ferimento, um novo tecido vascular começa a se formar (Figura 27.6). De modo semelhante, a auxina desempenha um importante papel na junção dos traços vasculares das folhas em desenvolvimento com os feixes no caule.

A auxina desempenha um papel na indução e na disposição das folhas

No Capítulo 25, discutimos alguns aspectos do mecanismo subjacente à iniciação e disposição ordenada das folhas. Os estudos realizados mostraram que, no tomateiro, a inibição do transporte polar de auxina bloqueia a formação de folhas no meristema apical vegetativo, resultando em caules nus, em forma de alfinete, com o meristema intacto no ápice. A microaplicação de AIA a esses ápices restaura a formação das folhas. A aplicação externa (exógena) de AIA também induziu a formação de flores nos ápices das inflorescências do mutante *pin1-1* de *Arabidopsis*. Nesse mutante, a formação de flores é bloqueada devido a uma mutação no carreador de efluxo de auxina que transporta a auxina para fora da célula.

A auxina fornece sinais químicos que comunicam informações a longas distâncias

Em muitas espécies de plantas, o fluxo basípeto de auxina proveniente da gema apical em crescimento inibe o crescimento de gemas axilares (laterais). Se o crescimento do ápice caulinar (da gema apical) for interrompido, o fluxo de auxina diminuirá, e as gemas laterais começarão a se desenvolver. A influência inibitória da gema apical sobre as gemas laterais é chamada *dominância apical*. O papel da auxina na dominância apical pode ser demonstrado experimentalmente. Por exemplo, quando a gema apical de uma planta de feijão (*Phaseolus vulgaris*) é removida, as gemas laterais começam a crescer. Entretanto, quando se aplica auxina à superfície cortada, o crescimento das gemas laterais é inibido.

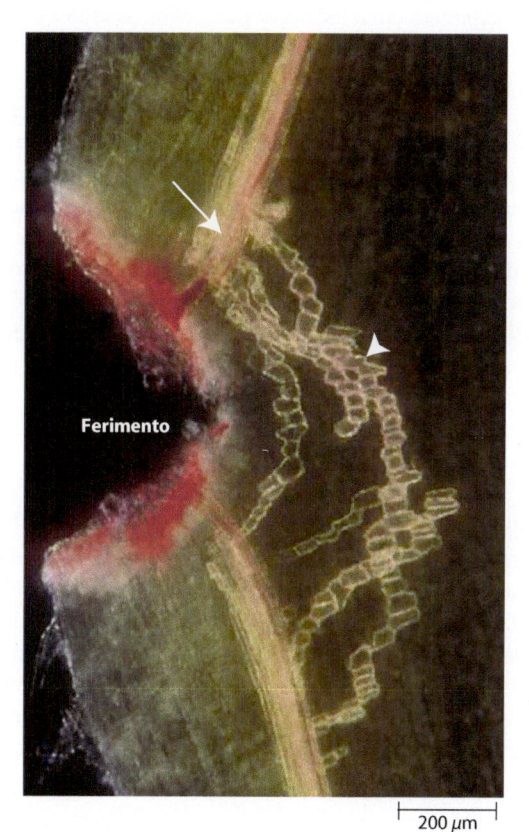

27.6 Regeneração do xilema induzida por AIA ao redor de um ferimento. Vista longitudinal da regeneração do tecido vascular (xilema) (ponta de seta) ao redor de um ferimento ocorrido há 7 dias em um entrenó jovem de pepino (*Cucumis sativus*). As folhas e as gemas foram removidas da planta para reduzir a quantidade de auxina produzida. O AIA (0,1% em lanolina) foi aplicado à extremidade superior do entrenó imediatamente após o ferimento. A micrografia mostra o padrão típico de diferenciação do xilema induzida pelo movimento polar basípeto da auxina proveniente da parte superior (seta) e fluindo ao redor do ferimento.

Originalmente, acreditava-se que a auxina sintetizada na gema apical era transportada de modo basípeto para as gemas axilares, onde inibia o seu crescimento. Entretanto, ficou logo evidente que a auxina não atua diretamente nas gemas; na verdade, ela afeta as gemas a partir das células do xilema e esclerênquima entre os feixes vasculares (esclerênquima interfascicular no caule). Foi proposto, então, que um segundo mensageiro de longa distância (ver Capítulo 4) da ação da auxina (em lugar da própria auxina), deslocando-se de modo ascendente nos ramos através da corrente de transpiração, inibia o crescimento das gemas.

Um forte candidato para esse segundo mensageiro é a *estrigolactona*, um hormônio recentemente identificado. Foi descoberto que esse hormônio interage com a auxina na regulação da dominância apical. As estrigolactonas (um grupo de lactonas terpenoides derivadas de carotenoides) foram originalmente identificadas como compostos em exsudatos radiculares que estimulam a germinação das sementes de plantas daninhas parasíticas de raízes, como estriga (*Striga* spp.) e orobanca (*Orobanche* e *Phelipanche* spp.). As plântulas desses parasitos fixam-se às raízes das plantas hospedeiras e utilizam seus nutrientes para a sua própria nutrição e reprodução, matando frequentemente a planta hospedeira. Mutantes incapazes de produzir estrigolactonas exibiram menor germinação das plantas parasitas de raízes. Mais recentemente, as estrigolactonas foram identificadas como sinais exsudados de raízes que promovem a formação de micorrizas arbusculares, aumentando a capacidade da planta de obter água e minerais (ver Capítulo 14). Os mutantes com deficiência de estrigolactona têm menos capacidade de formar essas associações benéficas com fungos. As estrigolactonas também desempenham um papel no controle da ramificação. Ervilhas mutantes incapazes de produzir estrigolactonas ramificam-se sem qualquer restrição. Quando se administram estrigolactonas a essas plantas mutantes, a ramificação desenfreada é interrompida. A estrigolactona é produzida tanto no sistema caulinar quanto nas raízes.

Nas plantas lenhosas, a auxina promove a atividade do câmbio vascular. Com o desenvolvimento das gemas e a retomada do crescimento na primavera, a auxina move-se em direção descendente nos caules e estimula as células cambiais a sofrer divisão, formando o tecido vascular secundário.

A auxina promove a formação de raízes laterais e adventícias

Conforme discutido no Capítulo 24, as raízes laterais são iniciadas no periciclo. A auxina constitui o sinal fundamental que controla o desenvolvimento dessas raízes laterais. Em plântulas de *Arabidopsis*, o início de formação das raízes laterais depende do transporte basípeto de auxina a partir do ápice da raiz-mãe, enquanto a auxina transportada a partir do ápice do sistema caulinar (transporte acrópeto na raiz) é necessária para a emergência das raízes laterais (Figura 27.7). As células do periciclo envolvidas na formação das raízes laterais são denominadas *células fundadoras da raiz lateral*. Acredita-se que as células do periciclo destinadas a se tornarem células fundadoras das raízes laterais sejam especificadas ou preparadas para a futura formação de raízes laterais na metade basal do meristema apical da raiz-mãe.

A primeira aplicação prática da auxina envolveu o seu uso na formação das raízes adventícias em estacas. A prática de tratar estacas com auxina é comercialmente importante, sobretudo para a propagação vegetativa das plantas lenhosas. Entretanto, a aplicação de uma alta concentração de auxina nas raízes que já estão em crescimento habitualmente inibe o crescimento delas.

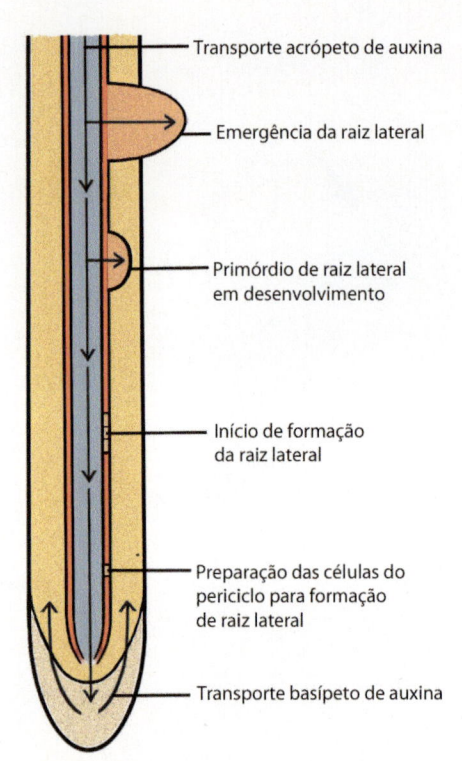

27.7 Formação de raízes laterais. A formação de raízes laterais depende do transporte tanto acrópeto (da base para o ápice) quanto basípeto (do ápice para a base) de auxina na raiz-mãe. A maior parte da auxina que chega ao ápice da raiz é transportada de modo acrópeto e não polar nos tubos crivados do floema. No ápice da raiz, a auxina é redirecionada para a parte basal da raiz (transporte polar basípeto). Acredita-se que a preparação das células do periciclo como células fundadoras das raízes laterais ocorra na metade basal do meristema apical. A iniciação da raiz lateral depende da auxina proveniente do ápice da raiz, e a emergência da raiz lateral necessita da auxina proveniente do sistema caulinar.

Labels da figura:
- Transporte acrópeto de auxina
- Emergência da raiz lateral
- Primórdio de raiz lateral em desenvolvimento
- Início de formação da raiz lateral
- Preparação das células do periciclo para formação de raiz lateral
- Transporte basípeto de auxina

A auxina promove o desenvolvimento dos frutos

A auxina está envolvida na formação dos frutos. Normalmente, se uma flor não é polinizada e fecundada, não há formação de fruto. Ao tratar a parte feminina das flores (pistilos) de certas espécies com auxina, é possível produzir um *fruto partenocárpico* (do grego *parthenos*, que significa "donzela", "virgem"), que é o fruto produzido sem fecundação – por exemplo, tomates, pepinos e berinjelas sem sementes. Entretanto, muitos ou a maioria dos frutos sem sementes ainda contêm óvulos imaturos.

As sementes em desenvolvimento constituem uma fonte de auxina. Se, durante o desenvolvimento do fruto agregado do morangueiro (*Fragaria × ananassa*), todos os aquênios (frutos com uma única semente) forem removidos, o receptáculo também parará de crescer. Se um estreito anel de aquênios é mantido intacto, o fruto forma uma faixa protuberante na área com aquênios (Figura 27.8). A aplicação de auxina ao receptáculo sem semente faz com que o crescimento prossiga normalmente.

As auxinas sintéticas são utilizadas para matar ervas daninhas

As auxinas sintéticas, como o ácido 2,4-diclorofenoxiacético (2,4-D) (Figura 27.2), têm sido usadas extensamente para o controle das ervas daninhas na agricultura. Em termos econômicos, este é o principal uso prático para os reguladores de crescimento

A   B   C

27.8 A auxina e o desenvolvimento de frutos. A auxina, que é produzida por embriões em desenvolvimento, promove a maturação da parede do ovário e o desenvolvimento de frutos carnosos. **A.** Morango normal (*Fragaria × ananassa*), (**B**) morango a partir do qual foram removidas todas as sementes e (**C**) morango a partir do qual foi removida uma faixa horizontal de sementes. Se uma pasta contendo auxina for aplicada em (**B**), o morango irá crescer normalmente.

vegetal. Ainda não está totalmente esclarecido como esses herbicidas matam as ervas daninhas, embora se saiba que alguns herbicidas, como a diclorofenildimetilureia e o paraquat, bloqueiam o fluxo de elétrons fotossintéticos. O 2,4-D não é degradado nas plantas tão prontamente quanto as auxinas naturais, e o consequente nível artificialmente elevado de compostos semelhantes à auxina certamente contribui para os efeitos letais. O mecanismo pelo qual os herbicidas matam apenas *certas* ervas daninhas também é, em grande parte, desconhecido. A seletividade desses compostos para matar as denominadas ervas daninhas de folhas largas deve-se, em parte, à maior absorção e velocidade de transporte dos herbicidas por ervas daninhas de folhas largas do que pelas gramíneas, que podem inativar rapidamente as auxinas sintéticas por conjugação (ligando-as a uma outra substância).

Citocininas

Em 1941, Johannes van Overbeek descobriu que a água de coco (*Cocos nucifera*), que consiste em endosperma líquido, contém um potente fator de crescimento diferente de tudo que era até então conhecido. Esse fator (ou fatores) acelera acentuadamente o desenvolvimento de embriões de plantas e promove o crescimento de tecidos e células isolados em tubos de ensaio. A descoberta de van Overbeek teve dois efeitos: deu ímpeto a estudos de tecidos vegetais isolados e iniciou a pesquisa de outro grupo importante de reguladores do crescimento vegetal.

O meio básico utilizado para a cultura tecidual de células vegetais contém açúcar, vitaminas e vários sais. No início da década de 1950, Folke Skoog e colaboradores mostraram que um segmento do caule do tabaco (*Nicotiana tabacum*) crescia inicialmente nesse meio de cultura, porém o seu crescimento logo se tornava lento ou parava por completo. Aparentemente, algum estímulo para o crescimento, originalmente presente no caule de tabaco, estava esgotado. A adição de auxina não teve nenhum efeito. Entretanto, quando foi adicionada água de coco ao meio de cultura, as células começaram a se dividir, e o crescimento do caule de tabaco recomeçou.

Skoog e colaboradores decidiram identificar o fator de crescimento na água de coco. Depois de muitos anos de esforço, conseguiram produzir uma purificação de um fator de crescimento da ordem de 1.000 vezes, porém não o isolaram. Assim, mudando o seu rumo, eles testaram uma variedade de substâncias contendo purina – em grande parte, ácido nucleicos – na esperança de encontrar uma nova fonte do fator de crescimento. Isso levou à descoberta por Carlos O. Miller de que um produto de degradação do DNA continha material que era altamente ativo em promover a divisão celular.

Mais tarde, Miller, Skoog e colaboradores conseguiram isolar o fator de crescimento da preparação de DNA e identificaram a sua natureza química. Eles chamaram essa substância de *cinetina* e denominaram *citocininas* o grupo de reguladores do crescimento ao qual ela pertence, em virtude de sua participação na citocinese ou divisão celular. Como mostra a Figura 27.9, a cinetina assemelha-se à purina adenina, o que era a pista que levou à sua descoberta. A cinetina, que provavelmente não ocorre de modo natural nas plantas, tem uma estrutura relativamente simples, de modo que os bioquímicos foram logo capazes de sintetizar alguns compostos relacionados, que se comportaram como as citocininas. Por fim, Miller isolou uma citocinina natural das sementes de milho (*Zea mays*), que denominou *zeatina*, a mais ativa das citocininas de ocorrência natural.

Citocininas livres são, hoje em dia, isoladas de muitas espécies diferentes de angiospermas, onde são encontradas principalmente em tecidos com divisão celular ativa, incluindo sementes, frutos e folhas, bem como ápices das raízes. Foram também encontradas na seiva exsudada – a seiva que goteja de podas, de rachaduras ou de outros ferimentos em muitos tipos de plantas. As citocininas também foram identificadas em algas, musgos, cavalinha, samambaias e coníferas.

Embora as aplicações práticas para as citocininas não sejam tão extensas quanto aquelas para a auxina, elas têm sido importantes na pesquisa do desenvolvimento das plantas. As citocininas são essenciais para os métodos de cultura de tecidos e são de

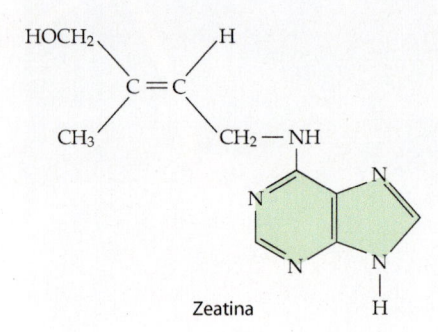

A. Adenina

Cinetina

Zeatina

6-benzilamino purina (BAP)

B. Citocininas sintéticas

Isopentenil adenina (i⁶ Ade)

C. Citocininas de ocorrência natural

27.9 Citocininas. Observe as semelhanças entre a purina adenina (**A**) e essas quatro citocininas. **B.** A cinetina e a 6-benzilamino purina (BAP) são citocininas sintéticas comumente utilizadas. **C.** A zeatina e a isopentenil adenina (i⁶Ade) foram isoladas de plantas.

suma importância para a biotecnologia vegetal (ver Figura 10.9). O tratamento de gemas laterais com citocininas frequentemente induz o seu crescimento, mesmo na presença de auxina, modificando, assim, a dominância apical.

A razão citocinina:auxina regula a produção de raízes e gemas em culturas de tecidos

A célula vegetal indiferenciada tem dois caminhos para seguir: pode crescer, sofrer divisão, crescer e dividir-se novamente, ou, sem sofrer divisão celular, pode alongar-se. A célula que se divide repetidamente mantém-se essencialmente indiferenciada ou meristemática, enquanto a célula que se alonga acaba se diferenciando. Em estudos com tecidos do caule de tabaco, a adição de auxina à cultura tecidual produz rápida expansão celular, de modo que ocorre formação de células gigantes. A cinetina por si só tem pouco ou nenhum efeito; entretanto, a auxina mais cinetina resulta em rápida divisão celular, com formação de um grande número de células relativamente pequenas e indiferenciadas. Em outras palavras, as células permanecem meristemáticas na presença de determinadas concentrações de citocininas e auxina.

Na presença de altas concentrações de auxina, o *calo* – um crescimento de células vegetais indiferenciadas em cultura de tecido – frequentemente dá origem a raízes organizadas. No calo da medula de tabaco, as concentrações relativas de auxina e de cinetina determinam a formação de raízes ou de gemas (Figura 27.10). Com concentrações mais altas de auxina, formam-se raízes, e, com concentrações maiores de cinetina, ocorre formação de gemas. Quando tanto a auxina quanto a cinetina estão presentes em concentrações aproximadamente iguais, o calo continua produzindo células indiferenciadas.

A citocinina e a auxina também atuam de modo antagônico na manutenção do meristema apical da raiz. Para a manutenção do meristema, a velocidade de divisão celular deve ser igual à velocidade de diferenciação celular. Em *Arabidopsis*, foi cons-

tatado que as citocininas determinam o tamanho do meristema radicular ao controlar a velocidade de diferenciação celular no local de transição (designado como zona de transição) entre células em divisão e em expansão nas diferentes fileiras de tecido vascular, antagonizando, ou seja, contrabalançando os efeitos da auxina que medeia a divisão celular. Além disso, as citocininas antagonizam a distribuição da auxina durante a iniciação das raízes laterais. A citocinina, que atua nas células do periciclo no polo do protoxilema, é um regulador negativo da formação da raiz lateral, impedindo o estabelecimento do gradiente de auxina necessário para a iniciação normal das raízes laterais.

As citocininas retardam a senescência das folhas

Na maioria das espécies de plantas, as folhas começam a ficar amarelas assim que são removidas da planta. Esse amarelecimento, que é devido à perda de clorofila, pode ser retardado pelas citocininas. Por exemplo, quando removidas e mantidas flutuando na superfície da água, as folhas de xântio (*Xanthium strumarium*) ficam amarelas em cerca de 10 dias. Com a adição de cinetina (10 mm por litro) à água, grande parte da cor verde e da aparência fresca da folha são mantidas. Se for aplicada uma solução contendo cinetina a uma folha removida, as áreas em que houve aplicação permanecem verdes, enquanto o restante da folha torna-se amarelo. Além disso, se a folha com áreas de aplicação de citocinina contém aminoácidos radioativos, pode-se demonstrar que esses aminoácidos migram de outras partes da folha para as áreas tratadas com citocinina. Outro efeito das citocininas sobre a longevidade das folhas é demonstrado na Figura 10.14E.

Uma interpretação da senescência das folhas removidas é de que as citocininas estão em quantidades limitadas na folha destacada. Essa interpretação leva a uma questão importante, porém ainda sem resposta, sobre o local, ou locais, de produção de citocininas nas plantas. Conforme assinalado anteriormente, as

Concentração de AIA (mg/litro)

27.10 Desenvolvimento de calo. Efeito do aumento da concentração de AIA em diferentes níveis de cinetina sobre o crescimento e a formação de órgãos no calo do tabaco (*Nicotiana tabacum*) cultivado em meio contendo ágar e nutrientes. Observe que ocorreu pouco crescimento sem a adição de AIA ou cinetina (parte superior, à esquerda). Níveis mais altos de AIA isoladamente (fileiras superiores) promoveram a formação de raízes, enquanto o AIA em níveis mais altos reprimiu a formação de gemas quando usado isoladamente ou em combinação com cinetina (colunas da direita). O nível mais alto de cinetina (fileiras inferiores) foi mais efetivo do que o nível mais baixo (fileiras do meio) na promoção do desenvolvimento de gemas, porém ambos os níveis de cinetina foram muito altos para promover a produção de raízes.

citocininas são mais abundantes em sementes em divisão ativa, frutos e folhas, bem como nos ápices das raízes. Entretanto, isso não é uma evidência de que as citocininas sejam sintetizadas nesses órgãos, visto que poderiam ser transportadas até eles a partir de algum outro local. Com base em várias linhas de evidências, os ápices radiculares certamente estão envolvidos na síntese de citocininas (ver Figura 28.7A). É amplamente aceito que as citocininas sintetizadas nos ápices das raízes são então transportadas no xilema para todas as outras partes da planta. Todavia, os resultados de experimentos com plantas transgênicas, em que a síntese sistêmica e local de citocininas é controlável, indicam que a citocinina sintetizada localmente, e não aquela derivada da raiz, é necessária para liberar as gemas da dormência.

Etileno

O etileno era conhecido pelos seus efeitos sobre as plantas muito antes da descoberta da auxina. A história "botânica" do *etileno*, um hidrocarboneto simples ($H_2C = CH_2$) remonta à década de 1800, quando as ruas das cidades eram iluminadas por lâmpadas que queimavam gás de iluminação. Na Alemanha, foi constatado que o vazamento de gás de iluminação causava desfolhação das árvores plantadas ao longo das ruas.

Em 1901, Dimitry Neljubov demonstrou que o etileno era o componente ativo do gás de iluminação. Observou que a exposição de plântulas de ervilha ao gás de iluminação causava um crescimento horizontal dos caules. Quando os efeitos dos componentes do gás de iluminação foram testados individualmente, todos se mostraram inativos, exceto o etileno, que foi ativo em concentrações baixas de apenas 0,06 parte por milhão (ppm) no ar. Os achados de Neljubov levaram ao reconhecimento de que o etileno exerce uma importante influência em muitos, se não em todos os aspectos do crescimento e do desenvolvimento das plantas, incluindo o crescimento da maioria dos tecidos, a maturação dos frutos, a abscisão dos frutos e das folhas e a senescência.

A biossíntese do etileno começa com o aminoácido metionina, que reage com ATP para formar um composto conhecido como *S*-adenosilmetionina (Figura 27.11). Esse composto é clivado em dois produtos diferentes, um dos quais é denominado ácido 1-aminociclopropano-1-carboxílico (ACC). Em seguida, as enzimas no tonoplasto convertem o ACC em etileno, CO_2 e íon amônio. Aparentemente, a formação de ACC constitui a etapa que é afetada por esses tratamentos – por exemplo, altas concentrações de auxina, danos causados pela poluição do ar, ferimentos – que estimulam a produção de etileno.

O etileno pode inibir ou promover a expansão celular

Na maioria das espécies vegetais, o etileno exerce um efeito inibitório sobre a expansão celular. A *resposta tríplice* em plântulas de ervilha é um exemplo clássico. O tratamento de plântulas de ervilha que cresceram no escuro (estioladas) com etileno resulta em: (1) diminuição do crescimento longitudinal; (2) aumento na expansão radial dos epicótilos e das raízes; e (3) orientação horizontal dos epicótilos, conforme observado por Neljubov, há um século (Figura 27.12). A resposta tríplice é uma adaptação que faz com que as plântulas sejam capazes de superar obstáculos, como detritos, e emergir com sucesso na luz durante a germinação. O etileno também induz um rápido crescimento do caule em algumas espécies semiaquáticas. Nas variedades de arroz de águas profundas ou flutuantes, por exemplo, a submersão das plantas jovens durante a estação das monções desencadeia um aumento na biossíntese de etileno. O alongamento dos entrenós resultante, induzido pelo etileno, proporciona um mecanismo para que as plântulas de arroz possam acompanhar a elevação das águas de enchente. Outra resposta à inundação mediada pelo etileno, que ocorre em mesófitas (plantas que necessitam de um ambiente nem muito úmido nem muito seco), consiste em um aumento no desenvolvimento dos espaços de ar nos tecidos submersos. A formação desses espaços de ar resulta da degeneração dos tecidos do parênquima cortical mediada pelo etileno.

$$CH_3 - S - CH_2 - CH_2 - CH - COO^-$$
$$|$$
$$NH_3^+$$

Metionina

$$\downarrow ATP$$
$$\downarrow PP_i + P_i$$

$$CH_3 - \overset{+}{S} - CH_2 - CH_2 - CH - COO^-$$
$$|$$
$$NH_3^+$$

Adenina-ribose

S-adenosilmetionina (SAM)

Estimulada por
altas concentrações
de auxina, pela
poluição do ar,
por ferimentos

$$H_2C \quad NH_3^+$$
$$\diagdown C \diagup$$
$$\diagup \diagdown$$
$$H_2C \quad COO^-$$

Ácido 1-aminociclopropano-
1-carboxílico (ACC)

$$\downarrow CO_2 + NH_4^+$$

$$CH_2 = CH_2$$

Etileno

27.11 Biossíntese do etileno. A metionina serve como precursor do etileno em todos os tecidos das plantas superiores. A S-adenosilmetionina (SAM) é convertida em ácido 1-aminociclopropano-1-carboxílico (ACC), o precursor imediato do etileno, pela ACC sintase.

O etileno desempenha um papel no amadurecimento de frutos

O amadurecimento de frutos envolve muitas mudanças. Nos frutos carnosos, a clorofila é degradada e outros pigmentos podem ser formados, modificando a cor do fruto. Simultaneamente, a parte carnosa do fruto amolece em consequência da digestão enzimática da pectina, o principal componente da lamela mediana da parede celular. Durante esse mesmo período, os amidos e os ácidos orgânicos ou, como no caso do abacate (*Persea americana*), os óleos são metabolizados em açúcares. Em consequência dessas mudanças, os frutos tornam-se conspícuos e palatáveis e, portanto, atraentes para os animais que comem frutos, dispersando, assim, as sementes.

Durante o amadurecimento de muitos frutos – como tomates, abacates, bananas, pêssegos, maçãs e peras – ocorre um acentuado aumento da respiração celular, conforme evidenciado pela captação aumentada de oxigênio e produção de dióxido de carbono (Figura 27.13). Essa fase é conhecida como *climatério*, e esses frutos são denominados frutos climatéricos. Os frutos que apresentam declínio constante ou amadurecimento gradual, como as frutas cítricas, uvas, cerejas e morangos, são denominados *frutos não climatéricos*.

Nos frutos climatéricos, o aumento na síntese de etileno precede e é responsável pela aceleração de muitos dos processos de amadurecimento descritos anteriormente. O efeito do etileno no amadurecimento dos frutos tem importância na agricultura. Uma importante aplicação consiste em promover o amadurecimento dos tomates que são colhidos verdes e armazenados na ausência de etileno até pouco antes de serem vendidos. O etileno também é utilizado para acelerar o amadurecimento de nozes e uvas. Utilizando técnicas de transferência de genes, os biotecnologistas são agora capazes de alterar geneticamente tanto a síntese quanto a sensibilidade ao etileno (ver Figura 10.14C, D).

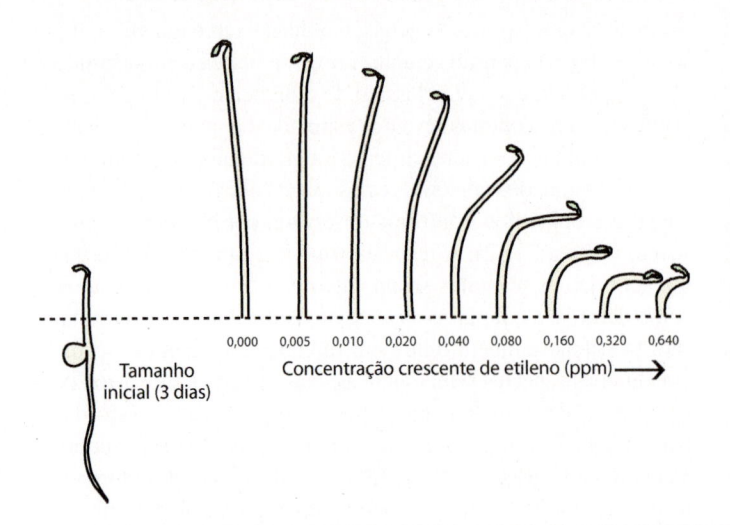

27.12 Resposta tríplice de plântulas de ervilha ao etileno. A figura mostra os efeitos de concentrações crescentes de etileno sobre o crescimento de plântulas de ervilha (*Pisum sativum*) cultivadas no escuro, para plântulas de 7 dias. A denominada resposta tríplice inclui diminuição no alongamento do epicótilo, espessamento da gema e mudança na orientação do crescimento de vertical para horizontal.

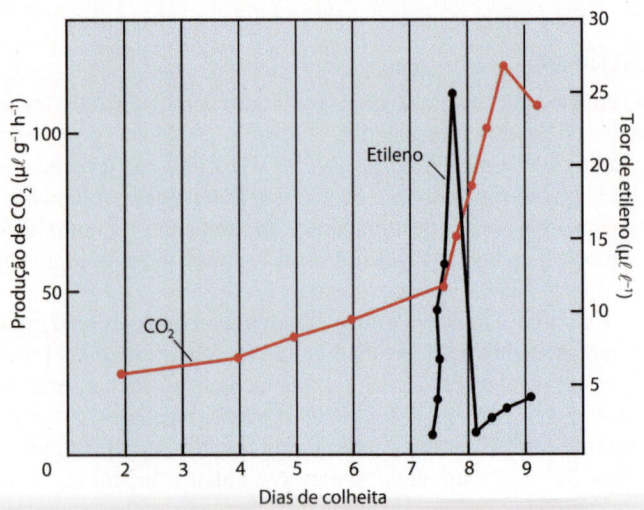

27.13 Produção de etileno e respiração na bananeira. O amadurecimento dos frutos na bananeira, um fruto climatérico, caracteriza-se por uma elevação na taxa de respiração, conforme demonstrado pela produção aumentada de CO_2. Observe que a produção de etileno precede o aumento na produção de CO_2. ($\mu\ell\ g^{-1}\ h^{-1}$ significa microlitro/grama/h; $\mu\ell\ \ell^{-1}$ significa microlitro/litro).

Enquanto o etileno promove a abscisão, a auxina a impede

O etileno promove a abscisão ou queda das folhas, flores e frutos em várias espécies de plantas. Nas folhas, o etileno presumivelmente ativa as enzimas que causam a dissolução da parede celular associada à abscisão (ver Capítulo 25). O etileno é utilizado comercialmente para promover o destacamento dos frutos de cerejas, amoras, uvas e framboesas, possibilitando, assim, a colheita mecânica. É também utilizado como agente de raleio de frutos em pomares comerciais de ameixas e pêssegos.

Em muitos sistemas, a abscisão é controlada por uma interação de etileno e auxina. Enquanto o etileno desencadeia a abscisão, a auxina parece reduzir a sensibilidade das células da zona de abscisão ao etileno, impedindo, assim, a sua ocorrência. Esse efeito da auxina também tem sido utilizado comercialmente. Por exemplo, o tratamento com auxina impede a queda dos frutos de citros antes da colheita. Entretanto, em alguns casos, a auxina em altas concentrações estimula a abscisão; acredita-se que esse efeito seja devido à estimulação da produção de etileno pela auxina.

O etileno parece desempenhar um papel na expressão sexual de cucurbitáceas

O etileno parece desempenhar um importante papel na determinação do sexo das flores em algumas plantas monoicas (plantas contendo flores masculinas e femininas no mesmo indivíduo). Nas cucurbitáceas (família Cucurbitaceae; pepino, abóbora), as flores masculinas e femininas desenvolvem-se a partir das mesmas flores imaturas com primórdios de estames epistilos. As giberelinas em altos níveis (ver adiante) estão associadas à produção de flores masculinas, e o tratamento com etileno muda a expressão do sexo para flores femininas. Sob a influência do etileno, os estames das flores bissexuais imaturas do pepino (*Cucumis sativus*) sofrem morte celular programada, resultando na formação de flores femininas com pistilo funcional. Além disso, foi constatado que os pepinos que crescem em condições de períodos curtos de luz ou dias curtos, que promovem flores femininas, produzem mais etileno do que as plantas que crescem em condições de dias longos (ver Capítulo 28). Por conseguinte, nas cucurbitáceas, o etileno aparentemente participa na regulação da expressão sexual e está associado à promoção de flores femininas.

Ácido abscísico

Em determinados momentos, a sobrevida da planta depende de sua capacidade de restringir o seu crescimento ou as suas atividades reprodutivas. Em 1949, Paul F. Wareing descobriu que as gemas dormentes de freixo e batatas continham grandes quantidades de um inibidor do crescimento, o qual denominou *dormina*. Durante a década de 1960, Frederick T. Addicott divulgou a descoberta em folhas e frutos de uma substância capaz de acelerar a abscisão, a qual denominou *abscisina*. Pouco depois, foi constatado que a abscisina e a dormina eram quimicamente idênticas. Hoje em dia, o composto é conhecido como *ácido abscísico* ou *ABA* (Figura 27.14). Trata-se de uma escolha pouca adequada para um nome, visto que, hoje em dia, parece que essa substância não desempenha nenhum papel direto na abscisão. A síntese de ácido abscísico começa nos cloroplastos e em outros plastídios pela via dos terpenoides.

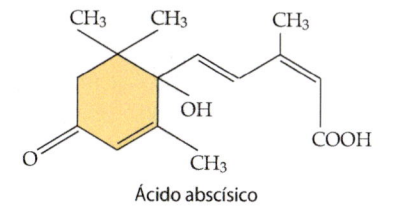

Ácido abscísico

27.14 Ácido abscísico. A aplicação exógena (externa) de ácido abscísico (ABA) pode inibir o crescimento das plantas, porém o hormônio também parece atuar como promotor (p. ex., na síntese de proteínas de armazenamento nas sementes).

O ácido abscísico impede a germinação das sementes

Os níveis de ácido abscísico aumentam durante o início do desenvolvimento das sementes em muitas espécies de plantas. Esse aumento do ácido abscísico estimula a produção de proteínas de armazenamento das sementes e também é responsável pela prevenção da germinação prematura. A quebra da dormência em muitas sementes está correlacionada com um declínio dos níveis de ácido abscísico na semente. No milho, existem mutantes de um único gene que carecem da capacidade de produzir o hormônio ou que exibem uma sensibilidade reduzida a ele. Como consequência, os embriões mutantes são incapazes de se tornar dormentes e germinam, no caso do milho, diretamente na espiga. Esses mutantes são denominados mutantes vivíparos (Figura 27.15).

O ácido abscísico desempenha um papel como sinalizador da raiz para o sistema caulinar

As plantas frequentemente são expostas a condições abióticas – seca, salinidade, congelamento – que geram estresse hídrico ou deficiência de água. Nessas condições, as raízes respondem au-

27.15 Mutantes vivíparos de milho (*Zea mays*). O gene *viviparous-1 (vp1)* reduz a sensibilidade dos embriões mutantes ao ácido abscísico, o qual, nas plantas normais, impede a germinação prematura. Os embriões mutantes apresentam germinação precoce das sementes (setas) na planta-mãe, visto que são incapazes de parar seu desenvolvimento causado pelo ácido abscísico, como ocorre nas plantas normais.

mentando a biossíntese de ácido abscísico, que é liberado no xilema, através do qual se move rapidamente para as folhas. Nas folhas, os estômatos respondem à concentração aumentada de ácido abscísico e se fecham, reduzindo, assim, a perda de água por transpiração (ver Capítulo 30). As plantas mutantes *wilty* (do inglês, "murchas"), incapazes de sintetizar ácido abscísico, apresentam um fenótipo murcho, isto é, são capazes de crescer normalmente apenas em condições de muita umidade. Conforme já observado, o hormônio induz o fechamento dos estômatos na maioria das espécies de plantas e, portanto, pode promover a resistência a patógenos ao inibir a sua entrada pelos estômatos (ver Capítulo 27).

O ácido abscísico é transportado no floema, bem como no xilema e, normalmente, é mais abundante na seiva do floema do que na do xilema.

Giberelinas

A história inicial da pesquisa das giberelinas é resultado do trabalho exclusivo de cientistas japoneses. Em 1926, o mesmo ano em que Went isolou a auxina dos ápices de coleóptilos de aveia (*Avena*), E. Kurosawa, no Japão, estava estudando uma doença do arroz (*Oryza sativa*), denominada "doença-da-plântula-boba". As plantas com essa doença crescem rapidamente, tornam-se altas e finas, de coloração pálida e têm tendência a cair. Kurosawa descobriu que a causa desses sintomas era uma substância produzida por um fungo *Gibberella fujikuroi,* que era parasita das plântulas.

A *giberelina* (*GA*) foi nomeada e isolada pelos químicos T. Yabuta e Y. Sumiki, em 1934. A descoberta despertou pouco interesse no mundo ocidental até depois da II Guerra Mundial. Em 1956, J. MacMillan, na Inglaterra, foi o primeiro a isolar com sucesso a giberelina de uma planta (as sementes do feijoeiro *Phaseolus vulgaris*). Desde então, as giberelinas foram identificadas em muitas espécies de plantas, e, hoje em dia, acredita-se que elas ocorrem em todas as plantas. As giberelinas estão presentes em várias quantidades em todas as partes da planta, com as maiores concentrações observadas em sementes imaturas. Mais de 136 giberelinas de ocorrência natural foram isoladas e identificadas quimicamente em uma variedade de organismos, e uma determinada espécie de planta tipicamente contém várias giberelinas que variam ligeiramente na sua estrutura (Figura 27.16), bem como na sua atividade biológica. A mais bem estudada do grupo é a GA3 (conhecida como ácido giberélico), que também é produzida pelo fungo *G. fujikuroi*. Uma giberelina é definida como um composto com estrutura semelhante àquela mostrada na Figura 27.16, que induz uma resposta biológica. Parte do motivo pelo qual existem tantas giberelinas é o fato de

que os precursores da forma mais ativa do hormônio, bem como compostos na via de inativação, também induzem uma resposta biológica.

As giberelinas exercem efeitos notáveis sobre o alongamento dos caules e das folhas em plantas intactas ao estimularem tanto a divisão quanto o alongamento das células.

A aplicação de giberelina pode causar o crescimento de mutantes anões, que se tornam altos

O papel das giberelinas no crescimento dos caules é claramente demonstrado quando esses hormônios são aplicados a vários tipos de mutantes anões (Figura 27.17). Quando tratadas com giberelina, as plantas anãs tornam-se indistinguíveis das plantas normais altas (não mutantes), indicando que os mutantes são incapazes de sintetizar giberelinas e que o crescimento dos tecidos necessita da presença desse hormônio.

Os mutantes relacionados com as giberelinas podem ser subdivididos em dois grupos: (1) aqueles com deficiência de giberelinas, em que os genes que regulam a biossíntese do hormônio são afetados, e (2) aqueles nos quais a resposta à giberelina é afetada. Um dos mutantes mais bem estudados com deficiência de giberelina é o mutante *ga1-3* de *Arabidopsis*. Essa mutação deve-se a uma grande deleção que anula a ação de um gene (*GA1*) que codifica uma enzima envolvida em uma etapa inicial da biossíntese de giberelina. A adição de giberelina a esse mutante restaura a estatura alta do tipo selvagem. O mutante *gai* de *Arabidopsis* é um exemplo de um mutante de resposta à giberelina. As plantas mutantes são anãs, porém não apresentam deficiência do hormônio. O gene *GAI* codifica uma proteína que faz parte do sistema de resposta à giberelina, de modo que o fenótipo mutante *gai* não é revertido pela adição de giberelina.

O aumento na produção de arroz e de trigo, conhecido como a "Revolução Verde" nas décadas de 1960 e 1970, foi devido, em grande parte, à incorporação de genes de nanismo em ambas as culturas por pesquisadores que trabalham com melhoramento vegetal (ver Capítulo 21). Esses genes possibilitaram o desenvolvimento de variedades com caules mais curtos e rígidos, que dedicaram a maior parte de sua energia para a produção de grãos e menos para a produção de palha e material foliar. Além disso, as plantas mais curtas eram mais resistentes aos danos causados pelo vento e pela chuva do que seus equivalentes mais altos de tipo selvagem.

As giberelinas desempenham múltiplos papéis na quebra da dormência e germinação de sementes

As sementes de muitas plantas necessitam de um período de dormência antes de sua germinação. Em certas plantas, a dormência habitualmente não pode ser quebrada, exceto pela exposição ao frio ou à luz (ver Capítulos 22 e 28). Em muitas espécies, in-

Ácido giberélico (GA₃) GA₁₃ GA₄

27.16 Giberelinas. A figura mostra três das mais de 136 giberelinas que já foram isoladas de fontes naturais. A GA₃ (ácido giberélico) é a mais abundante nos fungos e a mais biologicamente ativa em muitos testes. As setas indicam os locais onde ocorrem pequenas diferenças estruturais que distinguem os outros dois exemplos de giberelinas, GA₁₃ e GA₄.

27.17 Efeitos das giberelinas sobre mutantes anões. Plantas anãs do feijoeiro (*Phaseolus vulgaris* cv. Contender) foram tratadas com giberelina (à direita) para produzir uma planta normal alta. A planta da esquerda não foi tratada e serviu como controle.

cluindo alface, tabaco e aveias selvagens, as giberelinas substituem a necessidade de frio ou de luz para a quebra da dormência e promovem o crescimento do embrião e a emergência da plântula. Especificamente, as giberelinas intensificam o alongamento das células, possibilitando a penetração da raiz no envoltório da semente ou na parede do fruto que restringem o seu crescimento. Esse efeito da giberelina tem pelo menos uma aplicação prática. O ácido giberélico acelera a germinação das sementes e, portanto, assegura a germinação uniforme para a produção do malte de cevada, que é utilizado na fabricação da cerveja.

Na cevada (*Hordeum vulgare*) e em outras sementes de gramíneas, uma camada especializada de células do endosperma, denominada *aleurona* (ver Figura 22.7), situa-se internamente ao envoltório da semente. As células na camada de aleurona são ricas em proteína. Quando as sementes começam a germinar (em consequência da captação de água), o embrião libera giberelinas, que se difundem para as células da camada de aleurona e as estimulam a sintetizar enzimas hidrolíticas. Uma dessas enzimas é a α-amilase, que hidrolisa o amido. As enzimas produzidas pelas células da camada de aleurona digerem as reservas nutritivas armazenadas no endosperma amiláceo. Os açúcares, aminoácidos e ácidos nucleicos resultantes são absorvidos pelo escutelo e, em seguida, transportados até as regiões de crescimento do embrião (Figuras 27.18 e 27.19).

A giberelina pode causar alongamento do escapo floral e afetar o desenvolvimento dos frutos

Algumas plantas, como o repolho (*Brassica oleracea* var. *capitata*) e a cenoura (*Daucus carota*), formam rosetas antes de florescer. (Em uma roseta, as folhas desenvolvem-se, porém os

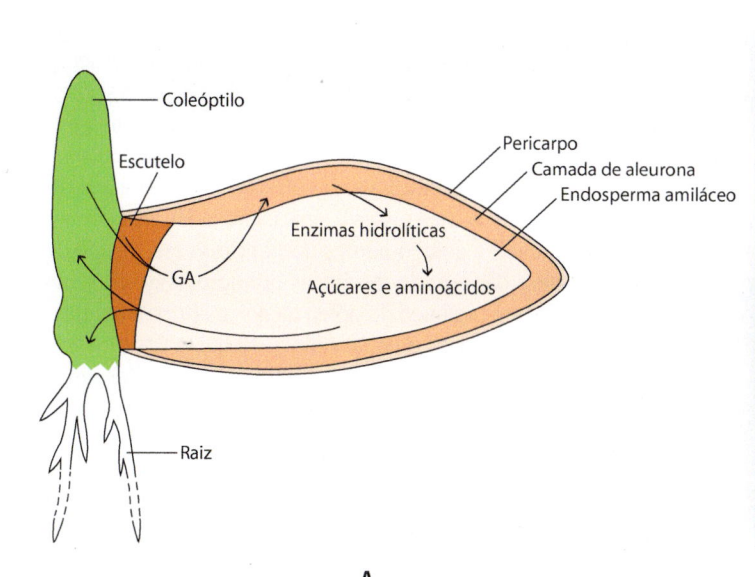

A

B

27.18 Ação da giberelina nas sementes de cevada. A. A giberelina (GA) produzida pelo embrião migra para a camada de aleurona, estimulando a síntese de enzimas hidrolíticas. Essas enzimas são liberadas no endosperma amiláceo, onde degradam as reservas do endosperma em açúcares e aminoácidos, que são solúveis e difusíveis. Em seguida, os açúcares e os aminoácidos são absorvidos pelo escutelo (cotilédone) e transportados até a gema e as raízes, promovendo o crescimento. **B.** Cada uma dessas três sementes foi cortada pela metade, e o embrião foi removido. Quarenta e oito horas antes de tirar essa fotografia, a semente do lado esquerdo inferior foi tratada com água, a semente no centro foi tratada com uma solução de uma parte por bilhão de giberelina, e a semente do lado direito superior foi tratada com 100 partes por bilhão de giberelina. A digestão do tecido de reserva amilácea começou a ocorrer nas sementes tratadas.

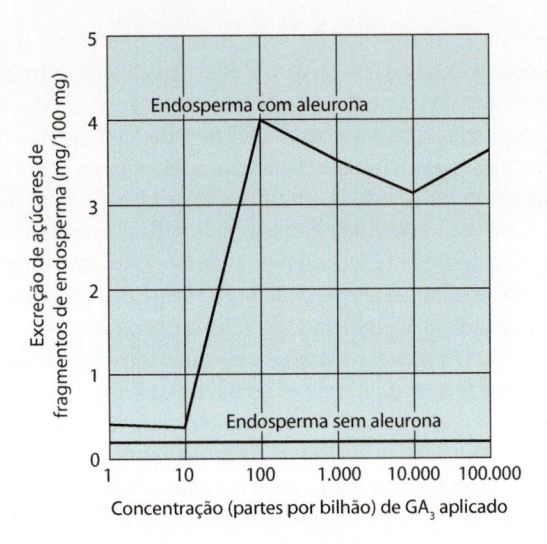

27.19 A giberelina atua sobre a camada de aleurona. A liberação de açúcar do endosperma pode ser induzida mediante tratamento com ácido giberélico (GA_3). Esses dados mostram que ocorre produção de açúcares apenas quando a camada de aleurona está presente. A giberelina estimula a camada de aleurona a produzir enzima α-amilase, que digere o amido armazenado no endosperma.

27.21 Giberelina e uvas. Efeito do ácido giberélico (GA_3) sobre o crescimento de uvas, *Vitis vinifera* cv. Thompson Seedless (uvas sem sementes). O cacho de uvas da esquerda não foi tratado, enquanto o da direita foi tratado com o hormônio. O resultado é a formação de cachos mais soltos com uvas maiores.

entrenós entre elas não se alongam.) Nessas plantas, a floração pode ser induzida por exposição a dias longos, ao frio (como nas plantas bienais), ou a ambos. Após exposição apropriada, os caules se alongam – um fenômeno conhecido como *alongamento do escapo floral* – e a planta floresce (Figura 27.20). A aplicação de giberelina a essas plantas causa alongamento do escapo floral e florescimento, sem a necessidade de exposição ao frio ou a dias longos. O alongamento do escapo floral é produzido por um aumento tanto no número de células quanto no seu alongamento. Por conseguinte, as giberelinas podem ser utilizadas para a produção precoce de sementes em plantas bienais.

À semelhança da auxina, as giberelinas podem provocar o desenvolvimento de frutos partenocárpicos, incluindo maçãs, groselhas, pepinos e berinjelas. Em alguns frutos, como as tangerinas, as amêndoas e os pêssegos, as giberelinas têm sido efetivas na promoção do desenvolvimento dos frutos, enquanto a auxina não

teve esse efeito. Entretanto, a principal aplicação comercial das giberelinas é a produção de uvas de mesa. Nos EUA, grandes quantidades de ácido giberélico (GA3) são aplicadas anualmente às uvas *Vitis vinifera* cv. Thompson Seedless (uvas Thompson sem sementes). O tratamento produz frutos maiores e cachos mais soltos, tornando-os mais atraentes ao consumidor (Figura 27.21).

Brassinoesteroides

Os *brassinoesteroides* são um grupo de hormônios esteroides promotores do crescimento em plantas, que desempenham funções essenciais em uma ampla variedade de processos de desenvolvimento, como divisão celular e alongamento das células nas raízes e nos caules, diferenciação vascular, respostas à luz (fotomorfogênese), desenvolvimento das flores e dos frutos, resistência aos estresses e senescência. Há mais de 40 anos, J. W. Mitchell e colaboradores descobriram esse grupo de hormônios esteroides como substâncias promotoras do crescimento em um solvente orgânico do pólen da colza (*Brassica napus*), que constitui a fonte do óleo de canola. Naquela época, esses compostos ativos não identificados foram denominados *brassinas*, e foi proposto que iriam constituir um novo grupo de hormônios vegetais. Cerca de 9 anos depois, a brassina mais bioativa no pólen purificado de colza foi identificada e denominada *brassinolida*. Desde então, a ocorrência de brassinoesteroides foi demonstrada em praticamente todas as partes da planta. Na atualidade, já foram identificados cerca de 70 fitoesteroides relacionados – brassinoesteroides. A *brassinolida* é o brassinoesteroide mais disseminado e mais ativo nas plantas (Figura 27.22A). Seu precursor biossintético imediato, a *castasterona*, tem fraca atividade de brassinoesteroide (Figura 27.22B).

Foi constatado que a 24-epibrassinolida, quando aplicada exogenamente, é transportada a longa distância da raiz até o sistema caulinar pela corrente de transpiração no xilema; entretanto, evidências experimentais revelam que os brassinoesteroides endógenos não sofrem esse tipo de transporte. Além disso, foram encontrados intermediários na síntese desses hormônios em

27.20 Giberelina e o fenômeno de alongamento do escapo floral. Nessa fileira de repolhos (*Brassica oleracea* var. *capitata*), a planta no meio alongou o escapo floral e teve floração natural. O alongamento do escapo floral e o florescimento também podem ser induzidos de modo artificial mediante tratamento com giberelina.

Brassinolida

A

Castasterona

B

27.22 Brassinoesteroides. A. A brassinolida é o brassinoesteroide mais disseminado e mais ativo nas plantas. **B.** A castasterona, o precursor biossintético imediato da brassinolida, tem fraca atividade de brassinoesteroide.

todos os órgãos das plantas (embora diferentes intermediários predominem em diferentes órgãos), indicando que os brassinoesteroides endógenos atuam em nível local ou próximo a seus locais de síntese, de modo que cada órgão sintetiza seu próprio hormônio e responde a ele.

Os brassinoesteroides são necessários para o crescimento normal das plantas

A necessidade de brassinoesteroides para o crescimento normal das plantas é claramente demonstrada pelo fenótipo de mutantes anões de *Arabidopsis,* que carecem do hormônio. As folhas desses mutantes têm células menores e em menor número do que as de seus correspondentes de tipo selvagem. Por outro lado, a hiperexpressão do gene *DWF4* para a biossíntese de um brassinoesteroide resulta em níveis elevados do hormônio e em aumento do tamanho da planta.

Os brassinoesteroides são essenciais para a diferenciação dos elementos traqueais

O sistema experimental de *Zinnia elegans* é particularmente útil para o estudo da diferenciação dos elementos traqueais. Nesse sistema, células isoladas do mesofilo mantidas em cultura contendo auxina e citocinina podem sofrer desdiferenciação e rediferenciação em elementos traqueais (Figura 27.23). A fase de maturação dos elementos traqueais, que envolve a formação de parede celular secundária e a morte celular programada, é precedida de um rápido aumento nas concentrações de brassinoesteroides, que são necessários para esse estágio final de diferenciação dos elementos traqueais.

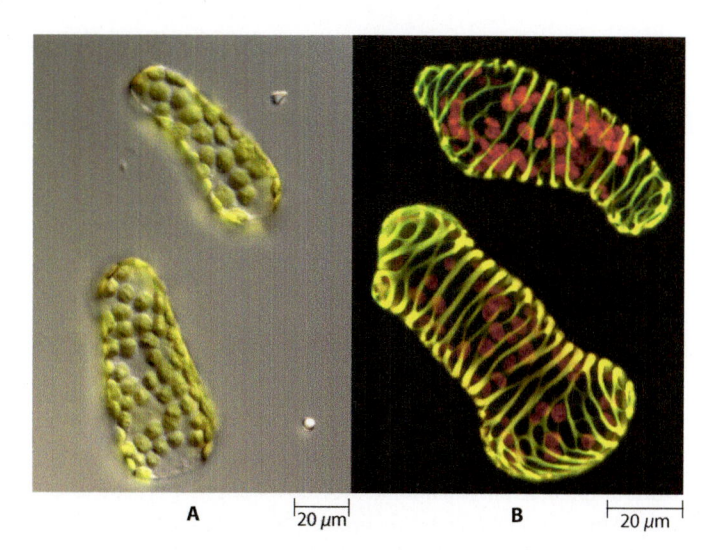

A |20 μm| **B** |20 μm|

27.23 Cultura *in vitro* de células do mesofilo da folha de *Zinnia.* Células do mesofilo (**A**) antes e (**B**) depois da desdiferenciação e rediferenciação em elementos traqueais. Os brassinoesteroides são essenciais para o estágio final (maturação) dos elementos traqueais.

Base molecular da ação hormonal

Até este ponto, discutimos, em grande parte, os hormônios vegetais quanto a seus efeitos sobre o desenvolvimento das plantas. Examinaremos agora alguns dos mecanismos moleculares pelos quais esses reguladores químicos influenciam o crescimento, o desenvolvimento e as respostas rápidas em nível celular.

O desenvolvimento dos órgãos (organogênese) pode ser descrito em termos de uma série coordenada de divisões das células e subsequente aumento em tamanho delas. A especialização dos tipos celulares de um órgão (diferenciação) é o resultado da expressão seletiva de um determinado conjunto de genes dentro do genoma de cada célula individual. Evidentemente, para coordenar esses processos celulares durante o desenvolvimento, as células individuais precisam se comunicar umas com as outras. Essa comunicação é efetuada pelos hormônios vegetais, que ajudam a coordenar o crescimento e o desenvolvimento ao atuarem como mensageiros químicos entre as células. Esse conceito é sustentado, em parte, pelas numerosas observações sobre os efeitos que os hormônios vegetais têm sobre a taxa de divisão celular e a taxa e direção da expansão das células (Tabela 27.2; Figura 27.24). Além disso, tornou-se claro que os hormônios vegetais "tradicionais", bem como aqueles recentemente descobertos, podem atuar para estimular ou reprimir genes específicos no núcleo. Com efeito, muitas das respostas hormonais observadas resultam dessa expressão gênica diferencial.

Os hormônios controlam a expressão de genes específicos

A *totipotência* das células vegetais – isto é, o potencial das células vegetais de dar origem a uma planta inteira – fornece uma evidência clara de que os genes presentes no zigoto também estão presentes em cada célula viva da planta adulta (ver Quadro "Totipotência", no Capítulo 10). Todavia, em cada célula, apenas genes selecionados são expressos – isto é, transcritos em mRNA e, subsequentemente, traduzidos em proteínas. As proteínas específicas que são produzidas é que determinam a identidade da célula. São as proteínas, especificamente as enzimas, que catalisam a maioria das reações da célula, e são também as proteínas

Tabela 27.2 Influências hormonais sobre processos celulares básicos.

Hormônio(s)	Taxa de divisão celular	Taxa de expansão celular	Direção da expansão celular	Diferenciação (expressão gênica)
Auxinas	+	+	Longitudinal	+
Citocininas	+	Pouco ou nenhum efeito	Nenhuma	+
Etileno	+ ou –	+ ou –	Lateral	+
Ácido abscísico	–	–	Nenhuma	+
Giberelinas	+	+	Longitudinal	+

Nota: + efeito positivo; – efeito negativo

que formam ou produzem a maioria dos elementos estruturais dentro e ao redor das células. Assim, por exemplo, uma célula cortical em uma raiz e uma célula do mesofilo diferem tanto estrutural quanto funcionalmente devido às diferenças na expressão gênica durante o curso do desenvolvimento dessas células.

Os mecanismos moleculares pelos quais genes individuais são ativados e desativados podem ser muito complexos. Alguns princípios gerais foram estabelecidos a partir de estudos realizados tanto em plantas quanto em animais. Um gene de eucarioto é composto de uma *sequência codificante*, que determina a sequência de aminoácidos da proteína a ser produzida, bem como *sequências reguladoras*, que são regiões do DNA que ladeiam a sequência codificante e que desempenham um papel regulador na transcrição do gene. Proteínas denominadas *fatores reguladores da transcrição* podem ligar-se diretamente a sequências específicas do DNA dentro de uma sequência reguladora, ativando (ligando) ou reprimindo (desligando) um gene particular.

Os biólogos moleculares de plantas estão atualmente estudando diversos genes vegetais, que são ativados ou reprimidos por determinados fatores, como luz, estresse ambiental (ver Capítulo 28) e hormônios. Um exemplo clássico de como os hormônios controlam a expressão gênica é fornecido por estudos dos efeitos antagônicos da giberelina e do ácido abscísico sobre a síntese da enzima de degradação do amido, a α-amilase,

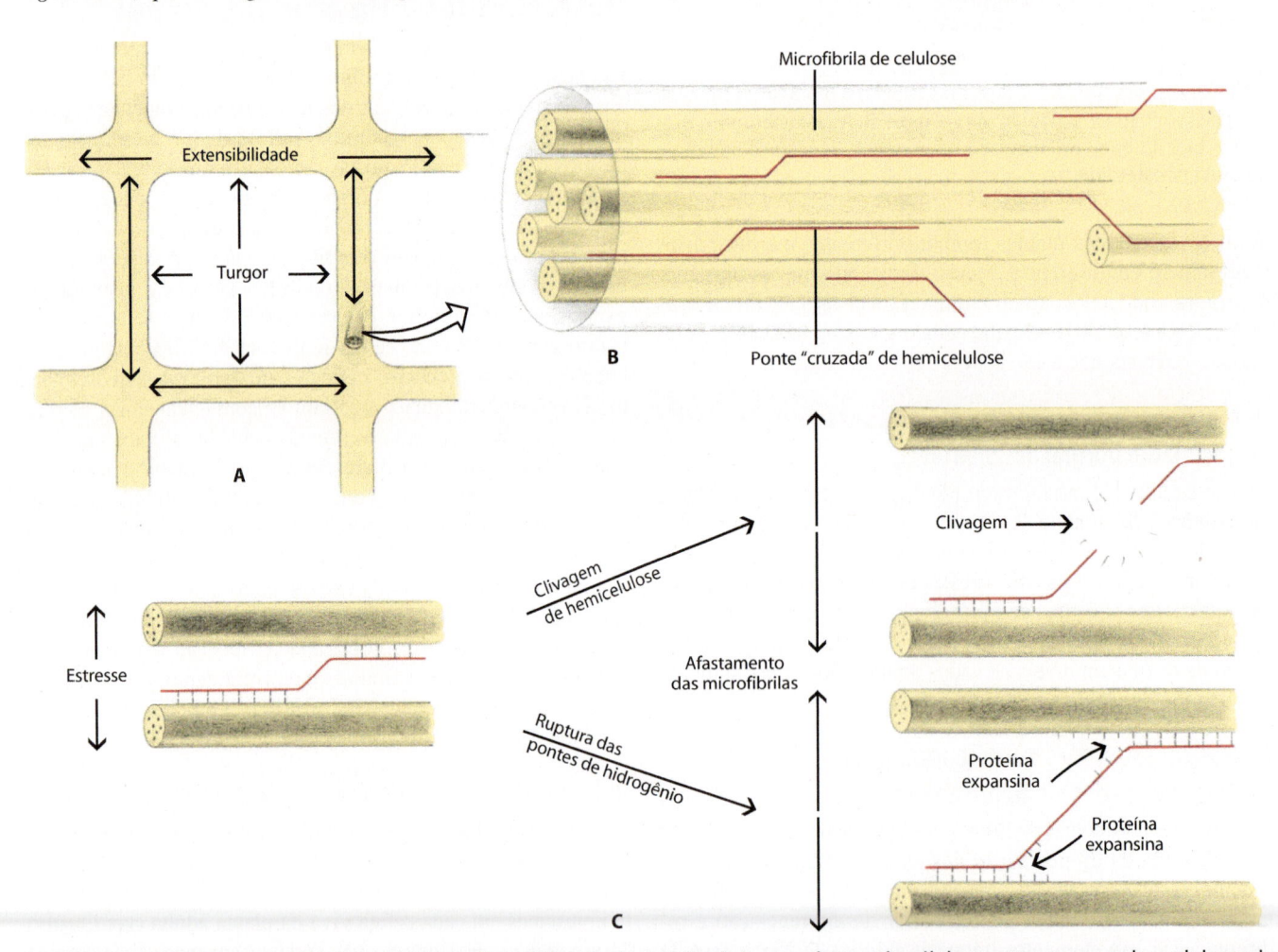

27.24 Regulação hormonal da taxa de expansão celular. A. A pressão de turgor dentro da célula empurra as paredes celulares de dentro para fora. **B.** O estiramento da parede celular é necessário para a expansão celular, porém é limitado pelas pontes "cruzadas" de hemicelulose entre as microfibrilas de celulose. **C.** Os hormônios podem causar aumento da extensibilidade ao estimularem a clivagem reversível dessas pontes cruzadas de hemicelulose ou ao romperem as pontes de hidrogênio entre as microfibrilas de celulose e as pontes cruzadas de hemicelulose. A ruptura das pontes de hidrogênio é mediada por uma proteína da parede celular denominada expansina. Essas modificações possibilitam o afastamento das microfibrilas de celulose, resultando em expansão irreversível da parede.

na camada de aleurona de sementes de cevada (Figura 27.18). Se tecidos de aleurona forem incubados em um meio de cultura contendo vários hormônios e aminoácidos radioativos, os aminoácidos serão incorporados em novas proteínas sintetizadas durante o tratamento. Em seguida, essas proteínas podem ser visualizadas e identificadas quando separadas por tamanho por meio de eletroforese em gel (ver Figura 10.7) e na detecção das proteínas radioativas com radiografias. O tratamento dos tecidos de aleurona com giberelina provoca um aumento na quantidade da proteína α-amilase. Esse efeito é neutralizado pela aplicação simultânea de ácido abscísico, que reprime a expressão do gene da α-amilase, enquanto a giberelina o ativa. Mais recentemente, estudos utilizando a tecnologia de microarranjos (ver Capítulo 10) indicaram que os tecidos vegetais tratados com hormônios tipicamente exibem alterações na expressão de centenas de genes. Esses resultados explicam como os hormônios podem ter esses efeitos fundamentais sobre numerosos aspectos do crescimento e do desenvolvimento.

Os hormônios podem regular a expansão e a divisão das células

As formas específicas que os órgãos das plantas adquirem à medida que se distanciam dos meristemas envolvem a coordenação entre a divisão e a expansão em cada célula do órgão em desenvolvimento. Por conseguinte, não é surpreendente que os hormônios vegetais exerçam influências sobre esses processos durante o desenvolvimento. Os hormônios parecem regular o momento apropriado da divisão celular por meio de sua interação com a maquinaria celular, estabelecendo pontos de checagem no ciclo celular (ver Capítulo 3). Os hormônios também podem afetar o crescimento ao influenciar a taxa de expansão da célula. A taxa pela qual uma célula individual se expande é controlada (1) pela quantidade de pressão de turgor dentro da célula, empurrando a parede celular (ver Capítulo 4), e (2) pela extensibilidade da parede celular (Figura 27.24; ver também Capítulo 3). A extensibilidade, uma propriedade física da parede, é uma medida do grau com que a parede irá se estender permanentemente quando uma força for aplicada nela. Conforme indicado na Tabela 27.2, os cinco grupos clássicos de hormônios são capazes de influenciar a taxa de expansão celular. Na maioria dos casos examinados, os hormônios afetam a extensibilidade da parede celular, porém exercem pouca influência direta sobre a pressão de turgor. A auxina e a giberelina estimulam o crescimento da planta ao aumentarem a extensibilidade da parede celular, enquanto o ácido abscísico e o etileno inibem o crescimento da planta, causando uma diminuição da sua extensibilidade.

Os mecanismos pelos quais os hormônios alteram a extensibilidade das paredes celulares não estão bem elucidados. No momento atual, existem duas hipóteses. Na *hipótese do crescimento ácido*, os hormônios – particularmente a auxina – ativam uma enzima da bomba de prótons na membrana plasmática, que bombeia prótons do citosol para dentro da parede celular. Acredita-se que a queda resultante do pH provoca um afrouxamento da estrutura da parede celular. Isso ocorre pela quebra e nova formação de polissacarídios não celulósicos, que normalmente estabelecem ligações cruzadas entre as microfibrilas de celulose, ou pela ação de uma classe de proteínas denominadas *expansinas*, que rompem as fontes de hidrogênio entre os polissacarídios da parede (Figura 27.24). Uma hipótese alternativa baseia-se na descoberta de que a auxina ativa a expressão de ge-

nes específicos dentro de poucos minutos após a sua aplicação. Acredita-se que os produtos desses genes influenciem o aporte de novos materiais da parede, de modo a afetar a extensibilidade da parede celular. Essas duas hipóteses não são mutuamente exclusivas, e ambas podem ser necessárias para explicar a influência dos hormônios sobre a expansão celular.

Além de afetarem a *taxa* de expansão celular, os hormônios vegetais também podem influenciar a *direção* da expansão. Após a divisão de uma célula, as células-filhas aumentam de tamanho, e o formato assumido pelas células-filhas determinará a forma final do tecido ou do órgão em desenvolvimento. Por exemplo, muitas das células em uma folha em desenvolvimento tendem a se expandir principalmente na direção lateral. Essa expansão lateral, além do padrão de divisão celular, resulta na formação de um órgão semelhante a uma placa. Em contrapartida, as células nos tecidos do caule em crescimento tendem a sofrer expansão longitudinal, resultando no crescimento "unidirecional" característico de um caule alongado. Essas diferenças na direção da expansão celular são aparentemente determinadas pela orientação das microfibrilas de celulose à medida que são depositadas na parede celular em desenvolvimento. Se as microfibrilas de celulose forem depositadas em uma orientação aleatória, as células tenderão a se expandir em todas as direções. Se as fibrilas forem depositadas em uma orientação principalmente transversa, as células tenderão a se expandir longitudinalmente (de modo semelhante a uma mola, é mais fácil estendê-la na direção perpendicular à orientação das espirais).

A orientação das microfibrilas de celulose parece ser governada pela orientação dos microtúbulos localizados internamente e junto à membrana plasmática (Figura 27.25; ver também Capítulo 3), e essa disposição dos microtúbulos é influenciada pelos hormônios. Por exemplo, as giberelinas promovem um arranjo transversal dos microtúbulos, resultando em maior crescimento longitudinal ou alongamento. Por outro lado, nos caules, o tratamento com etileno causa certo grau de reorientação dos microtúbulos para a direção longitudinal, promovendo uma expansão mais lateral (radial) das células. Essa resposta ao etileno resulta em um caule mais curto e engrossado.

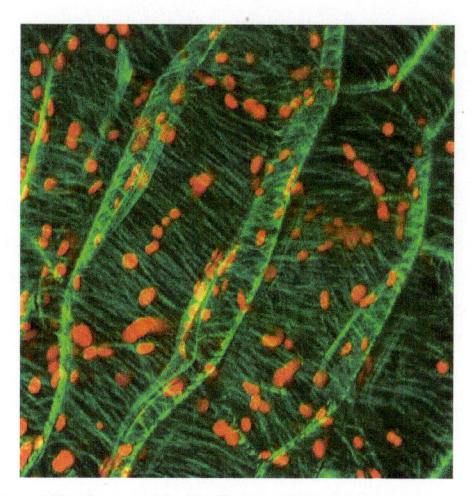

27.25 Microtúbulos corticais. Esses conjuntos transversais de microtúbulos corticais em células vivas do hipocótilo de *Arabidopsis* tornaram-se mais visíveis com o uso da proteína fluorescente verde (GFP, do inglês, *green fluorescent protein*); as numerosas estruturas de cor vermelha são cloroplastos. A disposição transversal dos microtúbulos é promovida pelas giberelinas.

Os hormônios alteram o crescimento celular e a expressão gênica por meio das vias de transdução de sinal

Conforme discutido no Capítulo 4, as vias de transdução de sinais começam com a ligação de receptores proteicos a hormônios específicos. A ligação dos hormônios aos receptores inicia uma série de eventos bioquímicos (transdução de sinal), que transmitem a informação dos receptores ligados aos hormônios à maquinaria celular que implementa respostas específicas.

Pode ser muito difícil estudar as vias de transdução de sinais, visto que as proteínas componentes estão presentes em concentrações muito baixas na célula. Importantes avanços para o entendimento desses processos provêm de estudos genéticos do organismo modelo *Arabidopsis* (ver Capítulo 10). Os mutantes de *Arabidopsis* que não conseguem responder à aplicação de hormônio podem ser deficientes em um componente da transdução de sinais. A clonagem dos genes associados a essas mutações levou à descoberta de receptores hormonais e de componentes de sinalização.

Utilizando a resposta tríplice como ensaio (Figura 27.12), os estudos realizados mostraram que as mutações que tornam *Arabidopsis* insensível ao etileno ou que provocam a ocorrência das respostas, mesmo na ausência de etileno, possibilitaram a identificação de reguladores tanto positivos quanto negativos dessa via de sinalização (Figura 27.26). Os receptores identificados nesses estudos são proteínas integrais de membrana do retículo endoplasmático, que estão relacionadas evolutivamente com os receptores encontrados nas bactérias. As plantas apresentam múltiplos receptores de etileno que interagem diretamente com a proteína CTR1 (RESPOSTA TRÍPLICE CONSTITUTIVA 1; do inglês, *CONSTITUTIVE TRIPLE RESPONSE1*), que é um regulador negativo (Figura 27.27). *Arabidopsis* tem cinco receptores de etileno, porém ETR1 (RESPOSTA AO ETILENO 1; do inglês, *ETHYLENE-RESPONSE1*) pode desempenhar o papel predominante. Na ausência de etileno, o receptor ETR1 ativa a proteína CTR1 que, por sua vez, reprime a sinalização do etileno. Quando presente, o etileno interage com o cobre no sítio de ligação do receptor e modifica a sua conformação (*i. e.*, a sua estrutura). O receptor ligado ao etileno, cuja conformação está modificada, não interage mais com CTR1. Em consequência, a proteína CTR1 torna-se inativa, possibilitando a ativação da proteína transmembrana EIN2 (INSENSÍVEL AO ETILENO 2; do inglês, *ETHYLENE-INSENSITIVE2*). Em seguida, a proteína EIN2 transmite o sinal do etileno ao núcleo. No núcleo, o sinal ativa fatores de transcrição EIN3, que induzem a expressão de fatores de transcrição ERF1 (FATOR DE RESPOSTA AO ETILENO 1; do inglês, *ETHYLENE RESPONSE FACTOR1*). (EIN3 e ERF1 são reguladores positivos na via de sinalização do etileno.) A ativação dessa cascata de transcrição leva a alterações extensas na expressão gênica. Nosso entendimento da via de sinalização do etileno está longe de ser completo. Por exemplo, ainda não foi determinado como a proteína CTR1 afeta a proteína EIN2 associada à membrana e como EIN2 transmite o sinal do etileno para dentro do núcleo, embora pareça que a sinalização do Ca^{2+} possa estar envolvida. Com a realização de mais estudos, outros componentes provavelmente serão descobertos.

Existem semelhanças nas interações hormônio-receptor e nas vias de sinalização da auxina e da giberelina. Os receptores de ambos os hormônios funcionam no núcleo, e a ligação aos receptores afeta diretamente a atividade de proteínas repressoras. A degradação das proteínas repressoras leva à expressão de

27.26 O mutante de *etr* de *Arabidopsis*. Essas plântulas de *Arabidopsis* cresceram no escuro na presença de etileno. Todas as plântulas, exceto uma – o mutante *etr*, que é totalmente insensível ao etileno – exibem a resposta tríplice (ver Figura 27.12).

genes regulados por hormônios. Apesar dessas semelhanças, a ligação da auxina e da giberelina a seus respectivos receptores difere. Enquanto a auxina atua como "cola molecular" para a interação com o seu receptor, a interação da giberelina com o receptor resulta em uma mudança de conformação do receptor, que, em seguida, se dobra sobre o hormônio como uma tampa, encerrando-o por completo dentro do receptor.

Foram identificados três receptores de citocininas em *Arabidopsis*. Trata-se de proteinoquinases (enzimas que transferem o fosfato do ATP para outras moléculas) transmembrana associadas à membrana plasmática. Com a ligação das citocininas, os receptores sofrem autofosforilação (*i. e.*, eles próprios se fosforilam), e o fosfato é subsequentemente transferido a uma série de proteínas-alvo. Por fim, o fosfato termina em um fator de transcrição no núcleo, onde os genes-alvo são ativados.

O receptor de brassinoesteroides BRI1 (INSENSÍVEL A BR1; do inglês, *BR INSENSITIVE1*) difere dos receptores anteriormente considerados, visto que contém uma região extracelular envolvida no reconhecimento de sinal, bem como uma única região transmembrana e uma região citoplasmática que inicia a transdução de sinais intracelulares (Figura 27.28). O BRI1 está associado a uma quinase correceptora denominada BAK1 (quinase associada a BRI1; do inglês, *BRI1-associated kinase*). A ligação do brassinoesteroide ao BRI1 ativa o receptor e induz a associação a seu correceptor, BAK1. Por meio de transfosforilação sequencial entre BRI1 e BAK1, o BRI1 torna-se totalmente ativado e inicia uma cascata de sinalização. A cascata envolve eventos de fosforilação e desfosforilação que levam à transcrição de genes regulados por brassinoesteroides.

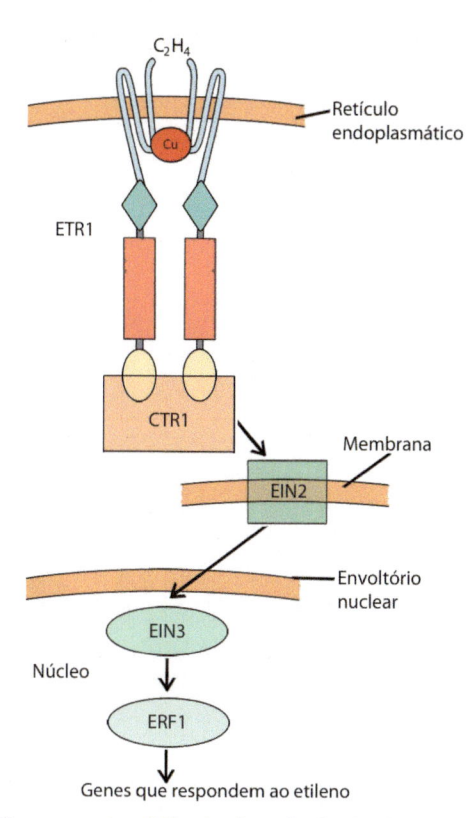

27.27 Diagrama simplificado da rede de sinalização do etileno. A ligação do etileno (C_2H_4) ao receptor de etileno ETR1, que está localizado no retículo endoplasmático, resulta em inativação do receptor e do regulador negativo CTR1. A inativação do CTR1 possibilita a ativação da proteína transmembrana EIN2 que, em seguida, transmite o sinal do etileno ao núcleo. No núcleo, o sinal ativa os fatores de transcrição EIN3, que induzem a expressão dos fatores de transcrição ERF1. A ativação dos fatores de transcrição resulta na produção de novas classes de mRNA, e a tradução dos novos mRNA leva à produção de novas proteínas que medeiam as respostas hormonais.

Os segundos mensageiros medeiam as respostas hormonais

O íon cálcio tem interesse particular na ação hormonal. Em geral, os níveis de Ca^{2+} no citoplasma são muito baixos. A estimulação hormonal dos canais de íons cálcio resulta em uma elevação temporária dos níveis de Ca^{2+}. A ligação de íons cálcio aos sítios de ligação de cálcio de determinadas proteínas altera a atividade dessas proteínas, de modo muito semelhante à ativação das proteínas receptoras pelos hormônios. As proteinoquinases podem ser ativadas pelo Ca^{2+} ou por outros "segundos mensageiros". As proteinoquinases ativadas podem então modificar as "proteínas-alvo", transferindo grupos de fosfato para certos aminoácidos da proteína-alvo, alterando, assim, a sua atividade.

As substâncias como os íons cálcio, que medeiam as respostas hormonais, são frequentemente designadas como *segundos mensageiros*. Os segundos mensageiros desempenham duas funções importantes: (1) estão envolvidos na transferência de informações do complexo hormônio-receptor para as proteínas-alvo e (2) amplificam o sinal produzido pelo hormônio. A ativação de um único canal de íons cálcio pelo receptor pode resultar na liberação de centenas de íons cálcio no citosol. Por sua vez, cada íon cálcio pode ativar uma molécula de proteinoquinase, e cada molécula de proteinoquinase pode fosforilar muitas moléculas de proteína-alvo. As complexas vias de respostas envolvendo os

segundos mensageiros também contribuem para a diversidade de possíveis respostas a determinado hormônio. Diferentes tipos de células podem apresentar o mesmo receptor de membrana plasmática, mas podem responder de modo muito diferente ao mesmo hormônio se tiverem um complemento diferente de proteinoquinases e proteínas-alvo. (Para uma discussão mais detalhada das vias de transdução de sinais e do papel dos segundos mensageiros, ver Capítulo 4.)

O movimento dos estômatos envolve uma via de resposta hormonal específica

Além de regular a expressão gênica, os hormônios podem exercer efeito direto sobre a fisiologia celular. Um exemplo é fornecido pelo ácido abscísico. Os estômatos são pequenas aberturas presentes na epiderme, e cada um deles é circundado por duas células-guarda, que modificam o seu formato para produzir a abertura e o fechamento dos poros. O termo *estômato* (do grego, "boca") é usado convencionalmente para designar tanto o poro quanto as duas células-guarda. O grau de abertura do estômato determina, em grande parte, a taxa de troca gasosa através da epiderme. Vários sinais endógenos e ambientais influenciam o tamanho do poro estomático (ver Capítulo 28). Todos esses sinais atuam regulando o conteúdo de água ou a pressão de turgor das células-guarda (Figura 27.29). O ácido abscísico constitui um sinal endógeno que é particularmente importante no controle do movimento dos estômatos.

Foram propostas várias classes possíveis de receptores de ácido abscísico. Embora essas hipóteses sejam, em sua maior parte, controversas, os detalhes dos eventos celulares que ocorrem dentro de poucos minutos após a adição de ácido abscísico a protoplastos isolados de células-guarda indicam que as rápidas mudanças no

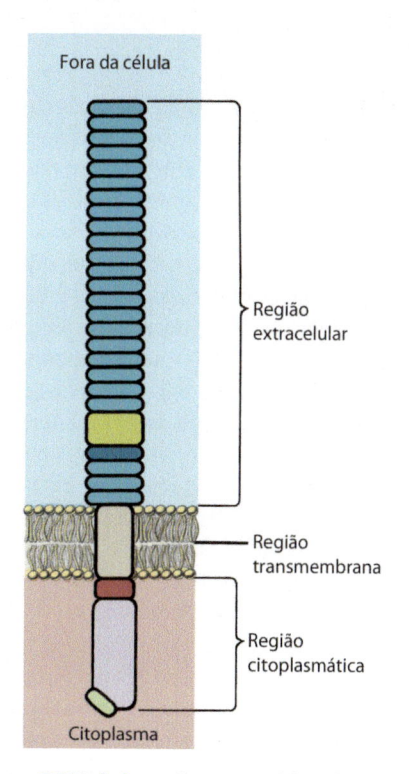

27.28 Receptor BRI1 de brassinoesteroides. O receptor BRI1 está localizado na membrana plasmática e é constituído de uma região extracelular que está envolvida no reconhecimento de sinais, uma única região transmembrana e uma região citoplasmática que inicia a transdução de sinais dentro da célula.

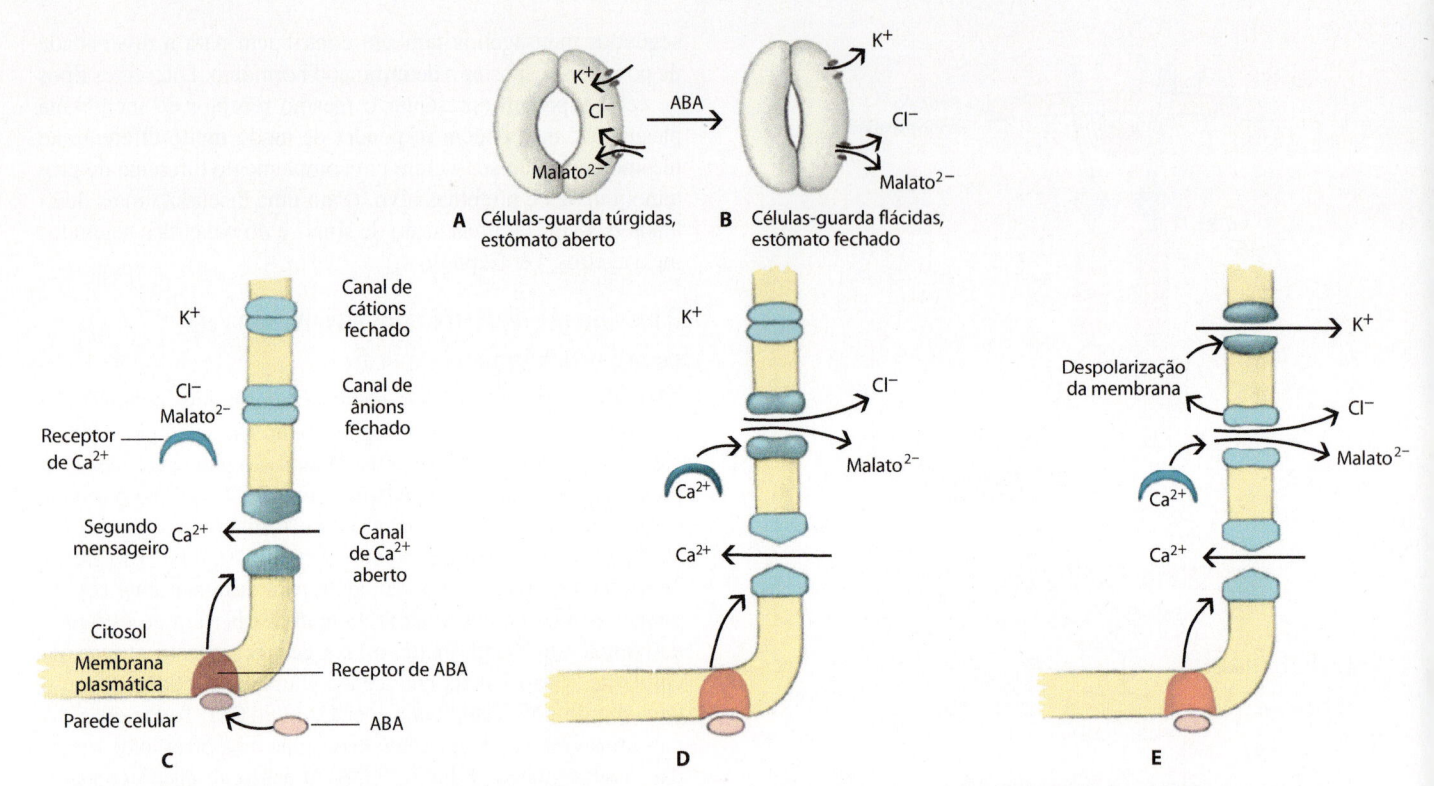

27.29 Regulação do movimento estomático. A. A pressão de turgor causada por alta concentração de solutos nas células-guarda que ladeiam o poro estomático mantém o poro aberto. **B.** A liberação de solutos em resposta ao ácido abscísico (ABA) reduz a pressão de turgor nas células-guarda, resultando em fechamento do poro estomático. A sequência de eventos que leva ao fechamento dos estômatos mediado pelo ABA envolve canais iônicos através da membrana plasmática das células-guarda. Nesse modelo, **(C)** a ligação do ABA a seu receptor na membrana plasmática provoca a abertura dos canais de Ca^{2+}. **D.** O Ca^{2+} liberado no citosol atua como segundo mensageiro para abrir os canais iônicos através dos quais os íons Cl^- e malato^{2-} fluem do citosol para a parede celular. **E.** A consequente queda do potencial elétrico (despolarização da membrana) através da membrana plasmática abre os canais de K^+ e possibilita a liberação de K^+ na parede celular. O fluxo de solutos do citosol para a parede celular resulta em diminuição da pressão de turgor nas células-guarda, causando o fechamento do estômato.

potencial osmótico das células-guarda são mediadas por esse hormônio. A abertura do estômato é devida à captação de solutos pelas células-guarda, resultando em um potencial osmótico mais negativo no conteúdo dessas células. (Convém lembrar que o potencial osmótico, que tem um valor negativo, é uma função da concentração de solutos; ver Capítulo 4.) Os solutos importantes que contribuem para o potencial osmótico das células-guarda são os íons cloreto (Cl^-) e íons potássio (K^+), que são ativamente bombeados para dentro das células, e o malato^{2-}, um composto de carbono de carga negativa (aniônico) sintetizado pelas células-guarda.

Os estudos utilizando a técnica de *patch-clamp* (ver Quadro "Registro *Patch-clamp* no Estudo de Canais Iônicos", no Capítulo 4) indicam que os canais de ânions específicos na membrana plasmática das células-guarda se abrem em resposta ao ácido abscísico. Alguns experimentos indicam que os íons cálcio podem atuar como segundo mensageiro nesse sistema. Nesse modelo (Figura 27.29), o ácido abscísico ativa os canais de Ca^{2+} na membrana plasmática, resultando em um influxo de Ca^{2+} da parede celular para o citosol. Em seguida, o Ca^{2+} ocasiona a abertura dos canais iônicos na membrana plasmática pela ativação de proteíno-quinases. A abertura desses canais resulta no rápido movimento de ânions, principalmente Cl^- e malato^{2-}, do citosol para a parede celular. A despolarização subsequente da membrana plasmática – isto é, a perda na diferença de carga elétrica através da membrana – desencadeia a abertura dos canais de K^+. O resultado consiste em um movimento de K^+ do citosol para a parede celular. Esse

rápido movimento de Cl^-, malato^{2-} e K^+ resulta em um potencial osmótico menos negativo (maior potencial hídrico) do citosol das células-guarda e em um potencial osmótico mais negativo (menor potencial hídrico) da parede celular. Em seguida, a água movimenta-se ao longo de seu gradiente potencial do citosol para a parede celular, reduzindo o turgor das células-guarda e causando o fechamento do poro estomático. Quando o sinal do ácido abscísico é removido, as células-guarda transportam lentamente o K^+ e o Cl^- de volta para dentro da célula, utilizando um gradiente de prótons eletroquímico gerado por uma bomba de prótons (H^+ ATPase) na membrana plasmática. Um potencial osmótico mais negativo é restabelecido dentro das células-guarda, a água flui para dentro das células por osmose, e o consequente aumento do turgor provoca a reabertura do poro estomático.

RESUMO

Os hormônios vegetais desempenham um importante papel na regulação do crescimento

Os hormônios vegetais são sinais químicos que regulam e coordenam o metabolismo, o crescimento e a morfogênese e que são ativos em quantidades extremamente pequenas. O mesmo hormônio pode desencadear diferentes respostas em tecidos diferentes ou em fases diferentes do desenvolvimento do mesmo tecido. Seis grupos de fitormônios (hormônios vegetais), os "cinco clássicos" – auxinas, citocininas, etileno, ácido abscísico, giberelinas – e os brassinoesteroides, são considerados as principais classes de fitormônios. Entretanto, tornou-se cada vez mais claro que as plantas também utilizam outros sinais químicos e reguladores do crescimento.

As auxinas são os únicos fitormônios conhecidos que são transportados de modo polar

Os meristemas apicais do caule e as folhas jovens constituem os principais locais de síntese de auxina, porém os meristemas apicais das raízes também são importantes locais de síntese desses hormônios. No sistema caulinar, o transporte polar é sempre basípeto – descendente no caule e em direção à base da raiz. A auxina controla o comprimento do caule ao promover principalmente o alongamento das células. O transporte polar da auxina é mediado por carreadores de efluxo (proteínas PIN), alinhados precisamente com a direção do transporte. A auxina também desempenha um papel na diferenciação dos tecidos vasculares e inicia a divisão celular no câmbio vascular. Com frequência, a auxina inibe o crescimento das gemas laterais, mantendo, assim, a dominância apical. A mesma quantidade de auxina que promove o crescimento no caule inibe o crescimento do sistema radicular principal. A auxina promove a formação de raízes adventícias em estacas e retarda a abscisão das folhas, das flores e dos frutos. Nos frutos, a auxina produzida pelas sementes estimula o crescimento da parede do ovário.

As citocininas estão envolvidas na citocinese

As citocininas estão quimicamente relacionadas com determinados componentes dos ácidos nucleicos. Elas são mais abundantes nos tecidos em divisão ativa, como as sementes, os frutos, as folhas e os ápices das raízes. As citocininas atuam em combinação com as auxinas, induzindo a divisão celular em culturas de tecidos vegetais. Em culturas da medula de tabaco, a auxina em alta concentração promove a formação de raízes, enquanto as citocininas em altas concentrações promovem a formação de gemas. Nas plantas intactas, as citocininas promovem o crescimento das gemas laterais, opondo-se aos efeitos da auxina. As citocininas impedem a senescência das folhas ao estimularem a síntese de proteínas.

O etileno é um hormônio vegetal gasoso

O etileno, um hidrocarboneto simples, exerce importante influência em muitos aspectos, se não em todos, do crescimento e desenvolvimento das plantas, incluindo o crescimento da maioria dos tecidos, a abscisão dos frutos e das folhas e o amadurecimento de frutos. Na maioria das espécies vegetais, o etileno exerce um efeito inibitório sobre a expansão celular. Todavia, em algumas espécies semiaquáticas, o etileno induz o rápido crescimento do caule. Aparentemente, o etileno desempenha um importante papel na determinação do sexo das flores em algumas plantas monoicas.

O ácido abscísico induz a dormência e o fechamento dos estômatos

O ácido abscísico é um hormônio inibidor do crescimento, encontrado nas gemas dormentes e nos frutos, estimulando a produção de proteínas das sementes e o fechamento dos estômatos. Estudos utilizando a técnica de *patch-clamp* indicam que os canais de íons cálcio na membrana plasmática das células-guarda se abrem em resposta ao ácido abscísico, desencadeando uma sequência de eventos que reduz o turgor das células-guarda e ocasiona o fechamento do estômato.

As giberelinas estimulam o crescimento dos caules e a germinação das sementes

As giberelinas controlam o alongamento do caule, uma ação que é particularmente evidente em plantas anãs. Quando essas plantas são tratadas com giberelina, o crescimento normal é restaurado. Em muitas espécies, as giberelinas podem substituir o frio ou a luz, necessários para a quebra de dormência na germinação de suas sementes. Na cevada e em outras sementes de gramíneas, o embrião libera giberelinas que levam a camada de aleurona do endosperma a produzir α-amilase. Essa enzima degrada o amido armazenado no endosperma, liberando açúcar que nutre o embrião e promove a germinação. Enquanto as giberelinas ativam a expressão do gene da α-amilase, o ácido abscísico reprime esse gene.

Os brassinoesteroides desempenham um papel em ampla variedade de processos de desenvolvimento

Os brassinoesteroides desempenham papéis essenciais na divisão e no alongamento das células, na diferenciação dos tecidos vasculares, no desenvolvimento das flores e dos frutos, na resistência ao estresse e na senescência. A necessidade de brassinoesteroides no crescimento normal das plantas é exemplificada pelo fenótipo anão de *Arabidopsis*.

Os hormônios alteram o crescimento celular e a expressão gênica por meio de vias de transdução de sinal

Em nível molecular, os hormônios influenciam os processos de desenvolvimento por meio de sua interação com receptores presentes na célula vegetal. Os hormônios vegetais medeiam muitos processos ao ativar ou reprimir conjuntos de genes no núcleo da célula. Em nível celular, os hormônios influenciam a taxa e a direção da expansão celular, bem como a taxa de divisão celular. Esses efeitos são mediados por complexas vias de resposta química na célula, que frequentemente envolvem segundos mensageiros.

Autoavaliação

1. Os jardineiros normalmente podam os ápices dos caules de certas plantas para promover o crescimento mais completo dos ramos laterais. Explique por que a remoção do ápice caulinar promove esse crescimento.

2. O que se entende por fruto partenocárpico? Quais são os dois hormônios vegetais usados para produzir esse tipo de fruto?

3. Compare e/ou estabeleça as diferenças das auxinas e das citocininas em cada um dos seguintes aspectos: principais locais de biossíntese; polaridade do transporte; tipos celulares ou tecidos envolvidos no transporte; efeito sobre a divisão celular; efeito sobre a produção de raízes e gemas em culturas de tecidos.

4. De que modo o etileno é um hormônio vegetal singular?

5. Em que aspecto as giberelinas são úteis para a indústria da cerveja?

6 Explique como o ácido abscísico regula a abertura e o fechamento dos estômatos.

7. Explique como a orientação das microfibrilas de celulose determina a direção da expansão celular e o papel dos microtúbulos nesse processo.

8. Como os receptores de brassinoesteroides diferem daqueles dos outros hormônios vegetais importantes?

CAPÍTULO 28

Fatores Externos e Crescimento Vegetal

◀ **Vigorosa e crescendo como erva daninha.** Lembrando a planta ornamental conhecida como ipomeia, a corriola (*Convolvulus arvensis*) é, na verdade, uma trepadeira invasiva com finos caules torcidos ou entrelaçados, que frequentemente formam emaranhados espessos. A planta cresce a partir de sementes, rizomas, raízes e até mesmo fragmentos de raízes no solo, trepando agressivamente e, com frequência, usando outras plantas como suporte à medida que se alastra e procura luz.

Os seres vivos devem regular suas atividades de acordo com o mundo ao seu redor. Muitos animais, sendo móveis, podem alterar suas condições até certo ponto – procurar alimento, cortejar um(a) parceiro(a) e procurar ou mesmo construir um abrigo para quando o tempo não estiver favorável. Uma planta, ao contrário, fica imobilizada a partir do momento em que ela emite para o solo sua primeira raiz. No entanto, as plantas têm a capacidade de responder e fazer ajustes a uma ampla faixa de alterações em seu ambiente externo. Essa capacidade é manifestada principalmente nas mudanças dos padrões de crescimento. A grande variação nas formas, que são frequentemente observadas entre indivíduos geneticamente idênticos, decorre do impacto do ambiente no desenvolvimento da planta.

Tropismos

Uma resposta de crescimento envolvendo a curvatura de uma parte da planta em direção a um estímulo externo ou contrário a ele e que determina a orientação do movimento é chamada de *tropismo*. Diz-se que uma resposta em direção ao estímulo é *positiva*; uma resposta em direção contrária ao estímulo é *negativa*.

O fototropismo é o crescimento em resposta à incidência direcional da luz

Talvez a interação mais conhecida entre as plantas e o mundo externo seja a curvatura da extremidade caulinar em direção à luz (ver Figura 27.1). Essa resposta de crescimento, conhecida como *fototropismo*, deve-se ao hormônio auxina e resulta no alongamento das células no lado sombreado do ápice. Que papel a luz desempenha na resposta fototrópica? Há três possibilidades: (1) a luz diminui a sensibilidade das células do lado iluminado à auxina, (2) a luz destrói a auxina, ou (3) a luz faz com que a auxina seja translocada para o lado sombreado do ápice em crescimento.

Com a finalidade de testar essas três hipóteses, Winslow Briggs e seus colaboradores realizaram uma série de experimentos fundamentados no trabalho anterior de Frits Went (Fi-

PONTOS PARA REVISÃO

Após a leitura deste capítulo, você deverá ser capaz de responder às seguintes questões:

1. O que é tropismo? Por meio de que mecanismos as plantas respondem à luz? À gravidade? E a um gradiente de umidade?

2. Por que é importante que as plantas sejam capazes de "dizer a hora"? Cite algumas das características do relógio circadiano nas plantas.

3. Descreva o efeito do comprimento do dia sobre a floração.

4. O que é fitocromo e como ele está envolvido na floração, na germinação de sementes e no crescimento do caule?

5. O que é dormência e que sinais ambientais podem ser necessários para quebrar a dormência de sementes e gemas?

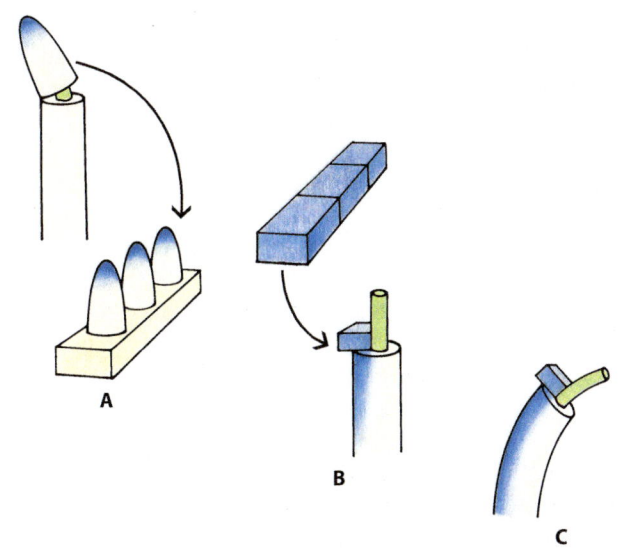

28.1 Experimento de Went. A. Went cortou os ápices de coleóptilos de plântulas de aveia (*Avena sativa*) e colocou-os sobre uma fatia de ágar por cerca de uma hora. **B.** Em seguida, ele cortou o ágar em pequenos blocos e colocou um deles em um lado de cada um dos ápices caulinares decapitados. **C.** Ele observou que as plântulas que foram mantidas no escuro durante todo o experimento curvaram-se para o lado oposto àquele onde foi colocado o bloco de ágar. Desse resultado, Went concluiu que a "influência" que causava a curvatura da plântula era de natureza química, e que ela se acumulava no lado oposto ao da incidência da luz. No experimento de Went, as moléculas de auxina (cor azul), produzidas no ápice do coleóptilo, eram primeiramente transferidas para o ágar e depois para um lado da plântula, por meio do bloco de ágar.

gura 28.1). Esses investigadores demonstraram primeiramente que a mesma quantidade total de auxina é obtida dos ápices dos coleóptilos, quer eles estejam no escuro ou no claro. Contudo, após a exposição à luz unilateralmente, mais auxina é obtida no lado sombreado do que no lado iluminado. Se o ápice for fendido e uma barreira, como um fino pedaço de vidro, for colocada entre as duas metades (os lados claro e escuro), essa distribuição diferencial de auxina não será mais observada (Figura 28.2). Em outras palavras, Briggs demonstrou que a auxina migra lateralmente do lado iluminado para o lado escuro. Experimentos usando auxina (ácido indol-3-acético ou AIA) marcada com ^{14}C demonstraram que é a migração de auxina, não a sua destruição, que explica as diferentes quantidades nos lados iluminado e escuro do coleóptilo. Esses experimentos são condizentes com a hipótese de que a redistribuição de auxina é responsável pela curvatura fototrópica.

O movimento lateral de auxina em direção ao lado sombreado do coleóptilo ocorre no ápice dele. Em seguida, a auxina se move de modo basípeto do ápice para a zona de alongamento localizada abaixo, onde estimula o alongamento celular. Com o crescimento mais acelerado no lado sombreado e mais lento no lado iluminado, o crescimento diferencial resulta na curvatura em direção à luz.

A redistribuição de auxina em resposta à luz é mediada por um fotorreceptor, uma proteína contendo um pigmento que absorve a luz e converte o sinal em uma resposta bioquímica (ver

no Capítulo 27 a discussão sobre fotorreceptores e processamento de sinais).

A resposta fototrópica é desencadeada por comprimentos de onda da luz azul (400 a 500 nm). Briggs e seus colaboradores usaram mutantes de *Arabidopsis* que são insensíveis à luz azul para clonar os genes que codificam para os fotorreceptores. As proteínas fotorreceptoras estão relacionadas com outras proteínas que se ligam a pigmentos chamados flavinas. As flavinas absorvem luz, principalmente nos comprimentos de onda do espectro correspondente ao da luz azul, o que explica por que esta luz é a mais eficiente nas respostas fototrópicas. Duas flavoproteínas, as *fototropinas 1* e *2*, foram identificadas como as fotorreceptoras para a via de sinalização da luz azul em hipocótilos de *Arabidopsis* e coleóptilos de aveia.

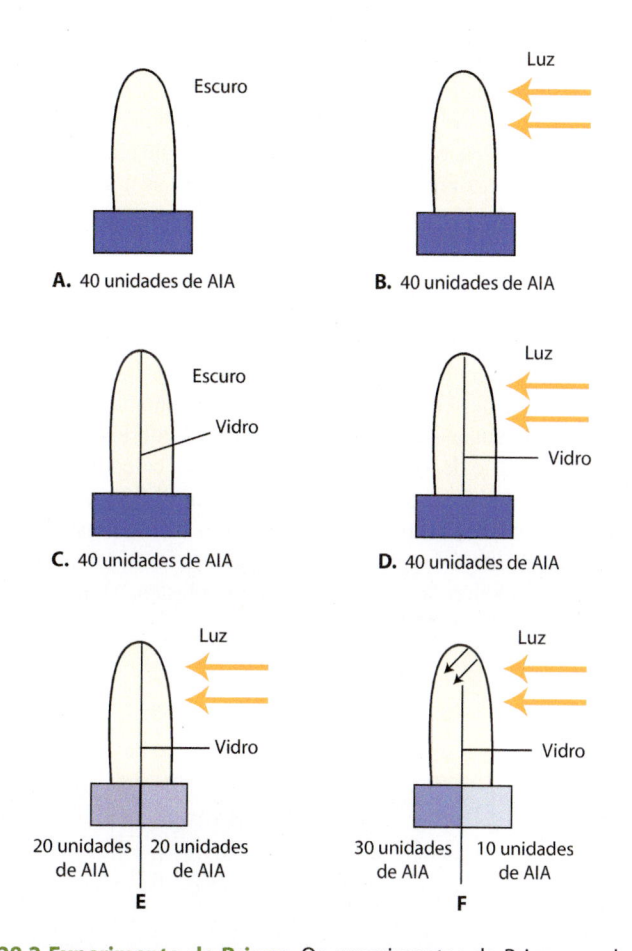

28.2 Experimento de Briggs. Os experimentos de Briggs e colaboradores demonstrando o deslocamento lateral de AIA (auxina) em ápices de coleóptilos de milho (*Zea mays*), iluminados unilateralmente. A AIA, que tem a capacidade de se difundir, foi coletada em blocos de ágar. As unidades indicam as quantidades relativas de AIA presentes em cada bloco. **A, B.** A mesma quantidade de AIA é coletada de coleóptilos intactos mantidos no claro ou no escuro. **C, D.** Se os coleóptilos forem divididos ao meio por um fino pedaço de vidro, mas permanecerem intactos, a mesma quantidade de AIA será coletada como em (**A**) e (**B**). **E.** Se as duas metades e o bloco de ágar abaixo forem completamente separados, as mesmas quantidades de AIA serão coletadas nos lados escuro e iluminado. **F.** Quando o coleóptilo não é completamente dividido até o ápice, mais AIA se difunde da metade escurecida do que da metade iluminada. Esses resultados apoiam a ideia de que a iluminação unilateral induz um movimento lateral de AIA da metade iluminada para a metade obscurecida do coleóptilo.

O gravitropismo é o crescimento em resposta à gravidade

Outro tropismo conhecido é o *gravitropismo*, uma resposta à gravidade (Figura 28.3). Se uma plântula for colocada horizontalmente, sua raiz crescerá para baixo (gravitropismo positivo), enquanto seu sistema caulinar (parte aérea) crescerá para cima (gravitropismo negativo). A explicação inicial para esse mecanismo envolvia a redistribuição de auxina do lado superior para o inferior do sistema caulinar ou da raiz. No sistema caulinar, a concentração mais alta de auxina no lado inferior estimula a expansão celular mais rápida naquele lado do caule, resultando em uma curvatura para cima. No entanto, na raiz que é mais sensível à auxina, o aumento de sua concentração no lado inferior inibe a expansão das células, resultando na curvatura para baixo na medida em que as células no lado de cima se expandem mais rapidamente que as do lado de baixo. Este é um exemplo clássico da característica de tecidos diferentes exibirem respostas muito diferentes ao mesmo sinal hormonal.

Os genes induzidos por auxinas foram identificados e clonados em várias espécies. A transcrição de alguns desses genes, ativada por auxina, ocorre apenas no lado do caule que apresenta crescimento mais rápido. Ainda não está claro se a ativação da transcrição é devida a um incremento na concentração de auxina ou a um aumento da sensibilidade do tecido à auxina já presente.

Como o sistema caulinar e as raízes percebem a gravidade? A percepção da gravidade está correlacionada com a sedimentação de amiloplastos (plastídios que contêm amido) dentro de células específicas do caule e da raiz. Os amiloplastos que desempenham o papel de sensores de gravidade são denominados *estatólitos*, e as células sensoras de gravidade no interior das quais eles ocorrem são denominadas *estatócitos*. Em coleóptilos e em caules, a gravidade é percebida na *bainha amilífera*, a camada interna das células corticais que circunda os tecidos vasculares. A bainha amilífera é contínua com a endoderme da raiz, porém as células endodérmicas carecem de amiloplastos. Mutantes de *Arabidopsis*, que carecem de amiloplastos na bainha amilífera, exibem um crescimento do sistema caulinar que não responde à gravidade, enquanto suas raízes apresentam crescimento gravitrópico normal.

Nas raízes, os estatócitos estão localizados na columela ou na coluna central da coifa (Figura 28.4A); as células da columela são muito polarizadas (Figura 28.4B). Nas células da columela com orientação vertical, os amiloplastos sedimentam perto da porção basal de cada célula, próximo à parede transversal, porém separados dela por uma rede de retículo endoplasmático tubular. O núcleo encontra-se na extremidade oposta da célula, e os componentes celulares remanescentes são encontrados, em sua maior parte, na porção central da célula. O citosol é atravessado por uma rede de finos filamentos de actina. Quando uma raiz é colocada em posição horizontal, os amiloplastos, que estavam sedimentados próximo às paredes transversais das raízes crescendo verticalmente, deslizam para baixo e terminam repousando nas paredes que antes estavam orientadas verticalmente (Figura 28.5). Após várias horas, a raiz curva-se para baixo e os amiloplastos retornam à sua posição anterior, ao longo das paredes transversais.

Evidências que confirmam a *hipótese estatólito-amido*, ou seja, de que a percepção da gravidade é mediada pela sedimentação dos amiloplastos dentro dos estatócitos, provêm, em parte, de estudos nos quais a remoção (por ablação com *laser*) das células da columela na coifa de *Arabidopsis* teve um efeito inibitório sobre a curvatura da raiz em resposta à gravidade. Outras evidências advêm de estudos de mutantes de *Arabidopsis* desprovidos de amido ou com deficiência de amido. Os mutantes deficientes em amido mostraram-se menos sensíveis à gravidade do que as plantas de tipo selvagem, enquanto os mutantes desprovidos de amido foram muito menos sensíveis. Ainda não se dispõe de dados para explicar como o movimento dos amiloplastos, que contêm amido, é traduzido em velocidades de crescimento diferenciais.

A

B

28.3 Gravitropismo. Respostas gravitrópicas no sistema caulinar de uma planta jovem de tomate (*Solanum lycopersicum*). **A.** A planta foi deitada e mantida imóvel. **B.** A planta foi colocada de cabeça para baixo e mantida nessa posição por meio de um suporte em anel. Embora originalmente retilíneo, o caule dobra-se e cresce para cima em ambos os casos. Se a planta for mantida na horizontal e lentamente girada ao redor do seu eixo horizontal, nenhuma curvatura (resposta gravitrópica) ocorrerá, isto é, a planta continuará a crescer horizontalmente.

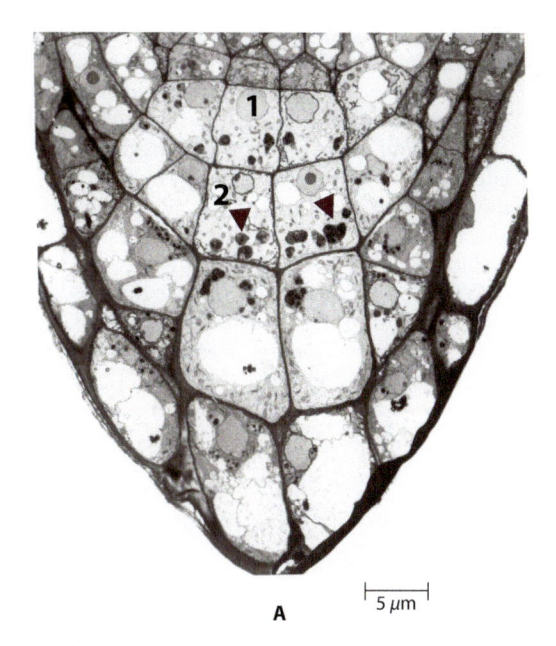

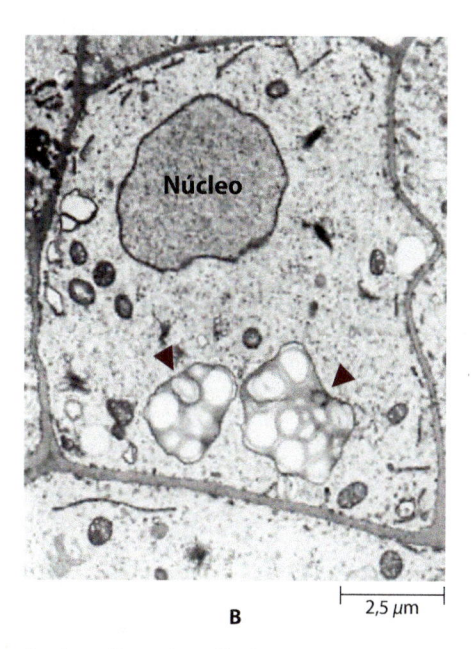

28.4 Estatócitos e estatólitos. Micrografias eletrônicas de (**A**) seção longitudinal mediana da coifa da raiz primária de *Arabidopsis*, mostrando estatócitos ou células sensoras de gravidade (1, 2) na columela (coluna central de células da coifa) e (**B**) um estatócito em maior aumento. A "atração" da gravidade é em direção à base em ambas as micrografias. Em (**A**) e (**B**), os estatólitos, que são amiloplastos que atuam como sensores de gravidade (pontas de seta), sedimentam ao longo das paredes transversais.

Embora se acreditasse originalmente que a curvatura da raiz para baixo em resposta à gravidade (graviestimulação) fosse impulsionada pela supressão do alongamento no lado inferior da raiz, sabe-se, hoje em dia, que a curvatura é iniciada em uma região distal (em direção ao ápice radicular) para a zona de alongamento principal. Nessa denominada *zona de alongamento distal*, o alongamento é *estimulado* ao longo do lado superior, enquanto é *suprimido* ao longo do lado inferior das zonas de alongamento tanto distal quanto principal. Por conseguinte, o desenvolvimento da curvatura é iniciado muito próximo ao ápice da raiz.

O transporte polar de auxinas através das fileiras de células é mediado por uma combinação de carreadores de influxo e de efluxo de auxinas – as proteínas AUX1 e PIN, respectivamente. Nas raízes de *Arabidopsis*, a proteína PIN1 na membrana plasmática distal medeia o transporte acrópeto de auxina através

do cilindro vascular em direção ao ápice da raiz. Nas raízes de *Arabidopsis* de orientação vertical, a proteína PIN3 tipicamente exibe uma distribuição simétrica na membrana plasmática dos estatócitos. Quando a raiz é colocada na posição horizontal e os amiloplastos sedimentam no lado inferior, a proteína PIN3 move-se rapidamente para a membrana plasmática no lado inferior das células da columela, desencadeando a redistribuição assimétrica de auxina para as células laterais inferiores da coifa. Em seguida, a auxina é transportada de modo basípeto no lado inferior da raiz, do ápice para a zona de alongamento distal, a primeira região da raiz que responde à gravidade (Figura 28.6). Além da auxina, vários outros reguladores do crescimento foram implicados nas respostas gravitrópicas das raízes, incluindo ácido abscísico, brassinosteroides, etileno, óxido nítrico e citocininas (Figura 28.7).

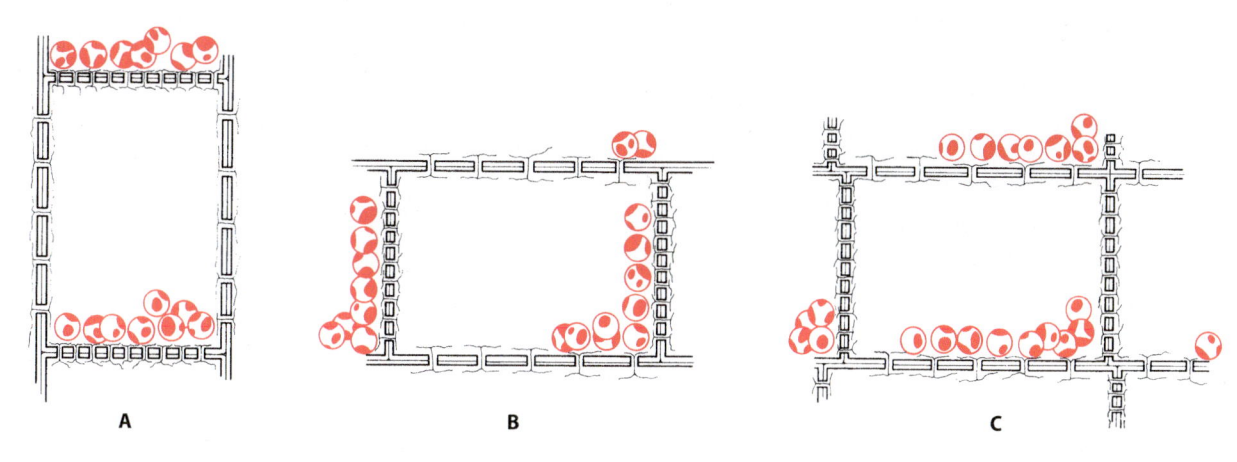

28.5 Amiloplastos e gravidade. A resposta dos amiloplastos (estatólitos) à gravidade nas células da columela (estatócitos) da coifa. **A.** Os amiloplastos são normalmente sedimentados próximo às paredes transversais das células da coifa de uma raiz crescendo verticalmente para baixo. **B, C.** Quando a raiz é colocada de lado, os amiloplastos deslizam para baixo em direção às paredes normalmente verticais, que agora estão paralelas à superfície do solo. Esse movimento dos amiloplastos pode desempenhar um importante papel na percepção da gravidade pelas raízes.

A

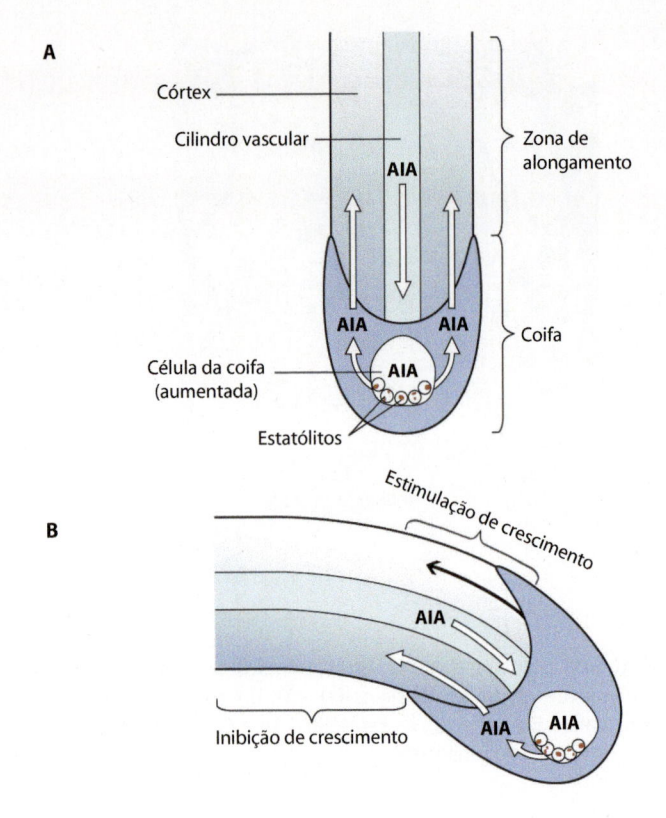

Córtex

Cilindro vascular

Zona de alongamento

AIA

AIA   AIA   Coifa

Célula da coifa (aumentada)

AIA

Estatólitos

B

Estimulação de crescimento

AIA

AIA   AIA

Inibição de crescimento

28.6 Auxina e gravitropismo da raiz. A. A auxina (AIA) é transportada das partes aéreas para o ápice da raiz pelo cilindro vascular. A partir do ápice da raiz, a auxina é redistribuída para o córtex e a epiderme radicular e, assim, transportada de volta para a zona de alongamento, onde regula a velocidade de alongamento celular. **B.** A reorientação horizontal da raiz é detectada pela sedimentação de amiloplastos (estatólitos) nas células da coifa. Essa sedimentação, por sua vez, leva à redistribuição assimétrica de auxina, com distribuição de menos auxina para o lado superior do que para o lado inferior da raiz. A concentração diminuída de AIA no lado superior estimula o crescimento nessa região e inicia uma curva para baixo, enquanto a concentração mais alta no lado inferior suprime o crescimento nesse lado.

Embora a hipótese estatólito-amido seja amplamente aceita, não deixa de ser alvo de questionamento. Mais notável entre outros modelos é o modelo de pressão hidrostática, segundo o qual a pressão hidrostática exercida pelo peso total do protoplasto, mais do que pelos amiloplastos apenas, medeia a percepção da gravidade. Quando estimulados pela gravidade, os canais de íons cálcio seriam ativados, desencadeando uma cascata de sinalização dentro dos estatócitos.

O hidrotropismo é o crescimento da raiz em resposta a um gradiente de umidade

Não obstante o *hidrotropismo*, o crescimento direcionado das raízes de uma planta em resposta a um gradiente de umidade, tenha sido reconhecido há muito tempo, o estudo desse tropismo era difícil, visto que a resposta gravitrópica concorrente é, normalmente, muito maior. A descoberta em ervilha, *Pisum sativum*, de um mutante conhecido como *ageotropum*, que não responde à gravidade, foi um avanço. Esse mutante agravitrópico exibe uma resposta hidrotrópica distinta. Além disso, a incapacidade de raízes destituídas de coifa de exibir uma curvatura hidrotrópica forneceu a prova definitiva do hidrotropismo e o papel da coifa nesse fenômeno. Evidências adicionais, de que a resposta hidrotrópica nas raízes é suprimida pelo gravitropismo sob a gravidade normal na Terra, provêm de estudos sobre as raízes de plantas de tipo selvagem que crescem em microgravidade (uma condição no espaço em que apenas minúsculas forças são

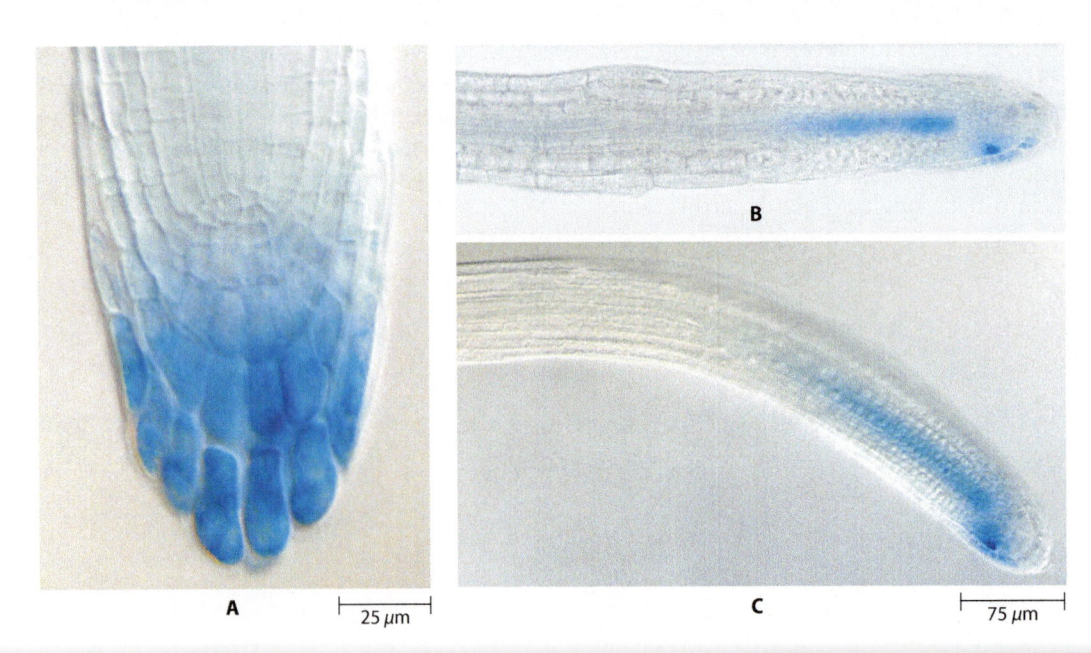

A   25 μm

B

C   75 μm

28.7 Citocinina e gravitropismo da raiz. A. Coifa da raiz vertical de *Arabidopsis* mostrando a distribuição simétrica (cor azul) de citocinina livre, usando o gene repórter GUS (ver Capítulo 10). A distribuição assimétrica da expressão de citocinina livre é evidente em uma raiz de orientação horizontal (**B**) depois de 30 e (**C**) 60 min de estimulação da gravidade. Tanto (**B**) quanto (**C**) mostram o rápido padrão de ativação assimétrico de citocinina, detectado como uma área concentrada em azul-escuro no lado inferior da coifa. A citocinina concentrada no lado inferior da raiz inibe o crescimento nesse lado, enquanto o lado superior, com menor concentração de citocinina, continua se alongando, o que resulta em uma curvatura para baixo.

experimentadas). Nessas condições, a resposta gravitrópica foi anulada e a raiz passou a exibir hidrotropismo positivo.

Os mecanismos subjacentes que regulam o hidrotropismo permanecem desconhecidos. A auxina aparentemente desempenha um papel indispensável nas respostas tanto hidrotrópica quanto gravitrópica. Entretanto, inibidores do influxo e efluxo de auxina não tiveram qualquer efeito sobre o hidrotropismo das raízes de *Arabidopsis*, porém inibiram acentuadamente o gravitropismo. Esses resultados indicam que, embora o transporte polar de auxina seja necessário para o gravitropismo, ele não é imprescindível para o hidrotropismo, ou talvez a função da auxina seja diferente nesses dois tropismos.

O tigmotropismo é o crescimento em resposta ao toque

Outro tropismo comum é o *tigmotropismo* (do grego *thigma*, que significa "toque"), uma resposta ao contato com um objeto sólido. O tigmotropismo faz com que as raízes sejam capazes de se mover ao redor de pedras e o sistema caulinar das plantas trepadeiras de se enrolar em diferentes tipos de suporte. Um dos exemplos mais comuns de tigmotropismo é visível nas gavinhas, que são folhas ou caules modificados (ver Capítulo 25). As gavinhas enrolam-se em torno de qualquer objeto com o qual elas entram em contato (Figura 28.8) e desse modo permitem à planta fixar-se e subir. A resposta pode ser rápida; uma gavinha pode enrolar-se em torno de um suporte, uma ou mais vezes, em menos de uma hora. As células em contato com o suporte encurtam-se ligeiramente, e aquelas no outro lado alongam-se. Não se sabe ao certo se o mecanismo do tigmotropismo envolve gradientes de auxina.

Estudos realizados por M. J. Jaffe mostraram que gavinhas podem armazenar a "memória" de estímulos táteis. Por exemplo, se as gavinhas de ervilha (*Pisum sativum*) forem mantidas no escuro por 3 dias e então tocadas, elas não se enrolarão, talvez por causa da necessidade de ATP. No entanto, se elas forem iluminadas dentro de 2 h após o toque, elas mostrarão a resposta de enrolamento.

Ritmos circadianos

É comum observar que, em algumas plantas, a abertura das folhas ocorre pela manhã e o fechamento, no início da noite. Além disso, muitas folhas abrem-se na presença de luz solar e voltam a se fechar à noite (Figura 28.9), um fenômeno assinalado pela primeira vez por Androstenes, um soldado grego, no século 4 a.C. Em 1729, o cientista francês Jean-Jacques de Mairan notou que esses movimentos diurnos continuam mesmo quando as plantas são mantidas na semiobscuridade (Figura 28.10). Desde então, foi constatado que um número muito maior de fenômenos vegetais exibem ritmos diários regulares, entre os quais a atividade fotossintética, a germinação das sementes, a produção de enzimas e auxinas, o movimento dos estômatos, a abertura das flores, a velocidade de divisão celular, o alongamento do caule e a emissão de perfume. Tais ritmos continuam, ainda, mesmo quando todas as condições do ambiente são mantidas constantes. Esses ciclos regulares de aproximadamente 24 h são chamados *ritmos circadianos*, do latim *circa*, que significa "aproximadamente" e *dies*, que significa "um dia". Os ritmos circadianos são universais entre os eucariotos e também estão presentes em bactérias fotossintetizantes, como as cianobactérias, que coordenam seu metabolismo com as horas do dia quando ocorre fotossíntese.

28.8 Tigmotropismo. Gavinhas do pepino (*Cucumis anguria*). O enrolamento é causado por diferentes velocidades de crescimento nos lados interno e externo da gavinha.

Os ritmos circadianos são controlados por relógios circadianos

Como os ritmos circadianos persistem quando todas as condições ambientais são mantidas constantes e na ausência de sinais ambientais, o mecanismo de controle do tempo que antecipa os ciclos diurnos é considerado *endógeno*. Esse mecanismo interno de controle do tempo é denominado *relógio circadiano*. Nos organismos tanto unicelulares quanto multicelulares, os ritmos circadianos ocorrem em nível da célula; por conseguinte, os organismos multicelulares apresentam múltiplos relógios.

Do ponto de vista conceitual, os relógios circadianos consistem em três partes: um *oscilador* central, que gera o comportamento rítmico; *vias de entrada*, que transportam a informação proveniente do ambiente para sincronizar o oscilador central; e *vias de saída*, que regulam os processos fisiológicos e bioquímicos. (Estima-se que os relógios circadianos provocam a oscilação regular de 30 a 40% dos genes de *Arabidopsis*, mesmo quando a planta cresce em condições de luz e temperatura constantes.) Esse modelo, apesar de sua utilidade, é bastante simplista, visto que ocorrem interações entre várias partes do relógio, particularmente entre as vias de saída e de entrada.

Os relógios circadianos são sincronizados pelo ambiente

Sob condições ambientais constantes, que só podem ser mantidas em um laboratório, o período dos ritmos circadianos é conhecido como *curso livre* – isto é, seu período intrínseco ou natural (entre 22 e 29 h em *Arabidopsis*) não precisa ser restabelecido a cada ciclo. Na verdade, por definição, um verdadeiro processo regulado por relógio circadiano é de curso livre. No mundo natural,

28.9 Movimentos diurnos. As folhas da azedinha (*Oxalis*), (**A**) durante o dia e (**B**) à noite. Uma hipótese para a função dos movimentos como o de dormir é que eles impedem que as folhas absorvam a luz da lua em noites claras, preservando desse modo os fenômenos fotoperiódicos, discutidos mais adiante neste capítulo. Outra hipótese, proposta por Charles Darwin há mais de um século, é que o dobramento reduz a perda de calor das folhas à noite.

o ambiente age como um agente sincronizador (ou *Zeitgeber*, em alemão, que significa "provedor de tempo"). De fato, o ambiente é responsável pela manutenção do ritmo em conformidade com o ciclo diário claro-escuro de 24 h. Se um ritmo circadiano de uma planta fosse superior ou inferior a 24 h, o ritmo estaria logo defasado do ciclo claro-escuro de 24 h. A sincronização ambiental também possibilita o ajuste de processos para coincidir com a mudança sazonal do comprimento dos dias em regiões distintas do Equador. Por exemplo, as flores de muitas espécies de plantas abrem-se ao anoitecer ou ao amanhecer para coincidir com os padrões circadianos de alimentação de seus polinizadores (p. ex., as flores polinizadas por mariposas abrem-se ao anoitecer, e a hora em que ocorre o anoitecer ou o amanhecer pode mudar durante uma estação de crescimento da planta). Assim, muitas plantas não

apenas precisam se tornar ressincronizadas – isto é, *treinadas* – para o período diário de 24 h, mas também devem se adaptar à mudança dos fotoperíodos.

O *treinamento* é o processo pelo qual uma repetição periódica de claro e escuro (ou algum outro ciclo externo) faz com que o ritmo circadiano sincronize com o mesmo ciclo do fator de treinamento. Períodos de claro-escuro e ciclos de temperatura são os principais fatores no treinamento (Figura 28.11). A luz é percebida por duas famílias de fotorreceptores: os *fitocromos*, sensores de luz vermelha, e os *criptocromos* CRY 1 e CRY 2, sensores de luz azul.

Duas outras características do relógio circadiano são a compensação da temperatura e regulagem. A *compensação de temperatura* possibilita a oscilação do relógio aproximadamente

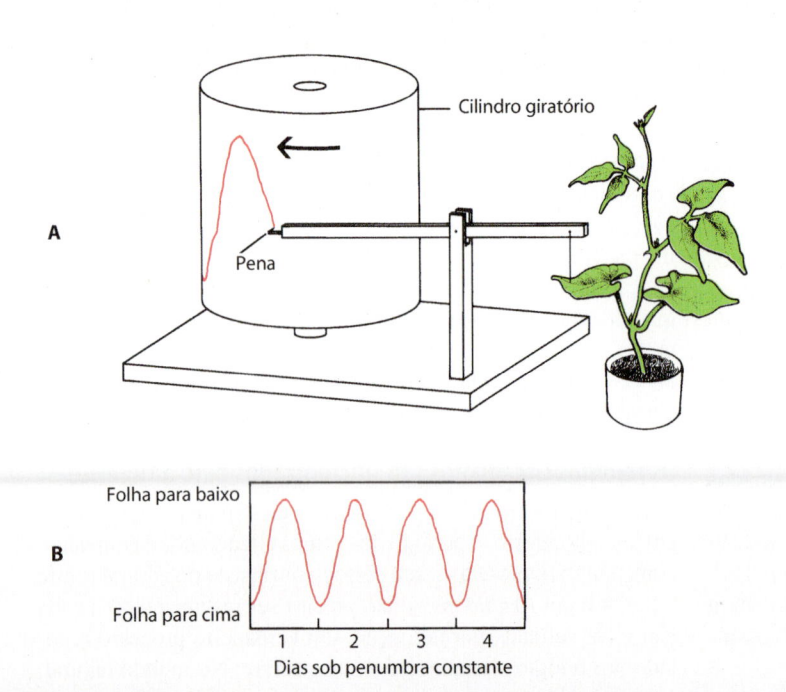

28.10 Ritmos circadianos. Em muitas plantas, as folhas movem-se para fora, para uma posição perpendicular ao caule e aos raios solares, durante o dia, e para cima em direção ao caule durante a noite. **A.** Esses movimentos de dormir podem ser registrados em um cilindro giratório, usando-se um sistema delicadamente balanceado de pena e alavanca ligado à folha por um delgado fio. Muitas plantas, tais como o feijão (*Phaseolus vulgaris*) aqui mostrado, continuarão a exibir esses movimentos por vários dias, mesmo quando mantidas em contínua penumbra. **B.** Um registro desse ritmo circadiano, mostrando sua persistência sob constante penumbra.

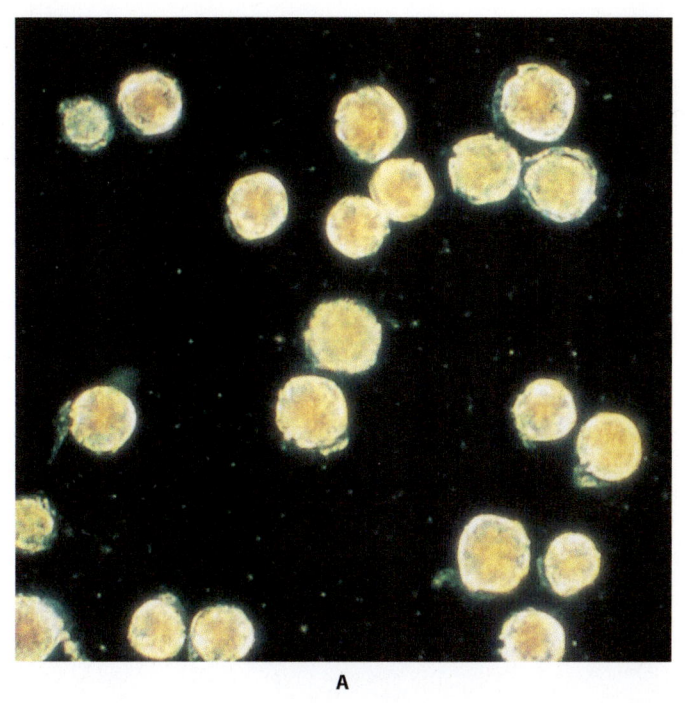

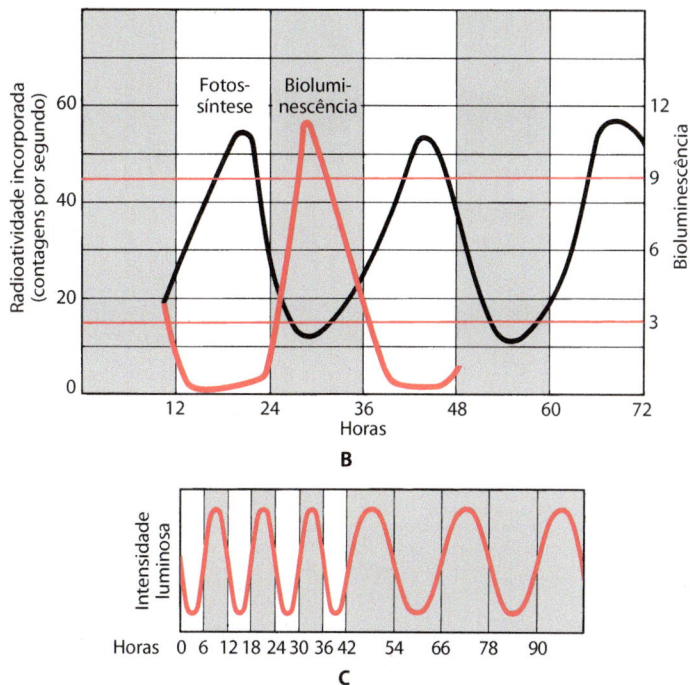

28.11 Treinamento. A. Fotomicrografia do dinoflagelado *Gonyaulax polyedra,* uma alga marinha unicelular. **B.** Em *G. polyedra,* três diferentes funções seguem ritmos circadianos separados: a bioluminescência, que atinge o pico no meio da noite (curva colorida); a fotossíntese, que atinge o pico no meio do dia (curva negra); e a divisão celular (não mostrada), que é restrita às horas imediatamente anteriores ao amanhecer. Se *Gonyaulax* for mantida em penumbra contínua, essas três funções ocorrem segundo o mesmo ritmo por dias ou mesmo semanas, bem depois que um grande número de divisões tenha ocorrido. **C.** O ritmo de bioluminescência de *Gonyaulax,* do mesmo modo que na maioria dos ritmos circadianos, pode ser alterado pela modificação dos ciclos de iluminação. Por exemplo, se culturas da alga forem expostas a períodos alternados de claro e escuro, cada um com 6 h de duração, a função rítmica torna-se treinada para esse ciclo imposto (esquerda). Se as culturas forem então colocadas em penumbra contínua, os organismos retornam ao seu ritmo original de cerca de 24 h.

com a mesma frequência em uma ampla gama de temperaturas fisiológicas (12° a 27°C). Serve como mecanismo compensatório que amortece o relógio contra mudanças de temperatura. Outro efeito do controle pelo relógio circadiano é que estímulos de igual intensidade aplicados em diferentes momentos do dia podem resultar em uma intensidade diferente de resposta. Esse fenômeno é denominado *regulagem.*

Em *Arabidopsis,* acredita-se que o oscilador circadiano inclua pelo menos três alças interligadas de retroalimentação. A alça central compreende três genes principais do relógio, *TOC1, LHY* e *CCA1* e seus produtos proteicos, todos os quais regulam a transcrição. Enquanto a proteína TOC1 é um regulador positivo dos genes *LHY* e *CCA1,* as proteínas LHY e CCA1 são reguladores negativos do gene *TOC1.* Nessa alça de retroalimentação, a luz da manhã ativa a expressão dos genes *LHY* e *CCA1,* resultando em níveis aumentados das proteínas LHY e CCA1, que reprimem a expressão do gene *TOC1.* Tendo em vista que TOC1 é um regulador positivo da expressão de *LHY* e *CCA1,* a sua repressão provoca uma redução progressiva nos níveis das proteínas LHY e CCA1 e um aumento concomitante na expressão de *TOC1.* No final do dia, ao entardecer, com níveis mínimos de LHY e CCA1, o TOC1 alcança a sua expressão máxima e estimula indiretamente a expressão de *LHY* e *CCA1.* O ciclo então recomeça mais uma vez (Figura 28.12).

Um excelente exemplo do controle por parte do relógio da expressão de genes específicos é observado nos genes que co-

dificam as proteínas (CAB) dos complexos de captura de luz, que se ligam às clorofilas *a/b.* Isso foi demonstrado de modo distinto pela fusão de um fragmento do promotor da proteína 2 de ligação da clorofila *a/b* (CAB2) de *Arabidopsis* com a região codificadora do gene luciferase do vagalume, fornecendo um repórter bioluminescente da atividade transcricional dos genes *CAB* (ver no Capítulo 10 o uso do gene repórter). Quando esse gene repórter foi transferido para as plantas de *Arabidopsis,* a influência do relógio na expressão dos genes *CAB* pôde ser monitorada ao se detectar a luminescência resultante da atividade da luciferase (Figura 28.13). Esse sistema repórter tem sido usado para a busca de mutantes que afetam o mecanismo do relógio de *Arabidopsis.* Na realidade, um dos genes do relógio de plantas, o *TOC1,* foi identificado a partir dessa busca.

Além de coordenar os eventos diários, a utilidade principal do relógio circadiano é tornar a planta ou animal capaz de responder às mudanças nas estações do ano, por meio da medição precisa das mudanças do comprimento do dia. Mesmo em latitudes tropicais, muitas plantas respondem ao comprimento do dia e podem usar esse sinal para sincronizar a floração e outras atividades com eventos sazonais como períodos úmidos ou secos. Desse modo, as mudanças no ambiente desencadeiam respostas que resultam em ajustes de crescimento, reprodução e outras atividades do organismo. Quando corretamente regulado, o relógio circadiano provê melhora da sobrevida e vantagem competitiva.

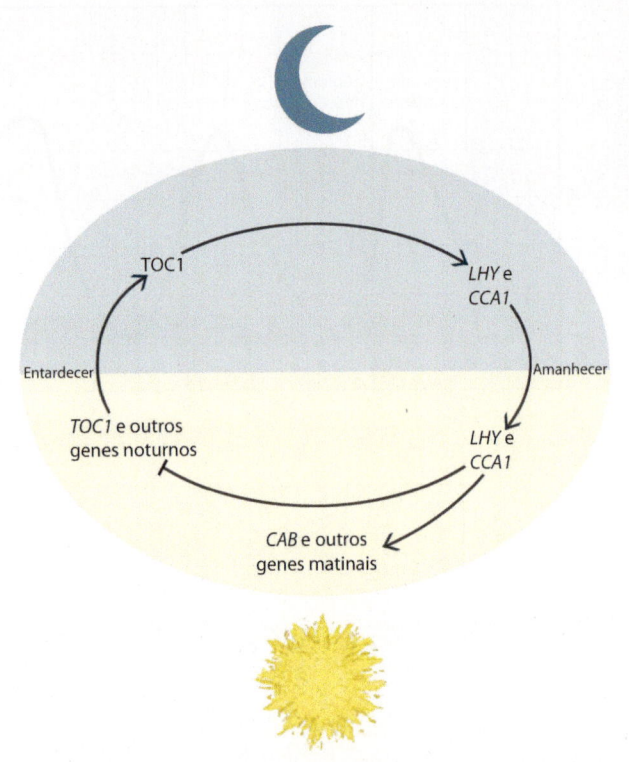

28.12 Oscilador circadiano. Nesse modelo hipotético da alça central do oscilador circadiano em *Arabidopsis,* a proteína TOC1 (parte superior, à esquerda) é um regulador positivo dos genes *LHY* e *CCA1,* que alcançam os seus níveis máximos de expressão ao amanhecer. As proteínas que esses genes produzem, LHY e CCA1, ativam a expressão do gene *CAB* e de outros genes matinais, enquanto suprimem a expressão do gene *TOC1* e de outros genes do entardecer. Uma redução constante nos níveis das proteínas LHY e CCA1 durante o dia possibilita a transcrição do gene *TOC1* para aumentar e alcançar níveis máximos no final do dia.

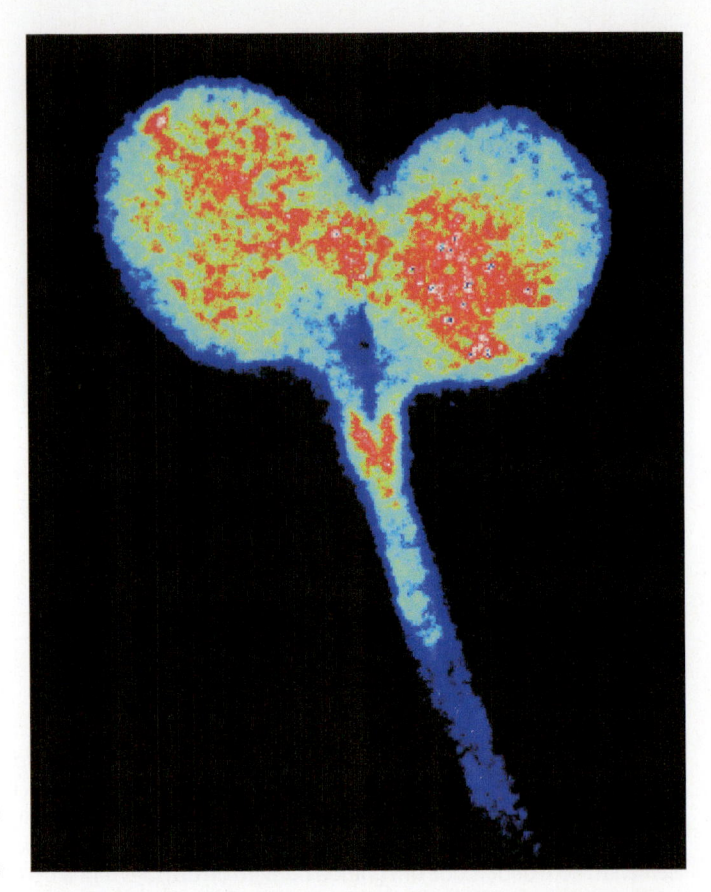

28.13 Controle da expressão gênica pelo relógio biológico. É mostrada aqui uma plântula de *Arabidopsis,* na qual o gene da luciferase do vaga-lume foi fundido à região promotora do gene *CAB2.* A expressão do gene *CAB2,* que é regulado pela luz e pelo relógio circadiano, é maior (vermelho) nos cotilédones e ausente (azul) na raiz.

Fotoperiodismo

O efeito do comprimento do dia sobre a floração foi descoberto na década de 1920 por dois pesquisadores do Departamento de Agricultura dos EUA, W. W. Garner e H. A. Allard, que constataram que nem um mutante de ocorrência espontânea do fumo (*Nicotiana tabacum*), denominado Maryland Mammoth, nem a variedade Biloxi de soja (*Glycine max*) iriam florescer, a não ser que o comprimento do dia fosse menor do que um número significativo de horas. Garner e Allard chamaram esse fenômeno dependente do comprimento do dia de *fotoperiodismo.* As plantas que florescem apenas sob certas condições de comprimento do dia são ditas *fotoperiódicas.* O fotoperiodismo é uma resposta biológica à mudança nas proporções de luz e escuro em um ciclo diário de 24 h. Possibilita aos organismos detectar a época do ano e sofrer mudanças sazonais de desenvolvimento. O relógio circadiano fornece um aspecto essencial do componente de tempo do fotoperiodismo. Embora o conceito de fotoperiodismo tenha começado com estudos de plantas, ele hoje em dia foi demonstrado em vários campos da biologia, incluindo os comportamentos de acasalamento, a migração e hibernação de animais tão diversos como pequenas mariposas, larvas das gemas de espruce, afídeos, larvas de batata, peixes, aves e mamíferos.

O comprimento do dia é um determinante importante da época de floração

Garner e Allard avançaram em seus estudos com muitas outras espécies de plantas com a finalidade de testar e confirmar sua descoberta. Eles descobriram que as plantas pertencem a três tipos gerais, que eles chamaram plantas de dias curtos, plantas de dias longos e plantas neutras. As *plantas de dias curtos* florescem no início da primavera ou no outono; elas devem ter um período de luz *mais curto* do que um valor crítico[*]. Por exemplo, plantas de xântio ou espinho-de-carneiro (*Xanthium strumarium,* Asteraceae) são induzidas a florescer quando expostas a um período de luz de 16 h ou menos (Figuras 28.14 e 28.15). Outras plantas de dias curtos são alguns crisântemos (Figura 28.16A), bico-de-papagaio (*Euphorbia pulcherrima*), morangos e prímulas.

As *plantas de dias longos,* que florescem principalmente no verão, florescerão somente se os períodos de luz forem *mais longos* do que um valor crítico. O espinafre, algumas batatas, algumas cultivares de trigo, alface e meimendro-negro (*Hyoscyamus niger*) são exemplos de plantas de dias longos (Figuras 28.15 e 28.16B).

---

*N.R.T.: O valor crítico refere-se ao fotoperíodo crítico, que é bastante variável entre espécies e, muitas vezes, extremamente preciso.

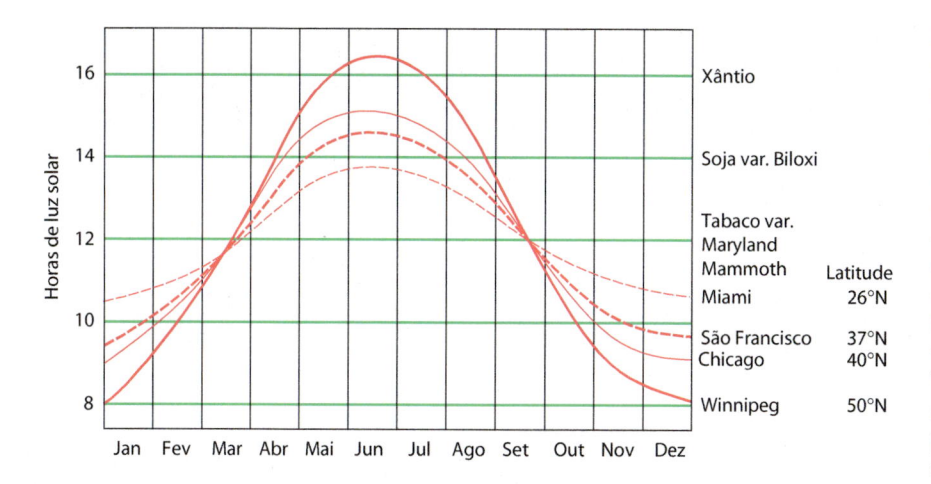

28.14 Comprimento do dia e a floração. Os comprimentos relativos do dia e da noite determinam quando as plantas florescem. As quatro curvas representam a alteração anual do comprimento do dia, em quatro cidades da América do Norte, em quatro diferentes latitudes. As linhas horizontais verdes indicam o fotoperíodo efetivo de três diferentes plantas de dias curtos. O xântio (*Xanthium strumarium*), por exemplo, requer 16 h ou menos de luz. Em Miami, São Francisco e Chicago, *Xanthium* pode florescer tão logo a planta chegue à maturação, mas em Winnipeg as gemas não aparecem até o início de agosto, uma época tão tardia que a geada provavelmente mata as plantas antes que as sementes sejam formadas.

As plantas de espinafre (*Spinacia oleracea*) e de *Xanthium* florescem se expostas a 14 h de luz, mas só uma dessas espécies é considerada planta de dia longo. O fator importante não é o comprimento absoluto do fotoperíodo, mas se ele é mais longo ou mais curto do que um intervalo crítico. O *Xanthium* de dias curtos também floresce prontamente quando exposto a 8 h de luz diurna, enquanto isso não ocorre com o espinafre de dias longos; por outro lado, o espinafre floresce quando exposto a 16 h de luz diurna, o que não ocorre com *Xantium*.

As *plantas neutras* para fotoperíodo florescem independentemente do comprimento do dia. Alguns exemplos de plantas neutras são o pepino, o girassol, o arroz, o milho e a ervilha-de-jardim.

Em espécies de plantas que cobrem uma ampla faixa de norte a sul, são frequentemente observados diferentes ecotipos fotoperiódicos (variantes de um organismo localmente adaptadas); diferentes populações são precisamente ajustadas às demandas do esquema dia-noite local. Assim, em muitas espécies de gramíneas de pradarias, que vão do sul do Canadá até o Texas (EUA), os ecótipos do norte florescem antes do que aqueles do sul, quando ambos são cultivados em um mesmo ambiente.

A resposta fotoperiódica pode ser notavelmente precisa. A 22,5°C, as plantas de dias longos de meimendro-negro florescem quando expostas a fotoperíodos de 10 h e 20 min (Figura 28.15), mas não a um fotoperíodo de 10 h. As condições ambientais também afetam o comportamento fotoperiódico. Por exemplo, a 28,5°C o meimendro-negro requer 11,5 h de luz, enquanto a 15,5°C, apenas 8,5 h.

A resposta varia entre espécies. Algumas plantas requerem apenas uma exposição ao ciclo dia-noite crítico, enquanto outras, como o espinafre, requerem várias semanas de exposição. Em muitas plantas, há uma correlação entre o número de ciclos indutivos e a rapidez de floração ou o número de flores formadas. Algumas plantas têm de alcançar um certo grau de maturidade antes que elas floresçam, enquanto outras respondem a fotoperíodos apropriados quando são ainda plântulas. Algumas plantas, quando se tornam mais velhas, acabam florescendo mesmo se não forem expostas ao fotoperíodo apropriado, embora floresçam muito mais cedo, com a exposição adequada.

As plantas monitoram o comprimento do dia medindo o comprimento do período escuro

Em 1938, Karl C. Hamner e James Bonner iniciaram um estudo de fotoperiodismo usando plantas de *Xanthium strumarium* de dias curtos, que requerem 16 h ou menos de luz por ciclo de 24 h para florescer. Essas plantas são particularmente úteis para fins experimentais porque, sob condições de laboratório, uma única exposição a um dia curto indutivo é suficiente para induzir a floração 2 semanas mais tarde, mesmo se a planta for, imediatamente após esse tratamento, colocada em condições de dias longos. Hamner e Bonner demonstraram que é a lâmina foliar

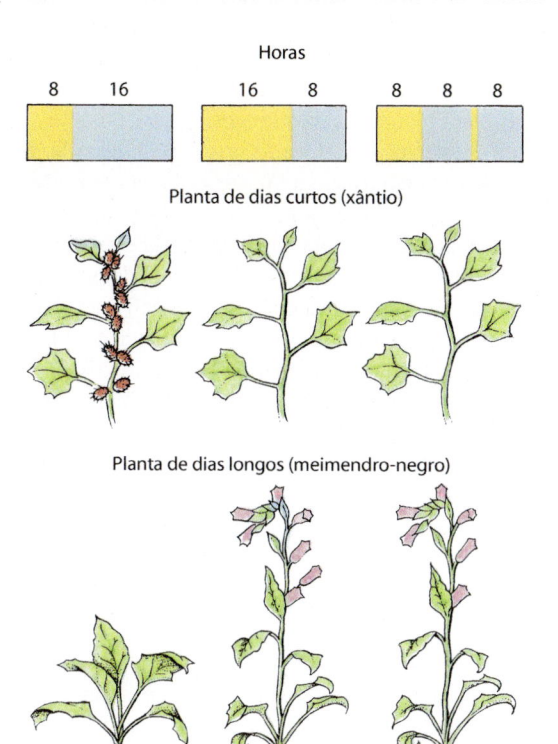

Horas

Planta de dias curtos (xântio)

Planta de dias longos (meimendro-negro)

28.15 Fotoperíodos e floração. As plantas de dias curtos florescem apenas quando o fotoperíodo é menor do que algum valor crítico. Xântio (*Xanthium strumarium*), uma planta de dias curtos, requer menos de 16 h para florescer. As plantas de dias longos florescem apenas quando o fotoperíodo é maior do que algum valor crítico. O meimendro-negro (*Hyoscyamus niger*), uma planta de dias longos, requer cerca de 10 h (dependendo da temperatura) ou mais para florescer. Se o período escuro for interrompido por um lampejo de luz, *Hyoscyamus* floresce mesmo quando o período diário de luz é mais curto do que 10 h. Contudo, o pulso de luz durante o período escuro tem o efeito oposto em uma planta de dias curtos – ela impede a floração. As barras na parte superior indicam a duração dos períodos de claro e escuro em 1 dia de 24 h.

28.16 Plantas de dias curtos e de dias longos. Aqui são mostradas (**A**) plantas de crisântemo (*Chrysanthemum* sp.), que são de dias curtos e (**B**) plantas de espinafre (*Spinacia oleracea*), que são de dias longos. As plantas da esquerda em cada fotografia cresceram sob condições de dias curtos e as da direita, sob dias longos. Observe que as plantas expostas a dias longos têm caules mais longos do que as expostas a dias curtos, independentemente de florescerem ou não.

de *Xanthium* que percebe o fotoperíodo. Uma planta completamente desfolhada não pode ser induzida à floração. Mas se apenas um oitavo de sua folha totalmente expandida for deixado no caule, uma única exposição de dias curtos induz a floração.

No curso desses estudos, nos quais testaram uma variedade de condições experimentais, Hamner e Bonner fizeram uma descoberta crucial e totalmente inesperada. Se o período de escuro for interrompido por uma exposição de luz, mesmo que seja de apenas um minuto com uma lâmpada de 25 watts, a floração não ocorre. A interrupção do período de luz por escuro não apresenta qualquer efeito na floração. Experimentos subsequentes com outras plantas de dias curtos revelaram que elas também requerem períodos contínuos de escuro em vez de períodos contínuos de luz.

A parte mais sensível do período de escuro em relação à interrupção por luz é o meio do período. Se uma planta de *Xanthium* de dias curtos for exposta a um período de luz de 8 h e então a um período extenso de escuro, a planta passa por um estágio de crescente sensibilidade à interrupção por luz que dura cerca de 8 h, seguido por um período no qual as interrupções por luz têm um efeito reduzido. De fato, a exposição à luz por um minuto após 16 h de escuro estimula a floração.

Com base nas descobertas de Garner e Allard, descritas anteriormente, os produtores de crisântemos descobriram que eles podem retardar a floração de plantas de dias curtos estendendo o período luminoso do dia com luz artificial. Com base nos novos experimentos de Hamner e Bonner, os produtores eram capazes de atrasar a floração simplesmente acendendo a luz por um curto período no meio da noite.

O que dizer de plantas de dias longos? Elas também medem o período de escuro. Uma planta de dias longos, que floresce quando é mantida sob luz por 16 h e no escuro por 8 h, também floresce sob 8 h de luz e 16 h no escuro se o período de escuro for interrompido por uma exposição de 1 h de luz.

Uma importante pista para o mecanismo da resposta de uma planta às proporções relativas de luz e escuro partiu de uma equipe de pesquisadores da Estação Experimental do Departamento de Agricultura dos EUA em Beltsville, Maryland. A pista veio de um estudo anterior, realizado com sementes de alface (*Lactuca*

sativa), que só germinavam se expostas à luz. Esse é um requisito para muitas sementes pequenas, que devem germinar em solos não compactados e quando colocadas próximo à superfície para que a plântula possa emergir. Ao estudar os requisitos de luz das sementes de alface durante a germinação, os pesquisadores demonstraram que a luz vermelha estimula a germinação e que a luz de comprimento de onda um pouco mais longo (vermelho extremo ou vermelho-longo) inibe a germinação até mais eficientemente do que a ausência de iluminação.

Hamner e Bonner haviam demonstrado que, quando o período escuro era interrompido por uma única exposição à luz de uma lâmpada comum, as plantas de *Xanthium* não floresciam. O grupo de Beltsville, seguindo essa diretriz, iniciou experimentos com luz de diferentes comprimentos de onda, variando a intensidade e a duração do lampejo. Descobriu-se que a luz vermelha de cerca de 660 nm era mais eficiente na prevenção da floração em *Xanthium* e em outras plantas de dias curtos e na promoção de floração em plantas de dias longos.

Usando sementes de alface, o grupo de Beltsville descobriu que, quando uma exposição à luz vermelha era seguida por uma exposição de vermelho extremo, as sementes não germinavam. A luz vermelha mais eficiente na indução da germinação nas sementes de alface era do mesmo comprimento de onda que aquela envolvida na resposta à floração – cerca de 660 nm. Além disso, a luz mais eficiente na inibição do efeito produzido por luz vermelha tinha um comprimento de onda de 730 nm, na região do vermelho extremo. A sequência de exposição à luz no comprimento de onda vermelho e vermelho extremo podia ser repetida uma após outra; o número de exposições não importava, mas sim a natureza da última exposição à luz. Se a sequência se encerrasse com vermelho, a maioria das sementes germinava. Se terminasse com o vermelho extremo, a maioria não germinava (Figura 28.17).

O fitocromo é o principal fotorreceptor envolvido no fotoperiodismo

Os fotorreceptores envolvidos na floração e na germinação das sementes de alface existem em duas diferentes formas interconversíveis: F_v, que absorve luz vermelha, e F_{ve}, que absorve o ver-

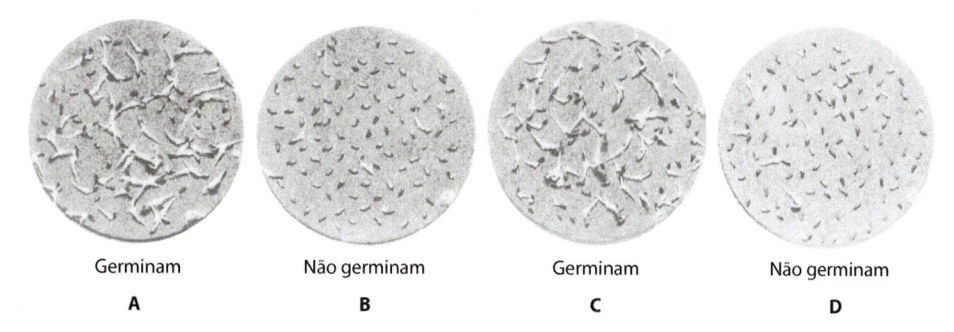

Germinam   Não germinam   Germinam   Não germinam

A   B   C   D

28.17 A luz e a germinação de sementes de alface. A. Sementes expostas à luz vermelha por um curto período. **B.** Sementes expostas à luz vermelha, seguida de vermelho extremo (vermelho-longo). **C.** Sementes expostas a uma sequência de vermelho, vermelho extremo, vermelho. **D.** Sementes expostas a uma sequência de vermelho, vermelho extremo, vermelho, vermelho extremo. Se as sementes irão ou não germinar, como visto em (**A**) e (**C**), depende do comprimento de onda final na série de exposições, com a luz vermelha promovendo a germinação e o vermelho extremo inibindo-a.

melho extremo. Quando uma molécula de F_v absorve um fóton de luz de 660 nm, a molécula é convertida a F_{ve} em uma questão de milissegundos; quando uma molécula de F_{ve} absorve um fóton de luz de 730 nm, ela é rapidamente convertida à forma F_v. Essas mudanças são chamadas *reações de fotoconversão*. Os fitocromos são sintetizados no escuro na forma F_v; após conversão na forma F_{ve}, os fitocromos migram para o núcleo. A forma F_{ve} é biologicamente ativa (ou seja, ela desencadeia uma resposta, como, por exemplo, a germinação de sementes), enquanto a forma F_v é inativa. Desse modo, os fotorreceptores podem funcionar como um interruptor biológico, ligando e desligando as respostas.

Os experimentos de germinação de sementes de alface são facilmente entendidos nesses termos. Como o F_v absorve luz vermelha mais eficientemente (Figura 28.18), essa luz converterá uma alta proporção de moléculas à forma F_{ve}, induzindo, desse modo, a germinação. O vermelho extremo absorvido subsequentemente pelo F_{ve} converterá essencialmente todas as moléculas de volta a F_v, cancelando o efeito da luz vermelha anterior.

E a floração sob ciclos naturais de dias e noites? Como os comprimentos de onda do vermelho e do vermelho extremo estão contidos na luz branca, ambas as formas do fotorreceptor são expostas simultaneamente aos fótons, que são eficientes na promoção da fotoconversão. Após poucos minutos à luz, é então estabelecido um fotoequilíbrio, no qual as taxas de conversão de F_v para F_{ve} e de F_{ve} para F_v são iguais e a proporção de cada tipo de molécula fotorreceptora é constante (cerca de 60% de F_{ve} ao sol do meio-dia).

Quando as plantas são transferidas para o escuro, o nível de F_{ve} declina regularmente por um período de algumas horas. Se um alto nível de F_{ve} for regenerado por um pulso de irradiação com luz vermelha no meio do período escuro (Figura 28.15), ele inibirá a floração em plantas de dias curtos (ou seja, de "noites longas"), que de outro modo floresceriam; ele também promoverá a floração de plantas de dias longos (ou seja, de "noites curtas"), que de outro modo não floresceriam. Em qualquer caso, o efeito do pulso de irradiação com luz vermelha pode ser cancelado por um pulso de vermelho extremo aplicado imediatamente, que reconverte o F_{ve} a F_v.

Em 1959, Harry A. Borthwick e seus colaboradores em Beltsville deram a esse fotorreceptor o nome de *fitocromo*, que significa "cor vegetal", e apresentaram evidência física conclusiva para a sua existência. As principais características do fotorreceptor, como entendidas atualmente, são resumidas esquematicamente na Figura 28.19.

O fitocromo pode ser detectado em tecidos com um espectrofotômetro.

O fitocromo ocorre nas plantas em quantidades muito menores que pigmentos, como a clorofila. Para detectar o fitocromo, é necessário usar um espectrofotômetro que seja sensível a mudanças extremamente pequenas na absorbância de luz. Instrumentos como esse não eram disponíveis até cerca de 7 anos depois que a existência do fitocromo foi proposta; de fato, o primeiro uso desse espectrofotômetro foi para detectar e isolar o fitocromo.

Para evitar a interferência da clorofila, que também absorve luz em torno de 660 nm, as plântulas crescidas no escuro (condição na qual a clorofila não se forma) foram escolhidas como fonte de fitocromo. O pigmento associado ao receptor fitocromo revelou-se como portador de coloração azul (por que se poderia prever essa cor?), e a conversão característica F_v a F_{ve} foi verificada em tubo de ensaio, devido a uma pequena e reversível mudança de cor, em resposta ao vermelho e ao vermelho extremo.

A molécula de fitocromo contém duas partes distintas: uma porção que absorve luz (o *cromóforo*) e uma grande porção de proteína (Figura 28.20). O cromóforo é muito semelhante às ficobilinas que servem como pigmentos acessórios em cianobactérias e algas vermelhas. Os genes para a porção de proteína foram isolados a partir de várias espécies, e as sequências de aminoácidos foram deduzidas a partir da sequência de nucleotídios. A maioria das plantas tem diferentes fitocromos codificados por uma família de genes divergentes. Em *Arabidopsis*, cinco desses genes são conhecidos (*PHYA* a *PHYE*).

Um importante mecanismo de sinalização do fitocromo envolve a interação física do fotorreceptor do fitocromo com proteínas denominadas *fatores de interação do fitocromo (FIP)*.

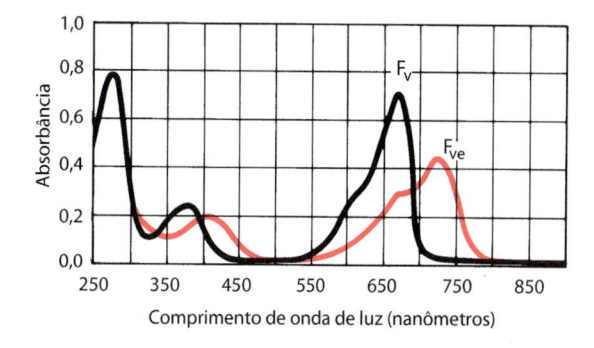

28.18 Espectros de absorção de F_v e F_{ve}. A diferença nos espectros de absorção das duas formas do fitocromo, F_v e F_{ve}, tornou possível o isolamento dos fotorreceptores.

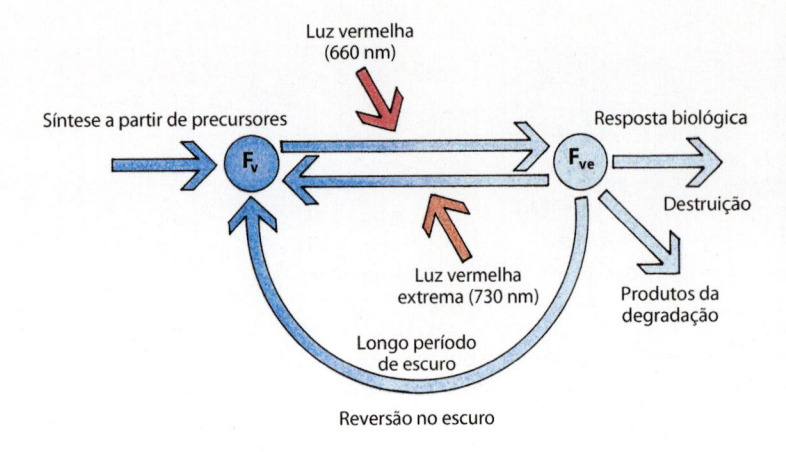

28.19 Síntese do fitocromo. O fitocromo é continuamente sintetizado na forma de F_v a partir de seus precursores aminoácidos e acumula-se nessa forma em plantas crescidas no escuro. F_v converte-se em F_{ve} quando exposto à luz vermelha, que está presente na luz solar. F_{ve} é a forma ativa que induz a resposta biológica. F_{ve} retorna à forma F_v por fotoconversão, quando exposto ao vermelho extremo. No escuro, F_{ve} reverte à forma F_v (reversão no escuro) ou se perde em um processo chamado "destruição", que ocorre durante várias horas e provavelmente envolve hidrólise por uma protease. Todas as três vias alternativas para remoção de F_{ve} fornecem o potencial para reverter as respostas induzidas. Contudo, deve-se observar que a reversão no escuro tem sido detectada apenas em eudicotiledôneas.

Os FIP, que são encontrados no núcleo e que podem se ligar ao DNA, desempenham uma série diversa de funções reguladoras que controlam a *fotomorfogênese* (a regulação do crescimento por sinais luminosos). Aparentemente, os FIP atuam principalmente como reguladores negativos da resposta do fitocromo. A interação física dos fitocromos com os FIP leva à rápida degradação dessas proteínas, de modo que a planta possa alterar rapidamente a expressão gênica em resposta a flutuações no ambiente luminoso. Até agora não há evidências de que o fitocromo interaja diretamente com esses genes.

O fitocromo está envolvido em uma ampla variedade de respostas das plantas.

A germinação de muitas sementes ocorre no escuro. Nas plântulas, o caule alonga-se rapidamente, empurrando o ápice caulinar (ou, nas gramíneas, o coleóptilo) para cima do solo escuro. Durante essa fase inicial do crescimento, não há essencialmente expansão das lâminas foliares que poderiam interferir na passagem do sistema caulinar pelo solo. O solo não é necessário para esse padrão de crescimento; qualquer plântula que cresce no escuro será alongada e delgada e apresentará um gancho apical fechado e folhas pequenas. Ela será também incolor a amarelada, porque os plastídios não se tornarão verdes até exposição à luz. Diz-se que tal plântula está *estiolada* (Figura 28.21A).

Quando a extremidade da plântula emerge para a luz, o padrão de crescimento estiolado dá lugar ao crescimento e à resposta normais da planta, como o fototropismo (Figura 28.21B). Nas eudicotiledôneas, o gancho apical se desfaz, a velocidade do crescimento do caule desacelera e o crescimento da folha inicia (ver Figura 22.10). Nas gramíneas, o crescimento do mesocótilo (a parte do eixo do embrião entre o escutelo e o coleóptilo; Figura 22.12) interrompe-se, o caule alonga-se e as folhas se abrem

(ver Figura 22.11). Esse crescimento desencadeado pela luz e essas respostas de desenvolvimento são chamados de *respostas fotomorfogênicas*.

Por exemplo, uma plântula de feijão que cresceu no escuro, ao receber luz vermelha por 5 min, mostrará esses efeitos da luz a partir do quarto dia. Se a exposição da luz vermelha for seguida por uma exposição de 5 min ao vermelho extremo, nenhuma das mudanças geralmente produzidas pela luz vermelha aparece. Do mesmo modo, em plântulas de cereais, a interrupção do crescimento do mesocótilo é desencadeada por exposição à luz vermelha, e o efeito desta é cancelado pelo vermelho extremo.

Estudos com mutantes de *long-hypocotyl* ("hipocótilo longo") de *Arabidopsis* forneceram informações sobre os papéis de genes fotorreceptores específicos na fotomorfogênese. Nesses mutantes, a luz não detém o alongamento do hipocótilo, indicando que os genes *HY* do tipo selvagem estão envolvidos na percepção da luz ou na resposta a ela. Nos mutantes *hy1* e *hy2*, a biossíntese do cromóforo do fitocromo é bloqueada.

Em outro mutante, *hy4*, a capacidade de responder à luz azul é bloqueada. A clonagem do gene responsável pelo mutante *hy4* revelou que ele é um gene receptor da luz azul. Essa descoberta ilustra a complexidade das respostas à luz, que envolvem as contribuições de diversos fotorreceptores específicos, cada um deles responsável por um diferente aspecto da fotomorfogênese, e também ilustra o valor das análises genéticas no esclarecimento dessa complexidade.

Uma característica importante do fitocromo em plantas que crescem em um ambiente natural é a detecção do sombreamento por outras plantas. A luz refletida ou transmitida através da vegetação viva é decomposta nos comprimentos de onda vermelho e azul, que são absorvidos pela clorofila e pigmentos carotenoides e utilizados para a fotossíntese. Isso leva a uma redução da razão vermelho/vermelho extremo; assim, as plantas que crescem na sombra recebem mais luz vermelho extremo do que luz vermelha. Nas espécies que evitam a sombra, a percepção de uma baixa razão vermelho/vermelho extremo dá início a um conjunto de respostas de desenvolvimento, denominadas *síndrome de evitação de sombra*. Essas respostas incluem alongamento dos hipocótilos, internós e pecíolos, movimento da folha para cima e aumento da dominância apical (Figura 28.22). Essas respostas servem para elevar as folhas dentro do dossel, aumentando a capacidade de uma planta de buscar a luz e ultrapassar a vegetação competitiva. Se a razão vermelho/vermelho extremo continuar reduzida, e a planta não conseguir superar suas vizinhas, a floração será acelerada, promovendo, assim, a produção de se-

28.20 Cromóforo do fitocromo. O cromóforo, a porção da molécula do fitocromo que absorve luz, é apresentado aqui em sua forma F_v; é indicada sua ligação à porção de proteína da molécula.

A   **B**

28.21 Estiolamento. A. Plântulas de feijão crescidas no escuro (à esquerda) são delgadas e pálidas; elas têm entrenós mais longos e folhas menores do que as plântulas crescidas à luz (à direita). O grupo das características físicas exibidas por essas plântulas crescidas no escuro, conhecido como estiolamento, tem valor de sobrevivência para as plântulas, porque ele aumenta as possibilidades de alcançarem a luz antes que a provisão de energia armazenada seja exaurida. **B.** Fototropismo em plântulas de soja estioladas recém-expostas à luz.

Petunia × hybrida   *Nicotiana tabacum*

Rumex palustris   *Arabidopsis thaliana*

28.22 Respostas de evitação da sombra. Em cada uma das espécies mostradas, a planta da esquerda é uma planta de controle, enquanto a da direita cresceu em condições de baixa razão vermelho/vermelho extremo. Observe que as plantas expostas a uma baixa razão vermelho/vermelho extremo exibem ângulos mais verticais das folhas, caules e/ou pecíolos alongados e floração precoce.

mentes e aumentando as probabilidades de sucesso reprodutivo. Alguns estudos indicam que uma redução dos comprimentos de onda azul pode induzir uma resposta pronunciada de evitação de sombra.

Estímulo floral

Com a descoberta de que é a folha que percebe o comprimento dos dias, tornou-se evidente que é necessário que um sinal promotor da floração ou estímulo floral seja transmitido da folha para o meristema apical da gema, onde ocorre a floração.

Os experimentos iniciais sobre o estímulo floral foram conduzidos independentemente em vários laboratórios na década de 1930. O fisiologista vegetal M. Kh. Chailakhyan conduziu alguns dos experimentos pioneiros. Usando plantas de dias curtos de *Chrysanthemum indicum*, ele demonstrou que se a porção superior da planta for desprovida de folhas e as folhas da porção inferior forem expostas a um período de indução de dias curtos, a planta florescerá. No entanto, se a porção superior sem folhas for mantida sob dias curtos e a inferior com folhas for mantida sob dias longos, não haverá floração. Ele interpretou esses resultados como indicativos de que as folhas formam uma substância (ele acreditava que fosse um hormônio) que se move para o ápice caulinar e induz a floração. Chailakhyan denominou essa substância hipotética de *florígeno*, o "formador de flores".

Experimentos posteriores demonstraram que a resposta à floração não ocorre se a folha for removida imediatamente após a fotoindução. Mas se deixada na planta por algumas horas depois do término do ciclo indutivo, a folha pode então ser removida sem afetar a floração. A estimulação floral pode ser passada por meio de um enxerto de uma planta fotoinduzida para uma não induzida. Entretanto, diferentemente da auxina que pode passar pelo ágar ou por tecido não vivo, o florígeno move-se de um tecido para outro somente se eles estiverem conectados por tecido vivo. Se de um ramo for retirada uma faixa circular completa da casca, o movimento do florígeno será interrompido. Com base nesses dados, concluiu-se que o florígeno se transloca pelo floema, o caminho seguido pela maioria das substâncias orgânicas e macromoléculas móveis nas plantas.

Depois de mais sete décadas de pesquisa, ficou conhecida a identidade do florígeno – algumas vezes designado como o "Santo Graal" da pesquisa em floração –, particularmente a partir de pesquisas feitas com *Arabidopsis*. A *Arabidopsis* é uma planta de dias longos facultativa – isto é, floresce mais rapidamente em dias longos, porém acaba florescendo também em dias curtos. Com base no comportamento de floração de mutantes de (Figura 28.23), foram identificados vários genes envolvidos na produção de um promotor de floração nos dias longos. Esses genes incluem *GI (GIGANTEA)*, *CO (CONSTANS)* e *FT (FLOWERING LOCUS1)*, que atuam nessa sequência.

Explicado de modo sucinto, a proteína GI está envolvida no funcionamento do relógio circadiano, enquanto a expressão do gene *CO* é regulada pelo relógio. Assim, mutações nos componentes do relógio, como o gene *GI*, afetam a expressão do gene *CO*. A proteína CO é necessária para a indução da expressão de *FT* nos dias longos, e, por sua vez, o gene *FT* codifica a proteína pequena FT – que hoje é conhecida como o florígeno.

Em plantas jovens de *Arabidopsis*, os genes *CO* e *FT* são expressos em células companheiras do floema das nervuras pequenas das folhas-fontes (exportadoras). A proteína FT produzida nas células companheiras é transferida para os elementos de tubos crivados, sai da folha na corrente de assimilados (ver Capítulo 30) e é transportada pelo floema até o meristema apical das gemas. No meristema apical, a proteína FT forma um complexo com o fator de transcrição FD. O complexo FT-FD inicia a floração ao ativar genes de identidade do meristema floral, como

APETALA1 (ver Capítulo 25) e outros promotores florais, como *SOC1 (SUPRESSOR OF EXPRESSION OF CONSTANS1)*. Uma vez iniciada a floração no meristema apical das gemas de *Arabidopsis*, o processo é irreversível.

Vernalização | O frio e a resposta da floração

O frio pode afetar a resposta de floração. Por exemplo, se o centeio de inverno (*Secale cereale*) for plantado no outono, ele germina durante o inverno e floresce no próximo verão, 7 semanas após o reinício do crescimento. Se for plantado na primavera,

B

A

28.23 Plantas selvagens de *Arabidopsis thaliana* e os mutantes que afetam o tempo da floração. A. Plantas crescidas sob condições de dias longos indutivos. A planta da direita é selvagem e a da esquerda contém uma mutação que retarda a floração. A planta mutante aumentou bastante o seu tamanho (crescimento vegetativo) devido ao retardo da floração. A mutante é mais velha, várias semanas, que a selvagem. **B.** Plantas crescidas sob condições de dias curtos não indutivos. À direita encontra-se uma planta selvagem e à esquerda, uma planta contendo uma mutação que causa florescimento rápido independentemente do fotoperíodo. Neste caso, a planta selvagem é mais velha, várias semanas, que a mutante.

ele não floresce por 14 semanas. Em 1915, o fisiologista vegetal Gustav Gassner descobriu que ele conseguia influenciar a floração do centeio de inverno e de outros cereais ao controlar a temperatura das sementes em germinação. Se sementes embebidas (ver Quadro "Embebição", no Capítulo 4) da linhagem de inverno fossem mantidas em temperaturas próximas ao congelamento (1°C) durante a germinação, o centeio de inverno, mesmo quando plantado no final da primavera, floresceria no mesmo verão em que foi plantado. Esse processo, pelo qual a exposição ao frio torna a planta competente para florescer, é denominado *vernalização* (do latim *vernus*, que significa "da primavera").

Mesmo após a vernalização, a planta precisa ser submetida a um fotoperíodo apropriado, habitualmente de dias longos. O centeio de inverno vernalizado comporta-se como uma planta típica de dias longos, florescendo em resposta aos dias longos do verão. A necessidade de vernalização é comum em plantas anuais de inverno (que são semeadas no outono e que florescem no verão seguinte) e nas bienais, como o rabanete (*Raphanus sativus*), o aipo (*Apium graveolens*) e a cenoura (*Daucus carota*), que produzem um caule curto e uma roseta de folhas durante a primeira estação e que florescem no verão seguinte. Essa necessidade assegura que essas plantas não apresentem floração prematura em resposta a pequenas flutuações da temperatura no outono.

Diferentemente do fotoperíodo, que é percebido nas folhas, a vernalização ocorre diretamente nas células do meristema apical das gemas. Em tipos anuais de inverno de *Arabidopsis*, dois genes, *FLOWERING LOCUS C (FLC)* e *FRIGIDA (FRI)*, estão associados à necessidade de vernalização. O gene *FLC* inibe a floração diretamente por meio da repressão dos genes ativadores florais, *FT, FD* e *SOC1*. O gene *FRI* é necessário para altos níveis de expressão do gene *FLC*. A vernalização interrompe a expressão de *FLC*, resultando em um meristema apical das gemas que é competente para sofrer floração em resposta a dias longos. Recentemente, foi descoberto que uma longa molécula de RNA não codificadora, denominada COLDAIR, é responsável pelo silenciamento do gene *FLC*. Após uma exposição de 20 dias a temperaturas próximas ao congelamento, a molécula COLDAIR torna-se ativa. O processo do silenciamento do gene *FLC* torna-se completo depois de cerca de 30 a 40 dias de frio.

Na maioria das plantas bienais de dias longos que formam rosetas, o tratamento com giberelina pode substituir o tratamento do frio. Se a giberelina for aplicada, tais plantas alongam-se rapidamente e então florescem. A aplicação de giberelina em plantas de dias curtos ou em plantas de dias longos que não formam rosetas tem pouco efeito sobre a resposta de floração (ou então a inibe). Contudo, se a síntese de giberelina for inibida quando a planta está sendo exposta ao ciclo indutivo apropriado, a planta não floresce a não ser que a giberelina seja aplicada.

Dormência

As plantas não crescem com a mesma velocidade em todas as épocas. Durante as estações desfavoráveis, elas limitam ou cessam o seu crescimento. Essa capacidade permite que as plantas sobrevivam a períodos de escassez de água ou a baixa temperatura.

A *dormência* é uma condição especial de suspensão do crescimento. Após períodos de repouso normal, o crescimento é retomado quando a temperatura se torna mais amena ou quando a água, ou outro fator limitante, se torna novamente disponível. Uma gema ou um embrião dormente, entretanto, pode ser "ativado" apenas por certos sinais do ambiente, frequentemente muito precisos. Essa adaptação é de grande importância para

a sobrevivência da planta. Por exemplo, as gemas das plantas expandem-se, formam flores e as sementes germinam na primavera – mas como elas reconhecem essa estação? Se apenas o tempo quente fosse suficiente, todas as plantas floresceriam por muitos anos e todas as plântulas iniciariam seu crescimento durante o tempo quente de outono, apenas para serem destruídas durante a geada de inverno. O mesmo pode ser dito para qualquer um dos períodos quentes que sempre acontecem no inverno. A razão pela qual as sementes ou gemas dormentes não respondem àquelas condições aparentemente favoráveis é que estas contêm inibidores endógenos, que devem ser removidos ou neutralizados antes que o período de dormência termine. Contrariamente a essa "relutância" para crescer muito rapidamente, as sementes comerciais são selecionadas artificialmente de modo a apresentar facilidade para germinar rapidamente, quando expostas a condições favoráveis, uma característica que seria muito desfavorável para as sementes selvagens.

As sementes requerem sinais ambientais específicos para a quebra da dormência

As sementes de quase todas as plantas que crescem em áreas com acentuadas variações sazonais de temperatura requerem um período de frio antes da germinação. Esse requisito é normalmente satisfeito pelas temperaturas de inverno. As sementes de muitas plantas ornamentais têm, semelhantemente, requisitos de frio. Se sementes úmidas forem expostas a baixa temperatura por muitos dias (temperatura média ótima de 5°C durante 100 dias), a dormência pode ser quebrada e a germinação ocorre. Esse procedimento de horticultura é chamado *estratificação*. Muitas sementes requerem desidratação antes da germinação; isso previne a germinação dentro do fruto úmido da planta-mãe. Como discutido anteriormente, algumas sementes, tais como as de alface, requerem exposição à luz, mas outras são inibidas pela luminosidade.

Algumas sementes não germinam até que elas sejam escarificadas, por exemplo, mediante atrito com o solo. Tal abrasão desgasta o tegumento da semente, permitindo a entrada de água ou oxigênio, removendo, em alguns casos, a fonte de inibidores. Tegumentos rígidos em sementes, os quais interferem na absorção e no crescimento do embrião, são comuns entre as leguminosas. A digestão microbiana algumas vezes contribui para o amolecimento do tegumento rígido de sementes.

As sementes de algumas espécies de plantas de deserto germinam apenas quando há chuva suficiente, capaz de lixiviar substâncias inibidoras no tegumento. A quantidade de chuva necessária para lavar esses inibidores de germinação está diretamente relacionada com o suprimento de água que as plantas do deserto necessitam para se estabelecerem como plântulas. A abrasão mecânica ou o rompimento do tegumento da semente (*escarificação*) com uma faca, lima ou lixa pode remover o inibidor ou a condição de "semente dura", ou iniciar as atividades metabólicas necessárias para a germinação. A germinação pode também ser induzida mergulhando-se as sementes em álcool ou algum outro solvente lipofílico (capaz de dissolver as substâncias graxas que impedem a entrada de água), ou em ácidos concentrados. Tais procedimentos são largamente usados por horticultores. (Ver também Capítulo 22.)

Algumas sementes podem permanecer viáveis por um longo tempo em dormência, o que as permite existir por muitos anos, décadas e mesmo séculos sob condições favoráveis. A semente mais velha, datada diretamente (carbono radioativo) e que se sabe ter germinado pertence a uma tamareira (*Phoenix dactyli-fera*) de aproximadamente 2.000 anos, encontrada em escavações em Masada, próximo ao Mar Morto. O detentor do recorde anterior era um lótus sagrado (*Nelumbo nucifera*), cuja semente foi encontrada no leito de um antigo lago em Pulantien, na Província de Liaoning, China. A datação com o carbono radioativo indicou que a semente tinha cerca de 1.300 anos. Um relato de plantas de lupino ártico (*Lupinus arcticus*), que cresceram a partir de sementes às quais foi atribuída uma idade de pelo menos 10.000 anos foi desacreditado.

Algumas sementes, ao serem enterradas, podem entrar e sair da dormência (dormência cíclica de sementes), em consonância com as mudanças de temperatura das estações. Por exemplo, algumas sementes de plantas anuais de verão retiradas do solo no outono não germinam, mesmo em condições ambientais favoráveis (luminosidade, temperatura e umidade). Na primavera, entretanto, os mesmos tipos de sementes viáveis, sob as mesmas condições favoráveis, germinam prontamente.

Os cientistas botânicos têm se tornado cada vez mais interessados nos fatores envolvidos em manter a viabilidade das sementes. Vários sistemas enzimáticos podem tornar-se progressivamente menos eficientes em sementes armazenadas, levando finalmente a uma completa perda de viabilidade. Sob que circunstâncias a viabilidade pode ser prolongada? Tais questões são relevantes para o interesse em escala mundial no desenvolvimento de *bancos de sementes*, com o objetivo de preservar as características genéticas de variedades selvagens e linhagens antigas de plantas agrícolas, visando ao uso em futuros programas de melhoramento (ver Quadro "Silo de sementes para o "Juízo Final | Assegurando a diversidade das plantas agriculturáveis", adiante). A necessidade para tais bancos de sementes surge por causa da substituição progressiva das variedades mais antigas por novas e subsequente eliminação das variedades substituídas, principalmente mediante eliminação de seus *habitats*. Além disso, muitas espécies selvagens de plantas estão em risco de extinção; se possível, as sementes dessas plantas deveriam ser preservadas.

A condição dormente em gemas é precedida por aclimatação

A dormência em gemas é essencial para a sobrevivência de plantas herbáceas e de lenhosas perenes de regiões temperadas, que são expostas a baixas temperaturas no inverno. Embora as gemas dormentes não se alonguem – isto é, não exibam crescimento observável – elas podem apresentar atividade meristemática durante várias fases da dormência.

A dormência de gemas em muitas árvores inicia-se em meados do verão, bem antes da queda das folhas no outono. A gema dormente é um sistema caulinar embrionário, consistindo em um meristema apical, nós e entrenós (ainda não alongados) e pequenas folhas rudimentares (primórdios foliares) com gemas ou primórdios de gemas em suas axilas, tudo envolvido pelas *escamas das gemas* (Figura 28.24). As escamas das gemas são muito importantes porque elas ajudam a prevenir a dessecação, restringem a difusão do oxigênio na gema e isolam a gema, evitando a perda de calor. Sabe-se que os inibidores de crescimento acumulam-se nas escamas e no eixo das gemas, assim como nos primórdios foliares das gemas. Por isso, em muitos aspectos, os papéis das escamas das gemas são semelhantes aos dos tegumentos das sementes.

Durante e após a interrupção do crescimento que leva à condição de dormência, os tecidos das plantas começam a sofrer numerosas mudanças físicas e fisiológicas a fim de preparar a

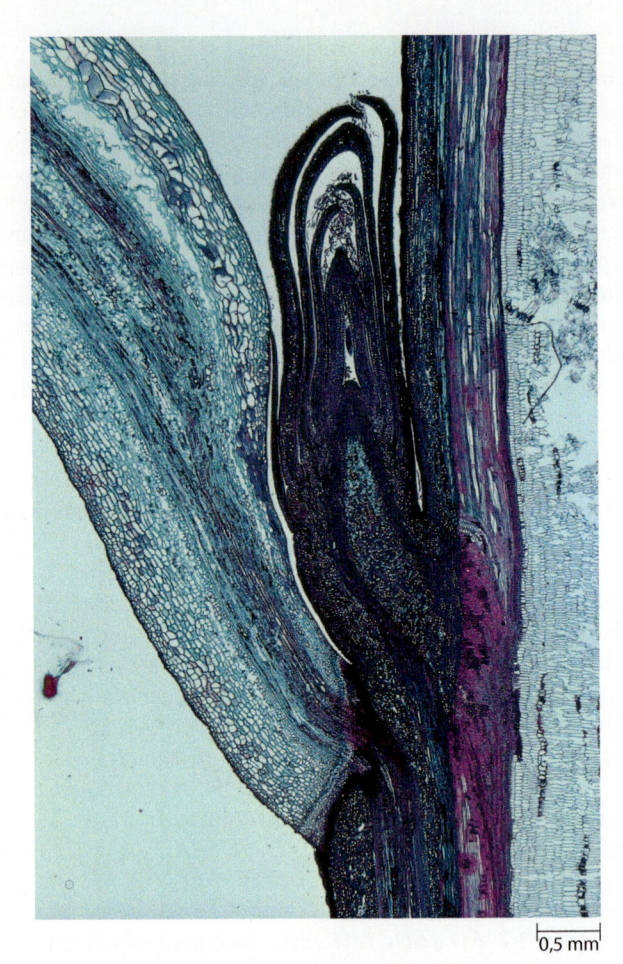

0,5 mm

28.24 Gema dormente. Seção longitudinal de uma gema axilar dormente de ácer (*Acer*). A gema consiste em um sistema caulinar embrionário envolvido por escamas.

planta para o inverno, um processo conhecido como *aclimatação*. A redução no comprimento do dia é o primeiro fator envolvido na indução da dormência em gemas (Figura 28.25). Geralmente, quantidades maiores de inibidores são encontradas nas folhas e nas gemas sob condições de dias curtos do que de dias longos. A aclimatação ao frio leva à *resistência ao frio* – a capacidade da planta de sobreviver aos efeitos extremos do frio e da seca durante o inverno.

Do mesmo modo que as sementes, as gemas de muitas espécies de plantas requerem frio para quebrar sua dormência. Se ramos de árvores e arbustos floríferos são cortados e levados para ambientes internos no outono, eles não florescem; mas se os mesmos ramos forem deixados no ambiente externo até o final do inverno ou começo da primavera, eles florescem nas temperaturas mais quentes de ambientes internos. Árvores frutíferas decíduas, tais como macieira, nogueira e pereira, não podem crescer em climas nos quais os invernos não são frios. De modo semelhante, bulbos como os das tulipas, jacintos e narcisos podem ser "forçados" a florescer em ambientes internos no inverno, porém apenas se tiverem sido previamente expostos a um ambiente externo ou a um lugar frio. Tais bulbos são na verdade grandes gemas, nas quais as folhas são modificadas para o armazenamento (ver Capítulo 25).

O frio não é necessário para quebrar a dormência em todos os casos. Na batata, por exemplo, na qual os "olhos" são gemas dormentes, o principal requisito é que elas sejam armazenadas por pelo menos 2 meses em ambiente seco; a temperatura não

SILO DE SEMENTES PARA O "JUÍZO FINAL" | ASSEGURANDO A DIVERSIDADE DAS PLANTAS AGRICULTURÁVEIS

A 640 km da costa setentrional da Noruega, na encosta de uma montanha congelada com vista para o Mar da Groenlândia, ergue-se um portal de aço inoxidável, como um misterioso monumento em meio à neve. Por trás de suas portas, um longo corredor de concreto atravessa o *permafrost* (solo permanentemente gelado) e mergulha a 100 m de profundidade na montanha. No final desse corredor, encontram-se três câmaras idênticas, cada uma delas ocupada por centenas de caixas idênticas. Cada caixa contém centenas de pequenos pacotes de folha de alumínio cuidadosamente rotulados e fechados de modo hermético. Dentro de cada pacote estão várias centenas de sementes, sendo cada conjunto de sementes de uma única variedade de cultivo, coletadas em todas as partes do mundo, e enviadas a essa ilha isolada para sua preservação. Em seu conjunto, as mais de meio milhão de amostras representam – e conservam – uma grande fração da diversidade genética da agricultura do planeta.

O *Svalbard Global Seed Vault* (Silo Global de Sementes de Svalbard), um projeto do governo norueguês, foi inaugurado em 2008. Sua missão é propiciar condições para o armazenamento de sementes de reposição para as centenas de bancos de genes de plantas agriculturáveis (cultivadas) do mundo inteiro. Esses bancos de sementes representam as linhas de frente de preservação da diversidade enorme, porém em declínio, das variedades de plantas usadas em agricultura. Por exemplo, existem mais de 40.000 variedades de arroz, porém apenas uma pequena quantidade é cultivada comercialmente. Grande parte do restante encontra-se em perigo de extinção, visto que cada vez mais os agricultores plantam uma quantidade cada vez menor de variedades. Contudo, as variedades mais raras podem conter características singulares de resistência às doenças, tolerância à seca ou sabor que um dia poderá ser usado para melhorar o arroz comercialmente cultivado ou para ajudar agricultores locais a desenvolver uma plantação apropriada às suas necessidades.

O Silo de Svalbard conserva duplicatas de amostras de sementes, para o caso em que uma amostra de um banco de genes primário seja danificada ou perdida.

As sementes perduram por mais tempo quando mantidas secas e frias; as câmaras em Svalbard são resfriadas a −18°C, e as caixas de armazenamento são à prova de umidade. O aquecimento global poderá finalmente derreter o *permafrost*; entretanto, localizadas profundamente dentro da montanha, as câmaras são naturalmente protegidas dos extremos de temperatura e estão fora do alcance da elevação do nível do mar. Quando o silo estiver ocupado integralmente, deverá conter 4,5 milhões de amostras, constituindo a maior coleção de sementes do mundo.

Em condições ideais de armazenagem, as sementes de alguns cultivos poderão permanecer viáveis por centenas ou até mesmo milhares de anos. Entretanto, mesmo o Silo de sementes para o "Juízo Final", como algumas vezes é designado, não pode deter por completo a lenta perda de vitalidade das sementes. Por esse motivo, os bancos de genes primários devem, continuamente, retirar as amostras de sementes, germiná-las, obter plantas maduras e criar novas amostras de sementes, que mais uma vez poderão ser armazenadas.

Armazenagem no frio. *Svalbard Global Seed Vault* (Silo Global de Sementes de Svalbard) estende-se profundamente dentro da rocha na costa ártica de Spitzbergen, a maior ilha do arquipélago de Svalbard, que se encontra na parte setentrional extrema da Noruega.

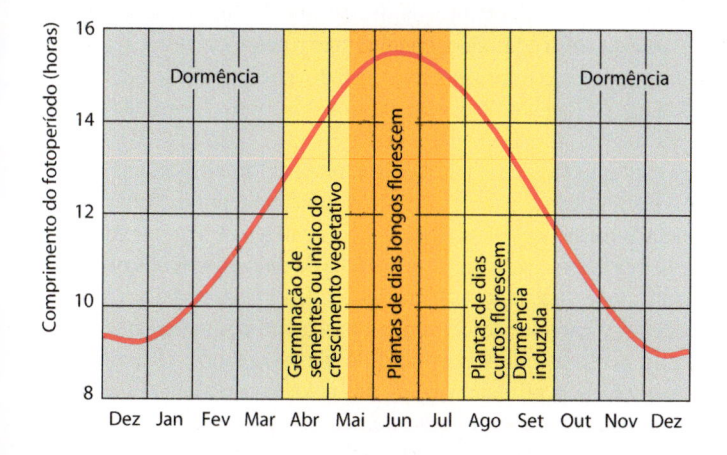

é um fator importante. Em muitas plantas, particularmente as árvores, a resposta fotoperiódica quebra a dormência do inverno, sendo as gemas dormentes os órgãos receptores.

O etileno é usado, algumas vezes, para promover o brotamento em batatas e outros tubérculos. Ocasionalmente, a aplicação de giberelinas quebra a dormência de brotos. Por exemplo, o tratamento com giberelina pode induzir o desenvolvimento de uma gema de pêssego depois de ter sido colocada durante 164 h em temperatura abaixo de 8°C. Será que isso significa que em

28.25 Comprimento do dia e dormência. Relação entre o comprimento do dia e o ciclo de desenvolvimento de plantas na zona temperada do Hemisfério Norte.

condições normais, um aumento na quantidade de giberelina quebra a dormência? Não necessariamente. A dormência pode ser um estado de equilíbrio entre inibidores e estimuladores de crescimento. A adição de qualquer estimulador de crescimento (ou remoção de inibidores como o ácido abscísico) pode alterar o balanço, de modo que o crescimento inicia-se.

Movimentos násticos e rastreamento solar

Os *movimentos násticos* são movimentos da planta que ocorrem em resposta a um estímulo, mas com uma direção do movimento que é independente da posição da origem do estímulo. Provavelmente, os movimentos násticos de mais ampla ocorrência nas plantas são os movimentos "de dormir". Conhecidos tecnicamente como *movimentos nictinásticos* (que significa "fechamento noturno", do grego *nyx*, "noite", e *nastos*, "fechado"), eles constituem os movimentos para cima e para baixo das folhas, em respostas aos ritmos diários de luz e escuro. As folhas são orientadas horizontalmente durante o dia e verticalmente à noite (ver Figura 28.9). À noite, os folíolos das folhas compostas dobram-se, e as bordas das folhas opostas se unem (Figura 28.26). Esses movimentos são particularmente comuns em leguminosas.

A maioria dos movimentos foliares nictinásticos resulta de mudanças no tamanho das células parenquimáticas nas junções espessadas, localizadas na base de cada folha (e, se a folha for composta, na base de cada folíolo). Esse espessamento, conhecido como *pulvino*, é uma estrutura cilíndrica flexível com o sistema vascular localizado no centro. Anatomicamente, todos os

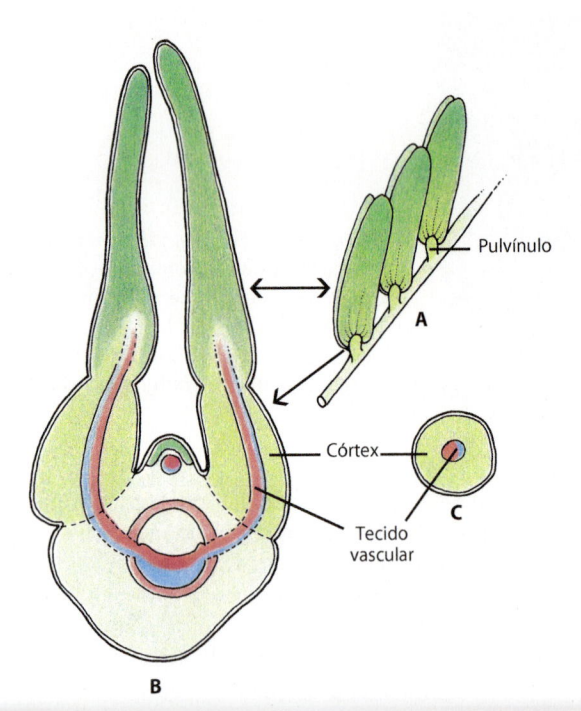

28.26 Pulvínulo. Representação diagramática de pulvínulos em *Mimosa pudica*. **A.** Porção de uma raque mostrando três folíolos, cada um com um pulvínulo na base. **B.** Seção transversal da raque com dois folíolos na condição fechada, mostrando uma visão longitudinal dos pulvínulos. **C.** Seção transversal de um pulvínulo mostrando o tecido vascular centralmente disposto, circundado pelo córtex com células parenquimáticas de paredes delgadas.

pulvinos consistem em um cerne de tecido vascular circundado por um córtex espesso com células parenquimáticas de paredes finas, cuja camada interna é uma endoderme verdadeira com estrias de Caspary (Figura 28.26). O movimento dos pulvinos está associado a mudanças reversíveis no turgor e a concomitantes encolhimento e expansão do parênquima em lados opostos da estrutura. As alterações de turgor nas células que se contraem e expandem, denominadas *células motoras*, são produzidas por fluxos de íons de potássio e cloro através da membrana plasmática dessas células, seguidos de fluxos de água na mesma direção. Essas alterações estão sob o controle do relógio circadiano e do fitocromo.

Os movimentos tigmonásticos são movimentos násticos que resultam de estímulo mecânico

Os *movimentos tigmonásticos* são exemplificados pela familiar planta sensitiva ou dormideira (*Mimosa pudica*, Leguminosae), cujos folíolos e às vezes as folhas inteiras fecham-se repentinamente, em resposta ao toque, à agitação ou ao estímulo elétrico ou térmico (Figura 28.27). Como no caso dos movimentos de "dormir" (também exibidos por *M. pudica*), essa resposta é resultado de uma súbita mudança na pressão de turgor de células motoras do pulvino ou pulvínulo na base de cada folha ou folíolo, respectivamente. A perda de água por meio das aquaporinas na membrana plasmática dessas células (ver Capítulo 4) ocorre após o efluxo de íons de cloro, potássio e cálcio das células para o apoplasto. O acúmulo de íons no apoplasto parece ser iniciado por um decréscimo do potencial hídrico, desencadeado por um acúmulo de sacarose proveniente do floema no mesmo local. A atividade ATPase parece estar bastante envolvida no movimento tigmonástico em *M. pudica*. Foi encontrado um alto nível de H^+ ATPase tanto nos pulvinos quanto no floema. Apenas um folíolo precisa ser estimulado; o estímulo então se desloca para outras partes da folha e para toda a planta. Dois mecanismos distintos, um elétrico e outro químico, parecem estar envolvidos na difusão do estímulo na planta sensitiva. Acredita-se que os movimentos rápidos dos folíolos assustem possíveis herbívoros.

A planta carnívora dioneia (*Dionaea muscipula*), encontrada apenas nas savanas de pinheiros do sul da Carolina do Norte e norte da Carolina do Sul (EUA), é uma de apenas duas plantas no mundo inteiro que capturam ativamente presas animais por meio de armadilhas que se fecham bruscamente; a outra é a aldrovanda europeia (*Aldrovanda vesiculosa*). As folhas da dioneia consistem em duas partes, um pecíolo relativamente largo e a armadilha, uma folha lobada mantida pela nervura central, que serve como dobradiça da armadilha. A superfície superior ou interna de cada lobo contém três "pelos sensitivos", que atuam como mecanossensores. Quando a armadilha se fecha, os "dentes" ao longo da margem externa dos lobos se entrelaçam e, desse modo, impedem que a presa escape (Figura 28.28). Uma vez capturada a presa, a dioneia excreta enzimas digestivas e absorve a refeição liquefeita. As armadilhas podem funcionar uma segunda ou até mesmo uma terceira vez antes de serem extintas.

O mecanismo pelo qual a armadilha da dioneia se fecha bruscamente está começando a ser elucidado. A primeira etapa envolve a geração de cargas elétricas, que se propagam dos pelos sensitivos para a nervura central por meio de plasmodesmos. Quando um inseto toca pela primeira vez um dos pelos, a curvatura desse pelo deflagra uma minúscula carga elétrica, que por si só é insuficiente

A   **B**

28.27 Movimentos tigmonásticos. Tigmonastia na planta sensitiva ou dormideira (*Mimosa pudica*). **A.** Posição normal das folhas e folíolos. **B.** Respostas ao toque resultam em mudanças na pressão de turgor em determinadas células das junções espessadas (pulvínulos) localizadas na base dos folíolos. Apenas um único folíolo precisa ser estimulado para que a resposta em (**B**) ocorra.

para estimular a armadilha. É necessário que o pelo seja tocado duas vezes ou que um segundo pelo seja tocado com intervalo de 0,75 a 40 s. A primeira carga elétrica é "memorizada" pela dioneia, e, com a propagação da segunda carga para a nervura central, os sinais elétricos ativam a hidrólise do ATP, dando início ao transporte de prótons, que desencadeia a abertura de aquaporinas e um surto de água das células motoras abaixo da epiderme superior para aquelas localizadas sob a epiderme inferior. A perda de turgor das células abaixo da epiderme superior, acompanhada da expansão das células sob a epiderme inferior, fecha a armadilha. Uma vez propagada a segunda carga elétrica, a armadilha é brus-

camente fechada em 0,3 s. Charles Darwin ficou encantado com a notável velocidade e força da dioneia, uma planta que descreveu como "uma das maravilhas do mundo".

Efeitos generalizados dos estímulos mecânicos sobre o crescimento e o desenvolvimento vegetal ocorrem por tigmomorfogênese

Além das respostas especializadas de algumas plantas – tais como a sensitiva e a *Dionaea* – ao toque e a outros estímulos mecânicos, as plantas respondem também a estímulos mecânicos

A   **B**

28.28 Resposta ao toque na planta carnívora (*Dionaea muscipula*). Aqui, uma mosca distraída, atraída pelo néctar secretado na superfície foliar, pode ser vista na folha (**A**) antes e (**B**) depois de seu fechamento. Cada metade da folha é equipada com três tricomas sensitivos. Quando um inseto anda sobre uma das folhas, ele toca nos tricomas e provoca o fechamento da folha, semelhante a uma armadilha. As bordas "denteadas" se cruzam, as duas metades da folha gradualmente se fecham e o inseto é pressionado contra as glândulas digestivas na superfície interna da armadilha.

O mecanismo de armadilha é tão especializado que pode distinguir uma presa viva de objetos inanimados, tais como seixos e pequenos gravetos que caem na folha: a folha não fechará a menos que dois de seus tricomas sejam tocados sucessivamente ou um tricoma seja tocado duas vezes.

ao alterarem seus padrões de crescimento, um fenômeno conhecido como *tigmomorfogênese*. Embora os botânicos saibam há muito tempo que as plantas que crescem em uma casa de vegetação tendem a ser mais altas e mais delgadas que as plantas que crescem em ambientes externos, apenas a partir da década de 1970 é que os estudos sistemáticos, conduzidos por M. J. Jaffe, revelaram que a fricção regular ou o arqueamento dos caules inibe seu alongamento e estimula sua expansão radial, resultando em plantas mais baixas e encorpadas. As plantas em um ambiente natural estão, obviamente, sujeitas a estímulos semelhantes, na forma de vento, de gotas de chuva e de fricção pela passagem de animais e máquinas. O balanço das plantas provocado pelo vento é um poderoso fator que causa tigmomorfogênese.

Como foi visto no Capítulo 27, tais respostas de crescimento são causadas por mudanças na expressão de genes. Os estudos com *Arabidopsis* demonstram que alguns dos genes cuja expressão é induzida pelo toque codificam para proteínas relacionadas com a proteína cálcio-ligante calmodulina, sugerindo um papel para o Ca^{2+} como mediador de respostas de crescimento. (Ca^{2+} tem sido implicado na regulação de um certo número de processos vegetais, inclusive na mitose, no crescimento polarizado da célula, na corrente citoplasmática, além dos movimentos násticos e trópicos.) As plantas de *Arabidopsis* estimuladas tornam-se visivelmente mais baixas do que as não tratadas (Figura 28.29).

Algumas plantas orientam suas folhas em direção ao sol por rastreamento solar

As folhas e as flores de muitas plantas têm a capacidade de movimentar-se durante o dia, orientando-se perpendicular ou paralelamente aos raios diretos do Sol. Comumente conhecido como *rastreamento solar* (Figura 28.30), esse fenômeno é tecnicamente chamado *heliotropismo* (do grego *helios*, que significa "Sol"). Diferentemente do fototropismo do caule, o movimento foliar de plantas heliotrópicas não é resultado de crescimento assimétrico. Na maioria dos casos, os movimentos envolvem pulvinos ou pulvínulos nas bases das folhas e/ou folíolos e aparentemente se relaciona com mecanismos semelhantes àqueles associados a movimentos nictinásticos. Alguns pecíolos parecem ter características de pulvinos ao longo da maior parte ou da totalidade de seu comprimento. Algumas plantas comuns que exibem movimentos fo-

28.29 Tigmomorfogênese. *Arabidopsis thaliana* com 6 semanas de idade. A planta da esquerda foi tocada duas vezes diariamente; a planta da esquerda é o controle não tratado. A inibição do crescimento pelo toque ou por outro estímulo mecânico que não cause lesão, que resulta em comprimento reduzido e no aumento em espessura, é denominada tigmomorfogênese.

liares heliotrópicos são o algodão, a soja, o feijão-de-corda (*Vigna unguiculata*), um tipo de tremoço (*Lupinus arizonicus*) e o girassol (*Helianthus annuus*). Foi sugerido que o heliotropismo floral está estreitamente relacionado com o fototropismo. Entretanto, o pedúnculo da flor ou inflorescência é essencialmente um eixo ver-

A

B

28.30 Rastreamento solar. A. As folhas de um tipo de tremoço (*Lupinus arizonicus*) orientam-se para rastrear o curso do Sol durante o dia. Esse fenômeno é comumente conhecido como rastreamento solar ou heliotropismo. **B.** Rastreamento solar em um campo de girassóis (*Helianthus annuus*).

tical, em que uma das extremidades é fixa, enquanto a outra, isto é, a flor ou inflorescência, rastreia o sol em um ângulo de quase 180°. As células motoras como aquelas encontradas nos pulvinos não foram identificadas nos pedúnculos das flores.

RESUMO

As plantas têm uma diversidade de adaptações que as tornam capazes de detectar alterações em seu ambiente e de responder a elas

O fototropismo é a curvatura do sistema caulinar em crescimento em direção à luz. O crescimento diferencial da plântula é causado pela migração lateral do hormônio do crescimento auxina sob a influência da luz. Os fotorreceptores para essa resposta são proteínas que contêm pigmento, o qual é capaz de absorver a luz azul e converter o sinal em uma resposta bioquímica. O gravitropismo é a resposta de um sistema caulinar ou radicular à gravidade. O movimento da auxina para a superfície inferior de um sistema caulinar ou radicular orientado horizontalmente desempenha um papel na curvatura para cima do sistema caulinar e na curvatura para baixo da raiz, embora a curvatura da raiz para baixo seja iniciada pela estimulação do alongamento de seu lado superior. O local da percepção da gravidade no caule está na bainha amilífera e na raiz está nas células da columela da coifa, onde os amiloplastos atuam como sensores da gravidade. O hidrotropismo refere-se ao crescimento direcionado das raízes em resposta a um gradiente de umidade. O tigmotropismo é uma resposta ao contato com um objeto sólido, como no enrolamento de gavinhas.

Os organismos vivos exibem ritmos circadianos

Os ritmos circadianos são ciclos de atividade que se repetem em intervalos de cerca de 24 h, em um organismo sob condições ambientais constantes. São ritmos endógenos e causados não por fatores ambientais, mas por um mecanismo temporal interno chamado relógio circadiano, que controla a expressão de genes específicos. O relógio é sincronizado ou treinado pelo ambiente, principalmente pelos ciclos de claro-escuro e pelos ciclos de temperatura.

O fotoperiodismo é a resposta de organismos a ciclos de variações de 24 h de claro e escuro

As respostas fotoperiódicas controlam o desencadeamento do processo de floração em muitas plantas. Algumas delas, conhecidas como plantas de dias longos, só florescem quando os períodos de luz excedem um valor crítico. Outras plantas, as de dias curtos, florescem apenas quando os períodos de luz são menores do que um valor crítico. As plantas neutras florescem independentemente dos fotoperíodos. Experimentos têm demonstrado que o fator crítico é o período de escuro, e não o de luz.

O fitocromo está envolvido no fotoperiodismo

O fitocromo, um fotorreceptor comumente presente nos tecidos vegetais, é a molécula que detecta as transições entre luz e escuridão. Esse fotorreceptor existe sob duas formas, F_v e F_{ve}. O F_v absorve luz vermelha e é desse modo convertido em F_{ve}. Este absorve luz no comprimento de onda do vermelho extremo e é convertido em F_v. O F_{ve} é a forma ativa do fotorreceptor; pro-move a floração de plantas de dias longos, inibe a floração de plantas de dias curtos e promove a germinação de sementes de alface e o crescimento normal de plântulas. A molécula de fitocromo contém duas partes distintas: uma porção que absorve luz (o cromóforo) e uma grande porção de proteína.

O fotoperíodo é percebido nas folhas, mas a resposta tem lugar no meristema apical do sistema caulinar (gema)

Análise da floração em *Arabidopsis* indica que a proteína FT (FLOWERING LOCUS1), que é sintetizada nas células companheiras e transferida para os elementos de tubo crivado no floema das nervuras menores nas folhas fonte, constitui o sinal que induz o desenvolvimento floral no meristema apical da gema. A proteína FT é transportada nos tubos crivados até o meristema apical, onde forma um complexo com o fator de transcrição FD. O complexo FT-FD inicia a floração por meio da ativação dos genes do meristema floral.

A floração em algumas plantas é promovida por temperaturas frias prolongadas

A vernalização é o processo pelo qual a exposição ao frio prolongado torna uma planta competente para a floração. A necessidade de vernalização é comum em muitas plantas anuais de inverno e bienais nos climas temperados e impede a sua floração durante os curtos períodos de frio no outono. Diferentemente do fotoperiodismo, que é percebido nas folhas, a vernalização ocorre diretamente nas células do meristema apical das gemas.

A dormência permite às plantas sobreviverem à falta de água e aos extremos de frio e calor

A dormência é uma condição especial de crescimento interrompido, no qual plantas inteiras ou estruturas como sementes ou gemas não retomam o crescimento sem sinais especiais do ambiente. A exigência de tais sinais, que incluem exposição ao frio, seca e um fotoperíodo adequado, previne que os tecidos quebrem a dormência durante condições pouco favoráveis. A diminuição do comprimento do dia é o principal fator envolvido na indução da dormência nas gemas. A aclimatação ao frio conduz à resistência ao frio, ou seja, a capacidade que a planta tem de sobreviver ao frio extremo do inverno.

Muitas plantas exibem movimentos násticos

Os movimentos das plantas que ocorrem em resposta a um estímulo, mas em uma direção independente da direção do estímulo são chamados movimentos násticos. Dentre eles, estão os movimentos de dormir, de larga ocorrência, também chamados nictinásticos – movimentos para cima e para baixo das folhas, em resposta ao ritmo diário de luz e escuro. Os movimentos násticos que resultam do toque (movimentos tigmonásticos) incluem o fechamento da folha da planta carnívora *Dionaea*.

A tigmomorfogênese e o rastreamento solar são fenômenos conhecidos

O efeito mais generalizado de estímulos mecânicos no crescimento e no desenvolvimento das plantas é a tigmomorfogênese. É por meio dela que as plantas podem responder a estímulos mecânicos, alterando seus padrões de crescimento. Tais plantas são

Tabela-resumo Principais tipos de movimentos ou respostas de crescimento aos estímulos externos

Tipo de movimento	Descrições e exemplos	Mecanismos e/ou outras características
Tropismo: crescimento direcional em resposta a um estímulo externo	Fototropismo: crescimento do sistema caulinar, coleóptilo ou pecíolo da folha em direção à luz	Induzido pela luz, causa redistribuição lateral de auxina para o lado sombreado da estrutura. A auxina estimula então o alongamento celular no lado sombreado. A redistribuição de auxina é mediada por dois fotorreceptores flavoproteínicos
	Gravitropismo: crescimento para baixo da raiz e para cima do sistema caulinar	Induzido pela gravidade, aparentemente causa redistribuição de auxina para o lado inferior do caule e da raiz. A maior concentração de auxina em caules estimula o alongamento celular; em raízes, ela inibe o alongamento celular. Nos coleóptilos e caules, a gravidade é percebida na bainha amilífera; nas raízes, nas células da columela da coifa
	Hidrotropismo: crescimento direcionado das raízes em resposta a um gradiente de umidade	Percebido na coifa, e a auxina desempenha um papel
	Tigmotropismo: resposta ao contato com um objeto sólido	Responsável pelo enrolamento de gavinhas em torno de um suporte. Não se sabe ao certo se gradientes de auxina estão envolvidos
Movimento nástico: movimento em resposta a um estímulo externo, com a direção do movimento independente da direção do estímulo	Nictinastia: movimento de dormir das folhas	Resulta de mudanças no turgor das células motoras do pulvino. Sob o controle do relógio circadiano e do fitocromo
	Tigmonastia: movimento, como o fechamento das folhas da planta sensitiva e da dioneia, em consequência de estimulação mecânica	Resulta de mudanças no turgor das células motoras do pulvino. Envolve mecanismos tanto elétricos quanto mecânicos. A atividade da ATPase está muito envolvida
Tigmomorfogênese: resposta de crescimento independente da direção do estímulo externo	Estímulo mecânico, tal como atrito ou curvatura do caule, inibindo o alongamento e estimulando a expansão radial	Envolve mudanças na expressão de genes codificantes de proteínas relacionadas com a proteína calmodulina, que se liga ao cálcio. Desse modo, os íons cálcio estão implicados no mecanismo
Rastreamento solar: também conhecido como heliotropismo	Folhas e flores orientam-se em relação aos raios solares durante o dia	Para as folhas, resulta aparentemente de mudanças de turgor nas células do pulvino, como no caso dos movimentos nictinásticos. O mecanismo do heliotropismo floral não está bem elucidado

tipicamente mais baixas e mais encorpadas que as plantas não estimuladas. Além disso, as folhas e as flores de muitas plantas acompanham ou rastreiam o Sol ao longo do dia – um fenômeno conhecido como rastreamento solar ou heliotropismo – maximizando ou minimizando a absorção da radiação solar.

Autoavaliação

1. Explique a hipótese estatólito-amido, na medida em que ela se aplica às raízes. Quais as evidências que sustentam essa hipótese?

2. Faça a distinção entre os seguintes itens: ritmo circadiano e relógio biológico; fototropismo e fotoperiodismo; tigmotropismo e movimento tigmonástico.

3. As plantas monitoram o comprimento do dia ao medirem o comprimento da noite. Explique.

4. Explique como é possível que uma planta de dias longos e uma planta de dias curtos, as quais crescem em uma mesma localidade, floresçam no mesmo dia do ano.

5. Suponha que lhe foi dada uma planta florida de crisântemo no outono e que você decide mantê-la dentro de casa. Que precauções você precisa tomar para assegurar que ela floresça novamente?

6. Explique como o estímulo floral, que se origina nas nervuras menores das folhas fonte, exerce o seu efeito no meristema apical do sistema caulinar (gemas).

7. As flores de algumas plantas abrem-se durante a manhã e fecham-se próximo ao crepúsculo. Projete e descreva um experimento que pudesse ser usado para determinar se esses ritmos diários são controlados pelo relógio circadiano da planta ou pela presença ou ausência de luz.

8. Que mecanismos são responsáveis pelos movimentos de dormir das folhas e pelo fechamento das folhas da planta dioneia?

CAPÍTULO 29

Nutrição Vegetal e Solos

◀ **Orquídea subterrânea.** Vivendo totalmente abaixo da superfície do solo, essa rara orquídea australiana (*Rhizanthella gardneri*) é vista nesta fotografia com o solo parcialmente removido. Desprovidas de folhas e incapazes de realizar a fotossíntese, essas orquídeas desenvolveram uma relação parasitária com uma micorriza, um fungo associado às raízes de um arbusto, *Melaleuca uncinata* (Myrtaceae). As orquídeas recebem seus nutrientes do arbusto fotossintetizante por meio das hifas dos fungos.

As plantas devem obter do ambiente as substâncias básicas e específicas para as complexas reações bioquímicas necessárias à manutenção de suas células e ao seu crescimento. Além da luz, as plantas necessitam de água e certos elementos químicos para o metabolismo e o crescimento. Grande parte do desenvolvimento evolutivo das plantas envolveu especializações estruturais e funcionais necessárias à absorção eficiente dessas substâncias inorgânicas e sua distribuição para as células vivas que as compõem.

Ao contrário do que ocorre com os animais, a demanda nutricional das plantas é relativamente simples. Sob condições ambientais favoráveis, a maioria dos vegetais clorofilados pode usar a energia luminosa no processo da fotossíntese para transformar o CO_2 e a H_2O em compostos orgânicos usados como fonte de energia. Eles também podem sintetizar todos os seus aminoácidos necessários e vitaminas usando os produtos da fotossíntese e nutrientes inorgânicos, como o nitrogênio, extraídos do ambiente.

A *nutrição de plantas* envolve a absorção de todas as substâncias inorgânicas do ambiente que são necessárias para os processos bioquímicos essenciais, a distribuição dessas substâncias dentro delas e sua utilização no metabolismo e no crescimento.

Mais de 60 elementos químicos têm sido identificados nas plantas, incluindo ouro, prata, chumbo, mercúrio, arsênico e urânio. Obviamente, nem todos os elementos presentes nas plantas são essenciais ou até mesmo úteis. A presença de elementos não utilizáveis e potencialmente tóxicos, como o cádmio, é, de certo modo, um reflexo da composição do solo no qual as plantas estão crescendo (ver Figura 1.13). A maioria dos elementos químicos encontrados nas plantas é absorvida como íons inorgânicos a partir da solução de solo.

PONTOS PARA REVISÃO

Após a leitura deste capítulo, você deverá ser capaz de responder às seguintes questões:

1. Quais elementos são essenciais para o crescimento vegetal e quais suas funções?

2. Descreva alguns dos sintomas comuns associados às deficiências. Como a mobilidade de um nutriente afeta o sintoma associado à sua deficiência?

3. Quais são as fontes de nutrientes inorgânicos utilizadas pelas plantas?

4. Por que os ciclos dos nutrientes são tão importantes para as plantas? Quais os principais componentes dos ciclos do fósforo e do nitrogênio?

5. De que modo os seres humanos têm interrompido os ciclos dos nutrientes? Como a pesquisa em nutrição de plantas está contribuindo para solucionar os problemas associados à agricultura e à horticultura?

29.1 Micorrizas. O fungo *Boletus parasiticus* forma ectomicorrizas, visualizadas como uma bainha que recobre as raízes do pinheiro-vermelho (*Pinus resinosa*). Os prolongamentos estreitos do micélio servem como extensões das raízes. As micorrizas beneficiam as suas plantas hospedeiras, incrementando a absorção de água e de elementos essenciais, especialmente o fósforo. As micorrizas também fornecem proteção contra o ataque de fungos patógenos e de nematoides. Essa notável imagem é de uma fotografia das raízes debaixo da água – por isso, estão presentes bolhas de ar.

Os papéis das hifas de fungos micorrízicos (Figura 29.1) e dos pelos radiculares na absorção de íons inorgânicos são discutidos nos Capítulos 14 e 30, respectivamente. No Capítulo 30, serão considerados os mecanismos da absorção de íons pela raiz e os caminhos seguidos pelos íons partindo da solução do solo até os elementos traqueais no cilindro vascular da raiz.

Elementos essenciais

Desde o começo do século 19, químicos e botânicos têm analisado as plantas e demonstrado que certos elementos químicos são absorvidos do ambiente. Contudo, havia dúvidas se os elementos absorvidos eram impurezas ou constituintes necessários para as funções essenciais. Até a metade da década de 1880, com o uso da *hidroponia* – a técnica de crescimento das plantas com as suas raízes imersas em uma solução de nutrientes sem solo –, ficou estabelecido que pelo menos 10 dos elementos químicos presentes nas plantas eram necessários para o crescimento normal. Na ausência de qualquer um desses elementos, as plantas

exibiam anomalias de crescimento características ou sintomas de deficiência, e frequentemente não se reproduziam normalmente. Esses 10 elementos – carbono, hidrogênio, oxigênio, potássio, cálcio, magnésio, nitrogênio, fósforo, enxofre e ferro – foram apontados como *elementos químicos essenciais* para o crescimento da planta. Eles são também chamados nutrientes inorgânicos essenciais.

Nos primeiros anos do século 20, o manganês também foi reconhecido como um elemento essencial. Durante os 50 anos seguintes, com a ajuda de técnicas aperfeiçoadas para a remoção de impurezas das soluções nutritivas, cinco elementos adicionais – zinco, cobre, cloro, boro e molibdênio – foram reconhecidos como essenciais, aumentando seu número total para 16 elementos. Um décimo sétimo elemento, o níquel, foi adicionado à lista em 1980.

Existem dois critérios primários pelos quais um elemento é julgado como essencial para a planta: (1) se ele é necessário para a planta completar seu ciclo de vida (*i. e.*, para produzir sementes viáveis) e/ou (2) se ele faz parte de alguma molécula ou constituinte da planta que por si mesmo é essencial, como o magnésio na molécula de clorofila ou o nitrogênio nas proteínas. Um terceiro critério também utilizado por vários nutricionistas de plantas é se aparecem sintomas de deficiência na ausência do elemento, mesmo que a planta seja capaz de produzir sementes viáveis.

Os elementos essenciais podem ser divididos em macronutrientes e micronutrientes

As análises químicas dos nutrientes inorgânicos essenciais são um meio útil para se determinar a quantidade relativa dos vários elementos necessários para o crescimento normal das diferentes espécies vegetais. Uma maneira de determinar quais elementos são essenciais, e em quais concentrações, é analisar quimicamente as plantas sadias. As plantas ou partes delas, colhidas frescas, são aquecidas em uma estufa para a retirada da água, sendo então analisado o material remanescente ou *matéria seca* (peso seco).

A Tabela 29.1 cita os 17 elementos que atualmente se acredita serem essenciais para as plantas vasculares e os valores aproximados das concentrações nos tecidos consideradas adequadas para o crescimento e o desenvolvimento normais do vegetal. Pode-se observar que as concentrações variam em uma faixa muito ampla. Os primeiros nove elementos são denominados *macronutrientes*, visto que são necessários em grandes quantidades (mais de 1.000 mg por kg de peso seco). Os últimos oito elementos são denominados *micronutrientes* (traços de elementos), porque são requeridos em pequena quantidade (menos de 100 mg por kg de peso seco). Muitos íons são acumulados dentro das células em concentrações muito maiores que aquelas presentes na solução do solo e frequentemente em concentrações bem maiores que aquelas minimamente requeridas. Como discutido no Capítulo 4, as células das plantas precisam usar energia para acumular os solutos, isto é, para mover os solutos contra um gradiente eletroquímico.

Certas espécies de plantas e grupos taxonômicos são caracterizados por apresentarem quantidades altas ou baixas incomuns de certos elementos específicos (Figura 29.2). Como resultado, plantas crescendo em uma mesma mistura de nutrientes podem diferir bastante no conteúdo endógeno desses mesmos nutrientes. As eudicotiledôneas geralmente requerem maior quantidade de cálcio e de boro em comparação com as monocotiledôneas. As análises desse tipo são particularmente valiosas na agricultura como um

Tabela 29.1 Elementos essenciais para a maioria das plantas vasculares e concentrações internas consideradas adequadas.

Elemento	Símbolo químico	Forma disponível para as plantas	Concentração habitual nas plantas sadias (% ou ppm do peso seco)	Número de átomos relativos ao molibdênio
Macronutrientes				
Obtidos da água ou do dióxido de carbono				
Hidrogênio	H	H_2O	6%	60.000.000
Carbono	C	CO_2	45%	40.000.000
Oxigênio	O	O_2, H_2O, CO_2	45%	30.000.000
Obtidos do solo				
Nitrogênio	N	NO_3^-, NH_4^+	1,5%	1.000.000
Potássio	K	K^+	1,0%	250.000
Cálcio	Ca	Ca^{2+}	0,5%	125.000
Magnésio	Mg	Mg^{2+}	0,2%	80.000
Fósforo	P	$H_2PO_4^-$, HPO_4^{2-}	0,2%	60.000
Enxofre	S	SO_4^{2-}	0,1%	30.000
Micronutrientes				
Cloro	Cl	Cl^-	100 ppm	3.000
Ferro	Fe	Fe^{3+}, Fe^{2+}	100 ppm	2.000
Boro	B	H_3BO_3, $H_2BO_3^-$	20 ppm	2.000
Manganês	Mn	Mn^{2+}	50 ppm	1.000
Zinco	Zn	Zn^{2+}	20 ppm	400
Cobre	Cu	Cu^+, Cu^{2+}	6 ppm	100
Níquel	Ni	Ni^{2+}	0,1 ppm	2
Molibdênio	Mo	MoO_4^{2-}	0,1 ppm	1

De E. Epstein, *Mineral Nutrition of Plants: Principles and Perspectives* (New York: John Wiley & Sons, Inc., 1972).

guia para verificar o estado nutricional das plantas e a necessidade de aplicação de fertilizantes. Além disso, as deficiências nutricionais podem ser manifestadas em rebanhos que consomem plantas específicas e, desse modo, podem ser preditas pelas análises dos nutrientes inorgânicos dessas plantas.

Os estudos nutricionais têm estabelecido que alguns elementos são essenciais somente para um limitado grupo de plantas ou para plantas que crescem sob condições ambientais específicas. Esses elementos são designados como *elementos benéficos*. Os cinco elementos benéficos mais pesquisados são o alumínio (Al), o cobalto (Co), o sódio (Na), o selênio (Se) e o silício (Si). O alumínio, o terceiro elemento mais abundante na crosta terrestre, é tóxico tanto para as plantas quanto para os animais em concentrações elevadas. Entretanto, é benéfico em baixas concentrações para algumas plantas, como o chá-da-índia (*Camellia sinensis*), no qual induz aumento na atividade das enzimas antioxidantes. As plantas que acumulam altas concentrações de alumínio podem utilizar o elemento em seus tecidos para afastar os herbívoros. O cobalto, que não é muito abundante (entre 15 e 25 partes por milhão ou ppm no solo), beneficia as leguminosas, como a alfafa (*Medicago sativa*). Entretanto, não é a alfafa que necessita de cobalto, mas as bactérias simbióticas fixadoras de nitrogênio que crescem associadas às suas raízes. O sódio é conhecido por ser um elemento essencial em certas halófitas (ver Quadro "Halófitas | Um recurso futuro?", adiante), e para as vias de fotossíntese

C_4 ou CAM (ver Capítulo 7), enquanto o selênio (níveis típicos abaixo de 1 ppm no solo) é benéfico, se não essencial, para plantas que acumulam altas concentrações desse elemento. O silício, que compõe mais de 25% da crosta terrestre, é um importante constituinte das plantas. Até o momento, demonstrou ser essencial apenas nas cavalinhas (Figura 29.2B), ciperáceas e gramíneas. O silício acumula-se em altas concentrações nas paredes das células epidérmicas e nos espaços intercelulares entre células subepidérmicas, proporcionando um meio de sustentação para caules e folhas, bem como resistência contra insetos, fungos patogênicos e bactérias.

Funções dos elementos essenciais

Os elementos essenciais desempenham diversos papéis nas plantas, incluindo funções estruturais, enzimáticas, regulatórias e iônicas. Por exemplo, o nitrogênio e o enxofre são os principais componentes tanto de proteínas quanto de coenzimas, e o magnésio, além de fazer parte da molécula de clorofila, é necessário para a atividade de muitas enzimas. O cálcio é um segundo mensageiro importante que controla a abertura e o fechamento dos estômatos por regular os gradientes iônicos estabelecidos por íons potássio e diversos ânions (ver Capítulo 27). Todos os nutrientes têm funções específicas bem conhecidas (Tabela 29.2), as quais são prejudicadas quando o suprimento do nutriente é inadequado. Devido ao fato de os

A   **B**

29.2 Algumas plantas têm grandes quantidades de elementos específicos. A. As plantas da família da mostarda, como o agrião-da-terra (*Barbarea vulgaris*), usam o enxofre na síntese do óleo de mostarda, que dá às plantas o seu sabor picante. Essas plantas de agrião-da-terra estavam crescendo em Ithaca, New York (EUA). **B.** As plantas conhecidas como cavalinhas (*Equisetum* spp.) incorporam silício na parede de suas células, tornando-as indigestas para a maioria dos herbívoros, mas eram utilizadas para esfregar as panelas, pelo menos nos EUA, durante o período colonial. Esses ramos vegetativos, bem como alguns ramos férteis alongados de *Equisetum telemateia*, foram fotografados na Califórnia (EUA).

nutrientes estarem envolvidos em processos que são fundamentais, as deficiências afetam uma grande variedade de estruturas e funções no corpo da planta.

Os sintomas de deficiência nutricional dependem da(s) função(ões) e da mobilidade do elemento essencial

A maioria dos sintomas bem descritos de deficiência de nutrientes é associada ao caule e às folhas, devido ao fato de serem mais facilmente observáveis. Esses sintomas incluem o crescimento raquítico dos ramos e das folhas, a morte localizada de tecidos – *necrose* – e o amarelecimento das folhas decorrente da perda ou da reduzida formação de clorofila – *clorose* – (Figura 29.3). Os sintomas de deficiência para qualquer elemento essencial dependem não apenas do papel do elemento na planta, mas também da sua mobilidade dentro dela, isto é, da relativa facilidade com que o elemento é transportado no floema, indo das partes mais velhas para as jovens, particularmente as folhas.

Tomemos como exemplo o magnésio, que é um componente essencial da molécula da clorofila. Sem o magnésio, a clorofila não pode ser formada, o que resultará em clorose. A clorose em folhas mais velhas de plantas deficientes em magnésio torna-se mais intensa que aquela das folhas jovens. A razão para isso é a capacidade das plantas de mobilizar os elementos limitantes para os locais onde são mais necessários, por exemplo, das folhas mais velhas para as mais jovens. A translocação do magnésio das folhas mais velhas para as mais jovens também depende de sua mobilidade no floema. Os elementos que se movem prontamente no floema apresentam a chamada *mobilidade via floema*. Além do magnésio, o fósforo, o potássio e o nitrogênio apresentam mobilidade via floema. Outros elementos, como o boro, o ferro e o

cálcio, são relativamente imóveis, enquanto o cobre, o manganês, o molibdênio, o enxofre e o zinco têm, em geral, mobilidade intermediária. Os sintomas de deficiência de elementos com mobilidade via floema aparecem cedo e são mais pronunciados nas folhas mais velhas, enquanto aqueles de elementos que não apresentam mobilidade via floema surgem primeiro em folhas mais jovens.

Alguns dos sintomas de deficiência mais comuns são apresentados na Tabela 29.2. A tabela não inclui os macronutrientes carbono, oxigênio e hidrogênio, os quais são adquiridos principalmente a partir do CO_2 e da H_2O durante a fotossíntese e são os principais componentes dos compostos orgânicos dos vegetais.

Solo

O solo é a fonte mais importante de nutrientes para os vegetais. Os solos fornecem não somente um suporte físico para as plantas, mas, também, os nutrientes inorgânicos. Além disso, o solo fornece a água e um ambiente gasoso para o desenvolvimento do sistema radicular. A compreensão da origem dos solos, bem como de suas propriedades químicas e físicas em relação às necessidades envolvidas no crescimento das plantas, é essencial para o planejamento da adubação de campos cultivados.

O intemperismo das rochas produz os nutrientes inorgânicos utilizados pelas plantas

A Terra é composta de 92 elementos de ocorrência natural,[*] os quais são frequentemente encontrados na forma de minerais. Os *minerais* são compostos inorgânicos que ocorrem

---

*N.R.T.: Na verdade, 89 elementos são de ocorrência natural, e os demais que figuram na tabela periódica são artificiais.

Tabela 29.2 Elementos essenciais | Funções e sintomas de deficiência.

Elemento	Funções	Sintomas de deficiência
Macronutrientes		
Nitrogênio	Componente de aminoácidos, proteínas, nucleotídios, ácidos nucleicos, clorofilas e coenzimas	Clorose generalizada, especialmente nas folhas mais velhas; nos casos mais graves, as folhas tornam-se completamente amarelas e depois ficam marrons quando morrem; algumas plantas exibem coloração púrpura devido à acumulação de antocianinas
Potássio	Envolvido na osmose e no equilíbrio iônico, e na abertura e fechamento dos estômatos; cofator de muitas enzimas	Folhas variegadas ou cloróticas com pequenas manchas de tecidos necróticos no ápice e na margem; caules frágeis e estreitos (fracos); as folhas mais velhas são as principais afetadas
Cálcio	Componente da lamela mediana das paredes celulares; cofator de enzimas; envolvido na permeabilidade da membrana celular; segundo mensageiro na transdução de sinais	Os ápices caulinares e radiculares morrem; as folhas jovens formam inicialmente ganchos e, em seguida, morrem nos ápices e nas margens, parecendo ter sido cortadas nesses locais
Magnésio	Componente da molécula de clorofila, ativador de muitas enzimas	Folhas variegadas ou cloróticas; podem avermelhar-se; algumas vezes com manchas necróticas; ápices foliares e margens tornam-se curvados para cima; as folhas mais velhas são as principais afetadas; caules mais finos
Fósforo	Componente de compostos fosfatados que contêm energia (ATP e ADP), ácidos nucleicos, várias coenzimas, fosfolipídios	Plantas verde-escuras, em geral acumulando antocianinas, e tornando-se vermelhas ou roxas; nos estágios mais avançados do crescimento, os caules ficam atrofiados; folhas mais velhas tornam-se marrom-escuras e morrem
Enxofre	Componente de alguns aminoácidos e proteínas, e da coenzima A	Folhas jovens com nervuras e áreas internervais (entre as nervuras) verde-claras; clorose inicialmente nas folhas jovens e maduras, em vez das folhas mais velhas, como na deficiência de nitrogênio
Micronutrientes		
Cloro	Envolvido na osmose e no equilíbrio iônico; necessário para as reações fotossintéticas que produzem oxigênio	Folhas murchas com manchas cloróticas e necróticas; as folhas frequentemente tornam-se bronzeadas; as raízes ficam atrofiadas em comprimento e engrossam no ápice
Ferro	Requerido para a síntese da clorofila; componente dos citocromos e da nitrogenase	Clorose internerval das folhas jovens; caules curtos e finos
Boro	Influencia a utilização do Ca^{2+}, a síntese de ácidos nucleicos e a integridade da membrana; relacionado com a estabilidade da parece celular	O primeiro sintoma é a falha no alongamento das raízes; folhas jovens verde-claras na base; as folhas tornam-se enroladas, e o sistema caulinar morre, começando pela gema terminal
Manganês	Ativador de algumas enzimas; requerido para a integridade da membrana do cloroplasto e para a liberação do oxigênio na fotossíntese	Inicialmente, clorose internerval em folhas jovens ou velhas, dependendo da espécie, seguida por ou associada a manchas necróticas internervais; desorganização das membranas dos tilacoides dos cloroplastos
Zinco	Ativador ou componente de muitas enzimas	Redução do tamanho da folha e do comprimento do entrenó; margens das folhas frequentemente distorcidas; clorose internerval; afeta principalmente as folhas mais velhas
Cobre	Ativador ou componente de algumas enzimas envolvidas em oxidação e redução	Folhas jovens verde-escuras, enroladas, deformadas e frequentemente com manchas necróticas
Níquel	Parte essencial do funcionamento enzimático no metabolismo do nitrogênio	Manchas necróticas nas pontas das folhas
Molibdênio	Necessário para a fixação de nitrogênio e a redução do nitrato	Clorose internerval (entre as nervuras) aparecendo primeiro nas folhas mais velhas e depois progredindo para as folhas jovens; clorose seguida por necrose gradual das áreas internervais e depois dos tecidos remanescentes

De E. Epstein, *Mineral Nutrition of Plants: Principles and Perspectives* (New York: John Wiley & Sons, Inc., 1972).

A   **B**

29.3 Clorose. A ausência ou a presença reduzida de clorofila, resultante de deficiência mineral, é conhecida como clorose. **A.** A deficiência de magnésio, um elemento com mobilidade via floema, no milho (*Zea mays*). As folhas mais velhas são mais afetadas que as novas, pois as mais novas são capazes de translocar o magnésio das folhas velhas. **B.** Deficiência de ferro, um elemento sem mobilidade no floema, resulta em sintomas de clorose em folhas jovens, como visto aqui no sorgo (*Sorghum bicolor*).

naturalmente e que são em geral formados de dois ou mais elementos químicos em proporções definidas de peso. O quartzo (SiO_2), a calcita ($CaCO_3$) e a caulinita ($Al_4Si_4O_{10}(OH)_8$) são exemplos de minerais.

Os processos de intemperização, envolvendo a desintegração física e a decomposição química de minerais e rochas na superfície terrestre ou próximo dela, produzem as substâncias inorgânicas a partir das quais o solo é formado. O intemperismo pode ser iniciado por aquecimento e resfriamento, os quais causam expansão e contração das substâncias nas rochas, rompendo-as. A água e o vento frequentemente carregam fragmentos de rochas por grandes distâncias, exercendo um atrito que os quebra e os reduz a partículas ainda menores.

Os solos também contêm material orgânico. Se as condições de luz e temperatura permitem, bactérias, fungos, algas, liquens, briófitas, assim com pequenas plantas vasculares, estabelecem-se sobre ou entre as rochas intemperizadas e os minerais. As raízes em crescimento também quebram as rochas, e os restos das plantas e dos animais em decomposição contribuem para o acúmulo de substância orgânica. Finalmente, as plantas de maior porte, ao crescerem, seguram o solo com seu sistema radicular (Figura 29.4), propiciando o início de uma nova comunidade.

Os solos são constituídos por camadas denominadas horizontes

Examinando uma seção vertical de solo, podem-se observar variações na cor, na quantidade de matéria orgânica viva e morta, na porosidade, na estrutura e na extensão do intemperismo.

29.4 Raízes fasciculadas. O sistema radicular fasciculado das gramíneas fica aderido ao solo e o mantém no lugar.

Essas variações, geralmente, resultam em uma sucessão de camadas distintas, que os estudiosos de solo chamam de *horizontes*. Pelo menos três horizontes – designados A, B e C – são reconhecidos (Figura 29.5).

O horizonte A (muitas vezes chamado "solo superficial") é a região superior, com grande atividade física, química e biológica. O horizonte A contém a maior quantidade de matéria orgânica do solo, tanto viva quanto morta. Esse é o horizonte no qual o *húmus* ou humo – uma mistura de produtos orgânicos coloidais resultante de decomposição, com coloração escura – se acumula. A parte viva é representada por suas populações de raízes, insetos e outros pequenos artrópodes, minhocas, protistas, nematoides e organismos decompositores (Figura 29.6).

O horizonte B (algumas vezes denominado de "subsolo") é a região de deposição. O óxido de ferro, as partículas de argila e a pequena quantidade de matéria orgânica estão entre os materiais carregados do horizonte A para o B pela água, que se percola pelo solo. O horizonte B contém menor quantidade de matéria orgânica e é menos intemperizado que o horizonte A, localizado acima dele. A atividade humana tem, frequentemente, misturado os horizontes A e B através da aração, formando o horizonte Ap (do inglês, "p" de *plow*, arado), o qual se combina com o horizonte B.*

O horizonte C ou solo da base é composto por rochas intemperizadas e por minerais a partir dos quais o verdadeiro solo dos horizontes superiores é formado.

Os solos são compostos de matéria sólida e espaços porosos

O espaço poroso é o espaço ao redor das partículas do solo. Diferentes proporções de ar e de água ocupam os espaços porosos, dependendo das condições de umidade prevalecentes. A água do solo está presente principalmente como um filme na superfície das partículas do solo. Os fragmentos de rocha e de minerais no solo variam em tamanho desde grãos de areia, os quais podem ser vistos facilmente a olho nu, até partículas de argila tão pequenas que não podem ser vistas mesmo com o auxílio de um microscópio de luz. A classificação que se segue é um esquema para categorizar as partículas do solo de acordo com os seus tamanhos:

Partícula	Diâmetro (em micrômetros)
Areia grossa	200 a 2.000
Areia fina	20 a 200
Silte	2 a 20
Argila	Menor que 2

Os solos contêm uma mistura de partículas de diferentes tamanhos e são divididos em classes texturais de acordo com a proporção dessas partículas presentes na mistura. Por exemplo, solos que contêm 35% ou menos de argila e 45% ou mais de areia são arenosos; aqueles contendo 40% ou menos de argila e 40% ou mais de silte são siltosos. Os *solos de textura média* contêm areia, silte e argila em proporções que os tornam propícios para a agricultura. As partículas de solo maiores proporcionam melhor drenagem, enquanto as partículas de solo menores têm alta capacidade de retenção de nutrientes.

A matéria sólida dos solos consiste tanto em matéria orgânica quanto inorgânica, com a proporção diferenciando bastante nos diferentes solos. Os componentes orgânicos incluem restos de organismos em vários estágios de decomposição, uma grande fração de material decomposto conhecido como húmus e uma grande variedade de plantas e animais vivos. Estruturas grandes como raízes de árvores podem ser incluídas, mas a parte viva é dominada por fungos, bactérias e outros microrganismos (Figura 29.6).

O espaço poroso dos solos é ocupado por ar e água

Aproximadamente 50% do volume total do solo é formado por espaços porosos, os quais são preenchidos por proporções variadas de ar e de água, dependendo das condições de umidade. Quando a água não ocupa mais que a metade dos espaços porosos, uma quantidade adequada de oxigênio fica disponível para o crescimento e outras atividades biológicas da raiz.

Depois de uma forte chuva ou irrigação, os solos retêm uma certa quantidade de água e permanecem úmidos inclusive após a remoção da água retida fracamente pela gravidade. Se o solo for

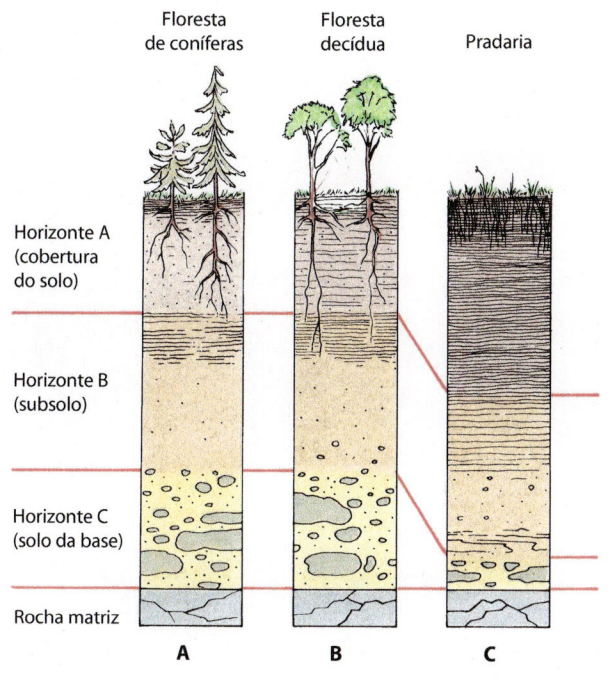

Floresta de coníferas Floresta decídua Pradaria

Horizonte A (cobertura do solo)

Horizonte B (subsolo)

Horizonte C (solo da base)

Rocha matriz

A B C

29.5 Os três tipos de solo mais importantes. A. A serapilheira das florestas de coníferas do hemisfério norte é ácida e de decomposição lenta; o solo correspondente tem pouca acumulação de húmus, é muito ácido e os minerais são lixiviados. **B.** Nas florestas decíduas das regiões temperadas, a decomposição é um tanto mais rápida, a lixiviação é menor e o solo, mais fértil. Tal solo tem sido amplamente utilizado para a agricultura, mas ele precisa ser preparado adicionando-se calcário (para reduzir a acidez) e fertilizantes. **C.** Nas pradarias, quase todos os materiais vegetais acima do solo morrem anualmente, assim como muitas raízes, e, desse modo, grandes quantidades de matéria orgânica são constantemente retornadas ao solo. Além disso, as raízes finamente divididas penetram o solo extensivamente. O resultado é um solo altamente fértil, frequentemente de cor negra, com uma cobertura algumas vezes com profundidade maior que um metro. Os solos naturais, particularmente os solos das florestas, geralmente contêm uma camada de serapilheira em decomposição no topo do horizonte A. Essa camada é denominada horizonte O.

---

*N.R.T.: A aração provoca a formação de uma camada adensada, conhecida como "pé de grade". Essa camada adensada impede a infiltração da água, que passa a escorrer superficialmente, causando a erosão.

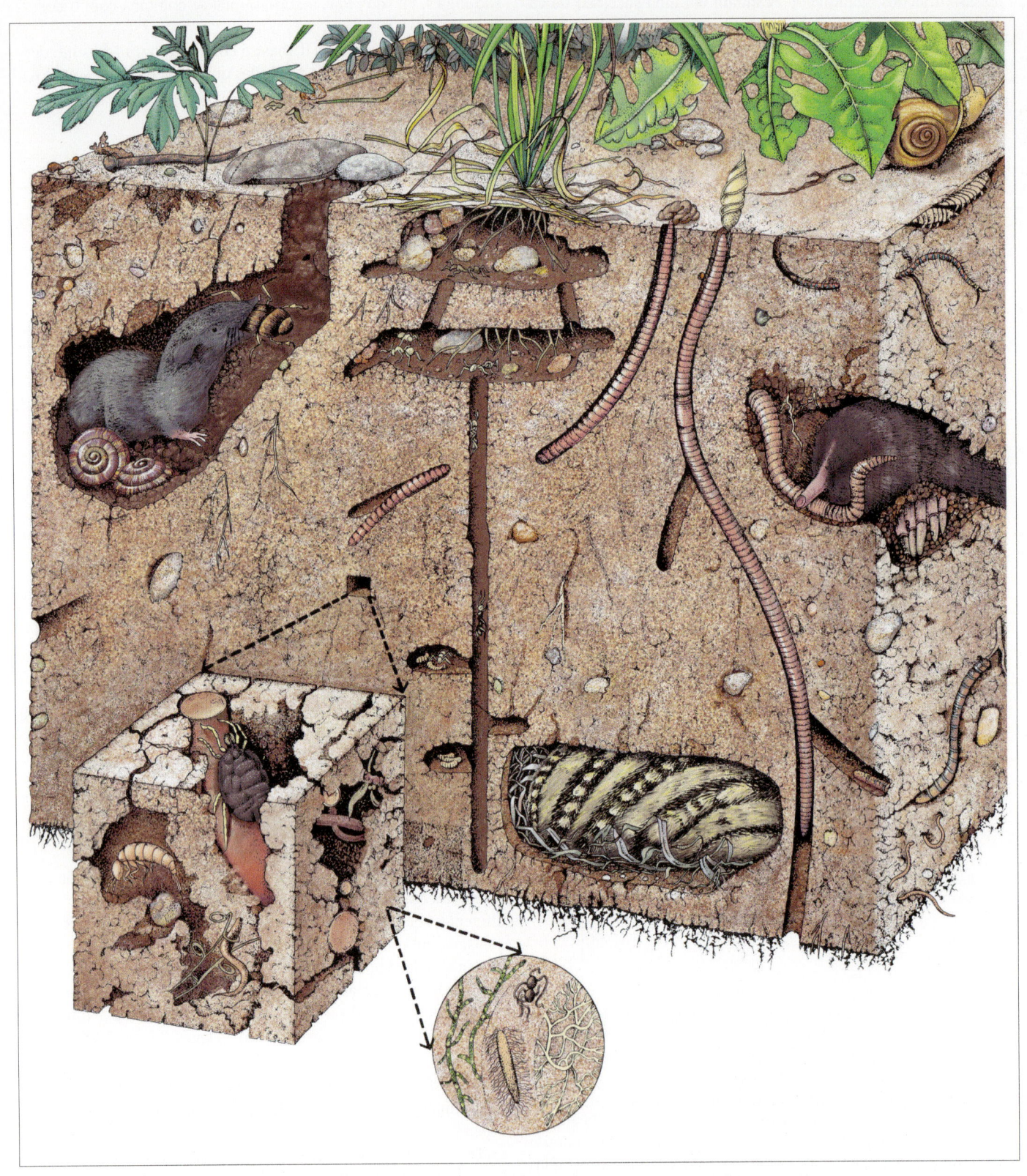

29.6 Organismos vivos do horizonte A. As plantas compartilham o solo com um vasto número de organismos vivos, variando de micróbios a pequenos mamíferos como toupeiras, musaranhos e marmotas. Um grande número de animais cavadores – especialmente formigas e minhocas – fazem a aeração do solo e aumentam sua capacidade de absorver água. As minhocas, chamadas por Aristóteles de "os intestinos da Terra", modificam o solo processando-o através de seu tubo digestivo. O solo processado é depois depositado na superfície, na forma de bolotas fecais. Em um único ano, as minhocas, por suas atividades conjuntas, podem produzir até 500 toneladas de bolotas fecais por hectare. As bolotas fecais são muito férteis, contendo cinco vezes o conteúdo de nitrogênio do solo circundante, sete vezes o de fósforo, 11 vezes o de potássio, três vezes o de magnésio e duas vezes o de cálcio. As bactérias e os fungos são os principais decompositores da matéria orgânica nos solos.

constituído de grandes fragmentos, os poros e os espaços entre eles serão também grandes. A água irá escoar através desse solo rapidamente, sobrando relativamente pouco para o crescimento das plantas nos horizontes A e B. Graças aos seus poros pequenos e às forças de atração que existem entre as moléculas de água e as partículas de argila de tamanho pequeno, os solos argilosos são aptos a reter uma quantidade bem maior de água contra a ação da gravidade. Dessa maneira, os solos argilosos podem reter três a seis vezes mais água que um volume equivalente de areia, ou seja, os solos com mais argila podem conter mais água, a qual fica disponível para as plantas. A porcentagem de água que um solo pode reter contra a ação da gravidade é conhecida como sua *capacidade de campo.*

Se uma planta for colocada para crescer indefinidamente em uma amostra de solo sem que seja adicionada água, ela poderá, muitas vezes, não se tornar apta a absorver a água de forma rápida o suficiente para suprir suas necessidades e murchará. Quando o murchamento é grave, as plantas não conseguem se recuperar mesmo quando colocadas em uma câmara úmida. A porcentagem de água que resta em um solo quando ocorre tal murchamento irreversível é chamado *ponto de murcha permanente* desse solo.

A Figura 29.7 mostra a relação entre o conteúdo de água no solo e o potencial no qual a água é retida pelos solos arenosos, de textura média e argilosos. As forças que retêm a água no solo podem ser expressas nos mesmos termos (nesse caso, potencial

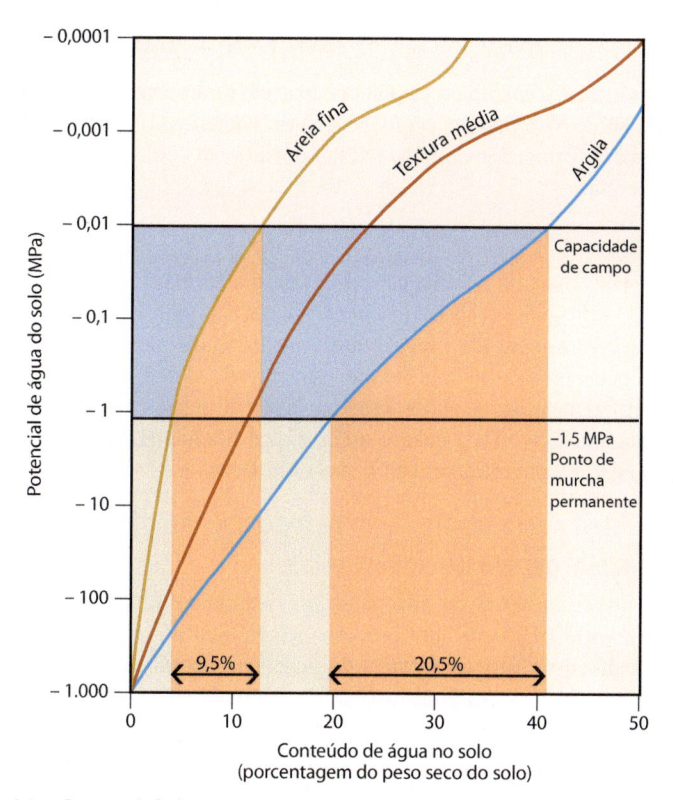

29.7 Potencial de água e o conteúdo de água no solo. Relação entre o conteúdo de água e o potencial de água em solos arenosos, de textura média e argilosos (as curvas são traçadas em escala logarítmica). Observe que, enquanto a água disponível para as plantas em um solo arenoso (areia fina) é apenas cerca de 9,5% do peso seco da areia, aquela disponível para as plantas em um solo argiloso é consideravelmente maior, por volta de 20,5% do peso seco da argila. O solo com o potencial de água de –1,5 megapascal (MPa) é considerado como no ponto de murcha permanente.

de água) que as forças de absorção de água pelas células e pelos tecidos (ver Capítulo 4). O potencial de água nos solos diminui gradualmente com o decréscimo da umidade do solo abaixo da capacidade de campo. Os cientistas que estudam o solo consideram que solos com potencial de –1,5 megapascal estão em porcentagem de murcha permanente.

Os solos retêm cátions, mas os ânions são lixiviados

Os nutrientes inorgânicos obtidos pela raiz das plantas estão presentes como íons, na solução de solo. A maior parte dos metais forma íons carregados positivamente, isto é, cátions como Ca^{2+}, K^+, Na^+ e Mg^{2+}. As partículas da argila e do húmus podem conter um excesso de cargas negativas sobre suas superfícies coloidais onde os cátions podem ligar-se e assim ser retidos, impedindo a ação de lavagem da água que se percola pelo solo.

Desse modo, os cátions fracamente ligados às partículas de argila podem ser trocados por outros cátions e depois liberados na solução do solo, tornando-se disponíveis para o crescimento vegetal. Esse processo é chamado *troca catiônica.* Por exemplo, quando o CO_2 é liberado durante a respiração das raízes, ele se dissolve na solução do solo e forma o ácido carbônico (H_2CO_3). O ácido carbônico se ioniza e produz bicarbonato (HCO_3^-) e íons hidrogênio (H^+). Esse H^+ produzido pode *ser trocado* por cátions de nutrientes, que estão na argila ou no húmus.

Os principais íons carregados negativamente ou ânions encontrados nos solos são NO_3^-, SO_4^{2-}, HCO_3^- e OH^-. Os ânions são lixiviados dos solos mais rapidamente que os cátions, porque eles não se ligam às partículas de argila. Os íons nitrato lixiviados, em particular, têm poluído fontes superficiais e subterrâneas de água. Uma exceção é o fosfato, o qual é retido porque forma precipitados insolúveis. O fosfato é especificamente adsorvido ou retido na superfície de compostos contendo ferro, alumínio e cálcio.

Embora o ferro seja o quarto elemento mais abundante entre todos os elementos na superfície da Terra, ele normalmente é oxidado na forma férrica (Fe^{3+}), que é insolúvel e, portanto, não disponível para as plantas. Dois mecanismos distintos ou estratégias evoluíram nas plantas para aumentar ao máximo a mobilização e a captação do ferro do solo. Todas as plantas, com exceção das gramíneas, utilizam a denominada *Estratégia I.* Essa estratégia inclui a indução de três atividades localizadas na membrana plasmática: (1) uma bomba de prótons acidifica a rizosfera, atraindo mais ferro em solução; (2) após a acidificação, o Fe^{3+} é reduzido a Fe^{2+}; e (3) o Fe^{2+} é então transportado através da membrana plasmática por um transportador de Fe^{2+}. Na *Estratégia II* as gramíneas produzem e liberam no solo compostos quelantes especiais, denominados *fitossideróforos,* que apresentam alta afinidade pelo Fe^{3+}. Os complexos Fe^{3+} fitossideróforos são captados na raiz por transportadores na membrana plasmática.

A acidez ou a alcalinidade dos solos é correlacionada com a disponibilidade de nutrientes inorgânicos para o crescimento vegetal. Os solos variam bastante em pH, e muitas plantas têm uma estreita faixa de tolerância dentro dessa ampla variação. Nos solos alcalinos, alguns cátions são precipitados e elementos como o ferro, o manganês, o cobre e o zinco podem, assim, tornar-se indisponíveis para as plantas. As micorrizas (Figura 29.1; ver também Capítulo 14) são especialmente importantes na absorção e na transferência de fósforo para a maioria das plantas, e, além disso, essa simbiose também tem sido associada ao aumento da absorção de manganês, cobre e zinco.

Ciclos dos nutrientes

Como já foi visto, praticamente todas as plantas vasculares requerem 17 elementos essenciais para o crescimento e o desenvolvimento normais. Tendo em vista que a Terra é essencialmente um sistema fechado, os elementos estão disponíveis somente como um suprimento limitado. A vida na Terra depende, portanto, da reciclagem desses elementos. Tanto macronutrientes como micronutrientes estão constantemente sendo reciclados pelos corpos das plantas e dos animais, retornando ao solo, sendo quebrados e absorvidos pelas plantas novamente. Cada elemento tem um ciclo diferente, envolvendo muitos organismos e diversos sistemas enzimáticos. Alguns ciclos, como os do carbono, do oxigênio, do enxofre e do nitrogênio, que estão na atmosfera sob a forma gasosa (como elementos ou compostos), são, essencialmente, gerais. Outros ciclos, como os do fósforo, do cálcio, do potássio e os dos micronutrientes, os quais não são encontrados no estado gasoso, são, de modo geral, mais localizados. Como os ciclos dos nutrientes envolvem tanto os organismos vivos quanto o ambiente físico, eles são também denominados *ciclos biogeoquímicos*.

Considera-se que os ciclos dos nutrientes apresentam "vazamentos", pois nem todos os nutrientes retornados ao solo tornam-se disponíveis para o uso vegetal. Alguns são perdidos do sistema. A erosão do solo, por exemplo, remove a cobertura do solo rica em nutrientes (especialmente fósforo e nitrogênio), a qual é levada para córregos e rios e, ao final, desemboca no oceano. A remoção de nutrientes (especialmente nitrogênio e potássio) durante a colheita, bem como as perdas para a atmosfera de gases contendo nitrogênio e enxofre, quando as plantas são queimadas, também contribuem para a perda de nutrientes. Além disso, a lixiviação colabora para a perda de todos os tipos de nutrientes solúveis, principalmente potássio, nitrato e sulfato.

Nitrogênio e ciclo do nitrogênio

O grande reservatório de nitrogênio é a atmosfera terrestre; embora a atmosfera seja constituída por 78% de nitrogênio (N_2). A maioria dos seres vivos, entretanto, não tem a capacidade de usar diretamente o nitrogênio atmosférico para produzir aminoácidos e outras substâncias orgânicas. Eles são dependentes de compostos nitrogenados mais reativos, como o amônio e o nitrato, presentes no solo. Infelizmente, esses compostos não são tão abundantes como o nitrogênio gasoso. Por isso, embora seja abundante na atmosfera, a escassez de nitrogênio no solo é frequentemente o principal fator limitante do crescimento das plantas.

O processo pelo qual essa limitada quantidade de nitrogênio circula e recircula por todos os organismos vivos é conhecido como ciclo do nitrogênio (Figura 29.8). Os três principais estágios desse ciclo são (1) amonificação, (2) nitrificação e (3) assimilação.

O amônio é liberado durante a decomposição da matéria orgânica

Grande parte do nitrogênio do solo é derivada de organismos mortos e está sob a forma de materiais orgânicos complexos, como proteínas, aminoácidos, ácidos nucleicos e nucleotídios. As substâncias nitrogenadas normalmente são quebradas rapidamente em compostos simples por bactérias saprotróficas presentes no solo e por vários fungos. Esses microrganismos incorporam o nitrogênio em aminoácidos e proteínas e liberam o excesso sob a forma de íons amônio (NH_4^+). Esse processo é denominado *amonificação* ou mineralização do nitrogênio. Em meio alcalino, o nitrogênio pode ser convertido no gás amônia (NH_3), mas essa conversão ocorre naturalmente apenas durante a decomposição de grandes quantidades de material rico em nitrogênio, como em um monte de esterco ou em uma pilha de composto, ou de resíduos orgânicos, em contato com a atmosfera. No solo, a amônia produzida pelo processo de amonificação é dissolvida na água, onde se combina com prótons para formar o íon amônio. Em alguns ecossistemas, o íon amônio não é rapidamente oxidado, permanecendo no solo. As plantas que crescem nesses solos são capazes de absorver o NH_4^+ e usá-lo na síntese de proteína vegetal.

Em alguns solos, as bactérias nitrificantes convertem o amônio em nitrito e depois em nitrato

Várias espécies de bactérias comuns no solo são capazes de oxidar a amônia ou íons amônio. A oxidação da amônia, ou *nitrificação*, é um processo que libera energia, e a energia liberada é usada por essas bactérias para reduzir o dióxido de carbono, de um modo muito parecido com aquele pelo qual os autótrofos fotossintetizantes usam a energia luminosa na redução do dióxido de carbono. Esses organismos são conhecidos como autótrofos quimiossintetizantes (para distingui-los dos autótrofos fotossintetizantes). A bactéria quimiossintetizante e nitrificante *Nitrosomonas* é responsável pela oxidação da amônia a íons nitrito (NO_2^-):

$$2NH_4^+ + 3O_2 \longrightarrow 2NO_2^- + 4H^+ + 2H_2O$$

O nitrito é tóxico para as plantas, mas ele raramente se acumula no solo. *Nitrobacter*, outro gênero de bactérias, oxida o nitrito para formar íons nitrato (NO_3^-) novamente com liberação de energia:

$$2NO_2^- + O_2 \longrightarrow 2NO_3^-$$

Por causa da nitrificação, o nitrato é a forma na qual quase todo nitrogênio é absorvido pela maioria das plantas cultivadas que crescem em terra seca, onde a nitrificação é muito favorecida pelas práticas de aração, que oxigenam o solo. A maioria dos fertilizantes nitrogenados usados comercialmente contém tanto íons amônio (NH_4^+) quanto ureia, a qual libera NH_4^+ nos solos. O NH_4^+ é convertido em NO_3^- pela nitrificação.

O sistema solo-planta, além de reciclar o nitrogênio, também perde este elemento

A principal perda de nitrogênio no sistema solo-planta ocorre pela *desnitrificação*, um processo anaeróbico no qual o nitrato é reduzido a formas voláteis de nitrogênio, como o nitrogênio gasoso (N_2) e o óxido nitroso (N_2O), os quais retornam à atmosfera. Esse processo é executado por numerosos microrganismos. Sabe-se, de longa data, que são necessárias condições de baixa concentração de oxigênio para a desnitrificação, características estas presentes em solos encharcados e outros *habitats*, como os pântanos e brejos. Os cientistas agora observaram que essas condições frequentemente são encontradas dentro dos agregados de solo, mesmo na ausência de água excessiva. Consequentemente, a desnitrificação é um processo quase universal nos solos. Um suprimento de material orgânico fresco e pronto para ser decomposto fornece a fonte de energia requerida pelas bactérias desnitrificantes, e, se outras condições são apropriadas, há promoção

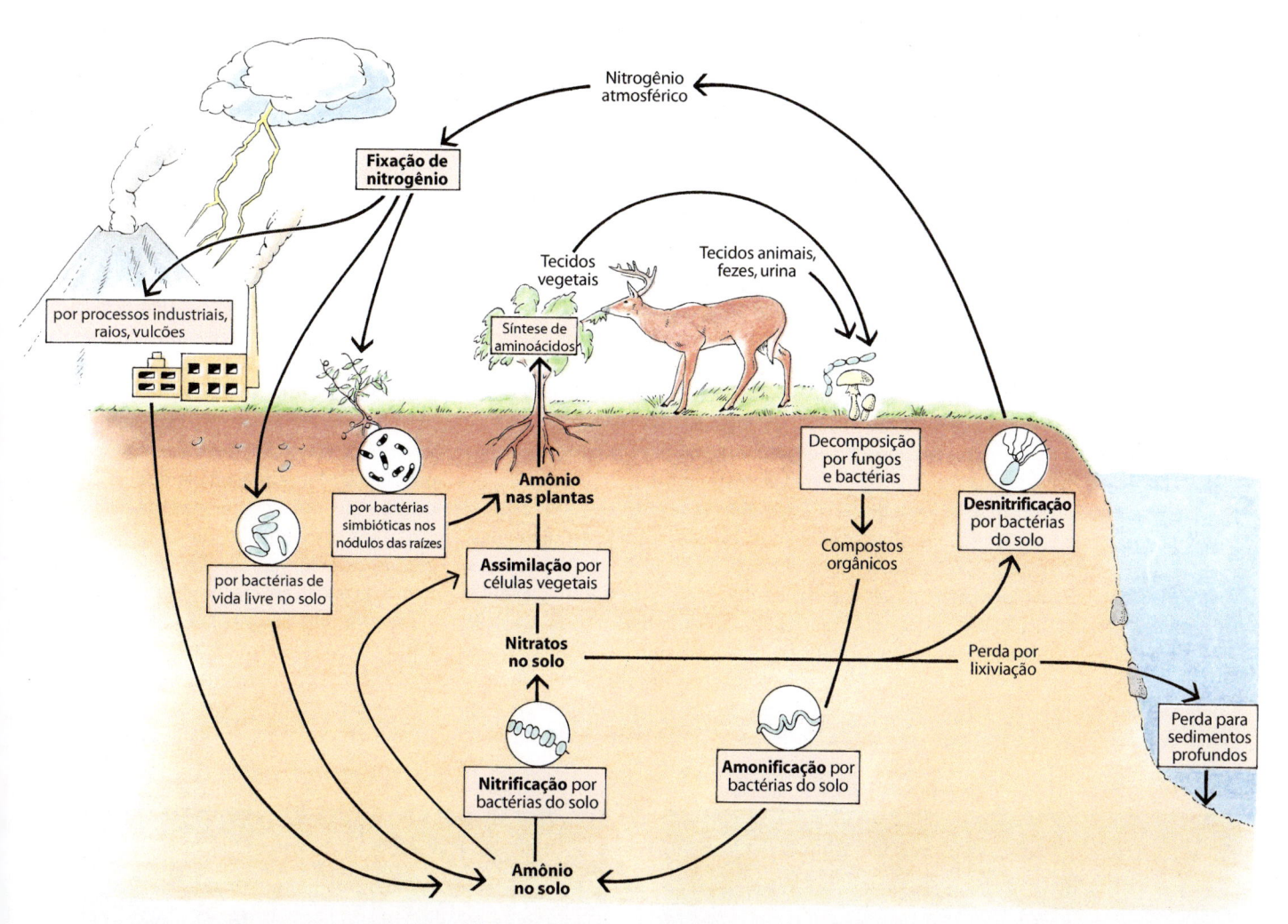

29.8 Ciclo do nitrogênio em um ecossistema terrestre. O reservatório principal de nitrogênio é a atmosfera, onde ele constitui 78% do ar seco. Somente uns poucos microrganismos, alguns simbiontes e outros de vida livre são capazes de fixar o gás nitrogênio em compostos inorgânicos, os quais podem ser usados por plantas na síntese de aminoácidos e de outros compostos nitrogenados.

O ciclo do nitrogênio em ecossistemas aquáticos é similar ao ciclo terrestre. Embora os organismos específicos sejam diferentes, o processo é essencialmente o mesmo, com grupos específicos de bactérias que realizam as várias reações químicas inerentes ao ciclo. A perda de nitrogênio do solo por lixiviação pode levar a eutrofização ou acúmulo de altas concentrações de nitrogênio na água, podendo resultar em crescimento maciço de algas e plantas floríferas.

da desnitrificação. A falta de uma fonte de energia permite o aumento da concentração de nitrato na água do solo até níveis altos.

O nitrogênio também é perdido em um ecossistema devido à remoção de plantas (na coleta), à erosão, à destruição da cobertura vegetal pelo fogo e à lixiviação. Os nitratos e os nitritos são ânions particularmente suscetíveis de serem retirados da zona radicular pela água que percola o solo.

Reposição do nitrogênio ocorre principalmente pela sua fixação

Se o nitrogênio que é removido do solo não fosse constantemente reposto, praticamente toda a vida neste planeta desapareceria aos poucos. O nitrogênio é reposto no solo principalmente pela sua fixação. Uma quantidade muito menor é adicionada pela precipitação atmosférica e pelo intemperismo de rochas.

A *fixação do nitrogênio* é o processo pelo qual o N_2 atmosférico é reduzido a NH_4^+ e assim fica disponível para ser transferido para compostos contendo carbono e para produzir aminoácidos e outras substâncias orgânicas contendo nitrogênio. A fixação de

nitrogênio, que pode ser executada somente por certas bactérias, é um processo do qual todos os organismos vivos dependem, da mesma forma como a maioria dos organismos depende da fotossíntese como fonte de energia.

A enzima que catalisa a fixação do nitrogênio é chamada *nitrogenase*. Esta enzima é similar em todos os organismos dos quais foi isolada. A nitrogenase contém grupos prostéticos de molibdênio, ferro e sulfato, e por isso esses elementos são essenciais para a fixação do nitrogênio. A nitrogenase também utiliza grandes quantidades de ATP como fonte de energia, tornando a fixação do nitrogênio um processo metabólico caro.

As bactérias fixadoras de nitrogênio podem ser classificadas de acordo com seu modo de nutrição: aquelas que são de vida livre (não simbióticas) e aquelas que vivem em associação simbiótica com determinadas plantas vasculares.

As bactérias fixadoras de nitrogênio mais eficientes formam associações simbióticas com as plantas

Das duas classes de organismos fixadores de nitrogênio, as bactérias simbióticas constituem, de longe, a mais importante em termos da quantidade total de nitrogênio fixado. As bac-

PLANTAS CARNÍVORAS

Algumas poucas espécies de plantas são capazes de utilizar proteína animal diretamente como fonte de nitrogênio. As plantas chamadas carnívoras têm adaptações especiais para atrair e capturar insetos e outros animais muito pequenos. Essas plantas digerem os organismos capturados, absorvendo os compostos nitrogenados que eles contêm, assim como outros compostos orgânicos e inorgânicos, tais como o potássio e o fosfato. A maioria da plantas carnívoras do mundo é encontrada em pântanos, um *habitat* geralmente muito ácido e portanto não favorável ao crescimento de bactérias nitrificantes. As plantas carnívoras aprisionam suas presas de vários modos. A utriculária (*Utricularia vulgaris*) (**A**) é uma planta aquática livre-flutuante com armadilhas formadas por bolsas ou vesículas membranosas, achatadas, pequenas e em forma de pera. Cada vesícula tem uma abertura fechada por uma "tampa suspensa". O mecanismo de captura consiste em quatro cerdas duras próximas à borda livre inferior

da "tampa". Quando um pequeno animal entra em contato com essas cerdas, os pelos causam a distorção da borda inferior da tampa, fazendo-a abrir-se rapidamente. A água então é "arrastada" para dentro da vesícula, levando consigo o animal, e a tampa é fechada atrás dele. Uma série de enzimas secretadas pela parede interna das vesículas e por uma população de bactérias residentes nelas digere o animal. Os compostos orgânicos e inorgânicos produzidos são absorvidos pelas paredes das células da vesícula, enquanto os exoesqueletos não digeridos permanecem dentro dela.

A pinguícula (*Pinguicula*) (**B**) captura pequenos insetos com suas numerosas glândulas pedunculadas espalhadas por toda a folha. Cada uma dessas glândulas produz uma gotícula globular de secreção mucilaginosa, de modo que a folha é pegajosa, semelhante a um papel pega-moscas (**C**). Os insetos que entram em contato com a secreção a puxam formando filamen-

tos que passam a funcionar como fortes amarras. Quanto mais o inseto luta, maior o número de glândulas com as quais entra em contato, e mais firmemente fica aderido à folha. Espalhadas entre as glândulas pedunculadas existem glândulas sésseis (não visíveis nesta fotografia) que não secretam nenhum material de superfície até que sejam estimuladas pela luta da presa capturada. Em seguida, as glândulas sésseis liberam uma secreção contendo enzimas, que rapidamente forma uma pequena gota ao redor do inseto. Essas enzimas digerem a presa, e os produtos acumulam-se no lago de secreção. Uma vez completada a digestão, a secreção é absorvida na folha, e os produtos de digestão são distribuídos pelas partes da planta em crescimento.

Mecanismos semelhantes de secreção são encontrados em outras plantas carnívoras, incluindo a drósera (*Drosera intermedia*) (ver Capítulo 11) e a dioneia ou papa-mosca (*Dionaea muscipula*) (ver Figura 28.28).

A

C

B

A. Utriculária-comum (*Utricularia vulgaris*). **B.** Pinguícula (*Pinguicula vulgaris*). **C.** Vista de uma folha de pinguícula, mostrando as glândulas com gotículas mucilaginosas.

térias fixadoras de nitrogênio mais comuns são *Rhizobium* e *Bradyrhizobium*, as quais penetram nas raízes de leguminosas como alfafa (*Medicago sativa*), trevos (*Trifolium*), ervilha (*Pisum sativum*), soja (*Glycine max*) e diversos tipos de feijão (*Phaseolus*). Na associação simbiótica entre as bactérias e as leguminosas, as bactérias suprem a planta com uma forma de nitrogênio que pode ser usada na síntese das proteínas. A planta, por sua vez, supre as bactérias com moléculas contendo carbono, que são utilizadas como fonte de energia tanto para a atividade de fixação de nitrogênio quanto para a produção de compostos nitrogenados.

Os efeitos benéficos no solo promovidos pelo crescimento de plantas leguminosas têm sido observados por séculos. Teofrasto, que viveu no terceiro século a.C., escreveu que os gregos usavam a fava (*Vicia faba*) para enriquecer os solos. Na agricultura moderna, é prática comum fazer a rotação de uma planta cultivada não leguminosa, como, por exemplo, o milho (*Zea mays*) e uma leguminosa, como a alfafa, ou o milho com a soja ou ainda o trigo. As plantas leguminosas são colhidas para feno, deixando para trás as raízes ricas em nitrogênio, ou, ainda melhor, as plantas inteiras são simplesmente incorporadas ao solo. Essas plantas são frequentemente designadas como "adubo verde". Uma plantação de alfafa que é incorporada de volta ao solo pode adicionar em torno de 300 a 350 kg de nitrogênio por hectare. Em uma estimativa modesta, são adicionadas à superfície da Terra, a cada ano, 150 a 200 milhões de toneladas de nitrogênio fixado por esses sistemas biológicos.

Nódulos são produzidos pela raiz da planta hospedeira no local de infecção das bactérias. Os *nódulos radiculares* são órgãos fixadores de nitrogênio singulares, que resultam da interação simbiótica entre a planta e bactérias fixadoras de nitrogênio. Os nódulos fornecem um ambiente favorável para a nitrogenase.

Na maioria das leguminosas, o processo infeccioso começa com a fixação de *rizóbios* – termo genérico empregado para designar qualquer bactéria capaz de induzir a formação de nódulos nas leguminosas – no ápice dos pelos radiculares emergentes em resposta a substâncias químicas atraentes, os *flavonoides*, que são liberados por meio dos pelos radiculares (Figuras 29.9 e 29.10A). Isso leva à indução de genes de nodulação (*nod*) e à síntese de moléculas de sinalização bacterianas, denominados *fatores Nod*. Em seguida, os fatores Nod ativam uma cascata de expressão de genes da planta necessários para a formação do nódulo radicular. A simbiose entre uma espécie de *Rhizobium* ou *Bradyrhizobium* e uma leguminosa é muito específica; por exemplo, as bactérias que invadem e induzem a formação de nódulos nas raízes do trevo (*Trifolium*) não induzirão a formação de nódulos nas raízes da soja (*Glycine*).

Com a fixação dos rizóbios aos pelos radiculares, estes tipicamente se transformam em estruturas intensamente curvadas, que aprisionam as bactérias (Figuras 29.9B e 29.10B). A entrada de rizóbios nos pelos radiculares e nas células corticais subjacentes ocorre por meio da formação dos *canais de infecção*, que são estruturas tubulares formadas pelo crescimento intrusivo e progressivo da parede das células dos pelos radiculares, a partir do local de penetração (Figuras 29.9C e

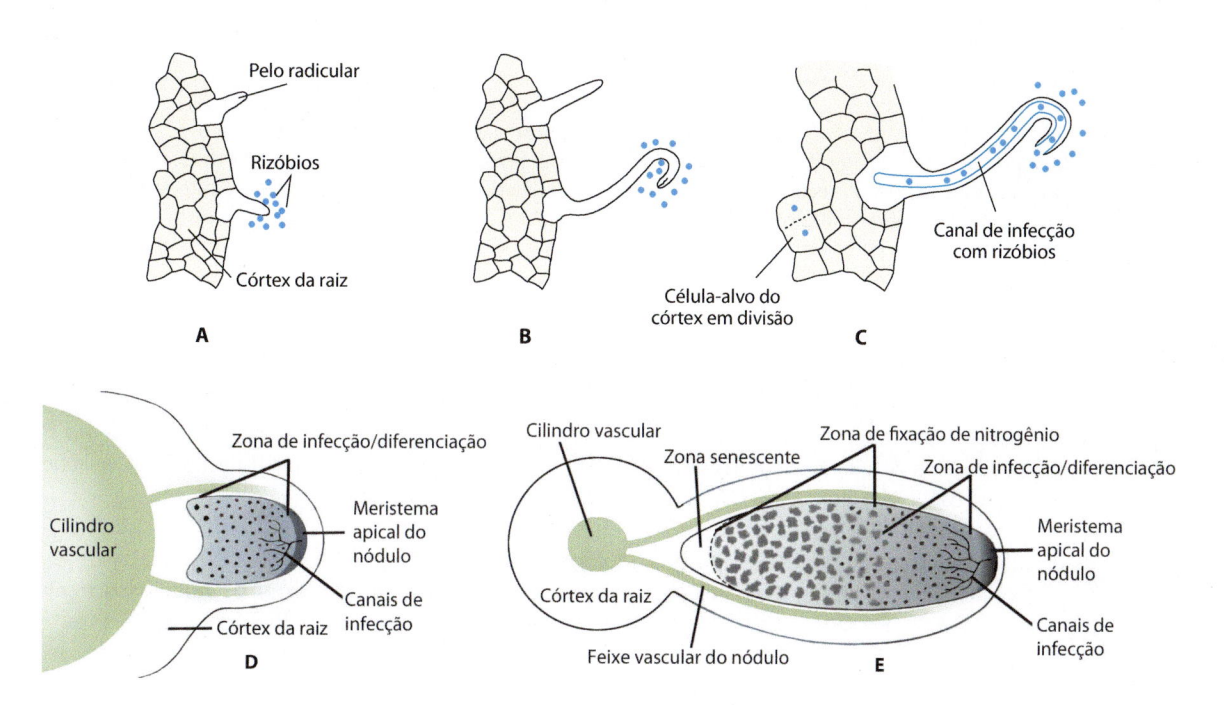

29.9 Estágios no desenvolvimento de um nódulo radicular indeterminado. A. Os rizóbios ligam-se a um pelo radicular emergente, o qual os atrai por meio da liberação de sinais químicos. **B.** O pelo radicular curva-se em resposta a fatores produzidos pelos rizóbios. **C.** Forma-se um canal de infecção, que levará os rizóbios em divisão por todo o pelo radicular até o interior das células corticais, que responderão com divisão. **D.** Um primórdio de nódulo se forma a partir da rápida divisão das células corticais infectadas. As derivadas das células corticais formam um meristema apical, o qual origina os tecidos do nódulo conforme ele cresce através do córtex. **E.** O nódulo maduro consiste em um meristema apical persistente que produz continuamente novas células, as quais se tornam infectadas com rizóbios, levando à formação de um gradiente de zonas de desenvolvimento (zonas de fixação de nitrogênio e de infecção/diferenciação). O nódulo inteiro é circundado por um córtex fino. Os feixes vasculares do nódulo estão conectados com os tecidos vasculares do cilindro vascular da raiz.

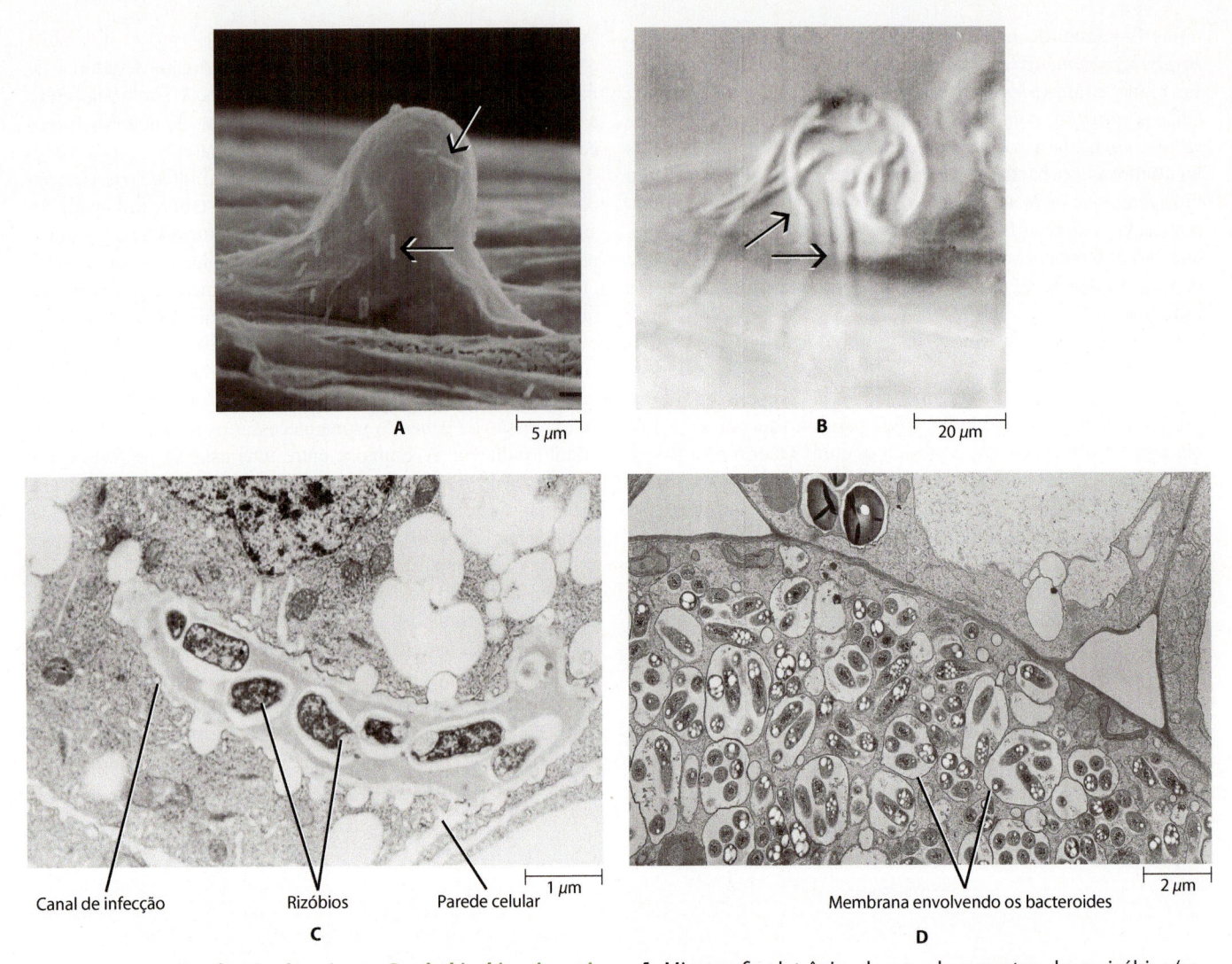

A 5 µm

B 20 µm

Canal de infecção · Rizóbios · Parede celular · 1 µm

C

Membrana envolvendo os bacteroides · 2 µm

D

29.10 Eventos da infecção da soja por *Bradyrhizobium japonicum*. A. Micrografia eletrônica de varredura mostrando os rizóbios (setas) presos a um pelo radicular que se formou recentemente. **B.** Fotomicrografia de contraste de interferência diferencial mostrando um pequeno pelo radicular curvado, contendo múltiplos canais de infecção (setas). **C.** Micrografia eletrônica de transmissão de um canal de infecção contendo rizóbios. A membrana plasmática e a parede da célula da raiz são contínuas com o canal de infecção. Cada rizóbio está circundado por um halo de polissacarídios capsulares. **D.** Micrografia eletrônica de transmissão de grupos de bacteroides, cada qual circundado por uma membrana derivada da célula do nódulo da raiz infectada. Observe a célula não infectada acima da infectada.

29.10C). Os rizóbios dividem-se no ápice do canal de infecção em crescimento, formando uma coluna de rizóbios dentro do canal (Figuras 29.9C e 29.10C). Um único pelo radicular pode ser penetrado por vários rizóbios e, dessa maneira, pode conter vários canais de infecção (Figura 29.10B). A infecção só ocorre nos pelos radiculares localizados em oposição às células corticais que foram simultaneamente estimuladas a sofrer divisão celular para formar um *primórdio nodular* (Figura 29.9D). Quando o canal de infecção alcança o primórdio em desenvolvimento, os rizóbios são liberados em envoltórios derivados da membrana plasmática da célula hospedeira, um processo que se assemelha à endocitose (ver Capítulo 4). Os rizóbios permanecem circundados nessa membrana, no interior da qual continuam se dividindo, transformando-se em *bacteroides*, termo atualmente empregado para designar os rizóbios fixadores de nitrogênio de tamanho aumentado (Figura 29.10D). A membrana juntamente com os bacteroides formam uma unidade fixadora de nitrogênio funcional, conhecida

como *simbiossomo*. A proliferação dos bacteroides delimitados por membrana e das células do primórdio nodular resulta na formação dos nódulos.

Dois tipos de nódulos podem ser distinguidos: os nódulos determinados e indeterminados. Existem dois tipos de nódulos radiculares. Os *nódulos indeterminados* são cilíndricos e alongados, devido à presença persistente de meristema. Na maturidade, os nódulos indeterminados são constituídos por várias zonas, incluindo meristema, seguido de zonas de infecção/diferenciação, fixação de nitrogênio e senescência (Figura 29.9E). São encontrados nódulos indeterminados típicos na alfafa (*Medicago sativa*), no feijão-fava (*Vicia faba*), na ervilha (*Pisum sativum*) e no trevo (*Trifolium*). Os *nódulos determinados* carecem de meristema persistente, têm formato habitualmente esférico e não exibem gradiente de desenvolvimento óbvio. Esses nódulos são encontrados, por exemplo, no feijão-comum (*Phaseolus vulgaris*), na soja (*Glycine max*) (Figura 29.11), no feijão-de-corda (*Vigna* *unguiculata*) e *Lotus japonicus*. A organogênese dos nódulos determinados começa com a divisão celular do córtex externo, ao passo que, nos nódulos indeterminados, a divisão celular começa no córtex interno. O tipo de desenvolvimento nodular é característico da planta hospedeira, e não das bactérias formadoras de nódulos. Os hormônios auxina, citocininas, giberelinas e brassinoesteroides regulam de modo positivo a formação dos nódulos, enquanto o ácido abscísico, o etileno, o ácido jasmônico e o ácido salicílico atuam como reguladores negativos, reprimindo a nodulação. A quantidade de nódulos radiculares nas leguminosas é rigorosamente regulada, de modo a impedir a produção excessiva de nódulos e o consequente consumo excessivo de açúcares formados pela fotossíntese, uma condição que seria prejudicial à planta hospedeira.

O nódulo totalmente desenvolvido das leguminosas consiste em um córtex relativamente estreito, que circunda uma grande zona central, contendo células infectadas e não infectadas por bacteroides (Figura 29.11B). Os feixes vasculares que se estendem a partir do ponto de junção do nódulo com a raiz ocorrem no córtex interno. Os nódulos determinados também formam lenticelas, que servem para aumentar a troca gasosa (ver Capítulo 26). Nos nódulos, o nitrogênio atmosférico (N_2) é convertido em amônia pelos bacteroides e, em seguida, é rapidamente convertida em formas orgânicas (amidas ou ureídas). Os genes *nif* bacterianos estão envolvidos na fixação do nitrogênio. Nas le-guminosas de região temperada, como o trevo-branco (*Trifolium repens*), o feijão-fava (*Vicia faba*) e a ervilha (*Pisum sativum*), as amidas (principalmente asparagina ou glutamina, ambas as quais são aminoácidos) são exportadas para as raízes e transportadas para o sistema caulinar pelo xilema. Nas leguminosas de origem tropical, como o feijão-comum (*Phaseolus vulgaris*), o feijão-de-corda (*Vigna unguiculata*) e a soja (*Glycine max*), as ureídas (derivados da ureia) são exportadas dos nódulos.

A concentração de O_2 nas células infectadas pelos bacteroides deve ser cuidadosamente regulada, já que o O_2 é um potente inibidor irreversível da enzima nitrogenase. Ao mesmo tempo, o oxigênio é necessário à respiração aeróbica, sendo esta importante para suprir o ATP necessário para a nitrogenase e outras atividades metabólicas tanto na bactéria quanto nas células vegetais. A regulação do O_2 é realizada, em grande parte, pela presença de uma proteína heme que se liga ao oxigênio, a *leg-hemoglobina*. Essa proteína, que confere uma cor rosada à região central do nódulo, assim como a hemoglobina confere uma cor vermelha ao sangue, é produzida, em parte, pelo bacteroide (a porção heme) e, em parte, pela planta (a porção globina). Acredita-se que a leg-hemoglobina tampone a concentração de oxigênio dentro do nódulo, permitindo a respiração sem que ocorra a inibição da nitrogenase. A leg-hemoglobina também atua como transportadora de oxigênio, facilitando a difusão de O_2 para os bacteroides.

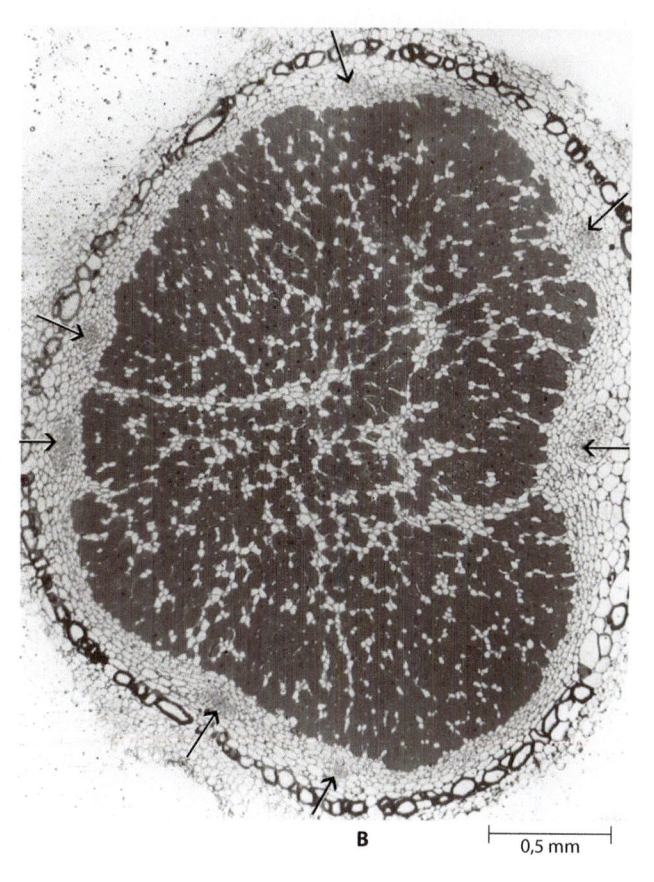

29.11 Nódulos radiculares determinados de soja. A. Nódulos fixadores de nitrogênio nas raízes de uma planta de soja (*Glycine max*), uma leguminosa. Esses nódulos são o resultado de uma relação simbiótica entre a bactéria do solo, *Bradyrhizobium japonicum*, e as células corticais da raiz. **B.** Seção de um nódulo maduro da raiz de soja. Na região central do nódulo podem ser vistas as células não infectadas, que são vacuoladas entre as células infectadas, as quais têm coloração mais escura. O córtex do nódulo, contendo os feixes vasculares (setas) e uma camada de células de esclerênquima coradas mais intensamente (mais escuras), circunda a zona central.

As leguminosas não são as únicas plantas que formam nódulos. Além das plantas da família Fabaceae, o gênero *Parasponia* (Cannabaceae) forma nódulos com rizóbios. Os membros de oito outras famílias de plantas floríferas formam nódulos com actinomicetos do gênero *Frankia*. Incluem plantas familiares como amieiro (*Alnus*; da família Betulaceae), bem como *Myrica gale* e *Comptonia*, ambas da família Myricaceae, e *Ceanothus*, da família Rhamnaceae.

Ocorrem também interações benéficas entre bactérias fixadoras de nitrogênio e plantas que não formam nódulos. O *Rhizobium*, um dos principais endossimbiontes de leguminosas formadores de nódulos radiculares, também coloniza as raízes de vários cereais importantes na alimentação, que não formam nódulos, entre eles cevada, milho, arroz, trigo e sorgo. Os rizóbios penetram na raiz em locais de emergência de raízes laterais, bem como em regiões de alongamento e diferenciação. A partir da raiz, os rizóbios propagam-se sistemicamente pelos caules e pelas folhas através dos vasos do xilema. Outra bactéria fixadora de nitrogênio, *Azoarcus*, foi isolada do arroz e de *Leptochloa fusca* (Poaceae). Além disso, *Acetobacter diazothophicus* e *Herbaspirillum seropedicae* foram isolados da cana-de-açúcar, e *Burkholderia*, da videira (*Vitis vinifera*). A lista continua aumentando. Em todos os casos, as bactérias endofíticas residem nos espaços intercelulares e nos vasos do xilema das raízes, dos caules e das folhas, mas não nas células vivas. Vários estudos indicam que as plantas hospedeiras podem obter uma quantidade substancial – em alguns casos, 60% ou mais – de suas necessidades de nitrogênio a partir das bactérias endófitas fixadoras do nitrogênio.

A maioria dos grupos taxonômicos endofíticos também é encontrada na rizosfera, e foi estimado que essas bactérias fixadoras de nitrogênio de vida livre provavelmente contribuam com 7 kg de nitrogênio para um hectare de solo a cada ano. Outras bactérias endofíticas, como *Acetobacter*, *Azoarcus* e *Herbaspirillum*, foram isoladas apenas de plantas.

Muitas bactérias fotossintetizantes, como as cianobactérias, são microrganismos importantes fixadores de nitrogênio. Outra relação simbiótica é de considerável interesse prático em certas partes do mundo. É representada pela associação entre a *Azolla*, uma pequena pteridófita aquática flutuante, e a *Anabaena*, uma cianobactéria fixadora de nitrogênio que vive em cavidades da primeira (Figura 29.12). A simbiose *Azolla-Anabaena* é única entre as simbioses fixadoras de nitrogênio porque a relação é mantida durante todo o ciclo vital do hospedeiro. A *Azolla* infectada com *Anabaena* pode contribuir com 50 kg de nitrogênio por hectare. Em certos países da Ásia, por exemplo, a multiplicação de *Azolla-Anabaena* é permitida nas plantações de arroz. As plantas de arroz fazem sombra para a *Azolla*, que finalmente acaba morrendo, e assim o nitrogênio das pteridófitas é liberado e usado pelas plantas de arroz.

Foi constatado que as cianobactérias fixadoras de nitrogênio (principalmente espécies de *Nostoc*), que vivem como epífitas sobre as folhas de *Pleurozium schreberi*, constituem a principal fonte de nitrogênio nos ecossistemas de florestas boreais setentrionais. No bioma boreal, que representa 17% da superfície terrestre de nosso planeta, o nitrogênio é o principal nutriente limitador de crescimento.

A

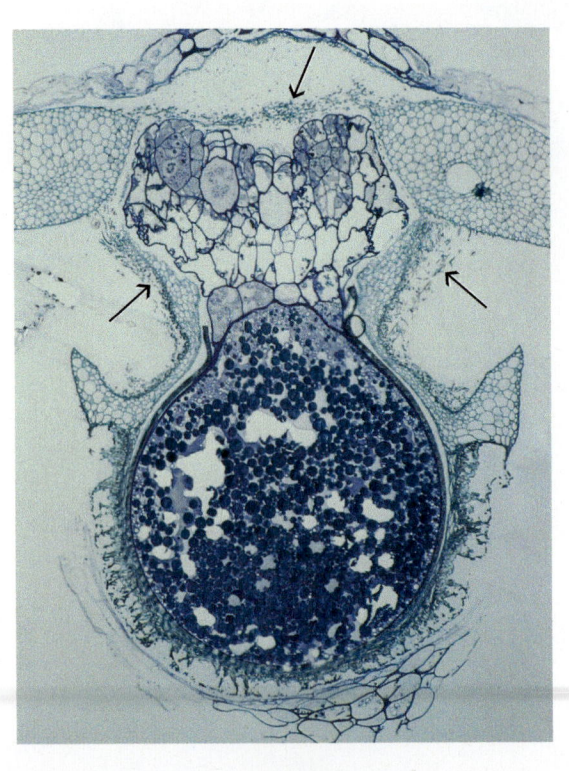

B

29.12 Simbiose *Azolla-Anabaena*. A. *Azolla filiculoides*, uma pteridófita aquática que cresce em associação simbiótica com a cianobactéria *Anabaena*. **B.** Filamentos da *Anabaena* podem ser vistos (setas) associados ao gametófito feminino (megagametófito) que se desenvolveu a partir de um megásporo germinado da *Azolla*.

A fixação industrial de nitrogênio tem um alto custo energético

A produção industrial ou comercial de nitrogênio fixado (denominado "processo de Haber-Bosch") foi desenvolvida pela primeira vez em 1914, e seu uso aumentou continuamente até o nível atual de aproximadamente 50 milhões de toneladas métricas por ano, o que equivale a quase a metade da fixação biológica do planeta. A maior parte desse nitrogênio é usada como fertilizante agrícola. Infelizmente, a fixação industrial é realizada com um alto custo energético, dependendo da queima de combustíveis fósseis. Neste processo, para formar amônia, o N_2 reage com o H_2 sob alta temperatura e pressão, na presença de metais catalisadores. Os componentes que gastam energia são o hidrogênio, que deriva do gás natural, do petróleo ou do carvão, e a temperatura e a pressão altas necessárias para promover a reação, que também necessitam de grandes quantidades de combustíveis fósseis. Embora tenha um alto custo, este processo pode contribuir com um terço do nitrogênio fixado, anualmente, em países desenvolvidos como os EUA.

Outras estratégias para a captação de nitrogênio foram adotadas pelas plantas

Nem todas as plantas dependem da fixação de nitrogênio para suas necessidades desse elemento. Tanto as ectomicorrizas quanto as micorrizas ericoides (família Ericaceae) (ver Capítulo 14), que são componentes comuns de plantas que crescem em solos inférteis, decompõem diretamente as proteínas em substância orgânica encontrada no solo. Em seguida, absorvem e transferem os aminoácidos diretamente para a planta hospedeira, sem mineralização a nitrato e amônia. Outra estratégia foi adotada pelas plantas carnívoras, como *Dionaea* (ver Figura 28.28), que utilizam proteínas animais diretamente como fonte de nitrogênio (ver Quadro "Plantas carnívoras", anteriormente).

As angiospermas parasitas, como o visco (famílias Loranthaceae e Viscaceae), exibem ainda outra estratégia. Fixam-se à planta hospedeira por meio de raízes altamente modificadas, denominadas haustórios, que penetram no floema e xilema da planta hospedeira (Figura 29.13). Muitas espécies adotam mais de uma estratégia para obter nitrogênio; por exemplo, é comum encontrar micorrizas arbusculares (ver Capítulo 14) e simbiontes fixadores de nitrogênio na mesma planta.

A assimilação do nitrogênio é a conversão de nitrogênio inorgânico em compostos orgânicos

A assimilação de nitrogênio inorgânico (nitratos e amônia) em compostos orgânicos é um dos mais importantes processos na biosfera, quase equivalente à fotossíntese e à respiração. O nitrato é a principal fonte de nitrogênio disponível para as plantas cultivadas, que crescem em solos em condições de campo. Uma vez dentro da célula, o nitrato é reduzido à amônia, que é rapidamente incorporada em compostos orgânicos pela via da sintetase da glutamina e da sintetase do glutamato mostrada na Figura 29.14. Na maioria das plantas herbáceas, este processo ocorre principalmente no citosol e nos cloroplastos das folhas, estando intimamente associado à fotossíntese. (Muitos fisiologistas vegetais consideram-no como uma extensão da fotossíntese.) Em muitas plantas, quando a quantidade de nitrato disponível para as raízes é pequena, a redução do nitrato ocorre principalmente nos plastídios das raízes. O nitrogênio orgânico produzido pelo metabolismo de nitrato das raízes é transportado no xilema principalmente sob a forma de aminoácidos.

Fósforo e ciclo do fósforo

Em comparação com o nitrogênio, a quantidade de fósforo necessária para as plantas é relativamente pequena (Tabela 29.1). Entretanto, de todos os elementos dos quais a crosta terrestre é

A   Floema secundário do hospedeiro   Haustório   Xilema secundário do hospedeiro   **B**   4 mm

29.13 Visco, uma angiosperma parasita. A. *Phoradendron leucarpum* (família Viscaceae), vendida na América do Norte como planta decorativa do Natal, crescendo no galho de uma árvore hospedeira. **B.** Seção transversal de um caule de junípero (*Juniperus occidentalis*), que foi penetrado pelo haustório (raiz modificada) do visco *P. leucarpum*.

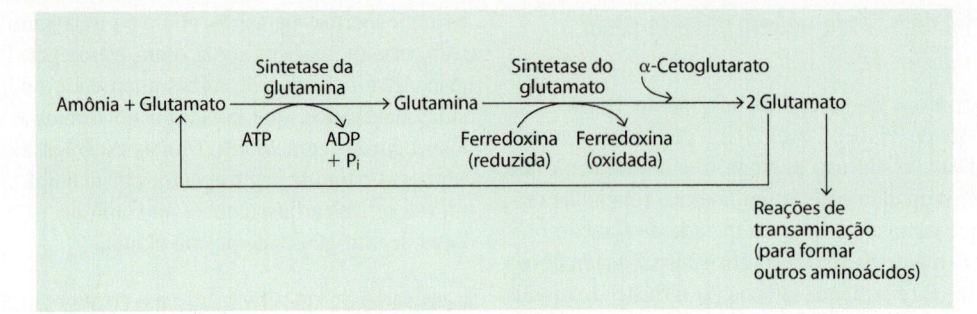

29.14 Rota da sintetase da glutamina–sintetase do glutamato (resumida), em folhas. A incorporação do nitrogênio em compostos orgânicos requer ATP e ferredoxina reduzida, ambos prontamente disponíveis em células fotossintetizantes. Das duas moléculas de glutamato produzidas, uma recicla para se ligar com a amônia, perpetuando a via de assimilação, enquanto a outra é transaminada para formar outros aminoácidos. Nas raízes, tanto o NADH quanto o NADPH substituem a ferredoxina nesta via de assimilação.

o reservatório principal, o fósforo é o que provavelmente mais limita o crescimento das plantas. O fósforo está presente em concentrações muito baixas, tem uma distribuição desigual e é quase imóvel nos solos. Na Austrália, onde os solos são extremamente intemperizados e deficientes em fósforo, a distribuição e os limites das comunidades de plantas nativas são frequentemente determinados pela disponibilidade de fosfato do solo.

O ciclo do fósforo parece ser mais simples que o ciclo do nitrogênio

O ciclo do fósforo (Figura 29.15) parece simples quando comparado com o ciclo do nitrogênio, porque há menor número de etapas. O ciclo do fósforo também difere do ciclo do nitrogênio pelo fato de ser a crosta terrestre, em vez da atmosfera, o reservatório principal de fósforo. Não há quantidade significativa de gases que contenham fósforo. Considerando que o íon fosfato (PO_4^{3-}) – a única forma inorgânica importante de fósforo – liga-se ao húmus e às partículas do solo, a reciclagem do fósforo tende a ser muito localizada. Como discutido anteriormente neste capítulo, o intemperismo das rochas e dos minerais por longos períodos é a fonte da maior parte do fósforo presente na solução do solo.

O fósforo circula das plantas para os animais e é devolvido ao solo como resíduos e dejetos sob a forma orgânica. Tais formas orgânicas de fósforo são convertidas em fosfato inorgânico pela ação de microrganismos, e, assim, o fósforo torna-se novamente disponível para as plantas (Figura 29.15).

Parte do fósforo é perdida do ecossistema terrestre pela lixiviação e pela erosão; no entanto, na maioria dos ecossistemas naturais, o intemperismo das rochas pode compensar esta perda. O fósforo perdido alcança finalmente os oceanos, onde é depositado em sedimentos como precipitado e nos restos de organismos marinhos. No passado, o uso de guano (depósitos de fezes de aves marinhas) como fertilizante agrícola devolvia uma parte do fósforo oceânico para os ecossistemas terrestres. Contudo, a maior parte do fósforo nos sedimentos profundos do mar torna-se disponível somente como resultado de grandes levantamentos geológicos. Os fertilizantes à base de fosfato são usados em solos agrícolas que apresentam níveis inadequados de fósforo disponível para as plantas. Os depósitos de rocha de fosfato estão sendo extraídos em larga escala para esse uso, e o esgotamento dos depósitos de fosfato prontamente disponíveis

para uso como fertilizantes provavelmente será um grande problema para a agricultura no próximo século.

As plantas dispõem de várias estratégias para adquirir fosfato

Devido à baixa solubilidade e mobilidade do fosfato, a captação efetiva de fosfato habitualmente requer a sua extração a partir de grandes volumes de solo. Essa captação é obtida por meio do rápido crescimento das raízes, com proliferação de raízes laterais e pelos radiculares, ou por simbiose com fungos micorrizas, particularmente micorrizas arbusculares (ver Capítulo 14). O desenvolvimento de uma extensa rede de hifas pelo fungo, denominadas hifas extrarradiculares, no solo é particularmente importante na aquisição do fósforo. As hifas extrarradiculares estendem-se bem além da zona de depleção de fósforo da raiz hospedeira, expandindo enormemente o volume de solo a partir do qual a planta pode acessar o fosfato.

As plantas que nunca ou raramente formam micorrizas adotaram uma estratégia alternativa para sobreviver em solos empobrecidos em fosfato, como os da Austrália. Nessa região, membros da família Proteaceae, que raramente formam micorrizas, desenvolvem estruturas especializadas, denominadas *raízes em cacho* (Figura 29.16). Uma raiz em cacho é constituída de uma porção de uma raiz lateral da qual emergem numerosas radículas pilosas densamente reunidas (50 a 1.000 por cm de eixo radicular). As raízes em cacho caracterizam-se geralmente por sua semelhança a uma escova para limpar garrafas. Antigamente, acreditava-se que essas estruturas ocorressem apenas na família Proteaceae e foram originalmente denominadas "raízes proteoides"; todavia, hoje em dia, plantas com raízes em cacho foram encontradas em membros de mais nove famílias, entre as quais Betulaceae, Casuarinaceae, Cyperaceae e Fabaceae. Em virtude de sua facilidade de cultivo, o tremoço-branco (*Lupinus albus;* Fabaceae) tem sido utilizado com mais frequência para estudar a função das raízes em cacho. Essas raízes são efêmeras e precisam ser continuamente substituídas por extensão do eixo radicular original. Quando totalmente formadas, liberam grandes quantidades de malato e de citrato durante um período de 2 a 3 dias. Esse fenômeno notável, durante o qual são também liberadas fosfatases e prótons, é designado como "surto exsudativo". São os ânions, particularmente o citrato, que mobilizam o fósforo por meio de sua ligação a minerais do solo, como alumínio, ferro e cálcio.

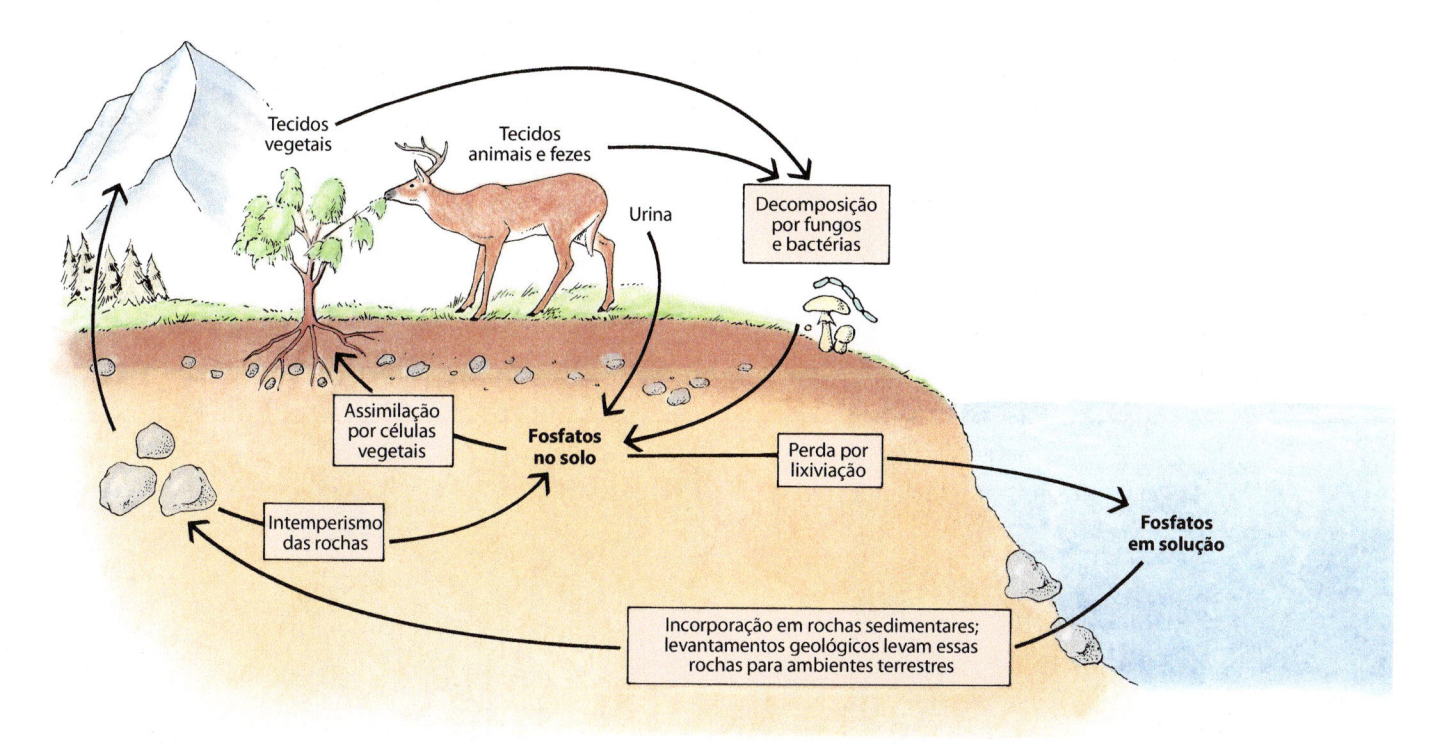

29.15 Ciclo do fósforo em um ecossistema terrestre. O fósforo é essencial para todos os organismos vivos como um componente das moléculas transportadoras de energia, como o ATP, e também dos nucleotídios do DNA e RNA. De modo semelhante aos outros compostos inorgânicos, o fósforo é liberado a partir de tecidos mortos pela atividade de decompositores, absorvido do solo pelas plantas e circulado através do ecossistema.

O ciclo do fósforo em um ecossistema aquático envolve organismos diferentes, mas é, na maior parte dos aspectos, similar ao ciclo terrestre mostrado aqui. Em ecossistemas aquáticos, entretanto, uma considerável quantidade de fósforo é incorporada nas conchas e nos esqueletos dos organismos aquáticos. Esse fósforo, junto com o fosfato que se precipita na água, é mais tarde incorporado em rochas sedimentares. Tal rocha, de volta à superfície terrestre pelos levantamentos geológicos, é o principal reservatório terrestre de fósforo.

Impacto humano nos ciclos de nutrientes e efeitos da poluição

O funcionamento normal dos ciclos de fósforo, de nitrogênio e de outros nutrientes requer a transferência ordenada de elementos entre as etapas do ciclo, para prevenir o aumento ou a diminuição excessiva de nutrientes em qualquer um dos estágios. Ao longo de milhões de anos, os organismos têm sido supridos com as quantidades necessárias de nutrientes inorgânicos essenciais por meio do funcionamento normal desses ciclos. Contudo, a necessidade de alimentar adequadamente uma população humana em crescimento exponencial tem afetado drasticamente alguns ciclos. Com o tempo, tal fato pode conduzir a acumulações prejudiciais ou à escassez de nutrientes. Por exemplo, a remoção da cobertura vegetal e o aumento da erosão têm acelerado a perda de fósforo no solo. O fósforo acrescentado ao ambiente aquático proveniente dos esgotos, bem como da lixiviação de campos agrícolas fertilizados, resultou no crescimento maciço de algas e plantas floríferas, reduzindo seriamente o valor recreativo das áreas afetadas. Por isso, muitos países estão banindo os detergentes que contêm fósforo.

O funcionamento normal do ciclo do nitrogênio, que apresenta um grau de eficiência relativamente elevado, envolve um equilíbrio entre os processos de fixação, os quais removem nitrogênio da atmosfera, e os processos de desnitrificação, sendo estes últimos responsáveis pela devolução do nitrogênio para a atmosfera. Infelizmente, com o aumento da introdução de nitrogênio fixado na forma de nitrato no ambiente, pelo uso extensivo de fertilizantes comerciais, a eficiência do ciclo diminui. Além disso, os pântanos e os brejos, os locais principais da desnitrificação, estão sendo destruídos em uma taxa crescente e alarmante devido à sua conversão em áreas construídas, terras agricultáveis ou depósitos de lixo.

Em algumas áreas com muita utilização de fertilizantes, o nitrato tem poluído reservatórios de água potável. Na Califórnia, por exemplo, os poços de água estão contaminados com nitrato mais do que com qualquer outro poluente, excedendo a quantidade máxima (10 ppm) permitida pela Agência de Proteção Ambiental dos EUA.

Até recentemente, acreditava-se que a perda de nitrogênio do solo por lixiviação em ecossistemas desérticos era insignificante. Sabe-se hoje, contudo, que a lixiviação durante longos períodos em tais solos tem resultado na formação de imensas reservas de nitrato (até cerca de 10.000 kg de nitrogênio sob a forma de nitrato por hectare) em zonas do subsolo (ver Figura 29.5). Teme-se que, se tais desertos forem irrigados ou o clima se tornar mais úmido no futuro, essas gigantescas reservas de nitrato possam percolar para aquíferos e contaminar a água subterrânea.

Solos e agricultura

Em situações naturais, os elementos presentes no solo são reciclados tornando-se disponíveis novamente para o crescimento vegetal. Conforme discutido anteriormente, as partículas de

A

B

29.16 Raízes em cacho. Raízes em cachos nos sistemas radiculares de duas espécies de *Hakea* (Proteaceae), (**A**) *Hakea prostrata* e (**B**) *Hakea sericea,* ambas da Austrália. Também denominadas raízes proteoides, essas raízes aumentam acentuadamente a superfície de absorção do sistema radicular.

argila e a matéria orgânica de cargas negativas podem ligar-se aos íons de carga positiva, como Ca^{2+}, Na^+, K^+ e Mg^{2+}. Esses íons são então deslocados dessas partículas de argila por outros cátions (troca catiônica) e absorvidos pelas raízes. Em geral, os cátions necessários para as plantas estão presentes em grandes quantidades nos solos férteis, e as quantidades removidas por um só ciclo de cultivo são pequenas. Contudo, quando uma série de cultivos é feita em um determinado campo e os nutrientes são continuamente removidos do ciclo por ocasião da colheita, alguns desses cátions podem não estar mais presentes em quantidade suficiente e na forma disponível para as plantas. Por exemplo, em quase todos os solos, a maior parte do potássio está presente sob formas que não participam de trocas catiônicas e não estão disponíveis para as plantas. O mesmo ocorre com o fósforo e o nitrogênio. Os solos de ecossistemas naturais transformados em sistemas agrícolas frequentemente não têm quantidades adequadas de nutrientes disponíveis para plantas cultivadas. Assim, esses solos não conseguem sustentar as plantas para as colheitas comerciais, embora apresentem nutrientes suficientes para o crescimento de comunidades vegetais nativas.

Os programas para suplementar o fornecimento de nutrientes para a agricultura e a horticultura precisam ser fundamentados em testes de solo, que são usados para diagnosticar deficiências nutricionais e para prever qual a resposta desejada com a adição de fertilizantes, em quantidades recomendadas. O nitrogênio, o fósforo e o potássio são os três elementos comumente incluídos nos fertilizantes comerciais. Os fertilizantes são frequentemente rotulados com uma fórmula que indica a porcentagem de cada um desses elementos. Um fertilizante 10-5-5, por exemplo, contêm 10% de nitrogênio (N), 5% de fósforo (como pentóxido de fósforo, P_2O_5) e 5% de potássio (como óxido de potássio, K_2O). Esse método de explicitar do conteúdo de fósforo e de potássio dos fertilizantes é um hábito histórico que remonta à época em que os químicos analíticos indicavam todos os elementos analisados como óxidos.

Outros nutrientes inorgânicos essenciais, embora necessários em quantidades muito pequenas, podem algumas vezes tornar-se os fatores limitantes nos solos onde as culturas estão crescendo. A experiência tem mostrado que as deficiências mais comuns são de ferro, enxofre, magnésio, zinco e boro.

Pesquisa em nutrição vegetal

A pesquisa com nutrientes inorgânicos essenciais para as plantas cultivadas – particularmente quanto à quantidade desses nutrientes necessária para um rendimento ótimo das culturas

HALÓFITAS | UM RECURSO FUTURO?

Diferentemente da maioria dos animais, a maior parte das plantas não precisa de sódio e, além disso, não pode sobreviver em água salobra ou solos salinos. Em tais ambientes, a solução ao redor das raízes frequentemente tem uma concentração de solutos maior que a das células vegetais, fazendo com que a água se mova para fora das raízes por osmose. Mesmo que a planta esteja apta a absorver água, ela encontra problemas adicionais pela alta concentração dos íons sódio (Na$^+$). Se a planta absorve água e exclui os íons sódio, a solução ao redor das raízes torna-se ainda mais concentrada, aumentando a probabilidade da perda de água através das raízes. O sal pode tornar-se tão concentrado a ponto de formar uma crosta ao longo das raízes, bloqueando, efetivamente, o seu suprimento de água. Outro problema é que os íons sódio podem entrar na planta preferencialmente, em relação aos íons potássio (K$^+$), privando a planta de um elemento essencial, bem como inibindo alguns sistemas enzimáticos.

Algumas plantas – conhecidas como halófitas – podem crescer em ambientes salinos como os desertos, mangues e restingas. Todas essas plantas desenvolveram mecanismos para crescer sob altas concentrações de sódio, e, para algumas plantas, o sódio parece ser um nutriente necessário. As adaptações das halófitas variam. Em muitas delas, uma bomba de sódio e potássio parece ter o papel principal na manutenção da baixa concentração de sódio dentro das células, ao mesmo tempo que assegura a entrada de suprimento suficiente de íons potássio na planta. Em algumas espécies, a bomba opera principalmente nas células

da raiz, bombeando os íons sódio de volta para o ambiente e os íons potássio para o interior da raiz. Acredita-se que a presença de íons cálcio (Ca^{2+}) na solução de solo seja essencial para o funcionamento efetivo desse mecanismo.

Outras halófitas absorvem o sódio através das raízes, mas depois podem secretá-lo ou isolá-lo do citoplasma das células do corpo da planta. Em *Salicornia* (Chenopodiaceae), uma bomba de sódio e potássio (ou uma variante dela) opera no tonoplasto (membrana vacuolar) das células da folha. Os íons sódio entram na célula, mas são imediatamente bombeados para os vacúolos e isolados do citoplasma. Nessas plantas, a concentração de solutos dos vacúolos é maior que a do ambiente, estabelecendo o potencial osmótico necessário para o movimento de água para dentro das raízes. Em outros gêneros, o sal é bombeado para dentro dos espaços intercelulares das folhas e depois é secretado pela planta. Em *Distichlis palmeri* (Poaceae), o sal é exsudado por células especializadas (que não são os estômatos) na superfície da folha. Em *Atriplex* (Chenopodiaceae), o sal é bombeado e concentrado nas células vesiculares da glândula de sal. Essas células vesiculares se expandem com a acumulação de sal até se romperem. A chuva ou a passagem da maré leva o sal para fora.

As halófitas são de interesse atual não apenas por ajudarem a esclarecer os mecanismos osmorregulatórios de plantas, mas também pelo seu potencial como plantas cultivadas. Em um mundo com uma necessidade sempre crescente de alimentos, vastas áreas são inadequadas para a agricultura por causa da salinidade

do solo. Por exemplo, há por volta de 30.000 km de deserto litorâneo e cerca de 400 milhões de hectares de desertos, os quais possivelmente têm suprimentos de água, que são salinos demais para as plantas cultivadas. Além disso, a cada ano, cerca de 200.000 hectares de terras irrigadas tornam-se tão salinas que posteriores cultivos são impossíveis. Quando uma terra árida é irrigada pesadamente, como em grandes áreas do oeste dos EUA, o sal da água de irrigação acumula-se no solo. Esse acúmulo ocorre porque, tanto na evaporação do solo quanto na transpiração das plantas, perde-se essencialmente água pura, deixando todos os solutos para trás. Com o decorrer dos anos, a concentração de sal nos solos cresce e pode alcançar, ao final, níveis que não podem ser tolerados pela maioria das plantas. Foi sugerido que as antigas civilizações do Oriente Próximo finalmente caíram porque sua terra, pesadamente irrigada, tornou-se tão salina que os alimentos não puderam mais ser cultivados nela.

Uma maneira de aproveitar por mais tempo as terras irrigadas e transformar as áreas estéreis em áreas de uso agrícola poderia ser a incorporaração da tolerância ao sal nas plantas cultivadas tradicionalmente. Até agora, porém, esses esforços não tiveram muito êxito. Outras abordagens, incluindo engenharia genética, tiveram sucesso limitado. Isso se deve ao fato de que, até o momento, apenas um único gene foi transformado, considerando que a tolerância ao sal é uma propriedade multigênica que envolve uma série de processos fisiológicos, bioquímicos em moleculares. Entretanto, continua a busca para o aproveitamento eficaz das halófitas.

A

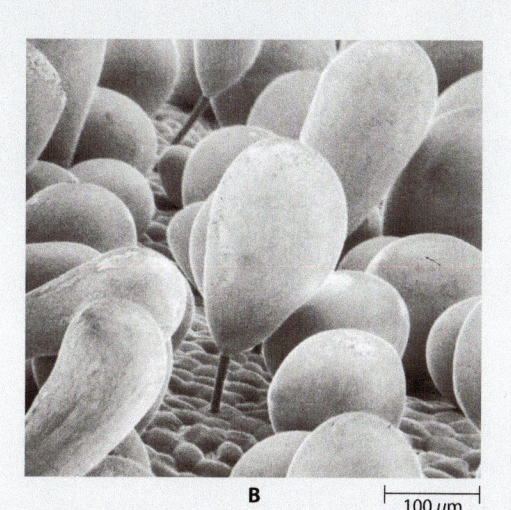

B

$100\,\mu m$

A. *Atriplex* (Chenopodiaceae) é uma das várias halófitas considerada como uma planta com potencial para ser cultivada. **B.** A superfície da folha de *Atriplex*. O sal é bombeado dos tecidos da folha para as pequenas células pedunculadas e, então, para as grandes e expandidas células vesiculares.

COMPOSTAGEM

A compostagem, uma prática tão antiga quanto a agricultura, tem atraído interesse crescente como meio de aproveitar os resíduos orgânicos por meio de sua conversão em fertilizantes. O produto iniciador é qualquer porção de matéria orgânica – folhas, lixo de cozinha, esterco de animais, palha, grama cortada, depósito de esgoto, serragem – e a população de bactérias e de outros microrganismos normalmente presentes na matéria orgânica. As únicas outras exigências são oxigênio e umidade. A trituração da matéria orgânica não é essencial, mas isso propicia uma grande área superficial para o ataque microbiano, acelerando, assim, o processo.

Em uma pilha de composto ou de resíduos orgânicos, o crescimento microbiano acelera rapidamente, gerando calor, a maior parte do qual é retida porque as camadas externas de matéria orgânica atuam como isolante. Em um grande monte de composto (2 m × 2 m × 1,5 m, por exemplo), a temperatura interior sobe para cerca de 70°C; em montes pequenos, ela geralmente alcança 40°C. À medida que a temperatura sobe, a população de decompositores modifica-se, e formas termofílicas e termotolerantes substituem os organismos previamente presentes. Com a morte das formas originais, sua matéria orgânica também se torna parte dos produtos. Um efeito colateral útil da elevação da temperatura é que ela destrói a maioria das bactérias patogênicas comuns que possam estar presentes, por exemplo, na lama do esgoto, bem como cistos, ovos e outras formas imaturas de parasitos de plantas e animais.

Com o passar do tempo, mudanças de pH também ocorrem em uma pilha de composto. O valor inicial de pH é em geral um pouco ácido (por volta de 6,0), o qual é comparável com o pH da maioria dos fluidos vegetais. Durante os primeiros estágios de decomposição, a produção de ácidos orgânicos causa uma maior acidificação, com decréscimo do pH até cerca de 4,5 a 5,0. Contudo, à medida que a temperatura aumenta, o pH também aumenta; finalmente o pH do material em decomposição se estabiliza em valores alcalinos (7,5 a 8,5).

Um importante fator na compostagem (como em qualquer processo de crescimento biológico) é a razão entre carbono e nitrogênio, que, em condições ideais, é de cerca de 30:1 (por peso). Se a razão C/N for muito elevada, o crescimento microbiano diminui; se essa razão for muito baixa, uma parte do nitrogênio escapa como amônia. Quando os materiais da compostagem são muito ácidos, o calcário (carbonato de cálcio) pode ser adicionado para balancear o pH; contudo, se for adicionado muito calcário, ocorre aumento na perda de nitrogênio.

Os estudos das pilhas do composto em um local municipal de Berkeley, Califórnia (EUA), demonstraram que a compostagem poderia ser completada em apenas 2 semanas, se grandes pilhas fossem mantidas úmidas e aeradas. Entretanto, geralmente 3 meses ou mais durante o inverno são necessários para completar o processo. Se o composto for adicionado ao solo antes que o processo de compostagem tenha sido completado, ele pode temporariamente exaurir o nitrogênio solúvel do solo.

A compostagem pode ser um meio muito útil de se desfazer de resíduos, pois ela reduz grandemente o volume de restos vegetais. Em Scarsdale, Nova Iorque (EUA), por exemplo, as folhas decompostas em um local municipal foram reduzidas a um quinto de seu volume original. Ao mesmo tempo, elas formaram condicionador de solo útil, melhorando tanto a aeração como a capacidade de retenção de água. As análises químicas indicam, contudo, que um composto rico frequentemente contém, em peso seco, apenas cerca de 1,5 a 3,5% de nitrogênio, 0,5 a 1,0% de fósforo e 1,0 a 2,0% de potássio, muito menos do que há nos fertilizantes comerciais.* Entretanto, de modo diferente dos fertilizantes comerciais, o composto pode ser uma fonte de aproximadamente todos os elementos necessários para as plantas. O composto promove um balanço contínuo de nutrientes, liberando-os gradualmente à medida que ele se decompõe no solo.

Hoje, a principal força impulsionadora por trás da compostagem é o custo crescente da eliminação de resíduos e a maior dificuldade de encontrar locais adequados de deposição destes – locais que não afetem adversamente o ambiente ou poluam nossas águas. Infelizmente, a compostagem ainda tem um longo caminho para tornar-se economicamente viável, como um substituto para os fertilizantes manufaturados para a agricultura comercial.

---

*N.R.T.: Apesar de ser uma fonte pobre de nutrientes, pesquisadores da Universidade Estadual Norte Fluminense demonstraram que um dos componentes do composto, o ácido húmico, é uma fonte de auxina, a qual estimula o crescimento das raízes.

---

e quanto à capacidade de vários solos em fornecer esses nutrientes – tem sido de grande valor prático na agricultura e na horticultura. Em razão do aumento constante da necessidade mundial de alimentos, esse tipo de pesquisa sem dúvida continuará a ser essencial.

Buscam-se caminhos para a superação das deficiências e da toxicidade do solo

A modificação e a manipulação dos solos pela adição de fertilizantes, pelo aumento do pH com a aplicação de calcário, ou pela remoção do excesso de sais pela água, podem não ser o único

CICLO DA ÁGUA

O suprimento de água da Terra é estável e reutilizado continuamente. A maior parte da água (98%) é encontrada nos oceanos, lagos e rios. Dos 2% restantes, uma parte está congelada no gelo polar e nas geleiras, outra é encontrada no solo, uma parte está na atmosfera como vapor de água e, por fim, outra parte encontra-se nos corpos dos organismos vivos.

A luz do Sol evapora a água dos oceanos, lagos e rios, da superfície úmida dos solos e dos corpos dos organismos vivos, levando-a de volta à atmosfera, da qual retorna novamente como chuva ou neve. A evaporação excede a precipitação nos oceanos, resultando em um movimento efetivo de vapor d'água, transportado pelos ventos, dos oceanos para terra. Mais de 90% da água perdida na terra perde-se por meio da transpiração das plantas (a evaporação da água do solo mais a transpiração das plantas é denominada evapotranspiração). Esse movimento constante de água da Terra para a atmosfera e de volta à Terra é conhecido como o ciclo da água. O ciclo da água é impulsionado pela energia solar.

Parte da água que precipita na terra percola o solo até alcançar uma zona de saturação. Na zona de saturação, todos os espaços e fendas na rocha são ocupados pela água. Abaixo da zona de saturação encontra-se a rocha sólida, através da qual a água não pode penetrar. A superfície superior da zona de saturação é conhecida como lençol freático.

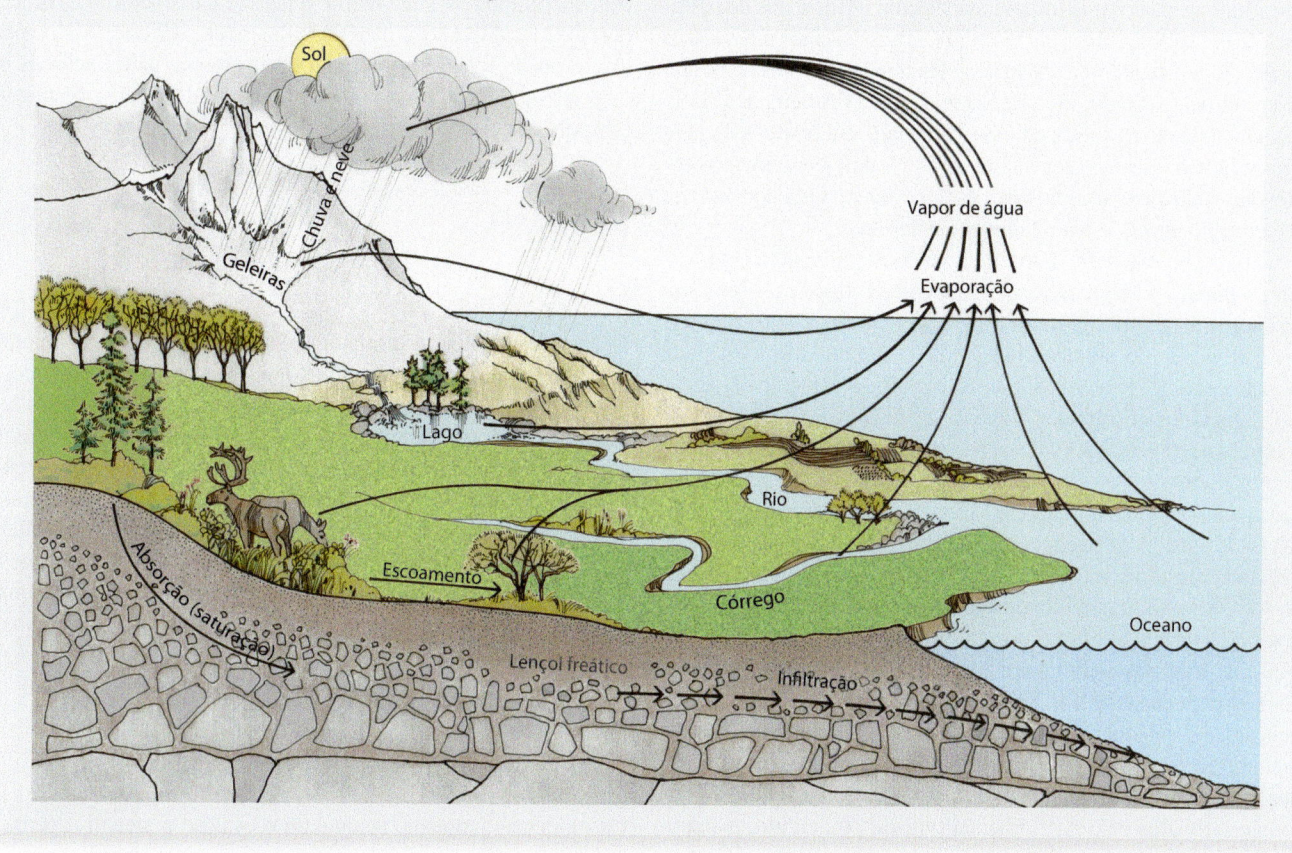

meio de melhorar e manter a produção das culturas em solos que estão em nível de fertilidade abaixo do ótimo. Usando o conhecimento nas áreas de melhoramento, biotecnologia e de nutrição vegetal, pode ser possível selecionar e desenvolver cultivares de plantas agrícolas que sejam mais bem adaptadas ao crescimento em ambientes com deficiência de nutrientes. O fato de existirem plantas não cultivadas que conseguem crescer em ambientes nutricionais diferentes da média dos solos em que as espécies cultivadas crescem mostra que é possível desenvolver tais cultivares. Exemplos desse tipo de solo são as turfeiras de *Sphagnum*, nas quais o pH pode ser menor que 4,0, e os locais de exploração de minério, onde frequentemente ocorrem altas concentrações de metais potencialmente tóxicos.

As plantas tolerantes a elevadas concentrações de metais potencialmente tóxicos, como zinco, níquel, cromo, cádmio e chumbo, estão sendo estudadas como parte de estratégias de fitorremediação para restaurar solos próximos a minas abandonadas, polidoras de metal, e fábricas de armas nucleares e outros locais contaminados (ver Figura 1.13). De particular interesse são as plantas conhecidas como *hiperacumuladoras*, visto que são capazes de acumular quantidades extraordinariamente grandes de metais pesados (em concentrações 100 a 1.000 vezes maiores do que as plantas não hiperacumuladoras) em seu sistema caulinar, principalmente nas folhas, sem sofrer prejuízo fitotóxico. As plantas hiperacumuladoras são particularmente eficientes na desintoxicação e sequestro dos metais pesados. Esses processos ocorrem de preferência na epiderme, nos tricomas e na cutícula das folhas, isto é, locais onde os metais pesados causarão menor prejuízo ao aparelho fotossintetizante do que nas células do mesofilo.

Os estudos realizados em plantas hiperacumuladoras e não hiperacumuladoras relacionadas indicam que a maior parte das etapas essenciais no processo de hiperacumulação não depende de novos genes, mas de genes que são compartilhados, porém expressos e regulados diferentemente nos dois tipos de plantas. Nas plantas hiperacumuladoras, a captação aumentada de metais pesados, o seu transporte rápido e eficiente por meio do xilema até o sistema caulinar e o seu sequestro nas folhas dependem aparentemente, em parte, da hiperexpressão dos mesmos genes encontrados nas não hiperacumuladoras. Acredita-se que as altas concentrações de metais pesados no sistema caulinar funcionem como defesa contra herbívoros e patógenos.

Foram identificadas cerca de 450 espécies de angiospermas como hiperacumuladoras de metais pesados, que correspondem a menos de 0,2% de todas as espécies conhecidas. Destas, aproximadamente 25% pertencem à família da mostarda (Brassicaceae), e a maior quantidade de estudos foi realizada com dois de seus membros, *Thlaspi caerulescens* e *Arabidopsis halleri*. Foi estimado que uma plantação de *T. caerulescens* ou *A. halleri*, após a sua coleta, pode remover uma quantidade igual a décadas de acúmulo de cádmio de pastos que foram tratados com fertilizantes de fosfato ricos em cádmio. *Alyssum bertolonii* (Brassicaceae) e *Berkheya coddii* (Asteraceae), que são plantas hiperacumuladoras de níquel de crescimento rápido, são promissoras para a fitorremediação do níquel, enquanto a espécie chinesa *Pteris vittata* é promissora para a remoção do arsênico (ver Capítulo 17). Os empreendimentos comerciais mais bem-sucedidos no uso das hiperacumuladoras para fitoextração têm sido para o níquel e o arsênico.

Um problema bem diferente é encontrar maneiras de tornar as plantas tolerantes a certos metais. O metal mais comum nos solos, o alumínio, causa problemas em 30 a 40% das terras cultiváveis do planeta, mais comumente nos trópicos, onde os solos são ácidos. Nos solos não ácidos, o alumínio é retido em compostos insolúveis; todavia, nos solos ácidos, torna-se solúvel (Al^{3+}) e é absorvido pelas raízes, inibindo rapidamente o crescimento ou alongamento do ápice radicular. O alumínio causa dano extenso à raiz, resultando em absorção deficiente de íons e de água. A resistência ao alumínio na maioria das espécies vegetais baseia-se no efluxo de ânions orgânicos que se ligam ao Al^{3+}, formando complexos que não são prontamente absorvidos pelas raízes. O efluxo dos ânions, mais comumente malato e citrato, limita-se geralmente aos ápices radiculares e necessita de Al^{3+} para desencadear a resposta. Foram identificados vários genes que contribuem para a resistência ao Al^{3+} tanto em cereais quanto em espécies não cereais. Os genes codificam as proteínas ligadas à membrana plasmática, que funcionam como canais iônicos ativados pelo Al^{3+}, liberando malato ou citrato. A maioria dos estudos moleculares sobre a toxicidade do alumínio tem por objetivo desenvolver plantas que sejam mais resistentes ao alumínio – particularmente cultivares de arroz, trigo e milho – e descobrir genes mais resistentes ao alumínio usando a moderna abordagem genômica (ver Quadro "Plantas-modelo: *Arabidopsis thaliana* e *Oryza sativa*", no Capítulo 10).

A fixação biológica do nitrogênio está sendo manipulada para aumentar sua eficiência

A manipulação da fixação biológica de nitrogênio também oferece um magnífico potencial para melhorar a eficiência na utilização desse nutriente. Um aspecto da pesquisa nessa área é o melhoramento da eficiência da associação de leguminosas a *Rhizobium* e *Bradyrhizobium*. Exemplo disso é a seleção genética tanto de leguminosas como de bactérias. Tal triagem poderia identificar combinações que resultariam em aumento na fixação em ambientes específicos, e esse aumento pode ser resultado de uma grande eficiência fotossintética nas leguminosas, de modo que mais carboidratos estejam disponíveis para a fixação de nitro-

gênio e o crescimento das bactérias. Contudo, a fixação de nitrogênio requer considerável quantidade de energia, e o incremento na fixação pode levar a menor produtividade na parte aérea.

Uma segunda abordagem de pesquisa é o desenvolvimento de associações adicionais e mais efetivas entre as bactérias fixadoras de nitrogênio endofíticas e de vida livre. Os benefícios de inocular plantações de cereais com cepas selecionadas de rizóbios endofíticos foram examinados no delta do Nilo, no Egito. Com o uso desses "biofertilizantes", a produção de arroz e de trigo aumentou em até 30% acima daquela alcançada com o uso de fertilizantes inorgânicos apenas. Essa produção também foi obtida com um custo consideravelmente menor do que aquele dos fertilizantes inorgânicos e com menor poluição ambiental.

Provavelmente a abordagem de pesquisa mais estimulante seja encontrada na engenharia genética. Um exemplo é fornecido pelas modificações genéticas dos genes *nif* necessários para a fixação do nitrogênio e a sua transferência para bactérias incapazes de fixar o nitrogênio, transformando-as em organismos fixadores de nitrogênio.

RESUMO

As plantas necessitam de macronutrientes e micronutrientes para o crescimento e o desenvolvimento

Dezessete nutrientes inorgânicos são requeridos pela maioria das plantas para o crescimento normal. Desses, o carbono, o hidrogênio e o oxigênio são derivados do ar e da água. Os restantes são absorvidos pelas raízes sob a forma de íons. Esses 17 elementos são categorizados como macronutrientes ou micronutrientes, dependendo das quantidades em que eles são necessários. Os macronutrientes são enxofre, fósforo, magnésio, cálcio, potássio, nitrogênio, hidrogênio, carbono e oxigênio. Os micronutrientes são molibdênio, níquel, cobre, zinco, manganês, boro, ferro e cloro. Alguns nutrientes inorgânicos, como alumínio, cobalto, sódio, selênio e silício, são essenciais apenas para organismos específicos e são designados como elementos benéficos.

Os nutrientes inorgânicos desempenham vários papéis importantes nas células

Os nutrientes inorgânicos regulam a osmose e afetam a permeabilidade celular. Alguns deles funcionam como componentes estruturais das células, como componentes de metabólitos essenciais e como ativadores e constituintes de enzimas. Essas funções são prejudicadas quando o suprimento de elementos essenciais é inadequado, o que resulta em sintomas de deficiência de nutrientes, tais como o crescimento atrofiado de caule e folhas, a morte localizada dos tecidos (necrose) e o amarelecimento das folhas (clorose).

Os solos fornecem tanto o ambiente químico quanto o físico para o crescimento das plantas

As propriedades químicas e físicas dos solos são críticas para determinar a capacidade que eles têm em fornecer os nutrientes inorgânicos, além da água e de outras condições necessárias para a produção máxima das plantas cultivadas. O intemperismo das rochas e dos minerais fornece os componentes não orgânicos dos solos. Todos os nutrientes inorgânicos, exceto o nitrogênio, são derivados dos processos de intemperismo. Além disso, os solos contêm matéria orgânica e espaços porosos ocupados por proporções variadas de água e gases. Pelo menos três camadas ou horizontes – designados A, B e C – existem em todos os solos. O horizonte A contém a maior parte da matéria orgânica do solo, incluindo o húmus e uma grande quantidade de organismos vivos. Os solos de textura média contêm areia, silte e argila em proporções ideais para a agricultura. Para a agricultura, o nitrogênio, o fósforo e o potássio são os nutrientes mais limitantes ao crescimento das plantas e os mais adicionados aos solos, como fertilizantes.

Os elementos requeridos pelas plantas são reciclados local e globalmente

Cada nutriente inorgânico essencial circula em um ciclo complexo entre os organismos e entre estes e o ambiente. Como os ciclos de nutrientes envolvem tanto organismos vivos quanto o ambiente físico, eles são também denominados ciclos biogeoquímicos. Os ciclos dos nutrientes apresentam "vazamentos"; isto é, nem todos os nutrientes que retornam ao solo se tornam disponíveis para o uso das plantas.

Amonificação, nitrificação e desnitrificação são reações no ciclo do nitrogênio realizadas por bactérias do solo

A circulação do nitrogênio no solo, que passa pelas plantas e pelos animais e volta ao solo, é conhecida como o ciclo do nitrogênio. A maior parte do nitrogênio do solo é derivada de materiais orgânicos originados de vegetais e animais mortos. Essas substâncias são decompostas por alguns organismos do solo. A amonificação – a liberação de íons amônio (NH_4^+) a partir dos compostos contendo nitrogênio – é realizada por bactérias e por fungos do solo. A nitrificação é a oxidação da amônia ou dos íons amônio para formar nitritos e nitratos. Um tipo de bactéria é responsável pela oxidação da amônia em nitrito, e outro, pela oxidação do nitrito em nitrato. O nitrogênio é absorvido pelas plantas cultivadas quase exclusivamente na forma de nitrato. A principal perda de nitrogênio no solo é por desnitrificação. O nitrogênio é também perdido do solo pela retirada das plantas cultivadas, pela erosão, pelo fogo e pela lixiviação.

A fixação do nitrogênio é um aspecto crucial do ciclo do nitrogênio

O nitrogênio é reposto no solo principalmente pela sua fixação, processo no qual o N_2 é reduzido a amônio, estando assim disponível para sua incorporação em aminoácidos e outros compostos orgânicos nitrogenados. A fixação biológica do nitrogênio é executada, somente, por bactérias como *Rhizobium* e *Bradyrhizobium*, que são simbiontes de plantas leguminosas, assim como por bactérias de vida livre e por actinomicetos (*Frankia*) vivendo em relação simbiótica com alguns poucos gêneros de plantas não leguminosas. As bactérias fixadoras de nitrogênio mais eficientes são aquelas que formam relações simbióticas com plantas, que produzem nódulos radiculares no local de infecção pelas bactérias. Algumas bactérias fixadoras de nitrogênio residem nos espaços intercelulares e vasos do xilema de suas plantas hospedeiras como endófitas. Na agricultura, as plantas são removidas do solo e o nitrogênio e os outros elementos não são reciclados como acontece na natureza; por isso, eles precisam ser repostos sob forma orgânica ou inorgânica.

A reciclagem do fósforo é bem localizada

O ciclo do fósforo difere em parte daquele do nitrogênio por ser a crosta terrestre, em vez da atmosfera, o reservatório para a reposição do fósforo. O lento intemperismo das rochas e dos minerais é a fonte da maior quantidade de fósforo, na solução do solo. O fósforo circula das plantas para os animais e retorna ao solo em formas orgânicas, as quais são depois convertidas em formas inorgânicas por microrganismos, e assim tornam-se disponíveis para as plantas. As plantas têm várias estratégias para a captação do fosfato, a única forma inorgânica do fósforo importante: o rápido crescimento da raiz, a simbiose com fungos micorrízicos e as raízes em cacho.

A ação humana tem provocado efeitos drásticos em alguns ciclos de nutrientes

Muitos dos danos causados nos ciclos dos nutrientes são relacionados com a necessidade de alimentação adequada da população humana, que cresce exponencialmente. A remoção das culturas e o aumento da erosão têm acelerado a perda de fósforo nos solos. Os pântanos e os charcos, que são os locais principais de desnitrificação, têm sido destruídos. Os solos, que de ecossistemas naturais são transformados em sistemas agrícolas, não têm nutrientes disponíveis para as plantas em quantidade suficiente para suportar os cultivos com colheitas comerciais, muito embora essa quantidade de nutrientes seja suficiente para as comunidades de plantas nativas.

A pesquisa em nutrição de plantas é de grande valor prático para a agricultura

O conhecimento e as técnicas de melhoramento genético vegetal e de nutrição de plantas estão sendo usados para selecionar e desenvolver cultivares que são mais bem adaptadas para crescerem em ambientes pobres em nutrientes. As plantas hiperacumuladoras, as quais concentram metais pesados em níveis muito maiores que o normal, estão sendo identificadas e usadas para restaurar os solos ao redor de minas abandonadas, de polidoras de metal e de fábricas de armas nucleares. Tanto leguminosas quanto bactérias estão sendo geneticamente selecionadas para combinações que podem resultar no aumento da fixação de nitrogênio em ambientes específicos. A engenharia genética oferece a possibilidade de transferência de genes necessários à fixação de nitrogênio, de um organismo para outro.

Autoavaliação

1. Faça a distinção entre os seguintes termos: macronutrientes, micronutrientes e elementos benéficos; horizonte A, horizonte B e horizonte C; necrose e clorose; capacidade de campo e ponto de murcha permanente; amonificação, nitrificação e desnitrificação; bactérias fixadoras de nitrogênio simbióticas e bactérias fixadoras de nitrogênio de vida livre; nódulos determinados e nódulos indeterminados.

2. Quais são os atributos dos solos de textura média que ajudam a fazer deles solos ideais para a agricultura?

3. Como os tamanhos dos espaços ao redor das partículas de solo influenciam a quantidade de água que está disponível para as plantas?

4. Por que a troca catiônica é importante para as plantas?

5. Descreva a sequência de eventos que levam à formação do nódulo nas raízes de leguminosas.

6. Algumas plantas são hiperacumuladoras de alumínio, enquanto outras são resistentes ao alumínio. Explique como elas diferem entre si.

CAPÍTULO 30

Movimento de Água e Solutos nas Plantas

◀ **Extraindo açúcar do bordo-doce.** Com a chegada da primavera, o amido armazenado nas raízes e troncos do bordo-doce (*Acer saccharum*) é convertido em uma seiva diluída contendo sacarose que sobe pelo xilema da árvore para nutrir as gemas em desenvolvimento. A seiva é coletada através de orifícios escavados nos troncos e é reduzida a um xarope pelo processo de fervura – 40 ℓ de seiva são necessários para produção de um litro de xarope. A seiva deixa de fluir quando aparecem as folhas.

SUMÁRIO

As plantas transportam nutrientes orgânicos, inorgânicos e água por todo seu corpo. Esta capacidade é fundamental para a determinação da estrutura final e função das partes componentes das plantas, bem como para o seu desenvolvimento e forma geral. Os tecidos vegetais envolvidos no transporte de substâncias a longas distâncias são o xilema e o floema. Como discutido nos Capítulos 23 a 25, esses dois tecidos formam um sistema vascular contínuo presente em praticamente todas as partes da planta. O xilema e o floema estão intimamente associados tanto espacialmente quanto funcionalmente. Apesar de pensarmos no xilema como o tecido de condução de água e no floema como o tecido de condução de alimentos, suas funções se sobrepõem. O floema, por exemplo, movimenta grandes volumes de água pela planta. De fato, o floema é a principal fonte de água para muitas partes vegetais em desenvolvimento, como, por exemplo, os frutos em formação de uma ampla variedade de plantas cultivadas. Ainda, substâncias são transferidas do floema para o xilema e recirculam pela planta.

Os primeiros investigadores da "circulação" nas plantas foram físicos do século 17 que buscavam por vias e mecanismos de bombeamento análogos àqueles da circulação de sangue nos animais. Durante o século 18, grandes avanços foram alcançados no entendimento do movimento da água e minerais dissolvidos no xilema. Ao final do século 19, foi proposto um mecanismo

plausível para a ascensão da água em plantas altas. Entretanto, somente nos anos 1920 e 1930 o papel do floema como tecido condutor de substâncias nutritivas foi amplamente aceito. Desde então, percorremos um longo caminho para o entendimento do transporte no floema.

Movimento de água e nutrientes inorgânicos pelo corpo da planta

As plantas perdem grandes quantidades de água por transpiração

No começo do século 18, Stephen Hales, um físico inglês, notou que plantas "bebiam" quantidades muito maiores de água do que os animais. Ele calculou que uma planta de girassol "absorve"

PONTOS PARA REVISÃO

Após a leitura deste capítulo, você deverá ser capaz de responder às seguintes questões:

1.	O que é transpiração e por que ela é apelidada de "mal inevitável"?
2.	Descreva o papel do turgor e da orientação das microfibrilas de celulose da parede das células-guarda no mecanismo de abertura e fechamento estomático.
3.	De que maneira a teoria da tensão-coesão contribui para o movimento de água até o topo de árvores altas?
4.	De que maneira o mecanismo de fluxo de massa gerado osmoticamente contribui para o movimento de açúcares da fonte para o dreno?
5.	Por meio de que mecanismos as plantas que realizam o carregamento apoplástico e simplástico do floema secretam açúcares nos complexos tubos crivados-células companheiras?

e "transpira" 17 vezes mais água, massa por massa, que um ser humano a cada 24 h (Figura 30.1). De fato, a quantidade total de água absorvida por uma planta qualquer é enorme – muito maior do que aquela utilizada por qualquer animal de peso comparável. Um animal usa menos água porque a maioria da sua água recircula pelo seu corpo diversas vezes, na forma de plasma sanguíneo (em vertebrados) e outros fluidos. Nas plantas, aproximadamente 99% da água absorvida pelas raízes é liberada para o ar na forma de vapor. A Tabela 30.1 mostra as quantidades de água liberadas por diversas plantas cultivadas em uma única estação de crescimento. Entretanto, essas quantidades são pequenas quando comparadas à água perdida *durante um único dia* – 200 a 400 ℓ – por uma única árvore crescendo em uma floresta decídua do sudeste da Carolina do Norte (EUA). Essa perda de vapor de água pelas plantas, conhecida como *transpiração*, pode envolver qualquer parte do seu corpo que se encontre acima do solo, mas as folhas são os órgãos mais importantes para a transpiração.

Por que as plantas perdem quantidades tão grandes de água por transpiração? Essa pergunta pode ser respondida levando-se em consideração os requisitos da principal função desempenhada pelas folhas: a fotossíntese, fonte de todo o alimento para todo o corpo da planta. A energia necessária à fotossíntese vem da luz do Sol. Portanto, para a fotossíntese máxima, uma planta deve maximizar sua área de exposição à luz do Sol – ao mesmo tempo, criando uma grande superfície de transpiração. Contudo, a luz do Sol é apenas uma dos requisitos da fotossíntese; os cloroplastos também precisam de dióxido de carbono. Na maioria dos casos, o dióxido de carbono está prontamente disponível no ar que rodeia as plantas. Entretanto, para que o dióxido de car-

Tabela 30.1 Perda de água por transpiração em uma planta durante uma estação de crescimento.

Planta	Perda de água (litros)
Feijão-caupi (*Vigna sinensis*)	49
Batata (*Solanum tuberosum*)	95
Trigo (*Triticum aestivum*)	95
Tomate (*Solanum lycopersicum*)	125
Milho (*Zea mays*)	206

De J. F. Ferry, *Fundamentals of Plant Physiology* (New York: Macmillan Publishing Company, 1959).

bono adentre a célula, o que é feito por meio de difusão, ele deve se solubilizar, uma vez que a membrana plasmática é quase impermeável ao dióxido de carbono na sua forma gasosa. Assim, o gás deve obrigatoriamente entrar em contato com uma superfície celular úmida – a evaporação, por sua vez, ocorre onde quer que a água seja exposta ao ar insaturado. Em outras palavras, a captação de dióxido de carbono para a fotossíntese e a perda de água por transpiração estão intimamente ligadas durante a vida de uma planta clorofilada.

O vapor de água difunde-se da folha para a atmosfera pelos estômatos

A transpiração – por vezes chamada "mal inevitável" – pode ser extremamente prejudicial à planta. A transpiração em excesso (perda de água excedendo a sua absorção) retarda o crescimento de muitas plantas e mata muitas outras por desidratação. Apesar de sua longa história evolutiva, as plantas não desenvolveram uma estrutura que favorecesse a entrada de dióxido de carbono, essencial à fotossíntese, e ao mesmo tempo desfavorecesse a perda de vapor de água pela transpiração. Entretanto, muitas adaptações especiais minimizam a perda de água enquanto promovem o ganho de dióxido de carbono.

A cutícula serve como uma barreira efetiva contra a perda de água. As folhas são recobertas por uma *cutícula* cerosa que torna a superfície delas, em grande parte, impermeável à água e ao dióxido de carbono (ver Capítulo 2). Apenas uma pequena fração da água transpirada pelas plantas é perdida por este revestimento protetor e outra pequena fração é perdida pelas lenticelas presentes na casca (ver Figuras 26.10D e 26.11). A maior quantidade de água transpirada por uma planta vascular é, de longe, perdida pelos estômatos (Figura 30.2; ver também Figuras 23.25, 23.26 e 25.24). A transpiração estomática envolve dois passos: (1) evaporação da água da superfície da parede das células que margeiam os espaços intercelulares (ar) das folhas e (2) difusão do vapor de água resultante desde os espaços intercelulares até a atmosfera através dos estômatos (ver Figura 30.23).

A abertura e o fechamento estomáticos controlam as trocas gasosas na superfície foliar. Como discutido previamente (ver Capítulo 27), mudanças no formato das células-guarda acarretam a abertura e o fechamento do poro estomático (Figura 30.2). Embora os estômatos ocorram em toda a parte aérea do corpo primário das plantas, eles são mais abundantes nas folhas. A densidade esto-

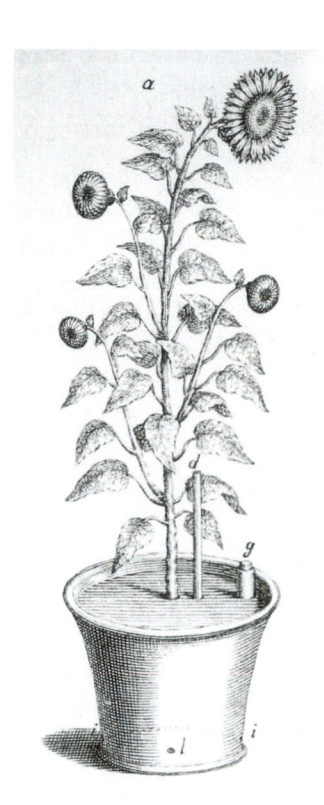

30.1 Girassol de Hales. Diagrama da planta de girassol descrita nos experimentos de Stephen Hales sobre o movimento de água pelo corpo das plantas, realizado no início dos anos 1700. Hales descobriu que a maior parte da água "absorvida" pela planta era perdida por meio de "transpiração".

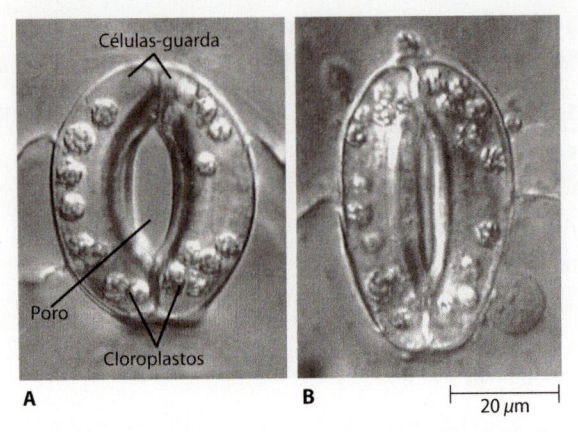

30.2 Estômatos. A. Estômato aberto e (**B**) fechado na epiderme de uma folha de fava (*Vicia faba*). Observe o formato diferente das células-guarda nas condições aberta e fechada. A mudança de formato é devida, principalmente, à estrutura da parece celular da célula-guarda.

mática – número de estômatos por milímetro quadrado – pode ser muito alta e é diferente entre as partes da folha. A seguir, alguns exemplos de densidade estomática, comparando-se as faces abaxial e adaxial da epiderme: aveia (*Avena sativa*), 45/50; milho (*Zea mays*), 108/98; tabaco (*Nicotiana tabacum*), 190/50; carvalho-negro (*Quercus velutina*), 405/0; tília (*Tilia americana*), 891/0. Os estômatos levam a um labirinto de espaços aeríferos que circundam as células de paredes finas do mesofilo. Esses espaços, que correspondem a 15 a 40% do volume total da folha, contêm ar saturado de vapor de água proveniente da superfície úmida das células do mesofilo. Embora os poros estomáticos contabilizarem apenas 1% da superfície foliar total, mais de 90% da água transpirada pelas plantas é perdida pelos estômatos. O restante é perdido pela cutícula.

O fechamento estomático não somente previne a perda de vapor de água pelas folhas, mas também impede a entrada de dióxido de carbono. Certa quantidade de dióxido de carbono, no entanto, é produzida pela planta durante a respiração e, desde que haja disponibilidade de luz, este carbono pode ser utilizado na manutenção da fotossíntese em um nível muito baixo mesmo quando os estômatos estão fechados.

O movimento estomático resulta de mudanças na pressão de turgor dentro das células-guarda. No Capítulo 27, discutimos o papel do ácido abscísico no movimento estomático durante os períodos de estresse hídrico. Nas folhas da maioria das plantas bem hidratadas, a luz é o sinal dominante no controle dos movimentos estomáticos. Os estômatos se abrem pela manhã, com o aumento da incidência solar na superfície da folha, e se fecham com a diminuição dos níveis luminosos. A abertura estomática ocorre quando solutos são ativamente acumulados nas células-guarda. Esse acúmulo de solutos (e consequente redução do potencial de água nas células-guarda) causa um movimento osmótico de água para o interior das células-guarda, aumentando sua pressão de turgor em comparação às células epidérmicas vizinhas. O fechamento estomático ocorre por meio de um processo inverso: com o declínio da concentração de solutos nas células-guarda (e consequente aumento do potencial de água nas células-guarda), a água sai destas células e sua pressão de turgor diminui.

O turgor é, portanto, mantido ou perdido em decorrência do movimento osmótico passivo de água para o interior ou exterior das células-guarda ao longo de um gradiente de potencial de água, o qual é criado pelo transporte ativo de solutos. Como observado no Capítulo 27, o íon potássio (K^+) é o principal soluto envolvido neste mecanismo. A captação de K^+ pelas células-guarda é gerida por um gradiente de prótons (H^+) mediado por uma H^+ ATPase da membrana ativada por luz azul. A captação de K^+ é acompanhada pela absorção de íons cloro (Cl^-) e pelo acúmulo de malato^{2-}, que é sintetizado a partir do amido dos cloroplastos das células-guarda.

As *fototropinas* localizadas na membrana das células-guarda são os fotorreceptores da luz azul. A zeaxantina, pigmento carotenoide do cloroplasto, também tem sido associada à recepção de luz nas células-guarda. Alguns estudos indicam que a sacarose, em adição ao K^+, é um *osmótico* primário, ou soluto osmoticamente ativo, nas células-guarda, sendo que o K^+ é o osmótico dominante nos estágios iniciais de abertura estomática durante a manhã e a sacarose se torna o osmótico dominante durante o início da tarde (Figura 30.3). A sacarose tem sua origem na glicose e frutose derivadas da hidrólise do amido nos cloroplastos das células-guarda. O fechamento estomático ao final do dia é acompanhado por perda no conteúdo de sacarose.

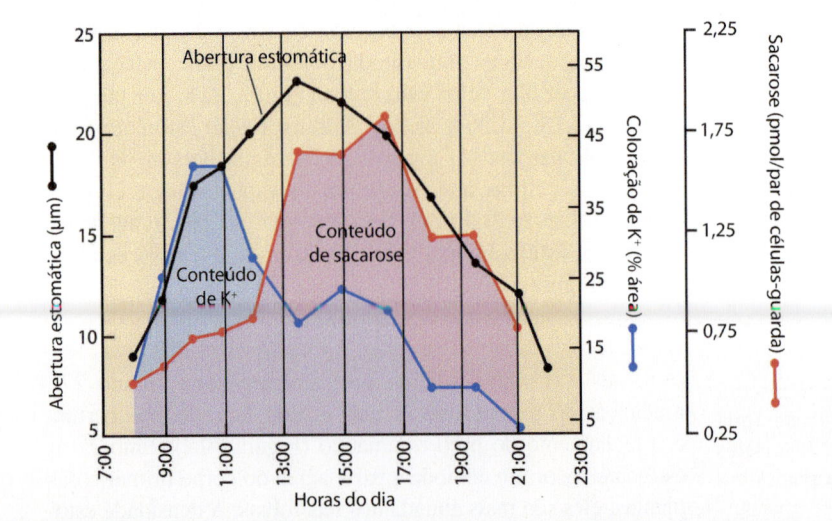

30.3 Abertura e fechamento estomático. Este gráfico mostra as mudanças diárias no tamanho do poro estomático em folhas intactas de plantas de fava (*Vicia faba*), em relação ao conteúdo de potássio (K^+) e sacarose das células-guarda. Enquanto o potássio é o principal soluto osmoticamente ativo envolvido na abertura estomática durante a manhã, a sacarose é o soluto osmoticamente ativo envolvido nas mudanças que ocorrem durante a tarde e a noite. (1 picomole ou pmol = 10^{-12} mol.)

Assim, a abertura estomática parece ser associada à absorção de K⁺ e ao fechamento estomático com o decréscimo do conteúdo de sacarose.

A orientação radial das microfibrilas de celulose na parede das células-guarda é necessária para a abertura do poro. A estrutura da parede da célula-guarda tem papel crucial no movimento estomático. Durante a expansão de um par de células-guarda, duas restrições físicas determinam o encurvamento das células e, assim, a abertura do poro. Uma dessas restrições é a disposição radial das microfibrilas de celulose na parede das células-guarda (Figura 30.4A). Essa *micelação radial* permite que estas células se alonguem e previne que elas se expandam lateralmente. A segunda restrição é encontrada nas extremidades das células-guarda, onde elas são ligadas uma à outra. O comprimento desta região compartilhada da parede celular permanece quase constante durante a abertura e fechamento estomático. Consequentemente, o aumento da pressão de turgor faz com que a parede externa (dorsal) das células-guarda se movimente em direção relativamente oposta à parede em comum. Com isso, a micelação radial transmite esse movimento à parede que margeia o poro (a parede ventral), e o poro se abre. As Figuras 30.4B a D mostram os resultados de alguns experimentos com balões que foram utilizados para reforçar o papel da micelação radial no movimento estomático.

A concentração de dióxido de carbono e a temperatura também afetam o movimento estomático. Na maioria das espécies, o aumento na concentração de dióxido de carbono causa o fechamento estomático. A magnitude desta resposta varia muito de espécie para espécie e com o grau de estresse hídrico pelo qual a planta passou ou está passando. Em milho (*Zea mays*), os

estômatos podem responder a mudanças na concentração do dióxido de carbono em questão de segundos. Os sítios sensíveis aos níveis de dióxido de carbono estão localizados nas células-guarda.

Dentro dos limites das variações normais de temperatura (10° a 25°C), mudanças nela têm poucos efeitos no comportamento estomático, mas temperaturas acima de 30° a 35°C podem levar ao seu fechamento. Entretanto, o fechamento estomático pode ser prevenido se a planta for mantida em ambiente livre de dióxido de carbono, o que sugere que as mudanças de temperatura afetam principalmente a concentração de dióxido de carbono dentro das folhas. O aumento da temperatura resulta no aumento da respiração e, consequentemente, na concentração intercelular de dióxido de carbono, o que pode ser a causa real do fechamento estomático em resposta ao calor. Muitas plantas de clima quente fecham seus estômatos regularmente ao meio-dia, aparentemente devido ao acúmulo interno de dióxido de carbono e à desidratação decorrente das taxas de transpiração superiores às taxas de absorção de água.

Os estômatos não somente respondem a fatores ambientais, mas também exibem ritmos diários de abertura e fechamento que parecem ser controlados por mecanismos internos do vegetal – isto é, eles também exibem ritmos circadianos (ver Capítulo 28).

Uma ampla variedade de suculentas – incluindo cactos, o abacaxi (*Ananas comosus*) e membros da família Crassulaceae – abrem seus estômatos à noite, quando as condições são menos favoráveis à transpiração (Figura 30.5). O metabolismo ácido das crassuláceas (CAM, do inglês, *Crassulacean Acid Metabolism*) característico dessas plantas tem uma via do fluxo de carbono não muito diferente daquela das plantas C4 (ver Capítulo 7). À noite, quando seus estômatos estão abertos, plantas CAM captam dióxido de carbono e o convertem em ácidos orgânicos. Durante o dia, quando seus estômatos estão fechados, o dióxido de carbono é liberado a partir desses ácidos orgânicos para ser utilizado na fotossíntese. Esse processo é, obviamente, vantajoso nas condições de alta intensidade luminosa e estresse hídrico sob as quais as plantas CAM se desenvolvem.

Durante muito tempo se presumiu que os estômatos de plantas C3 se fechavam no escuro, levando à redução da transpiração a zero, mas evidências crescentes sugerem que muitas espécies de árvores e arbustos não fecham seus estômatos completamente no escuro. Para algumas espécies, a perda de água pelas folhas durante a noite, chamada *transpiração noturna*, constitui uma fração significativa do uso diário de água. A perda de água noturna em árvores do cerrado brasileiro (savana), por exemplo, pode contabilizar 28% ou mais da transpiração diária total. A absorção de nutrientes parece aumentar devido à transpiração noturna – ocorrendo durante um período no qual a evaporação é menor do que durante o dia, quando a abertura estomática e a evaporação são aumentadas.

Fatores ambientais afetam a taxa de transpiração

Apesar de a abertura e o fechamento estomático serem os principais fatores que afetam a taxa de transpiração nas plantas, outros fatores, tanto ambientais quanto intrínsecos à planta, influenciam a transpiração. Um dos mais importantes é a *temperatura*. A taxa de evaporação da água duplica-se a cada aumento de 10°C na temperatura. Entretanto, a temperatura da superfície foliar não

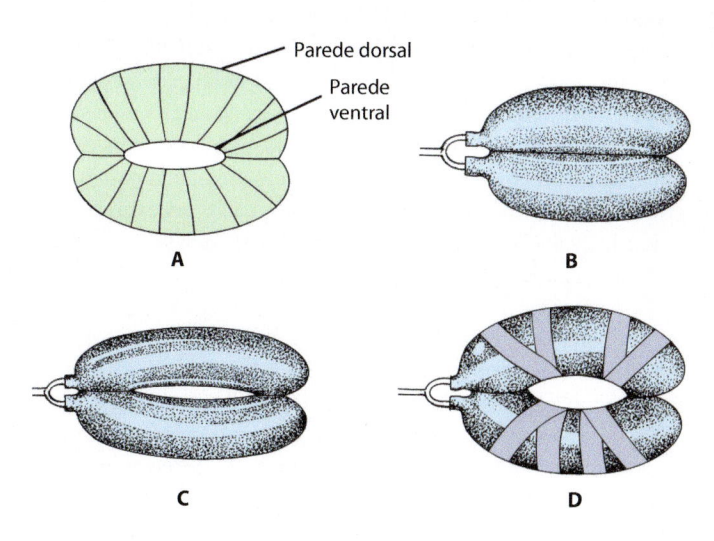

30.4 Micelação radial em células-guarda. A. Um par de células-guarda com linhas indicando o arranjo radial das microfibrilas de celulose nas suas paredes. **B.** Dois balões parcialmente inflados foram colados um ao outro pelas extremidades para modelar o efeito da micelação radial na abertura estomática. **C.** Os mesmos balões submetidos a pressões mais altas, isto é, integralmente inflados. Uma fenda estreita é visível. **D.** Um par de balões integralmente inflados após terem sido colocadas fitas adesivas para simular a micelação radial. Como resultado, a abertura é consideravelmente aumentada.

A

B

30.5 Plantas CAM. A. O metabolismo ácido das crassuláceas (CAM) foi inicialmente reconhecido em plantas rupícolas, como é o caso do *Sedum* (Crassulaceae) mostrado aqui. **B.** CAM é característico de plantas que crescem em ambientes quentes e secos, sob condições de estresse hídrico e térmico. Este cacto rabo-de-castor (*Opuntia basilaris*) foi fotografado no Joshua Tree National Park, na Califórnia (EUA).

aumenta tão rapidamente quanto a do ar nos arredores, pois a evaporação resfria a folha. Como observado anteriormente, os estômatos se fecham quando as temperaturas excedem a marca dos 30° a 35°C.

A *umidade* também é importante. Isso porque a taxa de transpiração é proporcional à diferença de pressão de vapor, que é a diferença entre a pressão de vapor de água dos espaços intercelulares e aquela da superfície foliar. A água é perdida muito mais lentamente em um ambiente no qual o ar já está saturado de vapor de água. As folhas de plantas que crescem em florestas sombreadas, onde a umidade é geralmente alta, apresentam folhas grandes e exuberantes, pois o maior problema dessas plantas é conseguir luz em quantidade suficiente, e não a perda de água. Por outro lado, plantas de campos abertos frequentemente têm folhas estreitas com superfície foliar reduzida, cutícula espessa e estômatos em depressões. Plantas de campos abertos obtêm toda a luz da qual necessitam, mas estão sob a constante ameaça da perda excessiva de água devido à baixa umidade do ar nos arredores.

Correntes de ar também afetam a taxa de transpiração. A brisa refresca sua pele em um dia quente porque ela retira o vapor de água acumulado próximo à superfície da sua pele e, portanto, acelera o processo de evaporação da água no seu corpo. De modo similar, o vento desloca o vapor de água da superfície das folhas, afetando a diferença na pressão de vapor da superfície. Se o ar estiver úmido o bastante, o vento pode diminuir a transpiração ao resfriar as folhas, mas uma brisa seca aumentará muito a evaporação e, consequentemente, a transpiração.

A água é conduzida pelos elementos de vaso e traqueídes do xilema

A água entra na planta pelas raízes e é perdida em grandes quantidades pelas folhas. Como a água é transportada de um lugar ao outro, frequentemente ultrapassando grandes distâncias verticais? Esta questão intrigou muitas gerações de botânicos.

O caminho geral pelo qual a água flui no seu movimento ascendente foi claramente identificado. É possível traçar este caminho simplesmente colocando um caule cortado em água contendo qualquer corante vital (preferencialmente, o caule deve ser cortado embaixo da água para prevenir a entrada de ar nos elementos condutores do xilema) e então observar o caminho percorrido pelo líquido até as folhas. O corante nitidamente delineará os elementos condutores do xilema. Experimentos utilizando isótopos radioativos confirmaram que os isótopos e, presumivelmente, a água se deslocam por dentro dos elementos de vaso (ou traqueídes) do xilema. No experimento mostrado na Figura 30.6, foi necessário cuidado especial para separar o xilema do floema. Experimentos anteriores nos quais essa separação não foi feita produziram resultados ambíguos, pois existe um grande movimento lateral do conteúdo do xilema para o floema. Esse movimento lateral, entretanto, não é necessário para a translocação de água e minerais do solo às folhas, como mostrado no experimento.

A água é puxada ao topo das árvores altas | Teoria da tensão-coesão. Agora que já sabemos o caminho percorrido pela água, a próxima questão é: como a água se move? Pela lógica, há duas possibilidades: ela pode ser empurrada desde a base ou puxada pelo topo. Como podemos ver, a primeira possibilidade não é a resposta correta. Nem todas as plantas apresentam pressão positiva de raiz (ver adiante), e, naquelas que a têm, ela não é suficiente para empurrar a água até o topo de uma árvore alta. Ainda, o experimento simples explicado anteriormente (com o caule cortado) descarta a pressão da raiz como fator crucial. Assim, ficamos com a hipótese de que a água é puxada para o alto através do corpo da planta e essa hipótese está correta de acordo com todas as evidências atualmente conhecidas.

Quando a água evapora pela superfície da parede das células que margeiam os espaços intercelulares no interior das folhas durante a transpiração, esta é reposta pela água vinda do interior

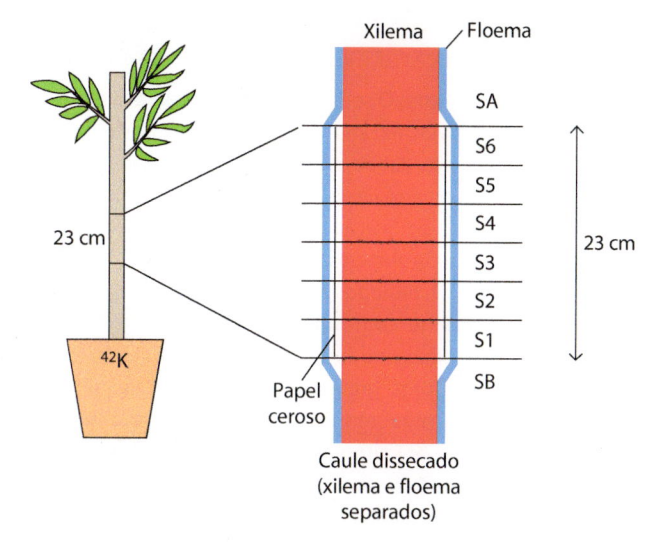

	Segmento do caule	^{42}K no xilema (ppm)	^{42}K no floema (ppm)
Acima da região dissecada	SA	47	53
	S6	119	11,6
	S5	122	0,9
Seção dissecada	S4	112	0,7
	S3	98	0,3
	S2	108	0,3
Abaixo da região dissecada	S1	113	20
	SB	58	84

30.6 Movimento de água e íons no xilema. A distribuição de potássio radioativo (^{42}K) adicionado à água do solo mostra que o xilema é o canal para o movimento de ascensão tanto da água quanto de íons inorgânicos. Um papel ceroso (impermeável à água) foi inserido entre o xilema e o floema para prevenir o transporte lateral do isótopo. Os teores relativos de ^{42}K detectados em cada segmento do caule estão discriminados na tabela. Observe as quantidades reduzidas de ^{42}K no floema dos segmentos onde o caule foi dissecado.

das células. Esta água se difunde através da membrana plasmática que é espontaneamente permeável à água, mas não aos solutos. Como resultado, a concentração intracelular de solutos aumenta e o potencial da água da célula diminui. Assim, um gradiente de potencial da água se estabelece entre esta célula e outras adjacentes, mais saturadas. Por sua vez, essas células ganham água de outras células até que, por fim, esta cadeia de eventos alcança o sistema vascular e exerce uma "sucção", ou tensão, na água de dentro do xilema. Devido à extraordinária coesão entre as moléculas de água, esta tensão é transmitida por toda a extensão do caule até as raízes. Como resultado, a água é retirada das raízes, puxada para o xilema e distribuída às células que estão perdendo vapor de água para a atmosfera (Figura 30.7). A perda de água torna o potencial de água mais negativo nas raízes e aumenta a sua capacidade de extrair água do solo. Dessa maneira, a diminuição do potencial de água nas folhas determinado pela transpiração e/ou pelo uso da água pelas folhas resulta em um gradiente de potencial de água desde as folhas até a solução do solo presente na superfície das raízes. Este gradiente de potencial de água proporciona a forção motriz para o movimento de água ao longo do contínuo solo-planta-atmosfera.

Esta teoria do movimento da água é chamada *teoria da tensão-coesão*, porque ela depende da coesão entre as moléculas de água, propriedade esta que permite que a água resista à tensão (Figura 30.8). Entretanto, a teoria também pode ser chamada *teoria da tensão-adesão-coesão*, pois a adesão das moléculas de água às paredes das traqueídes e dos elementos de vaso do xilema, bem como às paredes das células das folhas e raízes, é tão

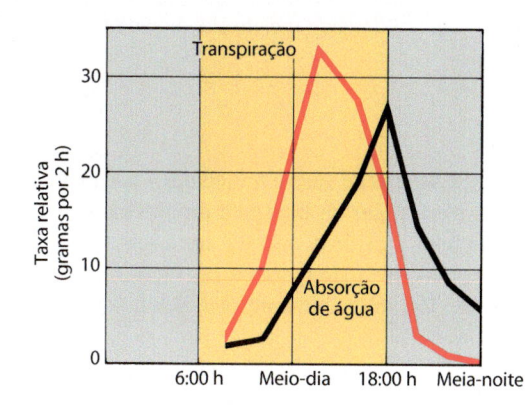

30.7 Transpiração e absorção de água. Medidas do movimento de água em árvores de freixo (*Fraxinus*) mostram que o aumento da transpiração é seguido por aumento da absorção de água. Esses dados sugerem que a perda de água gera a força necessária para a sua absorção.

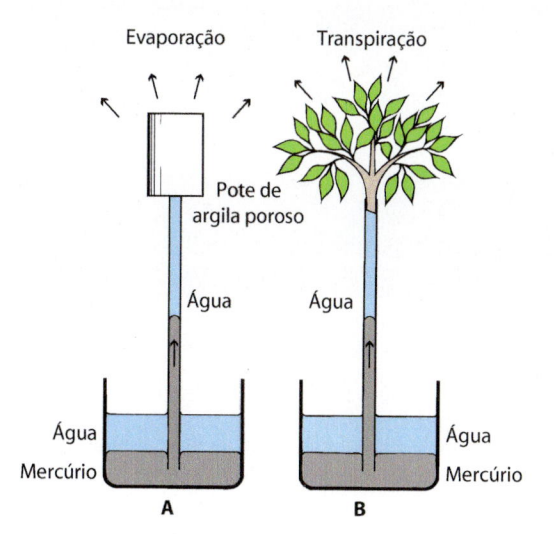

30.8 Demonstração da teoria da tensão-coesão. A. Neste sistema físico simples, um pote de argila poroso é preenchido com água e fixado na extremidade de um longo e fino tubo de vidro, também preenchido com água. Esse tubo é colocado em um béquer contendo mercúrio, de modo que sua extremidade inferior fique mergulhada no mercúrio. A água evapora pelos poros do pote e é reposta pela água "puxada" pelo tubo em uma coluna contínua. Quando a água sobe, o mercúrio ascende pelo tubo para substituí-la. **B.** A transpiração pelas folhas resulta em perda de água suficiente para criar uma pressão negativa semelhante.

TELHADOS VERDES | UMA BOA ALTERNATIVA

Quando vista de cima, uma cidade típica é uma paisagem composta por telhados, em sua maioria, planos, pretos e sem vida. Esses telhados, aliados às ruas e calçadas pavimentadas, são responsáveis pela absorção de calor que faz da cidade uma "ilha urbana de calor", muitos graus mais quente do que a zona rural que a circunda. Os tetos quentes aquecem as edificações abaixo, aumentando o consumo de combustível para os condicionadores de ar, o que, por sua vez, contribui para o aquecimento global. A chuva escoa pelos telhados e sobrecarrega os sistemas pluviais, poluindo rios e outros cursos d'água.

No entanto, há um movimento para a conversão dos telhados urbanos para que eles ofereçam soluções em vez de problemas. O "telhado verde" é coberto por plantas em crescimento, o que simultaneamente isola a edificação abaixo, resfria o ar acima e purifica a água da chuva antes que ela seja descarregada lentamente. Os telhados verdes podem ser simples e de baixo custo de manutenção, ou podem ser tão complexos e ricos quanto a imaginação do jardineiro.

O primeiro passo para o estabelecimento de um telhado verde é a instalação de uma membrana à prova d'água. Em seguida, são colocadas estruturas de drenagem e uma barreira para as raízes e, por fim, uma camada de solo. As diversas camadas, por si, já promovem o isolamento da edificação, que permanece mais quente durante o inverno e fresca durante o verão. Entretanto, o efeito de resfriamento mais significativo advém da ação das plantas. As plantas transpiram água, que absorve o calor do ar ao evaporar-se, assim como acontece com o suor humano. O resfriamento causado por este processo pode manter a temperatura no telhado verde vários graus abaixo da temperatura do ar circundante, quando comparado à temperatura de um telhado comum. O solo e as raízes absorvem a água pluvial, filtrando os poluentes atmosféricos e retardando o seu escoamento. Eles também absorvem os ruídos, de modo que uma edificação com telhado verde também é mais silenciosa.

O telhado verde pode ser um jardim urbano com lotes para os ocupantes dos edifícios, ou locais para horticultura cheios de flores, gramíneas e arbustos. Tais telhados requerem manutenção intensiva, mas telhados simples são possíveis. Espécies do gênero *Sedum*, um grupo de plantas suculentas alpinas da família Crassulaceae, são escolhas populares para telhados de baixa manutenção, com base na sua ampla adaptabilidade climática, tolerância à seca e taxas lentas de crescimento. Uma vez estabelecido, esse tipo de telhado requer capinas e podas ocasionais mesmo que ele trabalhe o ano todo para melhorar tanto o ambiente externo quanto interno ao edifício.

"Campina" urbana. No ano de 2000, a cidade de Chicago implantou um telhado verde no edifício da prefeitura, substituindo o asfalto preto por um extenso jardim constituído de 20.000 plantas representando mais de 150 espécies. Plantas como gramíneas, arbustos, parreiras e plantas floríferas, incluindo várias espécies de *Sedum*, foram escolhidas por tolerarem o vento, a seca e o solo pobre. Além de melhorar a qualidade do ar e reduzir o escoamento de águas pluviais, o telhado verde reduziu os custos para o resfriamento do edifício. O jardim está cheio de vida silvestre – especialmente pássaros e borboletas, alguns deles ameaçados de extinção – e as colônias de abelhas italianas estabelecidas em duas colmeias produzem, anualmente, grande quantidade de mel de alta qualidade.

importante para o movimento ascendente da água quanto são a tensão e a coesão. As paredes celulares ao longo das quais a água se move evoluíram como uma superfície para a atração da água muito eficiente. Essa superfície é capaz de reter água com força suficiente para sustentar uma coluna d'água de vários quilômetros de altura contra a força da gravidade.

Bolhas de ar podem interromper o contínuo da água no xilema. A coesão da água no xilema é aumentada pelo efeito de filtração das raízes, as quais removem as partículas finas que podem agir como núcleos para formação de bolhas. A coesão da água também é aumentada pelo pequeno diâmetro dos elementos de condução

do xilema – elementos de vaso e traqueídes – por meio dos quais a água se move. Apesar da filtragem promovida pelas raízes, a formação de bolhas de ar ocorre e é um evento normal em diversas árvores. A *cavitação* (ruptura da coluna de água) e a subsequente *embolia* (preenchimento dos elementos de vaso e/ou traqueídes com ar ou vapor de água) são a ruína do mecanismo de tensão-coesão (Figura 30.9). Elementos traqueais do xilema com embolia não podem conduzir água. Felizmente, a tensão superficial entre a água e o ar nos meniscos formados nos pequenos poros das membranas de pares de pontoações areoladas entre os elementos condutores adjacentes geralmente previnem que as bolhas de ar se espalhem pelos poros, ajudando a isolá-las dentro

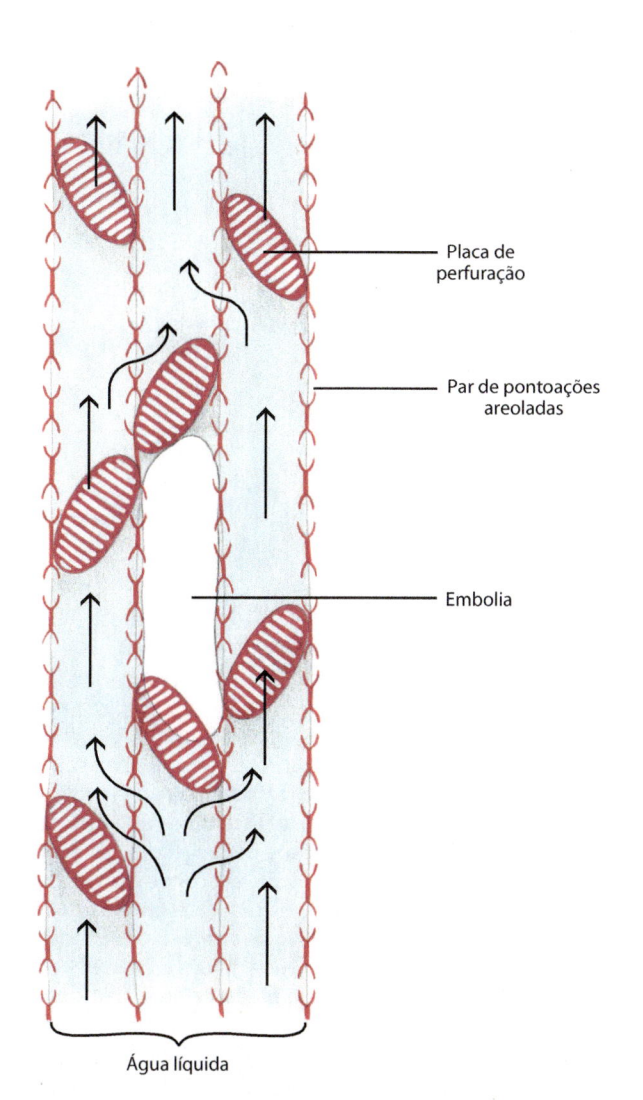

30.9 Elemento de vaso com embolia. A embolia consiste em vapor de água que bloqueia o movimento da água em um único elemento de vaso. Entretanto, a água é capaz de tomar caminhos alternativos ao redor do elemento de vaso com embolia via pares de pontoações areoladas entre vasos adjacentes. Os elementos de vaso aqui mostrados são caracterizados por terem placas de perfuração escalariformes.

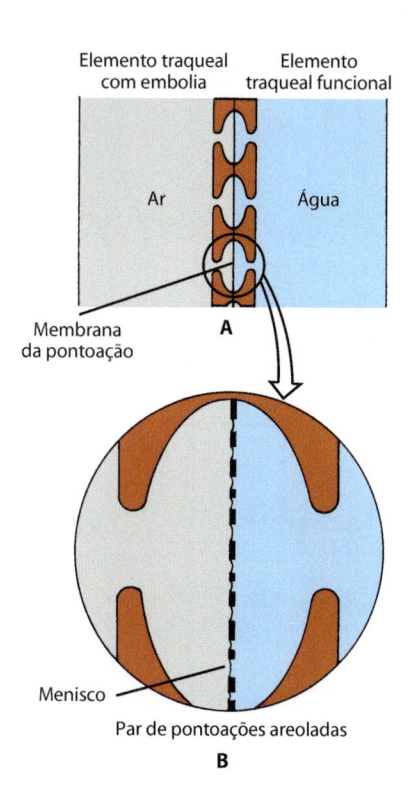

30.10 Elemento traqueal com embolia. A. Diagrama mostrando pares de pontoações areoladas entre elementos traqueais adjacentes, do quais um deles está com embolia (preenchido com ar) e, portanto, não funcional. **B.** Detalhe de uma membrana de pontoação. Quando um elemento traqueal está com embolia, o ar é impedido de se expandir ao elemento traqueal funcional adjacente pela tensão superficial do menisco formado entre o ar e a água nos poros da membrana de pontoação. Os pares de pontoações areoladas representadas aqui não têm toros, um espessamento central impermeável, típico das membranas de pontoação das traqueídes de coníferas. Os toros também são encontrados nas membranas de pontoação entre elementos de vaso de algumas angiospermas.

de um único elemento de vaso ou traqueíde (Figura 30.10). Nas traqueídes de coníferas, a passagem de ar é evitada pelo deslocamento lateral das membranas de pontoações, de modo que o toro bloqueia uma das aberturas do par de pontoações areoladas, assim aprisionando as bolhas de ar (Figura 30.11; ver também Figura 26.22). Portanto, as membranas de pontoação são muito importantes para a segurança do transporte de água nas plantas. (Ver também a discussão no Capítulo 23.)

A maioria dos casos de embolia é causada por ar que é sugado para dentro de vaso ou traqueíde por um poro na parede ou pela membrana de pontoação adjacente a um elemento traqueal que já apresentava embolia. Este processo, conhecido como "*semeadura de ar*", ocorre somente quando a diferença de pressão ao longo da parede ou da membrana de pontoação excede a tensão superficial no menisco ar-água que reveste os poros (Figura 30.10B). Os poros maiores são os mais vulneráveis à penetração do ar. A planta está mais suscetível a este modo de

embolia quando um de seus vasos ou traqueídes fica cheio de ar devido a lesão física (p. ex., uma mordida de inseto ou um ramo quebrado). O congelamento também pode induzir a embolia, pois o ar não é solúvel no gelo e a seiva do xilema – isto é, o fluido contido no xilema – contém ar dissolvido. Além disso, está ficando cada vez mais claro que a disfunção xilemática induzida pela falta de água é um problema sério para as plantas.

A teoria da tensão-coesão é posta à prova. Como a teoria da tensão-coesão pode ser testada? Um modo de testar diretamente esta teoria é pela medida do potencial de água de grandes porções de tecidos, como ramos inteiros, com uma *câmara de pressão* (também chamada bomba de pressão). A câmara de pressão mede a pressão hidrostática negativa, ou tensão, de uma parte da planta. Assume-se que o potencial de água do xilema seja bastante próximo àquele da parte da planta, como um todo. Por exemplo, quando um galho é cortado de uma árvore que está transpirando, as colunas de água, que se encontravam sob tensão dentro dos vasos, recuam abruptamente a partir da superfície cortada, em direção ao interior do tecido. Neste momento, a superfície corta-

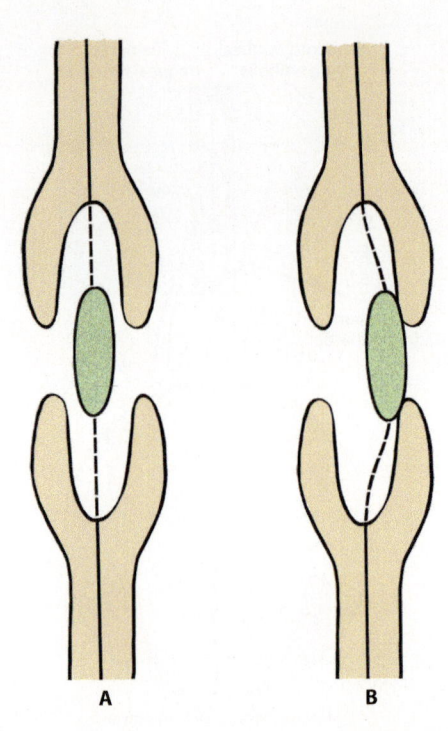

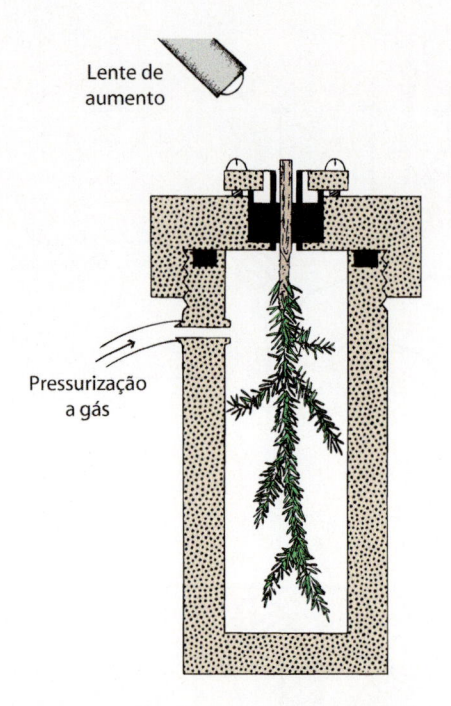

30.11 Pares de pontoações areoladas em traqueíde de uma conífera. (A) Antes e **(B)** depois do deslocamento lateral da membrana de pontoação. Quando deslocado lateralmente, o espessamento impermeável, ou toro (verde), no centro da membrana bloqueia uma das aberturas. Isso é possível porque a parte permeável da membrana que circunda o toro, denominada margem (linhas pontilhadas), é flexível.

30.12 Medição do potencial de água em um ramo cortado. Quando o ramo é cortado, parte da seiva – que estava sob pressão negativa, ou tensão, antes de o ramo ser cortado – retrai-se no xilema abaixo da superfície de corte. Assume-se que o potencial de água do xilema é bastante próximo daquele do ramo inteiro. O ramo é colocado em uma câmara de pressão, onde a pressão é aumentada até que a seiva emerja na extremidade cortada do ramo. Se assumirmos que uma pressão equivalente é necessária para forçar a seiva em uma direção ou outra, então a pressão positiva necessária para forçar a seiva a emergir do galho é, teoricamente, igual à tensão que existia no ramo antes de ele ter sido cortado.

da parece estar seca. Para realizar a medição, o galho é montado em uma câmara de pressão, como mostrado na Figura 30.12. A câmara é então pressurizada com gás (ar ou nitrogênio) até que as superfícies superiores das colunas de água apareçam na superfície cortada (observadas sob lente de aumento). A magnitude da pressão necessária para que as colunas de água retornem à superfície cortada é chamada "pressão de balanço" e é igual em magnitude (mas tem sinal oposto) à pressão negativa, ou tensão, que existia no xilema antes de o galho ser cortado. Os resultados obtidos com este método são inteiramente condizentes com as predições feitas pela teoria da tensão-coesão. Apesar de a validade da câmara de pressão na estimativa da tensão do xilema ter sido recentemente questionada, outros estudos aparentemente confirmam a existência de grandes tensões neste tecido.

Um segundo conjunto de dados que está de acordo com a teoria da tensão-coesão indica que o movimento da água começa no topo da árvore. A velocidade do fluxo de seiva em várias partes de uma árvore foi medida por intermédio de um método engenhoso que envolve um pequeno aquecedor para esquentar o conteúdo do xilema por alguns segundos e um termômetro sensível para detectar o momento no qual a seiva aquecida passa por um ponto específico (Figura 30.13). Como mostrado no gráfico, a seiva começa a se mover primeiramente nos galhos durante a manhã, com o aumento da tensão nas folhas, e somente depois ela se move no caule. À noite, o fluxo diminui primeiramente nos galhos, com a diminuição da perda de água pelas folhas, e somente então, o mesmo ocorre no caule. Árvores com vasos amplos (200 a 400 μm de diâmetro) exibem picos de velocidade

no fluxo de seiva entre 16 e 45 m por hora ao meio-dia (medida tomada à altura do peito), enquanto aquelas com vasos estreitos (50 a 150 μm de diâmetro) apresentam velocidades mais baixas ao meio-dia, variando entre 1 e 6 m por hora.

Um terceiro conjunto de dados que dá suporte à teoria vem da medida de pequenas variações no diâmetro do tronco das árvores (Figura 30.14). A retração do tronco é interpretada por alguns investigadores como resultado da pressão negativa da passagem da água pelo xilema. Supõe-se que as moléculas de água aderidas às paredes dos vasos puxariam essas paredes para dentro. Com o início da transpiração pela manhã, primeiramente a parte apical do tronco se contrai, pois a água puxada para fora do xilema não é imediatamente reposta pelo fluxo vindo da raiz; somente então a parte basal do tronco se contrai. Ao final do dia, à medida que a transpiração diminui, a parte apical do tronco se expande antes que a parte basal também o faça. Existem evidências de que mudanças no diâmetro do tronco sejam devidas parcial ou amplamente à contração e à expansão dos tecidos da casca, pois a água se movimenta lateralmente para dentro ou para fora do xilema em resposta às variações de pressão no xilema.

Observe que a energia necessária para a evaporação das moléculas de água – e, portanto, para o movimento da água e de nutrientes inorgânicos pela planta – é suprida não pela planta, mas diretamente pelo Sol. Observe também que este movimen-

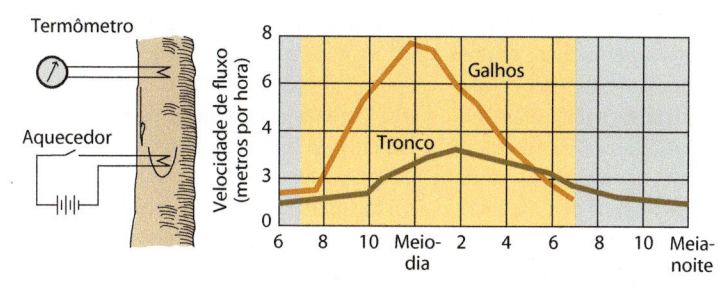

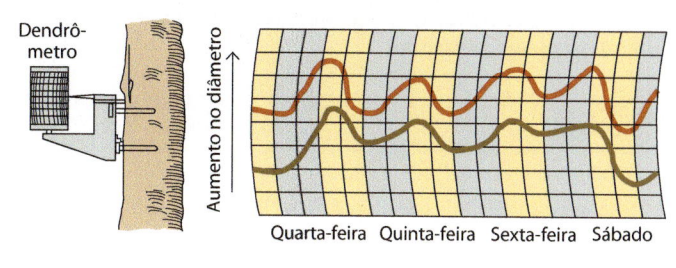

30.13 Medição da velocidade do fluxo de seiva. Um pequeno aquecedor inserido no xilema esquenta a seiva em ascensão por alguns segundos. Um termômetro colocado acima do aquecedor registra a passagem da seiva aquecida. O observador marca o intervalo de tempo entre os dois eventos. Como mostrado no gráfico, a seiva começa a ter sua velocidade de fluxo aumentada durante a manhã primeiramente nos galhos e depois no tronco. Ao entardecer, a velocidade diminui primeiramente nos galhos e a seguir no tronco.

30.14 Flutuações no diâmetro do tronco de árvores. Um dendrômetro (esquerda) marca as pequenas flutuações diárias no diâmetro do tronco de uma árvore em duas alturas diferentes. Como mostrado no gráfico, pela manhã, ocorre um leve encolhimento na parte mais alta do tronco antes de ocorrer na porção situada abaixo. Esses dados sugerem que a transpiração nas folhas "puxa" a água do tronco antes mesmo que ela possa ser reposta pelas raízes. As faixas cinza representam as noites e as amarelas, os dias.

to é possível graças às extraordinárias propriedades de coesão e adesão da água, às quais as plantas são tão primorosamente adaptadas.

A teoria da tensão-coesão é, às vezes, chamada "teoria da transpiração-tração". Esta é uma definição inadequada, pois com "transpiração-tração" subentende-se que a transpiração é essencial para o movimento da água até as folhas. Embora a transpiração possa aumentar a taxa de movimentação da água, qualquer uso da água pelas folhas produz forças suficientes para determinar o movimento da água em sua direção.

Absorção de água e íons pelas raízes
Parecem existir limites à altura das árvores

Como vimos, a força de tensão da água à tração é suficientemente grande para evitar que moléculas de água adjacentes se separem quando submetidas à tensão necessária para que a água se mova ascendentemente pelo xilema de árvores altas; a mais alta delas é a sequoia-gigante (*Sequoia sempervirens*), que chega a 115,6 m. Um estudo sobre os limites de altura de árvores de *S. sempervirens* indica, entretanto, que a tensão máxima exercida na coluna de água em oito das maiores sequoias (incluindo o indivíduo de 115,6 m) está próxima do ponto de ocorrência de embolia. Sendo assim, este valor seria um fator preponderante no controle do tamanho das árvores. Neste mesmo estudo, notou-se que, à medida que as árvores crescem, o estresse hídrico nas folhas é aumentado devido à gravidade e à resistência causada pelas grandes distâncias percorridas pela água, o que pode afetar a expansão foliar e causar declínio fotossintético. Tal declínio também imporia um limite à altura das árvores. Excluindo a possibilidade de danos mecânicos, o tamanho máximo predito para uma árvore é de 122 a 130 m.

A absorção de água pelas raízes é facilitada por pelos radiculares

O sistema radicular serve para fixar a planta no solo e, acima de tudo, para suprir as grandes quantidades de água requeridas pelas folhas devido à transpiração. A maior parte da água que a planta absorve do solo penetra pelas partes mais jovens da raiz

(ver Capítulo 24). A absorção acontece diretamente pela epiderme das raízes jovens. Os pelos radiculares localizados vários milímetros acima da ponta da raiz propiciam uma enorme superfície de absorção (Figura 30.15; Tabela 30.2). A partir dos pelos radiculares, a água se movimenta através do córtex, cuja(s) camada(s) externa(s) pode(m) estar diferenciada(s) em exoderme (camada de células subepidérmicas com estrias de Caspary). Deste ponto, a água prossegue através da endoderme (a camada interna das células corticais) na direção do cilindro vascular. Uma vez nos elementos condutores do xilema, a água sobe pela raiz e pelo caule até as folhas, onde a maior parte da água é perdida para a atmosfera pela transpiração. Assim, o caminho solo-planta-atmosfera pode ser visto como um contínuo no movimento da água.

A   **B**

30.15 Pelos radiculares. A. Raiz primária de uma plântula de rabanete (*Raphanus sativus*), mostrando os seus inúmeros pelos radiculares. **B.** Pelos radiculares rodeados por partículas do solo; cada partícula é coberta por uma camada de água que a eles adere.

Tabela 30.2 Densidade de pelos radiculares na superfície da raiz de três espécies de plantas.

Espécie	Densidade de pelos radiculares (por cm²)
Pinheiro-americano (*Pinus taeda*)	217
Falsa-acácia (*Robinia pseudoacacia*)	520
Centeio (*Secale cereale*)	2.500

De J. F. Ferry, *Fundamentals of Plant Physiology* (New York: Macmillan Publishing Company, 1959).

A água pode percorrer um ou mais dentre três caminhos possíveis através da raiz. A via percorrida pela água através da raiz depende amplamente do grau de diferenciação dos vários tecidos que a compõem. Em cada um desses tecidos, a água pode percorrer uma ou mais vias dentre três possíveis: (1) *apoplasto* (margeando o protoplasto, via parede celular), (2) *simplasto* (de protoplasto a protoplasto, via plasmodesmos), e (3) *transcelular* (de célula a célula, através das membranas celulares e tonoplastos) (Figura 30.16). Por exemplo, em uma raiz sem exoderme, a água pode deslocar-se apoplasticamente até a endoderme. Uma vez na endoderme, constituída por células compactamente dispostas que apresentam as estrias de Caspary, a água é forçada a atravessar as membranas plasmáticas e os protoplastos dessas células. As estrias de Caspary são impermeáveis à água e estão localizadas nas paredes radiais e transversais das células da endoderme (ver Capítulo 24). De modo similar, nas raízes com exoderme, o movimento apoplástico da água é impedido pelo arranjo compacto das células deste tecido e pela presença de estrias de Caspary que são impermeáveis à água e estão localizadas nas paredes radiais e transversais das células. (A permeabilidade da via transcelular é determinada, em grande parte, pelas aquaporinas presentes na membrana plasmática.) No entanto, se a parede tangencial externa das células exodérmicas apresentar lamelas de suberina, o movimento de água através desta superfície poderá ser limitado ao simplasto. Uma vez ultrapassada a exoderme, os movimentos subsequentes da água pelo córtex podem ocorrer por uma ou mais dentre as três vias possíveis listadas anteriormente.

Na ausência de transpiração, as raízes podem gerar pressão positiva. A força motriz para o deslocamento de água através da raiz é a diferença de potencial de água entre a solução do solo na superfície da raiz e a seiva no interior do xilema. Quando a transpiração está muito reduzida ou ausente, como durante a noite, o gradiente de potencial de água é mantido pela secreção de íons no interior do xilema. Uma vez que os tecidos vasculares das raízes são envolvidos pela endoderme, os íons tendem a se manter concentrados no interior do xilema. Assim, o potencial de água do xilema se torna mais negativo e a água se move por osmose das células vizinhas para o interior do xilema. Desse modo, é criada uma pressão positiva denominada *pressão de raiz* que força tanto a água quanto os íons nela dissolvidos a subir pelo xilema (Figura 30.17).

Gotículas de água semelhantes a orvalho nas pontas das folhas de gramíneas e outras plantas no início da manhã demonstram os efeitos da pressão de raiz (Figura 30.18). Essas gotículas não são de orvalho – que se origina da água condensada a partir do ar –, pois vêm de dentro das folhas por um processo denominado *gutação* (do latim *gutta*, "gota"). Essas gotas são exsudadas através

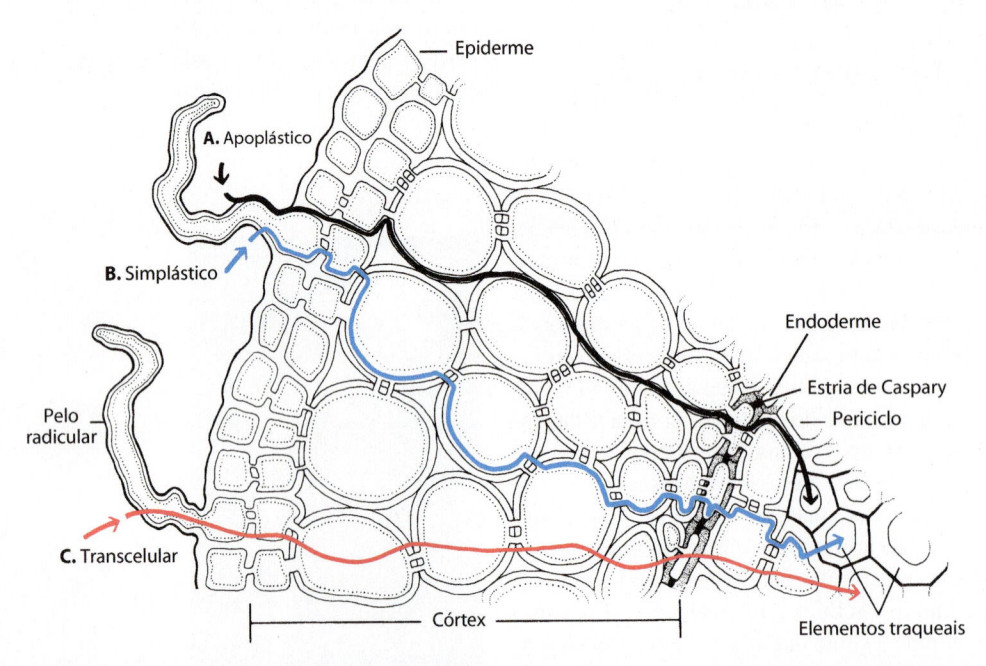

30.16 Movimento da água no interior das raízes. Caminhos possíveis para o movimento da água do solo, através da epiderme e do córtex, até o interior dos elementos traqueais, ou elementos condutores de água, da raiz. **A.** O movimento apoplástico (linha preta) se dá pelas paredes celulares; **B.** O movimento simplástico (linha azul) ocorre de protoplasto a protoplasto, via plasmodesmos; e (**C**) o movimento transcelular (linha vermelha) ocorre de célula a célula, com a passagem da água pelas membranas celulares e tonoplastos. A raiz aqui representada não tem exoderme (camada de células subepidérmicas com estrias de Caspary).

Observe que a água que percorre o caminho apoplástico é forçada a atravessar a membrana plasmática e protoplastos das células da endoderme pela presença das estrias de Caspary em suas paredes. Uma vez transposta a membrana plasmática próxima à superfície interna da célula da endoderme, a água pode retomar a via apoplástica para completar seu caminho até o lúmen dos elementos traqueais. Íons inorgânicos são ativamente absorvidos pelas células epidérmicas e, então, seguem pelo córtex por via simplástica até as células parenquimáticas do tecido vascular, de onde eles podem ser secretados para o interior dos elementos traqueais.

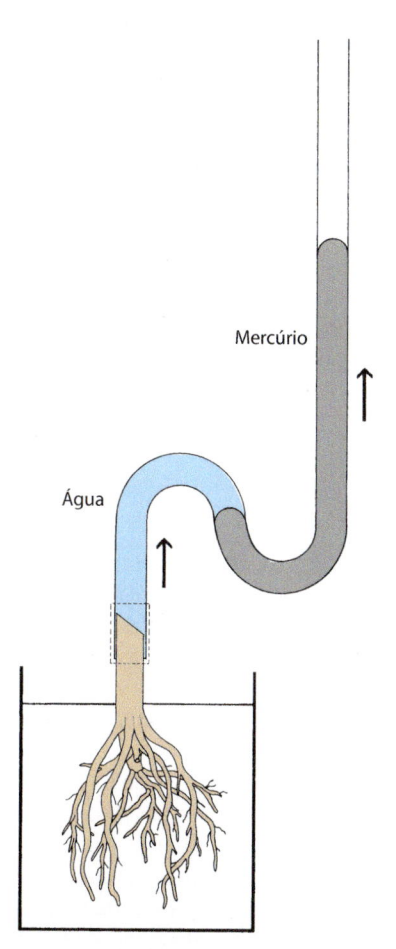

30.18 Gutação. Outra demonstração da pressão de raiz são as gotículas de gutação, aqui vistas nas margens da folha de manto-da-senhora (*Alchemilla vulgaris*, Rosaceae). Essas gotículas não são originadas pela condensação do vapor de água presente no ar, mas foram forçadas para fora das folhas através de aberturas denominadas hidatódios ao longo da margem foliar (ver Figura 30.19).

30.17 Pressão de raiz. Uma demonstração da pressão de raiz em um toco de uma planta. A absorção de água pelas raízes da planta faz com que o mercúrio suba pela coluna. Pressões de 0,3 a 0,5 MPa são demonstradas por este método.

de aberturas – comumente estômatos que perderam a capacidade de controle de abertura e fechamento – em estruturas especiais denominadas *hidatódios*, que estão presentes no ápice e margens foliares (Figura 30.19). A água de gutação é literalmente forçada para o exterior das folhas pelo efeito da pressão de raiz.

A pressão de raiz é menos evidente durante o dia, quando o movimento de água pelo corpo da planta é mais rápido, e a pressão nunca é forte o suficiente para empurrar a água até o topo de uma árvore de grande estatura. Além disso, muitas plantas, incluindo as coníferas como o pinheiro, não desenvolvem pressão de raiz. Assim, a pressão de raiz é possivelmente um subproduto do mecanismo de bombeamento de íons para o interior do xilema e age indiretamente no mecanismo de transporte de água até os ramos somente sob condições especiais.

Muitas plantas redistribuem a água do solo hidraulicamente. O movimento passivo da água de um solo molhado para um solo seco por meio das raízes é chamado *redistribuição hidráulica*. Este processo ocorre durante a noite ou períodos de baixas taxas de transpiração (durante o dia em plantas CAM) e é alimentado por gradientes de potencial de água nas raízes e solos. A redistribuição hidráulica pode ser ascendente (*ascensão hidráulica*), descendente (*descenso hidráulico* ou *descida hidráulica*) ou horizontal. A redistribuição hidráulica foi detectada em uma ampla variedade de plantas, incluindo gramíneas, suculentas, árvores e arbustos.

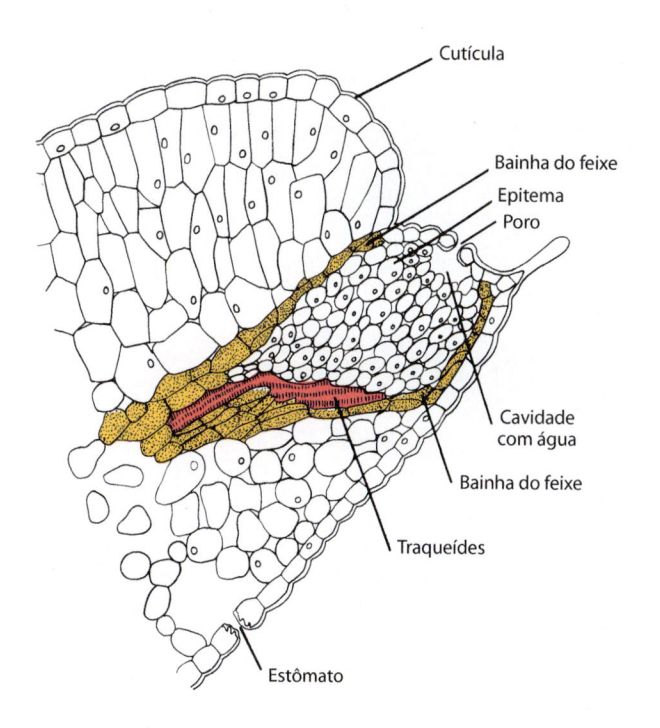

30.19 Hidatódio. Seção longitudinal de um hidatódio na folha de saxífraga (*Saxifraga lingulata*). O hidatódio consiste em traqueídes terminais no final de um feixe vascular, parênquima de paredes finas (o epitema) com numerosos espaços intercelulares e um poro epidérmico. As traqueídes estão em contato direto com o epitema, que termina em uma câmara com água atrás do poro. Os poros epidérmicos são comumente estômatos que perderam a capacidade de controle de abertura e fechamento. O feixe vascular é envolvido pela bainha.

Os benefícios da redistribuição hidráulica são inúmeros. Por exemplo, a água transferida do subsolo para a superfície por plantas de raízes profundas torna-se disponível para plantas vizinhas que têm raízes mais curtas (Figura 30.20). De maneira oposta, grandes quantidades de água podem ser transferidas pelas raízes para camadas mais secas e profundas do solo, quando a superfície está molhada após uma chuva. O movimento descendente de água também pode beneficiar as plantas evitando o alagamento nos solos superficiais. A ocorrência de redistribuição hidráulica de água foi demonstrada entre árvores de carvalho (*Quercus agrifolia*) e a sua micorriza simbionte, o que permite às hifas resistirem a longos períodos de seca no solo. A redistribuição hidráulica em árvores amazônicas aparentemente exerce grande impacto no clima desta região. Durante a estação seca (julho a novembro), a fotossíntese e a transpiração aumentam significativamente. Grande parte da água que sustenta a transpiração durante a estação seca vem diretamente da água das camadas superficiais do solo – água hidraulicamente trazida das camadas profundas de armazenamento, as quais foram recarregadas durante a precedente estação chuvosa. Foi estimado que a água elevada hidraulicamente aumenta a taxa de transpiração em 40% durante a estação seca na Bacia Amazônica.

A absorção de água pelas raízes em transpiração pode ser passiva. Durante períodos de altas taxas de transpiração, os íons acumulados no xilema da raiz são arrastados pela *corrente transpiratória*, ou fluxo de água, e a intensidade do movimento osmótico através da endoderme diminui. Durante esses períodos, as raízes se tornam superfícies de absorção passiva através das quais a água é puxada por fluxo de massa gerado pelos ramos que estão transpirando. Alguns pesquisadores acreditam que quase toda a água absorvida pelas raízes de plantas que estão transpirando ocorre deste modo passivo.

Durante períodos de alta transpiração, a água pode ser removida das regiões próximas às raízes tão rapidamente que o solo circundante se torna seco. Então, a água se desloca das adjacências em direção aos pelos radiculares através de poros finos do solo. Entretanto, de maneira geral, as raízes entram em contato com fontes adicionais de água ao crescerem, muito embora raízes não cresçam em solos secos. As raízes de macieira, por exemplo, crescem uma média de 3 a 9 mm por dia em condições normais, enquanto as gramíneas de pradarias podem crescer mais de 13 mm e a raiz principal de milho cresce uma média de 52 a 63 mm por dia. O resultado deste crescimento rápido pode ser notável: uma planta de centeio (*Secale cereale*) com 4 meses de idade pode ter mais de 10.000 km de raízes e muitos bilhões de pelos radiculares.

A captação de nutrientes inorgânicos pelas raízes é um processo dependente de energia

A captação ou absorção de íons inorgânicos acontece pela epiderme, em grande parte nos pelos radiculares de raízes jovens. Há evidências atuais de que a via principal percorrida por íons desde a epiderme até a endoderme da raiz é a simplástica – isto é, de protoplasto para protoplasto através dos plasmodesmos. A absorção de íons pela via simplástica começa na membrana plasmática das células epidérmicas. Os íons, então, se movem do protoplasto da célula epidérmica à primeira camada de células do córtex (provavelmente uma exoderme) pelos plasmodesmos localizados nas paredes que fazem a interface epiderme-córtex (ver Figura 30.16). O movimento de íons para dentro das raízes continua, passando pelo simplasto cortical – mais uma vez, de um protoplasto a outro pelos plasmodesmos – até a endoderme, chegando às células do parênquima do cilindro vascular por difusão.

Na maioria das plantas com sementes, a absorção de nutrientes do solo é bastante favorecida pela ocorrência natural de fungos micorrízicos associados aos sistemas radiculares destas plantas (ver Capítulo 14). As micorrizas são especialmente importantes na absorção e transferência de fósforo, mas também tem sido demonstrado um aumento na absorção de zinco, magnésio e cobre. Estes nutrientes são relativamente imóveis no solo

Espécies	Distância a partir da base da árvore				
	0,5 m	1,0 m	1,5 m	2,5 m	5,0 m
Podophyllum peltatum	61%	53%	50%	9%	0%
Smilacina racemosa	60	58	5	0	0
Fragaria virginiana (morango-selvagem)	58	54	50	13	1
Thalictrum dioicum	55	50	11	2	0
Asarum canadense (gengibre-selvagem)	31	21	8	0	0
Trillium grandiflorum (trílio)	25	18	0	0	0
Solidago flexicaulis	20	19	6	0	0
Vaccinium vacillans	19	10	5	1	0
Holcus lanatus	21	7	0	0	0
Lindera benzoin	11	6	0	0	0
Tilia heterophyla (tília)	0	1	0	1	0
Fagus grandiflora (faia)	1	0	0	0	0

Água do solo

30.20 Efeito da ascensão hidráulica em plantas vizinhas. A tabela mostra a porcentagem média da água total do xilema de plantas crescendo nas proximidades de uma árvore de bordo-doce (*Acer saccharum*), devido à ascensão hidráulica promovida por ela. Como pode ser observado, quanto mais próximas as plantas estavam do bordo, mais elas se beneficiaram da ascensão hidráulica.

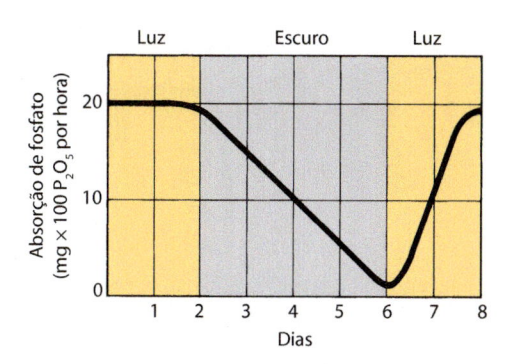

30.21 Energia necessária para a absorção de nutrientes. A taxa de absorção de fosfato (quantificado como P₂O₅; ver Capítulo 29) em plantas de milho (*Zea mays*) diminuiu para próximo de zero após 4 dias de escuro contínuo. A taxa começou a elevar-se novamente quando as plantas voltaram a ser iluminadas. Esses e outros dados indicam que a absorção de íons minerais pelas plantas é um processo que requer energia.

e há o esgotamento desses nutrientes nas regiões próximas à raiz e aos pelos radiculares. A rede de hifas micorrízicas estende-se por vários centímetros além das raízes colonizadas, portanto explorando um volume maior de solo com mais eficiência.

A composição mineral das células das raízes é muito diferente daquela do meio onde as plantas crescem. Por exemplo, em um estudo, as células de raízes de ervilha (*Pisum sativum*) apresentaram uma concentração 75 vezes maior do íon K⁺ do que a solução nutritiva. Outro estudo demonstrou que vacúolos de células de nabo (*Brassica napus* var. *napobrassica*) continham 10.000 vezes mais íons K⁺ do que a solução externa.

Uma vez que as substâncias não se difundem contra um gradiente de concentração, está claro que os minerais são absorvidos por *transporte ativo* (ver Capítulo 4). De fato, a absorção de minerais é conhecida por ser um processo dependente de energia. Por exemplo, se as raízes são privadas de oxigênio ou se sofrem uma redução na taxa respiratória, a absorção de sais é drasticamente reduzida. Se a planta também for privada de luz, ela cessará a absorção de sais após o esgotamento das suas reservas de carboidratos (Figura 30.21) e, finalmente, os íons serão liberados de volta para a solução do solo. A maneira pela qual os íons penetram nos vasos ou traqueídes do xilema, a partir das células parenquimáticas do cilindro vascular, tem sido objeto de discussões consideráveis. Primeiramente, sugeriu-se que os íons escoariam passivamente das células parenquimáticas para os vasos, mas, atualmente, há evidências fortes de que o carregamento, ou secreção, de íons pelas células parenquimáticas dentro dos vasos seja um processo finamente regulado e dependente de energia. Assim, o transporte de íons do solo para os vasos do xilema requer dois processos ativos, ou dependentes de energia: (1) absorção pela membrana plasmática das células epidérmicas e (2) secreção pela membrana plasmática das células parenquimáticas adjacentes aos vasos.

Os nutrientes inorgânicos são trocados entre as correntes transpiratória e de assimilados

Uma vez secretados nos vasos do xilema (ou traqueídes), os íons inorgânicos são rapidamente transportados ascendentemente pela planta por intermédio da corrente transpiratória. Alguns íons se movem lateralmente do xilema para os tecidos radiculares ou caulinares próximos, enquanto outros são transportados até as folhas (Figura 30.22).

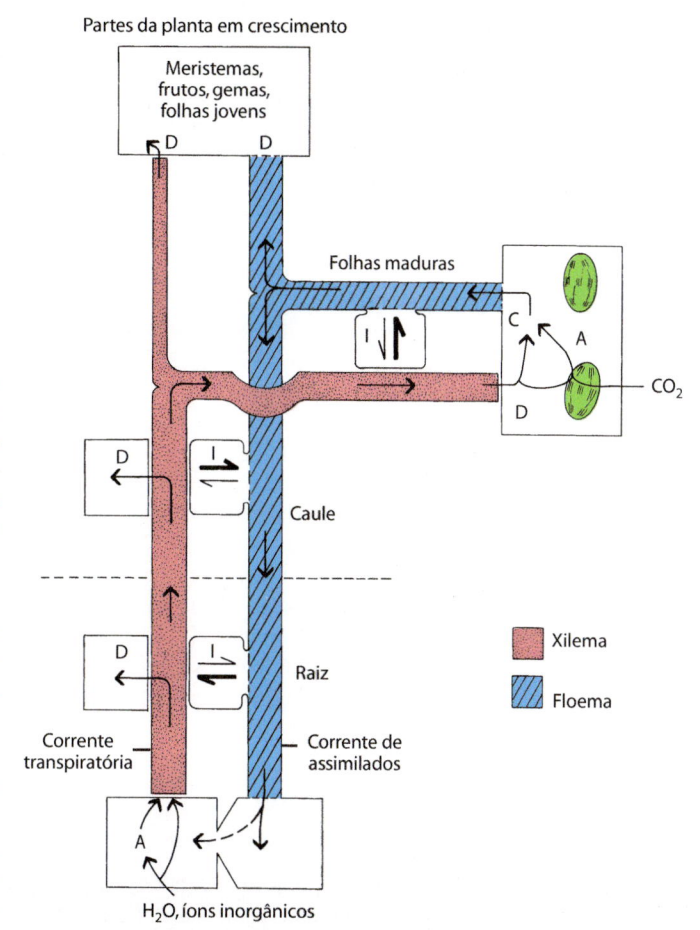

30.22 Troca entre as correntes transpiratória e de assimilados. Representação esquemática da circulação de água, íons inorgânicos e assimilados na planta. A água e os íons inorgânicos são absorvidos na raiz e deslocam-se ascendentemente pelo xilema na corrente transpiratória. Alguns íons e parte da água deslocam-se lateralmente nos tecidos radiculares e caulinares, enquanto outros são transportados para as regiões de crescimento da planta e para as folhas maduras. Nas folhas, quantidades substanciais de água e íons inorgânicos são transferidas para o floema e exportadas com a sacarose na corrente de assimilados. As partes da planta que se encontram em crescimento são relativamente ineficazes em obter água por meio da corrente transpiratória e recebem a maior parte dos nutrientes e da água pelo floema. A água e os solutos que entram na raiz via floema podem ser transferidos para o xilema e passam novamente a circular na corrente transpiratória. O símbolo A indica os locais especializados para absorção e assimilação de matéria-prima do ambiente. C e D indicam os locais de carregamento e descarregamento, respectivamente, e I indica os principais pontos de intercâmbio entre o xilema e o floema.

Sabe-se muito menos a respeito do caminho percorrido pelos íons nas folhas do que nas raízes. Dentro da folha, os íons são transportados juntamente com a água presente no apoplasto, isto é, passam por dentro das paredes celulares. Alguns íons podem permanecer na corrente transpiratória e alcançar as principais regiões de perda de água – os estômatos e outras células epidérmicas. A maioria deles, entretanto, finalmente entra no protoplasto das células das folhas, provavelmente por mecanismos de transporte mediados por carreadores similares àqueles das raízes. Os íons podem então deslocar-se pelo simplasto (através dos protoplastos, via plasmodesmos) até outras partes da folha, incluindo o floema. Os íons inorgânicos também podem ser absorvidos em pequenas quantidades pela superfície das folhas; consequentemente, a adubação feita por aplicação direta de micronutrientes nas folhagens tornou-se uma prática usual na agricultura de algumas plantas de interesse econômico.

Quantidades substanciais de íons inorgânicos levados para as folhas pelo xilema são trocados no floema das nervuras e exportados das folhas juntamente com a sacarose na corrente de fotoassimilados (Figura 30.22; ver também a discussão sobre o transporte de fotoassimilados, a seguir). Por exemplo, em um estudo com o tremoço-branco (*Lupinus albus*), uma planta anual, o transporte no floema corresponde a mais de 80% do nitrogênio e enxofre absorvidos pelo fruto, e a 70 a 80% da sua absorção de fósforo, potássio, magnésio e zinco. A absorção de tais íons orgânicos pelos frutos em desenvolvimento, sem dúvida, está associada ao fluxo de sacarose no floema.

A recirculação pode ocorrer nas plantas, pois os nutrientes que chegam às raízes por intermédio da corrente de fotoassimilados descendente do floema são transferidos para a corrente transpiratória ascendente do xilema (Figura 30.22). Somente aqueles íons que podem se deslocar no floema – *íons móveis do floema* – podem ser exportados pelas folhas para qualquer distância no corpo da planta. Por exemplo, K^+, Cl^- e fosfato (HPO_4^{2-}) são prontamente exportados pelas folhas, enquanto Ca^{2+} é relativamente imóvel. Solutos como o cálcio, o boro e o ferro são chamados *íons imóveis do floema*.

Transporte de assimilados | Movimento de substâncias pelo floema

Enquanto a água e os solutos inorgânicos ascendem na planta pela corrente transpiratória no xilema, os açúcares produzidos durante a fotossíntese deslocam-se na folha pela *corrente de fotoassimilados* do floema (Figura 30.23). Os açúcares são transportados não apenas para regiões onde serão utilizados, como nos ápices caulinares e radiculares, mas também para regiões de armazenamento, como os frutos, sementes e parênquima de armazenamento em caules e raízes (Figura 30.22). O transporte de substâncias via floema é denominado *translocação*.

O movimento de assimilados segue o padrão determinado das fontes para os drenos. As principais *fontes* ou exportadores de solutos assimilados são as folhas fotossintetizantes, mas tecidos de armazenamento também podem servir como importantes fontes. Todas as partes das plantas incapazes de produzir suas próprias necessidades nutricionais podem agir como *drenos*, isto é, importadores de solutos assimilados. Assim, tecidos de armazenamento atuam como drenos e também como fontes quando estão exportando assimilados.

As relações fonte-dreno podem ser relativamente simples e diretas como em algumas plântulas jovens, onde as reservas do conteúdo cotiledonar frequentemente representam a fonte principal, e as raízes em crescimento, o principal dreno. Em plantas mais velhas, as folhas maduras superiores mais recentemente formadas comumente exportam assimilados principalmente em direção ao ápice caulinar; as folhas inferiores exportam assimilados principalmente para as raízes e as folhas localizadas entre as anteriores exportam assimilados em ambas as direções (Figura 30.24A). Este padrão de distribuição de assimilados é notavelmente alterado durante a mudança do estado de crescimento vegetativo para o reprodutivo. Os frutos em desenvolvimento são drenos altamente competitivos que monopolizam assimilados das folhas mais próximas e, frequentemente, também daquelas mais distantes, causando um acentuado declínio do crescimento vegetativo (Figura 30.24B).

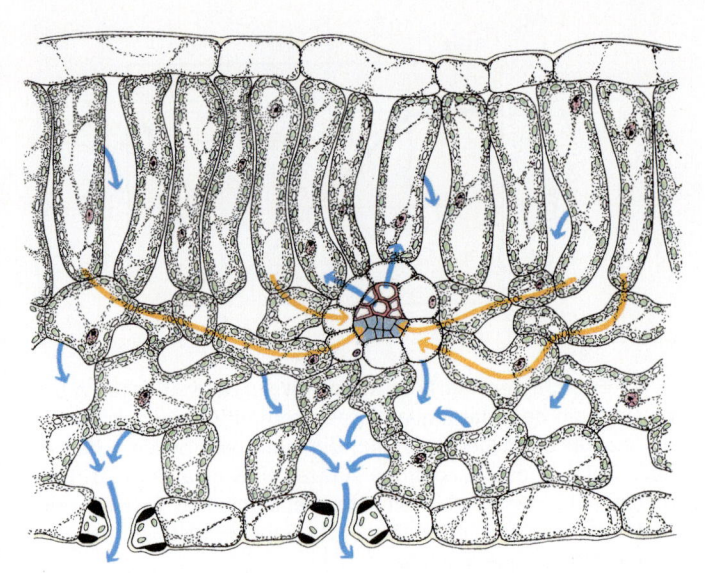

30.23 Os caminhos da água e dos fotoassimilados na folha. Representação esquemática de uma folha mostrando os caminhos seguidos pelas moléculas de água da corrente transpiratória, na medida em que elas se movem do xilema de uma nervura de pequeno calibre para as células do mesofilo. A água evapora na superfície das paredes das células do mesofilo e finalmente se difunde para o meio externo através de um estômato aberto (setas azuis).

Também estão representados os caminhos percorridos pelas moléculas de açúcares sintetizadas durante a fotossíntese (fotoassimilados) na medida em que elas se movem das células do mesofilo para o floema da nervura de pequeno calibre e entram na corrente de assimilados (setas douradas). Acredita-se que as moléculas de açúcar produzidas nas células do parênquima paliçádico se movem até as células do parênquima lacunoso e, então, lateralmente até o floema.

Experimentos com marcadores radioativos fornecem evidências do transporte de açúcares nos tubos crivados

As primeiras evidências indicativas do papel do floema no transporte de assimilados vieram de observações de árvores nas quais um anel completo da casca havia sido removido. Como observado no Capítulo 26, a casca de caules maduros é composta principalmente de floema. Quando uma árvore tem um anel de sua casca removido, a região imediatamente acima do anel torna-se dilatada, indicando a formação de novos tecidos lenhosos e de casca. Este crescimento é estimulado pelo acúmulo de assimilados que se deslocaram descendentemente pelo floema, desde as folhas fotossintetizantes.

Muitas evidências convincentes sobre o papel do floema no transporte de assimilados têm sido obtidas com marcadores radioativos. Experimentos com assimilados radioativos (como a sacarose marcada com ^{14}C) não só confirmaram o movimento dessas substâncias dentro do floema como demonstraram de maneira conclusiva que os açúcares são transportados nos tubos crivados (Figura 30.25).

Os afídeos demonstraram ser muito importantes no estudo do floema

Muitas informações valiosas sobre o movimento de substâncias no floema foram obtidas mediante estudos utilizando afídeos – pequenos insetos que sugam os fluidos das plantas. A maioria das espécies de afídeos são sugadores de floema. Estes afídeos inserem seu aparelho bucal modificado, ou estiletes, dentro de um caule ou folha até que as pontas dos seus estiletes perfurem

30.24 Transporte de assimilados em plantas jovens e adultas. Representação esquemática do transporte de assimilados em uma planta em (**A**) estágio vegetativo e em (**B**) estágio de frutificação. As setas indicam a direção do transporte de assimilados em cada estágio.

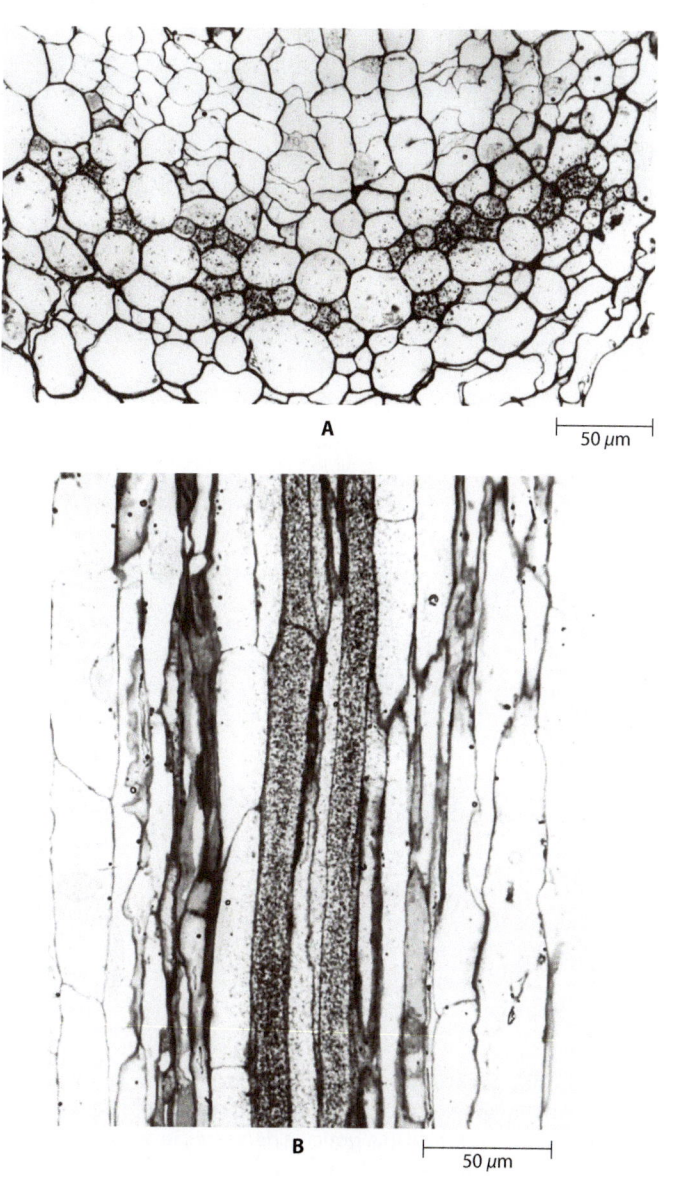

30.25 Transporte de açúcares nos tubos crivados. Microautorradiografias de seções transversal (**A**) e longitudinal (**B**) de um feixe vascular do caule de fava (*Vicia faba*). Um folíolo da planta foi exposto a $^{14}CO_2$ por 35 min. Durante este período, o $^{14}CO_2$ foi incorporado nos açúcares, os quais foram, então, transportados para outras partes da planta. O folíolo foi seccionado e as seções foram colocadas em contato com um filme autorradiográfico por 32 dias. Quando o filme foi revelado e comparado com os cortes de tecidos correspondentes, observou-se que a radioatividade (que aparece como grânulos escuros no filme) estava praticamente confinada nos tubos crivados.

um tubo crivado (Figura 30.26). Então, a pressão de turgor do tubo crivado força a seiva através do trato digestivo do afídeo, que acaba saindo pela extremidade posterior do inseto na forma de gotículas de "secreção açucarada". Se os afídeos forem anestesiados durante sua alimentação (para evitar que retirem seus estiletes dos tubos crivados) e tiverem seus corpos excisados de seus estiletes, frequentemente a seiva do tubo crivado exsudará através do estilete por muitas horas. O exsudato pode ser coletado com uma micropipeta. Análises dos exsudatos obtidos por meio deste método revelam que a seiva do tudo crivado contém 10 a 25% de matéria seca e que 90% ou mais dessa porcentagem são açúcares – *principalmente sacarose*, na maioria das plantas. Adicionalmente, outros solutos são translocados no floema, entre eles aminoácidos, numerosas proteínas e RNA, muitos hormônios e alguns solutos inorgânicos, como magnésio, potássio e cloro.

Dados obtidos em estudos utilizando afídeos e marcadores radioativos indicam que as velocidades do movimento longitudinal de assimilados no floema são notavelmente altas. Por exemplo, a seiva do tubo crivado desloca-se a uma velocidade de aproximadamente 100 cm por hora nos locais onde houve a inserção dos estiletes.

O transporte no floema é impulsionado por um fluxo de massa gerado osmoticamente

Muitos mecanismos foram propostos para explicar o transporte de assimilados nos tubos crivados do floema. Provavelmente, a primeira explicação foi a difusão, seguida pela corrente citoplas-

mática. A difusão normal e a corrente citoplasmática encontradas nas células vegetais foram abandonadas como possíveis mecanismos de transporte quando se tornou conhecido que as velocidades do transporte de assimilados (tipicamente 50 a 100 cm por hora) são muito altas para que estes fenômenos possam contribuir para o transporte de longa distância via tubos crivados.

Hipóteses alternativas têm sido propostas para explicar o mecanismo de transporte no floema, mas apenas uma, a hipótese do fluxo de massa, corrobora satisfatoriamente a maioria dos dados obtidos em estudos experimentais e estruturais do floema.

Originalmente proposta em 1927 pelo fisiologista alemão Ernst Münch, e depois modificada, a hipótese do fluxo de massa é a mais simples e a explicação mais amplamente aceita para o

A

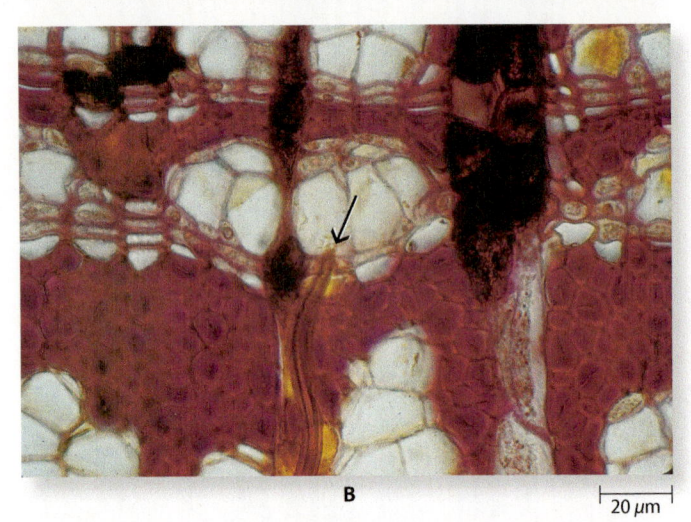

B

20 µm

30.26 Afídeos e estudos do floema. A. Um afídeo (*Longistigma caryae*) alimentando-se no caule de tília (*Tilia americana*) perfurou um tubo crivado condutor. Uma gotícula de "secreção açucarada" pode ser vista saindo do afídeo. Os afídeos têm sido valiosas "ferramentas" de pesquisa em estudos sobre o funcionamento do floema. **B.** Fotomicrografia mostrando parte da estrutura bucal modificada (estilete) de um afídeo em um tubo crivado do floema secundário do caule de tília. A seta indica as pontas dos estiletes.

transporte a longa distância dos assimilados nos tubos crivados. Esta é uma explicação simples, pois depende apenas da osmose como força motriz para o transporte de assimilados.

Em uma breve explicação, a *hipótese do fluxo de massa* afirma que os assimilados são transportados das fontes para os drenos ao longo de um gradiente de pressão de turgor gerado osmoticamente. Por exemplo, a sacarose produzida nas células do mesofilo pelas folhas fotossintetizantes é secretada para o interior dos tubos crivados das nervuras de menor calibre, resultando em concentrações mais altas de sacarose nos tubos crivados do que nas células do mesofilo (Figura 30.27). Esse processo, denominado *carregamento do floema*, diminui o potencial hídrico no interior do tubo crivado e faz com que a água que entra na folha pela corrente transpiratória se mova por osmose para dentro do tubo crivado. Com a entrada de água nos tubos crivados nas fontes, a sacarose é carregada passivamente pela água até os drenos, tais como tecidos em crescimento ou raízes de reserva, onde a sacarose é descarregada, ou removida, do tubo

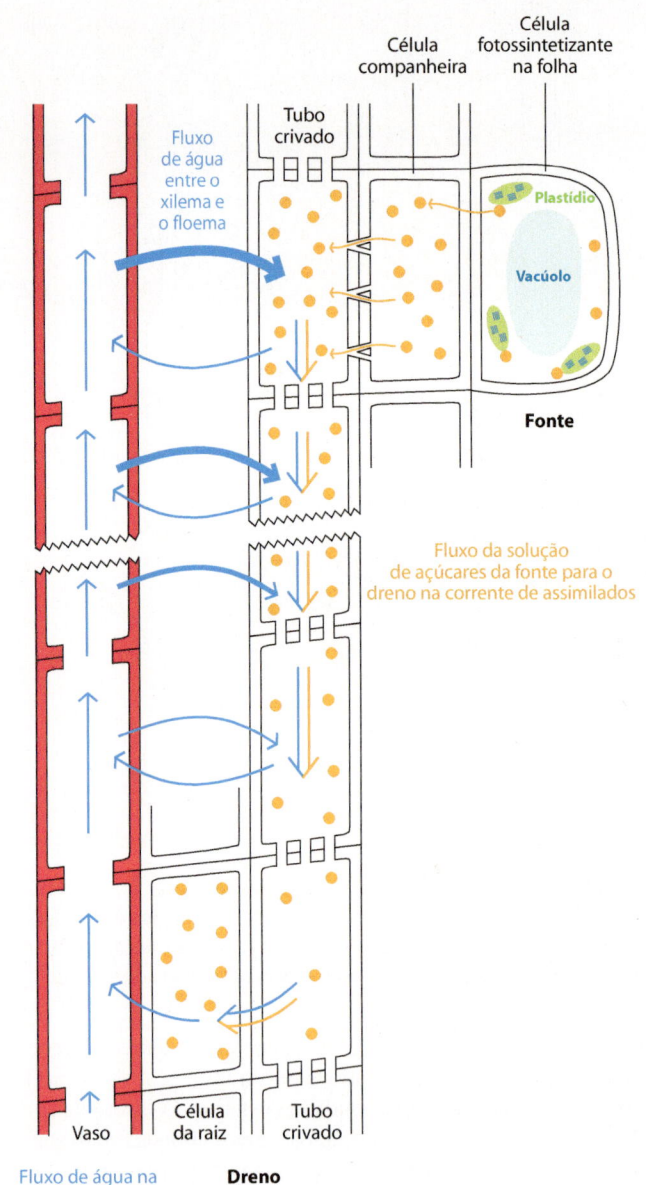

30.27 Hipótese do fluxo de massa. Representação esquemática do mecanismo de fluxo de massa originado osmoticamente para o transporte de açúcares no floema. As moléculas de açúcares (pontos amarelos) são ativamente carregadas para o complexo tubo crivado-célula companheira na fonte. Com o aumento da concentração de açúcar, o potencial hídrico diminui e a água do xilema penetra no tubo crivado por osmose. O açúcar é removido (descarregado) no dreno e a concentração de açúcar diminui no floema; como resultado, o potencial de água aumenta e a água sai do tubo crivado. Com o movimento da água para o tubo crivado na fonte e sua saída no dreno, as moléculas de açúcar são carregadas passivamente pela água ao longo de um gradiente de concentração entre a fonte e o dreno. Observe que o tubo crivado entre a fonte e o dreno é delimitado por uma membrana plasmática seletivamente permeável. Consequentemente, a água entra e sai do tubo crivado não somente na região da fonte e na região do dreno, mas ao longo de todo o caminho. Evidências indicam que nenhuma ou poucas moléculas de água que originalmente entraram no tubo crivado na fonte continuam até o dreno, devido à sua troca com outras moléculas de água que entram no tubo crivado vindas do apoplasto do floema ao longo do caminho.

crivado. A remoção da sacarose resulta em um aumento do potencial hídrico no tubo crivado nos drenos e consequente saída da água de dentro do tubo crivado nestes locais. A sacarose pode ser utilizada no crescimento ou respiração, ou pode ser armazenada no dreno, mas a maioria da água retorna ao xilema e circula novamente na corrente transpiratória.

Observe que a hipótese do fluxo de massa atribui um papel passivo aos tubos crivados no movimento da solução de açúcar através deles. O transporte ativo também está envolvido no mecanismo de fluxo de massa, mas não diretamente no transporte a longas distâncias pelos tubos crivados. O transporte ativo está envolvido no carregamento do floema via apoplasto e, possivelmente, no processo de descarregamento dos açúcares nos drenos (ver a seguir).

O carregamento do floema pode ser apoplástico ou simplástico. A via seguida pela sacarose desde as células do mesofilo até os complexos tubos crivados-células companheiras das nervuras de menor calibre pode ser inteiramente simplástica – isto é, de célula a célula, via plasmodesmos. Alternativamente, a sacarose pode entrar na via apoplástica (pelas paredes celulares) antes de ser ativamente carregada para o interior do complexo tudo crivado-célula companheira. Os complexos tubos crivados-células companheiras dos carregadores apoplásticos praticamente não mantêm conexões por meio de plasmodesmos com outros tipos de células das folhas (Figura 30.28A), enquanto as células companheiras dos carregadores simplásticos apresentam numerosas conexões via plasmodesmos com as células do mesofilo (Figura 30.28B).

O carregamento apoplástico é altamente correlacionado com o hábito herbáceo e requer energia para bombear a sacarose para o interior dos complexos tubos crivados-células companheiras contra um gradiente de concentração (Figura 30.29). O carregamento apoplástico da sacarose é impulsionado por uma H+ ATPase que está ligada à membrana plasmática. Esta enzima utiliza a energia da hidrólise do ATP para bombear prótons (H+) através da membrana. A força motriz de prótons gerada por este transporte ativo primário é, então, utilizada para carregar a sacarose e, em alguns casos, álcoois de açúcar (sorbitol e manitol), para o interior do complexo tubo crivado-célula companheira por transportadores específicos. Este tipo de transporte ativo secundário é conhecido como *simporte de sacarose e prótons*, ou cotransporte de sacarose e prótons (ver Capítulo 4).

Uma das estratégias do carregamento simplástico para o floema ocorre por um mecanismo denominado *aprisionamento polimérico*, um processo ativo, mas sem o envolvimento de carreadores de simporte. Neste mecanismo, a sacarose sintetizada no mesofilo difunde-se via plasmodesmos até as células da bainha do feixe e, a partir daí, via abundantes plasmodesmos, passa para o interior de células companheiras especializadas, chamadas *células intermediárias* (Figura 30.30). Nas células intermediárias, a sacarose é utilizada para sintetizar rafinose e estaquiose, processo que aumenta a concentração destes açúcares a níveis similares ou equivalentes àqueles dos açúcares carregados apoplasticamente por outras plantas. Por serem polímeros relativamente grandes, a rafinose e a estaquiose não são capazes de se difundir de volta para as células da bainha do feixe, mas podem se difundir para o interior dos tubos crivados passando pelas conexões abundantes do tipo poros-plasmodesmos nas paredes da interface células intermediárias-elementos de tudo crivado. Neste mecanismo, a energia é utilizada para gerar a diferença de concentração entre o mesofilo e o floema. Não existe

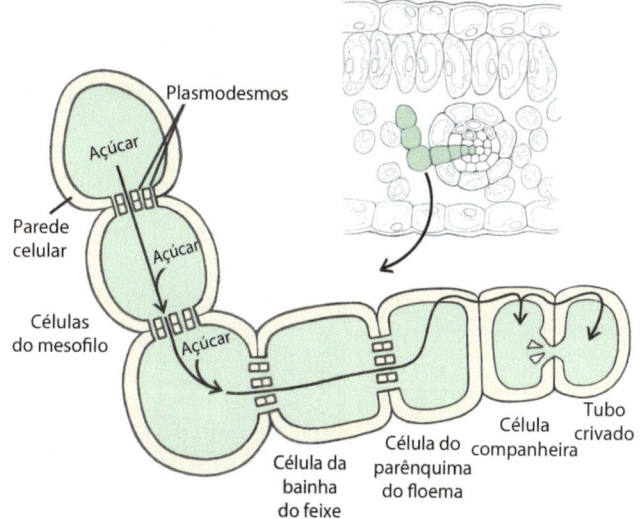

A. Carregamento apoplástico

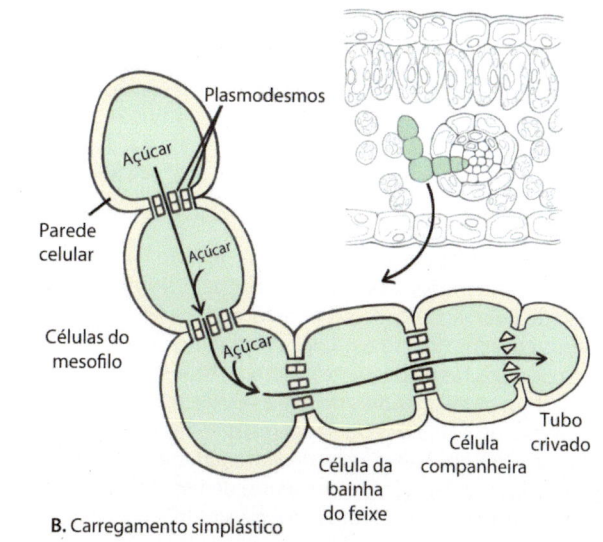

B. Carregamento simplástico

30.28 Vias de carregamento do floema em folhas-fonte (fotossintetizantes). A. Em espécies que realizam o carregamento apoplástico do floema, os açúcares sintetizados nas células do mesofilo de folhas-fonte (fotossintetizantes) inicialmente seguem por via simplástica (através dos plasmodesmos), mas entram no apoplasto (parede celular) imediatamente antes de serem ativamente carregados nos complexos tubos crivados-células companheiras. **B.** Em espécies que realizam o carregamento simplástico do floema, os açúcares se movem estritamente via plasmodesmos das células do mesofilo para os tubos crivados.

correlação entre o mecanismo de aprisionamento polimérico e a forma de crescimento das espécies que o realizam.

As nervuras de menor calibre de algumas espécies (p. ex., *Amborella trichopoda*, *Plectranthus blumei* e *Cucurbita maxima*) contêm tanto células intermediárias quanto células companheiras comuns. Aparentemente, tanto o carregamento apoplástico quanto o simplástico podem ocorrer na mesma espécie vegetal.

Em contraste com os mecanismos ativos supracitados, foi descoberto recentemente que muitas espécies arbóreas realizam carregamento simplástico passivo. Estas espécies não apresentam uma etapa de concentração no caminho dos assimilados do mesofilo para os complexos tubos crivados-células companheiras e sequer contam com células intermediárias ou transportam rafinose e estaquiose. Nestas plantas, as concentrações de açúcares

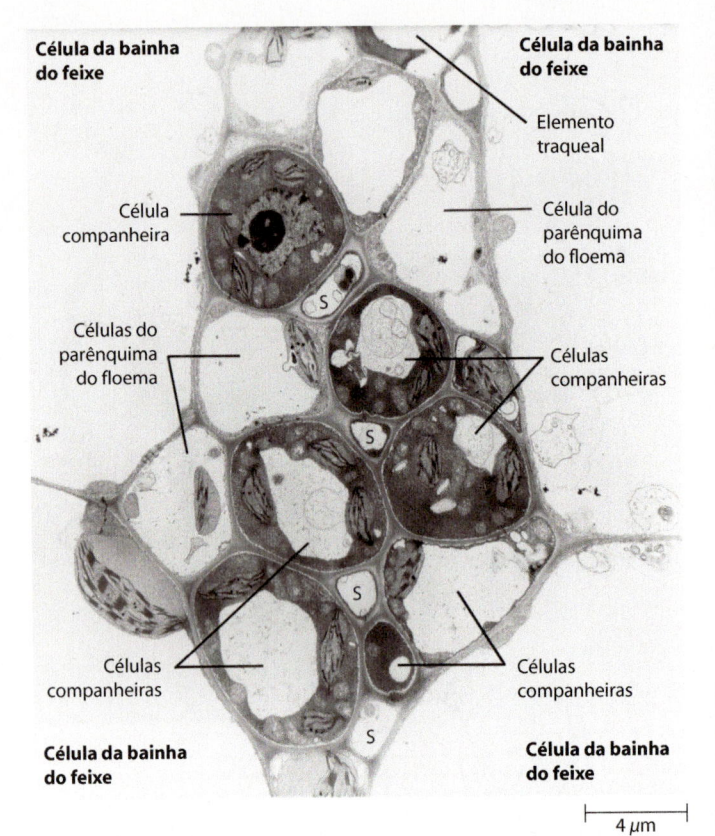

Célula da bainha do feixe

Célula da bainha do feixe

Elemento traqueal

Célula companheira

Célula do parênquima do floema

Células do parênquima do floema

Células companheiras

Células companheiras

Células companheiras

Célula da bainha do feixe

Célula da bainha do feixe

4 μm

30.29 Nervura de pequeno calibre da folha de beterraba (*Beta vulgaris*). A beterraba, uma erva que realiza o carregamento apoplástico do floema. Nesta seção transversal, a nervura contém quatro tubos crivados (S) e sete células companheiras "comuns". Como é típico de nervuras de pequeno calibre, os tubos crivados são muito pequenos, muito menores do que as células companheiras. Este é um reflexo do papel das células companheiras na captação ativa de sacarose do apoplasto para descarregamento no interior dos tubos crivados. À exceção de uma parte de um elemento traqueal (acima), o xilema desta nervura não é mostrado.

são mais altas nas células do mesofilo do que nos complexos tubos crivados-células companheiras e o gradiente de concentração entre esses dois grupos de células gera a força necessária para a difusão das moléculas de açúcar que passam pelos plasmodesmos até o interior dos tubos crivados. A pressão de turgor resultante é suficientemente forte para determinar o fluxo de massa e o transporte a longas distâncias. Curiosamente, este mecanismo faz parte da hipótese de fluxo de massa proposta por Münch.

O descarregamento do floema e o transporte para as células-dreno podem ser apoplásticos ou simplásticos. O processo pelo qual os açúcares e outros assimilados transportados pelo floema saem dos tubos crivados dos tecidos de regiões de dreno é chamado *descarregamento do floema*. As etapas do transporte que se seguem imediatamente ao descarregamento dos assimilados são chamadas *transporte pós-floema*, ou *transporte pós-tubo crivado*.

Nas regiões de drenos em crescimento vegetativo, tais como folhas ou raízes novas, o descarregamento e o transporte para as células-dreno geralmente são simplásticos. Em outros drenos, o descarregamento é apoplástico. Embora o processo de descarregamento em si seja passivo, o transporte para os tecidos dos drenos depende de atividade metabólica. Por exemplo, nos descarregamentos simplásticos, há gasto de energia para a manutenção do gradiente de concentração entre os tubos crivados e as células-dre-

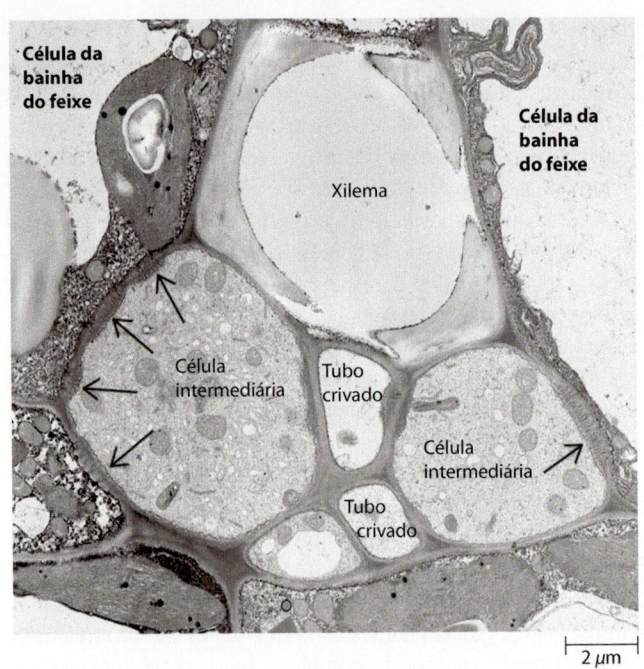

Célula da bainha do feixe

Célula da bainha do feixe

Xilema

Célula intermediária

Tubo crivado

Célula intermediária

Tubo crivado

2 μm

30.30 Nervura de pequeno calibre da folha de *Fuchsia triphyla* com células intermediárias. A fuchsia é uma planta que realiza o carregamento simplástico do floema por meio de células companheiras especializadas, denominadas células intermediárias, utilizando-se de um mecanismo de aprisionamento polimérico. Esta nervura contém dois tubos crivados e duas células intermediárias. As setas apontam para a localização dos plasmodesmos na parede espessada que faz a interface entre a bainha do feixe e as células intermediárias.

no. Em órgãos de reserva, como as raízes de beterraba ou o caule da cana-de-açúcar, é necessário gasto energético no local de ocorrência do descarregamento apoplástico para que os açúcares sejam acumulados em altas concentrações nas células-dreno.

RESUMO

A maior parte da água transpirada em uma planta vascular é perdida pelos estômatos

A maior parte da água absorvida pelas raízes de uma planta é perdida para o ambiente na forma de vapor de água. Este processo, chamado transpiração, é intrinsecamente ligado à absorção de CO_2 pela folha, o que é essencial para a fotossíntese.

Um par de células-guarda pode mudar sua forma para controlar a abertura e o fechamento do estômato, ou poro. O fechamento dos estômatos evita a perda de vapor de água pela folha. Os movimentos estomáticos resultam das variações da pressão de turgor nas células-guarda e do arranjo das microfibrilas de celulose em micelas radiais nas paredes dessas células. As mudanças no turgor das células estão intimamente relacionadas com mudanças na concentração de solutos dentro das células-guarda. O poro se abre quando as células-guarda estão túrgidas e se fecha quando elas se tornam flácidas.

Em plantas bem hidratadas, a luz é o sinal dominante no controle dos movimentos estomáticos

A luz azul regula os movimentos estomáticos por meio da ativação de uma enzima ATPase bombeadora de prótons na membrana plasmática da célula-guarda. Durante a manhã, o potássio é o principal soluto envolvido na abertura estomática. Com o efluxo de potássio, a sacarose torna-se o osmótico dominante. O fechamento estomático ao final do dia é causado por um decréscimo na concentração de sacarose, que resulta na perda de turgor das células-guarda.

A água se move das raízes para as folhas pelos elementos condutores – elementos de vaso e traqueídes – do xilema

A teoria corrente e amplamente aceita para o mecanismo do movimento de água do xilema até o topo das árvores de grande estatura é a da tensão-coesão. De acordo com esta teoria, a água é "puxada" ou tensionada para cima pelo corpo da planta. Esta tensão é gerada pela transpiração e/ou pelo uso de água nas folhas, o que resulta em um gradiente de potencial de água desde as folhas até a solução do solo na superfície das raízes. É a propriedade de coesão que permite que a água resista à tensão. Embolias – a presença de ar ou vapor de água – nos elementos condutores do xilema são prejudiciais para o mecanismo de tensão e coesão. Felizmente, a membrana da pontoação do par de pontoações areoladas existente entre os elementos traqueais adjacentes evita a passagem de ar de um elemento traqueal com embolia para outro funcional.

A absorção de água pelas raízes ocorre principalmente por meio dos pelos radiculares

Os pelos radiculares fornecem uma enorme superfície para absorção de água. Em algumas plantas, a absorção de água do solo resulta na geração de uma pressão positiva ou pressão de raiz, quando a transpiração é muito lenta ou ausente. Essa absorção osmótica depende do transporte de íons inorgânicos do solo para o xilema pelas células vivas da raiz e pode resultar na gutação. A gutação é um processo no qual a água na forma líquida é forçada a sair através de aberturas especiais (hidatódios) nas pontas ou margens das folhas. O caminho percorrido pela água nas raízes pode ser apoplástico, simplástico ou transcelular; contudo, o movimento apoplástico é bloqueado pelas estrias de Caspary na endoderme. A água deve passar através da membrana plasmática e do protoplasto das células endodérmicas no seu caminho para o xilema.

Muitas plantas redistribuem a água do solo hidraulicamente. A redistribuição hidráulica é um processo que ocorre à noite, por meio do qual as raízes das plantas transferem água de regiões de solo mais úmido para as regiões de solo mais seco. O movimento da água pelo processo de redistribuição hidráulica pode ser ascendente, descendente ou horizontal.

Os nutrientes inorgânicos da solução do solo tornam-se disponíveis para as plantas sob a forma de íons

As plantas empregam energia metabólica para concentrar os íons de que necessitam. O transporte de íons do solo para os vasos do xilema requer dois processos ativos, ou dependentes de energia: a absorção pela membrana plasmática das células epidérmicas e a secreção pela membrana plasmática das células parenquimáticas adjacentes aos elementos de vaso. Os íons inorgânicos seguem, principalmente, uma via simplástica da epiderme para o xilema. Quantidades substanciais dos íons inorgânicos, que são levados para as folhas pelo xilema, são transferidas para o floema das nervuras foliares e, então, exportadas por meio da corrente de assimilados. A absorção de nutrientes do solo, na maioria das plantas com sementes, é bastante aumentada por fungos micorrízicos.

O movimento de assimilados no floema é da fonte para o dreno

Pesquisas sobre o movimento de substâncias no floema têm sido fortemente auxiliadas pelo uso de afídeos e marcadores radioativos. A seiva dos elementos de tubo crivado contém açúcar (principalmente sacarose) e uma mistura complexa de substâncias orgânicas e inorgânicas, incluindo aminoácidos, proteínas, RNA, hormônios e íons móveis no floema. As velocidades do movimento longitudinal de substâncias no floema excedem em muito a velocidade normal de difusão da sacarose em água; a velocidade da corrente de assimilados no floema tipicamente varia de 50 a 100 cm por hora.

De acordo com a hipótese do fluxo de massa, os assimilados movem-se das fontes para os drenos ao longo de gradientes de pressão de turgor estabelecidos osmoticamente. Os açúcares são carregados ativamente para os complexos tubos crivados-células companheiras na fonte. Isso diminui o potencial de água no interior do tubo crivado, e a água se move para o interior dos tubos crivados por osmose. Enquanto isso, a remoção do açúcar no dreno causa um aumento do potencial de água no tubo crivado nessa região e consequente saída de água. Com o movimento da água para o interior do tubo crivado na região da fonte e para fora na região do dreno, as moléculas de açúcar são carregadas passivamente pela água ao longo de um gradiente de concentração da fonte para o dreno.

O carregamento do floema pode ser apoplástico ou simplástico. O carregamento apoplástico é um processo ativo que envolve o cotransporte (simporte) de próton e sacarose. Espécies de plantas que transportam rafinose e estaquiose realizam o carregamento ativo via simplasto. Elas têm células companheiras especializadas, denominadas células intermediárias, e usam um mecanismo de aprisionamento polimérico. Nas espécies que realizam o carregamento passivo via simplasto, os açúcares produzidos em grandes quantidades no mesofilo difundem-se ao longo do seu gradiente de concentração até os tubos crivados das nervuras de menor calibre.

Autoavaliação

1. Explique os papéis da luz, íons potássio e sacarose no movimento estomático.

2. Explique como cada um dos seguintes fatores afeta a taxa de transpiração: temperatura, umidade e correntes de ar.

3. Por meio de um diagrama simples, esboce a via seguida por uma molécula de água na corrente transpiratória, começando nos pelos radiculares e terminando na atmosfera fora da folha. Indique todos os tecidos e camadas de células pertinentes ao longo do caminho.

4. As membranas das pontoações são muito importantes para a segurança do transporte da água. Explique.

5. Quais evidências suportam a teoria da tensão-coesão?

6. Explique a relação existente entre a pressão da raiz e a gutação.

7. Explique os benefícios da redistribuição hidráulica para as plantas.

8. A absorção de nutrientes inorgânicos é um processo que requer energia. Explique.

9. Quais evidências apoiam o papel dos tubos crivados como os elementos do floema condutores de substâncias nutritivas?

10. Diferencie os processos de carregamento apoplástico e simplástico do floema.

SEÇÃO 7

Ecologia

Peter H. Raven e Paul H. Zedler

◀ O pássaro 'chickadee', *Poecile atriapillus*, alimenta-se dos aquênios de uma flor seca de girassol no inverno. Cada uma das muitas flores do capítulo do girassol produz um único fruto, um aquênio, que contém uma única semente. A energia proveniente do sol foi capturada pelas folhas verdes do girassol e convertida em energia química, armazenada em açúcar e outras moléculas orgânicas. Grande parte do açúcar, transportado para os capítulos em desenvolvimento, foi então convertida em moléculas ricas em energia armazenadas pelas sementes em desenvolvimento. Aves e outros animais comem as sementes, folhas e outras partes das plantas para obter o combustível necessário para seus processos vitais.

CAPÍTULO 31

Dinâmica de Comunidades e Ecossistemas

◀ **Ecossistemas variam em tamanho.** A folha desta planta-de-jarro suporta uma complexa comunidade, um pequeno ecossistema, de organismos coevoluiu, entre eles bactérias, protistas e invertebrados, todos alimentados pelos insetos em decomposição que caíram no líquido na folha e se afogaram. A planta cresce em um pântano, um ecossistema maior, que consiste em animais e outras plantas, como as gramíneas e *Dionaea muscipula* visto aqui.

SUMÁRIO

Ecologia energética | Níveis tróficos

Ciclagem de nutrientes e de outros materiais

Interações entre os organismos | Outras relações além das tróficas

Desenvolvimento de comunidades e ecossistemas

A *ecologia* é tradicionalmente definida como o estudo das interações dos organismos vivos e não vivos uns com os outros e com o seu ambiente físico, mas é mais bem definida como o estudo dos *ecossistemas*. A presença da palavra "sistema" ressalta nosso objetivo de entender que a ecologia é composta por partes que interagem entre si. Um ecossistema é o conjunto de todos os organismos que ocorrem em um determinado local, juntamente ao ambiente com o qual eles interagem – a água, os elementos químicos, as rochas, os minerais e o ar.

Quando queremos claramente nos referir ao planeta Terra como uma unidade, nós falamos em *biosfera* – isto é, o ecossistema global. Podemos, entretanto, estreitar nosso foco e dirigir nossa atenção a determinadas partes da biosfera. Digamos, por exemplo, que queremos estudar o ecossistema ribeirinho do baixo rio Colorado, consideramos apenas o ecossistema que ocorre ao longo do rio. Focando mais de perto, podemos estudar o ecossistema microbiótico em 1 m² de solo ou ainda o ecossistema nas folhas em forma de jarro que retêm água nas plantas carnívoras.

O grande desafio de estudar ecossistemas é a sua complexidade. Tudo que foi discutido nos capítulos anteriores deste livro – fisiologia celular, energética, genética, diversidade taxonômica de plantas, morfologia e fisiologia – é importante para a compreensão de como os ecossistemas funcionam. Embora seja verdade que todo ecossistema é a soma de suas partes, não é verdade que podemos entendê-lo se nos restringirmos a estudar suas partes separadamente. Em outras palavras, os ecossistemas têm propriedades emergentes, isto é, qualidades e processos que descobrimos conforme estudamos um nível de organização cada vez maior.

Espera-se que os ecólogos sejam capazes de responder questões como: Por que os campos são comuns em alguns lugares, e florestas em outros? Por que existem muito mais espécies de plantas e animais nos trópicos úmidos do que nas regiões polares? Quais ecossistemas capturam altas taxas de energia solar, e quais têm maior fixação anual de carbono? Para respondermos completamente a essas questões, precisamos saber sobre química enzimática e código genético, mas também devemos pensar em outras questões como climas, solos, história geológica, animais predadores e polinizadores, interações com espécies de micróbios e história evolutiva das espécies.

É o objetivo da ecologia encontrar uma explicação de como um ecossistema atingiu o estado em que se encontra e predizer como ele mudará no futuro. Ecólogos gastam muito tempo

PONTOS PARA REVISÃO

Após a leitura deste capítulo, você deverá ser capaz de responder às seguintes questões:

1. O que a ciência da ecologia abarca e qual a diferença entre uma população, uma comunidade e um ecossistema?

2. O que é uma cadeia alimentar, que tipos de organismos se encontram em cada elo e como flui a energia através dele?

3. O que os ecólogos querem dizer com o termo competição e como as plantas competem entre si?

4. O que é mutualismo?

estudando o ecossistema "natural", que é um sistema minimamente perturbado, mas eles acreditam que os conhecimentos assim obtidos têm muita importância para aplicações práticas para os seres humanos. Muitos acreditam que também devemos estudar ecossistemas alterados por humanos e suas múltiplas atividades. Isso estimula estudos como a agroecologia, e o estudo de áreas rurais e paisagens modificadas pelo homem como ecossistemas.

Apesar da adequação da ênfase no sistema inteiro, os ecólogos reconhecem que para entender a complexidade dos ecossistemas é preciso separar seus componentes em partes para melhor analisá-los. Não há nenhuma maneira correta de se fazer isso, mas existem métodos que geralmente se mostram úteis quando são utilizados. Uma dessas visões analíticas é aquela baseada na hierarquia biológica. A parte viva de um ecossistema é vista como um conjunto de organismos individuais, sendo uma *população* um grupo de todos os indivíduos pertencentes à mesma unidade taxonômica, em geral espécies, dentro de uma mesma área particular dentro do ecossistema. O conjunto de todas as populações compõe a *comunidade*. A comunidade também pode indicar partes do todo, de modo que alguns estudos podem focar a comunidade de aves, outros a comunidade de plantas ou a comunidade microbiótica. O conjunto das comunidades de todas as populações, com os subsistemas do meio físico, forma o ecossistema.

Como em qualquer tentativa de categorizar, grupos que na teoria parecem claros podem não ser tão claros assim na prática. Por exemplo, algumas plantas herbáceas se disseminam por crescimento vegetativo. Para algumas delas, o broto assume rapidamente uma existência independente, mas outros não. No último caso, o que o qualifica como indivíduo – cada haste separadamente ou o conjunto local de hastes? Os tufos de grama do deserto parecem ser um indivíduo formado por um conjunto de hastes. Estudos detalhados de sua morfologia e fisiologia ainda revelam que as conexões entre as hastes individuais desaparecem rapidamente depois que uma nova haste se desenvolve. Então, o que é um indivíduo? Para alguns estudos, o tufo é o indivíduo, para outros deve-se estudar a haste individual que forma esse aglomerado.

Até agora vimos o ecossistema como algo que existe no presente. Os ecólogos não querem somente fazer projeções para o futuro, eles também procuram entender como as combinações dos organismos existentes atualmente chegaram a esta configuração. Se quisermos entender completamente as interações entre as espécies temos que saber algo a respeito de sua história evolutiva – os ecólogos devem unir forças com os evolucionistas. Como foi enfatizado em todo este livro, processos evolutivos moldam os organismos e também a maneira como eles interagem. A evolução é indissoluvelmente ligada à ecologia, no que G. E. Hutchinson, da Universidade Yale, apropriadamente chamou de "o teatro ecológico e o espetáculo evolutivo". Nos capítulos anteriores, consideramos os pontos fundamentais da teoria evolutiva e as principais categorias de evidência, bem como os mecanismos pelos quais o enredo do espetáculo evolutivo progride. Neste capítulo e no Capítulo 32, nos colocaremos no teatro ecológico para observarmos os atores – ou seja, todas as coisas vivas – nas várias interações uns com os outros e com o ambiente, que, em conjunto, constituem o espetáculo.

Ecologia energética | Níveis tróficos

Nós dissemos que um ecossistema é um conjunto de organismos em interação. O que significa realmente "interagir"? Existem muitos significados para interação, mas os relacionados com a energia são mais úteis para entender o funcionamento dos ecossistemas. Como vimos, os organismos vivos exigem suprimento constante de energia utilizável e o mesmo ocorre com os ecossistemas, que podem ser considerados sistemas de captação e processamento de energia. Eles somente funcionarão se ocorrer constante fluxo de energia através deles. Dizemos intencionalmente que a "energia flui" porque, ao final, toda a energia incorporada nos organismos de um ecossistema será dissipada na forma de calor não utilizável, de acordo com a segunda lei da termodinâmica (ver Capítulo 5). Ainda que a energia possa ser armazenada de diversas formas (p. ex., como amido no tubérculo de uma batata), cedo ou tarde toda a energia deve deixar o sistema, nunca retornando a ele.

O processo que é o motor dos ecossistemas – o ponto inicial do fluxo de energia – é a captura da energia utilizável do ambiente abiótico. Somente alguns organismos são capazes de realizar esse processo, os *autótrofos*, ou "autoalimentadores", que são de dois tipos: *quimiossintetizantes* e *fotossintetizantes*. Quimiossintetizantes, que são todos micróbios, são um grupo fascinante tanto na biosfera atual quanto como atores na evolução da vida na Terra. Atualmente a importância dos quimiossintetizantes é mais evidente em ambientes extremos, sendo notável o grupo das comunidades de fontes hidrotermais nos abismos oceânicos, onde a completa escuridão torna a fotossíntese impossível, mas a abundância de moléculas inorgânicas reduzidas oferece a oportunidade de se extrair energia por meio da oxidação. No geral, contudo, a quimiossíntese perfaz apenas uma pequena contribuição no total de energia extraída de fontes não vivas.

Os autótrofos predominantes da biosfera são os organismos fotossintetizantes, que incluem bactérias, algas verdes e as plantas verdes vasculares e não vasculares dos ecossistemas terrestres. Estes autótrofos usam a energia solar capturada para produzir matéria orgânica, que serve de fonte de energia para o outro grupo principal – os *heterótrofos*, organismos que se alimentam de outros, consumindo tanto partes quanto todo o corpo de organismos vivos ou mortos. Da mesma maneira que os autótrofos, os heterótrofos são encontrados em todos os tamanhos e em uma espantosa variedade de tipos funcionais, de bactérias heterotróficas a musgos, aranhas, baleias e os seres humanos. Até essa divisão fundamental dos organismos não é absoluta, porque alguns organismos podem funcionar como heterotróficos ou autotróficos, ou como os dois ao mesmo tempo. Algumas plantas, por exemplo, a *Castilleja rhexifolia*, parasitam outras e extraem delas energia e nutrientes, mas ainda assim mantêm sua capacidade fotossintetizante (Figura 31.1).

O esquema básico de funcionamento de ecossistemas enfoca o conceito de *nível trófico*. O primeiro nível trófico é constituído pelos autótrofos, também chamados *produtores primários*. Em um ecossistema florestal, por exemplo, o nível trófico dos produtores primários inclui não só as árvores, mas também as cianobactérias, as algas, os liquens, os musgos, as samambaias, as gramíneas e os arbustos. No mar aberto (ecossistema pelágico), os produtores primários são o fitoplâncton, em sua maioria

31.1 Autotrofófica e heterotrófica. O pincel-rosado-indiano (*Castilleja rhexifolia*) pertence a um amplo gênero com cerca de 200 espécies de plantas anuais e perenes. Ela pode fotossintetizar, mas sempre forma associações com outras plantas por meio de hifas especializadas de fungos chamadas haustórios (ver Figura 14.6), que invadem as células da raiz de outras fotossintetizantes, como gramíneas e outras plantas herbáceas.

fotossintetizadores unicelulares (cianobactérias, diatomáceas e dinoflagelados) que estão suspensos na coluna de água.

O próximo nível trófico, os *consumidores primários*, consiste em heterótrofos que obtêm sua energia alimentando-se diretamente dos produtores primários. Esses consumidores primários são também, por definição, *herbívoros* ou comedores de plantas. O próximo nível trófico, os *consumidores secundários*, inclui os heterótrofos que se alimentam de consumidores primários. Assim, em uma floresta, uma lagarta que se alimenta de folhas é um consumidor primário e um rouxinol que se alimenta de lagartas é um consumidor secundário. Um animal – o falcão-peneireiro), por exemplo – que se alimenta de rouxinóis seria um consumidor terciário. Os consumidores secundários que não têm predadores naturais (com exceção dos parasitas, como descrito a seguir) são os *carnívoros de topo*. Estudos demonstraram que raramente os ecossistemas têm mais do que 4 a 6 níveis tróficos (Figura 31.2).

O fato de a cadeia alimentar apresentar limites no número de níveis tróficos é explicado pelas bases da termodinâmica. Primeiro, não é possível fluir mais energia do que a quantidade fixada pelos produtores primários. Segundo, a cada transferência – da luz solar para a planta, da planta para o herbívoro, e assim por diante na cadeia trófica – uma parte da energia é perdida inevitavelmente, o que é basicamente a mensagem da segunda lei da termodinâmica. Menos energia está, portanto, disponível para cada sucessivo nível trófico.

A perda de energia no estágio da produção primária é substancial. Geralmente menos de 1% da energia que incide sobre uma planta é incorporada em sua *biomassa* (matéria orgânica total; ver Capítulo 5). Um sistema altamente produtivo, como os canaviais tropicais, converte mais de 1,6% da radiação solar incidente em biomassa. Posteriormente, de um modo geral, somente um décimo da energia incorporada em um nível trófico pode ser assimilado no seguinte. O crescimento anual da biomassa dos herbívoros é, portanto, aproximadamente um décimo da produtividade anual das plantas e os carnívoros, se alimentando dos herbívoros – como biomassa carnívora, não como animal individual – crescem um décimo do que crescem os herbívoros, aproximadamente.

Com esse declínio abrupto na energia disponível a cada passo, é claro que, após algumas etapas da cadeia alimentar, resta pouca energia. Assim, por exemplo, poderíamos imaginar um pássaro "superpredador", que se alimentasse apenas de águias e grandes falcões; no entanto, não existe tal pássaro, e a principal razão é que suas presas estariam tão esparsas que ele precisaria de um território imenso para sustentar-se. Isso não é um modo de vida energeticamente sustentável.

Essa base energética também ajuda a explicar por que os grandes animais terrestres que vivem atualmente ou que tenham vivido no passado não são carnívoros. Um animal herbívoro gigante pode ser enorme porque sua comida está disponível a sua volta. Animais de grande porte têm maior facilidade de se locomover a grandes distâncias para encontrar novas fontes de alimento e de se defender de carnívoros e de proteger os mais jovens. O maior animal terrestre já descoberto foi o dinossauro saurópodo *Argentinosarus*, que, segundo estimativas, tinha entre 80 e 100 toneladas. Acredita-se que o maior mamífero terrestre seja o já extinto *Paraceratherium* que media cerca de 5,5 m em pé. Ambos eram herbívoros.

Até agora seguimos a cadeia alimentar desde os produtores primários até os níveis mais elevados de consumidores – da planta ao carnívoro de topo. Mas nem toda a energia presente em um nível trófico consegue ser extraída para os próximos. No ambiente terrestre natural de pastejo, por exemplo, os consumidores vertebrados e invertebrados geralmente comem somente uma parte das plantas disponíveis. Um artigo clássico de 1960 de autoria de Hairston, Smith e Slobodkin estabeleceu que "o mundo é verde". Por que isso é assim? O verde persistente nos ecossistemas terrestres, refletindo a quantidade de tecido fotossintetizante que não é consumido, talvez se deva a duas relações não excludentes: (1) predação e parasitismo evitam que o crescimento da população de herbívoros atinja o ponto em que elas consumiriam todo o alimento disponível, ou (2) plantas têm meios de desencorajar os herbívoros, de modo que em determinado momento somente uma parte do tecido verde está disponível e não é tóxico. Em geral, parece que esses dois processos ocorrem. Evidências da importância dos predadores podem ser

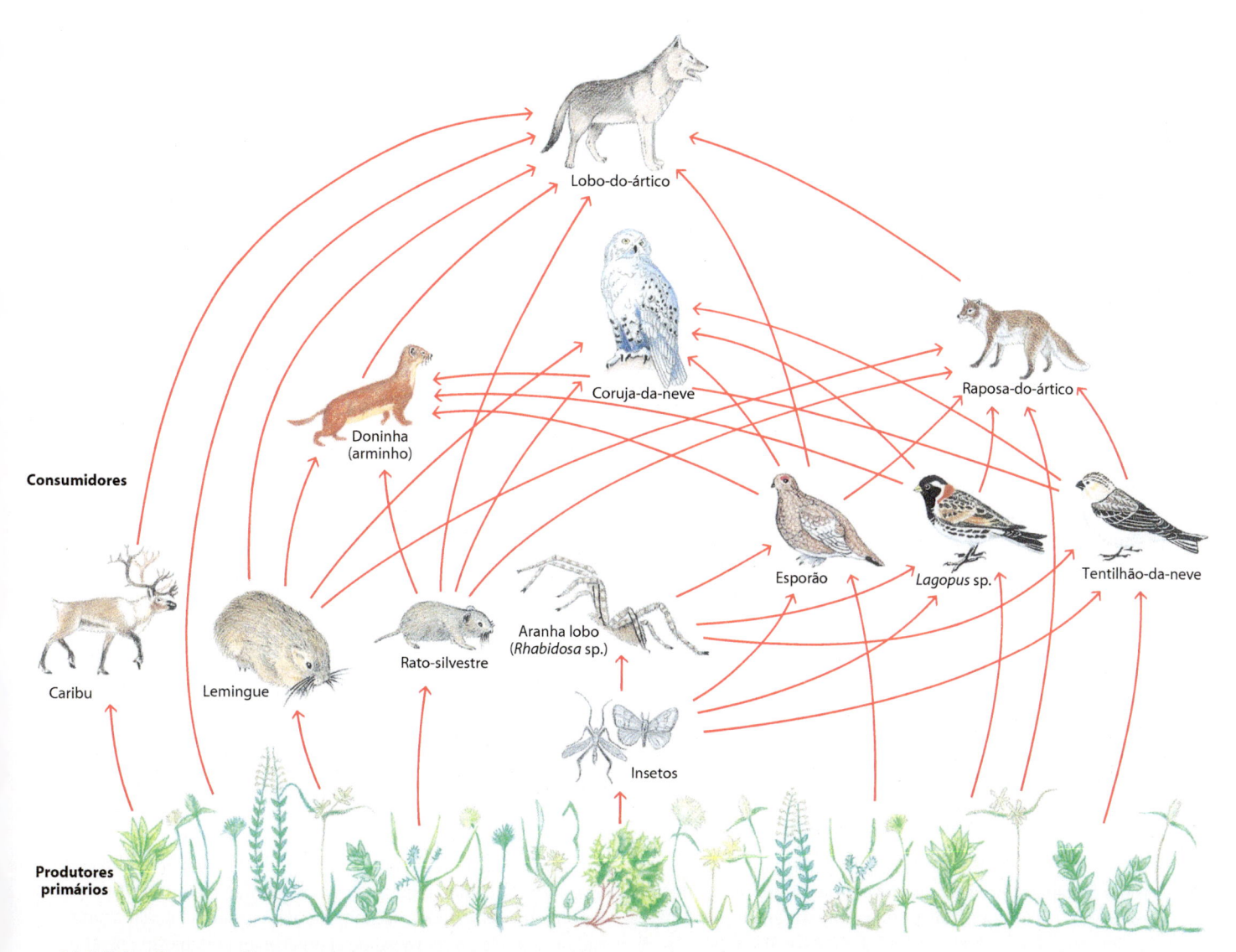

Consumidores

Produtores primários

31.2 Teia alimentar. Diagrama de uma teia alimentar na tundra ártica durante a primavera e o verão. As setas apontam na direção do fluxo de energia. Essa teia alimentar está consideravelmente simplificada. Na realidade, muito mais espécies de plantas e animais estão envolvidas. Fungos, bactérias e outros pequenos animais que funcionam como decompositores (não mostrados aqui) também desempenham um importante papel na teia alimentar.

constatadas como na situação em que cabras selvagens sem predadores dizimaram, no passado, a vegetação nativa nas Channel Islands (Ilhas do Canal), na costa da Califórnia (EUA). Também foi demonstrado que a vegetação que evoluiu sem pastejo é mais palatável que a vegetação longamente exposta à herbivoria, mostrando que plantas têm capacidade de se defender de herbívoros.

A Terra é verde, mas uma quantidade significativa de matéria orgânica morta ou descartada – como as raízes e folhas mortas, carcaças de animais, e fezes – contém energia aproveitável. Esse material é alimento para os *decompositores* (também chamados *detritívoros*). A cadeia alimentar de decomposição é tão complexa quanto o familiar sistema planta-herbívoro-carnívoro. Embora alguns animais grandes como condores e abutres se alimentem de animais mortos e sejam, de certa maneira, decompositores, a maior parte dessa tarefa é realizada por organismos microscópicos. Uma enorme variedade de grupos de invertebrados se alimenta de matéria morta – entre eles estão besouros, muitas moscas, miriápodes, nematódeos, minhocas e tatuzinhos-de-jardim. Muitos fungos especializados na decomposição de matéria

orgânica morta e uma variedade de bactérias extraem as últimas energias aproveitáveis. Esses muitos decompositores sustentam uma grande variedade de microcarnívoros predadores, como as centopeias, pseudoescorpiões e alguns nematódeos que se alimentam dos decompositores e uns dos outros. Decompositores, especialmente os micróbios decompositores, são cruciais para a função do ecossistema, porque sem eles a biosfera seria enterrada por detritos orgânicos contendo nutrientes muito necessários porém indisponíveis. Os decompositores liberam esses nutrientes em formas utilizáveis que podem ser incorporados no ciclo biológico. Eles também são cruciais para formar solos que retenham umidade e nutrientes e que sejam bem arejados. A compostagem facilita o processo natural de decomposição.

A visão de um ecossistema simples é útil para resumir a variação de energia. Por exemplo, Lamont Cole, em seu estudo clássico no Lago Cayuga, perto do *campus* da Universidade de Cornell, no estado de Nova York (EUA), calculou que, para cada 1.000 kcal de energia luminosa utilizadas pelas algas (fitoplâncton) no lago, cerca de 150 kcal são reconstituídas como pequenos animais aquáticos (zooplâncton). Dessas 150 kcal, 30 são reconstituídas como um peixe pequeno, o peixe-do-arco-íris (*Osmerus mordax*). Se nós nos alimentássemos desse peixe, ganharíamos cerca de 6 kcal das 1.000 kcal originais usadas pelas algas. Mas se uma truta comesse o peixe-do-arco-íris, e nós então comêssemos a truta, ganharíamos apenas cerca de 1,2 kcal das 1.000 kcal originais. Os peixes-do-arco-íris são muito mais abundantes e constituem uma biomassa muito maior no Lago Cayuga do que as trutas. Assim, uma quantidade maior da energia original estará disponível para nós, como carnívoros heterotróficos, se comermos os peixes-do-arco-íris em vez das trutas que se alimentam deles. No entanto, as trutas são consideradas uma iguaria, e os peixes-do-arco-íris, um alimento muito menos desejável pelo homem. Esse mesmo resultado pode ser aplicado se considerarmos a energia disponível ao comermos grãos de milho ou soja em vez de carne. A inevitável perda de energia quando convertemos carboidratos e proteínas vegetais em proteína animal significa que deve haver significativamente menos energia utilizável na carne do que nas culturas utilizadas para produzi-la.

O fato de os alimentos mais procurados serem provenientes de altos níveis tróficos tem profundas implicações para o futuro da espécie humana. As populações mais pobres, localizadas em regiões mais densamente povoadas, hoje tendem fortemente ao vegetarianismo, porque legumes, grãos e vegetais podem sustentar uma população maior que uma população sustentada por uma dieta rica em carnes (ver o Quadro "Vegetarianos, aminoácidos e nitrogênio" no Capítulo 2). Considerando o rápido crescimento da população mundial, se quisermos ter uma razoável distribuição equitativa de alimentos, aqueles que vivem em países ricos deverão reduzir o consumo de carne.

Os ecossistemas podem ser descritos por pirâmides de energia, de biomassa e de números

A força organizadora básica imposta pela dissipação da energia durante seu fluxo para níveis tróficos sucessivamente superiores se reflete na "pirâmide de energia" (Figura 31.3). Como o balanço energético tem de estar equilibrado, em um sistema que opere de maneira mais ou menos consistente (chamado estado de equilíbrio), com entradas de energia que compensam as saídas ao longo de um ano, a entrada de energia em cada nível trófico será menor que a entrada de energia no nível trófico inferior. As leis da termodinâmica determinam que organismos em cada nível trófico não podem ter mais energia disponível para eles do que o

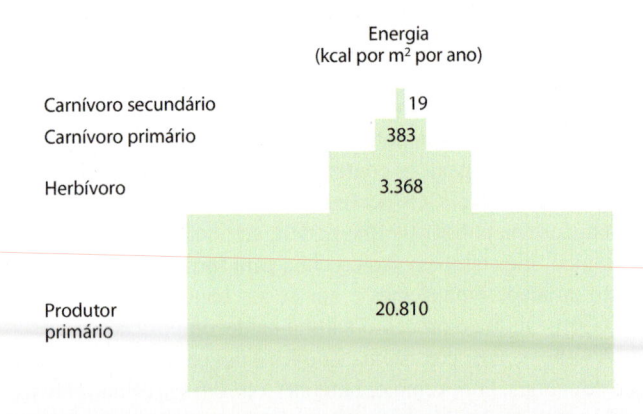

Energia
(kcal por m² por ano)

Carnívoro secundário	19
Carnívoro primário	383
Herbívoro	3.368
Produtor primário	20.810

31.3 Pirâmide do fluxo de energia. Neste ecossistema de rio, na Flórida (EUA), uma proporção relativamente pequena de energia no sistema é transferida em cada nível trófico. Grande parte da energia é utilizada metabolicamente, sendo medida como calor (em kcal), perdido na respiração.

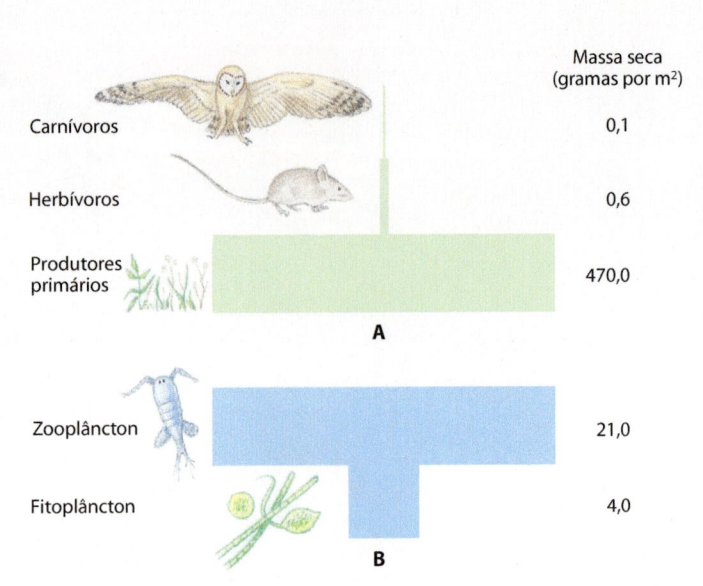

Massa seca
(gramas por m²)

Carnívoros	0,1
Herbívoros	0,6
Produtores primários	470,0

A

Zooplâncton	21,0
Fitoplâncton	4,0

B

31.4 Pirâmides de biomassa. As pirâmides de biomassa para (**A**) um ecossistema terrestre, as plantas e os animais em um campo na Georgia, e para (**B**) um ecossistema aquático, o plâncton no Canal da Mancha. Essas pirâmides refletem a biomassa presente em um dado tempo. A relação aparentemente paradoxal entre a biomassa de fitoplâncton e zooplâncton em **B** existe porque a alta taxa de reprodução da população menor de fitoplâncton é suficiente para manter uma população maior de zooplâncton.

nível abaixo, exceto por pequenos períodos de tempo. Como foi mencionado, aproximadamente um décimo da energia incorporada em um nível trófico é incorporada no próximo.

Há também a "pirâmide de biomassa", que é em geral expressa em massa seca de organismos vivos, porque a inclusão da água causa muitas variações. A biomassa é o produto material acumulado resultante da aquisição de energia, e, em um mesmo nível de ecossistema, varia proporcionalmente com a produção primária líquida anual. O padrão da pirâmide de biomassa para os sistemas terrestres é paralelo à pirâmide de energia (Figura 31.4A). Mas a biomassa armazenada em um nível trófico a qualquer momento representa o balanço entre a capacidade desse nível trófico de captar energia e a taxa de energia perdida – consumida pelo próximo nível trófico ou pela morte, passando energia aos decompositores. Como a acumulação de biomassa é dependente do balanço entre a taxa de ganho e a taxa de perda, é possível para o primeiro nível trófico, por exemplo, ter menos biomassa que o próximo nível trófico. Isso ocorre se a taxa de ganho for alta o suficiente para compensar qualquer perda para o próximo nível. Esta é uma situação praticamente impossível para a maioria dos sistemas terrestres, porém é frequentemente observada em sistemas aquáticos em que algas, que estão dispersas pela coluna de água, crescem a uma taxa que pode sustentar maior biomassa de herbívoros (Figura 31.4B).

Os ecólogos falam algumas vezes em "pirâmides de números". Se todos os organismos tivessem o mesmo tamanho e a mesma necessidade de energia por unidade de tempo e por unidade de biomassa, as pirâmides de números seriam parecidas com as pirâmides de biomassa e de energia. De fato, contudo, os tamanhos dos organismos e as necessidades de energia por unidade de biomassa são muito diferentes, resultando nas várias possíveis formas das pirâmides de números (Figura 31.5). Deve

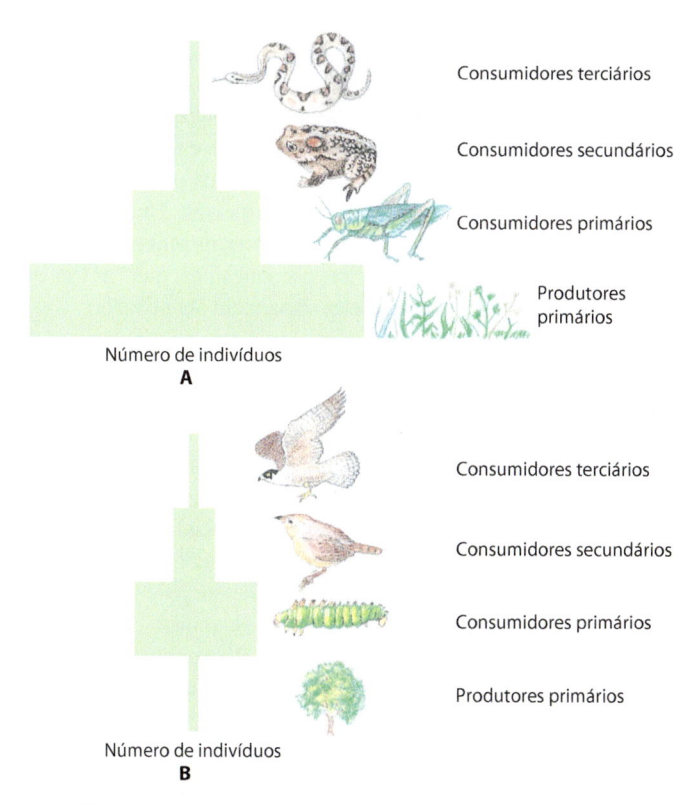

Número de indivíduos
A

Número de indivíduos
B

31.5 Pirâmides de números. A. Em um ecossistema campestre, o número de produtores primários (gramíneas) é grande. **B.** Para uma floresta temperada, um único produtor primário, uma árvore, pode manter um grande número de herbívoros.

estar também claro que a introdução de microrganismos nas pirâmides de números produziria padrões ainda mais divergentes da pirâmide de energia.

Observe que todos os materiais orgânicos produzidos são, potencialmente, alimentos para os decompositores. Em um sistema com umidade grande, temperaturas quentes e bom acesso de oxigênio, como as florestas pluviais tropicais, a decomposição é um processo muito ativo, com detritos orgânicos e organismos mortos desaparecendo rapidamente e quase completamente. Somente uma pequena quantidade de matéria orgânica, que é resistente à decomposição, acumula-se no solo. Em outros ecossistemas, contudo, os decompositores podem ser inibidos por falta de umidade, temperaturas baixas ou pela falta de oxigênio, que ocorre quando o sistema está saturado de água. Nas regiões áridas, a decomposição é lenta, da mesma maneira que a produção primária, e, portanto, desertos e solos desérticos têm acumulação limitada de matéria orgânica.

A tendência da biomassa morta de se acumular é mais pronunciada em pântanos e brejos. Em direção aos polos, e especialmente na vasta paisagem das florestas e brejos do norte, a forte sazonalidade permite um crescimento significativo no verão, enquanto o alto volume de água contida nos solos e as grandes proporções de terras cobertas por água parada limitam o oxigênio e permitem o acúmulo de matéria orgânica. A turfa, um combustível tradicional da Irlanda e matéria-prima da indústria da horticultura, é extraída de tais acumulações. O mesmo processo pode ocorrer nos pântanos e áreas alagadas tropicais, que têm as maiores taxas de produção anual de matéria orgânica. Essas acumulações de matéria orgânica no passado distante, quando enterradas sob sedimentos e submetidas a calor e pressão ao longo do tempo geológico, foram transformadas em carvão, lignita, petróleo e gás, que são explorados hoje em dia como fontes de energia que alimentam as nossas economias modernas.

Observe que o carvão e os outros combustíveis fósseis são produtos acumulados de fotossínteses passadas – energia solar acumulada. Por mais de 200 anos, os humanos têm explorado intensamente esses resíduos de produtividade do passado. Os mais facilmente acessíveis desses recursos estão atualmente esgotados, e, mesmo que novas descobertas sejam feitas, existe o consenso de que serão poucos e mais caros para explorar.

Independentemente de quando os combustíveis fósseis vão acabar, estamos utilizando-os mais rapidamente do que eles se formam. De acordo com um estudo, nossa taxa anual de consumo de carvão é de aproximadamente $4,5 \times 10^9$ toneladas e cerca de 60 mil vezes maior que a máxima taxa histórica anual de acumulação. Obviamente, precisamos de uma energia mais sustentável, incluindo *conversão biológica de energia*, o que significa que precisamos usar a atual produção de plantas como fonte de combustível. Em determinado ponto na história da humanidade, a maior fonte de energia de calor, luz e processos industriais foi derivada da queima de madeira e carvão. Outra fonte tradicional de combustível é o esterco de animais herbívoros. Essas fontes biológicas de energia atualmente continuam sendo importantes, com mais de 2 bilhões de pessoas nos países em desenvolvimento que dependem dessa biomassa para cozimento, aquecimento e iluminação.

Podem essas tradicionais fontes de energia contribuir significativamente nas avançadas sociedades industriais? Inovações tecnológicas podem fazer o equivalente do esterco queimado extraindo metano a partir de dejetos de animais, como está sendo feito em operações agrícolas progressivas para aquecer as construções agrícolas. Um método mais direto consiste no uso do lixo agrícola, como talos de milho, e sua queima em caldeiras para produzir vapor para os geradores elétricos. Mais controversos são métodos que requerem a colheita de plantas (biocombustíveis) cultivadas especificamente pelo seu conteúdo energético. Uma abordagem para capturar a energia solar eficientemente é plantar árvores de crescimento rápido, como os choupos híbridos em terras agrícolas marginais. Outro é a colheita de gramíneas perenes de alto rendimento, como variedades de *Panicum virgatum* das pradarias da América do Norte, entre outros. Outra possibilidade é a colheita de algas cultivadas em soluções ricas em nutrientes.

As pessoas que têm uma visão dos ecossistemas como esquemas de energia envolvendo a biomassa tendem a ser mais céticas sobre essas perspectivas do que aquelas que se limitam a uma visão técnica mais restrita. O uso de algas, por exemplo, é eficiente somente se as culturas são agitadas, o que requer energia. Depois da coleta, mais energia – mesmo que energia solar – é necessária para remover a maior parte da água. Diferentes problemas confrontam os esquemas da biomassa terrestre. Assumindo que a área de terra cultivada é fixa, se desviarmos terras para a produção de combustível, precisaremos produzir mais alimento por hectare nas áreas que restam para atender as necessidades alimentares de uma crescente população global. Se quisermos usar novas terras para a produção, devemos considerar que muitas conversões implicarão perda inicial de depósito de carbono incorporado na vegetação nativa que é retirada frequentemente por queimadas. Além disso, na maior parte do mundo, as melhores terras para agricultura já estão produzindo; isso significa que mudar-se para áreas mais marginais implicarão taxas mais baixas de produtividade por hectare para as culturas de energia. E, finalmente, para a grande preocupação daqueles que valorizam os *habitats* naturais, a procura por terras destinadas à produção de combustível sofrerá enormes pressões nos ecossistemas naturais "improdutivos". Áreas que atualmente comportam um sistema natural rico em espécies podem se converter em plantações voltadas para a energia com apenas algumas espécies. Contudo, como nos sistemas naturais, os seres humanos não podem violar as leis da termodinâmica. O custo ambiental de cada energia alternativa tem que ser cuidadosamente considerado.

Pairando sobre qualquer discussão de combustíveis e de produção de energia estão as sérias preocupações sobre a mudança climática global. Embora especialistas discutam os detalhes, é consenso geral que as atividades humanas estão mudando nosso clima. Embora seja verdade que o clima da Terra sofreu grandes mudanças no passado, sendo a expansão das geleiras o exemplo mais recente, as atuais taxas de mudança são mais rápidas que a maioria desses ciclos históricos – apesar de ter havido exceções como as catástrofes pelos impactos dos asteroides. Como a população humana continuará a crescer, o que deverá causar graves consequências nas mudanças climáticas, o consumo *per capita* de combustível fóssil tem que cair significativamente, e cair principalmente nos países em que ele for mais influente. Não está claro como isso pode ser alcançado levando em consideração a economia atual e os sistemas políticos. Vários especialistas acreditam que esse reajuste drástico só pode ocorrer se nós empregarmos cada possível fonte de energia renovável e não poluente, incluindo vento, água, luz solar, biomassa e, com mais ressalvas, fontes nucleares.

Teias alimentares fornecem uma descrição mais completa das relações tróficas

A descrição simples da estrutura trófica tipo produtor-herbívoro-carnívoro fornece um esquema suficiente para esboçar os princípios de fluxo de energia. Para entender mais completamente o funcionamento de um ecossistema é necessário analisar as relações energéticas com mais detalhe. O conceito de teia alimentar nos fornece uma maneira de fazer isso. A teia alimentar divide um ecossistema em espécies ou grupos de espécies que exercem funções similares – por exemplo, o grupo das ervas fixadoras de nitrogênio. Considerar as espécies é lógico, uma vez que as relações alimentares são mais similares entre os membros da mesma espécie do que entre espécies diferentes. A teia alimentar é, portanto, o conjunto de conexões tróficas entre as espécies ou grupos funcionais que mostra quem se alimenta de quem ou obtém energia de quem. Até mesmo um ecossistema pequeno, pobre em espécies e com poucos hectares de tamanho, tem um diagrama completo podendo conter centenas de nós e inúmeras linhas de conexão. Isso explica por que teias alimentares são mais frequentemente usadas para ecossistemas simples como as tundras do Ártico, ilustradas na Figura 31.2. Devido à complexidade impraticável das teias alimentares completas, especialmente dos sistemas ricos em espécies, é comum lidar apenas com as espécies mais abundantes e com grandes grupos concentrados, tais como as bactérias detritívoras, que se alimentam de matéria orgânica morta.

A análise das relações tróficas na teia alimentar revela complicações. Uma é que algumas espécies não podem ser colocadas dentro de um único nível trófico como definimos anteriormente. Nossa própria espécie ilustra isso. Humanos são *onívoros*, que significa consumir quase todas as fontes de energia contidas em material biológico – carne, produtos animais (leite, ovos), plantas

verdes, decompositores (cogumelos) e plantas parcialmente decompostas, além de produtos de plantas (chucrute, iogurte, vinho, cerveja). Pertencer a diferentes níveis tróficos não é excepcional entre outros tipos de organismos. Muitos peixes, por exemplo, começam sua vida alimentando-se de zooplâncton e terminam como predadores de topo, que se alimentam de outros peixes, os quais também podem ser carnívoros de outros peixes. Uma segunda complicação é o fato de que, mesmo quando a alimentação de uma espécie é limitada a um nível trófico, ela pode trocar entre as fontes de presas alternativas conforme elas variam em abundância.

Parasitas, definidos como organismos que vivem dentro ou sobre outros organismos do qual se alimentam, mas geralmente não costumam matar seus hospedeiros, são uma importante categoria nas teias alimentares e funcionamento dos ecossistemas. Os parasitas são todos heterótrofos e podem ser considerados como carnívoros ou herbívoros, dependendo do tipo de organismos parasitados. Eles merecem menção especial pelo modo de vida que em geral é muito diferente do que as demais da classe dos heterótrofos. Parasitas são um grupo heterogêneo e incluem os vírus causadores de doenças, bactérias, outros organismos unicelulares, assim como as espécies de *Plasmodium* causadoras da malária, muitos fungos e uma grande gama da maioria dos animais invertebrados, como insetos e lombrigas. Os parasitas estão sempre um nível trófico acima de seus hospedeiros. Desta maneira, ainda que não existam superpredadores que se alimentem somente de águias e grandes falcões, existem parasitas que se alimentam de grandes predadores.

Também existem os *parasitoides*. Esses são animais, em sua maioria pequenas vespas e moscas, que se desenvolvem dentro de um inseto hospedeiro e finalmente matam seus hospedeiros, comendo-os literalmente de dentro para fora. O inseto que emerge da pupa de lagarta, por exemplo, talvez não seja uma borboleta ou mariposa, e sim uma minúscula vespa parasitoide que consumiu seu hospedeiro depois que este formou o casulo da pupa. Parasitoides são diferentes de parasitas já que, ao contrário dos parasitas, o resultado da interação é inevitavelmente a morte do organismo predado. Em contraste, o ideal para um parasita seria permitir que seu hospedeiro vivesse não necessariamente tanto quanto se não estivesse parasitado, mas sim o tanto quanto possível.

As características de uma teia alimentar, o número de espécies envolvidas e o número de linhas de conexões determinam importantes aspectos dos ecossistemas. Uma hipótese interessante é que um ecossistema com mais conexões entre as espécies e mais caminhos para a energia fluir seria mais estável do que outro com o mesmo número de espécies, mas com menos conexões. Neste contexto, "estável" significa que os aspectos funcionais básicos – especialmente energia captada e seu fluxo – permanecem dentro de um determinado intervalo e não mostram extremas flutuações. A lógica na qual essa dedução se baseia é simples. Se existem múltiplos caminhos para a energia fluir através do sistema, a falha em uma conexão – por exemplo, uma espécie é quase exterminada por um patógeno ou condições climáticas extremas – pode ser compensada por outra conexão. Se uma espécie está "perdida" ou dizimada, essa parte da teia alimentar pode ser ocupada por uma ou mais partes, e assim a função total da teia alimentar é mantida. Essa ideia intuitiva, simples e atraente tem sido de difícil verificação em sistemas reais, mas, em consenso, com base na observação e experimentação, parece ser emergente que a diversidade de espécies tem um efeito positivo, porém nem sempre primordial na resiliência do ecossistema.

Ciclagem de nutrientes e de outros materiais

Os ecossistemas são sistemas de processamento de energia, mas para capturar e utilizar esta energia, os organismos devem acumular os tipos corretos de moléculas e íons. Diferentemente da energia, que flui através dos sistemas continuamente, ou quase constantemente, a parte material dos ecossistemas é reciclada. Quase todos os átomos de nitrogênio de nossos corpos foram usados incontáveis vezes anteriormente, e esperamos que sejam usados muitas vezes mais. A escala de reciclagem e as transferências nos processos de reciclagem dependem da química de cada elemento ou molécula em particular.

As vias de alguns desses elementos essenciais, conhecidos como *ciclos dos nutrientes*, foram discutidas no Capítulo 29 deste livro. Os elementos com uma fase gasosa significativa, como a água (ver Capítulo 29), o carbono (ver Capítulo 7) e o nitrogênio (Figura 29.8), têm ciclos regionais e globais. Os elementos que se movem principalmente em soluções ou em partículas orgânicas ou inorgânicas têm ciclos mais locais, como ocorre com o fósforo (Figura 29.15), o cálcio e o ferro.

Para conceituar o fluxo de nutrientes é útil pensarmos que os elementos ocupam compartimentos que diferem na sua taxa de renovação. Na biosfera, átomos que foram uma vez parte de um organismo vivo estão agora enterrados profundamente na superfície terrestre em rochas sedimentares ou nas profundezas dos oceanos. Alguns desses átomos podem permanecer ali por milhões de anos antes que eles subam e sejam liberados para o uso de organismos vivos. Outros átomos estão em sedimentos rasos e estão indisponíveis por apenas milhares de anos. O fósforo (P), por exemplo, que é necessário em relativamente grandes quantidades pelos organismos vivos, varia em disponibilidade. Em um ecossistema terrestre, uma parte do fósforo pode ser encontrada no solo sob forma líquida, que está disponível para utilização imediata; outra parte está dentro de matéria orgânica que precisa ser decomposta para liberá-lo. Parte do fósforo está fixada em complexos químicos, com ferro e alumínio, existentes nos solos ácidos e com o cálcio em solos alcalinos, e encontra-se presente ainda em pedaços de rochas intactas que precisam de milênios para ser degradadas. Para entender o suprimento de fósforo – ou qualquer outro dos elementos necessários – é preciso um conhecimento detalhado das suas diferentes formas químicas. Por essa razão, cientistas que estudam os solos usam o termo "nutrientes disponíveis", o que significa que os nutrientes se apresentam de forma utilizável em período de tempo razoavelmente curto. Para as plantas, isso geralmente significa uma estação de crescimento.

Para que os ecossistemas capturem e processem a energia, e para que o crescimento de seus organismos constituintes se aproxime do nível ótimo, os elementos e as moléculas necessárias devem estar disponíveis em quantidades e proporções apropriadas. Isso não é o que acontece em geral, sendo mais óbvio o caso da água. Grandes porções da terra têm a produção primária limitada pela seca e, desta maneira, limitado fluxo de energia, como no deserto de Atacama na costa do Peru e norte do Chile, por exemplo (Figura 31.6). Menos óbvio é o fato de que o de dióxido de carbono está comumente abaixo do nível que permitiria taxas máximas de fotossíntese, apesar de as atividades humanas estarem diminuindo esta limitação, pelo aumento do suprimento global de dióxido de carbono, com consequências desconhecidas, e ao mesmo tempo promovendo o aquecimento global.

31.6 Deserto árido. O crescimento de plantas é gravemente limitado no deserto do Atacama, no Chile e Peru, o deserto mais seco do mundo, com uma precipitação média de menos de 1 mm por ano, em certas áreas; isso significa que em muitos anos não há nenhuma chuva – o normal. Algumas estações meteorológicas no Atacama nunca registraram chuva.

O nitrogênio é necessário em grandes quantidades pelos seres vivos devido ao seu papel central na química da vida – mais notavelmente como constituinte das proteínas. Como o nitrogênio não é abundante nas rochas da crosta terrestre, ele é deficiente nos solos. Experimentos com a adição de nitrogênio disponível aos solos nos sistemas naturais geralmente resultam em resposta positiva no crescimento das plantas. A limitação do nitrogênio é sempre maior na agricultura, e a procura por fertilizantes com nitrogênio tem sido a preocupação central dos agricultores. Um avanço tecnológico ocorreu no início do século passado quando o processo para produzir nitratos a partir do nitrogênio da atmosfera foi aperfeiçoado. Isso injetou grandes quantidades de nitrogênio disponível no ciclo global e contribuiu para a interrupção dos processos naturais, assim como a "zona morta" no Golfo do México, na foz do Rio Mississippi. A natureza arrumou/criou seu próprio jeito de pegar/captar nitrogênio do ar no início da evolução da vida. Como já discutido no Capítulo 29, certas bactérias têm a capacidade de fixar nitrogênio na atmosfera. Algumas plantas superiores – muitas leguminosas, por exemplo – têm aproveitado essa capacidade para formar associações mutualísticas com bactérias fixadoras de nitrogênio que vivem em estruturas especializadas conhecidas como nódulos, em suas raízes. Plantas com esse mutualismo, como veremos, podem ter vantagem competitiva em ambientes pobres em nitrogênio, e elas introduzem formas disponíveis de nitrogênio nos ecossistemas dos quais fazem parte (ver Figura 29.11).

Experimentos clássicos sobre ciclagem de nutrientes foram conduzidos em Hubbard Brook

Estudos de um ecossistema de floresta decídua realizados na Hubbard Brook Experimental Forest (Floresta Experimental de Hubbard Brook), na White Mountain National Forest (Floresta Nacional de White Mountain) de New Hampshire (EUA), foram um marco no esforço para entender a ciclagem de nutrientes e outras substâncias no nível do ecossistema total. O objetivo desse estudo foi analisar quantitativamente os estoques e os movimentos dos nutrientes. Foi usado o modelo básico de balanço de massa. Como as entradas e as saídas do sistema como um todo – e entre seus compartimentos no âmbito do sistema – devem estar em equilíbrio, isso serviu para verificar a integridade e a exatidão dos cálculos totais. As áreas escolhidas foram uma importante característica do estudo. Elas estão situadas sobre rochas quase impermeáveis, resistentes ao intemperismo, e cada uma das bacias hidrográficas experimentais é drenada por pequenos riachos. Isso significou que os pesquisadores conseguiram mensurar a maior parte da perda de nutrientes para cada sistema, medindo a quantidade de água e o conteúdo de seus nutrientes conforme corriam ao longo de uma barragem construída em forma de "V" (Figura 31.7). Como as rochas subjacentes eram quase impermeáveis e resistentes às intempéries, os ganhos e perdas de nutrientes sob as bacias hidrográficas foram mínimos. Havia entradas atmosféricas, que eram monitoradas pela medição da massa seca (poeira, partículas orgânicas) e entrada de nutrientes das chuvas e nevascas.

O estudo demonstrou quantitativamente o que os ecólogos sempre suspeitaram: que os ecossistemas florestais são extremamente eficientes na conservação dos seus nutrientes minerais. Por exemplo, a perda líquida anual de cálcio do ecossistema foi

31.7 Dique em Hubbard Brook. A água de cada um dos seis ecossistemas experimentais na Floresta Experimental de Hubbard Brook, em New Hampshire (EUA), foi canalizada por meio de diques construídos onde a água deixa a bacia de drenagem. A água era então analisada para determinação dos elementos químicos. As árvores e os arbustos da bacia de drenagem acima deste dique foram cortados. O experimento mostrou que o desmatamento rompia a ciclagem de nutrientes fixada por vários componentes bióticos do ecossistema e aumentava enormemente a perda de nutrientes desse sistema.

de 9,2 kg por hectare. Isso representa somente cerca de 0,3% do cálcio no sistema. O nitrogênio que pode entrar no sistema por fixação ou como nitratos, nitritos e amônia (Figura 29.8) estava realmente sendo acumulado a uma taxa de cerca de 2 kg por hectare por ano. Havia um ganho líquido similar, embora um tanto menor, de potássio no sistema.

Um dos aspectos mais ousados do estudo de Hubbard Brooke foi o experimento sobre o efeito do desmatamento. No esforço de esclarecer como a floresta viva influencia a perda e o ganho de nutrientes, no inverno de 1965 a 1966, todas as árvores adultas e jovens, além dos arbustos, em uma área de 15,6 hectares em uma pequena bacia de drenagem da floresta, foram cortadas. Entretanto, nenhum material orgânico foi removido, e o solo não foi perturbado. Durante a primavera seguinte, a área foi tratada com um herbicida para inibir o rebrotamento. Como a transpiração não era mais um fator significativo, durante 4 meses, de junho a setembro de 1966, a perda de água foi quatro vezes maior que nos anos anteriores. Com os produtores primários amplamente suprimidos e a decomposição declinando, há perda maciça de nutrientes. As perdas líquidas de cálcio e potássio foram 20 vezes maiores que na floresta não perturbada.

O distúrbio mais grave foi observado no ciclo do nitrogênio. Os microrganismos decompositores continuaram a funcionar, resultando na liberação de amônia, íons amônio e depois nitritos e nitratos. Sem vegetais para absorvê-los, esses íons altamente solúveis foram lixiviados e a perda líquida de nitrogênio foi em média de 120 kg por hectare por ano de 1966 até 1968. A concentração de nitratos no riacho que drenava a área aumentou para níveis acima daqueles estabelecidos pelo Serviço de Saúde Pública dos EUA como satisfatórios para a água potável e ocorreu a floração de algas. Em sua totalidade, esses estudos mostraram como um sistema vivo (ecossistema) retém nutrientes contra gradientes naturais para sua diluição e perda.

Interações entre os organismos | Outras relações além das tróficas

Até aqui temos enfatizado as funções gerais dos ecossistemas, ou seja, organismos como produtores e consumidores. O equilíbrio de massa e de energia, contudo, fornece somente os fundamentos. A ecologia trata primordialmente das interações. Essa ideia está contida na afirmação recorrente de que a mensagem básica da ecologia é que tudo está conectado. Nenhum organismo – seja em um fragmento florestal, em uma pastagem, em um lago, em um recife de coral ou em uma comunidade urbana fechada – existe em isolamento. As conexões na teia alimentar indicam as relações de energia, mas elas também definem relações que são muitas vezes sutis e complexas. Para enfocar essa complexidade precisamos pesquisar mais profundamente as principais categorias de interações. Organizamos nossa discussão em torno de três tipos principais de interações entre os organismos: competição, mutualismo e predação.

A competição aparece quando organismos precisam de um mesmo recurso limitado

A *competição* é de fundamental importância, primeiramente porque é vista como a força que direciona a seleção natural. É definida como uma interação na qual dois ou mais organismos estão utilizando o mesmo recurso *necessário*, disponível em quantidades *limitadas*. "Necessário" significa que sem este recurso o organismo, ao final, sucumbirá, e "limitada" significa que existe uma quantidade fixa. Consequentemente, nem todos os organismos em competição podem obter a quantidade de recurso que seria necessária para seu nível ótimo de crescimento e de reprodução. A prova experimental da competição é que (1) um organismo terá melhor desempenho (crescerá mais rápido, produzirá maior descendência), quando seus competidores forem removidos e (2) que seu melhor desempenho pode ser atribuído à obtenção de mais recursos, que seriam usados por competidores.

Muitos ecólogos fazem uma diferença (nem sempre muito claramente) entre a *competição por recursos*, em que a competição pode ser diretamente relacionada com um recurso específico, e a *competição por interferência*, em que organismos lutam por um recurso que está apenas relacionado indiretamente com as necessidades essenciais como o crescimento e a reprodução, como a que ocorre entre aves que lutam agressivamente por territórios. Ainda que a razão desta interação esteja em última instância relacionada com a necessidade de cada casal de aves em obter alimento adequado para sua nidificação, a interferência negativa poderá ocorrer independentemente da abundância de alimentos.

A taxa de crescimento é um importante fator que afeta a competição entre plantas. O fato de as plantas não se moverem de um local para outro e de elas dependerem da absorção da luz cria o cenário para as suas interações competitivas. Em todos os casos, quando outros recursos necessários (água e nutrientes) estão disponíveis em quantidades adequadas e o ambiente é relativamente benéfico, a luz é um fator limitante e as plantas competem por ela. Isso é devido, em algumas circunstâncias, ao fato de que as plantas podem produzir folhas para captar quase toda a luz direta. Em teoria, se as plantas cooperassem, ou se houvesse apenas uma espécie de planta, elas poderiam absorver toda a luz necessária criando uma cobertura semelhante a um tapete cobrindo toda a superfície do solo. Com a estruturação apropriada deste "tapete" – por exemplo, criando uma maneira de evitar a saturação luminosa no meio do dia – não haveria necessidade de elevar a superfície fotossintetizante acima da superfície do solo, como ocorre de "forma dispendiosa", nas florestas. Assim, a razão pela qual as plantas se dispõem como um "tapete" está limitada às situações extremas – tais como a tundra alpina, os afloramentos rochosos, os desertos após as chuvas – e é facilmente explicada pela competição. Qualquer planta que eleve sua copa acima de seus vizinhos pode interceptar a luz, deixando seus competidores na sombra e, deste modo, em grande desvantagem.

A competição de plantas terrestres em ambientes geralmente favoráveis para o crescimento (trópicos úmidos e zona temperada) tem sido ao longo da evolução uma "luta pela luz". Os vencedores evidentes neste esforço evolutivo são as plantas altas e lenhosas – principalmente as árvores. Nessas plantas, as funções fisiológicas, tais como as taxas de fotossíntese e as estratégias de uso da água, estão combinadas com sucesso à forma de crescimento, que aloca a energia apropriadamente para a produção de folhas, raízes e caules. Isso assegura que elas tenham um auxílio das raízes e de outras estruturas especializadas, como as raízes tabulares (ver Capítulo 32), necessárias para resistir aos efeitos do vento e da gravidade. Portanto, essas árvores têm boa chance de encontrar seu "lugar ao sol", sempre que surgir a oportunidade.

Outras plantas percorreram caminhos evolutivos diferentes, desenvolvendo conjuntos de características que lhes permitem explorar o ambiente sombreado do interior das florestas ou as breves aberturas que disponibilizam luz. Os melhores exemplos desse último caso são as plantas efêmeras de primavera, que são espécies encontradas nas florestas temperadas decíduas. Espécies como as do gênero *Trillium* (ver Figura 1.5) começam a crescer antes que as árvores fiquem totalmente sem folhas e acumulam muita ou toda sua energia durante o breve período em que a disponibilidade de luz no nível do solo das florestas esteja elevada. Estas plantas entram em dormência algum tempo depois de serem sombreadas pela expansão das novas folhas das árvores. Esta especialização também existe nas árvores. Algumas árvores exigem alta intensidade luminosa e podem sobreviver como plântulas ou desenvolver-se para tornarem-se árvores adultas somente quando outras árvores estiverem ausentes ou esparsas, como ocorre após um incêndio. Outras árvores apresentam plântulas que podem sobreviver crescendo lentamente durante condições de luminosidade reduzida até que surja uma oportunidade, como quando uma árvore grande cai, e abre um espaço na copa, permitindo maior disponibilidade de luz ou talvez de outros recursos, que lhes permita acelerar seu crescimento e atingir o dossel. Desde que a plântula já esteja presente tem uma vantagem sobre as espécies que dispersam suas sementes nas novas áreas abertas e em menor grau sobre espécies que já têm sementes germinando nessas áreas. Com o aumento da luz, a plântula estabelecida pode acelerar seu crescimento e aumentar seu espaço no dossel. Espécies de árvores que toleram pouca luz, logicamente, são chamadas *tolerantes à sombra*; as que não toleram são *intolerantes à sombra*.

Quando outros recursos, que não a luz, estão escassos, a natureza da competição é diferente. Nos desertos, as árvores estão ausentes – exceto onde a água é localmente abundante, como nos oásis de palmeiras e ao longo dos rios – e as plantas perenes são muito espaçadas. Os ecólogos estabeleceram que nestas condições há competição subterrânea pela água que é importante. Devido ao suprimento limitado de água, a copa das plantas é limitada e, assim, só podem captar uma pequena porcentagem de luz. O "efeito enfermeira" observado no deserto aumenta as evidências de que a luz não é o fator crucial. Esse termo se refere à situação em que as espécies de grande porte frequentemente precisam de proteção de uma planta já estabelecida – a enfermeira – para sobreviver. Os grandes arbustos no deserto frequentemente protegem mudas e plantas novas de outras espécies sob suas copas. As mudas e os primeiros estágios de crescimento dos cactos gigantes, por exemplo, são geralmente encontrados abaixo da cobertura de outras espécies. A copa dos arbustos abranda o calor do sol e o efeito de secagem do vento, fatores que compensam a luz reduzida e a competição pela umidade do solo e nutrientes. Também é possível que o crescimento sobre um grande arbusto possa proteger as plantas novas dos herbívoros. Finalmente, plantas protegidas ultrapassarão sua enfermeira e sobreviverão por si próprias.

O princípio da exclusão competitiva fornece uma diretriz para o estudo da competição. É desafiador quantificar a competição na natureza. Embora muitos estudos tenham documentado mudanças ao longo do tempo em várias espécies, é difícil atribuir causas a essas mudanças por meio de estudos de observação. Consequentemente, muito do que se conhece sobre competição depende de experimentos, em geral em situações muito simplificadas. Experimentos desse tipo vêm sendo utilizados para justificar o *princípio da exclusão competitiva*, que sustenta que duas espécies com necessidades ambientais similares não podem coexistir indefinidamente no mesmo *habitat*. Uma ou outra finalmente deverá ser eliminada. Um estudo clássico foi conduzido com duas espécies de lentilhas-d'água, *Lemna polyrhiza* e *Lemna gibba*, sendo as duas pequenas plantas aquáticas flutuantes. Crescendo em culturas puras individualmente, *L. gibba* sempre cresceu mais lentamente que *L. polyrhiza*; no entanto, quando as duas espécies cresciam juntas, *L. polyrhiza* era sempre suplantada por *L. gibba*. Os corpos das plantas de *L. gibba* têm espaços preenchidos por ar que permitem a eles formar massa flutuante sobre a outra espécie, cortando luz. Como consequência, em culturas mistas, as *L. polyrhiza* sombreadas morreram (Figura 31.8).

A competição favorece a especialização.
Se o mundo fosse completamente uniforme e o clima completamente estável, o princípio da exclusão competitiva sugeriria que forças ecológicas e evolutivas resultariam no surgimento de um ou muito poucos vencedores para cada função trófica. O mundo é heterogêneo e mutável, e obviamente encontramos diversas espécies dominando em diferentes áreas. Isso pode ser conciliado com o princípio da exclusão competitiva, invocando a *especialização*. Como alguns dos nossos exemplos precedentes já sugeriram, um conjunto de características que torna uma espécie dominante em um local não terá, necessariamente, sucesso em outro. Não encontramos árvores de bordo nos desertos, porque elas morreriam por falta de água, nem cactos vivendo em uma floresta boreal. A alternativa para que se tenha especialização aos *habitats* seria ter espécies altamente *plásticas* – isto é, espécies que possam tomar a forma de árvores frondosas em um local e um cacto colunar em outro. Apesar de alguns exemplos impressionantes de plasticidade – por exemplo, algumas plantas aquáticas têm dois tipos distintos de folhas, aquelas que submergem e aquelas que estão no ar (ver Capítulo 25) – a capacidade das espécies de alterar suas características para se adaptar ao ambiente é geralmente limitada. Plasticidade tem custos.

Uma questão pode vir à tona. O princípio da exclusão competitiva pode ser visto como uma maneira de permitir que diferentes espécies cresçam em diferentes tipos de *habitats*, mas como isso pode explicar a situação comum de múltiplas espécies ocupando um único *habitat*? Será que um típico fragmento de floresta decídua oriental de um hectare (2,5 acres) "precisa" de cerca das 10 a 20 espécies de árvores e arbustos encontradas lá? E as florestas tropicais "precisam" das 100 a 200 espécies que podem ter? Será

que isso acontece porque a redundância é apenas aparente e cada uma das várias espécies de produtores primários preenche papéis sutilmente diferentes? Ou os fatores de perturbação mantêm a mistura permanentemente em ebulição, evitando a exclusão competitiva de agir? Ou a verdade é que essa exclusão competitiva, muito aparente para as espécies de *Lemna* descritas anteriormente, não age fortemente em outras situações?

Um tipo mais sutil de especialização pode ser parte da resposta. Por exemplo, o abeto (*Picea engelmannii*) e o pinheiro subalpino (*Abies lasiocarpa*) coexistem em abundância aproximadamente semelhante e formam a comunidade arbórea dominante na zona subalpina do centro e do norte das Montanhas Rochosas (EUA). A maior longevidade e o tamanho do abeto são contrabalançados pela maior velocidade de crescimento em altura dos pinheiros e sua maior flexibilidade, que são necessárias para o estabelecimento das plântulas. As plântulas do abeto são encontradas principalmente em clareiras ou associadas ao dossel dos pinheiros, ao passo que as plântulas do pinheiro são mais homogeneamente distribuídas no solo da floresta. As plântulas do pinheiro superam competitivamente as do abeto nos ambientes sombreados pelo simples fato que elas sobrevivem. As plântulas do abeto, por outro lado, superam as do pinheiro nos locais ensolarados porque crescem mais rapidamente e são menos sensíveis à seca. Perturbações constantes por tempestades, inundações, avalanches, entre outros fatores, e o período de vida relativamente curto dos pinheiros evitam que eles ocupem totalmente a paisagem. Padrões deste tipo são frequentes em outras comunidades vegetais, mas nem sempre são tão óbvios. As diferentes necessidades das espécies envolvidas mitigam a competição e permitem que as mesmas coexistam indefinidamente.

Outra explicação para que as muitas espécies coexistam em um *habitat* é baseada na velocidade com que um competidor superior substitui outro. Se duas espécies similares, as duas bem adaptadas a um determinado *habitat*, diferenciam-se levemente em suas taxas de crescimento e, portanto, na expansão da população, pode levar um tempo muito longo para as espécies superiores excluírem as outras, mesmo se consistentemente as espécies superiores tiverem vantagem. (Se não for, a explicação seria a mesma dada para o exemplo anterior, com os pinheiros dos gêneros *Abies* e *Picea*.) Onde ocorre o crescimento global, a diferença absoluta no crescimento é reduzida e, deste modo, o

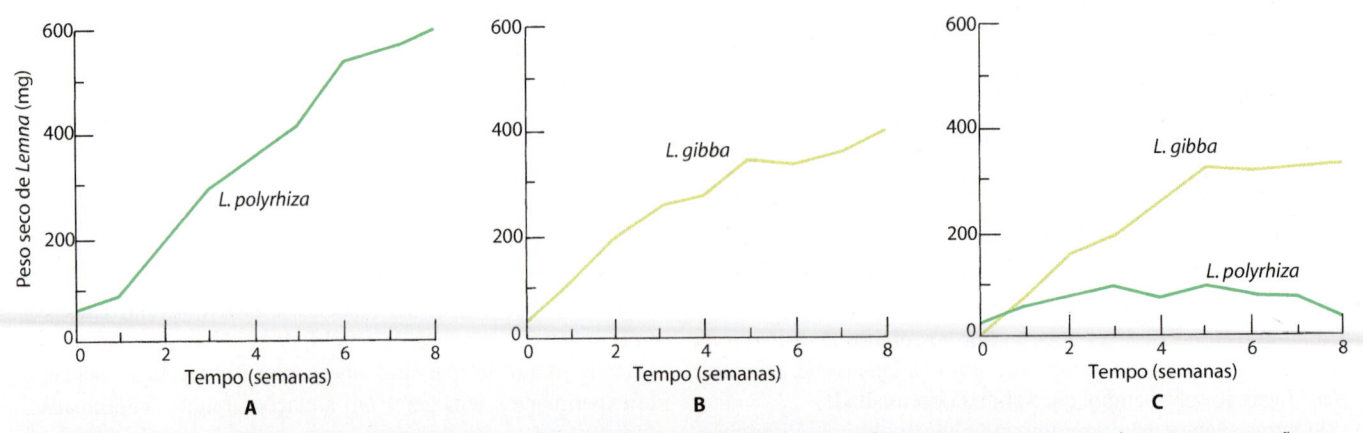

31.8 Exclusão competitiva. Um experimento com duas espécies de lentilhas-d'água flutuantes, pequenas angiospermas que são encontradas em represas e lagos. Uma espécie, *Lemna polyrhiza* (**A**), cresce mais rapidamente em cultura pura que a outra espécie, *Lemna gibba* (**B**). No entanto, *Lemna gibba* tem pequenos espaços cheios de ar, que a capacitam a flutuar na superfície, e quando as duas espécies crescem juntas, *L. gibba* sombreia *L. polyrhiza* e vence a competição pela luz (**C**).

tempo para a extinção local dos competidores inferiores é longo, talvez tão longo que os dois possam coexistir por milênios, até sem a intervenção de distúrbios.

A herbivoria pode ser outro desses fatores que limitam o crescimento. Nos campos calcários da Inglaterra, as gramíneas são historicamente mantidas podadas pelos herbívoros domésticos e coelhos, subjugando as gramíneas e ervas que são mais competitivas e permitindo que muitas outras espécies de gramíneas e ervas menores floresçam. A situação mudou drasticamente no início do século 20, quando uma grave epidemia de mixomatose viral reduziu drasticamente a população dos coelhos. Uma situação similar ocorreu nos locais onde os herbívoros domésticos foram removidos. Sem herbivoria intensa, a cobertura de gramíneas dos solos calcários tornou-se mais densa e alta, de modo que as espécies competitivas foram capazes de atingir seu tamanho e extensão e muitas das espécies de angiospermas que anteriormente eram abundantes tornaram-se raras. A deficiência de nutrientes e a propensão para a seca podem ter um efeito similar. A maior diversidade de espécies na pradaria americana tende a ser encontrada em solos arenosos ou em solos rasos de colinas de calcário. A suposição é que nestes locais mais estressantes, as espécies mais agressivas (neste caso, gramíneas C_4) são mantidas sob controle pelos recursos limitados.

A biodiversidade em certos locais, contudo, parece maior do que a especialização pode explicar e a exclusão competitiva poderia permitir. Florestas tropicais ricas em espécies e os densos escrubes ou *fynbos* da África do Sul apresentaram problemas para as visões extremamente simplificadas da competição. Desse modo, parece haver muito mais espécies do que seria necessário para preencher os papéis ecológicos essenciais. Tentativas de explicar a coexistência de espécies baseadas nas especializações equilibradas, como no exemplo precedente do abeto e do pinheiro, tiveram pouco sucesso. Trabalhos atuais sugerem que a explicação deve basear-se no reconhecimento de que a exclusão competitiva descreve apenas uma tendência e que os processos evolutivos podem gerar novas espécies mais rapidamente do que as forças competitivas podem excluir as menos adaptadas. A explicação é provavelmente algumas combinações de especialização, variação ambiental mudando a vantagem competitiva e, simplesmente, os longos tempos requeridos para a extinção.

Alguns organismos produzem agentes químicos que inibem o crescimento de outros. As plantas, em sua maioria, competem por meio da apropriação direta dos recursos, mas existem outros modos de interação negativa. Em algumas situações, um (ou ambos) dos organismos competidores produz substâncias químicas que inibem o crescimento dos membros da sua própria espécie ou de outras espécies. Essa interação que parece ser um tipo de guerra química é mais evidente entre interações de microrganismos. Por exemplo, o fungo *Penicillium chrysogenum*, que cresce em substratos orgânicos como sementes, produz quantidades significativas de penicilina na natureza. A penicilina inibe o crescimento de bactérias gram-positivas, que poderiam de outra maneira competir diretamente com o fungo pelos mesmos nutrientes. Relações análogas entre plantas são agrupadas na denominação geral de *alelopatia*.

Pode-se perguntar se uma planta que enfrenta intensa competição de outras plantas pode desenvolver uma maneira de envenenar seus competidores (por alelopatia) em vez de lutar diretamente pelo recurso em falta. Existem algumas evidências disso. Mahall e Callaway estudaram as interações entre as raízes de duas espécies de arbustos do deserto, carrapicho-branco (*Ambrosia dumosa,* Asteraceae) e o arbusto-de-creosoto (*Larrea divaricata,* Zygophyllaceae). Estudos de campos indicaram que essas duas espécies comumente coocorrentes competem por água. Em um cenário experimental, as raízes do arbusto-de-creosoto não foram inibidas pelas raízes do carrapicho-branco, mas o crescimento das raízes de ambas as espécies diminuiu quando elas encontraram raízes do arbusto-de-creosoto. Embora as pesquisas não tenham identificado os mecanismos específicos pelos quais isso ocorre, é provável que as substâncias excretadas pelas raízes sejam detectadas dentro e entre as espécies. Os resultados sugerem um tipo assimétrico de interferência competitiva em que o arbusto-de-creosoto afasta o carrapicho-branco por meio de inibidores de crescimento aleloquímicos, que se difundem para fora a partir das raízes. Em contraste, os carrapichos-brancos são inibidos por suas próprias raízes apenas quando eles entram em contato direto com elas. Parece que os arbustos-de-creosoto tendem a dividir o espaço de suas raízes entre si, minimizando, assim, a competição dentro e entre os indivíduos. O carrapicho-branco tende a fazer o mesmo com outro carrapicho-branco, mas somente em resposta ao contato direto e evita áreas onde as raízes do arbusto-de-creosoto estão presentes.

Efeitos alelopáticos estão sendo aplicados também na agricultura. Por exemplo, uma faixa plantada com sorgo terá de duas a quatro vezes menos ervas daninhas nos próximos anos que outras fileiras plantadas com outras espécies. As plantas de sorgo evidentemente deixam substâncias alelopáticas no solo, que inibem o crescimento de ervas daninhas.

Simbiose cobre uma vasta gama de interações

Simbiose, que significa "viver junto", é um termo geral que abrange as relações complexas e frequentes entre espécies não competidoras, parasitas ou predatórias. Esse limite pode ser estendido para incluir interações como a dos esquilos que dependem de lugares com árvores para fazerem seus ninhos. A associação esquilo-árvore, entretanto, é frágil. Os esquilos podem nidificar em várias espécies ou, se houver chance, no sótão de uma casa. Algumas plantas do sub-bosque da floresta dependem das sombras das árvores, mas são relativamente indiferentes a qual espécie as providencia. No outro extremo estão as interações simbióticas, em que a associação é essencial para pelo menos uma das espécies envolvidas.

Mutualismo é uma interação em que ambas as espécies se beneficiam

Mutualismo é uma interação biológica na qual o crescimento, a sobrevivência e/ou a reprodução de ambas as espécies associadas são incrementados. Em muitos exemplos de mutualismo, nenhum dos parceiros pode sobreviver sem o outro, em particular quando a competição com outras plantas e a predação são consideradas. Já discutimos vários exemplos de mutualismo em capítulos anteriores deste livro – liquens (Capítulo 14), leguminosas e bactérias fixadoras de nitrogênio que vivem nos nódulos de suas raízes (ver Capítulo 29) e estreitos relacionamentos de plantas com seus polinizadores e dispersores de sementes (ver Capítulo 20). Apresentamos aqui dois exemplos adicionais de mutualismo. Ambos os casos parecem ter se desenvolvido como resultado de *coevolução* – espécies evoluindo mutuamente para explorar os benefícios da cooperação.

Micorrizas são associações entre raízes e fungos. Como discutimos no Capítulo 14, as raízes da maioria das plantas vasculares estão associadas a fungos, formando estruturas complexas, conhecidas como micorrizas (Capítulo 14). Os fungos micorrízicos não são simplesmente fungos que crescem perto das raízes das plantas. Eles são especializados para crescer sobre as raízes ou mesmo dentro dos tecidos sem causar os danos que seriam esperados se eles fossem patógenos. Nessa relação mutualística é fácil perceber os benefícios dos fungos heterotróficos: eles obtêm acesso a proteínas, açúcares e outros produtos orgânicos do produtor primário. As vantagens das plantas não são tão óbvias e tiveram que ser demonstradas por experimentação. A maior capacidade dos fungos em extrair recursos necessários do solo aumenta o acesso das plantas aos nutrientes e, às vezes, à água. Sem os fungos, a maioria das plantas fortemente micorrízicas cresce muito pouco ou nada. Outras plantas são micorrízicas "facultativas", significando que podem crescer sem os fungos em algumas circunstâncias.

Algumas dessas associações são altamente específicas, com uma espécie de fungo formando associações com apenas uma determinada espécie ou um grupo de espécies relacionadas de plantas vasculares. Por exemplo, sabe-se que o fungo *Boletus elegans* associa-se apenas ao lariço (*Larix*), uma conífera. Outros fungos, como *Cenococcum geophilum*, foram observados em associação micorrízicas com árvores de florestas pertencentes a mais de doze gêneros.

As micorrizas geralmente são consideradas como um verdadeiro mutualismo – isto é, elas beneficiam ambos os parceiros. Existem outras plantas vasculares associadas a fungos em que o mutualismo não é tão óbvio. Algumas plantas têm uma taxa de infestação de fungos muito alta em suas hastes e folhas, onde o fungo claramente não está auxiliando na absorção de água e nutrientes. O termo geral para esse tipo de fungo é *endófito*. Os benefícios que os fungos endófitos parecem conferir aos tecidos infectados é que estes se tornam menos palatáveis para os herbívoros. Se isso for verdade, pode ser considerado um verdadeiro mutualismo. Em outros casos, todavia, os fungos endófitos podem transformar seu hospedeiro, agindo como patógeno, matando-o ou prejudicando-o seriamente. Há muito a ser aprendido sobre alguns tipos de interação. Para entendê-las completamente, é requerido o estudo das interações em situações reais – um bom exemplo de como a análise de sistemas em condições naturais é essencial.

Árvores de acácia e formigas interagem de modo mutuamente benéfico. Muitos exemplos intrincados de mutualismo ocorrem nos trópicos ricos em espécies. Um deles envolve espécies de *Acacia*, um grande gênero de leguminosas, arbustos e árvores, que estão distribuídas amplamente nas regiões tropicais e subtropicais. Certas espécies de *Acacia* nas terras baixas do México e da América Central têm características que eram enigmáticas quando foram inicialmente descobertas. Como muitas acácias, elas têm espinhos (tecnicamente, estípulas modificadas em espinhos), mas os espinhos são excessivamente engrossados, até 2 cm na base. Movendo um ramo de uma destas acácias revela-se rapidamente uma peculiaridade relacionada: os espinhos são habitados por formigas, que enxamearão dos pequenos orifícios que criaram nos espinhos para atacar qualquer coisa, animal ou vegetal que perturbe sua planta hospedeira. Nectários (estruturas que secretam açúcar) também ocorrem nos pecíolos da acácia. Além disso, os corpúsculos de Belt (assim chamados segundo o naturalista do século 19 Thomas Belt), ricos em proteína, localizados na ponta de cada folíolo, são avidamente coletados pelas formigas (Figura 31.9).

Experimentos e observações realizados por Daniel Janzen, publicados em 1964, esclareceram esses estranhos conjuntos de características. Janzen encontrou que as formigas operárias (*Pseudomyrmex*), que enxameiam sobre a superfície da planta (*Acacia cornigera*), agridem e picam animais de qualquer tamanho que entram em contato com a planta, protegendo-a, desse modo, da atividade de herbívoros. Além disso, toda vez que os ramos de outra planta tocam a árvore habitada pelas formigas, essas fazem um anel na casca da planta estranha, destruindo os ramos invasores e produzindo um túnel de luz através da densa vegetação tropical circundante. Quando Janzen removeu as

A   **B**

31.9 Formigas e acácias. A. Uma formiga operária (*Pseudomyrmex ferruginea*) bebendo de um nectário da acácia (*Acacia cornigera*). À direita em grande espinho. Após cortar um orifício de entrada para o interior de um espinho, a rainha cria a sua descendência dentro dele. **B.** Formigas operárias coletando corpúsculos de Belt nos ápices dos folíolos da acácia. Ricos em proteína e óleos, os corpúsculos de Belt são uma importante fonte alimentícia, tanto para os adultos quanto para as larvas das formigas. As formigas matam outros insetos que tentam se alimentar da acácia e anelam plantas que entram em contato com ela.

formigas da planta, envenenando-as ou cortando as porções da planta que continham os insetos, a planta crescia muito lentamente e geralmente morria em poucos meses como resultado de danos por insetos ou sombreamento por outras plantas. Por outro lado, as plantas habitadas por formigas cresciam muito rapidamente, alcançando logo 6 m ou mais de altura e superando a outra vegetação secundária. As formigas do gênero *Pseudomyrmex* fazem os seus ninhos nessas acácias, em particular, e elas são totalmente dependentes dos nectários e dos corpúsculos de Belt das plantas para a sua alimentação.

Interações plantas-herbívoros e plantas-patógenos envolvem uma variedade de mecanismos de defesa

Predação e parasitismo são interações em que um organismo – o predador herbívoro, parasita ou patógeno – se beneficia ao custo da planta predada. Como discutimos anteriormente, o dito que o "mundo é verde" atesta para o fato de que as plantas e os organismos que se alimentam delas geralmente têm alcançado um equilíbrio, e o resultado é mais ou menos uma cobertura vegetal contínua. Herbivoria e parasitismo são a regra, mas as plantas saudáveis conseguem crescer e se reproduzir apesar disso. A razão para as plantas não serem inevitavelmente dominadas pelas legiões de organismos que as atacam é que ao longo do tempo evolutivo, elas têm desenvolvido medidas defensivas para se proteger. Alguns ecologistas gostam de categorizar esse processo como uma "corrida armamentista" coevolutiva, com a planta tentando frustrar seus atacantes, e os herbívoros ou patógenos procurando frustrar a armadura defensiva, o que permite o ataque.

Diferentes espécies de plantas têm desenvolvido diferentes estratégias nessa luta evolutiva. Alguma têm estruturas defensivas (espinhos, por exemplo), mas todas elas dependem, de alguma maneira, de defesas químicas. Estes estão, em sua maioria, sob a forma de compostos comumente referidos como metabólitos secundários (ver Capítulo 2), e existe uma grande diversidade deles, incluindo terpenoides, alcaloides, saponinas, glucosinolatos, e muitos mais. A capacidade das plantas de produzir essas substâncias tóxicas e retê-las em seus tecidos não evita completamente herbivoria ou parasitismo, mas os torna mais difíceis. Na verdade, esses produtos químicos parecem ser os fatores mais importantes no controle de insetos herbívoros na natureza. Cientistas estão trabalhando e concentrando seus esforços nesses compostos químicos para melhorar a resistência das principais culturas agrícolas aos invertebrados herbívoros.

Taninos são um exemplo de defesa química estática. Os taninos são componentes fenólicos dissuasores, repelentes para uma ampla variedade de herbívoros. Nas plantas que os produzem, estão sempre presentes em certas quantidades, mas a concentração de tanino pode aumentar em resposta a ataques. Por exemplo, quando a mariposa-cigana (*Lymantria dispar*) ataca e desfolha as árvores de carvalho (*Quercus* spp.), as árvores produzem novas folhas que têm muito mais taninos e outros compostos fenólicos do que o normal. As folhas novas, produzidas em tais condições, também são mais duras e contêm menos água que aquelas que elas substituíram. De fato, as diferenças são suficientemente grandes para que as larvas que se alimentam das novas folhas apresentem crescimento reduzido, e as eclosões posteriores da mariposa-cigana são diminuídas em intensidade. Os taninos aparentemente interferem na digestão dos insetos, combinando-se com as proteínas das plantas, tornando-as indigeríveis.

Efeitos semelhantes podem igualmente ser comuns em outras plantas. Por exemplo, quando lebres (*Lepus americanus*) pastejam intensamente árvores e arbustos, tais como a bétula-papirífera (*Betula papyrifera*), estas plantas produzem novos ramos que são muito mais ricos em resinas impalatáveis e compostos fenólicos que os ramos anteriores.

Os metabólitos secundários ingeridos por herbívoros, por sua vez, desempenham um papel nas relações ecológicas deste animal com outros. Por exemplo, alguns insetos, como a borboleta-monarca, armazenam esses venenos dentro dos seus tecidos e são assim protegidos dos seus predadores (ver Figura 2.25). Além disso, alguns atrativos sexuais em insetos são derivados de plantas das quais eles se alimentam.

Vistas como um todo, as relações dentro de uma comunidade são diversas e incrivelmente complexas. Os organismos que coexistem dentro de uma comunidade frequentemente evoluíram juntos. Dentro de uma comunidade, eles afetam uns aos outros em uma variedade infinita de meios, poucos dos quais estão apenas começando a ser entendidos pelos cientistas. O tipo de coevolução que tem contribuído altamente para o desenvolvimento das interações, assim como as formigas e suas acácias, tem uma longa história evolutiva. No Capítulo 12, ressaltamos que mitocôndrias e cloroplastos, que agora integram componentes de células eucarióticas, são derivados de antigas bactérias de vida livre que foram envolvidas por grandes células heterotróficas (ver Capítulo 12). Assim, a árvore ou o humano que vivem hoje, em um sentido, são uma comunidade interativa altamente desenvolvida, não apenas devido às interações com fungos micorrízicos (para as árvores) ou bactérias no intestino (para humanos), mas também à construção evolutiva de suas unidades celulares.

Interações plantas-herbívoros e plantas-patógenos podem ser bem complexas. As plantas de ervilha (*Pisum sativum*) são em grande parte protegidas contra fungos parasitas por uma substância chamada pisatina, que as plantas produzem. Muitas linhagens do importante fungo parasita *Fusarium*, no entanto, têm enzimas denominadas mono-oxigenases, que convertem a pisatina em uma substância menos tóxica. Tais fungos têm, então, a capacidade de atacar as ervilhas. O homem também utiliza mono-oxigenases para destoxificar certas substâncias que poderiam, de outra maneira, ser prejudiciais ao organismo. Deste modo, a "guerra química" entre plantas e seus herbívoros está sendo continuamente travada.

As defesas químicas que as plantas produzem frequentemente não são apenas impalatáveis, mas podem apresentar outras características para desestimular os herbívoros. Os cromenos, por exemplo, podem interferir na produção do hormônio juvenil dos insetos (essencial para o ciclo de vida do inseto) e assim agir como inseticidas verdadeiros. A erva-espirradeira-mexicana (*Helenium* sp.) produz helanalina, que funciona como um poderoso repelente de inseto. O piretro é outro inseticida natural, produzido comercialmente a partir de espécies de *Chrysanthemum*. Até mesmo as superfícies cerosas das folhas, que são de difícil digestão, podem ser importantes ao retardar os ataques de insetos e fungos (Figura 2.10). Outro exemplo de guerra química são os fungos endófitos, visto anteriormente.

Herbívoros podem ser utilizados para combater invasões de plantas. Uma das consequências de os humanos introduzirem novas espécies de plantas é que as espécies introduzidas podem se expandir seriamente, tornando-se pestes. Uma razão para isso é que nesse novo *habitat*, as novas espécies estarão livres dos organismos parasitas e herbívoros que as atacavam e limitavam em seu *habitat* natural. Por exemplo, o cacto figueira-da-índia (*Opuntia*) foi introduzido da América Latina para a Austrália. Ele se espalha mais rapidamente a partir das áreas onde foi plantado, ocupando vastas áreas e transformando os campos de pastagens em impenetráveis matagais espinhosos. A economia de grandes extensões do interior foi gravemente ameaçada. O problema foi resolvido quando uma espécie de mariposa-do-cacto (*Cactoblastis cactorum*), nativa da América do Sul, cujas larvas se alimentam do cacto, foi deliberadamente introduzida na Austrália. A mariposa espalhou-se pela da população de cactos, reduzindo drasticamente, mas não eliminando completamente sua população. A mariposa mal pode ser encontrada hoje, mesmo após uma cuidadosa inspeção nos poucos agrupamentos de cactos remanescentes; contudo, não existem dúvidas de que ela continua a exercer influência no controle das populações desta planta (Figura 31.10).

A história da mariposa-do-cacto é um dos exemplos mais famosos de *controle biológico*, uma técnica que tem sido amplamente aplicada para outras plantas invasoras. Por exemplo, o controle da salgueirinha-roxa (*Lythrum salicaria*, ver ensaio "Plantas Invasoras" no Capítulo 11), uma invasora agressiva de zonas úmidas do leste dos EUA, pela introdução de um inseto herbívoro europeu, um besouro crisomelídeo (*Galerucella calmariensis*), o qual se alimenta de folhas, parece ser o mais bem-sucedido. Assim como a mariposa do cacto, essa espécie reduz significativamente, mas não extermina absolutamente, as populações da planta invasora. Dentro de uma comunidade, a sobrevivência de pequenas populações de insetos herbívoros em fendas das plantas hospedeiras assegura que se a planta começar a se espalhar novamente, esses herbívoros estarão presentes para controlá-la.

Na introdução de novos herbívoros em áreas onde eles não estejam presentes naturalmente, testes precisam ser feitos para assegurar que o organismo introduzido seja específico para a planta-alvo, para minimizar a chance de atacar espécies nativas. Quando as espécies de controle são especialistas altamente evoluídos, assume-se que não há chance de eles migrarem para outras espécies de planta. Parece que, geralmente, é isso que ocorre, mas algumas pesquisas têm documentado casos de "fuga" e recomendam cuidados extremos e testes exaustivos. No caso da mariposa do cacto, migrar para espécies nativas era improvável, porque não há espécies nativas de cactos na Austrália, mas agora a mariposa está se espalhando rapidamente das Antilhas através do sul dos EUA, da Flórida para o Oeste, colocando em perigo real as populações nativas de cactos dos mesmos gêneros.

Desenvolvimento de comunidades e ecossistemas

Os sistemas vivos são dinâmicos – sua necessidade contínua de energia assegura isto. As mudanças no ambiente que afetam a capacidade de um ecossistema para acumular e utilizar energia causarão, inevitavelmente, algum grau de mudança no sistema. Hipoteticamente, a maior aproximação da estabilidade que pode ser esperada é com o suprimento de luz solar (ou outra fonte de energia fixável) e ausência de eventos perturbadores como tempestades, terremotos, deslizamentos de terra ou fogo. Nesse caso, um *estado de equilíbrio* poderia ser atingido, com a entrada de energia contrabalançando sua saída e todos os componentes do ecossistema em níveis populacionais estáveis. Alguns ecossistemas podem se aproximar disso, mas normalmente apenas por curtos períodos de tempo e somente quando a condição média do sistema é considerada para grandes áreas, suficientes para conter milhares de grandes organismos. A verdade dessas asserções será evidente para qualquer um que tenha tentado manter um parque urbano em um estado de equilíbrio de perfeição verde. Nem o mais minucioso regime de cuidados evitará que o sistema se afaste desse desejado estado de equilíbrio, de modo a necessitar intervenção – mudando para manter sua qualidade, mas também capinando, ressemeando e talvez controlando as toupeiras e os esquilos-da-terra.

A   **B**

31.10 Interação planta-herbívoro. A. Formação densa do cacto figueira-da-índia (*Opuntia inermis*), crescendo em uma área de pastagem em Queensland, Austrália, em novembro de 1926. **B.** A mesma área em outubro de 1929, depois que os cactos foram destruídos pela introdução deliberada da mariposa sul-americana *Cactoblastis cactorum*. Introduzida pela primeira vez em maio de 1925, as larvas dessa mariposa destruíram os cactos em mais de 120 milhões de hectares de áreas cultivadas.

Um dos principais objetivos dos ecólogos é entender como os ecossistemas mudam e explicar por que alguns parecem evoluir em direção a um estado de equilíbrio, enquanto outros mudam de formas inesperadas ou passam por ciclos de destruição e reconstrução. Nosso entendimento desses padrões pode ser beneficiado pelo conhecimento das interações que discutimos anteriormente – competição, predação, mutualismo, parasitismo e decomposição. Para entender como isso funciona, podemos considerar dois pontos contrastantes, mas não excludentes do ecossistema, que podemos caracterizar como "cooperativo" e "competitivo".

Podemos tomar o *modelo cooperativo* ao extremo e postular que um ecossistema natural está estruturado de modo que cada uma das suas espécies componentes dá e recebe em quantidades iguais. Em uma floresta, as árvores são primeiramente responsáveis por coletar e armazenar energia solar, enquanto os pequenos autótrofos usam a luz remanescente que as árvores não conseguem capturar. De acordo com o modelo cooperativo, herbívoros consomem alguma biomassa, mas não o suficiente para causar um dano irreparável para a fotossíntese. Carnívoros também usam apenas uma parte adequada, e os decompositores limpam os detritos e liberam nutrientes necessários para os produtores primários. Processos evolutivos ajustam esses ganhos e perdas de modo que cada uma das espécies pode obter o que precisa para se perpetuar – um estado de equilíbrio ideal. O *modelo competitivo* é próximo da fórmula "a natureza selvagem é inerentemente violenta". Cada espécie existe porque foi bem-sucedida na luta evolutiva e ecológica para utilizar os recursos necessários. Para fazer isso, ela tem alguns aliados – por exemplo, suas mitocôndrias, e nas plantas, suas bactérias simbiontes fixadoras de nitrogênio – cujo próprio caminho evolutivo tenha selecionado por tendências cooperativas (isto é, mutualística). Tipicamente, no entanto, existem muito mais competidores e inimigos do que aliados. Os competidores por recursos devem ser evitados ou deixados de lado. Inimigos, como os parasitas e os patógenos, esperam/aguardam qualquer oportunidade para atacar. Esses parasitas e predadores geralmente não eliminam completamente seus hospedeiros por altruísmo, mas sim porque eles estão se prevenindo de uma possível imposição dos fatores de distúrbios ou das medidas defensivas (contramedidas) de seus hospedeiros.

Como ocorre muitas vezes, um meio termo entre esses modelos parece ser a melhor resolução. Ecossistemas exibem cooperação e mutualismo, mas também competição e predação em suas muitas variações. Uma dada interação não é "boa" ou "ruim", mas apenas duas espécies fazendo o que podem para sobreviver. A seguir, é possível ver uma inflexão em direção a um ou outros desses extremos – cooperação ou competição.

Sucessão é a mudança previsível em uma comunidade ao longo do tempo

Uma das maiores descobertas dos fundadores intelectuais da ecologia foi que os ecossistemas apresentam frequentemente considerável resiliência. Sistemas podem ser brutalmente perturbados e ainda assim retornar para algo parecido à sua condição original, ao longo de um período de tempo. Esse processo previsível de recuperação posterior à perturbação é denominado *sucessão*. As atividades humanas destrutivas fornecem muitas oportunidades para observar os processos de sucessão. Mudanças na economia agrícola resultam em campos abandonados e, se os mesmos estiverem adjacentes à vegetação natural, foi observado que retornam à sua condição pré-agrícola. Em regiões de florestas a sequência foi de campo com ervas para cam-

po graminoso aberto ou áreas de relva (não graminosa) e depois para campos arbustivos com plântulas de árvores, para florestas com árvores de crescimento rápido e, finalmente, para florestas de árvores de grande longevidade, capazes de se estabelecer e persistir em condições mais fechadas.

Os primeiros ecólogos, mais notavelmente F. E. Clements, assumiram o processo de sucessão como o elemento primário da teoria ecológica. De acordo com essa visão, cada parte de Terra tinha a vegetação que se desenvolveu em resposta ao clima da região e cada uma tinha um sistema em estado de equilíbrio característico, que era o ponto final da sucessão. Esse ponto final foi denominado por ele de "comunidade climáxica". Clements estava enfatizando que a comunidade climáxica, como estágio final da sucessão, era estável e automantenedora, a menos que submetida a perturbação externa muito intensa. Essa visão levou implicitamente a vermos as paisagens globais como conjuntos de tipos de comunidades em clímax potencial ou realizado. Ainda que as atividades humanas forneçam os exemplos mais claros de recuperação, também foi reconhecido que a sucessão poderia ocorrer naturalmente. Todas as comunidades experimentam perturbações de um tipo ou de outro, de fontes puramente naturais – fogo, inundações, vendavais, vulcões, seca extrema, geada fora da estação, tempestades de gelo e eclosão não usual de patógenos e herbívoros, entre outros. Para Clements, essa capacidade de cura e a capacidade de coesão, mantidas juntas durante longos períodos de tempo, conferiam ao ecossistema o *status* de um tipo de superorganismo. Nisso, ele seguiu o lado "cooperativo" das teorias sobre a natureza fundamental dos ecossistemas.

Ecos da visão de Clements persistem, como na *hipótese de Gaia*, que considera a biosfera um sistema orgânico com controle interno que o mantém funcionando dentro dos limites que favorecem suas espécies constituintes. Mas o sistema de Clements falhou como uma teoria compreensiva da ecologia. A principal dificuldade foi a de que sua ênfase no retorno à estabilidade em resposta à perturbação, apesar de, sem dúvida, correta até certo ponto, não acomoda facilmente sistemas, tais como florestas de várzeas ou o chaparral de clima mediterrâneo, que estão sujeitos a perturbações recorrentes que os mantêm em um estado de reajuste quase perpétuo. A visão de Clements foi muito simples e muito rígida para englobar todas as formas complexas em que os ecossistemas mudam. A teoria sucessional permanece apenas como um elemento em uma teoria mais geral que aceita ajustes contínuos dos ecossistemas para as condições prevalecentes. Em lugar do conceito organísmico de que a sucessão "curava" uma comunidade climáxica danificada, os ecólogos falam das propriedades mais gerais de *resiliência* (a capacidade de um sistema de retornar ao seu estado original, após uma perturbação) e de *estabilidade* (o grau ao qual um sistema resistirá a uma perturbação). A confiança dos ecólogos na capacidade da natureza para cura também foi abalada e, atualmente, muitos acreditam que os ecossistemas podem sofrer mudanças irreversíveis se forçados demasiadamente. Os ecossistemas ainda serão restaurados, mas os novos sistemas podem não ser muito parecidos aos sistemas anteriores.

Sucessão primária envolve principalmente mudanças no substrato de crescimento

Uma fonte de mudanças nos ecossistemas decorre de processos físicos da evolução das paisagens. Isso é muito evidente em áreas do globo cobertas por gelo na última época glacial, que geologicamente falando acabou somente ontem. As geleiras continentais fizeram seus caminhos através das paisagens, engolfando grandes quantidades de sedimentos, incluindo seixos gigantes que foram transportados por centenas de quilômetros. Quando as geleiras derreteram, elas despejaram parte da sua carga, uma mistura de rochas, cascalho, areia e sedimentos finos, ou sedimentos lixiviados pelo gelo derretido. As geleiras destruíram e enterraram as redes de drenagem preexistentes, criando complexos de lagos e zonas úmidas. A ação inexorável da gravidade assegura que muitas dessas depressões serão gradualmente preenchidas com sedimentos e detritos orgânicos. Algumas vezes, isso ocorrerá rapidamente, outras vezes lentamente e em determinados casos isso será evitado devido ao limite das quantidades de sedimento das geleiras ou ao reduzido afluxo ou retenção de sedimentos pela depressão para o sistema hidrológico. Onde isso ocorre, tem-se um tipo de sucessão lenta, com o lago original inicialmente desenvolvendo um brejo nas suas margens, posteriormente este brejo se adensa gradualmente e termina, talvez, com uma cobertura florestal sobre uma área que há 10.000 anos era um lago pós-glacial (Figura 31.11). Em regiões atingidas por geleiras, podem ser encontrados lagos, brejos, pântanos, que exemplificam os estágios do processo, e os paleoecologistas confirmaram esse fato por meio de perfurações de brejos e pântanos, que eram inicialmente lagos abertos.

Em outro exemplo, forças geológicas elevam as rochas mais rapidamente do que elas podem ser intemperizadas em solo (erupções vulcânicas podem fazer isso quase instantaneamente) e geleiras ou outras forças erosivas podem retirar a camada de detritos e expor a rocha-mãe. Essas superfícies rochosas não são hospitaleiras para plantas superiores, e o escudo rochoso exposto, formado sob extrema pressão e calor abaixo da superfície, não está em equilíbrio com o ambiente físico rico em oxigênio da superfície. Intemperismo químico ataca a superfície – rapidamente para rochas e folhelhos de calcário e somente muito lentamente em rochas resistentes como os quartzitos. Congelamentos e degelos, além de outros fatores físicos, causarão quebra e fragmentação. Algumas plantas, especialmente liquens e musgos, são capazes de suportar extremos de calor, frio e seca e assim podem se estabelecer em rocha nua. Eles também podem acelerar a dissolução da rocha, acumulando água e secretando substâncias químicas que erodem as rochas. Os musgos que se expandem quando úmidos, quebram continuamente pequenas lascas de rocha. Finalmente, quando as forças de intemperismo das rochas não são muito graves (o que ocorre na maioria das superfícies verticais), o solo se desenvolve ao redor da base dos liquens e musgos, formando um substrato que retém umidade e espaço para as raízes das samambaias e angiospermas que poderão se estabelecer (Figura 31.12). Suas raízes penetram nas fendas, quebrando ainda mais as rochas.

Por fim, talvez depois de muitos séculos, a rocha pode estar transformada em solo, em um processo chamado *gênese do solo*.

31.11 Sucessão. A. Vegetação emergente cresce ao longo da margem de uma lagoa. **B.** Plantas aquáticas com folhas flutuantes, tais como *Nymphaea odorata*, crescem na superfície de uma lagoa e, por fim, sufocam as plantas aderidas ao fundo da lagoa. **C.** Aguapés (*Eichhornia crassipes*) desempenham um papel semelhante em climas mais quentes. **D.** Gramíneas e ciperáceas paludosas, além da taboa (*Typha* spp.), crescendo no leito de uma antiga lagoa, continuam o processo de sucessão.

Por definição, esse solo é uma mistura de minerais primários derivados da rocha, minerais secundários produzidos pelos processos de formação do solo, mais especificamente partículas de argila e matéria orgânica acumulada provinda de gerações de organismos que cresceram no solo. Finalmente, haverá diferenciação vertical no solo. Em geral, isso é impressionante, com cores e texturas diferentes. Às vezes é sutil, com mudanças suaves de cores e uma transformação quase imperceptível entre solo e o substrato inferior de rochas sedimentares.

O solo é ocupado, por fim, por uma vegetação característica da região climática e adaptada ao tipo de solo em que se desenvolveu. O processo pelo qual áreas essencialmente estéreis são colonizadas é denominado "sucessão primária", para distingui-la da "sucessão secundária", na qual quase todo o ambiente físico e alguns organismos sobrevivem à perturbação que afeta o sistema. Outro exemplo de sucessão é mostrado na Figura 31.13.

A atividade vulcânica fornece os exemplos mais drásticos de sucessão em substrato estéril. Em agosto de 1883, uma violenta erupção vulcânica destruiu metade da Ilha de Cracatoa, um grupo de ilhas da Indonésia, e cobriu a outra metade com 60 a 80 m de cinzas. A vegetação existente – uma exuberante floresta tropical – foi completamente destruída. A recolonização em Palau Rakata (a ilha principal) começou assim que a superfície vulcânica esfriou. A população de pássaros recuperou-se rapidamente, com cerca de 30 espécies de pássaros terrestres e de água doce presentes em cerca de 30 anos. A recolonização pelas plantas

também ocorreu rapidamente. Três anos depois do desastre, havia uma vegetação praiana relativamente bem desenvolvida, mas pobre em espécies, com pelo menos nove espécies, incluindo ervas, uma gramínea, uma espécie rastejante e vários arbustos. Porém, no interior a vegetação era extremamente esparsa. Um tapete de cianobactérias foi observado na superfície das cinzas. Várias espécies de samambaias foram as plantas mais comuns, e elas tendiam a ocorrer em locais dispersos. Em 1934, mais de 270 espécies de plantas foram registradas. Nos anos 1980, cem anos após a erupção, a ilha estava essencialmente coberta com floresta, embora com menos espécies que nas ilhas adjacentes que não foram destruídas.

Mudanças semelhantes ocorreram após a catastrófica erupção do Mount St. Helens (Monte Santa Helena), em 18 de maio de 1980, no estado de Washington (EUA). Uma maciça avalanche de detritos vulcânicos do topo e do lado setentrional da montanha penetrou no norte do Toutle River Valley (Vale do Rio Toutle). Em quinze minutos, mais de 61.000 hectares de florestas e áreas de recreação foram devastados pela avalanche lateral, que nivelou florestas em grandes áreas, mas deixou árvores mortas em pé em outras áreas. Além disso, a erupção de nove horas cobriu toda a área com até meio metro de cinza, pedra-pomes e rochas pulverizadas pela violenta avalanche. Grande parte dos detritos vulcânicos foi rapidamente erodida e as sementes e os

31.12 Estágio inicial de sucessão. Os liquens começaram a erodir as rochas, enquanto as pteridófitas e as briófitas estão acumulando solo em uma pequena fenda.

31.13 Sucessão florestal. Árvores jovens de abeto (*Abies concolor*), crescendo sob indivíduos de choupo (*Populus tremuloides*) e substituindo-os no norte do Arizona – um estágio na sucessão de uma floresta, que levará à formação de uma comunidade de pícea (*Picea engelmannii*) e abeto.

frutos dispersos pelo vento reapareceram na área. Essa dispersão foi especialmente importante em áreas com derrames vulcânicos e áreas que haviam sido cobertas pelas avalanches de detritos, que foram tão espessas a ponto de matar as plantas por elas recobertas. Muitos pequenos animais noturnos, como camundongos e ratazanas, sobreviveram em seus túneis subterrâneos, e em alguns anos, sapos e rãs reapareceram nos lagos e riachos. Grandes vertebrados terrestres, como o alce, voltaram à área. A espécie de planta pioneira foi o tremoço, uma leguminosa que fixa nitrogênio no solo, que havia sido esterilizado pelo calor extremo. Outras plantas conseguiram se estabelecer (Figura 31.14).

Sucessão, geralmente, mescla-se com mudanças, particularmente, nos seus últimos estágios

Perturbações maciças dão início ao tipo de mudanças óbvias e em larga escala que claramente merecem ser chamadas de sucessão. Contudo, conforme o ecossistema se recupera, ele finalmente entra em um estágio no qual as mudanças não são tão facilmente detectáveis. Quando o dossel da floresta está cheio de espécie de árvores tolerantes à sombra capazes de produzir plântulas que podem se estabelecer e sobreviver no sub-bosque, mudanças significativas nas espécies dominantes não são esperadas sem maiores perturbações. Mas isso não significa que as mudanças cessam. Na verdade, mudam para um novo modo, no qual as mudanças são dominadas por perturbações de pequeno e médio portes, que abrem clareiras no dossel. Como esses processos são lentos em relação ao tempo de vida humana, e porque eles ocorrem somente em locais dispersos, é difícil compreender o significado dos processos de *clareira*. As clareiras são inevitáveis nas florestas, mesmo naquelas mais próximas à condição climáxica ideal, de acordo com o inexorável princípio de que o que sobe tem que descer. Se uma árvore morre no local, ela pode desmoronar pouco a pouco; mas mais comumente, em algum momento, toda a árvore virá a cair. Se uma árvore de grande porte é derrubada, frequentemente causa danos às árvores adjacentes e comumente derruba outras árvores durante sua queda.

A formação de clareiras é em geral, ou pelo menos frequentemente, um processo quase aleatório em termos do local em que ocorre. Graves vendavais podem produzir grandes clareiras que serão espacialmente aglomeradas. Alguns bambus morrem sincronicamente sobre grandes áreas após a floração, respondendo a um relógio interno, e isso produz grandes clareiras na vegetação. Qualquer que seja o padrão, a frequência esperada de ocorrência de clareiras pode ser estimada pelo "tempo de reposição" (área total de estudo dividida pela área média de clareiras produzidas anualmente), que calcula o tempo em anos para a área toda ser 'entregue' pela formação de clareiras. Isso nos informa quanto tempo aproximadamente deveremos esperar até que uma clareira se forme no mesmo local onde outra clareira existiu anteriormente. Os ecólogos estimaram esse tempo entre 60 e 250 anos nas florestas tropicais e da ordem de 100 anos na floresta temperada decídua.

Quando uma clareira aparece, é uma oportunidade para as plântulas e mudas jovens prontas no sub-bosque (membros do "banco de sementes") crescerem no dossel. Ou novos indivíduos conseguem se estabelecer de sementes já prontas no solo (no "banco de sementes") ou de novas sementes dispersadas. As plantas originadas do banco de sementes têm melhores vantagens se a clareira for pequena. Se a clareira for bastante grande, pode haver luz suficiente e talvez minerais expostos no solo pelas raízes das árvores caídas, de modo que plantas invasoras de crescimento rápido podem se estabelecer e sobreviver ocupando um lugar no dossel. Quando isso ocorre, há uma recapitulação em miniatura da sequência do processo de sucessão que estabelece o clímax da floresta após muitos anos, no passado de grandes perturbações. Mas em muitas circunstâncias, uma das espécies tolerantes à sombra, presentes no banco de sementes, finalmente dominará a clareira. Este último caso é uma dinâmica que pode produzir a longo prazo um tipo de composição de estado estacionário postulado por Clements para descrever o clímax da vegetação.

Existem algumas evidências, entretanto, para a troca de dominância, com a espécie B substituindo a espécie A, e, no próximo ciclo, A substituindo B. Por que isto deve ocorrer? Uma explicação é que se a espécie A é abundante em um ponto, como seria o caso para uma grande e única árvore de copa, então parasitas e predadores dessa espécie e de suas mudas e plântulas tam-

31.14 Recuperação após devastação. Quando o Mount St. Helens (Monte Santa Helena) entrou em erupção, na primavera de 1980, os repetidos impactos arrasaram todas as árvores em uma área de cerca de 21.000 hectares e uma espessa camada de cinzas foi depositada. Essas duas fotografias foram tiradas em um intervalo de 23 anos – em 1982 (**A**) e em 2005 (**B**) – e mostram uma impressionante recolonização da área por coníferas, gramíneas e outras plantas.

bém serão abundantes. A espécie B, menos abundante nesse ponto, não seria tão atingida. Como resultado, a probabilidade estará a favor de B substituir A – e vice-versa no próximo ciclo. Mas também há evidência de que a substituição na clareira é governada mais pelo acaso do que por qualidades específicas das espécies avaliadas para a substituição. De acordo com a chamada teoria neutra, é a abundância local de espécies que determina qual terá a maior probabilidade de invadir a clareira. Hubbell *et al.* têm mostrado que, a partir da hipótese simples, "neutra", chega-se à predição da abundância das espécies que corresponde aos dados históricos nas florestas tropicais do Panamá.

O conceito de clareira aplica-se além das florestas. Por exemplo, nas pradarias, o conceito de clareira provém das perturbações nas gramíneas causadas por mamíferos cavadores, como as toupeiras, os esquilos-de-solo, pequenos roedores, texugos e cães-da-pradaria. Cavando para procurar alimento e construindo tocas, esses animais criam áreas de solo descoberto que fornecem *habitat* para espécies que vão ocupar esses espaços até que a vegetação cresça novamente. Essas clareiras de solos nus criam *habitats* locais para que a erva daninha (*Ambrosia artemisiifolia*) possa germinar e sobreviver por uma ou mais gerações antes que a clareira seja novamente ocupada por outras espécies perenes dominantes. Grandes herbívoros, como o bisão-americano, podem também abrir de diferentes maneiras espaços nas coberturas de pradarias (p. ex., búfalos chafurdam para tomar banho de lama) e promovem oportunidades similares para a expansão das espécies de clareira. Antes da penetrante perturbação humana, provavelmente os processos de clareira eram o principal tipo de mudança nas pastagens. Muitas das nossas espécies daninhas são originadas por espécies que oportunisticamente habitam pequenas áreas perturbadas, depois que atividades humanas criaram *habitats* para esse tipo de expansão.

Outra maneira de criar clareiras nas comunidades é queimando-as, e o fogo é uma das formas mais significativas de perturbações naturais que afetam as comunidades de plantas (Figura 31.15A). Dizemos "natural" porque não há dúvidas de que o fogo de raios foi um fator anterior até que os homens aprendessem a friccionar dois gravetos. Mas depois que os homens adquiriram esse conhecimento, ele foi amplamente usado. Por essa razão, é difícil saber qual o aspecto da vegetação global antes que fosse queimada regularmente. Sabemos relativamente pouco sobre os padrões que os humanos primitivos criaram, mas suas atividades certamente tinham efeitos muito difundidos.

Quando os colonizadores europeus chegaram pela primeira vez na Califórnia, encontraram uma magnífica floresta de pinheiros da espécie *Pinus lambertiana* ao longo de uma grande extensão da Sierra Nevada (Serra Nevada). Ainda que alguns conservacionistas tentassem preservar parte dessa vegetação em florestas e parques nacionais, muitas áreas desse pinheiro foram substituídas por outras árvores, tais como o abeto (*Abies concolor*) e o cedro-do-incenso (*Calocedrus decurrens*). Por que ocorreu essa mudança? *Pinus lambertiana* era um membro de um estágio da sucessão nas florestas dessa região que era mantido por incêndios periódicos. Esses incêndios foram grandemente reduzidos tanto em número como em área depois da chegada dos colonizadores

A   **B**

31.15 Recolonização após um incêndio florestal. A. Quando o fogo se espalha por uma floresta, a recolonização – com regeneração a partir da vegetação vizinha não incendiada – é iniciada. Algumas plantas produzem brotos a partir da base, outras germinam abundantemente na área queimada. Em um grupo de pinheiros, os que têm os estróbilos femininos (pinhas) fechados até serem expostos ao fogo não abrem seus estróbilos para liberar as sementes. **B.** Pinheiros (*Pinus lambertiana*) visto no Yosemite National Park (Parque Nacional de Yosemite), na Califórnia (EUA), necessitam de incêndios periódicos para reduzir arbustos e árvores menores, que competem pela luz com as suas plântulas. A limitação e a prevenção dos incêndios permitiu que outras espécies substituíssem os *Pinus lambertiana*, como os abetos (*Abies concolor*), vistos aqui crescendo na base dos pinheiros, para substituí-los.

na região. Sem o fogo, causado por relâmpagos de pequena intensidade, que passava periodicamente pela floresta, ocorreu um denso crescimento de arbustos e pequenas árvores, criando, evidentemente, condições de tanto sombreamento que as plântulas do pinheiro não podiam competir eficientemente. Somente uma política que permita incêndios ocasionais, ou um manejo de queimadas controladas, pode preservar as florestas remanescentes de *Pinus lambertiana* na sua forma aberta, que a maioria das pessoas acha tão atrativa (Figura 31.15B). Em décadas mais recentes, entretanto, o oeste dos EUA tem sido assolado por incêndios altamente destrutivos que em muitos lugares têm devastado seriamente a população de pinheiros, inclusive de *Pinus lambertiana*. Resta ver quanto tempo levará para que essas florestas se recomponham, considerando especialmente que os cientistas predizem mudanças climáticas que causarão maiores incêndios.

Para o cipreste-tecate (*Cupressus forbesii*), que cresce nas costas das montanhas de Orange County (Condado de Orange), Califórnia, o fogo pode ser um problema. Essa espécie é uma conífera de "pinha fechada", o que significa que tem pinha *tardia* que não abre quando está madura, mas precisa do calor do fogo para a liberação da semente. Como os grandes indivíduos também são muito sensíveis ao calor e suas copas altamente inflamáveis e geralmente próximas do solo, o fogo natural geralmente mata todas as plantas existentes e sua regeneração depende inteiramente das sementes acumuladas nos cones. Se o fogo ocorre depois de as plantas terem produzido sementes suficientes para substituir os indivíduos mortos, tudo fica bem. Mas se o fogo ocorre antes que a produção de sementes tenha começado ou antes que haja sementes suficientes, a população pode ser praticamente dizimada em um único incêndio. Esse tipo de diminuição catastrófica ocorreu em muitos lugares de cipreste-tecate, especialmente ao longo da região de fronteira entre EUA e México, onde esse tipo de incêndio tem sido mais frequente dos que os casos historicamente registrados.

Os seres humanos podem causar dano por permitir muitas ou poucas queimadas. O desafio é determinar na medida em que pudermos a ocorrência de queimadas periódicas adequadas para cada tipo de vegetação. Mas um dos problemas é que várias queimadas são resultantes de incêndios culposos ou uso indevido do fogo, de modo que o controle da ocorrência do fogo tornou-se um problema mais social do que estritamente ecológico.

O recente episódio de mortalidade regional de pinheiros (em sua maioria *Pinus edulis*) e zimbro (em sua maioria o *Juniperus monosperma*) forneceu um exemplo dramático de como mudanças podem envolver processos que não estão de acordo com uma visão simplista da sucessão. Florestas de pinheiros e zimbros cobrem milhões de hectares de terras no sudoeste dos EUA. No início deste século, e especialmente em 2002, essa região sofreu graves secas. O estresse causado pela falta de água no solo foi a causa de grave mortalidade de árvores na região. Em alguns lugares, 100% dos pinheiros e zimbros morreram; em muitos lugares, a mortalidade excedeu os 50%. Ataques de insetos, especialmente do besouro-da-casca (*Ips confusus*), facilitados pelas defesas fracas das árvores, parecem ter sido o golpe final que matou muitas das árvores. Ninguém duvida de que muitas décadas, talvez séculos, serão necessários para que essa recuperação ocorra, assumindo que graves secas similares não voltem a ocorrer. Mas, ao contrário do conjunto de estágios de sucessões esperados, digamos a floresta decídua que foi queimada ou derrubada, o processo irá envolver em sua maioria

o restabelecimento lento dos pinheiros e zimbros sobreviventes esparsamente na área. Há também sérias questões sobre se a mudança do clima global evitará a recuperação total porque estão previstas para o futuro secas graves, ou mesmo mais drásticas. Se isso acontecer, muito da área antigamente dominada por pinheiros e zimbros se converterá em um tipo de vegetação mais resistente à seca.

A ecologia da restauração restabelece as comunidades naturais

Em grande parte da nossa discussão anterior, nós consideramos as comunidades "naturais", significando ecossistemas em que as influências humanas não podem ser ignoradas. Ecologistas têm sido criticados por isso. Muitas pessoas consideram que o ecossistema global é para os humanos, como os automóveis são para os que guiam. Como o automóvel, o ecossistema global é uma construção humana. Nós, a espécie humana, estamos no controle e podemos direcionar a máquina global para onde quisermos. Não há dúvidas de que a ciência e a tecnologia fizeram avanços surpreendentes que nos permitiram moldar o ambiente para servir à nossa espécie. Mas há muitos sinais de que nós podemos estar nos aproximando do limite da nossa capacidade de manter nosso presente sistema – sendo que a depleção final dos combustíveis fósseis prontamente disponíveis é o mais forte e inegável. O princípio da precaução sugere principalmente que devemos ter cuidado em superestimar nossa capacidade de controle. Essa é a base para o argumento de que nós devemos permitir liberdade máxima aos processos naturais e escopo máximo aos sistemas naturais. Nós sabemos que florestas tropicais úmidas ou pradarias bem extensas funcionarão de maneira mais ou menos previsível para perpetuarem-se, com pouco ou nenhum manejo. Ambos contribuirão para o balanço global de água e carbono e serão capazes de se recuperar de perturbações incomuns sem assistência. Quanto maior for a proporção de nossas paisagens, que existem em tais estados de autoconservação, mais fácil se tornará a nossa tarefa de administrar as terras que utilizamos intensamente, como as nossas lavouras anualmente aradas e as nossas concretas paisagens urbanas.

Esse é um argumento para salvar o máximo possível das terras naturais remanescentes. Mas essa não é a nossa única opção. Nós também podemos converter terras perturbadas de volta para o sistema natural que uma vez elas suportaram. Em décadas recentes, a ciência da *ecologia da restauração* surgiu para explorar as melhores maneiras de fazer isso. Muitas vezes, não é uma questão simples recriar uma comunidade natural uma vez que ela tenha sido destruída, ainda que o processo seja de grande importância para um mundo cada vez mais superlotado. Um exemplo bem conhecido de ecologia restauradora foi desenvolvido no Arboreto da Universidade de Wisconsin, em Madison (Figura 31.16). Iniciado em 1934, em campos agrícolas danificados, um esforço foi feito pelo seu primeiro diretor de pesquisa, Aldo Leopold, para recriar todas as comunidades naturais de Wisconsin. Entre essas estavam uma pradaria de gramíneas altas, uma pradaria seca e vários tipos de comunidades florestais. Embora a restauração possa ser um processo caro e incerto, ela fornece um meio de continuar ofensivamente na luta para assegurar a sobrevivência dos ecossistemas naturais e de suas plantas e animais. O Arboreto restaurou a Curtis Prairie (Pradaria Curtis), por exemplo, que agora mantém mais de 200 espécies de plantas nativas, sendo muitas delas raras na região.

Embora a razão principal para se restaurar a ecologia seja a preservação da biodiversidade nativa e dos serviços ecológicos que ela fornece – ar e água limpos, entre outros – a restauração também nos fornece oportunidades para aprender como os ecossistemas funcionam. Um exemplo disso é o trabalho inicial da Pradaria Curtis, que forneceu novas perspectivas sobre a importância do fogo no ecossistema de pradaria. Em muitas partes da América do Norte, a persistência da pradaria depende de queimadas recorrentes. Antes de os colonizadores europeus se moverem em grandes números nessas paisagens, as pradarias foram queimadas por fogo, por causas naturais e deliberadamente por americanos nativos. Se incêndios periódicos não ocorrerem, a pradaria pode ser rapidamente colonizada por árvores e arbustos, ficando a flora da pradaria que requer sol bastante sombreada. De fato, uma pradaria pode ser considerada um ecossistema que "usa" o fogo para manter-se contra a invasão de espécies não pertencentes à pradaria. Embora o fogo tenha desempenhado um importante papel no manejo da vegetação de muitas áreas, mesmo após a colonização, o seu significado ecológico não foi compreendido até recentemente. Tentativas para restabelecer pradarias, tais como a da Pradaria Curtis, desempenharam uma parte fundamental no esclarecimento desse papel ecológico.

De forma paralela, nosso entendimento sobre o papel do fogo nos ecossistemas florestais das montanhas ocidentais dos EUA também avançou nas décadas recentes. Alguns tipos de floresta – *Pinus contorta*, por exemplo – funcionam como o cipreste-tecate e são periodicamente destruídos pelo fogo, mas eles se recuperam rapidamente por germinação. Entretanto, do ponto de vista de restauração, são de interesse os sistemas florestais dominados pelo *Pinus ponderosa* e espécies ecologicamente similares. Historicamente, esses sistemas são bastante abertos, com árvores de grande porte em sua maioria, um sub-bosque de gramíneas e arbustos baixos. Incêndios eram frequentes, mas eles queimavam o sub-bosque inflamável, enquanto as árvores de casca grossa tipicamente não sofriam nenhum dano permanente. Quando o serviço florestal dos EUA decidiu que esse fogo era uma ameaça que deveria ser suspensa, populações de espécies tolerantes à sombra, como o abeto-branco, expandiram e criaram condições combustíveis muito diferentes. Em vez de apenas gramíneas baixas e arbustos desse ecossistema, estão presentes as árvores invasoras como pequenas plântulas, indivíduos de pequeno porte e árvores que alcançam o dossel. Nessas condições, os incêndios tendem agora a intensificar-se, espalhando-se para dentro e, em seguida, através das copas das árvores, causando chamas infernais que matam as árvores. Ao contrário das coníferas de cones fechados, *Pinus ponderosa* tem pequenas reservas de sementes para recuperar as terras que foram queimadas e a recuperação é desigual.

Guardas florestais em geral concordam que existe uma necessidade de "restaurar" esses sistemas, onde "restauração" significa retornar as florestas ao seu estado histórico-padrão, com fogo frequente no sub-bosque. O desafio desse tipo de restauração é que isso não pode ser feito de maneira simples, permitindo ao fogo queimar, porque com a presente estrutura da floresta, é difícil, talvez impossível, manter o fogo confinado nas camadas próximas ao solo. Assim, pode ser necessário artificialmente rarear a floresta removendo árvores de pequenos diâmetros para promover o crescimento de gramíneas, herbáceas e pequenos arbustos e permitir que o fogo se espalhe no sub-bosque. Restauração não significa apenas o plantio de espécies perdidas, como foi feito para recriar a pradaria no Arboreto da Universidade de Wisconsin, mas também remoção de espécies e a reintrodução periódica de fogo no sub-bosque.

O que aprendemos?

A ecologia levantou consciência para importantes princípios que são cruciais para a manutenção humana de nossa casa global. O primeiro princípio é o dinamismo. Mudanças são inevitáveis, e nunca houve nem nunca haverá um verdadeiro equilíbrio. Teoria e observação também nos dizem que nem toda mudança é gradual e, mais definitivamente, nem sempre é favorável para os humanos.

O segundo princípio fundamental para a gestão do nosso ambiente é o de diversidade e complexidade. Quanto mais estudamos, mais camadas de complexidade nós descobrimos. Nós não entendemos completamente por que existem muitas espécies, mas conforme o ditado de Aldo Leopold, "manter cada en-

A   B

31.16 Restauração de *habitat*. Uma pradaria restaurada no Arboreto da Universidade de Wisconsin, em Madison (EUA). **A.** Verão tardio na pradaria, mostrando *Liatris pycnostachya* (Asteraceae) com flores de cor púrpura, plantas de *Euphorbia corollata* (Euphorbiaceae) com flores brancas e *Ratibida pinnata* (Asteraceae), com flores cônicas amarelas. **B.** Uma queimada controlada realizada no final do outono desempenha importante papel na manutenção do ecossistema de pradaria.

grenagem da roda é a primeira precaução de uma manutenção inteligente", seria tolice deixá-las desaparecer antes de as compreendermos.

O terceiro princípio é a conectividade. O ecossistema global e seus subsistemas locais dependem de fluxos e ciclos. Cada espécie é conectada por meio de interações múltiplas com outras espécies, e muitas dessas relações são ecologicamente de benefício mútuo, se não o for sempre para o organismo individualmente. (Tanto o bife quanto os brócolis são obtidos pela morte de um indivíduo, o que requer que cultivemos e sustentemos as populações das quais sacrificamos indivíduos.)

O quarto princípio é que teorias abstratas e modelos, mesmo os que são complexos, não podem captar tudo sobre os ecossistemas. Nosso conhecimento é parcial, provisório e, como os próprios ecossistemas, constantemente em desenvolvimento; e isso requer que nos aventuremos e aprendamos mais sobre a natureza de modo que possamos avançar.

RESUMO

Um ecossistema consiste em uma comunidade biótica e seu ambiente

Os ecossistemas são sistemas autossustentados que incluem os organismos vivos e os elementos não vivos (físicos) do ambiente com os quais eles interagem. As comunidades consistem em todos os organismos que vivem em uma dada área.

Os componentes vivos de um ecossistema são produtores primários, consumidores e decompositores

Os elementos vivos de um ecossistema pertencem a dois maiores grupos: autótrofos (produtores primários) e heterótrofos (consumidores). Entre os heterótrofos existem os consumidores primários ou herbívoros; consumidores secundários ou carnívoros e parasitas; e os decompositores. Os organismos encontrados nesses níveis são membros de cadeias e teias alimentares.

O fluxo de energia através dos ecossistemas afeta a massa e o número de seus organismos constituintes

A energia flui através dos ecossistemas com 1% ou menos da energia solar incidente convertida em energia química pelas plantas verdes. Quando essas plantas são consumidas, cerca de 10% de sua energia potencial é acumulada no próximo nível trófico; graus similares de eficiência de transferência de energia caracterizam as etapas seguintes da cadeia alimentar. A quantidade de energia remanescente após várias transferências é tão pequena que as cadeias alimentares raramente ultrapassam quatro ou seis níveis. Na maioria dos ecossistemas existe mais energia, massa e indivíduos nos níveis tróficos inferiores, dando origem ao fenômeno conhecido como pirâmides de energia, de biomassa e de números.

Hubbard Brook forneceu um laboratório de campo para o estudo da ciclagem dos nutrientes

As propriedades dos ecossistemas foram estudadas experimentalmente em larga escala em Hubbard Brook, em New Hampshire (EUA), onde foi demonstrado que comunidades naturais não perturbadas controlam a ciclagem dos nutrientes, mas esse controle tende a perder-se quando o ecossistema é perturbado.

A competição ocorre quando os organismos requerem a mesma fonte limitada de recursos

Interações competitivas ocorrem entre plantas que crescem em proximidade. O princípio da exclusão competitiva estabelece que quando indivíduos de duas diferentes espécies ocorrem juntos e competem pelos mesmos recursos em quantidade limitada, ao final, apenas um deles sobreviverá naquela área. Não obstante, a maioria das comunidades contém muitas espécies. Isso pode ser explicado em parte pela especialização para evitar intensa competição ou pela ação lenta da exclusão competitiva quando plantas estão bem adaptadas e distúrbios frequentemente reajustam as condições, ou ambos. Para as plantas, competição por luz é de especial importância. No curso da evolução, as plantas também desenvolveram armas químicas para inibir competidores próximos.

Mutualismo é uma relação que beneficia ambas as espécies

No mutualismo, duas espécies interagem para benefício mútuo. Exemplos incluem liquens, associações micorrízicas entre fungos e raízes de plantas e as relações entre as plantas floríferas e seus polinizadores e dispersores de frutos e sementes. As acácias (*Acacia cornigea*), que são encontradas na América Latina, fornecem um exemplo evidente de coevolução mutualística entre essa planta e uma espécie de formiga.

As plantas têm uma variedade de mecanismos físicos e químicos de defesa contra herbívoros

As plantas reagem aos efeitos dos herbívoros, os quais limitam o potencial reprodutivo das plantas, pela presença de espinhos, de folhas duras e estruturas semelhantes ou de alterações estruturais e, mais importante, de defesas químicas. Um inseto ou outro herbívoro que tenha superado a defesa química de uma planta não somente terá à sua disposição uma nova fonte alimentar, frequentemente quase exclusiva, como também poderá também utilizar as substâncias tóxicas produzidas pela planta para assegurar certo grau de proteção contra seus próprios predadores.

Sucessão é a mudança em uma comunidade ao longo do tempo

A sucessão é um processo ordenado e com algumas mudanças previsíveis na estrutura e composição das espécies dos ecossistemas, seguindo perturbações (sucessão secundária) ou procedendo como um *habitat* que evolui, devido às forças bióticas e físicas (sucessão primária). No curso da sucessão, as espécies de animais e plantas que habitam a área mudam continuamente, algumas sendo características somente dos primeiros estágios da sucessão. A formação e o repovoamento de clareiras criadas por distúrbios naturais desempenham um papel-chave no processo de sucessão e na manutenção da diversidade de espécies em várias comunidades florestais. Inicialmente, os ecólogos entendiam a sucessão como resultando em uma comunidade climáxica estável, mas atualmente consideram a resiliência (a capacidade do sistema de retornar ao estado original, após uma perturbação) e a estabilidade (o grau ao qual um sistema resistirá a uma perturbação). O pensamento corrente é que os ecossistemas podem sofrer mudanças catastróficas, nunca retornando ao seu estado original, se a perturbação for muito profunda, de modo que sua recuperação leva para um estágio final diferente. O fogo é a perturbação natural mais comum que inicia mudanças de sucessão, mas tem sido usado pelos humanos presumivelmente desde que dominaram a capacidade de fazer fogo. Erupções vulcânicas, tais como aquela de Cracatoa, em 1883, ou do Mount St. Helens (Monte Santa Helena), em 1980, fornecem exemplos notáveis do processo sucessional.

Autoavaliação

1. Porque as cadeias alimentares são geralmente limitadas a quatro ou seis níveis?

2. Geralmente os ecossistemas podem ser descritos como pirâmides de energia, de biomassa ou de números. Explique.

3. Comente a importância das plantas na retenção de nutrientes em ecossistemas florestais.

4. Explique o papel da taxa de crescimento na competição entre plantas.

5. De acordo com o princípio da exclusão competitiva, duas espécies com requisitos ambientais semelhantes não podem coexistir indefinidamente no mesmo *habitat*. Como a exclusão competitiva pode ser evitada?

6. A diversidade de espécies é maior em um ambiente onde a perturbação é contínua do que em um ambiente mais estável. Por quê?

7. Sob que aspecto o sistema acácia-formigas se assemelha a um liquen?

8. Explique o papel dos taninos na defesa das plantas contra herbívoros.

9. Perturbação e sucessão são dois importantes fatores que contribuem para a plena diversidade da vida na Terra. Explique.

10. Que papéis desempenham as clareiras na sucessão?

11. Como uma comunidade vegetal se altera ao longo do tempo?

12. De que maneiras importantes os humanos têm afetado localmente e globalmente os ecossistemas, inclusive modificando tipos de perturbações e ciclos? Esses efeitos irão crescer ou diminuir nos próximos anos?

CAPÍTULO 32

Ecologia Global

◀ **Floresta "bêbada".** À medida que o pergelissolo (*permafrost*) derrete, um processo que agora ocorre em ritmo acelerado devido às mudanças climáticas, árvores que antigamente ficavam ancoradas no solo gelado se entortam e inclinam como visto nesta "floresta bêbada" de *Picea mariana* (espruce-preto) perto de Fairbanks, Alasca. Materiais orgânicos que estavam presos no gelo por milhares de anos apodrecem, liberando quantidades enormes de dióxido de carbono e metano, gases que retêm o calor e aquecem o planeta.

Para dar um contexto apropriado para a visão geral da vegetação mundial, primeiro nos concentramos em dois pequenos trechos: um nos tropicais úmidos e outro na zona temperada do norte. Considere primeiro uma área medindo 10×10 m nos trópicos. Como sabemos, a funcionalidade de um ecossistema depende da apreensão de energia solar e sua conversão para biomassa vegetal, que depois alimenta não só os níveis tróficos superiores, mas também os decompositores que digerem a biomassa morta. A energia solar que gera a fotossíntese é, porém, apenas uma pequena fração do esquema energético. A maior parte da energia solar que chega a este trecho tropical fornece o calor que mantém uma média de 20° a 35°C, levando à evaporação e à transpiração (evapotranspiração) que liberam vapor de água no ar. Como estamos na região tropical e úmida, a entrada de precipitação é maior que a saída por evapotranspiração desta pequena área, e o excesso de água corre para rios e riachos. Também sa-

bemos que este trecho irá vivenciar apenas mudanças climáticas moderadas dia após dia, semana após semana e mês após mês. A maior parte da variabilidade do clima neste ecossistema está ligada ao ciclo do dia e da noite e muito menos às estações, que variam muito pouco nas áreas tropicais.

Agora voltemos o olhar para um trecho do mesmo tamanho na zona temperada e úmida da América do Norte. Vemos que, como nas áreas tropicais, a precipitação excede a evapotranspiração e que a infiltração e o escoamento alimentam os rios e córregos. Mas, em contraste, existem grandes diferenças entre as estações, uma variação que é crucial para o funcionamento deste

PONTOS PARA REVISÃO

Após a leitura deste capítulo, você deverá ser capaz de responder às seguintes questões:

1. O que é um bioma, e quais fatores afetam a distribuição dos biomas na Terra?

2. Sabendo-se que as florestas tropicais contêm grande diversidade de espécies, por que há tantos solos tropicais inapropriados para a agricultura?

3. Que fatores favorecem os campos sobre os ecossistemas florestais? Qual papel o fogo desempenha nos campos?

4. O que melhor caracteriza um deserto: alta temperatura ou baixa precipitação? Como as plantas se adaptaram para viver no deserto?

5. Como a aparência do bioma de floresta decídua temperada muda de uma estação para a outra? O que explica estas mudanças?

6. Qual é o padrão geral de biodiversidade, e que fatores podem explicar isso?

ecossistema. As estações variam de dias quentes e longos no verão para dias curtos, muitas vezes de frio intenso no inverno. Durante o inverno, a fotossíntese é baixa (como em *Picea* spp., os espruces sempre-verdes) ou completamente ausente (como para as árvores decíduas de *Acer saccharum*, o bordo-doce). O crescimento que ocorre entre a última geada mortal da primavera e a primeira geada mortal do outono é substancial, iguala-se até, em alguns casos, à produtividade contínua dos trópicos.

Então, evidentemente, o que acontece localmente depende de padrões globais. Começando pela energia, em qualquer dia quando as plantas estão crescendo, a quantidade de radiação solar recebida, que está nos comprimentos de ondas restritos ativos na fotossíntese (ver Capítulo 7), estabelece um limite superior de produtividade. As temperaturas do ar e do solo devem permanecer em uma variação que permita a funcionalidade metabólica. A umidade do solo também estabelece um máximo para a produtividade. Sem suprimentos de água adequados, a maquinaria fotossintética irá se reduzir ou até parar completamente. Para a precipitação superar a evapotranspiração, a água extra deve vir de outro lugar fora do trecho local. Então, devemos considerar a maneira como a umidade se desloca dos lugares com mais umidade – os oceanos – para locais com menos. Para entender qualquer localidade, precisamos compreender a funcionalidade do sistema climático global na qual o calor e a umidade são redistribuídos pelo globo.

Mas outros fatores, além dos climas regionais, têm grande participação na formação de um ecossistema local. Se fôssemos deslocar nosso trecho de terreno de 10 m² por 100 m em qualquer direção, não encontraríamos exatamente a mesma coleção de organismos. Normalmente, teríamos algumas, talvez a maioria, das espécies que tínhamos no primeiro local. Mas, elas também poderiam ser bem diferentes. As mudanças que veríamos nessa alteração de 100 m não estariam ligadas à radiação solar na região ou pluviosidade. Na verdade, elas dependeriam de muitos fatores locais, como a origem do substrato, espécies associadas, o declive do terreno (que afeta a radiação solar recebida) e a presença ou ausência água parada. Também seriam afetadas pela história de eventos extremos, como fogo, ventanias, ou desmatamento do terreno para agricultura. Suponha, por exemplo, que nossa troca de 100 m na floresta temperada atravesse uma barreira geológica – indo de um solo formado em glaciares, um solo rico em nutrientes e as melhores partículas finas (siltes e argilas) que retêm umidade, para um solo mal estruturado, de areias profundas, pobre em nutrientes e sujeito a secas. Nós esperaríamos que as comunidades vegetais fossem diferentes nestes dois lugares, mesmo que o clima fosse o mesmo. Cientistas que tentam explicar por que a vegetação de um local difere da de outro estão bem cientes de que algumas diferenças exigem atenção para fatores locais, outras para fatores globais.

Apesar das variações locais, existem padrões repetitivos na escala global. A similaridade entre dois trechos de vegetação em partes diferentes do mundo pode surgir de duas maneiras. Espécies que são relacionadas por descendência (dividem um ancestral próximo) irão, em geral, ter aparência similar e funcionar de maneira parecida. Espécies que são de parentes distantes (divergem do mesmo ancestral distante) serão bem diferentes geneticamente, mas mesmo assim podem ser similares em aparência e função. Considere as florestas deciduais na Europa e no leste dos EUA. A maioria dos gêneros são os mesmos – por exemplo, carvalho (*Quercus*), faias (*Fagus*) e freixos (*Fraxinus*). Se

caíssemos de paraquedas no meio de tal floresta sem sabermos em que continente estamos, não seríamos, em geral, capazes de deduzir onde estaríamos com apenas uma visão geral da vegetação. Neste exemplo, as espécies abundantes são relacionadas por ancestrais e também são morfológica e fisiologicamente parecidas, isso porque o clima e o solo são muito similares. Este experimento poderia ser repetido se caíssemos em uma área tropical com alta pluviosidade na América do Sul ou em uma área com um clima semelhante no arquipélago da Indonésia. As espécies e gêneros seriam, na maioria, diferentes nestas duas áreas, mas a menos que conhecêssemos a taxonomia de uma floresta tropical, a aparência geral da vegetação daria algumas dicas da sua posição geográfica. Semelhanças que surgem apesar das diferenças genéticas se desenvolvem porque *habitats* similares favorecem adaptações fisiológicas e morfológicas semelhantes (Figura 32.1). O processo no qual a seleção natural produz semelhanças em espécies que não são relacionadas é chamado *evolução convergente* (ver Capítulo 12).

Mas existem mudanças com o passar do tempo assim como através do espaço. Se revisitarmos um espaço de 10 m² depois de deixá-lo por um dia, esperamos que ele esteja basicamente o mesmo, mas não absolutamente igual em cada detalhe. Se revisitarmos este local 1 ano, 10 anos ou 100 anos depois, não ficaríamos surpresos em encontrar grandes mudanças. Em uma região sujeita ao fogo, podemos encontrar uma floresta se recuperando de uma queimada, vendo apenas arbustos e árvores jovens. Se voltássemos um milhão de anos depois, um local originalmente seco pode estar agora debaixo da água, e mesmo que os substratos fossem iguais, espécies novas provavelmente teriam se desenvolvido. Estes tipos de mudanças ao longo do tempo são outra forma de variação. Em nosso mundo moderno, mudanças causadas pelos humanos se tornaram onipresentes e muitas vezes drásticas. Uma floresta pode ser substituída por um *shopping*.

Armados com estes conceitos, começamos nosso estudo da vegetação mundial no que podemos chamar de nível de 3.000 m – como visto de um balão voando sobre o globo e atravessando os principais gradientes: trópicos para temperados, para Ártico; molhado para seco; e baixa elevação para alta elevação. Graças ao site do Google Earth, podemos fazer uma jornada virtual. Ele nos permite localizar quase qualquer lugar na Terra e se aproximar ou distanciar para vê-lo em escalas diferentes (ver Quadro "Google Earth | Uma ferramenta para descobrir e proteger a biodiversidade", no Capítulo 12). Com esta ferramenta podemos ter um senso da onipresença da atividade humana. Há lugares (como a Antártica e os desertos mais secos) onde a influência humana não é aparente, mas, em geral, a nossa viagem virtual pelo mundo irá mostrar claramente que os humanos mudaram a Terra de maneira substancial. Isso significa que um estudo dos ecossistemas atuais da Terra deve incluir o entendimento da ecologia do uso de terra por humanos e da interação entre humano e natureza. No entanto, por mais de 99,9% da história da Terra não havia humanos. E apesar de outros organismos terem afetado seus meios ambientes – considere como os fotossintetizadores oxigenaram a atmosfera – nenhum deles causou uma mudança tão drástica e tão rápida. Estima-se que agora 40% da superfície da Terra sejam voltados para agricultura, e grande parte dos 60% restantes foi alterada significativamente por seres humanos – um exemplo seria a exploração de florestas nos EUA. Entender como as paisagens do mundo se pareciam antes de suas modificações por humanos é importante se queremos compreender

32.1 Evolução convergente em regiões altas. A. *Espeletia pycnophylla* crescendo em um ecossistema de grandes altitudes conhecido como o páramo nos Andes, como visto aqui no Equador, América do Sul. **B.** *Dendrosenecio adnivalis* crescendo em grandes altitudes no Monte Gessi na Tanzânia, África. Os desafios singulares de um *habitat* que congela quase toda noite e esquenta durante o dia favorecem uma compacta forma de árvore com folhas robustas e pontos de crescimento muito bem protegidos. Estas formas similares evoluíram independentemente em dois continentes distantes, um exemplo notável de evolução convergente.

a nossa biosfera contemporânea e, mais importante, se queremos saber o que vamos perder se deixarmos de tomar medidas para salvar esta rica herança biológica.

Como podemos determinar como a Terra era antes das grandes mudanças trazidas por nossa espécie? É quase sempre possível ver os sinais da vegetação original. Imagine que voamos em nosso balão ao longo dos EUA, desde New York indo para o oeste. Percebemos que até atravessarmos o rio Mississippi, terras sem cultivo e minimamente cuidadas são geralmente florestas decíduas com árvores de folhas largas. Se ficarem muito úmidas, estas áreas são cobertas por pântanos. Cruzando pelo centro de Illinois, podemos não perceber as evidências claras de que, em 1800, esta área era principalmente de campos, porque a maior parte da terra é cultivada. Conforme seguimos mais para o oeste, contudo, vemos que terras sem cultivo têm menos árvores, exceto ao longo das margens dos rios e córregos, e fica óbvio que o campo ou pradaria é a vegetação dominante natural.

Sobre as Montanhas Rochosas (Rocky Mountains), passamos dos campos de volta para as florestas conforme as elevações aumentam, mas agora as árvores dominantes são as coníferas sempre-verdes, mas haverá vales relvados e áreas sem árvores na tundra alpina. No lado oeste das Montanhas Rochosas, no Colorado, com a diminuição da altitude e a seca aumentando, vemos vastas extensões de terra com ervas e arbustos interrompidos por colinas arborizadas. Passando por Serra Nevada na Califórnia, encontramos uma paisagem complexa com encostas das montanhas dominadas de coníferas, bosques abertos de carvalhos, pradarias e comunidades arbustivas de chaparral e vegetação costeira. Ao longo do Central Valley (Vale Central) vemos uma das áreas agrícolas mais produtivas do mundo e poucos traços dos antigos pântanos extensos drenados para criá-los. Terminando a nossa viagem na praia de Santa Mônica, Califórnia, podemos pensar em como descrever e explicar as variações que vimos.

Para responder esta pergunta, empregamos o conceito de *bioma*, que é definido como um tipo de vegetação mais ou menos homogênea sobre grandes áreas de terra, respeitando as formas de crescimento, tamanhos e organização de espécies de plantas

dominantes. Cada bioma também tem um conjunto associado de animais. Como os humanos, eles afetam a vegetação, mas em geral não estão definindo características do bioma.

Vida na Terra

O esquema utilizado para classificar a vegetação natural em um conjunto de biomas é baseado no trabalho do falecido A.W. Küchler, da Universidade de Kansas (Figura 32.2). Este esquema é, naturalmente, uma generalização. Fazer um mapa deste tipo requer a delineação de áreas. Mas uma linha em um mapa não corresponde geralmente a uma "linha" facilmente visível no chão. Da mesma maneira, a área dentro das linhas inclui muitas variações, e quanto maior a área da unidade, maior a variação dentro dela. Por exemplo, o bioma 5 do mapa – tundra alpina e florestas de montanhas – abrange florestas contínuas e tundra alpina sem árvores. Não mencionados, mas também presentes neste bioma estão os prados montanhosos cobertos de gramíneas, ciperáceas e outras plantas herbáceas, sem árvores ou apenas algumas dispersas. Biomas mapeados geralmente contêm comunidades muito diferentes dentro de suas fronteiras.

Quais são as características dos biomas, passando dos polos ao equador? Ignorando os fortes efeitos locais de altitude (montanhas) e considerando apenas as regiões com abundância de umidade durante a estação de crescimento, podemos atribuir as diferenças às variações da energia solar recebida, que é altamente dependente da latitude. São a geometria do planeta e a sua trajetória ao redor do Sol que determinam a relação enre latitude e radiação solar. Considere inicialmente os efeitos da forma da Terra praticamente esférica. Imagine que a Terra tem um eixo de rotação perpendicular ao plano derotação. Isso não é verdade porque a Terra tem uma inclinação de 23,45° em seu eixo, mas se fosse perpendicular a quantidade de radiação solar por unidade de área diminuiria da região equatorial para os polos, pois a mesma quantidade de energia solar se espalha em uma área progressivamente maior. Além disso, como a Terra tem uma atmosfera que pode refletir ou absorver a energia, a radiação que chega ao planeta em altas latitudes atravessa uma camada muito mais profunda de atmosfera antes que atinja a superfície, a quantidade de energia calorífica que atinge a superfície diminui do equador para os polos.

Considerando a inclinação do eixo de rotação da Terra com 23,45° e o movimento do planeta ao redor do Sol, observa-se que não ocorre apenas o efeito equador ao polo, mas, adicionalmente, ocorre a exposição alternada dos hemisférios norte e sul em direção ao Sol. Na latitude de 23,45° N, por exemplo, no solstício de verão do hemisfério norte, o Sol incide a pino no meio-dia e a entrada de radiação solar atinge seu ponto máximo por unidade de área, descontando algum efeito eventual de nuvens ou poeira. No mesmo dia, ao norte dos 23,45° em direção ao polo norte, o comprimento do período diurno aumenta, chegando a 24 h acima do círculo polar ártico. Nas zonas temperadas, este ciclo sazonal é percebido pela elevação e abaixamento do trajeto percorrido pelo Sol durante o ano. A entrada de energia é máxima no solstício de verão e mínima no solstício de inverno – um padrão bem compreendido e cuidadosamente observado desde a pré-história.

Ainda que a temperatura de qualquer ponto seja dependente da radiação recebida, ocorrem significativas mudanças devido ao fato de que correntes de ar e de água redistribuem o calor. Para a Terra como um todo, a energia absorvida nas zonas tropicais é transferida para maiores latitudes de modo que algumas regiões são mais quentes do que se poderia esperar pela radiação solar incidente naquela latitude. Estudos da movimentação de ar e água revelaram padrões globais de grande escala (Figura 32.3) compatíveis com faixas latitudinais de circulação. Dentro da zona equatorial (23,45° S e 23,45° N), o aquecimento promove a evaporação e a transpiração, de modo que o ar quente e úmido ascende. O ar ascendente perde muita de sua umidade na zona tropical, mas forma-se um ciclo e o ar mais seco tende a descer na faixa dos 30° da latitude norte e sul. O ar descendente se aquece conforme aumenta a pressão, causando a diminuição da sua adicional umidade relativa de modo a estabilizar a atmosfera. O fluxo cíclico inicia ventos que, devido à rotação da Terra, originam ventos de oeste e os alísios que se movem no sentido equador aos polos (Figura 32.3). Este padrão global explica por que os desertos mais extremos se encontram ao redor da faixa de latitude de 30° norte ou sul. Explica também por que as zonas de maior precipitação nas Américas do Norte e do Sul encontram-se nas zonas de alta latitude de suas costas oeste. Outro fator que determina a aridez de algumas regiões é o quanto cada local está distante de áreas com ar rico em umidade proveniente dos oceanos.

A altitude – se montanhas ou planícies ao nível do mar – tem uma significativa influência no clima local, de modo que a mudança da vegetação pode ser muito grande em pequenas distâncias. Devemos lembrar que é a absorção de energia de ondas curtas na superfície da Terra que captura a energia calórica do Sol. As superfícies aquecidas pelo Sol liberam radiação de ondas longas de volta para a atmosfera. Parte delas é dissipada no espaço, mas grande parte retorna à Terra via material particulado, vapor d'água e dióxido de carbono, bem como outros gases de efeito estufa que absorvem o calor reirradiado, aquecendo o ar e a superfície.

Como resultado desses processos, o padrão comum é o de decréscimo da temperatura do ar conforme o aumento da altitude. Ocorrem algumas alterações desta tendência, chamadas inversões, nas quais, em certa faixa da altitude, a temperatura do ar sobe com o aumento da altitude, mas são situações locais e temporárias. Em média, a temperatura do ar diminui 6,4°C a cada 1.000 m de altitude (3,5°F para cada 1.000 pés), sendo a taxa de mudança dependente da hora do dia, da umidade e dos ventos, entre outras variáveis climáticas e topográficas. Um resultado dessa diminuição da temperatura com a altitude é que locais na Terra que são topograficamente mais elevados terão temperaturas significativamente mais frias, em média, do que locais da mesma latitude em menores altitudes. Esse efeito é levemente contrabalançado pelo fato de a camada de ar ser mais fina (porque a pressão decresce com a altitude) e o trajeto da luz solar através da atmosfera absorvente ser menor.

O resfriamento com o aumento da altitude tem profundas consequências climáticas quando as massas de ar se movem desde regiões baixas até as montanhas. Como o ar é forçado a elevar-se, ele é resfriado. Como o ar frio não pode conter tanta umidade como o ar quente, massas de ar úmidas produzem precipitações quando são forçadas a elevar-se. As maiores chuvas da Terra ocorrem em locais onde esse efeito é particularmente forte. Por exemplo, o Monte Waialeale em Kauai, Havaí, recebe um ar carregado de umidade impulsionado pelos ventos alísios do nordeste. A precipitação pluvial anual média, nas maiores altitudes (1.554 m) das encostas no barlavento (norte e nordeste) variam em média de 9,5 m (31 pés). Isso é um extremo, mas as montanhas apresentam tipicamente climas mais frios e úmidos do que as regiões baixas adjacentes ou nas encostas do sotavento. Conforme o ar desce, ele se aquece e a sua capacidade de conter umidade aumenta, de modo que haverá menos precipitação. Por exemplo, o sotavento do Monte Waialeale recebe somente cerca de 50 cm de precipitação pluvial anual. Essa seca causada pelos ventos descendentes é o efeito chamado "sombra de chuva" (Figura 32.4). É particularmente forte na costa Pacífica da América do Norte, com zonas de aridez ou semiaridez na parte leste da cadeia de montanhas desde os EUA até o México. Na América do Sul o padrão também é forte, exceto que, no norte da América do Sul a sombra de chuva fica no lado oeste dos Andes e, ao sul do continente (Patagônia), a sombra de chuva fica no leste – um padrão explicado pela troca de direção dos ventos predominantes (Figura 32.3).

As mudanças climáticas que se observam quando se escala uma montanha simulam as mudanças que ocorrem quando se viaja desde o equador para o norte – principalmente com relação à temperatura e à ocorrência de condições de congelamento (Figura 32.5). A mudança da temperatura atmosférica que ocorre a cada aumento latitudinal de 1° é similar à que ocorre com o aumento de altitude de aproximadamente 100 m. Como resultado, escalar uma montanha alta pode levá-lo a uma sequência de tipos de ecossistemas que se parecerão com a sequência que pode ocorrer ao deslocar-se para o norte, em direção ao Ártico. Por exemplo, no sudoeste dos EUA, as montanhas mais altas são cobertas por florestas de coníferas e depois, nas maiores altitudes, por prados úmidos parecidos com a tundra e campos com seixos, e, finalmente, por uma zona coberta por neves eternas. Mas este padrão de "repetir as mudanças latitudinais" torna-se menos verdadeiro conforme nos movemos para os trópicos. Nos trópicos, a mudança climática é igualmente notável conforme subimos uma montanha, mas a vegetação das frias altitudes maiores não se parece com nada do que veremos no Alasca ou na Sibéria. O diferencial é que as montanhas tropicais têm a mesma sazonalidade limitada das florestas pluviais de terras baixas. Como resultado, as variações diárias de temperatura são muito maiores que a média sazonal das temperaturas diárias extremas. Como o

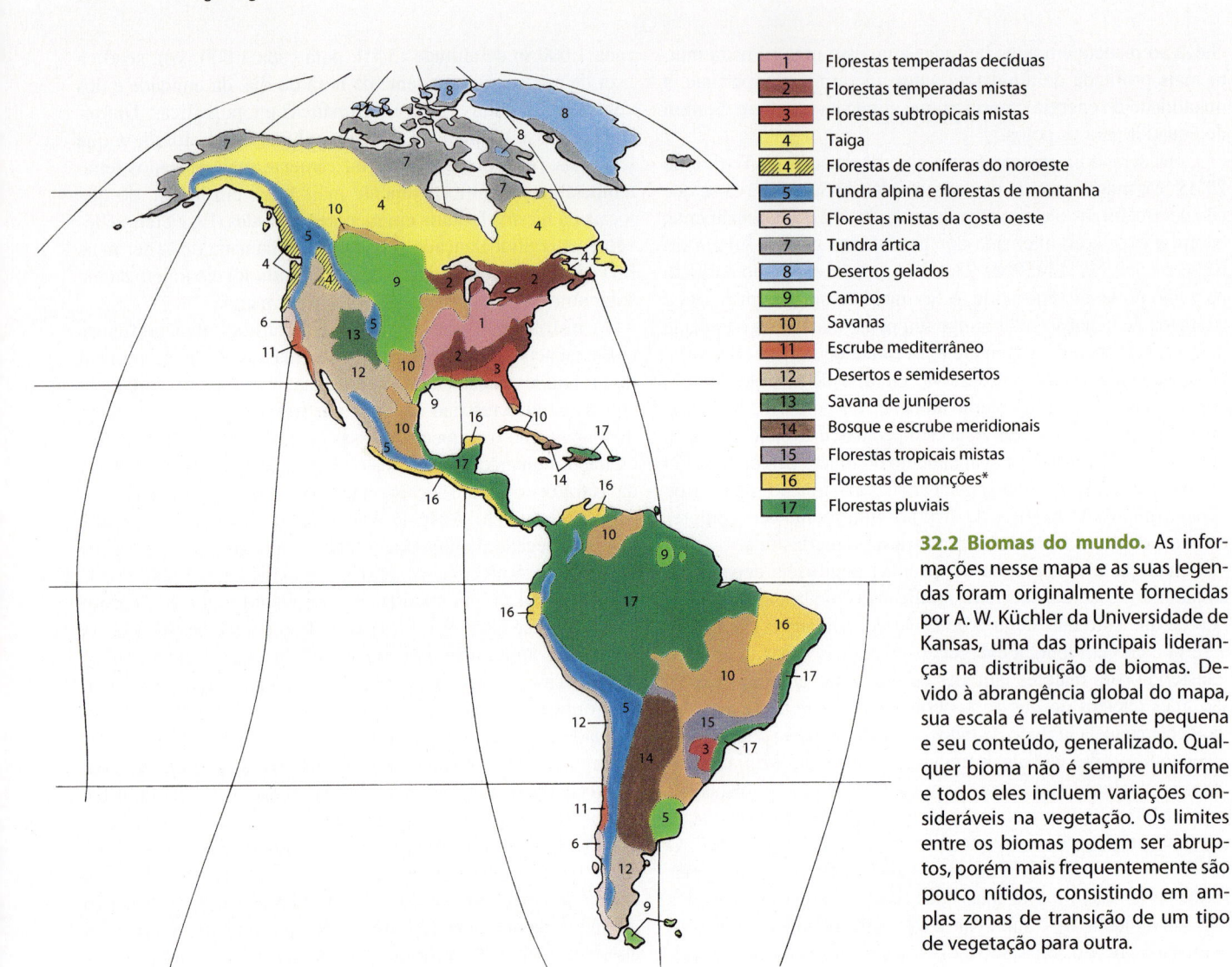

Legenda do mapa:

1. Florestas temperadas decíduas
2. Florestas temperadas mistas
3. Florestas subtropicais mistas
4. Taiga
4. Florestas de coníferas do noroeste
5. Tundra alpina e florestas de montanha
6. Florestas mistas da costa oeste
7. Tundra ártica
8. Desertos gelados
9. Campos
10. Savanas
11. Escrube mediterrâneo
12. Desertos e semidesertos
13. Savana de juníperos
14. Bosque e escrube meridionais
15. Florestas tropicais mistas
16. Florestas de monções*
17. Florestas pluviais

32.2 Biomas do mundo. As informações nesse mapa e as suas legendas foram originalmente fornecidas por A. W. Küchler da Universidade de Kansas, uma das principais lideranças na distribuição de biomas. Devido à abrangência global do mapa, sua escala é relativamente pequena e seu conteúdo, generalizado. Qualquer bioma não é sempre uniforme e todos eles incluem variações consideráveis na vegetação. Os limites entre os biomas podem ser abruptos, porém mais frequentemente são pouco nítidos, consistindo em amplas zonas de transição de um tipo de vegetação para outra.

*N.T.: No Brasil ocorrem as caatingas, vegetação da região semiárida do Nordeste.

ecologista O. Hedberg diz, sistemas tropicais com elevação alta têm "verão todos os dias e inverno todas as noites". As exigências de tal variação extrema de temperatura diária favoreceram a evolução de tipos bizarros de plantas, e as comunidades de montanhas de grande altitude providenciam os mais claros exemplos de evolução convergente (Figura 32.1).

Solos e fogo influem nos padrões regionais de distribuição

A variação na vegetação terrestre é muitas vezes explicada pela variação do solo. O solo é mais bem visto como um subecossistema, porque ele não é só a parte superficial da rocha e a matéria orgânica morta, mas uma complexa e altamente especializada comunidade de organismos (ver Figura 29.6). É o funcionamento deste sistema que determina grandemente a abundância e a forma química dos elementos nutricionais disponíveis para as plantas. Ele também afeta a quantidade e a distribuição da umidade do solo, o que para a maioria deles é fortemente dependente do tamanho das partículas minerais, sejam elas principalmente partículas microscópicas de argila ou areia grossa e cascalho. O tipo de solo presente dentro de uma região é determinado, em parte, pelo clima, mas também pelo "material de origem" a partir do qual o solo se forma. Outro fator é o período de tempo em que uma região esteve estável e, por conseguinte, com a superfície

exposta para os processos de intemperismo do solo. A Austrália, por exemplo, foi geologicamente estável por milhões de anos, e principalmente por este motivo, a contínua lixiviação pela precipitação gerou muitas áreas pobres em nutrientes, com deficiências de elementos essenciais, especialmente fósforo.

O fogo também afeta profundamente as vegetações. Antes de os humanos se tornarem tecnologicamente sofisticados com sua destruição do mundo natural, o fogo era a maior perturbação – que se define como um fator que mata ou machuca significativamente os organismos em um ecossistema. O fogo só é possível com um combustível (material combustível de plantas) que esteja seco o suficiente para queimar, e a presença de combustível seco é fortemente influenciada pelo clima (p. ex., em época ou não de seca) e pelo tempo (tais como vento, padrão de precipitação antes do fogo e raios). Assim, fogo, clima e tempo estão intimamente ligados. O clima determina os tipos de plantas presentes, as condições gerais que controlam a morte de partes da planta e as condições do tempo na hora do fogo, tais como a umidade no combustível, a umidade do ar, e, especialmente, a direção e força do vento. Poucos lugares são completamente livres da possibilidade de queimadas, mas aqueles com alta vulnerabilidade combinam um período confiável de umidade para crescimento da biomassa com episódios anuais

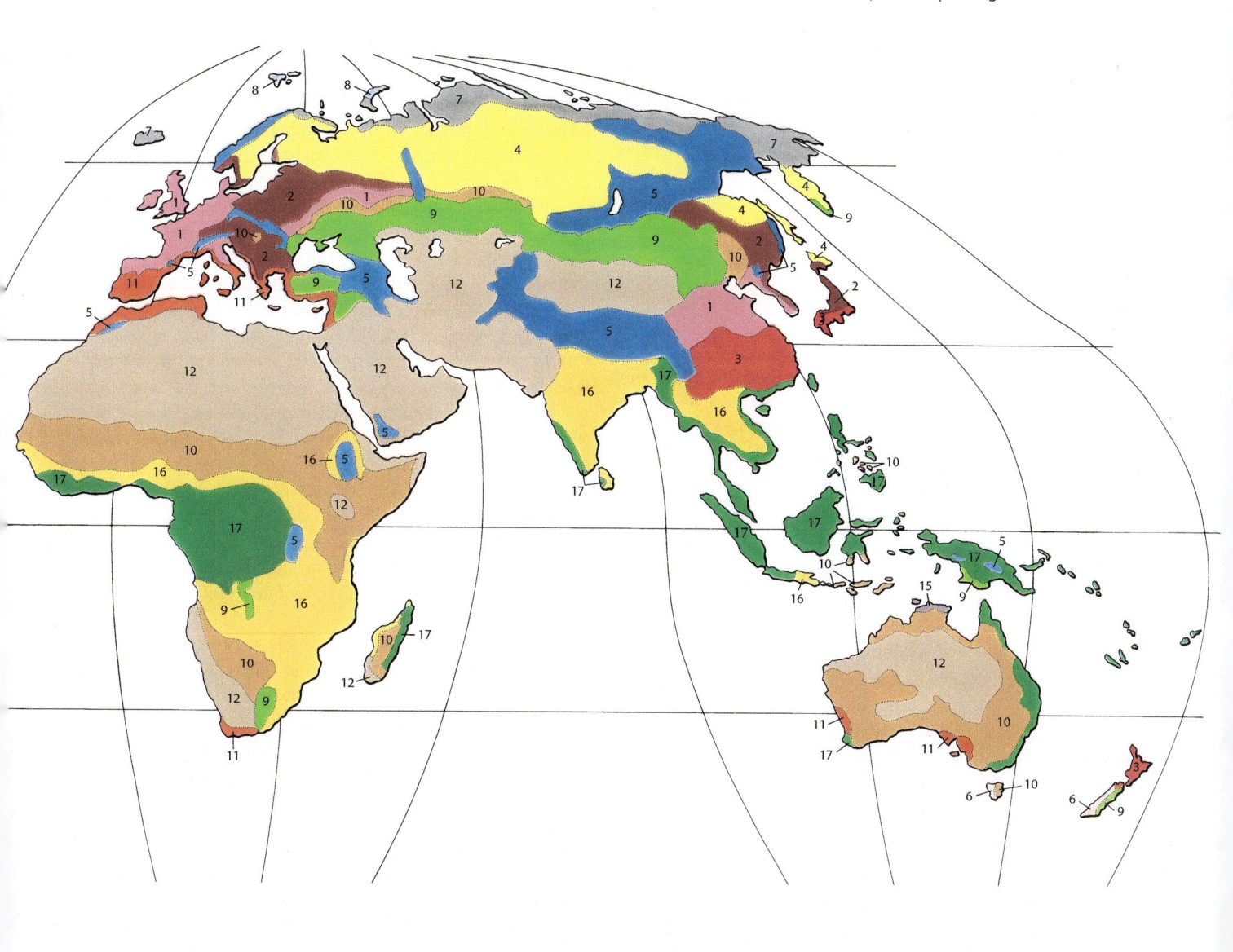

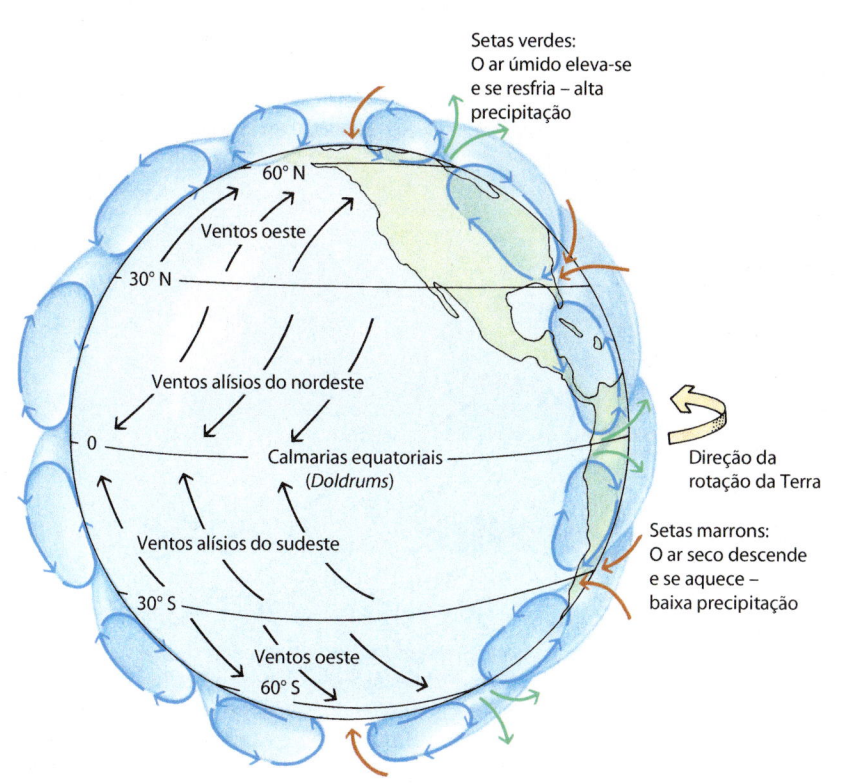

Setas verdes:
O ar úmido eleva-se
e se resfria – alta
precipitação

60° N

Ventos oeste

30° N

Ventos alísios do nordeste

0

Calmarias equatoriais
(*Doldrums*)

Ventos alísios do sudeste

30° S

Ventos oeste

60° S

Direção da
rotação da Terra

Setas marrons:
O ar seco desce
e se aquece –
baixa precipitação

32.3 Correntes de ar globais. A superfície da Terra é coberta por cinturões de correntes de ar, que determinam os principais padrões de vento e de precipitações de chuva. Nesse diagrama, as setas azuis indicam a direção do movimento de ar dentro dos cinturões. As setas verdes indicam regiões de ar ascendente, que se caracterizam por altas precipitações, e as setas marrons indicam regiões de ar descendente, que apresentam baixas precipitações. O ar seco descendente nas latitudes de 30° norte e sul é responsável pelos grandes desertos do mundo. Os ventos predominantes na superfície da Terra, indicados pelas setas negras, são produzidos pelo efeito de rotação da Terra nas correntes de ar, dentro de cada um dos cinturões.

32.4 Sombra de chuva. O efeito das montanhas costeiras nos padrões de precipitação do hemisfério norte. Conforme os ventos saem da água, o ar é forçado para cima pela topografia do terreno, resfria-se, e libera sua umidade na forma de chuva ou neve. Conforme os ventos descem do outro lado das montanhas e se torna mais quente, sua capacidade de reter água aumenta, assim a quantidade e frequência da precipitação diminuem.

de seca para secar tudo. Estas condições existem sobre grandes áreas de trópicos secos e regiões semiáridas temperadas. A região boreal, embora não seja vista como uma região árida, seca suficientemente e apresenta as características certas de um combustível para permitir queimadas intensas. Há um consenso entre os ecologistas de que, hipoteticamente, se fosse possível prevenir todos os incêndios, a vegetação em muitas partes do mundo seria diferente. Discutiremos algumas destas situações nas seções seguintes.

Florestas pluviais

Iniciamos a exploração dos biomas com o sistema no qual o menor número de fatores é limitante: florestas tropicais – onde as temperaturas são relativamente constantes e nunca abaixo do ponto de congelamento, onde a chuva é constante e desta maneira a umidade do solo se mantém suficiente para o crescimento ao longo do ano, onde a geologia e a topografia permitem a formação de solos profundos e a retenção de um suprimento pelo menos suficiente de nutrientes e onde o local é muito bem drenado (*i. e.*, não debaixo d'água em qualquer momento). Essas

condições favorecem a fotossíntese elevada e constante e, desta maneira, o crescimento vegetal máximo. As plantas podem expandir suas copas rapidamente e, sem as limitações de congelamento e seca, podem ter folhas largas ou finas, para a máxima absorção da luz. O resultado é uma forte competição pela luz. As plantas que são ultrapassadas na absorção de luz são rapidamente recobertas. No tempo evolutivo, isso favoreceu a proliferação de espécies lenhosas capazes de atingir seu lugar ao sol. As planícies tropicais úmidas são dominadas por florestas pluviais – florestas densas constituídas por espécies que estão ativas durante todo o ano. As plantas são sempre-verdes (quer dizer, suas folhas estão sempre fotossintetizando ativamente) ou perdem as folhas apenas por breves períodos. A dominância das árvores influencia todos os outros aspectos da floresta pluvial. A densa sombra significa que a cobertura vegetal abaixo das árvores em florestas não perturbadas é escassa. Mas existem espécies que se adaptaram a estas condições e são capazes de crescer com luz baixa. As plântulas e mudas de algumas árvores são *tolerantes à sombra*, o que significa que elas conseguem manter um balanço de energia positiva apesar da luz limitada, e estas são geralmente as plantas mais abundantes na camada próxima ao solo.

Outra classe de plantas – as *epífitas* (que significa "sobre as plantas") – encontram luz crescendo nos ramos e troncos de outras árvores. Algas, musgos e liquens crescem como epífitas em todas as regiões climáticas. Os trópicos úmidos as têm em abundância, mas também são hospedeiras de espécies epífitas do grupo de plantas superiores (Figura 32.6). As epífitas sobrevivem sem solo, coletando a água da chuva e também nutrientes de fezes de animais, da serapilheira, da poeira e de insetos mortos. As epífitas evoluíram em várias famílias de plantas, mas dois grupos muito bem conhecidos são as orquídeas e as bromélias (o abacaxi é uma bromélia); também existem muitas samambaias epifíticas. As *lianas* ou os cipós lenhosos, também conhecidos como *trepadeiras*, representam outra estratégia de exploração das árvores como suporte. As lianas são enraizadas no solo, mas crescem ao longo do tronco das árvores até o dossel. Algumas lianas iniciam sua vida como epífitas e lançam ramos para o solo, onde eles se enraízam. As figueiras-mata-pau ou estranguladoras (*Ficus* spp., ver Capítulo 24) são um caso especial. Elas começam a se desenvolver como epífi-

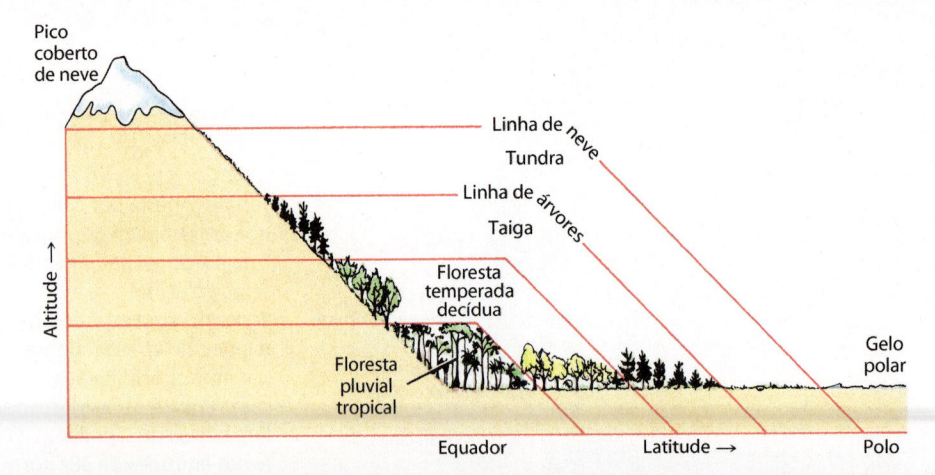

32.5 Relação entre altitude e latitude. No hemisfério norte, a sequência de mudanças de vegetação que veríamos ao subir uma alta montanha é similar à sequência que veríamos ao viajar centenas de quilômetros para o norte. Alexander von Humboldt foi o primeiro a indicar a relação entre altitude e latitude. Para experimentarmos uma sequência de vegetação similar no Hemisfério Sul, poderíamos subir uma montanha. No entanto, ao viajarmos para o sul, nunca encontraríamos uma vegetação correspondente à taiga e à tundra do Hemisfério Norte. Você pode explicar por quê?

ALEXANDER VON HUMBOLDT

Alexander von Humboldt (1769-1859) foi talvez o maior viajante cientista que existiu e foi, certamente, um dos maiores escritores e cientistas de sua era. Nascido na Alemanha, Humboldt deslocou-se bastante pelo interior da América Latina entre 1799 e 1804 e escalou algumas de suas montanhas mais altas. Explorando a região entre o Equador e o México central, Humboldt foi o primeiro a reconhecer a inacreditável diversidade da vida tropical e, consequentemente, o primeiro a perceber quão vasto é o número de espécies de plantas e animais que deve existir no mundo.

Nas suas viagens, Humboldt ficou impressionado com o fato de as plantas tenderem a ocorrer em grupos repetidos, ou comunidades, e onde quer que haja condições semelhantes – relacionadas com o clima, solo ou interações biológicas – agrupamentos semelhantes de plantas aparecem. Ele também constatou um segundo princípio fundamental – a relação entre altitude e latitude. Ele descobriu que escalar uma montanha nos trópicos é análogo a viajar longas distâncias para o norte (ou para o sul) do equador. Humboldt ilustrou esse ponto com seu bem conhecido diagrama das zonas de vegetação no Monte

Chimborazo no Equador, o qual ele escalou. Nessa montanha, ele alcançou a maior altitude registrada que qualquer pessoa tenha alcançado até aquela data.

Ao deixar a América Latina em 1804, Humboldt visitou os EUA por 8 semanas. Ele passou três dessas semanas como hóspede de Thomas Jefferson em Monticello, conversando sobre muitos assuntos de

interesse mútuo. Acredita-se que o entusiasmo de Humboldt em aprender sobre terras novas encorajou o próprio grande plano de Jefferson para a exploração do oeste dos EUA. Assim, é justo que o nome de Humboldt seja homenageado na denominação de vários condados, cadeias de montanhas e rios no oeste americano.

tas, lançam as raízes para o solo e, ao final, envolvem e matam a árvore hospedeira, tornando-se uma árvore do dossel com existência independente.

Como a biomassa de folhas comestíveis nas florestas tropicais está no topo das árvores, herbívoros grandes e predadores que se alimentam delas são escassos no chão da floresta. Isso e o clima favorável explicam a abundância de animais arbóreos (que vivem em árvores), incluindo nossos parentes primatas, tais como os bugios das Américas e as espécies de gibão da Ásia, assim como a abundância de pássaros (papagaios nas Américas e calaus na África). A mobilidade de pássaros e primatas lhes permite encontrar as melhores porções de comida nos ambientes das copas das árvores – frutas, insetos e porções jovens das plantas mais comestíveis. Isso também os torna distribuidores importantes de sementes das plantas tropicais.

Os ecólogos estão especialmente interessados no número de espécies que ocupam certa quantidade de espaço. Se a métrica é simplesmente o número total em uma área, o termo "riqueza de espécies" é empregado. A diversidade de espécies pode ser medida pela riqueza de espécies, mas, para os ecólogos, "diversidade" é um termo mais geral, que leva em consideração a distribuição de abundância entre as espécies. Para esta pesquisa geral, igualamos diversidade a riqueza. No entanto, as florestas tropicais alcançam níveis extraordinários de diversidade

de espécies, sob qualquer definição. Um hectare (2,27 acres ou aproximadamente 2,5 campos de futebol americano) típico de floresta boreal de coníferas terá de 1 a 4 espécies de árvores; uma floresta temperada decídua rica tem entre 10 e 20 espécies, mas uma floresta pluvial tropical tem normalmente 100 espécies e florestas excepcionalmente ricas têm mais centenas. Epífitas, lianas e as plantas herbáceas no chão da floresta providenciam espécies adicionais. Esta diversidade de espécies de plantas suporta uma diversidade proporcional de artrópodes. Como em todas as generalizações na ecologia, no entanto, há exceções, e algumas florestas dos trópicos pluviais são dominadas por uma ou poucas espécies de árvores sobre vastas áreas.

Os ecólogos ainda estão pesquisando uma explicação completa para a causa de as florestas pluviais tropicais terem tão alta diversidade em relação aos outros biomas. Tanto a temperatura quanto as condições de umidade são provavelmente importantes. A influência de temperaturas quentes é explicada pelo fato de que a diversidade é relativamente maior não só nos trópicos úmidos, mas também em trópicos secos, e que, ao contrário, é universalmente muito menor nas regiões polares. A situação com respeito à umidade não é tão simples. Aos trópicos úmidos são ricos em espécies e os desertos mais secos são geralmente pobres em espécies, mas regiões semiáridas como a região

32.6 Epífitas. Ao coletarem e armazenarem água e os nutrientes do ar circundante, chuva e material particulado, as epífitas criam pequenas manchas de solo de detritos acumulados. As bromélias vistas aqui como tufos de folhas ao longo da árvore estão entre as mais comuns das epífitas. As folhas de muitas bromélias fundem-se em sua base para formar tanques e reservatórios de água que, em espécies maiores, podem conter até 45 ℓ de água da chuva. Essas poças de água são microcosmos de bactérias, protozoários, insetos e comedores de insetos. Muitos mosquitos de florestas tropicais procriam exclusivamente em tanques de bromélias. As bromélias absorvem água de seus reservatórios e também são supridas por nutrientes dos detritos.

predominada por arbustos de *fynbos* na África do Sul têm uma biodiversidade de plantas bastante elevada.

A diversidade de espécies é, em ultima análise, dependente do processo de evolução, e esperamos encontrar mais diversidade onde houve mais tempo e condições favoráveis para a especiação – então para a evolução, o tempo também pode ser um fator de controle. Outra ideia centra-se nas interações tróficas, especialmente parasitismo (no sentido geral), como uma fonte de pressão seletiva que favorece a origem e persistência das espécies. As contínuas condições quentes e úmidas dos trópicos permitem que fungos, bactérias e insetos herbívoros prosperem e, assim, potencialmente atuem como agentes seletivos na evolução. A necessidade de defender-se de parasitos e predadores em evolução pode favorecer a diversidade genética, e com isso favorecer a especiação.

Como todos os sistemas naturais, as florestas pluviais são dinâmicas e mudam constantemente. Devido à abundância das chuvas, os incêndios naturais são raros. As árvores da floresta pluvial evoluíram para resistir aos danos causados pelo vento, por uma variedade de mecanismos, como madeiras resistentes a fraturas e a presença de raízes tabulares (Figura 32.7). Mas cedo ou tarde tudo o que sobe deve descer, e a queda de árvores é um distúrbio natural em florestas tropicais fluviais. Florestas tropicais que ficam ao alcance de furacões ou tufões podem sofrer com uma perda de cobertura generalizada, mas tais catástrofes não são essenciais para a queda da árvore. Mesmo que inicialmente seja uma única árvore que cai, ela normalmente derruba outras árvores próximas por impacto direto, ou porque a copa da árvore que cai está conectada a outras por lianas. A luz pode então penetrar até o solo da floresta, e um forte pulso de crescimento de ervas, arbustos, plântulas de árvores e rebrotamento de árvores ocorre. Se a abertura for grande o suficiente, espécies que precisam do sol, espalhadas pelo local, podem se estabelecer antes de a clareira se fechar.

As florestas pluviais estão sendo rapidamente destruídas

As florestas pluviais tropicais já foram reduzidas à metade de sua área original e estão sendo perdidas continuamente. Estima-se que, no ritmo atual, apenas 5% da área originalmente coberta por

florestas tropicais pluviais da Terra sobreviva até a metade deste século. Já que os trópicos contêm metade das espécies do mundo, a perda poderia trazer terríveis consequências – certamente para a biodiversidade global. As maiores ameaças são exploração e conversão subsequente de florestas em plantações ou pastagens abertas. Clareiras agrícolas tornam as paisagens suscetíveis ao fogo em um grau que é historicamente sem precedentes, como foi tragicamente demonstrado pelos incêndios de 1997 e 1998 na região de Kalimantan, na Indonésia, onde 5 milhões de hectares de florestas e de ex-florestas foram destruídos.

A conversão das florestas pluviais tropicais em plantações seria mais defensável se os resultados fossem sempre áreas agrícolas muito produtivas. A experiência, contudo, aponta o contrário (Figura 32.8). Os solos tropicais mostram ser, frequentemente, frágeis. Eles podem perder a fertilidade rapidamente quando abertos, porque parte significativa de seu estoque de nutrientes está retida pela vegetação e proporcionalmente em menor quantidade na porção mineral do solo fortemente afetada pelo intemperismo. A matéria orgânica, importante para a estruturação do solo e retenção de nutrientes, é confinada principalmente a uma camada superficial, facilmente esgotada durante a abertura de árvores. A adição de fertilização pode não ajudar muito porque os solos tropicais frequentemente fixam o fósforo em formas insolúveis.

Florestas tropicais decíduas

Nem todas as áreas tropicais têm precipitação pluvial alta e constante o ano inteiro. Em regiões onde ocorre uma estação seca prolongada, a floresta pluvial tropical dá lugar a outros tipos de florestas tolerantes à seca. Estas florestas podem ser agrupadas sob o nome geral de *florestas tropicais sazonais*. Por exemplo, na África Central e do Sul, no subcontinente indiano e no Sudeste Asiático existem extensas áreas de *florestas de monção*. Climas e florestas similares são encontrados ao norte da Península de Yucatán, no México, ao norte da Colômbia e Venezuela, no Equador e ao leste do Brasil (Figura 32.2). Estes climas produzem chuvas suficientes para permitir o cresci-

A

C

B

32.7 Floresta tropical pluvial. A. O interior da floresta pluvial tropical na Costa Rica. As plantas de folhas largas e flores vermelhas são *Heliconia irrasa*. Uma fêmea de lagarto-verde *(Norops biporcatus)* é vista em primeiro plano. **B.** A diversidade de árvores na floresta, o que pode chegar a muitas centenas de espécies por hectare, é revelada quando árvores individuais começam a florescer, como estas árvores na Mata Atlântica do Brasil. **C.** Uma árvore com raízes tabulares na floresta tropical do Equador. Observe as trepadeiras lenhosas conhecidas como lianas no tronco.

mento vigoroso das árvores e o desenvolvimento de florestas densas e produtivas, mas as árvores dominantes são decíduas, perdendo suas folhas durante a estação seca. Em outras áreas dos trópicos com chuvas sazonais existem outros tipos de florestas secas, como as florestas de árvores baixas do México e da América Central ou a biologicamente distinta floresta seca de Madagascar. As *florestas tropicais mistas*, nas quais são encontrados tanto árvores quanto arbustos sempre-verdes, estão localizadas no leste e sul do Brasil e no norte da Austrália (Figura 32.2).

Apesar de o desaparecimento das florestas pluviais tropicais causar alarme entre os conservacionistas, as florestas tropicais sazonais secas também apresentam extraordinários níveis de biodiversidade. Como as florestas pluviais tropicais, florestas secas também estão se perdendo rapidamente para o uso exploratório da terra ou abusos feitos por colheitas florestais insustentáveis.

Savanas

Com a diminuição adicional das precipitações, atinge-se um ponto onde a umidade não é mais suficiente para manter um dossel arbóreo contínuo. As árvores e os arbustos estão esparsos ou formam grupos dentro de uma matriz campestre e, em alguns lugares, as árvores quase desaparecem. Estas áreas são chamadas *savanas*, um termo derivado das línguas nativas do Caribe. A definição exata varia regionalmente.

Na América do Sul, por exemplo, as savanas incluem campos que são praticamente livres de árvores, enquanto, em outros lugares, o termo é restrito aos campos com um componente lenhoso significativo (Figura 32.2). As savanas de todos os tipos têm uma precipitação pluvial de 90 a 150 cm anuais. Nos trópicos, as árvores das savanas são latifoliadas decíduas ou sempre-verdes, que podem estar isoladas ou em grupos, e algumas savanas são dominadas por arbustos (Figura 32.9). A vegetação de cerrado

32.8 Erosão. Da vegetação nativa que uma vez cobria Madagascar, uma ilha no Oceano Índico, 420 km a leste do continente Africano, apenas 10% permanecem, e também estão desaparecendo rapidamente. Em Madagascar, como em outras áreas tropicais, os solos expostos pela abertura da vegetação são quase sempre inadequados para a agricultura. As chuvas abundantes rapidamente removem o solo superficial aumentando as paisagens estéreis, saturando os rios com sedimentos, como visto aqui, e algumas vezes causando inundações e deslizamentos de terra. O mar ao redor de Madagascar é, muitas vezes, vermelho-ferrugem devido à perda do solo vermelho erodido da ilha, e é difícil produzir comida o suficiente para sustentar as pessoas do quarto país mais pobre do mundo.

no Brasil pertence ao bioma de savana. Ele varia de campos abertos a florestas quase fechadas.

Nas savanas, por definição, plantas herbáceas, principalmente gramíneas, são predominantes. As plantas com bulbos podem ser abundantes. Em virtude da densa cobertura de ervas perenes, possibilitada pela abundante precipitação pluvial sazonal, há poucas ervas anuais. As árvores são bem ramificadas, mas raramente têm mais de 15 m de altura. Muitas árvores, como as acácias, são protegidas por espinhos que desencorajam o pastejo (ver Figura 31.9A). Suas folhas são geralmente menores do que as das árvores sempre-verdes das florestas pluviais e, deste modo, são mais capazes de regular sua perda de água.

A estação seca prolongada, combinada com a presença de crescimentos de herbáceas secas altamente inflamáveis, significa que as savanas são mais suscetíveis ao fogo. Geralmente, o fogo é mais destrutivo em plantas lenhosas do que em espécies herbáceas. A não ser que esteja protegida por um tronco grosso, uma planta lenhosa pode perder todo o seu investimento em estruturas acima do solo e terá de recrescer anos para a biomassa acumulada. Se o fogo ocorre novamente antes de a recuperação se completar, a árvore pode morrer ou ser reduzida a uma forma arbustiva, muitas vezes erguendo-se de uma base alargada ou de um nó. Mas uma planta herbácea, que está dormente durante uma queimada e protegida por ter seu tecido vivo abaixo do solo, normalmente não sofrerá danos significativos. Assim, se ocorrerem incêndios regularmente, eles podem retroceder a floresta fechada gradualmente, abrindo o terreno a pleno sol e encorajando o domínio de gramíneas e outras espécies de herbáceas. A opinião atual é que incêndios naturais deviam ser

comuns o suficiente para causar a evolução de plantas resistentes ao fogo antes que a queimada feita por humanos fosse tão prevalente. Isso não é tão certo na África, onde hominídeos que promoviam incêndios existiram por períodos longos o suficiente para a evolução agir, mas certamente se aplica nas Américas, onde humanos, em termos evolutivos, chegaram muito recentemente. Há pouca dúvida de que muitas áreas de sanava foram alteradas, até certo ponto, e possivelmente criadas por humanos.

Em suas margens voltadas para os polos, savanas tropicais e comunidades de vegetação relacionadas gradualmente se transformam em desertos devido à baixa precipitação imposta pela circulação global (Figura 32.3). Esta transição é mais ou menos contínua e ocorre sobre uma vasta região na África, mas ela é mais complexa no Novo Mundo e na Ásia. Uma dessas comunidades de transição são os vastos bosques de juníperos ou zimbros (*Juniperus* ssp.) no oeste da América do Norte (Figura 32.10). Eles são encontrados em locais geralmente secos demais para suportar campos, mas mais úmidos e frios que em áreas de desertos. Em muitos lugares no oeste dos EUA, a vegetação com juníperos, muitas vezes encontrada com os pinheiros *pinyons* (*Pinus edulis*), cresce em áreas adjacentes a desertos, mas em altas elevações. Estudos de pólen e macrofósseis preservados em tocas de roedores (*Neotoma* sp.) mostra que a vegetação que parece se apresentar como uma característica estável da paisagem na verdade é muito dinâmica ao longo do tempo. Durante o período Pleistoceno, na época da maior expansão das geleiras, as comunidades de *Juniperus* deslocaram-se para áreas mais baixas, que são atualmente ocupadas por desertos sem nenhuma árvore dessa espécie.

32.9 Savana. Uma savana no leste da África, com girafas rodeadas por um rebanho de impalas. A característica de transição deste bioma, em relação à vegetação do bioma da floresta pluvial tropical e o bioma de deserto, é evidente nas gramíneas, arbustos e árvores baixas (acácias) vistas aqui.

Desertos

Onde as temperaturas estão por muito tempo, ou quase o ano inteiro, acima do ponto de congelamento, e onde a precipitação é tão escassa e incerta que já não pode suportar uma cobertura de vegetação perene, encontramos o bioma de deserto. Todos os grandes desertos do mundo estão localizados fora da zona equatorial em zonas de alta pressão atmosférica que ladeiam os trópicos a cerca de 30° de latitude norte e 30° latitude sul. Eles se estendem em direção aos polos no interior dos grandes continentes (Figura 32.2). Extensos desertos estão localizados no norte da África e na parte sul do continente africano. Outros desertos ocorrem no Oriente Médio, no sul da Mongólia e norte da China, no oeste da América do Norte e oeste e sul da América do Sul, e na Austrália. O Saara, que se estende por toda a faixa da costa atlântica da África até a península arábica, é o maior deserto do mundo. No continente australiano, as áreas áridas ou semiáridas cobrem 70% da superfície. Menos de 5% da América do Norte é deserto e a maioria não é extrema (Figura 32.11).

Os desertos mais rigorosos recebem menos de 20 cm de chuva por ano (ver Figura 31.6). No Deserto de Atacama, da costa do Peru e norte do Chile, a média de precipitação pluvial é menor que 2 cm por ano. As médias, contudo, não explicam toda a história. Conforme a precipitação média decresce, a variabilidade de ano para ano aumenta. Em uma região úmida, uma seca grave seria de 50% a menos de chuva do que a média; em um deserto, uma seca pode significar nenhuma precipitação. As plantas e os animais de regiões áridas devem ser capazes de tolerar estes períodos de extrema secura e de aproveitar os bons anos, quando eles ocorrem. Isso pode favorecer alguns tipos de plantas de aparência bizarra, exemplos notáveis são: *Welwitschia* (ver Figura 18.41) encontrada no Deserto da Namíbia, no extremo da costa no sul da África, e o círio ou árvore-de-boojum *(Fouquieria columnaris)*, da Baixa Califórnia (EUA) (Figura 32.12).

As regiões de deserto no oeste da América do Norte ilustram o efeito de variação climática em uma escala maior. Os *desertos quentes* ocorrem nas latitudes baixas. Os desertos do Arizona, que são deste tipo, são caracterizados por dois picos de precipitação, ambos variáveis com relação ao tempo exato e quantidades. Este padrão favorece as suculentas que podem armazenar água das chuvas, que são pouco frequentes e muitas

A

B

32.10 Bosques de juníperos. A. Savana de juníperos (*Juniperus osteosperma*) na Great Bacin, próximo a Wellington, Utah (EUA). **B.** Invernos frios são característicos dos bosques e savanas de juníperos e *pinyons* da Great Bacin, como mostrado aqui no sul de Moab, Utah.

32.11 Desertos. Algumas das plantas representativas dos principais desertos da América do Norte. **A.** O Deserto de Sonora distribui-se do sul da Califórnia até o oeste do Arizona e ao sul dos EUA até o México. Uma planta dominante é o cacto saguaro-gigante (*Carnegiea gigantea*), que chega muitas vezes aos 15 m de altura, com uma ampla rede de distribuição de raízes pouco profundas. A água é armazenada em um caule espessado, que se expande como um acordeão após uma precipitação. **B.** Ao leste do Deserto de Sonora fica o Deserto de Chihuahua; uma de suas principais plantas é a agave conhecida como punhal-de-canela (*Agave lechuguilla*), uma monocotiledônea. **C.** Ao norte do Deserto de Sonora está o Deserto de Mojave, com sua planta característica, a árvore-de-josué (*Yucca brevifolia*). Esta planta foi nomeada pelos primeiros colonos mórmons, que pensavam que sua forma se parecia com a de um patriarca barbudo gesticulando uma oração. O Deserto de Mojave contém o Vale da Morte, o ponto mais baixo do continente (90 m abaixo do nível do mar), apenas a 130 km do Monte Whitney, com uma altitude de 4.000 m. **D.** O Deserto de Mojave mistura-se com o Deserto da Great Bacin, um deserto frio limitado pela Serra Nevada no oeste e as Montanhas Rochosas ao leste. É o maior e mais gélido dos desertos dos EUA. A planta dominante é a artemísia (*Artemisia tridentata*), mostrada aqui com a Serra Nevada coberta de neve no fundo.

vezes escassas. As temperaturas podem alcançar extremos porque os céus são normalmente completamente limpos e pouco calor é dissipado pela evaporação devido aos solos secos, baixa cobertura de plantas e transpiração limitada. Temperaturas de verão de mais de 36°C são comuns. As mesmas condições que fazem o deserto se aquecer durante o dia fazem com que ele se resfrie rapidamente à noite. O calor acumulado durante o dia é perdido por reirradiação e as temperaturas caem abruptamente tão logo o sol se põe.

Conforme nos movemos do Arizona para o norte, o padrão nos desertos muda para uma queda de precipitação principalmente no inverno, parte dela em forma de neve. Tais *desertos frios* são encontrados, por exemplo, no Deserto da Grande Bacia no oeste da América do Norte, que fica entre o sistema Serra Nevada – Montanhas Cascade e Montanhas Rochosas (Figura 32.11D). Nesta região, os invernos podem ser severamente

frios. Espécies suculentas são ainda menos comuns, e arbustos de folhas pequenas, como a bem difundida artemísia (*Artemisia tridentata*), predominam. Movendo-nos ainda mais em direção ao polo, chegamos a áreas de precipitação baixa nas regiões do Ártico e Antártica, onde o frio extremo combina-se com a umidade limitada para restringir a vida vegetal, principalmente para liquens e musgos resistentes.

As plantas do deserto são adaptadas à baixa precipitação pluvial e aos extremos de temperatura

A alta variabilidade de condições de umidade significa que as plantas dos desertos devem ser capazes de sobreviver à estação seca ou aos períodos secos em condição de dormência ou ainda ter algum mecanismo para amenizar as condições variáveis de umidade. Uma solução é a estratégia de crescimento anual, sobrevivendo às épocas secas como sementes que germinam quando as

32.12 Sobrevivendo à seca extrema. Com folhas que se formam esporadicamente, dependendo da presença de chuva ou névoa proveniente da costa, o círio (*Fouquieria columnaris*), também conhecido por árvore-de-boojum, é capaz de sobreviver por extensos períodos com pouca ou nenhuma umidade. Boojum vem do poema absurdo de Lewis Carroll.

chuvas umedecem a superfície, e florescendo e criando uma nova safra de sementes antes que a época de condições de umidade se encerre. Muitas espécies foram capazes de adotar esta estratégia, e existem proporcionalmente mais espécies anuais nos desertos e regiões semiáridas do mundo que em qualquer outro bioma. Para as plantas perenes, dormência, armazenamento de água, acesso a águas mais profundas ou um alto nível de resistência ao estresse da seca são suas únicas opções. As gramíneas, como um grupo, apresentam características para tolerância à seca e estão presentes em certo nível em todos os desertos, menos nos mais extremos. Uma gramínea perene típica de deserto tem um crescimento em *forma de touceira* – um conjunto denso de hastes. Com o início da seca, as folhas morrem e as gemas regenerativas são protegidas pela massa de caules e folhas mortas. Outras plantas herbáceas têm seus bulbos enterrados profundamente, os quais quebram sua dormência quando estimulados pela chuva.

A extraordinária capacidade das plantas de se adaptarem às condições dos desertos é exemplificada pelo arbusto acinzentado e piloso conhecido como doce-mel-do-arizona (*Tidestromia oblongifolia*), uma erva C_4 (ver Capítulo 7) perene – isto é, uma planta com uma forma de crescimento arbustivo, mas com tecidos lenhosos apenas na base da planta – comum do Death Valley (Vale da Morte) na região da Califórnia e Nevada. A fotossíntese máxima dessa espécie é atingida a temperaturas de 45° e 50°C,

em pleno sol no meio do verão – temperaturas que seriam danosas ou mesmo fatais para plantas de regiões com maior umidade e temperaturas mais baixas.

As suculentas são uma classe distinta de plantas perenes armazenadoras de água. Sua capacidade de armazenar água é encontrada em muitas famílias de plantas, mas dois grupos são notáveis: os cactos do Novo Mundo (família Cactaceae), que são essencialmente todos suculentos e as suculentas euforbias (Euphorbiaceae) do Velho Mundo. Membros destas duas famílias relacionadas distantemente providenciam uns dos melhores exemplos de evolução convergente (ver Quadro "Evolução convergente" no Capítulo 12). As suculentas têm sistemas de raízes rasas que são destinadas para absorver água enquanto ela está disponível e então usá-la de forma conservadora. Para acomodar esta água armazenada, as suculentas, têm a morfologia que lhes permite a mudança de volume sem danos, uma característica especialmente óbvia na estrutura em forma de acordeão de muitos cactos. A fotossíntese CAM (metabolismo ácido de crassuláceas – descrito inicialmente para as Crassulaceae, uma família com muitas espécies suculentas; ver Capítulo 7) é outro mecanismo de conservação da água armazenada. As plantas CAM revertem o padrão comum e abrem seus estômatos somente durante a noite e permanecem fechados durante o dia, reduzindo grandemente sua perda de água (Ver adiante o Quadro "Como um cacto funciona?"). O sucesso da história de vida das suculentas é evidenciado pelo fato de que as suculentas estão frequentemente entre as plantas mais altas e mais robustas dos desertos – o icônico cacto saguaro-gigante do Deserto de Sonora, no sudoeste dos EUA, é um exemplo bem conhecido (Figura 32.11A).

Outro grande grupo de arbustos perenes não armazena água, mas é capaz de explorar reservas profundas de água por meio de sistemas radiculares extensos. O sucesso desta estratégia é exemplificado pelo arbusto-de-creosoto (*Larrea* spp.), um gênero de muitas espécies dominantes sobre vastas áreas dos desertos do Novo Mundo (Figura 32.13). Como a água profunda é acumulada lentamente por percolação vertical, ela varia muito menos do que a água superficial e está disponível durante a estação seca e, em algumas situações, durante muitos anos secos. Absorver a água profunda não funcionaria, contudo, se as plantas não fossem capazes de usar a água com eficiência. Arbustos-de-creosoto produzem pequenas folhas coriáceas com relativamente poucos estômatos, e têm caules resistentes à perda da condutividade da água que é causada por embolias (bolsas de ar que bloqueiam elementos condutores). Estas características restringem a perda de água e permitem que estas plantas resistam à murcha quando estão em condições de extremo estresse hídrico. A fotossíntese C_4 é igualmente mais comum entre as plantas dos desertos e outros ambientes sazonalmente secos e quentes do que em qualquer outro local. Essas plantas têm também a capacidade de perder as folhas e até galhos inteiros nos períodos secos, de modo que elas podem manter o balanço hídrico. Outras plantas lenhosas, como as várias espécies de pau-verde (p. ex., *Parkinsonia* spp.), têm caules verdes, ricos em clorofila, de maneira que podem fotossintetizar mesmo quando não têm folhas.

Campos

Há *campos*, ou pradarias, onde a quantidade de chuvas é menor do que o necessário para manter o crescimento de árvores, mas grande o suficiente para permitir que plantas herbáceas, especialmente gramíneas, dominem. Eles são encontradas dos trópi-

32.13 Arbustos-de-creosoto. Uma das plantas mais características dos Desertos de Mojave, Sonora e Chihuahua na América do Norte é o arbusto-de-creosoto (*Larrea divaricata*, Zygophyllaceae), que apresenta folhas pequenas, coriáceas e conservadoras de água. Os arbustos-de-creosoto do Deserto de Mojave podem formar clones circulares ou elípticos, devido à produção de novos sistemas caulinares na área periférica das partes centrais dos caules, e a segmentação e morte de partes centrais mais velhas, resultando em um anel de arbustos satélites em torno de uma área central vazia. Esta última normalmente acumula um monte de areia, que pode atingir uma profundidade de cerca de meio metro. Alguns clones podem atingir idades extremas: estima-se que o Rei Clone, mostrado aqui, tenha cerca de 12.000 anos. Tais clones antigos iniciaram-se de sementes que germinaram perto do fim da última expansão glacial.

cos até as bordas de regiões boreais e de regiões ao nível do mar até relvados no alto das montanhas. Eles vão dando lugar gradualmente às savanas (como visto anteriormente, campos em áreas tropicais são às vezes considerados um tipo de savana) e aos desertos. Ocorrem como manchas nos bosques e florestas quando fatores históricos (como o fogo) ou fatores do solo (solos rasos e secos) reduzem o crescimento das árvores. Nas regiões central e leste dos EUA, tais manchas de gramíneas são muitas vezes chamadas de clareiras, e elas são tipicamente dominadas por plantas de pradaria (Figura 32.14). Campos são mais extensos, no entanto, nas latitudes medianas, onde eles coincidem com os climas sazonais fortes das zonas temperadas (Figura 32.2).

As gramíneas que se regeneram no início de cada estação de crescimento a partir de gemas no nível do solo ou abaixo dele têm muitas raízes finas para explorar os recursos da superfície do solo. Ao longo de grandes períodos de tempo, os campos, com a assistência de um complemento de animais cavadores,

32.14 Clareira. *Coreopsis* (Asteraceae) dominando uma clareira em uma floresta decídua temperada perto de St. Louis, Missouri (EUA). Tais aberturas na floresta ocorrem normalmente em áreas de solo raso e são muitas vezes dominadas por plantas de pradarias que formam terraços contínuos além dos limites da floresta.

tendem a construir solos com profundas camadas de matéria orgânica (ver Figuras 29.5 e 29.6). Tais solos são ideais para agricultura e vastas áreas de campos têm sido convertidas em áreas de cultivo. Embora o crescimento das plantas de campos seja sazonal, tem pouco espaço para o desenvolvimento de ervas anuais, e estas são na maioria limitadas a áreas perturbadas, como as das colônias dos esquilos chamados "cães-de-pradarias" e as das escavações de texugos ou áreas perturbadas por humanos, tais como prédios próximos e ao longo de estradas e ferrovias.

A maior variação dos campos se relaciona com a precipitação. Campos que recebem precipitação mais alta são dominados por gramíneas altas em touceiras fechadas espaçadas ou relvados densos. Com o decréscimo da precipitação, a estatura das plantas diminui e o nível de cobertura cai. Nos campos mais secos, as plantas ocorrem como moitas muito espaçadas, com escassa vegetação entre elas. Os grandes gradientes são exemplificados na América do Norte. Do oeste para o leste há uma transição de pradarias com gramíneas baixas (as Grandes Planícies) parecidas com os desertos, para a pradaria de gramíneas intermediárias, seguidas pelas pradarias moderadamente úmidas e ricas em gramíneas altas (agora no Corn Belt, o Cinturão do Milho), que dá lugar, em um padrão complicado, para as florestas temperadas decíduas do leste (Figura 32.15).

Os campos tornam-se progressivamente mais secos com o aumento da distância do Oceano Atlântico e do Golfo do México, que são as maiores fontes de ventos úmidos para a metade leste do continente norte-americano. Mais ao norte, esses campos se tornam úmidos de novo, com o decréscimo da evaporação em temperaturas relativamente baixas.

Como os campos apresentam uma cobertura mais ou menos contínua e que morre em uma parte do ano, eles se incendeiam facilmente. Onde as plantas lenhosas convivem com as gramíneas, os incêndios que atingem as gramíneas podem "coroar" (*i. e.*, espalhar o fogo dentro das copas das árvores) ou matar parte ou todos os tecidos meristemáticos na base das árvores e arbustos. Embora incêndios tenham sempre ocorrido naturalmente, pensa-se que queimadas propositais dos campos, por exemplo, por

A   **B**

32.15 Campos. Os campos da América do Norte incluem amplas regiões de pradaria com gramíneas altas e baixas. **A.** Uma fêmea de bisão amamentando seu filhote na pradaria de gramíneas baixas no Custer State Park, Dakota do Sul. **B.** Um dia de junho em uma pradaria de gramíneas altas na Dakota do Norte. Os bosques de choupos (*Populus deltoides,* Salicaceae) junto ao rio da pradaria são característicos deste bioma.

índios nativos americanos, podem ter aumentado a quantidade de campos relativos à floresta. Aqueles que manejam campos naturais atualmente comumente usam o fogo como uma ferramenta essencial (ver Figura 31.16B).

Nossa ênfase foram as plantas, mas todos os grandes campos do mundo foram uma vez habitados por manadas de mamíferos herbívoros, associados a grandes predadores. Embora não haja dúvidas de que os herbívoros dependem da abundância de grama, muito se discute sobre o quanto os animais herbívoros são necessários para manter a integridade da vegetação dos campos. Alguns argumentaram que as gramíneas evoluíram de modo a necessitar da poda por herbívoros para manter uma copa fotossintetizadora saudável. Quer isso seja correto ou não, é inegável que gramíneas, herbívoros e seus predadores formaram sistemas sustentáveis.

No entanto, os seres humanos têm perturbado os sistemas naturais. No oeste americano, o principal herbívoro, o bisão-americano, foi caçado até quase a extinção e sobrevive hoje principalmente em refúgios. O papel do bisão nos campos que não foram convertidos em áreas de cultivo foi tomado por animais domésticos – principalmente gado e ovelhas. Mas animais domésticos não são limitados por predadores selvagens, e desde que os seres humanos tendem a maximizar o tamanho de seus rebanhos, o sobrepastejo tem sido historicamente comum. Isso é levado em consideração para explicar a redução drástica de campos que inicialmente se estendiam do sul do Arizona até o oeste do Texas. Com o passar do último século e meio, estas paisagens foram convertidas em desertos e terrenos arbustivos com gramas escassas. O fracasso de agricultores e pecuaristas no manejo adequado dos campos levou aos desastres conhecidos como tempestade de areia (*dust bowl*), da região central dos EUA na década de 1930 (Figura 32.16). Em casos extremos, a combinação de herbívoros (comendo principalmente grama) e

animais de pastejo (comendo principalmente vegetações lenhosas) pode tornar áreas exuberantes em desertos de plantas espinhosas e impalatáveis. Entretanto, gestores responsáveis pelas pastagens aprenderam com estes erros do passado e desenvolveram métodos que fazem a pastagem sustentável possível. Com um gerenciamento adequado, alguns campos perdidos puderam, como é esperado, ser recuperados.

Florestas temperadas decíduas

Conforme se segue dos trópicos em direção aos polos, a sazonalidade aumenta e finalmente, ao redor de 35° de latitude, encontram-se climas com longos períodos de temperaturas abaixo do ponto de congelamento. Apesar de os climas dessas regiões variarem entre o calor tropical úmido no verão até o inverno frio do Ártico no inverno, eles são tradicionalmente chamados "temperados" e as florestas decíduas que são encontradas nessa área são chamadas *florestas temperadas decíduas*. As florestas temperadas decíduas são mais bem desenvolvidas com verões quentes e invernos relativamente frios (Figura 32.17). A precipitação média anual varia de 75 a 250 cm e é uniformemente distribuída por todo o ano ou em certa medida concentrada nos meses de verão. Florestas temperadas ocorrem em ambos os hemisférios, mas devido principalmente à limitada área de terra em latitudes apropriadas no hemisfério sul, elas são quase ausentes (Figura 32.2).

A forma das árvores é favorecida nestas regiões, pela mesma razão que ela é favorecida em florestas pluviais; contudo, os tipos de árvores e a estrutura e o funcionamento das florestas são bem diferentes. A queda de folhas é bastante sazonal, com a maioria de suas árvores permanecendo sem folhas durante o inverno. O caráter decíduo pode ser explicado por energética. Quantidades relativamente grandes de nutrientes e umidade

COMO UM CACTO FUNCIONA?

O cacto-barril, *Ferocactus acanthodes*, que cresce ao longo da margem noroeste do Deserto de Sonora no sul da Califórnia (EUA), tem este nome popular pela sua forma semelhante a um barril. É como se seu caule fosse pregueado como o fole de acordeão, e então coberto de espinhos como um porco-espinho. Por que essa planta de deserto apresentaria essa forma tão incomum e formidável?

Quando o cacto-barril está cheio de água, as dobras se expandem e são pouco visíveis, mas quando a planta seca, as dobras são profundas e o caule é capaz de se contrair sem esmagar as células. Esse padrão de dobramento do caule, com arestas e vales, tem também outras vantagens. No fundo dos vales, entre as arestas, estão os estômatos. Os espinhos ajudam a quebrar a corrente de vento, e então os vales servem como abrigos protegidos, onde os ventos secos do deserto não podem chegar facilmente para carregar o ar úmido da vizinhança das câmaras estomáticas. Esses formidáveis espinhos também ajudam a proteger o cacto de roedores e pássaros, que estão em constante busca de água, chegando até o ponto de roubá-la de um caule suculento. Em um estudo desenvolvido por Park Nobel, da Universidade da Califórnia, Los Angeles, os cactos-barril armazenaram água suficiente em seus caules suculentos de modo a permitir a abertura de seus estômatos por aproximadamente 40 dias após o solo ter se tornado seco demais para fornecer-lhes qualquer água adicional. Nessas condições, muitas das raízes finas são perdidas, a fim de evitar a perda de água para o solo. Após sete meses de seca, a atividade do estômato cessou, e o potencial osmótico do caule atingiu mais do que o dobro do valor observado no período úmido, a despeito da capacidade do caule de se dobrar e se encolher. Quando as chuvas finalmente retornaram, o sistema radicular superficial (com a profundidade média de apenas 8 cm) absorveu água tão rapidamente que os estômatos ficaram totalmente funcionais novamente dentro de 24 h, após as chuvas.

Mas esses não são os únicos mecanismos que o cacto-barril usa para conservar água. Como muitas outras plantas do deserto, o cacto-barril exibe o metabolismo ácido das crassuláceas (CAM). Ele abre seus estômatos somente durante a noite e desse modo forma realiza trocas gasosas com o ar mais frio, que pode reter menos água que o ar mais quente. Consequentemente, a planta perde menos água para a atmosfera por meio da transpiração. A razão entre a massa de água transpirada e a massa de CO_2 fixada é apenas cerca de 70:1 durante o ano inteiro. Esse valor é consideravelmente mais baixo que o das plantas C_3 típicas, as quais requerem quantidades muito maiores de água para fixar uma quantidade equivalente de carbono, mas têm uma taxa máxima de fotossíntese mais alta.

Como as plântulas de cacto-barril, diferentemente de seus pais, não podem suportar temperaturas extremamente altas e secas prolongadas, elas sobrevivem somente em certos anos e em *micro-habitats* protegidos. Até a idade de 26 anos, essas plantas geralmente cresceram apenas cerca de 34 cm em altura, adicionando cerca de 10% da massa de seus caules a cada ano.

Cacto-barril em estado hidratado (esquerda) e em estado desidratado (direita).

disponível no verão garantem alta produtividade, de modo que a formação de novas folhas produz ganhos maiores e envolve menos riscos do que manter uma folha sempre verde e energeticamente mais dispendiosa durante os rigores da estação fria. Um destes riscos é a falta de umidade em solos de estações frias devido ao solo congelado, uma situação que alguns descrevem como *seca fisiológica*.

O ciclo anual de crescimento controlado pela temperatura é um aspecto destacado das florestas temperadas decíduas (Figura 32.18). No inverno, quando as árvores estão sem folhas, sua atividade metabólica é muito reduzida. Conforme as temperaturas aumentam, os açúcares armazenados são mobilizados (a seiva sobe) e as gemas dormentes começam a se desenvolver. Leva tempo para que os novos ramos e as folhas se expandam completamente, e isto resulta em curtos períodos em que o chão da floresta recebe luz do sol direta substancial com temperaturas acima do congelamento. Uma variedade de plantas herbáceas, muitas com flores vistosas, evoluíram para explorar esta situação (Figura 32.17A). Algumas espécies (as *efêmeras de primavera*) têm folhas que emergem rapidamente de bulbos ou rizomas. Eles completam quase todo seu crescimento e reprodução antes que as folhas das árvores reapareçam completamente e depois morrem de novo quando a copa se fecha. Outras espécies mais bem adaptadas à luz reduzida (p. ex., *espécies*

32.16 *Dust bowl* ou "tempestade de areia". Os solos das pradarias eram inicialmente mantidos estruturados pelas raízes das gramíneas e não puderam ser cultivados até que arados apropriados foram desenvolvidos. Mas uma vez que as plantas foram removidas pelo pastejo excessivo ou por um cultivo descuidado, os solos das pradarias se deterioraram rapidamente e eram carregados pelo vento. Esta foto de uma fazenda terrivelmente erodida, tirada em Oklahoma em 1937, relembra vivamente as condições da "tempestade de areia", que levou muitas centenas de pessoas a migrarem para longe da área central dos EUA. O livro *As Vinhas da Ira*, de John Steinbeck, foi baseado nas experiências destes imigrantes.

precoces e *tardias de verão*, e *espécies sempre-verdes*) emergem mais lentamente e mantêm a atividade fotossintética durante as condições sombreadas do verão. As espécies ativas no verão geralmente têm folhas que são mais largas, porém mais finas em seção transversal, do que aquelas ativas somente na primavera, e normalmente têm órgãos de reserva menores, relativos aos seus tamanhos.

A maioria das espécies que amadurece suas sementes na primavera é dispersa por formigas (ver Capítulo 20), as quais são ativas quando outros poucos dispersores estão presentes. A maioria das espécies que amadurece as sementes no outono, contudo, é dispersa por pássaros, em uma estação que coincide com o pico da migração em direção ao equador. Muito poucas plantas anuais ocorrem em florestas decíduas, e um número menor destas se comporta como efêmeras de primavera. As temperaturas baixas destas florestas restringem o crescimento inicial

que é crucial se em um anuário precisam alcançar tamanhos reprodutivos, um problema que as efêmeras de primavera resolveram pelo armazenamento de energia e substâncias em órgãos (raízes, bulbos, e rizomas) abaixo do solo.

Uma das características mais marcantes das florestas temperadas decíduas é a similaridade das plantas encontradas em cada uma das suas três principais regiões no hemisfério norte, que apresentam gêneros e até mesmo espécies em comum. Estudos de registros fósseis mostram que no início da era Cenozoica estes gêneros formavam uma faixa de floresta decídua ao longo do hemisfério norte. A maioria das árvores decíduas e ervas associadas foram eliminadas no oeste dos EUA durante a última metade do Cenozoico, conforme a quantidade de chuva de verão era gradualmente reduzida. Esta história explica o porquê de as plantas herbáceas das florestas decíduas da China e do Japão se assemelharem mais com as do leste do que com as do oeste

A

B

32.17 Floresta temperada decídua. Plantas representativas da floresta temperada decídua da América do Norte. **A.** Uma faia (*Fagus grandifolia*, Fagaceae) e floresta de bordos (*Acer*, Sapindaceae) no Michigan (EUA), fotografada na primavera. O chão da floresta está coberto com trílios-de-flor-grande (*Trillium grandiflorum*). **B.** No outono, como visto aqui, na floresta do sul das Montanhas Apalaches, as folhas de bordos e das árvores-alazão (*Oxydendrum*, Ericaceae) adquirem a linda coloração vermelho-escarlate.

32.18 Ciclo de crescimento anual. As quatro estações em uma floresta temperada decídua em Illinois (EUA). As árvores começam a formar folhas no início da primavera e a produzir alimento; elas perdem suas folhas no outono e entram em um estado essencialmente dormente, durante as condições de crescimento desfavoráveis no inverno. Muitas ervas crescem abaixo das árvores (Figura 32.17), e algumas delas florescem bem no começo da primavera, antes que as folhas das árvores alcancem o tamanho final e cubram com sombra o chão da floresta. Na primavera, a maioria das árvores produz pólen em abundância, que é carregado pelo vento.

da América do Norte. Mas relictos das florestas decíduas ainda estão para ser encontrados no oeste dos EUA – por exemplo, botão-vermelho-da-califórnia (*Cercis occidentalis*, Fabaceae) e bordo-de-folha-grande (*Acer macrophyllum*, Sapindaceae).

Florestas temperadas mistas e florestas de coníferas

Embora as florestas decíduas sejam o tipo de floresta que define grandes áreas de latitudes medianas, existem também vastas áreas com coníferas, ocasionalmente como as dominantes, mais frequentemente misturadas com as chamadas "espécies de folhas largas" ou angiospermas. Consideramos estas florestas como florestas temperadas mistas e florestas de coníferas. Lembrando que, evolutivamente, as coníferas antecedem as angiospermas com folhas largas, elas tendem

a ser as mais abundantes onde as condições não são as mais favoráveis para o crescimento de árvores – como locais pobremente drenados, locais deficientes em nutrientes e locais com solo raso.

Margeando as florestas decíduas no norte (como mencionado anteriormente, as florestas temperadas decíduas são limitadas no hemisfério sul) estão as florestas nas quais as coníferas são predominantes. Tais *florestas temperadas mistas* (Figura 32.19) são características das regiões dos Grandes Lagos do Rio São Lourenço entre o Canadá e os EUA, leste da Europa, regiões setentrionais e orientais margeando a Manchúria (no nordeste da China) e da adjacente Sibéria, leste da Coreia e norte do Japão (Figura 32.2). Essas florestas podem ser consideradas a condição intermediária entre as florestas temperadas decíduas ao sul e a taiga ao norte. As florestas temperadas mistas ocorrem em áreas com invernos mais frios e com cobertura de neve mais

32.19 Floresta mista temperada. Nesta floresta no sul de Ontário, as coníferas sempre-verdes aparecem em verde-escuro e as árvores decíduas apresentam suas cores de outono.

consistente do que nas áreas das florestas temperadas decíduas. As coníferas dominam em solos com deficiência de nutrientes, tal como em areias de origem glacial.

Existem também florestas mistas na borda sul da floresta temperada – *as florestas mistas subtropicais* (Figura 32.20). Estas florestas ocorrem em um mosaico complexo de floresta de mata ciliar (relacionada com rios) e pântanos, com florestas

32.20 Floresta mista subtropical. *Pinus elliottii* é uma das coníferas amplamente disseminadas que crescem nas florestas mistas subtropicais do sudeste dos EUA. As coníferas tendem a predominar em solos que são pobres em nutrientes ou inundados sazonalmente, ou ambos.

sempre-verdes de angiospermas e decíduas em solos mais ricos. Os pinheiros são especialmente importantes nestas florestas mistas, e no sudeste dos EUA, *Pinus taeda* (pinheiro *loblolly*), *Pinus elliottii* e *Pinus palustris* (pinheiro-de-folha-longa) são as espécies comuns. Estes pinheiros são importantes comercialmente devido ao seu crescimento rápido e troncos retos. Mesmo que a fertilidade reduzida do solo seja uma grande explicação para a presença de espécies de coníferas, o ciclo de perturbações também tem um papel importante.

O pinheiro-de-folha-longa (*Pinus palustris*) tem uma história diferente com o fogo. Como plântula, ele existe na forma de grama, com suas folhas aciculares longas protegendo o caule e a gema em crescimento do fogo. Após alguns anos, as mudas retomam o crescimento, passando rapidamente dos estágios mais vulneráveis até um tamanho que pode sobreviver ao fogo. Quando o fogo é excluído de um local histórico de pinheiros-de-folha-longa, ocorre a invasão por espécies de angiospermas. Outra espécie adaptada ao fogo é o pinheiro-de-areia-da-flórida (*Pinus clausa*), que cresce em estandes densos em solos arenosos pobres em nutrientes. Diferente do *Pinus palustris*, o *Pinus clausa* tem cones serôdios (com abertura tardia ou atrasada), que são abertos pelo calor do fogo. Como o fogo também mata a maioria das árvores, os bosques são restabelecidos pelas sementes dispersas oriundas dos cones abertos pelo fogo.

Pântanos com ciprestes são outro sistema dominado por coníferas característicos da zona de florestas mistas subtropicais. O cipreste-calvo (*Taxodium distichum*, que tem esse nome porque é uma espécie normalmente decídua) é uma espécie icônica de pântanos do sudeste dos EUA, e fica envolto pelo musgo-espanhol (*Tillandsia usneoides*, Bromeliaceae) como mostrado na Figura 32.21. Ele é mais abundante em locais intermitentemente inundados, onde pode chegar a idades que excedem 200 anos e diâmetros de 2 m ou mais.

A vegetação atual do oeste da América do Norte, a parte com florestas, que apresenta abundantes espécies de coníferas, é um mosaico intricado agravado pela presença de cadeias de montanhas e sua sequência de mudanças da vegetação relacionadas com as alterações de altitude. Espécies que se expandiram do sul formaram, em elevações baixas, campos e comunidades arbustivas ao lado de áreas semelhantes à savana com carvalhos sempre-verdes e alguns decíduos. Nessas regiões, nas maiores altitudes, são encontradas comunidades de campos abertos chamadas *tundras alpinas* (Figura 32.22), as quais na América do Norte estão entremeadas com *florestas montanas*.

Para o norte, as *florestas de coníferas* e as *florestas mistas da costa oeste* predominam, com árvores tais como a sequoia-de-lenho-vermelho (*Sequoia sempervirens*; Figura 32.23), encontrada na costa, a sequoia-gigante (*Sequoiadendron giganteum*), o pinheiro-de-óregon (*Pseudotsuga menziesii*; Figura 32.23) e o pinheiro-doce (*Pinus lambertiana;* Figura 31.15B), todas as quais tiveram uma distribuição muito mais ampla no passado. Tipos semelhantes de vegetação são encontrados em áreas com características climáticas semelhantes como na Escandinávia, na Europa Central, nos Pireneus, no Cáucaso, nos Urais, no sul do Tibete, e do norte do Himalaia até o leste da Sibéria. Tipos de vegetação que se assemelham a esses são encontrados também em áreas no oeste da América do Sul, Nova Guiné Central, sudoeste da Nova Zelândia, sul da Península Arábica, Etiópia e nas montanhas da África Central (Figura 32.2).

32.21 Árvores estabilizadas. O cipreste-careca (*Taxodium disti-chum*) é uma espécie comercialmente valiosa encontrada em pântanos intermitentes inundados nas planícies baixas no sudeste dos EUA. As árvores são, muitas vezes, cobertas com o musgo-espanhol (*Tillandsia usneoides*), que não é um musgo, mas uma epífita da família Bromeliaceae (família do abacaxi) (Figura 32.21). As bases expandidas e raízes suporte estabilizam as árvores no substrato macio e geralmente altamente orgânico.

32.22 Tundra alpina. Como visto aqui na Península Olímpica, no estado de Washington (EUA), a tundra alpina é comparável em muitos aspectos à tundra Ártica encontrada a centenas de milhas para o norte. Nesta área, contudo, encostas florestadas são encontradas a cerca de mais ou menos 100 m dos prados alpinos.

32.23 Florestas mistas da costa oeste. A sequoia-de-lenho-vermelho (*Sequoia sempervirens*) é uma característica importante das florestas mistas da costa oeste da Califórnia (EUA). Com a umidade dos frequentes nevoeiros da região durante os verões secos, e protegidas das temperaturas congelantes por sua proximidade com o oceano, as florestas de sequoias-de-lenho-vermelho formam, frequentemente, bosques espetaculares, muitos dos quais, como o mostrado aqui em Muir Woods perto de São Francisco, são agora parques protegidos e reservas.

Escrube mediterrâneo

As comunidades de *escrube* muito diferenciadas evoluíram a partir de florestas mistas de decíduas e de sempre-verdes, em áreas com clima mediterrâneo, que se caracteriza por invernos amenos e úmidos e verões quentes e secos. Tal clima é encontrado ao longo da costa do Mar Mediterrâneo, ao longo do oeste da Califórnia e sul de Oregon (EUA), no centro do Chile, na costa sul da África, e ao longo de partes da costa sul e sudoeste da Austrália (Figura 32.2). As plantas nessas áreas têm estações de crescimento que são restritas à parte fria e úmida do ano. O luxuriante crescimento do fim do inverno e primavera é seguido pela seca do verão, com algumas espécies se tornando dormentes ou perdendo a maioria de suas folhas, e outras permanecendo sempre-verdes resistindo ao clima seco ao se aproveitarem da umidade de camadas mais profundas. Embora existam manchas de florestas e campos, vastas áreas são cobertas por vegetação arbustiva com um dossel contínuo, formando uma floresta em miniatura. Este tipo de vegetação arbustiva é encontrado em cada uma das regiões com clima mediterrâneo amplamente dispersas, mas cada região tem seu nome próprio. Na Califórnia, e em outros locais do oeste da América do Norte, *chaparral* é o termo empregado para esta vegetação formada por arbustos principalmente sempre-verdes e tipicamente densos. A vegetação equivalente ao redor do Mar Mediterrâneo é chamada

32.24 Florestas pluviais da costa pacífica. O pinheiro-de-oregon (*Pseudotsuga menziesii*) crescendo na Península Olímpica no estado de Washington. Musgos epífitos, hepáticas, *Selaginella* e liquens muitas vezes crescem de forma luxuriosa nas árvores. As florestas desta área da América do Norte recebem precipitações pesadas e são dominadas por coníferas. Elas são a base para uma indústria madeireira rentável.

resistem às murchas. Outra forma de crescimento característica é a decídua ou semidecídua do verão seco, com folhas mais macias, muitas vezes com compostos secundários aromáticos.

Vistos a distância, estes diferentes terrenos arbustivos têm uma aparência similar. Mesmo de perto, espécies de regiões diferentes podem ser superficialmente parecidas. Mas diferentemente do norte da floresta temperada, as similaridades são originadas principalmente pela evolução convergente. Cada região tem espécies taxonomicamente únicas que evoluíram em direção a similaridades morfológicas e fisiológicas.

Em todas as regiões mediterrâneas, o fogo é um fator, embora haja razões para acreditar que não seja uniformemente assim. Evidências de seleção pelo fogo podem ser vistas nas histórias da vida. Mais comum – e não tão claramente selecionado por fogo – é o rebrotamento vigoroso após o fogo, muitas vezes de estruturas lenhosas alargadas chamadas nós ou lignotuberas ("tuberas lenhosas"). Outras espécies, as germinadoras obrigatórias, são mortas pelo fogo, mas germinam de sementes que se acumularam no solo entre os incêndios. Outra estratégia é preservar as sementes em estruturas de frutificação de longa persistência e que liberam as sementes em grandes números somente após o incêndio. A liberação de sementes estimuladas pelo fogo é difícil de explicar exceto por seleção pelo fogo; assim, a abundância relativa de espécies com esta estratégia sugere que a seleção pelo fogo foi historicamente significante. Já que a Austrália e a África do Sul têm o maior número de tais espécies, estas regiões provavelmente também tiveram mais fogo dentro do período evolutivo. A região mediterrânea da Califórnia, por outro lado, tem muitas espécies germinadoras obrigatórias que formam bancos no solo, com a liberação de sementes induzida pelo fogo observada somente em dois gêneros de coníferas (*Cupressus* e *Pinus*).

O clima mediterrâneo é um dos mais agradáveis para os seres humanos, especialmente perto das costas, onde brisas frescas do oceano moderam os extremos do verão. Antes dos transportes modernos e dos esquemas de irrigação atuais, a sustentabilidade local tinha limites, mas hoje, principalmente devido à importação de água, grandes números de pessoas migraram para as cidades destas regiões. Este vasto influxo teve efeitos desastrosos na vida das plantas locais, atenuados apenas pelo fato de que a

maquis (Figura 32.25), no Chile é conhecida como *matorral*, na África do Sul como *fynbos* e na Austrália, como *mallee* (*kwongan* no oeste da Austrália). A forma de crescimento típica dos escrubes do Mediterrâneo é chamada esclerofila ("de folhas rígidas") sempre-verde, com raízes profundas e folhas duras que

A

B

32.25 Vegetação tipo mediterrânea. Regiões com climas do tipo mediterrâneo são caracterizadas por verões quentes e secos e invernos suaves, com chuvas sazonais fortes, que ocorrem principalmente na parte mais fria do ano. A vegetação é dominada por arbustos densos, baixos e na maioria sempre-verdes ou decíduos durante o verão. Há uma forte similaridade superficial na vegetação, seja na Califórnia, Chile, Austrália, África do Sul ou na região mediterrânea, como visto aqui para (**A**) o chaparral no sul da Califórnia e (**B**) vegetação similar chamada *maquis*, na ilha Grega de Corfu. Cada região, contudo, possui um conjunto único de espécies.

topografia íngreme, os solos rochosos e a falta de acesso à água importada puseram limites na agricultura e expansão urbana. Em áreas menos afluentes, o pastejo e o pastoreio domésticos reduziram o componente nativo da vegetação e aumentaram a proporção de espécies daninhas, muitas delas significantemente menos palatáveis, pois são espinhosas ou venenosas.

Os incêndios são um problema contínuo em áreas mediterrâneas, sendo proporcionais ao tamanho da população humana, que aumenta os pontos de contato entre pessoas e incêndios. O estado da vegetação também é importante – isto é, se o uso da terra permite que a vegetação arbustiva se aproxime de seu crescimento contínuo e denso. Qualquer incêndio é perigoso, mas incêndios em terrenos arbustivos densos são especialmente graves. O calor gerado pelo fogo pode ser fatal para os seres humanos, mesmo que eles estejam apenas perto da área que está queimando. Em condições de ventania, comum em incêndios, casas podem ser inflamadas a centenas de metros das chamas quando as brasas caem em bairros suburbanos. Além disso, incêndios que se espalham de uma fonte de ignição humana (incendiários, fogueiras de acampamento, cabos de eletricidade que caíram, faíscas jogadas formadas por máquinas em movimento e muitas outras fontes) podem ser mais frequentes que aqueles que começaram por causas naturais – na maioria, raios e descargas elétricas naturais, que causam incêndios de combustão lenta.

Enquanto houver uma vegetação natural de arbustos e ervas, o fogo não pode ser eliminado da paisagem, mas é comumente confirmado que o problema é muito pior devido a políticas de gestão do passado. O argumento é que, ao tentarmos excluir o fogo, favorecemos a acumulação de biomassa e, com isso, fogos maiores e mais destrutíveis. Há um pouco de verdade nisso, mas a simples solução de suspender a supressão do fogo não é viável. Restaurar o fogo ao seu "papel natural" requer primeiro a redução do risco atual de incêndios e depois a aplicação de um esquema de queimadas regular ou algo que simule a queimada. Ambas as soluções são caras e precisam de planejamento cuidadoso. Os incêndios gigantes de anos recentes sugerem que nós nem começamos a atingir esta paisagem hipotética de fogo benigno.

Florestas setentrionais | Taiga e floresta boreal

Deslocando-se em direção ao polo, a partir da floresta mista de coníferas, o contraste sazonal torna-se mais pronunciado, com dias muito curtos e extremamente frios no inverno e uma estação de crescimento curta, com dias longos. Nessas condições, as árvores ainda dominam, porque dias longos durante o verão relativamente curto permite a elas acumular suficiente energia para cobrir formas de vida competidoras. Essas florestas de coníferas, localizadas ao norte, são frequentemente chamadas pelo nome russo *taiga*; na América do Norte elas são também conhecidas por *floresta boreal* ou *floresta setentrional*. A taiga estende-se pela maior parte da Rússia, Escandinávia e norte da América do Norte (Figura 32.2). Em todos os casos, essas florestas são caracterizadas por uma cobertura de neve persistente durante o inverno. No limite sul da taiga, as árvores são mais altas e mais luxuriantes, frequentemente alcançando 75 m ou mais de altura. Em sua principal área, ao norte, contudo, as árvores são mais baixas, e milhares de quilômetros quadrados são cobertos por essa floresta uniforme, com relativamente poucas espécies de plantas e de animais (Figura 32.26).

A taiga ocorre no interior de grandes massas continentais em latitudes que lhe são próprias. Em tais regiões, as temperaturas extremas variam de –50°C a 35°C. A taiga é flanqueada ao sul por florestas de montanha (como no oeste da América do Norte), florestas decíduas, savanas ou campos, dependendo da quantidade de precipitação pluvial da região. Pelo fato de não existirem massas continentais em latitudes apropriadas no hemisfério sul, a taiga é aí ausente. Devido à influência dos ventos predominantes que sopram do oeste sobre as correntes relativamente quentes do oceano entre 40° e 50° de latitude norte, as porções do oeste da América do Norte e da Eurásia são caracterizadas por climas mais amenos do que as porções ao leste. Consequentemente, a taiga é encontrada um tanto mais ao norte ao longo da costa do Pacífico do que ao longo da costa atlântica na América do Norte, e o mesmo é válido para

32.26 Taiga setentrional. A taiga setentrional, que cobre centenas de milhares de quilômetros quadrados na parte mais fria da zona temperada do Hemisfério Norte, é dominada pelo espruce-branco ou pinheiro-do-canadá (*Picea glauca*) e lariço (*Larix*), uma conífera decídua. Essa foto foi tirada no norte de Manitoba, Canadá. Na parte mais setentrional de sua distribuição, as árvores são menores do que as vistas aqui.

as distribuições individuais de muitas espécies de plantas e de animais que habitam o bioma.

Os limites setentrionais da taiga são determinados pela gravidade do clima ártico, e correspondem a um limite onde a temperatura mensal máxima é de aproximadamente 10°C. Em seu limite ao norte, a taiga penetra gradualmente, de modo desigual, na tundra. Nos amplos limites setentrionais da taiga, a maior parte da chuva cai no verão; o ar do gelado inverno nessas regiões tem um teor de umidade muito baixo. A precipitação anual total alcança, em geral, menos de 30 cm. Apesar da baixa quantidade de chuva, é uma região com um excedente de umidade por causa da baixa evapotranspiração. Lagos, brejos e pântanos são comuns (Figura 32.26).

Uma grande mudança ocorre com o surgimento do *pergelissolo* (*permafrost*). Nos climas frios, mas menos graves, a zona de congelamento se move para baixo a partir da superfície, atingindo profundidade máxima, e, depois, à medida que o clima esquenta, ocorre descongelamento a partir do fundo e do topo. Entretanto, em mais do que três quartos da região setentrional que a taiga abrange, este descongelamento de verão não se estende pela zona congelada antes do início do inverno, e então cria uma zona permanentemente congelada ou pergelissolo.

O pergelissolo tem muitas consequências ecológicas. Como a água não se desloca no pergelissolo, é liberada pelo descongelamento, e condições de saturação e a presença de lagoas ou pequenos corpos de água são favorecidas. O pergelissolo fornece uma base estável para os solos e frequentemente alta em matéria orgânica. Quando o degelo elimina o pergelissolo ou atinge níveis profundos, a superfície do solo pode ser desestabilizada, causando inclinação e mesmo a queda das árvores, como na "floresta bêbada" (ver figura no início desse Capítulo). Casas e outras construções podem também ser danificadas ou destruídas quando o pergelissolo degela.

Em geral, os solos da taiga são altamente ácidos, pobres em nutrientes. Espécies de poucos gêneros de árvores são comuns na taiga setentrional, incluindo o espruce (*Picea*), o lariço (*Larix*), o abeto (*Abies*) e o choupo (*Populus*). Entre os arbustos mais comuns estão amoras-silvestres (*Rubus*), rododendros (*Rhododendron*), salgueiros (*Salix*), bétulas (*Betula*) e amieiros (*Alnus*). Os pinheiros (*Pinus*) podem ser comuns em áreas mais secas. Os membros de todos esses gêneros de árvores e arbustos são ectomicorrízicos (ver Capítulo 14; Figura 29.1), e eles ocorrem em densos agrupamentos, consistindo em somente uma única ou poucas espécies. Ervas perenes são comuns, mas plantas anuais são essencialmente ausentes, exceto em áreas perturbadas pelo homem. Plantas avasculares – musgos e liquens – têm um papel importante na taiga e em outras comunidades bem direcionadas aos polos. É comum nessas florestas haver camadas densas e contínuas de musgos e liquens, frequentemente com vários centímetros de espessura (Figura 32.27). Essas plantas têm influências positivas e negativas em relação às suas plantas vasculares vizinhas. Em casos extremos, os musgos, especialmente espécies de *Shagnum*, podem converter a floresta em pântanos por reterem a chuva e formarem uma camada espessa e úmida que desencoraja o estabelecimento de árvores.

Devido a abundante luminosidade sazonal e temperaturas favoráveis, as plantas cultivadas na estação fria, tais como o repolho (*Brassica oleracea* var. *capitata*), podem crescer rapidamente em áreas desnudas na taiga, atingindo grande desen-

32.27 Vegetação rasteira. A taiga, como nesta floresta no Parque da Província Lac La Ronge, em Saskatchewan (Canadá), tem, frequentemente, uma vegetação rasteira dominada por um contínuo tapete de musgos e liquens. Essas plantas avasculares afetam vários processos, especialmente a regeneração das plantas, a ciclagem de nutrientes e a profundidade do degelo do pergelissolo.

volvimento em um período notavelmente curto de tempo. No entanto, os solos da taiga, altamente lixiviados e inférteis, não permitem a maioria das formas de agricultura.

A abundância de coníferas sempre-verdes na taiga levanta uma questão: por que é vantajoso ser sempre-verde em um clima que tem uma longa estação fria? Presume-se (e é parcialmente comprovado) que o encurtamento da estação de crescimento e a frequente baixa fertilidade do solo boreal torna o hábito decíduo menos eficiente. Durante a curta estação com um início menos previsível para um verão sem gelo, o desdobramento de uma nova folha de uma gema dormente é menos eficiente que reter as folhas que podem retomar imediatamente a fotossíntese. Além disso, as temperaturas frias tendem a retardar a decomposição e a reciclagem de nutrientes. Como os nutrientes tornam-se mais limitantes, uma folha que funciona ao longo de mais de uma temporada é capaz de mais fotossíntese por unidade de nutriente absorvido. Árvores com folhas largas decíduas ocorrem na maioria das florestas do norte, mas elas se restringem, muitas vezes, a situações como as margens de cursos de água, onde a geada não penetra tão profundamente no solo, ou nos estágios iniciais de sucessão, ricos em nutrientes, após o fogo. Os incêndios são comuns na taiga, e eles resultam geralmente em locais mais quentes e mais produtivos por um período de pelo menos 10 a 20 anos, devido ao degelo local do pergelissolo. Mas como prova de que generalizações têm exceções notáveis, há também um gênero de uma conífera decídua, os lariços (*Larix* spp.), que são amplamente distribuídos nas regiões boreais e frequentemente dominantes. O sucesso parece ser devido a uma combinação da superior tolerância ao frio das coníferas com uma capacidade aumentada, atribuída a sua deciduidade, de explorar condições nutricionais mais favoráveis.

As florestas de coníferas se estendem para o sul da taiga, ao longo da costa do Pacífico na América do Norte. Essas magníficas florestas de coníferas sempre-verdes do Pacífico noroeste dos EUA e Canadá (Figura 32.2) ocorrem onde há seca pronunciada no verão, mas precipitação pluvial alta persistente durante o inverno. Como a fotossíntese é limitada pela falta de umidade durante a estação quente, as árvores decíduas ficam em desvantagem e são geralmente encontradas somente ao longo das margens de cursos d'água. As coníferas sempre-verdes, entretanto, podem sintetizar carboidratos durante o ano inteiro e, por causa do seu grande porte, podem armazenar água e nutrientes para utilizá-los durante a estação seca.

Tundra ártica

A *tundra ártica* é um bioma sem árvores que chega aos limites extremos setentrionais do crescimento vegetal (Figura 32.28). Ela ocupa uma enorme área: ao todo, um quinto da superfície terrestre do planeta (Figura 32.2). Muitas espécies de plantas que crescem na tundra ártica têm um amplo alcance circumpolar. Como o nome sugere, a tundra ártica é encontrada no Ártico, principalmente acima do círculo ártico, embora ela se estenda para o sul, mais ao longo dos lados orientais dos continentes do que ao longo dos lados ocidentais. A tundra ártica essencialmente constitui uma enorme faixa cruzando a Eurásia e a América do Norte, com a tundra alpina, mais relacionada com florestas de montanha adjacentes, estendendo-se para o sul nas montanhas (Figura 32.22; ver também Figura 32.5). A vegetação de tundra existe no hemisfério sul, mas ela não é bem desenvolvida, dada a limitada área de terra disponível nas latitudes apropriadas. Vegetação similar à da tundra também é encontrada nas maiores elevações das montanhas.

No bioma tundra, a variação sazonal no clima é extrema. Ainda que o comprimento dos dias aumente no verão – ao norte do círculo polar o sol não se põe por dias – isso é compensado por um inverno escuro. Essa parte da Terra funciona com grande deficiência de energia solar, irradiando mais energia para o espaço do que recebe por radiação solar direta. Glaciares ou geleiras podem ocorrer ao longo de todo o ano e os invernos são severamente frios, com ventos fortes que dessecam qualquer planta que cresça acima da linha da neve. Em baixas temperaturas, a neve age como abrasivo que atacará fortemente qualquer tecido exposto. Durante o verão, o suprimento limitado de energia solar é insuficiente para descongelar mais do que uma camada fina do solo acima do pergelissolo. O congelamento e o descongelamento anual dos solos têm muitos efeitos desconhecidos em climas mais amenos, tais como paisagens fragmentadas em blocos poligonais variando de 3 a 30 m de diâmetro e pequenas colinas com núcleos de gelo ("pingos") de até 50 m de altura. Os solos são de ácidos a neutros, pobres em nutrientes. Ainda que a precipitação seja menor que 25 cm por ano, grande parte dela fica retida próximo à superfície pela camada subjacente do pergelissolo, e em mais áreas de níveis o solo é geralmente úmido, com muitas poças pequenas. Áreas de montanhas geralmente rochosas, mais secas, também estão presentes. Como há poucas espécies de leguminosas e outras plantas com bactérias simbióticas que fixam o nitrogênio atmosférico, o nitrogênio disponível no solo é frequentemente escasso.

A vegetação sobre tão vasta área tem muitas variantes, sendo as condições de umidade do substrato um fator importante. Há, muitas vezes, distintos agrupamentos vegetais alternando-se em pequena escala desde as lagoas até os cumes rochosos secos. Outra variável é o tempo em que a neve permanece no local.

A   B

32.28 Tundra ártica. A. Tundra úmida da costa ártica próxima à Baía de Prudhoe, Alasca, no fim do verão. As plantas marrom-avermelhadas são a gramínea *Arctophila fulva*, as verdes são a ciperácea *Carex aquatilis*. Observe que o lençol freático está aflorado devido à presença do pergelissolo (*permafrost*) ou solo permanentemente congelado; tais condições são características da tundra ártica. **B.** Tundra ártica em Barrow, Alasca. Um clone da ciperácea *Eriophorum angustifolium* está crescendo em uma área ocupada por outra espécie do mesmo gênero, *Eriophorum scheuchzeri*. A reprodução vegetativa, como essa de *E. angustifolium* aqui ilustrada, é característica de muitas plantas da tundra.

As áreas que recebem menos radiação solar e acumulam mais neve se descongelarão mais tardiamente, e, desse modo, a estação de crescimento pode diferir significativamente no espaço de apenas alguns metros. As áreas rochosas mais expostas, que tendem a ser livres de neve no inverno, têm uma cobertura baixa de ciperáceas, gramíneas e arbustos anões principalmente sempre-verdes. Tanto os liquens como os musgos estão presentes em abundância, com mais musgos em locais mais úmidos e mais liquens nas manchas mais secas, especialmente nas superfícies de rochas expostas e de pedregulhos. Vários gêneros de arbustos baixos, incluindo bétula (*Betula*), salgueiro (*Salix*), mirtilo (*Vaccinium*) e rododendros (*Rhododendron*), são comuns. Arbustos como salgueiros muitas vezes ocupam posições mais baixas, com suas copas mais ou menos na mesma altura que a vegetação mais herbácea que os rodeia. Isso é devido à ação dos ventos de inverno, que secam por congelamento. Espécies anuais são raras, sendo *Koenigia islandica*, amplamente distribuída, uma exceção (Figura 32.29A). A elevada proporção de espécies perenes na tundra pode ser explicada pelos mesmos fatores que prevalecem na taiga. Os nutrientes são limitados, e o breve período de crescimento favorece uma fotossíntese que seja a mais rápida possível e de modo intermitente entre os períodos frios. Por motivos semelhantes, a propagação vegetativa é comum e o estabelecimento por sementes é relativamente raro. Grande parte da biomassa das plantas da tundra – cerca de 50 a 98% – é subterrânea, composta por raízes e caules subterrâneos. Certo número de plantas da tundra tem flores relativamente grandes, vistosas, cuja produção requer consideráveis quantidades de energia (Figura 32.29B). Tais flores asseguram recompensas ricas em energia para seus polinizadores – recompensas necessárias, devido às baixas temperaturas que prevalecem em altas latitudes.

Ao norte da tundra ártica está um deserto de gelo, onde as condições físicas são ainda mais extremas e a vegetação está essencialmente ausente. O deserto gelado é característico do interior da Groenlândia; de Svalbard, um pequeno grupo de ilhas ao largo da Noruega, uma das quais é o local do Silo Global de Sementes (ver no Capítulo 28 o Quadro "Silo de sementes para o "juízo final": assegurando a diversidade das plantas agricultu-

ráveis"); e de Novaya Zemlya, duas ilhas ao norte da costa da Sibéria. A maior parte da Antártica, não mapeada na Figura 32.2, também é coberta por gelo ou por desertos árticos com manchas de musgos e liquens. Se as projeções dos climatologistas forem verdadeiras, podemos esperar considerável diminuição do gelo que cobre o polo, e especialmente das regiões árticas.

Palavra final

O que será deixado da biosfera natural em 2100? Segundo as Nações Unidas, a população mundial atingirá um pico de 9 a 10 bilhões de pessoas em 2100. Descobriremos qual adesivo do vidro traseiro de um carro terá a mensagem mais próxima da verdade: "Mais pessoas significa mais mãos para trabalhar e cérebros para pensar" ou "Mais pessoas significa mais bocas para alimentar, mais poluição e degradação da terra". Para o bem-estar humano é muito importante saber qual deles melhor descreve o futuro. Para um conservador, é claro que não há muita diferença entre eles. A história nos conta que quando a pressão da população humana aumenta, há mais exploração do mundo natural. Se formos conservacionistas otimistas, podemos esperar o primeiro resultado. Talvez um dos "extras" 3 bilhões de pessoas será um gênio agronômico que inventará esquemas sustentáveis para dobrar a produção agrícola do mundo. Então seria possível deter a linha de mais destruição de *habitats* naturais. Mas mesmo que essa transformação mundial da agricultura pudesse ser alcançada, também seria verdade que 42% a mais de pessoas estariam invadindo *habitats* selvagens para a construção de mais casas, estradas e trilhos e exigindo o controle de animais selvagens perigosos ou perturbados. Se os pessimistas estiverem corretos, maior número de pessoas significa mais ameaças à biosfera, e o futuro para a conservação é ainda mais sombrio. Se aumentarmos a produtividade agrícola 10% em vez de 100%, será preciso, simultaneamente, produzir energia de biomassa e será necessário muito mais terra. E esta terra adicional virá principalmente de locais onde as populações humanas são menores – ou seja, a partir do que resta das nossas paisagens naturais. Se as previsões mais funestas dos cientistas de clima provarem ser verdadeiras, haverá mais perturbações e instabilidades.

A

B

32.29 Flores da tundra. A. *Koenigia islandica* (Polygonaceae), conhecida como beldroega-da-islândia, cresce em áreas rochosas úmidas, especialmente perto de manchas persistentes de neve, nas tundras e pradarias alpinas dos hemisférios norte e sul. **B.** *Dryas octopetala* (Rosaceae), conhecida como dríade-de-oito-pétalas ou chá-dos-alpes, tem flor grande; essa planta do ártico é de ampla distribuição, e a vista aqui está crescendo na Sibéria. Seu pólen tem sido utilizado como um marcador ou indicador de climas mais frios, e o seu nome foi adotado para descrever períodos de resfriamento durante épocas glaciais, como em "período Dryas recente ou Dryas ancestral ou antigo".

Qual é a resposta adequada de um conservacionista para esta possibilidade de um futuro sombrio? Em virtude da intensa pressão dos desdenhosos da natureza selvagem, é claro que, para salvarmos o máximo possível da parte natural da biosfera precisaremos continuar reunindo esforços em uma ampla frente. Existem razões utilitárias, bem como razões estéticas e morais para não se destruir a natureza. Entretanto, precisamos de todos esses argumentos – e de pessoas articuladas para realizá-los. Como pessoas que acreditam na ciência (e esperamos que você seja uma delas), reconhecemos que é de importância crítica a compreensão científica de como os ecossistemas mundiais trabalham. Esperamos que este breve panorama dos ecossistemas naturais da Terra lhe dê uma base sobre a qual construir e motive-o a fazer sua parte para salvar o mundo natural.

RESUMO

A vegetação difere de lugar para lugar e de tempos em tempos, mas os padrões em grande escala são discerníveis

A vegetação é bastante variável em pequena escala, devido aos padrões de distúrbios passados e diferenças no substrato. Entretanto, quando observadas em grande escala, vegetações separadas por muitos milhares de quilômetros podem parecer muito similares. A similaridade pode surgir porque as espécies são muito relacionadas ou porque climas e substratos similares em diferentes áreas favorecem a evolução convergente, ou ambas as situações.

Os biomas são ecossistemas terrestres caracterizados por uma vegetação peculiar

Os biomas são ecossistemas mais ou menos homogêneos, regionais ou globais, individualizados por espécies de plantas que compartilham características físicas e fisiológicas. A similaridade nas características das espécies surge principalmente pela similaridade no clima. Como os biomas abrangem amplas áreas, eles apresentam variação local, áreas que diferem das comunidades definidas. Assim, por exemplo, o bioma de floresta temperada decídua inclui extensos pântanos herbáceos.

Florestas pluviais tropicais têm uma grande diversidade de espécies

As florestas pluviais tropicais, com sua temperatura amena constante e grande umidade, são os biomas mais ricos em termos de número de espécies. As árvores são predominantemente sempre-verdes e caracterizadas por folhas largas. Um estrato herbáceo pouco desenvolvido cresce no solo da floresta, porém existem muitas trepadeiras e epífitas em níveis superiores. Os solos tropicais são frequentemente ácidos e muito pobres em nutrientes; tais solos perdem sua fertilidade rapidamente quando a floresta é derrubada.

As savanas e as florestas tropicais decíduas ocorrem onde a precipitação pluvial é sazonal

A maioria das comunidades tropicais e subtropicais, caracterizada por uma seca sazonal, é chamada savana, florestas subtropicais mistas, florestas de monções, florestas tropicais mistas, formações lenhosas meridionais e escrubes. As árvores e os arbustos dessas comunidades são total ou parcialmente decíduos, perdendo suas folhas durante as épocas secas. As herbáceas perenes são comuns. As savanas também ocorrem entre as pradarias e as florestas temperadas decíduas e entre as pradarias e a taiga na América do Norte. As florestas subtropicais mistas cobrem a maior parte da Flórida e a Planície Costeira do sudeste dos EUA. Nessas florestas, os pinheiros e outras árvores sempre-verdes crescem juntamente com árvores decíduas.

As plantas de deserto são adaptadas à baixa precipitação pluvial e aos extremos de temperatura

Afastando-se do equador, as comunidades tropicais e subtropicais vão gradualmente se convertendo em desertos e semidesertos, que são caracterizados pela baixa precipitação pluvial e frequentemente pelas altas temperaturas durante o dia, em pelo menos uma parte do ano. As plantas suculentas são comuns nos desertos quentes e menos extremos, e arbustos tolerantes às secas com folhas pequenas são encontrados na maioria dos desertos.

Os campos ocorrem onde a precipitação pluvial e o fogo interagem para manter as gramíneas, mas não as árvores

Os campos, ou pradarias, que gradualmente cedem lugar às savanas, aos desertos e às florestas temperadas, são caracterizados pela ausência geral de árvores, exceto ao longo de cursos d'água. A altura e a densidade da gramínea, a qual domina a cobertura, variam desde touceiras espalhadas nos campos desérticos a relvados com gramíneas baixas, pradarias com gramíneas medianas e altas onde a chuva é maior. Os campos favorecem o acúmulo de matéria orgânica, frequentemente com profundidades consideráveis. Os solos mais produtivos para a agricultura temperada são os solos dos campos.

As florestas temperadas decíduas são constituídas por árvores decíduas e muitos tipos de ervas perenes

Nas florestas temperadas decíduas, a maioria das árvores perde suas folhas durante os invernos frios (geralmente com neve), quando a umidade pode ser indisponível para o crescimento. Muitos gêneros são comuns às florestas temperadas decíduas do leste da América do Norte, do norte da Europa e do leste da Ásia. As florestas temperadas decíduas são margeadas por florestas temperadas mistas e florestas de coníferas ao norte, nas quais as coníferas desempenham um importante papel.

Os escrubes mediterrâneos são caracterizados por arbustos sempre-verdes e resistentes à seca, e por árvores que formam moitas

Comunidades distintas de escrubes, chamadas chaparral na América do Norte e *maquis* na região mediterrânea, evoluíram nas cinco áreas muito distantes do mundo que têm clima mediterrâneo – verão seco e uma estação de crescimento com inverno frio e chuvoso. Tais comunidades ocorrem no oeste das Américas do Norte e do Sul, ao redor do Mediterrâneo, na região do Cabo na África do Sul, e no sudoeste da Austrália. Em todas as regiões os escrubes estão sujeitos a incêndios naturais intensos, mais ou menos frequentes.

A taiga é caracterizada por florestas de árvores sempre-verdes

A taiga é uma vasta floresta de coníferas da região norte, que se estende em faixas contínuas pela Eurásia e América do Norte. Nos seus limites meridionais, a taiga é dominada por árvores

Tabela-resumo   Algumas características dos principais biomas da Terra

Bioma	Temperatura e precipitação pluvial	Características das plantas	Aspectos variados
Florestas pluviais	Altas temperaturas e precipitações altas ao longo do ano	Árvores sempre-verdes de folhas largas, epífitas e lianas	Bioma com a maior diversidade de espécies; solos inférteis
Savanas e florestas tropicais decíduas	Altas temperaturas e secas sazonais	Campos com esparsas árvores ou arbustos sempre-verdes ou com folhas largas decíduas	Queimada periódica é um aspecto importante
Desertos	Precipitações geralmente muito baixas, exceto picos ocasionais; temperaturas máximas variam com o tipo de deserto	Nos desertos mais quentes, com pouca umidade, suculentas, tais como cactos; arbustos resistentes à seca com raízes profundas e plantas anuais que florescem após as raras chuvas	As adaptações incluem folhas pequenas, cutículas espessas, taxas fotossintéticas com temperaturas máximas elevadas; a distância das plantas perenes dominantes reflete competição por água subterrânea mais que por luz
Campos (pradarias)	Precipitações moderadamente baixas, invernos frios e verões amenos	Gramíneas perenes mais altas e gramíneas menores que formam relvados ou gramados	Muito explorados para a agricultura ou para o pastejo de animais domésticos
Florestas temperadas decíduas	Precipitações moderadas, uniformemente distribuídas, invernos frios e verões amenos	Árvores decíduas e muitas ervas perenes	As plantas herbáceas dominantes variam com as estações
Florestas temperadas mistas e florestas de coníferas	Precipitações moderadamente baixas e invernos moderadamente frios	Mistura de árvores decíduas e coníferas	Ocorre como uma zona de transição na região norte das florestas decíduas; também encontrada em áreas com solos pobres em nutrientes ou com menos ambientes sazonais
Escrube mediterrâneo	Frio, invernos úmidos e calor, verões secos	Árvores resistentes às secas, sempre-verdes ou decíduas no verão e arbustos formando densas moitas	Chamados chaparral na Califórnia, e maquis ao redor do Mar Mediterrâneo
Taiga	Precipitações moderadamente baixas e invernos frios	Florestas principalmente de coníferas, em sua na maioria sempre-verdes, mas com um significante componente de espécies de Larix decíduas, em alguns lugares	Solos muito ácidos e muito pobres em nutrientes; pergelissolo pode estar presente
Tundra ártica	Precipitações muito baixas no inverno e verão, e invernos muito frios	Arbustos baixos, gramíneas, ciperáceas e liquens	Pergelissolo presente todo o tempo; muito da biomassa é subterrânea

altas com um luxuriante crescimento de briófitas e liquens; ao norte, ela consiste em vastas faixas monótonas de florestas com muito poucas espécies arbóreas.

A tundra ártica tem arbustos baixos e gramíneas, mas não tem árvores

A tundra ocorre em direção aos polos acima das florestas sempre-verdes do tipo taiga, onde o inverno muito frio e uma pequena estação de crescimento impede o desenvolvimento de árvores. Ela se estende ao redor do hemisfério norte, predominantemente acima do círculo ártico, em uma faixa que é interrompida apenas por corpos de água. Tanto os limites setentrionais da taiga como toda a tundra estão localizados sobre o pergelissolo (*permafrost*), ou seja, sobre o solo congelado. Devido ao pergelissolo e especialmente às baixas taxas de evapotranspiração, os solos da tundra e da taiga são relativamente úmidos e muito lixiviados de nutrientes.

A biodiversidade da Terra está em perigo, e esforços devem ser feitos para protegê-la

O crescimento da população humana continua a diminuir nosso estoque de áreas naturais. Se quisermos salvar o suficiente delas para evitar extinções maciças, devemos redobrar nossos esforços em conservação e restauração.

Autoavaliação

1. Descreva a influência da latitude e da altitude na distribuição dos organismos na Terra.

2. Descreva o efeito das montanhas na precipitação pluvial local.

3. Compare as florestas tropical e temperada em termos do número de espécies encontradas em cada uma delas e do tamanho e da aparência das árvores.

4. Explique por que as plantas anuais são mais bem representadas, tanto em número quanto em tipo, nos desertos e regiões semiáridas, do que em qualquer outro local.

5. Compare as quantidades relativas de nutrientes encontrados nos solos de florestas e de campos (pradarias).

6. Como as florestas de coníferas sempre-verdes do Pacífico noroeste dos EUA e do Canadá estão adaptadas ao ambiente de inverno úmido/verão seco daquela região?

7. Quais são as principais diferenças entre a taiga e a tundra? Qual papel o pergelissolo (*permafrost*) desempenha nesses biomas?

8. O conceito de "serviços ecológicos" – benefícios que os seres humanos obtêm da existência de sistemas naturais – tornou-se uma ideia-guia nas décadas recentes. Quais são esses benefícios, e como eles podem mudar se a interferência humana continuar a aumentar?

9. Usando o 'Google Earth', encontre a latitude de sua localização atual. Siga a latitude ao redor do globo terrestre e dê aumentos (*zooms*) em pontos suficientes para obter uma impressão de como as vegetações mudam. O que causa as mudanças que você observa? Que proporção da superfície evidencia a atividade humana? O quanto parece mais ou menos natural?

Classificação dos organismos

Há diferentes métodos para se classificarem os organismos. O método apresentado aqui segue o esquema geral descrito no Capítulo 12, no qual os organismos são divididos em três domínios: Bacteria, Archaea e Eukarya. Bacteria e Archaea são grupos distintos de organismos procarióticos. Eukarya, que consiste inteiramente em organismos eucarióticos, inclui os protistas e os reinos Animalia, Fungi e Plantae. As principais categorias taxonômicas são domínio, reino, filo, classe, ordem, família, gênero e espécie. Recentemente tem sido proposta a hipótese de que os eucariotos consistem em sete supergrupos. Um supergrupo fica entre o domínio e o reino.

A classificação que segue inclui os protistas, exceto os que são considerados Protozoa, bem como Fungi e Plantae. Alguns subfilos e classes enfatizados neste livro também são incluídos, mas a listagem está longe de ser completa. O número de espécies de cada grupo é o número estimado de espécies vivas que foram descritas e às quais foram atribuídos nomes. Apenas os grupos que têm espécies vivas são descritos. Os vírus não foram incluídos neste apêndice, mas são discutidos no Capítulo 13.

DOMÍNIO BACTERIA (BACTÉRIAS)

As bactérias são células procarióticas. Seus representantes não apresentam envoltório nuclear, plastídios, mitocôndrias e outras organelas limitadas por membranas e flagelos 9 + 2. As bactérias são unicelulares, mas muitas formam agregados. Sua nutrição é, predominantemente, por absorção, mas alguns grupos são fotossintetizantes ou quimiossintetizantes. A reprodução é, em geral, assexuada, por fissão ou brotamento, mas porções de moléculas de DNA podem ser trocadas entre células, sob certas circunstâncias. As bactérias são móveis, pela ação de flagelos simples ou por deslizamento, ou são imóveis.

Atualmente, reconhecem-se cerca de 5.000 espécies de bactérias, mas isso representa provavelmente apenas uma pequena fração do número real. O reconhecimento de espécies não é comparável com o de eucariotos e é amplamente baseado em características metabólicas. Um grupo, a classe Rickettsiae – bactérias muito pequenas – é encontrado muito frequentemente como parasitos em artrópodes e pode consistir em dezenas de milhares de espécies, dependendo dos critérios de classificação usados; este grupo não foi incluído na estimativa aqui apresentada.

O domínio Bacteria pode ser dividido em 17 grupos principais ou reinos. Entre esses, as cianobactérias, grupo antigo, abundante e ecologicamente importante. Antes chamadas equivocadamente de "algas azul-esverdeadas", as cianobactérias apresentam um tipo de fotossíntese baseado na clorofila *a*. Do mesmo modo que as algas vermelhas, as cianobactérias apresentam também pigmentos acessórios chamados ficobilinas. Muitas cianobactérias podem fixar nitrogênio atmosférico, frequentemente em células especializadas chamadas heterocistos. Algumas cianobactérias formam filamentos complexos e outras colônias. Embora cerca de 7.500 espécies de cianobactérias tenham sido descritas, uma estimativa mais razoável situa o número dessas bactérias especializadas em algo em torno de 200 distintas espécies não simbióticas.

DOMÍNIO ARCHAEA (ARQUEAS)

As arqueas são células procarióticas. Elas não apresentam envoltório nuclear, plastídios, mitocôndrias e outras organelas limitadas por membranas e flagelos 9 + 2. São organismos unicelulares, mas às vezes se agregam formando filamentos ou outros conjuntos que parecem ser multicelulares. A nutrição é predominantemente por absorção, mas um grupo de gêneros obtém sua energia por meio da metabolização do enxofre e um outro gênero, *Halobacterium*, obtém energia através de uma bomba de prótons. Muitos membros de Archaea são metanogênicos, geradores de metano. Outros estão entre os maiores "amantes de sal" (halófilos extremos) e "amantes do calor" (termófilos extremos) entre todos os procariotos conhecidos. A reprodução é assexuada, por fissão; a recombinação gênica não foi observada. As arqueas são organismos morfologicamente diversos, podendo ser flagelados móveis ou então bastonetes, cocos e espirilos imóveis. Diferem fundamentalmente das bactérias nas sequências de bases de seus RNA ribossômicos e composição lipídica de suas membranas plasmáticas. As arqueas também diferem das bactérias por não possuírem peptideoglicanos na parede de suas células. Correspondem a menos de 100 espécies.

DOMÍNIO EUKARYA (EUCARIOTOS)

Reino Fungi (fungos)

Os fungos são organismos eucarióticos pluricelulares ou raramente unicelulares, nos quais os núcleos ocorrem em um micélio basicamente contínuo; esse micélio torna-se septado em certos grupos e em certos estágios do ciclo de vida. Os fungos são heterotróficos e obtêm sua nutrição por absorção. Com exceção de dois grupos (Microsporidia e quitrídios), os membros de todos os demais grupos mantêm importantes relações simbióticas com as raízes de plantas, chamadas micorrizas. Os ciclos reprodutivos incluem tipicamente tanto fases sexuadas quanto assexuadas. Há mais de 100.000 espécies válidas de fungos, às quais foram atribuídos nomes, e muitas mais ainda serão descobertas. Algumas receberam nomes duas ou mais vezes; isso é particularmente verdadeiro para fungos que podem ser classificados como ascomicetos e fungos assexuados. As características principais dos filos de fungos são fornecidas na Tabela 14.1.

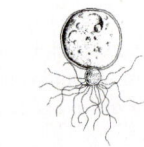

Filo Miscrosporidia: Parasitos unicelulares de animais; formam esporos. Os microsporídios são caracterizados pela presença de um tubo polar que penetra nas células dos hospedeiros, provocando infecção. São cerca de 1.500 espécies.

Quitrídios: Um grupo polifilético de organismos heterotróficos predominantemente aquáticos, com células móveis características de certos estágios de seu ciclo de vida. As células móveis da maioria dos membros têm um único flagelo liso, posterior. A parede celular é constituída de quitina, mas outros polímeros também podem estar presentes. Os quitrídios armazenam glicogênio. Há cerca de 790 espécies.

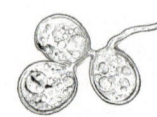

Zigomicetos: Um grupo polifilético de fungos terrestres, com hifas septadas apenas durante a formação dos corpos reprodutivos; a quitina é predominante na parede das células. Os zigomicetos podem ser comumente reconhecidos por suas hifas profusas e de rápido crescimento. O grupo inclui cerca de 1.000 espécies descritas.

Filo Glomeromycota: Fungos que geralmente contêm hifas cenocíticas e que se reproduzem por meio de esporos assexuados grandes e multinucleados. Os glomeromicetos existem como componentes de endomicorrizas, as quais são encontradas em cerca de 80% de todas as plantas vasculares. Não podem crescer independentemente da planta. São conhecidas 200 espécies.

Filo Ascomycota: São fungos terrestres e aquáticos, com hifas septadas e septos perfurados; septos completos isolam os corpos reprodutivos, como esporos e gametângios. A quitina predomina na parede das células. A reprodução sexuada envolve a formação de uma célula característica – o asco – na qual ocorre a meiose e dentro da qual se formam ascósporos. As hifas de muitos ascomicetos são agregadas em "corpos" complexos, conhecidos como ascomas. Há cerca de 32.300 espécies de ascomicetos. Os Ascomycota com os Basidiomycota pertencem ao sub-reino Dikarya.

Filo Basidiomycota: São fungos terrestres com hifas septadas e septos perfurados; septos completos isolam os corpos reprodutivos, como esporos. A quitina predomina na parede das células. A reprodução sexuada dos basidiomicetos envolve a formação de basídios, nos quais ocorre a meiose e nos quais os basidiósporos são formados. Os representantes de Basidiomycota são dicarióticos durante a maior parte de seu ciclo de vida e há, frequentemente, uma complexa diferenciação de "tecidos" no interior de seus basidiomas. Eles são os componentes fúngicos da maioria das ectomicorrizas. Há cerca de 22.300 espécies descritas.

Subfilo Agaricomycotina: Inclui os himenomicetos e os gasteromicetos. Os himenomicetos produzem basidiósporos no himênio exposto no basidioma. O grupo é representado por cogumelos comestíveis e venenosos, fungos coraloides, orelhas-de-pau e fungos dentiformes. Os gasteromicetos produzem basidiósporos dentro de basidiomas, onde eles são completamente encerrados por pelo menos parte de seu desenvolvimento. Alguns exemplos são as bolotas-da-terra ou bolotas-de-ar, as estrelas-da-terra, os malcheirosos fungos da ordem Fallales e assemelhados. Os basídios da maioria dos basidiomicetos são asseptados (indivisos internamente).

Subfilo Pucciniomycotina: Consiste em fungos comumente referidos como ferrugens. Diferentemente dos Agaricomycotina, as ferrugens não formam basidiomas e têm basídios septados. Existem cerca de 8.000 espécies.

Subfilo Ustilaginomycotina: Consiste em fungos comumente referidos como carvões. Como os Pucciniomycotina, eles não formam basidiomas e têm basídios septados. Existem cerca de 1.070 espécies.

Leveduras: Não são formalmente um grupo taxonômico. A levedura, por definição, é simplesmente um fungo unicelular que se reproduz principalmente por brotamento. O crescimento leveduriforme é exibido por um grande número de fungos não relacionados, abrangendo os zigomicetos, Ascomycota e Basidiomycota. A maioria das leveduras é representada por ascomicetos, mas pelo menos um quarto dos gêneros corresponde a basidiomicetos.

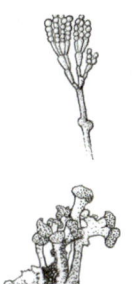

Fungos assexuados: Inicialmente classificados como Deuteromicetos ou Fungos Imperfeitos, representam um conjunto artificial de fungos para os quais apenas o estado reprodutivo assexuado (anamorfo) é conhecido (membros "imperfeitos") ou nos quais as características do estado reprodutivo sexuado (telemorfo) não são usadas como base para a classificação. A maioria dos fungos assexuados são Ascomycota; alguns têm afinidades com Basidiomycota ou zigomicetos.

Liquens: Um líquen é uma associação simbiótica mutualística entre um componente fúngico e um certo gênero de cianobactérias ou de algas verdes. O componente fúngico do líquen é chamado micobionte e o componente fotossintetizante, fotobionte. Cerca de 98% dos micobiontes pertencem aos Ascomycota e o restante, aos Basidiomycota. Cerca de 13.250 espécies de fungos formadores de liquens foram descritas.

Protista (protistas)

Os protistas são organismos eucarióticos unicelulares ou pluricelulares. Apresentam diversos modos de nutrição, que incluem ingestão, fotossíntese e absorção. A sexualidade verdadeira está presente na maioria dos filos. Esses organismos movem-se por meio de flagelos 9 + 2 ou são imóveis. Os fungos, as plantas e os animais são grupos pluricelulares especializados derivados de protistas. Os grupos de protistas tratados nesse livro são categorizados como protistas fotossintetizantes (Algae) e protistas heterotróficos (Oomycota, Myxomycota e Dictyosteliomycota). Os oomicetos (Oomycota) são muito relacionados com os três filos de algas – diatomáceas, crisófitas e algas pardas. As características dos grupos de protistas estão esquematizadas na Tabela 15.1.

Euglenoides: Mais de 80 gêneros, dos quais um terço tem cloroplastos com clorofilas *a* e *b* e carotenoides; os outros são heterotróficos. Os euglenoides têm como reserva o paramido, um tipo incomum de carboidrato. Têm dois flagelos apicais e um vacúolo contrátil. A película flexível ou rígida é rica em proteína. A reprodução sexuada não é conhecida. Existem 800 a 1.000 espécies, a maioria das quais ocorre em água doce.

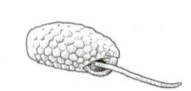

Filo Cryptophyta: Criptomônadas ou criptófitas. São organismos fotossintetizantes, que têm clorofilas *a* e *c* e carotenoides; além disso, algumas criptófitas contêm uma ficobilina, que pode ser ficocianina ou ficoeritrina. As criptófitas são ricas em ácidos graxos poli-insaturados. Elas contêm, além de um núcleo comum, um núcleo reduzido chamado nucleomorfo. Há cerca de 200 espécies conhecidas.

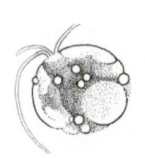

Filo Haptophyta: Haptófitas. A maioria dos organismos é fotossintetizante, contém clorofila *a* e uma variante da clorofila *c*. Alguns têm o pigmento acessório fucoxantina. A característica mais distintiva das haptófitas é o haptonema, uma estrutura filiforme que se estende da célula como dois flagelos. Há cerca de 300 espécies conhecidas de haptófitas.

Dinoflagelados: São organismos autotróficos, aproximadamente metade dos quais tem clorofilas *a* e *c* e carotenoides; a outra metade (heterótrofos) carece de maquinaria fotossintética e, desse modo, obtém sua nutrição por ingestão de partículas sólidas ou pela absorção de compostos orgânicos dissolvidos. Os dinoflagelados têm como reserva o amido. Uma camada de vesículas, frequentemente contendo celulose, ocorre sob a membrana plasmática. Esse grupo contém cerca de 4.000 espécies conhecidas, a maioria organismos biflagelados. Têm flagelos laterais, um dos quais vibra em um sulco que envolve o organismo. A reprodução sexuada é geralmente isogâmica, mas a anisogamia também é observada. A mitose dos dinoflagelados não tem similar. Muitos dinoflagelados – sob a forma chamada zooxantelas – são simbióticos com animais marinhos; as zooxantelas têm uma importante contribuição para a produtividade dos recifes de corais.

Estramenópilos fotossintetizantes: As quatro classes que seguem – Bacillariophyceae, Chrysophyceae, Xanthophyceae e Phaeophyceae – são estramenópilos fotossintetizantes, cujas células móveis são caracterizadas pela presença de dois flagelos, um longo com pelos distintivos e outro curto e liso.

Classe Bacillariophyceae: Diatomáceas. São organismos unicelulares ou coloniais com parede celular silicosa dividida em duas metades, que se encaixam como placas de Petri. Têm clorofilas *a* e *c*, além de fucoxantina. As substâncias de reserva incluem lipídios e crisolaminarina. As diatomáceas não têm flagelo, exceto em alguns gametas masculinos. Estima-se que haja pelo menos 10.000 a 12.000 espécies vivas reconhecidas.

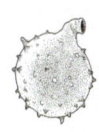

Classe Chrysophyceae: Algas douradas. São organismos principalmente unicelulares ou coloniais, que têm clorofilas *a* e *c* e carotenoides, mormente fucoxantina. Têm como substância de reserva o carboidrato hidrossolúvel, crisolaminarina. Nas crisófitas, a parede das células pode estar ausente ou consistir em celulose impregnada com minerais; algumas são revestidas com escamas de sílica. Há cerca de 1.000 espécies vivas conhecidas.

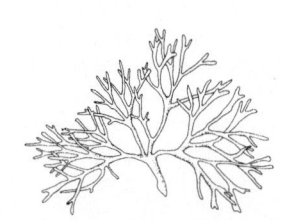

Classe Xanthophyceae: Algas verde-amarelas. A maioria é representada por organismos de água doce ou *habitat* terrestre. As xantofíceas contêm clorofila *a* e *c* e carotenoides, mas a fucoxantina é ausente. Há cerca de 600 espécies.

Classe Phaeophyceae: Algas pardas. São organismos pluricelulares, quase que exclusivamente marinhos e caracterizados pela presença de clorofilas *a* e *c* e fucoxantina. O carboidrato de reserva é laminarina, e a parede das células tem uma matriz celulósica contendo algina. As células móveis são biflageladas, com um flagelo do tipo pinado, orientado para frente e um flagelo em chicote, voltado para trás. Uma diferenciação considerável é encontrada em algumas *kelps* (um grupo de algas pardas grandes, da ordem Laminariales), com células condutoras especializadas para o transporte dos produtos da fotossíntese às regiões do corpo que recebem pouca luz. No entanto, não há diferenciação em raiz, folha e caule, como nas plantas vasculares. Embora haja apenas 1.500 espécies, as algas pardas dominam as costas rochosas em todas as regiões frias do mundo.

Filo Rhodophyta: Algas vermelhas. São principalmente marinhas, caracterizadas pela presença de clorofilas *a* e ficobilinas. Particularmente abundantes em águas tropicais e cálidas. Seu carboidrato de reserva é o amido das florídeas. A parede das células é constituída de celulose ou pectina, com carbonato de cálcio em muitas delas. Não há células móveis em qualquer estágio do complexo ciclo de vida. O corpo vegetativo é formado por filamentos compactamente arranjados em matriz gelatinosa e não é diferenciado em raiz, folha e caule. Não há células condutoras especializadas. Há cerca de 6.000 espécies conhecidas.

Algas verdes: São organismos unicelulares ou pluricelulares fotossintetizantes, caracterizados pela presença de clorofilas *a* e *b* e vários carotenoides. Têm como reserva o carboidrato amido; apenas as algas verdes e as plantas, que são obviamente descendentes das primeiras, armazenam amido no interior de plastídios. A parede das células das algas verdes é constituída por polissacarídios, algumas vezes celulose. As células móveis geralmente têm dois flagelos apicais lisos, em chicote. Os gêneros verdadeiramente pluricelulares não apresentam padrões complexos de diferenciação. A condição pluricelular desenvolveu-se pelo menos duas vezes. Há cerca de 17.000 espécies conhecidas.

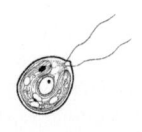

Classe Chlorophyceae: Algas verdes, nas quais o modo único de divisão celular envolve um ficoplasto, um sistema de microtúbulos paralelos ao plano de divisão celular. O envoltório nuclear persiste ao longo de toda a mitose, e a divisão dos cromossomos ocorre em seu interior. As células móveis, quando presentes, são simétricas e têm dois, quatro ou muitos flagelos que são apicais e orientados para frente. A reprodução sexuada sempre envolve a formação de um zigoto dormente e meiose zigótica. Essas algas ocorrem predominantemente em água doce.

Classe Ulvophyceae: Algas verdes com mitose confinada no interior de um envoltório nuclear persistente; o fuso é persistente ao longo da citocinese. As células móveis, se presentes, são simétricas e têm dois, quatro ou muitos flagelos que são apicais e orientados para frente. A reprodução sexuada frequentemente envolve alternância de gerações e meiose espórica; zigotos dormentes são raros. São predominantemente algas marinhas.

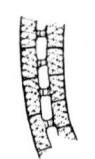

Classe Charophyceae: Algas verdes unicelulares ou com poucas células, filamentosas ou parenquimatosas, nas quais a divisão celular envolve o fragmoplasto – um sistema de microtúbulos perpendicular ao plano da divisão celular. O envoltório nuclear rompe-se durante o curso da mitose. As células móveis, quando presentes, são assimétricas e têm dois flagelos que são subapicais e estendem-se lateralmente em ângulo reto em relação à célula. A reprodução sexuada sempre envolve a formação de um zigoto dormente e meiose zigótica. Certos membros dessa classe assemelham-se a plantas mais estreitamente do que qualquer outro organismo. Essas algas ocorrem predominantemente em água doce.

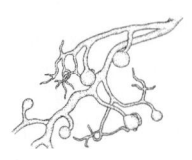

Filo Oomycota: Oomicetos e grupos relacionados. São organismos aquáticos ou terrestres com células móveis, características de certos estágios de seu ciclo de vida. Os flagelos são em número de dois – um pinado e outro em chicote, como é característico dos estramenópilos. A parede de suas células é composta de celulose ou polímeros similares; são organismos que têm como reserva o glicogênio. Há cerca de 700 espécies.

Filo Myxomycota: Mixomicetos ou organismos plasmodiais. São heterótrofos ameboides que formam um plasmódio multinucleado, o qual desliza sob a forma de massa e acaba se diferenciando em esporângios. Cada um dos esporângios é multinucleado e, ao final, dá origem a muitos esporos. Ocasionalmente, observa-se reprodução sexuada. O modo predominante de nutrição dos mixomicetos é por ingestão. Há aproximadamente 700 espécies.

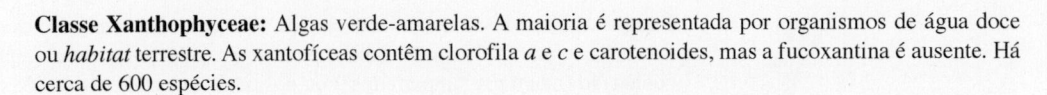
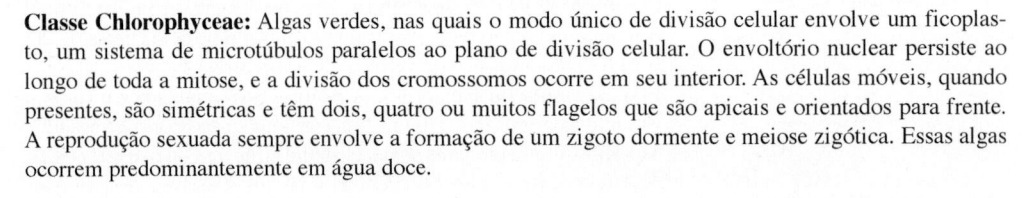
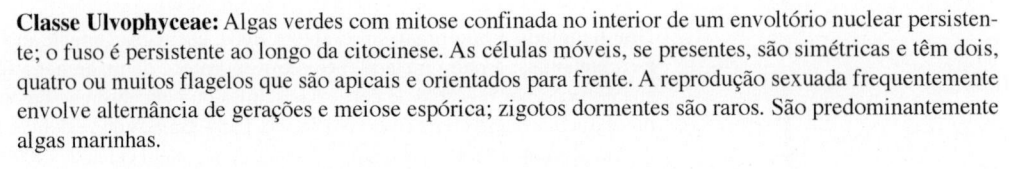

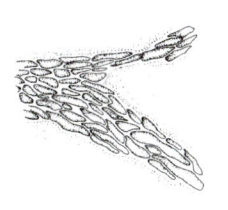

Filo Dictyosteliomycota: Dictiostelídios ou organismos pseudoplasmodiais. São heterótrofos que existem como amebas separadas, chamadas mixamebas. As mixamebas se agregam e formam um pseudoplasmódio, dentro do qual elas retêm suas identidades individuais. Finalmente, o pseudoplasmódio diferencia-se em um corpo de frutificação. A reprodução sexuada envolve estruturas conhecidas como macrocistos. Pares de amebas primeiramente se fundem, formando zigotos, os quais subsequentemente atraem e então englobam as amebas vizinhas. O principal modo de nutrição é por ingestão. Há cerca de 50 espécies conhecidas.

Reino Plantae (plantas)

As plantas são organismos autotróficos (alguns têm uma condição heterotrófica derivada), multicelulares, apresentando avançada diferenciação de tecidos. Todas as plantas têm alternância de gerações, na qual a fase diploide (esporófito) inclui um embrião e a fase haploide (gametófito) produz gametas por mitose. Os seus pigmentos fotossintetizantes e as reservas de alimento são semelhantes aos encontrados nas algas verdes. As plantas são principalmente terrestres. Algumas características dos vários filos são encontradas nas Tabelas-resumo dos Capítulos 16 a 18 e na Tabela 19.1.

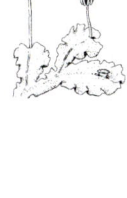

Filo Marchantiophyta: Hepáticas. Essas plantas e as dos dois próximos filos em conjunto constituem as briófitas. Elas têm gametângios pluricelulares com um envoltório de células estéreis; os seus anterozoides são biflagelados. Em todos os três filos, a maior parte da fotossíntese ocorre no gametófito, do qual o esporófito é dependente. As hepáticas não apresentam tecidos condutores especializados (possivelmente há umas poucas exceções) nem estômatos; elas são as mais simples dentre todas as plantas vivas. Os gametófitos são talosos ou folhosos, e os rizoides são unicelulares. Há cerca de 5.200 espécies.

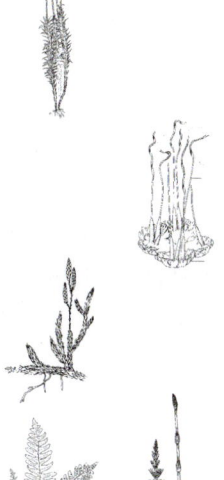

Filo Bryophyta: Musgos. Briófitas com gametófitos folhosos e os esporófitos têm padrões de deiscência complexos. Tecidos condutores especializados estão presentes nos gametófitos e nos esporófitos de algumas espécies. Os rizoides são pluricelulares. Estômatos estão presentes nos esporófitos. Há mais de 12.800 espécies.

Filo Anthocerotophyta: Antóceros. Briófitas com gametófitos talosos; o esporófito cresce a partir de um meristema intercalar basal enquanto há condições favoráveis. Estômatos estão presentes no esporófito; não há tecido condutor especializado. Há mais de 300 espécies.

Filo Lycopodiophyta: Licófitas. São plantas vasculares homosporadas e heterosporadas, caracterizadas pela presença de microfilos. As licófitas são extremamente diversas em sua aparência. Todas têm anterozoides móveis. Há cerca de 1.200 espécies.

Filo Monilophyta: Pteridófitas (samambaias) e cavalinhas. São homosporadas, com exceção das pteridófitas aquáticas, que são heterosporadas. Todas as pteridófitas têm megafilos; as cavalinhas têm folhas pequenas, com aspecto de escamas (semelhantes a microfilos por redução). O gametófito é dependente do esporófito em alguns grupos e de vida livre em outros, mas geralmente fotossintetizante. Há mais de 12.000 espécies vivas.

Filo Coniferophyta: Coníferas. Este e os três próximos filos constituem as gimnospermas. As coníferas apresentam crescimento cambial substancial e folhas simples; óvulos e sementes expostas. Os gametas masculinos não têm flagelos. Constituem o grupo mais conhecido de gimnospermas. Há cerca de 630 espécies.

Filo Cycadophyta: Cicadófitas. Gimnospermas com crescimento cambial muito lento e folhas compostas pinadas ou semelhantes às de samambaias ou palmeiras; os óvulos e as sementes são expostos. Os anterozoides são flagelados e móveis, mas transportados até a proximidade do óvulo em um tubo polínico. Há cerca de 300 espécies.

Filo Ginkgophyta: *Ginkgo.* Uma gimnosperma com considerável crescimento cambial e folhas semelhantes a leques (ventarolas) com venação aberta, dicotomicamente ramificada (furcada); óvulos e sementes expostas; os tegumentos das sementes são carnosos. Os anterozoides são flagelados e móveis e transportados até a proximidade do óvulo pelo tubo polínico. Há apenas uma espécie.

Filo Gnetophyta: Gnetófitas. Gimnospermas com muitas características próprias de angiospermas, como a presença de vasos condutores e dupla fecundação. As gnetófitas são as únicas gimnospermas nas quais ocorrem vasos condutores. É o grupo de gimnospermas mais estreitamente relacionado com as angiospermas. Gametas masculinos móveis são ausentes. Há três gêneros bem distintos com aproximadamente 75 espécies.

Filo Anthophyta: Plantas floríferas; angiospermas. Plantas com sementes nas quais os óvulos são envolvidos por um carpelo e as sementes estão no interior de frutos. As angiospermas são extremamente diversas vegetativamente, mas se caracterizam pela presença da flor, que é basicamente polinizada por insetos. Outros processos de polinização, tais como pelo vento, surgiram em várias linhas diferentes. Os gametófitos são muito reduzidos, com o gametófito feminino frequentemente consistindo em apenas sete células na condição madura. A dupla fecundação, envolvendo os dois gametas masculinos do microgametófito maduro, dá origem ao zigoto (um gameta masculino e oosfera) e ao núcleo do endosperma primário (o outro gameta masculino e núcleos polares). O zigoto dá origem ao embrião e o núcleo do endosperma primário, a um tecido nutritivo especial chamado endosperma. Há cerca de 300.000 espécies.

Classe Monocotyledonae: Monocotiledôneas. As peças florais são, geralmente, em número de três (flores trímeras); a venação foliar é geralmente paralela; os feixes vasculares primários no caule distribuem-se aleatoriamente; não há crescimento secundário verdadeiro; um cotilédone. Há cerca de 90.000 espécies.

Classe Eudicotyledonae: Eudicotiledôneas. As peças florais são, geralmente, em número de quatro ou cinco (flores tetrâmeras ou pentâmeras); a venação foliar é geralmente reticulada; os feixes vasculares primários no caule distribuem-se em um anel; muitos representantes apresentam um câmbio vascular e crescimento secundário verdadeiro; os embriões apresentam dois cotilédones. Há cerca de 200.000 espécies.

Juntas, as monocotiledôneas e eudicotiledôneas representam aproximadamente 97% das angiospermas. Os outros 3% das angiospermas vivas são as magnoliídeas, que representam as angiospermas com as características mais primitivas e ancestrais das mono e eudicotiledôneas.

Capítulo 1

Baskin, Y. 1997. *The Work of Nature: How the Diversity of Life Sustains Us.* Island Press, Washington, DC.

Beerling, D. J. 2007. *The Emerald Planet: How Plants Changed Earth's History.* Oxford University Press, Oxford, New York.

Deamer, D., and **A. L. Weber.** 2010. Bioenergetics and life's origins. *Cold Spring Harbor Perspectives in Biology* 2010;2:a004929.

Fischer, W. W. 2008. Life before the rise of oxygen. *Nature* 455, 1051–1052.

Gaucher, E. A., J. T. Kratzer, and **R. N. Randall.** 2010. Deep phylogeny—how a tree can help characterize early life on Earth. *Cold Spring Harbor Perspectives in Biology* 2010;2:a002238.

Goetz, W. 2010. Phoenix on Mars. *American Scientist* 98, 40–47.

Monastersky, R. 1998. The rise of life on Earth. *National Geographic* 193 (3), 54–81.

Morton, O. 2008. *Eating the Sun: How Plants Power the Planet.* Harper Collins, New York.

Niklas, K. J. 1997. *The Evolutionary Biology of Plants.* The University of Chicago Press, Chicago, London.

Pizzarello, S., and **E. Shock.** 2010. The organic composition of carbonaceous meteorites: the evolutionary story ahead of biochemistry. *Cold Spring Harbor Perspectives in Biology* 2010;2:a002105.

Sleep, N. H. 2010. The Hadean–Archaean environment. *Cold Spring Harbor Perspectives in Biology* 2010;2:a002527.

Trefil, J., H. J. Morowitz, and **E. Smith.** 2009. The origin of life. *American Scientist* 97, 206–213.

Zimmer, C. 2009. On the origin of life on Earth. *Science* 323, 198–199.

Seção 1: Capítulos 2 a 4

Capítulo 2

Baldwin, I. T. 2010. Plant volatiles. *Current Biology* 20, R392–R397.

Buchanan, B. B., W. Gruissem, and **R. L. Jones** (eds.). 2000. *Biochemistry and Molecular Biology of Plants.* American Society of Plant Physiologists, Rockville, MD.

Hardin, J., G. Bertoni, L. J. Kleinsmith, and **W. M. Becker.** 2012. *Becker's World of the Cell,* 8th ed. Benjamin Cummings, Boston.

Lodish, H., A. Berk, C. A. Kaiser, M. Krieger, M. P. Scott, A. Bretscher, H. Ploegh, and **P. Matsudaira.** 2008. *Molecular Cell Biology,* 6th ed. W. H. Freeman and Company, New York.

Nelson, D. L., and **M. M. Cox.** 2008. *Lehninger Principles of Biochemistry,* 5th ed. W. H. Freeman and Company, New York.

Sackheim, G. I. 2008. *An Introduction to Chemistry for Biology Students,* 9th ed. Benjamin/Cummings Publishing Company, Menlo Park, CA.

Taiz, L., and **E. Zeiger.** 2010. *Plant Physiology,* 5th ed. Sinauer Associates, Inc., Publishers, Sunderland, MA.

Tanaka, Y., N. Sasaki, and **A. Ohmiya.** 2008. Biosynthesis of plant pigments: anthocyanins, betalains and carotenoids. *The Plant Journal* 54, 733–749.

Treutter, D. 2005. Significance of flavonoids in plant resistance and enhancement of their biosynthesis. *Plant Biology* 7, 581–591.

Unsicker, S. B., G. Kunert, and **J. Gershenzon.** 2009. Protective perfumes: the role of vegetative volatiles in plant defense against herbivores. *Current Opinion in Plant Biology* 12, 479–485.

Wenke, K., M. Kai, and **B. Piechulla.** 2010. Belowground volatiles facilitate interactions between plant roots and soil organisms. *Planta* 231, 499–506.

Capítulo 3

Alberts, B., A. Johnson, J. Lewis, M. Raff, K. Roberts, and **P. Walter.** 2008. *Molecular Biology of the Cell,* 5th ed. Garland Science, New York, Oxford.

Bloom, K., and **A. Joglekar.** 2010. Towards building a chromosome segregation machine. *Nature* 463, 446–456.

Bock, R., and **J. N. Timmis.** 2008. Reconstructing evolution: gene transfer from plastids to the nucleus. *BioEssays* 30, 556–566.

Delmer, D. P., and **Y. Amor.** 1995. Cellulose biosynthesis. *The Plant Cell* 7, 987–1000.

Emons, A. M. C., H. Höfte, and **B. M. Mulder.** 2007. Microtubules and cellulose microfibrils: how intimate is their relationship? *Trends in Plant Science* 12, 279–281.

Evert, R. F. 2006. *Esau's Plant Anatomy. Meristems, Cells, and Tissues of the Plant Body: Their Structure, Function, and Development,* 3rd ed. John Wiley & Sons, Inc., Hoboken, NJ.

Francis, D. 2007. The plant cell cycle—15 years on. *New Phytologist* 174, 261–278.

Hardin, J., G. Bertoni, L. J. Kleinsmith, and **W. M. Becker.** 2012. *Becker's World of the Cell,* 8th ed. Benjamin Cummings, Boston.

Hepler, P. K., and **J. M. Hush.** 1996. Behavior of microtubules in living plant cells. *Plant Physiology* 112, 455–461.

Inzé, D., and **L. De Veylder.** 2006. Cell cycle regulation in plant development. *Annual Review of Genetics* 40, 77–105.

John, P. C. L., and **R. Qi.** 2008. Cell division and endoreduplication: doubtful engines of vegetative growth. *Trends in Plant Science* 13, 121–127.

Johnson, M. K., and **D. A. Wise.** 2009. The kinetochore moves ahead: contributions of molecular and genetic techniques to our understanding of mitosis. *BioScience* 59, 933–943.

Lodish, H., A. Berk, C. A. Kaiser, M. Krieger, M. P. Scott, A. Bretscher, H. Ploegh, and **P. Matsudaira.** 2008. *Molecular Cell Biology,* 6th ed. W. H. Freeman and Company, New York.

McBride, H. M., M. Neuspiel, and **S. Wasiak.** 2006. Mitochondria: more than just a powerhouse. *Current Biology* 16, R551–R560.

Miyagishima, S.-y. 2005. Origin and evolution of the chloroplast division machinery. *Journal of Plant Research* 118, 295–306.

Miyagishima, S.-y., and **Y. Kabeya.** 2010. Chloroplast division: squeezing the photosynthetic captive. *Current Opinion in Microbiology* 13, 738–746.

Müller, S., A. J. Wright, and **L. G. Smith.** 2009. Division plane control in plants: new players in the band. *Trends in Cell Biology* 19, 180–188.

Pizzo, P., and **T. Pozzan.** 2007. Mitochondria–endoplasmic reticulum choreography: structure and signaling dynamics. *Trends in Cell Biology* 17, 511–517.

Pogson, B. J., N. S. Woo, B. Förster, and **I. D. Small.** 2008. Plastid signalling to the nucleus and beyond. *Trends in Plant Science* 13, 602–609.

Pollard, T. D., and **J. A. Cooper.** 2009. Actin, a central player in cell shape and movement. *Science* 326, 1208–1212.

Rambold, A. S., and **J. Lippincott-Schwartz.** 2011. SevERing mitochondria. *Science* 334, 186–187.

Reape, T. J., E. M. Molony, and **P. F. McCabe.** 2008. Programmed cell death in plants: distinguishing between different modes. *Journal of Experimental Botany* 59, 435–444.

Schrader, M., and **Y. Yoon.** 2007. Mitochondria and peroxisomes: are the "Big Brother" and the "Little Sister" closer than assumed? *BioEssays* 29, 1105–1114.

Staehelin, L. A. 1997. The plant ER: a dynamic organelle composed of a large number of discrete functional domains. *The Plant Journal* 11, 1511–1165.

Taiz, L., and E. Zeiger. 2010. *Plant Physiology,* 5th ed. Sinauer Associates, Inc., Publishers, Sunderland, MA.

Terry, L. J., E. B. Shows, and S. R. Wente. 2007. Crossing the nuclear envelope: hierarchical regulation of nucleocytoplasmic transport. *Science* 318, 1412–1416.

Verchot-Lubicz, J., and R. E. Goldstein. 2010. Cytoplasmic streaming enables the distribution of molecules and vesicles in large plant cells. *Protoplasma* 240, 99–107.

Vianello, A., M. Zancani, C. Peresson, E. Petrussa, V. Casolo, J. Krajň áková, S. Patui, E. Braidot, and F. Macrì. 2007. Plant mitochondrial pathway leading to programmed cell death. *Physiologia Plantarum* 129, 242–252.

Capítulo 4

Bell, K., and K. Oparka. 2011. Imaging plasmodesmata. *Protoplasma* 248, 9–25.

Burch-Smith, T. M., S. Stonebloom, M. Xu, and P. C. Zambryski. 2011. Plasmodesmata during development: re-examination of the importance of primary, secondary, and branched plasmodesmata structure versus function. *Protoplasma* 248, 61–74.

Engelman, D. M. 2005. Membranes are more mosaic than fluid. *Nature* 438, 578–580.

Evert, R. F. 2006. *Esau's Plant Anatomy. Meristems, Cells, and Tissues of the Plant Body: Their Structure, Function, and Development,* 3rd ed. John Wiley & Sons, Inc., Hoboken, NJ.

Hardin, J., G. Bertoni, L. J. Kleinsmith, and W. M. Becker. 2012. *Becker's World of the Cell,* 8th ed. Benjamin Cummings, Boston.

Hyun, T. K., M. N. Uddin, Y. Rim, and J.-Y. Kim. 2011. Cell-to-cell trafficking of RNA and RNA silencing through plasmodesmata. *Protoplasma* 248, 101–116.

Irani, N. G., and E. Russinova. 2009. Receptor endocytosis and signaling in plants. *Current Opinion in Plant Biology* 12, 653–659.

Lingwood, D., and K. Simons. 2010. Lipid rafts as a membrane-organizing principle. *Science* 327, 46–50.

Lodish, H., A. Berk, C. A. Kaiser, M. Krieger, M. P. Scott, A. Bretscher, H. Ploegh, and P. Matsudaira. 2008. *Molecular Cell Biology,* 6th ed. W. H. Freeman and Company, New York.

Lucas, W. J., B.-K. Ham, and J.-Y. Kim. 2009. Plasmodesmata—bridging the gap between neighboring plant cells. *Trends in Cell Biology* 19, 495–503.

Maurel, C., L. Verdoucq, D.-T. Luu, and V. Santoni. 2008. Plant aquaporins: membrane channels with multiple integrated functions. *Annual Review of Plant Biology* 59, 595–624.

Taiz, L., and E. Zeiger. 2010. *Plant Physiology,* 5th ed. Sinauer Associates, Inc., Publishers, Sunderland, MA.

Verma, D. P. S. (ed.). 1996. *Signal Transduction in Plant Growth and Development.* Springer, Vienna, New York.

Wudick, M. M., D.-T. Luu, and C. Maurel. 2009. A look inside: localization patterns and functions of intracellular plant aquaporins. *New Phytologist* 184, 289–302.

Xu, X. M., and D. Jackson. 2010. Lights at the end of the tunnel: new views of plasmodesmal structure and function. *Current Opinion in Plant Biology* 13, 684–692.

Zavaliev, R., S. Ueki, B. L. Epel, and V. Citovsky. 2011. Biology of callose (β-1,3-glucan) turnover at plasmodesmata. *Protoplasma* 284, 117–130.

Seção 2: Capítulos 5 a 7

Capítulos 5 e 6

Alberts, B., A. Johnson, J. Lewis, M. Raff, K. Roberts, and P. Walter. 2008. *Molecular Biology of the Cell,* 5th ed. Garland Science, New York, Oxford.

Berg, J. M., J. L. Tymoczko, and L. Stryer. 2012. *Biochemistry,* 7th ed. W. H. Freeman and Company, New York.

Garby, L., and P. S. Larsen. 1995. *Bioenergetics: Its Thermodynamic Foundations.* Cambridge University Press, Cambridge, New York.

Hardin, J., G. Bertoni, L. J. Kleinsmith, and W. M. Becker. 2012. *Becker's World of the Cell,* 8th ed. Benjamin Cummings, Boston.

Lodish, H., A. Berk, C. A. Kaiser, M. Krieger, M. P. Scott, A. Bretscher, H. Ploegh, and P. Matsudaira. 2008. *Molecular Cell Biology,* 6th ed. W. H. Freeman and Company, New York.

Millar, A. H., J. Whelan, K. L. Soole, and D. A. Day. 2011. Organization and regulation of mitochondrial respiration in plants. *Annual Review of Plant Biology* 62, 79–104.

Nelson, D. L., and M. M. Cox. 2008. *Lehninger Principles of Biochemistry,* 5th ed. W. H. Freeman and Company, New York.

Plaxton, W. C., and F. E. Podestá. 2006. The functional organization and control of plant respiration. *Critical Reviews in Plant Sciences* 25, 159–198.

Sweetlove, L. J., K. F. M. Beard, A. Nunes-Nesi, A. R. Fernie, and R. G. Ratcliffe. 2010. Not just a circle: flux modes in the plant TCA cycle. *Trends in Plant Science* 15, 462–470.

Taiz, L., and E. Zeiger. 2010. *Plant Physiology,* 5th ed. Sinauer Associates, Inc., Publishers, Sunderland, MA.

Capítulo 7

Abelson, J. 2007. The birth of oxygen. *Bulletin of the American Academy of Arts and Sciences* Spring, 28–33.

Alberts, B., A. Johnson, J. Lewis, M. Raff, K. Roberts, and P. Walter. 2008. *Molecular Biology of the Cell,* 5th ed. Garland Science, New York, Oxford.

Bauwe, H., M. Hagemann, and A. R. Fernie. 2010. Photorespiration: players, partners and origin. *Trends in Plant Science* 15, 330–336.

Bloom, A. J. 2010. *Global Climate Change: Convergence of Disciplines.* Sinauer Associates, Inc., Publishers, Sunderland, MA.

Boyd, C. N., V. R. Franceschi, S. D. X. Chuong, H. Akhani, O. Kiirats, M. Smith, and G. E. Edwards. 2007. Flowers of *Bienertia cycloptera* and *Suaeda aralocaspica* (Chenopodiaceae) complete the life cycle performing single-cell C_4 photosynthesis. *Functional Plant Biology* 34, 268–281.

Chapin, F. S., III, J. McFarland, A. D. McGuire, E. S. Euskirchen, R. W. Ruess, and K. Kielland. 2009. The changing global carbon cycle: linking plant–soil carbon dynamics to global consequences. *Journal of Ecology* 97, 840–850.

Gerhart, L. M., and J. K. Ward. 2010. Plant responses to low [CO_2] of the past. *New Phytologist* 188, 674–695.

Hardin, J., G. Bertoni, L. J. Kleinsmith, and W. M. Becker. 2012. *Becker's World of the Cell,* 8th ed. Benjamin Cummings, Boston.

Hohmann-Marriott, M. F., and R. E. Blankenship. 2011. Evolution of photosynthesis. *Annual Review of Plant Biology* 62, 515–548.

Leegood, R. C. 2008. Roles of the bundle sheath cells in leaves of C_3 plants. *Journal of Experimental Botany* 59, 1663–1673.

Le Quéré, C. 2010. Trends in the land and ocean carbon uptake. *Current Opinion in Environmental Sustainability* 2, 219–224.

Lev-Yadun, S. 2010. The shared and separate roles of aposematic (warning) coloration and the co-evolution hypothesis in defending autumn leaves. *Plant Signaling & Behavior* 5, 937–939.

Lev-Yadun, S., and K. S. Gould. 2007. What do red and yellow autumn leaves signal? *The Botanical Review* 73, 279–289.

Lodish, H., A. Berk, C. A. Kaiser, M. Krieger, M. P. Scott, A. Bretscher, H. Ploegh, and P. Matsudaira. 2008. *Molecular Cell Biology,* 6th ed. W. H. Freeman and Company, New York.

Muhaidat, R., R. F. Sage, and N. G. Dengler. 2007. Diversity of Kranz anatomy and biochemistry in C_4 eudicots. *American Journal of Botany* 94, 362–381.

Nelson, D. L., and M. M. Cox. 2008. *Lehninger Principles of Biochemistry*, 5th ed. W. H. Freeman and Company, New York.

Peterhansel, C., I. Horst, M. Niessen, C. Blume, R. Kebeish, S. Kürkcüoglu, and F. Kreuzaler. 2010. Photorespiration. *The Arabidopsis Book* 10.1199/tab.0130.

Reich, P. B. 2010. The carbon dioxide exchange. *Science* 329, 774–775.

Saveyn, A., K. Steppe, N. Ubierna, and T. E. Dawson. 2010. Woody tissue photosynthesis and its contribution to trunk growth and bud development in young plants. *Plant, Cell and Environment* 33, 1949–1958.

Silvera, K., K. M. Neubig, W. M. Whitten, N. H. Williams, K. Winter, and J. C. Cushman. 2010. Evolution along the crassulacean acid metabolism continuum. *Functional Plant Biology* 37, 995–1010.

Taiz, L., and E. Zeiger. 2010. *Plant Physiology*, 5th ed. Sinauer Associates, Inc., Publishers, Sunderland, MA.

Trumbore, S. E., and C. I. Czimczik. 2008. An uncertain future for soil carbon. *Science* 321, 1455–1456.

Seção 3: Capítulos 8 a 11

Capítulo 8

Chase, C. D. 2007. Cytoplasmic male sterility: a window to the world of plant mitochondrial–nuclear interactions. *Trends in Genetics* 23, 81–90.

Griffiths, A. J. F., S. R. Wessler, S. B. Carroll, and J. Doebley. 2012. *Introduction to Genetic Analysis*, 10th ed. W. H. Freeman and Company, New York.

Hardin, J., G. Bertoni, L. J. Kleinsmith, and W. M. Becker. 2012. *Becker's World of the Cell*, 8th ed. Benjamin Cummings, Boston.

Hopkin, K. 2009. The evolving definition of a gene. *BioScience* 59, 928–931.

Lodish, H., A. Berk, C. A. Kaiser, M. Krieger, M. P. Scott, A. Bretscher, H. Ploegh, and P. Matsudaira. 2008. *Molecular Cell Biology*, 6th ed. W. H. Freeman and Company, New York.

Mogie, M. 1992. *The Evolution of Asexual Reproduction in Plants*. Chapman & Hall, London, New York.

Nelson, D. L., and M. M. Cox. 2008. *Lehninger Principles of Biochemistry*, 5th ed. W. H. Freeman and Company, New York.

Pierce, B. A. 2008. *Genetics: A Conceptual Approach*, 3rd ed. W. H. Freeman and Company, New York.

Schurko, A. M., M. Neiman, and J. M. Logsdon, Jr. 2008. Signs of sex: what we know and how we know it. *Trends in Genetics* 24, 208–217.

Capítulo 9

Alberts, B., A. Johnson, J. Lewis, M. Raff, K. Roberts, and P. Walter. 2008. *Molecular Biology of the Cell*, 5th ed. Garland Science, New York, Oxford.

Babbitt, G. 2011. Chromatin evolving. *American Scientist* 99, 48, 50–55.

Bennett, M. D., and I. J. Leitch. 2011. Nuclear DNA amounts in angiosperms: targets, trends and tomorrow. *Annals of Botany* 107, 467–590.

Chen, M., S. Lv, and Y. Meng. 2010. Epigenetic performers in plants. *Development, Growth & Differentiation* 52, 555–566.

Chen, X. 2009. Small RNAs and their roles in plant development. *Annual Review of Cell and Developmental Biology* 35, 21–44.

Chuck, G., H. Candela, and S. Hake. 2009. Big impacts by small RNAs in plant development. *Current Opinion in Plant Biology* 12, 81–86.

De Lange, T. 2009. How telomeres solve the end-protection problem. *Science* 326, 948–952.

Griffiths, A. J. F., S. R. Wessler, S. B. Carroll, and J. Doebley. 2012. *Introduction to Genetic Analysis*, 10th ed. W. H. Freeman and Company, New York.

Hardin, J., G. Bertoni, L. J. Kleinsmith, and W. M. Becker. 2012. *Becker's World of the Cell*, 8th ed. Benjamin Cummings, Boston.

He, G., A. A. Elling, and X. W. Deng. 2011. The epigenome and plant development. *Annual Review of Plant Biology* 62, 411–435.

Heslop-Harrison, J. S., and T. Schwarzacher. 2011. Organisation of the plant genome in chromosomes. *The Plant Journal* 66, 18–33.

Joyce, G. F. 2007. A glimpse of biology's first enzyme. *Science* 315, 1507–1508.

Lisch, D. 2009. Epigenetic regulation of transposable elements in plants. *Annual Review of Plant Biology* 60, 43–66.

Lodish, H., A. Berk, C. A. Kaiser, M. Krieger, M. P. Scott, A. Bretscher, H. Ploegh, and P. Matsudaira. 2008. *Molecular Cell Biology*, 6th ed. W. H. Freeman and Company, New York.

Makeyev, E. V., and T. Maniatis. 2008. Multilevel regulation of gene expression by microRNAs. *Science* 319, 1789–1790.

Mélèse, T., and Z. Xue. 1995. The nucleolus: an organelle formed by the act of building a ribosome. *Current Opinion in Cell Biology* 7, 319–324.

Pierce, B. A. 2008. *Genetics: A Conceptual Approach*, 3rd ed. W. H. Freeman and Company, New York.

Sugiura, M., and Y. Takeda. 2000. Nucleic acids. In B. B. Buchanan, W. Gruissem, and R. L. Jones (eds.), *Biochemistry and Molecular Biology of Plants*, pp. 260–310. American Society of Plant Physiologists, Rockville, MD.

Voinnet, O. 2009. Origin, biogenesis, and activity of plant microRNAs. *Cell* 136, 669–687.

Zhang, Z., C. J. Wippo, M. Wal, E. Ward, P. Korber, and B. F. Pugh. 2011. A packing mechanism for nucleosome organization reconstituted across a eukaryotic genome. *Science* 332, 977–980.

Capítulo 10

Alberts, B., A. Johnson, J. Lewis, M. Raff, K. Roberts, and P. Walter. 2008. *Molecular Biology of the Cell*, 5th ed. Garland Science, New York, Oxford.

Bennett, M. D., and I. J. Leitch. 2011. Nuclear DNA amounts in angiosperms: targets, trends and tomorrow. *Annals of Botany* 107, 467–590.

Chaves, M., and B. Davies. 2010. Drought effects and water use efficiency: improving crop production in dry environments. *Functional Plant Biology* 37, iii–vi.

Collinge, D. B., H. J. L. Jørgensen, O. S. Lund, and M. F. Lyngkjaer. 2010. Engineering pathogen resistance in crop plants: current trends and future prospects. *Annual Review of Phytopathology* 48, 269–291.

Damude, H. G., and A. J. Kinney. 2008. Enhancing plant seed oils for human nutrition. *Plant Physiology* 147, 962–968.

Flowers, J. M., and M. D. Purugganan. 2008. The evolution of plant genomes—scaling up from a population perspective. *Current Opinion in Genetics & Development* 18, 565–570.

Griffiths, A. J. F., S. R. Wessler, S. B. Carroll, and J. Doebley. 2012. *Introduction to Genetic Analysis*, 10th ed. W. H. Freeman and Company, New York.

Hardin, J., G. Bertoni, L. J. Kleinsmith, and W. M. Becker. 2012. *Becker's World of the Cell*, 8th ed. Benjamin Cummings, Boston.

Heslop-Harrison, J. S., and T. Schwarzacher. 2011. Organisation of the plant genome in chromosomes. *The Plant Journal* 66, 18–33.

Hibberd, J. M., J. E. Sheehy, and J. A. Langdale. 2008. Using C_4 photosynthesis to increase the yield of rice—rationale and feasibility. *Current Opinion in Plant Biology* 11, 228–231.

Hilbeck, A., M. Meier, J. Römbke, S. Jänsch, H. Teichmann, and B. Tappeser. 2011. Environmental risk assessment of genetically modified plants—concepts and controversies. *Environmental Sciences Europe* 23, art13.

Lodish, H., A. Berk, C. A. Kaiser, M. Krieger, M. P. Scott, A. Bretscher, H. Ploegh, and P. Matsudaira. 2008. *Molecular Cell Biology*, 6th ed. W. H. Freeman and Company, New York.

Meng, L., S. Zhang, and **P. G. Lemaux.** 2010. Toward molecular understanding of *in vitro* and *in planta* shoot organogenesis. *Critical Reviews in Plant Sciences* 29, 108–122.

Meyer, H. 2011. Systemic risks of genetically modified crops: the need for new approaches to risk assessment. *Environmental Sciences Europe* 23, art7.

Paterson, A. H., M. Freeling, H. Tang, and **X. Wang.** 2010. Insights from the comparison of plant genome sequences. *Annual Review of Plant Biology* 61, 349–372.

Plant Genomes. 2008. *Science* (Special Issue) 320, 465–497.

Powles, S. B., and **Q. Yu.** 2010. Evolution in action: plants resistant to herbicides. *Annual Review of Plant Biology* 61, 317–347.

Raines, C. A. 2011. Increasing photosynthetic carbon assimilation in C_3 plants to improve crop yield: current and future strategies. *Plant Physiology* 155, 36–42.

Rampitsch, C., and **M. Srinivasan.** 2006. The application of proteomics to plant biology: a review. *Canadian Journal of Botany* 84, 883–892.

Takáč, T., T. Pechan, and **J. Šamaj.** 2011. Differential proteomics of plant development. *Journal of Proteomics* 74, 577–588.

Tranel, P. J., and **D. P. Horvath.** 2009. Molecular biology and genomics: new tools for weed science. *BioScience* 59, 207–215.

Van Montagu, M. 2011. It is a long way to GM agriculture. *Annual Review of Plant Biology* 62, 1–23.

Yang, X., and **X. Zhang.** 2010. Regulation of somatic embryogenesis in higher plants. *Critical Reviews in Plant Sciences* 29, 36–57.

Zhu, X.-G., L. Shan, Y. Wang, and **W. P. Quick.** 2010. C_4 rice—an ideal arena for systems biology research. *Journal of Integrative Plant Biology* 52, 762–770.

Capítulo 11

Barringer, B. C. 2007. Polyploidy and self-fertilization in flowering plants. *American Journal of Botany* 94, 1527–1533.

Bowler, P. J. 2009. Darwin's originality. *Science* 323, 223–226.

Costa, J. T. 2009. The Darwinian revelation: tracing the origin and evolution of an idea. *BioScience* 59, 886–894.

Garfield, D. A., and **G. A. Wray.** 2010. The evolution of gene regulatory interactions. *BioScience* 60, 15–23.

Givnish, T. J. 1998. Adaptive plant evolution on islands: classical patterns, molecular data, new insights. In P. R. Grant (ed.), *Evolution on Islands*, pp. 281–304. Oxford University Press, Oxford, New York.

Godfrey-Smith, P. 2009. *Darwinian Populations and Natural Selection.* Oxford University Press, Oxford.

Griffiths, A. J. F., S. R. Wessler, S. B. Carroll, and **J. Doebley.** 2012. *Introduction to Genetic Analysis,* 10th ed. W. H. Freeman and Company, New York.

Harvey, J. A., T. Bukovinszky, and **W. H. van der Putten.** 2010. Interactions between invasive plants and insect herbivores: a plea for a multitrophic perspective. *Biological Conservation* 143, 2251–2259.

Hayden, T. 2009. What Darwin didn't know. *Smithsonian* 39, 40–48.

Lind, E. M., and **J. D. Parker.** 2010. Novel weapons testing: are invasive plants more chemically defended than native plants? *PLoS One* 5, e10429.

Murrell, C., E. Gerber, C. Krebs, M. Parepa, U. Schaffner, and **O. Bossdorf.** 2011. Invasive knotweed affects native plants through allelopathy. *American Journal of Botany* 98, 38–43.

Pennisi, E. 2007. Natural selection, not chance, paints the desert. *Science* 318, 376.

Pierce, B. A. 2008. *Genetics: A Conceptual Approach,* 3rd ed. W. H. Freeman and Company, New York.

Rieseberg, L. H., and **J. H. Willis.** 2007. Plant speciation. *Science* 317, 910–914.

Ruse, M., and **J. Travis** (eds.). 2009. *Evolution: The First Four Billion Years.* Belknap Press of Harvard University Press, Cambridge, MA.

Thomson, K. 2009. Darwin's enigmatic health. *American Scientist* 97, 198–200.

Van Doorn, G. S., P. Edelaar, and **F. J. Weissing.** 2009. On the origin of species by natural and sexual selection. *Science* 326, 1704–1707.

Willmore, K. E. 2010. Development influences evolution. *American Scientist* 98, 220–227.

Zuppinger-Dingley, D., B. Schmid, Y. Chen, H. Brandl, M. G. A. van der Heijden, and **J. Joshi.** 2011. In their native range, invasive plants are held in check by negative soil-feedbacks. *Ecosphere* 2, art54.

Seção 4: Capítulos 12 a 21

Capítulo 12

Angiosperm Phylogeny Group. 2009. An update of the Angiosperm Phylogeny Group classification for the orders and families of flowering plants: APGIII. *Botanical Journal of the Linnaean Society* 161, 105–121.

Green, B. R. 2011. Chloroplast genomes of photosynthetic eukaryotes. *The Plant Journal* 66, 34–44.

Hollingsworth, P. M., S. W. Graham, and **D. P. Little.** 2011. Choosing and using a plant DNA barcode. *PLoS One* 6, e19254.

Hörandl, E., and **T. F. Stuessy.** 2010. Paraphyletic groups as natural units of biological classification. *Taxon* 59, 1641–1653.

Judd, W. S., C. S. Campbell, E. A. Kellogg, P. F. Stevens, and **M. J. Donoghue.** 2008. *Plant Systematics: A Phylogenetic Approach,* 3rd ed. Sinauer Associates, Inc., Publishers, Sunderland, MA.

Keeling, P. J. 2010. The endosymbiotic origin, diversification and fate of plastids. *Philosophical Transactions of the Royal Society B* 365, 729–748.

Lake, J. A., R. G. Skophammer, C. W. Herbold, and **J. A. Servin.** 2009. Genome beginnings: rooting the tree of life. *Philosophical Transactions of the Royal Society B* 364, 2177–2185.

Lane, C. E., and **J. M. Archibald.** 2008. The eukaryotic tree of life: endosymbiosis takes its TOL. *Trends in Ecology and Evolution* 23, 268–275.

Miyagishima, S.-y., and **Y. Kabeya.** 2010. Chloroplast division: squeezing the photosynthetic captive. *Current Opinion in Microbiology* 13, 738–746.

Podani, J. 2010. Monophyly and paraphyly: a discourse without end? *Taxon* 59, 1011–1015.

Rasmussen, B., I. R. Fletcher, J. J. Brocks, and **M. R. Kilburn.** 2008. Reassessing the first appearance of eukaryotes and cyanobacteria. *Nature* 455, 1101–1104.

Sanderson, M. J. 2008. Phylogenetic signal in the eukaryotic tree of life. *Science* 321, 121–123.

Simpson, M. G. 2010. *Plant Systematics,* 2nd ed. Academic Press, San Diego.

Tekle, Y. I., L. W. Parfrey, and **L. A. Katz.** 2009. Molecular data are transforming hypotheses on the origin and diversification of eukaryotes. *BioScience* 59, 471–481.

Valentini, A., F. Pompanon, and **P. Taberlet.** 2009. DNA barcoding for ecologists. *Trends in Ecology and Evolution* 24, 110–117.

Vellai, T., and **G. Vida.** 1999. The origin of eukaryotes: the difference between prokaryotic and eukaryotic cells. *Proceedings of the Royal Society London B* 266, 1571–1577.

Zimmer, C. 2009. On the origin of eukaryotes. *Science* 325, 666–668.

Capítulo 13

Bloom, K., and **A. Joglekar.** 2010. Towards building a chromosome segregation machine. *Nature* 463, 446–456.

Bonfante, P., and **I.-A. Anca.** 2009. Plants, mycorrhizal fungi, and bacteria: a network of interactions. *Annual Review of Microbiology* 63, 363–383.

DasSarma, S. 2007. Extreme microbes. *American Scientist* 95, 224–231.

Dekas, A. E., R. S. Poretsky, and V. J. Orphan. 2009. Deep-sea archaea fix and share nitrogen in methane-consuming microbial consortia. *Science* 326, 422–426.

Emerson, D., L. Agulto, H. Liu, and L. Liu. 2008. Identifying and characterizing bacteria in an era of genomics and proteomics. *BioScience* 58, 925–936.

Fonseca, J. M., and S. Ravishankar. 2007. Safer salads. *American Scientist* 95, 494–501.

Graham, L. E., J. M. Graham, and L. W. Wilcox. 2009. *Algae*, 2nd ed. Benjamin Cummings, San Francisco, New York.

Harrison, J. J., R. J. Turner, L. L. R. Marques, and H. Ceri. 2005. Biofilms. *American Scientist* 93, 508–515.

Hull, R. 2002. *Matthews' Plant Virology*, 4th ed. Academic Press, San Diego.

Ingraham, J. L. 2010. *March of the Microbes: Sighting the Unseen*. Belknap Press of Harvard University Press, Cambridge, MA.

Khan, J. A., and J. Dijkstra. 2002. *Plant Viruses as Molecular Pathogens*. Food Products Press, New York.

Logue, J. B., H. Bürgmann, and C. T. Robinson. 2008. Progress in the ecological genetics and biodiversity of freshwater bacteria. *BioScience* 58, 103–113.

Lugtenberg, B., and F. Kamilova. 2009. Plant-growth-promoting rhizobacteria. *Annual Review of Microbiology* 63, 541–556.

Madigan, M. T., J. M. Martinko, D. A. Stahl, and D. P. Clark. 2012. *Brock Biology of Microorganisms*, 13th ed. Pearson/Benjamin Cummings, San Francisco.

Microbial Ecology. 2008. *Science* 320 (Special Section), 1027, 1031–1045.

Niehl, A., and M. Heinlein. 2011. Cellular pathways for viral transport through plasmodesmata. *Protoplasma* 248, 75–99.

Shapiro, L., H. H. McAdams, and R. Losick. 2009. Why and how bacteria localize proteins. *Science* 326, 1225–1228.

Stewart, W. N., and G. W. Rothwell. 1993. *Paleobotany and the Evolution of Plants*, 2nd ed. Cambridge University Press, New York.

Strauss, E. 2009. Phytoplasma research begins to bloom. *Science* 325, 388–390.

Taylor, T. N., E. L. Taylor, and M. Krings. 2009. *Paleobotany: The Biology and Evolution of Fossil Plants*, 2nd ed. Academic Press, Amsterdam, Boston.

Toro, E., and L. Shiparo. 2010. Bacterial chromosome organization and segregation. *Cold Spring Harbor Perspectives in Biology* 2010;2:a000349.

Heckman, D. S., D. M. Geiser, B. R. Eidell, R. L. Stauffer, N. L. Kardos, and S. B. Hedges. 2001. Molecular evidence for the early colonization of land by fungi and plants. *Science* 293, 1129–1133.

Hibbett, D. S., M. Binder, J. F. Bischoff, M. Blackwell, P. F. Cannon, et al. 2007. A higher-level phylogenetic classification of the Fungi. *Mycological Research* 111, 509–547.

Hudler, G. W. 1998. *Magical Mushrooms, Mischievous Molds*. Princeton University Press, Princeton, NJ.

Hughes, J. K., A. Hodge, A. H. Fitter, and O. K. Atkin. 2008. Mycorrhizal respiration: implications for global scaling relationships. *Trends in Plant Science* 13, 583–588.

Jones, M. D. M., I. Forn, C. Gadelha, M. J. Egan, D. Bass, R. Massana, and T. A. Richards. 2011. Discovery of novel intermediate forms redefines the fungal tree of life. *Nature* 474, 200–203.

Kirk, P. M., P. F. Cannon, D. W. Minter, and J. A. Stalpers (eds.). 2008. *Ainsworth & Bisby's Dictionary of the Fungi*, 10th ed. CSIRO Publishing, Collingwood, Victoria, Australia.

Leake, J. R. 1994. The biology of myco-heterotrophic ("saprophytic") plants. *New Phytologist* 127, 171–216.

Peay, K. G., P. G. Kennedy, and T. D. Bruns. 2008. Fungal community ecology: a hybrid beast with a molecular master. *BioScience* 58, 799–810.

Reinhardt, D. 2007. Programming good relations—development of the arbuscular mycorrhizal symbiosis. *Current Opinion in Plant Biology* 10, 98–105.

Richmond, J. Q., A. E. Savage, K. R. Zamudio, and E. B. Rosenblum. 2009. Toward immunogenetic studies of amphibian chytridiomycosis: linking innate and acquired immunity. *BioScience* 59, 311–320.

Schardl, C. L., A. Leuchtmann, and M. J. Spiering. 2004. Symbioses of grasses with seedborne fungal endophytes. *Annual Review of Plant Biology* 55, 315–340.

Steenkamp, E. T., J. Wright, and S. L. Baldauf. 2006. The protistan origins of animals and fungi. *Molecular Biology and Evolution* 23, 93–106.

Stephenson, S. L. 2010. *The Kingdom Fungi: The Biology of Mushrooms, Molds, and Lichens*. Timber Press, Portland, OR.

Taylor, T. N., E. L. Taylor, and M. Krings. 2009. *Paleobotany: The Biology and Evolution of Fossil Plants*, 2nd ed. Academic Press, Amsterdam, Boston.

Webster, J., and R. Weber. 2007. *Introduction to Fungi*, 3rd ed. Cambridge University Press, Cambridge, New York.

Youngsteadt, E. 2008. All that makes fungus gardens grow. *Science* 320, 1006–1007.

Capítulo 14

Aanen, D. K., H. H. de Fine Licht, A. J. M. Debets, N. A. G. Kerstes, R. F. Hoekstra, and J. J. Boomsma. 2009. High symbiont relatedness stabilizes mutualistic cooperation in fungus-growing termites. *Science* 326, 1103–1106.

Alexopoulos, C. J., C. W. Mims, and M. Blackwell. 1996. *Introductory Mycology*, 4th ed. John Wiley & Sons, Inc., New York.

Allen, M. F., W. Swenson, J. I. Querejeta, L. M. Egerton-Warburton, and K. K. Treseder. 2003. Ecology of mycorrhizae: a conceptual framework for complex interactions among plants and fungi. *Annual Review of Phytopathology* 41, 271–303.

Benjamin, D. R. 1995. *Mushrooms: Poisons and Panaceas—A Handbook for Naturalists, Mycologists, and Physicians*. W. H. Freeman and Company, New York.

Blackwell, M., D. S. Hibbett, J. W. Taylor, and J. W. Spatafora. 2006. Research coordination networks: a phylogeny for kingdom Fungi (Deep Hypha). *Mycologia* 98, 829–837.

Bonfante, P., and I.-A. Anca. 2009. Plants, mycorrhizal fungi, and bacteria: a network of interactions. *Annual Review of Microbiology* 63, 363–383.

Davis, R. H. 2000. *Neurospora: Contributions of a Model Organism*. Oxford University Press, Oxford, New York.

Capítulo 15

Adey, W. H., P. C. Kangas, and W. Mulbry. 2011. Algal turf scrubbing: cleaning surface waters with solar energy while producing a biofuel. *BioScience* 61, 434–441.

Bold, H. C., and M. J. Wynne. 1985. *Introduction to the Algae: Structure and Reproduction*, 2nd ed. Prentice-Hall, Englewood Cliffs, NJ.

Cardon, Z. G., D. W. Gray, and L. A. Lewis. 2008. The green algal underground: evolutionary secrets of desert cells. *BioScience* 58, 114–122.

Graham, L. E., J. M. Graham, and L. W. Wilcox. 2009. *Algae*, 2nd ed. Benjamin Cummings, San Francisco, New York.

Pienkos, P. T., L. Laurens, and A. Aden. 2011. Making biofuel from microalgae. *American Scientist* 99, 474–481.

Roberts, J. M., A. J. Wheeler, and A. Freiwald. 2006. Reefs of the deep: the biology and geology of cold-water coral ecosystems. *Science* 312, 543–547.

Saade, A., and C. Bowler. 2009. Molecular tools for discovering the secrets of diatoms. *BioScience* 59, 757–765.

Silver, M. W. 2006. Protecting ourselves from shellfish poisoning. *American Scientist* 94, 316–325.

Stanley, G. D., Jr. 2006. Photosymbiosis and the evolution of modern coral reefs. *Science* 312, 857–858.

Stewart, W. N., and G. W. Rothwell. 1993. *Paleobotany and the Evolution of Plants*, 2nd ed. Cambridge University Press, New York.

Strassmann, J. E., and D. C. Queller. 2007. Altruism among amoebas. *Natural History* 116 (7), 24–29.

Taylor, T. N., E. L. Taylor, and M. Krings. 2009. *Paleobotany: The Biology and Evolution of Fossil Plants*, 2nd ed. Academic Press, Amsterdam, Boston.

Vroom, P. S., K. N. Page, J. C. Kenyon, and R. E. Brainard. 2006. Algae-dominated reefs. *American Scientist* 94, 430–437.

Vroom, P. S., and C. M. Smith. 2001. The challenge of siphonous green algae. *American Scientist* 89, 524–531.

Capítulo 16

Adams, D. G., and P. S. Duggan. 2008. Cyanobacteria-bryophyte symbioses. *Journal of Experimental Botany* 59, 1047–1058.

Berbee, M. L., and J. W. Taylor. 2007. Rhynie chert: a window into a lost world of complex plant-fungus interactions. *New Phytologist* 174, 475–479.

Davey, M. L., and R. S. Currah. 2006. Interactions between mosses (Bryophyta) and fungi. *Canadian Journal of Botany* 84, 1509–1519.

Goffinet, B., W. R. Buck, and A. J. Shaw. 2009. Morphology and classification of the Bryophyta. In B. Goffinet and A. J. Shaw (eds.), *Bryophyte Biology*, 2nd ed., pp. 55–138. Cambridge University Press, New York.

Kenrick, P., and P. R. Crane. 1997. The origin and early evolution of plants on land. *Nature* 389, 33–39.

Ligrone, R., A. Carafa, J. G. Duckett, K. S. Renzaglia, and K. Ruel. 2008. Immunocytochemical detection of lignin-related epitopes in cell walls in bryophytes and the charalean alga *Nitella*. *Plant Systematics and Evolution* 270, 257–272.

Ligrone, R., J. G. Duckett, and K. S. Renzaglia. 2000. Conducting tissues and phyletic relationships of bryophytes. *Philosophical Transactions of the Royal Society B* 355, 795–813.

Malcolm, W. M., and N. Malcolm. 2006. *Mosses and Other Bryophytes: An Illustrated Glossary*. Micro-Optics Press, Nelson, New Zealand.

Niklas, K. J. 1997. *The Evolutionary Biology of Plants*. The University of Chicago Press, Chicago, London.

Renzaglia, K. S., S. Schuette, R. J. Duff, R. Ligrone, A. J. Shaw, B. D. Mishler, and J. G. Duckett. 2007. Bryophyte phylogeny: advancing the molecular and morphological frontiers. *The Bryologist* 110, 179–213.

Rydin, H., and J. K. Jeglum. 2006. *The Biology of Peatlands*. Oxford University Press, Oxford, New York.

Schofield, W. B. 1985 (reprinted 2001). *Introduction to Bryology*. The Blackburn Press, Caldwell, NJ.

Tanurdzic, M., and J. A. Banks. 2004. Sex-determining mechanisms in land plants. *The Plant Cell* 16, S61–S71.

Taylor, T. N., H. Kerp, and H. Hass. 2005. Life history biology of early land plants: deciphering the gametophyte phase. *Proceedings of the National Academy of Sciences USA* 102, 5892–5897.

Taylor, T. N., E. L. Taylor, and M. Krings. 2009. *Paleobotany: The Biology and Evolution of Fossil Plants*, 2nd ed. Academic Press, Amsterdam, Boston.

Vanderpoorten, A., and B. Goffinet (eds.). 2009. *Introduction to Bryophytes*. Cambridge University Press, Cambridge, New York.

Whitaker, D. L., and J. Edwards. 2010. *Sphagnum* moss disperses spores with vortex rings. *Science* 329, 406.

Capítulo 17

Banks, J. A. 1999. Gametophyte development in ferns. *Annual Review of Plant Physiology and Plant Molecular Biology* 50, 163–186.

Cantino, P. D., J. A. Doyle, S. W. Graham, W. S. Judd, R. G. Olmstead, D. E. Soltis, P. S. Soltis, and M. J. Donoghue. 2007. Towards a phylogenetic nomenclature of *Tracheophyta*. *Taxon* 56, 822–846.

Chiou, W.-L., and D. R. Farrar. 1997. Antheridiogen production and response in Polypodiaceae species. *American Journal of Botany* 84, 633–640.

Cleal, C. J., and B. A. Thomas. 2009. *An Introduction to Plant Fossils*. Cambridge University Press, Cambridge, New York.

Eriksson, T. 2004. Ferns reawakened. *Nature* 428, 480–481.

Galtier, J. 2010. The origins and early evolution of the megaphyllous leaf. *International Journal of Plant Sciences* 171, 641–661.

Gifford, E. M., and A. S. Foster. 1989. *Morphology and Evolution of Vascular Plants*, 3rd ed. W. H. Freeman and Company, New York.

Hamilton, R. G., and R. M. Lloyd. 1991. Antheridiogen in the wild: the development of fern gametophyte communities. *Functional Ecology* 5, 804–809.

Judd, W. S., C. S. Campbell, E. A. Kellogg, P. F. Stevens, and M. J. Donoghue. 2008. *Plant Systematics: A Phylogenetic Approach*, 3rd ed. Sinauer Associates, Inc., Publishers, Sunderland, MA.

Kenrick, P., and P. R. Crane. 1991. Water-conducting cells in early fossil land plants: implications for the early evolution of tracheophytes. *Botanical Gazette* 152, 335–356.

Kenrick, P., and P. R. Crane. 1997. The origin and early evolution of plants on land. *Nature* 389, 33–39.

Ranker, T. A., and C. H. Haufler (eds.). 2008. *Biology and Evolution of Ferns and Lycophytes*. Cambridge University Press, Cambridge, New York.

Stewart, W. N., and G. W. Rothwell. 1993. *Paleobotany and the Evolution of Plants*, 2nd ed. Cambridge University Press, New York.

Taylor, T. N., H. Kerp, and H. Hass. 2005. Life history biology of early land plants: deciphering the gametophyte phase. *Proceedings of the National Academy of Sciences USA* 102, 5892–5897.

Taylor, T. N., E. L. Taylor, and M. Krings. 2009. *Paleobotany: The Biology and Evolution of Fossil Plants*, 2nd ed. Academic Press, Amsterdam, Boston.

Capítulo 18

Cairney, J., and G. S. Pullman. 2007. The cellular and molecular biology of conifer embryogenesis. *New Phytologist* 176, 511–536.

Doyle, J. A. 1998. Phylogeny of vascular plants. *Annual Review of Ecology and Systematics* 29, 567–599.

Fernando, D. D., M. D. Lazzaro, and J. N. Owens. 2005. Growth and development of conifer pollen tubes. *Sexual Plant Reproduction* 18, 149–162.

Friedman, W. E., and J. S. Carmichael. 1996. Double fertilization in Gnetales: implications for understanding reproductive diversification among seed plants. *International Journal of Plant Sciences* 157 (Suppl. 6), S77–S94.

Gifford, E. M., and A. S. Foster. 1989. *Morphology and Evolution of Vascular Plants*, 3rd ed. W. H. Freeman and Company, New York.

Graham, S. W., and W. J. D. Iles. 2009. Different gymnosperm outgroups have (mostly) congruent signal regarding the root of flowering plant phylogeny. *American Journal of Botany* 96, 216–227.

Judd, W. S., C. S. Campbell, E. A. Kellogg, P. F. Stevens, and M. J. Donoghue. 2008. *Plant Systematics: A Phylogenetic Approach*, 3rd ed. Sinauer Associates, Inc., Publishers, Sunderland, MA.

Lake, J. A., R. G. Skophammer, C. W. Herbold, and J. A. Servin. 2009. Genome beginnings: rooting the tree of life. *Philosophical Transactions of the Royal Society B* 364, 2177–2185.

Linkies, A., K. Graeber, C. Knight and G. Leubner-Metzger. 2010. The evolution of seeds. *New Phytologist* 186, 817–831.

Nagalingum, N. S., C. R. Marshall, T. B. Quental, H. S. Rai, D. P. Little, and S. Mathews. 2011. Recent synchronous radiation of a living fossil. *Science* 334, 796–799.

Norstog, K. J., and T. J. Nicholls. 1997. *The Biology of the Cycads*. Comstock Publishing, Ithaca, NY.

Rothwell, G. W., W. L. Crepet, and R. A. Stockey. 2009. Is the anthophyte hypothesis alive and well? New evidence from the reproductive structures of Bennettitales. *American Journal of Botany* 96, 296–322.

Sanderson, M. J. 2008. Phylogenetic signal in the eukaryotic tree of life. *Science* 321, 121–123.

Stewart, W. N., and G. W. Rothwell. 1993. *Paleobotany and the Evolution of Plants,* 2nd ed. Cambridge University Press, New York.

Taylor, T. N., E. L. Taylor, and M. Krings. 2009. *Paleobotany: The Biology and Evolution of Fossil Plants,* 2nd ed. Academic Press, Amsterdam, Boston.

Tekle, Y. I., L. W. Parfrey, and L. A. Katz. 2009. Molecular data are transforming hypotheses on the origin and diversification of eukaryotes. *BioScience* 59, 471–481.

Capítulo 19

Berger, F. 2008. Double-fertilization, from myths to reality. *Sexual Plant Reproduction* 21, 3–5.

Berger, F. 2011. Imaging fertilization in flowering plants, not so abominable after all. *Journal of Experimental Botany* 62, 1651–1658.

Berger, F., Y. Hamamura, M. Ingouff, and T. Higashiyama. 2008. Double fertilization—caught in the act. *Trends in Plant Science* 13, 437–443.

Bidartondo, M. J. 2005. The evolutionary ecology of myco-heterotrophy. *New Phytologist* 167, 335–352.

Dresselhaus, T. 2006. Cell–cell communication during double fertilization. *Current Opinion in Plant Biology* 9, 41–47.

Friedman, W. E. 2006. Sex among the flowers. *Natural History* 115 (9), 48–53.

Friedman, W. E. 2007. Embryological evidence for developmental lability during early angiosperm evolution. *Nature* 441, 337–340.

Friedman, W. E., E. N. Madrid, and J. H. Williams. 2008. Origin of the fittest and survival of the fittest: relating female gametophyte development to endosperm genetics. *International Journal of Plant Sciences* 169, 79–92.

Friedman, W. E., and J. H. Williams. 2004. Developmental evolution of the sexual process in ancient flowering plant lineages. *The Plant Cell* 16, S129–S132.

Gifford, E. M., and A. S. Foster. 1989. *Morphology and Evolution of Vascular Plants,* 3rd ed. W. H. Freeman and Company, New York.

Higashiyama, T., and Y. Hamamura. 2008. Gametophytic pollen tube guidance. *Sexual Plant Reproduction* 21, 17–26.

Judd, W. S., C. S. Campbell, E. A. Kellogg, P. F. Stevens, and M. J. Donoghue. 2008. *Plant Systematics: A Phylogenetic Approach,* 3rd ed. Sinauer Associates, Inc., Publishers, Sunderland, MA.

Kessler, S. A., H. Shimosato-Asano, N. F. Keinath, S. E. Wuest, G. Ingram, R. Panstruga, and U. Grossniklas. 2010. Conserved molecular components for pollen tube reception and fungal invasion. *Science* 330, 968–971.

Matsunaga, S., and S. Kawano. 2001. Sex determination by sex chromosomes in dioecious plants. *Plant Biology* 3, 481–488.

McCue, A. D., M. Cresti, J. A. Feijó, and R. K. Slotkin. 2011. Cytoplasmic connection of sperm cells to the pollen vegetative cell nucleus: potential roles of the male germ unit revisited. *Journal of Experimental Botany* 62, 1621–1631.

Punwani, J. A., and G. N. Drews. 2008. Development and function of the synergid cell. *Sexual Plant Reproduction* 21, 7–15.

Williams, J. H., and W. E. Friedman. 2004. The four-celled female gametophyte of *Illicium* (Illiciaceae; Austrobaileyales): implications for understanding the origin and early evolution of monocots, eumagnoliids, and eudicots. *American Journal of Botany* 91, 332–351.

Wilsen, K. L., and P. K. Hepler. 2007. Sperm delivery in flowering plants: the control of pollen tube growth. *BioScience* 57, 835–844.

Yang, W.-C., D.-Q. Shi, and Y.-H. Chen. 2010. Female gametophyte development in flowering plants. *Annual Review of Plant Biology* 61, 89–108.

Capítulo 20

Angiosperm Phylogeny Group. 2009. An update of the Angiosperm Phylogeny Group classification for the orders and families of flowering plants: APG III. *Botanical Journal of the Linnean Society* 161, 105–121.

Angiosperm Phylogeny Website. www.mobot.org/mobot/research/apweb.

Endress, P. K., and J. A. Doyle. 2009. Reconstructing the ancestral angiosperm flower and its initial specializations. *American Journal of Botany* 96, 22–66.

Engelman, R. 2011. Revisiting population growth: the impact of ecological limits. *Environment 360* October 13.

Friedman, W. E. 2009. The meaning of Darwin's "Abominable Mystery." *American Journal of Botany* 96, 5–21.

Friis, E. M., J. A. Doyle, P. K. Endress, and Q. Leng. 2003. *Archaefructus*—angiosperm precursor or specialized early angiosperm? *Trends in Plant Science* 8, 369–373.

Frohlich, M. W., and M. W. Chase. 2007. After a dozen years of progress the origin of angiosperms is still a great mystery. *Nature* 450, 1184–1189.

Judd, W. S., C. S. Campbell, E. A. Kellogg, P. F. Stevens, and M. J. Donoghue. 2008. *Plant Systematics: A Phylogenetic Approach,* 3rd ed. Sinauer Associates, Inc., Publishers, Sunderland, MA.

Leins, P., and C. Erbar. 2010. *Flower and Fruit: Morphology, Ontogeny, Phylogeny, Function, and Ecology,* 2nd ed. Schweizerbart Science Publishers, Stuttgart.

Smith, S. A., J. M. Beaulieu, and M. J. Donoghue. 2010. An uncorrelated relaxed-clock analysis suggests an earlier origin for flowering plants. *Proceedings of the National Academy of Sciences USA* 107, 5897–5902.

Soltis, D. E., C. D. Bell, S. Kim, and P. S. Soltis. 2008. Origin and early evolution of angiosperms. *Annals of the New York Academy of Sciences* 1133, 3–25.

Soltis, P. S., S. F. Brockington, M.-J. Yoo, A. Piedrahita, M. Latvis, M. J. Moore, A. S. Chanderball, and D. E. Soltis. 2009. Floral variation and floral genetics in basal angiosperms. *American Journal of Botany* 96, 110–128.

Specht, C. D., and M. E. Bartlett. 2009. Flower evolution: the origin and subsequent diversification of the angiosperm flower. *Annual Review of Ecology, Evolution, and Systematics* 40, 217–243.

Stuessy, T. F. 2009. *Plant Taxonomy: The Systematic Evaluation of Comparative Data,* 2nd ed. Columbia University Press, New York.

Taylor, T. N., E. L. Taylor, and M. Krings. 2009. *Paleobotany: The Biology and Evolution of Fossil Plants,* 2nd ed. Academic Press, Amsterdam, Boston.

Capítulo 21

Abbo, S., S. Lev-Yadun, and A. Gopher. 2010. Agricultural origins: centers and noncenters—a Near Eastern reappraisal. *Critical Reviews in Plant Sciences* 29, 317–328.

Allaby, R. 2010. Integrating the processes in the evolutionary system of domestication. *Journal of Experimental Botany* 61, 935–944.

Balick, M. J., and P. A. Cox. 1996. *Plants, People, and Culture: The Science of Ethnobotany.* Scientific American Library, New York.

Balter, M. 2007. Seeking agriculture's ancient roots. *Science* 316, 1830–1835.

Bartels, D., and R. Sunkar. 2005. Drought and salt tolerance in plants. *Critical Reviews in Plant Sciences* 24, 23–58.

Blaustein, R. J. 2008. The green revolution arrives in Africa. *BioScience* 58, 8–14.

Buhner, S. H. 1996. *Sacred Plant Medicine: Explorations in the Practice of Indigenous Herbalism.* Roberts Rinehart Publishers, Boulder, CO.

Doebley, J. 2006. Unfallen grains: how ancient farmers turned weeds into crops. *Science* 312, 1318–1319.

Doebley, J. F., B. S. Gaut, and B. D. Smith. 2006. The molecular genetics of crop domestication. *Cell* 127, 1309–1321.

Fuller, D. Q., L. Qin, Y. Zheng, Z. Zhao, X. Chen, L. A. Hosoya, and **G.-P. Sun.** 2009. The domestication process and domestication rate in rice: spikelet bases from the Lower Yangtze. *Science* 323, 1607–1610.

Glover, J. D., J. P. Reganold, L. W. Bell, J. Borevitz, E. C. Brummer, et al. 2010. Increased food and ecosystem security via perennial grains. *Science* 328, 1638–1639.

Gross, B. L., and **K. M. Olsen.** 2010. Genetic perspectives on crop domestication. *Trends in Plant Science* 15, 529–537.

Li, C., A. Zhou, and **T. Sang.** 2006. Rice domestication by reducing shattering. *Science* 311, 1936–1939.

Newell-McGloughlin, M. 2008. Nutritionally improved agricultural crops. *Plant Physiology* 147, 939–953.

Schultes, R. E., and **S. von Reis.** 1995. *Ethnobotany: Evolution of a Discipline.* Dioscorides Press, Portland, OR.

Siebert, C. 2011. *National Geographic* 220 (July), 108–131.

Simpson, B. B., and **M. C. Ogorzaly.** 2001. *Economic Botany: Plants in Our World,* 3rd ed. McGraw-Hill, Boston.

Smith, B. D. 1995. *The Emergence of Agriculture.* Scientific American Library, New York.

Zeder, M. A., E. Emshwiller, B. D. Smith, and **D. G. Bradley.** 2006. Documenting domestication: the intersection of genetics and archaeology. *Trends in Genetics* 22, 139–155.

Seção 5: Capítulos 22 a 26

Capítulo 22

Angelovici, R., G. Galili, A. R. Fernie, and **A. Fait.** 2010. Seed desiccation: a bridge between maturation and germination. *Trends in Plant Science* 15, 211–218.

Bradford, K. J., and **H. Nonogaki** (eds.). 2007. *Seed Development, Dormancy, and Germination.* Annual Plant Reviews, vol. 27. Blackwell Publishing, Oxford.

De Smet, I., S. Lau, U. Mayer, and **G. Jürgens.** 2010. Embryogenesis—the humble beginnings of plant life. *The Plant Journal* 61, 959–970.

Esau, K. 1977. *Anatomy of Seed Plants,* 2nd ed. John Wiley & Sons, Inc. New York.

Evert, R. F. 2006. *Esau's Plant Anatomy. Meristems, Cells, and Tissues of the Plant Body: Their Structure, Function, and Development,* 3rd ed. John Wiley & Sons, Inc., Hoboken, NJ.

Finkelstein, R., W. Reeves, T. Ariizumi, and **C. Steber.** 2008. Molecular aspects of seed dormancy. *Annual Review of Plant Biology* 59, 387–415.

Gutierrez, L., O. Van Wuytswinkel, M. Castelain, and **C. Bellini.** 2007. Combined networks regulating seed maturation. *Trends in Plant Science* 12, 294–300.

Hamann, T. 2001. The role of auxin in apical-basal pattern formation during *Arabidopsis* embryogenesis. *Journal of Plant Growth Regulation* 20, 292–299.

Kawashima, T., and **R. B. Goldberg.** 2010. The suspensor: not just suspending the embryo. *Trends in Plant Science* 15, 23–30.

Raghavan, V. 1997. *Molecular Embryology of Flowering Plants.* Cambridge University Press, Cambridge, New York.

Taiz, L., and **E. Zeiger.** 2010. *Plant Physiology,* 5th ed. Sinauer Associates, Inc., Publishers, Sunderland, MA.

Capítulo 23 a 26

Aloni, R., K. Schwalm, M. Langhans, and **C. I. Ullrich.** 2003. Gradual shifts in sites of free-auxin production during leaf-primordium development and their role in vascular differentiation and leaf morphogenesis in *Arabidopsis. Planta* 216, 841–853.

Beck, C. B. 2010. *An Introduction to Plant Structure and Development: Plant Anatomy for the Twenty-first Century,* 2nd ed. Cambridge University Press, Cambridge, New York.

Beeckman, T. (ed.). 2010. *Root Development.* Annual Plant Reviews, vol. 37. Wiley-Blackwell, Chichester, UK.

Core, H. A., W. A. Côté, and **A. C. Day.** 1979. *Wood Structure and Identification,* 2nd ed. Syracuse University Press, Syracuse, NY.

Déjardin, A., F. Laurans, D. Arnaud, C. Breton, G. Pilate, and **J.-C. Leplé.** 2010. Wood formation in Angiosperms. *Comptes Rendus Biologies* 333, 325–334.

De Smet, I., S. Vanneste, D. Inzé, and **T. Beeckman.** 2006. Lateral root initiation or the birth of a new meristem. *Plant Molecular Biology* 60, 871–887.

Dickison, W. C. 2000. *Integrative Plant Anatomy.* Harcourt/Academic Press, San Diego.

Driouich, A., C. Durand, and **M. Vicré-Gibouin.** 2007. Formation and separation of root border cells. *Trends in Plant Science* 12, 14–19.

Du, J., and **A. Groover.** 2010. Transcriptional regulation of secondary growth and wood formation. *Journal of Integrative Plant Biology* 52, 17–27.

Efroni, I., Y. Eshed, and **E. Lifschitz.** 2010. Morphogenesis of simple and compound leaves: a critical review. *The Plant Cell* 22, 1019–1032.

Enstone, D. E., C. A. Peterson, and **F. Ma.** 2003. Root endodermis and exodermis: structure, function, and responses to the environment. *Journal of Plant Growth Regulation* 21, 335–351.

Esau, K. 1977. *Anatomy of Seed Plants,* 2nd ed. John Wiley & Sons, Inc., New York.

Evert, R. F. 2006. *Esau's Plant Anatomy. Meristems, Cells, and Tissues of the Plant Body: Their Structure, Function, and Development,* 3rd ed. John Wiley & Sons, Inc., Hoboken, NJ.

Fahn, A. 1990. *Plant Anatomy,* 4th ed. Pergamon Press, Oxford, New York.

Gartner, B. L. (ed.). 1995. *Plant Stems: Physiology and Functional Morphology.* Academic Press, San Diego.

Gregory, P. J. 2006. *Plant Roots: Growth, Activity, and Interactions with Soils.* Blackwell Publishing, Oxford.

Gunawardena, A. H. L. A. N., and **N. G. Dengler.** 2006. Alternative modes of leaf dissection in monocotyledons. *Botanical Journal of the Linnean Society* 150, 25–44.

Hoadley, R. B. 2000. *Understanding Wood: A Craftsman's Guide to Wood Technology,* 2nd ed. Taunton Press, Newtown, CT.

Jönsson, H., M. G. Heisler, B. E. Shapiro, E. M. Meyerowitz, and **E. Mjolsness.** 2006. An auxin-driven polarized transport model for phyllotaxis. *Proceedings of the National Academy of Sciences USA* 103, 1633–1638.

Kang, J., and **N. Dengler.** 2004. Vein pattern development in adult leaves of *Arabidopsis thaliana. International Journal of Plant Sciences* 165, 231–242.

Knoblauch, M., and **W. S. Peters.** 2004. Forisomes, a novel type of Ca^{2+}-dependent contractile protein motor. *Cell Motility and the Cytoskeleton* 58, 137–142.

Kolek, J., and **V. Kozinka** (eds.). 1992. *Physiology of the Plant Root System.* Kluwer Academic Publishers, Dordrecht, Boston.

Kozlowski, T. T., and **S. G. Pallardy.** 1997. *Growth Control in Woody Plants.* Academic Press, San Diego.

Lake, J. V., P. J. Gregory, and **D. A. Rose** (eds.). 2009. *SEBS 30 Root Development and Function.* Cambridge University Press, Cambridge.

Lenhard, M., and **T. Laux.** 1999. Shoot meristem formation and maintenance. *Current Opinion in Plant Biology* 2, 44–50.

Liu, C., W. Xi, L. Shen, C. Tan, and **H. Yu.** 2009. Regulation of floral patterning by flowering time genes. *Developmental Cell* 16, 711–722.

McCully, M. 1995. How do real roots work? *Plant Physiology* 109, 1–6.

McKown, A. D., and **N. G. Dengler.** 2010. Vein patterning and evolution in C_4 plants. *Botany* 88, 775–786.

Melzer, R., Y.-Q. Wang, and **G. Theissen.** 2010. The naked and the dead: the ABCs of gymnosperm reproduction and the origin of the angiosperm flower. *Seminars in Cell & Developmental Biology* 21, 118–128.

Metcalfe, C. R., and **L. Chalk.** 1979. *Anatomy of the Dicotyledons,* vol. 1, *Systematic Anatomy of Leaf and Stem, with a Brief History of the Subject,* 2nd ed. Clarendon Press, Oxford.

Metcalfe, C. R., and **L. Chalk.** 1983. *Anatomy of the Dicotyledons,* vol. 2, *Wood Structure and Conclusion of the General Introduction,* 2nd ed. Clarendon Press, Oxford.

Mokany, K., R. J. Raison, and **A. S. Prokushkin.** 2006. Critical analysis of root:shoot ratios in terrestrial biomes. *Global Change Biology* 12, 84–96.

Moyroud, E., E. Kusters, M. Monniaux, R. Koes, and **F. Parcy.** 2010. *LEAFY* blossoms. *Trends in Plant Science* 15, 346–352.

Munné-Bosch, S. 2008. Do perennials really senesce? *Trends in Plant Science* 13, 216–220.

Panshin, A. J., and **C. de Zeeuw.** 1980. *Textbook of Wood Technology: Structure, Identification, Properties, and Uses of the Commercial Woods of the United States and Canada,* 4th ed. McGraw-Hill, New York.

Peterson, R. L. 1992. Adaptations of root structure in relation to biotic and abiotic factors. *Canadian Journal of Botany* 70, 661–675.

Raven, J. A., and **D. Edwards.** 2001. Roots: evolutionary origins and biogeochemical significance. *Journal of Experimental Botany* 52 (Suppl. 1), 381–401.

Rijpkema, A. S., M. Vandenbussche, R. Koes, K. Heijmans, and **T. Gerats.** 2010. Variations on a theme: changes in the floral ABCs in angiosperms. *Seminars in Cell & Developmental Biology* 21, 100–107.

Risopatron, J. P. M., Y. Sun, and **B. J. Jones.** 2010. The vascular cambium: molecular control of cellular structure. *Protoplasma* 247, 145–161.

Rolland-Lagan, A.-G. 2008. Vein patterning in growing leaves: axes and polarities. *Current Opinion in Genetics & Development* 18, 348–353.

Srivastava, L. M. 2002. *Plant Growth and Development: Hormones and Environment.* Academic Press, Amsterdam, Boston.

Steeves, T. A., and **I. M. Sussex.** 1989. *Patterns in Plant Development,* 2nd ed. Cambridge University Press, Cambridge, New York.

Taiz, L., and **E. Zeiger.** 2010. *Plant Physiology,* 5th ed. Sinauer Associates, Inc., Publishers, Sunderland, MA.

Vernoux, T., F. Besnard, and **J. Traas.** 2010. Auxin at the shoot apical meristem. *Cold Spring Harbor Perspectives in Biology* 2010;2:a001487.

Waisel, Y., A. Eshel, and **U. Kafkafi** (eds.). 2002. *Plant Roots: The Hidden Half,* 3rd ed. Marcel Dekker, New York.

Seção 6: Capítulos 27 a 30

Capítulo 27

Acharya, B. R., and **S. M. Assmann.** 2009. Hormone interactions in stomatal function. *Plant Molecular Biology* 69, 451–462.

Acosta, I. F., and **E. E. Farmer.** 2010. Jasmonates. *The Arabidopsis Book* 10.1199/tab.0129.

Bajguz, A., and **S. Hayat.** 2009. Effects of brassinosteroids on the plant responses to environmental stress. *Plant Physiology and Biochemistry* 47, 1–8.

Benjamins, R., and **B. Scheres.** 2008. Auxin: the looping star in plant development. *Annual Review of Plant Biology* 59, 443–465.

Browse, J. 2009. Jasmonate passes muster: a receptor and targets for the defense hormone. *Annual Review of Plant Biology* 60, 183–205.

Cutler, S. R., P. L. Rodriguez, R. R. Finkelstein, and **S. R. Abrams.** 2010. Abscisic acid: emergence of a core signaling network. *Annual Review of Plant Biology* 61, 651–679.

Donner, T. J., and **E. Scarpella.** 2009. Auxin-transport-dependent leaf vein formation. *Botany* 87, 678–684.

Dugardeyn, J., F. Vandenbussche, and **D. Van Der Straeten.** 2008. To grow or not to grow: what can we learn on ethylene–gibberellin cross-talk

by *in silico* gene expression analysis? *Journal of Experimental Botany* 59, 1–16.

Fuerst, E. P., and **M. A. Norman.** 1991. Interactions of herbicides with photosynthetic electron transport. *Weed Science* 39, 458–464.

Fukaki, H., and **M. Tasaka.** 2009. Hormone interactions during lateral root formation. *Plant Molecular Biology* 69, 437–449.

Hartung, W. 2010. The evolution of abscisic acid (ABA) and ABA function in lower plants, fungi and lichen. *Functional Plant Biology* 37, 806–812.

Hartweck, L. M. 2008. Gibberellin signaling. *Planta* 229, 1–13.

Kamiya, Y. 2010. Plant hormones: versatile regulators of plant growth and development. *Annual Review of Plant Biology* 61, Special Online Compilation.

Kim, T.-W., and **Z.-Y. Wang.** 2010. Brassinosteroid signal transduction from receptor kinases to transcription factors. *Annual Review of Plant Biology* 61, 681–704.

Matsubayashi, Y., and **Y. Sakagami.** 2006. Peptide hormones in plants. *Annual Review of Plant Biology* 57, 649–674.

Melotto, M., W. Underwood, and **S. Y. He.** 2008. Role of stomata in plant innate immunity and foliar bacterial diseases. *Annual Review of Phytopathology* 46, 101–122.

Ming, R., J. Wang, P. H. Moore, and **A. H. Paterson.** 2007. Sex chromosomes in flowering plants. *American Journal of Botany* 94, 141–150.

Moubayidin, L., R. Di Mambro, and **S. Sabatini.** 2009. Cytokinin–auxin crosstalk. *Trends in Plant Science* 14, 557–562.

Péret, B., B. De Rybel, I. Casimiro, E. Benková, R. Swarup, L. Laplaze, T. Beeckman, and **M. J. Bennett.** 2009. *Arabidopsis* lateral root development: an emerging story. *Trends in Plant Science* 14, 399–408.

Perilli, S., L. Moubayidin, and **S. Sabatini.** 2010. The molecular basis of cytokinin function. *Current Opinion in Plant Biology* 13, 21–26.

Powles, S. B., and **Q. Yu.** 2010. Evolution in action: plants resistant to herbicides. *Annual Review of Plant Biology* 61, 317–347.

Pruneda-Paz, J. L., and **S. A. Kay.** 2010. An expanding universe of circadian networks in higher plants. *Trends in Plant Science* 15, 259–265.

Ross, J. J., and **J. B. Reid.** 2010. Evolution of growth-promoting plant hormones. *Functional Plant Biology* 37, 795–805.

Santos, F., W. Teale, C. Fleck, M. Volpers, B. Ruperti, and **K. Palme.** 2010. Modelling polar auxin transport in developmental patterning. *Plant Biology* 12 (Suppl. 1), 3–14.

Scarpella, E., D. Marcos, J. Friml, and **T. Berleth.** 2006. Control of leaf vascular patterning by polar auxin transport. *Genes & Development* 20, 1015–1027.

Spartz, A. K., and **W. M. Gray.** 2008. Plant hormone receptors: new perceptions. *Genes & Development* 22, 2139–2148.

Stepanova, A. N., and **J. M. Alonso.** 2009. Ethylene signaling and response: where different regulatory modules meet. *Current Opinion in Plant Biology* 12, 548–555.

Taiz, L., and **E. Zeiger.** 2010. *Plant Physiology,* 5th ed. Sinauer Associates, Inc., Publishers, Sunderland, MA.

Vernoux, T., F. Besnard, and **J. Traas.** 2010. Auxin at the shoot apical meristem. *Cold Spring Harbor Perspectives in Biology* 2010;2:a001487.

Vlot, A. C., D. A. Dempsey, and **D. F. Klessig.** 2009. Salicylic acid, a multifaceted hormone to combat disease. *Annual Review of Phytopathology* 47, 177–206.

Vyskot, B., and **R. Hobza.** 2004. Gender in plants: sex chromosomes are emerging from the fog. *Trends in Genetics* 20, 432–438.

Yoo, S.-D., Y. Cho, and **J. Sheen.** 2009. Emerging connections in the ethylene signaling network. *Trends in Plant Science* 14, 270–279.

Capítulo 28

Amasino, R. 2010. Seasonal and developmental timing of flowering. *The Plant Journal* 61, 1001–1013.

Amasino, R. M., and **S. D. Michaels.** 2010. The timing of flowering. *Plant Physiology* 154, 516–520.

Angelovici, R., G. Galili, A. R. Fernie, and **A. Fait.** 2010. Seed desiccation: a bridge between maturation and germination. *Trends in Plant Science* 15, 211–218.

Bae, G., and **G. Choi.** 2008. Decoding of light signals by plant phytochromes and their interacting proteins. *Annual Review of Plant Biology* 59, 281–311.

Bentsink, L., and **M. Koornneef.** 2008. Seed dormancy and germination. *The Arabidopsis Book* 10.1199/tab.0119.

Bisgrove, S. R. 2008. The roles of microtubules in tropisms. *Plant Science* 175, 747–755.

Bradford, K. B., and **H. Nonogaki** (eds.). 2007. *Seed Development, Dormancy, and Germination.* Annual Plant Reviews, vol. 27. Blackwell Publishing, Oxford.

Briggs, W. R. 2010. A wandering pathway in plant biology: from wildflowers to phototropins to bacterial virulence. *Annual Review of Plant Biology* 61, 1–20.

Christie, J. M. 2007. Phototropin blue-light receptors. *Annual Review of Plant Biology* 58, 21–45.

Covington, M. F., and **S. L. Harmer.** 2007. The circadian clock regulates auxin signaling and responses in *Arabidopsis. PLoS Biology* 5, e222.

Franklin, K. A. 2008. Shade avoidance. *New Phytologist* 179, 930–944.

Franklin, K. A. 2009. Light and temperature signal crosstalk in plant development. *Current Opinion in Plant Biology* 12, 63–68.

Franklin, K. A., and **P. H. Quail.** 2010. Phytochrome functions in *Arabidopsis* development. *Journal of Experimental Botany* 61, 11–24.

Gilroy, S., and **P. H. Masson** (eds.). 2008. *Plant Tropisms.* Blackwell Publishing, Ames, IA.

Harmer, S. L. 2009. The circadian system in higher plants. *Annual Review of Plant Biology* 60, 357–377.

Hotta, C. T., M. J. Gardner, K. E. Hubbard, S. J. Baek, N. Dalchau, D. Suhita, A. N. Dodd, and **A. A. R. Webb.** 2007. Modulation of environmental responses of plants by circadian clocks. *Plant, Cell and Environment* 30, 333–349.

Imaizumi, T. 2010. *Arabidopsis* circadian clock and photoperiodism: time to think about location. *Current Opinion in Plant Biology* 13, 83–89.

Jones, M. A. 2009. Entrainment of the *Arabidopsis* circadian clock. *Journal of Plant Biology* 52, 202–209.

Matía, I., F. González-Camacho, R. Herranz, J. Z. Kiss, G. Gasset, J. J. W. A. van Loond, R. Marcoe, and **F. J. Medina.** 2010. Plant cell proliferation and growth are altered by microgravity conditions in spaceflight. *Journal of Plant Physiology* 167, 184–193.

McClung, C. R. 2006. Plant circadian rhythms. *The Plant Cell* 18, 792–803.

Miyazawa, Y., Y. Ito, T. Moriwaki, A. Kobayashi, N. Fujii, and **H. Takahashi.** 2009. A molecular mechanism unique to hydrotropism in roots. *Plant Science* 177, 297–301.

Molas, M. L., and **J. Z. Kiss.** 2008. PKS1 plays a role in red-light-based positive phototropism in roots. *Plant, Cell and Environment* 31, 842–849.

Morita, M. T. 2010. Directional gravity sensing in gravitropism. *Annual Review of Plant Biology* 61, 705–720.

Ponce, G., F. Rasgado, and **G. I. Cassab.** 2008. How amyloplasts, water deficit and root tropisms interact? *Plant Signaling & Behavior* 3, 460–462.

Resco, V., J. Hartwell, and **A. Hall.** 2009. Ecological implications of plants' ability to tell the time. *Ecology Letters* 12, 583–592.

Song, Y. H., S. Ito, and **T. Imaizumi.** 2010. Similarities in the circadian clock and photoperiodism in plants. *Current Opinion in Plant Biology* 13, 594–603.

Swarup, R., E. M. Kramer, P. Perry, K. Knox, H. M. O. Leyser, J. Haseloff, G. T. S. Beemster, R. Bhalerao, and **M. J. Bennett.** 2005. Root gravitropism requires lateral root cap and epidermal cells for transport and response to a mobile auxin signal. *Nature Cell Biology* 7, 1057–1065.

Taiz, L., and **E. Zeiger.** 2010. *Plant Physiology,* 5th ed. Sinauer Associates, Inc., Publishers, Sunderland, MA.

Takahashi, H., Y. Miyazawa, and **N. Fujii.** 2009. Hormonal interactions during root tropic growth: hydrotropism versus gravitropism. *Plant Molecular Biology* 69, 489–502.

Turck, F., F. Fornara, and **G. Coupland.** 2008. Regulation and identity of florigen: FLOWERING LOCUS T moves center stage. *Annual Review of Plant Biology* 59, 573–594.

Valladares, F., and **Ü. Niinemets.** 2008. Shade tolerance, a key plant feature of complex nature and consequences. *Annual Review of Ecology, Evolution, and Systematics* 39, 237–257.

Vitha, S., M. Yang, F. D. Sack, and **J. Z. Kiss.** 2007. Gravitropism in the *starch excess* mutant of *Arabidopsis thaliana. American Journal of Botany* 94, 590–598.

Volkov, A. G., H. Carrell, A. Baldwin, and **V. S. Markin.** 2009. Electrical memory in Venus flytrap. *Bioelectrochemistry* 75, 142–147.

Volkov, A. G., J. C. Foster, K. D. Baker, and **V. S. Markin.** 2010. Mechanical and electrical anisotropy in *Mimosa pudica* pulvini. *Plant Signaling & Behavior* 5, 1211–1221.

Yeang, H.-Y. 2009. Circadian and solar clocks interact in seasonal flowering. *BioEssays* 31, 1211–1218.

Capítulo 29

Amtmann, A., and **P. Armengaud.** 2009. Effects of N, P, K and S on metabolism: new knowledge gained from multi-level analysis. *Current Opinion in Plant Biology* 12, 275–283.

Baxter, I. 2009. Ionomics: studying the social network of mineral nutrients. *Current Opinion in Plant Biology* 12, 381–386.

Bonfante, P., and **I.-A. Anca.** 2009. Plants, mycorrhizal fungi, and bacteria: a network of interactions. *Annual Review of Microbiology* 63, 363–383.

Bowen, G. J. 2011. A faster water cycle. *Science* 332, 430–431.

Canfield, D. E., A. N. Glazer, and **P. G. Falkowski.** 2010. The evolution and future of Earth's nitrogen cycle. *Science* 330, 192–196.

Elser, J., and **E. Bennett.** 2011. Phosphorus cycle: a broken biogeochemical cycle. *Nature* 478, 29–31.

Epstein, E., and **A. J. Bloom.** 2005. *Mineral Nutrition of Plants: Principles and Perspectives,* 2nd ed. Sinauer Associates, Inc., Publishers, Sunderland, MA.

Ferguson, B. J., A. Indrasumunar, S. Hayashi, M.-H. Lin, Y.-H. Lin, D. E. Reid, and **P. M. Gresshoff.** 2010. Molecular analysis of legume nodule development and autoregulation. *Journal of Integrative Plant Biology* 52, 61–76.

Flowers, T. J., H. K. Galal, and **L. Bromham.** 2010. Evolution of halophytes: multiple origins of salt tolerance in land plants. *Functional Plant Biology* 37, 604–612.

Gibson, T. C., and **D. M. Waller.** 2009. Evolving Darwin's "most wonderful" plant: ecological steps to a snap-trap. *New Phytologist* 183, 575–587.

Hänsch, R., and **R. R. Mendel.** 2009. Physiological functions of mineral micronutrients (Cu, Zn, Mn, Fe, Ni, Mo, B, Cl). *Current Opinion in Plant Biology* 12, 259–266.

Kraiser, T., D. E. Gras, A. G. Gutiérrez, B. González, and **R. A. Gutiérrez.** 2011. A holistic view of nitrogen acquisition in plants. *Journal of Experimental Botany* 62, 1455–1466.

Liu, T.-Y., C.-Y. Chang, and **T.-J. Chiou.** 2009. The long-distance signaling of mineral macronutrients. *Current Opinion in Plant Biology* 12, 312–319.

Lugtenberg, B., and **F. Kamilova.** 2009. Plant-growth-promoting rhizobacteria. *Annual Review of Microbiology* 63, 541–556.

Morrissey, J., and **M. L. Guerinot.** 2009. Iron uptake and transport in plants: the good, the bad, and the ionome. *Chemical Reviews* 109, 4553–4567.

Mudgal, V., N. Madaan, and **A. Mudgal.** 2010. Biochemical mechanisms of salt tolerance in plants: a review. *International Journal of Botany* 6, 136–143.

Ohkama-Ohtsu, N., and **J. Wasaki.** 2010. Recent progress in plant nutrition research: cross-talk between nutrients, plant physiology and soil microorganisms. *Plant & Cell Physiology* 51, 1255–1264.

Oldroyd, G. E. D., and J. A. Downie. 2008. Coordinating nodule morphogenesis with rhizobial infection in legumes. *Annual Review of Plant Biology* 59, 519–546.

Pilon-Smits, E. A. H., C. F. Quinn, W. Tapken, M. Malagoli, and M. Schiavon. 2009. Physiological functions of beneficial elements. *Current Opinion in Plant Biology* 12, 267–274.

Rascio, N., and F. Navari-Izzo. 2011. Heavy metal hyperaccumulating plants: how and why do they do it? And what makes them so interesting? *Plant Science* 180, 169–181.

Rosenblueth, M., and E. Martínez-Romero. 2006. Bacterial endophytes and their interactions with hosts. *Molecular Plant–Microbe Interactions* 19, 827–837.

Ruan, C.-J., J. A. Teixeira da Silva, S. Mopper, P. Qin, and S. Lutts. 2010. Halophyte improvement for a salinized world. *Critical Reviews in Plant Sciences* 29, 329–359.

Rubio, V., R. Bustos, M. L. Irigoyen, X. Cardona-López, M. Rojas-Triana, and J. Paz-Ares. 2009. Plant hormones and nutrient signaling. *Plant Molecular Biology* 69, 361–373.

Ryan, P. R., and E. Delhaize. 2010. The convergent evolution of aluminium resistance in plants exploits a convenient currency. *Functional Plant Biology* 37, 275–284.

Wesley, L. D. 2010. *Fundamentals of Soil Mechanics for Sedimentary and Residual Soils*. John Wiley & Sons, Inc., Hoboken, NJ.

Capítulo 30

Atkins, C. A., P. M. C. Smith, and C. Rodriguez-Medina. 2011. Macromolecules in phloem exudates—a review. *Protoplasma* 248, 165–172.

Bleby, T. M., A. J. McElrone, and R. B. Jackson. 2010. Water uptake and hydraulic redistribution across large woody root systems to 20 m depth. *Plant, Cell and Environment* 33, 2132–2148.

Davidson, A., F. Keller, and R. Turgeon. 2011. Phloem loading, plant growth form, and climate. *Protoplasma* 248, 153–163.

Delzon, S., C. Douthe, A. Sala, and H. Cochard. 2010. Mechanism of water-stress induced cavitation in conifers: bordered pit structure and function support the hypothesis of seal capillary-seeding. *Plant, Cell and Environment* 33, 2101–2111.

Dinant, S., and R. Lemoine. 2010. The phloem pathway: new issues and old debates. *Comptes Rendus Biologies* 333, 307–319.

Domec, J.-C., J. S. King, A. Noormets, E. Treasure, M. J. Gavazzi, G. Sun, and S. G. McNulty. 2010. Hydraulic redistribution of soil water by roots affects whole-stand evapotranspiration and net ecosystem carbon exchange. *New Phytologist* 187, 171–183.

Domec, J.-C., B. Lachenbruch, F. C. Meinzer, D. R. Woodruff, J. M. Warren, and K. A. McCulloh. 2008. Maximum height in a conifer is associated with conflicting requirements for xylem design. *Proceedings of the National Academy of Sciences USA* 105, 12069–12074.

Evert, R. F. 2006. *Esau's Plant Anatomy. Meristems, Cells, and Tissues of the Plant Body: Their Structure, Function, and Development*, 3rd ed. John Wiley & Sons, Inc., Hoboken, NJ.

Harada, A., and K.-i. Shimazaki. 2009. Measurement of changes in cytosolic Ca^{2+} in *Arabidopsis* guard cells and mesophyll cells in response to blue light. *Plant and Cell Physiology* 50, 360–373.

Le Hir, R., J. Beneteau, C. Bellini, F. Vilaine, and S. Dinant. 2008. Gene expression profiling: keys for investigating phloem functions. *Trends in Plant Science* 13, 273–280.

Liesche, J., H. J. Martens, and A. Schulz. 2011. Symplastic transport and phloem loading in gymnosperm leaves. *Protoplasma* 248, 181–190.

Park, J., Y.-Y. Kim, E. Martinoia, and Y. Lee. 2008. Long-distance transporters of inorganic nutrients in plants. *Journal of Plant Biology* 51, 240–247.

Renninger, H. J., N. Phillips, and D. R. Hodel. 2009. Comparative hydraulic and anatomic properties in palm trees *(Washingtonia robusta)* of varying heights: implications for hydraulic limitation to increased height growth. *Trees* 23, 911–921.

Rewald, B., J. E. Ephrath, and S. Rachmilevitch. 2011. A root is a root is a root? Water uptake rates of *Citrus* root orders. *Plant, Cell and Environment* 34, 33–42.

Steudle, E., and C. A. Peterson. 1998. How does water get through roots? *Journal of Experimental Botany* 49, 775–788.

Taiz, L., and E. Zeiger. 2010. *Plant Physiology*, 5th ed. Sinauer Associates, Inc., Publishers, Sunderland, MA.

Turgeon, R. 2010. The role of phloem loading reconsidered. *Plant Physiology* 152, 1817–1823.

Turgeon, R., and R. Medville. 2011. *Amborella trichopoda*, plasmodesmata, and the evolution of phloem loading. *Protoplasma* 248, 173–180.

Wang, H., Y. Inukai, and A. Yamauchi. 2006. Root development and nutrient uptake. *Critical Reviews in Plant Sciences* 25, 279–301.

Westhoff, M., H. Schneider, D. Zimmermann, S. Mimietz, A. Stinzing, et al. 2008. The mechanisms of refilling of xylem conduits and bleeding of tall birch during spring. *Plant Biology* 10, 604–623.

A

Å: *Ver* ångstrom.

a(n)- (do grego: *an-*, não, sem): Prefixo de negação da palavra que lhe segue.

abscisão: A queda de folhas, flores e frutos ou outras partes das plantas, geralmente após a formação de uma zona de abscisão.

ácido: Uma substância que se dissocia na água liberando íons hidrogênio (H^+) e causando, assim, aumento relativo na concentração desses íons; apresenta, em solução, pH inferior a 7; um doador de prótons; o oposto de "base".

ácido abscísico (do latim: *abscissus*, cortar): Hormônio vegetal que induz a dormência em gemas, mantém a dormência das sementes e induz o fechamento de estômatos, entre outros efeitos.

ácido desoxirribonucleico (DNA): Transportador da informação genética nas células; constituído por cadeias de fosfato, moléculas de açúcar (desoxirribose) e bases púricas e pirimídicas; ácido nucleico; é capaz de autoduplicar-se e determina a síntese de RNA.

ácido giberélico: A principal giberelina encontrada em culturas de fungos; em plantas é encontrada raramente, mas é muito usada na maltagem da cevada e na gestão das colheitas de frutas.

ácido indol-3-acético (AIA): Auxina de ocorrência natural; um tipo de hormônio vegetal.

ácido nucleico: Ácido orgânico formado pela união de nucleotídios complexos. Os dois tipos são o ácido desoxirribonucleico (DNA) e o ácido ribonucleico (RNA).

ácido ribonucleico (RNA): É constituído de cadeias de fosfato, moléculas de açúcar (ribose) e bases púricas e pirimídicas; ácido nucleico formado a partir do DNA cromossômico e envolvido na síntese de proteína. O RNA é o material genético de muitos tipos de vírus.

acineto: Célula vegetativa que é transformada em esporo de parede espessada e resistente em cianobactérias.

aclimatação: Conjunto de processos físicos e fisiológicos que preparam a planta para o inverno.

acoplamento quimiosmótico: Acoplamento da síntese de ATP ao transporte de elétrons por meio de um gradiente eletroquímico H^+ através de uma membrana.

actinomorfa (do grego: *aktis*, raio de luz + *morphe*, forma): Refere-se ao tipo de flor que pode ser dividida em duas metades iguais em mais de um plano longitudinal. Também chamada de simetria radial ou regular. *Ver também* zigomorfa.

ad- (do latim: *ad*, em direção a, para): Prefixo que significa "em direção a" ou "para".

adaptação (do latim: *adaptare*, adaptar): Uma peculiaridade comportamental, fisiológica ou estrutural que auxilia determinado organismo a ajustar-se ao seu meio ambiente.

adaptação ao frio: Capacidade de uma planta de sobreviver ao efeito do frio ou da seca extremos, na estação de inverno.

adenina: Base púrica, presente no DNA, RNA e em derivados de nucleotídios, tais como ADP e ATP.

adenosina trifosfato (ATP): Um nucleotídio formado de adenina, ribose e três grupos fosfato; a maior fonte de energia química disponível no metabolismo. Por hidrólise, o ATP perde um fosfato transformando-se em adenosina difosfato (ADP), liberando energia utilizável.

adesão (do latim: *adhaerere*, aderir-se a): A união de diferentes objetos ou substâncias.

adnato (do latim: *adnatus*, que nasce junto de): Diz-se da fusão de partes diferentes, como, por exemplo, estames e pétalas. *Ver também* conato.

ADP: Adenosina difosfato. *Ver* adenosina trifosfato (ATP).

adsorção (do latim: *ad-*, para + *sorbere*, sugar): Adesão de um líquido, gás ou substância dissolvida a um sólido, resultando em aumento de concentração da substância.

adventícia (do latim: *adventicius*, que não pertence propriamente a): Refere-se a uma estrutura que se origina em um lugar incomum, tal como gemas formadas não nas axilas das folhas, mas em outros lugares, ou raízes que crescem em caules ou folhas.

aerênquima: Tecido parenquimático contendo especificamente grande quantidade de espaços aeríferos, intercelulares.

aeróbico (do grego: *aer*, ar + *bios*, vida): Que requer oxigênio livre; o oposto de anaeróbico.

ágar: Substância gelatinosa derivada de certas algas vermelhas; usada como um agente de solidificação no preparo de meios de cultura para o crescimento de microrganismos.

AIA: *Ver* ácido indol-3-acético.

alburno: Porção externa do lenho (madeira) do caule ou tronco, geralmente diferenciado do cerne pela sua coloração mais clara, e onde ocorre transporte ativo de água.

álcali (do árabe: *algili*, as cinzas da barrilheira [*Salsola tragus*], planta rica em soda): Uma substância com fortes propriedades básicas. Também chamada base.

alcalina: Pertencente às substâncias que liberam íons hidroxila (OH^-) em água, apresentando pH maior que 7.

alcaloides: Compostos nitrogenados com sabor amargo, apresentando propriedades químicas básicas (alcalinas). São incluídos neste grupo a morfina, a cocaína, a cafeína, a nicotina e a atropina.

alelo (do grego: *allelon*, de um outro + *morphe*, forma): Uma das duas ou mais formas alternativas de um gene. (Abreviação de alelomorfo.)

alelo dominante: Um alelo é dito dominante, com respeito a outro alelo, quando o homozigoto do alelo dominante é fenotipicamente indistinto do heterozigoto; o outro alelo é dito recessivo.

alelopatia (do grego: *allelon*, de um outro + *pathos*, sofrimento): A inibição de uma espécie vegetal por substâncias produzidas por outra planta.

aleurona (do grego: *aleuron*, farinha): Substância proteica, geralmente na forma de pequenos grânulos, que ocorre na camada celular externa do endosperma de trigo e outros grãos.

alga: Termo tradicional para uma série de grupos de eucariotos fotossintetizantes, não relacionados, nos quais faltam os órgãos reprodutores multicelulares (exceto em carófitas). As equivocadamente chamadas "algas azul-esverdeadas" são cianobactérias, um dos grupos de bactérias fotossintetizantes.

algina: Um importante polissacarídio componente das paredes celulares das algas pardas; usada como estabilizante e emulsificante de alguns alimentos e em tintas.

alopoliploide: Poliploide formado pela união de dois conjuntos de cromossomos distintos e suas subsequentes duplicações.

alternância de gerações: Ciclo reprodutivo no qual ocorre uma fase haploide (*n*), o gametófito, e uma fase diploide (*2n*), o esporófito. O gametófito produz gametas, que se unem em pares para formar um zigoto, que dá origem ao esporófito. Por divisão meiótica, o esporófito produz esporos, que dão origem a novos gametófitos, completando o ciclo.

ameboide (do grego: *amoibē*, mudança): Movimentação ou modo de alimentação por meio de pseudópodos (protrusões citoplasmáticas temporárias da célula).

amentilho: Inflorescência do tipo espiga com flores unissexuadas; encontrada apenas em plantas lenhosas.

amido (do inglês medieval: *sterchen*, endurecer): Carboidrato complexo e insolúvel, composto por mais de mil unidades de glicose. É a principal substância de reserva das plantas.

amilase: Enzima que quebra o amido em unidades menores.

amiloplasto: Leucoplasto (plastídio sem cor) que produz grãos de amido.

aminoácidos (do grego: *Ammon*, deus egípcio do Sol; naquela época, nas proximidades de seu templo, os sais de amônio eram preparados a partir de excrementos de camelo): Ácidos orgânicos contendo nitrogênio; as unidades a partir das quais as moléculas de proteína são formadas.

amonificação: Decomposição de aminoácidos e outros compostos orgânicos nitrogenados resultando na produção de amônia (NH_3) e íons amônio (NH_4^+).

anabolismo (do grego: *ana-*, para cima + *bolism*, transformar): A parte construtiva do metabolismo; o total de reações químicas envolvidas na biossíntese.

anaeróbico (do grego: *an-*, sem + *aer*, ar + *bios*, vida): Refere-se a qualquer processo que possa ocorrer sem oxigênio ou ao metabolismo de um organismo que possa viver sem oxigênio; anaeróbio estrito não sobrevive na presença de oxigênio.

anaeróbio estrito: Um organismo que morre na presença de oxigênio; vive somente na ausência de oxigênio. Também chamado anaeróbio obrigatório.

anaeróbio obrigatório: *Ver* anaeróbio estrito.

anáfase (do grego: *ana*, longe + *phasis*, forma): Um estágio da mitose no qual as cromátides de cada cromossomo se separam e se movem para polos opostos; estágios semelhantes também ocorrem na meiose, na qual as cromátides ou cromossomos pareados se separam.

análogo (do grego: *analogos*, que tem semelhança): Aplica-se a estruturas semelhantes em função, mas diferentes na origem evolutiva, tais como os filódios de uma *Acacia* da Austrália e as folhas de um carvalho.

anatomia: O estudo da estrutura interna dos organismos.

anatomia *Kranz* (do alemão: *Kranz*, coroa): Refere-se à disposição radiada das células do mesofilo ao redor de uma camada de células grandes da bainha do feixe, formando duas camadas concêntricas (em coroa) ao redor do feixe vascular; é tipicamente encontrada em folhas de plantas C_4.

andro- (do grego: *andros*, homem, masculino): Prefixo que significa "masculino".

androceu (do grego: *andros*, masculino + *oikos*, casa): (1) Verticilo floral que contém os estames; (2) nas hepáticas folhosas, é uma protuberância que contém os anterídios.

anel anual: Na madeira, corresponde a uma camada de crescimento formada durante um único ano. *Ver também* camada de crescimento.

anel de crescimento: A camada de crescimento no xilema ou floema secundários, vista em seção transversal; pode ser chamado de aumento de crescimento quando visto em outro corte que não aquele em seção transversal.

anel de Malpighi: *Ver* anelamento.

anelamento: A remoção de um anel da casca de caules lenhosos que atinge o câmbio. Também chamado anel de Malpighi.

aneuploidia: Uma aberração cromossômica na qual o número de cromossomos difere, um pouco, do normal da espécie.

anfi- (do grego: *amphi-*, em ambos os lados): Prefixo que significa "dos dois lados", "ambos" ou "dos dois tipos".

angiosperma (do grego: *angeion*, urna + *sperma*, semente): Literalmente, uma semente formada em um carpelo. Consequentemente, esse grupo de plantas tem as sementes formadas dentro de um ovário desenvolvido (fruto).

ångstrom (em homenagem a A. J. Ångström, físico sueco, 1814-1874): Uma unidade de comprimento igual a 10^{-10} m; abreviada por Å.

ânion (do grego: *anienae*, subir): Íon carregado negativamente.

anisogamia (do grego: *aniso*, desigual + *gamos*, casamento): A condição de ter gametas móveis desiguais.

ansa: Em Basidiomycota é uma conexão lateral entre células adjacentes de uma hifa dicariótica; assegura que cada célula da hifa conterá dois núcleos diferentes.

antera (do grego: *anthos*, flor): A parte do estame que porta os grãos de pólen.

anterídio: Uma estrutura que produz gametas masculinos (anterozoides) e que pode ser uni- ou multicelular.

anteridióforo (do grego: *anthos* + *phoros*, portador): O pedúnculo que porta os anterídios, em algumas hepáticas.

anterior: Situado antes ou à frente.

Anthophyta: O filo das angiospermas ou plantas floríferas.

antibiótico (do grego: *anti*, contra ou em oposição + *biotikos*, pertencente à vida): Substâncias orgânicas naturais que retardam ou impedem o crescimento de organismos. Termo geralmente usado para designar substâncias formadas por microrganismos que impedem o crescimento de outros microrganismos.

anticlinal: Perpendicular à superfície.

anticódon: A sequência de três nucleotídios de uma molécula de tRNA que se pareia com o códon do mRNA, sendo específico para o aminoácido transportado por aquele tRNA. O anticódon é complementar ao códon do mRNA.

antípodas: Três (eventualmente mais) células do saco embrionário maduro, localizadas na extremidade oposta à micrópila.

antocianina (do grego: *anthos*, flor + *kyanos*, azul escuro): Pigmento hidrossolúvel de cor azul ou vermelha encontrado no conteúdo vacuolar.

anual (do latim: *annulus*, ano): Refere-se a uma planta cujo ciclo de vida se completa em um único período de crescimento.

ânulo (do latim: *anus*, anel): (1) Em samambaias, uma fileira de células especializadas em um esporângio; (2) nas lamelas dos fungos, corresponde ao vestígio do véu mais interno, formando um anel no estipe.

aparelho oosférico: A oosfera e as sinérgides localizadas no polo micropilar do gametófito feminino (saco embrionário) das angiospermas.

apomixia (do grego: *apo*, separado, longe de + *mixis*, mesclar): Reprodução sem meiose ou fecundação; *ver* reprodução vegetativa.

apoplasto (do grego: *apo*, longe de + *plastos*, moldado): A continuidade da parede celular de uma planta ou órgão vegetal; o movimento de substâncias via paredes celulares é denominado movimento ou transporte apoplástico.

apotécio (do grego: *apotheke*, depósito): Ascoma aberto, em forma de xícara ou de pires.

apressório: (1) Porção basal de uma alga multicelular que a mantém presa a um substrato sólido, podendo ser unicelular ou constituído por massa de tecido; (2) estrutura em forma de taça nos ápices de algumas gavinhas, por meio das quais elas se prendem; (3) nas plantas parasitas, a porção da planta que a fixa ao hospedeiro.

aprisionamento polimérico: Um mecanismo ativo para carregamento do floema que não envolve carregadores de simporte. Este mecanismo explica o acúmulo nos elementos de tubo crivado de polímeros como rafinose e estaquiose, que são sintetizados a partir da sacarose em espécies com carregamento via simplasto.

aquaporinas: Proteínas integrais da membrana que formam os canais de água na membrana, facilitando o movimento de água, de pequenos solutos neutros ou de gases através da membrana.

aquênio: Fruto simples, seco e indeiscente, cujo tegumento de sua única semente não fica aderido ao pericarpo.

arbusto: Planta lenhosa perene, de estatura relativamente baixa, tipicamente com muitos ramos partindo do solo ou próximo a este.

Archaea: Um domínio filogenético de procariotos, que consiste nos metanogênicos, muitos halófilos extremos, termófilos extremos e *Thermoplasma*.

área crivada: A porção da parede do elemento crivado que contém um conjunto de crivos (aberturas), por meio dos quais os protoplastos de elementos crivados adjacentes são interligados.

arilo (do latim: *arillus*, uva, semente): Um acessório do envoltório da semente, frequentemente formado por uma excrescência na base do óvulo; geralmente de coloração vistosa, podendo auxiliar na dispersão por atrair animais que dele se alimentam. Nesse processo, levam a semente para longe da planta-mãe.

arquea(s): Organismo(s) procarioto(s).

arquegônio: Uma estrutura multicelular na qual é produzida uma única oosfera; é encontrado em briófitas e em algumas plantas vasculares.

arquegonióforo (do grego: *archegonos*, o primeiro de um evento + *phoros*, portador): É o pedúnculo que sustenta os arquegônios, em algumas hepáticas.

arqui-, arqueo- (do grego: *archē*, *archos*, início): Prefixo que significa "o primeiro", "o principal", ou "o mais antigo".

artefato (do latim: *ars*, arte + *facere*, produzir): Um produto que surge devido a um agente estranho, especialmente humano, e que não ocorre na natureza.

árvore: Planta lenhosa perene, geralmente com um único eixo caulinar (tronco).

asco: Uma célula especializada, característica dos ascomicetos, na qual dois núcleos haploides se fundem produzindo um zigoto, que imediatamente se divide por meiose; na maturidade os ascos contêm ascósporos.

ascogônio: Oogônio ou gametângio feminino dos ascomicetos.

ascoma: Estrutura multicelular dos ascomicetos, contendo células especializadas chamadas ascos, dentro das quais ocorre a fusão nuclear e meiose. Os ascomas podem ser abertos ou fechados. São também chamados de ascocarpos.

ascósporo: Espoço produzido dentro de um asco; encontrado nos ascomicetos.

asseptado (do grego: *a-*, não + do latim: *septum*, barreira): Não septado; sem paredes transversais.

átomo (do grego: *atomos*, indivisível): A menor unidade na qual um elemento químico pode ser dividido e, ainda assim, reter as suas propriedades características.

ATP: *Ver* adenosina trifosfato.

ATP sintase: Complexo enzimático que forma ATP a partir de ADP e fosfato durante a fosforilação oxidativa na membrana interna da mitocôndria.

auto- (do grego: *autos*, o próprio, o mesmo): Prefixo que significa "o mesmo" ou "em si mesmo".

autoécios (do grego: *autos*, o próprio + *oikia*, casa, moradia): Diz-se de alguns fungos, referidos como ferrugem, quando completam o seu ciclo de vida em uma única espécie de planta hospedeira.

autofecundação: *Ver* endocruzamento.

autopoliploide: Poliploide formado pela duplicação de um único genoma.

autorradiografia: Uma impressão fotográfica obtida a partir da ação de uma substância radioativa atuando sobre um filme fotográfico sensível.

autótrofo (do grego: *autos*, o próprio, sozinho + *trophos*, que se alimenta): Um organismo que é capaz de sintetizar as substâncias nutritivas por ele requeridas a partir de substâncias inorgânicas obtidas do seu ambiente. *Ver também* heterótrofo.

auxina (do grego: *auxein*, crescer): Uma classe de hormônios vegetais que controlam o alongamento celular, entre outros efeitos.

axila (do grego: *axilla*, axila): O ângulo superior formado entre um ramo ou folha e o caule, do qual se desenvolveram.

axilar: Termo aplicado a gemas ou ramos que ocorrem na axila de uma folha. *Ver* gema axilar.

B

bacilo (do latim: *baculum*, bastão): Bactéria em forma de bastonete.

Bacteria: Domínio filogenético que consiste em todos os procariotos que não pertencem ao domínio *Archaea*.

bactéria: Um procarioto. *Ver também* Bacteria.

bactérias fixadoras de nitrogênio: Bactérias do solo que convertem o nitrogênio atmosférico em compostos nitrogenados.

bactérias lisogênicas: Bactérias que contêm vírus (fagos), os quais, após se libertarem do cromossomo bacteriano, dão início a um ciclo ativo de infecção, causando lise em seus hospedeiros bactérias.

bacteriófago (do grego: *bakterion*, bastãozinho + *phagein*, comer): Um vírus que parasita células bacterianas.

bacterioide: Células de *Rhizobium* ou *Bradyrhizobium* que apresentam tamanho aumentado e formato modificado, encontradas nos nódulos radiculares da planta hospedeira; têm capacidade de fixar nitrogênio.

baga: Fruto simples carnoso, formado pela parede espessada do ovário com um ou mais carpelos, contendo sementes; como exemplos citam-se uvas, tomates e bananas.

bainha: (1) A base de uma folha que envolve o caule, como nas gramíneas; (2) a camada de tecido que se dispõe ao redor de outro tecido, tal como a bainha do feixe vascular.

bainha amilífera: A(s) camada(s) interna(s) de células corticais do caule ou hipocótilo caracterizada(s) por um conspícuo e estável acúmulo de amido.

bainha do feixe: Camada(s) de células que circunda(m) um feixe vascular. A bainha do feixe pode constituir-se de células parenquimáticas ou esclerenquimáticas, ou ambas.

banda da pré-prófase: Grupo de microtúbulos, com disposição em anel, encontrado adjacente à membrana plasmática e que atua na delimitação do plano equatorial do futuro fuso mitótico, em uma célula que se prepara para a divisão.

base: Uma substância que se dissocia na água, causando um decréscimo na concentração de íons hidrogênio (H^+), frequentemente liberando íons hidroxila (OH^-); as bases têm, em solução, um pH maior que 7; o oposto de "ácido". Também chamado álcali.

base nitrogenada: Uma molécula contendo nitrogênio e com propriedades básicas (tendência a adquirir um átomo de H^+); uma base púrica ou pirimídica. É uma das unidades formadoras dos ácidos nucleicos. *Ver* purina *e* pirimidina.

basídio: Célula reprodutiva especializada dos *Basidiomycota*, frequentemente clavada, na qual a fusão nuclear e a meiose ocorrem.

basidioma: Estrutura multicelular, característica dos basidiomicetos, dentro da qual se formam os basídios.

basidiósporo: Espoço dos basidiomicetos, produzido internamente no basídio após a fusão nuclear e a meiose. Também chamado de basidiocarpo.

bi- (do latim: *bis*, dobro, dois): Prefixo que significa "dois", "duas vezes" ou "com dois pontos".

biblioteca genômica: Biblioteca que abrange um genoma inteiro, tanto do núcleo quanto do nucleoide de uma organela (mitocôndria, plastídio) em eucariotos ou do nucleoide de um procarioto.

bienal: Refere-se a uma planta que normalmente requer dois períodos de crescimento para completar seu ciclo de vida, florescendo e frutificando no seu segundo ano.

biofilme: Um agrupamento de células bacterianas aderidas a uma superfície e envolvidas por matriz de polissacarídios excretados por elas.

bioma: O conjunto de comunidades terrestres com uma extensão muito grande, caracterizada pelo seu clima e solo; a maior unidade ecológica.

biomassa: O peso seco (massa seca) total de todos os organismos em uma determinada população, amostra ou área.

biosfera: A zona de ar, terra e água na superfície da Terra que é ocupada por organismos.

biotecnologia: A aplicação prática dos avanços da pesquisa sobre hormônios e bioquímica do DNA para a manipulação genética de organismos.

biótico: Relativo à vida.

bivalente (do latim: *bis*, duplo + *valere*, ser forte): Um par de cromossomos homólogos que sofreu sinapse. Também chamado de tétrade.

bombas: Proteínas transportadoras acionadas por energia química (ATP) ou luminosa. Nas células das plantas e dos fungos, estão presentes, tipicamente, bombas de prótons.

bráctea: Uma estrutura foliácea, modificada e geralmente reduzida.

brassinoesteroides: Um grupo de hormônios esteroides que promove o crescimento em plantas, desempenhando papéis essenciais em uma gama ampla de processos de desenvolvimento, tais como divisão e alongamento celular em raízes e caules, diferenciação vascular, respostas à luz (fotomorfogênese), desenvolvimento da flor e do fruto, resistência a estresses e senescência.

briófitas: Membros dos filos de plantas não vasculares; os musgos, os antóceros e as hepáticas.

broto chupão (ladrão): *Ver* rebento.

bulbo: Caule subterrâneo pequeno, recoberto pelas bases alargadas e espessadas das folhas, nas quais o alimento é armazenado.

C

cadeia alimentar: Uma cadeia de organismos existente em qualquer comunidade natural, tal que cada elo da cadeia alimenta-se do elo que está abaixo e serve de alimento para o que está acima; raramente há mais que seis elos em uma cadeia, com os organismos autótrofos na base e os maiores carnívoros no ápice. Também conhecido por teia alimentar.

calaza (do grego: *chalaza*, pequeno tubérculo): A região de um óvulo onde o funículo une-se com os tegumentos e o nucelo.

cálice (do grego: *kalyx*, casca, xícara): O conjunto das sépalas; o verticilo floral externo.

caliptra (do grego: *kalyptra*, cobertura para a cabeça): Espécie de capuz que envolve parcial ou totalmente a cápsula de algumas espécies de musgos; é formado pela expansão da parede arquegonial.

calo (do latim: *callos*, pele endurecida): Tecido não diferenciado; termo usado em cultura de tecidos, em enxertia e em cicatriz de uma lesão.

caloria (do latim: *calor*, calor): A quantidade de energia na forma de calor necessária para aumentar em1°C a temperatura de 1 g de água. Na obtenção de medidas metabólicas é geralmente usada a quilocaloria (kcal) – a quantidade de calor necessária para aumentar em 1°C a temperatura de 1 kg de água.

calose: Um polissacarídio complexo, β 1,3-glucano, sintetizado na membrana plasmática e depositado entre a membrana plasmática e a parede celular; constituinte comum da parede nas áreas crivadas dos elementos crivados; pode se formar rapidamente em resposta a lesão aos elementos crivados e células do parênquima.

CAM (do inglês: *Crassulacean acid metabolism*): *Ver* metabolismo ácido das crassuláceas.

camada de crescimento: Refere-se à camada de crescimento no xilema ou floema secundários. *Ver também* anel anual.

camadas L$_1$, L$_2$, L$_3$: As primeiras camadas de células dos meristemas apicais de angiospermas que apresentam a organização túnica-corpo.

câmbio (do latim: *cambiare*, trocar): O meristema que dá origem a fileiras paralelas de células; termo comumente empregado para o câmbio vascular e o câmbio da casca ou felogênio.

câmbio da casca: O meristema lateral da planta que forma a periderme, produzindo o súber (felema) para fora (em direção à superfície) e a feloderme para dentro; é comum em caules e raízes de gimnospermas e angiospermas lenhosas. Também chamado felogênio.

câmbio fascicular: O câmbio vascular que se origina no interior do feixe vascular.

câmbio interfascicular: O câmbio vascular que se origina entre os feixes vasculares, a partir do parênquima interfascicular.

câmbio vascular: Uma bainha cilíndrica de células meristemáticas, cujas divisões produzem floema secundário e xilema secundário.

campo de pontoação primário: Área mais delgada na parede celular primária através da qual passam os plasmodesmos, embora estes também possam ocorrer em outros locais da parede. *Ver também* plasmodesmo.

capacidade de campo: A porcentagem de água que cada tipo de solo retém contra a ação da gravidade. Também chamada capacidade de umidade de campo.

capsídio: O envoltório proteico de uma partícula viral.

cápsula: (1) Fruto seco, deiscente, que se desenvolve de dois ou mais carpelos, em angiospermas; (2) camada viscosa ao redor das células de certas bactérias; (3) o esporângio das briófitas.

carboidrato (do latim: *carbo*, carvão + *hydro*, água): Um composto orgânico constituído de uma cadeia de átomos de carbono, nos quais o hidrogênio e o oxigênio estão ligados na proporção de 2:1 (CH$_2$O); exemplos são os açúcares, o amido, o glicogênio e a celulose.

cariogamia (do grego: *karyon*, núcleo + *gamos*, casar): A união de dois núcleos após a fecundação ou a plasmogamia.

cariopse (do grego: *karyon*, uma noz + *opsis*, aparência): Fruto simples, seco, indeiscente com uma semente, cujo pericarpo está firmemente aderido ao redor de todo o tegumento da semente. Grão característico das gramíneas (família Poaceae).

carnívoro: Que se alimenta de animais, em oposição aos que se alimentam de plantas (herbívoros); também é empregado para as plantas capazes de utilizar proteínas obtidas a partir de animais capturados, principalmente insetos.

caroteno (do latim: *carota*, cenoura): Pigmento amarelo ou laranja pertencente ao grupo dos carotenoides.

carotenoides: Uma classe de pigmentos lipossolúveis que inclui os carotenos (pigmentos amarelos ou alaranjados) e as xantofilas (pigmentos amarelos); encontrados em cloroplastos e cromoplastos das plantas. Os carotenoides atuam como pigmentos acessórios na fotossíntese.

carpelada: Refere-se a uma flor com um ou mais carpelos, mas sem estames funcionais. Também chamada pistilada.

carpelo (do grego: *karpos*, fruto): Um dos constituintes do gineceu ou verticilo floral interno; cada carpelo encerra um ou mais óvulos. Um ou mais carpelos compõem o gineceu.

carpogônio (do grego: *karpos*, fruto + *gonos*, descendência): Em algas vermelhas, é o gametângio feminino.

carposporângio (do grego: *karpos*, fruto + *spora*, semente + *angeion*, urna): Em algas vermelhas é a célula que contém o carpósporo.

carpósporo: Em algas vermelhas, o único protoplasto diploide encontrado dentro de um carposporângio.

carreadoras: *Ver* carregadoras.

carregadoras: Proteínas transportadoras que se ligam a solutos específicos, sofrendo mudanças conformacionais, a fim de transportá-los através da membrana. Também chamadas carreadoras.

carregamento do floema: O processo pelo qual substâncias (principalmente açúcares) são secretadas ativamente para dentro dos tubos crivados.

casca: Termo não técnico aplicado para todos os tecidos localizados externamente ao câmbio vascular em caules lenhosos. *Ver também* casca externa e casca interna.

casca externa: Em árvores mais velhas, corresponde à porção morta da casca; abrange a porção interna da periderme e todos os tecidos externos a ela. Também chamada ritidoma.

casca interna: Corresponde à porção viva da casca, em árvores velhas. A casca localizada para dentro da periderme interna; inclui os tecidos floemáticos até o câmbio, o qual não faz parte.

catabolismo (do grego: *katabole*, destruir): O conjunto de reações químicas que resulta na quebra de substâncias complexas e que envolve a liberação de energia.

catalisador (do grego: *katalysis*, dissolução): Uma substância que acelera a taxa de uma reação química, mas não é consumida na reação. As enzimas são catalisadores.

categoria (do grego *kategoria*, categoria): Em um sistema de classificação hierárquico, o nível no qual um grupo específico é colocado.

cátion (do grego: *katienai*, descer): Íon carregado positivamente.

caule: A parte do eixo das plantas vasculares que está acima do solo, bem como as porções anatomicamente similares que ficam abaixo do solo, tais como rizomas e cormos.

cavitação: Ruptura da coluna de água no xilema por bolhas de ar.

cDNA: *Ver* DNA complementar.

célula (do latim: *cella*, pequeno compartimento): A unidade estrutural dos organismos; nas plantas, as células consistem em parede celular e protoplasto.

célula acessória: *Ver* célula subsidiária.

célula albuminosa: Célula especializada do raio ou do parênquima axial do floema das gimnospermas que está espacial e funcionalmente associada às células crivadas. Também chamada célula de Strasburger.

célula anexa: *Ver* célula subsidiária.

célula buliforme: Célula epidérmica grande presente em fileiras longitudinais (enfileiradas) nas folhas de gramíneas; acredita-se que ela esteja envolvida no mecanismo de enrolamento e desenrolamento das folhas. Também chamada célula motora.

célula companheira: Célula parenquimática especializada e associada a um elemento de tubo crivado do floema das angiospermas; origina-se da mesma célula-mãe do elemento de tubo crivado.

célula crivada: Um elemento crivado longo e delgado, com áreas crivadas relativamente pouco especializadas e com paredes terminais afiladas; é desprovida de placas crivadas. Encontrada no floema das gimnospermas.

célula de colênquima: Célula viva alongada, com espessamento desigual na parede celular primária não lignificada.

célula de esclerênquima: Célula de tamanho e formato variados, com paredes secundárias mais ou menos espessas, frequentemente lignificadas; pode ser ou não viva na maturidade. Inclui fibras e esclereídes.

célula de passagem: Célula da endoderme da raiz que retém uma parede fina e estrias de Caspary quando outras células endodérmicas associadas desenvolvem paredes secundárias.

célula de Strasburg: *Ver* célula albuminosa.

célula de transferência: Célula especializada do parênquima que apresenta invaginações na parede, as quais aumentam a superfície de contato com a membrana plasmática; aparentemente atua no transporte de solutos a curta distância.

célula do corpo: (1) Célula somática ou vegetativa. (2) *Ver também* célula espermatogênica.

célula do pé: *Ver* célula estéril.

célula do tubo: Célula que se desenvolve no tubo polínico em grãos de pólen ou gametófitos masculinos das plantas com sementes.

célula espermatogênica: Célula do gametófito masculino ou grão de pólen de gimnospermas, que se divide mitoticamente para formar os dois gametas masculinos. Também chamada célula gametogênica.

célula estéril: Uma das duas células produzidas pela divisão da célula geradora nos gametófitos em desenvolvimento das gimnospermas; não é um gameta e ao final degenera. Também chamada célula do pé.

célula gametogênica: *Ver* célula espermatogênica.

célula geradora: (1) Em muitas gimnospermas, a célula do gametófito masculino que se divide para formar a célula estéril e a célula espermatogênica; (2) nas angiospermas, a célula do gametófito masculino que se divide para formar os dois gametas masculinos.

célula-mãe de esporo: Célula diploide ($2n$), que sofre meiose e produz (em geral) quatro células haploides (esporos) ou quatro núcleos haploides.

célula-mãe de grão de pólen: *Ver* micrósporo.

célula-mãe de megásporo: Célula diploide na qual a meiose ocorrerá, resultando na produção de quatro megásporos; também chamada megasporócito.

célula-mãe de micrósporo: Célula na qual a meiose ocorrerá, resultando em quatro micrósporos. Também é conhecida por microsporócito.

célula parenquimática: Célula viva, geralmente de parede fina e com tamanho e formato variados; o tipo de célula mais abundante nas plantas.

célula protalar (do grego: *pro*, antes + *thallos*, broto): Célula encontrada nos gametófitos masculinos (microgametófitos) de plantas vasculares que não angiospermas. O número de células presentes pode variar, e acredita-se que são vestígios do tecido vegetativo do gametófito masculino.

célula subsidiária: Célula epidérmica morfologicamente distinta das demais e associada a um par de células-guarda. Também chamada célula anexa ou célula acessória.

célula vegetativa: *Ver* célula do tubo.

células da borda: Células da coifa programadas para se separarem da coifa e entre si; com sua separação, podem permanecer vivas na rizosfera por várias semanas e sofrem mudanças na expressão gênica, que possibilitam a produção e exsudação de proteínas específicas, completamente diferentes daquelas da coifa.

células fundadoras: O grupo de células a partir das quais se iniciam o primórdio foliar e o primórdio radicular.

células intermediárias: Células companheiras especializadas, com muitas conexões de plasmodesmos com as células da bainha do feixe; envolvidas no mecanismo de aprisionamento polimérico do carregamento do floema.

células-mãe centrais: Células com vacúolos relativamente grandes localizadas abaixo das camadas superficiais do meristema apical do sistema caulinar.

células somáticas (do grego: *soma*, corpo): Todas as células de um organismo, excetuando-se os gametas e as células a partir das quais os gametas se formam.

celulase: Enzima que hidrolisa a celulose.

células-guarda: Par de células epidérmicas especializadas que circunda um poro ou estômato; mudanças no turgor do par de células-guarda causam abertura e fechamento do poro.

celulose: Carboidrato que é o principal componente da parede celular das plantas e de alguns protistas; um carboidrato complexo e insolúvel formado por microfibrilas de moléculas de glicose unidas cauda a cauda.

cenocítico (do grego: *koinos*, partilhar + *kytos*, vaso oco): Termo usado para descrever um organismo, ou parte deste, que é multinucleado; os núcleos não são separados por paredes ou membranas. Também chamado sifonáceo, sífono ou sincicial.

centríolo (do grego: *kentron*, centro + do latim: *-olus*, pequeno): Organela citoplasmática de formato cilíndrico encontrada externamente ao envoltório nuclear e idêntica ao corpo basal. Durante a mitose e a meiose, os centríolos

se duplicam e organizam as fibras do fuso. Encontrado nas células da maioria dos eucariotos, exceto fungos, algas vermelhas e células não flageladas das plantas.

centro de reação: O complexo de proteínas e moléculas de clorofila de um fotossistema, com função de converter energia luminosa em energia química na reação fotoquímica.

centro quiescente: A região de iniciais relativamente inativas no meristema apical da raiz. *Ver* inicial.

centrômero (do grego: *kentron*, centro + *meros*, uma parte): Região de constrição do cromossomo que mantém as cromátides irmãs juntas.

cerne: Porção interna do lenho (madeira) do caule ou tronco, comumente de coloração escura, na qual não ocorre transporte de água (não é funcional); está envolvido pelo alburno.

cicatriz do feixe: A marca deixada pela ruptura dos feixes vasculares na cicatriz foliar no momento da queda ou abscisão das folhas.

cicatriz foliar: A marca deixada em um ramo quando a folha cai.

ciclo das pentoses fosfato: A via de oxidação da glicose 6-fosfato para produzir pentoses fosfato.

ciclo de Calvin: A série de reações da fotossíntese mediadas por enzimas durante a qual o CO_2 é reduzido a gliceraldeído 3-fosfato (3-fosfogliceraldeído) e é regenerada a ribulose 1,5-difosfato, o aceptor do CO_2. Para cada três moléculas de CO_2 que entram no ciclo há um ganho líquido de uma molécula de gliceraldeído 3-fosfato.

ciclo de Krebs: *Ver* ciclo do ácido cítrico.

ciclo de vida: Toda a sequência de fases no crescimento e desenvolvimento de qualquer organismo desde a formação do zigoto até a formação dos gametas.

ciclo do ácido cítrico: Uma série de reações que resulta na oxidação do piruvato a átomos de hidrogênio, elétrons e dióxido de carbono. Os elétrons passam por uma cadeia de moléculas transportadoras de elétrons, em seguida pelos processos de fosforilação oxidativa e oxidação final. Também chamado ciclo de Krebs ou ciclo dos ácidos tricarboxílicos (CAT).

ciclo do carbono: A circulação e a utilização dos átomos de carbono em todo o planeta.

ciclo do glioxilato: Uma variante do ciclo do ácido cítrico, presente em bactérias e algumas células vegetais, para a conversão de acetato em succinato e, ao final, formação de novo carboidrato.

ciclo dos ácidos tricarboxílicos (CAT): *Ver* ciclo do ácido cítrico.

ciclo parassexuado: A fusão e a segregação de núcleos haploides heterocarióticos para produzir os núcleos recombinantes.

ciclose (do grego: *kyklosis*, circulação): O movimento do citoplasma dentro da célula.

cílio (do latim: *cilium*, cílio): Organela filiforme que emerge da superfície de uma célula. Os cílios têm a mesma estrutura que o flagelo, mas são curtos, numerosos e dispostos paralelamente ou em fileira. *Ver* flagelo.

cinetina (do grego: *kinetikos*, que causa movimento): Uma substância derivada da purina que provavelmente não ocorre na natureza, mas atua como uma citocinina nas plantas.

cinetócoro (do grego: *kinetikos*, que causa movimento + *chorus*, coro): Complexos proteicos especializados que se formam em cada centrômero e nos quais as fibras do fuso se ligam durante a mitose ou a meiose.

cisterna (do latim: *cisterna*, um reservatório): Porção achatada ou em forma de saco do retículo endoplasmático ou do corpo de Golgi (dictiossomo).

-cito, cito- (do grego: *kytos*, compartimento): Sufixo ou prefixo que significa "pertencente à célula".

citocinese (do grego: *kytos*, compartimento + *kinesis*, deslocamento): Divisão do citoplasma de uma célula após a divisão nuclear.

citocinina (do grego: *kytos*, compartimento + *kinesis*, deslocamento): Uma classe de hormônios vegetais que promove a divisão celular, entre outros efeitos.

citocromo (do grego: *kytos*, compartimento + *chroma*, cor): Proteínas com um anel porfirínico contendo ferro (hemeproteínas) que atuam como carregadores de elétrons na respiração e na fotossíntese.

citoesqueleto: O conjunto de microtúbulos e filamentos de actina (microfilamentos), que se dispõe como uma rede flexível dentro das células.

citologia: Estudo da estrutura da célula e suas funções.

citoplasma: O material vivo de uma célula, excluindo-se o núcleo; o protoplasma.

citosina: Uma das quatro bases pirimídicas encontradas nos ácidos nucleicos DNA e RNA.

citosol: A matriz citoplasmática na qual o núcleo, várias organelas e o sistema de membranas estão imersos.

cladística: Um sistema de classificação dos organismos, que segue uma análise de suas características primitivas e derivadas, de tal maneira que suas relações filogenéticas são refletidas com maior rigor.

clado antófita: Clado hipotético consistindo nas Bennettitales, gnetófitas e angiospermas. Estudos moleculares não sustentam a existência de um clado antófita.

clado: Um grupo monofilético, constituído por um ancestral e todos os seus descendentes.

cladofilo (do grego: *klados*, caule + *phyllon*, folha): Ramo com aspecto de lâmina foliar.

cladograma: Diagrama construído com linhas que sucessivamente se ramificam, sugerindo relações filogenéticas entre organismos.

classe: A categoria taxonômica entre filo e ordem, na hierarquia. Uma classe contém uma ou mais ordens e pertence a um determinado filo.

cleistotécio (do grego: *kleistos*, fechado + *thekion*, pequeno receptáculo): Um ascoma esférico e fechado.

climatério: Um grande aumento na respiração celular evidenciado por um aumento na absorção de O_2 e na produção de CO_2 durante o amadurecimento de muitos frutos, tais como tomates, bananas e pêssegos.

cline: Uma série gradual de mudanças em algumas características dentro de determinada espécie, frequentemente correlacionada com uma mudança gradual no clima ou outro fator geográfico.

clonagem: Produção de uma linhagem celular ou de toda uma cultura na qual os membros são caracterizados por uma sequência específica de DNA; um elemento-chave na engenharia genética.

clone (do grego: *klon*, gêmeo): Uma população de células ou indivíduos originados por divisão assexuada a partir de uma única célula ou indivíduo; um dos membros de tal população.

clorênquima: Células parenquimáticas que contêm cloroplastos. Também chamado parênquima clorofiliano.

cloro- (do grego: *chloros*, verde): Prefixo que significa "verde".

clorofila (do grego: *chloros*, verde + *phyllon*, folha): O pigmento verde das células vegetais, o qual é receptor de energia luminosa na fotossíntese; também encontrado em algas e bactérias fotossintetizantes.

cloroplasto: Plastídio que contém clorofilas; o sítio da fotossíntese. Os cloroplastos ocorrem em plantas e algas.

clorose: Perda ou redução da formação de clorofila.

coalescência (do latim: *coalescere*, concrescer): A união de partes florais do mesmo verticilo, como no caso de pétalas unidas entre si.

coco (do grego: *kokkos*, grão): Uma bactéria esférica.

código genético: O sistema de sequências de nucleotídios em trincas (códons) no DNA e no RNA, as quais ditam a sequência de aminoácidos nas proteínas; com exceção de três sinais "de parada" (*stop*), cada códon especifica um dos 20 aminoácidos.

códon: Sequência de três nucleotídios adjacentes em uma molécula de DNA ou mRNA que constituem um código para um único aminoácido ou para a terminação de uma cadeia polipeptídica.

coenzima: Uma molécula orgânica ou um cofator orgânico não proteico que desempenha um papel acessório nos processos catalisados por enzimas, frequentemente atuando como doador ou aceptor de elétrons; NAD^+ e FAD são as coenzimas mais comuns.

coesão (do latim: *cohaerēre*, manter unido): A atração mútua entre moléculas de uma mesma substância.

coevolução (do latim *c-*, junto + *e-*, fora + *volvere*, progredir): A evolução simultânea de adaptações em duas ou mais populações que interagem tão intimamente que cada uma delas age como uma forte força seletiva sobre a outra.

cofator: Um ou mais componentes não proteicos requeridos pelas enzimas para o seu funcionamento; muitos cofatores são íons metálicos, enquanto outros são chamados coenzimas.

coifa: Massa de células semelhante a um dedal que cobre e protege o ápice em crescimento de uma raiz. Consiste tipicamente em uma coluna central de células, a columela, e uma porção lateral que circunda a columela.

coleção gênica: Todos os alelos de todos os genes de todos os indivíduos em uma população. Também usado *pool* gênico.

colênquima (do grego: *kolla*, cola): Um tecido de sustentação composto por células de colênquima; geralmente encontrado em regiões de crescimento primário nos caules e em algumas folhas.

coleóptilo (do grego: *koleos*, bainha + *ptilon*, pena): A bainha que envolve o meristema apical e os primórdios foliares do embrião das gramíneas; geralmente interpretado como a primeira folha.

coleorriza (do grego: *koleos*, bainha + *rhiza*, raiz): A bainha que envolve a radícula no embrião das gramíneas.

coloide: Uma suspensão permanente de partículas finas.

columela: A coluna de células, centralmente dispostas na coifa.

combustíveis fósseis: Restos alterados de organismos que morreram e que são queimados para liberar energia; petróleo, gás e carvão.

competição: Interação entre os membros da mesma população ou de duas ou mais populações para obter recursos de que ambos necessitam e cuja disponibilidade é limitada.

complexo-antena: A parte de um fotossistema que consiste em moléculas de pigmentos (pigmentos-antena) que concentram a luz e a "direcionam" para o centro de reação.

composto: A combinação de átomos em uma proporção definida, cujos átomos estão unidos por ligações químicas.

comunidade: Todos os organismos que habitam um mesmo ambiente e interagem uns com os outros.

comunidade clímax: O estágio final em uma série baseada em sucessões; sua natureza é determinada em grande parte pelo clima e solo da região.

conato: Diz-se de partes semelhantes que são unidas ou fundidas, como as pétalas fundidas em um tubo de corola. *Ver também* adnato.

cone: *Ver* estróbilo.

conídio (do grego: *konis*, poeira): Esporo assexuado de fungo, que não está contido dentro do esporângio; pode ser produzido isoladamente ou em cadeias; a maioria dos conídios é multinucleada.

conidióforo: Hifa na qual são produzidos um ou mais conídios.

conífera: Árvore portadora de cones (estróbilos).

conjugação: A fusão temporária de pares de bactérias, protozoários e algumas algas e fungos durante a qual é transferido o material genético entre os dois indivíduos.

consumidor: Em ecologia, diz-se de um organismo que obtém seu alimento a partir de outro organismo.

cormo: Caule subterrâneo, espessado, verticalmente posicionado e no qual se acumulam reservas, geralmente na forma de amido.

corola (do latim: *corona*, coroa): O conjunto das pétalas; geralmente é o verticilo mais evidente e colorido das flores.

corola tubular: *Ver* tubo da corola.

corpo basal: Organela citoplasmática de formato cilíndrico com autoduplicação, da qual se originam cílios e flagelos; apresenta estrutura idêntica ao centríolo, que está envolvido na mitose e meiose na maioria dos animais e protistas.

corpo de Golgi: Grupo de vesículas discoides e achatadas, que frequentemente se ramificam em túbulos nas suas margens e de ocorrência no citoplasma das células dos eucariotos; servem como centros coletores e empacotadores para a célula e estão envolvidos com as atividades secretoras. Também chamado dictiossomo. As expressões "complexo de Golgi" ou "aparelho de Golgi" são usadas para se referir coletivamente a todos os corpos de Golgi ou dictiossomos de uma determinada célula.

corpo primário da planta: A parte do corpo da planta que se origina dos meristemas apicais e de seus tecidos meristemáticos derivados; constituído inteiramente de tecidos primários.

corpo prolamelar: Corpo semicristalino encontrado em plastídios cujo desenvolvimento ocorreu na ausência de luz.

corpo secundário da planta: A parte do corpo da planta produzido pelo câmbio vascular e câmbio da casca (felogênio); consiste em xilema secundário, floema secundário e periderme.

corrente de assimilados: O fluxo de substâncias assimiladas (substâncias nutritivas) no floema; move-se da fonte para o dreno.

corrente transpiratória: O fluxo de água que vai da raiz às folhas pelo xilema.

corte paradérmico: *Ver* seção paradérmica.

corte radial: *Ver* seção radial.

corte tangencial: *Ver* seção tangencial.

corte transversal: *Ver* seção transversal.

córtex: (1) Região do caule ou da raiz constituída de tecido fundamental, delimitada externamente pela epiderme e internamente pelo sistema vascular; uma região de tecido primário; (2) região periférica do protoplasto de uma célula.

cotilédone (do grego: *kotyledon*, concavidade em forma de xícara): Folha seminal; geralmente absorve reservas nas monocotiledôneas e armazena reservas nas outras angiospermas.

cotransporte: Transporte através de membranas no qual a transferência de um soluto depende da transferência simultânea ou sequencial de um segundo soluto.

crescimento determinado: Crescimento de duração limitada, característico de meristemas florais e de folhas.

crescimento indeterminado: Crescimento ilimitado ou não restrito, como um meristema apical vegetativo que produz indefinidamente um número irrestrito de órgãos laterais.

crescimento primário: Em plantas, o crescimento que se origina no meristema apical dos eixos caulinares e radiculares. O crescimento primário resulta em um aumento do comprimento. *Ver* crescimento secundário.

crescimento secundário: Em plantas, o crescimento derivado de meristemas secundários ou laterais, ou seja, do câmbio vascular e do câmbio da casca (felogênio). O crescimento secundário resulta em um aumento de espessura, ao contrário do crescimento primário, que resulta em aumento de comprimento. *Ver* crescimento primário.

criptógamas: Um termo antigo que engloba todos os organismos, exceto as plantas floríferas (fanerógamas), protistas heterótrofos e animais.

crisolaminarina: Substância de reserva das crisófitas e diatomáceas.

cristas mitocondriais: Os dobramentos da membrana mitocondrial interna, nos quais estão contidas as cadeias de transportadores de elétrons envolvidas na formação de ATP.

croma- (do grego: *chroma*, cor): Prefixo que significa "cor".

cromátide (do grego: *chroma*, cor + do latim: *-id*, filhas de): Um dos dois filamentos-filhos de um cromossomo duplicado, que estão unidos pelo centrômero.

cromatina: O complexo de DNA e proteínas que cora intensamente e forma os cromossomos dos eucariotos.

cromatóforo (do grego: *chroma*, cor + *phorus*, portador): Uma vesícula distinta, delimitada por uma única membrana e que contém pigmentos fotossintetizantes, presente em algumas bactérias.

cromóforo: Parte da molécula do fitocromo que absorve luz.

cromoplasto: Plastídio que contém pigmentos diferentes da clorofila, geralmente são carotenoides amarelos e alaranjados.

cromossomo (do grego: *chroma*, cor + *soma*, corpo): A estrutura que carrega os genes. Os cromossomos dos eucariotos estão dentro do núcleo e são visualizados como filamentos ou bastões de cromatina que aparecem na forma contraída durante a mitose e a meiose; cada cromossomo eucariótico contém

uma molécula de DNA linear. Tipicamente, os procariotos apresentam um único cromossomo consistindo em uma molécula de DNA circular.

cromossomos homólogos: Cromossomos que se associam aos pares no primeiro estágio da meiose; cada um dos membros do par é derivado de um parental diferente.

crossing-over: *Ver* permutação.

cruzamento-teste: O cruzamento de um dominante com um homozigoto recessivo; é usado para determinar se o dominante é homozigoto ou heterozigoto.

cultivar: Uma variedade de planta encontrada apenas sob cultivo.

cultura de tecidos: Uma técnica para a manutenção de fragmentos de tecidos de plantas ou tecidos de animais vivos em um meio de cultura, após terem sido removidos do organismo.

cutícula: Camada com cera e cutina encontrada na parede externa das células epidérmicas. *Ver* também cutina.

cutina (do latim: *cutis*, pele): Substância graxa depositada em muitas paredes das células de plantas e na superfície externa das paredes das células epidérmicas, onde forma uma camada conhecida como cutícula.

D

de- (do latim *de-*, afastado, movimento de cima para baixo, saída): Prefixo que significa "afastado", "movimento de cima para baixo" ou "saída"; por exemplo, desidratação significa saída de água.

decídua (do latim: *decidere*, cair): A perda de folhas em uma determinada estação.

decompositores: Organismos (bactérias, fungos, protistas heterótrofos) em um ecossistema que decompõem a matéria orgânica em moléculas menores, que são então recicladas.

deiscência (do latim: *de*, saída + *hiscere*, abrir em fenda): A abertura de uma antera, fruto ou outra estrutura que permite a eliminação de unidades reprodutoras contidas neles.

deriva genética: Evolução (mudança nas frequências dos alelos) devida a processos ao acaso.

descarregamento do floema: O processo pelo qual açúcares e outros assimilados transportados no floema saem do elementos de tubo crivados para os tecidos do dreno.

desenvolvimento acrópeto: Desenvolvimento que se dá em direção ao ápice de um órgão; o oposto de desenvolvimento basípeto.

desenvolvimento basípeto: Desenvolvimento que se dá em direção à base (distante do ápice) de um órgão; o oposto de desenvolvimento acrópeto.

desmotúbulo (do grego: *desmos*, unir + do latim: *tubulus*, pequeno tubo): O túbulo que atravessa um canal do plasmodesmo e une o retículo endoplasmático de duas células adjacentes.

desnitrificação: A conversão de nitrato em nitrogênio gasoso; processo realizado por poucos gêneros de bactérias de vida livre do solo.

desoxirribose (do latim: *deoxy*, perda de oxigênio + *ribose*, um tipo de açúcar): Açúcar de cinco carbonos, com um átomo de oxigênio a menos em relação à ribose; um componente do ácido desoxirribonucleico.

deutério: Hidrogênio pesado (^2H). Um átomo de hidrogênio cujo núcleo contém um próton e um nêutron. (O núcleo da maioria dos átomos de hidrogênio é constituído de apenas um próton.)

dicário (do grego: *di*, dois + *karyon*, núcleo): Em fungos, o micélio com núcleos pareados; geralmente cada núcleo é derivado de um parental diferente.

dicarioto: Nos fungos, que tem um par de núcleos dentro de células ou compartimentos.

dicotiledôneas: Termo obsoleto, usado para referir-se a todas as angiospermas, com exceção das monocotiledôneas. Planta cujo embrião tem dois cotilédones. *Ver também* eudicotiledôneas *e* magnoliídeas.

dicotomia: A divisão ou bifurcação de um eixo em dois ramos.

dictiossomo: *Ver* corpo de Golgi.

diferenciação: O processo de desenvolvimento pelo qual uma célula não especializada sofre mudanças progressivas, tornando-se especializada; a especialização de células e tecidos para desempenhar funções específicas durante o desenvolvimento.

diferenciação acrópeta: Diferenciação que se dá em direção ao ápice de um órgão; o oposto de diferenciação basípeta.

diferenciação basípeta: Diferenciação que se dá em direção à base (distante do ápice) de um órgão; o oposto de diferenciação acrópeta.

difusão (do latim: *diffundere*, derramar): O movimento livre de partículas suspensas ou dissolvidas de uma região mais concentrada para uma região menos concentrada, como resultado do movimento aleatório das moléculas individuais; o processo tende a distribuir tais partículas uniformemente no meio.

difusão facilitada: O transporte passivo, que ocorre com o auxílio de proteínas transportadora ou carregadoras.

digestão: A conversão de substâncias alimentares complexas, geralmente insolúveis, em formas mais simples, geralmente solúveis, por meio da ação enzimática.

dimorfismo (do grego: *di*, dois + *morphē*, forma): Condição de apresentar duas formas distintas, tal como folhas estéreis e férteis em samambaias ou ramos estéreis e férteis, em cavalinhas.

dioico (do grego: *di*, dois + *oikos*, casa): Unissexuado; que tem os elementos masculinos (estames) e femininos (óvulos) em indivíduos diferentes da mesma espécie.

diploide: Aquele que tem dois conjuntos de cromossomos; o número cromossômico 2*n* (diploide) é característico da geração esporofítica.

dissacarídio (do grego: *di*, dois + *sakcharon*, açúcar): Carboidrato formado por duas moléculas de açúcares simples ligadas por uma ligação covalente; a sacarose é um exemplo.

distal: Situado do lado oposto ou distante do ponto de referência, o qual geralmente leva em consideração a parte principal do corpo; oposto de proximal.

divisão celular: A divisão de uma célula e seu conteúdo, geralmente em duas partes aproximadamente iguais.

DNA: *Ver* ácido desoxirribonucleico.

DNA complementar (cDNA): Uma molécula de DNA de cadeia simples que foi sintetizada a partir de um molde de mRNA, por transcrição reversa.

DNA recombinante: DNA formado tanto naturalmente quanto em laboratório pela união de segmentos de DNA de diferentes fontes.

DNA satélite: Uma pequena sequência de nucleotídios repetida em *tandem* (em fila; um atrás do outro), milhares de vezes. Essa região do cromossomo tem uma composição de bases diferente e não é transcrita.

dominância apical: A influência exercida por uma gema terminal suprimindo o crescimento das gemas laterais ou axilares.

domínio: A categoria taxonômica acima do nível de reino; os três domínios são Archaea, Bacteria e Eukarya.

dormência (do latim: *dormire*, dormir): Condição especial de interrupção do crescimento na qual a planta ou partes da planta, tais como gemas e sementes, não iniciam seu crescimento sem um sinal específico do ambiente. A ausência de sinais, tais como a exposição ao frio ou o fotoperíodo adequado, impede a quebra da dormência, mesmo em condições ambientais aparentemente favoráveis ao crescimento.

drupa (do grego: *dryppa*, azeitona muito madura): Fruto simples, carnoso, derivado de um único carpelo, geralmente com apenas uma semente, no qual o revestimento interno do fruto é duro e pode estar aderido à semente.

drusa: Um cristal composto, mais ou menos esférico, cujos componentes cristalinos se projetam da sua superfície; é constituído de oxalato de cálcio.

ducto resinífero: Espaço intercelular em forma de canal, o qual é envolvido por células secretoras de resina (células epiteliais) e contém resina.

dupla fecundação: Os eventos de dupla fecundação em um único gametófito feminino pelos dois gametas masculinos de um único grão de pólen. Nas angiospermas, a fusão da oosfera com o gameta masculino (resultando na oosfera fecundada, 2*n*, o zigoto) e a fusão simultânea do segundo gameta masculino com os núcleos polares (resultando, tipicamente, no núcleo primário do endosperma, 3*n*); uma característica exclusiva de todas as angiospermas. Por definição, dupla fecundação ocorre também nas gnetófitas, mas a segunda fecundação não resulta na formação de endosperma, em vez disso forma um embrião extra que ao final é abortado.

E

écio: Estrutura em forma de taça, na qual os eciósporos são produzidos nos fungos referidos como ferrugens.

eciósporo (do grego: *aikia*, ferimento + *spora*, semente): Esporo binucleado dos fungos referidos como ferrugens; produzido em um écio.

eco- (do grego: *oikos*, casa): Prefixo que significa "casa" ou "moradia".

ecologia: O estudo das interações dos organismos com seu ambiente físico e uns com os outros.

ecossistema: O principal sistema de interação, envolvendo tanto os organismos vivos quanto os seus ambientes físicos.

ecótipo (do grego: *oikos*, casa + do latim: *typus*, imagem): Uma variante de um organismo adaptada a um determinado local, diferindo geneticamente de seus outros ecótipos.

ectomicorriza: Micorriza na qual os fungos não penetram as células vivas das raízes. As hifas crescem entre as células da epiderme e do córtex das raízes, formando uma rede muito ramificada conhecida como rede de Hartig. As hifas também formam um manto ou capa que cobre a superfície da raiz.

edáfico (do grego: *edaphos*, chão, solo): Pertencente ao solo.

efeito do fundador: Tipo de deriva genética que ocorre como resultado da formação de uma população com pequeno número de indivíduos.

eixo hipocótilo-radicular: O eixo do embrião, situado abaixo do cotilédone ou cotilédones, que consiste no hipocótilo e na radícula até o meristema apical dela.

elatério (do grego: *elater*, propulsor): (1) Célula alongada, fusiforme e estéril no esporângio do esporófito de hepáticas (auxilia na dispersão de esporos); (2) Estrutura higroscópica, em forma de fitas, presa aos esporos de cavalinhas.

elétron-denso: Em microscopia eletrônica, trechos da amostra em observação que aparecem escuros em decorrência da ausência de passagem dos elétrons.

elemento: Constituinte da matéria composta de apenas um tipo de átomo; um dos mais de 100 tipos distintos de matéria natural ou sintética, que, isoladamente ou em combinação, compõem praticamente todos os materiais do universo.

elemento crivado: Célula do floema que está envolvida no transporte a longa distância da seiva elaborada. Os elementos crivados são classificados em células crivadas e elementos de tubo crivado.

elemento de tubo crivado: Cada uma das células componentes de um tubo crivado. É encontrado principalmente nas plantas floríferas e tipicamente associado a uma célula companheira.

elemento de vaso: Cada uma das células que compõem um vaso.

elemento traqueal: Termo geral para uma célula condutora de água nas plantas vasculares. São as traqueídes e os elementos de vaso.

elementos benéficos: Elementos essenciais para somente um grupo limitado de plantas, que crescem sob condições específicas do ambiente.

elementos essenciais: Elementos químicos essenciais para o crescimento e o desenvolvimento normais da planta; também denominados minerais essenciais ou nutrientes inorgânicos essenciais.

eletrólito: Substância que se dissocia em íons quando em solução aquosa, tornando assim possível a condução de corrente elétrica pela solução.

elétron: Uma partícula subatômica com uma carga elétrica negativa, igual em magnitude à carga positiva do próton, mas com massa de 1/1.837, relativamente à do próton. Os elétrons orbitam em torno do núcleo carregado positivamente e determinam as propriedades químicas do átomo.

embebição: Adsorção de água ou intumescimento de substâncias coloidais devido à adsorção de moléculas de água nas superfícies internas dessas substâncias.

embolismo: O preenchimento de vasos e/ou traqueídes com ar ou vapor d'água.

embrião (do grego: *en*, dentro + *bryein*, inchar): Nas plantas, o esporófito jovem, antes do início de um período de crescimento rápido (germinação nas plantas com sementes).

embriófitas: As briófitas e as plantas vasculares, as quais formam embriões; um sinônimo para plantas.

embriogênese: Desenvolvimento de um embrião a partir de uma oosfera fecundada ou zigoto. Também chamada embriogenia.

emparelhamento cromossômico: Associação lado a lado de cromossomos homólogos.

endergônica: Relativo à reação química que requer energia para ocorrer; o oposto de exergônica.

endo- (do grego: *endo*, dentro): Prefixo que significa "dentro".

endocarpo (do grego: *endon*, dentro + *karpos*, fruto): A camada interna do pericarpo.

endocitose (do grego: *endon*, dentro + *kytos*, compartimento): A absorção de substâncias para dentro das células por meio da invaginação da membrana plasmática; se a substância for sólida, o processo é denominado fagocitose e se estiver dissolvida, é chamado pinocitose.

endocruzamento: O cruzamento entre plantas ou animais estreitamente relacionados; em plantas é geralmente originado pela autopolinização repetida. É também usado o termo em inglês *inbreeding*.

endoderme (do grego: *endon*, dentro + *derma*, pele): Uma única camada de células formando uma bainha em torno da região vascular, em raízes e alguns caules; as células endodérmicas são caracterizadas por estrias de Caspary nas paredes anticlinais radiais e transversais. Nas raízes e caules das plantas com semente, a endoderme é a camada interna do córtex.

endógeno (do grego: *endon*, dentro + *genos*, raça, tipo): Que se origina de tecidos situados mais profundamente, como no caso de raízes laterais.

endomicorriza: *Ver* micorriza arbuscular.

endosperma (do grego: *endon*, dentro + *sperma*, semente): Tecido que acumula reservas e que se desenvolve da união do núcleo de um gameta masculino com os núcleos polares da célula central; é consumido pelo esporófito em crescimento, tanto antes da maturação da semente quanto depois dela. É encontrado apenas nas angiospermas.

endossimbiose: Uma relação simbiótica na qual um ou mais organismos vivem dentro das células ou corpo de um hospedeiro sem prejudicá-lo. *Ver* simbiose.

energia: A capacidade de realizar trabalho.

energia de ativação: A energia necessária para que os átomos ou moléculas reajam.

energia livre: Energia disponível para a realização de trabalho.

engenharia genética: A manipulação de material genético para propósitos práticos; também se refere à tecnologia do DNA recombinante.

entrenó: *Ver* internó.

entropia: A medida da aleatoriedade ou desordem de um sistema.

envoltório da semente: A camada que reveste a semente externamente, formada a partir dos tegumentos do óvulo. Também chamado envoltório seminal.

envoltório nuclear: A dupla membrana que envolve o núcleo de uma célula.

envoltório seminal: *Ver* envoltório da semente.

enxertia: União de diferentes indivíduos na qual uma parte de um indivíduo, denominada enxerto (ou cavaleiro), é inserida no sistema radicular ou no caule de outro indivíduo, denominado porta-enxerto (ou cavalo).

enzima: Uma proteína que é capaz de acelerar reações químicas específicas pelo abaixamento da energia de ativação requerida, mas ela permanece inalterada durante esse processo. Um catalisador biológico.

enzimas de restrição: Enzimas que clivam a dupla-hélice do DNA em sequências de nucleotídios específicas.

epi- (do grego: *epi*, em cima): Prefixo que significa "em cima" ou "sobre".

epicótilo: A porção superior do eixo de um embrião ou plântula, acima dos cotilédones (folhas seminais) e abaixo da(s) folha(s) seguinte(s).

epiderme multiestratificada: *Ver* epiderme múltipla.

epiderme múltipla: Tecido composto de várias camadas celulares derivadas da protoderme; apenas a camada externa assume características de uma epiderme típica. Também chamada epiderme multiestratificada.

epiderme: A camada celular que reveste externamente as folhas e os caules e as raízes jovens. É de origem primária.

epífita: Organismo que cresce sobre outro, mas não é seu parasita.

epígea (do grego: *epi*, em cima + *ge*, a Terra): Tipo de germinação de semente na qual os cotilédones são levados acima do nível do solo.

epiginia (do grego: *epi*, em cima + *gynē*, feminino): Organização floral na qual as sépalas, as pétalas e os estames estão visivelmente acima do ovário. *Ver também* hipoginia *e* periginia.

epistático (do grego: *epistasis*, impedimento): Termo usado para descrever um gene cuja ação modifica a expressão fenotípica de um gene em outro loco.

epíteto específico: A segunda parte do nome de uma espécie; por exemplo, o termo *mays* de *Zea mays*, o milho.

equilíbrio pontuado: O modelo de mudança evolutiva que propõe a existência de longos períodos de tempo com nenhuma ou pouca mudança, interrompidos periodicamente por curtos intervalos em que ocorrem mudanças rápidas.

erva (do latim: *herba*, grama): Planta com semente não lenhosa, com uma porção aérea relativamente efêmera.

erva daninha (do inglês arcaico: *weod*, usado desde 888 d.C.): Em geral é uma planta herbácea, sem valor agronômico ou ornamental. As ervas daninhas crescem sem cultivo e são consideradas aproveitadoras do solo ou competidoras para as culturas agrícolas.

escama ovulífera: Apêndice ou estrutura semelhante à escama, de origem caulinar, na qual o óvulo está aderido. Está presente em certas coníferas.

escarificação: Processo de secionar ou amolecer o envoltório de uma semente para acelerar a germinação.

esclereíde (do grego: *skleros*, duro): Célula de esclerênquima com a parede secundária lignificada e espessa, contendo muitas pontoações; as esclereídes variam em forma, mas tipicamente não são muito longas. Podem ser vivas ou não na maturidade.

esclerênquima (do grego: *skleros*, duro + do grego: *para*, ao lado de + *en*, dentro de + *chein*, preencher): Tecido de sustentação composto por células de esclerênquima, incluindo as fibras e as esclereídes.

escutelo (do latim: *scutella*, escudo pequeno): O cotilédone único do embrião das gramíneas, especializado para a absorção do endosperma.

especiação: A origem de novas espécies no processo evolutivo.

especiação alopátrica (do grego: *allos*, outro + *patra*, terra natal, pátria): A especiação que ocorre como resultado da separação geográfica de uma população de organismos.

especiação simpátrica (do grego: *syn*, juntamente + *patra*, terra natal, pátria): Especiação que ocorre sem isolamento geográfico em uma população de organismos; geralmente ocorre como resultado de hibridação acompanhada por poliploidia e, em alguns casos, como resultado da seleção disruptiva.

especializado: (1) Refere-se a organismos que têm adaptações especiais a um determinado *habitat* ou a um modo de vida; (2) refere-se a células que têm funções específicas.

espécie (do latim: *species*, tipo): Um tipo de organismo. As espécies são designadas por nomenclatura binomial escrita em itálico.

especificidade: Exclusividade ou particularidade, como as proteínas em um dado organismo ou as enzimas em uma dada reação.

espécime tipo: Em geral um espécime da planta desidratada guardado em herbário (planta herborizada). Foi selecionado por um taxonomista e serve de base para comparações com outros espécimes para determinar se são ou não membros da mesma espécie.

espectro de absorção: O espectro de ondas luminosas absorvido por um determinado pigmento.

espectro de ação: O espectro luminoso cujos comprimentos de onda desencadeiam uma reação particular.

espectro eletromagnético: O espectro total de radiação cujos comprimentos de onda variam desde menos que um nanômetro até mais que um quilômetro.

espermácio (do grego: *sperma*, esperma, semente): Nas algas vermelhas e alguns fungos, a estrutura que produz o gameta masculino não móvel e diminuto.

espermatângio (do grego: *sperma*, esperma, semente + do latim: *tangere*, tocar): Em algas vermelhas, é a estrutura que produz espermácios.

espermatófita (do grego: *sperma*, semente + *phyton*, planta): Planta com sementes.

espermogônio (do grego: *sperma*, esperma, semente + *gonos*, descendência): Nos fungos do tipo das ferrugens, é a estrutura que produz os espermácios.

espiga (do latim: *spica*, cabeça do grão): Inflorescência indeterminada, na qual o eixo principal é alongado e as flores são sésseis.

espigueta: A unidade da inflorescência das gramíneas; um pequeno grupo de flores de gramíneas.

espinho: Estrutura dura e pontiaguda; em geral é uma folha modificada ou parte de uma folha, mas também pode ter origem de outros órgãos.*

espirilo (do latim: *spira*, espiral): Bactéria alongada e enrolada, ou espiralada.

esporângio (do grego: *spora*, semente + *angeion*, urna): Estrutura unicelular ou pluricelular oca no interior da qual os esporos são produzidos.

esporangióforo (do grego: *spora*, semente + *pherein*, carregar, portar): Ramo que carrega um ou mais esporângios.

esporo: Célula reprodutiva, geralmente unicelular, capaz de desenvolver-se em um indivíduo adulto sem que ocorra a fusão com outra célula.

esporofilo: Folha modificada ou órgão semelhante à folha que porta os esporângios. É aplicado aos estames e carpelos de angiospermas, às frondes férteis de samambaias e a outras estruturas similares.

esporófito: Em plantas que têm alternância de gerações, a geração ou fase diploide (2*n*), produtora de esporos.

esporopolenina: Substância resistente, da qual é composta a exina (parede externa) dos esporos e grãos de pólen; um álcool cíclico muito resistente à degradação.

esquizo- (do grego: *schizein*, separar): Prefixo que significa "separar".

esquizocarpo: Fruto simples, seco, com dois ou mais carpelos unidos, que se separam na maturidade.

estame (do latim: *stamen*, filamento): A parte da flor que produz os grãos de pólen, constituída (em geral) de antera e filete; em conjunto, os estames formam o androceu.

estaminada: Refere-se à flor que tem estames, mas nenhum carpelo funcional.

estatócitos: Células sensíveis à gravidade. No caule elas ocorrem na bainha amilífera e na raiz, na columela da coifa.

estatólitos (do grego: *statos*, estacionário + *lithos*, pedra): Plastídios contendo amido (amiloplastos) ou outros corpúsculos encontrados no citoplasma e que atuam como sensores de gravidade.

estelo (do grego: *stele*, coluna): O cilindro central situado internamente ao córtex em raízes e caules de plantas vasculares.

esterigma (do grego: *sterigma*, suporte): Projeção pequena e fina de um basídio, que sustenta um basidiósporo.

estigma: (1) A região do carpelo que serve como uma superfície receptora para os grãos de pólen e sobre a qual eles germinam; (2) estrutura sensível à luz, encontrada em alguns tipos de algas. *Ver* mancha ocelar.

estilete (do grego: *stylos*, coluna): Porção do pistilo ou carpelo, geralmente colunar, que se estende da parte superior do ovário até o estigma e através da qual os tubos polínicos crescem.

estiolamento (do francês: *étioler*, esbranquiçar): Condição que envolve aumento do alongamento caulinar, desenvolvimento foliar reduzido e perda de clorofila. É encontrado em plantas que crescem no escuro ou com uma quantidade de luz muito reduzida.

estioplasto: Plastídio de uma planta crescida no escuro e contendo o corpo prolamelar.

estipe: (1) Pedúnculo com função de suporte, tal como ocorre nos fungos himenomicetos (como, por exemplo, o champignon); (2) caule das palmeiras (Arecaceae) e das pteridófitas arborescentes, indiviso e com um tufo de folhas no ápice.

estípula: Apêndice em geral foliáceo, que ocorre lateralmente na porção basal de uma folha ou envolve o caule em muitos tipos de plantas com flores.

estolão: *Ver* estolho.

estolho (do latim: *stolo*, caule): Caule que cresce horizontalmente ao longo da superfície do solo e que pode formar raízes adventícias, tal como ocorre no morango. Também chamado estolão.

estômato (do grego: *stoma*, boca): Abertura muito pequena circundada por células-guarda na epiderme das folhas e caules, através da qual passam gases. Termo também usado para designar o aparelho estomático inteiro: as células-guarda e o poro formado por elas.

estramenópilos: *Ver* heterocontas.

estratificação: O processo de exposição das sementes a baixas temperaturas por um período prolongado antes de tentar germiná-las em temperaturas mais altas.

estria de Caspary (homenagem a Robert Caspary, botânico alemão): Faixa ou fita que contém suberina e lignina presente na parede primária das células da exoderme e da endoderme; encontrada nas paredes anticlinais radiais e transversais.

estróbilo (do grego: *strobilos*, um cone): Estrutura reprodutora que consiste em um certo número de folhas modificadas (esporofilos) ou escamas portadoras de óvulos, que estão agrupadas na porção terminal de um ramo caulinar. Observado em muitos tipos de gimnospermas, licófitas e esfenófitas. É também chamado cone.

estroma (do grego: *stroma*, qualquer coisa que se espalha): A substância fundamental dos plastídios.

etileno: Um hidrocarboneto simples, $H_2C=CH_2$; hormônio vegetal envolvido no amadurecimento do fruto.

eucarioto (do grego: *eu*, verdadeiro + *karyon*, núcleo): Uma célula que apresenta o núcleo e as organelas envolvidas por membranas e cujos cromossomos têm o DNA associado a proteínas; um organismo composto por tais células. Plantas, animais, fungos e protistas são os quatro grupos de eucariotos.

eucromatina: Regiões do cromossomo que se condensam e descondensam no ciclo celular e se coram fracamente. Regiões responsáveis pela transcrição do gene. *Ver* heterocromatina.

eudicotiledôneas: Uma das duas principais classes de angiospermas, Eudicotyledoneae. Anteriormente, sob o nome de dicotiledôneas, estavam reunidos esse grupo de plantas e as magnoliídeas, outro grupo bem definido de plantas floríferas primitivas. Plantas cujo embrião tem dois cotilédones.

Eukarya: Um domínio filogenético que contém todos os organismos eucariotos.

eusporângio: Esporângio que se origina a partir de várias células iniciais e, antes da maturação, forma uma parede com mais de uma camada de células.

eustelo (do grego: *eu*, verdadeiro + *stēlē*, coluna): Estelo no qual os tecidos vasculares primários estão organizados em feixes isolados em torno da medula: típico de gimnospermas e angiospermas. *Ver* também estelo.

evolução: A derivação de formas de vida progressivamente bem adaptadas a partir de ancestrais simples; Darwin propôs que a seleção natural é o principal mecanismo pelo qual a evolução ocorre.

evolução convergente (do latim: *convergere*, convergir): O desenvolvimento independente de estruturas semelhantes em organismos que não estão diretamente relacionados; frequentemente é encontrada em organismos que vivem em ambientes semelhantes.

evolução paralela: O desenvolvimento de estruturas semelhantes e que têm funções similares em duas ou mais linhas evolutivas como resultado dos mesmos tipos de pressões seletivas.

exergônico (do latim: *ex*, fora + do grego: *ergon*, trabalho): Liberação de energia como em uma reação química; aplicado a processos "morro abaixo".

exina: A camada externa da parede de um esporo ou grão de pólen.

exocarpo (do grego: *exo*, fora + *karpos*, fruto): A camada externa do fruto ou pericarpo.

exocitose (do grego: *ex*, fora de + *kytos*, compartimento): Processo celular no qual um material particulado ou substâncias dissolvidas são englobados em uma vesícula e transportados para a superfície da célula; ali a membrana da vesícula funde-se com a membrana plasmática, expelindo o conteúdo da vesícula para o exterior.

exocruzamento: Polinização cruzada entre indivíduos da mesma espécie. Também é usado o termo em inglês *outcrossing*.

exoderme: Em algumas raízes, a camada externa do córtex com uma ou mais células de espessura; essas células são caracterizadas por apresentarem estrias de Caspary nas paredes radiais e transversais. Como passo seguinte ao desen-

---

* N. T.: Em inglês, alguns autores usam o termo *spine* para a folha modificada e o termo *thorn* para o ramo modificado.

volvimento das estrias de Caspary, uma lamela de suberina se deposita em todas as paredes das células da exoderme.

éxon (do grego: *exo*, do lado de fora): Um segmento de DNA que é tanto transcrito em RNA quanto traduzido em proteína; éxons são característicos de eucariotos. *Ver também* íntron.

expansina: Uma classe de proteínas envolvida com o afrouxamento da estrutura da parede celular.

extensão da bainha do feixe: Uma lâmina de tecido fundamental que se estende da bainha do feixe de uma nervura da folha para a epiderme das faces inferior ou superior, ou ambas, percorrendo o mesofilo; pode constituir-se de parênquima, colênquima ou esclerênquima.

F

F_1: Primeira geração de filhos. A descendência resultante de um cruzamento. F_2 e F_3 são a segunda e a terceira gerações resultantes de tal cruzamento.

fago: *Ver* bacteriófago.

fagocitose: *Ver* endocitose.

família: A categoria taxonômica entre ordem e gênero; a terminação de nomes de famílias em animais e protistas heterotróficos é *-idae*; em todos os outros organismos é *-aceae*. Uma família contém um ou mais gêneros e cada família pertence a uma ordem.

família multigênica: Um conjunto de genes relacionados em um cromossomo; a maioria dos genes eucarióticos parecem ser membros de famílias multigênicas.

fascículo (do latim: *fasciculus*, um pequeno feixe): Um feixe de folhas como encontrado nos pinheiros ou outras folhas aciculares de gimnospermas. Termo obsoleto para indicar feixe vascular.

fase perfeita: A fase do ciclo de vida de um fungo que inclui a fusão sexual e os esporos associados a tal fusão.

fatores de transcrição: Proteínas que direta ou indiretamente afetam o início da transcrição.

fecundação: A fusão de dois gametas nucleados para formar um zigoto diploide. Também chamada singamia.

fecundação cruzada: A fusão de gametas formados por indivíduos diferentes; o oposto de autofecundação. *Ver* exocruzamento.

feedback: *Ver* retroalimentação.

feixe caulinar: Feixe vascular pertencente ao caule.

feixe vascular: Feixe contendo xilema e floema primários (e o procâmbio se este ainda estiver presente); é frequentemente envolvido pela bainha do feixe, constituída de células de parênquima ou fibras.

feixe vascular aberto: Feixe vascular no qual o câmbio se desenvolve.

feixe vascular fechado: Feixe vascular no qual não se desenvolve um câmbio.

felema: *Ver* súber.

feloderme: (do grego: *phellos*, cortiça + *derma*, pele): Tecido formado pelo felogênio (câmbio da casca) para dentro, oposto ao súber; parte interna da periderme.

felogênio: *Ver* câmbio da casca.

fenótipo: A aparência física de um organismo. O fenótipo resulta da interação entre a constituição genética de um organismo (genótipo) e seu ambiente.

fermentação: Processo pelo qual o NADH formado na glicólise é reoxidado a NAD$^+$ na ausência de oxigênio. Esse processo anaeróbico resulta na formação de lactato (fermentação láctica) em bactérias, fungos, protistas e células animais, e em etanol ou álcool etílico e dióxido de carbono (fermentação alcoólica, em leveduras e na maioria das células das plantas.

ferredoxina: Proteína que contém elevado conteúdo de ferro, especializada na transferência de elétrons; algumas ferredoxinas estão envolvidas na fotossíntese.

fibra: Célula esclerenquimática, alongada, afilada, geralmente de parede espessada; suas paredes podem ser ou não lignificadas; podem ter ou não protoplasto vivo na maturidade.

fibras do fuso: Feixes de microtúbulos que se estendem dos cinetócoros dos cromossomos até os polos do fuso.

fibrila: Filamento submicroscópico constituído por moléculas de celulose; é a forma na qual a celulose ocorre na parede celular.

ficobilinas: Grupo de pigmentos acessórios, hidrossolúveis, incluindo as ficocianinas e as ficoeritrinas, que ocorrem nas algas vermelhas e nas cianobactérias.

ficologia (do grego: *phykos*, alga): O estudo das algas.

ficoplasto: Sistema de microtúbulos que se desenvolve entre os dois núcleos-filhos, paralelo ao plano de divisão celular. Os ficoplastos ocorrem apenas nas algas verdes da classe Chlorophyceae.

filamento: Estrutura linear (filamentosa) que (1) pode ser constituída por bactérias ou (2) por células, que compõem o corpo ou talo de certas algas; (3) corresponde às hifas nos fungos.

filamento de actina: Filamento de proteína helicoidal de 5 a 7 nm de espessura, composto de moléculas de actina globular; é o principal constituinte do citoesqueleto de todas as células eucarióticas. Também chamado microfilamento.

filete: A haste de um estame.

filo (do grego: *phylon*, raça, tribo): A categoria taxonômica, de nível elevado, abaixo de reino e acima de classe; contém as classes similares e relacionadas. Até recentemente denominada divisão pelos botânicos.

filo-, -filo: (1) (do grego: *phyllon*, folha) Prefixo ou sufixo que significa "folha".

filódio: Pecíolo ou caule achatados, laminares e fotossintetizantes. Os filódios ocorrem em certos gêneros de plantas vasculares e substituem as lâminas foliares na função de fotossíntese.

filogenia (do grego: *phylon*, raça, tribo): Relações evolutivas entre organismos; a história do desenvolvimento de um grupo de organismos.

filotaxia (do grego: *phyllon*, folha + *taxis*, ordem): O arranjo das folhas no caule.

filotaxia alterna (do grego: *phyllon*, folha + *-tassein*, organização; e do latim: *alternus*, um após o outro): Arranjo das folhas no caule em que uma folha vem após a outra; em cada nó está presente apenas uma folha.

filotaxia helicoidal: Arranjo das folhas no caule em que cada folha inserida em um nó está ligeiramente deslocada lateralmente em relação àquela que está logo acima ou abaixo, formando um padrão helicoidal ao redor dele. Também chamada filotaxia alterna helicoidal ou filotaxia alterna espiralada.

filotaxia oposta: Arranjo das folhas, no qual elas se apresentam aos pares em um nó.

filotaxia verticilada: Arranjo de três ou mais folhas ao redor de um nó.

fisiologia: O estudo das atividades e processos dos organismos vivos.

fissão: (1) Reprodução assexuada envolvendo a divisão de um indivíduo unicelular em duas novas células de igual tamanho; (2) a divisão dos plastídios.

fito-, -fita (do grego: *phyton*, planta): Prefixo ou sufixo que significa "planta".

fitoalexina (do grego: *phyton*, planta + *alexein*, defender): Uma substância produzida por uma planta para combater a infecção causada por um patógeno (fungo ou bactéria).

fitocromo: Pigmento semelhante à ficobilina encontrado no citoplasma de plantas e de algumas algas verdes e que está associado à absorção de luz; fotorreceptor para luz vermelha e vermelho-extremo (vermelho-longo). Está envolvido em vários processos, como floração, dormência, formação da folha e germinação de sementes.

fitômeros: A sucessão de unidades de desenvolvimento repetidas, consistindo em um nó ao qual a(s) folha(s) é(estão) unida(s), o internó abaixo da(s) folha(s) e a(s) gema(s) na base do internó.

fitoplâncton (do grego *phyton*, planta + *planktos*, errante): Organismos aquáticos microscópicos, fotossintetizantes e livre-flutuantes.

fixação de nitrogênio: A incorporação do nitrogênio atmosférico em compostos nitrogenados; é realizada por certas bactérias simbióticas e de vida livre.

fixação do carbono: A conversão de CO_2 em compostos orgânicos durante a fotossíntese.

flagelo (do latim: *flagellum*, chicote): Uma organela filiforme longa, que se exterioriza a partir da superfície de uma célula. Os flagelos das bactérias são capazes de apresentar movimento rotatório e cada um deles consiste em uma única fibra de proteína; os flagelos dos eucariotos, que são utilizados na locomoção e na alimentação, consistem em um conjunto de microtúbulos, com um característico arranjo interno 9 + 2, e são capazes de movimento vibratório, mas não rotatório. *Ver* cílio.

flavonoides: Compostos fenólicos; pigmentos hidrossolúveis presentes nos vacúolos das células vegetais. Tem sido relatado que aqueles encontrados em vinhos tintos e no suco de uva reduzem os níveis de colesterol no sangue.

flavoproteína (FP): Uma desidrogenase que contém flavina e, frequentemente, um metal; desempenha um papel importante nos processos de oxidação.

floema (do grego: *phloos*, casca): Tecido condutor de seiva elaborada das plantas vasculares, o qual é composto por elementos crivados, vários tipos de células parenquimáticas, fibras e escleréides.

floema condutor: A parte do interna da casca que contém elementos crivados vivos e funcionais e está ativamente engajado no transporte de substâncias nutritivas.

floema não condutor: A parte interna da casca na qual os elementos de tubo crivado estão mortos. As células do parênquima e as células parenquimáticas do raio do floema não condutor permanecem vivas e continuam a funcionar como células de armazenamento por muitos anos.

floema primário: Floema formado a partir do procâmbio. Constituído por proto e metafloema. *Ver* floema.

floema secundário: Floema formado pela atividade do câmbio. *Ver* floema.

flor: A estrutura reprodutora nas angiospermas. Uma flor completa inclui cálice, corola, androceu (estames) e gineceu (carpelos), mas todas as flores têm pelo menos um estame ou um carpelo.

flor bissexuada: Flor que tem pelo menos um estame e um carpelo funcionais.

flor completa: Flor que tem os quatro verticilos de partes florais: sépalas, pétalas, estames e carpelos.

flor imperfeita: Flor na qual faltam estames ou carpelos.

flor incompleta: Flor na qual falta um ou mais dos quatro verticilos florais, isto é, faltam sépalas, pétalas, estames ou carpelos.

flor irregular: Flor na qual um ou mais elementos de pelo menos um dos verticilos difere em forma dos outros elementos do mesmo verticilo.

flor perfeita: Flor que tem estames e carpelos; flor hermafrodita.

flores do disco: Em Asteraceae, as flores actinomorfas e tubulares; diferentes das flores do disco achatadas e zigomorfas. Em muitas asteráceas, as flores do disco ocorrem no centro da inflorescência e as flores do raio, ao longo da margem.

flores do raio: Em Asteraceae, as flores zigomorfas e achatadas; distintas das flores do disco, actinomorfas e tubulares. Em muitas espécies, as flores do raio ocorrem nas margens da inflorescência. *Ver* flores do disco.

floreta: Uma das pequenas flores que constituem a inflorescência das compostas ou a espigueta das gramíneas.

florígeno (do latim: *flor*, flor + do grego: *genes*, produtor): Um hormônio vegetal que promove floração.

fluxo de elétrons cíclico: O fluxo de elétrons induzido pela luz, que se origina do fotossistema I e retorna para ele. Ocorre nos cloroplastos.

fluxo de elétrons não cíclico: O fluxo de elétrons induzido pela luz, que se origina na água e vai para o $NADP^+$, liberando oxigênio na fotossíntese. Ocorre tanto no fotossistema I quanto no II na fotossíntese.

fluxo de massa: Movimento da água ou de qualquer outro líquido induzido por gravidade, pressão ou interação de ambos.

fluxo gênico: O movimento de alelos para dentro e para fora de uma população.

folha: O apêndice lateral principal do caule; muito variável tanto em estrutura quanto em função; a folha é um órgão especializado para a fotossíntese.

folha composta: Uma folha cuja lâmina é dividida em vários folíolos distintos.

folha simples: Folha com lâmina não dividida; oposto de folha composta.

folículo (do latim: *folliculus*, bolinha): Um fruto simples, seco e deiscente, derivado de um único carpelo e que se abre ao longo de um lado.

folíolo: Uma das partes de uma folha composta. *Ver* pina.

forquilha de replicação: Na síntese de DNA, a estrutura em forma de Y formada no ponto a partir do qual as duas cadeias da molécula original estão sendo separadas e as cadeias complementares estão sendo sintetizadas.

fosfato: Um composto formado a partir do ácido fosfórico pela substituição de um ou mais átomos de hidrogênio.

fosfato de nicotinamida adenina dinucleotídio ($NADP^+$): Uma coenzima que na forma **NADPH** funciona como um doador de elétrons em muitas das reações de redução de biossíntese; semelhante em estrutura à NAD^+, contendo, entretanto, um grupo fosfato extra.

fosfolipídio: Um lipídio fosforilado; similar em estrutura a uma gordura, mas com apenas dois ácidos graxos ligados ao esqueleto de glicerol e com um terceiro espaço ocupado por uma molécula contendo fósforo. Componente importante da membrana celular.

fosforilação (do grego: *phosphoros*, o que traz luz): Uma reação na qual o fosfato é adicionado a um composto, como, por exemplo, na formação do ATP a partir de ADP e fosfato inorgânico.

fosforilação do substrato: A fosforilação que ocorre, por exemplo, durante a glicólise, para a formação de ATP a partir de ADP e fosfato inorgânico.

fosforilação oxidativa: A formação de ATP a partir de ADP e fosfato inorgânico; a fosforilação oxidativa ocorre na cadeia de transporte de elétrons da mitocôndria.

fóssil (do latim: *fossile*, desenterrado): Os vestígios, impressões ou traços de um organismo que ficou preservado em rochas encontradas na crosta terrestre.

foto- (do grego: *photos*, luz): Prefixo ou sufixo que significa "luz".

fotobionte (do grego: *photos*, luz + *bionts*, ser vivente): Organismo fotossintetizante de um líquen.

fotofosforilação (do grego: *photos*, luz + *phosphoros*, o que traz luz): A formação do ATP no cloroplasto durante a fotossíntese.

fotólise: A cisão oxidativa das moléculas de água, dependente de luz, que ocorre no fotossistema II das reações luminosas da fotossíntese.

fóton (do grego: *photos*, luz): A partícula elementar da luz.

fotoperiodismo: Resposta à duração e à sincronização do dia e da noite; um mecanismo desenvolvido pelos organismos para medir a sazonalidade.

fotorrespiração: A atividade oxigenase da Rubisco, consumindo O_2 e liberando CO_2; ocorre quando a Rubisco se une ao O_2 no lugar de CO_2. Representa uma via de recuperação.

fotossíntese (do grego: *photos*, luz + *syn*, junto + *tithenai*, colocar): A conversão da energia luminosa em energia química; a produção de carboidratos a partir do dióxido de carbono e água na presença de clorofila usando energia luminosa.

fotossistema: Uma unidade distinta de organização da clorofila e outras moléculas de pigmentos inclusas nos tilacoides dos cloroplastos, as quais estão envolvidas com as reações dependentes de luz da fotossíntese.

fototropinas 1 e 2: Duas flavoproteínas, localizadas na membrana plasmática, que são fotorreceptores da luz azul.

fototropismo (do grego: *photos*, luz + *trope*, movimento): Crescimento no qual a direção da luz é o fator determinante, como o crescimento de uma planta em direção à fonte luminosa. Curvatura ou movimento em resposta à luz.

FP: *Ver* flavoproteína.

fragmentos de Okazaki (referente a R. Okazaki, geneticista japonês): Segmentos descontínuos de DNA que formam a fita tardia (*lagging*) durante a replicação do DNA; são sintetizados individualmente na direção 3′ para 5′, que é oposta à direção geral da replicação. Em procariotos tais fragmentos têm um comprimento entre 1.000 e 2.000 nucleotídios e em eucariotos, entre 100 e 200 nucleotídios.

fragmoplasto: Sistema de microtúbulos em forma de fuso, que se origina entre os dois núcleos-filhos na telófase e dentro do qual a placa celular é formada durante a divisão celular (citocinese). Os fragmoplastos são encontrados em todas as plantas e algas verdes, exceto nos membros da classe Chlorophyceae.

fragmossomo: Camada de citoplasma que se dispõe transversalmente no interior da célula e onde o núcleo se localiza antes de ser iniciada a divisão celular.

frequência gênica: A ocorrência relativa de um alelo particular em uma população. Também chamada de frequência do alelo.

fronde: A folha de uma samambaia. Qualquer folha grande e dividida.

frústula: as duas partes da parede celular de uma diatomácea, composta da sílica opalina ($SiO_2 \cdot nH_2O$) e que consiste em valvas que se sobrepõem.

fruto: (1) Em angiospermas, corresponde ao ovário ou um grupo de ovários desenvolvido(s), que contém as sementes, com quaisquer outras partes adjacentes que possam estar fundidas a eles na maturidade; (2) algumas vezes, o termo é aplicado informal e erroneamente como "corpo de frutificação" às estruturas reprodutoras de outros tipos de organismos.

fruto acessório: Um fruto ou um conjunto de frutos, cujas partes carnosas são derivadas, em grande parte ou totalmente, de tecidos que não correspondem ao ovário. Um exemplo é o morango, cujo receptáculo é carnoso e cujos frutos (aquênios) estão inseridos na sua superfície.

fruto agregado: Fruto que se desenvolveu a partir dos vários pistilos (carpelos) livres de uma única flor.

fruto múltiplo: Fruto originado a partir de um conjunto de ovários maduros produzido por um conjunto de flores, como no abacaxi.

fruto simples: Fruto derivado de um carpelo ou vários carpelos unidos.

frutos não climatéricos: Frutos tais como os de laranja, uvas e morangos que não exibem um grande aumento na respiração celular durante o amadurecimento, como ocorre nos frutos climatéricos.

fucoxantina (do grego: *phykos*, alga + *xanthos*, marrom-amarelado): Um carotenoide amarronzado, encontrado em algas pardas e crisófitas.

funículo (do latim: *funiculus*, pequena corda): A haste de sustentação do óvulo.

fusão tripla: Em angiospermas, é a fusão do segundo gameta masculino com os núcleos polares da célula central, resultando na formação do núcleo primário do endosperma, o qual é triploide ($3n$) na maioria dos grupos.

fuso mitótico: O arranjo dos microtúbulos que se forma entre os polos opostos de uma célula eucariótica durante a mitose.

G

gameta (do grego: *gamete*, esposa): Célula reprodutora haploide; os gametas fundem-se aos pares, formando os zigotos, que são diploides.

gameta feminino: Célula sexual feminina. *Ver também* oosfera.

gameta masculino: Célula sexual masculina, geralmente móvel e menor que o gameta feminino. Também chamado núcleo espermático. *Ver também* anterídio.

gametângio (do grego: *gamein*, casar-se + do latim: *tangere*, tocar): Uma estrutura uni- ou multicelular dentro da qual os gametas são formados.

gametófito: Em plantas que têm alternância de gerações, a geração ou fase haploide (*n*), produtora de gametas.

gametóforo (do grego: *gamein*, casar-se + *phoros*, portador): Nas briófitas, uma haste fértil que sustenta os gametângios.

gancho: estrutura formada pela célula apical de uma hifa ascógena que permite que os núcleos pareados se dividam simultaneamente, um na hifa e o outro no gancho.

gavinha: Modificação de caule, folha ou parte destes em uma estrutura alongada que se enrola, auxiliando na sustentação dos caules. As gavinhas são encontradas apenas em algumas angiospermas.

gel: Uma mistura de substâncias que apresenta uma constituição semissólida ou sólida.

gema (do latim *gemma*, gema): (1) Sistema caulinar em início de desenvolvimento, frequentemente protegidos por escamas foliares; (2) crescimento vegetativo de leveduras e algumas bactérias como forma de reprodução assexuada; (3) pequena excrescência de tecido vegetativo do talo, por exemplo, em hepáticas e musgos, podendo desenvolver-se em um novo organismo.

gema acessória: Uma gema localizada, em geral, acima ou ao lado da gema axilar principal.

gema axilar: Gema localizada no ângulo formado por uma folha com o ramo ou por um ramo com outro.

gene: A unidade de hereditariedade; uma sequência de nucleotídios do DNA que codifica para uma proteína ou moléculas de tRNA e rRNA, ou, ainda, regula a transcrição de tal sequência.

gene estrutural: Qualquer gene que codifica para uma proteína, oposto a genes reguladores.

gene regulador: Gene que impede ou reprime a atividade de genes estruturais em um óperon.

gênero: A categoria entre família e espécie na hierarquia taxonômica; os gêneros incluem uma ou mais espécies.

genes homeóticos: Genes que afetam a identidade dos órgãos florais.

genoma: A totalidade da informação genética contida no núcleo, plastídio ou mitocôndria.

genômica: O campo da genética que estuda o conteúdo, a organização e a função da informação genética de genomas inteiros.

genótipo: A constituição genética, latente ou expressa, de um organismo, em oposição ao fenótipo; a soma de todos os genes presentes em um indivíduo.

geotropismo: *Ver* gravitropismo.

germinação (do latim: *germinare*, germinar): O início ou retomada do crescimento de um esporo, semente, gema ou outra estrutura.

giberelinas (de *Gibberella*, um gênero de fungos): Uma classe de hormônios vegetais cujo efeito mais conhecido é promover o alongamento do caule das plantas.

gimnosperma (do grego, *gymnos*, nu + *sperma*, semente): Planta que produz sementes não encerradas em um ovário; as coníferas são o grupo mais familiar; não é um grupo monofilético.

gine- (do grego: *gyne*, mulher, feminino): Prefixo que significa "feminino".

gineceu (do grego: *gyne*, feminino + *oikos*, casa): O conjunto de pistilos (carpelos) na flor de uma planta com semente.

glicerol: Uma molécula de três carbonos, contendo três grupos hidroxila; as moléculas de glicerol combinam-se com ácidos graxos, formando gorduras ou óleos.

glicogênio (do grego: *glykys*, doce + *gen*, de um tipo): Carboidrato semelhante ao amido que funciona como reserva alimentar em bactérias, fungos e na maioria dos organismos, à exceção das plantas.

glicólise: A degradação anaeróbica da glicose que resulta na formação de duas moléculas de piruvato, levando à produção líquida de duas moléculas de ATP; é catalisada por enzimas presentes no citosol.

glicose: Açúcar de seis carbonos ($C_6H_{12}O_6$); na maioria dos organismos, o monossacarídio mais comum.

glioxissomo: Um peroxissomo que contém as enzimas necessárias para a conversão de gorduras em carboidratos; os glioxissomos desempenham um papel importante durante a germinação das sementes.

gordura: Substância formada por uma molécula de glicerol e três moléculas de ácido graxo; a proporção entre oxigênio e carbono é muito menor nas gorduras do que nos carboidratos. As gorduras no estado líquido são denominadas óleos.

grã: O alinhamento dos elementos da madeira, ou seja, dos componentes axiais da madeira em relação ao eixo longitudinal da peça.

gradiente de concentração: Diferença de concentração de uma substância por unidade de distância.

gradiente eletroquímico: A força propulsora que induz um íon a se mover através de uma membrana devido à diferença da carga elétrica na membrana, combinada com a diferença na concentração do íon nos dois lados dessa membrana.

grana (do latim: *granum*, plural *grana*, grão, grânulo): Estruturas contidas no interior dos cloroplastos, que ao microscópio de luz são vistos como grânulos verdes e ao microscópio eletrônico apresentam-se como séries de tilacoides empilhados. Cada *granum* (grânulo) é uma pilha de tilacoides. Os *grana* (grânulos) contêm as clorofilas e os carotenoides e são os sítios das reações dependentes de luz na fotossíntese.

grão: *Ver* cariopse.

grão de pólen Gametófito masculino (microgametófito) maduro ou imaturo; os grãos de pólen ocorrem em plantas com sementes.

gravitropismo (do latim: *gravis*, pesado + do grego: *trope*, movimento): Resposta de sistemas caulinares ou radiculares à força da gravidade da Terra; também chamado geotropismo.

grupo externo: Em um cladorama, uma espécie ou grupo de espécies que não exibe uma ou mais caracteres derivados compartilhados encontrado no grupo estudado, o grupo interno.

grupo hidroxila: Um grupo OH^-; um íon, carregado negativamente, formado pela dissociação de uma molécula de água.

grupo prostético: Um íon metálico termoestável ou um grupo inorgânico (diferente de um aminoácido) que está ligado a uma proteína e atua como seu grupo ativo.

guanina (do quéchua: *huanu*, esterco, excremento): Uma base púrica encontrada no DNA e RNA. Seu nome é baseado no fato de que a guanina é abundante na forma de uma base cristalina branca no guano e outros tipos de excremento de animais.

gutação (do latim: *gutta*, uma gota): A exsudação de água líquida das folhas, causada pela pressão da raiz.

H

habitat (do latim: *habitare*, habitar): O ambiente de um organismo; o local onde ele é normalmente encontrado.

hábito (do latim: *habitus*, condição, característica): Forma característica ou aparência de um organismo.

hadroma: O cordão central, constituído de células condutoras de água, encontrado nos eixos de alguns gametófitos e esporófitos de musgos.

haploide (do grego: *haploos*, único): Diz-se de organismo que possui um único conjunto cromossômico (*n*), ao contrário dos diploides (2*n*).

hardwood: Termo em geral aplicado à madeira de magnoliídeas e eudicotiledôneas lenhosas. Também é usado o termo madeira de folhosas.

haustório (do latim: *haustorium*, derivado de *haurire*, beber, sorver): (1) Uma projeção de uma hifa de fungo que funciona como um órgão de penetração e absorção; (2) em angiospermas parasitas, uma raiz modificada capaz de penetrar e absorver materiais dos tecidos hospedeiros.

heliotropismo (do grego: *helios*, sol + do grego: *trope*, movimento): *Ver* rastreamento solar.

hemicelulose: Polissacarídio semelhante à celulose porém mais solúvel e menos organizado; é encontrado especificamente nas paredes celulares.

herança citoplasmática: Herança de características sob o controle de genes localizados nos plastídios e mitocôndrias.

herança poligênica: A herança de características quantitativas, determinada pelos efeitos combinados de vários genes.

herbáceo: Um adjetivo referente às plantas não lenhosas.

herbário: Uma coleção de espécimens vegetais secos e prensados.

herbívoro: Que se alimenta de plantas. *Ver também* carnívoro.

hereditariedade (do latim: *heredis*, herdeiro): A transmissão de caracteres dos parentais para seus descendentes por meio de gametas.

hermafrodita (do grego: para Hermes e Afrodite): Organismo que possui simultaneamente órgãos reprodutores masculinos e femininos.

hetero- (do grego: *heteros*, diferente): Prefixo que significa "outro" ou "diferente".

heterocarioto (do grego: *heteros*, diferente + *karyon*, núcleo): Nos fungos, os que apresentam dois ou mais tipos de núcleos geneticamente diferentes dentro do mesmo micélio.

heterocisto (do grego: *heteros*, diferente + *cystis*, vesícula): Célula fixadora de nitrogênio, transparente, com parede espessa, que se forma nos filamentos de certas cianobactérias.

heterocontas: Organismos com um flagelo longo e ornamentado (em pincel) e outro mais curto e liso (em chicote); incluem oomicetos, crisófitas, diatomáceas, algas pardas e alguns outros grupos. Também chamados estramenópilos.

heterocromatina: Regiões do cromossomo que permanecem muito condensadas durante o ciclo celular e parecem ser desprovidas de transcrição; por exemplo, a cromatina localizada na região do centrômero de cada cromossomo e nas sequências terminais chamadas telômeros.

heteroécio (do grego: *heteros*, diferente + *oikos*, casa): Diz-se dos fungos referidos como ferrugens, que requerem duas espécies de hospedeiros diferentes para completar seu ciclo de vida.

heterogamia (do grego: *heteros*, diferente + *gamos*, união ou reprodução): Reprodução envolvendo dois tipos de gametas.

heteromorfo (do grego: *heteros*, diferente + *morphe*, forma): Termo usado para descrever um ciclo de vida no qual as gerações haploide e diploide são diferentes em forma.

heterose (do grego: *heterosis*, mudança): Vigor híbrido; a superioridade do híbrido sobre os parentais em qualquer caráter possível de ser medido. Também chamado vigor híbrido.

heterospórico: Que tem dois tipos de esporos, designados como micrósporos e megásporos.

heterotálico (do grego: *heteros*, diferente + *thallus*, broto): Termo usado para descrever uma espécie cujos indivíduos haploides são autoestéreis ou autoincompatíveis; são necessárias duas linhagens ou dois indivíduos compatíveis para que ocorra a reprodução sexuada.

heterótrofo (do grego: *heteros*, diferente + *trophos*, que se alimenta): Um organismo que não pode produzir compostos orgânicos e assim deve se alimentar de matéria orgânica originada de outras plantas e animais. *Ver também* autótrofo.

heterozigoto: Diz-se de organismo possuidor de dois alelos diferentes no mesmo loco em cromossomos homólogos.

hibridação: A formação de descendência entre parentais diferentes.

híbrido: Descendência resultante do cruzamento de dois parentais que diferem em uma ou mais características hereditárias; descendência resultante do cruzamento de duas variedades diferentes ou duas espécies diferentes.

hidrocarboneto (do grego: *hydro*, água + do latim: *carbo*, carvão): Um composto orgânico constituído apenas de átomos de hidrogênio e de carbono.

hidrófita (do grego: *hydro*, água + *phyton*, planta): Planta que depende de abundante suprimento de umidade ou que cresce total ou parcialmente submersa em água.

hidroides: As células que conduzem água no hadroma de um musgo; elas se assemelham aos elementos traqueais das plantas vasculares, com a diferença de que nelas faltam os espessamentos de parede especializados.

hidrólise (do grego: *hydro*, água + *lysis*, quebra): Quebra de uma molécula em duas pela adição de íons H^+ e OH^- da água.

hidrotropismo: O crescimento direcionado das raízes da planta em resposta a um ambiente úmido.

hifa (do grego: *hyphe*, teia): O filamento tubular simples de um fungo, oomiceto ou quitrídio; o conjunto de hifas forma o micélio.

hifas ascógenas (do grego: *askos*, vesícula + *genos*, produção): Hifas que contêm núcleos haploides masculinos e femininos pareados; elas se desenvolvem de um ascogônio e ao final originam os ascos.

hilo (do latim: *hilum*, pouco significativo): (1) Cicatriz deixada na semente após a sua separação do funículo; (2) a parte de um grão de amido ao redor do qual o amido se deposita em camadas mais ou menos concêntricas.

himênio (do grego: *hymen*, membrana): A camada de ascos em um ascoma ou de basídios em um basidioma, mais algumas hifas estéreis associadas.

hipanto: Estrutura em formato de taça que reveste parcialmente o ovário em uma flor perígina ou pode envolver todo o ovário na flor epígina.

hiper- (do grego: *hyper*, acima, sobre): Prefixo que significa "acima" ou "sobre".

hiperacumuladoras: Diz-se das plantas que acumulam enormes quantidades de metais pesados (concentrações de 100 a 1.000 vezes superiores do que as não acumuladoras) no sistema caulinar, principalmente as folhas, sem sofrerem dano fitotóxico.

hipertônica: Refere-se a uma solução que tem uma concentração de partículas de soluto alta o suficiente para retirar água de outra solução através de uma membrana seletivamente permeável.

hipo- (do grego: *hypo*, menos que): Prefixo que significa "sob" ou "menos".

hipocótilo: A porção de um embrião ou plântula situada entre os cotilédones e a radícula.

hipoderme (do grego: *hypo*, embaixo + *derma*, pele): Uma ou mais camadas de células situadas abaixo da epiderme, que são distintas das células corticais ou das células do mesofilo localizadas mais abaixo.

hipógea (do grego: *hypo*, embaixo + *gê*, a Terra): Tipo de germinação de semente na qual os cotilédones permanecem sob o solo.

hipoginia (do grego: *hypo*, embaixo + *gyne*, feminino): Organização floral na qual as sépalas, pétalas e estames estão presos ao receptáculo por baixo do ovário. *Ver também* epiginia e periginia.

hipótese (do grego: *hypo*, embaixo + *tithenai*, pôr): Uma explicação ou proposição baseada em fatos acumulados e que sugere algum princípio geral ou relação de causa e efeito; uma solução postulada a um problema científico que necessita ser testada por experimentação e que, se reprovada ou demonstrada improvável, é descartada.

hipótese do crescimento ácido: É a hipótese de que a acidificação da parede celular leva à hidrólise de ligações presentes nela e, em consequência, ao alongamento celular que é determinado pela pressão de turgor da parede.

hipótese do fluxo de massa: A asserção de que os assimilados são transportados das fontes para os drenos ao longo de um gradiente de pressão de turgor desenvolvido osmoticamente.

hipotônica: Refere-se a uma solução que tem concentração de solutos baixa o suficiente para perder água para outra solução através de uma membrana seletivamente permeável.

histonas: O grupo de cinco proteínas básicas associado aos cromossomos em todas as células eucarióticas.

homeo-, homo- (do grego: *homos*, o mesmo, semelhante): Prefixo que significa "semelhante" ou "o mesmo".

homeostase (do grego: *homos*, semelhante + *stasis*, posição): A manutenção de um ambiente fisiológico interno relativamente estável no interior de um organismo ou um equilíbrio dinâmico em uma população ou ecossistema. A homeostase geralmente envolve mecanismos de retroalimentação (*feedback*).

homocarioto (do grego: *homos*, semelhante + *karyon*, núcleo): Nos fungos, os que apresentam núcleos de mesma origem genética dentro do micélio.

homologia (do grego: *homologia*, concordância): Uma condição que indica a mesma origem filogenética ou evolutiva, mas não necessariamente com a mesma estrutura e/ou função atuais.

homospórico: Que só tem um tipo de esporo.

homotálico (do grego: *homos*, igual + *thallus*, broto): Um termo usado para descrever uma espécie na qual os indivíduos apresentam autofecundação.

homozigoto: Diz-se de organismos que têm alelos idênticos no mesmo *locus* em cromossomos homólogos.

hormogônio: O fragmento de um filamento de cianobactéria que se que se destaca e cresce, formando um novo filamento.

hormônio (do grego: *hormaein*, estimular): Uma substância orgânica produzida normalmente em quantidades diminutas em alguma parte do organismo, da qual é transportada para outra região na qual exerce um efeito específico; os hormônios funcionam como sinais químicos muito específicos entre as células.

hospedeiro: O organismo sobre ou dentro do qual os parasitos vivem.

húmus: Matéria orgânica em decomposição no solo.

I

íntron (do latim: *intra*, dentro): A porção do mRNA transcrita do DNA eucariótico que é removida por enzimas antes que o mRNA seja traduzido em proteína. *Ver também* éxon.

inbreeding: *Ver* endocruzamento.

indeiscente: Que permanece fechado na maturidade, como muitos frutos (sâmaras, por exemplo).

indúsio (do latim: *indusium*, roupa de baixo feminina): Estrutura membranácea que sai da epiderme da folha de samambaia e recobre um soro.

inflorescência: Conjunto de flores com um arranjo definido.

inibição por retroalimentação: Mecanismo de controle no qual o aumento na concentração de certa molécula inibe a síntese posterior dessa molécula. A expressão inibição por *feedback* é também usada.

iniciais fusiformes (do latim: *fusus*, fuso): As células verticalmente alongadas do câmbio vascular, que dão origem às células do sistema axial no xilema e floema secundários.

inicial: No meristema, a célula que permanece meristemática indefinidamente e, ao mesmo tempo, por divisão, adiciona células ao corpo da planta.

inicial radial: A inicial do câmbio vascular que dá origem às células do raio do xilema secundário e do floema secundário.

inter- (do latim: *inter*, entre): Prefixo que significa "entre" ou "no meio de".

interação alostérica (do grego: *allos*, outro + *steros*, forma): A mudança na forma de uma proteína devido a sua ligação a uma molécula que não é a do substrato. Em sua nova forma, a proteína apresenta caracteristicamente propriedades diferentes.

intercalar (do latim: *intercalare*, inserir): Diz-se do crescimento por divisão celular que ocorre a uma certa distância do meristema no qual as células se originaram.

interfase: O período entre dois ciclos mitóticos ou meióticos; a célula cresce e seu DNA replica-se durante a interfase.

internó: A região de um caule entre dois nós sucessivos. Também chamado entrenó.

intina: A camada interna da parede de um esporo ou grão de pólen.

intra- (do latim: *intra*, dentro): Prefixo que significa "dentro".

invertase: *Ver* sacarase.

íon: O átomo ou a molécula que perdeu ou ganhou um ou mais elétrons e, dessa forma, tornou-se carregado positiva ou negativamente.

iso- (do grego: *isos*, igual): Prefixo que significa "igual", "semelhante".

isogamia: Tipo de reprodução sexuada na qual os gametas (ou gametângios) são semelhantes em tamanho. É encontrada em algumas algas e fungos.

isômero (do grego: *isos*, igual + *meros*, parte): Membro de um grupo de compostos idênticos na composição atômica, mas que difere no seu arranjo estrutural; por exemplo, glicose e frutose.

isomorfo (do grego: *isos*, igual + *morphe*, forma): Idêntico na forma.

isotônico: Que tem a mesma concentração osmótica.

isótopo: Uma das várias formas possíveis de um elemento químico, que difere das outras formas no número de nêutrons no núcleo atômico, mas não nas propriedades químicas.

K

kelp: Nome genérico para qualquer representante das algas pardas de grande porte, pertencente à ordem Laminariales.

L

lacuna do traço foliar: Região com tecido parenquimático no cilindro vascular primário de um caule, acima do ponto de saída do(s) traço(s) foliar(es), em plantas com semente.

lacuna foliar: Região com tecido parenquimático no cilindro vascular primário, acima do ponto de saída do traço ou traços foliares nas samambaias.

lamela (do latim: *lamella*, fina placa metálica): (1) Uma das camadas das membranas da célula, particularmente as fotossintéticas, que contêm clorofila(s); (2) estruturas radiadas de tecido na parte inferior do píleo ou chapéu dos basidiomicetos; (3) *Ver* lamela mediana.

lamela mediana (do latim: *lamella*, placa metálica fina): A camada de material intercelular, rica em compostos pécticos, que unem as paredes primárias de duas células adjacentes.

lâmina: *Ver* limbo.

laminarina: Uma das principais substâncias de reserva das algas pardas; é um polímero da glicose.

leg-hemoglobina: Uma hemeproteína (proteína que contém ferro) que se liga ao oxigênio, encontrada em alta concentração no citosol das células dos nódulos de raízes infectadas por bactérias que fixam nitrogênio; auxilia a regular a concentração de oxigênio, que é um potente inibidor irreversível da nitrogenase, enzima que cataliza a fixação de nitrogênio.

legume (do latim: *legumen*, planta leguminosa): (1) Um membro das Fabaceae, ou seja, da família da ervilha e do feijão; (2) um tipo de fruto simples, seco, derivado de um carpelo e que se abre ao longo de seus dois lados.

lei de Hardy-Weinberg: A expressão matemática da relação entre as frequências relativas de dois ou mais alelos em uma população. Ela demonstra que as frequências dos alelos e genótipos permanecerão constantes em uma população com cruzamentos ao acaso, na ausência de endocruzamento, seleção ou outras forças evolutivas.

lenho: Xilema secundário.

lenho de compressão: O lenho de reação das coníferas; desenvolve-se no lado inferior de troncos ou ramos inclinados.

lenho de reação: Lenho anormal que se desenvolve em galhos e troncos inclinados. *Ver também* lenho de compressão *e* lenho de tensão.

lenho de tensão: O lenho de reação das angispermas; desenvolve-se nas porções superiores de troncos ou galhos recurvados. Também chamado lenho de tração.

lenho de tração: *Ver* lenho de tensão.

lenho inicial: A primeira porção de lenho formada em uma camada de crescimento; contém células maiores e é menos denso do que o lenho tardio formado subsequentemente. Substitui o termo "lenho primaveril". *Ver também* lenho tardio.

lenho tardio: A última porção de lenho formada em uma camada de crescimento; contém células menores e é mais denso do que o lenho inicial formado antes; substitui o termo "lenho estival".

lenticelas (do latim: *lenticella*, uma pequena janela): Áreas lacunosas na superfície do súber de caules, raízes e outras partes da planta, possibilitando a troca de gases entre os tecidos internos e a atmosfera, através da periderme, em plantas vasculares.

leptoides: As células condutoras de substâncias nutritivas associadas aos hidroides em alguns gametófitos e esporófitos de musgos; assemelham-se aos elementos crivados de algumas plântulas de plantas vasculares sem sementes.

leptoma: O tecido condutor de substâncias nutritivas, constituído por leptoides, que se localiza ao redor do hadroma, nos eixos dos gametófitos e esporófitos de alguns musgos.

leptosporângio: Esporângio que se origina de uma única célula inicial e cuja parede é composta de uma única camada de células.

leucoplasto (do grego: *leukos*, branco + *plasein*, formar): Plastídio incolor; os leucoplastos são, em geral, centros de formação de amido.

levedura: Um fungo unicelular, que se reproduz unicamente por gemação. Não é um grupo taxonômico, e sim somente uma foma morfológica de crescimento. Abrange representantes de ascomicetos, basidiomicetos e zigomicetos.

liana (do francês: *liane*, de *lier*, amarrar): Uma trepadeira grande e lenhosa, que cresce sobre outras plantas.

ligação: A tendência que certos genes têm de serem transmitidos conjuntamente em virtude da sua localização no mesmo cromossomo. O termo inglês *linkage* também é usado.

ligação covalente: A ligação química formada entre átomos, tendo como resultado o compartilhamento de dois elétrons.

ligação peptídica: O tipo de ligação formada quando duas unidades de aminoácidos estão unidas extremidade a extremidade, pela remoção de uma molécula de água; as ligações sempre se formam entre o grupo carboxílico ($-COOH$) de um aminoácido e o grupo amino ($-NH_2$) do aminoácido seguinte.

ligase: Enzima que liga duas moléculas em um processo dependente de energia; a DNA ligase, por exemplo, é essencial à replicação do DNA, catalisando a ligação covalente da terminação $3'$ de um novo fragmento de DNA à terminação $5'$ de uma cadeia que está crescendo.

lignina: Um dos constituintes mais importantes da parede secundária das plantas vasculares, embora nem todas as paredes secundárias contenham lignina; depois da celulose, a lignina é o polímero vegetal mais abundante.

lígula (do latim: *ligula*, pequena língua): Apêndice diminuto na base das folhas de gramíneas e na de certas licófitas.

limbo: A parte achatada e expandida de uma folha. Também chamada lâmina.

linkage: *Ver* ligação.

lipídio (do grego: *lipos*, gordura): Uma dentre uma grande variedade de moléculas orgânicas apolares que são insolúveis em água (que é polar), mas que se dissolvem facilmente em solventes orgânicos apolares; os lipídios incluem as gorduras, os óleos, os esteroides, os fosfolipídios e os carotenoides.

líquen: Uma associação simbiótica mutualista entre um fungo e uma população de algas unicelulares ou filamentosas ou de cianobactérias. Cerca de 98% das espécies de fungos que formam liquens são ascomicetos, e o restante, basidiomicetos. Os liquens são polifiléticos.

lise (do grego: *lysis,* quebra): A desintegração ou destruição celular.

lisossomo (do grego: *lysis,* quebra + *soma,* corpo): Organela delimitada por uma única membrana e que contém enzimas hidrolíticas que são liberadas quando essa se rompe. As enzimas são capazes de decompor proteínas e outras macromoléculas complexas.

lixiviação: O movimento descendente e de drenagem de minerais ou íons inorgânicos do solo pela percolação da água.

lóculo (do latim: *loculus,* câmara pequena): (1) A cavidade dentro de um esporângio; (2) A cavidade do ovário na qual estão contidos os óvulos.

locus: A posição ocupada por um determinado gene em um dado cromossomo.

lume (do latim: *lumen,* luz, uma abertura para a luz): (1) O espaço limitado pela parede da célula vegetal; (2) o espaço dentro dos tilacoides nos cloroplastos; (3) o espaço estreito, menos elétron-denso do retículo endoplasmático. Também é usado o termo lúmen.

lúmen: *Ver* lume.

M

macrocisto: A estrutura achatada, irregular, envolta por uma fina membrana, dentro da qual se formam os zigotos durante o ciclo de vida dos organismos pseudoplasmodiais.

macroevolução: Alteração evolutiva em grande escala, envolvendo as principais tendências evolutivas.

macrofibrila: O agregado de microfibrilas, visível ao microscópio de luz.

macromolécula (do grego: *makros,* grande): Uma molécula com peso molecular muito alto; refere-se especialmente às proteínas, ácidos nucleicos, polissacarídios e complexos dessas moléculas.

macronutrientes (do grego: *makros,* grande + do latim: *nutrire,* alimentar): Elementos químicos inorgânicos necessários em grandes quantidades para o crescimento das plantas, tais como nitrogênio, potássio, cálcio, fósforo, magnésio e enxofre.

madeira com anel poroso: Madeira na qual os poros (vasos) do lenho inicial são claramente maiores do que os do lenho tardio, formando um anel bem definido em seção transversal.

madeira com porosidade difusa: Madeira na qual os poros ou vasos estão quase uniformemente distribuídos pelas camadas de crescimento; madeira na qual o diâmetro dos poros varia ligeiramente entre o lenho inicial e o lenho tardio.

madeira de conífera: *Ver softwood.*

madeira de folhosas: *Ver hardwood.*

madeira: *Ver* lenho.

magnoliídeas: Um clado ou uma linha evolutiva de angiospermas. As folhas da maioria das magnoliídeas têm células oleíferas.

maltase: Uma enzima que hidrolisa a maltose em glicose.

mancha ocelar: Uma pequena estrutura pigmentada, existente em organismos unicelulares flagelados e que é sensível à luz. Também denominada estigma.

manitol: Um das moléculas de reserva das algas pardas; um álcool.

matriz citoplasmática: *Ver* citosol.

matrotrofia: Refere-se a uma forma de nutrição proporcionada pelo gametófito materno, como, por exemplo, no caso de um gametófito de musgo fornecendo nutrientes para o zigoto e o esporófito em desenvolvimento.

medula: Tecido fundamental que ocupa o centro do caule ou da raiz, internamente ao cilindro vascular; geralmente consiste em parênquima.

mega- (do grego; *megas,* grande): Prefixo que significa "grande".

megafilo (do grego: *megas,* grande + *phyllon,* folha): Folha geralmente grande, com nervuras de número variado; seu(s) traço(s) foliar(es) está(estão) associado(s) a uma lacuna foliar (em samambaias) e um traço de lacuna foliar (em plantas com sementes). Opõe-se a microfilo.

megagametófito (do grego: *megas,* grande + *gamos,* casamento + *phyton,* planta): O gametófito feminino que se forma dentro do óvulo das plantas com sementes; presente em plantas heterosporadas.

megasporângio: Esporângio no qual megásporos são produzidos. *Ver também* nucelo.

megásporo: Em plantas heterosporadas, o esporo haploide (*n*) que se desenvolve no gametófito feminino; na maioria dos grupos, os megásporos são maiores que os micrósporos.

megasporócito: *Ver* célula-mãe de megásporo.

megasporofilo: Folha ou estrutura semelhante a folha que porta o megasporângio.

meiose (do grego: *meioun*, tornar menor): As duas divisões nucleares sucessivas nas quais o número cromossômico é reduzido do nível diploide (*2n*) para o haploide (*n*), ocorrendo a segregação dos genes. Como resultado da meiose podem ser produzidos gametas ou esporos (em organismos com alternância de gerações).

meiose espórica: Meiose que leva à formação de esporos haploides por um indivíduo diploide ou esporófito. Os esporos dão origem a indivíduos haploides ou gametófitos, os quais ao final produzem gametas que se unem para formar zigotos diploides; os zigotos, por sua vez, desenvolvem-se em esporófitos. Esse tipo de ciclo é conhecido como alternância de gerações.

meiose gamética: Meiose que resulta na formação de gametas haploides a partir de um indivíduo diploide; os gametas fundem-se para formar um zigoto diploide, o qual se divide para formar outro indivíduo diploide.

meiose zigótica: Meiose de um zigoto formando quatro células haploides, que se dividem por mitose, produzindo mais células haploides ou um indivíduo multicelular que finalmente dá origem a gametas.

meiósporos: Esporos que se originam por meio da meiose e são, portanto, haploides.

membrana celular: *Ver* membrana plasmática.

membrana da pontoação: A lamela mediana e as duas paredes primárias entre um par de pontoações.

membrana do vacúolo: *Ver* tonoplasto.

membrana plasmática: Envoltório externo do citoplasma, constituído por uma única membrana e que se localiza adjacente à parede celular. Também chamada membrana celular ou plasmalema (termo mais antigo).

membrana vacuolar: *Ver* tonoplasto.

mensageiro secundário: Uma molécula pequena que é formada no citosol ou liberada nele em resposta a um sinal externo; transmite o sinal para o interior da célula. Como exemplos podem ser citados os íons cálcio e o AMP cíclico.

meristema (do grego: *merizein*, dividir): A região com tecido(s) embrionário(s), responsável principalmente pela formação de novas células.

meristema apical: O meristema no ápice da raiz ou do caule em uma planta vascular.

meristema fundamental (do grego: *meristos*, divisível): O meristema primário ou tecido meristemático que dá origem aos tecidos fundamentais.

meristema primário: Tecido derivado do meristema apical. Há três tipos: a protoderme, o procâmbio e o meristema fundamental. Também chamado tecido meristemático primário.

meristemas laterais: Meristemas que dão origem aos tecidos secundários, como o câmbio vascular e o câmbio da casca.

meso- (do grego: *mesos*, meio): Prefixo que significa "meio" ou "mediano".

mesocarpo (do grego: *mesos*, meio + *karpos*, fruto): A camada mediana do pericarpo, situada entre o exocarpo e o endocarpo.

mesocótilo: O internó situado entre o nó do escutelo e o coleóptilo do embrião, ou da plântula de gramíneas (Poaceae).

mesofilo: O tecido fundamental (parênquima) de uma folha localizado entre as camadas de epiderme; as células do mesofilo geralmente contêm cloroplastos.

mesófita (do grego: *mesos*, meio + *phyton*, planta): Planta que requer um ambiente que não é muito úmido nem muito seco.

metabolismo (do grego: *metabolē*, mudança): A soma de todos os processos químicos que ocorrem dentro de uma célula ou organismo vivo.

metabolismo ácido das crassuláceas (CAM): Uma variante da via C_4; o fosfoenolpiruvato fixa o CO_2 em compostos C_4 à noite e, então, durante o dia, o CO_2 fixado é transferido para a ribulose difosfato do ciclo de Calvin dentro da mesma célula. É característico da maioria das plantas suculentas, como por exemplo o cacto.

metabólitos primários: Moléculas que são encontradas em todas as células das plantas e necessárias para a vida destas. Como exemplos citam-se os açúcares, os aminoácidos, as proteínas e os ácidos nucleicos.

metabólitos secundários: Moléculas que são restritas em sua distribuição tanto no corpo da planta como entre plantas diferentes; têm importância para a sobrevivência e a propagação das plantas que as produzem. Há três grandes classes: alcaloides, terpenoides e substâncias fenólicas. Também chamados produtos do metabolismo secundário.

metáfase: A fase da mitose ou da meiose durante a qual os cromossomos se posicionam no plano equatorial do fuso.

metafloema: (do grego: *meta*, depois + *phloos*, casca): A porção do floema primário que se diferencia depois do protofloema e antes do floema secundário, se este último é formado em um determinado táxon.

metaxilema (do grego: *meta*, depois + *xylon*, madeira): A porção do xilema primário que se diferencia depois do protoxilema; o metaxilema atinge a maturidade depois que a parte da planta na qual ele está localizado completa o seu alongamento.

micelação radial: A orientação radial das microfibrilas de celulose nas paredes das células-guarda; tem função no movimento das células-guarda.

micélio (do grego: *mykēs*, fungo): Conjunto de hifas que formam o corpo de um fungo, um oomiceto ou um quitrídio.

mico- (do grego: *mykēs*, fungo): Prefixo que significa "pertencente aos fungos".

micobionte (do grego: *mykēs*, fungo + *bios*, vida): O fungo que faz parte de um líquen.

micologia: O estudo dos fungos.

micorriza: Literalmente significa "fungo das raízes"; associação simbiótica íntima e mutuamente benéfica entre fungos e raízes de plantas. É característica da maioria das plantas vasculares. *Ver também* micorriza arbuscular e ectomicorriza.

micorriza arbuscular: Micorriza nas quais as hifas dos fungos penetram as células corticais da raiz da planta, formando estruturas ramificadas, os arbúsculos. É também chamada endomicorriza.

micro- (do grego: *mikros*, pequeno): Prefixo que significa "pequeno".

microarranjos: Uma grande variedade de moléculas de DNA curtas, cada uma com a sequência conhecida, ligada a uma lâmina de vidro ou outro suporte sólido; utilizados para controlar a expressão de milhares de genes simultaneamente.

microcorpo: *Ver* peroxissomo.

microevolução: Mudança evolutiva em uma população ao longo de uma sucessão de gerações.

microfibrila: Componente filiforme da parede celular que é composto de moléculas de celulose e visível somente ao microscópio eletrônico.

microfilamento: *Ver* filamento de actina.

microfilo (do grego: *mikros*, pequeno + *phyllon*, folha): Folha pequena com uma nervura e um traço foliar, o qual não é associado nem com a lacuna foliar, nem com uma lacuna de traço foliar; opõe-se a megafilo. Microfilos são característicos das licófitas.

microgametófito (do grego: *mikros*, pequeno + *gamos*, casamento + *phyton*, planta): O gametófito masculino, nas plantas heterosporadas.

micrômetro: A unidade de medida, usada em microscopia, conveniente para descrever dimensões celulares; 1/1000 de um milímetro; sua abreviatura é μm.

micronutrientes (do grego: *mikros*, pequeno + do latim: *nutrire*, alimentar): Elementos químicos inorgânicos requeridos apenas em quantidades muito pequenas ou traços, necessários para o crescimento da planta, tais como o ferro, o cloro, o cobre, o manganês, o zinco, o molibdênio, o níquel e o boro.

micrópila: A abertura nos tegumentos dos óvulos, através da qual o tubo polínico em geral penetra. Ocorre nos óvulos das plantas com sementes.

microsporângio: Esporângio dentro do qual os micrósporos são formados.

micrósporo: Em plantas heterosporadas, o esporo que se desenvolve no gametófito masculino.

microsporócito: *Ver* célula-mãe de micrósporo.

microsporófilo: Folha ou estrutura semelhante a folha que porta um ou mais microsporângios.

microtúbulo (do grego: *mikros*, pequeno + do latim: *tubulus*, pequeno tubo): Túbulo estreito (cerca de 24 nm de diâmetro), alongado (de comprimento indefinido), constituído de dímeros da proteína tubulina; encontrado nas células de eucariotos. Os microtúbulos movimentam os cromossomos na divisão celular e fazem parte da estrutura interna de cílios e flagelos.

mimetismo (do grego: *mimos*, imitar): A semelhança aparente em forma, cor ou comportamento de certos organismos (miméticos) com outros mais eficientes ou mais bem protegidos (modelos), resultando em proteção, disfarce ou em alguma outra vantagem para os miméticos.

mineral: Elemento químico ou composto inorgânico que ocorre naturalmente.

mitocôndria (do grego: *mitos,* fio, filamento + *condrion,* grão pequeno): Organela delimitada por membrana dupla, encontrada em células eucarióticas; contém as enzimas do ciclo do ácido cítrico e a cadeia transportadora de elétrons. Constitui a principal fonte de ATP nas células não fotossintetizantes.

mitose (do grego: *mitos*, filamento): Processo durante o qual os cromossomos duplicados dividem-se longitudinalmente e os cromossomos-filhos então se separam para formar dois núcleos-filhos geneticamente idênticos. A mitose geralmente é acompanhada por citocinese.

mixotrofia: A capacidade de um organismo utilizar fontes de carbono orgânico e inorgânico.

modelo mosaico-fluido: Modelo da estrutura da membrana, em que esta é constituída por uma bicamada de lipídios na qual se encontram inseridas proteínas globulares.

mol: O nome dado a uma molécula-grama; o número de partículas em 1 mol de qualquer substância; é sempre igual ao número de Avogadro: $6,022 \times 10^{23}$.

molde: Modelo que guia a formação de um negativo ou de um complemento. Termo aplicado especialmente à duplicação de DNA, o qual é esclarecido com base na hipótese do molde (*template hypothesis*).

molécula: A menor unidade possível de um composto, consistindo em dois ou mais átomos.

molécula polar: Molécula com terminações carregadas positiva e negativamente.

mono- (do grego: *monos*, único): Prefixo que significa "um" ou "único".

monocarioto (do grego: *monos*, único + *karyon*, núcleo): Em fungos, o que tem um único núcleo haploide em uma célula ou compartimento.

monocotiledôneas: Um dos dois grandes grupos de angiospermas, Monocotyledoneae. Plantas cujo embrião tem um só cotilédone.

monofilético: Diz-se de um táxon que descende de um único ancestral.

monoico (do grego: *monos*, único + *oikos*, casa): Que tem flores pistiladas e flores estaminadas em um mesmo indivíduo, ou seja, flores de sexo separado, mas na mesma planta.

monômeros (do grego: *monos*, único + *meros* parte): Unidades pequenas e repetidas, que podem ser ligadas para formar polímeros.

monossacarídio (do grego: *monos*, único + *sakcharon*, açúcar): Um açúcar simples, que não pode ser dissociado em açúcares menores, como os açúcares com cinco e seis carbonos.

morfo-, -morfo (do grego: *morphē*, forma): Prefixo ou sufixo que significa "forma".

morfogênese: O desenvolvimento da forma.

morfologia (do grego: *morphē*, forma + *logos*, tratado): O estudo da forma e seu desenvolvimento.

morte celular programada: Série de modificações geneticamente controladas ou programadas em uma célula ou um organismo que levam a sua morte.

mRNA: *Ver* RNA mensageiro.

mucilagem: Polissacarídio muito hidratado. Os ápices radiculares crescendo no solo apresentam-se envolvidos por grande quantidade de mucilagem, que tem sua origem nas células periféricas da coifa.

mutação: Qualquer mudança no estado de hereditariedade de um organismo; tais mudanças podem ocorrer no gene (mutações gênicas ou mutações de ponto) ou nos cromossomos (mutações cromossômicas).

mutação cromossômica: *Ver* mutação.

mutação de ponto: A alteração em um dos nucleotídios da molécula do DNA cromossômico; um alelo de um gene se modifica, tornando-se um alelo diferente. É também chamada mutação gênica.

mutação gênica: *Ver* mutação de ponto.

mutação homeótica: A mutação que muda a identidade dos órgãos de tal maneira que as estruturas erradas aparecem no lugar errado ou no momento errado.

mutagênico (do latim: *mutare*, mudar + do grego: *genaio*, produzir): Um agente que aumenta a taxa de mutação.

mutante: Um gene que se alterou ou um organismo que carrega um gene que sofreu alteração.

mutualismo: Dois ou mais organismos vivendo juntos, em uma associação que é mutuamente vantajosa.

N

NAD$^+$: *Ver* nicotinamida adenina dinucleotídio.

NADP$^+$: *Ver* fosfato de nicotinamida adenina dinucleotídio.

nanoplâncton (do grego: *nanos*, anão + *planktos*, errante): Plâncton com dimensões menores que 70 a 75 μm.

não septado: *Ver* asseptado.

nastismo: Movimento da planta que ocorre em resposta a um estímulo, mas cuja direção é independente da direção do estímulo.

nectário (do grego: *nektar*, a bebida dos deuses): Nas angiospermas é uma glândula que secreta néctar, um fluido açucarado que atrai os animais para as plantas.

nervura: Feixe vascular que constitui uma das partes da trama de tecido condutor e de sustentação de uma folha ou outro órgão expandido.

nervuras de calibre menor: *Ver* nervuras menores.

nervuras menores: Os feixes vasculares menores da folha, os quais estão localizados no mesofilo e estão envolvidos pela bainha do feixe; elas estão envolvidas com a absorção dos produtos da fotossíntese e distribuição da corrente transpiratória. Também chamadas nervuras de calibre menor.

nervuras principais: Os maiores feixes vasculares da folha, que estão associados às costelas; eles estão comprometidos principalmente com o transporte de substâncias que entram e saem da folha.

nêutron (do latim: *neuter*, nenhum): Uma partícula sem carga elétrica, com massa ligeiramente maior que a de um próton, encontrada no núcleo atômico de todos os elementos, exceto no do hidrogênio, cujo núcleo consiste em um único próton.

nicho: O papel desempenhado por uma espécie particular no seu ecossistema.

nicotinamida adenina dinucleotídio (NAD$^+$): Uma coenzima que funciona como um aceptor de elétrons em muitas reações de oxidação na respiração.

nitrificação: A oxidação de amônia ou íons amônio para nitrato; processo realizado por uma bactéria específica, de vida livre no solo.

nível trófico: Uma etapa no fluxo da energia em um ecossistema, representado por um determinado grupo de organismos.

nó (do latim: *nodus*, nó): A parte do caule onde estão inseridas uma ou mais folhas. *Ver também* internó.

nódulos: Aumento ou intumescimento de porções das raízes das leguminosas e de algumas outras plantas que contêm bactérias simbióticas fixadoras de nitrogênio.

noz: Fruto simples, seco, indeiscente, duro e geralmente originado a partir de um gineceu com mais de um carpelo fundido; contém uma semente.

nucelo (do latim: *nucella*, pequena noz): Parte interna de um óvulo, no qual o saco embrionário se desenvolve; equivalente ao megasporângio.

núcleo: (1) Uma organela especializada dentro da célula eucariótica, delimitada por uma dupla membrana e que contém os cromossomos; (2) a parte central de um átomo de um elemento químico.

núcleo atômico: A porção central de um átomo, contendo prótons e nêutrons, em torno do qual orbitam os elétrons.

núcleo espermático: *Ver* gameta masculino.

núcleo primário do endosperma: O resultado da fusão do gameta masculino (núcleo espermático) com os dois núcleos polares da célula central. Os sacos embrionários de Nymphaeales e Austrobaileyales têm somente um núcleo polar.

nucleoide: A região de DNA em células procarióticas, em mitocôndrias e em cloroplastos.

nucléolo (do latim: *nucleolus*, um pequeno núcleo): Pequeno corpo esférico encontrado no núcleo das células eucarióticas, o qual é composto principalmente de rRNA, em processo de ser transcrito a partir das cópias dos genes de rRNA; é o sítio de produção de subunidades ribossômicas.

nucleoplasma: A substância fundamental de um núcleo.

núcleos polares: Geralmente dois núcleos, sendo cada um deles derivado de um dos polos do saco embrionário e que se localizam na porção mediana deste, na célula central ou mediana. Eles se fundem com um núcleo masculino (gameta) para formar o núcleo primário do endosperma (3*n*, nesse caso).

nucleossomo: O complexo de DNA e proteínas do tipo das histonas que forma a unidade de empacotamento fundamental do DNA dos eucariotos; essa estrutura assemelha-se a uma conta em um colar.

nucleotídio: A unidade básica do ácido nucleico composta de um fosfato, um açúcar de cinco carbonos (ribose ou desoxirribose) e uma base púrica ou pirimídica.

número atômico: O número de prótons no núcleo de um átomo.

O

-oide (do grego: *oides*, parecido, semelhante): Sufixo que significa "igual" ou "semelhante a".

ontogenia (do grego: *on*, o ser + *genesis*, origem): O desenvolvimento (história da vida) total ou parcial de um determinado organismo.

oo- (do grego: *oion*, ovo): Prefixo que significa "ovo".

oogamia: Reprodução sexuada na qual um dos gametas (a oosfera) é grande e imóvel e o outro gameta (gameta masculino) é menor e móvel.

oogônio: Órgão sexual feminino unicelular que contém uma ou várias oosferas.

oosfera: Gameta feminino imóvel, geralmente maior que o gameta masculino da mesma espécie.

oósporo: Zigoto com parede espessa, característico dos oomicetos.

operador: O segmento de DNA que interage com uma proteína repressora a fim de regular a transcrição dos genes estruturais de um óperon.

opérculo (do latim: *operculum*, tampa): Nos musgos, a tampa do esporângio.

óperon (do latim: *opus, operis*, trabalho): No cromossomo bacteriano é o segmento de DNA que consiste em um promotor, um operador e um grupo de genes estruturais adjacentes; os genes estruturais, que codificam para produtos relacionados com uma via bioquímica específica, são transcritos em uma única molécula de mRNA e sua transcrição é regulada por uma única proteína repressora.

ordem: Categoria taxonômica situada entre classe e família; as classes contêm uma ou mais ordens, e as ordens, por sua vez, são constituídas de uma ou mais famílias.

organela (do grego: *organella*, pequena ferramenta): Uma parte especializada da célula, revestida por membrana.

orgânico: Referente aos organismos vivos em geral, aos compostos formados pelos organismos vivos e à química dos compostos que contêm carbono.

organismo transgênico: O organismo cujo genoma contém DNA da sua ou de diferentes espécies e que foi modificado por métodos de engenharia genética.

organismo: Qualquer ser vivo, uni- ou multicelular.

órgão: A estrutura composta de diferentes tecidos, tais como raiz, caule, folha ou parte de uma flor.

osmose (do grego: *osmos*, impulso, força): A difusão da água ou qualquer solvente através de uma membrana seletivamente permeável; na ausência de outras forças, o movimento da água durante a osmose sempre será da região com maior potencial de água para aquela com menor potencial de água.

outcrossing: *Ver* exocruzamento.

ovário (do latim: *ovum*, um ovo): A porção basal alargada de um carpelo ou de vários carpelos fundidos. Um ovário desenvolvido, algumas vezes com outras partes soldadas, constitui o fruto.

ovário ínfero: Um ovário que está completa ou parcialmente soldado ao cálice; os verticilos florais parecem sair acima da parte superior do ovário.

ovário súpero: Ovário que está livre e separado do cálice; os verticilos florais estão presos ao receptáculo, abaixo do ovário.

óvulo (do latim: *ovulum*, pequeno ovo): Nas plantas com sementes, o óvulo é a estrutura constituída pelo gametófito feminino com a oosfera, o nucelo envolvendo o gametófito e um ou dois tegumentos, externamente. Após a fecundação, o óvulo transforma-se em semente.

oxidação: A perda de um elétron por um átomo ou molécula. A oxidação e a redução (ganho de um elétron) ocorrem simultaneamente, pois um elétron perdido por um átomo é captado pelo outro. As reações de oxidação-redução são importantes meios de transferência de energia nos sistemas vivos.

P

paleobotânica (do grego: *palaios*, antigo): O estudo das plantas fósseis.

panícula (do latim: *panicula*, tufo): Inflorescência na qual o eixo principal é ramificado e cujos ramos portam cachos de flores.

par de pontoações: Duas pontoações opostas mais a membrana da pontoação.

parafilético: Pertencente a um táxon que exclui as espécies que compartilham um ancestral em comum com as espécies incluídas no táxon.

paráfise(s) (do grego: *para*, ao lado de + *physis*, crescimento): (1) Em certos fungos, o filamento estéril que cresce entre as células reprodutoras no corpo de frutificação; (2) em certas algas pardas, os filamentos estéreis que crescem entre os gametângios e os esporângios; (3) em musgos, os filamentos estéreis que crescem entre os anterídios e arquegônios.

paramilo: A molécula de reserva dos euglenoides.

parasita: Organismo que vive sobre ou dentro de outro organismo de espécie diferente e obtém deste seus nutrientes; a associação é benéfica para o parasita e prejudicial para o hospedeiro. Mesma coisa que parasito.

parede celular: A camada rígida, externa, das células, encontrada em plantas, em alguns protistas e na maioria dos procariotos. *Ver* parede celular primária *e* parede celular secundária das plantas.

parede celular primária: A camada de parede depositada durante o período de crescimento da célula.

parede celular secundária: A camada interna da parede celular, formada em certas células após ter cessado o alongamento delas. As paredes secundárias têm uma estrutura microfibrilar muito organizada.

parênquima (do grego: *para*, ao lado de + *en*, dentro de + *chein*, preencher): Tecido composto de células parenquimáticas.

parênquima clorofiliano: *Ver* clorênquima.

parênquima esponjoso: Tecido foliar constituído por células frouxamente dispostas; contendo cloroplastos. Alguns autores usam a expressão parênquima lacunoso.

parênquima lacunoso: *Ver* parênquima esponjoso.

parênquima paliçádico: Um tecido foliar constituído por células parenquimáticas colunares portando cloroplastos; o maior eixo dessas células é perpendicular à superfície da folha.

partenocarpia (do grego: *parthenos*, virgem + *karpos*, fruto): O desenvolvimento de um fruto sem fecundação; frutos partenocárpicos geralmente não apresentam sementes.

patogênico: Causador de doença.

patógeno (do grego: *pathos*, sofrimento + *genesis*, origem): Um organismo que causa uma doença.

patologia: O estudo de doenças animais ou vegetais, seus efeitos no organismo e seu tratamento.

PCR: *Ver* reação em cadeia da polimerase.

pecíolo: A haste da folha.

pectina: Um polissacarídio muito hidrofílico presente na lamela mediana e na parede primária da célula vegetal; componente básico das geleias de frutas.

pedicelo: A haste de uma flor individual em uma inflorescência.

pedúnculo: A haste de uma inflorescência ou de uma flor solitária.

pelos radiculares: Projeções tubulares das células epidérmicas da raiz; ampliam bastante a superfície de absorção da raiz.

peptídio: Dois ou mais aminoácidos unidos por ligações peptídicas.

perene (do latim: *per*, através + *annuus*, um ano): Uma planta na qual as estruturas vegetativas persistem ano após ano.

peri- (do grego: *peri*, ao redor de): Prefixo significando "ao redor" ou "em torno de".

perianto (do grego: *peri*, ao redor de + *anthos*, flor): (1) As pétalas e sépalas consideradas em conjunto; (2) em hepáticas folhosas, a bainha tubular circundando o arquegônio e, posteriormente, o esporófito em desenvolvimento.

pericarpo (do grego: *peri*, ao redor de + *karpos*, fruto): A parede do fruto que se desenvolve a partir da parede do ovário maduro. *Ver* também exocarpo, mesocarpo *e* endocarpo.

periciclo (do grego: *peri*, ao redor de + *kyklos*, círculo): Um tecido característico das raízes, que é limitado externamente pela endoderme e internamente pelos tecidos vasculares (floema e xilema).

periclinal: Paralelo à superfície.

periderme (do grego: *peri*, ao redor de + *derma*, pele): Tecido de proteção, que reveste externamente o caule e a raiz em substituição à epiderme quando esta é eliminada durante o crescimento secundário; inclui súber (felema), felogênio e feloderme.

periginia (do grego: *peri*, ao redor de + *gyne*, feminino): Organização floral na qual as sépalas, pétalas e estames estão adnados à margem de uma projeção do receptáculo em forma de taça. À primeira vista parece que as sépalas, pétalas e estames estão unidos ao ovário. *Ver* também epiginia *e* hipoginia.

perisperma (do grego: *peri*, ao redor de + *sperma*, semente): Tecido derivado do nucelo e que acumula reservas, encontrado nas sementes de algumas angiospermas.

peristômio (do grego: *peri*, ao redor de + *stoma*, boca): Em musgos, a franja denteada ao redor da abertura do esporângio.

peritécio: Ascoma esférico ou em forma de garrafa.

permeabilidade seletiva (do latim: *seligere*, separar de um grupo + *permeare*, atravessar): Termo aplicado às membranas que permitem a passagem de água e alguns solutos, mas que bloqueiam a passagem de outros; a membrana semipermeável permite a passagem de água, mas não de solutos.

permeável (do latim: *permeare*, passar através de): Termo normalmente aplicado a membranas através das quais substâncias líquidas podem difundir-se.

permutação: A troca de segmentos correspondentes do material genético entre as cromátides de cromossomos homólogos, durante meiose. O termo *crossing-over* também é usado.

peroxissomo: Organela esférica com 0,5 a 1,5 μm de diâmetro e envolvida por uma única membrana. Alguns peroxissomos estão envolvidos na fotorrespiração e outros, denominados glioxissomos, na conversão de lipídios para açúcares durante a germinação da semente. São também conhecidos como microcorpos.

peso atômico: O peso de um átomo representativo de um elemento, relativo ao peso de um átomo de carbono ^{12}C, ao qual se atribuiu o valor 12.

peso molecular: O peso de uma molécula em relação ao peso da forma mais comum do átomo de carbono, o qual é dado como 12; a soma dos pesos relativos dos átomos em uma molécula.

pétala: Parte da flor, geralmente com colorido conspícuo; uma das unidades da corola.

pH: Símbolo que denota a concentração relativa de íons hidrogênio em uma solução. Os valores de pH variam de 0 a 14, e quanto menor o valor de pH, maior a acidez da solução, ou seja, contém maior número de íons hidrogênio; pH 7 é neutro, menor que 7 é ácido e maior que 7 é alcalino.

pigmento acessório: Pigmento que capta a energia luminosa e a transfere para a clorofila *a*.

pigmento: Substância que absorve luz, frequentemente de forma seletiva.

píleo (do latim: *pileus*, capuz): Parte superior de muitos cogumelos (basidiomicetos), costumeiramente referido como chapéu; também em certos ascomicetos.

pina (do latim: *pinna*, pena, pluma): Uma das partes de uma folha ou fronde composta; corresponde à primeira divisão da folha. A pina pode ser dividida novamente (segunda divisão) dando origem a partes menores, as pínulas (foliólulos). O mesmo que folíolo.

pinocitose: *Ver* endocitose.

pirâmide de energia: Relações energéticas entre os diversos níveis alimentares envolvidos em uma cadeia alimentar em particular. Os autótrofos (na base da pirâmide) representam a maior quantidade disponível de energia; os herbívoros vêm a seguir; depois os carnívoros primários, carnívoros secundários, e assim por diante. Pirâmides similares quanto à massa, tamanho e número também ocorrem em comunidades naturais.

pirenoide (do grego: *pyren*, o caroço de um fruto + *oides*, semelhante a): Região diferenciada do cloroplasto que é o centro de formação de amido nas algas verdes e nos antóceros.

pirimidina: Base nitrogenada com uma estrutura de anel simples, tal como na citosina, timina ou uracila. A menor dos dois tipos de bases de nucleotídios encontradas no DNA e RNA.

pistilada: *Ver* carpelada.

pistilo (do latim: *pistillum*, pistilo): Termo usado algumas vezes para se referir ao carpelo isolado ou a um grupo de carpelos soldados.

placa: Área clara em uma camada laminar de células, resultante da morte ou lise de células contíguas, devida ao ataque de vírus.

placa celular: A estrutura que se forma na região equatorial do fragmoplasto, durante a divisão das células de plantas e algumas algas verdes durante a telófase inicial.

placa crivada: A região da parede do elemento de tubo crivado que contém uma ou mais áreas crivadas bastante diferenciadas.

placa de perfuração: A parte da parede de um elemento de vaso que é perfurada.

placenta (do latim: *placenta*, bolo): A parte da parede do ovário à qual se prendem os óvulos ou sementes.

placentação: O modo de fixação do óvulo na parede interna do ovário.

plâncton (do grego: *planktos*, errante): Organismos aquáticos, livre flutuantes e geralmente microscópicos.

planta vascular: Planta que tem xilema e floema. Também chamada traqueófita.

plantas C_3: Plantas que utilizam apenas o ciclo de Calvin ou a via C_3 na fixação do CO_2; o primeiro produto estável é o composto de três carbonos, 3-fosfoglicerato.

plantas C_4: Plantas nas quais o primeiro produto de fixação do CO_2 é um composto com quatro carbonos (oxaloacetato); tanto o ciclo de Calvin (via C_3) quanto a via C_4 são utilizados pelas plantas C_4.

plantas de dias curtos: Plantas que devem ser expostas a períodos de luz menores que o do fotoperíodo crítico para que a floração ocorra; essas plantas geralmente florescem no outono.

plantas de dias longos: Plantas que devem ser expostas a períodos de luz mais longos do que um fotoperíodo crítico para florescerem; essas plantas florescem na primavera ou no verão.

plantas de dias neutros: Plantas que florescem independentemente do comprimento do dia.

plântula: Esporófito jovem que se desenvolve a partir de uma semente germinada.

plasmalema: *Ver* membrana plasmática.

plasmídio: Fragmento relativamente pequeno de DNA, que pode existir livre no citoplasma de uma bactéria e também pode estar integrado e então replicar-se com um cromossomo. Os plasmídios constituem cerca de 5% do DNA de muitas bactérias, mas são raros nos eucariotos.

plasmídio Ti: Plasmídio circular da *Agrobacterium tumefaciens* que possibilita à bactéria infectar as células de plantas e produzir o tumor conhecido como galha-de-coroa (*crown gall tumor*). Uma poderosa ferramenta para transferir genes estranhos para o genoma da planta.

plasmo-, -plasma, -plasto (do grego: *plasma*, forma, molde): Prefixo ou sufixo que significa "formado" ou "moldado". Como exemplos: protoplasma ("primeiro molde", matéria viva) e cloroplasto ("formado de verde").

plasmodesmo (do grego: *plasma*, forma + *desma*, ligação): Filamento citoplasmático diminuto, que se estende através de aberturas nas paredes celulares e une os protoplastos de células vivas adjacentes.

plasmódio: Estágio no ciclo de vida dos mixomicetos (organismos plasmodiais). Massa de protoplasma multinucleado envolta apenas por uma membrana.

plasmogamia (do grego: *plasma*, forma + *gamos*: casamento, união): União dos protoplastos de gametas que não é acompanhada pela união de seus núcleos.

plasmólise (do grego: *plasma*, forma + *lyses*, dissolução): A separação do protoplasto da parede celular devida à saída da água deste por osmose.

plastídio: Organela nas células de certos grupos de eucariotos e que é o sítio de atividades como a síntese e a armazenagem de substâncias. Os plastídios são delimitados por duas membranas.

pleiotropia (do grego: *pleios*, mais + *trope*, movimento): A capacidade que um dado gene tem de afetar mais de uma característica fenotípica.

plúmula (do latim: *plumula*, pena pequena): A primeira gema de um embrião; a porção do eixo caulinar jovem acima dos cotilédones.

pneumatóforos (do grego: *pneuma*, respiração + *phoros*, portador): Extensões dos sistemas radiculares com gravitropismo negativo, presentes em algumas árvores que crescem em *habitats* pantanosos; os pneumatóforos crescem para cima e para fora d'água e provavelmente têm a função de assegurar aeração adequada.

pólen (do latim: *pollen*, poeira fina): Termo coletivo para os grãos de pólen.

poli- (do grego: *polys*, muitos): Prefixo que significa "muitos".

poliembrionia: É a ocorrência de mais de um embrião na semente em desenvolvimento.

polifilético: Que pertence a um táxon cujos membros são derivados de dois ou mais ancestrais, que não são comuns a todos os membros desse táxon.

polimerização: A união química de monômeros, tais como a glicose ou nucleotídios, para formar polímeros como o amido ou os ácidos nucleicos.

polímero: Uma grande molécula composta de várias subunidades moleculares semelhantes.

polinização cruzada: A transferência do pólen da antera da flor de uma planta para o estigma da flor de outra planta.

polinização: Nas angiospermas, é a transferência do pólen de uma antera para o estigma. Nas gimnospermas, é a transferência do pólen de um estróbilo masculino diretamente para um óvulo.

polinucleotídio: Um filamento único da molécula de DNA ou de RNA.

polipeptídio: Uma molécula composta de aminoácidos ligados entre si por ligações peptídicas, de complexidade menor que a de uma proteína.

poliploide: Refere-se a um organismo, tecido ou célula com mais de dois conjuntos cromossômicos completos.

polirribossomo: *Ver* polissomo.

polissacarídio: Polímero composto de muitas unidades de monossacarídios unidas em uma longa cadeia, como o glicogênio, o amido e a celulose.

polissomo: Um agregado de ribossomos envolvidos ativamente na tradução de uma mesma molécula de RNA, uma após outra; o mesmo que polirribossomo.

pomo (do francês: *pomme*, maçã): Um fruto simples, carnoso, cuja porção externa é formada pelas partes florais que circundam o ovário e se expandem com o crescimento do fruto; é encontrado apenas em uma subfamília das Rosaceae (maçãs, peras, marmelo, piracanta etc.).

ponte de hidrogênio: Uma ligação fraca entre um átomo de hidrogênio que se encontra ligado a um átomo de oxigênio ou nitrogênio com um outro átomo de oxigênio ou nitrogênio.

ponto de murcha permanente: A porcentagem de água que permanece no solo quando a planta não consegue mais se recuperar de um estado de murcha, mesmo se colocada em uma câmara úmida.

pontoação: Uma depressão da parede celular na qual a parede secundária não se forma.

pontoação areolada: Pontoação na qual a parede secundária se arqueia sobre a membrana da pontoação.

pontoação simples: Pontoação que não apresenta um arqueamento da parede secundária sobre ela; difere da pontoação areolada.

população: Qualquer grupo de indivíduos, geralmente de uma única espécie, que ocupam uma dada área ao mesmo tempo.

pós-maturação: Termo aplicado às mudanças metabólicas que devem ocorrer em algumas sementes dormentes antes que a germinação se inicie.

potencial de água: A soma algébrica do potencial do soluto (potencial osmótico) e do potencial de pressão (pressão de parede); a energia potencial da água.

potencial de membrana: A diferença de voltagem através de uma membrana, devido à distribuição diferencial de íons.

potencial do soluto: *Ver* potencial osmótico.

potencial osmótico: A mudança na energia livre ou no potencial químico da água produzida pelos solutos; tem sinal negativo (menos). Também chamado de potencial do soluto.

potencial químico: A atividade ou energia livre de uma substância; depende da velocidade de movimento da média das moléculas e da concentração destas.

pressão da raiz: A pressão desenvolvida nas raízes como resultado da osmose, causando gutação de água nas folhas e exsudação nos troncos cortados.

pressão de parede: A pressão da parede celular exercida contra o protoplasto túrgido. É oposta e igual à pressão de turgor.

pressão de turgor: (do latim: *turgor*, intumescimento): A pressão no interior da célula resultante da entrada de água nesta.

pressão hidrostática: A pressão necessária para parar o movimento de água; medida em unidades chamadas pascais (Pa) ou, mais comumente, megapascais (MPa).

pressão osmótica: O potencial de pressão que pode ser desenvolvido por uma solução que está separada da água pura por uma membrana seletivamente permeável; na ausência de outras forças, o movimento da água durante a osmose sempre será de uma região com maior potencial de água para aquela com menor potencial de água.

primeira lei de Mendel: Propõe que os fatores para um par de características alternativas são separados e somente um pode ser transportado por um determinado gameta (segregação genética).

primórdio (do latim: *primus*, primeiro + *ordiri*, começar a tecer): Uma célula ou órgão no seu estágio mais jovem de diferenciação.

primórdio foliar (do latim: *primordium*, início): Expansão lateral do meristema apical, que se transformará ao final em uma folha.

pro-, pró- (do grego: *pro*, antes): Prefixo que significa "antes de" ou "anterior".

procâmbio (do latim: *pro*, antes + *cambiare*, trocar): Tecido meristemático primário que dá origem aos tecidos vasculares primários.

procarioto (do grego: *pro*, antes + *karyon*, núcleo): Célula cujo núcleo e organelas não são delimitados por membranas. Exemplos: Bacteria e Archaea.

pró-embrião: Embrião nos estágios iniciais de desenvolvimento, antes de o embrião propriamente dito e o suspensor se tornarem distintos.

prófase (do grego: *pro*, antes + *phasis*, forma): O estágio inicial da divisão nuclear, caracterizado pelo encurtamento e espessamento dos cromossomos, bem como seu movimento para a placa da metáfase.

promeristema: Corresponde às células iniciais e suas derivadas mais recentes, no meristema apical; a parte menos diferenciada ou determinada de um meristema apical.

promotor: Um segmento específico de DNA ao qual a RNA polimerase se liga, para iniciar a transcrição de mRNA a partir de um óperon.

protraqueófita: Um organismo com eixo ramificado e esporângios múltiplos, mas com células condutoras de água similares aos hidroides dos musgos atuais, em vez de elementos traqueais das plantas vasculares; um estágio intermediário na evolução das plantas vasculares ou traqueófitas.

proplastídio: Corpúsculo citoplasmático com autorreplicação e do qual se desenvolve um plastídio.

protalo: O gametófito fotossintetizante, mais ou menos independente, que ocorre em plantas vasculares homosporadas, tais como as samambaias.

protease: Uma enzima que digere proteína pela hidrólise das ligações peptídicas. As proteases são também chamadas de peptidases.

proteína (do grego: *proteios*, primário): Composto orgânico complexo formado por muitos (100 ou mais) aminoácidos, unidos por ligações peptídicas.

proteína de transporte: Uma proteína específica da membrana, responsável pela transferência de solutos através das membranas. Essas proteínas são agrupadas em três grandes classes: bombas, carregadoras e de canais.

proteína P: Substância proteica encontrada nas células do floema das angiospermas, especialmente nos elementos de tubo crivado. Também chamada tampão de mucilagem.

proteínas de canal: Proteínas transportadoras que formam poros preenchidos por água, que transpassam as membranas celulares; quando abertos, os canais de proteínas permitem a passagem de solutos específicos através deles.

proteínas de movimento: Proteínas que envolvem os vírus, facilitando o movimento deles, de célula a célula, via plasmodesmos.

proteínas integrais: Proteínas transmembranas e outras proteínas que estão fortemente ligadas à membrana.

proteínas transmembrana: São proteínas globulares que atravessam a bicamada lipídica das membranas celulares. Algumas estendem-se através da bicamada lipídica como uma única alfa-hélice e outras como alfa-hélices múltiplas.

protista: Todos os organismos que não apresentam as características distintivas dos fungos, plantas e animais.

proto- (do grego: *protos*, primeiro): Prefixo que significa "primeiro"; por exemplo, *Protozoa*, "primeiros animais".

protoderme (do grego: *protos*, primeiro + *derma*, pele): Tecido meristemático primário que dá origem à epiderme.

protofloema: Os primeiros elementos formados no floema de um órgão da planta. A primeira parte do floema primário que amadurece durante o desenvolvimento do órgão vegetal no qual ele se encontra.

próton: Uma partícula subatômica, ou elementar, com uma única carga elétrica positiva, igual em magnitude à carga de um elétron e com uma massa igual a 1. O componente básico de cada núcleo atômico. Termo comum para um íon de hidrogênio (H^+).

protonema (do grego: *protos*, primeiro + *nema*, filamento): O primeiro estágio no desenvolvimento do gametófito de musgos e certas hepáticas; os protonemas podem ser filamentosos ou achatados (em placas).

protoplasma: Termo geral para a substância viva de todas as células.

protoplasto: O protoplasma de uma única célula. Nas plantas refere-se à unidade de protoplasma que fica contida pela parede celular.

protostelo (do grego: *protos*, primeiro + *stele*, coluna): O tipo mais simples de estelo, consistindo em uma coluna sólida de tecido vascular.

protoxilema: Os primeiros elementos formados no xilema de um órgão da planta. A primeira parte do xilema primário que amadurece durante o alongamento do órgão vegetal no qual ele se encontra.

protuberância foliar: A protrusão lateral abaixo do meristema apical que representa o estágio inicial no desenvolvimento de um primórdio foliar.

proximal (do latim: *proximus*, perto): Que se localiza próximo ou perto ao ponto de referência (geralmente a parte principal do corpo) ou do ponto de união; oposto a distal.

pseudo- (do grego: *pseudes*, falso): Prefixo que significa "falso".

pseudoplasmódio: Massa multicelular formada por células ameboides e individuais, representando a fase de agregação do ciclo de vida dos organismos pseudoplasmodiais.

pulvino: Espessamento semelhante a uma articulação na base do pecíolo de uma folha, com função nos movimentos da folha.

pulvínulo: Espessamento semelhante a uma articulação na base do peciólulo de um folíolo em folhas compostas; tem função nos movimentos do folíolo.

purina: Base nitrogenada com uma estrutura de duplo anel, tal como na adenina ou na guanina. A maior dos dois tipos de bases de nucleotídios encontradas no DNA e RNA.

Q

quantum: A menor unidade de energia luminosa.

quiasma (do grego: *chiasma*, uma cruz): A figura em forma de X decorrente do encontro de duas cromátides não irmãs de cromossomos homólogos; o local do *crossing-over*.

quimioautótrofo: Refere-se aos procariotos que são capazes de elaborar seus próprios alimentos básicos, utilizando a energia liberada por reações inorgânicas específicas. *Ver também* autótrofo.

quitina (do grego: *chiton*, túnica): Polissacarídio rígido, resistente, contendo nitrogênio, que forma as paredes celulares de certos fungos, o exoesqueleto dos artrópodos e a cutícula da epiderme de outras estruturas superficiais de alguns protistas e animais.

R

racemo (do latim: *racemus*, cacho de uvas): Inflorescência indeterminada, na qual o eixo principal é alongado, mas as flores encontram-se em pedicelos que são aproximadamente de igual comprimento.

radiação adaptativa: A evolução de um tipo de organismo com diversas formas divergentes, cada qual especializada para ajustar-se (adaptar-se) a um distinto e diverso tipo de vida.

radícula (do latim: *radix*, raiz): Raiz embrionária.

radioisótopo: Um isótopo instável de um elemento que decai ou se desintegra espontaneamente, emitindo radiação; também chamado isótopo radioativo.

rafe (do grego, *raphe*, sutura): (1) Sulco ou cicatriz nas sementes, formado pela junção do funículo do óvulo ao tegumento destas, ocorrendo em óvulos anátropos; (2) ranhura na frústula de diatomácea.

ráfides (do grego: *rhaphis*, agulha): Cristais de oxalato de cálcio, aciculares, finos e pontiagudos, encontrados no vacúolo de muitas células vegetais.

raio: A porção de tecido, variável em largura e altura, formada pelas iniciais radiais no câmbio vascular e estendendo-se radialmente no xilema secundário e floema secundário.

raio medular: *Ver* região interfascicular.

raios vasculares: Faixas finas de tecido parenquimático que se dispõem radialmente no xilema secundário, passam pelo câmbio e percorrem o floema secundário. São sempre produzidos pelo câmbio vascular.

raiz: Eixo de uma planta, geralmente descendente e subterrâneo, que serve para ancorar a planta e absorver e conduzir água e sais minerais para o seu interior.

raiz lateral: Raiz que surge de uma outra, mais antiga. É também chamada de ramificação da raiz ou raiz secundária se a mais antiga for a raiz primária.

raiz pivotante: Diz-se da raiz primária de uma planta, formada como continuação direta do ápice da radícula do embrião; forma uma raiz principal vigorosa, da qual se originam as raízes laterais menores.

raiz primária: A primeira raiz da planta, desenvolvendo-se como uma continuação do ápice da raiz ou radícula do embrião; a raiz principal.

raiz secundária: *Ver* raiz lateral.

raízes de nutrição: Raízes ativamente envolvidas na absorção de água e sais minerais, presente nos quinze centímetros superiores do solo.

raízes-escora: Raízes adventícias que se originam no caule, acima do nível do solo, e auxiliam na sustentação da planta. É comum em muitas monocotiledôneas, por exemplo na planta de milho (*Zea mays*).

raízes-suporte: Raízes adventícias, originadas no caule e ramos de muitas plantas tropicais, como as figueiras-de-bengala (*Ficus benghalensis*).

ramificação da raiz: *Ver* raiz lateral.

raque (do grego: *rachis*, coluna vertebral): (1) Eixo principal de uma espiga; (2) o eixo de uma folha de pteridófita (fronde) da qual as pinas se originam; (3) em folhas compostas, a extensão do pecíolo correspondente à nervura mediana de uma folha inteira.

rastreamento solar: A capacidade de certas folhas e flores de muitas plantas de se movimentarem durante o dia, orientando-se perpendicular ou paralelamente à direção dos raios solares; também chamado de heliotropismo.

reação de Hill: Liberação de oxigênio e fotorredução de um aceptor de elétrons artificial em preparações de cloroplastos, na ausência de dióxido de carbono.

reação em cadeia da polimerase (PCR): Uma técnica para amplificar regiões específicas do DNA por meio de múltiplos ciclos da polimerização do DNA, utilizando iniciadores especiais, moléculas de DNA polimerase e nucleotídios; cada ciclo é seguido por um rápido aquecimento para separar as cadeias complementares.

reação química: O estabelecimento ou a quebra de ligações químicas entre átomos ou moléculas.

reações acopladas: Reações nas quais as reações químicas que requerem energia estão ligadas àquelas que liberam energia.

reações de claro: As reações da fotossíntese que necessitam de luz e que não podem ocorrer no escuro. Também chamadas reações dependentes de luz ou reações de transdução de energia.

reações de escuro: *Ver* reações de fixação de carbono.

reações de fixação do carbono: Nas células fotossintetizantes, as reações enzimáticas independentes da luz e envolvidas com a síntese de glicose a partir de CO_2, ATP e NADPH. Também são chamadas de reações independentes da luz ou reações de escuro.

reações de transdução de energia: *Ver* reações de claro.

rebento: Ramo produzido pelas raízes de algumas plantas e que dá origem a novas plantas; ramos eretos que ocorrem na base de caules. Também chamado broto chupão ou ladrão.

receptáculo: Aquela parte da haste da flor que porta os órgãos florais.

recessivo: Diz-se de um gene cuja expressão fenotípica é mascarada no heterozigoto por um alelo dominante; heterozigotos são fenotipicamente indistinguíveis de homozigotos dominantes.

recombinação gênica: A ocorrência de combinações de genes na descendência, as quais diferem das combinações presentes nos parentais.

redistribuição hidráulica: O movimento passivo de água do solo úmido para o solo seco por meio de raízes. Ocorre à noite ou durante os períodos de baixa transpiração (durante o dia em plantas CAM) e é regulado pelos gradientes de potencial de água nas raízes e no solo.

redução (do latim: *reducto*, trazer de volta; originalmente "trazer de volta" um metal de seu óxido): Ganho de um elétron por um átomo; a redução ocorre simultaneamente com a oxidação (a perda de um elétron por um átomo), porque um elétron que é perdido por um átomo é captado por outro.

região de transição: Região do corpo primário da planta que mostra características intermediárias entre as estruturas de raiz e as de caule.

região interfascicular: Tecido situado entre os feixes vasculares do caule. Também chamado raio medular.

região organizadora do nucléolo (RON): Uma área especial em um determinado cromossomo associada à formação do nucléolo.

regular: *Ver* actinomorfa.

reino: Uma das sete principais categorias taxonômicas; por exemplo, Fungi ou Plantae.

relógio biológico (do grego: *bios*, vida + *logos*, discurso): Mecanismo interno de marcação do tempo que governa o ritmo biológico inato dos organismos.

replicar: Produzir um cópia *fac-simile* ou muito parecida. Utiliza-se esse verbo quando se quer indicar a produção de uma segunda molécula de DNA exatamente idêntica à primeira molécula ou a formação de uma cromátide irmã.

repressor: Uma proteína que regula a transcrição de DNA; isso ocorre por inibição da ligação da RNA polimerase com o promotor, impedindo a transcrição gênica. *Ver também* operador.

reprodução assexuada: Qualquer processo reprodutivo, tal como fissão ou brotamento, que não envolve a união de gametas.

reprodução sexuada: Fusão de gametas seguida de meiose e recombinação em algum momento do ciclo de vida.

reprodução vegetativa: (1) Em plantas com sementes, é o processo de reprodução por qualquer outro meio que não utilize sementes; apomixia; (2) em outros organismos, é a reprodução por intermédio de esporos vegetativos, fragmentação ou divisão das células somáticas. A não ser que ocorra uma mutação, cada célula-filha ou indivíduo descendente é geneticamente igual a seu ancestral.

respiração: Processo intracelular no qual as moléculas, particularmente o piruvato no ciclo de ácido cítrico, são oxidadas, com a liberação de energia. A quebra completa do açúcar ou outros compostos orgânicos em dióxido de carbono e água é chamada respiração aeróbica, apesar de os primeiros passos desse processo serem anaeróbicos. Também chamada respiração celular.

respiração aeróbica: *Ver* respiração.

respiração celular: *Ver* respiração.

retículo endoplasmático: Um sistema de membranas tridimensional, complexo, de tamanho indefinido, presente nas células eucarióticas, dividindo o citoplasma em compartimentos e canais. Aquelas porções que são densamente cobertas por ribossomos são denominadas retículo endoplasmático rugoso e aquelas com poucos ou nenhum ribossomo são denominadas retículo endoplasmático liso.

retículo endoplasmático liso: *Ver* retículo endoplasmático.

retículo endoplasmático rugoso: *Ver* retículo endoplasmático.

retroalimentação (do latim *retro*, movimento para trás + *alimentu*, alimentação): Processo pelo qual se produzem modificações em um sistema, por efeito de respostas à ação do próprio sistema. Também chamado *feedback*.

retrocruzamento: O cruzamento de um híbrido com um de seus parentais ou com um organismo geneticamente equivalente; um cruzamento entre um indivíduo cujos genes estão sendo testados e um outro que é homozigoto para todos os genes recessivos envolvidos no experimento.

ribose: Açúcar com cinco carbonos; um componente do RNA.

ribossomo: Partícula pequena composta de proteínas e RNA; é o sítio da síntese de proteínas.

ritidoma: *Ver* casca externa.

ritmos circadianos (do latim: *circa*, acerca + *dies*, um dia): Ritmos regulares de crescimento e atividade que ocorrem em aproximadamente 24 h.

rizóbios (do grego: *rhiza*, raiz + *bios*, vida): Bactérias do gênero *Rhizobium* ou *Bradyrhizobium*, que podem estar associadas a plantas leguminosas em uma relação simbiótica, resultando na fixação de nitrogênio.

rizoides (do grego: *rhiza*, raiz): (1) Extensões de aspecto semelhante a raízes ramificadas e que absorvem água, alimento e nutrientes, presentes em fungos e algas; (2) estruturas semelhantes a pelos radiculares que ocorrem nos gametófitos de vida livre em hepáticas, musgos e em algumas plantas vasculares.

rizoma: Caule subterrâneo, que se dispõe mais ou menos paralelamente à superfície do solo.

rizosfera: A camada de solo ao redor das raízes das plantas que é influenciada pela atividade da raiz.

RNA: *Ver* ácido ribonucleico.

RNA mensageiro (mRNA): Tipo de RNA que transporta a informação genética do gene para os ribossomos, onde ela é traduzida em proteína.

RNA não codificador: Uma molécula de RNA que não é traduzida em proteína.

RNA ribossômico (rRNA): Algumas moléculas específicas de RNA, que fazem parte da estrutura de um ribossomo e que participam da síntese proteica.

RNA transportador (tRNA): RNA de baixo peso molecular que se liga a um aminoácido, levando-o à correta posição no ribossomo, onde se realiza a síntese de proteínas; existe no mínimo uma molécula de tRNA para cada aminoácido.

RON: *Ver* região organizadora do nucléolo.

rotação de cultura: A prática de plantar diferentes culturas em sucessão regular para ajudar no controle de insetos e doenças, para aumentar a fertilidade do solo e diminuir a erosão.

rRNA: *Ver* RNA ribossômico.

Rubisco: A enzima RuBP carboxilase/oxigenase, que catalisa a reação inicial do ciclo de Calvin, envolvendo a fixação de dióxido de carbono na ribulose 1,5-difosfato (RuBP).

RuBP: Ribulose 1,5-difosfato. *Ver também* Rubisco.

S

sacarase: Enzima que hidrolisa a sacarose em glicose e frutose. Também chamada invertase.

sacarose: Dissacarídio (glicose + frutose) encontrado em muitas plantas; é a forma principal na qual o açúcar produzido pela fotossíntese é transportado.

saco embrionário: O gametófito feminino das angiospermas, geralmente uma estrutura com sete células, mas octonucleada; as sete células são a oosfera, as duas sinérgides, as três antípodas (cada uma destas células tem apenas um núcleo) e a célula central (tem dois núcleos).

saco polínico: Cavidade na antera que contém os grãos de pólen.

sâmara: Fruto simples, seco, indeiscente, com uma ou duas sementes e com o pericarpo apresentando projeções aliformes.

saprófita (do grego: *sapros*, putrefato + *phyton*, planta): Um organismo que obtém seu alimento diretamente de matéria orgânica não viva; também chamada sapróbio.

savana: Campo com gramíneas contendo árvores esparsas.

seção longitudinal: Corte no sentido do maior eixo (maior dimensão ou comprimento) de uma estrutura. *Ver* também seção radial *e* seção tangencial.

seção paradérmica (do grego: *para*, ao lado de + *derma*, pele): Corte paralelo à superfície de uma estrutura achatada, tal como uma folha. Mesma coisa que corte paradérmico.

seção radial: Corte longitudinal paralelo ao raio de um corpo cilíndrico, tal como uma raiz ou caule; no caso do xilema secundário (lenho) e do floema secundário, é paralelo aos raios. O mesmo que corte radial.

seção tangencial: Corte longitudinal disposto em ângulo reto ao raio de uma estrutura cilíndrica, como a raiz ou o caule; no caso do xilema secundário (lenho) e do floema secundário, dispõe-se em ângulo reto aos raios. O mesmo que corte tangencial.

seção transversal: Corte perpendicular ou em ângulo reto ao eixo longitudinal de uma parte da planta. O mesmo que corte transversal.

segregação: A separação dos cromossomos (e dos genes) provenientes de parentais diferentes na meiose. *Ver também* primeira lei de Mendel.

segregação independente: *Ver* segunda lei de Mendel.

segunda lei de Mendel: Propõe que a herança de um par de características é independente da herança simultânea de outras características; tais características são segregadas independentemente como se nenhuma outra estivesse presente. (Foi posteriormente modificada com a descoberta do fenômeno da ligação ou *linkage*.)

seiva: Conteúdos fluidos do xilema e do floema.

seleção artificial: O cruzamento de organismos selecionados para produzir linhagens com características desejadas.

seleção natural: A reprodução diferencial de genótipos baseada em sua constituição genética.

semente: Estrutura formada pela maturação do óvulo nas plantas com sementes após a fecundação.

sépala (do latim: *sepalum*, uma cobertura): Uma das estruturas da flor, localizada externamente; a unidade do cálice. As sépalas em geral envolvem as outras partes florais no botão.

septado (do latim: *septum*, cerca): Células ou compartimentos divididos internamente por paredes transversais.

septo: Um tabique ou parede transversal.

sequenciamento de DNA: Determinação da ordem de nucleotídios em uma molécula de DNA.

séssil (do latim: *sessilis*, que se fixa diretamente): Aderido diretamente pela base; refere-se à folha sem pecíolo ou a uma flor ou fruto sem pedicelo.

seta (do latim: *seta*, haste): Nas briófitas, a haste que sustenta a cápsula, se presente; é parte do esporófito.

sifonáceo (do grego: *siphon*, tubo, cano): Em algas, células multinucleadas sem paredes transversais; cenocítico.

sifonostelo (do grego: *siphon*, tubo, cano + *stele*, coluna): Tipo de estelo constituído por um cilindro de tecido vascular preenchido centralmente por parênquima.

síliqua (do latim: *siliqua*, vagem): Fruto simples, seco, deiscente, característico da família da mostarda; separa-se em duas valvas a partir da base, deixando as placentas com um falso septo (replo) entre elas. Quando tem tamanho pequeno e apresenta-se comprimido é denominado silícola.

simbiose (do grego: *syn*, juntamente + *bios*, vida): Dois ou mais organismos distintos que vivem juntos, em estreita associação; inclui o parasitismo (no qual a associação é nociva para um dos organismos) e o mutualismo (no qual a associação é vantajosa para ambos).

simetria bilateral: *Ver* zigomorfa.

simetria radial: *Ver* actinomorfa.

simplasto (do grego: *syn*, juntamente + *plastos*, moldado): São os protoplastos interconectados por meio de seus plasmodesmos. O movimento de substâncias no simplasto é chamado movimento simplástico ou transporte simplástico.

simpódio: Feixe caulinar e seus traços foliares associados.

sin-, sim- (do grego: *syn*, juntamente): Prefixo que significa " juntamente".

sinapomorfias: Estados de caracteres (duas ou mais formas de um caráter) que surgiu no ancestral comum de um grupo e está presente em todos os seus membros.

sinapse (do grego: *synapsis*, um contrato ou união): O emparelhamento de cromossomos homólogos que ocorre antes da primeira divisão meiótica; a permutação ocorre durante a sinapse.

sincronização: O processo pelo qual a repetição periódica de luz e de escuro, ou de algum outro ciclo externo, mantém o ritmo circadiano sincronizado com o mesmo ciclo do fator modificador ou sincronizador.

sinérgides: Duas células de vida curta, situadas perto da oosfera no saco embrionário maduro do óvulo das angiospermas. *Amborella* é uma exceção com três sinérgides.

singamia (do grego: *syn*, juntamente + *gamos*, casamento): *Ver* fecundação.

síntese por desidratação: A síntese de um composto ou molécula envolvendo a remoção de água; também chamada de reação de condensação.

síntese: A formação de uma substância mais complexa a partir de substâncias simples.

sistema axial: O termo aplica-se ao conjunto de células derivadas das iniciais fusiformes do câmbio, no xilema secundário e floema secundário. O maior eixo dessas células está orientado paralelamente em relação ao eixo principal da raiz ou caule. Também denominado sistema longitudinal e sistema vertical.

sistema caulinar: As porções aéreas, tais como caule e folhas de uma planta vascular. (O termo em inglês *shoot* não tem uma tradução precisa em língua portuguesa, correspondendo ao conjunto de caule e folhas, ou sistema caulinar, mas também pode significar caule, tronco, parte aérea, ramo etc., conforme o contexto.)

sistema de endomembranas: Termo coletivo para designar as membranas celulares que formam um contínuo (membrana plasmática, tonoplasto, retículo endoplasmático, corpos de Golgi e envoltório nuclear).

sistema dérmico: O tecido de cobertura externo da planta; a epiderme ou a periderme. Também chamado sistema de revestimento.

sistema fundamental: Todos os tecidos exceto a epiderme (ou periderme) e os tecidos vasculares.

sistema radial: Termo aplicado a todos os raios no xilema secundário e no floema secundário; as células dos raios derivam das iniciais radiais. Também denominado sistema horizontal.

sistema tissular: Tecido ou grupo de tecidos organizados em uma unidade estrutural e funcional em uma planta ou órgão vegetal. Há três sistemas de tecidos: dérmico (revestimento), fundamental e vascular.

sistema vascular: Todos os tecidos vasculares em seus arranjos específicos na planta ou órgãos desta.

sistemática: O estudo científico dos tipos e da diversidade de organismos e das relações entre eles.

sítio ativo: A região na superfície de uma enzima que se liga ao substrato durante a reação catalisada por ela.

softwood: Termo em geral aplicado à madeira das coníferas. *Ver hardwood*.

solos de textura média: Solos que contêm areia, sedimento e argila em proporções que resultam em solos ideais para a agricultura.

solução: Geralmente um líquido, no qual as moléculas da substância dissolvida, o soluto (p. ex., açúcar), estão dispersas entre as moléculas do solvente (p. ex., água).

soluto: Qualquer molécula dissolvida em uma solução.

solvente: A substância presente em maior quantidade, em geral um líquido, em uma solução; as substâncias presentes em menor quantidade são chamadas solutos.

sorédio (do grego: *soros*, grande quantidade): Unidade reprodutora dos líquens, que consiste em algumas células de algas verdes ou de cianobactérias envolvidas por hifas de fungos.

soro (do grego, *soros*, grande quantidade): Um grupo ou conjunto de esporângios ou esporos.

sub- (do latim: *sub*, sob, abaixo): Prefixo que significa "sob" ou "abaixo"; por exemplo, subepidérmico, "situado abaixo da epiderme".

súber: Tecido secundário produzido pelo câmbio da casca (felogênio); constituído por células poligonais, mortas quando maduras, com paredes celulares impregnadas por suberina, resistente à passagem de gases e vapor d'água; a porção externa da periderme. Também chamado de felema.

suberina (do latim: *suber*, a cortiça do carvalho): Sustância graxa, encontrada nas paredes das células do súber e nas estrias de Caspary da endoderme.

subespécie: A primeira subdivisão taxonômica de uma espécie. "Variedades" são usadas como equivalente a subespécies por alguns botânicos, ou subespécies podem ser divididas em variedades.

substância fundamental do citoplasma: *Ver* citosol.

substâncias fenólicas: Uma ampla gama de compostos, todos com um grupo hidroxila (–OH) unido a um anel aromático (um anel de seis carbonos com três duplas ligações); abrange os flavonoides, os taninos, as ligninas e o ácido salicílico.

substrato (do latim: *substratus*, estar embaixo): (1) O que serve de base para a fixação de um organismo; (2) a substância à qual se liga uma enzima.

sucessão: Em ecologia, é a progressão ordenada de mudanças na composição da comunidade, que ocorre durante o desenvolvimento da vegetação em qualquer área, desde a colonização inicial até o estabelecimento do clímax típico de uma dada área geográfica.

suco celular: Os conteúdos fluidos do vacúolo; suco vacuolar.

suculenta: Planta com caules ou folhas carnosas, as quais acumulam água.

supergrupo: Uma das sete subdivisões do domínio Eukarya.

suspensão: Dispersão heterogênea na qual a fase dispersa consiste em partículas sólidas, suficientemente grandes para serem sedimentadas e separadas do meio fluido de dispersão pela ação da gravidade.

suspensor: Estrutura na base do embrião em muitas plantas vasculares. Em algumas plantas, ele empurra o embrião para dentro do tecido rico em nutrientes do gametófito feminino.

T

taiga: A floresta setentrional de coníferas.

talo (do grego: *thallos*, broto): (1) Corpo da planta não diferenciado em raiz, caule ou folha. A palavra talo foi usada comumente quando algas e fungos eram considerados plantas, com o propósito de diferenciar sua construção simples. Refere-se também a certos gametófitos para distingui-los dos esporófitos com corpos diferenciados ou, ainda, dos gametófitos elaborados das briófitas.

talófita: Termo anteriormente usado para designar coletivamente algas e fungos. Atualmente, quase não é empregado.

tamanho do limite de exclusão: O tamanho efetivo do poro do plasmodemo.

tampão de mucilagem: *Ver* proteína P.

taninos: Compostos fenólicos presentes em relativamente alta concentração nas folhas de uma ampla variedade de plantas lenhosas. O sabor amargo dos taninos é repelente para os insetos, répteis, aves e animais superiores. O tanino é usado comercialmente para curtimento, tingimento e preparo de tinta.

tapete (do grego: *tapes*, tapete): Tecido nutritivo no esporângio, particularmente na antera.

taxa de duplicação: O período de tempo necessário para uma população de um dado tamanho duplicar o seu número.

táxon: Termo geral para qualquer uma das categorias taxonômicas, tais como espécie, classe, ordem ou filo.

taxonomia (do grego: *taxis*, ordenamento + *nomos*, lei): Ciência da classificação dos organismos.

tecido: Grupo de células semelhantes e organizadas em uma unidade funcional ou estrutural.

tecido complexo: Tecido que consiste em dois ou mais tipos de células; epiderme, periderme, xilema e floema são considerados tecidos complexos.

tecido estigmático: Tecido do estigma receptivo ao grão de pólen.

tecido fundamental: Todo tecido que não é tecido vascular, epiderme e periderme. Por exemplo: parênquima, colênquima e esclerênquima.

tecido meristemático primário: *Ver* meristema primário.

tecido simples: Um tecido constituído de um único tipo de célula, como o parênquima, o colênquima e o esclerênquima.

tecido transmissor: Tecido semelhante ao tecido estigmático que auxilia o percurso do tubo polínico no estilete.

tecidos primários: Células derivadas do meristema apical e dos tecidos meristemáticos primários do caule e da raiz; opõem-se aos tecidos secundários derivados do câmbio. O crescimento primário resulta em um aumento do comprimento.

tecidos secundários: Tecidos produzidos pelo câmbio vascular e câmbio da casca (felogênio).

tegumento: A camada de tecido que envolve externamente o nucelo de um óvulo; desenvolve-se no envoltório da semente.

tegumento da semente: Ver envoltório da semente.

teia alimentar: *Ver* cadeia alimentar.

télio: A estrutura que produz teliósporos nos fungos referidos como ferrugens.

teliósporo: Nos fungos referidos como ferrugens, o esporo de parede espessa, no qual ocorrem a cariogamia e a meiose, e do qual se desenvolvem os basídios.

telófase: O último estágio da mitose e da meiose, durante o qual os cromossomos se reorganizam em dois novos núcleos.

telômero: A porção final de um cromossomo; tem sequências repetidas de DNA que se contrapõem à tendência que o cromossomo teria de se encurtar em cada turno de replicação.

teoria (do grego: *theorein*, olhar): Hipótese bem testada; hipótese improvável de ser rejeitada por evidência posterior.

teoria da coesão-tensão: Um modelo para a ascensão da água nas plantas vasculares. De acordo com essa teoria, a água é puxada para cima em todo o corpo da planta pelo xilema. Essa ascensão ou tensão é dada pela transpiração e/ou o uso da água pelas folhas, gerando um gradiente de potencial de água das folhas até a solução no solo na superfície das raízes.

tépala: Uma das unidades do perianto quando este não está diferenciado em cálice e corola.

termodinâmica (do grego: *therme*, calor + *dynamis*, força): É o estudo das trocas de energia, usando o calor como a forma mais conveniente de medida de energia. A primeira lei da termodinâmica estabelece que, em todos os processos, o total de energia do universo permanece constante. A segunda lei da termodinâmica estabelece que a entropia ou o grau de aleatoriedade tende a diminuir.

termófilo: Um organismo cuja temperatura ótima de crescimento está entre 45 e 80°C.

tétrade: (1) Grupo de quatro esporos formado por meiose da célula-mãe de esporos; (2) *Ver* bivalente.

tetraploide (do grego: *tetra*, quatro, + *ploos*, dobro): O dobro do número frequente ou diploide (2*n*) de cromossomos, ou seja, 4*n*.

tetrasporângio (do grego: *tetra*, quatro + *spora*, semente + *angeion*, urna): Em certas algas vermelhas, um esporângio no qual ocorre a meiose, resultando na produção de tetrásporos.

tetrásporo (do grego: *tetra*, quatro + *spora*, semente): Em certas algas vermelhas, os quatro esporos formados por divisão meiótica da célula-mãe de esporo no tetrasporângio.

tetrasporófito (do grego: *tetra*, quatro + *spora*, semente + *phyton*, planta): Em certas algas vermelhas, um indivíduo diploide que produz tetrasporângios.

textura: Em madeira, refere-se ao diâmetro relativo e à variação em diâmetro dos elementos nas camadas de crescimento.

tigmomorfogênese: Alteração nos padrões de crescimento da planta em resposta a estímulo mecânico.

tigmotropismo (do grego: *thigma*, tocar + trope, movimento): Resposta ao contato com um objeto sólido.

tilacoide (do grego: *thylakos*, saco + *oides*, parecido): A estrutura membranosa em forma de saco, presente nas cianobactérias e nos cloroplastos dos organismos eucarióticos. Nos cloroplastos, os tilacoides empilhados formam os *grana* (grânulos); as clorofilas são encontradas dentro dos tilacoides.

tilos (do grego: *tylos*, protuberância): Evaginações ou protrusões em forma de balões, que crescem a partir de uma célula do parênquima axial ou radial para o lume dos vasos, atravessando a sua pontoação.

timina: Base pirimídica, que ocorre no DNA, mas não no RNA. *Ver também* uracila.

tipo de linhagem: Uma linhagem específica, geneticamente definida, de um organismo que é incapaz de se reproduzir sexuadamente com outro membro da mesma linhagem, mas capaz de tal reprodução com os membros de outra linhagem do mesmo organismo.

tipo selvagem: Em genética, o fenótipo ou genótipo característico da maioria dos indivíduos de uma espécie em um ambiente natural.

tonoplasto (do grego: *tonos*, estiramento, tensão + *plastos*, formado, moldado): Membrana lipoproteica que envolve o conteúdo vacuolar nas células vegetais. Também chamada membrana do vacúolo ou membrana vacuolar.

toro: Porção central espessada da membrana da pontoação em pontoações areoladas de coníferas e algumas outras gimnospermas e angiospermas.

totipotente: Diz-se da capacidade de uma célula da planta de se desenvolver em uma planta inteira.

traço foliar: A parte de um feixe vascular que se estende da base da folha até sua conexão com um feixe vascular no caule.

tradução: A síntese de um polipeptídio dirigida pela sequência de nucleotídios do RNA mensageiro.

transcrição reversa: O processo pelo qual uma molécula de RNA é utilizada como molde para se fazer uma cópia de fita simples do DNA.

transcrição: A síntese de uma molécula de RNA mensageiro, a qual é uma cópia de uma porção do filamento da dupla-hélice de DNA.

transdução: É a transferência de genes de um organismo para outro, por meio de um vírus.

transdução de sinal: O processo pelo qual uma célula converte um sinal extracelular em uma resposta.

transferência de energia de ressonância: A transferência de energia luminosa de uma molécula de clorofila excitada para uma molécula de clorofila vizinha, excitando esta última e possibilitando à primeira retornar ao seu estado fundamental.

transferência de genes: *Ver* transformação.

transferência gênica: *Ver* transformação.

transformação: É a transferência de DNA purificado de um organismo para outro. Transpósons são frequentemente usados como vetores na transformação, quando isso é feito em laboratório. Também chamada transferência gênica.

translocação: (1) Em plantas, é o transporte de água, sais minerais ou produtos sintetizados a longas distâncias; mais frequentemente usado para referir-se ao transporte de substâncias nutritivas; (2) em genética, a troca de segmentos cromossômicos entre cromossomos não homólogos.

transpiração (do francês: *transpirer*, transpirar): A perda de vapor d'água pela planta; a maior parte da transpiração ocorre por meio dos estômatos.

transporte ativo: Transporte que requer energia para a passagem de um soluto através de uma membrana em direção a uma concentração mais elevada (contra o gradiente de concentração).

transporte eletrônico: O movimento dos elétrons para baixo em uma série de moléculas que transportam elétrons, as quais os mantêm em níveis de energia ligeiramente diferentes; uma vez que os elétrons se movem para baixo na cadeia, a energia liberada é utilizada na formação de ATP a partir de ADP e fosfato. O transporte eletrônico desempenha um papel essencial no estágio final da respiração celular e nas reações da fotossíntese dependentes da luz. Também chamado transporte de elétrons.

transporte passivo: Transporte sem gasto de energia para a passagem de um soluto através de uma membrana, a favor do gradiente de concentração ou eletroquímico; ocorre por difusão simples ou facilitada.

transpóson (do latim: *transponere*, mudar a posição de algo): Uma sequência de DNA que carrega um ou mais genes, sendo acompanhada por sequências de nucleotídios que lhe conferem a capacidade de mover-se de uma molécula

de DNA para outra; um elemento capaz de sofrer transposição ou mudança de posição no cromossomo.

traqueíde: Célula de xilema, alongada, de parede espessa e com funções de condução e sustentação. Possui as extremidades afiladas e as paredes pontoadas sem perfurações, diferindo dos elementos de vaso. É encontrada em quase todas as plantas vasculares.

traqueófita: Planta vascular.

tricogine (do grego: *trichos*, pelo + *gyne*, feminino): Protuberância receptiva do gametângio feminino para a transferência dos espermácios, encontrada nas algas vermelhas e em certos fungos ascomicetos e basidiomicetos.

tricoma (do grego: *trichos*, pelo): Excrescências da epiderme, como um pelo, escama ou vesícula aquífera.

triglicerídio: Éster do glicerol dos ácidos graxos; o principal componente das gorduras e óleos.

triose (do grego *tries*, três + *ose*, sufixo indicando um carboidrato): Qualquer açúcar de três carbonos.

triploide: (do grego: *triploos*, triplo): Diz-se de células com três conjuntos cromossômicos ($3n$).

trítio: É o isótopo radioativo do hidrogênio (^3H). O núcleo de um átomo de trítio contém um próton e dois nêutrons, enquanto o núcleo do hidrogênio mais comum consiste apenas em um próton.

tRNA: *Ver* RNA transportador.

troca catiônica: A substituição de cátions minerais fracamente ligados à superfície das partículas do solo por outros cátions.

trofo-, -trófico (do grego: *trophos*, alimentar): Prefixo ou sufixo que significa "alimentar", "alimentação" ou "nutrição". Por exemplo, autótrofo, "alimenta-se por si mesmo".

tropismo (do grego: *tropē*, movimento): A resposta a um estímulo externo, no qual a direção do movimento é geralmente determinada pela direção de onde o estímulo mais intenso aparece.

tubérculo (do latim: *tuber*, dilatação): Caule subterrâneo, curto e volumoso, contendo reservas, tal como ocorre na batata.

tubo crivado: Uma série de elementos de tubo crivado reunidos pelas paredes terminais e conectados por placas crivadas.

tubo da corola: A estrutura tubular que resulta da fusão das pétalas ao longo de suas margens. Também chamada corola tubular.

tubo de conjugação: Um tubo formado durante o processo de conjugação para facilitar a transferência do material genético.

tubo floral: Tubo formado pela fusão das partes basais das sépalas, pétalas e estames; são encontrados frequentemente em plantas que têm ovário súpero.

tubo polínico: É um tubo formado após a germinação do grão de pólen; conduz os gametas masculinos para dentro do óvulo.

tundra: Região ao redor dos polos terrestres desprovida de árvores. É bem desenvolvida no Hemisfério Norte e muito encontrada ao norte do Círculo Polar Ártico.

túnica-corpo: Organização do ápice caulinar da maioria das angiospermas e de algumas gimnospermas, consistindo em uma ou mais camadas de células periféricas (túnica) e camadas mais internas (corpo). As camadas da túnica apresentam crescimento em superfície (por meio de divisões anticlinais), e o corpo apresenta crescimento em volume (por meio de divisões em todos os planos). *Ver* camadas L_1, L_2, L_3.

túrgida: (do latim: *turgidus*, ficar intumescido): Intumescida, distendida; refere-se a uma célula que se apresenta firme por causa da entrada de água.

U

umbela (do latim: *umbella*, sombrinha): Inflorescência na qual os pedicelos individuais partem todos do ápice do pedúnculo.

unicelular: Constituído de apenas uma célula.

unidade de membrana: Membrana trilamelar, visualmente bem definida, constituída por duas camadas escuras intercaladas por uma camada clara, quando observadas em microscopia eletrônica de transmissão.

unissexuada: Aplica-se em geral a flores nas quais faltam ou estames ou carpelos; o perianto pode estar presente ou não.

uracila: Base pirimídica encontrada no RNA, mas não no DNA. *Ver também* timina.

uredínio (do latim: *uredo*, doença, queima): Estrutura que produz uredósporos nos fungos referidos como ferrugens.

uredósporo (do latim: *uredo*, doença, queima + *spora*, esporo): Esporo avermelhado, binucleado, produzido no verão nos fungos referidos como ferrugens.

V

vacúolo: (do latim: *vacuus*, vazio): Um espaço ou uma cavidade no citoplasma, preenchido com um fluido aquoso, o suco celular ou conteúdo vacuolar; o compartimento lisossômico da célula.

vacúolo contrátil: Um vacúolo preenchido por fluido límpido, que atua na absorção água para dentro da célula, e por contração expele o seu conteúdo para fora destas.

valor adaptativo: A contribuição genética de um organismo para as gerações futuras; relativo às contribuições dos organismos que vivem no mesmo ambiente, mas com diferentes genótipos.

variação: São as diferenças que ocorrem entre os descendentes de uma determinada espécie.

variação contínua: Variação em linhagens para as quais há a contribuição de um certo número de genes; frequentemente, essa variação exibe uma distribuição "normal" ou em forma de sino.

variedade: Grupo de plantas ou animais de categoria inferior a espécie. Alguns botânicos veem as variedades como equivalentes a subespécies, enquanto outros as consideram como divisões de subespécie.

vascular (do latim: *vasculum*, um pequeno vaso): Que pertence a qualquer tecido ou região da planta que tem tecidos condutores ou que dá origem a estes, como, por exemplo, xilema, floema e câmbio vascular.

vaso (do latim: *vasculum*, pequeno vaso): Estrutura do xilema semelhante a um tubo, composta por células alongadas (elementos de vaso) unidas pelas extremidades e conectadas por perfurações. Sua função é conduzir água e sais minerais pelo corpo da planta. Encontrado em quase todas as angiospermas e algumas outras plantas vasculares (p. ex., gnetófitas).

vegetativo: (1) Relativo à propagação por processos assexuados; (2) refere-se também às partes não reprodutoras das plantas.

velâmen (do latim: *velume*, invólucro): Epiderme múltipla que recobre as raízes aéreas de algumas orquídeas e aráceas. Também encontrado em algumas raízes terrestres.

venação: Arranjo das nervuras na lâmina foliar.

venação paralela: O padrão de venação na qual as nervuras principais da folha são ou tendem a ser paralelas; característica das monocotiledôneas.

venação reticulada: Disposição das nervuras em uma lâmina foliar que se assemelha a uma rede; característica das folhas das angiospermas, exceto as monocotiledôneas.

ventre (do latim: *venter*, ventre): A porção basal dilatada de um arquegônio contendo a oosfera.

vernação circinada (do latim: *circinare*, arredondar + *vernare*, florescer): O arranjo enrolado das folhas jovens e folíolos, como em samambaias; à medida que a folha se desenvolve, o enrolamento se desfaz gradualmente.

vernalização (do latim: *vernalis*, primaveril): Indução de florescimento por um tratamento de frio.

vesícula de água: Célula epidérmica grande, na qual se acumula água. Um tipo de tricoma.

vetor (do latim: *vector*, derivado de *vehere*, carregar, transportar): (1) Um patógeno que transmite uma doença de um organismo para outro; (2) em genética, refere-se a algum vírus ou plasmídio de DNA, no qual um gene é inserido e subsequentemente transferido para uma célula.

via C$_3$: *Ver* ciclo de Calvin.

via C$_4$: Conjunto de reações por meio das quais o CO_2 é fixado por um composto conhecido como fosfoenolpiruvato (PEP) para produzir oxaloacetato, um composto de quatro carbonos.

via transcelular: A via de célula a célula, através das membranas e dos tonoplastos.

viável (do latim: *vita*, vida): Com condições de sobreviver.

vigor híbrido: *Ver* heterose.

volva (do latim: *volva*, invólucro): Estrutura com forma semelhante a uma taça na base do estipe de certos cogumelos, tipo chapéu-de-sapo.

X

xantofila (do grego: *xanthos*, marrom-amarelado, + *phyllon*, folha): Pigmento amarelo do cloroplasto; um membro da classe dos carotenoides.

xerófita (do grego: *xeros*, seco + *phyton*, planta): Planta adaptada a *habitat* árido.

xilema (do grego: *xylon*, madeira): Tecido vascular complexo, através do qual a maior parte da água e dos sais minerais é conduzida na planta; é caracterizado pela presença de elementos traqueais.

xilema primário: Xilema formado a partir do procâmbio. Constituído por proto e metaxilema. *Ver* xilema.

xilema secundário: Xilema formado pela atividade do câmbio. Também chamado lenho. *Ver* xilema.

Z

zeatina: Hormônio vegetal. É uma citocinina natural, isolada a partir do milho.

zigomorfa (do grego: *zygo*, par + *morphē*, forma): Refere-se ao tipo de flor que pode ser dividida em duas metades simétricas por um único plano longitudinal passando pelo centro do eixo dela. Também é denominada flor com simetria bilateral.

zigosporângio: Um esporângio contendo um ou mais zigósporos.

zigósporo: Esporo de parede espessa, resistente, que se desenvolve de um zigoto, resultante da fusão de isogametas.

zigoto (do grego: *zygotos*, par, união de dois): Célula diploide (2*n*) resultante da fusão dos gametas masculino e feminino.

zona cambial: A região de células meristemáticas, não diferenciadas, de paredes finas, que se encontra entre o xilema secundário e o floema secundário; consiste em iniciais cambiais e suas derivadas imediatas (mais recentes).

zona de abscisão: Área na base de uma folha, flor e fruto, ou de outras porções da planta contendo tecidos envolvidos na separação de uma dessas partes do corpo da planta.

zooplâncton (do grego: *zoe*, vida + *plankton*, errante): Termo coletivo para os organismos não fotossintetizantes presentes no plâncton.

zoosporângio: Esporângio que produz zoósporos.

zoósporo: Esporo móvel, encontrado entre algumas algas, oomicetos e quitrídios.

Todas as fotografias não relacionadas aqui são de autoria de Ray F. Evert. A abertura dos Capítulos 2 e 25 e de todas as seções são pinturas de Rhonda Nass/Ampersand.

Capítulo 1

Abertura de capítulo Joe McDonald/Animals Animals-Earth Scenes; **1.1** Cortesia de F. Hasler et al., the National Oceanic and Atmospheric Administration, and NASA; **1.2** © Stanley M. Awramik, University of California/Biological Photo Service; **1.3** NASA/JPL/JHUAPL/MSSS/Brown University; **1.4** © Stoelwinder/agefotostock; **1.5** © Carol B. Jones; **1. 6** A. E. Seaman Mineral Museum/Foto de Tom Waggoner; **1.7** © Inger Vandyke/OceanwideImages.com; **1.8** Dr. Jeremy Burgess/Science Photo Library/Photo Researchers, Inc.; **1.9** After W. Troll. 1937. *Vergleichende Morphologie der Hoheren Pflanzen*, vol. 1, pt. 1, Verlage von Gebrüder Borntraeger, Berlin; **1.10a** Dr. Anne La Bastille/Photo Researchers, Inc.; **1.10b** B. C. Alexander/Photo Researchers, Inc.; **1.10c** Martin Harvey/The Wildlife Collection; **1.10d** Jack Swenson/The Wildlife Collection; **1.10e** Fred Hirschmann; **1.10f** Stephen P. Parker/Photo Researchers, Inc.; **1.12 (esquerda)** The Irish Image Collection/Superstock; **1.12 (centro)** Ed Pritchard/GettyImages; **1.12 (direita)** AP Photo/Charlie Riedel; **1.12 (line art)** Adaptado de P. Ehrlich et al. 1977. *Ecoscience: Population, Resources, Environment*. W. H. Freeman and Company, New York; **1.13a** Michael J. Blaylock, Ph.D.; **1.13b** Foto de Ryan Somma; **1.13c** B. Moose Peterson/WRP; **1.14** José Martinez Zapater, University of Valencia, Spain; **1.15a** Richard Levine/Alamy; **1.15b** William Byrne Drumm/Drumm Photography.

Capítulo 2

2.3 H. Curtis and N. Sue Barnes. 1994. *Invitation to Biology*, 5th ed. Worth Publishers, New York; **2.4a, b** Chemistry from H. Curtis and N. Sue Barnes. 1994. *Invitation to Biology*, 5th ed. Worth Publishers, New York; **2.4c** L. M. Beidler; **2.5b** Chemistry from H. Curtis and N. Sue Barnes. 1994. *Invitation to Biology*, 5th ed. Worth Publishers, New York; **2.6** M. Kruatrachue and R. F. Evert. 1977. *American Journal of Botany* 64, 310–325; **2.7** After H. Curtis and N. Sue Barnes. 1994. *Invitation to Biology*, 5th ed. Worth Publishers, New York; **2.8** Chemistry from H. Curtis and N. Sue Barnes. 1994. *Invitation to Biology*, 5th ed. Worth Publishers, New York; **2.10** B. E. Juniper; **Pág. 25** dwphotos/iStockphoto; **2.14–2.21** H. Curtis and N. Sue Barnes. 1994. *Invitation to Biology*, 5th ed. Worth Publishers, New York; **2.22a (foto)** Dr. Jeremy Burgess/Science Photo Library/Photo Researchers, Inc.; **2.22b (foto)** Dr. Morley Read/Science Photo Library/Photo Researchers, Inc.; **2.22c (foto)** Gerry Ellis/Ellis Nature Photography; **2.22d (foto)** © Bill Strode/Woodfin Camp & Associates; **2.23b** Carr Clifton/Getty Images; **2.24** Gerry Ellis/Ellis Nature Photography; **2.25a** Frans Lanting/Minden Pictures; **2.25b** Dwight Kuhn/Bruce Coleman, Inc.; **2.26** Albert F. W. Vick, Jr./National Wildlife Research Center; **2.27** Katherine Esau; **2.28b** Steve Solum/Bruce Coleman, Inc.

Capítulo 3

Abertura de capítulo Russell Kightley Media; **3.1a** Michael W. Davidson at Florida State University; **3.1b** Cortesia de National Library of Medicine; **3.2** A. Ryter; **3.3 (micrografia)** Michael A. Walsh; **3.6** Katherine Esau; **3.8** Susan E. Jordan Eichhorn; **3.9** A. Trojan and H. Gabryś. 1996. *Plant Physiology* 111, 419–425; **3.11** R. Bock and J. N. Timmis. 2008. *BioEssays* 30, 556–566; **3.12** Myron C. Ledbetter; **3.14** Roland R. Dute; **3.15** After W. W. Thomson and J. M. Whatley. 1980. *Annual Review of Plant Physiology* 31, 375–394; **3.16** David Stetler; **3.17–3.18** Katherine Esau; **3.19** M. Kruatrachue and R. F. Evert. 1977. *American Journal of Botany* 64, 310–325; **3.20a** Mary Alice Webb; **3.21** P. Boevink et al. 1996. *The Plant Journal* 10, 935–941; **3.22a, b** Roland R. Dute; **3.23** After B. Alberts et al. 1994. *Molecular Biology of the Cell*, 3rd ed. Garland Publishing Inc., New York; **3.24** Cortesia John E. Heuser; **3.25** After: H. Curtis and N. Sue Barnes. 1994. *Invitation to Biology*, 5th ed. Worth Publishers, New York; **3.27b** M. V. Parthasarathy et al. 1985. *American Journal of Botany* 72, 1318–1323; **Pág. 56** After Richard E. Williamson. 1986. *Plant Physiology* 82, 631–634, and B. Alberts et al. 1989. *Molecular Biology of the Cell*, 2nd ed. Garland Publishing Inc., New York; **3.28a** H. Curtis and N. Sue Barnes. 1994. *Invitation to Biology*, 5th ed. Worth Publishers, New York; **3.28b** Lewis Tilney; **3.29a** Brian Wells and Keith Roberts. In: B. Alberts et al. 1989. *Molecular Biology of the Cell*, 2nd ed. Garland Publishing, Inc., New York; **3.29b** After B. Alberts et al. 1989. *Molecular Biology of the Cell*, 2nd ed. Garland Publishing, Inc., New York; **3.31** After Katherine Esau. 1977. *Anatomy of Seed Plants*, 2nd ed., John Wiley & Sons, Inc., New York; **3.33** After R. D. Preston. 1974. In: A. W. Robards ed. *Dynamic Aspects of Plant Ultrastructure*. McGraw-Hill Book Company, New York; **3.34–3.35** After L. Taiz and E. Zeiger. 1991. *Plant Physiology*. Benjamin/Cummings Publishing Co., Redwood City, CA; **3.37a** W. A. Russin and R. F. Evert. 1985. *American Journal of Botany* 72, 1232–1247; **3.38** After B. Alberts et al. 1994. *Molecular Biology of the Cell*, 3rd ed. Garland Publishing, Inc., New York; **3.39** After Catharina J. Venverloo and K. R. Libbenga. 1987. *Journal of Plant Physiology* 131, 267–284; **3.41** W. T. Jackson. 1967. *Physiologia Plantarum* 20, 20–29; **3.45** J. Cronshaw; **3.46** P. K. Hepler. 1982. *Protoplasma* 111, 121–133; **3.47** Russell H. Goddard et al. 1994. *Plant Physiology* 104, 1–6.

Capítulo 4

Abertura de capítulo Ottfried Schreiter/Photolibrary; **4.2** H. Curtis and N. Sue Barnes. 1994. *Invitation to Biology*, 5th ed. Worth Publishers, New York; **4.3** LatitudeStock/Alamy; **4.4** H. Curtis and N. Sue Barnes. 1994. *Invitation to Biology*, 5th ed. Worth Publishers, New York; **4.5** After H. Curtis and N. Sue Barnes. 1994. *Invitation to Biology*, 5th ed. Worth Publishers, New York; **4.6** After A. L. Lehninger. 1975. *Biochemistry*, 2nd ed. Worth Publishers, New York; **Pág. 80** Doug Wechsler/Earth Scenes; **4.9** After S. J. Singer and G. L. Nicolson. 1972. *Science* 175, 720–731; **4.10, 4.12** After B. Alberts et al. 1994. *Molecular Biology of the Cell*, 3rd ed. Garland Publishing, Inc., New York; **4.14** Brigit Satir; **4.15** After H. Curtis and N. Sue Barnes. 1994. *Invitation to Biology*, 5th ed. Worth Publishers, New York; **4.16** © David G. Robinson; **4.17** After N. A. Campbell. 1996. *Biology*, 4th ed. The Benjamin/Cummings Publishing Company, Inc., Menlo Park, CA; **4.18a, b** K. Robinson-Beers and R. F. Evert. 1991. *Planta* 184, 307–318; **4.19** E. B. Tucker. 1982. *Protoplasma* 113, 193–201.

Capítulo 5

Abertura de capítulo Ed Reschke/PhotoLibrary; **5.2–5.4** H. Curtis and N. Sue Barnes. 1994. *Invitation to Biology*, 5th ed. Worth Publishers, New York; **5.5** After A. L. Lehninger. 1975. *Biochemistry*, 2nd ed. Worth Publishers, New York; **5.6** After H. Curtis and N. Sue Barnes. 1994. *Invitation to Biology*, 5th ed. Worth Publishers, New York; **5.7** Thomas A. Steitz; **5.8b** D. Sadava et al. 2008. *Life: The Science of*

Biology, 8th ed. Sinauer Associates, Inc., Sunderland, MA; **5.9** H. Curtis and N. Sue Barnes. 1994. *Invitation to Biology*, 5th ed. Worth Publishers, New York; **5.10, 5.12** After H. Curtis and N. Sue Barnes. 1994. *Invitation to Biology*, 5th ed. Worth Publishers, New York; **5.13** H. Curtis and N. Sue Barnes. 1994. *Invitation to Biology*, 5th ed. Worth Publishers, New York.

Capítulo 6

Abertura de capítulo V&A Images/Alamy; **6.1** Susan E. Jordan Eichhorn; **6.2** After H. Curtis and N. Sue Barnes. 1994. *Invitation to Biology*, 5th ed. Worth Publishers, New York; **6.8** H. Curtis and N. Sue Barnes. 1994. *Invitation to Biology*, 5th ed. Worth Publishers, New York; **6.10, 6.11a** After H. Curtis and N. Sue Barnes. 1994. *Invitation to Biology*, 5th ed. Worth Publishers, New York; **6.11b** John N. Telfold; **6.12** After H. Curtis and N. Sue Barnes. 1994. *Invitation to Biology*, 5th ed. Worth Publishers, New York; **Pág. 117** Ben Nottidge/Alamy; 6.13 After H. Curtis and N. Sue Barnes. 1994. *Invitation to Biology*, 5th ed. Worth Publishers, New York; **6.14b** © 1989 Egyptian Expedition of the Metropolitan Museum of Art, Rogers Fund, 1915 (15.5.19e); **Pág. 119** Henry Ausloos/Photolibrary; **6.15** H. Curtis and N. Sue Barnes. 1994. *Invitation to Biology*, 5th ed. Worth Publishers, New York.

Capítulo 7

Abertura de capítulo NASA; **7.1** David G. Fisher; **7.2** Paul W. Johnson/Biological Photo Service; **7.3** Colin Milkins/Oxford Scientific Films; **7.4** Peter Gray. 1991. *Psychology*. Worth Publishers, New York; **7.5** Prepared by Govindjee; **7.6** Linda E. Graham; **7.10** After W. M. Becker et al. 1996. *The World of the Cell*, 3rd ed. Benjamin/Cummings Publishing Company, Inc., Menlo Park, CA; **7.12** After B. Alberts et al. 1989. *Molecular Biology of the Cell*, 2nd ed. Garland Publishing, Inc., New York; **7.13a** After L. Taiz and E. Zeiger. 2002. *Plant Physiology*, 3rd ed. Sinauer Associates, Inc., Publishers, Sunderland, MA; **7.13b** D. L. Nelson and M. M. Cox. 2008. *Lehninger Principles of Biochemistry*, 5th ed. Freeman, New York; **7.15** Dr. Jeremy Burgess/Science Photo Library/Photo Researchers, Inc.; **7.18** After H. Curtis and N. Sue Barnes. 1994. *Invitation to Biology*, 5th ed. Worth Publishers, New York; **7.20** After W. M. Becker et al. 1996 *The World of the Cell*, 3rd ed. Benjamin/Cummings Publishing Company, Inc., Menlo Park, CA; **7.25a** Cortesia Abdul Rahman; **7.25b, c** S. D. X. Chuong et al. 2006. *The Plant Cell* 18, 2207–2223; **7.26a (foto)** Leonard LaRue/Bruce Coleman, Inc.; **7.26b (foto)** Phil Degginger/Bruce Coleman, Inc.; **7.26a, b (line art)** After N. A. Campbell. 1996. *Biology*, 4th ed. Benjamin/Cummings Publishing Company, Inc., Menlo Park, CA.

Capítulo 8

Abertura de capítulo International Flower Bulb Centre; **8.1** Moravian Museum, Brno, Czech Republic; **8.2a** John Bova/Photo Researchers, Inc.; **8.2b** Arnold Sparrow/Brookhaven National Laboratory; **8.3a** © 2008 Victoria Foe. Reproduced by permission of Garland Science/Taylor & Francis Books, Inc.; **8.3b** H. Curtis and N. Sue Barnes. 1994. *Invitation to Biology*, 5th ed. Worth Publishers, New York; **8.4** After B. Alberts et al. 1989. *Molecular Biology of the Cell*, 2nd ed. Garland Publishing, Inc., New York; **8.6** P. B. Moens; **8.8** B. John; **8.9** G. Ostergren; **8.11** H. Curtis and N. Sue Barnes. 1994. *Invitation to Biology*, 5th ed. Worth Publishers, New York; **8.12** After K. von Frisch. *Biology*. Translated by Jane Oppenheimer. 1964. Harper and Row Publishers, Inc., New York; **8.13–8.15** H. Curtis and N. Sue Barnes. 1994. *Invitation to Biology*, 5th ed. Worth Publishers, New York; **8.16** After A. J. F. Griffiths et al. 1996. *An Introduction to Genetic Analysis*,

6th ed. W. H. Freeman and Company, New York; **8.17a** Nik Kleinberg; **8.17b** Matt Meadows/Peter Arnold; **8.18** H. Curtis and N. Sue Barnes. 1994. *Invitation to Biology*, 5th ed. Worth Publishers, New York; **8.19** Anthony J. F. Griffiths; **8.21 (micrografia)** Dr. Max B. Schröder and Hannelore Oldenburg. 1990. *Flora* 184, 131–136; **8.22** Heather Angel; **8.23** After S. Ross-Craig. 1950. *Drawings of British Plants*, part IV. G. Bell and Sons, Ltd., London; **Pág. 171 (foto a)** G. I. Bennard/Oxford Scientific Films; **Pág. 171 (foto b)** Heather Angel/Biofotos; **Pág. 171 (foto c)** Wisconsin State Herbarium.

Capítulo 9

Abertura de capítulo Kovalchuk Oleksandr/Shutterstock; **9.1** H. Curtis and N. Sue Barnes. 1994. *Invitation to Biology*, 5th ed. Worth Publishers, New York; **9.2a** A. Barington Brown/Science Source/Photo Researchers, Inc.; **9.2b** Will and Deni McIntyre/Photo Researchers, Inc.; **9.3–9.4** H. Curtis and N. Sue Barnes. 1994. *Invitation to Biology*, 5th ed. Worth Publishers, New York; **9.5** A. B. Blumenthal et al. 1973. *Cold Spring Harbor Symposia on Quantitative Biology* 38, 205–223; **9.6** H. Curtis and N. Sue Barnes. 1989. *Biology*, 5th ed. Worth Publishers, Inc., New York; **9.7–9.8** H. Curtis and N. Sue Barnes. 1994. *Invitation to Biology*, 5th ed. Worth Publishers, New York; **9.9** After H. Curtis and N. Sue Barnes. 1994. *Invitation to Biology*, 5th ed. Worth Publishers, New York; **9.10–9.11** H. Curtis and N. Sue Barnes. 1994. *Invitation to Biology*, 5th ed. Worth Publishers, New York; **9.12–9.13** After H. Curtis and N. Sue Barnes. 1994. *Invitation to Biology*, 5th ed. Worth Publishers, New York; **9.14** Hans Ris; **9.15** After W. M. Becker et al. 1996. *The World of the Cell*, 3rd ed. Benjamin/Cummings Publishing Company, Inc., Menlo Park, CA; **9.16** After B. A. Pierce. 2006. *Genetics. A Conceptual Approach*, 2nd ed. W. H. Freeman and Company, New York; **9.17a** Creative Commons; **9.17b** Carl Denton http://www.trilliums.co.uk; **9.17c** Cortesia Andreas S. Fleischmann; **9.17d** Joseph A. Marcus, Lady Bird Johnson Wildflower Center; **9.18 (micrografia)** James German; **9.18 (line art)** After P. Chambon. 1981. *Scientific American* 244 (May), 60–71; **9.19** After R. Lewin. 1981. *Science* 212, 28–32; **9.20** R. Allen, et al. 2007. *Proceedings of the National Academy of Sciences USA* 104, 16371–16376.

Capítulo 10

Abertura de capítulo ARS/USDA, foto de Scott Bauer; **10.1** Cortesia de Golden Rice Humanitarian Board, www.goldenrice.org; **10.2** After B. Alberts et al. 1983. *Molecular Biology of the Cell*. Garland Publishing, Inc., New York; **10.3** After H. Curtis and N. Sue Barnes. 1994. *Invitation to Biology*, 5th ed. Worth Publishers, New York; **10.4** After N. A. Campbell. 1996. *Biology*, 4th ed. Benjamin/Cummings Publishing Company, Inc., Menlo Park, CA; **10.5** Cortesia de Jaideep Mathur, University of Toronto; **10.6** Keith Wood, University of California, San Diego; **10.7** After a photograph by John T. Fiddles and Howard M. Goodman; **10.8** H. Curtis and N. Sue Barnes. 1994. *Invitation to Biology*, 5th ed. Worth Publishers, New York; **Pág. 199 (fotos a–d)** L. L. Hensel et al. 1993. *The Plant Cell* 5, 553–564; **Pág. 199 (parte e)** © 2006. Juan Lazaro IV, International Rice Research Institute; **10.9** Cortesia de T. Erik Mirkov/Texas A&M University; **10.10** Roni Aloni et al. 1998. *Plant Physiology* 117, 841–849; **10.13** Stephen Ferreira, University of Hawaii at Manoa; **10.14a** Sara Patterson; **10.14b–d** Harry J. Klee; **10.14e** Richard M. Amasino; **10.15** Benjamin A. Pierce. 2003. *Genetics: A Conceptual Approach*. W. H. Freeman and Company, New York; **10.16** H. Lodish et al. 2008. *Molecular Cell Biology*, 6th ed. W. H. Freeman and Company, New York.

Capítulo 11

Abertura de capítulo Paul van Gaalen/PhotoAsia; **11.1** By permission of Mr. G. P. Darwin, Cortesia de The Royal College of Surgeons of England; **11.2** After D. Lack. 1961. *Darwin's Finches*. Harper and Row, Publishers, Inc., New York; **11.3** H. Curtis and N. Sue Barnes. 1994. *Invitation to Biology*, 5th ed. Worth Publishers, New York; **11.4** Anthony J. F. Griffiths; **11.5** H. Curtis and N. Sue Barnes. 1994. *Invitation to Biology*, 5th ed. Worth Publishers, New York; **11.6a** M&C Photography/Peter Arnold, Inc.; **11.6b** Kent and Donna Dannen/Photo Researchers, Inc.; **11.7a** Heather Angel/Biofotos; **11.7b** Robert Ornduff, University of California, Berkeley; **11.8** J. Antonovics/Visuals Unlimited; **Pág. 217 a** imagebroker.net/SuperStock; **Pág. 217 b** Lost in Montgomery http://lostinmontgomery.wordpress.com/; **11.9** After J. Clausen and W. H. Hiesey. 1958. *Experimental Studies on the Nature of Species IV, Genetic Structure of Ecological Races*. Carnegie Institution of Washington Publication 615, Washington, D.C.; **11.10** Science Photo Library/Alamy; **11.12–11.13** H. Curtis and N. Sue Barnes. 1994. *Invitation to Biology*, 5th ed. Worth Publishers, New York; **11.14** Marion Ownbey. 1950. *American Journal of Botany* 37, 487–499; **Pág. 224–225** Thomas Givnish, University of Wisconsin–Madison; **11.15a** Irvine Wilson/© DCR Natural Heritage; **11.15b** Heather Angel/Biofotos; **11.15c–e** C. J. Marchant; **11.16** Benjamin A. Pierce. 2003. *Genetics: a Conceptual Approach*. W. H. Freeman and Company, New York; **11.18a** Thase Daniel/Bruce Coleman, Inc.

Capítulo 12

Abertura de seção acrylic painting by Rhonda Nass/Ampersand; Cortesia Priscilla and Michael Baldwin Foundation, *Vanishing Circles*, Arizona Sonora Desert Museum, Tucson, AZ; **Chapter 12 Abertura** Creative Commons License; **12.1** Corbis/Bettmann; **12.2a** Larry West; **12.2b** L. Campbell/NHPA; **12.2c** Imagery; **12.3** Wisconsin State Herbarium; **Pág. 237 (foto superior)** G. R. Roberts; **Pág. 237 (foto inferior)** Cortesia Boleslaw Kuznik; **12.4** After N. A. Campbell et al. 2008. *Biology*, 8th ed. Pearson/Benjamin Cummings, San Francisco; **Pág. 239** E. S. Ross; **Pág. 241 (foto a)** NASA image created by Jesse Allen; **Pág. 241 (foto b)** Thomas Timberlake/RBG Kew; **12.6** After M. Yukawa et al. 2005. *Plant Molecular Biology Reporter* 23, 359–365; **12.7 (foto)** Pete Gasson, Royal Botanic Gardens, Kew; **(código de barras)** Sujeevan Ratnasingham, University of Guelph; **12.8** After N. A. Campbell et al. 2008. *Biology*, 8th ed. Pearson/Benjamin Cummings, San Francisco; **12.9a** L. V. Leak. 1967. *Journal of Ultrastructure Research* 21, 61–74; **12.9b** Helmut Konig and Karl Stetter; **12.9c** Katherine Esau; **12.10** L. E. Graham et al. 2009. *Algae*, 2nd ed. Benjamin Cummings, San Francisco, New York; **12.11** Adapted from Christian de Duve. 1996. *Scientific American* 274 (April), 50–57; **12.12a** L. Wingren; **12.12b** Linda E. Graham; **12.14a** Arthur Morris/Visuals Unlimited; **12.14b** Larry West; **12.14c** K. B. Sandved; **12.14d** George Barron, University of Guelph; **12.15a** Matt Meadows/Peter Arnold, Inc.; **12.15b** Linda E. Graham; **12.15c** Kim Taylor/Bruce Coleman, Inc.; **12.15d** © James Watanabe, http://seanet.stanford.edu; **12.15e** E. V. Gravé; **12.16a** L. Mellichamp/Visuals Unlimited; **12.16b** James W. Perry; **12.16c** E. S. Ross; **12.16d** Robert Carr/Bruce Coleman, Inc.; **12.16e** Cortesia James Ellingboe; **12.16f** J. Dermid; **12.16g** Jeff Foott/Discovery Images/Picturequest; **12.16h** J. Dermid; **12.16i** John Glover/Alamy; **12.16j** E. Beals.

Capítulo 13

Abertura de capítulo Cortesia Mike Pearson/University of Auckland; **13.1** MSU Instructional Media Center/R. Hammerschmidt; **13.2** David Mencin, UNAVCO-United States; **13.3** D. Sadava et al. 2008. *Life: the Science of Biology*, 8th ed. Sinauer Associates, Inc., Sunderland, MA; **13.4** C. C. Brinton, Jr. and John Carnahan; **13.5** G. P. Dubey and S. Ben-Yehuda. 2011. *Cell* 144, 590–600; **13.6a** USDA; **13.6b** David Phillips/Visuals Unlimited; **13.6c** Richard Blakemore; **13.7** Hans Reichenbach; **13.9** P. Gerhardt; **13.10** © micrographia.com; **13.11 (micrografia)** M. Jost; **13.12a** E. V. Gravé; **13.12c** Winston Patnode/Photo Researchers, Inc.; **13.13 (foto)** Fred Bavendam/Peter Arnold, Inc.; **13.13 (line art)** After M. R. Walter. 1977. *American Scientist* 65, 563–571; **13.14a** Robert D. Warmbrodt; **13.14b** Paul W. Johnson/Biological Photo Service; **13.15** Danita Delimont Creative/Alamy; **13.16** T. D. Pugh and E. H. Newcomb; **13.17** Germaine Cohen-Bazire; **13.18** J. F. Worley/USDA; **13.19a** M. V. Parthasarathy. **13.19b** Henry Donselman; **13.20** After G. N. Agrios. 1978. *Plant Pathology*, 2nd ed. Academic Press, Inc., New York; **13.21** Creative Commons; **13.22** R. Robinson/Visuals Unlimited; **13.23** Leonard Lessin/Peter Arnold, Inc.; **13.24** After sketch by Amine Noueiry; **13.25** Norm Thomas/Photo Researchers, Inc.; **13.26** M. Dollet and R. G. Milne, from M. Dollet et al. 1986. *Journal of General Virology* 67, 933–937; **13.27** After sketch by Amine Noueiry; **13.28a** Katherine Esau; **13.28b, 13.29** Jean-Yves Sgro; **13.30** Katherine Esau; **13.31** Th. Koller and J. M. Sogo, Swiss Federal Institute of Technology, Zürich.

Capítulo 14

Abertura de capítulo Cortesia Tara AuBuchon www.flickr.com/photos/taubuch/; **14.1a** G. W. Hudler, Cornell University; **14.1b** Photo © Biopix: JC Schou; **14.2** Charles M. Fitch/Taurus Photos; **14.3a** M. Powell; **14.3b, d** E. S. Ross; **14.3c** Thomas Volk; **14.4** R. J. Howard; **14.6** M. D. Coffey, B. A. Palevitz, and P. J. Allen. 1972. *The Canadian Journal of Botany* 50, 231–240; **14.7** E. C. Swann and C. W. Mims. 1991. *The Canadian Journal of Botany* 69, 1655–1665; **14.8a** SciMAT/Photo Researchers, Inc.; **Pág. 285 (foto b)** John Hogdin; **14.9** Creative Commons; **14.11** Eye of Science/Photo Researchers; **14.12** M. Powell; **14.13** John W. Taylor; **14.14** After R. Emerson. 1941. *Lloydia* 4, 77–144; **14.17** Glomus intraradices Schenk & Smith DAOM 234180 © Agriculture and Agri-Food Canada (1998); **14.18a** Thomas Volk; **14.18b** Gary J. Breckon; **14.20a** M. G. Roca et al. 2005. *Eukaryotic Cell* 4, 911–919; **14.20b** J. C. Pendland and D. G. Boucias; **14.21a** C. Bracker; **14.21b** Damian S. Neuberger; **14.21c** Bryce Kendrick; **14.23a** Andrew McClenaghan/Photo Researchers, Inc.; **14.23b** John Durham/Science Photo Library/Photo Researchers, Inc.; **14.24** G. L. Barron, University of Guelph; **14.26** D. J. McLaughlin and A. Beckett; **14.27, 14.28b** H. Lü and D. J. McLaughlin. 1991. *Mycologia* 83, 322–334; **14.29a** C. W. Perkins/Earth Scenes; **14.29b** Thomas Volk; **14.29c** Peter Katsaros/Photo Researches, Inc.; **14.29d** James W. Perry; **14.31** Cortesia Darrell D. Hensley, University of Tennessee, Entomology and Plant Pathology; **14.32a** Alan Rockefeller/Wikipedia Commons; **14.32b** R. Gordon Wasson, Botanical Museum of Harvard University; **14.33a** Jane Burton/Bruce Coleman, Inc.; **14.33b** © Doug Wechsler; **14.33c, d** Jeff Lepore/Photo Researchers Inc.; **14.34** E. S. Ross; **Pág. 303 (fotos a, b)** G. L. Barron, University of Guelph; **Pág. 303 (foto c)** N. Allin and G. L. Barron, University of Guelph; **Pág. 307** John Webster, University of Exeter; **14.37a** E. S. Ross; **14.37b** Subhankar Banerjee/Cortesia Gerald Peters Gallery, Santa Fe/New York; **14.37c** Robert A. Ross; **14.38a, b** E. S. Ross; **14.38c** Stephen Sharnoff/National Geographic Society; **14.38d** Larry West; **14.39** E. Imre Friedmann; **14.41** V. Ahmadjian and J. B. Jacobs; **14.42** S. A. Wilde; **14.43** Bryce Kendrick; **14.44** D. J. Read; **14.45** B. Zak, U. S. Forest Service; **14.46a** Robert D. Warmbrodt; **14.46b** R. L. Peterson and M. L. Farquhar. 1994. *Mycologia* 86, 311–326; **14.47** Thomas N. Taylor, Ohio State University.

Capítulo 15

Abertura de capítulo Foto de Jeanette Johnson. © In-Depth Images Kwajalein; **15.1** Cortesia James St. John; **15.2** Steve Lonhart/SIMoN NOAA; **15.3** D.P. Wilson/FLPA/Getty Images; **Pág. 321 (foto a)** Bob Evans/Peter Arnold, Inc.; **Pág. 321 (foto b)** W. H. Hodge/Peter Arnold, Inc.; **Pág. 321 (foto c)** Kelco Communications; **15.4** *BioScience* 61, 421–422. © 2011 by American Institute of Biological Sciences. Foto cortesia Walter H. Adey; **Pág. 323 (foto a)** Florida Department of Natural Resources; **Pág. 323 (foto b)** Foto de Miriam Godfrey, Cortesia National Institute of Water & Atmospheric Research Ltd.; **15.5a** Biophoto Associates/Photo Researchers, Inc.; **15.6** CSIRO Marine Research/Visuals Unlimited; **15.7 (micrografia)** Geoff McFadden and Paul Gilson; **15.8** J. Burkholder, North Carolina State University; **15.9a** Elizabeth Venrick, Scripps Institution of Oceanography, University of California, San Diego; **15.9b** Holly Kunz, Cortesia de Peggy Hughes and David Garrison; **15.9c** © PacificCoastNews.com; **15.10a, b** D. P. Wilson/Science Source/Photo Researchers, Inc.; **15.10c** Florida Department of Natural Resources; **15.12** Robert F. Sisson/National Geographic Society; **Pág. 329 (foto esquerda)** Roger Steene/Image QuestMarine.com; **(foto direita)** Mark Spencer/Auscape International; **15.13** R. R. Powers; **15.14a** M. I. Walker/Science Source/Photo Researchers, Inc.; **15.14b** F. Rossi; **15.14c** Dr. Ann Smith/SPL/Photo Researchers, Inc.; **15.14e** Biophoto Associates/Science Source/Photo Researchers, Inc.; **15.16** C. Sandgren; **15.17** Damian S. Neuberger; **15.18a** Mauritius Images GmbH/Alamy; **15.18b, c** D. P. Wilson/Eric and David Hosking Photography; **15.19b** Coastal Ocean Association of Science and Technology, Dr. Brian Lapointe; **15.20** C. J. O'Kelly; **15.21** Specimen provided by John West; **15.24** Martha E. Cook; **15.25a** D. P. Wilson/Eric and David Hosking Photography; **15.25b** E. S. Ross; **15.25c** R. C. Carpenter; **15.25d** © Michael Guiry. AlgaeBase, Ryan Institute, NUI Galway, University Rd, Galway, Ireland; **15.26** M. Littler and D. Littler, Smithsonian Institution; **15.27a** Linda E. Graham; **15.27b** J. Waaland, University of Washington; **15.28 (micrografia)** C. Pueschel and K. M. Cole. 1982. *American Journal of Botany* 69, 703–720; **15.30** Ronald Hoham; **15.31** After G. L. Floyd; **15.32** After K. R. Mattox and K. D. Stewart. 1984. In: D. E. G. Irvine and D. M. John, eds. *Systematics of the Green Algae*. Academic Press, London, Orlando, FL; **15.33** Linda E. Graham; **15.34** W. L. Dentler/Biological Photo Service/University of Kansas; **15.36** D. L. Kirk and M. M. Dirk. 1986. *Science* 231, 51–54; **15.37** J. Robert Waaland/Biological PhotoService; **15.38a** Linda E. Graham; **15.38b** M. I. Walker/Science Source/Photo Researchers, Inc.; **15.39** Linda E. Graham; **15.40** After R. T. Skagel et al. 1966. *An Evolutionary Survey of the Plant Kingdom*. Wadsworth Publishing Co., Inc. Belmont, CA; **15.41a** James Graham; **15.41b** Cortesia Dr. Yuuji Tsukii, Hosei University, Tokyo; **15.41c** E. S. Ross; **15.42** D. P. Wilson/Eric and David Hosking Photography; **15.44a** Robert A. Ross; **15.44b** Grant Heilman Photography; **15.44c** L. R. Hoffman; **15.44d** V. Paul; **15.45** Linda E. Graham; **15.46** M. I. Walker/Science Source/Photo Researchers, Inc.; **15.47a** Lee W. Wilcox; **15.47b** © Wim van Egmond/Visuals Unlimited, Inc.; **15.48** After W. S. Judd et al. 2007. *Plant Systematics: A Phylogenetic Approach*, 3rd ed. Sinauer Associates, Inc., Sunderland, MA; **15.49** Linda E. Graham; **15.50** William H. Amos/Bruce Coleman, Inc.; **15.51a** A. W. Barksdale; **15.51b** A. W. Barksdale. 1963. *Mycologia* 55, 493–501; **15.53** Matteo Garbelotto; **15.54** After J. H. Niederhauser and W. C. Cobb. 1959. *Scientific American* 200 (May), 100–112; **15.55** Damian S. Neuberger; **15.57a** Victor Duran; **15.57b** Ed Reschke/Peter Arnold, Inc.; **15.58a, b** K. B. Raper; **15.58c, d** London Scientific Films/Oxford Scientific Films; **15.58e–g** Robert Kay.

Capítulo 16

Abertura de capítulo Ian Cameron/Transient Light; **16.1** Brent Mishler; **16.2** D. R. Given; **16.3** After W. S. Judd et al. 2007. *Plant Systematics: A Phylogenetic Approach*, 3rd ed. Sinauer Associates, Inc., Sunderland, MA; **16.4a** After G. M. Smith. 1955. *Cryptogamic Botany*, vol. 2, *Bryophytes and Pteridophytes*, 2nd ed. McGraw-Hill Book Co., New York; **16.4b** R. E. Magill, Botanical Research Institute, Pretoria, South Africa; **16.5** Linda E. Graham; **16.6b** Damian S. Neuberger; **16.9** Karen S. Renzaglia; **16.10a** John Wheeler; **16.11a** Field Museum of Natural History; **16.11b** Dr. G. J. Chafaris/Dr. E. R. Degginger; **16.13a** Cortesia Walter Piorkowski; **16.15a, b** J. J. Engel. 1980. *Fieldiana: Botany* (new series) 3, 1–229; **16.15c** J. J. Engel; **16.16** K. B. Sandved; **16.17a** Larry West; **16.17b** Andrew Syred/Photo Researchers; **16.17c** After C. T. Ingold. 1939. *Spore Discharge in Land Plants*. Clarendon Press, Oxford; **16.18** Martha E. Cook; **16.19a** Cortesia Lawrence Jensen; **16.19b** Cortesia George Shepherd; **16.20a** Creative Commons, Reski Lab, University of Freiburg http://en.wikipedia.org/wiki/File:Physcomitrella_Protonema.jpg; **16.20b** D. G. Schaefer. 2002. *Annual Review of Plant Biology* 53, 477–501. Foto cortesia de Dr. Didier Schaefer; **16.21** Cortesia Steve Reekie www.steverekie.co.nz; **16.22** Charles Hébant. 1975. *Journal of the Hattori Botanical Laboratory* 39, 235–254; **16.23a** Damian S. Neuberger; **16.24** Rod Planck/Photo Researchers, Inc.; **16.25** Fred D. Sack and D. J. Paolillo, Jr. 1983. *American Journal of Botany* 70, 1019–1030; **16.26a** After C. T. Ingold. 1939. *Spore Discharge in Land Plants*. Clarendon Press, Oxford; **16.26b** R. E. Magill, Missouri Botanical Garden, St. Louis; **16.27a** A. D. Staffen; **16.27b** E. S. Ross; **16.29a** Andrew Drinnan; **16.29d** Damian S. Neuberger.

Capítulo 17

Abertura de capítulo Cortesia Heather Sullivan and Alan Holditch www.mississippiferns.com; **17.1** Hans Steur/Visuals Unlimited; **17.2** M. K. Rasmussen and Stuart A. Naquin; **17.3** After A. S. Foster and E. M. Gifford, Jr. 1974. *Comparative Morphology of Vascular Plants*, 2nd ed. W. H. Freeman and Company, New York; **17.4** After Katherine Esau. 1965. *Plant Anatomy*, 2nd ed. John Wiley & Sons, New York; **17.5a, d** After K. K. Namboodiri and C. Beck. 1968. *American Journal of Botany* 55, 464–472; **17.5b, c** After Katherine Esau. 1965. *Plant Anatomy*, 2nd ed. John Wiley & Sons, New York; **17.7** After G. M. Smith. 1955. *Cryptogamic Botany*, vol. 2, *Bryophytes and Pteridophytes*, 2nd ed., McGraw-Hill Book Company, New York; **17.9** Claudio Pia; **17.10a** After David S. Edwards. 1980. *Review of Palaeobotany and Palynology* 29, 177–188; **17.10b** After J. Walton. 1964. *Phytomorphology* 14, 155–160; **17.10c** After F. M. Heuber. 1968. *International Symposium on the Devonian System*, vol. 2, D. H. Oswald, ed. Alberta Society of Petroleum Geologists, Calgary, Alberta, Canada; **17.11** Field Museum of Natural History; **Pág. 401 (parte a)** Interpreted by M. K. Rasmussen and Stuart A. Naquin from T. L. Phillips and W. A. DiMichelle. 1992. *Annals of the Missouri Botanical Garden* 9, 560–588; **Pág. 401 (parte b)** After W. N. Stewart and T. Delevoryas. 1956. *Botanical Review* 22, 45–80; **Pág. 401 (parte c)** After H. P. Banks. 1970. *Evolution and Plants of the Past*. Wadsworth Publishing Company, Inc., Belmont, CA; **17.12** University of Aberdeen; **17.13** After David S. Edwards. 1986. *Botanical Journal of the Linnean Society* 93, 173–204; **17.14** After W. S. Judd et al. 2007. *Plant Systematics: A Phylogenetic Approach*, 3rd ed. Sinauer Associates, Inc., Sunderland, MA; **17.15** Specimen provided by Ripon Microslides, Ripon, WI; **17.17a** Damian S. Neuberger; **17.18a** David Johnson, Big Bend National Park; **17.18b, c** Damian S. Neuberger; **17.18d** Fletcher and Baylis/Photo Researchers, Inc.; **17.21** W. H. Wagner; **17.22** After M. K. Rasmussen and Stuart A. Naquin; **17.23a, e** W. H. Wagner; **17.23b** tororo reaction/Shutterstock; **17.23c** Stoelwinder/AgeFotostock; **17.23d** Nancy A. Murray; **17.23f** David Johnson; **17.23g** Geoff Bryant/Photo Researchers, Inc.; **17.24a** Creative Commons: Foto de Peggy Greb/ARS; **17.24b, c** U.S. Geological Survey - St. Petersburg Coastal and Marine Science Center; **17.26a** Bill Hilton Jr., www.hiltonpond.org; **17.26b** Creative Commons: Germany - Saarland - 05/2006; **17.27b** Cortesia Eric Guinther, AECOS Inc.; **17.28a** D. Cameron; **17.28b** R. Schmid; **17.29b** R. L. Peterson et al. 1981. *Canadian Journal of Botany* 59, 711–720; **17.31** Bill Ivy/Tony Stone Images, Inc.; **17.32a** Bill Beatty/Visuals Unlimited; **17.32b** C. Neidorf; **17.32c** Creative Commons; **17.32d** Stan Gilliam @ USDA-NRCS PLANTS Database; **17.34** D. Farrar; **17.36a** Damian S. Neuberger; **17.36b, c** W. H. Wagner; **17.37a** R. Carr; **17.37b** Gerry Ellis/Ellis Nature Photography; **17.39** Dr. Jeremy Burgess/Science Photo Library/Photo Researchers, Inc.

Capítulo 18

Abertura de capítulo Creative Commons. Richard Sniezko/U.S. Forest Service; **18.2** After W. N. Stewart and G. W. Rothwell. 1993. *Paleobotany and the Evolution of Plants,* 2nd ed. Cambridge University Press, New York; **18.3** From H. N. Andrews. 1963. *Science* 142, 925–931; After A. G. Long. 1960. *Transactions of the Royal Society of Edinburgh* 64, 29–44; **18.4** Charles B. Beck; **18.5–18.6** M. K. Rasmussen and Stuart A. Naquin; **18.7** After P. R. Crane. 1985. *Annals of the Missouri Botanical Garden* 72, 716–793; **18.8** M. K. Rasmussen and Stuart A. Naquin; **18.9a** Field Museum of Natural History (transparency #B83046c); **18.9b** After P. R. Crane. 1985. *Annals of the Missouri Botanical Garden* 72, 716–793; **18.10** After W. S. Judd et al. 2007. *Plant Systematics: A Phylogenetic Approach,* 3rd ed. Sinauer Associates, Inc., Sunderland, MA; **18.11** After W. E. Friedman. 1993. *Trends in Ecology and Evolution* 8, 15–21; **18.12** J. Dermid; **18.13a** © 2008 Dennis Stevenson; **18.16** B. Haley; **18.18c** Gary J. Breckon; **18.22** N. Fox-Davies/Bruce Coleman Ltd.; **18.25a** W. H. Hodge/Peter Arnold, Inc.; **18.25b** E. S. Ross; **18.26** H. H. Iltis; **18.27** Grant Heilman Photography; **18.28a** Larry West; **18.28b** J. Burton/Bruce Coleman, Inc.; **18.29a** © Jaime Plaza Van Roon; **18.29b** Cortesia Natalie Tapson; **18.29c** Heather Angel/ Natural Visions; **18.30** Geoff Bryant/Photo Researchers, Inc.; **18.31 (foto)** Carolina Biological Supply Company; **18.32** Mark Wetter; **18.33** Gene Ahrens/Bruce Coleman, Inc.; **18.34** Sichuan Institute of Biology; **18.35** David A. Steingraeber; **18.36a** Knut Norstog; **18.36b** D. T. Hendricks and E. S. Ross; **18.37** Knut Norstog; **18.38a** James W. Perry; **18.38b** Runk and Schoenberger/Grant Heilman Photography; **18.39a** Gerald D. Carr; **18.39b** G. Davidse; **18.39c** © 2008 by Scott Mori; **18.40a** E. S. Ross; **18.40b, d** James W. Perry; **18.40c** K. J. Niklas; **18.41a** Chris H. Bornman; **18.41b, c** E. S. Ross.

Capítulo 19

Abertura de capítulo Cortesia Jeffrey D. Karron; **19.1** Bjarke Ferchland/Bruce Coleman, Inc.; **19.2** W. P. Armstrong; **19.3a** Ross Warner/Alamy; **19.3b** Gary J. Breckon; **19.3c** © David G. Smith; **19.4a** E. S. Ross; **19.4b** E. R. Degginger/Earth Scenes; **19.4c** T. Davis/Photo Researchers, Inc.; **19.5a** E. S. Ross; **19.5b** COMPOST/VISAGE/Peter Arnold; **19.5c** G. Carr; **19.8a, c** Larry West; **19.8b, e** J. H. Gerard; **19.8d** Grant Heilman Photography; **19.10** E. S. Ross; **19.12a** Larry West; **19.12b** Specimen provided by Rudolf Schmid; **19.13a** Runk and Schoenberger/Grant Heilman Photography; **19.15a** Science Photo Library/SuperStock; **19.15b** Andrew Syred/Photo Researchers; **19.15c** Power and Syred/Photo Researchers; **19.15d** Cheryl Power/Photo Researchers; **19.20** After E. M. Gifford and A. S. Foster 1989. *Comparative Morphology of Vascular Plants,* 2nd ed. W. H. Freeman and Company, New York, San Francisco.

Capítulo 20

Abertura de capítulo © 2002–2011 Arapahoe County. All Rights Reserved; **20.1** Cortesia Nathan Cook; **20.2a** Taylor Feild, University of Toronto; **20.2b, c** Jaime Plaza, Botanic Gardens Trust, Sydney, Austra-

lia; **20.2d** Tammy Sage, University of Toronto; **20.3** Ross Frid/Visuals Unlimited; **20.4** Joseph H. Williams; **20.5** James L. Castner; **20.6** Geoff Bryant/Photo Researchers, Inc.; **20.7** After M. G. Simpson. 2010. *Plant Systematics,* 2nd ed. Academic Press/Elsevier, Amsterdam, Boston; **20.8a** K. Simons and David L. Dilcher; **20.8b, c** David L. Dilcher and Ge Sun; **20.9a, c** E. S. Ross; **20.9b** James W. Perry; **20.10b, c** E. S. Ross; **20.10d** A. Sabarese; **20.11a** E. S. Ross; **20.12a** Larry West; **20.12b, 20.13** E. S. Ross; **20.14** Larry West; **20.15** E. S. Ross; **20.16** R. A. Tyrell; **20.17** D. J. Howell; **20.18a** Damian S. Neuberger; **20.18b, c** T. Hovland/Grant Heilman Photography; **20.20** T. Eisner; **20.21a** Imagebroker.net/SuperStock; **20.22a** E. S. Ross; **20.22b** After R. T. Scagel et al. 1965. *An Evolutionary Survey of the Plant Kingdom.* Wadsworth Publishing Company, Inc., Belmont, CA; **20.22c** After L. D. Benson. 1957. *Plant Classification.* D. C. Heath and Company, Boston; **20.23a** E. S. Ross; **20.23b, c** K. B. Sandved; **20.24** After R. T. Scagel et al. 1965. *An Evolutionary Survey of the Plant Kingdom.* Wadsworth Publishing Company, Inc., Belmont, CA; **20.25, 20.27a** E. S. Ross; **20.27b** U. S. Forest Service; **20.28–20.29** E. S. Ross; **20.30** Robert and Linda Mitchell; **20.31a, c, d** T. Plowman; **20.31b** E. S. Ross.

Capítulo 21

Abertura de capítulo Ms Fr 2810 fol.186 Pepper harvest and offering the fruits to a king, from the "Livre des Merveilles du Monde," c.1410–12 (vellum) by Boucicaut Master (fl.1390–1430) Bibliotheque Nationale, Paris, France/Archives Charmet/The Bridgeman Art Library Internat; **21.1** Anthony Bannister/ABPL/Earth Scenes; **21.2** E. S. Ross; **21.3** After M. Balter. 2007. *Science* 316, 1830–1835; **21.4a, b** Cortesia Brian Steffenson, University of Minnesota; **21.4c** Cortesia Luigi Riganese; **21.5** E. S. Ross; **21.6** W. H. Hodge/Peter Arnold, Inc.; **21.7** John Elk III/Bruce Coleman, Inc.; **21.8** E. S. Ross; **21.9** G. R. Roberts; **21.10a** A. Gentry; **21.10b** M. K. Arroyo; **21.11a** C. F. Jordan; **21.11b** M. J. Plotkin; **21.12** E. S. Ross; **Pág. 510** John Doebley; **21.13** M. J. Plotkin; **21.14** K. B. Sandved; **21.15** W. H. Hodge/Peter Arnold, Inc.; **21.16** Luiz C. Marigo/Photolibrary; **21.17** Cortesia Syngenta Seeds AB, Sweden; **21.18** Harvey Lloyd/Peter Arnold, Inc.; **21.19** Jes Aznar/AFP/Getty Images; **21.20** R. Abernathy; **21.21** Cortesia Lance Klessig; **21.22** © Micheline Pelletier/Sygma/Corbis; **21.23, 21.24a** Agricultural Research Service, U.S.D.A.; **21.24b** University of Wisconsin; **21.25** J. D. Glover et al. 2010. *Science* 328, 1638–1639. Foto cortesia Jerry Glover; **21.26** J. Aronson; **21.27** Robert and Linda Mitchell; **21.28** M. J. Plotkin; **21.29** Michael J. Balick.

Capítulo 22

Abertura de seção acrylic painting by Rhonda Nass/Ampersand; Cortesia Priscilla and Michael Baldwin Foundation, *Vanishing Circles,* Arizona Sonora Desert Museum, Tucson, AZ; **Abertura de capítulo** FoodCollection/Superstock; **22.2** After A. S. Foster and E. M. Gifford, Jr. 1974. *Comparative Morphology of Vascular Plants,* 2nd ed. W. H. Freeman and Company, New York; **22.4** Daniel M. Vernon and David W. Meinke. 1974. *Developmental Biology* 165, 566–573; **22.5** Gerd Juergens; **Pág. 533** Werner H. Muller/Peter Arnold, Inc.; **22.8** Tom McHugh/Photo Researchers, Inc.; **22.9** James S. Busse.

Capítulo 23

Abertura de capítulo Cortesia Joybilee Farm, 2010 www.fiberarts.ca; **23.13** H. A. Core et al. 1979. *Wood: Structure and Identification,* 2nd ed. Syracuse University Press, Syracuse, NY; **23.14** I. B. Sachs; **23.16** After Katherine Esau. 1977. *Anatomy of Seed Plants,* 2nd ed. John Wiley & Sons, Inc., New York; **23.18** D. S. Neuberger and R. F. Evert. 1975. *Protoplasma* 84, 109–125; **23.20a** Michael A. Walsh; **23.20c** R. F. Evert. 1990. Dicotyledons. In: *Sieve Elements. Compara-*

tive Structure, Induction and Development. H.-D. Behnke and R. D. Sjolund, eds. Springer-Verlag, Berlin; **23.23** After K. Esau. 1977. *Anatomy of Seed Plants,* 2nd ed. John Wiley & Sons, Inc., New York; **23.24** R. F. Evert et al. 1971. *Planta* 100, 262–267; **23.25** J. S. Pereira; **23.27** T. Vogelman and G. Martin; **23.28** M. Daniel Marks and Kenneth A. Feldman.

Capítulo 24

Abertura de capítulo Martin Gray/National Geographic Stock; **24.1–24.2** After J. E. Weaver. 1926. *Root Development of Field Crops.* McGraw-Hill Book Company, New York; **24.3** After W. Braune et al. 1967. *Pflanzenanatomisches Praktikum.* VEB Gustav Fischer Verlag, Jena; **24.4** Margaret E. McCully; **24.7** F. A. L. Clowes; **24.8** After Katherine Esau. 1965. *Plant Anatomy,* 2nd ed. John Wiley & Sons, Inc., New York; **24.9a** Robert Mitchell/Earth Scenes; **24.13** After W. Braune et al. 1967. *Pflanzenanatomisches Praktikum.* VEB Gustav Fischer Verlag, Jena; **24.14** Robert D. Warmbrodt; **24.18** E. R. Degginger/Bruce Coleman, Inc.; **24.19a** Dr. Morley Read/Shutterstock; **24.19b** © Floridata. com; **24.20** Robert and Linda Mitchell; **Pág. 575 (partes a, b)** After J. W. Schiefelbein, J. D. Masucci, and H. Wang. 1997. *Plant Cell* 9, 1089–1098; **Pág. 575 (partes c, d)** M. E. Galway et al. 1994. *Developmental Biology* 166, 740–754.

Capítulo 25

25.5 After M. Lenhard and T. Laux. 1999. *Current Opinion in Plant Biology* 2, 44–50; **25.6** Mary Ellen Gerloff; **25.7b** Thomas Holton/Getty Images; **25.13c** W. Eschrich; **25.15–25.16** After K. Esau. 1977. *Anatomy of Seed Plants,* 2nd ed. John Wiley & Sons, Inc., New York; **25.17** Rhonda Nass/Ampersand; **25.19a** James W. Perry; **25.20** Rhonda Nass/Ampersand; **Pág. 596** After P. A. Deschamp and J. T. Cooke. 1983. *Science* 219, 505–507; **25.24a** M. Michele McCauley; **25.25** T. R. Pray. 1954. *American Journal of Botany* 41, 663–670; **25.31** Daniel J. Barta; **25.32a, b** J. Kang and N. Dengler. 2004. *International Journal of Plant Science* 165, 231–242; **25.32c, d** Julie Kang; **25.33** Joanne M. Dannenhoffer; **25.34** Raymon Donahue and Greg Martin; **Pág. 603** Daniel Berehulak/Getty Images AsiaPac; **25.36** After K. Esau. 1977. *Anatomy of Seed Plants,* 2nd ed. John Wiley & Sons, Inc., New York; **25.37** Shirley C. Tucker; **25.38** After L. Taiz and E. Zeiger. 2002. *Plant Physiology,* 3rd ed. Sinauer Associates, Inc., Publishers, Sunderland, MA; **25.39** After W. K. Purves et al. 2001. *Life: The Science of Biology,* 6th ed. Sinauer Associates, Inc., Publishers, Sunderland, MA; **25.41a** J. Bowman; **25.41b** Detlef Weigel; **25.42** James W. Perry; **25.43** Cortesia Paul Busselen/www.kuleuven-kortrijk.be/bioweb; **25.44** David A. Steingraeber; **25.45** James W. Perry; **25.46** G. R. Roberts.

Capítulo 26

Abertura de capítulo Creative Commons; **26.18** Charles O'Rear/Corbis; **Pág. 627 (partes a, b)** After Peter M. Ray et al. 1983. *Botany.* Saunders College Publishing, Philadelphia; **26.22** I. B. Sachs, U.S.D.A., Forest Products Laboratory; **26.25** H. A. Core et al. 1979. *Wood: Structure and Identification,* 2nd ed. Syracuse University Press, Syracuse, NY; **26.27a** Galen Rowell, 1985/Peter Arnold, Inc.; **26.27b** C. W. Ferguson, Laboratory of Tree-Ring Research, University of Arizona; **26.28a** Qiang Sun; **26.29** Regis Miller.

Capítulo 27

Abertura de capítulo David Nance/USDA-ARS; **27.4** After L. Taiz and E. Zeiger. 2002. *Plant Physiology,* 3rd ed. Sinauer Associates, Inc. Publishers, Sunderland, MA; **27.5** Roni Aloni, Tel Aviv Universi-

ty and Cornelia I. Ullrich, Darmstadt University of Technology; **27.6** Roni Aloni, Tel Aviv University; **27.7** After H. Fukaki and M. Tasaka. 2009. *Plant Molecular Biology* 69, 437–449; **27.8** Bruce Iverson; **27.10** F. Skoog and C. O. Miller. 1957. *Symposia of the Society for Experimental Biology* 11, 118–131; **27.12** J. D. Goeschl; **27.13** After L. Taiz and E. Zeiger. 2006. *Plant Physiology,* 4th ed. Sinauer Associates, Inc., Publishers, Sunderland, MA; **27.15** D. R. McCarty; **27.17** S. W. Wittwer; **27.18a** After M. B. Wilkins, ed. 1984. *Advanced Plant Physiology.* Pitman Publishing Ltd., London; **27.18b** J. E. Varner; **27.19** After J. van Overbeck. 1966. *Science* 152, 721–731; **27.20** Carolina Biological Supply Company; **27.21** Abbott Laboratories; **27.22** After L. Taiz and E. Zeiger. 2006. *Plant Physiology,* 4th ed. Sinauer Associates, Inc., Publishers, Sunderland, MA; **27.23** H. Fukuda. 2004. *Nature Reviews: Molecular Cell Biology* 5, 379–391. Cortesia H. Fukuda; **27.25** Jaideep Mathur, University of Toronto; **27.26** Kurt Stepnitz, MSU/DOE Plant Research Laboratory; **27.27** After Z. Lin et al. 2009. *Journal of Experimental Botany* 60, 3311–3336; **27.28** L. Taiz and E. Zeiger. 2006. *Plant Physiology,* 4th ed. Sinauer Associates, Inc., Publishers, Sunderland, MA.

Capítulo 28

Abertura de capítulo Rob Nelson; **28.4** F. D. Sack and J. Z. Kiss. 1989. *American Journal of Botany* 76, 454–464; **28.5** After B. E. Juniper. 1976. *Annual Review of Plant Physiology* 27, 385–406; **28.6** After I. O. Leyser. 1999. *Current Biology* 9, R8–R10; **28.7** R. Aloni et al. 2004. *Planta* 220, 177–182; **28.8** Stephen A. Parker/Photo Researchers, Inc.; **28.9** Jack Dermid; **28.10** After A. W. Galston. 1968. *The Green Plant.* Prentice-Hall, Inc., Upper Saddle River, NJ; **28.11a** Biophoto Associates/Science Source/Photo Researchers, Inc.; **28.11b, c** After B. Sweeney. 1969. *Rhythmic Phenomena in Plants.* Academic Press, Inc., New York; **28.12** After L. Taiz and E. Zeiger. 2006. *Plant Physiology,* 4th ed. Sinauer Associates, Inc., Publishers, Sunderland, MA; **28.13** Steve A. Kay and A. Millar; **28.14** After A. W. Naylor. 1952. *Scientific American* 186 (May), 49–56; **28.15** After P. M. Ray. 1963. *The Living Plant.* Holt, Rinehart, & Winston, Inc., New York; **28.17** U.S. Department of Agriculture; **28.21a** Richard M. Amasino; **28.21b** David Newman/Visuals Unlimited; **28.22** D. H. Keuskamp et al. 2010. *Plant Signaling & Behavior* 5, 655–662; **28.23** Richard M. Amasino; **Pág. 677** Cortesia Global Crop Diversity Trust; **28.25** After A. W. Naylor. 1952. *Scientific American* 186 (May), 49–56; **28.26** After K. Esau. 1977. *Anatomy of Seed Plants,* 2nd ed. John Wiley & Sons, Inc., New York; **28.27** Robert L. Dunne/Bruce Coleman, Inc.; **28.28** Runk and Schoenberger/Grant Heilman Photography; **28.29** Janet Braam; **28.30a** J. Ehleringer and I. Forseth, University of Utah; **28.30b** Gene Ahrens/Bruce Coleman, Inc.

Capítulo 29

Abertura de capítulo Cortesia Mark Brundrett; **29.1** Dana Richter, Michigan Technological University; **29.2a** Donald Specker/Earth Scenes; **29.2b** Biological Photo Service; **29.3** University of Wisconsin, Madison, Department of Soil Science; **29.4** E. Crichton/Bruce Coleman, Inc.; **29.6** After B. Gibbons. 1984. *National Geographic* 166 (3), 350–388 (Ned M. Seidler, artist); **29.7** After F. B. Salisbury and C. W. Ross. 1992. *Plant Physiology,* 4th ed. Wadsworth Publishing Co., Belmont, CA; **29.8** H. Curtis and N. Sue Barnes. 1994. *Invitation to Biology,* 5th ed. Worth Publishers, New York; **Pág. 694 (foto a)** Dwight Kuhn/Bruce Coleman, Inc.; **Pág. 694 (foto b)** Bob Gibbons/ardea.com; **Pág. 694 (foto c)** Nuridsany et Perennou/Photo Researchers; **29.9** After D. E. Fosket. 1994. *Plant Growth and Development: A Molecular Approach.* Academic Press, San Diego, CA; **29.10a, b** B. F. Turgeon and W. D. Bauer 1982. *Canadian Journal of Botany* 60, 152–161; **29.10c** Ann Hirsch, University of California,

Los Angeles; **29.10d** E. H. Newcomb and S. R. Tandon; **29.11a** Liphatech, Inc., Milwaukee, WI; **29.11b** J. M. L. Selker and E. H. Newcomb. 1985. *Planta* 165, 446–454; **29.12b** H. E. Calvert; **29.13a** Frank Greenaway © Dorling Kindersley; **29.13b** Cortesia de Carol A. Wilson and Clyde L. Calvin; **29.15** H. Curtis and N. Sue Barnes. 1994. *Invitation to Biology*, 5th ed. Worth Publishers, New York; **29.16** H. Lambers et al. 2008. *Trends in Ecology and Evolution* 23, 95–103; **Pág. 703 (foto a)** Grant Heilman Photography; **Pág. 703 (foto b)** J. H. Troughton and L. Donaldson. 1972. *Probing Plant Structures*. McGraw-Hill Book Company, New York; **Pág. 704** Foster/Bruce Coleman, Inc.

Capítulo 30

Abertura de capítulo Teri Campbell/Corbis; **30.1** Stephen Hales; **30.2** Foto cortesia de E. Raveh; **30.3** After L. Taiz and E. Zeiger. 2006. *Plant Physiology*, 4th ed. Sinauer Associates, Inc., Publishers, Sunderland, MA; **30.4** After D. E. Aylor et al. 1973. *American Journal of Botany* 60, 163–171; **30.5a** James L. Castner; **30.5b** Christi Carter/Grant Heilman Photography; **30.6** After M. Richardson. 1968. *Translocation in Plants*. Edward Arnold Publishers, Ltd., London; **30.7** After A. C. Leopold. 1964. *Growth and Development*. McGraw-Hill Book Company, New York; **30.8** After M. Richardson. 1968. *Translocation in Plants*. Edward Arnold Publishers, Ltd., London; **Pág. 714** Ottmar Bierwagen/Spectrum Photofile; **30.9** After L. Taiz and E. Zeiger. 1991. *Plant Physiology*. Benjamin/Cummings Publishing Company, Inc., Redwood City, CA; **30.12** After P. F. Scholander et al. 1965. *Science* 148, 239–246; **30.13–30.14** After M. H. Zimmermann. 1963. *Scientific American* 208 (March), 132–142; **30.15a** G. R. Roberts; **30.17** After M. Richardson. 1968. *Translocation in Plants*. Edward Arnold Publishers, Ltd., London; **30.18** H. Reinhard/Bruce Coleman, Inc.; **30.19** After E. Hausermann and A. Frey-Wyssling. 1963. *Protoplasma* 57, 37–80; **30.20** After T. E. Dawson. 1993. *Oecologia* 95, 565–574; **30.22** After J. S. Pate. 1975. *Transport in Plants*, I., *Phloem Transport*, M. H. Zimmerman and J. A. Milburn, eds. Springer-Verlag, Berlin; **30.25** Eberhard Fritz; **30.26** M. H. Zimmermann; **30.28** After N. A. Campbell. 1966. *Biology*, 4th ed. Benjamin/Cummings Publishing Company, Inc., Menlo Park, CA; **30.29** R. F. Evert and R. J. Mierzwa. 1986. In: *Plant Biology*, vol. 1, *Phloem Transport*, pp.

419–432. J. Cronshaw et al., eds. Alan R. Liss, New York; **30.30** A. Davidson et al. 2011. *Protoplasma* 248, 153–163.

Capítulo 31

Abertura de capítulo MJ Cooper/www.fotosearch.com; **31.1** Brand X Pictures/www.fotosearch.com; **31.6** Tifonimages/Shutterstock; **31.7** G. E. Likens; **31.9a** N. H. Cheatham/DRK Photo; **31.9b** Michael Fogden/DRK Photo; **31.10** Australian Department of Lands; **31.11a** Fred Bavendam/Peter Arnold, Inc.; **31.11b** Wendell Metzen/Peter Arnold, Inc.; **31.11c** James H. Carmichael/Bruce Coleman, Inc.; **31.11d** L. West/Bruce Coleman, Inc.; **31.12** Jane Burton/Bruce Coleman, Inc.; **31.13** Bruce Coleman, Inc.; **31.14** Gary Braasch; **31.15a** J. Dermid; **31.15b** E. S. Ross; **31.16a** Keith Wendt/UW Arboretum; **31.16b** Bruce Richter/University of Wisconsin–Madison.

Capítulo 32

Abertura de capítulo Ashley Cooper, Visuals Unlimited/Science Photo Library; **32.1a** Wikipedia Commons; **32.1b** Martin Zeick, Age Fotostock; **32.2** After A. W. Küchler; **Pág. 32-8** Institut für Auslandbeziehungen, Stuttgart, Germany; **32.7a** Michael Fogden/DRK Photo; **32.7b** Martin Wendler/NHPA; **32.7c** E. S. Ross; **32.8** Frans Lanting/Minden Pictures; **32.9** Peter Ward/Bruce Coleman, Inc.; **32.10a, b** J. Reveal; **32.11a** Martin Wendler/NHPA; **32.11b** Creative Commons, photo by Stan Shebs; **32.11c** Ric Ergenbright; **32.11d** Greg Vaughn/Tom Stack and Associates; **32.12** Corbis RF/Alamy; **32.13** F. C. Vasek; **32.14** Ray Evert; **Pág. 32-17 (ambas)** Ronald F. Thomas/Bruce Coleman, Inc.; **32.15a** Jeff Foott; **32.15b** Pat Caulfield; **32.16** Soil Conservation Service; **32.17a** Rod Planck/Tom Stack and Associates; **32.17b** P. White; **32.18 (todas)** J. H. Gerard; **32.19** R. Burda/Taurus Photos, Inc.; **32.20** J. Dermid; **32.21** Tom Salyer/Alamy; **32.22** E. Beals; **32.23** E. S. Ross; **32.24** David Woodfall/WWI/Peter Arnold, Inc.; **32.25a** Jack Wilburn/Earth Scenes; **32.25b** Ardea Photographics; **32.26** J. Bartlett and D. Bartlett/Bruce Coleman, Inc.; **32.27** Ron Erwin Photography; **32.28a, b** W. D. Bellings; **32.29a** Bob Gibbons/Science Photo Library; **32.29b** Serg Zastavkin, Shutterstock Images.